등업을 위한 강력한 한 권!

205유형 2049문항

수매씽

MATHING

수학Ⅱ

동아출판

등업을 위한 강력한 한 권!

실력과 성적을 한번에 잡는 유형서

- 최다 유형, 최다 문항, 세분화된 유형
- 교육청·평가원 최신 기출 유형 반영
- 다양한 타입의 문항과 접근 방법 수록

수매씽 수학Ⅱ

집필진	구명석(대표 저자)
	김민철, 문지웅, 안상철, 양병문, 오광석, 유상민, 이지수, 이태훈, 장호섭
발행일	2022년 9월 10일
인쇄일	2023년 7월 30일
펴낸곳	동아출판㈜
펴낸이	이욱상
등록번호	제300-1951-4호(1951. 9. 19.)
개발총괄	김영지
개발책임	이상민
개발	박지나, 김형순, 박수미, 최서진, 곽지은, 김주영
디자인책임	목진성
표지 디자인	이소연
표지 일러스트	심건우, 이창호
내지 디자인	김재혁
대표번호	1644-0600
주소	서울시 영등포구 은행로 30 (우 07242)

수매씽

MATHING

수학 Ⅱ

구성과 특징

Structure

STEP 1 핵심 개념 이해

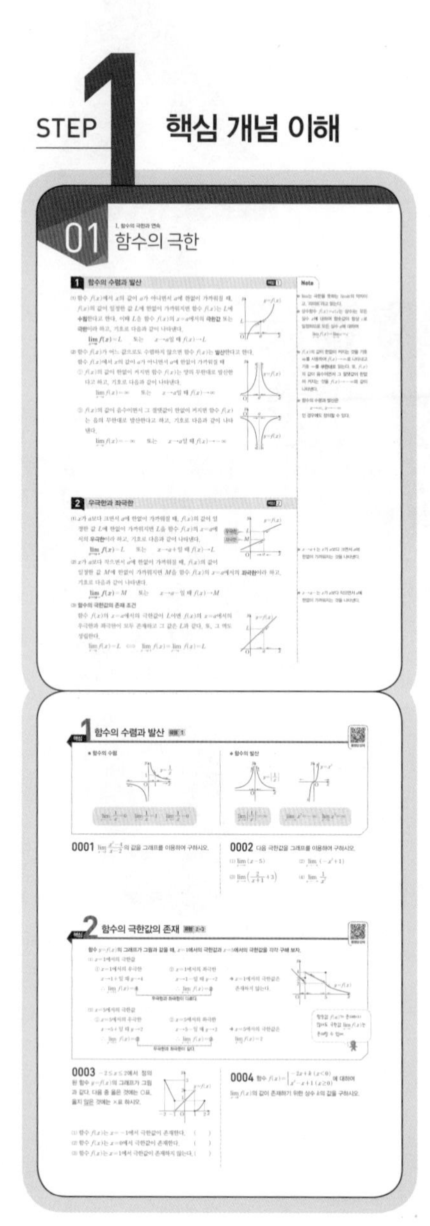

- 중단원의 개념을 정리하고, 핵심 개념에서 중요한 개념을 도식화하여 직관적인 이해를 돕습니다.
  핵심 개념에 대한 설명을 **동영상 강의**로 확인할 수 있습니다.

STEP 2 유형 학습

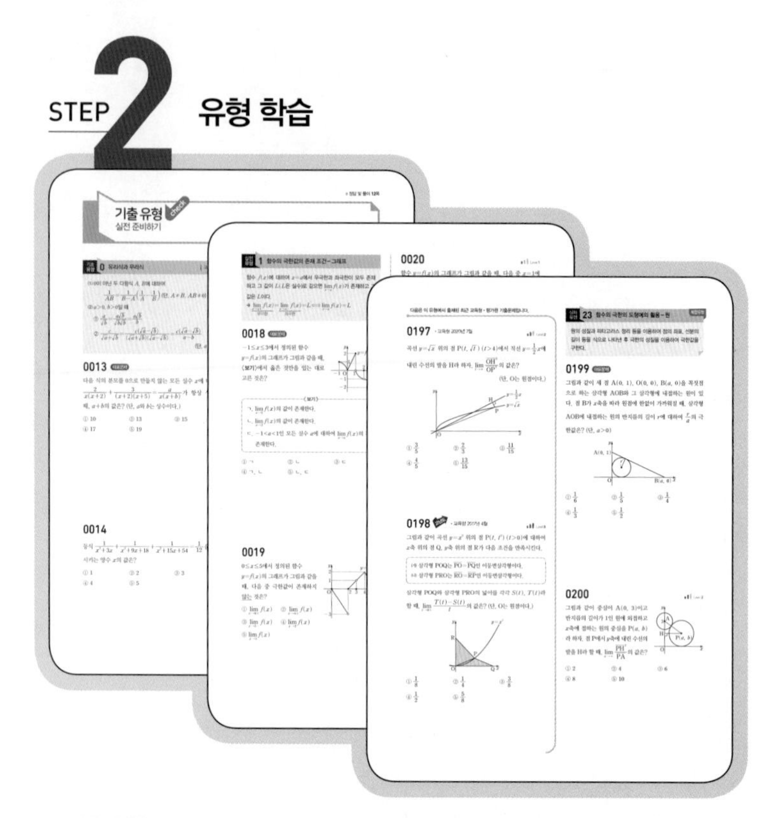

- **기초 유형** 이전 학년에서 배운 내용을 유형으로 확인합니다.
- **실전 유형 / 심화 유형** 세분화된 최적의 내신 출제 유형으로 구성하고, 유형마다 최신 **교육청 · 평가원 기출문제**를 분석하여 수록하였습니다.
  또, 유형 중 출제율이 높은 **빈출유형**, 여러 개념이나 유형이 복합된 **복합유형**은 별도 표기하였습니다. 고난도 문항과 신경향 문항도 확인할 수 있습니다.

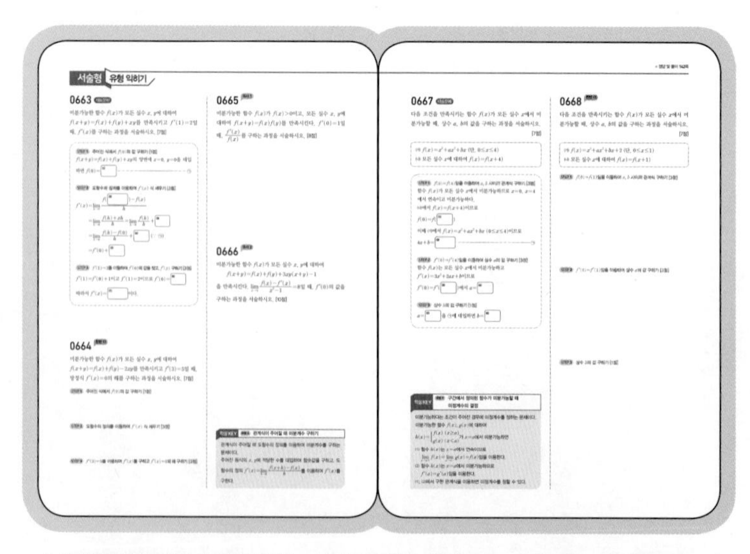

- **서술형 유형 익히기** 내신 빈출 서술형 문제를 **대표문제 – 한번 더 – 유사문제**의 set 문제로 구성하여 서술형 내신 대비를 철저히 할 수 있습니다. **핵심 KEY**에서 서술형 문항을 분석한 내용을 담았습니다.

최다유형 최다문항 **수매씽!**

등급 up! 실전에 강한 유형서

STEP 3 실전 완벽 대비

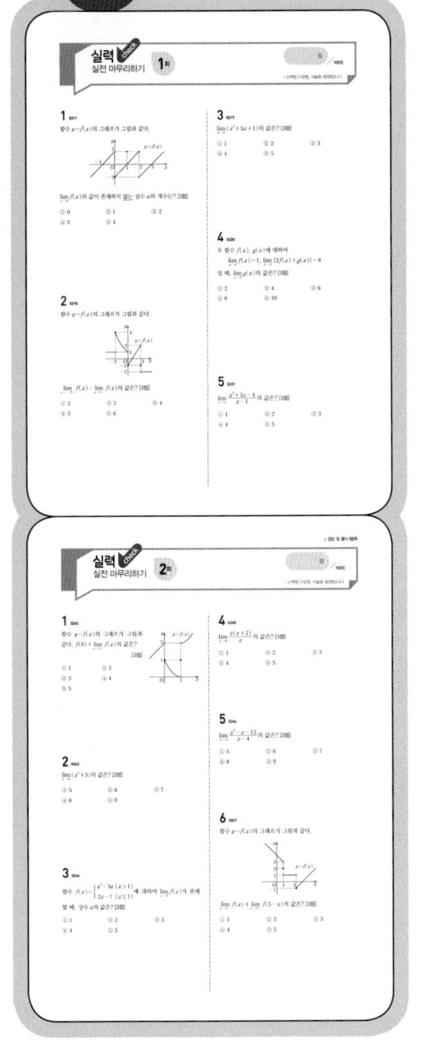

- 시험에 꼭 나오는 예상 기출문제를 선별하여 1회/2회로 구성하였습니다. 실제 시험과 유사한 문항 수로, 문항별 배점을 제시하여 실제 시험처럼 제한된 시간 내에 문제를 해결하고 채점해 봄으로써 자신의 실력을 확인할 수 있습니다.

정답 및 풀이 "꼼꼼하게 활용해 보세요."

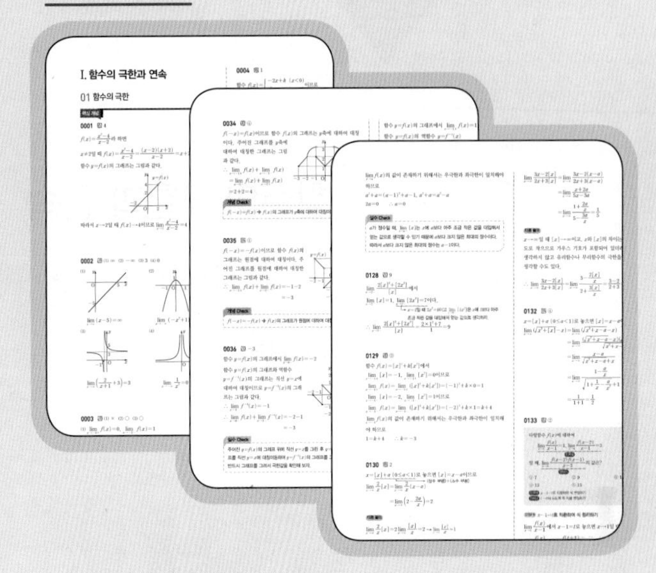

- 유형의 대표문제를 분석하여 단서를 제시하고 단계별 풀이를 통해 문제해결에 접근할 수 있습니다.
  다른 풀이, 개념 Check, 실수 Check, Tip, 참고 등을 제시하여 이해하기 쉽고 친절합니다.
  상수준의 어려운 문제는 Plus 문제를 추가로 제공하여 내신 고득점을 대비할 수 있습니다.

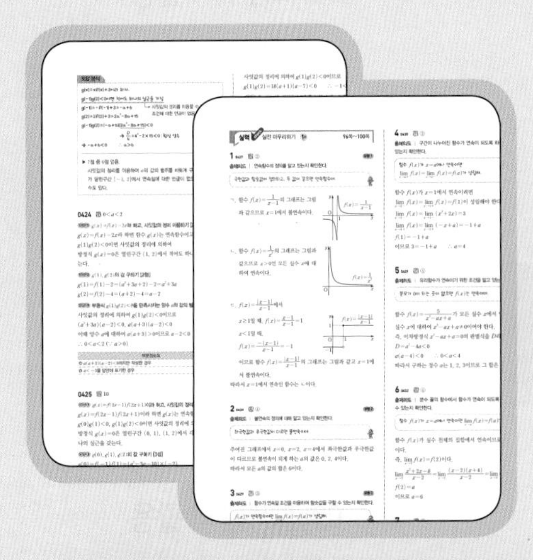

- 서술형 문제는 단계별 풀이 외에도 실제 답안 예시/오답 분석을 통해 다른 학생들이 실제로 작성한 답안을 살펴볼 수 있습니다. 또, 부분점수를 얻을 수 있는 포인트를 부분점수표로 제시하였습니다.
  실전 중단원 마무리 문제는 출제의도와 문제해결 방안을 확인할 수 있습니다.

차례

Contents

Ⅰ

함수의 극한과 연속

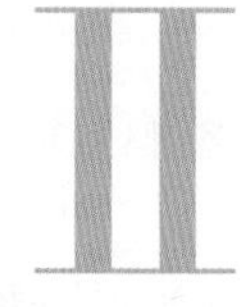

미분

적분

함수의 극한 01

01 함수의 극한

1 함수의 수렴과 발산

핵심 1

(1) 함수 $f(x)$에서 x의 값이 a가 아니면서 a에 한없이 가까워질 때,
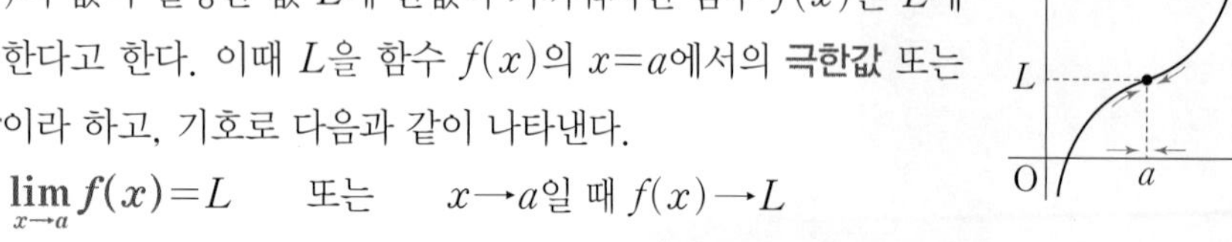
$f(x)$의 값이 일정한 값 L에 한없이 가까워지면 함수 $f(x)$는 L에 **수렴**한다고 한다. 이때 L을 함수 $f(x)$의 $x=a$에서의 **극한값** 또는 **극한**이라 하고, 기호로 다음과 같이 나타낸다.

$$\lim_{x \to a} f(x)=L \qquad \text{또는} \qquad x \to a\text{일 때 } f(x) \to L$$

(2) 함수 $f(x)$가 어느 값으로도 수렴하지 않으면 함수 $f(x)$는 **발산**한다고 한다.

함수 $f(x)$에서 x의 값이 a가 아니면서 a에 한없이 가까워질 때

① $f(x)$의 값이 한없이 커지면 함수 $f(x)$는 양의 무한대로 발산한다고 하고, 기호로 다음과 같이 나타낸다.

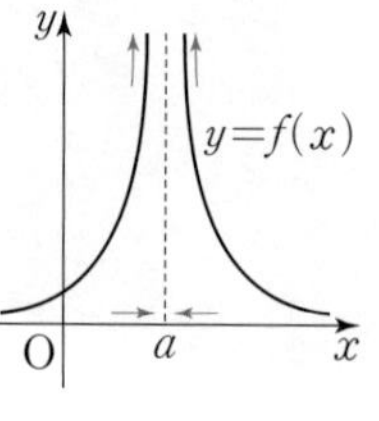

$$\lim_{x \to a} f(x)=\infty \qquad \text{또는} \qquad x \to a\text{일 때 } f(x) \to \infty$$

② $f(x)$의 값이 음수이면서 그 절댓값이 한없이 커지면 함수 $f(x)$는 음의 무한대로 발산한다고 하고, 기호로 다음과 같이 나타낸다.

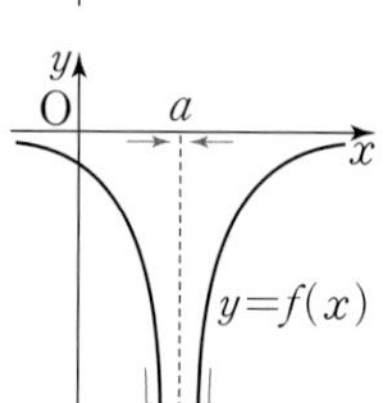

$$\lim_{x \to a} f(x)=-\infty \qquad \text{또는} \qquad x \to a\text{일 때 } f(x) \to -\infty$$

Note

- lim는 극한을 뜻하는 limit의 약자이고, '리미트'라고 읽는다.
- 상수함수 $f(x)=c$(c는 상수)는 모든 실수 x에 대하여 함숫값이 항상 c로 일정하므로 모든 실수 a에 대하여
  $\lim_{x \to a} f(x)=\lim_{x \to a} c=c$
- $f(x)$의 값이 한없이 커지는 것을 기호 ∞를 사용하여 $f(x) \to \infty$로 나타내고 기호 ∞를 무한대로 읽는다. 또, $f(x)$의 값이 음수이면서 그 절댓값이 한없이 커지는 것을 $f(x) \to -\infty$와 같이 나타낸다.
- 함수의 수렴과 발산은
  $x \to \infty$, $x \to -\infty$
  인 경우에도 정의할 수 있다.

2 우극한과 좌극한

핵심 2

(1) x가 a보다 크면서 a에 한없이 가까워질 때, $f(x)$의 값이 일정한 값 L에 한없이 가까워지면 L을 함수 $f(x)$의 $x=a$에서의 **우극한**이라 하고, 기호로 다음과 같이 나타낸다.

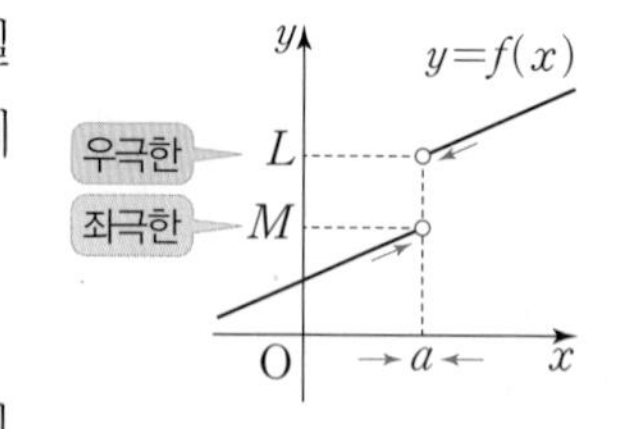

$$\lim_{x \to a+} f(x)=L \qquad \text{또는} \qquad x \to a+\text{일 때 } f(x) \to L$$

(2) x가 a보다 작으면서 a에 한없이 가까워질 때, $f(x)$의 값이 일정한 값 M에 한없이 가까워지면 M을 함수 $f(x)$의 $x=a$에서의 **좌극한**이라 하고, 기호로 다음과 같이 나타낸다.

$$\lim_{x \to a-} f(x)=M \qquad \text{또는} \qquad x \to a-\text{일 때 } f(x) \to M$$

(3) **함수의 극한값의 존재 조건**

함수 $f(x)$의 $x=a$에서의 극한값이 L이면 $f(x)$의 $x=a$에서의 우극한과 좌극한이 모두 존재하고 그 값은 L과 같다. 또, 그 역도 성립한다.

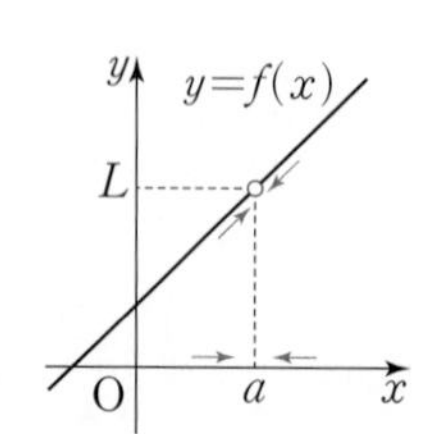

$$\lim_{x \to a} f(x)=L \iff \lim_{x \to a+} f(x)=\lim_{x \to a-} f(x)=L$$

- $x \to a+$는 x가 a보다 크면서 a에 한없이 가까워지는 것을 나타낸다.
- $x \to a-$는 x가 a보다 작으면서 a에 한없이 가까워지는 것을 나타낸다.

3 함수의 극한에 대한 성질

두 함수 $f(x)$, $g(x)$에 대하여 $\lim_{x\to a} f(x)=L$, $\lim_{x\to a} g(x)=M$(L, M은 실수)일 때

(1) $\lim_{x\to a} cf(x)=c\lim_{x\to a} f(x)=cL$ (단, c는 상수)

(2) $\lim_{x\to a} \{f(x)+g(x)\}=\lim_{x\to a} f(x)+\lim_{x\to a} g(x)=L+M$

(3) $\lim_{x\to a} \{f(x)-g(x)\}=\lim_{x\to a} f(x)-\lim_{x\to a} g(x)=L-M$

(4) $\lim_{x\to a} f(x)g(x)=\lim_{x\to a} f(x)\times\lim_{x\to a} g(x)=LM$

(5) $\lim_{x\to a} \frac{f(x)}{g(x)}=\frac{\lim_{x\to a} f(x)}{\lim_{x\to a} g(x)}=\frac{L}{M}$ (단, $M\neq 0$)

Note

함수의 극한에 대한 성질은
$x\to a+$, $x\to a-$
$x\to\infty$, $x\to-\infty$
일 때도 성립한다.

01

4 함수의 극한값의 계산

핵심 3~6

(1) $x\to a$일 때 $\frac{0}{0}$ 꼴의 극한

➜ $\lim_{x\to a} f(x)=0$, $\lim_{x\to a} g(x)=0$일 때 $\lim_{x\to a} \frac{f(x)}{g(x)}$의 극한

① 분모와 분자가 다항식이면 분모, 분자를 각각 인수분해한 후 공통인수는 약분한다.

② 분모 또는 분자에 근호($\sqrt{\ }$)가 포함된 식이 있으면 근호가 있는 쪽을 유리화한 후 약분한다.

(2) $x\to\infty$ 또는 $x\to-\infty$일 때 $\frac{\infty}{\infty}$ 꼴의 극한

➜ $\lim_{x\to\infty} f(x)=\infty$, $\lim_{x\to\infty} g(x)=\infty$일 때 $\lim_{x\to\infty} \frac{f(x)}{g(x)}$의 극한

① 유리함수이면 분모의 최고차항으로 분모, 분자를 각각 나눈다.

② 무리함수이면 근호 밖의 최고차항으로 분모, 분자를 각각 나눈다.

참고 (분자의 차수)=(분모의 차수) ➜ 극한값은 최고차항의 계수의 비이다.
(분자의 차수)<(분모의 차수) ➜ 극한값은 0이다.
(분자의 차수)>(분모의 차수) ➜ 극한값은 없다. (발산)

(3) $x\to\infty$일 때 $\infty-\infty$ 꼴의 극한

➜ $\lim_{x\to\infty} f(x)=\infty$, $\lim_{x\to\infty} g(x)=\infty$일 때 $\lim_{x\to\infty} \{f(x)-g(x)\}$의 극한

① 다항함수이면 최고차항으로 묶어 $\infty\times a$ ($a\neq 0$인 상수) 꼴로 변형한다.

② 근호가 있으면 유리화하여 $\frac{\infty}{\infty}$ 꼴로 변형한다.

$\frac{0}{0}$, $\frac{\infty}{\infty}$, $\infty-\infty$, $\infty\times 0$ 꼴을 부정형(不定形)이라고 한다. 부정형의 극한값은 각각의 함수가 수렴하고 분모가 0이 되지 않도록 식을 변형한 후 부정형이 아닌 꼴로 변형하여 계산한다.

5 함수의 극한의 대소 관계

두 함수 $f(x)$, $g(x)$에 대하여 $\lim_{x\to a} f(x)=L$, $\lim_{x\to a} g(x)=M$ (L, M은 실수)일 때, a에 가까운 모든 실수 x에 대하여 다음이 성립한다.

(1) $f(x)\leq g(x)$이면 $\lim_{x\to a} f(x)\leq\lim_{x\to a} g(x)$, 즉 $L\leq M$

(2) 함수 $h(x)$가 $f(x)\leq h(x)\leq g(x)$이고 $L=M$이면 $\lim_{x\to a} h(x)=L$

함수의 극한의 대소 관계는
$x\to a+$, $x\to a-$
$x\to\infty$, $x\to-\infty$
일 때도 성립한다.

핵심 1 함수의 수렴과 발산 유형 1

● 함수의 수렴

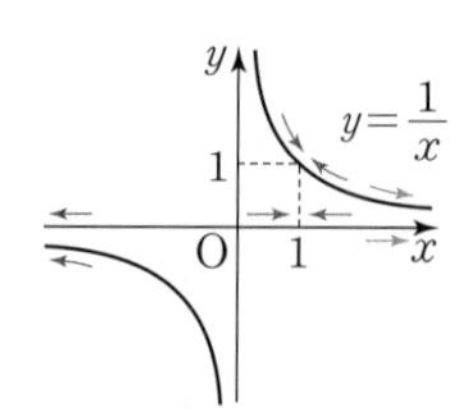

$\lim_{x\to-\infty}\frac{1}{x}=0$ $\lim_{x\to1}\frac{1}{x}=1$ $\lim_{x\to\infty}\frac{1}{x}=0$

● 함수의 발산

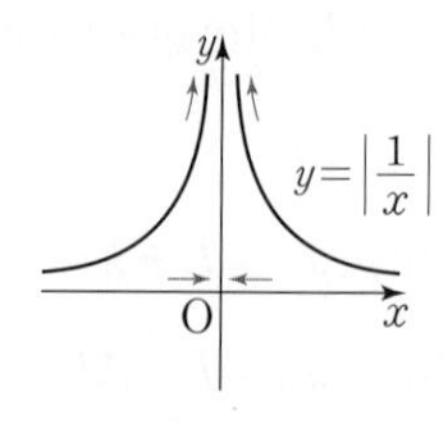

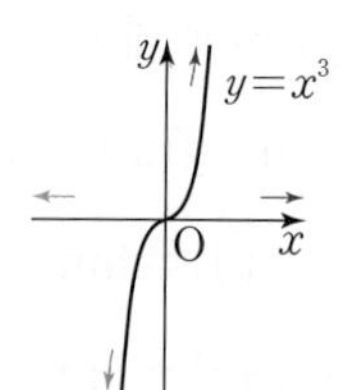

$\lim_{x\to0}\left|\frac{1}{x}\right|=\infty$

$\lim_{x\to-\infty}x^3=-\infty$ $\lim_{x\to\infty}x^3=\infty$

0001 $\lim_{x\to2}\frac{x^2-4}{x-2}$의 값을 그래프를 이용하여 구하시오.

0002 다음 극한값을 그래프를 이용하여 구하시오.

(1) $\lim_{x\to\infty}(x-5)$ (2) $\lim_{x\to-\infty}(-x^2+1)$

(3) $\lim_{x\to\infty}\left(\frac{2}{x+1}+3\right)$ (4) $\lim_{x\to-\infty}\frac{1}{x^2}$

핵심 2 함수의 극한값의 존재 유형 2~3

함수 $y=f(x)$의 그래프가 그림과 같을 때, $x=1$에서의 극한값과 $x=5$에서의 극한값을 각각 구해 보자.

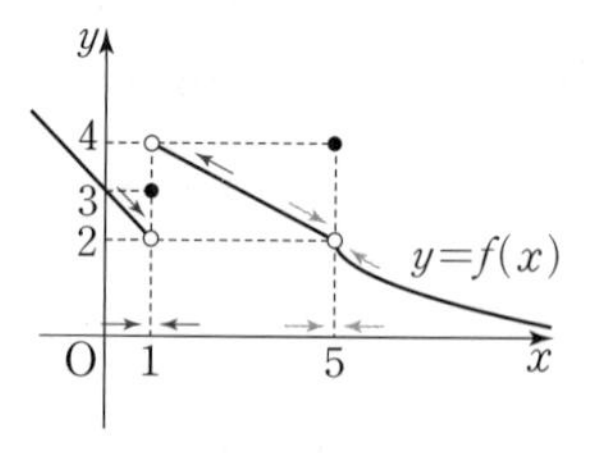

(1) $x=1$에서의 극한값

① $x=1$에서의 우극한
$x\to1+$일 때 $y\to4$
$\therefore \lim_{x\to1+}f(x)=4$

② $x=1$에서의 좌극한
$x\to1-$일 때 $y\to2$
$\therefore \lim_{x\to1-}f(x)=2$

우극한과 좌극한이 다르다.

➜ $x=1$에서의 극한값은 존재하지 않는다.

(2) $x=5$에서의 극한값

① $x=5$에서의 우극한
$x\to5+$일 때 $y\to2$
$\therefore \lim_{x\to5+}f(x)=2$

② $x=5$에서의 좌극한
$x\to5-$일 때 $y\to2$
$\therefore \lim_{x\to5-}f(x)=2$

우극한과 좌극한이 같다.

➜ $x=5$에서의 극한값은 $\lim_{x\to5}f(x)=2$

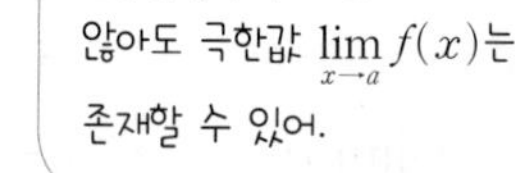

0003 $-2\le x\le2$에서 정의된 함수 $y=f(x)$의 그래프가 그림과 같다. 다음 중 옳은 것에는 ○표, 옳지 않은 것에는 ×표 하시오.

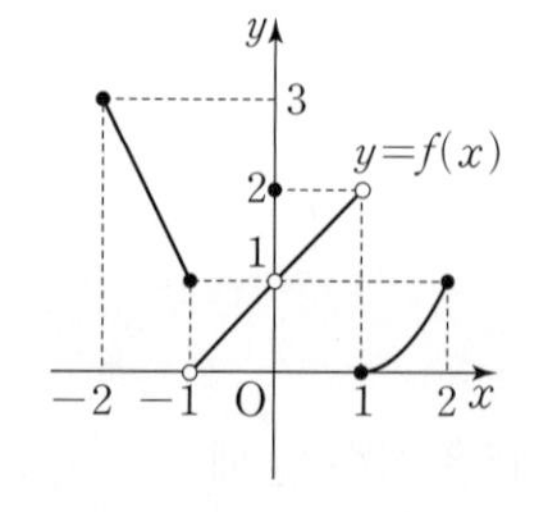

(1) 함수 $f(x)$는 $x=-1$에서 극한값이 존재한다. ( )

(2) 함수 $f(x)$는 $x=0$에서 극한값이 존재한다. ( )

(3) 함수 $f(x)$는 $x=1$에서 극한값이 존재하지 않는다. ( )

0004 함수 $f(x)=\begin{cases}-2x+k & (x<0)\\ x^2-x+1 & (x\ge0)\end{cases}$에 대하여 $\lim_{x\to0}f(x)$의 값이 존재하기 위한 상수 k의 값을 구하시오.

● 정답 및 풀이 12쪽

핵심 3 함수의 극한값의 계산 - $\frac{0}{0}$ 꼴 유형 7~8

● $\lim_{x\to1}\frac{x^2-1}{x-1}$의 값을 구해 보자.

$\lim_{x\to1}\frac{x^2-1}{x-1}$

↓ → $x=1$을 대입하면 $\frac{0}{0}$ 꼴 → 분모 또는 분자를 인수분해

$\lim_{x\to1}\frac{(x+1)(x-1)}{x-1}$

↓ → 공통인수를 약분한 후 극한값을 계산한다.

$\lim_{x\to1}(x+1)=2$

● $\lim_{x\to4}\frac{\sqrt{x}-2}{x-4}$의 값을 구해 보자.

$\lim_{x\to4}\frac{\sqrt{x}-2}{x-4}$

↓ → $x=4$를 대입하면 $\frac{0}{0}$ 꼴 → 근호가 있는 쪽을 유리화

$\lim_{x\to4}\frac{(\sqrt{x}-2)(\sqrt{x}+2)}{(x-4)(\sqrt{x}+2)}=\lim_{x\to4}\frac{x-4}{(x-4)(\sqrt{x}+2)}$

↓ → 공통인수를 약분한 후 극한값을 계산한다.

$\lim_{x\to4}\frac{1}{\sqrt{x}+2}=\frac{1}{4}$

0005 다음 극한값을 구하시오.

(1) $\lim_{x\to2}\frac{x^3-8}{x-2}$ (2) $\lim_{x\to1}\frac{x^2+3x-4}{x-1}$

0006 다음 극한값을 구하시오.

(1) $\lim_{x\to1}\frac{x-1}{\sqrt{x}-1}$ (2) $\lim_{x\to0}\frac{x}{\sqrt{1+x}-\sqrt{1-x}}$

핵심 4 함수의 극한값의 계산 - $\frac{\infty}{\infty}$ 꼴 유형 9

다음 극한값을 구해 보자.

분모의 최고차항으로 분모, 분자를 각각 나눈다.

$\lim_{x\to\infty}\frac{a}{x^n}=0$($a$는 0이 아닌 상수)임을 이용한다.

(1) $\lim_{x\to\infty}\frac{x+5}{3x^2+2x-1}=\lim_{x\to\infty}\frac{\frac{1}{x}+\frac{5}{x^2}}{3+\frac{2}{x}-\frac{1}{x^2}}=\frac{0+0}{3+0-0}=0$ → 극한값은 0이다.

$\frac{\infty}{\infty}$ 꼴

(2) $\lim_{x\to\infty}\frac{x^2+5x+1}{3x^2+2x-1}=\lim_{x\to\infty}\frac{1+\frac{5}{x}+\frac{1}{x^2}}{3+\frac{2}{x}-\frac{1}{x^2}}=\frac{1+0+0}{3+0-0}=\frac{1}{3}$ → 최고차항의 계수의 비가 극한값이다.

$\frac{\infty}{\infty}$ 꼴

(3) $\lim_{x\to\infty}\frac{x^3-2}{3x^2+2x-1}=\lim_{x\to\infty}\frac{x-\frac{2}{x^2}}{3+\frac{2}{x}-\frac{1}{x^2}}=\frac{\infty-0}{3+0-0}=\infty$ → 극한값은 없다.

$\frac{\infty}{\infty}$ 꼴

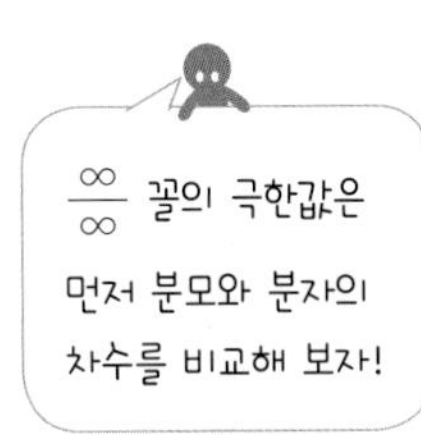

0007 다음 극한값을 구하시오.

(1) $\lim_{x\to\infty}\frac{x-5}{2x^2+x+1}$ (2) $\lim_{x\to\infty}\frac{4x^3+7}{2x^3+3x^2+4x}$

(3) $\lim_{x\to\infty}\frac{2x^3-5x+3}{x^2+1}$

0008 다음 극한값을 구하시오.

(1) $\lim_{x\to\infty}\frac{4x}{\sqrt{x^2+2}-1}$ (2) $\lim_{x\to\infty}\frac{\sqrt{x^2+1}+2x}{4x}$

핵심 5 함수의 극한값의 계산 - $\infty-\infty$, $\infty\times 0$ 꼴 유형 10~11

다음 극한값을 구해 보자.

(1) $\lim_{x\to\infty}(\sqrt{x+1}-\sqrt{x})=\lim_{x\to\infty}\frac{(\sqrt{x+1}-\sqrt{x})(\sqrt{x+1}+\sqrt{x})}{\sqrt{x+1}+\sqrt{x}}=\lim_{x\to\infty}\frac{1}{\sqrt{x+1}+\sqrt{x}}=0$

$\infty-\infty$ 꼴 → 근호가 있는 쪽을 유리화한다. → 식을 간단히 정리한다.

(2) $\lim_{x\to 0}\frac{1}{x}\left(1-\frac{1}{x+1}\right)=\lim_{x\to 0}\left(\frac{1}{x}\times\frac{x}{x+1}\right)=\lim_{x\to 0}\frac{1}{x+1}=1$

$\infty\times 0$ 꼴 → 통분 또는 인수분해한다.

참고 $\infty\times 0$ 꼴은 통분 또는 유리화하여 $\frac{0}{0}$, $\frac{\infty}{\infty}$, $\infty\times a$, $\frac{a}{\infty}$ (a는 0이 아닌 상수) 꼴로 변형한다.

0009 다음 극한값을 구하시오.

(1) $\lim_{x\to\infty}(\sqrt{x+3}-\sqrt{x-1})$

(2) $\lim_{x\to\infty}(\sqrt{x^2+2x}-x)$

0010 $\lim_{x\to 0}\frac{1}{x}\left\{\frac{1}{(x+2)^2}-\frac{1}{4}\right\}$의 값을 구하시오.

핵심 6 극한값이 존재할 때 미정계수 구하기 유형 17, 20

● $\lim_{x\to 2}\frac{ax-b}{x^2-4}=\frac{1}{2}$일 때, 상수 a, b의 값을 구해 보자.

($\frac{1}{2}$ → 극한값이 존재한다.)

$x\to 2$일 때 극한값이 존재하고 (분모)$\to 0$이다. → $x\to 2$일 때 (분자)$\to 0$이다.

분모인 x^2-4에 $x=2$를 대입하면 0이 된다.

분자인 $ax-b$에 $x=2$를 대입하면 $2a-b=0$에서 $b=2a$

(b 대신 $2a$를 대입)

$\lim_{x\to 2}\frac{ax-b}{x^2-4}=\lim_{x\to 2}\frac{ax-2a}{x^2-4}=\lim_{x\to 2}\frac{a(x-2)}{(x+2)(x-2)}$

$=\lim_{x\to 2}\frac{a}{x+2}=\frac{a}{4}$

$\frac{a}{4}=\frac{1}{2}$에서 $a=2$이고,

$b=2a$에서 $b=4$이다.

● $\lim_{x\to\infty}\frac{ax^3+bx^2+x}{3x^2+4x}=2$일 때, 상수 a, b의 값을 구해 보자.

(2 → 극한값이 존재한다.)

$x\to\infty$일 때 극한값이 존재하고 (분모)$\to\infty$이다. → $x\to\infty$일 때 (분자)$\to\pm\infty$이다.

$x\to\infty$일 때, 분모 $(3x^2+4x)\to\infty$이다.

$x\to\infty$일 때, 분자 $(ax^3+bx^2+x)\to\pm\infty$이어야 한다.

극한값이 존재하기 위해서는 $a=0$ ← 분모와 분자의 차수가 같아야 한다. 만약 $a\neq 0$이면 ∞ 또는 $-\infty$로 발산하므로 $a=0$이다.

$\lim_{x\to\infty}\frac{ax^3+bx^2+x}{3x^2+4x}=\lim_{x\to\infty}\frac{b+\frac{1}{x}}{3+\frac{4}{x}}=\frac{b}{3}$

$\frac{b}{3}=2$에서 $b=6$이다.

0011 $\lim_{x\to -1}\frac{x^2+ax+b}{x+1}=2$가 성립하기 위한 상수 a, b의 값을 각각 구하시오.

0012 $\lim_{x\to\infty}\frac{3x^2-4x+1}{ax^3+bx^2}=\frac{3}{4}$이 성립하기 위한 상수 a, b의 값을 각각 구하시오.

● 정답 및 풀이 12쪽

기출 유형 check 실전 준비하기

25유형, 196문항입니다.

기초유형 0 유리식과 무리식 | 고등수학

(1) 0이 아닌 두 다항식 A, B에 대하여

$$\frac{1}{AB}=\frac{1}{B-A}\left(\frac{1}{A}-\frac{1}{B}\right)\text{ (단, }A\neq B,\ AB\neq 0)$$

(2) $a>0$, $b>0$일 때

① $\frac{a}{\sqrt{b}}=\frac{a\sqrt{b}}{\sqrt{b}\sqrt{b}}=\frac{a\sqrt{b}}{b}$

② $\frac{c}{\sqrt{a}+\sqrt{b}}=\frac{c(\sqrt{a}-\sqrt{b})}{(\sqrt{a}+\sqrt{b})(\sqrt{a}-\sqrt{b})}=\frac{c(\sqrt{a}-\sqrt{b})}{a-b}$

(단, $a\neq b$)

0013 대표문제

다음 식의 분모를 0으로 만들지 않는 모든 실수 x에 대하여 $\frac{2}{x(x+2)}+\frac{3}{(x+2)(x+5)}=\frac{a}{x(x+b)}$가 항상 성립할 때, $a+b$의 값은? (단, a와 b는 상수이다.)

① 10 ② 13 ③ 15 ④ 17 ⑤ 19

0014 Level 1

등식 $\frac{1}{x^2+3x}+\frac{1}{x^2+9x+18}+\frac{1}{x^2+15x+54}=\frac{1}{12}$을 만족시키는 양수 x의 값은?

① 1 ② 2 ③ 3 ④ 4 ⑤ 5

0015 Level 1

$f(x)=\frac{\sqrt{x}-2}{\sqrt{x}+2}+\frac{\sqrt{x}+2}{\sqrt{x}-2}$일 때, $f(3)$의 값을 구하시오.

0016 Level 2

$x=\frac{\sqrt{2}+1}{\sqrt{2}-1}$일 때, $\frac{\sqrt{x}-1}{\sqrt{x}+1}+\frac{\sqrt{x}+1}{\sqrt{x}-1}$의 값은?

① $-2\sqrt{2}$ ② $-\sqrt{2}$ ③ 0 ④ $\sqrt{2}$ ⑤ $2\sqrt{2}$

0017 Level 2

$\frac{\sqrt{x+1}-\sqrt{1-x}}{\sqrt{x+1}+\sqrt{1-x}}+\frac{\sqrt{x+1}+\sqrt{1-x}}{\sqrt{x+1}-\sqrt{1-x}}=6$을 만족시키는 실수 x의 값은?

① $-\frac{1}{2}$ ② $-\frac{1}{3}$ ③ 0 ④ $\frac{1}{3}$ ⑤ $\frac{1}{2}$

실전 유형 1 함수의 극한값의 존재 조건 – 그래프

함수 $f(x)$에 대하여 $x=a$에서 우극한과 좌극한이 모두 존재하고 그 값이 L(L은 실수)로 같으면 $\lim_{x\to a} f(x)$가 존재하고 그 값은 L이다.

→ $\underbrace{\lim_{x\to a+} f(x)}_{\text{우극한}} = \underbrace{\lim_{x\to a-} f(x)}_{\text{좌극한}} = L \Longleftrightarrow \lim_{x\to a} f(x) = L$

0018 대표문제

$-1\le x\le 3$에서 정의된 함수 $y=f(x)$의 그래프가 그림과 같을 때, <보기>에서 옳은 것만을 있는 대로 고른 것은?

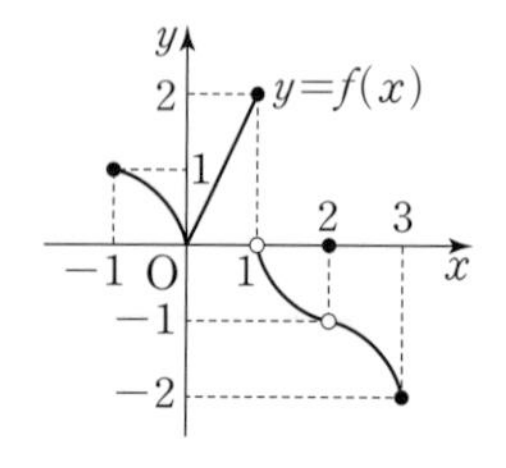

<보기>

ㄱ. $\lim_{x\to 1} f(x)$의 값이 존재한다.

ㄴ. $\lim_{x\to 2} f(x)$의 값이 존재한다.

ㄷ. $-1<a<1$인 모든 실수 a에 대하여 $\lim_{x\to a} f(x)$의 값이 존재한다.

① ㄱ ② ㄴ ③ ㄷ
④ ㄱ, ㄴ ⑤ ㄴ, ㄷ

0019 Level 1

$0\le x\le 5$에서 정의된 함수 $y=f(x)$의 그래프가 그림과 같을 때, 다음 중 극한값이 존재하지 않는 것은?

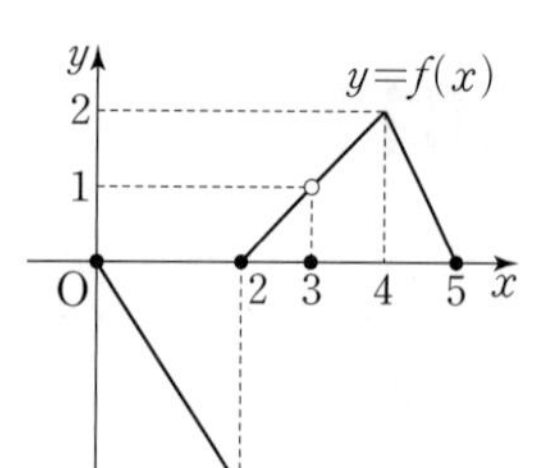

① $\lim_{x\to 0+} f(x)$ ② $\lim_{x\to 4+} f(x)$
③ $\lim_{x\to 5-} f(x)$ ④ $\lim_{x\to 2} f(x)$
⑤ $\lim_{x\to 3} f(x)$

0020 Level 1

함수 $y=f(x)$의 그래프가 그림과 같을 때, 다음 중 $x=1$에서의 극한값이 존재하는 것은?

①
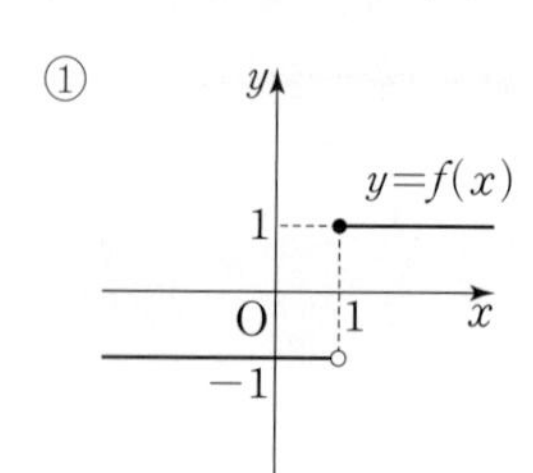

②
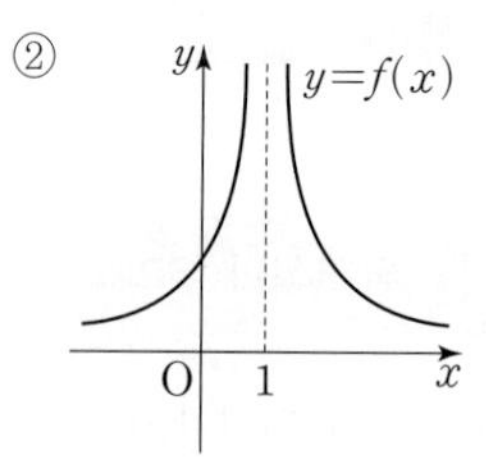

③
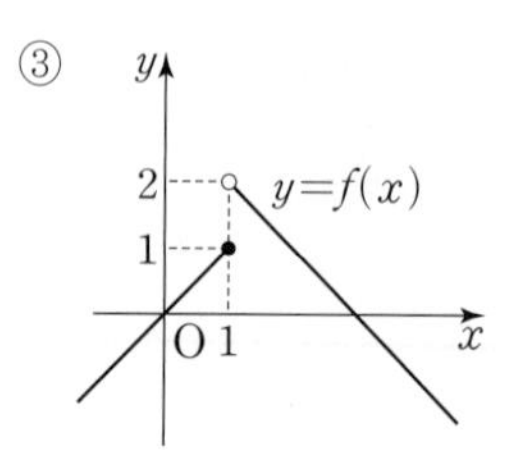

④
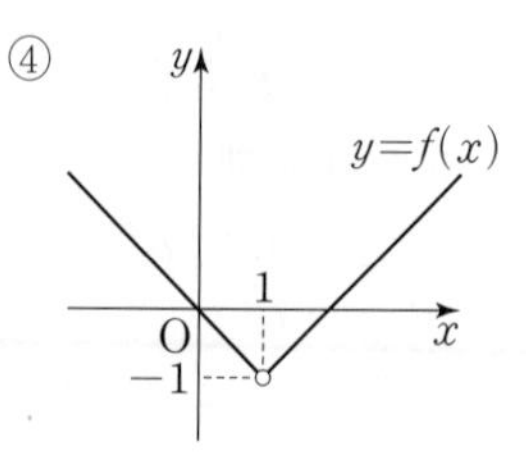

⑤
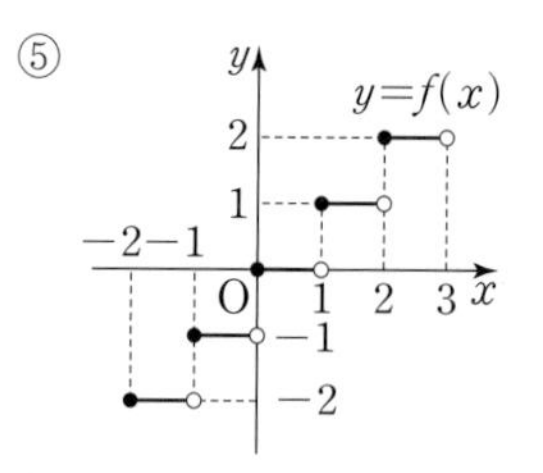

0021 Level 1

함수 $y=f(x)$의 그래프가 그림과 같을 때, 실수 a에 대하여 다음 중 $\lim_{x\to a} f(x)$의 값이 존재하는 것은?

①
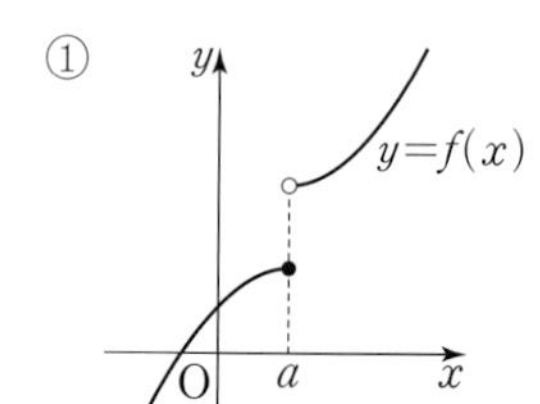

②
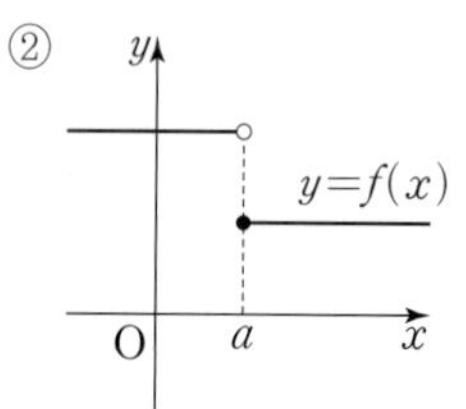

③
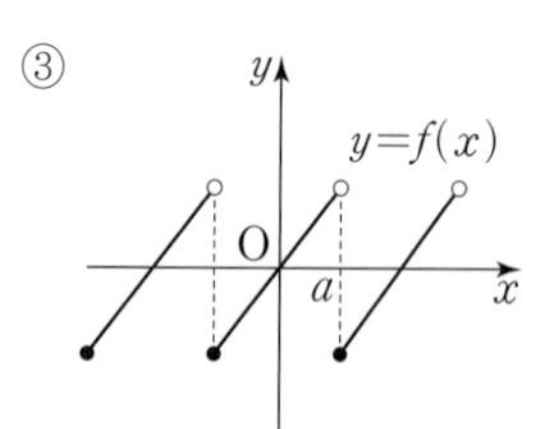

④
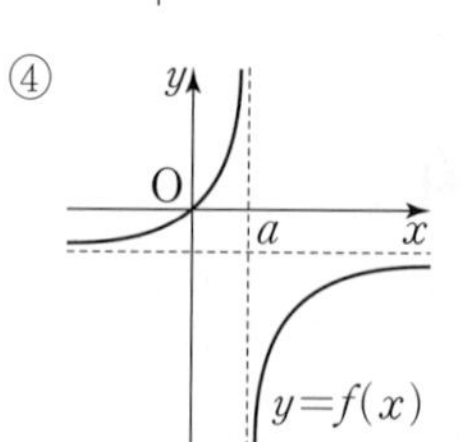

⑤
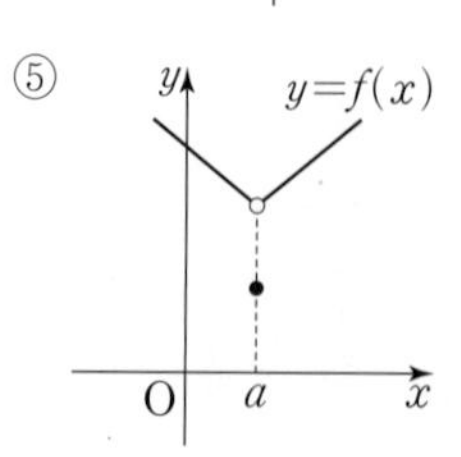

0022

Level 1

정의역이 $\{x \mid -3 \le x \le 3\}$인 함수 $y=f(x)$의 그래프가 그림과 같을 때, 다음 중 $\lim_{x \to a} f(x)$의 값이 존재하지 않는 실수 a의 값은?

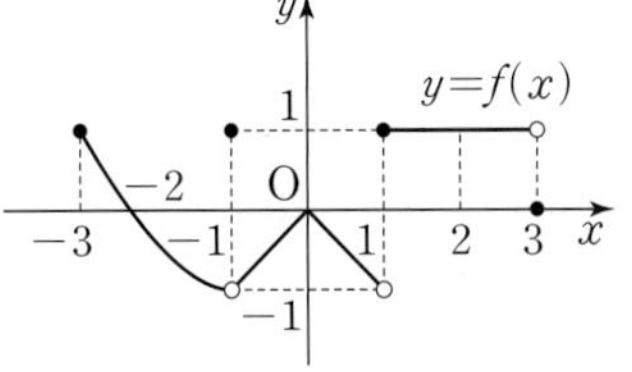

① -2 ② -1 ③ 0
④ 1 ⑤ 2

0023

Level 1

정의역이 $\{x \mid -1 \le x \le 6\}$인 함수 $y=f(x)$의 그래프가 그림과 같을 때, $\lim_{x \to a} f(x)$의 값이 존재하지 않는 실수 a의 개수를 구하시오. (단, $-1<a<6$)

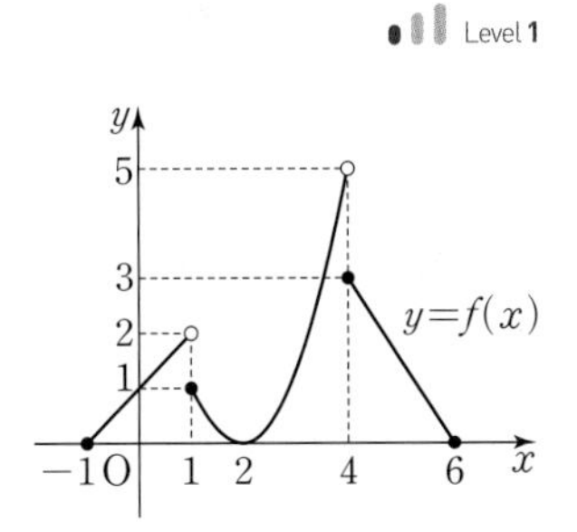

0024

Level 1

함수 $y=f(x)$의 그래프가 그림과 같을 때, 〈보기〉에서 극한값이 존재하는 것만을 있는 대로 고른 것은?

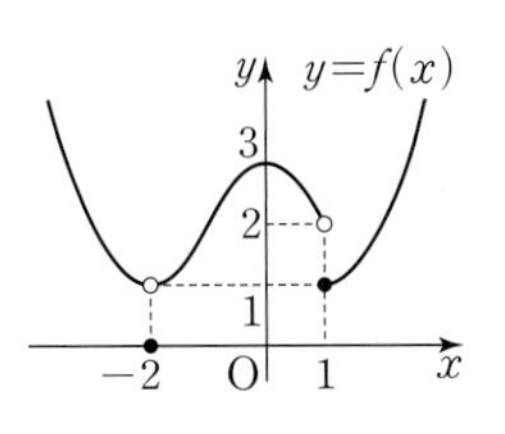

〈보기〉

ㄱ. $\lim_{x \to -2} f(x)$ ㄴ. $\lim_{x \to 0} f(x)$ ㄷ. $\lim_{x \to 1} f(x)$

① ㄱ ② ㄴ ③ ㄷ
④ ㄱ, ㄴ ⑤ ㄴ, ㄷ

0025

Level 1

함수 $y=f(x)$의 그래프가 그림과 같을 때, 〈보기〉에서 극한값이 존재하는 것만을 있는 대로 고르시오.

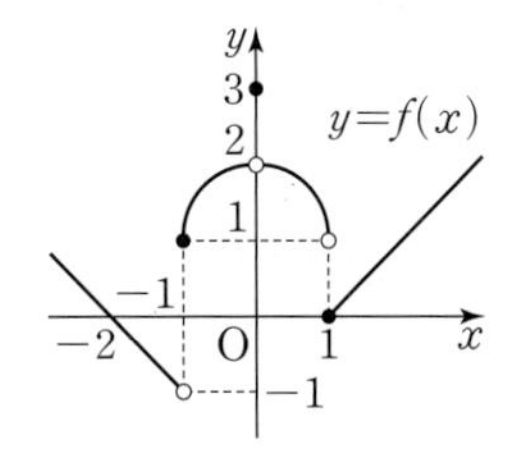

〈보기〉

ㄱ. $\lim_{x \to -1} f(x)$ ㄴ. $\lim_{x \to 0} f(x)$ ㄷ. $\lim_{x \to 1} f(x)$

0026

Level 2

$-2 \le x \le 3$에서 정의된 함수 $y=f(x)$의 그래프가 그림과 같다.

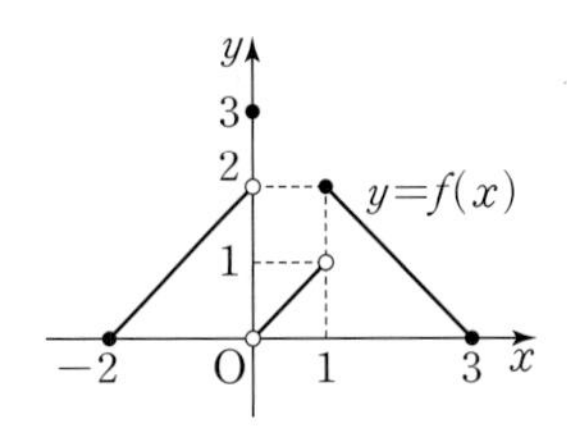

$\lim_{x \to a+} f(x) = \lim_{x \to a-} f(x)$를 만족시키는 정수 a의 값의 합을 구하시오. (단, $-2<a<3$)

0027

Level 2

$-3<x<3$에서 정의된 함수 $y=f(x)$의 그래프가 그림과 같다.

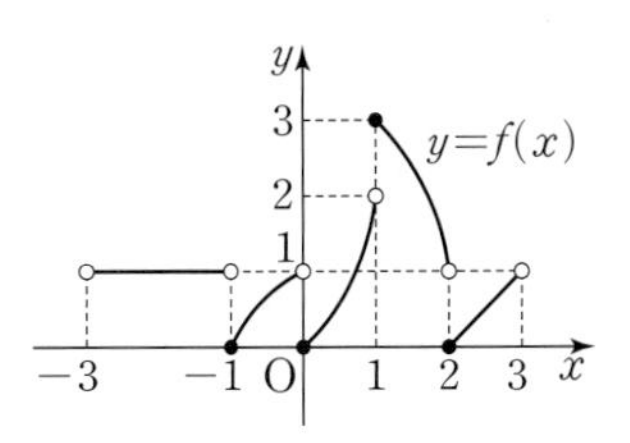

집합 $A=\left\{a \,\middle|\, \lim_{x \to a+} f(x) \ne \lim_{x \to a-} f(x),\ -3<a<3\right\}$에 대하여 $n(A)$의 값을 구하시오.

(단, $n(A)$는 집합 A의 원소의 개수이다.)

실전유형 2 그래프에서 함수의 극한값 구하기 빈출유형

(1) $\lim_{x \to a+} f(x)=L$ ← $x=a$에서의 우극한

(2) $\lim_{x \to a-} f(x)=M$ ← $x=a$에서의 좌극한

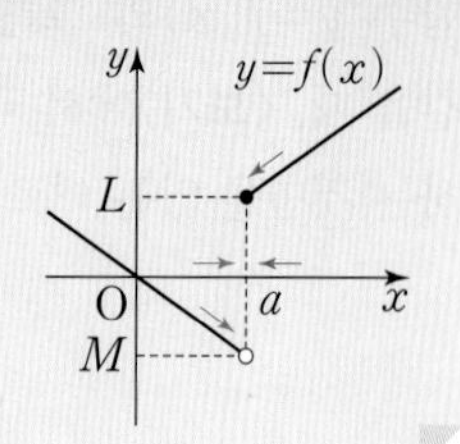

0028 대표문제

함수 $y=f(x)$의 그래프가 그림과 같다.

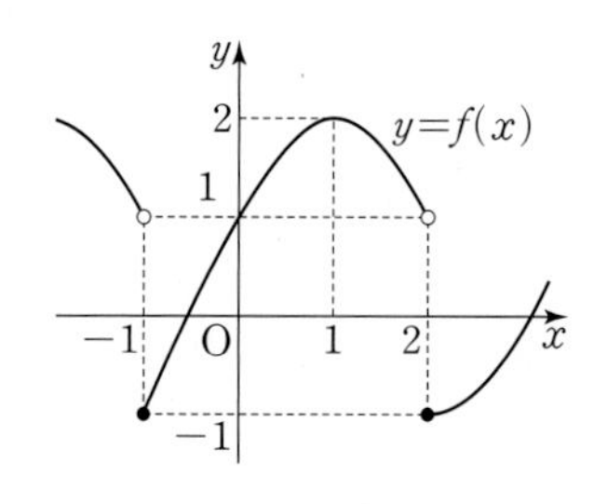

$\lim_{x \to -1-} f(x)+\lim_{x \to 1} f(x)+\lim_{x \to 2+} f(x)$의 값은?

① -2　② -1　③ 0　④ 1　⑤ 2

0029

Level 1

정의역이 $\{x|-2\le x\le 2\}$인 함수 $y=f(x)$의 그래프가 그림과 같다.

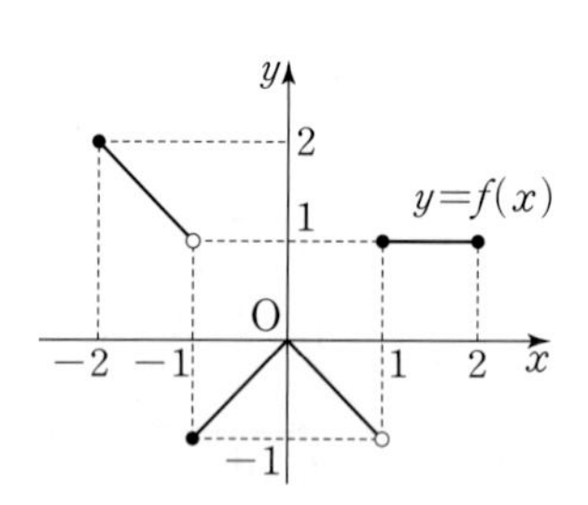

$\lim_{x \to -1-} f(x)+\lim_{x \to 1+} f(x)$의 값은?

① -2　② -1　③ 0　④ 1　⑤ 2

0030

Level 1

함수 $y=f(x)$의 그래프가 그림과 같을 때,

$\lim_{x \to -1+} f(x)+\lim_{x \to 1-} f(x)+f(0)$

의 값은?

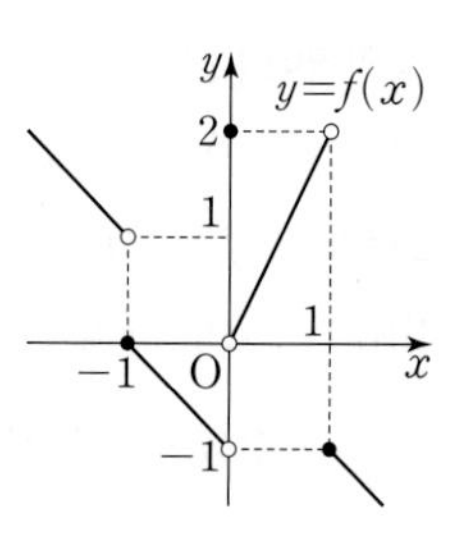

① -1　② 0　③ 2　④ 4　⑤ 5

0031

Level 2

$-3<x<3$에서 정의된 함수 $f(x)$의 그래프가 그림과 같다. 부등식

$$\lim_{x \to a-} f(x)<\lim_{x \to a+} f(x)$$

를 만족시키는 모든 실수 a의 값의 합을 구하시오.

(단, $-3<a<3$)

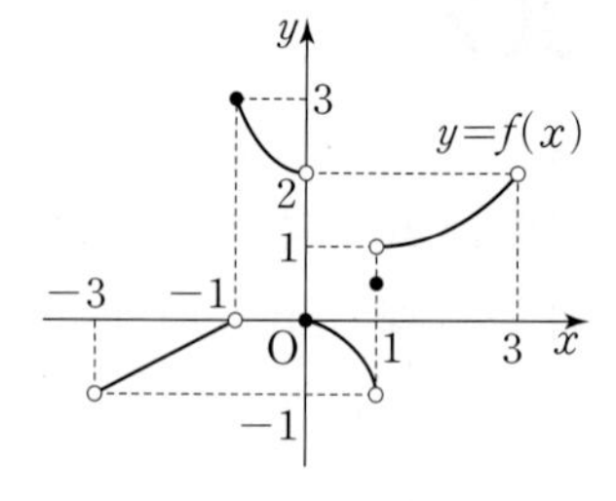

0032

Level 2

그림과 같이 이차함수 $y=f(x)$의 그래프가 x축과 만나는 점을 각각 $(a, 0)$, $(b, 0)$, y축과 만나는 점을 $(0, c)$라 하자.

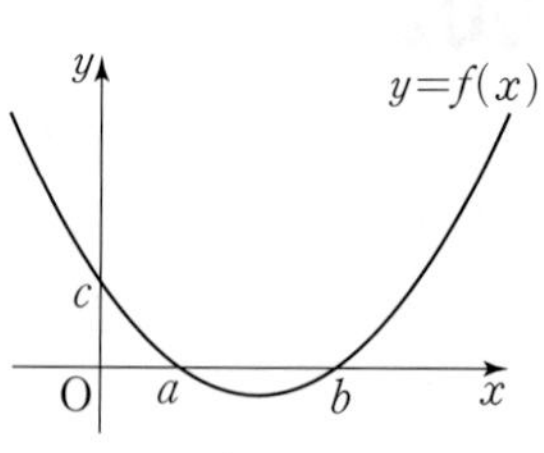

$\lim_{x \to 0} f(x)=1$, $\lim_{x \to 1} f(x)=\lim_{x \to 3} f(x)=0$일 때, $6f\left(\frac{a+b}{2}\right)$의 값은?

① -4　② -2　③ 0　④ 2　⑤ 4

0033

Level 2

$-3\le x\le 3$에서 함수 $y=f(x)$의 그래프가 그림과 같다. 함수 $f(x)$가 모든 실수 x에 대하여 $f(x+6)=f(x)$일 때, $\lim_{x\to -5-} f(x)+\lim_{x\to 9+} f(x)$의 값은?

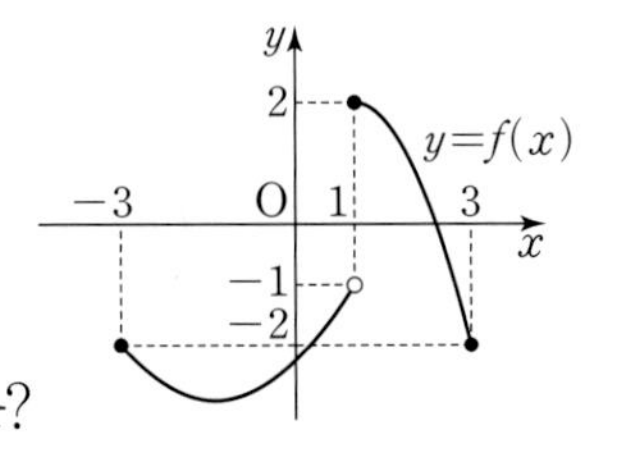

① -3　② -1　③ 0
④ 1　⑤ 3

0034

Level 2

정의역이 $\{x\,|\,-3\le x\le 3\}$인 함수 $y=f(x)$의 그래프가 $0\le x\le 3$에서 그림과 같다. 정의역에 속하는 모든 실수 x에 대하여 $f(-x)=f(x)$일 때, $\lim_{x\to -1+} f(x)+\lim_{x\to -2-} f(x)$의 값은?

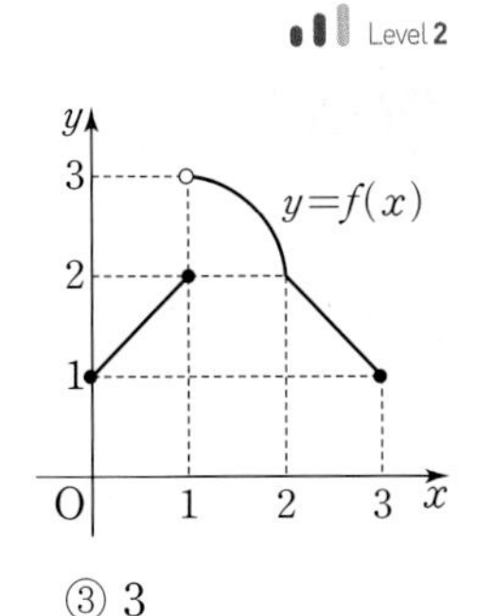

① 1　② 2　③ 3
④ 4　⑤ 5

0035

Level 2

정의역이 $\{x\,|\,-2\le x\le 2\}$인 함수 $y=f(x)$의 그래프가 $0\le x\le 2$에서 그림과 같고, 정의역에 속하는 모든 실수 x에 대하여 $f(-x)=-f(x)$이다. $\lim_{x\to -1+} f(x)+\lim_{x\to 2-} f(x)$의 값은?

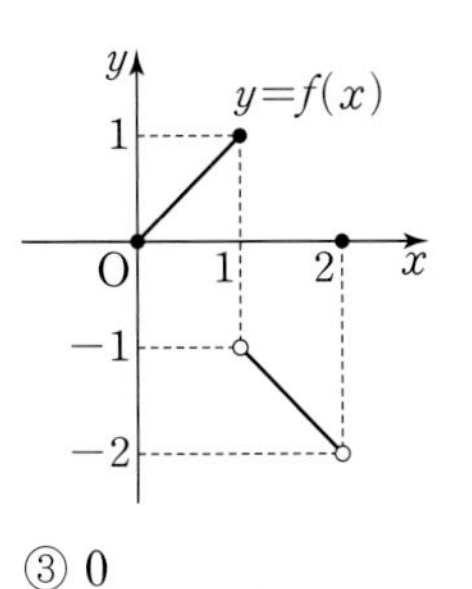

① -3　② -1　③ 0
④ 1　⑤ 3

0036 고난도

Level 3

$-2\le x\le 2$에서 정의된 함수 $y=f(x)$의 그래프가 그림과 같을 때, $\lim_{x\to 0-} f(x)+\lim_{x\to 1-} f^{-1}(x)$의 값을 구하시오.
(단, $f^{-1}(x)$는 함수 $f(x)$의 역함수이다.)

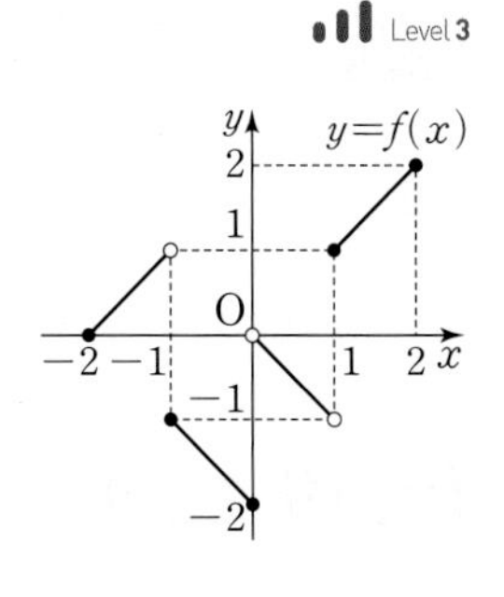

+Plus 문제

다음은 이 유형에서 출제된 최근 교육청 • 평가원 기출문제입니다.

0037 • 교육청 2020년 4월

Level 1

함수 $y=f(x)$의 그래프가 그림과 같다.

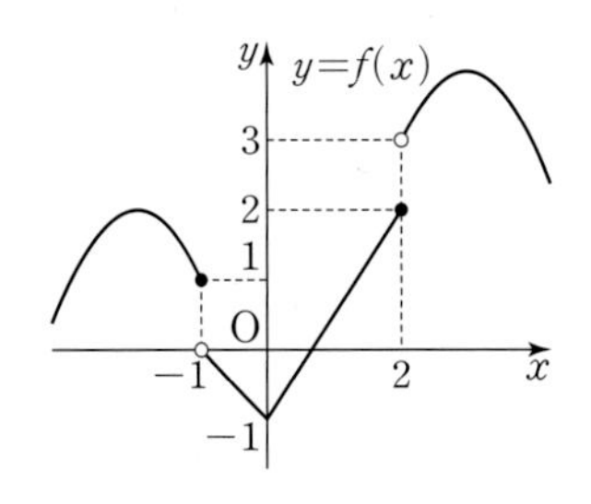

$f(-1)+\lim_{x\to 2+} f(x)$의 값은?

① 1　② 2　③ 3
④ 4　⑤ 5

0038 • 평가원 2020학년도 9월

Level 1

닫힌구간 $[-2,\ 2]$에서 정의된 함수 $y=f(x)$의 그래프가 그림과 같다. $\lim_{x\to 0+} f(x)+\lim_{x\to 2-} f(x)$의 값은?

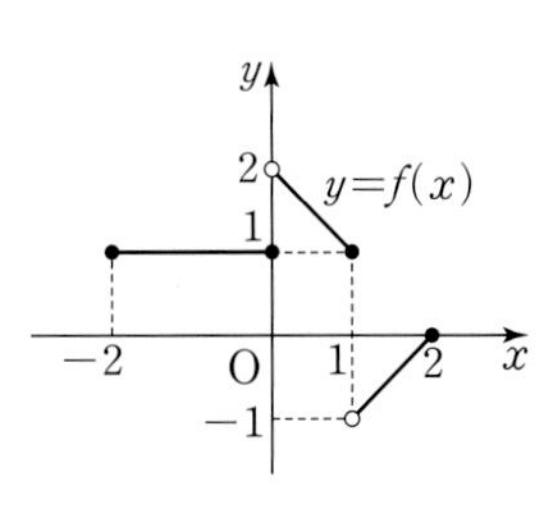

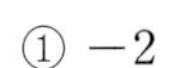

① -2　② -1
③ 0　④ 1
⑤ 2

실전 유형 3 함수의 극한값의 존재 조건-식

함수 $f(x)=\begin{cases} g(x) & (x\ge a) \\ h(x) & (x<a) \end{cases}$ 꼴이면

$\lim_{x\to a+} f(x)=\lim_{x\to a+} g(x)$, $\lim_{x\to a-} f(x)=\lim_{x\to a-} h(x)$

0039 대표문제

함수 $f(x)=\begin{cases} x^2-x+1 & (x\ge 2) \\ -2x+k & (x<2) \end{cases}$에 대하여 $\lim_{x\to 2} f(x)$의 값이 존재하기 위한 상수 k의 값을 구하시오.

0040 Level 2

함수 $f(x)=\begin{cases} -x+5 & (|x|\ge 1) \\ x^2-2x+3 & (|x|<1) \end{cases}$에 대하여 $\lim_{x\to a} f(x)$의 값이 존재하지 않는 실수 a의 값은?

① -2 ② -1 ③ 0
④ 1 ⑤ 2

0041 Level 2

함수 $f(x)=\begin{cases} (x-3)^2+k & (x>1) \\ 3x+5 & (x\le 1) \end{cases}$에 대하여 $\lim_{x\to 1} f(x)$의 값이 존재할 때, $f(4)$의 값은? (단, k는 상수이다.)

① 4 ② 5 ③ 6
④ 7 ⑤ 8

0042 Level 2

함수 $f(x)=\begin{cases} -(x-2)^2+3 & (|x|\le 2) \\ x+1 & (|x|>2) \end{cases}$에 대하여 〈**보기**〉에서 극한값이 존재하는 것만을 있는 대로 고른 것은?

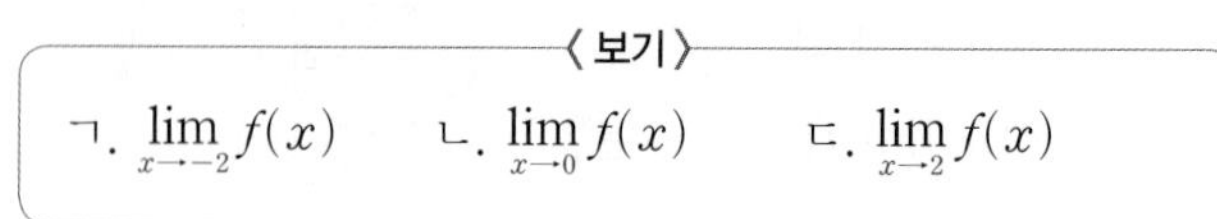
〈보기〉
ㄱ. $\lim_{x\to -2} f(x)$ ㄴ. $\lim_{x\to 0} f(x)$ ㄷ. $\lim_{x\to 2} f(x)$

① ㄱ ② ㄴ ③ ㄷ
④ ㄱ, ㄷ ⑤ ㄴ, ㄷ

0043 Level 2

함수 $f(x)=\begin{cases} x^2+2x+3 & (x<0) \\ a & (0\le x<2) \\ x+b & (x\ge 2) \end{cases}$가 임의의 실수 k에 대하여 $\lim_{x\to k} f(x)$의 값이 존재할 때, 상수 a, b에 대하여 $a+b$의 값을 구하시오.

0044 Level 2

함수 $f(x)=\begin{cases} -x^2+1 & (x<k) \\ 0 & (k\le x<k+1) \\ (x-a)^2-1 & (x\ge k+1) \end{cases}$이 임의의 실수 p에 대하여 $\lim_{x\to p} f(x)$의 값이 존재할 때, 상수 a, k에 대하여 $a+k$의 최댓값은?

① -2 ② 0 ③ 2
④ 4 ⑤ 6

실전 유형 4 식에서 함수의 극한값 구하기

(1) 함수 $f(x)$가 다항함수이면 $\lim_{x\to a} f(x)=f(a)$

(2) $f(x)=\begin{cases} g(x) & (x\ge a) \\ h(x) & (x<a) \end{cases}$ 꼴이면

$\lim_{x\to a+} f(x)=\lim_{x\to a+} g(x)$, $\lim_{x\to a-} f(x)=\lim_{x\to a-} h(x)$

0045 대표문제

함수 $f(x)=\begin{cases} x^2-2x+2 & (x\le 1) \\ 4-2x & (x>1) \end{cases}$에 대하여

$\lim_{x\to 1-} f(x)+\lim_{x\to 1+} f(x)$의 값은?

① -1　② 0　③ 1
④ 2　⑤ 3

0046

Level 2

함수 $f(x)=\begin{cases} -x+2 & (x<0) \\ x^2-x+1 & (0\le x<1) \\ x+1 & (x\ge 1) \end{cases}$에 대하여

$\lim_{x\to 0-} f(x)+\lim_{x\to 1-} f(x)+\lim_{x\to 1+} f(x)$의 값을 구하시오.

0047

Level 2

함수 $f(x)=\begin{cases} |x-2|+1 & (x\ge 2) \\ -x^2+x+3 & (x<2) \end{cases}$에 대하여

$\lim_{x\to 2-} f(x)+\lim_{x\to 2+} f(x)$의 값은?

① 1　② 2　③ 3
④ 4　⑤ 5

0048

Level 2

함수 $f(x)=\begin{cases} -\frac{1}{x-2}-1 & (x<1) \\ 2 & (x=1) \\ 1-\frac{1}{x^2} & (x>1) \end{cases}$에 대하여

$\lim_{x\to 1} f(x)$의 값은?

① 0　② 1　③ 2
④ 3　⑤ 5

0049

Level 3

실수 t에 대하여 직선 $y=t$가 함수 $y=|x^2-1|$의 그래프와 만나는 점의 개수를 $f(t)$라 할 때, $\lim_{t\to 1-} f(t)$의 값은?

① 1　② 2　③ 3
④ 4　⑤ 5

0050

Level 3

x가 양수일 때, x보다 작은 자연수 중에서 소수의 개수를 $f(x)$라 하고, 함수 $g(x)$를

$$g(x)=\begin{cases} f(x) & (x>2f(x)) \\ \frac{1}{f(x)} & (x\le 2f(x)) \end{cases}$$

이라 하자. 예를 들어 $f\left(\frac{7}{2}\right)=2$이고, $\frac{7}{2}<2f\left(\frac{7}{2}\right)$이므로 $g\left(\frac{7}{2}\right)=\frac{1}{2}$이다. $\lim_{x\to 8+} g(x)=\alpha$, $\lim_{x\to 8-} g(x)=\beta$라 할 때, $\frac{\alpha}{\beta}$의 값을 구하시오.

실전유형 5 함수의 극한에 대한 성질 빈출유형

$\lim_{x\to a} f(x)=L$, $\lim_{x\to a} g(x)=M$ (L, M은 실수)일 때

(1) $\lim_{x\to a} cf(x)=c\lim_{x\to a} f(x)=cL$ (단, c는 상수)

(2) $\lim_{x\to a}\{f(x)+g(x)\}=\lim_{x\to a} f(x)+\lim_{x\to a} g(x)=L+M$

$\lim_{x\to a}\{f(x)-g(x)\}=\lim_{x\to a} f(x)-\lim_{x\to a} g(x)=L-M$

(3) $\lim_{x\to a} f(x)g(x)=\lim_{x\to a} f(x)\times\lim_{x\to a} g(x)=LM$

(4) $\lim_{x\to a}\frac{f(x)}{g(x)}=\frac{\lim_{x\to a} f(x)}{\lim_{x\to a} g(x)}=\frac{L}{M}$ (단, $\lim_{x\to a} g(x)\neq0$, $M\neq0$)

0051 대표문제

두 함수 $f(x)$, $g(x)$에 대하여

$$\lim_{x\to1} f(x)=4,\ \lim_{x\to1} g(x)=-3$$

일 때, 〈**보기**〉에서 옳은 것만을 있는 대로 고른 것은?

〈보기〉

ㄱ. $\lim_{x\to1}\{f(x)+g(x)\}=1$

ㄴ. $\lim_{x\to1}\{3f(x)-2g(x)\}=18$

ㄷ. $\lim_{x\to1} f(x)g(x)=-12$

① ㄱ ② ㄴ ③ ㄷ
④ ㄱ, ㄴ ⑤ ㄱ, ㄴ, ㄷ

0052 Level 1

함수 $f(x)$에 대하여 $\lim_{x\to2}(x+1)f(x)=3$일 때, $\lim_{x\to2}(x^2-4x-5)f(x)$의 값을 구하시오.

0053 Level 1

두 함수 $f(x)$, $g(x)$에 대하여 $\lim_{x\to1}\frac{f(x)}{g(x)}=3$일 때, $\lim_{x\to1}\frac{f(x)+g(x)}{2f(x)-g(x)}$의 값을 구하시오.

0054 Level 1

함수 $f(x)$에 대하여 $\lim_{x\to0}\frac{f(x)}{x}=1$일 때, $\lim_{x\to0}\frac{x^2-2f(x)}{x+f(x)}$의 값은?

① -2 ② -1 ③ 0
④ 1 ⑤ 2

0055 Level 2

두 함수 $f(x)$, $g(x)$에 대하여

$$\lim_{x\to0}\{f(x)+g(x)\}=6,\ \lim_{x\to0}\{f(x)-g(x)\}=4$$

일 때, $\lim_{x\to0} f(x)g(x)$의 값은?

① $\sqrt{5}$ ② $\sqrt{10}$ ③ $\sqrt{15}$
④ $2\sqrt{5}$ ⑤ 5

0056 Level 2

두 함수 $f(x)$, $g(x)$에 대하여

$$\lim_{x\to1} f(x)=3,\ \lim_{x\to1}\{2f(x)-g(x)\}=4$$

일 때, $\lim_{x\to1}\frac{f(x)+g(x)}{f(x)-g(x)}$의 값은?

① -7 ② $\frac{1}{5}$ ③ 1
④ 5 ⑤ 7

0057

Level 2

두 함수 $f(x)$, $g(x)$에 대하여

$$\lim_{x\to1}\{f(x)+2\}=5,\ \lim_{x\to1}f(x)g(x)=6$$

일 때, $\lim_{x\to1}\frac{(x+2)g(x)}{f(x)}$의 값은?

① 1　② $\frac{3}{2}$　③ 2
④ $\frac{5}{2}$　⑤ 3

0058

Level 2

두 함수 $f(x)$, $g(x)$에 대하여

$$\lim_{x\to1}\{f(x)+x\}=3,\ \lim_{x\to1}\frac{g(x)}{f(x)}=2$$

일 때, $\lim_{x\to1}\frac{f(x)}{(x^2+1)\{g(x)-1\}}$의 값은?

① $\frac{1}{3}$　② $\frac{2}{3}$　③ 1
④ $\frac{4}{3}$　⑤ $\frac{5}{3}$

0059

Level 2

두 함수 $f(x)$, $g(x)$에 대하여

$$\lim_{x\to\infty}f(x)=\infty,\ \lim_{x\to\infty}\{f(x)-g(x)\}=3$$

일 때, $\lim_{x\to\infty}\frac{2f(x)-g(x)}{f(x)-2g(x)}$의 값은?

① -2　② -1　③ 0
④ 1　⑤ 2

0060

Level 2

두 함수 $f(x)$, $g(x)$에 대하여

$$\lim_{x\to\infty}f(x)=\infty,\ \lim_{x\to\infty}\{3f(x)-2g(x)\}=1$$

일 때, $\lim_{x\to\infty}\frac{7f(x)-g(x)}{2f(x)+3g(x)}$의 값을 구하시오.

0061 고난도

Level 3

두 함수 $f(x)$, $g(x)$가 다음 조건을 만족시킬 때, 〈**보기**〉에서 옳은 것만을 있는 대로 고른 것은?

(가) $\lim_{x\to\infty}f(x)=\infty$
(나) $\lim_{x\to\infty}\{2f(x)-g(x)\}=3$

〈 보기 〉

ㄱ. $\lim_{x\to\infty}\{f(x)+g(x)\}=\infty$
ㄴ. $\lim_{x\to\infty}\frac{f(x)-2g(x)}{3f(x)-g(x)}=3$
ㄷ. $\lim_{x\to\infty}\frac{(x-1)f(x)}{(2x+1)g(x)}=\frac{1}{4}$

① ㄱ　② ㄱ, ㄴ　③ ㄱ, ㄷ
④ ㄴ, ㄷ　⑤ ㄱ, ㄴ, ㄷ

+Plus 문제

다음은 이 유형에서 출제된 최근 교육청 • 평가원 기출문제입니다.

0062 • 2018학년도 대학수학능력시험

Level 2

함수 $f(x)$가 $\lim_{x\to1}(x+1)f(x)=1$을 만족시킬 때, $\lim_{x\to1}(2x^2+1)f(x)=a$이다. $20a$의 값을 구하시오.

실전유형 6 함수의 극한에 대한 성질 – 그래프

(1) $\lim_{x \to a+} \{f(x)+g(x)\} = \lim_{x \to a-} \{f(x)+g(x)\}$이면
극한값 $\lim_{x \to a} \{f(x)+g(x)\}$가 존재한다.

(2) $\lim_{x \to a+} f(x)g(x) = \lim_{x \to a-} f(x)g(x)$이면
극한값 $\lim_{x \to a} f(x)g(x)$가 존재한다.

0063 대표문제

두 함수 $y=f(x)$, $y=g(x)$의 그래프가 그림과 같을 때, 〈**보기**〉에서 극한값이 존재하는 것만을 있는 대로 고른 것은?

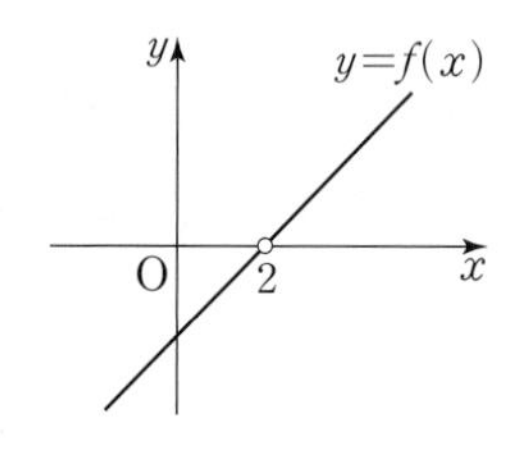

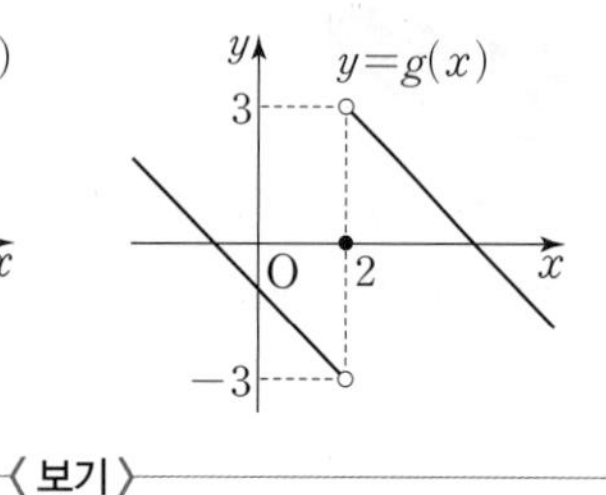

〈보기〉

ㄱ. $\lim_{x \to 2} \{f(x)+g(x)\}$

ㄴ. $\lim_{x \to 2} [\{f(x)\}^2+\{g(x)\}^2]$

ㄷ. $\lim_{x \to 2} f(x)g(x)$

① ㄱ　② ㄴ　③ ㄷ
④ ㄱ, ㄴ　⑤ ㄴ, ㄷ

0064 Level 1

함수 $y=f(x)$의 그래프가 그림과 같을 때, $\lim_{x \to 1-} (2-x)f(x)$의 값은?

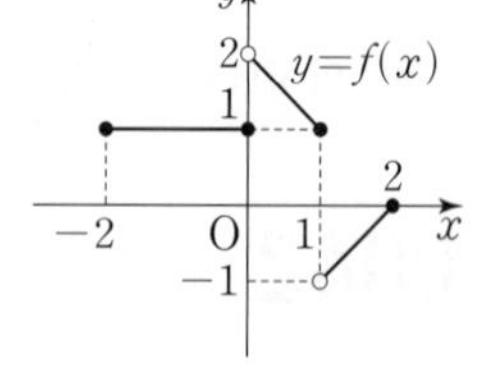

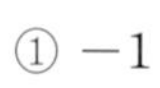

① -1　② 0
③ 1　④ 2
⑤ 3

0065 Level 1

두 함수 $f(x)$, $g(x)$의 그래프가 그림과 같다.

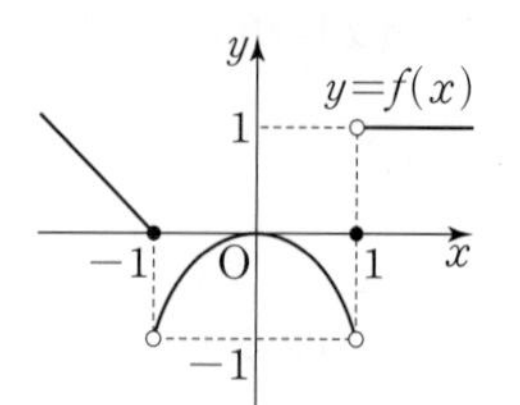

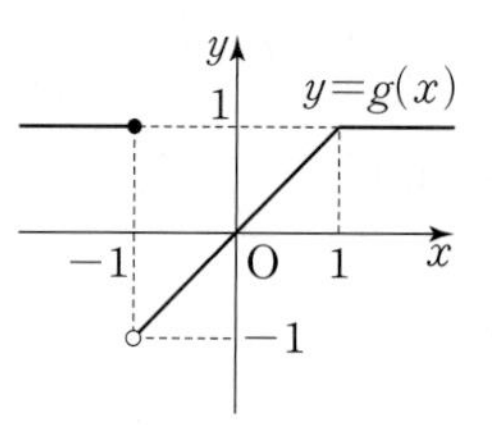

$\lim_{x \to -1+} f(x)g(x)$의 값을 구하시오.

0066 Level 1

두 함수 $y=f(x)$, $y=g(x)$의 그래프가 그림과 같다.

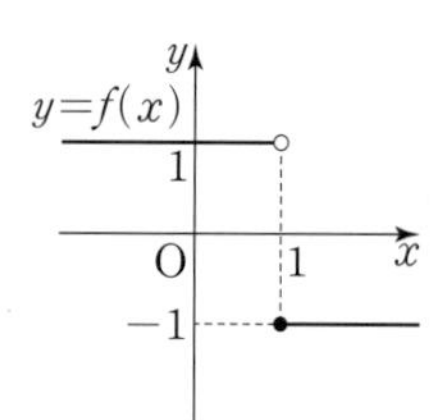

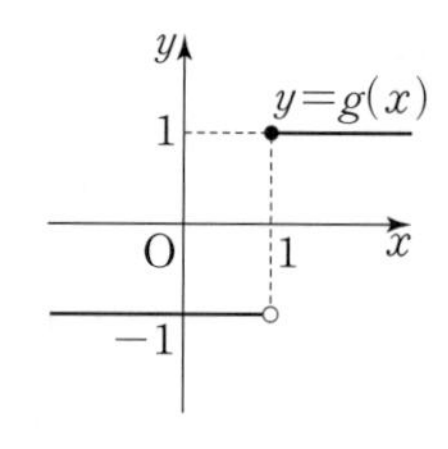

$\lim_{x \to 1} \{f(x)+g(x)\}$의 값을 구하시오.

0067 Level 2

함수 $y=f(x)$의 그래프가 그림과 같다. 함수 $g(x)=(x-1)f(x)$일 때, 〈**보기**〉에서 옳은 것만을 있는 대로 고른 것은?

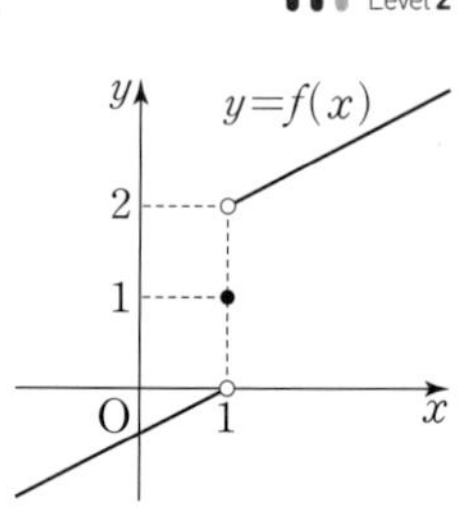

〈보기〉

ㄱ. $\lim_{x \to 1} f(x)$의 값은 존재하지 않는다.

ㄴ. $\lim_{x \to 1} g(x)$의 값이 존재한다.

ㄷ. $\lim_{x \to 1} f(x)g(x)$의 값은 존재하지 않는다.

① ㄱ　② ㄴ　③ ㄱ, ㄴ
④ ㄴ, ㄷ　⑤ ㄱ, ㄴ, ㄷ

0068

Level 2

두 함수 $y=f(x)$, $y=g(x)$의 그래프가 그림과 같다.

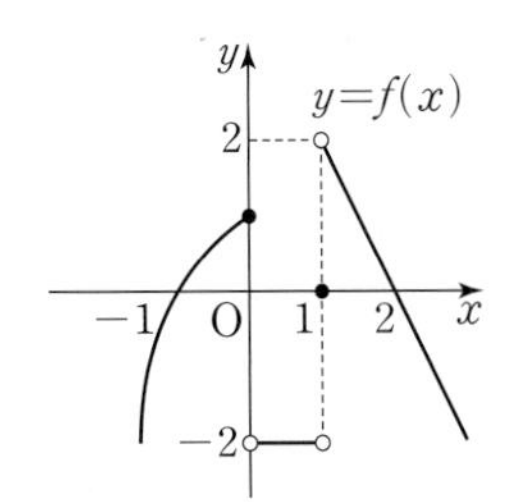
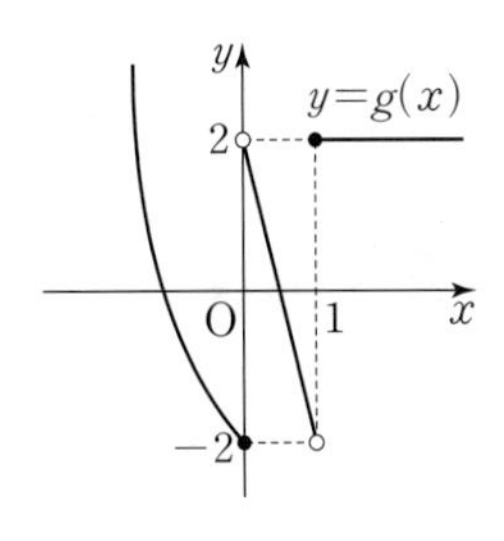

$x=1$에서의 극한값이 존재하는 함수만을 〈보기〉에서 있는 대로 고른 것은?

〈보기〉

ㄱ. $f(x)+g(x)$ ㄴ. $f(x)g(x)$ ㄷ. $\dfrac{f(x)}{g(x)}$

① ㄴ ② ㄷ ③ ㄱ, ㄴ
④ ㄴ, ㄷ ⑤ ㄱ, ㄴ, ㄷ

다음은 이 유형에서 출제된 최근 교육청 • 평가원 기출문제입니다.

0069 • 교육청 2020년 10월

Level 2

함수 $y=f(x)$의 그래프가 그림과 같다.

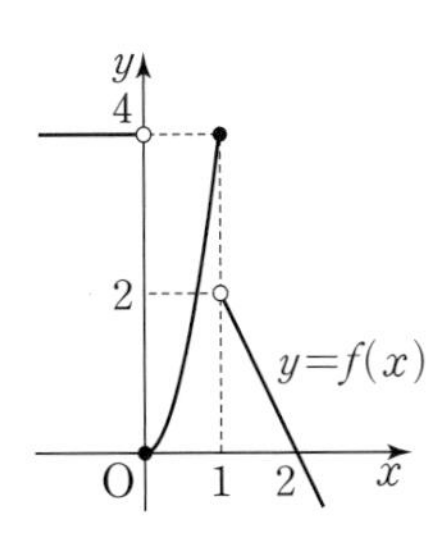

$\lim_{x\to 1+} f(x)-\lim_{x\to 0-}\dfrac{f(x)}{x-1}$의 값은?

① -6 ② -3 ③ 0
④ 3 ⑤ 6

실전 유형 7 $\dfrac{0}{0}$ 꼴의 극한 - 유리식

분모, 분자가 모두 다항식인 경우
→ 다항식을 인수분해한 후 공통인수는 약분한다.

0070 대표문제

$\lim_{x\to 2}\dfrac{x^3-8}{x^2-4}$의 값은?

① 3 ② 4 ③ 5
④ 6 ⑤ 7

0071

Level 1

$\lim_{x\to 2}\dfrac{x^2+2x-8}{x-2}$의 값은?

① 2 ② 4 ③ 6
④ 8 ⑤ 10

0072

Level 1

$\lim_{x\to -2}\dfrac{x^2+6x+8}{x^2-4}$의 값을 구하시오.

0073

Level 1

$\lim_{x\to -1}\dfrac{x^3-2x-1}{x^3+1}$의 값을 구하시오.

0074

Level 2

$\lim_{x\to0}\frac{\{f(x)\}^2}{f(x^2)}=4$를 만족시키는 함수 $f(x)$를 〈**보기**〉에서 있는 대로 고르시오.

〈**보기**〉

ㄱ. $f(x)=4|x|$

ㄴ. $f(x)=2x^2+2x$

ㄷ. $f(x)=x+\frac{4}{x}$

0075

Level 2

$\lim_{x\to1}\frac{(x^3-1)(x^3+1)}{x^4-1}+\lim_{x\to-1}\frac{(x^3-1)(x^3+1)}{x^4-1}$의 값은?

① $\frac{3}{2}$ ② 2 ③ $\frac{5}{2}$
④ 3 ⑤ $\frac{7}{2}$

0076

Level 2

$\lim_{x\to1}\frac{x^2+x^4+x^6+x^8+x^{10}-5}{x-1}$의 값을 구하시오.

다음은 이 유형에서 출제된 최근 교육청 • 평가원 기출문제입니다.

0077

• 평가원 2021학년도 9월

Level 1

$\lim_{x\to-1}\frac{x^2+9x+8}{x+1}$의 값은?

① 6 ② 7 ③ 8
④ 9 ⑤ 10

실전유형 8 $\frac{0}{0}$ 꼴의 극한 - 무리식

분모 또는 분자에 근호($\sqrt{\ }$)가 포함된 식이 있는 경우
➜ 근호가 있는 부분을 유리화한 후 약분한다.

0078 대표문제

$\lim_{x\to2}\frac{\sqrt{x^2-3}-1}{x-2}$의 값은?

① 0 ② $\frac{1}{2}$ ③ 1
④ $\frac{3}{2}$ ⑤ 2

0079

Level 1

$\lim_{x\to4}\frac{x-4}{\sqrt{x+12}-4}$의 값은?

① 6 ② 7 ③ 8
④ 9 ⑤ 10

0080

Level 2

$\lim_{x\to8}\frac{\sqrt[3]{x}-2}{x-8}$의 값은?

① $\frac{1}{8}$ ② $\frac{1}{12}$ ③ $\frac{1}{16}$
④ $\frac{1}{20}$ ⑤ $\frac{1}{24}$

0081

Level 2

$\lim_{x\to0}\frac{\sqrt{1+2x}-\sqrt{1-2x}}{x}$의 값은?

① $\frac{1}{4}$ ② $\frac{1}{2}$ ③ 1
④ $\frac{3}{2}$ ⑤ 2

0082

Level 2

$\lim_{x\to0}\frac{20x}{\sqrt{4+x}-\sqrt{4-x}}$의 값을 구하시오.

0083

Level 2

$\lim_{x\to3}\frac{x^3-3x^2}{\sqrt{4x-3}-\sqrt{2x+3}}$의 값을 구하시오.

0084

Level 2

$\lim_{x\to0}\frac{\sqrt{1+x^2}-\sqrt{1-x^2}}{\sqrt{1+2x}-\sqrt{1-2x}}$의 값은?

① -1 ② 0 ③ 1
④ 4 ⑤ 9

실전 유형 9 $\frac{\infty}{\infty}$ 꼴의 극한

$\frac{\infty}{\infty}$ 꼴의 극한은 다음과 같은 순서로 구한다.

❶ 분모의 최고차항으로 분모, 분자를 각각 나눈다.

❷ $\lim_{x\to\infty}\frac{a}{x^n}=0$ (a는 0이 아닌 상수, n은 자연수)임을 이용하여 극한값을 구한다.

참고 (1) (분자의 차수)=(분모의 차수)인 경우
➡ 극한값은 최고차항의 계수의 비이다.
(2) (분자의 차수)<(분모의 차수)인 경우
➡ 극한값은 0이다.
(3) (분자의 차수)>(분모의 차수)인 경우
➡ 극한값은 없다. (발산)

0085 대표문제

$\lim_{x\to\infty}\frac{3x-2}{\sqrt{4x^2+3x}+x}$의 값은?

① $\frac{1}{2}$ ② 1 ③ $\frac{3}{2}$
④ 2 ⑤ $\frac{5}{2}$

0086

Level 1

$\lim_{x\to\infty}\frac{(x+1)(3x-2)}{2x^2+x-3}$의 값은?

① $\frac{1}{3}$ ② $\frac{1}{2}$ ③ $\frac{2}{3}$
④ 1 ⑤ $\frac{3}{2}$

0087

Level 1

$\lim_{x\to-\infty}\frac{7-2x-4x^2}{2+x+2x^2}$의 값은?

① -2 ② -1 ③ 0
④ 1 ⑤ 2

0088

Level 1

$\lim_{x\to-\infty}\frac{3x-\sqrt{x^2-1}}{x+2}$의 값은?

① 1　② 2　③ 3
④ 4　⑤ 5

0089

Level 2

$\lim_{x\to-\infty}\frac{\sqrt{x^2-3x}+3x}{\sqrt{x^2-1}-\sqrt{3-x}}$의 값을 구하시오.

0090 신경향

Level 2

다음은 함수의 극한값을 구하는 과정이다. 이 과정에서 처음으로 잘못된 부분을 찾고, 극한값을 바르게 구한 것은?

$$\lim_{x\to-\infty}\frac{\sqrt{x^2+1}}{x+1}=\lim_{x\to-\infty}\frac{\frac{\sqrt{x^2+1}}{x}}{1+\frac{1}{x}} \quad \cdots ㉠$$

$$=\lim_{x\to-\infty}\frac{\sqrt{\frac{x^2+1}{x^2}}}{1+\frac{1}{x}} \quad \cdots ㉡$$

$$=\lim_{x\to-\infty}\frac{\sqrt{1+\frac{1}{x^2}}}{1+\frac{1}{x}} \quad \cdots ㉢$$

$$=1 \quad \cdots ㉣$$

① ㉡, 0　② ㉡, -1　③ ㉢, 0
④ ㉢, -1　⑤ ㉣, -1

0091

Level 2

함수 $f(x)=x(x+2)$에 대하여 $\lim_{x\to\infty}\frac{f(x+2)-f(x)}{x-2}$의 값은?

① 1　② 2　③ 3
④ 4　⑤ 5

0092

Level 2

$\lim_{x\to\infty}\frac{2+x+ax^2}{1-2x+x^2}=5$일 때, 상수 a의 값을 구하시오.

0093

Level 3

자연수 n과 0이 아닌 상수 a에 대하여
$\lim_{x\to\infty}\frac{ax^n+3}{x^3+2x+4}=4$일 때, $a-n$의 값을 구하시오.

+Plus 문제

0094

Level 3

함수 $f(x)=\lim_{t\to-\infty}\frac{x^2+t(4x^2-x-10)}{\sqrt{t^2+2023x^2}}$은 $x=a$에서 최댓값을 갖는다. a의 값은?

① $\frac{1}{9}$　② $\frac{1}{8}$　③ $\frac{1}{7}$
④ $\frac{1}{6}$　⑤ $\frac{1}{5}$

실전 유형 10 $\infty-\infty$ 꼴의 극한

① 다항식 ➔ 최고차항으로 묶는다.
② 무리식 ➔ 근호가 있는 쪽을 유리화한다.

0095 대표문제

$\lim_{x \to \infty} (\sqrt{x^2+2x}-x)$의 값은?

① 0 ② 1 ③ 2
④ 3 ⑤ 4

0096 Level 1

$\lim_{x \to -\infty} (\sqrt{4x^2+x}+2x)$의 값을 구하시오.

0097 Level 2

$\lim_{x \to \infty} (\sqrt{2x^2+3x+10}-\sqrt{2x^2-3x+10})$의 값을 구하시오.

0098 Level 2

함수 $f(x)=x^2-4x$에 대하여
$\lim_{x \to -\infty} \{\sqrt{f(x)}-\sqrt{f(-x)}\}$의 값은?

① 1 ② 2 ③ 3
④ 4 ⑤ 5

0099 Level 2

$\lim_{x \to \infty} \{\sqrt{x^2+2x+2}-(ax-1)\}=b$일 때, $2ab$의 값은?
(단, a, b는 상수이다.)

① -4 ② -2 ③ 2
④ 4 ⑤ 6

0100 Level 2

$\lim_{x \to a} \frac{x^2-a^2}{x-a}=4$이고, $\lim_{x \to \infty} (\sqrt{x^2+ax+1}-\sqrt{x^2+bx+1})=\frac{1}{2}$일 때, $a+b$의 값은? (단, a, b는 상수이다.)

① 3 ② 5 ③ 7
④ 9 ⑤ 11

다음은 이 유형에서 출제된 최근 교육청 • 평가원 기출문제입니다.

0101 • 교육청 2018년 9월 Level 2

함수 $f(x)=a(x-1)^2+1$에 대하여
$\lim_{x \to \infty} \{\sqrt{f(-x)}-\sqrt{f(x)}\}=6$일 때, 양수 a의 값은?

① 3 ② 5 ③ 7
④ 9 ⑤ 11

01

실전유형 11 $\infty \times 0$ 꼴의 극한

통분 또는 유리화하여

$\frac{0}{0}$, $\frac{\infty}{\infty}$, $\infty \times a$, $\frac{a}{\infty}$ (a는 0이 아닌 상수) 꼴로 변형한다.

0102 대표문제

$\lim_{x \to 1} \frac{1}{x-1}\left(\frac{2x^2}{x+1}-1\right)$의 값을 구하시오.

0103 Level 1

$\lim_{x \to 1} \frac{1}{x^2-1}\left(1-\frac{4}{x+3}\right)$의 값은?

① $\frac{1}{10}$ ② $\frac{1}{9}$ ③ $\frac{1}{8}$
④ $\frac{1}{7}$ ⑤ $\frac{1}{6}$

0104 Level 1

$\lim_{x \to 0} \frac{2}{x}\left(\frac{1}{\sqrt{x+4}}-\frac{1}{2}\right)$의 값은?

① $-\frac{1}{8}$ ② $-\frac{1}{4}$ ③ 0
④ $\frac{1}{4}$ ⑤ $\frac{1}{8}$

0105 Level 2

$\lim_{x \to -\infty} x^2\left(1+\frac{x}{\sqrt{x^2+2}}\right)$의 값을 구하시오.

0106 Level 2

함수 $f(x)=x\left(\frac{\sqrt{x+1}}{\sqrt{x-1}}-1\right)$에 대하여 $\lim_{x \to \infty} f(x)$의 값은?

① -2 ② -1 ③ 0
④ 1 ⑤ 2

0107 Level 2

이차방정식 $x^2-3x-4=0$의 두 실근을 α, β라 할 때,
$\lim_{x \to \infty} 2\sqrt{x}(\sqrt{x+\alpha}-\sqrt{x+\beta})$의 값은? (단, $\alpha>\beta$)

① 3 ② 4 ③ 5
④ 6 ⑤ 7

0108 Level 3

함수 $f(x)=x^2-x+1$에 대하여
$\lim_{n \to \infty} n^2\left\{f\left(\frac{1}{n}+1\right)-f(1)\right\}^2$의 값은?

① 1 ② 2 ③ 3
④ 4 ⑤ 5

실전유형 12 $f(x)$를 포함한 극한값의 계산

주어진 값을 이용할 수 있도록 식을 변형한다.

0109 대표문제

다항식 $f(x)$가 $\lim_{x \to 1} \frac{f(x)-1}{x^2-1}=15$를 만족시킬 때, $\lim_{x \to 1} \frac{\{f(x)\}^2-f(x)}{x^3-1}$의 값은?

① 2　② 4　③ 6
④ 8　⑤ 10

0110 Level 1

$\lim_{x \to 9} f(x)=2$일 때, $\lim_{x \to 9} \frac{f(x)(x-9)}{\sqrt{x}-3}$의 값은?

① 8　② 9　③ 10
④ 11　⑤ 12

0111 Level 1

$\lim_{x \to 1} f(x)=3$일 때, $\lim_{x \to 1} \frac{f(x)(x^2-1)}{\sqrt{x}-1}$의 값을 구하시오.

0112 Level 2

$\lim_{x \to 0} \frac{f(x)}{x}=4$일 때, $\lim_{x \to 0} \frac{f(x)}{\sqrt{x^2+4x+1}-(x+1)}$의 값을 구하시오.

0113 Level 2

$\lim_{x \to \infty} \frac{2f(x)}{\sqrt{x^4-f(x)}+f(x)}=3$일 때, $\lim_{x \to \infty} \frac{f(x)}{x^2}$의 값은?

① -1　② -2　③ -3
④ -4　⑤ -5

0114 Level 2

함수 $f(x)$에 대하여 $\lim_{x \to 2} \frac{f(x)-3}{x-2}=5$일 때, $\lim_{x \to 2} \frac{x-2}{\{f(x)\}^2-9}$의 값은?

① $\frac{1}{5}$　② $\frac{1}{6}$　③ $\frac{1}{10}$
④ $\frac{1}{15}$　⑤ $\frac{1}{30}$

실전 유형 13 절댓값 기호를 포함한 함수의 극한값

절댓값의 성질을 이용하여 좌극한과 우극한을 구한다.

(1) $x \to 0+$일 때, $x>0$이므로 $\lim_{x \to 0+} |x| = \lim_{x \to 0+} x = 0$

(2) $x \to 0-$일 때, $x<0$이므로 $\lim_{x \to 0-} |x| = \lim_{x \to 0-} (-x) = 0$

0115 대표문제

<보기>에서 극한값이 존재하는 것만을 있는 대로 고른 것은?

<보기>

ㄱ. $\lim_{x \to 0} |x|$　　ㄴ. $\lim_{x \to 0} x|x|$　　ㄷ. $\lim_{x \to 0} \frac{|x|}{x}$

① ㄱ　② ㄴ　③ ㄱ, ㄴ
④ ㄱ, ㄷ　⑤ ㄴ, ㄷ

0116

Level 1

함수 $f(x)$에 대하여

$$f(x)=\begin{cases} \frac{x^2}{4} & (|x|<2) \\ 0 & (|x|=2) \\ -|x|+4 & (|x|>2) \end{cases}$$

일 때, $\lim_{x \to a-} f(x)=2$를 만족시키는 상수 a의 값을 구하시오.

0117

Level 1

함수 $f(x)=\frac{x^2-3x+2}{|x-1|}$에 대하여

$$\lim_{x \to 1-} f(x)=a,\ \lim_{x \to 1+} f(x)=b$$

라 할 때, 실수 a, b에 대하여 $a+b$의 값을 구하시오.

0118

Level 1

함수 $f(x)=\frac{x^3+1}{|x+1|}$에 대하여

$$\lim_{x \to -1-} f(x)=a,\ \lim_{x \to -1+} f(x)=b$$

라 할 때, 실수 a, b에 대하여 ab의 값은?

① -9　② -3　③ 0
④ 3　⑤ 9

0119

Level 1

$\lim_{x \to 0+} \frac{x^2+x}{|x|}=a$, $\lim_{x \to 1-} \frac{x+|x-1|}{x}=b$라 할 때, 실수 a, b에 대하여 $a+b$의 값은?

① -2　② -1　③ 0
④ 1　⑤ 2

0120

Level 2

함수 $f(x)=\frac{\sqrt{x}+2-|\sqrt{x}-2|-4}{\sqrt{x}-2}$에 대하여 $\lim_{x \to 4+} f(x)+\lim_{x \to 4-} f(x)$의 값은?

① -2　② -1　③ 0
④ 1　⑤ 2

0121

Level 3

$-3<x<3$에서 정의된 함수 $y=f(x)$의 그래프가 그림과 같다.

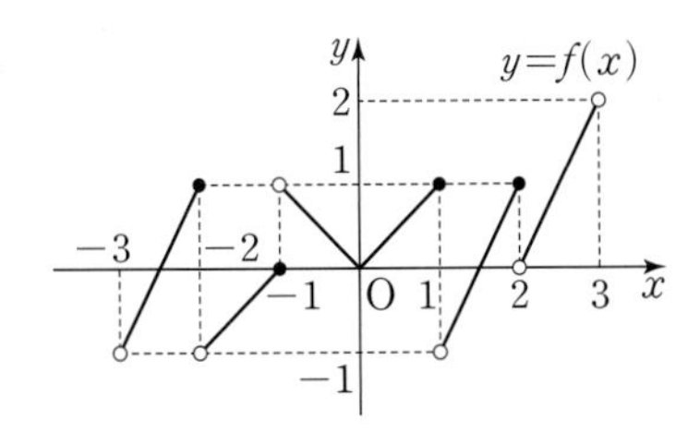

$-3<n<3$인 정수 n에 대하여 $\lim_{x \to n}|f(x)|$의 값이 존재하는 모든 정수 n의 값의 합을 a, $\lim_{x \to n}|f(x)-1|$의 값이 존재하는 모든 정수 n의 개수를 b라 할 때, $a+b$의 값은?

① -2　② -1　③ 0
④ 1　⑤ 2

0122

Level 3

함수 $f(x)=|x-1|$에 대하여

$$\lim_{x \to 1}\frac{f(x-k)-f(k+1)}{x-1}=1$$

을 만족시키는 정수 k의 최댓값을 구하시오.

0123 고난도

Level 3

$\lim_{x \to 0}\frac{|x-a|+b}{x}$에 대한 설명으로 〈**보기**〉에서 옳은 것만을 있는 대로 고른 것은? (단, a, b는 상수이다.)

〈보기〉

ㄱ. $a=0$일 때, 극한값이 존재하지 않는다.
ㄴ. $a>0$일 때, $a+b=0$이면 극한값이 존재하지 않는다.
ㄷ. $a<0$일 때, $a-b=0$이면 극한값이 존재하지 않는다.

① ㄱ　② ㄱ, ㄴ　③ ㄱ, ㄷ
④ ㄴ, ㄷ　⑤ ㄱ, ㄴ, ㄷ

심화유형 14 가우스 기호를 포함한 함수의 극한값

$[x]$는 x보다 크지 않은 최대의 정수임을 이용하여 좌극한과 우극한을 구한다. 이때 정수 n에 대하여
(1) $x \to n+$일 때, $n<x<n+1$이므로 $\lim_{x \to n+}[x]=n$
(2) $x \to n-$일 때, $n-1<x<n$이므로 $\lim_{x \to n-}[x]=n-1$

0124 대표문제

함수 $f(x)=x-[x]$에 대하여 $\lim_{x \to 2+}f(x)+\lim_{x \to 2-}f(x)$의 값은? (단, $[x]$는 x보다 크지 않은 최대의 정수이다.)

① -2　② -1　③ 0
④ 1　⑤ 2

0125

Level 1

$\lim_{x \to 0+}[x]+\lim_{x \to -1-}[x]$의 값은?

(단, $[x]$는 x보다 크지 않은 최대의 정수이다.)

① -2　② -1　③ 0
④ 1　⑤ 2

0126

Level 2

$\lim_{x \to 0+}\frac{[x]+1}{x+1}=a$, $\lim_{x \to 0-}\frac{[x+1]}{x+1}=b$일 때, $a+b$의 값은?

(단, $[x]$는 x보다 크지 않은 최대의 정수이다.)

① -2　② -1　③ 0
④ 1　⑤ 2

0127

Level 2

함수 $f(x)=[x]^2+[x]$에 대하여 $\lim_{x\to a} f(x)$의 값이 존재하도록 하는 정수 a의 값은?

(단, $[x]$는 x보다 크지 않은 최대의 정수이다.)

① -3 ② -2 ③ -1
④ 0 ⑤ 1

0128

Level 2

$\lim_{x\to 2-} \frac{2[x]^2+[2x^2]}{[x]}$의 값을 구하시오.

(단, $[x]$는 x보다 크지 않은 최대의 정수이다.)

0129

Level 2

함수 $f(x)=[x]^2+k[x^2]$에 대하여 $\lim_{x\to -1} f(x)$의 값이 존재하도록 하는 상수 k의 값은?

(단, $[x]$는 x보다 크지 않은 최대의 정수이다.)

① -5 ② -3 ③ 1
④ 3 ⑤ 5

0130

Level 2

$\lim_{x\to\infty} \frac{2}{x}[x]$의 값을 구하시오.

(단, $[x]$는 x보다 크지 않은 최대의 정수이다.)

0131

Level 2

$\lim_{x\to\infty} \frac{3x-2[x]}{2x+3[x]}$의 값은?

(단, $[x]$는 x보다 크지 않은 최대의 정수이다.)

① 0 ② $\frac{1}{10}$ ③ $\frac{1}{5}$
④ $\frac{2}{3}$ ⑤ $\frac{3}{2}$

0132

Level 2

$\lim_{x\to\infty} (\sqrt{x^2+[x]}-x)$의 값은?

(단, $[x]$는 x보다 크지 않은 최대의 정수이다.)

① -1 ② $-\frac{1}{2}$ ③ 0
④ $\frac{1}{2}$ ⑤ 1

실전유형 15 치환을 이용한 극한값의 계산

$\lim_{x\to a}\frac{f(x-a)}{x-a}$에서 $x-a=t$로 치환하면

$x\to a$일 때 $t\to 0$이므로 $\lim_{t\to 0}\frac{f(t)}{t}$의 형태로 변형한 후

극한값을 구한다.

0133 대표문제

다항함수 $f(x)$에 대하여

$$\lim_{x\to 1}\frac{f(x)}{x-1}=1,\ \lim_{x\to 4}\frac{f(x-2)}{x-1}=3$$

일 때, $\lim_{x\to 3}\frac{f(x-2)f(x-1)}{x-3}$의 값은?

① 7　② 9　③ 11　④ 13　⑤ 15

0134 Level 1

정의역이 $\{x\,|\,-2\le x\le 2\}$인 함수 $y=f(x)$의 그래프가 그림과 같다. $\lim_{x\to -1}f(x)+\lim_{x\to 1+}f(x-1)$의 값은?

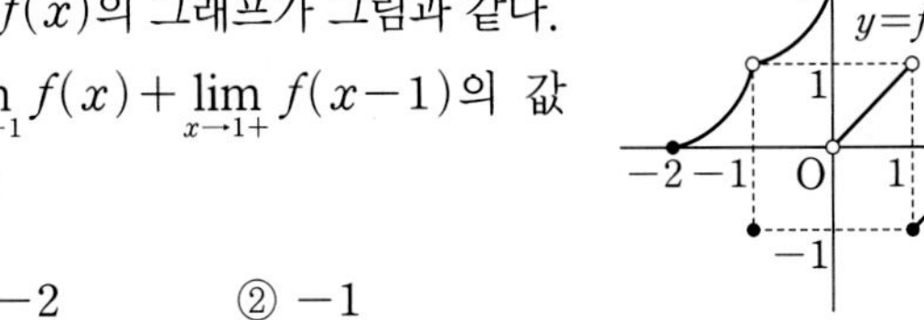

① -2　② -1　③ 0　④ 1　⑤ 2

0135 Level 1

함수 $y=f(x)$의 그래프가 그림과 같다. $\lim_{x\to -1-}f(x)=a$일 때, $\lim_{x\to a+}f(x+3)$의 값을 구하시오.

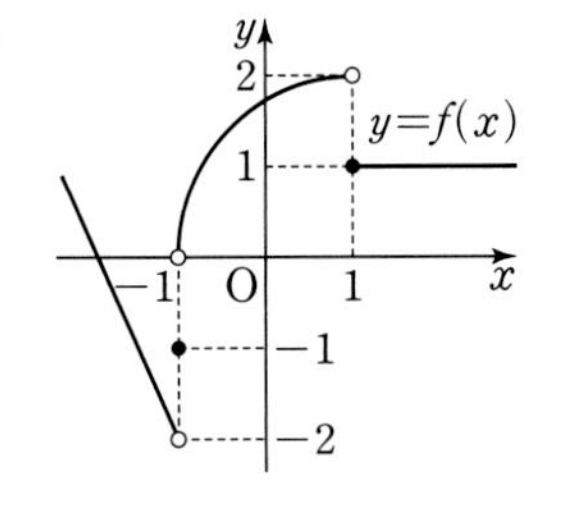

0136 Level 2

함수 $y=f(x)$의 그래프가 그림과 같다. $\lim_{x\to 0-}f(x)f(x+2)$의 값은?

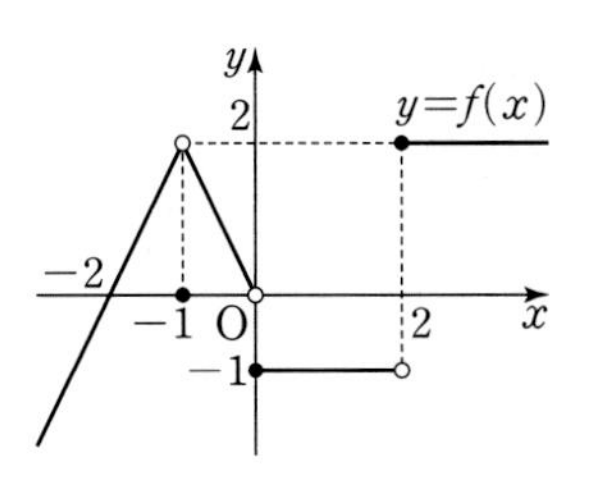

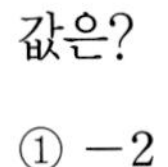

① -2　② -1　③ 0　④ 1　⑤ 2

0137 Level 2

함수 $y=f(x)$의 그래프가 그림과 같다. $\lim_{x\to 1+}f(x)f(1-x)$의 값은?

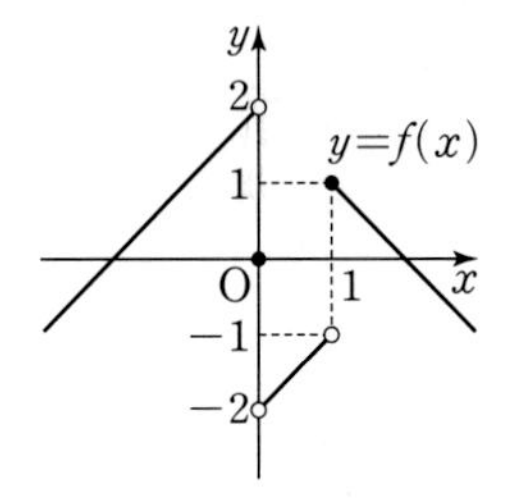

① -2　② -1　③ 0　④ 1　⑤ 2

0138 Level 2

함수 $y=f(x)$의 그래프가 그림과 같다.

$\lim_{x\to -1+}f(x+1)+\lim_{x\to -1-}f(-x-1)$의 값은?

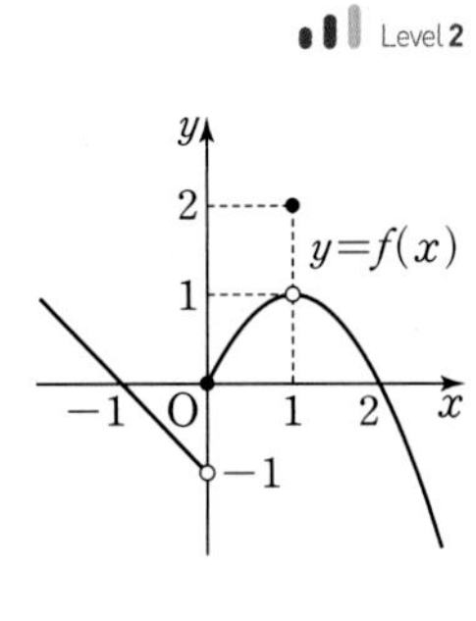

① -2　② -1　③ 0　④ 1　⑤ 2

0139

Level 2

함수 $y=f(x)$의 그래프가 그림과 같다.

$\lim_{x\to0+}f(x+1)+\lim_{x\to0-}f(-x-1)$

의 값은?

① -2 ② -1
③ 0 ④ 1
⑤ 2

0140

Level 3

다항함수 $f(x)$에 대하여 $\lim_{x\to0}\dfrac{f(x)}{x}=24$일 때,

$\lim_{x\to1}\dfrac{f(x-1)}{x^2-1}$의 값은?

① -12 ② -6 ③ 0
④ 6 ⑤ 12

+Plus 문제

0141

Level 3

다항함수 $f(x)$에 대하여

$$\lim_{x\to0+}\frac{xf\left(\frac{1}{x}\right)-1}{1-x}=-2$$

일 때, $\lim_{x\to\infty}\dfrac{f(x)}{x}$의 값은?

① -2 ② -1 ③ 0
④ 1 ⑤ 2

심화유형 16 합성함수의 극한

함수 $f(x)$, $g(x)$에 대하여 $\lim_{x\to a+}g(f(x))$의 값은 $f(x)=t$로 놓고 다음을 이용한다.

$x\to a+$일 때

(1) $t\to b+$이면 $\lim_{x\to a+}g(f(x))=\lim_{t\to b+}g(t)$

(2) $t\to b-$이면 $\lim_{x\to a+}g(f(x))=\lim_{t\to b-}g(t)$

(3) $t=b$이면 $\lim_{x\to a+}g(f(x))=g(b)$

0142 대표문제

함수 $y=f(x)$의 그래프가 그림과 같다. $\lim_{x\to3}f(f(x))$의 값은?

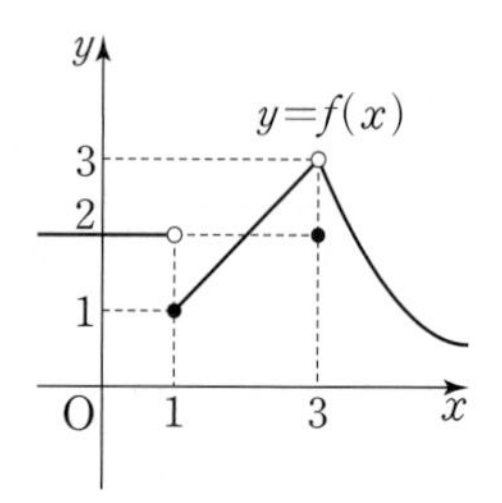

① -1 ② 0
③ 1 ④ 2
⑤ 3

0143

Level 1

함수 $y=f(x)$의 그래프가 그림과 같다. $f(0)+\lim_{x\to0-}f(f(x))$의 값을 구하시오.

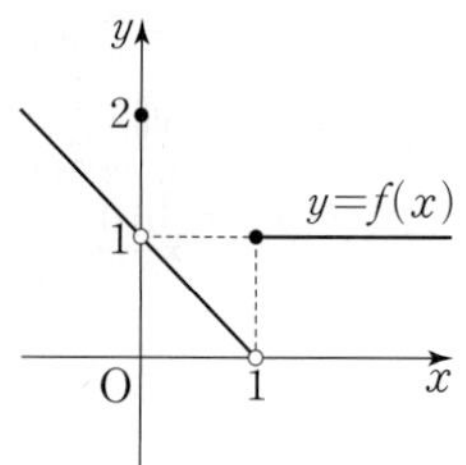

0144

Level 1

함수 $y=f(x)$의 그래프가 그림과 같다.

$\lim_{x\to1+}f(-x)+\lim_{x\to0-}f(f(x))$의 값은?

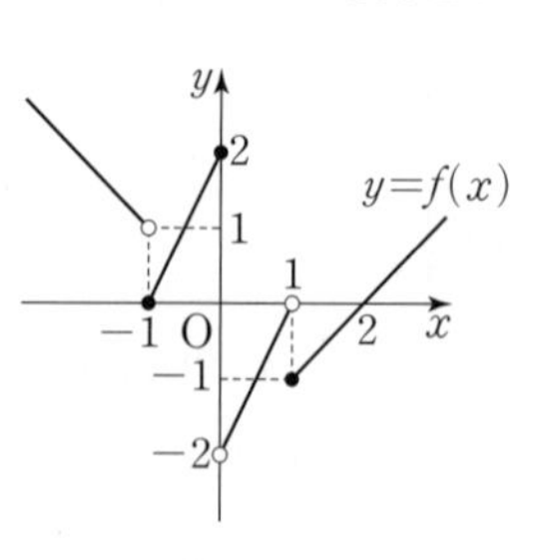

① -2 ② -1
③ 0 ④ 1
⑤ 2

0145

Level 2

함수 $f(x)$에 대하여

$$f(x)=\begin{cases} -x & (x<0) \\ 1 & (0\le x<1) \\ x-1 & (x\ge 1) \end{cases}$$

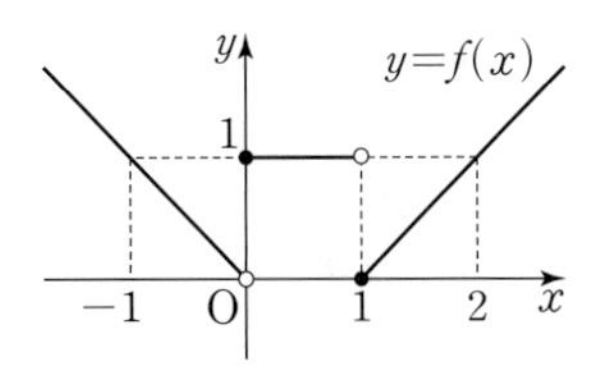

이고, 그 그래프는 그림과 같다. 〈**보기**〉에서 옳은 것만을 있는 대로 고른 것은?

〈보기〉

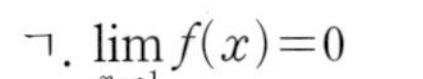

ㄱ. $\lim_{x\to 1} f(x)=0$　　ㄴ. $\lim_{x\to 1+} f(f(x))=1$

ㄷ. $\lim_{x\to 2-} f(f(x))=1$

① ㄴ　② ㄷ　③ ㄱ, ㄴ
④ ㄱ, ㄷ　⑤ ㄴ, ㄷ

0146

Level 2

$-2\le x\le 2$에서 정의된 두 함수 $y=f(x)$, $y=g(x)$의 그래프가 그림과 같다.

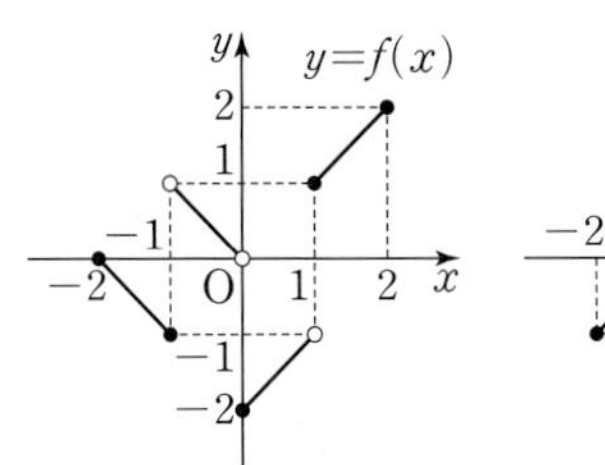

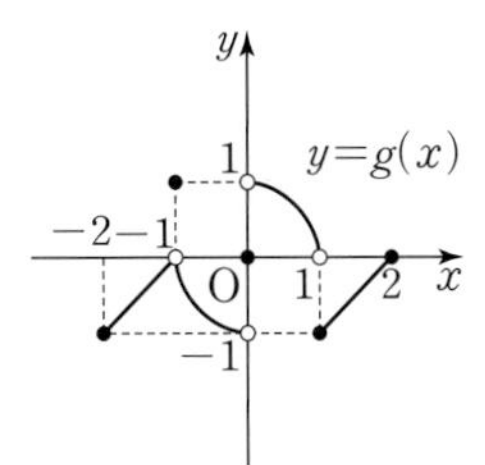

〈**보기**〉에서 극한값이 존재하는 것만을 있는 대로 고른 것은?

〈보기〉

ㄱ. $\lim_{x\to 1} g(f(x))$　　ㄴ. $\lim_{x\to 0} g(f(x))$

ㄷ. $\lim_{x\to -1} f(g(x))$

① ㄱ　② ㄴ　③ ㄷ
④ ㄱ, ㄴ　⑤ ㄴ, ㄷ

0147

Level 3

$-2\le x\le 2$에서 정의된 두 함수 $y=f(x)$, $y=g(x)$의 그래프가 그림과 같다.

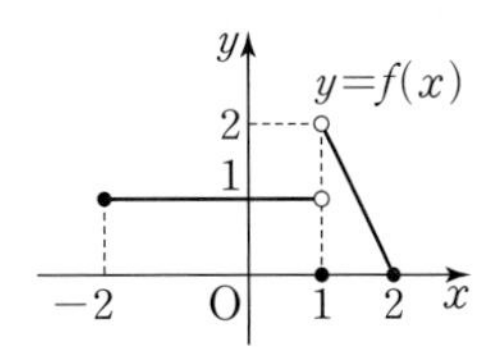

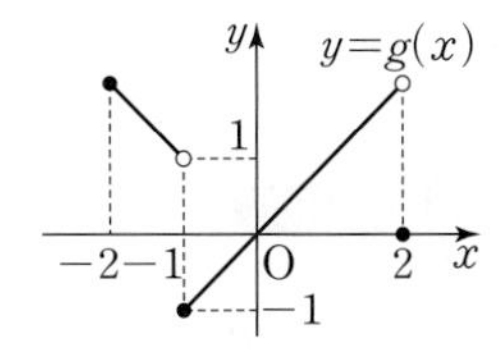

$\lim_{x\to -1+} f(x+2)+\lim_{x\to 1+} g(x-2)+\lim_{x\to 0} (f\circ g)(x)$의 값을 구하시오.

Plus 문제

0148

Level 3

두 함수 $f(x)$, $g(x)$에 대하여

$$f(x)=\begin{cases} x^2-x+1 & (x\ge 1) \\ -x^2+x+1 & (x<1) \end{cases}$$

$$g(x)=\begin{cases} |x^2-1| & (|x|\ge 1) \\ x^2 & (|x|<1) \end{cases}$$

일 때, $\lim_{x\to 1+} g(f(x))$의 값을 구하시오.

다음은 이 유형에서 출제된 최근 교육청 · 평가원 기출문제입니다.

0149 · 교육청 2020년 3월

Level 2

함수 $f(x)$의 그래프가 그림과 같다.

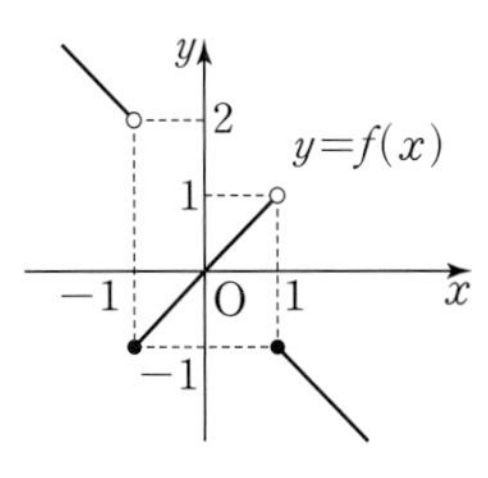

$\lim_{x\to 0+} f(x-1)+\lim_{x\to 1+} f(f(x))$의 값은?

① -2　② -1　③ 0
④ 1　⑤ 2

실전유형 17 미정계수의 결정 – 유리식 빈출유형

$x \to a$일 때
(1) 극한값이 존재하고 (분모)$\to 0$이면 ➔ (분자)$\to 0$
(2) 0이 아닌 극한값이 존재하고 (분자)$\to 0$이면 ➔ (분모)$\to 0$

0150 대표문제

$\lim_{x \to 1} \frac{x^2+x-2}{x^2-a} = \frac{b}{2}$ $(b \neq 0)$일 때,
$\lim_{x \to b} \frac{x^2-b^2}{x^2-ax-6}$의 값은? (단, a, b는 상수이다.)

① $\frac{4}{5}$　② 1　③ $\frac{6}{5}$
④ $\frac{7}{5}$　⑤ $\frac{8}{5}$

0151 Level 1

$\lim_{x \to 2} \frac{x^2-5x+a}{x-2} = b$일 때, 상수 a, b에 대하여 ab의 값은?

① -6　② -4　③ -2
④ 4　⑤ 6

0152 Level 1

$\lim_{x \to 2} \frac{x^2-4}{x^2+ax} = b$ $(b \neq 0)$가 성립할 때, 상수 a, b에 대하여 $a+b$의 값을 구하시오.

0153 Level 2

$\lim_{x \to 2} \frac{x^2+x-6}{x^2-a}$의 값이 0이 아닌 실수일 때,
$\lim_{x \to 1} \frac{x^2-1}{x^2+ax-5}$의 값은? (단, a는 상수이다.)

① $\frac{1}{5}$　② $\frac{1}{4}$　③ $\frac{1}{3}$
④ $\frac{1}{2}$　⑤ 1

0154 Level 2

$\lim_{x \to 1} \frac{x-1}{x^2+ax+b} = 1$이 성립할 때, 상수 a, b에 대하여 a^2+b^2의 값은?

① -1　② 0　③ 1
④ 2　⑤ 3

0155 Level 2

$\lim_{x \to 0} \frac{1}{x}\left(\frac{1}{a} - \frac{1}{x+b}\right) = \frac{1}{4}$일 때, 상수 a, b에 대하여 $a+b$의 값은? (단, $a>0$, $b>0$)

① -4　② -2　③ 2
④ 4　⑤ 6

0156

Level 2

삼차함수 $f(x)=x^3+ax^2+bx+c$가

$\lim_{x\to1}\frac{f(x)-c}{x-1}=-1$을 만족시킬 때, ab의 값을 구하시오.

(단, a, b, c는 상수이다.)

0157

Level 2

이차함수 $f(x)=x^2+ax+b$가

$\lim_{h\to0}\frac{f(2h)}{h}=5$를 만족시킬 때, $10(a+b)$의 값은?

(단, a, b는 상수이다.)

① 24 ② 25 ③ 26

④ 27 ⑤ 28

0158

Level 3

$\lim_{x\to2}\frac{x^2+ax+4}{(x-2)(x^2+bx+1)}=c$일 때, $6abc$의 값은?

(단, a, b, c는 상수이고, $c>0$이다.)

① $\frac{10}{3}$ ② $\frac{20}{3}$ ③ 20

④ 40 ⑤ 60

실전유형 18 미정계수의 결정 – 무리식

빈출유형

$x\to a$일 때

(1) 극한값이 존재하고 (분모)$\to0$이면 ➔ (분자)$\to0$

(2) 0이 아닌 극한값이 존재하고 (분자)$\to0$이면 ➔ (분모)$\to0$

0159 대표문제

$\lim_{x\to1}\frac{\sqrt{x+a}-3}{2x^2-x-1}=b$일 때, 상수 a, b에 대하여 $\frac{a}{b}$의 값은?

① 64 ② 96 ③ 128

④ 144 ⑤ 160

0160

Level 1

$\lim_{x\to2}\frac{\sqrt{x-1}+a}{x-2}=b$일 때, 상수 a, b에 대하여 $a+b$의 값은?

① $-\frac{3}{2}$ ② -1 ③ $-\frac{1}{2}$

④ $\frac{1}{2}$ ⑤ 1

0161

Level 1

$\lim_{x\to3}\frac{\sqrt{ax+3}-3}{x-3}=b$일 때, 상수 a, b에 대하여 $a+b$의 값은?

① $\frac{2}{3}$ ② $\frac{4}{3}$ ③ $\frac{5}{3}$

④ $\frac{7}{3}$ ⑤ $\frac{8}{3}$

0162

Level 1

$\lim_{x \to 1} \frac{ax+b}{\sqrt{x+1}-\sqrt{2}}=2\sqrt{2}$일 때, 상수 a, b에 대하여 ab의 값은?

① -3 ② -2 ③ -1
④ 1 ⑤ 2

0163

Level 2

$\lim_{x \to 1} \frac{\sqrt{2x+a}-\sqrt{x+3}}{x^2-1}=b$일 때, 상수 a, b에 대하여 $4ab$의 값을 구하시오.

0164

Level 3

$\lim_{x \to 0} \frac{\sqrt{4x^2+ax+1}-(x+b)}{x^2}=c$일 때, 상수 a, b, c에 대하여 abc의 값을 구하시오.

+Plus 문제

다음은 이 유형에서 출제된 최근 교육청 · 평가원 기출문제입니다.

0165 · 교육청 2016년 4월

Level 1

두 상수 a, b에 대하여 $\lim_{x \to 9} \frac{x-a}{\sqrt{x}-3}=b$일 때, $a+b$의 값을 구하시오.

실전 유형 19 다항함수의 결정 $-\frac{0}{0}$ 꼴

빈출유형

다항함수 $f(x)$에 대하여 $\lim_{x \to a} \frac{f(x)}{x-a}=k$ (k는 상수)일 때
→ $f(a)=0$이므로 $f(x)$는 $x-a$를 인수로 갖는다.

0166 대표문제

삼차함수 $f(x)$가

$$\lim_{x \to 0} \frac{f(x)}{x}=4, \ \lim_{x \to 1} \frac{f(x)}{x-1}=1$$

을 만족시킬 때, $f(2)$의 값을 구하시오.

0167

Level 1

최고차항의 계수가 1인 삼차함수 $f(x)$가

$$f(-1)=2, \ f(0)=0, \ f(1)=-2$$

를 만족시킬 때, $\lim_{x \to 0} \frac{f(x)}{x}$의 값을 구하시오.

0168

Level 2

최고차항의 계수가 1인 삼차함수 $f(x)$가 $x-2$로 나누어떨어지고 $\lim_{x \to 1} \frac{f(x)}{x-1}=3$을 만족시킬 때, $f(5)$의 값은?

① 10 ② 12 ③ 14
④ 16 ⑤ 18

0169

Level 2

삼차함수 $f(x)$가 다음 조건을 만족시킨다.

(가) $f(1)=f(2)=1$ (나) $\lim_{x\to 3}\frac{f(x)-1}{x-3}=6$

$f(4)$의 값을 구하시오.

0170

Level 3

삼차함수 $f(x)$가 다음 조건을 만족시킨다.

(가) $f(0)=-2$ (나) $\lim_{x\to 1}\frac{f(x)-1}{x^2-2x+1}=-1$

$f(2)$의 값을 구하시오.

다음은 이 유형에서 출제된 최근 교육청 • 평가원 기출문제입니다.

0171 • 교육청 2019년 10월

Level 2

최고차항의 계수가 1인 이차함수 $f(x)$에 대하여 $\lim_{x\to 5}\frac{f(x)-x}{x-5}=8$일 때, $f(7)$의 값을 구하시오.

0172 • 교육청 2019년 5월

Level 2

삼차함수 $f(x)$가 다음 조건을 만족시킨다.

(가) $\lim_{x\to 1}\frac{f(x)}{x-1}=a$, $\lim_{x\to 2}\frac{f(x)}{x-2}=-6$
(나) 방정식 $f(x)=0$의 세 실근의 합은 7이다.

상수 a의 값을 구하시오.

실전유형 20 다항함수의 결정 $-\frac{\infty}{\infty}$ 꼴

빈출유형

다항함수 $f(x)$, $g(x)$에 대하여
$\lim_{x\to\infty}\frac{f(x)}{g(x)}=\alpha$ ($g(x)\neq 0$, α는 0이 아닌 실수)이면
→ ($f(x)$의 차수)=($g(x)$의 차수)이고, 최고차항의 계수의 비는 α이다.

0173 대표문제

다항함수 $f(x)$에 대하여

$$\lim_{x\to\infty}\frac{f(x)}{x^2+2x-3}=3,\ \lim_{x\to 2}\frac{f(x)}{x^2+2x-8}=-1$$

일 때, $f(1)$의 값을 구하시오.

0174

Level 1

일차함수 $f(x)=ax+b$가 다음 조건을 만족시킨다.

(가) $\lim_{x\to\infty}\frac{f(x)}{x}=3$ (나) $\lim_{x\to 0}f(x)=2$

$f(1)$의 값을 구하시오. (단, a, b는 상수이다.)

0175

Level 2

다항함수 $f(x)$가 다음 조건을 만족시킨다.

(가) $\lim_{x\to\infty}\frac{f(x)-x^3}{x^2}=3$ (나) $\lim_{x\to 1}\frac{f(x)}{x-1}=-3$

$f(2)$의 값은?

① -1 ② 4 ③ 8
④ 22 ⑤ 26

0176

Level 2

다항함수 $f(x)$에 대하여

$$\lim_{x\to\infty}\frac{x^3+2x^2+f(x)}{x^2+x+1}=1,\ \lim_{x\to-1}\frac{f(x)}{x+1}=4$$

일 때, $f(2)$의 값은?

① 1 ② 2 ③ 3 ④ 4 ⑤ 5

0177

Level 2

최고차항의 계수가 양수인 다항함수 $f(x)$는 다음 조건을 만족시킨다.

(가) $\lim_{x\to\infty}\frac{\{f(x)\}^2}{x^4}=4$ (나) $\lim_{x\to1}\frac{f(x)-x^2}{x-1}=3$

$f(10)$의 값을 구하시오.

0178

Level 2

다항함수 $f(x)$가

$$\lim_{x\to\infty}\frac{f(x)}{x^3}=0,\ \lim_{x\to0}\frac{f(x)}{x}=5$$

를 만족시킨다. 방정식 $f(x)=x$의 한 근이 -2일 때, $f(1)$의 값은?

① 6 ② 7 ③ 8 ④ 9 ⑤ 10

0179

Level 2

다항함수 $f(x)$가

$$\lim_{x\to\infty}\frac{f(x)}{x^3}=1,\ \lim_{x\to-1}\frac{f(x)}{x+1}=2$$

를 만족시킨다. $f(1)\geq8$일 때, $f(0)$의 최솟값은?

① 1 ② 2 ③ 3 ④ 4 ⑤ 5

0180

Level 3

다항함수 $f(x)$가 다음 조건을 만족시킨다.

(가) $\lim_{x\to\infty}\frac{f(x)}{x^3}=2$ (나) $\lim_{x\to1}\frac{f(2x-2)}{x-1}=4$

방정식 $f(x)=3x^2+x+2$의 서로 다른 모든 실근의 합이 -3일 때, $f(-1)$의 값은?

① 1 ② 2 ③ 3 ④ 4 ⑤ 5

다음은 이 유형에서 출제된 최근 교육청 • 평가원 기출문제입니다.

0181 • 2020학년도 대학수학능력시험

Level 3

상수항과 계수가 모두 정수인 두 다항함수 $f(x)$, $g(x)$가 다음 조건을 만족시킬 때, $f(2)$의 최댓값은?

(가) $\lim_{x\to\infty}\frac{f(x)g(x)}{x^3}=2$ (나) $\lim_{x\to0}\frac{f(x)g(x)}{x^2}=-4$

① 4 ② 6 ③ 8 ④ 10 ⑤ 12

실전 유형 21 함수의 극한의 대소 관계

세 함수 $f(x)$, $g(x)$, $h(x)$에 대하여
$f(x) \le h(x) \le g(x)$이고,
$\lim_{x \to a} f(x) = \lim_{x \to a} g(x) = L$ (L은 실수)이면
➔ $\lim_{x \to a} h(x) = L$

0182 대표문제

함수 $f(x)$가 모든 양의 실수 x에 대하여

$$2x^2 - x + 2 < x^2 f(x) < 2x^2 - x + 3$$

을 만족시킬 때, $\lim_{x \to \infty} f(x)$의 값을 구하시오.

0183

Level 1

함수 $f(x)$가 모든 실수 x에 대하여

$$-x^2 + 4x \le f(x) \le x^2 + 2$$

를 만족시킬 때, $\lim_{x \to 1} f(x)$의 값은?

① 1 ② 2 ③ 3
④ 4 ⑤ 5

0184

Level 1

함수 $f(x)$가 모든 실수 x에 대하여

$$2x - 4 \le f(x) \le x^2 - 3$$

을 만족시킬 때, $\lim_{x \to 1} f(x)$의 값은?

① -5 ② -4 ③ -3
④ -2 ⑤ -1

0185

Level 1

함수 $f(x)$가 모든 양의 실수 x에 대하여

$$|f(x) - 3x| < 1$$

을 만족시킬 때, $\lim_{x \to \infty} \frac{f(x)}{x}$의 값은?

① -3 ② -1 ③ 0
④ 1 ⑤ 3

0186

Level 2

함수 $f(x)$가 모든 양의 실수 x에 대하여

$$\frac{2}{x+2} < \frac{f(x)}{x} < \frac{4}{2x+1}$$

를 만족시킬 때, $\lim_{x \to \infty} f(x)$의 값은?

① 1 ② $\frac{3}{2}$ ③ 2
④ $\frac{5}{2}$ ⑤ 3

0187

Level 2

함수 $f(x)$가 모든 양의 실수 x에 대하여

$$2(x-1)^3 \le f(x) \le 2(x+2)^3$$

을 만족시킬 때, $\lim_{x \to \infty} \frac{f(x)}{x^3 + 2x + 1}$의 값은?

① 1 ② 2 ③ 3
④ 4 ⑤ 5

0188

Level 2

함수 $f(x)$가 모든 실수 x에 대하여 $|f(x)-x|<1$을 만족시킬 때, $\lim_{x\to\infty}\frac{\{f(x)\}^2}{x^2+x+1}$의 값을 구하시오.

0189

Level 2

함수 $f(x)$가 모든 실수 x에 대하여

$$ax-2\le f(x)\le ax+2$$

를 만족시킨다. $\lim_{x\to\infty}\frac{|x-1|f(x)}{x^2-3x+4}=5$일 때, 상수 a의 값은?

① 1 ② 2 ③ 3 ④ 4 ⑤ 5

0190

Level 2

함수 $f(x)=2x^2-4x+5$의 그래프를 y축의 방향으로 a만큼 평행이동시킨 함수 $y=g(x)$의 그래프에 대하여 $y=f(x)$와 $y=g(x)$의 그래프 사이에 함수 $y=h(x)$의 그래프가 존재할 때, $\lim_{x\to\infty}\frac{h(x)}{x^2}$의 값은? (단, $a>0$)

① 1 ② 2 ③ 3 ④ 4 ⑤ 5

심화유형 22 함수의 극한의 도형에의 활용 - 다항함수, 유리함수, 무리함수 복합유형

구하는 선분의 길이, 점의 좌표, 도형의 넓이 등을 식으로 나타낸 후 극한의 성질을 이용하여 극한값을 구한다.

0191 대표문제

그림과 같이 곡선 $y=\frac{1}{x}$ $(x>0)$과 두 직선 $x=1$, $x=t$의 교점을 각각 A, B라 하고, 점 B에서 직선 $x=1$에 내린 수선의 발을 C라 하자. 삼각형 ABC의 넓이를 $S(t)$라 할 때, $\lim_{t\to\infty}\frac{S(t)}{t}$의 값은? (단, $t>1$)

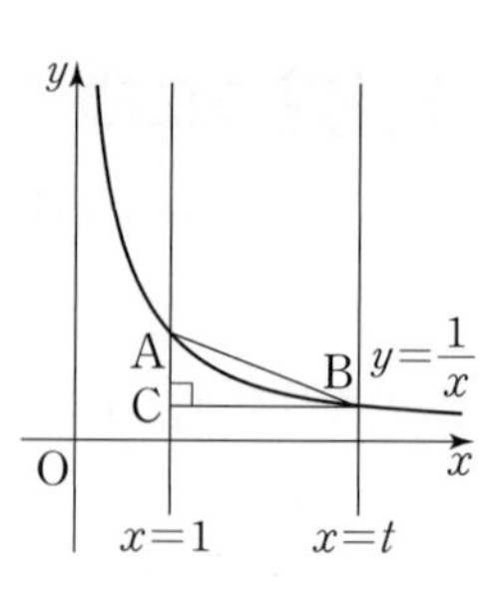

① 0 ② $\frac{1}{2}$ ③ 1 ④ 2 ⑤ 4

0192

Level 2

그림과 같이 직선 $y=x+1$ 위에 두 점 $A(-1, 0)$, $P(t, t+1)$이 있다. 점 P를 지나고 직선 $y=x+1$에 수직인 직선이 y축과 만나는 점을 Q라 할 때, $\lim_{t\to\infty}\frac{\overline{AQ}^2}{\overline{AP}^2}$의 값은?

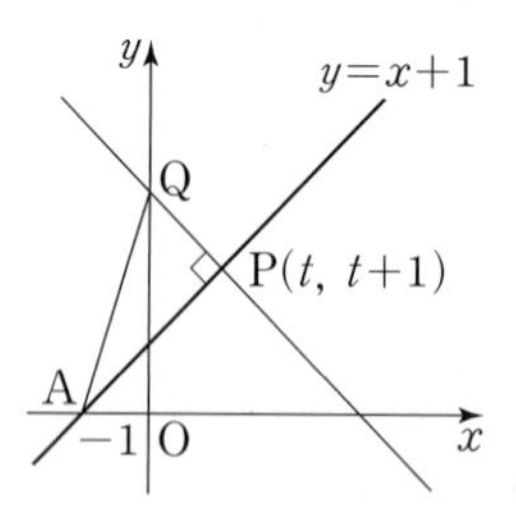

① 1 ② 2 ③ 3 ④ 4 ⑤ 5

0193

Level 2

그림과 같이 곡선 $y=\sqrt{x}$ 위의 한 점 $\mathrm{P}(t, \sqrt{t})$에서 $\overline{\mathrm{OP}}=\overline{\mathrm{OQ}}$가 되게 하는 점 Q를 y축의 양의 방향 위에 잡는다. 직선 PQ의 x절편을 $f(t)$라 할 때, $\lim_{t\to0+}f(t)$의 값은? (단, O는 원점이다.)

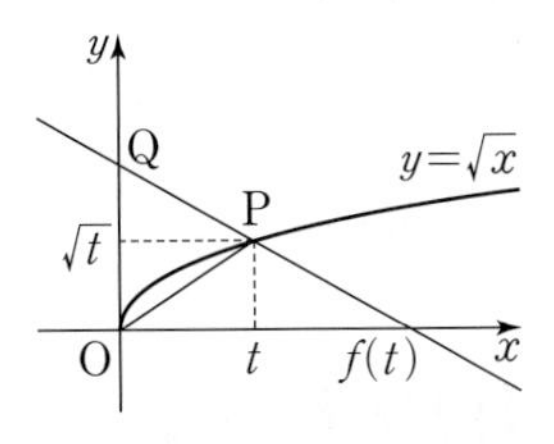

① 1 ② 2 ③ 3
④ 4 ⑤ 5

0194

Level 2

그림과 같이 곡선 $y=x^2$ 위의 점 P에 대하여 $\overline{\mathrm{OP}}=\overline{\mathrm{OQ}}$인 점 Q를 x축의 양의 방향 위에 잡고, 두 점 P, Q를 지나는 직선이 y축과 만나는 점을 R라 하자. 점 P가 곡선 $y=x^2$을 따라 원점 O에 한없이 가까워질 때, 점 R는 점 $(0, a)$에 한없이 가까워진다. a의 값은?

(단, 점 P는 제1사분면 위의 점이다.)

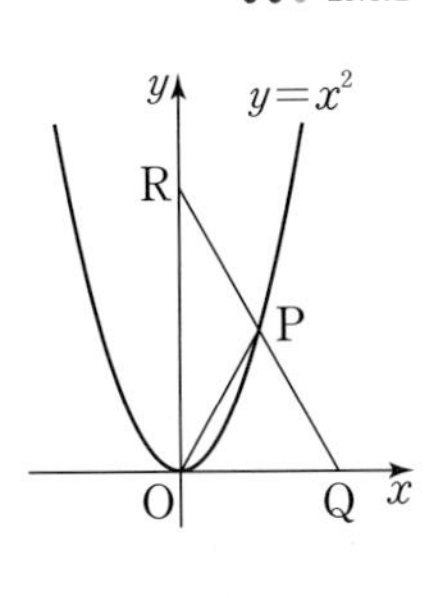

① 2 ② 4 ③ 6
④ 8 ⑤ 10

0195

Level 2

그림과 같이 곡선 $y=\dfrac{2x+1}{x}\ (x>0)$과 두 직선 $x=1$, $x=t$의 교점을 각각 A, B라 하자. 점 B에서 직선 $x=1$에 내린 수선의 발을 H라 하고 $\angle\mathrm{ABH}=\theta$라 할 때, $\lim_{t\to1+}\tan\theta$의 값을 구하시오. (단, $t>1$)

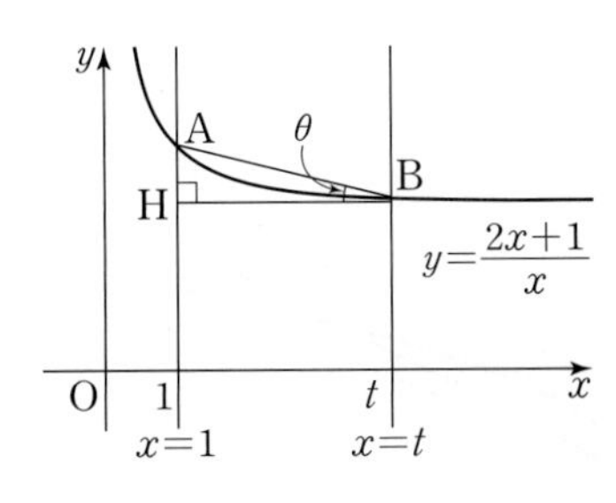

0196

Level 2

그림과 같이 곡선 $y=\sqrt{x}$ 위의 점 $\mathrm{P}(t, \sqrt{t})\ (t>1)$를 지나고 y축에 평행한 직선이 곡선 $y=\dfrac{1}{x}$과 만나는 점을 Q라 하자. 또, 두 곡선 $y=\sqrt{x}$, $y=\dfrac{1}{x}$의 교점 S를 지나면서 y축에 평행한 직선이 점 Q를 지나면서 x축에 평행한 직선과 만나는 점을 R라 하자. 삼각형 PSQ의 넓이를 $f(t)$, 삼각형 SRQ의 넓이를 $g(t)$라 할 때, $\lim_{t\to1+}\dfrac{f(t)}{g(t)}$의 값은?

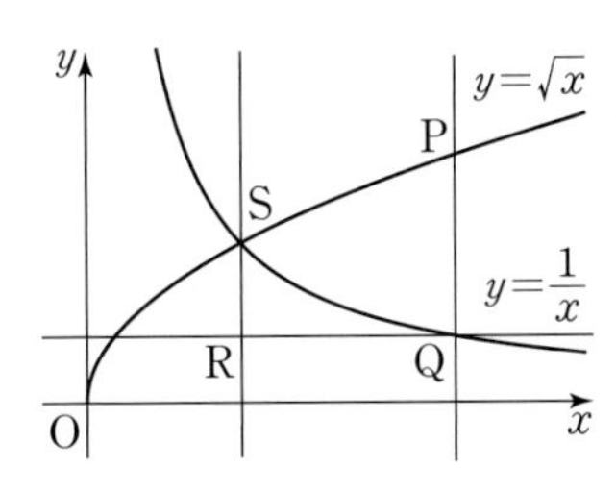

① $\dfrac{1}{2}$ ② 1 ③ $\dfrac{3}{2}$
④ 2 ⑤ $\dfrac{5}{2}$

다음은 이 유형에서 출제된 최근 교육청 • 평가원 기출문제입니다.

0197 • 교육청 2020년 7월

Level 2

곡선 $y=\sqrt{x}$ 위의 점 $P(t, \sqrt{t})$ $(t>4)$에서 직선 $y=\frac{1}{2}x$에 내린 수선의 발을 H라 하자. $\lim_{t\to\infty}\frac{\overline{OH}^2}{\overline{OP}^2}$의 값은? (단, O는 원점이다.)

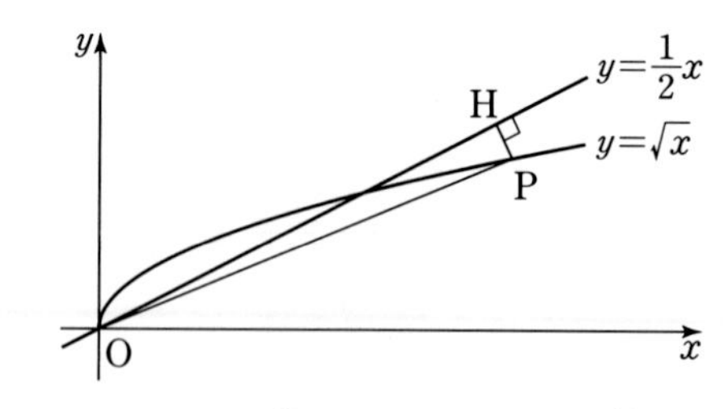

① $\frac{3}{5}$ ② $\frac{2}{3}$ ③ $\frac{11}{15}$
④ $\frac{4}{5}$ ⑤ $\frac{13}{15}$

0198 고난도 • 교육청 2017년 4월

Level 3

그림과 같이 곡선 $y=x^2$ 위의 점 $P(t, t^2)$ $(t>0)$에 대하여 x축 위의 점 Q, y축 위의 점 R가 다음 조건을 만족시킨다.

> (가) 삼각형 POQ는 $\overline{PO}=\overline{PQ}$인 이등변삼각형이다.
> (나) 삼각형 PRO는 $\overline{RO}=\overline{RP}$인 이등변삼각형이다.

삼각형 POQ와 삼각형 PRO의 넓이를 각각 $S(t)$, $T(t)$라 할 때, $\lim_{t\to0+}\frac{T(t)-S(t)}{t}$의 값은? (단, O는 원점이다.)

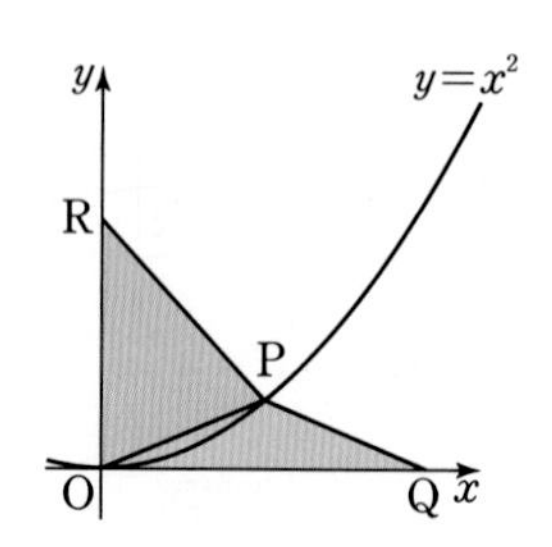

① $\frac{1}{8}$ ② $\frac{1}{4}$ ③ $\frac{3}{8}$
④ $\frac{1}{2}$ ⑤ $\frac{5}{8}$

심화유형 23 함수의 극한의 도형에의 활용 – 원

복합유형

원의 성질과 피타고라스 정리 등을 이용하여 점의 좌표, 선분의 길이 등을 식으로 나타낸 후 극한의 성질을 이용하여 극한값을 구한다.

0199 대표문제

그림과 같이 세 점 $A(0, 1)$, $O(0, 0)$, $B(a, 0)$을 꼭짓점으로 하는 삼각형 AOB와 그 삼각형에 내접하는 원이 있다. 점 B가 x축을 따라 원점에 한없이 가까워질 때, 삼각형 AOB에 내접하는 원의 반지름의 길이 r에 대하여 $\frac{r}{a}$의 극한값은? (단, $a>0$)

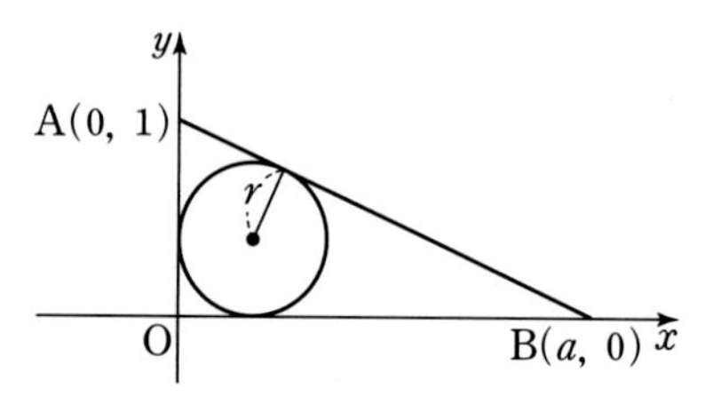

① $\frac{1}{6}$ ② $\frac{1}{5}$ ③ $\frac{1}{4}$
④ $\frac{1}{3}$ ⑤ $\frac{1}{2}$

0200

Level 2

그림과 같이 중심이 $A(0, 3)$이고 반지름의 길이가 1인 원에 외접하고 x축에 접하는 원의 중심을 $P(a, b)$라 하자. 점 P에서 y축에 내린 수선의 발을 H라 할 때, $\lim_{a\to\infty}\frac{\overline{PH}^2}{\overline{PA}}$의 값은?

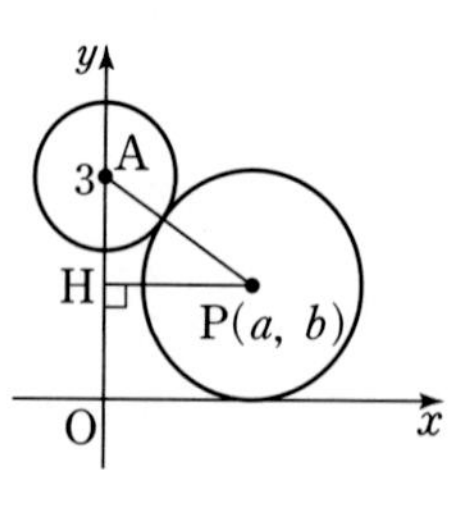

① 2 ② 4 ③ 6
④ 8 ⑤ 10

0201

Level 2

그림과 같이 중심이 O이고 길이가 8인 선분 AB를 지름으로 하는 반원이 있다. 두 점 O, B를 제외한 선분 OB 위의 점 P에 대하여 점 P를 지나고 선분 OB에 수직인 선분이 $\overset{\frown}{AB}$와 만나는 점을 Q라 하자. $\overline{OP}=x$, $\overline{AQ}=f(x)$라 할 때, $\lim_{x \to 4-} \frac{8-f(x)}{4-x}$의 값을 구하시오.

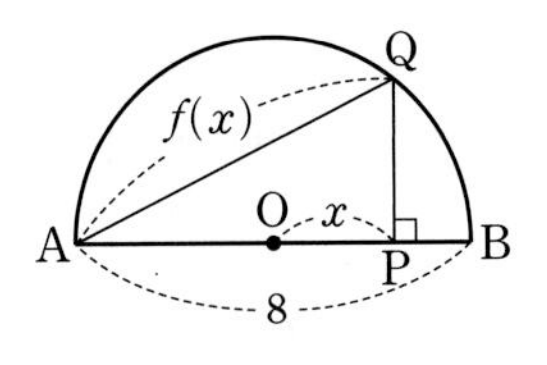

0202

Level 2

그림과 같이 원점 O를 지나고 중심이 y축 위에 있는 원의 중심을 C, 이차함수 $y=2x^2$의 그래프와 원 C의 제1사분면에서의 교점을 $P(t, 2t^2)$ $(t>0)$이라 하자. 점 P가 이차함수 $y=2x^2$의 그래프를 따라 원점 O에 한없이 가까워질 때, $\lim_{t \to 0+} \overline{OC}$의 값을 구하시오.

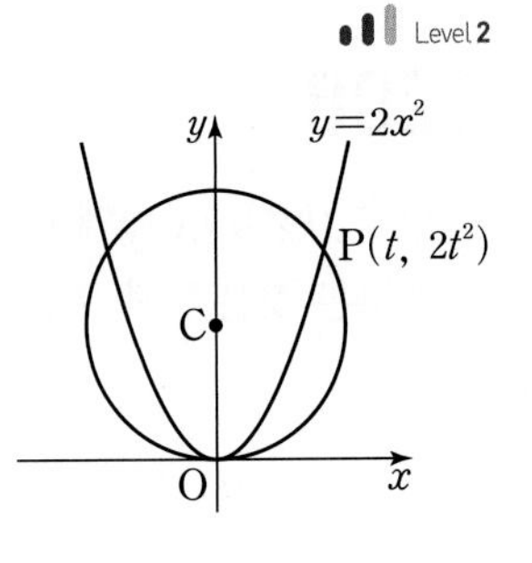

0203

Level 2

그림과 같이 원 $x^2+y^2=r^2$ $(r>0)$과 곡선 $y=\sqrt{2x}$가 만나는 점 $P(t, \sqrt{2t})$가 있다. 점 P에서 원 $x^2+y^2=r^2$에 접하는 직선이 x축과 만나는 점을 Q라 할 때, $\lim_{r \to 0+} \overline{OQ}$의 값은?

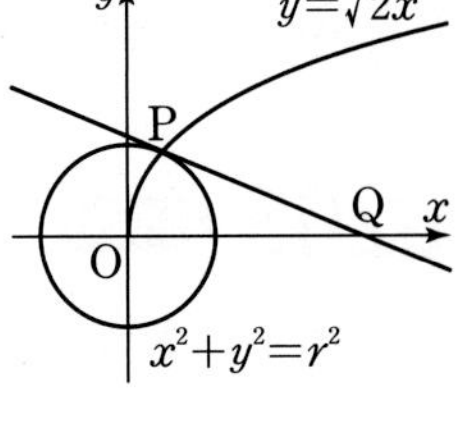

① $\frac{1}{2}$ ② $\frac{\sqrt{2}}{2}$ ③ 1
④ $\sqrt{2}$ ⑤ 2

다음은 이 유형에서 출제된 최근 교육청 · 평가원 기출문제입니다.

0204 · 교육청 2015년 4월

Level 3

1보다 큰 실수 t에 대하여 그림과 같이 점 $P\left(t+\frac{1}{t}, 0\right)$에서 원 $x^2+y^2=\frac{1}{2t^2}$에 접선을 그었을 때, 원과 접선이 제1사분면에서 만나는 점을 Q, 원 위의 점 $\left(0, -\frac{1}{\sqrt{2}t}\right)$을 R라 하자. 삼각형 ORQ의 넓이를 $S(t)$라 할 때, $\lim_{t \to \infty} \{t^4 \times S(t)\}$의 값은? (단, O는 원점이다.)

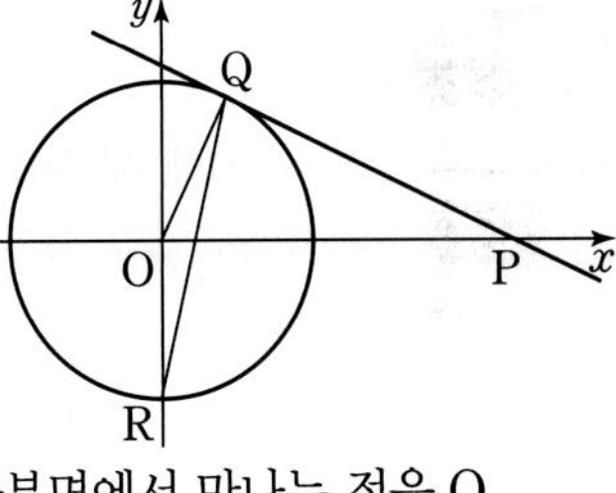

① $\frac{\sqrt{2}}{8}$ ② $\frac{\sqrt{2}}{4}$ ③ $\frac{1}{2}$
④ $\frac{\sqrt{2}}{2}$ ⑤ 1

실전유형 24 함수의 극한에 대한 성질의 활용

함수의 극한에 대한 성질은 수렴하는 함수에 대해서만 성립한다.

0205 대표문제

함수의 극한에 대한 설명으로 〈**보기**〉에서 옳은 것만을 있는 대로 고른 것은? (단, a는 실수이다.)

〈보기〉

ㄱ. $\lim_{x\to a}f(x)$의 값이 존재하고 $\lim_{x\to a}\{f(x)-g(x)\}=0$이면 $\lim_{x\to a}f(x)=\lim_{x\to a}g(x)$이다.

ㄴ. $\lim_{x\to a}f(x)$와 $\lim_{x\to a}f(x)g(x)$의 값이 각각 존재하면 $\lim_{x\to a}g(x)$의 값이 존재한다.

ㄷ. $\lim_{x\to a}f(x)$와 $\lim_{x\to a}\dfrac{f(x)}{g(x)}$의 값이 각각 존재하면 $\lim_{x\to a}g(x)$의 값도 존재한다.

① ㄱ ② ㄴ ③ ㄱ, ㄷ
④ ㄴ, ㄷ ⑤ ㄱ, ㄴ, ㄷ

0206 Level 2

두 함수 $f(x)$, $g(x)$에 대하여 〈**보기**〉에서 옳은 것만을 있는 대로 고른 것은? (단, a는 실수이다.)

〈보기〉

ㄱ. $\lim_{x\to a}g(x)$와 $\lim_{x\to a}\dfrac{f(x)}{g(x)}$의 값이 각각 존재하면 $\lim_{x\to a}f(x)$의 값이 존재한다.

ㄴ. $\lim_{x\to 0}\dfrac{f(x)}{x^2}=k$ (k는 실수)이면 $\lim_{x\to 0}f(x)=0$이다.

ㄷ. 모든 실수 x에 대하여 $f(x)<g(x)$이면 $\lim_{x\to a}f(x)<\lim_{x\to a}g(x)$이다.

① ㄱ ② ㄴ ③ ㄷ
④ ㄱ, ㄴ ⑤ ㄴ, ㄷ

0207 Level 2

함수의 극한에 대한 설명으로 〈**보기**〉에서 옳은 것만을 있는 대로 고른 것은? (단, a는 실수이다.)

〈보기〉

ㄱ. $\lim_{x\to\infty}f(x)=\infty$, $\lim_{x\to\infty}g(x)=\infty$이면 $\lim_{x\to\infty}\{f(x)-g(x)\}=0$이다.

ㄴ. $\lim_{x\to a}f(x)=0$, $\lim_{x\to a}g(x)=\infty$이면 $\lim_{x\to a}f(x)g(x)=0$이다.

ㄷ. $\lim_{x\to\infty}f(x)=\infty$, $\lim_{x\to\infty}g(x)=a$이면 $\lim_{x\to\infty}\dfrac{g(x)}{f(x)}=0$이다.

① ㄱ ② ㄴ ③ ㄷ
④ ㄱ, ㄴ ⑤ ㄴ, ㄷ

0208 Level 3

두 함수 $f(x)$, $g(x)$에 대하여 〈**보기**〉에서 옳은 것만을 있는 대로 고른 것은? (단, a는 실수이다.)

〈보기〉

ㄱ. $\lim_{x\to a}f(x)=0$이고, $\lim_{x\to a}\dfrac{f(x)}{g(x)}=p$이면 $\lim_{x\to a}g(x)=0$이다. (단, p는 0이 아닌 실수이다.)

ㄴ. $\lim_{x\to a}|f(x)|$의 값이 존재하면 $\lim_{x\to a}f(x)$의 값도 존재한다.

ㄷ. $\lim_{x\to a}f(f(x))=a$이면 $\lim_{x\to a}f(f(f(x)))=a$이다.

① ㄱ ② ㄴ ③ ㄷ
④ ㄴ, ㄷ ⑤ ㄱ, ㄴ, ㄷ

서술형 유형 익히기

0209 대표문제

$0\le x\le 6$에서 정의된 함수

$$f(x)=\begin{cases} x-1 & (0\le x<1) \\ ax+b & (1\le x\le 2) \\ x-5 & (2<x\le 6) \end{cases}$$

가 $0<t<6$인 모든 실수 t에 대하여 $\lim_{x\to t} f(x)$의 값이 존재할 때, 상수 a, b의 값을 구하는 과정을 서술하시오. [7점]

STEP 1 $\lim_{x\to t} f(x)$의 존재를 조사해야 하는 실수 t의 값 찾기 [2점]

$0<t<6$인 모든 실수 t에 대하여 $\lim_{x\to t} f(x)$의 값이 존재하므로 $\lim_{x\to 1} f(x)$, $\lim_{x\to 2} f(x)$의 값이 존재한다.

STEP 2 $\lim_{x\to 1+} f(x)=\lim_{x\to 1-} f(x)$, $\lim_{x\to 2+} f(x)=\lim_{x\to 2-} f(x)$를 만족시키는 값을 이용하여 a, b 사이의 관계식 구하기 [4점]

$x=1$에서의 우극한과 좌극한을 각각 구하면

$\lim_{x\to 1+} f(x)=$ (1) ____, $\lim_{x\to 1-} f(x)=$ (2) ____ 이므로

$a+b=0$ ······ ㉠

$x=2$에서의 우극한과 좌극한을 각각 구하면

$\lim_{x\to 2+} f(x)=$ (3) ____, $\lim_{x\to 2-} f(x)=$ (4) ____ 이므로

$2a+b=-3$ ······ ㉡

STEP 3 상수 a, b의 값 구하기 [1점]

㉠, ㉡을 연립하여 풀면

$a=$ (5) ____, $b=$ (6) ____

핵심 KEY 유형3 함수의 극한값의 존재 조건 - 식

나누어진 구간에서 정의된 함수 $f(x)$가 극한값을 갖도록 미정계수를 정하는 문제이다.
함수 $f(x)$에서 우극한 $\lim_{x\to t+} f(x)$와 좌극한 $\lim_{x\to t-} f(x)$가 모두 존재하고 그 값이 서로 같으면 $\lim_{x\to t} f(x)$의 값이 존재한다. 일반적으로 각 범위의 양 끝 점에서의 극한값이 존재함을 보이면 된다.

0210 한번 더

함수 $f(x)=\begin{cases} -x^2-1 & (x<0) \\ ax+b & (0\le x<1) \\ 2x+1 & (x\ge 1) \end{cases}$이 임의의 실수 k에 대하여 $\lim_{x\to k} f(x)$의 값이 존재할 때, 상수 a, b에 대하여 a^2+b^2의 값을 구하는 과정을 서술하시오. [7점]

STEP 1 $\lim_{x\to k} f(x)$의 존재를 조사해야 하는 실수 k의 값 찾기 [2점]

STEP 2 $\lim_{x\to 0+} f(x)=\lim_{x\to 0-} f(x)$, $\lim_{x\to 1+} f(x)=\lim_{x\to 1-} f(x)$를 만족시키는 값을 이용하여 a, b 사이의 관계식 구하기 [4점]

STEP 3 a^2+b^2의 값 구하기 [1점]

서술형 유형 익히기

0211 유사 1

함수 $f(x)=\begin{cases} 2-x & (|x|\geq 1) \\ 4-x^2 & (|x|<1) \end{cases}$에 대하여 $\lim_{x\to a} f(x)$의 값이 존재하지 않는 실수 a의 값을 구하는 과정을 서술하시오. [7점]

0212 유사 2

함수 $f(x)$가 다음 조건을 만족시키고, $\lim_{x\to 1} f(x)$의 값이 존재할 때, 상수 a, b에 대하여 $a+b$의 값을 구하는 과정을 서술하시오. [7점]

(가) $f(x)=x^3+ax^2+bx-3\ (0\leq x<1)$
(나) 임의의 실수 x에 대하여 $f(x)=f(x+1)$

0213 대표문제

$\lim_{x\to 2}\frac{x^2+ax+4}{(x-2)(x^2+bx+1)}=c$일 때, 상수 a, b, c의 값을 구하는 과정을 서술하시오. (단, $c>0$) [7점]

STEP 1 $x\to 2$일 때, 극한값이 존재하고 (분모)$\to 0$임을 이용하여 a의 값 구하기 [2점]

$\lim_{x\to 2}\frac{x^2+ax+4}{(x-2)(x^2+bx+1)}=c$에서 $x\to 2$일 때, 극한값이 존재하고 (분모)$\to 0$이므로 ((1))$\to 0$이다.

즉, $\lim_{x\to 2}(x^2+ax+4)=0$이므로 $a=$ (2)

STEP 2 b의 값 구하기 [3점]

이를 주어진 식에 대입하면

$\lim_{x\to 2}\frac{x^2-4x+4}{(x-2)(x^2+bx+1)}=\lim_{x\to 2}\frac{x-2}{x^2+bx+1}=c$ ·············· ㉠

이때 $x\to 2$일 때, 0이 아닌 극한값이 존재하고 (분자)$\to 0$이므로 ((3))$\to 0$이다.

즉, $\lim_{x\to 2}(x^2+bx+1)=0$이므로 $b=$ (4)

STEP 3 주어진 극한값을 구하여 c의 값 구하기 [2점]

이를 ㉠에 대입하면

$\lim_{x\to 2}\frac{x-2}{x^2-\frac{5}{2}x+1}=\lim_{x\to 2}\frac{2(x-2)}{2x^2-5x+2}$

$=\lim_{x\to 2}\frac{2(x-2)}{(2x-1)(x-2)}$

$=\lim_{x\to 2}\frac{2}{2x-1}=$ (5)

$\therefore c=$ (6)

핵심 KEY 유형 17, 유형 20 미정계수와 다항함수의 결정

함수 $f(x)$, $g(x)$에 대하여 $\lim_{x\to a}\frac{f(x)}{g(x)}=\alpha$ (α는 실수)이고, $\lim_{x\to a}g(x)=0$일 때 극한값이 존재하는 조건을 이용하는 문제이다.
즉, $x\to a$일 때, 극한값이 존재하고 (분모)$\to 0$일 때 (분자)$\to 0$임을 이용하여 미정계수를 구한다.
더 나아가 유형 20 과 같이 다항함수의 차수를 결정하여 미정계수를 구하는 문제도 출제될 수 있다.

0214 한번 더

$\lim_{x\to1}\frac{x^2+ax+1}{(x-1)(x^2+bx-2)}=c$일 때, 상수 a, b, c의 값을 구하는 과정을 서술하시오. (단, $c>0$) [7점]

STEP 1 $x\to1$일 때, 극한값이 존재하고 (분모)$\to0$임을 이용하여 a의 값 구하기 [2점]

STEP 2 b의 값 구하기 [3점]

STEP 3 주어진 극한값을 구하여 c의 값 구하기 [2점]

0215 유사 1

삼차함수 $f(x)=x^3+ax^2+bx+c$가 $x-1$을 인수로 가지고 $\lim_{x\to2}\frac{f(x)}{x-2}=6$을 만족시킬 때, 상수 a, b, c의 값을 구하는 과정을 서술하시오. [7점]

0216 유사 2

$\lim_{x\to\infty}\frac{f(x)-3x^3}{x^2}=2$, $\lim_{x\to0}\frac{f(x)}{x}=2$를 만족시키는 다항함수 $f(x)$에 대하여 $f(-1)$의 값을 구하는 과정을 서술하시오. [7점]

실력 check 실전 마무리하기 1회

점 / 100점

• 선택형 21문항, 서술형 4문항입니다.

1 0217

함수 $y=f(x)$의 그래프가 그림과 같다.

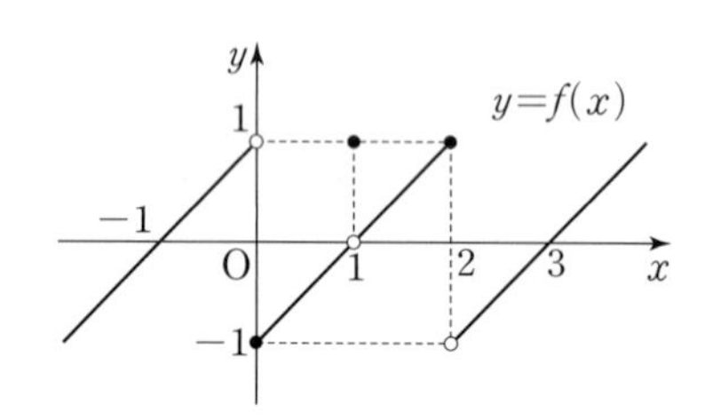

$\lim_{x \to a} f(x)$의 값이 존재하지 않는 실수 a의 개수는? [3점]

① 0 ② 1 ③ 2
④ 3 ⑤ 4

2 0218

함수 $y=f(x)$의 그래프가 그림과 같다.

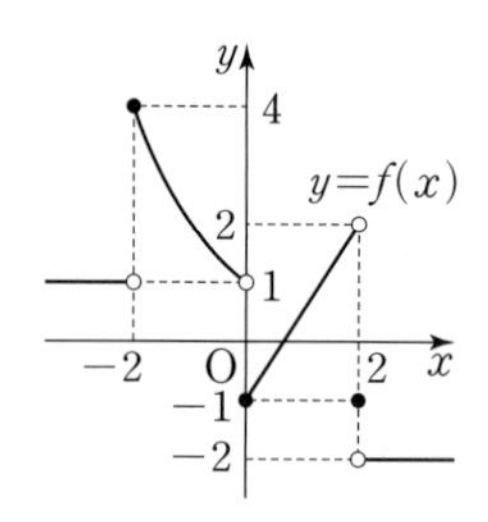

$\lim_{x \to -2+} f(x) - \lim_{x \to 2-} f(x)$의 값은? [3점]

① 2 ② 3 ③ 4
④ 5 ⑤ 6

3 0219

$\lim_{x \to 1} (x^2+3x+1)$의 값은? [3점]

① 1 ② 2 ③ 3
④ 4 ⑤ 5

4 0220

두 함수 $f(x)$, $g(x)$에 대하여

$$\lim_{x \to 2} f(x)=1,\ \lim_{x \to 2} \{2f(x)+g(x)\}=8$$

일 때, $\lim_{x \to 2} g(x)$의 값은? [3점]

① 2 ② 4 ③ 6
④ 8 ⑤ 10

5 0221

$\lim_{x \to 1} \frac{x^2+3x-4}{x-1}$의 값은? [3점]

① 1 ② 2 ③ 3
④ 4 ⑤ 5

6 0222

$\lim_{x\to\infty}\left(2-\frac{1}{x^2}\right)+\lim_{x\to\infty}\frac{3x^2-5x}{x^2+1}$의 값은? [3점]

① 1 ② 2 ③ 3
④ 4 ⑤ 5

7 0223

다음 중 $x=0$에서 좌극한은 존재하지만 우극한은 존재하지 않는 것은? (단, $[x]$는 x보다 크지 않은 최대의 정수이다.) [3.5점]

① $y=x$ ② $y=|x|$ ③ $y=\frac{1}{x^2}$
④ $y=[x]$ ⑤ $y=\begin{cases} 0 & (x\le 0) \\ \frac{1}{x} & (x>0)\end{cases}$

8 0224

함수 $f(x)=\begin{cases} x^2-3x+4 & (x\ge 1) \\ -2x+k & (x<1)\end{cases}$에 대하여 $\lim_{x\to 1}f(x)$의 값이 존재하기 위한 상수 k의 값은? [3.5점]

① 1 ② 2 ③ 3
④ 4 ⑤ 5

9 0225

두 함수 $f(x)$, $g(x)$의 그래프가 그림과 같다.

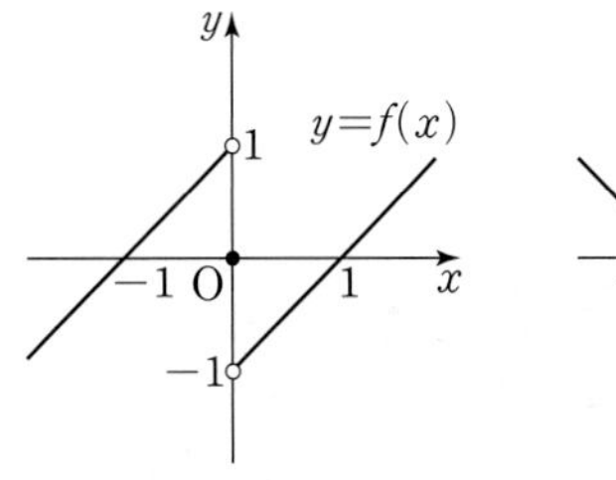

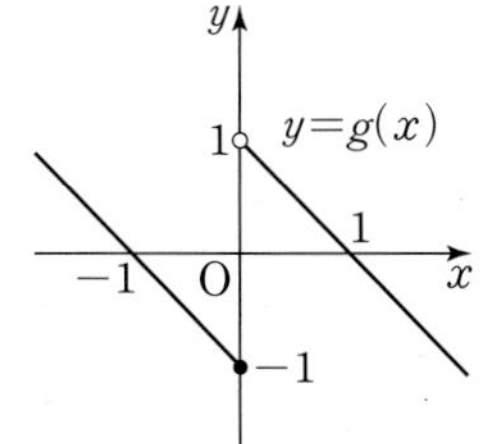

$\lim_{x\to 0+}f(x)g(x)$의 값은? [3.5점]

① -4 ② -1 ③ 0
④ 1 ⑤ 4

10 0226

$\lim_{x\to\infty}x\left(\frac{1}{x}-\frac{1}{2-x}\right)$의 값은? [3.5점]

① -2 ② -1 ③ 0
④ 1 ⑤ 2

11 0227

함수 $y=f(x)$의 그래프가 그림과 같다.

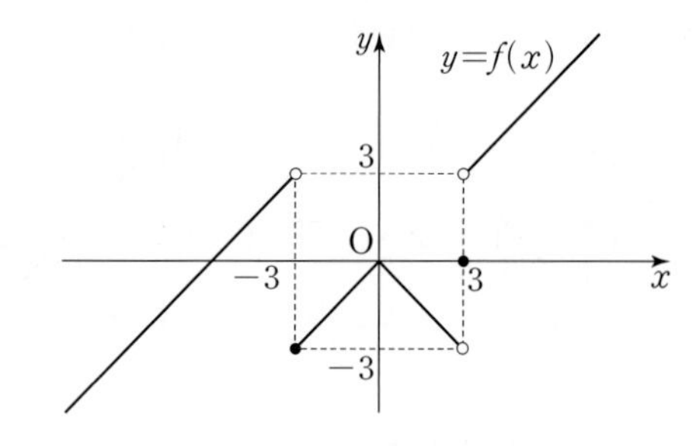

$\lim_{x\to a}|f(x)|=3$을 만족시키는 실수 a의 개수는? [3.5점]

① 0 ② 1 ③ 2
④ 3 ⑤ 4

12 0228

함수 $f(x)$가 $\lim_{x\to 2}\frac{f(x-2)}{x-2}=15$를 만족시킬 때,

$\lim_{x\to 0}\frac{2f(x)}{x(x+3)}$의 값은? [3.5점]

① 5 ② 10 ③ 15
④ 20 ⑤ 25

13 0229

$\lim_{x\to 3}\frac{2x^2+ax+b}{x^2-9}=3$일 때, 상수 a, b에 대하여 $a+b$의 값은? [3.5점]

① -33 ② -30 ③ -27
④ -24 ⑤ -21

14 0230

$\lim_{x\to 1}\frac{\sqrt{x+1}-a}{x-1}=b$일 때, 상수 a, b에 대하여 ab의 값은?

[3.5점]

① $\frac{1}{4}$ ② $\frac{1}{2}$ ③ 1
④ 2 ⑤ 4

15 0231

다항함수 $f(x)$가

$$\lim_{x\to\infty}\frac{f(x)-3x^2}{x}=10,\ \lim_{x\to 1}f(x)=20$$

을 만족시킬 때, $f(0)$의 값은? [3.5점]

① 3 ② 4 ③ 5
④ 6 ⑤ 7

16 0232

두 함수 $f(x)$, $g(x)$에 대하여

$$\lim_{x\to\infty}f(x)=\infty\text{이고, }\lim_{x\to\infty}\{f(x)-g(x)\}=2$$

일 때, $\lim_{x\to\infty}\frac{f(x)+g(x)}{f(x)-2g(x)}$의 값은? [4점]

① -2 ② -1 ③ 0
④ 1 ⑤ 2

17 0233

서로 다른 두 실수 α, β에 대하여 $\alpha+\beta=1$일 때,

$\lim_{x\to\infty}\frac{\sqrt{x+\alpha^2}-\sqrt{x+\beta^2}}{\sqrt{4x+\alpha}-\sqrt{4x+\beta}}$의 값은? [4점]

① 1　② 2　③ 3
④ 4　⑤ 5

18 0234

함수 $f(x)=2x^2+ax+b$에 대하여 $\lim_{x\to1}\frac{f(x)}{x-1}=5$일 때,

$f(2)$의 값은? (단, a, b는 상수이다.) [4점]

① 7　② 8　③ 9
④ 10　⑤ 11

19 0235

다항함수 $f(x)$가 다음 조건을 만족시킨다.

(가) $\lim_{x\to\infty}\frac{f(x)-x^2}{3x^2+2x+5}=\frac{1}{3}$

(나) $\lim_{x\to0}\frac{f(x)}{x^2+x}=-1$

$f(3)$의 값은? [4점]

① 11　② 12　③ 13
④ 14　⑤ 15

20 0236

두 함수 $f(x)$, $g(x)$에 대하여 $\lim_{x\to\infty}f(x)=\alpha\ (\alpha\neq0)$일 때,

〈보기〉에서 옳은 것만을 있는 대로 고른 것은?

(단, α, β, γ는 실수이다.) [4점]

〈보기〉

ㄱ. $\lim_{x\to\infty}\{g(x)+f(x)\}$의 값이 존재하면 $\lim_{x\to\infty}g(x)$의 값이 존재한다.

ㄴ. $\lim_{x\to\infty}f(x)g(x)=\beta\ (\beta\neq0)$이면 $\lim_{x\to\infty}g(x)$의 값이 존재한다.

ㄷ. $\lim_{x\to\infty}\frac{g(x)}{f(x)}=\gamma\ (\gamma\neq0)$이면 $\lim_{x\to\infty}g(x)$의 값이 존재한다.

① ㄱ　② ㄴ　③ ㄷ
④ ㄱ, ㄴ　⑤ ㄱ, ㄴ, ㄷ

21 0237

함수 $f(x)$가 모든 양의 실수 x에 대하여 $|f(x)-ax|<1$을 만족시킨다. $\lim_{x\to\infty}\frac{f(x)}{x+1}=\frac{1}{2}$일 때, 상수 a의 값은? [4.5점]

① $\frac{1}{4}$　② $\frac{1}{2}$　③ 1
④ 2　⑤ 4

서술형

22 0238

이차함수 $f(x)=x^2+mx+n$에 대하여 $\lim_{x\to\infty}(\sqrt{f(x)}-x)=10$이고, $f(x)$의 그래프가 x축에 접할 때, 상수 m, n의 값을 구하는 과정을 서술하시오. [6점]

23 0239

삼차함수 $f(x)$가 $\lim_{x\to1}\frac{f(x)}{x-1}=1$, $\lim_{x\to2}\frac{f(x)}{x-2}=2$를 만족시킬 때, 방정식 $f(x)=0$의 서로 다른 세 실근의 합을 구하는 과정을 서술하시오. [6점]

24 0240

다항함수 $f(x)$가 $\lim_{x\to0+}\frac{xf\left(\frac{1}{x}\right)-3}{1-2x}=4$를 만족시킬 때, $\lim_{x\to\infty}\frac{f(x)}{x}$의 값을 구하는 과정을 서술하시오. [7점]

25 0241

그림과 같이 곡선 $y=x^2$ 위의 점 $\mathrm{P}(t,\ t^2)$ $(t>0)$과 원점 O에 대하여 선분 OP의 중점을 M이라 하자. 점 M을 지나면서 x축에 평행한 직선이 곡선 $y=x^2$과 만나는 두 점을 각각 A, B라 할 때, $\lim_{t\to0+}\frac{\overline{\mathrm{AB}}}{\overline{\mathrm{OP}}}$의 값을 구하는 과정을 서술하시오. [7점]

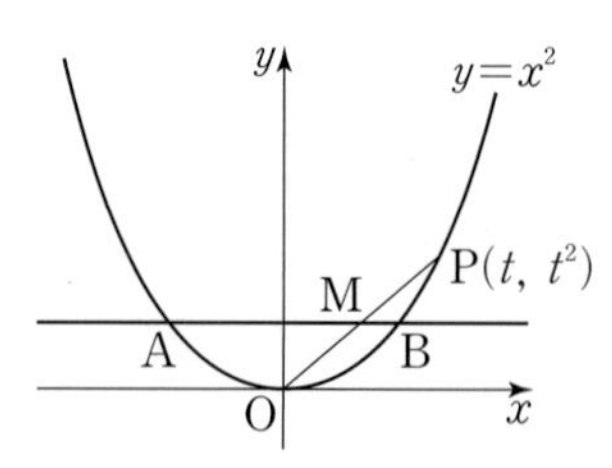

2회

점 / 100점

• 선택형 21문항, 서술형 4문항입니다.

1 0242

함수 $y=f(x)$의 그래프가 그림과 같다. $f(0)+\lim_{x\to1+}f(x)$의 값은? [3점]

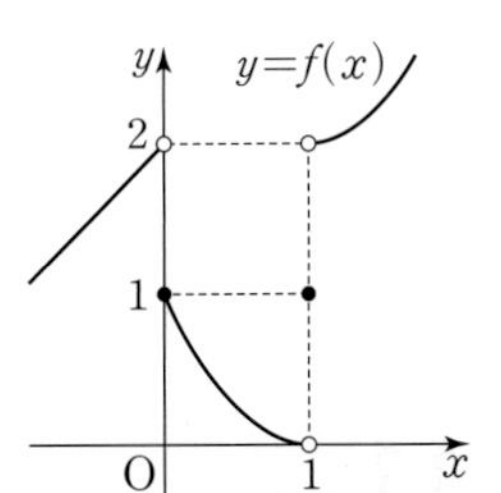

① 1　② 2　③ 3　④ 4　⑤ 5

2 0243

$\lim_{x\to2}(x^2+5)$의 값은? [3점]

① 5　② 6　③ 7　④ 8　⑤ 9

3 0244

함수 $f(x)=\begin{cases} x^2-3a & (x>1) \\ 2x-7 & (x\le1) \end{cases}$에 대하여 $\lim_{x\to1}f(x)$가 존재할 때, 상수 a의 값은? [3점]

① 1　② 2　③ 3　④ 4　⑤ 5

4 0245

$\lim_{x\to0}\dfrac{x(x+2)}{x}$의 값은? [3점]

① 1　② 2　③ 3　④ 4　⑤ 5

5 0246

$\lim_{x\to4}\dfrac{x^2-x-12}{x-4}$의 값은? [3점]

① 5　② 6　③ 7　④ 8　⑤ 9

6 0247

함수 $y=f(x)$의 그래프가 그림과 같다.

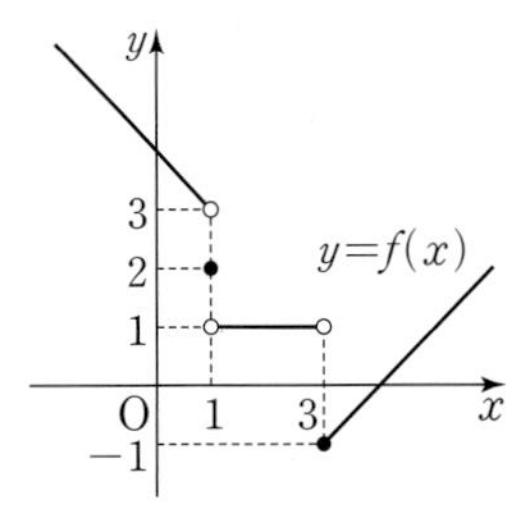

$\lim_{x\to1-}f(x)+\lim_{x\to2+}f(5-x)$의 값은? [3점]

① 1　② 2　③ 3　④ 4　⑤ 5

7 0248

함수 $f(x)$가 모든 실수 x에 대하여

$$-x^2+2x+5 \le f(x) \le \frac{1}{2}x^2+2x+5$$

를 만족시킬 때, $\lim_{x \to 0} f(x)$의 값은? [3점]

① 1　② 2　③ 3　④ 4　⑤ 5

8 0249

함수 $f(x)$가 $\lim_{x \to 2}(x-2)f(x)=1$을 만족시킬 때, $\lim_{x \to 2}(x^2+x-6)f(x)$의 값은? [3.5점]

① 1　② 2　③ 3　④ 4　⑤ 5

9 0250

$\lim_{x \to 0}\left(\frac{2}{x} \times \frac{\sqrt{x+4}-2}{\sqrt{x+4}}\right)$의 값은? [3.5점]

① $\frac{1}{2}$　② $\frac{1}{3}$　③ $\frac{1}{4}$　④ $\frac{1}{5}$　⑤ $\frac{1}{6}$

10 0251

$\lim_{x \to \infty}(\sqrt{x^2+ax+1}-bx)=\frac{1}{2}$을 만족시키는 상수 a, b에 대하여 ab의 값은? (단, $ab \ne 0$) [3.5점]

① 1　② 2　③ 3　④ 4　⑤ 5

11 0252

함수 $f(x)=|x^2+x|$에 대하여

$\lim_{x \to -1-}\frac{f(x)}{x+1}+\lim_{x \to 0-}\frac{f(x)}{x}$의 값은? [3.5점]

① -2　② -1　③ 0　④ 1　⑤ 2

12 0253

함수 $y=f(x)$의 그래프가 그림과 같다.

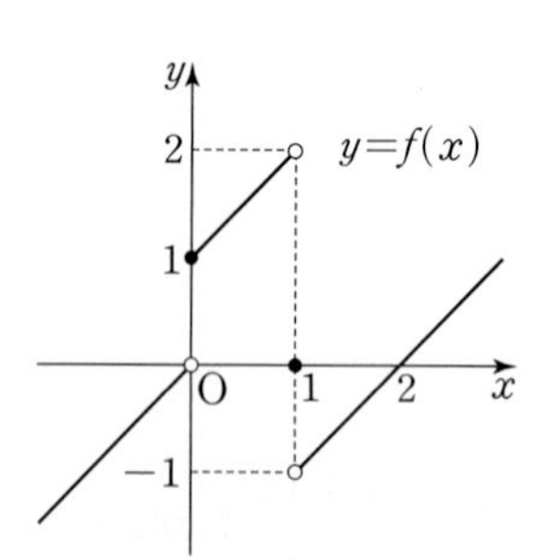

$\lim_{x \to 0+} f(f(x))$의 값은? [3.5점]

① -1　② 0　③ 1　④ 2　⑤ 3

13 0254

$\lim_{x\to1}\frac{x^3+ax+b}{x-1}=4$일 때, 상수 a, b에 대하여 $a-b$의 값은? [3.5점]

① 3 ② 5 ③ 7
④ 9 ⑤ 11

14 0255

$\lim_{x\to3}\frac{x^2-4x+a}{\sqrt{x+1}-2}=b$일 때, 상수 a, b에 대하여 $a+b$의 값은? [3.5점]

① 3 ② 5 ③ 7
④ 9 ⑤ 11

15 0256

다항함수 $g(x)$에 대하여 $\lim_{x\to1}\frac{g(x)-2x}{x-1}$의 값이 존재하고, 다항함수 $f(x)$가 $f(x)+x-1=(x-1)g(x)$를 만족시킬 때, $\lim_{x\to1}\frac{f(x)g(x)}{x^2-1}$의 값은? [4점]

① -3 ② -1 ③ 0
④ 1 ⑤ 3

16 0257

이차함수 $f(x)$가 모든 실수 x에 대하여 $f(4+x)=f(4-x)$를 만족시킨다. $\lim_{x\to2}\frac{f(x)}{x-2}=1$일 때, $f(0)$의 값은? [4점]

① -3 ② -2 ③ -1
④ 0 ⑤ 1

17 0258

다항함수 $f(x)$가 $\lim_{x\to\infty}\frac{f(x)}{x^2}=2$, $\lim_{x\to2}\frac{f(x)}{x-2}=6$을 만족시킬 때, $f(4)$의 값은? [4점]

① 18 ② 20 ③ 22
④ 24 ⑤ 26

18 0259

다항함수 $f(x)$가 다음 조건을 만족시킨다.

> (가) $\lim_{x\to\infty}\frac{f(x)-x^2}{4x}=1$ (나) $\lim_{x\to 2}\frac{f(x)-1}{x-2}=a$

a의 값은? (단, a는 실수이다.) [4점]

① 1 ② 2 ③ 4
④ 6 ⑤ 8

19 0260

다항함수 $f(x)$는 모든 양의 실수 x에 대하여 다음 조건을 만족시킨다.

> (가) $2x^2-5\le f(x)\le 2x^2+2$
> (나) $\lim_{x\to 1}\frac{f(x)}{x^2+2x-3}=\frac{1}{4}$

$f(3)$의 값은? [4점]

① 2 ② 4 ③ 6
④ 8 ⑤ 10

20 0261

그림과 같이 원 $x^2+y^2=1$ 위를 움직이는 제1사분면 위의 점 $\mathrm{P}(\alpha,\ \beta)$를 지나고 x축과 평행한 직선이 원과 만나는 다른 점을 Q, x축 위의 한 점을 R라 하자. 삼각형 PQR의 넓이를 $S(\alpha)$라 할 때, $\lim_{\alpha\to 1-}\frac{S(\alpha)}{\sqrt{1-\alpha}}$의 값은? [4점]

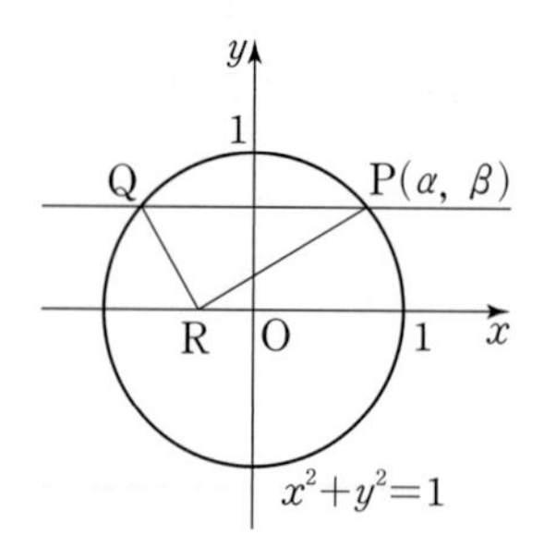

① 1 ② $\sqrt{2}$ ③ $\sqrt{3}$
④ 2 ⑤ $\sqrt{5}$

21 0262

다항함수 $f(x)$가 다음 조건을 만족시킨다.

> (가) 모든 실수 a에 대하여 $\lim_{x\to a}\frac{f(x)-5x}{x^2-4}$의 값이 존재한다.
> (나) $\lim_{x\to\infty}(\sqrt{f(x)}-3x+1)$의 값이 존재한다.

$f(3)$의 값은? [4.5점]

① 45 ② 50 ③ 60
④ 75 ⑤ 80

서술형

22 0263

2 이상인 자연수 n에 대하여 $\lim_{x \to n} \frac{[x]^2+2x}{[x]}=k$일 때, 실수 k의 값을 구하는 과정을 서술하시오.

(단, $[x]$는 x보다 크지 않은 최대의 정수이다.) [6점]

23 0264

다항함수 $f(x)$에 대하여 $\lim_{x \to 0} \frac{f(x)}{x}=5$일 때, $\lim_{x \to 1} \frac{(x-1)^2+f(x-1)}{x^2-1-f(x-1)}$의 값을 구하는 과정을 서술하시오.

[6점]

24 0265

최고차항의 계수가 1인 삼차함수 $f(x)$에 대하여

$$\lim_{x \to 0} \frac{f(x)}{x}=\alpha,\ \lim_{x \to 1} \frac{f(x)+x^2}{x-1}=\alpha+1$$

일 때, $f(2)$의 값을 구하는 과정을 서술하시오.

(단, α는 실수이다.) [7점]

25 0266

두 함수 $f(x)$, $g(x)$에 대하여

$\lim_{x \to a} \{f(x)\}^2=\alpha$, $\lim_{x \to a} \frac{g(x)}{f(x)}=\beta$, $\lim_{x \to a} \{g(x)\}^3=\gamma$일 때, 아래 성질만을 이용하여 $\lim_{x \to a} f(x)$의 값을 α, β, γ를 모두 사용하여 나타내는 과정을 서술하시오. (단, $f(x) \neq 0$, $g(x) \neq 0$이고, α, β, γ는 $\alpha\beta\gamma \neq 0$인 실수이다.) [7점]

> L, M이 실수이고 $\lim_{x \to a} f(x)=L$, $\lim_{x \to a} g(x)=M$일 때,
> (가) $\lim_{x \to a} \{f(x)+g(x)\}=\lim_{x \to a} f(x)+\lim_{x \to a} g(x)=L+M$
> (나) $\lim_{x \to a} \{f(x)-g(x)\}=\lim_{x \to a} f(x)-\lim_{x \to a} g(x)=L-M$
> (다) $\lim_{x \to a} f(x)g(x)=\lim_{x \to a} f(x)\times\lim_{x \to a} g(x)=LM$
> (라) $\lim_{x \to a} \frac{f(x)}{g(x)}=\frac{\lim_{x \to a} f(x)}{\lim_{x \to a} g(x)}=\frac{L}{M}$ (단, $M \neq 0$)

내가 가치 없는 사람으로 느껴질 때

하나만 기억했으면.

나는 인류 역사상

단 하나의 한정판으로 태어나

단 한 번의 한정판으로

영원히 단종된다는 것을.

한정판

함수의 연속 02

02 함수의 연속

1 함수의 연속과 불연속 핵심 1

(1) **함수의 연속** : 함수 $f(x)$가 실수 a에 대하여 다음 조건을 모두 만족시킬 때, 함수 $f(x)$는 $x=a$에서 **연속**이라 한다.

(i) 함수 $f(x)$가 $x=a$에서 정의되어 있다.

(ii) 극한값 $\lim_{x\to a} f(x)$가 존재한다.

(iii) $\lim_{x\to a} f(x)=f(a)$

(2) **함수의 불연속** : 함수 $f(x)$가 $x=a$에서 연속이 아닐 때, 즉 위의 세 조건 중 어느 하나라도 만족시키지 않으면 함수 $f(x)$는 $x=a$에서 **불연속**이라 한다.

Note

▶ $x=a$에서 연속인 함수의 그래프는 $x=a$에서 끊어져 있지 않고 연결되어 있다.

2 구간

(1) **구간** : 두 실수 a, b $(a<b)$에 대하여 실수의 집합을 **구간**이라 하고, 기호와 수직선으로 다음과 같이 나타낸다.

집합	기호	수직선
$\{x\mid a\le x\le b\}$	$[a, b]$	a b
$\{x\mid a<x<b\}$	(a, b)	a b
$\{x\mid a\le x<b\}$	$[a, b)$	a b
$\{x\mid a<x\le b\}$	$(a, b]$	a b

이때 $[a, b]$를 **닫힌구간**, (a, b)를 **열린구간**이라 하고, $[a, b)$, $(a, b]$를 **반열린 구간** 또는 **반닫힌 구간**이라 한다.

(2) **실수 a에 대한 구간**

집합	기호	수직선
$\{x\mid x\ge a\}$	$[a, \infty)$	a
$\{x\mid x>a\}$	(a, ∞)	a
$\{x\mid x\le a\}$	$(-\infty, a]$	a
$\{x\mid x<a\}$	$(-\infty, a)$	a

▶ 실수 전체의 집합도 하나의 구간이며, 기호로 $(-\infty, \infty)$와 같이 나타낸다.

3 연속함수 핵심 2

함수 $f(x)$가 어떤 구간에 속하는 모든 실수 x에서 연속일 때, 함수 $f(x)$는 그 구간에서 연속 또는 그 구간에서 **연속함수**라 한다.

특히, 함수 $f(x)$가 다음 조건을 모두 만족시킬 때, 함수 $f(x)$는 닫힌구간 $[a, b]$에서 연속이라 한다.

(i) 함수 $f(x)$가 열린구간 (a, b)에서 연속이다.

(ii) $\lim_{x\to a+} f(x)=f(a)$, $\lim_{x\to b-} f(x)=f(b)$

▶ 어떤 구간에서 연속인 함수의 그래프는 그 구간에서 이어져 있다.

4 연속함수의 성질

핵심 2

(1) 연속함수의 성질

두 함수 $f(x)$, $g(x)$가 $x=a$에서 연속이면 다음 함수도 $x=a$에서 연속이다.

① $cf(x)$ (단, c는 상수) ② $f(x)+g(x)$, $f(x)-g(x)$

③ $f(x)g(x)$ ④ $\dfrac{f(x)}{g(x)}$ (단, $g(a)\neq 0$)

(2) 여러 가지 함수의 연속성

① 다항함수 : 상수함수와 함수 $y=x$는 모든 실수 x에서 연속이므로 연속함수의 성질에 의하여 다항함수

$$f(x)=a_nx^n+a_{n-1}x^{n-1}+\cdots+a_1x+a_0\ (a_0,\ a_1,\ \cdots,\ a_{n-1},\ a_n\text{은 상수})$$

은 모든 실수 x에서 연속이다.

② 유리함수 : 두 다항함수 $f(x)$, $g(x)$에 대하여 유리함수 $\dfrac{f(x)}{g(x)}$는 연속함수의 성질에 의하여 $g(x)\neq 0$인 모든 실수 x에서 연속이다.

③ 무리함수 : $y=\sqrt{f(x)}$ ($f(x)$는 다항함수)는 $f(x)\geq 0$인 구간에서 연속이다.

Note

5 최대·최소 정리

핵심 3

최대·최소 정리 : 함수 $f(x)$가 닫힌구간 $[a,\ b]$에서 연속이면 함수 $f(x)$는 이 구간에서 반드시 최댓값과 최솟값을 갖는다.

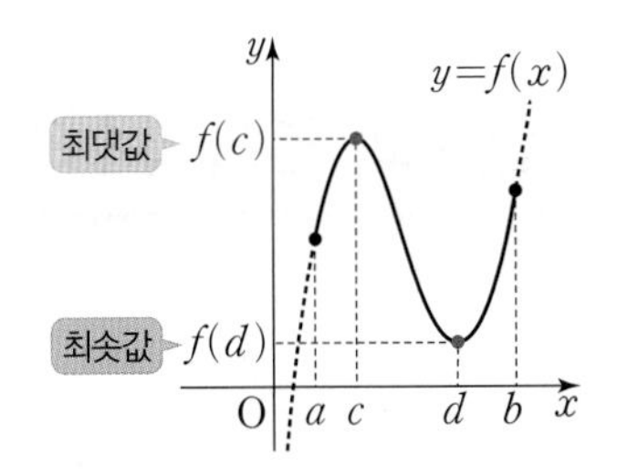

- 최대·최소 정리는 닫힌구간에서 연속인 함수에 대해서만 성립한다.
- 최대·최소 정리의 역은 성립하지 않는다.

6 사잇값의 정리

핵심 4

(1) 사잇값의 정리

함수 $f(x)$가 닫힌구간 $[a,\ b]$에서 연속이고 $f(a)\neq f(b)$이면 $f(a)$와 $f(b)$ 사이의 임의의 값 k에 대하여

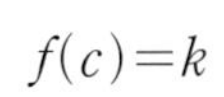

$$f(c)=k$$

인 c가 a와 b 사이에 적어도 하나 존재한다.

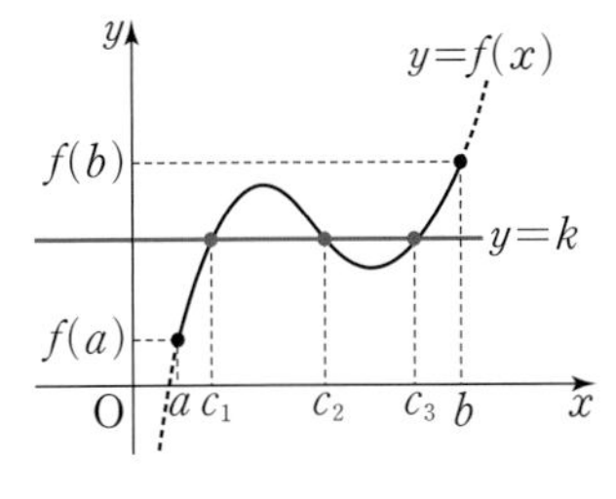

(2) 사잇값의 정리의 활용

함수 $f(x)$가 닫힌구간 $[a,\ b]$에서 연속이고 $f(a)$와 $f(b)$의 부호가 서로 다르면, 즉 $f(a)f(b)<0$이면 사잇값의 정리에 의하여

$$f(c)=0$$

인 c가 a와 b 사이에 적어도 하나 존재한다.

따라서 방정식 $f(x)=0$은 a와 b 사이에서 적어도 하나의 실근을 갖는다.

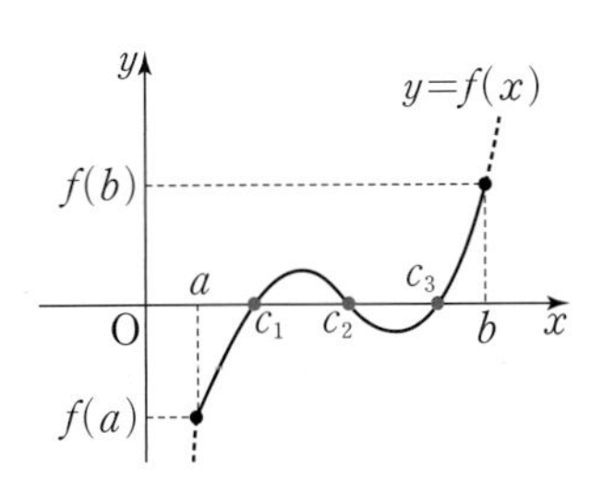

- 사잇값의 정리를 이용하면 방정식 $f(x)=0$에서 실근의 존재 여부를 판별할 수 있다. 이때 실근을 실제로 구하는 것이 아니라 방정식 $f(x)=0$의 실근이 존재하는지 또는 존재하지 않는지를 확인하는 것이다.

핵심 1 함수의 연속과 불연속 유형 1

● **함수 $f(x)$가 $x=a$에서 연속**

(i) 함수 $f(x)$가 $x=a$에서 정의되어 있다. → 함숫값 $f(a)$가 존재

(ii) 극한값 $\lim_{x\to a} f(x)$가 존재한다. → 극한값이 존재 (좌극한)=(우극한)

(iii) $\lim_{x\to a} f(x)=f(a)$ → (극한값)=(함숫값)

➜ 위 조건을 모두 만족시키면 함수 $f(x)$는 $x=a$에서 연속이다.

● **함수 $f(x)$가 $x=a$에서 불연속**

다음 경우에 함수 $f(x)$는 $x=a$에서 불연속이다.

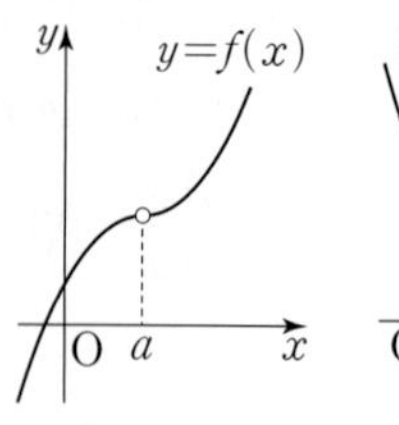

➜ $f(a)$가 정의되지 않음

y, $y=f(x)$, O, a, x

➜ $\lim_{x\to a} f(x)$가 존재하지 않음

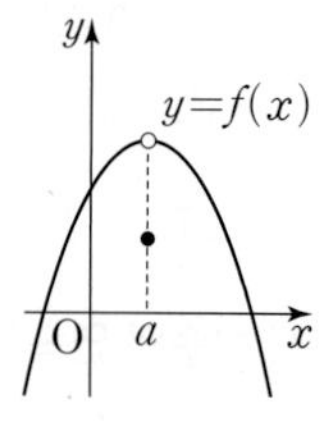

➜ $\lim_{x\to a} f(x)\neq f(a)$

0267 함수 $f(x)=\begin{cases} \dfrac{x^2-3x+2}{x-1} & (x\neq 1) \\ -1 & (x=1) \end{cases}$이 $x=1$에서 연속인지 불연속인지 조사하시오.

0268 함수 $f(x)=\begin{cases} x+1 & (x<1) \\ x^2-2x+a & (x\geq 1) \end{cases}$가 실수 전체의 집합에서 연속일 때, 상수 a의 값을 구하시오.

핵심 2 구간에서 함수의 연속과 연속함수의 성질 유형 2, 11

● **구간에서 함수의 연속**

(1) 함수 $f(x)=x^2$일 때

➜ 구간 $(-\infty, \infty)$에서 연속

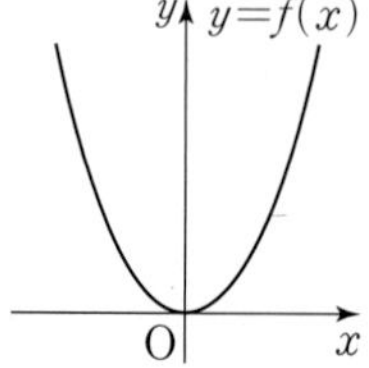

(2) 함수 $g(x)=\sqrt{x-1}$일 때

(i) 구간 $(1, \infty)$에서 연속

(ii) $\lim_{x\to 1+} g(x)=g(1)$

➜ 구간 $[1, \infty)$에서 연속

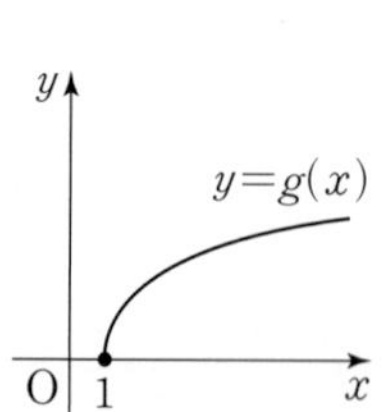

● **연속함수의 성질**

두 함수 $f(x)$, $g(x)$가 $x=a$에서 연속이면 다음 함수도 $x=a$에서 연속이다.

(1) $cf(x)$ (단, c는 상수)
(2) $f(x)+g(x)$
(3) $f(x)-g(x)$
(4) $f(x)g(x)$
(5) $\dfrac{f(x)}{g(x)}$ (단, $g(a)\neq 0$)

참고 ① 다항함수는 모든 실수에서 연속이다.
② 유리함수는 (분모)$\neq 0$인 모든 실수에서 연속이다.
③ 무리함수는 (근호 안의 식의 값)≥ 0인 모든 실수에서 연속이다.

0269 다음 함수가 연속인 구간을 구하시오.

(1) $f(x)=x+1$

(2) $f(x)=\dfrac{x+4}{x-2}$

(3) $f(x)=\dfrac{x+4}{x^2-3x+2}$

(4) $f(x)=\sqrt{6-3x}$

0270 두 함수 $f(x)=x^2+2x$, $g(x)=3x+1$일 때, 다음 함수가 연속인 구간을 구하시오.

(1) $f(x)+g(x)$

(2) $\dfrac{f(x)}{g(x)}$

핵심 3 최대 · 최소 정리 유형 22

함수 $f(x)=x^2$, $g(x)=\left|\frac{1}{x}\right|$이 다음 주어진 구간에서 최댓값 또는 최솟값을 가지면 그 값을 구해 보자.

① 구간 $[-1, 2]$

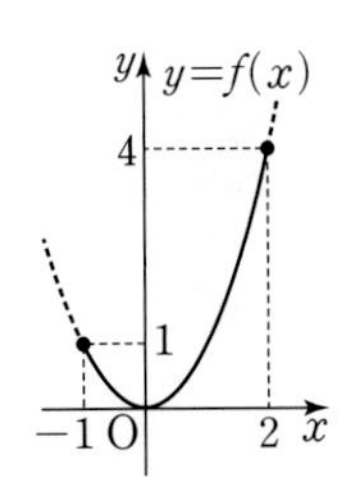

최댓값 : $f(2)=4$

최솟값 : $f(0)=0$

② 구간 $[-1, 2)$

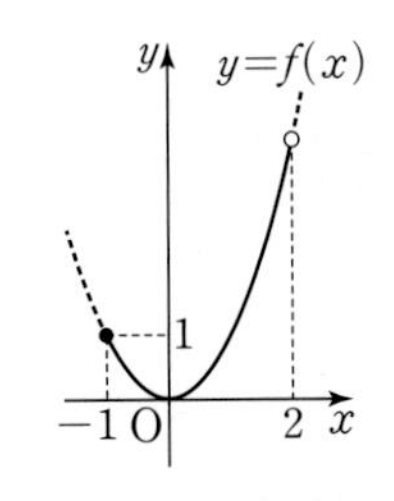

최댓값 : 없다.

최솟값 : $f(0)=0$

③ 구간 $(1, 2)$

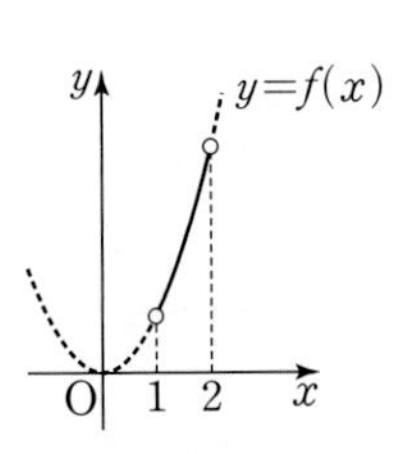

최댓값 : 없다.

최솟값 : 없다.

④ 구간 $[-1, 1]$

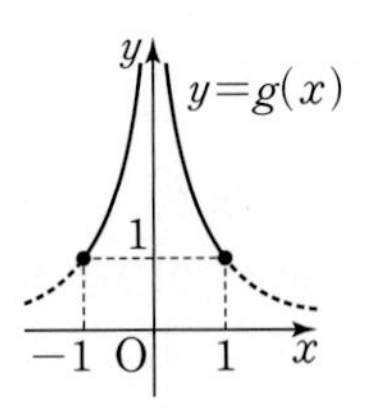

최댓값 : 없다.

최솟값 : $g(-1)=g(1)=1$

참고 닫힌구간이 아닌 구간이나 연속이 아닌 함수에서는 최댓값 또는 최솟값이 존재하지 않을 수도 있다.

0271 주어진 구간에서 함수 $f(x)$의 최댓값과 최솟값을 구하시오.

(1) $f(x)=2x+1$ $[0, 2]$

(2) $f(x)=x^2+4x+3$ $[-2, 1]$

0272 주어진 구간에서 함수 $f(x)$의 최댓값과 최솟값을 구하시오.

(1) $f(x)=\frac{3}{x+1}$ $[2, 5]$

(2) $f(x)=\sqrt{x+2}$ $[2, 7]$

핵심 4 사잇값의 정리 유형 23

(1) 함수 $f(x)=x^2$은 닫힌구간 $[1, 2]$에서 연속이고 $f(1)\neq f(2)$이다.

➜ $1<k<4$인 임의의 값 k에 대하여 $f(c)=k$인 c가 1과 2 사이에 적어도 하나 존재한다.

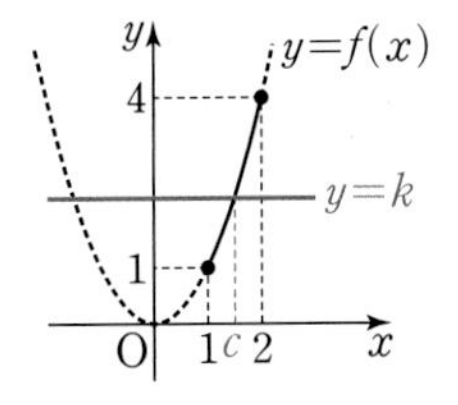

함수 $f(x)$가
① 닫힌구간 $[a, b]$에서 연속 ② $f(a)\neq f(b)$
➜ $f(a)$와 $f(b)$ 사이의 임의의 값 k에 대하여 $f(c)=k$인 c가 a와 b 사이에 적어도 하나 존재한다.

(2) 함수 $f(x)=x-2$는 닫힌구간 $[1, 3]$에서 연속이고 $f(1)f(3)<0$이다.

➜ 방정식 $f(x)=0$은 1과 3 사이에서 적어도 하나의 실근을 갖는다.

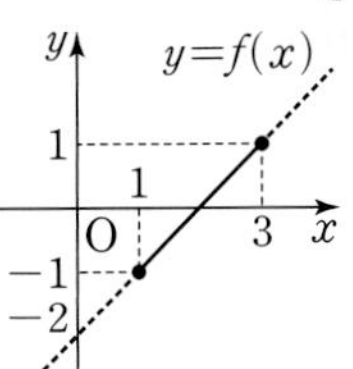

함수 $f(x)$가
① 닫힌구간 $[a, b]$에서 연속 ② $f(a)f(b)<0$ (└→ 서로 부호가 다르다.)
➜ 방정식 $f(x)=0$은 a와 b 사이에서 적어도 하나의 실근을 갖는다.

0273 방정식 $x^3-4x+2=0$이 구간 $(1, 2)$에서 적어도 하나의 실근을 가짐을 설명하시오.

0274 방정식 $x^2-1=ax$가 0과 1 사이에서 적어도 하나의 실근을 갖기 위한 상수 a의 값의 범위를 구하시오.

기출 유형 check 실전 준비하기

26유형, 144문항입니다.

기초유형 0-1 합성함수의 함숫값 | 고등수학

두 함수 f, g에 대하여 $(f\circ g)(a)$의 값은
$(f\circ g)(a)=f(g(a))$이므로 $f(x)$의 x 대신 $g(a)$의 값을 대입한다.

0275 대표문제

두 함수 $f(x)=5x+2$, $g(x)=-x+3$에 대하여 $(f\circ g)(2)-(g\circ f)(2)$의 값은?

① 12 ② 14 ③ 16
④ 18 ⑤ 20

0276 Level 1

두 함수 $f(x)=-2x+1$, $g(x)=\begin{cases} x-2 & (x\geq 1) \\ 2x-3 & (x<1) \end{cases}$에 대하여 $(f\circ g)(-1)$의 값은?

① 11 ② 13 ③ 15
④ 17 ⑤ 19

0277 Level 1

두 함수 $f(x)=2x-a$, $g(x)=x-1$에 대하여 $(f\circ g)(3)=5$를 만족시키는 상수 a의 값을 구하시오.

기초유형 0-2 주기함수 | 수학 I

함수 $f(x)$가 주기가 p인 주기함수이면
→ $f(x)=f(x+p)=f(x+2p)=\cdots$

0278 대표문제

함수 $f(x)$의 주기가 3이고, $f(1)=-3$, $f(2)=4$일 때, $f(19)-f(8)$의 값을 구하시오.

0279 Level 1

함수 $f(x)$가 모든 실수 x에 대하여 $f(x)=f(x+4)$이고, $f(0)=1$, $f(1)=-2$일 때, $f(21)$의 값은?

① -1 ② -2 ③ -3
④ -4 ⑤ -5

0280 Level 2

함수 $f(x)=\begin{cases} x+1 & (0\leq x<1) \\ -x+3 & (1\leq x<2) \end{cases}$에 대하여 $f(x)=f(x+2)$일 때, $f(16)-f(11)$의 값은?

① -3 ② -1 ③ 0
④ 1 ⑤ 3

실전유형 1 함수의 연속과 불연속

함수 $f(x)$가 다음 조건을 모두 만족시킬 때, 함수 $f(x)$는 $x=a$에서 연속이다.
(i) 함수 $f(x)$가 $x=a$에서 정의되어 있다.
(ii) 극한값 $\lim_{x \to a} f(x)$가 존재한다.
(iii) $\lim_{x \to a} f(x)=f(a)$

0281 대표문제

모든 실수 x에서 연속인 함수인 것만을 〈**보기**〉에서 있는 대로 고른 것은?

〈보기〉

ㄱ. $f(x)=\begin{cases} x-1 & (x \ge 0) \\ -1 & (x<0) \end{cases}$

ㄴ. $f(x)=\begin{cases} x^2-x & (x \ge 1) \\ 0 & (x<1) \end{cases}$

ㄷ. $f(x)=\begin{cases} x^2-x+1 & (x>2) \\ 2 & (x \le 2) \end{cases}$

① ㄱ ② ㄴ ③ ㄱ, ㄴ
④ ㄱ, ㄷ ⑤ ㄱ, ㄴ, ㄷ

0282 Level 1

모든 실수 x에서 연속인 함수인 것만을 〈**보기**〉에서 있는 대로 고른 것은?

〈보기〉

ㄱ. $f(x)=x+1$
ㄴ. $f(x)=x^2$
ㄷ. $f(x)=\frac{1}{x}$

① ㄱ ② ㄴ ③ ㄱ, ㄴ
④ ㄱ, ㄷ ⑤ ㄱ, ㄴ, ㄷ

0283 Level 1

함수 $f(x)=\frac{x+4}{x^2-5x+6}$가 $x=a$, $x=b$에서 불연속일 때, $a+b$의 값을 구하시오. (단, a, b는 상수이다.)

0284 Level 1

함수 $f(x)=\frac{x+2}{x^2-4}$가 $x=a$에서 불연속이 되는 모든 실수 a의 값의 합은?

① 0 ② 1 ③ 2
④ 3 ⑤ 4

0285 Level 1

함수 $f(x)=2-\frac{1}{x-\frac{1}{x}}$이 불연속이 되는 x의 값의 개수는?

① 0 ② 1 ③ 2
④ 3 ⑤ 4

0286

Level 2

모든 실수 x에서 연속인 함수인 것만을 〈**보기**〉에서 있는 대로 고른 것은?

〈보기〉

ㄱ. $f(x)=\begin{cases} \dfrac{x^2}{x} & (x\neq0) \\ 0 & (x=0) \end{cases}$

ㄴ. $f(x)=\begin{cases} \dfrac{(x-1)(x-2)}{x-1} & (x\neq1) \\ 1 & (x=1) \end{cases}$

ㄷ. $f(x)=\begin{cases} \dfrac{x^3-1}{x-1} & (x\neq1) \\ 3 & (x=1) \end{cases}$

① ㄱ ② ㄴ ③ ㄱ, ㄴ
④ ㄱ, ㄷ ⑤ ㄱ, ㄴ, ㄷ

0287

Level 2

모든 실수 x에서 연속인 함수인 것만을 〈**보기**〉에서 있는 대로 고른 것은?

〈보기〉

ㄱ. $f(x)=\begin{cases} |x-1| & (x\geq1) \\ x^2+x-2 & (x<1) \end{cases}$

ㄴ. $f(x)=\begin{cases} \dfrac{x-1}{|x-1|} & (x<1) \\ -1 & (x\geq1) \end{cases}$

ㄷ. $f(x)=\begin{cases} \dfrac{|x^2-x|}{x} & (x\neq0) \\ 0 & (x=0) \end{cases}$

① ㄱ ② ㄴ ③ ㄱ, ㄴ
④ ㄱ, ㄷ ⑤ ㄱ, ㄴ, ㄷ

실전유형 2 함수의 그래프와 연속

빈출유형

함수 $y=f(x)$의 그래프가 $x=a$에서
(1) 이어져 있으면 ➔ 함수 $f(x)$는 $x=a$에서 연속이다.
(2) 끊어져 있으면 ➔ 함수 $f(x)$는 $x=a$에서 불연속이다.

0288 대표문제

닫힌구간 $[-2, 3]$에서 정의된 함수 $y=f(x)$의 그래프가 그림과 같다.

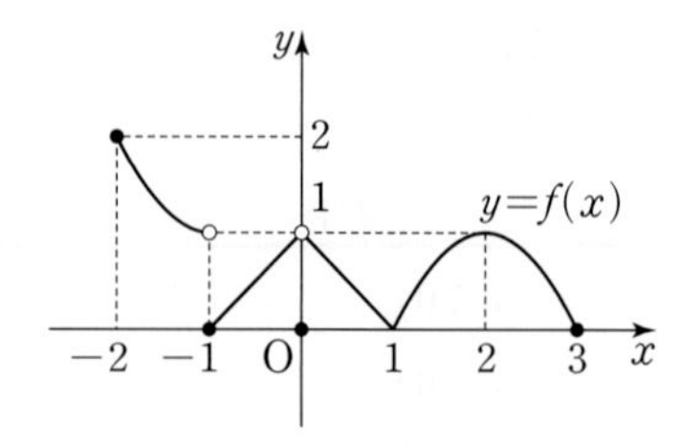

〈**보기**〉에서 옳은 것만을 있는 대로 고른 것은?

〈보기〉

ㄱ. $\lim_{x\to0}f(x)$의 값이 존재한다.

ㄴ. $1<a<3$인 실수 a에 대하여 $\lim_{x\to a}f(x)=f(a)$이다.

ㄷ. 함수 $f(x)$가 불연속인 x의 값은 3개이다.

① ㄱ ② ㄴ ③ ㄷ
④ ㄱ, ㄴ ⑤ ㄴ, ㄷ

0289

Level 1

열린구간 $(-2, 2)$에서 정의된 함수 $y=f(x)$의 그래프가 그림과 같다. 불연속인 점의 개수는?

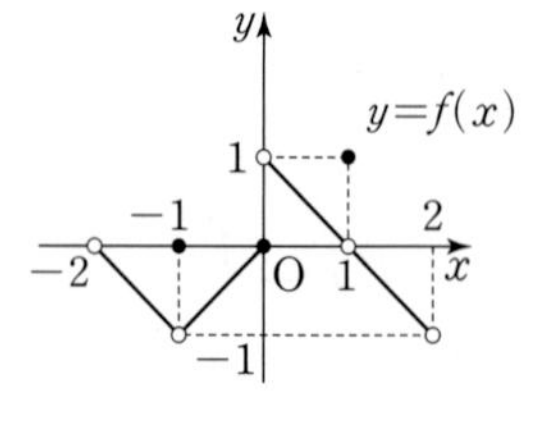

① 1 ② 2
③ 3 ④ 4
⑤ 5

0290

Level 1

함수 $y=f(x)$의 그래프가 그림과 같을 때, 열린구간 $(-2,\ 2)$에서 불연속인 x의 값의 개수는?

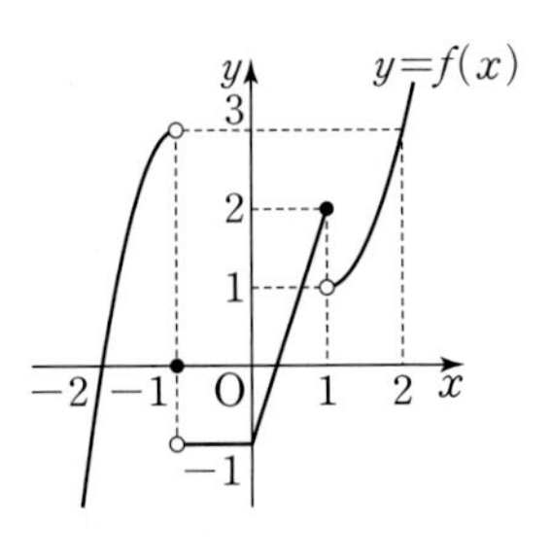

① 0　② 1　③ 2　④ 3　⑤ 4

0291

Level 2

$0<x<4$에서 정의된 함수 $y=f(x)$의 그래프가 그림과 같다.

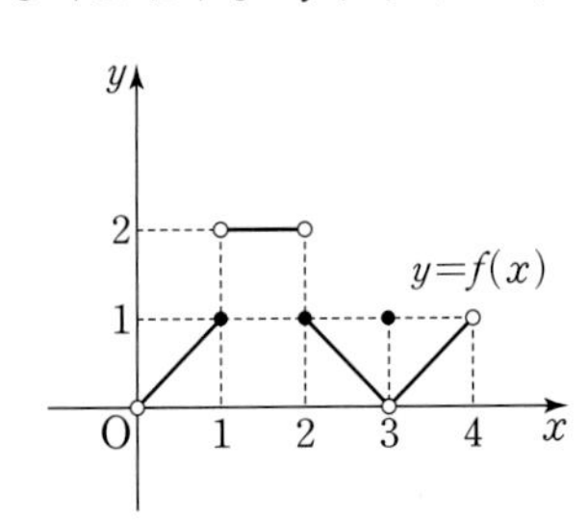

〈보기〉에서 옳은 것만을 있는 대로 고른 것은?

〈보기〉

ㄱ. $\lim_{x \to 3} f(x)=1$

ㄴ. $x=1$에서 $f(x)$의 극한값은 존재하지 않는다.

ㄷ. 함수 $f(x)$는 3개의 점에서 불연속이다.

① ㄱ　② ㄴ　③ ㄷ　④ ㄱ, ㄴ　⑤ ㄴ, ㄷ

0292

Level 3

함수 $y=f(x)$의 그래프가 그림과 같다.

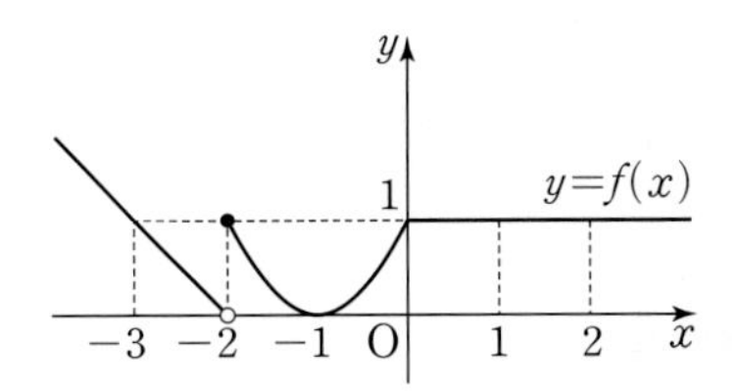

함수 $g(x)=\begin{cases} f(x) & (x \geq -2) \\ f(x)+k & (x<-2) \end{cases}$라 할 때, $g(x)$가 모든 실수 x에서 연속이 되는 상수 k의 값을 구하시오.

0293

신경향

Level 3

함수 $y=f(x)$의 그래프가 그림과 같다.

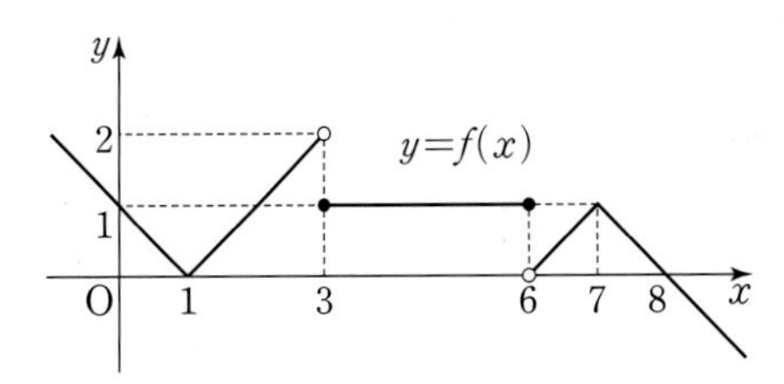

함수 $f(x)$가 닫힌구간 $[a,\ a+2]$에서 연속이 되게 하는 7 이하의 자연수 a의 개수는?

① 1　② 2　③ 3　④ 4　⑤ 5

실전 유형 3 함수의 연속과 극한값

함수 $f(x)$가 $x=a$에서 연속이면
→ $\lim_{x\to a} f(x)=f(a)$
→ $\lim_{x\to a} f(x)=\lim_{x\to a+} f(x)=\lim_{x\to a-} f(x)$

0294 대표문제

함수 $f(x)$가 $x=1$에서 연속이고

$$\lim_{x\to 1}\frac{(x^2-1)f(x)}{x-1}=4$$

를 만족시킬 때, $f(1)$의 값은?

① -2　② 2　③ 4　④ 6　⑤ 8

0295

Level 1

함수 $f(x)$가 $x=1$에서 연속이고

$$\lim_{x\to 1-} f(x)=3,\quad \lim_{x\to 1+} f(x)=a^2-1$$

을 만족시킬 때, 양수 a의 값은?

① 1　② 2　③ 3　④ 4　⑤ 5

0296

Level 2

실수 전체의 집합에서 연속인 함수 $f(x)$가

$$\lim_{x\to -3}\frac{(x^3+27)f(x)}{x+3}=27$$

을 만족시킬 때, $f(-3)$의 값을 구하시오.

0297

Level 2

모든 실수 x에서 연속인 두 함수 $f(x)$, $g(x)$에 대하여

$$\lim_{x\to 0}\{f(x)+2g(x)\}=5,\quad \lim_{x\to 0}\{2f(x)-g(x)\}=0$$

일 때, $f(0)+g(0)$의 값은?

① 0　② 1　③ 2　④ 3　⑤ 4

다음은 이 유형에서 출제된 최근 교육청·평가원 기출문제입니다.

0298 ·평가원 2020학년도 9월

Level 1

함수 $f(x)$가 $x=2$에서 연속이고

$$\lim_{x\to 2-} f(x)=a+2,\quad \lim_{x\to 2+} f(x)=3a-2$$

를 만족시킬 때, $a+f(2)$의 값을 구하시오.

(단, a는 상수이다.)

0299 ·평가원 2018학년도 9월

Level 3

실수 전체의 집합에서 정의된 두 함수 $f(x)$와 $g(x)$에 대하여

$x<0$일 때, $f(x)+g(x)=x^2+4$

$x>0$일 때, $f(x)-g(x)=x^2+2x+8$

이다. 함수 $f(x)$가 $x=0$에서 연속이고

$\lim_{x\to 0-} g(x)-\lim_{x\to 0+} g(x)=6$일 때, $f(0)$의 값은?

① -3　② -1　③ 0　④ 1　⑤ 3

실전 유형 4 함수의 연속과 미정계수의 결정 -구간이 나누어진 다항함수

빈출유형

연속인 함수 $g(x)$, $h(x)$에 대하여

함수 $f(x)=\begin{cases} g(x) & (x\le a) \\ h(x) & (x>a) \end{cases}$가 모든 실수 x에서 연속이면

$x=a$에서도 연속이다.

즉, $\lim_{x\to a-} g(x)=\lim_{x\to a+} h(x)=g(a)$가 성립함을 이용하여 미정계수를 찾는다.

참고 다항함수는 실수 전체의 집합에서 연속이다.

0300 대표문제

함수 $f(x)=\begin{cases} ax-4 & (x<1) \\ 2x-a & (x\ge 1) \end{cases}$가 모든 실수 x에서 연속일 때, 상수 a의 값은?

① 1　② 2　③ 3　④ 4　⑤ 5

0301

Level 1

함수 $f(x)=\begin{cases} x+k & (x\le 2) \\ x^2+4x+6 & (x>2) \end{cases}$이 실수 전체의 집합에서 연속일 때, 상수 k의 값을 구하시오.

0302

Level 2

함수 $f(x)=\begin{cases} x^2 & (x\ge a) \\ 2x+3 & (x<a) \end{cases}$이 모든 실수 x에서 연속이 되는 모든 실수 a의 값의 합은?

① 1　② 2　③ 3　④ 4　⑤ 5

0303

Level 2

함수 $f(x)=\begin{cases} 2x^2-1 & (x\ge a) \\ x^2-3x+3 & (x<a) \end{cases}$이 모든 실수 x에서 연속이 되는 모든 실수 a의 값의 곱은?

① -4　② -2　③ 0　④ 2　⑤ 4

0304

Level 2

함수 $f(x)=\begin{cases} x^2 & (x<a) \\ 3x+2k & (x\ge a) \end{cases}$가 실수 전체의 집합에서 연속이 되게 하는 실수 a의 값이 존재할 때, 0 이하의 정수 k의 개수를 구하시오.

0305

Level 2

함수 $f(x)=\begin{cases} x^2-3x+a & (x\ge a) \\ -x^2+2x+5 & (x<a) \end{cases}$가 실수 전체의 집합에서 연속일 때, 모든 실수 a의 값의 합은?

① $-\frac{5}{2}$　② -2　③ 2　④ $\frac{5}{2}$　⑤ 4

02

0306

Level 2

함수 $f(x)=\begin{cases} x^3+bx+5 & (x>-1) \\ 3 & (x=-1) \\ x^2-x+a & (x<-1) \end{cases}$가 모든 실수 x에서 연속이 되도록 상수 a, b의 값을 정할 때, $a+b$의 값은?

① 1 ② 2 ③ 3
④ 4 ⑤ 5

0307

Level 3

함수 $f(x)=\begin{cases} ax-5 & (|x|<1) \\ -bx^2+2x & (|x|\geq1) \end{cases}$가 모든 실수 x에서 연속이 되도록 상수 a, b의 값을 정할 때, ab의 값을 구하시오.

+Plus 문제

0308 고난도

Level 3

함수 $f(x)=\begin{cases} x^2+kx+k & (a\leq x\leq a+1) \\ 5x+2 & (x<a \text{ 또는 } x>a+1) \end{cases}$가 실수 전체의 집합에서 연속일 때, 모든 상수 k의 값의 곱은? (단, a는 실수이다.)

① 24 ② 26 ③ 28
④ 30 ⑤ 32

다음은 이 유형에서 출제된 최근 교육청 · 평가원 기출문제입니다.

0309 · 교육청 2020년 4월

Level 1

함수 $f(x)=\begin{cases} ax+3 & (x\neq1) \\ 5 & (x=1) \end{cases}$가 실수 전체의 집합에서 연속일 때, 상수 a의 값은?

① 1 ② 2 ③ 3
④ 4 ⑤ 5

0310 · 교육청 2020년 7월

Level 1

함수 $f(x)=\begin{cases} -2x+1 & (x<1) \\ x^2-ax+4 & (x\geq1) \end{cases}$가 실수 전체의 집합에서 연속일 때, 상수 a의 값은?

① -6 ② -3 ③ 0
④ 3 ⑤ 6

0311 · 평가원 2018학년도 9월

Level 2

함수 $f(x)=\begin{cases} 2x^2+ax+1 & (x<1) \\ 7 & (x=1) \\ -3x+b & (x>1) \end{cases}$가 실수 전체의 집합에서 연속일 때, $a+b$의 값은? (단, a, b는 상수이다.)

① 11 ② 12 ③ 13
④ 14 ⑤ 15

실전유형 5 함수의 연속과 미정계수의 결정 –구간이 나누어진 유리함수

빈출유형

$x\neq a$인 모든 실수 x에서 연속인 함수 $g(x)$에 대하여

함수 $f(x)=\begin{cases} g(x) & (x\neq a) \\ k & (x=a) \end{cases}$가 모든 실수 x에서 연속이려면

➔ $\lim_{x\to a} g(x)=f(a)=k$

참고 유리함수는 (분모)$\neq 0$인 구간에서 연속이다.

0312 대표문제

함수 $f(x)=\begin{cases} \dfrac{x^2-ax+2}{x+1} & (x\neq -1) \\ b & (x=-1) \end{cases}$가 $x=-1$에서 연속일 때, $a+b$의 값은? (단, a, b는 상수이다.)

① -1　② -2　③ -3　④ -4　⑤ -5

0313

Level 1

함수 $f(x)=\begin{cases} \dfrac{x^2-2x-3}{x-3} & (x\neq 3) \\ a & (x=3) \end{cases}$가 실수 전체의 집합에서 연속일 때, 상수 a의 값을 구하시오.

0314

Level 2

함수 $f(x)=\begin{cases} \dfrac{x^2-5x+a}{x-3} & (x\neq 3) \\ b & (x=3) \end{cases}$가 실수 전체의 집합에서 연속일 때, $a+b$의 값은? (단, a, b는 상수이다.)

① 1　② 3　③ 5　④ 7　⑤ 9

0315

Level 2

함수 $f(x)=\begin{cases} \dfrac{x^3-3ax+2b}{(x-2)^2} & (x\neq 2) \\ c & (x=2) \end{cases}$가 $x=2$에서 연속일 때, $a+b+c$의 값을 구하시오. (단, a, b, c는 상수이다.)

0316

Level 3

다항함수 $g(x)$에 대하여 $f(x)=\begin{cases} \dfrac{g(x)}{x+1} & (x\neq -1) \\ a & (x=-1) \end{cases}$로 정의된 함수 $f(x)$가 모든 실수 x에서 연속일 때, 〈**보기**〉에서 옳은 것만을 있는 대로 고르시오. (단, a는 상수이다.)

〈보기〉

ㄱ. $\lim_{x\to -1} f(x)=a$

ㄴ. $\lim_{x\to -1} g(x)=a$

ㄷ. $\lim_{x\to -1} \dfrac{f(x)g(x)}{x^2-1}=\dfrac{a}{2}$

다음은 이 유형에서 출제된 최근 교육청 • 평가원 기출문제입니다.

0317 • 교육청 2021년 4월

Level 2

함수 $f(x)=\begin{cases} \dfrac{x^2+3x+a}{x-2} & (x<2) \\ -x^2+b & (x\geq 2) \end{cases}$가 $x=2$에서 연속일 때, $a+b$의 값은? (단, a, b는 상수이다.)

① 1　② 2　③ 3　④ 4　⑤ 5

실전 유형 6 함수의 연속과 미정계수의 결정 - 구간이 나누어진 무리함수

$x \neq a$인 모든 실수 x에서 연속인 함수 $g(x)$에 대하여

함수 $f(x)=\begin{cases} g(x) & (x \neq a) \\ k & (x=a) \end{cases}$가 모든 실수 x에서 연속이려면

→ $\lim_{x \to a} g(x)=f(a)=k$

이때 $\lim_{x \to a} g(x)$에서 분모 또는 분자에 근호($\sqrt{\quad}$)가 포함된 식이 있는 경우는 근호가 있는 부분을 유리화한 후 약분하여 극한값을 구한다.

0318 대표문제

함수 $f(x)=\begin{cases} \dfrac{a\sqrt{x+2}-b}{x+1} & (x \neq -1) \\ 1 & (x=-1) \end{cases}$이 $x=-1$에서 연속일 때, 상수 a, b에 대하여 $a+b$의 값은?

① 1 ② 2 ③ 3 ④ 4 ⑤ 5

0319

Level 1

함수 $f(x)=\begin{cases} \dfrac{\sqrt{4+x}-\sqrt{4-x}}{2x} & (x \neq 0) \\ a & (x=0) \end{cases}$가 $x=0$에서 연속일 때, 상수 a의 값은?

① $\dfrac{1}{4}$ ② $\dfrac{1}{2}$ ③ 1 ④ 2 ⑤ 4

0320

Level 2

함수 $f(x)=\begin{cases} \dfrac{a\sqrt{x+2}+b}{x-2} & (x \neq 2) \\ 2 & (x=2) \end{cases}$가 $x=2$에서 연속일 때, 상수 a, b에 대하여 $a-b$의 값을 구하시오.

0321

Level 2

함수 $f(x)=\begin{cases} \dfrac{\sqrt{ax}-b}{x-1} & (x \neq 1) \\ 2 & (x=1) \end{cases}$가 $x=1$에서 연속이 되도록 하는 상수 a, b에 대하여 $a+b$의 값은?

① 4 ② 8 ③ 12 ④ 16 ⑤ 20

0322

Level 2

함수 $f(x)=\begin{cases} \dfrac{a\sqrt{x^2+8}-b}{x-1} & (x \neq 1) \\ \dfrac{a-1}{2} & (x=1) \end{cases}$이 모든 실수 x에서 연속일 때, 상수 a, b에 대하여 $a+b$의 값은?

① 6 ② 8 ③ 10 ④ 12 ⑤ 14

다음은 이 유형에서 출제된 최근 교육청 · 평가원 기출문제입니다.

0323 • 2021학년도 대학수학능력시험

Level 2

함수 $f(x)=\begin{cases} -3x+a & (x \leq 1) \\ \dfrac{x+b}{\sqrt{x+3}-2} & (x>1) \end{cases}$가 실수 전체의 집합에서 연속일 때, $a+b$의 값을 구하시오. (단, a, b는 상수이다.)

실전유형 7 함수의 연속과 미정계수의 결정 – 유리함수

(1) 유리함수는 (분모)=0인 구간에서 정의되지 않는다.

(2) 함수 $f(x)=\frac{1}{g(x)}$에서 $g(x)\neq 0$이면 $f(x)$는 모든 실수 x에서 연속이다.

참고 $g(x)$가 이차식이면 이차방정식 $g(x)=0$의 판별식 D에 대하여

① $D>0$ → 실근 2개 → $f(x)$가 불연속인 점 2개

② $D=0$ → 실근 1개 → $f(x)$가 불연속인 점 1개

③ $D<0$ → 실근이 없다. → $f(x)$는 모든 실수에서 연속

0324 대표문제

함수 $f(x)=\frac{2}{x^2-ax+b}$의 불연속인 점이 $x=2$, $x=3$일 때, 상수 a, b에 대하여 $a+b$의 값을 구하시오.

0325 Level 1

함수 $f(x)=\frac{x-1}{x^2-a}$의 불연속인 점이 1개가 되게 하는 상수 a의 개수는?

① 1 ② 2 ③ 3 ④ 4 ⑤ 5

0326 Level 1

함수 $f(x)=\frac{1}{x^2+ax+1}$의 불연속인 점이 1개일 때, a^2의 값은? (단, a는 상수이다.)

① 1 ② 2 ③ 3 ④ 4 ⑤ 5

0327 Level 2

함수 $f(x)=\frac{x+4}{x^2+3x-a}$가 모든 실수 x에서 연속이 되게 하는 정수 a의 최댓값은?

① -5 ② -4 ③ -3 ④ -2 ⑤ -1

0328 Level 2

함수 $f(x)=\frac{x^2+2x-4}{x^2+2ax+3}$가 실수 전체의 집합에서 연속이 되게 하는 모든 정수 a의 값의 합은?

① -3 ② -1 ③ 0 ④ 1 ⑤ 2

0329 Level 3

함수 $f(x)=\frac{ax+2}{(a+1)x^2-2ax+6}$의 불연속인 점이 1개가 되게 하는 상수 a의 개수는?

① 0 ② 1 ③ 2 ④ 3 ⑤ 4

심화 유형 8 합성함수의 연속

두 함수 $f(x)$, $g(x)$에 대하여
$\lim_{x\to a+} g(f(x))=\lim_{x\to a-} g(f(x))=g(f(a))$이면
함수 $g(f(x))$는 $x=a$에서 연속이다.

0330 대표문제

두 함수 $f(x)$, $g(x)$의 그래프가 그림과 같을 때, 〈보기〉에서 옳은 것만을 있는 대로 고른 것은?

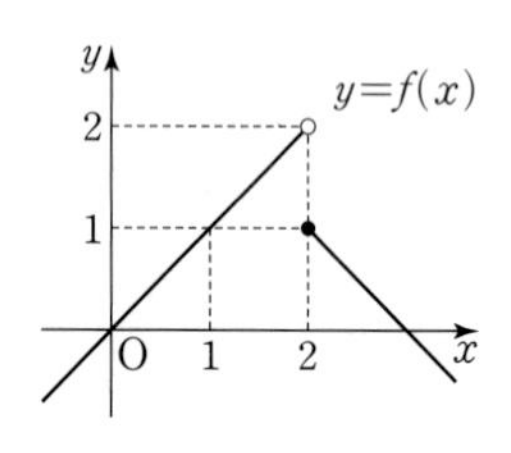

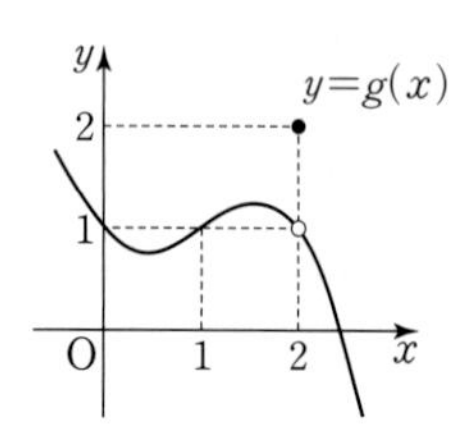

〈보기〉

ㄱ. $\lim_{x\to 2-} f(x)=2$

ㄴ. $\lim_{x\to 2+} g(f(x))=1$

ㄷ. 함수 $f(g(x))$는 $x=2$에서 연속이다.

① ㄱ ② ㄱ, ㄴ ③ ㄱ, ㄷ
④ ㄴ, ㄷ ⑤ ㄱ, ㄴ, ㄷ

0331 Level 2

함수 $y=f(x)$의 그래프가 그림과 같다. 〈보기〉에서 옳은 것만을 있는 대로 고른 것은?

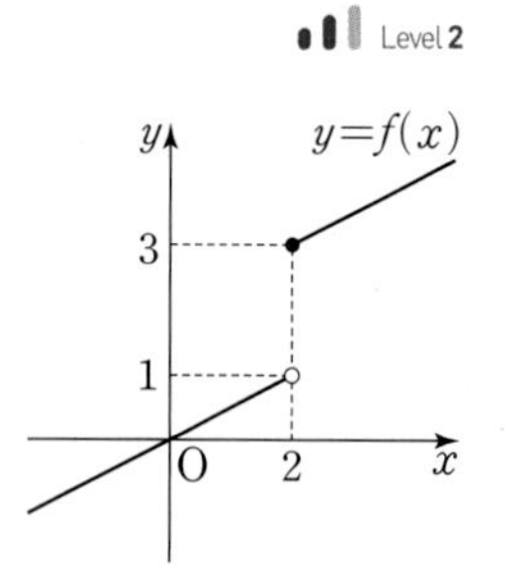

〈보기〉

ㄱ. $f(f(2))$의 값이 존재한다.

ㄴ. $\lim_{x\to 2} f(f(x))$의 값이 존재한다.

ㄷ. 함수 $f(f(x))$는 $x=2$에서 연속이다.

① ㄱ ② ㄴ ③ ㄱ, ㄴ
④ ㄴ, ㄷ ⑤ ㄱ, ㄴ, ㄷ

0332 Level 2

실수 전체의 집합에서 정의된 함수 $y=f(x)$의 그래프가 그림과 같다. 함수 $(f\circ f)(x)$가 $x=a$에서 불연속이 되게 하는 모든 a의 값의 합은? (단, $0\le a\le 6$)

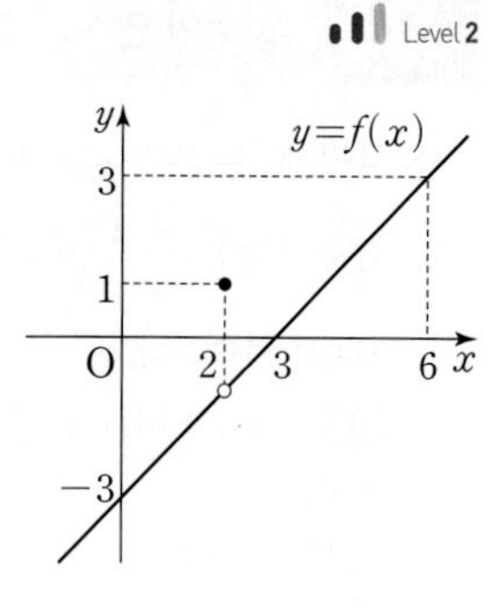

① 3 ② 4
③ 5 ④ 6
⑤ 7

0333 Level 2

두 함수

$$f(x)=\begin{cases} x^2-1 & (x\neq 0) \\ 0 & (x=0) \end{cases},\quad g(x)=x^2+ax+1$$

에 대하여 함수 $(g\circ f)(x)$가 $x=0$에서 연속일 때, 상수 a의 값은?

① -1 ② $-\frac{1}{2}$ ③ 0
④ $\frac{1}{2}$ ⑤ 1

0334 Level 3

두 함수

$$f(x)=\begin{cases} 2x^2-1 & (x<2) \\ 5-x & (x\ge 2) \end{cases},\quad g(x)=x^2-kx+1$$

에 대하여 함수 $(g\circ f)(x)$가 모든 실수 x에서 연속일 때, 상수 k의 값은?

① 2 ② 4 ③ 6
④ 8 ⑤ 10

+Plus 문제

실전 유형 9 $(x-a)f(x)$ 꼴의 함수의 연속

연속함수 $g(x)$에 대하여 함수 $f(x)$가 $(x-a)f(x)=g(x)$를 만족시킬 때, $f(x)$가 모든 실수에서 연속이면
$\lim_{x\to a} f(x)=f(a)$이므로
→ $f(a)=\lim_{x\to a} \frac{g(x)}{x-a}$

0335 대표문제

모든 실수 x에서 연속인 함수 $f(x)$가

$$(x-2)f(x)=x^2-ax-b$$

를 만족시키고, $f(4)=2$이다. $a+b$의 값은?
(단, a, b는 상수이다.)

① -4 ② 0 ③ 4
④ 8 ⑤ 12

0336

Level 1

$x\geq -10$인 모든 실수 x에서 연속인 함수 $f(x)$가

$$(x+1)f(x)=\sqrt{x+10}-3$$

을 만족시킨다. $f(-1)$의 값을 구하시오.

0337

Level 2

모든 실수 x에서 연속인 함수 $f(x)$가

$$(x^2+2x-3)f(x)=x^4+ax-b$$

를 만족시킨다. $f(1)$의 값은? (단, a, b는 상수이다.)

① 5 ② 6 ③ 7
④ 8 ⑤ 9

0338

Level 2

$x\geq -2$인 모든 실수 x에서 연속인 함수 $f(x)$가

$$(x-2)f(x)=m\sqrt{x+2}+n$$

을 만족시킨다. $f(2)=3$일 때, $m+n$의 값은?
(단, m, n은 상수이다.)

① -24 ② -12 ③ 12
④ 24 ⑤ 36

다음은 이 유형에서 출제된 최근 교육청 • 평가원 기출문제입니다.

0339 • 교육청 2020년 3월

Level 1

모든 실수에서 연속인 함수 $f(x)$가

$$(x-1)f(x)=x^2-3x+2$$

를 만족시킬 때, $f(1)$의 값은?

① -2 ② -1 ③ 0
④ 1 ⑤ 2

0340 • 교육청 2019년 11월

Level 2

실수 전체의 집합에서 연속인 함수 $f(x)$가 모든 실수 x에 대하여 $(x-1)f(x)=x^3+ax+b$를 만족시킨다. $f(1)=4$일 때, $a\times b$의 값은? (단, a, b는 상수이다.)

① -2 ② -1 ③ 0
④ 1 ⑤ 2

실전 유형 10 $f(x)g(x)$ 꼴의 함수의 연속 (1)

$\lim_{x \to a+} f(x)g(x) = \lim_{x \to a-} f(x)g(x) = f(a)g(a)$이면
함수 $f(x)g(x)$는 $x=a$에서 연속이다.

0341 대표문제

두 함수 $y=f(x)$, $y=g(x)$의 그래프가 그림과 같을 때, 〈보기〉에서 옳은 것만을 있는 대로 고른 것은?

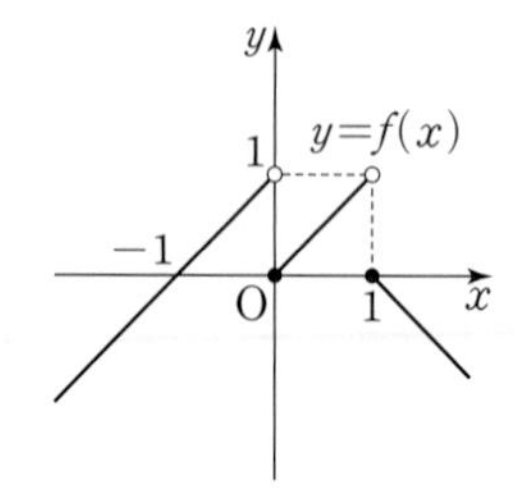

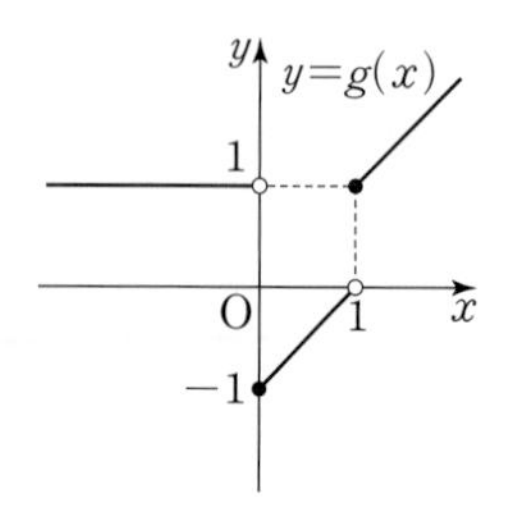

〈보기〉

ㄱ. $\lim_{x \to 0+} f(x) = 0$

ㄴ. $\lim_{x \to 1-} f(x)g(x) = 0$

ㄷ. 함수 $f(x)g(x)$는 $x=1$에서 연속이다.

① ㄱ　② ㄴ　③ ㄷ　④ ㄴ, ㄷ　⑤ ㄱ, ㄴ, ㄷ

0342

Level 2

함수 $y=f(x)$의 그래프가 그림과 같을 때, 〈보기〉에서 옳은 것만을 있는 대로 고른 것은?

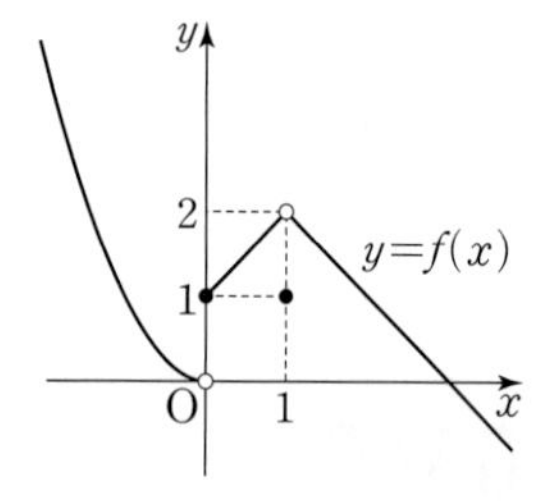

〈보기〉

ㄱ. $\lim_{x \to 0+} f(x) = 1$

ㄴ. $\lim_{x \to 1} f(x) = f(1)$

ㄷ. 함수 $(x-1)f(x)$는 $x=1$에서 연속이다.

① ㄱ　② ㄱ, ㄴ　③ ㄱ, ㄷ　④ ㄴ, ㄷ　⑤ ㄱ, ㄴ, ㄷ

0343

Level 2

두 함수 $y=f(x)$, $y=g(x)$의 그래프가 그림과 같을 때, 〈보기〉에서 옳은 것만을 있는 대로 고른 것은?

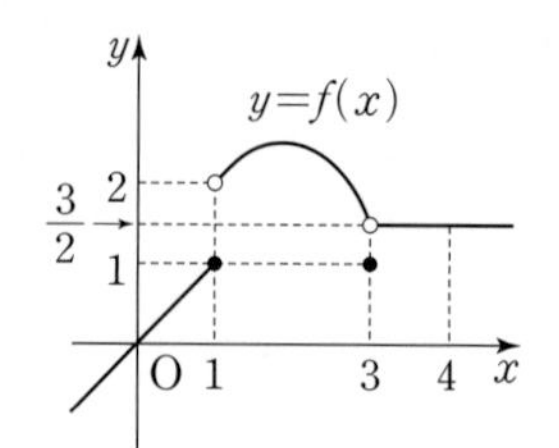

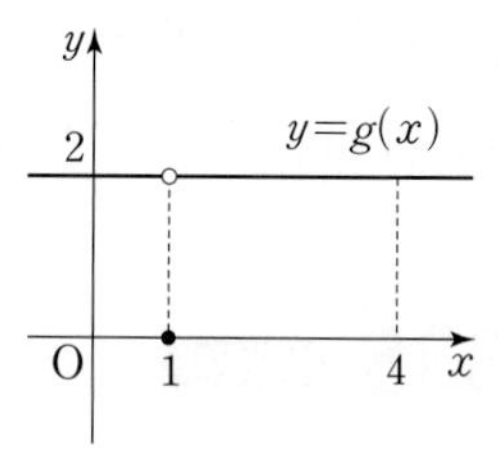

〈보기〉

ㄱ. $\lim_{x \to 1-} f(x)g(x) = 2$

ㄴ. 함수 $f(x)g(x)$는 $x=3$에서 연속이다.

ㄷ. 닫힌구간 $[0, 4]$에서 함수 $f(x)g(x)$의 불연속인 점은 오직 한 개이다.

① ㄱ　② ㄴ　③ ㄷ　④ ㄴ, ㄷ　⑤ ㄱ, ㄴ, ㄷ

다음은 이 유형에서 출제된 최근 교육청 • 평가원 기출문제입니다.

0344 • 교육청 2020년 3월

Level 2

두 함수 $y=f(x)$, $y=g(x)$의 그래프가 다음과 같다.

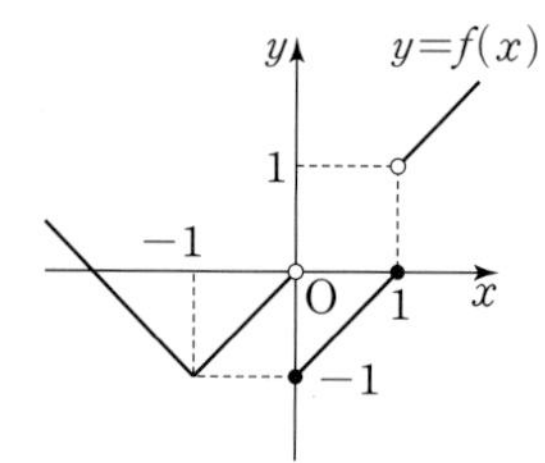

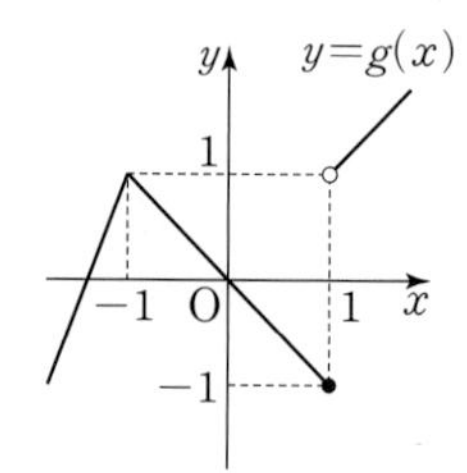

〈보기〉에서 옳은 것만을 있는 대로 고른 것은?

〈보기〉

ㄱ. $\lim_{x \to 1-} f(x)g(x) = -1$

ㄴ. $f(1)g(1) = 0$

ㄷ. 함수 $f(x)g(x)$는 $x=1$에서 불연속이다.

① ㄱ　② ㄴ　③ ㄷ　④ ㄱ, ㄴ　⑤ ㄴ, ㄷ

실전 유형 11 $f(x)g(x)$ 꼴의 함수의 연속 (2)

함수 $f(x)=\begin{cases} f_1(x) & (x<a) \\ f_2(x) & (x\ge a) \end{cases}$, $g(x)=\begin{cases} g_1(x) & (x<a) \\ g_2(x) & (x\ge a) \end{cases}$일 때,

함수 $f(x)g(x)$가 $x=a$에서 연속이려면

→ $\lim_{x\to a-} f(x)g(x)=\lim_{x\to a+} f(x)g(x)=f(a)g(a)$

0345 대표문제

두 함수

$$f(x)=\begin{cases} x+3 & (x<0) \\ x^2+1 & (x\ge 0) \end{cases},\quad g(x)=\begin{cases} x^2+1 & (x<0) \\ x^2-a & (x\ge 0) \end{cases}$$

에 대하여 함수 $f(x)g(x)$가 구간 $(-\infty, \infty)$에서 연속일 때, 상수 a의 값은?

① -1 ② -2 ③ -3
④ -4 ⑤ -5

0346 Level 1

두 함수

$$f(x)=\begin{cases} -x^2+a & (x\le 2) \\ x^2-4 & (x>2) \end{cases},\quad g(x)=\begin{cases} x-4 & (x\le 2) \\ \dfrac{1}{x-2} & (x>2) \end{cases}$$

에 대하여 함수 $f(x)g(x)$가 $x=2$에서 연속이 되게 하는 상수 a의 값은?

① 1 ② 2 ③ 3
④ 4 ⑤ 5

0347 Level 2

두 함수

$$f(x)=\begin{cases} 3x & (x<1) \\ 1 & (1\le x\le 2) \\ x+1 & (x>2) \end{cases},$$

$$g(x)=\begin{cases} x+2 & (x<1 \text{ 또는 } x>2) \\ x^2-x & (1\le x\le 2) \end{cases}$$

에 대하여 함수 $f(x)g(x)$의 불연속인 점의 개수는?

① 0 ② 1 ③ 2
④ 3 ⑤ 4

0348 Level 2

두 함수

$$f(x)=\begin{cases} -1 & (|x|\ge 1) \\ 1 & (|x|<1) \end{cases},\quad g(x)=\begin{cases} 1 & (|x|\ge 1) \\ -x & (|x|<1) \end{cases}$$

에 대하여 〈보기〉에서 옳은 것만을 있는 대로 고른 것은?

〈보기〉

ㄱ. $\lim_{x\to 1} f(x)g(x)=-1$

ㄴ. 함수 $g(x+1)$은 $x=0$에서 연속이다.

ㄷ. 함수 $f(x)g(x+1)$은 $x=-1$에서 연속이다.

① ㄱ ② ㄴ ③ ㄱ, ㄴ
④ ㄱ, ㄷ ⑤ ㄱ, ㄴ, ㄷ

02

0349

Level 3

두 함수

$$f(x)=\begin{cases} x+3 & (x\le a) \\ x^2-x & (x>a) \end{cases},\quad g(x)=x-(2a+7)$$

에 대하여 함수 $f(x)g(x)$가 실수 전체의 집합에서 연속이 되게 하는 모든 실수 a의 값의 곱을 구하시오.

0350

Level 3

함수 $f(x)=\begin{cases} a & (x\le 1) \\ -x+2 & (x>1) \end{cases}$일 때, 〈보기〉에서 옳은 것만을 있는 대로 고른 것은? (단, a는 상수이다.)

〈보기〉

ㄱ. $\lim_{x\to 1+} f(x)=1$

ㄴ. $a=0$이면 함수 $f(x)$는 $x=1$에서 연속이다.

ㄷ. 함수 $(x-1)f(x)$는 실수 전체의 집합에서 연속이다.

① ㄱ ② ㄴ ③ ㄱ, ㄷ

④ ㄴ, ㄷ ⑤ ㄱ, ㄴ, ㄷ

+Plus 문제

다음은 이 유형에서 출제된 최근 교육청 · 평가원 기출문제입니다.

0351

· 평가원 2018학년도 6월 Level 2

두 함수

$$f(x)=\begin{cases} (x-1)^2 & (x\ne 1) \\ 1 & (x=1) \end{cases},\quad g(x)=2x+k$$

에 대하여 함수 $f(x)g(x)$가 실수 전체의 집합에서 연속이 되도록 하는 상수 k의 값은?

① -2 ② -1 ③ 0

④ 1 ⑤ 2

0352

· 교육청 2020년 3월 Level 2

두 함수

$$f(x)=\begin{cases} \dfrac{1}{x-1} & (x<1) \\ \dfrac{1}{2x+1} & (x\ge 1) \end{cases},\quad g(x)=2x^3+ax+b$$

에 대하여 함수 $f(x)g(x)$가 실수 전체의 집합에서 연속일 때, $b-a$의 값은? (단, a, b는 상수이다.)

① 10 ② 9 ③ 8

④ 7 ⑤ 6

0353

고난도 · 평가원 2020학년도 6월 Level 3

두 함수

$$f(x)=\begin{cases} -2x+3 & (x<0) \\ -2x+2 & (x\ge 0) \end{cases},\quad g(x)=\begin{cases} 2x & (x<a) \\ 2x-1 & (x\ge a) \end{cases}$$

이 있다. 함수 $f(x)g(x)$가 실수 전체의 집합에서 연속이 되도록 하는 상수 a의 값은?

① -2 ② -1 ③ 0

④ 1 ⑤ 2

실전 유형 12 $\dfrac{g(x)}{f(x)}$ 꼴의 함수의 연속

(1) $f(a)=0$이면 함수 $\dfrac{g(x)}{f(x)}$는 $x=a$에서 불연속이다.

(2) 함수 $\dfrac{g(x)}{f(x)}$가 $x=a$에서 연속이면

➜ $\lim_{x\to a+}\dfrac{g(x)}{f(x)}=\lim_{x\to a-}\dfrac{g(x)}{f(x)}=\dfrac{g(a)}{f(a)}$

0354 대표문제

두 함수 $f(x)=x^2+5x-4$, $g(x)=x^2-ax+4a$에 대하여 함수 $\dfrac{f(x)}{g(x)}$가 모든 실수 x에서 연속이 되도록 하는 상수 a의 값의 범위를 구하시오.

0355 Level 1

두 함수 $f(x)=3x-5$, $g(x)=x^2+kx+\dfrac{5}{4}k-\dfrac{3}{2}$에 대하여 함수 $\dfrac{f(x)}{g(x)}$가 모든 실수 x에서 연속이 되도록 하는 상수 k의 값의 범위는?

① $1<k<2$ ② $1<k<3$ ③ $2<k<3$
④ $2<k<4$ ⑤ $3<k<4$

0356 Level 2

두 함수 $f(x)=x^2+(1-a)x+b$, $g(x)=\begin{cases} x-1 & (x<1) \\ 2 & (x\ge1) \end{cases}$ 에 대하여 함수 $\dfrac{f(x)}{g(x)}$가 구간 $(-\infty, \infty)$에서 연속일 때, 상수 a, b에 대하여 ab의 값을 구하시오.

0357 Level 2

두 함수 $y=f(x)$, $y=g(x)$의 그래프가 그림과 같을 때, 〈보기〉에서 옳은 것만을 있는 대로 고른 것은?

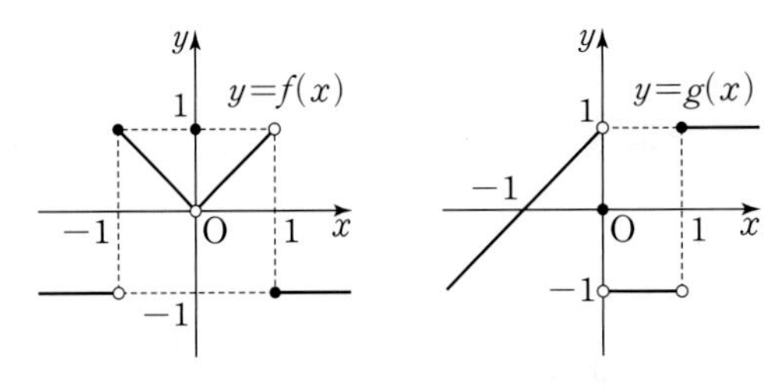

〈보기〉

ㄱ. 함수 $y=f(x)g(x)$는 $x=-1$에서 연속이다.
ㄴ. 함수 $y=f(x)+g(x)$는 $x=0$에서 연속이다.
ㄷ. 함수 $y=\dfrac{f(x)}{g(x)}$는 $x=1$에서 연속이다.

① ㄱ ② ㄴ ③ ㄷ
④ ㄱ, ㄴ ⑤ ㄱ, ㄷ

다음은 이 유형에서 출제된 최근 교육청 • 평가원 기출문제입니다.

0358 • 2017학년도 대학수학능력시험 Level 3

두 함수

$$f(x)=\begin{cases} x^2-4x+6 & (x<2) \\ 1 & (x\ge2) \end{cases},\quad g(x)=ax+1$$

에 대하여 함수 $\dfrac{g(x)}{f(x)}$가 실수 전체의 집합에서 연속일 때, 상수 a의 값은?

① $-\dfrac{5}{4}$ ② -1 ③ $-\dfrac{3}{4}$
④ $-\dfrac{1}{2}$ ⑤ $-\dfrac{1}{4}$

+Plus 문제

심화유형 13 $f(x)f(x-a)$ 꼴의 함수의 연속

함수 $f(x)f(x-a)$가 $x=p$에서 연속이면

→ $\lim_{x\to p+} f(x)f(x-a)=\lim_{x\to p-} f(x)f(x-a)=f(p)f(p-a)$

0359 대표문제

함수 $f(x)=\begin{cases} x^2-x+4 & (x\le0) \\ -x+2k & (x>0) \end{cases}$가 $x=0$에서 불연속이고, 함수 $f(x)f(1-x)$는 $x=1$에서 연속일 때, 상수 k의 값은?

① -1 ② $-\frac{1}{2}$ ③ 0

④ $\frac{1}{2}$ ⑤ 1

0360

Level 2

실수 전체의 집합에서 정의된 함수 $y=f(x)$의 그래프의 일부가 그림과 같을 때, 〈보기〉에서 옳은 것만을 있는 대로 고른 것은?

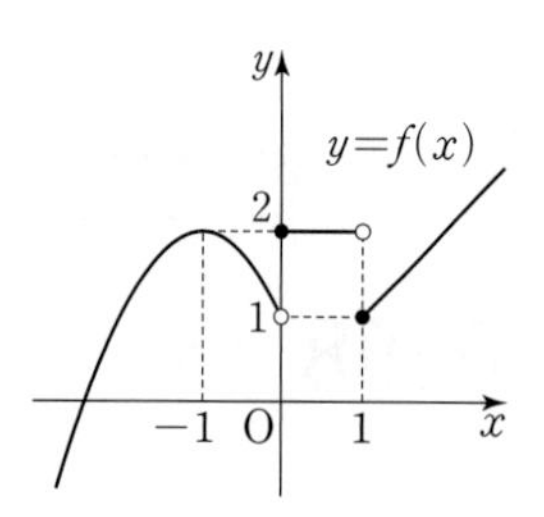

〈보기〉

ㄱ. $\lim_{x\to -1} f(x)=2$

ㄴ. $\lim_{x\to -1+} f(-x)=f(1)$

ㄷ. 함수 $f(x)f(x+1)$은 $x=0$에서 연속이다.

① ㄱ ② ㄴ ③ ㄱ, ㄷ

④ ㄴ, ㄷ ⑤ ㄱ, ㄴ, ㄷ

0361

Level 2

함수 $y=f(x)$의 그래프가 〈보기〉와 같다. 〈보기〉에서 함수 $f(x-1)f(x+1)$이 $x=-1$에서 불연속이 되는 것만을 있는 대로 고른 것은?

〈보기〉

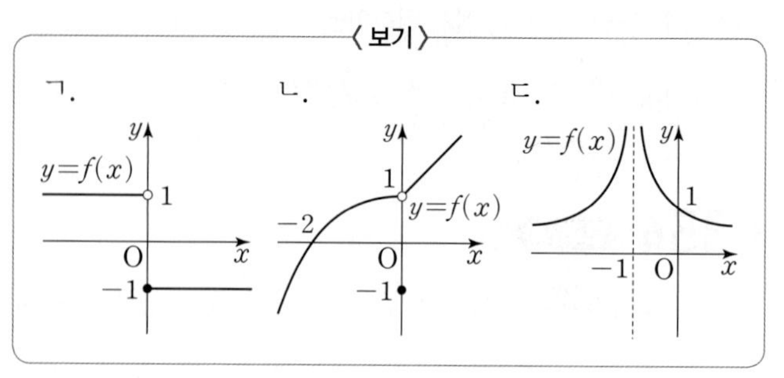

① ㄱ ② ㄴ ③ ㄷ

④ ㄴ, ㄷ ⑤ ㄱ, ㄴ, ㄷ

0362

Level 3

함수

$$f(x)=\begin{cases} -x-1 & (x\le0) \\ 2x+a & (x>0) \end{cases}$$

에 대하여 함수 $g(x)=f(x)f(x-1)$이 실수 전체의 집합에서 연속이 되도록 하는 상수 a의 값은? (단, $a\ne-1$)

① $-\frac{7}{2}$ ② -3 ③ $-\frac{5}{2}$

④ -2 ⑤ $-\frac{3}{2}$

+Plus 문제

● 정답 및 풀이 77쪽

실전유형 14 여러 가지 꼴의 함수의 연속

$f(x)+f(-x)$, $f(x)f(-x)$, $\{f(x)\}^2$, $f(x)\{f(x)-k\}$ (k는 상수) 꼴의 함수의 연속성을 조사할 때, 다음을 이용한다.
→ 함수 $g(x)$가 $x=a$에서 연속이면
$\lim_{x\to a} g(x)=g(a)$가 성립한다.

0363 대표문제

열린구간 $(-2, 2)$에서 정의된 함수 $y=f(x)$의 그래프가 그림과 같다.
열린구간 $(-2, 2)$에서 함수 $g(x)=f(x)+f(-x)$일 때, 〈보기〉에서 옳은 것만을 있는 대로 고른 것은?

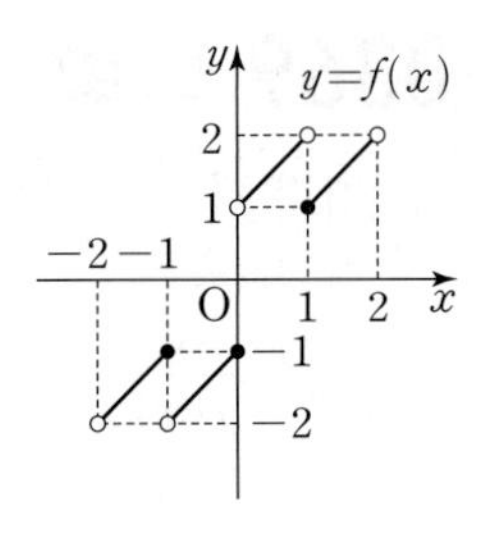

〈보기〉
ㄱ. $\lim_{x\to 0} f(x)$가 존재한다.
ㄴ. $\lim_{x\to 0} g(x)$가 존재한다.
ㄷ. 함수 $g(x)$는 $x=1$에서 연속이다.

① ㄴ ② ㄷ ③ ㄱ, ㄴ
④ ㄱ, ㄷ ⑤ ㄴ, ㄷ

0364 Level 2

함수 $f(x)=x^2-x+a$에 대하여 함수 $g(x)$를

$$g(x)=\begin{cases} f(x+1) & (x\le 0) \\ f(x-1) & (x>0) \end{cases}$$

이라 하자. 함수 $y=\{g(x)\}^2$이 $x=0$에서 연속일 때, 상수 a의 값을 구하시오.

0365 Level 2

함수

$$f(x)=\begin{cases} x+2 & (x\le 0) \\ -\frac{1}{2}x & (x>0) \end{cases}$$

의 그래프가 그림과 같다.
함수 $g(x)=f(x)\{f(x)+k\}$가 $x=0$에서 연속이 되도록 하는 상수 k의 값은?

① -2 ② -1 ③ 0
④ 1 ⑤ 2

0366 Level 2

함수 $f(x)=\begin{cases} x & (|x|\ge 1) \\ -x & (|x|<1) \end{cases}$에 대하여 〈보기〉에서 옳은 것만을 있는 대로 고른 것은?

〈보기〉
ㄱ. 함수 $f(x)$가 불연속인 점은 2개이다.
ㄴ. 함수 $(x-1)f(x)$는 $x=1$에서 연속이다.
ㄷ. 함수 $\{f(x)\}^2$은 실수 전체의 집합에서 연속이다.

① ㄱ ② ㄴ ③ ㄱ, ㄴ
④ ㄱ, ㄷ ⑤ ㄱ, ㄴ, ㄷ

0367

Level 2

함수 $y=f(x)$의 그래프가 그림과 같다.

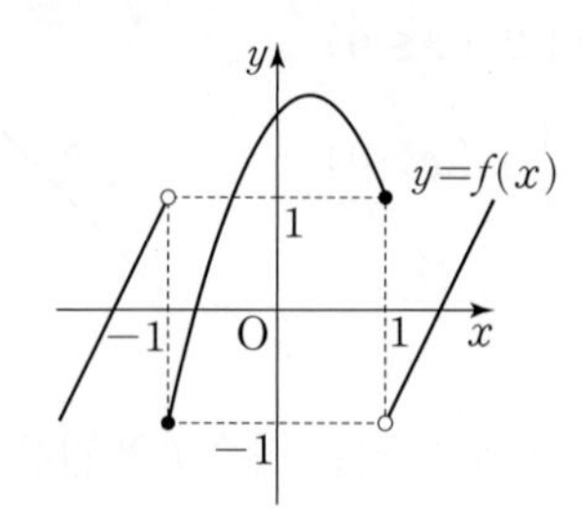

〈보기〉에서 옳은 것만을 있는 대로 고른 것은?

〈보기〉

ㄱ. $\lim_{x\to -1-} f(x)+\lim_{x\to 1+} f(x)=0$

ㄴ. $\lim_{x\to -1} f(-x)$가 존재한다.

ㄷ. 함수 $f(x)f(-x)$는 $x=1$에서 연속이다.

① ㄱ　② ㄴ　③ ㄱ, ㄷ
④ ㄴ, ㄷ　⑤ ㄱ, ㄴ, ㄷ

다음은 이 유형에서 출제된 최근 교육청 • 평가원 기출문제입니다.

0368 • 교육청 2018년 6월

Level 2

함수

$$f(x)=\begin{cases} x(x-2) & (x\le 1) \\ x(x-2)+16 & (x>1) \end{cases}$$

에 대하여 함수 $f(x)\{f(x)-a\}$가 실수 전체의 집합에서 연속이 되도록 하는 상수 a의 값을 구하시오.

심화유형 15 함수의 연속과 함수의 결정

(1) 함수 $f(x)$, $g(x)$가 실수 전체의 집합에서 연속일 때, 함수 $\dfrac{f(x)}{g(x)}$가 $x=a$에서 불연속이면 $g(a)=0$이다.

(2) 함수 $f(x)$, $g(x)$에 대하여 $\lim_{x\to a-} f(x)\ne\lim_{x\to a+} f(x)$일 때, 함수 $g(x)$와 $f(x)g(x)$가 $x=a$에서 연속이면 $g(a)=0$이다.

0369 대표문제

이차함수 $f(x)$가 다음 조건을 만족시킨다.

(가) 함수 $\dfrac{x}{f(x)}$는 $x=1$, $x=2$에서 불연속이다.

(나) $\lim_{x\to 2}\dfrac{f(x)}{x-2}=4$

$f(4)$의 값을 구하시오.

0370

Level 2

삼차함수 $g(x)$가 다음 조건을 만족시킨다.

(가) 함수 $f(x)=\dfrac{g(x)}{x^2-1}$는 실수 전체의 집합에서 연속이다.

(나) $\lim_{x\to -1} f(x)=1$, $\lim_{x\to 1} f(x)=3$

$f(2)g(2)$의 값은?

① 12　② 24　③ 36
④ 48　⑤ 60

0371

Level 2

함수 $y=f(x)$의 그래프가 그림과 같다.
함수 $g(x)=x^2+ax-9$일 때, 함수 $f(x)g(x)$가 $x=1$에서 연속이 되도록 하는 상수 a의 값은?

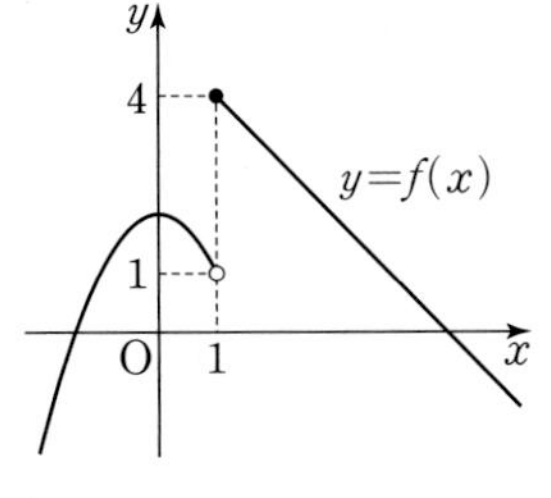

① 6　② 7
③ 8　④ 9
⑤ 10

0372

Level 2

함수 $y=f(x)$의 그래프가 그림과 같다. 최고차항의 계수가 1인 이차함수 $g(x)$에 대하여 함수 $f(x)g(x)$가 열린구간 $(-1,\ 5)$에서 연속일 때, $g(2)$의 값은?

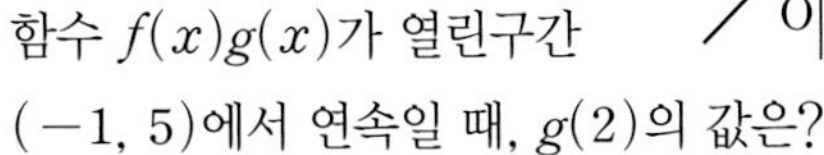

① -1　② -2　③ -3
④ -4　⑤ -5

0373

Level 2

함수 $f(x)=\begin{cases} \dfrac{2}{x-2} & (x\neq 2) \\ 1 & (x=2) \end{cases}$과 이차함수 $g(x)$에 대하여 함수 $f(x)g(x)$는 실수 전체의 집합에서 연속이고 $g(0)=8$이다. $g(6)$의 값을 구하시오.

0374

Level 3

다항함수 $f(x)$에 대하여 함수

$$g(x)=\begin{cases} \dfrac{f(x)-3x^3}{(x-2)^2} & (x\neq 2) \\ k & (x=2) \end{cases}$$

가 모든 실수 x에서 연속이고 $\lim_{x\to\infty} g(x)=3$이다. 상수 k의 값은?

① 1　② 2　③ 3
④ 4　⑤ 5

다음은 이 유형에서 출제된 최근 교육청 • 평가원 기출문제입니다.

0375 • 교육청 2020년 10월

Level 2

함수 $y=f(x)$의 그래프가 그림과 같다. 최고차항의 계수가 1인 이차함수 $g(x)$에 대하여 함수 $h(x)=f(x)g(x)$가 구간 $(-2,\ 2)$에서 연속일 때, $g(5)$의 값을 구하시오.

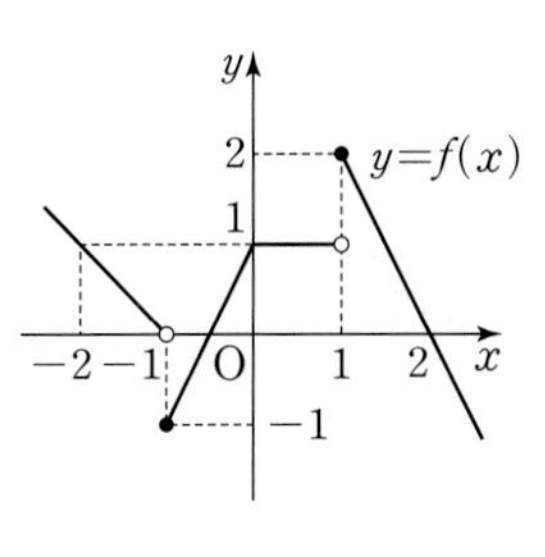

0376 • 교육청 2021년 7월

Level 2

다항함수 $f(x)$는 $\lim_{x\to\infty}\dfrac{f(x)}{x^2-3x-5}=2$를 만족시키고, 함수 $g(x)$는

$$g(x)=\begin{cases} \dfrac{1}{x-3} & (x\neq 3) \\ 1 & (x=3) \end{cases}$$

이다. 두 함수 $f(x)$, $g(x)$에 대하여 함수 $f(x)g(x)$가 실수 전체의 집합에서 연속일 때, $f(1)$의 값은?

① 8　② 9　③ 10
④ 11　⑤ 12

실전유형 16 절댓값 기호를 포함한 함수의 연속

$|x-a|$는 절댓값의 성질을 이용하여
$x \geq a$와 $x < a$인 두 부분으로 나누어 연속성을 판단한다.

0377 대표문제

함수 $f(x)=\begin{cases} \dfrac{|x|-4}{x^2-16} & (x \neq 4) \\ a & (x=4) \end{cases}$가 $x=4$에서 연속이 되도록 하는 상수 a의 값은?

① $\dfrac{1}{8}$　② $\dfrac{1}{2}$　③ 0
④ 1　⑤ 2

0378 Level 2

함수 $f(x)$가

$$f(x)=\begin{cases} \dfrac{x^2}{2x-|x|} & (x \neq 0) \\ a & (x=0) \end{cases}$$

일 때, 〈**보기**〉에서 옳은 것만을 있는 대로 고른 것은? (단, a는 상수이다.)

〈보기〉
ㄱ. $f(-3)=1$이다.
ㄴ. $x>0$일 때, $f(x)=x$이다.
ㄷ. 함수 $f(x)$가 $x=0$에서 연속이 되도록 하는 실수 a가 존재한다.

① ㄴ　② ㄷ　③ ㄱ, ㄴ
④ ㄱ, ㄷ　⑤ ㄴ, ㄷ

다음은 이 유형에서 출제된 최근 교육청 • 평가원 기출문제입니다.

0379 • 교육청 2018년 10월 Level 2

함수

$$f(x)=\begin{cases} x+2 & (x \leq a) \\ x^2-4 & (x>a) \end{cases}$$

에 대하여 함수 $|f(x)|$가 실수 전체의 집합에서 연속이 되도록 하는 모든 실수 a의 값의 합은?

① -3　② -2　③ -1
④ 1　⑤ 2

0380 • 평가원 2019학년도 9월 Level 3

닫힌구간 $[-1, 1]$에서 정의된 함수 $y=f(x)$의 그래프가 그림과 같다. 닫힌구간 $[-1, 1]$에서 두 함수 $g(x)$, $h(x)$가

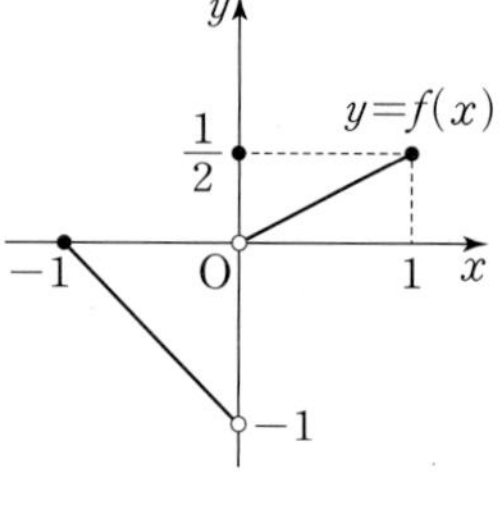

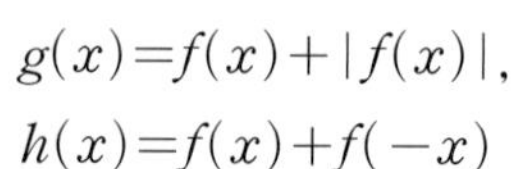

$g(x)=f(x)+|f(x)|$,
$h(x)=f(x)+f(-x)$

일 때, 〈**보기**〉에서 옳은 것만을 있는 대로 고른 것은?

〈보기〉
ㄱ. $\lim\limits_{x \to 0} g(x)=0$
ㄴ. 함수 $|h(x)|$는 $x=0$에서 연속이다.
ㄷ. 함수 $g(x)|h(x)|$는 $x=0$에서 연속이다.

① ㄱ　② ㄷ　③ ㄱ, ㄴ
④ ㄴ, ㄷ　⑤ ㄱ, ㄴ, ㄷ

실전유형 17 가우스 기호를 포함한 함수의 연속

$x \to a$일 때 정수 n에 대하여

(1) $f(x) \to n+$이면 ➔ $\lim_{x \to a}[f(x)]=n$

(2) $f(x) \to n-$이면 ➔ $\lim_{x \to a}[f(x)]=n-1$

(단, $[x]$는 x보다 크지 않은 최대의 정수이다.)

참고 가우스 기호 안의 식의 값이 정수가 되는 곳에서는 좌극한과 우극한이 다르므로 불연속이다.

0381 대표문제

$0<x<2$에서 함수 $f(x)=[x^2-2]$가 불연속이 되는 x의 값 중 가장 큰 값은?

(단, $[x]$는 x보다 크지 않은 최대의 정수이다.)

① $\frac{1}{2}$ ② 1 ③ $\sqrt{2}$

④ $\sqrt{3}$ ⑤ $\frac{\sqrt{14}}{2}$

0382

Level 1

$0<x<3$일 때, 함수 $f(x)=[x^2]$이 불연속이 되는 x의 값의 개수는? (단, $[x]$는 x보다 크지 않은 최대의 정수이다.)

① 2 ② 4 ③ 6

④ 8 ⑤ 10

0383

Level 2

함수 $f(x)=x[x]$에 대하여 〈**보기**〉에서 옳은 것만을 있는 대로 고른 것은?

(단, $[x]$는 x보다 크지 않은 최대의 정수이다.)

〈보기〉

ㄱ. $\lim_{x \to 2-} f(x)=2$

ㄴ. $\lim_{x \to 1+} \{f(x)+f(-x)\}=3$

ㄷ. 임의의 정수 a에 대하여 함수 $f(x)$는 $x=a$에서 불연속이다.

① ㄴ ② ㄷ ③ ㄱ, ㄴ

④ ㄱ, ㄷ ⑤ ㄴ, ㄷ

0384

Level 2

함수 $y=[f(x)]$가 $x=0$에서 연속인 함수 $f(x)$를 〈**보기**〉에서 있는 대로 고른 것은?

(단, $[x]$는 x보다 크지 않은 최대의 정수이다.)

〈보기〉

ㄱ. $f(x)=\begin{cases} 0 & (x \le 0) \\ \frac{1}{2} & (x>0) \end{cases}$

ㄴ. $f(x)=\begin{cases} 1 & (x \le 0) \\ 1+x^2 & (x>0) \end{cases}$

ㄷ. $f(x)=\begin{cases} -1 & (x \le 0) \\ -x^3+x^2-1 & (x>0) \end{cases}$

① ㄱ ② ㄱ, ㄴ ③ ㄱ, ㄷ

④ ㄴ, ㄷ ⑤ ㄱ, ㄴ, ㄷ

실전유형 18 주기함수와 연속

연속함수 $g(x)$, $h(x)$에 대하여 실수 전체의 집합에서 연속인 함수 $f(x)$가 닫힌구간 $[a, c]$에서

$f(x)=\begin{cases} g(x) & (a\le x<b) \\ h(x) & (b\le x\le c) \end{cases}$이고 $f(x+p)=f(x)$를 만족시키면

→ 한 주기의 끝과 다음 주기의 시작이 연속이어야 한다. 즉,

$\lim_{x\to b-} g(x)=\lim_{x\to b+} h(x)=h(b)$,

$\lim_{x\to a+} g(x)=\lim_{x\to c-} h(x)=g(a)$

0385 대표문제

모든 실수 x에서 연속인 함수 $f(x)$가 닫힌구간 $[0, 3]$에서

$$f(x)=\begin{cases} -2x^2+x+a & (0\le x<1) \\ bx-1 & (1\le x\le 3) \end{cases}$$

이다. 함수 $f(x)$가 모든 실수 x에 대하여 $f(x+3)=f(x)$를 만족시킬 때, 두 상수 a, b에 대하여 $a+b$의 값은?

① 0 ② 1 ③ 2
④ 3 ⑤ 4

0386 Level 2

함수 $f(x)$가 모든 실수 x에 대하여

$f(x+2)=f(x)$

를 만족시키고 닫힌구간 $[-1, 1]$에서

$$f(x)=\begin{cases} ax+1 & (-1\le x<0) \\ 3x^2+2ax+b & (0\le x\le 1) \end{cases}$$

이다. 함수 $f(x)$가 실수 전체의 집합에서 연속일 때, 두 상수 a, b에 대하여 $a+b$의 값은?

① -2 ② -1 ③ 0
④ 1 ⑤ 2

0387 Level 2

모든 실수 x에서 연속인 함수 $f(x)$가

$f(x+4)=f(x)$

를 만족시키고, 닫힌구간 $[0, 4]$에서

$$f(x)=\begin{cases} 3x & (0\le x<1) \\ x^2+ax+b & (1\le x\le 4) \end{cases}$$

이다. $f(10)$의 값은? (단, a, b는 상수이다.)

① -1 ② 0 ③ 1
④ 2 ⑤ 3

0388 Level 2

연속함수 $f(x)$가 다음 조건을 만족시킨다.

(가) 모든 실수 x에 대하여 $f(x+5)=f(x)$
(나) $f(x)=\begin{cases} 2x+a & (-2\le x<1) \\ x^2+bx+3 & (1\le x\le 3) \end{cases}$

$f(2023)$의 값은? (단, a, b는 상수이다.)

① -9 ② -7 ③ -5
④ -3 ⑤ -1

0389 Level 3

모든 실수 x에서 연속인 함수 $f(x)$가 닫힌구간 $[-2, 1]$에서

$$f(x)=\begin{cases} x^2+ax & (-2\le x\le -1) \\ \dfrac{2x^2-bx+c}{x+1} & (-1<x\le 1) \end{cases}$$

이다. 함수 $f(x)$가 모든 실수 x에 대하여 $f(x-2)=f(x+1)$을 만족시킬 때, $a+b+c$의 값을 구하시오. (단, a, b, c는 상수이다.)

실전유형 19 새롭게 정의된 함수의 연속

새롭게 정의된 함수 $f(x)$에 대하여
$\lim_{x\to a-} f(x) = \lim_{x\to a+} f(x) = f(a)$가 성립하면
→ 함수 $f(x)$는 $x=a$에서 연속이다.

0390 대표문제

이차방정식 $x^2-2ax+4a=0$의 서로 다른 실근의 개수를 $f(a)$라 하자. 〈보기〉에서 옳은 것만을 있는 대로 고른 것은? (단, a는 실수이다.)

〈보기〉
ㄱ. $f(4)=1$
ㄴ. $\lim_{a\to 0-} f(a)=f(0)$
ㄷ. 구간 $(1, 6)$에서 함수 $f(a)$의 불연속인 점은 2개이다.

① ㄱ ② ㄱ, ㄴ ③ ㄱ, ㄷ
④ ㄴ, ㄷ ⑤ ㄱ, ㄴ, ㄷ

0391 Level 2

집합 $\{x\,|\,ax^2+2(a-2)x-(a-2)=0,\ x는\ 실수\}$의 원소의 개수를 $f(a)$라 할 때, 〈보기〉에서 옳은 것만을 있는 대로 고른 것은? (단, a는 실수이다.)

〈보기〉
ㄱ. $\lim_{a\to 0} f(a)=f(0)$
ㄴ. $\lim_{a\to c+} f(a) \neq \lim_{a\to c-} f(a)$인 실수 c는 2개이다.
ㄷ. 함수 $f(a)$가 불연속인 점은 3개이다.

① ㄴ ② ㄷ ③ ㄱ, ㄴ
④ ㄴ, ㄷ ⑤ ㄱ, ㄴ, ㄷ

심화유형 20 두 그래프의 교점에서 연속의 활용

두 그래프의 교점의 개수를 $f(x)$라 할 때, 함수 $f(x)g(x)$가 연속인 문제는 다음과 같은 순서로 구한다.
❶ 조건을 만족시키는 그래프를 그린다.
이때 교점의 개수를 $f(x)$라 하면
$f(x)$의 치역은 항상 정수이므로 교점의 개수가 달라지는 곳에서 불연속이다.
❷ 함수 $f(x)g(x)$가 연속일 조건을 이용한다.

0392 대표문제

원 $x^2+y^2=t^2$과 직선 $y=1$이 만나는 점의 개수를 $f(t)$라 하자. 함수 $(x+k)f(x)$가 구간 $(0, \infty)$에서 연속일 때, $f(1)+k$의 값은? (단, k는 상수이다.)

① -2 ② -1 ③ 0
④ 1 ⑤ 2

0393 Level 2

실수 t에 대하여 직선 $y=t$가 곡선 $y=|x^2-2x|$와 만나는 점의 개수를 $f(t)$라 하자. 최고차항의 계수가 1인 이차함수 $g(t)$에 대하여 함수 $f(t)g(t)$가 모든 실수 t에서 연속일 때, $f(3)+g(3)$의 값을 구하시오.

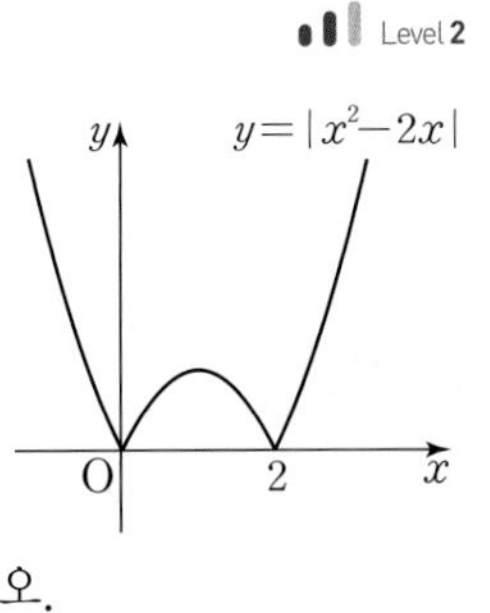

실전유형 21 연속함수의 성질

두 함수 $f(x)$, $g(x)$가 $x=a$에서 연속이면 다음 함수도 $x=a$에서 연속이다.

(1) $kf(x)$ (단, k는 상수)　(2) $f(x)\pm g(x)$

(3) $f(x)g(x)$　(4) $\frac{f(x)}{g(x)}$ (단, $g(a)\neq0$)

0394 대표문제

실수 전체의 집합에서 정의된 두 함수 $f(x)$, $g(x)$에 대하여 함수 $f(x)$, $f(x)-g(x)$가 모든 실수 x에서 연속일 때, 다음 중 모든 실수 x에서 연속인 함수가 아닌 것은?

① $g(x)$　② $\{f(x)\}^2$　③ $f(x)+g(x)$

④ $\{g(x)\}^2$　⑤ $\frac{f(x)-g(x)}{f(x)}$

0395

Level 1

두 함수 $f(x)$, $g(x)$가 $x=a$에서 연속일 때, 다음 중 $x=a$에서 항상 연속인 함수가 아닌 것은?

① $2f(x)$　② $f(x)+g(x)$　③ $f(x)-2g(x)$

④ $f(x)g(x)$　⑤ $\frac{f(x)}{g(x)}$

0396

Level 1

함수의 연속에 대한 〈보기〉의 설명 중 옳은 것만을 있는 대로 고르시오.

〈보기〉

ㄱ. 함수 $f(x)=\frac{1}{x-2}$은 구간 $(2, \infty)$에서 연속이다.

ㄴ. 함수 $f(x)=\frac{x^2-1}{x-1}$은 구간 $(-\infty, \infty)$에서 연속이다.

ㄷ. 함수 $f(x)=\frac{x^3-1}{x-1}$은 구간 $(1, \infty)$에서 연속이다.

0397

Level 2

두 함수 $f(x)=x^2-2x+2$, $g(x)=\frac{1}{x}$에 대하여 다음 중 실수 전체의 집합에서 연속인 함수는?

① $f(x)+g(x)$　② $f(x)g(x)$　③ $f(g(x))$

④ $g(f(x))$　⑤ $\frac{g(x)}{f(x)}$

0398

Level 2

두 함수 $f(x)=x^2-4x$, $g(x)=x^2-5$에 대하여 〈보기〉에서 옳은 것만을 있는 대로 고른 것은?

〈보기〉

ㄱ. 함수 $\{f(x)\}^2$은 모든 실수 x에서 연속이다.

ㄴ. 함수 $\frac{g(x)}{f(x)}$는 모든 실수 x에서 연속이다.

ㄷ. 함수 $\frac{1}{f(x)-g(x)}$은 모든 실수 x에서 연속이다.

① ㄱ　② ㄱ, ㄴ　③ ㄱ, ㄷ

④ ㄴ, ㄷ　⑤ ㄱ, ㄴ, ㄷ

0399

Level 2

두 함수 $f(x)=x^2-2ax+16$, $g(x)=ax^2+ax+2$에 대하여 함수 $\frac{f(x)}{g(x)}$, $\frac{g(x)}{f(x)}$가 실수 전체의 집합에서 연속이 되도록 하는 정수 a의 개수는?

① 0　② 1　③ 2

④ 3　⑤ 4

0400

Level 2

두 함수 $f(x)$, $g(x)$에 대하여 〈**보기**〉에서 옳은 것만을 있는 대로 고른 것은?
(단, 함수 $g(x)$의 치역은 함수 $f(x)$의 정의역에 포함된다.)

〈보기〉

ㄱ. $f(x)$와 $g(x)$가 연속함수이면 $f(g(x))$도 연속함수이다.
ㄴ. $f(x)$와 $f(x)-g(x)$가 연속함수이면 $g(x)$도 연속함수이다.
ㄷ. $f(x)$와 $\dfrac{f(x)}{g(x)}$가 연속함수이면 $g(x)$도 연속함수이다.

① ㄱ ② ㄱ, ㄴ ③ ㄱ, ㄷ
④ ㄴ, ㄷ ⑤ ㄱ, ㄴ, ㄷ

0401

Level 2

두 함수 $f(x)$, $g(x)$에 대하여 〈**보기**〉에서 옳은 것만을 있는 대로 고른 것은?

〈보기〉

ㄱ. 함수 $f(x)$가 $x=0$에서 연속이면
함수 $f(x)f(-x)$도 $x=0$에서 연속이다.
ㄴ. $\lim_{x \to 0} f(x)=f(0)$, $\lim_{x \to 0} g(x)=g(0)$이면
함수 $f(x)\{f(x)-g(x)\}$는 $x=0$에서 연속이다.
ㄷ. $\lim_{x \to 0} f(x)=f(0)$, $\lim_{x \to 0} g(x)=g(0)$이면
함수 $\dfrac{f(x)}{g(x)}$는 $x=0$에서 연속이다.

① ㄱ ② ㄱ, ㄴ ③ ㄱ, ㄷ
④ ㄴ, ㄷ ⑤ ㄱ, ㄴ, ㄷ

0402

Level 2

두 함수 $f(x)$, $g(x)$에 대하여 〈**보기**〉에서 옳은 것만을 있는 대로 고른 것은?

〈보기〉

ㄱ. 함수 $f(x)$가 $x=0$에서 연속이면
함수 $|f(x)|$도 $x=0$에서 연속이다.
ㄴ. 함수 $|f(x)|$가 $x=0$에서 연속이면
함수 $f(-x)$도 $x=0$에서 연속이다.
ㄷ. $\lim_{x \to 0} f(x)$와 $\lim_{x \to 0} g(x)$가 모두 존재하지 않으면
$\lim_{x \to 0} \{f(x)+g(x)\}$도 존재하지 않는다.

① ㄱ ② ㄴ ③ ㄱ, ㄴ
④ ㄱ, ㄷ ⑤ ㄴ, ㄷ

0403

Level 3

두 함수 $y=f(x)$, $y=g(x)$에 대하여 〈**보기**〉에서 옳은 것만을 있는 대로 고른 것은?

〈보기〉

ㄱ. $f(x)=\begin{cases} 2 & (x \geq 0) \\ -2 & (x<0) \end{cases}$, $g(x)=|x|$이면
함수 $y=(g \circ f)(x)$는 $x=0$에서 연속이다.
ㄴ. 함수 $y=(g \circ f)(x)$가 $x=0$에서 연속이면
함수 $y=f(x)$는 $x=0$에서 연속이다.
ㄷ. 함수 $y=(f \circ f)(x)$가 $x=0$에서 연속이면
함수 $y=f(x)$는 $x=0$에서 연속이다.

① ㄱ ② ㄱ, ㄴ ③ ㄱ, ㄷ
④ ㄴ, ㄷ ⑤ ㄱ, ㄴ, ㄷ

실전 유형 22 최대·최소 정리

함수 $f(x)$가 닫힌구간 $[a, b]$에서 연속이면 $f(x)$는 그 구간에서 반드시 최댓값과 최솟값을 갖는다.

0404 대표문제

주어진 구간에서 최댓값과 최솟값이 모두 존재하는 함수만을 〈보기〉에서 있는 대로 고른 것은?

〈보기〉

ㄱ. $f(x)=\frac{1}{x}$ $[1, 4]$

ㄴ. $g(x)=\frac{3}{x+1}$ $[-2, 1]$

ㄷ. $h(x)=x^2$ $(1, 3)$

① ㄱ ② ㄴ ③ ㄱ, ㄴ
④ ㄱ, ㄷ ⑤ ㄱ, ㄴ, ㄷ

0405 Level 1

닫힌구간 $[1, 3]$에서 함수 $f(x)=\frac{2x+4}{x+1}$의 최댓값을 M, 최솟값을 m이라 할 때, $M+m$의 값은?

① $\frac{9}{2}$ ② 5 ③ $\frac{11}{2}$
④ $\frac{13}{2}$ ⑤ 7

0406 Level 2

함수 $f(x)=\begin{cases} x^2-4x+3 & (x\le 4) \\ x-a & (x>4) \end{cases}$가 $x=4$에서 연속이다. 닫힌구간 $[1, 5]$에서 함수 $f(x)$의 최댓값을 M, 최솟값을 m이라 할 때, $M+m$의 값은? (단, a는 상수이다.)

① 3 ② 5 ③ 7
④ 9 ⑤ 11

0407 Level 3

두 함수 $f(x)=x^2-2x-3$, $g(x)=\sqrt{x}+2$가 있다. 닫힌구간 $[1, 9]$에서 함수 $(f\circ g)(x)$의 최댓값을 M, 최솟값을 m이라 할 때, $M+m$의 값을 구하시오.

0408 Level 3

두 함수 $f(x)=2x+1$, $g(x)=\frac{1}{x+3}$에 대하여 〈보기〉의 함수 중 닫힌구간 $[-2, 2]$에서 최댓값과 최솟값을 모두 갖는 것만을 있는 대로 고른 것은?

〈보기〉

ㄱ. $f(x)+g(x)$ ㄴ. $f(g(x))$ ㄷ. $g(f(x))$

① ㄱ ② ㄱ, ㄴ ③ ㄱ, ㄷ
④ ㄴ, ㄷ ⑤ ㄱ, ㄴ, ㄷ

실전유형 23 사잇값의 정리 빈출유형

함수 $f(x)$가 닫힌구간 $[a, b]$에서 연속이고
$f(a)f(b)<0$이면
→ 방정식 $f(x)=0$은 열린구간 (a, b)에서 적어도 하나의 실근을 갖는다.

0409 대표문제

방정식 $3x^3-x^2-x+1=0$이 오직 하나의 실근을 가질 때, 다음 중 이 방정식의 실근이 존재하는 구간은?

① $(-2, -1)$ ② $(-1, 0)$ ③ $(0, 1)$
④ $(1, 2)$ ⑤ $(2, 3)$

0410 Level 1

방정식 $x^3-x^2-x+2a=0$이 열린구간 $(1, 2)$에서 적어도 하나의 실근을 갖도록 하는 상수 a의 값의 범위를 구하시오.

0411 Level 1

다항함수 $f(x)$가 $f(-2)=k-2$, $f(-1)=2k-1$을 만족시킬 때, 방정식 $f(x)=0$이 열린구간 $(-2, -1)$에서 실근을 갖도록 하는 자연수 k의 개수는?

① 0 ② 1 ③ 2
④ 3 ⑤ 4

0412 Level 2

두 함수 $f(x)=x^5+x^3-3x^2+k$, $g(x)=x^3-5x^2+3$에 대하여 열린구간 $(1, 2)$에서 방정식 $f(x)=g(x)$가 적어도 하나의 실근을 갖도록 하는 정수 k의 개수를 구하시오.

0413 Level 2

〈보기〉에서 삼차방정식 $x^3-x^2+4x+1=0$의 실근이 속하는 구간만을 있는 대로 고른 것은?

〈보기〉
ㄱ. $(-2, -1)$ ㄴ. $(-1, 0)$ ㄷ. $(1, 2)$

① ㄱ ② ㄴ ③ ㄷ
④ ㄱ, ㄴ ⑤ ㄴ, ㄷ

0414 Level 3

연속함수 $f(x)$가 모든 실수 x에 대하여 $f(x)=f(-x)$를 만족시키고

$f(2)f(3)<0$, $f(4)f(5)<0$

일 때, 방정식 $f(x)=0$은 적어도 n개의 실근을 갖는다. 이때 n의 값은?

① 1 ② 2 ③ 3
④ 4 ⑤ 5

심화유형 24 사잇값의 정리의 활용

근의 존재에 대한 문제는 사잇값의 정리를 이용한다.

0415 대표문제

$-2\le x\le 2$에서 정의된 두 함수 $y=f(x)$와 $y=g(x)$의 그래프가 그림과 같다.

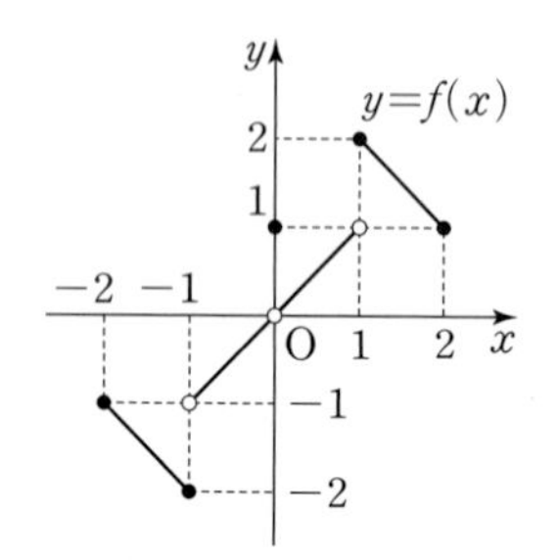

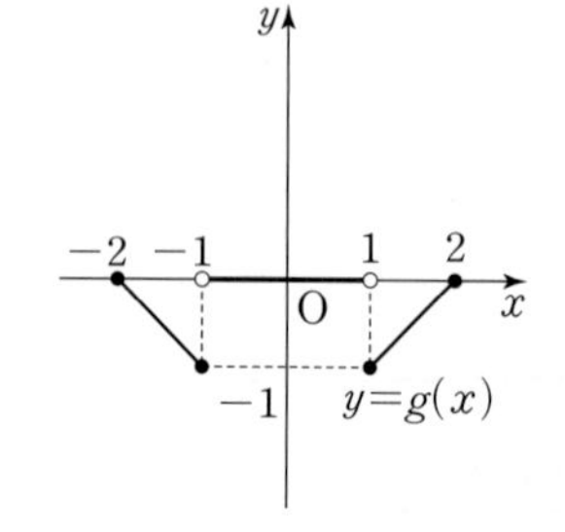

〈보기〉에서 옳은 것만을 있는 대로 고른 것은?

〈보기〉

ㄱ. $\lim_{x\to -1} g(f(x))=-1$

ㄴ. 함수 $g(f(x))$는 $x=0$에서 불연속이다.

ㄷ. 방정식 $g(f(x))=-\frac{1}{2}$의 실근이 1과 2 사이에 적어도 하나 존재한다.

① ㄱ ② ㄷ ③ ㄱ, ㄴ
④ ㄴ, ㄷ ⑤ ㄱ, ㄴ, ㄷ

0416 Level 2

〈보기〉에서 삼차방정식

$x(x+1)(x-1)+x(x+1)+(x+1)(x-1)+x(x-1)=0$

에 대한 설명으로 옳은 것만을 있는 대로 고른 것은?

〈보기〉

ㄱ. 열린구간 $(-1, 0)$에서 적어도 하나의 실근을 갖는다.

ㄴ. 열린구간 $(0, 1)$에서 적어도 하나의 실근을 갖는다.

ㄷ. 4보다 큰 실근이 존재한다.

① ㄱ ② ㄱ, ㄴ ③ ㄱ, ㄷ
④ ㄴ, ㄷ ⑤ ㄱ, ㄴ, ㄷ

0417 Level 3

이차식 $f(x)$에 대하여 방정식 $(2x-3)f(x)=0$이 세 개의 열린구간 $(-2, -1)$, $(-1, 1)$, $(1, 2)$에서 각각 실근을 가질 때, 〈보기〉에서 옳은 것만을 있는 대로 고른 것은?

〈보기〉

ㄱ. $f(1)f(2)<0$

ㄴ. $f(-1)f(1)<0$

ㄷ. $f(-2)f(-1)<0$

ㄹ. $f(-2)f(-1)f(1)f(2)>0$

① ㄱ ② ㄴ, ㄷ ③ ㄱ, ㄷ, ㄹ
④ ㄴ, ㄷ, ㄹ ⑤ ㄱ, ㄴ, ㄷ, ㄹ

다음은 이 유형에서 출제된 최근 교육청 • 평가원 기출문제입니다.

0418 • 교육청 2016년 9월 Level 2

실수 전체의 집합에서 정의된 함수 $y=f(x)$의 그래프가 그림과 같을 때, 〈보기〉에서 옳은 것만을 있는 대로 고른 것은? (단, $f(1)=f(3)=0$)

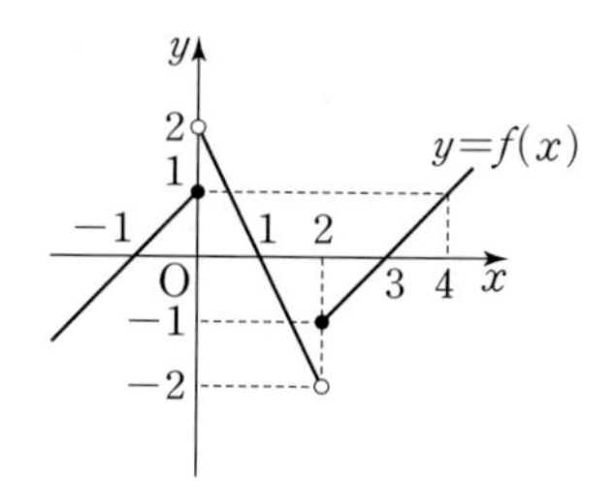

〈보기〉

ㄱ. $\lim_{x\to 0-} f(x)=1$

ㄴ. 함수 $f(x)f(x+3)$은 $x=0$에서 연속이다.

ㄷ. 방정식 $f(x)f(x+1)+2x-5=0$은 열린구간 $(1, 3)$에서 적어도 하나의 실근을 갖는다.

① ㄱ ② ㄷ ③ ㄱ, ㄴ
④ ㄴ, ㄷ ⑤ ㄱ, ㄴ, ㄷ

서술형 유형 익히기

0419 대표문제

두 함수

$$f(x)=\begin{cases} x-2 & (x\ge1) \\ x^2-1 & (x<1) \end{cases},\quad g(x)=\begin{cases} x^2+x+a & (x\ge1) \\ 2x+1 & (x<1) \end{cases}$$

이 있다. 함수 $f(x)g(x)$가 실수 전체의 집합에서 연속이 되도록 하는 상수 a의 값을 구하는 과정을 서술하시오. [6점]

STEP 1 함수 $f(x)g(x)$가 실수 전체의 집합에서 연속일 조건 구하기 [1점]

함수 $f(x)$, $g(x)$는 $x\ne1$인 모든 실수 x에서 연속이므로 함수 $f(x)g(x)$는 $x\ne1$인 모든 실수 x에서 연속이다.

즉, 함수 $f(x)g(x)$가 $x=$ (1) ☐ 에서 연속이면

$f(x)g(x)$는 실수 전체의 집합에서 연속이다.

STEP 2 함수 $f(x)g(x)$가 $x=1$에서 연속일 조건을 이용하여 상수 a의 값 구하기 [5점]

함수 $f(x)g(x)$가 $x=1$에서 연속이려면

$\lim_{x\to1+}f(x)g(x)=\lim_{x\to1-}f(x)g(x)=f(1)g(1)$이 성립해야 한다.

$\lim_{x\to1+}f(x)g(x)=\lim_{x\to1+}(x-2)\times\lim_{x\to1+}(x^2+x+a)$

$=$ (2) ☐

$\lim_{x\to1-}f(x)g(x)=\lim_{x\to1-}(x^2-1)\times\lim_{x\to1-}(2x+1)=$ (3) ☐

$f(1)g(1)=$ (4) ☐

즉, (2) ☐ $=$ (3) ☐ 이므로 $a=$ (5) ☐ 이다.

따라서 함수 $f(x)g(x)$가 실수 전체의 집합에서 연속이 되도록 하는 상수 a의 값은 (6) ☐ 이다.

0420 한번 더

두 함수

$$f(x)=\begin{cases} a+1 & (x>0) \\ x^2 & (x\le0) \end{cases},\quad g(x)=\begin{cases} x^2+ax+1 & (x>0) \\ x+2 & (x\le0) \end{cases}$$

가 있다. 함수 $f(x)g(x)$가 실수 전체의 집합에서 연속이 되도록 하는 상수 a의 값을 구하는 과정을 서술하시오. [6점]

STEP 1 함수 $f(x)g(x)$가 실수 전체의 집합에서 연속일 조건 구하기 [1점]

STEP 2 함수 $f(x)g(x)$가 $x=0$에서 연속일 조건을 이용하여 상수 a의 값 구하기 [5점]

핵심 KEY 유형 11 함수 $f(x)g(x)$가 실수 전체에서 연속일 조건

두 함수 $f(x)$, $g(x)$가 $x\ne a$인 모든 실수 x에서 연속일 때 함수 $f(x)g(x)$가 실수 전체의 집합에서 연속이 되도록 하는 조건을 구하는 문제이다. 이 경우 함수 $f(x)g(x)$가 $x=a$에서 연속이면 $f(x)g(x)$는 실수 전체의 집합에서 연속임을 이용한다.

이때 함수 $f(x)g(x)$가 $x=a$에서 연속이려면

$\lim_{x\to a}f(x)g(x)=f(a)g(a)$가 성립해야 함을 이용하여 미지수를 구할 수 있다.

서술형 유형 익히기

0421 유사 1

두 함수

$$f(x)=\begin{cases} x+a & (x>1) \\ b & (x\le 1) \end{cases},\quad g(x)=\begin{cases} x^2+ax+1 & (x\ge 1) \\ x+2 & (x<1) \end{cases}$$

가 있다. 함수 $f(x)g(x)$가 실수 전체의 집합에서 연속이 되도록 하는 상수 a, b의 값을 구하는 과정을 서술하시오.

(단, $b\ne 0$) [7점]

0422 유사 2

두 함수

$$f(x)=\begin{cases} -ax+3 & (x<1) \\ -bx+2 & (x\ge 1) \end{cases},\quad g(x)=\begin{cases} 2x & (x<3) \\ x^2+b & (x\ge 3) \end{cases}$$

가 있다. 함수 $f(x)g(x)$가 실수 전체의 집합에서 연속이 되도록 하는 상수 a, b의 값을 구하는 과정을 서술하시오.

[10점]

0423 대표문제

연속함수 $f(x)$가 $f(-1)=a-3$, $f(2)=a^2-4a+6$을 만족시킬 때, 방정식 $xf(x)+3=0$이 -1과 2 사이에서 적어도 하나의 실근을 갖도록 하는 상수 a의 값의 범위를 구하는 과정을 서술하시오. [7점]

STEP 1 $g(x)=xf(x)+3$이라 하고, 사잇값의 정리 이용하기 [2점]

$g(x)=xf(x)+3$이라 하면 $g(x)$는 연속함수이고

$g(-1)g(2)$ (1) ☐ 0이면 사잇값의 정리에 의하여

방정식 $g(x)=0$은 열린구간 $(-1,\ 2)$에서 적어도 하나의 실근을 갖는다.

STEP 2 $g(-1)$, $g(2)$의 값 구하기 [2점]

$g(-1)=-f(-1)+3=$ (2) ☐

$g(2)=2f(2)+3=2a^2-8a+15$

STEP 3 부등식 $g(-1)g(2)<0$을 만족시키는 상수 a의 값의 범위 구하기 [3점]

사잇값의 정리에 의하여 $g(-1)g(2)<0$이므로

((3) ☐)$(2a^2-8a+15)<0$

이때 $2a^2-8a+15=2(a-2)^2+7>0$이므로

$a>$ (4) ☐

0424 한번 더

연속함수 $f(x)$가 $f(1)=a^2+3a+2$, $f(2)=a+2$를 만족시킬 때, 방정식 $f(x)=2x$가 1과 2 사이에서 적어도 하나의 실근을 갖도록 하는 양수 a의 값의 범위를 구하는 과정을 서술하시오. [7점]

STEP 1 $g(x)=f(x)-2x$라 하고, 사잇값의 정리 이용하기 [2점]

STEP 2 $g(1)$, $g(2)$의 값 구하기 [2점]

STEP 3 부등식 $g(1)g(2)<0$을 만족시키는 양수 a의 값의 범위 구하기 [3점]

핵심 KEY 유형 23, 유형 24 사잇값의 정리

사잇값의 정리를 이용하여 주어진 구간에서 실근이 존재함을 보이는 문제이다. 함수 $f(x)$가 닫힌구간 $[a, b]$에서 연속이고 $f(a)f(b)<0$이면 $f(c)=0$인 c가 열린구간 (a, b)에 적어도 하나 존재함을 이용한다.

0425 유사 1

연속함수 $f(x)$가

$f(-1)=a^2-3a-10$, $f(1)=-2$,

$f(3)=3$, $f(5)=-a^2+6a+7$

을 만족시킬 때, 방정식 $f(2x-1)f(2x+1)=0$이 열린구간 $(0, 1)$, $(1, 2)$에서 각각 적어도 하나의 실근을 갖도록 하는 모든 정수 a의 값의 합을 구하는 과정을 서술하시오. [8점]

0426 유사 2

연속함수 $f(x)$가 $f(1)=1$, $f(2)=-3$을 만족시킬 때, 열린구간 $(1, 2)$에서 방정식 $f(x)-\cos\frac{\pi x}{2}+1=0$의 실근이 반드시 존재함을 보이는 과정을 서술하시오. [6점]

실력 check
실전 마무리하기 1회

점 / 100점

• 선택형 21문항, 서술형 4문항입니다.

1 0427

$x=1$에서 연속인 함수만을 〈보기〉에서 있는 대로 고른 것은? [3점]

〈보기〉

ㄱ. $f(x)=\frac{1}{x-1}$　　ㄴ. $f(x)=\frac{1}{x^2}$

ㄷ. $f(x)=\frac{|x-1|}{x-1}$

① ㄱ　② ㄴ　③ ㄷ
④ ㄱ, ㄴ　⑤ ㄴ, ㄷ

2 0428

닫힌구간 $[-3, 8]$에서 정의된 함수 $y=f(x)$의 그래프가 그림과 같다.

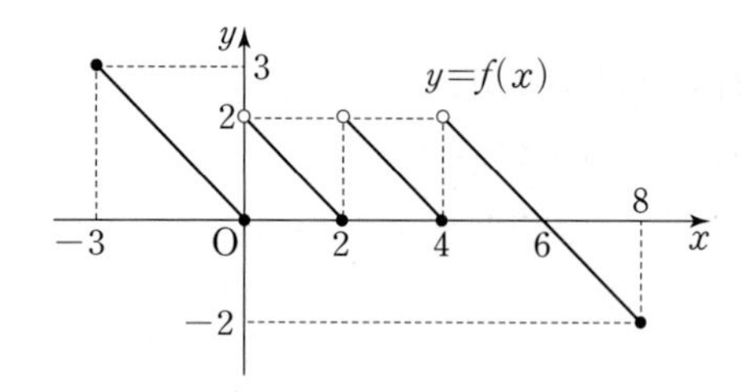

함수 $f(x)$가 $x=a$에서 불연속이 되게 하는 모든 a의 값의 합은? [3점]

① 0　② 2　③ 4
④ 6　⑤ 8

3 0429

두 다항함수 $f(x)$, $g(x)$에 대하여

$$\lim_{x\to3}\{f(x)+g(x)\}=2,\ \lim_{x\to3}\{f(x)-g(x)\}=4$$

일 때, $f(3)g(3)$의 값은? [3점]

① -5　② -4　③ -3
④ -2　⑤ -1

4 0430

함수

$$f(x)=\begin{cases} x^2+2x & (x<1) \\ -x+a & (x\geq1) \end{cases}$$

가 $x=1$에서 연속일 때, 상수 a의 값은? [3점]

① 3　② 4　③ 5
④ 6　⑤ 7

5 0431

함수 $f(x)=\frac{5}{x^2-ax+a}$가 모든 실수 x에서 연속이 되게 하는 모든 정수 a의 값의 합은? [3점]

① 3　② 4　③ 5
④ 6　⑤ 7

6 0432

함수

$$f(x)=\begin{cases} \dfrac{x^2+2x-8}{x-2} & (x\neq2) \\ a & (x=2) \end{cases}$$

가 실수 전체의 집합에서 연속일 때, 상수 a의 값은? [3점]

① 0 ② 2 ③ 4
④ 6 ⑤ 8

7 0433

함수 $y=f(x)$의 그래프가 그림과 같다. 함수 $(x-a)f(x)$가 $x=2$에서 연속일 때, 상수 a의 값은? [3점]

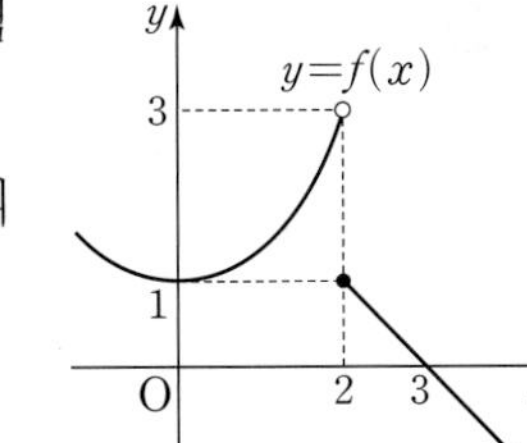

① 1 ② 2
③ 3 ④ 4
⑤ 5

8 0434

함수 $y=f(x)$의 그래프가 그림과 같다.

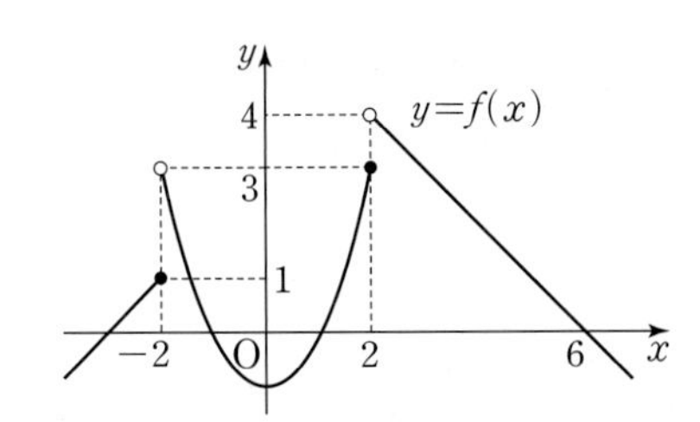

최고차항의 계수가 1인 이차함수 $g(x)$에 대하여 함수 $f(x)g(x)$가 모든 실수 x에서 연속일 때, $g(3)$의 값은? [3점]

① 1 ② 3 ③ 5
④ 7 ⑤ 9

9 0435

다항함수 $f(x)$와 함수

$$g(x)=\begin{cases} [x] & (-1\le x\le 1) \\ 0 & (x<-1 \text{ 또는 } x>1) \end{cases}$$

이 다음 조건을 만족시킬 때, $f(4)$의 값은?

(단, $[x]$는 x보다 크지 않은 최대의 정수이다.) [3점]

> (가) $\displaystyle\lim_{x\to\infty}\frac{f(x)}{x^3+x-1}=2$
> (나) 함수 $f(x)g(x)$는 모든 실수 x에서 연속이다.

① 40 ② 60 ③ 80
④ 100 ⑤ 120

10 0436

두 함수 $f(x)=|x+3|$, $g(x)=x^2+2x-3$에 대하여 다음 중 모든 실수 x에서 연속인 함수가 아닌 것은? [3점]

① $2f(x)-g(x)$ ② $f(x)g(x)$ ③ $\dfrac{f(x)}{g(x)}$
④ $f(g(x))$ ⑤ $g(f(x))$

11 0437

함수

$$f(x)=\begin{cases} \dfrac{x(x^2+a)}{x-1} & (x\neq1) \\ b & (x=1) \end{cases}$$

가 실수 전체의 집합에서 연속일 때, 상수 a, b에 대하여 $a+b$의 값은? [3.5점]

① 1 ② 2 ③ 3
④ 4 ⑤ 5

12 0438

함수

$$f(x)=\begin{cases} \dfrac{\sqrt{x^2+4}-a}{x^2} & (x\neq 0) \\ b & (x=0) \end{cases}$$

가 모든 실수 x에서 연속일 때, 상수 a, b에 대하여 $a+b$의 값은? [3.5점]

① $\frac{13}{6}$ ② $\frac{11}{5}$ ③ $\frac{9}{4}$
④ $\frac{7}{3}$ ⑤ $\frac{5}{2}$

13 0439

닫힌구간 $[-3, 1]$에서 함수 $f(x)=x^2+4x+1$의 최댓값을 M, 최솟값을 m이라 할 때, $M-m$의 값은? [3.5점]

① 6 ② 7 ③ 8
④ 9 ⑤ 10

14 0440

다음 함수 중 주어진 구간에서 최댓값과 최솟값을 반드시 갖는 것은? [3.5점]

① $f(x)=2x+1$ $(-1, 1)$
② $f(x)=\dfrac{x}{x-3}$ $[-1, 1]$
③ $f(x)=\log(2x-1)$ $[0, 5]$
④ $f(x)=\dfrac{1}{x-2}+3$ $[0, 4]$
⑤ $f(x)=3^{x-1}+1$ $(0, 1)$

15 0441

함수

$$f(x)=\begin{cases} -x^2+ax+b & (|x|<2) \\ x(x-3) & (|x|\geq 2) \end{cases}$$

이 모든 실수 x에서 연속이 되도록 하는 상수 a, b에 대하여 $2a-3b$의 값은? [4점]

① -32 ② -30 ③ -28
④ -26 ⑤ -24

16 0442

함수 $f(x)=x^2-8x+a$에 대하여 함수 $g(x)$를

$$g(x)=\begin{cases} 2x+a & (x\geq 1) \\ 4x-3a & (x<1) \end{cases}$$

라 할 때, 함수 $(f\circ g)(x)$가 실수 전체의 집합에서 연속이 되도록 하는 정수 a의 값은? [4점]

① -2 ② -1 ③ 1
④ 2 ⑤ 3

17 0443

실수 전체의 집합에서 연속인 함수 $f(x)$가 다음 조건을 만족시킨다.

(가) $(x-2)f(x)=x^3+ax-b$
(나) 함수 $f(x)$의 최솟값은 2이다.

상수 a, b에 대하여 $a+b$의 값은? [4점]

① 1 ② 2 ③ 3
④ 4 ⑤ 5

18 0444

두 함수 $y=f(x)$, $y=g(x)$의 그래프가 그림과 같을 때, 〈**보기**〉에서 옳은 것만을 있는 대로 고른 것은?

(단, $f(-2)=f(3)=0$) [4점]

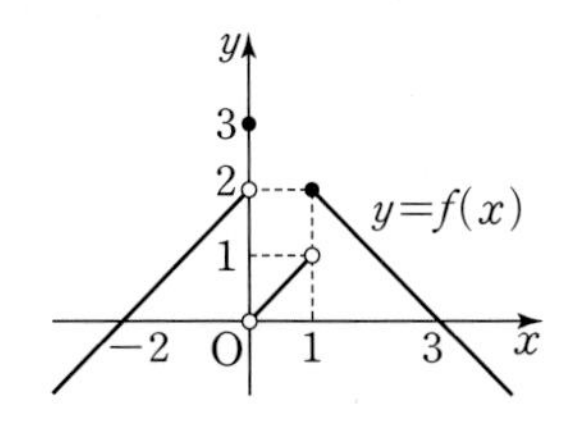

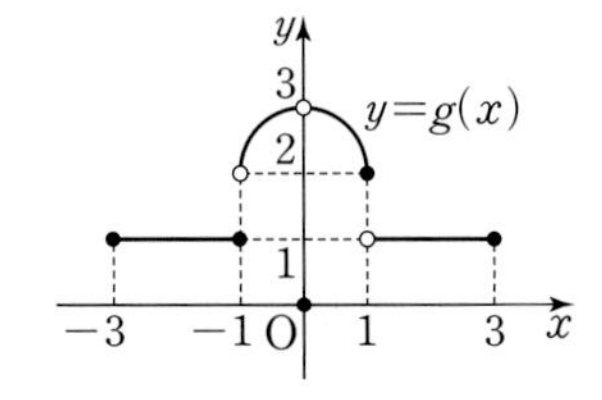

〈보기〉

ㄱ. $\lim_{x \to 0+} f(x) + \lim_{x \to 0+} g(x) = 5$

ㄴ. $\lim_{x \to 1} f(x)g(x)$의 값이 존재한다.

ㄷ. 함수 $f(x-2)g(x)$는 $x=0$에서 연속이다.

① ㄴ　② ㄷ　③ ㄱ, ㄷ
④ ㄴ, ㄷ　⑤ ㄱ, ㄴ, ㄷ

19 0445

모든 실수 x에서 연속인 함수 $f(x)$에 대하여 $f(-1)=2$, $f(1)=-2$이다. 〈**보기**〉에서 열린구간 $(-1, 1)$에서 반드시 실근을 갖는 방정식만을 있는 대로 고른 것은? [4점]

〈보기〉

ㄱ. $f(x)-x=0$

ㄴ. $(x+3)f(x)=0$

ㄷ. $f(x)+f(-x)=0$

① ㄱ　② ㄴ　③ ㄱ, ㄴ
④ ㄱ, ㄷ　⑤ ㄱ, ㄴ, ㄷ

20 0446

정의역이 $\{x \mid -2<x<2\}$인 두 함수 $y=f(x)$, $y=g(x)$의 그래프가 그림과 같다. 〈**보기**〉에서 옳은 것만을 있는 대로 고른 것은? [4.5점]

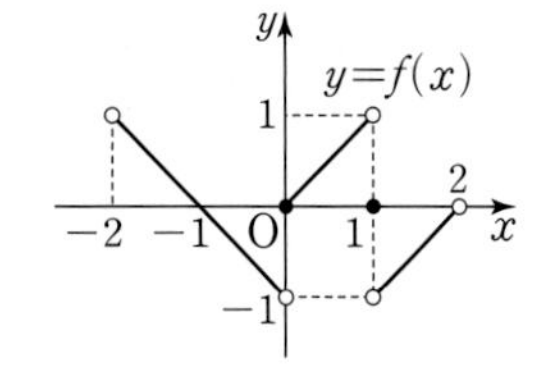

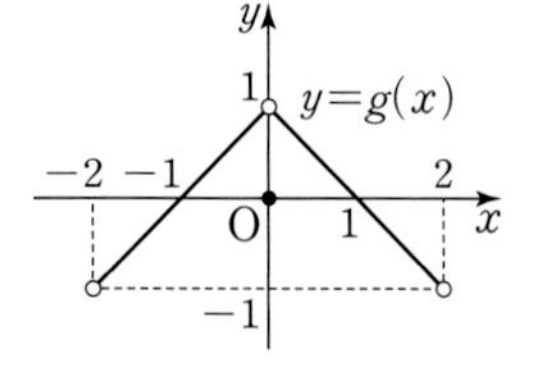

〈보기〉

ㄱ. $\lim_{x \to 1} \{f(x)\}^2 = 1$

ㄴ. 함수 $h(x)=f(x)+f(-x)$일 때,
함수 $|h(x)|$는 $x=1$에서 연속이다.

ㄷ. $-2<x<2$에서 함수 $f(x)g(x)$가 연속이 되는 정수 x의 개수는 2이다.

① ㄱ　② ㄴ　③ ㄱ, ㄴ
④ ㄱ, ㄷ　⑤ ㄱ, ㄴ, ㄷ

21 0447

양의 실수 k에 대하여 원 $x^2+y^2=k$와 직선 $y=x+\sqrt{2}$가 만나는 점의 개수를 $f(k)$라 할 때, 〈**보기**〉에서 옳은 것만을 있는 대로 고른 것은? [4.5점]

〈보기〉

ㄱ. $\lim_{k \to 1-} f(k) = 2$

ㄴ. 구간 $(0, \infty)$에서 함수 $f(k)$가 불연속인 k의 개수는 1이다.

ㄷ. 함수 $(k-1)f(k)$는 $k=1$에서 연속이다.

① ㄱ　② ㄷ　③ ㄱ, ㄴ
④ ㄴ, ㄷ　⑤ ㄱ, ㄴ, ㄷ

서술형

22 0448

방정식 $x^2+2x+k=0$이 열린구간 $(-1, 2)$에서 적어도 하나의 실근을 갖도록 하는 정수 k의 개수를 구하는 과정을 서술하시오. [6점]

23 0449

모든 실수 x에서 연속인 함수 $f(x)$에 대하여

$$f(0)=2,\ f(1)=a^2-3a-6,\ f(2)=8$$

이다. 방정식 $f(x)=2x^2-4x$가 열린구간 $(0, 1)$과 열린구간 $(1, 2)$에서 각각 적어도 하나의 실근을 갖도록 하는 실수 a의 값의 범위를 구하는 과정을 서술하시오. [6점]

24 0450

연속함수 $f(x)$가 다음 조건을 만족시킬 때, $f(-7)$의 값을 구하는 과정을 서술하시오. [7점]

(가) $f(x)=\begin{cases} x+2 & (0\le x<4) \\ a(x-4)^2+b & (4\le x\le 6) \end{cases}$ (단, a, b는 상수)

(나) 모든 실수 x에 대하여 $f(x+6)=f(x)$이다.

25 0451

서로 다른 두 상수 a, b에 대하여 두 함수 $f(x)$, $g(x)$는 다음과 같다.

$$f(x)=\begin{cases} x^2+1 & (x\le 0) \\ x+a & (x>0) \end{cases},\quad g(x)=\begin{cases} x+b & (x\le 1) \\ x^2+1 & (x>1) \end{cases}$$

함수 $f(x)g(x)$가 실수 전체의 집합에서 연속일 때, $a+b$의 값을 구하는 과정을 서술하시오. [8점]

실전 마무리하기 2회

점 / 100점

• 선택형 21문항, 서술형 4문항입니다.

1 0452

함수 $f(x)=\begin{cases} x^2+2x+a & (x\geq 1) \\ 2x+b & (x<1) \end{cases}$가 $x=1$에서 연속이 되도록 하는 상수 a, b에 대하여 $a-b$의 값은? [3점]

① -2　② -1　③ 0　④ 1　⑤ 2

2 0453

열린구간 $(-2, 2)$에서 정의된 함수 $y=f(x)$의 그래프가 그림과 같다. 함수 $f(x)$의 극한값이 존재하지 않는 x의 값의 개수를 a, 불연속이 되는 x의 값의 개수를 b라 할 때, $a+b$의 값은? [3점]

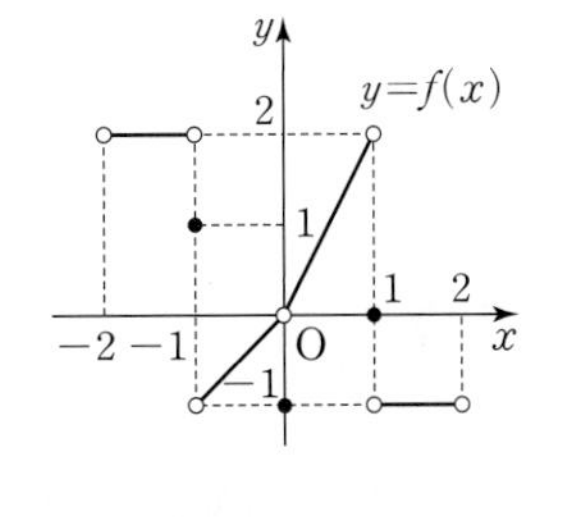

① 1　② 2　③ 3　④ 4　⑤ 5

3 0454

함수 $f(x)$가 $x=1$에서 연속이고

$f(1)\times\lim_{x\to 1-}f(x)\times\lim_{x\to 1+}f(x)=8$일 때, $f(1)$의 값은? [3점]

① 2　② 4　③ 6　④ 8　⑤ 10

4 0455

두 함수 $f(x)=\begin{cases} x+3 & (x>1) \\ -x+2 & (x\leq 1) \end{cases}$, $g(x)=x+a$에 대하여 함수 $f(x)g(x)$가 $x=1$에서 연속이 되게 하는 상수 a의 값은? [3점]

① -2　② -1　③ 1　④ 2　⑤ 3

5 0456

두 함수

$$f(x)=x^2+2,\quad g(x)=x^2+2ax+3$$

에 대하여 함수 $\dfrac{f(x)}{g(x)}$가 모든 실수 x에서 연속이 되도록 하는 정수 a의 개수는? [3점]

① 2　② 3　③ 4　④ 5　⑤ 6

6 0457

두 함수 $f(x)$, $g(x)$가 $x=0$에서 연속일 때, 〈**보기**〉의 함수 중 $x=0$에서 연속인 함수의 개수는? [3점]

〈보기〉

ㄱ. $f(x)+2g(x)$　　ㄴ. $f(x)g(x)$

ㄷ. $\dfrac{f(x)}{g(x)}$　　ㄹ. $f(f(x))$

① 0　② 1　③ 2　④ 3　⑤ 4

7 0458

다음 중 함수 $f(x)=\dfrac{x^2-4x+3}{x^2-2x-3}$이 최댓값과 최솟값을 모두 갖는 구간은? [3점]

① $(-\infty, -2]$ ② $[-1, 1]$ ③ $[1, 3]$
④ $[4, 5]$ ⑤ $[5, \infty)$

8 0459

다음 중 방정식 $x^4-7x^2+2x+2=0$의 실근을 포함하지 않는 구간은? [3점]

① $(-3, -1)$ ② $(-1, 0)$ ③ $(0, 1)$
④ $(1, 2)$ ⑤ $(2, 3)$

9 0460

$x=1$에서 연속인 함수인 것만을 〈보기〉에서 있는 대로 고른 것은? (단, $[x]$는 x보다 크지 않은 최대의 정수이다.) [3.5점]

〈보기〉

ㄱ. $f(x)=|x-1|$ ㄴ. $f(x)=\left[\dfrac{x+1}{4}\right]$

ㄷ. $f(x)=\begin{cases} \dfrac{x^3-1}{x^2-1} & (x\neq1) \\ 2 & (x=1) \end{cases}$

① ㄱ ② ㄴ ③ ㄱ, ㄴ
④ ㄱ, ㄷ ⑤ ㄱ, ㄴ, ㄷ

10 0461

함수 $f(x)=\begin{cases} \dfrac{x^2-5x+a}{x-2} & (x\neq2) \\ b & (x=2) \end{cases}$가 모든 실수 x에서 연속이 되도록 하는 실수 a, b에 대하여 $a+b$의 값은? [3.5점]

① 1 ② 2 ③ 3
④ 4 ⑤ 5

11 0462

모든 실수 x에서 연속인 함수 $f(x)$가

$$(x-2)f(x)=ax^2+bx,\ f(2)=1$$

을 만족시킬 때, 상수 a, b에 대하여 $2ab$의 값은? [3.5점]

① -2 ② -1 ③ 0
④ 1 ⑤ 2

12 0463

두 함수 $y=f(x)$, $y=g(x)$의 그래프가 그림과 같다. **〈보기〉**에서 옳은 것만을 있는 대로 고른 것은? [3.5점]

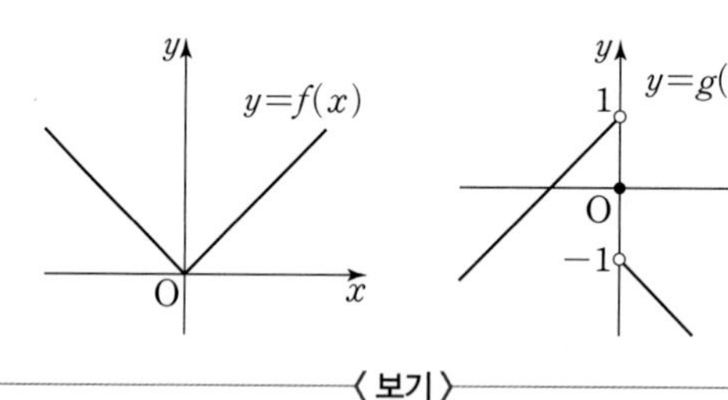

〈보기〉

ㄱ. 함수 $g(f(x))$는 $x=0$에서 연속이다.
ㄴ. 함수 $f(x)g(x)$는 $x=0$에서 연속이다.
ㄷ. 함수 $\{g(x)\}^2$은 실수 전체의 집합에서 연속이다.

① ㄱ ② ㄴ ③ ㄱ, ㄴ
④ ㄱ, ㄷ ⑤ ㄴ, ㄷ

13 0464

두 함수 $f(x)=x-1$, $g(x)=[x]$에 대하여
함수 $h(x)=f(x)g(x)$라 하자. 함수 $h(x)$에 대하여 **〈보기〉** 에서 옳은 것만을 있는 대로 고른 것은?
(단, $[x]$는 x보다 크지 않은 최대의 정수이다.) [3.5점]

〈보기〉

ㄱ. $h(1)=0$

ㄴ. $\lim_{x \to 2-} h(x)=1$

ㄷ. 모든 정수에서 불연속이다.

① ㄱ ② ㄴ ③ ㄱ, ㄴ
④ ㄴ, ㄷ ⑤ ㄱ, ㄴ, ㄷ

14 0465

닫힌구간 $[-1, 2]$에서 함수 $f(x)=\frac{3x-2}{x-3}$의 최댓값을 M, 최솟값을 m이라 할 때, Mm의 값은? [3.5점]

① -1 ② -2 ③ -3
④ -4 ⑤ -5

15 0466

두 함수

$$f(x)=\begin{cases} x^2+2x+2a & (x\geq 1) \\ x+a & (x<1) \end{cases},\quad g(x)=-x^2+ax$$

에 대하여 함수 $(g\circ f)(x)$가 실수 전체의 집합에서 연속이 되도록 하는 상수 a의 값은? [4점]

① -8 ② -6 ③ -4
④ -2 ⑤ 0

16 0467

모든 실수 x에서 연속인 함수 $f(x)$가
$f(x+4)=f(x)$를 만족시키고, 닫힌구간 $[0, 4]$에서

$$f(x)=\begin{cases} 6x & (0\leq x<1) \\ x^2+ax+b & (1\leq x\leq 4) \end{cases}$$

이다. $f(10)$의 값은? [4점]

① 1 ② 2 ③ 3
④ 4 ⑤ 5

17 0468

실수 전체의 집합에서 연속인 함수 $f(x)$가
$f(x+2)=f(x)$를 만족시키고 닫힌구간 $[0, 2]$에서

$$f(x)=\begin{cases} ax+b & (0\leq x\leq 1) \\ \frac{x^3-5x^2+5x-c}{x-1} & (1<x\leq 2) \end{cases}$$

일 때, 상수 a, b, c에 대하여 $a-b+c$의 값은? [4점]

① -3 ② -1 ③ 1
④ 3 ⑤ 5

18 0469

실수 a에 대하여 집합

$$\{x \mid ax^2+2(a-5)x-(a-5)=0,\ x\text{는 실수}\}$$

의 원소의 개수를 $f(a)$라 할 때, 함수 $f(a)$가 불연속인 점의 개수는? [4점]

① 0　② 1　③ 2　④ 3　⑤ 4

19 0470

함수 $f(x)=\dfrac{x+2}{x+3}$에 대하여 닫힌구간 $\left[-\dfrac{5}{2},\ 2\right]$에서 함수 $y=|f(x)|-2$의 최댓값을 M, 최솟값을 m이라 하자. Mm의 값은? [4점]

① $-\dfrac{7}{2}$　② -3　③ 2　④ $\dfrac{5}{2}$　⑤ 3

20 0471

최고차항의 계수가 1인 사차함수 $g(x)$에 대하여 함수

$$f(x)=\begin{cases} \dfrac{g(x)}{x(x-1)} & (x\neq 0,\ x\neq 1\text{인 실수}) \\ 4 & (x=0) \\ 10 & (x=1) \end{cases}$$

이 모든 실수 x에서 연속일 때, $g(-2)$의 값은? [4.5점]

① -24　② -12　③ 12　④ 24　⑤ 36

21 0472

두 함수 $f(x)$, $g(x)$가

$$f(x)=\begin{cases} x^2+ax+7 & (x<1) \\ x^2-2x+3 & (x\geq 1) \end{cases},\quad g(x)=x^2-2bx+a$$

일 때, 다음 조건을 만족시킨다.

(가) 함수 $f(x)g(x)$는 연속함수이다.
(나) 함수 $g(x)$의 최솟값은 -9이다.

이때 모든 $g(2)$의 값의 합은? (단, a, b는 상수이다.) [4.5점]

① -2　② -3　③ -4　④ -5　⑤ -6

서술형

22 0473

함수 $f(x)=\begin{cases} \dfrac{x^2+ax+b}{x+1} & (x\neq-1) \\ 5 & (x=-1) \end{cases}$가 모든 실수 x에서 연속일 때, 상수 a, b에 대하여 $a+b$의 값을 구하는 과정을 서술하시오. [6점]

23 0474

방정식 $x^3-x^2+9x+1=0$이 열린구간 $(-2,\ 1)$에서 적어도 하나의 실근을 가짐을 보이는 과정을 서술하시오. [6점]

24 0475

함수 $f(x)=\begin{cases} \dfrac{x^2+(b-1)x-b}{x+a} & (x\neq1) \\ 2a-b & (x=1) \end{cases}$가 실수 전체의 집합에서 연속이 되도록 하는 상수 a, b의 값을 구하는 과정을 서술하시오. (단, $2a\neq b$) [7점]

25 0476

함수 $f(x)=\begin{cases} \dfrac{a\sqrt{x-1}+b}{x-2} & (x\neq2) \\ 2 & (x=2) \end{cases}$가 $x\geq1$에서 연속이기 위한 상수 a, b의 값을 구하는 과정을 서술하시오. [7점]

램프를 만들어 낸 것은 어둠이었고

나침반을 만들어 낸 것은 안개였고

탐험하게 만든 것은 배고픔이었다.

그리고 일의 진정한 가치를 깨닫기 위해서는

의기소침한 날들이 필요했다.

– 빅토르 위고 –

미분계수와 도함수 03

Ⅱ. 미분

03 미분계수와 도함수

1 평균변화율

핵심 1

Note

(1) 증분

함수 $y=f(x)$에서 x의 값이 a에서 b까지 변할 때, 함숫값은 $f(a)$에서 $f(b)$까지 변한다. 이때 x의 값의 변화량 $b-a$를 x의 **증분**, y의 값의 변화량 $f(b)-f(a)$를 y의 **증분**이라 하고, 기호로 각각 $\boldsymbol{\Delta x}$, $\boldsymbol{\Delta y}$와 같이 나타낸다.

- $\Delta x=b-a$
  $\Delta y=f(b)-f(a)=f(a+\Delta x)-f(a)$
- Δ는 차를 뜻하는 단어 Difference의 첫 글자 D에 해당하는 그리스 문자로 '델타(delta)'라 읽는다. 이때 Δx는 Δ와 x의 곱이 아닌 x의 증분을 나타내는 하나의 기호이다.

(2) 평균변화율

함수 $y=f(x)$에서 x의 값이 a에서 b까지 변할 때의 **평균변화율**은

$$\frac{\Delta y}{\Delta x}=\frac{f(b)-f(a)}{b-a}=\frac{f(a+\Delta x)-f(a)}{\Delta x}$$

(3) 평균변화율의 기하적 의미

함수 $y=f(x)$에서 x의 값이 a에서 b까지 변할 때의 평균변화율은 곡선 $y=f(x)$ 위의 두 점 $\mathrm{A}(a,\ f(a))$, $\mathrm{B}(b,\ f(b))$를 지나는 직선 AB의 기울기와 같다.

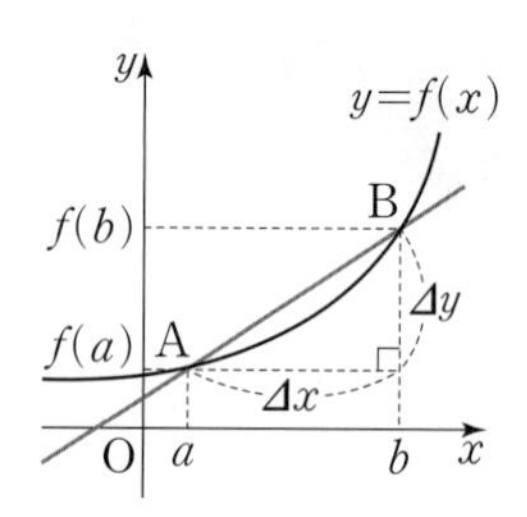

2 미분계수

핵심 2~3

(1) 미분계수

함수 $y=f(x)$의 $x=a$에서의 **순간변화율** 또는 **미분계수**는

$$f'(a)=\lim_{\Delta x\to 0}\frac{\Delta y}{\Delta x}=\lim_{\Delta x\to 0}\frac{f(a+\Delta x)-f(a)}{\Delta x}=\lim_{x\to a}\frac{f(x)-f(a)}{x-a}$$

참고 미분계수를 구할 때, Δx 대신 h를 사용하여 $f'(a)=\lim_{h\to 0}\frac{f(a+h)-f(a)}{h}$와 같이 나타내기도 한다.

- 미분계수 $f'(a)$는 'f 프라임(prime) a'라 읽는다.
- $a+\Delta x=x$로 놓으면 $\Delta x=x-a$이고 $\Delta x\to 0$일 때, $x\to a$이므로 $f'(a)=\lim_{x\to a}\frac{f(x)-f(a)}{x-a}$이다.

(2) 미분계수의 기하적 의미

함수 $y=f(x)$의 $x=a$에서의 미분계수 $f'(a)$는 곡선 $y=f(x)$ 위의 점 $(a,\ f(a))$에서의 접선의 기울기와 같다.

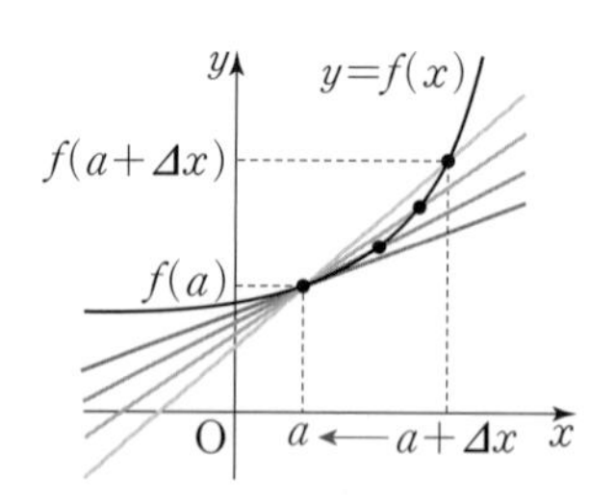

3 미분가능성과 연속성

핵심 4

(1) 함수 $y=f(x)$에 대하여 $x=a$에서의 미분계수 $f'(a)$가 존재하면 함수 $y=f(x)$는 $x=a$에서 **미분가능**하다고 한다.

(2) 함수 $f(x)$가 $x=a$에서 미분가능하면 $f(x)$는 $x=a$에서 연속이다. 그러나 그 역은 성립하지 않는다.

예 함수 $f(x)=|x|$는 $x=0$에서 연속이지만 미분가능하지 않다.

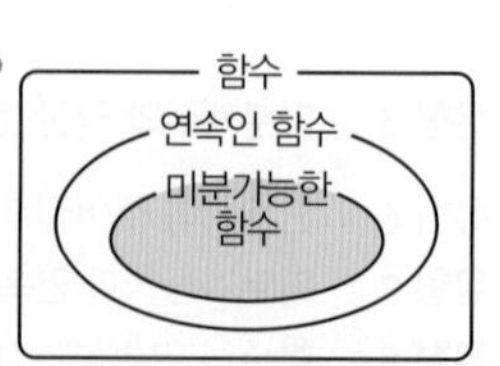

- 함수 $f(x)$가 $x=a$에서 미분가능하지 않은 경우
  ① $x=a$에서 불연속인 경우
  ② $x=a$에서 그래프가 꺾인 경우

4 도함수와 미분법 핵심 5

(1) 도함수

함수 $y=f(x)$가 정의역에 속하는 모든 x에서 미분가능할 때, 정의역의 각 원소 x에 미분계수 $f'(x)$를 대응시키면 새로운 함수를 얻는다. 이 함수를 함수 $f(x)$의 **도함수**라 하고, 기호로

$$f'(x),\ y',\ \frac{dy}{dx},\ \frac{d}{dx}f(x)$$

와 같이 나타낸다. 즉,

$$f'(x)=\lim_{\Delta x \to 0}\frac{f(x+\Delta x)-f(x)}{\Delta x}=\lim_{h \to 0}\frac{f(x+h)-f(x)}{h}$$

(2) 미분법

함수 $f(x)$에서 도함수 $f'(x)$를 구하는 것을 '함수 $f(x)$를 x에 대하여 미분한다.'고 하고, 그 계산법을 미분법이라 한다.

Note

- $\frac{dy}{dx}$는 y를 x에 대하여 미분한다는 것을 뜻하며 '디와이(dy) 디엑스(dx)'라 읽는다.
- 함수 $f(x)$의 $x=a$에서의 미분계수 $f'(a)$는 도함수 $f'(x)$의 식에 $x=a$를 대입한 값이다.

5 함수 $y=x^n$ (n은 자연수)과 상수함수의 도함수 핵심 5

(1) $y=x^n$ (n은 자연수)의 도함수는 ➔ $y'=nx^{n-1}$

(2) $y=c$ (c는 상수)의 도함수는 ➔ $y'=0$

- $(x^n)'=nx^{n-1}$

6 함수의 실수배, 합, 차의 미분법 핵심 5

두 함수 $f(x)$, $g(x)$가 미분가능할 때

(1) $y=cf(x)$ (c는 상수)의 도함수는 ➔ $y'=cf'(x)$

(2) $y=f(x)+g(x)$의 도함수는 ➔ $y'=f'(x)+g'(x)$

(3) $y=f(x)-g(x)$의 도함수는 ➔ $y'=f'(x)-g'(x)$

- (2), (3)은 세 개 이상의 함수에 대해서도 성립한다.

7 함수의 곱의 미분법 핵심 6

세 함수 $f(x)$, $g(x)$, $h(x)$가 미분가능할 때

(1) $y=f(x)g(x)$의 도함수는 ➔ $y'=f'(x)g(x)+f(x)g'(x)$

(2) $y=f(x)g(x)h(x)$의 도함수는 ➔ $y'=f'(x)g(x)h(x)+f(x)g'(x)h(x)+f(x)g(x)h'(x)$

(3) $y=\{f(x)\}^n$ (n은 자연수)의 도함수는 ➔ $y'=n\{f(x)\}^{n-1}f'(x)$

핵심 1 평균변화율 유형 1

함수 $y=f(x)$에서 x의 값이 a에서 b까지 변할 때의 평균변화율

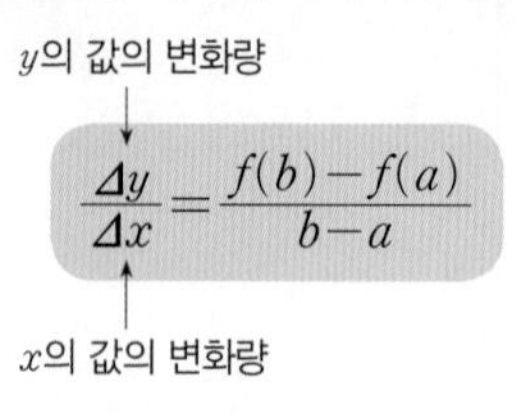

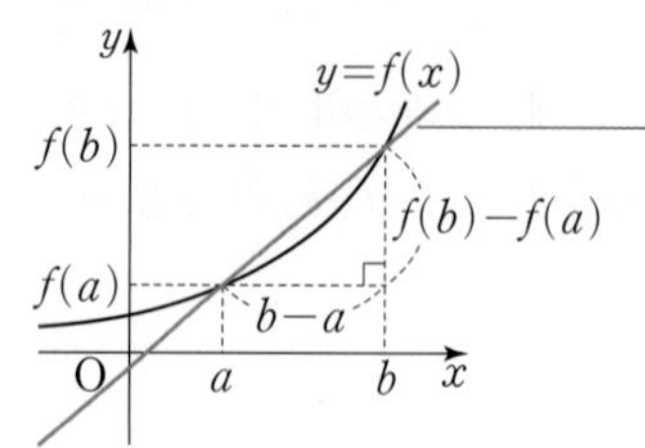

기하적 의미 : 곡선 $y=f(x)$ 위의 두 점 $(a, f(a))$, $(b, f(b))$를 지나는 직선의 기울기

예 함수 $f(x)=x^2$에서 x의 값이 1에서 5까지 변할 때의 평균변화율은

$$\frac{\Delta y}{\Delta x}=\frac{f(5)-f(1)}{5-1}=\frac{25-1}{4}=6$$

0477 함수 $f(x)=x^2+3x+4$에서 x의 값이 -3에서 0까지 변할 때의 평균변화율을 구하시오.

0478 함수 $f(x)=x^3+ax$에서 x의 값이 0에서 2까지 변할 때의 평균변화율이 9일 때, 상수 a의 값을 구하시오.

핵심 2 미분계수 유형 2~3

함수 $y=f(x)$의 $x=a$에서의 미분계수(순간변화율)

$$f'(a)=\lim_{x\to a}\frac{f(x)-f(a)}{x-a}=\lim_{h\to 0}\frac{f(a+h)-f(a)}{h}$$

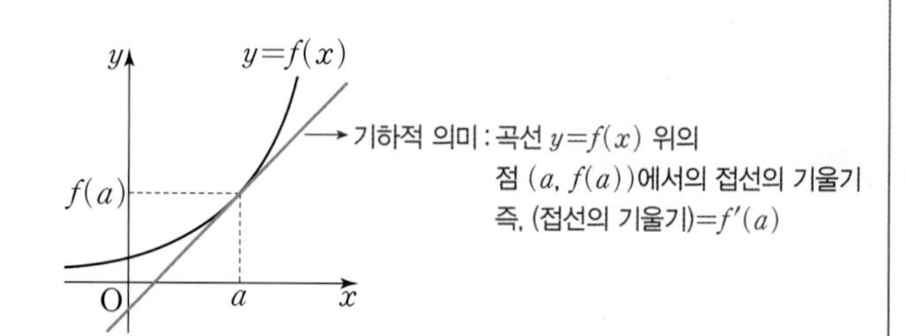

예 함수 $f(x)=x^2$의 $x=2$에서의 미분계수 구하기

방법1 $f'(a)=\lim_{x\to a}\frac{f(x)-f(a)}{x-a}$를 이용하기

$$f'(2)=\lim_{x\to 2}\frac{x^2-4}{x-2}=\lim_{x\to 2}\frac{(x+2)(x-2)}{x-2}$$
$$=\lim_{x\to 2}(x+2)=4$$

방법2 $f'(a)=\lim_{h\to 0}\frac{f(a+h)-f(a)}{h}$를 이용하기

$$f'(2)=\lim_{h\to 0}\frac{f(2+h)-f(2)}{h}=\lim_{h\to 0}\frac{(2+h)^2-4}{h}$$
$$=\lim_{h\to 0}\frac{h^2+4h}{h}=\lim_{h\to 0}(h+4)=4$$

0479 다음 함수의 $x=-1$에서의 미분계수를 구하시오.

(1) $f(x)=2x+4$

(2) $f(x)=-x^2+2x+4$

0480 함수 $f(x)=x^2-4x+2$에 대하여 x의 값이 2에서 4까지 변할 때의 평균변화율이 $x=a$에서의 미분계수와 같을 때, 상수 a의 값을 구하시오.

● 정답 및 풀이 106쪽

핵심 3 미분계수를 이용한 극한값 유형 4~5

동영상 강의

미분가능한 함수 $f(x)$에 대하여 $f'(a)=2$일 때, 다음 극한값을 구해 보자.

(1) $\lim_{h\to 0}\frac{f(a+3h)-f(a)}{h}=\lim_{h\to 0}\left\{\frac{f(a+3h)-f(a)}{3h}\times 3\right\}=3f'(a)=3\times 2=6$

└ ● 부분이 같은 꼴이 되도록 변형한다.

$\lim_{\bullet\to 0}\frac{f(a+\bullet)-f(a)}{\bullet}=f'(a)$

└ ● 부분이 서로 같게 만든다.

(2) $\lim_{x\to a}\frac{f(x)-f(a)}{x^2-a^2}=\lim_{x\to a}\left\{\frac{f(x)-f(a)}{x-a}\times\frac{1}{x+a}\right\}=f'(a)\times\frac{1}{2a}=2\times\frac{1}{2a}=\frac{1}{a}$

└ ● 부분끼리, ● 부분끼리 각각 같은 꼴이 되도록 변형한다.

$\lim_{\bullet\to\blacktriangle}\frac{f(\bullet)-f(\blacktriangle)}{\bullet-\blacktriangle}=f'(\blacktriangle)$

└ ●는 ●끼리, ▲는 ▲끼리 서로 같게 만든다.

0481 다항함수 $f(x)$에 대하여 $f'(1)=3$일 때, 다음 극한값을 구하시오.

(1) $\lim_{h\to 0}\frac{f(1+2h)-f(1)}{h}$

(2) $\lim_{h\to 0}\frac{f(1-3h)-f(1)}{h}$

0482 다항함수 $f(x)$에 대하여 $f'(1)=3$일 때, 다음 극한값을 구하시오.

(1) $\lim_{x\to 1}\frac{f(x)-f(1)}{x^3-1}$

(2) $\lim_{x\to 1}\frac{f(x)-f(1)}{\sqrt{x}-1}$

핵심 4 미분가능성과 연속성 유형 7~9

동영상 강의

(1) 점에서의 미분가능성

함수 $f(x)$가 $x=a$에서의 미분계수 $f'(a)$가 존재한다. $\Longleftrightarrow$ 함수 $f(x)$는 $x=a$에서 미분가능하다.

$\Longleftrightarrow$ (i) 함수 $f(x)$는 $x=a$에서 연속이다.

(ii) $\lim_{x\to a+}\frac{f(x)-f(a)}{x-a}=\lim_{x\to a-}\frac{f(x)-f(a)}{x-a}$ 또는 $\lim_{h\to 0+}\frac{f(a+h)-f(a)}{h}=\lim_{h\to 0-}\frac{f(a+h)-f(a)}{h}$, 즉, (우미분계수)=(좌미분계수)

(2) 미분가능성과 연속성

함수 $f(x)$가 $x=a$에서 미분가능하다. $\Rightarrow$ 함수 $f(x)$는 $x=a$에서 연속이다. ⟶ 역은 성립하지 않는다.

참고 함수의 그래프가 뾰족한 점의 x의 값에서는 미분가능하지 않다.
(우미분계수)≠(좌미분계수)

그림과 같이 함수 $f(x)=|x|$의 그래프는 $x=0$에서 뾰족하므로 미분가능하지 않다.

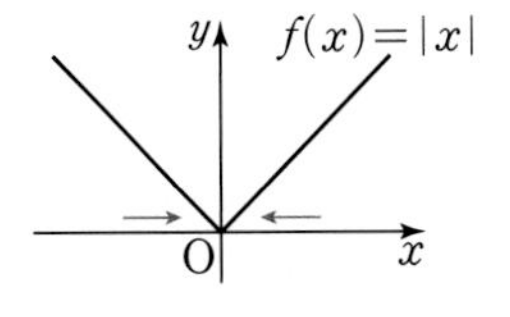

0483 함수 $f(x)=2x+|x|$에 대하여 다음 물음에 답하시오.

(1) 함수 $f(x)$의 $x=0$에서의 연속성을 조사하시오.

(2) 함수 $f(x)$의 $x=0$에서의 미분가능성을 조사하시오.

0484 함수 $f(x)=\begin{cases}x^2+ax-3 & (x\ge 1)\\ bx^2+1 & (x<1)\end{cases}$이 실수 전체의 집합에서 미분가능할 때, 상수 a, b에 대하여 $a+b$의 값을 구하시오.

핵심 5 다항함수의 미분법 유형 10~12

● 함수 $f(x)=x^5$을 x에 대하여 미분해 보자.

$$(x^5)'=5x^4$$

● 함수 $f(x)=3x^4-2x^3+7$을 x에 대하여 미분해 보자.

$(3x^4)'=3\times4x^3=12x^3$, $(-2x^3)'=(-2)\times3x^2=-6x^2$, $(7)'=0$이므로

$f'(x)=12x^3-6x^2$

$f(x)=x^n$ (n은 자연수) ➔ $f'(x)=nx^{n-1}$
$f(x)=c$ (c는 상수) ➔ $f'(x)=0$

0485 다음 함수를 미분하시오.

(1) $y=2x^5$

(2) $y=10$

(3) $y=3x^2+6x+4$

(4) $y=-2x^4+5x^3+3$

0486 함수 $f(x)=2x^2+ax-5$에 대하여 $f'(1)=7$일 때, 상수 a의 값을 구하시오.

핵심 6 함수의 곱의 미분법 유형 13

함수 $f(x)=(x-1)(x-2)$를 미분해 보자.

$$f'(x)=(x-1)'(x-2)+(x-1)(x-2)'$$
$$=1\times(x-2)+(x-1)\times1$$
$$=x-2+x-1=2x-3$$

두 함수 $f(x)$, $g(x)$가 미분가능할 때
$\{f(x)g(x)\}'=f'(x)g(x)+f(x)g'(x)$

0487 다음 함수를 미분하시오.

(1) $y=(3x-2)(x^2+4x)$

(2) $y=(x^3-x)(x^2+3)$

0488 함수 $f(x)=x(1-2x)(x^3+a)$에 대하여 $f'(1)=12$일 때, 상수 a의 값을 구하시오.

● 정답 및 풀이 106쪽

24유형, 174문항입니다.

기초 유형 0 직선의 방정식 | 고등수학

(1) **한 점과 기울기가 주어진 직선의 방정식**
점 (x_1, y_1)을 지나고 기울기가 m인 직선의 방정식은
$y-y_1=m(x-x_1)$
(2) **두 점을 지나는 직선의 방정식**
서로 다른 두 점 $\mathrm{A}(x_1, y_1)$, $\mathrm{B}(x_2, y_2)$를 지나는 직선의 방정식은
① $x_1 \neq x_2$일 때, $y-y_1=\dfrac{y_2-y_1}{x_2-x_1}(x-x_1)$
② $x_1=x_2$일 때, $x=x_1$

0489 대표문제

함수 $y=f(x)$의 그래프에서 $x=a$, $x=b$일 때의 점을 각각 A, B라 할 때, 두 점 A, B를 지나는 직선의 기울기는?

① $\dfrac{f(b)+f(a)}{b+a}$ ② $\dfrac{f(b)+f(a)}{b-a}$ ③ $\dfrac{f(b)-f(a)}{b+a}$
④ $\dfrac{f(b)-f(a)}{b-a}$ ⑤ $\dfrac{f(b)-f(a)}{a-b}$

0490 Level 1

다음 직선 중 나머지 넷과 일치하지 않는 것은?

① 기울기가 3이고 y절편이 -5인 직선
② 점 $(2, 1)$을 지나고 기울기가 3인 직선
③ 두 점 $(1, -2)$, $(2, 1)$을 지나는 직선
④ x절편이 $\dfrac{5}{3}$이고 y절편이 -5인 직선
⑤ 일차방정식 $3x+y-5=0$이 나타내는 직선

0491 Level 2

직선 l: $2x-4y+1=0$에 대하여 다음을 구하시오.

(1) 직선 l에 평행하고 점 $(2, 1)$을 지나는 직선의 방정식
(2) 직선 l과 수직이고 점 $(2, 1)$을 지나는 직선의 방정식

0492 Level 2

점 $(2, 3)$을 지나고 x축의 양의 방향과 이루는 각의 크기가 $45°$인 직선의 방정식을 구하시오.

0493 Level 2

두 직선 $x+(k+2)y+1=0$, $kx+y-2=0$이 서로 수직일 때, 상수 k의 값은? (단, $k \neq -2$)

① -3 ② -1 ③ 0
④ 1 ⑤ 2

0494 Level 2

세 점 $\mathrm{A}(k, 4)$, $\mathrm{B}(1, 2)$, $\mathrm{C}(-k, -3)$이 한 직선 위에 있을 때, 실수 k의 값은?

① $\dfrac{1}{3}$ ② $\dfrac{2}{3}$ ③ $\dfrac{4}{3}$
④ $\dfrac{5}{3}$ ⑤ $\dfrac{7}{3}$

실전 유형 1 평균변화율

함수 $y=f(x)$에서 x의 값이 a에서 b까지 변할 때의 평균변화율은

$$\frac{\Delta y}{\Delta x}=\frac{f(b)-f(a)}{b-a}=\frac{f(a+\Delta x)-f(a)}{\Delta x}$$

→ 두 점 $(a, f(a))$, $(b, f(b))$를 지나는 직선의 기울기와 같다.

0495 대표문제

함수 $f(x)=x^3-2x+4$에서 x의 값이 2에서 a까지 변할 때의 평균변화율이 5일 때, 모든 실수 a의 값의 곱은? (단, $a\neq 2$)

① -5 ② -3 ③ -1
④ 0 ⑤ 1

0496 Level 1

함수 $f(x)$에 대하여 두 점 $\mathrm{A}(1, f(1))$, $\mathrm{B}(3, f(3))$을 지나는 직선 AB의 기울기가 -2이다. 함수 $f(x)$에서 x의 값이 1에서 3까지 변할 때의 평균변화율은?

① -5 ② -4 ③ -3
④ -2 ⑤ -1

0497 Level 1

함수 $f(x)=x^3-ax+3$에서 x의 값이 0에서 3까지 변할 때의 평균변화율이 8일 때, 상수 a의 값을 구하시오.

0498 Level 2

함수 $f(x)=x^2+4x+2$에서 x의 값이 -2에서 4까지 변할 때의 평균변화율과 x의 값이 a에서 3까지 변할 때의 평균변화율이 같다. 실수 a의 값은?

① -5 ② -4 ③ -3
④ -2 ⑤ -1

0499 Level 2

자연수 n에 대하여 닫힌구간 $[n, n+1]$에서 함수 $f(x)$의 평균변화율은 $n+1$이다. 함수 $f(x)$의 닫힌구간 $[1, 100]$에서의 평균변화율을 구하시오.

0500 Level 2

함수 $y=f(x)$의 그래프가 그림과 같다. 함수 $f(x)$에서 x의 값이 a에서 b까지, b에서 c까지, c에서 d까지 변할 때의 평균변화율을 각각 α, β, γ라 할 때, α, β, γ의 대소 관계는?

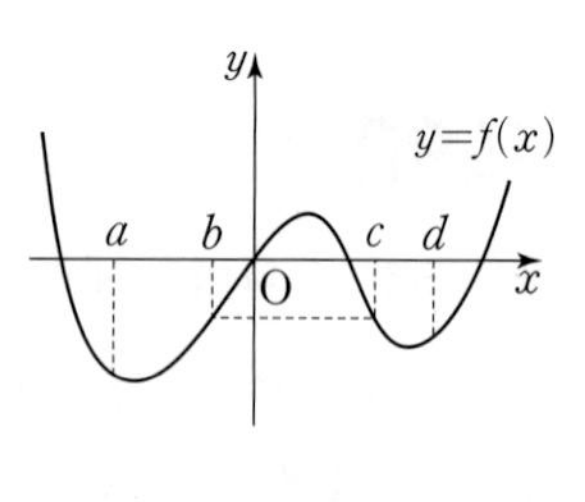

(단, $a<b<c<d$이고 $f(a)<f(d)<f(b)=f(c)$이다.)

① $\alpha<\beta<\gamma$ ② $\alpha<\beta=\gamma$ ③ $\beta<\alpha<\gamma$
④ $\beta<\alpha=\gamma$ ⑤ $\gamma<\beta<\alpha$

0501

Level 3

함수 $f(x)$가 두 실수 a, b $(a<b)$에 대하여 $f(a)=2$, $f(b)=7$이고, x의 값이 a에서 b까지 변할 때의 평균변화율이 5이다. 함수 $f(x)$의 역함수를 $g(x)$라 할 때, 함수 $g(x)$에서 x의 값이 2에서 7까지 변할 때의 평균변화율은?

① 1　② $\frac{1}{3}$　③ $\frac{1}{5}$

④ $\frac{1}{7}$　⑤ $\frac{1}{9}$

+Plus 문제

0502 고난도

Level 3

함수 $y=f(x)$의 그래프가 그림과 같고, 함수 $g(x)=(f\circ f)(x)$라 하자. 함수 $g(x)$에서 x의 값이 1에서 3까지 변할 때의 평균변화율은?

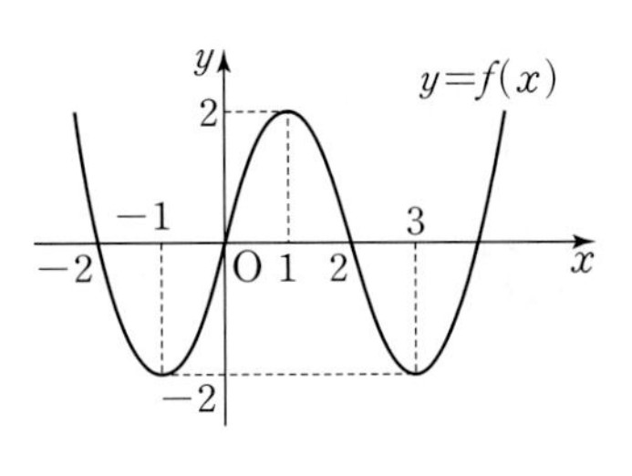

① -1　② $-\frac{1}{2}$　③ 0

④ $\frac{1}{2}$　⑤ 1

다음은 이 유형에서 출제된 최근 교육청 • 평가원 기출문제입니다.

0503 • 교육청 2018년 9월

Level 2

함수 $f(x)=x(x+1)(x-2)$에서 x의 값이 -2에서 0까지 변할 때의 평균변화율과 x의 값이 0에서 a까지 변할 때의 평균변화율이 서로 같을 때, 양수 a의 값은?

① 1　② 2　③ 3

④ 4　⑤ 5

실전유형 2 미분계수(순간변화율)

빈출유형

함수 $y=f(x)$의 $x=a$에서의 미분계수는

$$f'(a)=\lim_{\Delta x\to 0}\frac{f(a+\Delta x)-f(a)}{\Delta x}$$
$$=\lim_{x\to a}\frac{f(x)-f(a)}{x-a}$$

→ 곡선 $y=f(x)$ 위의 점 $(a,\ f(a))$에서의 접선의 기울기와 같다.

03

0504 대표문제

함수 $f(x)=x^2+ax$의 닫힌구간 $[1,\ 3]$에서의 평균변화율과 $x=b$에서의 미분계수가 같을 때, 상수 b의 값은?

(단, a는 상수이다.)

① 1　② 2　③ 3

④ 4　⑤ 5

0505

Level 1

곡선 $y=f(x)$ 위의 점 $(3,\ f(3))$에서의 접선의 기울기가 -2일 때, $\lim_{\Delta x\to 0}\frac{f(3+\Delta x)-f(3)}{\Delta x}$의 값을 구하시오.

0506

Level 1

함수 $f(x)$가 모든 실수 x에 대하여

$$f(2+x)-f(2)=x^3+6x^2+14x$$

를 만족시킬 때, $f'(2)$의 값을 구하시오.

0507

Level 1

함수 $f(x)$가 $a>-9$인 임의의 실수 a에 대하여

$$f(3+a)-f(3)=\sqrt{a+9}-3$$

을 만족시킬 때, $f'(3)$의 값은?

① 1　② $\frac{1}{2}$　③ $\frac{1}{4}$
④ $\frac{1}{6}$　⑤ $\frac{1}{8}$

0508

Level 2

함수 $y=f(x)$의 그래프와 $x=-1$, $x=1$에서의 접선이 그림과 같을 때, 〈보기〉에서 옳은 것만을 있는 대로 고른 것은?

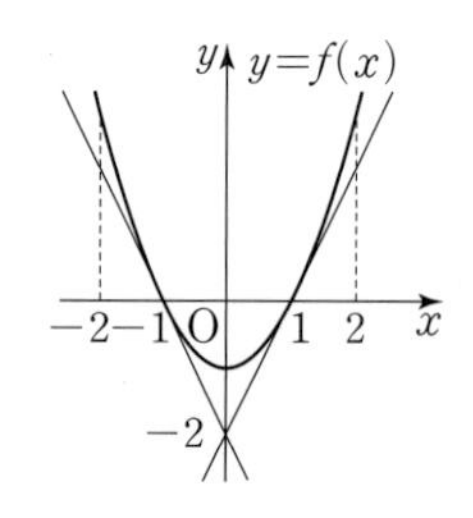

〈보기〉

ㄱ. $f'(1)=2$
ㄴ. $f'(1)+f'(-1)=0$
ㄷ. $f'(2)>f'(1)$

① ㄱ　② ㄱ, ㄴ　③ ㄱ, ㄷ
④ ㄴ, ㄷ　⑤ ㄱ, ㄴ, ㄷ

0509

Level 2

함수 $f(x)=3x^2-2x$에 대하여 x의 값이 0에서 a까지 변할 때의 평균변화율과 $x=1$에서의 미분계수가 같을 때, 상수 a의 값을 구하시오.

0510

Level 3

다항함수 $f(x)$에 대하여 $f(0)=3$이고, x의 값이 0에서 t까지 변할 때의 평균변화율이 t^2+2t일 때, $x=1$에서의 순간변화율은?

① 7　② 8　③ 9
④ 10　⑤ 11

다음은 이 유형에서 출제된 최근 교육청 • 평가원 기출문제입니다.

0511

• 교육청 2018년 9월

Level 1

다항함수 $f(x)$가 모든 실수 x에 대하여

$$f(x+1)-f(1)=x^3+13x^2+26x$$

를 만족시킬 때, $f'(1)$의 값은?

① 26　② 30　③ 34
④ 38　⑤ 42

0512

• 평가원 2021학년도 6월

Level 2

함수 $f(x)=x^3-3x^2+5x$에서 x의 값이 0에서 a까지 변할 때의 평균변화율이 $f'(2)$의 값과 같게 되도록 하는 양수 a의 값을 구하시오.

실전 유형 3 미분계수와 그래프의 해석

함수 $y=f(x)$의 $x=a$에서의 미분계수 $f'(a)$
→ 곡선 $y=f(x)$ 위의 점 $(a,\ f(a))$에서의 접선의 기울기와 같다.

0513 대표문제

함수 $y=f(x)$의 그래프와 직선 $y=x$가 그림과 같을 때, 〈보기〉에서 옳은 것만을 있는 대로 고른 것은? (단, $0<a<b$)

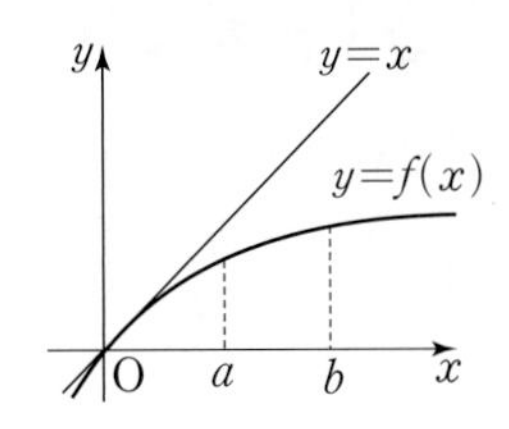

〈보기〉

ㄱ. $\dfrac{f(a)}{a}<\dfrac{f(b)}{b}$　　ㄴ. $f(b)-f(a)>b-a$

ㄷ. $f'(a)>f'(b)$

① ㄱ　② ㄴ　③ ㄷ
④ ㄱ, ㄷ　⑤ ㄴ, ㄷ

0514

Level 1

임의의 실수 a, b $(a<b)$에 대하여 함수 $f(x)$에서 x의 값이 a에서 b까지 변할 때의 평균변화율과 $f'(a)$의 값이 같을 때, 다음 중 함수 $y=f(x)$의 그래프로 가장 적당한 것은?

①
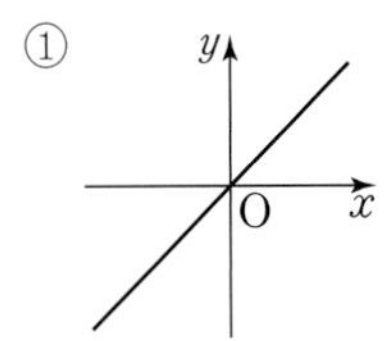

②
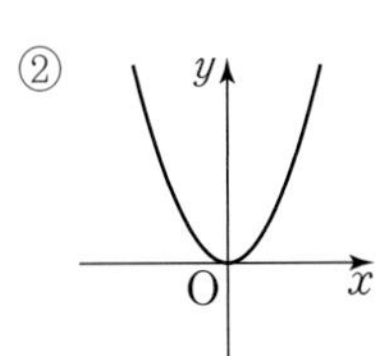

③
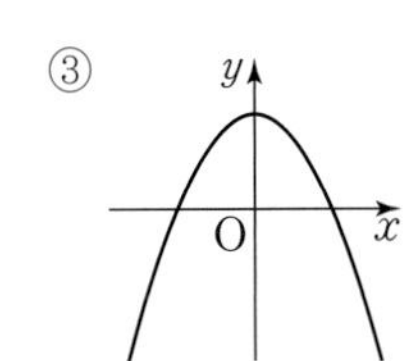

④
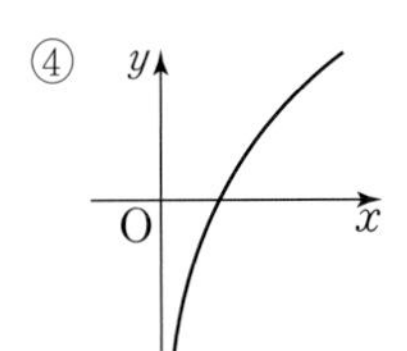

⑤
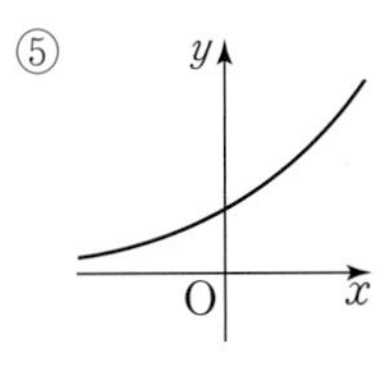

0515

Level 2

함수 $y=f(x)$의 그래프가 그림과 같을 때, $f(b)-f(a)=(b-a)f'(c)$를 만족시키는 서로 다른 c의 개수는? (단, $a<c<b$)

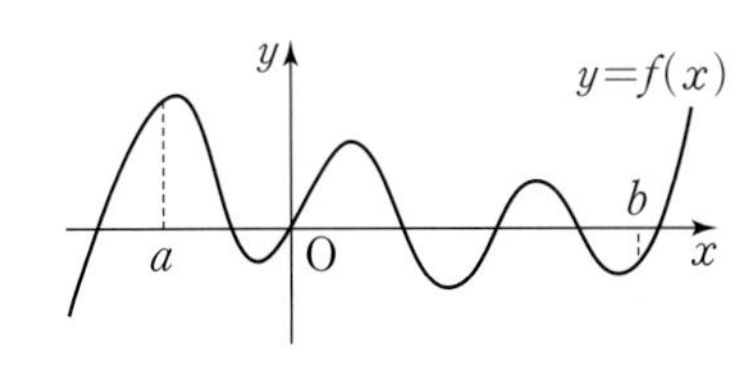

① 2　② 3　③ 4
④ 5　⑤ 6

0516

Level 2

양수 k에 대하여 함수 $y=g(x)$의 그래프와 직선 $y=k$가 그림과 같을 때, 〈보기〉에서 옳은 것만을 있는 대로 고른 것은?

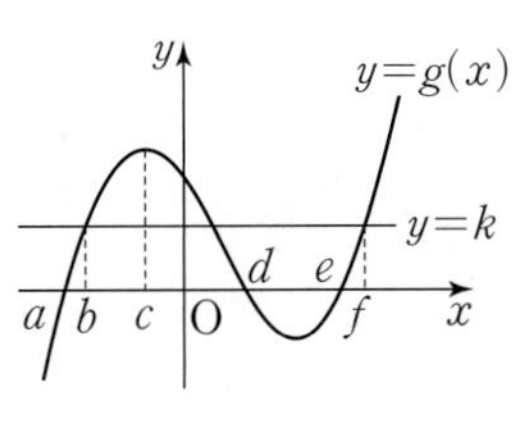

〈보기〉

ㄱ. $g'(a)<g'(d)$　　ㄴ. $\dfrac{g(f)-g(d)}{f-d}>g'(f)$

ㄷ. $\dfrac{g(e)-g(b)}{e-b}<g'(b)$

① ㄴ　② ㄷ　③ ㄱ, ㄴ
④ ㄱ, ㄷ　⑤ ㄴ, ㄷ

0517

Level 2

함수 $y=f(x)$의 그래프가 그림과 같다. $0<a<b$일 때, 〈보기〉에서 옳은 것만을 있는 대로 고른 것은?

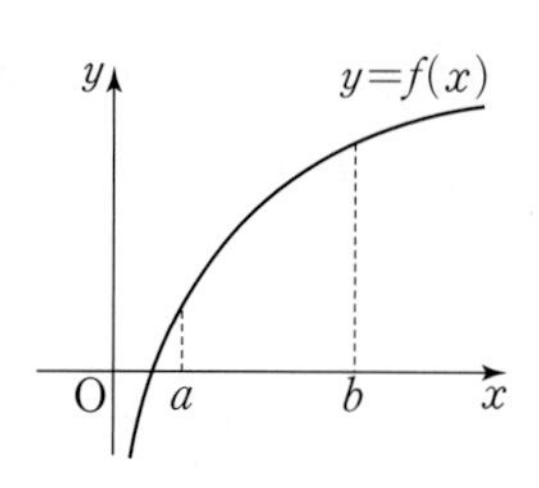

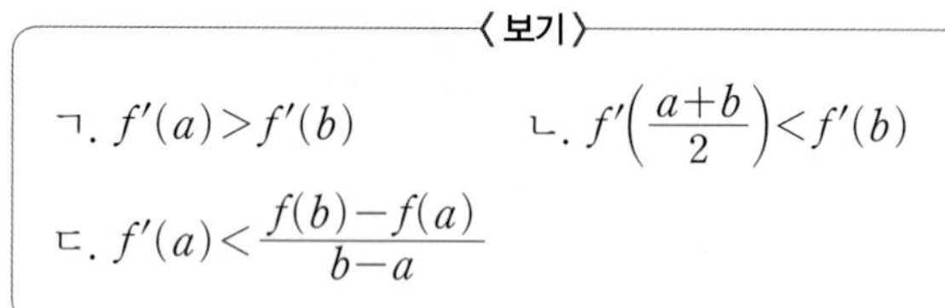

ㄱ. $f'(a)>f'(b)$　　ㄴ. $f'\left(\frac{a+b}{2}\right)<f'(b)$

ㄷ. $f'(a)<\frac{f(b)-f(a)}{b-a}$

① ㄱ　② ㄱ, ㄴ　③ ㄱ, ㄷ
④ ㄴ, ㄷ　⑤ ㄱ, ㄴ, ㄷ

0518

Level 3

함수 $y=f(x)$의 그래프와 직선 $y=\frac{1}{2}x$가 그림과 같다.

$0<a<c<b$일 때, 〈보기〉에서 옳은 것만을 있는 대로 고른 것은? $\left(단, f(c)=\frac{1}{2}c\right)$

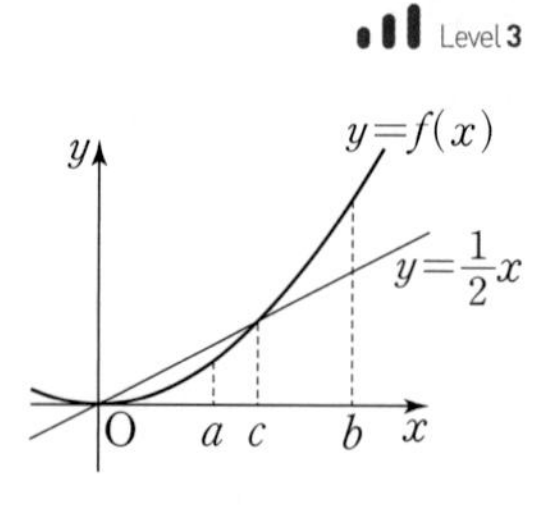

〈보기〉

ㄱ. $bf(a)<af(b)$　　ㄴ. $f(b)-f(c)>\frac{b-c}{2}$

ㄷ. $f'(\sqrt{ab})>f'\left(\frac{a+b}{2}\right)$

① ㄱ　② ㄴ　③ ㄱ, ㄴ
④ ㄴ, ㄷ　⑤ ㄱ, ㄴ, ㄷ

+Plus 문제

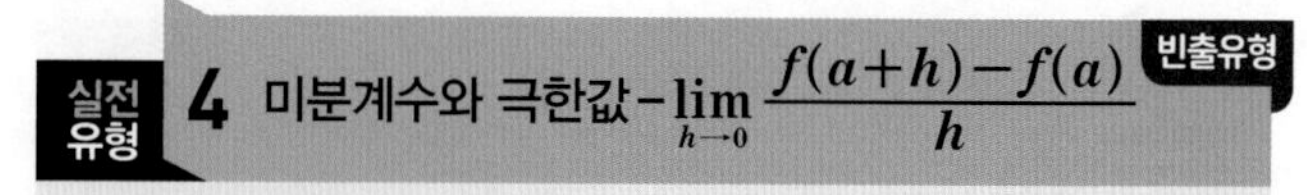

함수 $f(x)$의 $x=a$에서의 미분계수는

$$\lim_{h\to 0}\frac{f(a+h)-f(a)}{h}=f'(a)$$

를 이용할 수 있도록 식을 변형한다.

0519 대표문제

다항함수 $f(x)$에 대하여 $f'(1)=6$일 때,

$\lim_{h\to 0}\frac{f(1+3h)-f(1)}{h}$의 값을 구하시오.

0520

Level 1

다항함수 $f(x)$에 대하여 $f'(a)=3$일 때,

$\lim_{h\to 0}\frac{f(a+2h)-f(a)}{h}$의 값은?

① 2　② 3　③ 4
④ 5　⑤ 6

0521

Level 1

다항함수 $f(x)$에 대하여

$\lim_{h\to 0}\frac{f(-1+3h)-f(-1)}{h}=4$일 때, $f'(-1)$의 값은?

① $\frac{2}{3}$　② 1　③ $\frac{4}{3}$
④ $\frac{5}{3}$　⑤ 2

0522

Level 2

다항함수 $f(x)$에 대하여 $f'(1)=-1$일 때,

$\lim_{h \to 0} \frac{f(1-4h)-f(1+6h)}{h}$의 값은?

① -20　② -10　③ 0　④ 10　⑤ 20

0523

Level 2

다항함수 $f(x)$가 $\lim_{h \to 0} \frac{f(1+5h)-f(1+3h)}{2h}=3$을 만족시킬 때, $\lim_{h \to 0} \frac{f(1+2h^2)-f(1-2h)}{h}$의 값은?

① 6　② 9　③ 12　④ 15　⑤ 18

0524

Level 2

$x=a$에서 다항함수 $f(x)$의 미분계수는 2이다.
다항함수 $g(x)$에 대하여

$$\lim_{h \to 0} \frac{f(a+2h)-f(a)-g(h)}{h}=0$$

일 때, $\lim_{h \to 0} \frac{g(h)}{h}$의 값은?

① -4　② -2　③ 0　④ 2　⑤ 4

0525

Level 2

다항함수 $f(x)$에 대하여

$$\lim_{h \to 0} \frac{1}{h}\left\{\frac{1}{f(a+h)}-\frac{1}{f(a)}\right\}$$

을 $f(a)$, $f'(a)$를 이용하여 나타낸 것은?

① $-\frac{f'(a)}{\{f(a)\}^2}$　② $\frac{f'(a)}{\{f(a)\}^2}$　③ $-\frac{f'(a)}{f(a)}$　④ $\frac{f'(a)}{f(a)}$　⑤ $\frac{f(a)}{f'(a)}$

0526

Level 2

다항함수 $f(x)$에 대하여 $f'(2)=10$일 때,

$\lim_{h \to \infty} h\left\{f\left(2+\frac{1}{h}\right)-f(2)\right\}$의 값을 구하시오.

0527

Level 2

다항함수 $f(x)$에 대하여 $f'(3)=1$일 때,

$\lim_{x \to \infty} x\left\{f\left(3+\frac{3}{x}\right)-f\left(3-\frac{1}{x}\right)\right\}$의 값은?

① 2　② 4　③ 6　④ 8　⑤ 10

03

0528

Level 3

다항함수 $f(x)$가 다음 조건을 만족시킨다.

> (가) 모든 실수 x에 대하여 $f(-x)=-f(x)$이다.
>
> (나) $\lim_{h\to0}\frac{f(-1+3h)+f(1)}{2h}=27$

$\lim_{x\to-1}\frac{f(x)+f(1)}{x^2-x-2}$의 값은?

① -8 ② -6 ③ -3
④ 3 ⑤ 6

0529

Level 3

미분가능한 함수 $y=f(x)$에 대하여 $f'(1)=a$일 때,

$$\lim_{h\to0}\frac{1}{h}\left\{\sum_{k=1}^{5}f(1+kh)-5f(1)\right\}=420$$

을 만족시키는 상수 a의 값을 구하시오.

+Plus 문제

다음은 이 유형에서 출제된 최근 교육청 • 평가원 기출문제입니다.

0530

• 교육청 2020년 4월

Level 2

다항함수 $f(x)$가

$$\lim_{h\to0}\frac{f(3+h)-4}{2h}=1$$

을 만족시킬 때, $f(3)+f'(3)$의 값은?

① 6 ② 7 ③ 8
④ 9 ⑤ 10

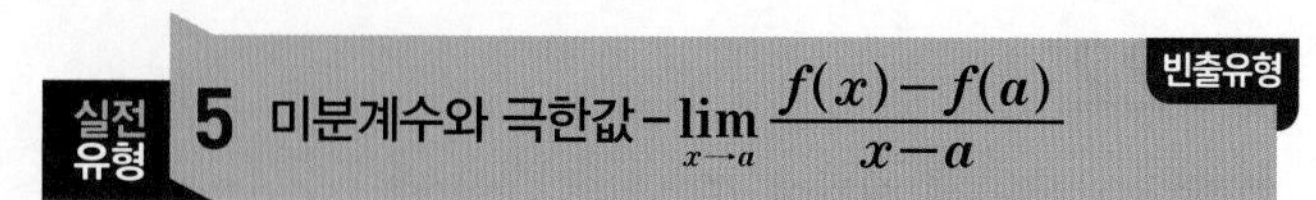

실전 유형 5 미분계수와 극한값 $-\lim_{x\to a}\frac{f(x)-f(a)}{x-a}$

빈출유형

함수 $f(x)$의 $x=a$에서의 미분계수는

$$\lim_{x\to a}\frac{f(x)-f(a)}{x-a}=f'(a)$$

를 이용할 수 있도록 식을 변형한다.

0531

대표문제

다항함수 $f(x)$에 대하여 $f'(2)=3$일 때,

$\lim_{x\to2}\frac{f(x)-f(2)}{x^2-x-2}$의 값은?

① 1 ② $\frac{1}{2}$ ③ $\frac{1}{3}$
④ $\frac{1}{4}$ ⑤ $\frac{1}{5}$

0532

Level 1

미분가능한 함수 $f(x)$에 대하여 $f'(1)=1$일 때,

$\lim_{x\to1}\frac{f(\sqrt{x})-f(1)}{x^2-1}$의 값을 구하시오.

0533

Level 1

미분가능한 함수 $f(x)$에 대하여 $f(1)=1$, $f'(1)=3$일 때,

$\lim_{x\to1}\frac{\sqrt{f(x)}-1}{x-1}$의 값은?

① 0 ② $\frac{1}{2}$ ③ 1
④ $\frac{3}{2}$ ⑤ 2

0534

Level 2

다항함수 $f(x)$에 대하여 $f(3)=0$, $f'(3)=6$일 때, $\lim_{x \to 3} \frac{f(x)}{x^2-3x}$의 값은?

① 1 ② 2 ③ 3
④ 4 ⑤ 5

0535

Level 2

미분가능한 함수 $f(x)$에 대하여 $f(2)=-1$, $f'(2)=1$일 때, $\lim_{x \to 2} \frac{x^2-2x}{f(x)+1}$의 값은?

① 1 ② 2 ③ 3
④ 4 ⑤ 5

0536

Level 2

다항함수 $f(x)$에 대하여 $\lim_{x \to 2} \frac{f(x)-1}{x-2}=2$일 때, $\lim_{h \to 0} \frac{f(2+h)-f(2-h)}{h}$의 값은?

① -2 ② -1 ③ 1
④ 2 ⑤ 4

0537

Level 2

다항함수 $f(x)$에 대하여 $\lim_{x \to 1} \frac{f(x)-2}{x^2-1}=3$일 때, $\frac{f'(1)}{f(1)}$의 값은?

① 3 ② $\frac{7}{2}$ ③ 4
④ $\frac{9}{2}$ ⑤ 5

0538

Level 2

다항함수 $f(x)$에 대하여 $\lim_{x \to 1} \frac{f(x)-f(1)}{x^2-1}=-1$일 때, $\lim_{h \to 0} \frac{f(1-2h)-f(1+5h)}{h}$의 값을 구하시오.

0539

Level 2

다항함수 $f(x)$에 대하여 $\lim_{x \to 1} \frac{f(x^2)+2xf(1)}{x-1}=-2$일 때, $f'(1)-f(1)$의 값은?

① -2 ② -1 ③ 0
④ 2 ⑤ 4

0540

Level 3

미분가능한 함수 $f(x)$가

$$f(1)=0,\ \lim_{x\to1}\frac{\{f(x)\}^2-2f(x)}{1-x}=10$$

을 만족시킬 때, $f'(1)$의 값을 구하시오.

0541

Level 3

다항함수 $f(x)$에 대하여 $f(3)=2$, $f'(3)=3$일 때, $\lim_{x\to3}\frac{3f(x)-xf(3)}{x-3}$의 값을 구하시오.

다음은 이 유형에서 출제된 최근 교육청 · 평가원 기출문제입니다.

0542 · 교육청 2020년 10월

Level 2

함수 $f(x)$에 대하여 $\lim_{x\to2}\frac{f(x)-f(2)}{x-2}=3$일 때, $\lim_{h\to0}\frac{f(2+h)-f(2-h)}{h}$의 값은?

① 0　② 2　③ 4　④ 6　⑤ 8

실전 유형 6 관계식이 주어질 때 미분계수 구하기

빈출유형

함수 $f(x)$에 대한 관계식이 주어질 때, $f'(a)$의 값은 다음과 같은 순서로 구한다.

❶ 주어진 식의 x, y에 적당한 수를 대입하여 $f(0)$의 값을 구한다.

❷ $f'(a)=\lim_{h\to0}\frac{f(a+h)-f(a)}{h}$의 $f(a+h)$에 주어진 식을 대입하여 $f'(a)$의 값을 구한다.

0543 대표문제

미분가능한 함수 $f(x)$가 모든 실수 x, y에 대하여

$$f(x+y)=f(x)+f(y)$$

를 만족시키고 $f'(0)=5$일 때, $f'(3)$의 값은?

① 1　② 2　③ 3　④ 4　⑤ 5

0544

Level 2

미분가능한 함수 $f(x)$가 모든 실수 a, b에 대하여

$$f(a+b)=f(a)+f(b)-3ab$$

를 만족시킨다. $f'(0)=2$일 때, $f'(2)$의 값을 구하시오.

0545

Level 2

미분가능한 함수 $f(x)$가 모든 실수 a, b에 대하여

$$f(a+b)=f(a)+f(b)+2$$

를 만족시키고 $f'(2)=3$일 때, $f'(5)+f(0)$의 값은?

① -2　② -1　③ 1　④ 2　⑤ 4

0546

Level 2

미분가능한 함수 $f(x)$가 모든 실수 x, y에 대하여

$$f(x+y)=f(x)+f(y)+xy$$

를 만족시키고 $f'(2)=4$일 때, $f'(1)$의 값은?

① 1 ② 2 ③ 3
④ 4 ⑤ 5

0547

Level 3

미분가능한 함수 $f(x)$가 $f(x)>0$이고, 모든 실수 x, y에 대하여

$$f(x+y)=2f(x)f(y)$$

를 만족시킨다. $f'(0)=3$일 때, $\dfrac{f'(2023)}{f(2023)}$의 값은?

① 2 ② 4 ③ 6
④ 8 ⑤ 10

0548

Level 3

미분가능한 함수 $f(x)$가 다음 조건을 만족시킨다.

(가) 모든 실수 x, y에 대하여
$f(x-y)=f(x)-f(y)+xy(x-y)$
(나) $f'(0)=4$, $f'(a)=0$

실수 a에 대하여 a^2의 값은?

① 1 ② 2 ③ 3
④ 4 ⑤ 5

실전유형 7 미분가능성과 연속성

(1) 미분계수 $f'(a)=\lim\limits_{h\to 0}\dfrac{f(a+h)-f(a)}{h}$가 존재하면 함수 $f(x)$는 $x=a$에서 미분가능하다.
(2) 함수의 그래프가 불연속이면 그 점에서 미분가능하지 않다.

0549 대표문제

〈**보기**〉에서 $x=0$에서 미분가능한 함수만을 있는 대로 고른 것은?

〈보기〉

ㄱ. $f(x)=\begin{cases} x & (x\geq 0) \\ -x & (x<0) \end{cases}$

ㄴ. $g(x)=\begin{cases} (x+1)^2 & (x\geq 0) \\ 2x+1 & (x<0) \end{cases}$

ㄷ. $k(x)=\begin{cases} x^2+x+1 & (x\geq 0) \\ -x^2+x-1 & (x<0) \end{cases}$

① ㄱ ② ㄴ ③ ㄷ
④ ㄱ, ㄴ ⑤ ㄴ, ㄷ

0550

Level 1

〈**보기**〉에서 $x=1$에서 미분가능한 함수만을 있는 대로 고른 것은?

〈보기〉

ㄱ. $f(x)=x^3+2x+1$
ㄴ. $g(x)=|x|$
ㄷ. $k(x)=|x-1|$

① ㄱ ② ㄴ ③ ㄱ, ㄴ
④ ㄱ, ㄷ ⑤ ㄱ, ㄴ, ㄷ

0551

Level 2

〈**보기**〉의 함수 중 $x=0$에서 미분가능한 것만을 있는 대로 고른 것은? (단, $[x]$는 x보다 크지 않은 최대의 정수이다.)

〈보기〉

ㄱ. $f(x)=3x^2$

ㄴ. $g(x)=\begin{cases} \frac{|x|}{x} & (x\neq0) \\ 0 & (x=0) \end{cases}$

ㄷ. $k(x)=[x+1]$

① ㄱ　② ㄴ　③ ㄱ, ㄴ
④ ㄱ, ㄷ　⑤ ㄱ, ㄴ, ㄷ

0552

Level 2

〈**보기**〉의 함수 중 $x=1$에서 미분가능한 것만을 있는 대로 고른 것은?

〈보기〉

ㄱ. $f(x)=|x-1|+|x|$

ㄴ. $g(x)=(x-1)\sqrt{|x-1|}$

ㄷ. $k(x)=(x^2-3x+2)|x-1|$

① ㄱ　② ㄴ　③ ㄷ
④ ㄴ, ㄷ　⑤ ㄱ, ㄴ, ㄷ

0553

Level 2

다항함수 $f(x)$에 대하여 〈**보기**〉에서 옳은 것만을 있는 대로 고른 것은?

〈보기〉

ㄱ. $\{f(x)\}^2$은 $x=0$에서 미분가능하다.

ㄴ. $\lim_{h\to0}\frac{f(h)}{h}=1$이면 $f'(0)=1$이다.

ㄷ. 임의의 실수 a에 대하여 $\lim_{x\to a}f'(x)=f'(a)$를 만족시킨다.

① ㄱ　② ㄴ　③ ㄱ, ㄷ
④ ㄴ, ㄷ　⑤ ㄱ, ㄴ, ㄷ

다음은 이 유형에서 출제된 최근 교육청 • 평가원 기출문제입니다.

0554 • 교육청 2018년 9월

Level 3

함수 $f(x)=\frac{1}{2}x^2$에 대하여 실수 전체의 집합에서 정의된 함수 $g(x)$를

$$g(x)=\begin{cases} f(x) & (f(x)\leq x) \\ x & (f(x)>x) \end{cases}$$

라 할 때, 〈**보기**〉에서 옳은 것만을 있는 대로 고른 것은?

〈보기〉

ㄱ. $g(1)=\frac{1}{2}$

ㄴ. 모든 실수 x에 대하여 $g(x)\leq x$이다.

ㄷ. 실수 전체의 집합에서 함수 $g(x)$가 미분가능하지 않은 점의 개수는 2이다.

① ㄱ　② ㄷ　③ ㄱ, ㄴ
④ ㄴ, ㄷ　⑤ ㄱ, ㄴ, ㄷ

실전 유형 8 함수의 연속성과 미분가능성

(1) **함수의 연속성**
함숫값 $f(a)$, 극한값 $\lim_{x\to a} f(x)$가 존재하고
$\lim_{x\to a} f(x)=f(a)$이면 함수 $f(x)$는 $x=a$에서 연속이다.

(2) **미분가능성**
미분계수 $f'(a)=\lim_{h\to 0}\frac{f(a+h)-f(a)}{h}=\lim_{x\to a}\frac{f(x)-f(a)}{x-a}$
가 존재하면 함수 $f(x)$는 $x=a$에서 미분가능하다.

0555 대표문제

함수 $f(x)=|x^2-1|$에 대하여 〈**보기**〉에서 옳은 것만을 있는 대로 고른 것은?

〈보기〉
ㄱ. 함수 $f(x)$는 $x=1$에서 연속이다.
ㄴ. 함수 $f(x)$는 $x=1$에서 미분가능하다.
ㄷ. 함수 $f(x)$는 $x=-1$에서 미분가능하다.

① ㄱ ② ㄴ ③ ㄷ
④ ㄱ, ㄴ ⑤ ㄱ, ㄴ, ㄷ

0556 Level 1

함수 $y=f(x)$의 그래프가 그림과 같다. 다음 중 열린구간 $(0, 5)$에서 함수 $f(x)$에 대한 설명으로 옳지 않은 것은?

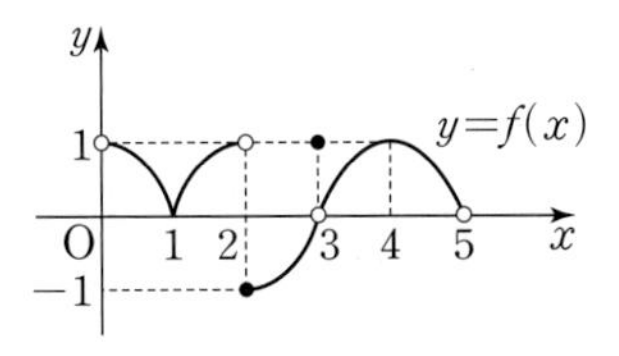

① $f'\left(\frac{1}{3}\right)<0$
② $\lim_{x\to 3} f(x)$의 값이 존재한다.
③ 불연속인 x의 값은 2개이다.
④ $\lim_{h\to 0+}\frac{f(3+h)-f(3)}{h}=\lim_{h\to 0-}\frac{f(3+h)-f(3)}{h}$이다.
⑤ 미분가능하지 않은 x의 값은 3개이다.

0557 Level 2

다음은 함수 $f(x)=|x(x-k)|$의 $x=0$에서의 연속성과 미분가능성을 조사하는 과정이다.

(i) $x=0$에서 함수 $f(x)$의 연속성
$f(0)=0$이고
$\lim_{x\to 0} f(x)=$ (가)
따라서 함수 $f(x)$는 k의 값에 관계없이 $x=0$에서 연속이다.
(ii) $x=0$에서 함수 $f(x)$의 미분가능성
$\lim_{h\to 0+}\frac{f(0+h)-f(0)}{h}=\lim_{h\to 0+}\frac{|h(h-k)|}{h}=|k|$
$\lim_{h\to 0-}\frac{f(0+h)-f(0)}{h}=\lim_{h\to 0-}\frac{|h(h-k)|}{h}$
$=$ (나)
따라서 함수 $f(x)$는 $k=0$인 경우에만 $x=0$에서 (다)

위의 과정에서 (가), (나), (다)에 알맞은 것은?

	(가)	(나)	(다)
①	0	$\lvert k\rvert$	미분가능하다.
②	0	$-\lvert k\rvert$	미분가능하지 않다.
③	0	$-\lvert k\rvert$	미분가능하다.
④	$-k$	$\lvert k\rvert$	미분가능하다.
⑤	$-k$	$-\lvert k\rvert$	미분가능하지 않다.

0558 Level 2

〈**보기**〉에서 $x=0$에서 연속이지만 미분가능하지 않은 함수만을 있는 대로 고른 것은?

〈보기〉
ㄱ. $f(x)=x+|x|$
ㄴ. $f(x)=\begin{cases}\frac{x^2-x}{x} & (x\neq 0)\\ 0 & (x=0)\end{cases}$
ㄷ. $f(x)=\begin{cases}x^2+x & (x\geq 0)\\ x & (x<0)\end{cases}$

① ㄱ ② ㄴ ③ ㄷ
④ ㄱ, ㄴ ⑤ ㄱ, ㄷ

0559

Level 3

함수 $y=f(x)$의 그래프가 그림과 같을 때, 〈**보기**〉에서 옳은 것만을 있는 대로 고른 것은?

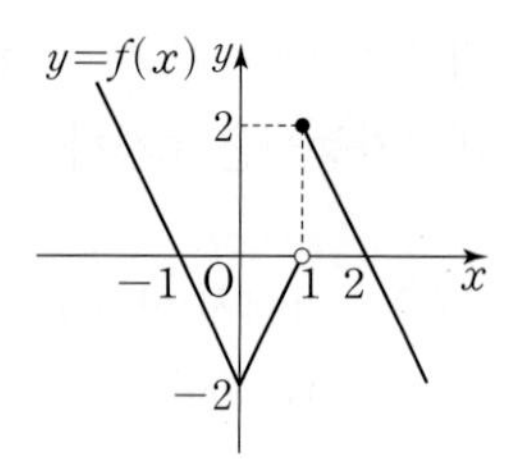

〈보기〉

ㄱ. $\lim_{x\to1}f(x)f(-x)=0$

ㄴ. 함수 $f(x)f(-x)$는 $x=1$에서 연속이다.

ㄷ. 함수 $f(x)f(-x)$는 $x=1$에서 미분가능하다.

① ㄱ ② ㄴ ③ ㄱ, ㄴ
④ ㄱ, ㄷ ⑤ ㄱ, ㄴ, ㄷ

0560

Level 3

모든 실수에서 연속인 함수 $f(x)$가 실수 a, b에 대하여

$$f(x)=\begin{cases} ax+b & (x\le1) \\ \dfrac{x^3-5x^2+(5a+1)x-7}{x-1} & (x>1) \end{cases}$$

일 때, 〈**보기**〉에서 옳은 것만을 있는 대로 고른 것은?

〈보기〉

ㄱ. 구간 $[-2, \infty)$에서 함수 $\dfrac{1}{f(x)}$은 연속이다.

ㄴ. 구간 $[1, 3)$에서 함수 $f(x)$는 최댓값과 최솟값을 모두 갖는다.

ㄷ. 함수 $f(x)$는 $x=1$에서 미분가능하다.

① ㄱ ② ㄴ ③ ㄱ, ㄴ
④ ㄱ, ㄷ ⑤ ㄱ, ㄴ, ㄷ

실전유형 9 구간에서 정의된 함수가 미분가능할 때 미정계수의 결정

빈출유형

함수 $f(x)=\begin{cases} g(x) & (x\ge a) \\ h(x) & (x<a) \end{cases}$가 $x=a$에서 미분가능하면

(1) 함수 $f(x)$가 $x=a$에서 연속이다.

➜ $\lim_{x\to a+}f(x)=\lim_{x\to a-}f(x)=f(a)$

(2) 함수 $f(x)$가 $x=a$에서 미분계수가 존재한다.

➜ $\lim_{x\to a+}\dfrac{f(x)-f(a)}{x-a}=\lim_{x\to a-}\dfrac{f(x)-f(a)}{x-a}$

0561 대표문제

함수 $f(x)=\begin{cases} 2x^2+ax & (x<2) \\ 4x+b & (x\ge2) \end{cases}$가 모든 실수 x에서 미분가능할 때, ab의 값은? (단, a, b는 상수이다.)

① 24 ② 26 ③ 28
④ 30 ⑤ 32

0562

Level 2

함수 $f(x)=\begin{cases} 2x^2+ax+b & (x<2) \\ 5ax-12 & (x\ge2) \end{cases}$가 $x=2$에서 미분가능할 때, a^2+b^2의 값을 구하시오. (단, a, b는 상수이다.)

0563

Level 2

함수 $f(x)=\begin{cases} ax^2+1 & (x<1) \\ x^3+bx+1 & (x\ge1) \end{cases}$이 실수 전체의 집합에서 미분가능할 때, $a+b$의 값은? (단, a, b는 상수이다.)

① 1　② 2　③ 3　④ 4　⑤ 5

0564

Level 2

함수 $f(x)=\begin{cases} x^2+1 & (x\ge a) \\ 4x-b & (x<a) \end{cases}$가 모든 실수 x에서 미분가능할 때, $a+b$의 값은? (단, a, b는 상수이다.)

① 1　② 3　③ 5　④ 7　⑤ 9

0565

Level 3

함수 $f(x)=\begin{cases} -3x+a & (x<-1) \\ x^3+bx^2+cx & (-1\le x<1) \\ -3x+d & (x\ge1) \end{cases}$가 모든 실수 x에서 미분가능하도록 네 실수 a, b, c, d의 값을 정할 때, $a+b+c+d$의 값은?

① -10　② -8　③ -6　④ -4　⑤ -2

0566 고난도

Level 3

함수 $f(x)=[x](x^2+ax+b)$가 $x=0$에서 미분가능할 때, 상수 a, b에 대하여 $f(3)$의 값은?

(단, $[x]$는 x보다 크지 않은 최대의 정수이다.)

① 15　② 18　③ 21　④ 24　⑤ 27

다음은 이 유형에서 출제된 최근 교육청・평가원 기출문제입니다.

0567 • 교육청 2019년 11월

Level 2

함수 $f(x)=\begin{cases} x^3-ax^2+bx & (x\le1) \\ 2x+b & (x>1) \end{cases}$가 실수 전체의 집합에서 미분가능할 때, $a\times b$의 값은? (단, a와 b는 상수이다.)

① -3　② -1　③ 1　④ 3　⑤ 5

0568 • 평가원 2021학년도 9월

Level 2

$f(x)=\begin{cases} x^3+ax+b & (x<1) \\ bx+4 & (x\ge1) \end{cases}$이 실수 전체의 집합에서 미분가능할 때, $a+b$의 값은? (단, a, b는 상수이다.)

① 6　② 7　③ 8　④ 9　⑤ 10

실전유형 10 도함수의 정의를 이용한 도함수 구하기

미분가능한 함수 $y=f(x)$의 도함수는

$$f'(x)=\lim_{h\to 0}\frac{f(x+h)-f(x)}{h}$$

0569 대표문제

다음은 도함수의 정의를 이용하여 함수 $f(x)=x^3$의 도함수를 구하는 과정이다.

$$f'(x)=\lim_{h\to 0}\frac{f(x+h)-f(x)}{h}$$
$$=\lim_{h\to 0}\frac{\boxed{(가)}-x^3}{h}=\boxed{(나)}$$

위의 과정에서 (가), (나)에 알맞은 식을 구하시오.

0570 Level 2

미분가능한 두 함수 $f(x)$, $g(x)$에 대하여 다음은 도함수의 정의를 이용하여 함수 $y=f(x)+g(x)$의 도함수를 구하는 과정이다.

$p(x)=f(x)+g(x)$라 하면

$$p'(x)=\lim_{h\to 0}\frac{p(x+h)-p(x)}{h}$$
$$=\lim_{h\to 0}\frac{f(x+h)+g(x+h)-\{\boxed{(가)}\}}{h}$$
$$=\lim_{h\to 0}\frac{f(x+h)-f(x)}{h}+\lim_{h\to 0}\frac{g(x+h)-g(x)}{h}$$
$$=\boxed{(나)}$$

따라서 $y=f(x)+g(x)$의 도함수는 $\boxed{(나)}$이다.

위의 과정에서 (가), (나)에 알맞은 식은?

	(가)	(나)
①	$f(x)+g(x)$	$f'(x)-g'(x)$
②	$f(x)-g(x)$	$f'(x)-g'(x)$
③	$f(x)+g(x)$	$f'(x)+g'(x)$
④	$f(x)-g(x)$	$f'(x)+g'(x)$
⑤	$f(x)+g(x)$	$f'(x)g'(x)$

실전유형 11 관계식이 주어질 때 도함수 구하기

함수 $f(x)$에 대한 관계식이 주어질 때, 도함수 $f'(x)$는 다음과 같은 순서로 구한다.

❶ 주어진 식의 x, y에 적당한 수를 대입하여 $f(0)$의 값을 구한다.

❷ $f'(x)=\lim_{h\to 0}\frac{f(x+h)-f(x)}{h}$의 $f(x+h)$에 주어진 식을 대입하여 도함수 $f'(x)$를 구한다.

0571 대표문제

미분가능한 함수 $f(x)$가 모든 실수 x, y에 대하여

$$f(x+y)=f(x)+f(y)-xy$$

를 만족시키고 $f'(0)=1$일 때, $f'(x)$는?

① $f'(x)=-x+1$ ② $f'(x)=-x+2$
③ $f'(x)=-x+3$ ④ $f'(x)=x+1$
⑤ $f'(x)=x+2$

0572 Level 1

미분가능한 함수 $f(x)$가 모든 실수 x, h에 대하여

$$f(x+h)=f(x)+2xh+5h+h^2$$

을 만족시킬 때, $f'(1)$의 값은?

① -1 ② 1 ③ 3
④ 5 ⑤ 7

0573

Level 2

미분가능한 함수 $f(x)$가 모든 실수 x, y에 대하여

$$f(x+y)=f(x)+f(y)-kxy$$

를 만족시키고 $f'(x)=x+2$일 때, 상수 k의 값은?

① -2 ② -1 ③ 0
④ 1 ⑤ 2

0574

Level 2

미분가능한 함수 $f(x)$가 모든 실수 x, y에 대하여

$$f(x+y)-f(x)=f(y)+xy(x+y)$$

를 만족시키고 $f(0)+f'(0)=3$일 때, $f'(2)$의 값은?

① 1 ② 3 ③ 5
④ 7 ⑤ 9

0575

Level 3

미분가능한 함수 $f(x)$가 모든 실수 x, y에 대하여

$$f(x+y)=f(x)+f(y)+2xy$$

를 만족시키고 $f'(0)=0$이다. 〈**보기**〉에서 옳은 것만을 있는 대로 고른 것은?

〈보기〉

ㄱ. $f(x)+f(-x)=2x^2$
ㄴ. $f'(x)=2x$
ㄷ. $f(x)$가 다항함수이면 $f'(x)+f'(-x)=0$이다.

① ㄱ ② ㄱ, ㄴ ③ ㄱ, ㄷ
④ ㄴ, ㄷ ⑤ ㄱ, ㄴ, ㄷ

+Plus 문제

실전 유형 12 다항함수의 미분법

(1) $y=x^n$ (n은 자연수) ➔ $y'=nx^{n-1}$
(2) $y=c$ (c는 상수) ➔ $y'=0$
(3) 두 함수 $f(x)$, $g(x)$가 미분가능할 때
$y=af(x)+bg(x)$ (a, b는 상수)
➔ $y'=af'(x)+bg'(x)$

0576 대표문제

함수 $f(x)=x^3+7x+1$에 대하여 $f'(0)$의 값은?

① 1 ② 3 ③ 5
④ 7 ⑤ 9

0577

Level 1

함수 $f(x)=5x^4+4x^3+3x^2+2x+1$에 대하여 $f'(1)$의 값은?

① 15 ② 20 ③ 30
④ 35 ⑤ 40

0578

Level 1

함수 $f(x)=x^3+3x+3$에 대하여 $f'(1)+f'(2)+f'(3)$의 값은?

① 42 ② 45 ③ 48
④ 51 ⑤ 54

0579

Level 1

함수 $f(x)=x+\frac{1}{2}x^2+\frac{1}{3}x^3+\cdots+\frac{1}{10}x^{10}$에 대하여 $f'(1)$의 값은?

① 6 ② 8 ③ 10
④ 12 ⑤ 14

0580

Level 1

함수 $f(x)=x^{100}+x^{99}+x^{98}+\cdots+x^2+x+1$에 대하여 $f'(1)$의 값은?

① 55 ② 550 ③ 5050
④ 10100 ⑤ 50500

0581

Level 2

함수 $f(x)=x^3-6x^2-2x+1$에 대하여 $f'(\alpha)=f'(\beta)=0$일 때, $f'\left(\frac{\alpha+\beta}{2}\right)$의 값은? (단, $\alpha\neq\beta$)

① -18 ② -14 ③ -10
④ -6 ⑤ -2

0582

Level 3

두 다항함수 $f(x)$, $g(x)$가 모든 실수 x에 대하여 $f'(x)=g(x)$이고, $\{f(x)+g(x)\}'=x^3+x^2+2x+1$을 만족시킬 때, $g'(-1)$의 값은?

① 1 ② 5 ③ 9
④ 13 ⑤ 17

다음은 이 유형에서 출제된 최근 교육청・평가원 기출문제입니다.

0583 ・교육청 2010년 7월

Level 2

함수 $f(x)=\sum_{n=1}^{10}\frac{x^n}{n}$에 대하여 $f'\left(\frac{1}{2}\right)=\frac{q}{p}$일 때, $q-p$의 값은?

(단, p와 q는 서로소인 자연수이다.)

① 508 ② 509 ③ 510
④ 511 ⑤ 512

0584 ・교육청 2012년 3월

Level 3

함수 $f(x)=x|x|+|x-1|^3$에 대하여 $f'(0)+f'(1)$의 값은?

① -3 ② -1 ③ 1
④ 3 ⑤ 5

실전유형 13 곱의 미분법 빈출유형

세 함수 $f(x)$, $g(x)$, $h(x)$가 미분가능할 때

(1) $y=f(x)g(x)$
→ $y'=f'(x)g(x)+f(x)g'(x)$

(2) $y=f(x)g(x)h(x)$
→ $y'=f'(x)g(x)h(x)+f(x)g'(x)h(x)+f(x)g(x)h'(x)$

(3) $y=\{f(x)\}^n$ → $y'=n\{f(x)\}^{n-1}f'(x)$

0585 대표문제

함수 $f(x)=(2x^2-3x+1)(x^3+2x^2-5x)$에 대하여 $f'(2)$의 값은?

① 72 ② 75 ③ 78
④ 81 ⑤ 84

0586 Level 1

함수 $f(x)=(x^2+2x)(x-2)(x+1)$에 대하여 $f'(-2)$의 값을 구하시오.

0587 Level 1

함수 $f(x)=(3x+1)^2$에 대하여 $f'(1)$의 값은?

① 6 ② 12 ③ 18
④ 24 ⑤ 30

0588 Level 2

미분가능한 두 함수 $f(x)$, $g(x)$에 대하여 $g(x)=(x^3-1)f(x)$이고 $f(2)=1$, $f'(2)=3$일 때, $g'(2)$의 값은?

① 25 ② 27 ③ 29
④ 31 ⑤ 33

0589 Level 2

두 함수

$$f(x)=x^3+x^2+1,\ g(x)=2x^2+x+1$$

에 대하여 함수 $h(x)=f(x)g(x)$라 할 때, $h'(0)$의 값을 구하시오.

0590 Level 2

함수 $f(x)=(x-1)(x-2)(x-3)\times\cdots\times(x-10)$에 대하여 $\dfrac{f'(1)}{f'(4)}$의 값을 구하시오.

다음은 이 유형에서 출제된 최근 교육청 · 평가원 기출문제입니다.

0591 • 교육청 2018년 5월 Level 2

함수 $f(x)=(x-1)(x-2)(x-a)$에 대하여 $f'(a)=f'(1)+f'(2)$를 만족시키는 모든 실수 a의 값의 합은?

① -5 ② -3 ③ -1
④ 1 ⑤ 3

실전유형 14 미분법을 이용한 미정계수의 결정 빈출유형

도함수 $f'(x)$를 구하고 주어진 함숫값, 미분계수의 값을 이용하여 미정계수를 구한다.

0592 대표문제

함수 $f(x)=3x^2+ax+b$에서 $f(-1)=5$, $f'(1)=2$일 때, $a+b$의 값은? (단, a, b는 상수이다.)

① -6 ② -4 ③ -2
④ 0 ⑤ 2

0593 Level 1

함수 $f(x)=2x^3+ax+3$에 대하여 $f'(1)=7$을 만족시키는 상수 a의 값은?

① 1 ② 2 ③ 3
④ 4 ⑤ 5

0594 Level 1

함수 $f(x)=(x-2)(x^3-4x+a)$에 대하여 $f'(1)=6$일 때, 상수 a의 값은?

① 4 ② 5 ③ 6
④ 7 ⑤ 8

0595 Level 1

함수 $f(x)=(x-a)(2x+1)$에서 $f'(a)=-3$일 때, $f'(2)$의 값은? (단, a는 상수이다.)

① 5 ② 7 ③ 9
④ 11 ⑤ 13

0596 Level 2

함수 $f(x)=ax^2+bx+c$에 대하여

$f(1)=0$, $f'(-1)=-8$, $f'(2)=4$

일 때, 상수 a, b, c에 대하여 abc의 값은?

① -16 ② -12 ③ -8
④ -4 ⑤ 0

0597 Level 2

함수 $f(x)=ax^2+bx+c$에서

$f'(-1)=8$, $f'(1)=-4$, $f(2)=-2$

일 때, $f(-2)$의 값은? (단, a, b, c는 상수이다.)

① -10 ② -8 ③ -6
④ -4 ⑤ -2

0598

Level 2

함수 $f(x)=ax^3+bx+c$에 대하여 $f(1)=4$, $f'(0)=-1$, $f'(1)=5$일 때, abc의 값은? (단, a, b, c는 상수이다.)

① -1 ② -2 ③ -4
④ -6 ⑤ -9

0599

Level 2

함수 $f(x)=x^3+ax^2+1$에 대하여 $g(x)=(x^2-3)f(x)$라 하자. $f'(1)=g'(1)$일 때, 상수 a의 값은?

① $-\frac{5}{4}$ ② -1 ③ $-\frac{3}{4}$
④ $-\frac{1}{2}$ ⑤ $-\frac{1}{4}$

0600

Level 3

최고차항의 계수가 1인 사차함수 $f(x)$가 다음 조건을 만족시킬 때, $f(1)$의 값은?

> (가) 모든 실수 x에 대하여 $f(x)=f(-x)$이다.
> (나) $f(2)=-9$, $f'(2)=4$

① -7 ② -6 ③ -5
④ -4 ⑤ -3

실전유형 **15 미분계수와 접선의 기울기** 복합유형

곡선 $y=f(x)$ 위의 점 $(a, f(a))$에서의 접선의 기울기는 함수 $f(x)$의 $x=a$에서의 미분계수 $f'(a)$와 같다.

0601 대표문제

곡선 $y=x^3+ax^2+b$는 점 $(2, 4)$를 지나며 이 점에서의 접선의 기울기가 16이다. 상수 a, b에 대하여 ab의 값은?

① -8 ② -4 ③ -2
④ 4 ⑤ 8

0602

Level 2

다항함수 $f(x)$에 대하여 곡선 $y=f(x)$ 위의 점 $(2, 1)$에서의 접선의 기울기가 2이다. $g(x)=x^3f(x)$일 때, $g'(2)$의 값을 구하시오.

0603

Level 2

곡선 $y=f(x)$와 직선 $y=g(x)$가 $x=a$인 점에서 접할 때, 〈보기〉에서 옳은 것만을 있는 대로 고른 것은?

> 〈보기〉
> ㄱ. $f(a)=g(a)$
> ㄴ. $f'(a)=g'(a)$
> ㄷ. $\lim_{x\to a}\frac{f(x)-g(x)}{x-a}=0$

① ㄱ ② ㄴ ③ ㄱ, ㄷ
④ ㄴ, ㄷ ⑤ ㄱ, ㄴ, ㄷ

심화 유형 16 치환을 이용한 극한값의 계산

분자에 인수분해하기 어려운 복잡한 식이 있는 경우
$x \to a$일 때 (분자)$\to 0$, (분모)$\to 0$이면
$\lim_{x \to a} \frac{f(x)-f(a)}{x-a}$ 꼴에서 미분계수의 정의를 이용할 수 있도록
분자에서 적당한 식을 $f(x)$로 치환한다.

0604 대표문제

$\lim_{x \to 1} \frac{x^8+2x^2-3}{x-1}$의 값은?

① 6 ② 8 ③ 10
④ 12 ⑤ 14

0605 Level 1

$\lim_{x \to 1} \frac{x^5+x-2}{x-1}$의 값은?

① 5 ② 6 ③ 7
④ 8 ⑤ 9

0606 Level 1

$\lim_{x \to 1} \frac{x^{10}+x^5-2}{x-1}$의 값은?

① 5 ② 10 ③ 15
④ 20 ⑤ 25

0607 Level 1

$\lim_{x \to 1} \frac{x^{50}-x^{49}+x^{48}-1}{x-1}$의 값은?

① -50 ② -49 ③ 0
④ 49 ⑤ 50

0608 Level 2

$\lim_{x \to -1} \frac{x^{2n}+4x+3}{x+1}=-16$을 만족시키는 자연수 n의 값은?

① 2 ② 4 ③ 6
④ 8 ⑤ 10

0609 Level 3

$\lim_{x \to 2} \frac{x^n-x^4-4x-8}{x-2}=a$일 때, 자연수 n과 상수 a에 대하여 $a-n$의 값은?

① 13 ② 26 ③ 39
④ 52 ⑤ 65

실전 유형 17 극한값을 이용한 곱의 미분법

(1) $\lim_{x\to a}\frac{f(x)-b}{x-a}=c$ (c는 상수)이면
→ $f(a)=b$, $f'(a)=c$
(2) $y=f(x)g(x)$이면
→ $y'=f'(x)g(x)+f(x)g'(x)$

0610 대표문제

두 다항함수 $f(x)$, $g(x)$가

$$\lim_{x\to 3}\frac{f(x)-2}{x-3}=1,\ \lim_{x\to 3}\frac{g(x)-1}{x-3}=2$$

를 만족시킬 때, 함수 $f(x)g(x)$의 $x=3$에서의 미분계수를 구하시오.

0611 Level 2

미분가능한 함수 $f(x)$가 $\lim_{x\to 2}\frac{f(x)-2}{x-2}=-3$을 만족시키고 $g(x)=(x-1)^2$이다. 곡선 $y=f(x)g(x)$ 위의 x좌표가 2인 점에서의 접선의 기울기는?

① 1 ② 2 ③ 3
④ 4 ⑤ 5

0612 Level 2

두 다항함수 $f(x)$, $g(x)$가

$$\lim_{x\to 0}\frac{f(x)-2}{x}=3,\ \lim_{x\to 3}\frac{g(x-3)-1}{x-3}=6$$

을 만족시킨다. 함수 $h(x)=f(x)g(x)$일 때, $h'(0)$의 값을 구하시오.

0613 Level 2

두 다항함수 $f(x)$, $g(x)$가 다음 조건을 만족시킨다.

(가) $f(1)=1$, $f'(1)=-3$
(나) $f(x)+g(x)=3x^2-x+2$

$\lim_{h\to 0}\frac{f(1+h)g(1+h)-f(1)g(1)}{h}$의 값은?

① 1 ② -1 ③ -5
④ -9 ⑤ -14

0614 Level 2

두 다항함수 $f(x)$, $g(x)$가 다음 조건을 만족시킨다.

(가) $f(0)=1$, $f'(0)=-6$, $g(0)=4$
(나) $\lim_{x\to 0}\frac{f(x)g(x)-4}{x}=0$

$g'(0)$의 값을 구하시오.

0615 고난도 Level 3

상수함수가 아닌 두 다항함수 $f(x)$, $g(x)$가 다음 조건을 만족시킬 때, $g'(1)$의 값은?

(가) $\lim_{x\to\infty}\frac{f'(x)g(x)-f(x)g'(x)}{\{f(x)\}^3}=1$
(나) $g(x)=x^3f(x)$, $f(1)=2$, $f(0)=1$

① -4 ② -2 ③ 0
④ 2 ⑤ 4

+Plus 문제

다음은 이 유형에서 출제된 최근 교육청 • 평가원 기출문제입니다.

0616 • 교육청 2018년 9월

Level 2

다항함수 $f(x)$가 $\lim_{x \to 1} \frac{f(x)-2}{x-1}=12$를 만족시킨다.

$g(x)=(x^2+1)f(x)$라 할 때, $g'(1)$의 값을 구하시오.

0617 • 교육청 2020년 10월

Level 3

$f(1)=-2$인 다항함수 $f(x)$에 대하여 일차함수 $g(x)$가 다음 조건을 만족시킨다.

(가) $\lim_{x \to 1} \frac{f(x)g(x)+4}{x-1}=8$

(나) $g(0)=g'(0)$

$f'(1)$의 값은?

① 5　② 6　③ 7　④ 8　⑤ 9

0618 • 교육청 2021년 11월

Level 3

두 다항함수 $f(x)$, $g(x)$가

$$\lim_{x \to 1} \frac{f(x)-a+2}{x-1}=4, \lim_{x \to 1} \frac{g(x)+a-2}{x-1}=a$$

를 만족시킨다. 함수 $f(x)g(x)$의 $x=1$에서의 미분계수가 -1일 때, 상수 a의 값은?

① 1　② 2　③ 3　④ 4　⑤ 5

실전유형 18 도함수와 미분계수

빈출유형

(1) $\lim_{h \to 0} \frac{f(a+h)-f(a)}{h}=c$ ➔ $f'(a)=c$ (c는 상수)

(2) $\lim_{x \to a} \frac{f(x)-f(a)}{x-a}=c$ ➔ $f'(a)=c$ (c는 상수)

0619 대표문제

함수 $f(x)=x^2-4x+5$에 대하여

$$\lim_{h \to 0} \frac{f(a+h)-f(a-h)}{h}=8$$

을 만족시키는 상수 a의 값을 구하시오.

0620

Level 1

함수 $f(x)=2x^3-3x^2+9x+1$에 대하여

$\lim_{x \to 1} \frac{f(x)-f(1)}{x-1}$의 값은?

① 5　② 7　③ 9　④ 11　⑤ 13

0621

Level 1

함수 $f(x)=x^7+5x+4$에 대하여

$\lim_{h \to 0} \frac{f(1+h)-f(1)}{2h}$의 값은?

① 4　② 6　③ 8　④ 10　⑤ 12

0622

Level 2

함수 $f(x)=x^2-5x+6$에 대하여

$$\lim_{h\to 0}\frac{f(1+kh)-f(1)}{h}=-36$$

을 만족시키는 상수 k의 값을 구하시오.

0623

Level 2

함수 $f(x)=x^4-2x^3+x+1$에 대하여

$\lim_{h\to 0}\frac{f(1+h)-f(1-h)}{h}$의 값은?

① -5　② -4　③ -3　④ -2　⑤ -1

0624

Level 2

함수 $f(x)=x^3+x$에 대하여

$\lim_{h\to 0}\frac{f(-1+h)-f(-1-h)}{h}$의 값은?

① 4　② 6　③ 8　④ 10　⑤ 12

0625

Level 2

두 함수 $f(x)=x^5+x^3+x$, $g(x)=x^6+x^4+x^2$에 대하여

$\lim_{h\to 0}\frac{f(1+2h)-g(1-h)}{3h}$의 값은?

① 6　② 7　③ 8　④ 9　⑤ 10

0626

Level 3

함수 $f(x)=\begin{cases} ax^3+b^2 & (x\geq 1) \\ bx^2+ax+2b & (x<1)\end{cases}$가 $x=1$에서 미분가능할 때, $\lim_{h\to 0}\frac{f(1+h)-f(1-h)}{h}$의 값은?

(단, a, b는 상수이고, $a\neq 0$이다.)

① 9　② 18　③ 27　④ 36　⑤ 45

다음은 이 유형에서 출제된 최근 교육청 • 평가원 기출문제입니다.

0627

• 교육청 2018년 9월

Level 2

함수 $f(x)=x^2+4x-2$에 대하여

$\lim_{h\to 0}\frac{f(1+2h)-3}{h}$의 값은?

① 12　② 14　③ 16　④ 18　⑤ 20

03

실전 유형 **19** 미분계수를 이용한 미정계수의 결정 빈출유형

다음을 이용하여 다항함수 $f(x)$의 미정계수를 구한다.

(1) $\lim_{x \to a} \frac{f(x)-P}{x-a}=Q$ (P, Q는 상수) ➜ $f(a)=P$, $f'(a)=Q$

(2) $\lim_{x \to a} \frac{f(x)}{x-a}=c$ (c는 상수) ➜ $f(a)=0$, $f'(a)=c$

0628 대표문제

함수 $f(x)=x^3+ax+b$가 $\lim_{x \to 2} \frac{f(x)}{x-2}=13$을 만족시킬 때, 상수 a, b에 대하여 $a+b$의 값을 구하시오.

0629

Level 1

함수 $f(x)=2x^3+ax+b$가

$$\lim_{x \to 1} \frac{f(x)-5}{x-1}=8$$

을 만족시킬 때, 상수 a, b에 대하여 ab의 값은?

① 1 ② 2 ③ 3
④ 4 ⑤ 5

0630

Level 1

함수 $f(x)=x^3+ax^2+bx$에 대하여

$$\lim_{h \to 0} \frac{f(1+2h)-f(1)}{h}=-4,$$

$$\lim_{h \to 0} \frac{f(-2+h)-f(-2)}{h}=1$$

이 성립할 때, $f(1)$의 값을 구하시오. (단, a, b는 상수이다.)

0631

Level 2

함수 $f(x)=x^4+ax^2+bx$가

$$\lim_{x \to 2} \frac{f(x)-f(2)}{x^2-4}=\frac{7}{2}, \quad \lim_{x \to 1} \frac{f(x)-f(1)}{x-1}=-4$$

를 만족시킬 때, $f'(-1)$의 값은? (단, a, b는 상수이다.)

① 6 ② 8 ③ 10
④ 12 ⑤ 14

0632

Level 2

최고차항의 계수가 1이고 $f(0)=4$인 삼차함수 $f(x)$가

$$\lim_{x \to 1} \frac{f(x)-x^2}{x^2-1}=-1$$

을 만족시킨다. 곡선 $y=f(x)$ 위의 점 $(2,\ f(2))$에서의 접선의 기울기는?

① 3 ② 5 ③ 7
④ 9 ⑤ 11

0633

Level 2

함수 $f(x)=ax^3+bx^2+cx+d$가 다음 조건을 만족시킨다.

(가) $\lim_{x \to \infty} \frac{f(x)}{x^2+4x}=2$ (나) $\lim_{x \to 1} \frac{f(x)-8}{x-1}=6$

$f(-1)$의 값은? (단, a, b, c, d는 상수이다.)

① 2 ② 3 ③ 4
④ 5 ⑤ 6

0634

Level 3

삼차함수 $f(x)$가

$$\lim_{x \to 2} \frac{f(x)}{(x-2)^2}=3,\ f(3)=5$$

를 만족시킬 때, $f'(3)$의 값을 구하시오.

다음은 이 유형에서 출제된 최근 교육청 • 평가원 기출문제입니다.

0635 • 교육청 2017년 11월

Level 1

함수 $f(x)=x^2-ax+3$에 대하여

$\lim_{h \to 0} \frac{f(2+h)-f(2)}{h}=1$일 때, 상수 a의 값은?

① 1 ② 2 ③ 3

④ 4 ⑤ 5

0636 • 2018학년도 대학수학능력시험

Level 3

최고차항의 계수가 1이고 $f(1)=0$인 삼차함수 $f(x)$가

$$\lim_{x \to 2} \frac{f(x)}{(x-2)\{f'(x)\}^2}=\frac{1}{4}$$

을 만족시킬 때, $f(3)$의 값은?

① 4 ② 6 ③ 8

④ 10 ⑤ 12

+Plus 문제

심화유형 20 치환을 이용한 도함수와 미분계수

복합유형

(1) $\lim_{x \to a} \frac{f(x-a)}{x-a}$ 꼴 ➜ $x-a=t$로 치환한다.

(2) $\lim_{x \to \infty} x\left\{f\left(a+\frac{1}{x}\right)-f(a)\right\}$ 꼴 ➜ $\frac{1}{x}=t$로 치환한다.

0637 대표문제

다항함수 $f(x)$에 대하여 $\lim_{x \to 2} \frac{f(x+1)-8}{x^2-4}=5$일 때,

$f(3)+f'(3)$의 값을 구하시오.

0638

Level 2

다항함수 $f(x)$에 대하여 $\lim_{x \to 2} \frac{f(x-2)}{x^2-2x}=4$일 때,

$\lim_{x \to 0} \frac{f(x)}{x}$의 값은?

① 2 ② 4 ③ 6

④ 8 ⑤ 10

0639

Level 2

다항함수 $f(x)=x^3+2ax^2+bx+4$에 대하여

$\lim_{x \to 2} \frac{f(x-1)-6}{x-2}=6$일 때, $f(-1)$의 값은?

(단, a, b는 상수이다.)

① 2 ② 4 ③ 6

④ 8 ⑤ 10

0640

Level 2

두 함수 $f(x)=2x^3+3x-4$, $g(x)=-2x^2+x-2$에 대하여 $\lim_{h\to0}\frac{f(2h)g(2h)-8}{h}$의 값은?

① -24　② -22　③ -20
④ -18　⑤ -16

0641

Level 3

함수 $f(x)=2x^2+5x+1$에 대하여
$\lim_{x\to\infty}x\left\{f\left(1+\frac{3}{x}\right)-f\left(1-\frac{1}{x}\right)\right\}$의 값을 구하시오.

+Plus 문제

0642 신경향

Level 3

미분가능한 함수 $f(x)$가 임의의 실수 x, y에 대하여 다음 조건을 만족시킨다.

(가) $f(x+y)=f(x)+f(y)+a$
(나) $\lim_{x\to1}\frac{f(x-1)+2}{x-1}=1$

$f'(1)$의 값은? (단, a는 상수이다.)

① -2　② -1　③ 0
④ 1　⑤ 2

심화유형 21 항등식이 주어질 때 도함수 구하기

(1) 다항함수의 차수를 확인한다.
(2) 다항함수의 미분법을 이용한다.
(3) $ax^2+bx+c=a'x^2+b'x+c'$이 x에 대한 항등식이면 $a=a'$, $b=b'$, $c=c'$이다.

0643 대표문제

다항함수 $f(x)$가 다음 조건을 만족시킬 때, $f(2)$의 값은?

(가) 모든 실수 x에 대하여 $2f(x)=xf'(x)-6$
(나) $f(1)=-1$

① 3　② 4　③ 5
④ 6　⑤ 7

0644

Level 2

최고차항의 계수가 1인 다항함수 $f(x)$가
$$f(x)f'(x)=2x^3-9x^2+5x+6$$
을 만족시킬 때, $f(-3)$의 값을 구하시오.

0645

Level 2

최고차항의 계수가 양수인 다항함수 $f(x)$가 모든 실수 x에 대하여 $f'(x)\{f'(x)+4\}=8f(x)+12x^2-4$를 만족시킬 때, $f(1)$의 값은?

① -2　② -1　③ 0
④ 1　⑤ 2

+Plus 문제

● 정답 및 풀이 137쪽

다음은 이 유형에서 출제된 최근 교육청 • 평가원 기출문제입니다.

0646 • 교육청 2019년 5월

Level 1

다항함수 $f(x)$가 모든 실수 x에 대하여

$$f(x)=30x^3-f'(1)x^2+5$$

를 만족시킬 때, $f'(1)$의 값을 구하시오.

0647 • 교육청 2019년 11월

Level 2

최고차항의 계수가 1인 이차함수 $f(x)$가 모든 실수 x에 대하여 $2f(x)=(x+1)f'(x)$를 만족시킬 때, $f(3)$의 값을 구하시오.

0648 • 평가원 2019학년도 6월

Level 2

함수 $f(x)=ax^2+b$가 모든 실수 x에 대하여

$$4f(x)=\{f'(x)\}^2+x^2+4$$

를 만족시킨다. $f(2)$의 값은? (단, a, b는 상수이다.)

① 3　② 4　③ 5　④ 6　⑤ 7

실전유형 22 미분법과 다항식의 나눗셈 - 나누어떨어지는 경우

복합유형

다항식 $f(x)$가 $(x-a)^2$으로 나누어떨어지면

→ $f(a)=0$, $f'(a)=0$

0649 대표문제

다항식 x^3+ax^2+b가 $(x-2)^2$으로 나누어떨어질 때, $b-a$의 값은? (단, a, b는 상수이다.)

① 1　② 3　③ 5　④ 7　⑤ 9

0650

Level 1

다항식 x^6+ax^3+b가 $(x+1)^2$으로 나누어떨어질 때, $a+b$의 값은? (단, a, b는 상수이다.)

① 1　② 2　③ 3　④ 4　⑤ 5

0651

Level 2

다항식 $x^{10}+x^9+x^8+ax+b$가 $(x-1)^2$으로 나누어떨어질 때, $b-a$의 값은? (단, a, b는 상수이다.)

① 51　② 34　③ 17　④ -17　⑤ -34

0652

Level 2

다항식 x^3+kx+2가 $(x-a)^2$으로 나누어떨어질 때, 실수 a, k에 대하여 $a+k$의 값은?

① -2 ② -1 ③ 0
④ 1 ⑤ 2

0653

Level 2

다항식 $x^{2030}+ax+b$가 $(x+1)^2$으로 나누어떨어질 때, $a+b$의 값은? (단, a, b는 상수이다.)

① 4060 ② 4059 ③ 0
④ -1 ⑤ -4059

0654

Level 3

다항식 x^5+ax^2+bx+c가 $(x-1)^3$으로 나누어떨어질 때, 상수 a, b, c에 대하여 $a+b-c$의 값은?

① -11 ② -1 ③ 1
④ 11 ⑤ 19

실전유형 23 미분법과 다항식의 나눗셈 - 나누어떨어지지 않는 경우

복합유형

다항식 $f(x)$를 $(x-a)^2$으로 나누었을 때의 몫이 $Q(x)$, 나머지가 $R(x)$이면

➜ $f(x)=(x-a)^2Q(x)+R(x)$

$\therefore f'(x)=2(x-a)Q(x)+(x-a)^2Q'(x)+R'(x)$

0655 대표문제

다항식 $x^{10}-1$을 $(x+1)^2$으로 나누었을 때의 나머지를 $R(x)$라 할 때, $R(-3)$의 값은?

① -40 ② -20 ③ 20
④ 40 ⑤ 60

0656

Level 1

다항식 $x^{10}+4x^3-2x^2+1$을 $(x+1)^2$으로 나누었을 때의 나머지를 구하시오.

0657

Level 1

다항식 $x^{10}-2x^4+5$를 $(x+1)^2$으로 나누었을 때의 나머지를 $R(x)$라 할 때, $R(2)$의 값은?

① -6　② -4　③ -2　④ 4　⑤ 6

0658

Level 1

다항식 x^9-ax+b를 $(x-1)^2$으로 나누었을 때의 나머지가 $x-2$일 때, ab의 값은? (단, a, b는 상수이다.)

① 8　② 12　③ 16　④ 24　⑤ 48

0659

Level 2

다항식 $f(x)$에 대하여 $\lim_{x\to 2}\frac{f(x)-a}{x-2}=4$이고, $f(x)$를 $(x-2)^2$으로 나누었을 때의 나머지가 $bx+3$일 때, $a+b$의 값을 구하시오. (단, a, b는 상수이다.)

0660

Level 2

자연수 n에 대하여 다항식 $x^n(x^2+ax+b)$를 $(x-3)^2$으로 나누었을 때의 나머지가 $3^n(x-3)$일 때, $a+b$의 값은?
(단, a, b는 상수이다.)

① 1　② 2　③ 3　④ 4　⑤ 5

0661

Level 3

다항식 $f(x)$는 $(x+1)^2$으로 나누어떨어지고, $x-1$로 나누었을 때의 나머지가 4이다. $f(x)$를 $(x+1)^2(x-1)$로 나누었을 때의 나머지를 $g(x)$라 할 때, $\lim_{h\to 0}\frac{g(2+h)-g(2-h)}{h}$의 값은?

① 12　② 14　③ 16　④ 18　⑤ 20

0662 고난도

Level 3

두 다항함수 $f(x)$, $g(x)$가 다음 조건을 만족시킨다.

(가) $\lim_{x\to -1}\frac{f(x)-1}{x+1}=3$

(나) $\lim_{x\to -1}\frac{xf(x)+g(x)}{(x+1)^2}$의 값이 존재한다.

다항함수 $g(x)$를 $(x+1)^2$으로 나누었을 때의 나머지를 $h(x)$라 할 때, $h(-2)$의 값은?

① -5　② -1　③ 0　④ 1　⑤ 5

서술형 유형 익히기

0663 대표문제

미분가능한 함수 $f(x)$가 모든 실수 x, y에 대하여 $f(x+y)=f(x)+f(y)+xy$를 만족시키고 $f'(1)=2$일 때, $f'(x)$를 구하는 과정을 서술하시오. [7점]

STEP 1 주어진 식에서 $f(0)$의 값 구하기 [1점]

$f(x+y)=f(x)+f(y)+xy$의 양변에 $x=0$, $y=0$을 대입하면 $f(0)=$ (1) ……… ㉠

STEP 2 도함수의 정의를 이용하여 $f'(x)$ 식 세우기 [3점]

$f'(x)=\lim_{h\to0}\frac{f(\text{(2)})-f(x)}{h}$

$=\lim_{h\to0}\frac{f(h)+xh}{h}=\lim_{h\to0}\frac{f(h)}{h}+$ (3)

$=\lim_{h\to0}\frac{f(h)-f(0)}{h}+$ (4) ($\because$ ㉠)

$=f'(0)+$ (5)

STEP 3 $f'(1)=2$를 이용하여 $f'(0)$의 값을 찾고, $f'(x)$ 구하기 [3점]

$f'(1)=f'(0)+1$이고 $f'(1)=2$이므로 $f'(0)=$ (6)

따라서 $f'(x)=$ (7) 이다.

0664 한번 더

미분가능한 함수 $f(x)$가 모든 실수 x, y에 대하여 $f(x+y)=f(x)+f(y)-2xy$를 만족시키고 $f'(3)=5$일 때, 방정식 $f'(x)=0$의 해를 구하는 과정을 서술하시오. [7점]

STEP 1 주어진 식에서 $f(0)$의 값 구하기 [1점]

STEP 2 도함수의 정의를 이용하여 $f'(x)$ 식 세우기 [3점]

STEP 3 $f'(3)=5$를 이용하여 $f'(x)$를 구하고 $f'(x)=0$의 해 구하기 [3점]

0665 유사 1

미분가능한 함수 $f(x)$가 $f(x)>0$이고, 모든 실수 x, y에 대하여 $f(x+y)=f(x)f(y)$를 만족시킨다. $f'(0)=1$일 때, $\frac{f'(x)}{f(x)}$를 구하는 과정을 서술하시오. [8점]

0666 유사 2

미분가능한 함수 $f(x)$가 모든 실수 x, y에 대하여

$$f(x+y)=f(x)+f(y)+3xy(x+y)-1$$

을 만족시킨다. $\lim_{x\to1}\frac{f(x)-f'(x)}{x^2-1}=8$일 때, $f'(0)$의 값을 구하는 과정을 서술하시오. [10점]

핵심 KEY 유형 6 관계식이 주어질 때 미분계수 구하기

관계식이 주어질 때 도함수의 정의를 이용하여 미분계수를 구하는 문제이다.

주어진 등식의 x, y에 적당한 수를 대입하여 함숫값을 구하고, 도함수의 정의 $f'(x)=\lim_{h\to0}\frac{f(x+h)-f(x)}{h}$를 이용하여 $f'(x)$를 구한다.

0667 대표문제

다음 조건을 만족시키는 함수 $f(x)$가 모든 실수 x에서 미분가능할 때, 상수 a, b의 값을 구하는 과정을 서술하시오. [7점]

(가) $f(x)=x^3+ax^2+bx$ (단, $0\le x\le 4$)
(나) 모든 실수 x에 대하여 $f(x)=f(x+4)$

STEP 1 $f(0)=f(4)$임을 이용하여 a, b 사이의 관계식 구하기 [3점]

함수 $f(x)$가 모든 실수 x에서 미분가능하므로 $x=0$, $x=4$에서 연속이고 미분가능하다.

(나)에서 $f(x)=f(x+4)$이므로

$f(0)=f($ (1) $)$

이때 (가)에서 $f(x)=x^3+ax^2+bx$ $(0\le x\le 4)$이므로

$4a+b=$ (2) ⋯⋯ ㉠

STEP 2 $f'(0)=f'(4)$임을 이용하여 상수 a의 값 구하기 [3점]

함수 $f(x)$는 모든 실수 x에서 미분가능하고

$f'(x)=3x^2+2ax+b$이므로

$f'(0)=f'($ (3) $)$에서 $a=$ (4)

STEP 3 상수 b의 값 구하기 [1점]

$a=$ (5) 을 ㉠에 대입하면 $b=$ (6)

0668 한번 더

다음 조건을 만족시키는 함수 $f(x)$가 모든 실수 x에서 미분가능할 때, 상수 a, b의 값을 구하는 과정을 서술하시오. [7점]

(가) $f(x)=x^3+ax^2+bx+2$ (단, $0\le x\le 1$)
(나) 모든 실수 x에 대하여 $f(x)=f(x+1)$

STEP 1 $f(0)=f(1)$임을 이용하여 a, b 사이의 관계식 구하기 [3점]

STEP 2 $f'(0)=f'(1)$임을 이용하여 상수 a의 값 구하기 [3점]

STEP 3 상수 b의 값 구하기 [1점]

핵심 KEY 유형 9 구간에서 정의된 함수가 미분가능할 때 미정계수의 결정

미분가능하다는 조건이 주어진 경우에 미정계수를 정하는 문제이다.
미분가능한 함수 $f(x)$, $g(x)$에 대하여

$h(x)=\begin{cases} f(x) & (x\ge a) \\ g(x) & (x<a) \end{cases}$가 $x=a$에서 미분가능하면

(1) 함수 $h(x)$는 $x=a$에서 연속이므로
$\lim_{x\to a+} f(x)=\lim_{x\to a-} g(x)=f(a)$임을 이용한다.

(2) 함수 $h(x)$는 $x=a$에서 미분가능하므로
$f'(a)=g'(a)$임을 이용한다.

(1), (2)에서 구한 관계식을 이용하면 미정계수를 정할 수 있다.

0669 유사 1

함수 $f(x)=\begin{cases} 0 & (x\le 0) \\ ax^3+bx^2+cx & (0<x<1) \\ 1 & (x\ge 1) \end{cases}$이 실수 전체의 집합에서 미분가능하도록 하는 상수 a, b, c의 값을 구하는 과정을 서술하시오. [7점]

0670 유사 2

최고차항의 계수가 1인 삼차함수 $f(x)$에 대하여 함수 $g(x)$를

$$g(x)=\begin{cases} f(x) & (x<1) \\ f(x-2) & (x\ge 1) \end{cases}$$

라 하자. 함수 $g(x)$가 실수 전체의 집합에서 미분가능할 때, $f(2)-f(1)$의 값을 구하는 과정을 서술하시오. [9점]

0671 대표문제

다항함수 $f(x)$가 다음 조건을 만족시킨다.

> (가) $f(0)>0$
> (나) 모든 실수 x에 대하여 $f(x)f'(x)=4x+6$이다.

$f(1)$의 값을 구하는 과정을 서술하시오. [7점]

STEP 1 다항함수 $f(x)$의 차수 결정하기 [2점]

다항함수 $f(x)$의 최고차항을 ax^n($a\ne 0$인 상수, n은 자연수)이라 하면 $f'(x)$의 최고차항은 (1) [ ]이다.

(나)의 $f(x)f'(x)=4x+6$에서 좌변과 우변의 최고차항의 차수가 같으므로 $n=$ (2) [ ]

STEP 2 $f(x)f'(x)=4x+6$에 식을 대입하여 a, b 사이의 관계식 구하기 [2점]

일차함수 $f(x)=ax+b$ (a, b는 상수)라 하면 $f'(x)=a$

(나)에서 $f(x)f'(x)=4x+6$이므로

$(ax+b)a=4x+6$에서 양변의 계수를 비교하면

$a^2=4$, $ab=$ (3) [ ]

STEP 3 함수 $f(x)$를 구하여 $f(1)$의 값 구하기 [3점]

$a^2=4$에서 $a=2$ 또는 $a=-2$

(i) $a=2$인 경우

$b=$ (4) [ ]이므로 $f(x)=2x+$ (5) [ ]

(ii) $a=-2$인 경우

$b=$ (6) [ ]이므로 $f(x)=-2x+$ (7) [ ]

이때 (가)에서 $f(x)=$ (8) [ ]이므로

$f(1)=$ (9) [ ]

핵심 KEY 유형 21 항등식이 주어질 때 도함수 구하기

주어진 항등식 조건에서 다항함수의 차수를 정하고, 항등식의 성질인 계수 비교를 통해 미정계수를 구하는 문제이다.
다항함수 $f(x)$의 최고차항을 ax^n($a\ne 0$, n은 자연수)으로 놓고 주어진 항등식 조건을 이용하여 다항함수의 차수를 구한다. 또, 항등식에서 계수비교법을 이용한다.

● 정답 및 풀이 144쪽

0672 한번 더

다항함수 $f(x)$가 다음 조건을 만족시킨다.

> (가) $f(0)<0$
> (나) 모든 실수 x에 대하여 $f(x)f'(x)=9x+6$이다.

$f(-2)$의 값을 구하는 과정을 서술하시오. [7점]

STEP 1 다항함수 $f(x)$의 차수 결정하기 [2점]

STEP 2 $f(x)f'(x)=9x+6$에 식을 대입하여 a, b 사이의 관계식 구하기 [2점]

STEP 3 함수 $f(x)$를 구하여 $f(-2)$의 값 구하기 [3점]

0673 유사 1

다항함수 $f(x)$가 다음 조건을 만족시킨다.

> (가) $f(0)>0$
> (나) 모든 실수 x에 대하여 $f'(f(x))=8x^2+4$이다.

$f(3)$의 값을 구하는 과정을 서술하시오. [9점]

0674 유사 2

다항함수 $f(x)$가 다음 조건을 만족시킨다.

> (가) 함수 $y=f(x)$의 그래프와 원점 사이의 거리는 $\frac{7}{\sqrt{5}}$이다.
> (나) 모든 실수 x에 대하여 $(f\circ f)(x)=f(x)f'(x)+7$이다.

함수 $y=f(x)$의 그래프와 x축 및 y축으로 둘러싸인 부분의 넓이를 구하는 과정을 서술하시오. [10점]

실력 check 실전 마무리하기 1회

점 / 100점

• 선택형 21문항, 서술형 4문항입니다.

1 0675

함수 $f(x)=2x^2+x+1$에 대하여 x의 값이 1에서 5까지 변할 때의 평균변화율과 $x=a$에서의 미분계수가 같을 때, 상수 a의 값은? [3점]

① 3 ② 4 ③ 5 ④ 6 ⑤ 7

2 0676

미분가능한 함수 $f(x)$에 대하여 $f'(3)=3$일 때, $\lim_{h\to0}\frac{f(3+2h)-f(3)}{h}$의 값은? [3점]

① -6 ② -3 ③ 0 ④ 3 ⑤ 6

3 0677

다항함수 $f(x)$에 대하여 $f(3)=-3$이고, $\lim_{x\to3}\frac{\{f(x)\}^2+2f(x)-3}{x-3}=8$일 때, $f'(3)$의 값은? [3점]

① -1 ② -2 ③ -3 ④ -4 ⑤ -5

4 0678

다항함수 $y=f(x)$의 그래프 위의 점 $(1, f(1))$에서의 접선의 기울기가 6일 때, $\lim_{x\to1}\frac{f(x^2)-f(1)}{x^3-1}$의 값은? [3점]

① 1 ② 2 ③ 3 ④ 4 ⑤ 5

5 0679

함수 $y=f(x)$의 그래프가 그림과 같다. 열린구간 $(0, 4)$에서 함수 $f(x)$가 미분가능하지 않은 점의 개수는? [3점]

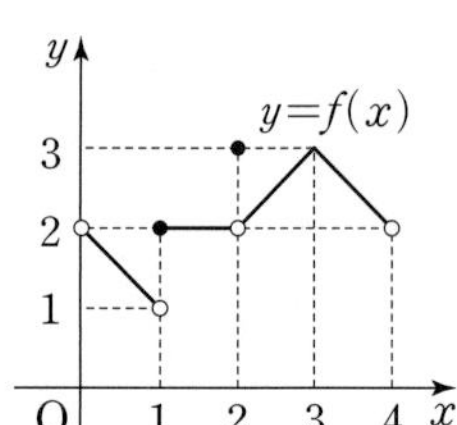
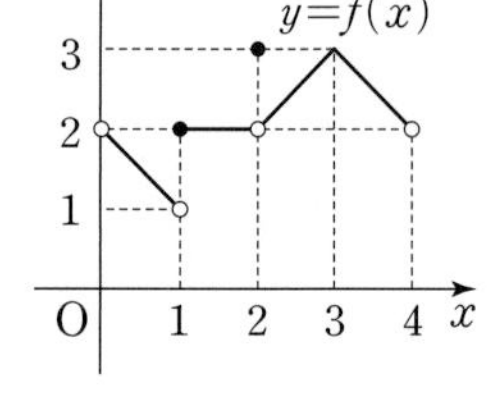

① 1 ② 2 ③ 3 ④ 4 ⑤ 5

6 0680

함수 $f(x)=x^2-9x+12$에 대하여 $f'(10)$의 값은? [3점]

① 5 ② 7 ③ 9 ④ 11 ⑤ 13

7 0681

미분가능한 함수 $f(x)$가 $f(0)=1$, $f'(0)=3$을 만족시키고 함수 $g(x)=(x^2+x+1)f(x)$일 때, $g'(0)$의 값은? [3점]

① -4 ② -2 ③ 0
④ 2 ⑤ 4

8 0682

곡선 $y=x^3-3x^2+4$ 위의 점 $(2, 0)$에서의 접선의 기울기는? [3점]

① $-\frac{2}{3}$ ② $-\frac{1}{2}$ ③ 0
④ $\frac{1}{2}$ ⑤ $\frac{2}{3}$

9 0683

함수 $y=f(x)$의 그래프와 이 그래프 위의 점 $(0, 1)$에서의 접선이 그림과 같을 때, 〈**보기**〉에서 옳은 것만을 있는 대로 고른 것은? [3.5점]

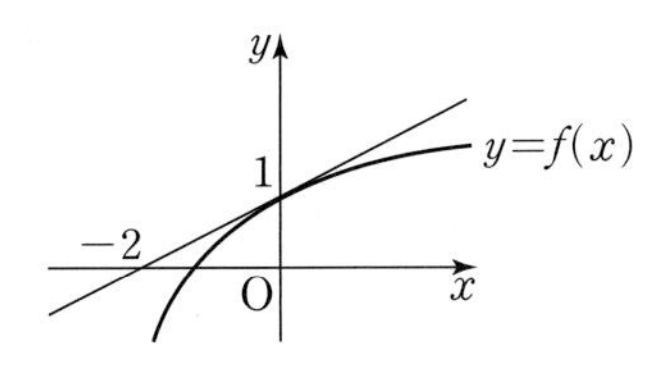

〈보기〉

ㄱ. $f'(0)=\frac{1}{2}$ ㄴ. $f'(2)>\frac{1}{2}$
ㄷ. $f'(-1)>f'(2)$

① ㄱ ② ㄴ ③ ㄷ
④ ㄱ, ㄴ ⑤ ㄱ, ㄷ

10 0684

〈**보기**〉에서 $x=1$에서 연속이지만 미분가능하지 않은 함수인 것만을 있는 대로 고른 것은? [3.5점]

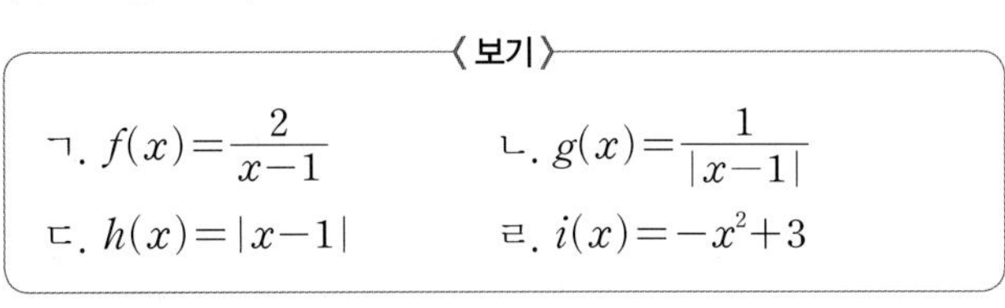

〈보기〉

ㄱ. $f(x)=\frac{2}{x-1}$ ㄴ. $g(x)=\frac{1}{|x-1|}$
ㄷ. $h(x)=|x-1|$ ㄹ. $i(x)=-x^2+3$

① ㄴ ② ㄷ ③ ㄱ, ㄴ
④ ㄴ, ㄷ ⑤ ㄷ, ㄹ

11 0685

미분가능한 함수 $f(x)$가 모든 실수 x, y에 대하여

$$f(x+y)=f(x)+f(y)+4xy$$

를 만족시키고 $f'(0)=3$이다. $f'(2)$의 값은? [3.5점]

① 10 ② 11 ③ 12
④ 13 ⑤ 14

12 0686

다항함수 $y=f(x)$의 그래프는 점 $(2, 4)$에서 원점을 지나는 직선에 접한다. 함수 $g(x)=(x^3-2x)f(x)$일 때, $g'(2)$의 값은? [3.5점]

① 40　② 44　③ 48
④ 52　⑤ 56

13 0687

함수 $f(x)=x^3+mx+5$에 대하여

$$\lim_{h\to 0}\frac{2f(1)-f(1+3h)-f(1-2h)}{h}=10$$

을 만족시키는 상수 m의 값은? [3.5점]

① -11　② -12　③ -13
④ -14　⑤ -15

14 0688

다항식 x^3+ax^2+b가 $(x-2)^2$으로 나누어떨어질 때, a^2+2b의 값은? (단, a, b는 상수이다.) [3.5점]

① 13　② 15　③ 17
④ 19　⑤ 21

15 0689

함수 $f(x)=|x|x^{n-1}$일 때, 〈**보기**〉에서 옳은 것만을 있는 대로 고른 것은? (단, n은 자연수이다.) [4점]

〈**보기**〉

ㄱ. $n=1$이면 $f(x)$는 미분가능하다.
ㄴ. $n=2$이면 $f(x)$는 미분가능하다.
ㄷ. $n\geq 2$이면 $f(x)$는 미분가능하다.

① ㄱ　② ㄴ　③ ㄷ
④ ㄱ, ㄴ　⑤ ㄴ, ㄷ

16 0690

세 함수

$$f(x)=2x,\ g(x)=|x|,\ h(x)=\begin{cases}2x+1 & (x\neq 0)\\ 0 & (x=0)\end{cases}$$

에 대하여 〈**보기**〉에서 $x=0$에서 연속이지만 미분가능하지 않은 함수만을 있는 대로 고른 것은? [4점]

〈**보기**〉

ㄱ. $g(x)$
ㄴ. $f(x)g(x)$
ㄷ. $g(x)h(x)$

① ㄱ　② ㄴ　③ ㄱ, ㄴ
④ ㄱ, ㄷ　⑤ ㄴ, ㄷ

17 0691

함수 $f(x)=\begin{cases} |x-1| & (x\neq 1) \\ 2 & (x=1) \end{cases}$에 대하여 〈보기〉에서 옳은 것만을 있는 대로 고른 것은? [4점]

〈보기〉

ㄱ. 함수 $f(x)$는 $x=1$에서 연속이다.

ㄴ. 함수 $f(x)$는 $x=1$에서 미분가능하지 않다.

ㄷ. 일차함수 $g(x)=ax+b$일 때, 함수 $h(x)=f(x)g(x)$가 실수 전체의 집합에서 미분가능하도록 하는 상수 a, b가 존재한다.

① ㄱ　② ㄴ　③ ㄱ, ㄴ
④ ㄴ, ㄷ　⑤ ㄱ, ㄴ, ㄷ

18 0692

함수 $f(x)=\begin{cases} x^3+ax & (x<2) \\ bx^2+x+4 & (x\geq 2) \end{cases}$가 모든 실수 x에서 미분가능할 때, 상수 a, b에 대하여 $a+b$의 값은? [4점]

① 8　② 10　③ 12
④ 14　⑤ 16

19 0693

최고차항의 계수가 1이고 $f(1)=0$인 삼차함수 $f(x)$가

$$\lim_{x\to 2}\frac{f(x)}{(x-2)f'(x)}=k$$

를 만족시킬 때, 상수 k의 값은? (단, $k\neq 1$) [4점]

① $\frac{1}{4}$　② $\frac{1}{3}$　③ $\frac{1}{2}$
④ $\frac{2}{3}$　⑤ $\frac{3}{4}$

20 0694

미분가능한 두 함수 $f(x)$, $g(x)$에 대하여 $f(1)=2$, $f'(1)=4$, $g(2)=4$이고

$$\lim_{h\to 0}\frac{f(1+h)g(2+2h)-8}{h}=12$$

일 때, $g'(2)$의 값은? [4점]

① -2　② -1　③ 0
④ 1　⑤ 2

21 0695

함수 $f(x)=ax^2+2x+b$가 모든 실수 x에 대하여

$$6f(x)=\{f'(x)\}^2+2x^2+32a^2x+26$$

을 만족시킬 때, $f(4)$의 값은? (단, a, b는 상수이다.) [4점]

① 20　② 21　③ 22
④ 23　⑤ 24

서술형

22 0696

도함수의 정의를 이용하여 함수 $f(x)=x^2+x$의 도함수를 구하는 과정을 서술하시오. [6점]

23 0697

함수 $f(x)=\sum_{k=1}^{n} x^k$에 대하여

$$\lim_{x \to 1} \frac{f(x)-f(1)}{x^2-1}=18$$

을 만족시키는 자연수 n의 값을 구하는 과정을 서술하시오. [6점]

24 0698

다항함수 $f(x)$가 $\lim_{x \to 1} \frac{f(x)-2}{x^2+x-2}=1$을 만족시킬 때, $\lim_{x \to 1} \frac{x^2 f(x)-f(1)}{x^2-1}$의 값을 구하는 과정을 서술하시오. [7점]

25 0699

다항식 $x^{10}-x^4+3x^2+1$을 $x(x-1)^2$으로 나누었을 때의 나머지를 구하는 과정을 서술하시오. [8점]

● 정답 및 풀이 150쪽

2회

점 / 100점

• 선택형 21문항, 서술형 4문항입니다.

1 0700

함수 $f(x)=x^2-2$에서 x의 값이 -1에서 4까지 변할 때의 평균변화율은? [3점]

① 1　② 2　③ 3　④ 4　⑤ 5

2 0701

함수 $f(x)=3x^2-2x+1$의 $x=2$에서의 순간변화율은? [3점]

① 6　② 8　③ 10　④ 12　⑤ 14

3 0702

함수 $f(x)=\begin{cases} 2x^2+3 & (x\ge1) \\ ax+b & (x<1) \end{cases}$가 $x=1$에서 미분가능할 때, $10a+b$의 값은? (단, a, b는 상수이다.) [3점]

① 41　② 42　③ 43　④ 44　⑤ 45

4 0703

함수 $f(x)=|x+2|(x+k)$가 $x=-2$에서 미분가능하도록 하는 상수 k의 값은? [3점]

① -1　② 0　③ 1　④ 2　⑤ 3

5 0704

함수 $f(x)=(-x^2+2)(3x+1)$에 대하여 $f'(-1)$의 값은? [3점]

① -2　② -1　③ 0　④ 1　⑤ 2

6 0705

곡선 $y=x^3+2x+1$과 직선 $y=5x+a$가 접하도록 하는 모든 상수 a의 값의 합은? [3점]

① -2　② -1　③ 0　④ 1　⑤ 2

7 0706

$\lim_{x \to -1} \frac{x^{12}-x^{10}+2x^8+3x^5+1}{x+1}$의 값은? [3점]

① -4　② -3　③ -2
④ -1　⑤ 1

8 0707

함수 $f(x)=2x^2-6x$에 대하여 $\lim_{h \to 0} \frac{f(2+3h)-f(2)}{f(1+5h)-f(1)}$의 값은? [3점]

① $-\frac{3}{5}$　② $-\frac{1}{10}$　③ 2
④ $\frac{12}{5}$　⑤ $\frac{24}{5}$

9 0708

함수 $f(x)=4x^2+2x+1$에 대하여
$\lim_{x \to \frac{1}{2}} \frac{f(2x-1)-1}{x-\frac{1}{2}}$의 값은? [3점]

① 1　② 2　③ 3
④ 4　⑤ 5

10 0709

최고차항의 계수가 1인 삼차함수 $y=f(x)$의 그래프가 그림과 같고, 다음 조건을 만족시킬 때,
$\frac{1}{a-4}+\frac{1}{b-4}+\frac{1}{c-4}$의 값은? (단, $a<0<b<c<4$) [3.5점]

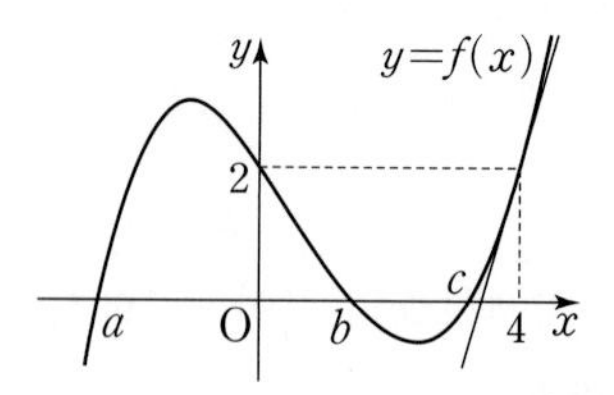

(가) 곡선 $y=f(x)$ 위의 점 $(4, 2)$에서의 접선의 기울기가 4이다.
(나) 곡선 $y=f(x)$가 x축과 만나는 점의 x좌표는 a, b, c이다.

① -4　② -2　③ -1
④ $-\frac{1}{2}$　⑤ $-\frac{1}{4}$

11 0710

모든 실수 x에서 미분가능한 함수 $f(x)$가 다음 조건을 만족시킨다.

(가) $0 \le x \le 3$에서 $f(x)=x^3+ax^2+bx+c$
(나) 모든 실수 x에 대하여 $f(x)=f(x+3)$

$4ab$의 값은? (단, a, b, c는 상수이다.) [3.5점]

① -162　② -81　③ $-\frac{81}{4}$
④ 81　⑤ 162

12 0711

미분가능한 함수 $f(x)$가 모든 실수 x, y에 대하여

$$4^{f(x+y)-f(x)-f(y)}=1$$

을 만족시키고 $f'(7)=3$일 때, $f'(0)$의 값은? [3.5점]

① 1　② 2　③ 3　④ 4　⑤ 5

13 0712

최고차항의 계수가 1인 삼차함수 $f(x)$가 다음 조건을 만족시킬 때, $f(3)$의 값은? [3.5점]

> (가) $f'(-x)=f'(x)$
> (나) $f(1)=5$, $f'(1)=0$

① 10　② 15　③ 20　④ 25　⑤ 30

14 0713

$\lim_{x \to -1} \frac{x^{2n+1}-x^{2n}+2}{x^2-1}=-\frac{9}{2}$를 만족시키는 자연수 n의 값은? [3.5점]

① 2　② 3　③ 4　④ 5　⑤ 6

15 0714

함수 $f(x)=\begin{cases} x^3-ax^2 & (x \le a) \\ 3x^2-3ax & (x>a) \end{cases}$가

$$\lim_{h \to 0-} \frac{f(a+h)-f(a)}{h}=2\times\lim_{h \to 0+} \frac{f(a+h)-f(a)}{h}$$

를 만족시킬 때, 양수 a의 값은? [3.5점]

① 3　② 4　③ 5　④ 6　⑤ 7

16 0715

최고차항의 계수가 1인 이차함수 $f(x)$에 대하여

$\lim_{x \to 1} \frac{f(x)}{x^3-1}=1$이다. $f(2)$의 값은? [3.5점]

① 1　② 2　③ 3　④ 4　⑤ 5

17 0716

이차함수 $y=f(x)$의 그래프가 직선 $x=2$에 대하여 대칭일 때, 〈**보기**〉에서 옳은 것만을 있는 대로 고른 것은? [4점]

〈 보기 〉

ㄱ. 두 실수 a, b에 대하여 $a+b=4$이면 $f'(a)+f'(b)=0$이다.

ㄴ. $\lim_{h \to 0} \frac{f(2+3h)-f(2-h)}{h}=4$

ㄷ. 함수 $f(x)$에 대하여 x의 값이 -2에서 6까지 변할 때의 평균변화율은 0이다.

① ㄱ ② ㄴ ③ ㄷ
④ ㄱ, ㄴ ⑤ ㄱ, ㄷ

18 0717

최고차항의 계수가 1인 삼차함수 $f(x)$에 대하여 $f(2)=0$이고, $\lim_{x \to -1} \frac{f(x)}{(x+1)\{f'(x)\}^2}=-\frac{1}{9}$을 만족시킬 때, $f(4)$의 값은? [4점]

① 36 ② 50 ③ 64
④ 76 ⑤ 80

19 0718

미분가능한 함수 $f(x)$가 다음 조건을 만족시킨다.

(가) $f'(x)$는 연속함수이다.
(나) 모든 실수 x에 대하여
$(x-2)f'(x)=x^3-4x^2-x+10-2f(x)$

$f'(2)$의 값은? [4점]

① $-\frac{5}{3}$ ② $-\frac{4}{3}$ ③ -1
④ $-\frac{2}{3}$ ⑤ $-\frac{1}{3}$

20 0719

다항함수 $f(x)$가 임의의 실수 x에 대하여

$$f(x)f'(x)=f(x)+f'(x)+2x^3-4x^2+2x-1$$

을 만족시킬 때, $f(1)\times f'(0)$의 값은? [4점]

① -2 ② -1 ③ 0
④ 1 ⑤ 2

21 0720

함수 $f(x)=|x^2-8x+12|$에 대하여 함수 $g(x)$를

$$g(x)=\lim_{h \to 0} \frac{f(x+h)-f(x-h)}{h}$$

라 할 때, $\sum_{k=4}^{10} g(k)-\sum_{k=0}^{3} g(k)$의 값은? [4.5점]

① 84 ② 88 ③ 92
④ 96 ⑤ 100

서술형

22 0721

함수 $f(x)=[x](ax^2+bx+3)$이 $x=1$에서 미분가능할 때, 상수 a, b에 대하여 ab의 값을 구하는 과정을 서술하시오. (단, $[x]$는 x보다 크지 않은 최대의 정수이다.) [6점]

23 0722

미분가능한 함수 $f(x)$가 모든 실수 x, y에 대하여

$$f(x+y)=f(x)+f(y)+xy-1$$

을 만족시키고 $f'(0)=3$일 때, $f'(x)$를 구하는 과정을 서술하시오. [6점]

(1) $f(0)$의 값을 구하시오. [1점]

(2) $f'(0)=3$을 이용하여 $\lim_{h\to 0}\frac{f(h)-1}{h}$의 값을 구하시오. [2점]

(3) 도함수의 정의를 이용하여 $f'(x)$를 구하시오. [3점]

24 0723

두 다항함수 $f(x)$, $g(x)$가

$$\lim_{x\to 2}\frac{f(x)-1}{x-2}=1,\ \lim_{x\to 2}\frac{g(x)+1}{x-2}=3$$

을 만족시킬 때, 함수 $f(x)\{f(x)+2g(x)\}$의 $x=2$에서의 미분계수를 구하는 과정을 서술하시오. [7점]

25 0724

다항식 $P(x)=x^6+ax^3+bx^2$이 $(x-1)^2$으로 나누어떨어질 때, 다항식 $P(x)$를 $x+1$로 나누었을 때의 나머지를 구하는 과정을 서술하시오. (단, a, b는 상수이다.) [9점]

어떤 일을 시도할 땐

장애물을 만나기 마련이다.

나도 그랬고, 모든 사람이 그렇다.

그러나 장애물이

너를 멈추게 해서는 안 된다.

벽을 만나면

절대로 뒤로 돌아서 포기하지 마라.

어떻게 올라갈 건지, 뚫을 건지,

둘러갈 건지 고민해라.

– 마이클 조던 –

도함수의 활용 (1) 04

04

Ⅱ. 미분

도함수의 활용 (1)

1 접선의 방정식

Note

(1) 접선의 기울기

함수 $f(x)$가 $x=a$에서 미분가능할 때, 곡선 $y=f(x)$ 위의 점 $\mathrm{P}(a,\ f(a))$에서의 접선의 기울기는 $x=a$에서의 미분계수 $f'(a)=\lim_{x\to a}\dfrac{f(x)-f(a)}{x-a}$와 같다.

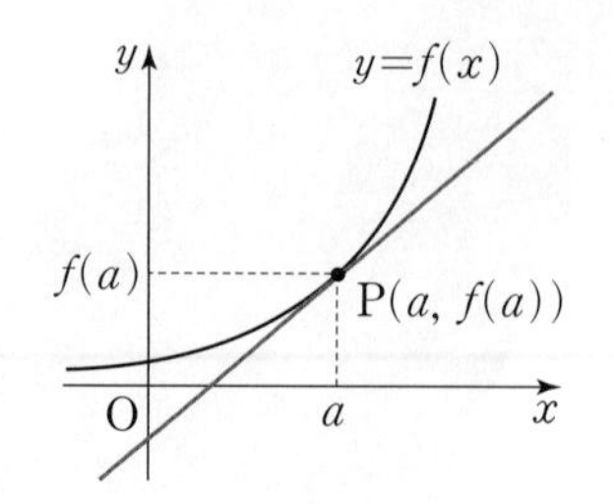

▶ 점 $(a,\ b)$를 지나고 기울기가 m인 직선의 방정식은
$y-b=m(x-a)$

(2) 접선의 방정식

곡선 $y=f(x)$ 위의 점 $\mathrm{P}(a,\ f(a))$에서의 접선의 방정식은

$$y-f(a)=f'(a)(x-a)$$

▶ 점 $(a,\ f(a))$를 지나고 기울기가 $f'(a)$인 직선이다.

2 접선의 방정식을 구하는 방법

핵심 1~3

(1) 곡선 $y=f(x)$ 위의 점 $(a,\ f(a))$에서의 접선의 방정식

❶ 접선의 기울기 $f'(a)$를 구한다.

❷ 접선의 방정식 $y-f(a)=f'(a)(x-a)$를 구한다.

참고 이 접선에 수직이고 점 $(a,\ f(a))$를 지나는 직선의 방정식

❶ 접선의 기울기가 $f'(a)$이므로 이에 수직인 직선의 기울기 $-\dfrac{1}{f'(a)}$을 구한다.

❷ 접선에 수직인 직선의 방정식 $y-f(a)=-\dfrac{1}{f'(a)}(x-a)$를 구한다.

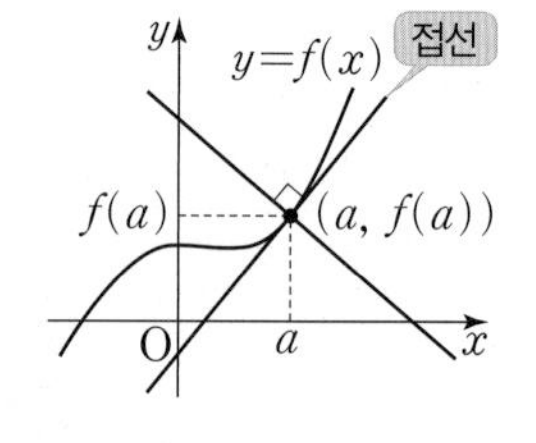

▶ 수직인 두 직선의 기울기의 곱은 -1이다.

(2) 곡선 $y=f(x)$에 접하고 기울기가 m인 접선의 방정식

❶ 접점의 좌표를 $(a,\ f(a))$로 놓는다.

❷ $f'(a)=m$임을 이용하여 a의 값과 접점의 좌표 $(a,\ f(a))$를 구한다.

❸ 접선의 방정식 $y-f(a)=m(x-a)$를 구한다.

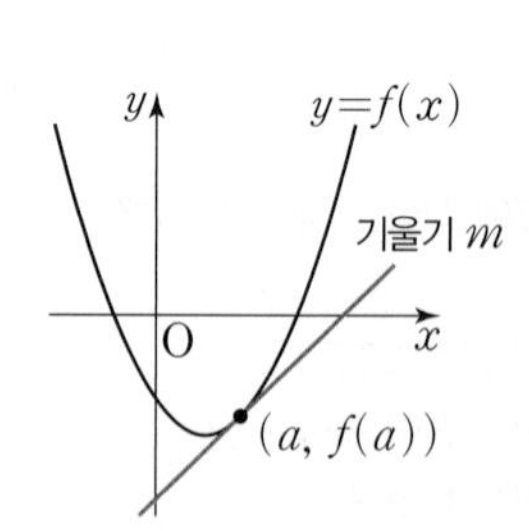

(3) 곡선 $y=f(x)$ 밖의 한 점 $(x_1,\ y_1)$에서 곡선에 그은 접선의 방정식

❶ 접점의 좌표를 $(a,\ f(a))$로 놓는다.

❷ 접선의 기울기가 $f'(a)$이므로 접선의 방정식을

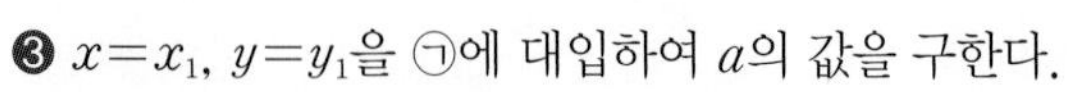
$$y-f(a)=f'(a)(x-a) \quad \cdots\cdots ㉠$$

로 놓는다.

❸ $x=x_1,\ y=y_1$을 ㉠에 대입하여 a의 값을 구한다.

❹ 구한 a의 값을 ㉠에 대입하여 접선의 방정식을 구한다.

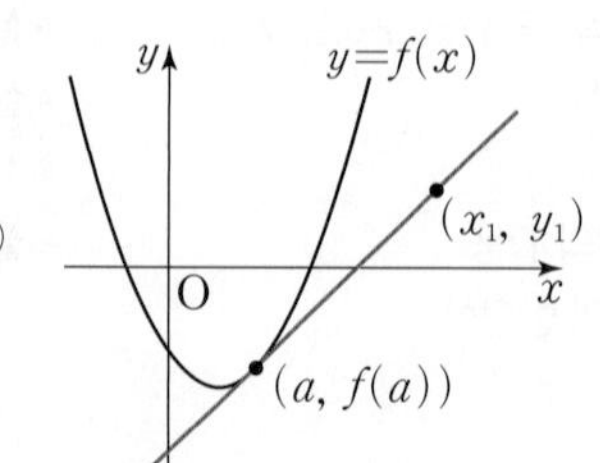

3 두 곡선의 공통인 접선

Note

(1) 두 곡선 $y=f(x)$, $y=g(x)$가 점 (a, b)에서 서로 접하면 두 곡선은 점 (a, b)에서 공통인 접선을 가진다.

① $x=a$에서의 함숫값이 같으므로 $f(a)=g(a)=b$

② $x=a$에서의 접선의 기울기가 같으므로 $f'(a)=g'(a)$

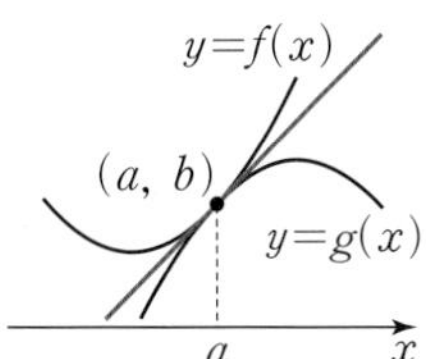

(2) 두 곡선 $y=f(x)$, $y=g(x)$가 공통인 접선을 갖지만 접점이 다르면 곡선 $y=f(x)$ 위의 점 $\mathrm{P}(a, f(a))$와 곡선 $y=g(x)$ 위의 점 $\mathrm{Q}(b, g(b))$에서의 접선이 일치한다.

① 두 접선의 기울기가 같고, y절편이 같다.

② 두 점에서의 접선의 기울기와 두 점 P, Q를 연결한 직선의 기울기가 같으므로

$$f'(a)=g'(b)=\frac{g(b)-f(a)}{b-a} \text{ (단, } a\neq b\text{)}$$

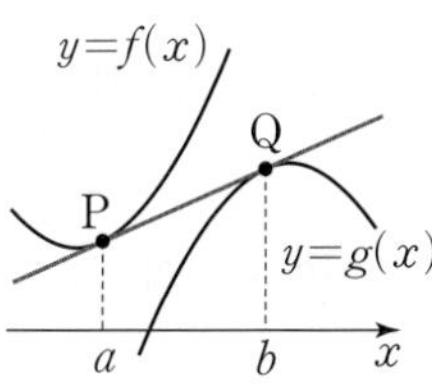

4 롤의 정리

핵심 4

함수 $f(x)$가 닫힌구간 $[a, b]$에서 연속이고 열린구간 (a, b)에서 미분가능할 때, $f(a)=f(b)$이면 $f'(c)=0$인 c가 a와 b 사이에 적어도 하나 존재한다.

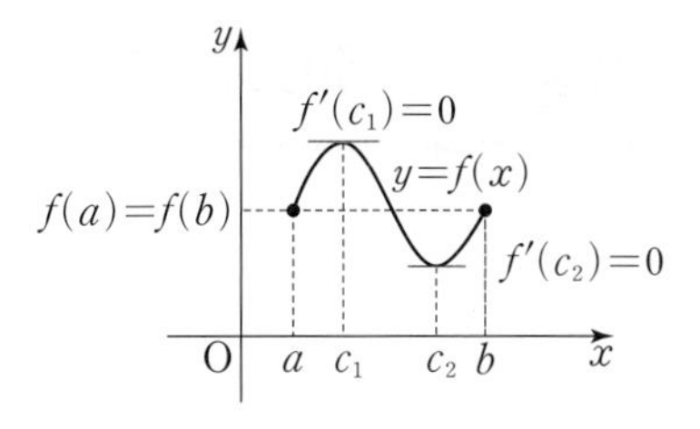

▶ 롤의 정리는 열린구간 (a, b)에서 곡선 $y=f(x)$의 접선이 x축에 평행하게 되는 곳이 적어도 하나 존재함을 뜻한다.

5 평균값 정리

핵심 4

함수 $f(x)$가 닫힌구간 $[a, b]$에서 연속이고 열린구간 (a, b)에서 미분가능하면 $\frac{f(b)-f(a)}{b-a}=f'(c)$인 c가 a와 b 사이에 적어도 하나 존재한다.

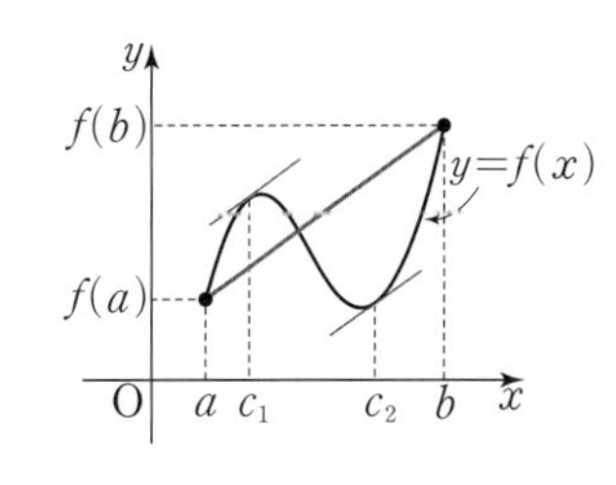

▶ 평균값 정리는 곡선 $y=f(x)$ 위의 두 점 $\mathrm{A}(a, f(a))$, $\mathrm{B}(b, f(b))$에 대하여 열린구간 (a, b)에서 직선 AB와 평행한 접선을 갖는 접점이 적어도 하나 존재함을 뜻한다.

핵심 1 접선의 방정식 – 접점이 주어진 경우 유형 3, 7

- 곡선 $y=x^2+x$ 위의 점 $(1, 2)$에서의 접선의 방정식을 구해 보자.
  ($y=x^2+x$ → $y=f(x)$, $(1, 2)$ → $(a, f(a))$)

❶ 접선의 기울기 $f'(a)$ 구하기
$f(x)=x^2+x$라 하면 $f'(x)=2x+1$이므로 $f'(1)=3$

❷ 접선의 방정식 $y-f(a)=f'(a)(x-a)$ 구하기
$y-2=3(x-1)$ $\quad\therefore y=3x-1$

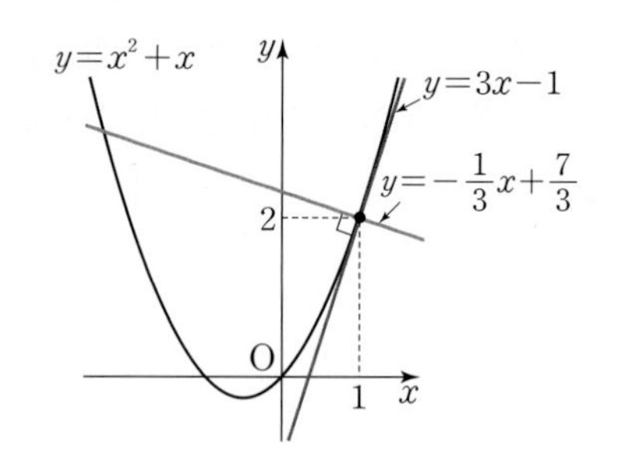

- 곡선 $y=x^2+x$ 위의 점 $(1, 2)$를 지나고 이 점에서의 접선과 수직인 직선의 방정식을 구해 보자.

접선의 기울기가 3이므로 접선에 수직인 직선의 기울기는 $-\frac{1}{3}$ (→ 수직인 두 직선의 기울기의 곱은 -1이다.)

$y-2=-\frac{1}{3}(x-1)$이므로 $y=-\frac{1}{3}x+\frac{7}{3}$

0725 다음 곡선 위의 주어진 점에서의 접선의 방정식을 구하시오.

(1) $y=x^3-5x$ $\quad(2, -2)$

(2) $y=x^2-2x+3$ $\quad(3, 6)$

0726 다음 곡선 위의 주어진 점을 지나고 이 점에서의 접선과 수직인 직선의 방정식을 구하시오.

(1) $y=-x^2+2x$ $\quad(0, 0)$

(2) $y=x^3+3x-1$ $\quad(1, 3)$

핵심 2 접선의 방정식 – 기울기가 주어진 경우 유형 10

곡선 $y=x^2+x$에 접하고 기울기가 3인 직선의 방정식을 구해 보자.
($y=x^2+x$ → $y=f(x)$, 3 → m)

❶ 접점의 좌표를 $(a, f(a))$로 놓기
$f(x)=x^2+x$라 하면 $f'(x)=2x+1$이므로 $f'(a)=2a+1$

❷ $f'(a)=m$임을 이용하여 a의 값과 접점의 좌표 $(a, f(a))$ 구하기
$2a+1=3$ $\quad\therefore a=1$
$a=1$이므로 $f(1)=2$

❸ 접선의 방정식 $y-f(a)=m(x-a)$ 구하기
접점의 좌표가 $(1, 2)$이므로 $y-2=3(x-1)$, 즉 $y=3x-1$

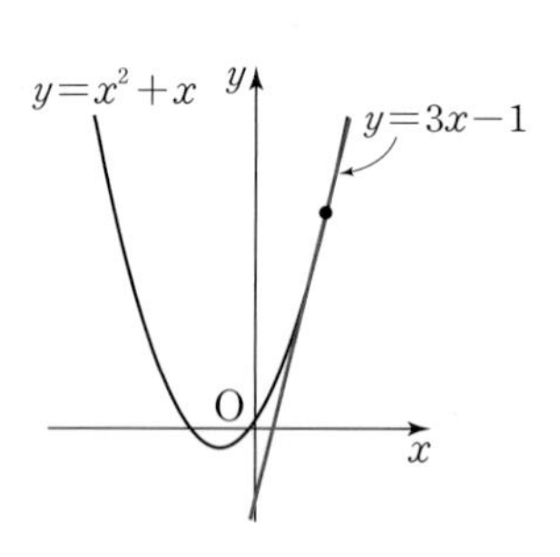

0727 다음 곡선에 접하고 기울기가 2인 직선의 방정식을 구하시오.

(1) $y=x^2-2x+1$

(2) $y=x^2+3$

0728 직선 $y=2x+5$와 평행하고, 곡선 $y=x^2-4x+2$에 접하는 직선의 방정식을 구하시오.

● 정답 및 풀이 157쪽

핵심 3 접선의 방정식 – 곡선 밖의 한 점이 주어진 경우 유형 13

점 $(0, 0)$에서 함수 $f(x)=x^2-3x+4$의 그래프에 그은 접선의 방정식을 구해 보자.
→ (x_1, y_1)

❶ 접점의 좌표를 $(a, f(a))$로 놓고 접선의 방정식 $y-f(a)=f'(a)(x-a)$ 구하기
접점의 좌표를 (a, a^2-3a+4)라 하면 접선의 방정식은
$y-(a^2-3a+4)=(2a-3)(x-a)$ ······ ㉠
→ $f'(a)=2a-3$

❷ $x=x_1$, $y=y_1$을 ㉠에 대입하여 a의 값 구하기
점 $(0, 0)$을 지나므로 $-(a^2-3a+4)=-a(2a-3)$
$\therefore a=-2$ 또는 $a=2$

❸ a의 값을 ㉠에 대입하여 접선의 방정식 구하기
$a=-2$일 때 $y=-7x$, $a=2$일 때 $y=x$

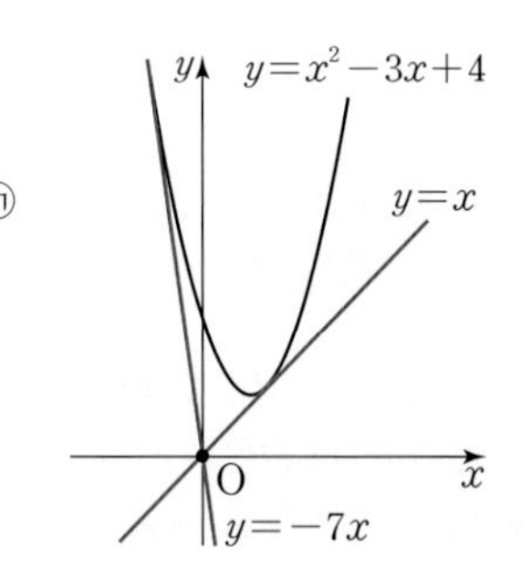

0729 점 $(0, -4)$에서 곡선 $y=x^3-2$에 그은 접선의 방정식을 구하시오.

0730 점 $(1, 0)$에서 곡선 $y=x^2+3$에 그은 접선의 방정식을 구하시오.

핵심 4 롤의 정리와 평균값 정리 유형 18~19

● **롤의 정리**

함수 $f(x)=x^2-2x+2$일 때, 닫힌구간 $[0, 2]$에서 롤의 정리를 만족시키는 상수 c의 값 구하기

① $f(x)$는 닫힌구간 $[0, 2]$에서 연속
② $f(x)$는 열린구간 $(0, 2)$에서 미분가능
③ $f(0)=f(2)=2$
→ 롤의 정리의 세 가지 조건 확인하기

$f'(x)=2x-2$이므로 $f'(c)=0$에서
$2c-2=0$ → $f'(c)=0$인 c의 값 찾기
$\therefore c=1$

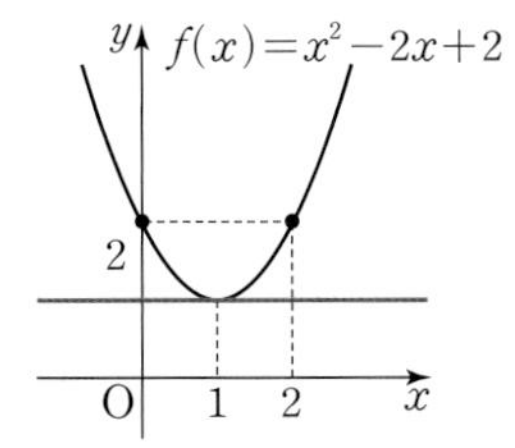

● **평균값 정리**

함수 $f(x)=x^2-2x$일 때, 닫힌구간 $[1, 3]$에서 평균값 정리를 만족시키는 상수 c의 값 구하기

① $f(x)$는 닫힌구간 $[1, 3]$에서 연속
② $f(x)$는 열린구간 $(1, 3)$에서 미분가능
→ 평균값 정리의 두 가지 조건 확인하기

$f'(x)=2x-2$이므로 $f'(c)=2c-2$

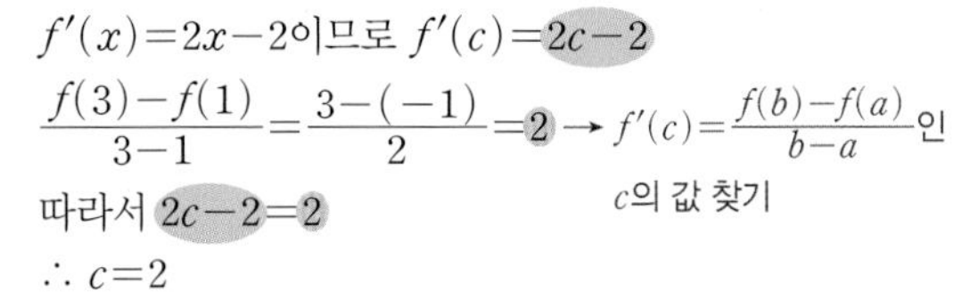

$\dfrac{f(3)-f(1)}{3-1}=\dfrac{3-(-1)}{2}=2$ → $f'(c)=\dfrac{f(b)-f(a)}{b-a}$인 c의 값 찾기

따라서 $2c-2=2$
$\therefore c=2$

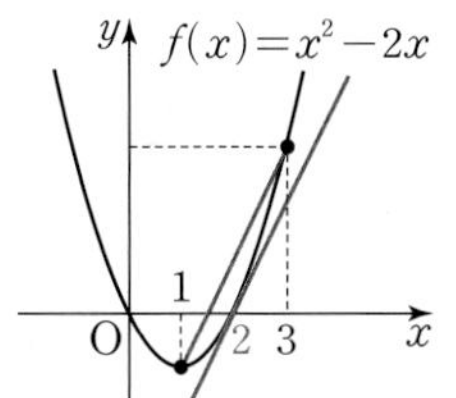

0731 함수 $f(x)=x^3-x^2+1$에 대하여 닫힌구간 $[0, 1]$에서 롤의 정리를 만족시키는 상수 c의 값을 구하시오.

0732 함수 $f(x)=x^2+x$에 대하여 닫힌구간 $[-1, 1]$에서 평균값 정리를 만족시키는 상수 c의 값을 구하시오.

기출 유형 check
실전 준비하기

21유형, 154문항입니다.

기초유형 0 이차함수의 그래프에 접하는 직선의 방정식 | 고등수학

이차함수 $y=f(x)$의 그래프에 접하고 기울기가 m인 직선의 방정식은 다음과 같은 순서로 구한다.

❶ 직선의 방정식을 $y=mx+k$ (m, k는 상수)로 놓는다.
❷ 이차방정식 $f(x)=mx+k$의 판별식 $D=0$임을 이용하여 k의 값을 구한다.

0733 대표문제

이차함수 $y=x^2+2x$의 그래프에 접하고 기울기가 1인 직선의 방정식은?

① $y=x$　② $y=x-\frac{1}{4}$
③ $y=x+\frac{1}{4}$　④ $y=x-\frac{1}{2}$
⑤ $y=x+\frac{1}{2}$

0734 Level 1

이차함수 $y=x^2-3x+1$의 그래프에 접하고 직선 $y=2x+1$과 평행한 직선의 방정식을 $y=ax+b$라 할 때, $a+4b$의 값은? (단, a, b는 상수이다.)

① -19　② -15　③ -11
④ -7　⑤ -3

0735 Level 2

점 $(-2, 4)$를 지나는 직선이 이차함수 $y=-x^2-2x+4$의 그래프와 접할 때, 이 직선의 기울기는?

① -2　② -1　③ 0
④ 1　⑤ 2

0736 Level 2

이차함수 $y=x^2-3x+5$의 그래프에 접하고 점 $(2, 3)$을 지나는 직선의 y절편을 구하시오.

0737 Level 2

이차함수 $y=x^2+ax+b$의 그래프가 직선 $y=x$와 점 $(1, c)$에서 접할 때, abc의 값은? (단, a, b는 상수이다.)

① -3　② -1　③ 1
④ 3　⑤ 5

실전 유형 1 접선의 기울기

곡선 $y=f(x)$ 위의 점 $(a, f(a))$에서의 접선의 기울기는 $f'(a)$이다.

0738 대표문제

곡선 $y=x^3+ax^2+b$ 위의 점 $(2, -1)$에서의 접선의 기울기가 4일 때, $a-b$의 값은? (단, a, b는 상수이다.)

① -1 ② 0 ③ 1
④ 2 ⑤ 3

0739 Level 1

곡선 $y=x^2+2x+2$ 위의 점 $(1, 5)$에서의 접선의 기울기는?

① 1 ② 2 ③ 3
④ 4 ⑤ 5

0740 Level 1

곡선 $y=-2x^2+x-1$ 위의 점 $(-1, -4)$에서의 접선의 기울기를 구하시오.

0741 Level 1

곡선 $y=x^3+1$은 점 (t, t^3+1)에서 기울기가 3인 직선과 접한다. 양수 t의 값을 구하시오.

0742 Level 1

함수 $f(x)=x^3-ax+1$의 그래프 위의 점 $(2, f(2))$에서의 접선이 직선 $y=2x+4$와 평행할 때, 상수 a의 값은?

① 2 ② 4 ③ 6
④ 8 ⑤ 10

0743 Level 2

함수 $f(x)=x^3+ax^2-3$의 그래프 위의 점 $(1, f(1))$에서의 접선이 두 점 $(2, 3)$, $(3, 7)$을 지나는 직선과 평행할 때, 상수 a의 값은?

① 1 ② $\frac{1}{2}$ ③ $\frac{1}{3}$
④ $\frac{1}{4}$ ⑤ $\frac{1}{5}$

0744 Level 2

다항함수 $f(x)$에 대하여 곡선 $y=f(x)$ 위의 점 $(1, 2)$에서의 접선의 기울기는 3이다. 곡선 $y=xf(x)$ 위의 점 $(1, f(1))$에서의 접선의 기울기는?

① 1 ② 2 ③ 3
④ 4 ⑤ 5

0745

Level 2

그림과 같이 함수 $f(x)=x^2-px$의 그래프 위의 점 $(2, f(2))$에서의 접선이 x축과 이루는 예각의 크기를 θ라 하자. $\tan\theta=6$일 때, 상수 p의 값은?

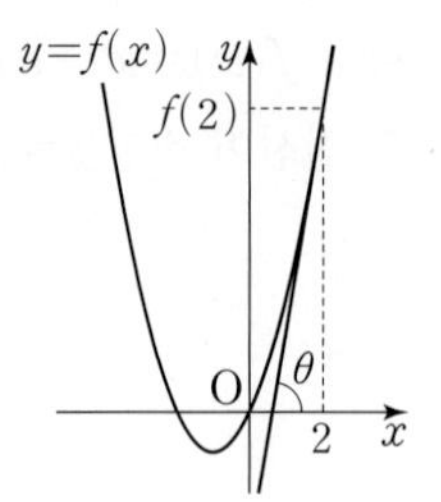

① -3　② $-\frac{5}{2}$　③ -2
④ $-\frac{3}{2}$　⑤ -1

0746

Level 3

함수 $f(x)=x^2-2ax+1$의 그래프 위의 점 (p, q)에서의 접선이 곡선 위의 두 점 $(a-1, f(a-1))$, $(a+2, f(a+2))$를 지나는 직선과 평행하다. p를 a에 대한 식으로 나타낸 것은?

① $p=a+1$　② $p=a+\frac{1}{2}$　③ $p=a-\frac{1}{2}$
④ $p=2a+1$　⑤ $p=2a+\frac{1}{2}$

+Plus 문제

다음은 이 유형에서 출제된 최근 교육청 • 평가원 기출문제입니다.

0747 • 교육청 2020년 7월

Level 1

곡선 $y=4x^3-5x+9$ 위의 점 $(1, 8)$에서의 접선의 기울기를 구하시오.

실전 유형 2 곡선 위의 점이 주어질 때의 접선의 방정식 빈출유형

곡선 $y=f(x)$ 위의 점 $(a, f(a))$에서의 접선의 방정식은 다음과 같은 순서로 구한다.
❶ 접선의 기울기 $f'(a)$를 구한다.
❷ 접선의 방정식 $y-f(a)=f'(a)(x-a)$를 구한다.

0748 대표문제

곡선 $y=x^3+ax+b$ 위의 점 $(1, 5)$에서의 접선의 방정식이 $y=4x+1$일 때, ab의 값은? (단, a, b는 상수이다.)

① -3　② -1　③ 1
④ 3　⑤ 4

0749

Level 1

곡선 $y=-x^3+x$ 위의 점 $(1, 0)$에서의 접선의 방정식은?

① $y=2x+2$　② $y=-2x-2$
③ $y=3x-2$　④ $y=-2x+2$
⑤ $y=2x-2$

0750

Level 1

함수 $f(x)=-x^4+3x^3+3x$의 그래프 위의 점 $(1, 5)$에서의 접선의 방정식이 $ax+by-3=0$일 때, $a+5b$의 값을 구하시오. (단, a, b는 상수이다.)

0751

Level 1

곡선 $y=x^3+2$ 위의 점 $\mathrm{P}(a, -6)$에서의 접선의 방정식을 $y=mx+n$이라 할 때, $a+m+n$의 값을 구하시오.
(단, m, n은 상수이다.)

0752

Level 2

곡선 $y=\frac{1}{3}x^3+ax+b$ 위의 점 $(-1, 3)$에서의 접선의 방정식이 $y=-2x+1$일 때, ab의 값은?

(단, a, b는 상수이다.)

① -1　② -2　③ -3
④ -4　⑤ -5

0753

Level 2

곡선 $y=x^3-3x^2+2$ 위의 두 점 $(1, 0)$, $(2, -2)$에서의 접선을 각각 l, m이라 할 때, 두 직선 l, m의 교점의 좌표는?

① $\left(\frac{2}{3}, -2\right)$　② $\left(\frac{2}{3}, 2\right)$　③ $\left(\frac{5}{3}, -2\right)$
④ $\left(\frac{5}{3}, 2\right)$　⑤ $\left(\frac{8}{3}, -2\right)$

다음은 이 유형에서 출제된 최근 교육청 • 평가원 기출문제입니다.

0754 • 교육청 2018년 10월

Level 1

삼차함수 $f(x)=x^3+ax$의 그래프 위의 점 $(1, f(1))$에서의 접선의 방정식이 $y=4x+b$이다. $20a+b$의 값을 구하시오. (단, a, b는 상수이다.)

실전 유형 3 곡선 위의 점이 주어질 때의 접선이 지나는 점

빈출유형

곡선 $y=f(x)$에 대하여 접점의 좌표 $(a, f(a))$가 주어질 때
❶ 접선의 방정식 $y-f(a)=f'(a)(x-a)$를 구한다.
❷ 접선의 방정식에 접선이 지나는 또 다른 점의 좌표를 대입하여 문제를 해결한다.

0755 대표문제

곡선 $y=x^2-x+1$ 위의 점 $(2, 3)$에서의 접선이 점 $(1, a)$를 지날 때, a의 값을 구하시오.

0756

Level 1

곡선 $y=(x+1)(x^2-3)$ 위의 $x=-1$인 점에서의 접선이 점 $(2, a)$를 지날 때, a의 값은?

① -6　② -3　③ 0
④ 3　⑤ 6

0757

Level 1

곡선 $y=x^3-x^2+a$ 위의 점 $(1, a)$에서의 접선이 점 $(0, 12)$를 지날 때, a의 값을 구하시오.

0758

Level 2

곡선 $y=x^3-ax+b$ 위의 점 $(1,\ 1)$에서의 접선이 원점을 지날 때, a^2+b^2의 값은? (단, a, b는 상수이다.)

① 2 ② 4 ③ 6
④ 8 ⑤ 10

0759

Level 2

곡선 $y=2x^3-x^2-x$ 위의 점 $(1,\ 0)$에서의 접선이 직선 $y=x$와 만나는 점의 좌표는?

① $(0,\ 0)$ ② $\left(\frac{1}{2},\ \frac{1}{2}\right)$ ③ $\left(\frac{3}{2},\ \frac{3}{2}\right)$
④ $(2,\ 2)$ ⑤ $\left(\frac{5}{2},\ \frac{5}{2}\right)$

다음은 이 유형에서 출제된 최근 교육청 • 평가원 기출문제입니다.

0760 • 평가원 2021학년도 6월

Level 1

곡선 $y=x^3-6x^2+6$ 위의 점 $(1,\ 1)$에서의 접선이 점 $(0,\ a)$를 지날 때, a의 값을 구하시오.

심화유형 4 곡선 위의 점과 접선의 방정식의 활용

곡선 $y=f(x)$에 대하여 접점의 좌표 $(a,\ f(a))$가 주어질 때
❶ 접선의 방정식 $y-f(a)=f'(a)(x-a)$를 구한다.
❷ 주어진 조건을 이용하여 문제를 해결한다.

0761 대표문제

미분가능한 함수 $y=f(x)$의 그래프가 그림과 같이 $x=1$에서 직선 $y=1$에 접한다.
곡선 $y=(x-1)f(x)$ 위의 점 $(1,\ 0)$에서의 접선의 방정식을 $y=ax+b$라 할 때, $a-b$의 값은? (단, a, b는 상수이다.)

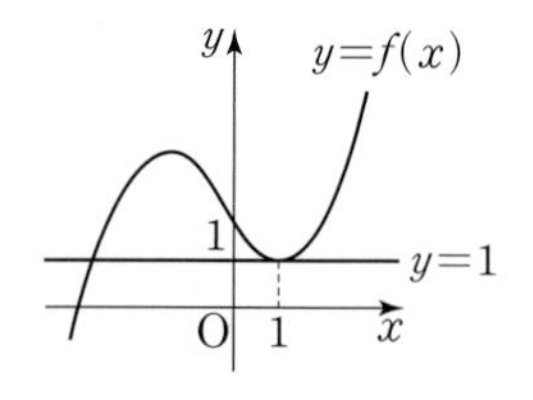

① -2 ② -1 ③ 0
④ 1 ⑤ 2

0762

Level 2

그림과 같이 $y=f(x)$의 그래프가 점 $(2,\ -4)$를 지나고, $x=0$, $x=2$인 점에서의 접선의 기울기가 0이다. $g(x)=x^2f(x)$라 할 때, 곡선 $y=g(x)$ 위의 점 $(2,\ g(2))$에서의 접선의 방정식은?

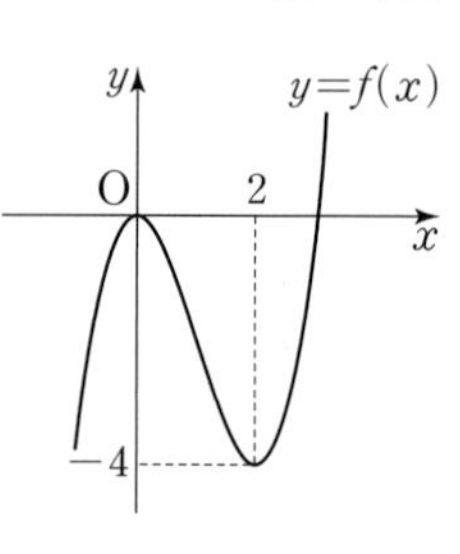

① $y=-16x$ ② $y=-16x+16$
③ $y=-8x$ ④ $y=8x-16$
⑤ $y=16x+16$

0763

Level 3

곡선 $y=x^3+ax^2+(2a+1)x+a+4$는 상수 a의 값에 관계없이 항상 일정한 점 P를 지난다. 이때 점 P에서의 접선의 방정식은?

① $y=4x$ ② $y=4x+2$
③ $y=4x+4$ ④ $y=4x+6$
⑤ $y=4x+8$

+Plus 문제

0764

Level 3

함수 $f(x)=x^3+2x$의 역함수 $f^{-1}(x)$에 대하여 곡선 $y=f^{-1}(x)$ 위의 한 점 $(3,\ a)$에서의 접선의 방정식을 $y=ax+b$라 하자. $a+2b$의 값을 구하시오.

(단, a, b는 상수이다.)

0765 신경향

Level 3

곡선 $y=x^3-2x^2-2x+4$ 위의 점 $(1,\ 1)$에서의 접선을 l이라 하자. 직선 l 위의 점 중에서 원점과의 거리가 가장 가까운 점을 $P(p,\ q)$라 할 때, $p+q$의 값은?

① $\frac{4}{5}$ ② 1 ③ $\frac{6}{5}$
④ $\frac{7}{5}$ ⑤ $\frac{8}{5}$

실전유형 5 함수의 극한과 접선의 방정식

복합유형

함수 $y=f(x)$의 그래프 위의 점 $(a,\ f(a))$에서의 접선의 기울기는

$$f'(a)=\lim_{\Delta x \to 0}\frac{f(a+\Delta x)-f(a)}{\Delta x}=\lim_{x \to a}\frac{f(x)-f(a)}{x-a}$$

0766 대표문제

다항함수 $f(x)$에 대하여 $\lim_{x \to 1}\frac{f(x)-1}{x-1}=3$일 때, 함수 $y=f(x)$의 그래프 위의 점 $(1,\ f(1))$에서의 접선의 방정식은 $y=ax+b$이다. $a-b$의 값은? (단, a, b는 상수이다.)

① 1 ② 2 ③ 3
④ 4 ⑤ 5

0767

Level 2

다항함수 $f(x)$에 대하여 $\lim_{x \to 2}\frac{f(x^2)}{x-2}=8$일 때, 곡선 $y=f(x)$ 위의 점 $(4,\ f(4))$에서의 접선의 방정식은 $y=ax+b$이다. ab의 값은? (단, a, b는 상수이다.)

① -16 ② -8 ③ 4
④ 8 ⑤ 16

04

0768

Level 2

미분가능한 함수 $y=f(x)$의 그래프 위의 점 $(2,\ 1)$에서의 접선의 방정식이 $y=3x-5$이다. 이때

$\lim_{x\to 0}\frac{f(2+3x)-f(2)}{x}$의 값은?

① 5　② 7　③ 9
④ 11　⑤ 13

0769

Level 2

삼차함수 $f(x)$에 대하여 곡선 $y=f(x)$ 위의 점 $(1,\ f(1))$에서의 접선과 직선 $y=-\frac{1}{3}x+2$가 서로 수직일 때,

$\lim_{x\to 0}\frac{f(1+2x)-f(1-3x)}{x}$의 값은?

① 9　② 11　③ 13
④ 15　⑤ 17

0770

Level 3

다항함수 $f(x)$는 다음 조건을 만족시킨다.

> (가) $f(x)=f(-x)$
> (나) $\lim_{x\to 1}\frac{f(x)-1}{\sqrt{x+3}-2}=4$

곡선 $y=f(x)$ 위의 점 $(-1,\ f(-1))$에서의 접선의 기울기는?

① -1　② -2　③ -3
④ -4　⑤ -5

+Plus 문제

0771

Level 3

두 다항함수 $f(x)$, $g(x)$가 다음 조건을 만족시킨다.

> (가) $g(x)=x^3f(x)-7$
> (나) $\lim_{x\to 2}\frac{f(x)-g(x)}{x-2}=2$

곡선 $y=g(x)$ 위의 점 $(2,\ g(2))$에서의 접선의 방정식이 $y=ax+b$일 때, $a+b$의 값은? (단, a, b는 상수이다.)

① 1　② 2　③ 3
④ 4　⑤ 5

다음은 이 유형에서 출제된 최근 교육청 · 평가원 기출문제입니다.

0772 · 교육청 2018년 7월

Level 2

최고차항의 계수가 1이고 $f(0)=2$인 삼차함수 $f(x)$가 $\lim_{x\to 1}\frac{f(x)-x^2}{x-1}=-2$를 만족시킨다. 곡선 $y=f(x)$ 위의 점 $(3,\ f(3))$에서의 접선의 기울기를 구하시오.

0773 · 교육청 2017년 10월

Level 2

다항함수 $f(x)$가 $\lim_{x\to 2}\frac{f(x)-1}{x^2-4}=-1$을 만족시킬 때, 곡선 $y=(x+1)f(x)$ 위의 점 $(2,\ a)$에서의 접선의 y절편은 b이다. $a+b$의 값을 구하시오.

심화유형 6 함수의 극한과 접선의 방정식 -극한을 구하는 경우 복합유형

구해야 하는 $f(a)$를 식으로 나타내고 극한값을 구한다.

0774 대표문제

곡선 $y=x^2+x+3$ 위의 점 $(a,\ a^2+a+3)$에서의 접선의 y절편을 $f(a)$라 하자. $\lim_{a\to\infty}\frac{f(a)}{a^2}$의 값은?

① -2　② -1　③ 0　④ 1　⑤ 2

0775

Level 2

곡선 $y=x^2-x+1$ 위의 점 $(a,\ a^2-a+1)$에서의 접선의 x절편을 $f(a)$라 하자. $\lim_{a\to\infty}\frac{f(a)}{a}$의 값은?

① $\frac{1}{2}$　② $\frac{1}{3}$　③ $\frac{1}{4}$　④ $\frac{1}{5}$　⑤ $\frac{1}{6}$

0776

Level 2

그림과 같이 함수 $f(x)=x^2-2x$의 그래프 위의 점 $(p,\ f(p))$에서의 접선이 x축과 이루는 예각의 크기를 θ라 하자. $\lim_{p\to\infty}\frac{p}{\tan\theta}$의 값은?

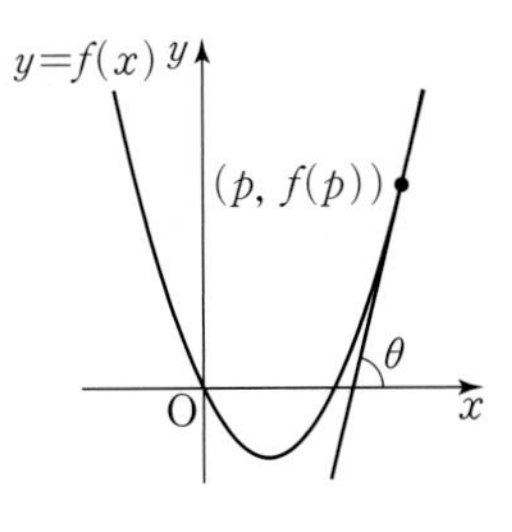

① $\frac{1}{2}$　② $\frac{1}{3}$　③ $\frac{1}{4}$　④ $\frac{1}{5}$　⑤ $\frac{1}{6}$

0777

Level 2

곡선 $y=x^4+2x^2$ 위의 점 $(a,\ a^4+2a^2)$에서의 접선과 y축의 교점의 좌표를 $(0,\ h(a))$라 할 때, $\lim_{a\to 0}\frac{h(a)}{a^2}$의 값을 구하시오.

0778

Level 2

곡선 $y=x^3+3x+1$ 위의 점 $(t,\ t^3+3t+1)$에서의 접선의 y절편을 $g(t)$라 할 때, $\lim_{t\to\infty}\frac{g'(t+2)-g'(t)}{t}$의 값은?

① -12　② -15　③ -18　④ -21　⑤ -24

0779

Level 2

곡선 $y=x^3$ 위의 점 $\mathrm{P}(t,\ t^3)$에서의 접선과 원점 사이의 거리를 $f(t)$라 하자. $\lim_{t\to\infty}\frac{f(t)}{t}=\alpha$일 때, 30α의 값을 구하시오.

실전유형 7 접선에 수직인 직선의 방정식

곡선 $y=f(x)$ 위의 점 $\mathrm{P}(a, f(a))$에 대하여
(1) 점 P에서의 접선의 방정식은 $y-f(a)=f'(a)(x-a)$
(2) 점 P를 지나고 점 P에서의 접선에 수직인 직선의 방정식은

$$y-f(a)=-\frac{1}{f'(a)}(x-a)$$

0780 대표문제

곡선 $y=x^2-3x+2$ 위의 점 $(0, 2)$를 지나고 이 점에서의 접선과 수직인 직선의 방정식은?

① $y=-3x+2$ ② $y=-\frac{1}{3}x+2$
③ $y=\frac{1}{3}x+2$ ④ $y=x+2$
⑤ $y=3x+2$

0781 Level 1

곡선 $y=-x^3-x^2+3x$ 위의 점 $(1, 1)$을 지나고 이 점에서의 접선에 수직인 직선의 방정식이 $y=ax+b$일 때, ab의 값은? (단, a, b는 상수이다.)

① -4 ② $-\frac{1}{4}$ ③ $\frac{1}{4}$
④ 4 ⑤ 8

0782 Level 2

함수 $f(x)=\frac{2}{3}x^3+ax$의 그래프 위의 두 점 $(0, f(0))$, $(1, f(1))$에서의 접선이 서로 수직일 때, 상수 a의 값은?

① -2 ② -1 ③ 0
④ 1 ⑤ 2

0783 Level 2

곡선 $y=x^3+ax^2+(1-2a)x+a+2$는 실수 a의 값에 관계없이 항상 한 점 P를 지난다. 점 P에서의 접선에 수직인 직선의 기울기를 구하시오.

0784 Level 2

곡선 $y=x^3-2x^2+3x+1$ 위의 점 $(1, 3)$을 지나고 이 점에서의 접선에 수직인 직선과 x축 및 y축으로 둘러싸인 삼각형의 넓이를 $\frac{q}{p}$라 할 때, $p+q$의 값은? (단, p, q는 서로소인 자연수이다.)

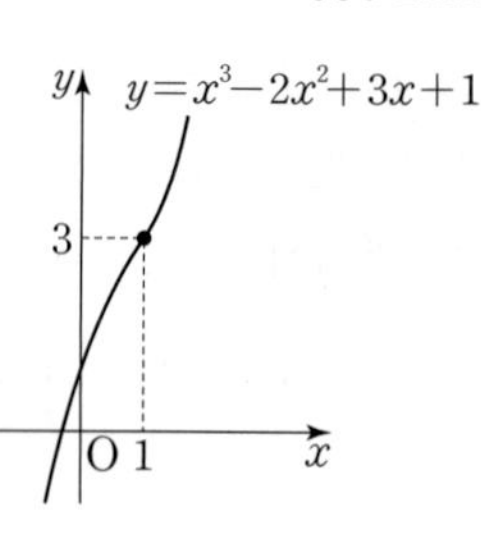

① 51 ② 53 ③ 55
④ 57 ⑤ 59

0785

Level 2

그림과 같이 곡선 $y=x^2$ 위를 움직이는 점 $\mathrm{P}(t,\ t^2)$이 있다. 점 P를 지나고 점 P에서의 접선에 수직인 직선이 y축과 만나는 점을 $\mathrm{Q}(0,\ f(t))$라 할 때, $\lim_{t\to\infty}\frac{f(t)}{t^2}$의 값은?

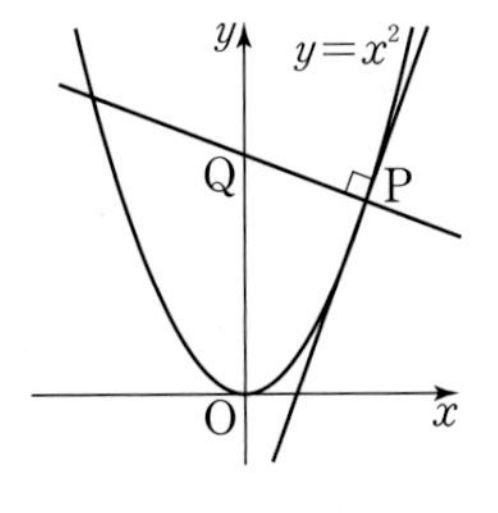

① $\frac{1}{2}$ ② 1 ③ $\frac{3}{2}$
④ 2 ⑤ $\frac{5}{2}$

0786

Level 3

그림과 같이 곡선 $y=x^2$ 위의 점 $\mathrm{P}(a,\ a^2)$을 지나고 점 P에서의 접선과 수직인 직선이 x축과 만나는 점을 A라 하자. 삼각형 OAP의 넓이를 $f(a)$라 할 때, $\lim_{a\to0+}\frac{f(a)}{a^3}$의 값은?

(단, $a>0$이고, O는 원점이다.)

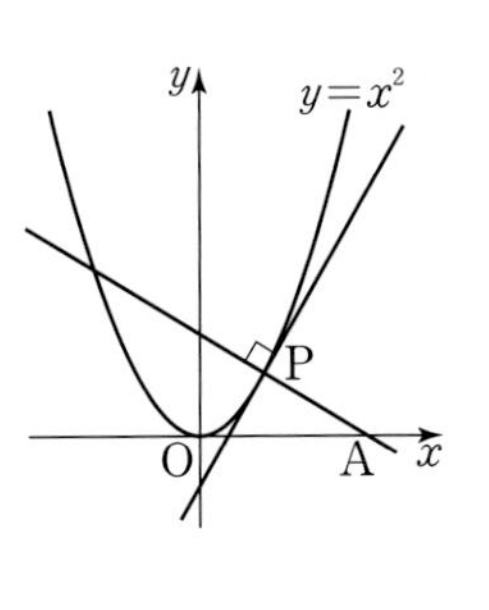

① $\frac{1}{2}$ ② 1 ③ $\frac{3}{2}$
④ 2 ⑤ $\frac{5}{2}$

다음은 이 유형에서 출제된 최근 교육청 · 평가원 기출문제입니다.

0787

• 2021학년도 대학수학능력시험 Level 2

곡선 $y=x^3-3x^2+2x+2$ 위의 점 $\mathrm{A}(0,\ 2)$에서의 접선과 수직이고 점 A를 지나는 직선의 x절편은?

① 4 ② 6 ③ 8
④ 10 ⑤ 12

심화 유형 8 접선과 곡선의 교점

곡선 $y=f(x)$와 접선 $y=g(x)$의 교점의 x좌표는 방정식 $f(x)=g(x)$의 근이다.

0788 대표문제

곡선 $y=-x^3+3x^2+3$ 위의 점 $(2,\ 7)$에서의 접선이 이 곡선과 만나는 점 중 접점이 아닌 점을 A라 할 때, 선분 OA의 길이는? (단, O는 원점이다.)

① 7 ② $5\sqrt{2}$ ③ $\sqrt{51}$
④ $2\sqrt{13}$ ⑤ $\sqrt{53}$

0789

Level 2

곡선 $y=x^3+2x+7$ 위의 점 $\mathrm{P}(-1,\ 4)$에서의 접선이 점 P가 아닌 점 $(a,\ b)$에서 이 곡선과 만난다. $a+b$의 값을 구하시오.

0790

Level 2

그림과 같이 곡선 $y=x^3-5x$ 위의 점 $\mathrm{A}(1,\ -4)$에서의 접선이 점 A가 아닌 점 B에서 이 곡선과 만난다. 선분 AB의 길이는?

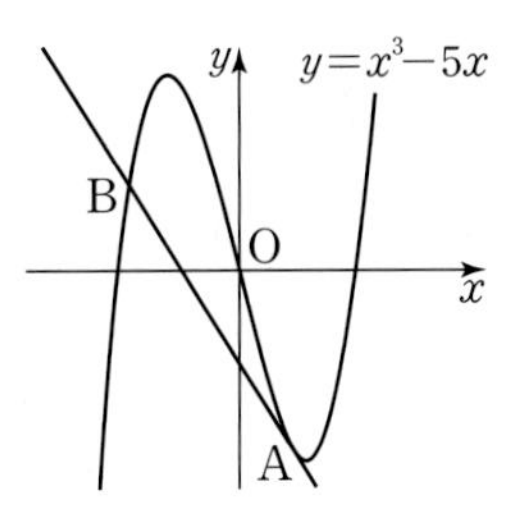

① $\sqrt{30}$ ② $\sqrt{35}$
③ $2\sqrt{10}$ ④ $3\sqrt{5}$
⑤ $5\sqrt{2}$

0791

Level 2

삼차함수 $f(x)=x^3-3x^2+3x$의 그래프는 그림과 같다. 원점을 지나고 곡선 $y=f(x)$에 접하는 직선은 두 개이고, 두 접선과 곡선 $y=f(x)$의 교점 중 원점이 아닌 점들의 x좌표의 합을 S라 할 때, $10S$의 값을 구하시오.

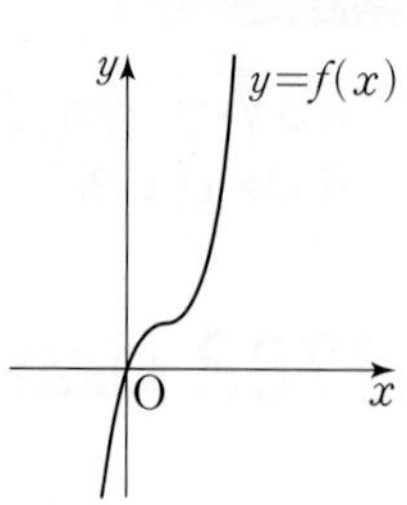

0792

Level 3

삼차함수 $f(x)=x^3+ax$가 있다. 곡선 $y=f(x)$ 위의 점 A$(-1, -1-a)$에서의 접선이 이 곡선과 만나는 다른 한 점을 B라 하자. 또, 곡선 $y=f(x)$ 위의 점 B에서의 접선이 이 곡선과 만나는 다른 한 점을 C라 하자. 두 점 B, C의 x좌표를 각각 b, c라 할 때, $f(b)+f(c)=-80$을 만족시킨다. 상수 a의 값은?

① 8 ② 10 ③ 12
④ 14 ⑤ 16

+Plus 문제

다음은 이 유형에서 출제된 최근 교육청 • 평가원 기출문제입니다.

0793 • 교육청 2017년 7월

Level 2

최고차항의 계수가 1인 삼차함수 $f(x)$에 대하여 곡선 $y=f(x)$ 위의 점 $(2, 4)$에서의 접선이 점 $(-1, 1)$에서 이 곡선과 만날 때, $f'(3)$의 값은?

① 10 ② 11 ③ 12
④ 13 ⑤ 14

실전유형 9 곡선 위의 점에서 그은 접선의 활용

곡선 $y=f(x)$ 위의 점 $\mathrm{P}(a, f(a))$에 대하여
(1) 점 P에서의 접선의 기울기는 $f'(a)$
(2) 점 P에서의 접선과 평행한 직선의 기울기는 $f'(a)$
(3) 점 P에서의 접선에 수직인 직선의 기울기는 $-\dfrac{1}{f'(a)}$

0794 대표문제

포물선 $y=-\dfrac{1}{4}x^2$ 위의 점 $(2, -1)$에서의 접선과 x축, y축으로 둘러싸인 삼각형의 넓이는?

① $\dfrac{1}{4}$ ② $\dfrac{1}{2}$ ③ $\dfrac{3}{4}$
④ $\dfrac{5}{4}$ ⑤ $\dfrac{3}{2}$

0795

Level 1

곡선 $y=x^3-2x$ 위의 점 $(2, 4)$에서의 접선과 x축, y축으로 둘러싸인 삼각형의 넓이를 S라 할 때, $10S$의 값은?

① 32 ② 64 ③ 96
④ 128 ⑤ 192

0796

Level 2

곡선 $y=x^3-3x^2+3$ 위의 $x=3$인 점에서의 접선과 평행하고 이 곡선과 제3사분면에서 접하는 접선의 y절편은?

① 8 ② 9 ③ 10
④ 11 ⑤ 12

0797

Level 2

곡선 $y=x^3-3x^2+x+2$ 위의 서로 다른 두 점 A, B에서의 접선이 서로 평행하다. 점 A의 x좌표가 2일 때, 점 B에서의 접선의 y절편은?

① 1 ② 2 ③ 3
④ 4 ⑤ 5

0798

Level 2

그림과 같이 곡선 $y=x^2-4x$ 위의 점 P$(a,\ b)$는 원점에서 곡선 위의 점 A$(5,\ 5)$까지 움직인다. 삼각형 OAP의 넓이가 최대일 때, $a+b$의 값은? (단, O는 원점이다.)

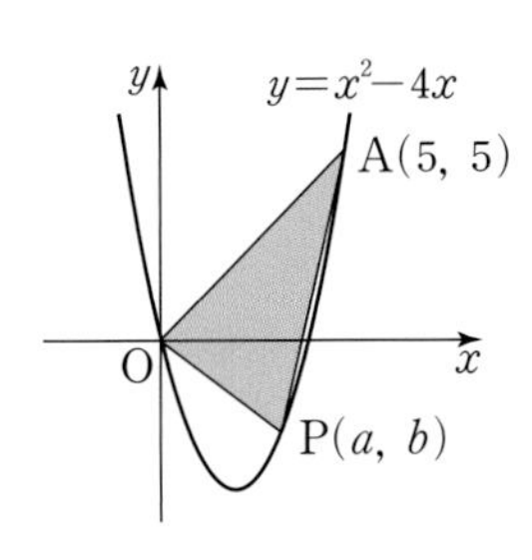

① $-\frac{1}{4}$ ② $-\frac{1}{2}$ ③ $-\frac{3}{4}$
④ -1 ⑤ $-\frac{5}{4}$

0799

Level 2

곡선 $y=x^3+1$ 위를 움직이는 점 P$(t,\ t^3+1)$에서의 접선이 y축과 만나는 점을 Q, 점 P를 지나고 점 P에서의 접선에 수직인 직선이 y축과 만나는 점을 R라 할 때, 삼각형 PQR의 넓이를 $S(t)$라 하자. $\lim_{t\to 0+} S(t)$의 값을 구하시오. (단, $t>0$)

0800

Level 2

삼차함수 $f(x)=-x^3+4x^2-3x$의 그래프가 있다. 그림과 같이 이 그래프 위의 점 $(a,\ f(a))$에서 기울기가 양수인 접선을 그어 x축과 만나는 점을 A라 하고, 점 B$(3,\ 0)$에서 접선을 그어 두 접선이 만나는 점을 C, 점 C에서 x축에 내린 수선의 발을 D라 하자. $\overline{AD}:\overline{DB}=3:1$일 때, 모든 a의 값의 곱은?

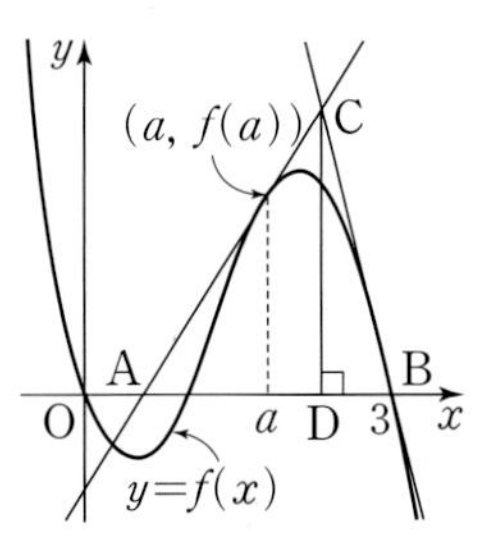

① $\frac{1}{3}$ ② $\frac{2}{3}$ ③ 1
④ $\frac{4}{3}$ ⑤ $\frac{5}{3}$

다음은 이 유형에서 출제된 최근 교육청 · 평가원 기출문제입니다.

0801 · 교육청 2017년 8월

Level 2

곡선 $y=x^2-x+3$ 위의 서로 다른 두 점 A, B에서의 접선이 서로 수직이다. 점 A의 x좌표가 1일 때, 점 B에서의 접선의 방정식은 $y=ax+b$이다. $a+b$의 값을 구하시오. (단, a, b는 상수이다.)

실전유형 10 기울기가 주어질 때의 접선의 방정식 빈출유형

곡선 $y=f(x)$에 접하고 기울기가 m인 접선의 방정식은 다음과 같은 순서로 구한다.

❶ 접점의 좌표를 $(t, f(t))$로 놓는다.

❷ $f'(t)=m$임을 이용하여 t의 값을 구한다.

❸ 접선의 방정식 $y-f(t)=m(x-t)$를 구한다.

0802 대표문제

곡선 $y=-x^2+3x+1$에 접하고 직선 $y=-x+3$에 평행한 직선의 방정식은?

① $y=-x-5$ ② $y=-x-3$ ③ $y=-x+5$
④ $y=x-5$ ⑤ $y=x+5$

0803 Level 1

직선 $y=3x-m$이 곡선 $y=x^3-3x$에 접할 때, 양수 m의 값은?

① $3\sqrt{3}$ ② $4\sqrt{2}$ ③ 6
④ $2\sqrt{10}$ ⑤ $3\sqrt{5}$

0804 Level 1

곡선 $y=-x^2+1$의 한 접선이 x축의 양의 방향과 $45°$의 각을 이룬다. 이 접선의 y절편을 구하시오.

0805 Level 1

$x>0$에서 곡선 $y=x^3-x+4$에 접하고 직선 $y=-\frac{1}{2}x-2$에 수직인 접선의 방정식이 $y=ax+b$일 때, a^2+b^2의 값은?

(단, a, b는 상수이다.)

① 6 ② 8 ③ 10
④ 12 ⑤ 14

0806 Level 1

직선 $y=-\frac{1}{3}x$에 수직이고 곡선 $y=2x^2-x$에 접하는 직선을 $y=ax+b$라 할 때, $a+b$의 값을 구하시오.

(단, a, b는 상수이다.)

0807 Level 1

곡선 $y=x^3-3x^2-8x$에 접하고 기울기가 1인 접선의 방정식이 $y=x+a$ 또는 $y=x+b$일 때, $a-b$의 값을 구하시오.

(단, a, b는 상수이고, $a>b$이다.)

0808

Level 2

곡선 $y=2x^3+3x^2-10x+8$과 제1사분면에서 접하고 기울기가 2인 직선의 방정식을 $y=mx+n$이라 할 때, mn의 값은? (단, m, n은 상수이다.)

① 1 ② 2 ③ 3
④ 4 ⑤ 5

0809

Level 2

곡선 $y=\frac{1}{3}x^3-ax^2$에 접하고 기울기가 3인 접선이 2개 존재할 때, 이 두 접선의 접점의 x좌표를 각각 α, β라 하자. $\alpha+\beta=6$일 때, 실수 a의 값은?

① 1 ② 2 ③ 3
④ 4 ⑤ 5

0810

Level 2

곡선 $y=x^3+ax^2+x-2$에 접하고 직선 $y=-2x+3$과 평행한 직선이 존재하지 않도록 하는 정수 a의 개수는?

① 1 ② 2 ③ 3
④ 4 ⑤ 5

심화유형 11 기울기 조건이 주어진 문제

문제에서 기울기 조건을 찾는다.
(1) 평행한 두 직선 → 기울기가 같다.
(2) 수직인 두 직선 → 기울기의 곱이 -1이다.
(3) 직선이 x축의 양의 방향과 이루는 각의 크기가 θ
→ (기울기)$=\tan\theta$

0811 대표문제

곡선 $y=x^2-2x-3$ 위의 점과 직선 $2x-y-12=0$ 사이의 거리의 최솟값은?

① 1 ② $\sqrt{2}$ ③ $\sqrt{3}$
④ 2 ⑤ $\sqrt{5}$

0812

Level 2

곡선 $y=x^3-2x+3$에 접하고 직선 $y=x+3$과 평행한 직선이 두 개 있다. 이 두 직선 사이의 거리는?

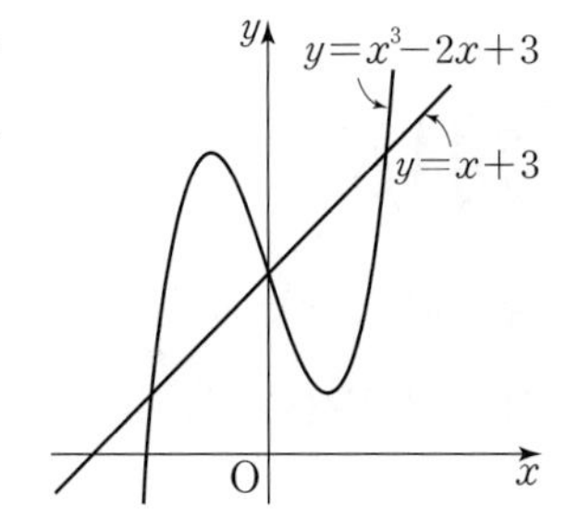

① $\sqrt{7}$ ② $2\sqrt{2}$
③ 3 ④ $\sqrt{10}$
⑤ $\sqrt{11}$

0813

Level 2

곡선 $y=-\frac{1}{3}x^3-x^2+3$에 접하고 직선 $y=\frac{1}{3}x-3$과 수직인 두 직선 사이의 거리를 구하시오.

0814

Level 2

곡선 $y=x^2+1$과 직선 $y=-2x+1$의 두 교점을 A, B라 하고 이 직선과 평행한 곡선의 접선의 접점을 C라 할 때, 삼각형 ABC의 넓이를 구하시오.

0815

Level 2

곡선 $y=-x^2+3x+1$에 접하고 직선 $x+y=0$과 평행한 직선이 x축, y축과 만나는 점을 각각 A, B라 할 때, 삼각형 OAB의 넓이는? (단, O는 원점이다.)

① $\frac{17}{2}$ ② $\frac{19}{2}$ ③ $\frac{21}{2}$
④ $\frac{23}{2}$ ⑤ $\frac{25}{2}$

0816

Level 2

곡선 $y=\frac{1}{3}x^3-x^2+6x+1$ 위의 서로 다른 두 점 P, Q에서의 접선이 서로 평행하다. 선분 PQ의 중점의 x좌표는?

① 1 ② 2 ③ 3
④ 4 ⑤ 5

0817

Level 2

곡선 $y=x^2-3x$와 직선 $y=mx$의 서로 다른 두 교점을 A, B라 하면 두 점 A, B에서의 접선이 서로 수직이다. 상수 m의 값을 구하시오.

0818

Level 3

그림과 같이 정사각형 ABCD의 두 꼭짓점 A, C는 y축 위에 있고, 두 꼭짓점 B, D는 x축 위에 있다. 변 AB와 변 CD가 각각 곡선 $y=x^3-5x$에 접할 때, 정사각형 ABCD의 둘레의 길이를 구하시오.

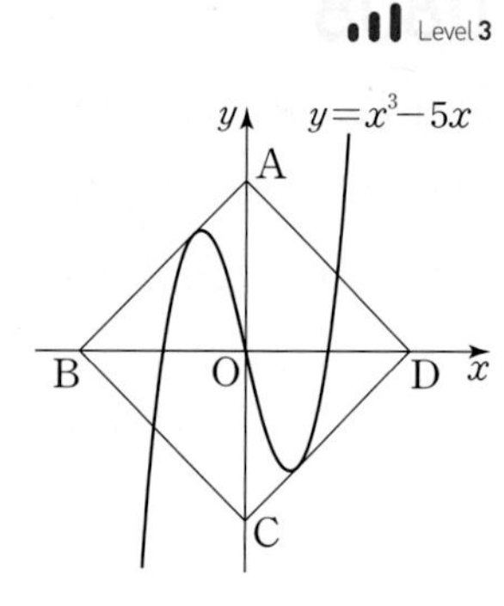

0819

Level 3

삼차함수 $f(x)$가 다음 조건을 만족시킨다.

> (가) 모든 실수 x에 대하여 $f(-x)=-f(x)$이다.
> (나) 곡선 $y=f(x)$ 위의 점 $(1, 0)$에서의 접선의 기울기는 4이다.

곡선 $y=f(x)$ 위의 점 $(2, f(2))$에서의 접선의 기울기를 구하시오.

+Plus 문제

0820

Level 3

그림과 같이 점 P가 제1사분면에서 곡선 $y=x^3+2x+3$ 위를 움직인다. 두 점 A(2, 7), B$(-1, -8)$에 대하여 삼각형 ABP의 넓이가 최소가 되도록 하는 점 P의 좌표를 P(a, b)라 할 때, $a-b$의 값은?

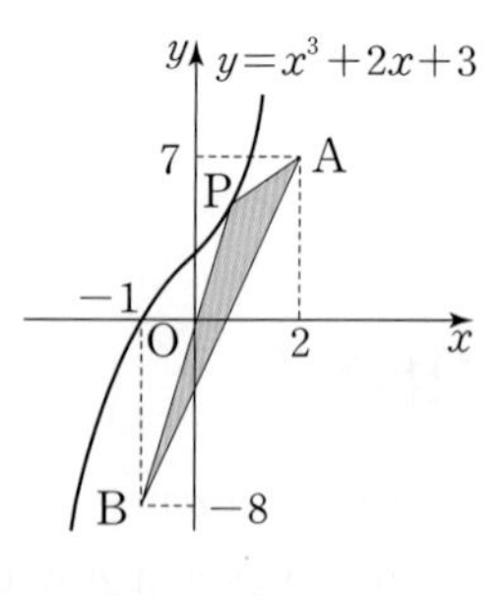

① -1 ② -3 ③ -5
④ -7 ⑤ -9

실전 유형 12 접선의 기울기의 최대·최소

삼차함수 $y=f(x)$의 그래프 위의 점 $(t, f(t))$에서의 접선의 기울기 $f'(t)$는 t에 대한 이차함수이므로 접선의 기울기의 최댓값 또는 최솟값은 이차함수의 최대·최소를 이용하여 구한다.

0821 대표문제

곡선 $y=x^3+3x^2+2x$ 위의 점에서의 접선의 기울기의 최솟값을 구하시오.

0822 Level 2

곡선 $y=x^3+6x^2+ax+3$ 위의 점에서의 접선의 기울기의 최솟값이 음수가 되도록 하는 자연수 a의 개수는?

① 11 ② 12 ③ 13
④ 14 ⑤ 15

0823 Level 2

곡선 $y=-\frac{1}{3}x^3+2x^2+kx$ 위의 점에서의 접선의 기울기의 최댓값이 6일 때, 상수 k의 값은?

① 2 ② 4 ③ 6
④ 8 ⑤ 10

0824 Level 2

곡선 $y=\frac{1}{3}x^3-x^2+x$ 위의 점에서 그은 접선 중 기울기가 최소인 직선의 방정식을 $y=mx+n$이라 할 때, $m+n$의 값을 구하시오. (단, m, n은 상수이다.)

0825 Level 2

삼차함수 $f(x)=-x^3-6x^2-6x$의 그래프의 접선 중에서 기울기가 최대인 접선의 방정식이 $y=ax+b$일 때, $2a-b$의 값은? (단, a, b는 상수이다.)

① 2 ② 4 ③ 6
④ 8 ⑤ 10

0826 Level 2

삼차함수 $f(x)=-x^3+3x^2+6x-4$의 그래프의 접선 중에서 기울기가 최대인 접선의 방정식을 $y=g(x)$라 할 때, $g(2)$의 값은?

① 7 ② 9 ③ 11
④ 13 ⑤ 15

0827 Level 2

곡선 $y=x^3-3x^2+9x+1$의 접선 중 기울기가 최소인 직선이 점 $(a, -4)$를 지날 때, a의 값을 구하시오.

실전유형 13 곡선 밖의 점에서 그은 접선의 방정식 빈출유형

곡선 $y=f(x)$ 밖의 점 (a, b)를 지나는 접선의 방정식은 다음과 같은 순서로 구한다.

❶ 접점의 좌표를 $(t, f(t))$라 하고, 접선의 방정식 $y-f(t)=f'(t)(x-t)$를 세운다.

❷ 접선의 방정식에 $x=a$, $y=b$를 대입하여 t의 값을 구한다.

❸ t의 값을 $y-f(t)=f'(t)(x-t)$에 대입하여 접선의 방정식을 구한다.

0828 대표문제

점 $(2, -1)$에서 곡선 $y=x^2-3x+2$에 그은 접선의 방정식을 모두 고르면? (정답 2개)

① $y=-2x+1$　② $y=-x+1$
③ $y=x-1$　④ $y=2x-1$
⑤ $y=3x-7$

0829 Level 2

점 $(1, 1)$에서 곡선 $y=-x^2+2x-1$에 그은 접선 중 기울기가 양수인 접선의 방정식이 $y=ax+b$일 때, $a-2b$의 값은? (단, a, b는 상수이다.)

① 1　② 2　③ 3
④ 4　⑤ 5

0830 Level 2

점 $(1, 0)$에서 곡선 $y=x^2+2x+1$에 그은 두 접선의 기울기의 합은?

① 2　② 4　③ 6
④ 8　⑤ 10

0831 Level 2

점 $P(1, 2)$에서 곡선 $y=-x^2+x+1$에 그은 두 접선의 접점을 각각 $Q(a, b)$, $R(c, d)$라 할 때, $a+b+c+d$의 값은? (단, $a<c$)

① 1　② 2　③ 3
④ 4　⑤ 5

0832 Level 2

원점 O에서 곡선 $y=\frac{1}{2}x^2+1$에 그은 접선의 접점을 $P\left(p, \frac{1}{2}p^2+1\right)$이라 할 때, 선분 OP의 길이는? (단, $p>0$)

① $\sqrt{3}$　② 2　③ $\sqrt{5}$
④ $\sqrt{6}$　⑤ $\sqrt{7}$

0833 Level 2

함수 $f(x)=x^3-ax$에 대하여 점 $(0, 16)$에서 곡선 $y=f(x)$에 그은 접선의 기울기가 8일 때, $f(a)$의 값을 구하시오. (단, a는 상수이다.)

0834

Level 2

점 $(0,\ -18)$에서 곡선 $y=\frac{1}{3}x^3-x$에 그은 접선의 접점을 P라 하고, 접선과 곡선의 점 P가 아닌 교점을 Q라 하자. 두 점 P, Q의 x좌표의 합은?

① -5　② -4　③ -3
④ -2　⑤ -1

0835

Level 2

점 $(4,\ 0)$에서 곡선 $y=\frac{1}{2}x^2+k$에 그은 두 접선이 서로 수직으로 만날 때, 상수 k의 값은? (단, $k>-8$)

① 1　② $\frac{1}{2}$　③ $\frac{1}{4}$
④ $\frac{1}{6}$　⑤ $\frac{1}{8}$

0836

Level 3

양수 a에 대하여 점 $(a,\ 0)$에서 곡선 $y=3x^3$에 그은 접선과 점 $(0,\ a)$에서 곡선 $y=3x^3$에 그은 접선이 서로 평행할 때, $90a$의 값은?

① 20　② 30　③ 40
④ 50　⑤ 60

실전유형 14 곡선 밖의 점이 주어진 접선의 활용

곡선 $y=f(x)$ 밖의 점 $(a,\ b)$에서 곡선에 접선을 그었을 때, 접점의 좌표를 $(t,\ f(t))$라 하면 접선의 방정식은 $b-f(t)=f'(t)(a-t)$임을 이용한다.

0837 대표문제

원점 O에서 곡선 $y=x^2+4$에 그은 두 접선의 접점을 각각 A, B라 하자. 삼각형 OAB의 넓이는?

① 8　② 10　③ 12
④ 14　⑤ 16

0838

Level 2

점 $A(a,\ 0)$에서 곡선 $y=x^2+x-2$에 그은 두 접선의 접점을 각각 B, C라 하자. 삼각형 ABC의 무게중심의 x좌표가 2일 때, a의 값은?

① 1　② 2　③ 3
④ 4　⑤ 5

0839

Level 2

점 $(2,\ -2)$에서 곡선 $y=x^2-4x+3$에 두 개의 접선을 그을 때, 각각의 접점에서의 접선에 수직인 두 직선의 교점의 좌표를 $(a,\ b)$라 하자. $a+b$의 값은?

① $-\frac{3}{2}$　② $-\frac{1}{2}$　③ $\frac{1}{2}$
④ $\frac{3}{2}$　⑤ $\frac{5}{2}$

0840

Level 2

점 (3, 0)에서 곡선 $y=x^3-3x^2+3$에 그은 세 접선의 접점의 x좌표의 합은?

① 3 ② 4 ③ 5
④ 6 ⑤ 7

0841

Level 2

최고차항의 계수가 1인 삼차함수 $f(x)$가 다음 조건을 만족시킨다.

> (가) 모든 실수 x에 대하여 $f(-x)=-f(x)$이다.
> (나) 점 $(0, -2)$에서 곡선 $y=f(x)$에 그은 접선의 접점은 x축 위에 있다.

$f(2)$의 값은?

① 2 ② 4 ③ 6
④ 8 ⑤ 10

0842

Level 3

점 $(1, k)$에서 곡선 $y=x^3-4x+3$에 서로 다른 세 개의 접선을 그을 때, 세 접점의 x좌표는 등차수열을 이룬다고 한다. k의 값을 구하시오.

+Plus 문제

실전유형 15 공통인 접선

두 곡선 $y=f(x)$, $y=g(x)$가 점 (a, b)에서 공통인 접선을 가질 때
(1) $f(a)=g(a)=b$
(2) $f'(a)=g'(a)$

0843 대표문제

두 곡선 $y=-x^3+ax$, $y=bx^2+c$가 점 $(-1, 0)$에서 공통인 접선을 가질 때, $a^2+b^2+c^2$의 값을 구하시오.
(단, a, b, c는 상수이다.)

0844

Level 1

두 곡선 $f(x)=3x^2+a$, $g(x)=4x^3-8x^2+bx+c$가 점 $(2, 3)$에서 접할 때, $a+b+c$의 값은?
(단, a, b, c는 상수이다.)

① -2 ② -1 ③ 0
④ 1 ⑤ 2

0845

Level 1

두 곡선 $y=x^3$, $y=x^2+x-1$이 점 (p, q)에서 공통인 접선을 가질 때, $p+q$의 값을 구하시오.

0846

Level 2

두 곡선 $y=x^3-4x+27$, $y=3x^2+5x$가 $x=t$에서 공통인 접선을 가질 때, 이 공통인 접선의 방정식을 $y=ax+b$라 하자. $a+b$의 값은? (단, a, b는 상수이다.)

① -5 ② -4 ③ -3
④ -2 ⑤ -1

0847

Level 2

두 곡선 $y=x^3-2x^2-6x$, $y=4x^2+9x+8$이 점 P에서 접할 때, 점 P에서의 접선과 수직이고 점 P를 지나는 직선의 방정식을 $y=mx+n$이라 하자. m^2+n^2의 값은?

(단, m, n은 상수이다.)

① 2 ② 5 ③ 8
④ 10 ⑤ 13

0848

Level 2

두 곡선 $y=\frac{2}{3}x^3+ax^2$, $y=-2x^2+9$가 한 점에서 접할 때, 상수 a의 값은?

① 1 ② 2 ③ 3
④ 4 ⑤ 5

0849

Level 2

곡선 $y=x^2$ 위의 점 $(-2, 4)$에서의 접선이 곡선 $y=x^3+ax-2$에 접할 때, 상수 a의 값을 구하시오.

0850

Level 2

곡선 $y=x^3$ 위의 한 점 $\mathrm{P}(a, a^3)$에서의 접선이 곡선 $y=x^3+4$ 위의 점 $\mathrm{Q}(b, b^3+4)$에서의 접선과 일치할 때, a^2+b^2의 값을 구하시오.

0851

Level 2

그림과 같이 두 함수 $f(x)=x^2$, $g(x)=-(x-3)^2+k$ $(k>0)$에 대하여 곡선 $y=f(x)$ 위의 점 $\mathrm{P}(1, 1)$에서의 접선을 l이라 하자. 직선 l에 곡선 $y=g(x)$가 접할 때의 접점을 Q, 곡선 $y=g(x)$와 x축이 만나는 두 점을 각각 R, S라 할 때, 삼각형 QRS의 넓이는?

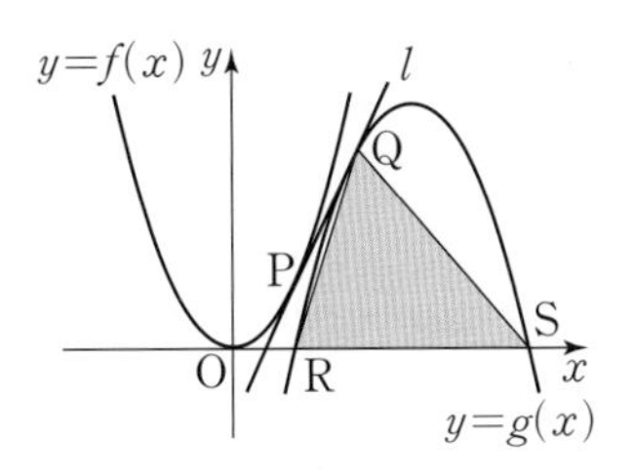

① 4 ② $\frac{9}{2}$ ③ 5
④ $\frac{11}{2}$ ⑤ 6

0852

Level 3

그림과 같이 두 곡선 $y=\frac{1}{2}x^2-k$, $y=-x^4+2x^2-1$이 서로 다른 두 점에서 접하고 두 교점에서 각각 공통인 접선을 가질 때, 상수 k의 값을 구하시오.

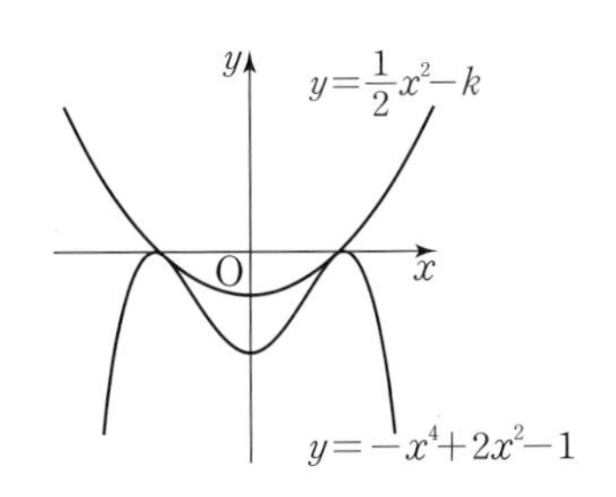

+Plus 문제

실전유형 16 교점에서 그은 접선

두 곡선 $y=f(x)$, $y=g(x)$의 교점 $(a, f(a))$에서 두 곡선에 그은 접선의 기울기는 각각 $f'(a)$, $g'(a)$이다.

0853 대표문제

두 곡선 $y=x^2-4$, $y=ax^2$ $(a<0)$의 교점에서 두 곡선에 각각 그은 접선이 서로 수직일 때, 상수 a의 값을 구하시오.

0854 Level 2

두 곡선 $y=x^3+1$, $y=ax^2+bx+1$이 점 $(1, 2)$에서 만나고 이 점에서의 두 접선이 서로 수직일 때, $b-a$의 값은?

(단, a, b는 상수이다.)

① $-\frac{5}{3}$ ② $-\frac{1}{3}$ ③ 1
④ $\frac{7}{3}$ ⑤ $\frac{11}{3}$

0855 Level 2

두 곡선 $y=\frac{1}{2}x^2$, $y=a-\frac{1}{2}x^2$의 교점에서의 두 접선이 서로 수직일 때, 상수 a의 값은?

① 1 ② 2 ③ 3
④ 4 ⑤ 5

0856 Level 2

두 곡선 $y=x^3+2a$, $y=ax^2+bx$의 교점 $(1, c)$에서의 두 접선이 서로 수직일 때, 상수 c의 값을 구하시오.

(단, a, b는 상수이다.)

0857 Level 3

점 $(0, -1)$에서 곡선 $f(x)=x^3-x+1$에 그은 접선을 l이라 하자. 곡선 $g(x)=-x^2+kx-12$의 접선 중 하나가 $x=2$에서 직선 l과 수직으로 만날 때, $g(2)$의 값은?

(단, $k>0$)

① -2 ② -1 ③ 0
④ 1 ⑤ 2

0858 Level 3

두 곡선 $y=-x^2+1$, $y=ax^2$의 한 교점에서 곡선 $y=-x^2+1$에 그은 접선을 l_1, 곡선 $y=ax^2$에 그은 접선을 l_2라 하자. 직선 l_1, l_2의 기울기를 각각 m_1, m_2라 할 때, $m_1-m_2=4$를 만족시키는 상수 a의 값은?

① 1 ② 2 ③ 3
④ 4 ⑤ 5

+Plus 문제

실전유형 17 곡선과 원의 접선

곡선 $y=f(x)$와 원이 접할 때,
접선은 원의 중심과 접점을 지나는 직선에 수직이다.

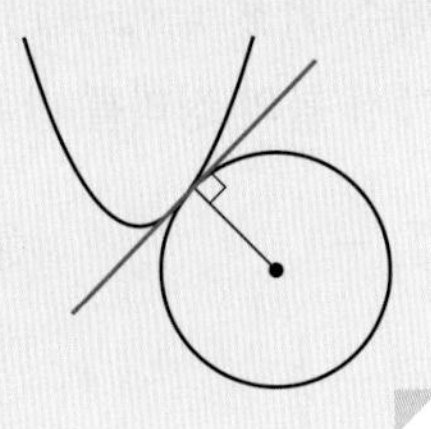

0859 대표문제

곡선 $y=-x^2$과 중심이 점 $(-3, 0)$인 원이 제3사분면에서 접할 때, 접점의 좌표를 (p, q)라 하자. p^2+q^2의 값은?

① 1　② 2　③ 3　④ 4　⑤ 5

0860 Level 2

좌표평면에서 곡선 $y=x^2$ 위의 점 P(1, 1)과 중심이 x축 위에 있는 원 C는 다음 조건을 만족시킨다.

(가) 곡선 $y=x^2$과 원 C는 점 P에서 만난다.
(나) 곡선 $y=x^2$과 원 C는 점 P에서 공통인 접선을 갖는다.

원 C의 중심의 x좌표는?

① 2　② $\frac{5}{2}$　③ 3　④ $\frac{7}{2}$　⑤ 4

0861 Level 2

그림과 같이 최고차항의 계수가 1인 이차함수 $y=f(x)$의 그래프와 원이 두 점 $(0, 0)$, $(4, 0)$에서 접한다. 원의 지름의 길이를 구하시오.

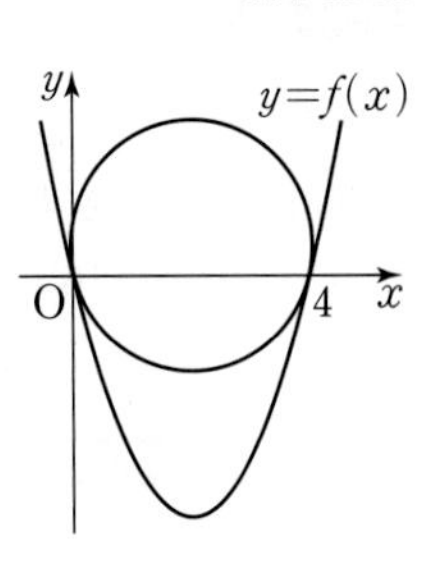

0862 Level 2

곡선 $y=x^3+1$과 점 $(1, 2)$에서 접하고 중심이 y축 위에 있는 원의 넓이를 $\frac{q}{p}\pi$라 할 때, $p+q$의 값은?

(단, p, q는 서로소인 자연수이다.)

① 11　② 13　③ 15　④ 17　⑤ 19

0863 Level 2

곡선 $y=\frac{1}{2}x^2$과 원 $x^2+(y-4)^2=7$에 동시에 접하는 서로 다른 두 직선의 기울기의 곱을 구하시오.

실전유형 18 롤의 정리

함수 $f(x)$가 닫힌구간 $[a, b]$에서 연속이고 열린구간 (a, b)에서 미분가능할 때, $f(a)=f(b)$이면 $f'(c)=0$인 c가 열린구간 (a, b)에 적어도 하나 존재한다.

0864 대표문제

함수 $f(x)=x^2-8x$에 대하여 닫힌구간 $[0, 8]$에서 롤의 정리를 만족시키는 상수 c의 값은?

① 1 ② 2 ③ 3
④ 4 ⑤ 5

0865 Level 1

다음은 함수 $f(x)=x^2+2$에 대하여 닫힌구간 $[-1, 1]$에서 롤의 정리를 만족시키는 상수 c의 값을 구하는 과정이다. ㈎, ㈏, ㈐, ㈑에 알맞은 식 또는 값을 구하시오.

> 함수 $f(x)=x^2+2$는 닫힌구간 $[-1, 1]$에서 연속이고 열린구간 $(-1, 1)$에서 미분가능하다.
> 이때 $f(-1)=$ ㈎, $f(1)=$ ㈏이므로 롤의 정리에 의하여 $f'(c)=0$인 c가 열린구간 $(-1, 1)$에 적어도 하나 존재한다.
> $f'(x)=$ ㈐ 이므로 $f'(c)=0$에서
> $c=$ ㈑

0866 Level 1

함수 $f(x)=x^3+6x^2+9x+2$에 대하여 닫힌구간 $[-3, 0]$에서 롤의 정리를 만족시키는 상수 c의 값은?

① -3 ② -2 ③ -1
④ $-\frac{1}{2}$ ⑤ $-\frac{1}{3}$

0867 Level 1

함수 $f(x)=(x-1)(x+3)^2$에 대하여 닫힌구간 $[-3, 1]$에서 롤의 정리를 만족시키는 상수 c의 값은?

① -1 ② $-\frac{1}{3}$ ③ $-\frac{1}{5}$
④ $-\frac{1}{7}$ ⑤ $-\frac{1}{9}$

0868 Level 1

함수 $f(x)=-x^2+ax$에 대하여 닫힌구간 $[0, 1]$에서 상수 c가 롤의 정리를 만족시킬 때, $\frac{a}{c}$의 값을 구하시오.
(단, a는 상수이다.)

0869 Level 2

함수 $f(x)=x^3-3x+1$에 대하여 닫힌구간 $[-\sqrt{3}, a]$에서 롤의 정리를 만족시키는 상수 c_1, c_2가 존재할 때, $a^2+c_1^2+c_2^2$의 값은? (단, $a>-\sqrt{3}$이고 $c_1<c_2$이다.)

① 1 ② 2 ③ 3
④ 4 ⑤ 5

0870 Level 2

함수 $f(x)=\frac{1}{3}x^3+x^2-3x+2$에 대하여 닫힌구간 $[-a, a]$에서 롤의 정리를 만족시킬 때, 상수 c의 값과 자연수 a의 값을 구하시오.

실전유형 19 평균값 정리

함수 $f(x)$가 닫힌구간 $[a, b]$에서 연속이고 열린구간 (a, b)에서 미분가능하면 $\frac{f(b)-f(a)}{b-a}=f'(c)$인 c가 열린구간 (a, b)에 적어도 하나 존재한다.

0871 대표문제

함수 $f(x)=x^2-4x+2$에 대하여 닫힌구간 $[0, 3]$에서 평균값 정리를 만족시키는 상수 c의 값은?

① $\frac{1}{4}$　② $\frac{1}{2}$　③ 1
④ $\frac{5}{4}$　⑤ $\frac{3}{2}$

0872

Level 1

다음은 평균값 정리이다.

> 함수 $f(x)$가 닫힌구간 $[a, b]$에서 연속이고 열린구간 (a, b)에서 미분가능할 때, $\frac{f(b)-f(a)}{b-a}=f'(c)$인 c가 열린구간 (a, b)에 적어도 하나 존재한다.

위의 내용에서 $f(x)=x^2+2$이고 $a=0$, $b=1$일 때, 상수 c의 값을 구하시오.

0873

Level 1

다음 함수 중 닫힌구간 $[1, 3]$에서 평균값 정리를 만족시키는 상수 c가 존재하지 않는 것은?

① $f(x)=x$　② $f(x)=\sqrt{(x+1)^2}$
③ $f(x)=|x-2|$　④ $f(x)=|x-2|(x-2)$
⑤ $f(x)=\frac{1}{2}x^2$

0874

Level 2

함수 $f(x)=-2x^2+6x+1$에 대하여 닫힌구간 $[1, k]$에서 평균값 정리를 만족시키는 상수 c의 값이 3일 때, 실수 k의 값을 구하시오. (단, $k>3$)

0875

Level 2

함수 $f(x)=x^3+kx$는 닫힌구간 $[0, \sqrt{3}]$에서 롤의 정리를 만족시키는 상수가 존재하고, 닫힌구간 $[0, 3]$에서 평균값 정리를 만족시키는 상수 c가 존재할 때, k^2+c^2의 값은? (단, k는 상수이다.)

① 6　② 12　③ 18
④ 24　⑤ 30

0876
Level 2

다음은 평균값 정리를 이용하여
'두 함수 $f(x)$, $g(x)$가 닫힌구간 $[a, b]$에서 연속이고, 열린구간 (a, b)에서 미분가능하며 $f'(x)=g'(x)$일 때, 닫힌구간 $[a, b]$에서 $f(x)=g(x)+k$(k는 상수)이다.'
임을 증명하는 과정이다.

> $h(x)=f(x)-g(x)$라 하면 함수 $h(x)$는 닫힌구간 $[a, b]$에서 연속이고 열린구간 (a, b)에서 미분가능하다.
> 따라서 $a<x<b$인 임의의 실수 x에 대하여 닫힌구간 $[a, x]$에서 평균값 정리에 의하여
> $\dfrac{h(x)-h(a)}{x-a}=$ (가)
> 인 c가 열린구간 (a, x)에 적어도 하나 존재한다.
> 이때 $h'(c)=f'(c)-g'(c)=0$이므로
> $h(x)-h(a)=0 \qquad \therefore h(x)=h(a)$
> 따라서 함수 $h(x)$는 닫힌구간 $[a, b]$에서 (나) 이므로
> $h(x)=f(x)-g(x)=k$ (k는 상수)
> $\therefore f(x)=g(x)+k$

이때 (가), (나)에 알맞은 것은?

① (가): $h(c)$ (나): 상수함수
② (가): $h(c)$ (나): 일차함수
③ (가): $h'(c)$ (나): 상수함수
④ (가): $h'(c)$ (나): 일차함수
⑤ (가): $h'(c)$ (나): 이차함수

0877
Level 2

함수 $f(x)=2x^3-6x^2+1$과 닫힌구간 $[0, 3]$에 속하는 임의의 두 실수 a, b $(a<b)$에 대하여 $\dfrac{f(b)-f(a)}{b-a}=k$를 만족시키는 정수 k의 개수는?

① 23 ② 24 ③ 25
④ 26 ⑤ 27

0878
Level 2

함수 $f(x)=x^2-8x+2$와 닫힌구간 $[-2, 4]$에 속하는 임의의 두 실수 x_1, x_2 $(x_1<x_2)$에 대하여 $\dfrac{f(x_2)-f(x_1)}{x_2-x_1}=k$를 만족시키는 모든 정수 k의 값의 합을 구하시오.

0879
Level 2

실수 전체의 집합에서 미분가능한 함수 $f(x)$에 대하여 $f(0)=4$, $f(3)=1$이다. 함수 $g(x)=(x^2+x+1)f(x)$라 할 때, 닫힌구간 $[0, 3]$에서 평균값 정리를 만족시키는 상수 c에 대하여 $g'(c)$의 값은?

① 1 ② 2 ③ 3
④ 4 ⑤ 5

0880
Level 3

미분가능한 함수 $f(x)$가 닫힌구간 $[-1, 2]$에 속하는 모든 x에 대하여 $f'(x)\geq 3$이다. $f(-1)=2$일 때, $f(2)$의 최솟값을 평균값 정리를 이용하여 구하면?

① 10 ② 11 ③ 12
④ 13 ⑤ 14

+Plus 문제

실전유형 20 평균값 정리의 활용

(1) 함수 $f(x)$가 미분가능할 때, 열린구간 (a, b)에서 $f'(a)f'(b)<0$이면 $f'(c)=0$인 c가 적어도 하나 존재한다.

(2) $\dfrac{f(b)-f(a)}{b-a}=k$, $f'(c)\le k$이면 $y=f(x)$의 그래프는 기울기가 k인 직선이다.

0881 대표문제

실수 전체의 집합에서 미분가능한 함수 $f(x)$가 $\lim_{x\to\infty} f'(x)=3$을 만족시킬 때, $\lim_{x\to\infty}\{f(x+2)-f(x-2)\}$의 값을 구하시오.

0882

Level 1

함수 $f(x)=x^3-3x$에서 x의 값이 1에서 4까지 변할 때의 평균변화율과 곡선 $y=f(x)$ 위의 점 $(k, f(k))$에서의 접선의 기울기가 서로 같을 때, 양수 k의 값은?

① $\sqrt{3}$ ② 2 ③ $\sqrt{5}$
④ $\sqrt{6}$ ⑤ $\sqrt{7}$

0883

Level 1

함수 $y=f(x)$의 그래프가 그림과 같을 때,

$$\frac{f(b)-f(a)}{b-a}=f'(c)$$

를 만족시키는 상수 c의 개수를 구하시오. (단, $a<c<b$)

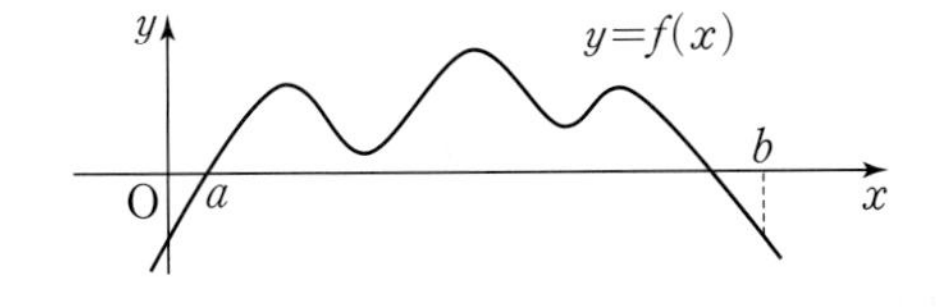

0884

Level 2

함수 $f(x)=x^2-2x+3$에 대하여

$$f(x+h)=f(x)+hf'(x+ah)\ (0<a<1)$$

를 만족시키는 상수 a의 값은? (단, $h>0$)

① $\frac{1}{4}$ ② $\frac{1}{3}$ ③ $\frac{1}{2}$
④ $\frac{2}{3}$ ⑤ $\frac{3}{4}$

0885

Level 2

함수 $f(x)=2x^2+1$에 대하여

$$f(a+2h)-f(a)=2hf'(a+kh)\ (0<k<2)$$

를 만족시키는 상수 k의 값을 구하시오. (단, $h>0$)

0886

Level 3

다항함수 $f(x)$가 다음 조건을 만족시킨다.

> (가) $f(1)=1$, $f(5)=9$이다.
> (나) $1<x<5$인 모든 실수 x에 대하여 $f'(x)\le 2$이다.

$f(4)$의 값을 구하시오.

서술형 유형 익히기

0887 대표문제

곡선 $y=-x^2+4x$ 위의 두 점 $O(0, 0)$, $A(6, -12)$에 대하여 그림과 같이 점 P가 곡선을 따라 점 O와 점 A 사이를 움직일 때, 삼각형 OAP의 넓이의 최댓값을 구하는 과정을 서술하시오. [7점]

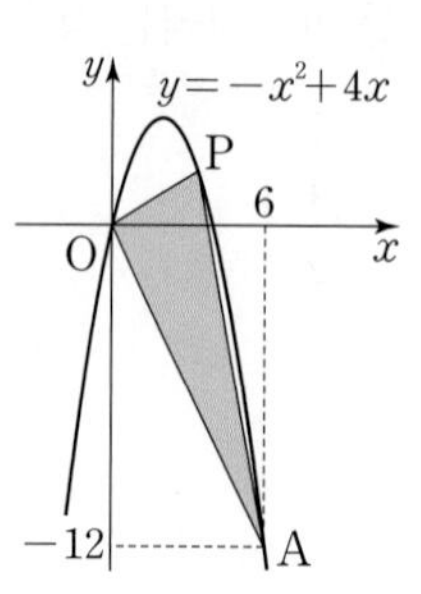

STEP 1 삼각형 OAP의 넓이가 최대가 될 조건 찾기 [2점]

삼각형 OAP의 넓이가 최대가 될 때는 점 P와 직선 OA 사이의 거리가 최대일 때이므로 곡선 $y=-x^2+4x$의 접선 중에서 직선 OA와 평행한 접선의 접점이 P일 때이다.

$f(x)=-x^2+4x$라 하면

$f'(x)=$ (1)

점 P의 좌표를 $(t, -t^2+4t)$라 하면 두 점 $O(0, 0)$, $A(6, -12)$를 지나는 직선 OA의 기울기는 (2) 이므로

점 P에서의 접선의 기울기가 (3) 일 때, 삼각형 OAP의 넓이가 최대이다.

STEP 2 삼각형 OAP의 넓이가 최대가 될 때 점 P의 좌표 구하기 [2점]

$f'(t)=-2$에서

$-2t+4=-2$, $2t=6$ $\quad\therefore t=$ (4)

즉, 점 P의 좌표는 ((5) , (6))이다.

STEP 3 삼각형 OAP의 넓이의 최댓값 구하기 [3점]

삼각형 OAP의 밑변의 길이는

$\overline{OA}=$ (7)

삼각형 OAP의 높이를 h라 하면 h는 점 $P(3, 3)$과 직선 OA, 즉 직선 $2x+y=0$ 사이의 거리와 같으므로

$h=$ (8)

따라서 삼각형 OAP의 넓이의 최댓값은

$\frac{1}{2}\times\overline{OA}\times h=$ (9)

0888 한번 더

그림과 같이 점 P가 $x\geq0$에서 곡선 $y=\frac{2}{3}x^3+\frac{1}{2}x+1$ 위를 움직인다. 두 점 $O(0, 0)$, $A(2, 2)$에 대하여 삼각형 OAP의 넓이의 최솟값을 구하는 과정을 서술하시오. [7점]

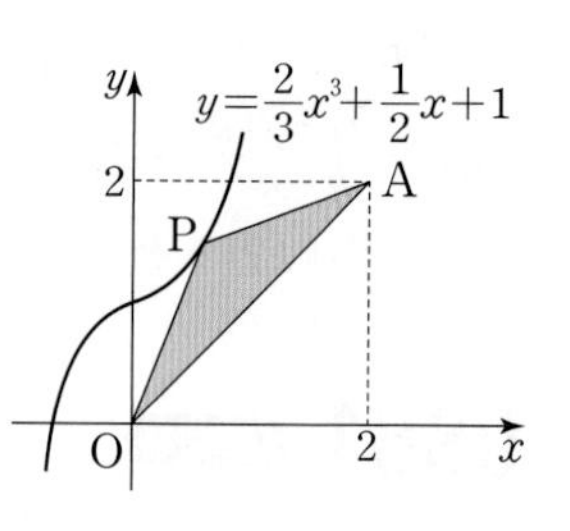

STEP 1 삼각형 OAP의 넓이가 최소가 될 조건 찾기 [2점]

STEP 2 삼각형 OAP의 넓이가 최소가 될 때 점 P의 좌표 구하기 [2점]

STEP 3 삼각형 OAP의 넓이의 최솟값 구하기 [3점]

핵심 KEY 유형 9, 유형 11 곡선 위의 점에서 그은 접선의 활용

접선을 이용하여 삼각형 넓이의 최댓값을 구하는 문제이다.
삼각형 OAP에서 $\overline{OA}$를 밑변으로 생각하면 높이가 최대가 될 때는 점 P가 직선 OA와 평행한 접선의 접점일 때이다.
삼각형의 높이는 고등수학에서 배운 점과 직선 사이의 거리를 이용하여 구할 수 있다.

0889 유사 1

그림과 같이 점 P가 $-4\le x\le 2$에서 곡선 $y=x^3-x-3$ 위를 움직인다. 두 점 A$(-4,\ 0)$, B$(2,\ 3)$에 대하여 삼각형 ABP의 넓이가 최소일 때의 점 P의 좌표를 구하는 과정을 서술하시오. [8점]

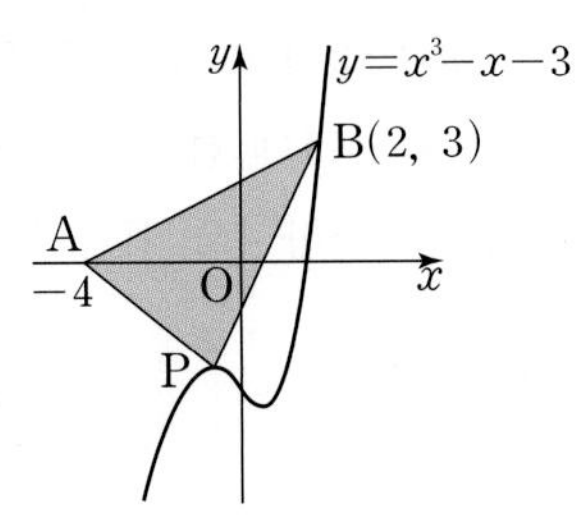

0890 유사 2

곡선 $y=x^3-3x+2$ 위의 세 점 A$(-2,\ 0)$, B$(0,\ 2)$, P$(a,\ a^3-3a+2)$에 대하여 사각형 OAPB의 넓이가 최대일 때의 a의 값을 구하는 과정을 서술하시오. [10점]

(단, $-2<a<0$이고, O는 원점이다.)

0891 대표문제

곡선 $y=\frac{1}{2}x^2+x+1$ 위의 점 $\mathrm{P}\left(a,\ \frac{1}{2}a^2+a+1\right)$에서의 접선이 곡선 $y=-x^2-\frac{1}{2}$에 접하도록 하는 모든 a의 값을 구하는 과정을 서술하시오. [8점]

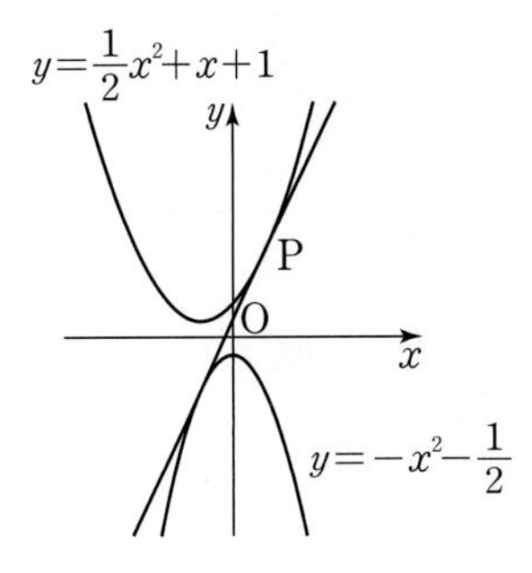

STEP 1 점 P에서의 접선의 방정식 구하기 [2점]

$f(x)=\frac{1}{2}x^2+x+1$이라 하면 $f'(x)=$ (1) ☐

곡선 $y=f(x)$ 위의 점 $\mathrm{P}\left(a,\ \frac{1}{2}a^2+a+1\right)$에서의 접선의 기울기는 $f'(a)=a+1$이므로 점 P에서의 접선의 방정식은

$y-\left(\frac{1}{2}a^2+a+1\right)=(a+1)(x-a)$

$\therefore y=(a+1)x-\frac{1}{2}a^2+$ (2) ☐ ……… ㉠

STEP 2 곡선 $y=-x^2-\frac{1}{2}$에서의 접선의 방정식 구하기 [3점]

$g(x)=-x^2-\frac{1}{2}$이라 하면 $g'(x)=$ (3) ☐

곡선 $y=g(x)$와 직선 ㉠의 접점을 $\mathrm{Q}\left(b,\ -b^2-\frac{1}{2}\right)$이라 하면 점 Q에서의 접선의 기울기는 $g'(b)=$ (4) ☐ 이므로

점 Q에서의 접선의 방정식은

$y-\left(-b^2-\frac{1}{2}\right)=-2b(x-b)$

$\therefore y=-2bx+b^2-\frac{1}{2}$ ……… ㉡

STEP 3 두 접선이 일치함을 이용하여 a의 값 구하기 [3점]

두 접선 ㉠, ㉡이 서로 일치하므로

$a+1=-2b,\ -\frac{1}{2}a^2+1=b^2-\frac{1}{2}$

두 식을 연립하여 풀면 $\begin{cases} a= \text{(5) ☐} \\ b=\frac{1}{3} \end{cases}$ 또는 $\begin{cases} a= \text{(6) ☐} \\ b=-1 \end{cases}$

따라서 모든 a의 값은 (7) ☐, (8) ☐ 이다.

0892 한번 더

곡선 $y=x^2-2x+3$ 위의 점 $P(a, a^2-2a+3)$에서의 접선이 곡선 $y=-x^2-2$에 접하도록 하는 모든 a의 값을 구하는 과정을 서술하시오. [8점]

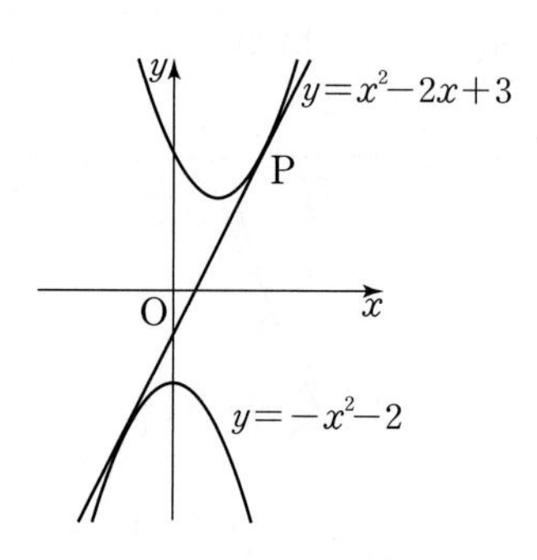

STEP 1 점 P에서의 접선의 방정식 구하기 [2점]

STEP 2 곡선 $y=-x^2-2$에서의 접선의 방정식 구하기 [3점]

STEP 3 두 접선이 일치함을 이용하여 a의 값 구하기 [3점]

핵심 KEY 유형 15 공통인 접선

곡선 $y=f(x)$ 위의 한 점에서의 접선이 다른 곡선에도 접하도록 미정계수를 정하는 문제이다.
직선과 곡선이 접하면 한 점에서 만나므로 직선의 방정식과 곡선의 방정식을 연립하여 만든 방정식은 중근을 가진다. 판별식 $D=0$임을 이용하자.

0893 유사 1

곡선 $y=3x^2+1$ 위의 점 $P(a, 3a^2+1)$에서의 접선이 곡선 $y=-x^2-11$에 접하는 점을 Q라 하자. $\overline{PQ}^2$의 값을 구하는 과정을 서술하시오. (단, 점 P는 제1사분면 위의 점이다.) [8점]

0894 유사 2

그림과 같이 곡선 $y=x^3$ 위의 한 점 P에서의 접선을 l이라 하자. 직선 l이 곡선 $y=x^3+4$에도 접할 때, 직선 l의 방정식을 구하는 과정을 서술하시오. [8점]

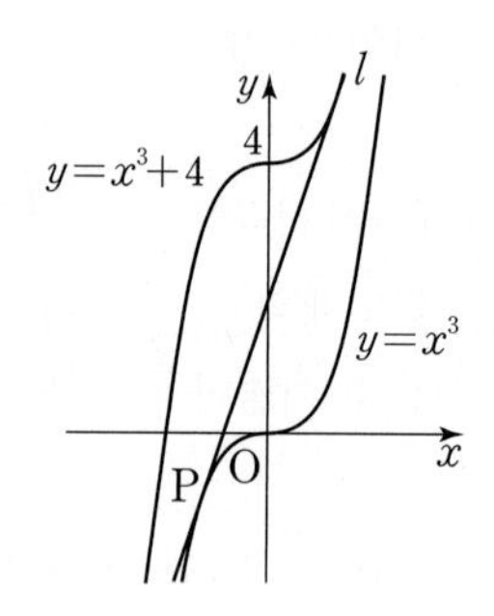

0895 대표문제

평균값 정리를 이용하여 다항함수 $f(x)$에 대하여 $f(2)=0$, $f(3)=2$, $f(4)=8$일 때, $f'(c)=4$인 c가 열린구간 $(0, 4)$에 적어도 하나 존재함을 보이는 과정을 서술하시오. [7점]

STEP 1 평균값 정리를 이용하여 $f'(c)=4$인 c가 열린구간 $(2, 4)$에 존재함을 보이기 [4점]

다항함수 $f(x)$는 모든 실수 x에서 연속이고 미분가능하므로 평균값 정리에 의하여

$f'(c)=\dfrac{f(4)-f(2)}{4-2}=\dfrac{8-0}{4-2}=$ (1) ☐ 인 c가 열린구간

((2) ☐ , (3) ☐)에 적어도 하나 존재한다.

STEP 2 $f'(c)=4$인 c가 열린구간 $(0, 4)$에 존재함을 보이기 [3점]

$f'(c)=4$인 c가 열린구간 $(2, 4)$에 적어도 하나 존재하므로 $f'(c)=4$인 c가 열린구간 ((4) ☐ , 4)에 적어도 하나 존재한다.

0896 한번 더

다항함수 $f(x)$에 대하여 $f(0)=0$, $f(1)=6$, $f(2)=8$일 때, $f'(c)=2$인 c가 열린구간 $(0, 2)$에 적어도 하나 존재함을 보이는 과정을 서술하시오. [7점]

STEP 1 평균값 정리를 이용하여 $f'(c)=2$인 c가 열린구간 $(1, 2)$에 존재함을 보이기 [4점]

STEP 2 $f'(c)=2$인 c가 열린구간 $(0, 2)$에 존재함을 보이기 [3점]

0897 유사 1

다항함수 $f(x)$에 대하여 $f(2)=0$, $f(3)=1$, $f(4)=10$일 때, $g(x)=f(x)-2x+1$에 대하여 $g'(c)=0$인 c가 열린구간 $(2, 4)$에 적어도 하나 존재함을 보이는 과정을 서술하시오. [9점]

0898 유사 2

다항함수 $f(x)$에 대하여 $f(0)=0$, $f(1)=6$, $f(2)=8$일 때, $f'(c)=5$인 c가 열린구간 $(0, 2)$에 적어도 하나 존재함을 보이는 과정을 서술하시오. [10점]

핵심 KEY 유형 19 **평균값 정리**

평균값 정리를 이용해 $\dfrac{f(b)-f(a)}{b-a}=f'(c)$인 c가 열린구간 (a, b)에 적어도 하나 존재함을 보이는 문제이다.
구간 양 끝에서의 함숫값 $f(a)$, $f(b)$가 주어진 경우 주어진 값을 이용하여 바로 평균값 정리를 생각하면 되지만 **0895**와 같이 여러 개의 함숫값이 주어진 경우는 $f'(c)=4$를 보고 평균변화율이 4가 되는 구간이 어디인지 찾아 증명해야 한다.

실력 check 실전 마무리하기 1회

점 / 100점

• 선택형 21문항, 서술형 4문항입니다.

1 0899

곡선 $y=2x^3-3x+1$ 위의 점 $(2, 11)$에서의 접선의 기울기는? [3점]

① 17 ② 19 ③ 21 ④ 23 ⑤ 25

2 0900

곡선 $y=x^2-ax+b$ 위의 점 $(1, 3)$에서의 접선의 기울기가 3일 때, 상수 a, b에 대하여 $a+b$의 값은? [3점]

① -2 ② -1 ③ 0 ④ 1 ⑤ 2

3 0901

곡선 $y=x^3+x$ 위의 점 $(1, 2)$에서의 접선의 방정식은? [3점]

① $y=3x-1$ ② $y=4x-2$ ③ $y=5x-3$ ④ $y=6x-4$ ⑤ $y=7x-5$

4 0902

곡선 $y=x^3-6x^2+6$ 위의 점 $(1, 1)$에서의 접선이 점 $(0, a)$를 지날 때, a의 값은? [3점]

① 2 ② 4 ③ 6 ④ 8 ⑤ 10

5 0903

곡선 $y=\frac{1}{2}x^2+1$ 위의 점 $\left(-1, \frac{3}{2}\right)$에서 그은 접선과 수직인 직선의 기울기는? [3점]

① -2 ② -1 ③ 0 ④ 1 ⑤ 2

6 0904

곡선 $y=x^2-4x+3$에 접하고 직선 $y=4x+2$에 평행한 직선의 방정식은? [3점]

① $y=4x-13$ ② $y=4x-11$ ③ $y=4x-9$ ④ $y=4x-7$ ⑤ $y=4x-5$

● 정답 및 풀이 189쪽

7 0905

함수 $f(x)=x^2+ax$가 닫힌구간 $[0,\ 1]$에서 롤의 정리를 만족시킬 때, 상수 a의 값은? [3점]

① -1　② $-\frac{1}{2}$　③ 0
④ $\frac{1}{2}$　⑤ 1

8 0906

함수 $f(x)=x^2+3x$에 대하여 닫힌구간 $[1,\ 5]$에서 평균값 정리를 만족시키는 상수 c의 값은? [3점]

① 1　② 2　③ 3
④ 4　⑤ 5

9 0907

곡선 $y=x^2+3x+2$ 위의 점 $(a,\ b)$에서의 접선의 방정식이 $y=x+1$일 때, $a+b$의 값은? [3.5점]

① -2　② -1　③ 0
④ 1　⑤ 2

10 0908

다항함수 $f(x)$에 대하여 $\lim_{x\to 2}\frac{f(x)-2}{x-2}=3$일 때, 함수 $y=f(x)$의 그래프 위의 점 $(2,\ f(2))$에서의 접선의 방정식은 $y=ax+b$이다. 상수 $a,\ b$에 대하여 $a-b$의 값은?

[3.5점]

① 5　② 6　③ 7
④ 8　⑤ 9

11 0909

곡선 $y=x^4+2x^2$ 위의 점 $(a,\ a^4+2a^2)$에서의 접선과 y축의 교점의 좌표를 $(0,\ h(a))$라 할 때, $\lim_{a\to 0}\frac{h(a)}{a^2}$의 값은?

[3.5점]

① -4　② -2　③ 1
④ 2　⑤ 4

12 0910

함수 $f(x)=x^3-2x+1$에 대하여 곡선 $y=xf(x)$ 위의 점 중 x좌표가 -1인 점에서의 y절편은? [3.5점]

① -2 ② -1 ③ 1
④ 2 ⑤ 3

13 0911

곡선 $y=x^2$ 위의 점과 직선 $y=2x-k$ 사이의 거리의 최솟값이 $\sqrt{5}$일 때, 실수 k의 값은? [3.5점]

① 2 ② 4 ③ 6
④ 8 ⑤ 10

14 0912

곡선 $y=-x^3+6x+3$의 접선 중에서 기울기가 최대인 접선이 x축과 만나는 점의 좌표는 $(a, 0)$이다. a의 값은? [3.5점]

① -1 ② $-\frac{1}{2}$ ③ $-\frac{1}{3}$
④ $\frac{1}{2}$ ⑤ 1

15 0913

점 $(0, -1)$에서 곡선 $y=x^3-3x^2-6$에 그은 접선의 방정식은? [3.5점]

① $y=9x-1$ ② $y=8x-1$
③ $y=7x-1$ ④ $y=6x-1$
⑤ $y=5x-1$

16 0914

두 곡선 $y=x^2+ax$, $y=-x^2+4x$가 점 (b, c)에서 공통인 접선을 가질 때, $a+b+c$의 값은? (단, a는 상수이다.) [3.5점]

① 0 ② 2 ③ 4
④ 6 ⑤ 8

17 0915

함수 $f(x)=x^2-6x-3$에 대하여 닫힌구간 $[1, a]$에서 평균값 정리를 만족시키는 상수 c의 값이 3이다. $a>1$일 때, 실수 a의 값은? [3.5점]

① 8 ② 7 ③ 6
④ 5 ⑤ 4

18 0916

곡선 $y=x^3+ax^2+(2a+1)x+a+5$가 a의 값에 관계없이 항상 점 P를 지날 때, 점 P에서의 접선의 방정식은 $y=mx+n$이다. $m-n$의 값은? (단, m, n은 상수이다.) [4점]

① -3 ② -1 ③ 1
④ 3 ⑤ 5

19 0917

곡선 $y=\frac{1}{3}x^3-4x^2+2kx$ 위의 접선 중에서 기울기의 최솟값이 16이 되는 상수 k의 값은? [4점]

① 4 ② 8 ③ 12
④ 16 ⑤ 20

20 0918

점 $C(0, -k)$에서 곡선 $y=x^2$에 그은 두 접선의 접점을 각각 A, B라 하자. 삼각형 CAB의 넓이가 16일 때, k의 값은? (단, $k>0$) [4점]

① 1 ② 2 ③ 3
④ 4 ⑤ 5

21 0919

곡선 $y=x^2-1$ 위의 점 P와 원 $(x-14)^2+y^2=1$ 위의 점 Q에 대하여 선분 PQ의 길이의 최솟값은? [4.5점]

① $\sqrt{153}-2$ ② $\sqrt{153}-1$ ③ $\sqrt{155}-2$
④ $\sqrt{155}-1$ ⑤ $\sqrt{157}-2$

서술형

22 0920

곡선 $y=x^3-4x^2+3$ 위의 점 A(1, 0)에서의 접선이 이 곡선과 만나는 점 중 점 A가 아닌 점의 x좌표를 구하는 과정을 서술하시오. [6점]

23 0921

곡선 $y=x^2+x-2$에 접하고 기울기가 3인 접선의 방정식을 구하는 과정을 서술하시오. [6점]

24 0922

점 P(1, 2)에서 곡선 $y=-x^2+x+1$에 그은 두 접선과 x축으로 둘러싸인 부분의 넓이를 구하는 과정을 서술하시오. [8점]

25 0923

닫힌구간 $[0, 2]$에서 연속이고 열린구간 $(0, 2)$에서 미분가능한 모든 함수 $f(x)$가 다음 조건을 만족시킨다.

(가) $0<c<2$인 모든 c에 대하여 $|f'(c)|\le 3$이다.
(나) $f(0)=3$

$f(2)$의 최댓값을 M, 최솟값을 m이라 할 때, $M+m$의 값을 구하는 과정을 서술하시오. [8점]

● 정답 및 풀이 192쪽

2회

점 / 100점

• 선택형 21문항, 서술형 4문항입니다.

1 0924

곡선 $y=x^3-10x$ 위의 점 $(2,\ -12)$에서의 접선의 기울기는? [3점]

① -12　② -2　③ 2　④ 3　⑤ 12

2 0925

곡선 $y=x^2+3x+1$ 위의 점 $(0,\ 1)$에서의 접선의 방정식을 $y=mx+n$이라 할 때, 상수 $m,\ n$에 대하여 $m+n$의 값은? [3점]

① 0　② 1　③ 2　④ 3　⑤ 4

3 0926

곡선 $y=x^3+x+1$ 위의 점 $\mathrm{P}(1,\ 3)$에서의 접선을 l이라 하자. 점 P를 지나고 직선 l과 수직인 직선의 방정식을 $y=ax+b$라 할 때, $\dfrac{b}{a}$의 값은? (단, $a,\ b$는 상수이다.) [3점]

① -13　② -4　③ $-\dfrac{1}{4}$　④ 4　⑤ 13

4 0927

곡선 $y=-x^2+2x+1$에 접하고 기울기가 -2인 접선의 방정식은? [3점]

① $y=-2x+1$　② $y=-2x+3$　③ $y=-2x+5$　④ $y=-2x+7$　⑤ $y=-2x+9$

5 0928

곡선 $y=x^3-3x^2+8x-4$의 접선 중에서 기울기가 최소일 때의 접점의 좌표를 $(a,\ b)$라 할 때, $a+b$의 값은? [3점]

① 0　② 1　③ 2　④ 3　⑤ 4

6 0929

곡선 밖의 점 $(0,\ 2)$에서 곡선 $y=x^3+x$에 그은 접선의 기울기는? [3점]

① 1　② 2　③ 3　④ 4　⑤ 5

7 0930

함수 $f(x)=-x^2+6x$에 대하여 닫힌구간 $[-1, 7]$에서 롤의 정리를 만족시키는 상수 c의 값은? [3점]

① 1 ② 2 ③ 3
④ 4 ⑤ 5

8 0931

함수 $f(x)=x^2-7x+3$에 대하여 닫힌구간 $[a, b]$에서 평균값 정리를 만족시키는 상수 c의 값이 3일 때, $a+b$의 값은? [3점]

① 2 ② 4 ③ 6
④ 8 ⑤ 10

9 0932

다항함수 $f(x)$에 대하여 $\lim_{x \to 2} \frac{f(x)-4}{x^2-4}=2$일 때, 함수 $y=f(x)$의 그래프 위의 점 $(2, f(2))$에서의 접선의 방정식은 $y=ax+b$이다. $a-b$의 값은? (단, a, b는 상수이다.) [3.5점]

① 4 ② 8 ③ 12
④ 16 ⑤ 20

10 0933

곡선 $y=x^2+2$ 위의 점 (a, a^2+2)를 지나고 이 점에서의 접선과 수직인 직선의 y절편을 $f(a)$라 할 때, $f(-1)$의 값은? [3.5점]

① $\frac{1}{2}$ ② $\frac{3}{2}$ ③ $\frac{5}{2}$
④ $\frac{7}{2}$ ⑤ $\frac{9}{2}$

11 0934

곡선 $y=x^3-x^2-4x-2$ 위의 점 $P(-1, 0)$에서의 접선이 점 P가 아닌 점 Q에서 만날 때, 점 Q의 x좌표는? [3.5점]

① 1 ② 2 ③ 3
④ 4 ⑤ 5

12 0935

곡선 $y=x^2+5$ 위의 점 $(2, 9)$에서의 접선과 x축, y축으로 둘러싸인 삼각형의 넓이는? [3.5점]

① $\frac{1}{2}$ ② $\frac{1}{4}$ ③ $\frac{1}{8}$
④ $\frac{1}{16}$ ⑤ $\frac{1}{32}$

13 0936

곡선 $y=-x^2+2x+6$ 위의 점과 직선 $y=-2x+15$ 사이의 거리의 최솟값은? [3.5점]

① $\sqrt{3}$ ② 2 ③ $\sqrt{5}$
④ $\sqrt{6}$ ⑤ $\sqrt{7}$

14 0937

곡선 $y=x^2-4$ 밖의 점 $(1, k)$에서 이 곡선에 서로 다른 두 개의 접선을 그을 때, 두 접점의 x좌표를 각각 α, β라 하자. $\alpha\beta=-3$일 때, 실수 k의 값은? [3.5점]

① -7 ② -8 ③ -9
④ -10 ⑤ -11

15 0938

두 곡선 $y=x^2-2x+2$, $y=-x^2+ax+b$의 한 교점 $\mathrm{P}(2, 2)$에서 두 곡선에 그은 접선이 서로 수직일 때, $a+b$의 값은? (단, a, b는 상수이다.) [3.5점]

① 1 ② $\frac{3}{2}$ ③ 2
④ $\frac{5}{2}$ ⑤ 3

16 0939

다음 중 닫힌구간 $[-1, 1]$에서 평균값 정리가 성립하는 함수는? (단, $[x]$는 x보다 크지 않은 최대의 정수이다.) [3.5점]

① $f(x)=\frac{1}{x}$ ② $f(x)=|x|$
③ $f(x)=[x]$ ④ $f(x)=x|x|$
⑤ $f(x)=\sqrt{x-1}$

17 0940

함수 $f(x)=x^2+ax$는 다음 조건을 만족시킨다.

> (가) 닫힌구간 $[0, b]$에서 롤의 정리를 만족시키는 상수 2가 존재한다.
> (나) 닫힌구간 $[1, c]$에서 평균값 정리를 만족시키는 상수 3이 존재한다.

$a+b+c$의 값은? (단, a는 상수이다.) [3.5점]

① 1 ② 2 ③ 3 ④ 4 ⑤ 5

18 0941

다항함수 $f(x)$에 대하여 곡선 $y=f(x)$ 위의 점 $(1, f(1))$에서의 접선의 방정식이 $y=ax+b$이다. 함수 $g(x)=x^2f(x)+x$에 대하여 곡선 $y=g(x)$ 위의 점 $(1, g(1))$에서의 접선의 방정식이 $y=13x-7$일 때, a^2+b^2의 값은? (단, a, b는 상수이다.) [4점]

① 12 ② 13 ③ 14 ④ 15 ⑤ 16

19 0942

곡선 $f(x)=x^3+x$ 위의 두 점 $\mathrm{P}(2, f(2))$, $\mathrm{Q}(t^2, f(t^2))$을 지나는 직선의 기울기를 $g(t)$라 할 때, $\lim_{t\to\sqrt{2}} g(t)$의 값은? [4점]

① 5 ② 7 ③ 9 ④ 11 ⑤ 13

20 0943

두 곡선 $y=x^3-x+3$, $y=x^2+2$가 두 곡선의 교점에서 공통인 접선을 가진다. 이 접선의 방정식을 $y=ax+b$라 할 때, ab의 값은? (단, a, b는 상수이다.) [4점]

① -4 ② -2 ③ 2 ④ 4 ⑤ 6

21 0944

함수 $f(x)=x^3+3x+1$의 역함수 $f^{-1}(x)$에 대하여 곡선 $y=f^{-1}(x)$ 위의 한 점 $(5, 1)$에서의 접선의 방정식을 $y=g(x)$라 하자. $g(11)$의 값은? [4.5점]

① 1 ② 2 ③ 3 ④ 4 ⑤ 5

서술형

22 0945

직선 $x+5y+4=0$과 수직이고 곡선 $y=-x^3+8x+1$에 접하는 직선의 방정식을 모두 구하는 과정을 서술하시오.

[6점]

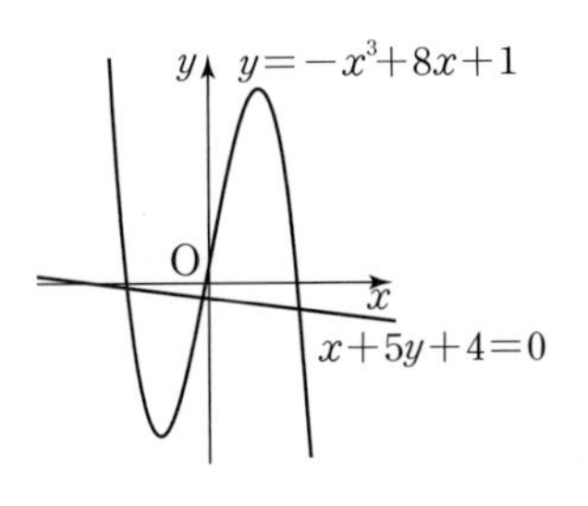

23 0946

곡선 $y=x^3$과 점 $(1, 1)$에서 접하고 중심이 x축 위에 있는 원의 넓이를 구하는 과정을 서술하시오. [6점]

24 0947

곡선 $y=\frac{1}{3}x^3-3x^2+6x\ (x>0)$ 위의 점에서의 접선 중에서 기울기가 최소인 접선과 x축, y축으로 둘러싸인 도형의 넓이를 구하는 과정을 서술하시오. [8점]

25 0948

두 곡선 $y=x^2$과 $y=x^2-8x$에 동시에 접하는 직선의 방정식을 $y=px+q$라 할 때, p^2+q^2의 값을 구하는 과정을 서술하시오. (단, p, q는 상수이다.) [8점]

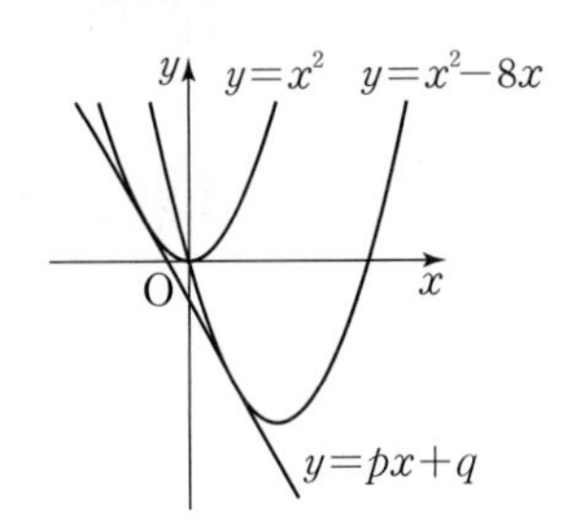

태양은 또다시 **떠오른다**

저녁이 되면 석양이 물든 지평선으로 지지만

아침이 되면 다시 떠오른다.

태양은 결코 이 세상을

어둠이 지배하도록 놔두지 않는다.

태양은 밝음을 주고 생명을 주고 따스함을 준다.

태양이 있는 한 절망하지 않아도 된다.

희망이 곧 태양이다.

– 어니스트 헤밍웨이 –

수매씽 MATHING 수학Ⅱ

내신과 등업을 위한 강력한 한 권!

수매씽 시리즈

중등 1~3학년 1·2학기

고등 수학(상), 수학(하), 수학Ⅰ, 수학Ⅱ, 확률과 통계, 미적분

동아출판

Telephone 1644-0600
Homepage www.bookdonga.com
Address 서울시 영등포구 은행로 30 (우 07242)

- 정답 및 풀이는 동아출판 홈페이지 내 학습자료실에서 내려받을 수 있습니다.
- 교재에서 발견된 오류는 동아출판 홈페이지 내 정오표에서 확인 가능하며, 잘못 만들어진 책은 구입처에서 교환해 드립니다.
- 학습 상담, 제안 사항, 오류 신고 등 어떠한 이야기라도 들려주세요.

등업을 위한 강력한 한 권!

205유형 2049문항

수학Ⅱ

동아출판

수
매
MATHING
씽

도함수의 활용 (2) 05

05

Ⅱ. 미분

도함수의 활용 (2)

1 함수의 증가와 감소

핵심 1

함수 $f(x)$가 어떤 구간에 속하는 임의의 두 실수 x_1, x_2에 대하여

(1) $x_1 < x_2$일 때, $f(x_1) < f(x_2)$이면 함수 $f(x)$는 이 구간에서 **증가**한다고 한다.

(2) $x_1 < x_2$일 때, $f(x_1) > f(x_2)$이면 함수 $f(x)$는 이 구간에서 **감소**한다고 한다.

Note

▶ 함수의 증가와 감소

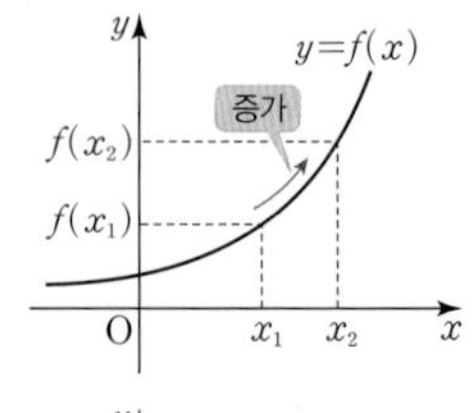

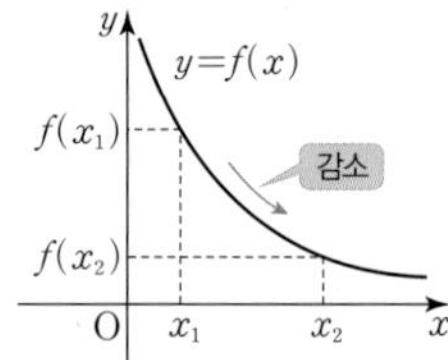

2 함수의 증가와 감소의 판정

핵심 1

함수 $y=f(x)$가 어떤 열린구간에서 미분가능하고, 이 구간에 속하는 모든 실수 x에 대하여

(1) $f'(x) > 0$이면 $f(x)$는 이 구간에서 증가한다.

(2) $f'(x) < 0$이면 $f(x)$는 이 구간에서 감소한다.

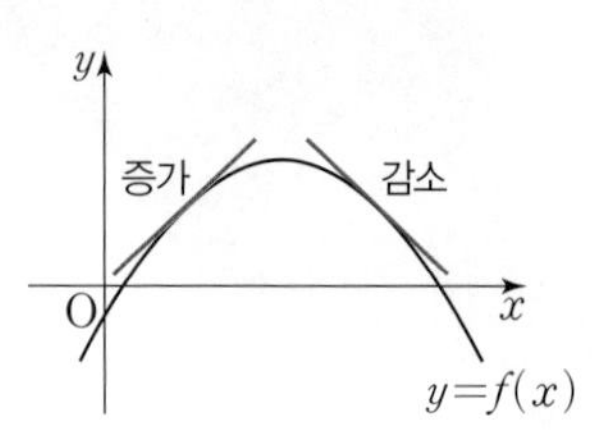

주의 일반적으로 역은 성립하지 않는다.
예를 들어 함수 $f(x)=x^3$은 실수 전체의 구간 $(-\infty, \infty)$에서 증가하지만 $f'(x)=3x^2$에서 $f'(0)=0$이다.

3 함수가 증가 또는 감소하기 위한 조건

핵심 1

함수 $f(x)$가 어떤 열린구간에서 미분가능할 때, 이 구간에서

(1) 함수 $f(x)$가 증가하면 이 구간의 모든 실수 x에 대하여 $f'(x) \ge 0$이다.

(2) 함수 $f(x)$가 감소하면 이 구간의 모든 실수 x에 대하여 $f'(x) \le 0$이다.

참고 일반적으로 역은 성립하지 않지만 $f(x)$가 상수함수가 아닌 다항함수일 때는 역이 성립한다.

4 함수의 극대와 극소

핵심 2

(1) 극대와 극소의 뜻

① 함수 $f(x)$에서 $x=a$를 포함하는 어떤 열린구간에 속하는 모든 실수 x에 대하여 $f(x) \le f(a)$이면 함수 $f(x)$는 $x=a$에서 **극대**라 하고, $f(a)$를 **극댓값**이라 한다.

② 함수 $f(x)$에서 $x=b$를 포함하는 어떤 열린구간에 속하는 모든 x에 대하여 $f(x) \ge f(b)$이면 함수 $f(x)$는 $x=b$에서 **극소**라 하고, $f(b)$를 **극솟값**이라 한다.

이때 극댓값과 극솟값을 통틀어 **극값**이라 한다.

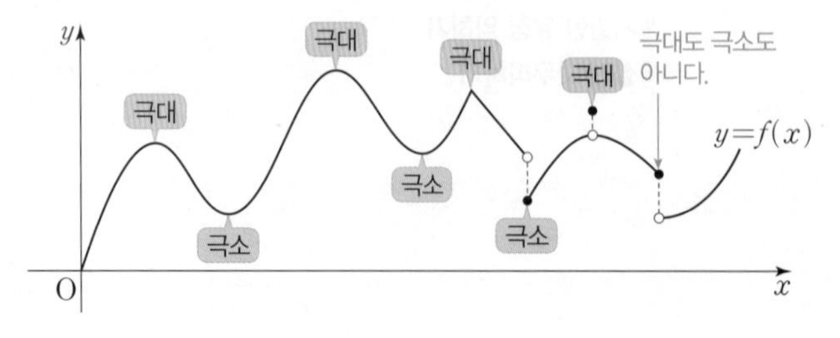

▶ 함수 $f(x)$가 $x=a$에서 연속일 때, $x=a$의 좌우에서
(1) $f(x)$가 증가하다가 감소하면 함수 $f(x)$는 $x=a$에서 극대이다.
(2) $f(x)$가 감소하다가 증가하면 함수 $f(x)$는 $x=a$에서 극소이다.

(2) **극값과 미분계수**

미분가능한 함수 $f(x)$가 $x=a$에서 극값을 가지면 $f'(a)=0$이다.

주의 일반적으로 역은 성립하지 않는다.
예를 들어 함수 $f(x)=x^3$에서 $f'(x)=3x^2$이므로
$f'(0)=0$이지만 $x=0$에서 극값을 갖지 않는다.

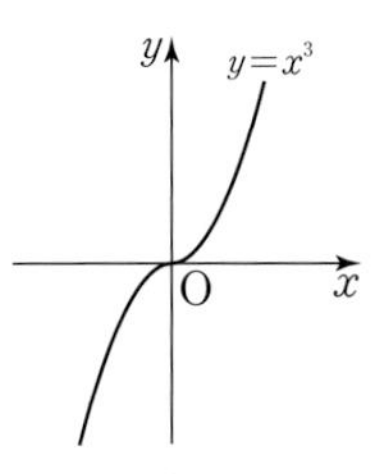

참고 함수 $f(x)$가 $x=a$에서 극값을 갖더라도 $f'(a)$가 존재하지 않을 수도 있다.
예를 들어 함수 $f(x)=|x|$는 $x=0$에서 극솟값을 갖지만 $f'(0)$이 존재하지 않는다.

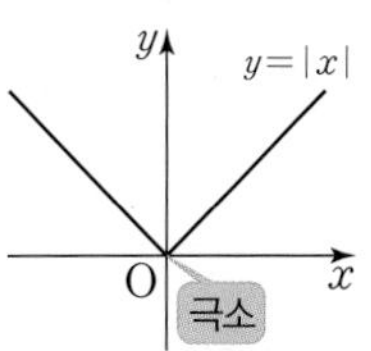

Note

5 함수의 극대와 극소의 판정 핵심 2

미분가능한 함수 $f(x)$에 대하여 $f'(a)=0$이고 $x=a$의 좌우에서

(1) **극대가 되는 경우**

$f'(x)$의 부호가 양$(+)$에서 음$(-)$으로 바뀌면
함수 $f(x)$는 $x=a$의 좌우에서 증가하다가 감소하므로
$x=a$에서 극대이고, 극댓값은 $f(a)$이다.

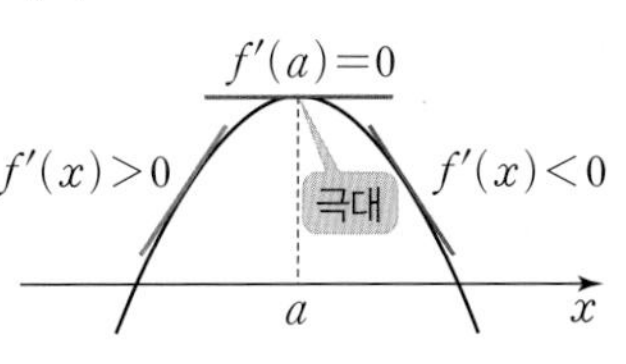

(2) **극소가 되는 경우**

$f'(x)$의 부호가 음$(-)$에서 양$(+)$으로 바뀌면
함수 $f(x)$는 $x=a$의 좌우에서 감소하다가 증가하므로
$x=a$에서 극소이고, 극솟값은 $f(a)$이다.

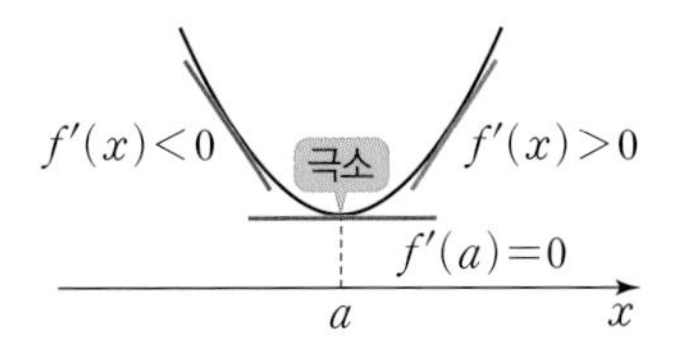

▶ 미분가능한 함수 $f(x)$의 극값을 구할 때는 $f'(x)=0$인 x의 값을 구하고, 그 값의 좌우에서 $f'(x)$의 부호를 조사한다.

6 함수의 그래프 핵심 3~5

미분가능한 함수 $y=f(x)$의 그래프의 개형은 다음의 순서를 따라 그릴 수 있다.

❶ 함수 $f(x)$의 도함수 $f'(x)$를 구한다.

❷ $f'(x)=0$인 x의 값을 구한다.

❸ ❷에서 구한 x의 값의 좌우에서 $f'(x)$의 부호의 변화를 조사하여 함수 $f(x)$의 증가와 감소를 표로 나타내고, 극값을 구한다.

❹ 함수 $y=f(x)$의 그래프와 x축 또는 y축의 교점의 좌표를 구한다.

❺ 함수 $y=f(x)$의 그래프의 개형을 그린다.

▶ 함수 $y=f(x)$의 그래프와 x축의 교점의 x좌표는 방정식 $f(x)=0$의 해이다. 또, 함수 $y=f(x)$의 그래프와 y축의 교점의 y좌표는 $f(0)$이다.

핵심 1 함수의 증가와 감소 유형 1~4

함수 $f(x)=x^3+3x^2+1$의 증가와 감소를 표로 나타내어 조사해 보자.

$f(x)=x^3+3x^2+1$에서 $f'(x)=3x^2+6x=3x(x+2)$

$f'(x)=0$인 x의 값은 $x=-2$ 또는 $x=0$

함수 $f(x)$의 증가, 감소를 표로 나타내면 다음과 같다.

x	$\cdots$	-2	$\cdots$	0	$\cdots$
$f'(x)$	$+$	0	$-$	0	$+$
$f(x)$	↗	5	↘	1	↗

따라서 함수 $f(x)$는 구간 $(-\infty, -2]$, $[0, \infty)$에서 증가하고, 구간 $[-2, 0]$에서 감소한다.

함수의 증가와 감소 판정하기

함수 $f(x)$가 어떤 열린구간에서 미분가능하고, 이 구간에 속하는 모든 실수 x에 대하여

(1) $f'(x)>0$이면 ➜ $f(x)$는 증가

$f'(x)<0$이면 ➜ $f(x)$는 감소

(2) $f(x)$가 증가하면 ➜ $f'(x)\geq0$

$f(x)$가 감소하면 ➜ $f'(x)\leq0$

0949 함수 $f(x)=x^3-3x+1$의 증가와 감소를 조사하시오.

0950 함수 $f(x)=\frac{1}{3}x^3+ax^2+2ax+3$이 실수 전체의 집합에서 증가하도록 하는 상수 a의 값의 범위를 구하시오.

핵심 2 함수의 극대와 극소 유형 5~7

함수 $f(x)=x^3-3x^2+2$의 극값을 구해 보자.

$f(x)=x^3-3x^2+2$에서 $f'(x)=3x^2-6x=3x(x-2)$

$f'(x)=0$인 x의 값은 $x=0$ 또는 $x=2$

함수 $f(x)$의 증가, 감소를 표로 나타내면 다음과 같다.

x	$\cdots$	0	$\cdots$	2	$\cdots$
$f'(x)$	$+$	0	$-$	0	$+$
$f(x)$	↗	2 극대	↘	-2 극소	↗

따라서 함수 $f(x)$는 $x=0$에서 극댓값 2, $x=2$에서 극솟값 -2를 갖는다.

함수의 극대와 극소 판정하기

미분가능한 함수 $f(x)$에 대하여 $f'(a)=0$이고, $x=a$의 좌우에서

(1) $f'(x)$의 부호가 양(+)에서 음(−)으로 바뀌면

➜ 함수 $f(x)$는 $x=a$에서 극대

(2) $f'(x)$의 부호가 음(−)에서 양(+)으로 바뀌면

➜ 함수 $f(x)$는 $x=a$에서 극소

0951 함수 $y=f(x)$의 그래프가 그림과 같다. 닫힌구간 $[a, b]$에서 함수 $f(x)$가 극댓값을 갖는 x의 값의 개수를 m, 극솟값을 갖는 x의 값의 개수를 n이라 할 때, $m-n$의 값을 구하시오.

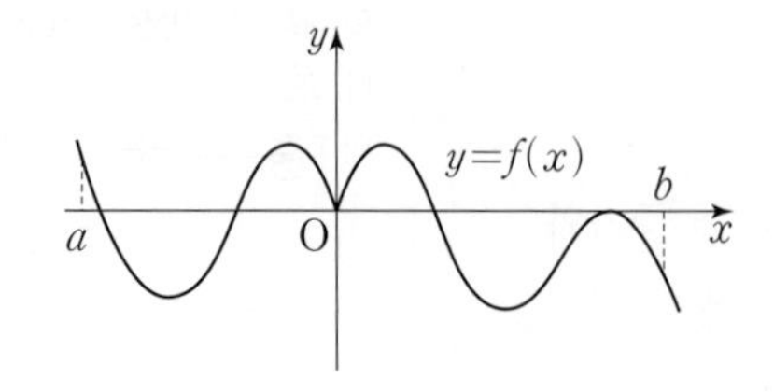

0952 다음 함수의 극값을 구하시오.

(1) $f(x)=2x^2-4x+3$

(2) $f(x)=-x^3+3x+1$

● 정답 및 풀이 198쪽

핵심 3 함수의 그래프 유형 8~9

함수 $f(x)=x^3-3x+1$의 그래프의 개형을 그려 보자.

❶ 함수 $f(x)$의 도함수 $f'(x)$ 구하기

❷ $f'(x)=0$인 x의 값 구하기

❸ ❷에서 구한 x의 값의 좌우에서 $f'(x)$의 부호의 변화를 조사하여 함수 $f(x)$의 증가와 감소를 표로 나타내고, 극값 구하기

❹ 함수 $y=f(x)$의 그래프와 x축 또는 y축의 교점의 좌표 구하기

❺ 함수 $y=f(x)$의 그래프의 개형 그리기

$f(x)=x^3-3x+1$에서
$f'(x)=3x^2-3=3(x+1)(x-1)$
$f'(x)=0$인 x의 값은 $x=-1$ 또는 $x=1$
함수 $f(x)$의 증가, 감소를 표로 나타내면 다음과 같다.

x	$\cdots$	-1	$\cdots$	1	$\cdots$
$f'(x)$	$+$	0	$-$	0	$+$
$f(x)$	↗	3 극대	↘	-1 극소	↗

$f(0)=1$이므로 y축과 만나는 점의 좌표는 $(0, 1)$
따라서 함수 $y=f(x)$의 그래프의 개형은 그림과 같다.

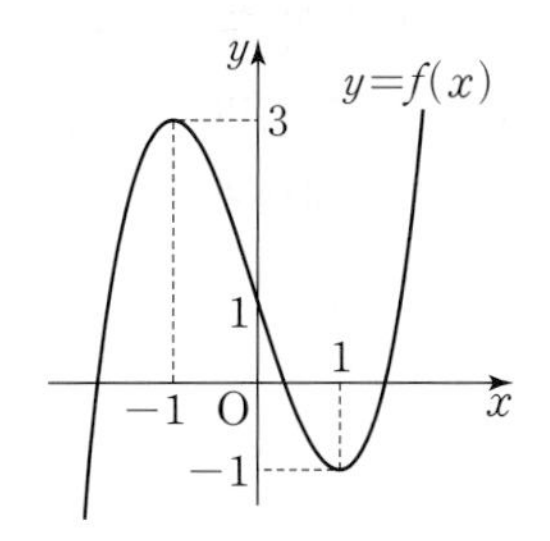

0953 다음 함수의 그래프의 개형을 그리시오.

(1) $f(x)=x^3+3x^2+3x+2$

(2) $f(x)=-x^3+3x-2$

0954 다음 함수의 그래프의 개형을 그리시오.

(1) $f(x)=3x^4-4x^3-12x^2+20$

(2) $f(x)=x^4-2x^2+3$

핵심 4 $y=f'(x)$의 그래프로 삼차함수 $y=f(x)$의 그래프 추측하기 유형 8~9

삼차함수 $f(x)=ax^3+bx^2+cx+d\ (a>0)$에 대하여
$y=f'(x)$의 그래프를 알면 $y=f(x)$의 그래프의 개형을 추측할 수 있다.

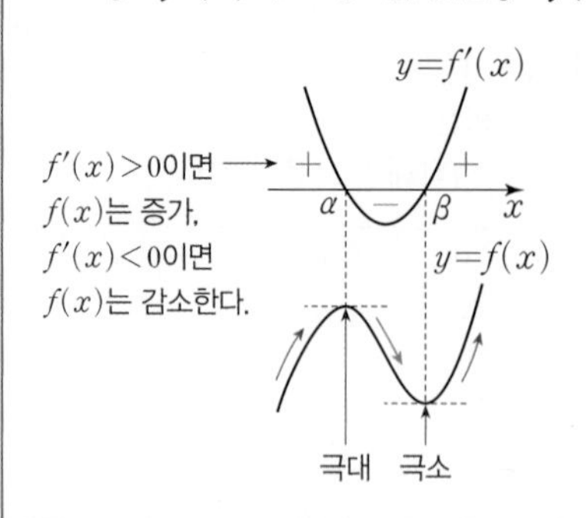

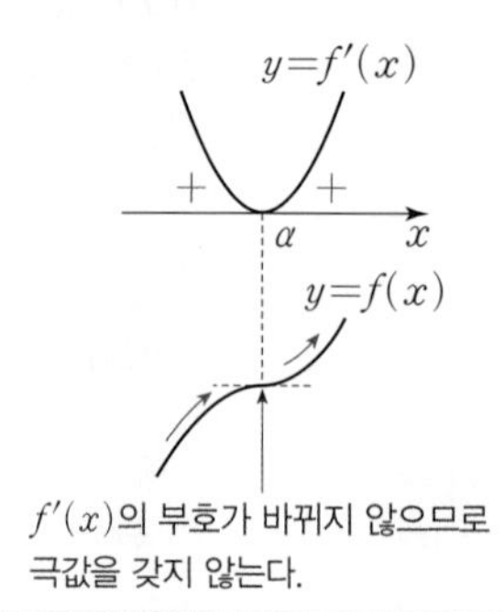

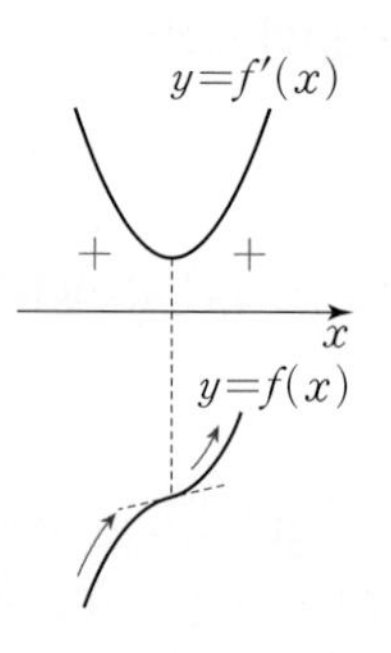

0955 삼차함수 $y=f(x)$의 도함수 $y=f'(x)$의 그래프가 그림과 같을 때, 함수 $y=f(x)$의 그래프의 개형을 그리시오. (단, $f(1)=0$)

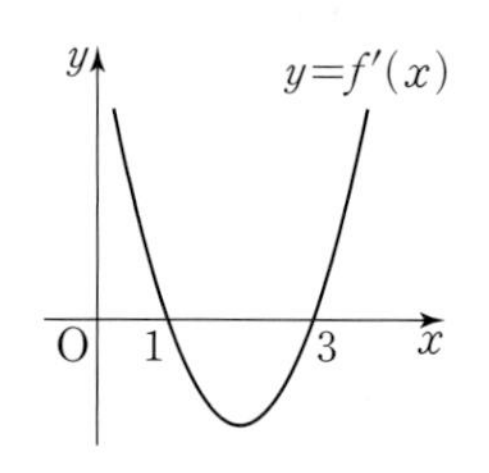

0956 삼차함수 $y=f(x)$의 도함수 $y=f'(x)$의 그래프가 그림과 같을 때, 함수 $y=f(x)$의 그래프의 개형을 그리시오. (단, $f(0)=0$)

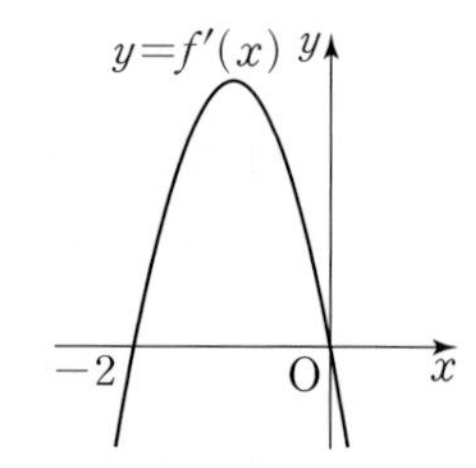

핵심 5 $y=f'(x)$의 그래프로 사차함수 $y=f(x)$의 그래프 추측하기 유형 8~9

사차함수 $f(x)=ax^4+bx^3+cx^2+dx+e\ (a>0)$에 대하여
$y=f'(x)$의 그래프를 알면 $y=f(x)$의 그래프의 개형을 추측할 수 있다.

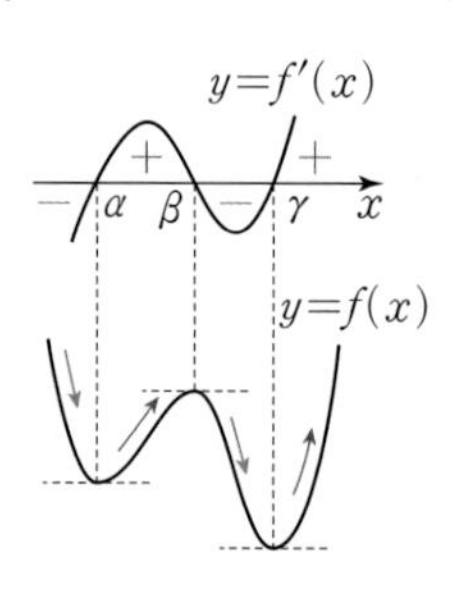

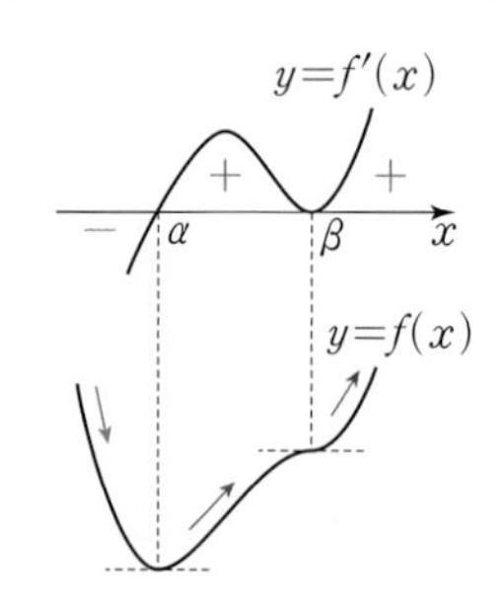

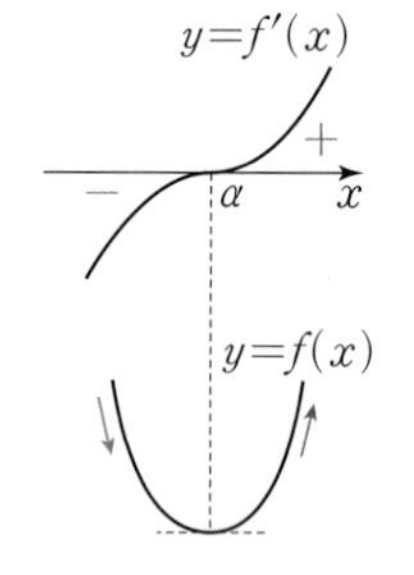

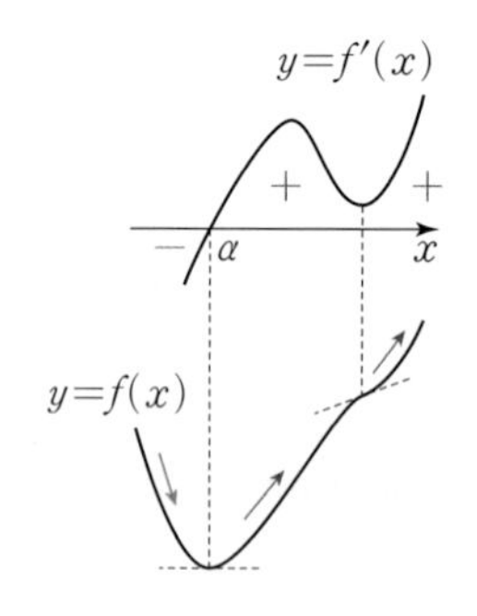

0957 사차함수 $y=f(x)$의 도함수 $y=f'(x)$의 그래프가 그림과 같을 때, 함수 $y=f(x)$의 그래프의 개형을 그리시오.

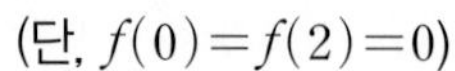
(단, $f(0)=f(2)=0$)

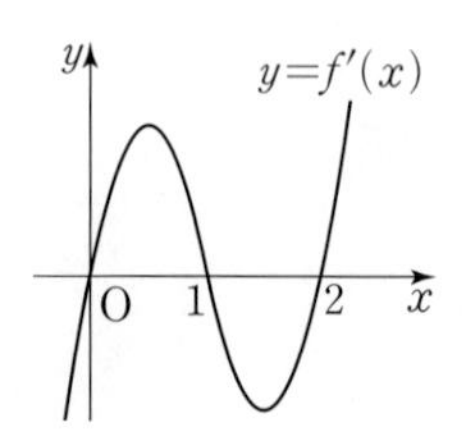

0958 사차함수 $y=f(x)$의 도함수 $y=f'(x)$의 그래프가 그림과 같을 때, 함수 $y=f(x)$의 그래프의 개형을 그리시오. (단, $f(0)=0$)

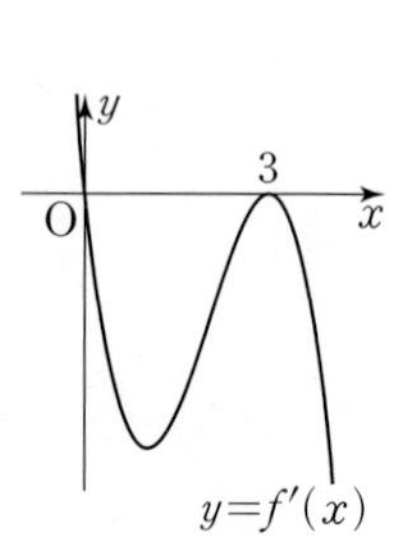

● 정답 및 풀이 199쪽

18유형, 136문항입니다.

기초 유형 0 절댓값 기호를 포함한 함수의 그래프 | 고등수학

함수 $y=f(x)$의 그래프가 그림과 같을 때, 함수 $y=|f(x)|$, $y=f(|x|)$의 그래프는 각각 다음과 같다.

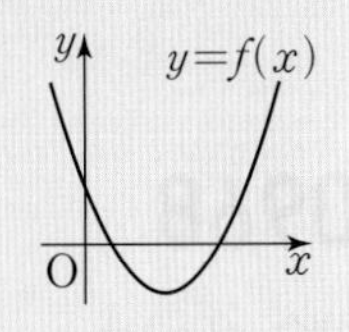

(1)

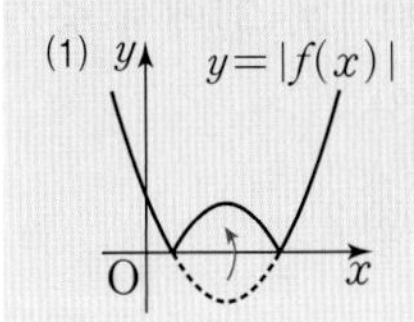

(2)

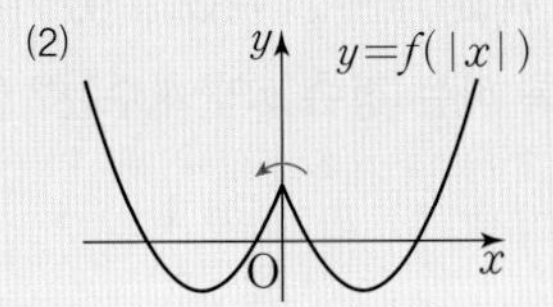

0959 대표문제

다음 함수의 그래프를 그리시오.

(1) $y=|x+1|$ (2) $y=|x|+1$

0960 Level 1

함수 $y=f(x)$의 그래프가 그림과 같을 때, 다음 중 $y=|f(x)|$의 그래프로 옳은 것은?

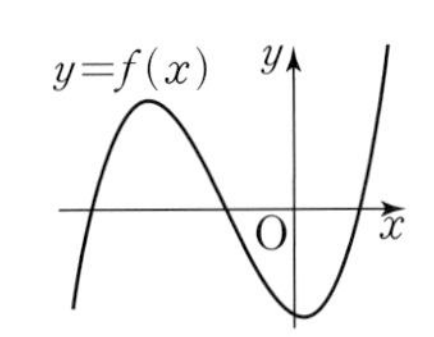

①

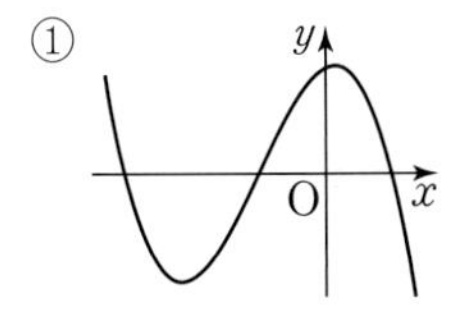

②

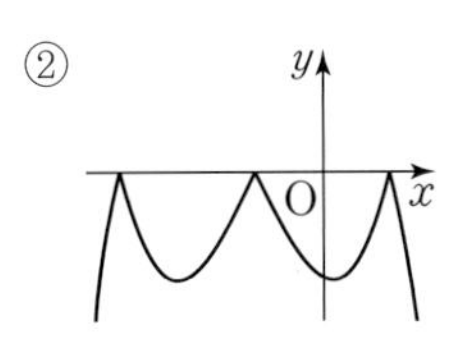

③

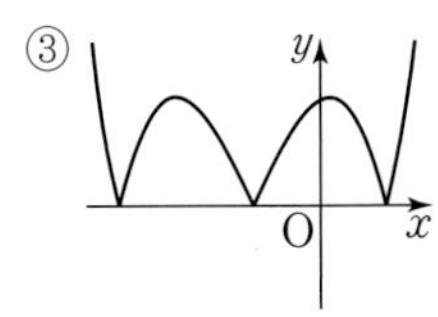

④

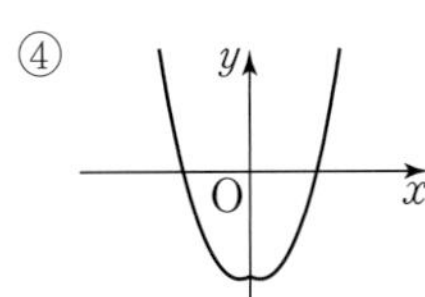

⑤

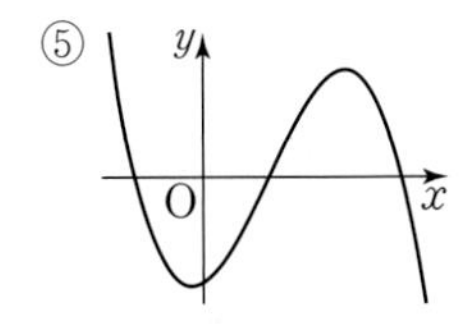

0961 Level 1

함수 $y=f(x)$의 그래프가 그림과 같을 때, 다음 함수의 그래프를 그리시오.

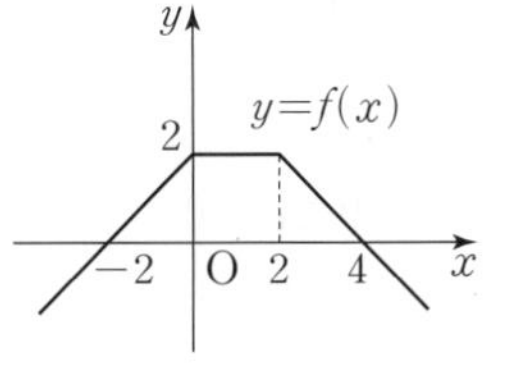

(1) $y=-f(x)$ (2) $y=f(-x)$

(3) $y=|f(x)|$ (4) $y=f(|x|)$

0962 Level 1

$f(x)=x^2-2x$일 때, 다음 함수의 그래프를 그리시오.

(1) $y=|f(x)|$ (2) $y=f(|x|)$

0963 Level 2

함수 $y=f(x)$의 그래프가 그림과 같을 때, 함수 $y=|f(x)|$의 그래프와 직선 $y=\frac{1}{2}$의 교점의 개수를 구하시오.

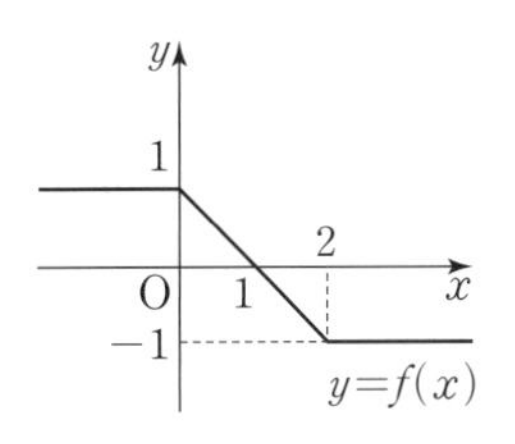

05

실전유형 1 함수의 증가와 감소 - 수식

함수 $f(x)$가 어떤 열린구간에서 미분가능할 때,
(1) $f(x)$가 그 구간에서 증가하면 $f'(x) \geq 0$
(2) $f(x)$가 그 구간에서 감소하면 $f'(x) \leq 0$

0964 대표문제

함수 $f(x)=x^3-3x^2+ax$가 닫힌구간 $[0, 3]$에서 감소하도록 하는 실수 a의 값의 범위는?

① $a \leq -9$ ② $a \leq 0$ ③ $0 \leq a \leq 9$
④ $-9 \leq a \leq 0$ ⑤ $a \geq 9$

0965

Level 1

함수 $f(x)=3x^2-12x+5$가 감소하는 구간은 $(-\infty, a]$이고, 증가하는 구간은 $[a, \infty)$이다. a의 값을 구하시오.

0966

Level 1

함수 $f(x)=-2x^3+3x^2+36x+3$이 증가하는 구간이 $[a, b]$일 때, $b-a$의 값은?

① 3 ② 5 ③ 7
④ 9 ⑤ 11

0967

Level 1

함수 $f(x)=\frac{1}{3}x^3-9x+3$이 열린구간 $(-a, a)$에서 감소하도록 하는 양수 a의 최댓값을 구하시오.

0968

Level 1

함수 $f(x)=-x^3+3x^2+9x$가 닫힌구간 $[a, 3]$에서 증가하도록 하는 정수 a의 개수는? (단, $a<3$)

① 0 ② 1 ③ 2
④ 3 ⑤ 4

0969

Level 2

함수 $f(x)=4x^3-6x^2+ax$가 감소하는 x의 값의 범위가 $0 \leq x \leq b$일 때, 상수 a, b에 대하여 $a+b$의 값은?

① 0 ② 1 ③ 2
④ 3 ⑤ 4

0970

Level 2

함수 $f(x)=-x^3+ax^2-2ax+4$가 닫힌구간 $[2, 4]$에서 증가하도록 하는 실수 a의 값의 범위를 구하시오.

0971

Level 2

함수 $f(x)=10x^3+ax+9$가 닫힌구간 $[-1, 1]$에서 증가하도록 하는 실수 a의 최솟값은?

① 0 ② 1 ③ 2
④ 3 ⑤ 4

0972

Level 2

함수 $f(x)=x^3-\left(\frac{3}{2}a-\frac{1}{2}\right)x^2-ax+5$가 감소하는 구간이 $\left[-\frac{1}{3}, 3\right]$일 때, 실수 a의 값을 구하시오.

0973

Level 2

함수 $f(x)=-x^3+ax^2+2$가 닫힌구간 $[1, 2]$에서 증가하고, 구간 $[3, \infty)$에서 감소하도록 하는 실수 a의 값의 범위를 구하시오.

+Plus 문제

0974

Level 2

함수 $f(x)=\frac{1}{3}x^3+ax^2+bx+2$가 다음 조건을 만족시킬 때, 상수 a, b에 대하여 ab의 값을 구하시오.

> (가) $x\le-3$ 또는 $x\ge2$에서 증가한다.
> (나) $-3\le x\le2$에서 감소한다.

실전유형 2 함수의 증가와 감소 - 그래프

함수 $f(x)$의 도함수 $y=f'(x)$의 그래프가
(1) x축보다 위쪽에 있으면 ➜ $f(x)$가 증가
(2) x축보다 아래쪽에 있으면 ➜ $f(x)$가 감소

0975 대표문제

함수 $f(x)$의 도함수 $y=f'(x)$의 그래프가 그림과 같을 때, 다음 중 함수 $f(x)$가 감소하는 구간은?

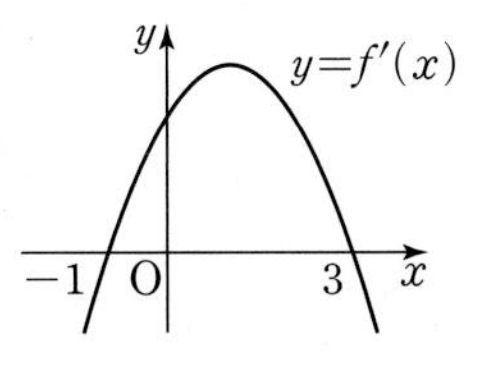

① $[-2, -1]$ ② $[-1, 0]$ ③ $[0, 1]$
④ $[1, 2]$ ⑤ $[2, 3]$

0976

Level 1

다음 중 함수 $f(x)$가 닫힌구간 $[0, 1]$에서 증가하는 그래프는?

①
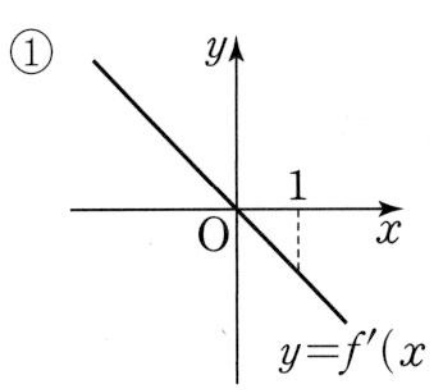

②
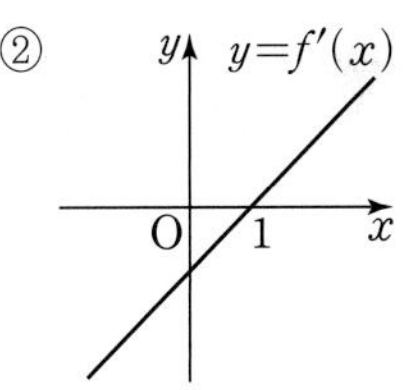

③
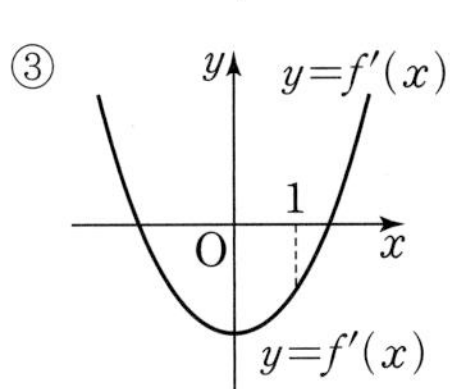

④
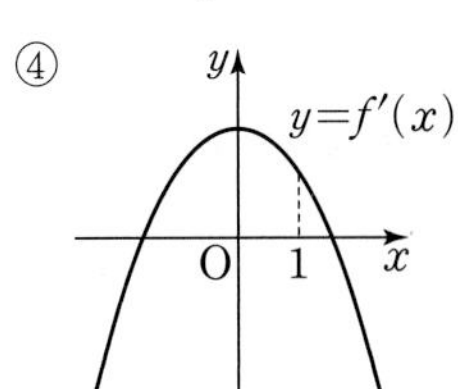

⑤
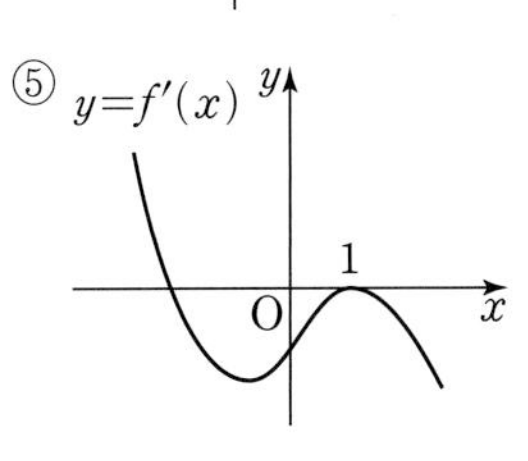

0977

Level 1

함수 $f(x)$의 도함수 $y=f'(x)$의 그래프가 그림과 같을 때, 함수 $f(x)$는 $x \geq a$에서 증가한다. 상수 a의 최솟값을 구하시오.

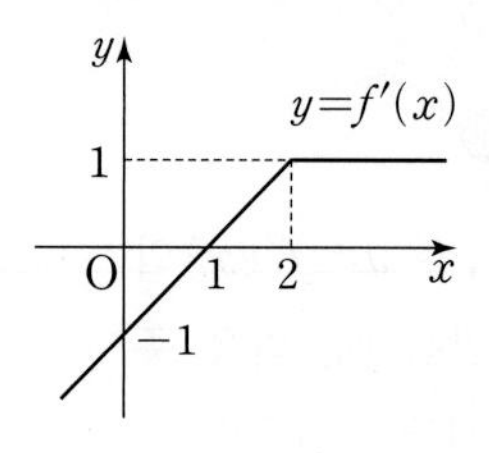

0978

Level 1

함수 $f(x)$의 도함수 $y=f'(x)$의 그래프가 그림과 같을 때, 〈**보기**〉에서 옳은 것만을 있는 대로 고른 것은?

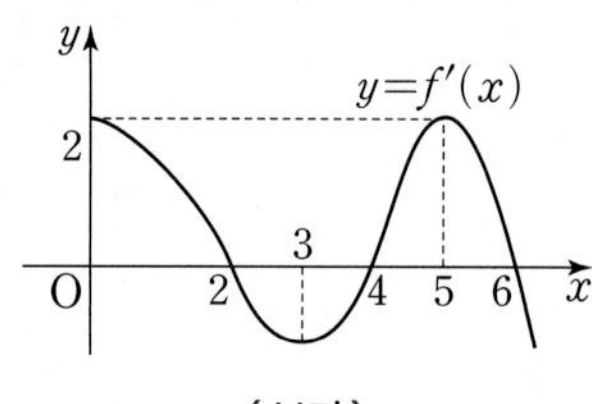

〈**보기**〉

ㄱ. 함수 $f(x)$는 구간 $(0, 2)$에서 감소한다.
ㄴ. 함수 $f(x)$는 구간 $(3, 4)$에서 감소한다.
ㄷ. 함수 $f(x)$는 구간 $(5, 6)$에서 감소한다.

① ㄱ ② ㄴ ③ ㄱ, ㄷ
④ ㄴ, ㄷ ⑤ ㄱ, ㄴ, ㄷ

0979

Level 1

함수 $f(x)$의 도함수 $y=f'(x)$의 그래프가 그림과 같을 때, 〈**보기**〉에서 옳은 것만을 있는 대로 고른 것은?

〈**보기**〉

ㄱ. 함수 $f(x)$는 구간 $(0, 1)$에서 감소한다.
ㄴ. 함수 $f(x)$는 구간 $(1, 3)$에서 감소한다.
ㄷ. 함수 $f(x)$는 구간 $(3, 4)$에서 증가한다.

① ㄱ ② ㄴ ③ ㄱ, ㄴ
④ ㄴ, ㄷ ⑤ ㄱ, ㄴ, ㄷ

0980

Level 1

함수 $f(x)$의 도함수 $y=f'(x)$의 그래프가 그림과 같을 때, 다음 중 옳은 것을 모두 고르면? (정답 2개)

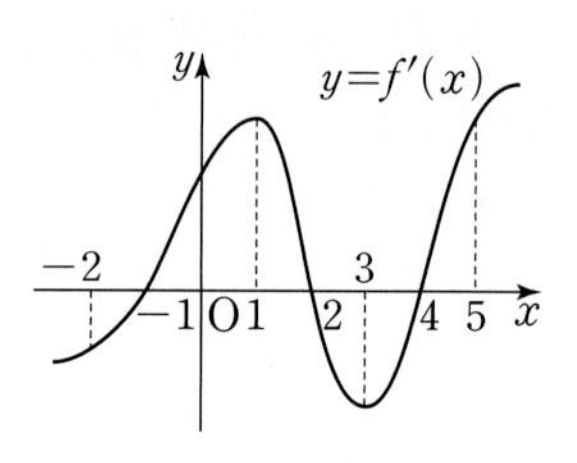

① 함수 $f(x)$는 구간 $[-2, 1]$에서 증가한다.
② 함수 $f(x)$는 구간 $[-1, 1]$에서 감소한다.
③ 함수 $f(x)$는 구간 $[-1, 2]$에서 증가한다.
④ 함수 $f(x)$는 구간 $[2, 4]$에서 감소한다.
⑤ 함수 $f(x)$는 구간 $[3, 4]$에서 증가한다.

0981

Level 1

함수 $f(x)$의 도함수 $y=f'(x)$의 그래프가 그림과 같을 때, 다음 중 옳은 것은?

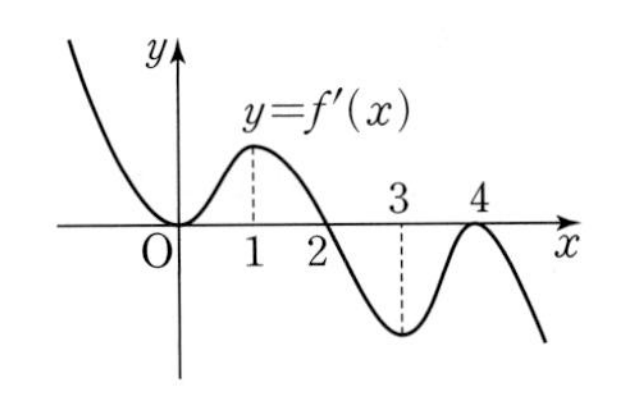

① 함수 $f(x)$는 구간 $(-\infty, 0)$에서 감소한다.
② 함수 $f(x)$는 구간 $(0, 2)$에서 증가한다.
③ 함수 $f(x)$는 구간 $(1, 3)$에서 감소한다.
④ 함수 $f(x)$는 구간 $(3, 4)$에서 증가한다.
⑤ 함수 $f(x)$는 구간 $(4, \infty)$에서 증가한다.

0982

Level 1

함수 $y=f(x)$의 그래프가 그림과 같을 때, 함수 $y=xf(x)$에 대하여 〈보기〉에서 옳은 것만을 있는 대로 고른 것은?

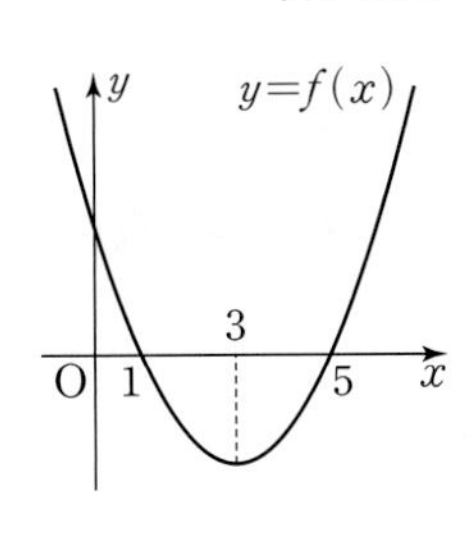

〈보기〉

ㄱ. 함수 $xf(x)$는 구간 $(-\infty, 0]$에서 감소한다.
ㄴ. 함수 $xf(x)$는 구간 $[1, 3]$에서 감소한다.
ㄷ. 함수 $xf(x)$는 구간 $[5, \infty)$에서 감소한다.

① ㄱ ② ㄴ ③ ㄱ, ㄴ
④ ㄴ, ㄷ ⑤ ㄱ, ㄴ, ㄷ

실전유형 3 실수 전체의 집합에서 삼차함수의 증가·감소 빈출유형

함수 $f(x)$가 어떤 열린구간에서 미분가능할 때, 이 구간의 모든 x에 대하여
(1) $f'(x)>0$이면 $f(x)$는 이 구간에서 증가한다.
(2) $f'(x)<0$이면 $f(x)$는 이 구간에서 감소한다.

0983 대표문제

함수 $f(x)=-x^3+ax^2-3x+3$이 $x_1<x_2$인 임의의 두 실수 x_1, x_2에 대하여 $f(x_1)>f(x_2)$가 성립하도록 하는 실수 a의 값의 범위는?

① $a\le-6$ ② $-6\le a\le-3$
③ $-3\le a\le3$ ④ $3\le a\le6$
⑤ $a\ge6$

0984

Level 2

함수 $f(x)=x^3-3kx^2+27x+5$가 $x_1<x_2$인 임의의 두 실수 x_1, x_2에 대하여 $f(x_1)<f(x_2)$가 성립하도록 하는 상수 k의 최댓값은?

① -3 ② -1 ③ 0
④ 1 ⑤ 3

0985

Level 2

함수 $f(x)=ax^3+3ax^2+6x-2$가 구간 $(-\infty, \infty)$에서 증가하도록 하는 정수 a의 개수를 구하시오. (단, $a\neq0$)

0986

Level 2

삼차함수 $f(x)=2ax^3+ax^2+x$가 임의의 두 실수 x_1, x_2에 대하여 $x_1<x_2$이면 $f(x_1)<f(x_2)$가 성립하도록 하는 정수 a의 개수는?

① 5 ② 6 ③ 7
④ 8 ⑤ 9

0987

Level 2

함수 $f(x)=ax^3+2ax^2-4x+2$가 구간 $(-\infty, \infty)$에서 감소하도록 하는 실수 a의 값의 범위를 구하시오.

0988

Level 2

함수 $f(x)=x^3+6x^2+15|x-2a|+3$이 실수 전체의 집합에서 증가하도록 하는 실수 a의 최댓값은?

① $-\frac{5}{2}$ ② -2 ③ $-\frac{3}{2}$
④ -1 ⑤ $-\frac{1}{2}$

다음은 이 유형에서 출제된 최근 교육청 • 평가원 기출문제입니다.

0989 • 2022학년도 대학수학능력시험

Level 2

함수 $f(x)=x^3+ax^2-(a^2-8a)x+3$이 실수 전체의 집합에서 증가하도록 하는 실수 a의 최댓값을 구하시오.

실전 유형 4 실수 전체의 집합에서 삼차함수의 증가·감소의 활용

(1) 삼차함수 $f(x)$의 역함수가 존재하면 실수 전체의 집합에서 항상 증가하거나 항상 감소하므로
$f'(x)\geq 0$ 또는 $f'(x)\leq 0$

(2) 임의의 두 실수 x_1, x_2에 대하여 $x_1\neq x_2$이면 $f(x_1)\neq f(x_2)$인 삼차함수 $f(x)$는 일대일대응이므로 역함수가 존재한다.
즉, $f'(x)\geq 0$ 또는 $f'(x)\leq 0$

0990 대표문제

실수 전체의 집합 R에서 R로의 함수 $f(x)=2x^3-(a+2)x^2+(a+2)x$가 역함수를 갖도록 하는 실수 a의 값의 범위는?

① $a<-4$ ② $-4<a<2$ ③ $-3\leq a\leq 3$
④ $-2\leq a\leq 4$ ⑤ $a>3$

0991

Level 2

실수 전체의 집합에서 정의된 함수 $f(x)=x^3+3kx^2+3kx+3$의 역함수가 존재하도록 하는 상수 k의 최솟값을 구하시오.

0992

Level 2

함수 $f(x)=-2x^3+ax^2-6x+5$의 역함수가 존재하도록 하는 정수 a의 개수는?

① 1 ② 5 ③ 9
④ 13 ⑤ 17

● 정답 및 풀이 204쪽

0993

Level 2

실수 전체의 집합에서 정의된 함수
$f(x)=x^3-3ax^2+(3a+6)x+7$의 역함수가 존재하도록 하는 정수 a의 개수는?

① 1　② 2　③ 3
④ 4　⑤ 5

0994

Level 2

함수 $f(x)=-\frac{1}{3}x^3-ax^2+3ax$의 역함수가 존재하도록 하는 상수 a의 최댓값을 구하시오.

0995

Level 2

임의의 실수 k에 대하여 곡선 $y=3x^3+ax^2+ax+6$과 직선 $y=k$가 오직 한 점에서 만나도록 하는 정수 a의 개수는?

① 8　② 9　③ 10
④ 11　⑤ 12

0996

Level 2

함수 $f(x)=-3x^3+ax^2-(a+4)x+2$와 모든 실수 k에 대하여 직선 $y=k$와 곡선 $y=f(x)$가 오직 한 점에서 만나도록 하는 상수 a의 최댓값을 구하시오.

0997

Level 3

실수 전체의 집합에서 정의된 함수
$f(x)=2x^3-2(a-2)x^2-(a-2)x-6$이 임의의 두 실수 x_1, x_2에 대하여 $x_1 \neq x_2$이면 $f(x_1) \neq f(x_2)$가 성립하도록 하는 모든 정수 a의 값의 합은?

① 1　② 2　③ 3
④ 4　⑤ 5

0998 고난도

Level 3

삼차함수 $f(x)=ax^3+2bx^2+6x$가 임의의 두 실수 x_1, x_2에 대하여 $f(x_1)=f(x_2)$이면 $x_1=x_2$를 만족시킬 때, 두 정수 a, b에 대하여 모든 순서쌍 (a, b)의 개수는?

(단, $-5<a<5$, $-5<b<5$)

① 16　② 20　③ 24
④ 28　⑤ 32

0999 고난도

Level 3

두 함수 $f(x)=4x^3+2ax^2+(6-a^2)x$, $g(x)$가 다음 조건을 만족시킬 때, $f'(2)$의 값은? (단, a는 상수이다.)

> (가) 모든 실수 x에 대하여 $(f \circ g)(x)=x$
> (나) $g(2)=1$

① 30　② 34　③ 38
④ 42　⑤ 46

+Plus 문제

실전유형 5 함수의 극대와 극소

빈출유형

미분가능한 함수 $f(x)$에 대하여 $f'(a)=0$일 때

(1) $x=a$의 좌우에서 $f'(x)$의 부호가 양에서 음으로 바뀌면 $f(x)$는 $x=a$에서 극대이다.

(2) $x=a$의 좌우에서 $f'(x)$의 부호가 음에서 양으로 바뀌면 $f(x)$는 $x=a$에서 극소이다.

1000 대표문제

함수 $f(x)=x^3-12x$가 $x=a$에서 극댓값 b를 가질 때, $a+b$의 값을 구하시오.

1001

Level 1

함수 $f(x)=x^4-6x^2+2$가 $x=a$에서 극댓값 b를 가질 때, $a+b$의 값은?

① 1　② 2　③ 3　④ 4　⑤ 5

1002

Level 1

함수 $f(x)=2x^3-9x^2+12x+2$의 극댓값을 M, 극솟값을 m이라 할 때, Mm의 값을 구하시오.

1003

Level 1

함수 $f(x)=-x^4+4x^3-4x^2+11$의 극댓값을 M, 극솟값을 m이라 할 때, $M+m$의 값은?

① 17　② 19　③ 21　④ 23　⑤ 25

1004

Level 1

함수 $f(x)=x^3+6x^2+9x+a$의 극솟값이 -6일 때, 상수 a의 값은?

① -2　② -1　③ 0　④ 1　⑤ 2

1005

Level 1

함수 $f(x)=(x-1)^2(x-4)+a$의 극솟값이 10일 때, 상수 a의 값을 구하시오.

1006

Level 1

함수 $f(x)=-x^3+6x^2-9x+k$의 극댓값과 극솟값의 부호가 서로 다를 때, 상수 k의 값의 범위는?

① $k<-4$　② $-4<k<0$　③ $-4<k<4$
④ $0<k<4$　⑤ $k>4$

1007

Level 2

함수 $f(x)=x^3-3x^2+a$의 모든 극값의 곱이 -4일 때, 상수 a의 값은?

① 2　② 4　③ 6
④ 8　⑤ 10

1008

Level 2

함수 $f(x)=-x^3+3x+1$이 $x=\alpha$, $x=\beta$에서 극값을 가질 때, 두 점 $(\alpha,\ f(\alpha))$, $(\beta,\ f(\beta))$를 지나는 직선의 기울기를 구하시오.

1009

Level 2

함수 $f(x)=x^4-8x^2+4$에 대한 설명 중 〈**보기**〉에서 옳은 것만을 있는 대로 고른 것은?

〈보기〉

ㄱ. 구간 $[0,\ \infty]$에서 $f(x)$는 증가한다.
ㄴ. 구간 $(-\infty,\ -2]$에서 $f(x)$는 감소한다.
ㄷ. 구간 $(-2,\ 4)$에서 $f(x)$는 2개의 극값을 갖는다.

① ㄱ　② ㄱ, ㄴ　③ ㄱ, ㄷ
④ ㄴ, ㄷ　⑤ ㄱ, ㄴ, ㄷ

1010

Level 2

함수 $f(x)=-x^4+4x^3$에 대하여 실수 a, b가 다음 조건을 만족시킬 때, $f(a)-f(b)$의 값을 구하시오.

(가) $f'(a)=f'(b)=0$
(나) 함수 $f(x)$는 $x=a$에서 극값을 갖는다.
(다) 함수 $f(x)$는 $x=b$에서 극값을 갖지 않는다.

다음은 이 유형에서 출제된 최근 교육청 • 평가원 기출문제입니다.

1011 • 교육청 2018년 11월

Level 1

함수 $f(x)=x^3-6x^2+9x+1$이 $x=a$에서 극댓값 M을 가질 때, $a+M$의 값은?

① 4　② 6　③ 8
④ 10　⑤ 12

05

실전유형 6 함수의 극값을 이용한 미정계수의 결정 빈출유형

미분가능한 함수 $f(x)$가 $x=a$에서 극값 p를 가지면
→ $f'(a)=0$, $f(a)=p$

1012 대표문제

함수 $f(x)=x^3+3ax+b$가 $x=1$에서 극솟값 0을 가질 때, $f(x)$의 극댓값은? (단, a, b는 상수이다.)

① 2 ② 4 ③ 6
④ 8 ⑤ 10

1013 Level 1

함수 $f(x)=x^3+ax^2+9x+b$가 $x=1$에서 극댓값 0을 가질 때, ab의 값은? (단, a, b는 상수이다.)

① -24 ② -12 ③ -6
④ 12 ⑤ 24

1014 Level 1

함수 $f(x)=2x^3-12x^2+ax-4$가 $x=1$에서 극댓값 M을 가질 때, $a+M$의 값은? (단, a는 상수이다.)

① 14 ② 16 ③ 18
④ 20 ⑤ 22

1015 Level 2

함수 $f(x)=ax^3+bx$ $(a>0)$가 $x=-1$, $x=1$에서 극값을 갖고 극솟값이 -2일 때, $f(x)$의 극댓값은?
(단, a, b는 상수이다.)

① -2 ② 0 ③ 2
④ 4 ⑤ 6

1016 Level 2

함수 $f(x)=kx^3-9kx^2+24kx$가 극댓값과 극솟값을 갖고 그 차가 24일 때, 양수 k의 값은?

① 2 ② 4 ③ 6
④ 8 ⑤ 10

1017 Level 2

함수 $f(x)=x^3-kx-1$의 두 극값의 차가 108일 때, 상수 k의 값은?

① 24 ② 25 ③ 26
④ 27 ⑤ 28

1018

Level 2

최고차항의 계수가 2인 삼차함수 $f(x)$가 $x=0$에서 극솟값을 갖고 $x=-3$에서 극댓값 2를 가질 때, $f(x)$의 극솟값을 구하시오.

1019

Level 2

두 다항함수 $f(x)$와 $g(x)$가 모든 실수 x에 대하여 $g(x)=(x^3+2)f(x)$를 만족시킨다. 함수 $g(x)$가 $x=1$에서 극솟값 24를 가질 때, $f(1)-f'(1)$의 값을 구하시오.

1020

Level 2

다항함수 $f(x)$는 다음 조건을 만족시킨다.

(가) $\lim_{x\to\infty}\frac{f(x)}{x^3}=1$
(나) $x=-1$과 $x=2$에서 극값을 갖는다.

$\lim_{h\to 0}\frac{f(3+h)-f(3-h)}{h}$의 값은?

① 8 ② 12 ③ 16
④ 20 ⑤ 24

다음은 이 유형에서 출제된 최근 교육청 • 평가원 기출문제입니다.

1021 • 평가원 2021학년도 6월

Level 1

함수 $f(x)=-\frac{1}{3}x^3+2x^2+mx+1$이 $x=3$에서 극대일 때, 상수 m의 값은?

① -3 ② -1 ③ 1
④ 3 ⑤ 5

1022 • 2020학년도 대학수학능력시험

Level 2

함수 $f(x)=-x^4+8a^2x^2-1$이 $x=b$와 $x=2-2b$에서 극대일 때, $a+b$의 값은? (단, a, b는 $a>0$, $b>1$인 상수이다.)

① 3 ② 5 ③ 7
④ 9 ⑤ 11

1023 • 평가원 2020학년도 9월

Level 3

함수 $f(x)=x^3-3ax^2+3(a^2-1)x$의 극댓값이 4이고 $f(-2)>0$일 때, $f(-1)$의 값은? (단, a는 상수이다.)

① 1 ② 2 ③ 3
④ 4 ⑤ 5

실전 유형 7 도함수의 그래프와 함수의 극값

미분가능한 함수 $f(x)$에 대하여 $y=f'(x)$의 그래프가 그림과 같을 때,

(1) 함수 $f(x)$는 $x=a$에서 극대이고, 극댓값은 $f(a)$이다.

(2) 함수 $f(x)$는 $x=b$에서 극소이고, 극솟값은 $f(b)$이다.

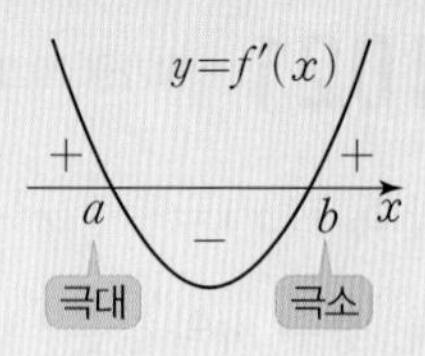

1024 대표문제

함수 $f(x)$의 도함수 $y=f'(x)$의 그래프가 그림과 같을 때, 함수 $f(x)$는 $x=a$에서 극대이다. a의 값을 구하시오.

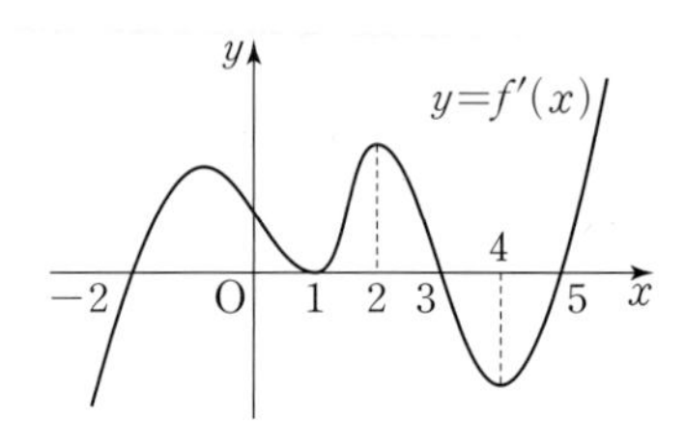

1025

Level 1

함수 $f(x)$의 도함수 $y=f'(x)$의 그래프가 그림과 같을 때, 함수 $f(x)$는 $x=a$에서 극값을 갖는다. 모든 실수 a의 값의 합을 구하시오.

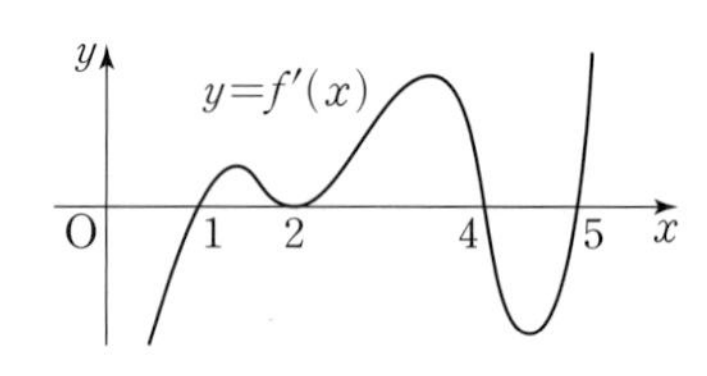

1026

Level 1

미분가능한 함수 $f(x)$에 대하여 도함수 $y=f'(x)$의 그래프가 그림과 같다. 닫힌구간 $[0, 6]$에서 $f(x)$가 극대가 되는 x의 값의 합을 M, 극소가 되는 x의 값의 합을 m이라 할 때, $m-M$의 값을 구하시오.

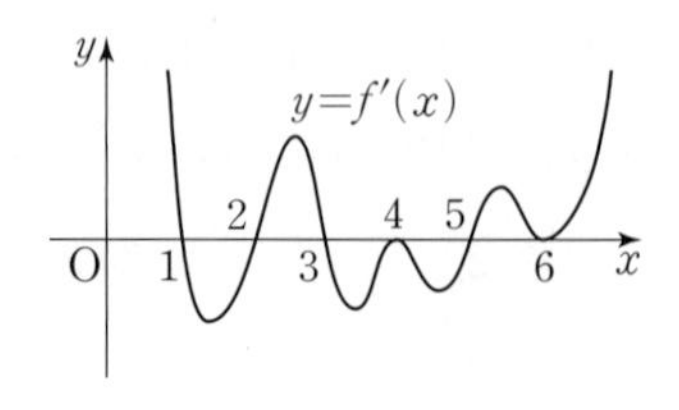

1027

Level 2

삼차함수 $f(x)$의 도함수 $y=f'(x)$의 그래프가 그림과 같을 때, 〈보기〉에서 옳은 것만을 있는 대로 고른 것은? (단, $f(0)=1$)

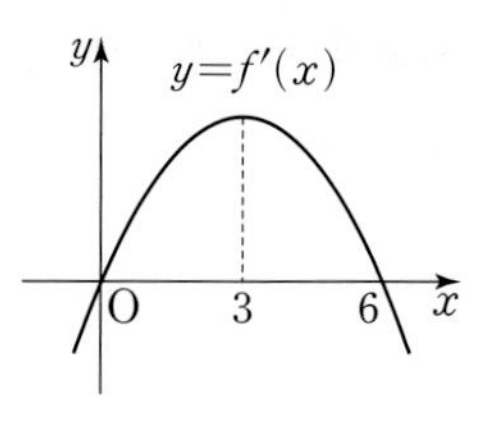

〈보기〉

ㄱ. 함수 $f(x)$의 극솟값은 0이다.

ㄴ. 함수 $f(x)$는 $x=6$에서 극대이다.

ㄷ. $f(0)<f(3)<f(6)$

① ㄱ ② ㄱ, ㄴ ③ ㄱ, ㄷ
④ ㄴ, ㄷ ⑤ ㄱ, ㄴ, ㄷ

1028

Level 2

함수 $f(x)$의 도함수 $y=f'(x)$의 그래프가 그림과 같을 때, 〈보기〉에서 옳은 것만을 있는 대로 고른 것은?

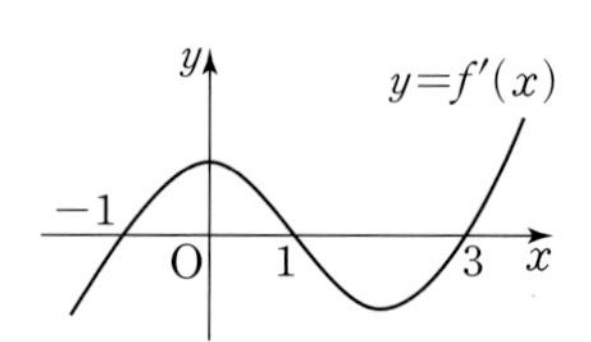

〈보기〉

ㄱ. 함수 $f(x)$는 $-1<x<1$에서 증가한다.

ㄴ. 함수 $f(x)$는 $x=1$에서 극대이다.

ㄷ. 함수 $f(x)$는 $x=3$에서 극소이다.

① ㄱ ② ㄱ, ㄴ ③ ㄱ, ㄷ
④ ㄴ, ㄷ ⑤ ㄱ, ㄴ, ㄷ

1029

Level 2

함수 $f(x)=\frac{1}{3}x^3+ax^2+bx-\frac{10}{3}$의 도함수 $y=f'(x)$의 그래프가 그림과 같고 $f(1)=0$일 때, 〈보기〉에서 옳은 것만을 있는 대로 고른 것은?

(단, a, b는 상수이다.)

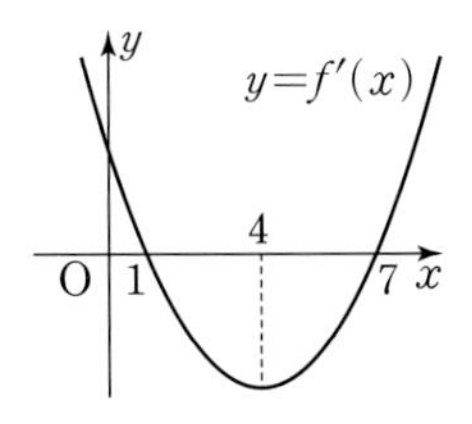

〈보기〉

ㄱ. $a+b=3$

ㄴ. 함수 $f(x)$는 $x=4$에서 극소이다.

ㄷ. 함수 $f(x)$의 극댓값은 0이다.

① ㄱ ② ㄱ, ㄴ ③ ㄱ, ㄷ

④ ㄴ, ㄷ ⑤ ㄱ, ㄴ, ㄷ

1030

Level 2

함수 $f(x)=2x^3+ax^2+bx+c$의 도함수 $y=f'(x)$의 그래프가 그림과 같고, $f(x)$의 극솟값이 -12일 때, $f(2)$의 값을 구하시오.

(단, a, b, c는 상수이다.)

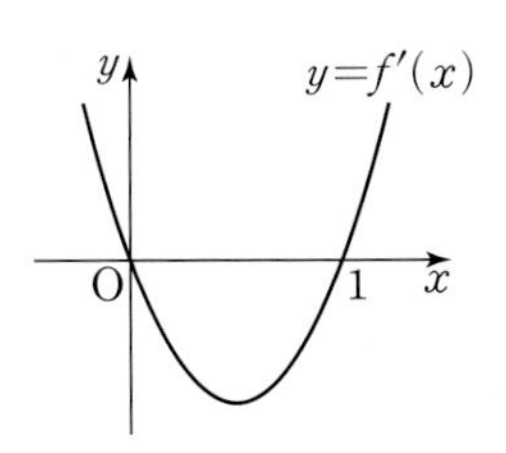

1031

Level 3

삼차함수 $f(x)$의 도함수 $y=f'(x)$의 그래프가 그림과 같다. 함수 $g(x)=f(x)-kx$가 $x=-3$에서 극값을 가질 때, 상수 k의 값을 구하시오.

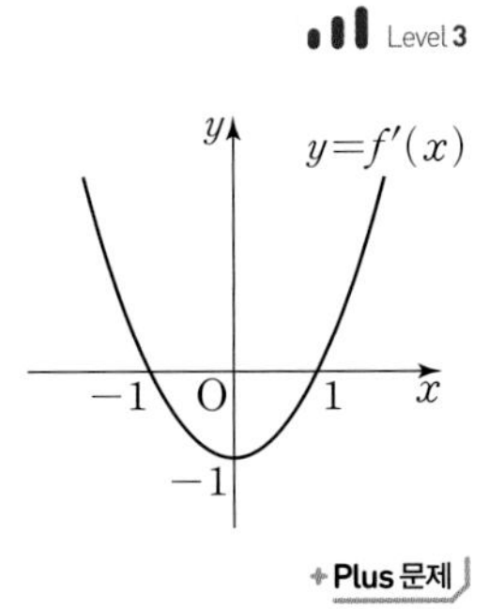

+Plus 문제

실전유형 8 삼차함수의 계수의 부호 결정하기

삼차함수 $f(x)=ax^3+bx^2+cx+d$에 대하여

(1) $x\to\infty$일 때, $f(x)\to\infty$이면 $a>0$
$x\to\infty$일 때, $f(x)\to-\infty$이면 $a<0$

(2) $y=f(x)$의 그래프가 y축과 양의 부분에서 만나면 $d>0$
$y=f(x)$의 그래프가 y축과 음의 부분에서 만나면 $d<0$

(3) 함수 $f(x)$가 $x=\alpha$, $x=\beta$에서 극값을 가지면 α, β는 이차방정식 $f'(x)=0$의 두 실근이다.

예 삼차함수 $f(x)=ax^3+bx^2+cx+d$의 그래프가 그림과 같으면 $a>0$, $d>0$이다.

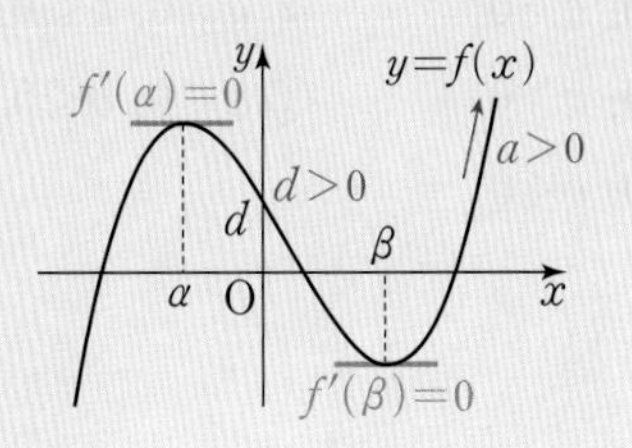

1032 대표문제

함수 $f(x)=ax^3+bx^2+cx$의 그래프가 그림과 같이 원점을 지나고 $x=\alpha$, $x=\beta$에서 극값을 가질 때, 〈보기〉에서 옳은 것만을 있는 대로 고른 것은?

(단, a, b, c는 상수이다.)

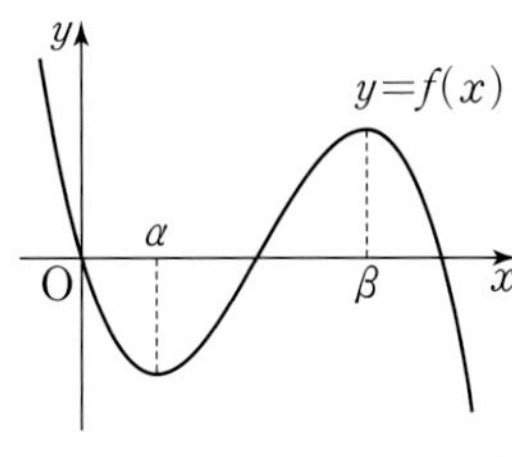

〈보기〉

ㄱ. $a<0$ ㄴ. $ab>0$ ㄷ. $ac>0$

① ㄱ ② ㄴ ③ ㄱ, ㄷ

④ ㄴ, ㄷ ⑤ ㄱ, ㄴ, ㄷ

1033

Level 1

함수 $f(x)=x^3+ax^2+bx+c$의 그래프가 그림과 같을 때, 함수 $f(x)$에 대한 설명 중 〈보기〉에서 옳은 것만을 있는 대로 고르시오.

(단, a, b, c는 상수이다.)

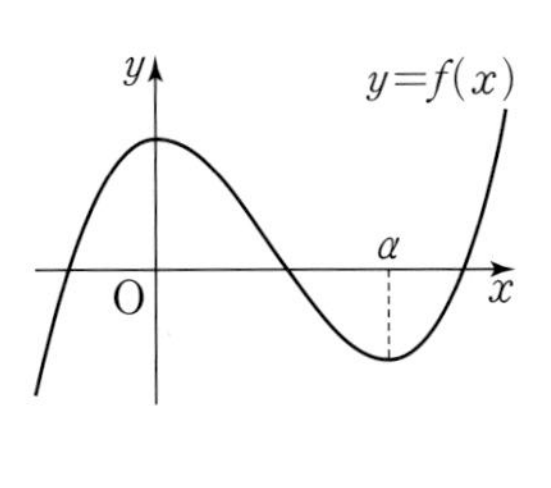

〈보기〉

ㄱ. $c>0$ ㄴ. $b=0$ ㄷ. $a>0$

1034

Level 1

함수 $f(x)=ax^3+bx^2+cx-1$의 그래프가 그림과 같을 때, 다음 중 옳은 것은? (단, a, b, c는 상수이다.)

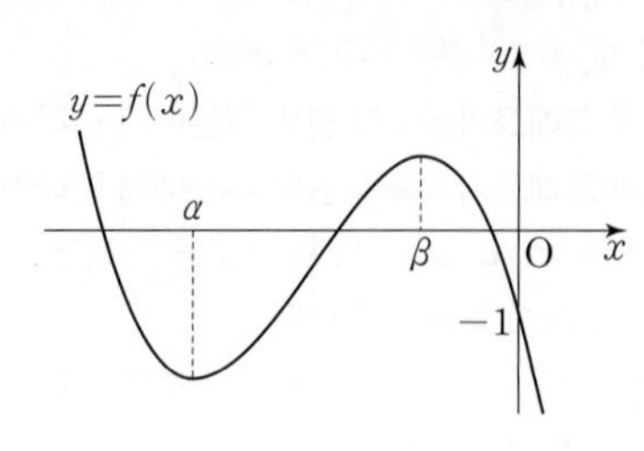

① $a>0$, $b>0$, $c>0$ ② $a>0$, $b<0$, $c>0$
③ $a<0$, $b>0$, $c>0$ ④ $a<0$, $b<0$, $c>0$
⑤ $a<0$, $b<0$, $c<0$

1035

Level 2

함수 $f(x)=x^3+ax^2+bx+c$의 그래프가 그림과 같을 때, 상수 a, b, c에 대하여
$\frac{|a|}{a}+\frac{2|b|}{b}+\frac{3|c|}{c}$의 값은?

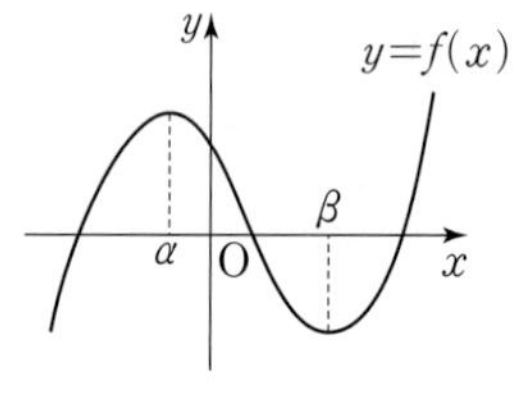

(단, $\beta>|\alpha|$이다.)

① -2 ② -1 ③ 0
④ 1 ⑤ 2

1036

Level 2

삼차함수 $y=f(x)$의 그래프가 그림과 같을 때, 8개의 점 A, B, C, ⋯, H에 대하여 부등식 $f'(x)f(x)<0$을 만족시키는 점의 개수를 구하시오.

(단, 두 점 C, F는 각각 극소, 극대인 점이다.)

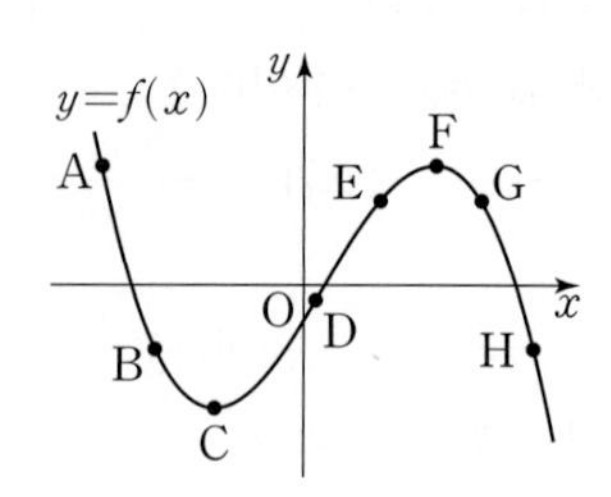

1037

Level 2

삼차함수 $y=f(x)$의 그래프가 그림과 같다. $g(x)=xf(x)$라 할 때, 〈보기〉에서 옳은 것만을 있는 대로 고른 것은?

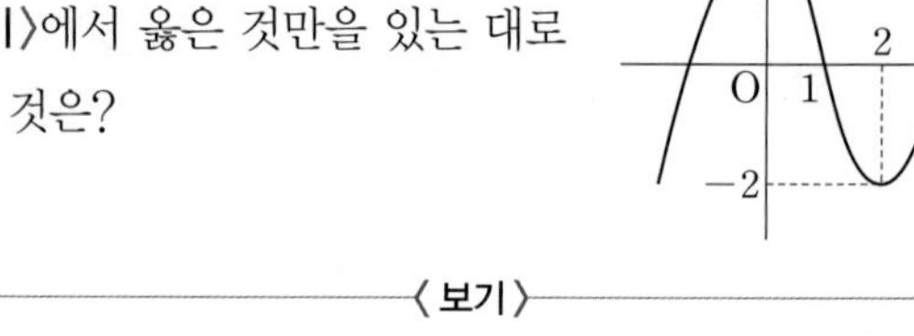

〈보기〉

ㄱ. $f(1)+g'(1)>0$
ㄴ. $g(2)g'(2)>0$
ㄷ. $f(3)+g'(3)>0$

① ㄱ ② ㄴ ③ ㄱ, ㄷ
④ ㄴ, ㄷ ⑤ ㄱ, ㄴ, ㄷ

실전 유형 9 함수의 그래프의 개형

$y=f'(x)$의 그래프가 주어졌을 때 함수 $y=f(x)$의 그래프의 개형은 다음과 같은 순서로 그린다.

❶ $f'(x)=0$인 x의 값을 구한다.

❷ $f'(x)=0$인 x의 값의 좌우에서 $f'(x)$의 부호를 조사하여 함수 $f(x)$의 증가, 감소를 표로 나타내고 극값을 구한다.

❸ $y=f(x)$의 그래프의 개형을 그린다.

예

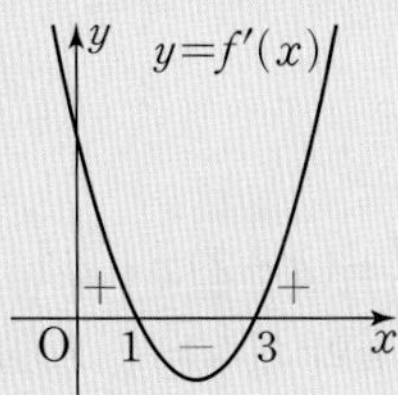

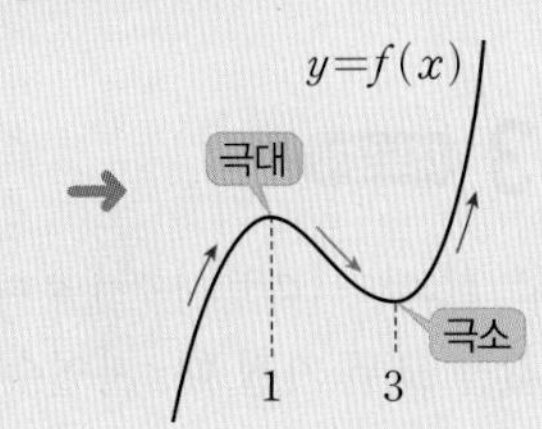

1038 대표문제

함수 $f(x)$의 도함수 $y=f'(x)$의 그래프가 그림과 같다. 다음 중 함수 $y=f(x)$의 그래프의 개형이 될 수 있는 것은?

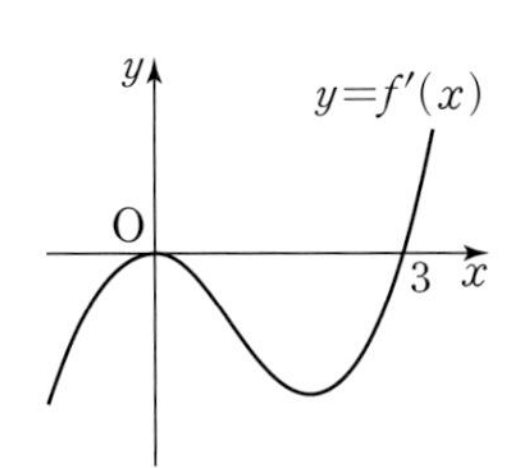

①
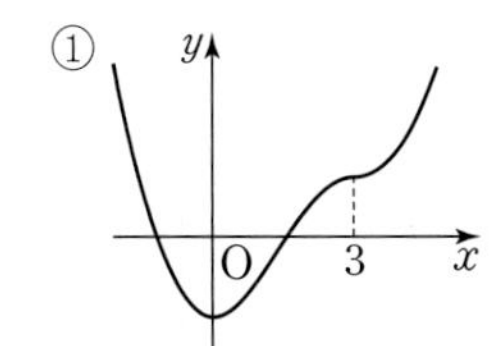

②
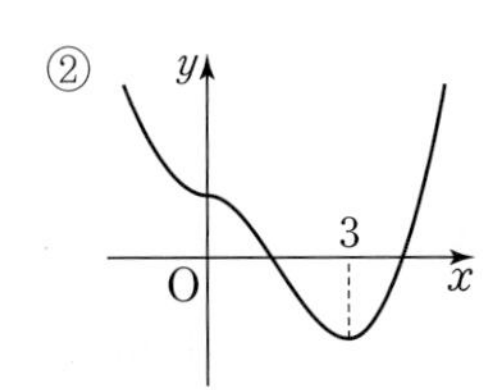

③
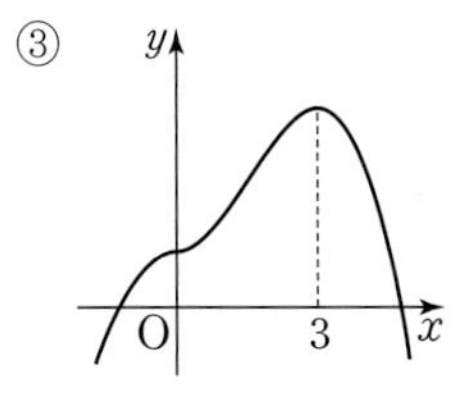

④
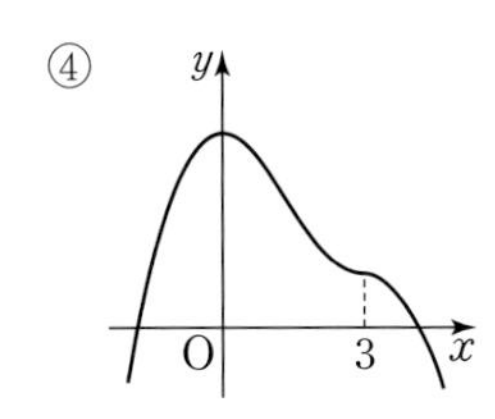

⑤
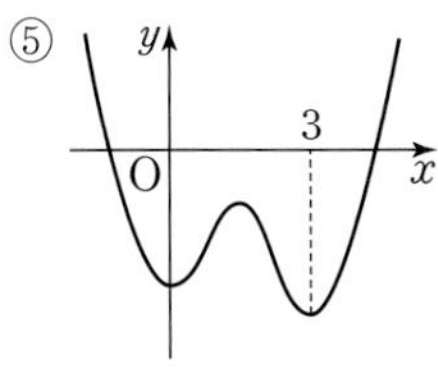

1039

Level 2

함수 $f(x)$의 도함수 $y=f'(x)$의 그래프가 그림과 같다. 다음 중 함수 $y=f(x)$의 그래프의 개형이 될 수 있는 것은?

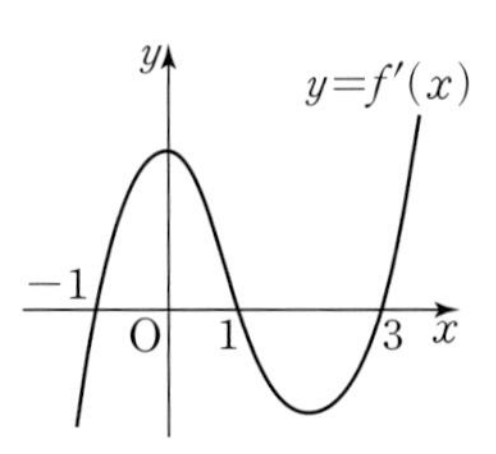

①

②
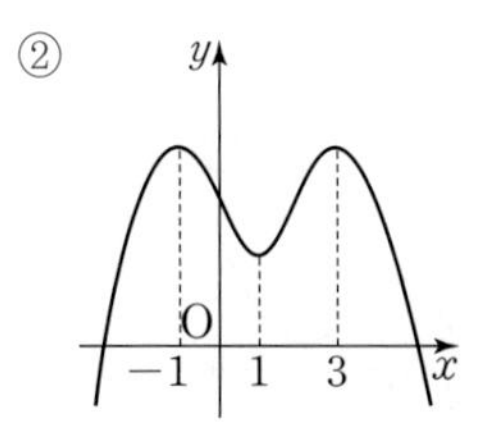

③
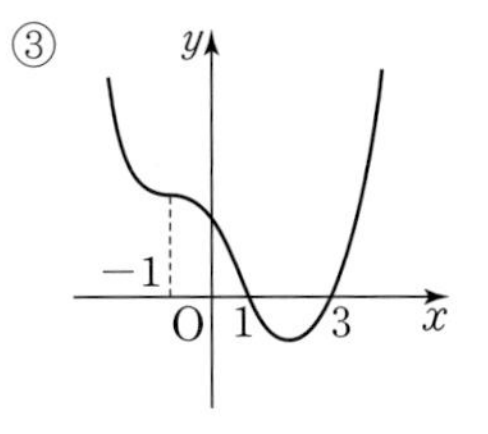

④
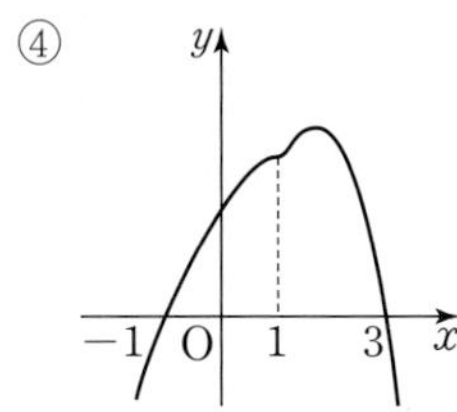

⑤
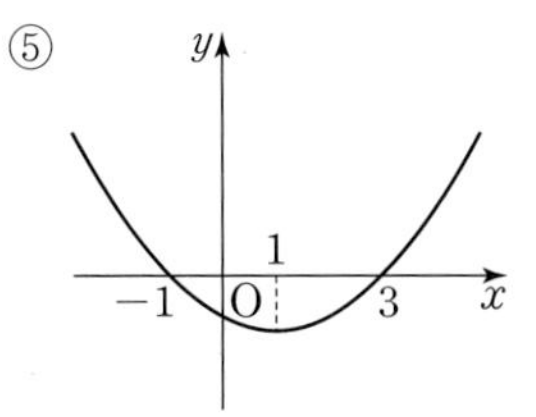

1040

Level 2

다음 중 함수 $f(x)=3x^4-8x^3+6x^2+1$의 그래프의 개형이 될 수 있는 것은?

①
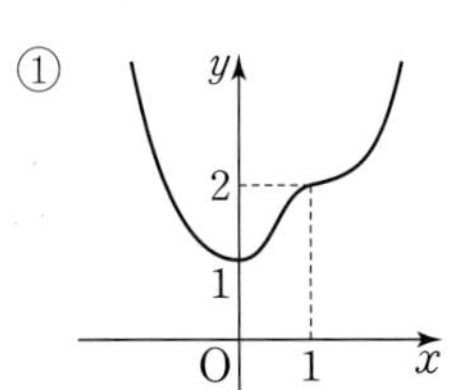

②
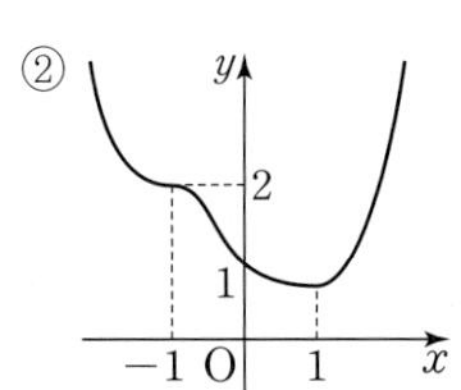

③
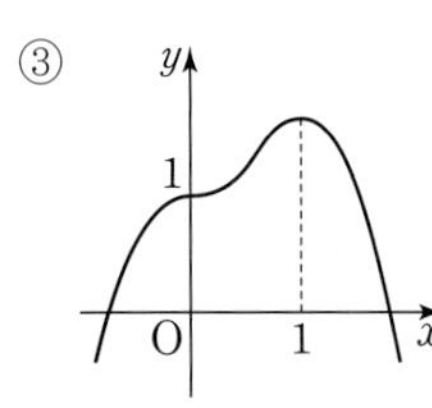

④
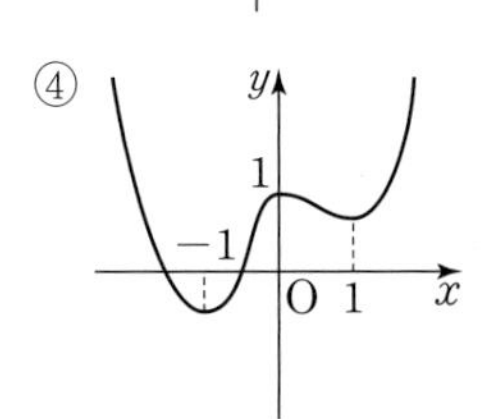

⑤
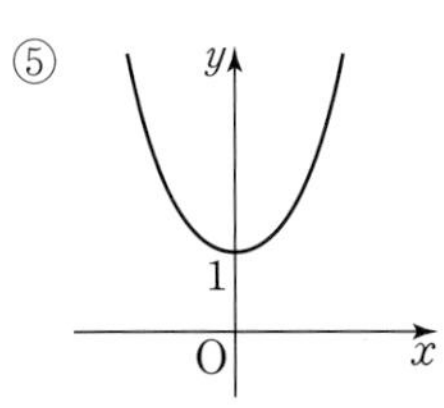

1041

Level 2

함수 $f(x)$의 도함수 $y=f'(x)$의 그래프가 그림과 같다. 다음 중 함수 $y=f(x)$의 그래프의 개형이 될 수 있는 것은?

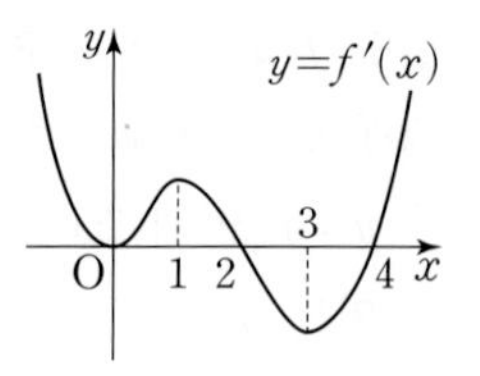

①

② 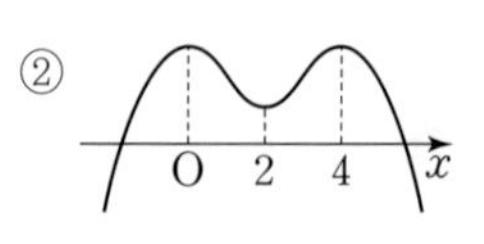

③ 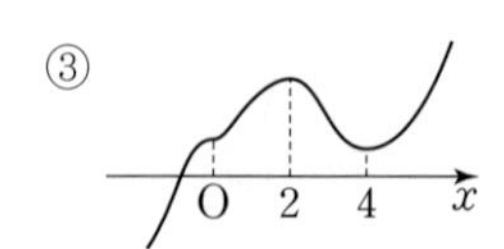

④ 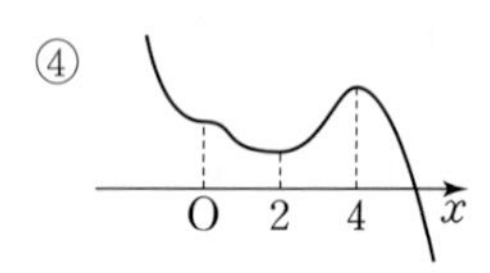

⑤

1042

Level 2

사차함수 $f(x)$의 도함수 $y=f'(x)$의 그래프가 그림과 같고 $f(-3)=f(3)>0$일 때, 〈보기〉에서 옳은 것만을 있는 대로 고른 것은?

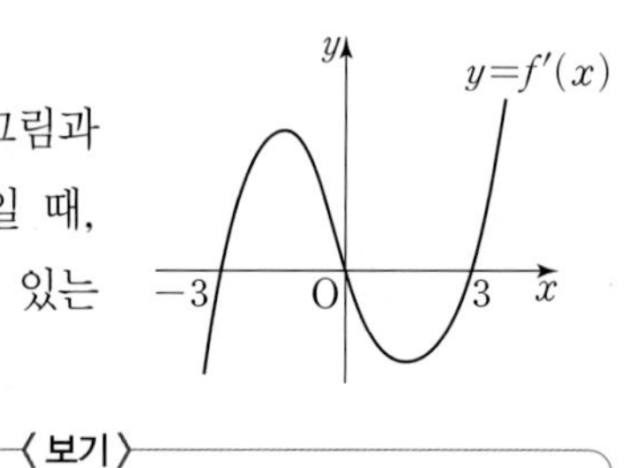

〈보기〉

ㄱ. $f(2)>0$

ㄴ. $f(x)$는 $x=-3$에서 극대이다.

ㄷ. $y=f(x)$의 그래프는 x축과 서로 다른 두 점에서 만난다.

① ㄱ　② ㄱ, ㄴ　③ ㄱ, ㄷ
④ ㄴ, ㄷ　⑤ ㄱ, ㄴ, ㄷ

실전유형 10 삼차함수가 극값을 가질 조건

빈출유형

(1) 삼차함수 $f(x)$가 극값을 가질 조건
→ 이차방정식 $f'(x)=0$이 서로 다른 두 실근을 갖는다.
→ 이차방정식 $f'(x)=0$의 판별식 $D>0$

(2) 삼차함수 $f(x)$가 극값을 갖지 않을 조건
→ 이차방정식 $f'(x)=0$이 중근 또는 허근을 갖는다.
→ 이차방정식 $f'(x)=0$의 판별식 $D\le 0$

1043 대표문제

삼차함수 $f(x)=(a+2)x^3+ax^2+(a-2)x+2$가 극댓값과 극솟값을 모두 가질 때, 자연수 a의 개수는?

① 1　② 2　③ 3
④ 4　⑤ 5

1044

Level 2

함수 $f(x)=x^3+ax^2+2ax-3$이 극값을 가질 때, 상수 a의 값의 범위를 구하시오.

1045

Level 2

함수 $f(x)=x^3+ax^2+(a^2-4a)x+3$이 극값을 갖도록 하는 정수 a의 개수는?

① 5　② 6　③ 7
④ 8　⑤ 9

1046

Level 2

삼차함수 $f(x)=(a+1)x^3+ax^2+(a-1)x$가 극값을 갖도록 하는 정수 a의 개수를 구하시오.

1047

Level 2

함수 $f(x)=x^3+(a-1)x^2+(a-1)x+1$이 극값을 갖지 않도록 하는 실수 a의 값의 범위는?

① $-1\le a\le 2$ ② $0\le a\le 3$ ③ $1\le a\le 4$
④ $2\le a\le 5$ ⑤ $3\le a\le 6$

1048

Level 2

함수 $f(x)=x^3+3ax^2+3(2a+3)x$가 극값을 갖지 않도록 하는 상수 a의 최댓값을 M, 최솟값을 m이라 할 때, $M-m$의 값을 구하시오.

1049

Level 2

함수 $f(x)=x^3-12a^2x+6$이 극댓값과 극솟값을 각각 1개씩 가질 때, 극댓값과 극솟값의 차가 32가 되도록 하는 양수 a의 값은?

① $\frac{1}{4}$ ② $\frac{1}{2}$ ③ 1
④ 2 ⑤ 4

실전 유형 11 삼차함수가 주어진 구간에서 극값을 가질 조건

삼차함수 $f(x)$가 구간 (a, b)에서 극값을 가지면 이 구간에서 이차방정식 $f'(x)=0$이 서로 다른 두 실근을 갖는다.
삼차함수 $f(x)$의 최고차항의 계수가 양수일 때
① 이차방정식 $f'(x)=0$의 판별식 $D>0$
② $f'(a)>0$, $f'(b)>0$
③ 이차함수 $y=f'(x)$의 그래프의 축의 방정식 $x=m$에서 $a<m<b$

1050 대표문제

함수 $f(x)=x^3+ax^2+27x-2$가 $x>-1$에서 극댓값과 극솟값을 모두 갖도록 하는 상수 a의 값의 범위를 구하시오.

1051

Level 2

함수 $f(x)=-x^3+3x^2-ax$가 열린구간 $(-2, 3)$에서 극값을 갖도록 하는 정수 a의 개수를 구하시오.

1052

Level 2

함수 $f(x)=2x^3-3ax^2+3x+2$가 $-1<x<2$에서 극댓값과 극솟값을 모두 가질 때, 양수 a의 값의 범위를 구하시오.

1053

Level 2

함수 $f(x)=x^3-6ax^2+2ax+3$이 $0<x<2$에서 극댓값을 갖고, $x>2$에서 극솟값을 갖도록 하는 정수 a의 최솟값을 구하시오.

1054

Level 2

함수 $f(x)=\frac{1}{3}x^3-ax^2+(2a+3)x+2$가 $x<-1$에서 극댓값을 갖고, $x>0$에서 극솟값을 갖도록 하는 상수 a의 값의 범위는?

① $a<-\frac{3}{2}$ ② $-\frac{3}{2}<a<-1$
③ $0<a<1$ ④ $1<a<\frac{3}{2}$
⑤ $a>\frac{3}{2}$

1055

Level 2

함수 $f(x)=-2x^3-3x^2+kx$가 $x<0$에서 극솟값을 갖고, $0<x<3$에서 극댓값을 갖도록 하는 정수 k의 개수를 구하시오.

실전유형 12 사차함수가 극값을 가질 조건

(1) 사차함수 $f(x)$가 극댓값과 극솟값을 모두 갖는다.
→ 삼차방정식 $f'(x)=0$이 서로 다른 세 실근을 갖는다.
(2) 사차함수 $f(x)$가 극댓값 또는 극솟값을 갖지 않는다.
→ 삼차방정식 $f'(x)=0$이 중근 또는 허근을 갖는다.

1056 대표문제

함수 $f(x)=\frac{1}{4}x^4-\frac{2}{3}x^3+\frac{k}{2}x^2$이 극댓값을 갖도록 하는 상수 k의 값의 범위가 $k<\alpha$ 또는 $\beta<k<\gamma$일 때, $\alpha+\beta+\gamma$의 값은?

① -1 ② 0 ③ 1
④ 2 ⑤ 3

1057

Level 2

함수 $f(x)=\frac{1}{2}x^4+2x^3+3ax^2+6$이 극댓값을 가질 때, 상수 a의 값의 범위는 $a<p$ 또는 $p<a<q$이다. $p+q$의 값은?

① $\frac{1}{4}$ ② $\frac{3}{4}$ ③ $\frac{5}{4}$
④ $\frac{7}{4}$ ⑤ $\frac{9}{4}$

1058

Level 2

함수 $f(x)=-\frac{1}{2}x^4+2(a-3)x^3-a^2x^2+3$이 극솟값을 갖지 않을 때, 정수 a의 개수는?

① 5 ② 6 ③ 7
④ 8 ⑤ 9

1059

Level 2

함수 $f(x)=\frac{1}{2}x^4+2ax^3+9ax^2$이 극댓값을 갖지 않도록 하는 상수 a의 최댓값을 구하시오.

1060

Level 2

함수 $f(x)=-x^4+4x^3-6(k-1)x^2+6$이 극솟값을 갖기 위한 상수 k의 값의 범위가 $k<\alpha$ 또는 $\beta<k<\gamma$일 때, $\alpha\beta\gamma$의 값은?

① $\frac{1}{4}$ ② 1 ③ $\frac{7}{4}$
④ $\frac{5}{2}$ ⑤ $\frac{13}{4}$

1061

Level 2

함수 $f(x)=\frac{1}{4}x^4+\frac{1}{3}(k+1)x^3-kx$가 $x=\alpha$, $x=\gamma$에서 극소, $x=\beta$에서 극대일 때, 실수 k의 값의 범위는?

(단, $\alpha<0<\beta<\gamma<3$)

① $-\frac{9}{2}<k<-4$ ② $-4<k<-\frac{7}{2}$
③ $-\frac{7}{2}<k<-3$ ④ $-3<k<-\frac{5}{2}$
⑤ $-\frac{5}{2}<k<-2$

1062

Level 3

함수 $f(x)=\frac{1}{2}x^4+\frac{2}{3}ax^3+bx^2-4x+2$가 $x=1$에서 극값을 갖고, $c>1$에 대하여 $f'(c)=0$이지만 $x=c$에서 극값을 갖지 않는다고 한다. 상수 a, b, c에 대하여 abc의 값을 구하시오. (단, $a\neq0$)

심화유형 13 함수 $f(x)-g(x)$의 극값

미분가능한 두 함수 $f(x)$, $g(x)$에 대하여

❶ $h(x)=f(x)-g(x)$라 할 때, $h'(x)=0$인 x의 값을 구한다.

❷ $h'(x)=0$인 x의 값의 좌우에서 $h'(x)$의 부호를 조사하여 함수 $h(x)$의 증가, 감소를 표로 나타낸다.

❸ 표에서 함수 $h(x)$의 극값을 찾는다.

1063 대표문제

삼차함수 $f(x)$와 이차함수 $g(x)$의 도함수 $y=f'(x)$, $y=g'(x)$의 그래프가 그림과 같다. 함수 $h(x)$를 $h(x)=f(x)-g(x)$라 할 때, 함수 $h(x)$가 극대가 되도록 하는 x의 값을 구하시오.

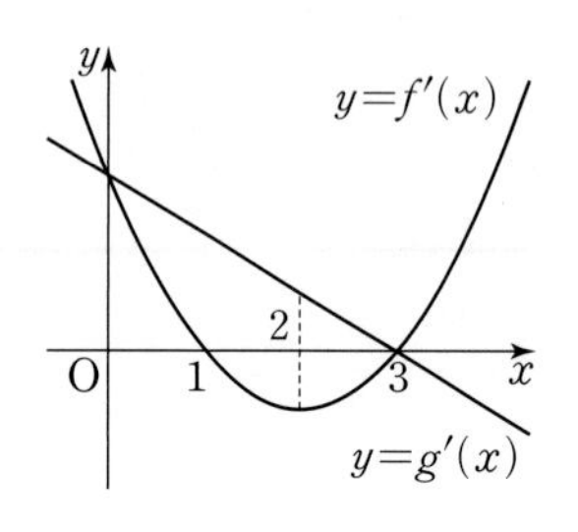

1064 Level 2

삼차함수 $f(x)$와 사차함수 $g(x)$의 도함수 $y=f'(x)$, $y=g'(x)$의 그래프가 그림과 같다. 함수 $h(x)$를 $h(x)=f(x)-g(x)$라 할 때, 함수 $h(x)$가 극소가 되도록 하는 x의 값은?

① a ② b ③ c

④ d ⑤ e

1065 Level 2

사차함수 $f(x)$와 이차함수 $g(x)$의 도함수 $y=f'(x)$, $y=g'(x)$의 그래프가 그림과 같이 $x=\alpha$, $x=\beta$인 점에서 만난다. 함수 $h(x)$를 $h(x)=f(x)-g(x)$라 할 때, 함수 $h(x)$의 극솟값을 구하시오. (단, $\alpha<0<\beta$, $h(\beta)=0$)

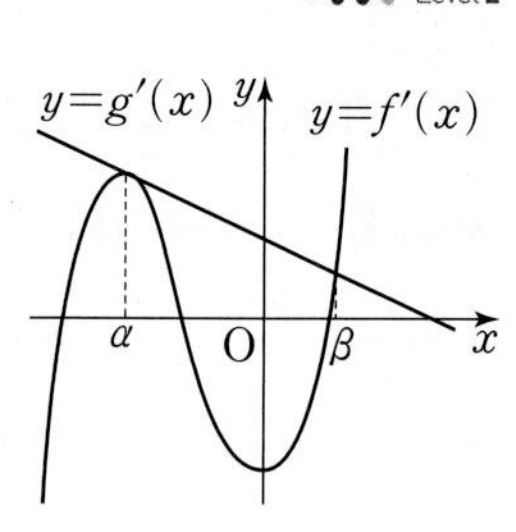

1066 Level 2

그림과 같이 두 삼차함수 $f(x)$, $g(x)$의 도함수 $y=f'(x)$, $y=g'(x)$의 그래프가 만나는 서로 다른 두 점의 x좌표는 a, b $(0<a<b)$이다. 함수 $h(x)$를 $h(x)=f(x)-g(x)$라 할 때, 〈보기〉에서 옳은 것만을 있는 대로 고르시오.

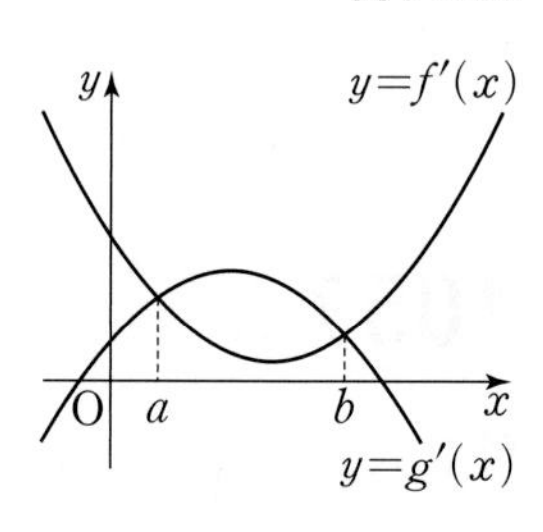

〈보기〉

ㄱ. 함수 $h(x)$는 극댓값과 극솟값을 모두 갖는다.

ㄴ. 함수 $h(x)$는 $x=a$에서 극댓값을 갖는다.

ㄷ. $h(b)=0$이면 $y=h(x)$의 그래프는 x축과 서로 다른 두 점에서 만난다.

1067 Level 3

함수 $f(x)=(a+4)x^3+ax^2+3x$의 그래프를 x축에 대하여 대칭이동하고 다시 y축의 방향으로 3만큼 평행이동하였더니 함수 $y=g(x)$의 그래프가 되었다. 함수 $f(x)-g(x)$가 극값을 갖도록 하는 자연수 a의 최솟값은?

① 11 ② 13 ③ 15

④ 17 ⑤ 19

+Plus 문제

심화유형 14 x축에 접하는 함수의 그래프

그림과 같이 함수 $y=f(x)$의 그래프가 $x=a$에서 x축에 접하면

→ 함수 $f(x)$가 $x=a$에서 극값을 가지므로 $f'(a)=0$

→ $x=a$에서의 극값이 0이므로 $f(a)=0$

→ 다항식 $f(x)$는 $(x-a)^2$을 인수로 갖는다.

1068 대표문제

삼차함수 $f(x)$의 최고차항의 계수가 -1인 그래프가 그림과 같이 x축에 접하고 원점을 지난다. 함수 $f(x)$의 극솟값이 -4일 때, $f(4)$의 값을 구하시오.

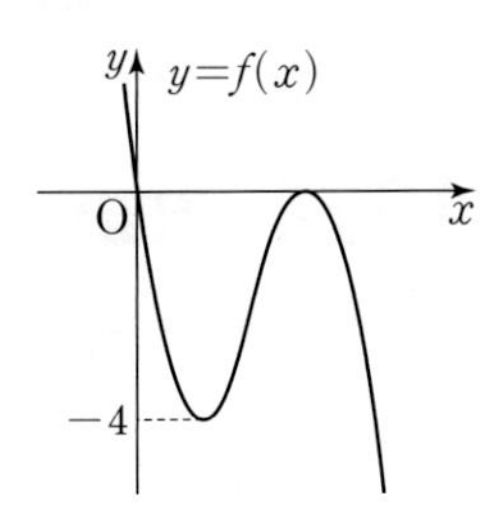

1069 Level 2

함수 $f(x)=x^3+3ax^2-16a$의 그래프가 x축에 접하도록 하는 모든 상수 a의 값의 곱은? (단, $a\neq0$)

① -9 ② -6 ③ -4 ④ -3 ⑤ 3

1070 Level 2

함수 $f(x)=2x^3-12ax^2+4a$의 그래프가 x축에 접할 때, 모든 상수 a의 값의 곱은? (단, $a\neq0$)

① $-\frac{1}{16}$ ② $-\frac{1}{8}$ ③ $-\frac{3}{16}$ ④ $-\frac{1}{4}$ ⑤ $-\frac{1}{2}$

심화유형 15 절댓값 기호를 포함한 함수의 극대·극소

(1) $y=|f(x)|$의 그래프는 $y=f(x)$의 그래프에서 $f(x)\geq0$인 부분은 그대로 두고, $f(x)<0$인 부분은 x축에 대하여 대칭이동하여 그린다.

(2) $y=f(|x|)$의 그래프는 $y=f(x)$의 그래프에서 $x\geq0$인 부분만 남기고, $x\geq0$인 부분을 y축에 대하여 대칭이동하여 그린다.

1071 대표문제

함수 $f(x)=x^3-3x-1$에 대하여 함수 $g(x)=|f(x)|$는 $x=\alpha$ $(\alpha>0)$에서 극댓값 m을 갖는다. $\alpha+m$의 값은?

① 1 ② 2 ③ 3 ④ 4 ⑤ 5

1072 Level 2

함수 $g(x)=\left|\frac{1}{4}x^4-2x^2+1\right|$의 극댓값 중 가장 작은 값은?

① -1 ② 1 ③ 3 ④ 5 ⑤ 7

1073

Level 2

함수 $f(x)=3x^4-4x^3+k$에 대하여 <보기>에서 옳은 것만을 있는 대로 고른 것은? (단, k는 상수이다.)

〈보기〉

ㄱ. $k=1$이면 함수 $f(x)$의 극솟값은 0이다.

ㄴ. $k<1$이면 함수 $|f(x)|$는 극댓값을 갖는다.

ㄷ. $k>1$이면 함수 $|f(x)|$는 극댓값을 갖지 않는다.

① ㄱ ② ㄱ, ㄴ ③ ㄱ, ㄷ

④ ㄴ, ㄷ ⑤ ㄱ, ㄴ, ㄷ

1074

Level 2

함수 $f(x)=x^3-3x^2-1$에 대하여 $g(x)=f(|x|)$일 때, $g(x)$는 $x=\alpha$, $x=\gamma$에서 극솟값을 갖고, $x=\beta$에서 극댓값을 갖는다. $\alpha+\beta+\gamma$의 값을 구하시오. (단, $\alpha>\gamma$)

1075 고난도

Level 3

함수 $f(x)=\frac{1}{3}x^3-x^2-3|x|+a$의 극댓값이 3일 때, 함수 $f(x)$의 극솟값을 구하시오. (단, a는 상수이다.)

실전유형 16 대칭성을 갖는 함수의 그래프와 극값 복합유형

다항함수 $f(x)$에 대하여

(1) $y=f(x)$의 그래프가 y축에 대하여 대칭이다.

→ $f(-x)=f(x)$, $f'(-x)=-f'(x)$

→ $f(x)$는 짝수 차수의 항과 상수항으로만 이루어져 있다.

(2) $y=f(x)$의 그래프가 원점에 대하여 대칭이다.

→ $f(-x)=-f(x)$, $f'(-x)=f'(x)$

→ $f(x)$는 홀수 차수의 항으로만 이루어져 있다.

(3) $f(a-x)=f(b+x)$

→ $y=f(x)$의 그래프는 직선 $x=\frac{a+b}{2}$에 대하여 대칭이다.

1076 대표문제

모든 계수가 정수인 삼차함수 $f(x)$가 다음 조건을 만족시킨다.

(가) 모든 실수 x에 대하여 $f(-x)=-f(x)$이다.

(나) $f(1)=5$

(다) $1<f'(1)<7$

함수 $f(x)$의 극댓값을 구하시오.

1077

Level 2

함수 $f(x)=2x^3-3(a-2)x^2-6x$에 대하여 $y=f(x)$의 그래프에서 극대가 되는 점과 극소가 되는 점이 원점에 대하여 대칭일 때, 상수 a의 값은?

① $\frac{1}{4}$ ② $\frac{1}{2}$ ③ 1

④ 2 ⑤ 4

1078

Level 2

삼차함수 $f(x)$는 $x=1$에서 극값을 갖고, $y=f(x)$의 그래프가 원점에 대하여 대칭일 때, 이 그래프와 x축과의 교점의 x좌표 중에서 양수인 것은?

① $\sqrt{2}$ ② $\sqrt{3}$ ③ 2
④ $\sqrt{5}$ ⑤ $\sqrt{6}$

1079

Level 2

최고차항의 계수가 1이고 $f(0)=0$인 사차함수 $f(x)$가 다음 조건을 만족시킨다.

(가) 모든 실수 x에 대하여 $f(2+x)=f(2-x)$이다.
(나) $x=1$에서 극솟값을 갖는다.

함수 $f(x)$의 극댓값을 구하시오.

1080

Level 2

최고차항의 계수가 -1인 사차함수 $f(x)$가 다음 조건을 만족시킬 때, 함수 $f(x)$의 극솟값은?

(가) $\lim_{h\to 0}\frac{f(h)}{h}=-8$
(나) 모든 실수 x에 대하여 $f(1-x)=f(1+x)$이다.

① -10 ② -5 ③ 0
④ 5 ⑤ 10

1081

Level 2

사차함수 $f(x)$의 도함수 $f'(x)$의 그래프가 그림과 같다. $f(\alpha)<f(\gamma)<0<f(\beta)$일 때, 〈보기〉에서 옳은 것만을 있는 대로 고른 것은?

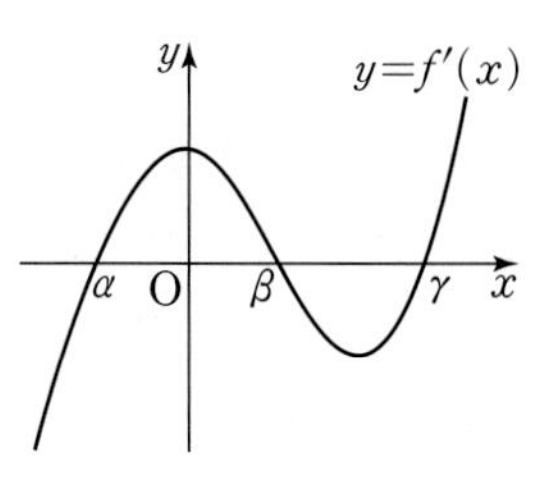

〈보기〉

ㄱ. 함수 $f(x)$는 $x=\beta$에서 극대이다.
ㄴ. $f(\beta-x)=f(\beta+x)$
ㄷ. $y=f(x)$의 그래프는 x축과 세 점에서 만난다.

① ㄱ ② ㄴ ③ ㄱ, ㄷ
④ ㄴ, ㄷ ⑤ ㄱ, ㄴ, ㄷ

1082

Level 2

최고차항의 계수가 1인 삼차함수 $f(x)$가 다음 조건을 만족시킬 때, 함수 $f(x)$의 극댓값을 구하시오.

(가) 모든 실수 x에 대하여 $f'(x)=f'(-x)$이다.
(나) 함수 $f(x)$는 $x=1$에서 극솟값 0을 갖는다.

1083

Level 3

사차함수 $f(x)=x^4+ax^3+bx^2+cx+6$이 다음 조건을 만족시킬 때, $f(1)$의 값을 구하시오. (단, a, b, c는 상수이다.)

(가) 모든 실수 x에 대하여 $f(-x)=f(x)$이다.
(나) 함수 $f(x)$는 극솟값 -10을 갖는다.

+Plus 문제

05

1084

Level 3

함수 $y=f(x)$의 그래프가 그림과 같다. 함수 $g(x)$의 도함수 $g'(x)=-f(-x)$일 때, 〈**보기**〉에서 옳은 것만을 있는 대로 고른 것은?

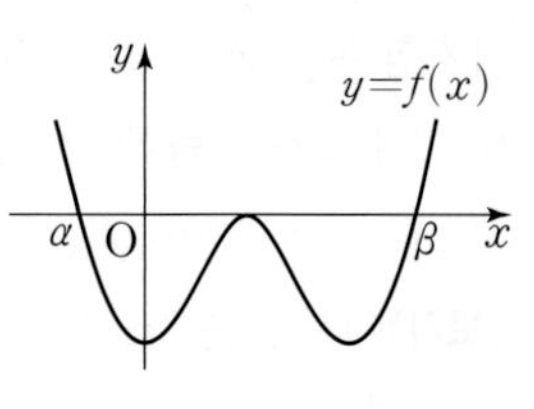

〈보기〉

ㄱ. 함수 $g(x)$는 $x=-\alpha$에서 극대이다.
ㄴ. 함수 $g(x)$는 $x=-\beta$에서 극소이다.
ㄷ. $g(-\alpha)>g(-\beta)$

① ㄱ　② ㄴ　③ ㄷ
④ ㄱ, ㄴ　⑤ ㄱ, ㄴ, ㄷ

1085

Level 3

그림은 원점 O에 대하여 대칭인 삼차함수 $y=f(x)$의 그래프이다. 이 그래프가 x축과 만나는 점 중 원점이 아닌 점을 각각 A, B라 하고, 함수 $f(x)$의 극대, 극소인 점을 각각 C, D라 하자.

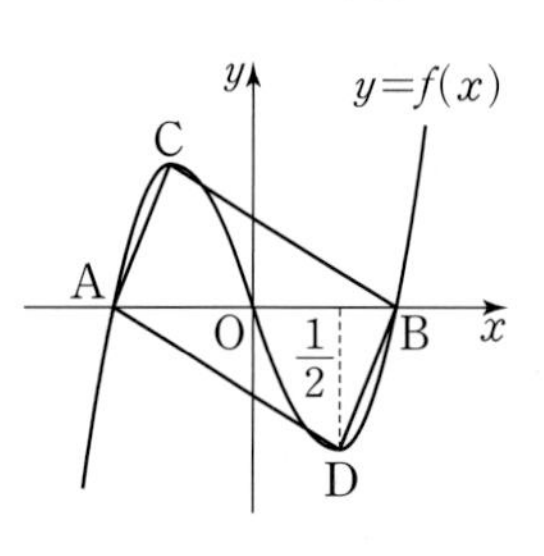

점 D의 x좌표가 $\frac{1}{2}$이고 사각형 ADBC의 넓이가 $\sqrt{3}$일 때, 함수 $f(x)$의 극댓값은?

① 1　② $\frac{4}{3}$　③ $\frac{5}{3}$
④ $\frac{\sqrt{3}}{2}$　⑤ $\sqrt{2}$

심화유형 17 그래프를 이용한 극대·극소의 활용

미분가능한 함수 $f(x)$에서 $x=a$의 좌우에서 $f'(x)$의 부호가 바뀌면 극값이 존재한다.

1086 대표문제

함수 $f(x)=2x^4-4x^2$의 그래프에서 극대인 한 점을 A, 극소인 두 점을 각각 B, C라 할 때, 삼각형 ABC의 넓이를 구하시오.

1087

Level 2

함수 $f(x)=-x^3+3x+1$이 $x=\alpha$, $x=\beta$에서 극값을 가질 때, 두 점 $(\alpha, f(\alpha))$, $(\beta, f(\beta))$를 지나는 직선의 기울기를 구하시오.

1088

Level 2

미분가능한 함수 $f(x)$는 $x=-2$에서 극댓값 2를 갖는다. $g(x)=x^2f(x)$라 할 때, 곡선 $y=g(x)$의 $x=-2$인 점에서의 접선과 x축, y축으로 둘러싸인 도형의 넓이는?

① $\frac{1}{4}$　② $\frac{1}{2}$　③ 1
④ 2　⑤ 4

1089

Level 2

함수 $f(x)=-x^3+3x^2+4x+2$의 닫힌구간 $[a, a+1]$에서의 평균변화율을 $F(a)$라 할 때, 함수 $F(a)$가 극대가 되도록 하는 a의 값을 구하시오.

1090

Level 2

함수 $f(x)=x^3-3ax^2+a^3$의 그래프에서 극대인 점과 극소인 점을 잇는 선분의 중점 M이 나타내는 도형의 방정식은? (단, $a>0$)

① $y=-2x^3$ $(x>0)$
② $y=-x^3$ $(x>0)$
③ $y=-x$ $(x>0)$
④ $y=x^2$ $(x>0)$
⑤ $y=2x^3$ $(x>0)$

1091

Level 2

함수 $f(x)=2x^3-6x^2+4$의 그래프에서 극대인 점을 A, 극소인 점을 B라 할 때, 선분 AB를 1 : 3으로 내분하는 점의 좌표를 구하시오.

1092

Level 2

실수 전체의 집합에서 연속인 함수

$$f(x)=\begin{cases} x-4 & (|x|\geq 2) \\ ax^2+bx & (|x|<2) \end{cases}$$

의 극댓값을 M, 극솟값을 m이라 할 때, Mm의 값은? (단, a, b는 상수이다.)

① -12
② -6
③ -3
④ $-\frac{1}{2}$
⑤ $\frac{1}{2}$

05

1093

Level 3

함수 $f(x)=x^4-16x^2$에 대하여 다음 조건을 만족시키는 정수 k의 값을 모두 구하시오.

(가) 구간 $(k, k+1)$에서 $f'(x)<0$이다.
(나) $f'(k)f'(k+2)<0$

다음은 이 유형에서 출제된 최근 교육청 • 평가원 기출문제입니다.

1094 • 교육청 2019년 10월

Level 3

삼차함수 $f(x)$에 대하여 방정식 $f'(x)=0$의 두 실근 α, β는 다음 조건을 만족시킨다.

(가) $|\alpha-\beta|=10$
(나) 두 점 $(\alpha, f(\alpha))$, $(\beta, f(\beta))$ 사이의 거리는 26이다.

함수 $f(x)$의 극댓값과 극솟값의 차는?

① $12\sqrt{2}$
② 18
③ 24
④ 30
⑤ $24\sqrt{2}$

서술형 유형 익히기

1095 대표문제

함수 $f(x)=-\frac{2}{3}x^3+ax^2-(2a-5)x-\frac{1}{2}$이 $0<x<2$에서 극솟값을 갖고, $x>2$에서 극댓값을 갖도록 하는 실수 a의 값의 범위를 구하는 과정을 서술하시오. [8점]

STEP 1 $f'(x)$ 구하기 [2점]

$f(x)=-\frac{2}{3}x^3+ax^2-(2a-5)x-\frac{1}{2}$에서

$f'(x)=$ (1) [   ] $x^2+2ax-2a+$ (2) [   ]

STEP 2 삼차함수 $f(x)$가 주어진 구간에서 극값을 가질 조건 찾기 [3점]

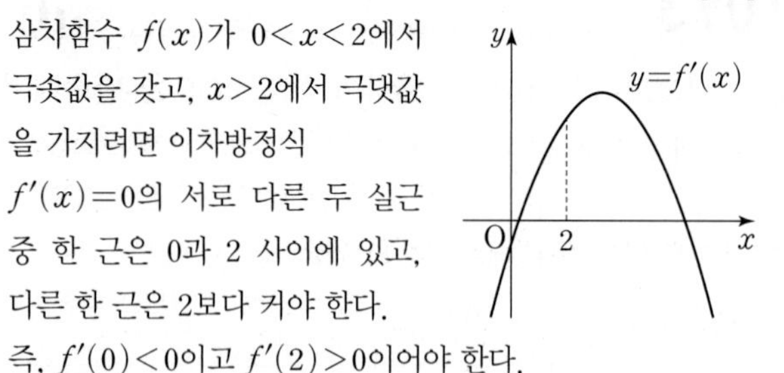

삼차함수 $f(x)$가 $0<x<2$에서 극솟값을 갖고, $x>2$에서 극댓값을 가지려면 이차방정식 $f'(x)=0$의 서로 다른 두 실근 중 한 근은 0과 2 사이에 있고, 다른 한 근은 2보다 커야 한다.

즉, $f'(0)<0$이고 $f'(2)>0$이어야 한다.

STEP 3 실수 a의 값의 범위 구하기 [3점]

(i) $f'(0)<0$에서 $a>$ (3) [   ] ······ ㉠

(ii) $f'($ (4) [   ] $)>0$에서 $a>$ (5) [   ] ······ ㉡

㉠, ㉡을 동시에 만족시키는 실수 a의 값의 범위는

$a>$ 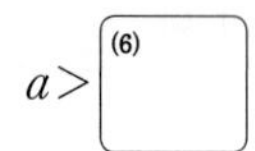 (6) [   ]

핵심 KEY 유형 10, 유형 11 삼차함수가 극값을 가질 조건

삼차함수가 극값을 가질 조건을 구하는 문제이다.
주어진 조건을 만족시키는 이차함수 $y=f'(x)$의 그래프를 그려 본다.
삼차함수 그래프의 개형을 바로 그려서 극값을 가질 조건을 추측할 수도 있지만 서술형 답안을 작성할 때에는 도함수 $y=f'(x)$의 그래프에서 $f'(x)$의 부호가 바뀌는 구간을 정확히 나타낼 필요가 있다.

1096 한번 더

함수 $f(x)=-\frac{1}{3}x^3+ax^2-3x$가 $1<x<2$에서 극솟값을 갖고, $x>2$에서 극댓값을 갖도록 하는 실수 a의 값의 범위를 구하는 과정을 서술하시오. [8점]

STEP 1 $f'(x)$ 구하기 [2점]

STEP 2 삼차함수 $f(x)$가 주어진 구간에서 극값을 가질 조건 찾기 [3점]

STEP 3 실수 a의 값의 범위 구하기 [3점]

1097 유사1

함수 $f(x)=x^3+(a-1)x^2+(a-1)x+1$이 극값을 갖지 않도록 하는 실수 a의 값의 범위를 구하는 과정을 서술하시오. [8점]

1098 유사2

함수 $f(x)=\frac{1}{3}x^3+ax^2-4ax+1$이 $x>3$에서 극댓값과 극솟값을 모두 가질 때, 실수 a의 값의 범위를 구하는 과정을 서술하시오. [8점]

1099 대표문제

함수 $f(x)=x^3-2ax^2+a^2x-4$의 그래프가 x축에 접할 때, $f(1)$의 값을 구하는 과정을 서술하시오. [8점]

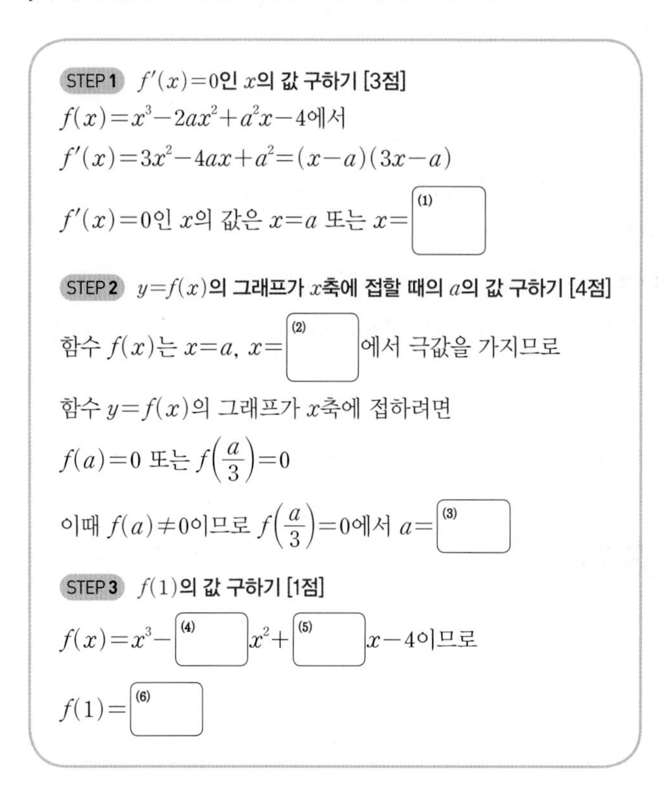
STEP 1 $f'(x)=0$인 x의 값 구하기 [3점]

$f(x)=x^3-2ax^2+a^2x-4$에서

$f'(x)=3x^2-4ax+a^2=(x-a)(3x-a)$

$f'(x)=0$인 x의 값은 $x=a$ 또는 $x=$ (1)

STEP 2 $y=f(x)$의 그래프가 x축에 접할 때의 a의 값 구하기 [4점]

함수 $f(x)$는 $x=a$, $x=$ (2) 에서 극값을 가지므로

함수 $y=f(x)$의 그래프가 x축에 접하려면

$f(a)=0$ 또는 $f\left(\frac{a}{3}\right)=0$

이때 $f(a)\neq0$이므로 $f\left(\frac{a}{3}\right)=0$에서 $a=$ (3)

STEP 3 $f(1)$의 값 구하기 [1점]

$f(x)=x^3-$ (4) x^2+ (5) $x-4$이므로

$f(1)=$ (6)

1100 한번 더

함수 $f(x)=x^3-ax^2-a^2x+8$의 그래프가 x축에 접할 때, $f(1)$의 값을 구하는 과정을 서술하시오. (단, $a>0$) [8점]

STEP 1 $f'(x)=0$인 x의 값 구하기 [3점]

STEP 2 $y=f(x)$의 그래프가 x축에 접할 때의 a의 값 구하기 [4점]

STEP 3 $f(1)$의 값 구하기 [1점]

1101 유사 1

함수 $f(x)=\frac{1}{3}x^3-ax^2+a^2x$의 그래프가 직선 $y=x$에 접하도록 하는 상수 a의 값을 모두 구하는 과정을 서술하시오. [10점]

1102 유사 2

다음 조건을 만족시키는 모든 사차함수 $y=f(x)$의 그래프가 항상 지나는 두 점의 x좌표를 각각 α, β라 하자. $|\alpha-\beta|$의 값을 구하는 과정을 서술하시오. [10점]

(가) $f(x)$의 최고차항의 계수는 1이다.
(나) 곡선 $y=f(x)$가 점$(1, f(1))$에서 직선 $y=2$에 접한다.
(다) $f'(0)=0$

핵심 KEY 유형 14 x축에 접하는 함수의 그래프

함수 $y=f(x)$의 미정계수를 정하는 문제이다.
함수 $f(x)$의 그래프가 $x=k$에서 x축에 접하면 $f(k)=f'(k)=0$이기 때문에 $f'(k)=0$이 되는 k에 대하여 $f(k)=0$인지 확인해야 한다.
방정식 $f(x)=0$은 중근을 가지므로 $f(x)=(x-a)^2(x-b)$로 두고 계수를 비교하여 풀 수도 있지만, 시간이 오래 걸리기 때문에 추천하지는 않는 방법이다.

1103 대표문제

최고차항의 계수가 $\frac{1}{3}$인 삼차함수 $f(x)$가 다음 조건을 만족시킬 때, 함수 $f(x)$의 극솟값을 구하는 과정을 서술하시오. [8점]

(가) 모든 실수 x에 대하여 $f(-x)=-f(x)$이다.
(나) $f'(-2)=-5$

STEP 1 (가)를 이용하여 $f(x)$를 식으로 나타내기 [3점]
(가)에서 $f(-x)=-f(x)$이므로 함수 $y=f(x)$의 그래프는 원점에 대하여 대칭이다.
$f(x)$는 최고차항의 계수가 $\frac{1}{3}$인 삼차함수이므로
$f(x)=$ (1) x^3+ax (a는 상수)라 하자.

STEP 2 (나)를 이용하여 $f(x)$ 구하기 [3점]
$f'(x)=x^2+a$이고 (나)에서 $f'(-2)=-5$이므로
$4+a=-5$ $\therefore a=$ (2)
$\therefore f(x)=\frac{1}{3}x^3-9x$

STEP 3 함수 $f(x)$의 극솟값 구하기 [2점]
$f'(x)=x^2-9=(x+3)(x-3)$
$f'(x)=0$인 x의 값은 $x=-3$ 또는 $x=3$
함수 $f(x)$의 증가, 감소를 표로 나타내면 다음과 같다.

x	$\cdots$	-3	$\cdots$	3	$\cdots$
$f'(x)$	$+$	0	$-$	0	$+$
$f(x)$	↗	18 극대	↘	-18 극소	↗

따라서 함수 $f(x)$의 극솟값은
$f($ (3) $)=$ (4)

1104 한번 더

최고차항의 계수가 1인 삼차함수 $f(x)$가 다음 조건을 만족시킬 때, $f(4)$의 값을 구하는 과정을 서술하시오. [7점]

> (가) $f(-x)=-f(x)$
> (나) $f'(2)=0$

STEP 1 (가)를 이용하여 $f(x)$를 식으로 나타내기 [3점]

STEP 2 (나)를 이용하여 $f(x)$ 구하기 [3점]

STEP 3 $f(4)$의 값 구하기 [1점]

핵심 KEY 유형 16 **대칭성을 갖는 함수의 그래프와 극값**

함수의 그래프의 대칭성을 이용하여 $f(x)$를 식으로 나타내는 문제이다.
$f(x)=x^3+ax^2+bx+c$, $f(-x)=-x^3+ax^2-bx+c$로 나타내어 문제를 해결할 수도 있지만,
$f(-x)=f(x)$이면 $f(x)$는 짝수 차수의 항과 상수항만 있고,
$f(-x)=-f(x)$이면 $f(x)$는 홀수 차수의 항만 있다는 사실을 이용하면 더 쉽게 해결할 수 있다.

1105 유사 1

최고차항의 계수가 1인 삼차함수 $f(x)$가 다음 조건을 만족시킬 때, 함수 $f(x)$의 극댓값을 구하는 과정을 서술하시오. [9점]

> (가) 모든 실수 x에 대하여 $f'(x)=f'(-x)$이다.
> (나) 함수 $f(x)$는 $x=2$에서 극솟값 0을 갖는다.

1106 유사 2

최고차항의 계수가 1인 사차함수 $f(x)$의 도함수 $f'(x)$가 모든 실수 x에 대하여 $f'(-x)=-f'(x)$를 만족시킨다. 함수 $f(x)$가 $x=1$에서 극솟값 -3을 가질 때, $f(x)$의 극댓값을 구하는 과정을 서술하시오. [10점]

1회

점 / 100점

• 선택형 21문항, 서술형 4문항입니다.

1 1107

함수 $f(x)=\frac{1}{3}x^3+x^2+ax+3$이 $x>1$에서 증가하도록 하는 상수 a의 최솟값은? [3점]

① -3 ② -1 ③ 0 ④ 1 ⑤ 3

2 1108

함수 $f(x)$의 도함수 $y=f'(x)$의 그래프가 그림과 같을 때, 다음 중 옳은 것은? [3점]

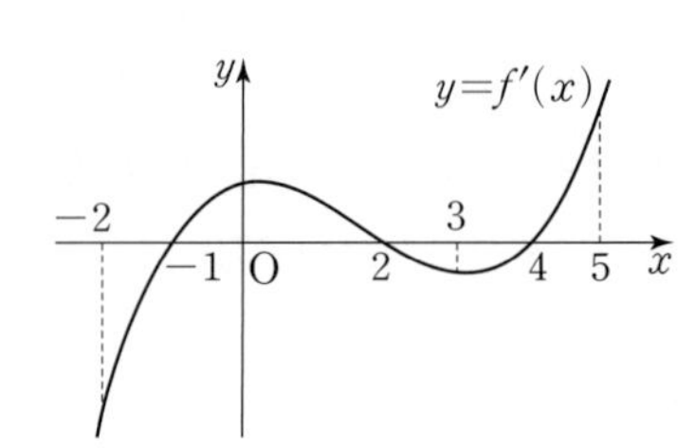

① 함수 $f(x)$는 $x=3$에서 극소이다.
② 함수 $f(x)$는 $x=2$에서 극소이다.
③ 함수 $f(x)$는 구간 $(4, 5)$에서 증가한다.
④ 함수 $f(x)$는 구간 $(0, 2)$에서 감소한다.
⑤ 함수 $f(x)$는 구간 $(-2, -1)$에서 증가한다.

3 1109

실수 전체의 집합에서 연속인 함수 $f(x)$의 도함수 $y=f'(x)$의 그래프가 그림과 같을 때, **〈보기〉**에서 옳은 것만을 있는 대로 고른 것은? [3점]

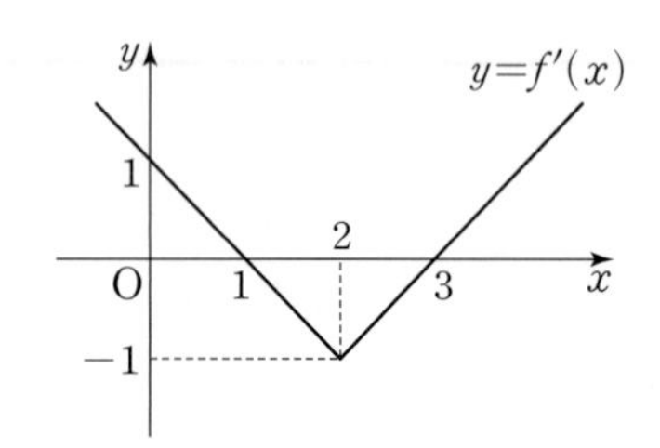

〈보기〉

ㄱ. 함수 $f(x)$는 $x=2$에서 미분가능하다.
ㄴ. 함수 $f(x)$는 구간 $(0, 2)$에서 감소한다.
ㄷ. 함수 $f(x)$는 구간 $(3, 4)$에서 증가한다.

① ㄱ ② ㄴ ③ ㄷ ④ ㄱ, ㄷ ⑤ ㄴ, ㄷ

4 1110

함수 $f(x)=-x^3+ax^2+(a^2-3)x-2$가 실수 전체의 집합에서 감소하도록 하는 상수 a의 최댓값은? [3점]

① $\frac{1}{2}$ ② 1 ③ $\frac{3}{2}$ ④ 2 ⑤ $\frac{5}{2}$

5 1111

함수 $f(x)=-x^3+ax^2+bx-5$가 $x=-3$에서 극솟값 -32를 가질 때, $f(2)$의 값은? (단, a, b는 상수이다.) [3점]

① -10　② -9　③ -8
④ -7　⑤ -6

6 1112

함수 $f(x)=x^3+ax^2+3ax+1$이 $x_1<x_2$인 임의의 두 실수 x_1, x_2에 대하여 $f(x_1)<f(x_2)$가 성립하도록 하는 정수 a의 최댓값을 M, 최솟값을 m이라 하자. $M-m$의 값은? [3.5점]

① 6　② 7　③ 8
④ 9　⑤ 10

7 1113

함수 $f(x)=ax^3-3x^2+bx+5$가 $x=-1$에서 극댓값 12를 가질 때, $f(x)$의 극솟값은? (단, a, b는 상수이다.) [3.5점]

① -15　② -5　③ 0
④ 5　⑤ 15

8 1114

함수 $f(x)=x^3+ax^2+bx$가 $x=\alpha$, $x=\beta$에서 극값을 갖고 $\beta-\alpha=4$일 때, a^2-3b의 값은? (단, a, b는 상수이다.) [3.5점]

① 20　② 24　③ 28
④ 32　⑤ 36

9 1115

다항함수 $f(x)$가 $x=3$에서 극댓값 -1을 갖는다. 다항식 $f(x)$를 $(x-3)^2$으로 나누었을 때의 나머지가 $R(x)$일 때, $R(1)$의 값은? [3.5점]

① -2　② -1　③ 0
④ 1　⑤ 2

10 1116

함수 $f(x)=\begin{cases} x^3+ax & (x\geq 0) \\ a(x^3-3x) & (x<0) \end{cases}$의 극댓값이 4일 때, 양수 a의 값은? [3.5점]

① $\frac{1}{2}$　② 1　③ $\frac{3}{2}$
④ 2　⑤ $\frac{5}{2}$

05

11 1117

삼차함수

$f(x)=ax^3+bx^2+cx+d$의

그래프가 그림과 같을 때,

〈**보기**〉에서 옳은 것만을 있는

대로 고른 것은?

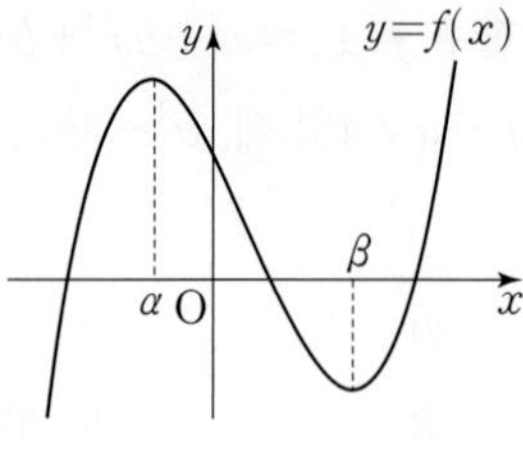

(단, $|\beta|>|\alpha|$이고, a, b, c, d는 상수이다.) [3.5점]

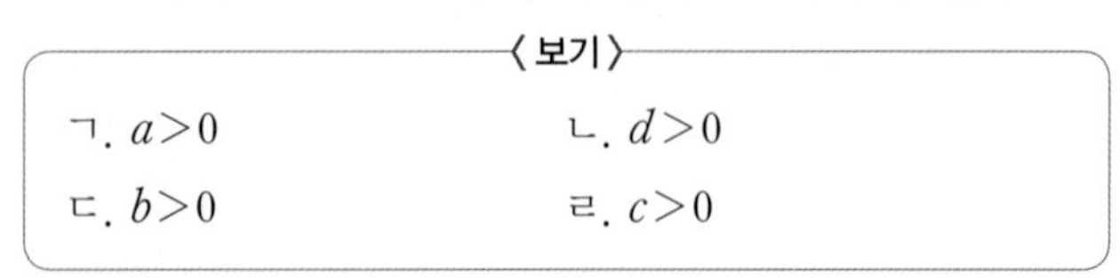

〈보기〉

ㄱ. $a>0$　　ㄴ. $d>0$

ㄷ. $b>0$　　ㄹ. $c>0$

① ㄱ　② ㄱ, ㄴ　③ ㄱ, ㄴ, ㄷ
④ ㄱ, ㄴ, ㄹ　⑤ ㄴ, ㄷ, ㄹ

12 1118

함수 $f(x)=x^3+ax^2+(a^2-6a)x+5$가 극값을 갖도록 하는 정수 a의 개수는? [3.5점]

① 4　② 5　③ 6
④ 7　⑤ 8

13 1119

함수 $f(x)=x^4+\frac{2}{3}ax^3+2x^2+1$이 극값을 하나만 갖도록 하는 실수 a의 값의 범위는? [3.5점]

① $a\le-8$　② $-8\le a\le-4$　③ $-4\le a\le4$
④ $0\le a\le8$　⑤ $a\ge8$

14 1120

함수 $f(x)=x^3+ax^2+bx$가 $x=-1$에서 극값을 갖고, 곡선 $y=f(x)$ 위의 $x=1$인 점에서의 접선의 기울기가 8일 때, $f(-2)$의 값은? [3.5점]

① -4　② -3　③ -2
④ -1　⑤ 0

15 1121

함수 $f(x)=x^3-6x^2+9x-2$에 대하여 함수 $|f(x)|$가 극대인 점의 개수를 m, 극소인 점의 개수를 n이라 할 때, $m-n$의 값은? [3.5점]

① -2　② -1　③ 0
④ 1　⑤ 2

16 1122

삼차함수 $f(x)$에 대하여 〈**보기**〉에서 옳은 것만을 있는 대로 고른 것은? [4점]

〈보기〉

ㄱ. 모든 실수 x에 대하여 $f'(x)>0$이면 함수 $f(x)$는 실수 전체의 집합에서 증가한다.

ㄴ. 실수 a에 대하여 $f'(a)=0$이면 $x=a$에서 함수 $f(x)$는 극값을 갖는다.

ㄷ. 함수 $f(x)$의 역함수가 존재하면 모든 실수 x에 대하여 $f'(x)\ge0$이다.

① ㄱ　② ㄴ　③ ㄱ, ㄷ
④ ㄴ, ㄷ　⑤ ㄱ, ㄴ, ㄷ

17 1123

최고차항의 계수가 1인 삼차함수 $f(x)$에 대하여 $\lim_{x \to 1} \frac{f(x)-f(-1)}{x-1}=0$일 때, 〈**보기**〉에서 옳은 것만을 있는 대로 고른 것은? [4점]

〈보기〉

ㄱ. $f(1)=f(-1)$

ㄴ. $f'(2)=9$

ㄷ. 함수 $f(x)$는 $x=1$에서 극솟값을 갖는다.

① ㄱ ② ㄷ ③ ㄱ, ㄴ
④ ㄱ, ㄷ ⑤ ㄱ, ㄴ, ㄷ

18 1124

그림과 같이 사차함수 $f(x)$의 도함수 $f'(x)$에 대하여 함수 $y=xf'(x)$의 그래프가 x축과 만나는 점의 x좌표가 -1, 0, 1이다. 〈**보기**〉에서 옳은 것만을 있는 대로 고른 것은? [4점]

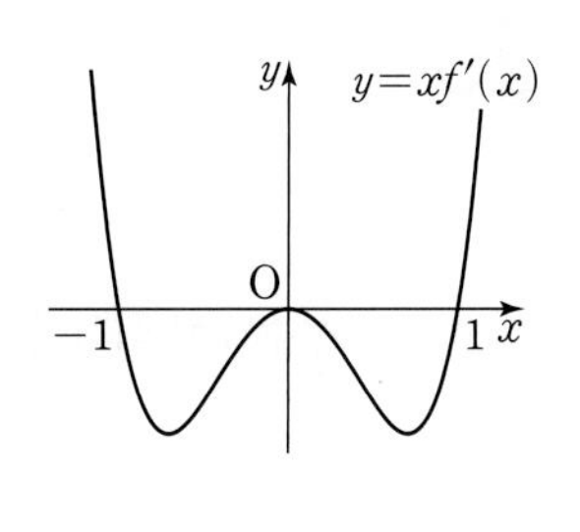

〈보기〉

ㄱ. 함수 $f(x)$는 $x=-1$에서 극솟값을 갖는다.

ㄴ. 함수 $f(x)$는 $x=0$에서 극댓값을 갖는다.

ㄷ. 열린구간 $(0, 1)$에서 함수 $f(x)$는 감소한다.

① ㄱ ② ㄷ ③ ㄱ, ㄴ
④ ㄴ, ㄷ ⑤ ㄱ, ㄴ, ㄷ

19 1125

그림과 같이 일차함수 $y=f(x)$의 그래프와 최고차항의 계수가 1인 사차함수 $y=g(x)$의 그래프는 x좌표가 -2, 1인 두 점에서 접한다. 함수 $h(x)$를 $h(x)=g(x)-f(x)$라 할 때, 함수 $h(x)$의 극댓값은? [4점]

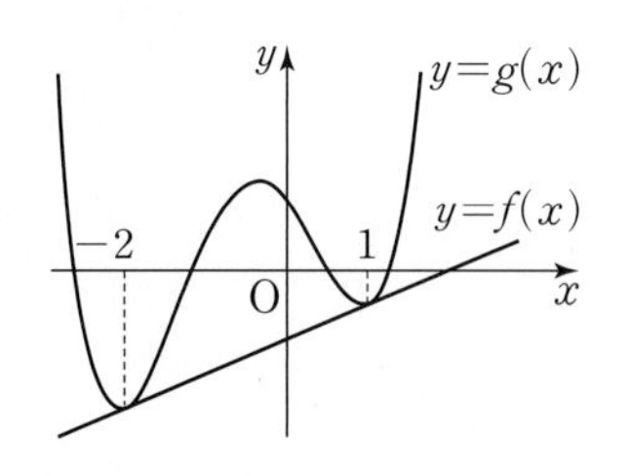

① $\frac{81}{16}$ ② $\frac{83}{16}$ ③ $\frac{85}{16}$
④ $\frac{87}{16}$ ⑤ $\frac{89}{16}$

20 1126

최고차항의 계수가 1인 삼차함수 $f(x)$에 대하여 곡선 $y=f(x)$가 $x=3$에서 x축과 접한다. $f'(4)=f'(0)$일 때, 함수 $f(x)$의 극댓값은? [4점]

① 2 ② 4 ③ 6
④ 8 ⑤ 10

21 1127

함수 $f(x)=x^4-8x^2+6$에 대하여 함수 $g(x)=|f(x)|$의 극댓값 중 가장 작은 값은? [4점]

① 2 ② 4 ③ 6
④ 8 ⑤ 10

05

서술형

22 1128

함수 $f(x)=x^3-3ax+b$의 극댓값이 4이고 극솟값이 0일 때, $f(a+b)$의 값을 구하는 과정을 서술하시오.

(단, a, b는 상수이다.) [5점]

23 1129

함수 $f(x)=2x^3+ax^2+bx+c$의 도함수 $y=f'(x)$의 그래프가 그림과 같다. 함수 $f(x)$의 극댓값이 10일 때, 함수 $f(x)$의 극솟값을 구하는 과정을 서술하시오.

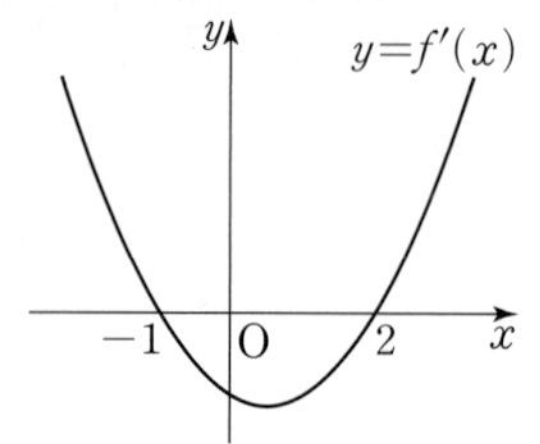

(단, a, b, c는 상수이다.) [6점]

24 1130

함수 $f(x)=\frac{1}{3}x^3+\frac{1}{2}(a-1)x^2+x$가 구간 $(-\infty, \infty)$에서 증가하도록 하는 정수 a의 개수를 구하는 과정을 서술하시오.

[7점]

25 1131

삼차함수 $f(x)$가 다음 조건을 만족시킨다.

> (가) 모든 실수 x에 대하여 $f(-x)=-f(x)$이다.
> (나) 함수 $f(x)$는 $x=2$에서 극댓값 16을 갖는다.

$f(3)$의 값을 구하는 과정을 서술하시오. [8점]

2회

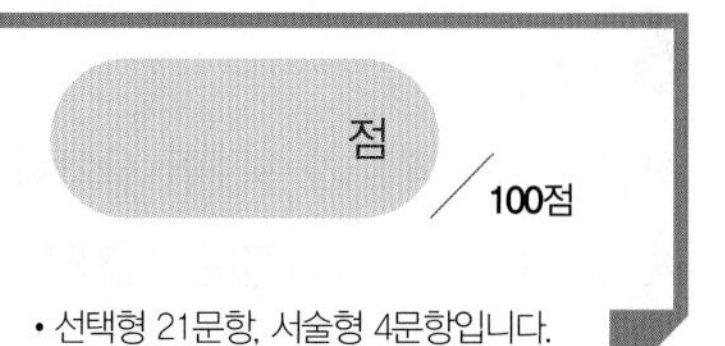

• 선택형 21문항, 서술형 4문항입니다.

1 1132

함수 $f(x)=\frac{1}{3}x^3-4x+5$가 닫힌구간 $[-a, a]$에서 감소하도록 하는 상수 a의 최댓값은? (단, $a>0$) [3점]

① $\frac{1}{2}$ ② 1 ③ $\frac{3}{2}$
④ 2 ⑤ $\frac{5}{2}$

2 1133

함수 $f(x)$의 도함수 $y=f'(x)$의 그래프가 그림과 같을 때, 〈보기〉에서 옳은 것만을 있는 대로 고른 것은? [3점]

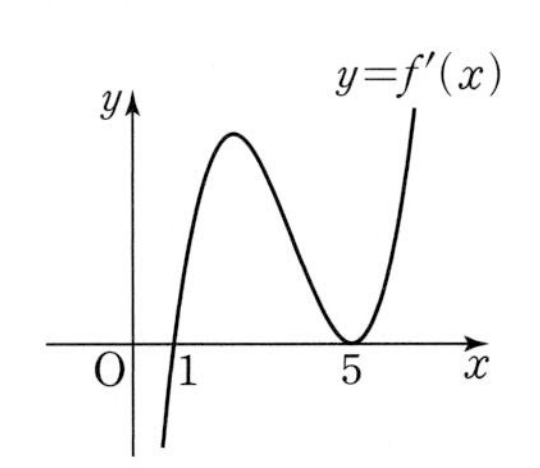

〈보기〉
ㄱ. 함수 $f(x)$는 구간 $(-\infty, 1)$에서 증가한다.
ㄴ. 함수 $f(x)$는 구간 $(1, 5)$에서 증가한다.
ㄷ. 함수 $f(x)$는 구간 $(5, \infty)$에서 증가한다.

① ㄱ ② ㄴ ③ ㄷ
④ ㄴ, ㄷ ⑤ ㄱ, ㄴ, ㄷ

3 1134

함수 $f(x)=-2x^3+6x+1$이 $x=a$에서 극솟값 b를 가질 때, $a+b$의 값은? [3점]

① -4 ② -1 ③ 2
④ 5 ⑤ 8

4 1135

함수 $f(x)=2x^3-6x+3a$의 극솟값이 5일 때, 상수 a의 값은? [3점]

① -6 ② -3 ③ 0
④ 3 ⑤ 6

5 1136

함수 $f(x)$의 도함수 $y=f'(x)$의 그래프가 그림과 같을 때, 〈보기〉에서 옳은 것만을 있는 대로 고른 것은? [3점]

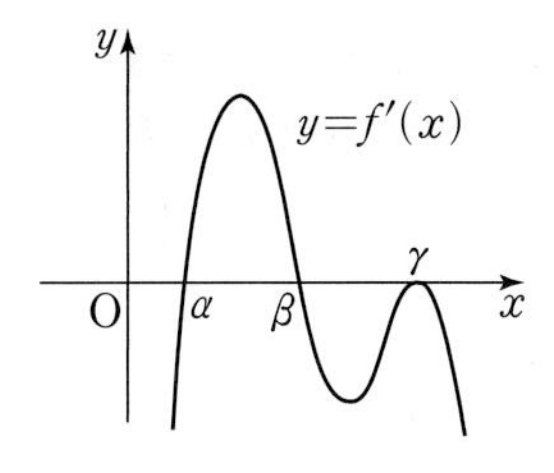

〈보기〉
ㄱ. 함수 $f(x)$는 $x=\alpha$에서 극솟값을 갖는다.
ㄴ. 함수 $f(x)$는 $x=\beta$에서 극댓값을 갖는다.
ㄷ. 함수 $f(x)$는 $x=\gamma$에서 극댓값을 갖는다.

① ㄱ ② ㄱ, ㄴ ③ ㄱ, ㄷ
④ ㄴ, ㄷ ⑤ ㄱ, ㄴ, ㄷ

6 1137

최고차항의 계수가 -1인 삼차함수 $f(x)$가 다음 조건을 만족시킬 때, $f'(3)$의 값은? [3.5점]

(가) 구간 $(-\infty, -1]$, $[2, \infty)$에서 감소한다.
(나) 구간 $[-1, 2]$에서 증가한다.

① -8 ② -10 ③ -12
④ -14 ⑤ -16

7 1138

실수 전체의 집합에서 정의된 함수
$f(x)=-\frac{1}{3}x^3+ax^2-(3a+4)x+1$이 임의의 두 실수 x_1, x_2에 대하여 $x_1<x_2$이면 $f(x_1)>f(x_2)$가 성립하도록 하는 정수 a의 개수는? [3.5점]

① 5 ② 6 ③ 7
④ 8 ⑤ 9

8 1139

함수 $f(x)=x^3-ax^2+(a+6)x+5$가 역함수를 갖도록 하는 상수 a의 최댓값을 M, 최솟값을 m이라 할 때, $M-m$의 값은? [3.5점]

① 5 ② 6 ③ 7
④ 8 ⑤ 9

9 1140

미분가능한 함수 $f(x)$에 대한 설명 중 **〈보기〉**에서 옳은 것만을 있는 대로 고른 것은? [3.5점]

〈보기〉
ㄱ. $f(x)$가 사차함수이면 극값이 존재한다.
ㄴ. 함수의 극댓값은 극솟값보다 항상 크다.
ㄷ. $f'(a)=0$이면 함수 $f(x)$는 $x=a$에서 극값을 갖는다.

① ㄱ ② ㄷ ③ ㄱ, ㄴ
④ ㄱ, ㄷ ⑤ ㄴ, ㄷ

10 1141

함수 $f(x)=\frac{1}{3}x^3-ax^2+bx+2$에 대하여 $f'(2)=0$일 때, **〈보기〉**에서 옳은 것만을 있는 대로 고른 것은?
(단, a, b는 상수이다.) [3.5점]

〈보기〉
ㄱ. $b=4a-4$이다.
ㄴ. 함수 $f(x)$가 $x=2$에서 극소이면 $a<2$이다.
ㄷ. 함수 $f(x)$가 극값을 가질 필요충분조건은 $a=2$이다.

① ㄱ ② ㄱ, ㄴ ③ ㄱ, ㄷ
④ ㄴ, ㄷ ⑤ ㄱ, ㄴ, ㄷ

11 1142

함수 $f(x)=-x^4+ax^2+b$가 $x=1$에서 극댓값 7을 가질 때, $f(x)$의 극솟값은? (단, a, b는 상수이다.) [3.5점]

① 3 ② 6 ③ 9
④ 12 ⑤ 15

12 1143

함수
$f(x)=ax^3+bx^2+cx+d$의
그래프가 그림과 같을 때, 다음 중 옳지 않은 것은?
(단, a, b, c, d는 상수이다.)

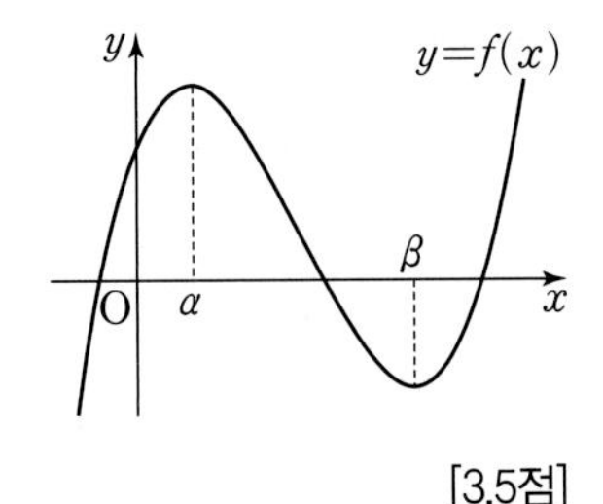

[3.5점]

① $ab<0$　② $ac>0$　③ $bc<0$
④ $bd<0$　⑤ $cd<0$

13 1144

함수 $f(x)=x^4-4x^3+ax^2$이 극댓값과 극솟값을 모두 갖도록 하는 정수 a의 최댓값은? [3.5점]

① -2　② 0　③ 2
④ 4　⑤ 6

14 1145

함수 $f(x)=x^3-3ax^2+4a$의 그래프가 x축에 접할 때, 양수 a의 값은? [3.5점]

① 1　② 2　③ 3
④ 4　⑤ 5

15 1146

최고차항의 계수가 1인 삼차함수 $f(x)$가 다음 조건을 만족시킬 때, $f(2)$의 최댓값은? (단, k는 $k>0$인 실수이다.)

[3.5점]

> (가) 모든 실수 x에 대하여 $f'(-x)=f'(x)$이다.
> (나) $\lim_{x\to k}\frac{f(x)}{x-k}=0$
> (다) $f(1)f(3)=0$

① 4　② 6　③ 8
④ 10　⑤ 12

16 1147

사차함수 $f(x)$의 도함수 $f'(x)$가
$f'(x)=(x+1)(x^2+ax+b)$이다. 함수 $f(x)$가 구간 $(-\infty,\ 0]$에서 감소하고 구간 $[2,\ \infty)$에서 증가하도록 하는 실수 a, b의 순서쌍 $(a,\ b)$에 대하여, a^2+b^2의 최댓값을 M, 최솟값을 m이라 하자. $M+m$의 값은? [4점]

① $\frac{21}{4}$　② $\frac{43}{8}$　③ $\frac{11}{2}$
④ $\frac{45}{8}$　⑤ $\frac{23}{4}$

17 1148

함수 $f(x)=x^3-(a+2)x^2+ax$에 대하여 곡선 $y=f(x)$ 위의 점 $(t,\ f(t))$에서의 접선의 y절편을 $g(t)$라 하자. 함수 $g(t)$가 구간 $(0,\ 5)$에서 증가하도록 하는 상수 a의 최솟값은? [4점]

① 7　② 9　③ 11
④ 13　⑤ 15

05

18 1149

삼차함수 $f(x)=ax^3+(a^2-b)x^2-b^2$이 다음 조건을 만족시킬 때, $f(4)$의 값은? (단, a, b는 상수이다.) [4점]

> (가) 함수 $f(x)$의 역함수가 존재한다.
> (나) 함수 $(x-a)f(x)$는 $x=3$에서 극소이다.

① 102 ② 105 ③ 108 ④ 111 ⑤ 114

19 1150

삼차함수 $y=f(x)$와 일차함수 $y=g(x)$의 그래프가 그림과 같다. $f'(b)=f'(d)=0$이고, 함수 $h(x)$를 $h(x)=f(x)g(x)$라 할 때, 〈보기〉에서 옳은 것만을 있는 대로 고른 것은? [4점]

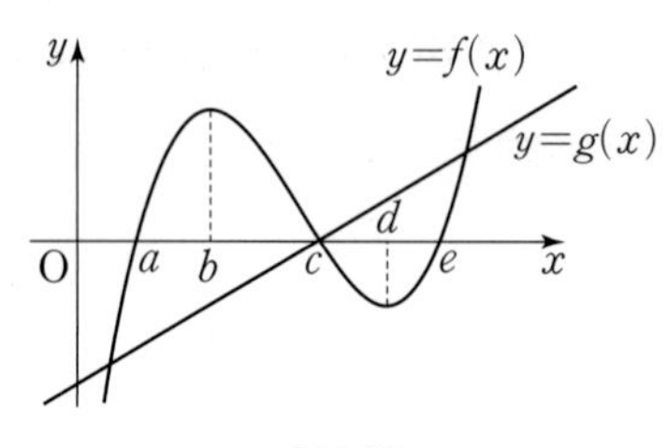

〈보기〉

ㄱ. 함수 $h(x)$는 열린구간 (a, b)에서 극솟값을 갖는다.
ㄴ. 함수 $h(x)$는 열린구간 (b, d)에서 극댓값을 갖는다.
ㄷ. 함수 $h(x)$는 열린구간 (d, e)에서 극솟값을 갖는다.

① ㄱ ② ㄴ ③ ㄱ, ㄷ ④ ㄴ, ㄷ ⑤ ㄱ, ㄴ, ㄷ

20 1151

삼차함수 $f(x)$의 도함수 $y=f'(x)$의 그래프와 사차함수 $g(x)$의 도함수 $y=g'(x)$의 그래프가 그림과 같다. 〈보기〉에서 옳은 것만을 있는 대로 고른 것은?

(단, $f'(0)=g'(0)=0$) [4점]

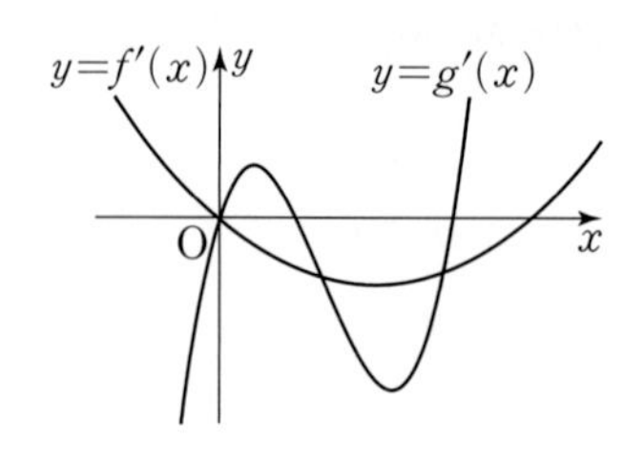

〈보기〉

ㄱ. $f(0)=g(0)=0$이다.
ㄴ. 함수 $f(x)-g(x)$는 $x<0$에서 증가한다.
ㄷ. 함수 $f(x)-g(x)$는 한 개의 극솟값을 갖는다.

① ㄱ ② ㄴ ③ ㄷ ④ ㄱ, ㄴ ⑤ ㄴ, ㄷ

21 1152

함수 $f(x)=\frac{1}{3}x^3-x^2-3x$는 $x=a$에서 극솟값 b를 갖는다. 곡선 $y=f(x)$ 위의 점 $(2, f(2))$에서의 접선을 l이라 할 때, 점 (a, b)에서 직선 l까지의 거리가 d이다. $90d^2$의 값은? [4점]

① 4 ② 8 ③ 16 ④ 32 ⑤ 64

서술형

22 1153

함수 $f(x)=x^3+\frac{a}{2}x^2-9x+b$가 $x=-3$에서 극댓값 29를 가질 때, $f(x)$의 극솟값을 구하는 과정을 서술하시오.

(단, a, b는 상수이다.) [5점]

23 1154

함수 $f(x)=x^3+3ax^2+bx+c$의 도함수 $y=f'(x)$의 그래프가 그림과 같다. 함수 $f(x)$의 극솟값이 -3일 때, $f(x)$의 극댓값을 구하는 과정을 서술하시오.

(단, a, b, c는 상수이다.) [6점]

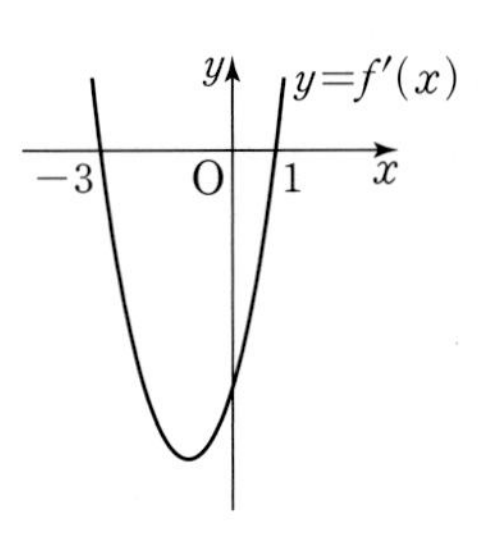

24 1155

함수 $f(x)=\frac{1}{3}x^3-3x^2+ax-1$이 $1<x<4$에서 극댓값과 극솟값을 모두 가질 때, 실수 a의 값의 범위를 구하는 과정을 서술하시오. [7점]

25 1156

함수 $f(x)=x^3+3x^2+9|x-3a|+3$이 실수 전체의 집합에서 극값을 갖지 않도록 하는 실수 a의 최댓값을 구하는 과정을 서술하시오. [8점]

습관은 인간의 **삶**에 있어

가장 높은 판사와도 같다.

그러니 반드시 좋은 **습관**을 기르도록 노력하라.

– 프란시스 베이컨 –

도함수의 활용 (3) 06

06

Ⅱ. 미분

도함수의 활용 (3)

1 함수의 최대와 최소

함수 $f(x)$가 닫힌구간 $[a, b]$에서 연속이면 최대·최소 정리에 의하여 함수 $f(x)$는 이 구간에서 반드시 최댓값과 최솟값을 갖는다.

이때 닫힌구간 $[a, b]$에서 함수 $f(x)$의 최댓값과 최솟값은 다음과 같은 순서로 구한다.

❶ 열린구간 (a, b)에서 함수 $f(x)$의 극댓값과 극솟값을 구한다.

❷ 주어진 구간의 양 끝에서의 함숫값 $f(a)$와 $f(b)$를 구한다.

❸ 극댓값, 극솟값, $f(a)$, $f(b)$ 중에서 가장 큰 값이 최댓값이고, 가장 작은 값이 최솟값이다.

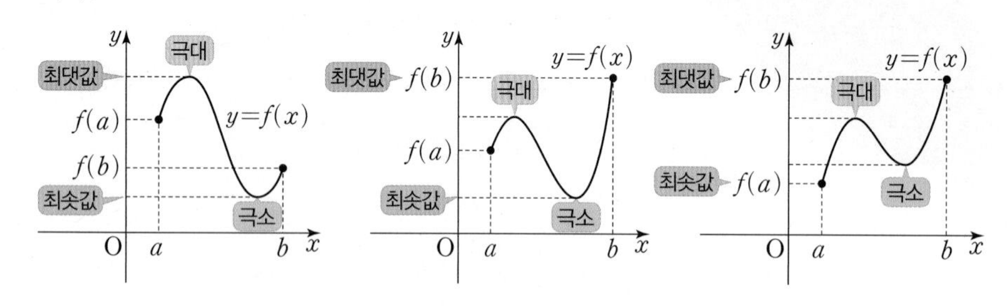

Note

- 극댓값과 극솟값이 반드시 최댓값과 최솟값이 되는 것은 아니다.
  또한, 함수 $f(x)$가 열린구간 (a, b)에서 극값을 갖지 않으면 $f(a)$와 $f(b)$ 중에서 최댓값과 최솟값을 갖는다.
- 닫힌구간 $[a, b]$에서 연속함수 $f(x)$의 극값이 오직 하나 존재할 때
  ① 극값이 극댓값이면
  (극댓값)=(최댓값)
  ② 극값이 극솟값이면
  (극솟값)=(최솟값)

2 방정식에의 활용

핵심 1

(1) 방정식의 실근

① 방정식 $f(x)=0$의 실근

➔ 함수 $y=f(x)$의 그래프와 x축의 교점의 x좌표와 같다.

② 방정식 $f(x)=k$의 실근

➔ 함수 $y=f(x)$의 그래프와 직선 $y=k$의 교점의 x좌표와 같다.

③ 방정식 $f(x)=g(x)$의 실근

➔ 두 함수 $y=f(x)$, $y=g(x)$의 그래프의 교점의 x좌표와 같다.

(2) 삼차방정식의 근의 판별

삼차함수 $f(x)$가 극댓값과 극솟값을 가질 때, 삼차방정식 $f(x)=0$의 근은 극값을 이용하여 다음과 같이 판별할 수 있다.

① (극댓값)×(극솟값)<0 ⇔ 서로 다른 세 실근

② (극댓값)×(극솟값)$=0$ ⇔ 중근과 다른 한 실근 (서로 다른 두 실근)

③ (극댓값)×(극솟값)>0 ⇔ 한 실근과 두 허근

- 함수 $y=f(x)$의 그래프와 x축의 교점의 개수를 조사하면 방정식 $f(x)=0$의 실근의 개수를 구할 수 있다.

3 부등식에의 활용 핵심 2

(1) 어떤 구간에서 부등식 $f(x)>0$이 성립함을 보이려면
 ➜ 그 구간에서 ($f(x)$의 최솟값)>0임을 보인다.
(2) 어떤 구간에서 부등식 $f(x)<0$이 성립함을 보이려면
 ➜ 그 구간에서 ($f(x)$의 최댓값)<0임을 보인다.
(3) 어떤 구간에서 부등식 $f(x)>g(x)$가 성립함을 보이려면
 ➜ $h(x)=f(x)-g(x)$로 놓고, 그 구간에서 ($h(x)$의 최솟값)>0임을 보인다.

4 수직선 위의 운동에서의 속도와 가속도 핵심 3

점 P가 수직선 위를 움직일 때, 시각 t에서의 점 P의 위치를 x라 하면 x는 t의 함수이므로 $x=f(t)$와 같이 나타낼 수 있다.

(1) 평균 속도

시각 t에서 $t+\Delta t$까지의 점 P의 위치의 변화량 Δx는

$$\Delta x=f(t+\Delta t)-f(t)$$

이고, 점 P의 평균 속도는 함수 $f(t)$의 평균변화율과 같으므로

$$\frac{\Delta x}{\Delta t}=\frac{f(t+\Delta t)-f(t)}{\Delta t}$$

(2) 속도와 속력

시각 t에서의 위치 $x=f(t)$의 순간변화율을 시각 t에서의 점 P의 순간 속도 또는 속도라 하고, 속도 v는 다음과 같이 나타낸다.

$$v=\lim_{\Delta t\to 0}\frac{\Delta x}{\Delta t}=\lim_{\Delta t\to 0}\frac{f(t+\Delta t)-f(t)}{\Delta t}=\frac{dx}{dt}=f'(t)$$

이때 속도의 절댓값 $|v|$를 시각 t에서의 점 P의 속력이라 한다.

(3) 가속도

시각 t에서의 속도 $v=g(t)$의 순간변화율을 시각 t에서의 점 P의 가속도라 하고, 가속도 a는 다음과 같이 나타낸다.

$$a=\lim_{\Delta t\to 0}\frac{\Delta v}{\Delta t}=\lim_{\Delta t\to 0}\frac{g(t+\Delta t)-g(t)}{\Delta t}=\frac{dv}{dt}=g'(t)$$

참고 위치 $x=f(t)$ —(시각 t에 대해 미분)→ 속도 $v=\frac{dx}{dt}=f'(t)$ —(시각 t에 대해 미분)→ 가속도 $a=\frac{dv}{dt}$

5 시각에 대한 길이, 넓이, 부피의 변화율

시각 t에서의 길이가 l, 넓이가 S, 부피가 V인 각각의 도형에서 시간이 Δt만큼 경과한 후 길이가 Δl만큼, 넓이가 ΔS만큼, 부피가 ΔV만큼 변할 때

(1) 시각 t에서의 길이 l의 변화율은 $\displaystyle\lim_{\Delta t\to 0}\frac{\Delta l}{\Delta t}=\frac{dl}{dt}$

(2) 시각 t에서의 넓이 S의 변화율은 $\displaystyle\lim_{\Delta t\to 0}\frac{\Delta S}{\Delta t}=\frac{dS}{dt}$

(3) 시각 t에서의 부피 V의 변화율은 $\displaystyle\lim_{\Delta t\to 0}\frac{\Delta V}{\Delta t}=\frac{dV}{dt}$

Note

- (평균 속도)$=\frac{\text{(위치의 변화량)}}{\text{(시간의 변화량)}}$
- 수직선 위를 움직이는 점 P의 운동 방향은 $v>0$일 때 양의 방향, $v<0$일 때 음의 방향이다.
  또, $v=0$이면 운동 방향을 바꾸거나 정지한다.

$v<0$ ← P → $v>0$, $v=0$

- 길이, 넓이, 부피는 항상 양수임에 주의한다.

핵심 1 방정식에의 활용 유형 7~8, 11

삼차방정식 $x^3-6x^2+9x-k=0$이 서로 다른 세 실근을 갖도록 하는 실수 k의 값의 범위를 세 가지 방법으로 구해 보자.

방법1 $f(x)=x^3-6x^2+9x$의 그래프와 직선 $y=k$가 세 점에서 만나는 k의 값의 범위 구하기 → 방정식 $x^3-6x^2+9x=k$

$f(x)=x^3-6x^2+9x$라 하면

$f'(x)=3x^2-12x+9=3(x-1)(x-3)$

$f'(x)=0$인 x의 값은 $x=1$ 또는 $x=3$

함수 $f(x)$의 증가, 감소를 표로 나타내면 다음과 같다.

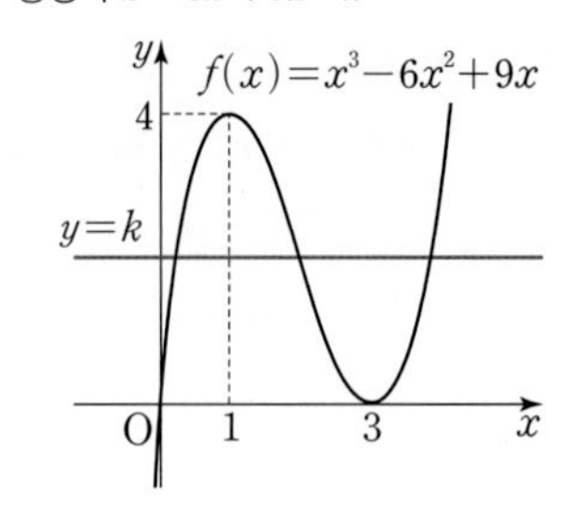

x	$\cdots$	1	$\cdots$	3	$\cdots$
$f'(x)$	+	0	−	0	+
$f(x)$	↗	4 극대	↘	0 극소	↗

이때 함수 $y=f(x)$의 그래프와 직선 $y=k$가 세 점에서 만나려면

$0<k<4$

방법2 $f(x)=x^3-6x^2+9x-k$의 그래프와 x축이 세 점에서 만나는 k의 값의 범위 구하기 → 방정식 $x^3-6x^2+9x-k=0$

$f(x)=x^3-6x^2+9x-k$라 하면

$f'(x)=3x^2-12x+9=3(x-1)(x-3)$

$f'(x)=0$인 x의 값은 $x=1$ 또는 $x=3$

함수 $f(x)$의 증가, 감소를 표로 나타내면 다음과 같다.

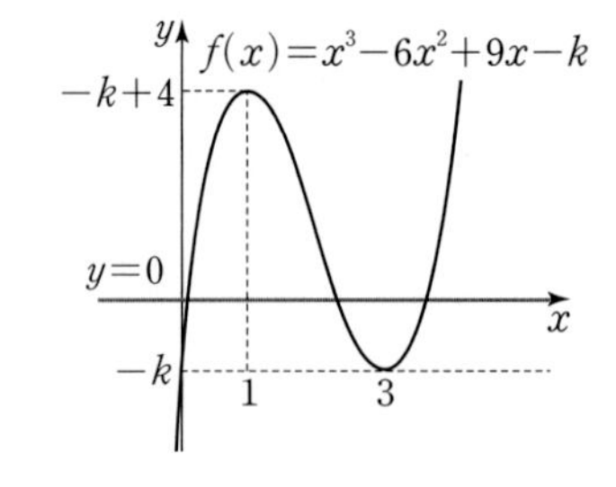

x	$\cdots$	1	$\cdots$	3	$\cdots$
$f'(x)$	+	0	−	0	+
$f(x)$	↗	$-k+4$ 극대	↘	$-k$ 극소	↗

이때 함수 $y=f(x)$의 그래프와 x축, 즉 직선 $y=0$이 세 점에서 만나려면

$-k<0$이고 $0<-k+4$

$\therefore 0<k<4$

방법3 함수 $f(x)=x^3-6x^2+9x-k$의 극값의 부호를 이용하여 판별하기

$f(x)=x^3-6x^2+9x-k$라 하면

$f'(x)=3x^2-12x+9=3(x-1)(x-3)$

$f'(x)=0$인 x의 값은 $x=1$ 또는 $x=3$

따라서 함수 $f(x)$는 $x=1$에서 극대, $x=3$에서 극소이므로 서로 다른 세 실근을 가지려면 $f(1)f(3)<0$이어야 한다.

즉, $(4-k)\times(-k)<0$이므로

$k(k-4)<0 \qquad \therefore 0<k<4$

(극댓값)×(극솟값)<0 이어야 한다.

1157 방정식 $x^3-x^2-x+1=0$의 서로 다른 실근의 개수를 구하시오.

1158 삼차방정식 $x^3-3x^2-9x-a=0$이 서로 다른 세 실근을 갖도록 하는 실수 a의 값의 범위를 구하시오.

● 정답 및 풀이 241쪽

핵심 2 부등식에의 활용 유형 15~18

x에 대한 부등식 $f(x)\ge 0$, $f(x)\ge k$, $f(x)\ge g(x)$가 모든 실수 x에 대하여 성립함을 증명하는 방법을 알아보자.

① 모든 실수 x에 대하여 $f(x)\ge 0$이다. → 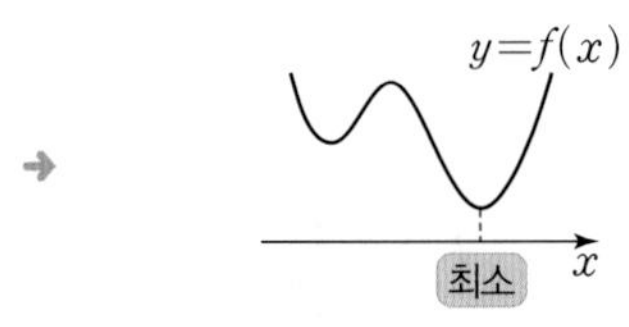

→ ($f(x)$의 최솟값)≥ 0임을 보인다.

② 모든 실수 x에 대하여 $f(x)\ge k$ (k는 상수)이다. → 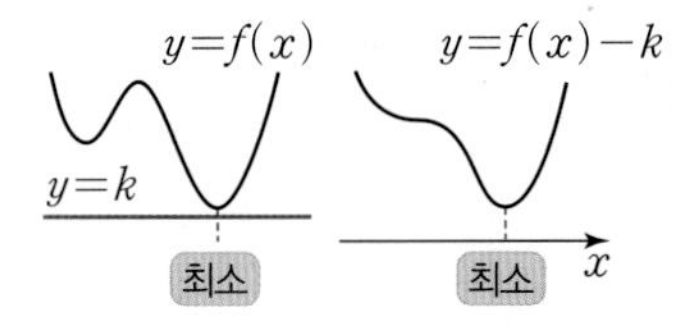

→ 방법1 ($f(x)$의 최솟값)$\ge k$임을 보인다.
방법2 ($f(x)-k$의 최솟값)≥ 0임을 보인다.

③ 모든 실수 x에 대하여 $f(x)\ge g(x)$이다. → 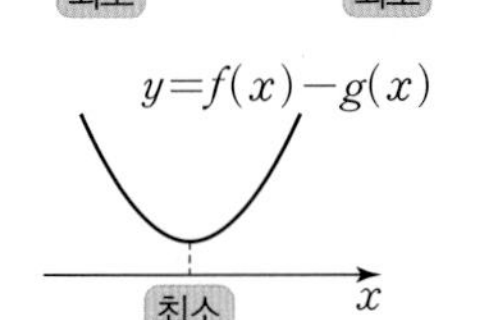

→ $h(x)=f(x)-g(x)$로 놓고 ($h(x)$의 최솟값)≥ 0임을 보인다.

1159 $x\ge 0$일 때, 부등식 $x^3+2\ge 3x$가 성립함을 보이시오.

1160 모든 실수 x에 대하여 부등식 $x^4+4x-a^2+4a>0$이 성립하도록 하는 실수 a의 값의 범위를 구하시오.

핵심 3 속도와 가속도 유형 20

원점을 출발하여 수직선 위를 움직이는 점 P의 시각 t ($t\ge 0$)에서의 위치 x가 $x=t^3-t^2-8t$이다.
점 P의 시각 t에서의 속도를 v, 가속도를 a라 할 때, 다음을 구해 보자.

(1) $t=3$에서 점 P의 속도
$v=\dfrac{dx}{dt}=3t^2-2t-8$
이므로 $t=3$에서 점 P의 속도는
$3\times 3^2-2\times 3-8=13$

(2) $t=3$에서 점 P의 가속도
$a=\dfrac{dv}{dt}=6t-2$
이므로 $t=3$에서 점 P의 가속도는
$6\times 3-2=16$

(3) 점 P가 운동 방향을 바꾸는 시각
점 P가 운동 방향을 바꿀 때의 속도는 0이므로 $3t^2-2t-8=0$에서
$(3t+4)(t-2)=0$ $\therefore t=2$
따라서 $t=2$의 좌우에서 v의 부호가 바뀌므로 점 P가 운동 방향을 바꾸는 시각은 2이다.

1161 수직선 위를 움직이는 점 P의 시각 t ($t>0$)에서의 위치 x가 $x=t^3-9t^2$일 때, 다음 물음에 답하시오.

(1) 시각 $t=2$에서 점 P의 속도와 가속도를 각각 구하시오.

(2) 점 P가 출발 후 운동 방향을 바꾸는 순간의 시각 t의 값을 구하시오.

1162 수직선 위를 움직이는 점 P의 시각 t에서의 위치 x가 $x=t^3-6t^2+9t$일 때, 점 P가 출발 후 다시 원점을 지나는 순간의 속도와 가속도를 각각 구하시오.

기출 유형 check 실전 준비하기

30유형, 210문항입니다.

기초유형 0-1 이차방정식과 이차함수의 관계 | 고등수학

이차방정식 $ax^2+bx+c=0$의 판별식 $D=b^2-4ac$를 이용하면 이차함수 $y=ax^2+bx+c$의 그래프와 x축의 위치 관계를 알 수 있다.

$D>0$	$D=0$	$D<0$
서로 다른 두 실근 α, β	중근 $\alpha=\beta$	서로 다른 두 허근
$y=ax^2+bx+c$	$y=ax^2+bx+c$	$y=ax^2+bx+c$
서로 다른 두 점에서 만난다.	한 점에서 만난다(접한다).	만나지 않는다.

1163 대표문제

이차방정식 $x^2-2kx+k^2=-4k+5$가 서로 다른 두 실근을 갖도록 하는 상수 k의 값의 범위를 구하시오.

1164

Level 1

이차방정식 $x^2+4x+k^2=2kx+8$이 중근을 갖도록 하는 상수 k의 값은?

① 1 ② 2 ③ 3 ④ 4 ⑤ 5

1165

Level 1

이차함수 $y=-x^2+6x+2k+1$의 그래프가 x축과 서로 다른 두 점에서 만나도록 하는 실수 k의 값의 범위를 구하시오.

1166

Level 1

이차함수 $y=x^2+kx+2k+5$의 그래프가 x축과 접하도록 하는 모든 실수 k의 값의 합은?

① 5 ② 6 ③ 7 ④ 8 ⑤ 9

1167

Level 1

이차함수 $y=x^2-2kx+k^2-3k+1$의 그래프가 x축과 서로 다른 두 점에서 만나도록 하는 정수 k의 최솟값은?

① -2 ② -1 ③ 0 ④ 1 ⑤ 2

기초 유형 **0-2 이차함수의 최대·최소** | 고등수학

정의역이 $\alpha\le x\le\beta$인 이차함수 $f(x)=a(x-p)^2+q$의 최댓값과 최솟값은 $f(\alpha)$, $f(\beta)$, $f(p)$ 중에서 가장 큰 값과 가장 작은 값이다.

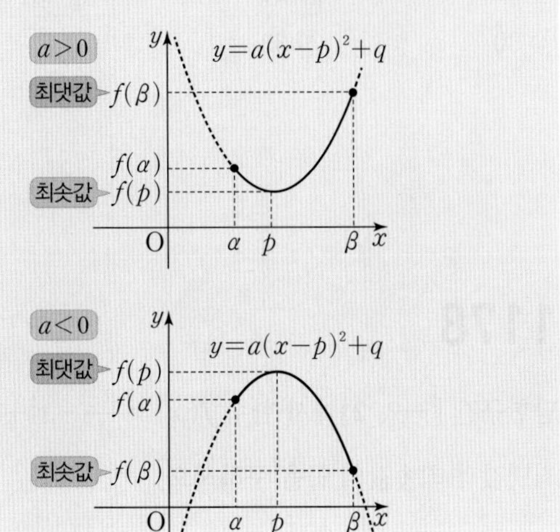

1168 대표문제

$-4\le x\le 1$에서 이차함수 $f(x)=x^2+2x+1$의 최솟값과 최댓값을 각각 구하시오.

1169 Level 1

이차함수 $y=-x^2-4x+k$가 $x=a$에서 최댓값 5를 가질 때, $a+k$의 값은?

① -2 ② -1 ③ 0
④ 1 ⑤ 2

1170 Level 1

$0\le x\le 3$에서 이차함수 $f(x)=-x^2+2x+k$의 최솟값이 2일 때, 상수 k의 값은?

① 1 ② 2 ③ 3
④ 4 ⑤ 5

1171 Level 2

이차함수 $y=ax^2+2ax+a^2-7$의 최솟값이 -1일 때, 상수 a의 값은?

① 1 ② 2 ③ 3
④ 4 ⑤ 5

1172 Level 2

이차함수 $f(x)=x^2-2mx+2m-3$의 최솟값을 $g(m)$이라 할 때, $0\le m\le 3$에서 $g(m)$의 최댓값과 최솟값의 합은?

① -10 ② -8 ③ -6
④ -4 ⑤ -2

실전 유형 **1 함수의 최대·최소** 빈출유형

함수 $f(x)$가 닫힌구간 $[a, b]$에서 연속이면 극댓값, 극솟값, $f(a)$, $f(b)$ 중에서 가장 큰 값이 최댓값, 가장 작은 값이 최솟값이다.

1173 대표문제

닫힌구간 $[-2, 0]$에서 함수 $f(x)=x^3-3x^2-9x+8$의 최댓값을 구하시오.

1174

Level 1

함수 $f(x)=3x^4-4x^3+1$의 최솟값은?

① -2 ② -1 ③ 0
④ 1 ⑤ 2

1175

Level 1

함수 $f(x)=-x^4+2x^2$의 최댓값을 구하시오.

1176

Level 1

닫힌구간 $[-1, 1]$에서 함수 $f(x)=x^3+3x^2+10$의 최댓값과 최솟값의 합을 구하시오.

1177

Level 1

닫힌구간 $[-1, 3]$에서 함수 $f(x)=-x^3+6x^2+3$의 최댓값과 최솟값의 합은?

① 21 ② 24 ③ 27
④ 30 ⑤ 33

1178

Level 1

닫힌구간 $[-2, 2]$에서 함수 $f(x)=\frac{x^4}{4}-x^3+x^2-2$의 최댓값과 최솟값의 곱을 구하시오.

1179

Level 2

삼차함수 $f(x)$의 도함수 $y=f'(x)$의 그래프가 그림과 같을 때, 닫힌구간 $[-1, 5]$에서 함수 $f(x)$가 최대가 되는 x의 값을 구하시오.

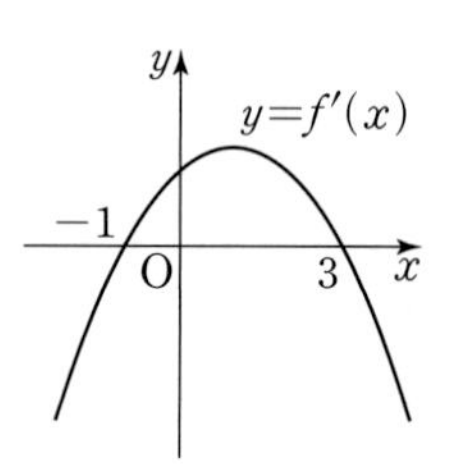

1180

Level 2

사차함수 $f(x)$의 도함수 $y=f'(x)$의 그래프가 그림과 같을 때, 닫힌구간 $[-4, 0]$에서 함수 $f(x)$의 최댓값은?

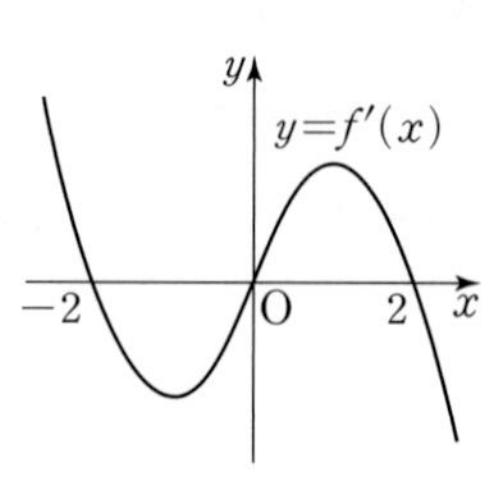

① $f(-4)$ ② $f(-3)$ ③ $f(-2)$
④ $f(-1)$ ⑤ $f(0)$

1181

Level 2

$x^2-4x-y=0$을 만족시키는 실수 x, y에 대하여 x^2y의 최솟값은?

① -9 ② -18 ③ -27
④ -36 ⑤ -45

1182

Level 3

닫힌구간 $[-1, 2]$에서 함수 $f(x)=x^3-3|x|+3$의 최댓값과 최솟값의 차를 구하시오.

+Plus 문제

다음은 이 유형에서 출제된 최근 교육청·평가원 기출문제입니다.

1183 · 평가원 2018학년도 6월

Level 1

닫힌구간 $[-1, 3]$에서 함수 $f(x)=x^3-3x+5$의 최솟값은?

① 1 ② 2 ③ 3
④ 4 ⑤ 5

실전 유형 2 치환을 이용한 함수의 최대·최소

닫힌구간 $[a, b]$에서 합성함수 $(g \circ f)(x)$의 최대·최소는 다음과 같은 순서로 구한다.
❶ $f(x)=t$라 하고, $a \le x \le b$일 때 t의 값의 범위를 구한다.
❷ $g(t)$의 최대·최소를 구한다.

1184 대표문제

닫힌구간 $[-2, 0]$에서 함수
$f(x)=(x^2+2x+3)^3-3(x^2+2x+3)^2+1$의 최댓값과 최솟값의 합을 구하시오.

1185

Level 2

함수 $f(x)=(x^2-6x+7)^3-12(x^2-6x+7)+4$의 최솟값은?

① -12 ② -6 ③ 0
④ 6 ⑤ 12

1186

Level 2

$-3 \le x \le 0$에서 정의된 함수
$y=(x^2+4x+3)^3-3x^2-12x-13$의 최댓값과 최솟값의 합은?

① 6 ② 8 ③ 10
④ 12 ⑤ 14

1187

Level 2

두 함수 $f(x)=4x^3-12x+4$, $g(x)=x^2-4x+3$에 대하여 함수 $(f\circ g)(x)$의 최솟값은?

① -2　② -4　③ -6　④ -8　⑤ -10

1188

Level 2

두 함수 $f(x)=x^3-27x$, $g(x)=x^2-2x-2$에 대하여 함수 $(f\circ g)(x)$의 최솟값을 구하시오.

1189

Level 2

두 함수 $f(x)=2x^3-3x^2+5$, $g(x)=-x^2+4x-1$에 대하여 함수 $(f\circ g)(x)$가 $x=a$에서 최댓값 b를 가질 때, 실수 a, b에 대하여 $a+b$의 값은?

① 34　② 35　③ 37　④ 38　⑤ 39

실전유형 3 함수의 최대·최소를 이용한 미정계수의 결정

함수 $f(x)$의 최댓값 또는 최솟값을 구한 후 주어진 값과 비교하여 미정계수를 정한다.

1190 대표문제

닫힌구간 $[-1, 2]$에서 함수 $f(x)=ax^3-\frac{3}{2}ax^2+b$의 최댓값이 6이고 최솟값이 -3일 때, 상수 a, b에 대하여 $a+b$의 값은? (단, $a<0$)

① -2　② -1　③ 0　④ 1　⑤ 2

1191

Level 1

닫힌구간 $[-2, 2]$에서 함수 $f(x)=-x^3+3x^2+a$의 최솟값이 -4일 때, 최댓값은? (단, a는 상수이다.)

① 16　② 18　③ 20　④ 22　⑤ 24

1192

Level 1

닫힌구간 $[-1, 3]$에서 함수 $f(x)=x^3-6x^2+9x+2a$의 최댓값과 최솟값의 합이 -4일 때, 상수 a의 값은?

① 1　② 2　③ 3　④ 4　⑤ 5

1193

Level 1

닫힌구간 $[0, 2]$에서 함수 $f(x)=-ax^3+3x^2+2$의 최댓값이 3일 때, 함수 $f(x)$의 최솟값은? (단, $a>1$)

① -1 ② -2 ③ -3
④ -4 ⑤ -5

1194

Level 1

함수 $f(x)=3x^4-12x^3+12x^2+a$의 최솟값이 -2일 때, 상수 a의 값을 구하시오.

1195

Level 1

함수 $f(x)=-3x^4+ax^3+b$의 최댓값이 6이고 $f'(1)=-24$일 때, $a+b$의 값은? (단, a, b는 상수이다.)

① 1 ② 2 ③ 3
④ 4 ⑤ 5

1196

Level 1

함수 $f(x)=x^3+ax^2+bx+1$이 $x=1$에서 극값 5를 가질 때, 닫힌구간 $[1, 5]$에서 함수 $f(x)$의 최댓값은?
(단, a, b는 상수이다.)

① 21 ② 22 ③ 23
④ 24 ⑤ 25

1197

Level 1

함수 $f(x)=x^3+ax^2+bx+2$가 $x=1$에서 극솟값 -3을 가질 때, 닫힌구간 $[-3, 2]$에서 함수 $f(x)$의 최댓값을 구하시오. (단, a, b는 상수이다.)

1198

Level 2

닫힌구간 $[0, 3]$에서 함수 $f(x)=ax^3-3ax^2+2b$의 최댓값이 10, 최솟값이 6일 때, 상수 a, b에 대하여 $a+b$의 값은? (단, $a>0$)

① 6 ② 8 ③ 10
④ 12 ⑤ 14

1199

Level 2

닫힌구간 $[-a, a]$에서 함수 $f(x)=x^3-2x^2+4$의 최댓값과 최솟값의 합이 -28일 때, 상수 a의 값은? (단, $a\geq2$)

① 2 ② 3 ③ 4
④ 5 ⑤ 6

1200

Level 2

닫힌구간 $[-2, 4]$에서 함수 $f(x)=x^3+ax^2+bx+c$가 다음 조건을 만족시킬 때, $f(x)$의 최댓값을 구하시오.

(단, a, b, c는 상수이다.)

> (가) $x=0$, $x=2$에서 극값을 갖는다.
> (나) 최솟값이 -21이다.

다음은 이 유형에서 출제된 최근 교육청 • 평가원 기출문제입니다.

1201 • 교육청 2021년 4월

Level 1

닫힌구간 $[0, 3]$에서 함수 $f(x)=x^3-6x^2+9x+a$의 최댓값이 12일 때, 상수 a의 값은?

① 2 ② 4 ③ 6
④ 8 ⑤ 10

1202 • 평가원 2017학년도 6월

Level 2

양수 a에 대하여 함수 $f(x)=x^3+ax^2-a^2x+2$는 닫힌구간 $[-a, a]$에서 최댓값 M, 최솟값 $\frac{14}{27}$를 갖는다. $a+M$의 값을 구하시오.

실전 유형 4 함수의 최대·최소의 활용 – 길이

두 점 사이의 거리, 피타고라스 정리 등을 이용하여 길이를 한 문자에 대한 함수로 표현하고, 증가, 감소를 표로 나타낸 후 최댓값, 최솟값을 찾는다.

1203 대표문제

좌표평면 위의 두 점 A(0, 1), B(4, 0)과 곡선 $y=-x^2+1$ 위의 점 P에 대하여 $\overline{AP}^2+\overline{BP}^2$의 최솟값은?

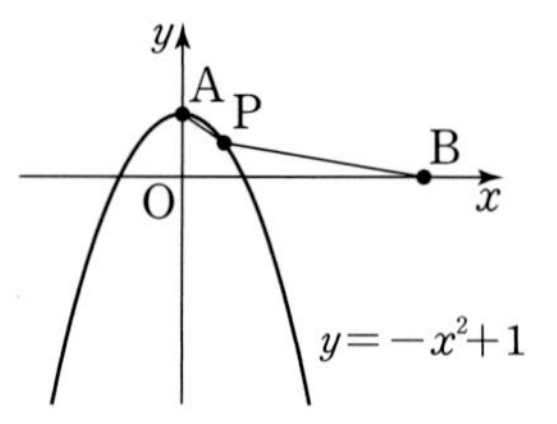

① 10 ② 11 ③ 12
④ 13 ⑤ 14

1204

Level 2

곡선 $y=2x^2$ 위의 점 P와 점 $(-9, 0)$ 사이의 거리의 최솟값은?

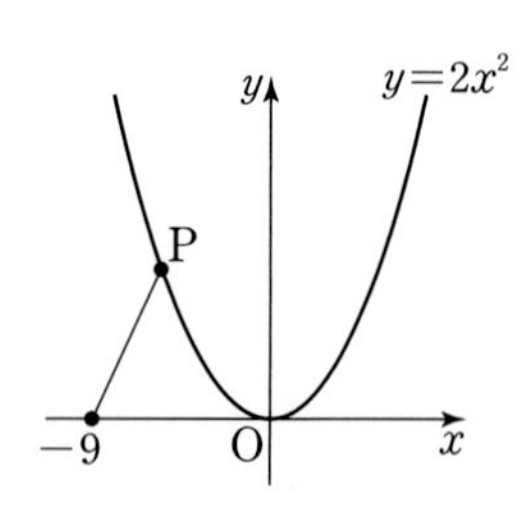

① $2\sqrt{13}$ ② $2\sqrt{14}$
③ $2\sqrt{15}$ ④ 8
⑤ $2\sqrt{17}$

1205

Level 2

곡선 $y=-x^2+2$ 위의 점 P와 원 $(x-10)^2+y^2=4$ 위의 점 Q에 대하여 선분 PQ의 길이의 최솟값을 구하시오.

1206

Level 2

좌표평면 위의 네 점 O$(0, 0)$, A$(4, 0)$, B$(4, 4)$, C$(0, 4)$에 대하여 점 P가 선분 AB 위를 움직일 때, $\overline{OP}\times\overline{CP}$의 최솟값은?

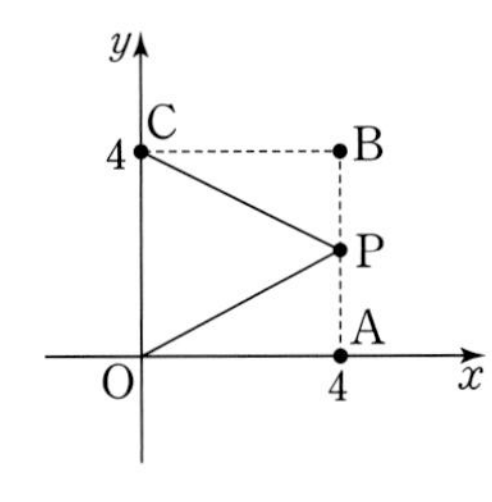

① 5 ② 10 ③ 15
④ 20 ⑤ 25

1207

Level 2

원점을 중심으로 하고 반지름의 길이가 r인 원 위의 점 P(a, b)에 대하여 ab^2의 값이 최대일 때, $\frac{b}{a}$의 값은?

(단, 점 P는 제1사분면 위의 점이다.)

① 1 ② $\sqrt{2}$ ③ $\sqrt{3}$
④ 2 ⑤ $\sqrt{5}$

실전 유형 5 함수의 최대·최소의 활용 – 넓이

두 점 사이의 거리, 피타고라스 정리 등을 이용하여 넓이를 한 문자에 대한 함수로 표현하고, 증가, 감소를 표로 나타낸 후 최댓값, 최솟값을 찾는다.

1208 대표문제

그림과 같이 곡선 $y=9-x^2$ $(-3<x<3)$과 x축으로 둘러싸인 도형에 내접하고 한 변이 x축 위에 있는 직사각형 ABCD의 넓이의 최댓값은?

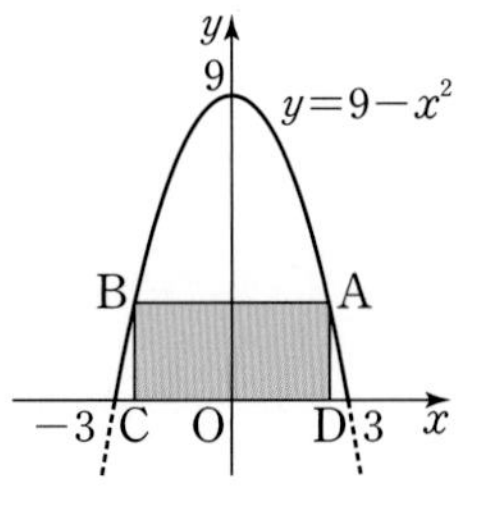

① $9\sqrt{3}$ ② $12\sqrt{3}$ ③ $15\sqrt{3}$
④ $18\sqrt{3}$ ⑤ $21\sqrt{3}$

1209

Level 2

그림과 같이 곡선 $y=x^2-3$ $(-\sqrt{3}<x<\sqrt{3})$과 x축으로 둘러싸인 도형에 내접하고 한 변이 x축 위에 있는 직사각형 ABCD의 넓이의 최댓값은?

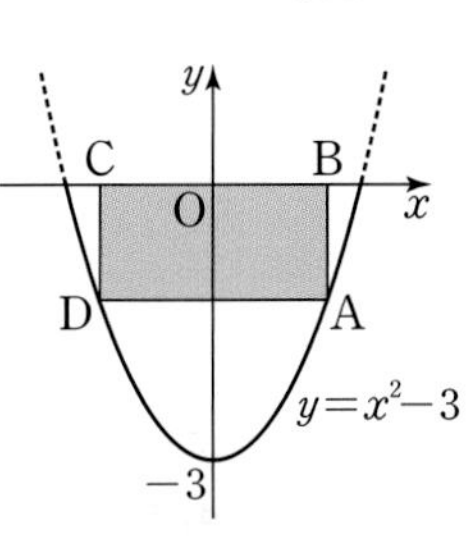

① 2 ② 3 ③ 4
④ 5 ⑤ 6

06

1210

Level 2

그림과 같이 곡선 $y=-x(x+6)$과 x축으로 둘러싸인 도형에 내접하는 사다리꼴 OABC의 넓이가 최대일 때, 변 AB의 길이는?

(단, O는 원점이다.)

① 1　② 2　③ 3
④ 4　⑤ 5

1211

Level 2

그림과 같이 곡선 $y=-x^2(x-4)$ 위의 점 P에서 x축에 내린 수선의 발을 H라 하자. 삼각형 OHP의 넓이가 최대일 때, 변 PH의 길이를 구하시오. (단, O는 원점이고, 점 P는 제1사분면 위의 점이다.)

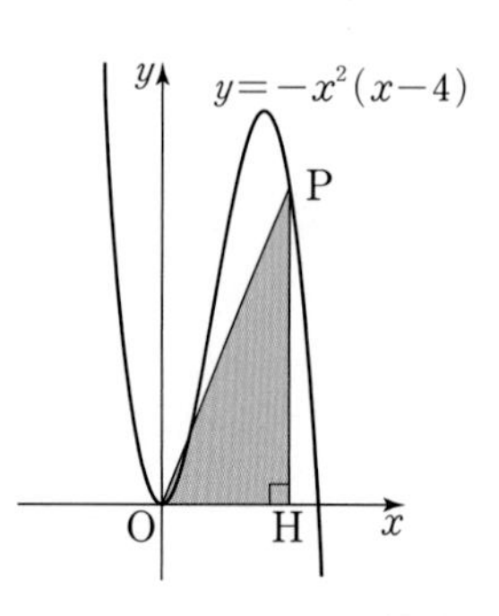

1212 고난도

Level 3

좌표평면 위에 점 A(0, 2)가 있다. $0<t<2$일 때, 원점 O와 직선 $y=2$ 위의 점 P$(t, 2)$를 잇는 선분 OP의 수직이등분선과 y축의 교점을 B라 하자. 삼각형 ABP의 넓이를 $S(t)$라 할 때, $S(t)$의 최댓값은 $\frac{b}{a}\sqrt{3}$이다. $a+b$의 값을 구하시오. (단, a, b는 서로소인 자연수이다.)

1213

Level 3

그림과 같이 곡선 $y=x^2(3-x)$와 직선 $y=mx$가 제1사분면 위의 서로 다른 두 점 P, Q에서 만난다. 세 점 A(3, 0), P, Q를 꼭짓점으로 하는 삼각형 APQ의 넓이가 최대가 되게 하는 양수 m에 대하여 $10m$의 값을 구하시오.

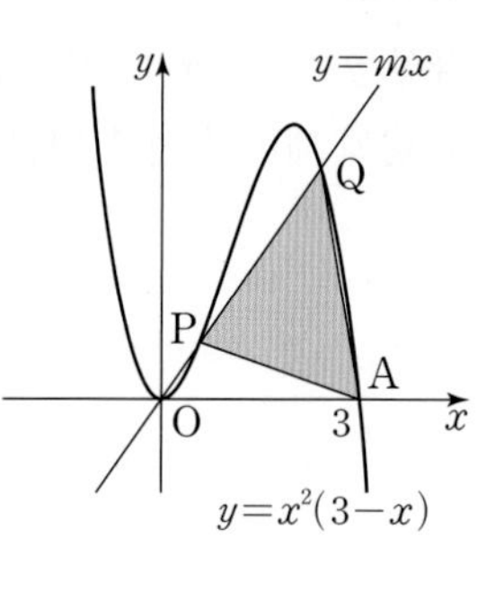

+Plus 문제

다음은 이 유형에서 출제된 최근 교육청 • 평가원 기출문제입니다.

1214 • 교육청 2018년 10월

Level 3

그림과 같이 좌표평면에 네 점 A$(-1, 2)$, B$(-1, 0)$, C$(1, 0)$, D$(1, 2)$를 꼭짓점으로 하는 정사각형 ABCD와 세 점 O, A, D를 지나는 이차함수 $y=f(x)$ $(-1\le x\le 1)$의 그래프가 있다. 곡선 $y=f(x)$ 위의 점 P에서의 접선을 l이라 할 때, 직선 l의 아랫부분과 정사각형 ABCD의 내부의 색칠한 부분의 넓이의 최댓값은? (단, 점 P는 정사각형 ABCD의 내부에 있고, O는 원점이다.)

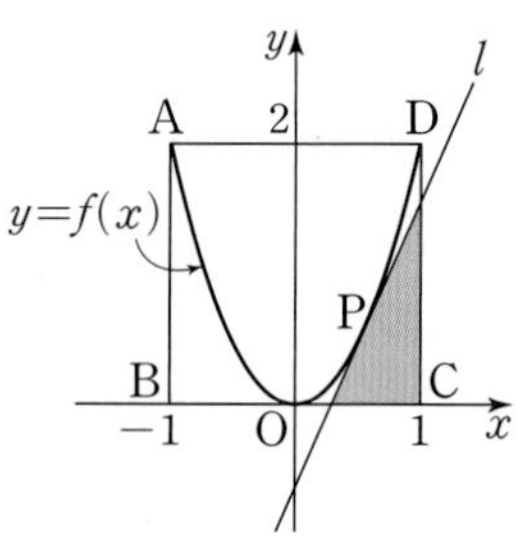

① $\frac{16}{27}$　② $\frac{17}{27}$　③ $\frac{2}{3}$
④ $\frac{19}{27}$　⑤ $\frac{20}{27}$

실전 유형 6 함수의 최대·최소의 활용 – 부피

입체도형의 부피를 한 문자에 대한 함수로 표현하고, 증가·감소를 표로 나타낸 후 최댓값·최솟값을 찾는다.

1215 대표문제

그림과 같이 한 변의 길이가 24인 정사각형 모양의 종이의 네 모퉁이에서 같은 크기의 정사각형을 잘라 내고 남은 부분을 접어서 뚜껑이 없는 직육면체 모양의 상자를 만들려고 한다. 이 상자의 부피가 최대일 때의 높이를 구하시오.

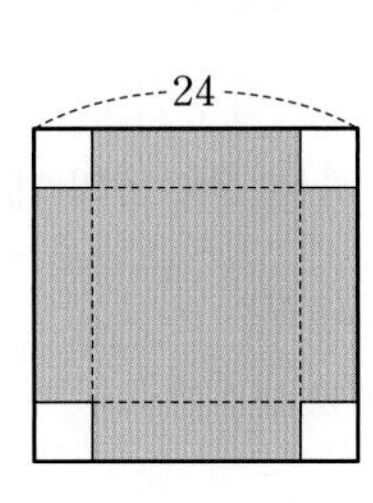

1216

Level 2

그림과 같이 한 변의 길이가 8인 정삼각형 모양의 종이의 세 모퉁이에서 합동인 사각형을 잘라 내고 남은 부분을 접어서 뚜껑이 없는 삼각기둥 모양의 상자를 만들려고 한다. 이 상자의 부피가 최대일 때의 높이는?

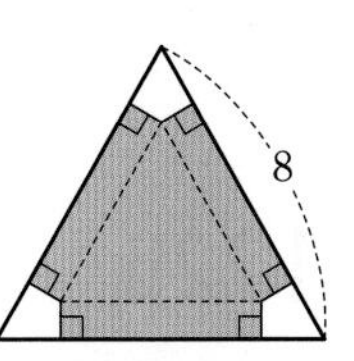

① $\frac{\sqrt{3}}{9}$　② $\frac{\sqrt{3}}{3}$　③ $\frac{4\sqrt{3}}{9}$
④ $\frac{2\sqrt{3}}{3}$　⑤ $\frac{8\sqrt{3}}{9}$

1217

Level 2

그림과 같이 반지름의 길이가 6인 구에 내접하는 원기둥의 부피의 최댓값을 구하시오.

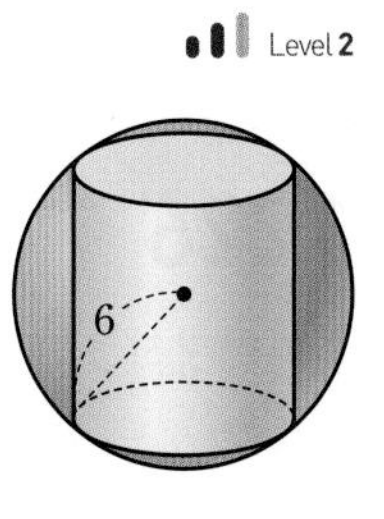

1218

Level 2

그림과 같이 반지름의 길이가 $3\sqrt{3}$인 반구에 내접하는 원뿔의 부피가 최대일 때, 원뿔의 높이는?

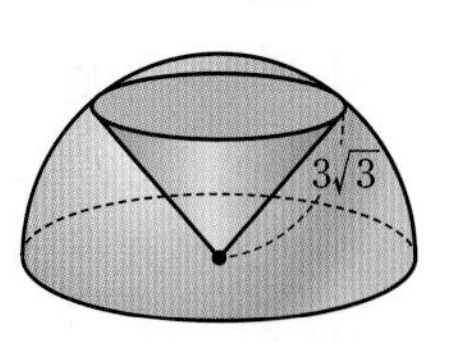

① 1　② 2　③ 3
④ 4　⑤ 5

1219

Level 2

그림과 같이 반지름의 길이가 6인 구의 중심 O를 꼭짓점으로 하는 두 개의 합동인 원뿔을 붙여 만든 도형이 구에 내접하고 있다. 두 원뿔의 부피의 합이 최대일 때, 원뿔의 밑면의 반지름의 길이는?

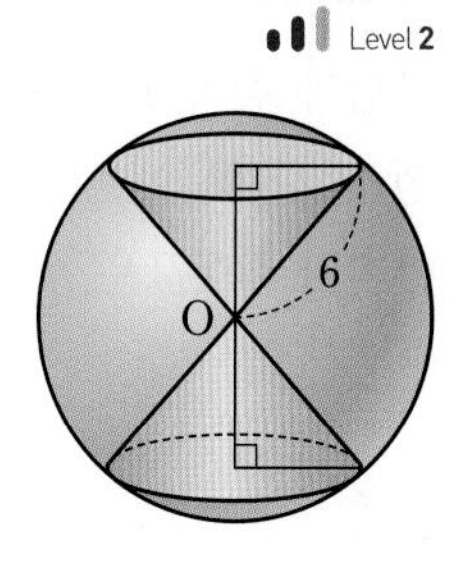

① $\sqrt{2}$　② $\sqrt{3}$　③ $2\sqrt{3}$
④ $2\sqrt{6}$　⑤ $4\sqrt{2}$

1220

Level 2

그림과 같이 밑면의 반지름의 길이가 3이고, 높이가 12인 원뿔에 내접하는 원기둥의 부피의 최댓값을 구하시오.

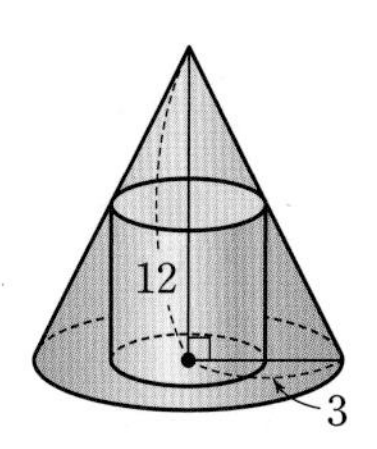

1221

Level 2

그림과 같이 밑면의 반지름의 길이가 3이고 높이가 6인 원뿔에 내접하는 작은 원뿔의 부피가 최대일 때, 작은 원뿔의 높이는?

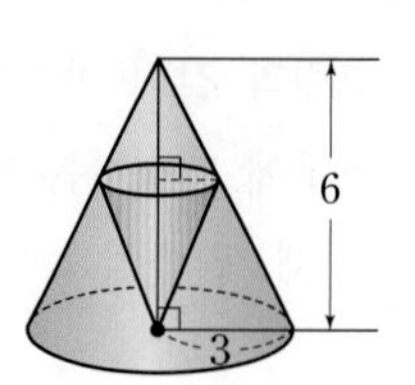

① 1 ② 2 ③ 3
④ 4 ⑤ 5

1222

Level 2

그림과 같이 모든 모서리의 길이가 3인 정사각뿔에 내접하는 직육면체의 부피의 최댓값은?

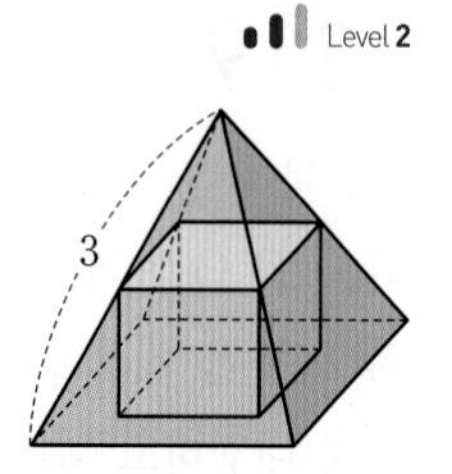

① $2\sqrt{2}$ ② $3\sqrt{2}$ ③ $4\sqrt{2}$
④ $5\sqrt{2}$ ⑤ $6\sqrt{2}$

1223

Level 2

그림과 같이 밑면이 정사각형인 직육면체 모양의 선물 상자를 만들려고 한다. 옆면과 밑면을 만드는 비용은 $1\,\text{cm}^2$당 20원, 윗면을 만드는 데 드는 비용은 $1\,\text{cm}^2$당 70원이다. 270원으로 만들 수 있는 상자의 최대 부피는?

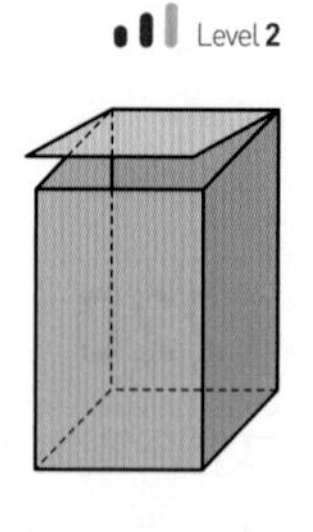

① $\frac{7}{4}\,\text{cm}^3$ ② $2\,\text{cm}^3$ ③ $\frac{9}{4}\,\text{cm}^3$
④ $\frac{9}{2}\,\text{cm}^3$ ⑤ $\frac{11}{4}\,\text{cm}^3$

실전유형 7 삼차방정식 $f(x)=k$의 실근의 개수 빈출유형

삼차방정식 $f(x)=k$의 서로 다른 실근의 개수는
삼차함수 $y=f(x)$의 그래프와 직선 $y=k$의 교점의 개수와 같다.

1224 대표문제

삼차방정식 $x^3-6x^2-n=0$이 서로 다른 세 실근을 갖도록 하는 정수 n의 개수는?

① 30 ② 31 ③ 32
④ 33 ⑤ 34

1225

Level 1

삼차방정식 $x^3-3x^2+3=0$의 서로 다른 실근의 개수를 구하시오.

1226

Level 2

삼차방정식 $x^3+3x^2-9x+4-k=0$이 한 실근과 두 허근을 갖도록 하는 자연수 k의 최솟값을 구하시오.

● 정답 및 풀이 254쪽

1227

Level 2

삼차방정식 $x^3-3x^2+a=0$이 서로 다른 두 실근을 가질 때, 모든 실수 a의 값의 합은?

① 1　　② 2　　③ 3
④ 4　　⑤ 5

1228

Level 2

삼차방정식 $2x^3-3x^2-12x-k=0$이 서로 다른 두 실근을 갖도록 하는 양수 k의 값을 구하시오.

1229

Level 2

자연수 k에 대하여 삼차방정식 $x^3-3x+11-3k=0$의 서로 다른 실근의 개수를 $f(k)$라 하자.
$f(1)+f(2)+f(3)+f(4)+f(5)$의 값은?

① 4　　② 6　　③ 8
④ 10　　⑤ 12

1230

Level 2

삼차방정식 $2x^3-3x^2-12x+k=0$이 서로 다른 세 실근을 갖도록 하는 정수 k의 개수는?

① 20　　② 23　　③ 26
④ 29　　⑤ 32

1231

Level 2

삼차방정식 $2x^3+6x^2+a=0$이 $-2\le x\le 2$에서 서로 다른 두 실근을 갖도록 하는 정수 a의 개수는?

① 4　　② 6　　③ 8
④ 10　　⑤ 12

1232

Level 2

임의의 실수 k에 대하여 삼차방정식 $x^3-3x^2-9x-k=0$의 서로 다른 실근의 개수를 $f(k)$라 하자. 함수 $f(k)$가 $k=a$에서 불연속일 때, 모든 실수 a의 값의 합을 구하시오.

실전 유형 **8** **삼차방정식 $f(x)=k$의 실근의 부호**

방정식 $f(x)=k$의 서로 다른 실근의 개수는 함수 $y=f(x)$의 그래프와 직선 $y=k$의 교점의 개수이고, 교점의 x좌표의 부호에 따라 실근의 부호가 결정된다.

1233 대표문제

삼차방정식 $2x^3+\frac{3}{2}x^2-9x-k=0$이 서로 다른 두 개의 음의 근과 한 개의 양의 근을 갖도록 하는 실수 k의 값의 범위가 $a<k<b$일 때, $a+b$의 값은?

① $\frac{81}{8}$ ② $\frac{41}{4}$ ③ $\frac{83}{8}$
④ $\frac{21}{2}$ ⑤ $\frac{85}{8}$

1234

Level 2

삼차방정식 $x^3-3x^2-9x-k=0$이 한 개의 음의 근과 서로 다른 두 개의 양의 근을 갖도록 하는 정수 k의 개수는?

① 22 ② 23 ③ 24
④ 25 ⑤ 26

1235

Level 2

삼차방정식 $2x^3-3x^2-12x+3-k=0$이 서로 다른 두 개의 양의 근과 한 개의 음의 근을 갖도록 하는 정수 k의 개수는?

① 18 ② 19 ③ 20
④ 21 ⑤ 22

1236

Level 2

삼차방정식 $2x^2+9x=x^3-x^2+a-4$가 단 한 개의 음의 근만을 갖도록 하는 정수 a의 최솟값은?

① 31 ② 32 ③ 33
④ 34 ⑤ 35

1237

Level 2

삼차방정식 $x^3+5x^2+5x=\frac{1}{2}x^2-x+k$가 단 한 개의 양의 근만을 갖도록 하는 정수 k의 최솟값은?

① 0 ② 1 ③ 2
④ 3 ⑤ 4

1238
Level 2

삼차방정식 $x^3+x^2+2x=7x^2-7x+a$가 서로 다른 세 개의 양의 근을 갖도록 하는 정수 a의 개수는?

① 1　② 3　③ 5　④ 7　⑤ 9

1239
Level 2

정수 k에 대하여 방정식 $3x^3-9x+2-k=0$의 서로 다른 양의 근의 개수를 $f(k)$라 하자.
$f(-5)+f(-4)+\cdots+f(4)+f(5)$의 값은?

① 11　② 12　③ 13　④ 14　⑤ 15

1240
Level 2

최고차항의 계수가 음수인 삼차함수 $f(x)$에 대하여 방정식 $f'(x)=0$이 서로 다른 두 실근 α, β $(0<\alpha<\beta)$를 갖고, $f(\alpha)f(\beta)<0$일 때, 〈**보기**〉에서 옳은 것만을 있는 대로 고른 것은?

〈**보기**〉
ㄱ. 함수 $f(x)$는 $x=\beta$에서 극댓값을 갖는다.
ㄴ. 방정식 $f(x)=0$은 서로 다른 세 실근을 갖는다.
ㄷ. $f(0)>0$이면 방정식 $f(x)=0$은 서로 다른 세 개의 양의 근을 갖는다.

① ㄱ　② ㄷ　③ ㄱ, ㄴ　④ ㄴ, ㄷ　⑤ ㄱ, ㄴ, ㄷ

실전유형 9 극값을 이용한 삼차방정식의 근의 판별 (빈출유형)

삼차함수 $f(x)$가 극값을 가질 때, 삼차방정식 $f(x)=0$의 근은
① (극댓값)×(극솟값)<0 ⇔ 서로 다른 세 실근
② (극댓값)×(극솟값)$=0$ ⇔ 중근과 다른 한 실근 (서로 다른 두 실근)
③ (극댓값)×(극솟값)>0 ⇔ 한 실근과 두 허근

1241 대표문제

함수 $f(x)=2x^3-6ax-3a$가 극값을 갖고, 방정식 $f(x)=0$이 중근을 갖도록 하는 양수 a의 값은?

① $\frac{9}{16}$　② $\frac{5}{8}$　③ $\frac{11}{16}$　④ $\frac{3}{4}$　⑤ $\frac{13}{16}$

1242
Level 2

방정식 $x^3-2x^2-4x+5-k=0$이 서로 다른 세 실근을 갖도록 하는 정수 k의 최댓값은?

① 5　② 6　③ 7　④ 8　⑤ 9

1243
Level 2

방정식 $2x^3-6x+3-a=0$이 서로 다른 두 실근을 갖도록 하는 양수 a의 값은?

① 1　② 3　③ 4　④ 5　⑤ 7

1244

Level 2

함수 $f(x)=2x^3-3x^2-12x-10$의 그래프를 y축의 방향으로 a만큼 평행이동시켰더니 함수 $y=g(x)$의 그래프가 되었다. 방정식 $g(x)=0$이 서로 다른 두 실근을 갖도록 하는 모든 a의 값의 합을 구하시오.

1245

Level 2

삼차함수 $f(x)$의 도함수 $y=f'(x)$의 그래프가 그림과 같다. $f(0)=3$, $f(3)=0$일 때, 방정식 $f(x)-k=0$이 서로 다른 세 실근을 갖도록 하는 정수 k의 개수를 구하시오.

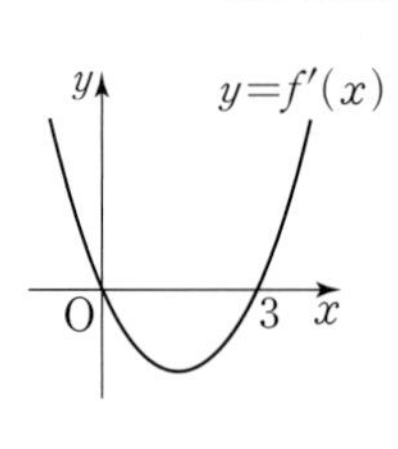

1246

Level 2

최고차항의 계수가 양수인 삼차함수 $y=f(x)$가 있다. 방정식 $f(x)=0$과 $f'(x)=0$의 근에 대한 〈**보기**〉의 설명 중 옳은 것만을 있는 대로 고른 것은?

〈보기〉

ㄱ. $f'(x)=0$이 중근을 가지면 $f(x)=0$도 반드시 중근을 갖는다.

ㄴ. $f'(x)=0$이 허근을 가지면 $f(x)=0$도 반드시 허근을 갖는다.

ㄷ. $f'(x)=0$이 서로 다른 두 실근을 가지면 $f(x)=0$도 반드시 서로 다른 두 실근을 갖는다.

① ㄱ ② ㄴ ③ ㄱ, ㄴ
④ ㄱ, ㄷ ⑤ ㄴ, ㄷ

실전 유형 10 사차방정식 $f(x)=k$의 실근의 개수

사차방정식 $f(x)=k$의 실근은 사차함수 $y=f(x)$의 그래프와 직선 $y=k$의 교점의 x좌표와 같다.

1247 대표문제

사차방정식 $x^4+4x^3-2x^2-12x-k=0$이 서로 다른 두 개의 양의 근과 서로 다른 두 개의 음의 근을 갖도록 하는 실수 k의 값의 범위를 구하시오.

1248

Level 2

사차방정식 $3x^4-8x^3-6x^2+24x-k=0$이 서로 다른 세 실근을 갖도록 하는 모든 정수 k의 값의 합은?

① 17 ② 18 ③ 19
④ 20 ⑤ 21

1249

Level 2

사차방정식 $3x^4+4x^3-12x^2+a=0$이 서로 다른 두 개의 음의 근만을 갖도록 하는 정수 a의 개수는?

① 22 ② 23 ③ 24
④ 25 ⑤ 26

1250

Level 2

사차방정식 $x^4+3x^2+10x-k=0$이 음의 근만을 갖도록 하는 정수 k의 개수는?

① 5 ② 6 ③ 7
④ 8 ⑤ 9

1251

Level 2

사차방정식 $x^4-4x^3-2x^2+12x+a=0$이 중근을 갖도록 하는 모든 실수 a의 값의 합은?

① 2 ② 4 ③ 6
④ 8 ⑤ 10

1252

Level 2

사차방정식 $\frac{1}{4}x^4-\frac{3}{2}x^2+2x-k+2=0$이 한 중근과 두 허근을 갖도록 하는 실수 k의 값은?

① -4 ② -2 ③ 0
④ 2 ⑤ 4

1253

Level 2

사차방정식 $3x^4-4x^3-12x^2+5-k=0$이 서로 다른 네 실근을 갖도록 하는 실수 k의 값의 범위를 구하시오.

1254

Level 2

사차함수 $f(x)$의 도함수 $y=f'(x)$의 그래프가 그림과 같고 $f(-3)>0$일 때, 방정식 $f(x)=0$의 서로 다른 실근의 개수는?

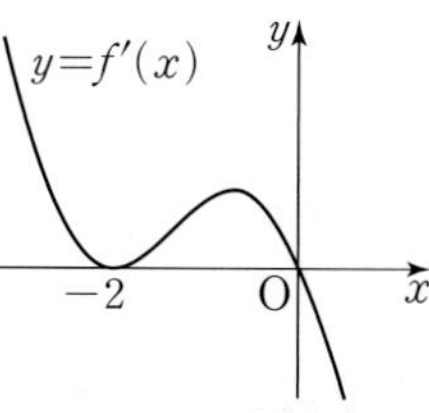

① 0 ② 1 ③ 2
④ 3 ⑤ 4

1255

Level 2

사차함수 $f(x)$의 도함수 $y=f'(x)$의 그래프가 그림과 같다. 사차방정식 $f(x)=0$이 서로 다른 네 실근을 가질 때, 〈**보기**〉에서 옳은 것만을 있는 대로 고른 것은? (단, $\alpha<\beta<0<\gamma$)

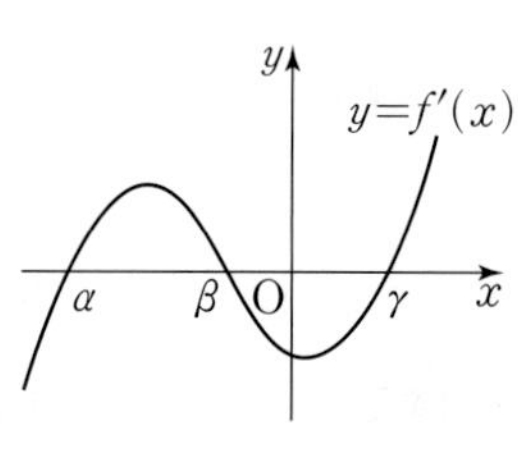

〈**보기**〉

ㄱ. $f(\alpha)>0$
ㄴ. $f(\beta)>0$
ㄷ. $f(\gamma)>0$

① ㄱ ② ㄴ ③ ㄷ
④ ㄱ, ㄴ ⑤ ㄴ, ㄷ

실전 유형 11 두 그래프의 교점의 개수

두 곡선 $y=f(x)$와 $y=g(x)$의 교점의 개수
⟺ 방정식 $f(x)=g(x)$, 즉 $f(x)-g(x)=0$의 서로 다른 실근의 개수

1256 대표문제

두 곡선 $y=x^3-4x^2-2a$, $y=2x^2-9x+a$가 서로 다른 두 점에서 만나도록 하는 모든 상수 a의 값의 합은?

① $\frac{1}{3}$ ② $\frac{2}{3}$ ③ 1
④ $\frac{4}{3}$ ⑤ $\frac{5}{3}$

1257 Level 2

두 곡선 $y=-4x^3+2x+15$, $y=12x^2+2x+k$가 오직 한 점에서 만나도록 하는 자연수 k의 최솟값은?

① 14 ② 15 ③ 16
④ 17 ⑤ 18

1258 Level 2

두 곡선 $y=2x^3-2x^2+3$, $y=4x^2+18x+k$가 서로 다른 세 점에서 만나도록 하는 실수 k의 값의 범위를 구하시오.

1259 Level 2

두 함수 $y=x^4-2x+a$, $y=-x^2+4x-a$의 그래프가 오직 한 점에서 만나도록 하는 상수 a의 값은?

① 1 ② 2 ③ 3
④ 4 ⑤ 5

1260 Level 2

두 곡선 $y=3x^3-x^2-3x$, $y=x^3-4x^2+9x+a$가 만나는 서로 다른 세 점의 x좌표가 두 개는 양수이고, 한 개는 음수가 되도록 하는 정수 a의 개수는?

① 6 ② 7 ③ 8
④ 9 ⑤ 10

1261 Level 2

곡선 $y=x^3+6x^2+10x+a-2$가 두 점 $\mathrm{A}(-3, -3)$, $\mathrm{B}(1, 1)$을 잇는 선분 AB와 오직 한 점에서 만나도록 하는 정수 a의 개수는?

① 14 ② 15 ③ 16
④ 17 ⑤ 18

다음은 이 유형에서 출제된 최근 교육청 • 평가원 기출문제입니다.

1262 • 평가원 2020학년도 9월 Level 2

곡선 $y=x^3-3x^2+2x-3$과 직선 $y=2x+k$가 서로 다른 두 점에서만 만나도록 하는 모든 실수 k의 값의 곱을 구하시오.

심화유형 12 방정식 $|f(x)|=a$, $f(|x|)=a$의 실근의 개수

(1) $y=|f(x)|$의 그래프는 $y=f(x)$의 그래프에서 $y\geq0$인 부분은 그대로 두고, $y<0$인 부분은 x축에 대하여 대칭이동하여 그린다.
(2) $y=f(|x|)$의 그래프는 $y=f(x)$의 그래프에서 $x\geq0$인 부분만 남기고, $x\geq0$인 부분을 y축에 대하여 대칭이동하여 그린다.

1263 대표문제

x에 대한 방정식 $|x(x-3)^2|=a$가 서로 다른 세 실근을 갖도록 하는 실수 a의 값은?

① 1　② 2　③ 3　④ 4　⑤ 5

1264 Level 1

사차함수 $f(x)$의 그래프가 그림과 같다. 방정식 $|f(x)|=1$의 실근의 개수를 a, 방정식 $f(|x|)=0$의 실근의 개수를 b라 할 때, $a+b$의 값을 구하시오.

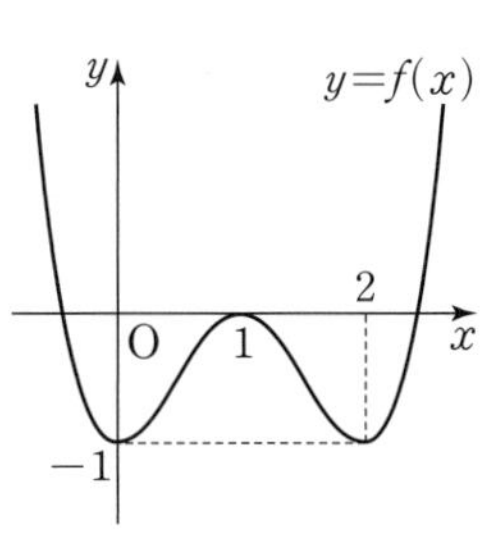

1265 Level 2

함수 $f(x)=x^3-9x^2+24x-19$에 대하여 방정식 $|f(x)|=2$의 실근의 개수는?

① 1　② 2　③ 3　④ 4　⑤ 5

1266 Level 2

함수 $f(x)=-x^3+6x^2-16$에 대하여 방정식 $f(|x|)+16=0$의 실근의 개수는?

① 1　② 2　③ 3　④ 4　⑤ 5

1267 Level 2

실수 n과 함수 $f(x)=5x^3+15x^2-6$에 대하여 방정식 $|f(x)|=n$의 서로 다른 실근의 개수를 $g(n)$이라 하자. $g(3)+g(6)+g(9)+g(12)+g(15)$의 값은?

① 17　② 19　③ 21　④ 23　⑤ 25

1268 고난도 Level 3

삼차함수 $f(x)=x^3+ax^2+bx+c$가 다음 조건을 만족시킬 때, $|f(0)|$의 최솟값은? (단, a, b, c는 상수이다.)

> (가) 함수 $f(x)$는 $x=1$, $x=3$에서 극값을 갖는다.
> (나) 방정식 $|f(x)|=3$은 서로 다른 세 실근을 갖는다.

① 1　② 3　③ 5　④ 7　⑤ 9

실전 유형 13 곡선 밖의 점에서 곡선에 그은 접선의 개수 복합유형

곡선 $y=f(x)$ 밖의 점 (a, b)에서 곡선에 그은 접선의 접점의 좌표를 $(t, f(t))$라 하면 접선은 방정식 $b-f(t)=f'(t)(a-t)$의 실근의 개수만큼 존재한다.

1269 대표문제

곡선 $y=2x^3+3$ 밖의 점 $(3, a)$에서 주어진 곡선에 서로 다른 두 개의 접선을 그을 수 있도록 하는 실수 a의 값은?

① 1 ② 2 ③ 3
④ 4 ⑤ 5

1270 Level 2

점 $(-2, k)$에서 곡선 $y=-x^3+2x+2$에 서로 다른 세 개의 접선을 그을 수 있도록 하는 정수 k의 개수는?

① 1 ② 3 ③ 5
④ 7 ⑤ 9

1271 Level 2

곡선 $y=x^3-x+2$ 밖의 점 $(1, a)$에서 주어진 곡선에 서로 다른 접선을 두 개 이상 그을 수 있도록 하는 실수 a의 값의 범위를 구하시오.

1272 Level 2

점 $(1, 1)$에서 곡선 $y=x^3-kx-2$에 서로 다른 두 개의 접선을 그을 수 있도록 하는 모든 실수 k의 값의 합은?

① -1 ② -2 ③ -3
④ -4 ⑤ -5

1273 Level 2

점 $(-5, 0)$에서 곡선 $y=x^3+kx+2$에 서로 다른 세 개의 접선을 그을 수 있도록 하는 정수 k의 최솟값은?

① -21 ② -22 ③ -23
④ -24 ⑤ -25

1274 Level 3

실수 k에 대하여 점 $(1, 0)$에서 곡선 $y=x^3+k$에 그을 수 있는 접선의 개수를 $f(k)$라 하자. 함수 $f(k)$가 불연속인 점의 개수는?

① 1 ② 2 ③ 3
④ 4 ⑤ 5

심화 유형 14 방정식 $(f \circ g)(x)=0$의 실근의 개수

방정식 $(f \circ g)(x)=0$의 실근의 개수는 다음과 같은 순서로 구한다.

❶ $g(x)=t$라 하고, t의 값의 범위를 구한다.

❷ t의 값의 범위 안에서 $f(t)=0$의 실근의 개수를 구한다.

1275 대표문제

두 함수 $f(x)=x^4-4x^2$, $g(x)=x^2-k$에 대하여 x에 대한 방정식 $(g \circ f)(x)=0$의 서로 다른 실근이 4개가 되도록 하는 양수 k의 값은?

① 1 ② 4 ③ 9
④ 16 ⑤ 25

1276 Level 3

두 함수 $f(x)=x^3-\frac{3}{2}x^2$, $g(x)=2x^2-k$에 대하여 x에 대한 방정식 $(g \circ f)(x)=0$의 서로 다른 실근의 개수가 3일 때, 양수 k의 값은?

① $\frac{1}{16}$ ② $\frac{1}{9}$ ③ $\frac{1}{4}$
④ $\frac{1}{2}$ ⑤ 1

1277 신경향 Level 3

$x>0$일 때, 두 함수 $f(x)=x^3-2x^2+x+1$, $g(x)=x+\frac{1}{x}-2$에 대하여 x에 대한 방정식 $(f \circ g)(x)=k$의 실근이 존재하도록 하는 실수 k의 최솟값은?

① 1 ② 2 ③ 3
④ 4 ⑤ 5

+Plus 문제

실전 유형 15 주어진 구간에서 성립하는 부등식 - 증가·감소 이용

(1) $x>a$에서 증가하는 함수 $f(x)$에 대하여
부등식 $f(x)>0$이 성립하려면 ➔ $f(a)\ge 0$

(2) $x>a$에서 감소하는 함수 $f(x)$에 대하여
부등식 $f(x)<0$이 성립하려면 ➔ $f(a)\le 0$

1278 대표문제

$x>0$일 때, 부등식 $x^3+x+k>0$이 성립하도록 하는 실수 k의 최솟값은?

① -1 ② 0 ③ 1
④ 2 ⑤ 3

1279 Level 1

$x>-2$일 때, 부등식 $x^3+5x+k>0$이 성립하도록 하는 실수 k의 값의 범위는?

① $k\le -18$ ② $k\le 8$ ③ $k<8$
④ $k>8$ ⑤ $k\ge 18$

1280 Level 1

$x>1$일 때, 부등식 $2x^3-3x^2-k>0$이 성립하도록 하는 실수 k의 최댓값은?

① -1 ② 0 ③ 1
④ 2 ⑤ 3

1281

Level 2

$x>2$일 때, 부등식 $-2x^3+3x^2+12x+k<0$이 성립하도록 하는 실수 k의 최댓값을 구하시오.

1282

Level 2

$x>3$일 때, 부등식 $x^3-3x^2+kx-27>0$이 성립하도록 하는 실수 k의 최솟값은? (단, $k>3$)

① 6 ② 7 ③ 8
④ 9 ⑤ 10

1283

Level 3

$x>1$일 때, 2 이상의 자연수 n에 대하여 부등식 $x^n-nx+n(n-4)+3>0$이 성립하도록 하는 자연수 n의 최솟값을 구하시오.

+Plus 문제

실전유형 16 주어진 구간에서 성립하는 부등식 - 최대·최소 이용

(1) 어떤 구간에서 부등식 $f(x)>0$이 성립하려면
→ 그 구간에서 ($f(x)$의 최솟값)>0

(2) 어떤 구간에서 부등식 $f(x)<0$이 성립하려면
→ 그 구간에서 ($f(x)$의 최댓값)<0

1284 대표문제

$x\geq 0$일 때, 부등식 $x^3-6x^2+9x+k-3\geq 0$이 성립하도록 하는 실수 k의 최솟값은?

① 3 ② 4 ③ 5
④ 6 ⑤ 7

1285

Level 2

$-2\leq x\leq 3$일 때, 부등식 $2x^3-3x^2-12x+a>0$이 성립하도록 하는 정수 a의 최솟값은?

① 18 ② 19 ③ 20
④ 21 ⑤ 22

1286

Level 2

$x\leq -2$일 때, 부등식 $x^3+3x^2+a-14<0$이 성립하도록 하는 실수 a의 값의 범위를 구하시오.

● 정답 및 풀이 268쪽

1287

Level 2

곡선 $y=-x^3+3ax-2\ (x>0)$가 x축보다 아래에 위치하도록 하는 양수 a의 값의 범위는?

① $0<a<1$　② $\frac{1}{2}<a<\frac{3}{2}$　③ $1<a<2$
④ $\frac{3}{2}<a<\frac{5}{2}$　⑤ $a>2$

1288

Level 2

$0\le x\le 2$일 때, 부등식 $0\le 2x^3-9x^2+12x+k+4\le 17$이 성립하도록 하는 정수 k의 개수는?

① 9　② 11　③ 13
④ 15　⑤ 17

1289

Level 2

$-2\le x\le 0$일 때, 부등식 $-1\le 3x^4-4x^3-12x^2+k<55$가 성립하도록 하는 실수 k의 값의 범위를 구하시오.

실전유형 17 모든 실수 x에 대하여 성립하는 부등식

빈출유형

모든 실수 x에 대하여 부등식 $f(x)>0$이 성립하려면
→ ($f(x)$의 최솟값)>0

1290 대표문제

모든 실수 x에 대하여 부등식 $3x^4-4x^3+k>0$이 성립하도록 하는 정수 k의 최솟값은?

① 1　② 2　③ 3
④ 4　⑤ 5

1291

Level 2

모든 실수 x에 대하여 부등식 $\frac{1}{4}x^4-x^3+x^2-a+7\ge 0$이 성립하도록 하는 실수 a의 최댓값은?

① 1　② 3　③ 5
④ 7　⑤ 9

1292

Level 2

모든 실수 x에 대하여 부등식 $x^4+4a^3x+3\ge 0$이 성립하도록 하는 정수 a의 개수는?

① 1　② 2　③ 3
④ 4　⑤ 5

1293

Level 2

모든 실수 x에 대하여 부등식
$2x^4+4ax^2-8(a+1)x+a^2+1\geq0$이 성립하도록 하는 양수 a의 최솟값은?

① 1 ② 2 ③ 3
④ 4 ⑤ 5

1294

Level 2

모든 실수 x에 대하여 부등식 $x^4-4x-k^2+5k-3>0$이 성립하도록 하는 실수 k의 값의 범위를 구하시오.

다음은 이 유형에서 출제된 최근 교육청 • 평가원 기출문제입니다.

1295 • 교육청 2017년 11월

Level 2

모든 실수 x에 대하여 부등식 $x^4-4x-a^2+a+9\geq0$이 항상 성립하도록 하는 정수 a의 개수는?

① 6 ② 7 ③ 8
④ 9 ⑤ 10

실전유형 18 부등식 $f(x)>g(x)$의 해 (1)

$h(x)=f(x)-g(x)$라 하고, 부등식 $h(x)>0$의 해를 구한다.

1296 대표문제

모든 실수 x에 대하여 부등식

$$x^4-5x^2-2x+a\geq x^2+6x$$

가 성립하도록 하는 상수 a의 최솟값은?

① 22 ② 23 ③ 24
④ 25 ⑤ 26

1297

Level 2

모든 실수 x에 대하여 부등식

$$x^4+4x^3-x^2-10x\geq -x^2+6x-a$$

가 성립하도록 하는 상수 a의 최솟값은?

① 9 ② 11 ③ 13
④ 15 ⑤ 17

1298

Level 2

모든 실수 x에 대하여 부등식 $x^2+4k^3x-12\leq x^4+x^2$이 성립하도록 하는 정수 k의 개수는?

① 1 ② 2 ③ 3
④ 4 ⑤ 5

1299

Level 2

두 함수 $f(x)=5x^3-10x^2+k$, $g(x)=5x^2+2$에 대하여 $0<x<3$에서 부등식 $f(x)\geq g(x)$가 성립하도록 하는 상수 k의 최솟값을 구하시오.

1300

Level 2

두 함수 $f(x)=2x^3-6x^2+4x-3$, $g(x)=x^3-4x^2+8x-k$에 대하여 $-2\leq x\leq 2$에서 부등식 $f(x)\geq g(x)$가 성립하도록 하는 정수 k의 최솟값은?

① 5 ② 7 ③ 9
④ 11 ⑤ 13

1301

Level 2

$-1<x<3$일 때, 부등식 $2x^3-4x^2+3x<2x^2-3x-2k$가 성립하기 위한 정수 k의 최댓값을 구하시오.

다음은 이 유형에서 출제된 최근 교육청・평가원 기출문제입니다.

1302

・평가원 2020학년도 6월

Level 2

두 함수 $f(x)=x^3+3x^2-k$, $g(x)=2x^2+3x-10$에 대하여 부등식 $f(x)\geq 3g(x)$가 닫힌구간 $[-1, 4]$에서 항상 성립하도록 하는 실수 k의 최댓값을 구하시오.

실전유형 19 부등식 $f(x)>g(x)$의 해 (2)

빈출유형

(1) 구간 (a, b)에서 함수 $y=f(x)$의 그래프가 함수 $y=g(x)$의 그래프보다 위쪽에 있으면
➜ $a<x<b$에서 부등식 $f(x)>g(x)$가 성립한다.
(2) 임의의 두 실수 x_1, x_2에 대하여 $f(x_1)\geq g(x_2)$이면
➜ ($f(x)$의 최솟값)$\geq$($g(x)$의 최댓값)

1303 대표문제

두 함수 $f(x)=2x^3-3x^2+6ax-a$, $g(x)=3ax^2-3$에 대하여 $x\geq 0$에서 함수 $y=f(x)$의 그래프가 함수 $y=g(x)$의 그래프보다 항상 위쪽에 있도록 하는 정수 a의 값은? (단, $a>1$)

① 2 ② 3 ③ 4
④ 5 ⑤ 6

1304

Level 2

두 함수 $f(x)=x^4+2x^2$, $g(x)=-x^2-10x+a$에 대하여 함수 $y=f(x)$의 그래프가 함수 $y=g(x)$의 그래프보다 항상 위쪽에 있도록 하는 정수 a의 최댓값은?

① 5 ② 2 ③ -1
④ -4 ⑤ -7

1305

Level 2

함수 $f(x)=-x^2+6x-a$의 그래프 위의 임의의 점 $(x_1, f(x_1))$과 함수 $g(x)=x^4+x^2-6x+7$의 그래프 위의 임의의 점 $(x_2, g(x_2))$에 대하여 부등식 $f(x_1)\leq g(x_2)$가 성립하도록 하는 상수 a의 최솟값은?

① 6 ② 7 ③ 8
④ 9 ⑤ 10

1306

Level 2

두 함수 $f(x)=x^4+x^2-6x+2$, $g(x)=-x^2-8x+a$가 있다. 임의의 두 실수 x_1, x_2에 대하여 부등식 $f(x_1)\geq g(x_2)$가 성립하도록 하는 실수 a의 최댓값을 구하시오.

1307

Level 2

두 함수 $f(x)=x^3-3x^2+10$, $g(x)=-2x^2+12x-a$가 있다. -1보다 크거나 같은 임의의 두 실수 x_1, x_2에 대하여 부등식 $f(x_1)\geq g(x_2)$가 성립하도록 하는 실수 a의 최솟값을 구하시오.

1308

Level 3

두 함수 $f(x)=x^3+2x^2-4x-3$, $g(x)=-x^2+5x$에 대하여 닫힌구간 $[-3, 2]$에서 부등식 $g(x)-k\leq f(x)\leq g(x)+k$가 성립하도록 하는 양수 k의 최솟값을 구하시오.

+Plus 문제

실전유형 20 속도와 가속도

수직선 위를 움직이는 점 P의 시각 t에서의 위치를 $x=f(t)$라 할 때, 시각 t에서의 점 P의 속도 v와 가속도 a는

$$v=\frac{dx}{dt}=f'(t),\ a=\frac{dv}{dt}=v'(t)$$

1309 대표문제

원점을 출발하여 수직선 위를 움직이는 점 P의 시각 t에서의 위치가 $x=-2t^3+6t^2-6t$이다. 속도가 -24인 순간의 점 P의 가속도는?

① -24 ② -12 ③ 4
④ 18 ⑤ 24

1310

Level 1

수직선 위를 움직이는 점 P의 시각 t $(t>0)$에서의 위치 x가 $x=t^3-9t^2+8t$이다. 점 P가 두 번째로 원점을 지날 때의 속도를 구하시오.

1311

Level 2

원점을 출발하여 수직선 위를 움직이는 점 P의 시각 t에서의 위치가 $x=\frac{1}{3}t^3-4t^2-6t$일 때, $0\leq t\leq 5$에서 점 P의 속력의 최댓값은?

① 6 ② 10 ③ 14
④ 18 ⑤ 22

실전 유형 21 속도·가속도와 운동 방향 빈출유형

수직선 위를 움직이는 점 P의 시각 t에서의 속도를 $v(t)$라 할 때
(1) $v(t)$의 부호가 바뀌면 점 P는 운동 방향을 바꾼다.
(2) 점 P가 운동 방향을 바꾸는 순간의 속도는 0이다.

1312 대표문제

수직선 위를 움직이는 점 P의 시각 t에서의 위치 x가 $x=\frac{1}{3}t^3-2t^2+3t$일 때, 점 P가 출발한 후 처음으로 운동 방향을 바꿀 때의 가속도는?

① -2　② -1　③ 0　④ 1　⑤ 2

1313 Level 1

수직선 위를 움직이는 점 P의 시각 t에서의 위치 x가 $x=t^3-4t^2-3t+4$일 때, 점 P가 출발 후 운동 방향을 바꾸는 순간의 시각 t의 값은?

① 1　② 2　③ 3　④ 4　⑤ 5

1314 Level 1

원점을 출발하여 수직선 위를 움직이는 점 P의 시각 t에서의 위치 x가 $x=t^3-15t^2+48t$일 때, 점 P가 운동 방향을 바꾸는 횟수는?

① 1　② 2　③ 3　④ 4　⑤ 5

1315 Level 1

수직선 위를 움직이는 점 P의 시각 t $(t\geq0)$에서의 위치 x가

$$x=t^3+kt^2+kt \ (k\text{는 상수})$$

이다. 시각 $t=1$에서 점 P가 운동 방향을 바꾼다고 할 때, 점 P의 가속도가 10이 되는 시각 t의 값은?

① 1　② 2　③ 3　④ 4　⑤ 5

1316 Level 2

원점을 출발하여 수직선 위를 움직이는 점 P의 시각 t에서의 위치 x가 $x=t^3-\frac{9}{2}t^2+6t$이고, 점 P는 출발 후 운동 방향을 두 번 바꾼다. 운동 방향을 바꾸는 순간의 위치를 각각 A, B라 할 때, 두 점 A, B 사이의 거리를 구하시오.

1317 Level 2

수직선 위를 움직이는 점 P의 시각 t에서의 위치가 $f(t)=-t^3+at^2-bt+3$이다. $t=1$에서 점 P의 위치는 -4이고, 이때 점 P는 운동 방향을 바꾼다고 한다. 점 P가 $t=1$ 이외에 운동 방향을 바꾸는 순간의 가속도를 구하시오.
(단, a, b는 상수이다.)

06

1318

Level 2

원점을 출발하여 수직선 위를 움직이는 점 P의 시각 t에서의 위치 x가 $x=t^3-9t^2+15t$이다. 점 P가 출발한 후 처음으로 운동 방향을 바꾸는 순간의 위치는 $x=p$이고, 이때부터 다시 $x=p$의 위치로 돌아오기까지 걸린 시간은 q라 할 때, $p+q$의 값을 구하시오.

다음은 이 유형에서 출제된 최근 교육청 • 평가원 기출문제입니다.

1319 • 평가원 2018학년도 6월

Level 1

수직선 위를 움직이는 점 P의 시각 t ($t>0$)에서의 위치 x가

$$x=t^3-12t+k \text{ (}k\text{는 상수)}$$

이다. 점 P의 운동 방향이 원점에서 바뀔 때, k의 값은?

① 10 ② 12 ③ 14 ④ 16 ⑤ 18

1320 • 평가원 2019학년도 9월

Level 2

수직선 위를 움직이는 점 P의 시각 t ($t\geq0$)에서의 위치 x가

$$x=t^3-5t^2+at+5$$

이다. 점 P가 움직이는 방향이 바뀌지 않도록 하는 자연수 a의 최솟값은?

① 9 ② 10 ③ 11 ④ 12 ⑤ 13

실전유형 22 수직선 위를 움직이는 두 점의 운동

수직선 위를 움직이는 두 점 P, Q의 시각 t에서의 위치를 각각 $f(x)$, $g(x)$라 할 때

(1) $t=a$에서 두 점 P, Q가 만나면 → $f(a)=g(a)$

(2) $t=a$에서 두 점 P, Q가 서로 다른 방향으로 움직이면 → $f'(a)g'(a)<0$

1321 대표문제

원점을 동시에 출발하여 수직선 위를 움직이는 두 점 P, Q의 시각 t에서의 위치를 각각 x_1, x_2라 하면 $x_1=2t^3-6t^2$, $x_2=t^2+3t$이다. 점 P가 운동 방향을 바꾸는 순간의 점 Q의 속도는?

① 3 ② 4 ③ 5 ④ 6 ⑤ 7

1322

Level 1

수직선 위를 움직이는 두 점 P, Q의 시각 t에서의 위치가 각각 $f(t)=2t^2-4t$, $g(t)=t^2-6t$이다. 두 점 P, Q가 서로 반대 방향으로 움직이도록 하는 정수 t의 값을 구하시오.

1323

Level 1

수직선 위를 움직이는 두 점 P, Q의 시각 t에서의 위치가 각각 $f(t)=2t^2-2t$, $g(t)=t^2-8t$이다. 두 점 P, Q가 서로 반대 방향으로 움직이는 시각 t의 값의 범위를 구하시오.

1324

Level 2

수직선 위를 움직이는 두 점 A, B의 시각 t에서의 위치가 각각 $f(t)=t^3-t+4$, $g(t)=-t^3+2t^2-7t+2$일 때, 선분 AB의 중점 M이 운동 방향을 바꾸는 횟수는?

① 1 ② 2 ③ 3 ④ 4 ⑤ 5

1325

Level 2

수직선 위를 움직이는 두 점 P, Q의 시각 t에서의 위치가 각각 $f(t)=t^2(t^2-6t+12)$, $g(t)=mt$이다. $t>0$에서 두 점 P, Q의 속도가 같은 순간이 3번 존재하도록 하는 정수 m의 값은?

① 8 ② 9 ③ 10 ④ 11 ⑤ 12

다음은 이 유형에서 출제된 최근 교육청 • 평가원 기출문제입니다.

1326

• 2020학년도 대학수학능력시험 Level 2

수직선 위를 움직이는 두 점 P, Q의 시각 t $(t\geq 0)$에서의 위치 x_1, x_2가 $x_1=t^3-2t^2+3t$, $x_2=t^2+12t$이다. 두 점 P, Q의 속도가 같아지는 순간 두 점 P, Q 사이의 거리를 구하시오.

실전유형 23 속도·가속도의 실생활 문제

(1) 지면에서 수직으로 쏘아 올린 물체가 최고 높이에 도달했을 때의 속도는 0이다.
(2) 움직이는 물체에 제동을 건 후 물체가 정지했을 때의 속도는 0이다.

1327 대표문제

지면으로부터 35 m의 높이에서 20 m/s의 속도로 지면과 수직으로 쏘아 올린 물체의 t초 후의 높이를 h m라 하면 $h=35+20t-5t^2$이다. 이 물체의 최고 높이는?

① 50 m ② 55 m ③ 60 m ④ 65 m ⑤ 70 m

1328

Level 1

어떤 자동차가 브레이크를 밟은 후 t초 동안 달린 거리를 x m라 하면 $x=20t-4t^2$이다. 브레이크를 밟은 후 자동차가 정지할 때까지 걸린 시간은?

① 2초 ② $\frac{5}{2}$초 ③ 3초 ④ $\frac{7}{2}$초 ⑤ 4초

1329

Level 1

지면에서 30 m/s의 속도로 지면과 수직으로 쏘아 올린 로켓의 t초 후의 높이를 h m라 하면 $h=30t-5t^2$이다. 이 로켓이 최고 높이에 도달했을 때 지면으로부터의 높이는?

① 30 m ② 35 m ③ 40 m ④ 45 m ⑤ 50 m

1330

Level 1

어떤 열차가 제동을 시작한 후 t초 동안 움직인 거리를 x m라 하면 $x=30t-0.6t^2$이다. 이 열차가 제동을 시작한 후 정지할 때까지 움직인 거리를 구하시오.

1331

Level 1

화성의 지면에서 40 m/s의 속도로 지면과 수직으로 던져 올린 돌의 t초 후의 높이를 x m라 하면 $x=40t-2t^2$이다. 이 돌이 화성의 지면에 닿는 순간의 속도는?

① -40 m/s ② -32 m/s ③ -24 m/s
④ -16 m/s ⑤ -8 m/s

1332

Level 2

전기가 공급되면 18 m/s의 일정한 속도로 움직이다가 전기를 끊으면 점점 속도가 줄어서 멈추는 물체가 있다. 전기를 끊은 후 t초 동안 움직인 거리를 s m라 하면 $s=18t-0.45t^2$일 때, 이 물체를 목적지에 정확히 정지시키려면 목적지로부터 몇 m 앞에서 전기를 끊으면 되는지 구하시오.

1333

Level 2

어느 놀이공원의 놀이 기구는 급격한 속도로 상하 운동을 한다고 한다. $0\le t\le 5$일 때, t초에서 이 놀이 기구의 위치를 $f(t)$ m라 하면 $f(t)=\frac{1}{4}t^4-t^3-\frac{9}{2}t^2+t+54$이다. $0\le t\le 5$에서 이 놀이 기구의 최고 속력은?

① 22 m/s ② 24 m/s ③ 26 m/s
④ 28 m/s ⑤ 30 m/s

1334

Level 2

두 자동차 A, B가 같은 지점에서 동시에 출발하여 직선 도로를 한 방향으로만 달리고 있다. 출발한 지 t초 후 A, B의 위치는 각각 미분가능한 함수 $f(t)$, $g(t)$로 주어지고, 두 함수는 다음 조건을 만족시킨다.

(가) $f(20)=g(20)$
(나) $10\le t\le 30$에서 $f'(t)<g'(t)$

$10\le t\le 30$에서 A와 B의 위치에 대하여 〈**보기**〉에서 옳은 것만을 있는 대로 고른 것은?

〈보기〉
ㄱ. 출발 후 20초에 A와 B는 같은 위치에 있다.
ㄴ. B는 A를 한 번 추월한다.
ㄷ. A는 B를 한 번 추월한다.

① ㄱ ② ㄴ ③ ㄷ
④ ㄱ, ㄴ ⑤ ㄱ, ㄷ

● 정답 및 풀이 277쪽

실전유형 24 위치 그래프의 해석

수직선 위를 움직이는 점 P의 시각 t에서의 위치 $x(t)$의 그래프에서

(1) $x(t)=0$이면 점 P는 원점에 위치한다.

(2) $x'(t)=0$이면 점 P는 정지하거나 운동 방향을 바꾼다.

(3) $x'(t)>0$인 구간에서 점 P는 양의 방향으로 움직인다.

(4) $x'(t)<0$인 구간에서 점 P는 음의 방향으로 움직인다.

1335 대표문제

수직선 위를 움직이는 점 P의 시각 t에서의 위치 $x(t)$의 그래프가 그림과 같을 때, $0\le t\le 6$에서 점 P의 운동 방향이 바뀌는 횟수는?

① 1 ② 2 ③ 3
④ 4 ⑤ 5

1336 Level 1

수직선 위를 움직이는 점 P의 시각 t에서의 위치 $x(t)$의 그래프가 그림과 같을 때, $0<t\le g$에서 점 P가 원점을 지나는 횟수는?

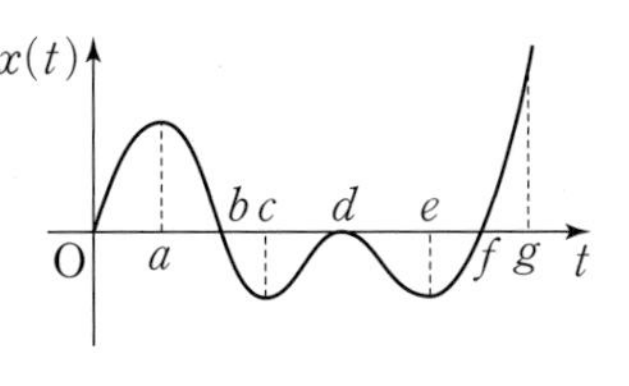

① 1 ② 2 ③ 3
④ 4 ⑤ 5

1337 Level 1

수직선 위를 움직이는 점 P의 시각 t에서의 위치 $x(t)$의 그래프가 그림과 같을 때, 다음 중 $t=0$에서 점 P가 출발한 운동 방향과 같은 방향으로 운동할 때의 시각 t를 모두 고르면? (정답 2개)

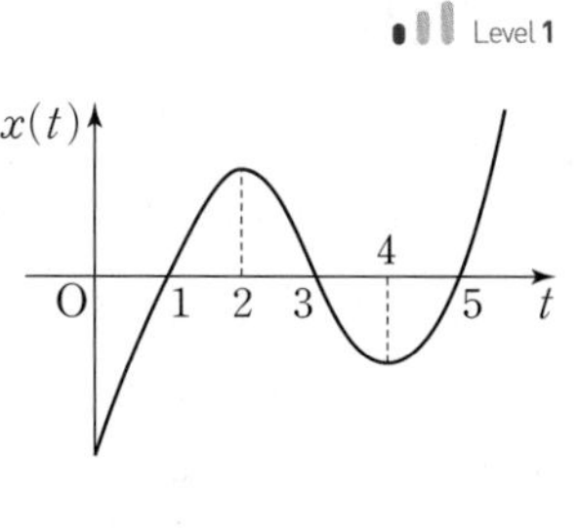

① $t=1$ ② $t=2$ ③ $t=3$
④ $t=4$ ⑤ $t=5$

1338 Level 1

수직선 위를 움직이는 점 P의 시각 t에서의 위치 $x(t)$의 그래프가 그림과 같다. 다음 중 점 P가 출발 후 두 번째로 원점을 지나는 순간의 속도와 그 값이 같은 것은?

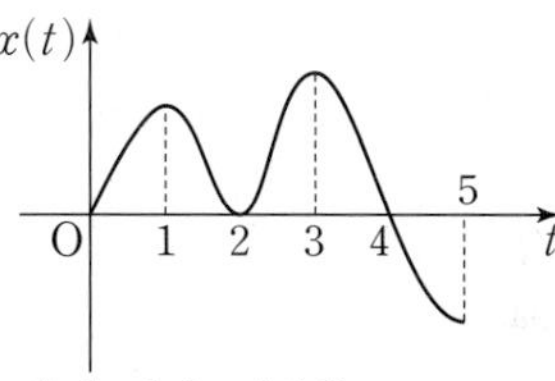

① $x'(1)$ ② $x'(2)$ ③ $x'(3)$
④ $x'(4)$ ⑤ $x'(5)$

1339 Level 2

수직선 위를 움직이는 두 점 P, Q의 시각 t $(0\le t\le 10)$에서의 위치 $f(t)$, $g(t)$의 그래프가 그림과 같을 때, 〈보기〉에서 옳은 것만을 있는 대로 고른 것은?

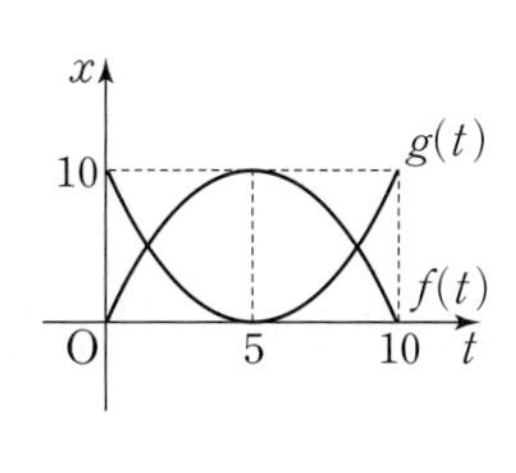

〈보기〉

ㄱ. 두 점 P, Q는 출발 후 10초 동안 두 번 만난다.

ㄴ. 두 점 P, Q는 모두 $t=5$에서 운동 방향을 바꿨다.

ㄷ. 두 점 P, Q 사이의 거리의 최댓값은 10이다.

① ㄱ ② ㄴ ③ ㄱ, ㄷ
④ ㄴ, ㄷ ⑤ ㄱ, ㄴ, ㄷ

1340

Level 2

수직선 위를 움직이는 두 점 P, Q의 시각 t $(0\le t\le 20)$에서의 위치 $f(t)$, $g(t)$의 그래프가 그림과 같다. 시각 t에서 점 P의 속도를 $v_{\mathrm{P}}(t)$, 점 Q의 속도를 $v_{\mathrm{Q}}(t)$라 할 때, 〈보기〉에서 옳은 것만을 있는 대로 고른 것은?

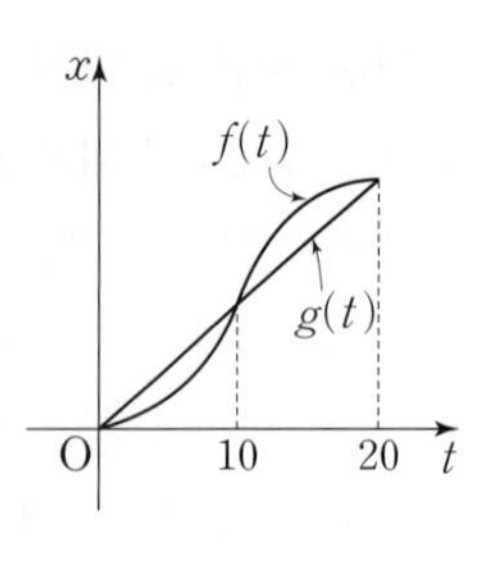

〈보기〉

ㄱ. $0<t<20$에서 점 P는 점 Q보다 원점에서 멀리 떨어져 있다.

ㄴ. $v_{\mathrm{P}}(10)>v_{\mathrm{Q}}(10)$

ㄷ. $0<t<20$에서 $v_{\mathrm{P}}(t)=v_{\mathrm{Q}}(t)$인 지점은 두 개이다.

① ㄱ ② ㄴ ③ ㄷ
④ ㄴ, ㄷ ⑤ ㄱ, ㄴ, ㄷ

1341

Level 2

원점을 출발하여 수직선 위를 6초 동안 움직이는 점 P의 시각 t초에서의 위치 $x(t)$의 그래프가 그림과 같을 때, 〈보기〉에서 옳은 것만을 있는 대로 고른 것은?

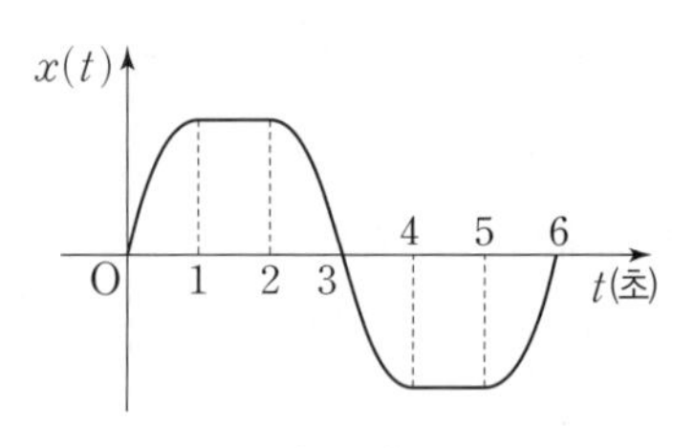

〈보기〉

ㄱ. 점 P는 움직이는 동안 운동 방향을 두 번 바꿨다.

ㄴ. 점 P는 출발 후 6초까지 원점을 두 번 지났다.

ㄷ. 점 P는 출발 후 6초까지 정지했던 시간은 총 2초이다.

① ㄱ ② ㄱ, ㄴ ③ ㄱ, ㄷ
④ ㄴ, ㄷ ⑤ ㄱ, ㄴ, ㄷ

실전 유형 25 속도 그래프의 해석

수직선 위를 움직이는 점 P의 시각 t에서의 속도 $v(t)$의 그래프에서

(1) $v(t)>0$인 구간에서 점 P는 양의 방향으로 움직인다.

(2) $v(t)<0$인 구간에서 점 P는 음의 방향으로 움직인다.

(3) $v(t)=0$인 t의 좌우에서 $v(t)$의 부호가 변하면 점 P는 운동 방향을 바꾼다.

1342 대표문제

수직선 위를 움직이는 점 P의 시각 t에서의 속도 $v(t)$의 그래프가 그림과 같을 때, $0\le t\le g$에서 점 P의 움직이는 방향이 바뀌는 횟수는?

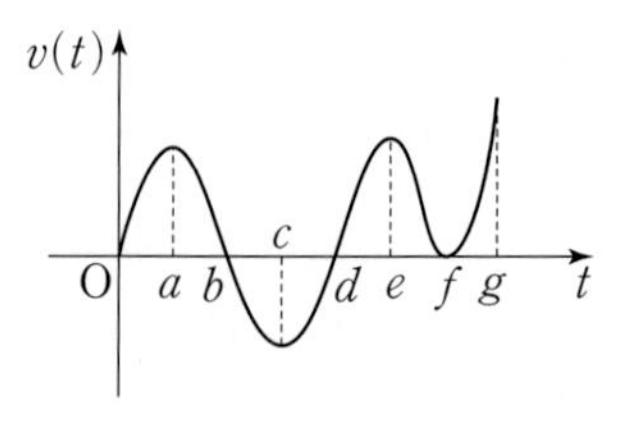

① 1 ② 2 ③ 3
④ 4 ⑤ 5

1343

Level 1

수직선 위를 움직이는 점 P의 시각 t $(0\le t\le 3)$에서의 속도 $v(t)$의 그래프가 그림과 같을 때, 점 P의 움직이는 방향이 바뀌는 시각을 구하시오.

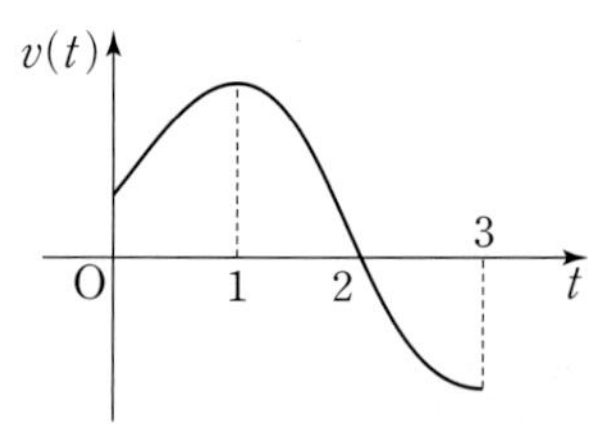

1344

Level 1

수직선 위를 움직이는 점 P의 시각 t $(0\le t\le 10)$에서의 속도 $v(t)$의 그래프가 그림과 같을 때, 점 P의 속력의 최댓값을 구하시오.

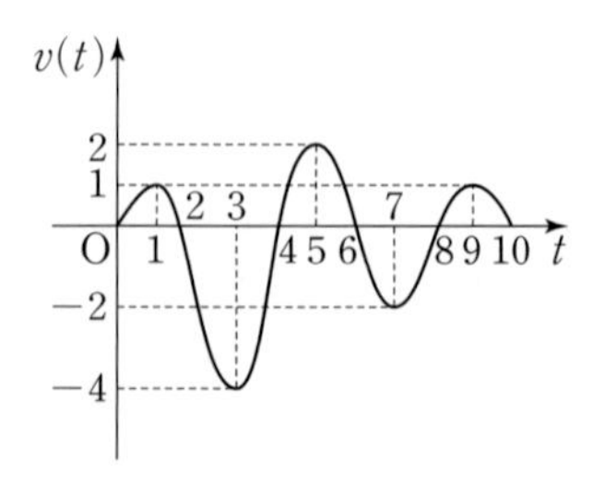

1345

Level 2

원점을 출발하여 수직선 위를 움직이는 점 P의 시각 t $(0\le t\le 6)$에서의 속도 $v(t)$의 그래프가 그림과 같을 때, 〈보기〉에서 옳은 것만을 있는 대로 고른 것은?

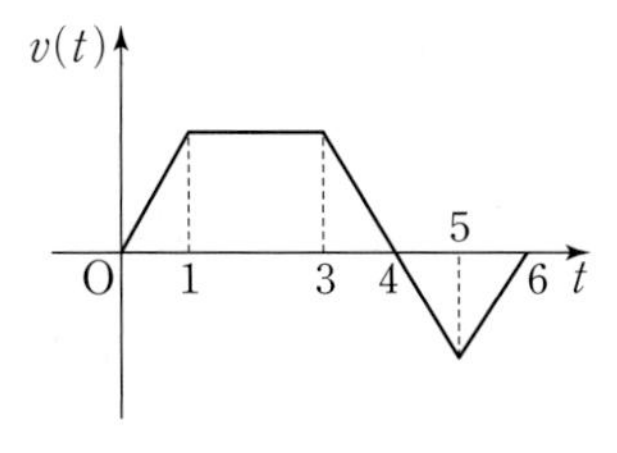

〈보기〉

ㄱ. $0<t<6$에서 점 P는 운동 방향을 한 번 바꾼다.
ㄴ. $1<t<3$에서 점 P는 정지해 있다.
ㄷ. $t=4$에서 점 P의 가속도는 음수이다.

① ㄱ　② ㄱ, ㄴ　③ ㄱ, ㄷ
④ ㄴ, ㄷ　⑤ ㄱ, ㄴ, ㄷ

1346

Level 2

원점을 출발하여 수직선 위를 움직이는 점 P의 시각 t $(0\le t\le 6)$에서의 속도 $v(t)$의 그래프가 그림과 같을 때, 〈보기〉에서 옳은 것만을 있는 대로 고른 것은?

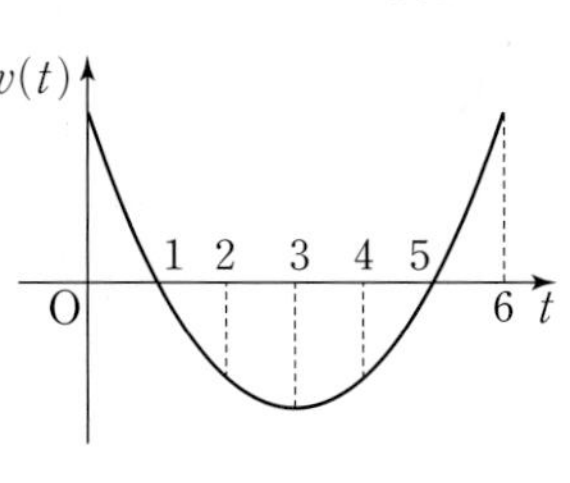

〈보기〉

ㄱ. $t=3$에서 점 P의 가속도는 0이다.
ㄴ. 점 P는 운동 방향을 두 번 바꾼다.
ㄷ. $t=2$일 때와 $t=4$일 때의 점 P의 운동 방향은 서로 반대이다.

① ㄱ　② ㄴ　③ ㄱ, ㄴ
④ ㄴ, ㄷ　⑤ ㄱ, ㄴ, ㄷ

1347

Level 2

원점을 출발하여 수직선 위를 움직이는 점 P의 시각 t $(0\le t\le 4)$에서의 속도 $v(t)$의 그래프가 그림과 같을 때, 〈보기〉에서 옳은 것만을 있는 대로 고른 것은?

〈보기〉

ㄱ. $t=1$에서 점 P의 가속도는 0이다.
ㄴ. $1<t<3$에서 점 P의 속도는 증가한다.
ㄷ. $3<t<4$에서 점 P의 가속도는 증가한다.

① ㄱ　② ㄱ, ㄴ　③ ㄱ, ㄷ
④ ㄴ, ㄷ　⑤ ㄱ, ㄴ, ㄷ

1348

Level 2

원점을 출발하여 수직선 위를 움직이는 점 P의 시각 t $(0\le t\le 7)$에서의 속도 $v(t)$의 그래프가 그림과 같을 때, 〈보기〉에서 옳은 것만을 있는 대로 고른 것은?

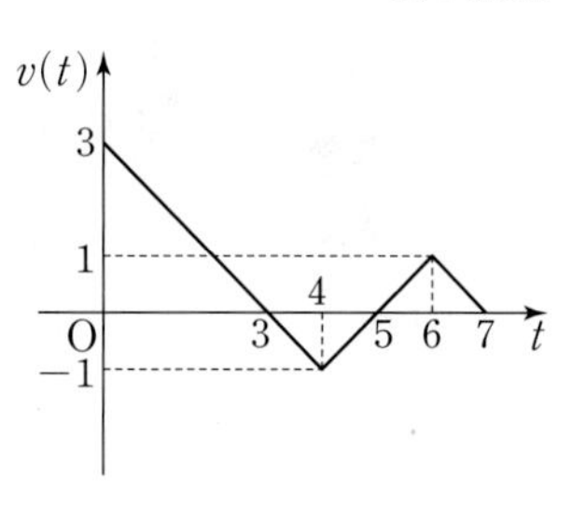

〈보기〉

ㄱ. $4<t<6$에서 점 P의 속도는 증가한다.
ㄴ. $0<t<3$에서 점 P의 가속도는 감소한다.
ㄷ. $t=3$에서 점 P는 원점에 위치해 있다.

① ㄱ　② ㄱ, ㄴ　③ ㄱ, ㄷ
④ ㄴ, ㄷ　⑤ ㄱ, ㄴ, ㄷ

06

실전 유형 26 시각에 대한 길이의 변화율

시각 t에서의 길이가 l인 도형의 길이의 변화율은

→ $\lim_{\Delta t \to 0} \frac{\Delta l}{\Delta t} = \frac{dl}{dt}$

1349 대표문제

그림과 같이 키가 1.6 m인 사람이 높이가 6 m인 가로등의 바로 밑에서 출발하여 0.55 m/s의 속도로 일직선으로 걸을 때, 이 사람의 그림자의 길이의 변화율은?

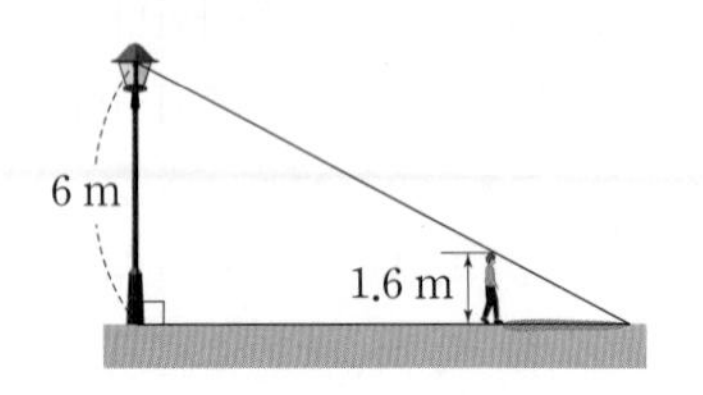

① 0.2 m/s ② 0.25 m/s ③ 0.3 m/s
④ 0.35 m/s ⑤ 0.4 m/s

1350 Level 2

키가 1.5 m인 학생이 높이가 4 m인 가로등의 바로 밑에서 출발하여 매초 1.2 m의 속도로 일직선으로 걸을 때, 그림자의 길이가 늘어나는 속도는?

① 0.48 m/s ② 0.6 m/s ③ 0.72 m/s
④ 0.84 m/s ⑤ 0.96 m/s

1351 Level 2

원점 O를 출발하여 좌표평면 위를 움직이는 점 P의 시각 t에서의 위치가 점 $(t, \sqrt{3}t)$일 때, 선분 OP의 길이의 시간에 대한 변화율은?

① 1 ② 2 ③ 3
④ 4 ⑤ 5

1352 Level 2

길이가 10 cm인 어느 고무줄을 잡아당긴 지 t초 후의 길이를 l cm라 할 때, $l=2t^2+t+10$이다. $t=2$가 되는 순간의 고무줄의 길이의 변화율은?

① 5 cm/s ② 6 cm/s ③ 7 cm/s
④ 8 cm/s ⑤ 9 cm/s

1353 Level 2

그림과 같이 좌표평면 위의 원점 O에서 출발하여 x축의 양의 방향으로 움직이는 점 A와 y축의 양의 방향으로 움직이는 점 B가 있다. 두 점 A, B가 매초 8의 속력으로 움직일 때, 선분 AB의 중점 C에 대하여 선분 OC의 길이의 시간(초)에 대한 변화율은?

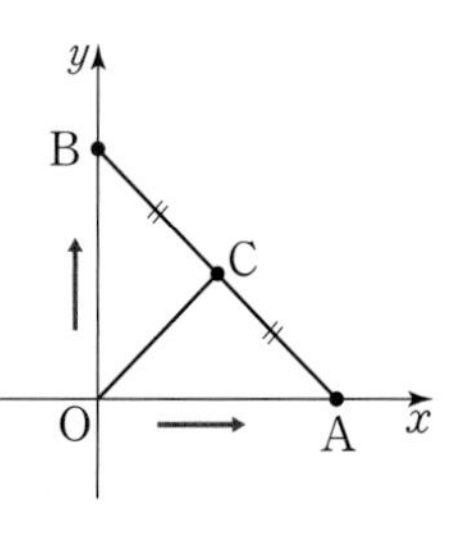

① $\sqrt{2}$ ② $2\sqrt{2}$ ③ $3\sqrt{2}$
④ $4\sqrt{2}$ ⑤ $5\sqrt{2}$

1354 Level 2

원점을 출발하여 수직선 위를 움직이는 두 점 A, B의 시각 t에서의 위치가 각각 $x_A=t^3+3t$, $x_B=3t^2+3t-3$일 때, $t=3$이 되는 순간의 선분 AB의 길이의 변화율은?

① -3 ② 0 ③ $\frac{3}{2}$
④ $\frac{9}{4}$ ⑤ 9

실전 유형 **27** 시각에 대한 넓이의 변화율

시각 t에서의 넓이가 S인 도형의 넓이의 변화율은

→ $\lim_{\Delta t \to 0} \frac{\Delta S}{\Delta t} = \frac{dS}{dt}$

1355 대표문제

한 변의 길이가 14 cm인 정사각형의 각 변의 길이가 매초 4 cm씩 늘어난다고 할 때, 정사각형의 넓이가 2500 cm²가 되는 순간의 넓이의 변화율은?

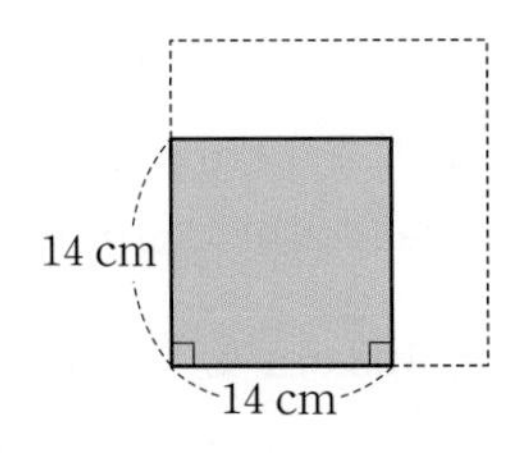

① 100 cm²/s ② 200 cm²/s ③ 300 cm²/s
④ 400 cm²/s ⑤ 500 cm²/s

1356

Level 2

반지름의 길이가 5 cm인 원이 있다. 반지름의 길이가 매초 2 mm씩 늘어난다고 할 때, 25초 후의 원의 넓이의 변화율은?

① 3.2π cm²/s ② 3.6π cm²/s ③ 4π cm²/s
④ 4.4π cm²/s ⑤ 4.8π cm²/s

1357

Level 2

가로, 세로의 길이가 각각 9 cm, 4 cm인 직사각형이 있다. 이 직사각형의 가로, 세로의 길이가 각각 매초 0.2 cm, 0.3 cm씩 늘어난다고 할 때, 이 직사각형이 정사각형이 되는 순간의 넓이의 변화율은?

① 9.5 cm²/s ② 10 cm²/s ③ 10.5 cm²/s
④ 11 cm²/s ⑤ 11.5 cm²/s

1358

Level 2

그림과 같이 길이가 20 cm인 선분 AB 위의 점 P가 점 A에서 출발하여 4 cm/s의 속도로 점 B를 향해 움직이고 있다. 두 선분 AP, PB를 각각 한 변으로 하는 두 정사각형의 넓이의 합을 S라 할 때, 점 P가 출발한 지 3초 후의 S의 변화율을 구하시오.

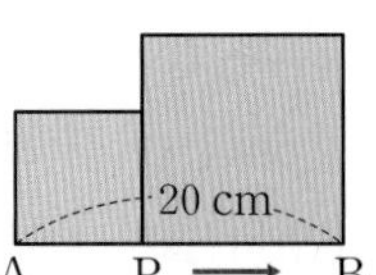

1359

Level 2

한 변의 길이가 $12\sqrt{3}$ cm인 정삼각형과 그 정삼각형에 내접하는 원으로 이루어진 도형이 있다. 이 도형에서 정삼각형의 각 변의 길이가 매초 $3\sqrt{3}$ cm씩 늘어남에 따라 원도 정삼각형에 내접하면서 반지름의 길이가 늘어난다. 정삼각형의 한 변의 길이가 $24\sqrt{3}$ cm이 되는 순간 원의 넓이의 변화율은?

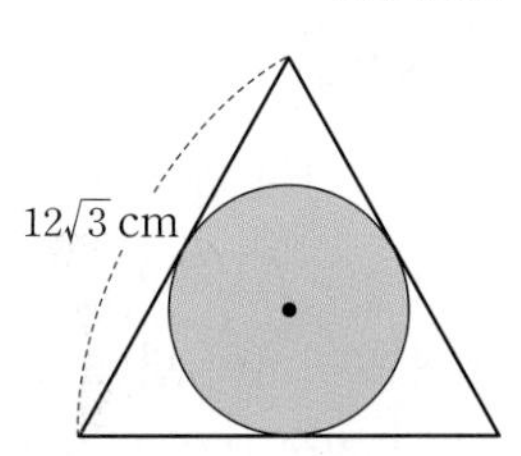

① $3\sqrt{3}\pi$ cm²/s ② 12π cm²/s ③ $12\sqrt{3}\pi$ cm²/s
④ 24π cm²/s ⑤ 36π cm²/s

1360

Level 2

한 변의 길이가 2인 정육각형이 있다. t초 후 이 정육각형의 한 변의 길이가 $2+0.5t$로 늘어난다고 할 때, 이 정육각형의 한 변의 길이가 7이 되는 순간의 넓이의 변화율은 $\frac{b\sqrt{3}}{a}$이다. 상수 a, b에 대하여 $a+b$의 값을 구하시오.

(단, a와 b는 서로소인 자연수이다.)

1361

Level 2

그림과 같이 반지름의 길이가 10 cm인 반구 모양의 빈 용기에 수면의 높이가 매초 1 cm씩 일정하게 높아지도록 물을 채우려고 한다. 물을 넣기 시작한 지 5초 후의 수면의 넓이의 변화율은?

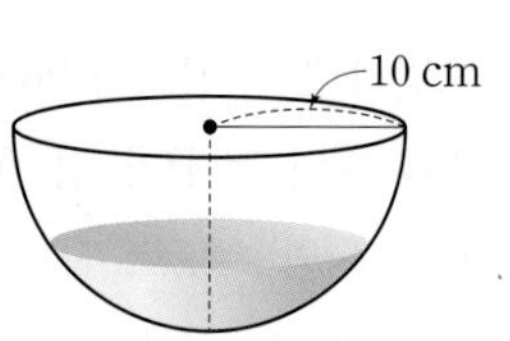

① $5\pi\ cm^2/s$ ② $10\pi\ cm^2/s$ ③ $15\pi\ cm^2/s$
④ $20\pi\ cm^2/s$ ⑤ $25\pi\ cm^2/s$

1362

Level 2

그림과 같이 한 변의 길이가 20인 정사각형 ABCD에서 점 P는 A에서 출발하여 변 AB 위를 매초 2씩 움직여 B까지, 점 Q는 B에서 P와 동시에 출발하여 변 BC 위를 매초 3씩 움직여 C까지 간다. 이때 사각형 DPBQ의 넓이가 정사각형 ABCD의 넓이의 $\frac{11}{20}$이 되는 순간의 삼각형 PBQ의 넓이의 변화율을 구하시오.

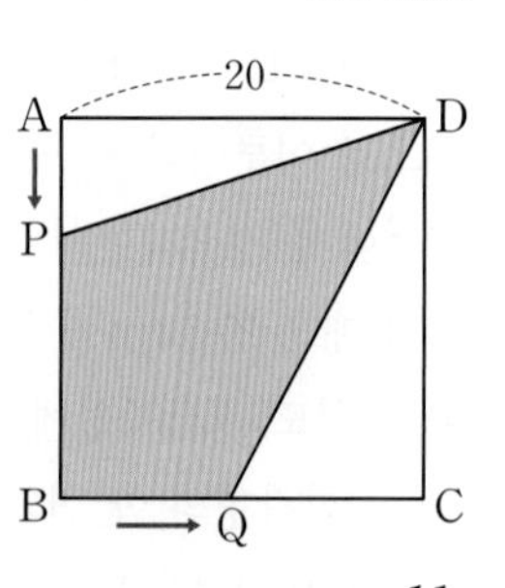

1363

Level 3

가로의 길이와 세로의 길이가 각각 2 cm이고 높이가 10 cm인 직육면체 모양의 물체에 열을 가하면 가로, 세로의 길이는 매초 1 cm씩 늘어나고 높이는 매초 1 cm씩 줄어든다고 한다. 이 직육면체 모양의 물체의 부피가 최대가 될 때의 겉넓이의 변화율은?

① $-32\ cm^2/s$ ② $-16\ cm^2/s$ ③ $16\ cm^2/s$
④ $24\ cm^2/s$ ⑤ $32\ cm^2/s$

+Plus 문제

실전 유형 28 시각에 대한 부피의 변화율

시각 t에서의 부피가 V인 도형의 부피의 변화율은

→ $\lim_{\Delta t \to 0} \frac{\Delta V}{\Delta t} = \frac{dV}{dt}$

1364 대표문제

한 모서리의 길이가 2 cm인 정육면체의 각 모서리의 길이가 매초 1 cm씩 늘어날 때, 정육면체의 부피가 $216\ cm^3$가 되는 순간의 부피의 변화율은?

① $108\ cm^3/s$ ② $120\ cm^3/s$ ③ $132\ cm^3/s$
④ $144\ cm^3/s$ ⑤ $156\ cm^3/s$

1365

Level 2

각 모서리의 길이가 매초 0.01 mm씩 늘어나는 정육면체가 있다. 모서리의 길이가 3 cm가 되는 순간의 부피의 변화율은? (단, 처음 각 모서리의 길이는 0 cm로 생각한다.)

① $9\ mm^3/s$ ② $18\ mm^3/s$ ③ $27\ mm^3/s$
④ $36\ mm^3/s$ ⑤ $45\ mm^3/s$

1366

Level 2

반지름의 길이가 5 cm인 구 모양의 풍선이 있다. 이 풍선의 반지름의 길이가 매초 3 cm씩 늘어나도록 공기를 넣는다고 할 때, 공기를 넣기 시작한 지 5초 후의 풍선의 부피의 변화율은?

① $1200\pi\ cm^3/s$ ② $2400\pi\ cm^3/s$ ③ $3600\pi\ cm^3/s$
④ $4800\pi\ cm^3/s$ ⑤ $6000\pi\ cm^3/s$

1367

Level 2

일정한 높이에서 평면 위에 모래를 흘려보내면 원뿔 모양의 모래 더미가 생긴다. 평면 위에 모래를 계속 흘려보냈더니 모래 더미의 밑면의 반지름의 길이는 매초 4 cm씩 늘어나고 높이는 매초 3 cm씩 늘어났다고 한다. 모래를 흘려보낸 지 3초가 되었을 때, 모래 더미의 부피의 변화율은?

① 288π cm³/s ② 336π cm³/s ③ 384π cm³/s
④ 432π cm³/s ⑤ 480π cm³/s

1368

Level 2

밑면의 반지름의 길이와 높이가 각각 1 cm인 원기둥이 있다. 원기둥의 밑면의 반지름의 길이가 매초 1 cm씩 늘어나고 높이가 매초 2 cm씩 늘어날 때, 2초가 되는 순간 원기둥의 부피의 변화율은 몇 cm^3/s인지 구하시오.

1369

Level 2

밑면의 반지름의 길이가 3 cm, 높이가 5 cm인 원기둥이 있다. 원기둥의 밑면의 반지름의 길이가 매초 1 cm씩 늘어나고 높이가 매초 1 cm씩 줄어들 때, 원기둥의 반지름의 길이와 높이가 같아지는 순간의 부피의 변화율은?

① 4π cm³/s ② 8π cm³/s ③ 12π cm³/s
④ 16π cm³/s ⑤ 20π cm³/s

1370

Level 2

밑면이 한 변의 길이가 2 cm인 정사각형이고, 높이가 4 cm인 정사각뿔이 있다. 이 정사각뿔의 밑면의 각 변의 길이와 높이가 매초 1 cm씩 늘어난다. 3초 후의 정사각뿔의 부피의 변화율은?

① 25 cm³/s ② $\frac{80}{3}$ cm³/s ③ $\frac{85}{3}$ cm³/s
④ 30 cm³/s ⑤ $\frac{95}{3}$ cm³/s

1371

Level 2

그림과 같이 밑면의 반지름의 길이가 10 cm, 높이가 20 cm인 원뿔 모양의 그릇에 매초 1 cm씩 수면이 높아지도록 물을 넣을 때, 4초 후의 물의 부피의 변화율은?

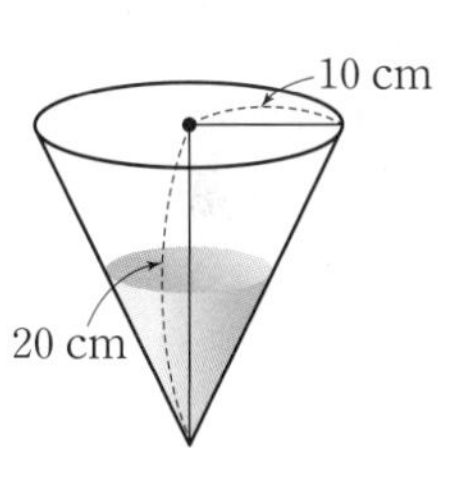

① π cm³/s ② 2π cm³/s ③ 3π cm³/s
④ 4π cm³/s ⑤ 5π cm³/s

1372

Level 2

밑면은 한 변의 길이가 3 cm인 정사각형이고, 높이가 9 cm인 직육면체가 있다. 밑면의 한 변의 길이는 매초 1 cm씩 늘어나고 높이는 매초 1 cm씩 줄어들 때, 부피가 줄어들기 시작한 순간을 기준으로 1초 후의 부피의 변화율은?

① -3 cm³/s ② -6 cm³/s ③ -9 cm³/s
④ -18 cm³/s ⑤ -27 cm³/s

서술형 유형 익히기

1373 대표문제

$-1\le x\le 1$에서 정의된 두 함수 $f(x)=x^2-2x+2$, $g(x)=x^3+3x^2$에 대하여 함수 $(g\circ f)(x)$의 최댓값과 최솟값의 합을 구하는 과정을 서술하시오. [8점]

STEP 1 $-1\le x\le 1$에서 $f(x)$의 값의 범위 구하기 [2점]

$f(x)=x^2-2x+2=(x-1)^2+1$

이므로 $-1\le x\le 1$에서

(1) $\square\le f(x)\le$ (2) $\square$

STEP 2 $f(x)=t$로 치환하고, $(g\circ f)(x)=g(t)$의 증가, 감소 조사하기 [4점]

$f(x)=t$라 하면 $1\le t\le 5$

$(g\circ f)(x)=g(f(x))=g(t)=t^3+3t^2$이므로

$g'(t)=3t^2+6t=3t(t+2)$

$1\le t\le 5$에서 함수 $g(t)$의 증가, 감소를 표로 나타내면 다음과 같다.

t	1	$\cdots$	5
$g'(t)$		+	
$g(t)$	(3) $\square$	↗	(4) $\square$

STEP 3 $(g\circ f)(x)=g(t)$의 최댓값과 최솟값의 합 구하기 [2점]

함수 $g(t)$의 최댓값은 $g(5)=$ (5) $\square$,

최솟값은 $g($(6) $\square$$)=$ (7) $\square$이므로

함수 $(g\circ f)(x)$의 최댓값과 최솟값의 합은 (8) $\square$이다.

핵심 KEY 유형2 치환을 이용한 함수의 최대·최소

주어진 구간에서 두 함수를 합성한 함수의 최댓값과 최솟값을 구하는 문제이다.
$f(x)=t$라 하면 주어진 x의 구간에서 t의 값의 범위가 생기므로 해당 범위에서 함수 $(g\circ f)(x)=g(t)$의 최댓값과 최솟값을 구해야 한다. 이때 치환한 함수의 범위를 먼저 구해야 함에 주의한다.
또 최댓값과 최솟값을 구할 때, 삼차함수와 사차함수는 미분하여 증가·감소를 조사해야 하지만, 이차함수는 완전제곱식을 이용하여 바로 구할 수 있다.

1374 한번 더

$-1\le x\le 1$에서 정의된 두 함수 $f(x)=x^2-2x+2$, $g(x)=x^3+3x^2$에 대하여 함수 $(f\circ g)(x)$의 최솟값을 구하는 과정을 서술하시오. [8점]

STEP 1 $-1\le x\le 1$에서 $g(x)$의 값의 범위 구하기 [5점]

STEP 2 $g(x)=t$로 치환하고, $(f\circ g)(x)=f(t)$의 최솟값 구하기 [3점]

1375 유사 1

두 함수 $f(x)=\sin x$, $g(x)=x^3-3x^2+2$에 대하여 함수 $(g\circ f)(x)$의 최댓값과 최솟값을 구하는 과정을 서술하시오. [7점]

1376 대표문제

$x>0$일 때, 부등식 $\frac{1}{3}x^3-x^2+a+1\geq 0$이 성립하도록 하는 실수 a의 최솟값을 구하는 과정을 서술하시오. [7점]

STEP 1 $f(x)=\frac{1}{3}x^3-x^2+a+1$로 놓고, 함수 $f(x)$의 증가, 감소 조사하기 [4점]

$f(x)=\frac{1}{3}x^3-x^2+a+1$이라 하면

$f'(x)=x^2-2x=x(x-2)$

$f'(x)=0$인 x의 값은 $x=2$ ($\because x>0$)

$x>0$에서 함수 $f(x)$의 증가, 감소를 표로 나타내면 다음과 같다.

x	0	$\cdots$	2	$\cdots$
$f'(x)$		$-$	0	$+$
$f(x)$		↘	$a-\frac{1}{3}$ 극소	↗

STEP 2 함수 $f(x)$의 최솟값 구하기 [1점]

$x>0$에서 함수 $f(x)$의 최솟값은

$f($ (1) $)=$ (2)

STEP 3 $f(x)\geq 0$이 성립하도록 하는 실수 a의 최솟값 구하기 [2점]

$x>0$인 모든 실수 x에 대하여 $f(x)\geq 0$이 성립하려면

(3) ≥ 0 $\quad\therefore a\geq$ (4)

따라서 실수 a의 최솟값은 (5) 이다.

핵심 KEY 유형 15, 유형 16 주어진 구간에서 성립하는 부등식

주어진 구간에서 부등식이 성립하도록 미정계수를 정하는 문제이다. 부등식 $f(x)\geq 0$이 성립하려면 $f(x)$의 최솟값이 0보다 크거나 같아야 하고, 부등식 $f(x)\leq 0$이 성립하려면 $f(x)$의 최댓값이 0보다 작거나 같아야 하므로 함수 $f(x)$의 최댓값, 최솟값을 조사한다.

1377 한번 더

$x>0$일 때, 부등식 $-\frac{1}{3}x^3-2x^2+5x+a\leq 0$이 성립하도록 하는 실수 a의 최댓값을 구하는 과정을 서술하시오. [7점]

STEP 1 $f(x)=-\frac{1}{3}x^3-2x^2+5x+a$로 놓고, 함수 $f(x)$의 증가, 감소 조사하기 [4점]

STEP 2 함수 $f(x)$의 최댓값 구하기 [1점]

STEP 3 $f(x)\leq 0$이 성립하도록 하는 실수 a의 최댓값 구하기 [2점]

1378 유사 1

모든 실수 x에 대하여 부등식 $\frac{1}{4}x^4+\frac{1}{2}x^2-2x+1+a\geq 0$이 성립하도록 하는 실수 a의 최솟값을 구하는 과정을 서술하시오. [7점]

1379 대표문제

수직선 위를 움직이는 두 점 P, Q의 시각 t에서의 위치가 각각 $f(t)=t^2-6t+3$, $g(t)=2t^2-8t-5$이다. 두 점 P, Q가 서로 반대 방향으로 움직이는 시각 t의 값의 범위를 구하는 과정을 서술하시오. [6점]

STEP 1 두 점 P, Q의 속도를 식으로 나타내기 [2점]

두 점 P, Q의 시각 t에서의 속도는 각각

$f'(t)=2t-6$, $g'(t)=$ (1) ______

STEP 2 두 점이 서로 반대 방향으로 움직이는 시각 t의 값의 범위 구하기 [4점]

두 점 P, Q가 서로 반대 방향으로 움직이려면

$f'(t)g'(t)<0$이어야 하므로

$(2t-6)($ (2) ______ $)<0$

따라서 시각 t의 값의 범위는

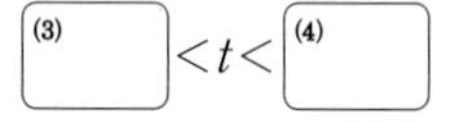

(3) ______ $<t<$ (4) ______

1380 한번 더

수직선 위를 움직이는 두 점 P, Q에서의 시각 t $(t>0)$에서의 위치가 각각 $f(t)=t^2+2t$, $g(t)=\frac{1}{2}t^2-3t$이다.

두 점 P, Q가 서로 반대 방향으로 움직이는 시각 t의 값의 범위를 구하는 과정을 서술하시오. [6점]

STEP 1 두 점 P, Q의 속도를 식으로 나타내기 [2점]

STEP 2 두 점이 서로 반대 방향으로 움직이는 시각 t의 값의 범위 구하기 [4점]

1381 유사 1

수직선 위를 움직이는 점 P의 시각 t에서의 위치 x가 $x=t^3-6t^2+kt$이다. 점 P가 출발한 후 운동 방향이 바뀌지 않도록 하는 상수 k의 최솟값을 구하는 과정을 서술하시오. [7점]

1382 유사 2

수직선 위를 움직이는 두 점 P, Q의 시각 t에서의 위치가 각각 $f(t)=t^2-2t-11$, $g(t)=\frac{1}{2}t^2-3t+1$이다. 두 점 P, Q가 처음으로 만날 때까지 서로 같은 방향으로 움직인 것은 몇 초 동안인지 구하는 과정을 서술하시오. [9점]

핵심 KEY 유형 21, 유형 22 속도·가속도·운동 방향과 두 점의 운동

위치를 미분하여 속도를 구하고, 두 점의 운동 방향을 속도의 부호로 나타내어 해결하는 문제이다.

수직선 위의 점은 속도가 양(+)이면 양의 방향, 속도가 음(−)이면 음의 방향으로 움직이므로 두 점의 운동 방향이 같으면 속도의 부호가 같고, 운동 방향이 다르면 속도의 부호가 서로 다름을 이용한다.

1383 대표문제

그림과 같이 한 변의 길이가 각각 2, 1인 정사각형 A_1, A_2가 있다. A_1의 한 변의 길이는 매초 2씩 늘어나고, A_2의 한 변의 길이는 매초 1씩 늘어난다. 두 정사각형의 넓이의 합을 S라 할 때, 2초 후의 S의 변화율을 구하는 과정을 서술하시오. [7점]

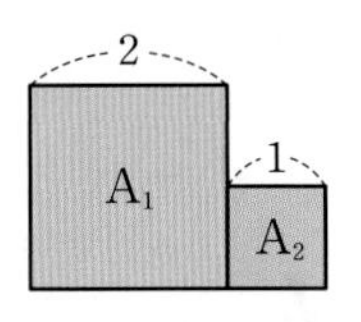

STEP 1 t초 후의 넓이의 합 S를 식으로 나타내기 [3점]

t초 후 정사각형 A_1의 한 변의 길이는 (1) ☐,

정사각형 A_2의 한 변의 길이는 (2) ☐ 이므로

t초 후 두 정사각형의 넓이의 합은

$S=$ (3) ☐ t^2+ (4) ☐ $t+5$

STEP 2 넓이의 합 S의 변화율 구하기 [2점]

넓이의 합 S의 시각 t에 대한 변화율은

$\frac{dS}{dt}=$ (5) ☐

STEP 3 $t=2$에서 넓이의 합 S의 변화율 구하기 [2점]

따라서 $t=2$에서 S의 변화율은 (6) ☐

핵심 KEY 유형 27 시각에 대한 넓이의 변화율

넓이 S를 식으로 나타내어 시각 t에 대한 넓이의 변화율 $\frac{dS}{dt}$를 구하는 문제이다.

한 변의 길이를 시각 t로 표현하여 넓이를 식으로 나타낸 후 t에 대하여 미분하여 시각에 대한 넓이의 변화율을 구한다. 시각 t에 대한 변화율은 $\frac{dS}{dt}$, $S'(t)$의 표현을 모두 사용할 수 있다.

1384 한번 더

그림과 같이 한 변의 길이가 각각 4, 3인 정사각형 A_1, A_2가 있다. A_1의 한 변의 길이는 매초 1씩 늘어나고, A_2의 한 변의 길이는 매초 2씩 늘어난다.

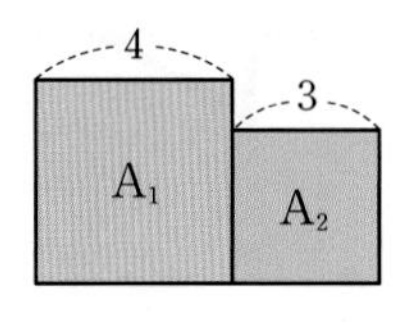

두 정사각형의 넓이의 합을 S라 할 때, 넓이의 합이 130이 되는 순간 S의 변화율을 구하는 과정을 서술하시오. [8점]

STEP 1 t초 후의 넓이의 합 S를 식으로 나타내기 [3점]

STEP 2 넓이의 합 S의 변화율 구하기 [2점]

STEP 3 넓이의 합이 130이 될 때의 시각 구하기 [2점]

STEP 4 넓이의 합이 130이 될 때의 넓이의 변화율 구하기 [1점]

1385 유사 1

그림과 같이 한 변의 길이가 2인 정사각형 ABCD 위의 점 P가 점 A에서 출발하여 다시 점 A에 도착할 때까지 매초 1씩 시계 방향으로 움직인다. $\overline{OP}^2$의 변화율이 0이 되는 모든 시각 t의 값의 합을 구하는 과정을 서술하시오.

(단, O는 원점이다.) [10점]

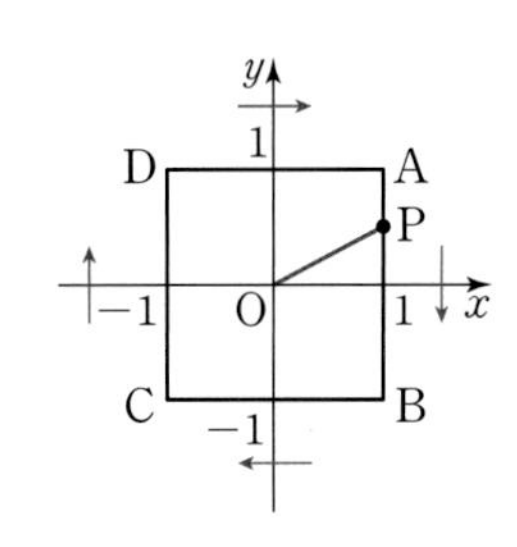

실력 check 실전 마무리하기 1회

점 / 100점

• 선택형 21문항, 서술형 4문항입니다.

1 1386

닫힌구간 $[0,\ 2]$에서 함수 $f(x)=-2x^3+3x^2+1$의 최댓값은? [3점]

① 0　② 1　③ 2　④ 3　⑤ 4

2 1387

방정식 $x^3+3x^2-9x-k=0$이 서로 다른 세 실근을 갖도록 하는 정수 k의 개수는? [3점]

① 27　② 28　③ 29　④ 30　⑤ 31

3 1388

수직선 위를 움직이는 점 P의 시각 t에서의 위치 x가 $x=t^3+t^2$일 때, 시각 $t=1$에서의 점 P의 속도는? [3점]

① 1　② 2　③ 3　④ 4　⑤ 5

4 1389

수직선 위를 움직이는 점 P의 시각 t에서의 위치 x가 $x=2t^3-8t^2+11t+11$이다. $t\geq0$에서 속도가 최소가 될 때의 시각 t의 값은? [3점]

① $\frac{1}{3}$　② $\frac{2}{3}$　③ 1　④ $\frac{4}{3}$　⑤ $\frac{5}{3}$

5 1390

수직선 위를 움직이는 점 P의 시각 t에서의 위치 x가 $x=3t^2-6t$일 때, 점 P가 출발 후 운동 방향을 바꾸는 순간의 시각 t의 값은? [3점]

① 1　② 2　③ 3　④ 4　⑤ 5

6 1391

지면으로부터 높이 45 m의 건물 옥상에서 40 m/s의 속도로 지면과 수직으로 쏘아 올린 물 로켓의 t초 후의 높이를 h m라 하면 $h=-5t^2+40t+45$이다. 물 로켓이 가장 높이 올라갔을 때의 높이는? [3점]

① 65 m　② 75 m　③ 105 m　④ 110 m　⑤ 125 m

7 1392

원점을 출발하여 수직선 위를 움직이는 점 P의 시각 t에서의 속도 $v(t)$의 그래프가 그림과 같을 때, 다음 중 옳지 않은 것은? [3점]

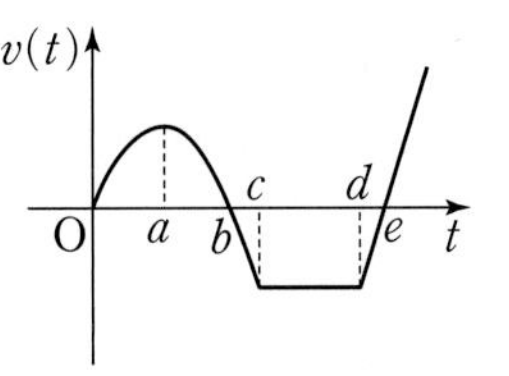

① $t=b$일 때, 가속도는 음의 값이다.
② $a<t<b$에서 속도는 감소한다.
③ $0<t<d$에서 점 P는 운동 방향을 한 번 바꾼다.
④ $d<t<e$에서 가속도는 일정하다.
⑤ $c<t<d$에서 점 P는 정지해 있다.

8 1393

한 모서리의 길이가 a cm인 정육면체의 각 모서리의 길이가 매초 1 cm씩 늘어나고 있다. 3초 후 정육면체의 부피의 변화율이 108 cm^3/s일 때, 양수 a의 값은? [3점]

① 1 ② 2 ③ 3
④ 4 ⑤ 5

9 1394

닫힌구간 $[-3, 3]$에서 함수 $f(x)=ax^3-9ax^2$의 최솟값이 -54일 때, 상수 a의 값은? [3.5점]

① $\frac{1}{4}$ ② $\frac{1}{3}$ ③ $\frac{1}{2}$
④ 1 ⑤ -1

10 1395

곡선 $y=1-x^2$과 x축으로 둘러싸인 도형에 내접하고 한 변이 x축 위에 있는 직사각형의 넓이의 최댓값은? [3.5점]

① $\frac{\sqrt{3}}{9}$ ② $\frac{2\sqrt{3}}{9}$ ③ $\frac{\sqrt{3}}{3}$
④ $\frac{4\sqrt{3}}{9}$ ⑤ $\frac{5\sqrt{3}}{9}$

11 1396

최고차항의 계수가 1인 사차함수 $f(x)$가 다음 조건을 만족시킨다.

> (가) $f(x)=f(-x)$
> (나) $f(2)=f'(2)=0$

방정식 $f(x)=k$의 실근이 4개가 되도록 하는 정수 k의 개수는? [3.5점]

① 11 ② 13 ③ 15
④ 17 ⑤ 19

12 1397

$x \geq -1$인 모든 실수 x에 대하여 부등식
$x^3-3x^2+k \geq 0$이 성립하도록 하는 실수 k의 최솟값은?
[3.5점]

① 2　② 4　③ 6
④ 8　⑤ 10

13 1398

모든 실수 x에 대하여 부등식 $x^4-2x^2 \geq a$가 성립하도록 하는 실수 a의 최댓값은? [3.5점]

① -2　② -1　③ 0
④ 1　⑤ 2

14 1399

수직선 위를 움직이는 두 점 P, Q의 시각 t에서의 위치가 각각 $f(t)=t^2-4t$, $g(t)=t^2+at+2$이고, $t=2$일 때 두 점 P, Q는 같은 곳에 위치한다. 두 점 P, Q가 서로 반대 방향으로 움직이도록 하는 시각 t의 범위가 $\alpha < x < \beta$일 때, $\alpha+\beta$의 값은? [3.5점]

① $\frac{9}{2}$　② 5　③ $\frac{11}{2}$
④ 6　⑤ $\frac{13}{2}$

15 1400

두 함수 $f(x)=x^3-12x$, $g(x)=-x^2+3$에 대하여 함수 $(f \circ g)(x)$의 최댓값은? [4점]

① 16　② 18　③ 20
④ 22　⑤ 24

16 1401

그림과 같이 반지름의 길이가 4인 구에 밑면이 정사각형인 사각기둥이 내접하고 있다. 이 사각기둥의 부피가 최대일 때의 높이는? [4점]

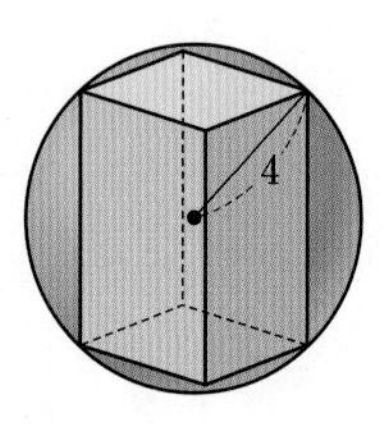

① $\frac{4\sqrt{3}}{3}$　② $\frac{5\sqrt{3}}{3}$　③ $2\sqrt{3}$
④ $\frac{7\sqrt{3}}{3}$　⑤ $\frac{8\sqrt{3}}{3}$

17 1402

방정식 $x^3-12x+8-k=0$이 서로 다른 두 개의 음의 근과 한 개의 양의 근을 갖도록 하는 실수 k의 값의 범위가 $\alpha < k < \beta$일 때, $\beta-\alpha$의 값은? [4점]

① -8　② 0　③ 8
④ 16　⑤ 24

18 1403

두 함수 $f(x)=x^2-2x+2$, $g(x)=x^3-3x^2+1$에 대하여 방정식 $(g\circ f)(x)=0$의 서로 다른 실근의 개수는? [4점]

① 1　② 2　③ 3　④ 4　⑤ 5

19 1404

그림과 같이 한 변의 길이가 2인 정삼각형 AOB 위의 점 P가 원점 O에서 출발하여 점 A를 지나 점 B까지 매초 1씩 움직인다. 점 P가 출발한 지 t초 $(0<t<4)$ 후 삼각형 APQ의 넓이를 $S(t)$라 할 때, 〈**보기**〉에서 옳은 것만을 있는 대로 고른 것은? [4점]

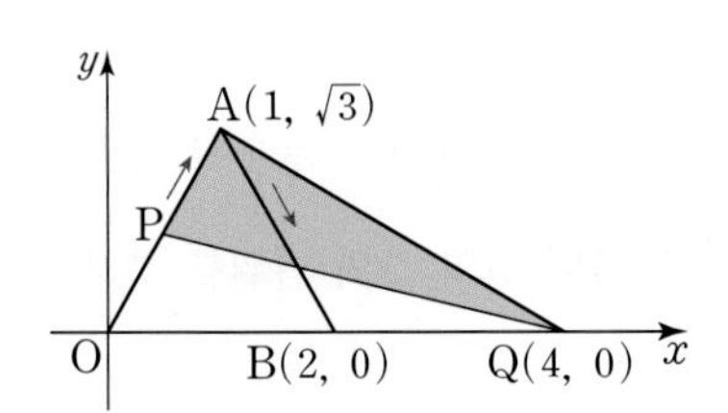

〈보기〉

ㄱ. $0<t<2$일 때 $S(t)$의 변화율은 $-\sqrt{3}$이다.

ㄴ. $2<t<4$일 때 $S(t)$의 변화율은 $-\dfrac{\sqrt{3}}{2}$이다.

ㄷ. 함수 $S(t)$는 $t=2$에서 극소이다.

① ㄱ　② ㄱ, ㄴ　③ ㄱ, ㄷ　④ ㄴ, ㄷ　⑤ ㄱ, ㄴ, ㄷ

20 1405

최고차항의 계수가 1인 삼차함수 $f(x)$에 대하여 함수 $g(x)$를 $g(x)=f(x)+|f'(x)|$라 할 때, 두 함수 $f(x)$, $g(x)$가 다음 조건을 만족시킨다.

(가) $f(0)=g(0)=0$
(나) 방정식 $f(x)=0$은 양의 실근을 갖는다.
(다) 방정식 $|f(x)|=4$의 서로 다른 실근의 개수는 3이다.

$g(3)$의 값은? [4.5점]

① 9　② 10　③ 11　④ 12　⑤ 13

21 1406

두 함수 $f(x)=x^4-2x^2+2x+a$, $g(x)=-3x^2+1$이 있다. 모든 실수 x에 대하여 부등식 $g(x)\le 2x+k\le f(x)$를 만족시키는 자연수 k의 개수가 3일 때, 정수 a의 값은? [4.5점]

① 3　② 4　③ 5　④ 6　⑤ 7

서술형

22 1407

삼차함수 $f(x)$의 도함수 $y=f'(x)$의 그래프가 그림과 같다. $f(-1)=3$, $f(3)=-3$일 때, 방정식 $f(x)=k$가 서로 다른 세 실근을 갖도록 하는 실수 k의 값의 범위를 구하는 과정을 서술하시오. [6점]

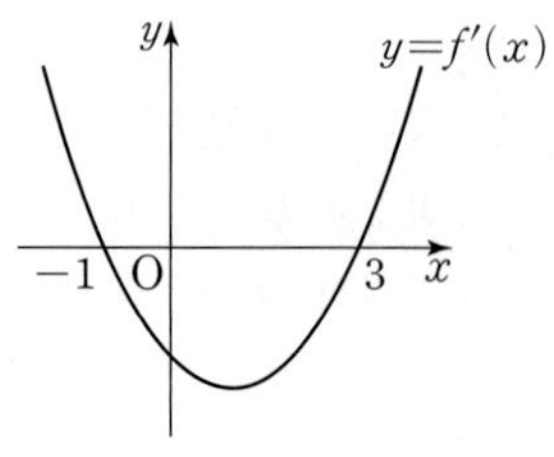

23 1408

최고차항의 계수가 1이고 $f(0)=-2$인 삼차함수 $f(x)$가 있다. 실수 t에 대하여 직선 $y=t$와 함수 $y=f(x)$의 그래프가 만나는 점의 개수 $g(t)$는

$$g(t)=\begin{cases} 1 \ (t<-4 \text{ 또는 } t>0) \\ 2 \ (t=-4 \text{ 또는 } t=0) \\ 3 \ (-4<t<0) \end{cases}$$

이다. $f(9)$의 값을 구하는 과정을 서술하시오. [6점]

24 1409

점 $(1,\ k)$에서 곡선 $y=x^3-3x$에 서로 다른 세 개의 접선을 그을 수 있도록 하는 실수 k의 값의 범위를 구하는 과정을 서술하시오. [7점]

25 1410

$x\geq0$인 모든 실수 x에 대하여 부등식 $2x^3-6ax\geq-\frac{1}{2}$이 성립하도록 하는 실수 a의 값의 범위를 구하는 과정을 서술하시오. [7점]

● 정답 및 풀이 291쪽

2회

점 / 100점

• 선택형 21문항, 서술형 4문항입니다.

1 1411

닫힌구간 $[1, 4]$에서 함수 $f(x)=x^3-3x^2+8$의 최댓값을 M, 최솟값을 m이라 할 때, $M+m$의 값은? [3점]

① 28　② 32　③ 36　④ 40　⑤ 44

2 1412

닫힌구간 $[-1, 3]$에서 함수 $f(x)=x^3-6x^2+9x+a$의 최댓값이 10일 때, 상수 a의 값은? [3점]

① 4　② 5　③ 6　④ 7　⑤ 8

3 1413

방정식 $\frac{1}{3}x^3-x^2-k=0$이 서로 다른 두 실근을 갖도록 하는 모든 실수 k의 값의 합은? [3점]

① $-\frac{4}{3}$　② -1　③ $-\frac{2}{3}$　④ $-\frac{1}{3}$　⑤ $\frac{1}{3}$

4 1414

$x>2$일 때, 부등식 $x^3+3x+a>0$이 성립하도록 하는 실수 a의 최솟값은? [3점]

① -16　② -15　③ -14　④ -13　⑤ -12

5 1415

수직선 위를 움직이는 점 P의 시각 t에서의 위치 x가 $x=2t^2-t+1$일 때, $t=1$에서 점 P의 속도는? [3점]

① 1　② 2　③ 3　④ 4　⑤ 5

6 1416

수직선 위를 움직이는 점 P의 시각 t에서의 위치 x가 $x=2t^3-6t^2+kt+2$이다. 점 P의 속도가 항상 양수가 되도록 하는 정수 k의 최솟값은? [3점]

① 6　② 7　③ 8　④ 9　⑤ 10

7 1417

지면으로부터 10 m의 높이에서 지면과 수직으로 던져 올린 물체의 t초 후의 높이를 $h(t)$ m라 하면 $h(t)=-5t^2-5t+10$이다. 이 물체가 지면에 닿는 순간의 속도는? [3점]

① -7 m/s ② -9 m/s ③ -11 m/s
④ -13 m/s ⑤ -15 m/s

8 1418

수직선 위를 움직이는 점 P의 시각 t에서의 위치 $x(t)$의 그래프가 그림과 같을 때, 〈**보기**〉에서 옳은 것만을 있는 대로 고른 것은? (단, $0<t<5$) [3점]

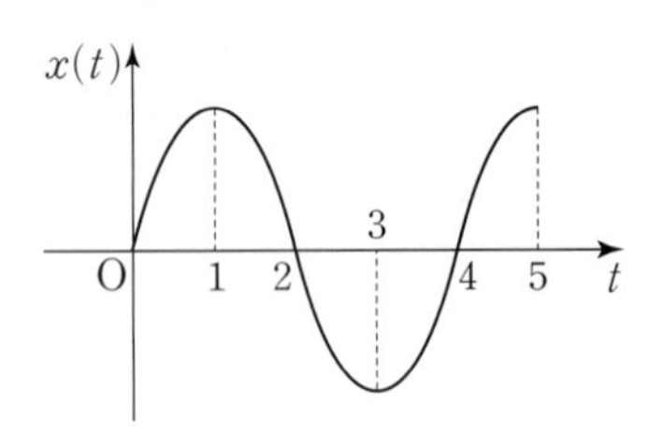

〈보기〉

ㄱ. 점 P는 원점에서 출발하였다.
ㄴ. 점 P는 출발 후 원점을 두 번 지난다.
ㄷ. 점 P는 출발 후 운동 방향을 두 번 바꾸었다.

① ㄱ ② ㄴ ③ ㄱ, ㄴ
④ ㄴ, ㄷ ⑤ ㄱ, ㄴ, ㄷ

9 1419

곡선 $y=x^2$ 위의 점 P와 점 $(-3, 0)$ 사이의 거리의 최솟값은? [3.5점]

① 1 ② $\sqrt{3}$ ③ $\sqrt{5}$
④ 3 ⑤ 5

10 1420

삼차방정식 $x^3+(a-3)x^2+b=0$이 $x=3$을 중근으로 가질 때, $a+b$의 값은? (단, a, b는 상수이다.) [3.5점]

① 12 ② 14 ③ 16
④ 18 ⑤ 20

11 1421

방정식 $2x^3-3x^2-12x-k=0$이 한 개의 양의 근과 서로 다른 두 개의 음의 근을 갖도록 하는 정수 k의 개수는? [3.5점]

① 2 ② 4 ③ 6
④ 8 ⑤ 10

● 정답 및 풀이 293쪽

12 1422

삼차방정식 $x^3-3x^2-9x-k=0$의 세 실근을 α, β, γ라 하자. $\alpha<1<\beta<\gamma$를 만족시키는 정수 k의 개수는? [3.5점]

① 15 ② 17 ③ 19
④ 21 ⑤ 23

13 1423

모든 실수 x에 대하여 부등식 $x^4-4x-a^2+a+9\geq 0$이 성립하도록 하는 정수 a의 개수는? [3.5점]

① 6 ② 7 ③ 8
④ 9 ⑤ 10

14 1424

그림과 같은 직육면체에서 모든 모서리의 길이의 합이 36일 때, 직육면체의 부피의 최댓값은? [3.5점]

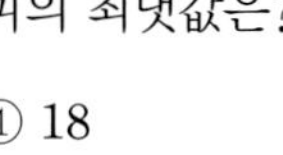

① 18 ② 21
③ 24 ④ 27
⑤ 32

15 1425

수직선 위를 움직이는 점 P의 시각 t $(0\leq t\leq 15)$에서의 속도 $v(t)$의 그래프가 그림과 같다. 점 P가 출발 후 운동 방향을 m번 바꾸고, 점 P의 가속도가 0인 시각이 n번일 때, $m+n$의 값은? [3.5점]

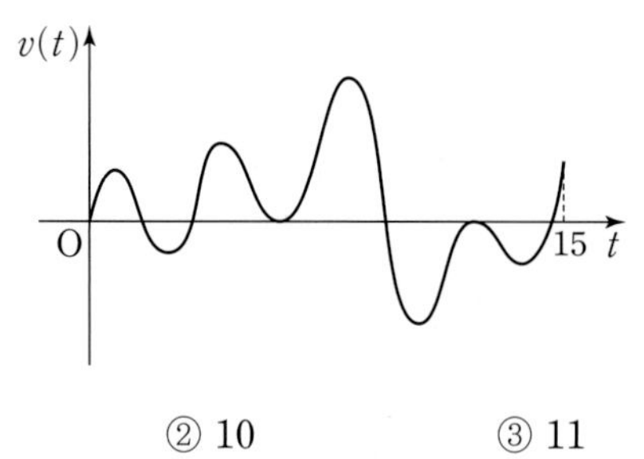

① 9 ② 10 ③ 11
④ 12 ⑤ 13

16 1426

최고차항의 계수가 1인 삼차함수 $f(x)$가 모든 실수 x에 대하여 $f(-x)=-f(x)$를 만족시킨다. 방정식 $|f(x)|=54$가 서로 다른 네 개의 실근을 가질 때, $f(1)$의 값은? [4점]

① -22 ② -23 ③ -24
④ -25 ⑤ -26

17 1427

점 $(-2,\ 0)$에서 곡선 $y=x^3+ax-6$에 서로 다른 세 개의 접선을 그을 수 있도록 하는 정수 a의 개수는? [4점]

① 1　② 2　③ 3　④ 4　⑤ 5

18 1428

두 함수 $f(x)=x^3-x^2-x+1$, $g(x)=-x^2+2x+k$에 대하여 닫힌구간 $[0,\ 3]$에서 $f(x)\geq g(x)$가 성립하도록 하는 상수 k의 최댓값은? [4점]

① -2　② -1　③ 0　④ 1　⑤ 2

19 1429

수직선 위를 움직이는 두 점 P, Q의 시각 t에서의 위치가 각각 $x_{\mathrm{P}}(t)=\frac{1}{3}t^3-5t$, $x_{\mathrm{Q}}(t)=-2t^2+\frac{25}{3}$이다. 두 점 P, Q의 속도가 같아지는 순간 두 점 사이의 거리는? [4점]

① 9　② 10　③ 11　④ 12　⑤ 13

20 1430

그림과 같이 30°를 이루고 있는 두 반직선 OA, OB 위를 각각 움직이는 두 점 P, Q가 있다. 점 P는 점 O를 출발하여 매초 2의 속도로 움직이고, 점 Q는 매초 1의 속도로 움직일 때, 점 P가 출발한 지 3초 후 삼각형 OPQ의 넓이의 변화율은? [4점]

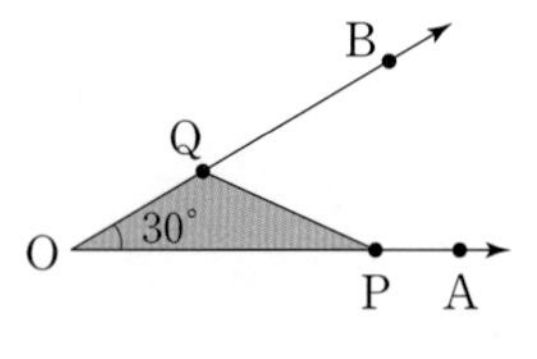

① 1　② 2　③ 3　④ 4　⑤ 5

21 1431

최고차항의 계수가 양수인 사차함수 $f(x)$의 도함수 $y=f'(x)$의 그래프가 그림과 같다.

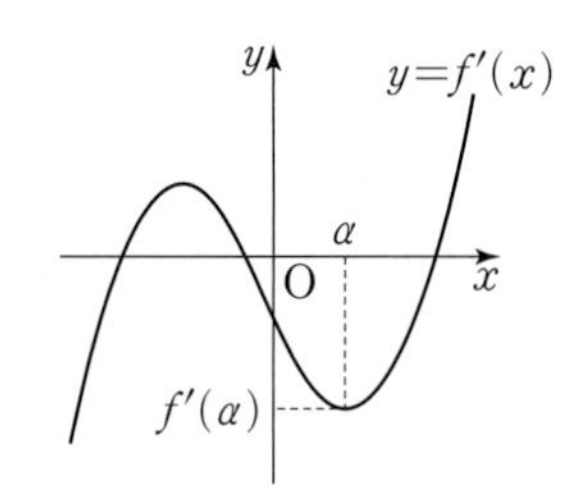

양수 α에 대하여 $f'(\alpha)>-2$이고 $f(0)=0$이다. 함수 $h(x)$를 $h(x)=f(x)+2x$라 할 때, 〈**보기**〉에서 옳은 것만을 있는 대로 고른 것은?

(단, 함수 $f'(x)$는 $x=\alpha$에서 극소이다.) [4.5점]

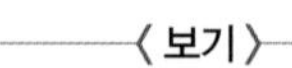

〈보기〉

ㄱ. $h'(\alpha)>0$

ㄴ. 함수 $h(x)$는 열린구간 $(0,\ \alpha)$에서 감소한다.

ㄷ. 방정식 $h(x)=0$은 서로 다른 두 실근을 갖는다.

① ㄱ　② ㄴ　③ ㄱ, ㄴ　④ ㄱ, ㄷ　⑤ ㄴ, ㄷ

서술형

22 1432

모든 실수 k에 대하여 곡선 $y=\frac{1}{3}x^3+\frac{1}{2}ax^2+9x$와 직선 $y=k$의 교점이 1개가 되도록 하는 정수 a의 개수를 구하는 과정을 서술하시오. [6점]

23 1433

직선 철로를 달리는 어떤 열차가 제동을 건 후 t초 동안 움직인 거리를 x m라 하면 $x=40t-t^2$이다. 기관사가 장애물을 보고 즉시 제동을 걸어 장애물에 부딪히지 않으려면 최소한 장애물 몇 m 앞에서 제동을 걸어야 하는지 구하는 과정을 서술하시오. [6점]

24 1434

그림과 같이 밑면의 반지름의 길이가 2 cm, 높이가 10 cm인 원뿔이 있다. 밑면의 반지름의 길이는 매초 1 cm씩 길어지고 높이는 매초 1 cm씩 짧아질 때, 원뿔의 부피의 변화율이 0이 되는 순간의 부피를 구하는 과정을 서술하시오. [7점]

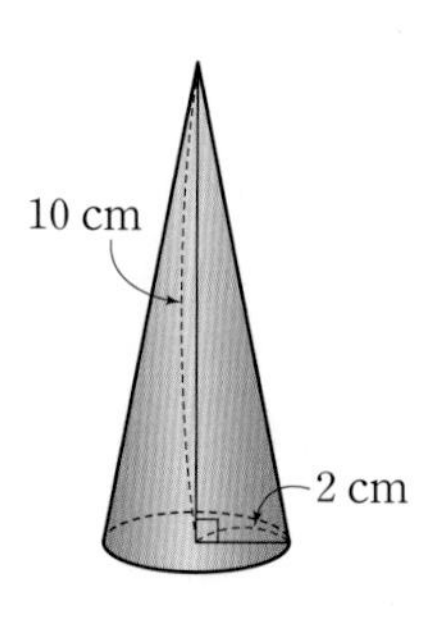

25 1435

두 함수 $f(x)=x^4-8x^2+3$, $g(x)=-x^2+2x+k$가 있다. 임의의 두 실수 x_1, x_2에 대하여 부등식 $f(x_1)\geq g(x_2)$가 성립하도록 하는 실수 k의 최댓값을 구하는 과정을 서술하시오. [8점]

행복의 **다섯** 가지 **원칙**

첫째, 지난 일에 연연하지 않을 것

둘째, 미워하지 않을 것

셋째, 사소한 일에 화내지 않을 것

넷째, 현재를 즐길 것

다섯째, 내일은 신에게 맡길 것

– 괴테 –

부정적분 07

07

Ⅲ. 적분

부정적분

1 부정적분

(1) 함수 $F(x)$의 도함수가 $f(x)$, 즉 $F'(x)=f(x)$일 때, $F(x)$를 $f(x)$의 **부정적분**이라 하고, 기호로 $\int f(x)dx$와 같이 나타낸다.

(2) 함수 $f(x)$의 부정적분 중 하나를 $F(x)$라 하면

$$\int f(x)dx=F(x)+C$$

이다. 이때 C를 **적분상수**라 한다.

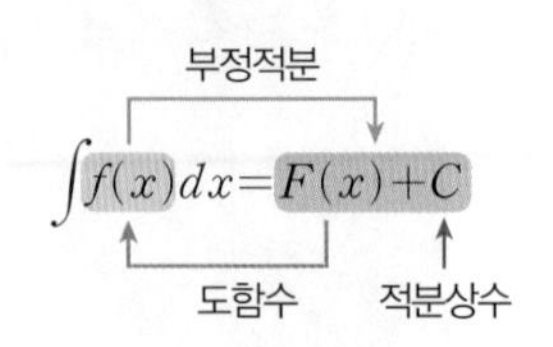

참고 함수 $f(x)$의 부정적분을 구하는 것을 $f(x)$를 적분한다고 하고, 그 계산법을 적분법이라 한다.

Note

▶ $\int f(x)dx$를 '적분 $f(x)dx$' 또는 '인티그럴(integral) $f(x)dx$'라 읽는다.

▶

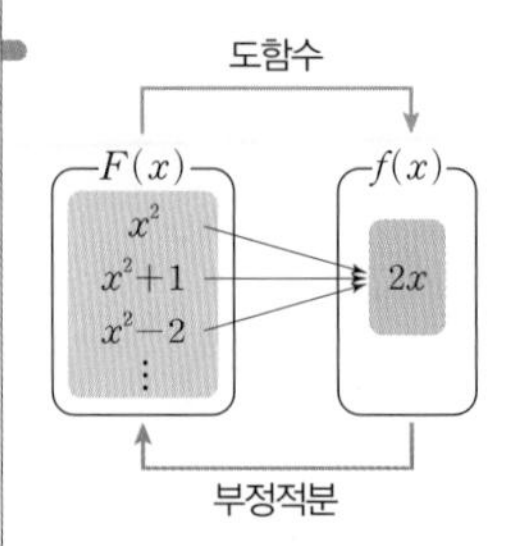

2 부정적분과 미분의 관계 핵심 1

$F'(x)=f(x)$일 때

(1) $\frac{d}{dx}\left\{\int f(x)dx\right\}=\frac{d}{dx}\{F(x)+C\}=F'(x)=f(x)$ (단, C는 적분상수)

(2) $\int\left\{\frac{d}{dx}f(x)\right\}dx=\int f'(x)dx=f(x)+C$ (단, C는 적분상수)

참고 함수 $f(x)$를 적분한 후 미분하면 ➜ $f(x)$
함수 $f(x)$를 미분한 후 적분하면 ➜ $f(x)+C$

▶ $\frac{d}{dx}\left\{\int f(x)dx\right\}\neq\int\left\{\frac{d}{dx}f(x)\right\}dx$

3 함수 $y=k$와 $y=x^n$의 부정적분 핵심 2

(1) k가 상수일 때, $\int k\,dx=kx+C$ (단, C는 적분상수)

(2) n이 음이 아닌 정수일 때, $\int x^n\,dx=\frac{1}{n+1}x^{n+1}+C$ (단, C는 적분상수)

예 (1) $\int 1\,dx=\int x^0\,dx=\frac{1}{0+1}x^{0+1}+C=x+C$

(2) $\int x\,dx=\frac{1}{1+1}x^{1+1}+C=\frac{1}{2}x^2+C$

▶ $\int 1\,dx$를 간단히 $\int dx$로 나타내기도 한다.

4 함수의 실수배, 합, 차의 부정적분 핵심 2

두 함수 $f(x)$, $g(x)$의 부정적분이 존재할 때

(1) $\int kf(x)dx=k\int f(x)dx$ (단, k는 0이 아닌 실수)

(2) $\int\{f(x)+g(x)\}dx=\int f(x)dx+\int g(x)dx$

(3) $\int\{f(x)-g(x)\}dx=\int f(x)dx-\int g(x)dx$

참고 (2), (3)은 세 개 이상의 함수에 대해서도 성립한다.

▶ 다항함수의 부정적분은 항을 각각 적분한다.

▶ 적분상수가 여러 개일 때는 이들을 모두 묶어서 하나의 적분상수 C로 나타낸다.

핵심 1 부정적분과 미분의 관계 유형 2

부정적분과 미분의 관계를 알아보자.

(1) $\dfrac{d}{dx}\left\{\int(x^2+x)dx\right\}=\dfrac{d}{dx}\left(\dfrac{1}{3}x^3+\dfrac{1}{2}x^2+C_1\right)$

$=x^2+x$ (단, C_1은 적분상수)

적분상수가 사라진다.

$\dfrac{d}{dx}\left\{\int f(x)dx\right\}=f(x)$

→ 먼저 적분한 후 미분

(2) $\int\left\{\dfrac{d}{dx}(x^2+x)\right\}dx=\int(2x+1)dx$

$=x^2+x+C_2$ (단, C_2는 적분상수)

적분상수가 생긴다.

$\int\left\{\dfrac{d}{dx}f(x)\right\}dx=f(x)+C$ (단, C는 적분상수)

→ 먼저 미분한 후 적분

1436 다음을 계산하시오.

(1) $\dfrac{d}{dx}\left(\int x^3dx\right)$

(2) $\int\left(\dfrac{d}{dx}x^3\right)dx$

1437 $f(x)=x^2-2x$일 때, 다음을 계산하시오.

(1) $\dfrac{d}{dx}\left\{\int f(x)dx\right\}$

(2) $\int\left\{\dfrac{d}{dx}f(x)\right\}dx$

핵심 2 부정적분의 계산 유형 3

부정적분 $\int(3x^2-6x+1)dx$를 구해 보자.

$\int(3x^2-6x+1)dx=\int 3x^2\,dx+\int(-6x)dx+\int 1\,dx$ ← $\int\{f(x)\pm g(x)\}dx=\int f(x)dx\pm\int g(x)dx$

$=3\int x^2\,dx-6\int x\,dx+\int 1\,dx$ ← $\int kf(x)dx=k\int f(x)dx$

$=3\left(\dfrac{1}{3}x^3+C_1\right)-6\left(\dfrac{1}{2}x^2+C_2\right)+(x+C_3)$

$=x^3-3x^2+x+C$

여러 개의 적분상수를 하나의 적분상수로 나타낸다.

n이 0 또는 양의 정수일 때

$\int x^n\,dx=\dfrac{1}{n+1}x^{n+1}+C$

(단, C는 적분상수)

1438 부정적분 $\int(x+1)^2dx$를 구하시오.

1439 부정적분 $\int\dfrac{x^3}{x+1}dx+\int\dfrac{1}{x+1}dx$를 구하시오.

기출 유형 check
실전 준비하기

13유형, 104문항입니다.

기초유형 0 함수 $f(x)$ 완성하기 | 고등수학

(1) 함수 $y=f(x)$의 그래프가 점 (a, b)를 지난다.
→ $f(a)=b$
(2) 방정식 $f(x)=0$의 한 근이 a이다.
→ $f(a)=0$

1440 대표문제

함수 $f(x)=x^2+2x+a$에 대하여 $f(0)=3$일 때, $f(1)$의 값은? (단, a는 상수이다.)

① 3 ② 4 ③ 5
④ 6 ⑤ 7

1441 Level 1

함수 $f(x)=x^3+ax-18$에 대하여 방정식 $f(x)=0$의 한 근이 3일 때, 상수 a의 값을 구하시오.

1442 Level 2

함수 $y=x^2-ax+b$의 그래프가 x축과 두 점 $(-2, 0)$, $(3, 0)$에서 만날 때, 상수 a, b에 대하여 $a+b$의 값은?

① -5 ② -3 ③ -1
④ 1 ⑤ 3

실전유형 1 부정적분의 정의

$F(x)$는 $f(x)$의 부정적분 중 하나이다.
$\Longleftrightarrow F'(x)=f(x)$
$\Longleftrightarrow$ 함수 $F(x)$의 도함수가 $f(x)$이다.
$\Longleftrightarrow \int f(x)dx=F(x)+C$ (단, C는 적분상수)

1443 대표문제

등식 $\int(12x^2+ax-9)dx=bx^3+2x^2-cx+2$를 만족시키는 상수 a, b, c에 대하여 $a+b+c$의 값은?

① 11 ② 13 ③ 15
④ 17 ⑤ 19

1444 Level 1

다항함수 $f(x)$가 $\int f(x)dx=\frac{1}{3}x^3-x^2+C$를 만족시킬 때, $f(4)$의 값을 구하시오. (단, C는 적분상수이다.)

1445 Level 1

다항함수 $f(x)$에 대하여 $\int f(x)dx=F(x)$가 성립하고 $F'(x)=x^2+a$, $f(1)=4$일 때, $f(2)$의 값을 구하시오.
(단, a는 상수이다.)

1446

Level 2

함수 $f(x)$가 $\int xf(x)dx=2x^3-2x^2+C$를 만족시킬 때, $f(3)$의 값은? (단, C는 적분상수이다.)

① 10 ② 11 ③ 12
④ 13 ⑤ 14

1447

Level 2

함수 $f(x)$가 $\int (x-1)f(x)dx=2x^3-3x^2+1$을 만족시킬 때, $f(1)$의 값은?

① 2 ② 4 ③ 6
④ 8 ⑤ 10

1448

Level 2

다항함수 $f(x)$에 대하여

$$\int (2x+3)f(x)dx=\frac{1}{3}x^3-\frac{1}{4}x^2-3x+C$$

일 때, $f(6)$의 값은? (단, C는 적분상수이다.)

① 1 ② 2 ③ 3
④ 4 ⑤ 5

1449

Level 2

함수 $F(x)=x^3+ax^2+bx$는 함수 $f(x)$의 부정적분 중 하나이다. $f(0)=-1$, $f'(0)=4$일 때, 상수 a, b에 대하여 $a+b$의 값을 구하시오.

1450

Level 2

두 함수 $f(x)=x^2+1$, $g(x)=4x+7$이

$$\int F(x)dx=f(x)g(x)$$

를 만족시킬 때, 함수 $F(x)$의 상수항은?

① 1 ② 2 ③ 3
④ 4 ⑤ 5

1451

Level 2

두 다항함수 $f(x)$, $g(x)$가

$$\int g(x)dx=x^3f(x)+a$$

를 만족시키고 $f(-1)=1$, $f'(-1)=5$일 때, $g(-1)$의 값을 구하시오. (단, a는 상수이다.)

1452

Level 3

함수 $f(x)$의 한 부정적분을 $F(x)$라 할 때, 〈**보기**〉에서 옳은 것만을 있는 대로 고른 것은? (단, C는 적분상수이다.)

〈**보기**〉

ㄱ. $\int \{f(x)+1\}dx=F(x)+x+C$

ㄴ. $\int xf(x)dx=xF(x)+C$

ㄷ. $\int F(x)f(x)dx=\frac{1}{2}\{F(x)\}^2+C$

① ㄱ ② ㄷ ③ ㄱ, ㄴ
④ ㄱ, ㄷ ⑤ ㄱ, ㄴ, ㄷ

실전유형 2 부정적분과 미분의 관계

(1) $\frac{d}{dx}\left\{\int f(x)dx\right\}=f(x)$

(2) $\int\left\{\frac{d}{dx}f(x)\right\}dx=f(x)+C$ (단, C는 적분상수)

1453 대표문제

함수 $F(x)=\int\left\{\frac{d}{dx}(x^2-x)\right\}dx$에 대하여 $F(1)=3$일 때, $F(-1)$의 값은?

① 5 ② 7 ③ 9 ④ 11 ⑤ 13

1454 Level 1

모든 실수 x에 대하여

$$\frac{d}{dx}\left\{\int(2x^2+6x+a)dx\right\}=bx^2+cx+3$$

이 성립할 때, 상수 a, b, c에 대하여 $a+b+c$의 값은?

① 5 ② 7 ③ 9 ④ 11 ⑤ 13

1455 Level 1

함수 $f(x)=4x^3+x^2+x$에 대하여 $F(x)=\frac{d}{dx}\left\{\int xf(x)dx\right\}$일 때, $F(x)$의 모든 항의 계수의 합은?

① 2 ② 4 ③ 6 ④ 8 ⑤ 10

1456 Level 2

함수 $f(x)$에 대하여

$$\frac{d}{dx}\left\{\int(x-1)f(x)dx\right\}=2x^3-3x^2+k$$

일 때, $f(2)$의 값은? (단, k는 상수이다.)

① 1 ② 2 ③ 3 ④ 4 ⑤ 5

1457 Level 2

함수 $f(x)=\frac{d}{dx}\left\{\int(x^2+4x+k)dx\right\}$의 최솟값이 -1일 때, 상수 k의 값을 구하시오.

1458 Level 2

함수 $f(x)=\int\left\{\frac{d}{dx}(x^2-6x)\right\}dx$의 최솟값이 8일 때, $f(1)$의 값을 구하시오.

1459 Level 2

함수 $f(x)=3x^2+x$에 대하여 두 함수 $f_1(x)$, $f_2(x)$를

$$f_1(x)=\int\left\{\frac{d}{dx}f(x)\right\}dx,\quad f_2(x)=\frac{d}{dx}\left\{\int f(x)dx\right\}$$

라 하자. $f_1(1)=2$일 때, $f_1(2)+f_2(-1)$의 값은?

① 12 ② 14 ③ 16 ④ 18 ⑤ 20

1460

Level 2

등식 $\log_x\left\{\frac{d}{dx}\left(\int x^4\,dx\right)\right\}=x^2-6x-3$을 만족시키는 x의 값은?

① 1 ② 3 ③ 5
④ 7 ⑤ 9

1461

Level 3

함수 $f(x)=10x^{10}+9x^9+8x^8+\cdots+2x^2+x$에 대하여

$$F(x)=\int\left[\frac{d}{dx}\int\left\{\frac{d}{dx}f(x)\right\}dx\right]dx$$

이다. $F(0)=10$일 때, $F(1)$의 값은?

① 45 ② 55 ③ 65
④ 75 ⑤ 85

다음은 이 유형에서 출제된 최근 교육청 • 평가원 기출문제입니다.

1462 • 교육청 2018년 11월

Level 2

다항함수 $f(x)$가

$$\frac{d}{dx}\int\{f(x)-x^2+4\}dx=\int\frac{d}{dx}\{2f(x)-3x+1\}dx$$

를 만족시킨다. $f(1)=3$일 때, $f(0)$의 값은?

① -2 ② -1 ③ 0
④ 1 ⑤ 2

실전 유형 3 부정적분의 계산

(1) $\int k\,dx=kx+C$ (단, k는 상수, C는 적분상수)

(2) $\int x^n\,dx=\frac{1}{n+1}x^{n+1}+C$

(단, n은 음이 아닌 정수, C는 적분상수)

(3) $\int kf(x)dx=k\int f(x)dx$ (단, k는 0이 아닌 상수)

(4) $\int\{f(x)\pm g(x)\}dx=\int f(x)dx\pm\int g(x)dx$

1463 대표문제

함수 $f(x)=\int\frac{x^3}{x-1}dx-\int\frac{1}{x-1}dx$에 대하여 $f(0)=2$일 때, $f(-1)$의 값은?

① $\frac{5}{6}$ ② 1 ③ $\frac{7}{6}$
④ $\frac{4}{3}$ ⑤ $\frac{3}{2}$

1464

Level 1

함수 $f(x)=\int(4x^3+6x^2+2x+3)dx$에 대하여 $f(0)=-1$일 때, $f(2)$의 값은?

① 41 ② 43 ③ 45
④ 47 ⑤ 49

1465

Level 1

모든 실수 x에 대하여

$$\int(x+1)^2dx-\int(x-1)^2dx=ax^2+bx+C$$

일 때, 상수 a, b에 대하여 $a+b$의 값을 구하시오.

(단, C는 적분상수이다.)

1466

Level 1

함수 $f(x)$가

$$f(x)=\int\left(\frac{1}{2}x^3+2x+1\right)dx-\int\left(\frac{1}{2}x^3+x\right)dx$$

이고 $f(0)=1$일 때, $f(2)$의 값은?

① $\frac{7}{2}$ ② 4 ③ $\frac{9}{2}$
④ 5 ⑤ $\frac{11}{2}$

1467

Level 2

함수 $f(x)=\int\frac{x^3}{x-2}dx+\int\frac{8}{2-x}dx$에 대하여 $f(1)=\frac{4}{3}$일 때, $f(-1)$의 값은?

① -8 ② $-\frac{22}{3}$ ③ $-\frac{20}{3}$
④ -6 ⑤ $-\frac{16}{3}$

1468

Level 2

함수 $f(x)=\int(x^2+x+1)(x^2-x+1)dx$에 대하여 $f(1)=\frac{8}{15}$일 때, $f(0)$의 값을 구하시오.

1469

Level 2

함수 $f(x)=\int\frac{x^4+x^2+1}{x^2-x+1}dx$에 대하여 $f(0)=0$일 때, $f(1)$의 값을 구하시오.

1470

Level 2

함수 $f(x)=\int(\sqrt{x}-1)^2dx+\int(\sqrt{x}+1)^2dx$에 대하여 $f(0)=2$일 때, $f(3)$의 값은?

① 15 ② 17 ③ 19
④ 21 ⑤ 23

1471

Level 2

함수 $f(x)=\int\frac{2x^2}{x-2}dx-\int\frac{x}{x-2}dx-\int\frac{6}{x-2}dx$에 대하여 $f(0)=-4$일 때, 방정식 $f(x)=0$의 모든 근의 곱은?

① -4 ② -2 ③ -1
④ 1 ⑤ 2

1472 고난도

Level 3

함수 $f(x)=\frac{x+5}{x+2}$에 대하여 함수 $g(x)$를

$$g(x)=\int(x+2)f'(x)dx+\int f(x)dx$$

라 할 때, $g(1)=0$이다. 이때 $g(3)$의 값을 구하시오.

+Plus 문제

실전유형 4 부정적분과 미분계수를 이용한 극한값의 계산 복합유형

함수 $f(x)$의 $x=a$에서의 미분계수는

$$f'(a)=\lim_{h\to0}\frac{f(a+h)-f(a)}{h}=\lim_{x\to a}\frac{f(x)-f(a)}{x-a}$$

1473 대표문제

함수 $f(x)=\int(x^2+3x)dx$일 때,

$\lim_{h\to0}\frac{f(2+h)-f(2-h)}{h}$의 값은?

① 14 ② 16 ③ 18
④ 20 ⑤ 22

1474 Level 1

함수 $f(x)=\int(3x^2+2x-4)dx$에 대하여

$\lim_{x\to2}\frac{f(x)-f(2)}{x^2-4}$의 값을 구하시오.

1475 Level 1

함수 $f(x)=x^2+x$의 한 부정적분을 $F(x)$라 할 때,

$\lim_{x\to3}\frac{F(x)-F(3)}{2x-6}$의 값은?

① 3 ② 4 ③ 5
④ 6 ⑤ 7

1476 Level 2

함수 $f(x)=\int(x^2-k)dx$에 대하여 $f'(0)=-3$일 때,

$\lim_{x\to1}\frac{f(x^2)-f(1)}{x-1}$의 값은? (단, k는 상수이다.)

① -2 ② -4 ③ -6
④ -8 ⑤ -10

1477 Level 2

함수 $f(x)=\int(x^2-2x+k)dx$에 대하여

$\lim_{h\to0}\frac{f(1+h)-f(1-h)}{h}=8$일 때, $f'(2)$의 값은?

(단, k는 상수이다.)

① 1 ② 3 ③ 5
④ 7 ⑤ 9

1478 Level 3

함수 $f(x)=\int(3x^2+2ax+a-2)dx$에 대하여

$\lim_{x\to0}\frac{f(x)+f'(x)}{x}=-5$일 때, $f(2)$의 값은?

(단, a는 상수이다.)

① 1 ② 2 ③ 3
④ 4 ⑤ 5

+Plus 문제

실전유형 5 부정적분을 이용한 함수의 결정

$\frac{d}{dx}f(x)=g(x)$ 꼴이 주어지면

→ 양변을 적분하여 $\int\left\{\frac{d}{dx}f(x)\right\}dx=f(x)+C$임을 이용한다.

(단, C는 적분상수)

1479 대표문제

두 다항함수 $f(x)$, $g(x)$가

$$\frac{d}{dx}\{f(x)+g(x)\}=4,\quad \frac{d}{dx}\{f(x)-g(x)\}=4x-2$$

를 만족시키고 $f(0)=-1$, $g(0)=3$일 때, $f(1)-g(-1)$의 값은?

① 1 ② 2 ③ 3 ④ 4 ⑤ 5

1480

Level 1

계수가 정수인 두 일차함수 $f(x)$, $g(x)$에 대하여

$$\frac{d}{dx}\{f(x)g(x)\}=2x-5$$

이고 $f(0)=-1$, $g(0)=-4$일 때, $f(5)$의 값을 구하시오.

1481

Level 2

두 다항함수 $f(x)$, $g(x)$가

$$f(x)+g(x)=x^2-x-1,\quad \frac{d}{dx}\{f(x)-g(x)\}=2x-5$$

를 만족시키고 $f(1)=0$일 때, $f(3)+g(-1)$의 값은?

① -1 ② -3 ③ -5 ④ -7 ⑤ -9

1482

Level 2

두 다항함수 $f(x)$, $g(x)$에 대하여

$$\frac{d}{dx}\{f(x)+g(x)\}=2x+1,$$

$$\frac{d}{dx}\{f(x)g(x)\}=3x^2-2x+2$$

이고 $f(0)=2$, $g(0)=-1$일 때, $f(-1)+g(3)$의 값은?

① 1 ② 2 ③ 3 ④ 4 ⑤ 5

1483

Level 2

이차함수 $f(x)$에 대하여 함수 $g(x)$가

$$g(x)=\int\{x^2+f(x)\}dx,\quad f(x)+g(x)=3x+2$$

를 만족시킬 때, $g(2)$의 값은?

① 1 ② 3 ③ 5 ④ 7 ⑤ 9

1484

Level 2

이차함수 $f(x)$에 대하여 함수 $g(x)$가

$$g(x)=\int\{x^2+f(x)\}dx,\quad f(x)g(x)=-2x^4+8x^3$$

을 만족시킬 때, $g(2)$의 값은?

① 6 ② 8 ③ 10 ④ 12 ⑤ 14

실전유형 6 도함수가 주어진 경우의 부정적분 빈출유형

함수 $f(x)$의 도함수 $f'(x)$가 주어지면 $f(x)$는 다음과 같은 순서로 구한다.

❶ $f(x)=\int f'(x)dx$임을 이용하여 $f(x)$를 적분상수를 포함한 식으로 나타낸다.

❷ 함숫값을 이용하여 적분상수를 구한다.

1485 대표문제

함수 $f(x)$에 대하여 $f'(x)=3x^2-2x+a$이고 $f(0)=3$, $f(1)=4$일 때, $f(-1)$의 값은? (단, a는 상수이다.)

① -2 ② -1 ③ 0
④ 1 ⑤ 2

1486

Level 1

함수 $f(x)$에 대하여 $f'(x)=4x^3-4x+1$이고 $f(0)=2$일 때, $f(2)$의 값을 구하시오.

1487

Level 1

함수 $f(x)$에 대하여 $f'(x)=3x^2+4$이다. 함수 $y=f(x)$의 그래프가 점 $(0, 6)$을 지날 때, $f(1)$의 값은?

① 10 ② 11 ③ 12
④ 13 ⑤ 14

1488

Level 1

함수 $f(x)$에 대하여 $f'(x)=\frac{x^6-1}{x^2+x+1}$이고 $f(0)=0$일 때, $20f(1)$의 값은?

① -7 ② -9 ③ -11
④ -13 ⑤ -15

1489

Level 2

다항함수 $f(x)$의 도함수 $f'(x)$가

$$\int(3x-2)f'(x)dx=x^3-\frac{5}{2}x^2+2x+3$$

을 만족시키고 $f(1)=\frac{1}{2}$일 때, $f(2)$의 값은?

① 1 ② 2 ③ 3
④ 4 ⑤ 5

1490

Level 2

함수 $f(x)$의 도함수가 $f'(x)=4x+k$이고 $\lim_{x\to 2}\frac{f(x)}{x-2}=1$일 때, $f(1)$의 값은? (단, k는 상수이다.)

① 1 ② 2 ③ 3
④ 4 ⑤ 5

1491

Level 2

함수 $f(x)$에 대하여 $\lim_{h \to 0} \frac{f(x+h)-f(x)}{h}=3x^2-2x$이고 $f(0)=1$일 때, $f(2)$의 값을 구하시오.

1492

Level 2

함수 $f(x)$를 적분해야 할 것을 잘못하여 미분하였더니 $-12x^2+6x-2$이었다. $f(1)=0$일 때, $f(x)$를 바르게 적분한 식을 $F(x)$라 하자. 이때 $F(1)-F(0)$의 값을 구하시오.

1493

Level 2

다항식 $f(x)$가 x^2-3x+2로 나누어떨어지고, $f'(x)=6x^2-2x+a$일 때, 상수 a의 값은?

① -10 ② -11 ③ -12
④ -13 ⑤ -14

1494

Level 2

함수 $f(x)$의 도함수 $y=f'(x)$의 그래프는 두 점 $(0, 0)$, $(-4, 2)$를 지나는 직선에 수직인 직선이다. $f(0)=f(1)=1$일 때, $f(2)$의 값은?

① 1 ② 2 ③ 3
④ 4 ⑤ 5

1495 신경향

Level 3

함수 $f(x)$에 대하여

$$f'(x)=1+2x+3x^2+\cdots+nx^{n-1}$$

이고 $f(0)=0$이다. $500<f(2)<1000$일 때, $f(1)$의 값은? (단, n은 자연수이다.)

① 4 ② 6 ③ 8
④ 10 ⑤ 12

1496

Level 3

두 다항함수 $f(x)$, $g(x)$가 다음 조건을 만족시킨다.

> (가) $\{f(x)+xf'(x)\}g(x)+xf(x)g'(x)=4x^3+3x^2-4x$
> (나) $f'(x)+g'(x)=2x+3$

$f(2)+g(2)$의 값을 구하시오.

+Plus 문제

다음은 이 유형에서 출제된 최근 교육청 · 평가원 기출문제입니다.

1497 · 교육청 2021년 4월

Level 1

함수 $f(x)$에 대하여 $f'(x)=2x+4$이고 $f(-1)+f(1)=0$일 때, $f(2)$의 값은?

① 9 ② 10 ③ 11
④ 12 ⑤ 13

실전 유형 7 함수의 연속과 부정적분 복합유형

함수 $f(x)$에 대하여 도함수 $f'(x)$가 $f'(x)=\begin{cases} g(x) & (x>a) \\ h(x) & (x<a) \end{cases}$

이고, 함수 $f(x)$가 $x=a$에서 연속이면

→ $f(x)=\begin{cases} \int g(x)dx & (x\ge a) \\ \int h(x)dx & (x<a) \end{cases}$

→ $f(a)=\lim_{x\to a+}\int g(x)dx=\lim_{x\to a-}\int h(x)dx$

1498 대표문제

모든 실수 x에서 연속인 함수 $f(x)$에 대하여

$$f'(x)=\begin{cases} 2x+3 & (x>1) \\ 3x^2 & (x<1) \end{cases}$$

이고 $f(0)=-2$일 때, $f(2)$의 값은?

① 1 ② 2 ③ 3
④ 4 ⑤ 5

1499 Level 1

모든 실수 x에서 미분가능한 함수 $f(x)$에 대하여

$$f'(x)=\begin{cases} 4x^3-8x & (x\ge -1) \\ -4x & (x<-1) \end{cases}$$

이고 $f(0)=3$일 때, $f(-2)$의 값을 구하시오.

1500 Level 2

함수 $f(x)$의 도함수가

$$f'(x)=\begin{cases} 4x+3 & (x>-2) \\ -2x+k & (x<-2) \end{cases}$$

이고 $f(0)=2$, $f(-3)=-3$일 때, 함수 $f(x)$가 $x=-2$에서 연속이 되도록 하는 상수 k의 값을 구하시오.

1501 Level 2

연속함수 $f(x)$에 대하여 $f'(x)=2|x|$, $f(1)=2$일 때, $f(-1)$의 값은?

① -2 ② -1 ③ 0
④ 1 ⑤ 2

1502 Level 2

모든 실수 x에서 연속인 함수 $f(x)$에 대하여

$$f'(x)=|x+2|-x$$

이고 $f(0)=1$일 때, $f(-3)+f(1)$의 값은?

① -3 ② -1 ③ 0
④ 1 ⑤ 3

+Plus 문제

다음은 이 유형에서 출제된 최근 교육청 • 평가원 기출문제입니다.

1503 • 교육청 2021년 3월 Level 2

실수 전체의 집합에서 미분가능한 함수 $F(x)$의 도함수 $f(x)$가

$$f(x)=\begin{cases} -2x & (x<0) \\ k(2x-x^2) & (x\ge 0) \end{cases}$$

이다. $F(2)-F(-3)=21$일 때, 상수 k의 값을 구하시오.

07

실전유형 8 접선의 기울기가 주어진 경우의 부정적분 빈출유형

곡선 $y=f(x)$ 위의 임의의 점 $(x, f(x))$에서의 접선의 기울기는 $f'(x)$이다.

→ $f(x)=\int f'(x)dx$

1504 대표문제

점 (1, 0)을 지나는 곡선 $y=f(x)$ 위의 임의의 점 $(x, f(x))$에서의 접선의 기울기가 $6x^2-4x+1$일 때, $f(2)$의 값은?

① 9 ② 10 ③ 11 ④ 12 ⑤ 13

1505 Level 1

곡선 $y=f(x)$ 위의 임의의 점 $(x, f(x))$에서의 접선의 기울기가 $3x^2-1$이다. 이 곡선이 두 점 $(1, 2)$, $(-1, a)$를 지날 때, a의 값은?

① -2 ② -1 ③ 0 ④ 1 ⑤ 2

1506 Level 1

두 점 $(0, -1)$, $(2, 5)$를 지나는 곡선 $y=f(x)$ 위의 임의의 점 $(x, f(x))$에서의 접선의 기울기가 $kx+1$일 때, $f(3)$의 값을 구하시오. (단, k는 상수이다.)

1507 Level 2

함수 $f(x)=\int(ax-4)dx$에 대하여 곡선 $y=f(x)$ 위의 점 $(1, -2)$에서의 접선의 기울기가 2일 때, $f(-1)$의 값을 구하시오. (단, a는 상수이다.)

1508 Level 2

점 (0, 4)를 지나는 곡선 $y=f(x)$ 위의 임의의 점 $(x, f(x))$에서의 접선의 기울기가 $2x+k$이다. 방정식 $f(x)=0$의 실근이 존재하도록 하는 양수 k의 최솟값은?

① 2 ② 4 ③ 6 ④ 8 ⑤ 10

1509 Level 2

함수 $f(x)$의 도함수가 $f'(x)=3x^2+12x+5$이고 곡선 $y=f(x)$가 직선 $y=-7x+1$에 접할 때, $f(1)$의 값을 구하시오.

1510 Level 2

함수 $F(x)$의 도함수가 $f(x)=2x-6$이고 함수 $y=F(x)$의 그래프는 x축과 접할 때, $F(1)$의 값은?

① 2 ② 3 ③ 4 ④ 5 ⑤ 6

1511

Level 3

곡선 $y=f(x)$ 위의 점 $(t,\ f(t))$에서의 접선의 방정식이 $y=(6t^2-2t+1)x+g(t)$일 때, $\lim_{t\to\infty}\frac{f(t)+g(t)}{t^3}$의 값은?

① -2　② -1　③ 0
④ 1　⑤ 2

+Plus 문제

1512

Level 3

최고차항의 계수가 1인 사차함수 $f(x)$가 다음 조건을 만족시킬 때, $f(1)$의 값은? (단, k는 상수이다.)

> (가) $f'(0)=f'(1)=f'(3)=k$
> (나) 함수 $y=f(x)$의 그래프는 $x=2$에서 x축에 접한다.

① $-\frac{11}{3}$　② $-\frac{8}{3}$　③ $-\frac{5}{3}$
④ $-\frac{2}{3}$　⑤ $\frac{1}{3}$

다음은 이 유형에서 출제된 최근 교육청 • 평가원 기출문제입니다.

1513

• 교육청 2018년 11월　Level 1

함수 $f(x)$의 그래프 위의 임의의 점 $(x,\ f(x))$에서의 접선의 기울기가 $4x-1$이고 $f(0)=1$일 때, $f(2)$의 값을 구하시오.

심화유형 9 극값이 주어진 경우의 부정적분

함수 $f(x)$의 도함수 $f'(x)$가 주어졌을 때, $f(x)$는 다음과 같은 순서로 구한다.

❶ $f(x)=\int f'(x)dx$임을 이용하여 $f(x)$를 적분상수를 포함한 식으로 나타낸다.
❷ 극값을 이용하여 적분상수를 구한다.

07

1514 대표문제

함수 $f(x)$에 대하여 $f'(x)=3x^2-3x-6$이고 $f(x)$의 극솟값이 0일 때, $f(x)$의 극댓값은?

① $\frac{25}{2}$　② $\frac{27}{2}$　③ $\frac{29}{2}$
④ $\frac{31}{2}$　⑤ $\frac{33}{2}$

1515

Level 1

함수 $f(x)$에 대하여 $f'(x)=3x(x-4)$일 때, $f(x)$의 극댓값과 극솟값의 차는?

① 4　② 8　③ 16
④ 32　⑤ 64

1516

Level 2

곡선 $y=f(x)$ 위의 임의의 점 $\mathrm{P}(x,\ f(x))$에서의 접선의 기울기가 $3x^2-12$이고 함수 $f(x)$의 극솟값이 3일 때, $f(x)$의 극댓값을 구하시오.

1517
Level 2

최고차항의 계수가 1인 삼차함수 $f(x)$가
$f'(-1)=f'(1)=0$을 만족시킨다. 함수 $f(x)$의 극댓값이 5일 때, 극솟값을 구하시오.

1518
Level 2

함수 $f(x)=\int(6x^2+2ax-12)dx$가 $x=2$에서 극솟값 -20을 가질 때, $f(x)$의 극댓값은?

① 7 ② 8 ③ 9
④ 10 ⑤ 11

1519
Level 2

도함수가 $f'(x)=k(x^2-1)$인 함수 $f(x)$의 극댓값이 4이고 극솟값이 -8일 때, $f(2)$의 값은?

(단, k는 상수이고, $k<0$이다.)

① -2 ② -4 ③ -6
④ -8 ⑤ -10

1520
Level 2

삼차함수 $y=f(x)$의 그래프 위의 임의의 점 $(x, f(x))$에서의 접선의 기울기가 ax^2-6x-9이고, 함수 $f(x)$가 $x=-1$에서 극댓값 11을 가질 때, $f(x)$의 극솟값은?

(단, a는 상수이다.)

① -9 ② -12 ③ -15
④ -18 ⑤ -21

1521
Level 3

최고차항의 계수가 1인 삼차함수 $f(x)$가 다음 조건을 만족시킬 때, $f(1)$의 값은?

> (가) 함수 $f(x)$는 극값을 갖지 않는다.
> (나) $f(2)=f'(2)=0$

① -2 ② -1 ③ 0
④ 1 ⑤ 2

1522
Level 3

최고차항의 계수가 1인 삼차함수 $f(x)$가 다음 조건을 만족시킬 때, $f(-2)$의 값은?

> (가) 모든 실수 x에 대하여 $f'(x)=f'(-x)$이다.
> (나) 함수 $f(x)$는 $x=1$에서 극솟값 -1을 갖는다.

① -2 ② -1 ③ 0
④ 1 ⑤ 2

+Plus 문제

실전유형 10 도함수의 그래프가 주어진 경우의 부정적분

함수 $f(x)$의 도함수 $f'(x)$의 그래프가 주어졌을 때, $f(x)$는 다음과 같은 순서로 구한다.

❶ $f'(x)$를 식으로 나타낸다.

❷ $f(x)=\int f'(x)dx$임을 이용하여 $f(x)$를 적분상수를 포함한 식으로 나타낸다.

❸ 함숫값 또는 극값을 이용하여 적분상수를 구한다.

1523 대표문제

삼차함수 $f(x)$의 도함수 $y=f'(x)$의 그래프가 그림과 같다. 함수 $y=f(x)$의 그래프가 원점을 지날 때, 함수 $f(x)$의 극댓값은?

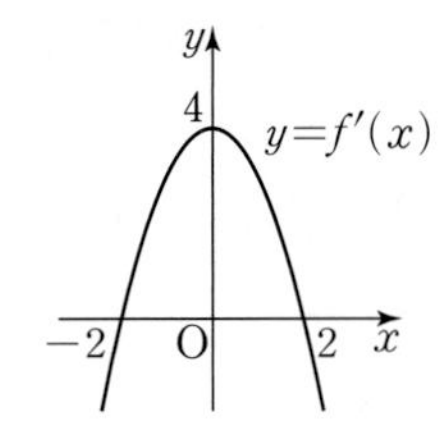

① $\frac{14}{3}$ ② $\frac{16}{3}$ ③ 6 ④ $\frac{20}{3}$ ⑤ $\frac{22}{3}$

1524

Level 2

삼차함수 $f(x)$의 도함수 $y=f'(x)$의 그래프가 그림과 같다. 함수 $y=f(x)$의 그래프가 원점을 지날 때, $f(1)$의 값을 구하시오.

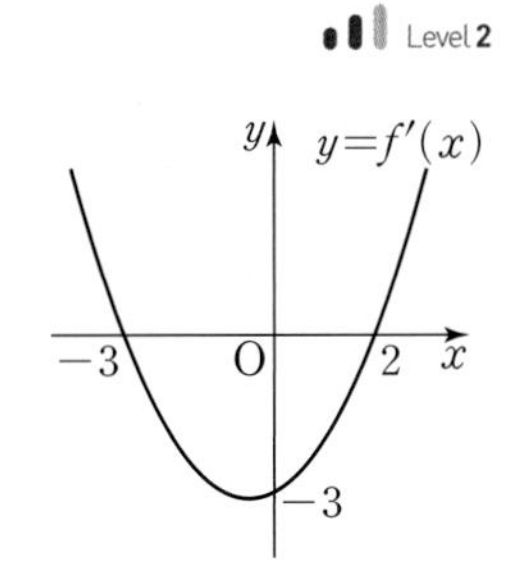

1525

Level 2

연속함수 $f(x)$의 도함수 $y=f'(x)$의 그래프가 그림과 같다. 함수 $y=f(x)$의 그래프가 원점을 지날 때, $f(a)+f(-a)=-2$를 만족시키는 양수 a의 값을 구하시오.

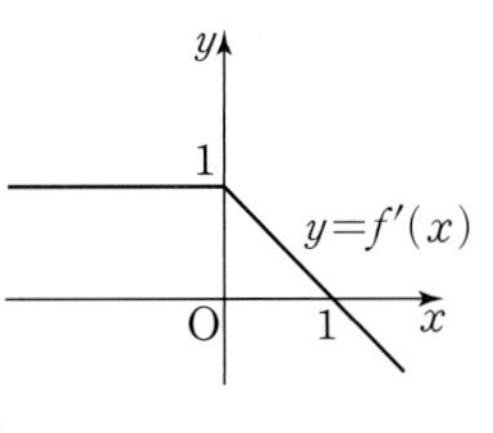

1526

Level 2

삼차함수 $f(x)$의 도함수 $y=f'(x)$의 그래프가 그림과 같다. 함수 $f(x)$의 극댓값을 a, 극솟값을 b라 할 때, $a-b$의 값은?

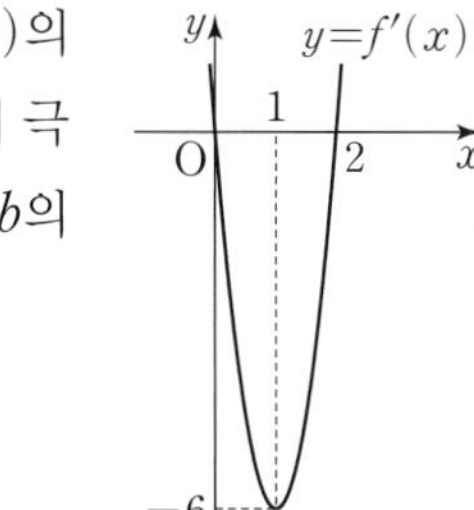

① -12 ② -8 ③ -6 ④ 8 ⑤ 12

1527

Level 2

함수 $f(x)$의 도함수 $f'(x)$는 이차함수이고, $y=f'(x)$의 그래프는 그림과 같다. 함수 $f(x)$의 극댓값이 0, 극솟값이 -4일 때, $f(-3)$의 값을 구하시오.

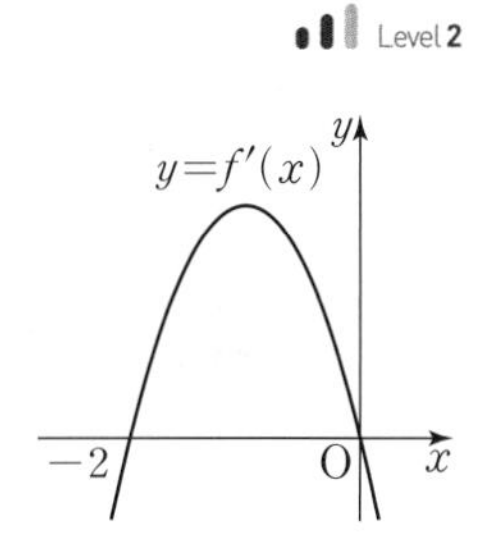

1528

Level 2

실수 전체의 집합에서 미분가능한 함수 $f(x)$에 대하여 도함수 $y=f'(x)$의 그래프가 그림과 같다. 함수 $y=f(x)$의 그래프가 원점을 지날 때, $f(-2)+f(1)$의 값은?

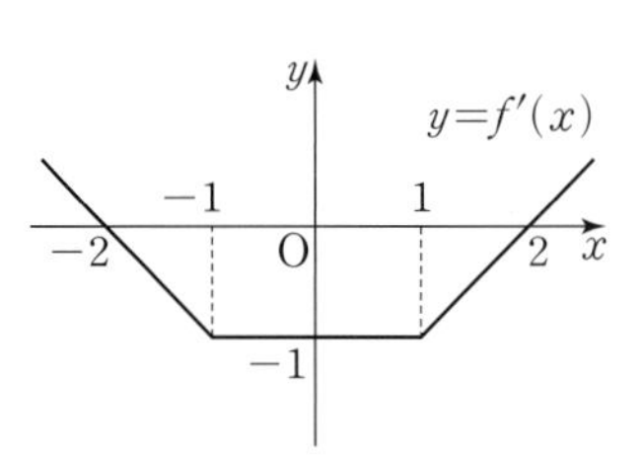

① $\frac{1}{2}$ ② 1 ③ $\frac{3}{2}$ ④ 2 ⑤ $\frac{5}{2}$

1529

Level 2

연속함수 $f(x)$의 도함수 $y=f'(x)$의 그래프가 그림과 같을 때, 다음 중 함수 $y=f(x)$의 그래프의 개형으로 적절한 것은?

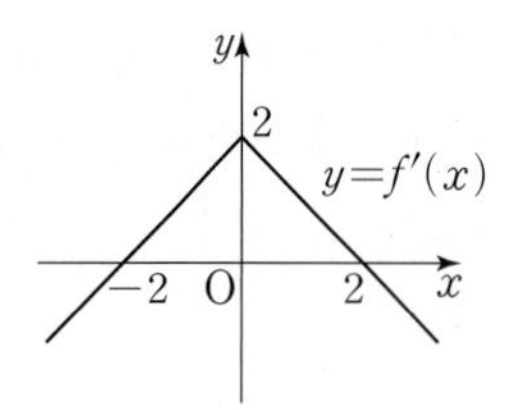

①
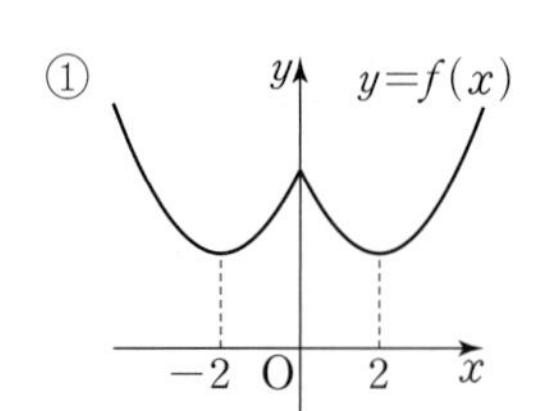

②
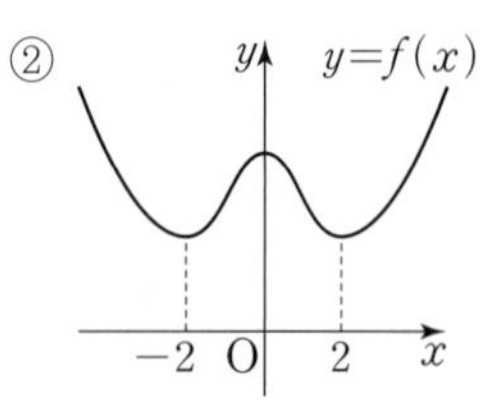

③
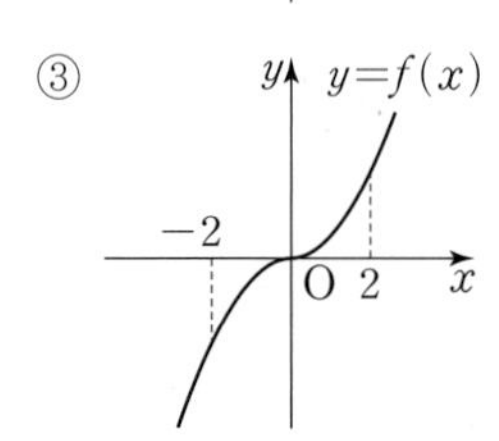

④
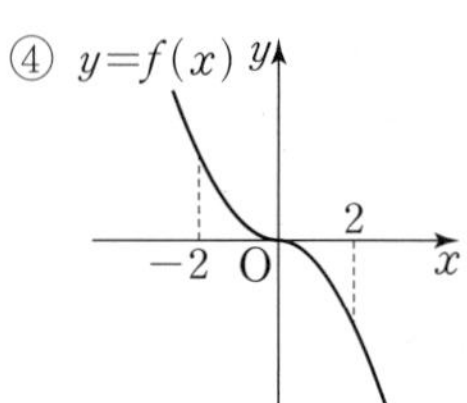

⑤
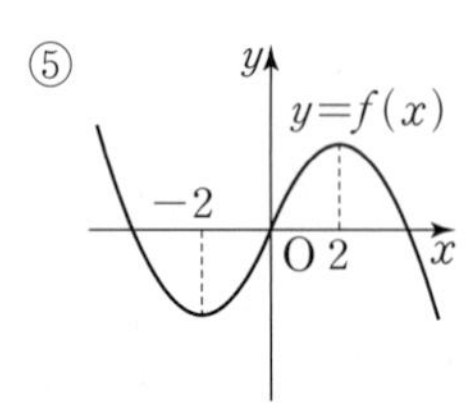

1530

Level 2

연속함수 $f(x)$의 도함수 $y=f'(x)$의 그래프가 그림과 같을 때, 다음 중 함수 $y=f(x)$의 그래프의 개형으로 적절한 것은?

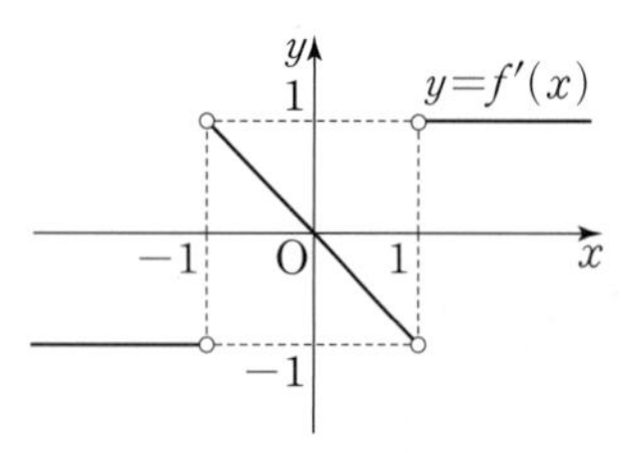

①
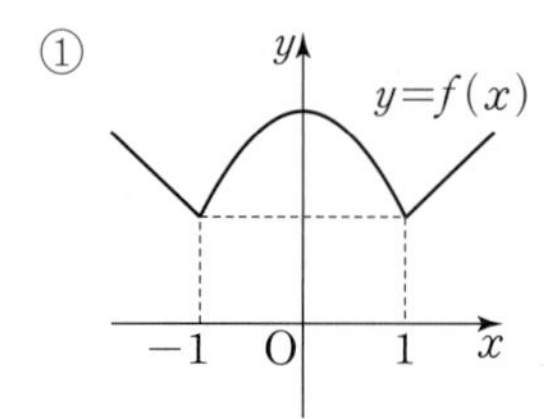

②
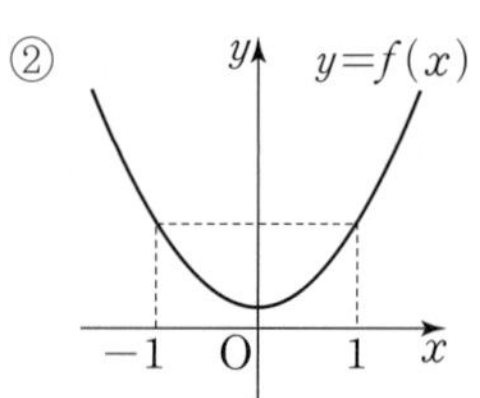

③
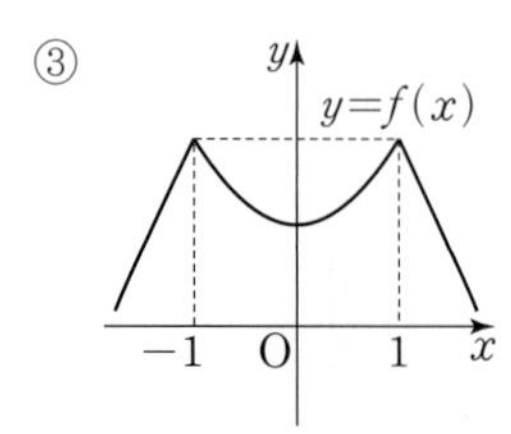

④
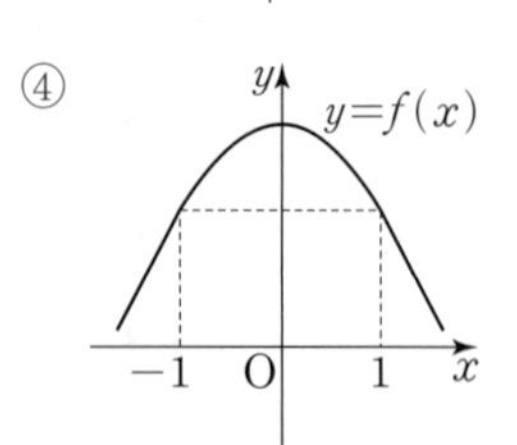

⑤
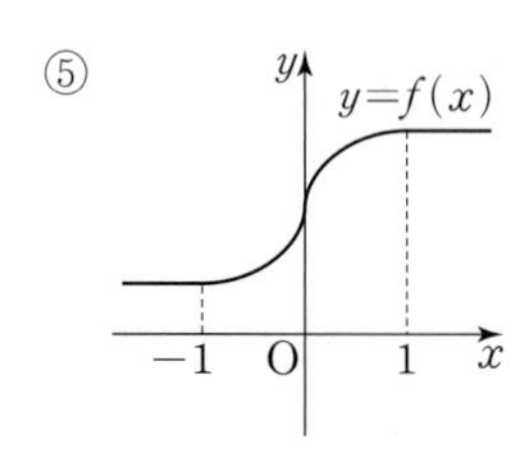

실전유형 11 함수와 그 부정적분 사이의 관계식 활용

함수 $f(x)$와 그 부정적분 $F(x)$ 사이의 관계식이 주어졌을 때, $f(x)$는 다음과 같은 순서로 구한다.

❶ 주어진 등식의 양변을 x에 대하여 미분한 후 $F'(x)=f(x)$임을 이용하여 $f'(x)$를 구한다.

❷ $f(x)=\int f'(x)dx$임을 이용하여 $f(x)$를 구하고, 주어진 함숫값을 이용하여 적분상수를 구한다.

1531 대표문제

삼차함수 $f(x)$의 한 부정적분 $F(x)$에 대하여

$$F(x)=xf(x)+3x^4-8x^2+1$$

이 성립하고 $f(0)=0$일 때, $f(2)$의 값은?

① -2 ② -1 ③ 0 ④ 1 ⑤ 2

1532

Level 1

다항함수 $f(x)$의 한 부정적분 $F(x)$에 대하여

$$F(x)=(x-2)f(x)+3x^2-12x$$

가 성립하고 $f(0)=1$일 때, $f(1)$의 값은?

① -5 ② -4 ③ -3 ④ -2 ⑤ -1

1533

Level 2

이차함수 $f(x)$에 대하여

$$\int f(x)dx=xf(x)-x^3+2x^2+C$$

가 성립하고 $f(0)=-4$일 때, $f(2)$의 값을 구하시오.

(단, C는 적분상수이다.)

1534

Level 2

삼차함수 $f(x)$에 대하여

$$\int f(x)dx=(x+1)f(x)-2x^3-3x^2$$

이 성립하고 $f(1)=4$일 때, $f(3)$의 값을 구하시오.

1535

Level 2

이차함수 $f(x)$의 한 부정적분 $F(x)$에 대하여

$$F(x)-\int(x+1)f(x)dx=4x^4+6x^3-2x^2$$

이 성립할 때, 방정식 $f(x)=0$의 모든 근의 곱은?

① $-\frac{1}{12}$ ② $-\frac{1}{6}$ ③ $-\frac{1}{4}$
④ $-\frac{1}{3}$ ⑤ $-\frac{5}{12}$

1536

Level 2

다항함수 $f(x)$의 한 부정적분 $F(x)$에 대하여

$$F(x)=xf(x)-3x^2(x-1)$$

이 성립한다. $F(1)=0$일 때, 함수 $f(x)$의 최솟값을 구하시오.

1537 고난도

Level 3

함수 $g(x)=4x^3-18x^2+24x+a$에 대하여 세 함수 $f(x)$, $g(x)$, $h(x)$ 사이에 $f'(x)=g(x)$, $g'(x)=h(x)$인 관계가 성립한다. $f(x)$가 $h(x)$로 나누어떨어질 때, $f(-1)$의 값을 구하시오. (단, a는 상수이다.)

+Plus 문제

심화유형 12 도함수의 정의를 이용한 부정적분

$f(x+y)=f(x)+f(y)$를 포함하는 식이 주어졌을 때, 함수 $f(x)$는 다음과 같은 순서로 구한다.

❶ $x=0$, $y=0$을 대입하여 $f(0)$의 값을 구한다.

❷ $f'(x)=\lim_{h\to 0}\frac{f(x+h)-f(x)}{h}$임을 이용하여 $f'(x)$를 구한다.

❸ $f'(x)$를 적분하여 $f(x)$를 구하고, $f(0)$의 값을 이용하여 적분상수를 구한다.

1538 대표문제

미분가능한 함수 $f(x)$가 임의의 실수 x, y에 대하여

$$f(x+y)=f(x)+f(y)+2xy$$

를 만족시키고 $f'(1)=2$일 때, $f(5)$의 값을 구하시오.

1539

Level 2

미분가능한 함수 $f(x)$가 임의의 실수 x, y에 대하여

$$f(x+y)=f(x)+f(y)+3xy(x+y)$$

를 만족시키고 $f'(0)=6$일 때, $f(1)$의 값은?

① 1 ② 3 ③ 5
④ 7 ⑤ 9

1540

Level 2

다항함수 $f(x)$가 다음 조건을 만족시킬 때, $f(2)$의 값은?

(가) $\lim_{h\to 0}\frac{f(h)-2}{h}=3$

(나) 임의의 실수 x, y에 대하여

$$f(x+y)=f(x)+f(y)+xy-2$$

① 5 ② 10 ③ 15
④ 20 ⑤ 25

1541

Level 2

미분가능한 함수 $f(x)$가 임의의 실수 a, b에 대하여

$$f(a+b)=f(a)+f(b)+kab$$

를 만족시키고 $f(1)=2$, $f'(1)=1$일 때, 상수 k의 값은?

① -2　② -1　③ 0　④ 1　⑤ 2

1542

Level 3

미분가능한 함수 $f(x)$가 임의의 실수 t, h에 대하여

$$f(t+h)-f(t)=mt^2h+h(h+1)$$

을 만족시킨다. $f(1)=3$, $f(3)=31$일 때, $f(2)$의 값은? (단, m은 상수이다.)

① 7　② 9　③ 11　④ 13　⑤ 15

1543

Level 3

다항함수 $f(x)$가 다음 조건을 만족시킬 때, $f(-1)$의 값을 구하시오.

> (가) $\lim_{h\to 0}\frac{f(3h)}{h}=3$
>
> (나) 임의의 실수 x, y에 대하여
> $f(x+y)=f(x)+f(y)-4xy$

서술형 유형 익히기

1544 대표문제

다항함수 $f(x)$의 한 부정적분을 $F(x)$라 하면 $x^2f(x)+2xF(x)=5x^4+3x^2+2x$가 성립한다. $f(2)$의 값을 구하는 과정을 서술하시오. [8점]

STEP 1 $\{x^2F(x)\}'=x^2f(x)+2xF(x)$**임을 알기 [3점]**

$x^2f(x)+2xF(x)=\{x^2F(x)\}'$이므로

$\{x^2F(x)\}'=5x^4+3x^2+2x$에서

$$\int\left[\frac{d}{dx}\{x^2F(x)\}\right]dx=\int(5x^4+3x^2+2x)dx$$

$\therefore x^2F(x)=$ (1) $\boxed{}$ $+C$

STEP 2 다항함수 조건을 이용하여 적분상수 구하기 [4점]

양변을 x^2으로 나누면

$$F(x)=x^3+x+1+\frac{C}{x^2}$$

이때 $F(x)$가 다항함수이므로 $C=0$이어야 한다.

$\therefore F(x)=$ (2) $\boxed{}$

STEP 3 $f(x)$**를 구하고,** $f(2)$**의 값 구하기 [1점]**

양변을 x에 대하여 미분하면

$f(x)=$ (3) $\boxed{}$

$\therefore f(2)=$ (4) $\boxed{}$

핵심 KEY 유형2 **부정적분과 미분의 관계**

곱의 미분법으로 만들어낸 식을 역연산하여 부정적분하는 유형의 문제이다.
위 문제에서 $x^2f(x)+2xF(x)=\{x^2F(x)\}'$이므로
$\{x^2F(x)\}'=5x^4+3x^2+2x$의 양변을 부정적분할 수 있다.
$f(x)$의 최고차항의 차수를 구해서 계수를 비교하는 방법도 가능하지만 계산이 복잡하므로 주의하자.

1545 한번 더

다항함수 $f(x)$의 한 부정적분을 $F(x)$라 하면 $xf(x)+F(x)=3x^2-2x-4$가 성립한다. $f(-1)$의 값을 구하는 과정을 서술하시오. [8점]

STEP 1 $\{xF(x)\}'=xf(x)+F(x)$임을 알기 [3점]

STEP 2 다항함수 조건을 이용하여 적분상수 구하기 [4점]

STEP 3 $f(x)$를 구하고, $f(-1)$의 값 구하기 [1점]

1546 유사 1

다항함수 $f(x)$의 한 부정적분을 $F(x)$라 하면 $xf(x)+2F(x)=4x^2-3x-4$가 성립한다. $f(6)$의 값을 구하는 과정을 서술하시오. [9점]

1547 유사 2

다항함수 $f(x)$의 한 부정적분을 $F(x)$라 하면 $(x-1)f'(x)+f(x)=3x^2-6x+3$이 성립한다. $f(3)$의 값을 구하는 과정을 서술하시오. [9점]

서술형 유형 익히기

1548 대표문제

삼차함수 $f(x)$가 다음 조건을 만족시킬 때, 함수 $f(x)$를 구하는 과정을 서술하시오. [8점]

> (가) 모든 실수 x에 대하여 $f'(x)=f'(-x)$가 성립한다.
> (나) 함수 $f(x)$는 $x=-2$에서 극솟값 $-\frac{16}{3}$을 갖는다.
> (다) $f(0)=0$

STEP 1 조건을 이용하여 $f'(x)$ 식 세우기 [3점]

(가), (나)에서 $f'(2)=f'(-2)=$ (1) [　　] 이므로

$f'(x)=p(x+2)(x-2)$ (p는 상수)로 놓을 수 있다.

STEP 2 부정적분을 이용하여 $f(x)$ 식 세우기 [3점]

$f(x)=\int f'(x)dx=p\int(x^2-4)dx=p\left(\frac{1}{3}x^3-4x\right)+C$

(다)에서 $f(0)=0$이므로 $C=$ (2) [　　]

$\therefore f(x)=\frac{p}{3}x^3-4px$

STEP 3 $f(-2)=-\frac{16}{3}$을 이용하여 $f(x)$ 구하기 [2점]

(나)에서 $f(-2)=-\frac{16}{3}$이므로

$p=$ (3) [　　]

$\therefore f(x)=$ (4) [　　]

핵심 KEY 유형 9 극값이 주어진 경우의 부정적분

조건을 만족시키는 $f'(x)$를 찾은 후 부정적분하여 $f(x)$를 구하는 문제이다.
삼차함수 $f(x)$가 $x=a$에서 극값을 가지면 $f'(a)=0$이다.
또 $f'(x)=f'(-x)$가 성립하므로 $f'(a)=f'(-a)=0$에서 $f'(x)$는 $(x-a)(x+a)$를 인수로 가짐을 알 수 있다.

1549 한번 더

최고차항의 계수가 1인 삼차함수 $f(x)$가 다음 조건을 만족시킬 때, $f(2)$의 값을 구하는 과정을 서술하시오. [7점]

> (가) 모든 실수 x에 대하여 $f'(x)=f'(-x)$가 성립한다.
> (나) 함수 $f(x)$는 $x=1$에서 극솟값이 8이다.

STEP 1 조건을 이용하여 $f'(x)$ 구하기 [3점]

STEP 2 부정적분을 이용하여 $f(x)$ 구하기 [3점]

STEP 3 $f(2)$의 값 구하기 [1점]

1550 유사 1

최고차항의 계수가 1인 삼차함수 $f(x)$가 다음 조건을 만족시킬 때, 함수 $f(x)$를 구하는 과정을 서술하시오. [9점]

> (가) 모든 실수 x에 대하여 $f'(x)=f'(-x)$가 성립한다.
> (나) 곡선 $y=f(x)$와 직선 $y=16$의 교점의 개수는 2이다.
> (다) $f(0)=0$

1551 대표문제

미분가능한 함수 $f(x)$가 임의의 실수 x, y에 대하여

$$f(x+y)=f(x)+f(y)+xy$$

를 만족시키고 $f'(0)=1$일 때, $f(1)$의 값을 구하는 과정을 서술하시오. [7점]

STEP 1 $f(0)$의 값 구하기 [2점]

$f(x+y)=f(x)+f(y)+xy$의 양변에 $x=0$, $y=0$을 대입하면

$f(0)=f(0)+f(0)+0$ $\qquad \therefore f(0)=$ (1) ☐

STEP 2 도함수의 정의를 이용하여 $f'(x)$ 구하기 [2점]

$$\begin{aligned} f'(x)&=\lim_{h\to 0}\frac{f(x+h)-f(x)}{h}\\ &=\lim_{h\to 0}\frac{f(x)+f(h)+xh-f(x)}{h}\\ &=\lim_{h\to 0}\frac{f(h)}{h}+x\\ &=\lim_{h\to 0}\frac{f(0+h)-f(0)}{h}+x\\ &=f'(0)+x=x+\text{(2) ☐} \end{aligned}$$

STEP 3 부정적분을 이용하여 $f(x)$를 구하고, $f(1)$의 값 구하기 [3점]

$$\begin{aligned} f(x)&=\int f'(x)dx=\int (x+1)dx\\ &=\frac{1}{2}x^2+x+C \end{aligned}$$

이때 $f(0)=0$이므로 $C=$ (3) ☐

따라서 $f(x)=\frac{1}{2}x^2+x$이므로

$f(1)=$ (4) ☐

핵심 KEY 유형 12 도함수의 정의를 이용한 부정적분

도함수의 정의를 이용하여 $f'(x)$를 찾고, 부정적분하여 $f(x)$를 구하는 문제이다.

$f'(x)=\lim_{h\to 0}\frac{f(x+h)-f(x)}{h}$에 $f(x+h)$를 주어진 조건대로 대입하여 $f'(x)$를 찾아내면 부정적분하여 $f(x)$를 구할 수 있다.

이 유형의 대부분이 $x=0$, $y=0$을 대입해서 $f(0)$의 값을 찾아야 하는 문제이므로 $x=0$, $y=0$을 먼저 대입해 보자.

1552 한번 더

미분가능한 함수 $f(x)$가 임의의 실수 x, y에 대하여

$$f(x-y)=f(x)-f(y)-xy(x-y)$$

를 만족시키고 $f'(0)=0$일 때, $f(1)$의 값을 구하는 과정을 서술하시오. [7점]

STEP 1 $f(0)$의 값 구하기 [2점]

STEP 2 도함수의 정의를 이용하여 $f'(x)$ 구하기 [2점]

STEP 3 부정적분을 이용하여 $f(x)$를 구하고, $f(1)$의 값 구하기 [3점]

1553 유사 1

미분가능한 함수 $f(x)$가 임의의 실수 x, y에 대하여

$$f(x+y)=f(x)+f(y)+kxy(x+y)$$

를 만족시키고 $f'(1)=3$, $f(1)=1$일 때, 상수 k의 값을 구하는 과정을 서술하시오. [8점]

07

실력 check 실전 마무리하기 1회

점 / 100점

• 선택형 18문항, 서술형 4문항입니다.

1 1554

함수 $f(x)$에 대하여 $\int f(x)dx=2x^3-3x^2+7$일 때, $f(2)$의 값은? [3점]

① 12 ② 18 ③ 24 ④ 30 ⑤ 36

2 1555

함수 $f(x)$에 대하여

$$\int (x+3)f(x)dx=x^3+3x^2-9x+C$$

일 때, $f(5)$의 값은? (단, C는 적분상수이다.) [3점]

① 12 ② 13 ③ 14 ④ 15 ⑤ 16

3 1556

다항함수 $f(x)$에 대하여

$$\frac{d}{dx}\int f(x)dx=-5x^3+3x^2+4x$$

일 때, $f(-1)$의 값은? [3점]

① 2 ② 4 ③ 6 ④ 8 ⑤ 10

4 1557

함수 $f(x)=\int (3x^2+2x+1)dx$이고 $f(1)=4$일 때, $f(2)$의 값은? [3점]

① 13 ② 15 ③ 17 ④ 19 ⑤ 21

5 1558

함수 $f(x)$에 대하여 $f'(x)=3x^2-2x+3$이고 $f(0)=1$일 때, $f(1)$의 값은? [3점]

① 1 ② 2 ③ 3 ④ 4 ⑤ 5

6 1559

함수

$$f(x)=\int\left(\frac{1}{3}x+\frac{1}{4}x^2+\frac{1}{5}x^3+\cdots+\frac{1}{12}x^{10}\right)dx$$

에 대하여 $f(1)=1$일 때, $f(0)$의 값은? [3.5점]

① $-\frac{7}{12}$ ② $-\frac{5}{12}$ ③ 0 ④ $\frac{5}{12}$ ⑤ $\frac{7}{12}$

7 1560

다항함수 $f(x)$가 다음 조건을 만족시킬 때, $f(3)$의 값은? (단, a는 상수이다.) [3.5점]

(가) $\dfrac{d}{dx}\displaystyle\int f'(x)dx=4x+a$

(나) $\displaystyle\lim_{x\to1}\frac{f(x)}{x-1}=2a+5$

① 6 ② 8 ③ 10 ④ 12 ⑤ 14

8 1561

모든 실수 x에서 미분가능한 함수 $f(x)$에 대하여 $f(-1)=3$이고

$$f'(x)=\begin{cases} 2x-1 & (x\ge0) \\ 6x^2+4x-1 & (x<0) \end{cases}$$

일 때, $f(2)$의 값은? [3.5점]

① 1 ② 2 ③ 3 ④ 4 ⑤ 5

9 1562

연속함수 $f(x)$의 도함수가 $f'(x)=x+|x-1|$이고 $f(-1)=2$일 때, $f(2)$의 값은? [3.5점]

① 2 ② 4 ③ 6 ④ 8 ⑤ 10

10 1563

곡선 $y=f(x)$ 위의 임의의 점 $(x, f(x))$에서의 접선의 기울기는 $4x-12$이다. $f(0)=-6$일 때, $f(-1)$의 값은? [3.5점]

① 4 ② 6 ③ 8 ④ 10 ⑤ 12

11 1564

최고차항의 계수가 1인 사차함수 $f(x)$의 도함수 $f'(x)$가 다음 조건을 만족시킬 때, $f(2)$의 값은? [4점]

(가) $f'(-1)=f'(0)=f'(1)$

(나) $\displaystyle\lim_{x\to1}\frac{f(x)-2}{x-1}=1$

① 10 ② 12 ③ 14 ④ 16 ⑤ 18

12 1565

함수 $f(x)$의 도함수 $f'(x)$가

$$f'(x)=\begin{cases} 4x-1 & (x>-1) \\ k & (x<-1) \end{cases}$$

이고 $f(-2)=1$, $f(0)=2$이다. 함수 $f(x)$가 $x=-1$에서 연속일 때, $f(-4)$의 값은? (단, k는 상수이다.) [4점]

① -7 ② -6 ③ -5 ④ -4 ⑤ -3

13 1566

다항함수 $f(x)$의 도함수가 $f'(x)=x(x-3)$이다. 함수 $f(x)$의 극댓값이 5일 때, 극솟값은 $\frac{p}{q}$이다. $p+q$의 값은?

(단, p, q는 서로소인 자연수이다.) [4점]

① 3 ② 4 ③ 5 ④ 6 ⑤ 7

14 1567

모든 실수 x에서 연속인 함수 $f(x)$에 대하여 도함수 $y=f'(x)$의 그래프가 그림과 같다. 함수 $y=f(x)$의 그래프가 원점을 지날 때, $f(-1)+f(3)$의 값은? [4점]

① 3 ② 4 ③ 5 ④ 6 ⑤ 7

15 1568

다항함수 $f(x)$에 대하여 $f(x)+x^2$의 한 부정적분을 $F(x)$라 하자. 모든 실수 x에 대하여 $F(x)=xf(x)-x^3+3x^2$을 만족시키고 $f(0)=0$일 때, $f(2)$의 값은? [4점]

① -6 ② -4 ③ -2 ④ 2 ⑤ 6

16 1569

함수 $f(x)=4x^3+3x^2+2x+1$과 삼차함수 $g(x)$에 대하여 $f(x)-g(x)$의 부정적분 중 하나가 $f(x)+g(x)$의 도함수와 같을 때, $g(2)$의 값은? [4.5점]

① -59 ② -49 ③ -39 ④ -29 ⑤ -19

17 1570

함수 $F(x)$가 $F'(x)=f(x)$를 만족시킬 때, $f(1)=0$이고 $2F(x)-x^2=2xf(x)-2x^3+x^2+4$이다. $F(x)$는 $x=a$, $x=b$에서 각각 극댓값과 극솟값을 가질 때, $3a+2b$의 값은?

[4.5점]

① $\frac{1}{4}$ ② 1 ③ 2 ④ 3 ⑤ 4

18 1571

실수 전체의 집합에서 미분가능한 함수 $f(x)$가 다음 조건을 만족시킬 때, $f(1)$의 값은? [4.5점]

(가) $f'(-1)=1$
(나) $f(x+y)=f(x)+f(y)-3xy(x+y)+1$

① 6 ② 5 ③ 4 ④ 3 ⑤ 2

● 정답 및 풀이 322쪽

서술형

19 1572

최고차항의 계수가 1인 다항함수 $f(x)$의 한 부정적분 $F(x)$가 $3F(x)=x\{f(x)-8\}$을 만족시킬 때, $F(x)$를 구하는 과정을 서술하시오. [8점]

20 1573

함수 $f(x)$에 대하여 $f'(x)=6x^2+2x+a$이고 $f(x)$가 x^2-3x+2로 나누어떨어질 때, 상수 a의 값을 구하는 과정을 서술하시오. [8점]

21 1574

다항함수 $f(x)$와 그 부정적분 $F(x)$에 대하여

$$F(x)=xf(x)-x^4+3x^2$$

이 성립한다. $f(0)=1$일 때, $f(3)$의 값을 구하는 과정을 서술하시오. [8점]

22 1575

삼차함수 $f(x)$가 다음 조건을 만족시킬 때, $f(x)$의 극댓값을 구하는 과정을 서술하시오. [10점]

(가) 곡선 $y=f(x)$ 위의 임의의 점 $(x, f(x))$에서의 접선의 기울기가 $-3x^2+6x$이다.
(나) 함수 $f(x)$의 극솟값은 4이다.

실력 check 실전 마무리하기 2회

점 / 100점

• 선택형 18문항, 서술형 4문항입니다.

1 1576

함수 $f(x)$의 부정적분 중 하나가 $2x^2+6x+1$일 때, $f(1)$의 값은? [3점]

① 6　② 7　③ 8　④ 9　⑤ 10

2 1577

두 다항함수 $f(x)$, $g(x)$가 다음 조건을 만족시킬 때, $f(2)-g(2)$의 값은? [3점]

(가) $\frac{d}{dx}\int f(x)dx=\int\left\{\frac{d}{dx}g(x)\right\}dx$
(나) $f(1)=3$, $g(1)=2$

① 1　② 2　③ 3　④ 4　⑤ 5

3 1578

부정적분 $\int(3x^2+2x+1)dx$를 구하면?

(단, C는 적분상수이다.) [3점]

① $3x^3+2x^2+x+C$　② $3x^3+2x^2-x+C$　③ x^3+x^2+x+C　④ x^3-x^2+x+C　⑤ x^3+x^2-x+C

4 1579

함수 $f(x)=\int(x+1)(x^2+2x+2)dx$일 때,

$\lim_{h\to 0}\frac{f(1+h)-f(1-h)}{h}$의 값은? [3점]

① -24　② -20　③ 0　④ 20　⑤ 24

5 1580

다항함수 $f(x)$에 대하여 $f'(x)=3x^2-2x+3$이고 $f(2)=12$일 때, $f(1)$의 값은? [3점]

① 1　② 2　③ 3　④ 4　⑤ 5

6 1581

미분가능한 두 함수 $f(x)$, $g(x)$에 대하여 **〈보기〉**에서 옳은 것만을 있는 대로 고른 것은? [3.5점]

〈보기〉

ㄱ. $\frac{d}{dx}\left\{\int f(x)dx\right\}=\int\left\{\frac{d}{dx}f(x)\right\}dx$
ㄴ. $f(x)=g(x)$이면 $f'(x)=g'(x)$이다.
ㄷ. $f(x)=g'(x)$이면 $\int f(x)dx=g(x)$이다.

① ㄱ　② ㄴ　③ ㄱ, ㄷ　④ ㄴ, ㄷ　⑤ ㄱ, ㄴ, ㄷ

7 1582

함수 $f(x)=\int(x^2-3x-2)dx$일 때, $\lim_{x\to 2}\frac{f(x^2)-f(4)}{x-2}$의 값은? [3.5점]

① 2 ② 4 ③ 6
④ 8 ⑤ 10

8 1583

함수 $f(x)$가

$$\int\{2-f(x)\}dx=x(2-x)+C$$

를 만족시킬 때, $f(1)$의 값은? (단, C는 적분상수이다.) [3.5점]

① 1 ② 2 ③ 3
④ 4 ⑤ 5

9 1584

함수 $f(x)$에 대하여

$$\int(x^2+x+1)f'(x)dx=x^4-4x$$

이고 $f(0)=2$일 때, $f(1)$의 값은? [3.5점]

① -2 ② -1 ③ 0
④ 1 ⑤ 2

10 1585

모든 실수 x에서 미분가능한 함수 $f(x)$가 다음 조건을 만족시킬 때, $f(5)$의 값은? (단, k는 상수이다.) [3.5점]

(가) $f(2)=1$
(나) $f'(x)=\begin{cases} 2x+k & (x\geq 2) \\ -3x+2 & (x<2) \end{cases}$

① -8 ② -3 ③ -2
④ 3 ⑤ 13

11 1586

함수 $f(x)=\sum_{k=1}^{n}\frac{x^k}{k}$의 한 부정적분 $F(x)$에 대하여 $F(0)=0$일 때, $F(1)>0.9$를 만족시키는 자연수 n의 최솟값은? [4점]

① 7 ② 8 ③ 9
④ 10 ⑤ 11

12 1587

미분가능한 두 함수 $f(x)$, $g(x)$에 대하여

$$\frac{d}{dx}\{f(x)+g(x)\}=2,\quad \frac{d}{dx}\{f(x)-g(x)\}=2x+2$$

이고 $f(1)=0$, $g(1)=2$일 때, $f(2)+g(3)$의 값은? [4점]

① $\frac{1}{2}$ ② 1 ③ $\frac{3}{2}$
④ 2 ⑤ $\frac{5}{2}$

13 1588

함수 $f(x)$에 대하여

$$\lim_{h \to 0} \frac{f(x+h)-f(x-h)}{h} = 2x^2+4x+6$$

이고 $f(1)=\frac{10}{3}$일 때, $f(-1)$의 값은? [4점]

① $-\frac{7}{3}$　② $-\frac{8}{3}$　③ -3
④ $-\frac{10}{3}$　⑤ $-\frac{11}{3}$

14 1589

곡선 $y=f(x)$ 위의 점 $\mathrm{P}(x, f(x))$에서의 접선의 기울기가 $3x^2-6x$이고 함수 $f(x)$의 극댓값이 3일 때, $f(x)$의 극솟값은? [4점]

① -2　② -1　③ 0
④ 1　⑤ 2

15 1590

미분가능한 함수 $f(x)$에 대하여 $f'(0)=5$이고, 임의의 두 실수 x, y에 대하여 $f(x+y)=f(x)+f(y)+3$을 만족시킬 때, $f(1)$의 값은? [4점]

① 1　② 2　③ 3
④ 4　⑤ 5

16 1591

모든 실수 x에서 연속인 함수 $f(x)$에 대하여 $f\left(\frac{1}{2}\right)=0$, $f'(x)=|2x-1|$일 때, $f(2)$의 값은? [4.5점]

① $\frac{3}{4}$　② $\frac{5}{4}$　③ $\frac{7}{4}$
④ $\frac{9}{4}$　⑤ $\frac{11}{4}$

17 1592

삼차함수 $f(x)$의 도함수 $y=f'(x)$의 그래프는 그림과 같다. $\lim_{x \to \infty} \frac{f(x)}{x^3}=4$일 때, $f(1)-f(-1)$의 값은? [4.5점]

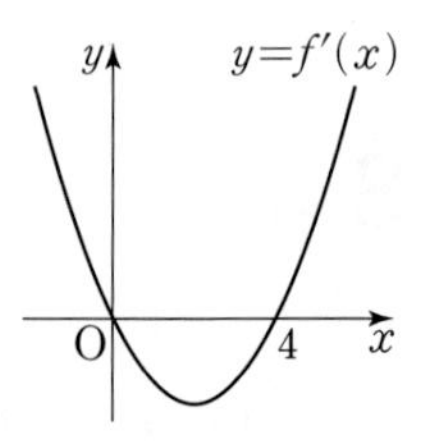

① 2　② 4
③ 6　④ 8
⑤ 10

18 1593

다항함수 $f(x)$가 모든 실수 x, y에 대하여

$$f(x+y)=f(x)+f(y)+3xy(x+y)+1$$

을 만족시킬 때, **〈보기〉**에서 옳은 것만을 있는 대로 고른 것은? [4.5점]

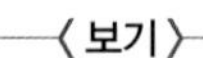

ㄱ. $f'(0)=f(1)$
ㄴ. $f'(0)=0$이면 함수 $f(x)$는 극값을 갖는다.
ㄷ. 함수 $f(x)$가 극값을 가질 때, 극댓값과 극솟값의 합은 -2이다.

① ㄱ　② ㄴ　③ ㄱ, ㄷ
④ ㄴ, ㄷ　⑤ ㄱ, ㄴ, ㄷ

서술형

19 1594

곡선 $y=f(x)$ 위의 점 $(x,\ f(x))$에서의 접선의 기울기가 $-3x^2+2$이고, 이 곡선이 점 $(1,\ 1)$을 지날 때, $f(3)$의 값을 구하는 과정을 서술하시오. [6점]

20 1595

삼차함수 $f(x)$의 도함수 $y=f'(x)$의 그래프가 그림과 같다.
함수 $f(x)$의 극솟값이 -2, 극댓값이 2일 때, $f(1)$의 값을 구하는 과정을 서술하시오. [9점]

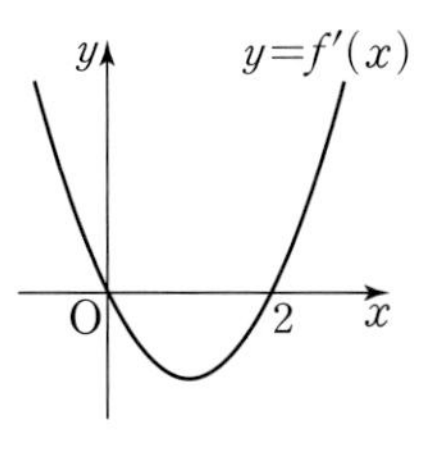

21 1596

함수 $F(x)$가 $F'(x)=f(x)$를 만족시킬 때,

$$F(x)-x^2=xf(x)-2x^3+3$$

이고 $f(-1)=8$이다. 이때 $F(x)-f(x)$를 구하는 과정을 서술하시오. [9점]

22 1597

모든 실수 x에 대하여 이차함수 $y=f(x)$가 다음 조건을 만족시킨다.

(가) $f(0)=-2$
(나) $f(-x)=f(x)$
(다) $f(f'(x))=f'(f(x))$

$F(x)=\int f(x)dx$일 때, 함수 $F(x)$가 $x=k$에서 극댓값을 갖는다. 상수 k의 값을 구하는 과정을 서술하시오. [10점]

앞으로 나가는 비결은

우선 **시작**하는 것이다.

– 마크 트웨인 –

정적분 08

III. 적분

08 정적분

1 정적분의 정의

(1) 닫힌구간 $[a, b]$에서 연속인 함수 $f(x)$의 한 부정적분을 $F(x)$라 할 때, $F(b)-F(a)$의 값을 함수 $f(x)$의 a에서 b까지의 **정적분**이라 하고, 기호로 다음과 같이 나타낸다.

$$\int_a^b f(x)dx=\Big[F(x)\Big]_a^b=F(b)-F(a)$$

예 $\int(2x+3)dx=x^2+3x+C$이므로

$\int_1^2(2x+3)dx=\Big[x^2+3x\Big]_1^2=(2^2+6)-(1^2+3)=6$

참고 정적분 $\int_a^b f(x)dx$의 값을 구하는 것을 함수 $f(x)$를 a에서 b까지 적분한다고 한다.
이때 a를 아래끝, b를 위끝, x를 적분변수, $f(x)$를 피적분함수라 한다.

(2) 일반적으로 정적분에서는 다음이 성립한다.

① $\int_a^a f(x)dx=0$

② $\int_a^b f(x)dx=-\int_b^a f(x)dx$

2 적분과 미분의 관계

함수 $f(t)$가 닫힌구간 $[a, b]$에서 연속일 때,

$$\frac{d}{dx}\int_a^x f(t)dt=f(x) \text{ (단, } a<x<b)$$

예 $\frac{d}{dx}\int_0^x(t^2+1)dt=x^2+1$

참고 함수 $f(t)$가 닫힌구간 $[a, b]$에서 연속일 때, $f(t)$의 한 부정적분을 $F(t)$라 하면

$$\int_a^x f(t)dt=\Big[F(t)\Big]_a^x=F(x)-F(a)$$

이므로

$$\frac{d}{dx}\int_a^x f(t)dt=\frac{d}{dx}\{F(x)-F(a)\}=F'(x)-0=f(x)$$

3 정적분의 성질 핵심 1

두 함수 $f(x)$, $g(x)$가 세 실수 a, b, c를 포함하는 구간에서 연속일 때

(1) $\int_a^b kf(x)dx=k\int_a^b f(x)dx$ (단, k는 상수)

(2) $\int_a^b\{f(x)+g(x)\}dx=\int_a^b f(x)dx+\int_a^b g(x)dx$

(3) $\int_a^b\{f(x)-g(x)\}dx=\int_a^b f(x)dx-\int_a^b g(x)dx$

(4) $\int_a^c f(x)dx+\int_c^b f(x)dx=\int_a^b f(x)dx$

Note

- 부정적분의 결과는 함수이지만 정적분의 결과는 실수이다.
- $\Big[F(x)+C\Big]_a^b$
$=\{F(b)+C\}-\{F(a)+C\}$
$=F(b)-F(a)=\Big[F(x)\Big]_a^b$
이므로 정적분의 계산에서 적분상수는 고려하지 않는다.
- 정적분에서 변수를 x 대신 다른 문자를 사용해도 그 값은 변하지 않는다. 즉,
$\int_a^b f(x)dx=\int_a^b f(y)dy$
$=\int_a^b f(t)dt$
- (4)는 a, b, c의 대소에 관계없이 성립한다.

4 정적분 $\int_{-a}^{a} x^n\,dx$의 계산 핵심 2

n이 자연수일 때, 정적분 $\int_{-a}^{a} x^n\,dx$에 대하여 다음이 성립한다.

(1) n이 짝수일 때, $\int_{-a}^{a} x^n\,dx=2\int_{0}^{a} x^n\,dx$

(2) n이 홀수일 때, $\int_{-a}^{a} x^n\,dx=0$

예 $\int_{-1}^{1}(2x^3+3x^2)dx=\int_{-1}^{1}2x^3\,dx+\int_{-1}^{1}3x^2\,dx$

$=0+2\int_{0}^{1}3x^2\,dx=2\Big[x^3\Big]_0^1=2$

참고 함수 $f(x)$가 닫힌구간 $[-a, a]$에서 연속일 때

(1) $f(x)$가 우함수, 즉 $f(-x)=f(x)$이면 $\int_{-a}^{a} f(x)dx=2\int_{0}^{a} f(x)dx$

(2) $f(x)$가 기함수, 즉 $f(-x)=-f(x)$이면 $\int_{-a}^{a} f(x)dx=0$

Note

- 다항함수인 우함수는 짝수 차수의 항 또는 상수항으로만 이루어진 함수로, 그 그래프는 y축에 대하여 대칭이다.
- 다항함수인 기함수는 홀수 차수의 항으로만 이루어진 함수로, 그 그래프는 원점에 대하여 대칭이다.

5 주기함수의 정적분

함수 $f(x)$가 모든 실수 x에 대하여 $f(x+p)=f(x)$ (p는 0이 아닌 상수)를 만족시키고 연속일 때

(1) $\int_{a}^{b} f(x)dx=\int_{a+p}^{b+p} f(x)dx=\int_{a+2p}^{b+2p} f(x)dx=\cdots=\int_{a+np}^{b+np} f(x)dx$ (단, n은 정수)

(2) $\int_{a}^{a+p} f(x)dx=\int_{b}^{b+p} f(x)dx$

(3) $\int_{a}^{a+np} f(x)dx=n\int_{0}^{p} f(x)dx$ (단, n은 정수)

6 정적분으로 정의된 함수 핵심 3~4

(1) 정적분으로 정의된 함수의 미분

① $\dfrac{d}{dx}\int_{a}^{x} f(t)dt=f(x)$ (단, a는 실수)

② $\dfrac{d}{dx}\int_{x}^{x+a} f(t)dt=f(x+a)-f(x)$ (단, a는 실수)

(2) 정적분으로 정의된 함수의 극한

① $\lim_{x\to 0}\dfrac{1}{x}\int_{a}^{x+a} f(t)dt=f(a)$

② $\lim_{x\to a}\dfrac{1}{x-a}\int_{a}^{x} f(t)dt=f(a)$

- 정적분의 결과는 일반적으로 상수이지만, 위끝 또는 아래끝에 변수가 있으면 정적분의 결과는 그 변수에 대한 함수이다.

핵심 1 정적분의 성질 유형 3~4

정적분의 값을 구해 보자.

(1) $\int_{1}^{2}(x^3+x)dx=\int_{1}^{2}x^3\,dx+\int_{1}^{2}x\,dx$ → $\int_a^b\{f(x)+g(x)\}dx=\int_a^b f(x)dx+\int_a^b g(x)dx$

$=\left[\frac{1}{4}x^4\right]_1^2+\left[\frac{1}{2}x^2\right]_1^2=\frac{1}{4}(16-1)+\frac{1}{2}(4-1)=\frac{21}{4}$

(2) $\int_{-1}^{3}(3x^2+x)dx-\int_{-1}^{3}(x+5)dx=\int_{-1}^{3}\{(3x^2+x)-(x+5)\}dx$ → $\int_a^b\{f(x)-g(x)\}dx=\int_a^b f(x)dx-\int_a^b g(x)dx$

$=\int_{-1}^{3}(3x^2-5)dx=\left[x^3-5x\right]_{-1}^{3}=12-4=8$

(3) $\int_{-1}^{0}(x^2+2x-1)dx+\int_{0}^{1}(x^2+2x-1)dx=\int_{-1}^{1}(x^2+2x-1)dx$ → $\int_a^c f(x)dx+\int_c^b f(x)dx=\int_a^b f(x)dx$

$=\left[\frac{1}{3}x^3+x^2-x\right]_{-1}^{1}=\frac{1}{3}-\frac{5}{3}=-\frac{4}{3}$

1598 다음 정적분의 값을 구하시오.

(1) $\int_{1}^{2}(8x^3-6x^2+1)dx$

(2) $\int_{-1}^{3}(x+3)^2\,dx-\int_{-1}^{3}(y-3)^2\,dy$

1599 $\int_{0}^{2}(x-1)^2\,dx-\int_{-1}^{2}(x+1)^2\,dx+\int_{-1}^{0}(x-1)^2\,dx$의 값을 구하시오.

핵심 2 정적분 $\int_{-a}^{a}x^n\,dx$의 계산 유형 8

정적분 $\int_{-1}^{1}(2x^7+3x^5+x^4-4x^3-3x^2+2)dx$의 값을 구해 보자.

$\int_{-1}^{1}(2x^7+3x^5+x^4-4x^3-3x^2+2)dx=\int_{-1}^{1}(2x^7+3x^5-4x^3)dx+\int_{-1}^{1}(x^4-3x^2+2)dx$

짝수 차수의 항과 상수항끼리, 홀수 차수의 항끼리 묶는다.

차수가 홀수일 때, $\int_{-a}^{a}x^n\,dx=0$ 차수가 짝수일 때, $\int_{-a}^{a}x^n\,dx=2\int_0^a x^n\,dx$

$=0+2\int_{0}^{1}(x^4-3x^2+2)dx$

$=2\left[\frac{1}{5}x^5-x^3+2x\right]_0^1=2\times\frac{6}{5}=\frac{12}{5}$

1600 다음 정적분의 값을 구하시오.

(1) $\int_{-1}^{1}(x^4+x^2-1)dx$

(2) $\int_{-2}^{2}(x^5+2x^3-6x)dx$

1601 다음 정적분의 값을 구하시오.

(1) $\int_{-2}^{2}(x^3+3x^2-7x)dx$

(2) $\int_{-1}^{1}(6x^5+5x^4+4x^3+3x^2+2x+1)dx$

핵심 3 정적분을 포함한 등식 $-f(x)=g(x)+\int_a^b f(t)dt$ 꼴 유형 12

모든 실수 x에서 $f(x)=3x^2-2x+\int_0^2 f(t)dt$를 만족시키는 함수 $f(x)$를 구해 보자.

→ 위끝, 아래끝이 상수이다.

❶ $\int_a^b f(t)dt=k$ (k는 상수)로 놓기

$\int_0^2 f(t)dt=k$ (k는 상수) …… ㉠라 하면 $f(x)=3x^2-2x+k$ …… ㉡

❷ ㉡을 ㉠에 대입하여 k의 값 구하기

$\int_0^2 (3t^2-2t+k)dt=k$에서 $\left[t^3-t^2+kt\right]_0^2=k$ $\therefore k=-4$

❸ 함수 $f(x)$ 완성하기

$k=-4$를 ㉡에 대입하면 $f(x)=3x^2-2x-4$

1602 모든 실수 x에 대하여 $f(x)=3x^2-4x+\int_{-1}^1 f(t)dt$를 만족시키는 함수 $f(x)$를 구하시오.

1603 함수 $f(x)$가 $f(x)=2x+\int_0^2 f(t)dt$를 만족시킬 때, $f(1)$의 값을 구하시오.

핵심 4 정적분을 포함한 등식 $-\int_a^x f(t)dt=g(x)$ 꼴 유형 13

모든 실수 x에서 $\int_1^x f(t)dt=x^3+ax^2+4x$를 만족시키는 함수 $f(x)$를 구해 보자.

❶ 등식의 양변에 $x=1$ 대입하기

$\int_1^x f(t)dt=x^3+ax^2+4x$의 양변에 $x=1$을 대입하면 ← $\int_a^a f(t)dt=0$을 이용한다.

$0=1+a+4$ $\therefore a=-5$

❷ 주어진 등식의 양변을 x에 대하여 미분하여 $f(x)$ 구하기

$\int_1^x f(t)dt=x^3-5x^2+4x$의 양변을 x에 대하여 미분하면 $f(x)=3x^2-10x+4$

→ $F(x)-F(1)$이므로 미분하면 $f(x)$가 된다.

1604 모든 실수 x에 대하여 $\int_{-1}^x f(t)dt=2x^2+ax+3$을 만족시키는 함수 $f(x)$를 구하시오.

1605 모든 실수 x에 대하여 $\int_1^x f(t)dt=x^3+x^2+2ax$를 만족시킬 때, $f(1)$의 값을 구하시오. (단, a는 상수이다.)

기출 유형 check
실전 준비하기

21유형, 155문항입니다.

기초유형 0 그래프의 대칭성 | 고등수학

(1) 정의역의 모든 원소 x에 대하여 $f(-x)=f(x)$이면 $y=f(x)$의 그래프는 y축에 대하여 대칭이다.
(2) 정의역의 모든 원소 x에 대하여 $f(-x)=-f(x)$이면 $y=f(x)$의 그래프는 원점에 대하여 대칭이다.

1606 대표문제

다음 함수 중 $f(-x)=-f(x)$를 만족시키는 함수를 모두 고르면? (정답 2개)

① $f(x)=x+1$
② $f(x)=4x$
③ $f(x)=2x^2-1$
④ $f(x)=x^3+x$
⑤ $f(x)=x^4+x^2$

1607 Level 1

이차함수 $f(x)=ax^2+bx+c$가 모든 실수 x에 대하여 $f(-x)=f(x)$를 만족시킬 때, b의 값을 구하시오.
(단, a, b, c는 상수이다.)

1608 Level 1

이차함수 $f(x)=x^2+ax+b$의 그래프가 y축에 대하여 대칭이고, 점 $(0, 3)$을 지날 때, 상수 a, b에 대하여 $a+b$의 값을 구하시오.

실전유형 1 정적분의 정의 빈출유형

(1) 닫힌구간 $[a, b]$에서 연속인 함수 $f(x)$의 한 부정적분을 $F(x)$라 하면

$$\int_a^b f(x)dx=\Big[F(x)\Big]_a^b=F(b)-F(a)$$

└ a, b의 대소에 관계없이 항상 성립한다.

(2) $\int_a^a f(x)dx=0$

(3) $\int_a^b f(x)dx=-\int_b^a f(x)dx$

1609 대표문제

$\int_0^2 (5x^4-6x^2+1)dx$의 값을 구하시오.

1610 Level 1

$\int_1^{-2} 4(x+3)(x-1)dx+\int_1^1 (3y-1)(2y+5)dy$의 값은?

① 32 ② 34 ③ 36
④ 38 ⑤ 40

1611 Level 1

$\int_0^1 (kx^2+1)dx=2$일 때, 상수 k의 값은?

① 1 ② 2 ③ 3
④ 4 ⑤ 5

1612

Level 1

$\int_0^k (2x-3)dx=10$일 때, 양수 k의 값을 구하시오.

1613

Level 1

함수 $f(x)=x^2+x+1$에 대하여 $\int_{-2}^4 (x-1)f(x)dx$의 값을 구하시오.

1614

Level 1

$\int_0^1 \left(\frac{x^4}{x^2+1}-\frac{1}{x^2+1}\right)dx$의 값은?

① $-\frac{5}{6}$ ② $-\frac{2}{3}$ ③ $\frac{1}{2}$
④ $\frac{2}{3}$ ⑤ $\frac{5}{6}$

1615

Level 2

함수 $f(x)=6x^2+2ax$가 $\int_0^1 f(x)dx=f(1)$을 만족시킬 때, 상수 a의 값을 구하시오.

1616

Level 2

함수 $f(x)=-4x^3+6kx$에 대하여 $\int_0^{-2} f(x)dx=4k$일 때, 상수 k의 값은?

① 1 ② 2 ③ 3
④ 4 ⑤ 5

1617

Level 2

함수 $f(x)=x+1$에 대하여

$$\int_0^2 \{f(x)\}^2dx=k\left\{\int_0^2 f(x)dx\right\}^2$$

일 때, 상수 k의 값을 구하시오.

다음은 이 유형에서 출제된 최근 교육청 · 평가원 기출문제입니다.

1618 · 교육청 2020년 4월

Level 1

$\int_0^1 (3x^2+2)dx$의 값은?

① 1 ② 2 ③ 3
④ 4 ⑤ 5

실전 유형 2 정적분의 정의의 활용

(1) 정적분의 정의를 이용하여 정적분 값을 구한 후 최댓값, 최솟값, 식 변형 등의 문제를 해결한다.
(2) 다항함수 $f(x)=a_nx^n+a_{n-1}x^{n-1}+\cdots+a_0$ 형태로 두고 조건에 따라 $f(x)$를 결정한 후 문제를 해결한다.

1619 대표문제

$\int_1^k (4x+2)dx$의 값이 최소가 되도록 하는 상수 k의 값을 m, 그때의 정적분의 값을 n이라 할 때, $m+n$의 값은?

① -7 ② -5 ③ -3
④ 0 ⑤ 3

1620 Level 1

$\int_{-1}^k (2x+5)dx$의 값이 최소가 되도록 하는 상수 k의 값은?

① $-\frac{11}{2}$ ② $-\frac{9}{2}$ ③ $-\frac{7}{2}$
④ $-\frac{5}{2}$ ⑤ $-\frac{3}{2}$

1621 Level 2

$\int_1^2 (3x^2-4kx+4)dx>3$을 만족시키는 정수 k의 최댓값은?

① 1 ② 2 ③ 3
④ 4 ⑤ 5

1622 Level 2

이차함수 $f(x)=x^2+ax+b$가 $\lim_{x\to 2}\frac{f(x)}{x-2}=1$을 만족시킬 때, $6\int_1^2 f(x)dx$의 값을 구하시오. (단, a, b는 상수이다.)

1623 Level 2

다항함수 $f(x)$가 다음 조건을 만족시킬 때, $f(0)$의 값을 구하시오.

(가) $\int f(x)dx=\{f(x)\}^2$ (나) $\int_{-1}^1 f(x)dx=50$

1624 Level 2

자연수 n에 대하여 $f(n)=\int_0^1 \frac{1}{n+1}x^{n+1}dx$일 때, $\sum_{n=1}^{100} f(n)$의 값은?

① $\frac{1}{100}$ ② $\frac{1}{101}$ ③ $\frac{1}{102}$
④ $\frac{50}{51}$ ⑤ $\frac{25}{51}$

1625 Level 3

이차함수 $f(x)=ax^2+bx$가 다음 조건을 만족시킬 때, $f(2)$의 값을 구하시오. (단, a, b는 상수이다.)

(가) $\lim_{x\to 1}\frac{f(x)-f(1)}{x^2-1}=-3$ (나) $\int_0^1 f(x)dx=-\frac{11}{3}$

+Plus 문제

실전 유형 3 정적분의 계산 - 실수배, 합, 차의 정적분

두 함수 $f(x)$, $g(x)$가 닫힌구간 $[a, b]$에서 연속일 때

(1) $\int_a^b kf(x)dx = k\int_a^b f(x)dx$ (단, k는 상수)

(2) $\int_a^b \{f(x)+g(x)\}dx = \int_a^b f(x)dx + \int_a^b g(x)dx$

(3) $\int_a^b \{f(x)-g(x)\}dx = \int_a^b f(x)dx - \int_a^b g(x)dx$

1626 대표문제

$\int_0^2 (2x+k)^2dx - \int_0^2 (2x-k)^2dx = 16$을 만족시키는 상수 k의 값은?

① 1 ② 2 ③ 3 ④ 4 ⑤ 5

1627 Level 1

$\int_0^1 (x+1)dx + \int_0^1 (x-1)dx$의 값은?

① 1 ② 2 ③ 3 ④ 4 ⑤ 5

1628 Level 1

$\int_{-3}^0 \frac{x^3}{x-2}dx - \int_{-3}^0 \frac{8}{x-2}dx$의 값은?

① 6 ② 12 ③ 18 ④ 24 ⑤ 30

1629 Level 1

$\int_0^{10} (x+1)^2dx - \int_0^{10} (x-1)^2dx$의 값을 구하시오.

1630 Level 2

$\int_0^2 \frac{x^2(x^2+x+1)}{x+1}dx + \int_2^0 \frac{y^2+y+1}{y+1}dy$의 값은?

① 2 ② 4 ③ 6 ④ 8 ⑤ 10

1631 Level 2

함수 $f(k) = \int_0^1 (2x-k)^2dx + \int_1^0 (2x^2+2)dx$의 최솟값은?

① $-\frac{10}{3}$ ② $-\frac{7}{3}$ ③ $-\frac{4}{3}$ ④ $-\frac{1}{3}$ ⑤ $\frac{2}{3}$

1632 고난도 Level 3

함수 $f(x)$가 $\int_0^1 f(x)dx = 1$, $\int_0^1 xf(x)dx = 5$를 만족시킬 때, $\int_0^1 (x-k)^2f(x)dx$의 값이 최소가 되도록 하는 실수 k의 값을 구하시오.

+Plus 문제

실전유형 4 정적분의 계산 – 나누어진 구간에서의 정적분 빈출유형

함수 $f(x)$가 세 실수 a, b, c를 포함하는 구간에서 연속일 때
$$\int_a^c f(x)dx+\int_c^b f(x)dx=\int_a^b f(x)dx$$

1633 대표문제

$\int_0^1 (4x-3)dx+\int_1^k (4x-3)dx=0$일 때, 양수 k의 값은?

① $\frac{3}{2}$ ② 2 ③ $\frac{5}{2}$
④ 3 ⑤ $\frac{7}{2}$

1634 Level 1

함수 $f(x)=-3x+7$에 대하여
$$\int_1^a f(x)dx-\int_1^2 f(x)dx=-4$$
를 만족시키는 모든 실수 a의 값의 곱은?

① $\frac{5}{3}$ ② 2 ③ $\frac{7}{3}$
④ $\frac{8}{3}$ ⑤ 3

1635 Level 1

$\int_0^3 (x+1)^2dx-\int_{-1}^3 (x-1)^2dx+\int_{-1}^0 (x-1)^2dx$의 값을 구하시오.

1636 Level 2

함수 $f(x)=4x^3+2x$에 대하여
$$\int_0^1 f(x)dx+\int_1^2 f(x)dx+\int_2^3 f(x)dx+\cdots+\int_9^{10} f(x)dx$$
의 값은?

① 7100 ② 8100 ③ 9100
④ 10100 ⑤ 11100

1637 Level 2

연속함수 $f(x)$에 대하여
$$\int_{-3}^{-1} f(x)dx=3,\ \int_{-3}^3 f(x)dx=6,\ \int_{-1}^5 f(x)dx=11$$
일 때, $\int_3^5 f(x)dx$의 값을 구하시오.

1638 Level 2

$-1\le x\le 3$에서 연속인 함수 $f(x)$가
$$\int_{-1}^1 f(x)dx=3,\ \int_3^0 f(x)dx=-2,\ \int_1^3 f(x)dx=5$$
일 때, $\int_{-1}^0 \{f(x)-2x\}dx$의 값을 구하시오.

1639 Level 3

이차함수 $f(x)$가
$$\int_{-1}^1 f(x)dx=\int_0^1 f(x)dx=\int_{-1}^0 f(x)dx$$
를 만족시킬 때, 함수 $f(x)$의 최솟값은 -1이다. 이때 $f(1)$의 값을 구하시오.

실전 유형 5 구간에 따라 다르게 정의된 함수의 정적분

함수 $f(x)=\begin{cases} g(x) & (x\geq c) \\ h(x) & (x<c) \end{cases}$가 닫힌구간 $[a, b]$에서 연속이고 $a<c<b$일 때

$$\int_a^b f(x)dx=\int_a^c h(x)dx+\int_c^b g(x)dx$$

1640 대표문제

함수 $f(x)=\begin{cases} (x-1)^2 & (x\geq 0) \\ x+1 & (x<0) \end{cases}$에 대하여 $\int_{-1}^1 f(x)dx$의 값은?

① $\frac{1}{6}$　② $\frac{1}{3}$　③ $\frac{1}{2}$
④ $\frac{2}{3}$　⑤ $\frac{5}{6}$

1641 Level 1

함수 $y=f(x)$의 그래프가 그림과 같을 때, $\int_{-3}^3 f(x)dx$의 값을 구하시오.

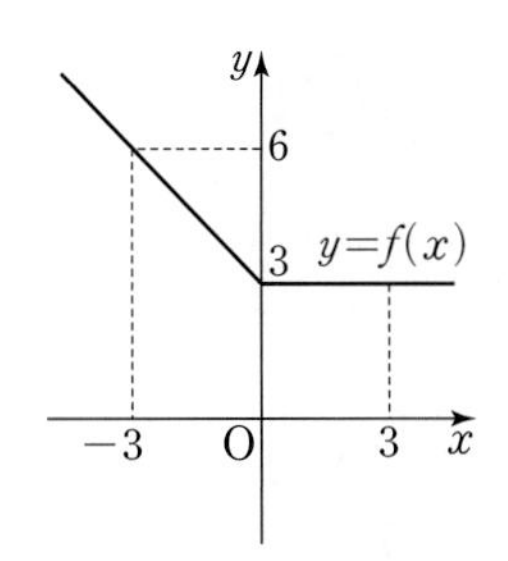

1642 Level 2

함수 $y=f(x)$의 그래프가 그림과 같을 때, $\int_{-1}^1 xf(x)dx$의 값은?

① $\frac{1}{3}$　② $\frac{2}{3}$
③ 1　④ $\frac{4}{3}$
⑤ $\frac{5}{3}$

1643 Level 2

함수 $f(x)=\begin{cases} 4x^2 & (x\leq 1) \\ -2x+6 & (x>1) \end{cases}$에 대하여 $\int_0^2 xf(x)dx$의 값은?

① $\frac{16}{3}$　② 6　③ $\frac{20}{3}$
④ $\frac{22}{3}$　⑤ 8

1644 Level 2

함수 $f(x)=\begin{cases} x-2 & (x<2) \\ x^2-4x+4 & (x\geq 2) \end{cases}$에 대하여 $\int_{-2}^2 f(x+2)dx$의 값은?

① $\frac{2}{3}$　② 1　③ $\frac{4}{3}$
④ $\frac{5}{3}$　⑤ 2

1645 Level 2

함수 $y=f(x)$의 그래프가 그림과 같을 때, $\int_{-3}^3 f(x)dx$의 값은?

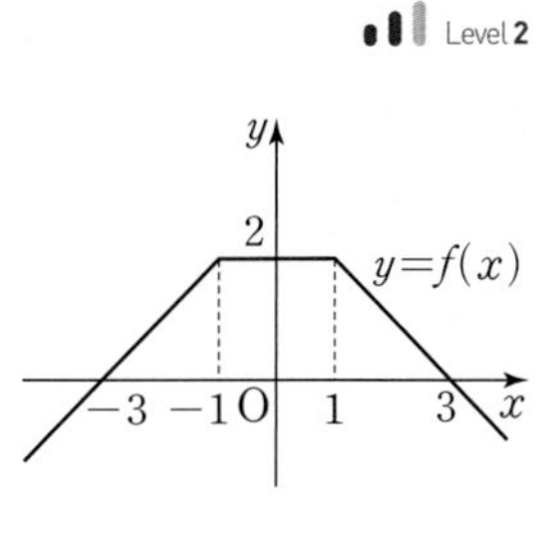

① 4　② 5
③ 6　④ 7
⑤ 8

1646

Level 3

함수 $f(x)=\begin{cases} -x^2+x+2 & (x<0) \\ x+2 & (x\geq 0) \end{cases}$에 대하여

$\int_{-a}^{a} f(x)dx=-\frac{4a}{3}$를 만족시키는 양수 a의 값은?

① 2 ② 3 ③ 4
④ 5 ⑤ 6

+Plus 문제

다음은 이 유형에서 출제된 최근 교육청 • 평가원 기출문제입니다.

1647

• 교육청 2017년 10월

Level 2

함수 $f(x)$를 $f(x)=\begin{cases} 2x+2 & (x<0) \\ -x^2+2x+2 & (x\geq 0) \end{cases}$라 하자.

양의 실수 a에 대하여 $\int_{-a}^{a} f(x)dx$의 최댓값은?

① 5 ② $\frac{16}{3}$ ③ $\frac{17}{3}$
④ 6 ⑤ $\frac{19}{3}$

1648

신경향 • 2022학년도 대학수학능력시험

Level 3

실수 전체의 집합에서 미분가능한 함수 $f(x)$가 다음 조건을 만족시킨다.

> (가) 닫힌구간 $[0, 1]$에서 $f(x)=x$이다.
> (나) 어떤 상수 a, b에 대하여 구간 $[0, \infty)$에서 $f(x+1)-xf(x)=ax+b$이다.

$60\times\int_{1}^{2} f(x)dx$의 값을 구하시오.

실전유형 6 절댓값 기호를 포함한 함수의 정적분

빈출유형

절댓값 기호를 포함한 함수의 정적분은 다음과 같은 순서로 구한다.

❶ 절댓값 기호 안의 식의 값이 0이 되게 하는 x의 값을 경계로 적분 구간을 나눈다.

❷ $\int_{a}^{b} f(x)dx=\int_{a}^{c} f(x)dx+\int_{c}^{b} f(x)dx$임을 이용하여 정적분의 값을 구한다.

1649 대표문제

$\int_{-2}^{4} |x^2-2x|dx$의 값은?

① $\frac{44}{3}$ ② 15 ③ $\frac{46}{3}$
④ $\frac{47}{3}$ ⑤ 16

1650

Level 1

$\int_{1}^{3} \frac{|x^2-4|}{x+2}dx$의 값은?

① 1 ② $\frac{3}{2}$ ③ 2
④ $\frac{5}{2}$ ⑤ 3

1651

Level 2

$\int_{0}^{a} |x-3|dx=17$을 만족시키는 상수 a의 값은? (단, $a>3$)

① $\frac{15}{2}$ ② 8 ③ $\frac{17}{2}$
④ 9 ⑤ $\frac{19}{2}$

1652

Level 2

$\int_{0}^{a}|x^2-1|dx=2$를 만족시키는 상수 a의 값은? (단, $a>1$)

① 1 ② $\frac{3}{2}$ ③ 2

④ $\frac{5}{2}$ ⑤ 3

1653

Level 2

$\int_{-2}^{2}(|x-1|+|x+1|)dx$의 값은?

① 2 ② 4 ③ 6

④ 8 ⑤ 10

1654

Level 2

함수 $f(x)=|x|+|x-1|$의 최솟값을 a라 할 때, $\int_{-1}^{a}f(x)dx$의 값은?

① 2 ② 3 ③ 4

④ 5 ⑤ 6

1655

Level 2

$\int_{0}^{2}|x^2(x-1)|dx$의 값은?

① $\frac{3}{2}$ ② 2 ③ $\frac{5}{2}$

④ 3 ⑤ $\frac{7}{2}$

1656

Level 3

두 함수 $f(x)=|x-2|$, $g(x)=x^2+1$에 대하여 $\int_{0}^{2}(f\circ g)(x)dx$의 값은?

① 1 ② $\frac{3}{2}$ ③ 2

④ $\frac{5}{2}$ ⑤ 3

+Plus 문제

1657 고난도

Level 3

삼차함수 $f(x)=x^3-3x-1$이 있다. 실수 t ($t\geq-1$)에 대하여 $-1\leq x\leq t$에서 $|f(x)|$의 최댓값을 $g(t)$라 하자. $\int_{-1}^{1}g(t)dt=\frac{q}{p}$일 때, $p+q$의 값을 구하시오.

(단, p, q는 서로소인 자연수이다.)

다음은 이 유형에서 출제된 최근 교육청 · 평가원 기출문제입니다.

1658 · 2019학년도 대학수학능력시험

Level 2

$\int_{1}^{4}(x+|x-3|)dx$의 값을 구하시오.

실전 유형 7 $\int_a^b f'(x)dx$의 계산

닫힌구간 $[a, b]$에서 연속인 함수 $f(x)$의 도함수를 $f'(x)$라 하면

$$\int_a^b f'(x)dx=\Big[f(x)\Big]_a^b=f(b)-f(a)$$

1659 대표문제

다항함수 $f(x)$에 대하여 $\int_1^5 \{f'(x)-2x\}dx=3$, $f(1)=-4$일 때, $f(5)$의 값은?

① 15 ② 17 ③ 19
④ 21 ⑤ 23

1660 Level 1

삼차함수 $y=f(x)$의 그래프가 그림과 같고
$f(-1)=f(1)=f(2)=0$,
$f(0)=2$일 때,
$\int_0^2 f'(x)dx$의 값은?

① -2 ② -1 ③ 0
④ 1 ⑤ 2

1661 Level 1

사차함수 $y=f(x)$의 그래프가 그림과 같고
$f(-2)=f(-1)=f(1)=0$,
$f(0)=4$일 때,
$\int_{-2}^0 f'(x)dx$의 값은?

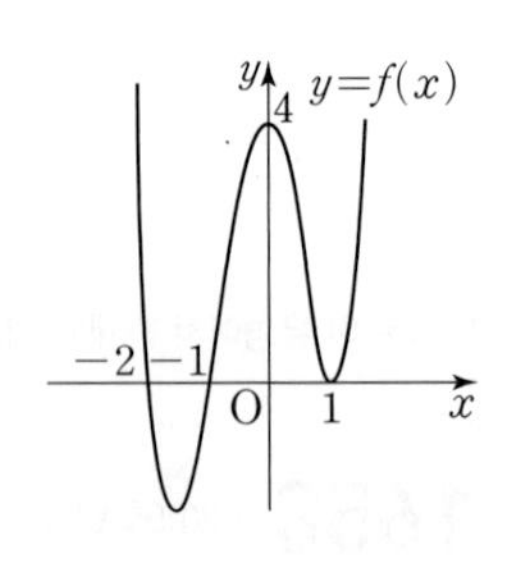

① 1 ② 2 ③ 3
④ 4 ⑤ 5

1662 Level 2

미분가능한 함수 $y=f(x)$의 그래프 위의 점 $(1, 4)$에서의 접선이 점 $(-1, -12)$를 지날 때, $\int_{-1}^1 f'(1)dx$의 값은?

① 8 ② 12 ③ 16
④ 20 ⑤ 24

1663 Level 2

삼차함수 $y=f(x)$의 그래프가 그림과 같고 함수 $f(x)$가 극댓값 $f(1)=1$과 극솟값 $f(2)=-2$를 가지며 $f(0)=-2$이다. 이때

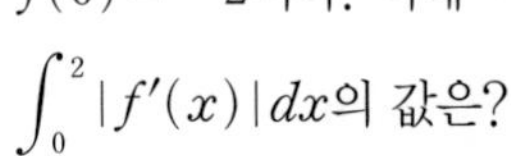

$\int_0^2 |f'(x)|dx$의 값은?

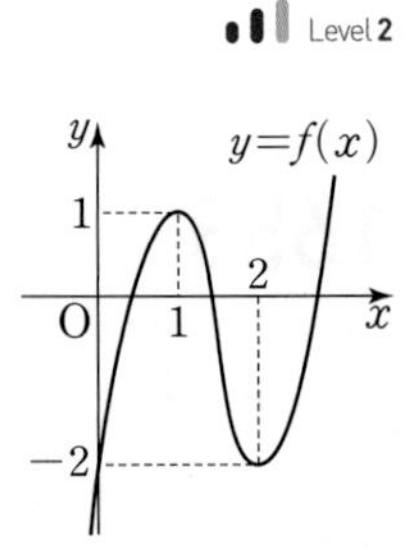

① 6 ② 7 ③ 8
④ 9 ⑤ 10

1664 Level 3

다항함수 $f(x)$가 $f(-1)=2$이고

$$\int_{-1}^1 2xf(x)dx+\int_{-1}^1 x^2f'(x)dx=20$$

을 만족시킬 때, $f(1)$의 값은?

① 21 ② 22 ③ 23
④ 24 ⑤ 25

실전 유형 8 우함수·기함수의 정적분 - $\int_{-a}^{a} x^n dx$의 계산

(1) $f(x)=x^n$ (n은 짝수)

➜ $\int_{-a}^{a} f(x)dx=2\int_{0}^{a} f(x)dx$

(2) $f(x)=x^n$ (n은 홀수)

➜ $\int_{-a}^{a} f(x)dx=0$

1665 대표문제

실수 a에 대하여 $\int_{-a}^{a}(3x^2+2x)dx=\frac{1}{4}$일 때, $50a$의 값을 구하시오.

1666 Level 1

$\int_{-3}^{3}(x^3+4x^2)dx+\int_{3}^{-3}(x^3+x^2)dx$의 값은?

① 36　② 42　③ 48　④ 54　⑤ 60

1667 Level 1

$\int_{-1}^{0}(4x^3+3x^2+2x)dx-\int_{1}^{0}(4x^3+3x^2+2x)dx$의 값은?

① 1　② 2　③ 3　④ 4　⑤ 5

1668 Level 2

$\int_{-1}^{1}\left(4x^3+x^2-\frac{1}{2}x+a\right)dx=2$일 때, 상수 a의 값을 구하시오.

1669 Level 2

$\int_{-a}^{a}(5x^3+3x^2+4x+a)dx=(a+1)^2$을 만족시키는 모든 실수 a의 값의 합은?

① -1　② $-\frac{1}{2}$　③ $-\frac{1}{3}$　④ $-\frac{1}{4}$　⑤ $-\frac{1}{5}$

1670 Level 3

세 정수 a, b, c에 대하여 함수
$f(x)=x^4+ax^3+bx^2+cx+10$이 다음 조건을 만족시킨다.

(가) 모든 실수 a에 대하여 $\int_{-a}^{a} f(x)dx=2\int_{0}^{a} f(x)dx$이다.
(나) $-6<f'(1)<-2$

함수 $f(x)$의 극솟값을 구하시오.

+Plus 문제

08

심화 유형 9 우함수 · 기함수의 정적분

(1) $f(-x)=f(x)$인 함수(우함수)

→ $\int_{-a}^{a} f(x)dx=2\int_{0}^{a} f(x)dx$

(2) $f(-x)=-f(x)$인 함수(기함수)

→ $\int_{-a}^{a} f(x)dx=0$

1671 대표문제

다항함수 $f(x)$가 모든 실수 x에 대하여 $f(-x)=f(x)$, $\int_{0}^{2} f(x)dx=1$일 때, $\int_{-2}^{2} (x^3-x+1)f(x)dx$의 값은?

① 2 ② 4 ③ 6
④ 8 ⑤ 10

1672

Level 1

다항함수 $f(x)$가 모든 실수 x에 대하여 $f(-x)=f(x)$를 만족시킨다. $f(2)=2$일 때, $\int_{-2}^{2} f'(x)dx$의 값은?

① -4 ② -2 ③ 0
④ 2 ⑤ 4

1673

Level 1

다항함수 $f(x)$가 모든 실수 x에 대하여

$$f(-x)=f(x),\ \int_{0}^{1} xf'(x)dx=1$$

일 때, $\int_{-1}^{1} (x+1)f'(x)dx$의 값은?

① -4 ② -2 ③ 0
④ 2 ⑤ 4

1674

Level 2

다항함수 $f(x)$가 다음 조건을 만족시킨다.

> (가) 임의의 실수 x에 대하여 $f(-x)=-f(x)$이다.
> (나) $\int_{-1}^{0} f(x)dx=-1$, $\int_{1}^{4} f(x)dx=2$

$\int_{0}^{4} f(x)dx$의 값은?

① 0 ② 1 ③ 2
④ 3 ⑤ 4

1675

Level 2

다항함수 $f(x)$가 다음 조건을 만족시킬 때, $\int_{-3}^{3} f(x)dx$의 값을 구하시오.

> (가) 임의의 실수 x에 대하여 $f(-x)=f(x)$이다.
> (나) $\int_{-2}^{0} f(x)dx=2$, $\int_{2}^{3} f(x)dx=4$

1676

Level 2

다항함수 $f(x)$가 모든 실수 x에 대하여

$$f(-x)=f(x),\ \int_{0}^{1} f(x)dx=5$$

일 때, $\int_{-1}^{1} (2x^3-3x+3)f(x)dx$의 값은?

① 10 ② 20 ③ 30
④ 40 ⑤ 50

1677

Level 2

다항함수 $f(x)$가 모든 실수 x에 대하여

$$f(-x)=-f(x),\ f(1)=2$$

일 때, $\int_{-1}^{1} f'(x)(x^3-2x+2)dx$의 값은?

① 6　② 8　③ 10　④ 12　⑤ 14

1678

Level 2

다항함수 $f(x)$가 모든 실수 x에 대하여

$$f(-x)=-f(x),\ \int_{0}^{1} xf(x)dx=5$$

일 때, $\int_{-1}^{1} (x^2+x-2)f(x)dx$의 값은?

① 10　② 20　③ 30　④ 40　⑤ 50

1679 고난도

Level 3

두 다항함수 $f(x)$, $g(x)$가 모든 실수 x에 대하여

$$f(-x)=-f(x),\ g(-x)=g(x)$$

를 만족시킨다. 함수 $h(x)=f(x)g(x)$에 대하여

$\int_{-3}^{3} (x+5)h'(x)dx=10$일 때, $h(3)$의 값은?

① 1　② 2　③ 3　④ 4　⑤ 5

실전유형 10 주기함수의 정적분

연속함수 $f(x)$가 모든 실수 x에 대하여
$f(x+p)=f(x)$ (p는 0이 아닌 상수)이면

(1) $\int_{a}^{b} f(x)dx=\int_{a+p}^{b+p} f(x)dx=\int_{a+2p}^{b+2p} f(x)dx=\cdots$

(2) $\int_{a}^{a+p} f(x)dx=\int_{b}^{b+p} f(x)dx$

1680 대표문제

연속함수 $f(x)$가 모든 실수 x에 대하여 $f(x+3)=f(x)$, $\int_{1}^{4} f(x)dx=4$를 만족시킬 때, $\int_{4}^{10} f(x)dx$의 값은?

① 2　② 4　③ 6　④ 8　⑤ 10

1681

Level 2

연속함수 $f(x)$가 모든 실수 x에 대하여 $f(x)=f(x+2)$를 만족시키고, $-1\le x\le 1$에서 $f(x)=x^2$이다. 이때 $\int_{-3}^{5} f(x)dx$의 값은?

① $\frac{2}{3}$　② $\frac{5}{3}$　③ $\frac{8}{3}$　④ $\frac{11}{3}$　⑤ $\frac{14}{3}$

1682

Level 2

연속함수 $f(x)$는 임의의 실수 x에 대하여 다음 조건을 만족시킨다.

(가) $f(-x)=f(x)$	(나) $f(x)=f(x+2)$

$\int_{0}^{1} f(x)dx=4$일 때, $\int_{-2}^{4} f(x)dx$의 값을 구하시오.

1683

Level 2

실수 전체의 집합에서 정의된 연속함수 $f(x)$가
$f(x)=f(x+4)$를 만족시키고

$$f(x)=\begin{cases} -4x+2 & (0\le x<2) \\ x^2-2x+a & (2\le x\le 4) \end{cases}$$

일 때, $\int_9^{11} f(x)dx$의 값은? (단, a는 상수이다.)

① -8 ② $-\frac{26}{3}$ ③ $-\frac{28}{3}$
④ -10 ⑤ $-\frac{32}{3}$

1684

Level 2

실수 전체의 집합에서 정의된 함수 $f(x)$가 다음 조건을 만족시킨다.

> (가) $f(x)=\begin{cases} x^3 & (0\le x<1) \\ -x^2+2x & (1\le x<2) \end{cases}$
> (나) 모든 실수 x에 대하여 $f(x+2)=f(x)$이다.

$\int_0^1 f(x)dx+\int_2^3 f(x)dx$의 값을 구하시오.

1685

Level 2

연속함수 $f(x)$가 다음 조건을 만족시킨다.

> (가) $-2\le x\le 2$일 때, $f(x)=x^3-4x+2$이다.
> (나) 모든 실수 x에 대하여 $f(x)=f(x+4)$이다.

$\int_{2022}^{2024} f(x)dx$의 값은?

① 5 ② 6 ③ 7
④ 8 ⑤ 9

1686

Level 2

함수 $f(x)$는 모든 실수 x에 대하여 $f(x+3)=f(x)$를 만족시키고,

$$f(x)=\begin{cases} x & (0\le x<1) \\ 1 & (1\le x<2) \\ -x+3 & (2\le x<3) \end{cases}$$

이다. $\int_{-a}^{a} f(x)dx=13$일 때, 상수 a의 값을 구하시오.

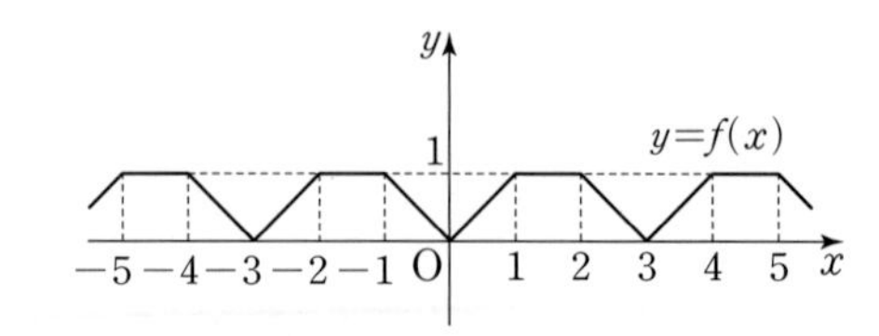

1687

Level 3

연속함수 $f(x)$가 모든 실수 x에 대하여 다음 조건을 만족시킨다.

> (가) $f(-x)=f(x)$
> (나) $f(x+2)=f(x)$
> (다) $\int_{-1}^{1}(2x+3)f(x)dx=15$

$\int_{-6}^{10} f(x)dx$의 값을 구하시오.

다음은 이 유형에서 출제된 최근 교육청 • 평가원 기출문제입니다.

1688 • 교육청 2020년 7월

Level 3

모든 실수 x에 대하여 $f(x)\ge 0$, $f(x+3)=f(x)$이고
$\int_{-1}^{2}\{f(x)+x^2-1\}^2dx$의 값이 최소가 되도록 하는 연속함수 $f(x)$에 대하여 $\int_{-1}^{26} f(x)dx$의 값을 구하시오.

실전유형 11 조건이 주어진 함수의 정적분

조건에 따라 함수 $f(x)$를 식으로 표현하고 정적분한다.
(1) 함수 $f(x)$와 $g(x)$의 그래프가 $x=a$인 점에서 만나면 함수 $h(x)=f(x)-g(x)$는 $x-a$를 인수로 갖는다.
(2) 함수 $f(x)$가 $f(a)=k$이면 함수 $f(x)-k$는 $x-a$를 인수로 갖는다.
(3) 함수 $f(x)$와 $g(x)$의 그래프가 $x=a$에서 접하면 함수 $h(x)=f(x)-g(x)$는 $(x-a)^2$을 인수로 갖는다.

1689 대표문제

최고차항의 계수가 1인 이차함수 $f(x)$에 대하여 $f(1)=f(2)=2$일 때, $\int_0^2 f(x)dx$의 값은?

① $\frac{8}{3}$ ② $\frac{10}{3}$ ③ 4
④ $\frac{14}{3}$ ⑤ $\frac{16}{3}$

1690 Level 2

최고차항의 계수가 1인 이차함수 $y=f(x)$의 그래프와 직선 $y=g(x)$는 두 점 $(0, 0)$, $(1, a)$에서 만난다. $\int_0^1 f(x)dx=\frac{1}{3}$일 때, a의 값을 구하시오.

1691 Level 2

최고차항의 계수가 1인 삼차함수 $y=f(x)$와 이차함수 $y=g(x)$의 그래프는 원점에서 접하고, $x=2$에서 만난다. $\int_0^2 g(x)dx=\frac{2}{3}$일 때, $\int_0^2 f(x)dx$의 값은?

① $-\frac{2}{3}$ ② $-\frac{1}{3}$ ③ 0
④ $\frac{1}{3}$ ⑤ $\frac{2}{3}$

1692 Level 2

최고차항의 계수가 1인 두 사차함수 $f(x)$, $g(x)$가 다음 조건을 만족시킬 때, $f(3)-g(3)$의 값을 구하시오.

(가) 두 함수 $y=f(x)$, $y=g(x)$의 그래프가 만나는 세 점의 x좌표는 각각 -1, 0, 2이다.
(나) $\int_0^2 f(x)dx=4$, $\int_0^2 g(x)dx=12$

1693 고난도 Level 3

최고차항의 계수가 1인 사차함수 $f(x)$가 다음 조건을 만족시킬 때, $\int_0^4 f(x)dx$의 값을 구하시오.

(가) 모든 실수 x에 대하여 $f(2-x)=f(2+x)$이다.
(나) $f'(0)=f(0)=0$

+Plus 문제

다음은 이 유형에서 출제된 최근 교육청·평가원 기출문제입니다.

1694 · 교육청 2018년 7월 Level 2

최고차항의 계수가 1이고 $f(0)=0$인 삼차함수 $f(x)$가 다음 조건을 만족시킨다.

(가) $f(2)=f(5)$
(나) 방정식 $f(x)-p=0$의 서로 다른 실근의 개수가 2가 되게 하는 실수 p의 최댓값은 $f(2)$이다.

$\int_0^2 f(x)dx$의 값은?

① 25 ② 28 ③ 31
④ 34 ⑤ 37

실전유형 12 정적분을 포함한 등식 – 적분 구간이 상수인 경우

빈출유형

$f(x)=g(x)+\int_a^b f(t)dt$ (a, b는 상수) 꼴의 등식이 주어지면 $f(x)$는 다음과 같은 순서로 구한다.

❶ $\int_a^b f(t)dt=k$ (k는 상수)로 놓는다.

❷ $f(x)=g(x)+k$를 $\int_a^b f(t)dt=k$에 대입하여 k의 값을 구한다.

❸ k의 값을 $f(x)=g(x)+k$에 대입하여 $f(x)$를 구한다.

1695 대표문제

다항함수 $f(x)$가

$$f(x)=3x^2-4x+\int_0^3 f(t)dt$$

를 만족시킬 때, $f(0)$의 값은?

① $-\frac{7}{2}$ ② $-\frac{9}{2}$ ③ $-\frac{11}{2}$
④ $-\frac{13}{2}$ ⑤ $-\frac{15}{2}$

1696

Level 2

다항함수 $f(x)$가

$$f(x)=12x+\int_0^3 xf'(x)dx$$

를 만족시킬 때, $f(-3)$의 값을 구하시오.

1697

Level 2

다항함수 $f(x)$가

$$f(x)=x^3+x+\int_0^2 f'(t)dt$$

를 만족시킬 때, $f(3)$의 값은?

① 20 ② 40 ③ 60
④ 80 ⑤ 100

1698

Level 2

다항함수 $f(x)$가

$$f(x)=x^2-2x+\int_0^1 tf(t)dt$$

를 만족시킬 때, $f(3)$의 값은?

① $\frac{13}{6}$ ② $\frac{5}{2}$ ③ $\frac{17}{6}$
④ $\frac{19}{6}$ ⑤ $\frac{7}{2}$

1699

Level 2

다항함수 $f(x)$, $g(x)$가

$$f(x)=3x^2+\int_0^1 g'(t)dt,\ g(x)=2x\int_0^1 f(t)dt$$

를 만족시킬 때, $f(1)$의 값은?

① -1 ② 0 ③ 1
④ 2 ⑤ 3

1700

Level 2

이차함수 $f(x)$가

$$f(x)=\frac{12}{7}x^2-2x\int_1^2 f(t)dt+\left\{\int_1^2 f(t)dt\right\}^2$$

일 때, $10\int_1^2 f(x)dx$의 값을 구하시오.

1701

Level 3

다항함수 $f(x)$가

$$f(x)=20x^3+\int_0^1 (x+t)f(t)dt$$

를 만족시킬 때, $f(-1)$의 값은?

① 10 ② 12 ③ 14
④ 16 ⑤ 18

다음은 이 유형에서 출제된 최근 교육청 • 평가원 기출문제입니다.

1702 • 평가원 2021년 6월

Level 2

함수 $f(x)$가 모든 실수 x에 대하여

$$f(x)=4x^3+x\int_0^1 f(t)dt$$

를 만족시킬 때, $f(1)$의 값은?

① 6 ② 7 ③ 8
④ 9 ⑤ 10

1703 • 교육청 2020년 10월

Level 2

다항함수 $f(x)$의 한 부정적분 $g(x)$가 다음 조건을 만족시킨다.

(가) $f(x)=2x+2\int_0^1 g(t)dt$
(나) $g(0)-\int_0^1 g(t)dt=\frac{2}{3}$

$g(1)$의 값은?

① -2 ② $-\frac{5}{3}$ ③ $-\frac{4}{3}$
④ -1 ⑤ $-\frac{2}{3}$

실전유형 13 정적분을 포함한 등식 - 적분 구간에 변수가 있는 경우(1)

빈출유형

$\int_a^x f(t)dt=g(x)$ (a는 상수) 꼴의 등식이 주어지면
(1) 등식의 양변에 $x=a$를 대입한다.
→ $\int_a^a f(t)dt=0$이므로 $g(a)=0$
(2) 등식의 양변을 x에 대하여 미분한다.
→ $\frac{d}{dx}\int_a^x f(t)dt=f(x)$이므로 $f(x)=g'(x)$

1704 대표문제

다항함수 $f(x)$가 모든 실수 x에 대하여

$$\int_1^x f(t)dt=x^3+ax^2-3x+1$$

을 만족시킬 때, $f(a)$의 값은? (단, a는 상수이다.)

① -2 ② -1 ③ 0
④ 1 ⑤ 2

1705

Level 1

다항함수 $f(x)$가 모든 실수 x에 대하여
$\int_a^x f(t)dt=x^2-3x-4$를 만족시킬 때, 양수 a의 값은?

① 1 ② 2 ③ 3
④ 4 ⑤ 5

1706

Level 1

다항함수 $f(x)$가 모든 실수 x에 대하여
$\int_{a+2}^x f(t)dt=x^3-x$를 만족시킬 때, 모든 실수 a의 값의 합은?

① -3 ② -4 ③ -5
④ -6 ⑤ -7

1707
Level 1

함수 $F(x)=\int_{0}^{x}(t^3-1)dt$에 대하여 $F'(2)$의 값은?

① 11 ② 9 ③ 7
④ 5 ⑤ 3

1708
Level 1

함수 $f(x)$가

$$f(x)=\int_{0}^{x}(2at+1)dt$$

이고 $f'(2)=17$일 때, 상수 a의 값을 구하시오.

1709
Level 2

다항함수 $f(x)$가 모든 실수 x에 대하여

$$\int_{a}^{x}f(t)dt=\frac{1}{3}x^3-9$$

를 만족시킬 때, $f(a)$의 값을 구하시오. (단, a는 실수이다.)

1710
Level 2

상수함수가 아닌 다항함수 $f(x)$가 모든 실수 x에 대하여

$$\int_{1}^{x}f(t)dt=\{f(x)\}^2$$

을 만족시킬 때, $f(3)$의 값은?

① 1 ② 2 ③ 3
④ 4 ⑤ 5

1711
Level 2

다항함수 $f(x)$에 대하여

$$\int_{0}^{x}f(t)dt=x^3-2x^2-2x\int_{0}^{1}f(t)dt$$

일 때, $f(0)=a$라 하자. $60a$의 값을 구하시오.

1712
Level 2

다항함수 $f(x)$가 모든 실수 x에 대하여

$$\int_{1}^{x}f(t)dt=xf(x)-3x^4+2x^2$$

을 만족시킬 때, $f(0)$의 값은?

① 1 ② 2 ③ 3
④ 4 ⑤ 5

다음은 이 유형에서 출제된 최근 교육청 • 평가원 기출문제입니다.

1713 • 교육청 2017년 7월

Level 1

함수 $f(x)=\int_0^x(3t^2+5)dt$에 대하여

$\lim_{x\to2}\frac{f(x)-f(2)}{x-2}$의 값을 구하시오.

1714 • 교육청 2017년 10월

Level 2

다항함수 $f(x)$에 대하여

$$xf(x)=\int_{-1}^x\{f(t)+2t^2+t\}dt$$

일 때, $f(3)$의 값은?

① 10 ② 12 ③ 14
④ 16 ⑤ 18

1715 • 교육청 2017년 10월

Level 2

함수 $f(x)=\int_2^x(t^2-3t+2)dt$에 대하여

$\lim_{x\to1+}\frac{|f'(x)|}{x-1}$의 값은?

① 0 ② $\frac{1}{2}$ ③ 1
④ $\frac{3}{2}$ ⑤ 2

심화유형 14 정적분을 포함한 등식 – 적분 구간에 변수가 있는 경우(2)

$\int_a^x f(t)dt=g(x)$ (a는 상수) 꼴의 등식과 조건이 주어지면
(1) 등식의 양변을 x에 대하여 미분한다. ➜ $f(x)=g'(x)$
(2) 등식의 양변에 $x=a$를 대입한다. ➜ $g(a)=0$
(3) 나머지정리 등의 조건을 이용한다.

1716 대표문제

다항함수 $f(x)$에 대하여 $f(x)+x^2+\int_1^x f(t)dt$가 $(x-1)^2$으로 나누어떨어질 때, $f'(x)$를 $x-1$로 나누었을 때의 나머지는?

① -1 ② -2 ③ -3
④ -4 ⑤ -5

1717

Level 2

다항함수 $f(x)$에 대하여 $f(x)+2x+1+\int_0^x f(t)dt$가 x^2으로 나누어떨어질 때, $f'(x)$를 x로 나누었을 때의 나머지를 구하시오.

1718

Level 2

최고차항의 계수가 1인 이차함수 $f(x)$와 다항함수 $g(x)$는 다음 조건을 만족시킨다.

> (가) $g(x)=\int_1^x\{f'(t)f(t)\}dt$
> (나) 모든 실수 k에 대하여 $\int_{-k}^k g(x)dx=2\int_0^k g(x)dx$이다.

$\lim_{x\to-1}\frac{g(x)}{x+1}=4$일 때, $f(1)$의 값은?

① -1 ② -2 ③ -3
④ -4 ⑤ -5

1719

Level 2

다항함수 $f(x)$에 대하여 $g(x)=\int_{1}^{x} f(t)dt$라 할 때, 〈보기〉에서 옳은 것만을 있는 대로 고른 것은?

〈보기〉

ㄱ. $g(x)=x^2-3x+2$이면 $f(x)=2x-3$이다.

ㄴ. $f(x)=4x^3-3x+1$이면 $\lim_{x\to 1}\frac{g(x^2)}{x-1}=18$이다.

ㄷ. $f(x)=3x^2+2g(2)$일 때, $f(4)=34$이다.

① ㄱ ② ㄱ, ㄴ ③ ㄱ, ㄷ
④ ㄴ, ㄷ ⑤ ㄱ, ㄴ, ㄷ

1720

Level 2

두 다항함수 $f(x)$, $g(x)$가 다음 조건을 만족시킨다.

모든 실수 x에 대하여
(가) $f(x)g(x)=x^3+3x^2-x-3$
(나) $f'(x)=1$
(다) $g(x)=2\int_{1}^{x} f(t)dt$

$\int_{0}^{3} 3g(x)dx$의 값을 구하시오.

+Plus 문제

다음은 이 유형에서 출제된 최근 교육청 · 평가원 기출문제입니다.

1721

• 2019학년도 대학수학능력시험

Level 2

다항함수 $f(x)$가 모든 실수 x에 대하여

$$\int_{1}^{x} \left\{\frac{d}{dt}f(t)\right\}dt=x^3+ax^2-2$$

를 만족시킬 때, $f'(a)$의 값은? (단, a는 상수이다.)

① 1 ② 2 ③ 3
④ 4 ⑤ 5

실전 유형 15 정적분을 포함한 등식 – 적분 구간에 변수만 있는 경우

(1) $\frac{d}{dx}\int_{a}^{x+p} f(t)dt=f(x+p)$

(2) $\frac{d}{dx}\int_{x+q}^{x+p} f(t)dt=f(x+p)-f(x+q)$

1722 대표문제

함수 $f(x)=\int_{x-1}^{x} (t^3-t)dt$일 때, $\int_{0}^{2} f'(x)dx$의 값은?

① -4 ② -2 ③ 0
④ 2 ⑤ 4

1723

Level 1

함수 $f(x)=\int_{x}^{x+1} t^2dt$일 때, $f'(1)$의 값은?

① 1 ② 2 ③ 3
④ 4 ⑤ 5

1724

Level 2

함수 $f(x)=\int_{x-1}^{x+1} (t^2-t)dt$일 때, 곡선 $y=f(x)$ 위의 점 $(2, f(2))$에서의 접선의 기울기는?

① -6 ② -3 ③ 0
④ 3 ⑤ 6

1725

Level 2

함수 $f(x)$의 한 부정적분을 $F(x)$라 하자.

$F(x)=\int_{x-2}^{x} t^3dt$일 때, 함수 $f(x)$의 최솟값은?

① 1 ② 2 ③ 3
④ 4 ⑤ 5

1726

Level 2

함수 $f(x)=\int_{x-1}^{x}(t^3-kt)dt$일 때, 곡선 $y=f(x)$ 위의 점 $(t, f(t))$에서의 접선의 기울기의 최솟값이 $-\frac{3}{4}$일 때, 상수 k의 값은?

① $\frac{1}{2}$ ② 1 ③ $\frac{3}{2}$
④ 2 ⑤ $\frac{5}{2}$

1727

Level 2

함수 $f(x)=\int_{x-1}^{x+1} t^4dt$일 때, 곡선 $y=f(x)$ 위의 점 $(1, f(1))$에서의 접선이 x축과 만나는 점의 좌표는?

① $\frac{1}{5}$ ② $\frac{2}{5}$ ③ $\frac{3}{5}$
④ $\frac{4}{5}$ ⑤ 1

실전유형 16 정적분을 포함한 등식 – 적분 구간과 피적분함수에 변수가 있는 경우

$\int_{a}^{x}(x-t)f(t)dt=g(x)$ (a는 상수) 꼴의 등식이 주어지면 $f(x)$는 다음과 같은 순서로 구한다.

❶ 등식의 양변에 $x=a$를 대입한다. → $g(a)=0$
❷ 등식의 좌변을 $x\int_{a}^{x}f(t)dt-\int_{a}^{x}tf(t)dt$로 변형한다.
❸ 양변을 x에 대하여 두 번 미분하여 $f(x)$를 구한다.

1728 대표문제

다항함수 $f(x)$가 임의의 실수 x에 대하여

$$\int_{1}^{x}(x-t)f(t)dt=2x^3-10x^2+14x-6$$

를 만족시킬 때, $f(0)$의 값은?

① -10 ② -20 ③ -30
④ -40 ⑤ -50

1729

Level 2

다항함수 $f(x)$가 임의의 실수 x에 대하여

$$\int_{1}^{x}(x-t)f(t)dt=2x^4+ax^2-12x+8$$

를 만족시킬 때, $a+f(1)$의 값을 구하시오.

(단, a는 상수이다.)

1730

Level 2

다항함수 $f(x)$가 임의의 실수 x에 대하여

$$\int_{0}^{x}(x-t)f'(t)dt=x^3+x^2$$

을 만족시키고 $f(0)=2$일 때, $f(1)$의 값은?

① 3 ② 5 ③ 7
④ 9 ⑤ 11

08

1731

Level 2

다항함수 $f(x)$가 모든 실수 x에 대하여

$$3xf(x)=7\int_1^x (x-t)f(t)dt-6x^2$$

을 만족시킬 때, $f'(1)$의 값은?

① -2 ② -1 ③ 0
④ 1 ⑤ 2

1732

Level 2

다항함수 $f(x)$가 임의의 실수 x에 대하여

$$\int_1^x (x-t)f(t)dt=x^3-2ax^2+bx$$

를 만족시킬 때, $f(1)$의 값은? (단, a, b는 상수이다.)

① 2 ② 4 ③ 6
④ 8 ⑤ 10

+Plus 문제

1733 고난도

Level 3

두 다항함수 $f(x)$, $g(x)$가 다음 조건을 만족시킨다.

(가) $f'(1)=g'(1)=6$
(나) $g(x)=\int_0^x (x-t)f(t)dt$
(다) $g(x)$는 삼차함수이다.

$g(4)$의 값을 구하시오.

실전유형 17 정적분으로 정의된 함수의 극대·극소

$f(x)=\int_a^x g(t)dt$ (a는 상수)와 같이 정의된 함수 $f(x)$의 극값은 다음과 같은 순서로 구한다.

❶ 양변을 x에 대하여 미분한다. → $f'(x)=g(x)$
❷ $f'(x)=0$을 만족시키는 실수 x의 값을 구한다.
❸ ❷에서 구한 x의 값을 주어진 식에 대입하여 극값을 구한다.

1734 대표문제

함수 $f(x)=\int_x^{x+1} (t^3-t)dt$의 극댓값은?

① $-\frac{3}{4}$ ② $-\frac{1}{4}$ ③ 0
④ $\frac{1}{4}$ ⑤ $\frac{3}{4}$

1735

Level 1

함수 $f(x)=\int_0^x (t^2-t+a)dt$가 $x=3$에서 극솟값을 가질 때, 상수 a의 값은?

① -12 ② -9 ③ -6
④ -3 ⑤ 0

1736

Level 1

$f(x)=\int_x^{x+a} (t^2-2t)dt$가 $x=0$에서 극솟값을 가질 때, 양수 a의 값은?

① 1 ② 2 ③ 3
④ 4 ⑤ 5

● 정답 및 풀이 350쪽

1737

Level 2

함수 $f(x)=\int_0^x (3t^2+2at+b)dt$가 $x=2$에서 극댓값 0을 가질 때, $a-b$의 값은? (단, a, b는 상수이다.)

① -2 ② -4 ③ -6
④ -8 ⑤ -10

1738

Level 2

최고차항의 계수가 1인 삼차함수 $f(x)$에 대하여
함수 $g(x)$를 $g(x)=\int_2^x (t-2)f'(t)dt$라 하자. 함수 $g(x)$가 $x=0$에서만 극값을 가질 때, $g(0)$의 값은?

① -2 ② $-\frac{5}{2}$ ③ -3
④ $-\frac{7}{2}$ ⑤ -4

1739

Level 3

양수 a, b에 대하여 함수 $f(x)=\int_0^x (t-a)(t-b)dt$가 다음 조건을 만족시킬 때, $a+b$의 값은?

> (가) 함수 $f(x)$는 $x=\frac{1}{2}$에서 극값을 갖는다.
> (나) $f(a)-f(b)=\frac{1}{6}$

① 1 ② 2 ③ 3
④ 4 ⑤ 5

1740

Level 3

삼차함수 $f(x)=x^3-3x+a$에 대하여
함수 $F(x)=\int_0^x f(t)dt$가 오직 하나의 극값을 갖도록 하는 양수 a의 최솟값은?

① 1 ② 2 ③ 3
④ 4 ⑤ 5

+Plus 문제

08

다음은 이 유형에서 출제된 최근 교육청 • 평가원 기출문제입니다.

1741 • 평가원 2021학년도 9월

Level 2

함수 $f(x)=-x^2-4x+a$에 대하여 함수

$$g(x)=\int_0^x f(t)dt$$

가 닫힌구간 $[0, 1]$에서 증가하도록 하는 실수 a의 최솟값을 구하시오.

1742  • 교육청 2020년 10월

Level 3

최고차항의 계수가 4인 삼차함수 $f(x)$에 대하여 함수 $g(x)$를

$$g(x)=\int_0^x f(t)dt-xf(x)$$

라 하자. 모든 실수 x에 대하여 $g(x)\le g(3)$이고 함수 $g(x)$는 오직 1개의 극값만 갖는다. $\int_0^1 g'(x)dx$의 값은?

① 8 ② 9 ③ 10
④ 11 ⑤ 12

심화유형 18 정적분으로 정의된 함수의 최대·최소

정적분으로 정의된 함수의 최댓값, 최솟값을 구할 때
→ 양변을 x에 대하여 미분하여 $f(x)$ 또는 $f'(x)$를 구한 후 $f(x)$의 최댓값, 최솟값을 구한다.

1743 대표문제

$0\le x\le 3$에서 함수 $f(x)=\int_{0}^{x}(t-2)(t-4)dt$의 최댓값은?

① $\frac{14}{3}$　② $\frac{16}{3}$　③ 6
④ $\frac{20}{3}$　⑤ $\frac{22}{3}$

1744

Level 2

$0\le x\le 4$에서 함수 $f(x)=\int_{1}^{x}3t(t-2)dt$의 최댓값과 최솟값의 합은?

① 8　② 10　③ 12
④ 14　⑤ 16

1745

Level 2

$-2\le x\le 1$에서 함수 $f(x)=\int_{x}^{x+1}(t^2+t)dt$의 최댓값을 M, 최솟값을 m이라 할 때, $M-m$의 값은?

① 2　② 4　③ 6
④ 8　⑤ 10

1746

Level 2

다항함수 $f(x)$가 임의의 실수 x에 대하여
$f(x)=6x^2-2\int_{0}^{1}xf(t)dt$를 만족시킬 때, $f(x)$의 최솟값은?

① $-\frac{1}{9}$　② $-\frac{1}{6}$　③ $-\frac{1}{3}$
④ $\frac{2}{3}$　⑤ 1

1747

Level 2

다항함수 $f(x)$가 임의의 실수 x에 대하여
$\int_{0}^{x}(t-x)f(t)dt=x^4-x^3+3x^2$을 만족시킬 때, $f(x)$의 최댓값은?

① -4　② $-\frac{17}{4}$　③ $-\frac{9}{2}$
④ -5　⑤ $-\frac{21}{4}$

실전 유형 19 정적분으로 정의된 함수의 그래프

함수 $y=f(x)$의 그래프가 주어지고 $F(x)=\int_a^x f(t)dt$일 때, 그래프로부터 $f(x)$를 식으로 나타내고, $F'(x)=f(x)$임을 이용하여 $F(x)$를 구한다.

1748 대표문제

다항함수 $f(x)$에 대하여 $F(x)=\int_1^x f(t)dt$이고 이차함수 $y=F(x)$의 그래프가 그림과 같다. 함수 $y=f(x)$의 그래프가 점 $(2,\ -2)$를 지날 때, $f(0)$의 값을 구하시오.

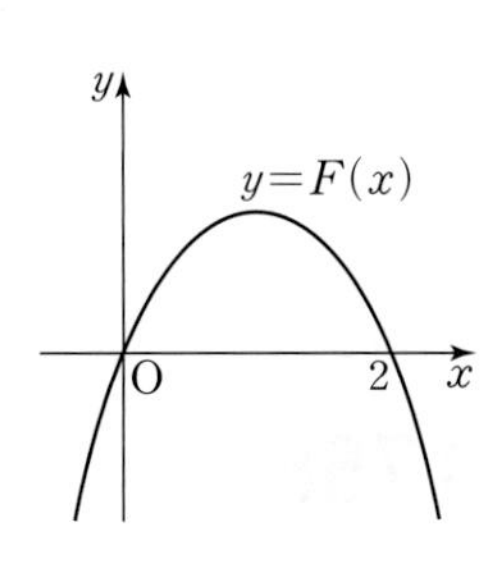

1749 Level 2

다항함수 $f(x)$에 대하여 $F(x)=\int_0^x f(t)dt$이고 삼차함수 $y=F(x)$의 그래프가 그림과 같다. 함수 $y=f(x)$의 그래프가 점 $(1,\ -1)$을 지날 때, 함수 $f(x)$의 최솟값을 구하시오.

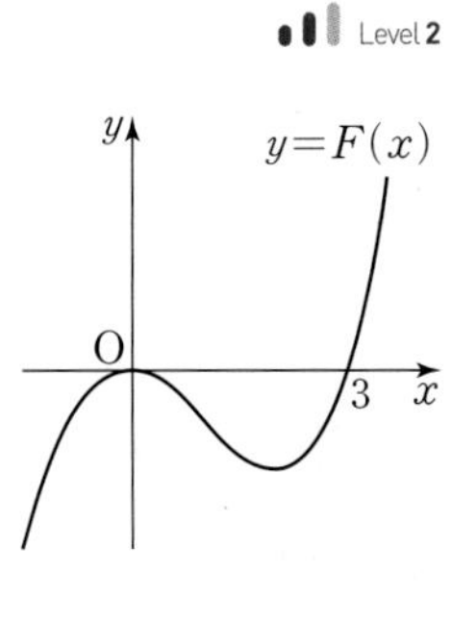

1750 Level 2

이차함수 $y=f(x)$의 그래프가 그림과 같다. 함수 $g(x)$를 $g(x)=\int_1^x f(t)dt$라 할 때, $g(x)$의 극솟값은?

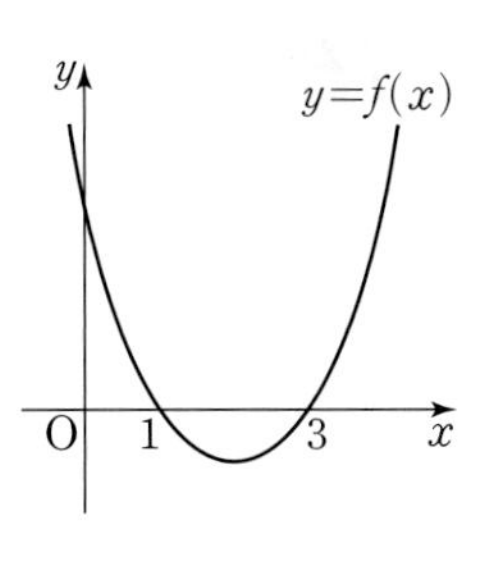

① $g(1)$　② $g(2)$　③ $g(3)$　④ $g(4)$　⑤ $g(5)$

1751 Level 2

최고차항의 계수가 1인 삼차함수 $y=f(x)$의 그래프가 그림과 같다. 함수 $g(x)=\int_2^x f(t)dt$의 극댓값은?

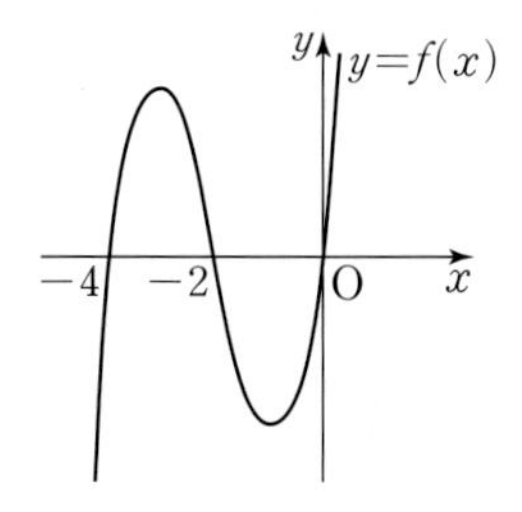

① -28　② -29　③ -30　④ -31　⑤ -32

1752 Level 2

이차함수 $y=f(x)$의 그래프가 그림과 같을 때, 함수 $g(x)$를 $g(x)=\int_x^{x+1} f(t)dt$라 하자. 함수 $g(x)$가 $x=a$에서 최소일 때, a의 값은?

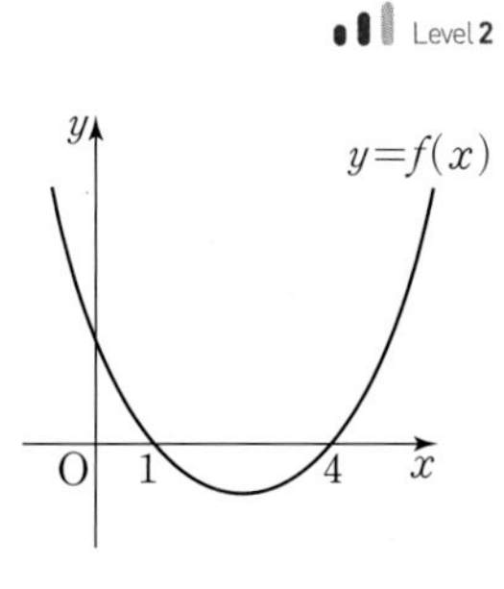

① 1　② 2　③ $\frac{5}{2}$　④ 4　⑤ $\frac{11}{2}$

1753 Level 2

최고차항의 계수가 -1인 삼차함수 $y=f(x)$의 그래프가 그림과 같다. 함수 $F(x)$를 $F(x)=\int_0^x f(t)dt$라 할 때, 구간 $[-2,\ 2]$에서 $F(x)$의 최솟값은?

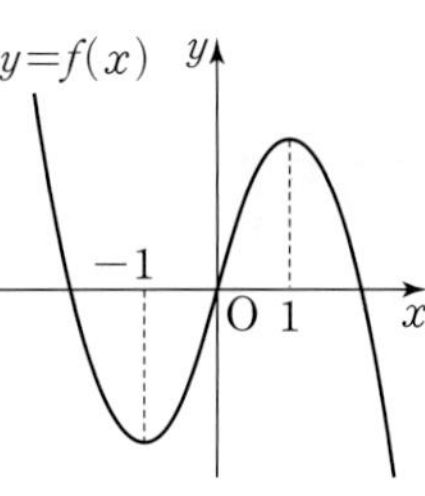

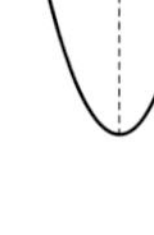

① 0　② 1　③ 2　④ 3　⑤ 4

실전유형 20 정적분으로 정의된 함수의 극한 (복합유형)

함수 $f(x)$의 한 부정적분을 $F(x)$라 할 때

(1) $\lim_{x\to 0}\frac{1}{x}\int_a^{a+x} f(t)dt=\lim_{x\to 0}\frac{F(a+x)-F(a)}{x}$
$=F'(a)=f(a)$

(2) $\lim_{x\to 0}\frac{1}{x}\int_a^{a+kx} f(t)dt=k\lim_{x\to 0}\frac{F(a+kx)-F(a)}{kx}$
$=kF'(a)=kf(a)$

(3) $\lim_{x\to a}\frac{1}{x-a}\int_a^{x} f(t)dt=\lim_{x\to a}\frac{F(x)-F(a)}{x-a}$
$=F'(a)=f(a)$

1754 대표문제

함수 $f(x)=x^3+3x^2-2x-1$에 대하여

$\lim_{x\to 2}\frac{1}{x-2}\int_2^{x} f(t)dt$의 값은?

① 7 ② 9 ③ 11
④ 13 ⑤ 15

1755 Level 2

함수 $f(x)=3x^2-4x+1$에 대하여

$\lim_{x\to 2}\frac{1}{x^2-4}\int_2^{x} f(t)dt$의 값은?

① $\frac{3}{4}$ ② 1 ③ $\frac{5}{4}$
④ $\frac{3}{2}$ ⑤ $\frac{7}{4}$

1756 Level 2

함수 $f(x)=3x^4-3x^2+x$에 대하여

$\lim_{x\to 1}\frac{1}{x-1}\int_1^{x^2} f(t)dt$의 값은?

① 1 ② 2 ③ 3
④ 4 ⑤ 5

1757 Level 2

함수 $f(x)=4x^2-x+a$에 대하여

$\lim_{h\to 0}\frac{1}{h}\int_{1-h}^{1+3h} f(x)dx=8$일 때, 상수 a의 값은?

① -2 ② -1 ③ 0
④ 1 ⑤ 2

1758 Level 2

$\lim_{x\to 0}\frac{1}{x}\int_{2-2x}^{2+2x} |1-t^2|dt$의 값을 구하시오.

1759 Level 2

다항함수 $f(x)$가 $\lim_{x\to 1}\frac{\int_1^{x} f(t)dt-f(x)}{x^2-1}=2$를 만족시킬 때, $f'(1)$의 값을 구하시오.

+Plus 문제

1760 Level 2

다항함수 $f(x)$가 임의의 실수 x에 대하여

$\int_0^{x} f(t)dt=x^3+nx$를 만족시키고 $f(1)=4$일 때,

$\lim_{x\to 1}\frac{1}{x^2-1}\int_1^{x} t^2f(t)dt$의 값은? (단, n은 자연수이다.)

① 1 ② 2 ③ 3
④ 4 ⑤ 5

서술형 유형 익히기

1761 대표문제

연속함수 $f(x)$가 다음 조건을 만족시킨다.

> (가) $-2\le x\le 2$일 때, $f(x)=-x^2+4$
> (나) 모든 실수 x에 대하여 $f(x)=f(x+4)$

$\int_{-2}^{10} f(x)dx$의 값을 구하는 과정을 서술하시오. [8점]

STEP 1 주기함수의 성질을 이용하여 적분 구간이 $-2\le x\le 2$가 되도록 바꾸기 [6점]

$f(x)=f(x+4)$이므로

$$\int_{-2}^{2} f(x)dx=\int_{2}^{\boxed{(1)}} f(x)dx=\int_{\boxed{(2)}}^{10} f(x)dx$$

$$\therefore \int_{-2}^{10} f(x)dx=\int_{-2}^{2} f(x)dx+\int_{2}^{6} f(x)dx+\int_{6}^{10} f(x)dx$$
$$=\boxed{(3)}\times\int_{-2}^{2} f(x)dx$$
$$=6\int_{0}^{2} f(x)dx$$

STEP 2 정적분의 값 구하기 [2점]

$$6\int_{0}^{2}(-x^2+4)dx=6\left[-\frac{1}{3}x^3+4x\right]_0^2=\boxed{(4)}$$

핵심 KEY 유형 10 주기함수의 정적분

주기함수의 성질을 이용하여 정적분의 값을 구하는 문제이다.
위의 대표문제를 예로 들면 $f(x)$는 주기가 4인 주기함수이므로
$\int_{-2}^{10} f(x)dx=\int_{-2}^{2} f(x)dx+\int_{2}^{6} f(x)dx+\int_{6}^{10} f(x)dx$로 나눌 수 있고, 주기함수의 성질에 따라 나눈 값들은 모두 같음을 이용한다.

1762 한번 더

연속함수 $f(x)$가 다음 조건을 만족시킨다.

> (가) $-1\le x\le 1$일 때, $f(x)=|x|$
> (나) 모든 실수 x에 대하여 $f(x)=f(x+2)$

$\int_{0}^{10} f(x)dx$의 값을 구하는 과정을 서술하시오. [8점]

STEP 1 주기가 2임을 이용하여 적분 구간 나누기 [4점]

STEP 2 주기함수의 성질을 이용하여 식 간단히 하기 [2점]

STEP 3 대칭성을 이용하여 정적분의 값 구하기 [2점]

1763 유사 1

연속함수 $f(x)$가 다음 조건을 만족시킨다.

> (가) $-1\le x\le 1$일 때, $f(x)=f(-x)$
> (나) 모든 실수 x에 대하여 $f(x)=f(x+2)$
> (다) $\int_{0}^{1} f(x)dx=1$

$\int_{-5}^{10} f(x)dx$의 값을 구하는 과정을 서술하시오. [8점]

1764 대표문제

다항함수 $f(x)$가 $f(x)=x^3+2x+\int_0^2 f'(t)dt$를 만족시킬 때, $f(1)$의 값을 구하는 과정을 서술하시오. [7점]

STEP 1 $\int_0^2 f'(t)dt=k$ (k는 상수)라 하고 $f(x)$의 식 세우기 [2점]

정적분 값은 상수이므로 $\int_0^2 f'(t)dt=k$ (k는 상수)라 하면

$f(x)=x^3+2x+$ (1) [ ]

STEP 2 $f'(x)$를 $\int_0^2 f'(t)dt=k$에 대입하여 상수 k의 값 구하기 [3점]

$f'(x)=$ (2) [ ] 이므로

$k=\int_0^2 f'(t)dt=\int_0^2($ (3) [ ] $)dt=$ (4) [ ]

STEP 3 $f(x)$를 구하고, $f(1)$의 값 구하기 [2점]

따라서 $f(x)=x^3+2x+$ (5) [ ] 이므로

$f(1)=$ (6) [ ]

1765 한번 더

다항함수 $f(x)$가 $f(x)=3x^2+2x+\int_0^2 f(t)dt$를 만족시킬 때, $f(1)$의 값을 구하는 과정을 서술하시오. [7점]

STEP 1 $\int_0^2 f(t)dt=k$ (k는 상수)라 하고 $f(x)$의 식 세우기 [2점]

STEP 2 $f(x)$를 $\int_0^2 f(t)dt=k$에 대입하여 상수 k의 값 구하기 [3점]

STEP 3 $f(x)$를 구하고, $f(1)$의 값 구하기 [2점]

1766 유사 1

이차함수 $f(x)$가

$$f(x)=3x^2-2x\int_0^1 f(t)dt+\left\{\int_0^1 f(t)dt\right\}^2$$

일 때, $f(1)$의 값을 구하는 과정을 서술하시오. [8점]

핵심 KEY 유형 12 정적분을 포함한 등식 - 적분 구간이 상수인 경우

적분 구간이 상수인 정적분을 포함한 함수를 적분하는 문제이다. 정적분 값은 상수이기 때문에 $\int_0^2 f'(t)dt=k$ (k는 상수)라 하면 $f(x)=x^3+2x+k$를 얻을 수 있고, $\int_0^2 f'(t)dt=k$에 $f'(t)$를 대입하여 문제를 해결할 수 있다.

1767 대표문제

함수 $f(x)=\int_0^x (t^3-3t^2-4t)dt$의 극댓값을 구하는 과정을 서술하시오. [7점]

STEP 1 $f'(x)$ 구하기 [2점]

$f(x)=\int_0^x (t^3-3t^2-4t)dt$의 양변을 x에 대하여 미분하면

$f'(x)=$ (1) ☐

STEP 2 $f(x)$가 극댓값을 갖는 x의 값 구하기 [4점]

$f'(x)$의 부호를 조사하여 함수 $f(x)$의 증가, 감소를 표로 나타내면 다음과 같다.

x	$\cdots$	(2) ☐	$\cdots$	(3) ☐	$\cdots$	(4) ☐	$\cdots$
$f'(x)$	$-$	0	$+$	0	$-$	0	$+$
$f(x)$	↘	극소	↗	극대	↘	극소	↗

STEP 3 $f(x)$의 극댓값 구하기 [1점]

따라서 함수 $f(x)$의 극댓값은

$f($(5) ☐$)=\int_0^{(6)☐} (t^3-3t^2-4t)dt=$ (7) ☐

1768 한번 더

함수 $f(x)=\int_a^x (3t^2-2t-1)dt$의 극솟값이 9일 때, 상수 a의 값을 구하는 과정을 서술하시오. [8점]

STEP 1 $f'(x)$ 구하기 [2점]

STEP 2 $f(x)$가 극솟값을 갖는 x의 값 구하기 [3점]

STEP 3 상수 a의 값 구하기 [3점]

1769 유사 1

함수 $f(x)=\int_x^{x+4} (t^2-2t)dt$의 최솟값을 구하는 과정을 서술하시오. [8점]

핵심 KEY 유형 17, 유형 18 정적분으로 정의된 함수의 극대·극소, 최대·최소

$f(x)=\int_0^x g(t)dt$에서 미분을 이용하여 $f(x)$의 극값을 구하는 문제이다. 위 식에서 양변을 x에 대하여 미분하면 $f'(x)=g(x)$이므로 함수 $f(x)$의 증가·감소를 조사하여 문제를 해결한다.

실력 check 실전 마무리하기 1회

점 / 100점

• 선택형 21문항, 서술형 4문항입니다.

1 1770

$\int_{1}^{2}(4x^3+2x-1)dx$의 값은? [3점]

① 17 ② 18 ③ 19
④ 20 ⑤ 21

2 1771

$\int_{0}^{1}(4x^3+kx+1)dx\geq 0$을 만족시키는 실수 k의 최솟값은? [3점]

① -4 ② -2 ③ 0
④ 2 ⑤ 4

3 1772

$\int_{0}^{1}\frac{x^3}{x-2}dx+\int_{1}^{0}\frac{8}{y-2}dy$의 값은? [3점]

① 5 ② $\frac{16}{3}$ ③ $\frac{17}{3}$
④ 6 ⑤ $\frac{19}{3}$

4 1773

$\int_{0}^{k}(3x^2+1)dx+\int_{-2}^{0}(3x^2+1)dx=20$일 때, 실수 k의 값은? [3점]

① 1 ② 2 ③ 3
④ 4 ⑤ 5

5 1774

다음을 계산하면? [3점]

$$\int_{-1}^{3}(5x^3+x^2-7x)dx-\int_{2}^{3}(5x^3+x^2-7x)dx+\int_{2}^{1}(5x^3+x^2-7x)dx$$

① 0 ② $\frac{1}{3}$ ③ $\frac{2}{3}$
④ $\frac{5}{3}$ ⑤ 4

6 1775

$\int_{-1}^{2} 3x|x-1|dx$의 값은? [3점]

① $\frac{1}{6}$ ② $\frac{1}{3}$ ③ $\frac{1}{2}$
④ $\frac{2}{3}$ ⑤ $\frac{5}{6}$

7 1776

함수 $f(x)=x^3+2x-4$에 대하여

$$\lim_{x\to2}\frac{1}{x-2}\int_{2}^{x} f(t)dt+\lim_{h\to0}\frac{1}{h}\int_{3}^{3+h} f(x)dx$$

의 값은? [3점]

① 34 ② 35 ③ 36
④ 37 ⑤ 38

8 1777

함수 $f(x)=\begin{cases} x+3 & (-3\le x\le 0) \\ 3-3x^2 & (0<x<1) \end{cases}$은 모든 실수 x에 대하여 $f(x+4)=f(x)$를 만족시킨다. 이때 $\int_{0}^{9} f(x)dx$의 값은? [3.5점]

① 13 ② $\frac{27}{2}$ ③ 14
④ $\frac{29}{2}$ ⑤ 15

9 1778

최고차항의 계수가 4인 삼차함수 $f(x)$가
$f(1)=f(2)=f(3)=k$를 만족시킨다.
$\int_{0}^{1} f(x)dx=4$일 때, 상수 k의 값은? [3.5점]

① -5 ② -1 ③ 1
④ 5 ⑤ 13

10 1779

함수 $f(x)$에 대하여 $f(x)=x^2-2x+\int_{0}^{2} f(t)dt$가 성립할 때, $f(3)$의 값은? [3.5점]

① $\frac{8}{3}$ ② 4 ③ $\frac{13}{3}$
④ 5 ⑤ $\frac{16}{3}$

11 1780

다항함수 $f(x)$가 모든 실수 x에 대하여

$$\int_{2}^{x} f(t)dt=x^4-x^3+ax$$

를 만족시킬 때, $\int_{-1}^{1} f(x)dx$의 값은? (단, a는 상수이다.)

[3.5점]

① -20　② -10　③ 0
④ 10　⑤ 20

12 1781

다항함수 $f(x)$가

$$\int_{0}^{x} (x-t)f(t)dt=2x^3-4x^2$$

을 만족시킬 때, $f(1)$의 값은? [3.5점]

① 2　② 3　③ 4
④ 5　⑤ 6

13 1782

최고차항의 계수가 1인 삼차함수 $f(x)$가 $x=1$과 $x=3$에서 극값을 갖는다. 이때 $\int_{3}^{1} f'(x)dx$의 값은? [3.5점]

① 4　② $\frac{13}{3}$　③ $\frac{14}{3}$
④ 5　⑤ $\frac{16}{3}$

14 1783

함수 $f(x)=\int_{-1}^{x} 4t^2(t-3)dt$의 최솟값은? [3.5점]

① -16　② -24　③ -32
④ -40　⑤ -48

15 1784

이차함수 $y=f(x)$의 그래프가 그림과 같다.

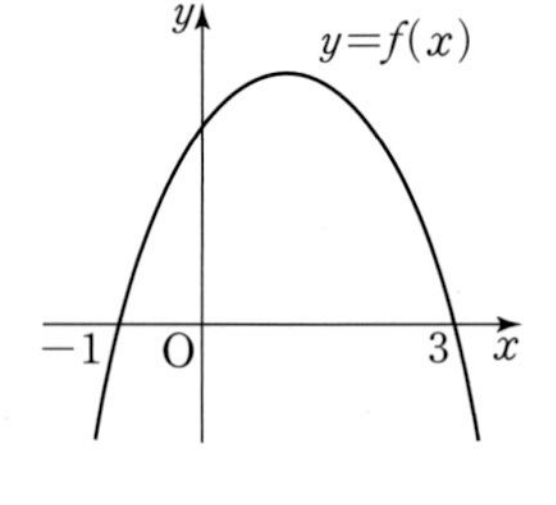

함수 $g(x)=\int_{-1}^{x} f(t)dt$는 $x=a$에서 극대, $x=b$에서 극소일 때, $a-b$의 값은? [3.5점]

① -4　② -2　③ 0
④ 2　⑤ 4

16 1785

모든 실수 x에서 연속인 함수 $f(x)$가 $f(-x)=f(x)$를 만족시키고

$$\int_{-1}^{1} f(x)dx=6,\ \int_{1}^{2} f(x)dx=4,\ \int_{0}^{2} xf(x)dx=5$$

일 때, $\int_{-2}^{0} (x+3)f(x)dx$의 값은? [4점]

① 10 ② 12 ③ 16
④ 20 ⑤ 26

17 1786

다항함수 $f(x)$가

$$f(x)=\int_{-1}^{1} (x+t)f(t)dt+x^3$$

일 때, $f(-1)$의 값은? [4점]

① $\frac{1}{5}$ ② $\frac{2}{5}$ ③ $\frac{3}{5}$
④ $\frac{4}{5}$ ⑤ 1

18 1787

다항함수 $f(x)$에 대하여

$$\int_{1}^{x} f(t)dt=x^3+f(x)-8x$$

가 성립할 때, 다항식 $f(x)+f'(x)$를 $x-1$로 나눈 나머지는? [4점]

① 11 ② 13 ③ 15
④ 17 ⑤ 19

19 1788

함수 $f(x)=\int_{x-1}^{x} t^2\,dt$에 대하여 **〈보기〉**에서 옳은 것만을 있는 대로 고른 것은? [4점]

〈보기〉

ㄱ. $f(0)=f(1)$

ㄴ. 함수 $f(x)$의 그래프는 직선 $x=\frac{1}{2}$에 대하여 대칭이다.

ㄷ. 함수 $f(x)$의 극솟값은 $\frac{1}{6}$이다.

① ㄱ ② ㄱ, ㄴ ③ ㄱ, ㄷ
④ ㄴ, ㄷ ⑤ ㄱ, ㄴ, ㄷ

20 1789

모든 실수 x에서 연속인 다항함수 $f(x)$에 대하여

$$\int_{1}^{x} (t-x)(t+x)f(t)dt=-x^4+ax^3+bx^2+c$$

이고 $f(0)=3$일 때, $f(b-ac)$의 값은?

(단, a, b, c는 상수이다.) [4.5점]

① 1 ② 3 ③ 5
④ 7 ⑤ 9

21 1790

함수 $f(x)=\int_{0}^{x} (3at^2+2bt+a)dt$에 대하여 $f(1)=1$이다. 함수 $f(x)$가 극값을 갖지 않도록 하는 정수 a의 최댓값은?

(단, $a\neq0$이고 b는 실수이다.) [4.5점]

① 3 ② 4 ③ 5
④ 6 ⑤ 7

서술형

22 1791

$\int_{-1}^{1}(x^3+ax^2-1)dx=-\frac{2}{3}$일 때, 상수 a의 값을 구하는 과정을 서술하시오. [6점]

23 1792

다항함수 $f(x)$가 모든 실수 x에 대하여

$xf(x)=x^3-x^2+\int_{1}^{x}f(t)dt$를 만족시킬 때, $f(3)$의 값을 구하는 과정을 서술하시오. [6점]

24 1793

삼차함수 $y=f(x)$의 그래프가 그림과 같을 때, $\int_{a}^{a+4}f'(x)dx=0$을 만족시키는 모든 실수 a의 값의 곱을 구하는 과정을 서술하시오. [7점]

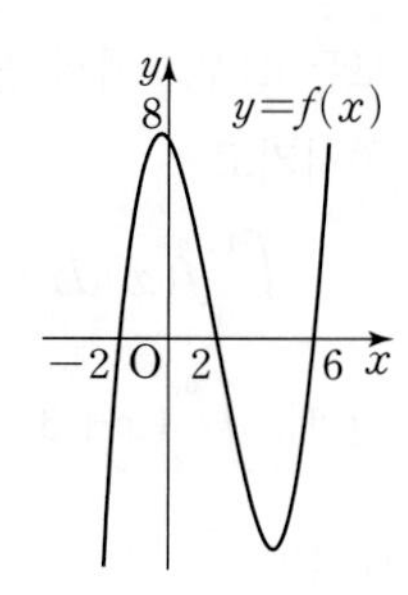

25 1794

삼차함수 $f(x)$가 다음 조건을 만족시킨다.

> (가) 모든 실수 x에 대하여 $f(-x)=-f(x)$이다.
> (나) 함수 $f(x)$는 $x=1$에서 극솟값 -3을 갖는다.

$\int_{-1}^{1}(x+2)|f'(x)|dx$의 값을 구하는 과정을 서술하시오.

[7점]

● 정답 및 풀이 363쪽

2회

점 / 100점

• 선택형 21문항, 서술형 4문항입니다.

1 1795

$\int_{1}^{2}(x^2+x)dx+\int_{1}^{2}(2x^2-x)dx$의 값은? [3점]

① 3 ② 4 ③ 5
④ 6 ⑤ 7

2 1796

$\int_{1}^{3}(2x+1)^2dx+\int_{3}^{1}(2x-1)^2dx$의 값은? [3점]

① 32 ② 34 ③ 36
④ 38 ⑤ 40

3 1797

$\int_{0}^{2}(t^2+1)dt+\int_{2}^{3}(3x^2-1)dx+2\int_{0}^{2}(s^2-1)ds$의 값은? [3점]

① 22 ② 24 ③ 26
④ 28 ⑤ 30

4 1798

연속함수 $f(x)$에 대하여

$$\int_{1}^{4}f(x)dx=a,\ \int_{2}^{5}f(x)dx=b,\ \int_{4}^{5}f(x)dx=c$$

일 때, $\int_{1}^{2}f(x)dx$의 값을 a, b, c로 나타내면? [3점]

① $a+b+c$ ② $a-b-c$ ③ $a+b-c$
④ $a-b+c$ ⑤ $-a-b+c$

5 1799

$\int_{0}^{3}|x^2-4|dx$의 값은? [3점]

① $\frac{19}{3}$ ② $\frac{20}{3}$ ③ 7
④ $\frac{22}{3}$ ⑤ $\frac{23}{3}$

6 1800

$\int_{-1}^{1}(2x+1)dx$의 값은? [3점]

① 1 ② 2 ③ 3
④ 4 ⑤ 5

7 1801

$\int_{-2}^{2}(4x^3+3x^2+2x+1+2|x|)dx$의 값은? [3점]

① 20 ② 24 ③ 28
④ 32 ⑤ 36

8 1802

다항함수 $f(x)$가 모든 실수 x에 대하여 $f(-x)=-f(x)$를 만족시킨다. $f(3)=1$일 때, $\int_{-3}^{0}f'(x)dx$의 값은? [3점]

① 0 ② 1 ③ 2
④ 3 ⑤ 4

9 1803

일차함수 $f(x)$가

$$\int_{-1}^{1}\left[\frac{d}{dx}\{xf(x)\}\right]dx=4,\ \int_{-1}^{1}xf(x)dx=6$$

을 만족시킬 때, $f(2)$의 값은? [3.5점]

① 12 ② 14 ③ 16
④ 18 ⑤ 20

10 1804

연속함수 $f(x)$가 다음 조건을 만족시킨다.

(가) 모든 실수 x에 대하여 $f(x+2)=f(x)$
(나) $\int_{1}^{3}f(x)dx=2$

$\int_{0}^{10}f(x)dx$의 값은? [3.5점]

① 5 ② 10 ③ 15
④ 20 ⑤ 25

11 1805

함수 $f(x)$가 모든 실수 x에 대하여

$$f(x)=3x^2+x+\int_0^2 f(t)dt$$

를 만족시킬 때, $f(2)$의 값은? [3.5점]

① 2 ② 4 ③ 6
④ 8 ⑤ 10

12 1806

함수 $f(x)$가 임의의 실수 x에 대하여

$$\int_1^x f(t)dt=x^2+x+a$$

를 만족시킨다. $af(1)$의 값은? (단, a는 상수이다.) [3.5점]

① -6 ② -4 ③ -2
④ 4 ⑤ 6

13 1807

함수 $f(x)$가 모든 실수 x에 대하여

$$\int_{12}^x f(t)dt=-x^3+x^2+\int_0^1 xf(t)dt$$

를 만족시킬 때, $\int_0^1 f(x)dx$의 값은? [3.5점]

① 110 ② 121 ③ 132
④ 143 ⑤ 154

14 1808

$\lim_{h\to0}\frac{1}{h}\int_2^{2+h} x(1-x)dx$의 값은? [3.5점]

① -2 ② -1 ③ 0
④ 1 ⑤ 2

15 1809

x에 대한 방정식 $\int_0^x |t-1|dt=x$를 만족시키는 x의 실근을 $x=\alpha$ 또는 $x=\beta$라 하자. 이때 $\alpha^2+\beta^2$의 값은? [4점]

① 1 ② $3+2\sqrt{2}$ ③ $6+4\sqrt{2}$
④ $9+4\sqrt{2}$ ⑤ $11+6\sqrt{2}$

16 1810

실수 전체의 집합에서 연속인 함수 $f(x)$가 다음 조건을 만족시킨다.

(가) 모든 정수 m에 대하여 $\int_m^{m+2} f(x)dx=4$이다.
(나) $0\le x\le 2$에서 $f(x)=x^3-6x^2+8x$이다.

$\int_1^{10} f(x)dx$의 값은? [4점]

① $\frac{65}{4}$ ② $\frac{67}{4}$ ③ $\frac{69}{4}$
④ $\frac{71}{4}$ ⑤ $\frac{73}{4}$

17 1811

미분가능한 함수 $f(x)$에 대하여

$$\int_1^x (x-t)f(t)dt=x^3+ax^2-x+b$$

일 때, $b+f(1)$의 값은? (단, a, b는 상수이다.) [4점]

① 2　② 3　③ 4
④ 5　⑤ 6

18 1812

삼차함수 $f(x)=\frac{1}{3}x^3-4x+a$에 대하여

함수 $F(x)=\int_0^x f(t)dt$가 오직 하나의 극값을 갖도록 하는

자연수 a의 최솟값은? [4점]

① 5　② 6　③ 7
④ 8　⑤ 9

19 1813

함수 $f(x)=3x^2+ax+b$가 다음 조건을 만족시킬 때, ab의 값은? (단, a, b는 상수이다.) [4점]

(가) $\lim_{x\to 1}\frac{\int_1^{x^2} f(t)dt}{x-1}=4$

(나) $\int_0^1 f'(x)dx=5$

① -6　② -3　③ -2
④ 3　⑤ 6

20 1814

다항함수 $f(x)$가 다음 조건을 만족시킨다.

(가) 모든 실수 x에 대하여
$\int_1^x f(t)dt=\frac{x-1}{2}\{f(x)+f(1)\}$이다.

(나) $\int_0^2 f(x)dx=5\int_{-1}^1 xf(x)dx$

$f(0)=1$일 때, $f(4)$의 값은? [4.5점]

① 1　② 3　③ 5
④ 7　⑤ 9

21 1815

최고차항의 계수가 4인 삼차함수 $f(x)$에 대하여 함수 $g(x)$를

$$g(x)=\int_0^x f(t)dt-xf(x)$$

라 하자. 함수 $g(x)$는 오직 한 개의 극값을 갖고, 모든 실수 x에 대하여 $g(x)\le g(3)$이다. $\int_0^1 g'(x)dx$의 값은? [4.5점]

① 8　② 9　③ 10
④ 11　⑤ 12

● 정답 및 풀이 367쪽

서술형

22 1816

함수 $f(x)=x^2+ax+b$에 대하여 $f(-2)=0$, $\int_0^1 f(x)dx=\frac{4}{3}$일 때, $f(2)$의 값을 구하는 과정을 서술하시오. (단, a, b는 상수이다.) [6점]

23 1817

다항함수 $f(x)$가

$$x^2f(x)=-2x^6+3x^4+2\int_{-1}^{x} tf(t)dt$$

를 만족시킬 때, $f(1)+f'(-1)$의 값을 구하는 과정을 서술하시오. [6점]

24 1818

모든 실수 x에서 연속인 함수 $f(x)$가 다음 조건을 만족시킨다. $\int_6^7 f(x)dx$의 값을 구하는 과정을 서술하시오. [7점]

(가) $\int_0^1 f(x)dx=1$

(나) $\int_n^{n+2} f(x)dx=\int_n^{n+1} 4x\,dx$ (단, $n=0, 1, 2, \cdots$)

25 1819

다항함수 $f(x)$에 대하여 $g(x)$가 다음 조건을 만족시킬 때, $f(3)$의 값을 구하는 과정을 서술하시오. [7점]

(가) $g(x)=\int_0^x tf(t)dt$

(나) $f(x)g(x)=g(x)+\frac{4}{3}x^4+x^3$

우리의 삶은 바꿀 수 있다.

우리가 바라는 것을

할 수 있고, 가질 수 있고, 될 수 있다.

– 앤서니 로빈스 –

정적분의 활용 09

09

Ⅲ. 적분

정적분의 활용

1 정적분과 넓이의 관계

핵심 1

Note

함수 $f(x)$가 닫힌구간 $[a, b]$에서 연속이고 $f(x) \geq 0$일 때, 곡선 $y=f(x)$와 x축 및 두 직선 $x=a$, $x=b$로 둘러싸인 도형의 넓이 S는 정적분 $\int_a^b f(x)dx$의 값과 같다.

$$S=\int_a^b f(x)dx$$

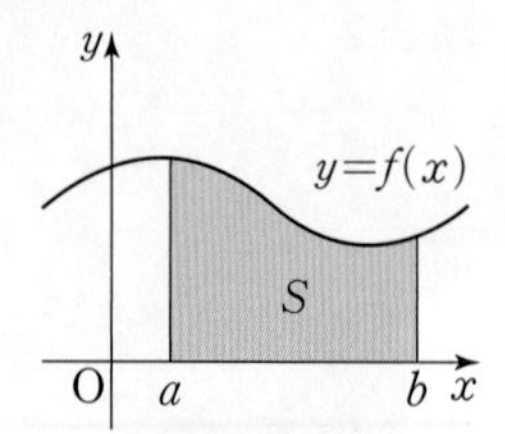

2 곡선과 x축 사이의 넓이

핵심 2

함수 $f(x)$가 닫힌구간 $[a, b]$에서 연속일 때, 곡선 $y=f(x)$와 x축 및 두 직선 $x=a$, $x=b$로 둘러싸인 도형의 넓이 S는

$$S=\int_a^b |f(x)|dx$$

참고 닫힌구간 $[a, b]$에서 $f(x)$가 양의 값과 음의 값을 모두 가질 때는 $f(x)$의 값이 양수인 구간과 음수인 구간으로 나누어 넓이를 구한다.

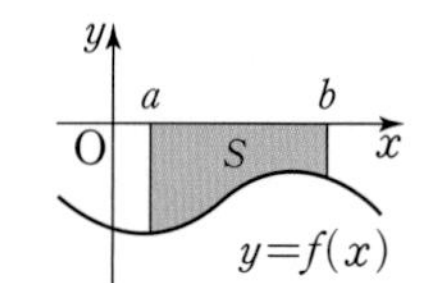

닫힌구간 $[a, b]$에서 $f(x) \leq 0$이면

$S=\int_a^b |f(x)|dx=\int_a^b \{-f(x)\}dx$

$=-\int_a^b f(x)dx$

3 두 곡선 사이의 넓이

두 함수 $f(x)$, $g(x)$가 닫힌구간 $[a, b]$에서 연속일 때, 두 곡선 $y=f(x)$, $y=g(x)$와 두 직선 $x=a$, $x=b$로 둘러싸인 도형의 넓이 S는

$$S=\int_a^b |f(x)-g(x)|dx$$

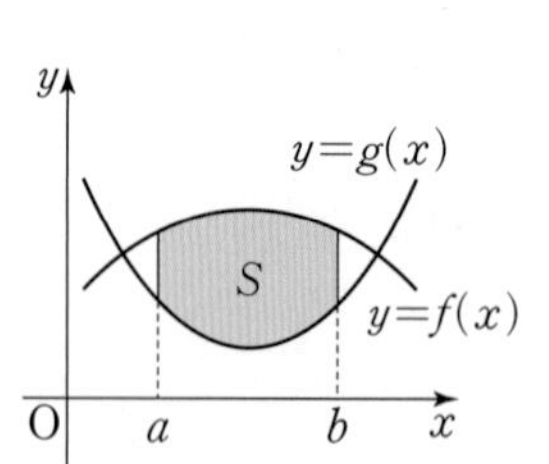

참고 ① 이차함수의 그래프와 x축으로 둘러싸인 도형의 넓이

이차함수 $y=ax^2+bx+c\ (a \neq 0)$의 그래프가 x축과 서로 다른 두 점에서 만날 때, 두 점의 x좌표를 α, $\beta\ (\alpha<\beta)$라 하면 이 이차함수의 그래프와 x축으로 둘러싸인 도형의 넓이 S는

$$S=\int_\alpha^\beta |ax^2+bx+c|dx=\frac{|a|}{6}(\beta-\alpha)^3$$

② 삼차함수의 그래프와 접선으로 둘러싸인 도형의 넓이

삼차함수 $f(x)=ax^3+bx^2+cx+d\ (a \neq 0)$의 그래프와 이 곡선 위의 한 점 $(\alpha, f(\alpha))$에서 그은 접선 $y=mx+n$이 다시 이 곡선과 만나는 점을 $(\beta, f(\beta))$라 할 때, 곡선 $y=f(x)$와 접선 $y=mx+n$으로 둘러싸인 도형의 넓이 S는

$$S=\frac{|a|}{12}(\beta-\alpha)^4$$

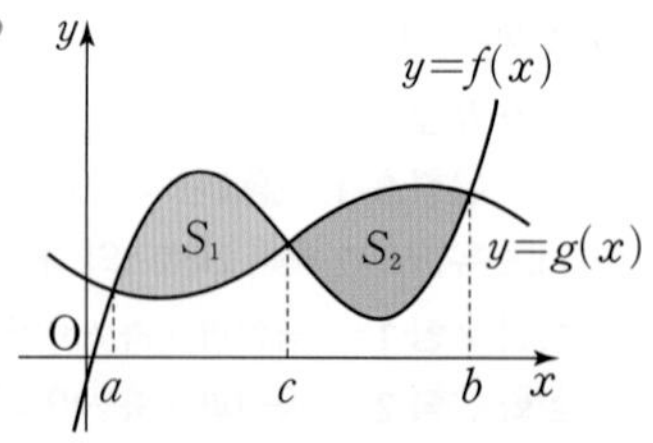

$S=S_1+S_2$

$=\int_a^c \{f(x)-g(x)\}dx$

$+\int_c^b \{g(x)-f(x)\}dx$

4 역함수와 넓이의 관계

핵심 3

(1) 함수와 그 역함수의 그래프로 둘러싸인 도형의 넓이

함수 $y=f(x)$와 그 역함수 $y=g(x)$의 그래프로 둘러싸인 도형의 넓이 S는 직선 $y=x$와 곡선 $y=f(x)$로 둘러싸인 도형의 넓이의 2배이다.

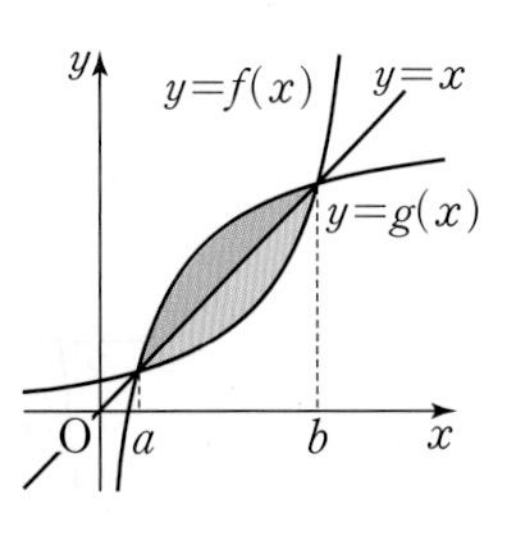

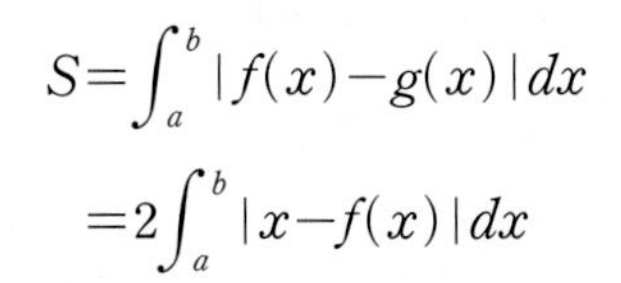

$$S=\int_a^b |f(x)-g(x)|dx$$
$$=2\int_a^b |x-f(x)|dx$$

참고 두 곡선 $y=f(x)$, $y=g(x)$의 교점의 x좌표는 곡선 $y=f(x)$와 직선 $y=x$의 교점의 x좌표와 같다.

(2) 역함수의 그래프와 좌표축으로 둘러싸인 도형의 넓이

함수 $y=f(x)$의 역함수 $y=g(x)$의 그래프와 x축 및 직선 $x=a$로 둘러싸인 도형의 넓이 A는

$$A=B=ab-\int_0^b f(x)dx$$

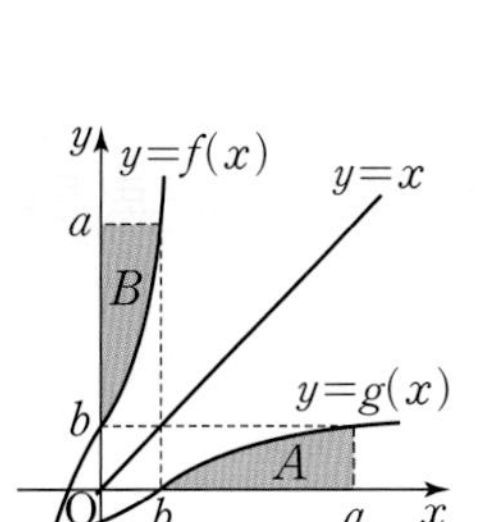

참고 함수 $y=f(x)$의 그래프와 y축 및 직선 $y=a$로 둘러싸인 도형의 넓이를 B라 하면 두 함수 $y=f(x)$, $y=g(x)$의 그래프가 직선 $y=x$에 대하여 대칭이므로 $A=B$이다.

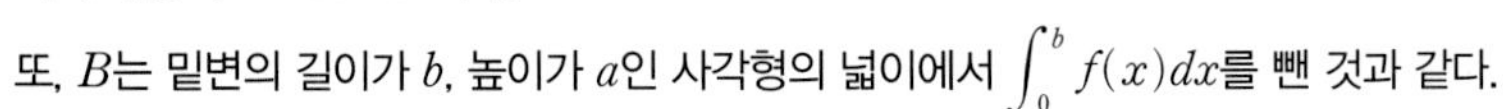

또, B는 밑변의 길이가 b, 높이가 a인 사각형의 넓이에서 $\int_0^b f(x)dx$를 뺀 것과 같다.

5 수직선 위를 움직이는 점의 위치와 움직인 거리

핵심 4

수직선 위를 움직이는 점 P의 시각 t에서의 속도가 $v(t)$이고, 시각 $t=a$에서의 위치가 x_0 일 때,

(1) 시각 t에서의 점 P의 위치 x는

$$x=x_0+\int_a^t v(t)dt$$

(2) 시각 $t=a$에서 $t=b$까지 점 P의 위치의 변화량은

$$\int_a^b v(t)dt$$

(3) 시각 $t=a$에서 $t=b$까지 점 P가 움직인 거리 s는

$$s=\int_a^b |v(t)|dt$$

참고 ① $v(t)=0$이면 점 P가 정지했거나 운동 방향을 바꿀 때이다.
② $v(t)>0$이면 점 P는 양의 방향으로 움직이고, $v(t)<0$이면 점 P는 음의 방향으로 움직인다.

Note

- 함수 $y=f(x)$의 그래프와 그 역함수 $y=g(x)$의 그래프는 직선 $y=x$에 대하여 대칭이다.
- 위치 ⇄ 속도 (미분 / 적분)
- 점 P가 움직인 거리는 운동 방향에 관계없이 일정한 시간 동안에 움직인 거리를 뜻한다.

09

핵심 1 정적분과 넓이 유형 1~13

곡선 $y=x^3-3x$와 직선 $y=x$로 둘러싸인 도형의 넓이를 구해 보자.

❶ 두 곡선의 교점의 x좌표 구하기 → ❷ 어느 그래프가 위에 있는지 찾기 → ❸ 넓이 구하기

$x^3-3x=x$에서
$x^3-4x=0$
$x(x+2)(x-2)=0$
$\therefore x=-2$ 또는 $x=0$ 또는 $x=2$

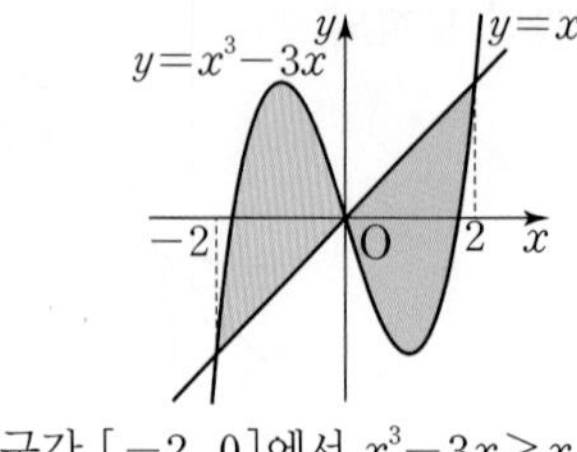

구간 $[-2, 0]$에서 $x^3-3x \geq x$
구간 $[0, 2]$에서 $x \geq x^3-3x$

$\int_{-2}^{2} |(x^3-3x)-x|dx$
$=\int_{-2}^{0} \{(x^3-3x)-x\}dx$
$+\int_{0}^{2} \{x-(x^3-3x)\}dx$
$=\left[\frac{1}{4}x^4-2x^2\right]_{-2}^{0}+\left[-\frac{1}{4}x^4+2x^2\right]_{0}^{2}$
$=4+4=8$

1820 곡선 $y=x^2-2x$와 x축 및 직선 $x=3$으로 둘러싸인 도형의 넓이를 구하시오.

1821 곡선 $y=x^2-7x+6$과 직선 $y=-x+6$으로 둘러싸인 도형의 넓이를 구하시오.

핵심 2 둘러싸인 두 도형의 넓이가 서로 같은 경우 유형 14

그림과 같이 둘러싸인 두 도형 A, B의 넓이가 서로 같을 때, 상수 k의 값을 구해 보자.

(1) 곡선 $y=x(x+2)$와 x축 및 직선 $x=k$ $(k>0)$로 둘러싸인 두 도형의 넓이가 서로 같으면

$\int_{-2}^{k} x(x+2)dx=0$에서

$\left[\frac{1}{3}x^3+x^2\right]_{-2}^{k}=0$

$\frac{1}{3}k^3+k^2-\frac{4}{3}=0$, $(k+2)^2(k-1)=0$

$\therefore k=1$ $(\because k>0)$

(2) 곡선 $y=x^2-4x+k$ $(k>0)$와 x축 및 y축으로 둘러싸인 두 도형의 넓이를 각각 A, B라 할 때, $A : B=1 : 2$이면

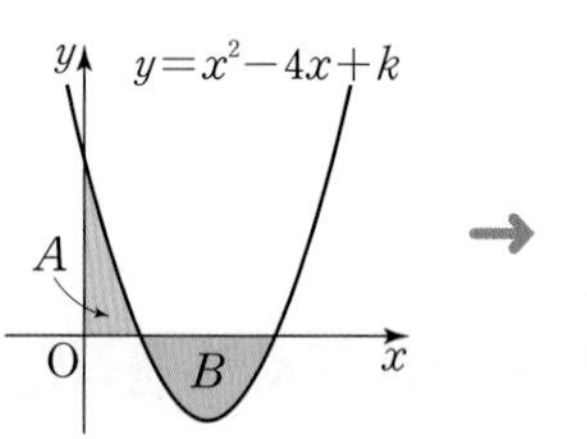

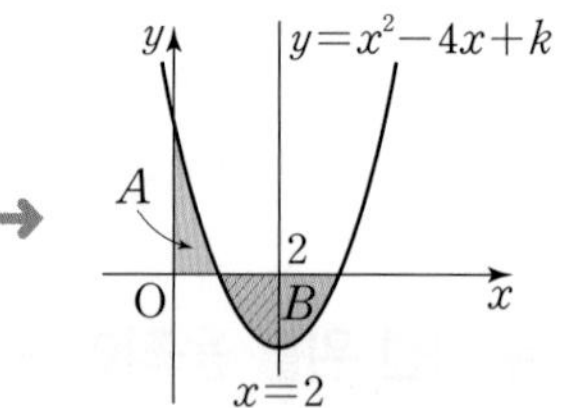

$A=\frac{1}{2}B$이므로 $\int_{0}^{2} (x^2-4x+k)dx=0$에서

$\left[\frac{1}{3}x^3-2x^2+kx\right]_{0}^{2}=0$, $-\frac{16}{3}+2k=0$ $\quad \therefore k=\frac{8}{3}$

1822 그림과 같이 곡선 $y=-x^2+2x$와 x축 및 직선 $x=k$로 둘러싸인 두 도형 A, B의 넓이가 서로 같을 때, 양수 k의 값을 구하시오.

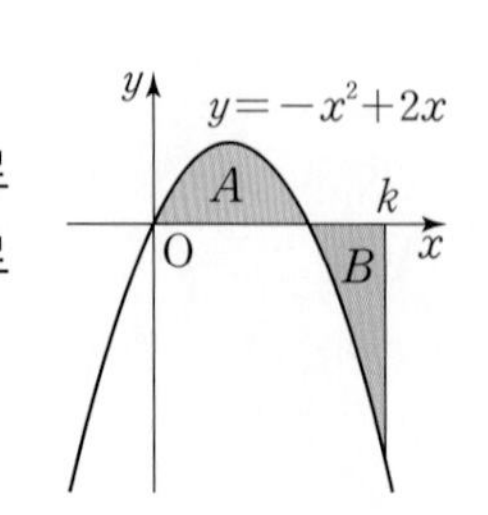

1823 그림과 같이 곡선 $y=-x^2+4x+k$와 x축 및 y축으로 둘러싸인 두 도형의 넓이를 각각 A, B라 할 때, $A : B=1 : 2$이다. 이때 음수 k의 값을 구하시오.

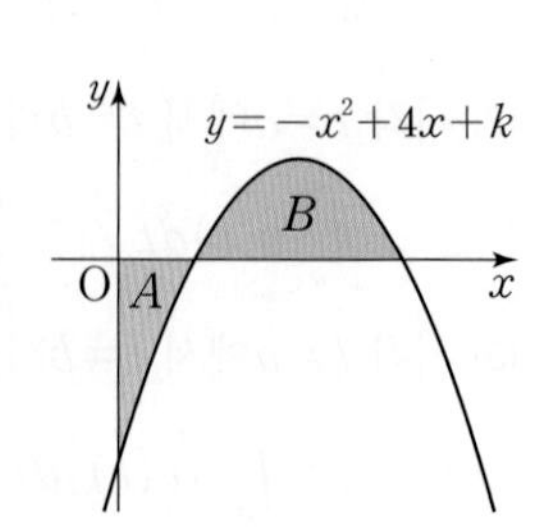

핵심 3 역함수의 그래프를 활용한 넓이 유형 20~21

함수 $f(x)=x^2\ (x\geq 0)$과 그 역함수 $g(x)$의 그래프로 둘러싸인 도형의 넓이를 구해 보자.

❶ 두 곡선의 교점의 x좌표 구하기  ❷ 어느 그래프가 위에 있는지 찾기  ❸ 넓이 구하기

곡선 $y=f(x)$와 직선 $y=x$의 교점의 x좌표는
→ 두 곡선 $y=f(x)$, $y=g(x)$의 교점과 같다.

$x^2=x$에서

$x^2-x=0$, $x(x-1)=0$

$\therefore x=0$ 또는 $x=1$

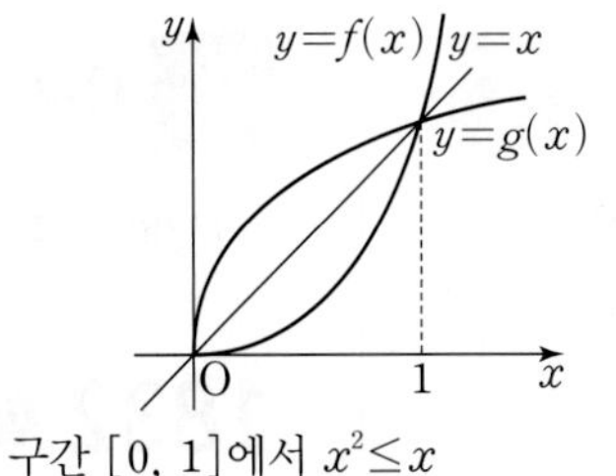

구간 $[0,\ 1]$에서 $x^2\leq x$

구하는 도형의 넓이는
곡선 $y=f(x)$와 직선 $y=x$로 둘러싸인 도형의 넓이의 2배와 같으므로

$$2\int_0^1 (x-x^2)dx=2\Big[\frac{1}{2}x^2-\frac{1}{3}x^3\Big]_0^1$$
$$=\frac{1}{3}$$

1824 함수 $f(x)$와 그 역함수 $g(x)$의 그래프가 그림과 같다. $\int_0^1 f(x)dx=\frac{1}{3}$일 때, $\int_0^1 g(x)dx$의 값을 구하시오.

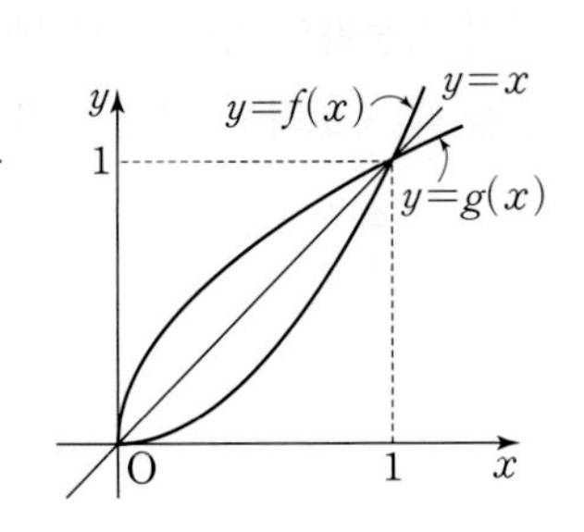

1825 함수 $f(x)$와 그 역함수 $g(x)$의 그래프가 그림과 같을 때, $\int_1^2 f(x)dx+\int_1^4 g(x)dx$의 값을 구하시오.

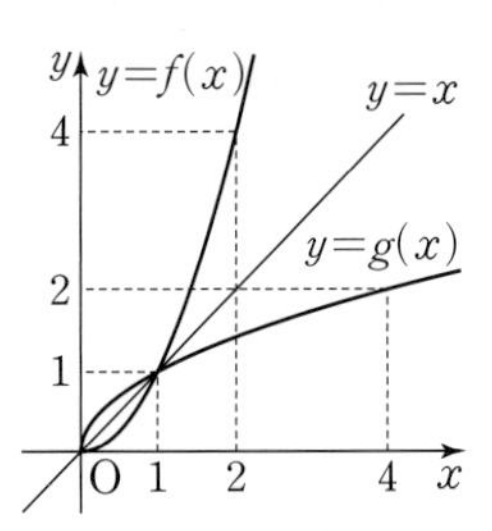

핵심 4 수직선 위를 움직이는 점의 위치와 움직인 거리 유형 22~24

원점을 출발하여 수직선 위를 움직이는 점 P가 있다.
점 P의 시각 t에서의 속도가 $v(t)=-t+2$일 때,
다음을 구해 보자.

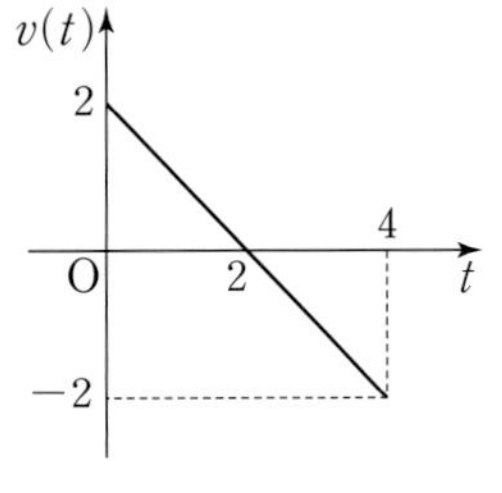

(1) $t=4$에서 점 P의 위치

$$0+\int_0^4 v(t)dt=\int_0^2 v(t)dt+\int_2^4 v(t)dt$$

(0 → 원점에서 출발했다.)

$$=\frac{1}{2}\times2\times2-\frac{1}{2}\times2\times2$$
$$=0$$ → 원점이다.

(2) $t=0$에서 $t=4$까지 움직인 거리

$$\int_0^4 |v(t)|dt=\int_0^2 |v(t)|dt+\int_2^4 |v(t)|dt$$

(→ 넓이와 같다.)

$$=\frac{1}{2}\times2\times2+\frac{1}{2}\times2\times2$$
$$=2+2=4$$

1826 원점을 출발하여 수직선 위를 움직이는 점 P의 시각 t에서의 속도가 $v(t)=-t^2+2t$일 때, 다음을 구하시오.

(1) $t=3$에서 점 P의 위치

(2) $t=0$에서 $t=3$까지 점 P가 움직인 거리

1827 수직선 위를 움직이는 점 P의 시각 t에서의 속도 $v(t)$의 그래프가 그림과 같을 때, 시각 $t=0$에서 $t=3$까지 점 P가 움직인 거리를 구하시오.

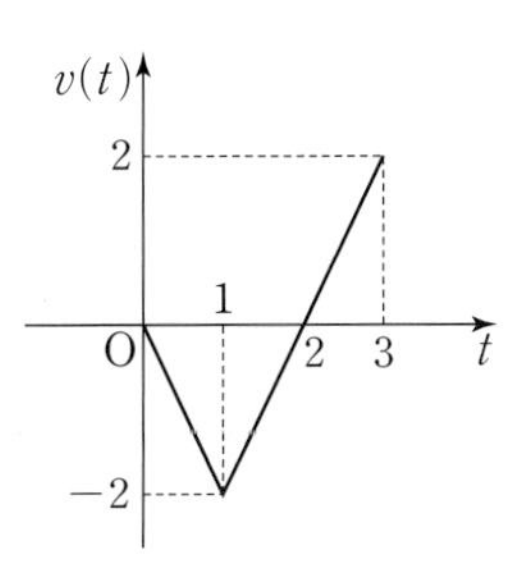

기출 유형 check
실전 준비하기

27유형, 163문항입니다.

기초 유형 0-1 직선과 좌표축 사이의 넓이 | 고등수학

직선으로 둘러싸인 도형의 넓이는 삼각형, 사각형 등 넓이를 구할 수 있는 도형으로 분할하여 넓이를 구할 수 있다.

1828 대표문제

직선 $y=-2x-10$과 x축 및 y축으로 둘러싸인 도형의 넓이를 구하시오.

1829 Level 1

함수 $f(x)$의 그래프가 그림과 같을 때, $y=f(x)$의 그래프와 x축으로 둘러싸인 도형의 넓이를 구하시오.

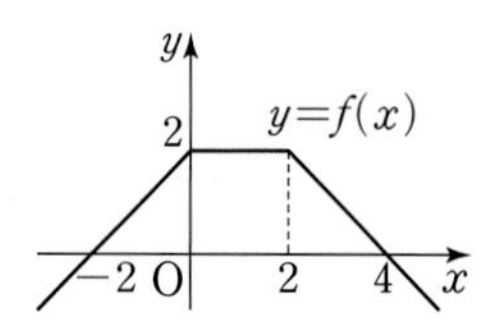

1830 Level 2

두 직선 $y=x-1$, $y=-x+5$와 x축으로 둘러싸인 도형의 넓이를 구하시오.

1831 Level 2

직선 $y=\frac{1}{2}x+2$와 x축 및 두 직선 $x=-3$, $x=2$로 둘러싸인 도형의 넓이를 구하시오.

기초 유형 0-2 그래프의 해석 | 중1

시간에 따른 속력·거리의 변화를 살펴보고 그래프를 해석한다.

1832 대표문제

수미가 자동차를 타고 집에서 출발하여 도서관에 도착할 때까지 자동차의 속력을 시간에 따라 나타낸 그래프가 그림과 같을 때, 〈보기〉에서 옳은 것만을 있는 대로 고르시오.

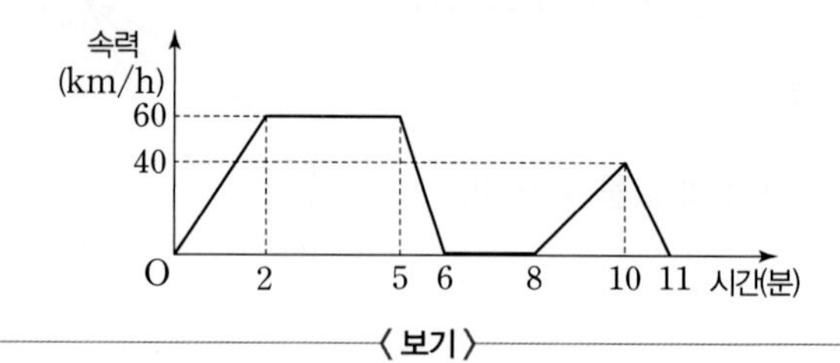

〈보기〉

ㄱ. 자동차가 가장 빨리 달릴 때의 속력은 60 km/h이다.
ㄴ. 자동차의 속력이 처음으로 감소하기 시작한 것은 출발한 지 5분 후이다.
ㄷ. 자동차는 출발 후 한번도 정지하지 않았다.

1833 Level 2

두 지점과 A, B 사이를 왕복 운동하는 로봇이 A 지점을 출발한 후 A 지점과 로봇 사이의 거리를 나타낸 그래프가 그림과 같을 때, 〈보기〉에서 옳은 것만을 있는 대로 고르시오.

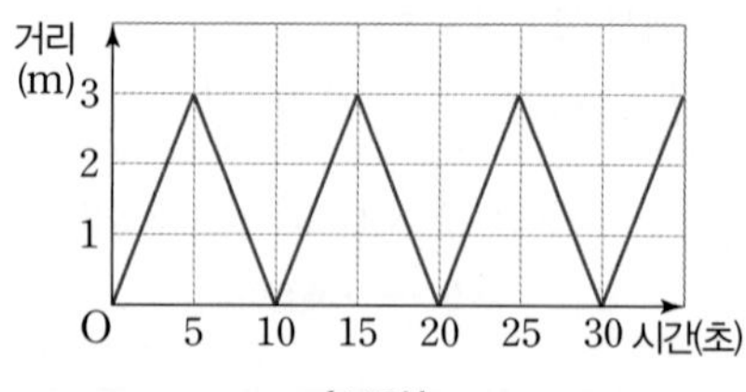

〈보기〉

ㄱ. 두 지점 A, B 사이의 거리는 6 m이다.
ㄴ. 로봇은 30초 동안 A, B 사이를 3번 왕복했다.
ㄷ. 출발한 지 10초 후, 20초 후의 로봇의 위치는 같다.
ㄹ. 로봇이 출발하여 운동 방향을 처음 바꾼 것은 출발한 지 10초 후이다.

실전 유형 **1 곡선과 x축 사이의 넓이**

곡선 $y=f(x)$와 x축 및 두 직선 $x=a$, $x=b$로 둘러싸인 도형의 넓이 S는

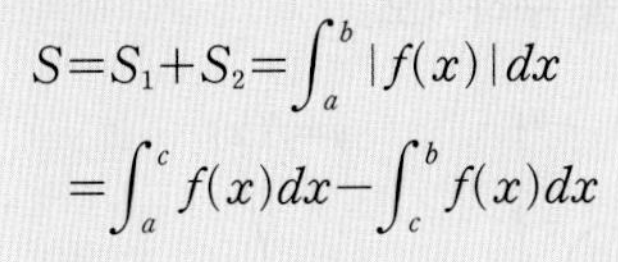

$S=S_1+S_2=\int_a^b |f(x)|dx$

$=\int_a^c f(x)dx-\int_c^b f(x)dx$

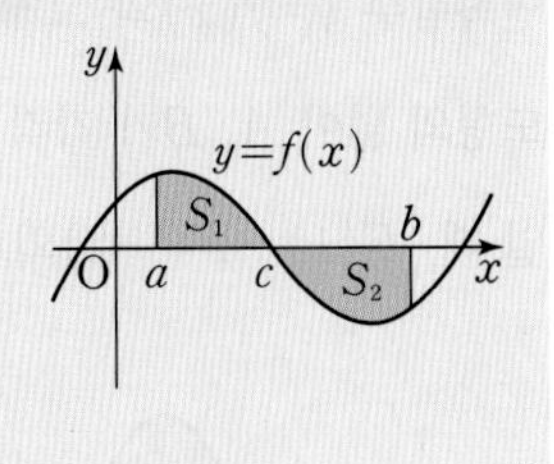

1834 대표문제

곡선 $y=3(x+1)(x-5)$와 x축 및 두 직선 $x=1$, $x=3$으로 둘러싸인 도형의 넓이는?

① 49 ② 52 ③ 55
④ 58 ⑤ 61

1835

Level 1

다음은 곡선 $y=x^2-2x$와 x축 및 두 직선 $x=-1$, $x=2$로 둘러싸인 도형의 넓이를 구하는 과정이다. (가), (나), (다)에 알맞은 세 수의 합은?

곡선 $y=x^2-2x$와 x축의 교점의 x좌표는 $x=0$ 또는 $x=2$
구간 $[-1, 0]$에서 $y\ge0$,
구간 $[0, 2]$에서 $y\le0$이므로
구하는 넓이를 S라 하면

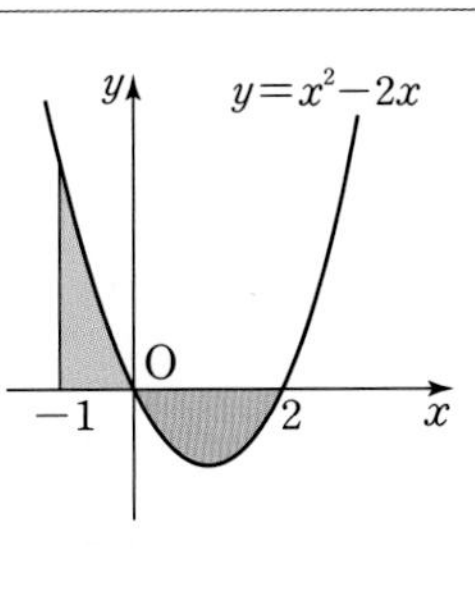

$S=\int_{-1}^{2} |x^2-2x|dx$

$=\int_{-1}^{\text{(가)}} (x^2-2x)dx+\int_{\text{(나)}}^{2} (-x^2+2x)dx$

$=$ (다)

① $\frac{2}{3}$ ② $\frac{4}{3}$ ③ 2
④ $\frac{8}{3}$ ⑤ $\frac{10}{3}$

1836

Level 1

닫힌구간 $[0, \sqrt{3}]$에서 곡선 $y=x^2-1$과 x축 및 두 직선 $x=0$, $x=\sqrt{3}$으로 둘러싸인 도형의 넓이를 구하시오.

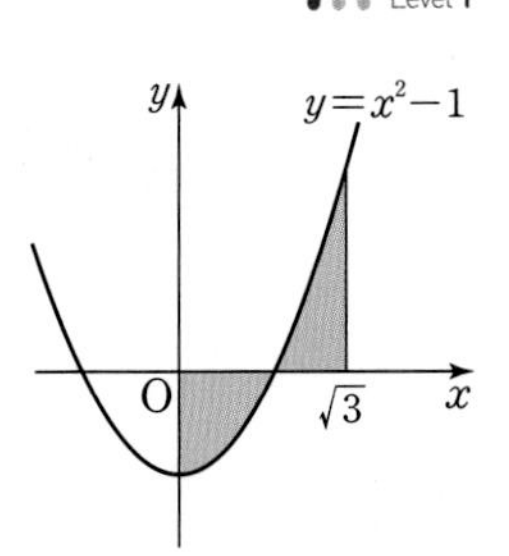

1837

Level 1

곡선 $y=x^3-9x$와 x축으로 둘러싸인 도형의 넓이는?

① $\frac{77}{2}$ ② 39 ③ $\frac{79}{2}$
④ 40 ⑤ $\frac{81}{2}$

1838

Level 2

곡선 $y=4x^3-12x^2+8x$와 x축으로 둘러싸인 도형의 넓이를 구하시오.

1839

Level 2

곡선 $y=ax^3$과 x축 및 두 직선 $x=-1$, $x=2$로 둘러싸인 도형의 넓이가 34일 때, 양수 a의 값은?

① 2 ② 4 ③ 6
④ 8 ⑤ 10

1840

Level 2

곡선 $y=-3x^2+ax$와 x축 및 두 직선 $x=1$, $x=2$로 둘러싸인 도형의 넓이가 5일 때, 상수 a의 값을 구하시오.

(단, $a>6$)

1841

Level 2

함수 $f(x)=\begin{cases} -x^2+2x+3 & (x\le1) \\ -x+5 & (x\ge1) \end{cases}$의 그래프와 x축으로 둘러싸인 도형의 넓이가 $\frac{q}{p}$일 때, $p+q$의 값은?

(단, p, q는 서로소인 자연수이다.)

① 39 ② 40 ③ 41 ④ 42 ⑤ 43

1842

Level 2

곡선 $y=2x^3$이 네 직선 $x=0$, $x=1$, $y=0$, $y=2$로 둘러싸인 직사각형을 그림과 같이 두 부분으로 나눈다. 두 부분의 넓이를 각각 S_1, S_2라 할 때, $\frac{S_2}{S_1}$의 값을 구하시오.

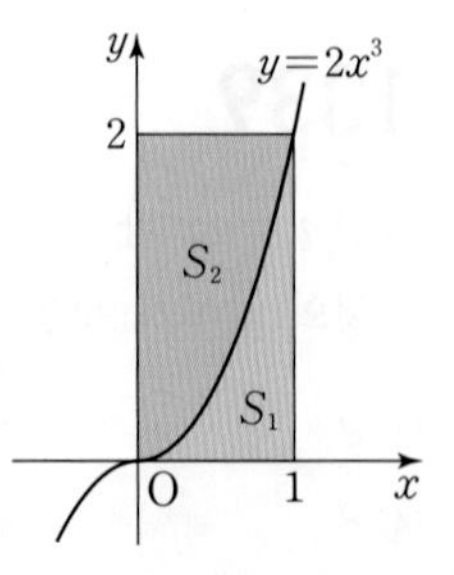

1843

Level 2

연속함수 $y=f(x)$의 그래프가 그림과 같을 때, 색칠한 두 도형의 넓이 A, B가 각각 30, 10이다. $F(x)=\int_0^x f(t)dt$일 때, $F(1)-F(-2)$의 값을 구하시오.

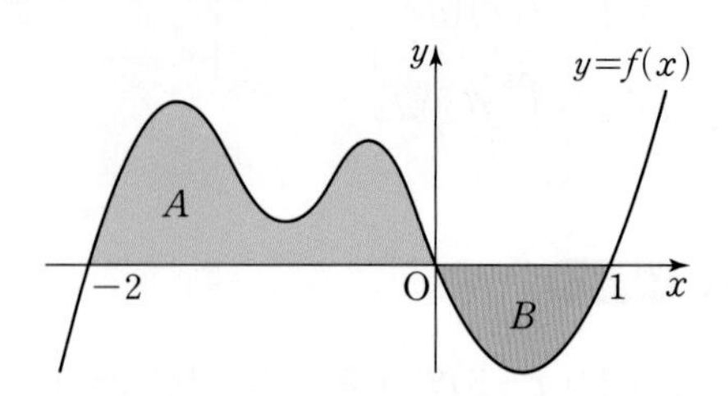

1844

Level 2

함수 $f(x)$의 도함수 $f'(x)$가 $f'(x)=x^2-1$이고, $f(0)=0$일 때, 곡선 $y=f(x)$와 x축으로 둘러싸인 도형의 넓이를 구하시오.

다음은 이 유형에서 출제된 최근 교육청 • 평가원 기출문제입니다.

1845 • 평가원 2021학년도 6월

Level 1

곡선 $y=x^3-2x^2$과 x축으로 둘러싸인 부분의 넓이는?

① $\frac{7}{6}$ ② $\frac{4}{3}$ ③ $\frac{3}{2}$ ④ $\frac{5}{3}$ ⑤ $\frac{11}{6}$

심화유형 2 곡선과 x축 사이의 넓이 - 절댓값 기호를 포함한 함수의 그래프

$y=f(x)$의 그래프를 이용하여
$y=|f(x)|$, $y=f(|x|)$의 그래프 그리기
(1) $y=|f(x)|$의 그래프
$f(x)\geq 0$인 부분은 그대로 두고,
$f(x)<0$인 부분은 x축에 대하여 대칭이동한다.
(2) $y=f(|x|)$의 그래프
$x\geq 0$인 부분만 남기고,
$x\geq 0$인 부분을 y축에 대하여 대칭이동한다.

1846 대표문제

곡선 $y=|x(x-3)|$과 x축 및 두 직선 $x=-1$, $x=4$로 둘러싸인 도형의 넓이를 구하시오.

1847 Level 2

곡선 $y=|x(x-2)|$와 x축 및 직선 $x=4$로 둘러싸인 도형의 넓이는?

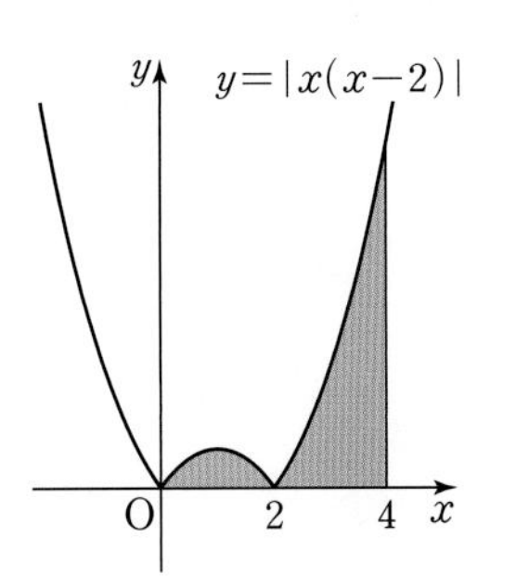

① 4 ② $\frac{16}{3}$ ③ $\frac{20}{3}$ ④ 8 ⑤ $\frac{28}{3}$

1848 Level 2

곡선 $y=x^2-|x|-6$과 x축으로 둘러싸인 도형의 넓이는?

① 25 ② 26 ③ 27 ④ 28 ⑤ 29

1849 Level 2

곡선 $y=x^3-2x|x|+x$와 x축으로 둘러싸인 도형의 넓이는?

① $\frac{1}{6}$ ② $\frac{1}{3}$ ③ $\frac{1}{2}$ ④ $\frac{2}{3}$ ⑤ $\frac{5}{6}$

1850 Level 2

함수 $f(x)=2x^3-8x^2+8x$에 대하여 함수 $y=f(|x|)$의 그래프와 x축으로 둘러싸인 도형의 넓이는?

① $\frac{4}{3}$ ② $\frac{8}{3}$ ③ 4 ④ $\frac{16}{3}$ ⑤ $\frac{20}{3}$

다음은 이 유형에서 출제된 최근 교육청 • 평가원 기출문제입니다.

1851 • 2016학년도 대학수학능력시험 Level 3

이차함수 $f(x)$가 $f(0)=0$이고 다음 조건을 만족시킨다.

(가) $\int_0^2 |f(x)|dx=-\int_0^2 f(x)dx=4$
(나) $\int_2^3 |f(x)|dx=\int_2^3 f(x)dx$

$f(5)$의 값을 구하시오.

+Plus 문제

실전유형 3 곡선과 x축 사이의 넓이의 활용

문제의 조건에 알맞는 $f(x)$를 식으로 나타낸 후 정적분을 이용하여 넓이를 구한다.

1852 대표문제

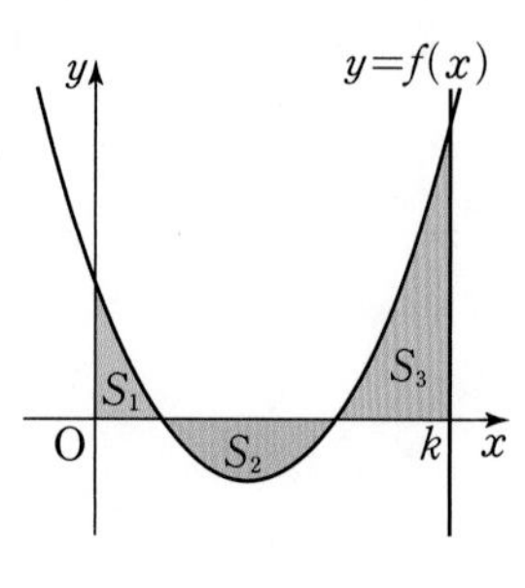

함수 $f(x)=x^2-5x+4$에 대하여 그림과 같이 곡선 $y=f(x)$와 x축 및 y축으로 둘러싸인 도형의 넓이를 S_1, 곡선 $y=f(x)$와 x축으로 둘러싸인 도형의 넓이를 S_2, 곡선 $y=f(x)$와 x축 및 직선 $x=k\ (k>4)$로 둘러싸인 도형의 넓이를 S_3이라 하자. S_1, S_2, S_3이 이 순서대로 등차수열을 이룰 때, $\int_0^k f(x)dx$의 값을 구하시오.

1853

Level 2

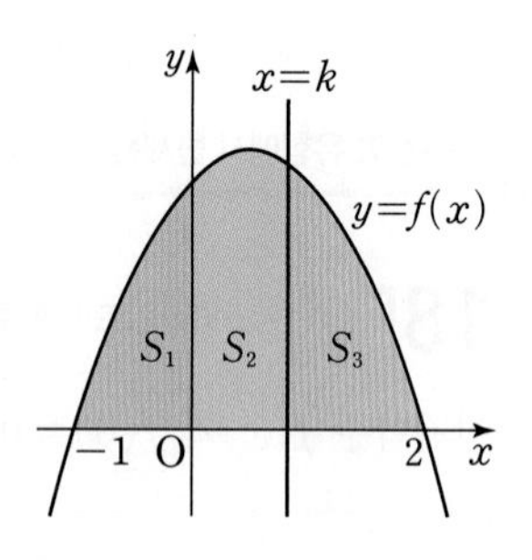

함수 $f(x)=-x^2+x+2$에 대하여 그림과 같이 곡선 $y=f(x)$와 x축으로 둘러싸인 도형을 y축과 직선 $x=k\ (0<k<2)$로 나눈 세 부분의 넓이를 각각 S_1, S_2, S_3이라 하자. S_1, S_2, S_3이 이 순서대로 등차수열을 이룰 때, S_2의 값은?

① 1 ② $\frac{5}{4}$ ③ $\frac{4}{3}$
④ $\frac{3}{2}$ ⑤ 2

1854

Level 2

좌표평면 위의 점 $P_n(n,\ 2n-1)$에 대하여 $x\geq1$에서 정의된 함수 $y=f(x)$의 그래프가 닫힌구간 $[n,\ n+1]$에서 선분 P_nP_{n+1}과 일치할 때, $\int_1^4 f(x)dx$의 값은?

(단, n은 자연수이다.)

① 6 ② 8 ③ 10
④ 12 ⑤ 14

1855

Level 2

최고차항의 계수가 1인 이차함수 $f(x)$에 대하여 $f(3)=0$, $\int_0^{200} f(x)dx=\int_3^{200} f(x)dx$이다. 곡선 $y=f(x)$와 x축으로 둘러싸인 도형의 넓이를 구하시오.

1856

Level 2

삼차함수 $f(x)$가 다음 조건을 만족시킨다.

> (가) $f'(x)=3x^2-4x-4$
> (나) 곡선 $y=f(x)$는 점 $(2,\ 0)$을 지난다.

곡선 $y=f(x)$와 x축으로 둘러싸인 도형의 넓이는?

① $\frac{56}{3}$ ② $\frac{58}{3}$ ③ 20
④ $\frac{62}{3}$ ⑤ $\frac{64}{3}$

1857

Level 2

다항함수 $f(x)$가 다음 조건을 만족시킨다.

> (가) $\lim_{x\to\infty}\frac{f(x)}{x^2-3x+15}=-3$
>
> (나) $\lim_{x\to 2}\frac{f(x)}{x-2}=-10$

곡선 $y=f(x)$와 x축으로 둘러싸인 도형의 넓이는?

① $\frac{100}{27}$ ② $\frac{200}{27}$ ③ $\frac{100}{9}$
④ $\frac{400}{27}$ ⑤ $\frac{500}{27}$

1858

Level 2

삼차함수 $f(x)$에 대하여 $f'(x)=3x^2+6x-9$이고, $f(x)$의 극댓값과 극솟값의 합이 32이다. 곡선 $y=f(x)$와 x축으로 둘러싸인 도형의 넓이를 구하시오.

다음은 이 유형에서 출제된 최근 교육청 • 평가원 기출문제입니다.

1859 • 교육청 2017년 10월

Level 2

함수 $f(x)=\int_0^x(-6t^2+6t)dt$에 대하여 곡선 $y=f(x)$와 x축으로 둘러싸인 부분의 넓이는?

① $\frac{21}{32}$ ② $\frac{23}{32}$ ③ $\frac{25}{32}$
④ $\frac{27}{32}$ ⑤ $\frac{29}{32}$

실전유형 4 곡선과 직선 사이의 넓이

곡선 $y=f(x)$와 직선 $y=g(x)$로 둘러싸인 도형의 넓이 S는

$$S=\int_\alpha^\beta|f(x)-g(x)|dx$$
$$=\int_\alpha^\beta\{g(x)-f(x)\}dx$$

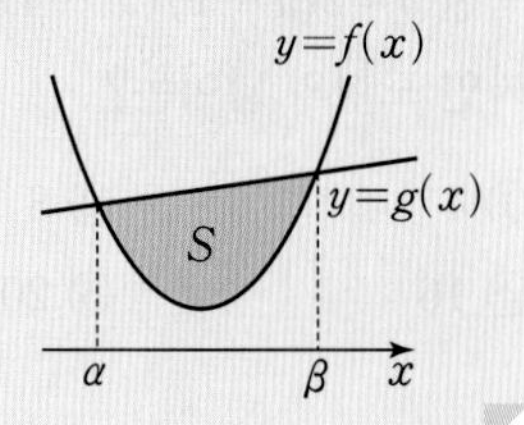

1860 대표문제

곡선 $y=x^2-4x$와 직선 $y=ax$로 둘러싸인 도형의 넓이가 36일 때, 양수 a의 값은?

① 2 ② 3 ③ 4
④ 5 ⑤ 6

1861

Level 1

곡선 $y=x^3-3x+3$과 직선 $y=x+3$으로 둘러싸인 도형의 넓이는?

① 2 ② 4 ③ 6
④ 8 ⑤ 10

1862

Level 1

곡선 $y=x^3-2x^2+k$와 직선 $y=k$로 둘러싸인 도형의 넓이를 구하시오. (단, k는 상수이다.)

1863

Level 2

곡선 $y=2(x+1)(x^2-4x+2)$와 직선 $y=-2x-2$로 둘러싸인 도형의 넓이는?

① 4 ② 8 ③ 12
④ 16 ⑤ 20

1864

Level 2

곡선 $y=|x^2-1|$과 직선 $y=x+5$로 둘러싸인 도형의 넓이는?

① $\frac{107}{6}$ ② 18 ③ $\frac{109}{6}$
④ $\frac{55}{3}$ ⑤ $\frac{37}{2}$

1865

Level 2

함수 $f(x)=x^3-6x^2+16$의 극댓값을 M이라 할 때,
곡선 $y=f(x)$와 직선 $y=M$으로 둘러싸인 도형의 넓이는?

① 96 ② 102 ③ 108
④ 114 ⑤ 120

1866

Level 3

자연수 n에 대하여 곡선 $y=ax^2\ (a>0)$ 위의 점 P_n을 다음 규칙에 따라 정한다.

> (가) 점 P_1의 좌표는 $(x_1,\ ax_1^2)$이다.
> (나) 점 P_{n+1}은 점 $P_n(x_n,\ ax_n^2)$을 지나는 직선 $y=-ax_nx+2ax_n^2$과 곡선 $y=ax^2$이 만나는 점 중에서 점 P_n이 아닌 점이다.

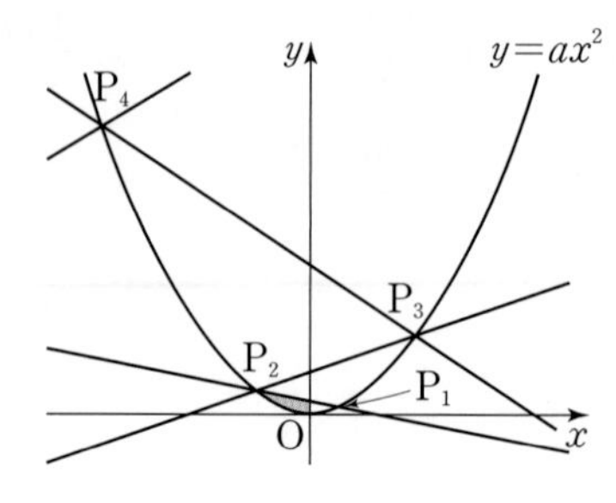

점 P_1의 좌표가 $\left(1,\ \frac{1}{3}\right)$일 때, 곡선 $y=ax^2$과 직선 P_1P_2로 둘러싸인 도형 중에서 제2사분면에 있는 도형의 넓이를 구하시오.

다음은 이 유형에서 출제된 최근 교육청 • 평가원 기출문제입니다.

1867 • 교육청 2017년 11월

Level 2

곡선 $y=x^3-3x^2+x$와 직선 $y=x-4$로 둘러싸인 부분의 넓이는?

① $\frac{21}{4}$ ② $\frac{23}{4}$ ③ $\frac{25}{4}$
④ $\frac{27}{4}$ ⑤ $\frac{29}{4}$

1868 • 2020학년도 대학수학능력시험

Level 2

두 함수 $f(x)=\frac{1}{3}x(4-x)$, $g(x)=|x-1|-1$의 그래프로 둘러싸인 부분의 넓이를 S라 할 때, $4S$의 값을 구하시오.

실전유형 5 두 곡선 사이의 넓이 빈출유형

두 곡선 $y=f(x)$, $y=g(x)$로 둘러싸인 도형의 넓이 S는

$S=\int_{\alpha}^{\beta}|f(x)-g(x)|dx$

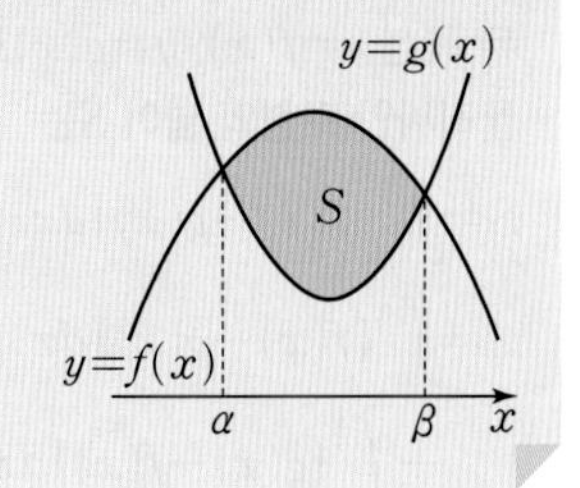

1869 대표문제

두 곡선 $y=x^2-4x+4$, $y=-x^2+6x-4$로 둘러싸인 도형의 넓이를 구하시오.

1870 Level 1

두 곡선 $y=x^4+1$, $y=2x^2$으로 둘러싸인 도형의 넓이는?

① $\frac{8}{15}$ ② $\frac{2}{3}$ ③ $\frac{3}{4}$
④ $\frac{14}{15}$ ⑤ $\frac{16}{15}$

1871 Level 1

$x\le 0$에서 두 곡선 $y=x^3-x$, $y=x^2-1$로 둘러싸인 도형의 넓이를 구하시오.

1872 Level 2

두 이차함수 $f(x)$, $g(x)$에 대하여 $f(2)=g(2)$, $f(-2)=g(-2)$이고, 그림과 같이 두 곡선 $y=f(x)$, $y=g(x)$로 둘러싸인 도형의 넓이가 32일 때, $f(3)-g(3)$의 값은?

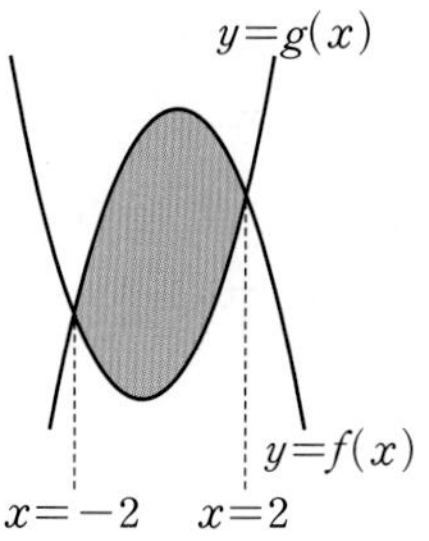

① -17 ② -15
③ -11 ④ 11
⑤ 15

1873 Level 2

두 삼차함수 $f(x)$, $g(x)$에 대하여 두 곡선 $y=f(x)$, $y=g(x)$는 그림과 같이 x좌표가 $x=0$, $x=1$, $x=2$인 세 점에서 만난다. $1\le x\le 2$에서 두 곡선으로 둘러싸인 도형의 넓이가 1일 때, $f(4)-g(4)$의 값을 구하시오.

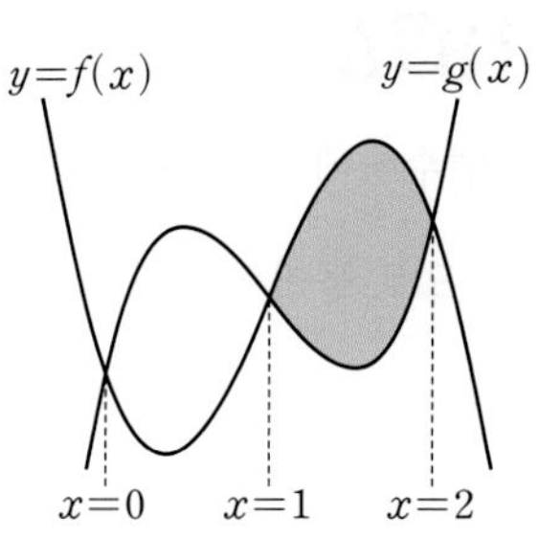

1874 Level 2

최고차항의 계수가 각각 1, -1인 두 이차함수 $f(x)$, $g(x)$의 그래프가 그림과 같다. 두 곡선으로 둘러싸인 도형의 넓이가 9일 때, $f(5)$의 값은? (단, $0<a<4$)

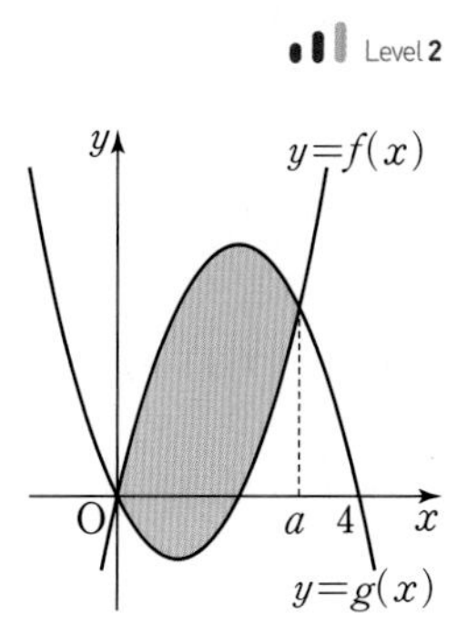

① 5 ② 10
③ 15 ④ 20
⑤ 25

1875

Level 2

그림과 같이 원 $(x-1)^2+y^2=1$과 곡선 $y=x^2$으로 둘러싸인 도형의 넓이를 구하시오.

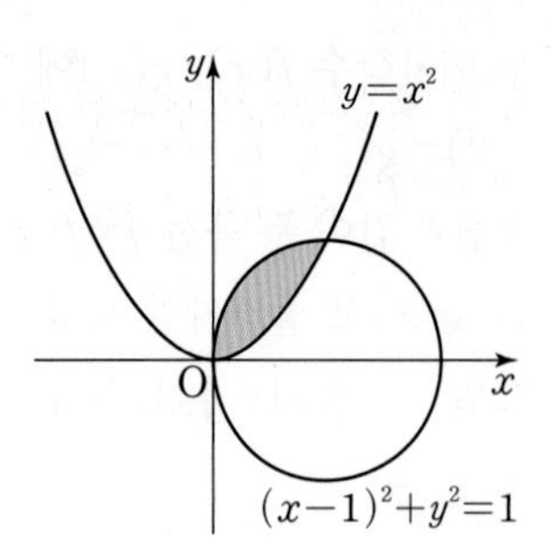

1876

Level 3

자연수 n에 대하여 두 곡선 $y=x^2$, $y=x^2-4nx+4n^2$과 x축으로 둘러싸인 도형의 넓이를 S_n이라 할 때, $\frac{S_n}{n^3}$의 값을 구하시오.

1877

Level 3

두 다항함수 $f(x)$, $g(x)$가 모든 실수 x에 대하여 다음 조건을 만족시킨다.

> (가) $\int_0^x \{f(t)+g(t)\}dt=\frac{5}{3}x^3+3x$
> (나) $\int_0^x \{f(t)-g(t)\}dt=x^3-3x^2-9x$

두 곡선 $y=f(x)$, $y=g(x)$로 둘러싸인 도형의 넓이를 구하시오.

+Plus 문제

실전유형 6 두 곡선 사이의 넓이 - 두 부분 이상의 넓이

두 곡선 $y=f(x)$, $y=g(x)$로 둘러싸인 도형의 넓이 S는

$$S=\int_a^b |f(x)-g(x)|dx$$
$$=\int_a^c \{f(x)-g(x)\}dx$$
$$+\int_c^b \{g(x)-f(x)\}dx$$

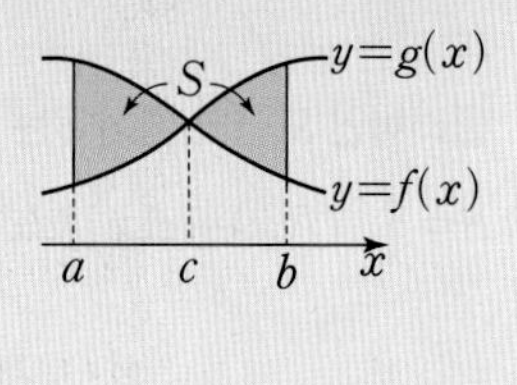

1878 대표문제

두 곡선 $y=-x^3+2x^2$, $y=-x^2+2x$로 둘러싸인 도형의 넓이는?

① $\frac{1}{4}$　② $\frac{1}{2}$　③ $\frac{3}{4}$
④ 1　⑤ $\frac{5}{4}$

1879

Level 2

구간 $[0, 2]$에서 두 곡선 $y=2x^3-6x^2+4$, $y=-x^2+2x-1$로 둘러싸인 도형의 넓이는?

① $\frac{13}{6}$　② $\frac{17}{6}$　③ 4
④ $\frac{27}{6}$　⑤ 5

1880

Level 2

두 곡선 $y=x^4-4x^3+3x^2+2x-1$, $y=x^2-2x+2$로 둘러싸인 도형의 넓이를 구하시오.

1881

Level 2

함수 $f(x)=\frac{1}{3}x^3+x^2+3$의 그래프와 $f(x)$의 도함수 $f'(x)$의 그래프 및 y축으로 둘러싸인 도형의 넓이는?

① $\frac{25}{4}$ ② $\frac{15}{2}$ ③ $\frac{35}{4}$
④ 10 ⑤ $\frac{45}{4}$

1882

Level 2

그림과 같이 두 곡선 $y=f(x)$, $y=g(x)$로 둘러싸인 두 도형의 넓이를 각각 A, B라 할 때, $A=10$, $B=5$이다.
이때 $\int_{-2}^{3}\{f(x)-g(x)\}dx$의 값은?

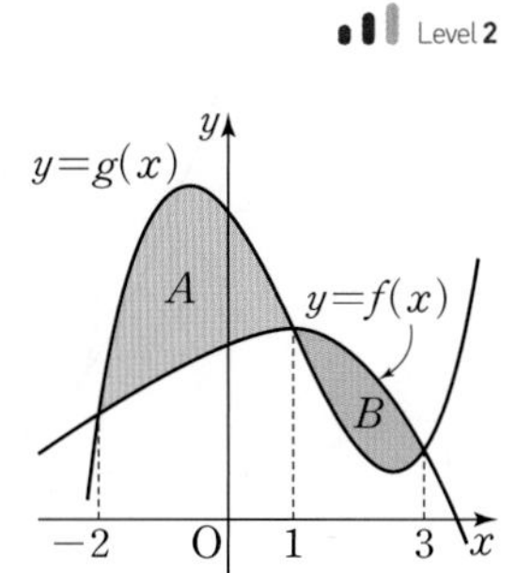

① -15 ② -10 ③ -5
④ 0 ⑤ 5

1883

Level 2

그림과 같이 두 곡선 $y=f(x)$, $y=g(x)$로 둘러싸인 세 도형의 넓이를 각각 A, B, C라 하면 $A<B<C$이고 A, B, C는 이 순서대로 등차수열을 이룬다.

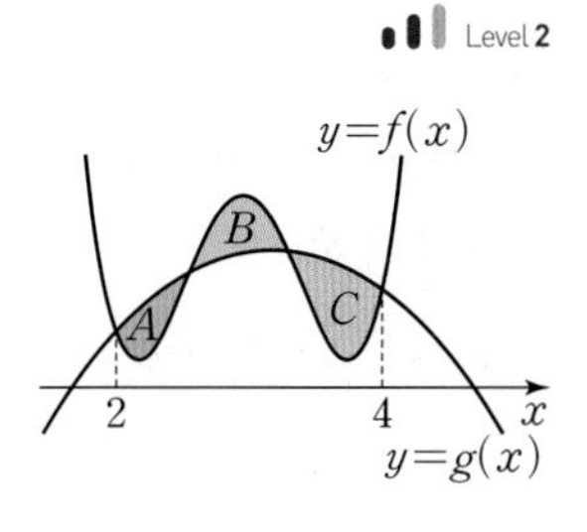

$\int_{2}^{4}\{f(x)-g(x)\}dx=-3$일 때, B의 값을 구하시오.

심화유형 7 곡선과 접선 사이의 넓이

곡선과 접선으로 둘러싸인 도형의 넓이는 다음과 같은 순서로 구한다.

❶ 곡선 $y=f(x)$ 위의 점 $(a, f(a))$에서의 접선의 방정식은 $y-f(a)=f'(a)(x-a)$이다.

❷ 그래프를 그리고 정적분을 이용하여 도형의 넓이를 구한다.

1884 대표문제

곡선 $y=2x^2+1$과 이 곡선 위의 점 $(1, 3)$에서의 접선 및 y축으로 둘러싸인 도형의 넓이를 S라 할 때, $3S$의 값은?

① 1 ② $\frac{4}{3}$ ③ $\frac{5}{3}$
④ 2 ⑤ 3

1885

Level 2

곡선 $y=ax^2+2$와 이 곡선 위의 점 $(1, a+2)$에서의 접선 및 직선 $x=3$으로 둘러싸인 도형의 넓이가 2일 때, 양수 a의 값을 구하시오.

1886

Level 2

점 $(0, 2)$에서 곡선 $y=-x^2-1$에 그은 두 접선과 이 곡선으로 둘러싸인 도형의 넓이는?

① $\sqrt{3}$ ② $2\sqrt{3}$ ③ $3\sqrt{3}$
④ $4\sqrt{3}$ ⑤ $5\sqrt{3}$

1887

Level 2

곡선 $y=2x^3-6x^2+5x+1$ 위의 점 $\mathrm{P}(1,\ 2)$에서의 접선에 수직이고 점 P를 지나는 직선과 이 곡선으로 둘러싸인 도형의 넓이는?

① $\frac{1}{3}$ ② $\frac{2}{3}$ ③ 1
④ $\frac{4}{3}$ ⑤ $\frac{5}{3}$

1888

Level 2

두 함수 $f(x)=x^2+1$, $g(x)=a|x|$의 그래프가 두 점에서 접할 때, 두 그래프로 둘러싸인 도형의 넓이는?

(단, a는 상수이다.)

① $\frac{1}{3}$ ② $\frac{2}{3}$ ③ 1
④ $\frac{4}{3}$ ⑤ $\frac{5}{3}$

1889

Level 3

원점에서 곡선 $y=2x^4-4px^2+10p^2\ (p>0)$에 접선을 그었더니, 접점의 x좌표가 각각 $x=-1$, $x=1$이었다. 이때 곡선과 두 접선으로 둘러싸인 도형의 넓이는?

① $\frac{13}{5}$ ② $\frac{14}{5}$ ③ 3
④ $\frac{16}{5}$ ⑤ $\frac{17}{5}$

1890

Level 3

곡선 $y=x^2-4$ 위의 한 점 $(t,\ t^2-4)$에서의 접선과 이 곡선 및 y축, 직선 $x=2$로 둘러싸인 두 부분의 넓이가 서로 같을 때, t의 값을 구하시오. (단, $0<t<2$)

+Plus 문제

1891

Level 3

중심이 $\left(0,\ \frac{3}{2}\right)$이고, 반지름의 길이가 $r\left(r<\frac{3}{2}\right)$인 원 C가 그림과 같이 곡선 $y=\frac{1}{2}x^2$과 서로 다른 두 점에서 만난다. 원 C와 곡선 $y=\frac{1}{2}x^2$으로 둘러싸인 도형의 넓이를 구하시오.

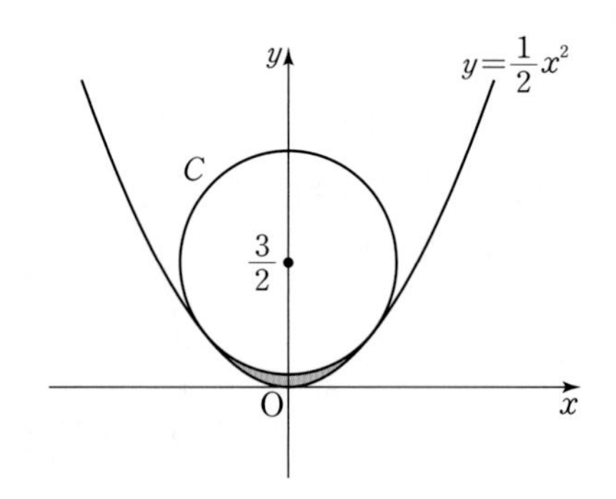

다음은 이 유형에서 출제된 최근 교육청 · 평가원 기출문제입니다.

1892 · 교육청 2020년 3월

Level 2

그림과 같이 두 함수 $y=ax^2+2$와 $y=2|x|$의 그래프가 두 점 A, B에서 각각 접한다. 두 함수 $y=ax^2+2$와 $y=2|x|$의 그래프로 둘러싸인 부분의 넓이는?

(단, a는 상수이다.)

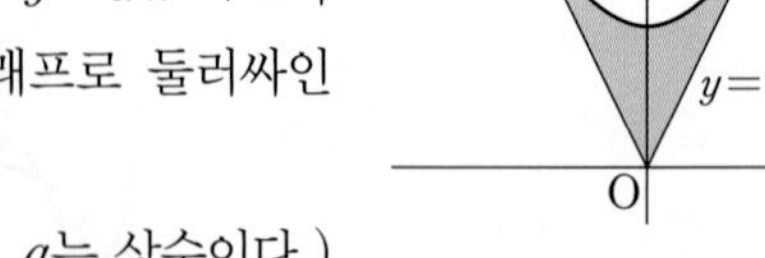

① $\frac{13}{6}$ ② $\frac{7}{3}$ ③ $\frac{5}{2}$
④ $\frac{8}{3}$ ⑤ $\frac{17}{6}$

실전유형 8 이차함수의 그래프의 넓이 공식 - 포물선과 x축이 두 점에서 만날 때

포물선 $y=ax^2+bx+c$와 x축의 교점의 x좌표가 α, β $(\alpha<\beta)$일 때, 포물선과 x축으로 둘러싸인 도형의 넓이 S는

$$S=\int_{\alpha}^{\beta}|ax^2+bx+c|dx$$
$$=\frac{|a|}{6}(\beta-\alpha)^3$$

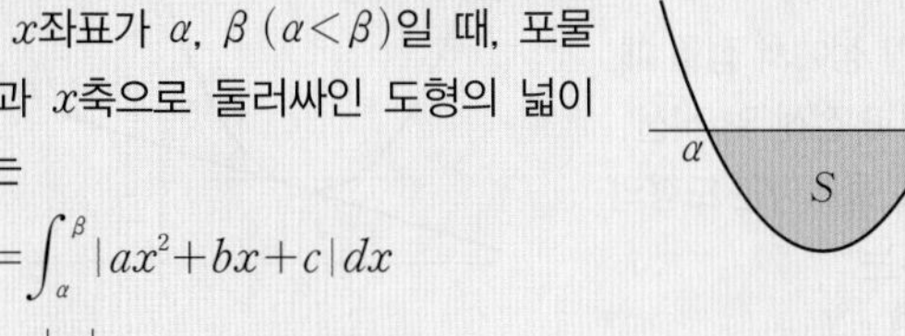

1893 대표문제

곡선 $y=x-x^2$과 x축으로 둘러싸인 도형의 넓이를 구하시오.

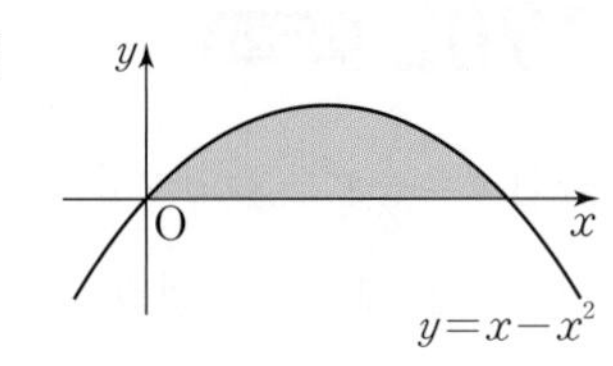

1894 Level 1

곡선 $y=2ax-x^2$과 x축으로 둘러싸인 도형의 넓이가 $\frac{9}{2}$일 때, 양수 a의 값을 구하시오.

1895 Level 2

함수 $f(x)=ax^2-bx$는 $x=2$에서 최댓값을 갖는다. 또 이 곡선과 x축으로 둘러싸인 도형의 넓이가 $\frac{32}{3}$일 때, 상수 a, b의 값을 구하시오.

실전유형 9 이차함수의 그래프의 넓이 공식 - 포물선과 직선이 두 점에서 만날 때

포물선 $y=ax^2+bx+c$와 직선 $y=mx+n$의 교점의 x좌표가 α, β $(\alpha<\beta)$일 때, 포물선과 직선으로 둘러싸인 도형의 넓이 S는

$$S=\int_{\alpha}^{\beta}|(ax^2+bx+c)-(mx+n)|dx$$
$$=\frac{|a|}{6}(\beta-\alpha)^3$$

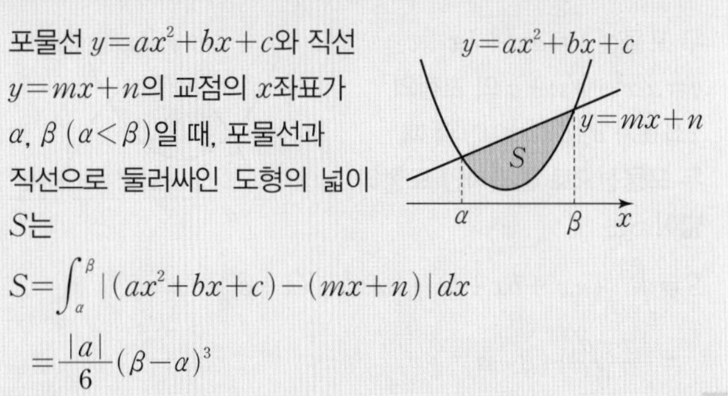

1896 대표문제

곡선 $y=x^2$과 직선 $y=ax$로 둘러싸인 도형의 넓이가 $\frac{9}{2}$일 때, 양수 a의 값을 구하시오.

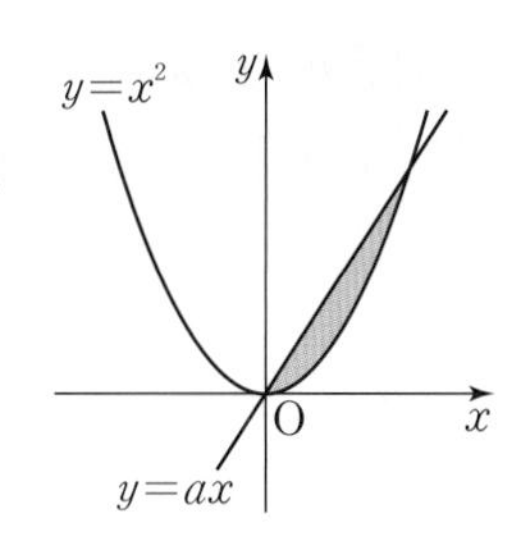

1897 Level 1

곡선 $y=-2x^2+3x$와 직선 $y=-x$로 둘러싸인 도형의 넓이를 구하시오.

다음은 이 유형에서 출제된 최근 교육청·평가원 기출문제입니다.

1898 • 2021학년도 대학수학능력시험 Level 1

곡선 $y=x^2-7x+10$과 직선 $y=-x+10$으로 둘러싸인 부분의 넓이를 구하시오.

실전유형 10 이차함수 그래프의 넓이 공식 - 두 포물선이 두 점에서 만날 때

두 포물선 $y=ax^2+bx+c$, $y=a'x^2+b'x+c'$의 교점의 x좌표가 α, β $(\alpha<\beta)$일 때, 두 포물선으로 둘러싸인 도형의 넓이 S는

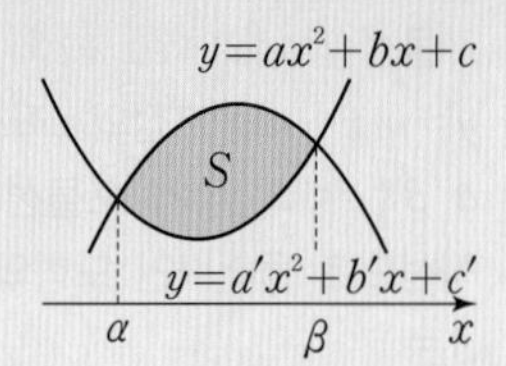

$$S=\int_{\alpha}^{\beta}|(ax^2+bx+c)-(a'x^2+b'x+c')|dx$$
$$=\frac{|a-a'|}{6}(\beta-\alpha)^3$$

1899 대표문제

두 곡선 $y=x^2$, $y=-x^2+2$로 둘러싸인 도형의 넓이를 구하시오.

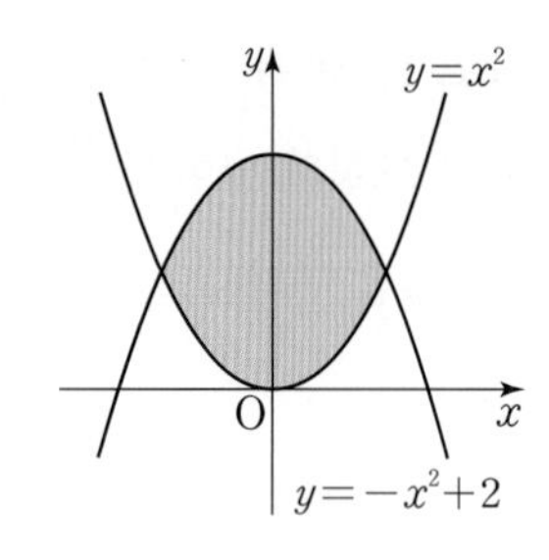

1900 Level 2

두 곡선 $y=x^2$, $y=\frac{1}{2}(x-a)^2$으로 둘러싸인 도형의 넓이가 $\frac{32}{3}\sqrt{2}$일 때, 양수 a의 값을 구하시오.

다음은 이 유형에서 출제된 최근 교육청 • 평가원 기출문제입니다.

1901 • 교육청 2018년 11월 Level 1

두 곡선 $y=2x^2-4x$와 $y=x^2-2x+3$으로 둘러싸인 부분의 넓이가 $\frac{q}{p}$일 때, $p+q$의 값을 구하시오.

(단, p와 q는 서로소인 자연수이다.)

실전유형 11 이차함수의 그래프와 접선 사이의 넓이 공식

포물선 $y=ax^2+bx+c$가 직선 $y=mx+n$과 $x=\alpha$인 점에서 접할 때, 포물선과 접선 및 직선 $x=t$로 둘러싸인 도형의 넓이 S는

$$S=\int_{\alpha}^{t}|(ax^2+bx+c)-(mx+n)|dx$$
$$=\frac{|a|}{3}(t-\alpha)^3 \text{ (단, } t>\alpha)$$

1902 대표문제

곡선 $y=\frac{1}{2}x^2-2x+2$ 위의 점 $(0, 2)$에서의 접선과 이 곡선 및 직선 $x=2$로 둘러싸인 도형의 넓이를 구하시오.

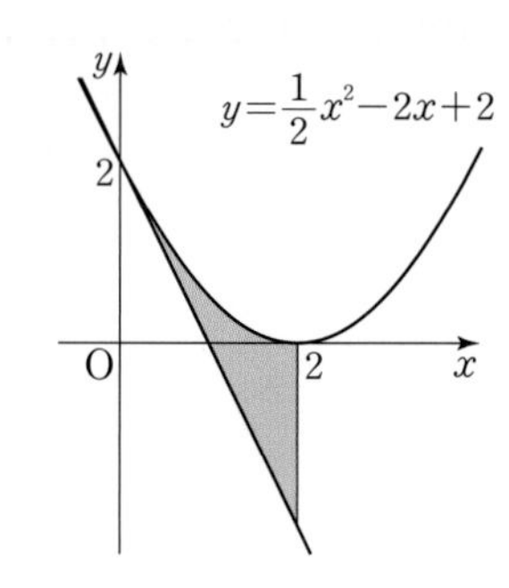

1903 Level 1

곡선 $y=(x-1)^2$과 x축 및 직선 $x=3$으로 둘러싸인 도형의 넓이를 구하시오.

1904 Level 1

곡선 $y=-x^2+9x-18$과 곡선 위의 점 $(4, 2)$에서의 접선 및 y축으로 둘러싸인 도형의 넓이를 구하시오.

실전 유형 12 삼차함수의 그래프와 접선 사이의 넓이 공식

교육과정 외

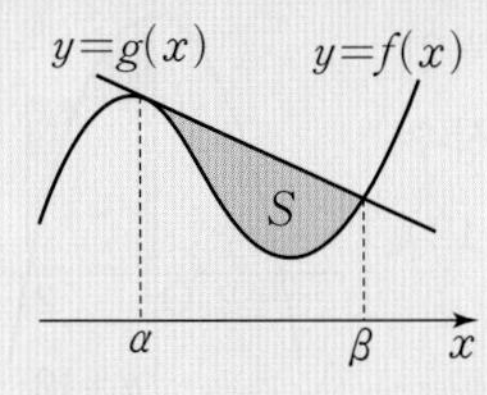

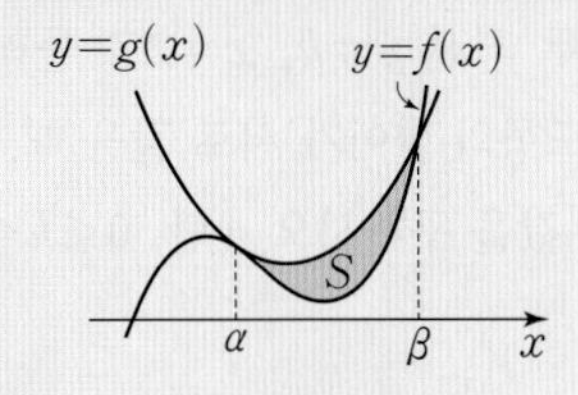

삼차함수 $f(x)$와 이차 이하의 함수 $g(x)$에 대하여 $y=f(x)$, $y=g(x)$의 그래프가 $x=\alpha$인 점에서 접하고, $x=\beta$인 점에서 만날 때, 두 그래프로 둘러싸인 도형의 넓이 S는

$$S=\int_{\alpha}^{\beta}|f(x)-g(x)|dx=\frac{|a|}{12}(\beta-\alpha)^4$$

1905 대표문제

곡선 $y=x^3-3x^2+2x+2$와 곡선 위의 점 $(0, 2)$에서의 접선으로 둘러싸인 도형의 넓이를 구하시오.

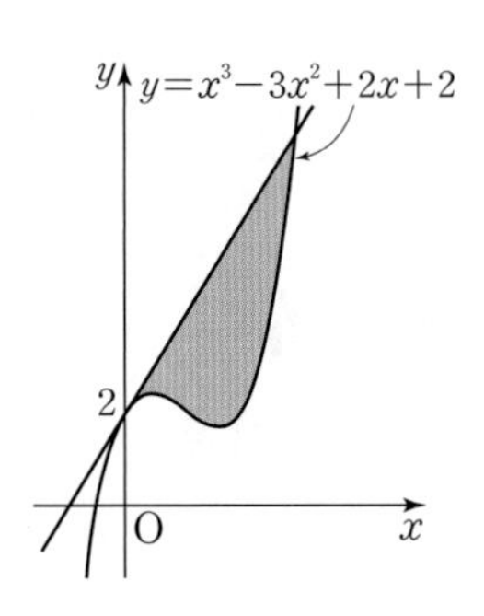

1906

Level 1

곡선 $y=4x^3-12x^2$과 x축으로 둘러싸인 도형의 넓이를 구하시오.

다음은 이 유형에서 출제된 최근 교육청 • 평가원 기출문제입니다.

1907 • 교육청 2021년 3월

Level 2

최고차항의 계수가 -3인 삼차함수 $y=f(x)$의 그래프 위의 점 $(2, f(2))$에서의 접선 $y=g(x)$가 곡선 $y=f(x)$와 원점에서 만난다. 곡선 $y=f(x)$와 직선 $y=g(x)$로 둘러싸인 도형의 넓이는?

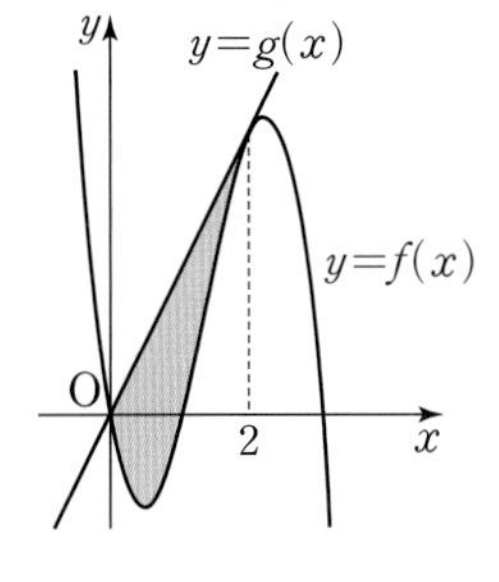

① $\frac{7}{2}$ ② $\frac{15}{4}$ ③ 4
④ $\frac{17}{4}$ ⑤ $\frac{9}{2}$

+Plus 문제

실전 유형 13 사차함수의 그래프와 접선 사이의 넓이 공식

교육과정 외

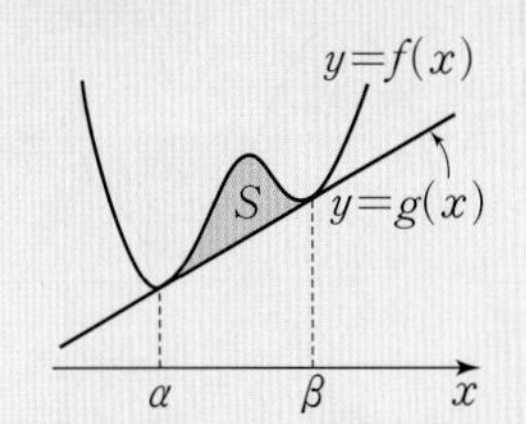

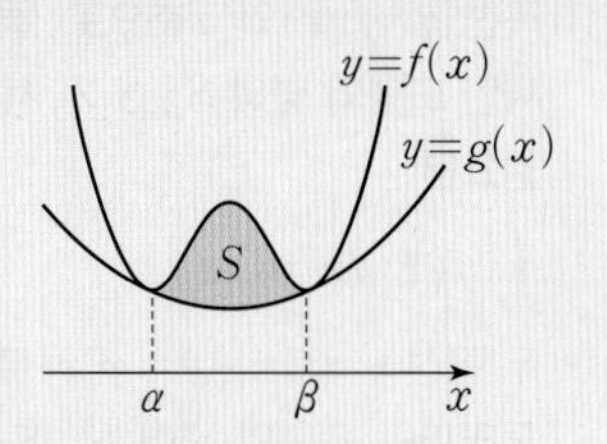

사차함수 $f(x)$와 이차 이하의 함수 $g(x)$에 대하여 $y=f(x)$, $y=g(x)$의 그래프가 $x=\alpha$, $x=\beta$ $(\alpha<\beta)$인 두 점에서 접할 때, 두 그래프로 둘러싸인 도형의 넓이 S는

$$S=\int_{\alpha}^{\beta}|f(x)-g(x)|dx=\frac{|a|}{30}(\beta-\alpha)^5$$

1908 대표문제

곡선 $y=5x^4-10x^2$과 직선 $y=-5$로 둘러싸인 도형의 넓이를 구하시오.

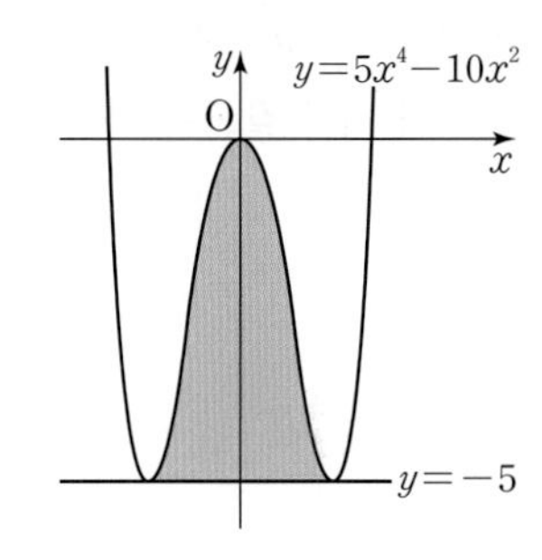

1909

Level 2

곡선 $y=x^4+4x^3-2x^2-10x+8$과 직선 $y=2x-1$로 둘러싸인 도형의 넓이를 구하시오.

1910

Level 2

두 곡선 $y=x^4-2x^3+4x+5$, $y=3x^2+1$로 둘러싸인 도형의 넓이를 구하시오.

실전유형 14 두 도형의 넓이가 서로 같은 경우 빈출유형

(1) 곡선 $y=f(x)$와 x축으로 둘러싸인 도형의 넓이 S_1, S_2가 서로 같으면

$\int_a^b f(x)dx=0$

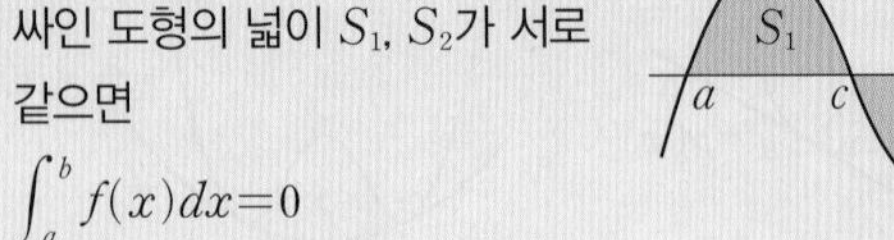

(2) 두 곡선 $y=f(x)$, $y=g(x)$로 둘러싸인 도형의 넓이 S_1, S_2가 서로 같으면

$\int_a^b \{f(x)-g(x)\}dx=0$

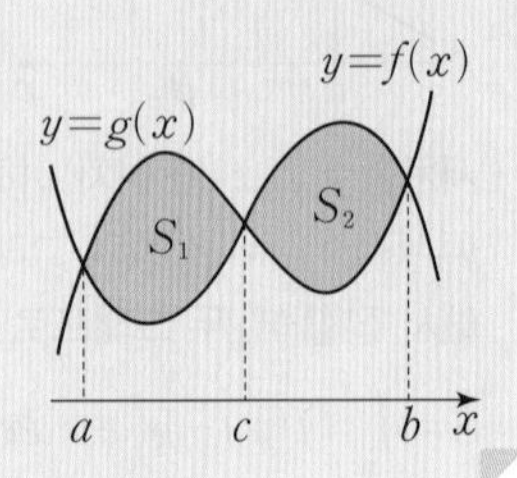

1911 대표문제

곡선 $y=x(x-2)(x-a)$와 x축으로 둘러싸인 두 도형의 넓이가 서로 같도록 하는 상수 a의 값을 구하시오.

(단, $a>2$)

1912

Level 1

그림과 같이 곡선 $y=x^2(x-3)$과 x축 및 직선 $x=a$로 둘러싸인 두 도형의 넓이가 서로 같을 때, 상수 a의 값은? (단, $a>3$)

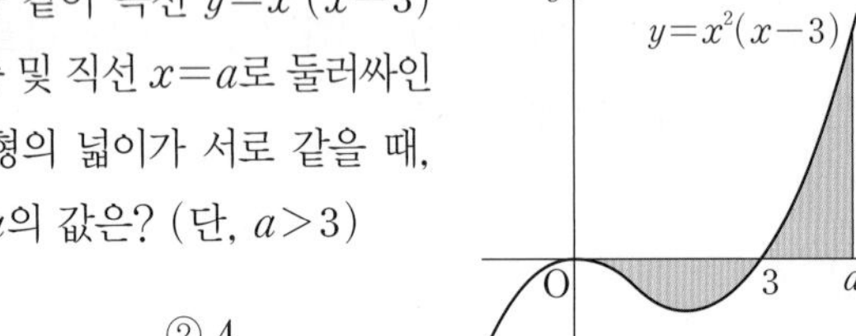

① $\frac{7}{2}$ ② 4 ③ $\frac{9}{2}$ ④ 5 ⑤ $\frac{11}{2}$

1913

Level 1

그림과 같이 곡선 $y=12-3x^2$과 y축 및 두 직선 $y=k$, $x=2$로 둘러싸인 두 도형의 넓이가 서로 같을 때, 상수 k의 값을 구하시오. (단, $0<k<12$)

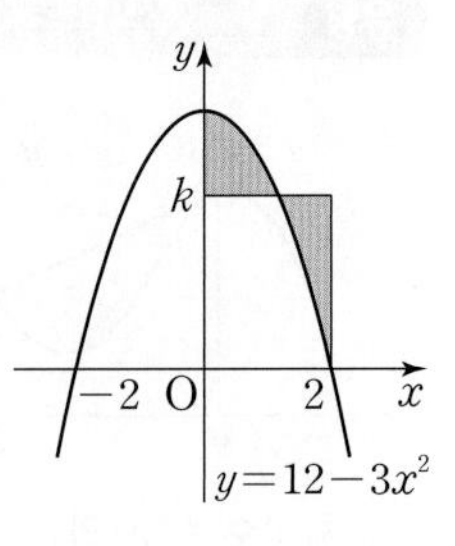

1914

Level 1

그림과 같이 두 곡선 $y=-x^2(x-2)$, $y=ax(x-2)$로 둘러싸인 두 도형의 넓이가 서로 같을 때, 상수 a의 값을 구하시오.

(단, $a<0$)

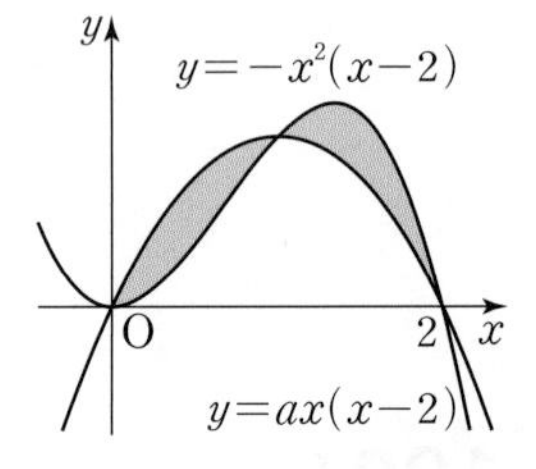

1915

Level 1

곡선 $y=-x^3-(a+3)x^2-3ax$와 x축으로 둘러싸인 두 도형의 넓이가 서로 같도록 하는 상수 a의 값은? (단, $0<a<3$)

① $\frac{1}{2}$ ② 1 ③ $\frac{3}{2}$ ④ 2 ⑤ $\frac{5}{2}$

1916

Level 1

그림과 같이 곡선 $y=x^2(a+1-x)$와 직선 $y=ax$로 둘러싸인 두 도형의 넓이가 서로 같을 때, 상수 a의 값을 구하시오. (단, $a>1$)

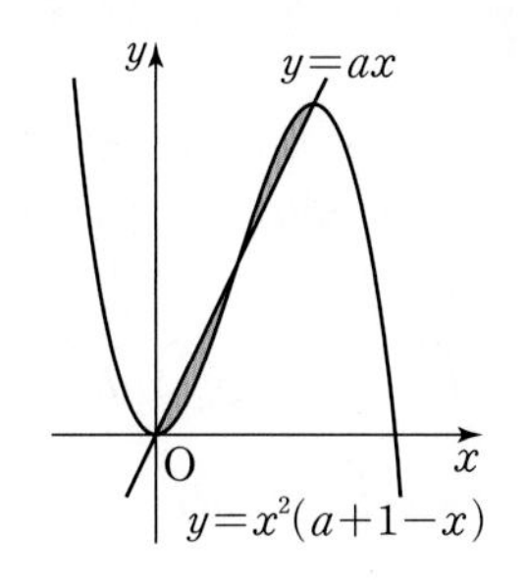

1917

Level 2

곡선 $y=x^2(x-a)(x-b)$와 x축으로 둘러싸인 두 도형의 넓이가 서로 같을 때, 상수 a, b에 대하여 $\frac{a}{b}$의 값은? (단, $0<a<b$)

① $\frac{1}{5}$ ② $\frac{1}{3}$ ③ $\frac{2}{5}$
④ $\frac{2}{3}$ ⑤ $\frac{3}{5}$

1918

Level 2

그림과 같이 곡선 $y=-x^3+3x^2+k$와 x축 및 y축으로 둘러싸인 두 도형 A, B의 넓이가 서로 같을 때, 상수 k의 값은? (단, $k<0$)

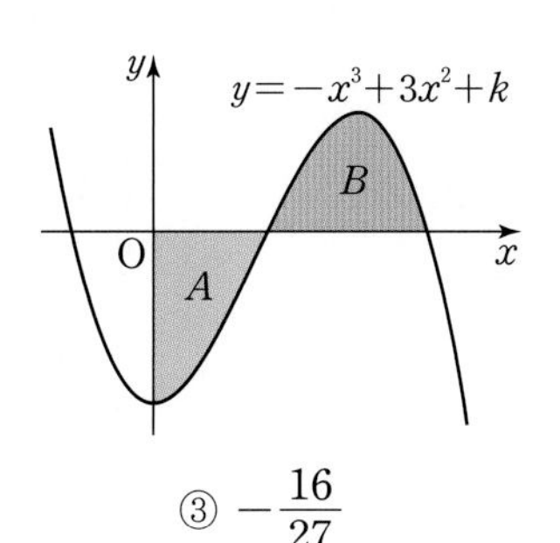

① $-\frac{4}{27}$ ② $-\frac{8}{27}$ ③ $-\frac{16}{27}$
④ $-\frac{32}{27}$ ⑤ $-\frac{64}{27}$

1919

Level 2

그림과 같이 곡선 $y=-x^2+2x+a$와 x축 및 y축으로 둘러싸인 두 도형의 넓이를 각각 A, B라 할 때, $A:B=1:2$이다. 이때 상수 a의 값은?

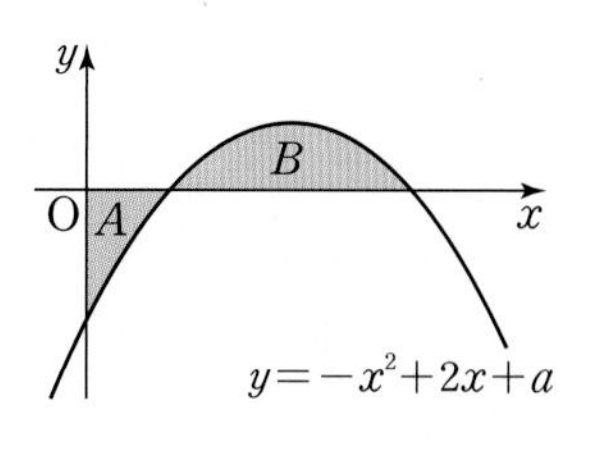

① $-\frac{1}{3}$ ② $-\frac{2}{3}$ ③ -1
④ $-\frac{4}{3}$ ⑤ $-\frac{5}{3}$

1920

Level 2

그림과 같이 곡선 $y=x(x-2a)$와 x축 및 직선 $x=-1$로 둘러싸인 두 도형의 넓이를 각각 A, B라 할 때, $A:B=1:2$이다. 이때 상수 a의 값은? (단, $a>0$)

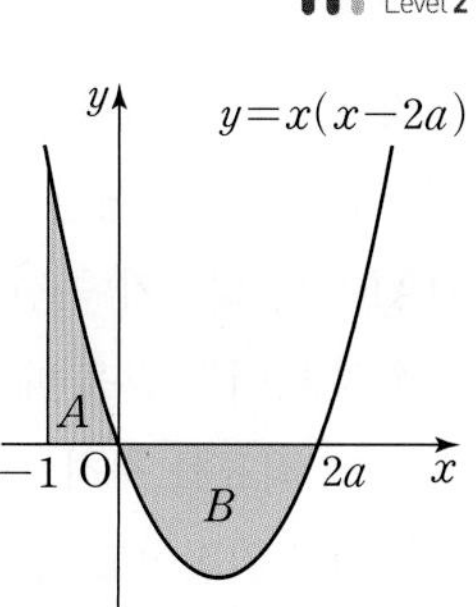

① $\frac{1}{2}$ ② $\frac{\sqrt{3}}{2}$
③ 1 ④ $\frac{1+\sqrt{3}}{2}$
⑤ $\frac{1+\sqrt{5}}{2}$

1921

Level 2

그림과 같이 네 점 $(0,\ -1)$, $(2,\ -1)$, $(2,\ 4)$, $(0,\ 4)$를 꼭짓점으로 하는 직사각형 내부가 곡선 $y=x^3-x^2$에 의하여 나누어지는 두 부분을 A, B, 직선 $y=ax$에 의하여 나누어지는 두 부분을 C, D라 하자. A와 C의 넓이가 같을 때, 상수 a의 값을 구하시오.

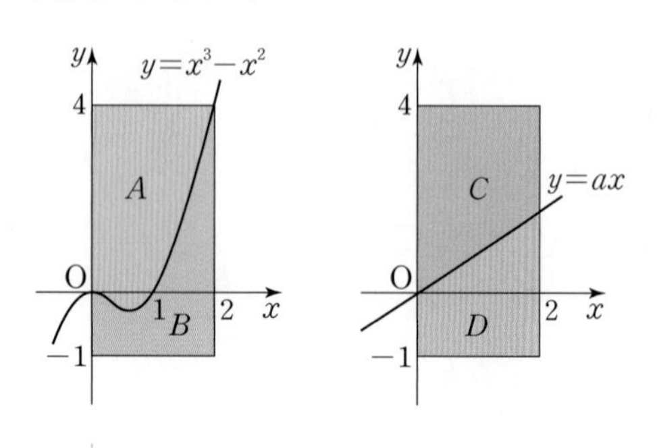

1922

Level 3

그림과 같이 직선 l이 y축과 만나는 점을 A, 점 C$(6,\ 0)$을 지나고 y축과 평행한 직선과 l의 교점을 B라 하자. 사다리꼴 OABC의 넓이가 곡선 $f(x)=x^3-6x^2$과 x축으로 둘러싸인 도형의 넓이와 같을 때, l은 항상 일정한 점 D를 지난다. 점 D의 좌표를 구하시오.
(단, O는 원점이고, 선분 AB는 선분 OC의 아래쪽에 있다.)

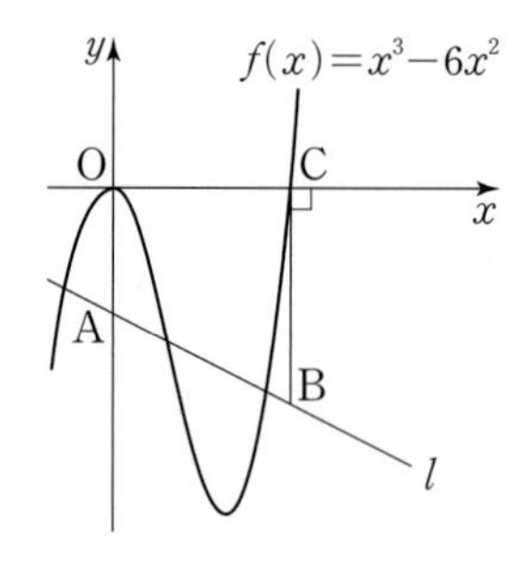

실전 유형 15 넓이를 이등분하는 경우, 넓이의 비가 주어진 경우

빈출유형

곡선 $y=f(x)$와 x축으로 둘러싸인 도형의 넓이를 곡선 $y=g(x)$가 이등분하면

$$\int_a^b |f(x)-g(x)|dx=\frac{1}{2}\int_a^c f(x)dx$$

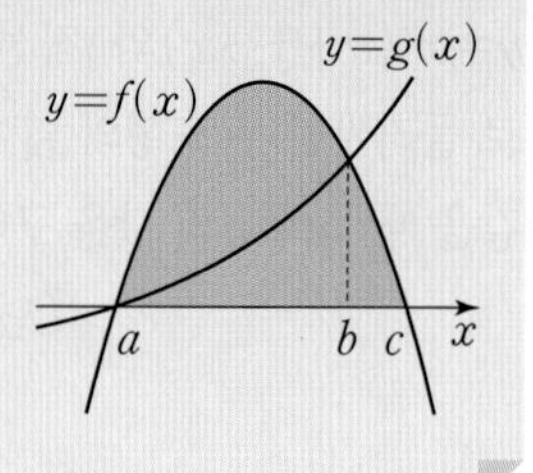

1923 대표문제

곡선 $y=-x^2+4x$와 x축으로 둘러싸인 도형의 넓이가 직선 $y=ax$에 의하여 이등분될 때, 양수 a에 대하여 $(4-a)^3$의 값을 구하시오.

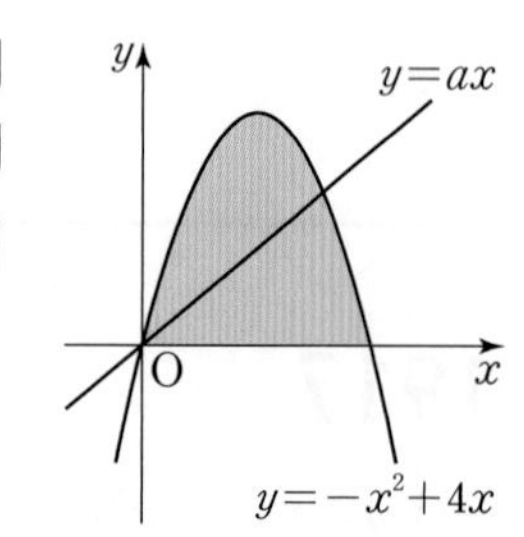

1924

Level 2

곡선 $y=-x^2+2x$와 x축으로 둘러싸인 도형의 넓이를 곡선 $y=ax^2$이 이등분할 때, 상수 a에 대하여 $(a+1)^2$의 값은?
(단, $a>0$)

① 2 ② 3 ③ 4
④ 5 ⑤ 6

1925

Level 2

곡선 $y=x^2-3x$와 직선 $y=ax$로 둘러싸인 도형의 넓이를 x축이 이등분할 때, 상수 a의 값은?

① $-3-3\sqrt[3]{2}$ ② $3-3\sqrt[3]{2}$ ③ $-3+3\sqrt[3]{2}$
④ $3+\sqrt[3]{2}$ ⑤ $3+3\sqrt[3]{2}$

1926

Level 2

두 곡선 $y=x^4-x^3$, $y=-x^4+x$로 둘러싸인 도형의 넓이를 곡선 $y=ax(1-x)$가 이등분할 때, 상수 a의 값은? (단, $0<a<1$)

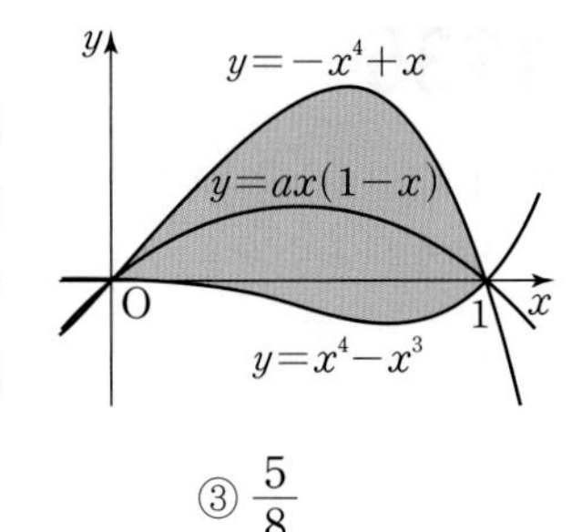

① $\frac{1}{4}$ ② $\frac{3}{8}$ ③ $\frac{5}{8}$
④ $\frac{3}{4}$ ⑤ $\frac{7}{8}$

1927

Level 2

그림과 같이 곡선 $y=\frac{1}{2}x^2$과 x축 및 직선 $x=2$로 둘러싸인 도형의 넓이를 S_1, 이 곡선과 두 직선 $x=2$, $y=ax$로 둘러싸인 도형의 넓이를 S_2라 할 때, $S_2=10S_1$이 되도록 하는 상수 a의 값을 구하시오. (단, $a>1$)

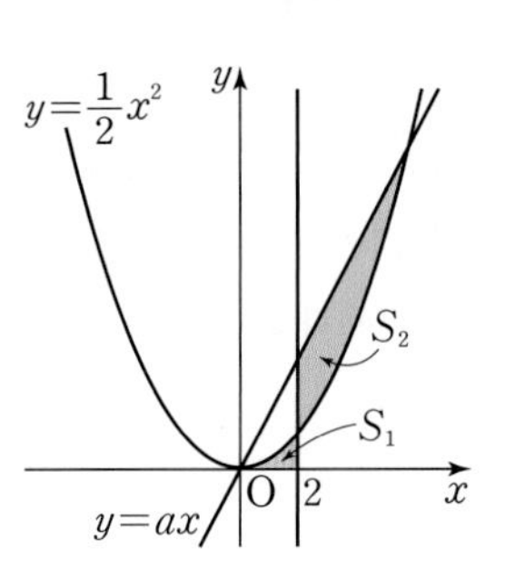

1928

Level 3

실수 전체의 집합에서 정의된 함수

$$f(x)=\begin{cases} x^2-\frac{1}{2}k^2 & (x<0) \\ x-\frac{1}{2}k^2 & (x\geq 0) \end{cases}$$

에 대하여 함수 $y=f(x)$의 그래프와 직선 $y=\frac{1}{2}k^2$으로 둘러싸인 도형의 넓이가 y축에 의하여 이등분될 때, 상수 k의 값을 구하시오. (단, $k>0$)

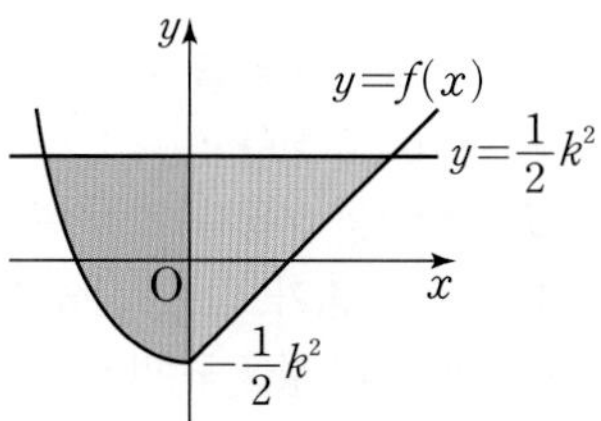

1929

Level 3

그림과 같이 좌표평면 위의 두 점 A$(2, 0)$, B$(0, 3)$을 지나는 직선과 곡선 $y=ax^2$ $(a>0)$ 및 y축으로 둘러싸인 도형 중에서 제1사분면에 있는 도형의 넓이를 S_1이라 하자. 또, 직선 AB와 곡선 $y=ax^2$ 및 x축으로 둘러싸인 도형의 넓이를 S_2라 하자. $S_1 : S_2=13 : 3$일 때, 상수 a의 값을 구하시오.

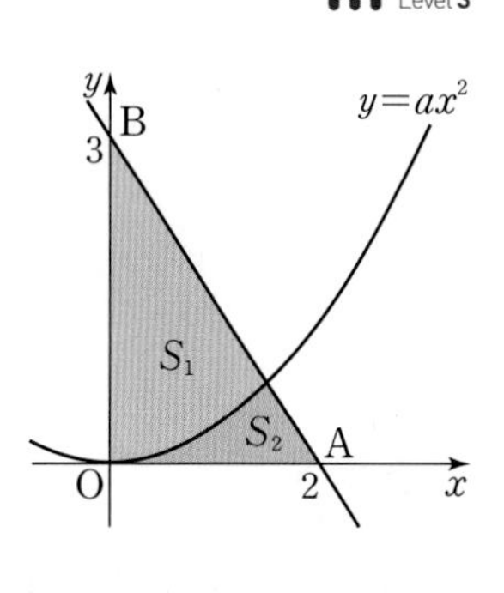

다음은 이 유형에서 출제된 최근 교육청 · 평가원 기출문제입니다.

1930 · 2022학년도 대학수학능력시험

Level 1

곡선 $y=x^2-5x$와 직선 $y=x$로 둘러싸인 부분의 넓이를 직선 $x=k$가 이등분할 때, 상수 k의 값은?

① 3 ② $\frac{13}{4}$ ③ $\frac{7}{2}$
④ $\frac{15}{4}$ ⑤ 4

실전 유형 16 넓이의 최솟값

곡선과 직선으로 둘러싸인 도형의 넓이의 최솟값은 다음과 같은 순서로 구한다.

❶ 정적분을 이용하여 넓이를 식으로 나타낸다.

❷ 함수의 증가·감소, 산술평균과 기하평균의 관계 등을 이용하여 최솟값을 구한다.

1931 대표문제

곡선 $y=x^2-ax$와 x축 및 직선 $x=4$로 둘러싸인 도형의 넓이가 최소가 되도록 하는 상수 a의 값을 구하시오. (단, $0<a<4$)

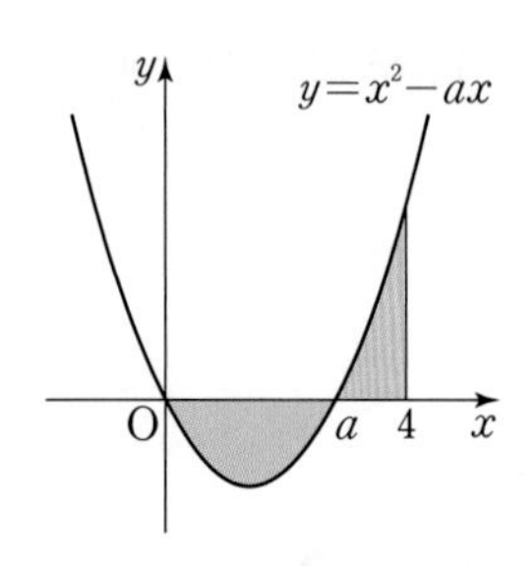

1932

Level 2

점 (0, 2)를 지나는 직선과 곡선 $y=x^2$으로 둘러싸인 도형의 넓이의 최솟값은?

① $\frac{4\sqrt{2}}{3}$　② $\frac{8}{3}$　③ $\frac{8\sqrt{2}}{3}$

④ $\frac{16}{3}$　⑤ $\frac{16\sqrt{2}}{3}$

1933

Level 2

곡선 $y=-3x^2+7nx$와 직선 $y=nx$로 둘러싸인 도형의 넓이가 240 이상이 되도록 하는 자연수 n의 최솟값을 구하시오.

1934

Level 2

곡선 $y=x^2+1$과 이 곡선 위의 점 $(a,\ a^2+1)$에서의 접선 및 y축, 직선 $x=2$로 둘러싸인 도형의 넓이가 최소가 되도록 하는 a의 값을 구하시오.

1935

Level 2

곡선 $y=(x+2)(x-a)(x-2)$와 x축으로 둘러싸인 도형의 넓이의 최솟값은? (단, $-2<a<2$)

① 2　② 4　③ 6

④ 8　⑤ 10

1936

Level 3

두 곡선 $y=2ax^3$, $y=-\frac{1}{8a}x^3$과 직선 $x=1$로 둘러싸인 도형의 넓이는 $a=p$일 때 최소이고, 그때의 넓이는 q이다. 상수 p, q에 대하여 pq의 값은? (단, $a>0$)

① $\frac{1}{32}$　② $\frac{1}{16}$　③ $\frac{1}{8}$

④ $\frac{1}{4}$　⑤ $\frac{1}{2}$

+Plus 문제

심화유형 17 정적분으로 정의된 함수의 최대·최소

구간 $x<t<x+a$에서 $f(t)>0$이면

$g(x)=\int_{x}^{x+a} f(t)dt$의 값은 $y=f(t)$의 그래프와 t축 및 두 직선 $t=x$, $t=x+a$로 둘러싸인 도형의 넓이와 같다.

1937 대표문제

이차함수 $f(x)$의 그래프가 그림과 같을 때, 함수

$g(x)=\int_{x}^{x+2} f(t)dt$의 최댓값은?

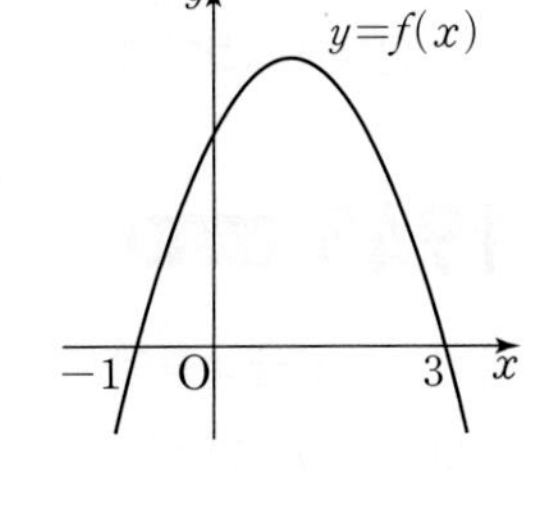

① $g(-2)$ ② $g(-1)$
③ $g(0)$ ④ $g(1)$
⑤ $g(2)$

1938

Level 2

$x\geq-2$에서 정의된 함수 $f(x)=\int_{x}^{x+1} |t^2-4|dt$의 최댓값을 구하시오.

1939

Level 2

최고차항의 계수가 음수인 삼차함수 $f(x)$가 $f(-1)=f(1)=f(2)=0$을 만족시킨다. $f(x)$의 도함수 $f'(x)$에 대하여 $\int_{m}^{n} f'(x)dx$의 값이 최대일 때, $m+n$의 값을 구하시오. (단, $m<n$)

실전유형 18 주기함수, 그래프의 대칭을 이용한 정적분 복합유형

(1) 함수 $f(x)$의 주기가 p이면 $f(x+p)=f(x)$이므로

$\int_{a}^{b} f(x)dx=\int_{a+p}^{b+p} f(x)dx$

(2) $f(-x)=f(x)$이면 $f(x)$의 그래프는 y축에 대하여 대칭이므로 $\int_{-a}^{a} f(x)dx=2\int_{0}^{a} f(x)dx$

(3) $f(-x)=-f(x)$이면 $f(x)$의 그래프는 원점에 대하여 대칭이므로 $\int_{-a}^{a} f(x)dx=0$

(4) $f(a-x)-f(a+x)=0$이면 $f(x)$의 그래프는 직선 $x=a$에 대하여 대칭이므로

$\int_{a-k}^{a+k} f(x)dx=2\int_{a}^{a+k} f(x)dx$

1940 대표문제

연속함수 $f(x)$가 모든 실수 x에 대하여 $f(x+3)=f(x)$를 만족시킨다. $\int_{1}^{4} |f(x)|dx=6$일 때, $y=f(x)$의 그래프와 x축 및 두 직선 $x=1$, $x=10$으로 둘러싸인 도형의 넓이는?

① 6 ② 12 ③ 18
④ 24 ⑤ 30

1941

Level 2

연속함수 $f(x)$가 다음 조건을 만족시킨다.

(가) $-1\leq x\leq1$에서 $f(x)=x^2$
(나) 모든 실수 x에 대하여 $f(x)=f(x+2)$

$y=f(x)$의 그래프와 x축, y축 및 직선 $x=6$으로 둘러싸인 도형의 넓이는?

① $\frac{1}{3}$ ② $\frac{2}{3}$ ③ 1
④ 2 ⑤ 3

1942

Level 2

함수 $f(x)$는 모든 실수 x에 대하여 다음 조건을 만족시킨다.

> (가) $f(x+2)=f(x)$
> (나) $f(x)=|x|\ (-1\le x<1)$

함수 $g(x)=\int_{-2}^{x} f(t)dt$라 할 때, 실수 a에 대하여 $g(a+4)-g(a)$의 값을 구하시오.

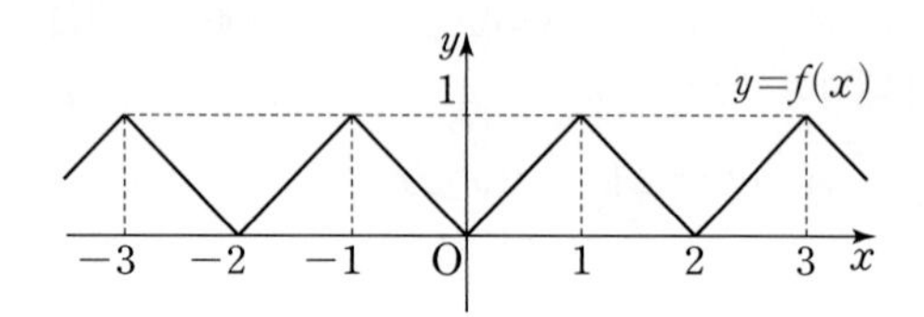

1943

Level 2

함수 $f(x)$는 모든 실수 x에 대하여 $f(-x)=f(x)$, $f(2-x)=f(2+x)$를 만족시키고,

$$f(x)=\begin{cases} x & (0\le x<1) \\ x^2-4x+4 & (1\le x<2)\end{cases}$$ 이다.

$\int_{-a}^{a} f(x)dx=10$일 때, 상수 a의 값을 구하시오.

1944

Level 2

연속함수 $f(x)$가 다음 조건을 만족시킬 때, $\int_{0}^{1} f(x)dx$의 값은?

> (가) 모든 실수 x에 대하여 $f(1+x)=f(1-x)$
> (나) $\int_{-1}^{0} f(x)dx=3$, $\int_{0}^{3} f(x)dx=13$

① 5 ② 10 ③ 15
④ 20 ⑤ 25

실전유형 19 평행이동 또는 대칭이동한 그래프로 둘러싸인 도형의 넓이

복합유형

(1) **평행이동**
곡선 $y=f(x)$를 x축의 방향으로 a만큼, y축의 방향으로 b만큼 평행이동하면 $y-b=f(x-a)$

(2) **대칭이동**
곡선 $y=f(x)$를
x축에 대하여 대칭이동하면 $y=-f(x)$
y축에 대하여 대칭이동하면 $y=f(-x)$
원점에 대하여 대칭이동하면 $y=-f(-x)$

1945 대표문제

곡선 $y=x^2$을 x축에 대하여 대칭이동한 후 x축의 방향으로 -2만큼, y축의 방향으로 10만큼 평행이동한 곡선을 $y=f(x)$라 하자. 두 곡선 $y=x^2$, $y=f(x)$로 둘러싸인 도형의 넓이를 구하시오.

1946

Level 1

곡선 $y=4x^3-12x^2$을 y축의 방향으로 k만큼 평행이동한 곡선을 $y=f(x)$라 할 때, $\int_{0}^{3} f(x)dx=0$을 만족시키는 상수 k의 값은?

① 5 ② 6 ③ 7
④ 8 ⑤ 9

1947

Level 2

함수 $f(x)=x^2+2x+2$에 대하여 두 곡선 $y=f(x)$, $y=f(x-2)$ 및 직선 $y=1$로 둘러싸인 도형의 넓이를 구하시오.

다음은 이 유형에서 출제된 최근 교육청 • 평가원 기출문제입니다.

1948 • 교육청 2019년 10월 Level 2

그림은 모든 실수 x에 대하여 $f(-x)=-f(x)$인 연속함수 $y=f(x)$의 그래프와 함수 $y=f(x)$의 그래프를 x축의 방향으로 1만큼, y축의 방향으로 1만큼 평행이동시킨 함수 $y=g(x)$의 그래프이다. $\int_0^2 g(x)dx$의 값은?

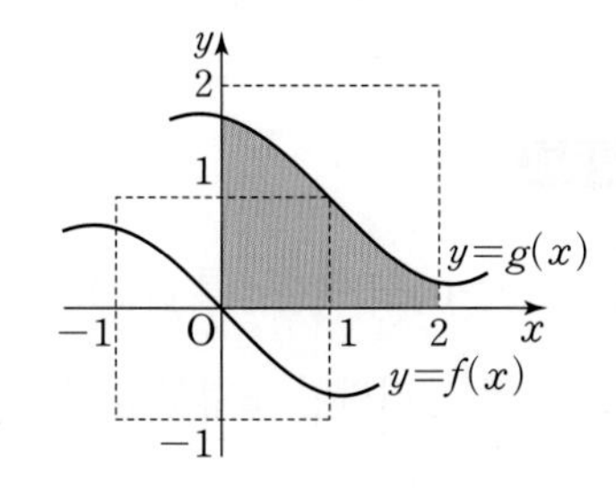

① $\frac{7}{4}$ ② 2 ③ $\frac{9}{4}$
④ $\frac{5}{2}$ ⑤ $\frac{11}{4}$

1949 • 2019학년도 대학수학능력시험 Level 2

실수 전체의 집합에서 증가하는 연속함수 $f(x)$가 다음 조건을 만족시킨다.

> (가) 모든 실수 x에 대하여 $f(x)=f(x-3)+4$이다.
> (나) $\int_0^6 f(x)dx=0$

함수 $y=f(x)$의 그래프와 x축 및 두 직선 $x=6$, $x=9$로 둘러싸인 부분의 넓이는?

① 9 ② 12 ③ 15
④ 18 ⑤ 21

실전유형 20 함수와 그 역함수의 정적분

함수 $f(x)$의 역함수가 $g(x)$이면 그림에서

$A=B=ac-\int_0^a g(x)dx$

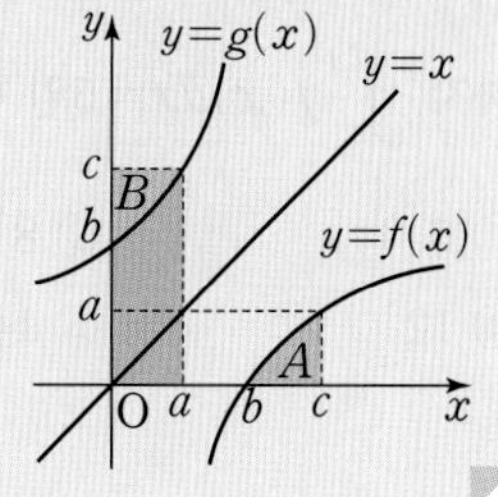

1950 대표문제

함수 $f(x)=\sqrt{x-2}$의 역함수를 $g(x)$라 할 때, $\int_2^6 f(x)dx+\int_0^2 g(x)dx$의 값은?

① 12 ② 14 ③ 16
④ 18 ⑤ 20

1951 Level 2

함수 $f(x)=x^3+1$의 역함수를 $g(x)$라 할 때, $\int_0^1 f(x)dx+\int_{f(0)}^{f(1)} g(x)dx$의 값은?

① 1 ② 2 ③ 3
④ 4 ⑤ 5

1952 Level 2

함수 $f(x)=x^3-2x^2+3x$의 역함수를 $g(x)$라 할 때, $\int_1^2 f(x)dx+\int_2^6 g(x)dx$의 값을 구하시오.

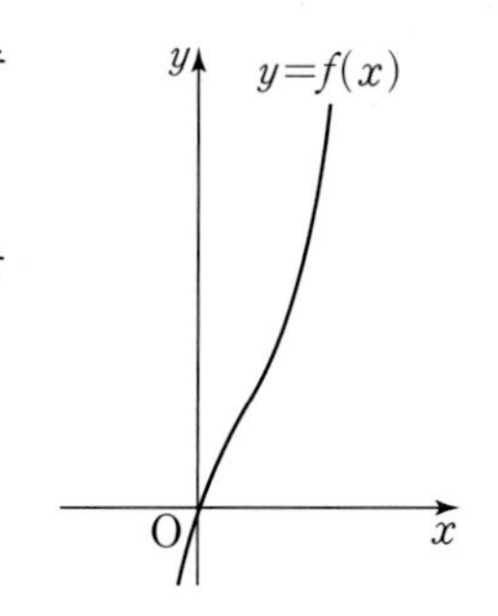

1953

Level 2

$f(1)=1$, $f(4)=4$인 연속함수 $f(x)$의 역함수를 $g(x)$라 하자. $\int_1^4 f(x)dx=5$일 때, $\int_1^4 g(x)dx$의 값은?

① 6 ② 8 ③ 10
④ 12 ⑤ 14

1954

Level 2

함수 $f(x)=2x^2+1\ (x\geq 0)$의 역함수를 $g(x)$라 할 때, 곡선 $y=g(x)$와 x축 및 직선 $x=9$로 둘러싸인 도형의 넓이는?

① $\frac{26}{3}$ ② $\frac{28}{3}$ ③ 10
④ $\frac{32}{3}$ ⑤ $\frac{34}{3}$

1955

Level 2

함수 $f(x)=x^3+x-1$의 역함수를 $g(x)$라 할 때, $\int_1^9 g(x)dx$의 값은?

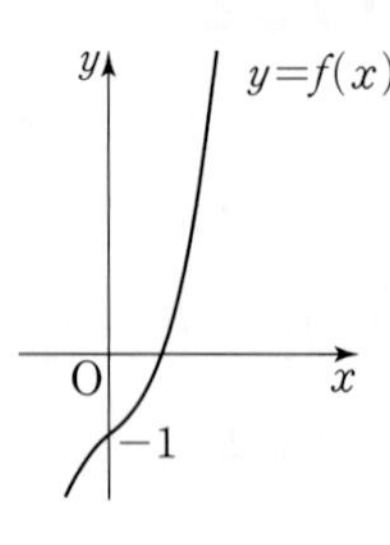

① $\frac{47}{4}$ ② $\frac{49}{4}$
③ $\frac{51}{4}$ ④ $\frac{53}{4}$
⑤ $\frac{55}{4}$

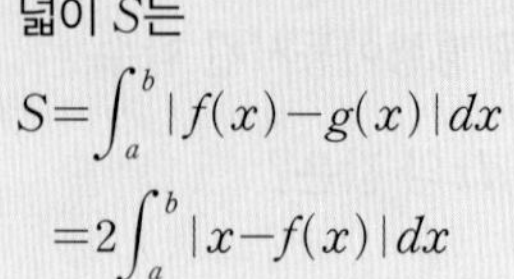

심화유형 21 함수와 그 역함수의 그래프로 둘러싸인 도형의 넓이

빈출유형

함수 $f(x)$의 역함수가 $g(x)$일 때, 두 곡선 $y=f(x)$, $y=g(x)$로 둘러싸인 도형의 넓이 S는

$S=\int_a^b |f(x)-g(x)|dx$

$=2\int_a^b |x-f(x)|dx$

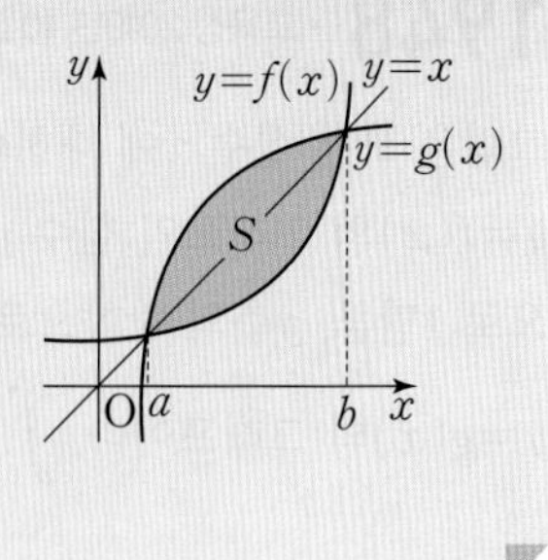

1956 대표문제

함수 $f(x)=\frac{1}{4}x^3\ (x\geq 0)$의 역함수를 $g(x)$라 할 때, 두 곡선 $y=f(x)$, $y=g(x)$로 둘러싸인 도형의 넓이를 구하시오.

1957

Level 1

함수 $f(x)$와 그 역함수 $g(x)$의 그래프가 그림과 같이 두 점 $(2, 2)$, $(5, 5)$에서 만난다. $\int_2^5 f(x)dx=9$일 때, 두 곡선 $y=f(x)$, $y=g(x)$로 둘러싸인 도형의 넓이는?

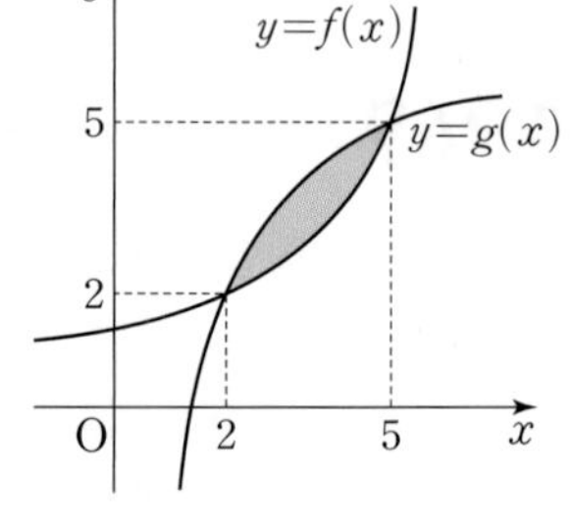

① 1 ② 2 ③ 3
④ 4 ⑤ 5

1958

Level 1

함수 $f(x)=(x-1)^2+1\ (x\geq1)$의 그래프와 $f(x)$의 역함수의 그래프로 둘러싸인 도형의 넓이는?

① $\frac{1}{6}$ ② $\frac{1}{5}$ ③ $\frac{1}{4}$
④ $\frac{1}{3}$ ⑤ $\frac{1}{2}$

1959

Level 2

정사각형 모양의 타일이 좌표평면에 놓여 있다. 그림과 같이 이 타일에 두 곡선 $y=f(x)$, $y=g(x)$를 경계로 파랑색과 노랑색을 칠했더니 파랑색과 노랑색 부분의 넓이의 비가 $2:3$일 때, $\int_0^{15} f(x)dx$의 값을 구하시오. (단, 함수 $g(x)$는 함수 $f(x)$의 역함수이다.)

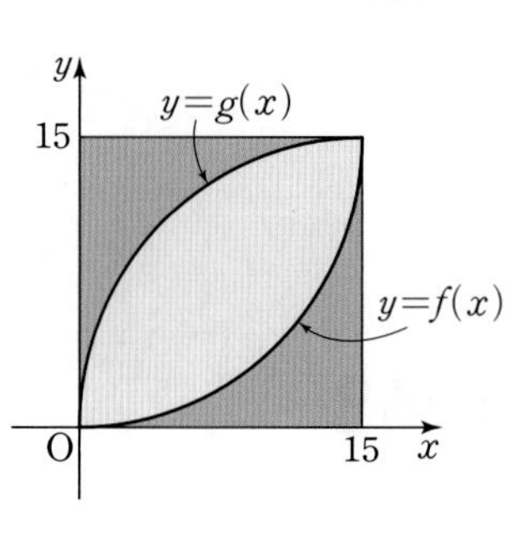

1960

Level 3

함수 $f(x)=x^3+x^2+x$의 역함수를 $g(x)$라 할 때, $x\geq0$에서 두 곡선 $y=f(x)$, $y=g(x)$와 직선 $y=-x+4$로 둘러싸인 도형의 넓이는?

① 3 ② $\frac{19}{6}$ ③ $\frac{10}{3}$
④ $\frac{7}{2}$ ⑤ $\frac{11}{3}$

+Plus 문제

실전유형 22 수직선 위를 움직이는 물체의 위치

수직선 위를 움직이는 점 P의 시각 t에서의 속도를 $v(t)$,
시각 $t=a$에서의 위치를 x_0이라 하면
시각 t에서의 점 P의 위치 x는
$x=x_0+\int_a^t v(t)dt$

1961 대표문제

원점을 출발하여 수직선 위를 움직이는 점 P의 t초 후의 속도가 $v(t)=6-3t$일 때, 점 P가 운동 방향을 바꾸는 시각에서의 점 P의 위치는?

① 2 ② 4 ③ 6
④ 8 ⑤ 10

1962

Level 1

지면으로부터 30 m의 높이에서 10 m/s의 속도로 지면에 수직으로 쏘아 올린 물체의 t초 후의 속도가
$v(t)=(30-10t)$ m/s이다. 이 물체가 최고 높이에 도달했을 때 지면으로부터의 높이를 구하시오.

1963

Level 2

지면에서 똑바로 위로 쏘아 올린 공의 t초 후의 속도가
$v(t)=(20a-10t)$ m/s이다. 공이 운동 방향을 바꾸는 순간 지면으로부터의 높이가 80 m일 때, 양수 a의 값을 구하시오.

1964

Level 2

원점을 출발하여 수직선 위를 움직이는 점 P의 시각 t에서의 속도가 $v(t)=-3t^2-4t+8$이다. 점 P가 출발한 후 원점으로 다시 돌아오게 되는 시각이 $t=a$일 때, 상수 a의 값은?

① 1　② 2　③ 3　④ 4　⑤ 5

1965

Level 2

원점을 출발하여 수직선 위를 움직이는 점 P의 시각 t에서의 속도 $v(t)$가

$$v(t)=\begin{cases} -t^2+2t+1 & (0\le t<2) \\ t^2-6t+9 & (t\ge 2) \end{cases}$$

일 때, $t=4$에서의 점 P의 위치는?

① 4　② 6　③ 8　④ 10　⑤ 12

1966

Level 3

원점 O를 출발하여 수직선 위를 16초 동안 움직이는 점 P의 t초 후의 속도 $v(t)$가

$$v(t)=\begin{cases} \frac{1}{2}t-1 & (0\le t<2) \\ -t^2+10t-16 & (2\le t<8) \\ 2-\frac{1}{4}t & (8\le t\le 16) \end{cases}$$

일 때, 선분 OP의 길이의 최댓값을 구하시오.

실전유형 23 수직선 위를 움직이는 물체가 움직인 거리 빈출유형

수직선 위를 움직이는 점 P의 시각 t에서의 속도를 $v(t)$라 하면 시각 $t=a$에서 $t=b$까지

(1) 점 P의 위치의 변화량은 → $\int_a^b v(t)dt$

(2) 점 P가 움직인 거리는 → $\int_a^b |v(t)|dt$

1967 대표문제

수직선 위를 움직이는 점 P의 시각 $t(t\ge 0)$에서의 속도 $v(t)$가 $v(t)=6-at$이다. $t=3$에서 점 P의 운동 방향이 바뀌었을 때, $t=0$에서 $t=6$까지 점 P가 움직인 거리를 구하시오. (단, a는 상수이다.)

1968

Level 1

수직선 위를 움직이는 점 P의 시각 $t(t\ge 0)$에서의 속도 $v(t)$가 $v(t)=t^2-2t$일 때, $t=0$에서 $t=4$까지 점 P가 움직인 거리는?

① 5　② 6　③ 7　④ 8　⑤ 9

1969

Level 2

원점을 출발하여 수직선 위를 움직이는 점 P의 시각 $t(t\ge 0)$에서의 속도 $v(t)$가 $v(t)=-3t^2+6t+9$일 때, 점 P가 출발한 후 운동 방향이 바뀌는 시각까지 움직인 거리를 구하시오.

1970

Level 2

원점을 출발하여 수직선 위를 움직이는 점 P의 시각 t에서의 속도 $v(t)$가 $v(t)=3t^2-6t$이다. $t=0$에서 $t=a$까지 점 P가 움직인 거리가 58일 때, 상수 a의 값을 구하시오.
(단, $a>2$)

1971

Level 2

수직선 위를 움직이는 점 P의 시각 $t(t\geq 0)$에서의 속도 $v(t)$가 $v(t)=t^2-at\ (a>0)$이다. 점 P가 $t=0$에서 움직이는 방향이 바뀔 때까지 움직인 거리가 $\frac{32}{3}$일 때, 상수 a의 값을 구하시오.

1972

Level 2

반지름의 길이가 $\frac{1}{2}$ cm인 원기둥 모양의 수도관에 물이 가득 차서 흐르고 있다. 흐르는 물의 시각 $t\ (t\geq 0)$에서의 속도 $v(t)$가 $v(t)=(12t-t^2)$ cm/s일 때, 이 물이 흐르기 시작하여 멈출 때까지 흘러 나온 물의 양은?

① 64π cm^3 ② 72π cm^3 ③ 96π cm^3
④ 112π cm^3 ⑤ 128π cm^3

1973

Level 2

초속 40 m의 속도로 달리던 자동차가 브레이크를 밟았더니 160 m를 더 간 후 정지하였다. 브레이크를 밟은 후 일정한 비율로 감속하였다면 브레이크를 밟은 후 정지할 때까지 걸린 시간은?

① 2초 ② 4초 ③ 5초
④ 8초 ⑤ 10초

다음은 이 유형에서 출제된 최근 교육청 • 평가원 기출문제입니다.

1974

• 2021학년도 대학수학능력시험 Level 1

수직선 위를 움직이는 점 P의 시각 $t(t\geq 0)$에서의 속도 $v(t)$가 $v(t)=2t-6$이다. 점 P가 시각 $t=3$에서 $t=k\ (k>3)$까지 움직인 거리가 25일 때, 상수 k의 값은?

① 6 ② 7 ③ 8
④ 9 ⑤ 10

1975

• 교육청 2020년 3월 Level 2

수직선 위를 움직이는 점 P의 시각 t에서의 속도 $v(t)$가 $v(t)=3t^2-12t+9$이다. 점 P가 $t=0$일 때 원점을 출발하여 처음으로 운동 방향을 바꾼 순간의 위치를 A라 하자. 점 P가 A에서 방향을 바꾼 순간부터 다시 A로 돌아올 때까지 움직인 거리를 구하시오.

1976

신경향 • 2022학년도 대학수학능력시험 Level 3

수직선 위를 움직이는 점 P의 시각 t에서의 위치 $x(t)$가 두 상수 a, b에 대하여 $x(t)=t(t-1)(at+b)\ (a\neq 0)$이다. 점 P의 시각 t에서의 속도 $v(t)$가 $\int_0^1 |v(t)|dt=2$를 만족시킬 때, 〈**보기**〉에서 옳은 것만을 있는 대로 고른 것은?

〈보기〉

ㄱ. $\int_0^1 v(t)dt=0$
ㄴ. $|x(t_1)|>1$인 t_1이 열린구간 $(0, 1)$에 존재한다.
ㄷ. $0\leq t\leq 1$인 모든 t에 대하여 $|x(t)|<1$이면 $x(t_2)=0$인 t_2가 열린구간 $(0, 1)$에 존재한다.

① ㄱ ② ㄱ, ㄴ ③ ㄱ, ㄷ
④ ㄴ, ㄷ ⑤ ㄱ, ㄴ, ㄷ

실전유형 24 속도 그래프의 해석

수직선 위를 움직이는 점 P의 시각 t에서의 속도 $v(t)$의 그래프가 그림과 같을 때, 속도 $v(t)$의 그래프와 t축으로 둘러싸인 도형의 넓이를 각각 S_1, S_2라 하면 시각 $t=0$에서 $t=a$까지

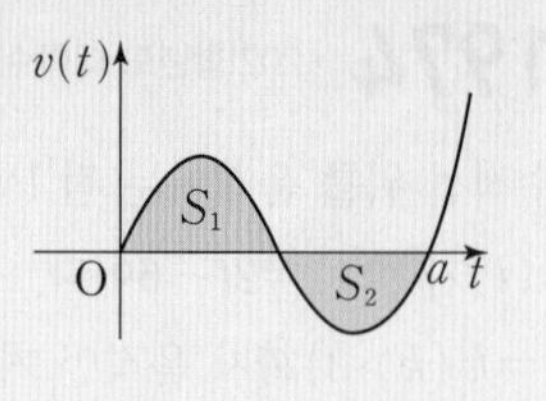

(1) 점 P의 위치의 변화량은 $\int_0^a v(t)dt=S_1-S_2$

(2) 점 P가 움직인 거리는 $\int_0^a |v(t)|dt=S_1+S_2$

1977 대표문제

원점을 출발하여 수직선 위를 움직이는 점 P의 시각 t에서의 속도 $v(t)$의 그래프가 그림과 같다. 점 P가 출발 후 처음으로 방향을 바꿀 때까지의 이동 거리를 구하시오.

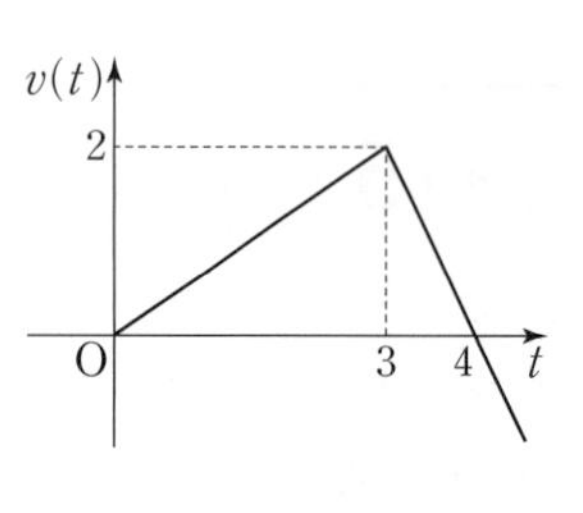

1978

Level 1

원점을 출발하여 수직선 위를 움직이는 점 P의 시각 t에서의 속도 $v(t)$의 그래프가 그림과 같을 때, $t=7$에서의 점 P의 위치는?

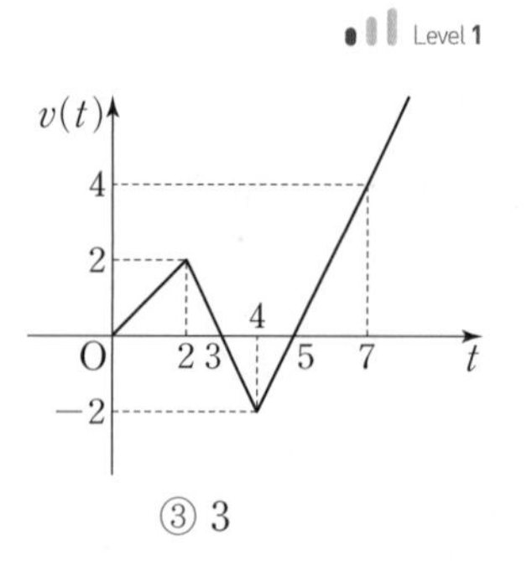

① 1 ② 2 ③ 3 ④ 4 ⑤ 5

1979

Level 1

원점을 출발하여 수직선 위를 움직이는 점 P의 시각 $t(0\le t\le 6)$에서의 속도 $v(t)$의 그래프가 그림과 같다. 점 P가 $t=0$에서 $t=6$까지 움직인 거리는?

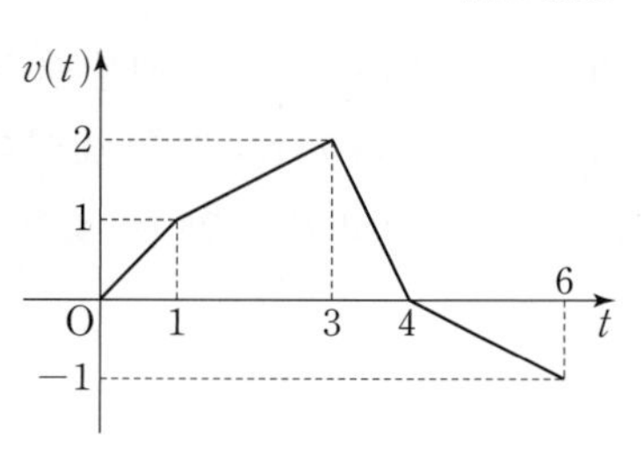

① $\frac{3}{2}$ ② $\frac{5}{2}$ ③ $\frac{7}{2}$ ④ $\frac{9}{2}$ ⑤ $\frac{11}{2}$

1980

Level 2

원점을 출발하여 수직선 위를 움직이는 점 P의 시각 t에서의 위치 $f(t)$에 대하여 이차함수 $y=f'(t)$의 그래프가 그림과 같다. 점 P가 출발할 때의 운동 방향과 반대 방향으로 움직인 거리는?

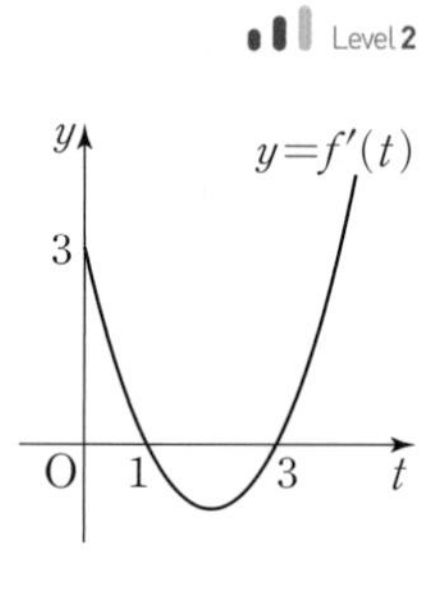

① $\frac{2}{3}$ ② $\frac{4}{3}$ ③ 2 ④ $\frac{8}{3}$ ⑤ $\frac{10}{3}$

● 정답 및 풀이 406쪽

1981

Level 2

원점을 출발하여 수직선 위를 6초 동안 움직이는 점 P의 시각 t에서의 속도 $v(t)$의 그래프가 그림과 같을 때, 〈**보기**〉에서 옳은 것만을 있는 대로 고른 것은?

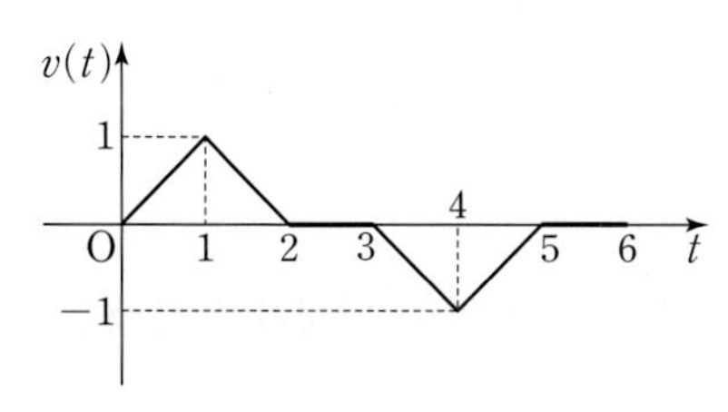

〈보기〉

ㄱ. 점 P는 출발하고 나서 5초 후 원점에 있었다.
ㄴ. 점 P가 출발하고 나서 정지한 시간은 총 2초이다.
ㄷ. 점 P는 움직이는 동안 방향을 2번 바꿨다.

① ㄱ　② ㄷ　③ ㄱ, ㄴ
④ ㄱ, ㄷ　⑤ ㄴ, ㄷ

1982

Level 2

원점을 출발하여 수직선 위를 8초 동안 움직이는 어느 물체의 시각 t에서의 속도 $v(t)$의 그래프가 그림과 같을 때, 〈**보기**〉에서 옳은 것만을 있는 대로 고른 것은?

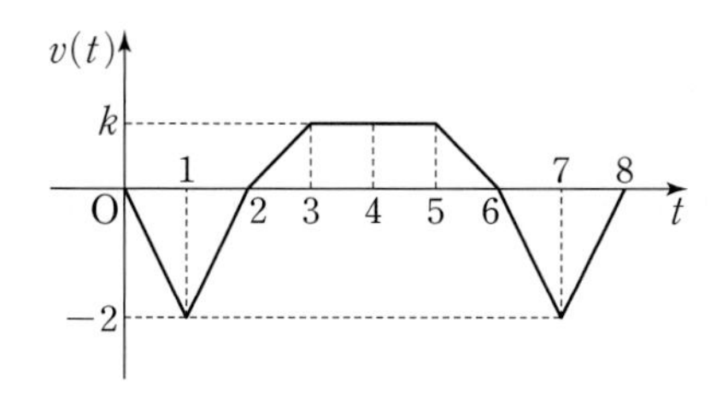

〈보기〉

ㄱ. 물체는 움직이는 동안 운동 방향을 두 번 바꾼다.
ㄴ. $k=1$이면 $t=6$에서의 위치는 원점이다.
ㄷ. 물체가 8초 동안 원점을 두 번 지나기 위한 k의 값의 범위는 $0<k\le\frac{4}{3}$이다.

① ㄱ　② ㄴ　③ ㄱ, ㄴ
④ ㄱ, ㄷ　⑤ ㄱ, ㄴ, ㄷ

1983

Level 2

원점을 출발하여 수직선 위를 움직이는 점 P의 시각 t에서의 속도 $v(t)$는 다음 조건을 만족시킨다.

(가) 모든 실수 t에 대하여 $v(t)=v(t+2)$이다.
(나) $0\le t\le 2$인 t에 대하여 $v(t)=v(2-t)$이다.

$t=3$에서의 점 P의 위치가 6일 때, $t=10$에서의 점 P의 위치는?

① 12　② 14　③ 16
④ 18　⑤ 20

다음은 이 유형에서 출제된 최근 교육청 · 평가원 기출문제입니다.

1984 · 교육청 2020년 3월

Level 3

원점을 출발하여 수직선 위를 움직이는 점 P의 시각 t $(t\ge0)$에서의 속도 $v(t)$의 그래프가 그림과 같다.

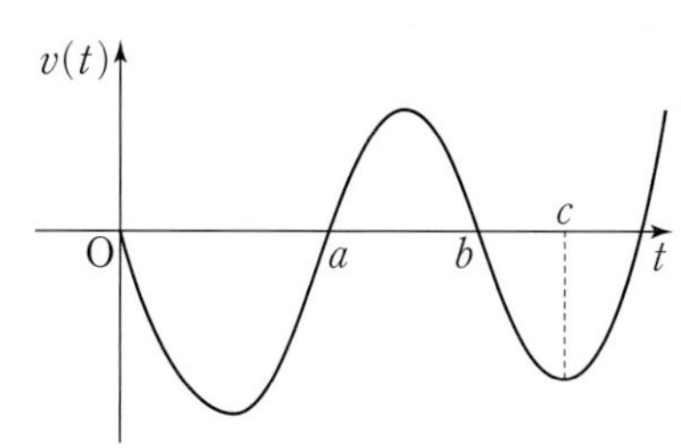

점 P가 출발한 후 처음으로 운동 방향을 바꿀 때의 위치는 -8이고 점 P의 시각 $t=c$에서의 위치는 -6이다.
$\int_0^b v(t)dt=\int_b^c v(t)dt$일 때, 점 P가 $t=a$부터 $t=b$까지 움직인 거리는?

① 3　② 4　③ 5
④ 6　⑤ 7

실전유형 25 두 물체의 운동 빈출유형

두 점 P, Q의 시각 t에서의 속도를 각각 $v_1(t)$, $v_2(t)$라 하자.

(1) 시각 t에서 두 점이 다른 방향으로 움직이면
$v_1(t)v_2(t)<0$

(2) 두 점 P, Q가 원점을 동시에 출발한 후 시각 $t=a$에서 다시 만나면 시각 $t=a$에서 두 점의 위치가 같으므로
$\int_0^a v_1(t)dt=\int_0^a v_2(t)dt$

1985 대표문제

원점을 동시에 출발하여 수직선 위를 움직이는 두 점 P, Q의 시각 t $(t\geq0)$에서의 속도가 각각 $v_1(t)=2t^2-t$, $v_2(t)=t^2+t$이다. 출발 후 두 점 P, Q의 속도가 같아질 때의 두 점 P, Q 사이의 거리는?

① $\frac{1}{3}$ ② $\frac{2}{3}$ ③ 1
④ $\frac{4}{3}$ ⑤ $\frac{5}{3}$

1986 Level 2

수직선 위를 움직이는 두 점 P, Q는 각각 좌표가 2인 점과 좌표가 6인 점에서 동시에 출발한다. 두 점 P, Q의 시각 t에서의 속도가 각각 $v_P(t)=-2t+1$, $v_Q(t)=4t-5$일 때, 두 점 P, Q가 가장 가까울 때의 시각 t를 구하시오.

1987 Level 2

수직선 위를 움직이는 두 점 P, Q가 있다. 점 P는 점 A(5)를 출발하여 시각 t에서의 속도가 $3t^2-2$이고, 점 Q는 점 B(k)를 출발하여 시각 t에서의 속도가 1이다. 두 점 P, Q가 동시에 출발한 후 2번 만나도록 하는 정수 k의 값은? (단, $k\neq5$)

① 2 ② 4 ③ 6
④ 8 ⑤ 10

1988 Level 2

지면에서 동시에 출발하여 지면과 수직인 방향으로 올라가는 두 물체 A, B가 있다. 시각 t $(0\leq t\leq c)$에서 A의 속도 $f(t)$와 B의 속도 $g(t)$의 그래프가 그림과 같다.

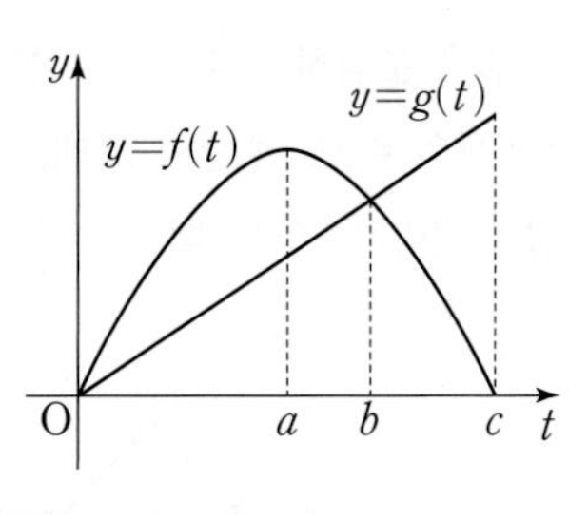

$\int_0^c f(t)dt=\int_0^c g(t)dt$일 때, **〈보기〉**에서 옳은 것만을 있는 대로 고르시오.

〈보기〉

ㄱ. $t=a$에서 A는 B보다 높은 위치에 있다.
ㄴ. $t=b$에서 A, B의 높이의 차가 최대이다.
ㄷ. $t=c$에서 A, B는 같은 높이에 있다.

1989 Level 3

원점을 동시에 출발하여 수직선 위를 움직이는 두 점 P, Q의 시각 t $(0\leq t\leq8)$에서의 속도가 각각 $v_P(t)=2t^2-8t$, $v_Q(t)=t^3-10t^2+24t$이다. 두 점 P, Q 사이의 거리의 최댓값을 구하시오.

+Plus 문제

다음은 이 유형에서 출제된 최근 교육청 • 평가원 기출문제입니다.

1990 • 교육청 2018년 7월 Level 1

원점을 동시에 출발하여 수직선 위를 움직이는 두 점 P, Q의 시각 t $(t\geq0)$에서의 속도가 각각 $3t^2+6t-6$, $10t-6$이다. 두 점 P, Q가 출발 후 $t=a$에서 다시 만날 때, 상수 a의 값은?

① 1 ② $\frac{3}{2}$ ③ 2
④ $\frac{5}{2}$ ⑤ 3

서술형 유형 익히기

1991 대표문제

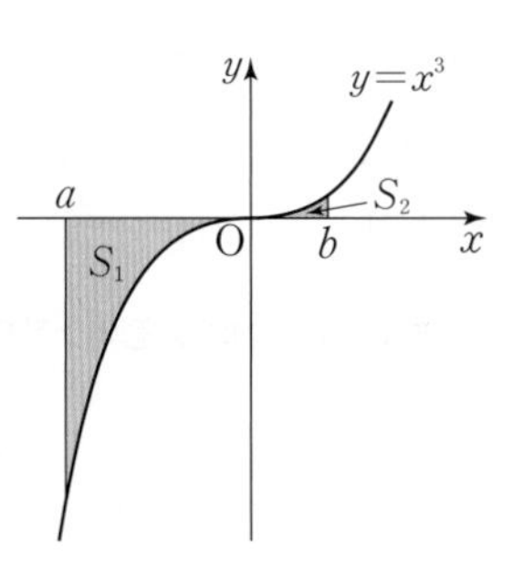

그림과 같이 곡선 $y=x^3$과 x축 및 두 직선 $x=a$, $x=b$로 둘러싸인 도형의 넓이를 각각 S_1, S_2라 하자. $a+4b=0$일 때, $\frac{S_1}{S_2}$의 값을 구하는 과정을 서술하시오. (단, $a<0$, $b>0$) [6점]

STEP 1 S_1 구하기 [2점]

$S_1=\int_a^0($ (1) $)dx=$ (2)

STEP 2 S_2 구하기 [2점]

$S_2=\int_0^b$ (3) $dx=$ (4)

STEP 3 $\frac{S_1}{S_2}$의 값 구하기 [2점]

$a+4b=0$에서 $a=-4b$이므로

$\frac{S_1}{S_2}=$ (5)

핵심 KEY 유형 15 넓이의 비가 주어진 경우

넓이의 비가 주어진 두 도형의 넓이를 각각 정적분을 이용한 식으로 나타내어 미지수를 구하는 문제이다.
두 부분의 넓이 S_1, S_2에 대하여

$S_1 : S_2=m : n$이면 $S_1=\frac{m}{m+n}$, $S_2=\frac{n}{m+n}$

$\frac{S_2}{S_1}=k$이면 $S_2=kS_1$

임을 이용하여 문제를 해결하자.

1992 한번 더

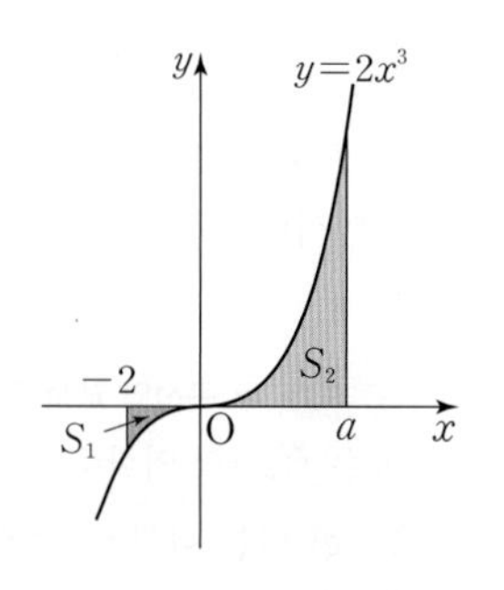

그림과 같이 곡선 $y=2x^3$과 x축 및 두 직선 $x=-2$, $x=a$로 둘러싸인 도형의 넓이를 각각 S_1, S_2라 하자. $a+4b=0$일 때, $\frac{S_2}{S_1}=16$이다. 이때 양수 a의 값을 구하는 과정을 서술하시오. [6점]

STEP 1 S_1 구하기 [2점]

STEP 2 S_2 구하기 [2점]

STEP 3 양수 a의 값 구하기 [2점]

1993 유사 1

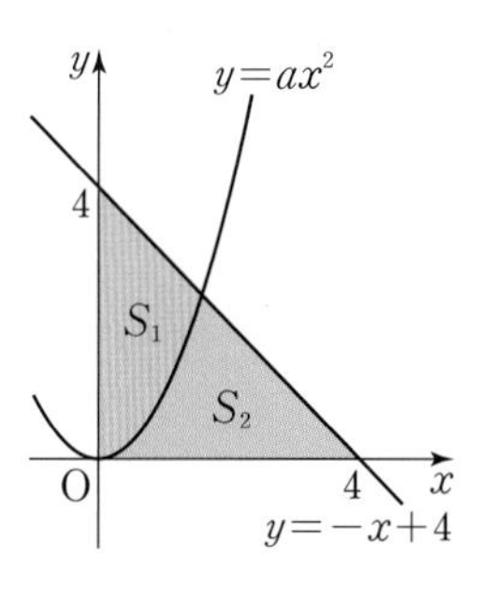

그림과 같이 곡선 $y=ax^2\,(a>0)$과 y축 및 직선 $y=-x+4$로 둘러싸인 부분 중에서 제1사분면에 있는 부분의 넓이를 S_1이라 하자.
또 곡선 $y=ax^2$과 x축 및 직선 $y=-x+4$로 둘러싸인 부분의 넓이를 S_2라 하자. $S_1 : S_2=5 : 11$일 때, 상수 a의 값을 구하는 과정을 서술하시오. [8점]

1994 대표문제

함수 $f(x)=x^2\ (x\geq 0)$의 역함수를 $g(x)$라 할 때, 두 곡선 $y=f(x)$, $y=g(x)$로 둘러싸인 도형의 넓이를 구하는 과정을 서술하시오. [7점]

STEP 1 두 곡선의 교점의 x좌표 구하기 [3점]

함수 $f(x)$의 역함수가 $g(x)$이므로 두 곡선 $y=f(x)$, $y=g(x)$는 직선 $y=x$에 대하여 대칭이다.

두 곡선 $y=f(x)$, $y=g(x)$의 교점의 x좌표는 곡선 $y=f(x)$와 직선 $y=$ (1) ☐ 의 교점의 x좌표와 같으므로

$x^2=x$에서

$x=0$ 또는 $x=$ (2) ☐

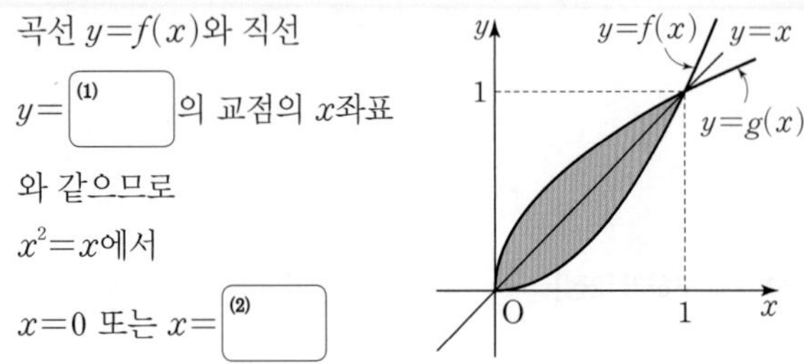

STEP 2 곡선 $y=f(x)$와 직선 $y=x$로 둘러싸인 도형의 넓이를 구하고 2배하기 [4점]

두 곡선 $y=f(x)$, $y=g(x)$로 둘러싸인 도형의 넓이는 곡선 $y=f(x)$와 직선 $y=x$로 둘러싸인 도형의 넓이의 (3) ☐ 배와 같으므로 구하는 넓이는

$2\int_0^{(4)\ \square}\{x-f(x)\}dx=$ (5) ☐

1995 한번 더

함수 $f(x)=x^3$의 역함수를 $g(x)$라 할 때, 두 곡선 $y=f(x)$, $y=g(x)$로 둘러싸인 도형의 넓이를 구하는 과정을 서술하시오. [7점]

STEP 1 두 곡선의 교점의 x좌표 구하기 [3점]

STEP 2 곡선 $y=f(x)$와 직선 $y=x$로 둘러싸인 도형의 넓이를 구하고 2배하기 [4점]

1996 유사 1

역함수를 이용하여 $\int_0^1 \sqrt{x}\,dx+\int_0^1 x^2dx$의 값을 구하는 과정을 서술하시오. [6점]

핵심 KEY 유형 20, 유형 21 **역함수의 그래프를 활용한 넓이**

함수 $f(x)$의 그래프와 역함수 $g(x)$의 그래프는 직선 $y=x$에 대하여 대칭임을 이용하여 넓이를 구하는 문제이다.

역함수 $g(x)=\sqrt{x}$를 구해서 $\int_0^1(\sqrt{x}-x^2)dx$와 같이 식으로 나타내더라도 교육과정 내에서는 계산할 수 없기 때문에 정답으로 인정받지 못할 수 있다.

● 정답 및 풀이 410쪽

1997 대표문제

원점을 동시에 출발하여 수직선 위를 움직이는 두 점 P, Q의 시각 t $(t\geq 0)$에서의 속도가 각각

$v_{\mathrm{P}}(t)=3t,\ v_{\mathrm{Q}}(t)=t^2+3t-1$

이다. 두 점 P, Q의 속도가 같아지는 순간 두 점 P, Q 사이의 거리를 구하는 과정을 서술하시오. [6점]

STEP 1 두 점 P, Q의 속도가 같아지는 시각 구하기 [2점]

두 점 P, Q의 속도가 같아지는 시각은

$v_{\mathrm{P}}(t)=v_{\mathrm{Q}}(t)$에서

$3t=t^2+3t-1$

$\therefore t=$ (1) ☐ $(\because t\geq 0)$

STEP 2 속도가 같아지는 순간 두 점 P, Q의 위치 각각 구하기 [3점]

시각 $t=1$에서 두 점 P, Q의 위치는

$\int_0^1 v_{\mathrm{P}}(t)dt=$ (2) ☐

$\int_0^1 v_{\mathrm{Q}}(t)dt=$ (3) ☐

STEP 3 속도가 같아지는 순간 두 점 P, Q 사이의 거리 구하기 [1점]

따라서 시각 $t=1$에서 두 점 P, Q 사이의 거리는

$\left|\int_0^1 v_{\mathrm{P}}(t)dt-\int_0^1 v_{\mathrm{Q}}(t)dt\right|=$ (4) ☐

핵심 KEY 유형 25 두 물체의 운동

특정 시각에서 두 물체 사이의 거리를 구하는 문제이다.
시각 t에서 두 점 P, Q의 위치는 각각
$\int_0^t v_{\mathrm{P}}(t)dt,\ \int_0^t v_{\mathrm{Q}}(t)dt$이므로
두 점 사이의 거리는 $\left|\int_0^t v_{\mathrm{P}}(t)dt-\int_0^t v_{\mathrm{Q}}(t)dt\right|$이다.
식으로 나타내어 문제를 해결해 보자.

1998 한번 더

수직선 위를 움직이는 두 점 P, Q는 각각 좌표가 -5인 점과 좌표가 3인 점에서 동시에 출발한다. 두 점 P, Q의 시각 t에서의 속도가 각각

$v_{\mathrm{P}}(t)=t^2+5t,\ v_{\mathrm{Q}}(t)=2t^2+3t-3$

이다. 출발한 두 점 P, Q의 속도가 같아지는 순간 두 점 P, Q 사이의 거리를 구하는 과정을 서술하시오. [7점]

STEP 1 두 점 P, Q의 속도가 같아지는 시각 구하기 [2점]

STEP 2 속도가 같아지는 순간 두 점 P, Q의 위치 각각 구하기 [4점]

STEP 3 속도가 같아지는 순간 두 점 P, Q 사이의 거리 구하기 [1점]

1999 유사 1

원점을 동시에 출발하여 수직선 위를 움직이는 두 점 P, Q의 시각 t $(t>0)$에서의 속도가 각각

$v_{\mathrm{P}}(t)=-t^2+6t,\ v_{\mathrm{Q}}(t)=t^2-2t$

이다. 두 점 P, Q가 출발 후 다시 만날 때까지 움직일 때, 두 점 P, Q 사이의 거리의 최댓값을 구하는 과정을 서술하시오. [10점]

실력 check 실전 마무리하기 1회

점 / 100점

• 선택형 21문항, 서술형 4문항입니다.

1 2000

곡선 $y=-x^2+x$와 x축으로 둘러싸인 도형의 넓이는? [3점]

① $\frac{1}{6}$ ② $\frac{1}{5}$ ③ $\frac{1}{4}$
④ $\frac{1}{3}$ ⑤ $\frac{1}{2}$

2 2001

그림과 같이 곡선 $y=x^2$ $(x\geq0)$과 직선 $y=-x+2$ 및 두 직선 $x=0$, $x=2$로 둘러싸인 도형의 넓이는? [3점]

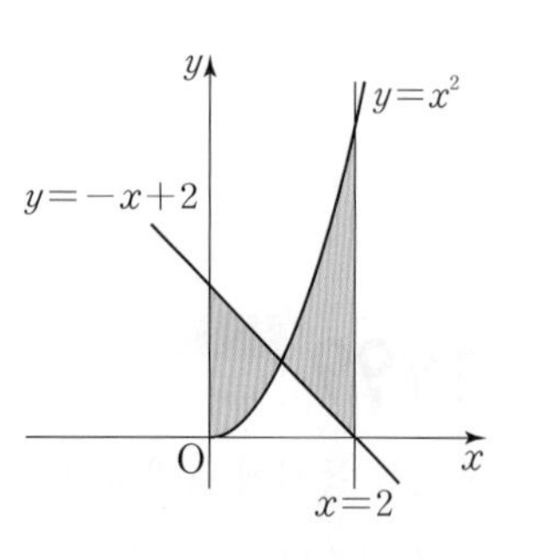

① $\frac{8}{3}$ ② $\frac{17}{6}$
③ 3 ④ $\frac{19}{6}$
⑤ $\frac{10}{3}$

3 2002

두 곡선 $y=x^2-1$, $y=-x^2+4x+5$로 둘러싸인 도형의 넓이는? [3점]

① 4 ② 11 ③ $\frac{64}{3}$
④ $\frac{92}{3}$ ⑤ $\frac{71}{2}$

4 2003

두 곡선 $y=x^3$, $y=-x^3+2x^2+4x$로 둘러싸인 두 도형의 넓이를 각각 A, B라 할 때, $|A-B|$의 값은? [3점]

① $\frac{17}{8}$ ② $\frac{5}{2}$ ③ $\frac{25}{6}$
④ $\frac{9}{2}$ ⑤ $\frac{17}{3}$

5 2004

그림과 같이 곡선 $y=x^2-2x+a$와 x축으로 둘러싸인 도형의 넓이를 A, 이 곡선과 x축 및 직선 $x=2$로 둘러싸인 도형의 넓이를 B라 할 때, $A:B=2:1$이다. 이때 상수 a의 값은? [3점]

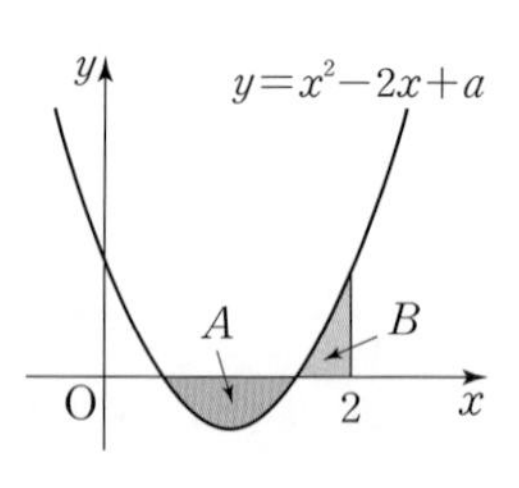

① $\frac{2}{3}$ ② $\frac{3}{4}$ ③ 1
④ $\frac{4}{3}$ ⑤ $\frac{3}{2}$

● 정답 및 풀이 412쪽

6 2005

함수 $f(t)$의 그래프는 그림과 같고 $\int_0^1 f(t)dt=1$, $\int_1^4 f(t)dt=-3$이다. 닫힌구간 $[0, 4]$에서 함수 $S(x)=\int_0^x f(t)dt$의 최댓값을 M, 최솟값을 m이라 할 때, $M+m$의 값은? [3점]

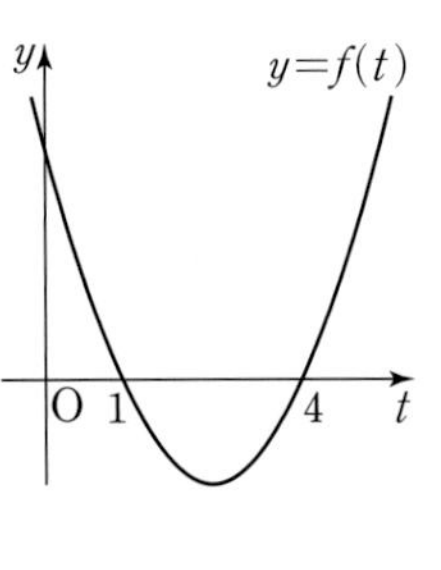

① -2　② -1　③ 0　④ 1　⑤ 2

7 2006

지면으로부터 25 m의 높이에서 초속 20 m로 지면과 수직으로 쏘아 올린 물체의 t초 후의 속도가 $v(t)=(-10t+20)$ m/s일 때, 물체의 최고 높이는? [3점]

① 25 m　② 30 m　③ 35 m　④ 40 m　⑤ 45 m

8 2007

원점을 출발하여 수직선 위를 움직이는 점 P의 시각 t에서의 속도가 $v_P(t)=3t^2-8t+3$이다. 점 P가 출발한 후 마지막으로 원점을 지나는 시각은? [3점]

① 1　② 2　③ 3　④ 4　⑤ 5

9 2008

원점을 출발하여 수직선 위를 움직이는 점 P의 시각 t $(t\geq 0)$에서의 속도 $v(t)$가 $v(t)=\frac{3}{2}t^2+t$일 때, $t=0$에서 $t=4$까지 점 P가 움직인 거리는? [3점]

① 36　② 40　③ 44　④ 48　⑤ 52

10 2009

함수 $f(x)=x(x+1)(x-1)$에 대하여 함수 $y=f(|x|)$의 그래프와 x축으로 둘러싸인 도형의 넓이는? [3.5점]

① $\frac{1}{3}$　② $\frac{1}{2}$　③ 1　④ 2　⑤ 3

11 2010

곡선 $y=x^3-(a+2)x^2+2ax$와 x축으로 둘러싸인 두 도형의 넓이가 서로 같을 때, 상수 a의 값은? (단, $0<a<2$) [3.5점]

① $\frac{1}{2}$　② $\frac{3}{4}$　③ 1　④ $\frac{5}{4}$　⑤ $\frac{3}{2}$

12 2011

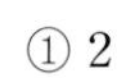

그림과 같이 곡선 $y=x^2\ (x\geq 0)$과 y축 및 직선 $y=1$로 둘러싸인 도형의 넓이를 곡선 $y=ax^2$이 이등분할 때, 양수 a의 값은? [3.5점]

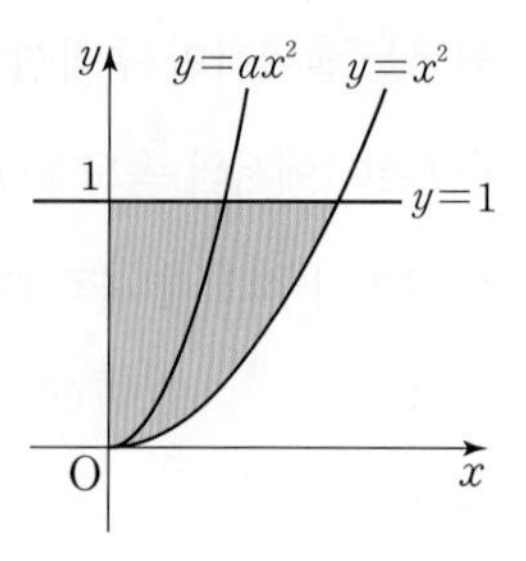

① 2 ② 3
③ 4 ④ 5
⑤ 6

13 2012

함수 $f(x)=x^3+2\ (x\geq 0)$의 역함수를 $g(x)$라 할 때, $\int_0^2 f(x)dx+\int_2^{10} g(x)dx$의 값은? [3.5점]

① 15 ② 20 ③ 25
④ 30 ⑤ 35

14 2013

원점을 출발하여 수직선 위를 6초 동안 움직이는 점 P의 시각 t에서의 속도 $v(t)$의 그래프가 그림과 같을 때, 〈보기〉에서 옳은 것만을 있는 대로 고른 것은? [3.5점]

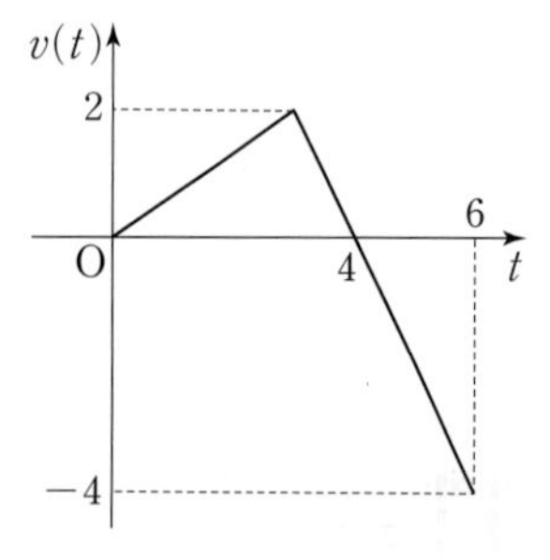

〈보기〉

ㄱ. 점 P는 출발 후 운동 방향을 2번 바꾼다.
ㄴ. $t=4$일 때, 점 P는 원점에서 가장 멀리 떨어져 있다.
ㄷ. $t=6$일 때, 점 P는 원점에 있다.

① ㄱ ② ㄴ ③ ㄱ, ㄴ
④ ㄴ, ㄷ ⑤ ㄱ, ㄴ, ㄷ

15 2014

원점을 동시에 출발하여 수직선 위를 움직이는 두 점 A, B의 시각 $t\ (t\geq 0)$에서의 속도가 각각

$$v_A(t)=t^2+2t-3,\ v_B(t)=2t+1$$

이다. 두 점 A, B의 속도가 같아지는 순간 두 점 A, B 사이의 거리는? [3.5점]

① $\frac{13}{3}$ ② $\frac{14}{3}$ ③ 5
④ $\frac{16}{3}$ ⑤ $\frac{17}{3}$

16 2015

함수 $f(x)=(x-1)|x-a|$의 극댓값이 1일 때, $\int_0^4 f(x)dx$의 값은? (단, a는 상수이다.) [4점]

① $\frac{4}{3}$ ② $\frac{3}{2}$ ③ $\frac{5}{3}$
④ $\frac{11}{6}$ ⑤ 2

17 2016

곡선 $y=x^2+1$과 x축 및 두 직선 $x=2-h$, $x=2+h\ (h>0)$로 둘러싸인 도형의 넓이를 $S(h)$라 할 때, $\lim_{h \to 0+} \frac{S(h)}{h}$의 값은? [4점]

① 6　② 8　③ 10　④ 12　⑤ 14

18 2017

함수 $f(x)$가 다음 조건을 만족시킬 때, $\int_{-10}^{10} (x^3-x+2)f(x)dx$의 값은? [4점]

(가) 모든 실수 x에 대하여 $f(-x)=f(x)$
(나) 모든 실수 x에 대하여 $f(x)=f(x+2)$
(다) $\int_0^2 f(x)dx=2$

① 10　② 20　③ 40　④ 60　⑤ 80

19 2018

함수 $f(x)=x^3+\frac{1}{2}x\ (x \geq 0)$의 그래프와 그 역함수 $g(x)$의 그래프로 둘러싸인 도형의 넓이는? [4점]

① $\frac{1}{8}$　② $\frac{1}{4}$　③ $\frac{3}{8}$　④ $\frac{1}{2}$　⑤ $\frac{5}{8}$

20 2019

최고차항의 계수가 1인 이차함수 $f(x)$에 대하여 $f(1)=0$이고

$$\int_0^7 f(x)dx=\int_1^7 f(x)dx$$

를 만족시킬 때, 곡선 $y=f(x)$와 x축으로 둘러싸인 도형의 넓이는? [4.5점]

① $\frac{2}{81}$　② $\frac{1}{27}$　③ $\frac{4}{81}$　④ $\frac{5}{81}$　⑤ $\frac{2}{27}$

21 2020

곡선 $y=x(x-k)(x-2)$와 x축으로 둘러싸인 두 도형의 넓이가 서로 같도록 하는 모든 상수 k의 값의 합은?
(단, $k \neq 0$, $k \neq 2$) [4.5점]

① 1　② 2　③ 3　④ 4　⑤ 5

서술형

22 2021

곡선 $y=\frac{1}{2}x^2$과 이 곡선 위의 점 $(4,\ 8)$에서의 접선 및 x축으로 둘러싸인 도형의 넓이를 그래프를 이용하여 구하는 과정을 서술하시오. [6점]

23 2022

그림은 함수 $y=f(x)$의 그래프이다. $f(2)=3$이고, 곡선 $y=f(x)$와 x축 및 두 직선 $x=2$, $x=t$로 둘러싸인 도형의 넓이를 $S(t)$라 할 때, $\lim_{h\to 0}\frac{S(2+h)-S(2)}{h}$의 값을 구하는 과정을 서술하시오. [6점]

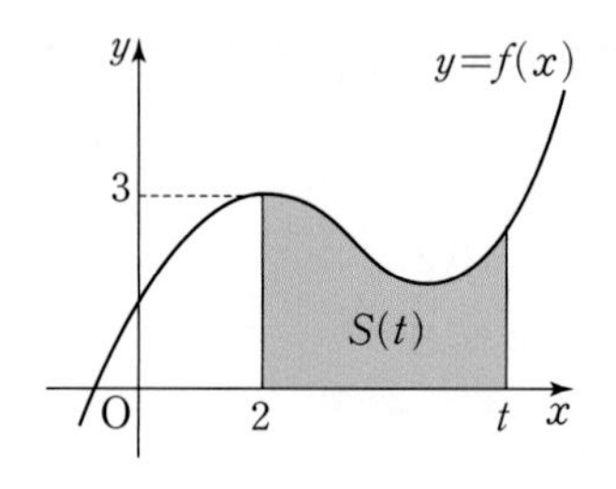

24 2023

수직선 위를 움직이는 두 점 P, Q의 시각 t에서의 속도가 각각

$$v_P(t)=3t^2-12t,\ v_Q(t)=-3t^2+6t$$

일 때, 두 점 P, Q가 동시에 출발하여 서로 같은 방향으로 움직이는 동안 움직인 거리의 합을 구하는 과정을 서술하시오. [7점]

25 2024

이차함수 $f(x)$가 $f(0)=0$이고 다음 조건을 만족시킬 때, $f(6)$의 값을 구하는 과정을 서술하시오. [8점]

> (가) $\int_0^3 |f(x)|dx=\int_0^3 f(x)dx=4$
>
> (나) $\int_3^4 |f(x)|dx=-\int_3^4 f(x)dx$

● 정답 및 풀이 416쪽

2회

점 / 100점

• 선택형 21문항, 서술형 4문항입니다.

1 2025

곡선 $y=x^2-ax$와 x축 및 두 직선 $x=0$, $x=a$로 둘러싸인 도형의 넓이가 $\frac{1}{6}$일 때, 실수 a의 값은? (단, $a>0$) [3점]

① 1 ② 2 ③ 3
④ 4 ⑤ 5

2 2026

함수 $f(x)=(x+2)(x-3)$에 대하여 함수 $y=|f(x)|$의 그래프와 x축으로 둘러싸인 도형의 넓이는? [3점]

① $\frac{3}{2}$ ② $\frac{5}{2}$ ③ $\frac{9}{2}$
④ $\frac{32}{3}$ ⑤ $\frac{125}{6}$

3 2027

곡선 $y=-2x^2+3x$와 직선 $y=x$로 둘러싸인 도형의 넓이는? [3점]

① $\frac{1}{3}$ ② $\frac{2}{3}$ ③ 1
④ $\frac{4}{3}$ ⑤ $\frac{5}{3}$

4 2028

두 곡선 $y=x^2-1$, $y=-x^2+2x+3$으로 둘러싸인 도형의 넓이는? [3점]

① 3 ② 5 ③ 7
④ 9 ⑤ 11

5 2029

곡선 $y=x^3$과 이 곡선 위의 점 $(1, 1)$에서의 접선으로 둘러싸인 도형의 넓이는? [3점]

① 6 ② $\frac{25}{4}$ ③ $\frac{13}{2}$
④ $\frac{27}{4}$ ⑤ 7

6 2030

점 $(1, -2)$에서 곡선 $y=x^2+1$에 그은 두 접선과 이 곡선으로 둘러싸인 도형의 넓이는? [3점]

① 5 ② $\frac{16}{3}$ ③ $\frac{17}{3}$
④ 6 ⑤ $\frac{19}{3}$

7 2031

지면에서 a m/s의 속도로 지면과 수직으로 쏘아 올린 물체의 t초 후의 속도가 $v(t)=(a-10t)$ m/s이다. 이 물체의 지면으로부터의 최고 높이가 20 m일 때, 양수 a의 값은? [3점]

① 10 ② 20 ③ 30
④ 40 ⑤ 50

8 2032

지면으로부터 35 m의 높이에서 20 m/s의 속도로 지면과 수직으로 쏘아 올린 물체의 t초 후의 속도가 $v(t)=(20-10t)$ m/s일 때, 이 물체가 지면에 떨어질 때까지 움직인 거리는? [3점]

① 55 m ② 60 m ③ 65 m
④ 70 m ⑤ 75 m

9 2033

원 $x^2+y^2=1$과 곡선 $y=(x+1)^2$으로 둘러싸인 도형의 넓이는? [3.5점]

① $\frac{\pi}{6}$ ② $\frac{\pi}{4}-\frac{1}{6}$ ③ $\frac{\pi}{4}-\frac{1}{3}$
④ $\frac{\pi}{4}-\frac{1}{2}$ ⑤ $\frac{\pi}{4}$

10 2034

곡선 $y=x(x+1)(x-a)$와 x축으로 둘러싸인 두 도형의 넓이가 서로 같을 때, 양수 a의 값은? [3.5점]

① 1 ② 2 ③ 3
④ 4 ⑤ 5

11 2035

두 함수 $f(x)=x^3+x$, $g(x)=-x+k$에 대하여 $y=f(x)$, $y=g(x)$의 그래프와 y축으로 둘러싸인 도형의 넓이와 $y=f(x)$, $y=g(x)$의 그래프와 직선 $x=2$로 둘러싸인 도형의 넓이가 서로 같을 때, 상수 k의 값은? (단, $0<k<12$) [3.5점]

① 2 ② 4 ③ 6
④ 8 ⑤ 10

12 2036

그림과 같이 곡선 $y=-x^2+2x$와 x축으로 둘러싸인 도형을 직선 $y=x$가 나누는 두 부분의 넓이를 각각 S_1, S_2라 하자. $S_1 : S_2=1 : k$일 때, 상수 k의 값은? [3.5점]

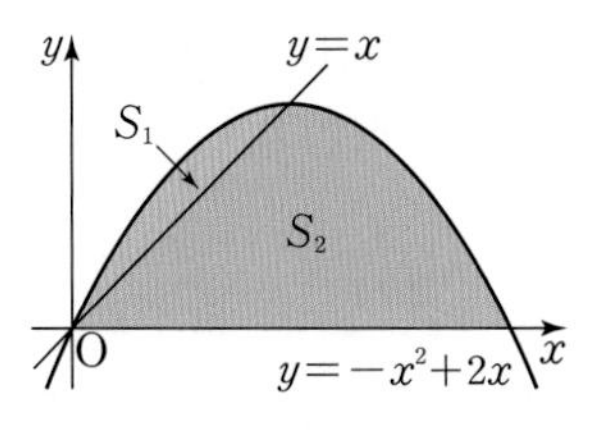

① 5　② 6　③ 7　④ 8　⑤ 9

13 2037

연속함수 $f(x)$가 다음 조건을 만족시킨다.

> (가) 모든 실수 x에 대하여 $f(x+2)=f(x)$이다.
> (나) $-1\le x\le 1$일 때, $f(x)=3x^2+1$

곡선 $y=f(x)$와 x축 및 두 직선 $x=-10$, $x=10$으로 둘러싸인 도형의 넓이는? [3.5점]

① 10　② 20　③ 30　④ 40　⑤ 50

14 2038

함수 $f(x)=\frac{1}{2}x^2-2x+2$에 대하여 두 곡선 $y=f(x)$, $y=f(x-4)$와 x축, y축 및 직선 $x=8$로 둘러싸인 도형의 넓이는? [3.5점]

① 4　② $\frac{14}{3}$　③ $\frac{16}{3}$　④ 6　⑤ $\frac{20}{3}$

15 2039

원점을 출발하여 수직선 위를 움직이는 점 P의 시각 $t\ (t\ge 0)$에서의 속도 $v(t)$가 $v(t)=-t^2+2t$일 때, 점 P가 출발한 후 다시 멈출 때까지 이동한 거리는? [3.5점]

① $\frac{1}{3}$　② $\frac{2}{3}$　③ 1　④ $\frac{4}{3}$　⑤ $\frac{5}{3}$

16 2040

두 곡선 $y=ax^3$, $y=-\frac{1}{a}x^3$과 직선 $x=2$로 둘러싸인 도형의 넓이의 최솟값은? (단, a는 양수이다.) [4점]

① 2　② 4　③ 6　④ 8　⑤ 10

17 2041

모든 실수 x에 대하여 $f(x) \geq 0$인 연속함수 $f(x)$가 다음 조건을 만족시킨다.

> (가) $y=f(x)$의 그래프는 직선 $x=3$에 대하여 대칭이다.
> (나) 구간 $[-1, 1]$에서 $y=f(x)$의 그래프와 x축으로 둘러싸인 도형의 넓이는 4, 구간 $[1, 7]$에서 $y=f(x)$의 그래프와 x축으로 둘러싸인 도형의 넓이는 10이다.

$\int_{3}^{5} f(x)dx$의 값은? [4점]

① 2 ② 3 ③ 4
④ 5 ⑤ 6

18 2042

함수 $f(x)=x^2+1$ $(x \geq 0)$의 역함수를 $g(x)$라 할 때, $\int_{2}^{3} f(x)dx+\int_{5}^{10} g(x)dx$의 값은? [4점]

① $\frac{15}{4}$ ② $\frac{9}{2}$ ③ 10
④ 14 ⑤ 20

19 2043

집합 $\{x \mid x \geq 0\}$에서 정의된 함수 $f(x)=x^3+x^2$의 역함수를 $g(x)$라 할 때, $\int_{2}^{12} g(x)dx=\frac{b}{a}$이다. 상수 a, b에 대하여 $a+b$의 값은? (단, a, b는 서로소인 자연수이다.) [4점]

① 85 ② 197 ③ 203
④ 215 ⑤ 235

20 2044

원점을 출발하여 수직선 위를 움직이는 점 P의 시각 t에서의 속도 $v(t)$가

$$v(t)=\begin{cases} 2t & (0 \leq t \leq 3) \\ -6t+24 & (t>3) \end{cases}$$

이다. 점 P가 출발한 후 원점으로 다시 돌아오는 시각은? [4점]

① 2 ② 4 ③ 6
④ 8 ⑤ 10

21 2045

곡선 $y=-x^2+2x$와 x축으로 둘러싸인 도형의 넓이를 두 직선 $y=2(1-\alpha)x$, $y=2(1-\beta)x$가 삼등분할 때, $\alpha^3+\beta^3$의 값은? (단, $0<\alpha<\beta<1$) [4.5점]

① $\frac{1}{3}$ ② $\frac{2}{3}$ ③ 1
④ $\frac{4}{3}$ ⑤ $\frac{5}{3}$

서술형

22 2046

함수 $f(x)=\sqrt{x}$의 역함수를 $g(x)$라 할 때, 두 곡선 $y=f(x)$, $y=g(x)$로 둘러싸인 도형의 넓이를 구하는 과정을 서술하시오. [6점]

23 2047

원점을 출발하여 수직선 위를 움직이는 점 P의 시각 $t\ (0\le t\le 5)$에서의 속도 $v(t)$의 그래프가 그림과 같다. $t=3$에서의 점 P의 위치가 5일 때, $t=0$에서 $t=5$까지 점 P가 움직인 거리를 구하는 과정을 서술하시오. [6점]

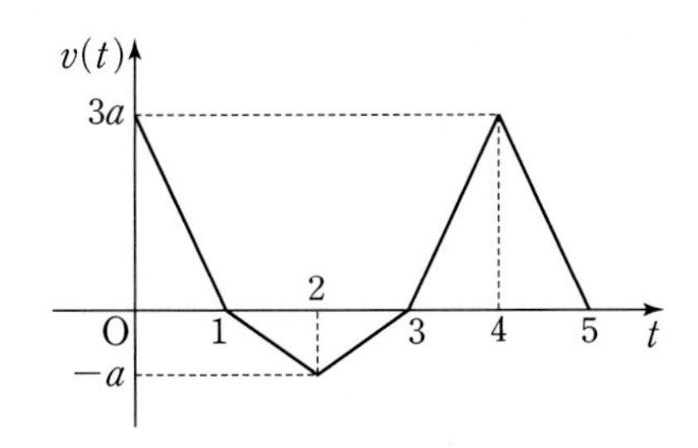

24 2048

모든 실수 x에 대하여 미분가능한 함수 $f(x)$에 대하여 $f(1)=5$이고, $f(x)$의 도함수가

$$f'(x)=\begin{cases} 2x+k & (x\ge 1) \\ 4 & (x<1) \end{cases}\ (k\text{는 실수})$$

일 때, 곡선 $y=f(x)$와 x축 및 두 직선 $x=0$, $x=2$로 둘러싸인 도형의 넓이를 구하는 과정을 서술하시오. [7점]

25 2049

원점을 출발하여 수직선 위를 움직이는 두 점 P, Q의 시각 t에서의 속도가 각각 $v_{\mathrm{P}}(t)=\frac{1}{2}t^2-t$, $v_{\mathrm{Q}}(t)=6$이다. 점 P가 원점을 출발한 지 3초 후에 점 Q가 원점을 출발하여 움직일 때, 두 점 P, Q가 처음 만나는 것은 점 Q가 출발한 지 몇 초 후인지 구하는 과정을 서술하시오. [8점]

당신이 좋아하는 일을 알려면

당신이 좋아해야 한다고

세상이 말해 주는 것을 받아들이지 말고

당신의 영혼이 늘 깨어 있는 상태로

그것을 찾아야 한다.

– 로버트 루이스 스티븐슨 –

수매씽 수학Ⅱ

MATHING

내신과 등업을 위한 강력한 한 권!

수매씽 시리즈

중등	1~3학년 1·2학기
고등	수학(상), 수학(하), 수학Ⅰ, 수학Ⅱ, 확률과 통계, 미적분

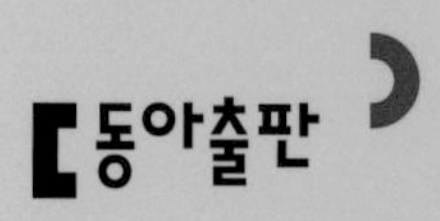

Telephone 1644-0600
Homepage www.bookdonga.com
Address 서울시 영등포구 은행로 30 (우 07242)

- 정답 및 풀이는 동아출판 홈페이지 내 학습자료실에서 내려받을 수 있습니다.
- 교재에서 발견된 오류는 동아출판 홈페이지 내 정오표에서 확인 가능하며, 잘못 만들어진 책은 구입처에서 교환해 드립니다.
- 학습 상담, 제안 사항, 오류 신고 등 어떠한 이야기라도 들려주세요.

등업을 위한 강력한 한 권!

205유형 2049문항

모바일 빠른 정답

수매씽

수학Ⅱ

정답 및 풀이

동아출판

등업을 위한 강력한 한 권!

학습자 중심의 친절한 해설

- 대표문제 분석 및 단계별 풀이
- 내신 고득점 대비를 위한 Plus 문제 추가 제공
- 서술형 문항 정복을 위한 실제 답안 예시/오답 분석
- 다른 풀이, 개념 Check, 실수 Check 등 맞춤 정보 제시

수매씽 빠른 정답 안내

QR 코드를 찍으면 정답 및 풀이를 쉽고 빠르게 확인할 수 있습니다.

수학 Ⅱ

정답 및 풀이

빠른 정답

I. 함수의 극한과 연속

01 함수의 극한 　　본책 8쪽~57쪽

0001 4 　**0002** (1) ∞(발산) (2) $-\infty$(발산) (3) 3 (4) 0

0003 (1) × (2) ○ (3) ○ 　**0004** 1

0005 (1) 12 (2) 5 　**0006** (1) 2 (2) 1

0007 (1) 0 (2) 2 (3) ∞(발산) 　**0008** (1) 4 (2) $\frac{3}{4}$

0009 (1) 0 (2) 1 　**0010** $-\frac{1}{4}$ 　**0011** $a=4$, $b=3$

0012 $a=0$, $b=4$ 　**0013** ① 　**0014** ③ 　**0015** -14

0016 ⑤ 　**0017** ④ 　**0018** ⑤ 　**0019** ④ 　**0020** ④

0021 ⑤ 　**0022** ④ 　**0023** 2 　**0024** ④ 　**0025** ㄴ

0026 1 　**0027** 4 　**0028** ⑤ 　**0029** ⑤ 　**0030** ④

0031 0 　**0032** ② 　**0033** ① 　**0034** ④ 　**0035** ①

0036 -3 　**0037** ④ 　**0038** ⑤ 　**0039** 7 　**0040** ④

0041 ② 　**0042** ⑤ 　**0043** 4 　**0044** ④ 　**0045** ⑤

0046 5 　**0047** ② 　**0048** ① 　**0049** ④ 　**0050** 16

0051 ⑤ 　**0052** -9 　**0053** $\frac{4}{5}$ 　**0054** ② 　**0055** ⑤

0056 ④ 　**0057** ③ 　**0058** ① 　**0059** ② 　**0060** $\frac{11}{13}$

0061 ③ 　**0062** 30 　**0063** ⑤ 　**0064** ③ 　**0065** 1

0066 0 　**0067** ③ 　**0068** ④ 　**0069** ⑤ 　**0070** ①

0071 ③ 　**0072** $-\frac{1}{2}$ 　**0073** $\frac{1}{3}$ 　**0074** ㄱ, ㄷ

0075 ④ 　**0076** 30 　**0077** ② 　**0078** ⑤ 　**0079** ③

0080 ② 　**0081** ⑤ 　**0082** 40 　**0083** 27 　**0084** ②

0085 ② 　**0086** ⑤ 　**0087** ① 　**0088** ④ 　**0089** -2

0090 ② 　**0091** ④ 　**0092** 5 　**0093** 1 　**0094** ②

0095 ② 　**0096** $-\frac{1}{4}$ 　**0097** $\frac{3\sqrt{2}}{2}$ 　**0098** ④ 　**0099** ④

0100 ① 　**0101** ④ 　**0102** $\frac{3}{2}$ 　**0103** ③ 　**0104** ①

0105 1 　**0106** ④ 　**0107** ③ 　**0108** ① 　**0109** ⑤

0110 ⑤ 　**0111** 12 　**0112** 4 　**0113** ③ 　**0114** ⑤

0115 ③ 　**0116** -2 　**0117** 0 　**0118** ① 　**0119** ⑤

0120 ⑤ 　**0121** ③ 　**0122** -1 　**0123** ① 　**0124** ④

0125 ① 　**0126** ④ 　**0127** ④ 　**0128** 9 　**0129** ②

0130 2 　**0131** ③ 　**0132** ④ 　**0133** ② 　**0134** ④

0135 1 　**0136** ③ 　**0137** ⑤ 　**0138** ③ 　**0139** ④

0140 ⑤ 　**0141** ② 　**0142** ⑤ 　**0143** 3 　**0144** ④

0145 ⑤ 　**0146** ③ 　**0147** 2 　**0148** 0 　**0149** ④

0150 ③ 　**0151** ① 　**0152** 0 　**0153** ③ 　**0154** ③

0155 ④ 　**0156** -6 　**0157** ② 　**0158** ④ 　**0159** ④

0160 ③ 　**0161** ④ 　**0162** ③ 　**0163** 1 　**0164** 3

0165 15 　**0166** 12 　**0167** -3 　**0168** ② 　**0169** 19

0170 2 　**0171** 27 　**0172** 9 　**0173** 9 　**0174** 5

0175 ② 　**0176** ③ 　**0177** 208 　**0178** ② 　**0179** ②

0180 ⑤ 　**0181** ③ 　**0182** 2 　**0183** ③ 　**0184** ④

0185 ⑤ 　**0186** ③ 　**0187** ② 　**0188** 1 　**0189** ⑤

0190 ② 　**0191** ② 　**0192** ② 　**0193** ② 　**0194** ①

0195 1 　**0196** ③ 　**0197** ④ 　**0198** ② 　**0199** ⑤

0200 ④ 　**0201** $\frac{1}{2}$ 　**0202** $\frac{1}{4}$ 　**0203** ⑤ 　**0204** ①

0205 ① 　**0206** ④ 　**0207** ③ 　**0208** ①

0209 (1) $a+b$ (2) 0 (3) -3 (4) $2a+b$ (5) -3 (6) 3

0210 17 　**0211** 1 　**0212** -1

0213 (1) 분자 (2) -4 (3) 분모 (4) $-\frac{5}{2}$ (5) $\frac{2}{3}$ (6) $\frac{2}{3}$

0214 $a=-2$, $b=1$, $c=\frac{1}{3}$

0215 $a=1$, $b=-10$, $c=8$ 　**0216** -3 　**0217** ③

0218 ① 　**0219** ⑤ 　**0220** ③ 　**0221** ⑤ 　**0222** ⑤

0223 ⑤ 　**0224** ④ 　**0225** ② 　**0226** ⑤ 　**0227** ④

0228 ② 　**0229** ② 　**0230** ② 　**0231** ⑤ 　**0232** ①

0233 ② 　**0234** ① 　**0235** ⑤ 　**0236** ⑤ 　**0237** ②

0238 $m=20$, $n=100$ 　**0239** $\frac{13}{3}$ 　**0240** 7 　**0241** $\sqrt{2}$

0242 ③ 　**0243** ⑤ 　**0244** ② 　**0245** ② 　**0246** ③

0247 ④ 　**0248** ⑤ 　**0249** ⑤ 　**0250** ③ 　**0251** ①

0252 ① 　**0253** ① 　**0254** ① 　**0255** ⑤ 　**0256** ④

0257 ① 　**0258** ② 　**0259** ⑤ 　**0260** ⑤ 　**0261** ②

0262 ③ 　**0263** 5 　**0264** $-\frac{5}{3}$ 　**0265** 0 　**0266** $\frac{\alpha^2\beta^3}{\gamma}$

02 함수의 연속

본책 62쪽~105쪽

0267 연속 **0268** 3

0269 (1) $(-\infty, \infty)$ (2) $(-\infty, 2)$, $(2, \infty)$
(3) $(-\infty, 1)$, $(1, 2)$, $(2, \infty)$ (4) $(-\infty, 2]$

0270 (1) $(-\infty, \infty)$ (2) $\left(-\infty, -\frac{1}{3}\right)$, $\left(-\frac{1}{3}, \infty\right)$

0271 (1) 최댓값 : 5, 최솟값 : 1 (2) 최댓값 : 8, 최솟값 : -1

0272 (1) 최댓값 : 1, 최솟값 : $\frac{1}{2}$ (2) 최댓값 : 3, 최솟값 : 2

0273 풀이 참조 **0274** $a<0$ **0275** ③ **0276** ①

0277 -1 **0278** -7 **0279** ② **0280** ② **0281** ③

0282 ③ **0283** 5 **0284** ① **0285** ④ **0286** ④

0287 ③ **0288** ④ **0289** ③ **0290** ③ **0291** ⑤

0292 1 **0293** ③ **0294** ② **0295** ② **0296** 1

0297 ④ **0298** 6 **0299** ⑤ **0300** ③ **0301** 16

0302 ② **0303** ① **0304** 2 **0305** ③ **0306** ②

0307 10 **0308** ⑤ **0309** ② **0310** ⑤ **0311** ④

0312 ② **0313** 4 **0314** ④ **0315** 18 **0316** ㄱ

0317 ① **0318** ④ **0319** ① **0320** 24 **0321** ⑤

0322 ④ **0323** 6 **0324** 11 **0325** ① **0326** ④

0327 ③ **0328** ③ **0329** ④ **0330** ⑤ **0331** ①

0332 ⑤ **0333** ⑤ **0334** ⑤ **0335** ② **0336** $\frac{1}{6}$

0337 ② **0338** ② **0339** ② **0340** ① **0341** ⑤

0342 ③ **0343** ① **0344** ⑤ **0345** ③ **0346** ②

0347 ③ **0348** ④ **0349** 21 **0350** ③ **0351** ①

0352 ① **0353** ④ **0354** $0<a<16$ **0355** ③

0356 3 **0357** ⑤ **0358** ④ **0359** ④ **0360** ③

0361 ① **0362** ④ **0363** ⑤ **0364** -1 **0365** ①

0366 ⑤ **0367** ③ **0368** 14 **0369** 24 **0370** ④

0371 ③ **0372** ① **0373** 32 **0374** ③ **0375** 24

0376 ① **0377** ① **0378** ⑤ **0379** ⑤ **0380** ③

0381 ④ **0382** ④ **0383** ③ **0384** ⑤ **0385** ②

0386 ③ **0387** ② **0388** ① **0389** -3 **0390** ①

0391 ④ **0392** ③ **0393** 8 **0394** ⑤ **0395** ⑤

0396 ㄱ, ㄷ **0397** ④ **0398** ① **0399** ⑤ **0400** ②

0401 ② **0402** ① **0403** ① **0404** ① **0405** ③

0406 ① **0407** 12 **0408** ② **0409** ②

0410 $-1<a<\frac{1}{2}$ **0411** ② **0412** 36 **0413** ②

0414 ④ **0415** ④ **0416** ② **0417** ② **0418** ⑤

0419 (1) 1 (2) $-a-2$ (3) 0 (4) $-a-2$ (5) -2 (6) -2

0420 -1 **0421** $a=1$, $b=2$

0422 $a=\frac{5}{3}$, $b=\frac{2}{3}$ 또는 $a=-2$, $b=-3$

0423 (1) $<$ (2) $-a+6$ (3) $-a+6$ (4) 6

0424 $0<a<2$ **0425** 10 **0426** 풀이 참조

0427 ② **0428** ④ **0429** ③ **0430** ② **0431** ④

0432 ④ **0433** ② **0434** ③ **0435** ⑤ **0436** ③

0437 ① **0438** ③ **0439** ④ **0440** ② **0441** ②

0442 ② **0443** ⑤ **0444** ④ **0445** ③ **0446** ④

0447 ④ **0448** 8 **0449** $-1<a<4$ **0450** 5

0451 -1 **0452** ② **0453** ⑤ **0454** ① **0455** ②

0456 ② **0457** ③ **0458** ④ **0459** ④ **0460** ③

0461 ⑤ **0462** ② **0463** ② **0464** ③ **0465** ⑤

0466 ④ **0467** ② **0468** ⑤ **0469** ④ **0470** ③

0471 ② **0472** ① **0473** 13 **0474** 풀이 참조

0475 $a=-1$, $b=-\frac{3}{2}$

0476 $a=4$, $b=-4$

II. 미분

03 미분계수와 도함수

본책 110쪽~157쪽

0477 0 **0478** 5 **0479** (1) 2 (2) 4 **0480** 3

0481 (1) 6 (2) -9 **0482** (1) 1 (2) 6

0483 (1) 연속이다. (2) 미분가능하지 않다. **0484** 13

0485 (1) $y'=10x^4$ (2) $y'=0$ (3) $y'=6x+6$
(4) $y'=-8x^3+15x^2$

0486 3 **0487** (1) $y'=9x^2+20x-8$ (2) $y'=5x^4+6x^2-3$

0488 -6 **0489** ④ **0490** ⑤

0491 (1) $x-2y=0$ (2) $2x+y-5=0$ **0492** $y=x+1$

0493 ② **0494** ⑤ **0495** ② **0496** ④ **0497** 1

0498 ⑤ **0499** 51 **0500** ⑤ **0501** ③ **0502** ③

0503 ③ **0504** ② **0505** -2 **0506** 14 **0507** ④

0508 ⑤ **0509** 2 **0510** ① **0511** ① **0512** 3

0513 ③ **0514** ① **0515** ⑤ **0516** ② **0517** ①

0518 ③ **0519** 18 **0520** ⑤ **0521** ③ **0522** ④

0523 ① **0524** ⑤ **0525** ① **0526** 10 **0527** ②

0528 ② **0529** 28 **0530** ① **0531** ① **0532** $\frac{1}{4}$

0533 ④ **0534** ② **0535** ② **0536** ⑤ **0537** ①

0538 14 **0539** ② **0540** 5 **0541** 7 **0542** ④

0543 ⑤ **0544** -4 **0545** ③ **0546** ③ **0547** ③

0548 ④ **0549** ② **0550** ③ **0551** ① **0552** ④

0553 ⑤ **0554** ⑤ **0555** ① **0556** ④ **0557** ③

0558 ① **0559** ③ **0560** ② **0561** ⑤ **0562** 20

0563 ③ **0564** ③ **0565** ③ **0566** ⑤ **0567** ④

0568 ④ **0569** (가): $(x+h)^3$ (나): $3x^2$ **0570** ③

0571 ① **0572** ⑤ **0573** ② **0574** ④ **0575** ⑤

0576 ④ **0577** ⑤ **0578** ④ **0579** ③ **0580** ③

0581 ② **0582** ④ **0583** ④ **0584** ② **0585** ②

0586 -8 **0587** ④ **0588** ⑤ **0589** 1 **0590** -84

0591 ⑤ **0592** ① **0593** ① **0594** ⑤ **0595** ⑤

0596 ① **0597** ① **0598** ④ **0599** ① **0600** ⑤

0601 ① **0602** 28 **0603** ⑤ **0604** ④ **0605** ②

0606 ③ **0607** ④ **0608** ⑤ **0609** ③ **0610** 5

0611 ① **0612** 15 **0613** ② **0614** 24 **0615** ⑤

0616 28 **0617** ① **0618** ③ **0619** 4 **0620** ③

0621 ② **0622** 12 **0623** ④ **0624** ③ **0625** ⑤

0626 ② **0627** ① **0628** -9 **0629** ② **0630** -5

0631 ② **0632** ⑤ **0633** ③ **0634** 12 **0635** ③

0636 ④ **0637** 28 **0638** ④ **0639** ③ **0640** ③

0641 36 **0642** ④ **0643** ③ **0644** 16 **0645** ②

0646 30 **0647** 16 **0648** ① **0649** ④ **0650** ③

0651 ① **0652** ① **0653** ② **0654** ④ **0655** ③

0656 $6x+2$ **0657** ③ **0658** ⑤ **0659** 15

0660 ① **0661** ① **0662** ②

0663 (1) 0 (2) $x+h$ (3) x (4) x (5) x (6) 1 (7) $x+1$

0664 $x=\frac{11}{2}$ **0665** 1 **0666** 19

0667 (1) 4 (2) -16 (3) 4 (4) -6 (5) -6 (6) 8

0668 $a=-\frac{3}{2}$, $b=\frac{1}{2}$ **0669** $a=-2$, $b=3$, $c=0$

0670 6

0671 (1) anx^{n-1} (2) 1 (3) 6 (4) 3 (5) 3 (6) -3 (7) -3
(8) $2x+3$ (9) 5

0672 4 **0673** 19 **0674** $\frac{49}{4}$ **0675** ① **0676** ⑤

0677 ② **0678** ④ **0679** ③ **0680** ④ **0681** ⑤

0682 ③ **0683** ⑤ **0684** ② **0685** ② **0686** ③

0687 ③ **0688** ③ **0689** ⑤ **0690** ④ **0691** ④

0692 ④ **0693** ③ **0694** ② **0695** ②

0696 $f'(x)=2x+1$ **0697** 8 **0698** $\frac{7}{2}$

0699 $9x^2-6x+1$ **0700** ③ **0701** ③ **0702** ①

0703 ④ **0704** ② **0705** ⑤ **0706** ② **0707** ①

0708 ④ **0709** ② **0710** ② **0711** ③ **0712** ④

0713 ① **0714** ④ **0715** ④ **0716** ⑤ **0717** ⑤

0718 ① **0719** ② **0720** ③ **0721** -18

0722 (1) 1 (2) 3 (3) $f'(x)=x+3$ **0723** 6 **0724** 8

04 도함수의 활용 (1)

본책 162쪽~203쪽

0725 (1) $y=7x-16$ (2) $y=4x-6$

0726 (1) $y=-\frac{1}{2}x$ (2) $y=-\frac{1}{6}x+\frac{19}{6}$

0727 (1) $y=2x-3$ (2) $y=2x+2$ 0728 $y=2x-7$

0729 $y=3x-4$ 0730 $y=-2x+2$, $y=6x-6$

0731 $\frac{2}{3}$ 0732 0 0733 ② 0734 ① 0735 ⑤

0736 1 0737 ② 0738 ① 0739 ④ 0740 5

0741 1 0742 ⑤ 0743 ② 0744 ⑤ 0745 ③

0746 ② 0747 7 0748 ④ 0749 ④ 0750 3

0751 28 0752 ① 0753 ③ 0754 18 0755 0

0756 ① 0757 13 0758 ④ 0759 ③ 0760 10

0761 ⑤ 0762 ② 0763 ④ 0764 1 0765 ⑤

0766 ⑤ 0767 ① 0768 ③ 0769 ④ 0770 ①

0771 ⑤ 0772 20 0773 28 0774 ② 0775 ①

0776 ① 0777 -2 0778 ⑤ 0779 20 0780 ③

0781 ③ 0782 ② 0783 $-\frac{1}{4}$ 0784 ② 0785 ②

0786 ① 0787 ① 0788 ② 0789 21 0790 ④

0791 45 0792 ③ 0793 ① 0794 ② 0795 ④

0796 ① 0797 ② 0798 ⑤ 0799 $\frac{1}{6}$ 0800 ⑤

0801 2 0802 ③ 0803 ② 0804 $\frac{5}{4}$ 0805 ②

0806 1 0807 32 0808 ② 0809 ③ 0810 ⑤

0811 ⑤ 0812 ② 0813 $\frac{16\sqrt{10}}{15}$ 0814 1

0815 ⑤ 0816 ① 0817 $-\frac{4}{3}$ 0818 32 0819 22

0820 ③ 0821 -1 0822 ① 0823 ① 0824 $\frac{1}{3}$

0825 ② 0826 ④ 0827 -1 0828 ②, ⑤

0829 ④ 0830 ④ 0831 ② 0832 ④ 0833 48

0834 ③ 0835 ② 0836 ① 0837 ⑤ 0838 ②

0839 ⑤ 0840 ④ 0841 ③ 0842 $-\frac{1}{2}$ 0843 3

0844 ① 0845 2 0846 ② 0847 ② 0848 ①

0849 -7 0850 2 0851 ⑤ 0852 $\frac{7}{16}$ 0853 $-\frac{1}{15}$

0854 ⑤ 0855 ① 0856 $\frac{1}{9}$ 0857 ② 0858 ③

0859 ② 0860 ③ 0861 $\sqrt{17}$ 0862 ⑤ 0863 -6

0864 ④ 0865 ㈎ : 3 ㈏ : 3 ㈐ : $2x$ ㈑ : 0 0866 ③

0867 ② 0868 2 0869 ⑤ 0870 $c=1$, $a=3$

0871 ⑤ 0872 $\frac{1}{2}$ 0873 ③ 0874 5 0875 ②

0876 ③ 0877 ② 0878 -66 0879 ③ 0880 ②

0881 12 0882 ⑤ 0883 5 0884 ③ 0885 1

0886 7

0887 (1) $-2x+4$ (2) -2 (3) -2 (4) 3 (5) 3 (6) 3 (7) $6\sqrt{5}$ (8) $\frac{9\sqrt{5}}{5}$ (9) 27

0888 $\frac{5}{6}$ 0889 $\left(-\frac{\sqrt{2}}{2}, \frac{\sqrt{2}}{4}-3\right)$

0890 $-\frac{2\sqrt{3}}{3}$

0891 (1) $x+1$ (2) 1 (3) $-2x$ (4) $-2b$ (5) $-\frac{5}{3}$ (6) 1 (7) $-\frac{5}{3}$ (8) 1

0892 -1, 2 0893 592 0894 $y=3x+2$

0895 (1) 4 (2) 2 (3) 4 (4) 0 0896 풀이 참조

0897 풀이 참조 0898 풀이 참조 0899 ③

0900 ③ 0901 ② 0902 ⑤ 0903 ④ 0904 ①

0905 ① 0906 ③ 0907 ② 0908 ③ 0909 ②

0910 ② 0911 ③ 0912 ② 0913 ① 0914 ③

0915 ④ 0916 ① 0917 ④ 0918 ④ 0919 ②

0920 2 0921 $y=3x-3$ 0922 $\frac{8}{3}$ 0923 6

0924 ③ 0925 ⑤ 0926 ① 0927 ③ 0928 ④

0929 ④ 0930 ③ 0931 ③ 0932 ⑤ 0933 ④

0934 ③ 0935 ③ 0936 ③ 0937 ① 0938 ④

0939 ④ 0940 ⑤ 0941 ② 0942 ⑤ 0943 ③

0944 ② 0945 $y=5x-1$, $y=5x+3$

0946 10π 0947 $\frac{27}{2}$ 0948 32

05 도함수의 활용 (2)

본책 208쪽~249쪽

0949 구간 $(-\infty, -1]$, $[1, \infty)$에서 증가, 구간 $[-1, 1]$에서 감소

0950 $0 \le a \le 2$ **0951** 0

0952 (1) 극댓값 : 없다., 극솟값 : 1 (2) 극댓값 : 3, 극솟값 : -1

0953 (1) (2)

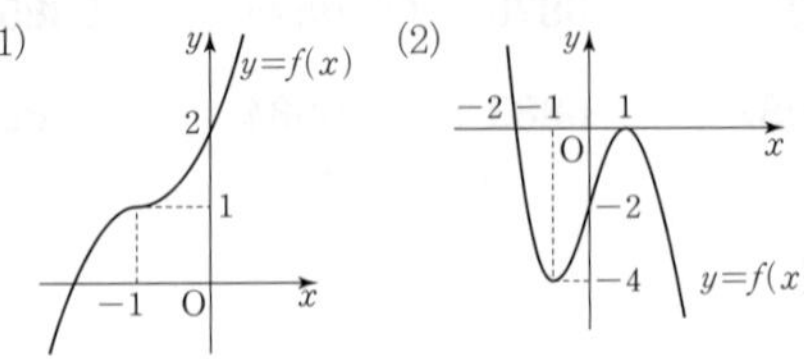

0954 (1) (2)

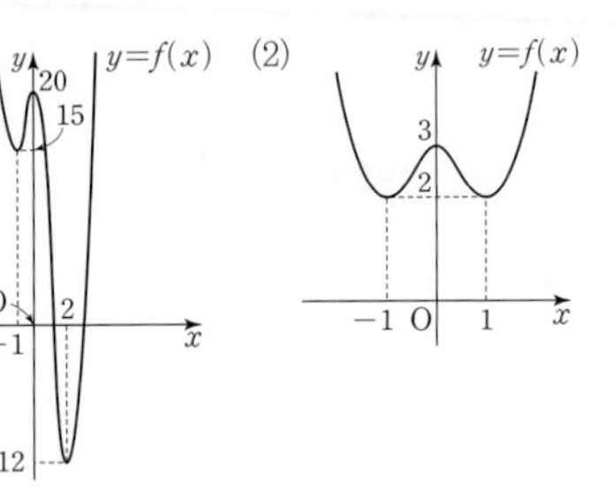

0955 **0956**

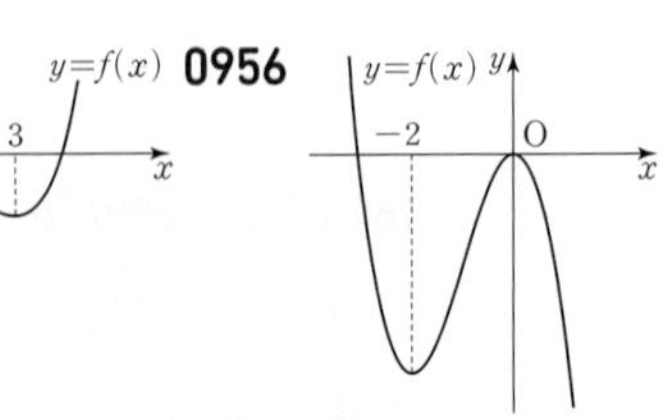

0957 **0958**

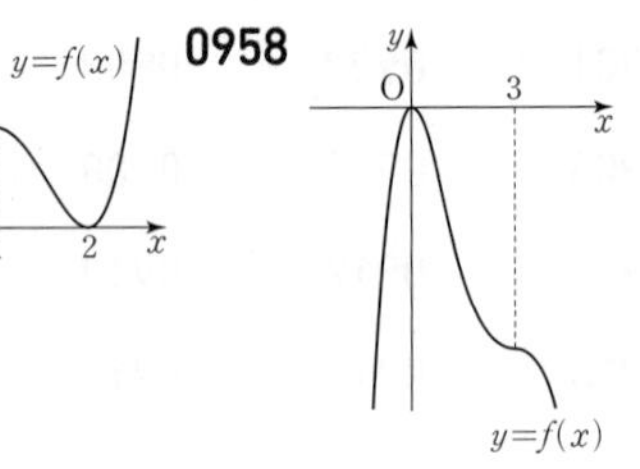

0959 (1) (2) **0960** ③

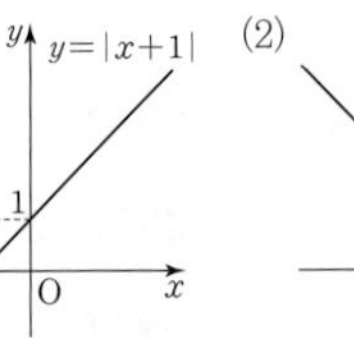

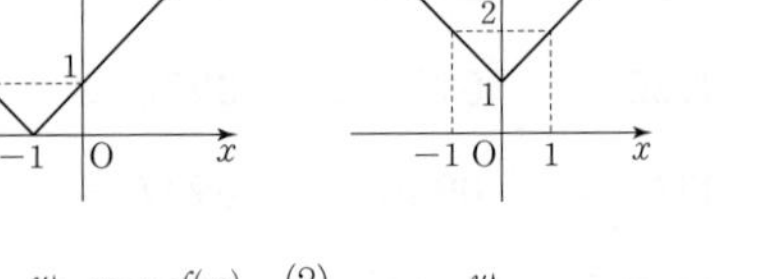

0961 (1) (2)

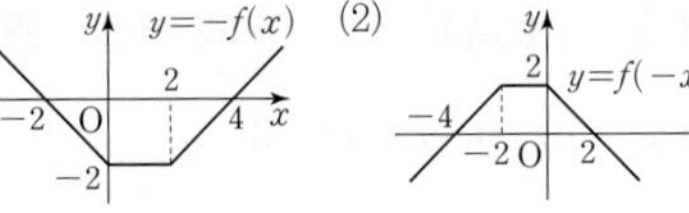

(3) (4)

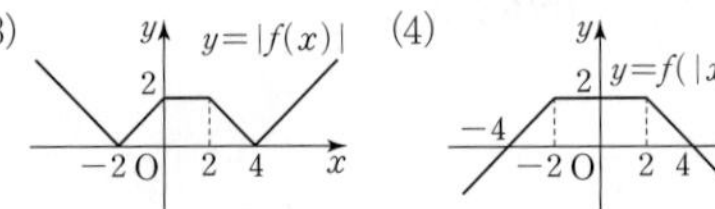

0962 (1) (2)

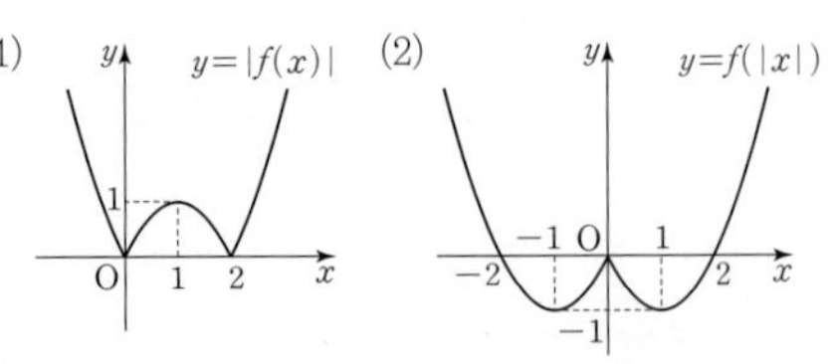

0963 2 **0964** ① **0965** 2 **0966** ② **0967** 3

0968 ⑤ **0969** ② **0970** $a \ge 8$ **0971** ① **0972** 3

0973 $3 \le a \le \frac{9}{2}$ **0974** -3 **0975** ① **0976** ④

0977 1 **0978** ② **0979** ③ **0980** ③, ④

0981 ② **0982** ② **0983** ③ **0984** ⑤ **0985** 2

0986 ② **0987** $-3 \le a \le 0$ **0988** ① **0989** 6

0990 ④ **0991** 0 **0992** ④ **0993** ④ **0994** 0

0995 ③ **0996** 12 **0997** ③ **0998** ④ **0999** ②

1000 14 **1001** ② **1002** 42 **1003** ③ **1004** ①

1005 14 **1006** ④ **1007** ① **1008** 2 **1009** ④

1010 27 **1011** ② **1012** ② **1013** ⑤ **1014** ⑤

1015 ③ **1016** ③ **1017** ④ **1018** -25 **1019** 16

1020 ⑤ **1021** ① **1022** ① **1023** ② **1024** 3

1025 10 **1026** 3 **1027** ④ **1028** ⑤ **1029** ③

1030 -7 **1031** 8 **1032** ③ **1033** ㄱ, ㄴ

1034 ⑤ **1035** ③ **1036** 3 **1037** ④ **1038** ②

1039 ① **1040** ① **1041** ③ **1042** ① **1043** ②

1044 $a<0$ 또는 $a>6$ **1045** ① **1046** 2 **1047** ③

1048 4 **1049** ③ **1050** $a<-9$ **1051** 11

1052 $\sqrt{2}<a<\frac{9}{4}$ **1053** 1 **1054** ① **1055** 71

1056 ③ **1057** ② **1058** ⑤ **1059** 4 **1060** ③

1061 ① **1062** $-12-10\sqrt{2}$ **1063** 0 **1064** ④

1065 0 **1066** ㄱ, ㄴ, ㄷ **1067** ② **1068** -4

1069 ③ **1070** ① **1071** ④ **1072** ② **1073** ⑤

1074 0 **1075** -6 **1076** $4\sqrt{2}$ **1077** ④ **1078** ②

1079 -8 **1080** ② **1081** ① **1082** 4 **1083** -1

1084 ⑤ **1085** ① **1086** 2 **1087** 2 **1088** ⑤

1089 $\frac{1}{2}$ **1090** ② **1091** $\left(\frac{1}{2}, 2\right)$ **1092** ④

1093 1, -4 **1094** ③

1095 (1) -2 (2) 5 (3) $\frac{5}{2}$ (4) 2 (5) $\frac{3}{2}$ (6) $\frac{5}{2}$

1096 $\frac{7}{4}<a<2$ **1097** $1 \le a \le 4$

1098 $-\frac{9}{2}<a<-4$

1099 (1) $\frac{a}{3}$ (2) $\frac{a}{3}$ (3) 3 (4) 6 (5) 9 (6) 0

1100 3　1101 -2, -1, 1, 2　1102 $\frac{3}{2}$

1103 (1) $\frac{1}{3}$ (2) -9 (3) 3 (4) -18

1104 16　1105 32　1106 -2　1107 ①　1108 ③

1109 ④　1110 ③　1111 ④　1112 ④　1113 ①

1114 ⑤　1115 ②　1116 ④　1117 ②　1118 ⑤

1119 ③　1120 ③　1121 ②　1122 ①　1123 ④

1124 ⑤　1125 ①　1126 ②　1127 ③　1128 20

1129 -17　1130 5　1131 9　1132 ④　1133 ④

1134 ①　1135 ④　1136 ②　1137 ③　1138 ②

1139 ⑤　1140 ①　1141 ②　1142 ②　1143 ⑤

1144 ④　1145 ①　1146 ③　1147 ③　1148 ④

1149 ④　1150 ⑤　1151 ⑤　1152 ③　1153 -3

1154 29　1155 $8<a<9$　1156 -1

06 도함수의 활용 (3)

본책 254쪽~305쪽

1157 2　1158 $-27<a<5$　1159 풀이 참조

1160 $1<a<3$

1161 (1) 속도 : -24, 가속도 : -6 (2) 6

1162 속도 : 0, 가속도 : 6　1163 $k<\frac{5}{4}$

1164 ③　1165 $k>-5$　1166 ④　1167 ④

1168 최솟값 : 0, 최댓값 : 9　1169 ②　1170 ⑤

1171 ③　1172 ②　1173 13　1174 ③　1175 1

1176 24　1177 ⑤　1178 -28　1179 3　1180 ③

1181 ③　1182 6　1183 ③　1184 -2　1185 ①

1186 ②　1187 ②　1188 -54　1189 ①　1190 ②

1191 ①　1192 ②　1193 ②　1194 -2　1195 ①

1196 ①　1197 29　1198 ①　1199 ②　1200 15

1201 ④　1202 12　1203 ②　1204 ⑤

1205 $2\sqrt{17}-2$　1206 ④　1207 ②　1208 ②

1209 ③　1210 ②　1211 9　1212 11　1213 15

1214 ①　1215 4　1216 ③　1217 $96\sqrt{3}\pi$

1218 ③　1219 ④　1220 16π　1221 ②　1222 ①

1223 ③　1224 ②　1225 3　1226 32　1227 ④

1228 7　1229 ③　1230 ③　1231 ③　1232 -22

1233 ①　1234 ⑤　1235 ②　1236 ②　1237 ②

1238 ②　1239 ⑤　1240 ⑤　1241 ①　1242 ②

1243 ⑤　1244 33　1245 2　1246 ②

1247 $-9<k<0$　1248 ⑤　1249 ⑤　1250 ②

1251 ①　1252 ①　1253 $0<k<5$　1254 ③

1255 ②　1256 ④　1257 ③　1258 $-51<k<13$

1259 ②　1260 ①　1261 ③　1262 21　1263 ④

1264 8　1265 ④　1266 ③　1267 ③　1268 ①

1269 ③　1270 ④　1271 $1\leq a<2$　1272 ⑤

1273 ④　1274 ②　1275 ④　1276 ④　1277 ①

1278 ②　1279 ⑤　1280 ①　1281 -20　1282 ④

1283 4　1284 ①　1285 ④　1286 $a<10$

1287 ①　1288 ③　1289 $4<k<23$　1290 ②

1291 ④　1292 ③　1293 ⑤　1294 $2<k<3$

1295 ①　1296 ③　1297 ②　1298 ③　1299 22

1300 ④ 1301 -9 1302 3 1303 ① 1304 ⑤
1305 ① 1306 -18 1307 12 1308 24 1309 ①
1310 56 1311 ⑤ 1312 ① 1313 ③ 1314 ②
1315 ② 1316 $\frac{1}{2}$ 1317 -12 1318 13 1319 ④
1320 ① 1321 ⑤ 1322 2 1323 $\frac{1}{2}<t<4$
1324 ① 1325 ② 1326 27 1327 ② 1328 ②
1329 ④ 1330 375 m 1331 ① 1332 180 m
1333 ③ 1334 ④ 1335 ③ 1336 ③ 1337 ①, ⑤
1338 ④ 1339 ⑤ 1340 ④ 1341 ⑤ 1342 ②
1343 2 1344 4 1345 ③ 1346 ③ 1347 ②
1348 ① 1349 ① 1350 ③ 1351 ② 1352 ⑤
1353 ④ 1354 ⑤ 1355 ④ 1356 ③ 1357 ①
1358 $32\text{ cm}^2/\text{s}$ 1359 ⑤ 1360 23 1361 ②
1362 18 1363 ③ 1364 ① 1365 ③ 1366 ④
1367 ④ 1368 $48\pi\text{ cm}^3/\text{s}$ 1369 ④ 1370 ⑤
1371 ④ 1372 ⑤
1373 (1) 1 (2) 5 (3) 4 (4) 200 (5) 200 (6) 1 (7) 4 (8) 204
1374 1 1375 최댓값 : 2, 최솟값 : -2
1376 (1) 2 (2) $a-\frac{1}{3}$ (3) $a-\frac{1}{3}$ (4) $\frac{1}{3}$ (5) $\frac{1}{3}$
1377 $-\frac{8}{3}$ 1378 $\frac{1}{4}$
1379 (1) $4t-8$ (2) $4t-8$ (3) 2 (4) 3
1380 $0<t<3$ 1381 12 1382 2초
1383 (1) $2+2t$ (2) $1+t$ (3) 5 (4) 10 (5) $10t+10$ (6) 30
1384 50 1385 16 1386 ③ 1387 ⑤ 1388 ⑤
1389 ④ 1390 ① 1391 ⑤ 1392 ⑤ 1393 ③
1394 ③ 1395 ④ 1396 ③ 1397 ② 1398 ②
1399 ① 1400 ① 1401 ⑤ 1402 ④ 1403 ②
1404 ③ 1405 ① 1406 ③ 1407 $-3<k<3$
1408 700 1409 $-3<k<-2$ 1410 $a\le\frac{1}{4}$
1411 ① 1412 ③ 1413 ① 1414 ③ 1415 ③
1416 ② 1417 ⑤ 1418 ⑤ 1419 ③ 1420 ①
1421 ③ 1422 ① 1423 ① 1424 ③ 1425 ④
1426 ⑤ 1427 ③ 1428 ② 1429 ③ 1430 ③
1431 ④ 1432 13 1433 400 m
1434 $\frac{256}{3}\pi\text{ cm}^3$ 1435 -14

III. 적분

07 부정적분

본책 309쪽~337쪽

1436 (1) x^3 (2) x^3+C
1437 (1) x^2-2x (2) x^2-2x+C
1438 $\frac{1}{3}x^3+x^2+x+C$
1439 $\frac{1}{3}x^3-\frac{1}{2}x^2+x+C$
1440 ④ 1441 -3 1442 ① 1443 ④ 1444 8
1445 7 1446 ⑤ 1447 ③ 1448 ② 1449 1
1450 ④ 1451 -2 1452 ④ 1453 ① 1454 ④
1455 ③ 1456 ⑤ 1457 3 1458 12 1459 ②
1460 ④ 1461 ③ 1462 ④ 1463 ③ 1464 ①
1465 2 1466 ④ 1467 ② 1468 -1 1469 $\frac{11}{6}$
1470 ② 1471 ① 1472 2 1473 ④ 1474 3
1475 ④ 1476 ② 1477 ③ 1478 ① 1479 ②
1480 4 1481 ② 1482 ⑤ 1483 ④ 1484 ②
1485 ③ 1486 12 1487 ② 1488 ③ 1489 ①
1490 ① 1491 5 1492 2 1493 ② 1494 ③
1495 ③ 1496 9 1497 ③ 1498 ⑤ 1499 -6
1500 2 1501 ③ 1502 ① 1503 9 1504 ①
1505 ⑤ 1506 11 1507 6 1508 ② 1509 21
1510 ③ 1511 ① 1512 ① 1513 7 1514 ②
1515 ④ 1516 35 1517 1 1518 ① 1519 ④
1520 ⑤ 1521 ② 1522 ② 1523 ② 1524 $-\frac{31}{12}$
1525 2 1526 ④ 1527 0 1528 ① 1529 ⑤
1530 ① 1531 ③ 1532 ① 1533 -6 1534 28
1535 ③ 1536 $-\frac{1}{2}$ 1537 30 1538 25 1539 ④
1540 ② 1541 ① 1542 ③ 1543 -3
1544 (1) $x^5+x^3+x^2$ (2) x^3+x+1 (3) $3x^2+1$ (4) 13
1545 -3 1546 11 1547 4
1548 (1) 0 (2) 0 (3) -1 (4) $-\frac{1}{3}x^3+4x$
1549 12 1550 $f(x)=x^3-12x$
1551 (1) 0 (2) 1 (3) 0 (4) $\frac{3}{2}$

1552 $\frac{1}{3}$ 1553 3 1554 ① 1555 ① 1556 ②
1557 ② 1558 ④ 1559 ⑤ 1560 ⑤ 1561 ④
1562 ③ 1563 ③ 1564 ② 1565 ① 1566 ①
1567 ④ 1568 ② 1569 ① 1570 ④ 1571 ⑤
1572 $F(x)=\frac{1}{3}x^3-4x$ 1573 -17 1574 19
1575 8 1576 ⑤ 1577 ① 1578 ③ 1579 ④
1580 ⑤ 1581 ② 1582 ④ 1583 ② 1584 ③
1585 ③ 1586 ④ 1587 ③ 1588 ④ 1589 ②
1590 ② 1591 ④ 1592 ④ 1593 ③ 1594 -21
1595 0 1596 x^3-4x^2+5x 1597 -2

08 정적분

본책 342쪽~381쪽

1598 (1) 17 (2) 48 1599 -6 1600 (1) $-\frac{14}{15}$ (2) 0
1601 (1) 16 (2) 6 1602 $f(x)=3x^2-4x-2$
1603 -2 1604 $f(x)=4x+5$ 1605 3 1606 ②, ④
1607 0 1608 3 1609 18 1610 ③ 1611 ③
1612 5 1613 54 1614 ② 1615 -4 1616 ②
1617 $\frac{13}{24}$ 1618 ③ 1619 ② 1620 ④ 1621 ①
1622 -1 1623 25 1624 ⑤ 1625 -12 1626 ①
1627 ① 1628 ② 1629 200 1630 ① 1631 ②
1632 5 1633 ① 1634 ④ 1635 18 1636 ④
1637 8 1638 7 1639 2 1640 ⑤ 1641 $\frac{45}{2}$
1642 ① 1643 ① 1644 ① 1645 ⑤ 1646 ③
1647 ② 1648 110 1649 ① 1650 ① 1651 ②
1652 ③ 1653 ⑤ 1654 ② 1655 ① 1656 ③
1657 17 1658 10 1659 ⑤ 1660 ① 1661 ④
1662 ③ 1663 ① 1664 ② 1665 25 1666 ④
1667 ② 1668 $\frac{2}{3}$ 1669 ② 1670 6 1671 ①
1672 ③ 1673 ④ 1674 ④ 1675 12 1676 ③
1677 ② 1678 ① 1679 ① 1680 ④ 1681 ③
1682 24 1683 ② 1684 $\frac{1}{2}$ 1685 ④ 1686 10
1687 40 1688 12 1689 ④ 1690 1 1691 ①
1692 36 1693 $\frac{512}{15}$ 1694 ② 1695 ② 1696 18
1697 ② 1698 ① 1699 ③ 1700 20 1701 ③
1702 ① 1703 ③ 1704 ⑤ 1705 ④ 1706 ④
1707 ③ 1708 4 1709 9 1710 ① 1711 40
1712 ① 1713 17 1714 ② 1715 ③ 1716 ①
1717 -1 1718 ② 1719 ③ 1720 27 1721 ⑤
1722 ④ 1723 ③ 1724 ⑤ 1725 ② 1726 ②
1727 ③ 1728 ② 1729 30 1730 ③ 1731 ①
1732 ① 1733 88 1734 ④ 1735 ③ 1736 ②
1737 ④ 1738 ⑤ 1739 ② 1740 ② 1741 5
1742 ② 1743 ④ 1744 ⑤ 1745 ② 1746 ②
1747 ⑤ 1748 2 1749 -1 1750 ③ 1751 ⑤

1752 ② **1753** ① **1754** ⑤ **1755** ③ **1756** ②

1757 ② **1758** 12 **1759** -4 **1760** ②

1761 (1) 6 (2) 6 (3) 3 (4) 32 **1762** 5 **1763** 15

1764 (1) k (2) $3x^2+2$ (3) $3t^2+2$ (4) 12 (5) 12 (6) 15

1765 -7 **1766** 2

1767 (1) x^3-3x^2-4x (2) -1 (3) 0 (4) 4 (5) 0 (6) 0 (7) 0

1768 -2 **1769** $\frac{4}{3}$ **1770** ① **1771** ① **1772** ②

1773 ② **1774** ③ **1775** ③ **1776** ④ **1777** ⑤

1778 ⑤ **1779** ③ **1780** ② **1781** ③ **1782** ①

1783 ③ **1784** ⑤ **1785** ③ **1786** ① **1787** ⑤

1788 ② **1789** ④ **1790** ① **1791** 2 **1792** 8

1793 -4 **1794** 12 **1795** ⑤ **1796** ① **1797** ②

1798 ④ **1799** ⑤ **1800** ② **1801** ③ **1802** ②

1803 ⑤ **1804** ② **1805** ② **1806** ① **1807** ③

1808 ① **1809** ③ **1810** ④ **1811** ④ **1812** ②

1813 ① **1814** ④ **1815** ② **1816** 8 **1817** 1

1818 13 **1819** 7

09 정적분의 활용

본책 386쪽~429쪽

1820 $\frac{8}{3}$ **1821** 36 **1822** 3 **1823** $-\frac{8}{3}$ **1824** $\frac{2}{3}$

1825 7 **1826** (1) 0 (원점) (2) $\frac{8}{3}$ **1827** 3 **1828** 25

1829 8 **1830** 4 **1831** $\frac{35}{4}$ **1832** ㄱ, ㄴ **1833** ㄴ, ㄷ

1834 ② **1835** ④ **1836** $\frac{4}{3}$ **1837** ⑤ **1838** 2

1839 ④ **1840** 8 **1841** ⑤ **1842** 3 **1843** 20

1844 $\frac{3}{2}$ **1845** ② **1846** $\frac{49}{6}$ **1847** ④ **1848** ③

1849 ① **1850** ④ **1851** 45 **1852** $\frac{9}{2}$ **1853** ④

1854 ④ **1855** $\frac{4}{3}$ **1856** ⑤ **1857** ⑤ **1858** 108

1859 ④ **1860** ① **1861** ④ **1862** $\frac{4}{3}$ **1863** ④

1864 ③ **1865** ③ **1866** $\frac{10}{9}$ **1867** ④ **1868** 14

1869 9 **1870** ⑤ **1871** $\frac{11}{12}$ **1872** ② **1873** -96

1874 ③ **1875** $\frac{\pi}{4}-\frac{1}{3}$ **1876** $\frac{2}{3}$ **1877** 32

1878 ② **1879** ⑤ **1880** $\frac{128}{15}$ **1881** ⑤ **1882** ③

1883 3 **1884** ④ **1885** $\frac{3}{4}$ **1886** ② **1887** ③

1888 ② **1889** ④ **1890** 1 **1891** $\frac{5}{3}-\frac{\pi}{2}$

1892 ④ **1893** $\frac{1}{6}$ **1894** $\frac{3}{2}$ **1895** $a=-1$, $b=-4$

1896 3 **1897** $\frac{8}{3}$ **1898** 36 **1899** $\frac{8}{3}$ **1900** 2

1901 35 **1902** $\frac{4}{3}$ **1903** $\frac{8}{3}$ **1904** $\frac{64}{3}$ **1905** $\frac{27}{4}$

1906 27 **1907** ③ **1908** $\frac{16}{3}$ **1909** $\frac{512}{15}$ **1910** $\frac{81}{10}$

1911 4 **1912** ② **1913** 8 **1914** -1 **1915** ③

1916 2 **1917** ⑤ **1918** ⑤ **1919** ② **1920** ④

1921 $\frac{2}{3}$ **1922** $(3, -18)$ **1923** 32 **1924** ①

1925 ③ **1926** ④ **1927** 3 **1928** $\frac{4}{3}$ **1929** $\frac{1}{3}$

1930 ① **1931** $2\sqrt{2}$ **1932** ③ **1933** 4 **1934** 1

1935 ④ **1936** ② **1937** ③ **1938** $\frac{47}{12}$ **1939** $\frac{4}{3}$

1940 ③ **1941** ④ **1942** 2 **1943** 12 **1944** ①

1945 $\frac{64}{3}$ **1946** ⑤ **1947** $\frac{2}{3}$ **1948** ② **1949** ④

1950 ① **1951** ② **1952** 10 **1953** ③ **1954** ④

1955 ③ **1956** 2 **1957** ③ **1958** ④ **1959** 45

1960 ② **1961** ③ **1962** 75 m **1963** 2 **1964** ②

1965 ① **1966** 35 **1967** 18 **1968** ④ **1969** 27

1970 5 **1971** 4 **1972** ② **1973** ④ **1974** ③

1975 8 **1976** ③ **1977** 4 **1978** ⑤ **1979** ⑤

1980 ② **1981** ③ **1982** ① **1983** ⑤ **1984** ③

1985 ④ **1986** 1 **1987** ② **1988** ㄱ, ㄴ, ㄷ

1989 64 **1990** ③

1991 (1) $-x^3$ (2) $\frac{1}{4}a^4$ (3) x^3 (4) $\frac{1}{4}b^4$ (5) 256

1992 4 **1993** 3

1994 (1) x (2) 1 (3) 2 (4) 1 (5) $\frac{1}{3}$

1995 1 **1996** 1

1997 (1) 1 (2) $\frac{3}{2}$ (3) $\frac{5}{6}$ (4) $\frac{2}{3}$

1998 1 **1999** $\frac{64}{3}$ **2000** ① **2001** ③ **2002** ③

2003 ④ **2004** ① **2005** ② **2006** ⑤ **2007** ③

2008 ② **2009** ② **2010** ③ **2011** ③ **2012** ②

2013 ④ **2014** ④ **2015** ① **2016** ③ **2017** ③

2018 ① **2019** ③ **2020** ③ **2021** $\frac{8}{3}$ **2022** 3

2023 36 **2024** -16 **2025** ① **2026** ⑤ **2027** ①

2028 ④ **2029** ④ **2030** ② **2031** ② **2032** ⑤

2033 ③ **2034** ① **2035** ② **2036** ③ **2037** ④

2038 ③ **2039** ④ **2040** ④ **2041** ② **2042** ⑤

2043 ③ **2044** ③ **2045** ③ **2046** $\frac{1}{3}$ **2047** 55

2048 $\frac{31}{3}$ **2049** 3초

Ⅰ. 함수의 극한과 연속

01 함수의 극한

핵심 개념 8쪽~10쪽

0001 답 4

$f(x)=\dfrac{x^2-4}{x-2}$라 하면

$x\neq2$일 때 $f(x)=\dfrac{x^2-4}{x-2}=\dfrac{(x-2)(x+2)}{x-2}=x+2$이므로

함수 $y=f(x)$의 그래프는 그림과 같다.

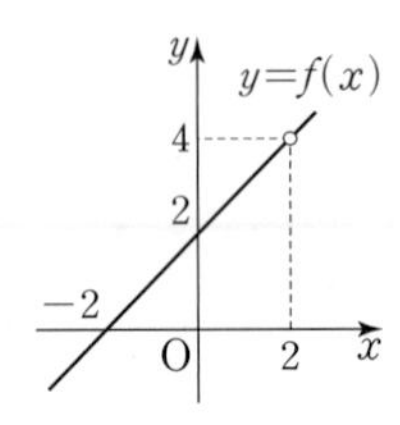

따라서 $x\to2$일 때 $f(x)\to4$이므로 $\lim\limits_{x\to2}\dfrac{x^2-4}{x-2}=4$

0002 답 (1) ∞(발산) (2) −∞(발산) (3) 3 (4) 0

(1)

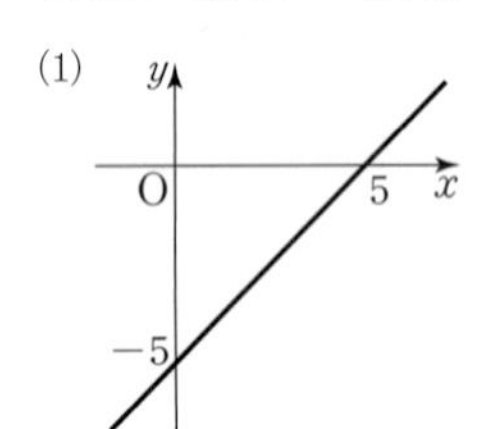

$\lim\limits_{x\to\infty}(x-5)=\infty$

(2)

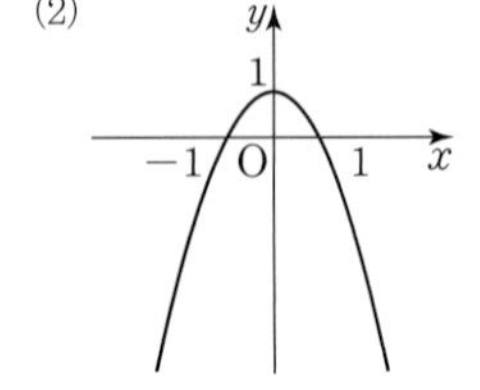

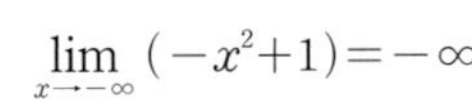

$\lim\limits_{x\to-\infty}(-x^2+1)=-\infty$

(3)

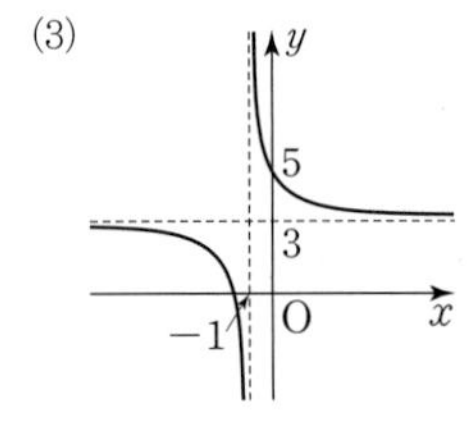

$\lim\limits_{x\to\infty}\left(\dfrac{2}{x+1}+3\right)=3$

(4)

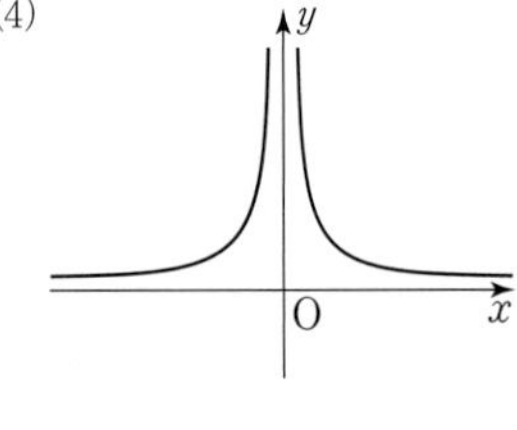

$\lim\limits_{x\to-\infty}\dfrac{1}{x^2}=0$

0003 답 (1) × (2) ○ (3) ○

(1) $\lim\limits_{x\to-1+}f(x)=0,\ \lim\limits_{x\to-1-}f(x)=1$

즉, 함수 $f(x)$는 $x=-1$에서 우극한과 좌극한이 서로 다르므로 극한값이 존재하지 않는다. (×)

(2) $\lim\limits_{x\to0+}f(x)=1,\ \lim\limits_{x\to0-}f(x)=1$

즉, 함수 $f(x)$는 $x=0$에서 우극한과 좌극한이 같으므로 극한값이 존재한다. (○)

(3) $\lim\limits_{x\to1+}f(x)=0,\ \lim\limits_{x\to1-}f(x)=2$

즉, 함수 $f(x)$는 $x=1$에서 우극한과 좌극한이 서로 다르므로 극한값이 존재하지 않는다. (○)

0004 답 1

함수 $f(x)=\begin{cases}-2x+k & (x<0)\\ x^2-x+1 & (x\geq0)\end{cases}$이므로

$\lim\limits_{x\to0+}(x^2-x+1)=1$

$\lim\limits_{x\to0-}(-2x+k)=k$

이때 $\lim\limits_{x\to0}f(x)$의 값이 존재하려면

$\lim\limits_{x\to0+}f(x)=\lim\limits_{x\to0-}f(x)$이어야 하므로 $k=1$

0005 답 (1) 12 (2) 5

(1) $\lim\limits_{x\to2}\dfrac{x^3-8}{x-2}=\lim\limits_{x\to2}\dfrac{(x-2)(x^2+2x+4)}{x-2}$

$=\lim\limits_{x\to2}(x^2+2x+4)=12$

(2) $\lim\limits_{x\to1}\dfrac{x^2+3x-4}{x-1}=\lim\limits_{x\to1}\dfrac{(x-1)(x+4)}{x-1}$

$=\lim\limits_{x\to1}(x+4)=5$

0006 답 (1) 2 (2) 1

(1) $\lim\limits_{x\to1}\dfrac{x-1}{\sqrt{x}-1}=\lim\limits_{x\to1}\dfrac{(x-1)(\sqrt{x}+1)}{(\sqrt{x}-1)(\sqrt{x}+1)}$

$=\lim\limits_{x\to1}\dfrac{(x-1)(\sqrt{x}+1)}{x-1}$

$=\lim\limits_{x\to1}(\sqrt{x}+1)=2$

↳ 분모, 분자에 $\sqrt{x}+1$을 각각 곱한다.

(2) $\lim\limits_{x\to0}\dfrac{x}{\sqrt{1+x}-\sqrt{1-x}}$ → 분모, 분자에 $(\sqrt{1+x}+\sqrt{1-x})$를 각각 곱한다.

$=\lim\limits_{x\to0}\dfrac{x(\sqrt{1+x}+\sqrt{1-x})}{(\sqrt{1+x}-\sqrt{1-x})(\sqrt{1+x}+\sqrt{1-x})}$

$=\lim\limits_{x\to0}\dfrac{x(\sqrt{1+x}+\sqrt{1-x})}{2x}$

$=\lim\limits_{x\to0}\dfrac{\sqrt{1+x}+\sqrt{1-x}}{2}=1$

0007 답 (1) 0 (2) 2 (3) ∞(발산)

(1) $\lim\limits_{x\to\infty}\dfrac{x-5}{2x^2+x+1}=\lim\limits_{x\to\infty}\dfrac{\dfrac{1}{x}-\dfrac{5}{x^2}}{2+\dfrac{1}{x}+\dfrac{1}{x^2}}=0$

(2) $\lim\limits_{x\to\infty}\dfrac{4x^3+7}{2x^3+3x^2+4x}=\lim\limits_{x\to\infty}\dfrac{4+\dfrac{7}{x^3}}{2+\dfrac{3}{x}+\dfrac{4}{x^2}}=2$

(3) $\lim\limits_{x\to\infty}\dfrac{2x^3-5x+3}{x^2+1}=\lim\limits_{x\to\infty}\dfrac{2x-\dfrac{5}{x}+\dfrac{3}{x^2}}{1+\dfrac{1}{x^2}}=\infty$(발산)

↳ 극한값이 존재하지 않는다.

0008 답 (1) 4 (2) $\dfrac{3}{4}$

(1) $\lim\limits_{x\to\infty}\dfrac{4x}{\sqrt{x^2+2}-1}=\lim\limits_{x\to\infty}\dfrac{4}{\sqrt{1+\dfrac{2}{x^2}}-\dfrac{1}{x}}=4$

(2) $\lim\limits_{x\to\infty}\dfrac{\sqrt{x^2+1}+2x}{4x}=\lim\limits_{x\to\infty}\dfrac{\sqrt{1+\dfrac{1}{x^2}}+2}{4}=\dfrac{3}{4}$

0009 답 (1) 0 (2) 1

(1) $\lim_{x\to\infty}(\sqrt{x+3}-\sqrt{x-1})$

$=\lim_{x\to\infty}\frac{(\sqrt{x+3}-\sqrt{x-1})(\sqrt{x+3}+\sqrt{x-1})}{\sqrt{x+3}+\sqrt{x-1}}$

$=\lim_{x\to\infty}\frac{4}{\sqrt{x+3}+\sqrt{x-1}}$

$=0$

(2) $\lim_{x\to\infty}(\sqrt{x^2+2x}-x)=\lim_{x\to\infty}\frac{(\sqrt{x^2+2x}-x)(\sqrt{x^2+2x}+x)}{\sqrt{x^2+2x}+x}$

$=\lim_{x\to\infty}\frac{2x}{\sqrt{x^2+2x}+x}$

$=\lim_{x\to\infty}\frac{2}{\sqrt{1+\frac{2}{x}}+1}$

$=1$

0010 답 $-\frac{1}{4}$

$\lim_{x\to0}\frac{1}{x}\left\{\frac{1}{(x+2)^2}-\frac{1}{4}\right\}=\lim_{x\to0}\left\{\frac{1}{x}\times\frac{-x^2-4x}{4(x+2)^2}\right\}$

$=\lim_{x\to0}\frac{-(x+4)}{4(x+2)^2}$

$=-\frac{1}{4}$

0011 답 $a=4$, $b=3$

$x\to-1$일 때, 극한값이 존재하고 (분모)$\to0$이므로 (분자)$\to0$이다.

$\lim_{x\to-1}(x^2+ax+b)=1-a+b=0$

$\therefore b=a-1$ ······ ㉠

㉠을 주어진 식에 대입하면

$\lim_{x\to-1}\frac{x^2+ax+a-1}{x+1}=\lim_{x\to-1}\frac{(x+1)(x+a-1)}{x+1}$

$=\lim_{x\to-1}(x+a-1)$

$=a-2$

$a-2=2$에서 $a=4$

$a=4$를 ㉠에 대입하면 $b=3$

0012 답 $a=0$, $b=4$

극한값이 존재하기 위해서는 $a=0$ → 분모, 분자의 차수가 같아야 한다.

$\lim_{x\to\infty}\frac{3x^2-4x+1}{ax^3+bx^2}=\lim_{x\to\infty}\frac{3x^2-4x+1}{bx^2}$

$=\lim_{x\to\infty}\frac{3-\frac{4}{x}+\frac{1}{x^2}}{b}$

$=\frac{3}{b}$

$\frac{3}{b}=\frac{3}{4}$에서 $b=4$이다.

11쪽~44쪽

0013 답 ①

$\frac{2}{x(x+2)}+\frac{3}{(x+2)(x+5)}$

$=\frac{2}{x+2-x}\left(\frac{1}{x}-\frac{1}{x+2}\right)+\frac{3}{x+5-(x+2)}\left(\frac{1}{x+2}-\frac{1}{x+5}\right)$

$=\frac{1}{x}-\frac{1}{x+5}=\frac{x+5-x}{x(x+5)}$

$=\frac{5}{x(x+5)}$

즉, $\frac{5}{x(x+5)}=\frac{a}{x(x+b)}$이고

이 식은 x에 대한 항등식이므로 $a=5$, $b=5$

$\therefore a+b=10$

0014 답 ③

$\frac{1}{x^2+3x}+\frac{1}{x^2+9x+18}+\frac{1}{x^2+15x+54}$

$=\frac{1}{x(x+3)}+\frac{1}{(x+3)(x+6)}+\frac{1}{(x+6)(x+9)}$

$=\frac{1}{3}\left(\frac{1}{x}-\frac{1}{x+3}\right)+\frac{1}{3}\left(\frac{1}{x+3}-\frac{1}{x+6}\right)+\frac{1}{3}\left(\frac{1}{x+6}-\frac{1}{x+9}\right)$

$=\frac{1}{3}\left(\frac{1}{x}-\frac{1}{x+9}\right)=\frac{x+9-x}{3x(x+9)}$

$=\frac{3}{x(x+9)}$

$\frac{3}{x(x+9)}=\frac{1}{12}$에서 $x(x+9)=36$, $x^2+9x-36=0$

$(x+12)(x-3)=0$ $\therefore x=-12$ 또는 $x=3$

따라서 양수 x의 값은 3이다.

0015 답 -14

$f(x)=\frac{\sqrt{x}-2}{\sqrt{x}+2}+\frac{\sqrt{x}+2}{\sqrt{x}-2}=\frac{(\sqrt{x}-2)^2+(\sqrt{x}+2)^2}{(\sqrt{x}+2)(\sqrt{x}-2)}$

$=\frac{x-4\sqrt{x}+4+x+4\sqrt{x}+4}{x-4}$

$=\frac{2(x+4)}{x-4}$

$\therefore f(3)=\frac{2\times(3+4)}{3-4}=-14$

0016 답 ⑤

$x=\frac{\sqrt{2}+1}{\sqrt{2}-1}=\frac{(\sqrt{2}+1)^2}{(\sqrt{2}-1)(\sqrt{2}+1)}=3+2\sqrt{2}$이므로

$\frac{\sqrt{x}-1}{\sqrt{x}+1}+\frac{\sqrt{x}+1}{\sqrt{x}-1}=\frac{(\sqrt{x}-1)^2+(\sqrt{x}+1)^2}{(\sqrt{x}+1)(\sqrt{x}-1)}$

$=\frac{x-2\sqrt{x}+1+x+2\sqrt{x}+1}{x-1}$

$=\frac{2x+2}{x-1}$ → x 대신 $3+2\sqrt{2}$를 대입한다.

$=\frac{8+4\sqrt{2}}{2+2\sqrt{2}}=\frac{2(2\sqrt{2}+4)(\sqrt{2}-1)}{2(\sqrt{2}+1)(\sqrt{2}-1)}=2\sqrt{2}$

0017 답 ④

$$\frac{\sqrt{x+1}-\sqrt{1-x}}{\sqrt{x+1}+\sqrt{1-x}}+\frac{\sqrt{x+1}+\sqrt{1-x}}{\sqrt{x+1}-\sqrt{1-x}}$$
$$=\frac{(\sqrt{x+1}-\sqrt{1-x})^2+(\sqrt{x+1}+\sqrt{1-x})^2}{(\sqrt{x+1}+\sqrt{1-x})(\sqrt{x+1}-\sqrt{1-x})}$$
$$=\frac{x+1-2\sqrt{x+1}\sqrt{1-x}+1-x+x+1+2\sqrt{x+1}\sqrt{1-x}+1-x}{x+1-(1-x)}$$
$$=\frac{4}{2x}=\frac{2}{x}$$

따라서 $\frac{2}{x}=6$이므로 $x=\frac{1}{3}$

0018 답 ⑤ | 유형1

$-1\le x\le 3$에서 정의된 함수 $y=f(x)$의 그래프가 그림과 같을 때, 〈보기〉에서 옳은 것만을 있는 대로 고른 것은?

〈보기〉

ㄱ. $\lim_{x\to 1} f(x)$의 값이 존재한다.

단서1

ㄴ. $\lim_{x\to 2} f(x)$의 값이 존재한다.

ㄷ. $-1<a<1$인 모든 실수 a에 대하여 $\lim_{x\to a} f(x)$의 값이 존재한다.

① ㄱ ② ㄴ ③ ㄷ
④ ㄱ, ㄴ ⑤ ㄴ, ㄷ

단서1 우극한과 좌극한을 각각 구하여 두 값이 같으면 극한값이 존재한다.

STEP 1 그래프에서 주어진 극한값의 존재를 확인하여 옳은 것 찾기

ㄱ. $\lim_{x\to 1+} f(x)=0$, $\lim_{x\to 1-} f(x)=2$이므로
→ 좌극한과 우극한이 다르다.
$\lim_{x\to 1} f(x)$의 값은 존재하지 않는다. (거짓)

ㄴ. $\lim_{x\to 2+} f(x)=-1$, $\lim_{x\to 2-} f(x)=-1$이므로
$\lim_{x\to 2} f(x)=-1$ (참)

ㄷ. $-1<a<1$인 모든 실수 a에 대하여 $\lim_{x\to a} f(x)$의 값이 항상 존재한다. (참)

따라서 옳은 것은 ㄴ, ㄷ이다.

0019 답 ④

① $\lim_{x\to 0+} f(x)=0$

② $\lim_{x\to 4+} f(x)=2$

③ $\lim_{x\to 5-} f(x)=0$

④ $\lim_{x\to 2+} f(x)=0$, $\lim_{x\to 2-} f(x)=-3$
즉, $\lim_{x\to 2+} f(x)\ne\lim_{x\to 2-} f(x)$이므로 $\lim_{x\to 2} f(x)$의 값은 존재하지 않는다.

⑤ $\lim_{x\to 3+} f(x)=1$, $\lim_{x\to 3-} f(x)=1$이므로 $\lim_{x\to 3} f(x)=1$

따라서 극한값이 존재하지 않는 것은 ④이다.

0020 답 ④

① $\lim_{x\to 1+} f(x)=1$, $\lim_{x\to 1-} f(x)=-1$이므로 $x=1$에서의 극한값은 존재하지 않는다.

② $\lim_{x\to 1} f(x)=\infty$이므로 $x=1$에서의 극한값은 존재하지 않는다.

③ $\lim_{x\to 1+} f(x)=2$, $\lim_{x\to 1-} f(x)=1$이므로 $x=1$에서의 극한값은 존재하지 않는다.

④ $\lim_{x\to 1+} f(x)=\lim_{x\to 1-} f(x)=-1$이므로 $x=1$에서의 극한값이 존재한다.

⑤ $\lim_{x\to 1+} f(x)=1$, $\lim_{x\to 1-} f(x)=0$이므로 $x=1$에서의 극한값은 존재하지 않는다.

따라서 $x=1$에서의 극한값이 존재하는 것은 ④이다.

실수 Check

② $\lim_{x\to 1} f(x)=\infty$에서 ∞는 일정한 값이 아닌 한없이 커지는 상태를 나타내므로 극한값은 존재하지 않는다.

0021 답 ⑤

①, ②, ③ $\lim_{x\to a+} f(x)\ne\lim_{x\to a-} f(x)$이므로 $\lim_{x\to a} f(x)$의 값은 존재하지 않는다.

④ $\lim_{x\to a+} f(x)=-\infty$, $\lim_{x\to a-} f(x)=\infty$이므로
$\lim_{x\to a} f(x)$의 값은 존재하지 않는다.

⑤ $\lim_{x\to a+} f(x)=\lim_{x\to a-} f(x)$이므로 $\lim_{x\to a} f(x)$의 값이 존재한다.

따라서 $\lim_{x\to a} f(x)$의 값이 존재하는 것은 ⑤이다.

0022 답 ④

$\lim_{x\to a} f(x)$의 값이 존재하기 위해서는 우극한과 좌극한이 같아야 한다. 즉, $\lim_{x\to a+} f(x)=\lim_{x\to a-} f(x)$이어야 한다.

$a=1$일 때, $\lim_{x\to 1+} f(x)=1$, $\lim_{x\to 1-} f(x)=-1$이므로 $\lim_{x\to 1} f(x)$의 값은 존재하지 않는다.

0023 답 2

$\lim_{x\to a} f(x)$의 값이 존재하지 않는 것은 $a=1$, $a=4$일 때이다.

따라서 구하는 실수 a의 개수는 2이다.

0024 답 ④

ㄱ. $\lim_{x\to -2+} f(x)=1$, $\lim_{x\to -2-} f(x)=1$이므로 $\lim_{x\to -2} f(x)=1$

ㄴ. $\lim_{x\to 0+} f(x)=3$, $\lim_{x\to 0-} f(x)=3$이므로 $\lim_{x\to 0} f(x)=3$

ㄷ. $\lim_{x\to 1+} f(x)=1$, $\lim_{x\to 1-} f(x)=2$이므로 $\lim_{x\to 1} f(x)$의 값은 존재하지 않는다.

따라서 극한값이 존재하는 것은 ㄱ, ㄴ이다.

0025 답 ㄴ

ㄱ. $\lim_{x\to -1+} f(x)\ne\lim_{x\to -1-} f(x)$이므로 극한값이 존재하지 않는다.

ㄴ. $\lim_{x\to 0+} f(x)=\lim_{x\to 0-} f(x)$이므로 극한값이 존재한다.

ㄷ. $\lim_{x\to1+}f(x)\neq\lim_{x\to1-}f(x)$이므로 극한값이 존재하지 않는다.
따라서 극한값이 존재하는 것은 ㄴ이다.

0026 답 1

주어진 함수 $y=f(x)$의 그래프에서 $a=-1$, $a=2$일 때
$\lim_{x\to a+}f(x)=\lim_{x\to a-}f(x)$를 만족시킨다.
따라서 정수 a의 값의 합은 $-1+2=1$

0027 답 4

집합 A에서 $\lim_{x\to a+}f(x)\neq\lim_{x\to a-}f(x)$이므로 $-3<a<3$에서 극한값이 존재하지 않는 실수 a의 값은 -1, 0, 1, 2이다.
따라서 $A=\{-1, 0, 1, 2\}$이므로 $n(A)=4$이다.

0028 답 ⑤ | 유형2

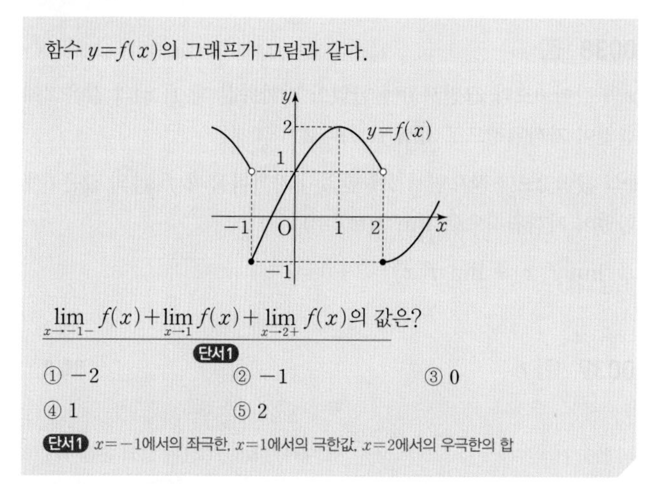

함수 $y=f(x)$의 그래프가 그림과 같다.

$\lim_{x\to-1-}f(x)+\lim_{x\to1}f(x)+\lim_{x\to2+}f(x)$의 값은?
단서1

① -2 ② -1 ③ 0
④ 1 ⑤ 2

단서1 $x=-1$에서의 좌극한, $x=1$에서의 극한값, $x=2$에서의 우극한의 합

STEP1 그래프에서 $x=-1$에서의 좌극한 구하기

주어진 함수 $y=f(x)$의 그래프에서 x의 값이 -1보다 작으면서 -1에 한없이 가까워질 때 $f(x)$의 값은 1에 한없이 가까워지므로
$\lim_{x\to-1-}f(x)=1$

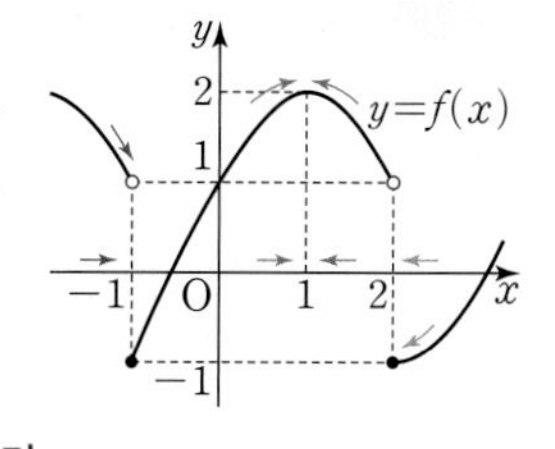

STEP2 그래프에서 $x=1$에서의 극한값 구하기

x의 값이 1에 한없이 가까워질 때 $f(x)$의 값은 2에 한없이 가까워지므로 $\lim_{x\to1}f(x)=2$

STEP3 그래프에서 $x=2$에서의 우극한 구하기

x의 값이 2보다 크면서 2에 한없이 가까워질 때 $f(x)$의 값은 -1에 한없이 가까워지므로 $\lim_{x\to2+}f(x)=-1$

STEP4 극한값의 합 구하기

$\lim_{x\to-1-}f(x)+\lim_{x\to1}f(x)+\lim_{x\to2+}f(x)=1+2-1=2$

0029 답 ⑤

주어진 함수 $y=f(x)$의 그래프에서
x의 값이 -1보다 작으면서 -1에 한없이 가까워질 때 $f(x)$의 값은 1에 한없이 가까워지므로 $\lim_{x\to-1-}f(x)=1$
x의 값이 1보다 크면서 1에 한없이 가까워질 때 $f(x)$의 값은 1에 한없이 가까워지므로 $\lim_{x\to1+}f(x)=1$
$\therefore \lim_{x\to-1-}f(x)+\lim_{x\to1+}f(x)=1+1=2$

0030 답 ④

주어진 함수 $y=f(x)$의 그래프에서 $f(0)=2$
x의 값이 -1보다 크면서 -1에 한없이 가까워질 때 $f(x)$의 값은 0에 한없이 가까워지므로 $\lim_{x\to-1+}f(x)=0$
x의 값이 1보다 작으면서 1에 한없이 가까워질 때 $f(x)$의 값은 2에 한없이 가까워지므로 $\lim_{x\to1-}f(x)=2$
$\therefore \lim_{x\to-1+}f(x)+\lim_{x\to1-}f(x)+f(0)=0+2+2=4$

0031 답 0

$\lim_{x\to a-}f(x)$는 $x=a$에서의 좌극한, $\lim_{x\to a+}f(x)$는 $x=a$에서의 우극한이다.
즉, 부등식 $\lim_{x\to a-}f(x)<\lim_{x\to a+}f(x)$는 우극한이 좌극한보다 큰 것을 의미한다.
주어진 그래프에서 우극한이 좌극한보다 큰 것은 $x=-1$, $x=1$일 때이다.
따라서 모든 실수 a의 값의 합은
$-1+1=0$

0032 답 ②

$\lim_{x\to1}f(x)=\lim_{x\to3}f(x)=0$에서 $f(1)=f(3)=0$, 즉 방정식 $f(x)=0$은 $x=1$, $x=3$을 근으로 갖는다.
$\therefore a=1, b=3$
$f(x)=p(x-1)(x-3)$ $(p>0)$으로 놓으면
$\lim_{x\to0}f(x)=1$이므로 $f(0)=1$에서
$3p=1 \qquad \therefore p=\frac{1}{3}$
따라서 $f(x)=\frac{1}{3}(x-1)(x-3)$이고, $a+b=4$이다.

$$\therefore 6f\left(\frac{a+b}{2}\right)=6f(2)$$
$$=6\times\frac{1}{3}\times(2-1)\times(2-3)=-2$$

0033 답 ①

모든 실수 x에 대하여 $f(x+6)=f(x)$이므로
└ $-3\le x\le3$에서의 그래프가 반복된다.

$$\lim_{x\to-5-}f(x)+\lim_{x\to9+}f(x)=\lim_{x\to1-}f(x)+\lim_{x\to3+}f(x)$$
$$=\lim_{x\to1-}f(x)+\lim_{x\to-3+}f(x)$$
$$=-1-2=-3$$

참고 $f(x+6)=f(x)$이므로
$\cdots=f(-3)=f(3)=f(9)=\cdots$
$\cdots=f(-5)=f(1)=f(7)=\cdots$
임을 이용하여 주어진 그래프에서 극한값을 찾는다.

0034 답 ④

$f(-x)=f(x)$이므로 함수 $f(x)$의 그래프는 y축에 대하여 대칭이다. 주어진 그래프를 y축에 대하여 대칭한 그래프는 그림과 같다.

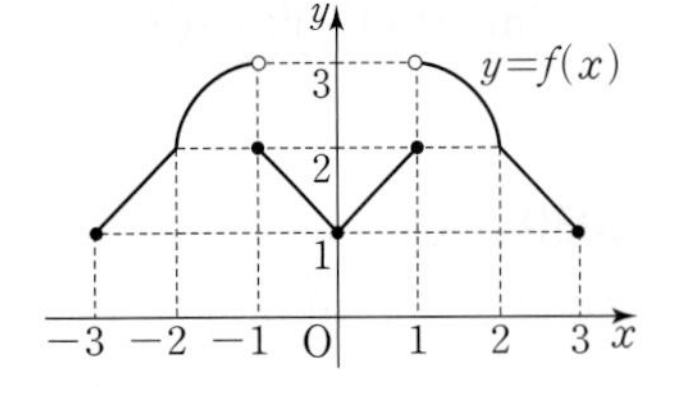

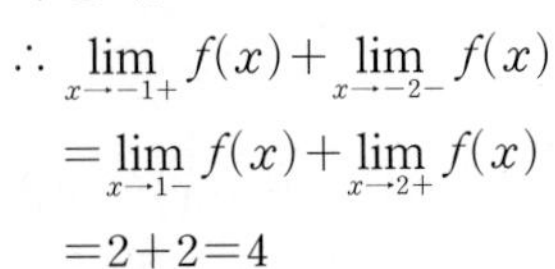

$\therefore \lim_{x\to-1+} f(x)+\lim_{x\to-2-} f(x)$

$=\lim_{x\to1-} f(x)+\lim_{x\to2+} f(x)$

$=2+2=4$

개념 Check

$f(-x)=f(x)$ ➜ $f(x)$의 그래프가 y축에 대하여 대칭이다.

0035 답 ①

$f(-x)=-f(x)$이므로 함수 $f(x)$의 그래프는 원점에 대하여 대칭이다. 주어진 그래프를 원점에 대하여 대칭한 그래프는 그림과 같다.

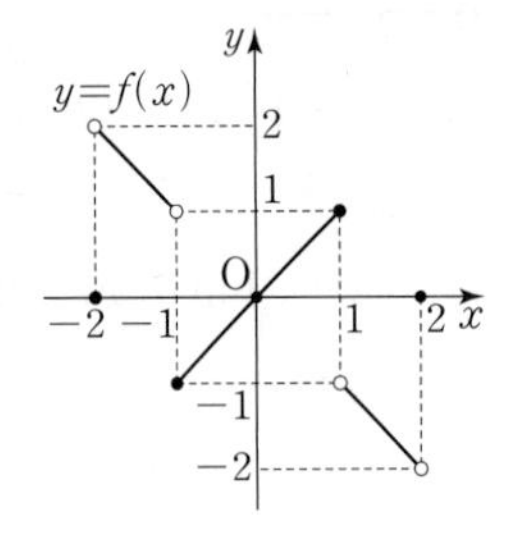

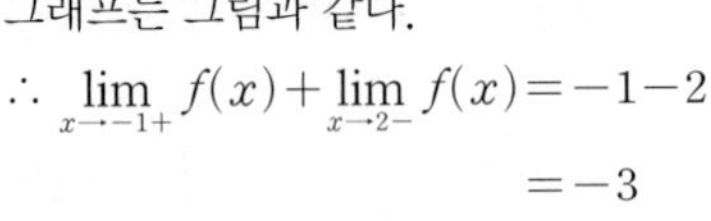

$\therefore \lim_{x\to-1+} f(x)+\lim_{x\to2-} f(x)=-1-2$

$=-3$

개념 Check

$f(-x)=-f(x)$ ➜ $f(x)$의 그래프가 원점에 대하여 대칭이다.

0036 답 -3

함수 $y=f(x)$의 그래프에서 $\lim_{x\to0-} f(x)=-2$

함수 $y=f(x)$의 그래프와 역함수 $y=f^{-1}(x)$의 그래프는 직선 $y=x$에 대하여 대칭이므로 $y=f^{-1}(x)$의 그래프는 그림과 같다.

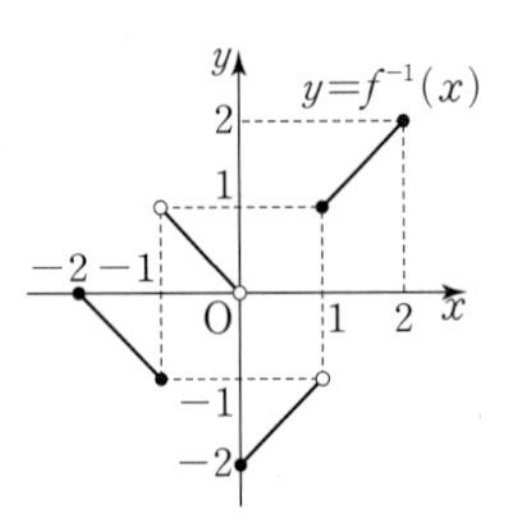

$\therefore \lim_{x\to1-} f^{-1}(x)=-1$

$\therefore \lim_{x\to0-} f(x)+\lim_{x\to1-} f^{-1}(x)=-2-1$

$=-3$

실수 Check

주어진 $y=f(x)$의 그래프 위에 직선 $y=x$를 그린 후 $y=f(x)$의 그래프를 직선 $y=x$에 대칭이동하여 $y=f^{-1}(x)$의 그래프를 그릴 수 있다. 반드시 그래프를 그려서 극한값을 확인해 보자.

Plus 문제

0036-1

함수 $y=f(x)$의 그래프가 그림과 같다. $\lim_{x\to-1+} f(x)+\lim_{x\to-1-} f^{-1}(x)$의 값을 구하시오.

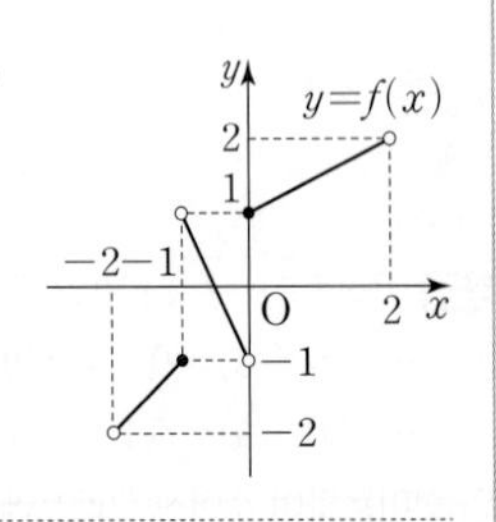

함수 $y=f(x)$의 그래프에서 $\lim_{x\to-1+} f(x)=1$

함수 $y=f(x)$의 역함수 $y=f^{-1}(x)$의 그래프는 그림과 같다.

$\therefore \lim_{x\to-1-} f^{-1}(x)=-1$

$\therefore \lim_{x\to-1+} f(x)+\lim_{x\to-1-} f^{-1}(x)$

$=1-1=0$

답 0

0037 답 ④

주어진 함수 $y=f(x)$의 그래프에서 $f(-1)=1$

x의 값이 2보다 크면서 2에 한없이 가까워질 때 $f(x)$의 값은 3에 한없이 가까워지므로 $\lim_{x\to2+} f(x)=3$

$\therefore f(-1)+\lim_{x\to2+} f(x)=1+3=4$

0038 답 ⑤

x의 값이 0보다 크면서 0에 한없이 가까워질 때 $f(x)$의 값은 2에 한없이 가까워지므로 $\lim_{x\to0+} f(x)=2$

x의 값이 2보다 작으면서 2에 한없이 가까워질 때 $f(x)$의 값은 0에 한없이 가까워지므로 $\lim_{x\to2-} f(x)=0$

$\therefore \lim_{x\to0+} f(x)+\lim_{x\to2-} f(x)=2+0=2$

0039 답 7 | 유형3

함수 $f(x)=\begin{cases} x^2-x+1 & (x\ge2) \\ -2x+k & (x<2) \end{cases}$에 대하여 $\lim_{x\to2} f(x)$의 값이 존재하기 위한 상수 k의 값을 구하시오. (단서1)

단서1 $x=2$에서의 우극한과 좌극한이 존재하고, 그 값이 같다.

STEP1 $\lim_{x\to2+} f(x)$, $\lim_{x\to2-} f(x)$ **각각 구하기**

$x\ge2$일 때, $f(x)=x^2-x+1$이므로

$\lim_{x\to2+} f(x)=\lim_{x\to2+} (x^2-x+1)=4-2+1=3$

$x<2$일 때, $f(x)=-2x+k$이므로

$\lim_{x\to2-} f(x)=\lim_{x\to2-} (-2x+k)=-4+k$

STEP2 $\lim_{x\to2+} f(x)=\lim_{x\to2-} f(x)$**를 만족시키는 값을 이용하여 상수 k의 값 구하기**

$\lim_{x\to2} f(x)$의 값이 존재하려면

$\lim_{x\to2+} f(x)=\lim_{x\to2-} f(x)$이어야 하므로

$3=-4+k \qquad \therefore k=7$

0040 답 ④

함수 $f(x)=\begin{cases} -x+5 & (|x|\ge1) \\ x^2-2x+3 & (|x|<1) \end{cases}$에서

$$f(x)=\begin{cases} -x+5 & (x\le-1) \\ x^2-2x+3 & (-1<x<1) \\ -x+5 & (x\ge1) \end{cases}$$

이므로 함수 $y=f(x)$의 그래프는 그림과 같다.

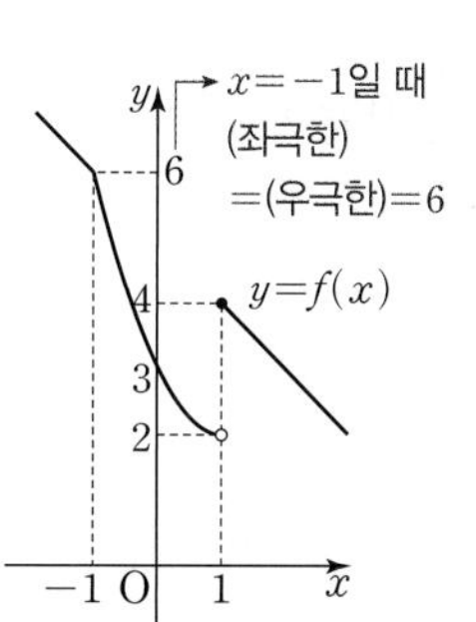

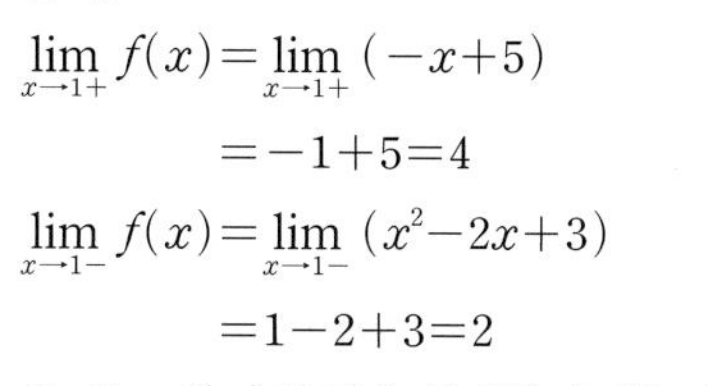

$\lim_{x\to1+} f(x)=\lim_{x\to1+}(-x+5)$
$=-1+5=4$

$\lim_{x\to1-} f(x)=\lim_{x\to1-}(x^2-2x+3)$
$=1-2+3=2$

즉, $\lim_{x\to1} f(x)$의 값은 존재하지 않는다.

따라서 구하는 실수 a의 값은 1이다.

0041 답 ②

함수 $f(x)=\begin{cases}(x-3)^2+k & (x>1)\\ 3x+5 & (x\le1)\end{cases}$에서

$\lim_{x\to1+} f(x)=\lim_{x\to1+}\{(x-3)^2+k\}=4+k$

$\lim_{x\to1-} f(x)=\lim_{x\to1-}(3x+5)=8$

이때 $\lim_{x\to1} f(x)$의 값이 존재하므로 $\lim_{x\to1+} f(x)=\lim_{x\to1-} f(x)$에서

$4+k=8 \qquad \therefore k=4$

따라서 $f(x)=\begin{cases}(x-3)^2+4 & (x>1)\\ 3x+5 & (x\le1)\end{cases}$이므로

$f(4)=(4-3)^2+4=5$
→ $x=4$를 $f(x)=(x-3)^2+4$에 대입한다.

0042 답 ⑤

함수 $f(x)=\begin{cases}-(x-2)^2+3 & (-2\le x\le2)\\ x+1 & (x<-2 \text{ 또는 } x>2)\end{cases}$에서

ㄱ. $\lim_{x\to-2-} f(x)=\lim_{x\to-2-}(x+1)=-2+1=-1$

$\lim_{x\to-2+} f(x)=\lim_{x\to-2+}\{-(x-2)^2+3\}=-16+3=-13$

즉, $\lim_{x\to-2} f(x)$의 값은 존재하지 않는다.

ㄴ. $\lim_{x\to0} f(x)=\lim_{x\to0}\{-(x-2)^2+3\}=-4+3=-1$

ㄷ. $\lim_{x\to2+} f(x)=\lim_{x\to2+}(x+1)=3$

$\lim_{x\to2-} f(x)=\lim_{x\to2-}\{-(x-2)^2+3\}=3$

즉, $\lim_{x\to2} f(x)=3$이다.

따라서 극한값이 존재하는 것은 ㄴ, ㄷ이다.

0043 답 4

함수 $f(x)=\begin{cases}x^2+2x+3 & (x<0)\\ a & (0\le x<2)\\ x+b & (x\ge2)\end{cases}$에서

임의의 실수 k에 대하여 $\lim_{x\to k} f(x)$의 값이 존재하므로
→ 모든 x의 값에서 극한값이 존재한다.

$\lim_{x\to0} f(x)$, $\lim_{x\to2} f(x)$의 값이 존재한다.

(i) $x=0$에서 함수 $f(x)$의 우극한과 좌극한을 각각 구하면

$\lim_{x\to0+} a=a$, $\lim_{x\to0-}(x^2+2x+3)=3$

$\lim_{x\to0} f(x)$의 값이 존재하므로 $a=3$
→ $\lim_{x\to0+} f(x)=\lim_{x\to0-} f(x)$

(ii) $x=2$에서 함수 $f(x)$의 우극한과 좌극한을 각각 구하면

$\lim_{x\to2+}(x+b)=2+b$, $\lim_{x\to2-} 3=3$

$\lim_{x\to2} f(x)$의 값이 존재하므로 $2+b=3$

$\therefore b=1$
→ $\lim_{x\to2+} f(x)=\lim_{x\to2-} f(x)$

(i), (ii)에서 $a+b=3+1=4$

0044 답 ④

함수 $f(x)=\begin{cases}-x^2+1 & (x<k)\\ 0 & (k\le x<k+1)\\ (x-a)^2-1 & (x\ge k+1)\end{cases}$에서

임의의 실수 p에 대하여 $\lim_{x\to p} f(x)$의 값이 존재하므로

$\lim_{x\to k} f(x)$, $\lim_{x\to k+1} f(x)$의 값이 존재한다.
→ 나누어진 구간의 경계인 점에서의 극한값이다.

(i) $x=k$에서 함수 $f(x)$의 우극한과 좌극한을 각각 구하면

$\lim_{x\to k+} 0=0$, $\lim_{x\to k-}(-x^2+1)=-k^2+1$

$\lim_{x\to k} f(x)$의 값이 존재하므로 $-k^2+1=0$

$k^2=1 \qquad \therefore k=-1$ 또는 $k=1$

(ii) $x=k+1$에서 함수 $f(x)$의 우극한과 좌극한을 각각 구하면

$\lim_{x\to(k+1)+}\{(x-a)^2-1\}=(k+1-a)^2-1$, $\lim_{x\to(k+1)-} 0=0$

$\lim_{x\to(k+1)} f(x)$의 값이 존재하므로 $(k+1-a)^2-1=0$

$(k+1-a)^2=1$, $k+1-a=\pm1$

$\therefore a=k$ 또는 $a=k+2$

(i), (ii)에서

$k=-1$이면 $a=-1$ 또는 $a=1$

$k=1$이면 $a=1$ 또는 $a=3$

따라서 $a+k$의 최댓값은 $k=1$, $a=3$일 때 4이다.

0045 답 ⑤ | 유형4

함수 $f(x)=\begin{cases}x^2-2x+2 & (x\le1)\\ 4-2x & (x>1)\end{cases}$에 대하여

$\lim_{x\to1-} f(x)+\lim_{x\to1+} f(x)$의 값은?
단서1 단서2

① −1 ② 0 ③ 1
④ 2 ⑤ 3

단서1 $x\le1$일 때 $f(x)=x^2-2x+2$
단서2 $x>1$일 때 $f(x)=4-2x$

STEP1 $x=1$에서의 좌극한과 우극한 각각 구하기

함수 $f(x)=\begin{cases}x^2-2x+2 & (x\le1)\\ 4-2x & (x>1)\end{cases}$에서

$\lim_{x\to1-} f(x)=\lim_{x\to1-}(x^2-2x+2)=1-2+2=1$

$\lim_{x\to1+} f(x)=\lim_{x\to1+}(4-2x)=4-2=2$

STEP2 극한값의 합 구하기

$\therefore \lim_{x\to1-} f(x)+\lim_{x\to1+} f(x)=1+2=3$

0046 답 5

함수 $f(x)=\begin{cases} -x+2 & (x<0) \\ x^2-x+1 & (0\le x<1) \\ x+1 & (x\ge 1) \end{cases}$에서

$\lim_{x\to 0-} f(x)=\lim_{x\to 0-} (-x+2)=0+2=2$

$\lim_{x\to 1-} f(x)=\lim_{x\to 1-} (x^2-x+1)=1-1+1=1$

$\lim_{x\to 1+} f(x)=\lim_{x\to 1+} (x+1)=1+1=2$

$\therefore \lim_{x\to 0-} f(x)+\lim_{x\to 1-} f(x)+\lim_{x\to 1+} f(x)=2+1+2=5$

0047 답 ②

함수 $f(x)=\begin{cases} |x-2|+1 & (x\ge 2) \\ -x^2+x+3 & (x<2) \end{cases}$에 대하여

$\lim_{x\to 2-} f(x)=\lim_{x\to 2-} (-x^2+x+3)=-4+2+3=1$

$\lim_{x\to 2+} f(x)=\lim_{x\to 2+} (|x-2|+1)=0+1=1$

$\therefore \lim_{x\to 2-} f(x)+\lim_{x\to 2+} f(x)=1+1=2$

0048 답 ①

함수 $f(x)=\begin{cases} -\frac{1}{x-2}-1 & (x<1) \\ 2 & (x=1) \\ 1-\frac{1}{x^2} & (x>1) \end{cases}$에서

$\lim_{x\to 1-} f(x)=\lim_{x\to 1-} \left(-\frac{1}{x-2}-1\right)=1-1=0$

$\lim_{x\to 1+} f(x)=\lim_{x\to 1+} \left(1-\frac{1}{x^2}\right)=1-1=0$

$\therefore \lim_{x\to 1} f(x)=0$

0049 답 ④

함수 $y=|x^2-1|$의 그래프가 [그림 1]과 같다.

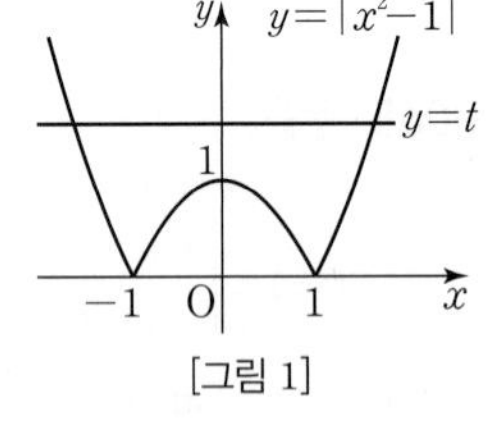

[그림 1]

이때 직선 $y=t$의 위치에 따라 함수 $f(t)$와 그 그래프는 [그림 2]와 같다.

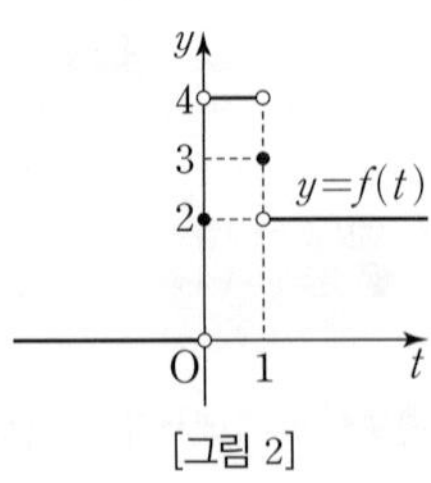

[그림 2]

$t>1$일 때, $f(t)=2$

$t=1$일 때, $f(t)=3$

$0<t<1$일 때, $f(t)=4$

$t=0$일 때, $f(t)=2$

$t<0$일 때, $f(t)=0$

$\therefore \lim_{t\to 1-} f(t)=4$

실수 Check

함수 $y=|x^2-1|$에서
$-1\le x\le 1$이면 $x^2-1\le 0$이므로 $y=-x^2+1$
$x<-1$ 또는 $x>1$이면 $x^2-1>0$이므로 $y=x^2-1$
즉, $y=|x^2-1|$의 그래프는 $y=x^2-1$의 그래프에서 $y<0$인 부분을 x축에 대하여 대칭이동한 그래프와 같다.

0050 답 16

(i) $\lim_{x\to 8+} g(x)$에서 x의 값은 8보다 크면서 8에 한없이 가까워지므로 $x=8+k\ (0<k<1)$를 생각해 보자.
8+k보다 작은 자연수 중에서 소수는 2, 3, 5, 7의 4개이므로
$f(8+k)=4$
또, $8+k>2f(8+k)=8$이므로 $g(x)=f(x)$이다.
$\lim_{x\to 8+} g(x)=\lim_{x\to 8+} f(x)=4 \quad \therefore \alpha=4$

(ii) $\lim_{x\to 8-} g(x)$에서 x의 값은 8보다 작으면서 8에 한없이 가까워지므로 $x=8-k\ (0<k<1)$를 생각해 보자.
8$-k$보다 작은 자연수 중에서 소수는 2, 3, 5, 7의 4개이므로
$f(8-k)=4$
또, $8-k<2f(8-k)=8$이므로 $g(x)=\frac{1}{f(x)}$이다.
$\lim_{x\to 8-} g(x)=\lim_{x\to 8-} \frac{1}{f(x)}=\frac{1}{4} \quad \therefore \beta=\frac{1}{4}$

(i), (ii)에서 $\frac{\alpha}{\beta}=4\times 4=16$

Tip $\lim_{x\to 8+} g(x)$, $\lim_{x\to 8-} g(x)$의 값은 각각 x가 8보다 약간 큰 수 $f(8.1)$, 8보다 약간 작은 수 $f(7.9)$로 구해도 된다.

0051 답 ⑤ | 유형5

두 함수 $f(x)$, $g(x)$에 대하여
$\lim_{x\to 1} f(x)=4$, $\lim_{x\to 1} g(x)=-3$
단서1
일 때, 〈보기〉에서 옳은 것만을 있는 대로 고른 것은?

〈보기〉
ㄱ. $\lim_{x\to 1} \{f(x)+g(x)\}=1$
ㄴ. $\lim_{x\to 1} \{3f(x)-2g(x)\}=18$
ㄷ. $\lim_{x\to 1} f(x)g(x)=-12$

① ㄱ ② ㄴ ③ ㄷ
④ ㄱ, ㄴ ⑤ ㄱ, ㄴ, ㄷ

단서1 두 함수 $f(x)$, $g(x)$에서 극한값 $\lim_{x\to 1} f(x)$, $\lim_{x\to 1} g(x)$가 존재

STEP1 함수의 극한에 대한 성질을 이용하여 옳은 것 찾기

ㄱ. $\lim_{x\to 1} \{f(x)+g(x)\}=\lim_{x\to 1} f(x)+\lim_{x\to 1} g(x)$
$=4-3=1$ (참)

ㄴ. $\lim_{x\to 1} \{3f(x)-2g(x)\}=3\lim_{x\to 1} f(x)-2\lim_{x\to 1} g(x)$
$=3\times 4-2\times(-3)=18$ (참)

ㄷ. $\lim_{x\to 1} f(x)g(x)=\lim_{x\to 1} f(x)\times\lim_{x\to 1} g(x)$
$=4\times(-3)=-12$ (참)

따라서 옳은 것은 ㄱ, ㄴ, ㄷ이다.

0052 답 −9

$\lim_{x\to 2} (x^2-4x-5)f(x)=\lim_{x\to 2} (x+1)(x-5)f(x)$
$=\lim_{x\to 2} (x+1)f(x)\times\lim_{x\to 2} (x-5)$
$=3\times(-3)=-9$

$\lim_{x\to 2} (x+1)f(x)=3$을 이용할 수 있도록 식을 변형한다.

0053 답 $\frac{4}{5}$

$\lim_{x\to1}\frac{f(x)}{g(x)}=3$이므로 주어진 식의 분모, 분자를 각각 $g(x)$로 나누면

$$\lim_{x\to1}\frac{f(x)+g(x)}{2f(x)-g(x)}=\lim_{x\to1}\frac{\frac{f(x)}{g(x)}+1}{2\times\frac{f(x)}{g(x)}-1}=\frac{3+1}{2\times3-1}=\frac{4}{5}$$

0054 답 ②

$\lim_{x\to0}\frac{f(x)}{x}=1$이므로 주어진 식의 분모, 분자를 각각 x로 나누면

$$\lim_{x\to0}\frac{x^2-2f(x)}{x+f(x)}=\lim_{x\to0}\frac{x-2\times\frac{f(x)}{x}}{1+\frac{f(x)}{x}}$$
$$=\frac{0-2}{1+1}=-1$$

0055 답 ⑤

$\lim_{x\to0}\{f(x)+g(x)\}=6$, $\lim_{x\to0}\{f(x)-g(x)\}=4$에서

$f(x)+g(x)=h(x)$, $f(x)-g(x)=k(x)$ ㉠

로 놓으면 $\lim_{x\to0}h(x)=6$, $\lim_{x\to0}k(x)=4$

㉠의 두 식을 연립하면

$f(x)=\frac{h(x)+k(x)}{2}$, $g(x)=\frac{h(x)-k(x)}{2}$

$\lim_{x\to0}f(x)=\lim_{x\to0}\frac{h(x)+k(x)}{2}=\frac{6+4}{2}=5$

$\lim_{x\to0}g(x)=\lim_{x\to0}\frac{h(x)-k(x)}{2}=\frac{6-4}{2}=1$

$\therefore \lim_{x\to0}f(x)g(x)=5\times1=5$

다른 풀이

$f(x)g(x)=\frac{\{f(x)+g(x)\}^2-\{f(x)-g(x)\}^2}{4}$이므로

$\lim_{x\to0}f(x)g(x)=\frac{6^2-4^2}{4}=5$

0056 답 ④

$\lim_{x\to1}f(x)=3$, $\lim_{x\to1}\{2f(x)-g(x)\}=4$에서

$2f(x)-g(x)=h(x)$로 놓으면 $\lim_{x\to1}h(x)=4$이고

$g(x)=2f(x)-h(x)$

$$\therefore \lim_{x\to1}\frac{f(x)+g(x)}{f(x)-g(x)}=\lim_{x\to1}\frac{f(x)+2f(x)-h(x)}{f(x)-2f(x)+h(x)}$$
$$=\lim_{x\to1}\frac{3f(x)-h(x)}{-f(x)+h(x)}$$
$$=\frac{3\times3-4}{-3+4}=5$$

다른 풀이

$\lim_{x\to1}f(x)=3$, $\lim_{x\to1}\{2f(x)-g(x)\}=4$이므로

$2\lim_{x\to1}f(x)=\lim_{x\to1}2f(x)=6$이고,

$\lim_{x\to1}2f(x)-\lim_{x\to1}\{2f(x)-g(x)\}=6-4=2$에서

$\lim_{x\to1}\{2f(x)-2f(x)+g(x)\}=2$

$\therefore \lim_{x\to1}g(x)=2$

$$\therefore \lim_{x\to1}\frac{f(x)+g(x)}{f(x)-g(x)}=\frac{\lim_{x\to1}f(x)+\lim_{x\to1}g(x)}{\lim_{x\to1}f(x)-\lim_{x\to1}g(x)}=\frac{3+2}{3-2}=5$$

0057 답 ③

$\lim_{x\to1}\{f(x)+2\}=5$에서 $f(x)+2=h(x)$로 놓으면

$\lim_{x\to1}h(x)=5$이고 $f(x)=h(x)-2$

$\therefore \lim_{x\to1}f(x)=\lim_{x\to1}\{h(x)-2\}=5-2=3$

$\lim_{x\to1}f(x)g(x)=6$이고 $\lim_{x\to1}f(x)=3$이므로

$$\lim_{x\to1}g(x)=\lim_{x\to1}\frac{f(x)g(x)}{f(x)}=\frac{\lim_{x\to1}f(x)g(x)}{\lim_{x\to1}f(x)}=\frac{6}{3}=2$$

$$\therefore \lim_{x\to1}\frac{(x+2)g(x)}{f(x)}=\frac{\lim_{x\to1}(x+2)\times\lim_{x\to1}g(x)}{\lim_{x\to1}f(x)}=\frac{3\times2}{3}=2$$

0058 답 ①

$\lim_{x\to1}\{f(x)+x\}=3$에서 $f(x)+x=h(x)$로 놓으면

$\lim_{x\to1}h(x)=3$이고 $f(x)=h(x)-x$

$$\therefore \lim_{x\to1}f(x)=\lim_{x\to1}\{h(x)-x\}$$
$$=\lim_{x\to1}h(x)-\lim_{x\to1}x$$
$$=3-1=2$$

$\lim_{x\to1}\frac{g(x)}{f(x)}=2$이고 $\lim_{x\to1}f(x)=2$이므로

$$\lim_{x\to1}g(x)=\lim_{x\to1}\left\{\frac{g(x)}{f(x)}\times f(x)\right\}$$
$$=\lim_{x\to1}\frac{g(x)}{f(x)}\times\lim_{x\to1}f(x)$$
$$=2\times2=4$$

$$\therefore \lim_{x\to1}\frac{f(x)}{(x^2+1)\{g(x)-1\}}=\frac{2}{2\times3}=\frac{1}{3}$$

0059 답 ②

$\lim_{x\to\infty}f(x)=\infty$, $\lim_{x\to\infty}\{f(x)-g(x)\}=3$에서

$f(x)-g(x)=h(x)$로 놓으면

$\lim_{x\to\infty}h(x)=3$, $\lim_{x\to\infty}\frac{h(x)}{f(x)}=0$이고 $g(x)=f(x)-h(x)$

└ $\lim_{x\to\infty}\frac{3}{f(x)}=0$

$$\therefore \lim_{x\to\infty}\frac{2f(x)-g(x)}{f(x)-2g(x)}=\lim_{x\to\infty}\frac{2f(x)-\{f(x)-h(x)\}}{f(x)-2\{f(x)-h(x)\}}$$
$$=\lim_{x\to\infty}\frac{f(x)+h(x)}{-f(x)+2h(x)}$$
$$=\lim_{x\to\infty}\frac{1+\frac{h(x)}{f(x)}}{-1+2\times\frac{h(x)}{f(x)}}$$
$$=\frac{1+0}{-1+2\times0}=-1$$

분모, 분자를 각각 $f(x)$로 나눈다.

다른 풀이

$\lim_{x\to\infty} f(x)=\infty$, $\lim_{x\to\infty}\{f(x)-g(x)\}=3$이므로

$\lim_{x\to\infty}\frac{f(x)-g(x)}{f(x)}=0$

즉, $\lim_{x\to\infty}\left\{1-\frac{g(x)}{f(x)}\right\}=0$이므로 $\lim_{x\to\infty}\frac{g(x)}{f(x)}=1$

$$\therefore \lim_{x\to\infty}\frac{2f(x)-g(x)}{f(x)-2g(x)}=\lim_{x\to\infty}\frac{2-\frac{g(x)}{f(x)}}{1-2\times\frac{g(x)}{f(x)}}$$

$$=\frac{2-1}{1-2\times1}=-1$$

0060 답 $\frac{11}{13}$

$\lim_{x\to\infty} f(x)=\infty$, $\lim_{x\to\infty}\{3f(x)-2g(x)\}=1$에서

$3f(x)-2g(x)=h(x)$로 놓으면

$\lim_{x\to\infty} h(x)=1$, $\lim_{x\to\infty}\frac{h(x)}{f(x)}=0$이고 $g(x)=\frac{3f(x)-h(x)}{2}$

↳ $\lim_{x\to\infty}\frac{1}{f(x)}=0$

$$\therefore \lim_{x\to\infty}\frac{7f(x)-g(x)}{2f(x)+3g(x)}=\lim_{x\to\infty}\frac{7f(x)-\frac{3f(x)-h(x)}{2}}{2f(x)+3\times\frac{3f(x)-h(x)}{2}}$$

$$=\lim_{x\to\infty}\frac{11f(x)+h(x)}{13f(x)-3h(x)}$$

$$=\lim_{x\to\infty}\frac{11+\frac{h(x)}{f(x)}}{13-3\times\frac{h(x)}{f(x)}}$$

$$=\frac{11+0}{13-3\times0}=\frac{11}{13}$$

다른 풀이

$\lim_{x\to\infty} f(x)=\infty$, $\lim_{x\to\infty}\{3f(x)-2g(x)\}=1$이므로

$\lim_{x\to\infty}\frac{3f(x)-2g(x)}{f(x)}=0$

즉, $\lim_{x\to\infty}\left\{3-2\times\frac{g(x)}{f(x)}\right\}=0$이므로 $\lim_{x\to\infty}\frac{g(x)}{f(x)}=\frac{3}{2}$

$$\therefore \lim_{x\to\infty}\frac{7f(x)-g(x)}{2f(x)+3g(x)}=\lim_{x\to\infty}\frac{7-\frac{g(x)}{f(x)}}{2+3\times\frac{g(x)}{f(x)}}$$

$$=\frac{7-\frac{3}{2}}{2+3\times\frac{3}{2}}=\frac{11}{13}$$

0061 답 ③

(나)에서 $2f(x)-g(x)=h(x)$로 놓으면

$\lim_{x\to\infty} h(x)=3$, $\lim_{x\to\infty}\frac{h(x)}{f(x)}=0$이고

$g(x)=2f(x)-h(x)$

ㄱ. $\lim_{x\to\infty}\{f(x)+g(x)\}=\lim_{x\to\infty}\{f(x)+2f(x)-h(x)\}$

$=\lim_{x\to\infty}\{3f(x)-h(x)\}=\infty$ (참)

ㄴ. $\lim_{x\to\infty}\frac{f(x)-2g(x)}{3f(x)-g(x)}=\lim_{x\to\infty}\frac{f(x)-2\{2f(x)-h(x)\}}{3f(x)-\{2f(x)-h(x)\}}$

$=\lim_{x\to\infty}\frac{-3f(x)+2h(x)}{f(x)+h(x)}$

$=\lim_{x\to\infty}\frac{-3+2\times\frac{h(x)}{f(x)}}{1+\frac{h(x)}{f(x)}}$ ← 분모, 분자를 각각 $f(x)$로 나눈다.

$=\frac{-3+2\times0}{1+0}=-3$ (거짓)

ㄷ. $\lim_{x\to\infty}\frac{(x-1)f(x)}{(2x+1)g(x)}=\lim_{x\to\infty}\frac{(x-1)f(x)}{(2x+1)\{2f(x)-h(x)\}}$

$=\lim_{x\to\infty}\frac{x-1}{(2x+1)\left\{2-\frac{h(x)}{f(x)}\right\}}$

$=\lim_{x\to\infty}\frac{x-1}{(2x+1)\times(2-0)}$

$=\lim_{x\to\infty}\frac{x-1}{4x+2}=\frac{1}{4}$ (참)

따라서 옳은 것은 ㄱ, ㄷ이다.

Plus 문제

0061-1

두 함수 $f(x)$, $g(x)$에 대하여

$\lim_{x\to\infty} f(x)=\infty$, $\lim_{x\to\infty}\{f(x)-g(x)\}=3$

일 때, $\lim_{x\to\infty}\frac{f(x)+g(x)}{-f(x)+2g(x)}$의 값을 구하시오.

$f(x)-g(x)=h(x)$로 놓으면

$\lim_{x\to\infty} h(x)=3$, $\lim_{x\to\infty}\frac{h(x)}{f(x)}=0$이고 $g(x)=f(x)-h(x)$

$$\therefore \lim_{x\to\infty}\frac{f(x)+g(x)}{-f(x)+2g(x)}=\lim_{x\to\infty}\frac{f(x)+\{f(x)-h(x)\}}{-f(x)+2\{f(x)-h(x)\}}$$

$$=\lim_{x\to\infty}\frac{2f(x)-h(x)}{f(x)-2h(x)}$$

$$=\lim_{x\to\infty}\frac{2-\frac{h(x)}{f(x)}}{1-2\times\frac{h(x)}{f(x)}}$$

$$=\lim_{x\to\infty}\frac{2-0}{1-2\times0}=2$$

답 2

0062 답 30

$\lim_{x\to1} f(x)=\lim_{x\to1}\frac{(x+1)f(x)}{x+1}$

$=\frac{\lim_{x\to1}(x+1)f(x)}{\lim_{x\to1}(x+1)}=\frac{1}{1+1}=\frac{1}{2}$

이므로

$\lim_{x\to1}(2x^2+1)f(x)=\lim_{x\to1}(2x^2+1)\times\lim_{x\to1}f(x)$

$=3\times\frac{1}{2}=\frac{3}{2}$

따라서 $a=\frac{3}{2}$이므로 $20a=20\times\frac{3}{2}=30$

0063 답 ⑤ | 유형6

두 함수 $y=f(x)$, $y=g(x)$의 그래프가 그림과 같을 때, 〈보기〉에서 극한값이 존재하는 것만을 있는 대로 고른 것은?

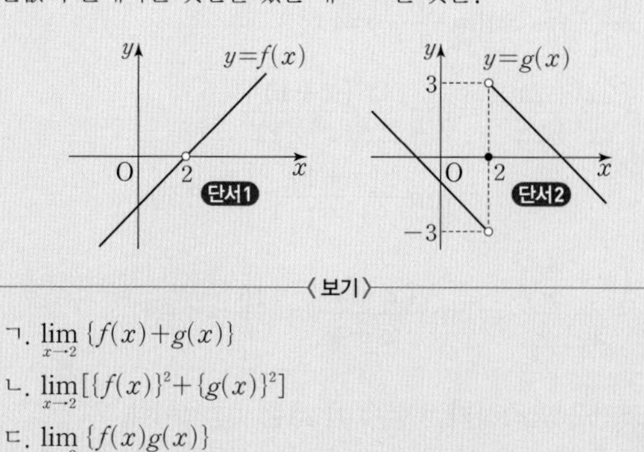

〈보기〉

ㄱ. $\lim_{x\to 2}\{f(x)+g(x)\}$

ㄴ. $\lim_{x\to 2}[\{f(x)\}^2+\{g(x)\}^2]$

ㄷ. $\lim_{x\to 2}\{f(x)g(x)\}$

① ㄱ ② ㄴ ③ ㄷ
④ ㄱ, ㄴ ⑤ ㄴ, ㄷ

단서1 함수 $f(x)$는 $x=2$에서의 극한값이 존재한다.
단서2 함수 $g(x)$는 $x=2$에서의 극한값이 존재하지 않는다.

STEP1 $x=2$에서의 우극한과 좌극한을 각각 구하여 극한값이 존재하는 것 찾기

두 함수 $f(x)$, $g(x)$의 $x=2$에서의 우극한과 좌극한을 구하면

$\lim_{x\to 2+}f(x)=0$, $\lim_{x\to 2-}f(x)=0$, $\lim_{x\to 2+}g(x)=3$, $\lim_{x\to 2-}g(x)=-3$

ㄱ. $\lim_{x\to 2+}\{f(x)+g(x)\}=0+3=3$

$\lim_{x\to 2-}\{f(x)+g(x)\}=0+(-3)=-3$

즉, $\lim_{x\to 2+}\{f(x)+g(x)\}\neq\lim_{x\to 2-}\{f(x)+g(x)\}$이므로 극한값은 존재하지 않는다.

ㄴ. $\lim_{x\to 2+}[\{f(x)\}^2+\{g(x)\}^2]=0^2+3^2=9$

$\lim_{x\to 2-}[\{f(x)\}^2+\{g(x)\}^2]=0^2+(-3)^2=9$

즉, $\lim_{x\to 2+}[\{f(x)\}^2+\{g(x)\}^2]=\lim_{x\to 2-}[\{f(x)\}^2+\{g(x)\}^2]$이므로 극한값이 존재한다.

ㄷ. $\lim_{x\to 2+}f(x)g(x)=0\times 3=0$

$\lim_{x\to 2-}f(x)g(x)=0\times(-3)=0$

즉, $\lim_{x\to 2+}f(x)g(x)=\lim_{x\to 2-}f(x)g(x)$이므로 극한값이 존재한다.

따라서 극한값이 존재하는 것은 ㄴ, ㄷ이다.

0064 답 ③

$\lim_{x\to 1-}(2-x)=1$, $\lim_{x\to 1-}f(x)=1$이므로

$$\lim_{x\to 1-}(2-x)f(x)=\lim_{x\to 1-}(2-x)\lim_{x\to 1-}f(x)=1\times 1=1$$

0065 답 1

$\lim_{x\to -1+}f(x)=-1$, $\lim_{x\to -1+}g(x)=-1$이므로

$$\lim_{x\to -1+}f(x)g(x)=\lim_{x\to -1+}f(x)\times\lim_{x\to -1+}g(x)=(-1)\times(-1)=1$$

0066 답 0

$\lim_{x\to 1+}\{f(x)+g(x)\}=\lim_{x\to 1+}f(x)+\lim_{x\to 1+}g(x)=-1+1=0$

↳ $x=1$에서의 우극한

$\lim_{x\to 1-}\{f(x)+g(x)\}=\lim_{x\to 1-}f(x)+\lim_{x\to 1-}g(x)=1+(-1)=0$

↳ $x=1$에서의 좌극한

$\therefore \lim_{x\to 1}\{f(x)+g(x)\}=0$

0067 답 ③

ㄱ. $\lim_{x\to 1+}f(x)=2$, $\lim_{x\to 1-}f(x)=0$이므로

$\lim_{x\to 1+}f(x)\neq\lim_{x\to 1-}f(x)$

즉, $\lim_{x\to 1}f(x)$의 값은 존재하지 않는다. (참)

ㄴ. $\lim_{x\to 1}g(x)=\lim_{x\to 1}(x-1)f(x)$에서

$\lim_{x\to 1+}(x-1)f(x)=\lim_{x\to 1+}(x-1)\times\lim_{x\to 1+}f(x)=0\times 2=0$

$\lim_{x\to 1-}(x-1)f(x)=\lim_{x\to 1-}(x-1)\times\lim_{x\to 1-}f(x)=0\times 0=0$

즉, $\lim_{x\to 1}g(x)$의 값이 존재한다. (참)

ㄷ. $\lim_{x\to 1}f(x)g(x)=\lim_{x\to 1}(x-1)\{f(x)\}^2$에서

$\lim_{x\to 1+}(x-1)\{f(x)\}^2$
$=\lim_{x\to 1+}(x-1)\times\lim_{x\to 1+}f(x)\times\lim_{x\to 1+}f(x)$
$=0\times 2\times 2=0$

$\lim_{x\to 1-}(x-1)\{f(x)\}^2$
$=\lim_{x\to 1-}(x-1)\times\lim_{x\to 1-}f(x)\times\lim_{x\to 1-}f(x)$
$=0\times 0\times 0=0$

즉, $\lim_{x\to 1}f(x)g(x)$의 값은 존재한다. (거짓)

따라서 옳은 것은 ㄱ, ㄴ이다.

다른 풀이

ㄷ. ㄴ에서 $\lim_{x\to 1}g(x)=0$이므로

$\lim_{x\to 1+}f(x)g(x)=\lim_{x\to 1+}f(x)\times\lim_{x\to 1+}g(x)=2\times 0=0$

$\lim_{x\to 1-}f(x)g(x)=\lim_{x\to 1-}f(x)\times\lim_{x\to 1-}g(x)=0\times 0=0$

즉, $\lim_{x\to 1}f(x)g(x)$의 값은 존재한다.

0068 답 ④

ㄱ. $\lim_{x\to 1+}\{f(x)+g(x)\}=\lim_{x\to 1+}f(x)+\lim_{x\to 1+}g(x)$
$=2+2=4$

$\lim_{x\to 1-}\{f(x)+g(x)\}=\lim_{x\to 1-}f(x)+\lim_{x\to 1-}g(x)$
$=-2-2=-4$

즉, $\lim_{x\to 1}\{f(x)+g(x)\}$의 값은 존재하지 않는다.

ㄴ. $\lim_{x\to 1+}f(x)g(x)=\lim_{x\to 1+}f(x)\times\lim_{x\to 1+}g(x)=2\times 2=4$

$\lim_{x\to 1-}f(x)g(x)=\lim_{x\to 1-}f(x)\times\lim_{x\to 1-}g(x)$
$=(-2)\times(-2)=4$

즉, $\lim_{x\to 1}f(x)g(x)$의 값이 존재한다.

ㄷ. $\lim_{x\to 1+}\dfrac{f(x)}{g(x)}=\dfrac{\lim_{x\to 1+}f(x)}{\lim_{x\to 1+}g(x)}=\dfrac{2}{2}=1$

$$\lim_{x\to1-}\frac{f(x)}{g(x)}=\frac{\lim_{x\to1-}f(x)}{\lim_{x\to1-}g(x)}=\frac{-2}{-2}=1$$

즉, $\lim_{x\to1}\frac{f(x)}{g(x)}$의 값이 존재한다.

따라서 $x=1$에서의 극한값이 존재하는 것은 ㄴ, ㄷ이다.

0069 답 ⑤

$\lim_{x\to1+}f(x)=2$, $\lim_{x\to0-}f(x)=4$이고 $\lim_{x\to0-}(x-1)=-1$이므로

$$\lim_{x\to1+}f(x)-\lim_{x\to0-}\frac{f(x)}{x-1}=\lim_{x\to1+}f(x)-\frac{\lim_{x\to0-}f(x)}{\lim_{x\to0-}(x-1)}$$

$\lim_{x\to0-}(x-1)$, $\lim_{x\to0-}f(x)$가 존재한다.

$$=2-\frac{4}{(-1)}=6$$

0070 답 ① | 유형7

$\lim_{x\to2}\frac{x^3-8}{x^2-4}$의 값은?
단서1

① 3 ② 4 ③ 5
④ 6 ⑤ 7

단서1 $\lim_{x\to2}(x^2-4)=0$, $\lim_{x\to2}(x^3-8)=0$이므로 $\frac{0}{0}$ 꼴이고, 분모, 분자가 모두 다항식이다.

STEP 1 분모, 분자를 인수분해한 후 약분하여 극한값 구하기

$$\lim_{x\to2}\frac{x^3-8}{x^2-4}=\lim_{x\to2}\frac{(x-2)(x^2+2x+4)}{(x-2)(x+2)}$$

$\frac{0}{0}$ 꼴 / 분모, 분자를 각각 $x-2$로 나눈다.

$$=\lim_{x\to2}\frac{x^2+2x+4}{x+2}$$

$$=\frac{2^2+2\times2+4}{2+2}=\frac{12}{4}=3$$

0071 답 ③

$$\lim_{x\to2}\frac{x^2+2x-8}{x-2}=\lim_{x\to2}\frac{(x-2)(x+4)}{x-2}=\lim_{x\to2}(x+4)=2+4=6$$

0072 답 $-\frac{1}{2}$

$$\lim_{x\to-2}\frac{x^2+6x+8}{x^2-4}=\lim_{x\to-2}\frac{(x+2)(x+4)}{(x+2)(x-2)}=\lim_{x\to-2}\frac{x+4}{x-2}=\frac{2}{-4}=-\frac{1}{2}$$

0073 답 $\frac{1}{3}$

$$\lim_{x\to-1}\frac{x^3-2x-1}{x^3+1}=\lim_{x\to-1}\frac{(x+1)(x^2-x-1)}{(x+1)(x^2-x+1)}=\lim_{x\to-1}\frac{x^2-x-1}{x^2-x+1}=\frac{1}{3}$$

0074 답 ㄱ, ㄷ

$\lim_{x\to0}\frac{\{f(x)\}^2}{f(x^2)}=4$를 만족시키는 함수 $f(x)$를 찾으면

ㄱ. $\lim_{x\to0}\frac{(4|x|)^2}{4|x^2|}=\lim_{x\to0}\frac{16x^2}{4x^2}=4$ (참)

ㄴ. $\lim_{x\to0}\frac{(2x^2+2x)^2}{2x^4+2x^2}=\lim_{x\to0}\frac{4x^2(x+1)^2}{2x^2(x^2+1)}=\lim_{x\to0}\frac{2(x+1)^2}{x^2+1}=2$ (거짓)

ㄷ. $\lim_{x\to0}\frac{\left(x+\frac{4}{x}\right)^2}{x^2+\frac{4}{x^2}}=\lim_{x\to0}\frac{(x^2+4)^2}{x^4+4}=\frac{16}{4}=4$ (참)

따라서 조건을 만족시키는 함수 $f(x)$는 ㄱ, ㄷ이다.

0075 답 ④

$$\lim_{x\to1}\frac{(x^3-1)(x^3+1)}{x^4-1}+\lim_{x\to-1}\frac{(x^3-1)(x^3+1)}{x^4-1}$$

$$=\lim_{x\to1}\frac{(x-1)(x^2+x+1)(x^3+1)}{(x-1)(x+1)(x^2+1)}+\lim_{x\to-1}\frac{(x^3-1)(x+1)(x^2-x+1)}{(x-1)(x+1)(x^2+1)}$$

$$=\lim_{x\to1}\frac{(x^2+x+1)(x^3+1)}{(x+1)(x^2+1)}+\lim_{x\to-1}\frac{(x^3-1)(x^2-x+1)}{(x-1)(x^2+1)}$$

$$=\frac{3}{2}+\frac{3}{2}=3$$

0076 답 30

$x^2+x^4+x^6+x^8+x^{10}-5$

$=(x^2-1)+(x^4-1)+(x^6-1)+(x^8-1)+(x^{10}-1)$이므로

$$\lim_{x\to1}\frac{x^2+x^4+x^6+x^8+x^{10}-5}{x-1}$$

$$=\lim_{x\to1}\frac{x^2-1}{x-1}+\lim_{x\to1}\frac{x^4-1}{x-1}+\cdots+\lim_{x\to1}\frac{x^{10}-1}{x-1}$$

$$=\lim_{x\to1}\frac{(x-1)(x+1)}{x-1}+\lim_{x\to1}\frac{(x-1)(x^3+x^2+x+1)}{x-1}+\cdots+\lim_{x\to1}\frac{(x-1)(x^9+x^8+\cdots+x+1)}{x-1}$$

$$=2+4+6+8+10=\frac{5\times(2+10)}{2}=30$$

개념 Check

x^n-1 꼴의 인수분해

$x^2-1=(x-1)(x+1)$

$x^3-1=(x-1)(x^2+x+1)$

$x^4-1=(x-1)(x+1)(x^2+1)=(x-1)(x^3+x^2+x+1)$

⋮

$x^n-1=(x-1)(x^{n-1}+x^{n-2}+\cdots+x+1)$

0077 답 ②

$$\lim_{x\to-1}\frac{x^2+9x+8}{x+1}=\lim_{x\to-1}\frac{(x+1)(x+8)}{x+1}=\lim_{x\to-1}(x+8)=7$$

0078 답 ⑤ | 유형8

$\lim_{x \to 2} \frac{\sqrt{x^2-3}-1}{x-2}$의 값은?

단서1

① 0 ② $\frac{1}{2}$ ③ 1 ④ $\frac{3}{2}$ ⑤ 2

단서1 $\lim_{x \to 2}(x-2)=0$, $\lim_{x \to 2}(\sqrt{x^2-3}-1)=0$이므로 $\frac{0}{0}$ 꼴이고, 분자에 근호가 포함된 식이 있다.

STEP1 근호가 있는 부분을 유리화한 후 약분하여 극한값 구하기

$$\lim_{x \to 2} \frac{\sqrt{x^2-3}-1}{x-2} = \lim_{x \to 2} \frac{(\sqrt{x^2-3}-1)(\sqrt{x^2-3}+1)}{(x-2)(\sqrt{x^2-3}+1)}$$

$\frac{0}{0}$ 꼴

$$= \lim_{x \to 2} \frac{x^2-4}{(x-2)(\sqrt{x^2-3}+1)}$$

$x^2-4 \to (\sqrt{x^2-3})^2-1^2$

$$= \lim_{x \to 2} \frac{(x-2)(x+2)}{(x-2)(\sqrt{x^2-3}+1)}$$

$$= \lim_{x \to 2} \frac{x+2}{\sqrt{x^2-3}+1} = \frac{4}{2} = 2$$

0079 답 ③

$$\lim_{x \to 4} \frac{x-4}{\sqrt{x+12}-4} = \lim_{x \to 4} \frac{(x-4)(\sqrt{x+12}+4)}{(\sqrt{x+12}-4)(\sqrt{x+12}+4)}$$

$$= \lim_{x \to 4} \frac{(x-4)(\sqrt{x+12}+4)}{x-4}$$

$$= \lim_{x \to 4} (\sqrt{x+12}+4) = 8$$

0080 답 ②

$$\lim_{x \to 8} \frac{\sqrt[3]{x}-2}{x-8} = \lim_{x \to 8} \frac{\sqrt[3]{x}-2}{(\sqrt[3]{x})^3-2^3}$$

$$= \lim_{x \to 8} \frac{\sqrt[3]{x}-2}{(\sqrt[3]{x}-2)(\sqrt[3]{x^2}+2\sqrt[3]{x}+4)}$$

$$= \lim_{x \to 8} \frac{1}{\sqrt[3]{x^2}+2\sqrt[3]{x}+4}$$

$$= \frac{1}{\sqrt[3]{8^2}+2\sqrt[3]{8}+4} = \frac{1}{\sqrt[3]{(2^2)^3}+2\sqrt[3]{2^3}+4}$$

$$= \frac{1}{2^2+2\times 2+4} = \frac{1}{12}$$

개념 Check

$a>0$이고 m, n이 2 이상인 정수일 때,

$\sqrt[n]{a^{nm}} = \sqrt[n]{(a^m)^n} = a^m$

0081 답 ⑤

$$\lim_{x \to 0} \frac{\sqrt{1+2x}-\sqrt{1-2x}}{x}$$

$$= \lim_{x \to 0} \frac{(\sqrt{1+2x}-\sqrt{1-2x})(\sqrt{1+2x}+\sqrt{1-2x})}{x(\sqrt{1+2x}+\sqrt{1-2x})}$$

$$= \lim_{x \to 0} \frac{(1+2x)-(1-2x)}{x(\sqrt{1+2x}+\sqrt{1-2x})}$$

$$= \lim_{x \to 0} \frac{4x}{x(\sqrt{1+2x}+\sqrt{1-2x})}$$

$$= \lim_{x \to 0} \frac{4}{\sqrt{1+2x}+\sqrt{1-2x}}$$

$$= \frac{4}{2} = 2$$

0082 답 40

$$\lim_{x \to 0} \frac{20x}{\sqrt{4+x}-\sqrt{4-x}}$$

$$= \lim_{x \to 0} \frac{20x(\sqrt{4+x}+\sqrt{4-x})}{(\sqrt{4+x}-\sqrt{4-x})(\sqrt{4+x}+\sqrt{4-x})}$$

$$= \lim_{x \to 0} \frac{20x(\sqrt{4+x}+\sqrt{4-x})}{2x}$$

$$= \lim_{x \to 0} 10(\sqrt{4+x}+\sqrt{4-x})$$

$$= 10\times(2+2)$$

$$= 40$$

0083 답 27

$$\lim_{x \to 3} \frac{x^3-3x^2}{\sqrt{4x-3}-\sqrt{2x+3}}$$

$$= \lim_{x \to 3} \frac{(x^3-3x^2)(\sqrt{4x-3}+\sqrt{2x+3})}{(\sqrt{4x-3}-\sqrt{2x+3})(\sqrt{4x-3}+\sqrt{2x+3})}$$

$$= \lim_{x \to 3} \frac{x^2(x-3)(\sqrt{4x-3}+\sqrt{2x+3})}{2(x-3)}$$

$$= \lim_{x \to 3} \frac{x^2(\sqrt{4x-3}+\sqrt{2x+3})}{2}$$

$$= \frac{9\times(3+3)}{2}$$

$$= 27$$

0084 답 ②

$$\lim_{x \to 0} \frac{\sqrt{1+x^2}-\sqrt{1-x^2}}{\sqrt{1+2x}-\sqrt{1-2x}}$$

$$= \lim_{x \to 0} \frac{(\sqrt{1+x^2}-\sqrt{1-x^2})(\sqrt{1+x^2}+\sqrt{1-x^2})(\sqrt{1+2x}+\sqrt{1-2x})}{(\sqrt{1+2x}-\sqrt{1-2x})(\sqrt{1+2x}+\sqrt{1-2x})(\sqrt{1+x^2}+\sqrt{1-x^2})}$$

$$= \lim_{x \to 0} \frac{2x^2(\sqrt{1+2x}+\sqrt{1-2x})}{4x(\sqrt{1+x^2}+\sqrt{1-x^2})}$$

$$= \lim_{x \to 0} \frac{x(\sqrt{1+2x}+\sqrt{1-2x})}{2(\sqrt{1+x^2}+\sqrt{1-x^2})}$$

$$= \frac{0\times(1+1)}{2\times(1+1)}$$

$$= 0$$

0085 답 ② | 유형9

$\lim_{x \to \infty} \frac{3x-2}{\sqrt{4x^2+3x}+x}$의 값은?

단서1

① $\frac{1}{2}$ ② 1 ③ $\frac{3}{2}$ ④ 2 ⑤ $\frac{5}{2}$

단서1 $\lim_{x \to \infty}(\sqrt{4x^2+3x}+x)=\infty$, $\lim_{x \to \infty}(3x-2)=\infty$이므로 $\frac{\infty}{\infty}$ 꼴

STEP 1 분모의 최고차항으로 분모, 분자를 각각 나누어 극한값 구하기

$$\lim_{x\to\infty}\frac{3x-2}{\sqrt{4x^2+3x}+x}=\lim_{x\to\infty}\frac{3-\frac{2}{x}}{\sqrt{4+\frac{3}{x}}+1}=\frac{3}{\sqrt{4}+1}=1$$

최고차항인 x로 분모, 분자를 각각 나눈다.

$\lim_{x\to\infty}\frac{a}{x^n}=0$ (a는 상수)

0086 답 ⑤

$$\lim_{x\to\infty}\frac{(x+1)(3x-2)}{2x^2+x-3}=\lim_{x\to\infty}\frac{3x^2+x-2}{2x^2+x-3}$$

$\frac{\infty}{\infty}$ 꼴

$$=\lim_{x\to\infty}\frac{3+\frac{1}{x}-\frac{2}{x^2}}{2+\frac{1}{x}-\frac{3}{x^2}}=\frac{3}{2}$$

다른 풀이

(분자의 차수)=(분모의 차수)이므로 극한값은 최고차항의 계수의 비와 같은 $\frac{3}{2}$이다.

0087 답 ①

$x=-t$로 놓으면 $x\to-\infty$일 때 $t\to\infty$이므로

$$\lim_{x\to-\infty}\frac{7-2x-4x^2}{2+x+2x^2}=\lim_{t\to\infty}\frac{7+2t-4t^2}{2-t+2t^2}=\lim_{t\to\infty}\frac{\frac{7}{t^2}+\frac{2}{t}-4}{\frac{2}{t^2}-\frac{1}{t}+2}=\frac{-4}{2}=-2$$

0088 답 ④

$x=-t$로 놓으면 $x\to-\infty$일 때 $t\to\infty$이므로

$$\lim_{x\to-\infty}\frac{3x-\sqrt{x^2-1}}{x+2}=\lim_{t\to\infty}\frac{-3t-\sqrt{t^2-1}}{-t+2}=\lim_{t\to\infty}\frac{-3-\sqrt{1-\frac{1}{t^2}}}{-1+\frac{2}{t}}=\frac{-3-1}{-1}=4$$

0089 답 -2

$x=-t$로 놓으면 $x\to-\infty$일 때 $t\to\infty$이므로

$$\lim_{x\to-\infty}\frac{\sqrt{x^2-3x}+3x}{\sqrt{x^2-1}-\sqrt{3-x}}=\lim_{t\to\infty}\frac{\sqrt{t^2+3t}-3t}{\sqrt{t^2-1}-\sqrt{3+t}}=\lim_{t\to\infty}\frac{\sqrt{1+\frac{3}{t}}-3}{\sqrt{1-\frac{1}{t^2}}-\sqrt{\frac{3}{t^2}+\frac{1}{t}}}=\frac{1-3}{1}=-2$$

0090 답 ②

$x\to-\infty$이므로 x는 음수이다.

즉, $\sqrt{x^2}=|x|=-x$이므로 $x\neq\sqrt{x^2}$이다.

따라서 ㉡에서 처음으로 잘못되었다.

$$\therefore \lim_{x\to-\infty}\frac{\sqrt{x^2+1}}{x+1}=\lim_{x\to-\infty}\frac{-\sqrt{\frac{x^2+1}{x^2}}}{1+\frac{1}{x}}=\lim_{x\to-\infty}\frac{-\sqrt{1+\frac{1}{x^2}}}{1+\frac{1}{x}}=-1$$

다른 풀이

$x=-t$로 놓으면 $x\to-\infty$일 때 $t\to\infty$이므로

$$\lim_{x\to-\infty}\frac{\sqrt{x^2+1}}{x+1}=\lim_{t\to\infty}\frac{\sqrt{t^2+1}}{-t+1}=\lim_{t\to\infty}\frac{\sqrt{1+\frac{1}{t^2}}}{-1+\frac{1}{t}}=\frac{1}{-1}=-1$$

0091 답 ④

$$\lim_{x\to\infty}\frac{f(x+2)-f(x)}{x-2}$$
$$=\lim_{x\to\infty}\frac{(x+2)(x+4)-x(x+2)}{x-2}$$
$$=\lim_{x\to\infty}\frac{(x+2)(x+4-x)}{x-2}=\lim_{x\to\infty}\frac{4x+8}{x-2}$$
$$=\lim_{x\to\infty}\frac{4+\frac{8}{x}}{1-\frac{2}{x}}=4$$

0092 답 5

$$\lim_{x\to\infty}\frac{2+x+ax^2}{1-2x+x^2}=\lim_{x\to\infty}\frac{\frac{2}{x^2}+\frac{1}{x}+a}{\frac{1}{x^2}-\frac{2}{x}+1}=a$$

$\therefore a=5$

0093 답 1

자연수 n의 값에 따라 다음과 같이 생각한다.

(i) $n=1$일 때

$$\lim_{x\to\infty}\frac{ax+3}{x^3+2x+4}=\lim_{x\to\infty}\frac{\frac{a}{x^2}+\frac{3}{x^3}}{1+\frac{2}{x^2}+\frac{4}{x^3}}=0$$

즉, 조건을 만족시키지 않는다.

(ii) $n=2$일 때

$$\lim_{x\to\infty}\frac{ax^2+3}{x^3+2x+4}=\lim_{x\to\infty}\frac{\frac{a}{x}+\frac{3}{x^3}}{1+\frac{2}{x^2}+\frac{4}{x^3}}=0$$

즉, 조건을 만족시키지 않는다.

(iii) $n=3$일 때

$$\lim_{x\to\infty}\frac{ax^3+3}{x^3+2x+4}=\lim_{x\to\infty}\frac{a+\frac{3}{x^3}}{1+\frac{2}{x^2}+\frac{4}{x^3}}=a$$

즉, $a=4$

(iv) $n\geq4$일 때

$$\lim_{x\to\infty}\frac{ax^n+3}{x^3+2x+4}=\lim_{x\to\infty}\frac{ax^{n-3}+\frac{3}{x^3}}{1+\frac{2}{x^2}+\frac{4}{x^3}}=\infty \text{ 또는 } -\infty \text{ (발산)}$$

즉, 조건을 만족시키지 않는다.

(i)~(iv)에서 $n=3$, $a=4$이므로

$a-n=1$

다른 풀이

$\frac{\infty}{\infty}$ 꼴의 극한에서 (분자의 차수)=(분모의 차수)인 경우, 극한값은 최고차항의 계수의 비이므로 자연수 n의 값은 분모의 차수인 3과 같다.

즉, $n=3$, $a=4$이므로 $a-n=1$

Plus 문제

0093-1

자연수 n과 0이 아닌 상수 a에 대하여

$\lim_{x\to\infty}\frac{ax^n+3x}{x^2+5}=8$일 때, $a+n$의 값을 구하시오.

자연수 n의 값에 따라 다음과 같이 생각한다.

(i) $n=1$일 때

$$\lim_{x\to\infty}\frac{ax+3x}{x^2+5}=\lim_{x\to\infty}\frac{\frac{a+3}{x}}{1+\frac{5}{x^2}}=0$$

즉, 조건을 만족시키지 않는다.

(ii) $n=2$일 때

$$\lim_{x\to\infty}\frac{ax^2+3x}{x^2+5}=\lim_{x\to\infty}\frac{a+\frac{3}{x}}{1+\frac{5}{x^2}}=a$$

즉, $a=8$

(iii) $n\geq3$일 때

$$\lim_{x\to\infty}\frac{ax^n+3x}{x^2+5}=\lim_{x\to\infty}\frac{ax^{n-2}+\frac{3}{x}}{1+\frac{5}{x^2}}=\infty \text{ 또는 } -\infty \text{ (발산)}$$

즉, 조건을 만족시키지 않는다.

(i), (ii), (iii)에서 $n=2$, $a=8$이므로 $a+n=10$

답 10

0094 답 ②

$t=-s$로 놓으면 $t\to-\infty$일 때 $s\to\infty$이므로

$$f(x)=\lim_{t\to-\infty}\frac{x^2+t(4x^2-x-10)}{\sqrt{t^2+2023x^2}}$$

$$=\lim_{s\to\infty}\frac{x^2-s(4x^2-x-10)}{\sqrt{s^2+2023x^2}}$$

$$=\lim_{s\to\infty}\frac{\frac{x^2}{s}-(4x^2-x-10)}{\sqrt{1+\frac{2023x^2}{s^2}}}$$

$$=-4x^2+x+10$$

즉, $f(x)=-4x^2+x+10=-4\left(x-\frac{1}{8}\right)^2+\frac{161}{16}$이므로

$x=\frac{1}{8}$일 때 함수 $f(x)$가 최댓값을 갖는다.

실수 Check

$x\to-\infty$일 때의 극한값이 아니라

$t\to-\infty$일 때의 극한값임을 주의하자.

0095 답 ② | 유형 10

$\lim_{x\to\infty}(\sqrt{x^2+2x}-x)$의 값은?
단서1

① 0 ② 1 ③ 2
④ 3 ⑤ 4

단서1 $\lim_{x\to\infty}\sqrt{x^2+2x}=\infty$, $\lim_{x\to\infty}x=\infty$이므로 $\infty-\infty$ 꼴이고, 근호를 포함한 식이다.

STEP 1 근호가 있는 쪽을 유리화하여 $\frac{\infty}{\infty}$ 꼴로 변형하기

$$\lim_{x\to\infty}(\sqrt{x^2+2x}-x)=\lim_{x\to\infty}\frac{(\sqrt{x^2+2x}-x)(\sqrt{x^2+2x}+x)}{\sqrt{x^2+2x}+x}$$

$$=\lim_{x\to\infty}\frac{2x}{\sqrt{x^2+2x}+x} \to \frac{\infty}{\infty} \text{ 꼴}$$

STEP 2 분모의 최고차항 x로 분모, 분자를 각각 나누어 극한값 구하기

분모, 분자를 x로 각각 나누면

$$\lim_{x\to\infty}\frac{2x}{\sqrt{x^2+2x}+x}=\lim_{x\to\infty}\frac{2}{\sqrt{1+\frac{2}{x}}+1}=\frac{2}{1+1}=1$$

$\therefore \lim_{x\to\infty}(\sqrt{x^2+2x}-x)=1$

0096 답 $-\frac{1}{4}$

$x=-t$로 놓으면 $x\to-\infty$일 때 $t\to\infty$이므로

$$\lim_{x\to-\infty}(\sqrt{4x^2+x}+2x)=\lim_{t\to\infty}(\sqrt{4t^2-t}-2t) \to \infty-\infty \text{ 꼴}$$

$$=\lim_{t\to\infty}\frac{(\sqrt{4t^2-t}-2t)(\sqrt{4t^2-t}+2t)}{\sqrt{4t^2-t}+2t}$$

$$=\lim_{t\to\infty}\frac{-t}{\sqrt{4t^2-t}+2t}$$

$$=\lim_{t\to\infty}\frac{-1}{\sqrt{4-\frac{1}{t}}+2}$$

$$=\frac{-1}{2+2}=-\frac{1}{4}$$

0097 답 $\frac{3\sqrt{2}}{2}$

$$\lim_{x\to\infty}(\sqrt{2x^2+3x+10}-\sqrt{2x^2-3x+10})$$

$$=\lim_{x\to\infty}\frac{(\sqrt{2x^2+3x+10}-\sqrt{2x^2-3x+10})(\sqrt{2x^2+3x+10}+\sqrt{2x^2-3x+10})}{\sqrt{2x^2+3x+10}+\sqrt{2x^2-3x+10}}$$

$$=\lim_{x\to\infty}\frac{6x}{\sqrt{2x^2+3x+10}+\sqrt{2x^2-3x+10}}$$
$$=\lim_{x\to\infty}\frac{6}{\sqrt{2+\frac{3}{x}+\frac{10}{x^2}}+\sqrt{2-\frac{3}{x}+\frac{10}{x^2}}}$$
$$=\frac{6}{2\sqrt{2}}=\frac{3\sqrt{2}}{2}$$

0098 답 ④

$x=-t$로 놓으면 $x\to-\infty$일 때 $t\to\infty$이므로

$$\lim_{x\to-\infty}\{\sqrt{f(x)}-\sqrt{f(-x)}\}$$
$$=\lim_{x\to-\infty}(\sqrt{x^2-4x}-\sqrt{x^2+4x})$$
$$=\lim_{t\to\infty}(\sqrt{t^2+4t}-\sqrt{t^2-4t})$$
$$=\lim_{t\to\infty}\frac{(\sqrt{t^2+4t}-\sqrt{t^2-4t})(\sqrt{t^2+4t}+\sqrt{t^2-4t})}{\sqrt{t^2+4t}+\sqrt{t^2-4t}}$$
$$=\lim_{t\to\infty}\frac{8t}{\sqrt{t^2+4t}+\sqrt{t^2-4t}}$$
$$=\lim_{t\to\infty}\frac{8}{\sqrt{1+\frac{4}{t}}+\sqrt{1-\frac{4}{t}}}$$
$$=\frac{8}{1+1}=4$$

0099 답 ④

$a\le0$이면 $\lim_{x\to\infty}\{\sqrt{x^2+2x+2}-(ax-1)\}=\infty$이므로 발산한다.

즉, $a>0$이어야 한다. → $a>0$이면 $\infty-\infty$ 꼴이 된다.

$$\lim_{x\to\infty}\{\sqrt{x^2+2x+2}-(ax-1)\}$$
$$=\lim_{x\to\infty}\frac{\{\sqrt{x^2+2x+2}-(ax-1)\}\{\sqrt{x^2+2x+2}+(ax-1)\}}{\sqrt{x^2+2x+2}+(ax-1)}$$
$$=\lim_{x\to\infty}\frac{x^2+2x+2-(ax-1)^2}{\sqrt{x^2+2x+2}+(ax-1)}$$
$$=\lim_{x\to\infty}\frac{(1-a^2)x^2+2(1+a)x+1}{\sqrt{x^2+2x+2}+(ax-1)}\quad\cdots\cdots\text{㉠}$$

이 식의 극한값이 존재하려면 $1-a^2=0$이어야 한다.

→ 분모의 차수가 1이므로 분자의 이차항의 계수가 0이어야 한다.

$\therefore a=1\ (\because a>0)$

$a=1$을 ㉠에 대입하면

$$\lim_{x\to\infty}\frac{4x+1}{\sqrt{x^2+2x+2}+x-1}=\lim_{x\to\infty}\frac{4+\frac{1}{x}}{\sqrt{1+\frac{2}{x}+\frac{2}{x^2}}+1-\frac{1}{x}}$$
$$=\frac{4}{1+1}=2$$

따라서 $a=1$, $b=2$이므로

$2ab=2\times1\times2=4$

0100 답 ①

$$\lim_{x\to a}\frac{x^2-a^2}{x-a}=\lim_{x\to a}\frac{(x-a)(x+a)}{x-a}$$
$$=\lim_{x\to a}(x+a)=2a$$

$2a=4$이므로 $a=2$

$$\lim_{x\to\infty}(\sqrt{x^2+ax+1}-\sqrt{x^2+bx+1})$$
$$=\lim_{x\to\infty}\frac{(\sqrt{x^2+ax+1}-\sqrt{x^2+bx+1})(\sqrt{x^2+ax+1}+\sqrt{x^2+bx+1})}{\sqrt{x^2+ax+1}+\sqrt{x^2+bx+1}}$$
$$=\lim_{x\to\infty}\frac{(a-b)x}{\sqrt{x^2+ax+1}+\sqrt{x^2+bx+1}}$$
$$=\lim_{x\to\infty}\frac{a-b}{\sqrt{1+\frac{a}{x}+\frac{1}{x^2}}+\sqrt{1+\frac{b}{x}+\frac{1}{x^2}}}=\frac{a-b}{2}$$

$\frac{a-b}{2}=\frac{1}{2}$에서 $a-b=1$

$a=2$이므로 $b=1$

$\therefore a+b=2+1=3$

0101 답 ④

$$\lim_{x\to\infty}\{\sqrt{f(-x)}-\sqrt{f(x)}\}$$
$$=\lim_{x\to\infty}\{\sqrt{a(-x-1)^2+1}-\sqrt{a(x-1)^2+1}\}$$
$$=\lim_{x\to\infty}\frac{\{\sqrt{a(-x-1)^2+1}-\sqrt{a(x-1)^2+1}\}\{\sqrt{a(-x-1)^2+1}+\sqrt{a(x-1)^2+1}\}}{\sqrt{a(-x-1)^2+1}+\sqrt{a(x-1)^2+1}}$$
$$=\lim_{x\to\infty}\frac{a(-x-1)^2+1-\{a(x-1)^2+1\}}{\sqrt{a(-x-1)^2+1}+\sqrt{a(x-1)^2+1}}$$
$$=\lim_{x\to\infty}\frac{4ax}{\sqrt{a(-x-1)^2+1}+\sqrt{a(x-1)^2+1}}$$
$$=\lim_{x\to\infty}\frac{4a}{\sqrt{a\left(-1-\frac{1}{x}\right)^2+\frac{1}{x^2}}+\sqrt{a\left(1-\frac{1}{x}\right)^2+\frac{1}{x^2}}}$$
$$=\frac{4a}{2\sqrt{a}}=2\sqrt{a}$$

$2\sqrt{a}=6$에서 $\sqrt{a}=3$

$\therefore a=9$

0102 답 $\frac{3}{2}$ | 유형 11

> $\lim_{x\to1}\frac{1}{x-1}\left(\frac{2x^2}{x+1}-1\right)$의 값을 구하시오.
> 단서1
>
> 단서1 $\lim_{x\to1}\frac{1}{x-1}=\pm\infty$, $\lim_{x\to1}\left(\frac{2x^2}{x+1}-1\right)=0$이므로 $\infty\times0$ 꼴

STEP1 통분하여 $\frac{0}{0}$ 꼴로 변형하기

$$\lim_{x\to1}\frac{1}{x-1}\left(\frac{2x^2}{x+1}-1\right)=\lim_{x\to1}\left(\frac{1}{x-1}\times\frac{2x^2-x-1}{x+1}\right)\to\frac{0}{0}\text{ 꼴}$$

STEP2 분모, 분자를 인수분해한 후 약분하여 극한값 구하기

$$\lim_{x\to1}\frac{2x^2-x-1}{(x-1)(x+1)}=\lim_{x\to1}\frac{(2x+1)(x-1)}{(x-1)(x+1)}$$
$$=\lim_{x\to1}\frac{2x+1}{x+1}=\frac{3}{2}$$

0103 답 ③

$$\lim_{x\to1}\frac{1}{x^2-1}\left(1-\frac{4}{x+3}\right)=\lim_{x\to1}\left(\frac{1}{x^2-1}\times\frac{x-1}{x+3}\right)$$

→ $\infty\times0$ 꼴

$$=\lim_{x\to1}\frac{x-1}{(x-1)(x+1)(x+3)}$$
$$=\lim_{x\to1}\frac{1}{(x+1)(x+3)}=\frac{1}{8}$$

0104 답 ①

$$\lim_{x\to0}\frac{2}{x}\left(\frac{1}{\sqrt{x+4}}-\frac{1}{2}\right)$$
$$=\lim_{x\to0}\left(\frac{2}{x}\times\frac{2-\sqrt{x+4}}{2\sqrt{x+4}}\right)$$
$$=\lim_{x\to0}\left(\frac{1}{x}\times\frac{2-\sqrt{x+4}}{\sqrt{x+4}}\right)$$
$$=\lim_{x\to0}\left\{\frac{1}{x}\times\frac{(2-\sqrt{x+4})(2+\sqrt{x+4})}{\sqrt{x+4}(2+\sqrt{x+4})}\right\}$$
$$=\lim_{x\to0}\left\{\frac{1}{x}\times\frac{-x}{\sqrt{x+4}(2+\sqrt{x+4})}\right\}$$
$$=\lim_{x\to0}\left\{\frac{-1}{\sqrt{x+4}(2+\sqrt{x+4})}\right\}$$
$$=\frac{-1}{2\times(2+2)}=-\frac{1}{8}$$

0105 답 1

$x=-t$로 놓으면 $x\to-\infty$일 때 $t\to\infty$이므로

$$\lim_{x\to-\infty}x^2\left(1+\frac{x}{\sqrt{x^2+2}}\right)$$
$$=\lim_{t\to\infty}t^2\left(1+\frac{-t}{\sqrt{t^2+2}}\right)$$
$$=\lim_{t\to\infty}\left(t^2\times\frac{\sqrt{t^2+2}-t}{\sqrt{t^2+2}}\right)$$
$$=\lim_{t\to\infty}\left\{t^2\times\frac{(\sqrt{t^2+2}-t)(\sqrt{t^2+2}+t)}{\sqrt{t^2+2}(\sqrt{t^2+2}+t)}\right\}$$
$$=\lim_{t\to\infty}\frac{2t^2}{\sqrt{t^2+2}(\sqrt{t^2+2}+t)}$$
$$=\lim_{t\to\infty}\frac{2}{\sqrt{1+\frac{2}{t^2}}\left(\sqrt{1+\frac{2}{t^2}}+1\right)}$$
$$=\frac{2}{1\times(1+1)}=1$$

0106 답 ④

$$\lim_{x\to\infty}f(x)=\lim_{x\to\infty}x\left(\frac{\sqrt{x+1}}{\sqrt{x-1}}-1\right)$$
$$=\lim_{x\to\infty}x\left(\frac{\sqrt{x+1}-\sqrt{x-1}}{\sqrt{x-1}}\right)$$
$$=\lim_{x\to\infty}\frac{x(\sqrt{x+1}-\sqrt{x-1})(\sqrt{x+1}+\sqrt{x-1})}{\sqrt{x-1}(\sqrt{x+1}+\sqrt{x-1})}$$
$$=\lim_{x\to\infty}\frac{2x}{\sqrt{x-1}(\sqrt{x+1}+\sqrt{x-1})}$$
$$=\lim_{x\to\infty}\frac{2}{\sqrt{1-\frac{1}{x}}\left(\sqrt{1+\frac{1}{x}}+\sqrt{1-\frac{1}{x}}\right)}$$
$$=\frac{2}{1\times(1+1)}=1$$

0107 답 ③

이차방정식 $x^2-3x-4=0$의 두 실근이 α, β $(\alpha>\beta)$이므로

$\alpha+\beta=3$, $\alpha\beta=-4$이고

$\alpha-\beta=\sqrt{(\alpha+\beta)^2-4\alpha\beta}=\sqrt{9+16}=5$ ………… ㉠

$$\therefore \lim_{x\to\infty}2\sqrt{x}(\sqrt{x+\alpha}-\sqrt{x+\beta})$$
$$=\lim_{x\to\infty}\frac{2\sqrt{x}(\sqrt{x+\alpha}-\sqrt{x+\beta})(\sqrt{x+\alpha}+\sqrt{x+\beta})}{\sqrt{x+\alpha}+\sqrt{x+\beta}}$$
$$=\lim_{x\to\infty}\frac{2(\alpha-\beta)\sqrt{x}}{\sqrt{x+\alpha}+\sqrt{x+\beta}}$$
$$=\lim_{x\to\infty}\frac{2(\alpha-\beta)}{\sqrt{1+\frac{\alpha}{x}}+\sqrt{1+\frac{\beta}{x}}}$$
$$=\alpha-\beta=5\ (\because ㉠)$$

0108 답 ①

$f(1)=1-1+1=1$이고

$\frac{1}{n}=x$로 놓으면 $n\to\infty$일 때 $x\to0$이므로

$$\lim_{n\to\infty}n^2\left\{f\left(\frac{1}{n}+1\right)-f(1)\right\}^2$$
$$=\lim_{x\to0}\frac{1}{x^2}\{f(x+1)-f(1)\}^2$$
$$=\lim_{x\to0}\frac{\{(x+1)^2-(x+1)+1-1\}^2}{x^2}$$
$$=\lim_{x\to0}\frac{(x^2+x)^2}{x^2}$$
$$=\lim_{x\to0}\frac{x^2(x+1)^2}{x^2}$$
$$=\lim_{x\to0}(x+1)^2=1$$

다른 풀이

$$f\left(\frac{1}{n}+1\right)-f(1)=\left\{\left(\frac{1}{n}+1\right)^2-\left(\frac{1}{n}+1\right)+1\right\}-1$$
$$=\frac{1}{n^2}+\frac{1}{n}$$
$$=\frac{n+1}{n^2}$$

이므로

$$\lim_{n\to\infty}n^2\left\{f\left(\frac{1}{n}+1\right)-f(1)\right\}^2=\lim_{n\to\infty}n^2\left(\frac{n+1}{n^2}\right)^2$$
$$=\lim_{n\to\infty}\frac{n^2(n+1)^2}{n^4}$$
$$=1$$

0109 답 ⑤

| 유형12

다항식 $f(x)$가 $\lim_{x\to1}\frac{f(x)-1}{x^2-1}=15$를 만족시킬 때, **단서1**

$\lim_{x\to1}\frac{\{f(x)\}^2-f(x)}{x^3-1}$의 값은?

① 2 ② 4 ③ 6
④ 8 ⑤ 10

단서1 $x\to1$일 때 극한값이 존재하고 (분모)$\to0$이므로 (분자)$\to0$

STEP 1 극한값이 존재할 조건을 이용하여 $\lim_{x\to1}f(x)$ 구하기

$\lim_{x\to1}\frac{f(x)-1}{x^2-1}=15$에서 $x\to1$일 때 극한값이 존재하고

(분모)$\to0$이므로 (분자)$\to0$이다.

즉, $\lim_{x\to1}\{f(x)-1\}=0$이어야 하므로 $\lim_{x\to1}f(x)=1$

STEP2 인수분해하고 정리하여 극한값 구하기

$$\lim_{x\to1}\frac{\{f(x)\}^2-f(x)}{x^3-1}$$

$$=\lim_{x\to1}\frac{f(x)\{f(x)-1\}}{(x-1)(x^2+x+1)}$$

$$=\lim_{x\to1}\frac{f(x)}{x^2+x+1}\times\lim_{x\to1}\frac{f(x)-1}{x-1}$$

$$=\lim_{x\to1}\frac{f(x)}{x^2+x+1}\times\lim_{x\to1}\frac{\{f(x)-1\}(x+1)}{(x-1)(x+1)}$$

$\lim_{x\to1}\frac{f(x)-1}{x^2-1}$이 나오도록 변형한다.

$$=\lim_{x\to1}\frac{f(x)}{x^2+x+1}\times\lim_{x\to1}\frac{f(x)-1}{x^2-1}\times\lim_{x\to1}(x+1)$$

$$=\frac{1}{3}\times15\times2=10$$

0110 답 ⑤

$$\lim_{x\to9}\frac{f(x)(x-9)}{\sqrt{x}-3}=\lim_{x\to9}\frac{f(x)(x-9)(\sqrt{x}+3)}{(\sqrt{x}-3)(\sqrt{x}+3)}$$

$$=\lim_{x\to9}\frac{f(x)(x-9)(\sqrt{x}+3)}{x-9}$$

$$=\lim_{x\to9}f(x)(\sqrt{x}+3)$$

$$=\lim_{x\to9}f(x)\times\lim_{x\to9}(\sqrt{x}+3)$$

$\lim_{x\to9}f(x)=2$

$$=2\times6=12$$

0111 답 12

$$\lim_{x\to1}\frac{f(x)(x^2-1)}{\sqrt{x}-1}=\lim_{x\to1}\frac{f(x)(x-1)(x+1)(\sqrt{x}+1)}{(\sqrt{x}-1)(\sqrt{x}+1)}$$

$$=\lim_{x\to1}\frac{f(x)(x-1)(x+1)(\sqrt{x}+1)}{x-1}$$

$$=\lim_{x\to1}f(x)(x+1)(\sqrt{x}+1)$$

$$=\lim_{x\to1}f(x)\times\lim_{x\to1}(x+1)(\sqrt{x}+1)$$

$\lim_{x\to1}f(x)=3$

$$=3\times2\times2=12$$

0112 답 4

$$\lim_{x\to0}\frac{f(x)}{\sqrt{x^2+4x+1}-(x+1)}$$

$$=\lim_{x\to0}\frac{f(x)\{\sqrt{x^2+4x+1}+(x+1)\}}{\{\sqrt{x^2+4x+1}-(x+1)\}\{\sqrt{x^2+4x+1}+(x+1)\}}$$

$$=\lim_{x\to0}\frac{f(x)\{\sqrt{x^2+4x+1}+(x+1)\}}{x^2+4x+1-(x+1)^2}$$

$$=\lim_{x\to0}\frac{f(x)\{\sqrt{x^2+4x+1}+(x+1)\}}{2x}$$

$$=\frac{1}{2}\lim_{x\to0}\frac{f(x)}{x}\times\lim_{x\to0}\{\sqrt{x^2+4x+1}+(x+1)\}$$

$\lim_{x\to0}\frac{f(x)}{x}=4$

$$=\frac{1}{2}\times4\times(1+1)=4$$

0113 답 ③

$$\lim_{x\to\infty}\frac{2f(x)}{\sqrt{x^4-f(x)}+f(x)}$$

$$=\lim_{x\to\infty}\frac{2\times\frac{f(x)}{x^2}}{\sqrt{1-\frac{f(x)}{x^4}}+\frac{f(x)}{x^2}}$$

$$=\lim_{x\to\infty}\frac{2\times\frac{f(x)}{x^2}}{\sqrt{1-\frac{1}{x^2}\times\frac{f(x)}{x^2}}+\frac{f(x)}{x^2}}=3$$

이때 $\lim_{x\to\infty}\frac{f(x)}{x^2}=a$라 하면

$\frac{2a}{1+a}=3$이므로 $2a=3(1+a)$ $\quad\therefore a=-3$

0114 답 ⑤

$\lim_{x\to2}\frac{f(x)-3}{x-2}=5$에서 $x\to2$일 때, 극한값이 존재하고 (분모)$\to0$이므로 (분자)$\to0$이다.

즉, $\lim_{x\to2}\{f(x)-3\}=0$이어야 하므로 $f(2)=3$

$$\therefore\lim_{x\to2}\frac{x-2}{\{f(x)\}^2-9}=\lim_{x\to2}\frac{x-2}{\{f(x)-3\}\{f(x)+3\}}$$

$$=\lim_{x\to2}\left\{\frac{1}{\frac{f(x)-3}{x-2}}\times\frac{1}{f(x)+3}\right\}$$

$$=\lim_{x\to2}\frac{1}{\frac{f(x)-3}{x-2}}\times\lim_{x\to2}\frac{1}{f(x)+3}$$

$$=\frac{1}{5}\times\frac{1}{6}=\frac{1}{30}$$

0115 답 ③

| 유형13

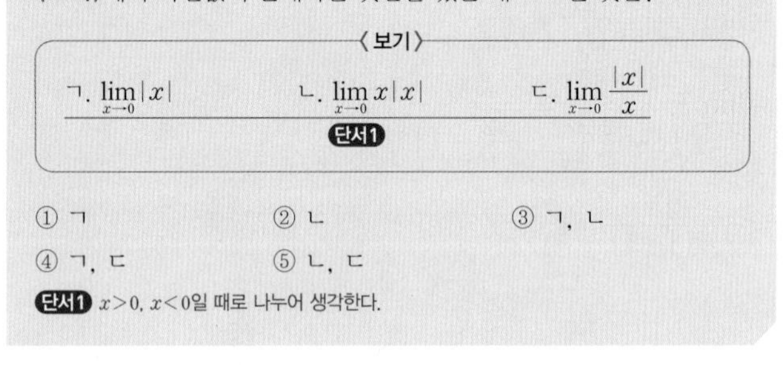
〈보기〉에서 극한값이 존재하는 것만을 있는 대로 고른 것은?

〈보기〉

ㄱ. $\lim_{x\to0}|x|$ ㄴ. $\lim_{x\to0}x|x|$ ㄷ. $\lim_{x\to0}\frac{|x|}{x}$

단서1

① ㄱ ② ㄴ ③ ㄱ, ㄴ

④ ㄱ, ㄷ ⑤ ㄴ, ㄷ

단서1 $x>0$, $x<0$일 때로 나누어 생각한다.

STEP1 $x>0$, $x<0$일 때로 나누어 $x=0$에서의 우극한과 좌극한 구하기

$x\to0+$이면 $x>0$이므로 $\lim_{x\to0+}|x|=\lim_{x\to0+}x$

$x\to0-$이면 $x<0$이므로 $\lim_{x\to0-}|x|=\lim_{x\to0-}(-x)$

STEP2 극한값이 존재하는 것 찾기

ㄱ. $\lim_{x\to0+}|x|=\lim_{x\to0+}x=0$

$\lim_{x\to0-}|x|=\lim_{x\to0-}(-x)=0$

$\therefore\lim_{x\to0}|x|=0$

ㄴ. $\lim_{x\to0+}x|x|=\lim_{x\to0+}x^2=0$

$\lim_{x\to0-}x|x|=\lim_{x\to0-}(-x^2)=0$

$\therefore\lim_{x\to0}x|x|=0$

ㄷ. $\lim_{x\to0+}\frac{|x|}{x}=\lim_{x\to0+}\frac{x}{x}=1$

$\lim_{x\to0-}\frac{|x|}{x}=\lim_{x\to0-}\frac{-x}{x}=-1$

즉, $\lim_{x\to0}\frac{|x|}{x}$의 값은 존재하지 않는다.

따라서 극한값이 존재하는 것은 ㄱ, ㄴ이다.

0116 답 -2

$$f(x)=\begin{cases} x+4 & (x<-2) \\ \dfrac{x^2}{4} & (-2<x<2) \\ 0 & (x=-2,\ x=2) \\ -x+4 & (x>2) \end{cases}$$

이므로 함수 $y=f(x)$의 그래프는 그림과 같다.

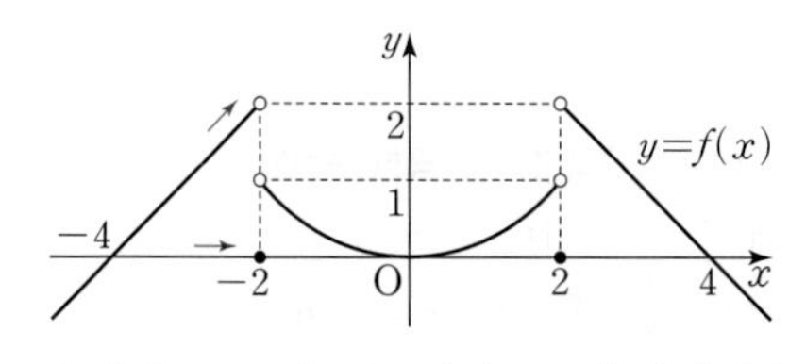

그림에서 x의 값이 -2보다 작으면서 -2에 가까워질 때 $f(x)$의 값은 2에 가까워진다.

따라서 $\lim_{x\to a-} f(x)=2$를 만족시키는 상수 a의 값은 -2이다.

0117 답 0

$x\to 1-$이면 $x<1$이므로

$$\lim_{x\to 1-}\frac{x^2-3x+2}{|x-1|}=\lim_{x\to 1-}\frac{(x-1)(x-2)}{-(x-1)}=\lim_{x\to 1-}\{-(x-2)\}=1$$

$\therefore a=1$

$x\to 1+$이면 $x>1$이므로

$$\lim_{x\to 1+}\frac{x^2-3x+2}{|x-1|}=\lim_{x\to 1+}\frac{(x-1)(x-2)}{x-1}=\lim_{x\to 1+}(x-2)=-1$$

$\therefore b=-1$

$\therefore a+b=1-1=0$

0118 답 ①

$x\to -1-$이면 $x<-1$이므로

$$\lim_{x\to -1-}\frac{x^3+1}{|x+1|}=\lim_{x\to -1-}\frac{(x+1)(x^2-x+1)}{-(x+1)}=\lim_{x\to -1-}(-x^2+x-1)=-3$$

$\therefore a=-3$

$x\to -1+$이면 $x>-1$이므로

$$\lim_{x\to -1+}\frac{x^3+1}{|x+1|}=\lim_{x\to -1+}\frac{(x+1)(x^2-x+1)}{x+1}=\lim_{x\to -1+}(x^2-x+1)=3$$

$\therefore b=3$

$\therefore ab=(-3)\times 3=-9$

0119 답 ⑤

$x\to 0+$이면 $x>0$이므로

$$\lim_{x\to 0+}\frac{x^2+x}{|x|}=\lim_{x\to 0+}\frac{x(x+1)}{x}=\lim_{x\to 0+}(x+1)=1$$

$\therefore a=1$

$x\to 1-$이면 $x<1$이므로

$$\lim_{x\to 1-}\frac{x+|x-1|}{x}=\lim_{x\to 1-}\frac{x-(x-1)}{x}=\lim_{x\to 1-}\frac{1}{x}=1$$

$\therefore b=1$

$\therefore a+b=1+1=2$

0120 답 ⑤

$x\to 4+$이면 $x>4$이므로

$|\sqrt{x}-2|=\sqrt{x}-2$

$x\to 4-$이면 $x<4$이므로

$|\sqrt{x}-2|=-(\sqrt{x}-2)$

$$\lim_{x\to 4+}f(x)=\lim_{x\to 4+}\frac{\sqrt{x}+2-(\sqrt{x}-2)-4}{\sqrt{x}-2}=\lim_{x\to 4+}\frac{0}{\sqrt{x}-2}=0$$

$$\lim_{x\to 4-}f(x)=\lim_{x\to 4-}\frac{\sqrt{x}+2+(\sqrt{x}-2)-4}{\sqrt{x}-2}=\lim_{x\to 4-}\frac{2(\sqrt{x}-2)}{\sqrt{x}-2}=2$$

$\therefore \lim_{x\to 4+}f(x)+\lim_{x\to 4-}f(x)=0+2=2$

0121 답 ③

$|f(x)|=\begin{cases} f(x) & (f(x)>0) \\ -f(x) & (f(x)<0) \end{cases}$이므로

함수 $y=|f(x)|$의 그래프는 그림과 같다.

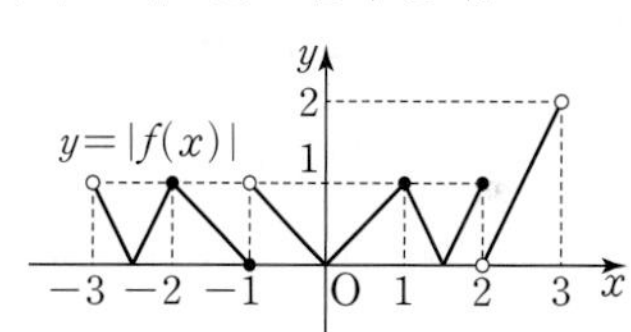

$\lim_{x\to n}|f(x)|$의 값이 존재하는 정수 n의 값은 -2, 0, 1이므로

$a=-2+0+1=-1$

함수 $y=|f(x)-1|$의 그래프는 그림과 같다.

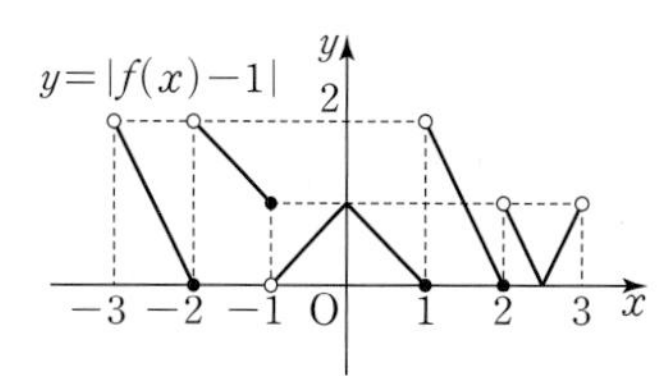

$\lim_{x\to n}|f(x)-1|$의 값이 존재하는 정수 n의 값은 $n=0$이므로 $b=1$

$\therefore a+b=-1+1=0$

참고 $y=f(x)$의 그래프를 y축의 방향으로 -1만큼 평행이동하면 $y=f(x)-1$의 그래프를 그릴 수 있다.

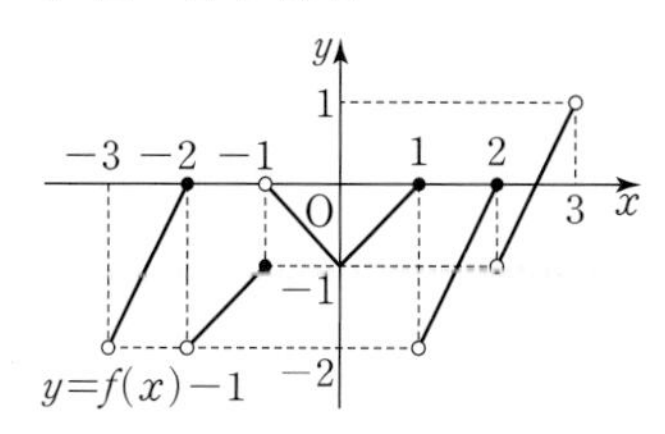

이 그래프에서 $y<0$인 부분을 x축에 대하여 대칭이동하면 $y=|f(x)-1|$의 그래프를 그릴 수 있다.

0122 답 -1

$f(x)=|x-1|$이므로

$$\lim_{x\to1}\frac{f(x-k)-f(k+1)}{x-1}=\lim_{x\to1}\frac{|x-(k+1)|-|k|}{x-1}$$

(i) $k+1>1$일 때, 즉 $k>0$일 때

$$\lim_{x\to1}\frac{|x-(k+1)|-|k|}{x-1}=\lim_{x\to1}\frac{-(x-k-1)-k}{x-1}$$

$x\to1$이고 $k+1>1$이므로 $x<k+1$이다.

$$=\lim_{x\to1}\frac{-(x-1)}{x-1}=-1$$

이므로 성립하지 않는다.

(ii) $k+1=1$일 때, 즉 $k=0$일 때

$$\lim_{x\to1}\frac{|x-(k+1)|-|k|}{x-1}=\lim_{x\to1}\frac{|x-1|}{x-1}$$이고

$$\lim_{x\to1+}\frac{|x-1|}{x-1}=\lim_{x\to1+}\frac{x-1}{x-1}=1$$

$$\lim_{x\to1-}\frac{|x-1|}{x-1}=\lim_{x\to1-}\frac{-(x-1)}{x-1}=-1$$

이므로 극한값이 존재하지 않는다.

(iii) $k+1<1$일 때, 즉 $k<0$일 때

$$\lim_{x\to1}\frac{|x-(k+1)|-|k|}{x-1}=\lim_{x\to1}\frac{x-k-1+k}{x-1}$$

$x\to1$이고 $k+1<1$이므로 $x>k+1$이다.

$$=\lim_{x\to1}\frac{x-1}{x-1}=1$$

(i), (ii), (iii)에서 $k<0$이므로 정수 k의 최댓값은 -1이다.

실수 Check

절댓값 기호 안의 식의 값이 0이 되게 하는 값을 기준으로 구간을 나누어 생각해야 한다.

$\lim_{x\to1}\frac{|x-(k+1)|-|k|}{x-1}$에서 $x\to1$이므로

$k+1>1$, $k+1=1$, $k+1<1$에 따라 극한값이 달라진다.

0123 답 ①

$x\to0$이므로 $a=0$, $a>0$, $a<0$인 경우로 나누어서 생각할 수 있다.

ㄱ. $a=0$일 때

$$\lim_{x\to0+}\frac{|x-a|+b}{x}=\lim_{x\to0+}\frac{x+b}{x}=\lim_{x\to0+}\left(1+\frac{b}{x}\right)$$

$$\lim_{x\to0-}\frac{|x-a|+b}{x}=\lim_{x\to0-}\frac{-x+b}{x}=\lim_{x\to0-}\left(-1+\frac{b}{x}\right)$$

이므로 $b>0$이면 ∞, $b<0$이면 $-\infty$로 발산한다. (참)

ㄴ. $a>0$일 때, $a+b=0$이면

$$\lim_{x\to0}\frac{|x-a|+b}{x}=\lim_{x\to0}\frac{-(x-a)+b}{x}=\lim_{x\to0}\frac{-x+a+b}{x}$$

$x\to0$이고 $a>0$이므로 $x<a$이다.

$$=\lim_{x\to0}\frac{-x}{x}=-1 \text{ (거짓)}$$

ㄷ. $a<0$일 때, $a-b=0$이면

$$\lim_{x\to0}\frac{|x-a|+b}{x}=\lim_{x\to0}\frac{(x-a)+b}{x}=\lim_{x\to0}\frac{x-(a-b)}{x}$$

$x\to0$이고 $a<0$이므로 $x>a$이다.

$$=\lim_{x\to0}\frac{x}{x}=1 \text{ (거짓)}$$

따라서 옳은 것은 ㄱ이다.

0124 답 ④

함수 $f(x)=x-[x]$에 대하여 $\lim_{x\to2+}f(x)+\lim_{x\to2-}f(x)$의 값은? (단서1: $f(x)=x-[x]$, 단서2: $\lim_{x\to2+}f(x)+\lim_{x\to2-}f(x)$)

(단, $[x]$는 x보다 크지 않은 최대의 정수이다.)

① -2 ② -1 ③ 0
④ 1 ⑤ 2

단서1 가우스 기호를 포함한 함수는 정수 n을 기준으로 좌극한과 우극한이 다르다.
단서2 $x=2$에서의 우극한과 좌극한의 합

STEP 1 $2<x<3$에서 $[x]$의 값과 우극한 구하기

$2<x<3$일 때, $[x]=2$이므로

$$\lim_{x\to2+}f(x)=\lim_{x\to2+}(x-[x])=2-2=0$$

STEP 2 $1<x<2$에서 $[x]$의 값과 좌극한 구하기

$1<x<2$일 때, $[x]=1$이므로

$$\lim_{x\to2-}f(x)=\lim_{x\to2-}(x-[x])=2-1=1$$

STEP 3 극한값의 합 구하기

$$\lim_{x\to2+}f(x)+\lim_{x\to2-}f(x)=0+1=1$$

개념 Check

함수 $f(x)=x-[x]$의 그래프는 그림과 같다.

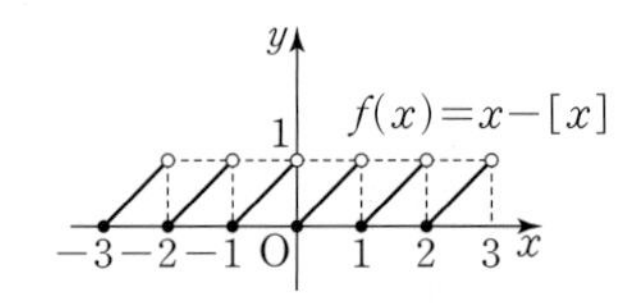

0125 답 ①

$x\to0+$이면 x의 값은 0보다 크면서 0에 아주 가까운 수를 의미하므로 $0<x<1$ 사이의 실수이다. 즉, $\lim_{x\to0+}[x]=0$이다.

$x\to-1-$이면 x의 값은 -1보다 작으면서 -1에 아주 가까운 수를 의미하므로 $-2<x<-1$ 사이의 실수이다.

즉, $\lim_{x\to-1-}[x]=-2$이다.

$$\therefore \lim_{x\to0+}[x]+\lim_{x\to-1-}[x]=0-2=-2$$

0126 답 ④

$0<x<1$일 때, $[x]=0$이므로

$$\lim_{x\to0+}\frac{[x]+1}{x+1}=1 \qquad \therefore a=1$$

$-1<x<0$일 때, $0<x+1<1$에서 $[x+1]=0$이므로

$$\lim_{x\to0-}\frac{[x+1]}{x+1}=0 \qquad \therefore b=0$$

$$\therefore a+b=1+0=1$$

0127 답 ④

a가 정수일 때, $\lim_{x\to a+}[x]=a$, $\lim_{x\to a-}[x]=a-1$이므로

$$\lim_{x\to a+}f(x)=\lim_{x\to a+}([x]^2+[x])=a^2+a$$

$$\lim_{x\to a-}f(x)=\lim_{x\to a-}([x]^2+[x])=(a-1)^2+a-1$$

$\lim_{x\to a} f(x)$의 값이 존재하기 위해서는 우극한과 좌극한이 일치해야 하므로

$a^2+a=(a-1)^2+a-1$, $a^2+a=a^2-a$

$2a=0 \quad \therefore a=0$

실수 Check

a가 정수일 때, $\lim_{x\to a-}[x]$는 x에 a보다 아주 조금 작은 값을 대입해서 얻는 값으로 생각할 수 있기 때문에 a보다 크지 않은 최대의 정수이다. 따라서 a보다 크지 않은 최대의 정수는 $a-1$이다.

0128 답 9

$\lim_{x\to 2-}\frac{2[x]^2+[2x^2]}{[x]}$에서

$\lim_{x\to 2-}[x]=1$, $\lim_{x\to 2-}[2x^2]=7$이다.

→ $x=2$일 때 $2x^2=8$이고 $\lim_{x\to 2-}[2x^2]$은 x에 2보다 아주 조금 작은 값을 대입해서 얻는 값으로 생각하자.

$\therefore \lim_{x\to 2-}\frac{2[x]^2+[2x^2]}{[x]}=\frac{2\times 1^2+7}{1}=9$

0129 답 ②

함수 $f(x)=[x]^2+k[x^2]$에서

$\lim_{x\to -1+}[x]=-1$, $\lim_{x\to -1+}[x^2]=0$이므로

$\lim_{x\to -1+}f(x)=\lim_{x\to -1+}([x]^2+k[x^2])=(-1)^2+k\times 0=1$

$\lim_{x\to -1-}[x]=-2$, $\lim_{x\to -1-}[x^2]=1$이므로

$\lim_{x\to -1-}f(x)=\lim_{x\to -1-}([x]^2+k[x^2])=(-2)^2+k\times 1=k+4$

$\lim_{x\to -1}f(x)$의 값이 존재하기 위해서는 우극한과 좌극한이 일치해야 하므로

$1=k+4 \quad \therefore k=-3$

0130 답 2

$x=[x]+\alpha\ (0\le\alpha<1)$로 놓으면 $[x]=x-\alpha$이므로

→ (정수 부분)+(소수 부분)

$\lim_{x\to\infty}\frac{2}{x}[x]=\lim_{x\to\infty}\frac{2}{x}(x-\alpha)$

$=\lim_{x\to\infty}\left(2-\frac{2\alpha}{x}\right)=2$

다른 풀이

$\lim_{x\to\infty}\frac{2}{x}[x]=2\lim_{x\to\infty}\frac{[x]}{x}=2 \rightarrow \lim_{x\to\infty}\frac{[x]}{x}=1$

참고 $x>0$일 때 $\frac{x-1}{x}<\frac{[x]}{x}<\frac{x}{x}$이고

$\lim_{x\to\infty}\frac{x-1}{x}=\lim_{x\to\infty}\frac{x}{x}=1$이므로 함수의 극한의 대소 관계에 의하여

$\lim_{x\to\infty}\frac{[x]}{x}=1$

0131 답 ③

$x=[x]+\alpha\ (0\le\alpha<1)$로 놓으면 $[x]=x-\alpha$이므로

$\lim_{x\to\infty}\frac{3x-2[x]}{2x+3[x]}=\lim_{x\to\infty}\frac{3x-2(x-\alpha)}{2x+3(x-\alpha)}$

$=\lim_{x\to\infty}\frac{x+2\alpha}{5x-3\alpha}$

$=\lim_{x\to\infty}\frac{1+\frac{2\alpha}{x}}{5-\frac{3\alpha}{x}}=\frac{1}{5}$

다른 풀이

$x\to\infty$일 때 $[x]\to\infty$이고, x와 $[x]$의 차이는 무시할 수 있을 정도로 작으므로 가우스 기호가 포함되어 있더라도 가우스 기호를 생각하지 않고 유리함수나 무리함수의 극한을 구하는 것과 같이 생각할 수도 있다.

$\therefore \lim_{x\to\infty}\frac{3x-2[x]}{2x+3[x]}=\lim_{x\to\infty}\frac{3-\frac{2[x]}{x}}{2+\frac{3[x]}{x}}=\frac{3-2}{2+3}=\frac{1}{5}$

0132 답 ④

$x=[x]+\alpha\ (0\le\alpha<1)$로 놓으면 $[x]=x-\alpha$이므로

$\lim_{x\to\infty}(\sqrt{x^2+[x]}-x)=\lim_{x\to\infty}(\sqrt{x^2+x-\alpha}-x)$

$=\lim_{x\to\infty}\frac{(\sqrt{x^2+x-\alpha}-x)(\sqrt{x^2+x-\alpha}+x)}{\sqrt{x^2+x-\alpha}+x}$

$=\lim_{x\to\infty}\frac{x-\alpha}{\sqrt{x^2+x-\alpha}+x}$

$=\lim_{x\to\infty}\frac{1-\frac{\alpha}{x}}{\sqrt{1+\frac{1}{x}-\frac{\alpha}{x^2}}+1}$

$=\frac{1}{1+1}=\frac{1}{2}$

0133 답 ②

| 유형 15

다항함수 $f(x)$에 대하여

$\lim_{x\to 1}\frac{f(x)}{x-1}=1$, $\lim_{x\to 4}\frac{f(x-2)}{x-1}=3$

단서2

일 때, $\lim_{x\to 3}\frac{f(x-2)f(x-1)}{x-3}$의 값은?

단서1

① 7 ② 9 ③ 11
④ 13 ⑤ 15

단서1 $x-3=t$로 치환하여 식 변형하기
단서2 $t\to 0$이 되도록 두 식을 변형하기

STEP1 $x-1=t$로 치환하여 식 정리하기

$\lim_{x\to 1}\frac{f(x)}{x-1}$에서 $x-1=t$로 놓으면 $x\to 1$일 때 $t\to 0$이므로

$\lim_{x\to 1}\frac{f(x)}{x-1}=\lim_{t\to 0}\frac{f(t+1)}{t}=1$

STEP2 $x-4=t$로 치환하여 식 정리하기

$\lim_{x\to 4}\frac{f(x-2)}{x-1}$에서 $x-4=t$로 놓으면 $x\to 4$일 때 $t\to 0$이므로

$\lim_{x\to 4}\frac{f(x-2)}{x-1}=\lim_{t\to 0}\frac{f(t+2)}{t+3}=3$

STEP3 $x-3=t$로 치환하여 극한값 구하기

$\lim_{x\to 3}\frac{f(x-2)f(x-1)}{x-3}$에서 $x-3=t$로 놓으면

$x \to 3$일 때 $t \to 0$이므로

$$\lim_{x\to3}\frac{f(x-2)f(x-1)}{x-3}=\lim_{t\to0}\frac{f(t+1)f(t+2)}{t}$$
$$=\lim_{t\to0}\left\{\frac{f(t+1)f(t+2)}{t(t+3)}\times(t+3)\right\}$$
$$=\lim_{t\to0}\left\{\frac{f(t+1)}{t}\times\frac{f(t+2)}{t+3}\times(t+3)\right\}$$
$$=1\times3\times3=9$$

0134 답 ④

함수 $y=f(x)$의 그래프에서 $\lim_{x\to-1}f(x)=1$

$x-1=t$로 놓으면 $x\to1+$일 때 $t\to0+$이므로

$\lim_{x\to1+}f(x-1)=\lim_{t\to0+}f(t)=0$

$\therefore \lim_{x\to-1}f(x)+\lim_{x\to1+}f(x-1)=1+0=1$

0135 답 1

함수 $y=f(x)$의 그래프에서

$\lim_{x\to-1-}f(x)=-2 \qquad \therefore a=-2$

즉, $\lim_{x\to-2+}f(x+3)$에서 $x+3=t$로 놓으면 $x\to-2+$일 때 $t\to1+$이므로

$\lim_{x\to-2+}f(x+3)=\lim_{t\to1+}f(t)=1$

0136 답 ③

$x+2=t$로 놓으면 $x\to0-$일 때 $t\to2-$이므로

$\lim_{x\to0-}f(x+2)=\lim_{t\to2-}f(t)=-1$

즉, $\lim_{x\to0-}f(x)$, $\lim_{x\to0-}f(x+2)$의 극한값이 존재한다.

$$\therefore \lim_{x\to0-}f(x)f(x+2)=\lim_{x\to0-}f(x)\times\lim_{x\to0-}f(x+2)$$
$$=\lim_{x\to0-}f(x)\times\lim_{t\to2-}f(t)$$
$$=0\times(-1)=0$$

0137 답 ⑤

$1-x=t$로 놓으면 $x\to1+$일 때 $t\to0-$이므로

$\lim_{x\to1+}f(1-x)=\lim_{t\to0-}f(t)=2$

즉, $\lim_{x\to1+}f(x)$, $\lim_{x\to1+}f(1-x)$의 극한값이 존재한다.

$$\therefore \lim_{x\to1+}f(x)f(1-x)=\lim_{x\to1+}f(x)\times\lim_{x\to1+}f(1-x)$$
$$=\lim_{x\to1+}f(x)\times\lim_{t\to0-}f(t)$$
$$=1\times2=2$$

0138 답 ③

$\lim_{x\to-1+}f(x+1)$에서 $x+1=t$로 놓으면 $x\to-1+$일 때 $t\to0+$이므로

$\lim_{x\to-1+}f(x+1)=\lim_{t\to0+}f(t)=0$

$\lim_{x\to-1-}f(-x-1)$에서 $-x-1=s$로 놓으면 $x\to-1-$일 때 $s\to0+$이므로

$\lim_{x\to-1-}f(-x-1)=\lim_{s\to0+}f(s)=0$

$$\therefore \lim_{x\to-1+}f(x+1)+\lim_{x\to-1-}f(-x-1)$$
$$=\lim_{t\to0+}f(t)+\lim_{s\to0+}f(s)$$
$$=0+0=0$$

0139 답 ④

$\lim_{x\to0+}f(x+1)$에서 $x+1=t$로 놓으면 $x\to0+$일 때 $t\to1+$이므로

$\lim_{x\to0+}f(x+1)=\lim_{t\to1+}f(t)=0$

$\lim_{x\to0-}f(-x-1)$에서 $-x-1=s$로 놓으면 $x\to0-$일 때 $s\to-1+$이므로

$\lim_{x\to0-}f(-x-1)=\lim_{s\to-1+}f(s)=1$

$$\therefore \lim_{x\to0+}f(x+1)+\lim_{x\to0-}f(-x-1)$$
$$=\lim_{t\to1+}f(t)+\lim_{s\to-1+}f(s)$$
$$=0+1=1$$

0140 답 ⑤

$x-1=t$로 놓으면 $x=t+1$이고, $x\to1$일 때 $t\to0$이므로

$$\lim_{x\to1}\frac{f(x-1)}{x^2-1}=\lim_{x\to1}\frac{f(x-1)}{(x-1)(x+1)}$$
$$=\lim_{t\to0}\frac{f(t)}{t(t+2)}$$
$$=\lim_{t\to0}\frac{f(t)}{t}\times\lim_{t\to0}\frac{1}{t+2}$$
$$=24\times\frac{1}{2}$$
$$=12$$

실수 Check

$\lim_{x\to0}\frac{f(x)}{x}=24$의 값을 이용할 수 있도록 주어진 식을 변형한다.

Plus 문제

0140-1

다항함수 $f(x)$에 대하여 $\lim_{x\to0}\frac{f(x)}{x}=4$일 때, $\lim_{x\to1}\frac{x^2-1}{f(x-1)}$의 값을 구하시오.

$x-1=t$로 놓으면 $x=t+1$이고, $x\to1$일 때 $t\to0$이므로

$$\lim_{x\to1}\frac{x^2-1}{f(x-1)}=\lim_{x\to1}\frac{(x-1)(x+1)}{f(x-1)}$$
$$=\lim_{t\to0}\frac{t(t+2)}{f(t)}$$
$$=\lim_{t\to0}\frac{t}{f(t)}\times\lim_{t\to0}(t+2)$$
$$=\lim_{t\to0}\frac{1}{\frac{f(t)}{t}}\times\lim_{t\to0}(t+2)$$
$$=\frac{1}{4}\times2=\frac{1}{2}$$

답 $\frac{1}{2}$

0141 답 ②

$\frac{1}{x}=t$로 놓으면 $x=\frac{1}{t}$이고, $x\to0+$일 때 $t\to\infty$이므로

$$\lim_{x\to0+}\frac{xf\left(\frac{1}{x}\right)-1}{1-x}=\lim_{t\to\infty}\frac{\frac{f(t)}{t}-1}{1-\frac{1}{t}}=-2$$

$\dfrac{\frac{f(t)}{t}-1}{1-\frac{1}{t}}=h(t)$라 하면 $\lim_{t\to\infty}h(t)=-2$이고,

$$\frac{f(t)}{t}-1=\left(1-\frac{1}{t}\right)h(t)$$

$$\frac{f(t)}{t}=\left(1-\frac{1}{t}\right)h(t)+1$$

$$\therefore \lim_{x\to\infty}\frac{f(x)}{x}=\lim_{t\to\infty}\frac{f(t)}{t}=\lim_{t\to\infty}\left\{\left(1-\frac{1}{t}\right)h(t)+1\right\}$$

변수를 바꾸어도 극한값은 변하지 않는다.

$$=\lim_{t\to\infty}\left(1-\frac{1}{t}\right)\times\lim_{t\to\infty}h(t)+\lim_{t\to\infty}1$$

$$=1\times(-2)+1=-1$$

0142 답 ⑤ | 유형16

함수 $y=f(x)$의 그래프가 그림과 같을 때, $\lim_{x\to3}f(f(x))$의 값은?

단서1

① -1 ② 0
③ 1 ④ 2
⑤ 3

단서1 합성함수의 극한이므로 $f(x)=t$로 치환

STEP1 $f(x)=t$로 치환하여 극한값 구하기

$f(x)=t$로 놓으면 $x\to3$일 때 $t\to3-$이므로 ($x\to3$일 때 $f(x)\to3-$)

$\lim_{x\to3}f(f(x))=\lim_{t\to3-}f(t)=3$

0143 답 3

함수 $y=f(x)$의 그래프에서 $f(0)=2$

$f(x)=t$로 놓으면 $x\to0-$일 때 $t\to1+$이므로

$\lim_{x\to0-}f(f(x))=\lim_{t\to1+}f(t)=1$

$\therefore f(0)+\lim_{x\to0-}f(f(x))=2+1=3$

0144 답 ④

$-x=t$로 놓으면 $x\to1+$일 때 $t\to-1-$이므로

$\lim_{x\to1+}f(-x)=\lim_{t\to-1-}f(t)=1$

$f(x)=k$로 놓으면 $x\to0-$일 때 $k\to2-$이므로

$\lim_{x\to0-}f(f(x))=\lim_{k\to2-}f(k)=0$

$\therefore \lim_{x\to1+}f(-x)+\lim_{x\to0-}f(f(x))=1+0=1$

0145 답 ⑤

ㄱ. $\lim_{x\to1-}f(x)=1$, $\lim_{x\to1+}f(x)=0$이므로 $\lim_{x\to1}f(x)$의 값은 존재하지 않는다. (거짓)

ㄴ. $f(x)=t$로 놓으면 $x\to1+$일 때 $t\to0+$이므로

$\lim_{x\to1+}f(f(x))=\lim_{t\to0+}f(t)=1$ (참)

ㄷ. $f(x)=k$로 놓으면 $x\to2-$일 때 $k\to1-$이므로

$\lim_{x\to2-}f(f(x))=\lim_{k\to1-}f(k)=1$ (참)

따라서 옳은 것은 ㄴ, ㄷ이다.

0146 답 ③

ㄱ. $f(x)=t$로 놓으면 $x\to1+$일 때 $t\to1+$이므로

$\lim_{x\to1+}g(f(x))=\lim_{t\to1+}g(t)=-1$

$x\to1-$일 때 $t\to-1-$이므로

$\lim_{x\to1-}g(f(x))=\lim_{t\to-1-}g(t)=0$

우극한과 좌극한이 일치하지 않으므로 극한값이 존재하지 않는다.

ㄴ. $f(x)=k$로 놓으면 $x\to0+$일 때 $k\to-2+$이므로

$\lim_{x\to0+}g(f(x))=\lim_{k\to-2+}g(k)=-1$

$x\to0-$일 때 $k\to0+$이므로

$\lim_{x\to0-}g(f(x))=\lim_{k\to0+}g(k)=1$

우극한과 좌극한이 일치하지 않으므로 극한값이 존재하지 않는다.

ㄷ. $g(x)=h$로 놓으면 $x\to-1+$일 때 $h\to0-$이므로

$\lim_{x\to-1+}f(g(x))=\lim_{h\to0-}f(h)=0$

$x\to-1-$일 때 $h\to0-$이므로

$\lim_{x\to-1-}f(g(x))=\lim_{h\to0-}f(h)=0$

우극한과 좌극한이 일치하므로 $\lim_{x\to-1}f(g(x))=0$

따라서 극한값이 존재하는 것은 ㄷ이다.

0147 답 2

$\lim_{x\to-1+}f(x+2)$에서 $x+2=t$로 놓으면 $x\to-1+$일 때 $t\to1+$이므로

$\lim_{x\to-1+}f(x+2)=\lim_{t\to1+}f(t)=2$

$\lim_{x\to1+}g(x-2)$에서 $x-2=k$로 놓으면 $x\to1+$일 때 $k\to-1+$이므로

$\lim_{x\to1+}g(x-2)=\lim_{k\to-1+}g(k)=-1$

$\lim_{x\to0}(f\circ g)(x)$에서 $g(x)=h$로 놓으면 $x\to0$일 때 $h\to0$이므로

$\lim_{x\to0}(f\circ g)(x)=\lim_{x\to0}f(g(x))=\lim_{h\to0}f(h)=1$

$\therefore \lim_{x\to-1+}f(x+2)+\lim_{x\to1+}g(x-2)+\lim_{x\to0}(f\circ g)(x)$

$=2-1+1=2$

Plus 문제

0147-1

두 함수 $y=f(x)$, $y=g(x)$의 그래프가 그림과 같다.

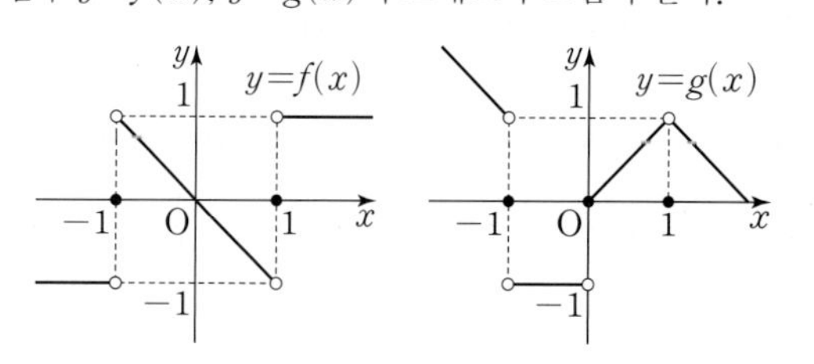

$\lim_{x\to1-} f(g(x))=a$, $\lim_{x\to1+} g(f(x))=b$라 할 때, 실수 a, b에 대하여 $a+b$의 값을 구하시오.

$g(x)=t$로 놓으면 $x\to1-$일 때 $t\to1-$이므로

$\lim_{x\to1-} f(g(x))=\lim_{t\to1-} f(t)=-1$ $\quad\therefore a=-1$

$f(x)=k$로 놓으면 $x\to1+$일 때 $k\to1$이므로

$\lim_{x\to1+} g(f(x))=\lim_{k\to1} g(k)=1$ $\quad\therefore b=1$

$\therefore a+b=-1+1=0$

답 0

0148 답 0

$f(x)=t$로 놓으면 $x\to1+$일 때 $t\to1+$이므로

└→ $x\geq1$일 때 $f(x)=x^2-x+1$이므로 $x\to1+$일 때 $f(x)\to1+$

$\lim_{x\to1+} g(f(x))=\lim_{t\to1+} g(t)$

$=\lim_{t\to1+} |t^2-1|=0$

참고 함수 $y=f(x)$, $y=g(x)$의 그래프는 그림과 같다.

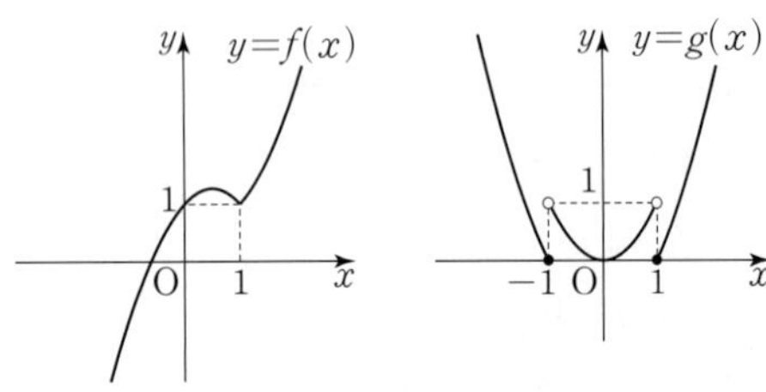

0149 답 ④

$x-1=t$로 놓으면 $x\to0+$일 때 $t\to-1+$이므로

$\lim_{x\to0+} f(x-1)=\lim_{t\to-1+} f(t)=-1$

$f(x)=k$로 놓으면 $x\to1+$일 때 $k\to-1-$이므로

$\lim_{x\to1+} f(f(x))=\lim_{k\to-1-} f(k)=2$

$\therefore \lim_{x\to0+} f(x-1)+\lim_{x\to1+} f(f(x))=-1+2=1$

0150 답 ③ | 유형17

$\lim_{x\to1}\frac{x^2+x-2}{x^2-a}=\frac{b}{2}$ $(b\neq0)$일 때,
단서1

$\lim_{x\to b}\frac{x^2-b^2}{x^2-ax-6}$의 값은? (단, a, b는 상수이다.)

① $\frac{4}{5}$ ② 1 ③ $\frac{6}{5}$
④ $\frac{7}{5}$ ⑤ $\frac{8}{5}$

단서1 0이 아닌 극한값이 존재하고, (분자)→0

STEP 1 (분모)→0임을 이용하여 a의 값 구하기

$\lim_{x\to1}\frac{x^2+x-2}{x^2-a}=\frac{b}{2}$에서 $x\to1$일 때, 0이 아닌 극한값이 존재하고 (분자)→0이므로 (분모)→0이다.

즉, $\lim_{x\to1}(x^2-a)=0$이므로

$1-a=0$ $\quad\therefore a=1$

STEP 2 b의 값 구하기

$a=1$을 주어진 식에 대입하면

$\lim_{x\to1}\frac{x^2+x-2}{x^2-1}=\lim_{x\to1}\frac{(x+2)(x-1)}{(x+1)(x-1)}$

$=\lim_{x\to1}\frac{x+2}{x+1}=\frac{3}{2}$

$\frac{b}{2}=\frac{3}{2}$이므로 $b=3$

STEP 3 극한값 구하기

$\lim_{x\to b}\frac{x^2-b^2}{x^2-ax-6}=\lim_{x\to3}\frac{x^2-9}{x^2-x-6}$

$=\lim_{x\to3}\frac{(x-3)(x+3)}{(x-3)(x+2)}$

$=\lim_{x\to3}\frac{x+3}{x+2}=\frac{6}{5}$

0151 답 ①

$x\to2$일 때, 극한값이 존재하고 (분모)→0이므로 (분자)→0이다.

즉, $\lim_{x\to2}(x^2-5x+a)=0$이므로

$4-10+a=0$ $\quad\therefore a=6$

$a=6$을 주어진 식에 대입하면

$\lim_{x\to2}\frac{x^2-5x+6}{x-2}=\lim_{x\to2}\frac{(x-2)(x-3)}{x-2}$

$=\lim_{x\to2}(x-3)=-1$

$\therefore b=-1$

$\therefore ab=6\times(-1)=-6$

0152 답 0

$x\to2$일 때, 0이 아닌 극한값이 존재하고 (분자)→0이므로 (분모)→0이다.

즉, $\lim_{x\to2}(x^2+ax)=0$이므로

$4+2a=0$, $2a=-4$ $\quad\therefore a=-2$

$a=-2$를 주어진 식에 대입하면

$\lim_{x\to2}\frac{x^2-4}{x^2+ax}=\lim_{x\to2}\frac{x^2-4}{x^2-2x}=\lim_{x\to2}\frac{(x+2)(x-2)}{x(x-2)}$

$=\lim_{x\to2}\frac{x+2}{x}=\frac{4}{2}=2$

$\therefore b=2$

$\therefore a+b=(-2)+2=0$

0153 답 ③

$\lim_{x\to2}\frac{x^2+x-6}{x^2-a}$에서 $x\to2$일 때, 0이 아닌 극한값이 존재하고 (분자)→0이므로 (분모)→0이다.

즉, $\lim_{x\to2}(x^2-a)=0$이므로

$4-a=0$ $\quad\therefore a=4$

$\therefore \lim_{x\to1}\frac{x^2-1}{x^2+ax-5}=\lim_{x\to1}\frac{x^2-1}{x^2+4x-5}=\lim_{x\to1}\frac{(x+1)(x-1)}{(x+5)(x-1)}$

$=\lim_{x\to1}\frac{x+1}{x+5}=\frac{1}{3}$

0154 답 ③

$x\to 1$일 때, 0이 아닌 극한값이 존재하고 (분자)$\to 0$이므로 (분모)$\to 0$이다.

즉, $\lim_{x\to 1}(x^2+ax+b)=0$이므로

$1+a+b=0 \quad \therefore b=-a-1$ ······ ㉠

㉠을 주어진 식에 대입하면

$$\lim_{x\to 1}\frac{x-1}{x^2+ax+b}=\lim_{x\to 1}\frac{x-1}{x^2+ax-a-1}$$ → $\frac{0}{0}$ 꼴이므로 인수분해한 후 약분한다.

$$=\lim_{x\to 1}\frac{x-1}{(x-1)(x+1+a)}$$
$$=\lim_{x\to 1}\frac{1}{x+1+a}$$
$$=\frac{1}{2+a}$$

$\frac{1}{2+a}=1$이므로 $2+a=1 \quad \therefore a=-1$

$a=-1$을 ㉠에 대입하면 $b=0$

$\therefore a^2+b^2=1+0=1$

0155 답 ④

$$\lim_{x\to 0}\frac{1}{x}\left(\frac{1}{a}-\frac{1}{x+b}\right)=\lim_{x\to 0}\frac{x+b-a}{ax(x+b)}=\frac{1}{4} \quad \cdots\cdots ㉠$$

에서 $x\to 0$일 때, 극한값이 존재하고 (분모)$\to 0$이므로 (분자)$\to 0$이다.

즉, $\lim_{x\to 0}(x+b-a)=0$이므로

$b-a=0 \quad \therefore a=b$ ······ ㉡

$a=b$를 ㉠에 대입하면

$$\lim_{x\to 0}\frac{1}{x}\left(\frac{1}{a}-\frac{1}{x+b}\right)=\lim_{x\to 0}\frac{x}{ax(x+b)}$$
$$=\lim_{x\to 0}\frac{1}{a(x+a)}$$
$$=\frac{1}{a^2}$$

즉, $\frac{1}{a^2}=\frac{1}{4}$이므로 $a=2$ ($\because a>0$)

$a=2$를 ㉡에 대입하면 $b=2$

$\therefore a+b=2+2=4$

0156 답 -6

$x\to 1$일 때, 극한값이 존재하고 (분모)$\to 0$이므로 (분자)$\to 0$이다.

즉, $\lim_{x\to 1}\{f(x)-c\}=0$이므로

$f(1)-c=0$에서 → $f(1)=1+a+b+c$

$1+a+b=0 \quad \therefore b=-a-1$ ······ ㉠

㉠을 주어진 식에 대입하면

$$\lim_{x\to 1}\frac{f(x)-c}{x-1}=\lim_{x\to 1}\frac{x^3+ax^2-(a+1)x}{x-1}$$
$$=\lim_{x\to 1}\frac{x(x-1)(x+a+1)}{x-1}$$
$$=\lim_{x\to 1}x(x+a+1)=a+2$$

즉, $a+2=-1$이므로 $a=-3$

$a=-3$을 ㉠에 대입하면 $b=2$

$\therefore ab=(-3)\times 2=-6$

0157 답 ②

$\lim_{h\to 0}\frac{f(2h)}{h}=5$에서 $h\to 0$일 때, 극한값이 존재하고 (분모)$\to 0$이므로 (분자)$\to 0$이다.

즉, $\lim_{h\to 0}f(2h)=0$이므로

$\lim_{h\to 0}(4h^2+2ah+b)=0 \quad \therefore b=0$

$b=0$을 주어진 식에 대입하면

$$\lim_{h\to 0}\frac{f(2h)}{h}=\lim_{h\to 0}\frac{4h^2+2ah}{h}$$
$$=\lim_{h\to 0}(4h+2a)=2a$$

즉, $2a=5$에서 $a=\frac{5}{2}$

$\therefore 10(a+b)=10\times\left(\frac{5}{2}+0\right)=25$

0158 답 ④

$x\to 2$일 때, 극한값이 존재하고 (분모)$\to 0$이므로 (분자)$\to 0$이다.

즉, $\lim_{x\to 2}(x^2+ax+4)=0$이므로

$4+2a+4=0,\ 2a=-8 \quad \therefore a=-4$

$a=-4$를 주어진 식에 대입하면

$$\lim_{x\to 2}\frac{x^2+ax+4}{(x-2)(x^2+bx+1)}=\lim_{x\to 2}\frac{x^2-4x+4}{(x-2)(x^2+bx+1)}$$
$$=\lim_{x\to 2}\frac{(x-2)^2}{(x-2)(x^2+bx+1)}$$
$$=\lim_{x\to 2}\frac{x-2}{x^2+bx+1} \quad \cdots\cdots ㉠$$

이때 $x\to 2$일 때, 0이 아닌 극한값이 존재하고 (분자)$\to 0$이므로 (분모)$\to 0$이다.

즉, $\lim_{x\to 2}(x^2+bx+1)=0$이므로

$4+2b+1=0,\ 2b=-5 \quad \therefore b=-\frac{5}{2}$

$b=-\frac{5}{2}$를 ㉠에 대입하면

$$\lim_{x\to 2}\frac{x-2}{x^2+bx+1}=\lim_{x\to 2}\frac{x-2}{x^2-\frac{5}{2}x+1}$$
$$=\lim_{x\to 2}\frac{2(x-2)}{2x^2-5x+2}$$
$$=\lim_{x\to 2}\frac{2(x-2)}{(2x-1)(x-2)}$$
$$=\lim_{x\to 2}\frac{2}{2x-1}$$
$$=\frac{2}{3}$$

$\therefore c=\frac{2}{3}$

$\therefore 6abc=6\times(-4)\times\left(-\frac{5}{2}\right)\times\frac{2}{3}=40$

실수 Check

㉠에서 $x\to 2$일 때, 극한값이 0이 아닌 경우에만 (분자)$\to 0$일 때 (분모)$\to 0$임을 이용할 수 있음에 주의한다.
이 문제는 주어진 조건에서 $c>0$인 상수이므로 (분모)$\to 0$임을 이용할 수 있다.

0159 답 ④

$\lim_{x\to1}\frac{\sqrt{x+a}-3}{2x^2-x-1}=b$일 때, 상수 a, b에 대하여 $\frac{a}{b}$의 값은?

단서1

① 64 ② 96 ③ 128
④ 144 ⑤ 160

단서1 극한값이 존재하고, (분모)→0

STEP 1 극한값이 존재할 조건을 이용하여 a의 값 구하기

$x\to1$일 때, 극한값이 존재하고 (분모)→0이므로 (분자)→0이다.

즉, $\lim_{x\to1}(\sqrt{x+a}-3)=0$이므로

$\sqrt{1+a}-3=0$, $\sqrt{1+a}=3$ $\therefore a=8$

STEP 2 a의 값을 대입하여 b의 값 구하기

$a=8$을 주어진 식에 대입하면

$$\lim_{x\to1}\frac{\sqrt{x+8}-3}{2x^2-x-1}=\lim_{x\to1}\frac{(\sqrt{x+8}-3)(\sqrt{x+8}+3)}{(x-1)(2x+1)(\sqrt{x+8}+3)}$$
$$=\lim_{x\to1}\frac{x-1}{(x-1)(2x+1)(\sqrt{x+8}+3)}$$
$$=\lim_{x\to1}\frac{1}{(2x+1)(\sqrt{x+8}+3)}$$
$$=\frac{1}{3\times(3+3)}=\frac{1}{18}$$

$\therefore b=\frac{1}{18}$

STEP 3 $\frac{a}{b}$의 값 구하기

$\frac{a}{b}=8\times18=144$

0160 답 ③

$x\to2$일 때, 극한값이 존재하고 (분모)→0이므로 (분자)→0이다.

즉, $\lim_{x\to2}(\sqrt{x-1}+a)=0$이므로

$1+a=0$ $\therefore a=-1$

$a=-1$을 주어진 식에 대입하면

$$\lim_{x\to2}\frac{\sqrt{x-1}-1}{x-2}=\lim_{x\to2}\frac{(\sqrt{x-1}-1)(\sqrt{x-1}+1)}{(x-2)(\sqrt{x-1}+1)}$$
$$=\lim_{x\to2}\frac{x-2}{(x-2)(\sqrt{x-1}+1)}$$
$$=\lim_{x\to2}\frac{1}{\sqrt{x-1}+1}=\frac{1}{2}$$

$\therefore b=\frac{1}{2}$

$\therefore a+b=-1+\frac{1}{2}=-\frac{1}{2}$

0161 답 ④

$x\to3$일 때, 극한값이 존재하고 (분모)→0이므로 (분자)→0이다.

즉, $\lim_{x\to3}(\sqrt{ax+3}-3)=0$이므로

$\sqrt{3a+3}-3=0$, $3a+3=9$ $\therefore a=2$

$a=2$를 주어진 식에 대입하면

$$\lim_{x\to3}\frac{\sqrt{ax+3}-3}{x-3}=\lim_{x\to3}\frac{(\sqrt{2x+3}-3)(\sqrt{2x+3}+3)}{(x-3)(\sqrt{2x+3}+3)}$$
$$=\lim_{x\to3}\frac{2(x-3)}{(x-3)(\sqrt{2x+3}+3)}$$
$$=\lim_{x\to3}\frac{2}{\sqrt{2x+3}+3}$$
$$=\frac{2}{3+3}=\frac{1}{3}$$

$\therefore b=\frac{1}{3}$

$\therefore a+b=2+\frac{1}{3}=\frac{7}{3}$

0162 답 ③

$x\to1$일 때, 극한값이 존재하고 (분모)→0이므로 (분자)→0이다.

즉, $\lim_{x\to1}(ax+b)=0$이므로

$a+b=0$ $\therefore b=-a$ ······ ㉠

㉠을 주어진 식에 대입하면

$$\lim_{x\to1}\frac{ax+b}{\sqrt{x+1}-\sqrt{2}}=\lim_{x\to1}\frac{a(x-1)(\sqrt{x+1}+\sqrt{2})}{(\sqrt{x+1}-\sqrt{2})(\sqrt{x+1}+\sqrt{2})}$$
$$=\lim_{x\to1}\frac{a(x-1)(\sqrt{x+1}+\sqrt{2})}{x-1}$$
$$=\lim_{x\to1}a(\sqrt{x+1}+\sqrt{2})=2\sqrt{2}a$$

즉, $2\sqrt{2}a=2\sqrt{2}$이므로 $a=1$

$a=1$을 ㉠에 대입하면 $b=-1$

$\therefore ab=1\times(-1)=-1$

0163 답 1

$x\to1$일 때, 극한값이 존재하고 (분모)→0이므로 (분자)→0이다.

즉, $\lim_{x\to1}(\sqrt{2x+a}-\sqrt{x+3})=0$이므로

$\sqrt{2+a}-2=0$, $2+a=4$ $\therefore a=2$

$a=2$를 주어진 식에 대입하면

$$\lim_{x\to1}\frac{\sqrt{2x+2}-\sqrt{x+3}}{x^2-1}$$
$$=\lim_{x\to1}\frac{(\sqrt{2x+2}-\sqrt{x+3})(\sqrt{2x+2}+\sqrt{x+3})}{(x^2-1)(\sqrt{2x+2}+\sqrt{x+3})}$$
$$=\lim_{x\to1}\frac{x-1}{(x+1)(x-1)(\sqrt{2x+2}+\sqrt{x+3})}$$
$$=\lim_{x\to1}\frac{1}{(x+1)(\sqrt{2x+2}+\sqrt{x+3})}$$
$$=\frac{1}{2\times(2+2)}=\frac{1}{8}$$

$\therefore b=\frac{1}{8}$

$\therefore 4ab=4\times2\times\frac{1}{8}=1$

0164 답 3

$x\to0$일 때, 극한값이 존재하고 (분모)→0이므로 (분자)→0이다.

즉, $\lim_{x\to0}\{\sqrt{4x^2+ax+1}-(x+b)\}=0$이므로

$1-b=0$ $\therefore b=1$

$b=1$을 주어진 식에 대입하면

$$\lim_{x\to0}\frac{\sqrt{4x^2+ax+1}-(x+1)}{x^2}$$
$$=\lim_{x\to0}\frac{\{\sqrt{4x^2+ax+1}-(x+1)\}\{\sqrt{4x^2+ax+1}+(x+1)\}}{x^2\{\sqrt{4x^2+ax+1}+(x+1)\}}$$

$$=\lim_{x\to0}\frac{4x^2+ax+1-(x+1)^2}{x^2(\sqrt{4x^2+ax+1}+x+1)}$$

$$=\lim_{x\to0}\frac{3x+a-2}{x(\sqrt{4x^2+ax+1}+x+1)} \cdots\cdots ㉠$$

이때 $x\to0$일 때, 극한값이 존재하고 (분모)$\to0$이므로 (분자)$\to0$이다.

즉, $\lim_{x\to0}(3x+a-2)=0$이므로

$a-2=0 \qquad \therefore a=2$

$a=2$를 ㉠에 대입하면

$$\lim_{x\to0}\frac{3x+2-2}{x(\sqrt{4x^2+2x+1}+x+1)}=\lim_{x\to0}\frac{3}{\sqrt{4x^2+2x+1}+x+1}=\frac{3}{2}$$

$\therefore c=\frac{3}{2}$

$\therefore abc=2\times1\times\frac{3}{2}=3$

실수 Check

$\lim_{x\to0}\frac{3x+2-2}{x(\sqrt{4x^2+2x+1}+x+1)}$는 $\frac{0}{0}$ 꼴이므로 분모, 분자를 각각 x로 나누면 극한값을 구할 수 있다. 근호를 포함한 식이니까 무조건 근호를 포함한 쪽을 유리화해야 한다고 생각하지 않도록 주의한다.

Plus 문제

0164-1

$\lim_{x\to c}\frac{\sqrt{x^2+b}-\sqrt{a+b}}{x^2-c^2}=\frac{1}{2}$일 때, 상수 a, b, c에 대하여 $a-b+2c$의 최솟값을 구하시오.

$x\to c$일 때, 극한값이 존재하고 (분모)$\to0$이므로 (분자)$\to0$이다.

즉, $\lim_{x\to c}(\sqrt{x^2+b}-\sqrt{a+b})=0$이므로

$\sqrt{c^2+b}-\sqrt{a+b}=0$, $c^2+b=a+b \qquad \therefore a=c^2$

$c^2=a$를 주어진 식에 대입하면

$$\lim_{x\to c}\frac{\sqrt{x^2+b}-\sqrt{a+b}}{x^2-a}$$

$$=\lim_{x\to c}\frac{(\sqrt{x^2+b}-\sqrt{a+b})(\sqrt{x^2+b}+\sqrt{a+b})}{(x^2-a)(\sqrt{x^2+b}+\sqrt{a+b})}$$

$$=\lim_{x\to c}\frac{x^2-a}{(x^2-a)(\sqrt{x^2+b}+\sqrt{a+b})}$$

$$=\lim_{x\to c}\frac{1}{\sqrt{x^2+b}+\sqrt{a+b}}$$

$$=\frac{1}{2\sqrt{c^2+b}}\ (\because a=c^2)$$

즉, $\frac{1}{2\sqrt{c^2+b}}=\frac{1}{2}$이므로

$c^2+b=1 \qquad \therefore b=1-c^2$

즉, $a-b+2c=c^2-(1-c^2)+2c=2c^2+2c-1$

$$=2\left(c+\frac{1}{2}\right)^2-\frac{3}{2}$$

따라서 $c=-\frac{1}{2}$일 때 최솟값 $-\frac{3}{2}$을 갖는다.

답 $-\frac{3}{2}$

0165 답 15

$x\to9$일 때, 극한값이 존재하고 (분모)$\to0$이므로 (분자)$\to0$이다.

즉, $\lim_{x\to9}(x-a)=0$이므로 $9-a=0 \qquad \therefore a=9$

$a=9$를 주어진 식에 대입하면

$$\lim_{x\to9}\frac{x-9}{\sqrt{x}-3}=\lim_{x\to9}\frac{(x-9)(\sqrt{x}+3)}{(\sqrt{x}-3)(\sqrt{x}+3)}$$

$$=\lim_{x\to9}\frac{(x-9)(\sqrt{x}+3)}{x-9}$$

$$=\lim_{x\to9}(\sqrt{x}+3)=3+3=6$$

$\therefore b=6$

$\therefore a+b=9+6=15$

0166 답 12 | 유형19

삼차함수 $f(x)$가 (단서1)

$\lim_{x\to0}\frac{f(x)}{x}=4$, $\lim_{x\to1}\frac{f(x)}{x-1}=1$ (단서2)

을 만족시킬 때, $f(2)$의 값을 구하시오.

단서1 삼차함수는 $f(x)=a(x-\alpha)(x-\beta)(x-\gamma)$ 꼴

단서2 (분자)$\to0$이므로 $f(0)=0$, $f(1)=0$

STEP 1 극한값이 존재할 조건 이용하기

$\lim_{x\to0}\frac{f(x)}{x}=4$에서 $x\to0$일 때, 극한값이 존재하고 (분모)$\to0$이므로 (분자)$\to0$이다.

즉, $\lim_{x\to0}f(x)=0$에서 $f(0)=0$이므로 함수 $f(x)$는 x를 인수로 갖는다.

또, $\lim_{x\to1}\frac{f(x)}{x-1}=1$에서 $x\to1$일 때, 극한값이 존재하고 (분모)$\to0$이므로 (분자)$\to0$이다.

즉, $\lim_{x\to1}f(x)=0$에서 $f(1)=0$이므로 함수 $f(x)$는 $x-1$을 인수로 갖는다.

STEP 2 x, $x-1$을 인수로 갖는 삼차함수의 식 세우기

$f(x)$는 x, $x-1$을 인수로 갖는 삼차함수이므로

$f(x)=ax(x-1)(x-p)$ (a, p는 상수)로 놓을 수 있다.

STEP 3 $\frac{0}{0}$ 꼴의 극한값 구하기

$$\lim_{x\to0}\frac{f(x)}{x}=\lim_{x\to0}\frac{ax(x-1)(x-p)}{x}=\lim_{x\to0}a(x-1)(x-p)$$

$$=a\times(-1)\times(-p)=ap$$

즉, $ap=4 \cdots\cdots ㉠$

$$\lim_{x\to1}\frac{f(x)}{x-1}=\lim_{x\to1}\frac{ax(x-1)(x-p)}{x-1}=\lim_{x\to1}ax(x-p)$$

$$=a(1-p)$$

즉, $a(1-p)=1$, $a-ap=1 \cdots\cdots ㉡$

㉠을 ㉡에 대입하면 $a-4=1 \qquad \therefore a=5,\ p=\frac{4}{5}$

STEP 4 $f(2)$의 값 구하기

$f(x)=5x(x-1)\left(x-\frac{4}{5}\right)$이므로

$$f(2)=5\times2\times(2-1)\times\left(2-\frac{4}{5}\right)=12$$

개념 Check

다항식 $f(x)$에 대하여 $f(a)=0$이면 $f(x)$는 $x-a$를 인수로 갖는다.
즉, $f(x)$는 $x-a$로 인수분해된다.

0167 답 -3

$f(x)$는 최고차항의 계수가 1인 삼차함수이므로
$f(x)=x^3+ax^2+bx+c$ (a, b, c는 상수)라 하면
$f(-1)=2$, $f(0)=0$, $f(1)=-2$에서
$-1+a-b+c=2$, $c=0$, $1+a+b+c=-2$
위 식을 연립하여 풀면 $a=0$, $b=-3$, $c=0$
따라서 $f(x)=x^3-3x$이므로

$$\lim_{x\to0}\frac{f(x)}{x}=\lim_{x\to0}\frac{x^3-3x}{x}=\lim_{x\to0}(x^2-3)=-3$$

0168 답 ②

$f(x)$가 $x-2$로 나누어떨어지므로 $f(x)$는 $x-2$를 인수로 갖는다.
$\lim_{x\to1}\frac{f(x)}{x-1}=3$에서 $x\to1$일 때, 극한값이 존재하고 (분모)$\to0$이므로 (분자)$\to0$이다.
즉, $\lim_{x\to1}f(x)=0$에서 $f(1)=0$이므로 $f(x)$는 $x-1$을 인수로 갖는다.
따라서 $f(x)$는 $x-1$, $x-2$를 인수로 갖는 최고차항의 계수가 1인 삼차함수이므로
$f(x)=(x-1)(x-2)(x-p)$ (p는 상수)라 하면

$$\lim_{x\to1}\frac{f(x)}{x-1}=\lim_{x\to1}\frac{(x-1)(x-2)(x-p)}{x-1}=\lim_{x\to1}(x-2)(x-p)=p-1$$

즉, $p-1=3$에서 $p=4$
따라서 $f(x)=(x-1)(x-2)(x-4)$이므로
$f(5)=4\times3\times1=12$

0169 답 19

㈎에서 $f(1)=1$, $f(2)=1$이므로 $\{f(x)-1\}$은 $x-1$, $x-2$를 인수로 갖는다. ······ ㉠
㈏에서 $x\to3$일 때, 극한값이 존재하고 (분모)$\to0$이므로 (분자)$\to0$이다.
즉, $\lim_{x\to3}\{f(x)-1\}=0$에서 $f(3)-1=0$이므로
$\{f(x)-1\}$은 $x-3$을 인수로 갖는다. ······ ㉡
㉠, ㉡에서 $f(x)-1=a(x-1)(x-2)(x-3)$ (단, a는 상수)
→ $f(x)$가 삼차함수이므로 $f(x)-1$도 삼차함수이다.
이를 ㈏의 식에 대입하면

$$\lim_{x\to3}\frac{f(x)-1}{x-3}=\lim_{x\to3}\frac{a(x-1)(x-2)(x-3)}{x-3}=\lim_{x\to3}a(x-1)(x-2)=2a$$

즉, $2a=6$이므로 $a=3$
따라서 $f(x)=3(x-1)(x-2)(x-3)+1$이므로
$f(4)=3\times3\times2\times1+1=19$

0170 답 2

㈏의 $\lim_{x\to1}\frac{f(x)-1}{x^2-2x+1}=-1$에서 $x\to1$일 때, 극한값이 존재하고 (분모)$\to0$이므로 (분자)$\to0$이다.
즉, $\lim_{x\to1}\{f(x)-1\}=0$이므로 $f(1)-1=0$
따라서 $\{f(x)-1\}$은 $x-1$을 인수로 갖는다.
즉, $f(x)-1=(x-1)g(x)$ ($g(x)$는 이차식) ······ ㉠
로 놓으면

$$\lim_{x\to1}\frac{f(x)-1}{x^2-2x+1}=\lim_{x\to1}\frac{(x-1)g(x)}{(x-1)^2}=\lim_{x\to1}\frac{g(x)}{x-1}$$

$\lim_{x\to1}\frac{g(x)}{x-1}=-1$에서 $x\to1$일 때, 극한값이 존재하고 (분모)$\to0$이므로 (분자)$\to0$이다.
즉, $\lim_{x\to1}g(x)=0$이므로 $g(1)=0$
따라서 이차식 $g(x)$는 $x-1$을 인수로 갖는다.
즉, $g(x)=(x-1)(ax+b)$ (a, b는 상수) ······ ㉡
로 놓으면

$$\lim_{x\to1}\frac{g(x)}{x-1}=\lim_{x\to1}\frac{(x-1)(ax+b)}{x-1}=\lim_{x\to1}(ax+b)=a+b$$

즉, $a+b=-1$ ······ ㉢
㉡을 ㉠에 대입하면
$f(x)-1=(x-1)g(x)=(x-1)^2(ax+b)$이므로
$f(x)=(x-1)^2(ax+b)+1$
㈎에서 $f(0)=-2$이므로 $b+1=-2$ $\quad\therefore b=-3$
$b=-3$을 ㉢에 대입하면 $a=2$
따라서 $f(x)=(x-1)^2(2x-3)+1$이므로
$f(2)=1^2\times1+1=2$

0171 답 27

$x\to5$일 때, 극한값이 존재하고 (분모)$\to0$이므로 (분자)$\to0$이다.
즉, $\lim_{x\to5}\{f(x)-x\}=0$에서 $f(5)-5=0$이므로
$\{f(x)-x\}$는 $x-5$를 인수로 갖는다.
$f(x)-x=(x-5)(x-p)$ (p는 상수)로 놓으면
→ $f(x)$가 최고차항의 계수가 1인 이차함수이므로 $f(x)-x$도 이차함수이다.

$$\lim_{x\to5}\frac{f(x)-x}{x-5}=\lim_{x\to5}\frac{(x-5)(x-p)}{x-5}=\lim_{x\to5}(x-p)=5-p$$

즉, $5-p=8$이므로 $p=-3$
따라서 $f(x)=(x-5)(x+3)+x$이므로
$f(7)=2\times10+7=27$

0172 답 9

㈎의 $\lim_{x\to1}\frac{f(x)}{x-1}=a$에서 $x\to1$일 때, 극한값이 존재하고 (분모)$\to0$이므로 (분자)$\to0$이다.
즉, $\lim_{x\to1}f(x)=0$이므로 $f(1)=0$
$\lim_{x\to2}\frac{f(x)}{x-2}=-6$에서 $x\to2$일 때, 극한값이 존재하고 (분모)$\to0$

이므로 (분자)→0이다.

즉, $\lim_{x\to2}f(x)=0$이므로 $f(2)=0$

따라서 $x=1$, $x=2$는 방정식 $f(x)=0$의 근이고

(나)에서 방정식 $f(x)=0$의 세 실근의 합이 7이므로 나머지 한 근은 4이다.

$f(x)=k(x-1)(x-2)(x-4)$ (k는 0이 아닌 상수)로 놓으면

$$\lim_{x\to2}\frac{f(x)}{x-2}=\lim_{x\to2}\frac{k(x-1)(x-2)(x-4)}{x-2}$$
$$=\lim_{x\to2}k(x-1)(x-4)=-2k$$

즉, $-2k=-6$이므로 $k=3$

따라서 $f(x)=3(x-1)(x-2)(x-4)$이므로

$$\lim_{x\to1}\frac{f(x)}{x-1}=\lim_{x\to1}\frac{3(x-1)(x-2)(x-4)}{x-1}$$
$$=\lim_{x\to1}3(x-2)(x-4)$$
$$=3\times(-1)\times(-3)=9$$

$\therefore a=9$

0173 답 9

| 유형 20

다항함수 $f(x)$에 대하여

$$\lim_{x\to\infty}\frac{f(x)}{x^2+2x-3}=3,\ \lim_{x\to2}\frac{f(x)}{x^2+2x-8}=-1$$

단서1 단서2

일 때, $f(1)$의 값을 구하시오.

단서1 $\frac{\infty}{\infty}$ 꼴의 극한값이 존재하려면 분모, 분자의 차수가 같아야 한다.

단서2 극한값이 존재하려면 $f(2)=0$

STEP 1 다항함수 $f(x)$의 차수 구하기

$\lim_{x\to\infty}\frac{f(x)}{x^2+2x-3}=3$에서 $f(x)$는 이차항의 계수가 3인 이차함수이다.

(→ 3으로 수렴하므로 최고차항의 계수는 3이다.)

(→ 분모의 차수가 2이므로 $f(x)$는 이차함수이다.)

STEP 2 극한값이 존재할 조건 이용하기

$\lim_{x\to2}\frac{f(x)}{x^2+2x-8}=-1$에서 $x\to2$일 때, 극한값이 존재하고

(분모)→0이므로 (분자)→0이다.

즉, $\lim_{x\to2}f(x)=0$에서 $f(2)=0$이므로 $f(x)$는 $x-2$를 인수로 갖는다.

STEP 3 다항함수 $f(x)$의 식을 세운 후 극한값 구하기

$f(x)=3(x-2)(x+a)$ (a는 상수)로 놓으면

$$\lim_{x\to2}\frac{f(x)}{x^2+2x-8}=\lim_{x\to2}\frac{3(x-2)(x+a)}{(x-2)(x+4)}$$
$$=\lim_{x\to2}\frac{3(x+a)}{x+4}=\frac{6+3a}{6}$$

즉, $\frac{6+3a}{6}=-1$이므로 $6+3a=-6$

$\therefore a=-4$

STEP 4 $f(1)$의 값 구하기

따라서 함수 $f(x)=3(x-2)(x-4)$이므로

$f(1)=3\times(-1)\times(-3)=9$

Tip $\frac{\infty}{\infty}$ 꼴과 $\frac{0}{0}$ 꼴의 조건이 동시에 주어지면 $\frac{\infty}{\infty}$ 꼴의 조건을 먼저 이용한다.

0174 답 5

(가)에서

$$\lim_{x\to\infty}\frac{f(x)}{x}=\lim_{x\to\infty}\frac{ax+b}{x}=\lim_{x\to\infty}\frac{a+\frac{b}{x}}{1}=a$$

$\therefore a=3$

(나)에서

$\lim_{x\to0}f(x)=\lim_{x\to0}(ax+b)=b$

$\therefore b=2$

따라서 $f(x)=3x+2$이므로

$f(1)=3+2=5$

0175 답 ②

(→ 최고차항의 계수가 3인 이차식이 되어야 한다.)

(가)의 $\lim_{x\to\infty}\frac{f(x)-x^3}{x^2}=3$에서 $f(x)$는 삼차항의 계수가 1, 이차항의 계수가 3이므로

$f(x)=x^3+3x^2+ax+b$ (a, b는 상수)로 놓으면

(나)의 $\lim_{x\to1}\frac{f(x)}{x-1}=-3$에서 $x\to1$일 때, 극한값이 존재하고

(분모)→0이므로 (분자)→0이다.

즉, $f(1)=0$이므로 $1+3+a+b=0$, $b=-a-4$ ······ ㉠

$\therefore f(x)=x^3+3x^2+ax-a-4$

또, $f(1)=0$에서 $f(x)$는 $x-1$을 인수로 가지므로

$f(x)=(x-1)(x^2+4x+a+4)$

$$\therefore \lim_{x\to1}\frac{f(x)}{x-1}=\lim_{x\to1}\frac{(x-1)(x^2+4x+a+4)}{x-1}$$
$$=\lim_{x\to1}(x^2+4x+a+4)$$
$$=a+9$$

$a+9=-3$이므로 $a=-12$

$a=-12$를 ㉠에 대입하면 $b=8$

따라서 함수 $f(x)=x^3+3x^2-12x+8$이므로

$f(2)=8+12-24+8=4$

개념 Check

$f(x)$, $g(x)$가 다항함수일 때, $\lim_{x\to\infty}\frac{f(x)}{g(x)}$의 값은 다항함수의 차수에 의해 다음과 같이 결정된다.

① (분자의 차수)=(분모의 차수)인 경우
→ 극한값은 최고차항의 계수의 비이다.

② (분자의 차수)<(분모의 차수)인 경우 → 극한값은 0이다.

③ (분자의 차수)>(분모의 차수)인 경우 → 극한값은 없다. (발산)

0176 답 ③

(→ 최고차항의 계수가 1인 이차식이 되어야 한다.)

$\lim_{x\to\infty}\frac{x^3+2x^2+f(x)}{x^2+x+1}=1$에서 $f(x)$는 삼차항의 계수가 -1, 이차항의 계수가 -1이어야 하므로

$f(x)=-x^3-x^2+ax+b$ (a, b는 상수)로 놓으면

$\lim_{x\to-1}\frac{f(x)}{x+1}=4$에서 $x\to-1$일 때, 극한값이 존재하고 (분모)→0이므로 (분자)→0이다.

즉, $\lim_{x\to-1}f(x)=0$에서 $f(-1)=0$이므로

$1-1-a+b=0 \quad \therefore a=b$ ······ ㉠

$$\lim_{x\to-1}\frac{f(x)}{x+1}=\lim_{x\to-1}\frac{-x^3-x^2+ax+a}{x+1}$$
$$=\lim_{x\to-1}\frac{(x+1)(-x^2+a)}{x+1}$$
$$=\lim_{x\to-1}(-x^2+a)$$
$$=-1+a$$

즉, $-1+a=4$이므로 $a=5$

$a=5$를 ㉠에 대입하면 $b=5$

따라서 함수 $f(x)=-x^3-x^2+5x+5$이므로

$f(2)=-8-4+10+5=3$

0177 답 208

(가)에서 $\lim_{x\to\infty}\frac{\{f(x)\}^2}{x^4}=4$이므로 $f(x)$는 이차항의 계수가 2인 이차함수임을 알 수 있다.

조건에서 최고차항의 계수는 양수이다.

$f(x)=2x^2+ax+b$ (a, b는 상수)로 놓으면

(나)의 $\lim_{x\to1}\frac{f(x)-x^2}{x-1}=3$에서 $x\to1$일 때, 극한값이 존재하고 (분모)$\to0$이므로 (분자)$\to0$이다.

즉, $\lim_{x\to1}\{f(x)-x^2\}=0$에서 $f(1)-1=0$이므로

$\{f(x)-x^2\}$은 $x-1$을 인수로 갖는다.

(나)에서 $f(x)-x^2=x^2+ax+b=(x-1)(x-b)$ ······ ㉠

로 놓으면

$$\lim_{x\to1}\frac{f(x)-x^2}{x-1}=\lim_{x\to1}\frac{(x-1)(x-b)}{x-1}$$
$$=\lim_{x\to1}(x-b)=1-b$$

즉, $1-b=3$이므로 $b=-2$

$b=-2$를 ㉠에 대입하면

$$f(x)-x^2=(x-1)(x+2)$$
$$=x^2+x-2$$

$\therefore a=1$

따라서 $f(x)=2x^2+x-2$이므로

$f(10)=200+10-2=208$

0178 답 ②

$\lim_{x\to\infty}\frac{f(x)}{x^3}=0$이므로 $f(x)$의 차수를 n이라 하면 $n\le2$이다.

→ 분자의 차수가 분모의 차수보다 작다.

$\lim_{x\to0}\frac{f(x)}{x}=5$에서 $x\to0$일 때, 극한값이 존재하고 (분모)$\to0$이므로 (분자)$\to0$이다.

즉, $\lim_{x\to0}f(x)=0$에서 $f(0)=0$이므로

$f(x)=ax^2+bx$ (a, b는 상수)로 놓으면 → $n\le2$이므로 $f(x)$는 이차 이하의 다항식이다.

$$\lim_{x\to0}\frac{f(x)}{x}=\lim_{x\to0}\frac{ax^2+bx}{x}=\lim_{x\to0}(ax+b)=b$$

$\therefore b=5$

이때 방정식 $f(x)=x$, 즉 $ax^2+5x=x$의 한 근이 $x=-2$이므로

$4a-10=-2$, $4a=8 \quad \therefore a=2$

따라서 $f(x)=2x^2+5x$이므로

$f(1)=2+5=7$

0179 답 ②

$\lim_{x\to\infty}\frac{f(x)}{x^3}=1$에서 $f(x)$는 삼차항의 계수가 1인 삼차함수이다.

$\lim_{x\to-1}\frac{f(x)}{x+1}=2$에서 $x\to-1$일 때, 극한값이 존재하고 (분모)$\to0$이므로 (분자)$\to0$이다.

즉, $\lim_{x\to-1}f(x)=0$에서 $f(-1)=0$이므로 $f(x)$는 $x+1$을 인수로 갖는다.

$f(x)=(x+1)(x^2+ax+b)$ (a, b는 상수)로 놓으면

$$\lim_{x\to-1}\frac{f(x)}{x+1}=\lim_{x\to-1}\frac{(x+1)(x^2+ax+b)}{x+1}$$
$$=\lim_{x\to-1}(x^2+ax+b)=1-a+b$$

즉, $1-a+b=2$에서 $b=a+1$이므로

$f(x)=(x+1)(x^2+ax+a+1)$

$f(1)\ge8$이므로 $4a+4\ge8 \quad \therefore a\ge1$

따라서 $f(0)=a+1\ge2$이므로 $f(0)$의 최솟값은 2이다.

0180 답 ⑤

(가)의 $\lim_{x\to\infty}\frac{f(x)}{x^3}=2$에서 $f(x)$는 삼차항의 계수가 2인 삼차함수이므로

$f(x)=2x^3+ax^2+bx+c$ (a, b, c는 상수)로 놓을 수 있다.

(나)의 $\lim_{x\to1}\frac{f(2x-2)}{x-1}=4$에서 $x\to1$일 때, 극한값이 존재하고 (분모)$\to0$이므로 (분자)$\to0$이다.

즉, $\lim_{x\to1}f(2x-2)=0$에서 $f(0)=0 \quad \therefore c=0$

$$\lim_{x\to1}\frac{f(2x-2)}{x-1}=\lim_{x\to1}\frac{2f(2x-2)}{2x-2}$$
$$=\lim_{t\to0}\frac{2f(t)}{t}$$

→ $2x-2=t$라 하면 $x\to1$일 때, $t\to0$

$$=\lim_{t\to0}\frac{2(2t^3+at^2+bt)}{t}$$
$$=\lim_{t\to0}(4t^2+2at+2b)=2b$$

즉, $2b=4$이므로 $b=2$

이때 방정식 $f(x)=3x^2+x+2$, 즉 $2x^3+ax^2+2x=3x^2+x+2$에서 $2x^3+(a-3)x^2+x-2=0$의 서로 다른 모든 실근의 합이 -3이므로 근과 계수의 관계에 의하여

$-\frac{a-3}{2}=-3$, $a-3=6 \quad \therefore a=9$

따라서 $f(x)=2x^3+9x^2+2x$이므로

$f(-1)=-2+9-2=5$

개념 Check

삼차방정식 $ax^3+bx^2+cx+d=0$의 서로 다른 세 실근이 α, β, γ일 때

$$\alpha+\beta+\gamma=-\frac{b}{a},\ \alpha\beta+\beta\gamma+\gamma\alpha=\frac{c}{a},\ \alpha\beta\gamma=-\frac{d}{a}$$

0181 답 ③

(가)에서 $\lim_{x\to\infty}\frac{f(x)g(x)}{x^3}=2$이므로 $f(x)g(x)$는 x^3의 계수가 2인 삼차함수이다.

(나)의 $\lim_{x\to0}\frac{f(x)g(x)}{x^2}=-4$에서 $x\to0$일 때, 극한값이 존재하고 (분모)$\to0$이므로 (분자)$\to0$이다.

즉, $\lim_{x\to0}f(x)g(x)=0$에서 $f(0)g(0)=0$이므로 $f(x)g(x)$는 x^2을 인수로 갖는다.

$f(x)g(x)=x^2(2x+a)$ (a는 상수)로 놓으면

$\lim_{x\to0}\frac{f(x)g(x)}{x^2}=\lim_{x\to0}\frac{x^2(2x+a)}{x^2}=\lim_{x\to0}(2x+a)=a$

$\therefore a=-4$

즉, $f(x)g(x)=2x^2(x-2)$이고 $f(2)g(2)=0$이므로

$g(x)=x-2$, $f(x)=2x^2$일 때 $f(2)$의 값이 최대가 된다.

따라서 $f(2)$의 최댓값은 $f(2)=2\times4=8$이다.

실수 Check

$f(x)$, $g(x)$의 상수항과 계수가 모두 정수이므로

$f(x)=4x^2$, $g(x)=\frac{x-2}{2}$와 같은 경우는 가능하지 않음에 주의한다.

0182 답 2

| 유형21

함수 $f(x)$가 모든 양의 실수 x에 대하여

$2x^2-x+2<x^2f(x)<2x^2-x+3$ (단서1)

을 만족시킬 때, $\lim_{x\to\infty}f(x)$의 값을 구하시오. (단서2)

단서1 부등식에서 $f(x)$의 범위 알아내기

단서2 함수의 극한의 대소 관계 이용

STEP1 주어진 부등식의 각 변을 x^2으로 나누어 $f(x)$의 범위 구하기

$2x^2-x+2<x^2f(x)<2x^2-x+3$에서 각 변을 x^2으로 나누면 (모든 양의 실수 x에 대하여 $x^2>0$)

$\frac{2x^2-x+2}{x^2}<f(x)<\frac{2x^2-x+3}{x^2}$

STEP2 각 변의 극한값 구하기

이때 $\lim_{x\to\infty}\frac{2x^2-x+2}{x^2}=\lim_{x\to\infty}\frac{2x^2-x+3}{x^2}=2$이다.

STEP3 함수의 극한의 대소 관계를 이용하여 극한값 구하기

함수의 극한의 대소 관계에 의하여

$\lim_{x\to\infty}f(x)=2$

0183 답 ③

$-x^2+4x\le f(x)\le x^2+2$이고

$\lim_{x\to1}(-x^2+4x)=\lim_{x\to1}(x^2+2)=3$이므로

함수의 극한의 대소 관계에 의하여

$\lim_{x\to1}f(x)=3$

0184 답 ④

$2x-4\le f(x)\le x^2-3$에서

$\lim_{x\to1}(2x-4)=\lim_{x\to1}(x^2-3)=-2$이므로

함수의 극한의 대소 관계에 의하여

$\lim_{x\to1}f(x)=-2$

0185 답 ⑤

$|f(x)-3x|<1$에서 $-1<f(x)-3x<1$

$3x-1<f(x)<3x+1$

각 변을 양의 실수 x로 나누면 ($\lim_{x\to\infty}\frac{f(x)}{x}$를 구해야 하므로 $\frac{f(x)}{x}$의 꼴로 변형한다.)

$\frac{3x-1}{x}<\frac{f(x)}{x}<\frac{3x+1}{x}$

이때 $\lim_{x\to\infty}\frac{3x-1}{x}=\lim_{x\to\infty}\frac{3x+1}{x}=3$이므로

함수의 극한의 대소 관계에 의하여

$\lim_{x\to\infty}\frac{f(x)}{x}=3$

0186 답 ③

$\frac{2}{x+2}<\frac{f(x)}{x}<\frac{4}{2x+1}$의 각 변에 양의 실수 x를 곱하면

$\frac{2x}{x+2}<f(x)<\frac{4x}{2x+1}$

이때 $\lim_{x\to\infty}\frac{2x}{x+2}=\lim_{x\to\infty}\frac{4x}{2x+1}=2$이므로

함수의 극한의 대소 관계에 의하여

$\lim_{x\to\infty}f(x)=2$

0187 답 ②

$2(x-1)^3\le f(x)\le2(x+2)^3$에서 양의 실수 x에 대하여

$x^3+2x+1>0$이므로 각 변을 x^3+2x+1로 나누면

$\frac{2(x-1)^3}{x^3+2x+1}\le\frac{f(x)}{x^3+2x+1}\le\frac{2(x+2)^3}{x^3+2x+1}$

이때 $\lim_{x\to\infty}\frac{2(x-1)^3}{x^3+2x+1}=\lim_{x\to\infty}\frac{2(x+2)^3}{x^3+2x+1}=2$이므로 (최고차항의 계수의 비이다.)

함수의 극한의 대소 관계에 의하여

$\lim_{x\to\infty}\frac{f(x)}{x^3+2x+1}=2$

0188 답 1

$|f(x)-x|<1$에서 $-1<f(x)-x<1$

$x-1<f(x)<x+1$

$x-1>0$, 즉 $x>1$일 때 각 변을 제곱하면

$(x-1)^2<\{f(x)\}^2<(x+1)^2$

모든 실수 x에 대하여 $x^2+x+1>0$이므로 각 변을 x^2+x+1로 나누면 ($x^2+x+1=\left(x+\frac{1}{2}\right)^2+\frac{3}{4}>0$)

$\frac{(x-1)^2}{x^2+x+1}<\frac{\{f(x)\}^2}{x^2+x+1}<\frac{(x+1)^2}{x^2+x+1}$

이때 $\lim_{x\to\infty}\frac{(x-1)^2}{x^2+x+1}=\lim_{x\to\infty}\frac{(x+1)^2}{x^2+x+1}=1$이므로

함수의 극한의 대소 관계에 의하여

$\lim_{x\to\infty}\frac{\{f(x)\}^2}{x^2+x+1}=1$

0189 답 ⑤

$\frac{|x-1|}{x^2-3x+4}\ge0$이므로 ($x^2-3x+4=\left(x-\frac{3}{2}\right)^2+\frac{7}{4}>0$)

$ax-2\le f(x)\le ax+2$의 각 변에 $\dfrac{|x-1|}{x^2-3x+4}$을 곱하면

$$\frac{|x-1|(ax-2)}{x^2-3x+4}\le\frac{|x-1|f(x)}{x^2-3x+4}\le\frac{|x-1|(ax+2)}{x^2-3x+4}$$

이때

$$\lim_{x\to\infty}\frac{|x-1|(ax-2)}{x^2-3x+4}=\lim_{x\to\infty}\frac{(x-1)(ax-2)}{x^2-3x+4}=a$$

$$\lim_{x\to\infty}\frac{|x-1|(ax+2)}{x^2-3x+4}=\lim_{x\to\infty}\frac{(x-1)(ax+2)}{x^2-3x+4}=a$$

이므로 함수의 극한의 대소 관계에 의하여

$$\lim_{x\to\infty}\frac{|x-1|f(x)}{x^2-3x+4}=a$$

따라서 $\displaystyle\lim_{x\to\infty}\frac{|x-1|f(x)}{x^2-3x+4}=5$에서 $a=5$이다.

0190 답 ②

함수 $y=2x^2-4x+5$의 그래프를 y축의 방향으로 a만큼 평행이동하면 $y-a=2x^2-4x+5$이므로

$g(x)=2x^2-4x+5+a$

함수 $y=h(x)$의 그래프는 $y=f(x)$와 $y=g(x)$의 그래프 사이에 존재하므로

$2x^2-4x+5<h(x)<2x^2-4x+5+a$

각 변을 x^2으로 나누면

$$\frac{2x^2-4x+5}{x^2}<\frac{h(x)}{x^2}<\frac{2x^2-4x+5+a}{x^2}$$

이때 $\displaystyle\lim_{x\to\infty}\frac{2x^2-4x+5}{x^2}=\lim_{x\to\infty}\frac{2x^2-4x+5+a}{x^2}=2$이므로

함수의 극한의 대소 관계에 의하여

$$\lim_{x\to\infty}\frac{h(x)}{x^2}=2$$

0191 답 ② | 유형22

그림과 같이 곡선 $y=\dfrac{1}{x}$ $(x>0)$과 두 직선 $x=1$, $x=t$의 교점을 각각 A, B라 하고, 점 B에서 직선 $x=1$에 내린 수선의 발을 C라 하자. 삼각형 ABC의 넓이를 $S(t)$ **단서1** 라 할 때, $\displaystyle\lim_{t\to\infty}\frac{S(t)}{t}$의 값은? (단, $t>1$)

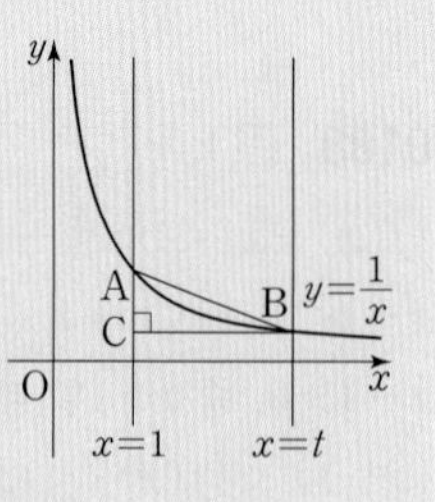

① 0 ② $\dfrac{1}{2}$ ③ 1 ④ 2 ⑤ 4

단서1 $\dfrac{1}{2}\times\overline{AC}\times\overline{BC}$를 t에 대한 식으로 나타내기

STEP1 세 점 A, B, C의 좌표 구하기

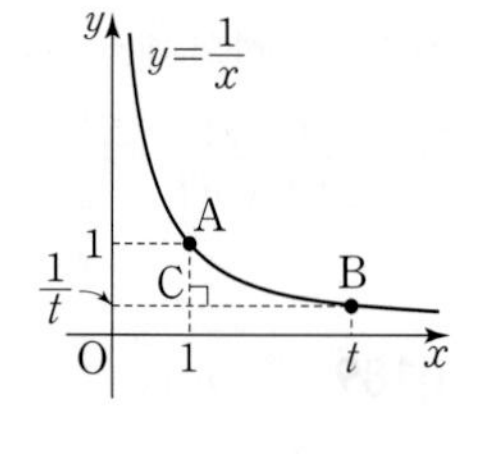

점 A는 곡선 $y=\dfrac{1}{x}$과 직선 $x=1$의 교점이므로 A$(1,\ 1)$

점 B는 곡선 $y=\dfrac{1}{x}$과 직선 $x=t$의 교점이므로 B$\left(t,\ \dfrac{1}{t}\right)$

점 C는 점 B에서 직선 $x=1$에 내린 수선의 발이므로 C$\left(1,\ \dfrac{1}{t}\right)$

STEP2 삼각형 ABC의 넓이 구하기

$\overline{AC}=1-\dfrac{1}{t}$, $\overline{BC}=t-1$이므로

삼각형 ABC의 넓이 $S(t)$는

$$S(t)=\frac{1}{2}\times\overline{AC}\times\overline{BC}$$
$$=\frac{1}{2}\times\left(1-\frac{1}{t}\right)(t-1)=\frac{(t-1)^2}{2t}$$

STEP3 극한값 구하기

$$\lim_{t\to\infty}\frac{S(t)}{t}=\lim_{t\to\infty}\frac{(t-1)^2}{2t^2}=\lim_{t\to\infty}\frac{t^2-2t+1}{2t^2}$$
$$=\lim_{t\to\infty}\frac{1-\frac{2}{t}+\frac{1}{t^2}}{2}=\frac{1}{2}$$

0192 답 ②

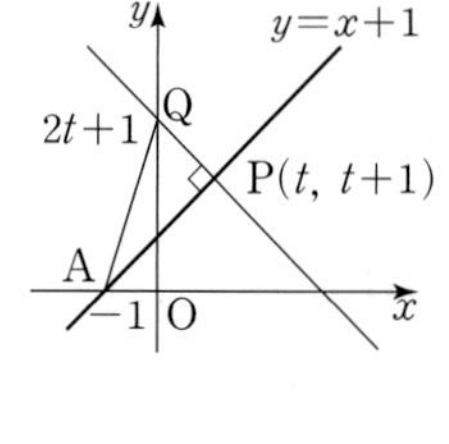

점 P$(t,\ t+1)$을 지나고 직선 $y=x+1$에 (→ 기울기 -1) 수직인 직선의 방정식은

$y=-(x-t)+t+1$

$y=-x+2t+1$

이 직선이 y축과 만나는 점 Q의 좌표는

Q$(0,\ 2t+1)$

$\overline{AP}^2=(t+1)^2+(t+1)^2=2t^2+4t+2$

$\overline{AQ}^2=(-1)^2+(2t+1)^2=4t^2+4t+2$

$$\therefore\lim_{t\to\infty}\frac{\overline{AQ}^2}{\overline{AP}^2}=\lim_{t\to\infty}\frac{4t^2+4t+2}{2t^2+4t+2}$$
$$=\lim_{t\to\infty}\frac{4+\frac{4}{t}+\frac{2}{t^2}}{2+\frac{4}{t}+\frac{2}{t^2}}=2$$

0193 답 ②

$\overline{OP}=\sqrt{t^2+t}$이고 $\overline{OP}=\overline{OQ}$이므로

점 Q의 좌표는 Q$(0,\ \sqrt{t^2+t})$이다.

두 점 P$(t,\ \sqrt{t})$, Q$(0,\ \sqrt{t^2+t})$를 지나는 직선의 방정식은

$$y-\sqrt{t}=\frac{\sqrt{t^2+t}-\sqrt{t}}{0-t}(x-t)$$

$$\therefore y=\frac{\sqrt{t}-\sqrt{t^2+t}}{t}x+\sqrt{t^2+t}$$

이 직선의 x절편이 $f(t)$이므로 $x=f(t)$, $y=0$을 대입하면

$$0=\frac{\sqrt{t}-\sqrt{t^2+t}}{t}\times f(t)+\sqrt{t^2+t}$$

$$\therefore f(t)=\frac{t\sqrt{t^2+t}}{\sqrt{t^2+t}-\sqrt{t}}$$

$$\therefore\lim_{t\to0+}f(t)=\lim_{t\to0+}\frac{t\sqrt{t^2+t}}{\sqrt{t^2+t}-\sqrt{t}}$$
$$=\lim_{t\to0+}\frac{t\sqrt{t^2+t}(\sqrt{t^2+t}+\sqrt{t})}{(\sqrt{t^2+t}-\sqrt{t})(\sqrt{t^2+t}+\sqrt{t})}$$
$$=\lim_{t\to0+}\frac{t(t^2+t+t\sqrt{t+1})}{t^2}$$
$$=\lim_{t\to0+}(t+1+\sqrt{t+1})=2$$

개념 Check

두 점 (x_1, y_1), (x_2, y_2)를 지나는 직선의 방정식은

$$y-y_1=\frac{y_2-y_1}{x_2-x_1}(x-x_1)\ (\text{단, } x_1\neq x_2)$$

0194 답 ①

점 P는 제1사분면 위의 점이므로 $P(t,\ t^2)\ (t>0)$이라 하면

$\overline{OP}=\sqrt{t^2+t^4}=t\sqrt{1+t^2}$

$\overline{OP}=\overline{OQ}$이므로 점 Q의 좌표는

$Q(t\sqrt{1+t^2},\ 0)$

두 점 $P(t,\ t^2)$, $Q(t\sqrt{1+t^2},\ 0)$을 지나는 직선의 방정식은

$$y-t^2=\frac{0-t^2}{t\sqrt{1+t^2}-t}(x-t)$$

$$\therefore\ y=\frac{-t}{\sqrt{1+t^2}-1}x+\frac{t^2}{\sqrt{1+t^2}-1}+t^2$$

이 직선이 y축과 만나는 점이 R이므로

$$R\left(0,\ \frac{t^2}{\sqrt{1+t^2}-1}+t^2\right)$$

점 P가 곡선 $y=x^2$을 따라 원점 O에 한없이 가까워질 때, 점 R는 점 $(0,\ a)$에 한없이 가까워지므로 → 제1사분면 위의 점 P가 원점에 가까워지므로 $t\to0+$

$$a=\lim_{t\to0+}\left(\frac{t^2}{\sqrt{1+t^2}-1}+t^2\right)$$

$$=\lim_{t\to0+}\left\{\frac{t^2(\sqrt{1+t^2}+1)}{(\sqrt{1+t^2}-1)(\sqrt{1+t^2}+1)}+t^2\right\}$$

$$=\lim_{t\to0+}(\sqrt{1+t^2}+1+t^2)=2$$

0195 답 1

점 A는 곡선 $y=\frac{2x+1}{x}$과 직선 $x=1$의 교점이므로

$y=\frac{2+1}{1}=3 \qquad \therefore\ A(1,\ 3)$

점 B는 곡선 $y=\frac{2x+1}{x}$과 직선 $x=t$의 교점이므로

$y=\frac{2t+1}{t} \qquad \therefore\ B\left(t,\ \frac{2t+1}{t}\right)$

점 H는 두 직선 $x=1$, $y=\frac{2t+1}{t}$의 교점이므로

$H\left(1,\ \frac{2t+1}{t}\right)$

이때 $\overline{AH}=3-\frac{2t+1}{t}=\frac{t-1}{t}$, $\overline{BH}=t-1$이므로

$$\tan\theta=\frac{\overline{AH}}{\overline{BH}}=\frac{\frac{t-1}{t}}{t-1}=\frac{1}{t}$$

$$\therefore\ \lim_{t\to1+}\tan\theta=\lim_{t\to1+}\frac{1}{t}=1$$

0196 답 ③

점 Q는 $x=t$와 곡선 $y=\frac{1}{x}$의 교점이므로 $Q\left(t,\ \frac{1}{t}\right)$

점 S는 두 곡선 $y=\sqrt{x}$, $y=\frac{1}{x}$의 교점이므로

$\sqrt{x}=\frac{1}{x}$에서 $x=1 \qquad \therefore\ S(1,\ 1)$

점 R는 두 직선 $x=1$, $y=\frac{1}{t}$의 교점이므로

$R\left(1,\ \frac{1}{t}\right)$

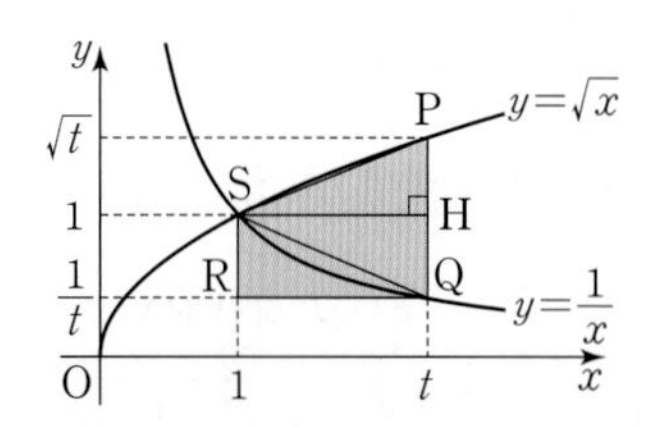

삼각형 PSQ의 꼭짓점 S에서 $\overline{PQ}$에 내린 수선의 발을 H라 하면

$\overline{PQ}=\sqrt{t}-\frac{1}{t}$, $\overline{SH}=t-1$이므로

삼각형 PSQ의 넓이 $f(t)$는

$$f(t)=\frac{1}{2}\times\left(\sqrt{t}-\frac{1}{t}\right)(t-1)$$

삼각형 SRQ에서 $\overline{SR}=1-\frac{1}{t}$, $\overline{RQ}=t-1$이므로

삼각형 SRQ의 넓이 $g(t)$는

$$g(t)=\frac{1}{2}\times\left(1-\frac{1}{t}\right)(t-1)$$

$$\therefore\ \lim_{t\to1+}\frac{f(t)}{g(t)}=\lim_{t\to1+}\frac{\frac{1}{2}\times\left(\sqrt{t}-\frac{1}{t}\right)(t-1)}{\frac{1}{2}\times\left(1-\frac{1}{t}\right)(t-1)}$$

$$=\lim_{t\to1+}\frac{\sqrt{t}-\frac{1}{t}}{1-\frac{1}{t}}=\lim_{t\to1+}\frac{t\sqrt{t}-1}{t-1}$$

$$=\lim_{t\to1+}\frac{(\sqrt{t}-1)(t+\sqrt{t}+1)}{(\sqrt{t}-1)(\sqrt{t}+1)}$$

→ $(\sqrt{t})^3-1^3=(\sqrt{t}-1)\{(\sqrt{t})^2+\sqrt{t}+1\}$

$$=\lim_{t\to1+}\frac{t+\sqrt{t}+1}{\sqrt{t}+1}=\frac{3}{2}$$

0197 답 ④

삼각형 PHO는 직각삼각형이므로 $\overline{OH}^2=\overline{OP}^2-\overline{PH}^2$에서

$\overline{OP}^2=t^2+t$

$\overline{PH}$는 점 $P(t,\ \sqrt{t})$와 직선 $x-2y=0$ 사이의 거리와 같으므로 → $y=\frac{1}{2}x$

$$\overline{PH}=\frac{|t-2\sqrt{t}\,|}{\sqrt{1^2+(-2)^2}}=\frac{|t-2\sqrt{t}\,|}{\sqrt{5}}$$

직각삼각형 OPH에서

$$\overline{OH}^2=\overline{OP}^2-\overline{PH}^2=t^2+t-\frac{(t-2\sqrt{t}\,)^2}{5}=\frac{4t^2+4t\sqrt{t}+t}{5}$$

$$\therefore\ \lim_{t\to\infty}\frac{\overline{OH}^2}{\overline{OP}^2}=\lim_{t\to\infty}\frac{4t^2+4t\sqrt{t}+t}{5(t^2+t)}$$

$$=\lim_{t\to\infty}\frac{4+\frac{4\sqrt{t}}{t}+\frac{1}{t}}{5\left(1+\frac{1}{t}\right)}=\frac{4}{5}$$

개념 Check

점 (x_1, y_1)과 직선 $ax+by+c=0$ 사이의 거리는

$$\frac{|ax_1+by_1+c|}{\sqrt{a^2+b^2}}$$

0198 답 ②

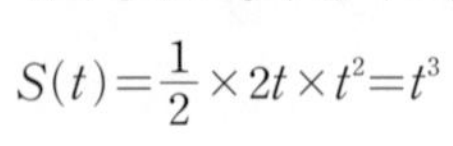

삼각형 POQ가 이등변삼각형이므로 점 Q의 좌표는 $(2t,\ 0)$이고

삼각형 POQ의 넓이 $S(t)$는

$S(t)=\frac{1}{2}\times 2t\times t^2=t^3$

삼각형 PRO가 이등변삼각형이므로

점 R는 선분 OP의 수직이등분선이 y축과 만나는 점이다.

선분 OP의 중점을 M이라 하면 $M\left(\frac{t}{2},\ \frac{t^2}{2}\right)$

직선 OP의 기울기는 $\frac{t^2}{t}=t$이므로 직선 RM의 기울기는 $-\frac{1}{t}$

즉, 점 $M\left(\frac{t}{2},\ \frac{t^2}{2}\right)$을 지나고 기울기가 $-\frac{1}{t}$인 직선의 방정식은

$y-\frac{t^2}{2}=-\frac{1}{t}\left(x-\frac{t}{2}\right) \qquad \therefore y=-\frac{1}{t}x+\frac{t^2}{2}+\frac{1}{2}$

이 직선이 y축과 만나는 점 R의 좌표는 $R\left(0,\ \frac{t^2}{2}+\frac{1}{2}\right)$이므로

삼각형 PRO의 넓이 $T(t)$는

$T(t)=\frac{1}{2}\times\left(\frac{t^2}{2}+\frac{1}{2}\right)\times t=\frac{1}{4}(t^3+t)$

$$\therefore \lim_{t\to 0+}\frac{T(t)-S(t)}{t}=\lim_{t\to 0+}\frac{\frac{1}{4}(t^3+t)-t^3}{t}$$

$$=\lim_{t\to 0+}\left(-\frac{3}{4}t^2+\frac{1}{4}\right)=\frac{1}{4}$$

실수 Check

삼각형 PRO에서 세 점 P, R, O의 좌표를 안다고 해서 선분 OP, RM의 길이로 넓이를 구하는 것보다 선분 OR와 점 P의 x좌표의 절댓값을 높이로 생각하여 삼각형 PRO의 넓이를 구하는 것이 더 간단하다.

0199 답 ⑤

| 유형23

그림과 같이 세 점 $A(0,\ 1)$, $O(0,\ 0)$, $B(a,\ 0)$을 꼭짓점으로 하는 삼각형 AOB와 그 삼각형에 내접하는 원이 있다. 점 B가 x축을 따라 원점에 한없이 가까워질 때, 삼각형 AOB에 내접하는 원의 반지름의 길이 r에 대하여 $\frac{r}{a}$의 극한값은? (단, $a>0$)

단서1 단서2

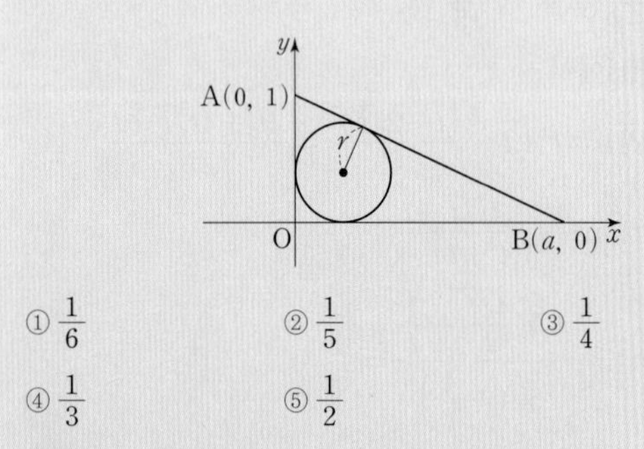

① $\frac{1}{6}$ ② $\frac{1}{5}$ ③ $\frac{1}{4}$

④ $\frac{1}{3}$ ⑤ $\frac{1}{2}$

단서1 직각삼각형 AOB의 넓이를 이용

단서2 점 B가 원점에 한없이 가까워지므로 $a\to 0+$

STEP 1 삼각형 AOB의 넓이를 이용하여 $\frac{r}{a}$를 a에 대한 식으로 나타내기

$\overline{AB}=\sqrt{a^2+1}$이므로 삼각형 AOB의 넓이에서

$\frac{1}{2}\times a\times 1=\frac{1}{2}\times r\times(a+1+\sqrt{a^2+1})$

$\therefore \frac{r}{a}=\frac{1}{a+1+\sqrt{a^2+1}}$

STEP 2 $\frac{r}{a}$의 극한값 구하기

$$\lim_{a\to 0+}\frac{r}{a}=\lim_{a\to 0+}\frac{1}{a+1+\sqrt{a^2+1}}=\frac{1}{2}$$

개념 Check

삼각형 ABC의 내접원의 반지름의 길이가 r일 때

$\triangle ABC=\frac{1}{2}\times r\times(a+b+c)$

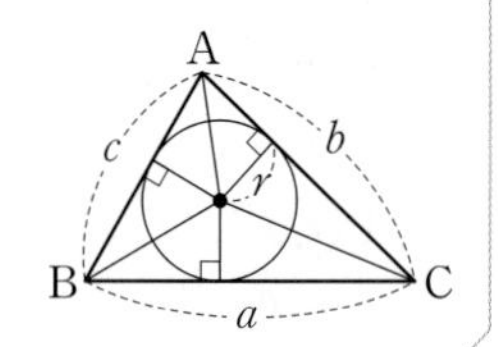

0200 답 ④

$\overline{PA}=\sqrt{a^2+(b-3)^2}$ ······ ㉠

원의 중심이 $P(a,\ b)$이므로 x축에 접하는 원의 반지름의 길이는 b이고 두 원이 외접하므로

$\overline{PA}=b+1$ ······ ㉡

㉠, ㉡에서 $\sqrt{a^2+(b-3)^2}=b+1$

양변을 제곱하면

$a^2+(b-3)^2=(b+1)^2$

$\therefore a^2=8b-8$

이때 $a\to\infty$이면 $b\to\infty$이므로

$$\lim_{a\to\infty}\frac{\overline{PH}^2}{\overline{PA}}=\lim_{a\to\infty}\frac{a^2}{b+1}=\lim_{b\to\infty}\frac{8b-8}{b+1}=\lim_{b\to\infty}\frac{8-\frac{8}{b}}{1+\frac{1}{b}}=8$$

개념 Check

x축 또는 y축에 접하는 원

(1) x축에 접하는 원

(반지름의 길이)=|중심의 y좌표|이므로

중심이 $(a,\ b)$이고, x축에 접하는 원의 방정식은

$(x-a)^2+(y-b)^2=b^2$

(2) y축에 접하는 원

(반지름의 길이)=|중심의 x좌표|이므로

중심이 $(a,\ b)$이고, y축에 접하는 원의 방정식은

$(x-a)^2+(y-b)^2=a^2$

0201 답 $\frac{1}{2}$

그림과 같이 $\overline{OQ}$를 그으면

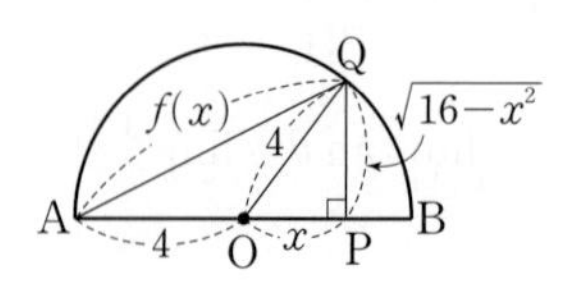

$\overline{OQ}=4$이므로

직각삼각형 QOP에서

$\overline{PQ}=\sqrt{4^2-x^2}=\sqrt{16-x^2}$

즉, 직각삼각형 QAP에서

$f(x)=\sqrt{(4+x)^2+16-x^2}$

$=\sqrt{32+8x}$

$$\therefore \lim_{x\to 4-}\frac{8-f(x)}{4-x}=\lim_{x\to 4-}\frac{8-\sqrt{32+8x}}{4-x}$$
$$=\lim_{x\to 4-}\frac{(8-\sqrt{32+8x})(8+\sqrt{32+8x})}{(4-x)(8+\sqrt{32+8x})}$$
$$=\lim_{x\to 4-}\frac{32-8x}{(4-x)(8+\sqrt{32+8x})}$$
$$=\lim_{x\to 4-}\frac{8}{8+\sqrt{32+8x}}$$
$$=\frac{8}{8+8}=\frac{1}{2}$$

0202 답 $\frac{1}{4}$

점 P의 좌표가 $(t,\ 2t^2)$ $(t>0)$이고,
점 C의 좌표를 $(0,\ b)$라 하면
$\overline{OC}=\overline{PC}=b$ (반지름의 길이)이므로
$\sqrt{t^2+(2t^2-b)^2}=b$ → 두 점 $P(t,\ 2t^2)$, $C(0,\ b)$ 사이의 거리는 b이다.
양변을 제곱하면
$t^2+4t^4-4bt^2+b^2=b^2$
$4bt^2=4t^4+t^2$
$t>0$이므로 $b=t^2+\frac{1}{4}$

$$\therefore \lim_{t\to 0+}\overline{OC}=\lim_{t\to 0+}b=\lim_{t\to 0+}\left(t^2+\frac{1}{4}\right)=\frac{1}{4}$$

0203 답 ⑤

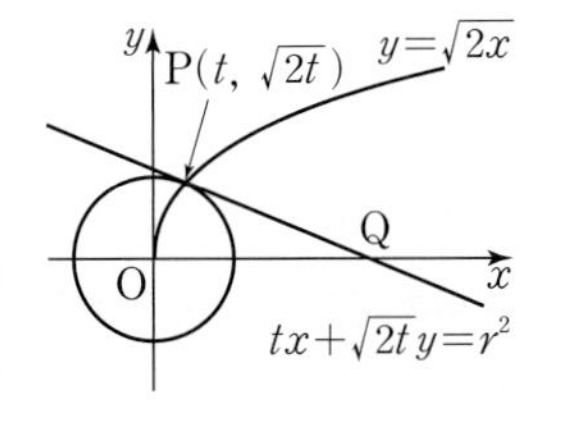

점 P의 좌표가 $(t,\ \sqrt{2t})$ $(t>0)$이고,
점 P는 원 $x^2+y^2=r^2$ 위의 점이므로
$t^2+(\sqrt{2t})^2=r^2$, $t^2+2t-r^2=0$
$\therefore t=-1+\sqrt{1+r^2}$ ($\because t>0$) ······ ㉠
또, 원 위의 점 $P(t,\ \sqrt{2t})$에서의 접선의 방정식은 $tx+\sqrt{2t}y=r^2$
이 접선이 x축과 만나는 점 Q의 좌표는 → $y=0$을 대입한다.
$Q\left(\frac{r^2}{t},\ 0\right)$이므로

$$\overline{OQ}=\frac{r^2}{t}=\frac{r^2}{\sqrt{1+r^2}-1}\ (\because ㉠)$$
$$\therefore \lim_{r\to 0+}\overline{OQ}=\lim_{r\to 0+}\frac{r^2}{\sqrt{1+r^2}-1}$$
$$=\lim_{r\to 0+}\frac{r^2(\sqrt{1+r^2}+1)}{(\sqrt{1+r^2}-1)(\sqrt{1+r^2}+1)}$$
$$=\lim_{r\to 0+}(\sqrt{1+r^2}+1)$$
$$=2$$

0204 답 ①

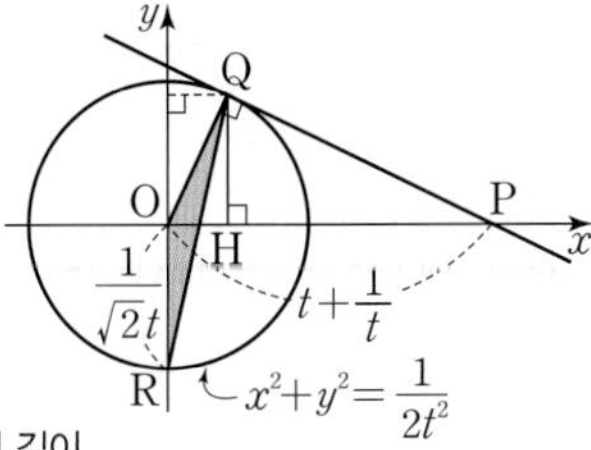

점 Q에서 x축에 내린 수선의 발을 H라 하면
직각삼각형 QOP에서
$\overline{QO}^2=\overline{OH}\times\overline{OP}$이고
$\overline{QO}=\overline{OR}=\frac{1}{\sqrt{2t}}$이므로 → 반지름의 길이

$$\left(\frac{1}{\sqrt{2t}}\right)^2=\overline{OH}\times\left(t+\frac{1}{t}\right)$$

$$\frac{1}{2t^2}=\overline{OH}\times\frac{t^2+1}{t}\qquad \therefore \overline{OH}=\frac{1}{2t(t^2+1)}$$

삼각형 ORQ의 넓이 $S(t)$는

$$S(t)=\frac{1}{2}\times\overline{OR}\times\overline{OH}$$
$$=\frac{1}{2}\times\frac{1}{\sqrt{2t}}\times\frac{1}{2t(t^2+1)}=\frac{\sqrt{2}}{8(t^4+t^2)}$$
$$\therefore \lim_{t\to\infty}\{t^4\times S(t)\}=\lim_{t\to\infty}\frac{\sqrt{2}t^4}{8(t^4+t^2)}$$
$$=\lim_{t\to\infty}\frac{\sqrt{2}}{8\left(1+\frac{1}{t^2}\right)}=\frac{\sqrt{2}}{8}$$

실수 Check

△OQP가 직각삼각형임을 알고 직각삼각형의 닮음의 성질을 활용하도록 한다.

개념 Check

직각삼각형의 닮음

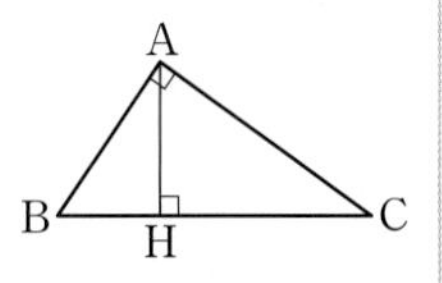

$\angle A=90°$인 직각삼각형 ABC의 꼭짓점 A에서 변 BC에 내린 수선의 발을 H라 하면 다음이 성립한다.
(1) $\overline{AB}^2=\overline{BH}\times\overline{BC}$
(2) $\overline{AC}^2=\overline{CH}\times\overline{CB}$
(3) $\overline{AH}^2=\overline{HB}\times\overline{HC}$

0205 답 ① | 유형24

함수의 극한에 대한 설명으로 〈보기〉에서 옳은 것만을 있는 대로 고른 것은? (단, a는 실수이다.)

〈보기〉

ㄱ. $\lim_{x\to a}f(x)$의 값이 존재하고 $\lim_{x\to a}\{f(x)-g(x)\}=0$이면 $\lim_{x\to a}f(x)=\lim_{x\to a}g(x)$이다. (단서1)

ㄴ. $\lim_{x\to a}f(x)$와 $\lim_{x\to a}f(x)g(x)$의 값이 각각 존재하면 $\lim_{x\to a}g(x)$의 값이 존재한다.

ㄷ. $\lim_{x\to a}f(x)$와 $\lim_{x\to a}\frac{f(x)}{g(x)}$의 값이 각각 존재하면 $\lim_{x\to a}g(x)$의 값도 존재한다.

① ㄱ ② ㄴ ③ ㄱ, ㄷ
④ ㄴ, ㄷ ⑤ ㄱ, ㄴ, ㄷ

단서1 $g(x)$를 수렴하는 두 함수의 차로 나타내기

STEP1 **함수의 극한에 대한 성질을 활용하여 옳은 것 찾기**

ㄱ. $\lim_{x\to a}f(x)=\alpha$라 하면
$\lim_{x\to a}[f(x)-\{f(x)-g(x)\}]=\alpha-0$에서
$\lim_{x\to a}g(x)=\alpha$
즉, $\lim_{x\to a}f(x)=\lim_{x\to a}g(x)$이다. (참)

ㄴ. [반례] $f(x)=x-a$, $g(x)=\frac{1}{x-a}$이면
$\lim_{x\to a}f(x)=0$, $\lim_{x\to a}f(x)g(x)=1$로 값이 각각 존재하지만

$\lim_{x\to a} g(x)=\lim_{x\to a}\frac{1}{x-a}$의 값은 존재하지 않는다. (거짓)

ㄷ. [반례] $f(x)=\frac{a}{x+a}$, $g(x)=\frac{a}{x-a}$ $(a\neq0)$이면

$\lim_{x\to a} f(x)=\frac{1}{2}$, $\lim_{x\to a}\frac{f(x)}{g(x)}=0$으로 값이 각각 존재하지만

$\lim_{x\to a} g(x)=\lim_{x\to a}\frac{a}{x-a}$의 값은 존재하지 않는다. (거짓)

따라서 옳은 것은 ㄱ이다.

0206 답 ④

ㄱ. $\lim_{x\to a} g(x)=\alpha$, $\lim_{x\to a}\frac{f(x)}{g(x)}=\beta$라 하면

$\lim_{x\to a} g(x)\times\lim_{x\to a}\frac{f(x)}{g(x)}=\alpha\beta$에서 $\lim_{x\to a} f(x)=\alpha\beta$

즉, $\lim_{x\to a} f(x)$의 값이 존재한다. (참)

ㄴ. $\lim_{x\to 0}\frac{f(x)}{x^2}=k$ (k는 실수)이면

$x\to0$일 때, 극한값이 존재하고 (분모)$\to0$이므로 (분자)$\to0$이다.

즉, $\lim_{x\to 0} f(x)=0$이다. (참)

ㄷ. [반례] $f(x)=-x^2$, $g(x)=\begin{cases} x^2 & (x\neq0) \\ 2 & (x=0)\end{cases}$라 하면

모든 실수 x에서 $f(x)<g(x)$이지만

$\lim_{x\to 0} f(x)=\lim_{x\to 0} g(x)=0$이다. (거짓)

따라서 옳은 것은 ㄱ, ㄴ이다.

0207 답 ③

ㄱ. [반례] $f(x)=2x$, $g(x)=x$라 하면

$\lim_{x\to\infty} f(x)=\infty$, $\lim_{x\to\infty} g(x)=\infty$이지만

$\lim_{x\to\infty}\{f(x)-g(x)\}=\lim_{x\to\infty}(2x-x)=\lim_{x\to\infty} x=\infty$ (거짓)

ㄴ. [반례] $f(x)=(x-a)^2$, $g(x)=\frac{1}{(x-a)^2}$이라 하면

$\lim_{x\to a} f(x)=0$, $\lim_{x\to a} g(x)=\infty$이지만

$\lim_{x\to a} f(x)g(x)=\lim_{x\to a}\left\{(x-a)^2\times\frac{1}{(x-a)^2}\right\}=1$ (거짓)

ㄷ. $\lim_{x\to\infty} f(x)=\infty$, $\lim_{x\to\infty} g(x)=a$ (a는 실수)이면

$\lim_{x\to\infty}\frac{g(x)}{f(x)}=0$이다. (참)

→ $\frac{(\text{상수})}{\infty}$ 꼴이므로 $\lim_{x\to\infty}\frac{g(x)}{f(x)}=0$이다.

따라서 옳은 것은 ㄷ이다.

0208 답 ①

ㄱ. $\lim_{x\to a} f(x)=0$이고, $\lim_{x\to a}\frac{f(x)}{g(x)}=p$이면 $\lim_{x\to a} g(x)=0$이다.

$g(x)$가 $x\to a$일 때, 0이 아닌 값으로 수렴하거나 양의 무한대 또는 음의 무한대로 발산할 경우 $\lim_{x\to a}\frac{f(x)}{g(x)}=0$이 되므로

$\lim_{x\to a}\frac{f(x)}{g(x)}$가 0이 아닌 값으로 수렴하기 위해서는

$\lim_{x\to a} g(x)=0$이어야 한다. (참)

ㄴ. [반례] $f(x)=\begin{cases} x+1 & (x\geq0) \\ x-1 & (x<0)\end{cases}$이라 하면

$y=f(x)$, $y=|f(x)|$의 그래프는 그림과 같다.

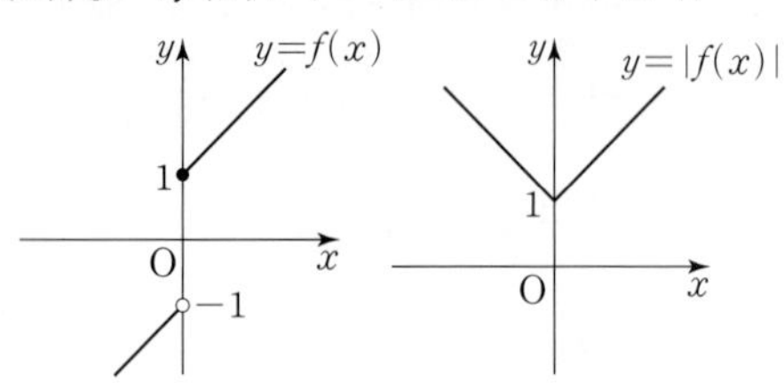

즉, $\lim_{x\to 0}|f(x)|=1$이지만 $\lim_{x\to 0} f(x)$의 값이 존재하지 않는다. (거짓)

ㄷ. [반례] 서로 다른 실수 a, b에서 $f(a)=b$, $f(b)=a$라 하면

$\lim_{x\to a} f(f(x))=a$이지만 $\lim_{x\to a} f(f(f(x)))=b$이다. (거짓)

따라서 옳은 것은 ㄱ이다.

서술형 유형 익히기 45쪽~47쪽

0209 답 (1) $a+b$ (2) 0 (3) -3 (4) $2a+b$ (5) -3 (6) 3

STEP 1 $\lim_{x\to t} f(x)$의 존재를 조사해야 하는 실수 t의 값 찾기 [2점]

$0<t<6$인 모든 실수 t에 대하여 $\lim_{x\to t} f(x)$의 값이 존재하므로

$\lim_{x\to 1} f(x)$, $\lim_{x\to 2} f(x)$의 값이 존재한다.

STEP 2 $\lim_{x\to 1+} f(x)=\lim_{x\to 1-} f(x)$, $\lim_{x\to 2+} f(x)=\lim_{x\to 2-} f(x)$를 만족시키는 값을 이용하여 a, b 사이의 관계식 구하기 [4점]

$x=1$에서의 우극한과 좌극한을 각각 구하면

$\lim_{x\to 1+} f(x)=\boxed{a+b}$, $\lim_{x\to 1-} f(x)=\boxed{0}$이므로

$a+b=0$ ······ ㉠

$x=2$에서의 우극한과 좌극한을 각각 구하면

$\lim_{x\to 2+} f(x)=\boxed{-3}$, $\lim_{x\to 2-} f(x)=\boxed{2a+b}$이므로

$2a+b=-3$ ······ ㉡

STEP 3 상수 a, b의 값 구하기 [1점]

㉠, ㉡을 연립하여 풀면

$a=\boxed{-3}$, $b=\boxed{3}$

실제 답안 예시

$0<t<6$인 모든 실수 t에 대하여 $\lim_{x\to t} f(x)$가 항상 존재하려면

$0<x<6$에서 $f(x)$가 연속이어야 하므로

→ 우극한과 좌극한이 일치해야 한다는 것을 '연속'으로 표현해도 된다.

$\lim_{x\to 1-} f(x)=\lim_{x\to 1+} f(x)$

$\lim_{x\to 1-}(x-1)=0$, $\lim_{x\to 1+}(ax+b)=a+b$이므로

$a+b=0$ ······ ㉠

$\lim_{x\to 2-} f(x)=\lim_{x\to 2+} f(x)$

$\lim_{x\to 2-}(ax+b)=2a+b$, $\lim_{x\to 2+}(x-5)=-3$이므로

$2a+b=-3$ ······ ㉡

㉠, ㉡ 식을 풀면

$a=-3$, $b=3$

0210 답 17

STEP1 $\lim_{x\to k} f(x)$의 존재를 조사해야 하는 실수 k의 값 찾기 [2점]

임의의 실수 k에 대하여 $\lim_{x\to k} f(x)$의 값이 존재하므로 $\lim_{x\to 0} f(x)$, $\lim_{x\to 1} f(x)$의 값이 존재한다.

STEP2 $\lim_{x\to 0+} f(x)=\lim_{x\to 0-} f(x)$, $\lim_{x\to 1+} f(x)=\lim_{x\to 1-} f(x)$를 만족시키는 값을 이용하여 a, b 사이의 관계식 구하기 [4점]

$x=0$에서의 우극한과 좌극한을 각각 구하면

$\lim_{x\to 0+} (ax+b)=b$ …… ⓐ

$\lim_{x\to 0-} (-x^2-1)=-1$ …… ⓐ

이므로 $b=-1$

$x=1$에서의 우극한과 좌극한을 각각 구하면

$\lim_{x\to 1+} (2x+1)=3$ …… ⓑ

$\lim_{x\to 1-} (ax+b)=a+b$ …… ⓑ

이므로 $a+b=3$

STEP3 a^2+b^2의 값 구하기 [1점]

$b=-1$을 위의 식에 대입하면 $a=4$

$\therefore a^2+b^2=16+1=17$

부분점수표	
ⓐ $\lim_{x\to 0+} f(x)$ 또는 $\lim_{x\to 0-} f(x)$ 중 어느 하나만 구한 경우	1점
ⓑ $\lim_{x\to 1+} f(x)$ 또는 $\lim_{x\to 1-} f(x)$ 중 어느 하나만 구한 경우	1점

0211 답 1

STEP1 $\lim_{x\to a} f(x)$의 존재를 조사해야 하는 실수 a의 값 찾기 [2점]

함수 $f(x)=\begin{cases} 2-x & (|x|\ge 1) \\ 4-x^2 & (|x|<1) \end{cases}$에서

$$f(x)=\begin{cases} 2-x & (x\le -1) \\ 4-x^2 & (-1<x<1) \\ 2-x & (x\ge 1) \end{cases}$$

이므로 $\lim_{x\to -1} f(x)$, $\lim_{x\to 1} f(x)$의 값이 존재하는지 확인해야 한다.

STEP2 $\lim_{x\to a+} f(x)\ne \lim_{x\to a-} f(x)$인 실수 a의 값 구하기 [4점]

$x=-1$에서의 우극한과 좌극한을 각각 구하면

$\lim_{x\to -1+} f(x)=\lim_{x\to -1+} (4-x^2)=3$

$\lim_{x\to -1-} f(x)=\lim_{x\to -1-} (2-x)=3$

이므로 $\lim_{x\to -1} f(x)$의 값은 존재한다.

$x=1$에서의 우극한과 좌극한을 각각 구하면

$\lim_{x\to 1+} f(x)=\lim_{x\to 1+} (2-x)=1$

$\lim_{x\to 1-} f(x)=\lim_{x\to 1-} (4-x^2)=3$

에서 우극한과 좌극한이 일치하지 않으므로 $\lim_{x\to 1} f(x)$의 값은 존재하지 않는다.

STEP3 $\lim_{x\to a} f(x)$의 값이 존재하지 않는 실수 a의 값 구하기 [1점]

$\lim_{x\to a} f(x)$의 값이 존재하지 않는 실수 a의 값은 1이다.

참고 함수 $y=f(x)$의 그래프는 그림과 같다.

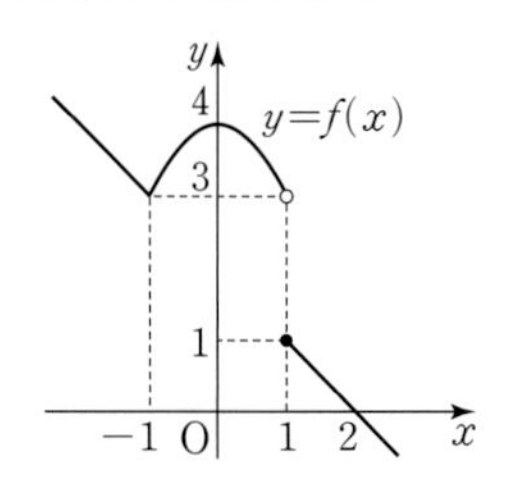

0212 답 -1

STEP1 $0\le x<2$일 때 함수 $f(x)$ 구하기 [4점]

임의의 실수 x에 대하여 $f(x)=f(x+1)$을 만족시키므로

$$f(x)=\begin{cases} x^3+ax^2+bx-3 & (0\le x<1) \\ (x-1)^3+a(x-1)^2+b(x-1)-3 & (1\le x<2) \end{cases}$$

으로 놓을 수 있다.

STEP2 $\lim_{x\to 1+} f(x)$, $\lim_{x\to 1-} f(x)$ 구하기 [2점]

$\lim_{x\to 1-} f(x)=\lim_{x\to 1-} (x^3+ax^2+bx-3)$

$=1+a+b-3$

$=a+b-2$ ……… ㉠ …… ⓐ

$\lim_{x\to 1+} f(x)=\lim_{x\to 1+} \{(x-1)^3+a(x-1)^2+b(x-1)-3\}$

$=-3$ ……… ㉡ …… ⓑ

STEP3 a^2+b^2의 값 구하기 [1점]

$\lim_{x\to 1} f(x)$의 값이 존재하므로 ㉠=㉡에서

$a+b-2=-3 \qquad \therefore a+b=-1$

부분점수표	
ⓐ $\lim_{x\to 1-} f(x)$의 값만 구한 경우	1점
ⓑ $\lim_{x\to 1+} f(x)$의 값만 구한 경우	1점

0213 답 (1) 분자 (2) -4 (3) 분모 (4) $-\frac{5}{2}$ (5) $\frac{2}{3}$ (6) $\frac{2}{3}$

STEP1 $x\to 2$일 때, 극한값이 존재하고 (분모)→0임을 이용하여 a의 값 구하기 [2점]

$\lim_{x\to 2} \frac{x^2+ax+4}{(x-2)(x^2+bx+1)}=c$에서 $x\to 2$일 때, 극한값이 존재하고 (분모)→0이므로 (분자)→0이다.

즉, $\lim_{x\to 2} (x^2+ax+4)=0$이므로 $a=-4$

STEP2 b의 값 구하기 [3점]

$a=-4$를 주어진 식에 대입하면

$\lim_{x\to 2} \frac{x^2-4x+4}{(x-2)(x^2+bx+1)}=\lim_{x\to 2} \frac{x-2}{x^2+bx+1}=c$ ……… ㉠

이때 $x\to 2$일 때, 0이 아닌 극한값이 존재하고 (분자)→0이므로 (분모)→0이다.

즉, $\lim_{x\to 2} (x^2+bx+1)=0$이므로 $b=-\frac{5}{2}$

STEP3 주어진 극한값을 구하여 c의 값 구하기 [2점]

$b=-\frac{5}{2}$를 ㉠에 대입하면

$\lim_{x\to 2} \frac{x-2}{x^2-\frac{5}{2}x+1}=\lim_{x\to 2} \frac{2(x-2)}{2x^2-5x+2}$

$$=\lim_{x\to2}\frac{2(x-2)}{(2x-1)(x-2)}$$

$$=\lim_{x\to2}\frac{2}{2x-1}=\boxed{\frac{2}{3}}$$

$\therefore c=\boxed{\frac{2}{3}}$

실제 답안 예시

c>0인 극한값 c가 존재하므로 분자의 이차식이 x-2를 인수로 가져야 한다.

f(2)=4+2a+4=0

$\therefore a=-4$ → 분자를 $f(x)=x^2+ax+4$로 표현했다고 쓰면 더 좋다.

$f(x)=(x-2)^2$이므로 c>0이려면 g(2)=0이어야 한다.

g(2)=4+2b+1=0

$\therefore b=-\frac{5}{2}$ → 분모에서 $g(x)=x^2+bx+1$로 표현했다고 쓰면 더 좋다.

$g(x)=(x-2)\left(x-\frac{1}{2}\right)$

$\lim_{x\to2}\frac{f(x)}{(x-2)g(x)}=\lim_{x\to2}\frac{(x-2)^2}{(x-2)^2\left(x-\frac{1}{2}\right)}=\frac{2}{3}$

$\therefore c=\frac{2}{3}$

0214 답 $a=-2,\ b=1,\ c=\frac{1}{3}$

STEP 1 $x\to1$일 때, 극한값이 존재하고 (분모)→0임을 이용하여 a의 값 구하기 [2점]

$\lim_{x\to1}\frac{x^2+ax+1}{(x-1)(x^2+bx-2)}=c$에서 $x\to1$일 때, 극한값이 존재하고 (분모)→0이므로 (분자)→0이다.

즉, $\lim_{x\to1}(x^2+ax+1)=0$이므로

$1+a+1=0\qquad\therefore a=-2$

STEP 2 b의 값 구하기 [3점]

$a=-2$를 주어진 식에 대입하면

$$\lim_{x\to1}\frac{x^2-2x+1}{(x-1)(x^2+bx-2)}=\lim_{x\to1}\frac{x-1}{x^2+bx-2}=c\ \cdots\cdots\ ㉠$$

이때 $x\to1$일 때, 0이 아닌 극한값이 존재하고 (분자)→0이므로 (분모)→0이다.

즉, $\lim_{x\to1}(x^2+bx-2)=0$이므로

$1+b-2=0\qquad\therefore b=1$

STEP 3 주어진 극한값을 구하여 c의 값 구하기 [2점]

$b=1$을 ㉠에 대입하면

$$\lim_{x\to1}\frac{x-1}{x^2+x-2}=\lim_{x\to1}\frac{x-1}{(x-1)(x+2)}$$

$$=\lim_{x\to1}\frac{1}{x+2}=\frac{1}{3}$$

$\therefore c=\frac{1}{3}$

0215 답 $a=1,\ b=-10,\ c=8$

STEP 1 $f(x)$가 $x-2$를 인수로 가짐을 보이고, $f(x)$ 구하기 [2점]

$\lim_{x\to2}\frac{f(x)}{x-2}=6$에서 $x\to2$일 때, 극한값이 존재하고 (분모)→0이므로 (분자)→0이다.

즉, $\lim_{x\to2}f(x)=0$에서 $f(2)=0$이므로 함수 $f(x)$는 $x-2$를 인수로 갖는다.

따라서 삼차함수 $f(x)$는 $x-1$, $x-2$를 인수로 가지므로 $f(x)=(x-1)(x-2)(x-p)$ (p는 상수)로 놓을 수 있다.

STEP 2 $f(x)$를 식에 대입하여 극한값 구하기 [2점]

$$\lim_{x\to2}\frac{f(x)}{x-2}=\lim_{x\to2}\frac{(x-1)(x-2)(x-p)}{x-2}$$

$$=\lim_{x\to2}(x-1)(x-p)=2-p$$

즉, $2-p=6$에서 $p=-4$

STEP 3 계수를 비교하여 $a,\ b,\ c$의 값 구하기 [3점]

$f(x)=(x-1)(x-2)(x+4)=x^3+x^2-10x+8$이므로

$a=1,\ b=-10,\ c=8$ ⋯⋯ ⓐ

부분점수표	
ⓐ $a,\ b,\ c$ 중에서 한 개만 바르게 구한 경우	각 1점

0216 답 -3

STEP 1 다항함수 $f(x)$의 차수와 계수 결정하기 [3점]

$\lim_{x\to\infty}\frac{f(x)-3x^3}{x^2}=2$에서 함수 $f(x)-3x^3$은 최고차항의 계수가 2인 이차함수이므로 $f(x)$는 삼차항의 계수가 3이고 이차항의 계수가 2이다.

$f(x)=3x^3+2x^2+ax+b$ (a, b는 상수)라 하자.

STEP 2 $x\to0$일 때, 극한값이 존재하고 (분모)→0임을 이용하여 상수항 구하기 [3점]

$\lim_{x\to0}\frac{f(x)}{x}=2$에서 $x\to0$일 때, 극한값이 존재하고 (분모)→0이므로 (분자)→0이다.

즉, $\lim_{x\to0}f(x)=0$에서 $f(0)=0$이므로 $b=0$이다.

$$\lim_{x\to0}\frac{f(x)}{x}=\lim_{x\to0}\frac{3x^3+2x^2+ax}{x}=\lim_{x\to0}(3x^2+2x+a)=a$$

$\therefore a=2$

STEP 3 $f(-1)$의 값 구하기 [1점]

$f(x)=3x^3+2x^2+2x$이므로

$f(-1)=-3+2-2=-3$

실력 check 실전 마무리하기 1회 48쪽~52쪽

1 0217 답 ③ 유형 1

출제의도 | 그래프에서 극한값이 존재하지 않는 값을 찾을 수 있는지 확인한다.

$\lim_{x\to a+}f(x)\neq\lim_{x\to a-}f(x)$일 때 $\lim_{x\to a}f(x)$의 값이 존재하지 않아.

$a=0$, $a=1$, $a=2$를 제외한 모든 a에 대하여

$\lim_{x\to a+}f(x)=\lim_{x\to a-}f(x)$이므로 $\lim_{x\to a}f(x)$의 값이 존재한다.

(i) $a=0$일 때

$\lim_{x\to0+}f(x)=-1,\ \lim_{x\to0-}f(x)=1$이므로

$\lim_{x\to0+}f(x)\neq\lim_{x\to0-}f(x)$

(ii) $a=1$일 때

$\lim_{x\to1+}f(x)=\lim_{x\to1-}f(x)=0$

(iii) $a=2$일 때

$\lim_{x\to2+}f(x)=-1$, $\lim_{x\to2-}f(x)=1$이므로

$\lim_{x\to2+}f(x)\neq\lim_{x\to2-}f(x)$

따라서 $\lim_{x\to a}f(x)$의 값이 존재하지 않는 실수 a의 값은 0, 2의 2개이다.

2 0218 답 ① 유형 2

출제의도 | 함수의 그래프에서 우극한과 좌극한을 구할 수 있는지 확인한다.

> 함수 $y=f(x)$의 그래프에서 x의 값이 -2보다 크면서 -2에 한없이 가까워질 때 $f(x)$의 값이 가까워지는 점을 찾고, x의 값이 2보다 작으면서 2에 한없이 가까워질 때 $f(x)$의 값이 가까워지는 점을 찾아봐.

주어진 그래프에서

$\lim_{x\to-2+}f(x)=4$, $\lim_{x\to2-}f(x)=2$

$\therefore \lim_{x\to-2+}f(x)-\lim_{x\to2-}f(x)=4-2=2$

3 0219 답 ⑤ 유형 4

출제의도 | 다항함수의 극한값을 구할 수 있는지 확인한다.

> $x\to1$이므로 x에 1을 대입해 보자.

$\lim_{x\to1}(x^2+3x+1)=1+3+1=5$

4 0220 답 ③ 유형 5

출제의도 | 함수의 극한에 대한 성질을 알고 있는지 확인한다.

> $\lim_{x\to2}\{2f(x)+g(x)\}$의 극한값이 존재하므로 $2f(x)+g(x)=h(x)$로 놓고, 함수의 극한에 대한 성질을 이용해 보자.

$2f(x)+g(x)=h(x)$로 놓으면 $\lim_{x\to2}h(x)=8$이고

$g(x)=h(x)-2f(x)$

$$\begin{aligned}\therefore \lim_{x\to2}g(x)&=\lim_{x\to2}\{h(x)-2f(x)\}\\&=\lim_{x\to2}h(x)-2\lim_{x\to2}f(x)\\&=8-2\times1=6\end{aligned}$$

5 0221 답 ⑤ 유형 7

출제의도 | $\frac{0}{0}$ 꼴의 극한값을 구할 수 있는지 확인한다.

> 분모, 분자를 약분하여 간단히 나타낸 후 x에 1을 대입해 보자.

$$\begin{aligned}\lim_{x\to1}\frac{x^2+3x-4}{x-1}&=\lim_{x\to1}\frac{(x+4)(x-1)}{x-1}\\&=\lim_{x\to1}(x+4)\\&=1+4=5\end{aligned}$$

6 0222 답 ⑤ 유형 9

출제의도 | $\frac{\infty}{\infty}$ 꼴의 극한값을 구할 수 있는지 확인한다.

> $x\to\infty$일 때, $\frac{1}{x}\to0$임을 이용해.

$$\begin{aligned}&\lim_{x\to\infty}\left(2-\frac{1}{x^2}\right)+\lim_{x\to\infty}\frac{3x^2-5x}{x^2+1}\\&=\lim_{x\to\infty}2-\lim_{x\to\infty}\frac{1}{x^2}+\lim_{x\to\infty}\frac{3-\frac{5}{x}}{1+\frac{1}{x^2}}\\&=2-0+3=5\end{aligned}$$

7 0223 답 ⑤ 유형 3 + 유형 13 + 유형 14

출제의도 | 우극한과 좌극한을 구할 수 있는지 확인한다.

> 우극한과 좌극한을 직접 구해 보자.

① $\lim_{x\to0-}x=0$, $\lim_{x\to0+}x=0$이므로 좌극한과 우극한이 모두 존재한다.

② $\lim_{x\to0-}|x|=0$, $\lim_{x\to0+}|x|=0$이므로 좌극한과 우극한이 모두 존재한다.

③ 함수 $y=\frac{1}{x^2}$의 그래프는 그림과 같다.

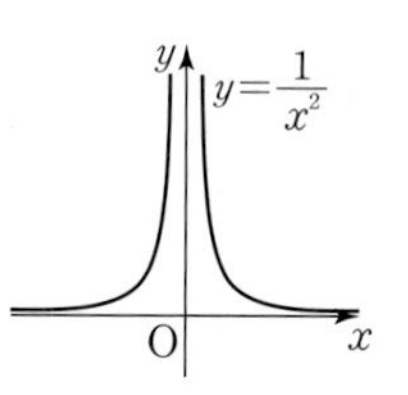

$\lim_{x\to0-}\frac{1}{x^2}=\infty$, $\lim_{x\to0+}\frac{1}{x^2}=\infty$이므로 좌극한과 우극한이 모두 발산한다.

④ 함수 $y=[x]$의 그래프는 그림과 같다.

$\lim_{x\to0-}[x]=-1$, $\lim_{x\to0+}[x]=0$

이므로 좌극한과 우극한이 모두 존재한다.

⑤ 좌극한은 $\lim_{x\to0-}f(x)=0$이지만

우극한은 $\lim_{x\to0+}f(x)=\lim_{x\to0+}\frac{1}{x}=\infty$이므로 발산한다.

따라서 좌극한은 존재하지만 우극한은 존재하지 않는 것은 ⑤이다.

8 0224 답 ④ 유형 3

출제의도 | 극한값이 존재하는 조건을 알고 있는지 확인한다.

> 극한값이 존재하기 위해서는 우극한과 좌극한이 존재하고 그 값이 같아야 해.

$f(x)=\begin{cases}x^2-3x+4 & (x\geq1)\\-2x+k & (x<1)\end{cases}$에서 $x\to1$일 때 우극한과 좌극한을 각각 구하면

$\lim_{x\to1+}f(x)=\lim_{x\to1+}(x^2-3x+4)=1-3+4=2$

$\lim_{x\to1-}f(x)=\lim_{x\to1-}(-2x+k)=-2+k$

$\lim_{x\to1+}f(x)=\lim_{x\to1-}f(x)$에서

$2=-2+k \quad \therefore k=4$

9 0225 답 ② 유형 6

출제의도 | 그래프에서 함수의 극한값을 구할 수 있는지 확인한다.

> $\lim_{x\to0+} f(x)g(x)=\lim_{x\to0+} f(x)\times\lim_{x\to0+} g(x)$임을 이용해.

$\lim_{x\to0+} f(x)=-1$, $\lim_{x\to0+} g(x)=1$이므로

$$\lim_{x\to0+} f(x)g(x)=\lim_{x\to0+} f(x)\times\lim_{x\to0+} g(x)=(-1)\times1=-1$$

10 0226 답 ⑤ 유형 11

출제의도 | $\infty\times0$ 꼴의 극한값을 구할 수 있는지 확인한다.

> 극한값의 성질을 이용하거나 $\frac{\infty}{\infty}$ 꼴을 이용해.

$$\lim_{x\to\infty} x\left(\frac{1}{x}-\frac{1}{2-x}\right)=\lim_{x\to\infty}\left\{x\times\frac{2-x-x}{x(2-x)}\right\}$$
$$=\lim_{x\to\infty}\frac{2-2x}{2-x}$$
$$=\lim_{x\to\infty}\frac{\frac{2}{x}-2}{\frac{2}{x}-1}=\frac{-2}{-1}=2$$

다른 풀이

$$\lim_{x\to\infty} x\left(\frac{1}{x}-\frac{1}{2-x}\right)=\lim_{x\to\infty}\left(1-\frac{x}{2-x}\right)$$
$$=\lim_{x\to\infty}1-\lim_{x\to\infty}\frac{x}{2-x}$$
$$=1-\lim_{x\to\infty}\frac{1}{\frac{2}{x}-1}$$
$$=1-(-1)=2$$

11 0227 답 ④ 유형 13

출제의도 | 절댓값 기호가 포함된 함수의 극한값을 구할 수 있는지 확인한다.

> $y=|f(x)|$의 그래프는 $y=f(x)$의 그래프에서 $y<0$인 부분을 x축에 대하여 대칭이동하여 그릴 수 있어.

$y=|f(x)|$의 그래프는 다음과 같다.

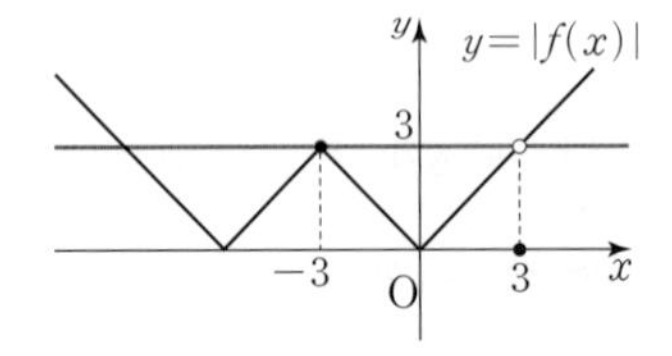

따라서 $\lim_{x\to a}|f(x)|=3$을 만족시키는 a의 값은 3개이다.

12 0228 답 ② 유형 15

출제의도 | 치환을 이용하여 함수의 극한값을 구할 수 있는지 확인한다.

> $x-2=t$로 치환하면 $x\to2$일 때 $t\to0$이야.

$\lim_{x\to2}\frac{f(x-2)}{x-2}=15$에서 $x-2=t$로 놓으면 $x\to2$일 때 $t\to0$이므로

$$\lim_{x\to2}\frac{f(x-2)}{x-2}=\lim_{t\to0}\frac{f(t)}{t}=15$$
$$\therefore \lim_{x\to0}\frac{2f(x)}{x(x+3)}=\lim_{x\to0}\frac{2}{x+3}\times\lim_{x\to0}\frac{f(x)}{x}$$
$$=\frac{2}{3}\times15=10$$

13 0229 답 ② 유형 17

출제의도 | 극한값이 존재하는 조건을 이용하여 유리식에서 미정계수를 구할 수 있는지 확인한다.

> $x\to3$일 때, 극한값이 존재하고 (분모)$\to0$이면 (분자)$\to0$이야.

$\lim_{x\to3}\frac{2x^2+ax+b}{x^2-9}=3$에서 $x\to3$일 때, 극한값이 존재하고 (분모)$\to0$이므로 (분자)$\to0$이다.

즉, $\lim_{x\to3}(2x^2+ax+b)=0$이므로

$18+3a+b=0$ $\quad\therefore b=-3a-18$ ······ ㉠

㉠을 주어진 식에 대입하면

$$\lim_{x\to3}\frac{2x^2+ax-3a-18}{(x-3)(x+3)}=\lim_{x\to3}\frac{(x-3)(2x+a+6)}{(x-3)(x+3)}$$
$$=\lim_{x\to3}\frac{2x+a+6}{x+3}$$
$$=\frac{12+a}{6}$$

즉, $\frac{12+a}{6}=3$에서 $a=6$

$a=6$을 ㉠에 대입하면 $b=-36$

$\therefore a+b=-30$

14 0230 답 ② 유형 18

출제의도 | 극한값이 존재하는 조건을 이용하여 무리식이 포함된 식에서 미정계수를 구할 수 있는지 확인한다.

> $x\to1$일 때, 극한값이 존재하고 (분모)$\to0$이면 (분자)$\to0$이야.

$\lim_{x\to1}\frac{\sqrt{x+1}-a}{x-1}=b$에서 $x\to1$일 때, 극한값이 존재하고 (분모)$\to0$이므로 (분자)$\to0$이다.

즉, $\lim_{x\to1}(\sqrt{x+1}-a)=0$이므로

$\sqrt{2}-a=0$ $\quad\therefore a=\sqrt{2}$

$a=\sqrt{2}$를 주어진 식에 대입하면

$$\lim_{x\to1}\frac{\sqrt{x+1}-\sqrt{2}}{x-1}=\lim_{x\to1}\frac{(\sqrt{x+1}-\sqrt{2})(\sqrt{x+1}+\sqrt{2})}{(x-1)(\sqrt{x+1}+\sqrt{2})}$$
$$=\lim_{x\to1}\frac{x-1}{(x-1)(\sqrt{x+1}+\sqrt{2})}$$
$$=\lim_{x\to1}\frac{1}{\sqrt{x+1}+\sqrt{2}}$$
$$=\frac{1}{2\sqrt{2}}$$

$\therefore b=\frac{1}{2\sqrt{2}}$

$\therefore ab=\sqrt{2}\times\frac{1}{2\sqrt{2}}=\frac{1}{2}$

15 0231 답 ⑤ 유형 20

출제의도 | $\frac{\infty}{\infty}$ 꼴의 극한값이 존재하는 조건을 알고 있는지 확인한다.

> $\frac{\infty}{\infty}$ 꼴의 극한값이 존재하려면 (분자의 차수)=(분모의 차수)이고, 극한값은 최고차항의 계수의 비임을 이용하면 함수 $f(x)$를 나타낼 수 있어.

$\lim_{x\to\infty}\frac{f(x)-3x^2}{x}=10$에서 $f(x)-3x^2$은 최고차항의 계수가 10인 일차함수이므로 $f(x)=3x^2+10x+a$ (a는 상수)로 놓을 수 있다.

$\lim_{x\to1}f(x)=20$이므로

$\lim_{x\to1}(3x^2+10x+a)=3+10+a=a+13$

즉, $a+13=20$이므로 $a=7$

따라서 $f(x)=3x^2+10x+7$이므로

$f(0)=0+0+7=7$

16 0232 답 ① 유형 5

출제의도 | 함수의 극한에 대한 성질을 이용할 수 있는지 확인한다.

> $\frac{a}{\infty}=0$ (a는 상수)임을 이용해 보자.

$\lim_{x\to\infty}f(x)=\infty$, $\lim_{x\to\infty}\{f(x)-g(x)\}=2$에서

$f(x)-g(x)=h(x)$라 하면 $\lim_{x\to\infty}h(x)=2$이므로

$\lim_{x\to\infty}\frac{h(x)}{f(x)}=0$

$g(x)=f(x)-h(x)$이므로

$$\lim_{x\to\infty}\frac{f(x)+g(x)}{f(x)-2g(x)}=\lim_{x\to\infty}\frac{f(x)+f(x)-h(x)}{f(x)-2\{f(x)-h(x)\}}$$

$$=\lim_{x\to\infty}\frac{2f(x)-h(x)}{-f(x)+2h(x)}$$

$$=\lim_{x\to\infty}\frac{2-\frac{h(x)}{f(x)}}{-1+2\times\frac{h(x)}{f(x)}}=-2$$

17 0233 답 ② 유형 8 + 유형 10

출제의도 | $\infty-\infty$ 꼴의 극한값을 구할 수 있는지 확인한다.

> 근호가 있는 부분을 유리화해 보자.

$$\lim_{x\to\infty}\frac{\sqrt{x+\alpha^2}-\sqrt{x+\beta^2}}{\sqrt{4x+\alpha}-\sqrt{4x+\beta}}$$

$$=\lim_{x\to\infty}\frac{(\sqrt{x+\alpha^2}-\sqrt{x+\beta^2})(\sqrt{x+\alpha^2}+\sqrt{x+\beta^2})(\sqrt{4x+\alpha}+\sqrt{4x+\beta})}{(\sqrt{4x+\alpha}-\sqrt{4x+\beta})(\sqrt{4x+\alpha}+\sqrt{4x+\beta})(\sqrt{x+\alpha^2}+\sqrt{x+\beta^2})}$$

$$=\lim_{x\to\infty}\frac{(\alpha^2-\beta^2)(\sqrt{4x+\alpha}+\sqrt{4x+\beta})}{(\alpha-\beta)(\sqrt{x+\alpha^2}+\sqrt{x+\beta^2})}$$

$$=\lim_{x\to\infty}\frac{(\alpha+\beta)\left(\sqrt{4+\frac{\alpha}{x}}+\sqrt{4+\frac{\beta}{x}}\right)}{\sqrt{1+\frac{\alpha^2}{x}}+\sqrt{1+\frac{\beta^2}{x}}}$$

$$=\frac{1\times(2+2)}{1+1}\ (\because \alpha+\beta=1)$$

$$=2$$

18 0234 답 ① 유형 17

출제의도 | $\frac{0}{0}$ 꼴에서 극한값이 존재하는 조건을 이용하여 미정계수를 구할 수 있는지 확인한다.

> $x\to1$일 때, 극한값이 존재하고 (분모)$\to0$이면 (분자)$\to0$이야.

$\lim_{x\to1}\frac{f(x)}{x-1}=5$에서 $x\to1$일 때, 극한값이 존재하고 (분모)$\to0$이므로 (분자)$\to0$이다.

즉, $\lim_{x\to1}f(x)=0$이므로 $\lim_{x\to1}(2x^2+ax+b)=0$

즉, $2+a+b=0$에서 $b=-a-2$ ········· ㉠

㉠을 주어진 식에 대입하면

$$\lim_{x\to1}\frac{2x^2+ax-a-2}{x-1}=\lim_{x\to1}\frac{(x-1)(2x+a+2)}{x-1}$$

$$=\lim_{x\to1}(2x+a+2)=a+4$$

즉, $a+4=5$이므로 $a=1$

$a=1$을 ㉠에 대입하면 $b=-3$

따라서 $f(x)=2x^2+x-3$이므로

$f(2)=8+2-3=7$

19 0235 답 ⑤ 유형 20

출제의도 | $\frac{\infty}{\infty}$ 꼴에서 극한값을 이용하여 다항함수 $f(x)$를 결정할 수 있는지 확인한다.

> $\frac{\infty}{\infty}$ 꼴의 극한값이 존재하려면 (분자의 차수)=(분모의 차수)이고, 극한값은 최고차항의 계수의 비임을 이용하면 함수 $f(x)$를 나타낼 수 있어.

(가)에서 $\lim_{x\to\infty}\frac{f(x)-x^2}{3x^2+2x+5}=\frac{1}{3}$이므로 다항함수 $f(x)$는 x^2의 계수가 2인 이차함수이다.

즉, $f(x)=2x^2+ax+b$ (a, b는 상수)로 놓을 수 있다.

(나)에서 $\lim_{x\to0}\frac{f(x)}{x^2+x}=-1$이고 $x\to0$일 때, 극한값이 존재하고 (분모)$\to0$이므로 (분자)$\to0$이다.

즉, $\lim_{x\to0}f(x)=0$이므로 $f(0)=0$이다. $\therefore b=0$

$f(x)=2x^2+ax$를 (나)의 식에 대입하면

$$\lim_{x\to0}\frac{f(x)}{x^2+x}=\lim_{x\to0}\frac{x(2x+a)}{x(x+1)}=\lim_{x\to0}\frac{2x+a}{x+1}=a$$

$\therefore a=-1$

따라서 $f(x)=2x^2-x$이므로

$f(3)=18-3=15$

20 0236 답 ⑤ 유형 24

출제의도 | 함수의 극한에 대한 성질을 활용할 수 있는지 확인한다.

> 함수의 극한에 대한 성질은 $x\to\infty$, $x\to-\infty$일 때에도 성립해.

ㄱ. $\lim_{x\to\infty}\{g(x)+f(x)\}=\beta$라 하면

$$\lim_{x\to\infty}g(x)=\lim_{x\to\infty}\{g(x)+f(x)-f(x)\}$$

$$=\lim_{x\to\infty}\{g(x)+f(x)\}-\lim_{x\to\infty}f(x)=\beta-\alpha$$

즉, $\lim_{x\to\infty} g(x)$의 값이 존재한다. (참)

ㄴ. $\lim_{x\to\infty} f(x)g(x)=\beta\ (\beta\neq 0)$에서

$$\lim_{x\to\infty} g(x)=\lim_{x\to\infty}\left\{f(x)g(x)\times\frac{1}{f(x)}\right\}$$
$$=\lim_{x\to\infty}\frac{f(x)g(x)}{f(x)}$$
$$=\frac{\lim_{x\to\infty} f(x)g(x)}{\lim_{x\to\infty} f(x)}=\frac{\beta}{\alpha}$$

즉, $\lim_{x\to\infty} g(x)$의 값이 존재한다. (참)

ㄷ. $\lim_{x\to\infty}\frac{g(x)}{f(x)}=\gamma\ (\gamma\neq 0)$에서

$$\lim_{x\to\infty} g(x)=\lim_{x\to\infty}\left\{\frac{g(x)}{f(x)}\times f(x)\right\}$$
$$=\lim_{x\to\infty}\frac{g(x)}{f(x)}\times\lim_{x\to\infty} f(x)=\gamma\times\alpha$$

즉, $\lim_{x\to\infty} g(x)$의 값이 존재한다. (참)

따라서 옳은 것은 ㄱ, ㄴ, ㄷ이다.

21 0237 답 ②

유형 21

출제의도 | 함수의 극한의 대소 관계를 이용할 수 있는지 확인한다.

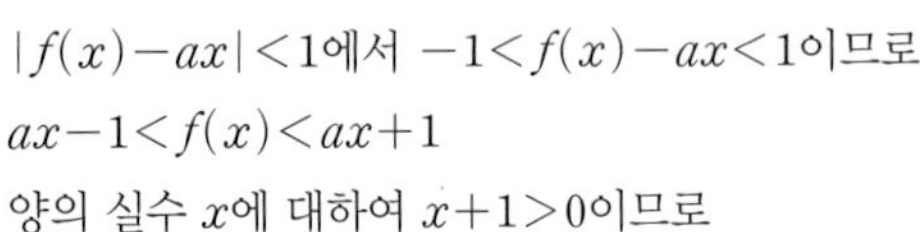

$|f(x)-ax|<1$에서 $-1<f(x)-ax<1$이므로

$ax-1<f(x)<ax+1$

양의 실수 x에 대하여 $x+1>0$이므로

$$\frac{ax-1}{x+1}<\frac{f(x)}{x+1}<\frac{ax+1}{x+1}$$

이때 $\lim_{x\to\infty}\frac{ax-1}{x+1}=a$, $\lim_{x\to\infty}\frac{ax+1}{x+1}=a$이므로

함수의 극한의 대소 관계에 의하여

$$\lim_{x\to\infty}\frac{f(x)}{x+1}=a \qquad \therefore a=\frac{1}{2}$$

22 0238 답 $m=20$, $n=100$

유형 10 + 유형 18

출제의도 | $\infty-\infty$ 꼴의 극한값을 구할 수 있는지 확인한다.

STEP 1 m의 값 구하기 [4점]

$$\lim_{x\to\infty}(\sqrt{f(x)}-x)=\lim_{x\to\infty}(\sqrt{x^2+mx+n}-x)$$
$$=\lim_{x\to\infty}\frac{(\sqrt{x^2+mx+n}-x)(\sqrt{x^2+mx+n}+x)}{\sqrt{x^2+mx+n}+x}$$
$$=\lim_{x\to\infty}\frac{x^2+mx+n-x^2}{\sqrt{x^2+mx+n}+x}$$
$$=\lim_{x\to\infty}\frac{mx+n}{\sqrt{x^2+mx+n}+x}$$
$$=\lim_{x\to\infty}\frac{m+\frac{n}{x}}{\sqrt{1+\frac{m}{x}+\frac{n}{x^2}}+1}=\frac{m}{2}$$

즉, $\frac{m}{2}=10$이므로 $m=20$

STEP 2 $f(x)$의 그래프가 x축에 접하는 조건을 이용하여 n의 값 구하기 [2점]

$f(x)$의 그래프가 x축에 접하므로 방정식 $x^2+20x+n=0$의 판별식을 D라 하면 $D=0$에서

$$\frac{D}{4}=100-n=0 \qquad \therefore n=100$$

23 0239 답 $\frac{13}{3}$

유형 19

출제의도 | $\frac{0}{0}$ 꼴의 극한값을 이용하여 다항함수 $f(x)$를 결정할 수 있는지 확인한다.

STEP 1 $x\to 1$일 때, 극한값이 존재하고 (분모)$\to 0$임을 이용하기 [1점]

$\lim_{x\to 1}\frac{f(x)}{x-1}=1$에서 $x\to 1$일 때, 극한값이 존재하고 (분모)$\to 0$이므로 (분자)$\to 0$이다.

즉, $\lim_{x\to 1} f(x)=0$에서 $f(1)=0$이므로 $f(x)$는 $x-1$을 인수로 갖는다.

STEP 2 $x\to 2$일 때, 극한값이 존재하고 (분모)$\to 0$임을 이용하기 [1점]

$\lim_{x\to 2}\frac{f(x)}{x-2}=2$에서 $x\to 2$일 때, 극한값이 존재하고 (분모)$\to 0$이므로 (분자)$\to 0$이다.

즉, $\lim_{x\to 2} f(x)=0$에서 $f(2)=0$이므로 $f(x)$는 $x-2$를 인수로 갖는다.

STEP 3 삼차함수 $f(x)$ 구하기 [3점]

삼차함수 $f(x)=a(x-1)(x-2)(x-p)$ (a, p는 상수)로 놓으면

$\lim_{x\to 1}\frac{f(x)}{x-1}=1$에서

$$\lim_{x\to 1}\frac{a(x-1)(x-2)(x-p)}{x-1}=\lim_{x\to 1}a(x-2)(x-p)$$
$$=-a(1-p)$$

즉, $-a(1-p)=1$에서 $a(p-1)=1$ ······ ㉠

$\lim_{x\to 2}\frac{f(x)}{x-2}=2$에서

$$\lim_{x\to 2}\frac{a(x-1)(x-2)(x-p)}{x-2}=\lim_{x\to 2}a(x-1)(x-p)$$
$$=a(2-p)$$

즉, $a(2-p)=2$ ······ ㉡

㉠, ㉡을 연립하여 풀면 $a=3$, $p=\frac{4}{3}$

STEP 4 세 실근의 합 구하기 [1점]

$f(x)=3(x-1)(x-2)\left(x-\frac{4}{3}\right)$이므로

방정식 $f(x)=0$의 세 실근의 합은

$$1+2+\frac{4}{3}=\frac{13}{3}$$

24 0240 답 7

유형 15

출제의도 | 치환을 이용하여 극한값을 구할 수 있는지 확인한다.

STEP 1 $\frac{1}{x}=t$로 치환하여 주어진 조건 정리하기 [2점]

$\frac{1}{x}=t$로 놓으면 $x=\frac{1}{t}$이고 $x\to 0+$일 때 $t\to\infty$이므로

$$\lim_{x\to 0+}\frac{xf\left(\frac{1}{x}\right)-3}{1-2x}=\lim_{t\to\infty}\frac{\frac{f(t)}{t}-3}{1-\frac{2}{t}}$$

STEP2 함수 $\frac{f(x)}{x}$ 찾기 [3점]

$\dfrac{\frac{f(t)}{t}-3}{1-\frac{2}{t}}=h(t)$라 하면 $\lim_{t\to\infty}h(t)=4$이고

$\frac{f(t)}{t}-3=\left(1-\frac{2}{t}\right)h(t)$, $\frac{f(t)}{t}=\left(1-\frac{2}{t}\right)h(t)+3$

STEP3 $\lim_{x\to\infty}\frac{f(x)}{x}$의 값 구하기 [2점]

$$\lim_{x\to\infty}\frac{f(x)}{x}=\lim_{t\to\infty}\frac{f(t)}{t}=\lim_{t\to\infty}\left\{\left(1-\frac{2}{t}\right)h(t)+3\right\}$$
$$=\lim_{t\to\infty}\left(1-\frac{2}{t}\right)\times\lim_{t\to\infty}h(t)+\lim_{t\to\infty}3$$
$$=1\times4+3=7$$

25 0241 답 $\sqrt{2}$ 유형22

출제의도 | 선분 OP, 선분 AB의 길이를 구하고 극한값을 구할 수 있는지 확인한다.

STEP1 선분 OP의 길이 구하기 [2점]

두 점 O(0, 0), P(t, t^2)에서

$\overline{OP}=\sqrt{t^2+t^4}=t\sqrt{1+t^2}$

STEP2 점 M의 좌표를 구하여 선분 AB의 길이 구하기 [3점]

선분 OP의 중점 M의 좌표는 $M\left(\frac{t}{2}, \frac{t^2}{2}\right)$이므로

직선 AB의 방정식은 $y=\frac{t^2}{2}$이다.

점 B는 곡선 $y=x^2$과 직선 $y=\frac{t^2}{2}$의 교점이므로

$x^2=\frac{t^2}{2}$에서 $x=\pm\frac{t}{\sqrt{2}}$

$\therefore x=\frac{\sqrt{2}}{2}t$ ($\because x>0$)

$\therefore \overline{AB}=\frac{\sqrt{2}}{2}t\times2=\sqrt{2}t$

STEP3 $\frac{\infty}{\infty}$ 꼴의 극한값 구하기 [2점]

$$\lim_{t\to0+}\frac{\overline{AB}}{\overline{OP}}=\lim_{t\to0+}\frac{\sqrt{2}t}{t\sqrt{1+t^2}}$$
$$=\lim_{t\to0+}\frac{\sqrt{2}}{\sqrt{1+t^2}}=\sqrt{2}$$

실력 check 실전 마무리하기 2회 53쪽~57쪽

1 0242 답 ③ 유형2

출제의도 | 그래프에서 극한값을 구할 수 있는지 확인한다.

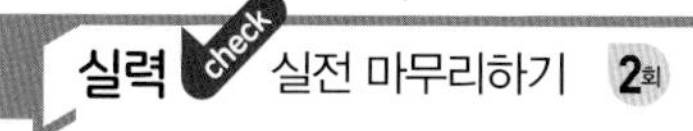

주어진 그래프에서 $f(0)=1$, $\lim_{x\to1+}f(x)=2$이므로

$f(0)+\lim_{x\to1+}f(x)=1+2=3$

2 0243 답 ⑤ 유형3

출제의도 | 다항함수의 극한값을 구할 수 있는지 확인한다.

$x\to2$일 때 극한값을 구해 보자.

$\lim_{x\to2}(x^2+5)=2^2+5=9$

3 0244 답 ② 유형3

출제의도 | 극한값이 존재할 조건을 알고 있는지 확인한다.

$\lim_{x\to1+}f(x)=\lim_{x\to1-}f(x)$일 때, $\lim_{x\to1}f(x)$의 값이 존재해.

$\lim_{x\to1+}f(x)=1-3a$, $\lim_{x\to1-}f(x)=-5$이므로

$1-3a=-5$에서 $a=2$

4 0245 답 ② 유형7

출제의도 | $\frac{0}{0}$ 꼴의 극한값을 구할 수 있는지 확인한다.

공통인수를 약분해 보자.

$\lim_{x\to0}\frac{x(x+2)}{x}=\lim_{x\to0}(x+2)=2$

5 0246 답 ③ 유형7

출제의도 | $\frac{0}{0}$ 꼴의 극한값을 구할 수 있는지 확인한다.

인수분해한 후 공통인수를 약분해 보자.

$\lim_{x\to4}\frac{x^2-x-12}{x-4}=\lim_{x\to4}\frac{(x-4)(x+3)}{x-4}=\lim_{x\to4}(x+3)=7$

6 0247 답 ④ 유형15

출제의도 | 치환을 이용하여 극한값을 구할 수 있는지 확인한다.

$5-x=t$로 치환해 보자.

주어진 그래프에서 $\lim_{x\to1-}f(x)=3$

$5-x=t$로 놓으면 $x\to2+$일 때 $t\to3-$이므로

$\lim_{x\to2+}f(5-x)=\lim_{t\to3-}f(t)=1$

$\therefore \lim_{x\to1-}f(x)+\lim_{x\to2+}f(5-x)=3+1=4$

7 0248 답 ⑤ 유형21

출제의도 | 함수의 극한의 대소 관계를 알고 있는지 확인한다.

$\lim_{x\to0}(-x^2+2x+5)$, $\lim_{x\to0}\left(\frac{1}{2}x^2+2x+5\right)$의 값을 구해 보자.

$-x^2+2x+5\le f(x)\le\frac{1}{2}x^2+2x+5$에서

$\lim_{x\to0}(-x^2+2x+5)=\lim_{x\to0}\left(\frac{1}{2}x^2+2x+5\right)=5$이므로

함수의 극한의 대소 관계에 의하여

$\lim_{x\to0}f(x)=5$

8 0249 답 ⑤ 유형 5

출제의도 | 함수의 극한에 대한 성질을 알고 있는지 확인한다.

$\lim_{x\to2}(x^2+x-6)f(x)$에서 x^2+x-6을 인수분해해 보자.

$$\lim_{x\to2}(x^2+x-6)f(x)=\lim_{x\to2}(x+3)(x-2)f(x)$$
$$=\lim_{x\to2}(x+3)\times\lim_{x\to2}(x-2)f(x)$$

이때 $\lim_{x\to2}(x-2)f(x)=1$이므로

$$\lim_{x\to2}(x+3)\times\lim_{x\to2}(x-2)f(x)=5\times1=5$$

9 0250 답 ③ 유형 8

출제의도 | $\frac{0}{0}$ 꼴의 극한값을 구할 수 있는지 확인한다.

무리식을 포함한 $\frac{0}{0}$ 꼴이므로 무리식이 포함된 부분을 유리화해 보자.

$$\lim_{x\to0}\left(\frac{2}{x}\times\frac{\sqrt{x+4}-2}{\sqrt{x+4}}\right)$$
$$=\lim_{x\to0}\left\{\frac{2}{x}\times\frac{(\sqrt{x+4}-2)(\sqrt{x+4}+2)}{\sqrt{x+4}(\sqrt{x+4}+2)}\right\}$$
$$=\lim_{x\to0}\left\{\frac{2}{x}\times\frac{x}{\sqrt{x+4}(\sqrt{x+4}+2)}\right\}$$
$$=\lim_{x\to0}\frac{2}{\sqrt{x+4}(\sqrt{x+4}+2)}$$
$$=\frac{2}{2\times4}$$
$$=\frac{1}{4}$$

10 0251 답 ① 유형 10

출제의도 | $\infty-\infty$ 꼴의 극한값을 구할 수 있는지 확인한다.

근호가 있는 부분을 유리화해 보자.

$$\lim_{x\to\infty}(\sqrt{x^2+ax+1}-bx)$$
$$=\lim_{x\to\infty}\frac{(\sqrt{x^2+ax+1}-bx)(\sqrt{x^2+ax+1}+bx)}{\sqrt{x^2+ax+1}+bx}$$
$$=\lim_{x\to\infty}\frac{x^2+ax+1-b^2x^2}{\sqrt{x^2+ax+1}+bx}$$

이때 극한값이 존재하기 위해서는 분자의 차수가 1, 즉 x^2의 계수가 0이어야 하므로 (→ (분자의 차수)=(분모의 차수))

$b^2=1$ $\quad\therefore b=\pm1$ ······ ㉠

$b^2=1$일 때 주어진 식은

$$\lim_{x\to\infty}\frac{ax+1}{\sqrt{x^2+ax+1}+bx}=\lim_{x\to\infty}\frac{a+\frac{1}{x}}{\sqrt{1+\frac{a}{x}+\frac{1}{x^2}}+b}$$
$$=\frac{a}{1+b}$$

즉, $\frac{a}{1+b}=\frac{1}{2}$이므로 $2a=1+b$

㉠에서 $b=1$이면 $a=1$이고, $b=-1$이면 $a=0$이다.

$\therefore ab=1$ ($\because ab\neq0$)

11 0252 답 ① 유형 13

출제의도 | 절댓값 기호를 포함한 함수의 극한값을 구할 수 있는지 확인한다.

절댓값 기호 안의 식의 값이 0이 되는 x의 값을 기준으로 구간을 나눠야 해.

함수 $f(x)=|x^2+x|$에서

$$f(x)=\begin{cases}x^2+x & (x\le-1,\ x\ge0)\\ -x^2-x & (-1<x<0)\end{cases}$$ 이므로

$$\lim_{x\to-1-}\frac{f(x)}{x+1}=\lim_{x\to-1-}\frac{x^2+x}{x+1}=\lim_{x\to-1-}\frac{x(x+1)}{x+1}$$
$$=\lim_{x\to-1-}x=-1$$
$$\lim_{x\to0-}\frac{f(x)}{x}=\lim_{x\to0-}\frac{-x^2-x}{x}=\lim_{x\to0-}\frac{-x(x+1)}{x}$$
$$=\lim_{x\to0-}(-x-1)=-1$$
$$\therefore \lim_{x\to-1-}\frac{f(x)}{x+1}+\lim_{x\to0-}\frac{f(x)}{x}=-1-1=-2$$

12 0253 답 ① 유형 16

출제의도 | 합성함수의 극한값을 구할 수 있는지 확인한다.

$f(x)=t$이면 $x\to0+$일 때 t가 어떻게 움직이는지 확인해야 해.

$f(x)=t$라 하면 $x\to0+$일 때 $t\to1+$이므로

$$\lim_{x\to0+}f(f(x))=\lim_{t\to1+}f(t)=-1$$

13 0254 답 ① 유형 17

출제의도 | 극한값이 존재하는 조건을 이용하여 유리식에서 미정계수를 구할 수 있는지 확인한다.

$x\to1$일 때, 극한값이 존재하고 (분모)$\to0$이므로 (분자)$\to0$이야.

$\lim_{x\to1}\frac{x^3+ax+b}{x-1}=4$에서 $x\to1$일 때, 극한값이 존재하고 (분모)$\to0$이므로 (분자)$\to0$이다.

즉, $\lim_{x\to1}(x^3+ax+b)=0$이므로

$1+a+b=0$ $\quad\therefore b=-a-1$ ······ ㉠

㉠을 주어진 식에 대입하면

$$\lim_{x\to1}\frac{x^3+ax-a-1}{x-1}=\lim_{x\to1}\frac{(x-1)(x^2+x+a+1)}{x-1}$$
$$=\lim_{x\to1}(x^2+x+a+1)$$
$$=a+3$$

즉, $a+3=4$에서 $a=1$

$a=1$을 ㉠에 대입하면 $b=-2$

$\therefore a-b=1-(-2)=3$

14 0255 답 ⑤ 유형 18

출제의도 | 극한값이 존재하는 조건을 이용하여 무리식이 포함된 식에서 미정계수를 구할 수 있는지 확인한다.

$x\to3$일 때, 극한값이 존재하고 (분모)$\to0$이면 (분자)$\to0$이야.

$\lim_{x \to 3} \frac{x^2-4x+a}{\sqrt{x+1}-2}=b$에서 $x \to 3$일 때, 극한값이 존재하고

(분모)$\to 0$이므로 (분자)$\to 0$이다.

즉, $\lim_{x \to 3}(x^2-4x+a)=0$이므로

$9-12+a=0 \quad \therefore a=3$

$a=3$을 주어진 식에 대입하면

$$\begin{aligned}\lim_{x \to 3} \frac{x^2-4x+3}{\sqrt{x+1}-2}&=\lim_{x \to 3} \frac{(x-3)(x-1)(\sqrt{x+1}+2)}{(\sqrt{x+1}-2)(\sqrt{x+1}+2)}\\&=\lim_{x \to 3} \frac{(x-3)(x-1)(\sqrt{x+1}+2)}{x-3}\\&=\lim_{x \to 3}(x-1)(\sqrt{x+1}+2)\\&=2\times 4=8\end{aligned}$$

$\therefore b=8$

$\therefore a+b=3+8=11$

15 0256 답 ④ 유형 19

출제의도 | $\frac{0}{0}$ 꼴의 극한값을 이용하여 다항함수 $f(x)$를 결정할 수 있는지 확인한다.

$\lim_{x \to 1} \frac{g(x)-2x}{x-1}$의 값이 존재하므로 $\lim_{x \to 1}\{g(x)-2x\}=0$이야.

$\lim_{x \to 1} \frac{g(x)-2x}{x-1}$의 값이 존재하고, $x \to 1$일 때, (분모)$\to 0$이므로

(분자)$\to 0$이다.

즉, $\lim_{x \to 1}\{g(x)-2x\}=0$이어야 하므로 $g(1)=2$

또, $f(x)+x-1=(x-1)g(x)$에서

$f(x)=(x-1)g(x)-(x-1)=(x-1)\{g(x)-1\}$

$$\begin{aligned}\therefore \lim_{x \to 1} \frac{f(x)g(x)}{x^2-1}&=\lim_{x \to 1} \frac{(x-1)\{g(x)-1\}g(x)}{(x-1)(x+1)}\\&=\lim_{x \to 1} \frac{\{g(x)-1\}g(x)}{x+1}\\&=\frac{\{g(1)-1\}g(1)}{2}\\&=\frac{(2-1)\times 2}{2}=1\end{aligned}$$

16 0257 답 ① 유형 19

출제의도 | $\frac{0}{0}$ 꼴의 극한값을 이용하여 다항함수 $f(x)$를 결정할 수 있는지 확인한다.

$f(4+x)=f(4-x)$이므로 이차함수 $f(x)$의 그래프는 직선 $x=4$에 대하여 대칭이야.

$f(4+x)=f(4-x)$에서 이차함수 $y=f(x)$의 그래프가 직선 $x=4$에 대하여 대칭이므로

$f(x)=a(x-4)^2+b$ ($a \neq 0$, a, b는 상수)로 놓을 수 있다.

↳ 포물선의 축이 직선 $x=4$이다.

$\lim_{x \to 2} \frac{f(x)}{x-2}=1$에서 $x \to 2$일 때, 극한값이 존재하고 (분모)$\to 0$이므로 (분자)$\to 0$이다.

즉, $\lim_{x \to 2} f(x)=0$에서 $f(2)=0$이므로

$4a+b=0 \quad \therefore b=-4a$ ······ ㉠

㉠을 주어진 식에 대입하면

$$\begin{aligned}\lim_{x \to 2} \frac{f(x)}{x-2}&=\lim_{x \to 2} \frac{a(x-4)^2-4a}{x-2}\\&=\lim_{x \to 2} \frac{a(x-2)(x-6)}{x-2}\\&=\lim_{x \to 2} a(x-6)=-4a\end{aligned}$$

즉, $-4a=1$이므로 $a=-\frac{1}{4}$

$a=-\frac{1}{4}$을 ㉠에 대입하면 $b=1$

따라서 $f(x)=-\frac{1}{4}(x-4)^2+1$이므로

$f(0)=-4+1=-3$

17 0258 답 ② 유형 20

출제의도 | $\frac{\infty}{\infty}$ 꼴에서 극한값을 이용하여 다항함수 $f(x)$를 결정할 수 있는지 확인한다.

$\frac{\infty}{\infty}$ 꼴의 극한값이 존재하려면 (분자의 차수)=(분모의 차수)이고, 극한값은 최고차항의 계수의 비임을 이용하면 함수 $f(x)$를 나타낼 수 있어.

$\lim_{x \to \infty} \frac{f(x)}{x^2}=2$이므로 다항함수 $f(x)$는 이차항의 계수가 2인 이차함수이다.

$\lim_{x \to 2} \frac{f(x)}{x-2}=6$에서 $x \to 2$일 때, 극한값이 존재하고 (분모)$\to 0$이므로 (분자)$\to 0$이다.

즉, $\lim_{x \to 2} f(x)=0$에서 $f(2)=0$이므로 $f(x)$는 $x-2$를 인수로 갖는다.

즉, $f(x)=2(x-2)(x-p)$ (p는 상수)로 놓으면

$$\begin{aligned}\lim_{x \to 2} \frac{f(x)}{x-2}&=\lim_{x \to 2} \frac{2(x-2)(x-p)}{x-2}\\&=\lim_{x \to 2} 2(x-p)=4-2p\end{aligned}$$

즉, $4-2p=6$에서 $2p=-2 \quad \therefore p=-1$

따라서 $f(x)=2(x-2)(x+1)$이므로

$f(4)=2\times 2\times 5=20$

18 0259 답 ⑤ 유형 20

출제의도 | $\frac{\infty}{\infty}$ 꼴에서 극한값을 이용하여 다항함수 $f(x)$를 결정할 수 있는지 확인한다.

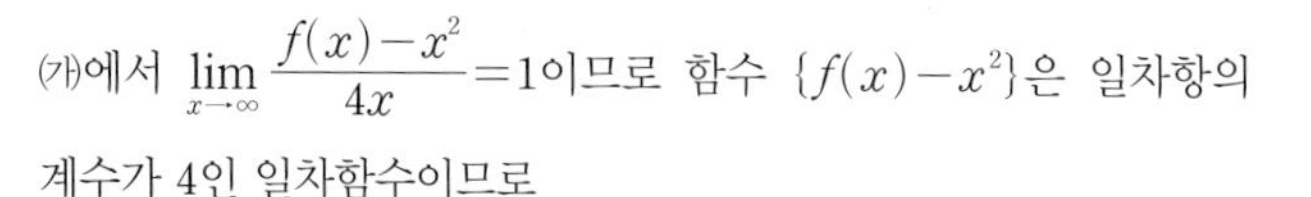

(가)에서 $\lim_{x \to \infty} \frac{f(x)-x^2}{4x}=1$이므로 함수 $\{f(x)-x^2\}$은 일차항의 계수가 4인 일차함수이므로

$f(x)=x^2+4x+k$ (k는 상수)로 놓을 수 있다.

(나)에서 $\lim_{x \to 2} \frac{f(x)-1}{x-2}=\alpha$이고 $x \to 2$일 때, 극한값이 존재하고 (분모)$\to 0$이므로 (분자)$\to 0$이다.

즉, $\lim_{x \to 2}\{f(x)-1\}=0$에서 $f(2)-1=0 \quad \therefore f(2)=1$

$f(2)=4+8+k=1 \quad \therefore k=-11$

따라서 $f(x)=x^2+4x-11$이므로 (나)의 식에 대입하면

$$\lim_{x\to2}\frac{x^2+4x-12}{x-2}=\lim_{x\to2}\frac{(x+6)(x-2)}{x-2}=\lim_{x\to2}(x+6)=8$$

$\therefore a=8$

19 0260 답 ⑤

유형 20 + 유형 21

출제의도 | 함수의 극한의 대소 관계를 알고 있는지 확인한다.

(가)에서 각 변을 x^2으로 나누어 보자.

(가)에서 부등식의 각 변을 x^2으로 나누면

$$\frac{2x^2-5}{x^2}\le\frac{f(x)}{x^2}\le\frac{2x^2+2}{x^2}$$ → $x^2>0$이므로 부등호 방향은 바뀌지 않는다.

이때 $\lim_{x\to\infty}\frac{2x^2-5}{x^2}=\lim_{x\to\infty}\frac{2x^2+2}{x^2}=2$이므로

함수의 극한의 대소 관계에 의하여 $\lim_{x\to\infty}\frac{f(x)}{x^2}=2$

따라서 다항함수 $f(x)$는 최고차항의 계수가 2인 이차함수이다.

(나)에서 $x\to1$일 때, 극한값이 존재하고 (분모)→0이므로 (분자)→0이다.

즉, $\lim_{x\to1}f(x)=0$에서 $f(1)=0$이므로 $f(x)$는 $x-1$을 인수로 갖는다.

$f(x)=2(x-1)(x+a)$ (a는 상수)로 놓고

$f(x)$를 (나)의 식에 대입하면

$$\lim_{x\to1}\frac{f(x)}{x^2+2x-3}=\lim_{x\to1}\frac{2(x-1)(x+a)}{(x-1)(x+3)}=\lim_{x\to1}\frac{2(x+a)}{x+3}=\frac{1+a}{2}$$

즉, $\frac{1+a}{2}=\frac{1}{4}$이므로 $a=-\frac{1}{2}$

따라서 $f(x)=2(x-1)\left(x-\frac{1}{2}\right)$이므로

$f(3)=2\times2\times\frac{5}{2}=10$

20 0261 답 ②

유형 23

출제의도 | 원에서 함수의 극한을 이용하여 극한값을 구할 수 있는지 확인한다.

점 Q의 좌표를 찾아서 삼각형 PQR의 넓이를 한 문자로 표현해.

$P(\alpha, \beta)$이므로 점 Q의 좌표는 $Q(-\alpha, \beta)$이고

삼각형 PQR의 넓이 $S(\alpha)$는

$S(\alpha)=\frac{1}{2}\times2\alpha\times\beta=\alpha\beta$

점 P는 $x^2+y^2=1$ 위의 점이므로

$\alpha^2+\beta^2=1 \qquad \therefore \beta=\sqrt{1-\alpha^2}\ (\because \beta>0)$

즉, $S(\alpha)=\alpha\beta=\alpha\sqrt{1-\alpha^2}$이므로

$$\lim_{\alpha\to1-}\frac{S(\alpha)}{\sqrt{1-\alpha}}=\lim_{\alpha\to1-}\frac{\alpha\sqrt{1-\alpha^2}}{\sqrt{1-\alpha}}=\lim_{\alpha\to1-}\frac{\alpha\sqrt{(1-\alpha)(1+\alpha)}}{\sqrt{1-\alpha}}=\lim_{\alpha\to1-}\alpha\sqrt{1+\alpha}=\sqrt{2}$$

21 0262 답 ③

유형 8 + 유형 19

출제의도 | $\frac{0}{0}$ 꼴의 극한값을 이용하여 다항함수 $f(x)$를 결정할 수 있는지 확인한다.

(가)에서 모든 실수 a에 대하여 극한값이 존재하므로
$a=2$ 또는 $a=-2$일 때에도 극한값이 존재해.

(가)에서 모든 실수 a에 대하여 $\lim_{x\to a}\frac{f(x)-5x}{x^2-4}$의 값이 존재하므로

$a=2$ 또는 $a=-2$일 때도 성립한다.

$x\to2$일 때, 극한값이 존재하고 (분모)→0이므로 (분자)→0

$x\to-2$일 때, 극한값이 존재하고 (분모)→0이므로 (분자)→0

즉, $\lim_{x\to2}\{f(x)-5x\}=0$, $\lim_{x\to-2}\{f(x)-5x\}=0$에서

$f(x)-5x$는 $x-2$, $x+2$를 인수로 갖는다.

따라서 $f(x)-5x=(x+2)(x-2)g(x)$ ($g(x)$는 다항식)로 놓으면

→ $f(x)$는 이차 이상의 다항식이다.

(나)에서

$$\lim_{x\to\infty}(\sqrt{f(x)}-3x+1)=\lim_{x\to\infty}\{\sqrt{f(x)}-(3x-1)\}$$
$$=\lim_{x\to\infty}\frac{\{\sqrt{f(x)}-(3x-1)\}\{\sqrt{f(x)}+(3x-1)\}}{\sqrt{f(x)}+(3x-1)}$$
$$=\lim_{x\to\infty}\frac{f(x)-(3x-1)^2}{\sqrt{f(x)}+3x-1}$$

이 값이 존재하기 위해서는 분모의 차수가 분자의 차수보다 크거나 같아야 하므로 함수 $f(x)$는 x^2의 계수가 9인 이차함수이어야 한다.

→ $f(x)$의 차수가 3 이상이면 극한값이 존재하지 않는다.

따라서 $f(x)-5x=9(x+2)(x-2)$이므로

$f(x)=9x^2+5x-36$

$\therefore f(3)=81+15-36=60$

22 0263 답 5

유형 14

출제의도 | 가우스 기호를 포함한 함수의 극한값을 구할 수 있는지 확인한다.

STEP 1 가우스 함수의 성질 이용하기 [1점]

$\lim_{x\to n+}[x]=n$, $\lim_{x\to n-}[x]=n-1$

STEP 2 극한값이 존재할 조건을 이용하여 n의 값 구하기 [3점]

$\lim_{x\to n}\frac{[x]^2+2x}{[x]}=k$에서 우극한과 좌극한을 구하면

$$\lim_{x\to n+}\frac{[x]^2+2x}{[x]}=\frac{n^2+2n}{n}=n+2$$

$$\lim_{x\to n-}\frac{[x]^2+2x}{[x]}=\frac{(n-1)^2+2n}{n-1}$$

이때 극한값이 존재하므로

$$n+2=\frac{(n-1)^2+2n}{n-1}$$

$(n-1)^2+2n=(n-1)(n+2)$

$n^2+1=n^2+n-2 \qquad \therefore n=3$

STEP 3 n의 값을 이용하여 실수 k의 값 구하기 [2점]

$n=3$을 대입하면

$$\lim_{x\to3-}\frac{[x]^2+2x}{[x]}=\lim_{x\to3+}\frac{[x]^2+2x}{[x]}=5$$

$\therefore k=5$

23 0264 답 $-\frac{5}{3}$

유형 15

출제의도 | 치환을 이용하여 극한값을 구할 수 있는지 확인한다.

STEP 1 $x-1=t$로 치환하면 $x\to1$일 때 $t\to0$임을 이용하기 [1점]

$x-1=t$로 놓으면 $x\to1$일 때 $t\to0$이고

$\lim_{x\to0}\frac{f(x)}{x}=5$에서 $\lim_{t\to0}\frac{f(t)}{t}=5$

STEP 2 극한값 구하기 [5점]

$$\begin{aligned}\lim_{x\to1}\frac{(x-1)^2+f(x-1)}{x^2-1-f(x-1)}&=\lim_{x\to1}\frac{(x-1)^2+f(x-1)}{(x-1)(x+1)-f(x-1)}\\&=\lim_{t\to0}\frac{t^2+f(t)}{t(t+2)-f(t)}\\&=\lim_{t\to0}\frac{t+\frac{f(t)}{t}}{t+2-\frac{f(t)}{t}}\\&=\frac{0+5}{2-5}=-\frac{5}{3}\end{aligned}$$

24 0265 답 0

유형 19

출제의도 | $\frac{0}{0}$ 꼴의 극한값을 이용하여 다항함수 $f(x)$를 결정할 수 있는지 확인한다.

STEP 1 $x\to0$일 때, 극한값이 존재하고 (분모)$\to0$임을 이용하기 [1점]

$\lim_{x\to0}\frac{f(x)}{x}=a$에서 $x\to0$일 때, 극한값이 존재하고 (분모)$\to0$이므로 (분자)$\to0$이다.

즉, $\lim_{x\to0}f(x)=0$에서 $f(0)=0$이다.

STEP 2 $x\to1$일 때, 극한값이 존재하고 (분모)$\to0$임을 이용하기 [1점]

$\lim_{x\to1}\frac{f(x)+x^2}{x-1}=a+1$에서 $x\to1$일 때, 극한값이 존재하고 (분모)$\to0$이므로 (분자)$\to0$이다.

즉, $\lim_{x\to1}\{f(x)+x^2\}=0$에서 $f(1)+1=0$ $\quad\therefore f(1)=-1$

STEP 3 삼차함수 $f(x)$ 구하기 [4점]

$f(x)=x^3+ax^2+bx$ (a, b는 상수)로 놓으면 → $f(0)=0$이므로 상수항은 0이다.

$f(1)=1+a+b=-1$이므로 $b=-a-2$

$\therefore f(x)=x^3+ax^2-(a+2)x$ ······ ㉠

㉠을 $\lim_{x\to0}\frac{f(x)}{x}$에 대입하면

$$\lim_{x\to0}\frac{x^3+ax^2-(a+2)x}{x}=\lim_{x\to0}(x^2+ax-a-2)=-a-2$$

즉, $a=-a-2$이다. ······ ㉡

㉠을 $\lim_{x\to1}\frac{f(x)+x^2}{x-1}$에 대입하면

$$\begin{aligned}\lim_{x\to1}\frac{x^3+(a+1)x^2-(a+2)x}{x-1}&=\lim_{x\to1}\frac{x(x-1)(x+a+2)}{x-1}\\&=\lim_{x\to1}x(x+a+2)=a+3\end{aligned}$$

즉, $a+3=\alpha+1$이므로 $\alpha=a+2$ ······ ㉢

㉡, ㉢을 연립하여 풀면 $a=-2$, $\alpha=0$

STEP 4 $f(2)$의 값 구하기 [1점]

$f(x)=x^3-2x^2$이므로

$f(2)=8-8=0$

25 0266 답 $\frac{\alpha^2\beta^3}{\gamma}$

유형 24

출제의도 | 함수의 극한에 대한 성질을 활용할 수 있는지 확인한다.

STEP 1 $\lim_{x\to a}\{f(x)\}^2=\alpha$, $\lim_{x\to a}\frac{g(x)}{f(x)}=\beta$를 이용하여 $\lim_{x\to a}f(x)g(x)$와 $\lim_{x\to a}\{g(x)\}^2$의 값을 구하기 [3점]

(다)에 의하여

$$\lim_{x\to a}\{f(x)\}^2\times\lim_{x\to a}\frac{g(x)}{f(x)}=\lim_{x\to a}f(x)g(x)=\alpha\beta$$

$$\lim_{x\to a}\frac{g(x)}{f(x)}\times\lim_{x\to a}\frac{g(x)}{f(x)}=\lim_{x\to a}\left\{\frac{g(x)}{f(x)}\right\}^2=\beta^2$$

$$\lim_{x\to a}\{f(x)\}^2\times\lim_{x\to a}\left\{\frac{g(x)}{f(x)}\right\}^2=\lim_{x\to a}\{g(x)\}^2=\alpha\beta^2$$

STEP 2 **STEP 1** 과 $\lim_{x\to a}\{g(x)\}^3=\gamma$를 이용하여 $\lim_{x\to a}g(x)$의 값을 구하기 [2점]

(라)에 의하여

$$\frac{\lim_{x\to a}\{g(x)\}^3}{\lim_{x\to a}\{g(x)\}^2}=\lim_{x\to a}\frac{\{g(x)\}^3}{\{g(x)\}^2}=\lim_{x\to a}g(x)=\frac{\gamma}{\alpha\beta^2}$$

STEP 3 **STEP 1** 과 **STEP 2** 를 이용하여 $\lim_{x\to a}f(x)$의 값을 구하기 [2점]

(라)에 의하여

$$\begin{aligned}\lim_{x\to a}f(x)&=\lim_{x\to a}\frac{f(x)g(x)}{g(x)}\\&=\frac{\lim_{x\to a}f(x)g(x)}{\lim_{x\to a}g(x)}\\&=\frac{\alpha\beta}{\frac{\gamma}{\alpha\beta^2}}=\frac{\alpha^2\beta^3}{\gamma}\end{aligned}$$

02 함수의 연속

핵심 개념 62쪽~63쪽

0267 답 연속

$f(1)=-1$

$$\lim_{x\to1}f(x)=\lim_{x\to1}\frac{x^2-3x+2}{x-1}=\lim_{x\to1}\frac{(x-1)(x-2)}{x-1}=\lim_{x\to1}(x-2)=-1$$

따라서 $\lim_{x\to1}f(x)=f(1)$이므로 함수 $f(x)$는 $x=1$에서 연속이다.

0268 답 3

주어진 함수 $f(x)$가 실수 전체의 집합에서 연속이므로 $x=1$에서 연속이다.

즉, $\lim_{x\to1-}f(x)=\lim_{x\to1+}f(x)=f(1)$이 성립해야 한다.

$f(1)=1-2+a=a-1$

$\lim_{x\to1-}(x+1)=2$

$\lim_{x\to1+}(x^2-2x+a)=a-1$

즉, $2=a-1$이므로 $a=3$

0269 답 (1) $(-\infty, \infty)$ (2) $(-\infty, 2)$, $(2, \infty)$
(3) $(-\infty, 1)$, $(1, 2)$, $(2, \infty)$ (4) $(-\infty, 2]$

(1) 함수 $f(x)=x+1$은 다항함수이므로 모든 실수, 즉 구간 $(-\infty, \infty)$에서 연속이다.

(2) 함수 $f(x)=\frac{x+4}{x-2}$는 $x\neq2$일 때, 즉 구간 $(-\infty, 2)$, $(2, \infty)$에서 연속이다.

(3) 함수 $f(x)=\frac{x+4}{x^2-3x+2}$는 $x^2-3x+2\neq0$일 때, 즉 $x\neq1$, $x\neq2$에서 연속이므로 구간 $(-\infty, 1)$, $(1, 2)$, $(2, \infty)$에서 연속이다.

(4) 함수 $f(x)=\sqrt{6-3x}$는 $6-3x\geq0$일 때, 즉 $x\leq2$에서 연속이므로 구간 $(-\infty, 2]$에서 연속이다.

참고 각 함수의 그래프는 그림과 같다.

(1)
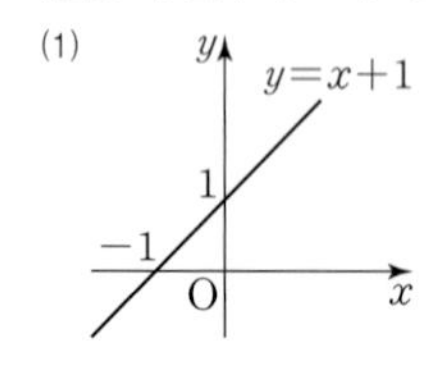

(2)
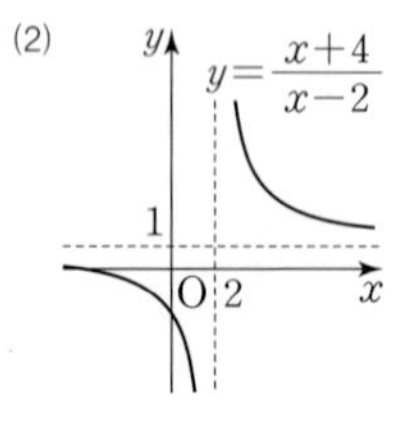

(4)
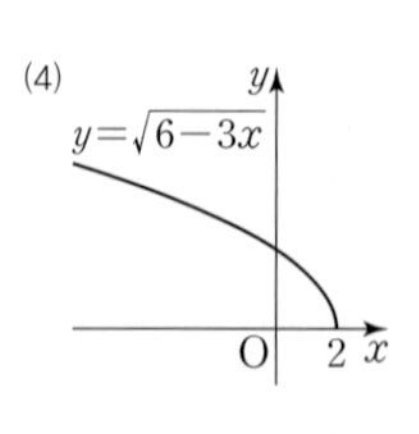

0270 답 (1) $(-\infty, \infty)$ (2) $\left(-\infty, -\frac{1}{3}\right)$, $\left(-\frac{1}{3}, \infty\right)$

(1) $f(x)+g(x)=x^2+2x+3x+1=x^2+5x+1$

따라서 $f(x)+g(x)$는 다항함수이므로 모든 실수, 즉 구간 $(-\infty, \infty)$에서 연속이다.

(2) $\frac{f(x)}{g(x)}=\frac{x^2+2x}{3x+1}$

따라서 $\frac{f(x)}{g(x)}$는 $3x+1\neq0$, 즉 $x\neq-\frac{1}{3}$인 모든 실수에서 연속이므로 구간 $\left(-\infty, -\frac{1}{3}\right)$, $\left(-\frac{1}{3}, \infty\right)$에서 연속이다.

0271 답 (1) 최댓값 : 5, 최솟값 : 1 (2) 최댓값 : 8, 최솟값 : -1

(1) 함수 $f(x)=2x+1$은 닫힌구간 $[0, 2]$에서 연속이고, 함수 $y=f(x)$의 그래프는 그림과 같다.

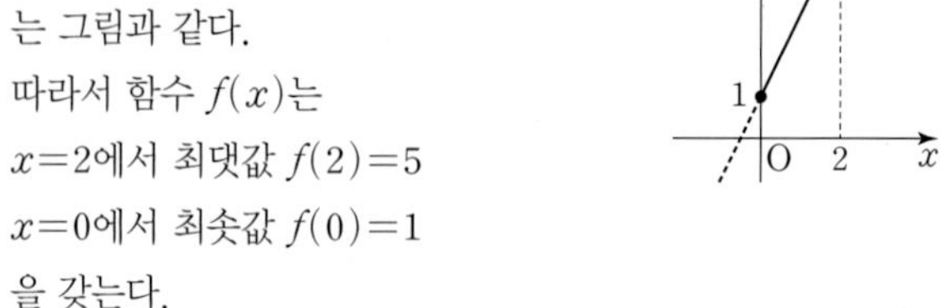

따라서 함수 $f(x)$는
$x=2$에서 최댓값 $f(2)=5$
$x=0$에서 최솟값 $f(0)=1$
을 갖는다.

(2) 함수 $f(x)=x^2+4x+3$은 닫힌구간 $[-2, 1]$에서 연속이고, 함수 $y=f(x)$의 그래프는 그림과 같다.

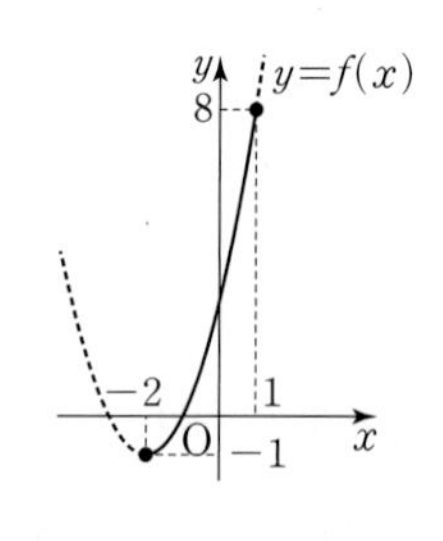

따라서 함수 $f(x)$는
$x=1$에서 최댓값 $f(1)=8$
$x=-2$에서 최솟값 $f(-2)=-1$
을 갖는다.

0272 답 (1) 최댓값 : 1, 최솟값 : $\frac{1}{2}$ (2) 최댓값 : 3, 최솟값 : 2

(1) 함수 $f(x)=\frac{3}{x+1}$은 닫힌구간 $[2, 5]$에서 연속이고, 함수 $y=f(x)$의 그래프는 그림과 같다.

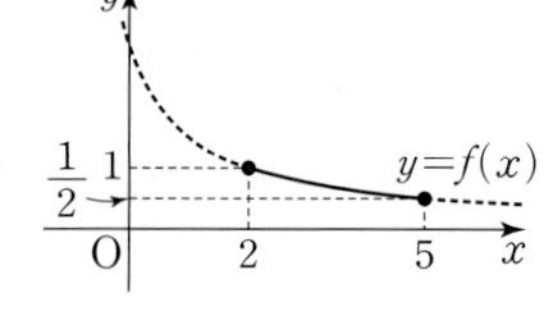

따라서 함수 $f(x)$는
$x=2$에서 최댓값 $f(2)=1$
$x=5$에서 최솟값 $f(5)=\frac{1}{2}$
을 갖는다.

(2) 함수 $f(x)=\sqrt{x+2}$는 닫힌구간 $[2, 7]$에서 연속이고, 함수 $y=f(x)$의 그래프는 그림과 같다.

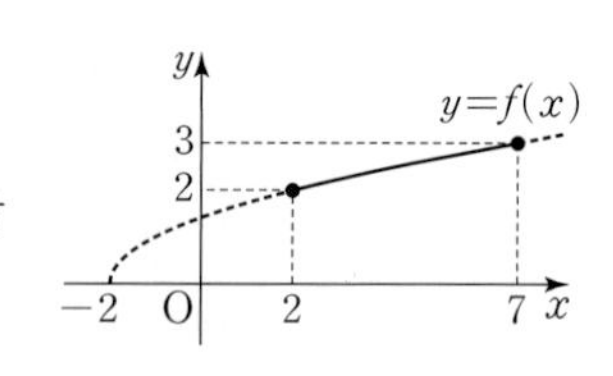

따라서 함수 $f(x)$는
$x=7$에서 최댓값 $f(7)=3$
$x=2$에서 최솟값 $f(2)=2$
를 갖는다.

0273 답 풀이 참조

$f(x)=x^3-4x+2$라 하면

함수 $f(x)$는 닫힌구간 $[1, 2]$에서 연속이고

$f(1)=-1<0$, $f(2)=2>0$이므로

사잇값의 정리에 의하여 $f(c)=0$인 c가 열린구간 $(1, 2)$에서 적어도 하나 존재한다.

따라서 방정식 $x^3-4x+2=0$이 구간 $(1, 2)$에서 적어도 하나의 실근을 갖는다.

0274 답 $a<0$

$f(x)=x^2-ax-1$이라 하면

함수 $f(x)$는 닫힌구간 $[0, 1]$에서 연속이고

$f(0)=-1$, $f(1)=-a$

이때 $f(0)f(1)<0$이면 사잇값의 정리에 의하여 $f(c)=0$인 c가 0과 1 사이에 적어도 하나 존재하므로 방정식 $x^2-1=ax$가 0과 1 사이에서 적어도 하나의 실근을 갖는다.

$f(0)f(1)=(-1)\times(-a)<0$

$\therefore a<0$

64쪽~92쪽

0275 답 ③

$(f\circ g)(2)=f(g(2))=f(1)=7$

$(g\circ f)(2)=g(f(2))=g(12)=-9$

$\therefore (f\circ g)(2)-(g\circ f)(2)=7-(-9)=16$

0276 답 ①

$g(-1)=-2-3=-5$이므로

$(f\circ g)(-1)=f(g(-1))=f(-5)=11$

0277 답 -1

$(f\circ g)(3)=5$이므로

$(f\circ g)(3)=f(g(3))=f(2)=4-a$

즉, $4-a=5$이므로 $a=-1$

0278 답 -7

함수 $f(x)$는 주기가 3이므로 $f(x+3)=f(x)$

$f(19)=f(16)=f(13)=\cdots=f(1)=-3$

$f(8)=f(5)=f(2)=4$

$\therefore f(19)-f(8)=-3-4=-7$

0279 답 ②

$f(x)=f(x+4)$이므로

$f(21)=f(17)=f(13)=\cdots=f(1)=-2$

0280 답 ②

$f(x)=f(x+2)$이므로

$f(16)=f(14)=f(12)=\cdots=f(0)=1$

$f(11)=f(9)=f(7)=\cdots=f(1)=2$

$\therefore f(16)-f(11)=1-2=-1$

0281 답 ③ | 유형1

모든 실수 x에서 연속인 함수인 것만을 〈보기〉에서 있는 대로 고른 것은? 단서1

〈보기〉

ㄱ. $f(x)=\begin{cases} x-1 & (x\ge0) \\ -1 & (x<0) \end{cases}$

ㄴ. $f(x)=\begin{cases} x^2-x & (x\ge1) \\ 0 & (x<1) \end{cases}$

ㄷ. $f(x)=\begin{cases} x^2-x+1 & (x>2) \\ 2 & (x\le2) \end{cases}$

① ㄱ ② ㄴ ③ ㄱ, ㄴ

④ ㄱ, ㄷ ⑤ ㄱ, ㄴ, ㄷ

단서1 모든 실수 x에서 $\lim_{x\to a}f(x)=f(a)$

STEP1 **함수가 연속일 조건을 이용하여 모든 실수 x에서 연속인 함수 찾기**

ㄱ. 함수 $f(x)=\begin{cases} x-1 & (x\ge0) \\ -1 & (x<0) \end{cases}$은 $a\ne0$인 모든 실수 a에서

$\lim_{x\to a}f(x)=f(a)$를 만족시키므로 $x\ne0$인 모든 실수에서 연속이다.

이때 $x=0$에서 $f(0)=-1$이고

$\lim_{x\to0+}f(x)=\lim_{x\to0+}(x-1)=-1$

$\lim_{x\to0-}f(x)=\lim_{x\to0-}(-1)=-1$

즉, $\lim_{x\to0+}f(x)=\lim_{x\to0-}f(x)=f(0)$이므로

$x=0$에서도 연속이다.

따라서 함수 $f(x)$는 모든 실수 x에서 연속이다.

ㄴ. 함수 $f(x)=\begin{cases} x^2-x & (x\ge1) \\ 0 & (x<1) \end{cases}$은 $a\ne1$인 모든 실수 a에서

$\lim_{x\to a}f(x)=f(a)$를 만족시키므로 $x\ne1$인 모든 실수에서 연속이다.

이때 $x=1$에서 $f(1)=1-1=0$이고

$\lim_{x\to1+}f(x)=\lim_{x\to1+}(x^2-x)=0$

$\lim_{x\to1-}f(x)=\lim_{x\to1-}0=0$

즉, $\lim_{x\to1+}f(x)=\lim_{x\to1-}f(x)=f(1)$이므로

$x=1$에서도 연속이다.

따라서 함수 $f(x)$는 모든 실수 x에서 연속이다.

STEP2 **극한값이 존재하는지 확인하여 모든 실수 x에서 연속인 함수 찾기**

ㄷ. 함수 $f(x)=\begin{cases} x^2-x+1 & (x>2) \\ 2 & (x\le2) \end{cases}$는 $x=2$에서

→ 함수 $f(x)$는 $x\ne2$인 모든 실수에서 연속이다.

$\lim_{x\to2+}f(x)=\lim_{x\to2+}(x^2-x+1)=3$

$\lim_{x\to2-}f(x)=\lim_{x\to2-}2=2$

즉, $\lim_{x\to2}f(x)$의 값이 존재하지 않으므로

$x=2$에서 불연속이다.

따라서 모든 실수 x에서 연속인 함수는 ㄱ, ㄴ이다.

0282 답 ③

ㄱ. 함수 $f(x)=x+1$은 임의의 실수 a에 대하여

$\lim_{x \to a} f(x)=f(a)$를 만족시키므로 모든 실수 x에서 연속이다.

ㄴ. 함수 $f(x)=x^2$은 임의의 실수 a에 대하여

$\lim_{x \to a} f(x)=f(a)$를 만족시키므로 모든 실수 x에서 연속이다.

ㄷ. 함수 $f(x)=\frac{1}{x}$은 $x=0$에서 정의되지 않으므로

$x=0$에서 불연속이다.

따라서 모든 실수 x에서 연속인 함수는 ㄱ, ㄴ이다.

0283 답 5

$f(x)=\frac{x+4}{x^2-5x+6}$에서 $x^2-5x+6=0$인 x의 값에서 함수 $f(x)$가 정의되지 않는다.

→ (분모)$=0$인 점에서 정의되지 않는다.

$x^2-5x+6=0$, $(x-2)(x-3)=0$

$\therefore x=2$ 또는 $x=3$

따라서 함수 $f(x)$는 $x=2$, $x=3$에서 불연속이다.

$\therefore a+b=2+3=5$

0284 답 ①

$f(x)=\frac{x+2}{x^2-4}$에서 $x^2-4=0$인 x의 값에서 함수 $f(x)$가 정의되지 않는다.

→ (분모)$=0$인 점에서 정의되지 않는다.

$x^2-4=0$, $(x+2)(x-2)=0$

$\therefore x=-2$ 또는 $x=2$

즉, 함수 $f(x)$는 $x=-2$, $x=2$에서 불연속이다.

따라서 함수 $f(x)$가 불연속이 되는 모든 실수 a의 값의 합은

$-2+2=0$

0285 답 ④

$f(x)=2-\frac{1}{x-\frac{1}{x}}=2-\frac{x}{x^2-1}$에서

$x=0$, $x^2-1=0$인 x의 값에서 함수 $f(x)$가 정의되지 않는다.

$x=0$, $x^2-1=0$에서 $x=-1$, $x=0$, $x=1$

따라서 함수 $f(x)$가 불연속이 되는 x의 값의 개수는 3이다.

실수 Check

함수 $f(x)$가 분수 꼴이므로 (분모)$=0$인 점에서 함수가 정의되지 않는다.
이때 $x-\frac{1}{x}=0$, 즉, $x^2-1=0$이 되는 x의 값뿐만 아니라 $\frac{1}{x}$에서의 분모인 x가 0이 되는 $x=0$에서도 함수 $f(x)$가 정의되지 않음을 고려해야 한다.

0286 답 ④

ㄱ. 함수 $f(x)=\begin{cases} \frac{x^2}{x} & (x\neq0) \\ 0 & (x=0) \end{cases}$은 $a\neq0$인 모든 실수 a에서

$\lim_{x \to a} f(x)=f(a)$를 만족시키므로 $x\neq0$인 모든 실수에서 연속이다.

이때 $x=0$에서 $f(0)=0$이고

$\lim_{x \to 0} f(x)=\lim_{x \to 0} \frac{x^2}{x}=\lim_{x \to 0} x=0$

즉, $\lim_{x \to 0} f(x)=f(0)$이므로 $x=0$에서도 연속이다.

따라서 함수 $f(x)$는 모든 실수 x에서 연속이다.

ㄴ. 함수 $f(x)=\begin{cases} \frac{(x-1)(x-2)}{x-1} & (x\neq1) \\ 1 & (x=1) \end{cases}$은 $x=1$에서 $f(1)=1$

이고 $\lim_{x \to 1} f(x)=\lim_{x \to 1} \frac{(x-1)(x-2)}{x-1}=\lim_{x \to 1} (x-2)=-1$

즉, $\lim_{x \to 1} f(x)\neq f(1)$이므로 $x=1$에서 불연속이다.

ㄷ. 함수 $f(x)=\begin{cases} \frac{x^3-1}{x-1} & (x\neq1) \\ 3 & (x=1) \end{cases}$은 $a\neq1$인 모든 실수 a에서

$\lim_{x \to a} f(x)=f(a)$를 만족시키므로 $x\neq1$인 모든 실수에서 연속이다.

이때 $x=1$에서 $f(1)=3$이고

$\lim_{x \to 1} f(x)=\lim_{x \to 1} \frac{(x-1)(x^2+x+1)}{x-1}=\lim_{x \to 1} (x^2+x+1)=3$

즉, $\lim_{x \to 1} f(x)=f(1)$이므로 $x=1$에서도 연속이다.

따라서 함수 $f(x)$는 모든 실수 x에서 연속이다.

그러므로 모든 실수 x에서 연속인 함수는 ㄱ, ㄷ이다.

0287 답 ③

ㄱ. 함수 $f(x)=\begin{cases} |x-1| & (x\geq1) \\ x^2+x-2 & (x<1) \end{cases}$는 $a\neq1$인 모든 실수 a에서

$\lim_{x \to a} f(x)=f(a)$를 만족시키므로 $x\neq1$인 모든 실수에서 연속이다.

이때 $x=1$에서 $f(1)=0$이고

$\lim_{x \to 1+} f(x)=\lim_{x \to 1+} |x-1|=0$

$\lim_{x \to 1-} f(x)=\lim_{x \to 1-} (x^2+x-2)=0$

즉, $\lim_{x \to 1+} f(x)=\lim_{x \to 1-} f(x)=f(1)$이므로 $x=1$에서도 연속이다.

따라서 함수 $f(x)$는 모든 실수 x에서 연속이다.

ㄴ. 함수 $f(x)=\begin{cases} \frac{x-1}{|x-1|} & (x<1) \\ -1 & (x\geq1) \end{cases}$에서 $a\neq1$인 모든 실수 a에서

$\lim_{x \to a} f(x)=f(a)$를 만족시키므로 $x\neq1$인 모든 실수에서 연속이다.

이때 $x=1$에서 $f(1)=-1$이고

$\lim_{x \to 1+} f(x)=-1$

$\lim_{x \to 1-} f(x)=\lim_{x \to 1-} \frac{x-1}{-(x-1)}=-1$

즉, $\lim_{x \to 1+} f(x)=\lim_{x \to 1-} f(x)=f(1)$이므로 $x=1$에서도 연속이다.

따라서 함수 $f(x)$는 모든 실수 x에서 연속이다.

ㄷ. 함수 $f(x)=\begin{cases} \frac{|x^2-x|}{x} & (x\neq0) \\ 0 & (x=0) \end{cases}$은 $x=0$에서 $f(0)=0$이고

$\lim_{x \to 0+} \frac{|x^2-x|}{x}=\lim_{x \to 0+} \frac{-(x^2-x)}{x}=\lim_{x \to 0+} (-x+1)=1$

$\lim_{x\to 0-}\frac{|x^2-x|}{x}=\lim_{x\to 0-}\frac{x^2-x}{x}=\lim_{x\to 0-}(x-1)=-1$

즉, $\lim_{x\to 0+}f(x)\neq\lim_{x\to 0-}f(x)$에서 $\lim_{x\to 0}f(x)$의 값이 존재하지 않으므로 $x=0$에서 불연속이다.

따라서 모든 실수 x에서 연속인 함수는 ㄱ, ㄴ이다.

0288 답 ④

| 유형2

닫힌구간 $[-2, 3]$에서 정의된 함수 $y=f(x)$의 그래프가 그림과 같다.

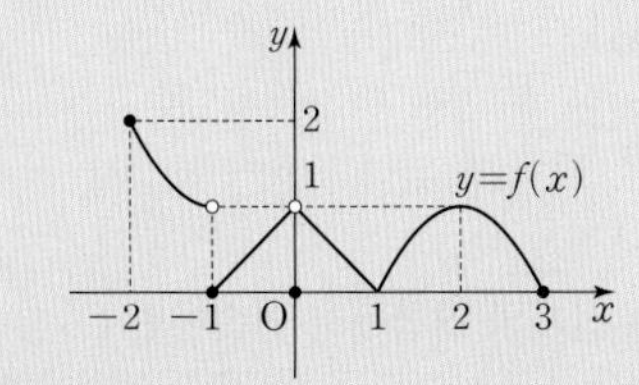

〈보기〉에서 옳은 것만을 있는 대로 고른 것은?

〈보기〉

ㄱ. $\lim_{x\to 0}f(x)$의 값이 존재한다.

ㄴ. $1<a<3$인 실수 a에 대하여 $\lim_{x\to a}f(x)=f(a)$이다. (단서1)

ㄷ. 함수 $f(x)$가 불연속인 x의 값은 3개이다. (단서2)

① ㄱ　② ㄴ　③ ㄷ　④ ㄱ, ㄴ　⑤ ㄴ, ㄷ

단서1 $1<x<3$에서 연속인지 확인

단서2 그래프가 끊어져 있는 지점 확인

STEP1 함수의 그래프에서 극한값 구하기

ㄱ. $x\to 0$일 때, $\lim_{x\to 0+}f(x)=\lim_{x\to 0-}f(x)=1$이므로 $\lim_{x\to 0}f(x)$의 값이 존재한다. (참)

STEP2 함수의 연속 조건 이용하기

ㄴ. 함수 $f(x)$는 $1<x<3$에서 연속이므로 $1<a<3$인 실수 a에 대하여 $\lim_{x\to a}f(x)=f(a)$이다. (참)

→ $1<x<3$에서 그래프가 이어져 있다.

STEP3 함수의 그래프에서 불연속인 점 찾기

ㄷ. $\lim_{x\to -1+}f(x)=0$, $\lim_{x\to -1-}f(x)=1$이므로

$\lim_{x\to -1+}f(x)\neq\lim_{x\to -1-}f(x)$

즉, $\lim_{x\to -1}f(x)$의 값이 존재하지 않으므로 $x=-1$에서 불연속이다.

$\lim_{x\to 0+}f(x)=1$, $\lim_{x\to 0-}f(x)=1$이므로 $\lim_{x\to 0}f(x)=1$이지만

$f(0)=0$이므로 $\lim_{x\to 0}f(x)\neq f(0)$

즉, $x=0$에서 불연속이다.

따라서 불연속인 x의 값은 $x=-1$, $x=0$의 2개이다. (거짓)

따라서 옳은 것은 ㄱ, ㄴ이다.

0289 답 ③

$\lim_{x\to -1-}f(x)=-1$, $\lim_{x\to -1+}f(x)=-1$이므로

$\lim_{x\to -1}f(x)=-1$이지만

$f(-1)=0$이므로 $\lim_{x\to -1}f(x)\neq f(-1)$

즉, 함수 $f(x)$는 $x=-1$에서 불연속이다.

$\lim_{x\to 0-}f(x)=0$, $\lim_{x\to 0+}f(x)=1$이므로 $\lim_{x\to 0}f(x)$의 값이 존재하지 않는다.

즉, 함수 $f(x)$는 $x=0$에서 불연속이다.

$\lim_{x\to 1-}f(x)=0$, $\lim_{x\to 1+}f(x)=0$이므로 $\lim_{x\to 1}f(x)=0$이지만

$f(1)=1$이므로 $\lim_{x\to 1}f(x)\neq f(1)$

즉, 함수 $f(x)$는 $x=1$에서 불연속이다.

따라서 불연속인 점은 $x=-1$, $x=0$, $x=1$일 때의 3개이다.

0290 답 ③

$\lim_{x\to -1-}f(x)=3$, $\lim_{x\to -1+}f(x)=-1$이므로 $\lim_{x\to -1}f(x)$의 값이 존재하지 않는다.

즉, 함수 $f(x)$는 $x=-1$에서 불연속이다.

$\lim_{x\to 1-}f(x)=2$, $\lim_{x\to 1+}f(x)=1$이므로 $\lim_{x\to 1}f(x)$의 값이 존재하지 않는다.

즉, 함수 $f(x)$는 $x=1$에서 불연속이다.

따라서 불연속인 x의 값은 $x=-1$, $x=1$의 2개이다.

참고 함수 $y=f(x)$의 그래프가 $x=0$에서 이어져 있으므로 $x=0$에서 연속이다. 실제로 다음과 같이 함수의 연속 조건을 만족시킨다.

(i) $f(0)=-1$이고

(ii) $\lim_{x\to 0-}f(x)=-1$, $\lim_{x\to 0+}f(x)=-1$에서 $\lim_{x\to 0}f(x)=-1$이므로

(iii) $\lim_{x\to 0}f(x)=f(0)$이다.

따라서 함수 $f(x)$는 $x=0$에서 연속이다.

0291 답 ⑤

ㄱ. $\lim_{x\to 3+}f(x)=\lim_{x\to 3-}f(x)=0$이므로 $\lim_{x\to 3}f(x)=0$ (거짓)

ㄴ. $\lim_{x\to 1+}f(x)=2$, $\lim_{x\to 1-}f(x)=1$이므로

$\lim_{x\to 1+}f(x)\neq\lim_{x\to 1-}f(x)$

즉, $x=1$에서 $f(x)$의 극한값이 존재하지 않는다. (참)

ㄷ. $\lim_{x\to 1+}f(x)\neq\lim_{x\to 1-}f(x)$, $\lim_{x\to 2+}f(x)\neq\lim_{x\to 2-}f(x)$

이므로 $x=1$과 $x=2$에서 불연속이다.

$f(3)=1$, $\lim_{x\to 3}f(x)=0$에서

$\lim_{x\to 3}f(x)\neq f(3)$

이므로 $x=3$에서 불연속이다.

즉, 함수 $f(x)$는 3개의 점에서 불연속이다. (참)

따라서 옳은 것은 ㄴ, ㄷ이다.

0292 답 1

함수 $g(x)=\begin{cases} f(x) & (x\geq -2) \\ f(x)+k & (x<-2)\end{cases}$는 $a\neq -2$인 모든 실수 a에서 $\lim_{x\to a}g(x)=g(a)$를 만족시키므로 $x\neq -2$인 모든 실수에서 연속이다.

이때 함수 $g(x)$가 모든 실수 x에서 연속이 되기 위해서는 $x=-2$에서 연속이어야 한다.

$g(-2)=f(-2)=1$이고

$\lim_{x\to -2+}g(x)=\lim_{x\to -2+}f(x)=1$

$\lim_{x\to-2-} g(x)=\lim_{x\to-2-}\{f(x)+k\}=0+k=k$
이므로 $k=1$

실수 Check

$y=f(x)$의 그래프가 $x=-2$에서 끊어져 있으므로 모든 실수 x에서 연속이 되려면 $x=-2$에서 연속임을 보여야 한다.

0293 답 ③

자연수 a에 대하여 닫힌구간 $[a, a+2]$에서 연속인지 조사해 보자.

(i) $a=1$일 때
$\lim_{x\to3-} f(x)=2$, $f(3)=1$이므로 $x=3$에서 불연속이다.
즉, 함수 $f(x)$는 닫힌구간 $[1, 3]$에서 불연속이다.

(ii) $a=2$일 때
함수 $f(x)$는 $x=3$에서 불연속이므로 닫힌구간 $[2, 4]$에서 불연속이다.

(iii) $a=5$일 때
$\lim_{x\to6-} f(x)=1$, $\lim_{x\to6+} f(x)=0$이므로 $\lim_{x\to6} f(x)$의 값이 존재하지 않는다.
즉, 함수 $f(x)$는 $x=6$에서 불연속이므로 닫힌구간 $[5, 7]$에서 불연속이다.

(iv) $a=6$일 때
함수 $f(x)$는 $x=6$에서 불연속이므로 닫힌구간 $[6, 8]$에서 불연속이다.

따라서 $a=3, 4, 7$일 경우는 연속이므로 조건을 만족시키는 자연수 a의 개수는 3이다.

실수 Check

$a=3, 4, 7$일 때, 즉 닫힌구간 $[3, 5]$, $[4, 6]$, $[7, 9]$에서 함수 $y=f(x)$의 그래프가 이어져 있으므로 이 구간에서 연속이다.

0294 답 ②

| 유형3

함수 $f(x)$가 $x=1$에서 연속이고

$$\lim_{x\to1}\frac{(x^2-1)f(x)}{x-1}=4$$ 단서1

를 만족시킬 때, $f(1)$의 값은?

① -2 ② 2 ③ 4
④ 6 ⑤ 8

단서1 $x=1$에서의 극한값과 함숫값이 같음.

STEP1 $x=1$에서 연속일 조건을 이용하여 $\lim_{x\to1} f(x)$의 값 구하기

함수 $f(x)$가 $x=1$에서 연속이면
$\lim_{x\to1} f(x)=f(1)$이다.

STEP2 극한값을 이용하여 $f(1)$의 값 구하기

$$\lim_{x\to1}\frac{(x^2-1)f(x)}{x-1}=\lim_{x\to1}\frac{(x+1)(x-1)f(x)}{x-1}$$
$$=\lim_{x\to1}(x+1)f(x)$$
$$=\lim_{x\to1}(x+1)\times\lim_{x\to1}f(x)$$
$$=2f(1)$$

즉, $2f(1)=4$이므로 $f(1)=2$

0295 답 ②

함수 $f(x)$가 $x=1$에서 연속이면
$\lim_{x\to1-} f(x)=\lim_{x\to1+} f(x)$이므로
$3=a^2-1$, $a^2=4$
$\therefore a=2$ ($\because a>0$)

0296 답 1

함수 $f(x)$가 실수 전체의 집합에서 연속이면
$\lim_{x\to-3} f(x)=f(-3)$이므로
→ $x=-3$에서 연속이다.

$$\lim_{x\to-3}\frac{(x^3+27)f(x)}{x+3}=\lim_{x\to-3}\frac{(x+3)(x^2-3x+9)f(x)}{x+3}$$
$$=\lim_{x\to-3}(x^2-3x+9)f(x)$$
$$=\lim_{x\to-3}(x^2-3x+9)\times\lim_{x\to-3}f(x)$$
$$=27f(-3)$$

즉, $27f(-3)=27$이므로 $f(-3)=1$

0297 답 ④

함수 $f(x)$, $g(x)$가 연속이면
$\lim_{x\to0} f(x)=f(0)$, $\lim_{x\to0} g(x)=g(0)$이므로
$\lim_{x\to0}\{f(x)+2g(x)\}=5$, $\lim_{x\to0}\{2f(x)-g(x)\}=0$에서
$f(0)+2g(0)=5$, $2f(0)-g(0)=0$
위의 두 식을 연립하여 풀면
$f(0)=1$, $g(0)=2$
$\therefore f(0)+g(0)=3$

0298 답 6

함수 $f(x)$가 $x=2$에서 연속이면
$\lim_{x\to2-} f(x)=\lim_{x\to2+} f(x)$이므로
$a+2=3a-2$ $\therefore a=2$
또, $f(2)=\lim_{x\to2} f(x)=4$
$\therefore a+f(2)=2+4=6$

0299 답 ⑤

$x<0$일 때, $g(x)=-f(x)+x^2+4$
$x>0$일 때, $g(x)=f(x)-x^2-2x-8$
한편, 함수 $f(x)$가 $x=0$에서 연속이면
$\lim_{x\to0-} f(x)=\lim_{x\to0+} f(x)=f(0)$이므로
$\lim_{x\to0-} g(x)=\lim_{x\to0-}\{-f(x)+x^2+4\}=-f(0)+4$
$\lim_{x\to0+} g(x)=\lim_{x\to0+}\{f(x)-x^2-2x-8\}=f(0)-8$
이때 $\lim_{x\to0-} g(x)-\lim_{x\to0+} g(x)=6$이므로

$\{-f(0)+4\}-\{f(0)-8\}=6$

$-2f(0)+12=6 \qquad \therefore f(0)=3$

실수 Check

함수 $f(x)$가 $x=0$에서 연속이므로
$\lim_{x\to 0-} f(x)=\lim_{x\to 0+} f(x)=f(0)$임을 이용하여
$\lim_{x\to 0-} g(x)$, $\lim_{x\to 0+} g(x)$의 값을 구할 수 있다.

0300 답 ③ | 유형4

함수 $f(x)=\begin{cases} ax-4 & (x<1) \\ 2x-a & (x\geq 1) \end{cases}$가 모든 실수 x에서 연속일 때, 상수 a의 값은?

① 1 ② 2 ③ 3
④ 4 ⑤ 5

단서1 $x=1$에서도 연속

STEP1 함수 $f(x)$가 모든 실수 x에서 연속일 조건 구하기

$x\neq 1$일 때 함수 $f(x)$는 다항함수이므로
$x\neq 1$인 모든 실수 x에서 연속이다.
이때 함수 $f(x)$가 모든 실수 x에서 연속이려면
$x=1$에서도 연속이어야 한다.

STEP2 함수 $f(x)$가 $x=1$에서 연속이 되도록 하는 상수 a의 값 구하기

즉, $\lim_{x\to 1-} f(x)=\lim_{x\to 1+} f(x)=f(1)$이 성립해야 한다.
$f(1)=2-a$
$\lim_{x\to 1-} f(x)=\lim_{x\to 1-} (ax-4)=a-4$
$\lim_{x\to 1+} f(x)=\lim_{x\to 1+} (2x-a)=2-a$
이므로 $a-4=2-a$, $2a=6 \qquad \therefore a=3$

0301 답 16

$x\neq 2$일 때 함수 $f(x)$는 다항함수이므로
$x\neq 2$인 실수 전체의 집합에서 연속이다.
이때 함수 $f(x)$가 실수 전체의 집합에서 연속이려면
$x=2$에서도 연속이어야 한다.
즉, $\lim_{x\to 2-} f(x)=\lim_{x\to 2+} f(x)=f(2)$가 성립해야 한다.
$f(2)=2+k$
$\lim_{x\to 2-} f(x)=\lim_{x\to 2-} (x+k)=2+k$
$\lim_{x\to 2+} f(x)=\lim_{x\to 2+} (x^2+4x+6)=18$
이므로 $2+k=18 \qquad \therefore k=16$

0302 답 ②

$x\neq a$일 때 함수 $f(x)$는 다항함수이므로
$x\neq a$인 모든 실수 x에서 연속이다.
이때 함수 $f(x)$가 모든 실수 x에서 연속이려면
$x=a$에서도 연속이어야 한다.
$\lim_{x\to a+} f(x)=\lim_{x\to a-} f(x)=f(a)$가 성립해야 한다.
$f(a)=a^2$
$\lim_{x\to a+} f(x)=\lim_{x\to a+} x^2=a^2$
$\lim_{x\to a-} f(x)=\lim_{x\to a-} (2x+3)=2a+3$
이므로 $a^2=2a+3$에서
$a^2-2a-3=0$, $(a+1)(a-3)=0$
$\therefore a=-1$ 또는 $a=3$
따라서 구하는 모든 실수 a의 값의 합은
$(-1)+3=2$

0303 답 ①

$x\neq a$일 때 함수 $f(x)$는 다항함수이므로
$x\neq a$인 모든 실수 x에서 연속이다.
이때 함수 $f(x)$가 모든 실수 x에서 연속이려면
$x=a$에서도 연속이어야 한다.
즉, $\lim_{x\to a+} f(x)=\lim_{x\to a-} f(x)=f(a)$가 성립해야 한다.
$f(a)=2a^2-1$
$\lim_{x\to a+} f(x)=\lim_{x\to a+} (2x^2-1)=2a^2-1$
$\lim_{x\to a-} f(x)=\lim_{x\to a-} (x^2-3x+3)=a^2-3a+3$
이므로 $2a^2-1=a^2-3a+3$에서
$a^2+3a-4=0$, $(a+4)(a-1)=0$
$\therefore a=-4$ 또는 $a=1$
따라서 구하는 모든 실수 a의 값의 곱은
$(-4)\times 1=-4$

0304 답 2

$x\neq a$일 때 함수 $f(x)$는 다항함수이므로
$x\neq a$인 실수 전체의 집합에서 연속이다.
이때 함수 $f(x)$가 실수 전체의 집합에서 연속이려면
$x=a$에서도 연속이어야 한다.
즉, $\lim_{x\to a-} f(x)=\lim_{x\to a+} f(x)=f(a)$가 성립해야 한다.
$f(a)=3a+2k$
$\lim_{x\to a-} f(x)=\lim_{x\to a-} x^2=a^2$
$\lim_{x\to a+} f(x)=\lim_{x\to a+} (3x+2k)=3a+2k$
이므로 $3a+2k=a^2$, $a^2-3a-2k=0$
이차방정식 $a^2-3a-2k=0$이 실근을 가져야 하므로 이차방정식의 판별식을 D라 하면 $D\geq 0$이다.
(→ 연속이 되게 하는 실수 a의 값이 존재한다.)
$D=(-3)^2-4\times 1\times(-2k)\geq 0$
$8k+9\geq 0 \qquad \therefore k\geq -\frac{9}{8}$
따라서 0 이하의 정수 k는 -1, 0의 2개이다.

0305 답 ③

$x\neq a$일 때 함수 $f(x)$는 다항함수이므로
$x\neq a$인 실수 전체의 집합에서 연속이다.
이때 함수 $f(x)$가 실수 전체의 집합에서 연속이려면
$x=a$에서도 연속이어야 한다.
즉, $\lim_{x\to a+} f(x)=\lim_{x\to a-} f(x)=f(a)$가 성립해야 한다.
$f(a)=a^2-2a$

$\lim_{x\to a+} f(x)=\lim_{x\to a+}(x^2-3x+a)=a^2-2a$

$\lim_{x\to a-} f(x)=\lim_{x\to a-}(-x^2+2x+5)=-a^2+2a+5$

이므로 $a^2-2a=-a^2+2a+5$

따라서 $2a^2-4a-5=0$에서 모든 실수 a의 값의 합은 근과 계수의 관계에 의하여 2이다.

$\rightarrow -\frac{-4}{2}=2$

0306 답 ②

$x\neq-1$일 때 함수 $f(x)$는 다항함수이므로

$x\neq-1$인 모든 실수 x에서 연속이다.

이때 함수 $f(x)$가 모든 실수 x에서 연속이려면

$x=-1$에서도 연속이어야 한다.

즉, $\lim_{x\to-1+} f(x)=\lim_{x\to-1-} f(x)=f(-1)$이 성립해야 한다.

$f(-1)=3$

$\lim_{x\to-1+} f(x)=\lim_{x\to-1+}(x^3+bx+5)=4-b$

$\lim_{x\to-1-} f(x)=\lim_{x\to-1-}(x^2-x+a)=a+2$

이므로 $4-b=a+2=3$ $\quad\therefore a=1,\ b=1$

$\therefore a+b=2$

0307 답 10

$|x|\neq1$일 때 함수 $f(x)$는 다항함수이므로

$|x|\neq1$인 모든 실수 x에서 연속이다.

이때 함수 $f(x)$가 모든 실수 x에서 연속이려면

$x=-1,\ x=1$에서도 연속이어야 한다.

즉, $\lim_{x\to-1-} f(x)=\lim_{x\to-1+} f(x)=f(-1)$,

$\lim_{x\to1-} f(x)=\lim_{x\to1+} f(x)=f(1)$이 성립해야 한다.

함수 $f(x)=\begin{cases} ax-5 & (-1<x<1) \\ -bx^2+2x & (x\leq-1 \text{ 또는 } x\geq1)\end{cases}$ 이므로

(i) $\lim_{x\to-1-} f(x)=\lim_{x\to-1+} f(x)=f(-1)$에서

$f(-1)=-b-2$

$\lim_{x\to-1-} f(x)=\lim_{x\to-1-}(-bx^2+2x)=-b-2$

$\lim_{x\to-1+} f(x)=\lim_{x\to-1+}(ax-5)=-a-5$

이므로 $-b-2=-a-5$

$\therefore a-b=-3$ ······ ㉠

(ii) $\lim_{x\to1-} f(x)=\lim_{x\to1+} f(x)=f(1)$에서

$f(1)=-b+2$

$\lim_{x\to1-} f(x)=\lim_{x\to1-}(ax-5)=a-5$

$\lim_{x\to1+} f(x)=\lim_{x\to1+}(-bx^2+2x)=-b+2$

이므로 $-b+2=a-5$

$\therefore a+b=7$ ······ ㉡

㉠, ㉡을 연립하여 풀면 $a=2,\ b=5$

$\therefore ab=10$

실수 Check

함수 $f(x)$에서 x의 구간이 $|x|<1$, $|x|\geq1$로 주어졌음에 주의한다. 이때 함수 $f(x)$가 모든 실수 x에서 연속이려면 $x=-1$, $x=1$에서도 연속이어야 한다.

Plus 문제

0307-1

함수 $f(x)=\begin{cases} x(x-1) & (|x|>1) \\ -x^2+ax+b & (|x|\leq1)\end{cases}$ 가 모든 실수 x에서 연속이 되도록 상수 a, b의 값을 정할 때, ab의 값을 구하시오.

$|x|\neq1$일 때 함수 $f(x)$는 다항함수이므로

$|x|\neq1$인 모든 실수 x에서 연속이다.

이때 함수 $f(x)$가 모든 실수 x에서 연속이려면

$x=-1,\ x=1$에서도 연속이어야 한다.

즉, $\lim_{x\to-1-} f(x)=\lim_{x\to-1+} f(x)=f(-1)$,

$\lim_{x\to1-} f(x)=\lim_{x\to1+} f(x)=f(1)$이 성립해야 한다.

함수 $f(x)=\begin{cases} x(x-1) & (x<-1 \text{ 또는 } x>1) \\ -x^2+ax+b & (-1\leq x\leq1)\end{cases}$ 이므로

(i) $\lim_{x\to-1-} f(x)=\lim_{x\to-1+} f(x)=f(-1)$에서

$f(-1)=-1-a+b$

$\lim_{x\to-1-} f(x)=\lim_{x\to-1-} x(x-1)=2$

$\lim_{x\to-1+} f(x)=\lim_{x\to-1+}(-x^2+ax+b)=-1-a+b$

이므로 $-1-a+b=2$

$\therefore a-b=-3$ ······ ㉠

(ii) $\lim_{x\to1-} f(x)=\lim_{x\to1+} f(x)=f(1)$에서

$f(1)=-1+a+b$

$\lim_{x\to1-} f(x)=\lim_{x\to1-}(-x^2+ax+b)=-1+a+b$

$\lim_{x\to1+} f(x)=\lim_{x\to1+} x(x-1)=0$

이므로 $-1+a+b=0$

$\therefore a+b=1$ ······ ㉡

㉠, ㉡을 연립하여 풀면 $a=-1,\ b=2$

$\therefore ab=-2$

답 -2

0308 답 ⑤

$x\neq a$, $x\neq a+1$일 때 함수 $f(x)$는 다항함수이므로

$x\neq a$, $x\neq a+1$인 실수 전체의 집합에서 연속이다.

이때 함수 $f(x)$가 실수 전체의 집합에서 연속이려면

$x=a$, $x=a+1$에서도 연속이어야 한다.

즉, $\lim_{x\to a+} f(x)=\lim_{x\to a-} f(x)=f(a)$,

$\lim_{x\to(a+1)+} f(x)=\lim_{x\to(a+1)-} f(x)=f(a+1)$이 성립해야 한다.

(i) $\lim_{x\to a+} f(x)=\lim_{x\to a-} f(x)=f(a)$에서

$f(a)=a^2+ka+k$

$\lim_{x\to a+} f(x)=\lim_{x\to a+}(x^2+kx+k)=a^2+ka+k$

$\lim_{x\to a-} f(x)=\lim_{x\to a-}(5x+2)=5a+2$

이므로 $a^2+ka+k=5a+2$

(ii) $\lim_{x\to(a+1)+} f(x)=\lim_{x\to(a+1)-} f(x)=f(a+1)$에서

$f(a+1)=(a+1)^2+k(a+1)+k$

$\lim_{x \to (a+1)+} f(x) = \lim_{x \to (a+1)+} (5x+2) = 5(a+1)+2$

$\lim_{x \to (a+1)-} f(x) = \lim_{x \to (a+1)-} (x^2+kx+k)$

$= (a+1)^2 + k(a+1) + k$

이므로 $(a+1)^2+k(a+1)+k=5(a+1)+2$

(i), (ii)에서 방정식 $x^2+kx+k=5x+2$에

$x=a$, $x=a+1$을 대입했을 때 등식을 만족시키므로 이 이차방정식의 두 근은 a, $a+1$이다.

이차방정식 $x^2+(k-5)x+k-2=0$에서 근과 계수의 관계에 의하여

$\underline{2a+1=5-k}$, $\underline{a(a+1)=k-2}$
↳ 두 근의 합 ↳ 두 근의 곱

$2a+1=5-k$에서 $a=\frac{4-k}{2}$

$a=\frac{4-k}{2}$를 $a(a+1)=k-2$에 대입하면

$\frac{4-k}{2} \times \frac{6-k}{2} = k-2$, $(4-k)(6-k)=4k-8$

$24-10k+k^2=4k-8$, $k^2-14k+32=0$

따라서 근과 계수의 관계에 의하여 모든 상수 k의 값의 곱은 32이다.

실수 Check

$a^2+ka+k=5a+2$, $(a+1)^2+k(a+1)+k=5(a+1)+2$는 이차방정식 $x^2+kx+k=5x+2$에 각각 $x=a$, $x=a+1$을 대입한 것이므로 a, $a+1$이 이차방정식의 근이다.

0309 답 ②

$x \neq 1$일 때 함수 $f(x)$는 다항함수이므로

$x \neq 1$인 실수 전체의 집합에서 연속이다.

이때 함수 $f(x)$가 실수 전체의 집합에서 연속이려면

$x=1$에서도 연속이어야 한다.

즉, $\lim_{x \to 1} f(x) = f(1)$이 성립해야 한다.

$f(1)=5$

$\lim_{x \to 1} f(x) = \lim_{x \to 1} (ax+3) = a+3$

이므로 $a+3=5$ $\quad \therefore a=2$

0310 답 ⑤

$x \neq 1$일 때 함수 $f(x)$는 다항함수이므로

$x \neq 1$인 실수 전체의 집합에서 연속이다.

이때 함수 $f(x)$가 실수 전체의 집합에서 연속이려면

$x=1$에서도 연속이어야 한다.

즉, $\lim_{x \to 1-} f(x) = \lim_{x \to 1+} f(x) = f(1)$이 성립해야 한다.

$f(1)=1-a+4=-a+5$

$\lim_{x \to 1-} f(x) = \lim_{x \to 1-} (-2x+1) = -1$

$\lim_{x \to 1+} f(x) = \lim_{x \to 1+} (x^2-ax+4) = -a+5$

이므로 $-a+5=-1$ $\quad \therefore a=6$

0311 답 ④

$x \neq 1$일 때 함수 $f(x)$는 다항함수이므로

$x \neq 1$인 실수 전체의 집합에서 연속이다.

이때 함수 $f(x)$가 실수 전체의 집합에서 연속이려면

$x=1$에서도 연속이어야 한다.

즉, $\lim_{x \to 1-} f(x) = \lim_{x \to 1+} f(x) = f(1)$이 성립해야 한다.

$f(1)=7$

$\lim_{x \to 1-} f(x) = \lim_{x \to 1-} (2x^2+ax+1) = a+3$

$\lim_{x \to 1+} f(x) = \lim_{x \to 1+} (-3x+b) = -3+b$

이므로 $a+3=-3+b=7$ $\quad \therefore a=4$, $b=10$

$\therefore a+b=14$

0312 답 ②

| 유형5

함수 $f(x)=\begin{cases} \frac{x^2-ax+2}{x+1} & (x \neq -1) \\ b & (x=-1) \end{cases}$가 $\underline{x=-1\text{에서 연속}}$일 때, (단서1)

$a+b$의 값은? (단, a, b는 상수이다.)

① -1 ② -2 ③ -3
④ -4 ⑤ -5

단서1 $\lim_{x \to -1} f(x) = f(-1)$

STEP1 함수 $f(x)$가 $x=-1$에서 연속일 조건 이해하기

함수 $f(x)$가 $x=-1$에서 연속이므로 $\lim_{x \to -1} f(x) = f(-1)$이다.

즉, $\lim_{x \to -1} \frac{x^2-ax+2}{x+1} = b$이다.

STEP2 극한값이 존재할 조건을 이용하여 상수 a의 값 구하기

이때 $x \to -1$일 때, 극한값이 존재하고 (분모)→0이므로

(분자)→0이다.

즉, $\lim_{x \to -1} (x^2-ax+2)=0$에서

$1+a+2=0$ $\quad \therefore a=-3$

STEP3 극한값을 구하여 상수 b의 값을 구하고, $a+b$의 값 구하기

$\lim_{x \to -1} \frac{x^2+3x+2}{x+1} = \lim_{x \to -1} \frac{(x+1)(x+2)}{x+1}$

$= \lim_{x \to -1} (x+2) = 1$

$\therefore b=1$

$\therefore a+b=-3+1=-2$

0313 답 4

함수 $f(x)$가 실수 전체의 집합에서 연속이므로 $x=3$에서도 연속이다.

즉, $\lim_{x \to 3} f(x) = f(3)$이다.

$f(3)=a$이고

$\lim_{x \to 3} \frac{x^2-2x-3}{x-3} = \lim_{x \to 3} \frac{(x-3)(x+1)}{x-3}$

$= \lim_{x \to 3} (x+1) = 4$

$\therefore a=4$

0314 답 ④

함수 $f(x)$가 실수 전체의 집합에서 연속이므로 $x=3$에서도 연속이다.

즉, $\lim_{x\to3}f(x)=f(3)$이므로 $\lim_{x\to3}\frac{x^2-5x+a}{x-3}=b$이다.

이때 $x\to3$일 때, 극한값이 존재하고 (분모)$\to0$이므로 (분자)$\to0$이다.

즉, $\lim_{x\to3}(x^2-5x+a)=0$에서

$9-15+a=0 \quad \therefore a=6$

$$\lim_{x\to3}\frac{x^2-5x+6}{x-3}=\lim_{x\to3}\frac{(x-2)(x-3)}{x-3}=\lim_{x\to3}(x-2)=1$$

$\therefore b=1$

$\therefore a+b=6+1=7$

0315 답 18

함수 $f(x)$가 $x=2$에서 연속이므로 $\lim_{x\to2}f(x)=f(2)$이다.

즉, $\lim_{x\to2}\frac{x^3-3ax+2b}{(x-2)^2}=c$ ······ ㉠

이때 $x\to2$일 때, 극한값이 존재하고 (분모)$\to0$이므로 (분자)$\to0$이다.

즉, $\lim_{x\to2}(x^3-3ax+2b)=0$에서

$8-6a+2b=0 \quad \therefore b=3a-4$ ······ ㉡

㉡을 ㉠에 대입하면

$$\lim_{x\to2}\frac{x^3-3ax+6a-8}{(x-2)^2}=\lim_{x\to2}\frac{(x-2)(x^2+2x-3a+4)}{(x-2)^2}=\lim_{x\to2}\frac{x^2+2x-3a+4}{x-2}=c$$

또, $x\to2$일 때, 극한값이 존재하고 (분모)$\to0$이므로 (분자)$\to0$이다.

즉, $\lim_{x\to2}(x^2+2x-3a+4)=0$에서

$4+4-3a+4=0,\ 3a=12 \quad \therefore a=4$ ······ ㉢

㉢을 ㉡에 대입하면 $b=8$

$$\lim_{x\to2}\frac{x^3-12x+16}{(x-2)^2}=\lim_{x\to2}\frac{(x-2)^2(x+4)}{(x-2)^2}=\lim_{x\to2}(x+4)=6$$

조립제법을 이용하면

2	1	0	-12	16
		2	4	-16
2	1	2	-8	0
		2	8	
	1	4	0	

$\therefore c=6$

$\therefore a+b+c=4+8+6=18$

0316 답 ㄱ

ㄱ. 함수 $f(x)$가 모든 실수 x에서 연속이므로 $x=-1$에서도 연속이다.
즉, $\lim_{x\to-1}f(x)=f(-1)=a$이다. (참)

ㄴ. $\lim_{x\to-1}f(x)=a$에서 $\lim_{x\to-1}\frac{g(x)}{x+1}=a$
이때 $x\to-1$일 때, 극한값이 존재하고 (분모)$\to0$이므로 (분자)$\to0$이다.
즉, $\lim_{x\to-1}g(x)=0$이다. (거짓)

ㄷ. $$\lim_{x\to-1}\frac{f(x)g(x)}{x^2-1}=\lim_{x\to-1}\frac{f(x)g(x)}{(x-1)(x+1)}=\lim_{x\to-1}\frac{f(x)}{x-1}\times\lim_{x\to-1}\frac{g(x)}{x+1}=\frac{a}{-2}\times a=-\frac{a^2}{2}$$ (거짓)

따라서 옳은 것은 ㄱ이다.

실수 Check

$\lim_{x\to-1}\frac{g(x)}{x+1}=a$이므로 ㄷ에서 극한의 성질을 이용하여 $\lim_{x\to-1}\frac{g(x)}{x+1}$ 꼴이 나오도록 식을 변형한다.

0317 답 ①

함수 $f(x)$가 $x=2$에서 연속이므로

$\lim_{x\to2+}f(x)=\lim_{x\to2-}f(x)=f(2)$이다.

$f(2)=b-4$

$\lim_{x\to2+}f(x)=\lim_{x\to2+}(-x^2+b)=b-4$

$\lim_{x\to2-}f(x)=\lim_{x\to2-}\frac{x^2+3x+a}{x-2}$

즉, $\lim_{x\to2-}\frac{x^2+3x+a}{x-2}=b-4$ ······ ㉠

이때 $x\to2$일 때, 극한값이 존재하고 (분모)$\to0$이므로 (분자)$\to0$이다.

즉, $\lim_{x\to2-}(x^2+3x+a)=0$에서

$a+10=0 \quad \therefore a=-10$

$a=-10$을 ㉠에 대입하면

$$\lim_{x\to2-}\frac{x^2+3x-10}{x-2}=\lim_{x\to2-}\frac{(x-2)(x+5)}{x-2}=\lim_{x\to2-}(x+5)=7$$

즉, $b-4=7$에서 $b=11$

$\therefore a+b=-10+11=1$

0318 답 ④

| 유형6

함수 $f(x)=\begin{cases}\frac{a\sqrt{x+2}-b}{x+1} & (x\neq-1)\\ 1 & (x=-1)\end{cases}$이 $x=-1$에서 연속일 때, 단서1

상수 a, b에 대하여 $a+b$의 값은?

① 1 ② 2 ③ 3
④ 4 ⑤ 5

단서1 $\lim_{x\to-1}f(x)=f(-1)$

STEP1 함수 $f(x)$가 $x=-1$에서 연속일 조건 이해하기

함수 $f(x)$가 $x=-1$에서 연속이므로

$\lim_{x\to-1}f(x)=f(-1)$이다.

즉, $\lim_{x\to-1}\frac{a\sqrt{x+2}-b}{x+1}=1$ ······ ㉠

STEP2 극한값이 존재할 조건을 이용하여 상수 a, b의 값을 구하고, $a+b$의 값 구하기

이때 $x\to-1$일 때, 극한값이 존재하고 (분모)$\to0$이므로 (분자)$\to0$이다.

즉, $\lim_{x\to-1}(a\sqrt{x+2}-b)=0$에서

$a-b=0 \quad \therefore a=b$ ······ ㉡

㉡을 ㉠에 대입하면

$$\lim_{x\to -1}\frac{a\sqrt{x+2}-a}{x+1}=a\lim_{x\to -1}\frac{\sqrt{x+2}-1}{x+1}$$
$$=a\lim_{x\to -1}\frac{(\sqrt{x+2}-1)(\sqrt{x+2}+1)}{(x+1)(\sqrt{x+2}+1)}$$
$$=a\lim_{x\to -1}\frac{x+1}{(x+1)(\sqrt{x+2}+1)}$$
$$=a\lim_{x\to -1}\frac{1}{\sqrt{x+2}+1}$$
$$=\frac{a}{2}$$

분자를 유리화하기 위해 분자, 분모에 $\sqrt{x+2}+1$을 각각 곱한다.

즉, $\frac{a}{2}=1$에서 $a=2$

$a=2$를 ㉡에 대입하면 $b=2$

$\therefore a+b=4$

0319 답 ①

함수 $f(x)$가 $x=0$에서 연속이므로 $\lim_{x\to 0}f(x)=f(0)$이다.

$f(0)=a$이고

$$\lim_{x\to 0}f(x)=\lim_{x\to 0}\frac{\sqrt{4+x}-\sqrt{4-x}}{2x}$$
$$=\lim_{x\to 0}\frac{(\sqrt{4+x}-\sqrt{4-x})(\sqrt{4+x}+\sqrt{4-x})}{2x(\sqrt{4+x}+\sqrt{4-x})}$$
$$=\lim_{x\to 0}\frac{2x}{2x(\sqrt{4+x}+\sqrt{4-x})}$$
$$=\lim_{x\to 0}\frac{1}{\sqrt{4+x}+\sqrt{4-x}}=\frac{1}{4}$$

$\therefore a=\frac{1}{4}$

0320 답 24

함수 $f(x)$가 $x=2$에서 연속이므로 $\lim_{x\to 2}f(x)=f(2)$이다.

즉, $\lim_{x\to 2}\frac{a\sqrt{x+2}+b}{x-2}=2$ ······ ㉠

이때 $x\to 2$일 때, 극한값이 존재하고 (분모)$\to 0$이므로 (분자)$\to 0$이다.

즉, $\lim_{x\to 2}(a\sqrt{x+2}+b)=0$에서

$2a+b=0 \quad \therefore b=-2a$ ······ ㉡

㉡을 ㉠에 대입하면

$$\lim_{x\to 2}\frac{a\sqrt{x+2}-2a}{x-2}=\lim_{x\to 2}\frac{a(\sqrt{x+2}-2)}{x-2}$$
$$=\lim_{x\to 2}\frac{a(\sqrt{x+2}-2)(\sqrt{x+2}+2)}{(x-2)(\sqrt{x+2}+2)}$$
$$=\lim_{x\to 2}\frac{a(x-2)}{(x-2)(\sqrt{x+2}+2)}$$
$$=\lim_{x\to 2}\frac{a}{\sqrt{x+2}+2}$$
$$=\frac{a}{4}$$

즉, $\frac{a}{4}=2$에서 $a=8$

$a=8$을 ㉡에 대입하면 $b=-16$

$\therefore a-b=8-(-16)=24$

0321 답 ⑤

함수 $f(x)$가 $x=1$에서 연속이므로 $\lim_{x\to 1}f(x)=f(1)$이다.

즉, $\lim_{x\to 1}\frac{\sqrt{ax}-b}{x-1}=2$ ······ ㉠

이때 $x\to 1$일 때, 극한값이 존재하고 (분모)$\to 0$이므로 (분자)$\to 0$이다.

즉, $\lim_{x\to 1}(\sqrt{ax}-b)=0$에서

$\sqrt{a}-b=0 \quad \therefore b=\sqrt{a}$ ······ ㉡

㉡을 ㉠에 대입하면

$$\lim_{x\to 1}\frac{\sqrt{ax}-\sqrt{a}}{x-1}=\lim_{x\to 1}\frac{\sqrt{a}(\sqrt{x}-1)}{x-1}$$
$$=\lim_{x\to 1}\frac{\sqrt{a}(\sqrt{x}-1)(\sqrt{x}+1)}{(x-1)(\sqrt{x}+1)}$$
$$=\lim_{x\to 1}\frac{\sqrt{a}(x-1)}{(x-1)(\sqrt{x}+1)}$$
$$=\lim_{x\to 1}\frac{\sqrt{a}}{\sqrt{x}+1}$$
$$=\frac{\sqrt{a}}{2}$$

즉, $\frac{\sqrt{a}}{2}=2$에서 $\sqrt{a}=4$

$\therefore a=16$

$a=16$을 ㉡에 대입하면 $b=\sqrt{16}=4$

$\therefore a+b=20$

0322 답 ④

함수 $f(x)$가 모든 실수 x에서 연속이므로 $x=1$에서도 연속이다.

즉, $\lim_{x\to 1}f(x)=f(1)$이므로

$\lim_{x\to 1}\frac{a\sqrt{x^2+8}-b}{x-1}=\frac{a-1}{2}$ ······ ㉠

이때 $x\to 1$일 때, 극한값이 존재하고 (분모)$\to 0$이므로 (분자)$\to 0$이다.

즉, $\lim_{x\to 1}(a\sqrt{x^2+8}-b)=0$에서

$3a-b=0 \quad \therefore b=3a$ ······ ㉡

㉡을 ㉠에 대입하면

$$\lim_{x\to 1}\frac{a\sqrt{x^2+8}-3a}{x-1}=\lim_{x\to 1}\frac{a(\sqrt{x^2+8}-3)}{x-1}$$
$$=\lim_{x\to 1}\frac{a(\sqrt{x^2+8}-3)(\sqrt{x^2+8}+3)}{(x-1)(\sqrt{x^2+8}+3)}$$
$$=\lim_{x\to 1}\frac{a(x^2-1)}{(x-1)(\sqrt{x^2+8}+3)}$$
$$=\lim_{x\to 1}\frac{a(x-1)(x+1)}{(x-1)(\sqrt{x^2+8}+3)}$$
$$=\lim_{x\to 1}\frac{a(x+1)}{\sqrt{x^2+8}+3}$$
$$=\frac{a}{3}$$

즉, $\frac{a}{3}=\frac{a-1}{2}$이므로 $2a=3a-3$

$\therefore a=3$

$a=3$을 ㉡에 대입하면 $b=9$

$\therefore a+b=12$

0323 답 6

함수 $f(x)$가 실수 전체의 집합에서 연속이면 $x=1$에서도 연속이다.

즉, $\lim_{x\to1-} f(x)=\lim_{x\to1+} f(x)=f(1)$이 성립해야 한다.

$f(1)=-3+a$

$\lim_{x\to1-} f(x)=\lim_{x\to1-} (-3x+a)=-3+a$

$\lim_{x\to1+} f(x)=\lim_{x\to1+} \frac{x+b}{\sqrt{x+3}-2}$

즉, $\lim_{x\to1+} \frac{x+b}{\sqrt{x+3}-2}=-3+a$ ······ ㉠

이때 $x\to1+$일 때, 극한값이 존재하고 (분모)$\to0$이므로 (분자)$\to0$이다.

즉, $\lim_{x\to1+} (x+b)=0$에서 $b=-1$

$b=-1$을 ㉠에 대입하면

$$\begin{aligned}\lim_{x\to1+} \frac{x-1}{\sqrt{x+3}-2}&=\lim_{x\to1+} \frac{(x-1)(\sqrt{x+3}+2)}{(\sqrt{x+3}-2)(\sqrt{x+3}+2)}\\&=\lim_{x\to1+} \frac{(x-1)(\sqrt{x+3}+2)}{x-1}\\&=\lim_{x\to1+} (\sqrt{x+3}+2)=2+2=4\end{aligned}$$

즉, $-3+a=4$에서 $a=7$

$\therefore a+b=7+(-1)=6$

0324 답 11 | 유형7

함수 $f(x)=\frac{2}{x^2-ax+b}$의 불연속인 점이 $x=2$, $x=3$일 때, 상수 a, b에 대하여 $a+b$의 값을 구하시오.

단서1 유리함수는 (분모)$\neq0$인 점에서 연속

STEP1 유리함수의 불연속인 점 구하기

함수 $f(x)=\frac{2}{x^2-ax+b}$가 $x=2$, $x=3$에서 불연속이면

이차방정식 $x^2-ax+b=0$은 $x=2$, $x=3$을 해로 갖는다.

→ (분모)$=0$인 점을 찾아본다.

STEP2 근과 계수의 관계를 이용하여 상수 a, b의 값을 구하고, $a+b$의 값 구하기

따라서 근과 계수의 관계에 의하여

두 근의 합 a는 $a=2+3=5$

두 근의 곱 b는 $b=2\times3=6$

$\therefore a+b=11$

Tip 다항함수 $g(x)$, $h(x)$가 모든 실수에서 연속이어도 유리함수 $\frac{h(x)}{g(x)}$는 $g(x)=0$인 점에서 불연속이다.

0325 답 ①

함수 $f(x)=\frac{x-1}{x^2-a}$에서 불연속인 점이 1개이기 위해서는

이차방정식 $x^2-a=0$의 해가 1개이어야 하므로 $a=0$이다.

→ 중근을 가지므로 완전제곱식 꼴이어야 한다.

따라서 상수 a의 개수는 1이다.

실수 Check

$a=1$일 때, $f(x)=\frac{x-1}{x^2-1}=\frac{x-1}{(x+1)(x-1)}$

이때 $x=-1$, $x=1$에서 함수가 정의되지 않으므로 함수 $f(x)$는 $x=-1$, $x=1$에서 불연속이다.

따라서 $a=1$일 때 함수 $f(x)$의 불연속인 점은 2개이다.

즉, $f(x)=\frac{1}{x+1}$이라 하고 $x=-1$에서만 불연속이라고 답하지 않도록 주의한다.

0326 답 ④

함수 $f(x)=\frac{1}{x^2+ax+1}$이 불연속이 되는 점은 분모가 0이 될 때이다.

이때 불연속인 점이 1개이려면 이차방정식 $x^2+ax+1=0$이 오직 하나의 실근을 가져야 한다. 즉, 이차방정식의 판별식을 D라 하면 $D=0$이다.

$D=a^2-4=0$에서 $a^2=4$

0327 답 ③

함수 $f(x)=\frac{x+4}{x^2+3x-a}$가 모든 실수 x에서 연속이 되려면

모든 실수 x에 대하여 $x^2+3x-a\neq0$이어야 한다.

즉, 이차방정식 $x^2+3x-a=0$의 판별식을 D라 하면 $D<0$이다.

$D=9+4a<0 \qquad \therefore a<-\frac{9}{4}$

따라서 구하는 정수 a의 최댓값은 -3이다.

0328 답 ③

함수 $f(x)=\frac{x^2+2x-4}{x^2+2ax+3}$가 실수 전체의 집합에서 연속이 되려면

모든 실수 x에 대하여 $x^2+2ax+3\neq0$이어야 한다.

즉, 이차방정식 $x^2+2ax+3=0$의 판별식을 D라 하면 $\frac{D}{4}<0$이다.

$\frac{D}{4}=a^2-3<0$

$(a+\sqrt{3})(a-\sqrt{3})<0 \qquad \therefore -\sqrt{3}<a<\sqrt{3}$

따라서 구하는 정수 a는 -1, 0, 1이고 합은 0이다.

0329 답 ④

함수 $f(x)=\frac{ax+2}{(a+1)x^2-2ax+6}$가 불연속인 점이 1개이기 위해서는 방정식 $(a+1)x^2-2ax+6=0$의 해가 1개이어야 한다.

(i) $a+1=0$인 경우

즉, $a=-1$이면 $2x+6=0 \qquad \therefore x=-3$

즉, 함수 $f(x)$의 불연속인 점은 $x=-3$일 때의 1개이다.

(ii) $a+1\neq0$인 경우

방정식 $(a+1)x^2-2ax+6=0$의 해가 1개이려면

이차방정식의 판별식을 D라 할 때 $\frac{D}{4}=0$이다.

$\frac{D}{4}=(-a)^2-6(a+1)=0$

$a^2-6a-6=0 \qquad \therefore a=3\pm\sqrt{15}$

(i), (ii)에서 불연속인 점이 1개가 되는 상수 a는 -1, $3+\sqrt{15}$, $3-\sqrt{15}$의 3개이다.

실수 Check

방정식 $(a+1)x^2-2ax+6=0$의 해가 1개이어야 하므로 $\frac{D}{4}=0$에서 $a=3\pm\sqrt{15}$의 2개라고 답하지 않도록 주의한다.
이차방정식이라는 조건이 없으므로 $a+1=0$인 경우도 생각해야 한다.

0330 답 ⑤ | 유형8

두 함수 $f(x)$, $g(x)$의 그래프가 그림과 같을 때, 〈보기〉에서 옳은 것만을 있는 대로 고른 것은?

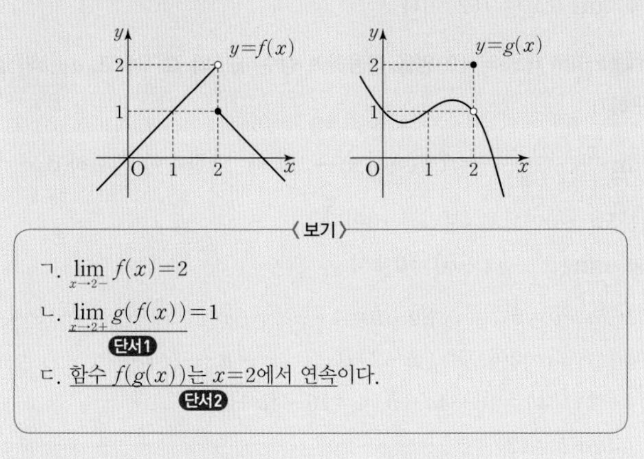

〈보기〉

ㄱ. $\lim_{x\to2-} f(x)=2$

ㄴ. $\lim_{x\to2+} g(f(x))=1$ 단서1

ㄷ. 함수 $f(g(x))$는 $x=2$에서 연속이다. 단서2

① ㄱ ② ㄱ, ㄴ ③ ㄱ, ㄷ
④ ㄴ, ㄷ ⑤ ㄱ, ㄴ, ㄷ

단서1 합성함수의 극한값
단서2 좌극한과 우극한을 각각 비교

STEP1 함수의 그래프에서 극한값 구하기

ㄱ. $x\to2-$일 때, $f(x)\to2$이므로

$\lim_{x\to2-} f(x)=2$ (참)

ㄴ. $\lim_{x\to2+} g(f(x))$에서 $f(x)=t$로 놓으면

$x\to2+$일 때 $t\to1-$이므로

$\lim_{x\to2+} g(f(x))=\lim_{t\to1-} g(t)=1$ (참)

STEP2 합성함수의 연속 확인하기

ㄷ. $\lim_{x\to2} f(g(x))$에서 $g(x)=t$로 놓으면

$x\to2-$일 때 $t\to1+$이므로

$\lim_{x\to2-} f(g(x))=\lim_{t\to1+} f(t)=1$

$x\to2+$일 때 $t\to1-$이므로

$\lim_{x\to2+} f(g(x))=\lim_{t\to1-} f(t)=1$

$f(g(2))=f(2)=1$

즉, $\lim_{x\to2} f(g(x))=f(g(2))$이므로 함수 $f(g(x))$는 $x=2$에서 연속이다. (참)

따라서 옳은 것은 ㄱ, ㄴ, ㄷ이다.

Tip $\lim_{x\to a+} g(f(x))$의 값은 $f(x)=t$로 놓고 다음을 이용한다.

① $x\to a+$일 때 $t\to b+$이면

$\lim_{x\to a+} g(f(x))=\lim_{t\to b+} g(t)$

② $x\to a+$일 때 $t\to b-$이면

$\lim_{x\to a+} g(f(x))=\lim_{t\to b-} g(t)$

③ $x\to a+$일 때 $t=b$이면

$\lim_{x\to a+} g(f(x))=g(b)$

0331 답 ①

$f(1)=a$, $f(3)=b$라 하면

ㄱ. $f(f(2))=f(3)=b$이므로

$f(f(2))$의 값이 존재한다. (참)

ㄴ. $\lim_{x\to2} f(f(x))$에서 $f(x)=t$라 하면

$x\to2+$일 때 $t\to3+$이므로

$\lim_{x\to2+} f(f(x))=\lim_{t\to3+} f(t)=b$

$x\to2-$일 때 $t\to1-$이므로

$\lim_{x\to2-} f(f(x))=\lim_{t\to1-} f(t)=a$

즉, $\lim_{x\to2+} f(f(x))\neq\lim_{x\to2-} f(f(x))$이므로

$\lim_{x\to2} f(f(x))$의 값이 존재하지 않는다. (거짓)

ㄷ. ㄴ에 의하여 $x=2$에서 극한값이 존재하지 않으므로

함수 $f(f(x))$는 $x=2$에서 불연속이다. (거짓)

따라서 옳은 것은 ㄱ이다.

0332 답 ⑤

주어진 그래프에서 함수 $f(x)=\begin{cases} x-3 & (x\neq2) \\ 1 & (x=2) \end{cases}$이고

함수 $(f\circ f)(x)=\begin{cases} x-6 & (x\neq2,\ x\neq5) \\ -2 & (x=2) \\ 1 & (x=5) \end{cases}$ 이므로

$y=(f\circ f)(x)$의 그래프는 그림과 같다.

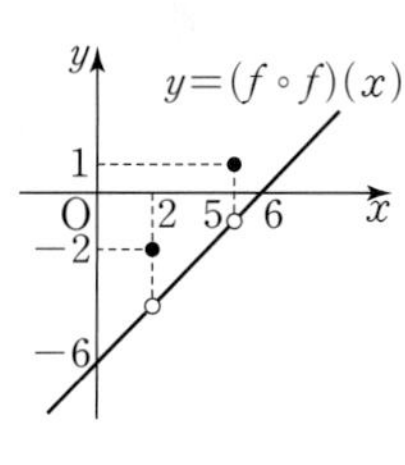

$\lim_{x\to2} (f\circ f)(x)\neq(f\circ f)(2)$,

$\lim_{x\to5} (f\circ f)(x)\neq(f\circ f)(5)$이므로

함수 $(f\circ f)(x)$는 $x=2$, $x=5$에서 불연속이다.
└→ 함수의 그래프가 끊어진 곳에서 함수는 불연속이다.

따라서 모든 a의 값의 합은 $2+5=7$

Tip 주어진 함수 $y=f(x)$의 그래프로부터 $y=(f\circ f)(x)$의 함수식을 구하고 그 그래프를 이용하여 불연속이 되는 점을 찾는다.

0333 답 ⑤

함수 $f(x)=\begin{cases} x^2-1 & (x\neq0) \\ 0 & (x=0) \end{cases}$, $g(x)=x^2+ax+1$에서

함수 $(g\circ f)(x)$가 $x=0$에서 연속이므로

$\lim_{x\to0} (g\circ f)(x)=(g\circ f)(0)$이다.

$(g\circ f)(0)=g(f(0))=g(0)=1$이고

$\lim_{x\to0} (g\circ f)(x)=\lim_{x\to0} g(f(x))$에서 $f(x)=t$로 놓으면

$x\to0$일 때 $t\to-1+$이므로

$\lim_{x\to0} g(f(x))=\lim_{t\to-1+} g(t)=-a+2$

즉, $1=-a+2$이므로 $a=1$

0334 답 ⑤

두 함수 $f(x)=\begin{cases} 2x^2-1 & (x<2) \\ 5-x & (x\geq 2) \end{cases}$, $g(x)=x^2-kx+1$에서

함수 $(g\circ f)(x)$가 모든 실수 x에서 연속이므로 $x=2$에서도 연속이다.

즉, $\lim_{x\to 2+}(g\circ f)(x)=\lim_{x\to 2-}(g\circ f)(x)=(g\circ f)(2)$이다.

$(g\circ f)(2)=g(f(2))=g(3)=10-3k$

$$\begin{aligned}\lim_{x\to 2+}(g\circ f)(x)&=\lim_{x\to 2+}g(f(x))\\&=\lim_{x\to 2+}g(5-x)\\&=g(3)=10-3k\end{aligned}$$

$$\begin{aligned}\lim_{x\to 2-}(g\circ f)(x)&=\lim_{x\to 2-}g(f(x))\\&=\lim_{x\to 2-}g(2x^2-1)\\&=g(7)=50-7k\end{aligned}$$

즉, $10-3k=50-7k$이므로

$4k=40$ $\quad\therefore k=10$

실수 Check

함수 $g(x)$는 모든 실수에서 연속이므로 $x=2$에서도 연속이다.
즉, $\lim_{x\to 2+}g(5-x)=g(3)$, $\lim_{x\to 2-}g(2x^2-1)=g(7)$이다.

Plus 문제

0334-1

두 함수

$$f(x)=\begin{cases} x^2-x+2a & (x\geq 1) \\ 3x+a & (x<1) \end{cases},\ g(x)=x^2+ax+3$$

에 대하여 함수 $(g\circ f)(x)$가 실수 전체의 집합에서 연속일 때, 모든 상수 a의 값의 합을 구하시오.

함수 $(g\circ f)(x)$가 실수 전체의 집합에서 연속이므로 $x=1$에서도 연속이다.

즉, $\lim_{x\to 1+}(g\circ f)(x)=\lim_{x\to 1-}(g\circ f)(x)=(g\circ f)(1)$이다.

$(g\circ f)(1)=g(f(1))=g(2a)=6a^2+3$

$$\begin{aligned}\lim_{x\to 1+}(g\circ f)(x)&=\lim_{x\to 1+}g(f(x))\\&=\lim_{x\to 1+}g(x^2-x+2a)\\&=g(2a)=6a^2+3\end{aligned}$$

$$\begin{aligned}\lim_{x\to 1-}(g\circ f)(x)&=\lim_{x\to 1-}g(f(x))\\&=\lim_{x\to 1-}g(3x+a)\\&=g(3+a)=2a^2+9a+12\end{aligned}$$

즉, $6a^2+3=2a^2+9a+12$이므로 $4a^2-9a-9=0$

따라서 근과 계수의 관계에 의하여 모든 상수 a의 값의 합은 $\frac{9}{4}$이다.

답 $\frac{9}{4}$

0335 답 ②

| 유형9

모든 실수 x에서 연속인 함수 $f(x)$가

$(x-2)f(x)=x^2-ax-b$ (단서1)

를 만족시키고, $f(4)=2$이다. $a+b$의 값은? (단, a, b는 상수이다.)

① -4 ② 0 ③ 4
④ 8 ⑤ 12

단서1 $f(x)=\frac{x^2-ax-b}{x-2}$ (단, $x\neq 2$)

STEP 1 $x\neq 2$일 때 $f(x)$를 구하고 $x=2$에서 연속일 조건 구하기

$x\neq 2$일 때, 주어진 식의 양변을 $x-2$로 나누면

→ $x-2\neq 0$이므로 양변을 $x-2$로 나눌 수 있다.

$f(x)=\frac{x^2-ax-b}{x-2}$

함수 $f(x)$가 모든 실수 x에서 연속이면 $x=2$에서도 연속이다.

즉, $\lim_{x\to 2}f(x)=f(2)$이다.

STEP 2 $\lim_{x\to 2}f(x)=f(2)$임을 이용하여 상수 a, b의 값 구하고, $a+b$의 값 구하기

$\lim_{x\to 2}\frac{x^2-ax-b}{x-2}=f(2)$에서 $x\to 2$일 때, 극한값이 존재하고

(분모)→0이므로 (분자)→0이다.

즉, $\lim_{x\to 2}(x^2-ax-b)=0$에서

$4-2a-b=0$ $\quad\therefore 2a+b=4$ ……… ㉠

이때 $f(4)=2$이므로 $(x-2)f(x)=x^2-ax-b$에서

$(4-2)f(4)=16-4a-b$, $4=16-4a-b$

$\therefore 4a+b=12$ ……… ㉡

㉠, ㉡을 연립하여 풀면 $a=4$, $b=-4$

$\therefore a+b=0$

0336 답 $\frac{1}{6}$

$x\neq -1$일 때, 주어진 식의 양변을 $x+1$로 나누면

$f(x)=\frac{\sqrt{x+10}-3}{x+1}$

함수 $f(x)$가 $x\geq -10$인 모든 실수 x에서 연속이면 $x=-1$에서도 연속이다.

즉, $\lim_{x\to -1}f(x)=f(-1)$이다.

$$\begin{aligned}\therefore f(-1)&=\lim_{x\to -1}f(x)=\lim_{x\to -1}\frac{\sqrt{x+10}-3}{x+1}\\&=\lim_{x\to -1}\frac{(\sqrt{x+10}-3)(\sqrt{x+10}+3)}{(x+1)(\sqrt{x+10}+3)}\\&=\lim_{x\to -1}\frac{x+1}{(x+1)(\sqrt{x+10}+3)}\\&=\lim_{x\to -1}\frac{1}{\sqrt{x+10}+3}=\frac{1}{6}\end{aligned}$$

0337 답 ②

$x\neq 1$, $x\neq -3$일 때, 주어진 식의 양변을 x^2+2x-3으로 나누면

$f(x)=\frac{x^4+ax-b}{x^2+2x-3}=\frac{x^4+ax-b}{(x-1)(x+3)}$

함수 $f(x)$가 모든 실수 x에서 연속이면 $x=1$, $x=-3$에서도 연속이다.

(i) 함수 $f(x)$가 $x=1$에서 연속이면 $\lim_{x\to1} f(x)=f(1)$

$\lim_{x\to1} \frac{x^4+ax-b}{(x-1)(x+3)}=f(1)$에서 $x\to1$일 때, 극한값이 존재하고 (분모)$\to0$이므로 (분자)$\to0$이다.

즉, $\lim_{x\to1}(x^4+ax-b)=0$에서 $1+a-b=0$

$\therefore a-b=-1$ ······ ㉠

(ii) 함수 $f(x)$가 $x=-3$에서 연속이면 $\lim_{x\to-3} f(x)=f(-3)$

$\lim_{x\to-3} \frac{x^4+ax-b}{(x-1)(x+3)}=f(-3)$에서 $x\to-3$일 때, 극한값이 존재하고 (분모)$\to0$이므로 (분자)$\to0$이다.

즉, $\lim_{x\to-3}(x^4+ax-b)=0$에서 $81-3a-b=0$

$\therefore 3a+b=81$ ······ ㉡

㉠, ㉡을 연립하여 풀면 $a=20$, $b=21$

$$\therefore f(1)=\lim_{x\to1} f(x)=\lim_{x\to1}\frac{x^4+20x-21}{(x-1)(x+3)}$$
$$=\lim_{x\to1}\frac{(x-1)(x+3)(x^2-2x+7)}{(x-1)(x+3)}$$
$$=\lim_{x\to1}(x^2-2x+7)=6$$

0338 답 ②

$x\neq2$일 때, 주어진 식의 양변을 $x-2$로 나누면

$$f(x)=\frac{m\sqrt{x+2}+n}{x-2}$$

함수 $f(x)$가 $x\geq-2$인 모든 실수 x에서 연속이면 $x=2$에서도 연속이다.

즉, $\lim_{x\to2} f(x)=f(2)=3$이다.

$\lim_{x\to2}\frac{m\sqrt{x+2}+n}{x-2}=3$에서 $x\to2$일 때, 극한값이 존재하고 (분모)$\to0$이므로 (분자)$\to0$이다.

즉, $\lim_{x\to2}(m\sqrt{x+2}+n)=0$에서

$2m+n=0 \quad \therefore n=-2m$ ······ ㉠

㉠을 $\lim_{x\to2}\frac{m\sqrt{x+2}+n}{x-2}=3$에 대입하면

$$\lim_{x\to2}\frac{m\sqrt{x+2}-2m}{x-2}=\lim_{x\to2}\frac{m(\sqrt{x+2}-2)}{x-2}$$
$$=\lim_{x\to2}\frac{m(\sqrt{x+2}-2)(\sqrt{x+2}+2)}{(x-2)(\sqrt{x+2}+2)}$$
$$=\lim_{x\to2}\frac{m(x-2)}{(x-2)(\sqrt{x+2}+2)}$$
$$=\lim_{x\to2}\frac{m}{\sqrt{x+2}+2}=\frac{m}{4}$$

즉, $\frac{m}{4}=3$이므로 $m=12$

$m=12$를 ㉠에 대입하면

$n=-2m=-24$

$\therefore m+n=-12$

0339 답 ②

$x\neq1$일 때, 주어진 식의 양변을 $x-1$로 나누면

$$f(x)=\frac{x^2-3x+2}{x-1}=\frac{(x-1)(x-2)}{x-1}=x-2$$

함수 $f(x)$가 모든 실수 x에서 연속이면 $x=1$에서도 연속이다.

즉, $\lim_{x\to1} f(x)=f(1)$이다.

$\therefore f(1)=\lim_{x\to1} f(x)=\lim_{x\to1}(x-2)=-1$

0340 답 ①

$x\neq1$일 때, 주어진 식의 양변을 $x-1$로 나누면

$$f(x)=\frac{x^3+ax+b}{x-1}$$

함수 $f(x)$가 실수 전체의 집합에서 연속이면 $x=1$에서도 연속이다.

즉, $\lim_{x\to1} f(x)=f(1)=4$이다.

$\lim_{x\to1}\frac{x^3+ax+b}{x-1}=4$에서 $x\to1$일 때, 극한값이 존재하고 (분모)$\to0$이므로 (분자)$\to0$이다.

즉, $\lim_{x\to1}(x^3+ax+b)=0$에서

$1+a+b=0 \quad \therefore b=-a-1$ ······ ㉠

㉠을 $\lim_{x\to1}\frac{x^3+ax+b}{x-1}=4$에 대입하면

$$\lim_{x\to1}\frac{x^3+ax-a-1}{x-1}=\lim_{x\to1}\frac{(x-1)(x^2+x+a+1)}{x-1}$$
$$=\lim_{x\to1}(x^2+x+a+1)$$
$$=3+a$$

즉, $3+a=4$에서 $a=1$

$a=1$을 ㉠에 대입하면 $b=-2$

$\therefore a\times b=-2$

0341 답 ⑤ | 유형 10

두 함수 $y=f(x)$, $y=g(x)$의 그래프가 그림과 같을 때, 〈보기〉에서 옳은 것만을 있는 대로 고른 것은?

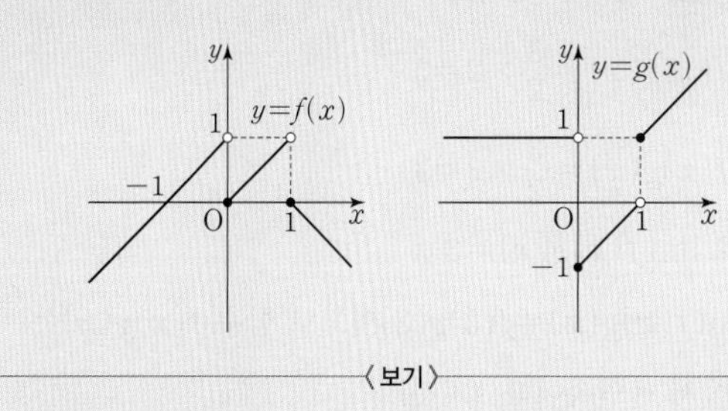

〈보기〉

ㄱ. $\lim_{x\to0+} f(x)=0$

ㄴ. $\lim_{x\to1-} f(x)g(x)=0$

ㄷ. 함수 $f(x)g(x)$는 $x=1$에서 연속이다. (단서1)

① ㄱ ② ㄴ ③ ㄷ
④ ㄴ, ㄷ ⑤ ㄱ, ㄴ, ㄷ

단서1 $\lim_{x\to1} f(x)g(x)=f(1)g(1)$인지 확인

STEP 1 함수의 그래프에서 극한값 구하기

ㄱ. $x\to0+$일 때, $f(x)\to0$이므로 $\lim_{x\to0+} f(x)=0$ (참)

ㄴ. $\lim_{x\to1-} f(x)=1$, $\lim_{x\to1-} g(x)=0$이므로

$\lim_{x\to1-} f(x)g(x)=1\times0=0$ (참)

└ $x\to1-$일 때 $f(x)$, $g(x)$의 극한값이 존재하므로 $\lim_{x\to1-} f(x)g(x)=\lim_{x\to1-} f(x)\times\lim_{x\to1-} g(x)$

STEP 2 **함수 $f(x)g(x)$가 $x=1$에서 연속인지 확인하기**

ㄷ. $f(1)\times g(1)=0\times 1=0$이고

ㄴ에서 $\lim_{x\to 1-} f(x)g(x)=0$

$\lim_{x\to 1+} f(x)=0$, $\lim_{x\to 1+} g(x)=1$이므로

$\lim_{x\to 1+} f(x)g(x)=0\times 1=0$

즉, $\lim_{x\to 1} f(x)g(x)=f(1)g(1)$이므로

함수 $f(x)g(x)$는 $x=1$에서 연속이다. (참)

따라서 옳은 것은 ㄱ, ㄴ, ㄷ이다.

0342 답 ③

ㄱ. $x\to 0+$일 때, $f(x)\to 1$이므로 $\lim_{x\to 0+} f(x)=1$ (참)

ㄴ. $\lim_{x\to 1-} f(x)=2$, $\lim_{x\to 1+} f(x)=2$에서 $\lim_{x\to 1} f(x)=2$

$f(1)=1$이므로

$\lim_{x\to 1} f(x)\neq f(1)$ (거짓)

ㄷ. $g(x)=(x-1)f(x)$로 놓으면

$g(1)=(1-1)\times f(1)=0$이고

$\lim_{x\to 1} g(x)=\lim_{x\to 1}(x-1)f(x)=0\times 2=0$

└→ $\lim_{x\to 1}(x-1)\times\lim_{x\to 1} f(x)$와 같다.

즉, $\lim_{x\to 1} g(x)=g(1)$이므로 $(x-1)f(x)$는 $x=1$에서 연속이다. (참)

따라서 옳은 것은 ㄱ, ㄷ이다.

0343 답 ①

ㄱ. $\lim_{x\to 1-} f(x)=1$, $\lim_{x\to 1-} g(x)=2$이므로

$\lim_{x\to 1-} f(x)g(x)=1\times 2=2$ (참)

ㄴ. $f(3)g(3)=1\times 2=2$이고

$\lim_{x\to 3-} f(x)g(x)=\frac{3}{2}\times 2=3$

$\lim_{x\to 3+} f(x)g(x)=\frac{3}{2}\times 2=3$

이므로 $\lim_{x\to 3} f(x)g(x)=3$

즉, $\lim_{x\to 3} f(x)g(x)\neq f(3)g(3)$이므로 함수 $f(x)g(x)$는 $x=3$에서 불연속이다. (거짓)

ㄷ. $\lim_{x\to 1+} f(x)=2$, $\lim_{x\to 1+} g(x)=2$이므로

$\lim_{x\to 1+} f(x)g(x)=4$

ㄱ에서 $\lim_{x\to 1-} f(x)g(x)=2$

즉, $\lim_{x\to 1+} f(x)g(x)\neq\lim_{x\to 1-} f(x)g(x)$이므로 함수 $f(x)g(x)$는 $x=1$에서 극한값이 존재하지 않고 불연속이다.

ㄴ에 의하여 $x=3$에서도 불연속이다.

즉, 함수 $f(x)g(x)$는 $x=1$, $x=3$에서 불연속이다. (거짓)

따라서 옳은 것은 ㄱ이다.

참고 ㄷ. 닫힌구간 $[0, 4]$에서
함수 $f(x)$는 $x\neq 1$, $x\neq 3$인 모든 실수에서 연속이고
함수 $g(x)$는 $x\neq 1$인 모든 실수에서 연속이다.
즉, 함수 $f(x)g(x)$는 $x\neq 1$, $x\neq 3$인 실수에서 연속이므로
$x=1$, $x=3$에서도 연속인지 확인해 보면 된다.

0344 답 ⑤

ㄱ. $\lim_{x\to 1-} f(x)=0$, $\lim_{x\to 1-} g(x)=-1$이므로

$\lim_{x\to 1-} f(x)g(x)=0\times(-1)=0$ (거짓)

ㄴ. $f(1)=0$, $g(1)=-1$이므로

$f(1)g(1)=0\times(-1)=0$ (참)

ㄷ. $\lim_{x\to 1+} f(x)=1$, $\lim_{x\to 1+} g(x)=1$이므로

$\lim_{x\to 1+} f(x)g(x)=1\times 1=1$

ㄱ에 의하여 $\lim_{x\to 1-} f(x)g(x)\neq\lim_{x\to 1+} f(x)g(x)$이므로

$\lim_{x\to 1} f(x)g(x)$의 값은 존재하지 않는다.

즉, 함수 $f(x)g(x)$는 $x=1$에서 불연속이다. (참)

따라서 옳은 것은 ㄴ, ㄷ이다.

0345 답 ③ | 유형11

두 함수 $f(x)=\begin{cases}x+3 & (x<0)\\ x^2+1 & (x\geq 0)\end{cases}$, $g(x)=\begin{cases}x^2+1 & (x<0)\\ x^2-a & (x\geq 0)\end{cases}$에 대하여

단서1

함수 $f(x)g(x)$가 구간 $(-\infty, \infty)$에서 연속일 때, 상수 a의 값은?

① -1 ② -2 ③ -3
④ -4 ⑤ -5

단서1 함수 $f(x)$, $g(x)$는 $x=0$에서 불연속

STEP 1 **함수 $f(x)g(x)$가 모든 실수에서 연속일 조건 구하기**

두 함수 $f(x)$, $g(x)$는 $x\neq 0$인 모든 실수 x에서 연속이므로
함수 $f(x)g(x)$는 $x\neq 0$인 모든 실수 x에서 연속이다.
이때 함수 $f(x)g(x)$가 $x=0$에서 연속이면 함수 $f(x)g(x)$는 실수 전체에서 연속이다.

STEP 2 **$x=0$에서 함수 $f(x)g(x)$가 연속일 조건을 이용하여 상수 a의 값 구하기**

즉, $\lim_{x\to 0-} f(x)g(x)=\lim_{x\to 0+} f(x)g(x)=f(0)g(0)$이 성립해야 한다.

$f(0)g(0)=1\times(-a)=-a$이고

$\lim_{x\to 0-} f(x)g(x)=\lim_{x\to 0-}(x+3)\times\lim_{x\to 0-}(x^2+1)$

$=3\times 1=3$

$\lim_{x\to 0+} f(x)g(x)=\lim_{x\to 0+}(x^2+1)\times\lim_{x\to 0+}(x^2-a)$

$=1\times(-a)=-a$

이므로 $-a=3$에서 $a=-3$

0346 답 ②

두 함수 $f(x)$, $g(x)$는 $x\neq 2$인 모든 실수 x에서 연속이므로
함수 $f(x)g(x)$는 $x\neq 2$인 모든 실수 x에서 연속이다.
함수 $f(x)g(x)$가 $x=2$에서 연속이려면

$\lim_{x\to 2-} f(x)g(x)=\lim_{x\to 2+} f(x)g(x)=f(2)g(2)$가 성립해야 한다.

$f(2)g(2)=(-4+a)\times(-2)=8-2a$이고

$\lim_{x\to 2-} f(x)g(x)=\lim_{x\to 2-}(-x^2+a)\times\lim_{x\to 2-}(x-4)$

$=(-4+a)\times(-2)=8-2a$

$\lim_{x\to 2+} f(x)g(x)=\lim_{x\to 2+}\left\{(x^2-4)\times\frac{1}{x-2}\right\}$

$$= \lim_{x\to2+}\left\{(x-2)(x+2)\times\frac{1}{x-2}\right\}$$
$$= \lim_{x\to2+}(x+2)=4$$
이므로 $8-2a=4$에서 $a=2$

0347 답 ③

두 함수 $f(x)$, $g(x)$는 $x\neq1$, $x\neq2$인 모든 실수 x에서 연속이므로 함수 $f(x)g(x)$는 $x\neq1$, $x\neq2$인 모든 실수 x에서 연속이다.
즉, 함수 $f(x)g(x)$가 $x=1$, $x=2$에서 연속인지 확인해 본다.

(i) 함수 $f(x)g(x)$가 $x=1$에서 연속이려면
$\lim_{x\to1-}f(x)g(x)=\lim_{x\to1+}f(x)g(x)=f(1)g(1)$이 성립해야 한다.
$f(1)g(1)=1\times0=0$이고
$\lim_{x\to1-}f(x)g(x)=\lim_{x\to1-}3x\times\lim_{x\to1-}(x+2)=3\times3=9$
$\lim_{x\to1+}f(x)g(x)=\lim_{x\to1+}1\times\lim_{x\to1+}(x^2-x)=1\times0=0$
즉, $\lim_{x\to1-}f(x)g(x)\neq\lim_{x\to1+}f(x)g(x)$이므로 함수 $f(x)g(x)$는 $x=1$에서 불연속이다.

(ii) 함수 $f(x)g(x)$가 $x=2$에서 연속이려면
$\lim_{x\to2-}f(x)g(x)=\lim_{x\to2+}f(x)g(x)=f(2)g(2)$가 성립해야 한다.
$f(2)g(2)=1\times2=2$이고
$\lim_{x\to2-}f(x)g(x)=\lim_{x\to2-}1\times\lim_{x\to2-}(x^2-x)=1\times2=2$
$\lim_{x\to2+}f(x)g(x)=\lim_{x\to2+}(x+1)\times\lim_{x\to2+}(x+2)=3\times4=12$
즉, $\lim_{x\to2-}f(x)g(x)\neq\lim_{x\to2+}f(x)g(x)$이므로 함수 $f(x)g(x)$는 $x=2$에서 불연속이다.

따라서 함수 $f(x)g(x)$가 불연속인 점은 $x=1$, $x=2$의 2개이다.

참고 함수 $f(x)g(x)$는 $x\neq1$, $x\neq2$인 모든 실수에서 연속이므로 $x=1$, $x=2$에서만 불연속일 수 있음을 의심하고 $x=1$, $x=2$에서 연속인지, 불연속인지 각각 확인해 본다.

0348 답 ④

$$f(x)=\begin{cases}-1 & (x\le-1 \text{ 또는 } x\ge1)\\ 1 & (-1<x<1)\end{cases},$$
$$g(x)=\begin{cases}1 & (x\le-1 \text{ 또는 } x\ge1)\\ -x & (-1<x<1)\end{cases}$$ 이므로

ㄱ. $\lim_{x\to1+}f(x)g(x)=(-1)\times1=-1$
$\lim_{x\to1-}f(x)g(x)=\lim_{x\to1-}1\times\lim_{x\to1-}(-x)=1\times(-1)=-1$
이므로 $\lim_{x\to1}f(x)g(x)=-1$ (참)

ㄴ. 함수 $g(x+1)$이 $x=0$에서 연속이면
$\lim_{x\to0+}g(x+1)=\lim_{x\to0-}g(x+1)=g(1)$이 성립한다.
이때 $x+1=t$로 놓으면 $x\to0$일 때 $t\to1$이므로
$\lim_{x\to0+}g(x+1)=\lim_{t\to1+}g(t)=1$
$\lim_{x\to0-}g(x+1)=\lim_{t\to1-}g(t)=\lim_{t\to1-}(-t)=-1$
즉, $\lim_{x\to0+}g(x+1)\neq\lim_{x\to0-}g(x+1)$이므로 함수 $g(x+1)$은 $x=0$에서 불연속이다. (거짓)

ㄷ. 함수 $f(x)g(x+1)$이 $x=-1$에서 연속이면
$\lim_{x\to-1+}f(x)g(x+1)=\lim_{x\to-1-}f(x)g(x+1)=f(-1)g(0)$이 성립한다.
$f(-1)g(0)=(-1)\times0=0$이고
$x+1=t$로 놓으면 $x\to-1$일 때 $t\to0$이므로
$\lim_{x\to-1+}f(x)g(x+1)=\lim_{x\to-1+}f(x)\times\lim_{x\to-1+}g(x+1)$
$=\lim_{x\to-1+}f(x)\times\lim_{t\to0+}g(t)$
$=\lim_{x\to-1+}1\times\lim_{t\to0+}(-t)$
$=1\times0=0$
$\lim_{x\to-1-}f(x)g(x+1)=\lim_{x\to-1-}f(x)\times\lim_{x\to-1-}g(x+1)$
$=\lim_{x\to-1-}f(x)\times\lim_{t\to0-}g(t)$
$=\lim_{x\to-1-}(-1)\times\lim_{t\to0-}(-t)$
$=(-1)\times0=0$
즉, 함수 $f(x)g(x+1)$은 $x=-1$에서 연속이다. (참)

따라서 옳은 것은 ㄱ, ㄷ이다.

0349 답 21

함수 $f(x)$가 $x=a$에서 연속인지 불연속인지에 따라 다음과 같이 생각할 수 있다.

(i) 함수 $f(x)$가 $x=a$에서 연속인 경우
두 함수 $f(x)$, $g(x)$가 실수 전체의 집합에서 연속이므로 함수 $f(x)g(x)$도 실수 전체의 집합에서 연속이다.
이때 함수 $f(x)$가 $x=a$에서 연속이려면
$\lim_{x\to a-}f(x)=\lim_{x\to a+}f(x)=f(a)$가 성립해야 한다.
$f(a)=a+3$이고
$\lim_{x\to a-}f(x)=\lim_{x\to a-}(x+3)=a+3$
$\lim_{x\to a+}f(x)=\lim_{x\to a+}(x^2-x)=a^2-a$
이므로 $a+3=a^2-a$에서 $a^2-2a-3=0$
$(a+1)(a-3)=0$ $\qquad\therefore a=-1$ 또는 $a=3$

(ii) 함수 $f(x)$가 $x=a$에서 불연속인 경우
함수 $f(x)g(x)$가 실수 전체의 집합에서 연속이려면
함수 $f(x)g(x)$는 $x=a$에서 연속이어야 한다.
즉, $\lim_{x\to a-}f(x)g(x)=\lim_{x\to a+}f(x)g(x)=f(a)g(a)$가 성립해야 한다.
$f(a)g(a)=(a+3)(-a-7)=-(a+3)(a+7)$이고
$\lim_{x\to a-}f(x)g(x)=\lim_{x\to a-}(x+3)\times\lim_{x\to a-}\{x-(2a+7)\}$
$=-(a+3)(a+7)$
$\lim_{x\to a+}f(x)g(x)=\lim_{x\to a+}(x^2-x)\times\lim_{x\to a+}\{x-(2a+7)\}$
$=-a(a-1)(a+7)$
이므로 $-(a+3)(a+7)=-a(a-1)(a+7)$에서
$a(a-1)(a+7)-(a+3)(a+7)=0$
$(a+7)\{a(a-1)-(a+3)\}=0$
$(a+7)(a^2-2a-3)=0$, $(a+7)(a+1)(a-3)=0$
$\therefore a=-7$ ($\because a\neq-1$, $a\neq3$) → $a=-1$ 또는 $a=3$이면 $f(x)$는 $x=a$에서 연속이다.

따라서 (i), (ii)에서 모든 실수 a의 값의 곱은
$(-1)\times3\times(-7)=21$

실수 Check
먼저 함수 $f(x)$가 $x=a$에서 연속인지 불연속인지 살펴보아야 한다.

0350 답 ③

함수 $f(x)=\begin{cases} a & (x\le 1) \\ -x+2 & (x>1) \end{cases}$에 대하여

ㄱ. $\lim_{x\to 1+} f(x)=\lim_{x\to 1+}(-x+2)=1$ (참)

ㄴ. 함수 $f(x)$가 $x=1$에서 연속이려면

$\lim_{x\to 1+} f(x)=\lim_{x\to 1-} f(x)=f(1)$이 성립해야 한다.

함수 $f(x)=\begin{cases} 0 & (x\le 1) \\ -x+2 & (x>1) \end{cases}$에서

$f(1)=0$이고

$\lim_{x\to 1+} f(x)=\lim_{x\to 1+}(-x+2)=1$

$\lim_{x\to 1-} f(x)=\lim_{x\to 1-} 0=0$

즉, $\lim_{x\to 1+} f(x)\neq\lim_{x\to 1-} f(x)$이므로 함수 $f(x)$는 $x=1$에서 불연속이다. (거짓)

ㄷ. 함수 $f(x)$가 $x\neq 1$인 모든 실수 x에서 연속이므로

함수 $(x-1)f(x)$는 $x\neq 1$인 모든 실수 x에서 연속이다.

이때 함수 $(x-1)f(x)$가 $x=1$에서 연속이면

함수 $(x-1)f(x)$는 실수 전체의 집합에서 연속이다.

함수 $g(x)=(x-1)f(x)$로 놓으면

$g(1)=0\times f(1)=0$

$\lim_{x\to 1-} g(x)=\lim_{x\to 1-}(x-1)a$

$=0\times a=0$

$\lim_{x\to 1+} g(x)=\lim_{x\to 1+}(x-1)(-x+2)$

$=0\times 1=0$

즉, $\lim_{x\to 1-} g(x)=\lim_{x\to 1+} g(x)=g(1)$이 성립하므로 함수 $g(x)$는 $x=1$에서 연속이다.

따라서 함수 $(x-1)f(x)$는 실수 전체의 집합에서 연속이다. (참)

따라서 옳은 것은 ㄱ, ㄷ이다.

실수 Check

함수 $f(x)$는 $x\neq 1$인 모든 실수에서 연속이므로 함수 $(x-1)f(x)$가 모든 실수에서 연속인지 아닌지를 판단하려면 $x=1$일 때 연속인지를 알아본다.

Plus 문제

0350-1

함수 $f(x)=\begin{cases} x^2 & (x\neq 1) \\ 2 & (x=1) \end{cases}$일 때, 〈**보기**〉에서 옳은 것만을 있는 대로 고르시오.

〈 보기 〉

ㄱ. $\lim_{x\to 1-} f(x)=\lim_{x\to 1+} f(x)$

ㄴ. 함수 $g(x)=f(x-a)$가 실수 전체의 집합에서 연속이 되도록 하는 실수 a가 존재한다.

ㄷ. 함수 $h(x)=(x-1)f(x)$는 실수 전체의 집합에서 연속이다.

함수 $f(x)=\begin{cases} x^2 & (x\neq 1) \\ 2 & (x=1) \end{cases}$의 그래프는 그림과 같다.

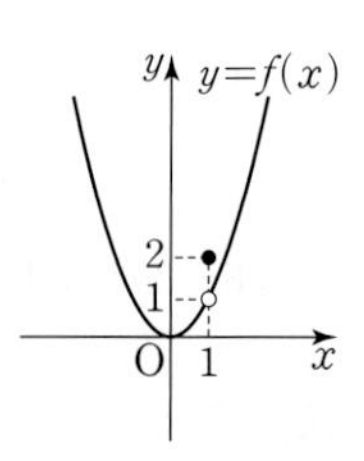

ㄱ. 그림에서 $\lim_{x\to 1-} f(x)=\lim_{x\to 1+} f(x)=1$ (참)

ㄴ. 함수 $g(x)$의 그래프는 함수 $f(x)$의 그래프를 x축의 방향으로 a만큼 평행이동한 것이므로 함수 $g(x)$는 $x=a+1$에서 불연속이다. (거짓) 함수 $f(x)$는 $x=1$에서 불연속이다.

ㄷ. 함수 $f(x)$가 $x\neq 1$인 모든 실수 x에서 연속이므로

함수 $h(x)=(x-1)f(x)$는 $x\neq 1$인 모든 실수 x에서 연속이다.

이때 함수 $h(x)=(x-1)f(x)$가 $x=1$에서 연속이면

함수 $h(x)=(x-1)f(x)$는 실수 전체의 집합에서 연속이다.

$h(1)=0\times f(1)=0$

$\lim_{x\to 1} h(x)=\lim_{x\to 1}(x-1)x^2=0\times 1=0$

즉, $\lim_{x\to 1} h(x)=h(1)$이 성립하므로 함수 $h(x)$는 $x=1$에서 연속이다.

따라서 함수 $h(x)=(x-1)f(x)$는 실수 전체의 집합에서 연속이다. (참)

따라서 옳은 것은 ㄱ, ㄷ이다.

답 ㄱ, ㄷ

0351 답 ①

함수 $f(x)$가 $x\neq 1$인 모든 실수 x에서 연속이므로

함수 $f(x)g(x)$는 $x\neq 1$인 모든 실수 x에서 연속이다.

이때 함수 $f(x)g(x)$가 $x=1$에서 연속이면

함수 $f(x)g(x)$는 실수 전체의 집합에서 연속이다.

즉, $\lim_{x\to 1} f(x)g(x)=f(1)g(1)$이 성립해야 한다.

$f(1)g(1)=1\times(2+k)=2+k$

$\lim_{x\to 1} f(x)g(x)=\lim_{x\to 1}(x-1)^2(2x+k)=0\times(2+k)=0$

이므로 $2+k=0$ $\quad\therefore k=-2$

다른 풀이

함수 $f(x)$가 $x=1$에서 불연속이고, 함수 $f(x)g(x)$가 실수 전체의 집합에서 연속이므로 $g(1)=0$이어야 한다. 즉,

$2+k=0$ $\quad\therefore k=-2$

0352 답 ①

함수 $f(x)$는 $x\neq 1$인 모든 실수 x에서 연속이고

함수 $g(x)$는 모든 실수 x에서 연속이므로

→ 다항함수는 모든 실수에서 연속이다.

함수 $f(x)g(x)$는 $x\neq 1$인 모든 실수 x에서 연속이다.

이때 함수 $f(x)g(x)$가 $x=1$에서 연속이면 함수 $f(x)g(x)$는 실수 전체의 집합에서 연속이다.

즉, $\lim_{x\to 1-} f(x)g(x)=\lim_{x\to 1+} f(x)g(x)=f(1)g(1)$이 성립해야 한다.

$\lim_{x \to 1-} f(x)g(x) = \lim_{x \to 1-} \frac{2x^3+ax+b}{x-1}$ ······ ㉠

에서 $x \to 1$일 때, 극한값이 존재하고 (분모)$\to 0$이므로 (분자)$\to 0$이다.

즉, $\lim_{x \to 1-} (2x^3+ax+b)=0$에서

$2+a+b=0 \quad \therefore b=-a-2$ ······ ㉡

㉡을 ㉠에 대입하면

$$\lim_{x \to 1-} f(x)g(x) = \lim_{x \to 1-} \frac{2x^3+ax-a-2}{x-1}$$
$$= \lim_{x \to 1-} \frac{(x-1)(2x^2+2x+a+2)}{x-1}$$
$$= \lim_{x \to 1-} (2x^2+2x+a+2)$$
$$=a+6$$

$$\lim_{x \to 1+} f(x)g(x) = \lim_{x \to 1+} \frac{2x^3+ax+b}{2x+1}$$
$$= \lim_{x \to 1+} \frac{2x^3+ax-a-2}{2x+1} \ (\because ㉡)$$
$$=0$$

$f(1)g(1)=\frac{1}{3}\times(2+a-a-2)=0$

즉, $a+6=0$에서 $a=-6$

$a=-6$을 ㉡에 대입하면 $b=4$

$\therefore b-a=4-(-6)=10$

0353 답 ④

함수 $f(x)$는 $x\neq0$인 모든 실수 x에서 연속이고

함수 $g(x)$는 $x\neq a$인 모든 실수 x에서 연속이므로

함수 $f(x)g(x)$는 $x\neq0$, $x\neq a$인 모든 실수 x에서 연속이다.

이때 함수 $f(x)g(x)$가 $x=0$, $x=a$에서 연속이면

함수 $f(x)g(x)$는 실수 전체의 집합에서 연속이다.

(i) $a<0$이고, 함수 $f(x)g(x)$가 $x=0$에서 연속이면

$\lim_{x \to 0+} f(x)g(x) = \lim_{x \to 0-} f(x)g(x) = f(0)g(0)$이 성립해야 한다.

$f(0)g(0)=2\times(-1)=-2$이고

$$\lim_{x \to 0+} f(x)g(x) = \lim_{x \to 0+} (-2x+2)(2x-1)$$
$$=2\times(-1)=-2$$

$$\lim_{x \to 0-} f(x)g(x) = \lim_{x \to 0-} (-2x+3)(2x-1)$$
$$=3\times(-1)=-3$$

이므로 함수 $f(x)g(x)$는 $x=0$에서 불연속이다.

(ii) $a=0$이고, 함수 $f(x)g(x)$가 $x=0$에서 연속이면

$\lim_{x \to 0+} f(x)g(x) = \lim_{x \to 0-} f(x)g(x) = f(0)g(0)$이 성립해야 한다.

$f(0)g(0)=2\times(-1)=-2$이고

$\lim_{x \to 0+} f(x)g(x) = \lim_{x \to 0+} (-2x+2)(2x-1)=-2$

$\lim_{x \to 0-} f(x)g(x) = \lim_{x \to 0-} (-2x+3)\times2x=0$

이므로 함수 $f(x)g(x)$는 $x=0$에서 불연속이다.

(iii) $a>0$이고, 함수 $f(x)g(x)$가 $x=0$에서 연속이면

$\lim_{x \to 0+} f(x)g(x) = \lim_{x \to 0} f(x)g(x) = f(0)g(0)$이 성립해야 한다.

$f(0)g(0)=2\times0=0$이고

$$\lim_{x \to 0+} f(x)g(x) = \lim_{x \to 0+} (-2x+2)\times2x$$
$$=2\times0=0$$

$$\lim_{x \to 0-} f(x)g(x) = \lim_{x \to 0-} (-2x+3)\times2x$$
$$=3\times0=0$$

이므로 함수 $f(x)g(x)$는 $x=0$에서 연속이다.

$a>0$이고, 함수 $f(x)g(x)$가 $x=a$에서 연속이면

$\lim_{x \to a+} f(x)g(x) = \lim_{x \to a-} f(x)g(x) = f(a)g(a)$가 성립해야 한다.

$f(a)g(a)=(-2a+2)(2a-1)$

$$\lim_{x \to a+} f(x)g(x) = \lim_{x \to a+} (-2x+2)(2x-1)$$
$$=(-2a+2)(2a-1)$$

$\lim_{x \to a-} f(x)g(x) = \lim_{x \to a-} (-2x+2)\times2x = 2a(-2a+2)$

이므로 $(-2a+2)(2a-1)=2a(-2a+2)$

$2a(-2a+2)-(-2a+2)(2a-1)=0$

$-2a+2=0 \quad \therefore a=1$

따라서 (i), (ii), (iii)에서 구하는 상수 a의 값은 1이다.

실수 Check

(i)에서 $a<0$이고 함수 $f(x)g(x)$가 $x=a$에서 연속인지 아닌지를 보이면 $x=a$에서 불연속임을 알 수 있다.

0354 답 $0<a<16$

| 유형12

두 함수 $f(x)=x^2+5x-4$, $g(x)=x^2-ax+4a$에 대하여 단서1

함수 $\frac{f(x)}{g(x)}$가 모든 실수 x에서 연속이 되도록 하는 상수 a의 값의 범위를 구하시오. 단서2

단서1 다항함수 $f(x)$는 모든 실수 x에서 연속

단서2 $g(x)\neq0$이면 모든 실수 x에서 연속

STEP 1 함수 $\frac{f(x)}{g(x)}$가 모든 실수에서 연속일 조건 구하기

함수 $f(x)$는 모든 실수 x에서 연속이므로

함수 $\frac{f(x)}{g(x)}$가 모든 실수 x에서 연속이려면

모든 실수 x에 대하여 $g(x)=x^2-ax+4a\neq0$이어야 한다.

STEP 2 $g(x)\neq0$일 조건을 이용하여 상수 a의 값의 범위 구하기

이차방정식 $x^2-ax+4a=0$의 판별식을 D라 하면 $D<0$이어야 하므로

$D=a^2-16a<0$, $a(a-16)<0$

$\therefore 0<a<16$

개념 Check

이차방정식 $ax^2+bx+c\neq0$이다.

→ 이차함수 $y=ax^2+bx+c$의 그래프가 x축과 만나지 않는다.

→ 이차방정식 $ax^2+bx+c=0$이 허근을 갖는다.

→ 이차방정식의 판별식 $D<0$이다.

0355 답 ③

함수 $f(x)$는 모든 실수 x에서 연속이므로

함수 $\frac{f(x)}{g(x)}$가 모든 실수 x에서 연속이려면

모든 실수 x에 대하여 $g(x)\neq0$이어야 한다.

이차방정식 $x^2+kx+\frac{5}{4}k-\frac{3}{2}=0$의 판별식을 D라 하면 $D<0$이어야 하므로

$D=k^2-5k+6<0$, $(k-2)(k-3)<0$

$\therefore 2<k<3$

0356 답 3

함수 $f(x)$는 구간 $(-\infty, \infty)$에서 연속이고

함수 $g(x)$는 $x\neq1$인 모든 실수 x에서 연속이며 이 구간에서 $g(x)\neq0$이므로

함수 $\frac{f(x)}{g(x)}$는 구간 $(-\infty, 1)$, $(1, \infty)$에서 연속이다.

이때 함수 $\frac{f(x)}{g(x)}$가 구간 $(-\infty, \infty)$에서 연속이려면 $x=1$에서 연속이어야 한다.

즉, $\lim_{x\to1+}\frac{f(x)}{g(x)}=\lim_{x\to1-}\frac{f(x)}{g(x)}=\frac{f(1)}{g(1)}$이 성립해야 한다.

$\lim_{x\to1-}\frac{f(x)}{g(x)}=\lim_{x\to1-}\frac{x^2+(1-a)x+b}{x-1}$ ······ ㉠

에서 $x\to1-$일 때, 극한값이 존재하고 (분모)$\to0$이므로 (분자)$\to0$이다.

즉, $\lim_{x\to1-}\{x^2+(1-a)x+b\}=0$에서

$2-a+b=0$ $\quad\therefore b=a-2$ ······ ㉡

㉡을 ㉠에 대입하면

$$\begin{aligned}\lim_{x\to1-}\frac{f(x)}{g(x)}&=\lim_{x\to1-}\frac{x^2+(1-a)x+a-2}{x-1}\\&=\lim_{x\to1-}\frac{(x-1)(x-a+2)}{x-1}\\&=\lim_{x\to1-}(x-a+2)=-a+3\end{aligned}$$

$\lim_{x\to1+}\frac{f(x)}{g(x)}=\lim_{x\to1+}\frac{x^2+(1-a)x+a-2}{2}=0$

$\frac{f(1)}{g(1)}=\frac{1+1-a+a-2}{2}=0$

이므로 $-a+3=0$ $\quad\therefore a=3$ ······ ㉢

㉢을 ㉡에 대입하면 $b=1$

$\therefore ab=3$

0357 답 ⑤

ㄱ. $\lim_{x\to-1-}f(x)=-1$, $\lim_{x\to-1-}g(x)=0$이므로

$\lim_{x\to-1-}f(x)g(x)=(-1)\times0=0$

$\lim_{x\to-1+}f(x)=1$, $\lim_{x\to-1+}g(x)=0$이므로

$\lim_{x\to-1+}f(x)g(x)=1\times0=0$

$f(-1)g(-1)=1\times0=0$

즉, $\lim_{x\to-1}f(x)g(x)=f(-1)g(-1)$이므로

함수 $y=f(x)g(x)$는 $x=-1$에서 연속이다. (참)

ㄴ. $\lim_{x\to0+}f(x)=0$, $\lim_{x\to0+}g(x)=-1$이므로

$\lim_{x\to0+}\{f(x)+g(x)\}=0+(-1)=-1$

$\lim_{x\to0-}f(x)=0$, $\lim_{x\to0-}g(x)=1$이므로

$\lim_{x\to0-}\{f(x)+g(x)\}=0+1=1$

즉, $\lim_{x\to0}\{f(x)+g(x)\}$가 존재하지 않으므로

└→ $\lim_{x\to0+}\{f(x)+g(x)\}\neq\lim_{x\to0-}\{f(x)+g(x)\}$

함수 $y=f(x)+g(x)$는 $x=0$에서 불연속이다. (거짓)

ㄷ. $\lim_{x\to1+}f(x)=-1$, $\lim_{x\to1+}g(x)=1$이므로

$\lim_{x\to1+}\frac{f(x)}{g(x)}=\frac{-1}{1}=-1$

$\lim_{x\to1-}f(x)=1$, $\lim_{x\to1-}g(x)=-1$이므로

$\lim_{x\to1-}\frac{f(x)}{g(x)}=\frac{1}{-1}=-1$

$\frac{f(1)}{g(1)}=\frac{-1}{1}=-1$

즉, $\lim_{x\to1}\frac{f(x)}{g(x)}=\frac{f(1)}{g(1)}$이므로

함수 $y=\frac{f(x)}{g(x)}$는 $x=1$에서 연속이다. (참)

따라서 옳은 것은 ㄱ, ㄷ이다.

0358 답 ④

함수 $g(x)$는 실수 전체의 집합에서 연속이고

함수 $f(x)$는 실수 전체의 집합에서 $f(x)>0$이고 $x\neq2$인 실수 전체의 집합에서 연속이므로 함수 $\frac{g(x)}{f(x)}$는 $x\neq2$인 실수 전체의 집합에서 연속이다.

이때 함수 $\frac{g(x)}{f(x)}$가 실수 전체의 집합에서 연속이려면 $x=2$에서 연속이어야 한다.

즉, $\lim_{x\to2-}\frac{g(x)}{f(x)}=\lim_{x\to2+}\frac{g(x)}{f(x)}=\frac{g(2)}{f(2)}$가 성립해야 한다.

$\lim_{x\to2-}\frac{g(x)}{f(x)}=\lim_{x\to2-}\frac{ax+1}{x^2-4x+6}=\frac{2a+1}{2}$

$\lim_{x\to2+}\frac{g(x)}{f(x)}=\lim_{x\to2+}\frac{ax+1}{1}=2a+1$

$\frac{g(2)}{f(2)}=\frac{2a+1}{1}=2a+1$

이므로 $\frac{2a+1}{2}=2a+1$, $2a+1=4a+2$

$2a=-1$ $\quad\therefore a=-\frac{1}{2}$

참고 함수 $f(x)=\begin{cases}x^2-4x+6 & (x<2)\\ 1 & (x\geq2)\end{cases}$에서

$x<2$일 때, $f(x)=x^2-4x+6=(x-2)^2+2>0$

$x\geq2$일 때, $f(x)=1>0$

이므로 함수 $f(x)$는 실수 전체의 집합에서 $f(x)>0$이다.

Plus 문제

0358-1

함수

$$f(x)=\begin{cases}x^2-4x+5 & (x\leq2)\\ x-2 & (x>2)\end{cases}$$

와 최고차항의 계수가 1인 이차함수 $g(x)$에 대하여 함수 $\frac{g(x)}{f(x)}$가 실수 전체의 집합에서 연속일 때, $g(5)$의 값을 구하시오.

이차함수 $g(x)$는 실수 전체의 집합에서 연속이고
함수 $f(x)$는 실수 전체의 집합에서 $f(x)>0$이고 $x\neq2$인 실수 전체의 집합에서 연속이므로 함수 $\frac{g(x)}{f(x)}$는 $x\neq2$인 실수 전체의 집합에서 연속이다.
이때 함수 $\frac{g(x)}{f(x)}$가 실수 전체의 집합에서 연속이려면 $x=2$에서 연속이어야 한다.
즉, $\lim_{x\to2+}\frac{g(x)}{f(x)}=\lim_{x\to2-}\frac{g(x)}{f(x)}=\frac{g(2)}{f(2)}$가 성립해야 한다.
$\lim_{x\to2+}\frac{g(x)}{f(x)}=\lim_{x\to2+}\frac{g(x)}{x-2}=\frac{g(2)}{f(2)}$에서 $x\to2+$일 때, 극한값이 존재하고 (분모)$\to0$이므로 (분자)$\to0$이다.
즉, $\lim_{x\to2+}g(x)=0$에서 $g(2)=0$이므로 함수 $g(x)$는 $x-2$를 인수로 갖는다.
최고차항의 계수가 1인 이차함수 $g(x)$를
$g(x)=(x-2)(x+a)$ (a는 상수)로 놓으면
$\lim_{x\to2+}\frac{g(x)}{f(x)}=\lim_{x\to2+}\frac{(x-2)(x+a)}{x-2}=\lim_{x\to2+}(x+a)=a+2$
$\lim_{x\to2-}\frac{g(x)}{f(x)}=\lim_{x\to2-}\frac{(x-2)(x+a)}{x^2-4x+5}=\frac{0}{1}=0$
$\frac{g(2)}{f(2)}=\frac{0}{1}=0$
이므로 $a+2=0$에서 $a=-2$
따라서 함수 $g(x)=(x-2)^2$이므로
$g(5)=(5-2)^2=9$

답 9

0359 답 ④

| 유형13

함수 $f(x)=\begin{cases}x^2-x+4 & (x\leq0)\\-x+2k & (x>0)\end{cases}$가 $x=0$에서 불연속이고, (단서1)
함수 $f(x)f(1-x)$는 $x=1$에서 연속일 때, 상수 k의 값은? (단서2)

① -1 ② $-\frac{1}{2}$ ③ 0
④ $\frac{1}{2}$ ⑤ 1

단서1 $\lim_{x\to0-}f(x)\neq\lim_{x\to0+}f(x)$
단서2 $\lim_{x\to1-}f(x)f(1-x)=\lim_{x\to1+}f(x)f(1-x)=f(1)f(0)$

STEP1 함수 $f(x)$가 $x=0$에서 불연속일 조건 이용하기
함수 $f(x)$가 $x=0$에서 불연속이므로
$\lim_{x\to0-}(x^2-x+4)=4$, $\lim_{x\to0+}(-x+2k)=2k$에서
$4\neq2k$ $\quad\therefore k\neq2$ ······ ㉠

STEP2 함수 $f(x)f(1-x)$가 $x=1$에서 연속임을 이용하여 상수 k의 값 구하기
함수 $f(x)f(1-x)$가 $x=1$에서 연속이므로
$\lim_{x\to1-}f(x)f(1-x)=\lim_{x\to1+}f(x)f(1-x)=f(1)f(0)$이 성립해야 한다.
$1-x=t$로 놓으면 $x\to1-$일 때 $t\to0+$이므로
$\lim_{x\to1-}f(x)f(1-x)=\lim_{x\to1-}f(x)\times\lim_{x\to1-}f(1-x)$
$=\lim_{x\to1-}f(x)\times\lim_{t\to0+}f(t)$
$=\lim_{x\to1-}(-x+2k)\times\lim_{t\to0+}(-t+2k)$
$=(-1+2k)\times2k=4k^2-2k$
$1-x=t$로 놓으면 $x\to1+$일 때 $t\to0-$이므로
$\lim_{x\to1+}f(x)f(1-x)=\lim_{x\to1+}f(x)\times\lim_{x\to1+}f(1-x)$
$=\lim_{x\to1+}f(x)\times\lim_{t\to0-}f(t)$
$=\lim_{x\to1+}(-x+2k)\times\lim_{t\to0-}(t^2-t+4)$
$=(-1+2k)\times4=8k-4$
$f(1)f(0)=(-1+2k)\times4=8k-4$
이므로 $4k^2-2k=8k-4$
$4k^2-10k+4=0$, $2(2k-1)(k-2)=0$
$\therefore k=\frac{1}{2}$ ($\because$ ㉠)

참고 $k=2$이면 $f(x)f(1-x)$는 $x=1$에서 연속이고 함수 $f(x)$는 $x=0$에서 연속이다.

0360 답 ③

ㄱ. 주어진 그래프에서 $x\to-1$일 때 $f(x)\to2$이므로
$\lim_{x\to-1}f(x)=2$ (참)
└→ $x=-1$일 때 연속이므로 $\lim_{x\to-1}f(x)=f(-1)=2$
ㄴ. $-x=t$로 놓으면 $x\to-1+$일 때 $t\to1-$이므로
$\lim_{x\to-1+}f(-x)=\lim_{t\to1-}f(t)=2$
$f(1)=1$이므로 $\lim_{x\to-1+}f(-x)\neq f(1)$ (거짓)
ㄷ. $f(0)f(1)=2\times1=2$
$\lim_{x\to0-}f(x)f(x+1)=1\times2=2$
$\lim_{x\to0+}f(x)f(x+1)=2\times1=2$
즉, $\lim_{x\to0}f(x)f(x+1)=f(0)f(1)$이므로
함수 $f(x)f(x+1)$은 $x=0$에서 연속이다. (참)
따라서 옳은 것은 ㄱ, ㄷ이다.

0361 답 ①

함수 $f(x-1)f(x+1)$이 $x=-1$에서 연속이려면
$\lim_{x\to-1}f(x-1)f(x+1)=f(-2)f(0)$이 성립해야 한다.
ㄱ. $x-1=t$, $x+1=h$로 놓으면
$\lim_{x\to-1+}f(x-1)f(x+1)=\lim_{t\to-2+}f(t)\times\lim_{h\to0+}f(h)$
$=1\times(-1)=-1$
$\lim_{x\to-1-}f(x-1)f(x+1)=\lim_{t\to-2-}f(t)\times\lim_{h\to0-}f(h)=1\times1=1$
즉, $x=-1$에서 극한값이 존재하지 않으므로 불연속이다.
ㄴ. $x-1=t$, $x+1=h$로 놓으면
$\lim_{x\to-1+}f(x-1)f(x+1)=\lim_{t\to-2+}f(t)\times\lim_{h\to0+}f(h)=0\times1=0$
$\lim_{x\to-1-}f(x-1)f(x+1)=\lim_{t\to-2-}f(t)\times\lim_{h\to0-}f(h)=0\times1=0$
$f(-2)f(0)=0\times(-1)=0$
즉, $\lim_{x\to-1}f(x-1)f(x+1)=f(-2)f(0)$이 성립하므로
$x=-1$에서 연속이다.

ㄷ. $x-1=t$, $x+1=h$로 놓으면

$$\lim_{x\to-1+} f(x-1)f(x+1)=\lim_{t\to-2+} f(t)\times\lim_{h\to0+} f(h)$$
$$=f(-2)\times1=f(-2)$$
$$\lim_{x\to-1-} f(x-1)f(x+1)=\lim_{t\to-2-} f(t)\times\lim_{h\to0-} f(h)$$
$$=f(-2)\times1=f(-2)$$

$f(-2)f(0)=f(-2)\times1=f(-2)$

즉, $\lim_{x\to-1} f(x-1)f(x+1)=f(-2)f(0)$이 성립하므로

$x=-1$에서 연속이다.

따라서 $x=-1$에서 불연속인 것은 ㄱ이다.

0362 답 ④

$a\neq-1$이므로 함수 $f(x)$가 $x=0$에서 불연속이다.

즉, 함수 $g(x)=f(x)f(x-1)$이 실수 전체의 집합에서 연속이 되려면 $g(x)$는 $x=0$, $x=1$에서 연속이어야 한다.

(i) 함수 $g(x)$가 $x=0$에서 연속이면

$\lim_{x\to0+} f(x)f(x-1)=\lim_{x\to0-} f(x)f(x-1)=f(0)f(-1)$이 성립해야 한다.

$x-1=t$로 놓으면

$x\to0+$일 때 $t\to-1+$이고, $x\to0-$일 때 $t\to-1-$이므로

$$\lim_{x\to0+} f(x)f(x-1)=\lim_{x\to0+} f(x)\times\lim_{x\to0+} f(x-1)$$
$$=\lim_{x\to0+} f(x)\times\lim_{t\to-1+} f(t)$$
$$=\lim_{x\to0+} (2x+a)\times\lim_{t\to-1+} (-t-1)$$
$$=a\times0=0$$
$$\lim_{x\to0-} f(x)f(x-1)=\lim_{x\to0-} f(x)\times\lim_{x\to0-} f(x-1)$$
$$=\lim_{x\to0-} f(x)\times\lim_{t\to-1-} f(t)$$
$$=\lim_{x\to0-} (-x-1)\times\lim_{t\to-1-} (-t-1)$$
$$=(-1)\times0=0$$

$f(0)f(-1)=(-1)\times0=0$

이므로 함수 $g(x)$는 a의 값에 관계없이 $x=0$에서 연속이다.
(→ $a\neq-1$인 어떤 값에서도 $x=0$에서 연속이다.)

(ii) 함수 $g(x)$가 $x=1$에서 연속이면

$\lim_{x\to1+} f(x)f(x-1)=\lim_{x\to1-} f(x)f(x-1)=f(1)f(0)$이 성립해야 한다.

$x-1=t$로 놓으면

$x\to1+$일 때 $t\to0+$이고, $x\to1-$일 때 $t\to0-$이므로

$$\lim_{x\to1+} f(x)f(x-1)=\lim_{x\to1+} f(x)\times\lim_{x\to1+} f(x-1)$$
$$=\lim_{x\to1+} f(x)\times\lim_{t\to0+} f(t)$$
$$=\lim_{x\to1+} (2x+a)\times\lim_{t\to0+} (2t+a)$$
$$=(2+a)a=a^2+2a$$
$$\lim_{x\to1-} f(x)f(x-1)=\lim_{x\to1-} f(x)\times\lim_{x\to1-} f(x-1)$$
$$=\lim_{x\to1-} f(x)\times\lim_{t\to0-} f(t)$$
$$=\lim_{x\to1-} (2x+a)\times\lim_{t\to0-} (-t-1)$$
$$=(2+a)\times(-1)=-a-2$$

$f(1)f(0)=(2+a)\times(-1)=-a-2$

이므로 $a^2+2a=-a-2$, $a^2+3a+2=0$

$(a+2)(a+1)=0$ $\quad\therefore a=-2$ ($\because a\neq-1$)

따라서 (i), (ii)에서 함수 $g(x)$가 실수 전체의 집합에서 연속이 되도록 하는 상수 a의 값은 -2이다.

실수 Check

함수 $f(x-1)$의 그래프는 함수 $f(x)$의 그래프를 x축의 방향으로 1만큼 평행이동한 것이므로 $g(x)=f(x)f(x-1)$이 실수 전체의 집합에서 연속임을 보이려면 $x=0$, $x=1$일 때 연속임을 보여야 한다.

Plus 문제

0362-1

함수

$$f(x)=\begin{cases} x+1 & (x\le0) \\ -\frac{1}{2}x+7 & (x>0) \end{cases}$$

에 대하여 함수 $f(x)f(x-a)$가 $x=a$에서 연속이 되도록 하는 모든 실수 a의 값의 합을 구하시오.

(i) $a=0$일 때, $f(x)f(x-a)=\{f(x)\}^2$이므로

$$\lim_{x\to a+} f(x)f(x-a)=\lim_{x\to0+} \{f(x)\}^2=7\times7=49$$
$$\lim_{x\to a-} f(x)f(x-a)=\lim_{x\to0-} \{f(x)\}^2=1\times1=1$$

즉, $\lim_{x\to a+} f(x)f(x-a)\neq\lim_{x\to a-} f(x)f(x-a)$이므로

$a=0$일 때 함수 $f(x)f(x-a)$는 $x=a$에서 불연속이다.

(ii) $a>0$일 때,

$$\lim_{x\to a+} f(x)f(x-a)$$
$$=\lim_{x\to a+} f(x)\times\lim_{x\to a+} f(x-a)$$
$$=\lim_{x\to a+} f(x)\times\lim_{t\to0+} f(t)$$

→ $x-a=t$라 하면 $x\to a+$일 때 $t\to0+$

$$=\lim_{x\to a+} \left(-\frac{1}{2}x+7\right)\times\lim_{t\to0+} \left(-\frac{1}{2}t+7\right)$$
$$=\left(-\frac{1}{2}a+7\right)\times7=-\frac{7}{2}a+49$$
$$\lim_{x\to a-} f(x)f(x-a)=\lim_{x\to a-} f(x)\times\lim_{x\to a-} f(x-a)$$
$$=\lim_{x\to a-} f(x)\times\lim_{t\to0-} f(t)$$

$x-a=t$라 하면 $x\to a-$일 때 $t\to0-$

$$=\lim_{x\to a-} \left(-\frac{1}{2}x+7\right)\times\lim_{t\to0-} (t+1)$$
$$=\left(-\frac{1}{2}a+7\right)\times1=-\frac{1}{2}a+7$$

$f(a)f(0)=-\frac{1}{2}a+7$

이므로 $-\frac{7}{2}a+49=-\frac{1}{2}a+7$, $3a=42$

$\therefore a=14$

(iii) $a<0$일 때,

$$\lim_{x\to a+} f(x)f(x-a)=\lim_{x\to a+} f(x)\times\lim_{x\to a+} f(x-a)$$
$$=\lim_{x\to a+} f(x)\times\lim_{t\to0+} f(t)$$

$x-a=t$라 하면 $x\to a+$일 때 $t\to0+$

$$=\lim_{x\to a+} (x+1)\times\lim_{t\to0+} \left(-\frac{1}{2}t+7\right)$$
$$=(a+1)\times7=7a+7$$
$$\lim_{x\to a-} f(x)f(x-a)=\lim_{x\to a-} f(x)\times\lim_{x\to a-} f(x-a)$$

$= \lim_{x \to a-} f(x) \times \lim_{t \to 0-} f(t)$

$x-a=t$라 하면 $x \to a-$일 때 $t \to 0-$

$= \lim_{x \to a-} (x+1) \times \lim_{t \to 0-} (t+1)$

$=(a+1) \times 1 = a+1$

$f(a)f(0)=a+1$

이므로 $7a+7=a+1$, $6a=-6$ $\quad \therefore a=-1$

따라서 (i), (ii), (iii)에서 모든 실수 a의 값의 합은

$14+(-1)=13$

답 13

다른 풀이

함수 $y=f(x)$의 그래프는 그림과 같다.

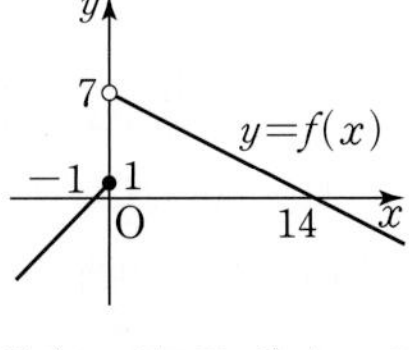

$a \neq 0$일 때, 함수 $f(x)$는 $x=0$에서 불연속이고 $x=a$에서 연속이므로 함수 $f(x)f(x-a)$가 $x=a$에서 연속이려면 $f(a)=0$을 만족해야 한다.

→ $f(0) \neq 0$이므로 $f(a)=0$이면 a에서의 좌극한, 우극한, 함숫값이 모두 0이 되므로 연속이 된다.

따라서 그림에서 $f(a)=0$인 a의 값은 $a=-1$ 또는 $a=14$

0363 답 ⑤

| 유형14

열린구간 $(-2, 2)$에서 정의된 함수 $y=f(x)$의 그래프가 그림과 같다. 열린구간 $(-2, 2)$에서 함수 $g(x)=f(x)+f(-x)$일 때, 〈보기〉에서 옳은 것만을 있는 대로 고른 것은?

단서1

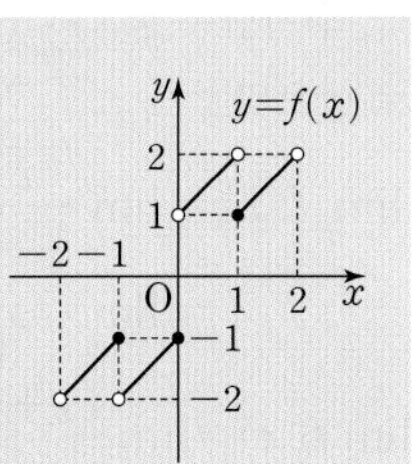

〈보기〉

ㄱ. $\lim_{x \to 0} f(x)$가 존재한다.

ㄴ. $\lim_{x \to 0} g(x)$가 존재한다.

ㄷ. 함수 $g(x)$는 $x=1$에서 연속이다.

① ㄴ ② ㄷ ③ ㄱ, ㄴ
④ ㄱ, ㄷ ⑤ ㄴ, ㄷ

단서1 함수 $f(-x)$의 그래프 → 함수 $y=f(x)$의 그래프를 y축에 대하여 대칭이동한 그래프

STEP1 함수 $f(x)$의 그래프에서 극한값 구하기

ㄱ. $\lim_{x \to 0-} f(x)=-1$, $\lim_{x \to 0+} f(x)=1$이므로 $\lim_{x \to 0} f(x)$는 존재하지 않는다. (거짓)

STEP2 함수 $g(x)$의 그래프에서 극한값 구하기

ㄴ. 함수 $y=f(-x)$의 그래프는 $y=f(x)$의 그래프를 y축에 대하여 대칭이동한 것이므로 그림과 같다.

$y=f(-x)$, y, 2, 1, 1, 2, −2, −1, O, x, −1, −2

즉, 함수 $g(x)=f(x)+f(-x)$의 그래프는 그림과 같다.

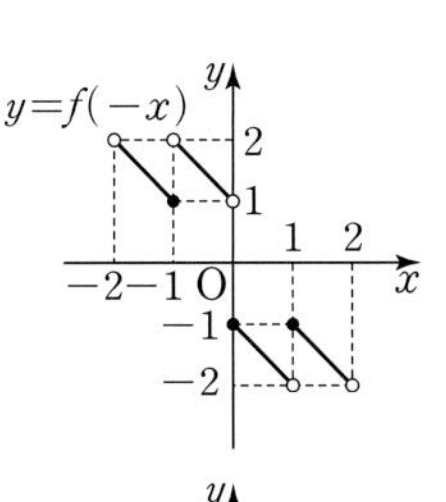

$\therefore \lim_{x \to 0} g(x)=0$ (참)

ㄷ. ㄴ에서 함수 $g(x)$는 $x=1$에서 연속이다. (참)

따라서 옳은 것은 ㄴ, ㄷ이다.

참고 $y=f(x)$와 $y=f(-x)$의 그래프에서 $x=0$일 때를 제외한 같은 x의 값에 대하여 y의 값이 절댓값이 같고 부호가 다른 수이므로 $g(x)=f(x)+f(-x)$의 그래프는 $x=0$일 때를 제외하고 $g(x)=0$으로 나타난다.

0364 답 −1

함수 $y=\{g(x)\}^2$이 $x=0$에서 연속이면

$\lim_{x \to 0-} \{g(x)\}^2 = \lim_{x \to 0+} \{g(x)\}^2 = \{g(0)\}^2$이 성립한다.

이때 함수 $f(x)$는 실수 전체의 집합에서 연속이므로

$\lim_{x \to 0-} \{g(x)\}^2 = \lim_{x \to 0-} \{f(x+1)\}^2 = \{f(1)\}^2 = a^2$

$\lim_{x \to 0+} \{g(x)\}^2 = \lim_{x \to 0+} \{f(x-1)\}^2 = \{f(-1)\}^2 = (2+a)^2$

$\{g(0)\}^2 = \{f(1)\}^2 = a^2$

이므로 $a^2=(2+a)^2$, $4a+4=0$

$\therefore a=-1$

0365 답 ①

함수 $g(x)=f(x)\{f(x)+k\}$가 $x=0$에서 연속이 되려면

$\lim_{x \to 0-} g(x) = \lim_{x \to 0+} g(x) = g(0)$이 성립해야 한다.

$\lim_{x \to 0-} g(x) = \lim_{x \to 0-} f(x)\{f(x)+k\} = 2(2+k)$

$\lim_{x \to 0+} g(x) = \lim_{x \to 0+} f(x)\{f(x)+k\} = 0 \times k = 0$

$g(0)=f(0)\{f(0)+k\}=2(2+k)$

이므로 $2(2+k)=0$ $\quad \therefore k=-2$

0366 답 ⑤

함수 $f(x)=\begin{cases} x & (x \leq -1 \text{ 또는 } x \geq 1) \\ -x & (-1<x<1) \end{cases}$ 이므로

ㄱ. 함수 $f(x)$가 불연속인 점은 $x=-1$, $x=1$의 2개이다. (참)

ㄴ. $\lim_{x \to 1+} (x-1)f(x) = \lim_{x \to 1+} (x-1) \times \lim_{x \to 1+} x = 0 \times 1 = 0$

$\lim_{x \to 1-} (x-1)f(x) = \lim_{x \to 1-} (x-1) \times \lim_{x \to 1-} (-x)$

$= 0 \times (-1) = 0$

$(1-1)f(1)=0$

이므로 함수 $(x-1)f(x)$는 $x=1$에서 연속이다. (참)

ㄷ. 함수 $\{f(x)\}^2=x^2$이므로 실수 전체의 집합에서 연속이다. (참)

→ $x^2=(-x)^2$

따라서 옳은 것은 ㄱ, ㄴ, ㄷ이다.

0367 답 ③

ㄱ. $\lim_{x \to -1-} f(x) + \lim_{x \to 1+} f(x) = 1+(-1)=0$ (참)

ㄴ. $-x=t$로 놓으면

$x \to -1-$일 때 $t \to 1+$, $x \to -1+$일 때 $t \to 1-$이므로

$\lim_{x \to -1-} f(-x) = \lim_{t \to 1+} f(t) = -1$

$\lim_{x \to -1+} f(-x) = \lim_{t \to 1-} f(t) = 1$

즉, $\lim_{x \to -1-} f(-x) \neq \lim_{x \to -1+} f(-x)$이므로 극한값이 존재하지 않는다. (거짓)

ㄷ. $-x=t$로 놓으면

$x\to1-$일 때 $t\to-1+$, $x\to1+$일 때 $t\to-1-$이므로

$$\lim_{x\to1-}f(x)f(-x)=\lim_{x\to1-}f(x)\times\lim_{t\to-1+}f(t)=1\times(-1)=-1$$

$$\lim_{x\to1+}f(x)f(-x)=\lim_{x\to1+}f(x)\times\lim_{t\to-1-}f(t)=(-1)\times1=-1$$

$f(1)f(-1)=1\times(-1)=-1$

즉, $\lim_{x\to1}f(x)f(-x)=f(1)f(-1)$이 성립하므로

함수 $f(x)f(-x)$는 $x=1$에서 연속이다. (참)

따라서 옳은 것은 ㄱ, ㄷ이다.

0368 답 14

함수 $f(x)$는 $x\neq1$인 실수 전체의 집합에서 연속이므로

함수 $f(x)\{f(x)-a\}$는 $x\neq1$인 실수 전체의 집합에서 연속이다.

이때 함수 $f(x)\{f(x)-a\}$가 실수 전체의 집합에서 연속이려면

$x=1$에서 연속이어야 한다. 즉,

$$\lim_{x\to1-}f(x)\{f(x)-a\}=\lim_{x\to1+}f(x)\{f(x)-a\}=f(1)\{f(1)-a\}$$

가 성립해야 한다.

$$\lim_{x\to1-}f(x)\{f(x)-a\}=\lim_{x\to1-}x(x-2)\times\lim_{x\to1-}\{x(x-2)-a\}=-(-1-a)=a+1$$

$$\lim_{x\to1+}f(x)\{f(x)-a\}=\lim_{x\to1+}\{x(x-2)+16\}\times\lim_{x\to1+}\{x(x-2)+16-a\}=15(15-a)$$

$f(1)\{f(1)-a\}=-(-1-a)=a+1$

이므로 $a+1=15(15-a)$, $a+1=225-15a$

$16a=224$ $\quad\therefore a=14$

0369 답 24

| 유형 15

이차함수 $f(x)$가 다음 조건을 만족시킨다.

(가) 함수 $\dfrac{x}{f(x)}$는 $x=1$, $x=2$에서 불연속이다. 단서1

(나) $\lim_{x\to2}\dfrac{f(x)}{x-2}=4$

$f(4)$의 값을 구하시오.

단서1 $f(x)=0$인 x에서 불연속

STEP 1 $f(x)=0$인 x에서 불연속임을 이용하기

(가)에서 함수 $\dfrac{x}{f(x)}$가 $x=1$, $x=2$에서 불연속이기 위해서는

$f(1)=0$, $f(2)=0$ → (분모)=0에서 정의되지 않으므로 불연속이다.

즉, 이차함수 $f(x)=a(x-1)(x-2)$ $(a\neq0)$로 놓을 수 있다.

STEP 2 (나)에서 이차함수의 계수를 구하고, $f(4)$의 값 구하기

(나)에서 $\lim_{x\to2}\dfrac{a(x-1)(x-2)}{x-2}=\lim_{x\to2}a(x-1)=a$

이므로 $a=4$

따라서 함수 $f(x)=4(x-1)(x-2)$이므로

$f(4)=4\times3\times2=24$

개념 Check

함수 $\dfrac{x}{f(x)}$에서 x는 실수 전체의 집합에서 연속이고,
이차함수 $f(x)$도 실수 전체의 집합에서 연속이다.
즉, 함수 $\dfrac{x}{f(x)}$는 $f(x)=0$인 x에서만 불연속이다.

0370 답 ④

$\lim_{x\to-1}f(x)=\lim_{x\to-1}\dfrac{g(x)}{x^2-1}=1$에서 $x\to-1$일 때, 극한값이 존재하고 (분모)→0이므로 (분자)→0이다.

즉, $\lim_{x\to-1}g(x)=0$에서 $g(-1)=0$이므로

함수 $g(x)$는 $x+1$을 인수로 갖는다.

$\lim_{x\to1}f(x)=\lim_{x\to1}\dfrac{g(x)}{x^2-1}=3$에서 $x\to1$일 때, 극한값이 존재하고

(분모)→0이므로 (분자)→0이다.

즉, $\lim_{x\to1}g(x)=0$에서 $g(1)=0$이므로

함수 $g(x)$는 $x-1$을 인수로 갖는다.

즉, 삼차함수 $g(x)=(x+1)(x-1)(ax+b)$ (a, b는 상수, $a\neq0$)로 놓으면

→ 삼차함수 $g(x)$는 $x+1$, $x-1$을 인수로 갖는다.

$$\lim_{x\to-1}f(x)=\lim_{x\to-1}\frac{(x+1)(x-1)(ax+b)}{x^2-1}=\lim_{x\to-1}(ax+b)=-a+b$$

$$\lim_{x\to1}f(x)=\lim_{x\to1}\frac{(x+1)(x-1)(ax+b)}{x^2-1}=\lim_{x\to1}(ax+b)=a+b$$

이므로 $-a+b=1$, $a+b=3$

두 식을 연립하여 풀면 $a=1$, $b=2$

따라서 함수 $g(x)=(x+1)(x-1)(x+2)$이므로

$g(2)=3\times1\times4=12$

$f(2)=\dfrac{g(2)}{3}=\dfrac{12}{3}=4$

$\therefore f(2)g(2)=4\times12=48$

0371 답 ③

함수 $f(x)g(x)$가 $x=1$에서 연속이려면

$\lim_{x\to1-}f(x)g(x)=\lim_{x\to1+}f(x)g(x)=f(1)g(1)$이 성립해야 한다.

$\lim_{x\to1+}f(x)g(x)=\lim_{x\to1+}f(x)\times\lim_{x\to1+}(x^2+ax-9)=4(a-8)$

$\lim_{x\to1-}f(x)g(x)=\lim_{x\to1-}f(x)\times\lim_{x\to1-}(x^2+ax-9)=a-8$

$f(1)g(1)=4(a-8)$

이므로 $4(a-8)=a-8$, $3a=24$ $\quad\therefore a=8$

다른 풀이

이차함수 $g(x)$는 모든 실수의 집합에서 연속이고

$f(x)$는 $x=1$에서 불연속이므로 $f(x)g(x)$가 $x=1$에서 연속이기 위해서는 $g(1)=0$이면 된다.

즉, $1+a-9=0$이므로 $a=8$

0372 답 ①

함수 $f(x)$는 $x\neq1$, $x\neq3$인 모든 실수 x에서 연속이고
함수 $g(x)$는 열린구간 $(-1, 5)$에서 연속이므로
└→ 다항함수는 모든 실수에서 연속이다.
함수 $f(x)g(x)$가 열린구간 $(-1, 5)$에서 연속이려면
$x=1$, $x=3$에서 연속이어야 한다.

(i) 함수 $f(x)g(x)$가 $x=1$에서 연속이면
$\lim_{x\to1+}f(x)g(x)=\lim_{x\to1-}f(x)g(x)=f(1)g(1)$이 성립해야 한다.
$\lim_{x\to1+}f(x)g(x)=1\times g(1)$
$\lim_{x\to1-}f(x)g(x)=2\times g(1)$
$f(1)g(1)=2\times g(1)$
이므로 $g(1)=2g(1)$에서 $g(1)=0$

(ii) 함수 $f(x)g(x)$가 $x=3$에서 연속이면
$\lim_{x\to3+}f(x)g(x)=\lim_{x\to3-}f(x)g(x)=f(3)g(3)$이 성립해야 한다.
$\lim_{x\to3+}f(x)g(x)=2\times g(3)$
$\lim_{x\to3-}f(x)g(x)=1\times g(3)$
$f(3)g(3)=2\times g(3)$
이므로 $2g(3)=g(3)$에서 $g(3)=0$

따라서 이차함수 $g(x)$가 $x-1$, $x-3$을 인수로 가지고, 최고차항의 계수가 1이므로
$g(x)=(x-1)(x-3)$
$\therefore g(2)=1\times(-1)=-1$

다른 풀이

이차함수 $g(x)$는 실수 전체의 집합에서 연속이고
$f(x)$는 $x=1$, $x=3$에서 불연속이므로 $f(x)g(x)$가 열린구간 $(-1, 5)$에서 연속이려면 $g(1)=0$, $g(3)=0$이면 된다.
따라서 $g(x)=(x-1)(x-3)$으로 놓으면
$g(2)=1\times(-1)=-1$

0373 답 32

함수 $f(x)$는 $x\neq2$인 실수 전체의 집합에서 연속이고
함수 $g(x)$는 실수 전체의 집합에서 연속이므로
함수 $f(x)g(x)$가 실수 전체의 집합에서 연속이려면
$x=2$에서 연속이어야 한다.
즉, $\lim_{x\to2}f(x)g(x)=f(2)g(2)$가 성립해야 한다.
$\lim_{x\to2}f(x)g(x)=\lim_{x\to2}\frac{2g(x)}{x-2}=f(2)g(2)$이므로
$x\to2$일 때, 극한값이 존재하고 (분모)$\to0$이므로 (분자)$\to0$이다.
즉, $\lim_{x\to2}2g(x)=0$에서 $g(2)=0$이므로 함수 $g(x)$는 $x-2$를 인수로 갖는다.
이차함수 $g(x)=a(x-2)(x-p)$ (a, p는 상수, $a\neq0$)로 놓으면
$$\begin{aligned}\lim_{x\to2}f(x)g(x)&=\lim_{x\to2}\frac{2a(x-2)(x-p)}{x-2}\\&=\lim_{x\to2}2a(x-p)\\&=2a(2-p)\end{aligned}$$
$f(2)g(2)=1\times0=0$
이므로 $2a(2-p)=0$ $\quad\therefore p=2\ (\because a\neq0)$

따라서 함수 $g(x)=a(x-2)^2$이고 $g(0)=8$이므로
$g(0)=4a=8$ $\quad\therefore a=2$
$\therefore g(6)=2\times(6-2)^2=32$

0374 답 ③

함수 $g(x)$는 $x\neq2$인 실수 전체의 집합에서 연속이므로
함수 $g(x)$가 모든 실수 x에서 연속이려면 $x=2$에서 연속이어야 한다.
즉, $\lim_{x\to2}g(x)=g(2)$가 성립해야 하므로
$\lim_{x\to2}\frac{f(x)-3x^3}{(x-2)^2}=k$
위 식에서 극한값이 존재하므로 $f(x)-3x^3$은 $(x-2)^2$을 인수로 갖는다.
또, $\lim_{x\to\infty}g(x)=3$이므로 $f(x)-3x^3$은 최고차항의 계수가 3인 이차함수이다.
즉, $f(x)-3x^3=3(x-2)^2$으로 놓으면
$\lim_{x\to2}\frac{f(x)-3x^3}{(x-2)^2}=\lim_{x\to2}\frac{3(x-2)^2}{(x-2)^2}=3$
$\therefore k=3$

실수 Check

$\lim_{x\to\infty}g(x)=3$의 조건에서 $\frac{\infty}{\infty}$ 꼴이고 0이 아닌 극한값이 존재하므로 (분모의 차수)=(분자의 차수)임을 알 수 있다. 즉, $f(x)-3x^3$이 최고차항의 계수가 3인 이차함수가 되도록 해야 한다.

0375 답 24

함수 $f(x)$는 $x\neq-1$, $x\neq1$인 모든 실수 x에서 연속이고
함수 $g(x)$는 구간 $(-2, 2)$에서 연속이므로
함수 $h(x)=f(x)g(x)$가 구간 $(-2, 2)$에서 연속이려면
$x=-1$, $x=1$에서 연속이어야 한다.

(i) 함수 $h(x)$가 $x=-1$에서 연속이면
$\lim_{x\to-1+}h(x)=\lim_{x\to-1-}h(x)=h(-1)$이 성립해야 한다.
$\lim_{x\to-1+}f(x)g(x)=(-1)\times g(-1)=-g(-1)$
$\lim_{x\to-1-}f(x)g(x)=0\times g(-1)=0$
$f(-1)g(-1)=(-1)\times g(-1)=-g(-1)$
이므로 $-g(-1)=0$ $\quad\therefore g(-1)=0$

(ii) 함수 $h(x)$가 $x=1$에서 연속이면
$\lim_{x\to1+}h(x)=\lim_{x\to1-}h(x)=h(1)$이 성립해야 한다.
$\lim_{x\to1+}f(x)g(x)=2\times g(1)=2g(1)$
$\lim_{x\to1-}f(x)g(x)=1\times g(1)=g(1)$
$f(1)g(1)=2g(1)$
이므로 $2g(1)=g(1)$ $\quad\therefore g(1)=0$

(i), (ii)에서 함수 $g(x)$는 $x+1$, $x-1$을 인수로 가지므로 최고차항의 계수가 1인 이차함수 $g(x)$는
$g(x)=(x+1)(x-1)$
$\therefore g(5)=6\times4=24$

다른 풀이

이차함수 $g(x)$는 실수 전체의 집합에서 연속이고
$f(x)$는 $x=-1$, $x=1$에서 불연속이므로 $f(x)g(x)$가 구간 $(-2, 2)$에서 연속이려면 $g(-1)=0$, $g(1)=0$이면 된다.
따라서 최고차항의 계수가 1인 이차함수 $g(x)$는
$g(x)=(x+1)(x-1)$
$\therefore g(5)=6\times4=24$

0376 답 ①

$\lim_{x\to\infty}\frac{f(x)}{x^2-3x-5}=2$이므로 $f(x)$는 최고차항의 계수가 2인 이차함수이다.
→ $\frac{\infty}{\infty}$ 꼴에서 극한값이 존재하므로 (분모의 차수)=(분자의 차수)

즉, $f(x)=2x^2+ax+b$ (a, b는 상수)로 놓으면
다항함수 $f(x)$는 실수 전체의 집합에서 연속이고
함수 $g(x)$는 $x\neq3$인 실수 전체의 집합에서 연속이므로
함수 $f(x)g(x)$가 실수 전체의 집합에서 연속이려면
$x=3$에서 연속이어야 한다.
즉, $\lim_{x\to3}f(x)g(x)=f(3)g(3)$이 성립해야 한다.

$\lim_{x\to3}f(x)g(x)=\lim_{x\to3}\frac{2x^2+ax+b}{x-3}=18+3a+b$에서
$x\to3$일 때, 극한값이 존재하고 (분모)$\to0$이므로 (분자)$\to0$이다.
즉, $\lim_{x\to3}(2x^2+ax+b)=0$에서
$18+3a+b=0 \quad \therefore b=-3a-18$ ······ ㉠

$$\lim_{x\to3}\frac{2x^2+ax+b}{x-3}=\lim_{x\to3}\frac{2x^2+ax-3a-18}{x-3}\ (\because ㉠)$$
$$=\lim_{x\to3}\frac{(x-3)(2x+a+6)}{x-3}$$
$$=\lim_{x\to3}(2x+a+6)$$
$$=a+12$$

$f(3)g(3)=18+3a+b=0$ ($\because$ ㉠)
이므로 $a+12=0 \quad \therefore a=-12$
이를 ㉠에 대입하면 $b=18$
따라서 함수 $f(x)=2x^2-12x+18$이므로
$f(1)=2-12+18=8$

0377 답 ① | 유형16

함수 $f(x)=\begin{cases}\frac{|x|-4}{x^2-16} & (x\neq4)\\ a & (x=4)\end{cases}$가 $x=4$에서 연속이 되도록 하는 상수 a의 값은?
단서1

① $\frac{1}{8}$ ② $\frac{1}{2}$ ③ 0
④ 1 ⑤ 2

단서1 $\lim_{x\to4}f(x)=f(4)$

STEP1 함수 $f(x)$가 $x=4$에서 연속일 조건 구하기

함수 $f(x)$가 $x=4$에서 연속이려면
$\lim_{x\to4}f(x)=f(4)$가 성립해야 한다.

STEP2 $x=4$에서 연속이 되도록 하는 상수 a의 값 구하기

$$\lim_{x\to4}\frac{|x|-4}{x^2-16}=\lim_{x\to4}\frac{|x|-4}{(|x|-4)(|x|+4)}$$
($x^2=|x|^2$)
$$=\lim_{x\to4}\frac{1}{|x|+4}=\frac{1}{8}$$

$f(4)=a$이므로 $a=\frac{1}{8}$

0378 답 ⑤

함수 $f(x)=\begin{cases}\frac{x^2}{2x-|x|} & (x\neq0)\\ a & (x=0)\end{cases}$에서 $f(x)=\begin{cases}x & (x>0)\\ a & (x=0)\\ \frac{1}{3}x & (x<0)\end{cases}$

$x<0$일 때, $|x|=-x$이므로 $\frac{x^2}{2x-(-x)}=\frac{x^2}{3x}=\frac{1}{3}x$

ㄱ. $f(-3)=\frac{1}{3}\times(-3)=-1$ (거짓)
ㄴ. $x>0$일 때, $f(x)=x$ (참)
ㄷ. 함수 $f(x)$가 $x=0$에서 연속이려면
$\lim_{x\to0+}f(x)=\lim_{x\to0-}f(x)=f(0)$이 성립해야 한다.
$\lim_{x\to0+}f(x)=\lim_{x\to0+}x=0$
$\lim_{x\to0-}f(x)=\lim_{x\to0-}\frac{x}{3}=0$
$f(0)=a$이므로 $a=0$ (참)

따라서 옳은 것은 ㄴ, ㄷ이다.

0379 답 ⑤

함수 $|f(x)|$가 실수 전체의 집합에서 연속이려면
$x=a$에서 연속이어야 한다.
즉, $\lim_{x\to a+}|f(x)|=\lim_{x\to a-}|f(x)|=|f(a)|$가 성립해야 한다.
$\lim_{x\to a+}|f(x)|=\lim_{x\to a+}|x^2-4|=|a^2-4|$
$\lim_{x\to a-}|f(x)|=\lim_{x\to a-}|x+2|=|a+2|$
$|f(a)|=|a+2|$
이므로 $|a^2-4|=|a+2|$에서 $a^2-4=\pm(a+2)$
(i) $a^2-4=a+2$일 때
$a^2-a-6=0$이므로 $(a+2)(a-3)=0$
$\therefore a=-2$ 또는 $a=3$
(ii) $a^2-4=-(a+2)$일 때
$a^2+a-2=0$이므로 $(a+2)(a-1)=0$
$\therefore a=-2$ 또는 $a=1$

따라서 (i), (ii)에서 함수 $|f(x)|$가 실수 전체의 집합에서 연속이 되도록 하는 실수 a의 값은 -2, 1, 3이므로 구하는 합은
$(-2)+1+3=2$

0380 답 ③

ㄱ. $g(x)=f(x)+|f(x)|$에서
$$\lim_{x\to0+}g(x)=\lim_{x\to0+}\{f(x)+|f(x)|\}$$
$$=\lim_{x\to0+}f(x)+\lim_{x\to0+}|f(x)|$$
$$=0+0=0$$

$\lim_{x\to0-} g(x) = \lim_{x\to0-} \{f(x)+|f(x)|\}$

$= \lim_{x\to0-} f(x) + \lim_{x\to0-} |f(x)|$

$= -1+|-1| = -1+1=0$

$\lim_{x\to0+} g(x) = \lim_{x\to0-} g(x) = 0$이므로 $\lim_{x\to0} g(x)=0$ (참)

ㄴ. $h(x)=f(x)+f(-x)$에서

$h(0)=f(0)+f(0)=2f(0)=2\times\frac{1}{2}=1$

이므로 $|h(0)|=1$

$\lim_{x\to0+} h(x) = \lim_{x\to0+} \{f(x)+f(-x)\}$

$= \lim_{x\to0+} f(x) + \lim_{x\to0+} f(-x)$

$= \lim_{x\to0+} f(x) + \lim_{t\to0-} f(t)$ ← $-x=t$로 놓으면 $x\to0+$일 때, $t\to0-$

$=0+(-1)=-1$

$\lim_{x\to0-} h(x) = \lim_{x\to0-} \{f(x)+f(-x)\}$

$= \lim_{x\to0-} f(x) + \lim_{x\to0-} f(-x)$

$= \lim_{x\to0-} f(x) + \lim_{t\to0+} f(t)$ ← $-x=t$로 놓으면 $x\to0-$일 때, $t\to0+$

$=(-1)+0=-1$

에서 $\lim_{x\to0+} h(x) = \lim_{x\to0-} h(x) = -1$이므로 $\lim_{x\to0} h(x)=-1$

$\therefore \lim_{x\to0} |h(x)| = |-1| = 1$

즉, $\lim_{x\to0} |h(x)| = |h(0)|$이 성립하므로

함수 $|h(x)|$는 $x=0$에서 연속이다. (참)

ㄷ. $g(0)=f(0)+|f(0)|=\frac{1}{2}+\left|\frac{1}{2}\right|=1$

$h(0)=f(0)+f(0)=\frac{1}{2}+\frac{1}{2}=1$

이므로 $g(0)|h(0)|=1\times1=1$

$\lim_{x\to0} g(x)|h(x)| = \lim_{x\to0} g(x) \times \lim_{x\to0} |h(x)| = 0\times1=0$

즉, $g(0)|h(0)| \neq \lim_{x\to0} g(x)|h(x)|$이므로

함수 $g(x)|h(x)|$는 $x=0$에서 불연속이다. (거짓)

따라서 옳은 것은 ㄱ, ㄴ이다.

실수 Check

ㄴ에서 $\lim_{x\to0} h(x)$, $h(0)$의 값을 먼저 구한 후 $\lim_{x\to0} |h(x)| = |h(0)|$이 성립하는지 판단한다.

0381 답 ④

| 유형17

0<x<2에서 함수 $f(x)=[x^2-2]$가 불연속이 되는 x의 값 중 가장 큰 값은? (단, $[x]$는 x보다 크지 않은 최대의 정수이다.)

단서1 단서2

① $\frac{1}{2}$ ② 1 ③ $\sqrt{2}$

④ $\sqrt{3}$ ⑤ $\frac{\sqrt{14}}{2}$

단서1 $[x]$는 정수를 기준으로 그 값이 변한다.

단서2 $[x^2-2]=-2$, $[x^2-2]=-1$, $[x^2-2]=0$, $[x^2-2]=1$을 기준으로 x의 값의 범위 나누기

STEP1 x의 값의 범위에 따라 함수 $f(x)$를 구하고, 함수 $f(x)$가 불연속이 되는 x의 값 중 가장 큰 값 구하기

함수 $f(x)=[x^2-2]$에서 치역이 정수가 되는 점을 기준으로 구간을 나누면

(i) $0<x<1$일 때

$-2<x^2-2<-1$이므로 $f(x)=-2$

(ii) $1\le x<\sqrt{2}$일 때

$-1\le x^2-2<0$이므로 $f(x)=-1$

(iii) $\sqrt{2}\le x<\sqrt{3}$일 때

$0\le x^2-2<1$이므로 $f(x)=0$

(iv) $\sqrt{3}\le x<2$일 때

$1\le x^2-2<2$이므로 $f(x)=1$

함수 $f(x)$는 $x=1$, $x=\sqrt{2}$, $x=\sqrt{3}$에서 불연속이다.

따라서 함수 $f(x)$가 불연속이 되는 x의 값 중 가장 큰 값은 $\sqrt{3}$이다.

참고 $-2<x<2$에서 함수 $y=[x^2-2]$의 그래프는 그림과 같다.

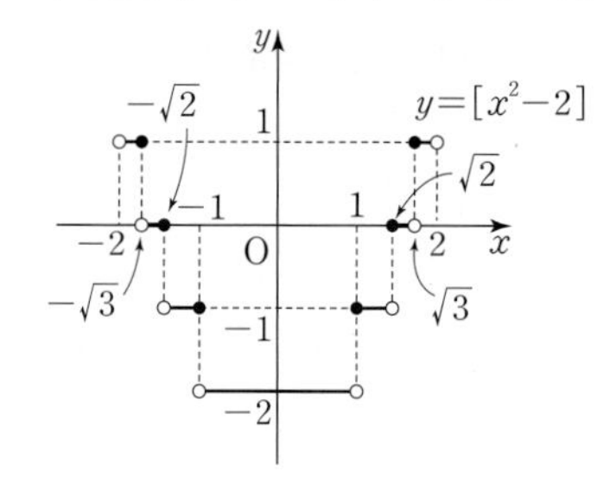

0382 답 ④

함수 $f(x)=[x^2]$에서 치역이 정수가 되는 점을 기준으로 구간을 나누면 ← $0<x<3$에서 $0<x^2<9$이므로 $[x^2]=0, 1, 2, \cdots, 8$을 기준으로 x의 값의 범위를 나눈다.

(i) $0<x<1$일 때

$0<x^2<1$이므로 $f(x)=0$

(ii) $1\le x<\sqrt{2}$일 때

$1\le x^2<2$이므로 $f(x)=1$

(iii) $\sqrt{2}\le x<\sqrt{3}$일 때

$2\le x^2<3$이므로 $f(x)=2$

(iv) $\sqrt{3}\le x<2$일 때

$3\le x^2<4$이므로 $f(x)=3$

⋮

같은 방법으로 x의 값이 1, $\sqrt{2}$, $\sqrt{3}$, 2, $\sqrt{5}$, $\sqrt{6}$, $\sqrt{7}$, $\sqrt{8}$일 때 불연속이다.

따라서 구하는 x의 값의 개수는 8이다.

0383 답 ③

정수 n에 대하여 $\lim_{x\to n+} x[x]=n^2$, $\lim_{x\to n-} x[x]=n(n-1)$

ㄱ. $\lim_{x\to2-} f(x) = \lim_{x\to2-} x[x] = 2\times1=2$ (참)

ㄴ. $\lim_{x\to1+} \{f(x)+f(-x)\} = \lim_{x\to1+} f(x) + \lim_{x\to-1-} f(x)$ ← $-x=t$로 놓으면 $x\to1+$일 때 $t\to-1-$

$= \lim_{x\to1+} x[x] + \lim_{x\to-1-} x[x]$

$=1\times1+(-1)\times(-2)$

$=3$ (참)

ㄷ. [반례] $x=0$일 때

$\lim_{x\to0+} f(x) = \lim_{x\to0+} x[x]=0$

$\lim_{x\to0-} f(x) = \lim_{x\to0-} x[x]=0$

$f(0)=0$

즉, $\lim_{x \to 0} f(x) = f(0)$이 성립하므로 함수 $f(x)$는 $x=0$에서 연속이다.

따라서 옳은 것은 ㄱ, ㄴ이다.

참고 함수 $f(x)=x[x]$에 대하여

⋮

$-2 \le x < -1$일 때,

$[x]=-2$이므로 $f(x)=-2x$

$-1 \le x < 0$일 때,

$[x]=-1$이므로 $f(x)=-x$

$0 \le x < 1$일 때, $[x]=0$이므로 $f(x)=0$

$1 \le x < 2$일 때, $[x]=1$이므로 $f(x)=x$

$2 \le x < 3$일 때, $[x]=2$이므로 $f(x)=2x$

⋮

이므로 함수 $y=f(x)$의 그래프는 그림과 같다.

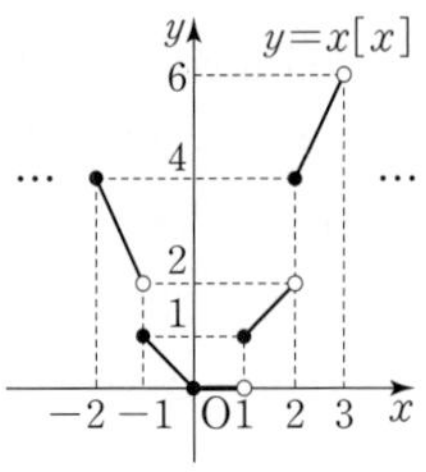

0384 답 ⑤

함수 $y=[f(x)]$가 $x=0$에서 연속이려면

$\lim_{x \to 0-} [f(x)] = \lim_{x \to 0+} [f(x)] = [f(0)]$이 성립해야 한다.

ㄱ. $\lim_{x \to 0-} [f(x)] = \lim_{x \to 0-} [0] = 0$, $\lim_{x \to 0+} [f(x)] = \lim_{x \to 0+} \left[\frac{1}{2}\right] = 0$

$[f(0)]=[0]=0$

즉, $\lim_{x \to 0-} [f(x)] = \lim_{x \to 0+} [f(x)] = [f(0)]$이 성립하므로

$x=0$에서 연속이다.

ㄴ. $\lim_{x \to 0-} [f(x)] = \lim_{x \to 0-} [1] = 1$,

$\lim_{x \to 0+} [f(x)] = \lim_{x \to 0+} [1+x^2] = 1$

$[f(0)]=[1]=1$

즉, $\lim_{x \to 0-} [f(x)] = \lim_{x \to 0+} [f(x)] = [f(0)]$이 성립하므로

$x=0$에서 연속이다.

ㄷ. $\lim_{x \to 0-} [f(x)] = \lim_{x \to 0-} [-1] = -1$,

$\lim_{x \to 0+} [f(x)] = \lim_{x \to 0+} [-x^3+x^2-1] = -1$

$[f(0)]=[-1]=-1$

즉, $\lim_{x \to 0-} [f(x)] = \lim_{x \to 0+} [f(x)] = [f(0)]$이 성립하므로

$x=0$에서 연속이다.

따라서 $x=0$에서 연속인 함수 $f(x)$는 ㄱ, ㄴ, ㄷ이다.

0385 답 ②

| 유형 18

모든 실수 x에서 연속인 함수 $f(x)$가 닫힌구간 $[0, 3]$에서

$$f(x)=\begin{cases} -2x^2+x+a & (0 \le x < 1) \\ bx-1 & (1 \le x \le 3) \end{cases}$$

단서1

이다. 함수 $f(x)$가 모든 실수 x에 대하여 $f(x+3)=f(x)$를 만족시킬 때, 두 상수 a, b에 대하여 $a+b$의 값은?

단서2

① 0 ② 1 ③ 2
④ 3 ⑤ 4

단서1 $x=1$에서 연속
단서2 $x=3$에서도 연속

STEP 1 **함수 $f(x)$가 $x=1$에서 연속임을 이용하여 a, b 사이의 관계식 구하기**

함수 $f(x)$가 모든 실수 x에서 연속이므로 $x=1$에서도 연속이다.

즉, $\lim_{x \to 1-} f(x) = \lim_{x \to 1+} f(x) = f(1)$이 성립한다.

$\lim_{x \to 1-} f(x) = \lim_{x \to 1-} (-2x^2+x+a) = a-1$

$\lim_{x \to 1+} f(x) = \lim_{x \to 1+} (bx-1) = b-1$

$f(1)=b-1$

이므로 $a-1=b-1$ $\therefore a=b$ ······ ㉠

STEP 2 **$f(x+3)=f(x)$를 이용하여 함수 $f(x)$가 $x=3$에서 연속임을 이용하기**

$f(x+3)=f(x)$를 만족시키므로 $x=0$을 대입하면

$f(3)=f(0)$이고 함수 $f(x)$가 $x=3$에서 연속이므로

$\lim_{x \to 3-} f(x) = \lim_{x \to 3+} f(x) = f(3)$이 성립한다.

$\lim_{x \to 3-} f(x) = \lim_{x \to 3-} (bx-1) = 3b-1$

$\lim_{x \to 3+} f(x) = \lim_{x \to 0+} (-2x^2+x+a) = a$

$f(3)=f(0)=a$

이므로 $3b-1=a$ ······ ㉡

STEP 3 **상수 a, b의 값을 구하고, $a+b$의 값 구하기**

㉠, ㉡을 연립하여 풀면 $a=\frac{1}{2}$, $b=\frac{1}{2}$

$\therefore a+b=1$

0386 답 ③

함수 $f(x)$가 모든 실수 x에서 연속이므로 $x=0$에서도 연속이다.

즉, $\lim_{x \to 0-} f(x) = \lim_{x \to 0+} f(x) = f(0)$이 성립한다.

$\lim_{x \to 0-} f(x) = \lim_{x \to 0-} (ax+1) = 1$

$\lim_{x \to 0+} f(x) = \lim_{x \to 0+} (3x^2+2ax+b) = b$

$f(0)=b$

이므로 $b=1$ ······ ㉠

또, $f(x+2)=f(x)$를 만족시키므로 $x=-1$을 대입하면

$f(1)=f(-1)$이고 함수 $f(x)$가 $x=1$에서 연속이므로

$\lim_{x \to 1-} f(x) = \lim_{x \to 1+} f(x) = f(1)$이 성립한다.

$\lim_{x \to 1-} f(x) = \lim_{x \to 1-} (3x^2+2ax+b) = 3+2a+b$

$\lim_{x \to 1+} f(x) = \lim_{x \to -1+} (ax+1) = -a+1$

$f(1)=f(-1)=-a+1$

이므로 $3+2a+b=-a+1$ ······ ㉡

㉠을 ㉡에 대입하면 $4+2a=-a+1$ $\therefore a=-1$

$\therefore a+b=0$

0387 답 ②

함수 $f(x)$가 모든 실수 x에서 연속이므로 $x=1$에서도 연속이다.

즉, $\lim_{x \to 1-} f(x) = \lim_{x \to 1+} f(x) = f(1)$이 성립한다.

$\lim_{x \to 1-} f(x) = \lim_{x \to 1-} 3x = 3$

$\lim_{x \to 1+} f(x) = \lim_{x \to 1+} (x^2+ax+b) = 1+a+b$

$f(1)=1+a+b$

이므로 $3=1+a+b$ $\therefore a+b=2$ ······ ㉠

또, $f(x+4)=f(x)$를 만족시키므로 $x=0$을 대입하면

$f(4)=f(0)$이고 함수 $f(x)$가 $x=4$에서 연속이므로

$\lim_{x\to4-} f(x)=\lim_{x\to4+} f(x)=f(4)$가 성립한다.

$\lim_{x\to4-} f(x)=\lim_{x\to4-} (x^2+ax+b)=16+4a+b$

$\lim_{x\to4+} f(x)=\lim_{x\to0+} 3x=0$

$f(4)=f(0)=0$

이므로 $16+4a+b=0$ $\quad\therefore 4a+b=-16$ ······ ㉡

㉠, ㉡을 연립하여 풀면 $a=-6$, $b=8$

따라서 함수 $f(x)=\begin{cases} 3x & (0\le x<1) \\ x^2-6x+8 & (1\le x\le 4) \end{cases}$이므로

$f(10)=f(6)=f(2)=4-12+8=0$

→ $f(x+4)=f(x)$이므로
$f(10)=f(10-4)=f(6)$, $f(6)=f(6-4)=f(2)$

0388 답 ①

함수 $f(x)$가 모든 실수 x에서 연속이므로 $x=1$에서도 연속이다.

즉, $\lim_{x\to1-} f(x)=\lim_{x\to1+} f(x)=f(1)$이 성립한다.

$\lim_{x\to1-} f(x)=\lim_{x\to1-} (2x+a)=2+a$

$\lim_{x\to1+} f(x)=\lim_{x\to1+} (x^2+bx+3)=b+4$

$f(1)=b+4$

이므로 $2+a=b+4$ $\quad\therefore a-b=2$ ······ ㉠

또, $f(x+5)=f(x)$를 만족시키므로 $x=-2$를 대입하면

$f(3)=f(-2)$이고 함수 $f(x)$가 $x=3$에서 연속이므로

$\lim_{x\to3-} f(x)=\lim_{x\to3+} f(x)=f(3)$이 성립한다.

$\lim_{x\to3-} f(x)=\lim_{x\to3-} (x^2+bx+3)=3b+12$

$\lim_{x\to3+} f(x)=\lim_{x\to-2+} (2x+a)=-4+a$

$f(3)=f(-2)=-4+a$

이므로 $3b+12=-4+a$ $\quad\therefore a-3b=16$ ······ ㉡

㉠, ㉡을 연립하여 풀면 $a=-5$, $b=-7$

따라서 함수 $f(x)=\begin{cases} 2x-5 & (-2\le x<1) \\ x^2-7x+3 & (1\le x\le 3) \end{cases}$이므로

$f(2023)=f(2018)=\cdots=f(3)=9-21+3=-9$

0389 답 -3

함수 $f(x)$가 모든 실수 x에서 연속이므로

$x=-1$에서도 연속이다.

즉, $\lim_{x\to-1-} f(x)=\lim_{x\to-1+} f(x)=f(-1)$이 성립한다.

$\lim_{x\to-1-} f(x)=\lim_{x\to-1-} (x^2+ax)=1-a$

$\lim_{x\to-1+} f(x)=\lim_{x\to-1+} \frac{2x^2-bx+c}{x+1}$

이때 $\lim_{x\to-1-} f(x)=\lim_{x\to-1+} f(x)$가 성립하므로

$\lim_{x\to-1+} \frac{2x^2-bx+c}{x+1}=1-a$ ······ ㉠

$x\to-1+$일 때, 극한값이 존재하고 (분모)$\to0$이므로

(분자)$\to0$이다.

즉, $\lim_{x\to-1+} (2x^2-bx+c)=0$에서

$2+b+c=0$ $\quad\therefore c=-b-2$ ······ ㉡

㉡을 ㉠에 대입하면

$\lim_{x\to-1+} \frac{2x^2-bx-b-2}{x+1}=\lim_{x\to-1+} \frac{(x+1)(2x-b-2)}{x+1}$

$=\lim_{x\to-1+} (2x-b-2)=-b-4$

이므로 $1-a=-b-4$ $\quad\therefore a-b=5$ ······ ㉢

또, $f(x-2)=f(x+1)$을 만족시키므로 $f(-2)=f(1)$에서

$4-2a=\frac{2-b+c}{2}$ $\quad\therefore 4a-b+c=6$ ······ ㉣

㉡, ㉢, ㉣을 연립하여 풀면 $a=-1$, $b=-6$, $c=4$

$\therefore a+b+c=-3$

실수 Check

함수 $f(x)$가 닫힌구간 $[-2, 1]$에서 연속이고 $f(x-2)=f(x+1)$을 만족시키므로 $f(1)=f(-2)$임을 이용한다.

0390 답 ① | 유형19

이차방정식 $x^2-2ax+4a=0$의 서로 다른 실근의 개수를 $f(a)$라 하자. (단서1) 〈보기〉에서 옳은 것만을 있는 대로 고른 것은? (단, a는 실수이다.)

〈보기〉

ㄱ. $f(4)=1$

ㄴ. $\lim_{a\to0-} f(a)=f(0)$

ㄷ. 구간 $(1, 6)$에서 함수 $f(a)$의 불연속인 점은 2개이다.

① ㄱ ② ㄱ, ㄴ ③ ㄱ, ㄷ
④ ㄴ, ㄷ ⑤ ㄱ, ㄴ, ㄷ

단서1 이차방정식의 실근의 개수 → 판별식 이용

STEP 1 이차방정식의 판별식을 이용하여 함수 $f(a)$ 구하기

이차방정식 $x^2-2ax+4a=0$의 판별식을 D라 하면

$\frac{D}{4}=a^2-4a=a(a-4)$

이므로 서로 다른 실근의 개수 $f(a)$는 다음과 같다.

$f(a)=\begin{cases} 2 & (a<0 \text{ 또는 } a>4) \leftarrow D>0 \\ 1 & (a=0 \text{ 또는 } a=4) \leftarrow D=0 \\ 0 & (0<a<4) \leftarrow D<0 \end{cases}$

STEP 2 함숫값과 극한값 구하기

ㄱ. $f(4)=1$ (참)

ㄴ. $\lim_{a\to0-} f(a)=2$, $f(0)=1$이므로

$\lim_{a\to0-} f(a)\ne f(0)$ (거짓)

STEP 3 구간에서 불연속인 점 찾기

ㄷ. 구간 $(1, 6)$에서 함수 $f(a)$는 $a=4$에서만 불연속이다. (거짓)

따라서 옳은 것은 ㄱ이다.

참고 함수 $y=f(a)$의 그래프는 그림과 같다.

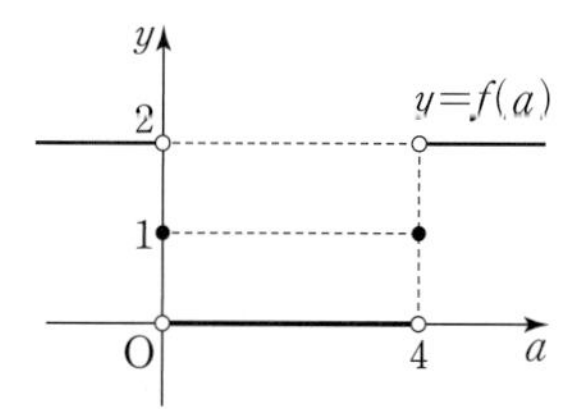

0391 답 ④

함수 $f(a)$는 x에 대한 방정식 $ax^2+2(a-2)x-(a-2)=0$의 실근의 개수이다.

(i) $a=0$일 때

$-4x+2=0 \qquad \therefore x=\frac{1}{2}$

즉, 방정식의 실근의 개수 $f(0)=1$

(ii) $a\neq0$일 때

이차방정식 $ax^2+2(a-2)x-(a-2)=0$의 판별식을 D라 하면

$\frac{D}{4}=(a-2)^2+a(a-2)=2(a-1)(a-2)$

(i), (ii)에서 서로 다른 실근의 개수 $f(a)$는 다음과 같다.

$$f(a)=\begin{cases} 2 & (a<0 \text{ 또는 } 0<a<1 \text{ 또는 } a>2) \leftarrow a\neq0,\ D>0 \\ 1 & (a=0 \text{ 또는 } a=1 \text{ 또는 } a=2) \leftarrow a=0,\ D=0 \\ 0 & (1<a<2) \leftarrow a\neq0,\ D<0 \end{cases}$$

함수 $y=f(a)$의 그래프는 그림과 같다.

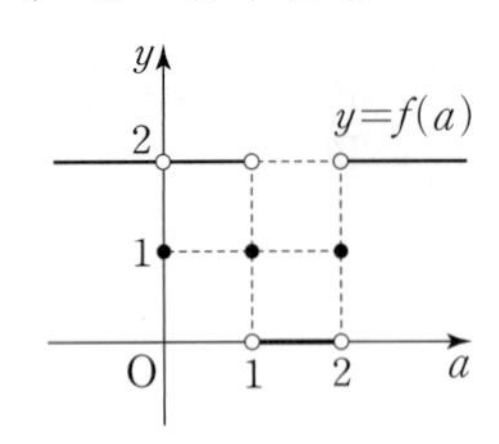

ㄱ. $\lim_{a\to0}f(a)=2$, $f(0)=1$이므로 $\lim_{a\to0}f(a)\neq f(0)$ (거짓)

ㄴ. $\lim_{a\to c+}f(a)\neq\lim_{a\to c-}f(a)$에서 극한값이 존재하지 않는 점을 찾으면 c는 1, 2의 2개이다. (참)

ㄷ. 함수 $f(a)$가 불연속인 점은 $a=0$, $a=1$, $a=2$일 때의 3개이다. (참)

따라서 옳은 것은 ㄴ, ㄷ이다.

0392 답 ③ | 유형20

원 $x^2+y^2=t^2$과 직선 $y=1$이 만나는 점의 개수를 $f(t)$라 하자.
단서1
함수 $(x+k)f(x)$가 구간 $(0, \infty)$에서 연속일 때, $f(1)+k$의 값은?
단서2
(단, k는 상수이다.)

① -2 ② -1 ③ 0
④ 1 ⑤ 2

단서1 $t=1$일 때, 원과 직선이 한 점에서 만난다.
단서2 어느 점에서 연속이어야 하는지 찾는다.

STEP1 t의 값의 범위에 따른 함수 $f(t)$를 구하고, $f(1)$의 값 구하기

함수 $f(t)$는 원 $x^2+y^2=t^2$과 직선 $y=1$이 만나는 점의 개수이므로 함수 $f(t)$는 다음과 같다.

$$f(t)=\begin{cases} 2 & (|t|>1) \\ 1 & (|t|=1) \\ 0 & (|t|<1) \end{cases}$$

$\therefore f(1)=1$

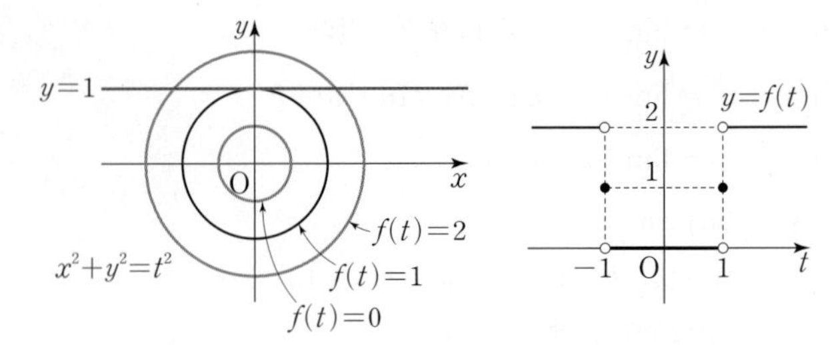

STEP2 $x=1$에서 연속일 조건을 이용하여 상수 k의 값 구하기

함수 $(x+k)f(x)$가 구간 $(0, \infty)$에서 연속이면 $x=1$에서도 연속이다.

즉, $\lim_{x\to1-}(x+k)f(x)=\lim_{x\to1+}(x+k)f(x)=(1+k)f(1)$이 성립한다.

$\lim_{x\to1-}(x+k)f(x)=\lim_{x\to1-}(x+k)\times0=0$

$\lim_{x\to1+}(x+k)f(x)=\lim_{x\to1+}(x+k)\times2=2(1+k)$

$(1+k)f(1)=(1+k)\times1=1+k$

이므로 $0=2(1+k)=1+k$에서 $k=-1$

STEP3 $f(1)+k$의 값 구하기

$f(1)+k=1+(-1)=0$

0393 답 8

함수 $f(t)$는 곡선 $y=|x^2-2x|$와 직선 $y=t$가 만나는 점의 개수이므로 함수 $f(t)$는 다음과 같다.

$$f(t)=\begin{cases} 0 & (t<0) \\ 2 & (t=0) \\ 4 & (0<t<1) \\ 3 & (t=1) \\ 2 & (t>1) \end{cases}$$

$\therefore f(3)=2$

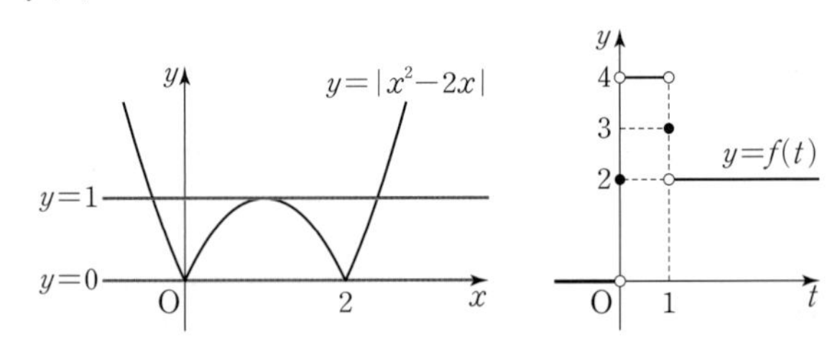

함수 $f(t)$는 $t\neq0$, $t\neq1$인 모든 실수 t에서 연속이고

이차함수 $g(t)$는 모든 실수 t에서 연속이므로

함수 $f(t)g(t)$가 모든 실수 t에서 연속이면 $t=0$, $t=1$에서도 연속이다.

(i) 함수 $f(t)g(t)$가 $t=0$에서 연속이면

$\lim_{t\to0-}f(t)g(t)=\lim_{t\to0+}f(t)g(t)=f(0)g(0)$이 성립한다.

$\lim_{t\to0-}f(t)g(t)=\lim_{t\to0-}0\times g(t)=0$

$\lim_{t\to0+}f(t)g(t)=\lim_{t\to0+}4\times g(t)=4g(0)$

$f(0)g(0)=2g(0)$

이므로 $0=4g(0)=2g(0)$에서 $g(0)=0$

(ii) 함수 $f(t)g(t)$가 $t=1$에서 연속이면

$\lim_{t\to1-}f(t)g(t)=\lim_{t\to1+}f(t)g(t)=f(1)g(1)$이 성립한다.

$\lim_{t\to1-}f(t)g(t)=\lim_{t\to1-}4\times g(t)=4g(1)$

$\lim_{t\to1+}f(t)g(t)=\lim_{t\to1+}2\times g(t)=2g(1)$

$f(1)g(1)=3g(1)$

이므로 $4g(1)=2g(1)=3g(1)$에서 $g(1)=0$

(i), (ii)에서 최고차항의 계수가 1인 이차함수 $g(t)$는 t, $t-1$을 인수로 가지므로

$g(t)=t(t-1)$

이때 $g(3)=3\times2=6$

$\therefore f(3)+g(3)=2+6=8$

다른 풀이

(i) 함수 $f(t)g(t)$가 $t=0$에서 연속이면

$g(0)=0$

(ii) 함수 $f(t)g(t)$가 $t=1$에서 연속이면

$g(1)=0$

(i), (ii)에서 최고차항의 계수가 1인 이차함수 $g(t)$는

$g(t)=t(t-1)$

Tip $\lim_{x\to a+}f(x)\neq\lim_{x\to a-}f(x)$일 때,
$g(x)$와 $f(x)g(x)$가 $x=a$에서 연속이면 $g(a)=0$이다.

0394 답 ⑤

| 유형21

> 실수 전체의 집합에서 정의된 두 함수 $f(x)$, $g(x)$에 대하여 함수 $f(x)$, $f(x)-g(x)$가 모든 실수 x에서 연속일 때, 다음 중 모든 실수 x에서 연속인 함수가 아닌 것은?
> 단서1
>
> ① $g(x)$ ② $\{f(x)\}^2$ ③ $f(x)+g(x)$
>
> ④ $\{g(x)\}^2$ ⑤ $\dfrac{f(x)-g(x)}{f(x)}$
>
> 단서1 $f(x)$, $f(x)-g(x)$의 합, 차, 곱도 연속함수

STEP1 **연속함수의 성질을 이용하여 모든 실수 x에서 연속인 함수가 아닌 것 찾기**

$f(x)$와 $f(x)-g(x)$가 연속함수이고

① $f(x)-\{f(x)-g(x)\}=g(x)$이므로 $g(x)$도 연속함수이다.

② $f(x)\times f(x)=\{f(x)\}^2$이므로 $\{f(x)\}^2$도 연속함수이다.

③ ①에 의하여 $g(x)$가 연속함수이므로

$f(x)+g(x)$도 연속함수이다.

④ ①에 의하여 $g(x)$가 연속함수이고

$g(x)\times g(x)=\{g(x)\}^2$이므로 $\{g(x)\}^2$도 연속함수이다.

⑤ $f(a)=0$이면 $\dfrac{f(x)-g(x)}{f(x)}$는 $x=a$에서 정의되지 않으므로

$\dfrac{f(x)-g(x)}{f(x)}$는 $x=a$에서 불연속이다.

따라서 모든 실수 x에서 연속인 함수가 아닌 것은 ⑤이다.

0395 답 ⑤

함수 $f(x)$, $g(x)$가 모두 $x=a$에서 연속이면

$\lim_{x\to a}f(x)=f(a)$, $\lim_{x\to a}g(x)=g(a)$이므로

① $\lim_{x\to a}2f(x)=2f(a)$이므로 함수 $2f(x)$는 $x=a$에서 연속이다.

② $\lim_{x\to a}\{f(x)+g(x)\}=\lim_{x\to a}f(x)+\lim_{x\to a}g(x)=f(a)+g(a)$이므로 함수 $f(x)+g(x)$는 $x=a$에서 연속이다.

③ $\lim_{x\to a}\{f(x)-2g(x)\}=\lim_{x\to a}f(x)-2\lim_{x\to a}g(x)=f(a)-2g(a)$

이므로 함수 $f(x)-2g(x)$는 $x=a$에서 연속이다.

④ $\lim_{x\to a}f(x)g(x)=\lim_{x\to a}f(x)\times\lim_{x\to a}g(x)=f(a)g(a)$이므로

함수 $f(x)g(x)$는 $x=a$에서 연속이다.

⑤ $g(a)=0$이면 함수 $\dfrac{f(x)}{g(x)}$는 $x=a$에서 정의되지 않으므로

$\dfrac{f(x)}{g(x)}$는 $x=a$에서 불연속이다.

따라서 $x=a$에서 항상 연속인 함수가 아닌 것은 ⑤이다.

> **실수 Check**
>
> 두 함수 $f(x)$, $g(x)$가 $x=a$에서 연속일 때 $\dfrac{f(x)}{g(x)}$가 $x=a$에서 연속이려면 $g(a)\neq0$이어야 한다.

0396 답 ㄱ, ㄷ

ㄱ. 구간 $(2, \infty)$에서 $x-2\neq0$이므로

함수 $f(x)=\dfrac{1}{x-2}$은 구간 $(2, \infty)$에서 연속이다. (참)

ㄴ. $x=1$이면 $x-1=0$이므로

함수 $f(x)=\dfrac{x^2-1}{x-1}$은 $x=1$에서 불연속이다. (거짓)

ㄷ. 구간 $(1, \infty)$에서 $x-1\neq0$이므로

함수 $f(x)=\dfrac{x^3-1}{x-1}$은 구간 $(1, \infty)$에서 연속이다. (참)

따라서 옳은 것은 ㄱ, ㄷ이다.

> **실수 Check**
>
> ㄴ. $f(x)=\dfrac{x^2-1}{x-1}=\dfrac{(x-1)(x+1)}{x-1}=x+1$이므로 구간 $(-\infty, \infty)$에서 항상 연속이라고 생각하면 안 된다.
> 즉, $x-1\neq0$인 조건이 있어야 함에 주의한다.

0397 답 ④

함수 $f(x)=x^2-2x+2$, $g(x)=\dfrac{1}{x}$에 대하여

① $f(x)+g(x)=x^2-2x+2+\dfrac{1}{x}$은 $x=0$에서 정의되지 않으므로

$x=0$에서 불연속이다.

② $f(x)g(x)=\dfrac{x^2-2x+2}{x}$는 $x=0$에서 정의되지 않으므로

$x=0$에서 불연속이다.

③ $f(g(x))=f\left(\dfrac{1}{x}\right)=\dfrac{1}{x^2}-\dfrac{2}{x}+2$는 $x=0$에서 정의되지 않으므로

$x=0$에서 불연속이다.

④ $g(f(x))=g(x^2-2x+2)=\dfrac{1}{x^2-2x+2}$에서

$x^2-2x+2=(x-1)^2+1>0$이므로 $g(f(x))$는 실수 전체의 집합에서 연속이다.

⑤ $\dfrac{g(x)}{f(x)}=\dfrac{1}{x(x^2-2x+2)}$은 $x=0$에서 정의되지 않으므로

$x=0$에서 불연속이다.

따라서 실수 전체의 집합에서 연속인 함수는 ④이다.

0398 답 ①

함수 $f(x)=x^2-4x$, $g(x)=x^2-5$는 다항함수이므로 모든 실수 x에서 연속이다.

ㄱ. $\{f(x)\}^2=f(x)\times f(x)$이므로 연속함수의 성질에 의하여 모든 실수 x에서 연속이다. (참)

ㄴ. $\dfrac{g(x)}{f(x)}=\dfrac{x^2-5}{x^2-4x}=\dfrac{x^2-5}{x(x-4)}$는 $x=0$, $x=4$에서 정의되지 않으므로

$x=0$, $x=4$에서 불연속이다. (거짓)

ㄷ. $\dfrac{1}{f(x)-g(x)}=\dfrac{1}{x^2-4x-(x^2-5)}=\dfrac{1}{-4x+5}$은

$x=\dfrac{5}{4}$에서 정의되지 않으므로

$x=\dfrac{5}{4}$에서 불연속이다. (거짓)

따라서 옳은 것은 ㄱ이다.

0399 답 ⑤

함수 $f(x)=x^2-2ax+16$, $g(x)=ax^2+ax+2$에 대하여

$\dfrac{f(x)}{g(x)}$, $\dfrac{g(x)}{f(x)}$가 실수 전체의 집합에서 연속이 되기 위해서는

$g(x)\neq0$, $f(x)\neq0$이어야 한다.

(i) $a=0$일 때

$f(x)=x^2+16>0$, $g(x)=2>0$이므로 실수 전체의 집합에서 연속이다.

(ii) $a\neq0$일 때

이차방정식 $x^2-2ax+16=0$의 판별식을 D_1이라 하면 $D_1<0$이어야 하므로

($f(x)\neq0$이어야 하므로 허근을 가져야 한다.)

$\dfrac{D_1}{4}=a^2-16<0$, $(a+4)(a-4)<0$ $\quad\therefore -4<a<4$

이차방정식 $ax^2+ax+2=0$의 판별식을 D_2라 하면 $D_2<0$이어야 하므로

($g(x)\neq0$이어야 하므로 허근을 가져야 한다.)

$D_2=a^2-8a<0$, $a(a-8)<0$ $\quad\therefore 0<a<8$

따라서 두 부등식을 연립하면 $0<a<4$이다.

(i), (ii)에서 a의 값의 범위는 $0\le a<4$

따라서 구하는 정수 a는 0, 1, 2, 3의 4개이다.

0400 답 ②

ㄱ. 임의의 실수 a에 대하여 $\lim\limits_{x\to a}g(x)=b$라 하면

$g(x)$가 연속함수이므로 $b=g(a)$

또, $f(x)$가 연속함수이므로

$\lim\limits_{x\to a}f(g(x))=f(g(a))=f(b)$

즉, $f(g(x))$도 연속함수이다. (참)

ㄴ. $f(x)$와 $f(x)-g(x)$가 연속함수이므로

$f(x)-\{f(x)-g(x)\}=g(x)$에서 $g(x)$도 연속함수이다. (참)

ㄷ. [반례] $f(x)=0$, $g(x)=\begin{cases}1 & (x\ge0)\\ -1 & (x<0)\end{cases}$이라 하면

$\dfrac{f(x)}{g(x)}=0$이므로 $f(x)$, $\dfrac{f(x)}{g(x)}$는 연속함수이지만

$g(x)$는 $x=0$에서 불연속이다. (거짓)

따라서 옳은 것은 ㄱ, ㄴ이다.

0401 답 ②

ㄱ. 함수 $f(x)$가 $x=0$에서 연속이므로 $\lim\limits_{x\to0}f(x)=f(0)$

$\lim\limits_{x\to0}f(x)f(-x)=\lim\limits_{x\to0}f(x)\times\lim\limits_{x\to0}f(-x)$

$=f(0)\times f(0)$

즉, 함수 $f(x)f(-x)$도 $x=0$에서 연속이다. (참)

ㄴ. $\lim\limits_{x\to0}f(x)=f(0)$, $\lim\limits_{x\to0}g(x)=g(0)$이면

$\lim\limits_{x\to0}f(x)\{f(x)-g(x)\}=\lim\limits_{x\to0}f(x)\times\lim\limits_{x\to0}\{f(x)-g(x)\}$

$=f(0)\{f(0)-g(0)\}$

즉, 함수 $f(x)\{f(x)-g(x)\}$는 $x=0$에서 연속이다. (참)

ㄷ. [반례] $f(x)=x+1$, $g(x)=x$라 하면

$\lim\limits_{x\to0}f(x)=f(0)$, $\lim\limits_{x\to0}g(x)=g(0)$이지만

$\dfrac{f(x)}{g(x)}=\dfrac{x+1}{x}$은 $x=0$에서 정의되지 않으므로

$\dfrac{f(x)}{g(x)}$는 $x=0$에서 불연속이다. (거짓)

따라서 옳은 것은 ㄱ, ㄴ이다.

0402 답 ①

ㄱ. 함수 $f(x)$가 $x=0$에서 연속이면 $\lim\limits_{x\to0}f(x)=f(0)$이고

$\lim\limits_{x\to0}|f(x)|=|f(0)|$이다.

즉, 함수 $|f(x)|$도 $x=0$에서 연속이다. (참)

ㄴ. [반례] $f(x)=\begin{cases}1 & (x\ge0)\\ -1 & (x<0)\end{cases}$이라 하면

함수 $y=f(x)$, $y=|f(x)|$의 그래프는 그림과 같다.

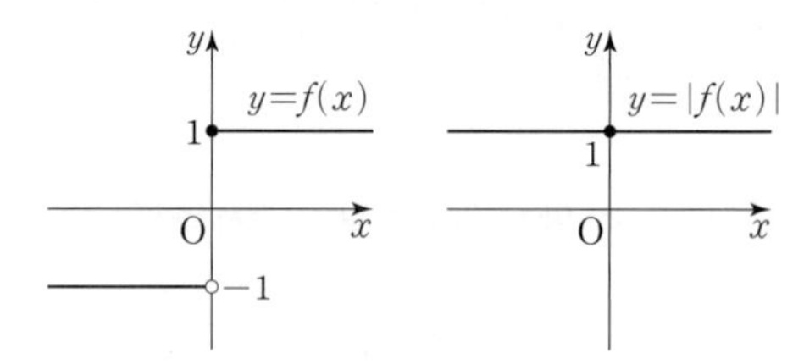

즉, 함수 $|f(x)|$는 $x=0$에서 연속이지만

함수 $y=f(-x)$는 $x=0$에서 불연속이다. (거짓)

→ $y=f(x)$의 그래프를 y축에 대하여 대칭이동시킨 그래프이므로 $x=0$에서 불연속이다.

ㄷ. [반례] $f(x)=\begin{cases}1 & (x\ge0)\\ -1 & (x<0)\end{cases}$, $g(x)=\begin{cases}-1 & (x\ge0)\\ 1 & (x<0)\end{cases}$이라 하면

$\lim\limits_{x\to0}f(x)$와 $\lim\limits_{x\to0}g(x)$가 모두 존재하지 않지만

$\lim\limits_{x\to0}\{f(x)+g(x)\}=0$으로 존재한다. (거짓)

따라서 옳은 것은 ㄱ이다.

실수 Check

함수 $f(x)$가 $x=0$에서 연속이면 함수 $|f(x)|$도 $x=0$에서 연속이다.
하지만 ㄴ과 같이 그 역은 성립하지 않는다.
ㄱ이 참이면 ㄴ도 참이라고 생각하지 않도록 주의한다.

0403 답 ①

ㄱ. $f(x)=\begin{cases}2 & (x\ge0)\\ -2 & (x<0)\end{cases}$, $g(x)=|x|$이므로

$\lim_{x\to 0+}(g\circ f)(x)=\lim_{x\to 0+}g(f(x))=g(2)=2$

$\lim_{x\to 0-}(g\circ f)(x)=\lim_{x\to 0-}g(f(x))=g(-2)=2$

$(g\circ f)(0)=g(f(0))=g(2)=2$

이므로 $\lim_{x\to 0+}(g\circ f)(x)=\lim_{x\to 0-}(g\circ f)(x)=(g\circ f)(0)$이 성립한다.

즉, 함수 $y=(g\circ f)(x)$는 $x=0$에서 연속이다. (참)

ㄴ. [반례] ㄱ에서 함수 $y=(g\circ f)(x)$는 $x=0$에서 연속이지만 함수 $y=f(x)$는 $x=0$에서 불연속이다. (거짓)

ㄷ. [반례] $f(x)=\begin{cases}2 & (x\ge 0)\\ 0 & (x<0)\end{cases}$이라 하면

$\lim_{x\to 0+}(f\circ f)(x)=\lim_{x\to 0+}f(f(x))=f(2)=2$

$\lim_{x\to 0-}(f\circ f)(x)=\lim_{x\to 0-}f(f(x))=f(0)=2$

$(f\circ f)(0)=f(f(0))=f(2)=2$

이므로 $\lim_{x\to 0+}(f\circ f)(x)=\lim_{x\to 0-}(f\circ f)(x)=(f\circ f)(0)$이 성립한다.

즉, 함수 $y=(f\circ f)(x)$는 $x=0$에서 연속이지만 함수 $y=f(x)$는 $x=0$에서 불연속이다. (거짓)

따라서 옳은 것은 ㄱ이다.

실수 Check

모든 실수에서 함수 $f(x)$, $g(x)$가 연속이면 $(g\circ f)(x)$, $(f\circ g)(x)$는 연속이다.
하지만 함수 $f(x)$, $g(x)$가 $x=a$에서 연속이라고 $(g\circ f)(x)$가 $x=a$에서 항상 연속인 것은 아니다. 또, $f(g(x))$가 연속함수라고 $g(x)$가 연속함수인 것도 아니다.
이처럼 합성함수의 연속에 대한 성질을 기억해 두면 좋다.

0404 답 ①

| 유형22

주어진 구간에서 최댓값과 최솟값이 모두 존재하는 함수만을 〈보기〉에서 있는 대로 고른 것은? (단서1)

〈보기〉

ㄱ. $f(x)=\frac{1}{x}$ $[1, 4]$

ㄴ. $g(x)=\frac{3}{x+1}$ $[-2, 1]$

ㄷ. $h(x)=x^2$ $(1, 3)$

① ㄱ ② ㄴ ③ ㄱ, ㄴ
④ ㄱ, ㄷ ⑤ ㄱ, ㄴ, ㄷ

단서1 최대·최소 정리를 이용

STEP1 주어진 구간에서 함수가 연속인지 확인하고, 최대·최소 정리 이용하기

ㄱ. $f(x)=\frac{1}{x}$은 $x\ne 0$인 모든 실수 x에서 연속이다.

즉, $f(x)$는 닫힌구간 $[1, 4]$에서 연속이므로 최대·최소 정리에 의하여 최댓값과 최솟값이 모두 존재한다.

ㄴ. $g(x)=\frac{3}{x+1}$은 $x=-1$에서 불연속이고

$\lim_{x\to -1+}\frac{3}{x+1}=\infty$, $\lim_{x\to -1-}\frac{3}{x+1}=-\infty$이다.

즉, $g(x)$는 닫힌구간 $[-2, 1]$에서 최댓값과 최솟값이 모두 존재하지 않는다.

STEP2 함수의 그래프를 이용하여 최댓값과 최솟값의 존재 확인하기

ㄷ. 함수 $y=h(x)$의 그래프는 그림과 같다.

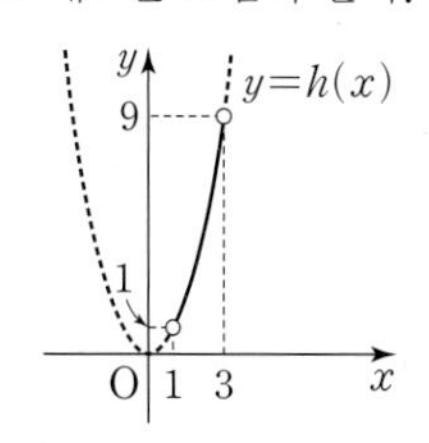

즉, $h(x)$는 열린구간 $(1, 3)$에서 연속이지만 최댓값과 최솟값이 모두 존재하지 않는다.

따라서 구하는 함수는 ㄱ이다.

0405 답 ③

닫힌구간 $[1, 3]$에서 함수 $y=f(x)$의 그래프는 그림과 같다.

y, $y=f(x)$, $\frac{5}{2}$, 3, 2, -1, O, 1, 3, x

함수 $f(x)=\frac{2x+4}{x+1}=\frac{2}{x+1}+2$이므로

$\frac{2x+4}{x+1}=\frac{2(x+1)+2}{x+1}=2+\frac{2}{x+1}$

함수 $f(x)$는

$x=1$에서 최댓값 $M=3$

$x=3$에서 최솟값 $m=\frac{5}{2}$

를 갖는다.

$\therefore M+m=\frac{11}{2}$

0406 답 ①

함수 $f(x)$가 $x=4$에서 연속이므로

$\lim_{x\to 4+}f(x)=\lim_{x\to 4-}f(x)=f(4)$가 성립해야 한다.

$\lim_{x\to 4+}f(x)=\lim_{x\to 4+}(x-a)=4-a$

$\lim_{x\to 4-}f(x)=\lim_{x\to 4-}(x^2-4x+3)=3$

$f(4)=3$

이므로 $4-a=3$ $\therefore a=1$

닫힌구간 $[1, 5]$에서 함수 $y=f(x)$의 그래프는 그림과 같다.

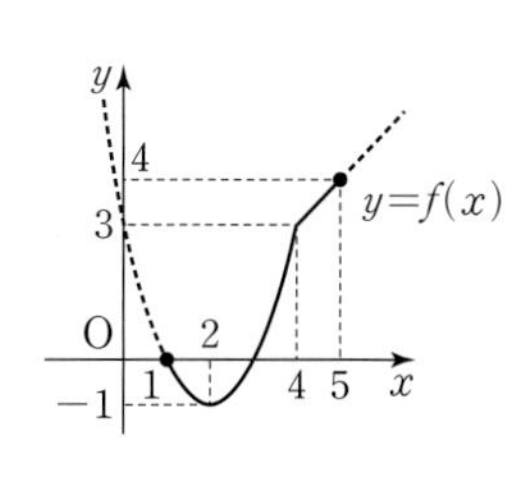

따라서 함수 $f(x)$는

$x=5$에서 최댓값 $M=4$

$x=2$에서 최솟값 $m=-1$

을 갖는다.

$\therefore M+m=3$

0407 답 12

닫힌구간 $[1, 9]$에서 함수 $y=g(x)$의 그래프는 그림과 같다.

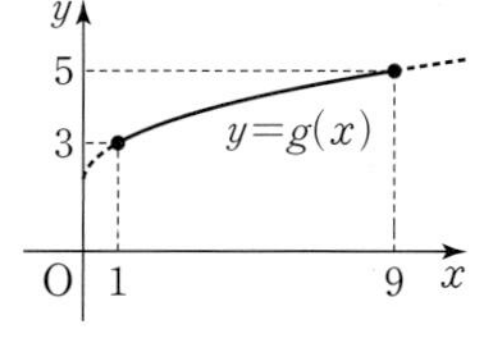

$g(x)=t$로 놓으면 $3\le t\le 5$이므로

$(f\circ g)(x)=f(g(x))$
$=f(t)$
$=t^2-2t-3$
$=(t-1)^2-4$ $(3\le t\le 5)$

함수 $g(x)$는 닫힌구간 $[1, 9]$에서 연속이고 함수 $f(x)$는 닫힌구간 $[3, 5]$에서 연속이므로 연속함수의 성질에 의하여 함수 $(f\circ g)(x)$는 닫힌구간 $[1, 9]$에서 연속이므로 최대·최소 정리에 의하여 닫힌구간 $[1, 9]$에서 최댓값과 최솟값을 갖는다.

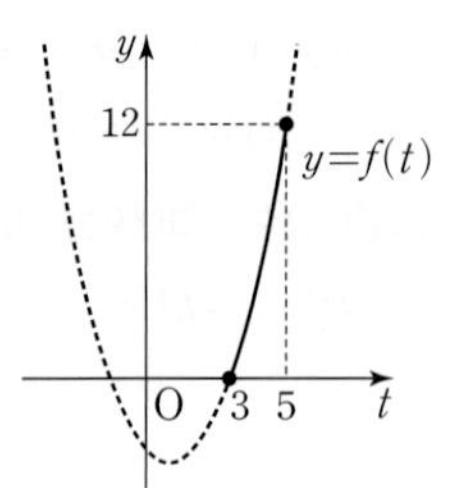

따라서 함수 $f(t)$는

$t=5$에서 최댓값 $M=12$

$t=3$에서 최솟값 $m=0$

을 갖는다.

$\therefore M+m=12$

실수 Check

함수 $(f\circ g)(x)$를 구한 다음 닫힌구간 $[1, 9]$에서 최댓값과 최솟값을 구할 수도 있지만 이 경우에는 식이 복잡하므로 계산이 틀리지 않도록 주의해야 한다.

0408 답 ②

$f(x)=2x+1$, $g(x)=\dfrac{1}{x+3}$에 대하여

ㄱ. $f(x)+g(x)=2x+1+\dfrac{1}{x+3}$은 $x\neq-3$인 모든 실수 x에서 연속이다.

즉, $f(x)+g(x)$는 닫힌구간 $[-2, 2]$에서 연속이므로 최대·최소 정리에 의하여 최댓값과 최솟값을 모두 갖는다. (참)

ㄴ. $f(g(x))=f\left(\dfrac{1}{x+3}\right)=\dfrac{2}{x+3}+1$은 $x\neq-3$인 모든 실수 x에서 연속이다.

즉, $f(g(x))$는 닫힌구간 $[-2, 2]$에서 연속이므로 최대·최소 정리에 의하여 최댓값과 최솟값을 모두 갖는다. (참)

ㄷ. $g(f(x))=g(2x+1)=\dfrac{1}{2x+4}$은 $x=-2$에서 불연속이고

$\lim_{x\to-2+}g(f(x))=\infty$이다.

즉, $g(f(x))$는 닫힌구간 $[-2, 2]$에서 최댓값을 갖지 않는다. (거짓)

따라서 닫힌구간 $[-2, 2]$에서 최댓값과 최솟값을 모두 갖는 것은 ㄱ, ㄴ이다.

Tip $y=g(f(x))$의 그래프는 그림과 같다.
따라서 함수 $g(f(x))$는 닫힌구간 $[-2, 2]$에서 최솟값 $\dfrac{1}{8}$을 갖는다.

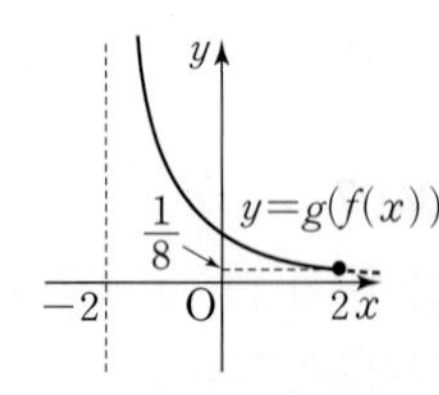

실수 Check

ㄷ에서 $g(f(x))=\dfrac{1}{2x+4}$은 $x\neq-2$인 모든 실수 x에서 연속이므로 닫힌구간 $[-2, 2]$에서 최댓값과 최솟값을 모두 갖는다고 답하지 않도록 주의한다.

0409 답 ② | 유형23

방정식 $3x^3-x^2-x+1=0$이 오직 하나의 실근을 가질 때, 다음 중 이 방정식의 실근이 존재하는 구간은? (단서1)

① $(-2, -1)$ ② $(-1, 0)$ ③ $(0, 1)$
④ $(1, 2)$ ⑤ $(2, 3)$

단서1 사잇값의 정리 이용!

STEP 1 주어진 구간에서 함숫값 구하기

$f(x)=3x^3-x^2-x+1$이라 하면 $f(x)$는 모든 실수 x에서 연속이고 (→ $f(x)$는 다항함수) $f(-2)=-25$, $f(-1)=-2$, $f(0)=1$

$f(1)=2$, $f(2)=19$, $f(3)=70$

STEP 2 실근이 존재하는 구간 구하기

따라서 $f(-1)f(0)<0$이므로 사잇값의 정리에 의하여 주어진 방정식의 실근이 존재하는 구간은 $(-1, 0)$이다.

→ 두 함숫값의 부호가 다르므로 구간 $(-1, 0)$의 적어도 한 점 c에서 $f(c)=0$이 된다.

0410 답 $-1<a<\dfrac{1}{2}$

$f(x)=x^3-x^2-x+2a$라 하면 $f(x)$는 모든 실수 x에서 연속이다. (→ $f(x)$는 다항함수)

함수 $f(x)$가 닫힌구간 $[1, 2]$에서 연속이므로

$f(1)=1-1-1+2a=2a-1$

$f(2)=8-4-2+2a=2a+2$

에서 $f(1)f(2)<0$이면 사잇값의 정리에 의하여

$f(c)=0$인 c가 열린구간 $(1, 2)$에 적어도 하나 존재한다.

$(2a-1)(2a+2)<0 \qquad \therefore -1<a<\dfrac{1}{2}$

0411 답 ②

다항함수 $f(x)$는 모든 실수 x에서 연속이고

$f(-2)f(-1)<0$이면 사잇값의 정리에 의하여

열린구간 $(-2, -1)$에 실근이 존재한다. 즉,

$(k-2)(2k-1)<0 \qquad \therefore \dfrac{1}{2}<k<2$

따라서 구하는 자연수 k는 1로 1개이다.

0412 답 36

$h(x)=f(x)-g(x)$라 하면

$h(x)=x^5+2x^2+k-3$ (→ $x^5+x^3-3x^2+k-(x^3-5x^2+3)=x^5+2x^2+k-3$)

$h(x)$는 모든 실수 x에서 연속이고

$h(1)h(2)<0$이면 사잇값의 정리에 의하여 열린구간 $(1, 2)$에 실근이 존재한다.

$h(1)=1+2+k-3=k$

$h(2)=32+8+k-3=k+37$

이므로 $k(k+37)<0 \qquad \therefore -37<k<0$

따라서 구하는 정수 k의 개수는 36이다.

0413 답 ②

$f(x)=x^3-x^2+4x+1$이라 하면 $f(x)$는 모든 실수 x에서 연속

이고

$f(-2)=-19$, $f(-1)=-5$, $f(0)=1$, $f(1)=5$, $f(2)=13$

따라서 $f(-1)f(0)<0$이므로 사잇값의 정리에 의하여

열린구간 $(-1, 0)$에 적어도 하나의 실근이 존재한다.

따라서 실근이 존재하는 구간은 ㄴ이다.

0414 답 ④

$f(2)f(3)<0$, $f(4)f(5)<0$이므로 사잇값의 정리에 의하여

방정식 $f(x)=0$은 구간 $(2, 3)$, $(4, 5)$에서 각각 적어도 하나의 실근을 갖는다.

또, 모든 실수 x에 대하여 $f(x)=f(-x)$이므로

$f(-2)f(-3)<0$, $f(-4)f(-5)<0$

즉, 방정식 $f(x)=0$은 구간 $(-3, -2)$, $(-5, -4)$에서 각각 적어도 하나의 실근을 갖는다.

따라서 방정식 $f(x)=0$은 적어도 4개의 실근을 갖는다.

$\therefore n=4$

실수 Check

모든 실수 x에 대하여 $f(x)=f(-x)$이므로 $f(-2)=f(2)$, $f(-3)=f(3)$, $f(-4)=f(4)$, $f(-5)=f(5)$임을 이용한다.

0415 답 ④

| 유형24

$-2\le x\le 2$에서 정의된 두 함수 $y=f(x)$와 $y=g(x)$의 그래프가 그림과 같다.

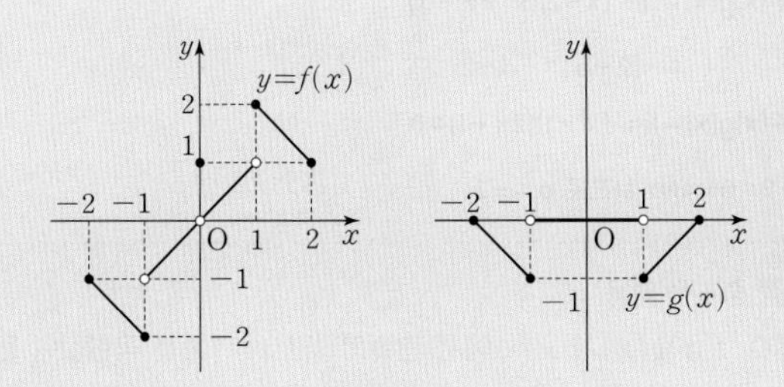

〈보기〉에서 옳은 것만을 있는 대로 고른 것은?

〈보기〉

ㄱ. $\lim_{x\to -1} g(f(x))=-1$

ㄴ. 함수 $g(f(x))$는 $x=0$에서 불연속이다. (단서1)

ㄷ. 방정식 $g(f(x))=-\frac{1}{2}$의 실근이 1과 2 사이에 적어도 하나 존재한다. (단서2)

① ㄱ ② ㄷ ③ ㄱ, ㄴ

④ ㄴ, ㄷ ⑤ ㄱ, ㄴ, ㄷ

단서1 $x=0$에서 연속이면 $\lim_{x\to 0} g(f(x))=g(f(0))$

단서2 사잇값의 정리 이용

STEP 1 합성함수의 극한값 구하기

ㄱ. $\lim_{x\to -1-} g(f(x))=\lim_{t\to -2+} g(t)=0$

→ $f(x)=t$라 하면 $x\to -1-$일 때, $t\to -2+$

$\lim_{x\to -1+} g(f(x))=\lim_{t\to -1+} g(t)=0$

$\therefore \lim_{x\to -1} g(f(x))=0$ (거짓)

ㄴ. 함수 $g(f(x))$가 $x=0$에서 연속이면

$\lim_{x\to 0} g(f(x))=g(f(0))$이 성립한다.

$\lim_{x\to 0} g(f(x))=\lim_{x\to 0} g(0)=0$

$g(f(0))=g(1)=-1$

이므로 함수 $g(f(x))$는 $x=0$에서 불연속이다. (참)

STEP 2 $h(x)=g(f(x))+\frac{1}{2}$로 놓고 사잇값의 정리 이용하기

ㄷ. 함수 $f(x)$, $g(x)$가 닫힌구간 $[1, 2]$에서 연속이고, $1\le f(x)\le 2$이므로 함수 $g(f(x))$도 닫힌구간 $[1, 2]$에서 연속이다.

이때 $h(x)=g(f(x))+\frac{1}{2}$이라 하면

$h(1)=g(f(1))+\frac{1}{2}=g(2)+\frac{1}{2}=0+\frac{1}{2}=\frac{1}{2}$

$h(2)=g(f(2))+\frac{1}{2}=g(1)+\frac{1}{2}=-1+\frac{1}{2}=-\frac{1}{2}$

즉, $h(1)h(2)<0$이므로 사잇값의 정리에 의하여

방정식 $h(x)=0$, 즉 $g(f(x))=-\frac{1}{2}$의 실근이 1과 2 사이에 적어도 하나 존재한다. (참)

따라서 옳은 것은 ㄴ, ㄷ이다.

0416 답 ②

$f(x)=x(x+1)(x-1)+x(x+1)+(x+1)(x-1)+x(x-1)$

이라 하면 함수 $f(x)$는 실수 전체의 집합에서 연속이다.

ㄱ. $f(-1)=0+0+0+2=2$

$f(0)=0+0-1+0=-1$

즉, $f(-1)f(0)<0$이므로 사잇값의 정리에 의하여 열린구간 $(-1, 0)$에서 적어도 하나의 실근을 갖는다. (참)

ㄴ. $f(0)=0+0-1+0=-1$

$f(1)=0+2+0+0=2$

즉, $f(0)f(1)<0$이므로 사잇값의 정리에 의하여 열린구간 $(0, 1)$에서 적어도 하나의 실근을 갖는다. (참)

ㄷ. $k\ge 4$인 임의의 실수 k에 대하여 $f(k)>0$이므로

방정식 $f(x)=0$은 4보다 큰 실근을 갖지 않는다. (거짓)

따라서 옳은 것은 ㄱ, ㄴ이다.

0417 답 ②

ㄱ. 열린구간 $(1, 2)$에서 방정식 $(2x-3)f(x)=0$이 실근을 가지므로 $-f(1)\times f(2)<0$에서

→ $x=\frac{3}{2}$이 실근 중 하나이다.

$f(1)f(2)>0$ (거짓)

ㄴ. 열린구간 $(-1, 1)$에서 방정식 $(2x-3)f(x)=0$이 실근을 가지므로 $-5f(-1)\times\{-f(1)\}<0$에서

$f(-1)f(1)<0$ (참)

ㄷ. 열린구간 $(-2, -1)$에서 방정식 $(2x-3)f(x)=0$이 실근을 가지므로 $-7f(-2)\times\{-5f(-1)\}<0$에서

$f(-2)f(-1)<0$ (참)

ㄹ. ㄱ에서 $f(1)f(2)>0$이고, ㄷ에서 $f(-2)f(-1)<0$이므로

$f(-2)f(-1)f(1)f(2)<0$ (거짓)

따라서 옳은 것은 ㄴ, ㄷ이다.

0418 답 ⑤

ㄱ. 주어진 그래프에서 $x \to 0-$일 때, $f(x) \to 1$이므로

$\lim_{x \to 0-} f(x)=1$ (참)

ㄴ. 함수 $f(x)f(x+3)$이 $x=0$에서 연속이려면

$\lim_{x \to 0-} f(x)f(x+3)=\lim_{x \to 0+} f(x)f(x+3)=f(0)f(3)$

이 성립해야 한다.

$\lim_{x \to 0-} f(x)f(x+3)=\lim_{x \to 0-} f(x) \times \lim_{x \to 0-} f(x+3)$ → $x+3=t$라 하면 $x \to 0-$일 때, $t \to 3-$

$=1 \times 0=0$

$\lim_{x \to 0+} f(x)f(x+3)=\lim_{x \to 0+} f(x) \times \lim_{x \to 0+} f(x+3)$ → $x+3=t$라 하면 $x \to 0+$일 때, $t \to 3+$

$=2 \times 0=0$

$f(0)f(3)=1 \times 0=0$

이므로 함수 $f(x)f(x+3)$은 $x=0$에서 연속이다. (참)

ㄷ. $g(x)=f(x)f(x+1)+2x-5$라 하면

$\lim_{x \to 2-} g(x)=\lim_{x \to 2-} \{f(x)f(x+1)+2x-5\}$

$=(-2) \times 0+4-5=-1$

$\lim_{x \to 2+} g(x)=\lim_{x \to 2+} \{f(x)f(x+1)+2x-5\}$

$=(-1) \times 0+4-5=-1$

$g(2)=f(2)f(3)+4-5=(-1) \times 0+4-5=-1$

이므로 함수 $g(x)$는 $x=2$에서 연속이다.

즉, 함수 $g(x)$는 닫힌구간 $[1, 3]$에서 연속이다.

$g(1)=f(1)f(2)-3=0 \times (-1)-3=-3$

$g(3)=f(3)f(4)+1=0 \times 1+1=1$

에서 $g(1)g(3)<0$이므로 사잇값의 정리에 의하여 열린구간 $(1, 3)$에서 적어도 하나의 실근을 갖는다. (참)

따라서 옳은 것은 ㄱ, ㄴ, ㄷ이다.

실수 Check

$g(x)$가 닫힌구간 $[1, 3]$에서 연속임을 보여야 하는 경우
$g(x)=f(x)f(x+1)+2x-5$에서
$y=f(x+1)$, $y=2x-5$는 모두 닫힌구간 $[1, 3]$에서 연속이고
$y=f(x)$는 $x=2$에서 불연속이므로 $g(x)$는 $x=2$에서만 연속임을 보이면 닫힌구간 $[1, 3]$에서 연속이 된다.

서술형 유형 익히기

93쪽~95쪽

0419 답 (1) 1 (2) $-a-2$ (3) 0 (4) $-a-2$ (5) -2 (6) -2

STEP 1 함수 $f(x)g(x)$가 실수 전체의 집합에서 연속일 조건 구하기 [1점]

함수 $f(x)$, $g(x)$는 $x \neq 1$인 모든 실수 x에서 연속이므로
함수 $f(x)g(x)$는 $x \neq 1$인 모든 실수 x에서 연속이다.
즉, 함수 $f(x)g(x)$가 $x=$ [1]에서 연속이면
$f(x)g(x)$는 실수 전체의 집합에서 연속이다.

STEP 2 함수 $f(x)g(x)$가 $x=1$에서 연속일 조건을 이용하여 상수 a의 값 구하기 [5점]

함수 $f(x)g(x)$가 $x=1$에서 연속이려면

$\lim_{x \to 1+} f(x)g(x)=\lim_{x \to 1-} f(x)g(x)=f(1)g(1)$이 성립해야 한다.

$\lim_{x \to 1+} f(x)g(x)=\lim_{x \to 1+} (x-2) \times \lim_{x \to 1+} (x^2+x+a)$

$=$ [$-a-2$]

$\lim_{x \to 1-} f(x)g(x)=\lim_{x \to 1-} (x^2-1) \times \lim_{x \to 1-} (2x+1)=$ [0]

$f(1)g(1)=$ [$-a-2$]

즉, [$-a-2$]$=$[0]이므로 $a=$[-2]이다.

따라서 함수 $f(x)g(x)$가 실수 전체의 집합에서 연속이 되도록 하는 상수 a의 값은 [-2]이다.

오답 분석

함수 $f(x)$가 $x=1$에서 불연속이므로
$\lim_{x \to 1} f(x)g(x)$ 값이 존재해야 $f(x)g(x)$가 실수 전체의 집합에서 연속 → 함숫값에 대한 언급이 없음
$\lim_{x \to 1+} f(x)g(x)=\lim_{x \to 1+} (x-2)(x^2+x+a)$
$=-(2+a)=-a-2$
$\lim_{x \to 1-} f(x)g(x)=\lim_{x \to 1-} (x^2-1)(2x+1)=0$
$-a-2=0$이어야 하므로 $a=-2$

▶ 6점 중 5점 얻음.
함수 $f(x)g(x)$가 $x=1$에서 연속이려면 $x=1$에서 극한값이 존재하고 그 값이 함숫값 $f(1)g(1)$과 같아야 한다. 그런데 여기서는 극한값을 이용하여 상수 a의 값은 바르게 구했지만 함숫값에 대한 언급이 없으므로 감점될 수도 있다.

0420 답 -1

STEP 1 함수 $f(x)g(x)$가 실수 전체의 집합에서 연속일 조건 구하기 [1점]

함수 $f(x)$, $g(x)$는 $x \neq 0$인 모든 실수 x에서 연속이므로
함수 $f(x)g(x)$는 $x \neq 0$인 모든 실수 x에서 연속이다.
즉, 함수 $f(x)g(x)$가 $x=0$에서 연속이면 $f(x)g(x)$는 실수 전체의 집합에서 연속이다.

STEP 2 함수 $f(x)g(x)$가 $x=0$에서 연속일 조건을 이용하여 상수 a의 값 구하기 [5점]

함수 $f(x)g(x)$가 $x=0$에서 연속이려면

$\lim_{x \to 0+} f(x)g(x)=\lim_{x \to 0-} f(x)g(x)=f(0)g(0)$이 성립해야 한다.

$\lim_{x \to 0+} f(x)g(x)=\lim_{x \to 0+} (a+1) \times \lim_{x \to 0+} (x^2+ax+1)=a+1$ …… ⓐ

$\lim_{x \to 0-} f(x)g(x)=\lim_{x \to 0-} x^2 \times \lim_{x \to 0-} (x+2)=0 \times 2=0$ …… ⓑ

$f(0)g(0)=0\times2=0$

즉, $a+1=0$이므로 $a=-1$

따라서 함수 $f(x)g(x)$가 실수 전체의 집합에서 연속이 되도록 하는 상수 a의 값은 -1이다.

부분점수표	
ⓐ $\lim_{x\to0+}f(x)g(x)$만 바르게 구한 경우	2점
ⓑ $\lim_{x\to0-}f(x)g(x)$만 바르게 구한 경우	2점

다른 풀이

STEP 1 함수 $f(x)g(x)$ 구하기 [2점]

$$f(x)g(x)=\begin{cases}(a+1)(x^2+ax+1) & (x>0)\\ x^2(x+2) & (x\le0)\end{cases}$$

STEP 2 함수 $f(x)g(x)$가 실수 전체의 집합에서 연속일 조건 구하기 [1점]

함수 $f(x)g(x)$는 $x\neq0$인 모든 실수 x에서 연속이므로

함수 $f(x)g(x)$가 $x=0$에서 연속이면 $f(x)g(x)$는 실수 전체의 집합에서 연속이다.

STEP 3 함수 $f(x)g(x)$가 $x=0$에서 연속일 조건을 이용하여 상수 a의 값 구하기 [3점]

$\lim_{x\to0+}f(x)g(x)=\lim_{x\to0+}(a+1)(x^2+ax+1)=a+1$

$\lim_{x\to0-}f(x)g(x)=\lim_{x\to0-}x^2(x+2)=0$

$f(0)g(0)=0$

즉, $a+1=0$에서 $a=-1$

따라서 실수 전체의 집합에서 연속이 되도록 하는 상수 a의 값은 -1이다.

0421 답 $a=1$, $b=2$

STEP 1 함수 $f(x)g(x)$가 실수 전체의 집합에서 연속일 조건 구하기 [1점]

함수 $f(x)$, $g(x)$는 $x\neq1$인 모든 실수 x에서 연속이므로

함수 $f(x)g(x)$는 $x\neq1$인 모든 실수 x에서 연속이다.

즉, 함수 $f(x)g(x)$가 $x=1$에서 연속이면 $f(x)g(x)$는 실수 전체의 집합에서 연속이다.

STEP 2 함수 $f(x)g(x)$가 $x=1$에서 연속일 조건을 이용하여 상수 a, b의 값 구하기 [6점]

함수 $f(x)g(x)$가 $x=1$에서 연속이려면

$\lim_{x\to1+}f(x)g(x)=\lim_{x\to1-}f(x)g(x)=f(1)g(1)$이 성립해야 한다.

$\lim_{x\to1+}f(x)g(x)=\lim_{x\to1+}(x+a)\times\lim_{x\to1+}(x^2+ax+1)$

$=(1+a)(2+a)$ …… ⓐ

$\lim_{x\to1-}f(x)g(x)=\lim_{x\to1-}b\times\lim_{x\to1-}(x+2)=3b$ …… ⓑ

$f(1)g(1)=b(a+2)$ …… ⓒ

이때 $b\neq0$이므로 $3b=b(a+2)$에서 $3=a+2$ $\therefore a=1$

$(1+a)(2+a)=3b$에서 $6=3b$ $\therefore b=2$

부분점수표	
ⓐ $\lim_{x\to1+}f(x)g(x)$만 바르게 구한 경우	2점
ⓑ $\lim_{x\to1-}f(x)g(x)$만 바르게 구한 경우	2점
ⓒ $f(1)g(1)$만 바르게 구한 경우	2점

0422 답 $a=\frac{5}{3}$, $b=\frac{2}{3}$ 또는 $a=-2$, $b=-3$

STEP 1 함수 $f(x)g(x)$가 실수 전체의 집합에서 연속일 조건 구하기 [2점]

함수 $f(x)$는 $x\neq1$에서 연속이고, 함수 $g(x)$는 $x\neq3$에서 연속이므로 함수 $f(x)g(x)$가 $x=1$, $x=3$에서 연속이면 실수 전체의 집합에서 연속이다.

STEP 2 $x=1$에서의 연속성 조사하기 [3점]

$\lim_{x\to1-}f(x)g(x)=\lim_{x\to1-}(-ax+3)\times\lim_{x\to1-}2x$

$=(-a+3)\times2=-2a+6$ …… ⓐ

$\lim_{x\to1+}f(x)g(x)=\lim_{x\to1+}(-bx+2)\times\lim_{x\to1+}2x$

$=(-b+2)\times2=-2b+4$ …… ⓐ

$f(1)g(1)=(-b+2)\times2=-2b+4$

즉, $-2a+6=-2b+4$에서 $a=b+1$ …… ㉠

STEP 3 $x=3$에서의 연속성 조사하기 [3점]

$\lim_{x\to3-}f(x)g(x)=\lim_{x\to3-}(-bx+2)\times\lim_{x\to3-}2x$

$=6(-3b+2)$ …… ⓑ

$\lim_{x\to3+}f(x)g(x)=\lim_{x\to3+}(-bx+2)\times\lim_{x\to3+}(x^2+b)$

$=(-3b+2)(9+b)$ …… ⓑ

$f(3)g(3)=(-3b+2)(9+b)$

즉, $6(-3b+2)=(-3b+2)(9+b)$ …… ㉡

STEP 4 상수 a, b의 값 구하기 [2점]

㉡에서 $(3b-2)(9+b)-6(3b-2)=0$

$(3b-2)(b+3)=0$ $\therefore b=\frac{2}{3}$ 또는 $b=-3$

㉠에서 $b=\frac{2}{3}$이면 $a=\frac{5}{3}$, $b=-3$이면 $a=-2$ …… ⓒ

부분점수표	
ⓐ $\lim_{x\to1+}f(x)g(x)$, $\lim_{x\to1-}f(x)g(x)$ 중 어느 하나만 바르게 구한 경우	2점
ⓑ $\lim_{x\to3+}f(x)g(x)$, $\lim_{x\to3-}f(x)g(x)$ 중 어느 하나만 바르게 구한 경우	2점
ⓒ a, b의 값을 한 쌍만 바르게 구한 경우	1점

0423 답 (1) $<$ (2) $-a+6$ (3) $-a+6$ (4) 6

STEP 1 $g(x)=xf(x)+3$이라 하고, 사잇값의 정리 이용하기 [2점]

$g(x)=xf(x)+3$이라 하면 $g(x)$는 연속함수이고

$g(-1)g(2)\boxed{<}0$이면 사잇값의 정리에 의하여

방정식 $g(x)=0$은 열린구간 $(-1, 2)$에서 적어도 하나의 실근을 갖는다.

STEP 2 $g(-1)$, $g(2)$의 값 구하기 [2점]

$g(-1)=-f(-1)+3=\boxed{-a+6}$

$g(2)=2f(2)+3=2a^2-8a+15$

STEP 3 부등식 $g(-1)g(2)<0$을 만족시키는 상수 a의 값의 범위 구하기 [3점]

사잇값의 정리에 의하여 $g(-1)g(2)<0$이므로

$(\boxed{-a+6})(2a^2-8a+15)<0$

이때 $2a^2-8a+15=2(a-2)^2+7>0$이므로

$a>\boxed{6}$

오답 분석

g(x)=xf(x)+3이라 하자.
g(−1)g(2)<0이면 적어도 하나의 실근을 가짐 → 사잇값의 정리를 이용할 수 있는 조건에 대한 언급이 없음
g(−1)=−f(−1)+3=−a+6
g(2)=2f(2)+3=2a²−8a+15
g(−1)g(2)=(−a+6)(2a²−8a+15)<0
→ $\frac{D}{4}=4^2-2\times15<0$: 항상 양수
→ −a+6<0 ∴ a>6

▶ 7점 중 6점 얻음.
사잇값의 정리를 이용하여 a의 값의 범위를 바르게 구했지만 $g(x)$가 닫힌구간 $[-1, 2]$에서 연속임에 대한 언급이 없으므로 감점될 수도 있다.

0424 답 $0<a<2$

STEP1 $g(x)=f(x)-2x$라 하고, 사잇값의 정리 이용하기 [2점]

$g(x)=f(x)-2x$라 하면 함수 $g(x)$는 연속함수이고
$g(1)g(2)<0$이면 사잇값의 정리에 의하여
방정식 $g(x)=0$은 열린구간 $(1, 2)$에서 적어도 하나의 실근을 갖는다.

STEP2 $g(1)$, $g(2)$의 값 구하기 [2점]

$g(1)=f(1)-2=(a^2+3a+2)-2=a^2+3a$
$g(2)=f(2)-4=(a+2)-4=a-2$

STEP3 부등식 $g(1)g(2)<0$을 만족시키는 양수 a의 값의 범위 구하기 [3점]

사잇값의 정리에 의하여 $g(1)g(2)<0$이므로
$(a^2+3a)(a-2)<0$, $a(a+3)(a-2)<0$ …… ⓐ
이때 양수 a에 대하여 $a(a+3)>0$이므로 $a-2<0$
$\therefore 0<a<2$ ($\because a>0$) …… ⓑ

부분점수표	
ⓐ $a(a+3)(a-2)<0$까지만 작성한 경우	2점
ⓑ $a<-3$을 답안에 표기한 경우	2점

0425 답 10

STEP1 $g(x)=f(2x-1)f(2x+1)$이라 하고, 사잇값의 정리 이용하기 [2점]

$g(x)=f(2x-1)f(2x+1)$이라 하면 $g(x)$는 연속함수이고
$g(0)g(1)<0$, $g(1)g(2)<0$이면 사잇값의 정리에 의하여
방정식 $g(x)=0$은 열린구간 $(0, 1)$, $(1, 2)$에서 각각 적어도 하나의 실근을 갖는다.

STEP2 $g(0)$, $g(1)$, $g(2)$의 값 구하기 [3점]

$g(0)=f(-1)f(1)=(a^2-3a-10)\times(-2)$
$\quad=-2(a+2)(a-5)$ …… ⓐ
$g(1)=f(1)f(3)=-2\times3=-6$ …… ⓐ
$g(2)=f(3)f(5)=3(-a^2+6a+7)$
$\quad=-3(a+1)(a-7)$ …… ⓐ

STEP3 부등식 $g(0)g(1)<0$, $g(1)g(2)<0$을 만족시키는 정수 a의 값의 범위 구하기 [2점]

사잇값의 정리에 의하여 $g(0)g(1)<0$이므로
$g(0)g(1)=12(a+2)(a-5)<0$ $\quad\therefore -2<a<5$ …… ⓑ
사잇값의 정리에 의하여 $g(1)g(2)<0$이므로
$g(1)g(2)=18(a+1)(a-7)<0$ $\quad\therefore -1<a<7$ …… ⓒ

STEP4 두 부등식을 연립하여 조건을 만족시키는 모든 정수 a의 값의 합 구하기 [1점]

a의 값의 범위는 $-1<a<5$이므로 구하는 모든 정수 a의 값의 합은
$0+1+2+3+4=10$

부분점수표	
ⓐ $g(0)$, $g(1)$, $g(2)$ 중 일부만 바르게 구한 경우	각 1점
ⓑ $g(0)g(1)<0$의 부등식의 해만 바르게 구한 경우	1점
ⓒ $g(1)g(2)<0$의 부등식의 해만 바르게 구한 경우	1점

0426 답 풀이 참조

STEP1 $g(x)=f(x)-\cos\frac{\pi x}{2}+1$이라 하고, 사잇값의 정리 이용하기 [2점]

$g(x)=f(x)-\cos\frac{\pi x}{2}+1$이라 하면 $g(x)$는 연속함수이고
$g(1)g(2)<0$이면 사잇값의 정리에 의하여 방정식 $g(x)=0$의 실근은 열린구간 $(1, 2)$에 반드시 존재한다.

STEP2 $g(1)$, $g(2)$의 값 구하기 [2점]

$g(1)=f(1)-\cos\frac{\pi}{2}+1=1-0+1=2$
$g(2)=f(2)-\cos\pi+1=-3+1+1=-1$

STEP3 방정식 $g(x)=0$의 근이 존재하는 이유 설명하기 [2점]

$g(x)$는 연속함수이고 $g(1)g(2)<0$이므로 사잇값의 정리에 의하여 방정식 $g(x)=0$의 실근은 열린구간 $(1, 2)$에 적어도 하나 존재한다.

실력 check 실전 마무리하기 1회 96쪽~100쪽

1 0427 답 ② 유형 1

출제의도 | 연속함수의 정의를 알고 있는지 확인한다.

극한값과 함숫값이 정의되고, 두 값이 같으면 연속함수야.

ㄱ. 함수 $f(x)=\frac{1}{x-1}$의 그래프는 그림과 같으므로 $x=1$에서 불연속이다.

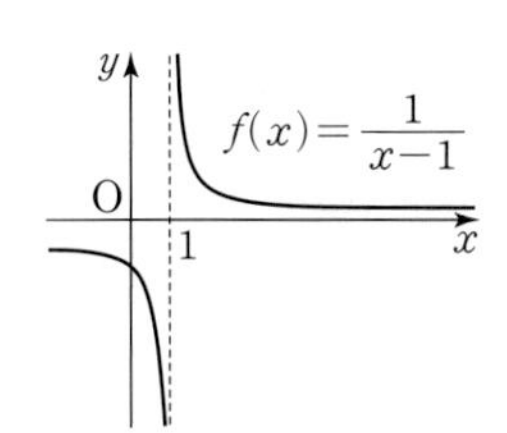

ㄴ. 함수 $f(x)=\frac{1}{x^2}$의 그래프는 그림과 같으므로 $x>0$인 모든 실수 x에 대하여 연속이다.

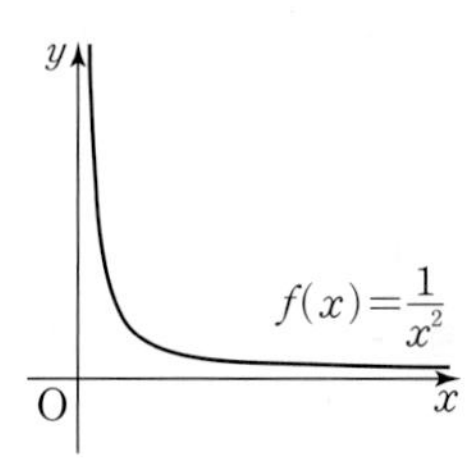

ㄷ. $f(x)=\frac{|x-1|}{x-1}$에서

$x\geq1$일 때, $f(x)=\frac{x-1}{x-1}=1$

$x<1$일 때,

$f(x)=\frac{-(x-1)}{x-1}=-1$

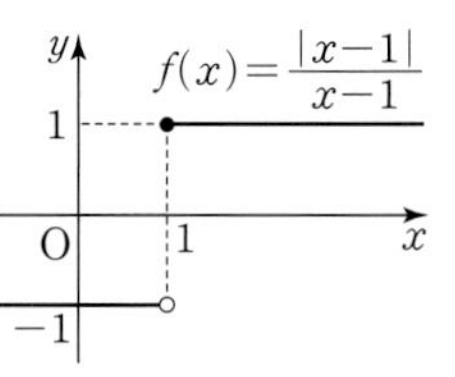

이므로 함수 $f(x)=\frac{|x-1|}{x-1}$의 그래프는 그림과 같고 $x=1$에서 불연속이다.

따라서 $x=1$에서 연속인 함수는 ㄴ이다.

2 0428 답 ④ 유형 2

출제의도 | 불연속의 정의에 대해 알고 있는지 확인한다.

좌극한값과 우극한값이 다르면 불연속이야.

주어진 그래프에서 $x=0$, $x=2$, $x=4$에서 좌극한값과 우극한값이 다르므로 불연속이 되게 하는 a의 값은 0, 2, 4이다.

따라서 모든 a의 값의 합은 6이다.

3 0429 답 ③ 유형 3

출제의도 | 함수가 연속일 조건을 이용하여 함숫값을 구할 수 있는지 확인한다.

$f(x)$가 연속함수이면 $\lim_{x\to a}f(x)=f(a)$가 성립해.

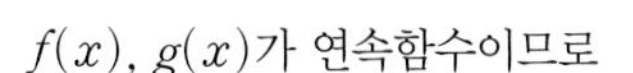

$f(x)$, $g(x)$가 연속함수이므로

$\lim_{x\to3}f(x)=f(3)$, $\lim_{x\to3}g(x)=g(3)$

$\lim_{x\to3}\{f(x)+g(x)\}=2$, $\lim_{x\to3}\{f(x)-g(x)\}=4$에서

$f(3)+g(3)=2$, $f(3)-g(3)=4$

위의 두 식을 연립하여 풀면

$f(3)=3$, $g(3)=-1$

$\therefore f(3)g(3)=-3$

4 0430 답 ② 유형 4

출제의도 | 구간이 나누어진 함수가 연속이 되도록 하는 미정계수를 정할 수 있는지 확인한다.

함수 $f(x)$가 $x=a$에서 연속이면

$\lim_{x\to a+}f(x)=\lim_{x\to a-}f(x)=f(a)$가 성립해.

함수 $f(x)$가 $x=1$에서 연속이려면

$\lim_{x\to1-}f(x)=\lim_{x\to1+}f(x)=f(1)$이 성립해야 한다.

$\lim_{x\to1-}f(x)=\lim_{x\to1-}(x^2+2x)=3$

$\lim_{x\to1+}f(x)=\lim_{x\to1+}(-x+a)=-1+a$

$f(1)=-1+a$

이므로 $3=-1+a$ $\quad\therefore a=4$

5 0431 답 ④ 유형 7

출제의도 | 유리함수가 연속이기 위한 조건을 알고 있는지 확인한다.

분모가 0이 되는 곳이 없으면 $f(x)$는 연속이야.

함수 $f(x)=\frac{5}{x^2-ax+a}$가 모든 실수 x에서 연속이 되려면 모든 실수 x에 대하여 $x^2-ax+a\neq0$이어야 한다.

즉, 이차방정식 $x^2-ax+a=0$의 판별식을 D라 하면 $D<0$이다.

$D=a^2-4a<0$

$a(a-4)<0$ $\quad\therefore 0<a<4$

따라서 구하는 정수 a는 1, 2, 3이므로 그 합은 6이다.

6 0432 답 ④ 유형 5

출제의도 | 분수 꼴의 함수에서 함수가 연속이 되도록 하는 미정계수를 정할 수 있는지 확인한다.

함수 $f(x)$가 $x=a$에서 연속이면 $\lim_{x\to a}f(x)=f(a)$가 성립해.

함수 $f(x)$가 실수 전체의 집합에서 연속이므로 $x=2$에서도 연속이다.

즉, $\lim_{x\to2}f(x)=f(2)$이다.

$\lim_{x\to2}\frac{x^2+2x-8}{x-2}=\lim_{x\to2}\frac{(x-2)(x+4)}{x-2}=\lim_{x\to2}(x+4)=6$

$f(2)=a$

이므로 $a=6$

7 0433 답 ② 유형 9

출제의도 | $(x-a)f(x)$ 꼴의 함수의 연속을 구할 수 있는지 확인한다.

함수 $(x-a)f(x)$가 $x=2$에서 연속일 조건을 생각해 봐.

함수 $(x-a)f(x)$가 $x=2$에서 연속이므로

$\lim_{x\to2+}(x-a)f(x)=\lim_{x\to2-}(x-a)f(x)=(2-a)f(2)$가 성립한다.

$\lim_{x\to2+}(x-a)f(x)=(2-a)\times1=2-a$

$\lim_{x\to2-}(x-a)f(x)=(2-a)\times3=6-3a$

$(2-a)f(2)=(2-a)\times1=2-a$

이므로 $2-a=6-3a$, $2a=4$ $\quad\therefore a=2$

8 0434 답 ③ 유형 15

출제의도 | 연속의 정의를 $f(x)g(x)$에 적용할 수 있는지 확인한다.

> 함수 $f(x)$가 $x=a$에서 불연속일 때,
> $g(a)=0$이면 함수 $f(x)g(x)$는 $x=a$에서 연속이야.

함수 $f(x)$는 $x\neq-2$, $x\neq2$인 실수 전체의 집합에서 연속이고

함수 $g(x)$는 모든 실수 x에서 연속이므로

함수 $f(x)g(x)$가 모든 실수 x에서 연속이려면 $x=-2$, $x=2$에서 연속이어야 한다.

(i) 함수 $f(x)g(x)$가 $x=-2$에서 연속이면

$\lim_{x\to-2-}f(x)g(x)=\lim_{x\to-2+}f(x)g(x)=f(-2)g(-2)$가 성립해야 한다.

$\lim_{x\to-2-}f(x)g(x)=1\times g(-2)=g(-2)$

$\lim_{x\to-2+}f(x)g(x)=3\times g(-2)=3g(-2)$

$f(-2)g(-2)=1\times g(-2)=g(-2)$

이므로 $g(-2)=3g(-2)$ $\quad\therefore g(-2)=0$

(ii) 함수 $f(x)g(x)$가 $x=2$에서 연속이면

$\lim_{x\to2-}f(x)g(x)=\lim_{x\to2+}f(x)g(x)=f(2)g(2)$가 성립해야 한다.

$\lim_{x\to2-}f(x)g(x)=3\times g(2)=3g(2)$

$\lim_{x\to2+}f(x)g(x)=4\times g(2)=4g(2)$

$f(2)g(2)=3\times g(2)=3g(2)$

이므로 $3g(2)=4g(2)$ $\quad\therefore g(2)=0$

(i), (ii)에서 함수 $g(x)$는 $x+2$, $x-2$를 인수로 가지므로 최고차항의 계수가 1인 이차함수 $g(x)$는

$g(x)=(x+2)(x-2)$

$\therefore g(3)=5\times1=5$

다른 풀이

함수 $f(x)$는 $x=-2$, $x=2$에서 불연속이므로

$f(x)g(x)$가 모든 실수 x에서 연속이기 위해서는

$g(2)=g(-2)=0$이다.

따라서 최고차항의 계수가 1인 이차함수 $g(x)$는

$g(x)=(x-2)(x+2)$

$\therefore g(3)=(3-2)(3+2)=5$

9 0435 답 ⑤ 유형 17

출제의도 | 연속함수의 정의를 가우스 함수에 적용할 수 있는지 확인한다.

> 가우스 기호를 포함한 함수는 치역이 정수인 곳에서 불연속이야.

다항함수 $f(x)$는 모든 실수 x에서 연속이고,

함수 $g(x)$는 $x=-1$, $x=0$, $x=1$에서 불연속이다.

(나)에서 모든 실수 x에서 함수 $f(x)g(x)$가 연속이기 위해서는

$f(-1)=f(0)=f(1)=0$ ······ ㉠

(가) $\lim_{x\to\infty}\frac{f(x)}{x^3+x-1}=2$에서 $f(x)$는 x^3의 계수가 2인 삼차함수이다.

······ ㉡

㉠, ㉡에서 $f(x)=2x(x+1)(x-1)$

$\therefore f(4)=2\times4\times5\times3=120$

10 0436 답 ③ 유형 21

출제의도 | 연속함수의 성질을 알고 있는지 확인한다.

> 함수 $\frac{f(x)}{g(x)}$에서 (분모)$=0$인 값이 있는지 확인해 보자.

함수 $f(x)$, $g(x)$는 각각 모든 실수 x에서 연속인 함수이므로

①, ②, ④, ⑤는 연속인 함수이다.

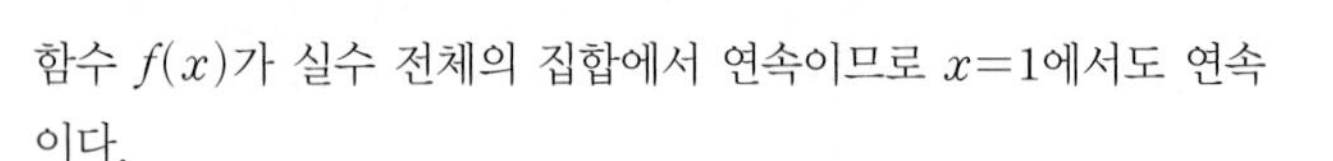

서 연속인 함수가 아니다.

11 0437 답 ① 유형 5

출제의도 | 분수 꼴의 함수에서 함수가 연속이 되도록 하는 미정계수를 정할 수 있는지 확인한다.

> 함수 $f(x)$가 $x=a$에서 연속이면 $\lim_{x\to a}f(x)=f(a)$가 성립해.

함수 $f(x)$가 실수 전체의 집합에서 연속이므로 $x=1$에서도 연속이다.

즉, $\lim_{x\to1}f(x)=f(1)$이다.

$\lim_{x\to1}\frac{x(x^2+a)}{x-1}=b$ ······ ㉠

$x\to1$일 때, 극한값이 존재하고 (분모)$\to0$이므로 (분자)$\to0$이다.

즉, $\lim_{x\to1}x(x^2+a)=0$에서 $1+a=0$ $\quad\therefore a=-1$

$\lim_{x\to1}\frac{x(x^2-1)}{x-1}=\lim_{x\to1}x(x+1)=2$

㉠에서 $b=2$

$\therefore a+b=-1+2=1$

12 0438 답 ③ 유형 6

출제의도 | 함수가 연속이 되도록 미정계수를 정할 수 있는지 확인한다.

> 함수 $f(x)$가 $x=a$에서 연속이면 $\lim_{x\to a}f(x)=f(a)$가 성립해.

함수 $f(x)$가 모든 실수 x에서 연속이면 $x=0$에서도 연속이다.

즉, $\lim_{x\to0}f(x)=f(0)$이다.

$\lim_{x\to0}f(x)=\lim_{x\to0}\frac{\sqrt{x^2+4}-a}{x^2}=b$ ······ ㉠

$x\to0$일 때, 극한값이 존재하고 (분모)$\to0$이므로 (분자)$\to0$이다.

즉, $\lim_{x\to0}(\sqrt{x^2+4}-a)=0$에서 $2-a=0$ $\quad\therefore a=2$

$$\lim_{x\to0}\frac{\sqrt{x^2+4}-2}{x^2}=\lim_{x\to0}\frac{(\sqrt{x^2+4}-2)(\sqrt{x^2+4}+2)}{x^2(\sqrt{x^2+4}+2)}$$

$$=\lim_{x\to0}\frac{1}{\sqrt{x^2+4}+2}=\frac{1}{4}$$

㉠에서 $b=\frac{1}{4}$

$\therefore a+b=2+\frac{1}{4}=\frac{9}{4}$

13 0439 답 ④ 유형22

출제의도 | 최대·최소 정리를 이용하여 최댓값과 최솟값이 존재하는 것을 이해하고 있는지 확인한다.

> 함수 $f(x)$가 닫힌구간 $[a, b]$에서 연속이면 $f(x)$는 구간 $[a, b]$에서 반드시 최댓값과 최솟값을 가져.

$f(x)=x^2+4x+1$

$\quad=(x+2)^2-3\ (-3\le x\le 1)$

이므로 함수 $f(x)$는 닫힌구간 $[-3, 1]$에서 연속이고, 함수 $y=f(x)$의 그래프는 그림과 같다.

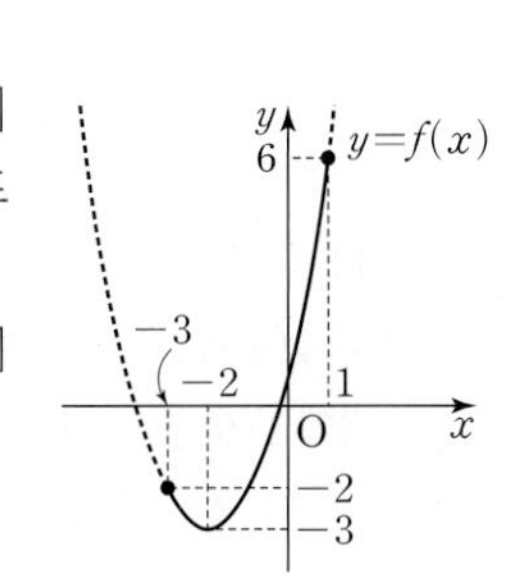

따라서 함수 $f(x)$는 닫힌구간 $[-3, 1]$에서 최댓값과 최솟값을 갖는다. 즉,

$x=1$일 때, 최댓값은 $M=6$

$x=-2$일 때, 최솟값은 $m=-3$

$\therefore M-m=6-(-3)=9$

14 0440 답 ② 유형22

출제의도 | 최대·최소 정리를 알고 있는지 확인한다.

> 주어진 구간에서 연속인지 확인해 봐!

① 최댓값과 최솟값이 존재하지 않는다.

② 닫힌구간 $[-1, 1]$에서 연속이므로 최대·최소 정리에 의하여 최댓값과 최솟값이 존재한다.

③ 최댓값은 $f(5)=\log 9$이고 최솟값은 존재하지 않는다.

④ 최댓값과 최솟값이 존재하지 않는다.

⑤ 최댓값과 최솟값이 존재하지 않는다.

참고 각 함수의 그래프는 그림과 같다.

①
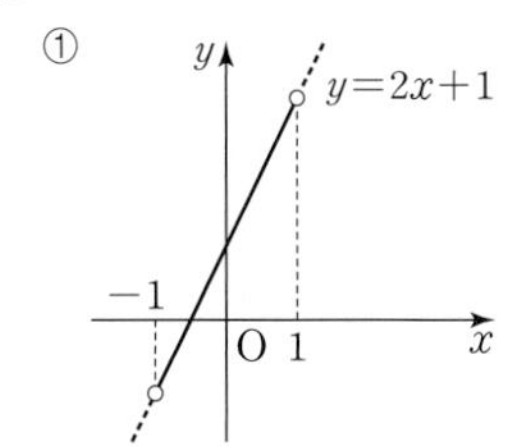

②
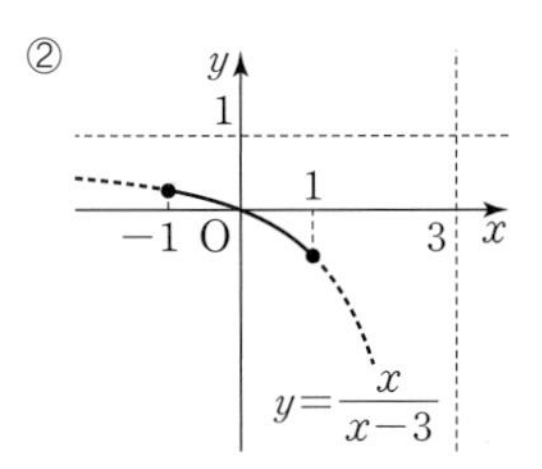

③
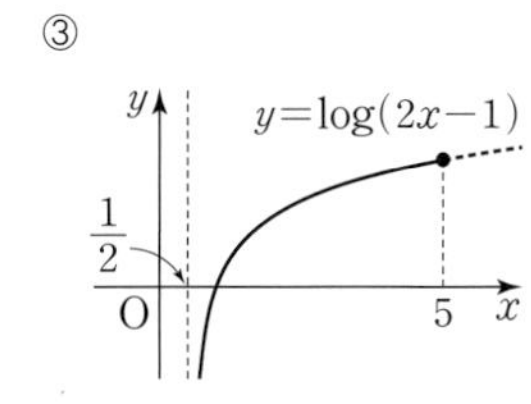

④
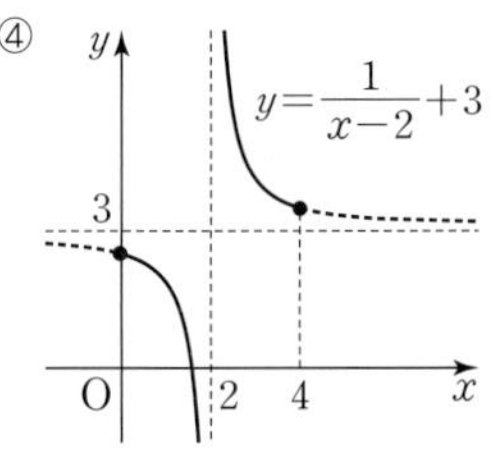

⑤
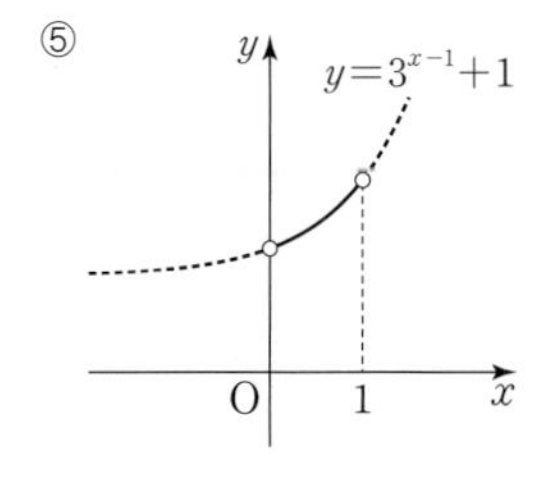

15 0441 답 ② 유형4

출제의도 | 구간이 나누어진 함수가 연속이 되도록 하는 미정계수를 정할 수 있는지 확인한다.

> 함수 $f(x)$가 $x=-2$, $x=2$에서 연속이면 돼!

함수 $f(x)$가 모든 실수 x에서 연속이므로 $x=-2$, $x=2$에서도 연속이다.

$f(x)=\begin{cases} -x^2+ax+b & (-2<x<2) \\ x(x-3) & (x\le -2 \text{ 또는 } x\ge 2) \end{cases}$ 이고

(i) $x=-2$에서 연속이면

$\lim_{x\to -2+} f(x)=\lim_{x\to -2-} f(x)=f(-2)$가 성립해야 한다.

$\lim_{x\to -2+} f(x)=\lim_{x\to -2+} (-x^2+ax+b)=-4-2a+b$

$\lim_{x\to -2-} f(x)=\lim_{x\to -2-} x(x-3)=10$

$f(-2)=10$

에서 $-4-2a+b=10 \qquad \therefore 2a-b=-14$ ······ ㉠

(ii) $x=2$에서 연속이면

$\lim_{x\to 2+} f(x)=\lim_{x\to 2-} f(x)=f(2)$가 성립해야 한다.

$\lim_{x\to 2+} f(x)=\lim_{x\to 2+} x(x-3)=-2$

$\lim_{x\to 2-} f(x)=\lim_{x\to 2-} (-x^2+ax+b)=-4+2a+b$

$f(2)=-2$

에서 $-4+2a+b=-2 \qquad \therefore 2a+b=2$ ······ ㉡

㉠, ㉡을 연립하여 풀면 $a=-3$, $b=8$

$\therefore 2a-3b=-6-24=-30$

16 0442 답 ② 유형8

출제의도 | 합성함수의 연속을 알고 있는지 확인한다.

> 함수 $f(x)$는 모든 실수에서 연속, 함수 $g(x)$는 $x=1$에서 불연속일 때 합성함수 $(f\circ g)(x)$가 모든 실수에서 연속이면 $x=1$에서도 연속이야.

함수 $(f\circ g)(x)$가 $x=1$에서 연속이면 함수 $(f\circ g)(x)$는 실수 전체의 집합에서 연속이다.

즉, $\lim_{x\to 1+} (f\circ g)(x)=\lim_{x\to 1-} (f\circ g)(x)=(f\circ g)(1)$이 성립해야 한다.

$\lim_{x\to 1+} (f\circ g)(x)=\lim_{x\to 1+} f(2x+a)=f(2+a)$

$\quad=(a+2)^2-8(a+2)+a$

$\quad=a^2-3a-12$

$\lim_{x\to 1-} (f\circ g)(x)=\lim_{x\to 1-} f(4x-3a)=f(4-3a)$

$\quad=(4-3a)^2-8(4-3a)+a$

$\quad=9a^2+a-16$

$(f\circ g)(1)=f(g(1))=f(2+a)$

$\quad=a^2-3a-12$

에서 $a^2-3a-12=9a^2+a-16$

$8a^2+4a-4=0$, $2a^2+a-1=0$

$(a+1)(2a-1)=0 \qquad \therefore a=-1$ 또는 $a=\frac{1}{2}$

따라서 구하는 정수 a의 값은 -1이다.

17 0443 답 ⑤ 유형 9

출제의도 | $(x-a)f(x)$ 꼴의 함수가 연속일 조건을 알고 있는지 확인한다.

> $(x-a)f(x)=g(x)$이면 $f(x)=\dfrac{g(x)}{x-a}$ $(x\neq a)$야.

함수 $f(x)$가 실수 전체의 집합에서 연속이므로 $x=2$에서도 연속이고, $\lim_{x\to 2}f(x)=f(2)$이다.

(가)에서 $\lim_{x\to 2}f(x)=\lim_{x\to 2}\dfrac{x^3+ax-b}{x-2}$ ······ ㉠

$x\to 0$일 때, 극한값이 존재하고 (분모)$\to 0$이므로 (분자)$\to 0$이다.

즉, $\lim_{x\to 2}(x^3+ax-b)=0$에서

$8+2a-b=0$ $\quad\therefore b=2a+8$ ······ ㉡

㉡을 ㉠에 대입하면

$$\lim_{x\to 2}\frac{x^3+ax-2a-8}{x-2}=\lim_{x\to 2}\frac{(x-2)(x^2+2x+a+4)}{x-2}$$
$$=\lim_{x\to 2}(x^2+2x+a+4)=a+12$$

$f(x)=x^2+2x+a+4=(x+1)^2+a+3$이고 (→ 함수 $f(x)$는 $x=-1$일 때 최솟값을 갖는다.)

(나)에서 $f(-1)=2$이므로

$a+3=2$ $\quad\therefore a=-1$

㉡에서 $b=-2+8=6$

$\therefore a+b=5$

18 0444 답 ④ 유형 10

출제의도 | 함수의 그래프에서 극한값과 연속성을 조사할 수 있는지 확인한다.

> $f(x-2)$에서 $x-2=t$로 치환한 후 극한값을 구해 봐.

ㄱ. $\lim_{x\to 0+}f(x)+\lim_{x\to 0+}g(x)=0+3=3$ (거짓)

ㄴ. $\lim_{x\to 1+}f(x)g(x)=2\times 1=2$

$\lim_{x\to 1-}f(x)g(x)=1\times 2=2$

이므로 $\lim_{x\to 1+}f(x)g(x)=\lim_{x\to 1-}f(x)g(x)$이다.

따라서 $\lim_{x\to 1}f(x)g(x)$의 값이 존재한다. (참)

ㄷ. $\lim_{x\to 0+}f(x-2)g(x)=\lim_{x\to 0+}f(x-2)\times\lim_{x\to 0+}g(x)$

$=\lim_{t\to -2+}f(t)\times\lim_{x\to 0+}g(x)$ (→ $x-2=t$라 하면 $x\to 0+$일 때, $t\to -2+$)

$=0\times 3=0$

$\lim_{x\to 0-}f(x-2)g(x)=\lim_{x\to 0-}f(x-2)\times\lim_{x\to 0-}g(x)$

$=\lim_{t\to -2-}f(t)\times\lim_{x\to 0-}g(x)$ (→ $x-2=t$라 하면 $x\to 0-$일 때, $t\to -2-$)

$=0\times 3=0$

$f(-2)g(0)=0\times 0=0$

즉, $\lim_{x\to 0+}f(x-2)g(x)=\lim_{x\to 0-}f(x-2)g(x)=f(-2)g(0)$이 성립하므로 함수 $f(x-2)g(x)$는 $x=0$에서 연속이다. (참)

따라서 옳은 것은 ㄴ, ㄷ이다.

19 0445 답 ③ 유형 23

출제의도 | 사잇값의 정리를 활용하여 주어진 구간에서 실근을 갖는지 확인한다.

> 사잇값의 정리를 이용해 봐!

함수 $f(x)$는 모든 실수 x에서 연속이고

$f(-1)f(1)=2\times(-2)<0$이므로 사잇값의 정리에 의하여 방정식 $f(x)=0$은 열린구간 $(-1, 1)$에서 반드시 실근을 갖는다.

ㄱ. $g(x)=f(x)-x$라 하면

$g(-1)=f(-1)+1=3$

$g(1)=f(1)-1=-3$

함수 $g(x)$는 연속함수이고 $g(-1)g(1)<0$이므로 사잇값의 정리에 의하여 열린구간 $(-1, 1)$에서 반드시 실근을 갖는다.

ㄴ. $g(x)=(x+3)f(x)$라 하면

$g(-1)=2f(-1)=4$

$g(1)=4f(1)=-8$

함수 $g(x)$는 연속함수이고 $g(-1)g(1)<0$이므로 사잇값의 정리에 의하여 열린구간 $(-1, 1)$에서 반드시 실근을 갖는다.

ㄷ. $g(x)=f(x)+f(-x)$라 하면

$g(-1)=f(-1)+f(1)=2-2=0$

$g(1)=f(1)+f(-1)=-2+2=0$

함수 $g(x)$는 $x=-1$, $x=1$에서 실근을 갖지만, 주어진 조건만으로는 열린구간 $(-1, 1)$에서 반드시 실근을 갖는다고 할 수 없다.

따라서 열린구간 $(-1, 1)$에서 반드시 실근을 갖는 방정식은 ㄱ, ㄴ이다.

20 0446 답 ④ 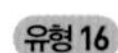 유형 16

출제의도 | 주어진 함수의 그래프를 이용하여 극한값을 구하고, 함수의 연속을 조사할 수 있는지 알아본다.

> 함수 $y=f(x)$, $y=g(x)$의 그래프에서 불연속인 점을 찾아보자.

ㄱ. $\lim_{x\to 1+}f(x)=-1$, $\lim_{x\to 1-}f(x)=1$이므로

$\lim_{x\to 1+}\{f(x)\}^2=\lim_{x\to 1-}\{f(x)\}^2=1$ (참)

ㄴ. $\lim_{x\to 1+}f(x)=-1$, $\lim_{x\to 1+}f(-x)=0$에서 (→ $-x=t$라 하면 $x\to 1+$일 때, $t\to -1-$)

$\lim_{x\to 1+}h(x)=-1+0=-1$

$\lim_{x\to 1-}f(x)=1$, $\lim_{x\to 1-}f(-x)=0$에서 (→ $-x=t$라 하면 $x\to 1-$일 때, $t\to -1+$)

$\lim_{x\to 1-}h(x)=1+0=1$

이므로 $\lim_{x\to 1}|h(x)|=1$

$|h(1)|=|f(1)+f(-1)|=0$

즉, $\lim_{x\to 1}|h(x)|\neq|h(1)|$이므로 함수 $|h(x)|$는 $x=1$에서 불연속이다. (거짓)

ㄷ. $-2<x<2$에서 정수는 -1, 0, 1이다.

(i) $x=-1$일 때,

$f(x)$, $g(x)$는 $x=-1$에서 모두 연속이므로 함수 $f(x)g(x)$도 $x=-1$에서 연속이다.

(ii) $x=0$일 때,

$\lim_{x\to 0+}f(x)g(x)=0$, $\lim_{x\to 0-}f(x)g(x)=-1$이므로

($\lim_{x\to 0+}f(x)=0$, $\lim_{x\to 0+}g(x)=1$ / $\lim_{x\to 0-}f(x)=-1$, $\lim_{x\to 0-}g(x)=1$)

함수 $f(x)g(x)$는 $x=0$에서 불연속이다.

(iii) $x=1$일 때,

$\lim_{x\to1+} f(x)g(x)=0$, $\lim_{x\to1-} f(x)g(x)=0$

$\lim_{x\to1+} f(x)=-1$, $\lim_{x\to1+} g(x)=0$ → $\lim_{x\to1-} f(x)=1$, $\lim_{x\to1-} g(x)=0$

$f(1)g(1)=0$

$\lim_{x\to1} f(x)g(x)=f(1)g(1)$이 성립한다.

즉, 함수 $f(x)g(x)$는 $x=1$에서 연속이다.

(i), (ii), (iii)에서 함수 $f(x)g(x)$가 연속이 되는 정수 x는 -1, 1의 2개이다. (참)

따라서 옳은 것은 ㄱ, ㄷ이다.

21 0447 답 ④ 유형 20

출제의도 | 두 그래프의 교점의 개수를 나타내는 함수를 구하고 극한값과 연속성을 조사할 수 있는지 확인한다.

먼저, 원과 직선이 접할 때를 기준으로 생각해 보자.

원의 중심 $(0, 0)$과 직선 $x-y+\sqrt{2}=0$ 사이의 거리는

$\frac{|0-0+\sqrt{2}|}{\sqrt{1+1}}=1$

이므로 그림과 같이 $k=1$이면 원과 직선이 접한다.

즉, $f(k)=\begin{cases} 2 & (k>1) \\ 1 & (k=1) \\ 0 & (0<k<1) \end{cases}$ 이다.

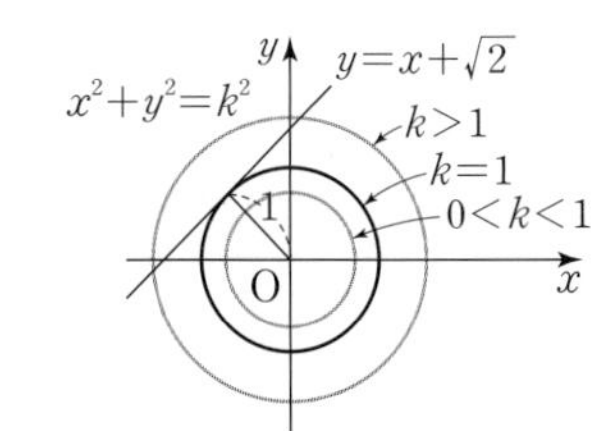

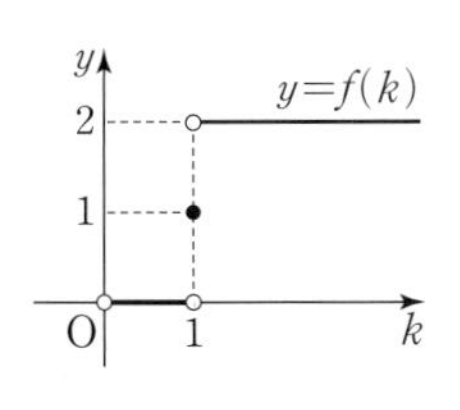

ㄱ. $\lim_{k\to1-} f(k)=0$ (거짓)

ㄴ. $\lim_{k\to1-} f(k)=0$, $f(1)=1$, $\lim_{k\to1+} f(k)=2$이므로 함수 $f(k)$가 불연속인 k는 $k=1$의 한 개이다. (참)

ㄷ. $g(k)=(k-1)f(k)$라 하면

$g(1)=0$

$\lim_{k\to1-} g(k)=\lim_{k\to1-} (k-1)f(k)=0\times0=0$

$\lim_{k\to1+} g(k)=\lim_{k\to1+} (k-1)f(k)=0\times2=0$

에서 $\lim_{k\to1} g(k)=g(1)$이므로 함수 $(k-1)f(k)$는 $k=1$에서 연속이다. (참)

따라서 옳은 것은 ㄴ, ㄷ이다.

개념 Check

점과 직선 사이의 거리

점 (x_1, y_1)과 직선 $ax+by+c=0$ 사이의 거리는

$\frac{|ax_1+by_1+c|}{\sqrt{a^2+b^2}}$

22 0448 답 8 유형 23

출제의도 | 사잇값의 정리를 이용하여 주어진 구간에서 실근을 갖도록 하는 정수 k의 값을 구할 수 있는지 확인한다.

STEP 1 $f(x)=x^2+2x+k$라 하고, $f(-1)$, $f(2)$의 값 구하기 [2점]

$f(x)=x^2+2x+k$라 하면 $f(x)$는 연속함수이다.

함수 $f(x)$가 닫힌구간 $[-1, 2]$에서 연속이고

$f(-1)=1-2+k=k-1$

$f(2)=4+4+k=k+8$

STEP 2 사잇값의 정리를 이용하여 정수 k의 값의 범위 구하기 [3점]

이때 $f(-1)f(2)<0$이면 사잇값의 정리에 의하여 방정식 $f(x)=0$은 열린구간 $(-1, 2)$에서 적어도 하나의 실근을 가지므로

$f(-1)f(2)=(k-1)(k+8)<0$

$\therefore -8<k<1$

STEP 3 정수 k의 개수 구하기 [1점]

구하는 정수 k는 $-7, -6, -5, -4, -3, -2, -1, 0$의 8개이다.

23 0449 답 $-1<a<4$ 유형 24

출제의도 | 사잇값의 정리를 이용할 수 있는지 확인한다.

STEP 1 $g(x)=f(x)-2x^2+4x$라 하고, 함숫값 구하기 [2점]

$g(x)=f(x)-2x^2+4x$라 하면 $g(x)$는 모든 실수 x에서 연속이다.

$g(0)=f(0)-0=2$

$g(1)=f(1)-2+4=a^2-3a-4$

$g(2)=f(2)-8+8=8$

STEP 2 사잇값의 정리를 이용하여 실수 a의 값의 범위 구하기 [4점]

사잇값의 정리에 의하여 방정식 $g(x)=0$이 열린구간 $(0, 1)$과 $(1, 2)$에서 각각 적어도 하나의 실근을 가지려면

$g(0)g(1)<0$, $g(1)g(2)<0$이어야 한다.

$g(0)g(1)=2(a^2-3a-4)<0$에서

$2(a+1)(a-4)<0$ $\quad\therefore -1<a<4$

$g(1)g(2)=8(a^2-3a-4)<0$에서

$8(a+1)(a-4)<0$ $\quad\therefore -1<a<4$

따라서 구하는 실수 a의 값의 범위는

$-1<a<4$

24 0450 답 5 유형 18

출제의도 | 주기함수의 성질을 이용하여 함숫값을 구할 수 있는지 확인한다.

STEP 1 함수 $f(x)$가 $x=4$에서 연속일 조건을 이용하여 상수 b의 값 구하기 [2점]

(가)에서 함수 $f(x)$가 연속함수이므로 $x=4$에서도 연속이어야 한다.

$\lim_{x\to4-} f(x)=\lim_{x\to4-} (x+2)=6$

$\lim_{x\to4+} f(x)=\lim_{x\to4+} \{a(x-4)^2+b\}=b$

$f(4)=b$

이므로 $6=b$

STEP 2 $f(x+6)=f(x)$인 조건을 이용하여 상수 a의 값 구하기 [3점]

(나)에서 $f(x+6)=f(x)$이므로 $f(6)=f(0)$이고

함수 $f(x)$가 연속함수이므로 $x=6$에서도 연속이어야 한다.

$\lim_{x\to6-} f(x)=\lim_{x\to6-} \{a(x-4)^2+6\}=4a+6$

$\lim_{x\to6+} f(x)=\lim_{x\to0+} (x+2)=2$

$f(6)=f(0)=2$

이므로 $4a+6=2$ $\quad\therefore a=-1$

STEP 3 $f(-7)$의 값 구하기 [2점]

따라서 함수 $f(x)=\begin{cases} x+2 & (0\le x<4) \\ -(x-4)^2+6 & (4\le x\le 6) \end{cases}$이므로

$\underline{f(-7)=f(-1)=f(5)}=-(5-4)^2+6=5$

└→ (나)에서 $x=-7$, $x=-1$을 대입한 결과이다.

25 0451 답 -1

유형 11

출제의도 | 함수 $f(x)g(x)$가 실수 전체의 집합에서 연속일 조건을 구할 수 있는지 확인한다.

STEP 1 함수 $f(x)g(x)$를 구하고, 함수 $f(x)g(x)$가 실수 전체의 집합에서 연속일 조건 구하기 [2점]

함수 $f(x)g(x)=\begin{cases} (x^2+1)(x+b) & (x\le 0) \\ (x+a)(x+b) & (0<x\le 1) \\ (x+a)(x^2+1) & (x>1) \end{cases}$이다.

함수 $f(x)g(x)$가 실수 전체의 집합에서 연속이기 위해서는 $x=0$, $x=1$에서 연속이어야 한다.

STEP 2 $x=0$에서의 연속성 조사하기 [2점]

(i) 함수 $f(x)g(x)$가 $x=0$에서 연속이려면

$\lim_{x\to 0-}f(x)g(x)=\lim_{x\to 0-}(x^2+1)(x+b)=b$

$\lim_{x\to 0+}f(x)g(x)=\lim_{x\to 0+}(x+a)(x+b)=ab$

$f(0)g(0)=b$

이므로 $b=ab$ ········· ㉠

STEP 3 $x=1$에서의 연속성 조사하기 [2점]

(ii) 함수 $f(x)g(x)$가 $x=1$에서 연속이려면

$\lim_{x\to 1-}f(x)g(x)=\lim_{x\to 1-}(x+a)(x+b)=(a+1)(b+1)$

$\lim_{x\to 1+}f(x)g(x)=\lim_{x\to 1+}(x+a)(x^2+1)=2(a+1)$

$f(1)g(1)=(a+1)(b+1)$

이므로 $(a+1)(b+1)=2(a+1)$ ········· ㉡

STEP 4 상수 a, b의 값을 구하고, $a+b$의 값 구하기 [2점]

㉠, ㉡을 연립하여 풀면 $a=1$, $b=1$ 또는 $a=-1$, $b=0$

이때 a, b는 서로 다른 두 상수이므로 $a=-1$, $b=0$

$\therefore a+b=-1$

실전 마무리하기 2회 101쪽~105쪽

1 0452 답 ②

유형 1

출제의도 | 함수 $f(x)$가 $x=1$에서 연속일 조건을 알고 있는지 확인한다.

$\lim_{x\to 1+}f(x)=\lim_{x\to 1-}f(x)=f(1)$이 성립하면 돼.

함수 $f(x)$가 $x=1$에서 연속이면

$\lim_{x\to 1-}f(x)=\lim_{x\to 1+}f(x)=f(1)$이 성립한다.

$\lim_{x\to 1+}f(x)=\lim_{x\to 1+}(x^2+2x+a)=3+a$

$\lim_{x\to 1-}f(x)=\lim_{x\to 1-}(2x+b)=2+b$

$f(1)=3+a$

즉, $3+a=2+b$이므로 $a-b=-1$

2 0453 답 ⑤

유형 2

출제의도 | 함수의 극한값, 연속, 불연속을 알고 있는지 확인한다.

그래프가 이어져 있으면 → 연속!
그래프가 끊어져 있으면 → 불연속!

함수 $f(x)$의 극한값이 존재하지 않는 x의 값은 -1, 1의 2개이므로 $a=2$

불연속이 되는 x의 값은 -1, 0, 1의 3개이므로 $b=3$

$\therefore a+b=5$

3 0454 답 ①

유형 3

출제의도 | 함수의 연속의 정의를 알고 있는지 확인한다.

$x=1$에서 연속이면 $f(1)=\lim_{x\to 1+}f(x)=\lim_{x\to 1-}f(x)$야.

함수 $f(x)$가 $x=1$에서 연속이면

$\lim_{x\to 1+}f(x)=\lim_{x\to 1-}f(x)=f(1)$이 성립한다.

즉, $f(1)\times\lim_{x\to 1-}f(x)\times\lim_{x\to 1+}f(x)=8$에서

$\{f(1)\}^3=8 \qquad \therefore f(1)=2$

4 0455 답 ②

유형 11

출제의도 | $f(x)f(x-a)$ 꼴인 함수의 연속성을 확인한다.

함수 $f(x)f(x-a)$가 $x=a$에서 연속이면
$\lim_{x\to a+}f(x)f(x-a)=\lim_{x\to a-}f(x)f(x-a)=f(a)f(0)$이야.

함수 $f(x)g(x)$가 $x=1$에서 연속이므로

$\lim_{x\to 1+}f(x)g(x)=\lim_{x\to 1-}f(x)g(x)=f(1)g(1)$

이 성립한다.

$\lim_{x\to 1+}f(x)g(x)=\lim_{x\to 1-}(x+3)(x+a)=4(1+a)$

$\lim_{x\to 1+}f(x)g(x)=\lim_{x\to 1-}(-x+2)(x+a)=1+a$

$f(1)g(1)=1+a$

즉, $4(1+a)=1+a$이므로 $a=-1$

5 0456 답 ②

유형 12

출제의도 | 함수 $\frac{f(x)}{g(x)}$가 모든 실수에서 연속일 조건을 알고 있는지 확인한다.

분모$\neq 0$이면 $\frac{f(x)}{g(x)}$는 모든 실수 x에서 연속이야.

함수 $f(x)$, $g(x)$는 각각 모든 실수 x에서 연속이므로

함수 $\frac{f(x)}{g(x)}$는 $g(x)\neq 0$인 모든 실수 x에서 연속이다.

즉, 함수 $\frac{f(x)}{g(x)}$가 모든 실수 x에서 연속이려면 $g(x)\neq 0$이어야 한다.

즉, 이차방정식 $x^2+2ax+3=0$의 판별식을 D라 하면 $D<0$이다.

$\frac{D}{4}=a^2-3<0$, $(a+\sqrt{3})(a-\sqrt{3})<0$

$\therefore -\sqrt{3}<a<\sqrt{3}$

따라서 구하는 정수 a는 -1, 0, 1의 3개이다.

6 0457 답 ③ 유형 21

출제의도 | 연속함수의 성질을 알고 있는지 확인한다.

> $x=0$에서 연속이 아닌 반례를 찾아봐!

함수 $f(x)$, $g(x)$가 $x=0$에서 연속이면

$\lim_{x\to0}f(x)=f(0)$, $\lim_{x\to0}g(x)=g(0)$이므로

ㄱ. $\lim_{x\to0}\{f(x)+2g(x)\}=\lim_{x\to0}f(x)+\lim_{x\to0}2g(x)=f(0)+2g(0)$
이므로 함수 $f(x)+2g(x)$는 $x=0$에서 연속이다.

ㄴ. $\lim_{x\to0}f(x)g(x)=\lim_{x\to0}f(x)\times\lim_{x\to0}g(x)=f(0)g(0)$이므로
함수 $f(x)g(x)$는 $x=0$에서 연속이다.

ㄷ. [반례] $f(x)=x+1$, $g(x)=x$라 하면 두 함수는 $x=0$에서 연속이지만 함수 $\frac{f(x)}{g(x)}=\frac{x+1}{x}$은 $x=0$에서 정의되지 않으므로 함수 $\frac{f(x)}{g(x)}$는 $x=0$에서 불연속이다.

ㄹ. [반례] $f(x)=\frac{1}{x-1}+2$라 하면 함수 $f(x)$는 $x=0$에서 연속이지만 $\lim_{x\to0}f(f(x))=\lim_{t\to1}f(t)$이므로 극한값이 존재하지 않는다.
└→ $f(x)=t$라 하면 $x\to0$일 때, $t\to1$
즉, 함수 $f(f(x))$는 $x=0$에서 불연속이다.

따라서 $x=0$에서 연속인 함수는 ㄱ, ㄴ의 2개이다.

7 0458 답 ④ 유형 22

출제의도 | 최대·최소 정리를 이용하여 최댓값과 최솟값을 모두 갖는 구간을 찾을 수 있는지 확인한다.

> 닫힌구간에서 연속인 함수는 반드시 최댓값과 최솟값을 가지니까 주어진 구간에서 연속인지 확인해 보자.

$f(x)=\frac{x^2-4x+3}{x^2-2x-3}=\frac{(x-1)(x-3)}{(x+1)(x-3)}$이므로 함수 $f(x)$는 $x=-1$, $x=3$에서 불연속이다.

최대·최소 정리에서 함수 $f(x)$가 닫힌구간에서 연속이면 그 구간에서 함수 $f(x)$는 최댓값과 최솟값을 갖는다.

따라서 함수 $f(x)$가 닫힌구간에서 연속이 되도록 하는 구간은 ④이다.

참고 함수 $f(x)=\frac{x^2-4x+3}{x^2-2x-3}=\frac{x-1}{x+1}$ (단, $x\neq-1$, $x\neq3$)의 그래프는 그림과 같다.

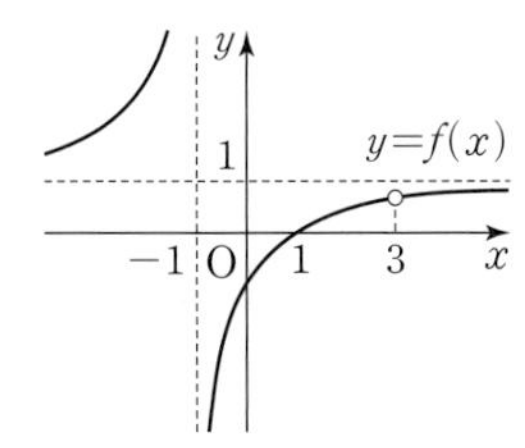

① 구간 $(-\infty, -2]$에서 최솟값이 존재하지 않는다.
② 구간 $[-1, 1]$에서 최솟값이 존재하지 않는다.
③ 구간 $[1, 3]$에서 최댓값이 존재하지 않는다.
⑤ 구간 $[5, \infty)$에서 최댓값이 존재하지 않는다.

8 0459 답 ④ 유형 23

출제의도 | 사잇값의 정리를 이용할 수 있는지 확인한다.

> 닫힌구간 $[a, b]$에서 연속이고 $f(a)f(b)<0$인지 확인해 보자.

$f(x)=x^4-7x^2+2x+2$라 하면 $f(x)$는 모든 실수 x에서 연속이고

① $f(-3)=14>0$, $f(-1)=-6<0$이므로 $f(-3)f(-1)<0$
사잇값의 정리에 의하여 열린구간 $(-3, -1)$에서 적어도 하나의 실근을 갖는다.

② $f(-1)=-6<0$, $f(0)=2>0$이므로 $f(-1)f(0)<0$
사잇값의 정리에 의하여 열린구간 $(-1, 0)$에서 적어도 하나의 실근을 갖는다.

③ $f(0)=2>0$, $f(1)=-2<0$이므로 $f(0)f(1)<0$
사잇값의 정리에 의하여 열린구간 $(0, 1)$에서 적어도 하나의 실근을 갖는다.

④ $f(1)=-2<0$, $f(2)=-6<0$이므로 $f(1)f(2)>0$
열린구간 $(1, 2)$에서 실근이 존재하는지 알 수 없다.

⑤ $f(2)=-6<0$, $f(3)=26>0$이므로 $f(2)f(3)<0$
사잇값의 정리에 의하여 열린구간 $(2, 3)$에서 적어도 하나의 실근을 갖는다.

따라서 실근을 포함하지 않는 구간은 ④이다.
└→ 사차방정식의 근은 4개이고 ①, ②, ③, ⑤에서 각각 실근을 가지므로 ④에서는 실근을 갖지 않는다.

9 0460 답 ③ 유형 1

출제의도 | 함수 $f(x)$가 $x=1$에서 연속일 조건을 알고 있는지 확인한다.

> $\lim_{x\to1}f(x)=f(1)$이 성립하는지 확인해 보자.

함수 $f(x)$가 $x=1$에서 연속이면 $\lim_{x\to1}f(x)=f(1)$이 성립한다.

ㄱ. $f(1)=0$, $\lim_{x\to1}|x-1|=0$
이므로 함수 $f(x)$는 $x=1$에서 연속이다.

ㄴ. $f(1)=\left[\frac{2}{4}\right]=0$, $\lim_{x\to1}\left[\frac{x+1}{4}\right]=0$
이므로 함수 $f(x)$는 $x=1$에서 연속이다.

ㄷ. $f(1)=2$, $\lim_{x\to1}\frac{x^3-1}{x^2-1}=\lim_{x\to1}\frac{x^2+x+1}{x+1}=\frac{3}{2}$
└→ $\frac{x^3-1}{x^2-1}=\frac{(x-1)(x^2+x+1)}{(x-1)(x+1)}$
에서 $\lim_{x\to1}f(x)\neq f(1)$이므로 함수 $f(x)$는 $x=1$에서 불연속이다.

따라서 $x=1$에서 연속인 함수는 ㄱ, ㄴ이다.

10 0461 답 ⑤ 유형 5

출제의도 | 함수가 모든 실수에서 연속이 되도록 하는 조건을 알고 있는지 확인한다.

> 함수 $f(x)$는 $x\neq2$인 모든 실수 x에서 연속
> → 함수 $f(x)$가 $x=2$에서 연속이면 모든 실수 x에서 연속이다.

함수 $f(x)$는 $x\neq2$인 모든 실수 x에서 연속이므로 $f(x)$가 $x=2$에서 연속이면 모든 실수 x에서 연속이다.

이때 함수 $f(x)$가 $x=2$에서 연속이려면 $\lim_{x\to2}f(x)=f(2)$가 성립해야 한다.

$\lim_{x\to2}\frac{x^2-5x+a}{x-2}=b$에서 $x\to2$일 때, 극한값이 존재하고 (분모)$\to0$이므로 (분자)$\to0$이다.

즉, $\lim_{x\to2}(x^2-5x+a)=0$에서 $4-10+a=0$ $\quad\therefore a=6$

$$\lim_{x\to2}\frac{x^2-5x+6}{x-2}=\lim_{x\to2}\frac{(x-2)(x-3)}{x-2}=\lim_{x\to2}(x-3)=-1$$

$\therefore b=-1$

$\therefore a+b=5$

11 0462 답 ② 유형 9

출제의도 | $(x-a)f(x)$ 꼴의 함수의 연속을 알고 있는지 확인한다.

> $x\neq a$이면 $(x-a)f(x)=g(x)$에서 양변을 $x-a$로 나눠 보자!

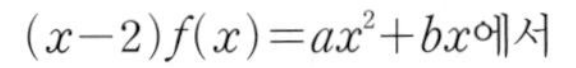

$(x-2)f(x)=ax^2+bx$에서

$x\neq2$이면 $f(x)=\frac{ax^2+bx}{x-2}$

함수 $f(x)$가 모든 실수 x에서 연속이므로 $x=2$에서도 연속이다.

즉, $\lim_{x\to2}f(x)=f(2)$가 성립해야 한다.

이때 $f(2)=1$이므로 $\lim_{x\to2}\frac{ax^2+bx}{x-2}=1$

$x\to2$일 때, 극한값이 존재하고 (분모)$\to0$이므로 (분자)$\to0$이다.

즉, $\lim_{x\to2}(ax^2+bx)=0$에서

$4a+2b=0$ $\quad\therefore b=-2a$ ······ ㉠

$$\lim_{x\to2}\frac{ax^2+bx}{x-2}=\lim_{x\to2}\frac{ax^2-2ax}{x-2}=\lim_{x\to2}\frac{ax(x-2)}{x-2}=\lim_{x\to2}ax=2a$$

즉, $2a=1$이므로 $a=\frac{1}{2}$

$a=\frac{1}{2}$을 ㉠에 대입하면 $b=-1$

$\therefore 2ab=2\times\frac{1}{2}\times(-1)=-1$

12 0463 답 ② 유형 10

출제의도 | 함수 $f(x)$가 $x=a$에서 연속일 조건을 알고 있는지 확인한다.

> 함수 $f(x)$가 $x=0$에서 연속 ➜ $\lim_{x\to0}f(x)=f(0)$이 성립!

ㄱ. $\lim_{x\to0}g(f(x))=\lim_{t\to0+}g(t)=-1$

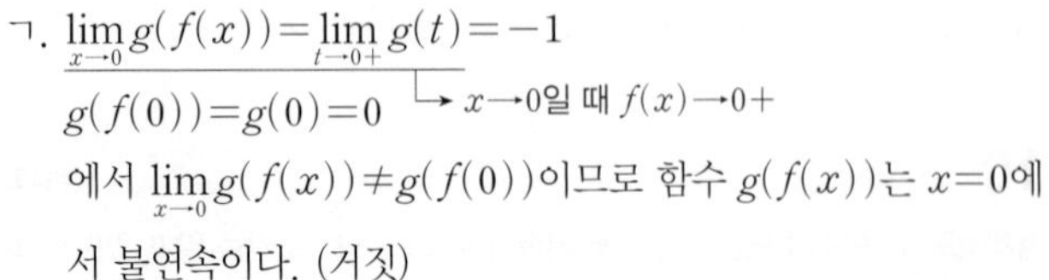

$g(f(0))=g(0)=0$

에서 $\lim_{x\to0}g(f(x))\neq g(f(0))$이므로 함수 $g(f(x))$는 $x=0$에서 불연속이다. (거짓)

ㄴ. $\lim_{x\to0+}f(x)g(x)=0\times(-1)=0$

$\lim_{x\to0-}f(x)g(x)=0\times1=0$

$f(0)g(0)=0$

에서 $\lim_{x\to0+}f(x)g(x)=\lim_{x\to0-}f(x)g(x)=f(0)g(0)$이므로 함수 $f(x)g(x)$는 $x=0$에서 연속이다. (참)

ㄷ. 함수 $g(x)$는 $x\neq0$인 실수 전체의 집합에서 연속이므로 함수 $\{g(x)\}^2$은 $x\neq0$인 실수 전체의 집합에서 연속이다. 즉, 함수 $\{g(x)\}^2$이 $x=0$에서 연속이면 실수 전체의 집합에서 연속이 된다.

$\lim_{x\to0-}\{g(x)\}^2=1\times1=1$

$\lim_{x\to0+}\{g(x)\}^2=(-1)\times(-1)=1$

$\{g(0)\}^2=0$

에서 $\lim_{x\to0}\{g(x)\}^2\neq\{g(0)\}^2$이므로 함수 $\{g(x)\}^2$은 $x=0$에서 불연속이다. (거짓)

따라서 옳은 것은 ㄴ이다.

13 0464 답 ③ 유형 17

출제의도 | 함수 $h(x)$의 함숫값, 극한값, 연속함수일 조건을 알고 있는지 확인한다.

> 함수 $g(x)=[x]$는 x의 값이 정수일 때 불연속이야.

ㄱ. $h(1)=f(1)g(1)=0\times1=0$ (참)

ㄴ. $\lim_{x\to2-}h(x)=\lim_{x\to2-}f(x)g(x)=1\times1=1$ (참)

ㄷ. $\lim_{x\to1-}h(x)=\lim_{x\to1-}f(x)g(x)=0\times0=0$

$\lim_{x\to1+}h(x)=\lim_{x\to1+}f(x)g(x)=0\times1=0$

$h(1)=f(1)g(1)=0\times1=0$

이므로 함수 $h(x)$는 $x=1$에서 연속이다. (거짓)

따라서 옳은 것은 ㄱ, ㄴ이다.

참고 ㄷ에서 $\lim_{x\to a+}g(x)\neq\lim_{x\to a-}g(x)$일 때, $f(x)$와 $f(x)g(x)$가 $x=a$에서 연속이면 $f(a)=0$임을 이용할 수도 있다.
$f(1)=0$이므로 함수 $f(x)g(x)$가 $x=1$에서 연속인지 조사해 본다.

14 0465 답 ⑤ 유형 22

출제의도 | 최대·최소 정리를 이용하여 최댓값과 최솟값을 구할 수 있는지 확인한다.

> 닫힌구간 $[-1, 2]$에서 연속인지 확인해 봐.

$f(x)=\frac{3x-2}{x-3}=\frac{3(x-3)+7}{x-3}=3+\frac{7}{x-3}$이고 함수 $f(x)$가 닫힌구간 $[-1, 2]$에서 연속이므로 최대·최소 정리에 의하여 최댓값과 최솟값이 존재한다.

함수 $y=f(x)$의 그래프는 그림과 같으므로

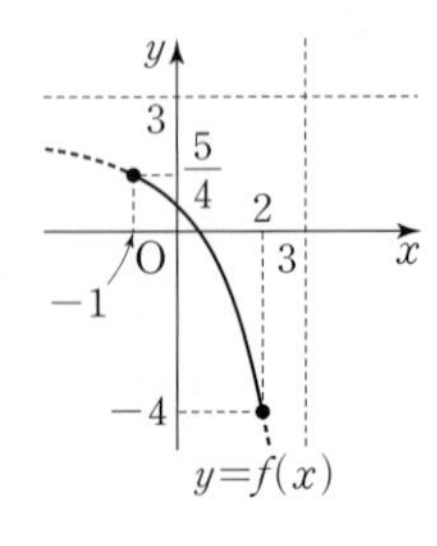

최댓값은 $M=f(-1)=\frac{5}{4}$

최솟값은 $m=f(2)=-4$

$\therefore Mm=-5$

15 0466 답 ④ 유형 8

출제의도 | 합성함수 $(g\circ f)(x)$가 실수 전체의 집합에서 연속일 조건을 알고 있는지 확인한다.

함수 $g(x)$는 실수 전체의 집합에서 연속이므로 함수 $f(x)$를 다음 두 가지로 나누어 살펴본다.

(i) 함수 $f(x)$가 모든 실수에서 연속인 경우

함수 $f(x)$는 $x=1$에서 연속이므로

$\lim\limits_{x\to1+} f(x)=\lim\limits_{x\to1+}(x^2+2x+2a)=3+2a$

$\lim\limits_{x\to1-} f(x)=\lim\limits_{x\to1-}(x+a)=1+a$

$f(1)=1+2+2a=3+2a$

이므로 $3+2a=1+a$ $\quad\therefore a=-2$

(ii) 함수 $f(x)$가 $x=1$에서 불연속인 경우, 즉 $a\neq-2$인 경우

$$\begin{aligned}\lim_{x\to1+}(g\circ f)(x)&=\lim_{x\to1+}g(f(x))=\lim_{t\to(3+2a)}(-t^2+at)\\&=-(3+2a)^2+a(3+2a)\\&=-2a^2-9a-9\end{aligned}$$

$$\begin{aligned}\lim_{x\to1-}(g\circ f)(x)&=\lim_{x\to1-}g(f(x))=\lim_{t\to(1+a)}(-t^2+at)\\&=-(1+a)^2+a(1+a)\\&=-a-1\end{aligned}$$

$(g\circ f)(1)=g(f(1))=g(3+2a)=-2a^2-9a-9$

이므로 $-2a^2-9a-9=-a-1$

$2a^2+8a+8=0$, $2(a+2)^2=0$

이때 $a\neq-2$이므로 상수 a의 값은 존재하지 않는다.

(i), (ii)에서 상수 a의 값은 -2이다.

16 0467 답 ②

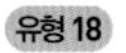

유형 18

출제의도 | 함수 $f(x)$가 $x=1$에서 연속일 조건을 알고 있는지 확인한다.

함수 $f(x)=\begin{cases}6x & (0\le x<1)\\ x^2+ax+b & (1\le x\le4)\end{cases}$이고

함수 $f(x)$가 모든 실수 x에서 연속이므로 $x=1$에서도 연속이다.

즉, $\lim\limits_{x\to1-} f(x)=\lim\limits_{x\to1+} f(x)=f(1)$이 성립한다.

$\lim\limits_{x\to1-} 6x=6$

$\lim\limits_{x\to1+}(x^2+ax+b)=a+b+1$

$f(1)=a+b+1$

이므로 $6=a+b+1$ $\quad\therefore a+b=5$ ······ ㉠

또, $f(x+4)=f(x)$에서 $f(4)=f(0)$이고 함수 $f(x)$가 $x=4$에서 연속이므로

$\lim\limits_{x\to4-} f(x)=\lim\limits_{x\to4+} f(x)=f(4)$가 성립한다.

$\lim\limits_{x\to4-}(x^2+ax+b)=16+4a+b$

$\lim\limits_{x\to4+} f(x)=\lim\limits_{x\to0+}6x=0$

$f(4)=f(0)=6\times0=0$

이므로 $16+4a+b=0$ $\quad\therefore 4a+b=-16$ ······ ㉡

㉠, ㉡을 연립하여 풀면 $a=-7$, $b=12$

따라서 함수 $f(x)=\begin{cases}6x & (0\le x<1)\\ x^2-7x+12 & (1\le x\le4)\end{cases}$이므로

$f(10)=f(6)=f(2)=4-14+12=2$

└→ $f(x+4)=f(x)$에 $x=2$, $x=6$을 대입한 결과이다.

17 0468 답 ⑤

유형 18

출제의도 | 함수 $f(x)$가 $x=1$, $x=2$에서 연속인 것을 알고 있는지 확인한다.

닫힌구간 $[0, 2]$에서

함수 $f(x)=\begin{cases}ax+b & (0\le x\le1)\\ \dfrac{x^3-5x^2+5x-c}{x-1} & (1<x\le2)\end{cases}$이고,

$f(x+2)=f(x)$를 만족시킨다.

함수 $f(x)$는 실수 전체의 집합에서 연속이므로 $x=1$, $x=2$에서도 연속이다.

(i) 함수 $f(x)$가 $x=1$에서 연속이므로

$\lim\limits_{x\to1-} f(x)=\lim\limits_{x\to1+} f(x)=f(1)$이 성립한다.

$\lim\limits_{x\to1-} f(x)=\lim\limits_{x\to1-}(ax+b)=a+b$

$\lim\limits_{x\to1+} f(x)=\lim\limits_{x\to1+}\dfrac{x^3-5x^2+5x-c}{x-1}=f(1)$에서

$x\to1+$일 때, 극한값이 존재하고 (분모)$\to0$이므로 (분자)$\to0$이다.

즉, $\lim\limits_{x\to1+}(x^3-5x^2+5x-c)=0$에서 $1-c=0$ $\quad\therefore c=1$

$$\begin{aligned}\lim_{x\to1+}\frac{x^3-5x^2+5x-1}{x-1}&=\lim_{x\to1+}\frac{(x-1)(x^2-4x+1)}{x-1}\\&=\lim_{x\to1+}(x^2-4x+1)=-2\end{aligned}$$

$\therefore a+b=-2$ ······ ㉠

(ii) $f(x+2)=f(x)$이므로 $f(2)=f(0)$이고

함수 $f(x)$가 $x=2$에서 연속이므로

$\lim\limits_{x\to2-} f(x)=\lim\limits_{x\to2+} f(x)=f(2)$가 성립한다.

$$\begin{aligned}\lim_{x\to2-}f(x)&=\lim_{x\to2-}\frac{x^3-5x^2+5x-1}{x-1}\\&=\lim_{x\to2-}(x^2-4x+1)=-3\end{aligned}$$

$\lim\limits_{x\to2+} f(x)=\lim\limits_{x\to0+} f(x)=\lim\limits_{x\to0+}(ax+b)=b$

$f(2)=f(0)=b$

이므로 $b=-3$ ······ ㉡

㉡을 ㉠에 대입하면 $a=1$

$\therefore a-b+c=1+3+1=5$

18 0469 답 ④

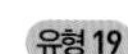

유형 19

출제의도 | 조건을 만족시키는 그래프를 그리고, 불연속인 점을 찾을 수 있는지 알아본다.

집합 $\{x\mid ax^2+2(a-5)x-(a-5)=0,\ x는\ 실수\}$의 원소의 개수 $f(a)$는 방정식 $ax^2+2(a-5)x-(a-5)=0$의 실근의 개수와 같다.

(i) $a=0$일 때,

$-10x+5=0$에서 $x=\dfrac{1}{2}$이므로 $f(0)=1$이다.

(ii) $a\neq0$일 때,

이차방정식 $ax^2+2(a-5)x-(a-5)=0$의 판별식을 D라 하면

$\frac{D}{4}=(a-5)^2+a(a-5)=(2a-5)(a-5)$

㉠ $\frac{5}{2}<a<5$일 때, 실근이 존재하지 않는다. ← $D<0$

㉡ $a=\frac{5}{2}$ 또는 $a=5$일 때, 실근이 1개 존재한다. ← $D=0$

㉢ $a<\frac{5}{2}$ 또는 $a>5$일 때, 실근이 2개 존재한다. (단, $a\neq0$) ← $D>0$

(i), (ii)에서 $f(a)=\begin{cases} 0 & \left(\frac{5}{2}<a<5\right) \\ 1 & \left(a=0 \text{ 또는 } a=\frac{5}{2} \text{ 또는 } a=5\right) \\ 2 & \left(a<0 \text{ 또는 } 0<a<\frac{5}{2} \text{ 또는 } a>5\right) \end{cases}$

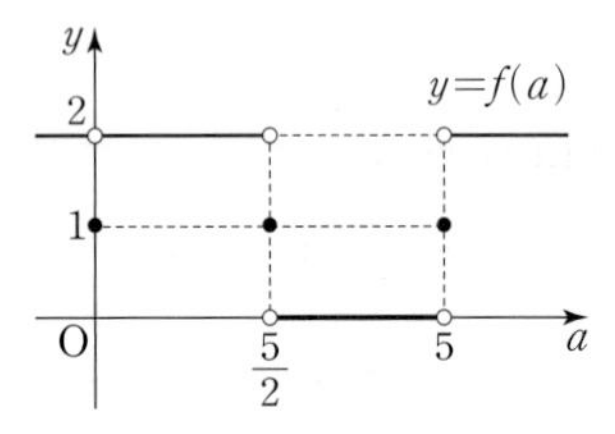

따라서 함수 $f(a)$가 불연속인 점은

$a=0$, $a=\frac{5}{2}$, $a=5$일 때의 3개이다.

19 0470 답 ③ 유형 22

출제의도 | 최대·최소 정리를 알고 최댓값과 최솟값을 구할 수 있는지 확인한다.

$y=|f(x)|-2$의 그래프를 그려 봐.

함수 $f(x)=\frac{x+2}{x+3}=1-\frac{1}{x+3}$의 그래프는 그림과 같으므로

닫힌구간 $\left[-\frac{5}{2}, 2\right]$에서 연속이다.

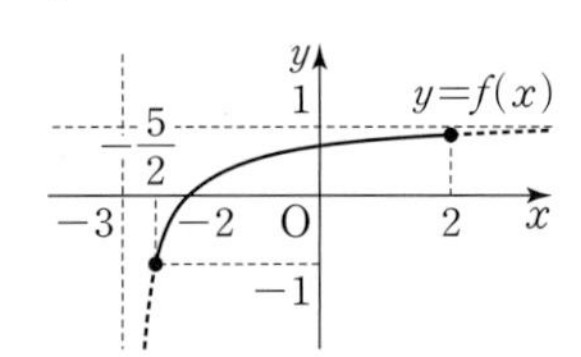

함수 $y=|f(x)|-2$의 그래프는 그림과 같고 닫힌구간

└→ $y=|f(x)|$의 그래프를 y축의 방향으로 -2만큼 평행이동한 것이다.

$\left[-\frac{5}{2}, 2\right]$에서 연속이므로 최대·최소 정리에 의하여 최댓값과 최솟값이 존재한다.

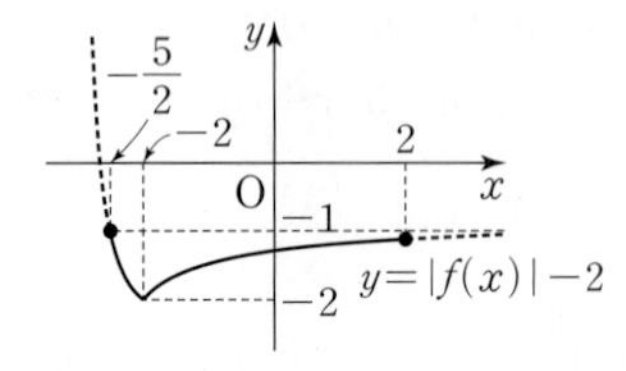

$x=-\frac{5}{2}$일 때, 최댓값 $M=-1$

$x=-2$일 때, 최솟값 $m=-2$

$\therefore Mm=2$

20 0471 답 ② 유형 15

출제의도 | 함수 $f(x)$가 모든 실수 x에서 연속일 조건을 알고 있는지 확인한다.

$g(x)$가 x, $x-1$을 인수로 가짐을 이용해.

함수 $f(x)=\begin{cases} \frac{g(x)}{x(x-1)} & (x\neq0,\ x\neq1\text{인 실수}) \\ 4 & (x=0) \\ 10 & (x=1) \end{cases}$ 이 모든 실수 x에서

연속이므로 $x=0$, $x=1$에서도 연속이다. 즉,

(i) 함수 $f(x)$가 $x=0$에서 연속이므로

$\lim_{x\to0}\frac{g(x)}{x(x-1)}=f(0)=4$가 성립한다. ······ ㉠

$\lim_{x\to0}\frac{g(x)}{x(x-1)}=4$에서 $x\to0$일 때, 극한값이 존재하고

(분모)→0이므로 (분자)→0이다.

즉, $\lim_{x\to0}g(x)=0$에서 $g(0)=0$이므로 함수 $g(x)$는 x를 인수로 갖는다.

(ii) 함수 $f(x)$가 $x=1$에서 연속이므로

$\lim_{x\to1}\frac{g(x)}{x(x-1)}=f(1)=10$이 성립한다. ······ ㉡

$\lim_{x\to1}\frac{g(x)}{x(x-1)}=10$에서 $x\to0$일 때, 극한값이 존재하고

(분모)→0이므로 (분자)→0이다.

즉, $\lim_{x\to1}g(x)=0$에서 $g(1)=0$이므로 함수 $g(x)$는 $x-1$을 인수로 갖는다.

(i), (ii)에서 최고차항의 계수가 1인 사차함수 $g(x)$는

$g(x)=x(x-1)(x^2+ax+b)$ (a, b는 상수)로 놓을 수 있다.

$\lim_{x\to0}\frac{x(x-1)(x^2+ax+b)}{x(x-1)}=\lim_{x\to0}(x^2+ax+b)=b$

㉠에 의하여 $b=4$

$\lim_{x\to1}\frac{x(x-1)(x^2+ax+4)}{x(x-1)}=\lim_{x\to1}(x^2+ax+4)=a+5$

㉡에 의하여 $a+5=10$ $\quad\therefore a=5$

따라서 $g(x)=x(x-1)(x^2+5x+4)$이므로

$g(-2)=(-2)\times(-3)\times(-2)=-12$

21 0472 답 ① 유형 11 + 유형 21

출제의도 | 함수 $f(x)g(x)$가 연속함수일 조건을 알고 있는지 확인한다.

함수 $f(x)$, $g(x)$가 각각 연속함수이면 함수 $f(x)g(x)$도 연속함수야.

(i) 함수 $f(x)$가 연속함수인 경우

함수 $f(x)$가 모든 실수 x에서 연속이면 $x=1$에서도 연속이다.

즉, $\lim_{x\to1+}f(x)=\lim_{x\to1-}f(x)=f(1)$이 성립한다.

$\lim_{x\to1+}f(x)=\lim_{x\to1+}(x^2-2x+3)=2$

$\lim_{x\to1-}f(x)=\lim_{x\to1-}(x^2+ax+7)=a+8$

$f(1)=1-2+3=2$

이므로 $a+8=2$ $\quad\therefore a=-6$

이때 $g(x)=x^2-2bx-6=(x-b)^2-b^2-6$이므로

(나)에서 함수 $g(x)$의 최솟값은

$-b^2-6=-9 \quad \therefore b=\pm\sqrt{3}$

즉, $g(x)=x^2-2\sqrt{3}x-6$ 또는 $g(x)=x^2+2\sqrt{3}x-6$

$\therefore g(2)=-4\sqrt{3}-2$ 또는 $g(2)=4\sqrt{3}-2$

(ii) 함수 $f(x)$가 $x=1$에서 불연속인 경우

(i)에서 $a\neq-6$이면 함수 $f(x)$는 $x=1$에서 불연속이다.

이때 함수 $f(x)g(x)$가 $x=1$에서 연속이려면 $g(1)=0$이어야 한다.

즉, $g(1)=1-2b+a=0$이므로 $a=2b-1$

이때 $g(x)=x^2-2bx+2b-1$에서

$$g(x)=(x-b)^2-b^2+2b-1$$
$$=(x-b)^2-(b-1)^2$$

(나)에서 함수 $g(x)$의 최솟값은

$-(b-1)^2=-9$, $b-1=\pm3$

$\therefore b=4$ 또는 $b=-2$

즉, $g(x)=x^2-8x+7$ 또는 $g(x)=x^2+4x-5$

$\therefore g(2)=-5$ 또는 $g(2)=7$

따라서 (i), (ii)에서 모든 $g(2)$의 값의 합은

$-4\sqrt{3}-2+4\sqrt{3}-2-5+7=-2$

22 0473 답 13 유형 5

출제의도 | 함수 $f(x)$가 모든 실수 x에서 연속일 조건을 알고 있는지 확인한다.

STEP 1 함수 $f(x)$가 $x=-1$에서 연속임을 알기 [2점]

함수 $f(x)$가 모든 실수 x에서 연속이므로 $x=-1$에서도 연속이다.

즉, $\lim_{x\to-1}\frac{x^2+ax+b}{x+1}=5$이다.

STEP 2 극한값이 존재할 조건을 이용하여 상수 a, b의 값을 구하고, $a+b$의 값 구하기 [4점]

$x\to-1$일 때, 극한값이 존재하고 (분모)$\to0$이므로 (분자)$\to0$이다.

즉, $\lim_{x\to-1}(x^2+ax+b)=0$에서

$1-a+b=0 \quad \therefore b=a-1$ ······ ㉠

$$\lim_{x\to-1}\frac{x^2+ax+b}{x+1}=\lim_{x\to-1}\frac{x^2+ax+a-1}{x+1}$$
$$=\lim_{x\to-1}\frac{(x+1)(x+a-1)}{x+1}$$
$$=\lim_{x\to-1}(x+a-1)$$
$$=a-2$$

즉, $a-2=5$에서 $a=7$

$a=7$을 ㉠에 대입하면 $b=6$

$\therefore a+b=13$

23 0474 답 풀이 참조 유형 23

출제의도 | 사잇값의 정리를 알고 있는지 확인한다.

STEP 1 $f(x)=x^3-x^2+9x+1$이라 하고, 함숫값 구하기 [3점]

$f(x)=x^3-x^2+9x+1$이라 하면

$f(x)$는 다항함수이므로 닫힌구간 $[-2, 1]$에서 연속이다.

$f(-2)=-29<0$, $f(1)=10>0$

STEP 2 사잇값의 정리 이용하기 [3점]

$f(-2)f(1)<0$이므로 사잇값의 정리에 의하여 $f(c)=0$을 만족시키는 c가 열린구간 $(-2, 1)$에 존재한다.

따라서 방정식 $f(x)=0$의 실근이 열린구간 $(-2, 1)$에 적어도 하나 존재한다.

24 0475 답 $a=-1$, $b=-\frac{3}{2}$ 유형 5

출제의도 | 함수 $f(x)$가 실수 전체의 집합에서 연속일 조건을 알고 있는지 확인한다.

STEP 1 함수 $f(x)$가 $x=1$에서 연속임을 알기 [2점]

$f(x)$가 실수 전체의 집합에서 연속이므로 $x=1$에서도 연속이다.

즉, $\lim_{x\to1}f(x)=f(1)$이므로

$\lim_{x\to1}\frac{x^2+(b-1)x-b}{x+a}=2a-b$가 성립한다.

STEP 2 극한값이 존재할 조건을 이용하여 상수 a, b의 값 구하기 [5점]

$x\to1$일 때, 0이 아닌 극한값이 존재하고 (분자)$\to0$이므로 (분모)$\to0$이다.

즉, $\lim_{x\to1}(x+a)=0$에서 $1+a=0 \quad \therefore a=-1$

$$\lim_{x\to1}\frac{x^2+(b-1)x-b}{x-1}=\lim_{x\to1}\frac{(x-1)(x+b)}{x-1}$$
$$=\lim_{x\to1}(x+b)=1+b$$

즉, $1+b=2a-b$에서 $1+b=-2-b \quad \therefore b=-\frac{3}{2}$

$\therefore a=-1$, $b=-\frac{3}{2}$

25 0476 답 $a=4$, $b=-4$ 유형 6

출제의도 | 근호가 포함된 함수에서 연속일 조건을 구할 수 있는지 확인한다.

STEP 1 함수 $f(x)$가 $x=2$에서 연속임을 알기 [2점]

함수 $f(x)$가 $x\geq1$에서 연속이므로 $x=2$에서도 연속이다.

즉, $\lim_{x\to2}f(x)=f(2)$가 성립한다.

STEP 2 극한값이 존재할 조건을 이용하여 상수 a, b의 값 구하기 [5점]

$\lim_{x\to2}\frac{a\sqrt{x-1}+b}{x-2}=2$에서 $x\to2$일 때, 극한값이 존재하고 (분모)$\to0$이므로 (분자)$\to0$이다.

즉, $\lim_{x\to2}(a\sqrt{x-1}+b)=0$에서

$a+b=0 \quad \therefore b=-a$ ······ ㉠

$$\lim_{x\to2}\frac{a\sqrt{x-1}-a}{x-2}=\lim_{x\to2}\frac{a(\sqrt{x-1}-1)(\sqrt{x-1}+1)}{(x-2)(\sqrt{x-1}+1)}$$
$$=\lim_{x\to2}\frac{a}{\sqrt{x-1}+1}=\frac{a}{2}$$

즉, $\frac{a}{2}=2$에서 $a=4$

$a=4$를 ㉠에 대입하면 $b=-4$

$\therefore a=4$, $b=-4$

Ⅱ. 미분

03 미분계수와 도함수

핵심 개념 110쪽~112쪽

0477 답 0

$\frac{\Delta y}{\Delta x}=\frac{f(0)-f(-3)}{0-(-3)}=\frac{4-4}{3}=0$

0478 답 5

$\frac{\Delta y}{\Delta x}=\frac{f(2)-f(0)}{2-0}=\frac{8+2a-0}{2}=a+4$

즉, $a+4=9$이므로 $a=5$

0479 답 (1) 2 (2) 4

(1) $f'(-1)=\lim_{h\to0}\frac{f(-1+h)-f(-1)}{h}$

$=\lim_{h\to0}\frac{2(-1+h)+4-2}{h}$

→ $\lim_{x\to-1}\frac{f(x)-f(-1)}{x-(-1)}$을 이용해도 된다.

$=\lim_{h\to0}\frac{2h}{h}=2$

(2) $f'(-1)=\lim_{h\to0}\frac{f(-1+h)-f(-1)}{h}$

$=\lim_{h\to0}\frac{-(-1+h)^2+2(-1+h)+4-1}{h}$

$=\lim_{h\to0}\frac{-h^2+4h}{h}=\lim_{h\to0}(-h+4)=4$

0480 답 3

x의 값이 2에서 4까지 변할 때의 평균변화율은

$\frac{\Delta y}{\Delta x}=\frac{f(4)-f(2)}{4-2}=\frac{2-(-2)}{2}=2$

$x=a$에서의 미분계수는

$f'(a)=\lim_{h\to0}\frac{f(a+h)-f(a)}{h}$

$=\lim_{h\to0}\frac{\{(a+h)^2-4(a+h)+2\}-(a^2-4a+2)}{h}$

$=\lim_{h\to0}\frac{(2a-4)h+h^2}{h}$

$=\lim_{h\to0}(2a-4+h)$

$=2a-4$

이때 평균변화율과 미분계수가 같으므로

$2=2a-4\qquad\therefore a=3$

0481 답 (1) 6 (2) −9

(1) $\lim_{h\to0}\frac{f(1+2h)-f(1)}{h}=\lim_{h\to0}\left\{\frac{f(1+2h)-f(1)}{2h}\times2\right\}$

$=2f'(1)=2\times3=6$

(2) $\lim_{h\to0}\frac{f(1-3h)-f(1)}{h}=\lim_{h\to0}\left\{\frac{f(1-3h)-f(1)}{-3h}\times(-3)\right\}$

$=-3f'(1)=(-3)\times3=-9$

0482 답 (1) 1 (2) 6

(1) $\lim_{x\to1}\frac{f(x)-f(1)}{x^3-1}=\lim_{x\to1}\left\{\frac{f(x)-f(1)}{x-1}\times\frac{1}{x^2+x+1}\right\}$

$=f'(1)\times\frac{1}{3}=3\times\frac{1}{3}=1$

(2) $\lim_{x\to1}\frac{f(x)-f(1)}{\sqrt{x}-1}=\lim_{x\to1}\left\{\frac{f(x)-f(1)}{x-1}\times(\sqrt{x}+1)\right\}$

$=f'(1)\times2=3\times2=6$

0483 답 (1) 연속이다. (2) 미분가능하지 않다.

(1) $f(0)=2\times0+0=0$

$\lim_{x\to0+}f(x)=\lim_{x\to0+}(2x+x)=\lim_{x\to0+}3x=0$

$\lim_{x\to0-}f(x)=\lim_{x\to0-}(2x-x)=\lim_{x\to0-}x=0$

즉, $\lim_{x\to0}f(x)=f(0)$이므로 함수 $f(x)$는 $x=0$에서 연속이다.

(2) $\lim_{h\to0+}\frac{f(0+h)-f(0)}{h}=\lim_{h\to0+}\frac{2h+|h|}{h}=\lim_{h\to0+}\frac{2h+h}{h}=3$

$\lim_{h\to0-}\frac{f(0+h)-f(0)}{h}=\lim_{h\to0-}\frac{2h+|h|}{h}=\lim_{h\to0-}\frac{2h-h}{h}=1$

즉, $\lim_{h\to0}\frac{f(0+h)-f(0)}{h}$의 값이 존재하지 않으므로

함수 $f(x)$는 $x=0$에서 미분가능하지 않다.

0484 답 13

함수 $f(x)$가 실수 전체의 집합에서 미분가능하기 위해서는 $x=1$에서 미분가능해야 한다.

함수 $f(x)$가 $x=1$에서 미분가능하면 연속이므로

$\lim_{x\to1+}f(x)=\lim_{x\to1-}f(x)=f(1)$이어야 한다.

$\lim_{x\to1+}f(x)=\lim_{x\to1+}(x^2+ax-3)=a-2$

$\lim_{x\to1-}f(x)=\lim_{x\to1-}(bx^2+1)=b+1$

$f(1)=1+a-3=a-2$

이므로 $a-2=b+1\qquad\therefore a-b=3$ ······ ㉠

또한, 함수 $f(x)$가 $x=1$에서 미분가능하므로

$\lim_{x\to1+}\frac{f(x)-f(1)}{x-1}=\lim_{x\to1+}\frac{x^2+ax-3-(a-2)}{x-1}$

$=\lim_{x\to1+}\frac{(x-1)(x+1)+a(x-1)}{x-1}$

$=\lim_{x\to1+}\frac{(x-1)(x+a+1)}{x-1}$

$=\lim_{x\to1+}(x+a+1)=a+2$

$\lim_{x\to1-}\frac{f(x)-f(1)}{x-1}=\lim_{x\to1-}\frac{bx^2+1-(b+1)}{x-1}$

$=\lim_{x\to1-}\frac{b(x+1)(x-1)}{x-1}$

$=\lim_{x\to1-}b(x+1)=2b$

에서 $a+2=2b\qquad\therefore a-2b=-2$ ······ ㉡

㉠, ㉡을 연립하여 풀면 $a=8$, $b=5$

$\therefore a+b=13$

0485 답 (1) $y'=10x^4$ (2) $y'=0$
(3) $y'=6x+6$ (4) $y'=-8x^3+15x^2$

(1) $y=2x^5$에서 $y'=2\times5x^4=10x^4$

(2) $y=10$에서 $y'=0$

(3) $y=3x^2+6x+4$에서 $y'=3\times2x+6=6x+6$

(4) $y=-2x^4+5x^3+3$에서

$y'=(-2)\times4x^3+5\times3x^2=-8x^3+15x^2$

0486 답 3

$f(x)=2x^2+ax-5$에 대하여 $f'(x)=4x+a$

이때 $f'(1)=7$이므로

$f'(1)=4+a$에서 $4+a=7$ $\therefore a=3$

0487 답 (1) $y'=9x^2+20x-8$ (2) $y'=5x^4+6x^2-3$

(1) $y'=(3x-2)'(x^2+4x)+(3x-2)(x^2+4x)'$

$=3(x^2+4x)+(3x-2)(2x+4)$

$=9x^2+20x-8$

(2) $y'=(x^3-x)'(x^2+3)+(x^3-x)(x^2+3)'$

$=(3x^2-1)(x^2+3)+(x^3-x)\times2x$

$=5x^4+6x^2-3$

0488 답 -6

$f'(x)=(1-2x)(x^3+a)+x\times(-2)\times(x^3+a)$

$+x(1-2x)\times3x^2$

이므로

$f'(1)=-(1+a)-2(1+a)+(-3)$

$=-3a-6$

→ 함수의 곱의 미분법을 이용한 후 미분계수를 구할 때는 식을 정리하지 않고 바로 대입하는 것이 편리하다.

이때 $f'(1)=12$이므로

$-3a-6=12$, $3a=-18$ $\therefore a=-6$

기출 유형 check 실전 준비하기 113쪽~143쪽

0489 답 ④

함수 $y=f(x)$의 그래프에서 $x=a$, $x=b$일 때의 두 점의 좌표는 $A(a, f(a))$, $B(b, f(b))$이다.

두 점을 지나는 직선의 기울기는 $\dfrac{(y\text{의 값의 증가량})}{(x\text{의 값의 증가량})}$이므로

두 점 $A(a, f(a))$, $B(b, f(b))$를 지나는 직선의 기울기는

$\dfrac{f(b)-f(a)}{b-a}$이다.

0490 답 ⑤

주어진 직선의 방정식을 각각 구해 보면

① $y=3x-5$

② $y-1=3(x-2)$ $\therefore y=3x-5$

③ $y-(-2)=\dfrac{1-(-2)}{2-1}(x-1)$ $\therefore y=3x-5$

④ $\dfrac{x}{\frac{5}{3}}+\dfrac{y}{-5}=1$, $3x-y=5$

$\therefore y=3x-5$

→ x절편이 a, y절편이 b인 직선의 방정식은 $\frac{x}{a}+\frac{y}{b}=1$임을 이용한다.

⑤ $y=-3x+5$

따라서 나머지 넷과 일치하지 않는 것은 ⑤이다.

0491 답 (1) $x-2y=0$ (2) $2x+y-5=0$

직선 l: $2x-4y+1=0$, 즉 $y=\dfrac{1}{2}x+\dfrac{1}{4}$에 대하여

(1) 직선 l에 평행하므로 기울기는 $\dfrac{1}{2}$이고

점 $(2, 1)$을 지나는 직선의 방정식은

$y-1=\dfrac{1}{2}(x-2)$ $\therefore x-2y=0$

(2) 직선의 기울기를 m이라 하면 직선 l과 수직이므로

$m\times\dfrac{1}{2}=-1$ $\therefore m=-2$

따라서 기울기가 -2이고 점 $(2, 1)$을 지나는 직선의 방정식은

$y-1=-2(x-2)$

$\therefore 2x+y-5=0$

개념 Check

두 직선의 평행과 수직

두 직선 $y=mx+n$, $y=m'x+n'$이

(1) 평행하면 → $m=m'$, $n\neq n'$

(2) 수직이면 → $mm'=-1$

0492 답 $y=x+1$

점 $(2, 3)$을 지나고 기울기가 $\tan 45°=1$인 직선의 방정식은

$y-3=x-2$ $\therefore y=x+1$

→ x축의 양의 방향과 이루는 각의 크기가 θ인 직선의 기울기는 $\tan\theta$이다.

0493 답 ②

$x+(k+2)y+1=0$에서 $y=-\dfrac{1}{k+2}x-\dfrac{1}{k+2}$

$kx+y-2=0$에서 $y=-kx+2$

두 직선이 서로 수직이므로 $-\dfrac{1}{k+2}\times(-k)=-1$

$k=-k-2$, $2k=-2$

$\therefore k=-1$

0494 답 ⑤

세 점 A, B, C가 한 직선 위에 있으므로

(직선 AB의 기울기)=(직선 BC의 기울기)이다.

(직선 AB의 기울기)$=\dfrac{2-4}{1-k}=\dfrac{-2}{1-k}$

(직선 BC의 기울기)$=\dfrac{-3-2}{-k-1}=\dfrac{5}{k+1}$

즉, $\dfrac{-2}{1-k}=\dfrac{5}{k+1}$이므로 $-2k-2=5-5k$

$3k=7$ $\therefore k=\dfrac{7}{3}$

03

0495 답 ②

| 유형1

함수 $f(x)=x^3-2x+4$에서 x의 값이 2에서 a까지 변할 때의 평균변화율이 5일 때, 모든 실수 a의 값의 곱은? (단, $a\neq2$)
단서1

① -5　② -3　③ -1　④ 0　⑤ 1

단서1 (평균변화율)$=\frac{f(a)-f(2)}{a-2}$

STEP1 함수 $f(x)$의 평균변화율 구하기

함수 $f(x)$에서 x의 값이 2에서 a까지 변할 때의 평균변화율은

$$\frac{f(a)-f(2)}{a-2}=\frac{(a^3-2a+4)-8}{a-2}$$
$$=\frac{a^3-2a-4}{a-2}$$

→ 조립제법을 이용하여 인수분해한다.

2	1	0	−2	−4
		2	4	4
	1	2	2	0

$$=\frac{(a-2)(a^2+2a+2)}{a-2}$$
$$=a^2+2a+2$$

STEP2 평균변화율이 5임을 이용하여 모든 실수 a의 값의 곱 구하기

즉, $a^2+2a+2=5$이므로 $a^2+2a-3=0$

따라서 근과 계수의 관계에 의하여 모든 실수 a의 값의 곱은 -3이다.

0496 답 ④

함수 $f(x)$에서 x의 값이 1에서 3까지 변할 때의 평균변화율은 두 점 A$(1, f(1))$, B$(3, f(3))$을 지나는 직선 AB의 기울기와 같다.
따라서 구하는 평균변화율은 -2이다.

0497 답 1

함수 $f(x)$에서 x의 값이 0에서 3까지 변할 때의 평균변화율은

$$\frac{f(3)-f(0)}{3-0}=\frac{(30-3a)-3}{3}=9-a$$

평균변화율이 8이므로

$9-a=8$　$\therefore a=1$

0498 답 ⑤

함수 $f(x)$에서 x의 값이 -2에서 4까지 변할 때의 평균변화율은

$$\frac{f(4)-f(-2)}{4-(-2)}=\frac{34-(-2)}{6}=6 \quad \cdots\cdots ㉠$$

함수 $f(x)$에서 x의 값이 a에서 3까지 변할 때의 평균변화율은

$$\frac{f(3)-f(a)}{3-a}=\frac{23-(a^2+4a+2)}{3-a}$$
$$=\frac{-(a-3)(a+7)}{-(a-3)}$$
$$=a+7 \quad \cdots\cdots ㉡$$

㉠, ㉡의 평균변화율이 같으므로

$6=a+7$　$\therefore a=-1$

0499 답 51

함수 $f(x)$의 닫힌구간 $[n, n+1]$에서의 평균변화율이 $n+1$이므로

$$\frac{f(n+1)-f(n)}{n+1-n}=n+1$$

$\therefore f(n+1)-f(n)=n+1$

따라서 함수 $f(x)$의 닫힌구간 $[1, 100]$에서의 평균변화율은

$$\frac{f(100)-f(1)}{100-1}$$
$$=\frac{\{f(100)-f(99)\}+\{f(99)-f(98)\}+\cdots+\{f(2)-f(1)\}}{99}$$
$$=\frac{100+99+\cdots+2}{99}$$
$$=\frac{5049}{99}=51$$

개념 Check

$\sum_{k=1}^{n}k=1+2+3+\cdots+n=\frac{n(n+1)}{2}$이므로

$100+99+98+\cdots+2=100+99+98+\cdots+2+1-1$
$=\frac{100\times101}{2}-1$
$=5050-1=5049$

0500 답 ⑤

그림과 같이 함수 $y=f(x)$의 그래프에서 네 점 A, B, C, D를 정하면 α, β, γ의 값은 각각 직선 AB, 직선 BC, 직선 CD의 기울기와 같다.

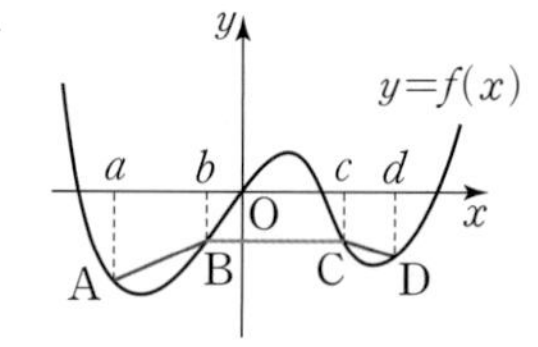

$\alpha=$(직선 AB의 기울기)>0
$\beta=$(직선 BC의 기울기)$=0$
$\gamma=$(직선 CD의 기울기)<0
$\therefore \gamma<\beta<\alpha$

0501 답 ③

$f(a)=2$, $f(b)=7$이므로
$g(2)=a$, $g(7)=b$

함수 $f(x)$에서 x의 값이 a에서 b까지 변할 때의 평균변화율은

$$\frac{f(b)-f(a)}{b-a}=\frac{7-2}{b-a}=\frac{5}{b-a}$$

평균변화율이 5이므로

$$\frac{5}{b-a}=5$$

$\therefore b-a=1 \quad \cdots\cdots ㉠$

함수 $g(x)$에서 x의 값이 2에서 7까지 변할 때의 평균변화율은

$$\frac{g(7)-g(2)}{7-2}=\frac{b-a}{5}=\frac{1}{5}\ (\because ㉠)$$

개념 Check

함수 f의 역함수 f^{-1}에 대하여
$f(a)=b \Longleftrightarrow f^{-1}(b)=a$

실수 Check

함수 $f(x)$에서 x의 값이 a에서 b까지 변할 때의 평균변화율이 5이므로 두 점 $(a, f(a))$, $(b, f(b))$를 지나는 직선의 기울기가 5이다.

Plus 문제

0501-1

함수 $y=f(x)$의 그래프가 그림과 같다. 함수 $f(x)$의 역함수를 $g(x)$라 할 때, 함수 $g(x)$에서 x의 값이 a에서 b까지 변할 때의 평균변화율은? (단, 점선은 x축 또는 y축에 평행하다.)

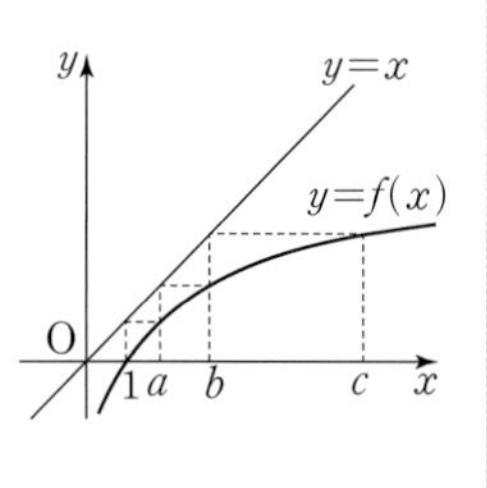

① $\dfrac{a-1}{b-a}$ ② $\dfrac{c-b}{b-a}$ ③ $\dfrac{c-b}{a-b}$

④ $\dfrac{b-a}{c-b}$ ⑤ $\dfrac{a-b}{c-b}$

주어진 그래프에서

$f(1)=0$, $f(a)=1$, $f(b)=a$, $f(c)=b$이므로

$g(0)=1$, $g(1)=a$, $g(a)=b$, $g(b)=c$

└→ 직선 $y=x$ 위의 점은 x좌표와 y좌표가 같다.

따라서 함수 $g(x)$에서 x의 값이 a에서 b까지 변할 때의 평균변화율은

$\dfrac{g(b)-g(a)}{b-a}=\dfrac{c-b}{b-a}$

답 ②

0502 답 ③

함수 $g(x)$에서 x의 값이 1에서 3까지 변할 때의 평균변화율은

$\dfrac{g(3)-g(1)}{3-1}=\dfrac{g(3)-g(1)}{2}$ ······ ㉠

주어진 그래프에서

$f(-2)=0$, $f(-1)=-2$, $f(0)=0$, $f(1)=2$, $f(2)=0$, $f(3)=-2$이므로

$g(3)=(f\circ f)(3)=f(f(3))=f(-2)=0$

$g(1)=(f\circ f)(1)=f(f(1))=f(2)=0$

이를 ㉠에 대입하면

$\dfrac{g(3)-g(1)}{2}=0$

개념 Check

두 함수 f, g에 대하여 $(f\circ g)(a)=f(g(a))$

➔ $g(a)$의 값을 구한 후 $f(x)$의 x 대신 $g(a)$의 값을 대입한다.

실수 Check

함수 $f(x)$의 그래프가 두 점 $(1, 2)$, $(2, 0)$을 지나므로

$(f\circ f)(1)=f(f(1))=f(2)=0$

0503 답 ③

함수 $f(x)$에서 x의 값이 -2에서 0까지 변할 때의 평균변화율은

$\dfrac{f(0)-f(-2)}{0-(-2)}=\dfrac{0-(-8)}{2}=4$ ······ ㉠

함수 $f(x)$에서 x의 값이 0에서 a까지 변할 때의 평균변화율은

$\dfrac{f(a)-f(0)}{a-0}=\dfrac{a(a+1)(a-2)-0}{a}=a^2-a-2$ ······ ㉡

㉠, ㉡의 평균변화율이 같으므로

$4=a^2-a-2$, $a^2-a-6=0$

$(a+2)(a-3)=0$ $\quad\therefore a=3$ ($\because a>0$)

0504 답 ② | 유형 2

함수 $f(x)=x^2+ax$의 닫힌구간 $[1, 3]$에서의 평균변화율과 $x=b$에서의 미분계수가 같을 때, 상수 b의 값은? (단, a는 상수이다.)

① 1 ② 2 ③ 3

④ 4 ⑤ 5

단서1 (평균변화율)$=\dfrac{f(3)-f(1)}{3-1}$

단서2 $f'(b)=\lim\limits_{\Delta x\to 0}\dfrac{f(b+\Delta x)-f(b)}{\Delta x}$

STEP 1 함수 $f(x)$의 평균변화율 구하기

함수 $f(x)$의 닫힌구간 $[1, 3]$에서의 평균변화율은

$\dfrac{f(3)-f(1)}{3-1}=\dfrac{9+3a-(1+a)}{2}=4+a$ ······ ㉠

STEP 2 함수 $f(x)$에서 미분계수 $f'(b)$ 구하기

함수 $f(x)$의 $x=b$에서의 미분계수는

$$f'(b)=\lim_{\Delta x\to 0}\frac{f(b+\Delta x)-f(b)}{\Delta x}$$

$$=\lim_{\Delta x\to 0}\frac{(b+\Delta x)^2+a(b+\Delta x)-(b^2+ab)}{\Delta x}$$

$$=\lim_{\Delta x\to 0}(\Delta x+a+2b)=a+2b \quad\cdots\cdots ㉡$$

STEP 3 ㉠=㉡에서 상수 b의 값 구하기

㉠=㉡이므로 $4+a=a+2b$, $2b=4$

$\therefore b=2$

다른 풀이

함수 $f(x)$의 $x=b$에서의 미분계수는 다음과 같이 구할 수도 있다.

$$f'(b)=\lim_{x\to b}\frac{f(x)-f(b)}{x-b}=\lim_{x\to b}\frac{x^2+ax-(b^2+ab)}{x-b}$$

$$=\lim_{x\to b}\frac{(x+a+b)(x-b)}{x-b}$$

→ $\dfrac{0}{0}$ 꼴이므로 $x-b$로 약분한다.

$$=\lim_{x\to b}(x+a+b)=a+2b$$

0505 답 -2

곡선 $y=f(x)$ 위의 점 $(3, f(3))$에서의 접선의 기울기가 -2이므로 $f'(3)=-2$

$$\therefore \lim_{\Delta x\to 0}\frac{f(3+\Delta x)-f(3)}{\Delta x}=f'(3)=-2$$

0506 답 14

$f(2+x)-f(2)=x^3+6x^2+14x$이므로

$$f'(2)=\lim_{\Delta x\to 0}\frac{f(2+\Delta x)-f(2)}{\Delta x}$$

$$=\lim_{\Delta x\to 0}\frac{(\Delta x)^3+6(\Delta x)^2+14\Delta x}{\Delta x}$$

$$=\lim_{\Delta x\to 0}\{(\Delta x)^2+6\Delta x+14\}=14$$

0507 답 ④

$f(3+a)-f(3)=\sqrt{a+9}-3$이므로

$$f'(3)=\lim_{\Delta x\to 0}\frac{f(3+\Delta x)-f(3)}{\Delta x}=\lim_{\Delta x\to 0}\frac{\sqrt{\Delta x+9}-3}{\Delta x}$$

$$=\lim_{\Delta x\to 0}\frac{(\sqrt{\Delta x+9}-3)(\sqrt{\Delta x+9}+3)}{\Delta x(\sqrt{\Delta x+9}+3)}$$

→ $\frac{0}{0}$ 꼴이므로 근호가 있는 쪽을 유리화한 후 약분한다.

$$=\lim_{\Delta x\to 0}\frac{1}{\sqrt{\Delta x+9}+3}$$

$$=\frac{1}{6}$$

0508 답 ⑤

ㄱ. 함수 $y=f(x)$의 그래프 위의 점 $(1, 0)$에서의 접선이 점 $(0, -2)$를 지난다.
이 접선의 기울기 $f'(1)$의 값은 두 점 $(1, 0)$, $(0, -2)$를 지나는 직선의 기울기와 같으므로

$f'(1)=\frac{-2-0}{0-1}=2$ (참)

ㄴ. 함수 $y=f(x)$의 그래프 위의 점 $(-1, 0)$에서의 접선이 점 $(0, -2)$를 지난다.
이 접선의 기울기 $f'(-1)$의 값은 두 점 $(-1, 0)$, $(0, -2)$를 지나는 직선의 기울기와 같으므로

$f'(-1)=\frac{-2-0}{0-(-1)}=-2$

$\therefore f'(1)+f'(-1)=2-2=0$ (참)

ㄷ. 주어진 그래프에서 $x=2$에서의 접선의 기울기가 $x=1$에서의 접선의 기울기보다 크다.

$\therefore f'(2)>f'(1)$ (참)

따라서 옳은 것은 ㄱ, ㄴ, ㄷ이다.

0509 답 2

함수 $f(x)$에서 x의 값이 0에서 a까지 변할 때의 평균변화율은

$\frac{f(a)-f(0)}{a-0}=\frac{3a^2-2a}{a}=3a-2$ ······ ㉠

함수 $f(x)$의 $x=1$에서의 미분계수는

$$f'(1)=\lim_{\Delta x\to 0}\frac{f(1+\Delta x)-f(1)}{\Delta x}$$

$$=\lim_{\Delta x\to 0}\frac{3(1+\Delta x)^2-2(1+\Delta x)-1}{\Delta x}$$

$$=\lim_{\Delta x\to 0}\frac{3(\Delta x)^2+4\Delta x}{\Delta x}$$

$=\lim_{\Delta x\to 0}(3\Delta x+4)=4$ ······ ㉡

㉠=㉡이므로 $3a-2=4$

$3a=6$ $\quad\therefore a=2$

다른 풀이

함수 $f(x)$의 $x=1$에서의 미분계수는 함수 $f(x)$의 도함수를 이용하여 다음과 같이 구할 수도 있다.

$f'(x)=6x-2$이므로

$f'(1)=6\times 1-2=4$

0510 답 ①

함수 $f(x)$에서 x의 값이 0에서 t까지 변할 때의 평균변화율이 t^2+2t이므로

$\frac{f(t)-f(0)}{t-0}=t^2+2t$

이때 $f(0)=3$이므로

$\frac{f(t)-3}{t}=t^2+2t$ $\quad\therefore f(t)=t^3+2t^2+3$

따라서 $x=1$에서의 순간변화율은 → $x=1$에서의 미분계수 $f'(1)$

$$f'(1)=\lim_{\Delta x\to 0}\frac{f(1+\Delta x)-f(1)}{\Delta x}$$

$$=\lim_{\Delta x\to 0}\frac{(1+\Delta x)^3+2(1+\Delta x)^2+3-6}{\Delta x}$$

$$=\lim_{\Delta x\to 0}\frac{(\Delta x)^3+5(\Delta x)^2+7\Delta x}{\Delta x}$$

$$=\lim_{\Delta x\to 0}\{(\Delta x)^2+5\Delta x+7\}$$

$=7$

실수 Check

$\lim_{\Delta x\to 0}\frac{(\Delta x)^3+5(\Delta x)^2+7\Delta x}{\Delta x}$는 $\frac{0}{0}$ 꼴이므로 먼저 Δx로 약분해야 함에 주의한다.

0511 답 ①

$f(x+1)-f(1)=x^3+13x^2+26x$이므로

$$f'(1)=\lim_{\Delta x\to 0}\frac{f(1+\Delta x)-f(1)}{\Delta x}$$

$$=\lim_{\Delta x\to 0}\frac{(\Delta x)^3+13(\Delta x)^2+26\Delta x}{\Delta x}$$

$$=\lim_{\Delta x\to 0}\{(\Delta x)^2+13\Delta x+26\}$$

$=26$

0512 답 3

함수 $f(x)$에서 x의 값이 0에서 a까지 변할 때의 평균변화율은

$\frac{f(a)-f(0)}{a-0}=\frac{a^3-3a^2+5a}{a}=a^2-3a+5$ ······ ㉠

$$f'(2)=\lim_{x\to 2}\frac{f(x)-f(2)}{x-2}$$

$$=\lim_{x\to 2}\frac{(x^3-3x^2+5x)-6}{x-2}$$

→ 조립제법을 이용하여 인수분해한다.

2	1	−3	5	−6
		2	−2	6
	1	−1	3	0

$$=\lim_{x\to 2}\frac{(x-2)(x^2-x+3)}{x-2}$$

$=\lim_{x\to 2}(x^2-x+3)=5$ ······ ㉡

㉠=㉡이므로 $a^2-3a+5=5$

$a(a-3)=0$ $\quad\therefore a=3$ ($\because a>0$)

다른 풀이

함수 $f(x)$의 $x=2$에서의 미분계수는 함수 $f(x)$의 도함수를 이용하여 다음과 같이 구할 수도 있다.

$f'(x)=3x^2-6x+5$이므로

$f'(2)=12-12+5=5$

0513 답 ③

| 유형3

함수 $y=f(x)$의 그래프와 직선 $y=x$가 그림과 같을 때, <보기>에서 옳은 것만을 있는 대로 고른 것은? (단, $0<a<b$)

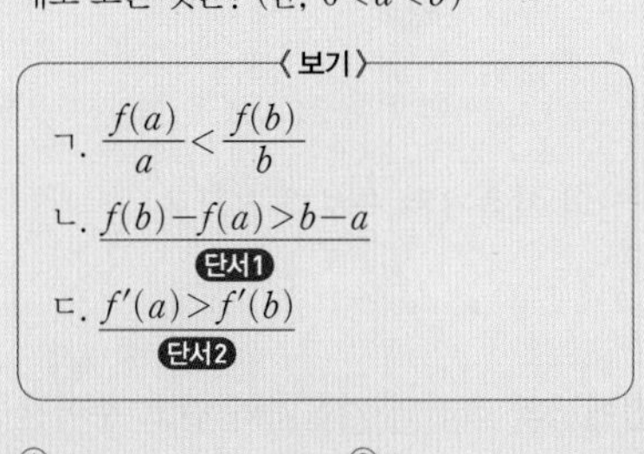

<보기>

ㄱ. $\frac{f(a)}{a}<\frac{f(b)}{b}$

ㄴ. $f(b)-f(a)>b-a$ 단서1

ㄷ. $f'(a)>f'(b)$ 단서2

① ㄱ ② ㄴ ③ ㄷ

④ ㄱ, ㄷ ⑤ ㄴ, ㄷ

단서1 두 점을 지나는 직선의 기울기

단서2 한 점에서의 접선의 기울기

STEP1 두 점을 지나는 직선의 기울기 비교하기

ㄱ. $\frac{f(a)}{a}$는 원점 $(0, 0)$과 점 $(a, f(a))$를 지나는 직선의 기울기이고 $\frac{f(b)}{b}$는 원점 $(0, 0)$과 점 $(b, f(b))$를 지나는 직선의 기울기이다.

$\therefore \frac{f(a)}{a}>\frac{f(b)}{b}$ (거짓)

ㄴ. 두 점 $(a, f(a))$, $(b, f(b))$를 지나는 직선의 기울기는 1보다 작으므로 $\frac{f(b)-f(a)}{b-a}<1$

└→ 직선 $y=x$의 기울기

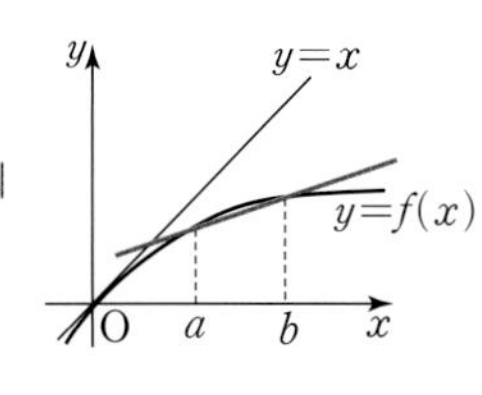

이때 $a<b$에서 $b-a>0$이므로

$f(b)-f(a)<b-a$ (거짓)

STEP2 $x=a$, $x=b$에서의 접선의 기울기 비교하기

ㄷ. $f'(a)$는 점 $(a, f(a))$에서의 접선의 기울기이고

$f'(b)$는 점 $(b, f(b))$에서의 접선의 기울기이다.

이때 점 $(a, f(a))$에서의 접선의 기울기가 점 $(b, f(b))$에서의 접선의 기울기보다 크다.

$\therefore f'(a)>f'(b)$ (참)

따라서 옳은 것은 ㄷ이다.

0514 답 ①

① 그래프가 직선이면 평균변화율과 $f'(a)$의 값이 항상 같다.

②, ③, ④, ⑤ [반례] x의 값이 a에서 b까지 변할 때의 평균변화율은 빨간색 직선의 기울기와 같고, $f'(a)$의 값은 초록색 직선의 기울기와 같다.

즉, 그림과 같이 평균변화율과 $f'(a)$의 값이 다를 수 있다.

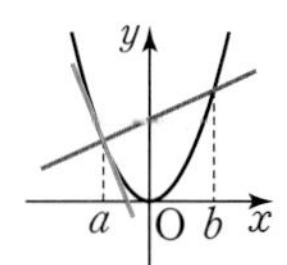

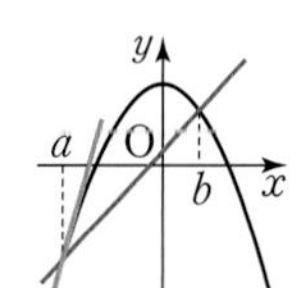

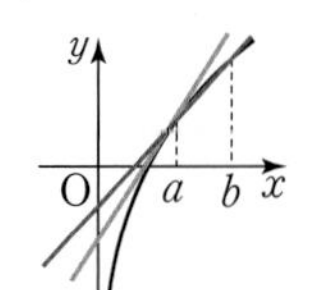

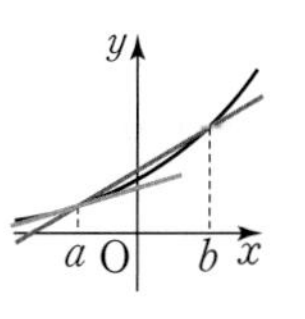

따라서 함수 $y=f(x)$의 그래프로 가장 적당한 것은 ①이다.

0515 답 ⑤

$f(b)-f(a)=(b-a)f'(c)$에서 $b-a\neq0$이므로

$f'(c)=\frac{f(b)-f(a)}{b-a}$

즉, 함수 $f(x)$에서 x의 값이 a에서 b까지 변할 때의 평균변화율과 $x=c$에서의 미분계수 $f'(c)$의 값이 같은 경우를 찾는다.

주어진 그래프에서 빨간색 직선의 기울기(평균변화율)와 기울기가 같은 것은 초록색 접선의 기울기(미분계수)이다.

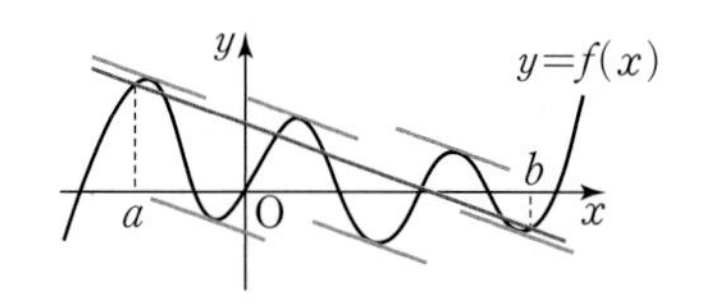

따라서 구하는 서로 다른 c의 개수는 6이다.

0516 답 ②

그림에서 x좌표가 a, b, c, d, e, f인 점에서의 접선의 기울기를 살펴보면

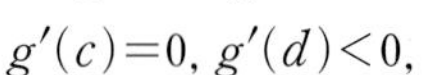

$0<g'(b)<g'(a)$,

$g'(c)=0$, $g'(d)<0$,

$0<g'(e)<g'(f)$

ㄱ. $g'(a)>0$, $g'(d)<0$이므로 $g'(a)>g'(d)$ (거짓)

ㄴ. 두 점 $(d, g(d))$, $(f, g(f))$를 지나는 직선의 기울기는 $x=f$인 점에서의 접선의 기울기 $g'(f)$보다 작으므로

$\frac{g(f)-g(d)}{f-d}<g'(f)$ (거짓)

ㄷ. 두 점 $(b, g(b))$, $(e, g(e))$를 지나는 직선의 기울기는 음수이므로

$\frac{g(e)-g(b)}{e-b}<0<g'(b)$ (참)

따라서 옳은 것은 ㄷ이다.

0517 답 ①

ㄱ. $x=a$인 점에서의 접선의 기울기 $f'(a)$는 $x=b$인 점에서의 접선의 기울기 $f'(b)$보다 크므로

$f'(a)>f'(b)$ (참)

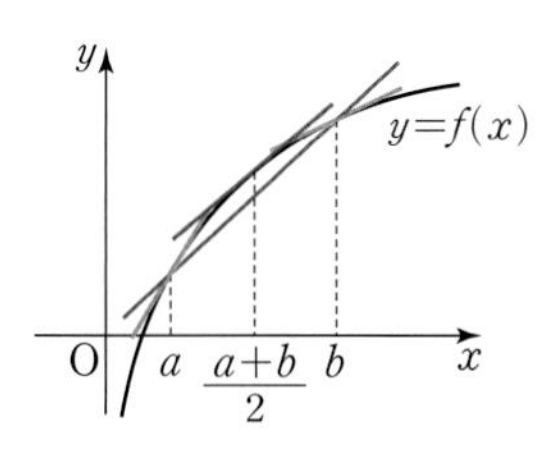

ㄴ. $x=\frac{a+b}{2}$인 점에서의 접선의 기울기 $f'\left(\frac{a+b}{2}\right)$는 $x=b$인 점에서의 접선의 기울기 $f'(b)$보다 크므로 $f'\left(\frac{a+b}{2}\right)>f'(b)$ (거짓)

ㄷ. $x=a$인 점에서의 접선의 기울기 $f'(a)$는 두 점 $(a, f(a))$, $(b, f(b))$를 지나는 직선의 기울기보다 크므로

$f'(a)>\frac{f(b)-f(a)}{b-a}$ (거짓)

따라서 옳은 것은 ㄱ이다.

0518 답 ③

ㄱ. $bf(a)<af(b)$에서 양변을 ab $(ab>0)$로 나누면

└→ $a>0$, $b>0$이므로 $ab>0$이다.

$\frac{f(a)}{a} < \frac{f(b)}{b}$이므로 이 대소 관계가 옳은지 확인한다.

$\frac{f(a)}{a}$는 원점 (0, 0)과 점 $(a, f(a))$를 지나는 직선의 기울기이고, $\frac{f(b)}{b}$는 원점 (0, 0)과 점 $(b, f(b))$를 지나는 직선의 기울기이다.

주어진 그래프에서 $\frac{f(a)}{a} < \frac{f(b)}{b}$

$\therefore bf(a) < af(b)$ (참)

ㄴ. $f(b)-f(c) > \frac{b-c}{2}$에서 양변을 $b-c$ $(b-c>0)$로 나누면
→ $b>c$이므로 $b-c>0$이다.

$\frac{f(b)-f(c)}{b-c} > \frac{1}{2}$이므로 이 대소 관계가 옳은지 확인한다.

$\frac{f(b)-f(c)}{b-c}$는 두 점 $(c, f(c))$, $(b, f(b))$를 지나는 직선의 기울기이고, $\frac{1}{2}$은 직선 $y=\frac{1}{2}x$의 기울기이다.

주어진 그래프에서 $\frac{f(b)-f(c)}{b-c} > \frac{1}{2}$

$\therefore f(b)-f(c) > \frac{b-c}{2}$ (참)

ㄷ. $0<a<b$에 대하여 $\frac{a+b}{2} > \sqrt{ab}$이고

x의 값이 커질수록 곡선 $y=f(x)$의 접선의 기울기가 커지므로

$f'(\sqrt{ab}) < f'\left(\frac{a+b}{2}\right)$ (거짓)

따라서 옳은 것은 ㄱ, ㄴ이다.

개념 Check

산술평균과 기하평균의 관계

$a>0$, $b>0$일 때 $\frac{a+b}{2} \geq \sqrt{ab}$ (단, 등호는 $a=b$일 때 성립한다.)

실수 Check

ㄷ에서 $f'(\sqrt{ab})$, $f'\left(\frac{a+b}{2}\right)$는 각각 점 $(\sqrt{ab}, f(\sqrt{ab}))$, $\left(\frac{a+b}{2}, f\left(\frac{a+b}{2}\right)\right)$에서의 접선의 기울기이다.

Plus 문제

0518-1

그림과 같이 함수 $y=f(x)$의 그래프가 직선 $y=\frac{1}{2}x$와 점 (2, 1)에서 접한다. 〈보기〉에서 옳은 것만을 있는 대로 고르시오. (단, a는 상수이다.)

〈보기〉

ㄱ. $a>2$이면 $\frac{f(a)-1}{a-2} < \frac{1}{2}$이다.

ㄴ. $0<a<2$이면 $\frac{f(a)-1}{a-2} > \frac{1}{2}$이다.

ㄷ. $a>2$이면 $f'(a) < \frac{1}{2}$이다.

ㄱ. $\frac{f(a)-1}{a-2}$은 점 (2, 1)과 함수 $y=f(x)$의 그래프 위의 점 $(a, f(a))$를 지나는 직선의 기울기이다.

$a>2$에서 이 직선의 기울기는 $\frac{1}{2}$보다 작으므로

$\frac{f(a)-1}{a-2} < \frac{1}{2}$ (참)

ㄴ. $0<a<2$에서 이 직선의 기울기는 $\frac{1}{2}$보다 크므로

$\frac{f(a)-1}{a-2} > \frac{1}{2}$ (참)

ㄷ. $f'(a)$는 $x=a$인 점에서의 접선의 기울기와 같고 주어진 그래프에서 $f'(2)=\frac{1}{2}$이다.

$a>2$에서 $f'(a)$와 $f'(2)$를 비교하면

$f'(a) < \frac{1}{2}$ (참)

따라서 옳은 것은 ㄱ, ㄴ, ㄷ이다.

답 ㄱ, ㄴ, ㄷ

0519 답 18 | 유형4

다항함수 $f(x)$에 대하여 $f'(1)=6$일 때, $\lim_{h \to 0} \frac{f(1+3h)-f(1)}{h}$의 값을 구하시오.

단서1

단서1 부분을 같게 만든다.

STEP1 미분계수의 정의를 이용하여 주어진 극한값 구하기

$$\lim_{h \to 0} \frac{f(1+3h)-f(1)}{h} = \lim_{h \to 0} \frac{f(1+3h)-f(1)}{3h} \times 3$$
$$=3f'(1)$$
$$=3 \times 6 = 18$$

0520 답 ⑤

$$\lim_{h \to 0} \frac{f(a+2h)-f(a)}{h} = \lim_{h \to 0} \frac{f(a+2h)-f(a)}{2h} \times 2$$
$$=2f'(a)$$
$$=2 \times 3 = 6$$

0521 답 ③

$$\lim_{h \to 0} \frac{f(-1+3h)-f(-1)}{h} = \lim_{h \to 0} \frac{f(-1+3h)-f(-1)}{3h} \times 3$$
$$=3f'(-1)$$

이므로 $3f'(-1)=4$에서 $f'(-1)=\frac{4}{3}$

0522 답 ④

$$\lim_{h \to 0} \frac{f(1-4h)-f(1+6h)}{h}$$

→ $f(1)$을 빼고 더한다.

$$=\lim_{h \to 0} \frac{\{f(1-4h)-f(1)\}-\{f(1+6h)-f(1)\}}{h}$$

$=\lim_{h\to 0}\frac{f(1-4h)-f(1)}{-4h}\times(-4)-\lim_{h\to 0}\frac{f(1+6h)-f(1)}{6h}\times 6$

$=-4f'(1)-6f'(1)$

$=-10f'(1)$

$=-10\times(-1)=10$

0523 답 ①

$\lim_{h\to 0}\frac{f(1+5h)-f(1+3h)}{2h}=3$에서

$\lim_{h\to 0}\frac{f(1+5h)-f(1+3h)}{2h}$

$=\lim_{h\to 0}\frac{\{f(1+5h)-f(1)\}-\{f(1+3h)-f(1)\}}{2h}$

$=\lim_{h\to 0}\frac{f(1+5h)-f(1)}{2h}-\lim_{h\to 0}\frac{f(1+3h)-f(1)}{2h}$

$=\lim_{h\to 0}\frac{f(1+5h)-f(1)}{5h}\times\frac{5}{2}-\lim_{h\to 0}\frac{f(1+3h)-f(1)}{3h}\times\frac{3}{2}$

$=\frac{5}{2}f'(1)-\frac{3}{2}f'(1)$

$=f'(1)=3$ ········· ㉠

$\therefore \lim_{h\to 0}\frac{f(1+2h^2)-f(1-2h)}{h}$

$=\lim_{h\to 0}\frac{\{f(1+2h^2)-f(1)\}-\{f(1-2h)-f(1)\}}{h}$

$=\lim_{h\to 0}\frac{f(1+2h^2)-f(1)}{h}-\lim_{h\to 0}\frac{f(1-2h)-f(1)}{h}$

$=\lim_{h\to 0}\frac{f(1+2h^2)-f(1)}{2h^2}\times 2h$

$\quad -\lim_{h\to 0}\frac{f(1-2h)-f(1)}{-2h}\times(-2)$

$=\lim_{h\to 0}\frac{f(1+2h^2)-f(1)}{2h^2}\times\lim_{h\to 0}2h$

$\quad -\lim_{h\to 0}\frac{f(1-2h)-f(1)}{-2h}\times(-2)$

$=f'(1)\times 0+2f'(1)$

$=2f'(1)=2\times 3=6$ ($\because$ ㉠)

0524 답 ⑤

$x=a$에서 다항함수 $f(x)$의 미분계수가 2이므로

$f'(a)=2$ ········· ㉠

$\lim_{h\to 0}\frac{f(a+2h)-f(a)-g(h)}{h}$

$=\lim_{h\to 0}\left\{\frac{f(a+2h)-f(a)}{2h}\times 2-\frac{g(h)}{h}\right\}$

$=2f'(a)-\lim_{h\to 0}\frac{g(h)}{h}$

$=2\times 2-\lim_{h\to 0}\frac{g(h)}{h}$ ($\because$ ㉠)

즉, $4-\lim_{h\to 0}\frac{g(h)}{h}=0$에서 $\lim_{h\to 0}\frac{g(h)}{h}=4$

0525 답 ①

$\lim_{h\to 0}\frac{1}{h}\left\{\frac{1}{f(a+h)}-\frac{1}{f(a)}\right\}$

$=\lim_{h\to 0}\left\{\frac{1}{h}\times\frac{f(a)-f(a+h)}{f(a+h)f(a)}\right\}$

$=\lim_{h\to 0}\left\{-\frac{f(a+h)-f(a)}{h}\right\}\times\lim_{h\to 0}\frac{1}{f(a+h)f(a)}$

$=-f'(a)\times\frac{1}{\{f(a)\}^2}$

$=-\frac{f'(a)}{\{f(a)\}^2}$

0526 답 10

$\lim_{h\to\infty}h\left\{f\left(2+\frac{1}{h}\right)-f(2)\right\}$에서

→ $f'(2)=10$을 이용할 수 있도록 변형한다.

$\frac{1}{h}=t$라 하면 $h\to\infty$일 때, $t\to 0$이므로

$\lim_{h\to\infty}h\left\{f\left(2+\frac{1}{h}\right)-f(2)\right\}=\lim_{t\to 0}\frac{f(2+t)-f(2)}{t}$

$=f'(2)=10$

0527 답 ②

$\lim_{x\to\infty}x\left\{f\left(3+\frac{3}{x}\right)-f\left(3-\frac{1}{x}\right)\right\}$에서

$\frac{1}{x}=h$라 하면 $x\to\infty$일 때, $h\to 0$이므로

$\lim_{x\to\infty}x\left\{f\left(3+\frac{3}{x}\right)-f\left(3-\frac{1}{x}\right)\right\}$

$=\lim_{h\to 0}\frac{f(3+3h)-f(3-h)}{h}$

$=\lim_{h\to 0}\frac{\{f(3+3h)-f(3)\}-\{f(3-h)-f(3)\}}{h}$

$=\lim_{h\to 0}\frac{f(3+3h)-f(3)}{3h}\times 3-\lim_{h\to 0}\frac{f(3-h)-f(3)}{-h}\times(-1)$

$=3f'(3)+f'(3)$

$=4f'(3)=4\times 1=4$

0528 답 ②

(가)에서 $x=-1$을 대입하면 $f(1)=-f(-1)$ ········· ㉠

(나)에서

$\lim_{h\to 0}\frac{f(-1+3h)+f(1)}{2h}$

$=\lim_{h\to 0}\frac{f(-1+3h)-f(-1)}{3h}\times\frac{3}{2}$ ($\because$ ㉠)

$=\frac{3}{2}f'(-1)$

즉, $\frac{3}{2}f'(-1)=27$에서 $f'(-1)=18$ ········· ㉡

$\therefore \lim_{x\to -1}\frac{f(x)+f(1)}{x^2-x-2}=\lim_{x\to -1}\frac{f(x)-f(-1)}{(x-2)(x+1)}$ ($\because$ ㉠)

$=\lim_{x\to -1}\frac{1}{x-2}\times\lim_{x\to -1}\frac{f(x)-f(-1)}{x-(-1)}$

$=-\frac{1}{3}\times f'(-1)$

$=-\frac{1}{3}\times 18=-6$ ($\because$ ㉡)

실수 Check

㉡에서 $f'(-1)$의 값을 구했으므로 $\lim_{x\to -1}\frac{f(x)+f(1)}{x^2-x-2}$을 $\lim_{x\to -1}\frac{f(x)-f(-1)}{x-(-1)}$ 꼴로 만드는 데 중점을 두도록 한다.

0529 답 28

$\lim_{h\to0}\frac{1}{h}\left\{\sum_{k=1}^{5}f(1+kh)-5f(1)\right\}$

$=\lim_{h\to0}\frac{1}{h}\{f(1+h)-f(1)+f(1+2h)-f(1)+\cdots+f(1+5h)-f(1)\}$

$=\lim_{h\to0}\left\{\frac{f(1+h)-f(1)}{h}+\frac{f(1+2h)-f(1)}{2h}\times2+\cdots+\frac{f(1+5h)-f(1)}{5h}\times5\right\}$

$=f'(1)+2f'(1)+3f'(1)+4f'(1)+5f'(1)$

$=15f'(1)$

즉, $15f'(1)=420$에서 $f'(1)=28$

$\therefore a=28$

실수 Check

$\sum_{k=1}^{5}f(1+kh)-5f(1)$

$=f(1+h)+f(1+2h)+\cdots+f(1+5h)-5f(1)$

$=\{f(1+h)-f(1)\}+\{f(1+2h)-f(1)\}+\cdots+\{f(1+5h)-f(1)\}$

Plus 문제

0529-1

다항함수 $f(x)$에 대하여 $\lim_{x\to\infty}x\left\{f\left(a+\frac{b}{x}\right)-f\left(a-\frac{b}{x}\right)\right\}$를 $f'(a)$를 이용하여 나타낸 것은? (단, $b\neq0$)

① $\frac{1}{2b}f'(a)$ ② $\frac{1}{b}f'(a)$ ③ $f'(a)$
④ $bf'(a)$ ⑤ $2bf'(a)$

$\lim_{x\to\infty}x\left\{f\left(a+\frac{b}{x}\right)-f\left(a-\frac{b}{x}\right)\right\}$에서

$\frac{b}{x}=h$라 하면 $x\to\infty$일 때, $h\to0$이므로

$\lim_{x\to\infty}x\left\{f\left(a+\frac{b}{x}\right)-f\left(a-\frac{b}{x}\right)\right\}$

$=\lim_{h\to0}\frac{b}{h}\{f(a+h)-f(a-h)\}$

$=\lim_{h\to0}\frac{b}{h}\{f(a+h)-f(a)+f(a)-f(a-h)\}$

$=\lim_{h\to0}b\left\{\frac{f(a+h)-f(a)}{h}-\frac{f(a-h)-f(a)}{h}\right\}$

$=\lim_{h\to0}b\left\{\frac{f(a+h)-f(a)}{h}-\frac{f(a-h)-f(a)}{-h}\times(-1)\right\}$

$=b\{f'(a)+f'(a)\}=2bf'(a)$

답 ⑤

0530 답 ①

$\lim_{h\to0}\frac{f(3+h)-4}{2h}=1$에서 $h\to0$일 때, 극한값이 존재하고 (분모)$\to0$이므로 (분자)$\to0$이다.

즉, $\lim_{h\to0}\{f(3+h)-4\}=0$이므로 $f(3)=4$ ······ ㉠

$\lim_{h\to0}\frac{f(3+h)-4}{2h}=\frac{1}{2}\times\lim_{h\to0}\frac{f(3+h)-f(3)}{h}$ ($\because$ ㉠)

$=\frac{1}{2}f'(3)$

즉, $\frac{1}{2}f'(3)=1$에서 $f'(3)=2$

$\therefore f(3)+f'(3)=4+2=6$

0531 답 ① | 유형5

다항함수 $f(x)$에 대하여 $f'(2)=3$일 때, $\lim_{x\to2}\frac{f(x)-f(2)}{x^2-x-2}$의 값은?

단서1 (under $f'(2)=3$), 단서2 (under the limit)

① 1 ② $\frac{1}{2}$ ③ $\frac{1}{3}$
④ $\frac{1}{4}$ ⑤ $\frac{1}{5}$

단서1 $x=2$에서의 미분계수를 이용
단서2 분모를 인수분해

STEP 1 미분계수의 정의를 이용하여 주어진 극한값 구하기

$\lim_{x\to2}\frac{f(x)-f(2)}{x^2-x-2}=\lim_{x\to2}\frac{f(x)-f(2)}{(x-2)(x+1)}$

$=\lim_{x\to2}\frac{f(x)-f(2)}{x-2}\times\lim_{x\to2}\frac{1}{x+1}$

$=f'(2)\times\frac{1}{3}$

$=3\times\frac{1}{3}=1$

0532 답 $\frac{1}{4}$

$\lim_{x\to1}\frac{f(\sqrt{x})-f(1)}{x^2-1}$

$=\lim_{x\to1}\frac{f(\sqrt{x})-f(1)}{(x-1)(x+1)}$

→ $x-1=(\sqrt{x}-1)(\sqrt{x}+1)$로 인수분해할 수 있다.

$=\lim_{x\to1}\left\{\frac{f(\sqrt{x})-f(1)}{\sqrt{x}-1}\times\frac{1}{\sqrt{x}+1}\times\frac{1}{x+1}\right\}$

$=\lim_{x\to1}\frac{f(\sqrt{x})-f(1)}{\sqrt{x}-1}\times\lim_{x\to1}\frac{1}{\sqrt{x}+1}\times\lim_{x\to1}\frac{1}{x+1}$

$=f'(1)\times\frac{1}{2}\times\frac{1}{2}=\frac{1}{4}$

0533 답 ④

$\lim_{x\to1}\frac{\sqrt{f(x)}-1}{x-1}$

$=\lim_{x\to1}\left\{\frac{\sqrt{f(x)}-1}{x-1}\times\frac{\sqrt{f(x)}+1}{\sqrt{f(x)}+1}\right\}$

→ $(a+b)(a-b)=a^2-b^2$임을 이용하여 분자를 유리화한다.

$=\lim_{x\to1}\left\{\frac{f(x)-1}{x-1}\times\frac{1}{\sqrt{f(x)}+1}\right\}$

$=\lim_{x\to1}\frac{f(x)-f(1)}{x-1}\times\lim_{x\to1}\frac{1}{\sqrt{f(x)}+1}$ ($\because f(1)=1$)

$=f'(1)\times\frac{1}{\sqrt{f(1)}+1}$

$=3\times\frac{1}{1+1}=\frac{3}{2}$

0534 답 ②

$$\lim_{x\to3}\frac{f(x)}{x^2-3x}=\lim_{x\to3}\frac{f(x)-f(3)}{(x-3)x}\ (\because f(3)=0)$$
$$=\lim_{x\to3}\frac{f(x)-f(3)}{x-3}\times\lim_{x\to3}\frac{1}{x}$$
$$=f'(3)\times\frac{1}{3}$$
$$=6\times\frac{1}{3}=2$$

0535 답 ②

$$\lim_{x\to2}\frac{x^2-2x}{f(x)+1}=\lim_{x\to2}\frac{1}{\frac{f(x)-f(2)}{x(x-2)}}\ (\because f(2)=-1)$$
$$=\lim_{x\to2}\frac{1}{\frac{f(x)-f(2)}{x-2}\times\frac{1}{x}}$$
$$=\frac{\lim_{x\to2}1}{\lim_{x\to2}\frac{f(x)-f(2)}{x-2}\times\lim_{x\to2}\frac{1}{x}}$$
$$=\frac{1}{f'(2)\times\frac{1}{2}}=\frac{2}{f'(2)}$$
$$=\frac{2}{1}=2$$

0536 답 ⑤

$\lim_{x\to2}\frac{f(x)-1}{x-2}=2$에서 $x\to2$일 때, 극한값이 존재하고

(분모)$\to0$이므로 (분자)$\to0$이다.

즉, $\lim_{x\to2}\{f(x)-1\}=0$이므로 $f(2)=1$ ⋯⋯ ㉠

$$\lim_{x\to2}\frac{f(x)-1}{x-2}=\lim_{x\to2}\frac{f(x)-f(2)}{x-2}\ (\because ㉠)$$
$$=f'(2)$$

즉, $f'(2)=2$

$$\therefore \lim_{h\to0}\frac{f(2+h)-f(2-h)}{h}$$
$$=\lim_{h\to0}\frac{f(2+h)-f(2)+f(2)-f(2-h)}{h}$$
$$=\lim_{h\to0}\frac{f(2+h)-f(2)}{h}-\lim_{h\to0}\frac{f(2-h)-f(2)}{-h}\times(-1)$$
$$=f'(2)+f'(2)$$
$$=2f'(2)=2\times2=4$$

0537 답 ①

$\lim_{x\to1}\frac{f(x)-2}{x^2-1}=3$에서 $x\to1$일 때, 극한값이 존재하고

(분모)$\to0$이므로 (분자)$\to0$이다.

즉, $\lim_{x\to1}\{f(x)-2\}=0$이므로 $f(1)=2$ ⋯⋯ ㉠

$$\lim_{x\to1}\frac{f(x)-2}{x^2-1}=\lim_{x\to1}\left\{\frac{f(x)-f(1)}{x-1}\times\frac{1}{x+1}\right\}\ (\because ㉠)$$
$$=\lim_{x\to1}\frac{f(x)-f(1)}{x-1}\times\lim_{x\to1}\frac{1}{x+1}$$
$$=f'(1)\times\frac{1}{2}$$

즉, $f'(1)\times\frac{1}{2}=3$에서 $f'(1)=6$

$$\therefore \frac{f'(1)}{f(1)}=\frac{6}{2}=3$$

0538 답 14

$$\lim_{x\to1}\frac{f(x)-f(1)}{x^2-1}=\lim_{x\to1}\left\{\frac{f(x)-f(1)}{x-1}\times\frac{1}{x+1}\right\}$$
$$=\lim_{x\to1}\frac{f(x)-f(1)}{x-1}\times\lim_{x\to1}\frac{1}{x+1}$$
$$=f'(1)\times\frac{1}{2}$$

즉, $f'(1)\times\frac{1}{2}=-1$에서

$f'(1)=-2$ ⋯⋯ ㉠

$$\therefore \lim_{h\to0}\frac{f(1-2h)-f(1+5h)}{h}$$
$$=\lim_{h\to0}\frac{f(1-2h)-f(1)+f(1)-f(1+5h)}{h}$$
$$=\lim_{h\to0}\left\{\frac{f(1-2h)-f(1)}{-2h}\times(-2)-\frac{f(1+5h)-f(1)}{5h}\times5\right\}$$
$$=-2f'(1)-5f'(1)=-7f'(1)$$
$$=(-7)\times(-2)=14\ (\because ㉠)$$

0539 답 ②

$\lim_{x\to1}\frac{f(x^2)+2xf(1)}{x-1}=-2$에서 $x\to1$일 때, 극한값이 존재하고

(분모)$\to0$이므로 (분자)$\to0$이다.

즉, $\lim_{x\to1}\{f(x^2)+2xf(1)\}=0$에서 $f(1)+2f(1)=3f(1)=0$

$\therefore f(1)=0$ ⋯⋯ ㉠

$$\lim_{x\to1}\frac{f(x^2)+2xf(1)}{x-1}=\lim_{x\to1}\frac{f(x^2)-f(1)}{x-1}\ (\because ㉠)$$
$$=\lim_{x\to1}\left\{\frac{f(x^2)-f(1)}{x^2-1}\times(x+1)\right\}$$
$$=\lim_{x\to1}\frac{f(x^2)-f(1)}{x^2-1}\times\lim_{x\to1}(x+1)$$
$$=f'(1)\times2$$

즉, $f'(1)\times2=-2$에서 $f'(1)=-1$

$\therefore f'(1)-f(1)=-1-0=-1$

0540 답 5

$$\lim_{x\to1}\frac{\{f(x)\}^2-2f(x)}{1-x}$$
$$=\lim_{x\to1}\frac{f(x)\{2-f(x)\}}{x-1}$$
$$=\lim_{x\to1}\frac{f(x)-f(1)}{x-1}\times\lim_{x\to1}\{2-f(x)\}\ (\because f(1)=0)$$
$$=f'(1)\{2-f(1)\}$$
$$=2f'(1)$$

즉, $2f'(1)=10$에서 $f'(1)=5$

실수 Check

$f'(1)=\lim_{x\to1}\frac{f(x)-f(1)}{x-1}$ 꼴이 나오도록 식을 변형한다.

0541 답 7

$\lim_{x \to 3} \frac{3f(x)-xf(3)}{x-3}$

→ $f(x)$의 계수 3이 묶이도록 $3f(3)$을 빼고 더한다.

$=\lim_{x \to 3} \frac{3f(x)-3f(3)+3f(3)-xf(3)}{x-3}$

$=\lim_{x \to 3} \frac{3\{f(x)-f(3)\}-f(3)(x-3)}{x-3}$

$=\lim_{x \to 3} \frac{3\{f(x)-f(3)\}}{x-3}-\lim_{x \to 3} \frac{f(3)(x-3)}{x-3}$

$=3f'(3)-f(3)=3\times3-2=7$

실수 Check

$\lim_{x \to 3} \frac{f(3)(x-3)}{x-3}$은 $\frac{0}{0}$ 꼴이므로 $x-3$으로 약분하면

$\lim_{x \to 3} \frac{f(3)(x-3)}{x-3}=\lim_{x \to 3} f(3)=f(3)$

0542 답 ④

미분계수의 정의에 의하여

$\lim_{x \to 2} \frac{f(x)-f(2)}{x-2}=f'(2)$이므로 $f'(2)=3$ ······ ㉠

$\therefore \lim_{h \to 0} \frac{f(2+h)-f(2-h)}{h}$

$=\lim_{h \to 0} \frac{f(2+h)-f(2)+f(2)-f(2-h)}{h}$

$=\lim_{h \to 0} \frac{f(2+h)-f(2)}{h}-\lim_{h \to 0} \frac{f(2-h)-f(2)}{-h}\times(-1)$

$=f'(2)+f'(2)=2f'(2)$

$=2\times3=6$ ($\because$ ㉠)

0543 답 ⑤ | 유형 6

미분가능한 함수 $f(x)$가 모든 실수 x, y에 대하여

$f(x+y)=f(x)+f(y)$ 단서1

를 만족시키고 $f'(0)=5$일 때, $f'(3)$의 값은?

① 1 ② 2 ③ 3
④ 4 ⑤ 5

단서1 적당한 수 $x=0$, $y=0$을 대입

STEP1 주어진 식에서 $f(0)$의 값 구하기

$f(x+y)=f(x)+f(y)$의 양변에 $x=0$, $y=0$을 대입하면

$f(0)=f(0)+f(0)$ $\therefore f(0)=0$ ······ ㉠

STEP2 미분계수의 정의를 이용하여 $f'(3)$의 값 구하기

미분계수의 정의에 의하여 $f'(3)$은

→ $f'(a)=\lim_{h \to 0} \frac{f(a+h)-f(a)}{h}$

$f'(3)=\lim_{h \to 0} \frac{f(3+h)-f(3)}{h}$

$=\lim_{h \to 0} \frac{\{f(3)+f(h)\}-f(3)}{h}$

$=\lim_{h \to 0} \frac{f(h)}{h}$

$=\lim_{h \to 0} \frac{f(h)-f(0)}{h}$ ($\because$ ㉠)

$=f'(0)=5$

다른 풀이

모든 실수 x, y에 대하여 $f(x+y)=f(x)+f(y)$이면

$f(x)=ax$ (a는 상수)이다.

이때 $f'(x)=a$이므로 $f'(0)=5$에서 $a=5$

따라서 $f'(x)=5$이므로 $f'(3)=5$

0544 답 -4

$f(a+b)=f(a)+f(b)-3ab$의 양변에 $a=0$, $b=0$을 대입하면

$f(0)=f(0)+f(0)$ $\therefore f(0)=0$ ······ ㉠

미분계수의 정의에 의하여 $f'(2)$는

→ 조건식에 $a=2$, $b=h$를 대입한다.

$f'(2)=\lim_{h \to 0} \frac{f(2+h)-f(2)}{h}$

$=\lim_{h \to 0} \frac{\{f(2)+f(h)-6h\}-f(2)}{h}$

$=\lim_{h \to 0} \frac{f(h)-6h}{h}=\lim_{h \to 0} \frac{f(h)}{h}-6$

$=\lim_{h \to 0} \frac{f(h)-f(0)}{h}-6$ ($\because$ ㉠)

$=f'(0)-6$

$=2-6=-4$

0545 답 ③

$f(a+b)=f(a)+f(b)+2$의 양변에 $a=0$, $b=0$을 대입하면

$f(0)=f(0)+f(0)+2$

$\therefore f(0)=-2$ ······ ㉠

미분계수의 정의에 의하여 $f'(2)$는

$f'(2)=\lim_{h \to 0} \frac{f(2+h)-f(2)}{h}$

$=\lim_{h \to 0} \frac{\{f(2)+f(h)+2\}-f(2)}{h}$

$=\lim_{h \to 0} \frac{f(h)+2}{h}$

$=\lim_{h \to 0} \frac{f(h)-f(0)}{h}$ ($\because$ ㉠)

$=f'(0)$

이때 $f'(2)=3$이므로 $f'(0)=3$ ······ ㉡

$f'(5)=\lim_{h \to 0} \frac{f(5+h)-f(5)}{h}$

$=\lim_{h \to 0} \frac{\{f(5)+f(h)+2\}-f(5)}{h}$

$=\lim_{h \to 0} \frac{f(h)+2}{h}$

$=\lim_{h \to 0} \frac{f(h)-f(0)}{h}$ ($\because$ ㉠)

$=f'(0)=3$ ($\because$ ㉡)

$\therefore f'(5)+f(0)=3+(-2)=1$

0546 답 ③

$f(x+y)=f(x)+f(y)+xy$의 양변에 $x=0$, $y=0$을 대입하면

$f(0)=f(0)+f(0)$ $\therefore f(0)=0$ ······ ㉠

미분계수의 정의에 의하여 $f'(2)$는

$f'(2)=\lim_{h\to 0}\frac{f(2+h)-f(2)}{h}$

$=\lim_{h\to 0}\frac{\{f(2)+f(h)+2h\}-f(2)}{h}$

$=\lim_{h\to 0}\frac{f(h)+2h}{h}$

$=\lim_{h\to 0}\frac{f(h)}{h}+2$

$=\lim_{h\to 0}\frac{f(h)-f(0)}{h}+2$ ($\because$ ㉠)

$=f'(0)+2$

이때 $f'(2)=4$이므로 $f'(0)+2=4$

$\therefore f'(0)=2$ ······ ㉡

$\therefore f'(1)=\lim_{h\to 0}\frac{f(1+h)-f(1)}{h}$

$=\lim_{h\to 0}\frac{\{f(1)+f(h)+h\}-f(1)}{h}$

$=\lim_{h\to 0}\frac{f(h)+h}{h}$

$=\lim_{h\to 0}\frac{f(h)}{h}+1$

$=\lim_{h\to 0}\frac{f(h)-f(0)}{h}+1$ ($\because$ ㉠)

$=f'(0)+1=2+1=3$

0547 답 ③

$f(x+y)=2f(x)f(y)$의 양변에 $x=0$, $y=0$을 대입하면

$f(0)=2f(0)f(0)$ $\quad\therefore f(0)=\frac{1}{2}$ ($\because f(0)>0$) ······ ㉠

미분계수의 정의에 의하여 $f'(2023)$은

$f'(2023)=\lim_{h\to 0}\frac{f(2023+h)-f(2023)}{h}$

$=\lim_{h\to 0}\frac{2f(2023)f(h)-f(2023)}{h}$

$=\lim_{h\to 0}\frac{2f(2023)\left\{f(h)-\frac{1}{2}\right\}}{h}$

$=2f(2023)\lim_{h\to 0}\frac{f(h)-f(0)}{h}$ ($\because$ ㉠)

$=2f(2023)f'(0)$

$\therefore \frac{f'(2023)}{f(2023)}=\frac{2f(2023)f'(0)}{f(2023)}=2f'(0)=2\times 3=6$

실수 Check

$f(0)=2f(0)f(0)$에서 $f(0)>0$이므로 양변을 $f(0)$으로 나누어도 등식이 성립한다.

0548 답 ④

(가)에서 $f(x-y)=f(x)-f(y)+xy(x-y)$의 양변에 $x=0$, $y=0$을 대입하면

$f(0)=f(0)-f(0)$ $\quad\therefore f(0)=0$ ······ ㉠

(나)에서 $f'(0)=4$이므로 미분계수의 정의에 의하여 $f'(a)$는

$f'(a)=\lim_{h\to 0}\frac{f(a+h)-f(a)}{h}$ → $f(a-(-h))$로 바꾸어 조건식에 $x=a$, $y=-h$를 대입한다.

$=\lim_{h\to 0}\frac{\{f(a)-f(-h)+a\times(-h)\times(a+h)\}-f(a)}{h}$

$=\lim_{h\to 0}\left\{\frac{f(-h)}{-h}-a^2-ah\right\}$

$=\lim_{h\to 0}\frac{f(-h)-f(0)}{-h}-\lim_{h\to 0}(a^2+ah)$ ($\because$ ㉠)

$=f'(0)-a^2=4-a^2$ → $h\to 0$이면 $-h\to 0$이다.

즉, $4-a^2=0$에서 $a^2=4$

실수 Check

$-h=t$라 하면 $h\to 0$일 때 $t\to 0$이므로

$\lim_{h\to 0}\frac{f(-h)-f(0)}{-h}=\lim_{t\to 0}\frac{f(t)-f(0)}{t}=f'(0)$

0549 답 ② | 유형7

〈보기〉에서 $x=0$에서 미분가능한 함수만을 있는 대로 고른 것은? 단서1

〈보기〉

ㄱ. $f(x)=\begin{cases} x & (x\ge 0) \\ -x & (x<0)\end{cases}$

ㄴ. $g(x)=\begin{cases} (x+1)^2 & (x\ge 0) \\ 2x+1 & (x<0)\end{cases}$

ㄷ. $k(x)=\begin{cases} x^2+x+1 & (x\ge 0) \\ -x^2+x-1 & (x<0)\end{cases}$

① ㄱ ② ㄴ ③ ㄷ
④ ㄱ, ㄴ ⑤ ㄴ, ㄷ

단서1 $x=0$에서의 미분계수 $f'(0)$이 존재

STEP1 $f'(0)=\lim_{h\to 0}\frac{f(0+h)-f(0)}{h}$의 값이 존재하는지 조사하여 $x=0$에서 미분가능한 함수 찾기

ㄱ. $\lim_{h\to 0+}\frac{f(0+h)-f(0)}{h}=\lim_{h\to 0+}\frac{h}{h}=1$

$\lim_{h\to 0-}\frac{f(0+h)-f(0)}{h}=\lim_{h\to 0-}\frac{-h}{h}=-1$

에서 $f'(0)$의 값이 존재하지 않으므로 함수 $f(x)$는 $x=0$에서 미분가능하지 않다.

ㄴ. $\lim_{h\to 0+}\frac{g(0+h)-g(0)}{h}=\lim_{h\to 0+}\frac{(h+1)^2-1}{h}$

$=\lim_{h\to 0+}\frac{h^2+2h}{h}$

$=\lim_{h\to 0+}(h+2)=2$

$\lim_{h\to 0-}\frac{g(0+h)-g(0)}{h}=\lim_{h\to 0-}\frac{(2h+1)-1}{h}$

$=\lim_{h\to 0-}\frac{2h}{h}=2$

에서 $g'(0)$의 값이 존재하므로 함수 $g(x)$는 $x=0$에서 미분가능하다.

ㄷ. $\lim_{x\to 0+}k(x)=\lim_{x\to 0+}(x^2+x+1)=1$

$\lim_{x\to 0-}k(x)=\lim_{x\to 0-}(-x^2+x-1)=-1$

즉, 함수 $k(x)$는 $x=0$에서 불연속이므로 미분가능하지 않다.

따라서 $x=0$에서 미분가능한 것은 ㄴ이다.

참고 세 함수 $y=f(x)$, $y=g(x)$, $y=k(x)$의 그래프는 각각 그림과 같다.

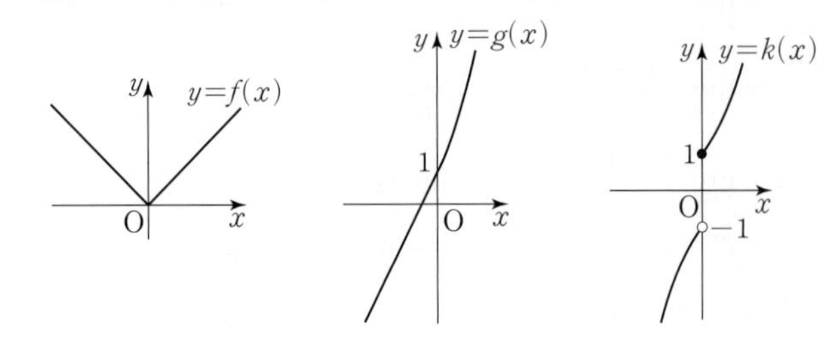

0550 답 ③

ㄱ. 다항함수는 실수 전체의 집합에서 미분가능하다.
즉, 함수 $f(x)$는 $x=1$에서 미분가능하다.

ㄴ. 함수 $g(x)=\begin{cases} x & (x\ge0) \\ -x & (x<0) \end{cases}$이므로
$x=0$을 제외한 모든 실수에서 미분가능하다.
즉, 함수 $g(x)$는 $x=1$에서 미분가능하다.

ㄷ. 함수 $k(x)=\begin{cases} x-1 & (x\ge1) \\ -x+1 & (x<1) \end{cases}$이므로

$$\lim_{h\to0+}\frac{k(1+h)-k(1)}{h}=\lim_{h\to0+}\frac{(1+h)-1}{h}=\lim_{h\to0+}\frac{h}{h}=1$$

$$\lim_{h\to0-}\frac{k(1+h)-k(1)}{h}=\lim_{h\to0-}\frac{(-1-h)+1}{h}=\lim_{h\to0-}\frac{-h}{h}=-1$$

에서 $k'(1)$의 값이 존재하지 않으므로 함수 $k(x)$는 $x=1$에서 미분가능하지 않다.

따라서 $x=1$에서 미분가능한 것은 ㄱ, ㄴ이다.

다른 풀이

ㄷ. 함수 $k(x)=\begin{cases} x-1 & (x\ge1) \\ -x+1 & (x<1) \end{cases}$에서

$k'(x)=\begin{cases} 1 & (x>1) \\ -1 & (x<1) \end{cases}$이므로

$\lim_{x\to1+}k'(x)=1$, $\lim_{x\to1-}k'(x)=-1$

즉, $k'(1)$의 값이 존재하지 않으므로 함수 $k(x)$는 $x=1$에서 미분가능하지 않다.

참고 세 함수 $y=f(x)$, $y=g(x)$, $y=k(x)$의 그래프는 각각 그림과 같다.

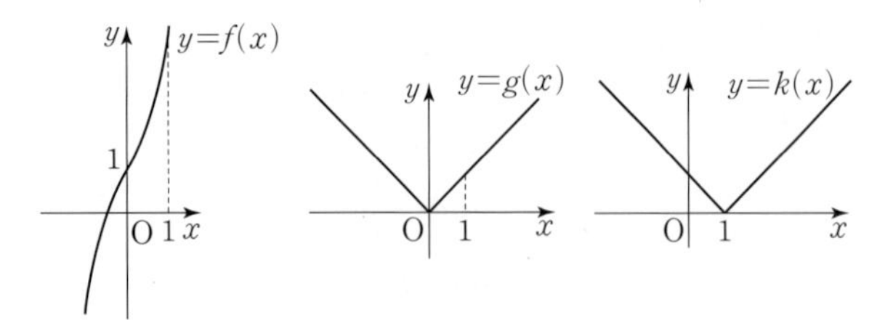

0551 답 ①

ㄱ. $\lim_{h\to0}\frac{f(0+h)-f(0)}{h}=\lim_{h\to0}\frac{3h^2}{h}=\lim_{h\to0}3h=0$

즉, $f'(0)$의 값이 존재하므로 함수 $f(x)$는 $x=0$에서 미분가능하다.

ㄴ. $\lim_{x\to0+}g(x)=\lim_{x\to0+}\frac{|x|}{x}=\lim_{x\to0+}\frac{x}{x}=1$

$\lim_{x\to0-}g(x)=\lim_{x\to0-}\frac{|x|}{x}=\lim_{x\to0-}\frac{-x}{x}=-1$

즉, 함수 $g(x)$는 $x=0$에서 불연속이므로 미분가능하지 않다.

ㄷ. $\lim_{x\to0+}k(x)=\lim_{x\to0+}[x+1]=1$

$\lim_{x\to0-}k(x)=\lim_{x\to0-}[x+1]=0$

즉, 함수 $k(x)$는 $x=0$에서 불연속이므로 미분가능하지 않다.

따라서 $x=0$에서 미분가능한 것은 ㄱ이다.

0552 답 ④

ㄱ. $f(x)=\begin{cases} 2x-1 & (x\ge1) \\ 1 & (0\le x<1) \\ -2x+1 & (x<0) \end{cases}$이므로

$$\lim_{h\to0+}\frac{f(1+h)-f(1)}{h}=\lim_{h\to0+}\frac{\{2(1+h)-1\}-1}{h}=\lim_{h\to0+}\frac{2h}{h}=2$$

$$\lim_{h\to0-}\frac{f(1+h)-f(1)}{h}=\lim_{h\to0-}\frac{1-1}{h}=0$$

에서 $f'(1)$의 값이 존재하지 않으므로 함수 $f(x)$는 $x=1$에서 미분가능하지 않다.

ㄴ. $g(x)=\begin{cases} (x-1)\sqrt{x-1} & (x\ge1) \\ (x-1)\sqrt{1-x} & (x<1) \end{cases}$이므로

$$\lim_{h\to0+}\frac{g(1+h)-g(1)}{h}=\lim_{h\to0+}\frac{h\sqrt{h}}{h}=\lim_{h\to0+}\sqrt{h}=0$$

$$\lim_{h\to0-}\frac{g(1+h)-g(1)}{h}=\lim_{h\to0-}\frac{h\sqrt{-h}}{h}=\lim_{h\to0-}\sqrt{-h}=0$$

에서 $g'(1)$의 값이 존재하므로 함수 $g(x)$는 $x=1$에서 미분가능하다.

ㄷ. $k(x)=\begin{cases} (x-1)^2(x-2) & (x\ge1) \\ -(x-1)^2(x-2) & (x<1) \end{cases}$이므로

$$\lim_{h\to0+}\frac{k(1+h)-k(1)}{h}=\lim_{h\to0+}\frac{h^2(h-1)}{h}=\lim_{h\to0+}h(h-1)=0$$

$$\lim_{h\to0-}\frac{k(1+h)-k(1)}{h}=\lim_{h\to0-}\frac{-h^2(h-1)}{h}=-\lim_{h\to0-}h(h-1)=0$$

에서 $k'(1)$의 값이 존재하므로 함수 $k(x)$는 $x=1$에서 미분가능하다.

따라서 $x=1$에서 미분가능한 것은 ㄴ, ㄷ이다.

0553 답 ⑤

ㄱ. $f(x)$는 다항함수이므로 모든 실수에서 미분가능하다.
따라서 $\{f(x)\}^2=f(x)\times f(x)$는 모든 실수에서 미분가능하므로 $x=0$에서 미분가능하다. (참)
→ 다항함수끼리의 합, 차, 곱은 다항함수이다.

ㄴ. $\lim_{h\to0}\frac{f(h)}{h}=1$에서 $h\to0$일 때, 극한값이 존재하고 (분모)$\to0$이므로 (분자)$\to0$이다.
즉, $\lim_{h\to0}f(h)=0$에서 $f(0)=0$

$\therefore f'(0)=\lim_{h\to0}\frac{f(0+h)-f(0)}{h}=\lim_{h\to0}\frac{f(h)}{h}=1$ (참)

ㄷ. 다항함수 $f(x)$의 도함수 $f'(x)$도 다항함수이므로 $f'(x)$는 모든 실수에서 연속이다.

$\therefore \lim_{x\to a}f'(x)=f'(a)$ (참)

따라서 옳은 것은 ㄱ, ㄴ, ㄷ이다.

0554 답 ⑤

(i) $f(x)\le x$, 즉 $\frac{1}{2}x^2\le x$인 경우

$x^2-2x\le 0$, $x(x-2)\le 0$

$\therefore 0\le x\le 2$

(ii) $f(x)>x$, 즉 $\frac{1}{2}x^2>x$인 경우

$x^2-2x>0$, $x(x-2)>0$

$\therefore x<0$ 또는 $x>2$

(i), (ii)에서 $g(x)=\begin{cases}\frac{1}{2}x^2 & (0\le x\le 2)\\ x & (x<0 \text{ 또는 } x>2)\end{cases}$

이므로 함수 $y=g(x)$의 그래프는 그림과 같다.

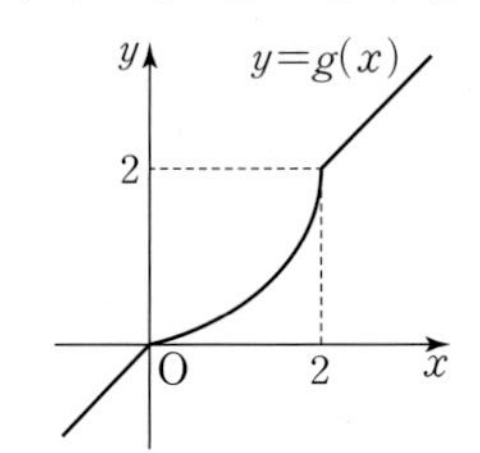

ㄱ. $f(1)=\frac{1}{2}\le 1$이므로 $g(1)=f(1)=\frac{1}{2}$ (참)

ㄴ. (i) $f(x)\le x$인 경우

$g(x)=f(x)\le x$

(ii) $f(x)>x$인 경우

$g(x)=x$

(i), (ii)에 의하여 모든 실수 x에 대하여 $g(x)\le x$이다. (참)

ㄷ. 함수 $g(x)$는 $x<0$, $0<x<2$, $x>2$에서 미분가능하므로 $x=0$, $x=2$에서의 미분가능성을 조사하면 다음과 같다.

(i) $x=0$일 때,

$$\lim_{h\to 0+}\frac{g(0+h)-g(0)}{h}=\lim_{h\to 0+}\frac{\frac{1}{2}h^2-0}{h}=\lim_{h\to 0+}\frac{1}{2}h=0$$

$$\lim_{h\to 0-}\frac{g(0+h)-g(0)}{h}=\lim_{h\to 0-}\frac{h-0}{h}=1$$

에서 $g'(0)$의 값이 존재하지 않으므로 함수 $g(x)$는 $x=0$에서 미분가능하지 않다.

(ii) $x=2$일 때,

$$\lim_{h\to 0+}\frac{g(2+h)-g(2)}{h}=\lim_{h\to 0+}\frac{(2+h)-2}{h}=1$$

$$\lim_{h\to 0-}\frac{g(2+h)-g(2)}{h}=\lim_{h\to 0-}\frac{\frac{1}{2}(2+h)^2-2}{h}=\lim_{h\to 0-}\left(\frac{1}{2}h+2\right)=2$$

에서 $g'(2)$의 값이 존재하지 않으므로 함수 $g(x)$는 $x=2$에서 미분가능하지 않다.

즉, 실수 전체의 집합에서 함수 $g(x)$가 미분가능하지 않은 점의 개수는 2이다. (참)

따라서 옳은 것은 ㄱ, ㄴ, ㄷ이다.

참고 함수 $y=g(x)$의 그래프에서 $x=0$, $x=2$일 때 그래프가 꺾인 모양이므로 미분가능하지 않다.

0555 답 ①

| 유형8

함수 $f(x)=|x^2-1|$에 대하여 〈**보기**〉에서 옳은 것만을 있는 대로 고른 것은?

〈보기〉

ㄱ. 함수 $f(x)$는 $x=1$에서 연속이다. (단서1)

ㄴ. 함수 $f(x)$는 $x=1$에서 미분가능하다. (단서2)

ㄷ. 함수 $f(x)$는 $x=-1$에서 미분가능하다.

① ㄱ ② ㄴ ③ ㄷ
④ ㄱ, ㄴ ⑤ ㄱ, ㄴ, ㄷ

단서1 $\lim_{x\to 1}f(x)=f(1)$

단서2 $f'(a)=\lim_{h\to 0}\frac{f(a+h)-f(a)}{h}$가 존재한다.

STEP 1 함수 $f(x)$가 $x=1$에서 연속인지 확인하기

ㄱ. $x=1$에서의 함숫값은 $f(1)=|1-1|=0$

$\lim_{x\to 1+}|x^2-1|=\lim_{x\to 1+}(x^2-1)=0$

$\lim_{x\to 1-}|x^2-1|=\lim_{x\to 1-}(1-x^2)=0$

즉, $\lim_{x\to 1}f(x)=f(1)$이므로 함수 $f(x)$는 $x=1$에서 연속이다. (참)

STEP 2 함수 $f(x)$가 $x=1$에서 미분가능한지 확인하기

ㄴ. $$\lim_{h\to 0+}\frac{f(1+h)-f(1)}{h}=\lim_{h\to 0+}\frac{|(1+h)^2-1|-0}{h}=\lim_{h\to 0+}\frac{h^2+2h}{h}=\lim_{h\to 0+}(h+2)=2$$

$$\lim_{h\to 0-}\frac{f(1+h)-f(1)}{h}=\lim_{h\to 0-}\frac{|(1+h)^2-1|-0}{h}=\lim_{h\to 0-}\frac{-h^2-2h}{h}=\lim_{h\to 0-}(-h-2)=-2$$

에서 $f'(1)$의 값이 존재하지 않으므로 함수 $f(x)$는 $x=1$에서 미분가능하지 않다. (거짓)

STEP 3 함수 $f(x)$가 $x=-1$에서 미분가능한지 확인하기

ㄷ. $$\lim_{h\to 0+}\frac{f(-1+h)-f(-1)}{h}=\lim_{h\to 0+}\frac{|(-1+h)^2-1|-0}{h}=\lim_{h\to 0+}\frac{2h-h^2}{h}=\lim_{h\to 0+}(2-h)=2$$

$$\lim_{h\to 0-}\frac{f(-1+h)-f(-1)}{h}=\lim_{h\to 0-}\frac{|(-1+h)^2-1|-0}{h}=\lim_{h\to 0-}\frac{h^2-2h}{h}=\lim_{h\to 0-}(h-2)=-2$$

에서 $f'(-1)$의 값이 존재하지 않으므로 함수 $f(x)$는 $x=-1$에서 미분가능하지 않다. (거짓)

따라서 옳은 것은 ㄱ이다.

다른 풀이

ㄴ, ㄷ. 함수 $y=|x^2-1|$의 그래프는 그림과 같으므로 $x=-1$, $x=1$에서 미분가능하지 않다.

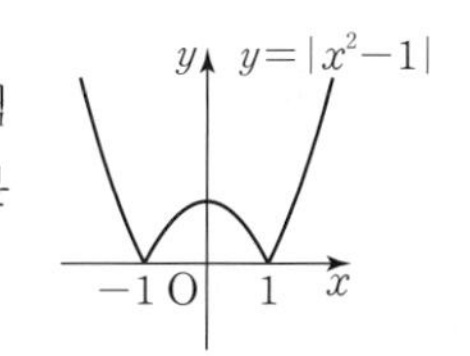

0556 답 ④

① $f'\left(\frac{1}{3}\right)$은 점 $\left(\frac{1}{3}, f\left(\frac{1}{3}\right)\right)$에서의 접선의 기울기와 같으므로

$f'\left(\frac{1}{3}\right)<0$ (참)

② 주어진 그래프에서 $\lim_{x\to3+}f(x)=\lim_{x\to3-}f(x)=0$이므로

$\lim_{x\to3}f(x)$의 값이 존재한다. (참)

③ 주어진 그래프에서 함수 $f(x)$는 $x=2$, $x=3$에서 불연속이므로 불연속인 x의 값은 2개이다. (참)

④ $\lim_{h\to0}f(3+h)=0$, $f(3)=1$이므로

$\lim_{h\to0+}\frac{f(3+h)-f(3)}{h}$, $\lim_{h\to0-}\frac{f(3+h)-f(3)}{h}$의 값은 존재하지 않는다. (거짓)

⑤ 함수 $f(x)$는 $x=2$, $x=3$에서 불연속이므로 미분가능하지 않다.
$x=1$에서 연속이지만 주어진 그래프가 뾰족한 모양이므로 미분가능하지 않다.
즉, 미분가능하지 않은 x의 값은 3개이다. (참)

따라서 옳지 않은 것은 ④이다.

0557 답 ③

함수 $f(x)=|x(x-k)|$에 대하여

(i) $x=0$에서 함수 $f(x)$의 연속성

$f(0)=|0\times(0-k)|=0$이고

$\lim_{x\to0+}f(x)=\lim_{x\to0+}|x(x-k)|=0$

$\lim_{x\to0-}f(x)=\lim_{x\to0-}|x(x-k)|=0$

에서 $\lim_{x\to0}f(x)=\boxed{0}$

즉, $\lim_{x\to0}f(x)=f(0)=0$이므로 함수 $f(x)$는 k의 값에 관계없이 $x=0$에서 연속이다.

(ii) $x=0$에서 함수 $f(x)$의 미분가능성

$$\lim_{h\to0+}\frac{f(0+h)-f(0)}{h}=\lim_{h\to0+}\frac{|h(h-k)|}{h}=\lim_{h\to0+}\frac{h|h-k|}{h}=|k|$$

$$\lim_{h\to0-}\frac{f(0+h)-f(0)}{h}=\lim_{h\to0-}\frac{|h(h-k)|}{h}=\lim_{h\to0-}\frac{-h|h-k|}{h}=\boxed{-|k|}$$

즉, 함수 $f(x)$는 $|k|=-|k|$, 즉 $k=0$인 경우에만 $x=0$에서 $\boxed{\text{미분가능하다.}}$

0558 답 ①

ㄱ. (i) $x=0$에서의 함숫값은 $f(0)=0+|0|=0$

$\lim_{x\to0+}f(x)=\lim_{x\to0+}(x+|x|)=\lim_{x\to0+}2x=0$

$\lim_{x\to0-}f(x)=\lim_{x\to0-}(x+|x|)=\lim_{x\to0-}0=0$

$f(x)=\begin{cases}2x & (x\ge0)\\ 0 & (x<0)\end{cases}$

즉, $\lim_{x\to0}f(x)=f(0)$이므로 함수 $f(x)$는 $x=0$에서 연속이다.

(ii) $\lim_{h\to0+}\frac{f(0+h)-f(0)}{h}=\lim_{h\to0+}\frac{h+|h|}{h}=\lim_{h\to0+}\frac{2h}{h}=2$

$\lim_{h\to0-}\frac{f(0+h)-f(0)}{h}=\lim_{h\to0-}\frac{h+|h|}{h}=\lim_{h\to0-}0=0$

에서 $f'(0)$의 값이 존재하지 않으므로 함수 $f(x)$는 $x=0$에서 미분가능하지 않다.

(i), (ii)에 의하여 함수 $f(x)$는 $x=0$에서 연속이지만 미분가능하지 않다.

ㄴ. $x=0$에서의 함숫값은 $f(0)=0$

$\lim_{x\to0}f(x)=\lim_{x\to0}\frac{x^2-x}{x}=\lim_{x\to0}(x-1)=-1$

즉, $\lim_{x\to0}f(x)\ne f(0)$이므로 함수 $f(x)$는 $x=0$에서 불연속이고 미분가능하지 않다.

ㄷ. (i) $x=0$에서의 함숫값은 $f(0)=0+0=0$

$\lim_{x\to0+}f(x)=\lim_{x\to0+}(x^2+x)=0$

$\lim_{x\to0-}f(x)=\lim_{x\to0-}x=0$

즉, $\lim_{x\to0}f(x)=f(0)$이므로 함수 $f(x)$는 $x=0$에서 연속이다.

(ii) $\lim_{h\to0+}\frac{f(0+h)-f(0)}{h}=\lim_{h\to0+}\frac{h^2+h}{h}=\lim_{h\to0+}(h+1)=1$

$\lim_{h\to0-}\frac{f(0+h)-f(0)}{h}=\lim_{h\to0-}\frac{h}{h}=1$

에서 $f'(0)$의 값이 존재하므로 함수 $f(x)$는 $x=0$에서 미분가능하다.

(i), (ii)에 의하여 함수 $f(x)$는 $x=0$에서 연속이고 미분가능하다.

따라서 $x=0$에서 연속이지만 미분가능하지 않은 함수는 ㄱ이다.

0559 답 ③

ㄱ. $\lim_{x\to1+}f(x)f(-x)=2\times0=0$

$\lim_{x\to1-}f(x)f(-x)=0\times0=0$

이므로 $\lim_{x\to1}f(x)f(-x)=0$ (참)

ㄴ. $x=1$에서의 함숫값은 $f(1)f(-1)=2\times0=0$

$\lim_{x\to1+}f(x)f(-x)=2\times0=0$

$\lim_{x\to1-}f(x)f(-x)=0\times0=0$

즉, $\lim_{x\to1}f(x)f(-x)=f(1)f(-1)$이므로

함수 $f(x)f(-x)$는 $x=1$에서 연속이다. (참)

ㄷ. $f(x)=\begin{cases}-2x-2 & (x<0)\\ 2x-2 & (0\le x<1)\\ -2x+4 & (x\ge1)\end{cases}$에서

$f(-x)=\begin{cases}2x+4 & (x\le-1)\\ -2x-2 & (-1<x\le0)\\ 2x-2 & (x>0)\end{cases}$이므로

$f(x)f(-x)=\begin{cases}(-2x-2)(2x+4) & (x\le-1)\\ (-2x-2)^2 & (-1<x<0)\\ (2x-2)^2 & (0\le x<1)\\ (-2x+4)(2x-2) & (x\ge1)\end{cases}$이다.

$$\lim_{x\to1+}\frac{f(x)f(-x)-f(1)f(-1)}{x-1}$$
$$=\lim_{x\to1+}\frac{(-2x+4)(2x-2)}{x-1}=\lim_{x\to1+}2(-2x+4)=4$$
$$\lim_{x\to1-}\frac{f(x)f(-x)-f(1)f(-1)}{x-1}=\lim_{x\to1-}\frac{(2x-2)^2}{x-1}$$
$$=\lim_{x\to1-}4(x-1)=0$$

즉, 함수 $f(x)f(-x)$는 $x=1$에서 미분가능하지 않다. (거짓)

따라서 옳은 것은 ㄱ, ㄴ이다.

실수 Check

주어진 그래프에서 $f(x)$의 식을 구한 다음 x 대신 $-x$를 대입하여 $f(-x)$의 식을 구한다.

0560 답 ②

함수 $f(x)$가 모든 실수에서 연속이면 $x=1$에서도 연속이어야 한다. 즉, $\lim_{x\to1}f(x)=f(1)$이고, $f(1)=a+b$이므로

$$\lim_{x\to1+}\frac{x^3-5x^2+(5a+1)x-7}{x-1}=a+b \quad \cdots\cdots ㉠$$

$x\to1+$일 때, 극한값이 존재하고 (분모)→0이므로 (분자)→0이다.

즉, $\lim_{x\to1+}\{x^3-5x^2+(5a+1)x-7\}=0$에서

$5a-10=0 \quad \therefore a=2$

이를 ㉠에 대입하면

$$\lim_{x\to1+}\frac{x^3-5x^2+11x-7}{x-1}=2+b\text{이므로}$$

조립제법을 이용하여 인수분해한다.

1	1	−5	11	−7
		1	−4	7
	1	−4	7	0

$$\lim_{x\to1+}\frac{(x-1)(x^2-4x+7)}{x-1}=\lim_{x\to1+}(x^2-4x+7)=4$$

즉, $4=2+b$에서 $b=2$

$$\therefore f(x)=\begin{cases}2x+2 & (x\le1)\\ x^2-4x+7 & (x>1)\end{cases}$$

ㄱ. $f(-1)=0$이므로 함수 $\frac{1}{f(x)}$은 $x=-1$에서 연속이 아니다. → (분모)=0 (거짓)

ㄴ. $f(1)=4$이고, $1<x<3$에서 $f(x)=(x-2)^2+3$이므로 구간 $[1, 3)$에서 함수 $f(x)$는 $x=1$에서 최댓값 4, $x=2$에서 최솟값 3을 갖는다. (참)

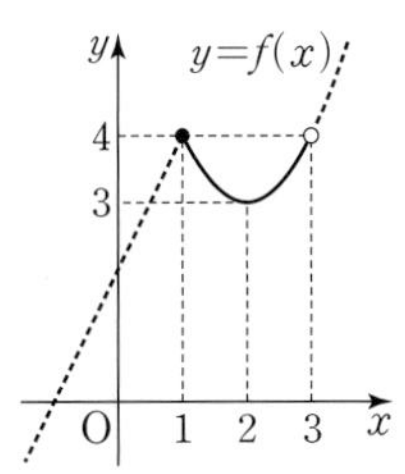

ㄷ. $$\lim_{x\to1+}\frac{f(x)-f(1)}{x-1}$$
$$=\lim_{x\to1+}\frac{(x^2-4x+7)-4}{x-1}$$
$$=\lim_{x\to1+}\frac{x^2-4x+3}{x-1}$$
$$=\lim_{x\to1+}\frac{(x-1)(x-3)}{x-1}$$
$$=\lim_{x\to1+}(x-3)=-2$$
$$\lim_{x\to1-}\frac{f(x)-f(1)}{x-1}=\lim_{x\to1-}\frac{(2x+2)-4}{x-1}=\lim_{x\to1-}\frac{2(x-1)}{x-1}=2$$

에서 $f'(1)$의 값이 존재하지 않으므로 함수 $f(x)$는 $x=1$에서 미분가능하지 않다. (거짓)

따라서 옳은 것은 ㄴ이다.

실수 Check

구간 $[1, 3)$에서 $f(x)=(x-2)^2+3$의 최솟값은 $x=2$일 때 3임에 주의한다.

0561 답 ⑤ | 유형 9

함수 $f(x)=\begin{cases}2x^2+ax & (x<2)\\ 4x+b & (x\ge2)\end{cases}$가 모든 실수 x에서 미분가능할 때, 단서1
ab의 값은? (단, a, b는 상수이다.)

① 24 ② 26 ③ 28 ④ 30 ⑤ 32

단서1 모든 실수 x에서 미분가능 → $x=2$에서 미분가능

STEP 1 모든 실수에서 미분가능할 조건 생각하기

함수 $f(x)=\begin{cases}2x^2+ax & (x<2)\\ 4x+b & (x\ge2)\end{cases}$는 각 구간에서 다항함수이므로 $x\ne2$인 모든 실수에서 미분가능하다.

즉, $x=2$에서 미분가능할 조건을 생각한다.

STEP 2 $x=2$에서 연속임을 이용하여 a, b 사이의 관계식 구하기

(i) 함수 $f(x)$가 $x=2$에서 연속이려면

$f(2)=4\times2+b=8+b$

$\lim_{x\to2-}(2x^2+ax)=8+2a$, $\lim_{x\to2+}(4x+b)=8+b$에서

$\lim_{x\to2-}f(x)=\lim_{x\to2+}f(x)=f(2)$이어야 하므로

$8+2a=8+b \quad \therefore b=2a \quad \cdots\cdots ㉠$

STEP 3 $x=2$에서 미분가능함을 이용하여 상수 a, b의 값 구하기

(ii) 함수 $f(x)$가 $x=2$에서 미분가능하려면

$$\lim_{x\to2+}\frac{f(x)-f(2)}{x-2}=\lim_{x\to2+}\frac{4x+b-(8+b)}{x-2}$$
$$=\lim_{x\to2+}\frac{4(x-2)}{x-2}=4$$
$$\lim_{x\to2-}\frac{f(x)-f(2)}{x-2}=\lim_{x\to2-}\frac{2x^2+ax-(8+b)}{x-2}$$
$$=\lim_{x\to2-}\frac{2x^2+ax-(8+2a)}{x-2}\ (\because ㉠)$$
$$=\lim_{x\to2-}\frac{(x-2)(2x+4+a)}{x-2}$$
$$=\lim_{x\to2-}(2x+4+a)$$
$$=8+a$$

즉, $8+a=4$에서 $a=-4$

STEP 4 ab의 값 구하기

(i), (ii)에서 $a=-4$, $b=-8$이므로 $ab=32$

다른 풀이

함수 $f(x)$가 $x=2$에서 미분가능하면 $x=2$에서 연속이다.

$g(x)=2x^2+ax$, $h(x)=4x+b$라 하면

$g'(x)=4x+a$, $h'(x)=4$

(i) 함수 $f(x)$가 $x=2$에서 연속이므로 $g(2)=h(2)$

$8+2a=8+b \quad \therefore b=2a \quad \cdots\cdots ㉠$

(ii) 함수 $f(x)$가 $x=2$에서 미분가능하므로 $g'(2)=h'(2)$

$8+a=4 \quad \therefore a=-4$

㉠에서 $b=-8 \quad \therefore ab=32$

0562 답 20

(i) 함수 $f(x)$가 $x=2$에서 연속이려면

$f(2)=10a-12$

$\lim_{x\to2-}(2x^2+ax+b)=8+2a+b$,

$\lim_{x\to2+}(5ax-12)=10a-12$에서

$\lim_{x\to2-}f(x)=\lim_{x\to2+}f(x)=f(2)$이어야 하므로

$8+2a+b=10a-12 \qquad \therefore b=8a-20$ ······ ㉠

(ii) 함수 $f(x)$가 $x=2$에서 미분가능하려면

$$\lim_{x\to2-}\frac{f(x)-f(2)}{x-2}=\lim_{x\to2-}\frac{2x^2+ax+b-(10a-12)}{x-2}$$
$$=\lim_{x\to2-}\frac{2x^2+ax-2a-8}{x-2}\ (\because ㉠)$$
$$=\lim_{x\to2-}\frac{(x-2)(2x+a+4)}{x-2}$$
$$=\lim_{x\to2-}(2x+a+4)=a+8$$

$$\lim_{x\to2+}\frac{f(x)-f(2)}{x-2}=\lim_{x\to2+}\frac{5ax-12-(10a-12)}{x-2}$$
$$=\lim_{x\to2+}\frac{5a(x-2)}{x-2}=5a$$

즉, $a+8=5a$에서 $a=2$

따라서 (i), (ii)에서 $a=2$, $b=-4$이므로 $a^2+b^2=20$

0563 답 ③

함수 $f(x)$는 각 구간에서 다항함수이므로 $x\neq1$인 모든 실수에서 미분가능하다. 즉, $x=1$에서 미분가능할 조건을 생각한다.

(i) 함수 $f(x)$가 $x=1$에서 연속이려면

$f(1)=1+b+1=b+2$

$\lim_{x\to1-}(ax^2+1)=a+1$, $\lim_{x\to1+}(x^3+bx+1)=b+2$에서

$\lim_{x\to1-}f(x)=\lim_{x\to1+}f(x)=f(1)$이어야 하므로

$a+1=b+2 \qquad \therefore b=a-1$ ······ ㉠

(ii) 함수 $f(x)$가 $x=1$에서 미분가능하려면

$$\lim_{x\to1-}\frac{f(x)-f(1)}{x-1}=\lim_{x\to1-}\frac{ax^2+1-(b+2)}{x-1}$$
$$=\lim_{x\to1-}\frac{ax^2-a}{x-1}\ (\because ㉠)$$
$$=\lim_{x\to1-}\frac{a(x+1)(x-1)}{x-1}$$
$$=\lim_{x\to1-}a(x+1)=2a$$

$$\lim_{x\to1+}\frac{f(x)-f(1)}{x-1}=\lim_{x\to1+}\frac{x^3+bx+1-(b+2)}{x-1}$$

$x^3-1=(x-1)(x^2+x+1)$ ←

$$=\lim_{x\to1+}\frac{(x^3-1)+b(x-1)}{x-1}$$
$$=\lim_{x\to1+}\frac{(x-1)(x^2+x+b+1)}{x-1}$$
$$=\lim_{x\to1+}(x^2+x+b+1)=b+3$$

즉, $2a=b+3$ ······ ㉡

㉠, ㉡을 연립하여 풀면 $a=2$, $b=1$

$\therefore a+b=3$

0564 답 ③

함수 $f(x)$는 각 구간에서 다항함수이므로 $x\neq a$인 모든 실수에서 미분가능하다. 즉, $x=a$에서 미분가능할 조건을 생각한다.

(i) 함수 $f(x)$가 $x=a$에서 연속이려면

$f(a)=a^2+1$

$\lim_{x\to a+}(x^2+1)=a^2+1$, $\lim_{x\to a-}(4x-b)=4a-b$에서

$\lim_{x\to a-}f(x)=\lim_{x\to a+}f(x)=f(a)$이어야 하므로

$a^2+1=4a-b$ ······ ㉠

(ii) 함수 $f(x)$가 $x=a$에서 미분가능하려면

$$\lim_{x\to a+}\frac{f(x)-f(a)}{x-a}=\lim_{x\to a+}\frac{x^2+1-(a^2+1)}{x-a}$$
$$=\lim_{x\to a+}\frac{(x-a)(x+a)}{(x-a)}$$
$$=\lim_{x\to a+}(x+a)=2a$$

$$\lim_{x\to a-}\frac{f(x)-f(a)}{x-a}=\lim_{x\to a-}\frac{4x-b-(a^2+1)}{x-a}$$
$$=\lim_{x\to a-}\frac{4x-b-(4a-b)}{x-a}\ (\because ㉠)$$
$$=\lim_{x\to a-}\frac{4(x-a)}{x-a}=4$$

즉, $2a=4$에서 $a=2$

따라서 (i), (ii)에서 $a=2$, $b=3$이므로 $a+b=5$

0565 답 ③

함수 $f(x)$는 각 구간에서 다항함수이므로 $x\neq-1$, $x\neq1$인 모든 실수에서 미분가능하다. 즉, $x=-1$, $x=1$에서 미분가능할 조건을 생각한다.

(i) 함수 $f(x)$가 $x=-1$에서 연속이려면

$f(-1)=-1+b-c$

$\lim_{x\to-1-}(-3x+a)=3+a$

$\lim_{x\to-1+}(x^3+bx^2+cx)=-1+b-c$에서

$\lim_{x\to-1-}f(x)=\lim_{x\to-1+}f(x)=f(-1)$이어야 하므로

$-1+b-c=3+a$ ······ ㉠

(ii) 함수 $f(x)$가 $x=1$에서 연속이려면

$f(1)=-3+d$

$\lim_{x\to1-}(x^3+bx^2+cx)=1+b+c$

$\lim_{x\to1+}(-3x+d)=-3+d$에서

$\lim_{x\to1-}f(x)=\lim_{x\to1+}f(x)=f(1)$이어야 하므로

$-3+d=1+b+c$ ······ ㉡

(iii) 함수 $f(x)$가 $x=-1$에서 미분가능하려면

$$\lim_{x\to-1-}\frac{f(x)-f(-1)}{x-(-1)}=\lim_{x\to-1-}\frac{-3x+a-(-1+b-c)}{x+1}$$
$$=\lim_{x\to-1-}\frac{-3(x+1)}{x+1}\ (\because ㉠)$$
$$=-3$$

$$\lim_{x\to-1+}\frac{f(x)-f(-1)}{x-(-1)}$$
$$=\lim_{x\to-1+}\frac{x^3+bx^2+cx-(-1+b-c)}{x+1}$$

→ $x^3+1=(x+1)(x^2-x+1)$, $x^2-1=(x+1)(x-1)$

$$=\lim_{x\to-1+}\frac{(x^3+1)+b(x^2-1)+c(x+1)}{x+1}$$
$$=\lim_{x\to-1+}\frac{(x+1)\{x^2+(b-1)x+(-b+c+1)\}}{x+1}$$

$=\lim_{x\to-1+}\{x^2+(b-1)x+(-b+c+1)\}$

$=3-2b+c$

즉, $3-2b+c=-3$ ······ ㉢

(iv) 함수 $f(x)$가 $x=1$에서 미분가능하려면

$\lim_{x\to1-}\frac{f(x)-f(1)}{x-1}$

$=\lim_{x\to1-}\frac{x^3+bx^2+cx-(-3+d)}{x-1}$

$=\lim_{x\to1-}\frac{x^3+bx^2+cx-(1+b+c)}{x-1}$ ($\because$ ㉡)

$=\lim_{x\to1-}\frac{(x^3-1)+b(x^2-1)+c(x-1)}{x-1}$

$=\lim_{x\to1-}\frac{(x-1)\{x^2+(b+1)x+(b+c+1)\}}{x-1}$

$=\lim_{x\to1-}\{x^2+(b+1)x+(b+c+1)\}$

$=2b+c+3$

$\lim_{x\to1+}\frac{f(x)-f(1)}{x-1}=\lim_{x\to1+}\frac{-3x+d-(-3+d)}{x-1}$

$=\lim_{x\to1+}\frac{-3(x-1)}{x-1}=-3$

즉, $2b+c+3=-3$ ······ ㉣

㉢, ㉣을 연립하여 풀면 $b=0$, $c=-6$

이 값을 ㉠, ㉡에 대입하여 풀면 $a=2$, $d=-2$

$\therefore a+b+c+d=-6$

실수 Check

함수 $f(x)$가 $x=a$에서 미분가능하면 $x=a$에서 연속이다.
따라서 주어진 함수 $f(x)$가 $x=-1$, $x=1$에서 미분가능하려면 $x=-1$에서 연속이고 미분가능해야 하고, $x=1$에서 연속이고 미분가능해야 함에 주의한다.

0566 답 ⑤

함수 $f(x)=[x](x^2+ax+b)$에서

$-1\le x<0$일 때, $[x]=-1$
$0\le x<1$일 때, $[x]=0$

$f(x)=\begin{cases}-x^2-ax-b & (-1\le x<0)\\ 0 & (0\le x<1)\end{cases}$

(i) 함수 $f(x)$가 $x=0$에서 연속이려면

$f(0)=0$

$\lim_{x\to0-}(-x^2-ax-b)=-b$, $\lim_{x\to0+}f(x)=0$에서

$\lim_{x\to0-}f(x)=\lim_{x\to0+}f(x)=f(0)$이어야 하므로

$-b=0$ $\quad\therefore b=0$ ······ ㉠

(ii) 함수 $f(x)$가 $x=0$에서 미분가능하려면

$\lim_{x\to0-}\frac{f(x)-f(0)}{x}=\lim_{x\to0-}\frac{-x^2-ax-b}{x}$

$=\lim_{x\to0-}\frac{-x(x+a)}{x}$ ($\because$ ㉠)

$=\lim_{x\to0-}\{-(x+a)\}=-a$

$\lim_{x\to0+}\frac{f(x)-f(0)}{x}=0$

즉, $a=0$

따라서 (i), (ii)에서 $f(x)=[x]x^2$이므로

$f(3)=3\times9=27$

0567 답 ④

함수 $f(x)$는 각 구간에서 다항함수이므로 $x\ne1$인 모든 실수에서 미분가능하다. 즉, $x=1$에서 미분가능할 조건을 생각한다.

(i) 함수 $f(x)$가 $x=1$에서 연속이려면

$f(1)=1-a+b$

$\lim_{x\to1-}(x^3-ax^2+bx)=1-a+b$, $\lim_{x\to1+}(2x+b)=2+b$에서

$\lim_{x\to1-}f(x)=\lim_{x\to1+}f(x)=f(1)$이어야 하므로

$1-a+b=2+b$ $\quad\therefore a=-1$ ······ ㉠

(ii) 함수 $f(x)$가 $x=1$에서 미분가능하려면

$\lim_{x\to1-}\frac{f(x)-f(1)}{x-1}=\lim_{x\to1-}\frac{x^3-ax^2+bx-(1-a+b)}{x-1}$

$=\lim_{x\to1-}\frac{x^3+x^2+bx-(b+2)}{x-1}$ ($\because$ ㉠)

$=\lim_{x\to1-}\frac{(x-1)(x^2+2x+b+2)}{x-1}$

$=\lim_{x\to1-}(x^2+2x+b+2)=b+5$

$\lim_{x\to1+}\frac{f(x)-f(1)}{x-1}=\lim_{x\to1+}\frac{2x+b-(1-a+b)}{x-1}$

$=\lim_{x\to1+}\frac{2(x-1)}{x-1}$ ($\because$ ㉠)

$=2$

즉, $b+5=2$에서 $b=-3$

따라서 (i), (ii)에서 $a=-1$, $b=-3$이므로

$a\times b=3$

0568 답 ④

함수 $f(x)$는 각 구간에서 다항함수이므로 $x\ne1$인 모든 실수에서 미분가능하다. 즉, $x=1$에서 미분가능할 조건을 생각한다.

(i) 함수 $f(x)$가 $x=1$에서 연속이려면

$f(1)=b+4$

$\lim_{x\to1-}(x^3+ax+b)=1+a+b$

$\lim_{x\to1+}(bx+4)=b+4$에서

$\lim_{x\to1-}f(x)=\lim_{x\to1+}f(x)=f(1)$이어야 하므로

$1+a+b=b+4$

$\therefore a=3$ ······ ㉠

(ii) 함수 $f(x)$가 $x=1$에서 미분가능하려면

$\lim_{x\to1-}\frac{f(x)-f(1)}{x-1}=\lim_{x\to1-}\frac{x^3+ax+b-(b+4)}{x-1}$

$=\lim_{x\to1-}\frac{x^3+3x-4}{x-1}$ ($\because$ ㉠)

조립제법을 이용하여 인수분해한다.

1	1	0	3	−4
		1	1	4
	1	1	4	0

$=\lim_{x\to1-}\frac{(x-1)(x^2+x+4)}{x-1}$

$=\lim_{x\to1-}(x^2+x+4)=6$

$\lim_{x\to1+}\frac{f(x)-f(1)}{x-1}=\lim_{x\to1+}\frac{bx+4-(b+4)}{x-1}$

$=\lim_{x\to1+}\frac{b(x-1)}{x-1}=b$

즉, $b=6$

따라서 (i), (ii)에서 $a=3$, $b=6$이므로

$a+b=9$

0569 답 (가): $(x+h)^3$ (나): $3x^2$ | 유형10

다음은 도함수의 정의를 이용하여 함수 $f(x)=x^3$의 도함수를 구하는 과정이다.

$$f'(x)=\lim_{h\to 0}\frac{f(x+h)-f(x)}{h}$$
단서1
$$=\lim_{h\to 0}\frac{\boxed{(가)}-x^3}{h}=\boxed{(나)}$$

위의 과정에서 (가), (나)에 알맞은 식을 구하시오.

단서1 도함수의 정의

STEP1 함수 $f(x)=x^3$의 도함수 구하기

$$f'(x)=\lim_{h\to 0}\frac{f(x+h)-f(x)}{h}$$
$$=\lim_{h\to 0}\frac{\boxed{(x+h)^3}-x^3}{h}$$
$$=\lim_{h\to 0}\frac{x^3+3x^2h+3xh^2+h^3-x^3}{h}$$
$$=\lim_{h\to 0}(3x^2+3xh+h^2)=\boxed{3x^2}$$

개념 Check

곱셈 공식

(1) $(a+b)^3=a^3+3a^2b+3ab^2+b^3$
$(a-b)^3=a^3-3a^2b+3ab^2-b^3$

(2) $(a+b)(a^2-ab+b^2)=a^3+b^3$
$(a-b)(a^2+ab+b^2)=a^3-b^3$

0570 답 ③

$p(x)=f(x)+g(x)$라 하면

$$p'(x)=\lim_{h\to 0}\frac{p(x+h)-p(x)}{h}$$
$$=\lim_{h\to 0}\frac{f(x+h)+g(x+h)-\{\boxed{f(x)+g(x)}\}}{h}$$
$$=\lim_{h\to 0}\frac{f(x+h)-f(x)}{h}+\lim_{h\to 0}\frac{g(x+h)-g(x)}{h}$$
$$=\boxed{f'(x)+g'(x)}$$

따라서 $y=f(x)+g(x)$의 도함수는 $\boxed{f'(x)+g'(x)}$이다.

0571 답 ① | 유형11

미분가능한 함수 $f(x)$가 모든 실수 x, y에 대하여
$f(x+y)=f(x)+f(y)-xy$
단서1
를 만족시키고 $f'(0)=1$일 때, $f'(x)$는?
단서2

① $f'(x)=-x+1$ ② $f'(x)=-x+2$
③ $f'(x)=-x+3$ ④ $f'(x)=x+1$
⑤ $f'(x)=x+2$

단서1 $x=0$, $y=0$을 대입
단서2 도함수의 정의를 이용

STEP1 주어진 식에서 $f(0)$의 값 구하기

$f(x+y)=f(x)+f(y)-xy$의 양변에 $x=0$, $y=0$을 대입하면
$f(0)=f(0)+f(0)$ $\therefore f(0)=0$ ······ ㉠

STEP2 도함수의 정의를 이용하여 $f'(x)$ 구하기

도함수의 정의에 의하여 $f'(x)$는

$$f'(x)=\lim_{h\to 0}\frac{f(x+h)-f(x)}{h}$$
$$=\lim_{h\to 0}\frac{\{f(x)+f(h)-xh\}-f(x)}{h}$$
$$=\lim_{h\to 0}\frac{f(h)-xh}{h}=\lim_{h\to 0}\frac{f(h)}{h}-x$$
$$=\lim_{h\to 0}\frac{f(h)-f(0)}{h}-x\ (\because ㉠)$$
$$=f'(0)-x$$
$$=1-x\ (\because f'(0)=1)$$

0572 답 ⑤

도함수의 정의에 의하여 $f'(x)$는 → 조건식에 $x=x$, $y=h$를 대입한다.

$$f'(x)=\lim_{h\to 0}\frac{f(x+h)-f(x)}{h}$$
$$=\lim_{h\to 0}\frac{\{f(x)+2xh+5h+h^2\}-f(x)}{h}$$
$$=\lim_{h\to 0}\frac{2xh+5h+h^2}{h}$$
$$=\lim_{h\to 0}(2x+5+h)$$
$$=2x+5$$

$\therefore f'(1)=2\times1+5=7$

0573 답 ②

$f(x+y)=f(x)+f(y)-kxy$의 양변에 $x=0$, $y=0$을 대입하면
$f(0)=f(0)+f(0)$ $\therefore f(0)=0$ ······ ㉠
또, $f'(x)=x+2$에서 $f'(0)=2$ ······ ㉡
도함수의 정의에 의하여 $f'(x)$는

$$f'(x)=\lim_{h\to 0}\frac{f(x+h)-f(x)}{h}$$
$$=\lim_{h\to 0}\frac{\{f(x)+f(h)-kxh\}-f(x)}{h}$$
$$=\lim_{h\to 0}\frac{f(h)-kxh}{h}$$
$$=\lim_{h\to 0}\frac{f(h)}{h}-kx$$
$$=\lim_{h\to 0}\frac{f(h)-f(0)}{h}-kx\ (\because ㉠)$$
$$=f'(0)-kx$$
$$=2-kx\ (\because ㉡)$$

따라서 $f'(x)=x+2$에서 $k=-1$
→ $2-kx=x+2$에서 $-k=1$

0574 답 ④

$f(x+y)-f(x)=f(y)+xy(x+y)$의 양변에 $x=0$, $y=0$을 대입하면
$f(0)-f(0)=f(0)$ $\therefore f(0)=0$ ······ ㉠
㉠을 $f(0)+f'(0)=3$에 대입하면 $f'(0)=3$ ······ ㉡

도함수의 정의에 의하여 $f'(x)$는

$$f'(x)=\lim_{h\to0}\frac{f(x+h)-f(x)}{h}$$
$$=\lim_{h\to0}\frac{f(h)+xh(x+h)}{h}$$
$$=\lim_{h\to0}\frac{f(h)}{h}+\lim_{h\to0}x(x+h)$$
$$=\lim_{h\to0}\frac{f(h)-f(0)}{h}+x^2\ (\because ㉠)$$
$$=f'(0)+x^2$$
$$=3+x^2\ (\because ㉡)$$

따라서 $f'(x)=x^2+3$이므로 $f'(2)=4+3=7$

0575 답 ⑤

ㄱ. $f(x+y)=f(x)+f(y)+2xy$의 양변에 $x=0$, $y=0$을 대입하면

$f(0)=f(0)+f(0)$ $\quad\therefore f(0)=0$ .... ㉠

$f(x+y)=f(x)+f(y)+2xy$의 양변에 $y=-x$를 대입하면

$f(x-x)=f(x)+f(-x)-2x^2$

$f(0)=f(x)+f(-x)-2x^2$

$\therefore f(x)+f(-x)=2x^2$ (참)

ㄴ. $f'(x)=\lim_{h\to0}\frac{f(x+h)-f(x)}{h}$

$$=\lim_{h\to0}\frac{\{f(x)+f(h)+2xh\}-f(x)}{h}$$
$$=\lim_{h\to0}\frac{f(h)+2xh}{h}$$
$$=\lim_{h\to0}\frac{f(h)-f(0)}{h}+2x\ (\because ㉠)$$
$$=f'(0)+2x$$
$$=2x\ (\because f'(0)=0)\ (참)$$

ㄷ. ㄴ에서 $f'(x)=2x$이므로 이 식에 x 대신 $-x$를 대입하면

$f'(-x)=-2x$

$\therefore f'(x)+f'(-x)=2x+(-2x)=0$ (참)

따라서 옳은 것은 ㄱ, ㄴ, ㄷ이다.

Plus 문제

0575-1

미분가능한 함수 $f(x)$가 모든 실수 x, y에 대하여

$f(x-y)=f(x)-f(y)-2xy(x-y)$

를 만족시키고 $f'(0)=1$이다. 〈**보기**〉에서 옳은 것만을 있는 대로 고르시오.

〈 보기 〉

ㄱ. $f(0)=0$

ㄴ. $f(x+y)=f(x)+f(y)+2xy(x+y)$

ㄷ. $f'(x)=2x^3+1$

ㄱ. $f(x-y)=f(x)-f(y)-2xy(x-y)$의 양변에 $x=0$, $y=0$을 대입하면

$f(0)=f(0)-f(0)$ $\quad\therefore f(0)=0$ (참)

ㄴ. $f(x-y)=f(x)-f(y)-2xy(x-y)$의 양변에 $x=x+y$를 대입하면

$f(x+y-y)=f(x+y)-f(y)-2(x+y)yx$이므로

$f(x)=f(x+y)-f(y)-2xy(x+y)$

$\therefore f(x+y)=f(x)+f(y)+2xy(x+y)$ (참)

ㄷ. $f'(x)=\lim_{h\to0}\frac{f(x+h)-f(x)}{h}$

$$=\lim_{h\to0}\frac{\{f(x)+f(h)+2xh(x+h)\}-f(x)}{h}\ (\because ㄴ)$$
$$=\lim_{h\to0}\frac{f(h)+2xh(x+h)}{h}$$
$$=\lim_{h\to0}\frac{f(h)}{h}+\lim_{h\to0}2x(x+h)$$
$$=\lim_{h\to0}\frac{f(h)-f(0)}{h}+2x^2\ (\because ㄱ)$$
$$=f'(0)+2x^2$$
$$=2x^2+1\ (\because f'(0)=1)$$

즉, $f'(x)=2x^2+1$ (거짓)

따라서 옳은 것은 ㄱ, ㄴ이다.

답 ㄱ, ㄴ

0576 답 ④

| 유형 12

함수 $f(x)=x^3+7x+1$에 대하여 $f'(0)$의 값은?
(단서1: $f(x)=x^3+7x+1$, 단서2: $f'(0)$의 값)

① 1 ② 3 ③ 5 ④ 7 ⑤ 9

단서1 $f(x)$는 다항함수
단서2 다항함수의 미분법을 이용

STEP1 다항함수의 미분법을 이용하여 $f'(0)$의 값 구하기

$f(x)=x^3+7x+1$에서 $f'(x)=3x^2+7$

$\therefore f'(0)=7$

0577 답 ⑤

$f(x)=5x^4+4x^3+3x^2+2x+1$에서

$f'(x)=20x^3+12x^2+6x+2$

$\therefore f'(1)=20+12+6+2=40$

다른 풀이

$f(x)=5x^4+4x^3+3x^2+2x+1$에서

$f'(x)=5\times4x^3+4\times3x^2+3\times2x+2\times1$이므로

$f'(1)=5\times4+4\times3+3\times2+2\times1$

$$=\sum_{k=1}^{4}k(k+1)=\frac{4\times5\times6}{3}=40$$

개념 Check

$1\times2+2\times3+3\times4+\cdots+n(n+1)$

$=\sum_{k=1}^{n}k(k+1)=\sum_{k=1}^{n}(k^2+k)$

$=\frac{n(n+1)(2n+1)}{6}+\frac{n(n+1)}{2}=\frac{n(n+1)(n+2)}{3}$

0578 답 ④

$f(x)=x^3+3x+3$에서 $f'(x)=3x^2+3$이므로

$f'(1)=3+3=6$, $f'(2)=12+3=15$, $f'(3)=27+3=30$

$\therefore f'(1)+f'(2)+f'(3)=51$

0579 답 ③

$f(x)=x+\frac{1}{2}x^2+\frac{1}{3}x^3+\cdots+\frac{1}{10}x^{10}$에서

$f'(x)=\underline{1+x+x^2+x^3+\cdots+x^9}$ → $1+\frac{1}{2}\times 2x+\frac{1}{3}\times 3x^2+\cdots+\frac{1}{10}\times 10x^9$

$\therefore f'(1)=10$

0580 답 ③

$f(x)=x^{100}+x^{99}+x^{98}+\cdots+x^2+x+1$에서

$f'(x)=100x^{99}+99x^{98}+98x^{97}+\cdots+2x+1$

$\therefore f'(1)=100+99+98+\cdots+2+1$

$=\frac{100\times(100+1)}{2}=5050$

개념 Check

$\sum_{k=1}^{n}k=1+2+3+\cdots+n=\frac{n(n+1)}{2}$이므로

$100+99+98+\cdots+2+1=\frac{100\times 101}{2}=5050$

0581 답 ②

$f(x)=x^3-6x^2-2x+1$에서 $f'(x)=3x^2-12x-2$

$f'(\alpha)=f'(\beta)=0$이므로 $x=\alpha$, $x=\beta$는 이차방정식 $f'(x)=0$의 두 근이다.

이차방정식의 근과 계수의 관계에 의하여

$\alpha+\beta=-\frac{-12}{3}=4$

$\therefore f'\left(\frac{\alpha+\beta}{2}\right)=f'(2)=3\times 4-12\times 2-2=-14$

0582 답 ④

$f'(x)=g(x)$이고

$\{f(x)+g(x)\}'=f'(x)+g'(x)=g(x)+g'(x)$이므로

$g(x)+g'(x)=x^3+x^2+2x+1$ ······ ㉠

$g(x)$는 삼차함수이고 삼차항의 계수는 1이므로

$g(x)=x^3+ax^2+bx+c$ (a, b, c는 상수)라 하면

$g'(x)=3x^2+2ax+b$ ······ ㉡

㉡을 ㉠에 대입하면

$x^3+ax^2+bx+c+3x^2+2ax+b=x^3+x^2+2x+1$

$x^3+(a+3)x^2+(2a+b)x+b+c=x^3+x^2+2x+1$

위의 등식이 모든 실수 x에 대하여 성립하므로

$a+3=1$, $2a+b=2$, $b+c=1$

$\therefore a=-2$, $b=6$, $c=-5$

따라서 $g(x)=x^3-2x^2+6x-5$이므로

$g'(x)=3x^2-4x+6$

$\therefore g'(-1)=3+4+6=13$

실수 Check

$g(x)+g'(x)=x^3+x^2+2x+1$은 x에 대한 항등식이므로 $g(x)+g'(x)$는 최고차항의 계수가 1인 삼차함수이다.

즉, $g(x)$가 최고차항의 계수가 1인 삼차함수이다.

0583 답 ④

$f(x)=\sum_{n=1}^{10}\frac{x^n}{n}=x+\frac{x^2}{2}+\frac{x^3}{3}+\cdots+\frac{x^{10}}{10}$에서

$f'(x)=1+x+x^2+\cdots+x^9$이므로

$f'\left(\frac{1}{2}\right)=\underline{1+\frac{1}{2}+\frac{1}{2^2}+\frac{1}{2^3}+\cdots+\frac{1}{2^9}}$ → 첫째항이 1, 공비가 $\frac{1}{2}$인 등비수열의 첫째항부터 제10항까지의 합이다.

$=\frac{1-\frac{1}{2^{10}}}{1-\frac{1}{2}}=2\left(1-\frac{1}{2^{10}}\right)$

$=\frac{2^{10}-1}{2^9}=\frac{1023}{512}$

따라서 $p=512$, $q=1023$이므로 $q-p=511$

개념 Check

첫째항이 a, 공비가 r인 등비수열의 첫째항부터 제n항까지의 합을 S_n이라 하면

(1) $r\neq 1$일 때, $S_n=\frac{a(1-r^n)}{1-r}=\frac{a(r^n-1)}{r-1}$

(2) $r=1$일 때, $S_n=na$

0584 답 ②

$$f(x)=\begin{cases} x^2+(x-1)^3 & (x\geq 1) \\ x^2-(x-1)^3 & (0\leq x<1) \\ -x^2-(x-1)^3 & (x<0) \end{cases}$$ 이므로

$$f'(x)=\begin{cases} 2x+3(x-1)^2 & (x>1) \\ 2x-3(x-1)^2 & (0<x<1) \\ -2x-3(x-1)^2 & (x<0) \end{cases}$$

$\lim_{x\to 0+}f'(x)=2\times 0-3(0-1)^2=-3$

$\lim_{x\to 0-}f'(x)=-2\times 0-3(0-1)^2=-3$

이므로 $f'(0)=-3$

$\lim_{x\to 1+}f'(x)=2\times 1+3(1-1)^2=2$

$\lim_{x\to 1-}f'(x)=2\times 1-3(1-1)^2=2$

이므로 $f'(1)=2$

$\therefore f'(0)+f'(1)=-3+2=-1$

다른 풀이

$f(x)=x|x|+|x-1|^3$에서 $f(0)=1$, $f(1)=1$

$\lim_{h\to 0+}\frac{f(0+h)-f(0)}{h}=\lim_{h\to 0+}\frac{h|h|+|h-1|^3-1}{h}$

$=\lim_{h\to 0+}\frac{h^2-(h-1)^3-1}{h}$

$=\lim_{h\to 0+}\frac{-h^3+4h^2-3h}{h}$

$=\lim_{h\to 0+}(-h^2+4h-3)=-3$

$$\lim_{h\to0-}\frac{f(0+h)-f(0)}{h}=\lim_{h\to0-}\frac{h|h|+|h-1|^3-1}{h}$$
$$=\lim_{h\to0-}\frac{-h^2-(h-1)^3-1}{h}$$
$$=\lim_{h\to0-}\frac{-h^3+2h^2-3h}{h}$$
$$=\lim_{h\to0-}(-h^2+2h-3)=-3$$

즉, $f'(0)=-3$

$$\lim_{h\to0+}\frac{f(1+h)-f(1)}{h}=\lim_{h\to0+}\frac{(1+h)|1+h|+|1+h-1|^3-1}{h}$$
$$=\lim_{h\to0+}\frac{(1+h)^2+h^3-1}{h}$$
$$=\lim_{h\to0+}\frac{h^3+h^2+2h}{h}$$
$$=\lim_{h\to0+}(h^2+h+2)=2$$
$$\lim_{h\to0-}\frac{f(1+h)-f(1)}{h}=\lim_{h\to0-}\frac{(1+h)|1+h|+|1+h-1|^3-1}{h}$$
$$=\lim_{h\to0-}\frac{(1+h)^2-h^3-1}{h}$$
$$=\lim_{h\to0-}\frac{-h^3+h^2+2h}{h}$$
$$=\lim_{h\to0-}(-h^2+h+2)=2$$

즉, $f'(1)=2$

$\therefore f'(0)+f'(1)=-3+2=-1$

실수 Check

$f(x)=x|x|+|x-1|^3$에서

(i) $x\geq1$일 때, $x>0$, $x-1\geq0$이므로

$f(x)=x^2+(x-1)^3$

(ii) $0\leq x<1$일 때, $x\geq0$, $x-1<0$이므로

$f(x)=x^2-(x-1)^3$

(iii) $x<0$일 때, $x-1<0$이므로

$f(x)=-x^2-(x-1)^3$

0585 답 ②

| 유형13

함수 $f(x)=(2x^2-3x+1)(x^3+2x^2-5x)$에 대하여 $f'(2)$의 값은?
단서1

① 72 ② 75 ③ 78
④ 81 ⑤ 84

단서1 곱의 미분법을 이용

STEP1 곱의 미분법을 이용하여 $f'(2)$의 값 구하기

$f(x)=(2x^2-3x+1)(x^3+2x^2-5x)$에서

$f'(x)=(4x-3)(x^3+2x^2-5x)+(2x^2-3x+1)(3x^2+4x-5)$

→ $(2x^2-3x+1)'$ → $(x^3+2x^2-5x)'$

$\therefore f'(2)=5\times6+3\times15=75$

0586 답 −8

$f(x)=(x^2+2x)(x-2)(x+1)$에서

$f'(x)=(2x+2)(x-2)(x+1)+(x^2+2x)(x+1)$
$+(x^2+2x)(x-2)$

$\therefore f'(-2)=(-2)\times(-4)\times(-1)=-8$

0587 답 ④

$f(x)=(3x+1)^2$에서

$f'(x)=2(3x+1)\times3=18x+6$ → $f'(x)=2(3x+1)^{2-1}(3x+1)'$

$\therefore f'(1)=18+6=24$

다른 풀이

$f(x)=(3x+1)(3x+1)$에서

$f'(x)=3(3x+1)+(3x+1)\times3$
$=18x+6$

$\therefore f'(1)=18+6=24$

0588 답 ⑤

$g(x)=(x^3-1)f(x)$에서 $g'(x)=3x^2f(x)+(x^3-1)f'(x)$이므로

$g'(2)=12f(2)+7f'(2)$ → $g'(x)=(x^3-1)'f(x)+(x^3-1)f'(x)$

$\therefore g'(2)=12f(2)+7f'(2)=12\times1+7\times3=33$

0589 답 1

$h(x)=f(x)g(x)$에서 $h'(x)=f'(x)g(x)+f(x)g'(x)$이므로

$h'(0)=f'(0)g(0)+f(0)g'(0)$

$f(x)=x^3+x^2+1$, $g(x)=2x^2+x+1$에서

$f'(x)=3x^2+2x$, $g'(x)=4x+1$이고

$f(0)=1$, $g(0)=1$, $f'(0)=0$, $g'(0)=1$

$\therefore h'(0)=f'(0)g(0)+f(0)g'(0)=0\times1+1\times1=1$

0590 답 −84

$f(x)=(x-1)(x-2)(x-3)\times\cdots\times(x-10)$에서

$f'(x)=(x-2)(x-3)(x-4)\times\cdots\times(x-10)$
$+(x-1)(x-3)(x-4)\times\cdots\times(x-10)+\cdots$
$+(x-1)(x-2)(x-3)\times\cdots\times(x-9)$

$f'(1)=(1-2)(1-3)(1-4)\times\cdots\times(1-10)$
$=(-1)\times(-2)\times(-3)\times\cdots\times(-9)$

$f'(4)=(4-1)(4-2)(4-3)(4-5)\times\cdots\times(4-10)$
$=3\times2\times1\times(-1)\times\cdots\times(-6)$

$$\therefore \frac{f'(1)}{f'(4)}=\frac{(-7)\times(-8)\times(-9)}{3\times2\times1}=-84$$

0591 답 ⑤

$f(x)=(x-1)(x-2)(x-a)$에서

$f'(x)=(x-2)(x-a)+(x-1)(x-a)+(x-1)(x-2)$

$f'(a)=(a-1)(a-2)=a^2-3a+2$

$f'(1)=(1-2)(1-a)=a-1$

$f'(2)=(2-1)(2-a)=-a+2$

이때 $f'(a)=f'(1)+f'(2)$이므로

$a^2-3a+2=a-1+(-a+2)$에서 $a^2-3a+1=0$ → 판별식 $D=9-4=5>0$이므로 서로 다른 두 실근을 갖는다.

따라서 이차방정식의 근과 계수의 관계에 의하여 모든 실수 a의 값의 합은 3이다.

0592 답 ①

| 유형 14

함수 $f(x)=3x^2+ax+b$에서 $f(-1)=5$, $f'(1)=2$일 때, $a+b$의 값은? (단, a, b는 상수이다.) 단서1

① -6 ② -4 ③ -2
④ 0 ⑤ 2

단서1 함숫값, 미분계수의 값

STEP 1 $f(x)$의 도함수 구하기

$f(x)=3x^2+ax+b$에서 $f'(x)=6x+a$

STEP 2 $f(-1)=5$임을 이용하여 a, b 사이의 관계식 구하기

$f(-1)=3-a+b$이고 $f(-1)=5$이므로

$3-a+b=5$ $\quad\therefore -a+b=2$ ······ ㉠

STEP 3 $f'(1)=2$임을 이용하여 상수 a, b의 값 구하기

$f'(1)=6+a$이고 $f'(1)=2$이므로

$6+a=2$ $\quad\therefore a=-4$

$a=-4$를 ㉠에 대입하면 $b=-2$

STEP 4 $a+b$의 값 구하기

$a+b=-6$

0593 답 ①

$f(x)=2x^3+ax+3$에서 $f'(x)=6x^2+a$

$f'(1)=6+a$이고 $f'(1)=7$이므로

$6+a=7$ $\quad\therefore a=1$

0594 답 ⑤

$f(x)=(x-2)(x^3-4x+a)$에서

$f'(x)=(x^3-4x+a)+(x-2)(3x^2-4)$

$f'(1)=(a-3)+1=a-2$이고 $f'(1)=6$이므로

$a-2=6$ $\quad\therefore a=8$

0595 답 ⑤

$f(x)=(x-a)(2x+1)$에서

$f'(x)=2x+1+2(x-a)=4x-2a+1$

$f'(a)=4a-2a+1=2a+1$이고 $f'(a)=-3$이므로

$2a+1=-3$, $2a=-4$ $\quad\therefore a=-2$

따라서 $f'(x)=4x+5$이므로 $f'(2)=8+5=13$

0596 답 ①

$f(x)=ax^2+bx+c$에서 $f'(x)=2ax+b$

$f(1)=a+b+c$이고 $f(1)=0$이므로

$a+b+c=0$ ······ ㉠

$f'(-1)=-2a+b$이고 $f'(-1)=-8$이므로

$-2a+b=-8$ ······ ㉡

$f'(2)=4a+b$이고 $f'(2)=4$이므로

$4a+b=4$ ······ ㉢

㉠, ㉡, ㉢을 연립하여 풀면 $a=2$, $b=-4$, $c=2$

$\therefore abc=-16$

0597 답 ①

$f(x)=ax^2+bx+c$에서 $f'(x)=2ax+b$

$f'(-1)=-2a+b$이고 $f'(-1)=8$이므로

$-2a+b=8$ ······ ㉠

$f'(1)=2a+b$이고 $f'(1)=-4$이므로

$2a+b=-4$ ······ ㉡

$f(2)=4a+2b+c$이고 $f(2)=-2$이므로

$4a+2b+c=-2$ ······ ㉢

㉠, ㉡, ㉢을 연립하여 풀면 $a=-3$, $b=2$, $c=6$

따라서 $f(x)=-3x^2+2x+6$이므로

$f(-2)=-12-4+6=-10$

0598 답 ④

$f(x)=ax^3+bx+c$에서 $f'(x)=3ax^2+b$

$f'(0)=b$이고 $f'(0)=-1$이므로

$b=-1$

$f'(1)=3a+b$이고 $f'(1)=5$이므로

$3a+b=5$

$b=-1$을 대입하면 $a=2$

$f(1)=a+b+c$이고 $f(1)=4$이므로

$a+b+c=4$

$a=2$, $b=-1$을 대입하면 $2-1+c=4$ $\quad\therefore c=3$

$\therefore abc=2\times(-1)\times3=-6$

0599 답 ①

$f(x)=x^3+ax^2+1$에서 $f'(x)=3x^2+2ax$이므로

$f'(1)=3+2a$ ······ ㉠

$g(x)=(x^2-3)f(x)$에서

$g'(x)=2xf(x)+(x^2-3)f'(x)$이므로

$g'(1)=2f(1)-2f'(1)$

$\quad=2(a+2)-2(3+2a)$

$\quad=-2a-2$ ······ ㉡

$f'(1)=g'(1)$이므로 ㉠, ㉡에서

$3+2a=-2a-2$ $\quad\therefore a=-\frac{5}{4}$

0600 답 ⑤

(가)에서 모든 실수 x에 대하여 $f(x)=f(-x)$이므로

$f(x)=x^4+ax^2+b$ (a, b는 상수)로 놓을 수 있다.

이때 $f'(x)=4x^3+2ax$이므로 (나)에서

$f(2)=16+4a+b=-9$ ······ ㉠

$f'(2)=32+4a=4$ $\quad\therefore a=-7$

$a=-7$을 ㉠에 대입하면 $b=3$

따라서 $f(x)=x^4-7x^2+3$이므로

$f(1)=1-7+3=-3$

실수 Check

$f(x)=ax^4+bx^3+cx^2+dx+e$ (a, b, c, d, e는 상수)로 놓으면
$f(x)=f(-x)$이므로
$ax^4+bx^3+cx^2+dx+e=ax^4-bx^3+cx^2-dx+e$
$2bx^3+2dx=0$, $bx^3+dx=0$
이 식은 x에 대한 항등식이므로 $b=d=0$

개념 Check

다항함수 $f(x)$가 모든 실수 x에 대하여
(1) $f(-x)=f(x)$이면
$f(x)$는 짝수 차수의 항과 상수항으로만 이루어진 함수이다.
(2) $f(-x)=-f(x)$이면
$f(x)$는 홀수 차수의 항으로만 이루어진 함수이다.

0601 답 ①

| 유형 15

곡선 $y=x^3+ax^2+b$는 점 $(2, 4)$를 지나며 이 점에서의 접선의 기울기가 16이다. 상수 a, b에 대하여 ab의 값은?

① -8 ② -4 ③ -2
④ 4 ⑤ 8

단서1 $x=2$, $y=4$를 대입
단서2 $x=2$에서의 미분계수가 16

STEP 1 곡선이 지나는 점을 이용하여 a, b 사이의 관계식 구하기

곡선 $y=x^3+ax^2+b$가 점 $(2, 4)$를 지나므로
$x=2$, $y=4$를 대입하면
$4=8+4a+b$, $4a+b=-4$ ······ ㉠

STEP 2 점 $(2, 4)$에서의 접선의 기울기를 이용하여 상수 a, b의 값 구하기

$y'=3x^2+2ax$이고 점 $(2, 4)$에서의 접선의 기울기가 16이므로
$x=2$를 대입하면
$12+4a=16$, $4a=4$ $\quad\therefore a=1$
$a=1$을 ㉠에 대입하면 $b=-8$

STEP 3 ab의 값 구하기

$ab=-8$

0602 답 28

점 $(2, 1)$이 곡선 $y=f(x)$ 위의 점이므로 $f(2)=1$
점 $(2, 1)$에서의 접선의 기울기가 2이므로 $f'(2)=2$
$g(x)=x^3f(x)$에서 $g'(x)=3x^2f(x)+x^3f'(x)$이므로
$g'(2)=12f(2)+8f'(2)$
$\quad=12\times1+8\times2=28$

0603 답 ⑤

ㄱ. 곡선 $y=f(x)$와 직선 $y=g(x)$가 $x=a$인 점에서 접하므로
$f(a)=g(a)$ (참)
→ $x=a$에서의 함숫값이 같다.

ㄴ. $x=a$인 점에서의 곡선 $y=f(x)$의 접선의 기울기와 직선 $y=g(x)$의 기울기가 같으므로
$f'(a)=g'(a)$ (참)

ㄷ. ㄱ, ㄴ에서 $f(a)=g(a)$, $f'(a)=g'(a)$이므로

$$\lim_{x\to a}\frac{f(x)-g(x)}{x-a}$$
$$=\lim_{x\to a}\frac{f(x)-f(a)+g(a)-g(x)}{x-a}$$
$$=\lim_{x\to a}\frac{f(x)-f(a)}{x-a}-\lim_{x\to a}\frac{g(x)-g(a)}{x-a}$$
$$=f'(a)-g'(a)=0 \text{ (참)}$$

따라서 옳은 것은 ㄱ, ㄴ, ㄷ이다.

03

0604 답 ④

| 유형 16

$\lim_{x\to1}\frac{x^8+2x^2-3}{x-1}$의 값은?

① 6 ② 8 ③ 10
④ 12 ⑤ 14

단서1 분자를 인수분해하기 어려우므로 치환을 생각한다.

STEP 1 $f(x)=x^8+2x^2$이라 하고 주어진 식 변형하기

$f(x)=x^8+2x^2$이라 하면 $f(1)=1+2=3$이므로

$$\lim_{x\to1}\frac{x^8+2x^2-3}{x-1}=\lim_{x\to1}\frac{f(x)-f(1)}{x-1}=f'(1)$$

STEP 2 다항함수의 미분법을 이용하여 주어진 극한값 구하기

$f'(x)=8x^7+4x$이므로
$f'(1)=8\times1+4\times1=12$

다른 풀이

$$\lim_{x\to1}\frac{x^8+2x^2-3}{x-1}$$
$$=\lim_{x\to1}\frac{(x-1)(x^7+x^6+x^5+x^4+x^3+x^2+3x+3)}{x-1}$$ (분자를 인수분해)
$$=\lim_{x\to1}(x^7+x^6+x^5+x^4+x^3+x^2+3x+3)=12$$

0605 답 ②

$f(x)=x^5+x$라 하면 $f(1)=1+1=2$이므로

$$\lim_{x\to1}\frac{x^5+x-2}{x-1}=\lim_{x\to1}\frac{f(x)-f(1)}{x-1}=f'(1)$$

따라서 $f'(x)=5x^4+1$이므로
$f'(1)=5+1=6$

다른 풀이

$$\lim_{x\to1}\frac{x^5+x-2}{x-1}=\lim_{x\to1}\frac{(x-1)(x^4+x^3+x^2+x+2)}{x-1}$$
$$=\lim_{x\to1}(x^4+x^3+x^2+x+2)=6$$

0606 답 ③

$f(x)=x^{10}+x^5$이라 하면 $f(1)=1+1=2$이므로

$$\lim_{x\to1}\frac{x^{10}+x^5-2}{x-1}=\lim_{x\to1}\frac{f(x)-f(1)}{x-1}=f'(1)$$

따라서 $f'(x)=10x^9+5x^4$이므로
$f'(1)=10+5=15$

0607 답 ④

$f(x)=x^{50}-x^{49}+x^{48}$이라 하면 $f(1)=1-1+1=1$이므로

$\lim_{x\to1}\frac{x^{50}-x^{49}+x^{48}-1}{x-1}=\lim_{x\to1}\frac{f(x)-f(1)}{x-1}=f'(1)$

따라서 $f'(x)=50x^{49}-49x^{48}+48x^{47}$이므로

$f'(1)=50-49+48=49$

0608 답 ⑤

$f(x)=x^{2n}+4x+3$이라 하면 $f(-1)=1-4+3=0$이므로

$\lim_{x\to-1}\frac{x^{2n}+4x+3}{x+1}=\lim_{x\to-1}\frac{f(x)-f(-1)}{x-(-1)}=f'(-1)$

이때 $f'(x)=2nx^{2n-1}+4$이고 $f'(-1)=-16$이므로

$2n\times(-1)^{2n-1}+4=-16$, $-2n+4=-16$

→ $2n-1$은 홀수이므로 $(-1)^{2n-1}=-1$이다.

$2n=20$ $\therefore n=10$

0609 답 ③

$\lim_{x\to2}\frac{x^n-x^4-4x-8}{x-2}=a$에서 $x\to2$일 때, 극한값이 존재하고

(분모)→0이므로 (분자)→0이다.

즉, $\lim_{x\to2}(x^n-x^4-4x-8)=0$에서 $2^n-2^4-4\times2-8=0$

$2^n=32$ $\therefore n=5$

$f(x)=x^5-x^4-4x$라 하면 $f(2)=32-16-8=8$이므로

$\lim_{x\to2}\frac{x^5-x^4-4x-8}{x-2}=\lim_{x\to2}\frac{f(x)-f(2)}{x-2}=f'(2)$

이때 $f'(x)=5x^4-4x^3-4$이므로

$f'(2)=5\times16-4\times8-4=44$

따라서 $a=44$이므로 $a-n=44-5=39$

참고 $\lim_{x\to2}\frac{x^n-x^4-4x-8}{x-2}=a$이므로 $\lim_{x\to2}\frac{f(x)-f(2)}{x-2}$ 꼴로 나타내면 $f(2)=0$, $f'(2)=a$임을 알 수 있다.

0610 답 5

| 유형 17

> 두 다항함수 $f(x)$, $g(x)$가
>
> $\lim_{x\to3}\frac{f(x)-2}{x-3}=1$, $\lim_{x\to3}\frac{g(x)-1}{x-3}=2$ (단서1)
>
> 를 만족시킬 때, 함수 $f(x)g(x)$의 $x=3$에서의 미분계수를 구하시오. (단서2)
>
> 단서1 미분계수의 정의를 이용하여 주어진 식 변형
>
> 단서2 곱의 미분법을 이용

STEP1 미분계수의 정의를 이용하여 $f(3)$, $f'(3)$의 값 구하기

$\lim_{x\to3}\frac{f(x)-2}{x-3}=1$에서 $x\to3$일 때, 극한값이 존재하고

(분모)→0이므로 (분자)→0이다.

즉, $\lim_{x\to3}\{f(x)-2\}=0$에서 $f(3)=2$

$\lim_{x\to3}\frac{f(x)-2}{x-3}=\lim_{x\to3}\frac{f(x)-f(3)}{x-3}=f'(3)$

$\therefore f'(3)=1$

STEP2 미분계수의 정의를 이용하여 $g(3)$, $g'(3)$의 값 구하기

$\lim_{x\to3}\frac{g(x)-1}{x-3}=2$에서 $x\to3$일 때, 극한값이 존재하고

(분모)→0이므로 (분자)→0이다.

즉, $\lim_{x\to3}\{g(x)-1\}=0$에서 $g(3)=1$

$\lim_{x\to3}\frac{g(x)-1}{x-3}=\lim_{x\to3}\frac{g(x)-g(3)}{x-3}=g'(3)$

$\therefore g'(3)=2$

STEP3 곱의 미분법을 이용하여 함수 $f(x)g(x)$의 $x=3$에서의 미분계수 구하기

$h(x)=f(x)g(x)$라 하면 $h'(x)=f'(x)g(x)+f(x)g'(x)$이므로 $f(x)g(x)$의 $x=3$에서의 미분계수는

$h'(3)=f'(3)g(3)+f(3)g'(3)=1\times1+2\times2=5$

0611 답 ①

$\lim_{x\to2}\frac{f(x)-2}{x-2}=-3$에서 $x\to2$일 때, 극한값이 존재하고

(분모)→0이므로 (분자)→0이다.

즉, $\lim_{x\to2}\{f(x)-2\}=0$에서 $f(2)=2$

$\lim_{x\to2}\frac{f(x)-2}{x-2}=\lim_{x\to2}\frac{f(x)-f(2)}{x-2}=f'(2)$

$\therefore f'(2)=-3$

$g(x)=(x-1)^2$에서 $g'(x)=2(x-1)$이므로

$g(2)=1$, $g'(2)=2$

$h(x)=f(x)g(x)$라 하면 $h'(x)=f'(x)g(x)+f(x)g'(x)$이므로 x좌표가 2인 점에서의 접선의 기울기는

→ $x=2$에서의 미분계수와 같다.

$h'(2)=f'(2)g(2)+f(2)g'(2)$

$=(-3)\times1+2\times2=1$

0612 답 15

$\lim_{x\to0}\frac{f(x)-2}{x}=3$에서 $x\to0$일 때, 극한값이 존재하고

(분모)→0이므로 (분자)→0이다.

즉, $\lim_{x\to0}\{f(x)-2\}=0$에서 $f(0)=2$

$\lim_{x\to0}\frac{f(x)-2}{x}=\lim_{x\to0}\frac{f(x)-f(0)}{x}=f'(0)$

$\therefore f'(0)=3$

$\lim_{x\to3}\frac{g(x-3)-1}{x-3}=6$에서 $x-3=t$로 놓으면 $x\to3$일 때 $t\to0$이므로

$\lim_{x\to3}\frac{g(x-3)-1}{x-3}=\lim_{t\to0}\frac{g(t)-1}{t}=6$ ······ ㉠

$t\to0$일 때, 극한값이 존재하고 (분모)→0이므로 (분자)→0이다.

즉, $\lim_{t\to0}\{g(t)-1\}=0$에서 $g(0)=1$

$\lim_{t\to0}\frac{g(t)-1}{t}=\lim_{t\to0}\frac{g(t)-g(0)}{t}=g'(0)$

$\therefore g'(0)=6$ ($\because$ ㉠)

따라서 $h(x)=f(x)g(x)$에서 $h'(x)=f'(x)g(x)+f(x)g'(x)$이므로

$h'(0)=f'(0)g(0)+f(0)g'(0)=3\times1+2\times6=15$

0613 답 ②

(나)에서 $f(x)+g(x)=3x^2-x+2$이므로

$f'(x)+g'(x)=6x-1$

$f(1)+g(1)=3-1+2=4$이고

(가)에서 $f(1)=1$이므로 $g(1)=3$

$f'(1)+g'(1)=6-1=5$이고

(가)에서 $f'(1)=-3$이므로 $g'(1)=8$

$\therefore \lim_{h\to 0}\frac{f(1+h)g(1+h)-f(1)g(1)}{h}=f'(1)g(1)+f(1)g'(1)$

$=(-3)\times 3+1\times 8=-1$

실수 Check

$\lim_{h\to 0}\frac{f(1+h)g(1+h)-f(1)g(1)}{h}$에서 $k(x)=f(x)g(x)$라 하면

$k'(x)=f'(x)g(x)+f(x)g'(x)$이므로

$\lim_{h\to 0}\frac{f(1+h)g(1+h)-f(1)g(1)}{h}=\lim_{h\to 0}\frac{k(1+h)-k(1)}{h}$

$=k'(1)$

$=f'(1)g(1)+f(1)g'(1)$

0614 답 24

(가)에서 $f(0)=1$, $g(0)=4$이므로 $f(0)g(0)=4$

(나)에서

$\lim_{x\to 0}\frac{f(x)g(x)-4}{x}=\lim_{x\to 0}\frac{f(x)g(x)-f(0)g(0)}{x}$

$=f'(0)g(0)+f(0)g'(0)$

$=(-6)\times 4+1\times g'(0)$

$=-24+g'(0)$

즉, $-24+g'(0)=0$에서 $g'(0)=24$

0615 답 ⑤

함수 $f(x)$의 최고차항을 ax^n $(a\neq 0)$이라 하면

$f'(x)$의 최고차항은 nax^{n-1}이다.

또, 함수 $g(x)=x^3f(x)$이므로 함수 $g(x)$의 최고차항은 ax^{n+3}이고, $g'(x)$의 최고차항은 $(n+3)ax^{n+2}$이다.

따라서 $f'(x)g(x)$의 최고차항은 na^2x^{2n+2}이고,

$f(x)g'(x)$의 최고차항은 $(n+3)a^2x^{2n+2}$이므로

$f'(x)g(x)-f(x)g'(x)$의 최고차항은

$na^2x^{2n+2}-(n+3)a^2x^{2n+2}=-3a^2x^{2n+2}$

또, 함수 $\{f(x)\}^3$의 최고차항은 a^3x^{3n}이다.

(가)의 $\lim_{x\to\infty}\frac{f'(x)g(x)-f(x)g'(x)}{\{f(x)\}^3}=1$에서 분모와 분자의 차수가 같고, 최고차항의 계수의 비가 1이므로

$3n=2n+2$에서 $n=2$

$\lim_{x\to\infty}\frac{f'(x)g(x)-f(x)g'(x)}{\{f(x)\}^3}=\frac{-3a^2}{a^3}$

$=\frac{-3}{a}$

에서 $\frac{-3}{a}=1$이므로 $a=-3$

따라서 $f(x)=-3x^2+bx+c$ (b, c는 상수)로 놓을 수 있다.

(나)에서 $f(1)=2$, $f(0)=1$이므로

$f(1)=-3+b+c=2$ ······ ㉠

$f(0)=c=1$

$c=1$을 ㉠에 대입하면 $b=4$

$\therefore f(x)=-3x^2+4x+1$

따라서 $g(x)=x^3f(x)=-3x^5+4x^4+x^3$이므로

$g'(x)=-15x^4+16x^3+3x^2$

$\therefore g'(1)=-15+16+3=4$

실수 Check

$g(x)=x^3f(x)$에서 $g'(x)=3x^2f(x)+x^3f'(x)$이므로

$g'(x)$의 최고차항은

$3x^2\times ax^n+x^3\times nax^{n-1}=3ax^{n+2}+nax^{n+2}=(3+n)ax^{n+2}$

Plus 문제

0615-1

상수 a와 최고차항의 계수가 1인 이차함수 $f(x)$에 대하여 함수 $g(x)$를 $g(x)=(x^2-x+a)f(x)$라 할 때, 두 함수 $f(x)$, $g(x)$는 다음 조건을 모두 만족시킨다.

> (가) $\lim_{x\to 1}\frac{g(x)-f(x)}{x-1}=0$ (나) $g'(1)\neq 0$
> (다) $f(\alpha)=f'(\alpha)$이고 $g'(\alpha)=2f'(\alpha)$인 실수 α가 존재한다.

$g(a+4)=\frac{q}{p}$일 때, $p+q$의 값을 구하시오.

(단, p와 q는 서로소인 자연수이다.)

$f(x)$는 최고차항의 계수가 1인 이차함수이므로

$f(x)=x^2+bx+c$ (b, c는 상수)라 하자.

$\lim_{x\to 1}\frac{g(x)-f(x)}{x-1}=\lim_{x\to 1}\frac{(x^2-x+a)f(x)-f(x)}{x-1}$

$=\lim_{x\to 1}\frac{(x^2-x+a-1)f(x)}{x-1}=0$ ········· ㉠

에서 $x\to 1$일 때, 극한값이 존재하고 (분모)$\to 0$이므로

(분자)$\to 0$이다.

즉, $\lim_{x\to 1}(x^2-x+a-1)f(x)=0$이므로 $(a-1)f(1)=0$에서

$a=1$ 또는 $f(1)=0$

(i) $a\neq 1$이고, $f(1)=0$이라 하면

$1+b+c=0$에서 $c=-b-1$

즉, $f(x)=x^2+bx-b-1=(x-1)(x+b+1)$이므로

㉠에서

$\lim_{x\to 1}\frac{g(x)-f(x)}{x-1}$

$=\lim_{x\to 1}\frac{(x^2-x+a-1)(x-1)(x+b+1)}{x-1}$

$=\lim_{x\to 1}(x^2-x+a-1)(x+b+1)$

$=(a-1)(b+2)$

즉, $(a-1)(b+2)=0$이므로 $b=-2$ ($\because a\neq 1$)

$\therefore f(x)=(x-1)^2$

이때 $g'(x)=(2x-1)(x-1)^2+(x^2-x+a)(2x-2)$

에서 $g'(1)=1\times0+a\times0=0$이므로 (나)를 만족시키지 않는다.

(ii) $f(1)\neq0$이고, $a=1$이라 하면

㉠에서

$$\lim_{x\to1}\frac{g(x)-f(x)}{x-1}=\lim_{x\to1}\frac{x(x-1)f(x)}{x-1}$$
$$=\lim_{x\to1}xf(x)$$
$$=f(1)=0$$

이므로 모순이다.

따라서 (i), (ii)에서 $a=1$이고 $f(1)=0$이며 $b\neq-2$이다.

$f(x)=(x-1)(x+b+1)$에서 $f'(x)=2x+b$

$g(x)=(x^2-x+1)f(x)$에서

$g'(x)=(2x-1)f(x)+(x^2-x+1)f'(x)$

(다)에서

$f(\alpha)=f'(\alpha)$에서

$(\alpha-1)(\alpha+b+1)=2\alpha+b$ ········· ㉡

$g'(\alpha)=2f'(\alpha)$에서

$(2\alpha-1)f(\alpha)+(\alpha^2-\alpha+1)f'(\alpha)=2f'(\alpha)$

$(2\alpha-1)f'(\alpha)+(\alpha^2-\alpha+1)f'(\alpha)=2f'(\alpha)$

$(\because f(\alpha)=f'(\alpha))$

$(\alpha^2+\alpha-2)f'(\alpha)=0$

$(\alpha+2)(\alpha-1)(2\alpha+b)=0$

$\therefore \alpha=-2$ 또는 $\alpha=1$ 또는 $\alpha=-\frac{b}{2}$

여기서 $\alpha=1$ 또는 $\alpha=-\frac{b}{2}$이면

㉡에서 $b=-2$이므로 $b\neq-2$인 것에 모순이다.

따라서 $\alpha=-2$이므로 ㉡에서 $b=\frac{7}{4}$

$g(x)=(x^2-x+1)(x-1)\left(x+\frac{11}{4}\right)$

$\therefore g(\alpha+4)=g(2)=3\times1\times\frac{19}{4}=\frac{57}{4}$

따라서 $p=4$, $q=57$이므로 $p+q=61$

답 61

0616 답 28

$\lim_{x\to1}\frac{f(x)-2}{x-1}=12$에서 $x\to1$일 때, 극한값이 존재하고 (분모)$\to0$이므로 (분자)$\to0$이다.

즉, $\lim_{x\to1}\{f(x)-2\}=0$에서 $f(1)=2$

$$\lim_{x\to1}\frac{f(x)-2}{x-1}=\lim_{x\to1}\frac{f(x)-f(1)}{x-1}=f'(1)$$

$\therefore f'(1)=12$

$g(x)=(x^2+1)f(x)$에서

$g'(x)=2xf(x)+(x^2+1)f'(x)$이므로

$g'(1)=2f(1)+2f'(1)$

$=2\times2+2\times12=28$

0617 답 ①

(가)에서 $x\to1$일 때, 극한값이 존재하고 (분모)$\to0$이므로 (분자)$\to0$이다.

즉, $\lim_{x\to1}\{f(x)g(x)+4\}=0$에서 $f(1)g(1)=-4$

이때 $f(1)=-2$이므로

$-2g(1)=-4$ $\therefore g(1)=2$ ········· ㉠

$g(x)$가 일차함수이므로 $g(x)=ax+b$ (a, b는 상수)라 하면

$g'(x)=a$ ········· ㉡

(나)에서 $g(0)=g'(0)$이므로 $b=a$

㉠에서 $g(1)=a+b=2$

두 식을 연립하여 풀면 $a=1$, $b=1$이므로

㉡에서 $g'(1)=1$

$$\lim_{x\to1}\frac{f(x)g(x)+4}{x-1}=\lim_{x\to1}\frac{f(x)g(x)-f(1)g(1)}{x-1}$$
$$=f'(1)g(1)+f(1)g'(1)$$
$$=2f'(1)+(-2)\times1$$

즉, $2f'(1)-2=8$에서 $f'(1)=5$

실수 Check

$\lim_{x\to1}\frac{f(x)g(x)-f(1)g(1)}{x-1}$에서 $h(x)=f(x)g(x)$라 하면

$h'(x)=f'(x)g(x)+f(x)g'(x)$이므로

$$\lim_{x\to1}\frac{f(x)g(x)-f(1)g(1)}{x-1}=\lim_{x\to1}\frac{h(x)-h(1)}{x-1}$$
$$=h'(1)$$
$$=f'(1)g(1)+f(1)g'(1)$$

0618 답 ③

$\lim_{x\to1}\frac{f(x)-a+2}{x-1}=4$에서 $x\to1$일 때, 극한값이 존재하고 (분모)$\to0$이므로 (분자)$\to0$이다.

즉, $\lim_{x\to1}\{f(x)-a+2\}=0$에서 $f(1)=a-2$

$$\lim_{x\to1}\frac{f(x)-a+2}{x-1}=\lim_{x\to1}\frac{f(x)-f(1)}{x-1}=f'(1)$$

$\therefore f'(1)=4$

$\lim_{x\to1}\frac{g(x)+a-2}{x-1}=a$에서 $x\to1$일 때, 극한값이 존재하고 (분모)$\to0$이므로 (분자)$\to0$이다.

즉, $\lim_{x\to1}\{g(x)+a-2\}=0$에서 $g(1)=-a+2$

$$\lim_{x\to1}\frac{g(x)+a-2}{x-1}=\lim_{x\to1}\frac{g(x)-g(1)}{x-1}=g'(1)$$

$\therefore g'(1)=a$

따라서 함수 $f(x)g(x)$의 $x=1$에서의 미분계수는

$f'(1)g(1)+f(1)g'(1)=4(-a+2)+(a-2)a$

$=a^2-6a+8$

즉, $a^2-6a+8=-1$에서 $a^2-6a+9=0$

$(a-3)^2=0$ $\therefore a=3$

실수 Check

$k(x)=f(x)g(x)$라 하면

$k'(x)=f'(x)g(x)+f(x)g'(x)$이므로

함수 $k(x)$의 $x=1$에서의 미분계수는 $k'(1)=f'(1)g(1)+f(1)g'(1)$

0619 답 4 | 유형 18

함수 $f(x)=x^2-4x+5$에 대하여

$$\lim_{h\to0}\frac{f(a+h)-f(a-h)}{h}=8$$

단서1

을 만족시키는 상수 a의 값을 구하시오.

단서1 미분계수의 식으로 변형

STEP 1 주어진 식을 변형하여 미분계수의 식으로 나타내기

$\lim_{h\to0}\frac{f(a+h)-f(a-h)}{h}$

$=\lim_{h\to0}\frac{f(a+h)-f(a)-f(a-h)+f(a)}{h}$ → $f(a)$를 빼고 더한다.

$=\lim_{h\to0}\frac{f(a+h)-f(a)}{h}+\lim_{h\to0}\frac{f(a-h)-f(a)}{-h}$

$=f'(a)+f'(a)=2f'(a)$

즉, $2f'(a)=8$에서 $f'(a)=4$

STEP 2 다항함수의 미분법을 이용하여 상수 a의 값 구하기

함수 $f(x)=x^2-4x+5$에서 $f'(x)=2x-4$

$f'(a)=4$이므로 $2a-4=4$

$2a=8$ $\therefore a=4$

0620 답 ③

$\lim_{x\to1}\frac{f(x)-f(1)}{x-1}=f'(1)$

따라서 함수 $f(x)=2x^3-3x^2+9x+1$에서

$f'(x)=6x^2-6x+9$이므로

$f'(1)=6-6+9=9$

0621 답 ②

$\lim_{h\to0}\frac{f(1+h)-f(1)}{2h}=\frac{1}{2}\times\lim_{h\to0}\frac{f(1+h)-f(1)}{h}=\frac{1}{2}f'(1)$

따라서 함수 $f(x)=x^7+5x+4$에서 $f'(x)=7x^6+5$이므로

$\frac{1}{2}f'(1)=\frac{1}{2}\times(7+5)=6$

0622 답 12

$\lim_{h\to0}\frac{f(1+kh)-f(1)}{h}=\lim_{h\to0}\frac{f(1+kh)-f(1)}{kh}\times k$

$=kf'(1)=-36$

따라서 함수 $f(x)=x^2-5x+6$에서

$f'(x)=2x-5$이므로 $f'(1)=2-5=-3$

즉, $kf'(1)=-36$에서 $-3k=-36$

$\therefore k=12$

다른 풀이

$\lim_{h\to0}\frac{f(1+kh)-f(1)}{h}$

$=\lim_{h\to0}\frac{\{(1+kh)^2-5(1+kh)+6\}-(1-5+6)}{h}$

$=\lim_{h\to0}\frac{k^2h^2-3kh}{h}=\lim_{h\to0}(k^2h-3k)=-3k$

즉, $-3k=-36$에서 $k=12$

0623 답 ④

$\lim_{h\to0}\frac{f(1+h)-f(1-h)}{h}$

$=\lim_{h\to0}\frac{f(1+h)-f(1)-f(1-h)+f(1)}{h}$

$=\lim_{h\to0}\frac{f(1+h)-f(1)}{h}+\lim_{h\to0}\frac{f(1-h)-f(1)}{-h}$

$=f'(1)+f'(1)=2f'(1)$

따라서 함수 $f(x)=x^4-2x^3+x+1$에서

$f'(x)=4x^3-6x^2+1$이므로 $f'(1)=4-6+1=-1$

$\therefore 2f'(1)=-2$

0624 답 ③

$\lim_{h\to0}\frac{f(-1+h)-f(-1-h)}{h}$

$=\lim_{h\to0}\frac{f(-1+h)-f(-1)+f(-1)-f(-1-h)}{h}$

$=\lim_{h\to0}\frac{f(-1+h)-f(-1)}{h}+\lim_{h\to0}\frac{f(-1-h)-f(-1)}{-h}$

$=f'(-1)+f'(-1)=2f'(-1)$

따라서 함수 $f(x)=x^3+x$에서 $f'(x)=3x^2+1$이므로

$f'(-1)=3+1=4$

$\therefore 2f'(-1)=8$

0625 답 ⑤

$f(1)=g(1)=3$이므로

$\lim_{h\to0}\frac{f(1+2h)-g(1-h)}{3h}$

$=\lim_{h\to0}\frac{f(1+2h)-f(1)+g(1)-g(1-h)}{3h}$

$=\lim_{h\to0}\left\{\frac{f(1+2h)-f(1)}{3h}+\frac{g(1)-g(1-h)}{3h}\right\}$

$=\lim_{h\to0}\frac{f(1+2h)-f(1)}{2h}\times\frac{2}{3}+\lim_{h\to0}\frac{g(1-h)-g(1)}{-h}\times\frac{1}{3}$

$=\frac{2}{3}f'(1)+\frac{1}{3}g'(1)$

따라서 함수 $f(x)=x^5+x^3+x$, $g(x)=x^6+x^4+x^2$에서

$f'(x)=5x^4+3x^2+1$, $g'(x)=6x^5+4x^3+2x$이므로

$f'(1)=5+3+1=9$, $g'(1)=6+4+2=12$

$\therefore \frac{2}{3}f'(1)+\frac{1}{3}g'(1)=\frac{2}{3}\times9+\frac{1}{3}\times12=10$

0626 답 ②

(i) 함수 $f(x)$가 $x=1$에서 연속이려면 → 함수 $f(x)$가 $x=1$에서 미분가능하려면 $x=1$에서 연속이어야 한다.

$f(1)=a+b^2$

$\lim_{x\to1+}(ax^3+b^2)=a+b^2$, $\lim_{x\to1-}(bx^2+ax+2b)=a+3b$에서

$\lim_{x\to1+}f(x)=\lim_{x\to1-}f(x)=f(1)$이어야 하므로

$a+b^2=a+3b$, $b^2-3b=0$

$b(b-3)=0$ $\therefore b=0$ 또는 $b=3$

(ii) 함수 $f(x)$가 $x=1$에서 미분가능하려면

$f'(x)=\begin{cases} 3ax^2 & (x>1) \\ 2bx+a & (x<1) \end{cases}$에서

$\lim_{x\to1+} f'(x)=\lim_{x\to1-} f'(x)$이어야 한다.

즉, $3a=2b+a$에서 $a=b$

(i), (ii)에서 $a=3$, $b=3$ ($\because a\neq0$)

따라서 함수 $f(x)=\begin{cases} 3x^3+9 & (x\geq1) \\ 3x^2+3x+6 & (x<1) \end{cases}$에서

$f'(x)=\begin{cases} 9x^2 & (x>1) \\ 6x+3 & (x<1) \end{cases}$이고 $f'(1)=9$이다.

$\therefore \lim_{h\to0}\frac{f(1+h)-f(1-h)}{h}$

$=\lim_{h\to0}\frac{f(1+h)-f(1)+f(1)-f(1-h)}{h}$

$=\lim_{h\to0}\frac{f(1+h)-f(1)}{h}+\lim_{h\to0}\frac{f(1-h)-f(1)}{-h}$

$=f'(1)+f'(1)=2f'(1)=18$

실수 Check

함수 $f(x)$가 $x=1$에서 미분가능하면 $x=1$에서 연속이고, 미분계수가 존재한다.

0627 답 ①

함수 $f(x)=x^2+4x-2$에서 $f(1)=3$이므로

$\lim_{h\to0}\frac{f(1+2h)-3}{h}=\lim_{h\to0}\frac{f(1+2h)-f(1)}{h}$

$=\lim_{h\to0}\frac{f(1+2h)-f(1)}{2h}\times2$

$=2f'(1)$

따라서 함수 $f(x)=x^2+4x-2$에서

$f'(x)=2x+4$이므로 $f'(1)=6$

$\therefore 2f'(1)=12$

0628 답 -9

유형19

함수 $f(x)=x^3+ax+b$가 $\lim_{x\to2}\frac{f(x)}{x-2}=13$을 만족시킬 때, 상수 a, b에 대하여 $a+b$의 값을 구하시오.

단서1 극한값이 존재하고 $\frac{0}{0}$ 꼴

STEP1 극한값이 존재할 조건을 이용하여 $f(2)$의 값 구하기

$\lim_{x\to2}\frac{f(x)}{x-2}=13$에서 $x\to2$일 때, 극한값이 존재하고 (분모)$\to0$이므로 (분자)$\to0$이다.

즉, $\lim_{x\to2}f(x)=0$이므로 $f(2)=0$

STEP2 미분계수의 정의를 이용하여 $f'(2)$의 값 구하기

$\lim_{x\to2}\frac{f(x)}{x-2}=\lim_{x\to2}\frac{f(x)-f(2)}{x-2}=f'(2)$

$\therefore f'(2)=13$

STEP3 $f(2)$, $f'(2)$의 값을 이용하여 상수 a, b의 값 구하기

함수 $f(x)=x^3+ax+b$에서 $f'(x)=3x^2+a$이고

$f(2)=0$에서 $8+2a+b=0$ ······ ㉠

$f'(2)=13$에서 $12+a=13$ $\therefore a=1$

$a=1$을 ㉠에 대입하면 $b=-10$

STEP4 $a+b$의 값 구하기

$a+b=-9$

0629 답 ②

$\lim_{x\to1}\frac{f(x)-5}{x-1}=8$에서 $x\to1$일 때, 극한값이 존재하고 (분모)$\to0$이므로 (분자)$\to0$이다.

즉, $\lim_{x\to1}\{f(x)-5\}=0$에서 $f(1)=5$

$\lim_{x\to1}\frac{f(x)-5}{x-1}=\lim_{x\to1}\frac{f(x)-f(1)}{x-1}=f'(1)$

$\therefore f'(1)=8$

함수 $f(x)=2x^3+ax+b$에서 $f'(x)=6x^2+a$이고

$f(1)=5$에서 $2+a+b=5$ ······ ㉠

$f'(1)=8$에서 $6+a=8$ $\therefore a=2$

$a=2$를 ㉠에 대입하면 $b=1$

$\therefore ab=2$

0630 답 -5

$\lim_{h\to0}\frac{f(1+2h)-f(1)}{h}=\lim_{h\to0}\frac{f(1+2h)-f(1)}{2h}\times2=2f'(1)$

즉, $2f'(1)=-4$에서 $f'(1)=-2$

$\lim_{h\to0}\frac{f(-2+h)-f(-2)}{h}=f'(-2)$

$\therefore f'(-2)=1$

함수 $f(x)=x^3+ax^2+bx$에서 $f'(x)=3x^2+2ax+b$이고

$f'(1)=-2$에서 $3+2a+b=-2$

$f'(-2)=1$에서 $12-4a+b=1$

두 식을 연립하여 풀면 $a=1$, $b=-7$

따라서 $f(x)=x^3+x^2-7x$이므로

$f(1)=1+1-7=-5$

0631 답 ②

$\lim_{x\to2}\frac{f(x)-f(2)}{x^2-4}=\lim_{x\to2}\left\{\frac{f(x)-f(2)}{x-2}\times\frac{1}{x+2}\right\}$

$=\lim_{x\to2}\frac{f(x)-f(2)}{x-2}\times\lim_{x\to2}\frac{1}{x+2}$

$=f'(2)\times\frac{1}{4}$

즉, $\frac{1}{4}f'(2)=\frac{7}{2}$에서 $f'(2)=14$

$\lim_{x\to1}\frac{f(x)-f(1)}{x-1}=f'(1)$

$\therefore f'(1)=-4$

함수 $f(x)=x^4+ax^2+bx$에서 $f'(x)=4x^3+2ax+b$이고

$f'(2)=14$에서 $32+4a+b=14$

$f'(1)=-4$에서 $4+2a+b=-4$

두 식을 연립하여 풀면 $a=-5$, $b=2$

따라서 $f'(x)=4x^3-10x+2$이므로

$f'(-1)=-4+10+2=8$

0632 답 ⑤

$\lim_{x\to1}\frac{f(x)-x^2}{x^2-1}=-1$에서 $x\to1$일 때, 극한값이 존재하고

(분모)$\to0$이므로 (분자)$\to0$이다.

즉, $\lim_{x\to1}\{f(x)-x^2\}=0$에서 $f(1)=1$

$g(x)=f(x)-x^2$이라 하면 $g(1)=f(1)-1=0$이고

$$\lim_{x\to1}\frac{f(x)-x^2}{x^2-1}=\lim_{x\to1}\frac{g(x)-g(1)}{x^2-1}$$
$$=\lim_{x\to1}\left\{\frac{g(x)-g(1)}{x-1}\times\frac{1}{x+1}\right\}$$
$$=\lim_{x\to1}\frac{g(x)-g(1)}{x-1}\times\lim_{x\to1}\frac{1}{x+1}$$
$$=g'(1)\times\frac{1}{2}$$

즉, $\frac{1}{2}g'(1)=-1$에서 $g'(1)=-2$

함수 $g(x)=f(x)-x^2$에서 $g'(x)=f'(x)-2x$이고

$g'(1)=-2$에서 $f'(1)-2=-2$

$\therefore f'(1)=0$

$f(x)$는 최고차항의 계수가 1이고 $f(0)=4$인 삼차함수이므로 (→ 상수항이 4이다.)

$f(x)=x^3+ax^2+bx+4$ (a, b는 상수)라 하면

$f'(x)=3x^2+2ax+b$

$f(1)=1$에서 $1+a+b+4=1$

$f'(1)=0$에서 $3+2a+b=0$

두 식을 연립하여 풀면 $a=1$, $b=-5$

따라서 $f'(x)=3x^2+2x-5$이므로 곡선 $y=f(x)$ 위의 점

$(2, f(2))$에서의 접선의 기울기 $f'(2)$는

$f'(2)=12+4-5=11$

0633 답 ③

(가)에서 $\lim_{x\to\infty}\frac{ax^3+bx^2+cx+d}{x^2+4x}=2$이므로

$a=0$, $b=2$ (→ 분모, 분자의 차수가 같고 최고차항의 계수의 비는 2이다.)

(나)에서 $x\to1$일 때, 극한값이 존재하고 (분모)$\to0$이므로

(분자)$\to0$이다.

즉, $\lim_{x\to1}\{f(x)-8\}=0$에서 $f(1)=8$

$$\lim_{x\to1}\frac{f(x)-8}{x-1}=\lim_{x\to1}\frac{f(x)-f(1)}{x-1}=f'(1)$$

$\therefore f'(1)=6$

함수 $f(x)=2x^2+cx+d$에서 $f'(x)=4x+c$이고

$f(1)=8$에서 $2+c+d=8$ ······ ㉠

$f'(1)=6$에서 $4+c=6$ $\therefore c=2$

$c=2$를 ㉠에 대입하면 $d=4$

따라서 $f(x)=2x^2+2x+4$이므로

$f(-1)=2-2+4=4$

개념 Check

두 다항함수 $f(x)$, $g(x)$에 대하여

$\lim_{x\to\infty}\frac{f(x)}{g(x)}=\alpha$ (α는 0이 아닌 실수)이면

➜ $f(x)$와 $g(x)$의 차수가 같고 최고차항의 계수의 비가 α이다.

0634 답 12

$\lim_{x\to2}\frac{f(x)}{(x-2)^2}=3$에서 $x\to2$일 때, 극한값이 존재하고

(분모)$\to0$이므로 (분자)$\to0$이다.

즉, $\lim_{x\to2}f(x)=0$에서 $f(2)=0$이므로 함수 $f(x)$는 $x-2$를 인수로

가지므로 $f(x)=(x-2)g(x)$ ($g(x)$는 이차식)로 놓을 수 있다.

(→ $f(x)$가 삼차함수이므로 $g(x)$는 이차식이다.)

$$\lim_{x\to2}\frac{f(x)}{(x-2)^2}=\lim_{x\to2}\frac{(x-2)g(x)}{(x-2)^2}=\lim_{x\to2}\frac{g(x)}{x-2}=3$$

이때 $\lim_{x\to2}\frac{g(x)}{x-2}=3$에서 $x\to2$일 때, 극한값이 존재하고

(분모)$\to0$이므로 (분자)$\to0$이다.

즉, $\lim_{x\to2}g(x)=0$에서 $g(2)=0$이므로 함수 $g(x)$는 $x-2$를 인수로

가지므로 $g(x)=(x-2)h(x)$ ($h(x)$는 일차식)로 놓을 수 있다.

(→ $g(x)$가 이차식이므로 $h(x)$는 일차식이다.)

이때 $h(x)$는 일차식이므로 $h(x)=ax+b$ (a, b는 상수)라 하면

$g(x)=(x-2)(ax+b)$, $f(x)=(x-2)^2(ax+b)$

$$\lim_{x\to2}\frac{g(x)}{x-2}=\lim_{x\to2}\frac{(x-2)(ax+b)}{x-2}$$
$$=\lim_{x\to2}(ax+b)=2a+b$$

즉, $2a+b=3$ ······ ㉠

또, 함수 $f(x)=(x-2)^2(ax+b)$에서

$f(3)=5$이므로 $3a+b=5$ ······ ㉡

㉠, ㉡을 연립하여 풀면 $a=2$, $b=-1$

따라서 $f(x)=(x-2)^2(2x-1)$이므로

$$f'(x)=2(x-2)(2x-1)+2(x-2)^2$$
$$=6x^2-18x+12$$

$\therefore f'(3)=54-54+12=12$

실수 Check

$f(x)=(x-2)^2(2x-1)=(x-2)(x-2)(2x-1)$에서

$$f'(x)=(x-2)'(x-2)(2x-1)+(x-2)(x-2)'(2x-1)+(x-2)(x-2)(2x-1)'$$
$$=(x-2)(2x-1)+(x-2)(2x-1)+(x-2)(x-2)\times2$$
$$=2x^2-5x+2+2x^2-5x+2+2x^2-8x+8$$
$$=6x^2-18x+12$$

0635 답 ③

$\lim_{h\to0}\frac{f(2+h)-f(2)}{h}=f'(2)$ $\therefore f'(2)=1$

따라서 함수 $f(x)=x^2-ax+3$에서 $f'(x)=2x-a$이고

$f'(2)=1$이므로 $4-a=1$ $\therefore a=3$

0636 답 ④

$\lim_{x\to2}\frac{f(x)}{(x-2)\{f'(x)\}^2}=\frac{1}{4}$에서 $x\to2$일 때, 극한값이 존재하고

(분모)$\to0$이므로 (분자)$\to0$이다.

즉, $\lim_{x\to2}f(x)=0$에서 $f(2)=0$

$f(x)$는 최고차항의 계수가 1이고 $f(1)=0$, $f(2)=0$인 삼차함수 (→ $f(x)$는 $x-1$, $x-2$를 인수로 갖는다.)

이므로 $f(x)=(x-1)(x-2)(x+a)$ (a는 상수)로 놓을 수 있다.

$f'(x)=(x-2)(x+a)+(x-1)(x+a)+(x-1)(x-2)$이므로

$f'(2)=2+a$ ········· ㉠

$$\lim_{x\to2}\frac{f(x)}{(x-2)\{f'(x)\}^2}=\lim_{x\to2}\frac{(x-1)(x-2)(x+a)}{(x-2)\{f'(x)\}^2}$$
$$=\lim_{x\to2}\frac{(x-1)(x+a)}{\{f'(x)\}^2}$$
$$=\frac{2+a}{(2+a)^2}\ (\because ㉠)$$
$$=\frac{1}{2+a}$$

즉, $\frac{1}{2+a}=\frac{1}{4}$에서 $a=2$

따라서 $f(x)=(x-1)(x-2)(x+2)$이므로

$f(3)=2\times1\times5=10$

실수 Check

$$\lim_{x\to2}\frac{(x-1)(x+a)}{\{f'(x)\}^2}$$
$$=\lim_{x\to2}\frac{(x-1)(x+a)}{\{(x-2)(x+a)+(x-1)(x+a)+(x-1)(x-2)\}^2}$$
$$=\frac{(2-1)(2+a)}{\{(2-2)(2+a)+(2-1)(2+a)+(2-1)(2-2)\}^2}$$
$$=\frac{2+a}{(2+a)^2}=\frac{1}{2+a}$$

Plus 문제

0636-1

삼차함수 $f(x)$가 다음 조건을 만족시킨다.

> (가) $\lim_{x\to1}\frac{f(x)}{x-1}=3$
>
> (나) 1이 아닌 상수 α에 대하여 $\lim_{x\to2}\frac{f(x)}{(x-2)f'(x)}=\alpha$이다.

$\alpha\times f(4)$의 값을 구하시오.

(가)의 $\lim_{x\to1}\frac{f(x)}{x-1}=3$에서 $x\to1$일 때, 극한값이 존재하고 (분모)→0이므로 (분자)→0이다.

즉, $\lim_{x\to1}f(x)=0$에서 $f(1)=0$

(나)의 $\lim_{x\to2}\frac{f(x)}{(x-2)f'(x)}=\alpha\ (\alpha\neq1)$에서 $x\to2$일 때, 극한값이 존재하고 (분모)→0이므로 (분자)→0이다.

즉, $\lim_{x\to2}f(x)=0$에서 $f(2)=0$

$f(1)=0$, $f(2)=0$이므로 삼차함수 $f(x)$는 $x-1$, $x-2$를 인수로 갖는다.

즉, $f(x)=k(x-1)(x-2)(x+a)$ (k, a는 상수, $k\neq0$)로 놓을 수 있다.

$f'(x)=k\{(x-2)(x+a)+(x-1)(x+a)+(x-1)(x-2)\}$

$f'(2)=k(2+a)$

이때 $a\neq-2$라 하면

$$\lim_{x\to2}\frac{f(x)}{(x-2)f'(x)}=\lim_{x\to2}\frac{k(x-1)(x-2)(x+a)}{(x-2)f'(x)}$$
$$=\lim_{x\to2}\frac{k(x-1)(x+a)}{f'(x)}$$
$$=\frac{2+a}{2+a}=1\ (=\alpha)$$

그런데 $\alpha\neq1$이어야 하므로 $a=-2$이다.

따라서 $f(x)=k(x-1)(x-2)^2$이므로

$$\lim_{x\to2}\frac{f(x)}{(x-2)f'(x)}$$
$$=\lim_{x\to2}\frac{k(x-1)(x-2)^2}{(x-2)\{k(x-2)^2+2k(x-1)(x-2)\}}$$
$$=\lim_{x\to2}\frac{x-1}{(x-2)+2(x-1)}$$
$$=\frac{1}{0+2\times1}=\frac{1}{2}$$

$\therefore \alpha=\frac{1}{2}$

(가)에서 $\lim_{x\to1}\frac{f(x)}{x-1}=\lim_{x\to1}\frac{f(x)-f(1)}{x-1}=f'(1)$

$\therefore f'(1)=3$

함수 $f(x)=k(x-1)(x-2)^2$에서

$f'(x)=k\{(x-2)^2+2k(x-1)(x-2)\}$이고

$f'(1)=3$이므로 $k=3$

따라서 $f(x)=3(x-1)(x-2)^2$이므로

$f(4)=3\times3\times2^2=36$

$\therefore \alpha\times f(4)=\frac{1}{2}\times36=18$

답 18

0637 답 28 | 유형20

다항함수 $f(x)$에 대하여 $\lim_{x\to2}\frac{f(x+1)-8}{x^2-4}=5$일 때, $f(3)+f'(3)$의 값을 구하시오. 단서1

단서1 $x+1=t$로 치환

STEP1 극한값이 존재할 조건을 이용하여 $f(3)$의 값 구하기

$\lim_{x\to2}\frac{f(x+1)-8}{x^2-4}=5$에서 $x\to2$일 때, 극한값이 존재하고 (분모)→0이므로 (분자)→0이다.

즉, $\lim_{x\to2}\{f(x+1)-8\}=0$에서 $f(3)=8$

STEP2 $x+1=t$로 놓고 미분계수를 이용하여 $f'(3)$의 값 구하기

$x+1=t$로 놓으면 $x\to2$일 때 $t\to3$이므로

$$\lim_{x\to2}\frac{f(x+1)-8}{x^2-4}=\lim_{t\to3}\frac{f(t)-f(3)}{(t-1)^2-4}$$
$$=\lim_{t\to3}\frac{f(t)-f(3)}{t^2-2t-3}$$
$$=\lim_{t\to3}\frac{f(t)-f(3)}{(t-3)(t+1)}$$
$$=\lim_{t\to3}\frac{f(t)-f(3)}{t-3}\times\lim_{t\to3}\frac{1}{t+1}$$
$$=f'(3)\times\frac{1}{4}$$

즉, $\frac{1}{4}f'(3)=5$에서 $f'(3)=20$

STEP3 $f(3)+f'(3)$의 값 구하기

$f(3)+f'(3)=8+20=28$

0638 답 ④

$\lim_{x\to2}\frac{f(x-2)}{x^2-2x}=4$에서 $x\to2$일 때, 극한값이 존재하고
(분모)$\to0$이므로 (분자)$\to0$이다.
즉, $\lim_{x\to2}f(x-2)=0$에서 $f(0)=0$
$x-2=t$로 놓으면 $x\to2$일 때 $t\to0$이므로

$$\lim_{x\to2}\frac{f(x-2)}{x^2-2x}=\lim_{x\to2}\frac{f(x-2)}{x(x-2)}=\lim_{t\to0}\frac{f(t)}{(t+2)t}$$
$$=\lim_{t\to0}\left\{\frac{f(t)-f(0)}{t}\times\frac{1}{t+2}\right\}$$
$$=f'(0)\times\frac{1}{2}$$

즉, $\frac{1}{2}f'(0)=4$에서 $f'(0)=8$

$$\therefore \lim_{x\to0}\frac{f(x)}{x}=\lim_{x\to0}\frac{f(x)-f(0)}{x}=f'(0)=8$$

0639 답 ③

$\lim_{x\to2}\frac{f(x-1)-6}{x-2}=6$에서 $x\to2$일 때, 극한값이 존재하고
(분모)$\to0$이므로 (분자)$\to0$이다.
즉, $\lim_{x\to2}\{f(x-1)-6\}=0$에서 $f(1)=6$
$x-1=t$로 놓으면 $x\to2$일 때 $t\to1$이므로

$$\lim_{x\to2}\frac{f(x-1)-6}{x-2}=\lim_{t\to1}\frac{f(t)-f(1)}{t-1}=f'(1)$$

$\therefore f'(1)=6$
함수 $f(x)=x^3+2ax^2+bx+4$에서 $f'(x)=3x^2+4ax+b$이고
$f(1)=6$에서 $1+2a+b+4=6$
$f'(1)=6$에서 $3+4a+b=6$
두 식을 연립하여 풀면 $a=1$, $b=-1$
따라서 $f(x)=x^3+2x^2-x+4$이므로
$f(-1)=-1+2+1+4=6$

0640 답 ③

$F(x)=f(x)g(x)$라 하면
$F(0)=f(0)g(0)=(-4)\times(-2)=8$이므로

$$\lim_{h\to0}\frac{f(2h)g(2h)-8}{h}=\lim_{h\to0}\frac{F(2h)-F(0)}{h}$$
$$=\lim_{h\to0}\left\{\frac{F(2h)-F(0)}{2h}\times2\right\}$$
$$=2F'(0)$$

$F'(x)=f'(x)g(x)+f(x)g'(x)$
$\quad=(6x^2+3)(-2x^2+x-2)+(2x^3+3x-4)(-4x+1)$
이므로 $F'(0)=3\times(-2)+(-4)\times1=-10$
$\therefore 2F'(0)=-20$

0641 답 36

$\lim_{x\to\infty}x\left\{f\left(1+\frac{3}{x}\right)-f\left(1-\frac{1}{x}\right)\right\}$에서
$\frac{1}{x}=h$로 놓으면 $x\to\infty$일 때 $h\to0$이므로

$$\lim_{x\to\infty}x\left\{f\left(1+\frac{3}{x}\right)-f\left(1-\frac{1}{x}\right)\right\}$$
$$=\lim_{h\to0}\frac{f(1+3h)-f(1-h)}{h}$$
$$=\lim_{h\to0}\frac{f(1+3h)-f(1)+f(1)-f(1-h)}{h}$$
$$=\lim_{h\to0}\left\{\frac{f(1+3h)-f(1)}{h}+\frac{f(1)-f(1-h)}{h}\right\}$$
$$=\lim_{h\to0}\frac{f(1+3h)-f(1)}{3h}\times3+\lim_{h\to0}\frac{f(1-h)-f(1)}{-h}$$
$$=3f'(1)+f'(1)=4f'(1)$$

따라서 함수 $f(x)=2x^2+5x+1$에서 $f'(x)=4x+5$이므로
$f'(1)=4+5=9$
$\therefore 4f'(1)=36$

실수 Check

$\frac{1}{x}=h$로 놓으면 $x=\frac{1}{h}$이므로

$$x\left\{f\left(1+\frac{3}{x}\right)-f\left(1-\frac{1}{x}\right)\right\}=\frac{1}{h}\{f(1+3h)-f(1-h)\}$$
$$=\frac{f(1+3h)-f(1-h)}{h}$$

Plus 문제

0641-1

함수 $f(x)=2x^4-3x+1$에 대하여
$\lim_{x\to\infty}x\left\{f\left(1+\frac{3}{x}\right)-f\left(1-\frac{2}{x}\right)\right\}$의 값을 구하시오.

$\lim_{x\to\infty}x\left\{f\left(1+\frac{3}{x}\right)-f\left(1-\frac{2}{x}\right)\right\}$에서
$\frac{1}{x}=h$로 놓으면 $x\to\infty$일 때 $h\to0$이므로

$$\lim_{x\to\infty}x\left\{f\left(1+\frac{3}{x}\right)-f\left(1-\frac{2}{x}\right)\right\}$$
$$=\lim_{h\to0}\frac{f(1+3h)-f(1-2h)}{h}$$
$$=\lim_{h\to0}\frac{f(1+3h)-f(1)+f(1)-f(1-2h)}{h}$$
$$=\lim_{h\to0}\left\{\frac{f(1+3h)-f(1)}{h}+\frac{f(1)-f(1-2h)}{h}\right\}$$
$$=\lim_{h\to0}\frac{f(1+3h)-f(1)}{3h}\times3+\lim_{h\to0}\frac{f(1-2h)-f(1)}{-2h}\times2$$
$$=3f'(1)+2f'(1)=5f'(1)$$

따라서 함수 $f(x)=2x^4-3x+1$에서 $f'(x)=8x^3-3$이므로
$f'(1)=8-3=5$
$\therefore 5f'(1)=25$

답 25

0642 답 ④

(가)에서 $f(x+y)=f(x)+f(y)+a$의 양변에 $x=0$, $y=0$을 대입하면
$f(0)=f(0)+f(0)+a \qquad \therefore f(0)=-a$ ……… ㉠
(나) $\lim_{x\to1}\frac{f(x-1)+2}{x-1}=1$에서 $x\to1$일 때, 극한값이 존재하고

(분모)$\to 0$이므로 (분자)$\to 0$이다.

즉, $\lim_{x\to 1}\{f(x-1)+2\}=0$에서 $f(0)=-2$ ········ ㉡

㉠, ㉡에서 $-a=-2$ $\quad\therefore a=2$

$\therefore f(x+y)=f(x)+f(y)+2$ ········ ㉢

$\lim_{x\to 1}\frac{f(x-1)+2}{x-1}=1$에서

$x-1=t$로 놓으면 $x\to 1$일 때 $t\to 0$이므로

$$\lim_{x\to 1}\frac{f(x-1)+2}{x-1}=\lim_{t\to 0}\frac{f(t)-f(0)}{t}\ (\because ㉡)$$
$$=f'(0)$$

$\therefore f'(0)=1$ ········ ㉣

미분계수의 정의에 의하여 $f'(1)$은

$$f'(1)=\lim_{h\to 0}\frac{f(1+h)-f(1)}{h}$$
$$=\lim_{h\to 0}\frac{\{f(1)+f(h)+2\}-f(1)}{h}\ (\because ㉢)$$
$$=\lim_{h\to 0}\frac{f(h)+2}{h}=\lim_{h\to 0}\frac{f(h)-f(0)}{h}\ (\because ㉡)$$
$$=f'(0)=1\ (\because ㉣)$$

0643 답 ③ | 유형21

다항함수 $f(x)$가 다음 조건을 만족시킬 때, $f(2)$의 값은?

(가) 모든 실수 x에 대하여 $2f(x)=xf'(x)-6$ 단서1
(나) $f(1)=-1$

① 3 ② 4 ③ 5
④ 6 ⑤ 7

단서1 $f(x)$가 n차식 ➡ $f'(x)$는 $(n-1)$차식

STEP1 주어진 등식에서 최고차항의 계수를 비교하여 다항함수의 차수 구하기

다항함수 $f(x)$의 최고차항을 ax^n ($a\neq 0$, n은 자연수)이라 하면

$f'(x)$의 최고차항은 anx^{n-1}이다.

(가)의 $2f(x)=xf'(x)-6$에서 좌변과 우변은 모두 n차식이므로 ($xf'(x)$: $x\times anx^{n-1}=anx^n$)

최고차항의 계수를 비교하면

$2a=an$, $a(n-2)=0$

$\therefore n=2\ (\because a\neq 0)$

STEP2 항등식에서 계수를 비교하여 다항식의 계수 구하기

즉, $f(x)$는 이차함수이므로

$f(x)=ax^2+bx+c$ (a, b, c는 상수, $a\neq 0$)라 하면

$f'(x)=2ax+b$

모든 실수 x에 대하여 $2f(x)=xf'(x)-6$이므로

$2ax^2+2bx+2c=2ax^2+bx-6$

이 등식은 x에 대한 항등식이므로

$2b=b$, $2c=-6$ $\quad\therefore b=0$, $c=-3$

(나)에서 $f(1)=-1$이므로

$f(1)=a+b+c=-1$

$a+0+(-3)=-1$ $\quad\therefore a=2$

STEP3 $f(2)$의 값 구하기

$f(x)=2x^2-3$이므로

$f(2)=2\times 4-3=5$

0644 답 16

다항함수 $f(x)$가 n $(n\geq 2)$차 함수이면 $f'(x)$는 $(n-1)$차 함수이므로 ($n\geq 2$: $f(x)$가 일차함수이면 $f(x)f'(x)$도 일차함수이다.)

$f(x)f'(x)$는 $n+(n-1)=2n-1$에서 $(2n-1)$차 함수이다.

즉, $2n-1=3$에서 $n=2$

$f(x)$는 최고차항의 계수가 1인 이차함수이므로

$f(x)=x^2+ax+b$ (a, b는 상수)라 하면 $f'(x)=2x+a$

$$\therefore f(x)f'(x)=(x^2+ax+b)(2x+a)$$
$$=2x^3+3ax^2+(a^2+2b)x+ab$$
$$=2x^3-9x^2+5x+6$$

즉, $3a=-9$, $a^2+2b=5$, $ab=6$이므로

$a=-3$, $b=-2$

따라서 $f(x)=x^2-3x-2$이므로

$f(-3)=9+9-2=16$

0645 답 ②

$f'(x)\{f'(x)+4\}=8f(x)+12x^2-4$에서

다항함수 $f(x)$가 n $(n\geq 2)$차 함수이면 $f'(x)$는 $(n-1)$차 함수이므로 위 등식의 좌변은 $(n-1)+(n-1)=2n-2$에서 $(2n-2)$차식이고, 우변은 n차식이다. ($f(x)$가 일차함수이면 좌변은 상수이다.)

즉, $2n-2=n$에서 $n=2$

따라서 최고차항의 계수가 양수인 이차함수 $f(x)$를

$f(x)=ax^2+bx+c$ (a, b, c는 상수, $a>0$)라 하면

$f'(x)=2ax+b$

모든 실수 x에 대하여 $f'(x)\{f'(x)+4\}=8f(x)+12x^2-4$이므로

$(2ax+b)(2ax+b+4)=8(ax^2+bx+c)+12x^2-4$

$\therefore 4a^2x^2+4a(b+2)x+b(b+4)=(8a+12)x^2+8bx+8c-4$

이 등식은 x에 대한 항등식이므로

$4a^2=8a+12$ ········ ㉠

$4a(b+2)=8b$ ········ ㉡

$b(b+4)=8c-4$ ········ ㉢

㉠에서 $a^2-2a-3=0$

$(a+1)(a-3)=0$ $\quad\therefore a=3\ (\because a>0)$

$a=3$을 ㉡, ㉢에 대입하여 풀면 $b=-6$, $c=2$

따라서 $f(x)=3x^2-6x+2$이므로

$f(1)=3-6+2=-1$

Plus 문제

0645-1

다항함수 $f(x)$가 모든 실수 x에 대하여 $(x^n-2)f'(x)=f(x)$를 만족시키고 $f(3)=1$일 때, $f(n)$의 값을 구하시오. (단, n은 자연수이다.)

다항함수 $f(x)$의 최고차항을 ax^k ($a\neq 0$, k는 자연수)이라 하면 $f'(x)$의 최고차항은 akx^{k-1}이다.

$(x^n-2)f'(x)=f(x)$에서

$akx^{n+k-1}+\cdots=ax^k+\cdots$

(i) 좌변과 우변의 최고차항의 차수가 같으므로

$n+k-1=k \quad \therefore n=1$

(ii) 좌변과 우변의 최고차항의 계수가 같으므로

$ak=a,\ a(k-1)=0$

$\therefore k=1\ (\because a\neq 0)$

즉, $f(x)$는 일차함수이므로

$f(x)=ax+b$ (a, b는 상수, $a\neq 0$)라 하면

$f'(x)=a$

이것을 $(x-2)f'(x)=f(x)$에 대입하면

$f(x)=a(x-2)$

이때 $f(3)=1$에서 $a\times 1=1 \quad \therefore a=1$

따라서 $f(x)=x-2$이므로

$f(n)=f(1)=1-2=-1$

답 -1

0646 답 30

$f(x)=30x^3-f'(1)x^2+5$의 양변을 x에 대하여 미분하면

$f'(x)=90x^2-2f'(1)x$

위 등식의 양변에 $x=1$을 대입하면

$f'(1)=90-2f'(1),\ 3f'(1)=90$

$\therefore f'(1)=30$

0647 답 16

최고차항의 계수가 1인 이차함수 $f(x)$를

$f(x)=x^2+ax+b$ (a, b는 상수)라 하면

$f'(x)=2x+a$

모든 실수 x에 대하여 $2f(x)=(x+1)f'(x)$이므로

$2(x^2+ax+b)=(x+1)(2x+a)$

즉, $2x^2+2ax+2b=2x^2+(a+2)x+a$는 x에 대한 항등식이므로

$2a=a+2,\ 2b=a$

$\therefore a=2,\ b=1$

따라서 $f(x)=x^2+2x+1$이므로

$f(3)=9+6+1=16$

0648 답 ①

함수 $f(x)=ax^2+b$에서 $f'(x)=2ax$

모든 실수 x에 대하여 $4f(x)=\{f'(x)\}^2+x^2+4$이므로

$4(ax^2+b)=(2ax)^2+x^2+4$

$4ax^2+4b=(4a^2+1)x^2+4$

이 등식은 x에 대한 항등식이므로

$4a=4a^2+1,\ 4b=4$

$4a^2-4a+1=0,\ (2a-1)^2=0 \quad \therefore a=\frac{1}{2}$

$4b=4 \quad \therefore b=1$

따라서 $f(x)=\frac{1}{2}x^2+1$이므로

$f(2)=\frac{1}{2}\times 4+1=3$

0649 답 ④ | 유형22

다항식 x^3+ax^2+b가 $(x-2)^2$으로 나누어떨어질 때, $b-a$의 값은? (단, a, b는 상수이다.) 단서1

① 1 ② 3 ③ 5
④ 7 ⑤ 9

단서1 몫은 $Q(x)$, 나머지는 0

STEP 1 몫을 $Q(x)$라 하고 식 세우기

다항식 x^3+ax^2+b를 $(x-2)^2$으로 나누었을 때의 몫을 $Q(x)$라 하면

$x^3+ax^2+b=(x-2)^2Q(x)$ ······ ㉠

STEP 2 $x=2$를 대입하여 a, b 사이의 관계식 세우기

양변에 $x=2$를 대입하면 $8+4a+b=0$ ······ ㉡

STEP 3 양변을 미분한 후 $x=2$를 대입하여 상수 a, b의 값 구하기

㉠의 양변을 x에 대하여 미분하면

$3x^2+2ax=2(x-2)Q(x)+(x-2)^2Q'(x)$

양변에 $x=2$를 대입하면

$12+4a=0 \quad \therefore a=-3$

$a=-3$을 ㉡에 대입하면 $8-12+b=0 \quad \therefore b=4$

STEP 4 $a+b$의 값 구하기

$b-a=7$

다른 풀이

$f(x)=x^3+ax^2+b$가 $(x-2)^2$으로 나누어떨어질 조건은

$f(2)=0,\ f'(2)=0$이므로

$f(2)=8+4a+b=0$에서 $4a+b=-8$ ······ ㉠

$f'(x)=3x^2+2ax$에서 $f'(2)=12+4a=0 \quad \therefore a=-3$

$a=-3$을 ㉠에 대입하면 $b=4$

$\therefore b-a=7$

개념 Check

다항식 $f(x)$가 $(x-a)^2$으로 나누어떨어진다.

➜ $f(x)=(x-a)^2Q(x)$ (단, $Q(x)$는 몫)

➜ $f(a)=0,\ f'(a)=0$

0650 답 ③

다항식 x^6+ax^3+b를 $(x+1)^2$으로 나누었을 때의 몫을 $Q(x)$라 하면

$x^6+ax^3+b=(x+1)^2Q(x)$ ······ ㉠

양변에 $x=-1$을 대입하면 $1-a+b=0$ ······ ㉡

㉠의 양변을 x에 대하여 미분하면

$6x^5+3ax^2=2(x+1)Q(x)+(x+1)^2Q'(x)$

양변에 $x=-1$을 대입하면

$-6+3a=0 \quad \therefore a=2$

$a=2$를 ㉡에 대입하면 $1-2+b=0 \quad \therefore b=1$

$\therefore a+b=3$

0651 답 ①

다항식 $x^{10}+x^9+x^8+ax+b$를 $(x-1)^2$으로 나누었을 때의 몫을 $Q(x)$라 하면

$x^{10}+x^9+x^8+ax+b=(x-1)^2Q(x)$ ……… ㉠

양변에 $x=1$을 대입하면 $3+a+b=0$ ……… ㉡

㉠의 양변을 x에 대하여 미분하면

$10x^9+9x^8+8x^7+a=2(x-1)Q(x)+(x-1)^2Q'(x)$

양변에 $x=1$을 대입하면

$27+a=0 \quad \therefore a=-27$

$a=-27$을 ㉡에 대입하면 $b=24$

$\therefore b-a=51$

0652 답 ①

다항식 x^3+kx+2를 $(x-a)^2$으로 나누었을 때의 몫을 $Q(x)$라 하면

$x^3+kx+2=(x-a)^2Q(x)$ ……… ㉠

양변에 $x=a$를 대입하면

$a^3+ka+2=0$ ……… ㉡

㉠의 양변을 x에 대하여 미분하면

$3x^2+k=2(x-a)Q(x)+(x-a)^2Q'(x)$

양변에 $x=a$를 대입하면

$3a^2+k=0 \quad \therefore k=-3a^2$ ……… ㉢

㉢을 ㉡에 대입하면 $a^3-3a^3+2=0$

$a^3-1=0$, $(a-1)(a^2+a+1)=0$

$\therefore a=1$ ($\because a$는 실수)

→ $a^2+a+1=0$을 만족시키는 실수 a는 존재하지 않는다.

$a=1$을 ㉢에 대입하면 $k=-3$

$\therefore a+k=-2$

0653 답 ②

다항식 $x^{2030}+ax+b$를 $(x+1)^2$으로 나누었을 때의 몫을 $Q(x)$라 하면

$x^{2030}+ax+b=(x+1)^2Q(x)$ ……… ㉠

→ $(x+1)^2$으로 나누어떨어지므로 나머지가 0이다.

양변에 $x=-1$을 대입하면

$1-a+b=0$ ……… ㉡

㉠의 양변을 x에 대하여 미분하면

$2030x^{2029}+a=2(x+1)Q(x)+(x+1)^2Q'(x)$

양변에 $x=-1$을 대입하면

$-2030+a=0 \quad \therefore a=2030$

$a=2030$을 ㉡에 대입하면 $b=2029$

$\therefore a+b=4059$

0654 답 ④

다항식 x^5+ax^2+bx+c를 $(x-1)^3$으로 나누었을 때의 몫을 $Q(x)$라 하면

$x^5+ax^2+bx+c=(x-1)^3Q(x)$ ……… ㉠

양변에 $x=1$을 대입하면

$1+a+b+c=0$ ……… ㉡

㉠의 양변을 x에 대하여 미분하면

$5x^4+2ax+b=3(x-1)^2Q(x)+(x-1)^3Q'(x)$ ……… ㉢

양변에 $x=1$을 대입하면

$5+2a+b=0 \quad \therefore 2a+b=-5$ ……… ㉣

이때 $Q'(x)$는 일차식이므로 $px+q$ (p, q는 상수)라 하면 ㉢은

→ ㉠에서 $Q(x)$가 이차식이므로 $Q'(x)$는 일차식이다.

$5x^4+2ax+b=3(x-1)^2Q(x)+(x-1)^3(px+q)$

양변을 x에 대하여 미분하면

$$20x^3+2a=6(x-1)Q(x)+3(x-1)^2Q'(x)+3(x-1)^2(px+q)+p(x-1)^3$$

양변에 $x=1$을 대입하면

$20+2a=0 \quad \therefore a=-10$

$a=-10$을 ㉡, ㉣에 대입하여 풀면 $b=15$, $c=-6$

$\therefore a+b-c=11$

0655 답 ③ | 유형23

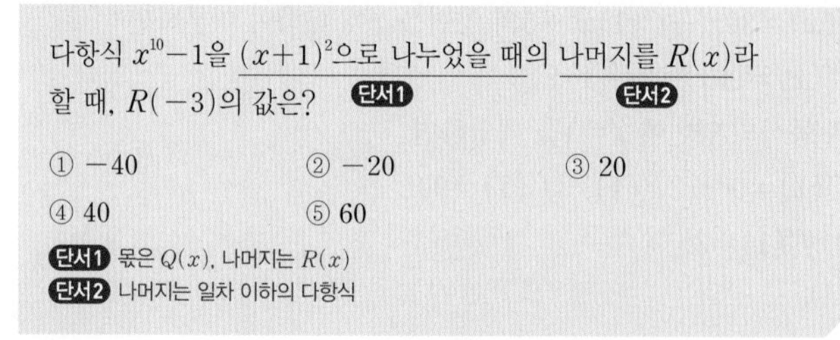

다항식 $x^{10}-1$을 $(x+1)^2$으로 나누었을 때의 나머지를 $R(x)$라 할 때, $R(-3)$의 값은? 단서1 단서2

① -40 ② -20 ③ 20 ④ 40 ⑤ 60

단서1 몫은 $Q(x)$, 나머지는 $R(x)$

단서2 나머지는 일차 이하의 다항식

STEP1 몫을 $Q(x)$라 하고 식 세우기

다항식 $x^{10}-1$을 $(x+1)^2$으로 나누었을 때의 몫을 $Q(x)$, 나머지를 $R(x)=ax+b$ (a, b는 상수)라 하면

$x^{10}-1=(x+1)^2Q(x)+ax+b$ ……… ㉠

STEP2 $x=-1$을 대입하여 a, b 사이의 관계식 세우기

양변에 $x=-1$을 대입하면

$0=-a+b$ ……… ㉡

STEP3 양변을 미분한 후 $x=-1$을 대입하여 상수 a, b의 값 구하기

㉠의 양변을 x에 대하여 미분하면

$10x^9=2(x+1)Q(x)+(x+1)^2Q'(x)+a$

양변에 $x=-1$을 대입하면

$-10=a \quad \therefore a=-10$

$a=-10$을 ㉡에 대입하면

$0=10+b \quad \therefore b=-10$

STEP4 $R(-3)$의 값 구하기

따라서 $R(x)=-10x-10$이므로

$R(-3)=30-10=20$

0656 답 $6x+2$

다항식 $x^{10}+4x^3-2x^2+1$을 $(x+1)^2$으로 나누었을 때의 몫을 $Q(x)$, 나머지를 $px+q$ (p, q는 상수)라 하면

→ 나머지는 일차 이하의 다항식이다.

$x^{10}+4x^3-2x^2+1=(x+1)^2Q(x)+px+q$ ……… ㉠

양변에 $x=-1$을 대입하면

$1-4-2+1=-p+q \quad \therefore p-q=4$ ······ ㉡

㉠의 양변을 x에 대하여 미분하면

$10x^9+12x^2-4x=2(x+1)Q(x)+(x+1)^2Q'(x)+p$

양변에 $x=-1$을 대입하면

$-10+12+4=p \quad \therefore p=6$

$p=6$을 ㉡에 대입하면 $q=2$

따라서 구하는 나머지는 $6x+2$이다.

0657 답 ③

다항식 $x^{10}-2x^4+5$를 $(x+1)^2$으로 나누었을 때의 몫을 $Q(x)$, 나머지를 $R(x)=ax+b$ (a, b는 상수)라 하면

$x^{10}-2x^4+5=(x+1)^2Q(x)+ax+b$ ······ ㉠

양변에 $x=-1$을 대입하면

$4=-a+b$ ······ ㉡

㉠의 양변을 x에 대하여 미분하면

$10x^9-8x^3=2(x+1)Q(x)+(x+1)^2Q'(x)+a$

양변에 $x=-1$을 대입하면 $-2=a$

$a=-2$를 ㉡에 대입하면 $b=2$

따라서 $R(x)=-2x+2$이므로

$R(2)=-4+2=-2$

0658 답 ⑤

다항식 x^9-ax+b를 $(x-1)^2$으로 나누었을 때의 몫을 $Q(x)$라 하면

$x^9-ax+b=(x-1)^2Q(x)+x-2$ ······ ㉠

양변에 $x=1$을 대입하면

$1-a+b=-1$ ······ ㉡

㉠의 양변을 x에 대하여 미분하면

$9x^8-a=2(x-1)Q(x)+(x-1)^2Q'(x)+1$

양변에 $x=1$을 대입하면

$9-a=1 \quad \therefore a=8$

$a=8$을 ㉡에 대입하면 $b=6$

$\therefore ab=48$

0659 답 15

$\lim_{x\to 2}\frac{f(x)-a}{x-2}=4$에서 $x\to 2$일 때, 극한값이 존재하고 (분모)$\to 0$이므로 (분자)$\to 0$이다.

즉, $\lim_{x\to 2}\{f(x)-a\}=0$에서 $f(2)=a$

$\lim_{x\to 2}\frac{f(x)-a}{x-2}=\lim_{x\to 2}\frac{f(x)-f(2)}{x-2}=f'(2)$

$\therefore f'(2)=4$

다항식 $f(x)$를 $(x-2)^2$으로 나누었을 때의 몫을 $Q(x)$라 하면

$f(x)=(x-2)^2Q(x)+bx+3$ ······ ㉠

양변에 $x=2$를 대입하면

$a=2b+3$ ($\because f(2)=a$) ······ ㉡

㉠의 양변을 x에 대하여 미분하면

$f'(x)=2(x-2)Q(x)+(x-2)^2Q'(x)+b$

양변에 $x=2$를 대입하면

$4=b$ ($\because f'(2)=4$)

$b=4$를 ㉡에 대입하면 $a=11$

$\therefore a+b=15$

0660 답 ①

다항식 $x^n(x^2+ax+b)$를 $(x-3)^2$으로 나누었을 때의 몫을 $Q(x)$라 하면 나머지가 $3^n(x-3)$이므로

$x^n(x^2+ax+b)=(x-3)^2Q(x)+3^n(x-3)$ ······ ㉠

양변에 $x=3$을 대입하면

$3^n(9+3a+b)=0$

$\therefore 9+3a+b=0$ ($\because 3^n>0$) ······ ㉡

㉠의 양변을 x에 대하여 미분하면

$nx^{n-1}(x^2+ax+b)+x^n(2x+a)=2(x-3)Q(x)+(x-3)^2Q'(x)+3^n$

양변에 $x=3$을 대입하면

$n\times 3^{n-1}(9+3a+b)+3^n(a+6)=3^n$

위의 식에 ㉡을 대입하면

$3^n(a+6)=3^n$, $a+6=1$ ($\because 3^n>0$)

$\therefore a=-5$

$a=-5$를 ㉡에 대입하면 $b=6$

$\therefore a+b=1$

0661 답 ①

다항식 $f(x)$를 $(x+1)^2$으로 나누었을 때의 몫을 $Q_1(x)$라 하면

$f(x)=(x+1)^2Q_1(x)$ ······ ㉠

양변에 $x=-1$을 대입하면 $f(-1)=0$

㉠의 양변을 x에 대하여 미분하면

$f'(x)=2(x+1)Q_1(x)+(x+1)^2Q_1'(x)$

양변에 $x=-1$을 대입하면 $f'(-1)=0$

또, 다항식 $f(x)$를 $x-1$로 나누면 나머지가 4이므로

나머지정리에 의하여 $f(1)=4$

다항식 $f(x)$를 $(x+1)^2(x-1)$로 나누었을 때의 몫을 $Q(x)$라 하면 나머지는 2차 이하의 다항식이므로

$g(x)=ax^2+bx+c$ (a, b, c는 상수)로 놓을 수 있다.

$f(x)=(x+1)^2(x-1)Q(x)+ax^2+bx+c$ ······ ㉡

이 식의 양변에 $x=1$, $x=-1$을 각각 대입하면

$f(1)=4$이므로 $a+b+c=4$ ······ ㉢

$f(-1)=0$이므로 $a-b+c=0$ ······ ㉣

㉡의 양변을 x에 대하여 미분하면

$f'(x)=2(x+1)(x-1)Q(x)+(x+1)^2Q(x)$
$+(x+1)^2(x-1)Q'(x)+2ax+b$

양변에 $x=-1$을 대입하면

$f'(-1)=0$이므로 $-2a+b=0$ ······ ㉤

㉢, ㉣, ㉤을 연립하여 풀면 $a=1$, $b=2$, $c=1$

즉, $g(x)=x^2+2x+1$

$$\therefore \lim_{h\to0}\frac{g(2+h)-g(2-h)}{h}$$
$$=\lim_{h\to0}\frac{g(2+h)-g(2)+g(2)-g(2-h)}{h}$$
$$=\lim_{h\to0}\left\{\frac{g(2+h)-g(2)}{h}+\frac{g(2)-g(2-h)}{h}\right\}$$
$$=\lim_{h\to0}\frac{g(2+h)-g(2)}{h}+\lim_{h\to0}\frac{g(2-h)-g(2)}{-h}$$
$$=g'(2)+g'(2)$$
$$=2g'(2)$$
이때 $g(x)=x^2+2x+1$에서 $g'(x)=2x+2$이므로

$g'(2)=4+2=6$

따라서 구하는 값은 $2g'(2)=12$

개념 Check

나머지정리

다항식 $f(x)$를 일차식 $x-a$로 나누었을 때의 나머지를 R라 하면 $R=f(a)$이다.

실수 Check

다항식 $f(x)$가 $(x+1)^2$으로 나누어떨어지므로

$f(-1)=0$, $f'(-1)=0$

0662 답 ②

(가)의 $\lim_{x\to-1}\frac{f(x)-1}{x+1}=3$에서 $x\to-1$일 때, 극한값이 존재하고

(분모)→0이므로 (분자)→0이다.

즉, $\lim_{x\to-1}\{f(x)-1\}=0$에서 $f(-1)=1$

$$\lim_{x\to-1}\frac{f(x)-1}{x+1}=\lim_{x\to-1}\frac{f(x)-f(-1)}{x-(-1)}=f'(-1)$$

$\therefore f'(-1)=3$

(나)에서 $\lim_{x\to-1}\frac{xf(x)+g(x)}{(x+1)^2}$의 값이 존재하고,

$x\to-1$일 때, (분모)→0이므로

$xf(x)+g(x)=(x+1)^2A(x)$로 놓을 수 있다.

즉, $g(x)=(x+1)^2A(x)-xf(x)$ ······ ㉠

다항식 $g(x)$를 $(x+1)^2$으로 나누었을 때의 몫을 $B(x)$라 하면

나머지 $h(x)$는 일차 이하의 다항식이므로

$h(x)=ax+b$ (a, b는 상수)라 하면

$g(x)=(x+1)^2B(x)+ax+b$ ······ ㉡

㉠, ㉡에서

$(x+1)^2A(x)-xf(x)=(x+1)^2B(x)+ax+b$이므로

$(x+1)^2\{A(x)-B(x)\}=xf(x)+ax+b$

$C(x)=A(x)-B(x)$라 하면

$(x+1)^2C(x)=xf(x)+ax+b$ ······ ㉢

양변에 $x=-1$을 대입하면

$0=-f(-1)-a+b$

$\therefore a-b=-1$ ($\because f(-1)=1$) ······ ㉣

㉢의 양변을 x에 대하여 미분하면

$2(x+1)C(x)+(x+1)^2C'(x)=f(x)+xf'(x)+a$

양변에 $x=-1$을 대입하면

$0=f(-1)-f'(-1)+a$

$\therefore a=2$ ($\because f(-1)=1$, $f'(-1)=3$)

$a=2$를 ㉣에 대입하면 $b=3$

따라서 $h(x)=2x+3$이므로

$h(-2)=-4+3=-1$

실수 Check

$\lim_{x\to-1}\frac{xf(x)+g(x)}{(x+1)^2}$의 값이 존재하고 $x\to-1$일 때, (분모)→0이므로 분자 $xf(x)+g(x)$는 $(x+1)^2$으로 나누어떨어짐을 이용한다.

서술형 유형 익히기

144쪽~147쪽

0663 답 (1) 0 (2) $x+h$ (3) x (4) x (5) x (6) 1 (7) $x+1$

STEP 1 주어진 식에서 $f(0)$의 값 구하기 [1점]

$f(x+y)=f(x)+f(y)+xy$의 양변에

$x=0$, $y=0$을 대입하면

$f(0)=f(0)+f(0)+0$

$\therefore f(0)=\boxed{0}$ ······ ㉠

STEP 2 도함수의 정의를 이용하여 $f'(x)$ 식 세우기 [3점]

도함수의 정의에 의하여 $f'(x)$는

$$f'(x)=\lim_{h\to0}\frac{f(\boxed{x+h})-f(x)}{h}$$
$$=\lim_{h\to0}\frac{\{f(x)+f(h)+xh\}-f(x)}{h}$$
$$=\lim_{h\to0}\frac{f(h)+xh}{h}=\lim_{h\to0}\frac{f(h)}{h}+\boxed{x}$$
$$=\lim_{h\to0}\frac{f(h)-f(0)}{h}+\boxed{x}\ (\because ㉠)$$
$$=f'(0)+\boxed{x}$$

STEP 3 $f'(1)=2$를 이용하여 $f'(0)$의 값을 찾고, $f'(x)$ 구하기 [3점]

양변에 $x=1$을 대입하면 $f'(1)=f'(0)+1$이고

$f'(1)=2$이므로 $f'(0)=\boxed{1}$

따라서 $f'(x)=\boxed{x+1}$이다.

실제 답안 예시

$f(x+y)=f(x)+f(y)+xy$의 x, y에 0을 대입하면

$f(0)=0$

$f(x+y)-f(x)=f(y)+xy$

$\frac{f(x+y)-f(x)}{y}=\frac{f(y)}{y}+x$

$\lim_{y\to0}\frac{f(x+y)-f(x)}{y}=\lim_{y\to0}\frac{f(y)-f(0)}{y}+x$

$f'(x)=f'(0)+x$

x에 1을 대입하면 $f'(1)=f'(0)+1$

$f'(1)=2$이므로 $2=f'(0)+1$ $\therefore f'(0)=1$

$\therefore f'(x)=x+1$

0664 답 $x=\frac{11}{2}$

STEP1 주어진 식에서 $f(0)$의 값 구하기 [1점]

$f(x+y)=f(x)+f(y)-2xy$의 양변에 $x=0$, $y=0$을 대입하면

$f(0)=f(0)+f(0)$ $\therefore f(0)=0$ ······ ㉠

STEP2 도함수의 정의를 이용하여 $f'(x)$ 식 세우기 [3점]

도함수의 정의에 의하여 $f'(x)$는

$$f'(x)=\lim_{h\to0}\frac{f(x+h)-f(x)}{h}$$
$$=\lim_{h\to0}\frac{\{f(x)+f(h)-2xh\}-f(x)}{h}$$
$$=\lim_{h\to0}\frac{f(h)-2xh}{h}=\lim_{h\to0}\frac{f(h)}{h}-2x$$
$$=\lim_{h\to0}\frac{f(h)-f(0)}{h}-2x\ (\because ㉠)$$
$$=f'(0)-2x$$

STEP3 $f'(3)=5$를 이용하여 $f'(x)$를 구하고, $f'(x)=0$의 해 구하기 [3점]

양변에 $x=3$을 대입하면 $f'(3)=f'(0)-6$이고

$f'(3)=5$이므로 $5=f'(0)-6$

$\therefore f'(0)=11$ ······ ⓐ

→ $f'(x)$의 상수항이 11이다.

따라서 $f'(x)=-2x+11$이므로

방정식 $-2x+11=0$의 해는 $x=\frac{11}{2}$이다.

부분점수표	
ⓐ $f'(0)$의 값만 바르게 구한 경우	2점

0665 답 1

STEP1 주어진 식에서 $f(0)$의 값 구하기 [2점]

$f(x+y)=f(x)f(y)$의 양변에 $x=0$, $y=0$을 대입하면

$f(0)=f(0)f(0)$ $\therefore f(0)=1\ (\because f(0)>0)$ ······ ㉠

STEP2 도함수의 정의를 이용하여 $f'(x)$ 식 세우기 [4점]

도함수의 정의에 의하여 $f'(x)$는

$$f'(x)=\lim_{h\to0}\frac{f(x+h)-f(x)}{h}$$
$$=\lim_{h\to0}\frac{f(x)f(h)-f(x)}{h}=\lim_{h\to0}\frac{f(x)\{f(h)-1\}}{h}$$
$$=f(x)\times\lim_{h\to0}\frac{f(h)-f(0)}{h}\ (\because ㉠)$$
$$=f(x)f'(0)=f(x)\ (\because f'(0)=1)$$

STEP3 $\frac{f'(x)}{f(x)}$의 값 구하기 [2점]

따라서 $f'(x)=f(x)$에서 $\frac{f'(x)}{f(x)}=1\ (\because f(x)>0)$

0666 답 19

STEP1 주어진 식에서 $f(0)$의 값 구하기 [1점]

$f(x+y)=f(x)+f(y)+3xy(x+y)-1$의 양변에 $x=0$, $y=0$을 대입하면

$f(0)=f(0)+f(0)-1$ $\therefore f(0)=1$ ······ ㉠

STEP2 도함수의 정의를 이용하여 $f'(x)$ 식 세우기 [3점]

도함수의 정의에 의하여 $f'(x)$는

$$f'(x)=\lim_{h\to0}\frac{f(x+h)-f(x)}{h}$$
$$=\lim_{h\to0}\frac{\{f(x)+f(h)+3xh(x+h)-1\}-f(x)}{h}$$
$$=\lim_{h\to0}\frac{f(h)+3xh(x+h)-1}{h}$$
$$=\lim_{h\to0}3x(x+h)+\lim_{h\to0}\frac{f(h)-1}{h}$$
$$=3x^2+\lim_{h\to0}\frac{f(h)-f(0)}{h}\ (\because ㉠)$$
$$=3x^2+f'(0)$$ ······ ㉡

STEP3 $\lim_{x\to1}\frac{f(x)-f'(x)}{x^2-1}=8$을 이용하여 $f'(0)$의 값 구하기 [6점]

$\lim_{x\to1}\frac{f(x)-f'(x)}{x^2-1}=8$에서 $x\to1$일 때, 극한값이 존재하고

(분모)→0이므로 (분자)→0이다.

즉, $\lim_{x\to1}\{f(x)-f'(x)\}=0$에서 $f(1)=f'(1)$ ······ ㉢ ······ ⓐ

㉡의 양변에 $x=1$을 대입하면 $f'(1)=3+f'(0)$이므로

$f'(0)=f'(1)-3=f(1)-3\ (\because ㉢)$

→ $f'(0)=f(1)-3$

$$\lim_{x\to1}\frac{f(x)-f'(x)}{x^2-1}=\lim_{x\to1}\frac{f(x)-3x^2-f'(0)}{x^2-1}\ (\because ㉡)$$
$$=\lim_{x\to1}\frac{f(x)-3x^2-f(1)+3}{x^2-1}$$
$$=\lim_{x\to1}\frac{f(x)-f(1)}{x^2-1}-\lim_{x\to1}\frac{3(x^2-1)}{x^2-1}$$
$$=\lim_{x\to1}\left\{\frac{f(x)-f(1)}{x-1}\times\frac{1}{x+1}\right\}-3$$
$$=\frac{1}{2}f'(1)-3$$

즉, $\frac{1}{2}f'(1)-3=8$에서 $f'(1)=22$ ······ ⓑ

$\therefore f'(0)=f'(1)-3=22-3=19$

부분점수표	
ⓐ $f(1)=f'(1)$만 구한 경우	1점
ⓑ $f'(1)$의 값을 구한 경우	4점

0667 답 (1) 4 (2) −16 (3) 4 (4) −6 (5) −6 (6) 8

STEP1 $f(0)=f(4)$임을 이용하여 a, b 사이의 관계식 구하기 [3점]

함수 $f(x)$가 모든 실수 x에서 미분가능하므로 $x=0$, $x=4$에서 연속이고 미분가능하다.

(나)에서 $f(x)=f(x+4)$이므로

$f(0)=f(\boxed{4})$

이때 (가)에서 $f(x)=x^3+ax^2+bx\ (0\le x\le4)$이므로

$0=64+16a+4b$ $\therefore 4a+b=\boxed{-16}$ ······ ㉠

STEP2 $f'(0)=f'(4)$임을 이용하여 상수 a의 값 구하기 [3점]

함수 $f(x)$는 모든 실수 x에서 미분가능하고

$f'(x)=3x^2+2ax+b$이므로

$f'(0)=f'(\boxed{4})$에서 $b=48+8a+b$

$\therefore a=\boxed{-6}$

STEP 3 상수 b의 값 구하기 [1점]

$a=\boxed{-6}$을 ㉠에 대입하면 $b=\boxed{8}$

실제 답안 예시

(나)에 의해 $f(0)=f(4)$
(가)에 의해 $f(0)=0$
$f(4)=64+16a+4b$ ······ ㉠
모든 실수 x에서 미분가능하려면 $\lim_{x\to0}\frac{f(x)-f(0)}{x}$이 존재해야 한다.
$f'(x)=3x^2+2ax+b$
$\lim_{x\to0+}\frac{f(x)-f(0)}{x}=f'(0)=b$
$\lim_{x\to0-}\frac{f(x)-f(0)}{x}=f'(4)=48+8a+b$
$48+8a+b=b$ ······ ㉡
㉠, ㉡을 연립하여 풀면
$a=-6,\ b=8$

0668 답 $a=-\frac{3}{2},\ b=\frac{1}{2}$

STEP 1 $f(0)=f(1)$임을 이용하여 a, b 사이의 관계식 구하기 [3점]

함수 $f(x)$가 모든 실수 x에서 미분가능하므로 $x=0$, $x=1$에서 연속이고 미분가능하다.

(나)에서 $f(x)=f(x+1)$이므로

$f(0)=f(0+1)=f(1)$

이때 (가)에서 $f(x)=x^3+ax^2+bx+2\ (0\le x\le1)$이므로

$2=1+a+b+2\qquad\therefore a+b=-1$ ······ ㉠

STEP 2 $f'(0)=f'(1)$임을 이용하여 상수 a의 값 구하기 [3점]

함수 $f(x)$는 모든 실수 x에 대하여 미분가능하고

$f'(x)=3x^2+2ax+b$이므로

$f'(0)=f'(1)$에서

$b=3+2a+b,\ 3+2a=0$

$\therefore a=-\frac{3}{2}$

STEP 3 상수 b의 값 구하기 [1점]

$a=-\frac{3}{2}$을 ㉠에 대입하면 $b=\frac{1}{2}$

0669 답 $a=-2,\ b=3,\ c=0$

STEP 1 $x=0$, $x=1$에서 연속임을 이용하여 a, b, c 사이의 관계식 구하기 [3점]

함수 $f(x)$가 실수 전체의 집합에서 미분가능하려면 $x=0$, $x=1$에서 연속이고 미분가능해야 한다.

함수 $f(x)$가 $x=0$에서 연속이면

$\lim_{x\to0-}f(x)=0,\ \lim_{x\to0+}f(x)=0$

함수 $f(x)$가 $x=1$에서 연속이면

$\lim_{x\to1-}f(x)=\lim_{x\to1-}(ax^3+bx^2+cx)=a+b+c$

$\lim_{x\to1+}f(x)=1$

이므로 $a+b+c=1$ ······ ㉠

STEP 2 $x=0$, $x=1$에서 미분가능함을 이용하여 상수 c의 값과 a, b, c 사이의 관계식 구하기 [3점]

$$f'(x)=\begin{cases}0 & (x<0)\\ 3ax^2+2bx+c & (0<x<1)\\ 0 & (x>1)\end{cases}$$ 이므로

(i) $x=0$에서 미분가능하려면

$\lim_{x\to0-}f'(x)=0$

$\lim_{x\to0+}f'(x)=\lim_{x\to0+}(3ax^2+2bx+c)=c$

$\therefore c=0$ ······ ㉡

(ii) $x=1$에서 미분가능하려면

$\lim_{x\to1-}f'(x)=\lim_{x\to1-}(3ax^2+2bx+c)=3a+2b+c$

$\lim_{x\to1+}f'(x)=0$

$\therefore 3a+2b+c=0$ ······ ㉢

STEP 3 상수 a, b의 값 구하기 [1점]

㉠, ㉡, ㉢을 연립하여 풀면 $a=-2,\ b=3,\ c=0$

0670 답 6

STEP 1 $x=1$에서 연속임을 이용하여 상수 b의 값 구하기 [4점]

최고차항의 계수가 1인 삼차함수 $f(x)$를

$f(x)=x^3+ax^2+bx+c$ (a, b, c는 상수)라 하자.

함수 $g(x)$가 $x=1$에서 연속이므로 → $\lim_{x\to1-}g(x)=\lim_{x\to1+}g(x)=g(1)$

$\lim_{x\to1-}g(x)=\lim_{x\to1-}f(x)=f(1)$

$\lim_{x\to1+}g(x)=\lim_{x\to1+}f(x-2)=f(-1)$

즉, $f(1)=f(-1)$이므로

$1+a+b+c=-1+a-b+c\qquad\therefore b=-1$

STEP 2 $x=1$에서 미분가능함을 이용하여 상수 a의 값 구하기 [4점]

함수 $f(x)=x^3+ax^2+bx+c$에서 $f'(x)=3x^2+2ax+b$이고

함수 $g(x)$가 $x=1$에서 미분가능하므로 → $\lim_{x\to1-}g'(x)=\lim_{x\to1+}g'(x)$

$\lim_{x\to1-}g'(x)=\lim_{x\to1-}f'(x)=f'(1)$

$\lim_{x\to1+}g'(x)=\lim_{x\to1+}f'(x-2)=f'(-1)$

즉, $f'(1)=f'(-1)$이므로

$3+2a+b=3-2a+b\qquad\therefore a=0$

STEP 3 $f(2)-f(1)$의 값 구하기 [1점]

따라서 $f(x)=x^3-x+c$이므로

$f(2)-f(1)=(8-2+c)-(1-1+c)=6$

0671 답 (1) anx^{n-1} (2) 1 (3) 6 (4) 3 (5) 3 (6) -3 (7) -3 (8) $2x+3$ (9) 5

STEP 1 다항함수 $f(x)$의 차수 결정하기 [2점]

다항함수 $f(x)$의 최고차항을 ax^n($a\ne0$인 상수, n은 자연수)이라 하면 $f'(x)$의 최고차항은 $\boxed{anx^{n-1}}$이다.

(나)의 $f(x)f'(x)=4x+6$에서 좌변과 우변의 최고차항의 차수가 같다.

즉, $n+n-1=1$에서 $n=\boxed{1}$

따라서 $f(x)$는 일차함수이다.

STEP 2 $f(x)f'(x)=4x+6$에 식을 대입하여 a, b 사이의 관계식 구하기 [2점]

일차함수 $f(x)=ax+b$ (a, b는 상수)라 하면 $f'(x)=a$

(나)에서 $f(x)f'(x)=4x+6$이므로

$(ax+b)a=4x+6$에서 $a^2x+ab=4x+6$

양변의 계수를 비교하면

$a^2=4$, $ab=\boxed{6}$

STEP 3 함수 $f(x)$를 구하여 $f(1)$의 값 구하기 [3점]

$a^2=4$에서 $a=2$ 또는 $a=-2$

(i) $a=2$인 경우

$b=\boxed{3}$이므로 $f(x)=2x+\boxed{3}$

(ii) $a=-2$인 경우

$b=\boxed{-3}$이므로 $f(x)=-2x+\boxed{-3}$

이때 (가)에서 $f(0)>0$이므로 $f(x)=\boxed{2x+3}$

→ $f(x)$의 상수항이 양수이다.

$\therefore f(1)=\boxed{5}$

실제 답안 예시

(나)에 의하면 f(x)는 일차함수

$f(x)=ax+b$, $f'(x)=a$이므로

$a(ax+b)=4x+6$, $a^2x+ab=4x+6$

$\therefore a^2=4$

$\begin{cases} a=2 \\ b=3 \end{cases}$ 또는 $\begin{cases} a=-2 \\ b=-3 \end{cases}$ 인데 $f(0)>0$이므로 $f(x)=2x+3$

$\therefore f(1)=5$

0672 답 4

STEP 1 다항함수 $f(x)$의 차수 결정하기 [2점]

다항함수 $f(x)$의 최고차항을 ax^n($a\neq0$인 상수, n은 자연수)이라 하면 $f'(x)$의 최고차항은 anx^{n-1}이다.

(나)의 $f(x)f'(x)=9x+6$에서 좌변과 우변의 최고차항의 차수가 같다.

즉, $n+n-1=1$에서 $n=1$

따라서 함수 $f(x)$는 일차함수이다.

STEP 2 $f(x)f'(x)=9x+6$에 식을 대입하여 a, b 사이의 관계식 구하기 [2점]

$f(x)=ax+b$ (a, b는 상수)라 하면 $f'(x)=a$

(나)에서 $f(x)f'(x)=9x+6$이므로

$(ax+b)a=9x+6$에서 $a^2x+ab=9x+6$

양변의 계수를 비교하면

$a^2=9$, $ab=6$

STEP 3 함수 $f(x)$를 구하여 $f(-2)$의 값 구하기 [3점]

$a^2=9$에서 $a=3$ 또는 $a=-3$

(i) $a=3$인 경우

$b=2$이므로 $f(x)=3x+2$

(ii) $a=-3$인 경우

$b=-2$이므로 $f(x)=-3x-2$

이때 (가)에서 $f(0)<0$이므로 $f(x)=-3x-2$

→ $f(x)$의 상수항이 음수이다.

$\therefore f(-2)=6-2=4$

0673 답 19

STEP 1 다항함수 $f(x)$의 차수 결정하기 [3점]

다항함수 $f(x)$의 최고차항을 ax^n ($a\neq0$인 상수, n은 자연수)이라 하면 $f'(x)$의 최고차항은 anx^{n-1}이다.

(나)의 $f'(f(x))=8x^2+4$에서 좌변과 우변의 최고차항의 차수가 같다.

즉, $(n-1)n=2$에서 $n^2-n-2=0$

$(n+1)(n-2)=0$ $\quad\therefore n=2$ ($\because$ n은 자연수)

따라서 함수 $f(x)$는 이차함수이다.

STEP 2 $f'(f(x))=8x^2+4$에 식을 대입하여 a, b, c 사이의 관계식 구하기 [3점]

$f(x)=ax^2+bx+c$ (a, b, c는 상수)라 하면

$f'(x)=2ax+b$

(나)에서 $f'(f(x))=8x^2+4$이므로

$f'(f(x))=2a(ax^2+bx+c)+b$

$=2a^2x^2+2abx+2ac+b$

즉, $2a^2x^2+2abx+2ac+b=8x^2+4$에서 양변의 계수를 비교하면

$2a^2=8$, $2ab=0$, $2ac+b=4$

STEP 3 함수 $f(x)$를 구하여 $f(3)$의 값 구하기 [3점]

$2a^2=8$에서 $a=2$ 또는 $a=-2$

(i) $a=2$인 경우

$b=0$, $c=1$이므로 $f(x)=2x^2+1$

(ii) $a=-2$인 경우

$b=0$, $c=-1$이므로 $f(x)=-2x^2-1$

이때 (가)에서 $f(0)>0$이므로 $f(x)=2x^2+1$

$\therefore f(3)=18+1=19$

0674 답 $\frac{49}{4}$

STEP 1 다항함수 $f(x)$의 차수 결정하기 [2점]

다항함수 $f(x)$의 최고차항을 ax^n ($a\neq0$인 상수, n은 자연수)이라 하면 $f'(x)$의 최고차항은 anx^{n-1}이다.

(나)의 $(f\circ f)(x)=f(x)f'(x)+7$에서 좌변과 우변의 최고차항의 차수가 같다.

즉, $n^2=n+n-1$에서 $n^2-2n+1=0$

$(n-1)^2=0$ $\quad\therefore n=1$

따라서 함수 $f(x)$는 일차함수이다.

STEP 2 $(f\circ f)(x)=f(x)f'(x)+7$에 식을 대입하여 함수 $f(x)$ 구하기 [3점]

$f(x)=ax+b$ (a, b는 상수)라 하면 $f'(x)=a$

(나)에서 $(f\circ f)(x)=f(x)f'(x)+7$이므로

$f(ax+b)=(ax+b)a+7$

$a(ax+b)+b=(ax+b)a+7$

$a^2x+ab+b=a^2x+ab+7$

$ab+b=ab+7$ $\quad\therefore b=7$

$\therefore f(x)=ax+7$

03

STEP 3 (가)를 이용하여 상수 a의 값 구하기 [3점]

(가)에서 직선 $y=ax+7$, 즉 $ax-y+7=0$과 원점 $(0,\ 0)$ 사이의 거리가 $\frac{7}{\sqrt{5}}$이므로

$\frac{|a\times 0-0+7|}{\sqrt{a^2+(-1)^2}}=\frac{7}{\sqrt{5}}$, $\sqrt{a^2+1}=\sqrt{5}$

$a^2=4 \quad \therefore a=\pm 2$ ······ ⓐ

즉, $f(x)=2x+7$ 또는 $f(x)=-2x+7$

STEP 4 함수 $y=f(x)$의 그래프와 x축 및 y축으로 둘러싸인 부분의 넓이 구하기 [2점]

두 함수의 그래프는 그림과 같다.

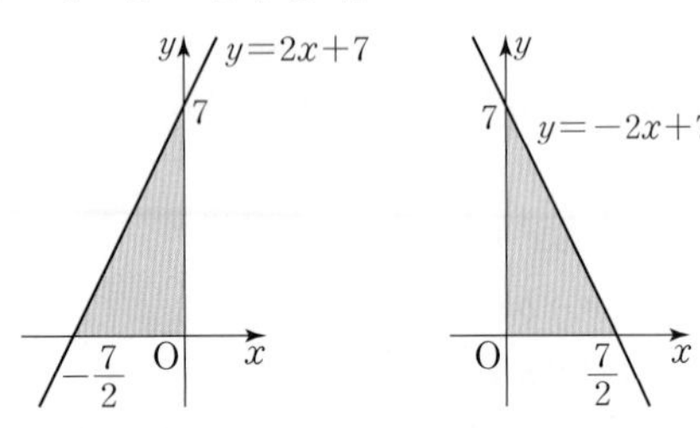

따라서 함수 $y=f(x)$의 그래프와 x축 및 y축으로 둘러싸인 부분의 넓이는

$\frac{1}{2}\times\frac{7}{2}\times 7=\frac{49}{4}$

부분점수표	
ⓐ a의 값을 하나만 구한 경우	1점

실력 check 실전 마무리하기 1회 148쪽~152쪽

1 0675 답 ① 유형 2

출제의도 | 평균변화율과 미분계수의 차이를 알고 있는지 확인한다.

평균변화율과 미분계수를 각각 구해 보자.

함수 $f(x)=2x^2+x+1$에서 x의 값이 1에서 5까지 변할 때의 평균변화율은

$\frac{f(5)-f(1)}{5-1}=\frac{56-4}{4}=13$ ······ ㉠

함수 $f(x)=2x^2+x+1$에서 $f'(x)=4x+1$이므로

$x=a$에서의 미분계수는 $4a+1$ ······ ㉡

이때 ㉠=㉡이므로

$13=4a+1 \quad \therefore a=3$

2 0676 답 ⑤ 유형 4

출제의도 | 미분계수의 정의를 적용할 수 있는지 확인한다.

$f'(a)=\lim_{h\to 0}\frac{f(a+h)-f(a)}{h}=\lim_{h\to 0}\frac{f(a+kh)-f(a)}{kh}$야.

$$\lim_{h\to 0}\frac{f(3+2h)-f(3)}{h}=\lim_{h\to 0}\frac{f(3+2h)-f(3)}{2h}\times 2$$
$$=f'(3)\times 2$$
$$=3\times 2=6$$

3 0677 답 ② 유형 5

출제의도 | 미분계수의 정의를 이용하여 극한값을 계산할 수 있는지 확인한다.

주어진 식의 분자를 인수분해하여 $\lim_{x\to a}\frac{f(x)-f(a)}{x-a}$ 꼴로 변형해 보자.

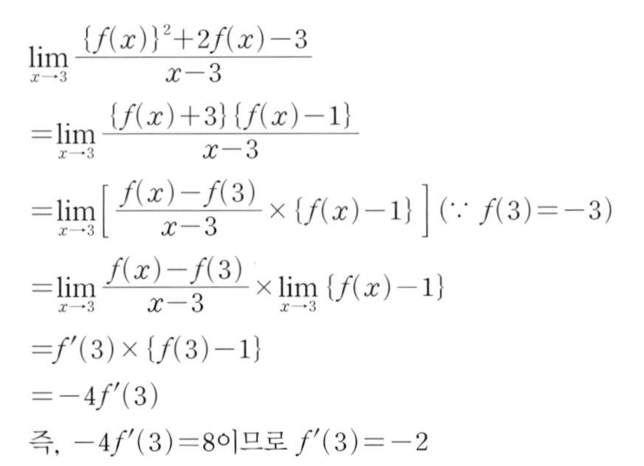

$$\lim_{x\to 3}\frac{\{f(x)\}^2+2f(x)-3}{x-3}$$
$$=\lim_{x\to 3}\frac{\{f(x)+3\}\{f(x)-1\}}{x-3}$$
$$=\lim_{x\to 3}\left[\frac{f(x)-f(3)}{x-3}\times\{f(x)-1\}\right]\ (\because f(3)=-3)$$
$$=\lim_{x\to 3}\frac{f(x)-f(3)}{x-3}\times\lim_{x\to 3}\{f(x)-1\}$$
$$=f'(3)\times\{f(3)-1\}$$
$$=-4f'(3)$$

즉, $-4f'(3)=8$이므로 $f'(3)=-2$

4 0678 답 ④ 유형 5

출제의도 | 미분계수의 정의를 이용하여 극한값을 계산할 수 있는지 확인한다.

$\lim_{x\to a}\frac{f(x)-f(a)}{x-a}$ 꼴로 변형해 보자.

다항함수 $y=f(x)$의 그래프 위의 점 $(1,\ f(1))$에서의 접선의 기울기가 6이므로

$f'(1)=6$ ······ ㉠

(분모를 x^2-1 꼴로 만든다.)

$$\therefore \lim_{x\to 1}\frac{f(x^2)-f(1)}{x^3-1}$$
$$=\lim_{x\to 1}\left\{\frac{f(x^2)-f(1)}{x^2-1}\times\frac{x^2-1}{x^3-1}\right\}$$
$$=\lim_{x\to 1}\left\{\frac{f(x^2)-f(1)}{x^2-1}\times\frac{(x-1)(x+1)}{(x-1)(x^2+x+1)}\right\}$$
$$=\lim_{x\to 1}\frac{f(x^2)-f(1)}{x^2-1}\times\lim_{x\to 1}\frac{x+1}{x^2+x+1}$$
$$=f'(1)\times\frac{2}{3}$$
$$=6\times\frac{2}{3}\ (\because ㉠)$$
$$=4$$

5 0679 답 ③ 유형 8

출제의도 | 함수의 그래프에서 미분가능하지 않은 점을 찾을 수 있는지 확인한다.

> 함수 $y=f(x)$의 그래프에서 연속이 아니거나 뾰족한 점이 있는지 확인해 보자.

(i) $\lim_{x\to1-}f(x)\neq\lim_{x\to1+}f(x)$이므로 $x=1$에서 극한값이 존재하지 않는다. 즉, 함수 $f(x)$는 $x=1$에서 연속이 아니므로 미분가능하지 않다.

(ii) $\lim_{x\to2}f(x)=2$, $f(2)=3$이므로 $\lim_{x\to2}f(x)\neq f(2)$이다.
즉, 함수 $f(x)$는 $x=2$에서 연속이 아니므로 미분가능하지 않다.

(iii) $\lim_{x\to3-}\frac{f(x)-f(3)}{x-3}\neq\lim_{x\to3+}\frac{f(x)-f(3)}{x-3}$이므로 함수 $f(x)$는 $x=3$에서 미분가능하지 않다.

따라서 열린구간 $(0, 4)$에서 함수 $f(x)$가 미분가능하지 않은 점은 $x=1$, $x=2$, $x=3$의 3개이다.

6 0680 답 ④ 유형 12

출제의도 | 도함수를 구할 수 있는지 확인한다.

> $f(x)=x^n$의 도함수는 $f'(x)=nx^{n-1}$이야.

$f(x)=x^2-9x+12$에서 $f'(x)=2x-9$이므로

$f'(10)=2\times10-9=11$

7 0681 답 ⑤ 유형 13

출제의도 | 함수의 곱의 미분을 할 수 있는지 확인한다.

> $y=f(x)g(x)$를 미분하면
> $y'=f'(x)g(x)+f(x)g'(x)$야.

함수 $g(x)=(x^2+x+1)f(x)$에서

$g'(x)=(2x+1)f(x)+(x^2+x+1)f'(x)$이므로

$g'(0)=f(0)+f'(0)=1+3=4$

8 0682 답 ③ 유형 15

출제의도 | 곡선 $y=f(x)$ 위의 점 (a, b)에서의 접선의 기울기가 $f'(a)$임을 알고 있는지 확인한다.

> 주어진 함수를 미분한 후 $x=a$에서의 미분계수를 구해 보자.

$y=x^3-3x^2+4$에서 $y'=3x^2-6x$

따라서 $x=2$에서의 접선의 기울기는

$y'=3\times2^2-6\times2=0$

9 0683 답 ⑤ 유형 3

출제의도 | 미분계수의 정의를 그래프로 이해하고 있는지 확인한다.

> 미분계수는 접선의 기울기와 같아.

ㄱ. 접선이 두 점 $(-2, 0)$, $(0, 1)$을 지나므로 접선의 기울기는 $\frac{1}{2}$이다.

$\therefore f'(0)=\frac{1}{2}$ (참)

ㄴ. $x=2$에서의 접선의 기울기는 $x=0$에서의 접선의 기울기보다 작으므로 $f'(2)<f'(0)=\frac{1}{2}$ (거짓)

ㄷ. $x=-1$에서의 접선의 기울기는 $x=2$에서의 접선의 기울기보다 크므로 $f'(-1)>f'(2)$ (참)

따라서 옳은 것은 ㄱ, ㄷ이다.

10 0684 답 ② 유형 8

출제의도 | 연속성과 미분가능성을 모두 판단할 수 있는지 확인한다.

> 다항함수는 모든 실수에서 미분가능해!

ㄱ, ㄴ. $x=1$에서 정의되어 있지 않으므로
$x=1$에서 연속이 아니다.

ㄷ. $h(1)=0$, $\lim_{x\to1}h(x)=0$에서 $\lim_{x\to1}h(x)=h(1)$이므로
함수 $h(x)$는 $x=1$에서 연속이다.

$h(x)=\begin{cases}x-1 & (x>1)\\ -x+1 & (x\le1)\end{cases}$에서 $h'(x)=\begin{cases}1 & (x>1)\\ -1 & (x<1)\end{cases}$이고

$\lim_{x\to1+}h'(x)\neq\lim_{x\to1-}h'(x)$이므로

함수 $h(x)$는 $x=1$에서 미분가능하지 않다.

ㄹ. 함수 $i(x)$는 다항함수이므로 실수 전체의 집합에서 연속이고, 미분가능하다.

따라서 $x=1$에서 연속이지만 미분가능하지 않은 것은 ㄷ이다.

11 0685 답 ② 유형 11

출제의도 | 도함수의 정의를 이용하여 $f'(x)$를 구할 수 있는지 확인한다.

> 먼저 주어진 항등식의 양변에 $x=0$, $y=0$을 대입해.

$f(x+y)=f(x)+f(y)+4xy$의 양변에 $x=0$, $y=0$을 대입하면

$f(0)=f(0)+f(0)$ $\quad\therefore f(0)=0$ ······ ㉠

$$\begin{aligned}f'(x)&=\lim_{h\to0}\frac{f(x+h)-f(x)}{h} \quad \text{→ 도함수의 정의}\\ &=\lim_{h\to0}\frac{\{f(x)+f(h)+4xh\}-f(x)}{h}\\ &=\lim_{h\to0}\frac{f(h)+4xh}{h}\\ &=\lim_{h\to0}\frac{f(h)}{h}+4x\\ &=\lim_{h\to0}\frac{f(h)-f(0)}{h}+4x\ (\because ㉠)\\ &=f'(0)+4x=4x+3\end{aligned}$$

따라서 $f'(x)=4x+3$이므로
$f'(2)=8+3=11$

12 0686 답 ③ 유형15

출제의도 | 미분계수의 기하학적 의미와 곱의 미분법을 알고 있는지 확인한다.

$g'(2)$의 값을 구하기 위해서는 $f(2)$, $f'(2)$의 값을 구해야 해.

원점과 점 (2, 4)를 지나는 직선의 방정식은 $y=2x$
즉, 함수 $y=f(x)$의 그래프 위의 점 (2, 4)에서의 접선의 방정식이 $y=2x$이므로
$f(2)=4$, $f'(2)=2$ → 접선의 기울기가 2이다.
함수 $g(x)=(x^3-2x)f(x)$에서
$g'(x)=(3x^2-2)f(x)+(x^3-2x)f'(x)$이므로
$g'(2)=10f(2)+4f'(2)$
$\quad=10\times4+4\times2=48$

13 0687 답 ③ 유형19

출제의도 | 미분계수의 정의를 이용하여 미정계수를 구할 수 있는지 확인한다.

$\lim_{h\to0}\frac{f(a+h)-f(a)}{h}$ 꼴로 변형해 보자.

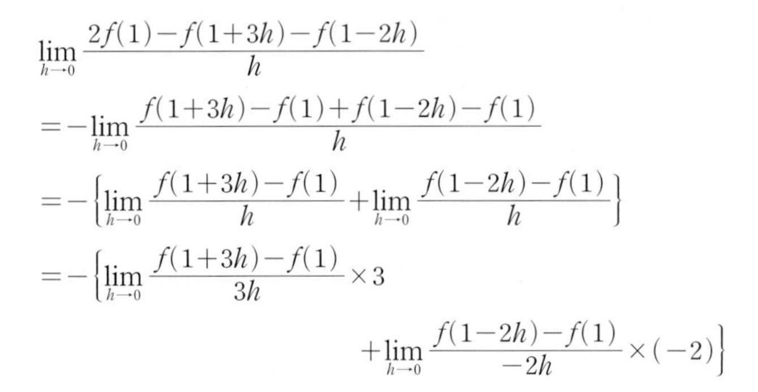

$$\lim_{h\to0}\frac{2f(1)-f(1+3h)-f(1-2h)}{h}$$
$$=-\lim_{h\to0}\frac{f(1+3h)-f(1)+f(1-2h)-f(1)}{h}$$
$$=-\left\{\lim_{h\to0}\frac{f(1+3h)-f(1)}{h}+\lim_{h\to0}\frac{f(1-2h)-f(1)}{h}\right\}$$
$$=-\left\{\lim_{h\to0}\frac{f(1+3h)-f(1)}{3h}\times3+\lim_{h\to0}\frac{f(1-2h)-f(1)}{-2h}\times(-2)\right\}$$
$=-3f'(1)+2f'(1)$
$=-f'(1)$
즉, $-f'(1)=10$에서 $f'(1)=-10$
따라서 함수 $f(x)=x^3+mx+5$에서 $f'(x)=3x^2+m$이므로
$f'(1)=-10$에서 $3+m=-10$
$\therefore m=-13$

14 0688 답 ③ 유형22

출제의도 | 다항식의 나눗셈에서 미분법을 이용할 수 있는지 확인한다.

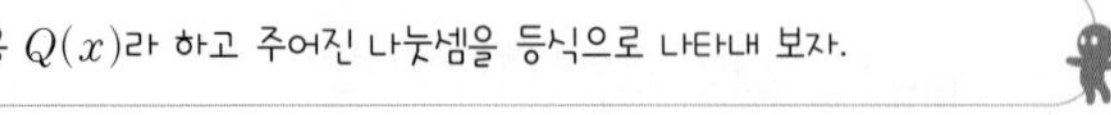

몫을 $Q(x)$라 하고 주어진 나눗셈을 등식으로 나타내 보자.

다항식 x^3+ax^2+b를 $(x-2)^2$으로 나누었을 때의 몫을 $Q(x)$라 하면
$x^3+ax^2+b=(x-2)^2Q(x)$ ······ ㉠
양변에 $x=2$를 대입하면 $8+4a+b=0$ ······ ㉡
㉠의 양변을 x에 대하여 미분하면
$3x^2+2ax=2(x-2)Q(x)+(x-2)^2Q'(x)$
양변에 $x=2$를 대입하면
$12+4a=0 \qquad \therefore a=-3$
$a=-3$을 ㉡에 대입하면 $b=4$
$\therefore a^2+2b=9+8=17$

15 0689 답 ⑤ 유형7

출제의도 | 미분가능의 정의를 임의의 함수에 적용할 수 있는지 확인한다.

$\lim_{x\to a+}\frac{f(x)-f(a)}{x-a}=\lim_{x\to a-}\frac{f(x)-f(a)}{x-a}$이면 $x=a$에서 미분가능해.

$f(x)=\begin{cases}x^n & (x\ge0)\\ -x^n & (x<0)\end{cases}$이므로 $x\ne0$인 모든 실수에서 미분가능하다. 즉, $x=0$에서 미분가능할 조건을 생각한다.

ㄱ. $n=1$이면
$f(x)=\begin{cases}x & (x\ge0)\\ -x & (x<0)\end{cases}$에서 $f'(x)=\begin{cases}1 & (x>0)\\ -1 & (x<0)\end{cases}$이고
$\lim_{x\to0+}f'(x)=1$, $\lim_{x\to0-}f'(x)=-1$이므로 $x=0$에서 미분가능하지 않다. (거짓)

ㄴ. $n=2$이면
$f(x)=\begin{cases}x^2 & (x\ge0)\\ -x^2 & (x<0)\end{cases}$에서 $f'(x)=\begin{cases}2x & (x>0)\\ -2x & (x<0)\end{cases}$이고
$\lim_{x\to0+}f'(x)=0$, $\lim_{x\to0-}f'(x)=0$이므로 $x=0$에서 미분가능하다. (참)

ㄷ. $n\ge2$이면
$f(x)=\begin{cases}x^n & (x\ge0)\\ -x^n & (x<0)\end{cases}$에서 $f'(x)=\begin{cases}nx^{n-1} & (x>0)\\ -nx^{n-1} & (x<0)\end{cases}$이고
$\lim_{x\to0+}f'(x)=0$, $\lim_{x\to0-}f'(x)=0$이므로 $x=0$에서 미분가능하다. (참)

따라서 옳은 것은 ㄴ, ㄷ이다.

16 0690 답 ④ 유형8

출제의도 | 연속성과 미분가능성을 모두 판단할 수 있는지 확인한다.

함수 $g(x)=\begin{cases}x & (x\ge0)\\ -x & (x<0)\end{cases}$로 놓고 생각해 보자.

ㄱ. $g(0)=0$, $\lim_{x\to0}g(x)=0$에서 $\lim_{x\to0}g(x)=g(0)=0$이므로
함수 $g(x)$는 $x=0$에서 연속이다.
함수 $g(x)=\begin{cases}x & (x\ge0)\\ -x & (x<0)\end{cases}$에서 $g'(x)=\begin{cases}1 & (x>0)\\ -1 & (x<0)\end{cases}$이고
$\lim_{x\to0+}g'(x)=1$, $\lim_{x\to0-}g'(x)=-1$이므로
함수 $g(x)$는 $x=0$에서 미분가능하지 않다.

ㄴ. $A(x)=f(x)g(x)$라 하면
$A(x)=\begin{cases}2x^2 & (x\ge0)\\ -2x^2 & (x<0)\end{cases}$에서 $A'(x)=\begin{cases}4x & (x>0)\\ -4x & (x<0)\end{cases}$이므로
$\lim_{x\to0+}A'(x)=\lim_{x\to0-}A'(x)=0$
즉, 함수 $f(x)g(x)$는 $x=0$에서 미분가능하다.

ㄷ. $B(x)=g(x)h(x)$라 하면 $B(x)=\begin{cases} 2x^2+x & (x>0) \\ 0 & (x=0) \\ -2x^2-x & (x<0) \end{cases}$

$B(0)=0$, $\lim_{x\to0+}B(x)=0$, $\lim_{x\to0-}B(x)=0$이고

$\lim_{x\to0+}B(x)=\lim_{x\to0-}B(x)=B(0)=0$이므로

$B(x)$는 $x=0$에서 연속이다.

또, $B'(x)=\begin{cases} 4x+1 & (x>0) \\ -4x-1 & (x<0) \end{cases}$에서

$\lim_{x\to0+}B'(x)=1$, $\lim_{x\to0-}B'(x)=-1$이고

$\lim_{x\to0+}B'(x)\neq\lim_{x\to0-}B'(x)$이므로

함수 $g(x)h(x)$는 $x=0$에서 미분가능하지 않다.

따라서 $x=0$에서 연속이지만 미분가능하지 않은 함수는 ㄱ, ㄷ 이다.

17 0691 답 ④ 유형 8

출제의도 | 연속성과 미분가능성을 모두 판단할 수 있는지 확인한다.

함수 $f(x)$가 $x=a$에서 미분가능하면 $f(x)$는 $x=a$에서 연속이야.

ㄱ. $f(1)=2$, $\lim_{x\to1}f(x)=0$이므로 함수 $f(x)$는 $x=1$에서 연속이 아니다. (거짓)

ㄴ. ㄱ에서 함수 $f(x)$가 $x=1$에서 연속이 아니므로 함수 $f(x)$는 $x=1$에서 미분가능하지 않다. (참)

ㄷ. ㄴ에서 함수 $f(x)$가 $x=1$에서 미분가능하지 않으므로 함수 $h(x)=f(x)g(x)$가 실수 전체의 집합에서 미분가능하려면 함수 $h(x)$가 $x=1$에서 연속이고 미분가능해야 한다.

$h(x)=\begin{cases} (ax+b)(x-1) & (x>1) \\ 2(ax+b) & (x=1) \\ (ax+b)(1-x) & (x<1) \end{cases}$이므로

(i) 함수 $h(x)$가 $x=1$에서 연속이려면

$h(1)=2(a+b)$

$\lim_{x\to1+}h(x)=0$, $\lim_{x\to1-}h(x)=0$에서

$\lim_{x\to1+}h(x)=\lim_{x\to1-}h(x)=h(1)$이어야 하므로

$2(a+b)=0$ ······ ㉠

(ii) 함수 $h(x)$가 $x=1$에서 미분가능하려면

$h'(x)=\begin{cases} 2ax-a+b & (x>1) \\ -2ax+a-b & (x<1) \end{cases}$에서

$\lim_{x\to1+}h'(x)=\lim_{x\to1-}h'(x)$이어야 한다.

즉, $2a-a+b=-2a+a-b$에서

$a+b=0$ ······ ㉡

㉠, ㉡에서 $a+b=0$이면 함수 $h(x)$는 실수 전체의 집합에서 미분가능하다. (참)
→ $a+b=0$을 만족시키는 상수 a, b의 값은 무수히 많다.

따라서 옳은 것은 ㄴ, ㄷ이다.

18 0692 답 ④ 유형 9

출제의도 | 모든 실수에서 미분가능할 조건을 알고 있는지 확인한다.

함수 $f(x)$가 모든 실수에서 미분가능하면 $x=2$에서도 미분가능해!

함수 $f(x)$는 각 구간에서 다항함수이므로 $x\neq2$인 모든 실수에서 미분가능하다. 즉, $x=2$에서 미분가능할 조건을 생각한다.

(i) 함수 $f(x)$가 $x=2$에서 연속이므로

$f(2)=4b+6$

$\lim_{x\to2-}(x^3+ax)=8+2a$, $\lim_{x\to2+}(bx^2+x+4)=4b+6$에서

$\lim_{x\to2-}f(x)=\lim_{x\to2+}f(x)=f(2)$이어야 하므로

$8+2a=4b+6$ $\quad\therefore a-2b=-1$ ······ ㉠

(ii) 함수 $f(x)$가 $x=2$에서 미분가능하므로

$f'(x)=\begin{cases} 3x^2+a & (x<2) \\ 2bx+1 & (x>2) \end{cases}$에서

$\lim_{x\to2-}f'(x)=\lim_{x\to2-}(3x^2+a)=12+a$

$\lim_{x\to2+}f'(x)=\lim_{x\to2+}(2bx+1)=4b+1$

$\lim_{x\to2-}f'(x)=\lim_{x\to2+}f'(x)$이어야 하므로

$12+a=4b+1$ $\quad\therefore a-4b=-11$ ······ ㉡

㉠, ㉡을 연립하여 풀면 $a=9$, $b=5$

$\therefore a+b=14$

19 0693 답 ③ 유형 17

출제의도 | 극한값이 존재할 조건을 이용하여 삼차함수의 식을 세우고 극한값을 구할 수 있는지 확인한다.

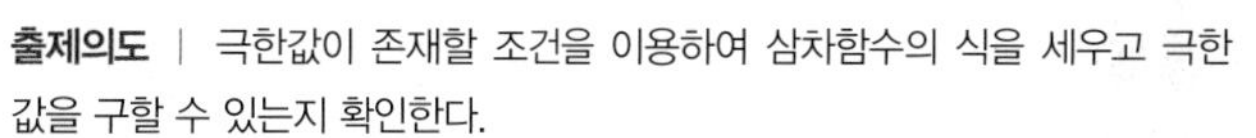

극한값이 존재할 조건을 생각해 봐.

$\lim_{x\to2}\frac{f(x)}{(x-2)f'(x)}=k$에서 $x\to2$일 때, 극한값이 존재하고 (분모)$\to0$이므로 (분자)$\to0$이다.

즉, $\lim_{x\to2}f(x)=0$에서 $f(2)=0$

삼차함수 $f(x)$는 최고차항의 계수가 1이고 $f(1)=0$, $f(2)=0$이므로
→ $f(x)$는 $x-1$, $x-2$를 인수로 갖는다.

$f(x)=(x-1)(x-2)(x-a)$ (a는 상수)라 하면

$f'(x)=(x-2)(x-a)+(x-1)(x-a)+(x-1)(x-2)$이므로

$$\lim_{x\to2}\frac{f(x)}{(x-2)f'(x)}$$

$$=\lim_{x\to2}\frac{(x-1)(x-2)(x-a)}{(x-2)f'(x)}$$

$$=\lim_{x\to2}\frac{(x-1)(x-a)}{f'(x)}$$

$$=\lim_{x\to2}\frac{(x-1)(x-a)}{(x-2)(x-a)+(x-1)(x-a)+(x-1)(x-2)}$$

$$=\frac{2-a}{2-a}$$

이때 $k\neq1$이므로 $a=2$

$$\therefore \lim_{x\to2}\frac{(x-1)(x-2)}{(x-2)(x-2)+(x-1)(x-2)+(x-1)(x-2)}$$

$$=\lim_{x\to2}\frac{x-1}{(x-2)+(x-1)+(x-1)}$$

$$=\frac{1}{2}$$

$\therefore k=\frac{1}{2}$

20 0694 답 ②

유형 18

출제의도 | 미분계수의 정의를 이용하여 주어진 식을 변형할 수 있는지 확인한다.

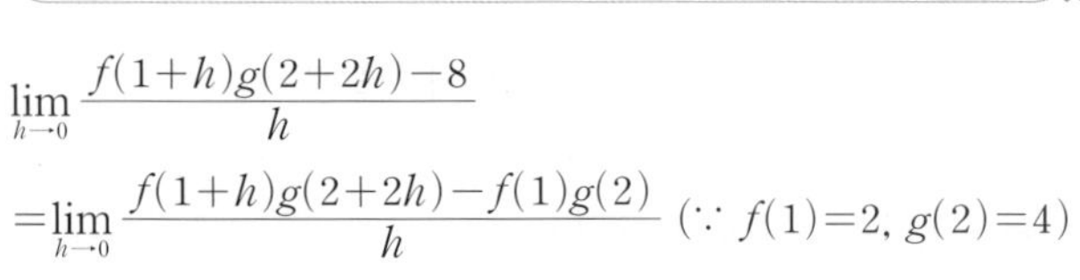

$$\lim_{h\to0}\frac{f(1+h)g(2+2h)-8}{h}$$
$$=\lim_{h\to0}\frac{f(1+h)g(2+2h)-f(1)g(2)}{h}\ (\because f(1)=2,\ g(2)=4)$$
$$=\lim_{h\to0}\frac{f(1+h)g(2+2h)-f(1)g(2+2h)+f(1)g(2+2h)-f(1)g(2)}{h}$$
$$=\lim_{h\to0}\left\{\frac{f(1+h)g(2+2h)-f(1)g(2+2h)}{h}+\frac{f(1)g(2+2h)-f(1)g(2)}{h}\right\}$$
$$=\lim_{h\to0}\left\{\frac{f(1+h)-f(1)}{h}\times g(2+2h)+f(1)\times\frac{g(2+2h)-g(2)}{h}\right\}$$
$$=\lim_{h\to0}\left\{\frac{f(1+h)-f(1)}{h}\times g(2+2h)\right\}+\lim_{h\to0}\left\{f(1)\times\frac{g(2+2h)-g(2)}{2h}\times2\right\}$$
$$=\lim_{h\to0}\frac{f(1+h)-f(1)}{h}\times\lim_{h\to0}g(2+2h)+2f(1)\lim_{h\to0}\frac{g(2+2h)-g(2)}{2h}$$
$$=f'(1)\times g(2)+2f(1)\times g'(2)$$
$$=4\times4+2\times2\times g'(2)$$
$$=4g'(2)+16$$

즉, $4g'(2)+16=12$에서 $g'(2)=-1$

21 0695 답 ②

유형 21

출제의도 | 항등식의 성질을 이용하여 $f(x)$, $f'(x)$를 구할 수 있는지 확인한다.

우선 함수 $f(x)=ax^2+2x+b$에서 $f'(x)$를 구해 보자. 

함수 $f(x)=ax^2+2x+b$에서 $f'(x)=2ax+2$이므로

$6f(x)=\{f'(x)\}^2+2x^2+32a^2x+26$에서

$6(ax^2+2x+b)=(2ax+2)^2+2x^2+32a^2x+26$

$6ax^2+12x+6b=(4a^2+2)x^2+(32a^2+8a)x+30$

이 등식은 x에 대한 항등식이므로

$6a=4a^2+2$, $12=32a^2+8a$, $6b=30$

(i) $6a=4a^2+2$에서

$2(2a^2-3a+1)=0$, $2(2a-1)(a-1)=0$

$\therefore a=\frac{1}{2}$ 또는 $a=1$

(ii) $12=32a^2+8a$에서

$4(8a^2+2a-3)=0$, $4(2a-1)(4a+3)=0$

$\therefore a=\frac{1}{2}$ 또는 $a=-\frac{3}{4}$

(iii) $6b=30$에서 $b=5$

(i), (ii), (iii)에서 $a=\frac{1}{2}$, $b=5$이므로 $f(x)=\frac{1}{2}x^2+2x+5$

$\therefore f(4)=8+8+5=21$

22 0696 답 $f'(x)=2x+1$

유형 10

출제의도 | 도함수의 정의를 이용하여 도함수를 구할 수 있는지 확인한다.

STEP 1 도함수의 정의를 이용하여 도함수 구하기 [6점]

$$f'(x)=\lim_{h\to0}\frac{f(x+h)-f(x)}{h}$$
$$=\lim_{h\to0}\frac{\{(x+h)^2+(x+h)\}-(x^2+x)}{h}$$
$$=\lim_{h\to0}\frac{h^2+(2x+1)h}{h}$$
$$=\lim_{h\to0}(h+2x+1)$$
$$=2x+1$$

23 0697 답 8

유형 19

출제의도 | 미분계수의 정의를 이용하여 극한값을 구할 수 있는지 확인한다.

STEP 1 미분계수의 정의를 이용하여 $f'(1)$의 값 구하기 [3점]

$$\lim_{x\to1}\frac{f(x)-f(1)}{x^2-1}=\lim_{x\to1}\left\{\frac{f(x)-f(1)}{x-1}\times\frac{1}{x+1}\right\}$$
$$=\lim_{x\to1}\frac{f(x)-f(1)}{x-1}\times\lim_{x\to1}\frac{1}{x+1}$$
$$=f'(1)\times\frac{1}{2}$$

즉, $\frac{1}{2}f'(1)=18$에서 $f'(1)=36$

STEP 2 $f'(1)$의 값을 이용하여 자연수 n의 값 구하기 [3점]

함수 $f(x)=\sum_{k=1}^{n}x^k$에서 $f'(x)=\sum_{k=1}^{n}kx^{k-1}$이므로

$f'(1)=\sum_{k=1}^{n}k=\frac{n(n+1)}{2}=36$

$n(n+1)=72$ $\quad\therefore n=8$

→ 연속한 두 자연수의 곱이 72인 경우를 생각한다.

24 0698 답 $\frac{7}{2}$

유형 17

출제의도 | 극한값이 존재할 조건과 미분계수의 정의를 이용하여 극한값을 구할 수 있는지 확인한다.

STEP 1 극한값이 존재할 조건을 이용하여 $f'(1)$의 값 구하기 [3점]

$\lim_{x\to1}\frac{f(x)-2}{x^2+x-2}=1$에서 $x\to1$일 때, 극한값이 존재하고

(분모)→0이므로 (분자)→0이다.

즉, $\lim_{x\to1}\{f(x)-2\}=0$에서 $f(1)=2$

$$\lim_{x\to1}\frac{f(x)-2}{x^2+x-2}=\lim_{x\to1}\frac{f(x)-f(1)}{(x+2)(x-1)}\ (\because f(1)=2)$$
$$=\lim_{x\to1}\left\{\frac{f(x)-f(1)}{x-1}\times\frac{1}{x+2}\right\}$$
$$=f'(1)\times\frac{1}{3}$$

즉, $\frac{1}{3}f'(1)=1$에서 $f'(1)=3$

STEP 2 구하는 극한값을 미분계수를 포함하는 식으로 나타내기 [2점]

함수 $g(x)=x^2f(x)-f(1)$이라 하면 $g(1)=0$이므로

$$\lim_{x\to1}\frac{x^2f(x)-f(1)}{x^2-1}=\lim_{x\to1}\left\{\frac{g(x)-g(1)}{x-1}\times\frac{1}{x+1}\right\}$$
$$=g'(1)\times\frac{1}{2}$$

STEP 3 곱의 미분법을 이용하여 극한값 구하기 [2점]

함수 $g(x)=x^2f(x)-f(1)$에서

$g'(x)=2xf(x)+x^2f'(x)$이므로

$g'(1)=2f(1)+f'(1)=2\times2+3=7$

$\therefore \frac{1}{2}g'(1)=\frac{7}{2}$

25 0699 답 $9x^2-6x+1$ 유형23

출제의도 | 다항식의 나눗셈에서 미분법을 이용할 수 있는지 확인한다.

STEP 1 몫을 $Q(x)$로 놓고 나눗셈식을 등식으로 나타내기 [2점]

다항식 $x^{10}-x^4+3x^2+1$을 $x(x-1)^2$으로 나누었을 때의 몫을 $Q(x)$, 나머지를 ax^2+bx+c (a, b, c는 상수)라 하면

↳ 삼차식으로 나누었으므로 나머지는 이차 이하의 식이다.

$x^{10}-x^4+3x^2+1=x(x-1)^2Q(x)+ax^2+bx+c$ ······ ㉠

STEP 2 $x=0$, $x=1$을 대입하여 상수 c의 값과 a, b, c 사이의 관계식 구하기 [2점]

양변에 $x=0$, $x=1$을 각각 대입하면

$1=c$ ······ ㉡

$4=a+b+c$ ······ ㉢

STEP 3 양변을 x에 대하여 미분한 후 $x=1$을 대입하여 a, b 사이의 관계식 구하기 [2점]

㉠의 양변을 x에 대하여 미분하면

$10x^9-4x^3+6x=(x-1)^2Q(x)+2x(x-1)Q(x)+x(x-1)^2Q'(x)+2ax+b$

양변에 $x=1$을 대입하면

$12=2a+b$ ······ ㉣

STEP 4 상수 a, b의 값을 구하여 나머지 구하기 [2점]

㉡, ㉢, ㉣을 연립하여 풀면 $a=9$, $b=-6$, $c=1$

따라서 구하는 나머지는 $9x^2-6x+1$이다.

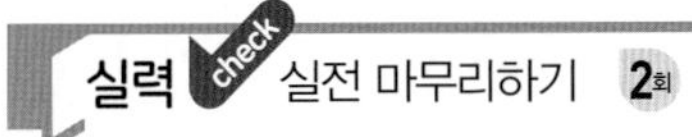

실력 check 실전 마무리하기 2회 153쪽~157쪽

1 0700 답 ③ 유형1

출제의도 | 평균변화율의 정의를 알고 있는지 확인한다.

$\frac{\Delta y}{\Delta x}=\frac{f(b)-f(a)}{b-a}$임을 이용해!

함수 $f(x)=x^2-2$에서 x의 값이 -1에서 4까지 변할 때의 평균변화율은

$\frac{f(4)-f(-1)}{4-(-1)}=\frac{14-(-1)}{5}=3$

2 0701 답 ③ 유형2

출제의도 | 순간변화율의 정의를 알고 있는지 확인한다.

$x=a$에서의 미분계수와 $x=a$에서의 순간변화율은 같아.

함수 $f(x)$의 $x=2$에서의 순간변화율은 $f'(2)$와 같다.

따라서 $f'(x)=6x-2$에서

$f'(2)=6\times2-2=10$

3 0702 답 ① 유형9

출제의도 | 미분가능할 조건을 이용하여 미정계수를 구할 수 있는지 확인한다.

함수 $f(x)$가 $x=1$에서 미분가능하면 $x=1$에서 연속이야.

(i) 함수 $f(x)$가 $x=1$에서 미분가능하면 $x=1$에서 연속이므로

$f(1)=2+3=5$

$\lim_{x\to1+}(2x^2+3)=5$, $\lim_{x\to1-}(ax+b)=a+b$

이때 $\lim_{x\to1+}f(x)=\lim_{x\to1-}f(x)=f(1)$이므로

$a+b=5$ ······ ㉠

(ii) 함수 $f(x)$가 $x=1$에서 미분가능하므로

$f'(x)=\begin{cases}4x & (x>1)\\ a & (x<1)\end{cases}$에서

$\lim_{x\to1+}f'(x)=\lim_{x\to1-}f'(x)$이어야 한다.

즉, $4=a$

$a=4$를 ㉠에 대입하면 $b=1$

$\therefore 10a+b=10\times4+1=41$

4 0703 답 ④ 유형9

출제의도 | 주어진 함수 $f(x)$가 $x=-2$에서 미분가능할 조건을 알고 있는지 확인한다.

$x=-2$에서 미분가능하려면 $\lim_{x\to-2+}f'(x)=\lim_{x\to-2-}f'(x)$이어야 해.

함수 $f(x)=\begin{cases}(x+2)(x+k) & (x\geq-2)\\ -(x+2)(x+k) & (x<-2)\end{cases}$

$=\begin{cases}x^2+(k+2)x+2k & (x\geq-2)\\ -x^2-(k+2)x-2k & (x<-2)\end{cases}$

함수 $f(x)$가 $x=-2$에서 미분가능하므로

$f'(x)=\begin{cases}2x+(k+2) & (x>-2)\\ -2x-(k+2) & (x<-2)\end{cases}$에서

$\lim_{x\to-2+}(2x+k+2)=k-2$

$\lim_{x\to-2-}(-2x-k-2)=-k+2$

$\lim_{x\to-2+}f'(x)=\lim_{x\to-2-}f'(x)$이어야 하므로

$k-2=-k+2$ $\therefore k=2$

5 0704 답 ② 유형13

출제의도 | 함수의 곱의 미분을 계산할 수 있는지 확인한다.

$\{f(x)g(x)\}'=f'(x)g(x)+f(x)g'(x)$야.

함수 $f(x)=(-x^2+2)(3x+1)$에서

$f'(x)=(-x^2+2)'(3x+1)+(-x^2+2)(3x+1)'$

$=-2x(3x+1)+(-x^2+2)\times3$

$=-9x^2-2x+6$

$\therefore f'(-1)=-9+2+6=-1$

6 0705 답 ⑤ 유형 15

출제의도 | 미분계수의 기하적 의미를 알고 있는지 확인한다.

> 미분계수 $f'(a)$는 곡선 $y=f(x)$ 위의 점 $(a,\ f(a))$에서의 접선의 기울기와 같아.

$f(x)=x^3+2x+1$이라 하면 $f'(x)=3x^2+2$

곡선 $y=f(x)$의 접점의 좌표를 $(t,\ f(t))$라 하면

접선의 방정식이 $y=5x+a$이므로 $f'(t)=5$

따라서 $f'(t)=3t^2+2=5$에서

$3t^2=3 \qquad \therefore t=1$ 또는 $t=-1$

즉, 두 접점의 좌표는 $(1,\ 4)$, $(-1,\ -2)$이다.

점 $(1,\ 4)$에서의 접선의 방정식은

$y=5(x-1)+4 \qquad \therefore y=5x-1$ ······ ㉠

점 $(-1,\ -2)$에서의 접선의 방정식은

$y=5(x+1)-2 \qquad \therefore y=5x+3$ ······ ㉡

따라서 ㉠, ㉡에 의하여 모든 상수 a의 값의 합은

$-1+3=2$

7 0706 답 ② 유형 16

출제의도 | 분자에 인수분해하기 힘든 복잡한 식이 있는 경우의 극한값을 구할 수 있는지 확인한다.

> $\frac{0}{0}$ 꼴의 차수가 높은 극한값의 계산은 분자의 일부를 $f(x)$로 놓고 미분계수의 정의를 이용해.

$f(x)=x^{12}-x^{10}+2x^8+3x^5+1$이라 하면

$f(-1)=1-1+2-3+1=0$이므로

$$\lim_{x\to-1}\frac{x^{12}-x^{10}+2x^8+3x^5+1}{x+1}=\lim_{x\to-1}\frac{f(x)-f(-1)}{x-(-1)}=f'(-1)$$

따라서 함수 $f'(x)=12x^{11}-10x^9+16x^7+15x^4$이므로

$f'(-1)=-12+10-16+15=-3$

8 0707 답 ① 유형 18

출제의도 | 미분계수의 정의를 이용하여 극한값을 구할 수 있는지 확인한다.

> 미분계수의 정의를 이용할 수 있도록 분자에 $\frac{3h}{3h}$, 분모에 $\frac{5h}{5h}$를 곱해 보자.

$$\lim_{h\to0}\frac{f(2+3h)-f(2)}{f(1+5h)-f(1)}=\frac{\lim\limits_{h\to0}\frac{f(2+3h)-f(2)}{3h}\times3h}{\lim\limits_{h\to0}\frac{f(1+5h)-f(1)}{5h}\times5h}=\frac{f'(2)}{f'(1)}\times\frac{3}{5}$$

이때 함수 $f(x)=2x^2-6x$에서 $f'(x)=4x-6$이므로

$f'(2)=8-6=2$, $f'(1)=4-6=-2$

$$\therefore \frac{f'(2)}{f'(1)}\times\frac{3}{5}=\frac{2}{-2}\times\frac{3}{5}=-\frac{3}{5}$$

9 0708 답 ④ 유형 20

출제의도 | 치환을 이용하여 미분계수를 구할 수 있는지 확인한다.

> $2x-1=t$로 치환해서 미분계수를 구할 수 있어.

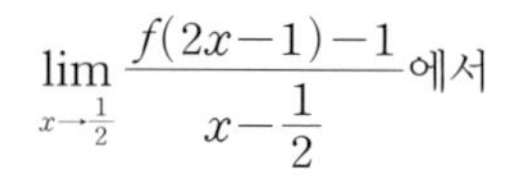

$$\lim_{x\to\frac{1}{2}}\frac{f(2x-1)-1}{x-\frac{1}{2}}$$에서

$2x-1=t$로 놓으면 $x\to\frac{1}{2}$일 때 $t\to0$이므로

$$\lim_{x\to\frac{1}{2}}\frac{f(2x-1)-1}{x-\frac{1}{2}}=\lim_{t\to0}\frac{f(t)-1}{\frac{t}{2}}$$

$$=2\lim_{t\to0}\frac{f(t)-f(0)}{t-0}\ (\because f(0)=1)$$

$$=2f'(0)$$

따라서 함수 $f(x)=4x^2+2x+1$에서 $f'(x)=8x+2$이므로

$f'(0)=2 \qquad \therefore 2f'(0)=4$

10 0709 답 ② 유형 2

출제의도 | 미분계수의 기하적 의미를 알고 있는지 확인한다.

> 함수 $f(x)$의 $x=a$에서의 미분계수 $f'(a)$는 곡선 $y=f(x)$ 위의 점 $(a,\ f(a))$에서의 접선의 기울기와 같아.

(나)에서 <u>삼차함수 $y=f(x)$의 그래프가 x축과 만나는 점의 x좌표가 $a,\ b,\ c$</u>이고 최고차항의 계수는 1이므로 (→ 삼차방정식 $f(x)=0$의 해가 $a,\ b,\ c$이다.)

$f(x)=(x-a)(x-b)(x-c)$라 하면

$f'(x)=(x-b)(x-c)+(x-a)(x-c)+(x-a)(x-b)$

(가)에서 이 곡선 위의 점 $(4,\ 2)$에서의 접선의 기울기가 4이므로

$f(4)=2$, $f'(4)=4$에서

$(4-a)(4-b)(4-c)=2$ ······ ㉠

$(4-b)(4-c)+(4-a)(4-c)+(4-a)(4-b)=4$ ······ ㉡

㉡의 양변을 $(4-a)(4-b)(4-c)$로 나누면

$$\frac{(4-b)(4-c)+(4-a)(4-c)+(4-a)(4-b)}{(4-a)(4-b)(4-c)}=\frac{4}{(4-a)(4-b)(4-c)}$$

$$\frac{1}{4-a}+\frac{1}{4-b}+\frac{1}{4-c}=2\ (\because ㉠)$$

$$\therefore \frac{1}{a-4}+\frac{1}{b-4}+\frac{1}{c-4}=-2$$

11 0710 답 ② 유형 8

출제의도 | 주어진 함수 $f(x)$가 모든 실수에서 미분가능할 조건을 알고 있는지 확인한다.

> 주어진 함수 $f(x)$가 모든 실수 x에서 미분가능하면 $\lim\limits_{x\to0+}f'(x)=\lim\limits_{x\to3-}f'(x)$야.

(나)에서 $f(x)=f(x+3)$이므로 $f(0)=f(3)$

(가)에서 $f(0)=c$, $f(3)=27+9a+3b+c$이므로

$c=27+9a+3b+c$

$\therefore 3a+b=-9$ ······ ㉠

또한, 함수 $f(x)$는 모든 실수 x에서 미분가능하고

$0<x<3$에서 $f'(x)=3x^2+2ax+b$, $f'(x)=f'(x+3)$이므로

$\lim_{x\to 0+}f'(x)=\lim_{x\to 3-}f'(x)$이어야 한다.

$\lim_{x\to 0+}f'(x)=\lim_{x\to 0+}(3x^2+2ax+b)=b$

$\lim_{x\to 3-}f'(x)=\lim_{x\to 3-}(3x^2+2ax+b)=27+6a+b$

이므로 $b=27+6a+b$ $\quad\therefore a=-\frac{9}{2}$

$a=-\frac{9}{2}$를 ㉠에 대입하면 $b=\frac{9}{2}$

$\therefore 4ab=4\times\left(-\frac{9}{2}\right)\times\frac{9}{2}=-81$

12 0711 답 ③ 유형 11

출제의도 | 항등식이 주어질 때, 미분계수를 구할 수 있는지 확인한다.

$a^x=1\ (a\neq1)$이면 $x=0$임을 이용하여 항등식을 찾을 수 있어.

$4^{f(x+y)-f(x)-f(y)}=1$에서 $f(x+y)-f(x)-f(y)=0$

$\therefore f(x+y)=f(x)+f(y)$ ············ ㉠

㉠의 양변에 $x=0$, $y=0$을 대입하면

$f(0)=f(0)+f(0)$ $\quad\therefore f(0)=0$ ············ ㉡

$$f'(x)=\lim_{h\to0}\frac{f(x+h)-f(x)}{h}$$
$$=\lim_{h\to0}\frac{\{f(x)+f(h)\}-f(x)}{h}$$
$$=\lim_{h\to0}\frac{f(h)-f(0)}{h}\ (\because ㉡)$$
$$=f'(0)$$

따라서 $f'(x)$는 상수함수이고, $f'(7)=3$이므로 $f'(x)=3$

$\therefore f'(0)=3$

13 0712 답 ④ 유형 14

출제의도 | 미분을 이용하여 미정계수를 결정할 수 있는지 확인한다.

$f'(-x)=f'(x)$이면 $f'(x)$는 그래프가 y축에 대하여 대칭인 함수야.

$f(x)=x^3+ax^2+bx+c$ (a, b, c는 상수)로 놓으면

$f'(x)=3x^2+2ax+b$

$f'(-x)=3x^2-2ax+b$

$f'(-x)=f'(x)$이므로

$3x^2+2ax+b=3x^2-2ax+b$

$4ax=0$ $\quad\therefore a=0$

따라서 $f(x)=x^3+bx+c$, $f'(x)=3x^2+b$이므로

$f'(1)=3+b=0$에서 $b=-3$

$f(1)=1+b+c=5$

$-2+c=5$ $\quad\therefore c=7$

따라서 $f(x)=x^3-3x+7$이므로

$f(3)=27-9+7=25$

14 0713 답 ① 유형 16

출제의도 | 미분계수의 정의를 이용하여 미정계수를 구할 수 있는지 확인한다.

$f(x)=x^{2n+1}-x^{2n}+2$로 놓고 식을 변형해 보자.

$f(x)=x^{2n+1}-x^{2n}+2$라 하면 $f(-1)=0$이므로 ($\to (-1)^{\text{짝수}}=1$, $(-1)^{\text{홀수}}=-1$)

$$\lim_{x\to-1}\frac{x^{2n+1}-x^{2n}+2}{x^2-1}=\lim_{x\to-1}\left\{\frac{f(x)-f(-1)}{x+1}\times\frac{1}{x-1}\right\}$$

$(\because f(-1)=0)$

$$=\lim_{x\to-1}\frac{f(x)-f(-1)}{x-(-1)}\times\lim_{x\to-1}\frac{1}{x-1}$$
$$=f'(-1)\times\left(-\frac{1}{2}\right)$$

즉, $-\frac{1}{2}f'(-1)=-\frac{9}{2}$에서 $f'(-1)=9$

이때 $f'(x)=(2n+1)x^{2n}-2nx^{2n-1}$이므로

$f'(-1)=9$에서 $(2n+1)+2n=9$

$4n=8$ $\quad\therefore n=2$

15 0714 답 ④ 유형 19

출제의도 | 각 구간에서 미분계수를 구할 수 있는지 확인한다.

먼저 각 구간에서 미분계수를 구해 봐!

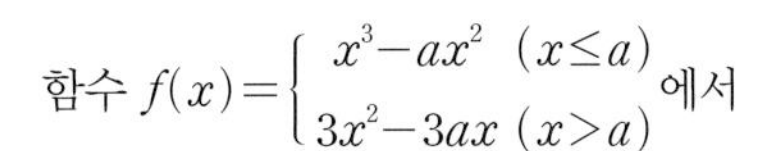

함수 $f(x)=\begin{cases}x^3-ax^2 & (x\le a)\\ 3x^2-3ax & (x>a)\end{cases}$에서

$f'(x)=\begin{cases}3x^2-2ax & (x<a)\\ 6x-3a & (x>a)\end{cases}$이므로

$\lim_{h\to0-}\frac{f(a+h)-f(a)}{h}=3a^2-2a^2=a^2$ ($\to =f'(a)\ (x<a)$)

$\lim_{h\to0+}\frac{f(a+h)-f(a)}{h}=6a-3a=3a$ ($\to =f'(a)\ (x>a)$)

따라서 $\lim_{h\to0-}\frac{f(a+h)-f(a)}{h}=2\times\lim_{h\to0+}\frac{f(a+h)-f(a)}{h}$에서

$a^2=2\times3a$, $a(a-6)=0$

$\therefore a=6\ (\because a>0)$

16 0715 답 ④ 유형 19

출제의도 | 미분계수의 정의를 적용할 수 있는지 확인한다.

$f'(1)=\lim_{x\to1}\frac{f(x)-f(1)}{x-1}$이야.

$\lim_{x\to1}\frac{f(x)}{x^3-1}$에서 $x\to1$일 때, 극한값이 존재하고 (분모)$\to0$이므로 (분자)$\to0$이다.

즉, $\lim_{x\to1}f(x)=0$이므로 $f(1)=0$

$$\lim_{x\to1}\frac{f(x)}{x^3-1}=\lim_{x\to1}\frac{f(x)-f(1)}{(x-1)(x^2+x+1)}$$
$$=\lim_{x\to1}\frac{f(x)-f(1)}{x-1}\times\lim_{x\to1}\frac{1}{x^2+x+1}$$
$$=f'(1)\times\frac{1}{3}$$

즉, $\frac{1}{3}f'(1)=1$이므로 $f'(1)=3$

$f(x)=x^2+ax+b$ (a, b는 상수)로 놓으면 $f'(x)=2x+a$

$f'(1)=2+a=3 \qquad \therefore a=1$

$f(1)=1+a+b=0$, $2+b=0 \qquad \therefore b=-2$

따라서 $f(x)=x^2+x-2$이므로

$f(2)=4+2-2=4$

17 0716 답 ⑤

출제의도 | 평균변화율과 미분계수의 정의와 성질을 알고 있는지 확인한다.

> 이차함수의 그래프가 직선 $x=2$에 대하여 대칭이므로 대칭축이 $x=2$야.

이차함수 $y=f(x)$의 그래프가 직선 $x=2$에 대하여 대칭이므로

$f(x)=p(x-2)^2+q$ (p, q는 상수, $p\neq0$)라 하자.

이때 $f'(x)=2p(x-2)$이므로

ㄱ. $a+b=4$이면 $b=4-a$이므로

$$\begin{aligned} f'(a)+f'(b)&=f'(a)+f'(4-a)\\ &=2p(a-2)+2p(2-a)\\ &=0 \text{ (참)} \end{aligned}$$

ㄴ. $f'(x)=2p(x-2)$이므로 $f'(2)=0$이고

$$\begin{aligned} &\lim_{h\to0}\frac{f(2+3h)-f(2-h)}{h}\\ &=\lim_{h\to0}\frac{f(2+3h)-f(2)+f(2)-f(2-h)}{h}\\ &=\lim_{h\to0}\left\{\frac{f(2+3h)-f(2)}{h}+\frac{f(2)-f(2-h)}{h}\right\}\\ &=\lim_{h\to0}\frac{f(2+3h)-f(2)}{3h}\times3+\lim_{h\to0}\frac{f(2-h)-f(2)}{-h}\\ &=3f'(2)+f'(2)\\ &=4f'(2)=0\ (\because f'(2)=0) \text{ (거짓)} \end{aligned}$$

ㄷ. 이차함수 $y=f(x)$의 그래프가 직선 $x=2$에 대하여 대칭이므로 임의의 실수 x에 대하여 $f(2+x)=f(2-x)$가 성립한다.

이때 양변에 $x=4$를 대입하면 $f(6)=f(-2)$

따라서 함수 $f(x)$에 대하여 x의 값이 -2에서 6까지 변할 때의 평균변화율은

$$\frac{f(6)-f(-2)}{6-(-2)}=0 \text{ (참)}$$

따라서 옳은 것은 ㄱ, ㄷ이다.

18 0717 답 ⑤

출제의도 | 미분계수의 정의를 이용하여 극한값을 계산할 수 있는지 확인한다.

> 극한값이 존재할 조건을 생각해 봐.

$\lim_{x\to-1}\frac{f(x)}{(x+1)\{f'(x)\}^2}=-\frac{1}{9}$에서 $x\to-1$일 때, 극한값이 존재하고 (분모)$\to0$이므로 (분자)$\to0$이다.

즉, $\lim_{x\to-1}f(x)=0$에서 $f(-1)=0$

$$\begin{aligned} &\lim_{x\to-1}\frac{f(x)}{(x+1)\{f'(x)\}^2}\\ &=\lim_{x\to-1}\left[\frac{f(x)-f(-1)}{x+1}\times\frac{1}{\{f'(x)\}^2}\right]\ (\because f(-1)=0)\\ &=\lim_{x\to-1}\frac{f(x)-f(-1)}{x-(-1)}\times\lim_{x\to-1}\frac{1}{\{f'(x)\}^2}\\ &=f'(-1)\times\frac{1}{\{f'(-1)\}^2}\\ &=\frac{1}{f'(-1)} \end{aligned}$$

즉, $\frac{1}{f'(-1)}=-\frac{1}{9}$에서 $f'(-1)=-9$

한편, 삼차함수 $f(x)$는 $f(-1)=0$, $f(2)=0$이고, 최고차항의 계수가 1이므로 $f(x)=(x+1)(x-2)(x+a)$ (a는 상수)라 하면

$f'(x)=(x-2)(x+a)+(x+1)(x+a)+(x+1)(x-2)$

이때 $f'(-1)=-9$이므로

$f'(-1)=(-3)\times(-1+a)=-9$

$3a=12 \qquad \therefore a=4$

따라서 $f(x)=(x+1)(x-2)(x+4)$이므로

$f(4)=5\times2\times8=80$

19 0718 답 ①

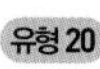

출제의도 | 연속함수의 조건을 알고 있는지 확인한다.

> $f'(x)$가 연속함수이면 $\lim_{x\to a}f'(x)=f'(a)$가 성립해.

$(x-2)f'(x)=x^3-4x^2-x+10-2f(x)$ ······ ㉠

㉠의 양변에 $x=2$를 대입하면

$0=8-16-2+10-2f(2) \qquad \therefore f(2)=0$ ······ ㉡

$x\neq2$일 때, ㉠의 양변을 $x-2$로 나누면

$$f'(x)=\frac{x^3-4x^2-x+10-2f(x)}{x-2}$$

$g(x)=x^3-4x^2-x+10$이라 하면

$g'(x)=3x^2-8x-1$ ······ ㉢

이고 $g(2)=0$이다.

$$\begin{aligned} f'(x)&=\frac{x^3-4x^2-x+10-2f(x)}{x-2}\\ &=\frac{x^3-4x^2-x+10}{x-2}-2\times\frac{f(x)}{x-2}\\ &=\frac{g(x)-g(2)}{x-2}-2\times\frac{f(x)-f(2)}{x-2}\ (\because ㉡) \end{aligned}$$

(가)에서 $f'(x)$는 연속함수이므로 임의의 실수 a에 대하여 $\lim_{x\to a}f'(x)=f'(a)$가 성립한다.

즉, $f'(x)$는 $x=2$에서도 연속이므로

$$\begin{aligned} \lim_{x\to2}f'(x)&=\lim_{x\to2}\left\{\frac{g(x)-g(2)}{x-2}-2\times\frac{f(x)-f(2)}{x-2}\right\}\\ &=g'(2)-2f'(2) \end{aligned}$$

즉, $g'(2)-2f'(2)=f'(2)$에서 $3f'(2)=g'(2)$

$\therefore f'(2)=\frac{1}{3}g'(2)$

㉢에서 $g'(2)=12-16-1=-5$

$\therefore f'(2)=\frac{1}{3}\times(-5)=-\frac{5}{3}$

20 0719 답 ② 유형 21

출제의도 | 조건에 맞게 식을 세우고 항등식의 성질을 이용할 수 있는지 확인한다.

> 다항함수 $f(x)$의 최고차항을 ax^n이라 하고 주어진 식의 좌변과 우변의 차수를 비교해 보자.

다항함수 $f(x)$의 최고차항을 ax^n $(a\neq0,\ n$은 자연수)이라 하면 $f'(x)$의 최고차항은 nax^{n-1}이고, $f(x)f'(x)$의 최고차항은 na^2x^{2n-1}이다.

$f(x)f'(x)=f(x)+f'(x)+2x^3-4x^2+2x-1$ ······ ㉠

이때 좌변과 우변의 최고차항의 차수가 같아야 한다.

(i) $(f(x)$의 차수$)<3$인 경우

㉠에서 우변의 최고차항은 $2x^3$이므로

$na^2x^{2n-1}=2x^3$이다.

즉, $2n-1=3$에서 $n=2$이고

$2a^2=2$에서 $a=\pm1$이므로

$f(x)=x^2+bx+c$ 또는 $f(x)=-x^2+bx+c$

ⓐ $f(x)=x^2+bx+c$인 경우

$f'(x)=2x+b$이므로 ㉠에서

$(x^2+bx+c)(2x+b)$

$=(x^2+bx+c)+(2x+b)+2x^3-4x^2+2x-1$

$2x^3+3bx^2+(b^2+2c)x+bc$

$=2x^3-3x^2+(b+4)x+(b+c-1)$

이 식은 x에 대한 항등식이므로

$3b=-3,\ b^2+2c=b+4,\ bc=b+c-1$

이 식을 연립하여 풀면 $b=-1,\ c=1$

따라서 $f(x)=x^2-x+1,\ f'(x)=2x-1$이므로

$f(1)\times f'(0)=1\times(-1)=-1$

ⓑ $f(x)=-x^2+bx+c$인 경우

$f'(x)=-2x+b$이므로 ㉠에서

$(-x^2+bx+c)(-2x+b)$

$=(-x^2+bx+c)+(-2x+b)+2x^3-4x^2+2x-1$

$2x^3-3bx^2+(b^2-2c)x+bc=2x^3-5x^2+bx+b+c-1$

이 식은 x에 대한 항등식이므로

$3b=5,\ b^2-2c=b,\ bc=b+c-1$

이를 만족시키는 $b,\ c$는 존재하지 않는다.

(ii) $(f(x)$의 차수$)>3$인 경우

㉠에서 좌변의 차수는 $2n-1$, 우변의 차수는 n이므로

$2n-1=n$에서 $n=1$

이는 다항함수 $f(x)$의 차수가 3보다 크다는 조건에 모순이다.

(i), (ii)에서 $f(1)\times f'(0)=-1$

21 0720 답 ③ 유형 4

출제의도 | 미분가능하지 않은 점에서 $g(x)$를 구할 수 있는지 확인한다.

> 함수 $f(x)$는 $x=2,\ x=6$에서 미분가능하지 않아.

$f(x)=|x^2-8x+12|=|(x-2)(x-6)|$

이므로

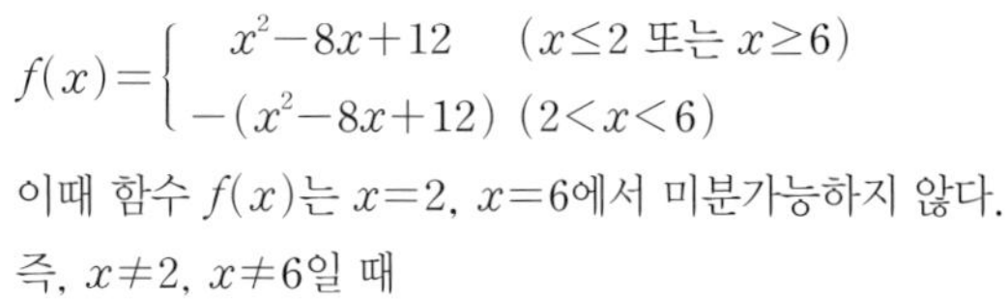

$$f(x)=\begin{cases} x^2-8x+12 & (x\le2 \text{ 또는 } x\ge6) \\ -(x^2-8x+12) & (2<x<6) \end{cases}$$

이때 함수 $f(x)$는 $x=2,\ x=6$에서 미분가능하지 않다.

즉, $x\neq2,\ x\neq6$일 때

$$\begin{aligned} g(x)&=\lim_{h\to0}\frac{f(x+h)-f(x-h)}{h} \\ &=\lim_{h\to0}\frac{f(x+h)-f(x)+f(x)-f(x-h)}{h} \\ &=\lim_{h\to0}\left\{\frac{f(x+h)-f(x)}{h}+\frac{f(x)-f(x-h)}{h}\right\} \\ &=\lim_{h\to0}\frac{f(x+h)-f(x)}{h}+\lim_{h\to0}\frac{f(x-h)-f(x)}{-h} \\ &=f'(x)+f'(x) \\ &=2f'(x) \end{aligned}$$ ······ ㉠

$$\begin{aligned} g(2)&=\lim_{h\to0}\frac{f(2+h)-f(2-h)}{h} \\ &=\lim_{h\to0}\frac{|h(h-4)|-|-h(-h-4)|}{h} \\ &=\lim_{h\to0}\frac{|h(h-4)|-|h(h+4)|}{h} \\ &=\lim_{h\to0}\frac{|h|\times|h-4|-|h|\times|h+4|}{h} \\ &=\lim_{h\to0}\frac{|h|(4-h)-|h|(h+4)}{h} \\ &=\lim_{h\to0}\frac{-2h|h|}{h} \\ &=\lim_{h\to0}(-2|h|)=0 \end{aligned}$$ ······ ㉡

→ $h\to0$일 때, $|h-4|=4-h,\ |h+4|=h+4$

$$\begin{aligned} g(6)&=\lim_{h\to0}\frac{f(6+h)-f(6-h)}{h} \\ &=\lim_{h\to0}\frac{|h(h+4)|-|-h(4-h)|}{h} \\ &=\lim_{h\to0}\frac{|h(h+4)|-|h(h-4)|}{h} \\ &=\lim_{h\to0}\frac{|h|(h+4)-|h|(4-h)}{4} \\ &=\lim_{h\to0}\frac{2h|h|}{h} \\ &=\lim_{h\to0}2|h|=0 \end{aligned}$$ ······ ㉢

→ $h\to0$일 때, $|h+4|=h+4,\ |h-4|=4-h$

㉠, ㉡, ㉢에서 $g(x)=\begin{cases} 2f'(x) & (x\neq2,\ x\neq6) \\ 0 & (x=2,\ x=6) \end{cases}$

$f'(x)=\begin{cases} 2x-8 & (x<2 \text{ 또는 } x>6) \\ -2x+8 & (2<x<6) \end{cases}$이므로

$$g(x)=\begin{cases} 2(2x-8) & (x<2 \text{ 또는 } x>6) \\ 0 & (x=2,\ x=6) \\ 2(-2x+8) & (2<x<6) \end{cases}$$

$$\begin{aligned} \therefore \sum_{k=4}^{10}g(k)-\sum_{k=0}^{3}g(k) &=2\{f'(4)+f'(5)+0+f'(7)+f'(8)+f'(9)+f'(10)\} \\ &\quad -2\{f'(0)+f'(1)+0+f'(3)\} \\ &=2\{0+(-2)+0+6+8+10+12\} \\ &\quad -2\{(-8)+(-6)+0+2\} \\ &=92 \end{aligned}$$

($g(6)=0$, $g(2)=0$)

22 0721 답 -18 유형8

출제의도 | 주어진 함수 $f(x)$가 $x=1$에서 미분가능할 조건을 알고 있는지 확인한다.

STEP1 함수 $f(x)$가 $x=1$에서 연속일 조건에서 a, b 사이의 관계식 구하기 [3점]

함수 $f(x)=\begin{cases} ax^2+bx+3 & (1\le x<2) \\ 0 & (0\le x<1) \end{cases}$이고 $x=1$에서 미분가능하므로 $x=1$에서 연속이다.

(i) 함수 $f(x)$가 $x=1$에서 연속이려면

$f(1)=a+b+3$

$\lim_{x\to1+} f(x)=a+b+3$, $\lim_{x\to1-} f(x)=0$에서

$\lim_{x\to1+} f(x)=\lim_{x\to1-} f(x)=f(1)$이어야 하므로

$a+b+3=0$ ······ ㉠

STEP2 함수 $f(x)$가 $x=1$에서 미분가능할 조건에서 a, b 사이의 관계식 구하기 [2점]

(ii) 함수 $f(x)$가 $x=1$에서 미분가능하려면

$f'(x)=\begin{cases} 2ax+b & (1<x<2) \\ 0 & (0<x<1) \end{cases}$에서

$\lim_{x\to1+} f'(x)=\lim_{x\to1-} f'(x)$이어야 한다.

즉, $2a+b=0$ ······ ㉡

STEP3 상수 a, b의 값을 구하여 ab의 값 구하기 [1점]

㉠, ㉡을 연립하여 풀면 $a=3$, $b=-6$

$\therefore ab=3\times(-6)=-18$

23 0722 답 (1) 1 (2) 3 (3) $f'(x)=x+3$ 유형11

출제의도 | 주어진 항등식을 이용하여 미분계수와 도함수를 구할 수 있는지 확인한다.

STEP1 주어진 식에서 $f(0)$의 값 구하기 [1점]

(1) $f(x+y)=f(x)+f(y)+xy-1$의 양변에 $x=0$, $y=0$을 대입하면

$f(0)=f(0)+f(0)+0-1$

$\therefore f(0)=1$ ······ ㉠

STEP2 미분계수의 정의를 이용하여 극한값 구하기 [2점]

(2) $\lim_{h\to0}\frac{f(h)-1}{h}=\lim_{h\to0}\frac{f(h)-f(0)}{h}$ ($\because$ ㉠)

$=f'(0)=3$

STEP3 도함수의 정의를 이용하여 $f'(x)$ 구하기 [3점]

(3) $f'(x)=\lim_{h\to0}\frac{f(x+h)-f(x)}{h}$

$=\lim_{h\to0}\frac{\{f(x)+f(h)+xh-1\}-f(x)}{h}$

$=\lim_{h\to0}\frac{f(h)+xh-1}{h}$

$=x+\lim_{h\to0}\frac{f(h)-1}{h}$

$=x+\lim_{h\to0}\frac{f(h)-f(0)}{h}$ ($\because$ ㉠)

$=x+f'(0)$

$=x+3$ ($\because f'(0)=3$)

24 0723 답 6 유형17

출제의도 | 미분계수의 정의를 이용하여 식을 변형할 수 있는지 확인한다.

STEP1 미분계수의 정의를 이용하여 $f(2)$, $f'(2)$의 값 구하기 [2점]

$\lim_{x\to2}\frac{f(x)-1}{x-2}=1$에서 $x\to2$일 때, 극한값이 존재하고 (분모)$\to0$이므로 (분자)$\to0$이다.

즉, $\lim_{x\to2}\{f(x)-1\}=0$에서 $f(2)=1$ ······ ㉠

$\lim_{x\to2}\frac{f(x)-1}{x-2}=\lim_{x\to2}\frac{f(x)-f(2)}{x-2}$ ($\because$ ㉠)

$=f'(2)$

$\therefore f'(2)=1$ ······ ㉡

STEP2 미분계수의 정의를 이용하여 $g(2)$, $g'(2)$의 값 구하기 [2점]

$\lim_{x\to2}\frac{g(x)+1}{x-2}=3$에서 $x\to2$일 때, 극한값이 존재하고 (분모)$\to0$이므로 (분자)$\to0$이다.

즉, $\lim_{x\to2}\{g(x)+1\}=0$에서 $g(2)=-1$ ······ ㉢

$\lim_{x\to2}\frac{g(x)+1}{x-2}=\lim_{x\to2}\frac{g(x)-g(2)}{x-2}$ ($\because$ ㉢)

$=g'(2)$

$\therefore g'(2)=3$ ······ ㉣

STEP3 곱의 미분법을 이용하여 함수 $y=f(x)\{f(x)+2g(x)\}$의 $x=2$에서의 미분계수 구하기 [3점]

$h(x)=f(x)\{f(x)+2g(x)\}$라 하면

$h'(x)=f'(x)\{f(x)+2g(x)\}+f(x)\{f'(x)+2g'(x)\}$이므로

㉠, ㉡, ㉢, ㉣에 의하여

$h'(2)=f'(2)\{f(2)+2g(2)\}+f(2)\{f'(2)+2g'(2)\}$

$=\{1+2\times(-1)\}+(1+2\times3)=-1+7=6$

25 0724 답 8 유형22

출제의도 | 다항식의 나눗셈에서 미분법을 이용할 수 있는지 확인한다.

STEP1 몫을 $Q(x)$로 놓고 나눗셈식을 등식으로 나타내기 [2점]

다항식 $P(x)=x^6+ax^3+bx^2$을 $(x-1)^2$으로 나누었을 때의 몫을 $Q(x)$라 하면

$x^6+ax^3+bx^2=(x-1)^2Q(x)$ ······ ㉠

STEP2 $x=1$을 대입하여 a, b 사이의 관계식 구하기 [2점]

㉠의 양변에 $x=1$을 대입하면

$1+a+b=0$ $\quad\therefore a+b=-1$ ······ ㉡

STEP3 양변을 x에 대하여 미분한 후 $x=1$을 대입하여 a, b 사이의 관계식 구하기 [2점]

㉠의 양변을 x에 대하여 미분하면

$6x^5+3ax^2+2bx=2(x-1)Q(x)+(x-1)^2Q'(x)$

양변에 $x=1$을 대입하면

$6+3a+2b=0$ $\quad\therefore 3a+2b=-6$ ······ ㉢

STEP4 상수 a, b의 값 구하기 [1점]

㉡, ㉢을 연립하여 풀면 $a=-4$, $b=3$

STEP5 나머지정리를 이용하여 $x+1$로 나눈 나머지 구하기 [2점]

다항식 $P(x)=x^6-4x^3+3x^2$이므로 구하는 나머지는 나머지정리에 의하여 $P(-1)=1+4+3=8$

04 도함수의 활용 (1)

핵심 개념 162쪽~163쪽

0725 답 (1) $y=7x-16$ (2) $y=4x-6$

(1) $f(x)=x^3-5x$라 하면 $f'(x)=3x^2-5$
곡선 위의 점 $(2, -2)$에서의 접선의 기울기는 $f'(2)=7$
따라서 기울기가 7이고 점 $(2, -2)$를 지나므로 접선의 방정식은
$y+2=7(x-2)$ $\quad\therefore y=7x-16$

(2) $f(x)=x^2-2x+3$이라 하면 $f'(x)=2x-2$
곡선 위의 점 $(3, 6)$에서의 접선의 기울기는 $f'(3)=4$
따라서 기울기가 4이고 점 $(3, 6)$을 지나므로 접선의 방정식은
$y-6=4(x-3)$ $\quad\therefore y=4x-6$

0726 답 (1) $y=-\frac{1}{2}x$ (2) $y=-\frac{1}{6}x+\frac{19}{6}$

(1) $f(x)=-x^2+2x$라 하면 $f'(x)=-2x+2$
곡선 위의 점 $(0, 0)$에서의 접선의 기울기는
$f'(0)=2$
접선에 수직인 직선의 기울기는 $-\frac{1}{2}$이고 점 $(0, 0)$을 지나므로 직선의 방정식은
$y-0=-\frac{1}{2}(x-0)$ $\quad\therefore y=-\frac{1}{2}x$

(2) $f(x)=x^3+3x-1$이라 하면 $f'(x)=3x^2+3$
곡선 위의 점 $(1, 3)$에서의 접선의 기울기는 $f'(1)=6$
접선에 수직인 직선의 기울기는 $-\frac{1}{6}$이고 점 $(1, 3)$을 지나므로 직선의 방정식은
$y-3=-\frac{1}{6}(x-1)$ $\quad\therefore y=-\frac{1}{6}x+\frac{19}{6}$

0727 답 (1) $y=2x-3$ (2) $y=2x+2$

(1) $f(x)=x^2-2x+1$이라 하면 $f'(x)=2x-2$
접점을 $(a, f(a))$라 하면 접선의 기울기가 2이므로 $f'(a)=2$에서
$2a-2=2$ $\quad\therefore a=2$
즉, 접점의 좌표가 $(2, 1)$이므로 접선의 방정식은
$y-1=2(x-2)$ $\quad\therefore y=2x-3$

(2) $f(x)=x^2+3$이라 하면 $f'(x)=2x$
접점을 $(a, f(a))$라 하면 접선의 기울기가 2이므로 $f'(a)=2$에서
$2a=2$ $\quad\therefore a=1$
즉, 접점의 좌표가 $(1, 4)$이므로 접선의 방정식은
$y-4=2(x-1)$ $\quad\therefore y=2x+2$

0728 답 $y=2x-7$

직선 $y=2x+5$와 평행한 직선의 기울기는 2이므로
곡선 $y=x^2-4x+2$에 접하고 기울기가 2인 직선의 방정식을 구한다.
$f(x)=x^2-4x+2$라 하면 $f'(x)=2x-4$
접점을 $(a, f(a))$라 하면 접선의 기울기가 2이므로
$f'(a)=2$에서 $2a-4=2$ $\quad\therefore a=3$
즉, 접점의 좌표가 $(3, -1)$이므로 접선의 방정식은
$y+1=2(x-3)$
$\therefore y=2x-7$

0729 답 $y=3x-4$

$f(x)=x^3-2$라 하면 $f'(x)=3x^2$
접점의 좌표를 (a, a^3-2)라 하면 이 점에서의 접선의 기울기가
$f'(a)=3a^2$이므로 접선의 방정식은
$y-(a^3-2)=3a^2(x-a)$ ······ ㉠
이 직선이 점 $(0, -4)$를 지나므로
$-4-(a^3-2)=3a^2(0-a)$, $2a^3=2$
$\therefore a=1$ ($\because$ a는 실수)
$a=1$을 ㉠에 대입하면 구하는 접선의 방정식은 $y=3x-4$

0730 답 $y=-2x+2$, $y=6x-6$

$f(x)=x^2+3$이라 하면 $f'(x)=2x$
접점의 좌표를 (a, a^2+3)이라 하면 이 점에서의 접선의 기울기가
$f'(a)=2a$이므로 접선의 방정식은
$y-(a^2+3)=2a(x-a)$ ······ ㉠
이 직선이 점 $(1, 0)$을 지나므로
$-a^2-3=2a(1-a)$, $a^2-2a-3=0$
$(a+1)(a-3)=0$
$\therefore a=-1$ 또는 $a=3$
a의 값을 ㉠에 대입하면
$a=-1$일 때, $y=-2x+2$
$a=3$일 때, $y=6x-6$

0731 답 $\frac{2}{3}$

함수 $f(x)$는 닫힌구간 $[0, 1]$에서 연속이고
열린구간 $(0, 1)$에서 미분가능하며
$f(0)=f(1)=1$이므로 롤의 정리에 의하여
$f'(c)=0$인 c가 0과 1 사이에 적어도 하나 존재한다.
이때 $f'(x)=3x^2-2x$이므로 $f'(c)=0$에서
$3c^2-2c=0$, $c(3c-2)=0$
$\therefore c=\frac{2}{3}$ ($\because$ $0<c<1$)

0732 답 0

함수 $f(x)$는 닫힌구간 $[-1, 1]$에서 연속이고
열린구간 $(-1, 1)$에서 미분가능하므로 평균값 정리에 의하여
$\frac{f(1)-f(-1)}{1-(-1)}=f'(c)$인 c가 -1과 1 사이에 적어도 하나 존재한다.
이때 $f'(x)=2x+1$이므로
$\frac{2-0}{1-(-1)}=2c+1$에서 $1=2c+1$
$\therefore c=0$

0733 답 ②

기울기가 1인 직선의 방정식을 $y=x+k$라 하면

$x^2+2x=x+k$에서 $x^2+x-k=0$

이 이차방정식의 판별식을 D라 하면

$D=1+4k=0 \quad \therefore k=-\frac{1}{4}$

따라서 구하는 직선의 방정식은 $y=x-\frac{1}{4}$

0734 답 ①

직선 $y=ax+b$와 직선 $y=2x+1$이 평행하므로 $a=2$

즉, $x^2-3x+1=2x+b$에서 $x^2-5x+1-b=0$

이 이차방정식의 판별식을 D라 하면

$D=(-5)^2-4\times(1-b)=0 \quad \therefore b=-\frac{21}{4}$

$\therefore a+4b=2-21=-19$

0735 답 ⑤

점 $(-2, 4)$를 지나는 직선의 방정식을 $y=m(x+2)+4$라 하면

$-x^2-2x+4=m(x+2)+4$에서

$x^2+(m+2)x+2m=0$

이 이차방정식의 판별식을 D라 하면

$D=(m+2)^2-4\times 2m=0$

$m^2-4m+4=0, (m-2)^2=0$

$\therefore m=2$

0736 답 1

점 $(2, 3)$을 지나는 직선의 방정식을 $y=m(x-2)+3$이라 하면

$x^2-3x+5=m(x-2)+3$에서

$x^2-(m+3)x+2m+2=0$

이 이차방정식의 판별식을 D라 하면

$D=(m+3)^2-4(2m+2)=0$

$m^2-2m+1=0, (m-1)^2=0$

$\therefore m=1$

따라서 직선의 방정식은 $y=x+1$이므로 구하는 y절편은 1이다.

0737 답 ②

점 $(1, c)$는 직선 $y=x$ 위의 점이므로 $c=1$

함수 $y=x^2+ax+b$의 그래프가 점 $(1, 1)$을 지나므로

$1=1+a+b \quad \therefore b=-a$ ······ ㉠

즉, 이차함수 $y=x^2+ax-a$의 그래프와 직선 $y=x$가 접하므로

$x^2+ax-a=x$에서 $x^2+(a-1)x-a=0$

이 이차방정식의 판별식을 D라 하면

$D=(a-1)^2+4a=0, (a+1)^2=0$

$\therefore a=-1$

$a=-1$을 ㉠에 대입하면 $b=1$

$\therefore abc=(-1)\times 1\times 1=-1$

0738 답 ① | 유형1

곡선 $y=x^3+ax^2+b$ 위의 점 $(2, -1)$에서의 접선의 기울기가 4일 때, $a-b$의 값은? (단, a, b는 상수이다.)

단서1: 곡선 $y=x^3+ax^2+b$ 위의 점 $(2, -1)$에서 / 단서2: 접선의 기울기가 4

① -1 ② 0 ③ 1
④ 2 ⑤ 3

단서1 $f(x)=x^3+ax^2+b$라 하면 $f(2)=-1$
단서2 $f'(2)=4$

STEP1 **$f(2)=-1$, $f'(2)=4$를 이용하여 상수 a, b의 값 구하기**

$f(x)=x^3+ax^2+b$라 하면 $f'(x)=3x^2+2ax$

점 $(2, -1)$이 곡선 $y=f(x)$ 위의 점이므로 $f(2)=-1$에서

$8+4a+b=-1 \quad \therefore 4a+b=-9$ ······ ㉠

점 $(2, -1)$에서의 접선의 기울기는 $f'(2)=4$이므로

$12+4a=4 \quad \therefore a=-2$

$a=-2$를 ㉠에 대입하면 $b=-1$

STEP2 **$a-b$의 값 구하기**

$a-b=-2-(-1)=-1$

0739 답 ④

$f(x)=x^2+2x+2$라 하면 $f'(x)=2x+2$

점 $(1, 5)$에서의 접선의 기울기는

$f'(1)=2+2=4$

0740 답 5

$f(x)=-2x^2+x-1$이라 하면 $f'(x)=-4x+1$

점 $(-1, -4)$에서의 접선의 기울기는

$f'(-1)=4+1=5$

0741 답 1

$f(x)=x^3+1$이라 하면 $f'(x)=3x^2$

점 (t, t^3+1)에서의 접선의 기울기가 3이므로

$f'(t)=3$에서 $3t^2=3, t^2=1$

$\therefore t=1 \ (\because t>0)$

0742 답 ⑤

$f(x)=x^3-ax+1$에서 $f'(x)=3x^2-a$

점 $(2, f(2))$에서의 접선이 직선 $y=2x+4$와 평행하므로 접선의 기울기는 2이다. (→ 평행한 두 직선의 기울기는 같다.)

즉, $f'(2)=2$에서 $12-a=2 \quad \therefore a=10$

0743 답 ②

$f(x)=x^3+ax^2-3$에서 $f'(x)=3x^2+2ax$

점 $(1, f(1))$에서의 접선이 두 점 $(2, 3)$, $(3, 7)$을 지나는 직선과 평행하므로 접선의 기울기는 두 점을 지나는 직선의 기울기와 같다.

즉, $f'(1)=\frac{7-3}{3-2}=4$에서 $3+2a=4 \quad \therefore a=\frac{1}{2}$

0744 답 ⑤

점 (1, 2)가 곡선 $y=f(x)$ 위의 점이므로 $f(1)=2$

점 (1, 2)에서의 접선의 기울기가 3이므로 $f'(1)=3$

$g(x)=xf(x)$라 하면 곡선 $y=g(x)$ 위의 점 $(1, f(1))$에서의 접선의 기울기는 $g'(1)$이다.

이때 $g'(x)=f(x)+xf'(x)$이므로

$g'(1)=f(1)+f'(1)=2+3=5$ ← $g'(x)=x'f(x)+xf'(x)$

0745 답 ③

$f(x)=x^2-px$에서 $f'(x)=2x-p$

곡선 $y=f(x)$ 위의 점 $(2, f(2))$에서의 접선이 x축과 이루는 예각의 크기를 θ라 할 때, 접선의 기울기는 $\tan\theta=6$이므로

$f'(2)=6$에서

$4-p=6 \quad \therefore p=-2$

개념 Check

(1) $(\text{직선의 기울기})=\dfrac{(y\text{의 값의 증가량})}{(x\text{의 값의 증가량})}$

(2) 직선과 x축이 만나서 이루는 예각의 크기를 θ라 할 때,
$(\text{직선의 기울기})=\tan\theta$

0746 답 ②

$f(x)=x^2-2ax+1$에서 $f'(x)=2x-2a$

$f(a+2)=(a+2)^2-2a(a+2)+1$
$=-a^2+5$

$f(a-1)=(a-1)^2-2a(a-1)+1$
$=-a^2+2$

두 점 $(a-1, f(a-1))$, $(a+2, f(a+2))$를 지나는 직선의 기울기는

$$\frac{f(a+2)-f(a-1)}{a+2-(a-1)}=\frac{(-a^2+5)-(-a^2+2)}{3}=\frac{3}{3}=1$$

따라서 곡선 $y=f(x)$ 위의 점 (p, q)에서의 접선의 기울기도 1이므로

$f'(p)=1$에서 $2p-2a=1$

$\therefore p=a+\dfrac{1}{2}$

다른 풀이

$f(x)$가 미분가능한 함수이므로 평균값 정리에 의하여

$a-1<p<a+2$에서

$\dfrac{f(a+2)-f(a-1)}{a+2-(a-1)}=f'(p)$인 p가 존재한다.

즉, $f'(p)=1$에서 $2p-2a=1$임을 알 수 있다.

Plus 문제

0746-1

함수 $f(x)=x^2-2ax+b$에 대하여 〈**보기**〉에서 옳은 것만을 있는 대로 고르시오. (단, a, b는 상수이다.)

〈보기〉

ㄱ. $f'(a+1)>0$

ㄴ. $f(a+3)-f(a-1)=4f'(a+1)$

ㄷ. 곡선 $y=f(x)$ 위의 점 (p, q)에서의 접선이 곡선 위의 두 점 $(a-1, f(a-1))$, $(a+3, f(a+3))$을 지나는 직선과 평행하면 $p=a+1$이다.

ㄱ. $f(x)=x^2-2ax+b$에서 $f'(x)=2x-2a$

$f'(a+1)=2(a+1)-2a=2>0$ (참)

ㄴ. $f(a+3)-f(a-1)$
$=(a+3)^2-2a(a+3)+b-\{(a-1)^2-2a(a-1)+b\}$
$=(a^2+6a+9-2a^2-6a+b)$
$\quad -(a^2-2a+1-2a^2+2a+b)$
$=8$

이때 ㄱ에서 $f'(a+1)=2$이므로

$f(a+3)-f(a-1)=4f'(a+1)$이다. (참)

ㄷ. $(a-1, f(a-1))$, $(a+3, f(a+3))$을 지나는 직선의 기울기는

$$\frac{f(a+3)-f(a-1)}{a+3-(a-1)}=\frac{4f'(a+1)}{4}\ (\because \text{ㄴ})$$
$$=f'(a+1)=2$$

$f'(p)=2$에서 $2p-2a=2$

$\therefore p=a+1$ (참)

따라서 옳은 것은 ㄱ, ㄴ, ㄷ이다.

답 ㄱ, ㄴ, ㄷ

0747 답 7

$f(x)=4x^3-5x+9$라 하면 $f'(x)=12x^2-5$

점 (1, 8)에서의 접선의 기울기는

$f'(1)=7$

0748 답 ④ | 유형2

곡선 $y=x^3+ax+b$ 위의 점 (1, 5)에서의 접선의 방정식이 $y=4x+1$일 때, ab의 값은? (단, a, b는 상수이다.)

① -3 ② -1 ③ 1
④ 3 ⑤ 4

단서1 $f(x)=x^3+ax+b$라 하면 $f(1)=5$

단서2 접선의 기울기가 4이므로 $f'(1)=4$

STEP1 **$f(1)=5$, $f'(1)=4$를 이용하여 상수 a, b의 값 구하기**

$f(x)=x^3+ax+b$라 하면 $f'(x)=3x^2+a$

점 (1, 5)에서의 접선의 기울기가 4이므로 $f'(1)=4$에서

$3+a=4 \quad \therefore a=1$

곡선 $y=x^3+x+b$가 점 (1, 5)를 지나므로

$5=1+1+b \quad \therefore b=3$

STEP2 **ab의 값 구하기**

$ab=3$

0749 답 ④

$f(x)=-x^3+x$라 하면 $f'(x)=-3x^2+1$
점 $(1, 0)$에서의 접선의 기울기는 $f'(1)=-2$
따라서 구하는 접선의 방정식은
$y-0=-2(x-1)$ $\quad \therefore y=-2x+2$

0750 답 3

$f(x)=-x^4+3x^3+3x$이므로 $f'(x)=-4x^3+9x^2+3$
점 $(1, 5)$에서의 접선의 기울기는 $f'(1)=8$이므로 접선의 방정식은
$y-5=8(x-1)$ $\quad \therefore 8x-y-3=0$
따라서 $a=8$, $b=-1$이므로 $a+5b=8-5=3$

0751 답 28

점 $\mathrm{P}(a, -6)$이 곡선 $y=x^3+2$ 위의 점이므로
$-6=a^3+2$, $a^3=-8$
$\therefore a=-2$ ($\because a$는 실수)
$f(x)=x^3+2$라 하면 $f'(x)=3x^2$
점 $\mathrm{P}(-2, -6)$에서의 접선의 기울기는 $f'(-2)=12$이므로
접선의 방정식은
$y+6=12(x+2)$ $\quad \therefore y=12x+18$
따라서 $a=-2$, $m=12$, $n=18$이므로
$a+m+n=28$

0752 답 ①

$f(x)=\frac{1}{3}x^3+ax+b$라 하면 $f'(x)=x^2+a$
점 $(-1, 3)$에서의 접선의 기울기가 -2이므로 $f'(-1)=-2$에서
$1+a=-2$ $\quad \therefore a=-3$
곡선 $y=\frac{1}{3}x^3-3x+b$가 점 $(-1, 3)$을 지나므로
$3=-\frac{1}{3}+3+b$ $\quad \therefore b=\frac{1}{3}$
$\therefore ab=-3\times\frac{1}{3}=-1$

0753 답 ③

$f(x)=x^3-3x^2+2$라 하면 $f'(x)=3x^2-6x$
점 $(1, 0)$에서의 접선의 기울기는 $f'(1)=-3$이므로 직선 l의 방정식은
$y-0=-3(x-1)$ $\quad \therefore y=-3x+3$ ······ ㉠
점 $(2, -2)$에서의 접선의 기울기는 $f'(2)=0$이므로 직선 m의 방정식은
$y=-2$ → 기울기가 0이고 y절편이 -2인 직선이다.
$y=-2$를 ㉠에 대입하면 $x=\frac{5}{3}$
따라서 두 직선 l, m의 교점의 좌표는 $\left(\frac{5}{3}, -2\right)$이다.

0754 답 18

$f(x)=x^3+ax$이므로 $f'(x)=3x^2+a$
점 $(1, f(1))$에서의 접선의 기울기가 4이므로
$f'(1)=4$에서 $3+a=4$ $\quad \therefore a=1$
$f(1)=2$이므로 점 $(1, 2)$에서의 접선의 방정식은
$y-2=4(x-1)$ $\quad \therefore y=4x-2$
따라서 $b=-2$이므로
$20a+b=20-2=18$

0755 답 0 | 유형3

곡선 $y=x^2-x+1$ 위의 점 $(2, 3)$에서의 접선이(단서1) 점 $(1, a)$를 지날(단서2) 때, a의 값을 구하시오.

단서1 $f(x)=x^2-x+1$이라 하면 접선의 기울기는 $f'(2)=3$
단서2 접선의 방정식에 $x=1$, $y=a$를 대입

STEP1 **접선의 방정식 구하기**
$f(x)=x^2-x+1$이라 하면 $f'(x)=2x-1$
점 $(2, 3)$에서의 접선의 기울기는 $f'(2)=3$이므로
접선의 방정식은
$y-3=3(x-2)$ $\quad \therefore y=3x-3$

STEP2 **접선이 지나는 점의 좌표를 대입하여 a의 값 구하기**
이 직선이 점 $(1, a)$를 지나므로
$a=3-3=0$

0756 답 ①

$f(x)=(x+1)(x^2-3)$이라 하면
$f'(x)=(x^2-3)+(x+1)\times 2x$
$=3x^2+2x-3$ → 함수 $f(x)$를 전개하지 않고 곱의 미분법을 이용했다.
$f(-1)=0$이고 점 $(-1, 0)$에서의 접선의 기울기는
$f'(-1)=-2$이므로 접선의 방정식은
$y-0=-2(x+1)$ $\quad \therefore y=-2x-2$
이 직선이 점 $(2, a)$를 지나므로
$a=-2\times2-2=-6$

0757 답 13

$f(x)=x^3-x^2+a$라 하면 $f'(x)=3x^2-2x$
점 $(1, a)$에서의 접선의 기울기는 $f'(1)=1$이므로 접선의 방정식은
$y-a=x-1$ $\quad \therefore y=x-1+a$
이 직선이 점 $(0, 12)$를 지나므로
$12=0-1+a$
$\therefore a=13$

0758 답 ④

$f(x)=x^3-ax+b$라 하면 $f'(x)=3x^2-a$
점 $(1, 1)$이 곡선 $y=f(x)$ 위의 점이므로 $f(1)=1$에서
$1-a+b=1$ $\quad \therefore a=b$
점 $(1, 1)$에서의 접선의 기울기는 $f'(1)=3-a$이므로 접선의 방정식은

$y-1=(3-a)(x-1) \quad \therefore y=(3-a)x-2+a$

이 직선이 점 $(0, 0)$을 지나므로

$0=-2+a \quad \therefore a=2$

따라서 $a=b=2$이므로

$a^2+b^2=2^2+2^2=8$

0759 답 ③

$f(x)=2x^3-x^2-x$라 하면 $f'(x)=6x^2-2x-1$

점 $(1, 0)$에서의 접선의 기울기는 $f'(1)=3$이므로 접선의 방정식은

$y-0=3(x-1) \quad \therefore y=3x-3$

이 접선과 직선 $y=x$의 교점의 좌표를 (a, a)라 하면

$3a-3=a$, $2a=3$

$\therefore a=\frac{3}{2}$

따라서 교점의 좌표는 $\left(\frac{3}{2}, \frac{3}{2}\right)$이다.

0760 답 10

$f(x)=x^3-6x^2+6$이라 하면 $f'(x)=3x^2-12x$

점 $(1, 1)$에서의 접선의 기울기는 $f'(1)=-9$이므로

접선의 방정식은

$y-1=-9(x-1) \quad \therefore y=-9x+10$

이 직선이 점 $(0, a)$를 지나므로

$a=0+10=10$

다른 풀이

$f'(1)=-9$이므로 두 점 $(0, a)$, $(1, 1)$을 지나는 직선의 기울기는 -9이다.

$\frac{1-a}{1-0}=-9$, $1-a=-9$

$\therefore a=10$

0761 답 ⑤

| 유형4

미분가능한 함수 $y=f(x)$의 그래프가 그림과 같이 $x=1$에서 직선 $y=1$에 접한다. (단서1)

곡선 $y=(x-1)f(x)$ 위의 점 $(1, 0)$에서의 접선의 방정식을 $y=ax+b$라 할 때, (단서2)

$a-b$의 값은? (단, a, b는 상수이다.)

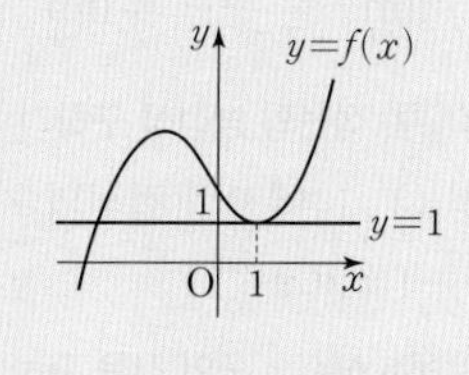

① -2 ② -1 ③ 0

④ 1 ⑤ 2

단서1 $f(1)=1$, $f'(1)=0$

단서2 $g(x)=(x-1)f(x)$라 하면 $g'(1)=a$

STEP1 접선의 기울기 구하기

$y=f(x)$의 그래프에서 $f(1)=1$, $f'(1)=0$ → 점 $(1, 1)$을 지나고 $x=1$에서의 접선의 기울기가 0이다.

$g(x)=(x-1)f(x)$라 하면

$g'(x)=(x-1)'f(x)+(x-1)f'(x)$

$\quad =f(x)+(x-1)f'(x)$

곡선 $y=g(x)$ 위의 점 $(1, 0)$에서의 접선의 기울기는

$g'(1)=f(1)+0\times f'(1)=1$

STEP2 접선의 방정식 구하기

구하는 접선의 방정식은

$y-0=x-1 \quad \therefore y=x-1$

STEP3 상수 a, b의 값을 구하여 $a-b$의 값 구하기

$a=1$, $b=-1$이므로 $a-b=1-(-1)=2$

0762 답 ②

$y=f(x)$의 그래프가 점 $(2, -4)$를 지나므로

$f(2)=-4$

$x=0$, $x=2$에서의 접선의 기울기가 0이므로

$f'(0)=0$, $f'(2)=0$

$g(x)=x^2f(x)$에서 $g'(x)=2xf(x)+x^2f'(x)$

$g(2)=4f(2)=-16$이므로

곡선 $y=g(x)$ 위의 점 $(2, -16)$에서의 접선의 기울기는

$g'(2)=4f(2)+4f'(2)=-16$

따라서 구하는 접선의 방정식은

$y-(-16)=-16(x-2) \quad \therefore y=-16x+16$

0763 답 ④

$y=x^3+ax^2+(2a+1)x+a+4$를 a에 대하여 정리하면

$a(x+1)^2+(x^3+x+4-y)=0$

이 식이 a의 값에 관계없이 항상 성립해야 하므로

$x+1=0$, $x^3+x+4-y=0$ → a에 대한 항등식

두 식을 연립하여 풀면 $x=-1$, $y=2$

$\therefore \mathrm{P}(-1, 2)$

$f(x)=x^3+ax^2+(2a+1)x+a+4$라 하면

$f'(x)=3x^2+2ax+2a+1$

점 $\mathrm{P}(-1, 2)$에서의 접선의 기울기는

$f'(-1)=3-2a+2a+1=4$이므로 접선의 방정식은

$y-2=4(x+1) \quad \therefore y=4x+6$

개념 Check

다음은 모두 'a에 대한 항등식'을 나타내는 표현이다.

① a의 값에 관계없이 항상 성립하는 등식

② 모든(임의의) a에 대하여 성립하는 등식

③ 어떤 a에 대하여도 항상 성립하는 등식

따라서 $(\quad)a+(\quad)=0$ 꼴로 정리한다.

Plus 문제

0763-1

함수 $f(x)=x^2-ax+5$의 그래프 위의 점 $(2, f(2))$에서의 접선이 실수 a의 값에 관계없이 항상 지나는 점의 좌표를 구하시오.

$f(x)=x^2-ax+5$에서 $f'(x)=2x-a$, $f(2)=9-2a$

점 $(2, 9-2a)$에서의 접선의 기울기는 $f'(2)=4-a$이므로

접선의 방정식은

$y-(9-2a)=(4-a)(x-2)$

$\therefore y=(4-a)x+1$ ······ ㉠

이 식을 a에 대하여 정리하면

$ax+(y-4x-1)=0$

이 식이 a의 값에 관계없이 항상 성립해야 하므로

$x=0,\ y-4x-1=0$ → a에 대한 항등식

두 식을 연립하여 풀면 $x=0,\ y=1$

따라서 접선 ㉠은 a의 값에 관계없이 항상 점 $(0,\ 1)$을 지난다.

답 $(0,\ 1)$

0764 답 1

$f(x)=x^3+2x$에서 $f'(x)=3x^2+2$

점 $(3,\ a)$가 곡선 $y=f^{-1}(x)$ 위의 점이므로 점 $(a,\ 3)$은 곡선 $y=f(x)$ 위의 점이다.

즉, $f(a)=3$에서 $a^3+2a=3$

$a^3+2a-3=0,\ (a-1)(a^2+a+3)=0$

$\therefore a=1\ (\because a^2+a+3>0)$

곡선 $y=f(x)$ 위의 점 $(1,\ 3)$에서의 접선의 기울기는 $f'(1)=5$이므로 접선의 방정식은

$y-3=5(x-1)\qquad \therefore y=5x-2$

이때 곡선 $y=f^{-1}(x)$ 위의 점 $(3,\ 1)$에서의 접선은 곡선 $y=f(x)$ 위의 점 $(1,\ 3)$에서의 접선 $y=5x-2$와 직선 $y=x$에 대하여 대칭이므로 접선의 방정식은

→ $y=5x-2$에 x 대신 y를, y 대신 x를 대입한다.

$x=5y-2\qquad \therefore y=\frac{1}{5}x+\frac{2}{5}$

따라서 $a=\frac{1}{5},\ b=\frac{2}{5}$이므로 $a+2b=1$

실수 Check

함수 $f(x)$의 역함수 $f^{-1}(x)$를 구할 수 없으므로 다음과 같은 역함수의 성질을 이용한다.

(1) 함수 $y=f(x)$의 그래프가 점 $(a,\ b)$를 지나면 역함수 $y=f^{-1}(x)$의 그래프는 점 $(b,\ a)$를 지난다.

(2) 함수 $y=f(x)$의 그래프와 그 역함수 $y=f^{-1}(x)$의 그래프는 직선 $y=x$에 대하여 대칭이다.

0765 답 ⑤

$f(x)=x^3-2x^2-2x+4$라 하면 $f'(x)=3x^2-4x-2$

점 $(1,\ 1)$에서의 접선 l의 기울기는 $f'(1)=-3$이므로 접선 l의 방정식은

$y-1=-3(x-1)\qquad \therefore y=-3x+4$ ······ ㉠

직선 l 위의 점 중에서 원점과의 거리가 가장 가까운 점 $\mathrm{P}(a,\ b)$는 직선 l에 수직이고 원점을 지나는 직선과 직선 l의 교점이다.

이때 직선 l에 수직이고 원점을 지나는 직선의 방정식은

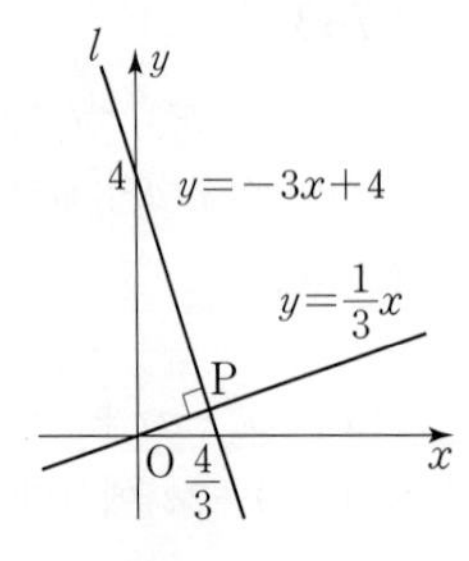

$y=\frac{1}{3}x$ ······ ㉡

㉠, ㉡을 연립하여 풀면 $x=\frac{6}{5},\ y=\frac{2}{5}$이므로

$\mathrm{P}\left(\frac{6}{5},\ \frac{2}{5}\right)$

따라서 $p=\frac{6}{5},\ q=\frac{2}{5}$이므로

$p+q=\frac{8}{5}$

다른 풀이

직선 l : $y=-3x+4$ 위의 점 $(a,\ -3a+4)$와 원점 사이의 거리는

$\sqrt{a^2+(-3a+4)^2}=\sqrt{10a^2-24a+16}$

$=\sqrt{10\left(a-\frac{6}{5}\right)^2+\frac{8}{5}}$

이므로 $a=\frac{6}{5}$일 때 최소이다.

즉, 점 P의 좌표는 $\left(\frac{6}{5},\ \frac{2}{5}\right)$이므로

→ $-3\times\frac{6}{5}+4=\frac{2}{5}$

$p=\frac{6}{5},\ q=\frac{2}{5}$

0766 답 ⑤ | 유형5

다항함수 $f(x)$에 대하여 $\lim\limits_{x\to1}\frac{f(x)-1}{x-1}=3$일 때, 함수 $y=f(x)$의 그래프 위의 점 $(1,\ f(1))$에서의 접선의 방정식은 $y=ax+b$이다. $a-b$의 값은? (단, $a,\ b$는 상수이다.)

① 1 ② 2 ③ 3 ④ 4 ⑤ 5

단서1 $x=1$에서의 미분계수

단서2 점 $(1,\ f(1))$에서의 접선의 기울기는 $f'(1)$

STEP1 **접선의 기울기 구하기**

$\lim\limits_{x\to1}\frac{f(x)-1}{x-1}=3$에서 $x\to1$일 때 (분모) $\to0$이고 극한값이 존재하므로 (분자) $\to0$이다.

즉, $\lim\limits_{x\to1}\{f(x)-1\}=0$이므로 $f(1)=1$ → $\lim\limits_{x\to1}f(x)=1$

$\therefore \lim\limits_{x\to1}\frac{f(x)-1}{x-1}=\lim\limits_{x\to1}\frac{f(x)-f(1)}{x-1}=f'(1)=3$

STEP2 **접선의 방정식 구하기**

점 $(1,\ 1)$에서의 접선의 기울기가 3이므로 접선의 방정식은

$y-1=3(x-1)\qquad \therefore y=3x-2$

STEP3 **상수 $a,\ b$의 값을 구하여 $a-b$의 값 구하기**

$a=3,\ b=-2$이므로

$a-b=3-(-2)=5$

0767 답 ①

$\lim\limits_{x\to2}\frac{f(x^2)}{x-2}=8$에서 $x\to2$일 때 (분모) $\to0$이고 극한값이 존재하므로 (분자) $\to0$이다.

즉, $\lim\limits_{x\to2}f(x^2)=0$이므로 $f(2^2)=0$

$\therefore f(4)=0$

$$\therefore \lim_{x\to 2}\frac{f(x^2)}{x-2}=\lim_{x\to 2}\frac{f(x^2)-f(4)}{x-2}$$
$$=\lim_{x\to 2}\frac{\{f(x^2)-f(4)\}(x+2)}{(x-2)(x+2)}$$
$$=\lim_{x\to 2}\left\{\frac{f(x^2)-f(4)}{x^2-4}\times(x+2)\right\}$$
$$=f'(4)\times 4$$

$4f'(4)=8$이므로 $f'(4)=2$

곡선 $y=f(x)$ 위의 점 $(4,\ f(4))$, 즉 $(4,\ 0)$에서의 접선의 방정식은 $y-0=2(x-4)$ $\quad\therefore y=2x-8$

따라서 $a=2$, $b=-8$이므로 $ab=-16$

0768 답 ③

점 $(2,\ 1)$에서의 접선의 기울기가 3이므로 $f'(2)=3$

$$\therefore \lim_{x\to 0}\frac{f(2+3x)-f(2)}{x}=\lim_{x\to 0}\frac{f(2+3x)-f(2)}{3x}\times 3$$
$$=3f'(2)$$
$$=3\times 3=9$$

0769 답 ④

$f'(1)\times\left(-\frac{1}{3}\right)=-1$이므로 $f'(1)=3$

→ 서로 수직인 두 직선의 기울기의 곱은 -1이다.

$$\therefore \lim_{x\to 0}\frac{f(1+2x)-f(1-3x)}{x}$$
$$=\lim_{x\to 0}\frac{f(1+2x)-f(1)}{x}-\lim_{x\to 0}\frac{f(1-3x)-f(1)}{x}$$
$$=\lim_{x\to 0}\frac{f(1+2x)-f(1)}{2x}\times 2-\lim_{x\to 0}\frac{f(1-3x)-f(1)}{-3x}\times(-3)$$
$$=f'(1)\times 2-f'(1)\times(-3)$$
$$=5f'(1)$$
$$=5\times 3=15$$

0770 답 ①

$\lim_{x\to 1}\frac{f(x)-1}{\sqrt{x+3}-2}=4$에서 $x\to 1$일 때 (분모) $\to 0$이고 극한값이 존재하므로 (분자) $\to 0$이다.

즉, $\lim_{x\to 1}\{f(x)-1\}=0$이므로 $f(1)=1$

$$\therefore \lim_{x\to 1}\frac{f(x)-1}{\sqrt{x+3}-2}=\lim_{x\to 1}\frac{\{f(x)-f(1)\}(\sqrt{x+3}+2)}{(\sqrt{x+3}-2)(\sqrt{x+3}+2)}$$
$$=\lim_{x\to 1}\frac{\{f(x)-f(1)\}(\sqrt{x+3}+2)}{x-1}$$
$$=\lim_{x\to 1}\frac{f(x)-f(1)}{x-1}\times\lim_{x\to 1}(\sqrt{x+3}+2)$$
$$=f'(1)\times 4$$

$4f'(1)=4$이므로 $f'(1)=1$

함수 $y=f(x)$의 그래프가 y축에 대하여 대칭이므로
$f(-1)=f(1)=1$

→ (가)에서 $f(x)=f(-x)$

$$\therefore f'(-1)=\lim_{h\to 0}\frac{f(-1+h)-f(-1)}{h}$$
$$=\lim_{h\to 0}\frac{f(1\quad h)\quad f(1)}{h}$$
$$=-\lim_{h\to 0}\frac{f(1-h)-f(1)}{-h}=-f'(1)=-1$$

따라서 구하는 접선의 기울기는 -1이다.

실수 Check

$f(x)=f(-x)$이면 $y=f(x)$의 그래프는 y축에 대하여 대칭이므로 그림에서
$f'(a)=-f'(-a)$임을 알 수 있다.

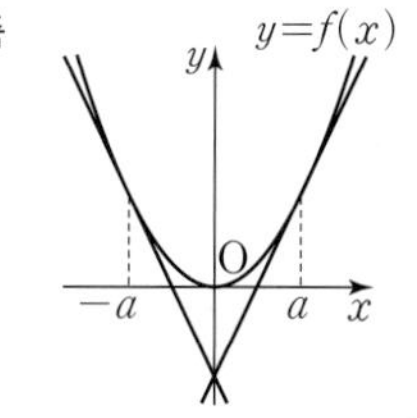

Plus 문제

0770-1

다항함수 $f(x)$는 다음 조건을 만족시킨다.

(가) $f(x)+f(-x)=0$
(나) $\lim_{x\to 1}\frac{f(x)}{x^2-1}=\frac{1}{2}$

$y=f(x)$의 그래프 위의 점 $(-1,\ f(-1))$에서의 접선의 기울기를 구하시오.

$\lim_{x\to 1}\frac{f(x)}{x^2-1}=\frac{1}{2}$에서 $x\to 1$일 때 (분모) $\to 0$이고 극한값이 존재하므로 (분자) $\to 0$이다.

즉, $\lim_{x\to 1}f(x)=0$이므로 $f(1)=0$

$$\therefore \lim_{x\to 1}\frac{f(x)}{x^2-1}=\lim_{x\to 1}\frac{f(x)-f(1)}{(x+1)(x-1)}$$
$$=\frac{1}{2}f'(1)$$

즉, $\frac{1}{2}f'(1)=\frac{1}{2}$이므로 $f'(1)=1$

(가)에서 $f(-x)=-f(x)$이므로 함수 $y=f(x)$의 그래프는 원점에 대하여 대칭이다.

이때 원점에 대하여 대칭인 두 점에서의 접선의 기울기는 서로 같으므로

$f'(-1)=f'(1)=1$

→ $f'(-x)=f'(x)$

답 1

0771 답 ⑤

$\lim_{x\to 2}\frac{f(x)-g(x)}{x-2}=2$에서 $x\to 2$일 때 (분모) $\to 0$이고 극한값이 존재하므로 (분자) $\to 0$이다.

즉, $\lim_{x\to 2}\{f(x)-g(x)\}=0$이므로 $f(2)=g(2)$

$g(x)=x^3f(x)-7$에 $x=2$를 대입하면

$g(2)=8f(2)-7$

$g(2)=8g(2)-7$ ($\because f(2)=g(2)$)

$-7g(2)=-7$ $\quad\therefore g(2)=f(2)=1$

$$\therefore \lim_{x\to 2}\frac{f(x)-g(x)}{x-2}=\lim_{x\to 2}\frac{\{f(x)-f(2)\}-\{g(x)-g(2)\}}{x-2}$$
$$=\lim_{x\to 2}\frac{f(x)-f(2)}{x-2}-\lim_{x\to 2}\frac{g(x)-g(2)}{x-2}$$
$$=f'(2)-g'(2)$$

(나)에서 $f'(2)-g'(2)=2$이므로

$f'(2)=g'(2)+2$

$g(x)=x^3f(x)-7$의 양변을 x에 대하여 미분하면
$g'(x)=3x^2f(x)+x^3f'(x)$
위의 식에 $x=2$를 대입하면
$g'(2)=12f(2)+8f'(2)$
$g'(2)=12\times1+8\{g'(2)+2\}$
$\quad=8g'(2)+28$
$-7g'(2)=28 \quad \therefore g'(2)=-4$
점 $(2, g(2))$, 즉 점 $(2, 1)$에서의 접선의 방정식은
$y-1=-4(x-2) \quad \therefore y=-4x+9$
따라서 $a=-4$, $b=9$이므로 $a+b=5$

실수 Check

$g(x)=x^3f(x)-7$의 양변을 미분할 때, 곱의 미분법에 주의하자.
$h(x)=f(x)g(x)$의 양변을 x에 대하여 미분하면
→ $h'(x)=f'(x)g(x)+f(x)g'(x)$

0772 답 20

$g(x)=f(x)-x^2$이라 하자.
$\lim_{x\to1}\frac{f(x)-x^2}{x-1}=-2$에서 $x\to1$일 때 (분모) $\to0$이고 극한값이 존재하므로 (분자) $\to0$이다.
즉, $\lim_{x\to1}\{f(x)-x^2\}=0$에서 $f(1)=1$이므로 $g(1)=f(1)-1=0$
$\lim_{x\to1}\frac{g(x)-g(1)}{x-1}=g'(1)=-2$
$g'(x)=f'(x)-2x$에 $x=1$을 대입하면
→ $g(x)=f(x)-x^2$의 양변을 x에 대하여 미분
$g'(1)=f'(1)-2=-2 \quad \therefore f'(1)=0$
$f(x)=x^3+ax^2+bx+c$라 하면
$f(0)=2$이므로 $c=2$
$f(1)=1$이므로 $1+a+b+2=1 \quad \therefore a+b=-2$ ······ ㉠
$f'(x)=3x^2+2ax+b$에서 $f'(1)=0$이므로
$3+2a+b=0 \quad \therefore 2a+b=-3$ ······ ㉡
㉠, ㉡을 연립하여 풀면 $a=-1$, $b=-1$
$f'(x)=3x^2-2x-1$이므로 곡선 $y=f(x)$ 위의 점 $(3, f(3))$에서의 접선의 기울기는
$f'(3)=27-6-1=20$

0773 답 28

$\lim_{x\to2}\frac{f(x)-1}{x^2-4}=-1$에서 $x\to2$일 때 (분모) $\to0$이고 극한값이 존재하므로 (분자) $\to0$이다.
즉, $\lim_{x\to2}\{f(x)-1\}=0$이므로 $f(2)=1$
$\lim_{x\to2}\frac{f(x)-1}{x^2-4}=\lim_{x\to2}\left\{\frac{f(x)-f(2)}{x-2}\times\frac{1}{x+2}\right\}$
$\quad=f'(2)\times\frac{1}{4}=-1$
$\therefore f'(2)=-4$
$g(x)=(x+1)f(x)$라 하면 곡선 $y=g(x)$가 점 $(2, a)$를 지나므로
$a=3f(2)=3$
$g'(x)=f(x)+(x+1)f'(x)$
→ $g(x)=(x+1)f(x)$의 양변을 x에 대하여 미분
곡선 $y=g(x)$ 위의 점 $(2, 3)$에서의 접선의 기울기는
$g'(2)=f(2)+(2+1)f'(2)$
$\quad=1+3\times(-4)=-11$
따라서 구하는 접선의 방정식은
$y-3=-11(x-2) \quad \therefore y=-11x+25$
이 직선의 y절편은 25이므로 $b=25$
$\therefore a+b=3+25=28$

0774 답 ② | 유형6

곡선 $y=x^2+x+3$ 위의 점 (a, a^2+a+3)에서의 접선의 y절편을 $f(a)$라 하자. $\lim_{a\to\infty}\frac{f(a)}{a^2}$의 값은? (단서1, 단서2)

① -2 ② -1 ③ 0
④ 1 ⑤ 2

단서1 곡선 $y=g(x)$ 위의 점 $(a, g(a))$에서의 접선의 방정식은 $y-g(a)=g'(a)(x-a)$
단서2 $f(a)$는 접선의 방정식에 $x=0$을 대입했을 때의 y의 값

STEP1 접선의 방정식 구하기
$g(x)=x^2+x+3$이라 하면 $g'(x)=2x+1$
곡선 $y=g(x)$ 위의 점 (a, a^2+a+3)에서의 접선의 기울기는 $g'(a)=2a+1$이므로 접선의 방정식은
$y-(a^2+a+3)=(2a+1)(x-a)$
$\therefore y=(2a+1)x-a^2+3$

STEP2 y절편을 식으로 나타내기
이 직선의 y절편은 $f(a)=-a^2+3$
→ 직선의 방정식에서 $x=0$일 때 y의 값

STEP3 $\lim_{a\to\infty}\frac{f(a)}{a^2}$의 값 구하기
$\lim_{a\to\infty}\frac{f(a)}{a^2}=\lim_{a\to\infty}\frac{-a^2+3}{a^2}$
$\quad=\lim_{a\to\infty}\frac{-1+\frac{3}{a^2}}{1}=-1$

0775 답 ①

$g(x)=x^2-x+1$이라 하면 $g'(x)=2x-1$
곡선 $y=g(x)$ 위의 점 (a, a^2-a+1)에서의 접선의 기울기는 $g'(a)=2a-1$이므로 접선의 방정식은
$y-(a^2-a+1)=(2a-1)(x-a)$
$\therefore y=(2a-1)x-a^2+1$
이 직선의 x절편은 $f(a)=\frac{a^2-1}{2a-1}$
→ 직선의 방정식에서 $y=0$일 때 x의 값
$\therefore \lim_{a\to\infty}\frac{f(a)}{a}=\lim_{a\to\infty}\frac{a^2-1}{a(2a-1)}$
$\quad=\lim_{a\to\infty}\frac{a^2-1}{2a^2-a}$
$\quad=\lim_{a\to\infty}\frac{1-\frac{1}{a^2}}{2-\frac{1}{a}}=\frac{1}{2}$

0776 답 ①

$f(x)=x^2-2x$에서 $f'(x)=2x-2$

곡선 $y=f(x)$ 위의 점 $(p, f(p))$에서의 접선의 기울기 $f'(p)$는 $\tan\theta$와 같으므로

$\tan\theta=f'(p)=2p-2$

$\therefore \lim_{p\to\infty}\frac{p}{\tan\theta}=\lim_{p\to\infty}\frac{p}{2p-2}=\lim_{p\to\infty}\frac{1}{2-\frac{2}{p}}=\frac{1}{2}$

개념 Check

직선 $y=mx+n$이 x축의 양의 방향과 이루는 각의 크기를 θ라 하면 이 직선의 기울기는 $m=\tan\theta$

0777 답 -2

$f(x)=x^4+2x^2$이라 하면 $f'(x)=4x^3+4x$

곡선 $y=f(x)$ 위의 점 (a, a^4+2a^2)에서의 접선의 기울기는 $f'(a)=4a^3+4a$이므로 접선의 방정식은

$y-(a^4+2a^2)=(4a^3+4a)(x-a)$

$\therefore y=(4a^3+4a)x-3a^4-2a^2$

이 직선과 y축의 교점의 좌표는 $(0, -3a^4-2a^2)$이므로

$h(a)=-3a^4-2a^2$

$\therefore \lim_{a\to 0}\frac{h(a)}{a^2}=\lim_{a\to 0}\frac{-3a^4-2a^2}{a^2}=\lim_{a\to 0}(-3a^2-2)=-2$

0778 답 ⑤

$f(x)=x^3+3x+1$이라 하면 $f'(x)=3x^2+3$

곡선 $y=f(x)$ 위의 점 (t, t^3+3t+1)에서의 접선의 기울기는 $f'(t)=3t^2+3$이므로 접선의 방정식은

$y-(t^3+3t+1)=(3t^2+3)(x-t)$

$\therefore y=(3t^2+3)x-2t^3+1$

이 직선의 y절편은 $g(t)=-2t^3+1$이므로 $g'(t)=-6t^2$

$$\therefore \lim_{t\to\infty}\frac{g'(t+2)-g'(t)}{t}=\lim_{t\to\infty}\frac{-6(t+2)^2+6t^2}{t}=\lim_{t\to\infty}\frac{-24t-24}{t}=\lim_{t\to\infty}\left(-24-\frac{24}{t}\right)=-24$$

0779 답 20

$g(x)=x^3$이라 하면 $g'(x)=3x^2$

곡선 $y=g(x)$ 위의 점 $P(t, t^3)$에서의 접선의 기울기는 $g'(t)=3t^2$이므로 접선의 방정식은

$y-t^3=3t^2(x-t)\qquad \therefore 3t^2x-y-2t^3=0$

이 직선과 원점 사이의 거리 $f(t)$는

$f(t)=\frac{|-2t^3|}{\sqrt{(3t^2)^2+(-1)^2}}=\frac{|-2t^3|}{\sqrt{9t^4+1}}$

$\therefore \lim_{t\to\infty}\frac{f(t)}{t}=\lim_{t\to\infty}\frac{2t^2}{\sqrt{9t^4+1}}=\lim_{t\to\infty}\frac{2}{\sqrt{9+\frac{1}{t^4}}}=\frac{2}{3}$

즉, $a=\frac{2}{3}$이므로 $30a=30\times\frac{2}{3}=20$

개념 Check

점 (x_1, y_1)과 직선 $ax+by+c=0$ 사이의 거리는

$\frac{|ax_1+by_1+c|}{\sqrt{a^2+b^2}}$

0780 답 ③ | 유형7

곡선 $y=x^2-3x+2$ 위의 점 $(0, 2)$를 지나고 (단서1) 이 점에서의 접선과 수직인 직선의 방정식은? (단서2)

① $y=-3x+2$ ② $y=-\frac{1}{3}x+2$

③ $y=\frac{1}{3}x+2$ ④ $y=x+2$

⑤ $y=3x+2$

단서1 $f(x)=x^2-3x+2$라 하면 접선의 기울기는 $f'(0)$

단서2 접선에 수직인 직선의 기울기는 $-\frac{1}{f'(0)}$

STEP 1 **접선의 기울기 구하기**

$f(x)=x^2-3x+2$라 하면 $f'(x)=2x-3$

점 $(0, 2)$에서의 접선의 기울기는 $f'(0)=-3$이므로 이 점에서의 접선에 수직인 직선의 기울기는

$-\frac{1}{f'(0)}=\frac{1}{3}$

STEP 2 **접선에 수직인 직선의 방정식 구하기**

구하는 직선의 방정식은

$y-2=\frac{1}{3}(x-0)\qquad \therefore y=\frac{1}{3}x+2$

0781 답 ③

$f(x)=-x^3-x^2+3x$라 하면 $f'(x)=-3x^2-2x+3$

점 $(1, 1)$에서의 접선의 기울기는 $f'(1)=-2$이므로 이 점에서의 접선에 수직인 직선의 기울기는

$-\frac{1}{f'(1)}=\frac{1}{2}$

따라서 구하는 직선의 방정식은

$y-1=\frac{1}{2}(x-1)\qquad \therefore y=\frac{1}{2}x+\frac{1}{2}$

따라서 $a=\frac{1}{2}$, $b=\frac{1}{2}$이므로 $ab=\frac{1}{4}$

0782 답 ②

$f(x)=\frac{2}{3}x^3+ax$이므로 $f'(x)=2x^2+a$

두 점 $(0, f(0))$, $(1, f(1))$에서의 접선이 서로 수직이므로

$f'(0)f'(1)=-1$에서

$a(2+a)=-1$, $(a+1)^2=0$ → $f'(0)=a$, $f'(1)=2+a$

$\therefore a=-1$

0783 답 $-\frac{1}{4}$

$y=x^3+ax^2+(1-2a)x+a+2$를 a에 대하여 정리하면

$(x^2-2x+1)a+x^3+x+2-y=0$

이 식이 a의 값에 관계없이 항상 성립하므로
→ a에 대한 항등식이다.

$x^2-2x+1=0$, $x^3+x+2-y=0$
→ $(x-1)^2=0$

위의 두 식을 연립하여 풀면 $x=1$, $y=4$이므로 이 곡선은 a의 값에 관계없이 항상 점 P(1, 4)를 지난다.

$f(x)=x^3+ax^2+(1-2a)x+a+2$라 하면

$f'(x)=3x^2+2ax+1-2a$

점 P(1, 4)에서의 접선의 기울기는

$f'(1)=3+2a+1-2a=4$

이므로 점 P에서의 접선에 수직인 직선의 기울기는

$-\frac{1}{f'(1)}=-\frac{1}{4}$

0784 답 ②

$f(x)=x^3-2x^2+3x+1$이라 하면 $f'(x)=3x^2-4x+3$

점 (1, 3)에서의 접선의 기울기는 $f'(1)=2$이므로 이 점에서의 접선에 수직인 직선의 기울기는 $-\frac{1}{f'(1)}=-\frac{1}{2}$

따라서 구하는 직선의 방정식은 $y-3=-\frac{1}{2}(x-1)$

$\therefore y=-\frac{1}{2}x+\frac{7}{2}$

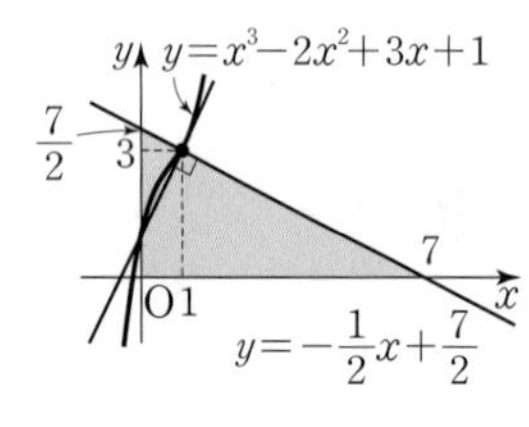

이때 직선 $y=-\frac{1}{2}x+\frac{7}{2}$의 x절편은 7, y절편은 $\frac{7}{2}$이므로

구하는 삼각형의 넓이는

$\frac{1}{2}\times7\times\frac{7}{2}=\frac{49}{4}$

따라서 $p=4$, $q=49$이므로 $p+q=53$

0785 답 ②

$g(x)=x^2$이라 하면 $g'(x)=2x$

점 P(t, t^2)에서의 접선의 기울기는 $g'(t)=2t$이므로 이 점에서의 접선에 수직인 직선의 기울기는 $-\frac{1}{g'(t)}=-\frac{1}{2t}$

따라서 점 P를 지나고 점 P에서의 접선과 수직인 직선의 방정식은

$y-t^2=-\frac{1}{2t}(x-t)$ $\quad\therefore y=-\frac{1}{2t}x+t^2+\frac{1}{2}$

이 직선이 y축과 만나는 점의 좌표는 $\left(0, t^2+\frac{1}{2}\right)$이므로

$f(t)=t^2+\frac{1}{2}$

$\therefore \lim_{t\to\infty}\frac{f(t)}{t^2}=\lim_{t\to\infty}\left(1+\frac{1}{2t^2}\right)=1$

0786 답 ①

$g(x)=x^2$이라 하면 $g'(x)=2x$

점 P(a, a^2)에서의 접선의 기울기는 $g'(a)=2a$이므로 이 점에서의 접선에 수직인 직선의 기울기는 $-\frac{1}{g'(a)}=-\frac{1}{2a}$

따라서 구하는 직선의 방정식은 $y-a^2=-\frac{1}{2a}(x-a)$

$\therefore y=-\frac{1}{2a}x+a^2+\frac{1}{2}$

이 직선이 x축과 만나는 점 A의 좌표는

$0=-\frac{1}{2a}x+a^2+\frac{1}{2}$에서 $x=2a^3+a$이므로

A$(2a^3+a, 0)$

이때 삼각형 OAP의 넓이는

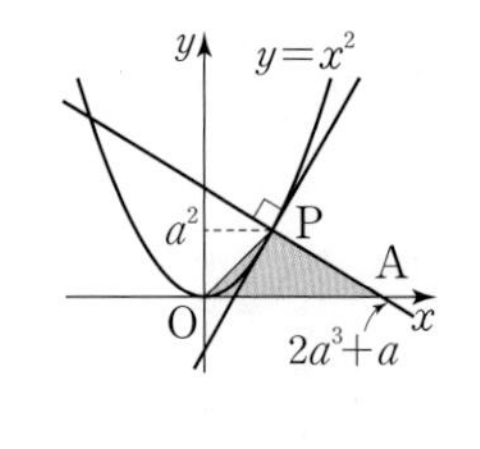

$f(a)=\frac{1}{2}\times(2a^3+a)\times a^2=\frac{2a^5+a^3}{2}$

$\therefore \lim_{a\to0+}\frac{f(a)}{a^3}=\frac{1}{2}\lim_{a\to0+}\frac{2a^5+a^3}{a^3}$

$=\frac{1}{2}\lim_{a\to0+}(2a^2+1)=\frac{1}{2}$

실수 Check

도형의 넓이에 대한 문제를 해결할 때는 도형을 먼저 그려 좌표를 구해야 하는 점을 생각해 보자.
삼각형 OAP에서 두 점 O, P의 좌표는 주어졌으므로 점 A의 좌표를 a에 대한 식으로 나타내야 한다.

0787 답 ①

$f(x)=x^3-3x^2+2x+2$라 하면 $f'(x)=3x^2-6x+2$

점 A(0, 2)에서의 접선의 기울기는 $f'(0)=2$이므로 이 점에서의 접선에 수직인 직선의 기울기는 $-\frac{1}{f'(0)}=-\frac{1}{2}$

따라서 직선의 방정식은

$y-2=-\frac{1}{2}(x-0)$ $\quad\therefore y=-\frac{1}{2}x+2$

즉, 이 직선의 x절편은 4이다.
→ 직선의 방정식에서 $y=0$일 때 x의 값

0788 답 ② | 유형8

곡선 $y=-x^3+3x^2+3$ 위의 점 (2, 7)에서의 접선이 이 곡선과 만나는 점 중 접점이 아닌 점을 A라 할 때, 선분 OA의 길이는? (단, O는 원점이다.)
단서1 단서2

① 7 ② $5\sqrt{2}$ ③ $\sqrt{51}$
④ $2\sqrt{13}$ ⑤ $\sqrt{53}$

단서1 점 (2, 7)은 접선의 접점의 좌표
단서2 점 A는 곡선과 접선이 만나는 점

STEP1 접선의 방정식 구하기

$f(x)=-x^3+3x^2+3$이라 하면 $f'(x)=-3x^2+6x$

점 (2, 7)에서의 접선의 기울기는 $f'(2)=0$이므로 접선의 방정식은

$y=7$

STEP2 곡선과 접선이 만나는 점 A의 좌표 구하기

곡선 $y=-x^3+3x^2+3$과 접선 $y=7$의 교점의 x좌표는

$-x^3+3x^2+3=7$에서

$x^3-3x^2+4=0$, $(x+1)(x-2)^2=0$

$\therefore x=-1$ 또는 $x=2$

따라서 점 A의 좌표는 $(-1, 7)$

-1	1	-3	0	4
		-1	4	-4
2	1	-4	4	0
		2	-4	
	1	-2	0	

$\therefore (x+1)(x-2)^2=0$

STEP3 선분 OA의 길이 구하기

$\overline{OA}=\sqrt{(-1)^2+7^2}=5\sqrt{2}$

개념 Check

좌표평면 위의 두 점 $A(x_1, y_1)$, $B(x_2, y_2)$ 사이의 거리는
$\overline{AB}=\sqrt{(x_2-x_1)^2+(y_2-y_1)^2}$

0789 답 21

$f(x)=x^3+2x+7$이라 하면 $f'(x)=3x^2+2$
점 $P(-1, 4)$에서의 접선의 기울기는 $f'(-1)=5$이므로
접선의 방정식은
$y-4=5(x+1)$　　$\therefore y=5x+9$
곡선 $y=x^3+2x+7$과 접선 $y=5x+9$의 교점의 x좌표는
$x^3+2x+7=5x+9$에서
$x^3-3x-2=0$, $(x+1)^2(x-2)=0$
$\therefore x=-1$ 또는 $x=2$
따라서 구하는 점의 좌표는 $(2, 19)$이므로 $a=2$, $b=19$
$\therefore a+b=21$

0790 답 ④

$f(x)=x^3-5x$라 하면 $f'(x)=3x^2-5$
점 $A(1, -4)$에서의 접선의 기울기는 $f'(1)=-2$이므로
접선의 방정식은
$y+4=-2(x-1)$　　$\therefore y=-2x-2$
곡선 $y=x^3-5x$와 접선 $y=-2x-2$의 교점의 x좌표는
$x^3-5x=-2x-2$에서
$x^3-3x+2=0$, $(x+2)(x-1)^2=0$
$\therefore x=-2$ 또는 $x=1$
따라서 점 B의 좌표는 $(-2, 2)$이므로
$\overline{AB}=\sqrt{(-2-1)^2+\{2-(-4)\}^2}=\sqrt{(-3)^2+6^2}=3\sqrt{5}$

0791 답 45

$f(x)=x^3-3x^2+3x$이므로 $f'(x)=3x^2-6x+3$
원점에서의 접선의 기울기는 $f'(0)=3$이므로 접선의 방정식은
$y=3x$ → 원점을 지나는 접선 중 원점에서 접하는 경우이다.
곡선 $y=f(x)$와 접선 $y=3x$의 원점이 아닌 교점의 x좌표는
$x^3-3x^2+3x=3x$에서 $x^2(x-3)=0$
$\therefore x=3$ ($\because x\neq0$)
$a\neq0$일 때, 점 (a, a^3-3a^2+3a)에서의 접선의 기울기는
→ 원점을 지나는 접선 중 원점이 아닌 다른 점에서 접하는 경우이다.
$f'(a)=3a^2-6a+3$이므로 접선의 방정식은
$y-(a^3-3a^2+3a)=(3a^2-6a+3)(x-a)$
이 접선이 점 $(0, 0)$을 지나므로
$-a^3+3a^2-3a=-3a^3+6a^2-3a$, $2a^3-3a^2=0$
$a^2(2a-3)=0$　　$\therefore a=\frac{3}{2}$ ($\because a\neq0$)
$\therefore 10S=10\left(3+\frac{3}{2}\right)=45$

0792 답 ③

$f(x)=x^3+ax$에서 $f'(x)=3x^2+a$
점 $A(-1, -1-a)$에서의 접선의 기울기는 $f'(-1)=3+a$이므로 접선의 방정식은
$y-(-1-a)=(3+a)(x+1)$　　$\therefore y=(3+a)x+2$
곡선 $y=x^3+ax$와 접선 $y=(3+a)x+2$의 교점의 x좌표는
$x^3+ax=(3+a)x+2$에서
$x^3-3x-2=0$, $(x+1)^2(x-2)=0$
$\therefore x=-1$ 또는 $x=2$
→ $x=-1$일 때의 교점은 A이다.
따라서 점 B의 x좌표는 2이다.　　$\therefore b=2$
또, 점 $B(2, 8+2a)$에서의 접선의 기울기는 $f'(2)=12+a$이므로 접선의 방정식은
$y-(8+2a)=(12+a)(x-2)$　　$\therefore y=(12+a)x-16$
곡선 $y=x^3+ax$와 접선 $y=(12+a)x-16$의 교점의 x좌표는
$x^3+ax=(12+a)x-16$에서
$x^3-12x+16=0$, $(x+4)(x-2)^2=0$
$\therefore x=-4$ 또는 $x=2$ → $x=2$일 때의 교점은 B이다.
따라서 점 C의 x좌표는 -4이다.　　$\therefore c=-4$
$f(b)+f(c)=f(2)+f(-4)$
$=8+2a-64-4a=-2a-56$
즉, $f(b)+f(c)=-80$이므로 $-2a-56=-80$
$\therefore a=12$

실수 Check

곡선 $y=f(x)$ 위의 점 $A(-1, -1-a)$에서의 접선이 곡선 $y=f(x)$와 만나는 서로 다른 두 점이 A, B이다.
점 B의 x좌표는 -1이 아님에 주의하자.

Plus 문제

0792-1

삼차함수 $f(x)=x^3-3x^2+2$에 대하여 곡선 $y=f(x)$ 위의 점 $A(0, 2)$에서의 접선이 이 곡선과 만나는 다른 한 점을 B라 하자. 또, 곡선 $y=f(x)$ 위의 점 B에서의 접선이 이 곡선과 만나는 다른 한 점을 C라 할 때, 점 C의 좌표를 구하시오.

$f(x)=x^3-3x^2+2$에서 $f'(x)=3x^2-6x$
점 $A(0, 2)$에서의 접선의 기울기는 $f'(0)=0$이므로 접선의 방정식은
$y-2=0(x-0)$　　$\therefore y=2$
곡선 $y=x^3-3x^2+2$와 직선 $y=2$의 교점의 x좌표는
$x^3-3x^2+2=2$에서
$x^3-3x^2=0$, $x^2(x-3)=0$
$\therefore x=0$ 또는 $x=3$　　$\therefore B(3, 2)$
또, 점 $B(3, 2)$에서의 접선의 기울기는 $f'(3)=9$이므로 접선의 방정식은
$y-2=9(x-3)$　　$\therefore y=9x-25$
곡선 $y=x^3-3x^2+2$와 직선 $y=9x-25$의 교점의 x좌표는
$x^3-3x^2+2=9x-25$에서
$x^3-3x^2-9x+27=0$, $(x+3)(x-3)^2=0$
$\therefore x=-3$ 또는 $x=3$　　$\therefore C(-3, -52)$

답 $C(-3, -52)$

0793 답 ①

$f(x)=x^3+ax^2+bx+c$ (a, b, c는 상수)라 하면

$f'(x)=3x^2+2ax+b$

점 (2, 4)에서의 접선이 점 (−1, 1)을 지나므로 접선의 기울기는

$f'(2)=\frac{1-4}{-1-2}=1$

$f(2)=4$에서 $4a+2b+c=-4$ ······ ㉠

$f(-1)=1$에서 $a-b+c=2$ ······ ㉡

$f'(2)=1$에서 $4a+b=-11$ ······ ㉢

㉠, ㉡, ㉢을 연립하여 풀면 $a=-3$, $b=1$, $c=6$이므로

$f'(x)=3x^2-6x+1$

$\therefore f'(3)=10$

0794 답 ②

| 유형 9

포물선 $y=-\frac{1}{4}x^2$ 위의 점 (2, −1)에서의 접선과 x축, y축으로 둘러싸인 삼각형의 넓이는?
단서1

① $\frac{1}{4}$ ② $\frac{1}{2}$ ③ $\frac{3}{4}$

④ $\frac{5}{4}$ ⑤ $\frac{3}{2}$

단서1 $f(x)=-\frac{1}{4}x^2$이라 하면 접선의 기울기는 $f'(2)$

STEP 1 접선의 방정식 구하기

$f(x)=-\frac{1}{4}x^2$이라 하면 $f'(x)=-\frac{1}{2}x$

점 (2, −1)에서의 접선의 기울기는 $f'(2)=-1$이므로 접선의 방정식은

$y+1=-(x-2)$ $\therefore y=-x+1$

STEP 2 삼각형의 넓이 구하기

접선과 x축, y축으로 둘러싸인 삼각형의 넓이는

$\frac{1}{2}\times1\times1=\frac{1}{2}$

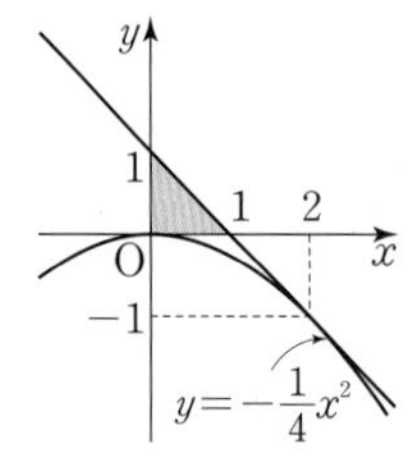

개념 Check

직선 $y=ax+b$의 x절편은 $-\frac{b}{a}$, y절편은 b이므로 직선과 x축, y축으로 둘러싸인 삼각형의 넓이 S는

$S=\frac{1}{2}\times\left|-\frac{b}{a}\right|\times|b|$

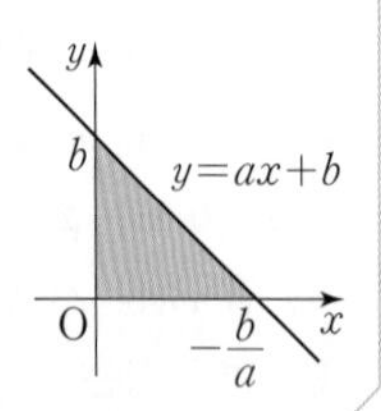

0795 답 ④

$f(x)=x^3-2x$라 하면 $f'(x)=3x^2-2$

점 (2, 4)에서의 접선의 기울기는 $f'(2)=10$이므로 접선의 방정식은

$y-4=10(x-2)$ $\therefore y=10x-16$

따라서 접선과 x축, y축으로 둘러싸인 삼각형의 넓이 S는

$S=\frac{1}{2}\times\frac{8}{5}\times16=\frac{64}{5}$

$\therefore 10S=128$

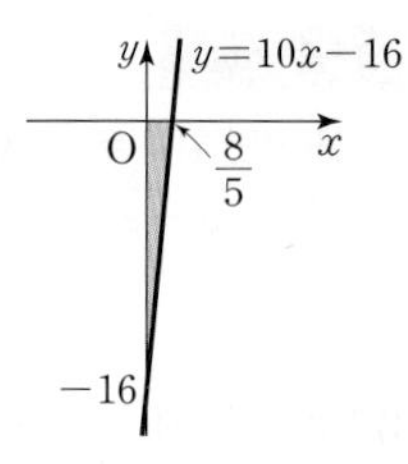

0796 답 ①

$f(x)=x^3-3x^2+3$이라 하면 $f'(x)=3x^2-6x$

$x=3$인 점에서의 접선의 기울기는 $f'(3)=9$이므로 제3사분면 위의 점 (a, a^3-3a^2+3)에서의 접선의 기울기는

$f'(a)=9$에서 → $x=3$인 점에서의 접선과 평행하므로 기울기가 같다.

$3a^2-6a=9$, $3(a+1)(a-3)=0$

$\therefore a=-1$ ($\because a<0$) → 제3사분면 위의 점의 x좌표

즉, 접선은 점 (−1, −1)을 지나므로 접선의 방정식은

$y+1=9(x+1)$ $\therefore y=9x+8$

따라서 구하는 접선의 y절편은 8이다.

참고 $f'(x)=3x^2-6x=3(x-1)^2-3$이므로 이차함수 그래프의 대칭성을 이용하면 $f'(3)=f'(-1)=9$임을 알 수 있다.

0797 답 ②

$f(x)=x^3-3x^2+x+2$라 하면 $f'(x)=3x^2-6x+1$

점 A의 x좌표가 2이므로 점 A에서의 접선의 기울기는

$f'(2)=1$

점 B의 좌표를 (a, a^3-3a^2+a+2)라 하면 두 접선이 서로 평행하므로

$f'(a)=1$에서

$3a^2-6a+1=1$, $3a(a-2)=0$

$\therefore a=0$ ($\because a\neq2$)

즉, 점 B의 좌표는 (0, 2)이므로 점 B에서의 접선의 방정식은

$y=x+2$

따라서 이 접선의 y절편은 2이다.

0798 답 ⑤

삼각형 OAP에서 변 OA를 밑변으로 생각하면 점 P와 직선 OA 사이의 거리가 최대일 때 삼각형 OAP의 넓이가 최대이다.
(→ 삼각형 OAP의 높이)

즉, 점 P에서의 접선이 두 점 O(0, 0), A(5, 5)를 지나는 직선과 평행할 때이다.

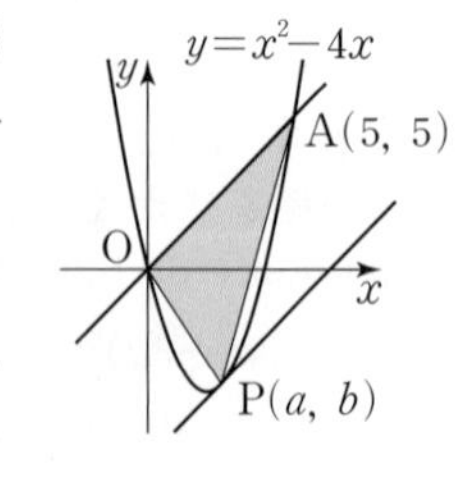

$f(x)=x^2-4x$라 하면 $f'(x)=2x-4$

두 점 O(0, 0), A(5, 5)를 지나는 직선의 기울기는 $\frac{5-0}{5-0}=1$이므로 점 P의 좌표를 (a, a^2-4a)라 하면

$f'(a)=1$에서 $2a-4=1$ $\therefore a=\frac{5}{2}$

$\therefore b=a^2-4a=\left(\frac{5}{2}\right)^2-4\times\frac{5}{2}=-\frac{15}{4}$

$\therefore a+b=\frac{5}{2}-\frac{15}{4}=-\frac{5}{4}$

0799 답 $\frac{1}{6}$

$f(x)=x^3+1$이라 하면 $f'(x)=3x^2$

점 $P(t, t^3+1)$에서의 접선의 기울기는 $f'(t)=3t^2$이므로

접선의 방정식은 $y-(t^3+1)=3t^2(x-t)$

$\therefore y=3t^2x-2t^3+1$

이 접선이 y축과 만나는 점 Q의 좌표는 $(0, -2t^3+1)$

또 점 $P(t, t^3+1)$을 지나고 점 P에서의 접선에 수직인 직선의 기울기는 $-\frac{1}{f'(t)}=-\frac{1}{3t^2}$이므로 직선의 방정식은

$y-(t^3+1)=-\frac{1}{3t^2}(x-t) \qquad \therefore y=-\frac{1}{3t^2}x+\frac{1}{3t}+t^3+1$

이 직선이 y축과 만나는 점 R의 좌표는 $\left(0, \frac{1}{3t}+t^3+1\right)$

$\overline{QR}=\left|\left(\frac{1}{3t}+t^3+1\right)-(-2t^3+1)\right|=\left|\frac{1}{3t}+3t^3\right|$

이므로 $\triangle PQR$의 넓이 $S(t)$는

$S(t)=\frac{1}{2}\times\overline{QR}\times|t|$

$=\frac{1}{2}\left|\frac{1}{3t}+3t^3\right|\times|t|$

$=\frac{1}{2}\left(\frac{1}{3}+3t^4\right)$

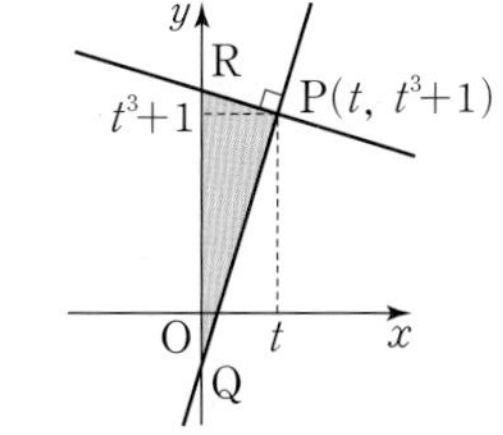

$\therefore \lim_{t\to 0+}S(t)=\lim_{t\to 0+}\frac{1}{2}\left(\frac{1}{3}+3t^4\right)=\frac{1}{6}$

0800 답 ⑤

$f(x)=-x^3+4x^2-3x$이므로 $f'(x)=-3x^2+8x-3$

점 $B(3, 0)$에서의 접선의 기울기는 $f'(3)=-6$

$\overline{DB}=k\ (k>0)$라 하면 $\overline{AD}:\overline{DB}=3:1$이므로 $\overline{AD}=3k$

직선 BC의 기울기는 $\frac{\overline{CD}}{-k}=-6$이므로 $\overline{CD}=6k$

또, 직선 AC의 기울기는 $\frac{6k}{3k}=2$

점 $(a, f(a))$에서의 접선의 기울기는 직선 AC의 기울기와 같으므로

$f'(a)=2$에서

$-3a^2+8a-3=2,\ 3a^2-8a+5=0$

따라서 이차방정식의 근과 계수의 관계에 의하여 모든 a의 값의 곱은 $\frac{5}{3}$이다.

0801 답 2

$f(x)=x^2-x+3$이라 하면 $f'(x)=2x-1$

점 A의 x좌표가 1이므로 점 A에서의 접선의 기울기는 $f'(1)=1$

점 B의 좌표를 (t, t^2-t+3)이라 하면 두 점 A, B에서의 접선이 서로 수직이므로 점 B에서의 접선의 기울기는

$f'(t)=-\frac{1}{f'(1)}=-1$

즉, $2t-1=-1$에서 $t=0$

점 $B(0, 3)$에서의 접선의 방정식은

$y-3=-(x-0) \qquad \therefore y=-x+3$

따라서 $a=-1$, $b=3$이므로 $a+b=2$

0802 답 ③

곡선 $y=-x^2+3x+1$에 접하고 직선 $y=-x+3$에 평행한 직선의 방정식은? 단서1 단서2

① $y=-x-5$ ② $y=-x-3$ ③ $y=-x+5$
④ $y=x-5$ ⑤ $y=x+5$

단서1 접점의 좌표는 $(t, -t^2+3t+1)$
단서2 접선의 기울기는 -1

STEP 1 접점의 좌표를 $(t, -t^2+3t+1)$로 놓고 t의 값 구하기

$f(x)=-x^2+3x+1$이라 하면 $f'(x)=-2x+3$

접점의 좌표를 $(t, -t^2+3t+1)$이라 하면

직선 $y=-x+3$에 평행한 접선의 기울기는 -1이므로

$f'(t)=-1$에서

$-2t+3=-1 \qquad \therefore t=2$

STEP 2 접선의 방정식 구하기

접점의 좌표는 $(2, 3)$이므로 접선의 방정식은

$y-3=-(x-2) \qquad \therefore y=-x+5$

0803 답 ②

$f(x)=x^3-3x$라 하면 $f'(x)=3x^2-3$

접점의 좌표를 (t, t^3-3t)라 하면 이 점에서의 접선의 기울기는 3이므로 $f'(t)=3$에서

$3t^2-3=3,\ t^2=2$

$\therefore t=\sqrt{2}$ 또는 $t=-\sqrt{2}$

접점의 좌표는 $(\sqrt{2}, -\sqrt{2})$, $(-\sqrt{2}, \sqrt{2})$이므로 접선의 방정식은

$y+\sqrt{2}=3(x-\sqrt{2})$ 또는 $y-\sqrt{2}=3(x+\sqrt{2})$

$\therefore y=3x-4\sqrt{2}$ 또는 $y=3x+4\sqrt{2}$

이 접선의 방정식이 $y=3x-m$과 일치하므로

$m=4\sqrt{2}\ (\because m>0)$

0804 답 $\frac{5}{4}$

x축의 양의 방향과 $45°$의 각을 이루는 직선의 기울기는

$\tan 45°=1$

$f(x)=-x^2+1$이라 하면 $f'(x)=-2x$

접점의 좌표를 $(t, -t^2+1)$이라 하면 이 점에서의 접선의 기울기는 1이므로 $f'(t)=1$에서

$-2t=1 \qquad \therefore t=-\frac{1}{2}$

접점의 좌표는 $\left(-\frac{1}{2}, \frac{3}{4}\right)$이므로 접선의 방정식은

$y-\frac{3}{4}=x+\frac{1}{2} \qquad \therefore y=x+\frac{5}{4}$

따라서 이 접선의 y절편은 $\frac{5}{4}$이다.

0805 답 ②

$f(x)=x^3-x+4$라 하면 $f'(x)=3x^2-1$

접점의 좌표를 (t, t^3-t+4)라 하면 직선 $y=-\frac{1}{2}x-2$에 수직인 접선의 기울기는 2이므로 $f'(t)=2$에서

$3t^2-1=2$, $3t^2=3$ $\quad\therefore t=1$ ($\because t>0$)
접점의 좌표는 $(1, 4)$이므로 접선의 방정식은
$y-4=2(x-1)$ $\quad\therefore y=2x+2$
따라서 $a=2$, $b=2$이므로
$a^2+b^2=2^2+2^2=8$

실수 Check

곡선과 직선 $y=ax+b$가 $x>0$에서 접하므로 접점의 좌표 (t, t^3-t+4)에서 $t>0$임에 주의한다.

0806 답 1

$f(x)=2x^2-x$라 하면 $f'(x)=4x-1$
접점의 좌표를 $(t, 2t^2-t)$라 하면 직선 $y=-\frac{1}{3}x$에 수직인 접선의 기울기는 3이므로 $f'(t)=3$에서
$4t-1=3$ $\quad\therefore t=1$
접점의 좌표는 $(1, 1)$이므로 접선의 방정식은
$y-1=3(x-1)$ $\quad\therefore y=3x-2$
따라서 $a=3$, $b=-2$이므로
$a+b=1$

0807 답 32

$f(x)=x^3-3x^2-8x$라 하면 $f'(x)=3x^2-6x-8$
접점의 좌표를 (t, t^3-3t^2-8t)라 하면 이 점에서의 접선의 기울기는 1이므로 $f'(t)=1$에서
$3t^2-6t-8=1$, $t^2-2t-3=0$
$(t+1)(t-3)=0$ $\quad\therefore t=-1$ 또는 $t=3$
접점의 좌표는 $(-1, 4)$, $(3, -24)$이므로 접선의 방정식은
$y-4=x+1$ 또는 $y+24=x-3$
$\therefore y=x+5$ 또는 $y=x-27$
이때 $a>b$이므로 $a=5$, $b=-27$
$\therefore a-b=5-(-27)=32$

0808 답 ②

$f(x)=2x^3+3x^2-10x+8$이라 하면
$f'(x)=6x^2+6x-10$
제1사분면 위의 접점의 좌표를 $(t, 2t^3+3t^2-10t+8)$이라 하면 이 점에서의 접선의 기울기가 2이므로
$f'(t)=2$에서
$6t^2+6t-10=2$, $t^2+t-2=0$
$(t+2)(t-1)=0$ $\quad\therefore t=1$ ($\because t>0$) → 제1사분면 위의 점의 x좌표
접점의 좌표는 $(1, 3)$이므로 접선의 방정식은
$y-3=2(x-1)$ $\quad\therefore y=2x+1$
따라서 $m=2$, $n=1$이므로 $mn=2$

0809 답 ③

$f(x)=\frac{1}{3}x^3-ax^2$이라 하면 $f'(x)=x^2-2ax$
접점의 좌표를 $\left(t, \frac{1}{3}t^3-at^2\right)$이라 하면 이 점에서의 접선의 기울기가 3이므로 $f'(t)=3$에서
$t^2-2at=3$, $t^2-2at-3=0$
두 접점의 x좌표 α, β는 이차방정식 $t^2-2at-3=0$의 두 근이므로 근과 계수의 관계에 의하여
$\alpha+\beta=2a$
주어진 조건에서 $\alpha+\beta=6$이므로
$2a=6$ $\quad\therefore a=3$

개념 Check

이차방정식의 근과 계수의 관계
이차방정식 $ax^2+bx+c=0$의 두 근을 α, β라 하면
(1) 두 근의 합 $\alpha+\beta=-\frac{b}{a}$ (2) 두 근의 곱 $\alpha\beta=\frac{c}{a}$

0810 답 ⑤

$f(x)=x^3+ax^2+x-2$라 하면 $f'(x)=3x^2+2ax+1$
접점의 좌표를 (t, t^3+at^2+t-2)라 하면 이 점에서의 접선의 기울기는 $f'(t)=3t^2+2at+1$
직선 $y=-2x+3$과 평행한 접선이 존재하지 않으려면
$f'(t)=-2$인 t의 값이 존재하지 않아야 한다.
$3t^2+2at+1=-2$, $3t^2+2at+3=0$ ······ ㉠
이차방정식 ㉠의 실근이 존재하지 않으므로 이차방정식 ㉠의 판별식을 D라 하면
$\frac{D}{4}=a^2-9<0$ $\quad\therefore -3<a<3$
따라서 정수 a는 $-2, -1, 0, 1, 2$의 5개이다.

0811 답 ⑤ | 유형 11

곡선 $y=x^2-2x-3$ 위의 점과 직선 $2x-y-12=0$ 사이의 거리의 최솟값은? 단서1 단서2

① 1 ② $\sqrt{2}$ ③ $\sqrt{3}$
④ 2 ⑤ $\sqrt{5}$

단서1 곡선 위의 점의 좌표는 (t, t^2-2t-3)
단서2 기울기가 2인 접선의 접점과 직선 사이의 거리

STEP 1 주어진 직선과 평행한 접선의 접점의 좌표 구하기
곡선 $y=x^2-2x-3$에 접하고 직선 $2x-y-12=0$, 즉 $y=2x-12$와 기울기가 같은 접선의 접점의 좌표를 (t, t^2-2t-3)이라 하면 구하는 거리의 최솟값은 이 점과 직선 $y=2x-12$ 사이의 거리와 같다.
$f(x)=x^2-2x-3$이라 하면 $f'(x)=2x-2$
접선의 기울기가 2이므로 $f'(t)=2$에서
$2t-2=2$ $\quad\therefore t=2$
즉, 접점의 좌표는 $(2, -3)$이다.

STEP 2 접점과 주어진 직선 사이의 거리 구하기
점 $(2, -3)$과 직선 $2x-y-12=0$ 사이의 거리는
$\frac{|4+3-12|}{\sqrt{2^2+(-1)^2}}=\sqrt{5}$

0812 답 ②

$f(x)=x^3-2x+3$이라 하면 $f'(x)=3x^2-2$

접점의 좌표를 $(t,\ t^3-2t+3)$이라 하면 직선 $y=x+3$에 평행한 접선의 기울기는 1이므로

$f'(t)=1$에서

$3t^2-2=1\qquad \therefore t=-1$ 또는 $t=1$

즉, 접점의 좌표는 $(-1,\ 4)$ 또는 $(1,\ 2)$이므로 접선의 방정식은

$y-4=x+1$ 또는 $y-2=x-1$

$\therefore x-y+5=0$ 또는 $x-y+1=0$

따라서 두 접선 사이의 거리는 직선 $x-y+5=0$ 위의 점 $(0,\ 5)$와

→ 직선 $x-y+5=0$ 위의 점 중 임의의 한 점

직선 $x-y+1=0$ 사이의 거리와 같으므로

$\dfrac{|0-5+1|}{\sqrt{1^2+(-1)^2}}=2\sqrt{2}$

다른 풀이

그림에서 두 직선 사이의 거리 l은

$l=4\sin 45°=2\sqrt{2}$

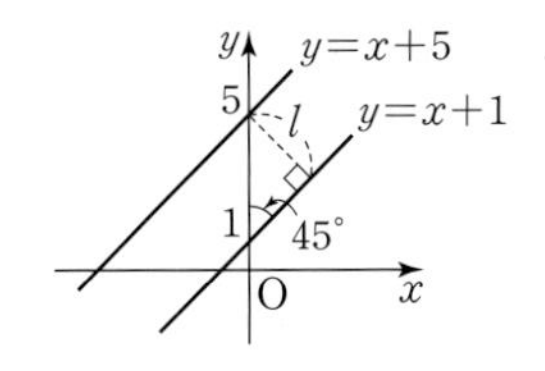

0813 답 $\dfrac{16\sqrt{10}}{15}$

$f(x)=-\dfrac{1}{3}x^3-x^2+3$이라 하면 $f'(x)=-x^2-2x$

접점의 좌표를 $\left(t,\ -\dfrac{1}{3}t^3-t^2+3\right)$이라 하면 직선 $y=\dfrac{1}{3}x-3$과 수직인 접선의 기울기는 -3이므로

$f'(t)=-3$에서

$-t^2-2t=-3,\ (t+3)(t-1)=0$

$\therefore t=-3$ 또는 $t=1$

즉, 접점의 좌표는 $(-3,\ 3)$ 또는 $\left(1,\ \dfrac{5}{3}\right)$이므로 접선의 방정식은

$y-3=-3(x+3)$ 또는 $y-\dfrac{5}{3}=-3(x-1)$

$\therefore 3x+y+6=0$ 또는 $3x+y-\dfrac{14}{3}=0$

따라서 두 접선 사이의 거리는 직선 $3x+y-\dfrac{14}{3}=0$ 위의 점 $\left(0,\ \dfrac{14}{3}\right)$와 직선 $3x+y+6=0$ 사이의 거리와 같으므로

$\dfrac{\left|0+\dfrac{14}{3}+6\right|}{\sqrt{3^2+1^2}}=\dfrac{16\sqrt{10}}{15}$

0814 답 1

$f(x)=x^2+1$이라 하면 $f'(x)=2x$

곡선 $y=f(x)$에 접하고 직선 $y=-2x+1$과 평행한 접선의 접점을 $C(t,\ t^2+1)$이라 하면 이 점에서의 접선의 기울기는 -2이므로

$f'(t)=-2$에서

$2t=-2\qquad \therefore t=-1$

접점의 좌표는 $C(-1,\ 2)$이다.

곡선 $y=x^2+1$과 직선 $y=-2x+1$의 교점의 x좌표는

$x^2+1=-2x+1$에서

$x^2+2x=0,\ x(x+2)=0$

$\therefore x=-2$ 또는 $x=0$

즉, 두 교점의 좌표는 $(-2,\ 5),\ (0,\ 1)$이므로

$A(-2,\ 5),\ B(0,\ 1)$이라 하면

$\overline{AB}=\sqrt{\{0-(-2)\}^2+(1-5)^2}=2\sqrt{5}$

직선 $y=-2x+1$, 즉 $2x+y-1=0$과 점 $C(-1,\ 2)$ 사이의 거리는

$\dfrac{|-2+2-1|}{\sqrt{2^2+1^2}}=\dfrac{\sqrt{5}}{5}$

따라서 삼각형 ABC의 넓이는

$\dfrac{1}{2}\times 2\sqrt{5}\times\dfrac{\sqrt{5}}{5}=1$

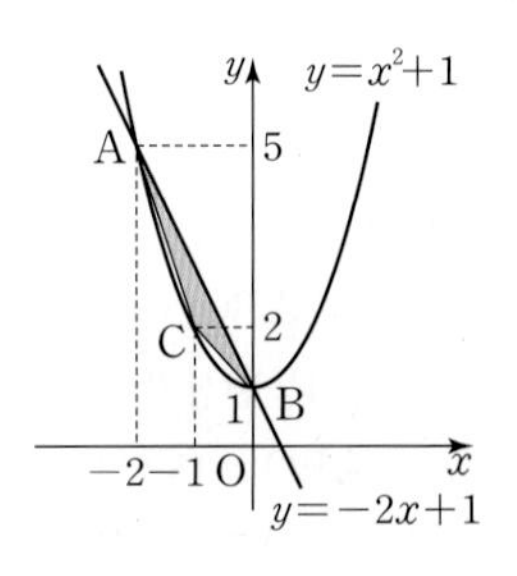

0815 답 ⑤

$f(x)=-x^2+3x+1$이라 하면 $f'(x)=-2x+3$

접점의 좌표를 $(t,\ -t^2+3t+1)$이라 하면 직선 $x+y=0$, 즉 $y=-x$와 평행한 접선의 기울기는 -1이므로

$f'(t)=-1$에서

$-2t+3=-1\qquad \therefore t=2$

즉, 접점의 좌표는 $(2,\ 3)$이므로 접선의 방정식은

$y-3=-(x-2)\qquad \therefore y=-x+5$

따라서 이 접선이 x축, y축과 만나는 점은 $A(5,\ 0),\ B(0,\ 5)$이므로 삼각형 OAB의 넓이는

$\dfrac{1}{2}\times 5\times 5=\dfrac{25}{2}$

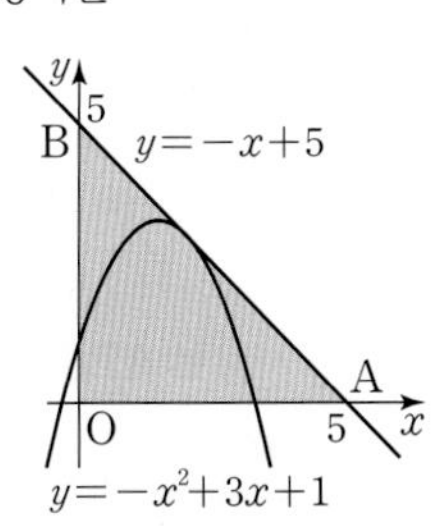

0816 답 ①

$f(x)=\dfrac{1}{3}x^3-x^2+6x+1$이라 하면 $f'(x)=x^2-2x+6$

$P(\alpha,\ f(\alpha)),\ Q(\beta,\ f(\beta))$라 하면 서로 다른 두 점 P, Q에서의 접선이 서로 평행하므로

$f'(\alpha)=f'(\beta)$에서

$\alpha^2-2\alpha+6=\beta^2-2\beta+6,\ (\alpha^2-\beta^2)-2(\alpha-\beta)=0$

$(\alpha-\beta)(\alpha+\beta-2)=0$

$\therefore \alpha+\beta=2\ (\because \alpha\neq\beta)$

따라서 선분 PQ의 중점의 x좌표는

$\dfrac{\alpha+\beta}{2}=\dfrac{2}{2}=1$

0817 답 $-\dfrac{4}{3}$

곡선 $y=x^2-3x$와 직선 $y=mx$의 교점의 x좌표는

$x^2-3x=mx$에서 $x^2-(m+3)x=0$

$x\{x-(m+3)\}=0\qquad \therefore x=0$ 또는 $x=m+3$

$f(x)=x^2-3x$라 하면 $f'(x)=2x-3$

$A(0,\ 0)$이라 하면 점 A에서의 접선의 기울기는 $f'(0)=-3$

이때 두 점 A, B에서의 접선이 서로 수직이므로 점 B에서의 접선의 기울기는 $\frac{1}{3}$이다.

즉, $f'(m+3)=\frac{1}{3}$에서

$2(m+3)-3=\frac{1}{3}$, $2m=-\frac{8}{3}$

$\therefore m=-\frac{4}{3}$

0818 답 32

정사각형 ABCD에서 두 대각선의 교점이 원점 O이므로 $\triangle$ABO는 직각이등변삼각형이다.

즉, $\angle ABO=45°$이므로 직선 AB의 기울기는 $\tan 45°=1$

$f(x)=x^3-5x$라 하면 $f'(x)=3x^2-5$

접점의 좌표를 (t, t^3-5t)라 하면 곡선에 접하는 직선 AB와 직선 CD의 기울기가 1이므로

→ 정사각형 ABCD에서 $\overline{AB}/\!/\overline{CD}$이므로 기울기가 같다.

$f'(t)=1$에서 $3t^2-5=1$, $3t^2=6$

$\therefore t=-\sqrt{2}$ 또는 $t=\sqrt{2}$

즉, 접점의 좌표는 $(-\sqrt{2}, 3\sqrt{2})$, $(\sqrt{2}, -3\sqrt{2})$이므로

직선 AB의 방정식은

$y-3\sqrt{2}=x+\sqrt{2}$ $\quad\therefore y=x+4\sqrt{2}$

직선 CD의 방정식은

$y+3\sqrt{2}=x-\sqrt{2}$ $\quad\therefore y=x-4\sqrt{2}$

점 A의 좌표는 $(0, 4\sqrt{2})$, 점 B의 좌표는 $(-4\sqrt{2}, 0)$이므로

$\overline{AB}=\sqrt{(4\sqrt{2})^2+(4\sqrt{2})^2}=8$

따라서 사각형 ABCD의 둘레의 길이는

$8\times4=32$

참고 정사각형의 네 변의 길이는 서로 같으므로 직선 AB의 방정식, 직선 CD의 방정식 중 하나만 구해도 정사각형의 둘레의 길이를 구할 수 있다.

0819 답 22

(가)에서 삼차함수 $f(x)$가 모든 실수 x에 대하여 $f(-x)=-f(x)$이므로

→ 함수 $y=f(x)$의 그래프는 원점에 대하여 대칭

$f(x)=ax^3+bx$ (a, b는 상수, $a\neq0$)라 하면 $f'(x)=3ax^2+b$

(나)에서 곡선이 점 $(1, 0)$을 지나므로

$f(1)=0$에서 $a+b=0$ ······ ㉠

또, 점 $(1, 0)$에서의 접선의 기울기가 4이므로

$f'(1)=4$에서 $3a+b=4$ ······ ㉡

㉠, ㉡을 연립하여 풀면 $a=2$, $b=-2$

즉, $f(x)=2x^3-2x$이므로 $f'(x)=6x^2-2$

따라서 점 $(2, f(2))$에서의 접선의 기울기는

$f'(2)=22$

실수 Check

(1) $f(-x)=f(x)$를 만족시키는 다항함수 $f(x)$는 짝수 차수의 항 또는 상수항으로만 이루어진 함수이다.

(2) $f(-x)=-f(x)$를 만족시키는 다항함수 $f(x)$는 홀수 차수의 항으로만 이루어진 함수이다.

Plus 문제

0819-1

이차함수 $f(x)$가 다음 조건을 만족시킨다.

> (가) 모든 실수 x에 대하여 $f(-x)=f(x)$이다.
> (나) 곡선 $y=f(x)$ 위의 점 $(1, 1)$에서의 접선의 기울기는 4이다.

$f'(2)$의 값을 구하시오.

(가)에서 이차함수 $f(x)$가 모든 실수 x에 대하여 $f(-x)=f(x)$이므로

$f(x)=ax^2+b$ (a, b는 상수, $a\neq0$)라 하면 $f'(x)=2ax$

(나)에서 곡선 $y=f(x)$가 점 $(1, 1)$을 지나므로

$f(1)=1$에서 $a+b=1$ ······ ㉠

또, 점 $(1, 1)$에서의 접선의 기울기가 4이므로

$f'(1)=4$에서 $2a=4$ ······ ㉡

㉠, ㉡을 연립하여 풀면 $a=2$, $b=-1$

즉, $f(x)=2x^2-1$에서 $f'(x)=4x$이므로

$f'(2)=8$

답 8

0820 답 ③

점 P와 직선 AB 사이의 거리를 h라 하면

$\triangle ABP=\frac{1}{2}\times\overline{AB}\times h$이므로 h가 최소일 때 삼각형 ABP의 넓이가 최소이다. 즉, 점 P가 직선 AB와 평행한 접선의 접점일 때이다.

직선 AB의 기울기는 $\frac{7-(-8)}{2-(-1)}=5$

$f(x)=x^3+2x+3$이라 하면 $f'(x)=3x^2+2$

접점 P의 좌표를 (a, a^3+2a+3)이라 하면 이 점에서의 접선의 기울기가 5이므로 $f'(a)=5$에서

$3a^2+2=5$, $a^2=1$

$\therefore a=-1$ 또는 $a=1$

그런데 점 P는 제1사분면 위의 점이므로 $a=1$

따라서 P$(1, 6)$이므로 $a=1$, $b=6$

$\therefore a-b=-5$

실수 Check

점 P가 제1사분면 위의 점이라는 조건을 잊지 말자.

0821 답 -1 | 유형12

곡선 $y=x^3+3x^2+2x$ 위의 점에서의 접선의 기울기의 최솟값을 구하시오. 단서1

단서1 삼차함수 $f(x)$에 대하여 $f'(x)$는 이차함수

STEP 1 **점 $(t, f(t))$에서의 접선의 기울기를 식으로 나타내기**

$f(x)=x^3+3x^2+2x$라 하면 $f'(x)=3x^2+6x+2$

점 (t, t^3+3t^2+2t)에서의 접선의 기울기는

$f'(t)=3t^2+6t+2=3(t+1)^2-1$

STEP 2 이차함수의 최대·최소를 이용하여 기울기의 최솟값 구하기

$t=-1$일 때, 접선의 기울기의 최솟값은 -1이다.

개념 Check

이차함수 $y=ax^2+bx+c$의 최댓값과 최솟값은

$y=a(x-p)^2+q$ 꼴로 변형하여 구한다.

(1) $a>0$일 때 ➔ 최댓값은 없고, $x=p$에서 최솟값은 q이다.

(2) $a<0$일 때 ➔ $x=p$에서 최댓값은 q이고, 최솟값은 없다.

0822 답 ①

$f(x)=x^3+6x^2+ax+3$이라 하면 $f'(x)=3x^2+12x+a$

점 $(t,\ t^3+6t^2+at+3)$에서의 접선의 기울기는

$f'(t)=3t^2+12t+a=3(t+2)^2+a-12$

$t=-2$일 때, 접선의 기울기의 최솟값은 $a-12$이다.

이때 기울기의 최솟값이 음수이므로

$a-12<0 \qquad \therefore a<12$

따라서 자연수 a의 개수는 11이다.

0823 답 ①

$f(x)=-\frac{1}{3}x^3+2x^2+kx$라 하면 $f'(x)=-x^2+4x+k$

점 $\left(t,\ -\frac{1}{3}t^3+2t^2+kt\right)$에서의 접선의 기울기는

$f'(t)=-t^2+4t+k=-(t-2)^2+k+4$

따라서 $t=2$일 때, 접선의 기울기의 최댓값은 $k+4$이다.

즉, $k+4=6$이므로 $k=2$

0824 답 $\frac{1}{3}$

$f(x)=\frac{1}{3}x^3-x^2+x$라 하면 $f'(x)=x^2-2x+1$

점 $\left(t,\ \frac{1}{3}t^3-t^2+t\right)$에서의 접선의 기울기는

$f'(t)=t^2-2t+1=(t-1)^2$

$t=1$일 때, 접선의 기울기의 최솟값이 0이고, 이때 접점의 좌표는 $\left(1,\ \frac{1}{3}\right)$이므로 이 점에서의 접선의 방정식은

$y=\frac{1}{3}$

따라서 $m=0$, $n=\frac{1}{3}$이므로

$m+n=\frac{1}{3}$

0825 답 ②

$f(x)=-x^3-6x^2-6x$에서 $f'(x)=-3x^2-12x-6$

점 $(t,\ -t^3-6t^2-6t)$에서의 접선의 기울기는

$f'(t)=-3t^2-12t-6=-3(t+2)^2+6$

$t=-2$일 때, 접선의 기울기의 최댓값이 6이고, 이때 접점의 좌표는 $(-2,\ -4)$이므로 이 점에서의 접선의 방정식은

$y+4=6(x+2) \qquad \therefore y=6x+8$

따라서 $a=6$, $b=8$이므로

$2a-b=2\times6-8=4$

0826 답 ④

$f(x)=-x^3+3x^2+6x-4$에서 $f'(x)=-3x^2+6x+6$

점 $(t,\ f(t))$에서의 접선의 기울기는

$f'(t)=-3t^2+6t+6=-3(t-1)^2+9$

$t=1$일 때, 접선의 기울기의 최댓값은 9이고, 이때 접점의 좌표는 $(1,\ 4)$이므로 이 점에서의 접선의 방정식은

$y-4=9(x-1) \qquad \therefore y=9x-5$

따라서 $g(x)=9x-5$이므로 $g(2)=18-5=13$

0827 답 -1

$f(x)=x^3-3x^2+9x+1$이라 하면 $f'(x)=3x^2-6x+9$

점 $(t,\ t^3-3t^2+9t+1)$에서의 접선의 기울기는

$f'(t)=3t^2-6t+9=3(t-1)^2+6$

$t=1$일 때, 접선의 기울기의 최솟값이 6이고, 이때 접점의 좌표는 $(1,\ 8)$이므로 이 점에서의 접선의 방정식은

$y-8=6(x-1) \qquad \therefore y=6x+2$

이 직선이 점 $(a,\ -4)$를 지나므로

$-4=6a+2 \qquad \therefore a=-1$

0828 답 ②, ⑤ | 유형13

점 $(2,\ -1)$에서 곡선 $y=x^2-3x+2$에 그은 접선의 방정식을 모두 고르면? (정답 2개) 단서1

① $y=-2x+1$ ② $y=-x+1$

③ $y=x-1$ ④ $y=2x-1$

⑤ $y=3x-7$

단서1 점 $(2,\ -1)$은 곡선 밖의 점

STEP 1 점 $(t,\ f(t))$를 지나는 접선의 방정식 세우기

$f(x)=x^2-3x+2$라 하면 $f'(x)=2x-3$

접점의 좌표를 $(t,\ t^2-3t+2)$라 하면 이 점에서의 접선의 기울기는 $f'(t)=2t-3$이므로 접선의 방정식은

$y-(t^2-3t+2)=(2t-3)(x-t)$

$\therefore y=(2t-3)x-t^2+2$ ······ ㉠

STEP 2 접선이 지나는 점의 좌표를 이용하여 t의 값 구하기

이 직선이 점 $(2,\ -1)$을 지나므로

$-1=-t^2+4t-4$, $t^2-4t+3=0$

$(t-1)(t-3)=0 \qquad \therefore t=1$ 또는 $t=3$

STEP 3 t의 값을 대입하여 접선의 방정식 구하기

$t=1$ 또는 $t=3$을 ㉠에 대입하여 접선의 방정식을 구하면

$y=-x+1$ 또는 $y=3x-7$

0829 답 ④

$f(x)=-x^2+2x-1$이라 하면 $f'(x)=-2x+2$

접점의 좌표를 $(t,\ -t^2+2t-1)$이라 하면 이 점에서의 접선의 기울기는 $f'(t)=-2t+2$이므로 접선의 방정식은

$y-(-t^2+2t-1)=(-2t+2)(x-t)$

$\therefore y=(-2t+2)x+t^2-1$ ······ ㉠

이 직선이 점 (1, 1)을 지나므로

$1=t^2-2t+1$, $t^2-2t=0$

$t(t-2)=0$ $\quad\therefore t=0$ 또는 $t=2$

$t=0$ 또는 $t=2$를 ㉠에 대입하여 접선의 방정식을 구하면

$y=2x-1$ 또는 $y=-2x+3$

따라서 기울기가 양수인 접선의 방정식은 $y=2x-1$이므로

$a=2$, $b=-1$ $\quad\therefore a-2b=4$

0830 답 ④

$f(x)=x^2+2x+1$이라 하면 $f'(x)=2x+2$

접점의 좌표를 $(t,\ t^2+2t+1)$이라 하면 이 점에서의 접선의 기울기는 $f'(t)=2t+2$이므로 접선의 방정식은

$y-(t^2+2t+1)=(2t+2)(x-t)$

$\therefore y=(2t+2)x-t^2+1$ ······ ㉠

이 직선이 점 (1, 0)을 지나므로

$0=-t^2+2t+3$, $t^2-2t-3=0$

$(t+1)(t-3)=0$ $\quad\therefore t=-1$ 또는 $t=3$

$t=-1$ 또는 $t=3$을 ㉠에 대입하여 접선의 방정식을 구하면

$y=0$ 또는 $y=8x-8$

따라서 두 접선의 기울기의 합은 $0+8=8$

0831 답 ②

$f(x)=-x^2+x+1$이라 하면 $f'(x)=-2x+1$

접점의 좌표를 $(t,\ -t^2+t+1)$이라 하면 이 점에서의 접선의 기울기는 $f'(t)=-2t+1$이므로 접선의 방정식은

$y-(-t^2+t+1)=(-2t+1)(x-t)$

$\therefore y=(-2t+1)x+t^2+1$

이 직선이 점 P(1, 2)를 지나므로

$2=(-2t+1)+t^2+1$, $t^2-2t=0$

$t(t-2)=0$ $\quad\therefore t=0$ 또는 $t=2$

따라서 두 접점 Q, R의 좌표는 각각 Q(0, 1), R(2, −1)이므로

$a+b+c+d=2$

→ $a<c$이므로 $a=0$, $c=2$

0832 답 ④

$f(x)=\frac{1}{2}x^2+1$이라 하면 $f'(x)=x$

접점 $P\left(p,\ \frac{1}{2}p^2+1\right)$ $(p>0)$에서의 접선의 기울기는 $f'(p)=p$이므로 접선의 방정식은

$y-\left(\frac{1}{2}p^2+1\right)=p(x-p)$ $\quad\therefore y=px-\frac{1}{2}p^2+1$

이 직선이 점 (0, 0)을 지나므로

$0=-\frac{1}{2}p^2+1$, $p^2=2$

$\therefore p=\sqrt{2}$ ($\because p>0$)

따라서 접점 P의 좌표는 $(\sqrt{2},\ 2)$이므로

$\overline{OP}=\sqrt{(\sqrt{2})^2+2^2}=\sqrt{6}$

→ 원점과 점 $(a,\ b)$ 사이의 거리는 $\sqrt{a^2+b^2}$

0833 답 48

$f(x)=x^3-ax$이므로 $f'(x)=3x^2-a$

접점의 좌표를 $(t,\ t^3-at)$라 하면 이 점에서의 접선의 기울기는 $f'(t)=3t^2-a$이므로 접선의 방정식은

$y-(t^3-at)=(3t^2-a)(x-t)$

$\therefore y=(3t^2-a)x-2t^3$

이 직선이 점 (0, 16)을 지나므로

$16=-2t^3$, $t^3=-8$

$\therefore t=-2$ ($\because t$는 실수)

접선의 기울기가 8이므로 $f'(-2)=8$에서

$12-a=8$ $\quad\therefore a=4$

따라서 $f(x)=x^3-4x$이므로

$f(a)=f(4)=4^3-4\times4=48$

0834 답 ③

$f(x)=\frac{1}{3}x^3-x$라 하면 $f'(x)=x^2-1$

접점 P의 좌표를 $\left(t,\ \frac{1}{3}t^3-t\right)$라 하면 이 점에서의 접선의 기울기는 $f'(t)=t^2-1$이므로 접선의 방정식은

$y-\left(\frac{1}{3}t^3-t\right)=(t^2-1)(x-t)$

$\therefore y=(t^2-1)x-\frac{2}{3}t^3$ ······ ㉠

이 직선이 점 (0, −18)을 지나므로

$-18=-\frac{2}{3}t^3$, $t^3=27$ $\quad\therefore t=3$ ($\because t$는 실수)

즉, P(3, 6)이고 $t=3$을 ㉠에 대입하여 접선의 방정식을 구하면

$y=8x-18$

곡선 $y=\frac{1}{3}x^3-x$와 직선 $y=8x-18$의 교점의 x좌표는

$\frac{1}{3}x^3-x=8x-18$에서

$\frac{1}{3}x^3-9x+18=0$, $x^3-27x+54=0$

3	1	0	−27	54
		3	9	−54
3	1	3	−18	0
		3	18	
	1	6	0	

$\therefore (x-3)^2(x+6)=0$

$(x-3)^2(x+6)=0$

$\therefore x=-6$ 또는 $x=3$

따라서 두 점 P, Q의 x좌표는 각각 3, −6이므로 합은 −3이다.

0835 답 ②

$f(x)=\frac{1}{2}x^2+k$라 하면 $f'(x)=x$ ······ ㉠

접점의 좌표를 $\left(t,\ \frac{1}{2}t^2+k\right)$라 하면 이 점에서의 접선의 기울기는 $f'(t)=t$이므로 접선의 방정식은

$y-\left(\frac{1}{2}t^2+k\right)=t(x-t)$ $\quad\therefore y=tx-\frac{1}{2}t^2+k$

이 직선이 점 (4, 0)을 지나므로

$0=4t-\frac{1}{2}t^2+k$ $\quad\therefore t^2-8t-2k=0$ ······ ㉡

이차방정식 ㉡의 두 근을 α, β라 하면 $t=\alpha$, $t=\beta$에서의 접선의 기울기는 각각

$f'(\alpha)=\alpha$, $f'(\beta)=\beta$ ($\because$ ㉠)

이때 두 접선이 서로 수직으로 만나므로 $\alpha\beta=-1$

따라서 이차방정식 ㉡에서 근과 계수의 관계에 의하여

$\alpha\beta=-2k=-1$ $\quad\therefore k=\frac{1}{2}$

0836 답 ①

$f(x)=3x^3$이라 하면 $f'(x)=9x^2$

(i) 점 $(a, 0)$에서 곡선 $y=3x^3$에 그은 접선의 접점의 좌표를 $(s, 3s^3)$이라 하면 점 $(s, 3s^3)$에서의 접선의 기울기는 $f'(s)=9s^2$이므로 접선의 방정식은

$y-3s^3=9s^2(x-s)$ $\quad\therefore y=9s^2x-6s^3$

이 직선이 점 $(a, 0)$을 지나므로

$0=9s^2a-6s^3$ $\quad\therefore a=\frac{2}{3}s$ ……㉠

→ a는 양수이므로 $s>0$

(ii) 점 $(0, a)$에서 곡선 $y=3x^3$에 그은 접선의 접점의 좌표를 $(t, 3t^3)$이라 하면 점 $(t, 3t^3)$에서의 접선의 기울기는 $f'(t)=9t^2$이므로 접선의 방정식은

$y-3t^3=9t^2(x-t)$ $\quad\therefore y=9t^2x-6t^3$

이 직선이 점 $(0, a)$를 지나므로

$a=-6t^3$ ……㉡

→ a는 양수이므로 $t<0$

두 접선이 서로 평행하므로

$f'(s)=f'(t)$에서 $9s^2=9t^2$

$\therefore s=-t$ ($\because s\neq t$) ……㉢

㉠, ㉡, ㉢을 연립하여 풀면

$\frac{2}{3}s=6s^3,\ s^2=\frac{1}{9}$ $\quad\therefore s=\frac{1}{3}$ ($\because s>0$)

따라서 $a=\frac{2}{3}s=\frac{2}{3}\times\frac{1}{3}=\frac{2}{9}$이므로 $90a=20$

참고 $a>0$이므로 두 점 $(a, 0)$, $(0, a)$는 곡선 $y=3x^3$ 밖의 점이다.

다른 풀이

$f(x)=3x^3$이라 하면 $f(-x)=-f(x)$이므로 $y=3x^3$의 그래프는 원점에 대하여 대칭이다.

따라서 기울기가 같은 두 접선의 접점을 P, Q라 하면 두 접점도 원점에 대하여 대칭이므로

$t>0$일 때, $P(t, 3t^3)$이라 하면 $Q(-t, -3t^3)$이다.

점 $P(t, 3t^3)$에서의 접선의 방정식은

$y-3t^3=9t^2(x-t)$ $\quad\therefore y=9t^2x-6t^3$

이 접선이 점 $(a, 0)$을 지나므로

$0=9t^2a-6t^3$ $\quad\therefore a=\frac{2}{3}t$ ……㉠

점 $Q(-t, -3t^3)$에서의 접선의 방정식은

$y+3t^3=9t^2(x+t)$ $\quad\therefore y=9t^2x+6t^3$

이 접선이 점 $(0, a)$를 지나므로 $a=6t^3$ ……㉡

㉠, ㉡을 연립하여 풀면 $\frac{2}{3}t=6t^3,\ t^2=\frac{1}{9}$ $\quad\therefore t=\frac{1}{3}$ ($\because t>0$)

따라서 $a=\frac{2}{3}t=\frac{2}{3}\times\frac{1}{3}=\frac{2}{9}$이므로 $90a=20$

0837 답 ⑤

| 유형14

원점 O에서 곡선 $y=x^2+4$에 그은 두 접선의 접점을 각각 A, B라 하자. 삼각형 OAB의 넓이는?

① 8 ② 10 ③ 12
④ 14 ⑤ 16

단서1 점 $(0, 4)$가 꼭짓점인 이차함수의 그래프
단서2 원점에서 곡선에 그은 접선이 두 개

STEP 1 접점의 좌표 구하기

$f(x)=x^2+4$라 하면 $f'(x)=2x$

접점의 좌표를 (t, t^2+4)라 하면 이 점에서의 접선의 기울기는 $f'(t)=2t$이므로 접선의 방정식은

$y-(t^2+4)=2t(x-t)$ $\quad\therefore y=2tx-t^2+4$

이 직선이 점 $(0, 0)$을 지나므로

$0=-t^2+4,\ t^2=4$

$\therefore t=-2$ 또는 $t=2$

STEP 2 그림을 그려 삼각형의 넓이 구하기

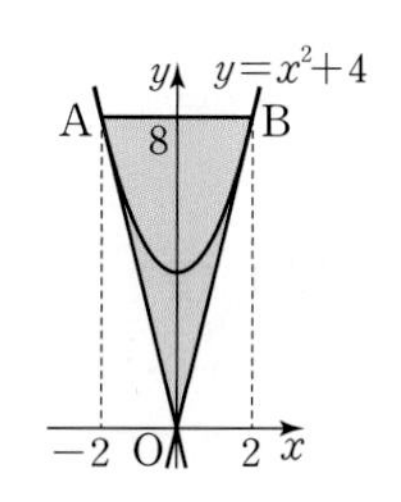

접점의 좌표는 $(-2, 8)$, $(2, 8)$이므로

$A(-2, 8)$, $B(2, 8)$이라 하면

삼각형 OAB의 넓이는 $\frac{1}{2}\times4\times8=16$

0838 답 ②

$f(x)=x^2+x-2$라 하면 $f'(x)=2x+1$

접점의 좌표를 (t, t^2+t-2)라 하면 이 점에서의 접선의 기울기는 $f'(t)=2t+1$이므로 접선의 방정식은

$y-(t^2+t-2)=(2t+1)(x-t)$

$\therefore y=(2t+1)x-t^2-2$

이 직선이 점 $A(a, 0)$을 지나므로

$0=(2t+1)a-t^2-2$ $\quad\therefore t^2-2at-a+2=0$

접점의 x좌표를 t_1, t_2라 하면 t_1, t_2는 위 이차방정식의 두 근이므로 이차방정식의 근과 계수의 관계에 의하여

$t_1+t_2=2a$

삼각형 ABC의 무게중심의 x좌표가 2이므로

$\frac{a+t_1+t_2}{3}=2$에서 $\frac{a+2a}{3}=2$

$3a=6$ $\quad\therefore a=2$

개념 Check

세 점 $A(x_1, y_1)$, $B(x_2, y_2)$, $C(x_3, y_3)$을 꼭짓점으로 하는 삼각형 ABC의 무게중심의 좌표는

$\left(\frac{x_1+x_2+x_3}{3}, \frac{y_1+y_2+y_3}{3}\right)$

0839 답 ⑤

$f(x)=x^2-4x+3$이라 하면 $f'(x)=2x-4$

접점의 좌표를 (t, t^2-4t+3)이라 하면 이 점에서의 접선의 기울기는 $f'(t)=2t-4$이므로 접선의 방정식은

$y-(t^2-4t+3)=(2t-4)(x-t)$

$\therefore y=(2t-4)x-t^2+3$

이 직선이 점 $(2, -2)$를 지나므로

$-2=-t^2+4t-5,\ t^2-4t+3=0$

$(t-1)(t-3)=0$ $\quad\therefore t=1$ 또는 $t=3$

이때 접점 (t, t^2-4t+3)에서의 접선에 수직인 직선의 기울기는

$-\frac{1}{f'(t)}=-\frac{1}{2t-4}$이므로 직선의 방정식은

$y-(t^2-4t+3)=-\frac{1}{2t-4}(x-t)$

이 식에 $t=1$, $t=3$을 각각 대입하면

$t=1$일 때, $y=\frac{1}{2}(x-1)$ $\quad\therefore y=\frac{1}{2}x-\frac{1}{2}$ ……… ㉠

$t=3$일 때, $y=-\frac{1}{2}(x-3)$ $\quad\therefore y=-\frac{1}{2}x+\frac{3}{2}$ ……… ㉡

㉠, ㉡을 연립하여 교점의 좌표를 구하면

$x=2$, $y=\frac{1}{2}$이므로 $a=2$, $b=\frac{1}{2}$

$\therefore a+b=\frac{5}{2}$

0840 답 ④

$f(x)=x^3-3x^2+3$이라 하면 $f'(x)=3x^2-6x$

접점의 좌표를 $(t,\ t^3-3t^2+3)$이라 하면 이 점에서의 접선의 기울기는 $f'(t)=3t^2-6t$이므로 접선의 방정식은

$y-(t^3-3t^2+3)=(3t^2-6t)(x-t)$

$\therefore y=(3t^2-6t)x-2t^3+3t^2+3$

이 직선이 점 $(3,\ 0)$을 지나므로

$0=-2t^3+12t^2-18t+3$ $\quad\therefore t^3-6t^2+9t-\frac{3}{2}=0$

위의 삼차방정식이 서로 다른 세 실근을 갖고, 이 세 실근이 세 접점의 x좌표이므로 삼차방정식의 근과 계수의 관계에 의하여 구하는 x좌표의 합은 6이다.

개념 Check

삼차방정식의 근과 계수의 관계

삼차방정식 $ax^3+bx^2+cx+d=0$의 세 근을 α, β, γ라 하면

$\alpha+\beta+\gamma=-\frac{b}{a}$, $\alpha\beta+\beta\gamma+\gamma\alpha=\frac{c}{a}$, $\alpha\beta\gamma=-\frac{d}{a}$

0841 답 ③

(가)에서 $f(x)=x^3+ax$ (a는 상수)라 하면

→ $f(x)$는 최고차항의 계수가 1인 삼차함수이고 $f(-x)=-f(x)$이므로 홀수 차수의 항으로만 이루어진 함수

$f'(x)=3x^2+a$

점 $(0,\ -2)$에서 곡선 $y=f(x)$에 그은 접선의 접점의 좌표를 $(t,\ t^3+at)$라 하면 이 점에서의 접선의 기울기는 $f'(t)=3t^2+a$이므로 접선의 방정식은

$y-(t^3+at)=(3t^2+a)(x-t)$

$\therefore y=(3t^2+a)x-2t^3$

이 직선이 점 $(0,\ -2)$를 지나므로

$-2t^3=-2$, $t^3=1$ $\quad\therefore t=1$ ($\because t$는 실수)

접점의 좌표는 $(1,\ 1+a)$이고, 이 점이 x축 위에 있으므로

→ y좌표는 0

$1+a=0$ $\quad\therefore a=-1$

따라서 $f(x)=x^3-x$이므로 $f(2)=8-2=6$

0842 답 $-\frac{1}{2}$

$f(x)=x^3-4x+3$이라 하면 $f'(x)=3x^2-4$

접점의 좌표를 $(t,\ t^3-4t+3)$이라 하면 이 점에서의 접선의 기울기는 $f'(t)=3t^2-4$이므로 접선의 방정식은

$y-(t^3-4t+3)=(3t^2-4)(x-t)$

$\therefore y=(3t^2-4)x-2t^3+3$

이 직선이 점 $(1,\ k)$를 지나므로

$k=3t^2-4-2t^3+3$ $\quad\therefore 2t^3-3t^2+k+1=0$ ……… ㉠

삼차방정식 ㉠이 서로 다른 세 실근을 갖고, 이 세 실근이 등차수열을 이루므로 세 실근을 $a-d$, a, $a+d$라 하면 삼차방정식의 근과 계수의 관계에 의하여

$(a-d)+a+(a+d)=\frac{3}{2}$ $\quad\therefore a=\frac{1}{2}$

따라서 $t=\frac{1}{2}$이 방정식 ㉠의 근이므로

$\frac{1}{4}-\frac{3}{4}+k+1=0$ $\quad\therefore k=-\frac{1}{2}$

개념 Check

(1) 세 수 a, b, c가 등차수열을 이룬다.

→ $b=\frac{a+c}{2}$, 즉 $2b=a+c$

(2) 세 수가 등차수열을 이룬다.

→ 세 수를 $a-d$, a, $a+d$로 놓고 식을 세운다.

Plus 문제

0842-1

점 $(2,\ k)$에서 곡선 $y=x^3-3x^2-x+7$에 서로 다른 세 개의 접선을 그을 때, 세 접점의 x좌표는 등차수열을 이룬다고 한다. k의 값을 구하시오.

$f(x)=x^3-3x^2-x+7$이라 하면 $f'(x)=3x^2-6x-1$

접점의 좌표를 $(t,\ t^3-3t^2-t+7)$이라 하면 이 점에서의 접선의 기울기는 $f'(t)=3t^2-6t-1$이므로 접선의 방정식은

$y-(t^3-3t^2-t+7)=(3t^2-6t-1)(x-t)$

$\therefore y=(3t^2-6t-1)x-2t^3+3t^2+7$

이 직선이 점 $(2,\ k)$를 지나므로

$k=6t^2-12t-2-2t^3+3t^2+7$

$\therefore 2t^3-9t^2+12t+k-5=0$ ……… ㉠

삼차방정식 ㉠이 서로 다른 세 실근을 갖고, 이 세 실근이 등차수열을 이루므로 세 실근을 $a-d$, a, $a+d$라 하면 삼차방정식의 근과 계수의 관계에 의하여

$(a-d)+a+(a+d)=\frac{9}{2}$ $\quad\therefore a=\frac{3}{2}$

따라서 $t=\frac{3}{2}$이 방정식 ㉠의 근이므로

$2\times\frac{27}{8}-9\times\frac{9}{4}+12\times\frac{3}{2}+k-5=0$

$\therefore k=\frac{1}{2}$

답 $\frac{1}{2}$

0843 답 3 | 유형 15

두 곡선 $y=-x^3+ax$, $y=bx^2+c$가 점 $(-1,\ 0)$에서 공통인 접선을 가질 때, $a^2+b^2+c^2$의 값을 구하시오. (단, a, b, c는 상수이다.)

단서1 두 곡선이 점 $(-1,\ 0)$에서 접하므로 $f(-1)=g(-1)=0$, $f'(-1)=g'(-1)$

STEP 1 $f(-1)=g(-1)=0$을 이용하여 식 세우기

$f(x)=-x^3+ax$, $g(x)=bx^2+c$라 하면

$f'(x)=-3x^2+a$, $g'(x)=2bx$

(i) 두 곡선이 점 $(-1, 0)$을 지나므로

$f(-1)=0$에서 $1-a=0$ $\quad\therefore a=1$ ············ ㉠

$g(-1)=0$에서 $b+c=0$ ············ ㉡

STEP 2 $f'(-1)=g'(-1)$을 이용하여 식 세우기

(ii) 점 $(-1, 0)$에서의 두 곡선의 접선의 기울기가 같으므로

$f'(-1)=g'(-1)$에서

$-3+a=-2b$ $\quad\therefore a+2b=3$ ············ ㉢

STEP 3 세운 식을 연립하여 상수 b, c의 값을 구하고, $a^2+b^2+c^2$의 값 구하기

㉠, ㉡, ㉢을 연립하여 풀면 $a=1$, $b=1$, $c=-1$

$\therefore a^2+b^2+c^2=1^2+1^2+(-1)^2=3$

0844 답 ①

$f(x)=3x^2+a$, $g(x)=4x^3-8x^2+bx+c$에서

$f'(x)=6x$, $g'(x)=12x^2-16x+b$

(i) 두 곡선이 점 $(2, 3)$을 지나므로

$f(2)=3$에서 $12+a=3$ $\quad\therefore a=-9$ ············ ㉠

$g(2)=3$에서 $2b+c=3$ ············ ㉡

(ii) 점 $(2, 3)$에서의 두 곡선의 접선의 기울기가 같으므로

$f'(2)=g'(2)$에서

$12=16+b$ $\quad\therefore b=-4$ ············ ㉢

㉠, ㉡, ㉢을 연립하여 풀면 $a=-9$, $b=-4$, $c=11$

$\therefore a+b+c=(-9)+(-4)+11=-2$

0845 답 2

$f(x)=x^3$, $g(x)=x^2+x-1$이라 하면

$f'(x)=3x^2$, $g'(x)=2x+1$

(i) $x=p$인 점에서 두 곡선이 만나므로 $f(p)=g(p)$에서

$p^3=p^2+p-1$, $(p+1)(p-1)^2=0$

$\therefore p=-1$ 또는 $p=1$

(ii) $x=p$인 점에서 두 곡선의 접선의 기울기가 같으므로

$f'(p)=g'(p)$에서

$3p^2=2p+1$, $(3p+1)(p-1)=0$

$\therefore p=-\frac{1}{3}$ 또는 $p=1$

(i), (ii)를 동시에 만족시키는 p의 값은 $p=1$

따라서 접점의 좌표는 $(1, 1)$이므로 $p=1$, $q=1$

$\therefore p+q=2$

0846 답 ②

$f(x)=x^3-4x+27$, $g(x)=3x^2+5x$라 하면

$f'(x)=3x^2-4$, $g'(x)=6x+5$

(i) $x=t$인 점에서 두 곡선이 만나므로 $f(t)=g(t)$에서

$t^3-4t+27=3t^2+5t$, $t^3-3t^2-9t+27=0$

$(t+3)(t-3)^2=0$ $\quad\therefore t=-3$ 또는 $t=3$

(ii) $x=t$인 점에서 두 곡선의 접선의 기울기가 같으므로

$f'(t)=g'(t)$에서

$3t^2-4=6t+5$, $3t^2-6t-9=0$

$3(t+1)(t-3)=0$ $\quad\therefore t=-1$ 또는 $t=3$

(i), (ii)를 동시에 만족시키는 t의 값은 $t=3$

즉, 접점의 좌표는 $(3, 42)$이고, 접선의 기울기는 23이므로 공통인 접선의 방정식은

$y-42=23(x-3)$ $\quad\therefore y=23x-27$

따라서 $a=23$, $b=-27$이므로

$a+b=23-27=-4$

0847 답 ②

$f(x)=x^3-2x^2-6x$, $g(x)=4x^2+9x+8$이라 하면

$f'(x)=3x^2-4x-6$, $g'(x)=8x+9$

두 곡선이 $x=t$인 점에서 공통인 접선을 갖는다고 하면

(i) $x=t$인 점에서 두 곡선이 만나므로 $f(t)=g(t)$에서

$t^3-2t^2-6t=4t^2+9t+8$

$t^3-6t^2-15t-8=0$, $(t+1)^2(t-8)=0$

$\therefore t=-1$ 또는 $t=8$

(ii) $x=t$인 점에서 두 곡선의 접선의 기울기가 같으므로

$f'(t)=g'(t)$에서

$3t^2-4t-6=8t+9$

$3t^2-12t-15=0$, $3(t+1)(t-5)=0$

$\therefore t=-1$ 또는 $t=5$

(i), (ii)를 동시에 만족시키는 t의 값은 $t=-1$

즉, 접점 P의 좌표는 $(-1, 3)$이고, 접선의 기울기는

$f'(-1)=g'(-1)=1$

→ 접선에 수직인 직선의 기울기는 -1

이므로 접선에 수직인 직선의 방정식은

$y-3=-(x+1)$ $\quad\therefore y=-x+2$

따라서 $m=-1$, $n=2$이므로 $m^2+n^2=(-1)^2+2^2=5$

0848 답 ①

$f(x)=\frac{2}{3}x^3+ax^2$, $g(x)=-2x^2+9$라 하면

$f'(x)=2x^2+2ax$, $g'(x)=-4x$

두 곡선이 $x=t$인 점에서 공통인 접선을 갖는다고 하면

(i) $x=t$인 점에서 두 곡선이 만나므로 $f(t)=g(t)$에서

$\frac{2}{3}t^3+at^2=-2t^2+9$ ············ ㉠

(ii) $x=t$인 점에서 두 곡선의 접선의 기울기가 같으므로

$f'(t)=g'(t)$에서

$2t^2+2at=-4t$, $2t+2a=-4$ ($\because t\neq0$)

$\therefore a=-t-2$ ············ ㉡

㉡을 ㉠에 대입하면

$\frac{2}{3}t^3+(-t-2)t^2=-2t^2+9$

$-\frac{1}{3}t^3=9$, $t^3=-27$

$\therefore t=-3$ ($\because t$는 실수)

따라서 $t=-3$을 ㉡에 대입하면 $a=-(-3)-2=1$

0849 답 -7

$f(x)=x^2$, $g(x)=x^3+ax-2$라 하면

$f'(x)=2x$, $g'(x)=3x^2+a$

곡선 $y=f(x)$ 위의 점 $(-2, 4)$에서의 접선의 기울기는

$f'(-2)=-4$이므로 접선의 방정식은

$y-4=-4(x+2)$ $\therefore y=-4x-4$ ……… ㉠

직선 ㉠과 곡선 $y=x^3+ax-2$의 접점의 좌표를 $(t, -4t-4)$라 하면

(i) $g(t)=-4t-4$에서

$t^3+at-2=-4t-4$ ……… ㉡

(ii) $g'(t)=-4$에서

$3t^2+a=-4$ $\therefore a=-3t^2-4$ ……… ㉢

㉢을 ㉡에 대입하면

$t^3+(-3t^2-4)t-2=-4t-4$, $t^3=1$

$\therefore t=1$ ($\because$ t는 실수)

따라서 $t=1$을 ㉢에 대입하면 $a=-3-4=-7$

실수 Check

두 곡선이 공통인 접선을 갖지만 공통인 접점이 점 $(-2, 4)$가 아님에 주의한다.

0850 답 2

$f(x)=x^3$, $g(x)=x^3+4$라 하면

$f'(x)=3x^2$, $g'(x)=3x^2$

곡선 $y=f(x)$ 위의 점 $P(a, a^3)$에서의 접선의 기울기는

$f'(a)=3a^2$이므로 접선의 방정식은

$y-a^3=3a^2(x-a)$ $\therefore y=3a^2x-2a^3$ ……… ㉠

곡선 $y=g(x)$ 위의 점 $Q(b, b^3+4)$에서의 접선의 기울기는

$g'(b)=3b^2$이므로 접선의 방정식은

$y-(b^3+4)=3b^2(x-b)$ $\therefore y=3b^2x-2b^3+4$ ……… ㉡

이때 두 접선 ㉠, ㉡이 일치하므로

$3a^2=3b^2$에서 $a=-b$ ($\because a\neq b$)

→ $a=b$이면 $-2a^3=-2b^3+4$에서 $0=4$ (모순)

$-2a^3=-2b^3+4$에 $a=-b$를 대입하여 풀면

$2b^3=-2b^3+4$, $4b^3=4$ $\therefore b=1$ ($\because$ b는 실수)

따라서 $a=-1$, $b=1$이므로

$a^2+b^2=2$

0851 답 ⑤

$f(x)=x^2$, $g(x)=-(x-3)^2+k$에서

$f'(x)=2x$, $g'(x)=-2x+6$

곡선 $y=f(x)$ 위의 점 $P(1, 1)$에서의 접선 l의 기울기는

$f'(1)=2$이므로 접선의 방정식은

$y-1=2(x-1)$ $\therefore y=2x-1$

직선 l과 곡선 $y=g(x)$의 접점 Q의 좌표를 $(t, 2t-1)$이라 하면

$g'(t)=2$이므로

$-2t+6=2$, $2t=4$ $\therefore t=2$

즉, $Q(2, 3)$이므로 $g(2)=3$에서

$3=-(2-3)^2+k$ $\therefore k=4$

즉, $g(x)=-(x-3)^2+4$이므로

곡선 $y=g(x)$와 x축이 만나는 두 점의 좌표는 각각 $R(1, 0)$, $S(5, 0)$이다.

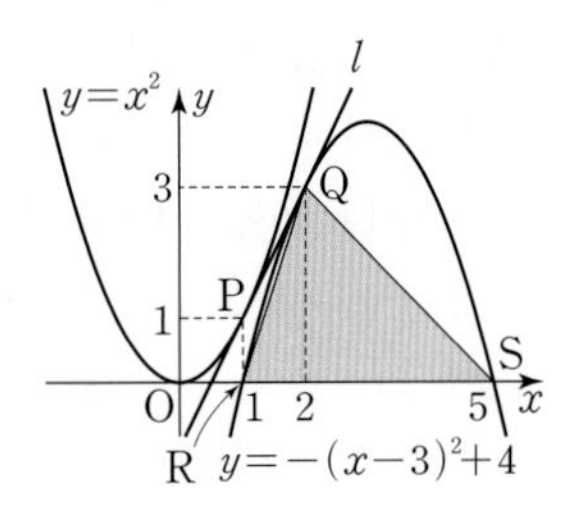

따라서 삼각형 QRS의 넓이는

$\frac{1}{2}\times4\times3=6$

0852 답 $\frac{7}{16}$

$f(x)=\frac{1}{2}x^2-k$, $g(x)=-x^4+2x^2-1$이라 하면

$f'(x)=x$, $g'(x)=-4x^3+4x$

두 곡선이 $x=t$ $(t>0)$인 점에서 접한다고 하면

(i) $x=t$인 점에서 두 곡선이 만나므로 $f(t)=g(t)$에서

$\frac{1}{2}t^2-k=-t^4+2t^2-1$

$\therefore k=t^4-\frac{3}{2}t^2+1$ ……… ㉠

(ii) $x=t$인 점에서 두 곡선의 접선의 기울기가 같으므로

$f'(t)=g'(t)$에서

$t=-4t^3+4t$, $4t^3-3t=0$

$t(4t^2-3)=0$ $\therefore t=\frac{\sqrt{3}}{2}$ ($\because t>0$)

$t=\frac{\sqrt{3}}{2}$을 ㉠에 대입하면

$k=\left(\frac{\sqrt{3}}{2}\right)^4-\frac{3}{2}\times\left(\frac{\sqrt{3}}{2}\right)^2+1=\frac{7}{16}$

실수 Check

주어진 그래프에서 두 곡선의 교점은 제3사분면, 제4사분면에 각각 존재한다. 교점을 제3사분면 위의 $x=t$인 점으로 생각할 때는 $t<0$임에 주의하자.

Plus 문제

0852-1

그림과 같이 두 곡선 $y=2x^2+k$, $y=x^4-2x^2$이 서로 다른 두 점에서 접하고 두 교점에서 각각 공통인 접선을 가질 때, 상수 k의 값을 구하시오.

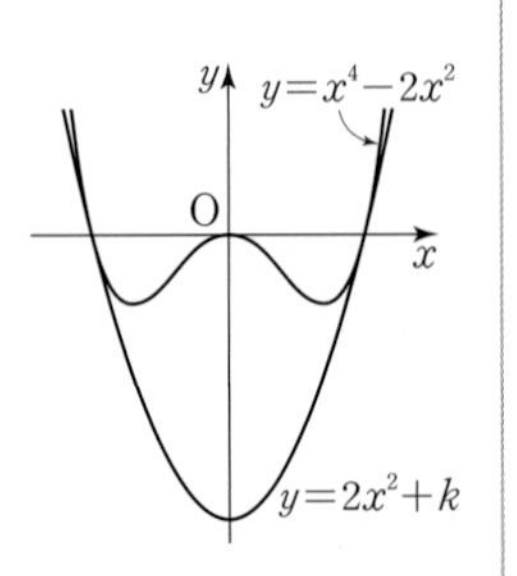

$f(x)=2x^2+k$, $g(x)=x^4-2x^2$이라 하면

$f'(x)=4x$, $g'(x)=4x^3-4x$

두 곡선이 $x=t$ $(t>0)$인 점에서 접한다고 하면

(i) $x=t$인 점에서 두 곡선이 만나므로 $f(t)=g(t)$에서

$2t^2+k=t^4-2t^2$

$\therefore k=t^4-4t^2$ ……… ㉠

(ⅱ) $x=t$인 점에서 두 곡선의 접선의 기울기가 같으므로
$f'(t)=g'(t)$에서
$4t=4t^3-4t$, $4t^3-8t=0$
$4t(t+\sqrt{2})(t-\sqrt{2})=0$　　$\therefore t=\sqrt{2}$ ($\because t>0$)
$t=\sqrt{2}$를 ㉠에 대입하면 $k=(\sqrt{2})^4-4\times(\sqrt{2})^2=-4$

답 -4

0853 답 $-\frac{1}{15}$

| 유형16

두 곡선 $y=x^2-4$, $y=ax^2$ $(a<0)$의 교점에서 두 곡선에 각각 그은 접선이 서로 수직일 때, 상수 a의 값을 구하시오.
단서1 단서2

단서1 두 곡선이 $x=t$인 점에서 만난다고 하면 $f(t)=g(t)$
단서2 접선이 서로 수직이므로 $f'(t)\times g'(t)=-1$

STEP1 $f(t)=g(t)$를 이용하여 식 세우기

$f(x)=x^2-4$, $g(x)=ax^2$ $(a<0)$이라 하면
$f'(x)=2x$, $g'(x)=2ax$
두 곡선이 $x=t$인 점에서 만난다고 하면
(ⅰ) $x=t$인 점에서 두 곡선이 만나므로 $f(t)=g(t)$에서
$t^2-4=at^2$ ……… ㉠

STEP2 $f'(t)\times g'(t)=-1$을 이용하여 식 세우기

(ⅱ) $x=t$인 점에서 두 접선이 수직이므로 → 기울기의 곱이 -1
$f'(t)\times g'(t)=-1$에서
$2t\times 2at=-1$, $4at^2=-1$
$\therefore at^2=-\frac{1}{4}$ ……… ㉡

STEP3 세운 식을 연립하여 상수 a의 값 구하기

㉡을 ㉠에 대입하면 $t^2-4=-\frac{1}{4}$, $t^2=\frac{15}{4}$
$t^2=\frac{15}{4}$를 ㉡에 대입하면 $\frac{15}{4}a=-\frac{1}{4}$이므로 $a=-\frac{1}{15}$

0854 답 ⑤

$f(x)=x^3+1$, $g(x)=ax^2+bx+1$이라 하면
$f'(x)=3x^2$, $g'(x)=2ax+b$
곡선 $y=g(x)$가 점 $(1, 2)$를 지나므로 $g(1)=2$에서
$a+b+1=2$　　$\therefore a+b=1$ ……… ㉠
점 $(1, 2)$에서의 두 접선이 서로 수직이므로
$f'(1)g'(1)=-1$에서
$3(2a+b)=-1$　　$\therefore 2a+b=-\frac{1}{3}$ ……… ㉡
㉠, ㉡을 연립하여 풀면 $a=-\frac{4}{3}$, $b=\frac{7}{3}$
$\therefore b-a=\frac{11}{3}$

0855 답 ①

$f(x)=\frac{1}{2}x^2$, $g(x)=a-\frac{1}{2}x^2$이라 하면
$f'(x)=x$, $g'(x)=-x$
두 곡선이 $x=t$인 점에서 만난다고 하면 $f(t)=g(t)$에서
$\frac{1}{2}t^2=a-\frac{1}{2}t^2$　　$\therefore t^2=a$ ……… ㉠
$x=t$인 점에서의 두 접선이 서로 수직이므로
$f'(t)g'(t)=-1$에서
$t\times(-t)=-1$　　$\therefore t^2=1$
$t^2=1$을 ㉠에 대입하면 $a=1$

0856 답 $\frac{1}{9}$

$f(x)=x^3+2a$, $g(x)=ax^2+bx$라 하면
$f'(x)=3x^2$, $g'(x)=2ax+b$
두 곡선이 점 $(1, c)$를 지나므로 $f(1)=g(1)$에서
$1+2a=a+b$　　$\therefore a-b=-1$ ……… ㉠
점 $(1, c)$에서의 두 접선이 서로 수직이므로
$f'(1)g'(1)=-1$에서
$3(2a+b)=-1$　　$\therefore 2a+b=-\frac{1}{3}$ ……… ㉡
㉠, ㉡을 연립하여 풀면 $a=-\frac{4}{9}$, $b=\frac{5}{9}$
따라서 $f(x)=x^3-\frac{8}{9}$이므로
$c=f(1)=1-\frac{8}{9}=\frac{1}{9}$

0857 답 ②

$f(x)=x^3-x+1$, $g(x)=-x^2+kx-12$에서
$f'(x)=3x^2-1$, $g'(x)=-2x+k$
(ⅰ) 곡선 $y=f(x)$와 접선 l의 접점의 좌표를 (t, t^3-t+1)이라 하면 이 점에서의 접선의 기울기는 $f'(t)=3t^2-1$이므로 접선의 방정식은
$y-(t^3-t+1)=(3t^2-1)(x-t)$
$\therefore y=(3t^2-1)x-2t^3+1$ ……… ㉠
이 직선이 점 $(0, -1)$을 지나므로
$-1=-2t^3+1$, $t^3=1$　　$\therefore t=1$ ($\because t$는 실수)
$t=1$을 ㉠에 대입하면 접선 l의 방정식은 $y=2x-1$
(ⅱ) 직선 l과 점 $(2, 3)$에서 수직으로 만나는 직선을 m이라 하면
직선 m의 기울기는 $-\frac{1}{2}$이므로 직선의 방정식은
$y-3=-\frac{1}{2}(x-2)$　　$\therefore y=-\frac{1}{2}x+4$
직선 m이 곡선 $y=g(x)$와 접하므로
$-\frac{1}{2}x+4=-x^2+kx-12$에서 $x^2-\left(k+\frac{1}{2}\right)x+16=0$
이차방정식 $x^2-\left(k+\frac{1}{2}\right)x+16=0$의 판별식을 D라 하면
$D=0$에서
$\left(k+\frac{1}{2}\right)^2-64=0$, $\left(k+\frac{1}{2}\right)^2=64$
$\therefore k=\frac{15}{2}$ ($\because k>0$)
따라서 $g(x)=-x^2+\frac{15}{2}x-12$이므로
$g(2)=-1$

개념 Check

이차함수의 그래프와 직선의 위치 관계

이차함수 $y=f(x)$의 그래프와 직선 $y=g(x)$의 위치 관계는 이차방정식 $f(x)-g(x)=0$의 판별식 D의 부호에 따라 다음과 같다.

(i) $D>0$이면 서로 다른 두 점에서 만난다.

(ii) $D=0$이면 한 점에서 만난다(접한다).

(iii) $D<0$이면 만나지 않는다.

0858 답 ③

$f(x)=-x^2+1$, $g(x)=ax^2$이라 하면

$f'(x)=-2x$, $g'(x)=2ax$

두 곡선이 $x=t$인 점에서 만난다고 하면

$f(t)=g(t)$에서

$-t^2+1=at^2$ ······ ㉠

또, $m_1=f'(t)=-2t$, $m_2=g'(t)=2at$이므로

$m_1-m_2=4$에서

$-2t-2at=4$

$\therefore at=-t-2$ ······ ㉡

㉡을 ㉠에 대입하면

$-t^2+1=t(-t-2)$, $-2t=1$

$\therefore t=-\frac{1}{2}$

$t=-\frac{1}{2}$을 ㉡에 대입하면

$-\frac{1}{2}a=\frac{1}{2}-2$, $\frac{1}{2}a=\frac{3}{2}$

$\therefore a=3$

실수 Check

두 곡선 $y=-x^2+1$, $y=3x^2$의 교점은 그림과 같이 2개 존재하지만 점 Q에서 각 곡선에 그은 접선의 기울기 m_1, m_2는 $m_1<0$, $m_2>0$이므로 $m_1-m_2<0$이다.
즉, m_1-m_2의 값이 4가 될 수 없으므로 두 곡선의 교점은 제2사분면에 있다.

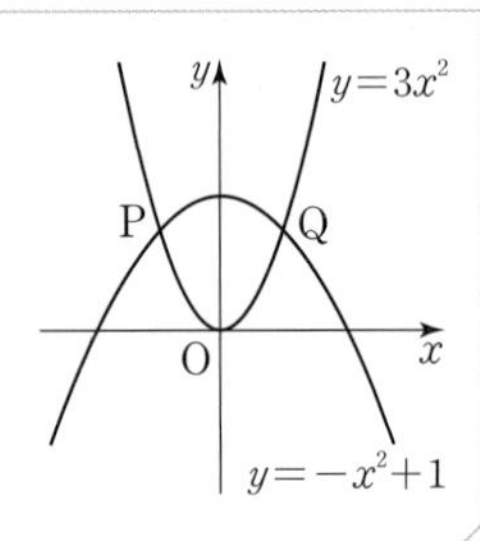

Plus 문제

0858-1

두 곡선 $y=-x^2+1$, $y=x^2-a$의 한 교점에서 각각의 곡선에 그은 접선을 각각 l_1, l_2라 하자. l_1, l_2의 기울기를 각각 m_1, m_2라 할 때, $m_2-m_1=8$을 만족시키는 상수 a의 값을 구하시오.

$f(x)=-x^2+1$, $g(x)=x^2-a$라 하면

$f'(x)=-2x$, $g'(x)=2x$

두 곡선이 $x=t$인 점에서 만난다고 하면

$f(t)=g(t)$에서

$-t^2+1=t^2-a$

$\therefore a=2t^2-1$ ······ ㉠

또, $m_1=f'(t)=-2t$, $m_2=g'(t)=2t$이므로

$m_2-m_1=8$에서

$2t-(-2t)=8$, $4t=8$

$\therefore t=2$

$t=2$를 ㉠에 대입하면 $a=7$

답 7

0859 답 ②

| 유형 17

곡선 $y=-x^2$과 중심이 점 $(-3, 0)$인 원이 제3사분면에서 접할 때, 접점의 좌표를 (p, q)라 하자. p^2+q^2의 값은?

단서1

① 1 ② 2 ③ 3 ④ 4 ⑤ 5

단서1 곡선과 원이 접할 때, 접선은 원의 중심과 접점을 지나는 직선에 수직

STEP 1 접선의 기울기와 접선에 수직인 직선의 기울기 구하기

$f(x)=-x^2$이라 하면 $f'(x)=-2x$

접점의 좌표를 $(t, -t^2)$이라 하면 이 점에서의 접선의 기울기는

$f'(t)=-2t$

원의 중심 $(-3, 0)$과 접점 $(t, -t^2)$을 지나는 직선의 기울기는

$\frac{-t^2}{t+3}$

STEP 2 t의 값을 구하여 접점의 좌표 구하기

두 직선이 서로 수직이므로 $-2t\times\frac{-t^2}{t+3}=-1$

$2t^3+t+3=0$, $(t+1)(2t^2-2t+3)=0$

$\therefore t=-1$ ($\because 2t^2-2t+3>0$)

곡선과 원의 접점의 좌표는 $(-1, -1)$이다.

STEP 3 p, q의 값을 구하여 p^2+q^2의 값 구하기

$p=-1$, $q=-1$이므로 $p^2+q^2=2$

0860 답 ③

$f(x)=x^2$이라 하면 $f'(x)=2x$

점 P$(1, 1)$에서의 접선의 기울기는 $f'(1)=2$

원 C의 중심이 x축 위에 있으므로 중심의 좌표를 $(a, 0)$이라 하면

두 점 $(1, 1)$, $(a, 0)$을 지나는 직선의 기울기는 $\frac{-1}{a-1}$이고

점 P$(1, 1)$에서의 접선과 수직이므로

$2\times\frac{-1}{a-1}=-1$, $a-1=2$

$\therefore a=3$

0861 답 $\sqrt{17}$

이차함수 $y=f(x)$의 최고차항의 계수가 1이고, $f(0)=f(4)=0$이므로

$f(x)=x(x-4)=x^2-4x$

$f'(x)=2x-4$에서 $f'(0)=-4$, $f'(4)=4$이므로 두 접선의 방정식은

$y=-4x$, $y=4x-16$

원의 중심을 P라 하면 점 P는 두 접선과 각각 수직인 두 직선의 교점이다.

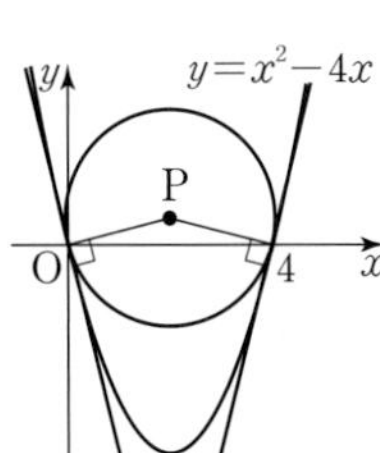

직선 $y=-4x$에 수직이고 점 $(0, 0)$을 지나는 직선의 방정식은

$y=\frac{1}{4}x$ ⋯⋯ ㉠

직선 $y=4x-16$에 수직이고 점 $(4, 0)$을 지나는 직선의 방정식은

$y=-\frac{1}{4}(x-4)$ $\quad \therefore y=-\frac{1}{4}x+1$ ⋯⋯ ㉡

㉠, ㉡을 연립하여 두 직선의 교점의 좌표를 구하면

$x=2$, $y=\frac{1}{2}$ $\quad \therefore \mathrm{P}\left(2, \frac{1}{2}\right)$

따라서 원의 지름의 길이는 원점과 점 P 사이의 거리의 2배이므로

$2\overline{\mathrm{OP}}=2\sqrt{2^2+\left(\frac{1}{2}\right)^2}=\sqrt{17}$

참고 두 접선은 직선 $x=2$에 대하여 대칭이므로 점 P의 x좌표는 2이다.

0862 답 ⑤

$f(x)=x^3+1$이라 하면 $f'(x)=3x^2$

점 $(1, 2)$에서의 접선의 기울기가 $f'(1)=3$이므로 이 접선과 수직인 직선의 기울기는 $-\frac{1}{3}$이다.

따라서 점 $(1, 2)$를 지나고 기울기가 $-\frac{1}{3}$인 직선의 방정식은

$y-2=-\frac{1}{3}(x-1)$ $\quad \therefore y=-\frac{1}{3}x+\frac{7}{3}$ ⋯⋯ ㉠

y축 위에 있는 원의 중심의 좌표를 $(0, a)$라 하면 직선 ㉠이 점 $(0, a)$를 지나야 하므로

$a=\frac{7}{3}$

원의 반지름의 길이는 두 점 $(1, 2)$, $\left(0, \frac{7}{3}\right)$ 사이의 거리와 같으므로

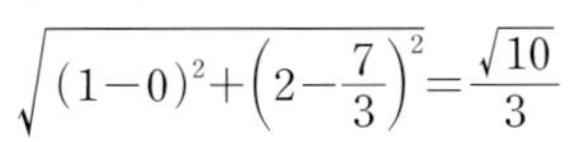

$\sqrt{(1-0)^2+\left(2-\frac{7}{3}\right)^2}=\frac{\sqrt{10}}{3}$

원의 넓이는

$\pi\left(\frac{\sqrt{10}}{3}\right)^2=\frac{10}{9}\pi$

따라서 $p=9$, $q=10$이므로 $p+q=19$

0863 답 -6

$f(x)=\frac{1}{2}x^2$이라 하면 $f'(x)=x$

원과 곡선의 접점을 $\mathrm{P}\left(t, \frac{1}{2}t^2\right)$이라 하면 이 점에서의 접선의 기울기는 $f'(t)=t$이므로 접선의 방정식은

$y-\frac{1}{2}t^2=t(x-t)$ $\quad \therefore y=tx-\frac{1}{2}t^2$

원의 중심 $\mathrm{C}(0, 4)$와 점 $\mathrm{P}\left(t, \frac{1}{2}t^2\right)$을 지나는 직선 CP의 기울기는

$\frac{\frac{1}{2}t^2-4}{t-0}=\frac{t^2-8}{2t}$

이때 접선과 직선 CP는 서로 수직이므로

$t\times\frac{t^2-8}{2t}=-1$, $t^2-8=-2$

$t^2=6$ $\quad \therefore t=-\sqrt{6}$ 또는 $t=\sqrt{6}$

따라서 두 직선의 기울기의 곱은

$-\sqrt{6}\times\sqrt{6}=-6$

0864 답 ④ | 유형18

함수 $f(x)=x^2-8x$에 대하여 닫힌구간 $[0, 8]$에서 롤의 정리를 만족시키는 상수 c의 값은? (단서1: 함수 $f(x)=x^2-8x$, 단서2: 닫힌구간 $[0, 8]$에서 롤의 정리를 만족)

① 1 ② 2 ③ 3
④ 4 ⑤ 5

단서1 다항함수는 연속이고 열린구간에서 미분가능
단서2 $f(0)=f(8)$을 확인

STEP1 $f(0)=f(8)$인지 확인하기

함수 $f(x)=x^2-8x$는 닫힌구간 $[0, 8]$에서 연속이고 열린구간 $(0, 8)$에서 미분가능하며, $f(0)=f(8)=0$이므로 롤의 정리에 의하여 $f'(c)=0$인 c가 열린구간 $(0, 8)$에 적어도 하나 존재한다.

STEP2 $f'(c)=0$을 만족시키는 상수 c의 값 구하기

$f'(x)=2x-8$이므로 $f'(c)=0$에서

$2c-8=0$ $\quad \therefore c=4$

0865 답 (가): 3 (나): 3 (다): $2x$ (라): 0

함수 $f(x)=x^2+2$는 닫힌구간 $[-1, 1]$에서 연속이고 열린구간 $(-1, 1)$에서 미분가능하다.

이때 $f(-1)=(-1)^2+2=\boxed{3}$, $f(1)=1^2+2=\boxed{3}$

즉, $f(-1)=f(1)=3$이므로 롤의 정리에 의하여 $f'(c)=0$인 c가 열린구간 $(-1, 1)$에 적어도 하나 존재한다.

$f'(x)=\boxed{2x}$이므로 $f'(c)=0$에서

$2c=0$ $\quad \therefore c=\boxed{0}$

0866 답 ③

함수 $f(x)=x^3+6x^2+9x+2$는 닫힌구간 $[-3, 0]$에서 연속이고 열린구간 $(-3, 0)$에서 미분가능하며, $f(-3)=f(0)=2$이므로 롤의 정리에 의하여 $f'(c)=0$인 c가 열린구간 $(-3, 0)$에 적어도 하나 존재한다.

이때 $f'(x)=3x^2+12x+9$이므로 $f'(c)=0$에서

$3c^2+12c+9=0$, $3(c+3)(c+1)=0$

$\therefore c=-1$ $(\because -3<c<0)$

실수 Check

롤의 정리를 만족시키는 c의 값을 구할 때, 구한 c의 값이 열린구간 $(-3, 0)$에 속하는지 확인해야 한다.

0867 답 ②

함수 $f(x)=(x-1)(x+3)^2$은 닫힌구간 $[-3, 1]$에서 연속이고 열린구간 $(-3, 1)$에서 미분가능하며 $f(-3)=f(1)=0$이므로 롤의 정리에 의하여 $f'(c)=0$인 c가 열린구간 $(-3, 1)$에 적어도 하나 존재한다.
이때 $f'(x)=(x+3)^2+2(x-1)(x+3)=3x^2+10x+3$이므로 $f'(c)=0$에서
$3c^2+10c+3=0$, $(3c+1)(c+3)=0$
$\therefore c=-\frac{1}{3}$ ($\because -3<c<1$)

0868 답 2

함수 $f(x)=-x^2+ax$는 닫힌구간 $[0, 1]$에서 연속이고 열린구간 $(0, 1)$에서 미분가능하다.
이때 롤의 정리를 만족시키면 $f(0)=f(1)$이므로
$0=-1+a \quad \therefore a=1$
즉, $f(x)=-x^2+x$에서 롤의 정리에 의하여 $f'(c)=0$인 c가 열린구간 $(0, 1)$에 적어도 하나 존재한다.
$f'(x)=-2x+1$이므로 $f'(c)=0$에서
$-2c+1=0 \quad \therefore c=\frac{1}{2} \quad \therefore \frac{a}{c}=2$

0869 답 ⑤

함수 $f(x)=x^3-3x+1$은 닫힌구간 $[-\sqrt{3}, a]$에서 연속이고 열린구간 $(-\sqrt{3}, a)$에서 미분가능하다.
이때 롤의 정리를 만족시키면 $f(-\sqrt{3})=f(a)$이므로
$-3\sqrt{3}+3\sqrt{3}+1=a^3-3a+1$, $a(a^2-3)=0$
$\therefore a=0$ 또는 $a=\sqrt{3}$ ($\because a>-\sqrt{3}$)
주어진 조건에서 $f'(c)=0$인 c_1, c_2가 열린구간 $(-\sqrt{3}, a)$에 존재한다.
$f'(x)=3x^3-3$에서 $f'(c)=3c^2-3=3(c+1)(c-1)$이므로
(i) $a=0$일 때,
열린구간 $(-\sqrt{3}, 0)$에서 $f'(c)=0$인 c는 $c=-1$뿐이다.
(ii) $a=\sqrt{3}$일 때,
열린구간 $(-\sqrt{3}, \sqrt{3})$에서 $f'(c)=0$인 c는 $c=-1$, $c=1$이다.
(i), (ii)에서 $a=\sqrt{3}$, $c_1=-1$, $c_2=1$ ($\because c_1<c_2$)이므로
$a^2+c_1^2+c_2^2=(\sqrt{3})^2+(-1)^2+1^2=5$

0870 답 $c=1$, $a=3$

함수 $f(x)=\frac{1}{3}x^3+x^2-3x+2$는 닫힌구간 $[-a, a]$에서 연속이고 열린구간 $(-a, a)$에서 미분가능하다.
이때 롤의 정리를 만족시키면 $f(-a)=f(a)$이므로
$-\frac{1}{3}a^3+a^2+3a+2=\frac{1}{3}a^3+a^2-3a+2$
$\frac{2}{3}a^3-6a=0$, $a^3-9a=0$
$a(a+3)(a-3)=0 \quad \therefore a=3$ ($\because a$는 자연수)
즉, 함수 $f(x)$는 닫힌구간 $[-3, 3]$에서 롤의 정리를 만족시킨다.
이때 $f'(x)=x^2+2x-3$이므로 $f'(c)=0$에서
$c^2+2c-3=0$, $(c+3)(c-1)=0$
$\therefore c=1$ ($\because -3<c<3$)

0871 답 ⑤

함수 $f(x)=x^2-4x+2$에 대하여 닫힌구간 $[0, 3]$에서 평균값 정리 단서1 를 만족시키는 상수 c의 값은?

① $\frac{1}{4}$ ② $\frac{1}{2}$ ③ 1
④ $\frac{5}{4}$ ⑤ $\frac{3}{2}$

단서1 다항함수는 연속이고 열린구간에서 미분가능 → 평균값 정리 성립

STEP 1 $\frac{f(b)-f(a)}{b-a}=f'(c)$**를 만족시키는 상수** c**의 값 구하기**

함수 $f(x)=x^2-4x+2$는 닫힌구간 $[0, 3]$에서 연속이고 열린구간 $(0, 3)$에서 미분가능하므로 평균값 정리에 의하여
$\frac{f(3)-f(0)}{3-0}=f'(c)$인 c가 열린구간 $(0, 3)$에 적어도 하나 존재한다.
이때 $f'(x)=2x-4$이므로
$\frac{-1-2}{3-0}=2c-4$, $2c=3$
$\therefore c=\frac{3}{2}$

0872 답 $\frac{1}{2}$

함수 $f(x)=x^2+2$는 닫힌구간 $[0, 1]$에서 연속이고 열린구간 $(0, 1)$에서 미분가능하므로 평균값 정리에 의하여
$\frac{f(1)-f(0)}{1-0}=f'(c)$인 c가 열린구간 $(0, 1)$에 적어도 하나 존재한다.
이때 $f'(x)=2x$이므로
$\frac{3-2}{1-0}=2c \quad \therefore c=\frac{1}{2}$

0873 답 ③

함수 $f(x)$가 닫힌구간 $[1, 3]$에서 연속이고 열린구간 $(1, 3)$에서 미분가능하면 평균값 정리가 성립한다.

①
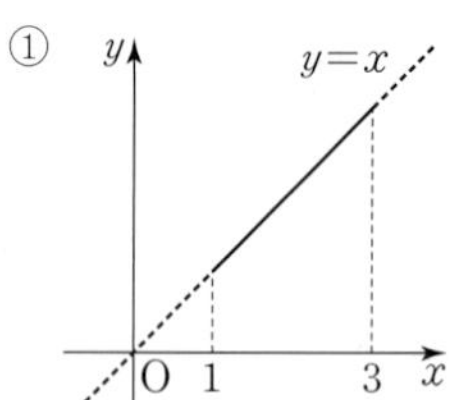

②
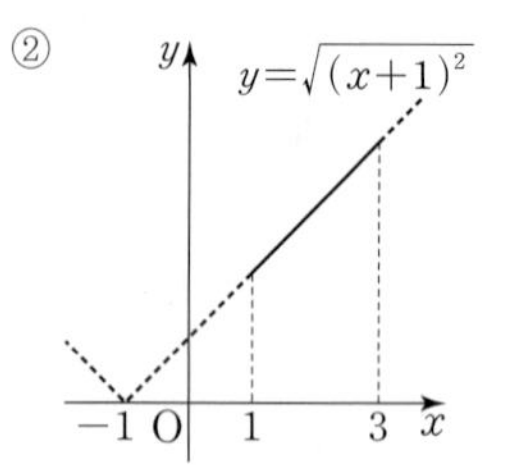

③
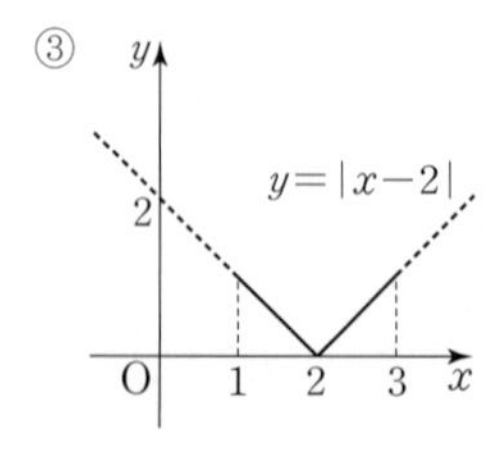

④
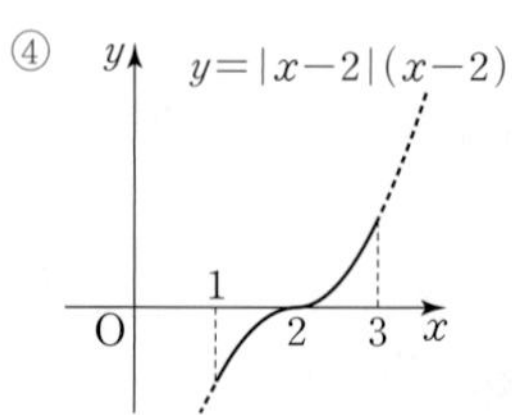

⑤
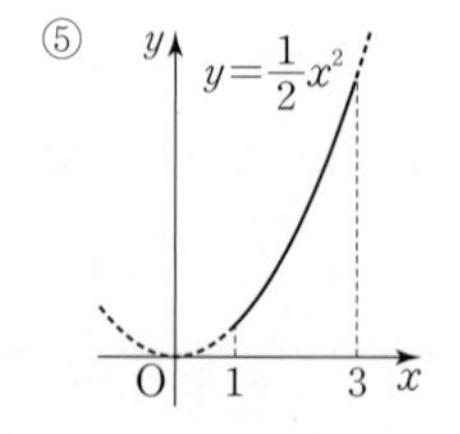

③ $y=|x-2|$는 $x=2$에서 미분가능하지 않으므로 닫힌구간 $[1, 3]$에서 평균값 정리가 성립하지 않는다.

참고 ④ $f(x)=|x-2|(x-2)$라 하면

$f(x)=\begin{cases} -(x-2)^2 & (x<2) \\ (x-2)^2 & (x \ge 2) \end{cases}$이므로

$f'(x)=\begin{cases} -2(x-2) & (x<2) \\ 2(x-2) & (x>2) \end{cases}$

$\lim_{x \to 2+} f'(x)=\lim_{x \to 2-} f'(x)=0$이므로 $f'(2)=0$

즉, 함수 $f(x)=|x-2|(x-2)$는 $x=2$에서 미분가능하다.

0874 답 5

함수 $f(x)=-2x^2+6x+1$은 닫힌구간 $[1, k]$에서 연속이고 열린구간 $(1, k)$에서 미분가능하다.

이때 $f'(x)=-4x+6$이므로 $f'(3)=-6$

$\frac{f(k)-f(1)}{k-1}=f'(3)$에서

$\frac{-2k^2+6k+1-5}{k-1}=-6$, $k^2-6k+5=0$

$(k-1)(k-5)=0 \quad \therefore k=5\ (\because k>3)$

0875 답 ②

함수 $f(x)=x^3+kx$는 닫힌구간 $[0, \sqrt{3}]$에서 롤의 정리를 만족시키는 상수가 존재하므로 $f(0)=f(\sqrt{3})$에서

$0=3\sqrt{3}+\sqrt{3}k$, $\sqrt{3}k=-3\sqrt{3}$

$\therefore k=-3$

즉, 함수 $f(x)=x^3-3x$는 $\frac{f(3)-f(0)}{3-0}=f'(c)$인 c가 열린구간 $(0, 3)$에 적어도 하나 존재한다.

→ 닫힌구간 $[0, 3]$에서 평균값 정리를 만족시킨다.

이때 $f'(x)=3x^2-3$이므로

$\frac{18-0}{3-0}=3c^2-3$, $3c^2=9$, $c^2=3$

$\therefore c=\sqrt{3}\ (\because 0<c<3)$

$\therefore k^2+c^2=(-3)^2+(\sqrt{3})^2=12$

0876 답 ③

$h(x)=f(x)-g(x)$라 하면 주어진 구간에서 두 함수 $f(x)$, $g(x)$가 연속이고 미분가능하므로 함수 $h(x)$도 닫힌구간 $[a, b]$에서 연속이고 열린구간 (a, b)에서 미분가능하다.

따라서 $a<x<b$인 임의의 실수 x에 대하여 닫힌구간 $[a, x]$에서 평균값 정리에 의하여

$\frac{h(x)-h(a)}{x-a}=\boxed{h'(c)}$인 c가 열린구간 (a, x)에 적어도 하나 존재한다.

이때 $h'(c)=f'(c)-g'(c)=0$이므로

$h(x)-h(a)=0 \quad \therefore h(x)=h(a)$

따라서 함수 $h(x)$는 닫힌구간 $[a, b]$에서 [상수함수]이므로

$h(x)=f(x)-g(x)=k$ (k는 상수)

$\therefore f(x)=g(x)+k$

0877 답 ②

함수 $f(x)=2x^3-6x^2+1$은 닫힌구간 $[a, b]$에서 연속이고 열린구간 (a, b)에서 미분가능하므로 평균값 정리에 의하여

$\frac{f(b)-f(a)}{b-a}=f'(c)$인 c가 열린구간 (a, b)에 적어도 하나 존재한다.

$f'(x)=6x^2-12x$이므로

$\frac{f(b)-f(a)}{b-a}=6c^2-12c \quad \therefore k=6c^2-12c$

이때 a, b $(a<b)$는 닫힌구간 $[0, 3]$에 속하는 임의의 실수이므로 $0<c<3$이고,

$k=6c^2-12c=6(c-1)^2-6$이므로 $-6 \le k < 18$

따라서 정수 k는 $-6, -5, -4, \cdots, 17$의 24개이다.

0878 답 -66

함수 $f(x)=x^2-8x+2$는 닫힌구간 $[x_1, x_2]$에서 연속이고 열린구간 (x_1, x_2)에서 미분가능하므로 평균값 정리에 의하여

$\frac{f(x_2)-f(x_1)}{x_2-x_1}=f'(c)$인 c가 열린구간 (x_1, x_2)에 적어도 하나 존재한다.

$f'(x)=2x-8$이므로 $\frac{f(x_2)-f(x_1)}{x_2-x_1}=2c-8$

$\therefore k=2c-8$

이때 x_1, x_2 $(x_1<x_2)$는 닫힌구간 $[-2, 4]$에 속하는 임의의 실수이므로

$-2<c<4 \quad \therefore -12<2c-8<0$

따라서 $-12<k<0$이므로 모든 정수 k의 값의 합은

$(-11)+(-10)+(-9)+\cdots+(-1)=-66$

0879 답 ③

함수 $f(x)$는 실수 전체의 집합에서 미분가능하므로 실수 전체의 집합에서 연속이다.

따라서 함수 $g(x)=(x^2+x+1)f(x)$는 닫힌구간 $[0, 3]$에서 연속이고, 열린구간 $(0, 3)$에서 미분가능하다.

이때 $g(0)=f(0)=4$, $g(3)=13f(3)=13$이므로 평균값 정리에 의하여

$g'(c)=\frac{g(3)-g(0)}{3-0}=\frac{13-4}{3}=3$

인 c가 열린구간 $(0, 3)$에 적어도 하나 존재한다.

0880 답 ②

함수 $f(x)$는 닫힌구간 $[-1, 2]$에서 연속이고 열린구간 $(-1, 2)$에서 미분가능하므로 평균값 정리에 의하여

$\frac{f(2)-f(-1)}{2-(-1)}=f'(c)$를 만족시키는 c가 열린구간 $(-1, 2)$에 적어도 하나 존재한다.

즉, $\frac{f(2)-2}{3}=f'(c) \ge 3$이므로

$f(2)-2 \ge 9 \quad \therefore f(2) \ge 11$

따라서 $f(2)$의 최솟값은 11이다.

실수 Check

평균값 정리를 이용하지 않아도 다음과 같이 최솟값을 구할 수 있지만 평균값 정리를 이용하여 구하는 연습을 해 두자.
$f'(x) \geq 3$이므로 $f'(x)=3$일 때 $f(2)$가 최소이다.
$f(-1)=2$이므로 $f(2)$의 최솟값은 $2+3\times3=11$

Plus 문제

0880-1

미분가능한 함수 $f(x)$가 닫힌구간 $[0, 2]$에 속하는 모든 x에 대하여 $f'(x) \leq 2$이다. $f(0)=0$일 때, $f(2)$의 최댓값을 평균값의 정리를 이용하여 구하시오.

함수 $f(x)$는 닫힌구간 $[0, 2]$에서 연속이고 열린구간 $(0, 2)$에서 미분가능하므로 평균값 정리에 의하여
$\frac{f(2)-f(0)}{2-0}=f'(c)$를 만족시키는 c가 열린구간 $(0, 2)$에 적어도 하나 존재한다.
즉, $\frac{f(2)-0}{2}=f'(c) \leq 2$이므로
$f(2) \leq 4$
따라서 $f(2)$의 최댓값은 4이다.

답 4

0881 답 12
| 유형20

실수 전체의 집합에서 미분가능한 함수 $f(x)$가 $\lim_{x\to\infty} f'(x)=3$을 만족시킬 때, $\lim_{x\to\infty}\{f(x+2)-f(x-2)\}$의 값을 구하시오.

단서1 평균값 정리를 이용
단서2 평균값 정리를 만족시키는 상수 c에 대하여 $\lim_{c\to\infty} f'(c)=3$

STEP 1 평균값 정리 확인하기

함수 $f(x)$는 모든 실수 x에서 미분가능하므로 모든 실수 x에서 연속이다.
함수 $f(x)$는 닫힌구간 $[x-2, x+2]$에서 연속이고 열린구간 $(x-2, x+2)$에서 미분가능하므로 평균값 정리에 의하여
$\frac{f(x+2)-f(x-2)}{(x+2)-(x-2)}=f'(c)$
인 c가 열린구간 $(x-2, x+2)$에 적어도 하나 존재한다.

STEP 2 식을 변형하여 $\lim_{x\to\infty}\{f(x+2)-f(x-2)\}$의 값 구하기

이때 $x-2<c<x+2$에서 $x \to \infty$이면 $c \to \infty$이므로

$$\begin{aligned}\lim_{x\to\infty}\{f(x+2)-f(x-2)\} &= \lim_{x\to\infty}\frac{f(x+2)-f(x-2)}{(x+2)-(x-2)}\times4\\&=4\lim_{c\to\infty}f'(c)\\&=4\times3=12\end{aligned}$$

0882 답 ⑤

함수 $f(x)=x^3-3x$에서 x의 값이 1에서 4까지 변할 때의 평균변화율은
$\frac{f(4)-f(1)}{4-1}=\frac{(64-12)-(1-3)}{3}=18$
점 $(k, f(k))$에서의 접선의 기울기는
$f'(k)=3k^2-3$이므로
$3k^2-3=18$, $k^2=7$
$\therefore k=\sqrt{7}$ ($\because k>0$)

참고 함수 $f(x)=x^3-3x$는 닫힌구간 $[1, 4]$에서 연속이고 열린구간 $(1, 4)$에서 미분가능하므로 평균값 정리에 의하여
$\frac{f(4)-f(1)}{4-1}=f'(k)$인 k가 열린구간 $(1, 4)$에 존재함을 알 수 있다.

0883 답 5

닫힌구간 $[a, b]$에서 $\frac{f(b)-f(a)}{b-a}=f'(c)$를 만족시키는 상수 c는 두 점 $(a, f(a))$, $(b, f(b))$를 지나는 직선과 평행한 접선을 갖는 점의 x좌표이다.

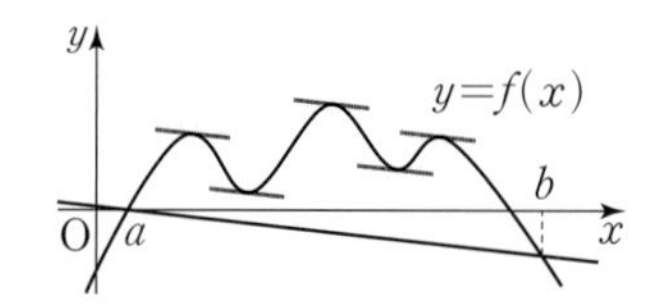

그림과 같이 두 점 $(a, f(a))$, $(b, f(b))$를 지나는 직선과 평행한 접선을 5개 그을 수 있으므로 주어진 조건을 만족시키는 상수 c는 5개이다.

0884 답 ③

$f(x)=x^2-2x+3$에서 $f'(x)=2x-2$
$f(x+h)=f(x)+hf'(x+ah)$에서
$\frac{f(x+h)-f(x)}{h}=f'(x+ah)$
$\frac{(x+h)^2-2(x+h)+3-(x^2-2x+3)}{h}=2(x+ah)-2$
$\frac{2xh+h^2-2h}{h}=2x+2ah-2$
$2x+h-2=2x+2ah-2$, $h=2ah$
$2a=1$ ($\because h>0$) $\quad \therefore a=\frac{1}{2}$

0885 답 1

$f(x)=2x^2+1$에서 $f'(x)=4x$이므로
$f(a+2h)-f(a)=2hf'(a+kh)$에서
$2(a+2h)^2+1-(2a^2+1)=2h\times4(a+kh)$
$8ah+8h^2=8ah+8kh^2$, $8kh^2=8h^2$
$8k=8$ ($\because h>0$) $\quad \therefore k=1$

0886 답 7

(i) $1<t<5$인 실수 t에 대하여 함수 $f(x)$가 닫힌구간 $[1, t]$에서 연속이고 열린구간 $(1, t)$에서 미분가능하므로 평균값 정리에 의하여 $\frac{f(t)-f(1)}{t-1}=f'(c_1)$인 c_1이 열린구간 $(1, t)$에 존재한다.

㈏에서 $f'(c_1) \le 2$이므로

$\dfrac{f(t)-f(1)}{t-1} \le 2$, $f(t)-f(1) \le 2(t-1)$

$f(t)-1 \le 2t-2$

$\therefore f(t) \le 2t-1$ .... ㉠

(ii) 함수 $f(x)$가 닫힌구간 $[t, 5]$에서 연속이고 열린구간 $(t, 5)$에서 미분가능하므로 평균값 정리에 의하여

$\dfrac{f(5)-f(t)}{5-t} = f'(c_2)$인 c_2가 열린구간 $(t, 5)$에 존재한다.

㈏에서 $f'(c_2) \le 2$이므로

$\dfrac{f(5)-f(t)}{5-t} \le 2$, $f(5)-f(t) \le 2(5-t)$

$9-f(t) \le 10-2t$

$\therefore f(t) \ge 2t-1$ .... ㉡

㉠, ㉡을 연립하면 $f(t)=2t-1$ $(1<t<5)$이므로

$f(4)=2\times4-1=7$

실수 Check

$\dfrac{f(5)-f(1)}{5-1}=2$, $f'(x)\le2$이므로 $y=f(x)$의 그래프는 기울기가 2인 직선이다.

서술형 유형 익히기 190쪽~193쪽

0887 답 (1) $-2x+4$ (2) -2 (3) -2 (4) 3 (5) 3 (6) 3 (7) $6\sqrt{5}$ (8) $\dfrac{9\sqrt{5}}{5}$ (9) 27

STEP 1 삼각형 OAP의 넓이가 최대가 될 조건 찾기 [2점]

삼각형 OAP의 넓이가 최대가 될 때는 점 P와 직선 OA 사이의 거리가 최대일 때이므로 곡선 $y=-x^2+4x$의 접선 중에서 직선 OA와 평행한 접선의 접점이 P일 때이다.

$f(x)=-x^2+4x$라 하면

$f'(x)=\boxed{-2x+4}$

점 P의 좌표를 $(t, -t^2+4t)$라 하면 두 점 O$(0, 0)$, A$(6, -12)$를 지나는 직선 OA의 기울기는

$\dfrac{-12-0}{6-0}=\boxed{-2}$이므로 점 P에서의 접선의 기울기가 $\boxed{-2}$일 때, 삼각형 OAP의 넓이가 최대이다.

STEP 2 삼각형 OAP의 넓이가 최대가 될 때 점 P의 좌표 구하기 [2점]

$f'(t)=-2$에서

$-2t+4=-2$, $2t=6$ $\therefore t=\boxed{3}$

즉, 점 P의 좌표는 $(\boxed{3}, \boxed{3})$이다.

STEP 3 삼각형 OAP의 넓이의 최댓값 구하기 [3점]

삼각형 OAP의 밑변의 길이는

$\overline{OA}=\sqrt{6^2+(-12)^2}=\boxed{6\sqrt{5}}$

삼각형 OAP의 높이를 h라 하면 h는 점 P$(3, 3)$과 직선 OA, 즉 직선 $2x+y=0$ 사이의 거리와 같으므로

$h=\dfrac{|2\times3+3|}{\sqrt{2^2+1^2}}=\boxed{\dfrac{9\sqrt{5}}{5}}$

따라서 삼각형 OAP의 넓이의 최댓값은

$\dfrac{1}{2}\times\overline{OA}\times h=\dfrac{1}{2}\times6\sqrt{5}\times\dfrac{9\sqrt{5}}{5}$

$=\boxed{27}$

실제 답안 예시

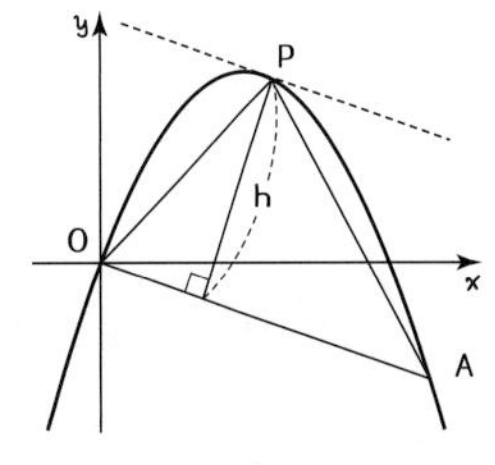

$\triangle OAP=\dfrac{1}{2}\times\overline{OA}\times h$

① $\overline{OA}=\sqrt{36+144}=\sqrt{180}=6\sqrt{5}$

② h가 최대일 때 점 P에서의 접선은 $\overline{OA}$와 평행하다.

$y'=-2x+4$, $\overline{OA}$의 기울기: $\dfrac{-12}{6}=-2$

→ $-2x+4=-2$ $x=3$

→ $y=-9+12=3$

③ P(3, 3)에서 $\overline{OA}$까지의 거리는

→ $y=-2x$에서 $2x+y=0$

$\dfrac{6+3}{\sqrt{5}}=\dfrac{9}{\sqrt{5}}$

→ 넓이: $\dfrac{1}{2}\times6\sqrt{5}\times\dfrac{9}{\sqrt{5}}=27$

0888 답 $\dfrac{5}{6}$

STEP 1 삼각형 OAP의 넓이가 최소가 될 조건 찾기 [2점]

삼각형 OAP의 넓이가 최소가 될 때는 점 P와 직선 OA 사이의 거리가 최소일 때이므로 곡선 $y=\dfrac{2}{3}x^3+\dfrac{1}{2}x+1$ $(x\ge0)$의 접선 중에서 직선 OA와 평행한 접선의 접점이 P일 때이다.

$f(x)=\dfrac{2}{3}x^3+\dfrac{1}{2}x+1$이라 하면 $f'(x)=2x^2+\dfrac{1}{2}$ ...... ⓐ

점 P의 좌표를 $\left(t, \dfrac{2}{3}t^3+\dfrac{1}{2}t+1\right)$이라 하면 직선 OA의 기울기는

$\dfrac{2-0}{2-0}=1$이므로 ...... ⓑ

점 P에서의 접선의 기울기가 1일 때, 삼각형 OAP의 넓이가 최소이다.

STEP 2 삼각형 OAP의 넓이가 최소가 될 때 점 P의 좌표 구하기 [2점]

$f'(t)=1$에서

$2t^2+\dfrac{1}{2}=1$, $t^2=\dfrac{1}{4}$

$\therefore t=\dfrac{1}{2}$ $(\because t\ge0)$

즉, 점 P의 좌표는 $\left(\dfrac{1}{2}, \dfrac{4}{3}\right)$이다.

STEP 3 삼각형 OAP의 넓이의 최솟값 구하기 [3점]

삼각형 OAP의 밑변의 길이는

$\overline{OA}=\sqrt{2^2+2^2}=2\sqrt{2}$ ...... ⓒ

삼각형 OAP의 높이를 h라 하면 h는 점 $P\left(\frac{1}{2}, \frac{4}{3}\right)$와 직선 OA, 즉 직선 $x-y=0$ 사이의 거리와 같으므로

$$h=\frac{\left|\frac{1}{2}-\frac{4}{3}\right|}{\sqrt{1^2+(-1)^2}}=\frac{5\sqrt{2}}{12}$$ …… ⓓ

따라서 삼각형 OAP의 넓이의 최솟값은

$$\frac{1}{2}\times\overline{OA}\times h=\frac{1}{2}\times 2\sqrt{2}\times\frac{5\sqrt{2}}{12}=\frac{5}{6}$$

부분점수표	
ⓐ $f'(x)$를 구한 경우	1점
ⓑ 직선 OA의 기울기를 구한 경우	1점
ⓒ $\overline{OA}$의 길이를 구한 경우	1점
ⓓ 점 P와 직선 OA 사이의 거리를 구한 경우	1점

0889 답 $\left(-\frac{\sqrt{2}}{2}, \frac{\sqrt{2}}{4}-3\right)$

STEP1 삼각형 ABP의 넓이가 최소가 될 조건 찾기 [4점]

삼각형 ABP의 넓이가 최소가 될 때는 점 P와 직선 AB 사이의 거리가 최소일 때이므로 곡선 $y=x^3-x-3$ $(x<0)$의 접선 중에서 직선 AB와 평행한 접선의 접점이 P일 때이다.

$f(x)=x^3-x-3$이라 하면 $f'(x)=3x^2-1$ …… ⓐ

점 P의 좌표를 (t, t^3-t-3)이라 하면 직선 AB의 기울기는

$\frac{3-0}{2-(-4)}=\frac{1}{2}$이므로 …… ⓑ

점 P에서의 접선의 기울기가 $\frac{1}{2}$일 때, 삼각형 ABP의 넓이가 최소이다.

STEP2 삼각형 ABP의 넓이가 최소가 될 때 점 P의 x좌표 구하기 [2점]

$f'(t)=\frac{1}{2}$에서

$3t^2-1=\frac{1}{2}$, $t^2=\frac{1}{2}$

$\therefore t=-\frac{\sqrt{2}}{2}$ $(\because t<0)$

STEP3 삼각형 ABP의 넓이가 최소가 될 때 점 P의 좌표 구하기 [2점]

$f(t)=t^3-t-3$에 $t=-\frac{\sqrt{2}}{2}$를 대입하면

$\left(-\frac{\sqrt{2}}{2}\right)^3+\frac{\sqrt{2}}{2}-3=\frac{\sqrt{2}}{4}-3$

따라서 삼각형 ABP의 넓이가 최소가 될 때 점 P의 좌표는

$\left(-\frac{\sqrt{2}}{2}, \frac{\sqrt{2}}{4}-3\right)$

부분점수표	
ⓐ $f'(x)$를 구한 경우	1점
ⓑ 직선 AB의 기울기를 구한 경우	1점

0890 답 $-\frac{2\sqrt{3}}{3}$

STEP1 사각형 OAPB의 넓이가 최대가 될 조건 찾기 [7점]

□OAPB=△OAB+△APB=2+△APB이므로

사각형 OAPB의 넓이가 최대가 될 때는 삼각형 ABP의 넓이가 최대일 때이다. …… ⓐ

즉, 점 P와 직선 AB 사이의 거리가 최대일 때이므로 곡선 $y=x^3-3x+2$ $(-2<x<0)$의 접선 중에서 직선 AB와 평행한 접선의 접점이 P일 때이다.

$f(x)=x^3-3x+2$라 하면 $f'(x)=3x^2-3$ …… ⓑ

직선 AB의 기울기는 $\frac{2-0}{0-(-2)}=1$이므로 …… ⓒ

점 $P(a, a^3-3a+2)$에서의 접선의 기울기가 1일 때, 사각형 OAPB의 넓이가 최대이다.

STEP2 사각형 OAPB의 넓이가 최대일 때 a의 값 구하기 [3점]

$f'(a)=1$에서

$3a^2-3=1$, $a^2=\frac{4}{3}$

$\therefore a=-\frac{2\sqrt{3}}{3}$ $(\because -2<a<0)$

부분점수표	
ⓐ 사각형 OAPB의 넓이가 최대일 때는 삼각형 ABP의 넓이가 최대일 때임을 기술한 경우	1점
ⓑ $f'(x)$를 구한 경우	1점
ⓒ 직선 AB의 기울기를 구한 경우	1점

0891 답 (1) $x+1$ (2) 1 (3) $-2x$ (4) $-2b$ (5) $-\frac{5}{3}$ (6) 1 (7) $-\frac{5}{3}$ (8) 1

STEP1 점 P에서의 접선의 방정식 구하기 [2점]

$f(x)=\frac{1}{2}x^2+x+1$이라 하면 $f'(x)=\boxed{x+1}$

곡선 $y=f(x)$ 위의 점 $P\left(a, \frac{1}{2}a^2+a+1\right)$에서의 접선의 기울기는 $f'(a)=a+1$이므로 점 P에서의 접선의 방정식은

$y-\left(\frac{1}{2}a^2+a+1\right)=(a+1)(x-a)$

$\therefore y=(a+1)x-\frac{1}{2}a^2+\boxed{1}$ ……… ㉠

STEP2 곡선 $y=-x^2-\frac{1}{2}$에서의 접선의 방정식 구하기 [3점]

$g(x)=-x^2-\frac{1}{2}$이라 하면 $g'(x)=\boxed{-2x}$

곡선 $y=g(x)$와 직선 ㉠의 접점을 $Q\left(b, -b^2-\frac{1}{2}\right)$이라 하면 점 Q에서의 접선의 기울기는 $g'(b)=\boxed{-2b}$이므로 점 Q에서의 접선의 방정식은

$y-\left(-b^2-\frac{1}{2}\right)=-2b(x-b)$

$\therefore y=-2bx+b^2-\frac{1}{2}$ ……… ㉡

STEP3 두 접선이 일치함을 이용하여 a의 값 구하기 [3점]

두 접선 ㉠, ㉡이 서로 일치하므로

$a+1=-2b$, $-\frac{1}{2}a^2+1=b^2-\frac{1}{2}$

두 식을 연립하여 풀면

$\begin{cases} a=\boxed{-\frac{5}{3}} \\ b=\frac{1}{3} \end{cases}$ 또는 $\begin{cases} a=\boxed{1} \\ b=-1 \end{cases}$

따라서 모든 a의 값은 $\boxed{-\frac{5}{3}}$, $\boxed{1}$이다.

실제 답안 예시

곡선 $y=\frac{1}{2}x^2+x+1$을 $f(x)$로 두면

$f(x)=\frac{1}{2}x^2+x+1$

$f'(x)=x+1$

점 $P\left(a, \frac{1}{2}a^2+a+1\right)$을 지나는 접선의 기울기는 $a+1$이므로 접선의 방정식은 $y=(a+1)x+b$인데 점 P를 대입하면

$\frac{1}{2}a^2+a+1=(a+1)a+b$이므로

$\frac{1}{2}a^2+a+1=a^2+a+b$

$b=1-\frac{1}{2}a^2$

따라서 접선의 방정식은 $y=(a+1)x+1-\frac{1}{2}a^2$

위 접선이 곡선 $y=-x^2-\frac{1}{2}$에도 접해야 하므로

이 곡선을 $g(x)$라 두었을 때

$g(x)=-x^2-\frac{1}{2}$

$g'(x)=-2x$

$g(x)$ 그래프 위의 점을 $Q\left(c, -c^2-\frac{1}{2}\right)$로 두면

$-2c=a+1$

$c=-\frac{a+1}{2}$이어야 하므로

$Q\left(-\frac{1}{2}a-\frac{1}{2}, -\frac{1}{4}a^2-\frac{1}{2}a-\frac{3}{4}\right)$이 되는데

점 Q가 위 접선 $y=(a+1)x+1-\frac{1}{2}a^2$ 위에 있어야 하므로

점 Q를 대입하면

$-\frac{1}{4}a^2-\frac{1}{2}a-\frac{3}{4}=(a+1)\left(-\frac{1}{2}a-\frac{1}{2}\right)+1-\frac{1}{2}a^2$

$3a^2+2a-5=0$

$(a-1)(3a+5)=0$

$a=1$ or $a=-\frac{5}{3}$

참고 이차함수의 식과 직선의 방정식을 연립하여 a의 값을 구할 수도 있다.

직선 ㉠이 곡선 $y=-x^2-\frac{1}{2}$과 접하므로 직선과 곡선의 교점의 x좌표는

$(a+1)x-\frac{1}{2}a^2+1=-x^2-\frac{1}{2}$에서

$x^2+(a+1)x-\frac{1}{2}a^2+\frac{3}{2}=0$

$2x^2+2(a+1)x-a^2+3=0$

이차방정식 $2x^2+2(a+1)x-a^2+3=0$의 판별식을 D라 하면

$\frac{D}{4}=0$에서

$(a+1)^2-2(-a^2+3)=0$

$3a^2+2a-5=0$, $(3a+5)(a-1)=0$

$\therefore a=-\frac{5}{3}$ 또는 $a=1$

0892 답 $-1, 2$

STEP1 점 P에서의 접선의 방정식 구하기 [2점]

$f(x)=x^2-2x+3$이라 하면 $f'(x)=2x-2$ …… ⓐ

곡선 $y=f(x)$ 위의 점 $P(a, a^2-2a+3)$에서의 접선의 기울기는 $f'(a)=2a-2$이므로 점 P에서의 접선의 방정식은

$y-(a^2-2a+3)=(2a-2)(x-a)$

$\therefore y=(2a-2)x-a^2+3$ ……… ㉠

STEP2 곡선 $y=-x^2-2$에서의 접선의 방정식 구하기 [3점]

$g(x)=-x^2-2$라 하면 $g'(x)=-2x$ …… ⓑ

곡선 $y=g(x)$와 직선 ㉠의 접점을 $Q(b, -b^2-2)$라 하면 점 Q에서의 접선의 기울기는 $g'(b)=-2b$이므로

점 Q에서의 접선의 방정식은

$y-(-b^2-2)=-2b(x-b)$

$\therefore y=-2bx+b^2-2$ ……… ㉡

STEP3 두 접선이 일치함을 이용하여 a의 값 구하기 [3점]

두 접선 ㉠, ㉡이 서로 일치하므로

$2a-2=-2b$, $-a^2+3=b^2-2$ …… ⓒ

두 식을 연립하여 풀면

$\begin{cases} a=-1 \\ b=2 \end{cases}$ 또는 $\begin{cases} a=2 \\ b=-1 \end{cases}$

따라서 모든 a의 값은 -1, 2이다.

부분점수표	
ⓐ $f'(x)$를 구한 경우	1점
ⓑ $g'(x)$를 구한 경우	1점
ⓒ $2a-2=-2b$, $-a^2+3=b^2-2$를 쓴 경우	1점

0893 답 592

STEP1 점 P에서의 접선의 방정식 구하기 [2점]

$f(x)=3x^2+1$이라 하면 $f'(x)=6x$ …… ⓐ

곡선 $y=f(x)$ 위의 점 $P(a, 3a^2+1)$에서의 접선의 기울기는 $f'(a)=6a$이므로 점 P에서의 접선의 방정식은

$y-(3a^2+1)=6a(x-a)$

$\therefore y=6ax-3a^2+1$ ……… ㉠

STEP2 곡선 $y=-x^2-11$에서의 접선의 방정식 구하기 [2점]

$g(x)=-x^2-11$이라 하면 $g'(x)=-2x$ …… ⓑ

곡선 $y=g(x)$와 직선 ㉠의 접점 Q의 좌표를 $(b, -b^2-11)$이라 하면 점 Q에서의 접선의 기울기는 $g'(b)=-2b$이므로 점 Q에서의 접선의 방정식은

$y-(-b^2-11)=-2b(x-b)$

$\therefore y=-2bx+b^2-11$ ……… ㉡

STEP3 두 접선이 일치함을 이용하여 a, b의 값 구하기 [2점]

두 접선 ㉠, ㉡이 서로 일치하므로

$6a=-2b$, $-3a^2+1=b^2-11$ …… ⓒ

두 식을 연립하여 풀면

$a=1$, $b=-3$ ($\because a>0$)

STEP4 $\overline{PQ}^2$의 값 구하기 [2점]

$P(1, 4)$, $Q(-3, -20)$이므로

$\overline{PQ}^2=(-3-1)^2+(-20-4)^2=592$

부분점수표	
ⓐ $f'(x)$를 구한 경우	1점
ⓑ $g'(x)$를 구한 경우	1점
ⓒ $6a=-2b$, $-3a^2+1=b^2-11$을 쓴 경우	1점

0894 답 $y=3x+2$

STEP1 점 P에서의 접선의 방정식 구하기 [2점]

$f(x)=x^3$이라 하면 $f'(x)=3x^2$ …… ⓐ

곡선 $y=f(x)$ 위의 점 P의 좌표를 (a, a^3)이라 하면 점 P에서의 접선의 기울기는 $f'(a)=3a^2$이므로 점 P에서의 접선의 방정식은

$y-a^3=3a^2(x-a)$

$\therefore y=3a^2x-2a^3$ …… ㉠

STEP2 곡선 $y=x^3+4$에서의 접선의 방정식 구하기 [3점]

$g(x)=x^3+4$라 하면 $g'(x)=3x^2$ …… ⓑ

곡선 $y=g(x)$와 직선 ㉠의 접점의 좌표를 (b, b^3+4)라 하면 이 점에서의 접선의 기울기는 $g'(b)=3b^2$이므로 이 점에서의 접선의 방정식은

$y-(b^3+4)=3b^2(x-b)$

$\therefore y=3b^2x-2b^3+4$ …… ㉡

STEP3 두 접선이 일치함을 이용하여 직선의 방정식 구하기 [3점]

두 접선 ㉠, ㉡이 서로 일치하므로

$3a^2=3b^2$, $-2a^3=-2b^3+4$ …… ⓒ

두 식을 연립하여 풀면 $\begin{cases} a=-1 \\ b=1 \end{cases}$이므로

㉠에 대입하면 구하는 직선의 방정식은

$y=3x+2$

부분점수표	
ⓐ $f'(x)$를 구한 경우	1점
ⓑ $g'(x)$를 구한 경우	1점
ⓒ $3a^2=3b^2$, $-2a^3=-2b^3+4$를 쓴 경우	1점

0895 답 (1) 4 (2) 2 (3) 4 (4) 0

STEP1 평균값 정리를 이용하여 $f'(c)=4$인 c가 열린구간 $(2, 4)$에 존재함을 보이기 [4점]

다항함수 $f(x)$는 모든 실수 x에서 연속이고 미분가능하므로 평균값 정리에 의하여

$f'(c)=\dfrac{f(4)-f(2)}{4-2}=\dfrac{8-0}{4-2}=\boxed{4}$인 c가 열린구간

$(\boxed{2}, \boxed{4})$에 적어도 하나 존재한다.

STEP2 $f'(c)=4$인 c가 열린구간 $(0, 4)$에 존재함을 보이기 [3점]

$f'(c)=4$인 c가 열린구간 $(2, 4)$에 적어도 하나 존재하므로

$f'(c)=4$인 c가 열린구간 $(\boxed{0}, 4)$에 적어도 하나 존재한다.

실제 답안 예시

함수 f(x)가 다항함수이므로 모든 실수 x에 대해 연속이고 미분가능하다.

이때 f(2)=0, f(4)=8이므로 f(x)는 평균값의 정리에 의해 열린구간 (2, 4)에서

$\dfrac{f(4)-f(2)}{4-2}=\dfrac{8}{2}=4=f'(c)$

인 점 (c, f(c))를 갖는다.

해당 구간 (2, 4)를 열린구간 (0, 4)가 포함하므로 주어진 구간에서 f'(c)=4인 c가 적어도 하나 존재한다.

0896 답 풀이 참조

STEP1 평균값 정리를 이용하여 $f'(c)=2$인 c가 열린구간 $(1, 2)$에 존재함을 보이기 [4점]

다항함수 $f(x)$는 모든 실수 x에서 연속이고 미분가능하므로 평균값 정리에 의하여

$f'(c)=\dfrac{f(2)-f(1)}{2-1}=\dfrac{8-6}{2-1}=2$

인 c가 열린구간 $(1, 2)$에 적어도 하나 존재한다.

STEP2 $f'(c)=2$인 c가 열린구간 $(0, 2)$에 존재함을 보이기 [3점]

$f'(c)=2$인 c가 열린구간 $(1, 2)$에 적어도 하나 존재하므로

$f'(c)=2$인 c가 열린구간 $(0, 2)$에 적어도 하나 존재한다.

0897 답 풀이 참조

STEP1 평균값 정리를 이용하여 $g'(c_1)<0$인 c_1이 열린구간 $(2, 3)$에 존재함을 보이기 [3점]

다항함수 $g(x)$는 모든 실수 x에서 연속이고 미분가능하므로 평균값 정리에 의하여

$g'(c_1)=\dfrac{g(3)-g(2)}{3-2}=\dfrac{-4-(-3)}{3-2}=-1$

인 c_1이 열린구간 $(2, 3)$에 적어도 하나 존재한다.

STEP2 평균값 정리를 이용하여 $g'(c_2)>0$인 c_2가 열린구간 $(3, 4)$에 존재함을 보이기 [3점]

평균값 정리에 의하여

$g'(c_2)=\dfrac{g(4)-g(3)}{4-3}=\dfrac{3-(-4)}{4-3}=7$

인 c_2가 열린구간 $(3, 4)$에 적어도 하나 존재한다.

STEP3 사잇값 정리를 이용하여 $g'(c)=0$인 c가 열린구간 $(2, 4)$에 존재함을 보이기 [3점]

$g'(x)$는 연속함수이고, $g'(c_1)<0$, $g'(c_2)>0$이므로 사잇값 정리에 의하여 $g'(c)=0$인 c가 $2<c_1<c<c_2<4$에 적어도 하나 존재한다.

0898 답 풀이 참조

STEP1 평균값 정리를 이용하여 $f'(c_1)=6$인 c_1이 열린구간 $(0, 1)$에 존재함을 보이기 [3점]

다항함수 $f(x)$는 모든 실수 x에서 연속이고 미분가능하므로 평균값 정리에 의하여

$$f'(c_1)=\frac{f(1)-f(0)}{1-0}=\frac{6-0}{1-0}=6$$

인 c_1이 열린구간 $(0, 1)$에 적어도 하나 존재한다.

STEP2 평균값 정리를 이용하여 $f'(c_2)=2$인 c_2가 열린구간 $(1, 2)$에 존재함을 보이기 [3점]

평균값 정리에 의하여

$$f'(c_2)=\frac{f(2)-f(1)}{2-1}=\frac{8-6}{2-1}=2$$

인 c_2가 열린구간 $(1, 2)$에 적어도 하나 존재한다.

STEP3 사잇값 정리를 이용하여 $f'(c)=5$인 c가 열린구간 $(0, 2)$에 존재함을 보이기 [4점]

$f'(x)$는 연속함수이고, $f'(c_1)=6$, $f'(c_2)=2$이므로 사잇값 정리에 의하여 $f'(c)=5$인 c가 $0<c_1<c<c_2<2$에 적어도 하나 존재한다.

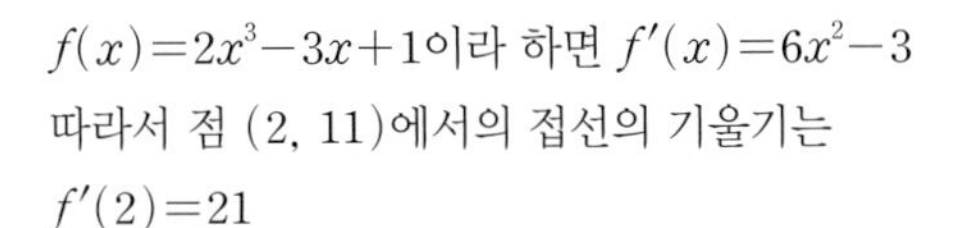

1 0899 답 ③ 유형 1

출제의도 | 미분계수와 접선의 기울기와의 관계를 알고 있는지 확인한다.

> 곡선 $y=f(x)$ 위의 점 $(a, f(a))$에서의 접선의 기울기는 $f'(a)$야.

$f(x)=2x^3-3x+1$이라 하면 $f'(x)=6x^2-3$

따라서 점 $(2, 11)$에서의 접선의 기울기는

$f'(2)=21$

2 0900 답 ③ 유형 1

출제의도 | 미분계수와 접선의 기울기와의 관계를 이용하여 미정계수를 구할 수 있는지 확인한다.

> 점 $(1, 3)$에서의 접선의 기울기가 3인 것을 식으로 나타내 보자.
> 또, 곡선은 점 $(1, 3)$을 지나는 것도 이용해야 해.

$f(x)=x^2-ax+b$라 하면 $f'(x)=2x-a$

점 $(1, 3)$에서의 접선의 기울기가 3이므로 $f'(1)=3$에서

$2-a=3$　　$\therefore a=-1$

곡선 $y=f(x)$가 점 $(1, 3)$을 지나므로 $f(1)=3$에서

$1-a+b=3$

이 식에 $a=-1$을 대입하면 $b=1$

$\therefore a+b=0$

3 0901 답 ② 유형 2

출제의도 | 미분계수와 접선의 기울기와의 관계를 이용하여 접선의 방정식을 구할 수 있는지 확인한다.

> 곡선 $y=f(x)$ 위의 점 $(1, 2)$에서의 접선의 방정식은
> $y-2=f'(1)(x-1)$이야.

$f(x)=x^3+x$라 하면 $f'(x)=3x^2+1$

점 $(1, 2)$에서의 접선의 기울기는 $f'(1)=4$이므로 접선의 방정식은

$y-2=4(x-1)$　　$\therefore y=4x-2$

4 0902 답 ⑤ 유형 3

출제의도 | 미분계수와 접선의 기울기와의 관계를 이용하여 접선의 방정식을 구할 수 있는지 확인한다.

> 곡선 $y=f(x)$ 위의 점 $(a, f(a))$에서의 접선의 방정식은
> $y-f(a)=f'(a)(x-a)$야.

$f(x)=x^3-6x^2+6$이라 하면 $f'(x)=3x^2-12x$

점 $(1, 1)$에서의 접선의 기울기는 $f'(1)=-9$이므로 접선의 방정식은

$y-1=-9(x-1)$　　$\therefore y=-9x+10$

이 직선이 점 $(0, a)$를 지나므로

$a=-9\times0+10$　　$\therefore a=10$

5 0903 답 ④ 유형 7

출제의도 | 곡선 위의 점에서의 접선과 수직인 직선의 기울기를 구할 수 있는지 확인한다.

> 수직인 두 직선의 기울기의 곱은 -1이야. 

$f(x)=\frac{1}{2}x^2+1$이라 하면 $f'(x)=x$

점 $\left(-1, \frac{3}{2}\right)$에서의 접선의 기울기는 $f'(-1)=-1$이므로 이 직선과 수직인 직선의 기울기는 1이다.

6 0904 답 ① 유형 10

출제의도 | 접선의 기울기가 주어졌을 때 접선의 방정식을 구할 수 있는지 확인한다.

> 직선 $y=4x+2$에 평행하므로 기울기가 4인 접선의 방정식을 구해 보자.

$f(x)=x^2-4x+3$이라 하면 $f'(x)=2x-4$

접점의 좌표를 (t, t^2-4t+3)이라 하면 직선 $y=4x+2$에 평행한 접선의 기울기는 4이므로 $f'(t)=4$에서

$2t-4=4$, $2t=8$　　$\therefore t=4$

즉, 접점의 좌표는 $(4, 3)$이므로 접선의 방정식은

$y-3=4(x-4)$　　$\therefore y=4x-13$

7 0905 답 ①

유형18

출제의도 | 롤의 정리를 알고 있는지 확인한다.

> 함수 $f(x)$가 닫힌구간 $[0, 1]$에서 롤의 정리를 만족시키므로 $f(0)=f(1)$이야.

함수 $f(x)$는 다항함수이므로 닫힌구간 $[0, 1]$에서 연속이고 열린구간 $(0, 1)$에서 미분가능하다.

$f(x)$가 닫힌구간 $[0, 1]$에서 롤의 정리를 만족시키므로

$f(0)=f(1)$에서

$0=1+a \qquad \therefore a=-1$

8 0906 답 ③

유형19

출제의도 | 평균값 정리를 알고 있는지 확인한다.

> $\frac{f(5)-f(1)}{5-1}=f'(c)$를 만족시키는 상수 c $(1<c<5)$를 찾아보자.

함수 $f(x)=x^2+3x$는 닫힌구간 $[1, 5]$에서 연속이고 열린구간 $(1, 5)$에서 미분가능하므로 평균값 정리에 의하여

$\frac{f(5)-f(1)}{5-1}=f'(c)$인 c가 열린구간 $(1, 5)$에 적어도 하나 존재한다. 이때 $f'(x)=2x+3$이므로

$\frac{40-4}{5-1}=2c+3,\ 2c=6$

$\therefore c=3$

9 0907 답 ②

유형2

출제의도 | 접선의 방정식을 이용하여 미정계수를 찾을 수 있는지 확인한다.

> 점 (a, b)에서의 접선의 기울기가 1이므로 $f'(a)=1$이야.
> 또, 접선 $y=x+1$은 점 (a, b)를 지나.

$f(x)=x^2+3x+2$라 하면 $f'(x)=2x+3$

점 (a, b)에서의 접선의 기울기가 1이므로 $f'(a)=1$에서

$2a+3=1,\ 2a=-2 \qquad \therefore a=-1$

직선 $y=x+1$이 점 (a, b), 즉 점 $(-1, b)$를 지나므로

$b=-1+1 \qquad \therefore b=0$

$\therefore a+b=-1$

10 0908 답 ③

유형5

출제의도 | 미분계수의 정의를 이용하여 접선의 기울기를 구할 수 있는지 확인한다.

> $\lim_{x\to2}\frac{f(x)-2}{x-2}=3$에서 $f(2)$, $f'(2)$의 값을 찾을 수 있어.

$\lim_{x\to2}\frac{f(x)-2}{x-2}=3$에서 $x\to2$일 때, (분모) $\to0$이고 극한값이 존재하므로 (분자) $\to0$이다.

즉, $\lim_{x\to2}\{f(x)-2\}=0$이므로 $f(2)=2$

$\therefore \lim_{x\to2}\frac{f(x)-2}{x-2}=\lim_{x\to2}\frac{f(x)-f(2)}{x-2}=f'(2)$

즉, $f'(2)=3$이므로 곡선 $y=f(x)$ 위의 점 $(2, 2)$에서의 접선의 방정식은

$y-2=3(x-2) \qquad \therefore y=3x-4$

따라서 $a=3$, $b=-4$이므로

$a-b=3-(-4)=7$

11 0909 답 ②

유형6

출제의도 | 임의의 점에서의 접선의 방정식을 구할 수 있는지 확인한다.

> 점 (a, a^4+2a^2)에서의 접선의 방정식에서 $x=0$일 때 y의 값이 $h(a)$야.

$f(x)=x^4+2x^2$이라 하면 $f'(x)=4x^3+4x$

곡선 $y=f(x)$ 위의 점 (a, a^4+2a^2)에서의 접선의 기울기는

$f'(a)=4a^3+4a$이므로 접선의 방정식은

$y-(a^4+2a^2)=(4a^3+4a)(x-a)$

$\therefore y=(4a^3+4a)x-3a^4-2a^2$

즉, $h(a)=-3a^4-2a^2$이므로

$$\lim_{a\to0}\frac{h(a)}{a^2}=\lim_{a\to0}\frac{-3a^4-2a^2}{a^2}=\lim_{a\to0}(-3a^2-2)=-2$$

12 0910 답 ②

유형9

출제의도 | 곡선 위의 점에서의 접선의 방정식을 구할 수 있는지 확인한다.

> 함수 $g(x)=xf(x)$로 놓고 접선의 방정식을 구해 보자.

함수 $g(x)=xf(x)$라 하면

$g(x)=x^4-2x^2+x$이므로 $g'(x)=4x^3-4x+1$

$g(-1)=-2$, $g'(-1)=1$이므로

곡선 $y=g(x)$ 위의 점 $(-1, g(-1))$, 즉 점 $(-1, -2)$에서의 접선의 방정식은

$y+2=x+1 \qquad \therefore y=x-1$

따라서 이 직선의 y절편은 -1이다.

13 0911 답 ③

유형11

출제의도 | 접선의 기울기가 주어졌을 때, 접점의 좌표를 구할 수 있는지 확인한다.

> 주어진 직선과 곡선 위의 접선이 평행할 때, 거리가 최소야.

그림과 같이 곡선 $y=x^2$과 직선 $y=2x-k$ 사이의 거리의 최솟값은 기울기가 2인 직선에 접하는 곡선 위의 점 A와 직선 $y=2x-k$ 사이의 거리이다.

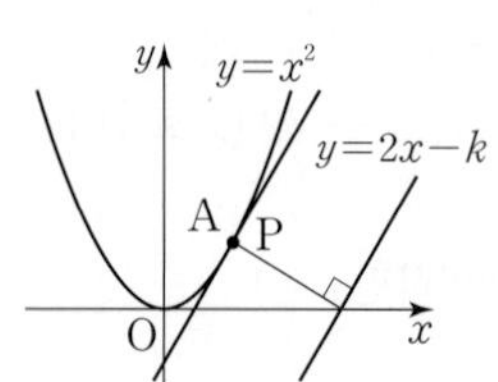

$f(x)=x^2$이라 하면 $f'(x)=2x$

접점 A의 좌표를 (a, a^2)이라 하면

직선 $y=2x-k$에 평행한 접선의 기울기는 2이므로

$f'(a)=2$에서

$2a=2 \qquad \therefore a=1$

즉, 접점의 좌표는 $(1, 1)$이고, 점 $(1, 1)$과 직선 $2x-y-k=0$ 사이의 거리가 $\sqrt{5}$이므로

$\frac{|2-1-k|}{\sqrt{2^2+(-1)^2}}=\sqrt{5}$, $|1-k|=5$

$\therefore k=-4$ 또는 $k=6$

이때 $k=-4$이면 곡선과 직선이 만나므로 $k=6$이다.

└→ 거리의 최솟값이 0이다.

14 0912 답 ②

유형 12

출제의도 | 기울기가 최대인 접선의 방정식을 구할 수 있는지 확인한다.

> 곡선 $y=f(x)$ 위의 점 $(t, f(t))$에서의 기울기 $f'(t)$의 최댓값을 구해 보자.

$f(x)=-x^3+6x+3$이라 하면 $f'(x)=-3x^2+6$

접점의 좌표를 $(t, -t^3+6t+3)$이라 하면 이 점에서의 접선의 기울기는 $f'(t)=-3t^2+6$이므로 접선의 방정식은

$y-(-t^3+6t+3)=(-3t^2+6)(x-t)$

접선의 기울기 $-3t^2+6$은 $t=0$일 때 최댓값이 6이고, 이때 접점의 좌표는 $(0, 3)$이므로 기울기가 최대인 접선의 방정식은

$y-3=6(x-0) \qquad \therefore y=6x+3$

따라서 이 접선이 x축과 만나는 점의 좌표는 $\left(-\frac{1}{2}, 0\right)$

$\therefore a=-\frac{1}{2}$

15 0913 답 ①

유형 13

출제의도 | 곡선 밖의 점에서 그은 접선의 방정식을 구할 수 있는지 확인한다.

> 접점의 좌표를 (t, t^3-3t^2-6)으로 놓고 접선의 방정식이 점 $(0, -1)$을 지남을 이용해 보자.

$f(x)=x^3-3x^2-6$이라 하면 $f'(x)=3x^2-6x$

접점의 좌표를 (t, t^3-3t^2-6)이라 하면 이 점에서의 접선의 기울기는 $f'(t)=3t^2-6t$이므로 접선의 방정식은

$y-(t^3-3t^2-6)=(3t^2-6t)(x-t)$

$\therefore y=(3t^2-6t)x-2t^3+3t^2-6$ ······ ㉠

이 직선이 점 $(0, -1)$을 지나므로

$-1=-2t^3+3t^2-6$, $2t^3-3t^2+5=0$

$(t+1)(2t^2-5t+5)=0 \qquad \therefore t=-1$ $(\because 2t^2-5t+5>0)$

$t=-1$을 ㉠에 대입하면

$y=9x-1$

16 0914 답 ③

유형 15

출제의도 | 공통인 접선의 의미를 알고 있는지 확인한다.

> 교점에서의 함숫값과 미분계수가 각각 같으면 돼.

$f(x)=x^2+ax$, $g(x)=-x^2+4x$라 하면

$f'(x)=2x+a$, $g'(x)=-2x+4$

(i) $x=b$인 점에서 두 곡선이 만나므로 $f(b)=g(b)$에서

$b^2+ab=-b^2+4b$, $2b^2+ab-4b=0$ ······ ㉠

(ii) $x=b$인 점에서 두 곡선의 접선의 기울기가 같으므로

$f'(b)=g'(b)$에서

$2b+a=-2b+4$, $a=-4b+4$ ······ ㉡

㉠, ㉡을 연립하여 풀면

$2b^2+b(-4b+4)-4b=0$, $-2b^2=0$

$\therefore a=4, b=0$

즉, 접점의 좌표는 $(0, 0)$이므로 $c=0$

$\therefore a+b+c=4$

17 0915 답 ④

유형 19

출제의도 | 평균값 정리를 알고 있는지 확인한다.

> $\frac{f(a)-f(1)}{a-1}=f'(3)$을 만족시키는 a의 값을 찾아보자.

함수 $f(x)=x^2-6x-3$은 닫힌구간 $[1, a]$에서 연속이고 열린구간 $(1, a)$에서 미분가능하므로 평균값 정리에 의하여

$\frac{f(a)-f(1)}{a-1}=f'(c)$인 c가 열린구간 $(1, a)$에 적어도 하나 존재한다.

이때 $f'(x)=2x-6$이고, 평균값 정리를 만족시키는 상수 c의 값이 $c=3$이므로 $f'(3)=0$에서

$\frac{f(a)-f(1)}{a-1}=0$, $\frac{(a^2-6a-3)-(-8)}{a-1}=0$

$a^2-6a+5=0$, $(a-1)(a-5)=0$

$\therefore a=5$ $(\because a>1)$

18 0916 답 ①

유형 4

출제의도 | 곡선 위의 점에서의 접선의 방정식을 구할 수 있는지 확인한다.

> $y=x^3+ax^2+(2a+1)x+a+5$를 a에 대하여 정리하면 a의 값에 관계없이 항상 지나는 점을 찾을 수 있어.

$y=x^3+ax^2+(2a+1)x+a+5$를 a에 대한 식으로 정리하면

$(x^2+2x+1)a+x^3+x+5-y=0$

이 식이 a의 값에 관계없이 성립해야 하므로

$x^2+2x+1=0$, $x^3+x+5-y=0$

두 식을 연립하여 풀면 $x=-1$, $y=3$이므로 이 곡선은 a의 값에 관계없이 항상 점 $(-1, 3)$을 지난다.

$\therefore$ P$(-1, 3)$

$f(x)=x^3+ax^2+(2a+1)x+a+5$라 하면

$f'(x)=3x^2+2ax+2a+1$

곡선 $y=f(x)$ 위의 점 $P(-1, 3)$에서의 접선의 기울기는
$f'(-1)=3-2a+2a+1=4$이므로 접선의 방정식은
$y-3=4(x+1)$ $\quad\therefore y=4x+7$
따라서 $m=4$, $n=7$이므로 $m-n=-3$

19 0917 답 ④ 유형 12

출제의도 | 접선과 기울기의 최솟값을 구할 수 있는지 확인한다.

삼차함수 $f(x)$에 대하여 $f'(x)$는 이차함수이므로 최댓값 또는 최솟값을 구할 수 있어.

$f(x)=\frac{1}{3}x^3-4x^2+2kx$라 하면 $f'(x)=x^2-8x+2k$
곡선 $y=f(x)$ 위의 점 $(t, f(t))$에서의 접선의 기울기는
$f'(t)=t^2-8t+2k=(t-4)^2+2k-16$
따라서 접선의 기울기의 최솟값은 $t=4$일 때, $2k-16$이다.
이때 $2k-16=16$이므로
$2k=32$ $\quad\therefore k=16$

20 0918 답 ④ 유형 14

출제의도 | 곡선 밖의 점에서 그은 접선의 방정식을 구할 수 있는지 확인한다.

접점을 (t, t^2)이라 했을 때 k와 t의 관계식을 찾아야 해.

$f(x)=x^2$이라 하면 $f'(x)=2x$
접점의 좌표를 (t, t^2)이라 하면 이 점에서의 접선의 기울기는
$f'(t)=2t$이므로 접선의 방정식은
$y-t^2=2t(x-t)$ $\quad\therefore y=2tx-t^2$
이 직선이 점 $(0, -k)$를 지나므로
$-k=-t^2$ $\quad\therefore t=\sqrt{k}$ 또는 $t=-\sqrt{k}$ ($\because k>0$)
두 접점의 좌표를 $A(\sqrt{k}, k)$,
$B(-\sqrt{k}, k)$라 하면
삼각형 CAB의 넓이는
$\frac{1}{2}\times2\sqrt{k}\times2k=2k\sqrt{k}$
따라서 $2k\sqrt{k}=16$이므로
$k^3=64$ $\quad\therefore k=4$

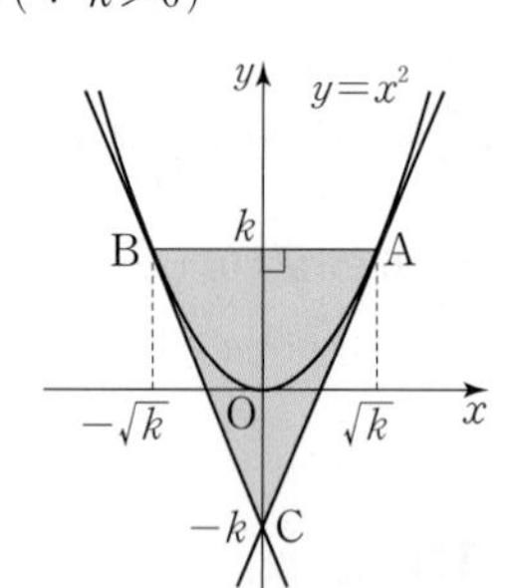

21 0919 답 ② 유형 17

출제의도 | 곡선과 원 사이의 거리가 최소일 조건을 알고 있는지 확인한다.

선분 PQ의 길이가 최소일 때, 점 P에서의 접선에 수직인 직선은 원의 중심을 지나.

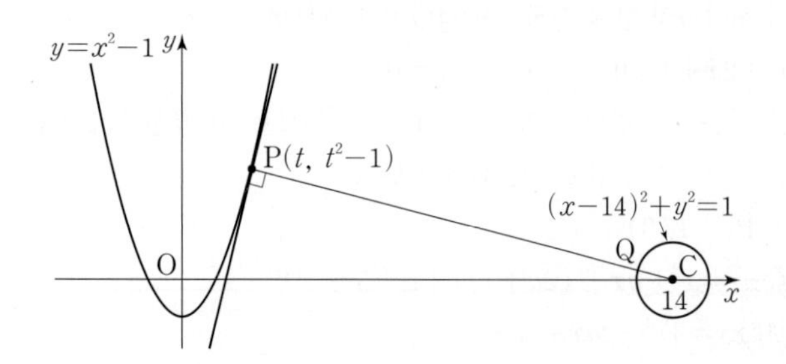

원의 중심을 $C(14, 0)$, 곡선 위의 점을 $P(t, t^2-1)$이라 하자.
점 P에서의 접선이 원 위의 점 Q에서의 접선과 평행할 때, 선분 PQ의 길이가 최소이므로 이때 직선 PC는 점 P에서의 접선과 수직이다.
$f(x)=x^2-1$이라 하면 $f'(x)=2x$
점 P에서의 접선의 기울기는 $f'(t)=2t$이고, 직선 PC의 기울기는 $\frac{t^2-1}{t-14}$이므로
$2t\times\frac{t^2-1}{t-14}=-1$에서
$2t^3-2t=-(t-14)$, $2t^3-t-14=0$
$(t-2)(2t^2+4t+7)=0$ $\quad\therefore t=2$ ($\because 2t^2+4t+7>0$)
즉, $P(2, 3)$일 때 선분 PQ의 길이가 최소이므로 선분 PQ의 길이의 최솟값은
$\overline{PC}-\overline{QC}=\sqrt{(14-2)^2+(0-3)^2}-1$
$=\sqrt{153}-1$

22 0920 답 2 유형 8

출제의도 | 곡선 위의 점에서의 접선을 구하고, 접선과 곡선의 교점을 구할 수 있는지 확인한다.

STEP 1 점 $A(1, 0)$에서의 접선의 방정식 구하기 [3점]

$f(x)=x^3-4x^2+3$이라 하면 $f'(x)=3x^2-8x$
점 $A(1, 0)$에서의 접선의 기울기는 $f'(1)=-5$이므로 접선의 방정식은
$y-0=-5(x-1)$ $\quad\therefore y=-5x+5$

STEP 2 곡선과 접선이 만나는 점의 x좌표 구하기 [3점]

곡선 $y=x^3-4x^2+3$과 직선 $y=-5x+5$의 교점의 x좌표는
$x^3-4x^2+3=-5x+5$에서
$x^3-4x^2+5x-2=0$, $(x-1)^2(x-2)=0$
$\therefore x=1$ 또는 $x=2$
따라서 점 $A(1, 0)$에서의 접선이 곡선과 만나는 점 중 점 A가 아닌 점의 x좌표는 2이다.

23 0921 답 $y=3x-3$ 유형 10

출제의도 | 기울기가 주어진 접선의 방정식을 구할 수 있는지 확인한다.

STEP 1 접점의 좌표 구하기 [3점]

$f(x)=x^2+x-2$라 하면 $f'(x)=2x+1$
접점의 좌표를 (t, t^2+t-2)라 하면 이 점에서의 접선의 기울기가 3이므로 $f'(t)=3$에서
$2t+1=3$ $\quad\therefore t=1$
즉, 접점의 좌표는 $(1, 0)$이다.

STEP 2 접선의 방정식 구하기 [3점]

접선의 방정식은
$y-0=3(x-1)$ $\quad\therefore y=3x-3$

24 0922 답 $\frac{8}{3}$ 유형 14

출제의도 | 곡선 밖의 점에서 그은 접선의 방정식을 구할 수 있는지 확인한다.

STEP 1 **접선의 방정식 세우기 [2점]**

$f(x)=-x^2+x+1$이라 하면 $f'(x)=-2x+1$

접점의 좌표를 $(t,\ -t^2+t+1)$이라 하면 이 점에서의 접선의 기울기는 $f'(t)=-2t+1$이므로 접선의 방정식은

$y-(-t^2+t+1)=(-2t+1)(x-t)$

$\therefore\ y=(-2t+1)x+t^2+1$

STEP 2 **접점의 좌표와 접선의 방정식 구하기 [3점]**

이 직선이 점 $(1,\ 2)$를 지나므로

$2=-2t+1+t^2+1,\ t^2-2t=0$

$t(t-2)=0 \qquad \therefore\ t=0$ 또는 $t=2$

즉, 접점의 좌표는 $(0,\ 1)$ 또는 $(2,\ -1)$이므로 접선의 방정식은

$y-1=x-0$ 또는 $y+1=-3(x-2)$

$\therefore\ y=x+1$ 또는 $y=-3x+5$

STEP 3 **두 접선과 x축으로 둘러싸인 부분의 넓이 구하기 [3점]**

두 접선과 x축으로 둘러싸인 도형의 넓이는

$\frac{1}{2}\times\frac{8}{3}\times2=\frac{8}{3}$

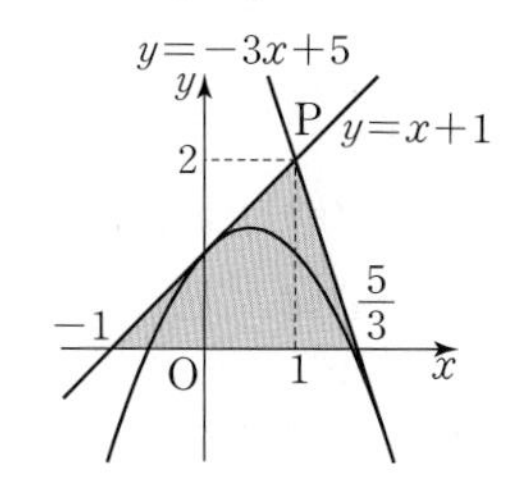

25 0923 답 6 유형 20

출제의도 | 평균값 정리를 활용할 수 있는지 확인한다.

STEP 1 **평균값 정리를 활용하여 $f(2)$의 값의 범위를 부등식으로 나타내기 [5점]**

함수 $f(x)$가 닫힌구간 $[0,\ 2]$에서 연속이고 열린구간 $(0,\ 2)$에서 미분가능하므로 평균값 정리에 의하여

$\frac{f(2)-f(0)}{2-0}=f'(c)$를 만족시키는 c가 열린구간 $(0,\ 2)$에 적어도 하나 존재한다.

$0<c<2$에서 $|f'(c)|\le3$이므로

$\left|\frac{f(2)-f(0)}{2-0}\right|\le3,\ |f(2)-3|\le6\ (\because\ f(0)=3)$

$-6\le f(2)-3\le6 \qquad \therefore\ -3\le f(2)\le9$

STEP 2 **$M+m$의 값 구하기 [3점]**

$f(2)$의 최댓값은 9, 최솟값은 -3이므로

$M=9,\ m=-3 \qquad \therefore\ M+m=6$

실력 check 실전 마무리하기 2회 199쪽~203쪽

1 0924 답 ③ 유형 1

출제의도 | 미분계수와 접선의 기울기와의 관계를 알고 있는지 확인한다.

> 곡선 $y=f(x)$ 위의 점 $(2,\ -12)$에서의 접선의 기울기는 $f'(2)$야.

$f(x)=x^3-10x$라 하면 $f'(x)=3x^2-10$

곡선 위의 점 $(2,\ -12)$에서의 접선의 기울기는

$f'(2)=12-10=2$

2 0925 답 ⑤ 유형 1

출제의도 | 곡선 위의 점에서의 접선의 방정식을 구할 수 있는지 확인한다.

> 곡선 $y=f(x)$ 위의 점 $(0,\ 1)$에서의 접선의 방정식은 $y-1=f'(0)(x-0)$이야.

$f(x)=x^2+3x+1$이라 하면 $f'(x)=2x+3$

점 $(0,\ 1)$에서의 접선의 기울기는 $f'(0)=3$이므로 접선의 방정식은

$y-1=3(x-0) \qquad \therefore\ y=3x+1$

따라서 $m=3,\ n=1$이므로 $m+n=4$

3 0926 답 ① 유형 7

출제의도 | 접선에 수직인 직선의 방정식을 구할 수 있는지 확인한다.

> 수직인 두 직선의 기울기의 곱은 -1이야.

$f(x)=x^3+x+1$이라 하면 $f'(x)=3x^2+1$

점 $\mathrm{P}(1,\ 3)$에서의 접선의 기울기는 $f'(1)=4$이므로 접선의 방정식은

$y-3=4(x-1) \qquad \therefore\ y=4x-1$

이 직선에 수직인 직선의 기울기는 $-\frac{1}{4}$이므로

점 $\mathrm{P}(1,\ 3)$을 지나고 직선 l과 수직인 직선의 방정식은

$y-3=-\frac{1}{4}(x-1) \qquad \therefore\ y=-\frac{1}{4}x+\frac{13}{4}$

따라서 $a=-\frac{1}{4},\ b=\frac{13}{4}$이므로

$\frac{b}{a}=-13$

4 0927 답 ③ 유형 10

출제의도 | 기울기가 주어진 접선의 방정식을 구할 수 있는지 확인한다.

> 곡선 $y=f(x)$ 위의 점 $(t,\ f(t))$에서의 기울기가 -2니까 $f'(t)=-2$를 이용해 보자.

$f(x)=-x^2+2x+1$이라 하면 $f'(x)=-2x+2$

접점의 좌표를 $(t,\ -t^2+2t+1)$이라 하면 이 점에서의 접선의 기울기가 -2이므로 $f'(t)=-2$에서

$-2t+2=-2 \qquad \therefore\ t=2$

즉, 접점의 좌표는 $(2,\ 1)$이므로 접선의 방정식은

$y-1=-2(x-2) \qquad \therefore\ y=-2x+5$

5 0928 답 ④ 유형 12

출제의도 | 접선과 기울기의 최솟값을 구할 수 있는지 확인한다.

> 곡선 $y=f(x)$ 위의 점 $(t,\ f(t))$에서의 기울기는 $f'(t)$이니까 함수 $y=f'(t)$의 최솟값을 구해 보자.

$f(x)=x^3-3x^2+8x-4$라 하면 $f'(x)=3x^2-6x+8$

접점의 좌표를 $(t,\ t^3-3t^2+8t-4)$라 하면 이 점에서의 접선의 기울기는

$f'(t)=3t^2-6t+8=3(t-1)^2+5$

접선의 기울기 $f'(t)$의 최솟값은 $t=1$일 때, 5이고

이때 접점의 좌표는 $(1,\ 2)$이므로 $a=1,\ b=2$

$\therefore\ a+b=3$

6 0929 답 ④ 유형 13

출제의도 | 곡선 밖의 점에서 그은 접선의 방정식을 구할 수 있는지 확인한다.

> 곡선 $y=f(x)$ 위의 점 $(t,\ f(t))$에서의 접선 $y-f(t)=f'(t)(x-t)$이 점 $(0,\ 2)$를 지나는 것을 이용해 보자.

$f(x)=x^3+x$라 하면 $f'(x)=3x^2+1$

접점의 좌표를 $(t,\ t^3+t)$라 하면 이 점에서의 접선의 기울기는 $f'(t)=3t^2+1$이므로 접선의 방정식은

$y-(t^3+t)=(3t^2+1)(x-t)\qquad \therefore\ y=(3t^2+1)x-2t^3$

이 직선이 점 $(0,\ 2)$를 지나므로

$2=-2t^3,\ t^3=-1\qquad \therefore\ t=-1$ ($\because$ t는 실수)

따라서 구하는 접선의 기울기는 $f'(-1)=4$

7 0930 답 ③ 유형 18

출제의도 | 롤의 정리를 알고 있는지 확인한다.

> 함수 $f(x)$에 대하여 롤의 정리를 이용하여 $f'(c)=0$인 c를 찾아야 해.

함수 $f(x)=-x^2+6x$는 닫힌구간 $[-1,\ 7]$에서 연속이고 열린구간 $(-1,\ 7)$에서 미분가능하며 $f(-1)=f(7)=-7$이므로 $f'(c)=0$인 c가 열린구간 $(-1,\ 7)$에 적어도 하나 존재한다.

이때 $f'(x)=-2x+6$이므로 $f'(c)=0$에서

$-2c+6=0\qquad \therefore\ c=3$

8 0931 답 ③ 유형 19

출제의도 | 평균값 정리를 알고 있는지 확인한다.

> $\dfrac{f(b)-f(a)}{b-a}=f'(c)$를 정리해 보자.

함수 $f(x)=x^2-7x+3$은 닫힌구간 $[a,\ b]$에서 연속이고 열린구간 $(a,\ b)$에서 미분가능하므로 평균값 정리에 의하여

$\dfrac{f(b)-f(a)}{b-a}=f'(c)$인 c가 열린구간 $(a,\ b)$에 적어도 하나 존재한다.

$$\frac{f(b)-f(a)}{b-a}=\frac{(b^2-7b+3)-(a^2-7a+3)}{b-a}$$
$$=\frac{(b^2-a^2)-7(b-a)}{b-a}$$
$$=b+a-7$$

이때 $f'(x)=2x-7$에서 $f'(3)=-1$이므로

$\dfrac{f(b)-f(a)}{b-a}=f'(3)$에서

$b+a-7=-1\qquad \therefore\ a+b=6$

9 0932 답 ⑤ 유형 5

출제의도 | 극한값을 이용하여 접선의 기울기를 구할 수 있는지 확인한다.

> 주어진 극한값에서 $f(2)$, $f'(2)$의 값을 찾아야 해.

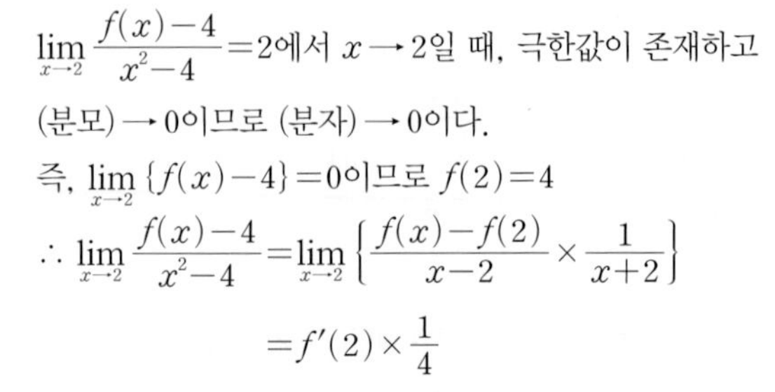

$\displaystyle\lim_{x\to 2}\frac{f(x)-4}{x^2-4}=2$에서 $x\to 2$일 때, 극한값이 존재하고

(분모) $\to 0$이므로 (분자) $\to 0$이다.

즉, $\displaystyle\lim_{x\to 2}\{f(x)-4\}=0$이므로 $f(2)=4$

$$\therefore\ \lim_{x\to 2}\frac{f(x)-4}{x^2-4}=\lim_{x\to 2}\left\{\frac{f(x)-f(2)}{x-2}\times\frac{1}{x+2}\right\}$$
$$=f'(2)\times\frac{1}{4}$$

즉, $\dfrac{1}{4}f'(2)=2$이므로 $f'(2)=8$

점 $(2,\ f(2))$에서의 접선의 방정식은

$y-4=8(x-2)$

$\therefore\ y=8x-12$

따라서 $a=8,\ b=-12$이므로

$a-b=8-(-12)=20$

10 0933 답 ④ 유형 7

출제의도 | 접선과 수직인 직선의 방정식을 구할 수 있는지 확인한다.

> 수직인 두 직선의 기울기의 곱은 -1이야.

$g(x)=x^2+2$라 하면 $g'(x)=2x$

곡선 $y=g(x)$ 위의 점 $(a,\ a^2+2)$에서의 접선의 기울기는 $g'(a)=2a$이므로 이 점에서의 접선과 수직인 직선의 기울기는

$-\dfrac{1}{g'(a)}=-\dfrac{1}{2a}$

따라서 구하는 직선의 방정식은

$y-(a^2+2)=-\dfrac{1}{2a}(x-a)$

$\therefore\ y=-\dfrac{1}{2a}x+a^2+\dfrac{5}{2}$

이 직선의 y절편이 $f(a)$이므로

$f(a)=a^2+\dfrac{5}{2}$

$\therefore\ f(-1)=(-1)^2+\dfrac{5}{2}=\dfrac{7}{2}$

11 0934 답 ③ 유형 8

출제의도 | 접선과 곡선의 교점을 구할 수 있는지 확인한다.

> 접선의 방정식을 먼저 구해서, 접선과 곡선의 교점의 x좌표를 구해 봐.

$f(x)=x^3-x^2-4x-2$라 하면 $f'(x)=3x^2-2x-4$
점 $P(-1, 0)$에서의 접선의 기울기는 $f'(-1)=1$이므로 접선의 방정식은
$y=x+1$
곡선 $y=x^3-x^2-4x-2$와 직선 $y=x+1$의 교점의 x좌표는
$x^3-x^2-4x-2=x+1$에서
$x^3-x^2-5x-3=0$, $(x+1)^2(x-3)=0$
$\therefore x=-1$ 또는 $x=3$
따라서 점 Q의 x좌표는 3이다.

12 0935 답 ③ 유형 9

출제의도 | 곡선 위의 점에서 그은 접선의 방정식을 구할 수 있는지 확인한다.

> 곡선 $y=f(x)$ 위의 점 $(2, 9)$에서의 접선의 방정식은 $y-9=f'(2)(x-2)$야.

$f(x)=x^2+5$라 하면 $f'(x)=2x$
점 $(2, 9)$에서의 접선의 기울기는 $f'(2)=4$이므로 접선의 방정식은
$y-9=4(x-2)$ $\quad\therefore y=4x+1$
따라서 직선 $y=4x+1$과 x축, y축으로 둘러싸인 삼각형의 넓이는
$\frac{1}{2}\times\frac{1}{4}\times1=\frac{1}{8}$

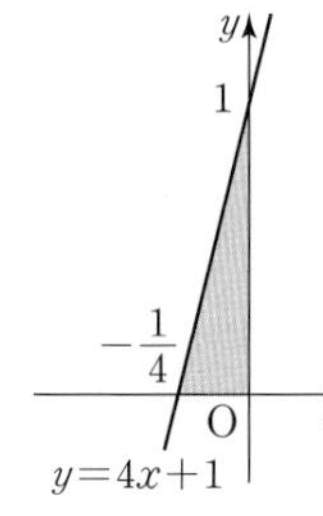

13 0936 답 ③ 유형 11

출제의도 | 곡선 위의 점과 직선 사이의 거리가 최소가 될 조건을 아는지 확인한다.

> 주어진 직선과 평행하고 곡선에 접하는 접선을 생각해 보자.

$f(x)=-x^2+2x+6$이라 하면 $f'(x)=-2x+2$
곡선 $y=f(x)$의 접선 중에서 직선 $y=-2x+15$와 평행한 접선의 접점의 좌표를 $(t, -t^2+2t+6)$이라 하면
접선의 기울기가 -2이므로 $f'(t)=-2$에서
$-2t+2=-2$ $\quad\therefore t=2$
즉, 접점의 좌표는 $(2, 6)$이다.
따라서 점 $(2, 6)$과 직선 $y=-2x+15$, 즉 $2x+y-15=0$ 사이의 거리는
$\frac{|4+6-15|}{\sqrt{2^2+1^2}}=\frac{5}{\sqrt{5}}=\sqrt{5}$

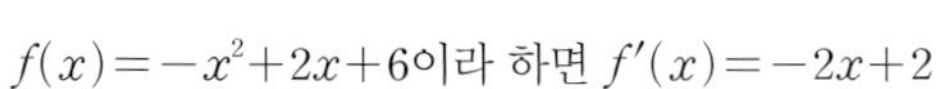

14 0937 답 ① 유형 13

출제의도 | 곡선 밖의 점에서 그은 접선의 방정식을 구할 수 있는지 확인한다.

> 곡선 $y=f(x)$ 위의 점 $(t, f(t))$에서의 접선의 방정식은 $y-f(t)=f'(t)(x-t)$이고, 이 직선이 점 $(1, k)$를 지나는 것을 이용해.

$f(x)=x^2-4$라 하면 $f'(x)=2x$
접점의 좌표를 (t, t^2-4)라 하면 이 점에서의 접선의 기울기는 $f'(t)=2t$이므로 접선의 방정식은
$y-(t^2-4)=2t(x-t)$ $\quad\therefore y=2tx-t^2-4$
이 직선이 점 $(1, k)$를 지나므로
$k=2t-t^2-4$ $\quad\therefore t^2-2t+k+4=0$ ······ ㉠
두 접점의 x좌표 α, β는 이차방정식 ㉠의 두 근이므로 이차방정식의 근과 계수의 관계에 의하여
$\alpha\beta=k+4$
이때 주어진 조건에서 $\alpha\beta=-3$이므로
$k+4=-3$ $\quad\therefore k=-7$

15 0938 답 ④ 유형 16

출제의도 | 두 곡선의 교점에서의 접선이 서로 수직일 조건을 아는지 확인한다.

> 점 $(2, 2)$를 지나는 두 곡선에 대하여 점 $(2, 2)$에서의 두 접선의 기울기의 곱이 -1이야.

$f(x)=x^2-2x+2$, $g(x)=-x^2+ax+b$라 하면
$f'(x)=2x-2$, $g'(x)=-2x+a$
두 곡선이 점 $P(2, 2)$를 지나므로 $g(2)=2$에서
$-4+2a+b=2$ $\quad\therefore 2a+b=6$ ······ ㉠
$P(2, 2)$에서의 접선이 서로 수직이므로 $f'(2)g'(2)=-1$에서
$2\times(-4+a)=-1$ $\quad\therefore a=\frac{7}{2}$
$a=\frac{7}{2}$을 ㉠에 대입하면 $b=-1$
$\therefore a+b=\frac{5}{2}$

16 0939 답 ④ 유형 19

출제의도 | 평균값 정리가 성립하기 위한 조건을 알고 있는지 확인한다.

> 함수 $f(x)$가 닫힌구간 $[-1, 1]$에서 연속이고 열린구간 $(-1, 1)$에서 미분가능한지 확인해 보자.

함수 $f(x)$가 닫힌구간 $[-1, 1]$에서 연속이고 열린구간 $(-1, 1)$에서 미분가능하면 평균값 정리에 의하여
$\frac{f(1)-f(-1)}{1-(-1)}=f'(c)$인 c가 열린구간 $(-1, 1)$에 적어도 하나 존재한다.
① $x=0$에서 연속이 아니다.
② $x=0$에서 미분가능하지 않다.
③ $x=0$에서 연속이 아니다.
④ 닫힌구간 $[-1, 1]$에서 연속이고 열린구간 $(-1, 1)$에서 미분가능하다.
⑤ $x<1$에서 함수가 정의되지 않는다.
따라서 평균값 정리가 성립하는 함수는 ④이다.

17 0940 답 ⑤

유형 18 + 유형 19

출제의도 | 롤의 정리와 평균값 정리를 알고 있는지 확인한다.

> 롤의 정리가 성립하므로 $f(0)=f(b)$, $f'(2)=0$이고,
> 평균값 정리가 성립하므로 $\frac{f(c)-f(1)}{c-1}=f'(3)$이야.

(가)에서 함수 $f(x)=x^2+ax$에 대하여 닫힌구간 $[0, b]$에서 롤의 정리를 만족시키는 상수가 2이다.

이때 $f'(x)=2x+a$이므로 $f'(2)=0$에서

$4+a=0 \qquad \therefore a=-4$

또, 함수 $f(x)=x^2-4x$에서 $f(0)=f(b)$이므로

$0=b^2-4b$, $b(b-4)=0$

$\therefore b=4$ ($\because b>0$)

(나)에서 닫힌구간 $[1, c]$에서 평균값 정리를 만족시키는 상수가 3이므로

$\frac{f(c)-f(1)}{c-1}=f'(3)$

이때 $f'(x)=2x-4$에서 $f'(3)=2$이므로

$\frac{(c^2-4c)-(-3)}{c-1}=2$, $\frac{(c-1)(c-3)}{c-1}=2$

$c-3=2$ ($\because c>1$) $\qquad \therefore c=5$

$\therefore a+b+c=-4+4+5=5$

18 0941 답 ②

유형 4

출제의도 | 곡선 위의 점에서의 접선의 방정식을 구할 수 있는지 확인한다.

> $g(x)=x^2f(x)+x$에서 $g'(x)=2xf(x)+x^2f'(x)+1$이야.

$g(x)=x^2f(x)+x$에서 $g'(x)=2xf(x)+x^2f'(x)+1$

곡선 $y=g(x)$ 위의 점 $(1, g(1))$에서의 접선의 방정식은

$y-g(1)=g'(1)(x-1)$에서

$y-\{f(1)+1\}=\{2f(1)+f'(1)+1\}(x-1)$

$y=\{2f(1)+f'(1)+1\}x-f(1)-f'(1)$ ······ ㉠

직선 ㉠과 직선 $y=13x-7$이 일치하므로

$2f(1)+f'(1)+1=13$, $-f(1)-f'(1)=-7$

두 식을 연립하여 풀면

$f(1)=5$, $f'(1)=2$ ······ ㉡

곡선 $y=f(x)$ 위의 점 $(1, f(1))$에서의 접선의 방정식은

$y-f(1)=f'(1)(x-1)$이므로 ㉡을 대입하면

$y-5=2(x-1) \qquad \therefore y=2x+3$

따라서 $a=2$, $b=3$이므로 $a^2+b^2=2^2+3^2=13$

19 0942 답 ⑤

유형 6

출제의도 | 미분계수의 기하적 의미를 알고 있는지 확인한다.

> 곡선 $y=f(x)$ 위의 점 $Q(t^2, f(t^2))$에서의 접선의 기울기는 $f'(t^2)$이야.

$g(t)=\frac{f(t^2)-f(2)}{t^2-2}$이고

$t \to \sqrt{2}$이면 $t^2 \to 2$이므로

$\lim_{t\to\sqrt{2}} g(t)=\lim_{t^2\to 2}\frac{f(t^2)-f(2)}{t^2-2}=f'(2)$

$f(x)=x^3+x$에서 $f'(x)=3x^2+1$이므로

$f'(2)=3\times 4+1=13$

20 0943 답 ③

유형 15

출제의도 | 두 곡선의 공통인 접선을 구할 수 있는지 확인한다.

> 교점에서의 함숫값과 미분계수가 각각 같으면 돼.

$f(x)=x^3-x+3$, $g(x)=x^2+2$라 하면

$f'(x)=3x^2-1$, $g'(x)=2x$

두 곡선이 $x=t$인 점에서 공통인 접선을 갖는다고 하면

(i) $x=t$인 점에서 두 곡선이 만나므로 $f(t)=g(t)$에서

$t^3-t+3=t^2+2$, $t^3-t^2-t+1=0$

$(t+1)(t-1)^2=0 \qquad \therefore t=-1$ 또는 $t=1$

(ii) $x=t$인 점에서 두 곡선의 접선의 기울기가 같으므로

$f'(t)=g'(t)$에서

$3t^2-1=2t$, $3t^2-2t-1=0$

$(3t+1)(t-1)=0 \qquad \therefore t=-\frac{1}{3}$ 또는 $t=1$

(i), (ii)를 동시에 만족시키는 t의 값은 $t=1$

즉, 접점의 좌표는 $(1, 3)$이고, 접선의 기울기는 2이므로 공통인 접선의 방정식은

$y-3=2(x-1) \qquad \therefore y=2x+1$

따라서 $a=2$, $b=1$이므로 $ab=2$

21 0944 답 ②

유형 4

출제의도 | 곡선 $y=f(x)$ 위의 점에서의 접선과 곡선 $y=f^{-1}(x)$ 위의 점에서의 접선의 관계를 알고 있는지 확인한다.

> 함수 $y=f(x)$의 그래프와 그 역함수 $y=f^{-1}(x)$의 그래프는 직선 $y=x$에 대하여 대칭이야.

$f(x)=x^3+3x+1$에서 $f'(x)=3x^2+3$

점 $(5, 1)$이 곡선 $y=f^{-1}(x)$ 위의 점이므로 점 $(1, 5)$는 곡선 $y=f(x)$ 위의 점이다.

곡선 $y=f(x)$ 위의 점 $(1, 5)$에서의 접선의 기울기는

$f'(1)=6$이므로 접선의 방정식은

$y-5=6(x-1) \qquad \therefore y=6x-1$

이때 곡선 $y=f^{-1}(x)$ 위의 점 $(5, 1)$에서의 접선은 곡선 $y=f(x)$ 위의 점 $(1, 5)$에서의 접선 $y=6x-1$과 직선 $y=x$에 대하여 대칭이므로 접선의 방정식은

$x=6y-1 \qquad \therefore y=\frac{1}{6}x+\frac{1}{6}$

따라서 $g(x)=\frac{1}{6}x+\frac{1}{6}$이므로 $g(11)=\frac{11}{6}+\frac{1}{6}=2$

22 0945 답 $y=5x-1$, $y=5x+3$ 유형 10

출제의도 | 기울기가 주어진 접선의 방정식을 모두 구할 수 있는지 확인한다.

STEP 1 주어진 직선과 수직인 접선의 기울기 구하기 [3점]

$f(x)=-x^3+8x+1$이라 하면 $f'(x)=-3x^2+8$

접점의 좌표를 $(t,\ -t^3+8t+1)$이라 하면 직선 $x+5y+4=0$,

즉 직선 $y=-\frac{1}{5}x-\frac{4}{5}$에 수직인 접선의 기울기는 5이다.

STEP 2 접선의 방정식 모두 구하기 [3점]

$f'(t)=5$에서 $-3t^2+8=5$, $t^2=1$ $\therefore t=-1$ 또는 $t=1$

접점의 좌표는 $(-1,\ -6)$ 또는 $(1,\ 8)$이므로 접선의 방정식은

$y+6=5(x+1)$ 또는 $y-8=5(x-1)$

$\therefore y=5x-1$ 또는 $y=5x+3$

23 0946 답 10π 유형 17

출제의도 | 곡선과 원에 동시에 접하는 직선의 방정식을 구할 수 있는지 확인한다.

STEP 1 점 (1, 1)에서의 접선의 기울기 구하기 [2점]

$f(x)=x^3$이라 하면 $f'(x)=3x^2$

점 $(1,\ 1)$에서의 접선의 기울기는 $f'(1)=3$이므로 이 접선과 수직인 직선의 기울기는 $-\frac{1}{3}$이다.

STEP 2 원의 중심의 좌표 구하기 [2점]

x축 위에 있는 원의 중심의 좌표를 $(a,\ 0)$이라 하면

두 점 $(1,\ 1)$, $(a,\ 0)$을 지나는 직선의 기울기가 $-\frac{1}{3}$이므로

$\frac{0-1}{a-1}=-\frac{1}{3}$ $\therefore a=4$

STEP 3 원의 반지름의 길이 구하기 [1점]

이때 원의 반지름의 길이는 두 점 $(1,\ 1)$, $(4,\ 0)$ 사이의 거리와 같으므로

$\sqrt{(4-1)^2+(0-1)^2}=\sqrt{10}$

STEP 4 원의 넓이 구하기 [1점]

원의 넓이는 $\pi\times(\sqrt{10})^2=10\pi$

다른 풀이

다음과 같이 접점과 원의 중심을 지나는 직선의 방정식을 구해서 해결할 수도 있다.

접점 $(1,\ 1)$을 지나고 기울기가 $-\frac{1}{3}$인 직선의 방정식은

$y-1=-\frac{1}{3}(x-1)$

$\therefore y=-\frac{1}{3}x+\frac{4}{3}$ ······ ㉠

x축 위에 있는 원의 중심의 좌표를 $(a,\ 0)$이라 하면 직선 ㉠이 점 $(a,\ 0)$을 지나므로

$0=-\frac{1}{3}a+\frac{4}{3}$ $\therefore a=4$

24 0947 답 $\frac{27}{2}$ 유형 12

출제의도 | 기울기가 최소인 접선의 방정식을 구하여 활용할 수 있는지 확인한다.

STEP 1 접선의 기울기의 최솟값 구하기 [3점]

$f(x)=\frac{1}{3}x^3-3x^2+6x$라 하면 $f'(x)=x^2-6x+6$

점 $\left(t,\ \frac{1}{3}t^3-3t^2+6t\right)$에서의 접선의 기울기는

$f'(t)=t^2-6t+6=(t-3)^2-3$

이므로 접선의 기울기의 최솟값은 $t=3$일 때 -3이다.

STEP 2 기울기가 최소인 접선의 방정식 구하기 [3점]

이때 접점의 좌표는 $(3,\ 0)$이므로 접선의 방정식은

$y=-3(x-3)$ $\therefore y=-3x+9$

STEP 3 직선과 x축, y축으로 둘러싸인 도형의 넓이 구하기 [2점]

이 직선과 x축, y축으로 둘러싸인 도형의 넓이는

$\frac{1}{2}\times3\times9=\frac{27}{2}$

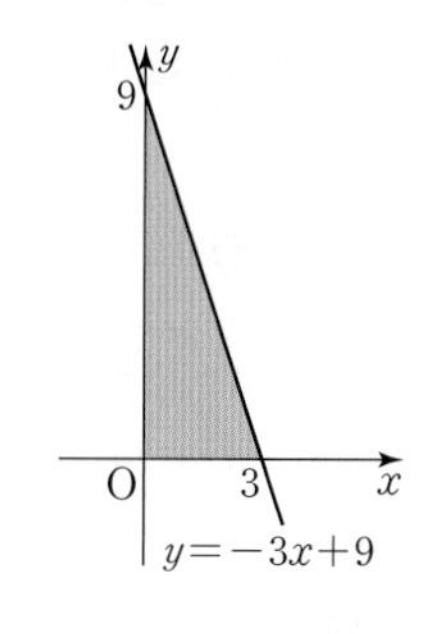

25 0948 답 32 유형 15

출제의도 | 두 곡선에 동시에 접하는 접선의 방정식을 구할 수 있는지 확인한다.

STEP 1 곡선 $y=x^2$ 위의 점에서의 접선의 방정식 구하기 [3점]

$f(x)=x^2$이라 하면 $f'(x)=2x$

곡선 $y=f(x)$ 위의 접점의 좌표를 $(a,\ a^2)$이라 하면 이 점에서의 접선의 기울기는 $f'(a)=2a$이므로 접선의 방정식은

$y-a^2=2a(x-a)$

$\therefore y=2ax-a^2$ ······ ㉠

STEP 2 곡선 $y=x^2-8x$ 위의 점에서의 접선의 방정식 구하기 [3점]

$g(x)=x^2-8x$라 하면 $g'(x)=2x-8$

곡선 $y=g(x)$ 위의 접점의 좌표를 $(b,\ b^2-8b)$라 하면 이 점에서의 접선의 기울기는 $g'(b)=2b-8$이므로 접선의 방정식은

$y-(b^2-8b)=(2b-8)(x-b)$

$\therefore y=(2b-8)x-b^2$ ······ ㉡

STEP 3 두 접선이 일치함을 이용하여 직선의 방정식 구하기 [2점]

두 접선 ㉠, ㉡이 일치하므로

$2a=2b-8$, $-a^2=-b^2$

두 식을 연립하여 풀면

$a=-2$, $b=2$

따라서 두 곡선에 동시에 접하는 직선의 방정식은 $y=-4x-4$이므로 $p=-4$, $q=-4$

$\therefore p^2+q^2=(-4)^2+(-4)^2=32$

05 도함수의 활용 (2)

핵심 개념 208쪽~210쪽

0949 답 구간 $(-\infty, -1]$, $[1, \infty)$에서 증가,
구간 $[-1, 1]$에서 감소

$f(x)=x^3-3x+1$에서

$f'(x)=3x^2-3=3(x+1)(x-1)$

$f'(x)=0$인 x의 값은 $x=-1$ 또는 $x=1$

x	$\cdots$	-1	$\cdots$	1	$\cdots$
$f'(x)$	$+$	0	$-$	0	$+$
$f(x)$	↗	3	↘	-1	↗

따라서 함수 $f(x)$는 구간 $(-\infty, -1]$, $[1, \infty)$에서 증가하고, 구간 $[-1, 1]$에서 감소한다.

0950 답 $0\le a\le 2$

$f(x)=\frac{1}{3}x^3+ax^2+2ax+3$에서

$f'(x)=x^2+2ax+2a$

함수 $f(x)$가 실수 전체의 집합에서 증가하려면 모든 실수 x에서 $f'(x)\ge 0$이어야 한다.

이차방정식 $x^2+2ax+2a=0$의 판별식을 D라 하면

$\frac{D}{4}\le 0$에서 $a^2-2a\le 0$

$a(a-2)\le 0$ $\quad\therefore 0\le a\le 2$

0951 답 0

함수 $f(x)$는 $f'(x)$의 부호가 양에서 음으로 바뀌면 극대, 음에서 양으로 바뀌면 극소이다.

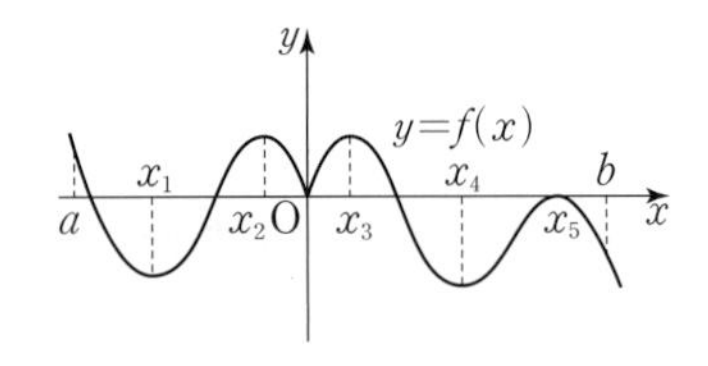

x좌표가 x_2, x_3, x_5일 때 극대이므로 $m=3$

x좌표가 x_1, 0, x_4일 때 극소이므로 $n=3$

$\therefore m-n=3-3=0$

0952 답 (1) 극댓값 : 없다., 극솟값 : 1
(2) 극댓값 : 3, 극솟값 : -1

(1) $f(x)=2x^2-4x+3$에서 → 이차함수의 그래프의 꼭짓점의 좌표를 구하여 극값을 생각할 수도 있다.

$f'(x)=4x-4=4(x-1)$

$f'(x)=0$인 x의 값은 $x=1$

함수 $f(x)$의 증가, 감소를 표로 나타내면 다음과 같다.

x	$\cdots$	1	$\cdots$
$f'(x)$	$-$	0	$+$
$f(x)$	↘	1 극소	↗

따라서 함수 $f(x)$의 극댓값은 없고, 극솟값은 $f(1)=1$이다.

(2) $f(x)=-x^3+3x+1$에서

$f'(x)=-3x^2+3=-3(x+1)(x-1)$

$f'(x)=0$인 x의 값은 $x=-1$ 또는 $x=1$

함수 $f(x)$의 증가, 감소를 표로 나타내면 다음과 같다.

x	$\cdots$	-1	$\cdots$	1	$\cdots$
$f'(x)$	$-$	0	$+$	0	$-$
$f(x)$	↘	-1 극소	↗	3 극대	↘

따라서 함수 $f(x)$의 극댓값은 $f(1)=3$,
극솟값은 $f(-1)=-1$이다.

0953 답 (1) 풀이 참조 (2) 풀이 참조

(1) $f(x)=x^3+3x^2+3x+2$에서

$f'(x)=3x^2+6x+3=3(x+1)^2$

$f'(x)=0$인 x의 값은 $x=-1$

함수 $f(x)$의 증가, 감소를 표로 나타내면 다음과 같다.

x	$\cdots$	-1	$\cdots$
$f'(x)$	$+$	0	$+$
$f(x)$	↗	1	↗

$f(0)=2$이므로 함수 $y=f(x)$의 그래프와 y축이 만나는 점의 좌표는 $(0, 2)$이다.

따라서 함수 $y=f(x)$의 그래프의 개형은 그림과 같다.

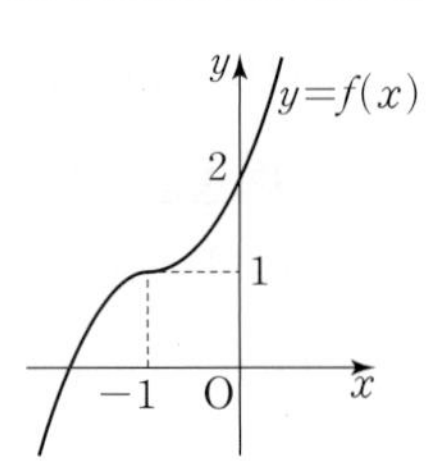

(2) $f(x)=-x^3+3x-2$에서

$f'(x)=-3x^2+3=-3(x+1)(x-1)$

$f'(x)=0$인 x의 값은 $x=-1$ 또는 $x=1$

함수 $f(x)$의 증가, 감소를 표로 나타내면 다음과 같다.

x	$\cdots$	-1	$\cdots$	1	$\cdots$
$f'(x)$	$-$	0	$+$	0	$-$
$f(x)$	↘	-4 극소	↗	0 극대	↘

$f(0)=-2$이므로 함수 $y=f(x)$의 그래프와 y축이 만나는 점의 좌표는 $(0, -2)$이고, $f(x)=-(x+2)(x-1)^2$에서 함수 $y=f(x)$의 그래프와 x축이 만나는 점의 좌표는 $(-2, 0)$, $(1, 0)$이다.

따라서 함수 $y=f(x)$의 그래프의 개형은 그림과 같다.

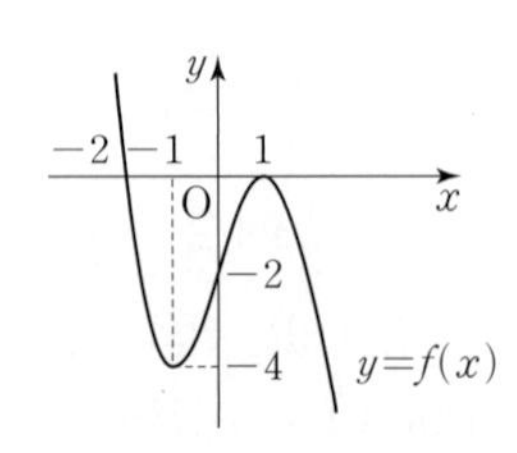

0954 답 (1) 풀이 참조 (2) 풀이 참조

(1) $f(x)=3x^4-4x^3-12x^2+20$에서

$f'(x)=12x^3-12x^2-24x=12x(x+1)(x-2)$

$f'(x)=0$인 x의 값은 $x=-1$ 또는 $x=0$ 또는 $x=2$

함수 $f(x)$의 증가, 감소를 표로 나타내면 다음과 같다.

x	$\cdots$	-1	$\cdots$	0	$\cdots$	2	$\cdots$
$f'(x)$	$-$	0	$+$	0	$-$	0	$+$
$f(x)$	↘	15 극소	↗	20 극대	↘	-12 극소	↗

따라서 함수 $y=f(x)$의 그래프의 개형은 그림과 같다.

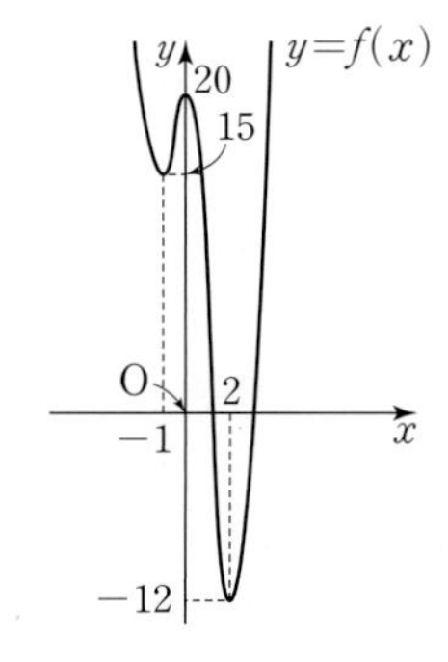

(2) $f(x)=x^4-2x^2+3$에서

$f'(x)=4x^3-4x=4x(x+1)(x-1)$

$f'(x)=0$인 x의 값은 $x=-1$ 또는 $x=0$ 또는 $x=1$

함수 $f(x)$의 증가, 감소를 표로 나타내면 다음과 같다.

x	$\cdots$	-1	$\cdots$	0	$\cdots$	1	$\cdots$
$f'(x)$	$-$	0	$+$	0	$-$	0	$+$
$f(x)$	↘	2 극소	↗	3 극대	↘	2 극소	↗

따라서 함수 $y=f(x)$의 그래프의 개형은 그림과 같다.

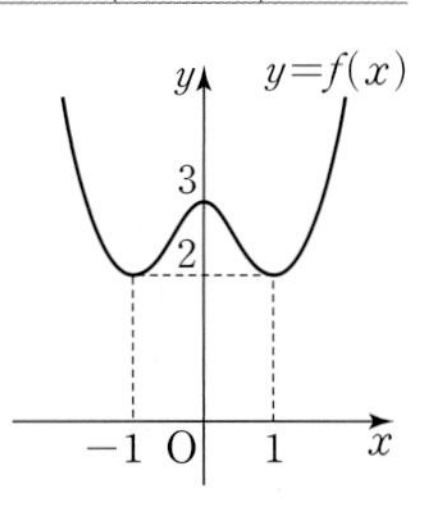

0955 답 풀이 참조

$x=1$의 좌우에서 $f'(x)$의 부호가 양에서 음으로 바뀌므로 함수 $f(x)$는 $x=1$에서 극대이다.

$x=3$의 좌우에서 $f'(x)$의 부호가 음에서 양으로 바뀌므로 함수 $f(x)$는 $x=3$에서 극소이다.

이때 $f(1)=0$이므로 함수 $y=f(x)$의 그래프의 개형은 그림과 같다.

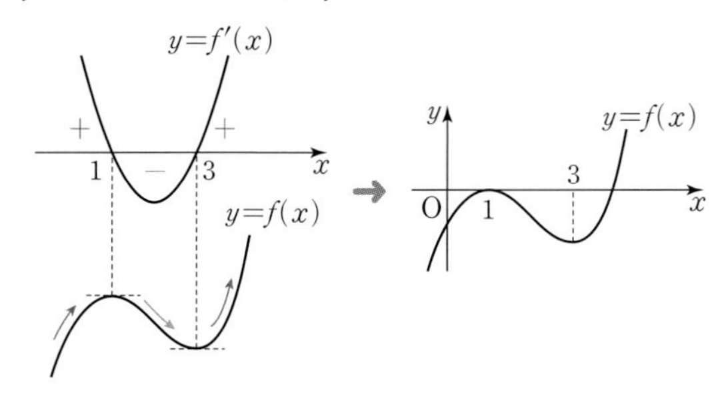

0956 답 풀이 참조

$x=-2$의 좌우에서 $f'(x)$의 부호가 음에서 양으로 바뀌므로 함수 $f(x)$는 $x=-2$에서 극소이다.

$x=0$의 좌우에서 $f'(x)$의 부호가 양에서 음으로 바뀌므로 함수 $f(x)$는 $x=0$에서 극대이다.

이때 $f(0)=0$이므로 함수 $y=f(x)$의 그래프의 개형은 그림과 같다.

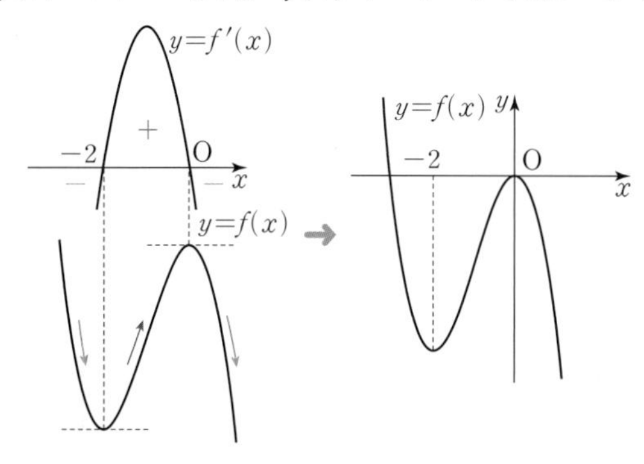

0957 답 풀이 참조

$x=0$의 좌우에서 $f'(x)$의 부호가 음에서 양으로 바뀌므로 함수 $f(x)$는 $x=0$에서 극소이다.

$x=1$의 좌우에서 $f'(x)$의 부호가 양에서 음으로 바뀌므로 함수 $f(x)$는 $x=1$에서 극대이다.

$x=2$의 좌우에서 $f'(x)$의 부호가 음에서 양으로 바뀌므로 함수 $f(x)$는 $x=2$에서 극소이다.

이때 $f(0)=f(2)=0$이므로 함수 $y=f(x)$의 그래프의 개형은 그림과 같다.

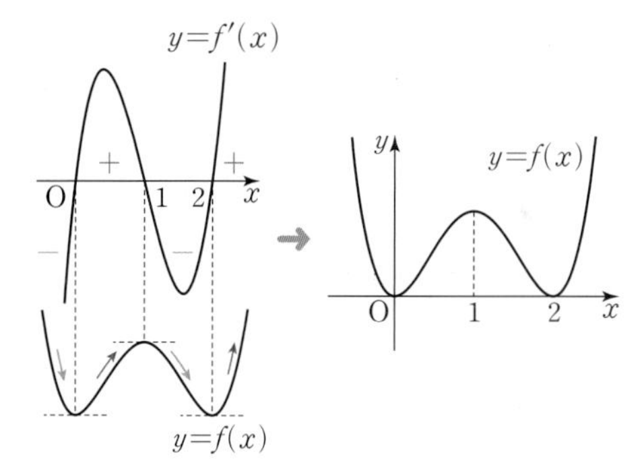

0958 답 풀이 참조

$x=0$의 좌우에서 $f'(x)$의 부호가 양에서 음으로 바뀌므로 함수 $f(x)$는 $x=0$에서 극대이다.

$f'(3)=0$이지만 $x=3$의 좌우에서 $f'(x)$의 부호는 바뀌지 않는다.

이때 $f(0)=0$이므로 함수 $y=f(x)$의 그래프의 개형은 그림과 같다.

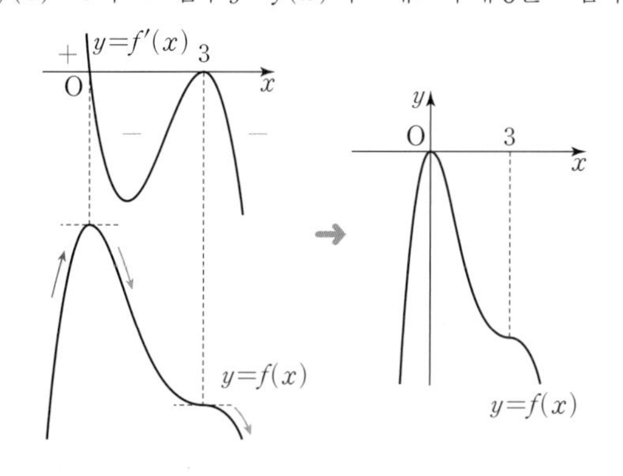

0959 답 (1) 풀이 참조 (2) 풀이 참조

(1) $y=|x+1|$의 그래프는
$y=x+1$의 그래프에서
$y<0$인 부분을 x축에 대하여
대칭이동한 것과 같다.

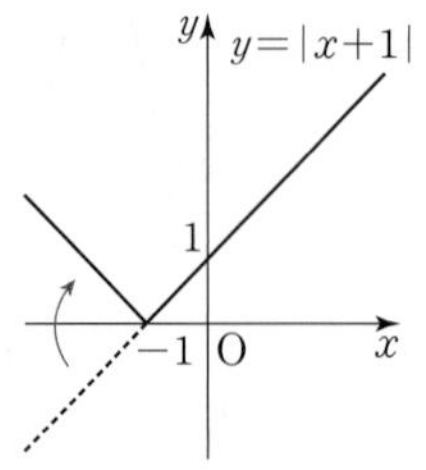

(2) $y=|x|+1$의 그래프는
$y=x+1$의 그래프에서
$x\geq0$인 부분을 y축에 대하여
대칭이동한 것과 같다.

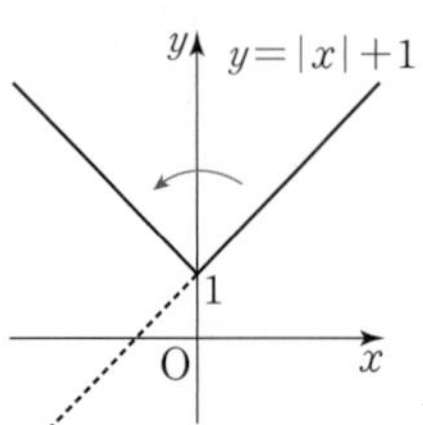

다른 풀이

(1) $y=|x+1|$에서
$x\geq-1$일 때 $y=x+1$
$x<-1$일 때 $y=-x-1$
이므로 $y=|x+1|$의 그래프는 그림과
같다.

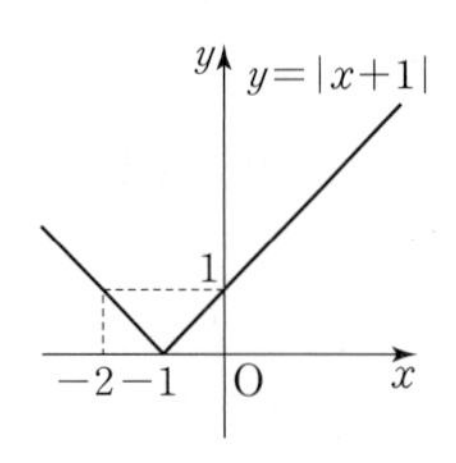

(2) $y=|x|+1$에서
$x\geq0$일 때 $y=x+1$
$x<0$일 때 $y=-x+1$
이므로 $y=|x|+1$의 그래프는 그림과
같다.

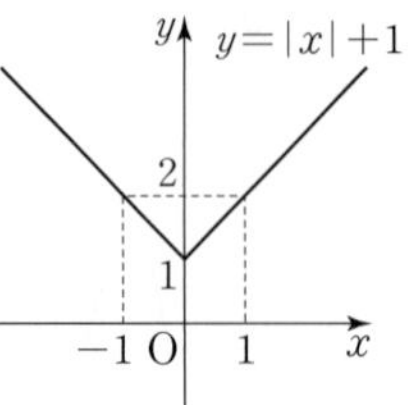

0960 답 ③

(i) $f(x)\geq0$일 때
$|f(x)|=f(x)$이므로
$y=|f(x)|$의 그래프는 $y=f(x)$의 그래프와 같다.

(ii) $f(x)<0$일 때
$|f(x)|=-f(x)$이므로
$y=|f(x)|=-f(x)$의 그래프는 $y=f(x)$의 그래프에서
$y<0$인 부분을 x축에 대하여 대칭이동한 것이다.

따라서 $y=|f(x)|$의 그래프는 ③이다.

> **개념 Check**
> **방정식 $f(x, y)=0$이 나타내는 도형의 대칭이동**
> (1) x축에 대하여 대칭이동 ➔ y 대신 $-y$를 대입
> (2) y축에 대하여 대칭이동 ➔ x 대신 $-x$를 대입

0961 답 (1) 풀이 참조 (2) 풀이 참조 (3) 풀이 참조 (4) 풀이 참조

(1) $y=-f(x)$에서 $-y=f(x)$이므로
$y=f(x)$의 그래프를 x축에 대하여 대칭이동한 것이다.

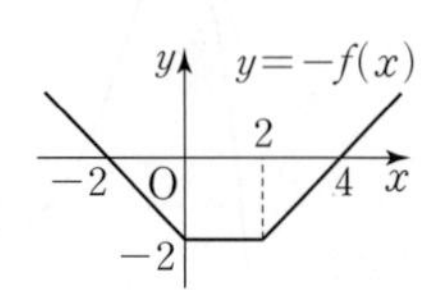

(2) $y=f(-x)$의 그래프는 $y=f(x)$의
그래프를 y축에 대하여 대칭이동한
것이다.

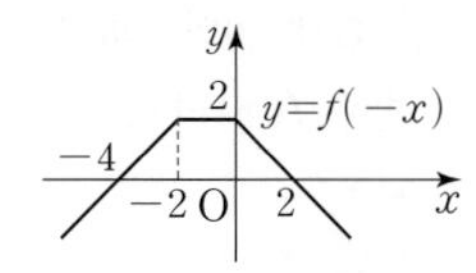

(3) (i) $f(x)\geq0$일 때
$|f(x)|=f(x)$이므로 $y=|f(x)|$의 그래프는 $y=f(x)$의
그래프와 같다.

(ii) $f(x)<0$일 때
$|f(x)|=-f(x)$이므로
$y=|f(x)|=-f(x)$의 그래프는
$y=f(x)$의 그래프를 x축에 대하여 대칭이동한 것이다.

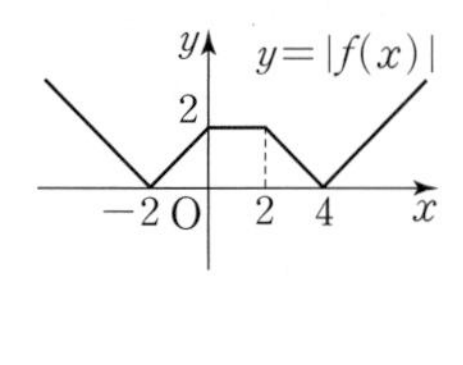

(4) (i) $x\geq0$일 때
$f(|x|)=f(x)$이므로 $y=f(|x|)$의 그래프는 $y=f(x)$의
그래프와 같다.

(ii) $x<0$일 때
$f(|x|)=f(-x)$이므로
$y=f(|x|)=f(-x)$의 그래프는
$y=f(x)$의 그래프를 y축에 대하여 대칭이동한 것이다.

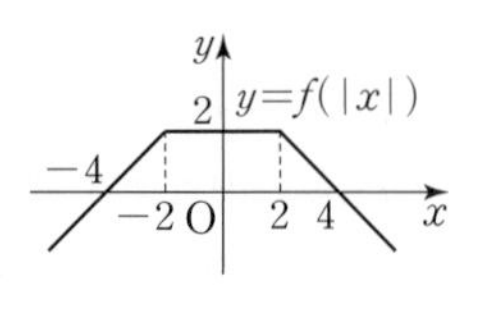

0962 답 (1) 풀이 참조 (2) 풀이 참조

(1) (i) $f(x)\geq0$일 때
$|f(x)|=f(x)$이므로 $y=|f(x)|$의 그래프는 $y=f(x)$의
그래프와 같다.

(ii) $f(x)<0$일 때
$|f(x)|=-f(x)$이므로
$y=|f(x)|=-f(x)$의 그래프는
$y=f(x)$의 그래프를 x축에 대하여
대칭이동한 것이다.

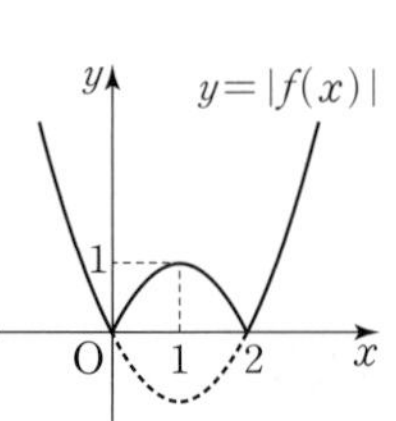

(2) (i) $x\geq0$일 때
$f(|x|)=f(x)$이므로 $y=f(|x|)$의 그래프는 $y=f(x)$의
그래프와 같다.

(ii) $x<0$일 때
$f(|x|)=f(-x)$이므로
$y=f(|x|)=f(-x)$의 그래프는 $y=f(x)$의 그래프를 y축에 대하여 대칭이동한 것이다.

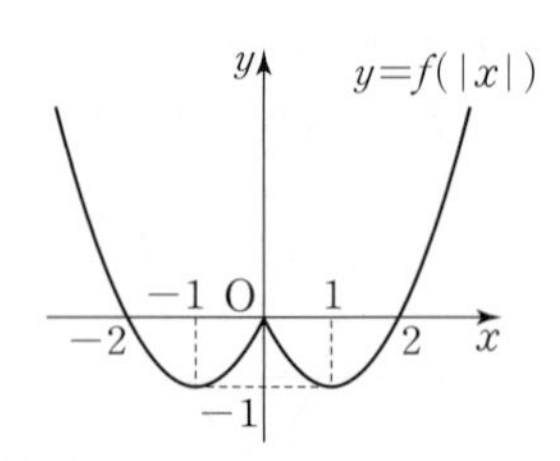

0963 답 2

함수 $y=|f(x)|$의 그래프는 그림과 같으므로 함수 $y=|f(x)|$의 그래프와
직선 $y=\frac{1}{2}$의 교점의 개수는 2이다.

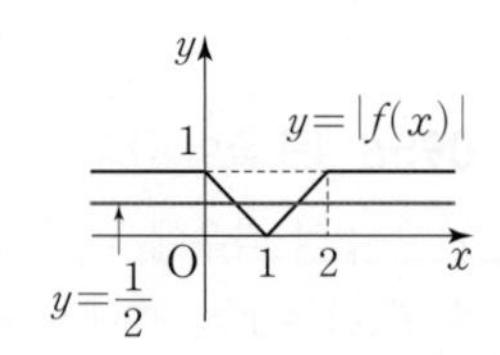

0964 답 ①

| 유형 1

> 함수 $f(x)=x^3-3x^2+ax$가 닫힌구간 $[0, 3]$에서 감소하도록 하는 실수 a의 값의 범위는?
> (단서1: 함수 $f(x)=x^3-3x^2+ax$, 단서2: 닫힌구간 $[0, 3]$에서 감소)
>
> ① $a\le -9$ ② $a\le 0$ ③ $0\le a\le 9$
> ④ $-9\le a\le 0$ ⑤ $a\ge 9$
>
> 단서1 $f'(x)$는 이차함수
> 단서2 구간 $[0, 3]$에서 $f'(x)\le 0$

STEP1 $f'(x)$ 구하기

$f(x)=x^3-3x^2+ax$에서 $f'(x)=3x^2-6x+a$

STEP2 실수 a의 값의 범위 구하기

함수 $f(x)$가 닫힌구간 $[0, 3]$에서 감소하려면 $0\le x\le 3$에서 $f'(x)\le 0$이어야 하므로

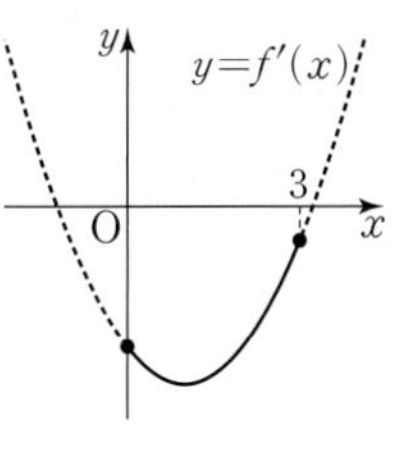

$f'(0)\le 0$에서 $a\le 0$ ······ ㉠

$f'(3)\le 0$에서 $27-18+a\le 0$

$\therefore a\le -9$ ······ ㉡

㉠, ㉡을 동시에 만족시키는 상수 a의 값의 범위는 $a\le -9$

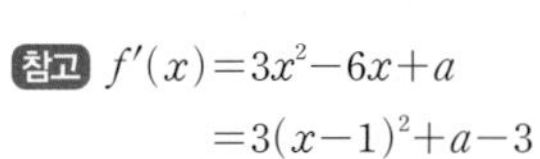

참고 $f'(x)=3x^2-6x+a$
$=3(x-1)^2+a-3$

에서 이차함수 $y=f'(x)$의 그래프의 축의 방정식이 $x=1$이므로 $f'(0)<f'(3)$

따라서 $f'(3)\le 0$만 조사해도 된다.

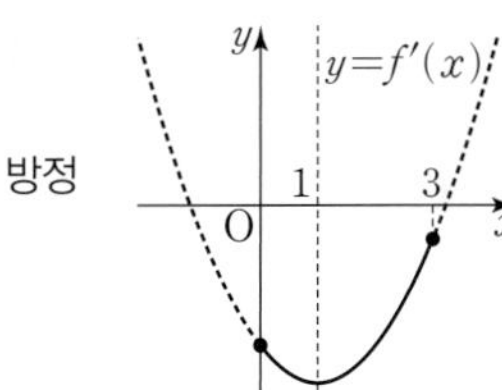

0965 답 2

$f(x)=3x^2-12x+5$에서

$f'(x)=6x-12=6(x-2)$

$f'(x)=0$인 x의 값은 $x=2$

함수 $f(x)$의 증가, 감소를 표로 나타내면 다음과 같다.

x	$\cdots$	2	$\cdots$
$f'(x)$	$-$	0	$+$
$f(x)$	↘	-7	↗

따라서 함수 $f(x)$가 구간 $(-\infty, 2]$에서 감소하고, 구간 $[2, \infty)$에서 증가하므로 $a=2$

0966 답 ②

$f(x)=-2x^3+3x^2+36x+3$에서

$f'(x)=-6x^2+6x+36=-6(x+2)(x-3)$

$f'(x)=0$인 x의 값은 $x=-2$ 또는 $x=3$

함수 $f(x)$의 증가, 감소를 표로 나타내면 다음과 같다.

x	$\cdots$	-2	$\cdots$	3	$\cdots$
$f'(x)$	$-$	0	$+$	0	$-$
$f(x)$	↘	-41	↗	84	↘

따라서 함수 $f(x)$가 증가하는 구간은 $[-2, 3]$이므로

$a=-2, b=3$

$\therefore b-a=5$

0967 답 3

$f(x)=\frac{1}{3}x^3-9x+3$에서

$f'(x)=x^2-9=(x+3)(x-3)$

$f'(x)=0$인 x의 값은 $x=-3$ 또는 $x=3$

함수 $f(x)$의 증가, 감소를 표로 나타내면 다음과 같다.

x	$\cdots$	-3	$\cdots$	3	$\cdots$
$f'(x)$	$+$	0	$-$	0	$+$
$f(x)$	↗	21	↘	-15	↗

따라서 함수 $f(x)$는 열린구간 $(-3, 3)$에서 감소하므로 양수 a의 최댓값은 3이다.

0968 답 ⑤

$f(x)=-x^3+3x^2+9x$에서

$f'(x)=-3x^2+6x+9=-3(x+1)(x-3)$

$f'(x)=0$인 x의 값은 $x=-1$ 또는 $x=3$

함수 $f(x)$의 증가, 감소를 표로 나타내면 다음과 같다.

x	$\cdots$	-1	$\cdots$	3	$\cdots$
$f'(x)$	$-$	0	$+$	0	$-$
$f(x)$	↘	-5	↗	27	↘

함수 $f(x)$는 구간 $[-1, 3]$에서 증가하므로

$-1\le a<3$

따라서 정수 a는 $-1, 0, 1, 2$의 4개이다.

0969 답 ②

$f(x)=4x^3-6x^2+ax$에서

$f'(x)=12x^2-12x+a$

함수 $f(x)$가 감소하는 x의 값의 범위가 $0\le x\le b$이므로 $0, b$는 이차방정식 $12x^2-12x+a=0$의 두 근이다.

이차방정식의 근과 계수의 관계에 의하여

$0+b=1,\ 0\times b=\frac{a}{12}$

$\therefore a=0, b=1$

$\therefore a+b=1$

0970 답 $a\ge 8$

$f(x)=-x^3+ax^2-2ax+4$에서

$f'(x)=-3x^2+2ax-2a$

($f'(x)$의 그래프는 위로 볼록인 포물선이므로 $f'(2), f'(4)$의 부호만 조사해도 된다.)

함수 $f(x)$가 닫힌구간 $[2, 4]$에서 증가하려면 $2\le x\le 4$에서 $f'(x)\ge 0$이어야 하므로

$f'(2)\ge 0$에서 $-12+4a-2a\ge 0$

$2a\ge 12 \quad \therefore a\ge 6$ ······ ㉠

$f'(4)\ge 0$에서 $-48+8a-2a\ge 0$

$6a\ge 48 \quad \therefore a\ge 8$ ······ ㉡

㉠, ㉡을 동시에 만족시키는 상수 a의 값의 범위는

$a\ge 8$

0971 답 ①

$f(x)=10x^3+ax+9$에서

$f'(x)=30x^2+a$

함수 $f(x)$가 닫힌구간 $[-1,\ 1]$에서 증가하려면 $-1\le x\le 1$에서 $f'(x)\ge 0$이어야 한다.

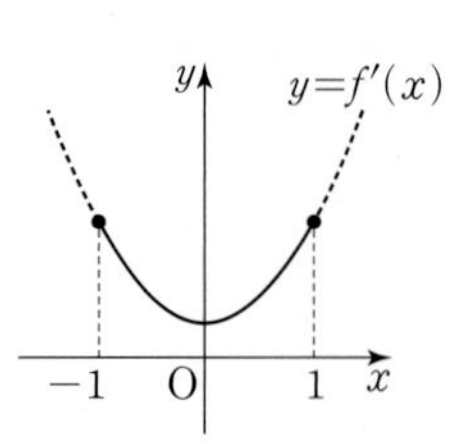

이때 $-1\le x\le 1$에서 $f'(x)$의 최솟값은 $f'(0)=a$이므로

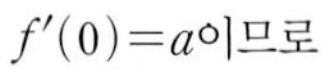

$f'(0)\ge 0$에서 $a\ge 0$

따라서 실수 a의 최솟값은 0이다.

0972 답 3

$f(x)=x^3-\left(\frac{3}{2}a-\frac{1}{2}\right)x^2-ax+5$에서

$f'(x)=3x^2-3ax+x-a=3x^2+(-3a+1)x-a$

함수 $f(x)$가 감소하는 x의 값의 범위가 $-\frac{1}{3}\le x\le 3$이므로

$-\frac{1}{3}$, 3은 이차방정식 $3x^2+(-3a+1)x-a=0$의 두 근이다.

이차방정식의 근과 계수의 관계에 의하여

$-\frac{1}{3}+3=-\frac{-3a+1}{3}$, $-\frac{1}{3}\times 3=-\frac{a}{3}$

$\therefore a=3$

0973 답 $3\le a\le \frac{9}{2}$

$f(x)=-x^3+ax^2+2$에서

$f'(x)=-3x^2+2ax$

함수 $f(x)$가 구간 $[1,\ 2]$에서 증가하려면 $1\le x\le 2$에서 $f'(x)\ge 0$이어야 하고, 구간 $[3,\ \infty)$에서 감소하려면 $x\ge 3$에서 $f'(x)\le 0$이어야 하므로

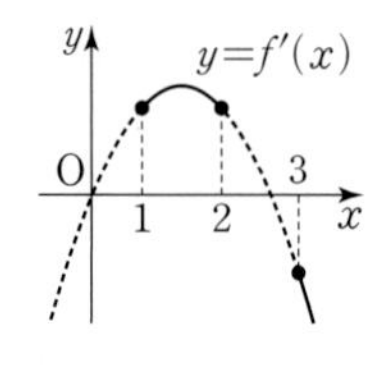

$f'(1)\ge 0$, $f'(2)\ge 0$, $f'(3)\le 0$

$f'(1)\ge 0$에서 $-3+2a\ge 0$

$\therefore a\ge \frac{3}{2}$ ……… ㉠

$f'(2)\ge 0$에서 $-12+4a\ge 0$

$\therefore a\ge 3$ ……… ㉡

$f'(3)\le 0$에서 $-27+6a\le 0$

$\therefore a\le \frac{9}{2}$ ……… ㉢

㉠, ㉡, ㉢을 동시에 만족시키는 실수 a의 값의 범위는

$3\le a\le \frac{9}{2}$

다른 풀이

$f'(x)=-3x^2+2ax=-x(3x-2a)$

$y=f'(x)$의 그래프가 x축과 만나는 점의 x좌표는 0, $\frac{2}{3}a$

이때 $2\le \frac{2}{3}a\le 3$이어야 하므로

$3\le a\le \frac{9}{2}$

Plus 문제

0973-1

함수 $f(x)=3x^4-4ax^3+\frac{3}{2}x^2$이 구간 $(-\infty,\ 0]$에서 감소하고, 구간 $[0,\ \infty)$에서 증가하도록 하는 상수 a의 값의 범위를 구하시오.

$f(x)=3x^4-4ax^3+\frac{3}{2}x^2$에서

$f'(x)=12x^3-12ax^2+3x=3x(4x^2-4ax+1)$

함수 $f(x)$가 구간 $(-\infty,\ 0]$에서 감소하려면 $x\le 0$에서 $f'(x)\le 0$이어야 하고, 구간 $[0,\ \infty)$에서 증가하려면 $x\ge 0$에서 $f'(x)\ge 0$이어야 한다.

(i) $x\le 0$일 때, $f'(x)\le 0$에서

$3x(4x^2-4ax+1)\le 0$

$\therefore 4x^2-4ax+1\ge 0$ ($\because x\le 0$)

(ii) $x\ge 0$일 때, $f'(x)\ge 0$에서

$3x(4x^2-4ax+1)\ge 0$

$\therefore 4x^2-4ax+1\ge 0$ ($\because x\ge 0$)

(i), (ii)에서 모든 실수 x에 대하여 $4x^2-4ax+1\ge 0$이므로

이차방정식 $4x^2-4ax+1=0$의 판별식을 D라 하면

$\frac{D}{4}\le 0$에서 $4a^2-4\le 0$

$4(a+1)(a-1)\le 0$ $\therefore -1\le a\le 1$ 답 $-1\le a\le 1$

0974 답 −3

$f(x)=\frac{1}{3}x^3+ax^2+bx+2$에서 $f'(x)=x^2+2ax+b$

(가), (나)에서 $f'(x)$의 부호가 $x=-3$, $x=2$의 좌우에서 바뀌므로 -3, 2는 이차방정식 $x^2+2ax+b=0$의 두 근이다.

이차방정식의 근과 계수의 관계에 의하여

$-3+2=-2a$, $-3\times 2=b$

$\therefore a=\frac{1}{2}$, $b=-6$

$\therefore ab=-3$

0975 답 ① | 유형2

함수 $f(x)$의 도함수 $y=f'(x)$의 그래프가 (단서1) 그림과 같을 때 다음 중 함수 $f(x)$가 감소하는 구간은? (단서2)

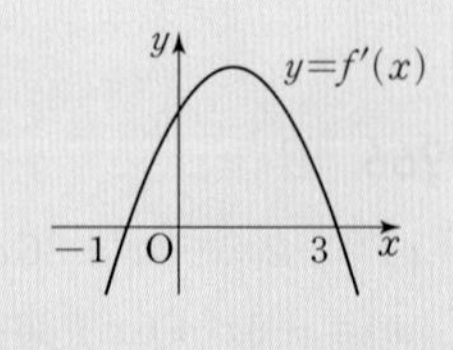

① $[-2,\ -1]$ ② $[-1,\ 0]$
③ $[0,\ 1]$ ④ $[1,\ 2]$
⑤ $[2,\ 3]$

단서1 $y=f'(x)$의 그래프이므로 함수 $f(x)$의 증가, 감소를 확인
단서2 $f'(x)<0$이면 함수 $f(x)$는 감소

STEP1 함수 $f(x)$의 증가, 감소를 표로 나타내기

$y=f'(x)$의 그래프가 x축과 만나는 점의 x좌표가 -1, 3이므로 $f'(x)$의 부호를 조사하여 함수 $f(x)$의 증가, 감소를 표로 나타내면 다음과 같다.

x	$\cdots$	-1	$\cdots$	3	$\cdots$
$f'(x)$	$-$	0	$+$	0	$-$
$f(x)$	↘	극소	↗	극대	↘

STEP 2 **함수 $f(x)$가 감소하는 구간 찾기**

함수 $f(x)$는 구간 $(-\infty, -1]$, $[3, \infty)$에서 감소하므로 주어진 구간 중 감소하는 구간은 ① $[-2, -1]$이다.

Tip 표로 나타내지 않고 그래프에서 $f'(x)$의 부호만 확인해도 된다.
(1) 구간 (a, b)에서 $f'(x)>0$이면 함수 $f(x)$는 구간 $[a, b]$에서 증가한다.
(2) 구간 (a, b)에서 $f'(x)<0$이면 함수 $f(x)$는 구간 $[a, b]$에서 감소한다.

0976 답 ④

함수 $f(x)$가 닫힌구간 $[0, 1]$에서 증가하려면 $0\le x\le 1$에서 $f'(x)\ge 0$이어야 하므로 ④이다.
→ x축보다 위쪽에 있다.

0977 답 1

구간 $(1, \infty)$에서 $f'(x)>0$이므로 함수 $f(x)$는 구간 $[1, \infty)$에서 증가한다.
따라서 a의 최솟값은 1이다.

0978 답 ②

ㄱ. 구간 $(0, 2)$에서 $f'(x)>0$이므로 함수 $f(x)$는 구간 $(0, 2)$에서 증가한다. (거짓)
ㄴ. 구간 $(3, 4)$에서 $f'(x)<0$이므로 함수 $f(x)$는 구간 $(3, 4)$에서 감소한다. (참)
ㄷ. 구간 $(5, 6)$에서 $f'(x)>0$이므로 함수 $f(x)$는 구간 $(5, 6)$에서 증가한다. (거짓)
따라서 옳은 것은 ㄴ이다.

0979 답 ③

ㄱ. 구간 $(0, 1)$에서 $f'(x)<0$이므로 함수 $f(x)$는 구간 $(0, 1)$에서 감소한다. (참)
ㄴ. 구간 $(1, 3)$에서 $f'(x)<0$이므로 함수 $f(x)$는 구간 $(1, 3)$에서 감소한다. (참)
ㄷ. 구간 $(3, 4)$에서 $f'(x)<0$이므로 함수 $f(x)$는 구간 $(3, 4)$에서 감소한다. (거짓)
따라서 옳은 것은 ㄱ, ㄴ이다.

0980 답 ③, ④

① 구간 $(-2, -1)$에서 $f'(x)<0$이므로 함수 $f(x)$는 구간 $[-2, -1]$에서 감소한다. (거짓)
② 구간 $(-1, 1)$에서 $f'(x)>0$이므로 함수 $f(x)$는 구간 $[-1, 1]$에서 증가한다. (거짓)
③ 구간 $(-1, 2)$에서 $f'(x)>0$이므로 함수 $f(x)$는 구간 $[-1, 2]$에서 증가한다. (참)
④ 구간 $(2, 4)$에서 $f'(x)<0$이므로 함수 $f(x)$는 구간 $[2, 4]$에서 감소한다. (참)
⑤ 구간 $(3, 4)$에서 $f'(x)<0$이므로 함수 $f(x)$는 구간 $[3, 4]$에서 감소한다. (거짓)
따라서 옳은 것은 ③, ④이다.

0981 답 ②

① 구간 $(-\infty, 0)$에서 $f'(x)>0$이므로 함수 $f(x)$는 구간 $(-\infty, 0)$에서 증가한다. (거짓)
② 구간 $(0, 2)$에서 $f'(x)>0$이므로 함수 $f(x)$는 구간 $(0, 2)$에서 증가한다. (참)
③ 구간 $(1, 2)$에서 $f'(x)>0$, 구간 $(2, 3)$에서 $f'(x)<0$이므로 함수 $f(x)$는 구간 $(1, 2)$에서 증가하고, $(2, 3)$에서 감소한다. (거짓)
④ 구간 $(3, 4)$에서 $f'(x)<0$이므로 함수 $f(x)$는 구간 $(3, 4)$에서 감소한다. (거짓)
⑤ 구간 $(4, \infty)$에서 $f'(x)<0$이므로 함수 $f(x)$는 구간 $(4, \infty)$에서 감소한다. (거짓)
따라서 옳은 것은 ②이다.

0982 답 ②

$g(x)=xf(x)$라 하면 $g'(x)=f(x)+xf'(x)$
ㄱ. 구간 $(-\infty, 0)$에서 $f(x)>0$, $x<0$, $f'(x)<0$이므로
$g'(x)=f(x)+xf'(x)>0$
즉, 함수 $g(x)$는 구간 $(-\infty, 0]$에서 증가한다. (거짓)
ㄴ. 구간 $(1, 3)$에서 $f(x)<0$, $x>0$, $f'(x)<0$이므로
$g'(x)=f(x)+xf'(x)<0$
즉, 함수 $g(x)$는 구간 $[1, 3]$에서 감소한다. (참)
ㄷ. 구간 $(5, \infty)$에서 $f(x)>0$, $x>0$, $f'(x)>0$이므로
$g'(x)=f(x)+xf'(x)>0$
즉, 함수 $g(x)$는 구간 $[5, \infty)$에서 증가한다. (거짓)
따라서 옳은 것은 ㄴ이다.

0983 답 ③ | 유형 3

함수 $f(x)=-x^3+ax^2-3x+3$이 $x_1<x_2$인 임의의 실수 x_1, x_2에 대하여 $f(x_1)>f(x_2)$가 성립하도록 하는 실수 a의 값의 범위는?
단서1 단서2
① $a\le -6$ ② $-6\le a\le -3$
③ $-3\le a\le 3$ ④ $3\le a\le 6$
⑤ $a\ge 6$

단서1 $f(x)$는 삼차함수, $f'(x)$는 이차함수
단서2 함수 $f(x)$는 실수 전체의 집합에서 감소

STEP 1 **$f'(x)$ 구하기**

$f(x)=-x^3+ax^2-3x+3$에서 $f'(x)=-3x^2+2ax-3$

STEP 2 **실수 a의 값의 범위 구하기**

$x_1<x_2$인 임의의 두 실수 x_1, x_2에 대하여 $f(x_1)>f(x_2)$가 성립하려면 함수 $f(x)$가 실수 전체의 집합에서 감소해야 한다.

05

즉, 모든 실수 x에 대하여 $f'(x) \le 0$이어야 한다.
이차방정식 $-3x^2+2ax-3=0$의 판별식을 D라 하면
$\frac{D}{4} \le 0$에서 $a^2-(-3)\times(-3) \le 0$
$a^2-9 \le 0$, $(a+3)(a-3) \le 0$
$\therefore -3 \le a \le 3$

개념 Check

이차부등식이 항상 성립할 조건
이차방정식 $ax^2+bx+c=0$의 판별식을 D라 할 때
(1) 모든 실수 x에 대하여 $ax^2+bx+c \ge 0$이려면
$a>0$, $D \le 0$
(2) 모든 실수 x에 대하여 $ax^2+bx+c \le 0$이려면
$a<0$, $D \le 0$

0984 답 ⑤

$f(x)=x^3-3kx^2+27x+5$에서 $f'(x)=3x^2-6kx+27$
$x_1<x_2$인 임의의 두 실수 x_1, x_2에 대하여 $f(x_1)<f(x_2)$가 성립하려면 함수 $f(x)$가 실수 전체의 집합에서 증가해야 한다.
즉, 모든 실수 x에 대하여 $f'(x) \ge 0$이어야 한다.
이차방정식 $3x^2-6kx+27=0$의 판별식을 D라 하면
$\frac{D}{4} \le 0$에서 $(-3k)^2-3\times 27 \le 0$
$9k^2-81 \le 0$, $9(k+3)(k-3) \le 0$
$\therefore -3 \le k \le 3$
따라서 상수 k의 최댓값은 3이다.

0985 답 2

$f(x)=ax^3+3ax^2+6x-2$에서 $f'(x)=3ax^2+6ax+6$
함수 $f(x)$가 구간 $(-\infty, \infty)$에서 증가하려면 모든 실수 x에 대하여 $f'(x) \ge 0$이어야 한다.
이차함수 $f'(x)$의 최고차항의 계수가 양수이므로
$a>0$ ············ ㉠
이차방정식 $3ax^2+6ax+6=0$의 판별식을 D라 하면
$\frac{D}{4} \le 0$에서 $(3a)^2-3a\times 6 \le 0$, $9a^2-18a \le 0$
$9a(a-2) \le 0$　　$\therefore 0 \le a \le 2$ ············ ㉡
㉠, ㉡에서 $0<a \le 2$이므로 정수 a는 1, 2의 2개이다.

실수 Check

$a \ne 0$이므로 $f'(x)$는 이차함수이고, $f'(x)=3ax^2+6ax+6$이 항상 $f'(x) \ge 0$이려면 최고차항의 계수 $3a$가 양수이어야 한다.

0986 답 ②

($f(x)$는 삼차함수이므로 $a \ne 0$이다.)

$f(x)=2ax^3+ax^2+x$에서 $f'(x)=6ax^2+2ax+1$
임의의 두 실수 x_1, x_2에 대하여 $x_1<x_2$이면 $f(x_1)<f(x_2)$가 성립하려면 함수 $f(x)$가 실수 전체의 집합에서 증가해야 한다.
즉, 모든 실수 x에 대하여 $f'(x) \ge 0$이어야 한다.
이차함수 $f'(x)$의 최고차항의 계수가 양수이므로
$a>0$ ············ ㉠
이차방정식 $6ax^2+2ax+1=0$의 판별식을 D라 하면
$\frac{D}{4} \le 0$에서 $a^2-6a \le 0$
$a(a-6) \le 0$　　$\therefore 0 \le a \le 6$ ············ ㉡
㉠, ㉡에서 $0<a \le 6$이므로 정수 a는 1, 2, 3, 4, 5, 6의 6개이다.

0987 답 $-3 \le a \le 0$

$f(x)=ax^3+2ax^2-4x+2$에서 $f'(x)=3ax^2+4ax-4$
함수 $f(x)$가 구간 $(-\infty, \infty)$에서 감소하려면 모든 실수 x에 대하여 $f'(x) \le 0$이어야 한다.
(i) $a=0$일 때, $f'(x)=-4$이므로 함수 $f(x)$는 구간 $(-\infty, \infty)$에서 감소한다.
(ii) $a \ne 0$일 때, 이차함수 $f'(x)$의 최고차항의 계수가 음수이므로
$a<0$
이차방정식 $3ax^2+4ax-4=0$의 판별식을 D라 하면
$\frac{D}{4} \le 0$에서 $(2a)^2-3a\times(-4) \le 0$, $4a^2+12a \le 0$
$4a(a+3) \le 0$　　$\therefore -3 \le a < 0$ ($\because a<0$)
(i), (ii)에서 $-3 \le a \le 0$

0988 답 ①

($x=2a$를 기준으로 $x \ge 2a$일 때와 $x<2a$일 때 $f'(x) \ge 0$이 되는 a의 값의 범위를 구한다.)

$f(x)=x^3+6x^2+15|x-2a|+3$에서
(i) $x \ge 2a$일 때, $f(x)=x^3+6x^2+15x-30a+3$이므로
$f'(x)=3x^2+12x+15=3(x+2)^2+3$
모든 실수 x에 대하여 $f'(x) \ge 0$이므로 함수 $f(x)$는 실수 전체의 집합에서 증가한다.
(ii) $x<2a$일 때, $f(x)=x^3+6x^2-15x+30a+3$이므로
$f'(x)=3x^2+12x-15=3(x+5)(x-1)$
$f'(x) \ge 0$에서 $x \le -5$ 또는 $x \ge 1$
이때 함수 $f(x)$가 실수 전체의 집합에서 증가하려면

$2a$　-5　1　x

$2a \le -5$　　$\therefore a \le -\frac{5}{2}$
따라서 실수 a의 최댓값은 $-\frac{5}{2}$이다.

0989 답 6

$f(x)=x^3+ax^2-(a^2-8a)x+3$에서
$f'(x)=3x^2+2ax-a^2+8a$
함수 $f(x)$가 실수 전체의 집합에서 증가하려면 모든 실수 x에 대하여 $f'(x) \ge 0$이어야 한다.
이차방정식 $3x^2+2ax-a^2+8a=0$의 판별식을 D라 하면
$\frac{D}{4} \le 0$에서 $a^2-3(-a^2+8a) \le 0$
$4a^2-24a \le 0$, $4a(a-6) \le 0$
$\therefore 0 \le a \le 6$
따라서 실수 a의 최댓값은 6이다.

0990 답 ④ | 유형 4

실수 전체의 집합 R에서 R로의 함수 $f(x)=2x^3-(a+2)x^2+(a+2)x$가 역함수를 갖도록 하는 실수 a의 값의 범위는?

① $a<-4$ ② $-4<a<2$ ③ $-3\le a\le 3$
④ $-2\le a\le 4$ ⑤ $a>3$

단서1 역함수가 존재하려면 항상 증가하거나 항상 감소하는 함수
단서2 $f'(x)$는 최고차항의 계수가 양수인 이차함수이므로 항상 $f'(x)\le 0$인 것은 불가능

STEP 1 $f'(x)$ 구하기

$f(x)=2x^3-(a+2)x^2+(a+2)x$에서
$f'(x)=6x^2-2(a+2)x+a+2$

STEP 2 $f(x)$가 역함수를 갖도록 하는 실수 a의 값의 범위 구하기

함수 $f(x)$의 역함수가 존재하려면 $f(x)$가 일대일대응이어야 하고, $f(x)$의 최고차항의 계수가 양수이므로 함수 $f(x)$는 실수 전체의 집합에서 증가해야 한다.
즉, 모든 실수 x에 대하여 $f'(x)\ge 0$이어야 한다.
이차방정식 $6x^2-2(a+2)x+a+2=0$의 판별식을 D라 하면
$\frac{D}{4}\le 0$에서 $(a+2)^2-6(a+2)\le 0$
$(a+2)(a-4)\le 0$ $\quad\therefore -2\le a\le 4$

참고 함수 $f(x)$의 역함수가 존재할 조건
(1) 최고차항의 계수가 양수이면 실수 전체의 집합에서 증가하므로 모든 실수 x에 대하여 $f'(x)\ge 0$
(2) 최고차항의 계수가 음수이면 실수 전체의 집합에서 감소하므로 모든 실수 x에 대하여 $f'(x)\le 0$

0991 답 0

$f(x)=x^3+3kx^2+3kx+3$에서 $f'(x)=3x^2+6kx+3k$
함수 $f(x)$의 역함수가 존재하려면 $f(x)$가 일대일대응이어야 하고, $f(x)$의 최고차항의 계수가 양수이므로 함수 $f(x)$는 실수 전체의 집합에서 증가해야 한다.
즉, 모든 실수 x에 대하여 $f'(x)\ge 0$이어야 한다.
이차방정식 $3x^2+6kx+3k=0$의 판별식을 D라 하면
$\frac{D}{4}\le 0$에서 $(3k)^2-9k\le 0$
$9k(k-1)\le 0$ $\quad\therefore 0\le k\le 1$
따라서 상수 k의 최솟값은 0이다.

0992 답 ④

$f(x)=-2x^3+ax^2-6x+5$에서 $f'(x)=-6x^2+2ax-6$
함수 $f(x)$의 역함수가 존재하려면 $f(x)$가 일대일대응이어야 하고, $f(x)$의 최고차항의 계수가 음수이므로 함수 $f(x)$는 실수 전체의 집합에서 감소해야 한다.
즉, 모든 실수 x에 대하여 $f'(x)\le 0$이어야 한다.
이차방정식 $-6x^2+2ax-6=0$의 판별식을 D라 하면
$\frac{D}{4}\le 0$에서 $a^2-36\le 0$
$(a+6)(a-6)\le 0$ $\quad\therefore -6\le a\le 6$
따라서 정수 a는 $-6, -5, -4, \cdots, 6$의 13개이다.

0993 답 ④

$f(x)=x^3-3ax^2+(3a+6)x+7$에서
$f'(x)=3x^2-6ax+3a+6$
함수 $f(x)$의 역함수가 존재하려면 $f(x)$가 일대일대응이어야 하고, $f(x)$의 최고차항의 계수가 양수이므로 함수 $f(x)$는 실수 전체의 집합에서 증가해야 한다.
즉, 모든 실수 x에 대하여 $f'(x)\ge 0$이어야 한다.
이차방정식 $3x^2-6ax+3a+6=0$의 판별식을 D라 하면
$\frac{D}{4}\le 0$에서 $(-3a)^2-3(3a+6)\le 0$
$9a^2-9a-18\le 0$, $9(a+1)(a-2)\le 0$
$\therefore -1\le a\le 2$
따라서 정수 a는 $-1, 0, 1, 2$의 4개이다.

0994 답 0

$f(x)=-\frac{1}{3}x^3-ax^2+3ax$에서 $f'(x)=-x^2-2ax+3a$
함수 $f(x)$의 역함수가 존재하려면 $f(x)$가 일대일대응이어야 하고, $f(x)$의 최고차항의 계수가 음수이므로 함수 $f(x)$는 실수 전체의 집합에서 감소해야 한다.
즉, 모든 실수 x에 대하여 $f'(x)\le 0$이어야 한다.
이차방정식 $-x^2-2ax+3a=0$의 판별식을 D라 하면
$\frac{D}{4}\le 0$에서 $a^2+3a\le 0$
$a(a+3)\le 0$ $\quad\therefore -3\le a\le 0$
따라서 상수 a의 최댓값은 0이다.

0995 답 ③

$f(x)=3x^3+ax^2+ax+6$에서 $f'(x)=9x^2+2ax+a$
임의의 실수 k에 대하여 곡선 $y=3x^3+ax^2+ax+6$과 직선 $y=k$가 오직 한 점에서 만나려면 함수 $f(x)$가 실수 전체의 집합에서 항상 증가하거나 항상 감소해야 한다.
이때 $f(x)$의 최고차항의 계수가 양수이므로 모든 실수 x에 대하여 $f'(x)\ge 0$이어야 한다.
이차방정식 $9x^2+2ax+a=0$의 판별식을 D라 하면
$\frac{D}{4}\le 0$에서 $a^2-9a\le 0$
$a(a-9)\le 0$ $\quad\therefore 0\le a\le 9$
따라서 정수 a는 $0, 1, 2, \cdots, 9$의 10개이다.

0996 답 12

$f(x)=-3x^3+ax^2-(a+4)x+2$에서
$f'(x)=-9x^2+2ax-a-4$
모든 실수 k에 대하여 직선 $y=k$와 곡선 $y=f(x)$가 오직 한 점에서 만나려면 함수 $f(x)$가 실수 전체의 집합에서 항상 증가하거나 항상 감소해야 한다.
이때 $f(x)$의 최고차항의 계수가 음수이므로 모든 실수 x에 대하여 $f'(x)\le 0$이어야 한다.
이차방정식 $-9x^2+2ax-a-4=0$의 판별식을 D라 하면
$\frac{D}{4}\le 0$에서 $a^2-9a-36\le 0$

$(a+3)(a-12) \le 0 \quad \therefore -3 \le a \le 12$

따라서 상수 a의 최댓값은 12이다.

0997 답 ③

$f(x)=2x^3-2(a-2)x^2-(a-2)x-6$에서

$f'(x)=6x^2-4(a-2)x-a+2$

$x_1 \ne x_2$이면 $f(x_1) \ne f(x_2)$를 만족시키는 함수 $f(x)$는 일대일함수이고 $f(x)$의 최고차항의 계수가 양수이므로 함수 $f(x)$는 실수 전체의 집합에서 증가해야 한다.

함수 $f(x)$가 실수 전체의 집합에서 증가하려면 모든 실수 x에 대하여 $f'(x) \ge 0$이어야 한다.

이차방정식 $6x^2-4(a-2)x-a+2=0$의 판별식을 D라 하면

$\frac{D}{4} \le 0$에서 $4(a-2)^2+6(a-2) \le 0$

$(a-2)(4a-2) \le 0 \quad \therefore \frac{1}{2} \le a \le 2$

따라서 모든 정수 a의 값의 합은 $1+2=3$

개념 Check

함수 $f: X \to Y$에서 정의역 X의 임의의 두 원소 x_1, x_2에 대하여

(1) $x_1 \ne x_2$이면 $f(x_1) \ne f(x_2)$일 때, 함수 f를 일대일함수라 한다.

(2) 일대일함수이고 치역과 공역이 같은 함수 f를 일대일대응이라 한다.

이때 일대일함수인 삼차함수는 일대일대응이다.

0998 답 ④

$f(x)=ax^3+2bx^2+6x$에서 $f'(x)=3ax^2+4bx+6$

임의의 두 실수 x_1, x_2에 대하여 $f(x_1)=f(x_2)$이면 $x_1=x_2$를 만족시키는 함수 $f(x)$는 일대일함수이므로 함수 $f(x)$는 실수 전체의 집합에서 항상 증가하거나 항상 감소해야 한다.

(i) 함수 $f(x)$가 실수 전체의 집합에서 증가할 때

모든 실수 x에 대하여 $f'(x) \ge 0$이어야 한다.

$f(x)$의 최고차항의 계수가 양수이므로

$a>0$ ······ ㉠

이차방정식 $3ax^2+4bx+6=0$의 판별식을 D라 하면

$\frac{D}{4} \le 0$에서 $4b^2-18a \le 0$

$\therefore b^2 \le \frac{9}{2}a$ ······ ㉡

㉠, ㉡에서 $a>0$, $b^2 \le \frac{9}{2}a$

(ii) 함수 $f(x)$가 실수 전체의 집합에서 감소할 때

모든 실수 x에 대하여 $f'(x) \le 0$이어야 한다.

$f(x)$의 최고차항의 계수가 음수이므로

$a<0$

이차방정식 $3ax^2+4bx+6=0$의 판별식을 D라 하면

$\frac{D}{4} \le 0$에서 $4b^2-18a \le 0$

그런데 $a<0$, $b^2 \ge 0$이므로 부등식을 만족시키는 a, b는 존재하지 않는다.

(i), (ii)에서 $a>0$, $b^2 \le \frac{9}{2}a$를 동시에 만족시키는 정수 a, b는

($-5<a<5$이고 $a>0$인 정수는 $a=1, 2, 3, 4$이다.)

$a=1$일 때 $b=0, \pm1, \pm2$

$a=2$일 때 $b=0, \pm1, \pm2, \pm3$

$a=3$일 때 $b=0, \pm1, \pm2, \pm3$

$a=4$일 때 $b=0, \pm1, \pm2, \pm3, \pm4$

이므로 정수 a, b의 순서쌍 (a, b)의 개수는

$5+7+7+9=28$

실수 Check

$f(x)$의 최고차항의 계수 a의 부호를 알 수 없으므로 $f(x)$가 실수 전체의 집합에서 증가할 때와 감소할 때로 각각 나누어 구해야 한다. 이때 $f(x)$는 삼차함수이므로 $a=0$인 경우는 생각하지 않는다.

0999 답 ②

$f(x)=4x^3+2ax^2+(6-a^2)x$에서

$f'(x)=12x^2+4ax+6-a^2$

(가)에서 함수 $f(x)$는 역함수 $g(x)$가 존재한다.

이때 $f(x)$의 최고차항의 계수가 양수이므로 함수 $f(x)$는 실수 전체의 집합에서 증가해야 한다.

즉, 모든 실수 x에 대하여 $f'(x) \ge 0$이어야 하므로 이차방정식 $12x^2+4ax+6-a^2=0$의 판별식을 D라 하면

$\frac{D}{4} \le 0$에서 $4a^2-72+12a^2 \le 0$

$4a^2-18 \le 0$, $4\left(a+\sqrt{\frac{9}{2}}\right)\left(a-\sqrt{\frac{9}{2}}\right) \le 0$

$\therefore -\sqrt{\frac{9}{2}} \le a \le \sqrt{\frac{9}{2}}$ ······ ㉠

(나)에서 $g(2)=1$이므로 $f(1)=2$에서

$4+2a+6-a^2=2$, $a^2-2a-8=0$

$(a+2)(a-4)=0$

$\therefore a=-2$ 또는 $a=4$ ······ ㉡

㉠, ㉡을 동시에 만족시키는 a의 값은 $a=-2$

따라서 $f'(x)=12x^2-8x+2$이므로

$f'(2)=48-16+2=34$

개념 Check

(1) 두 함수 f, g에 대하여 $(f \circ g)(x)=x$이면 f, g는 서로 역함수 관계에 있다.

(2) 함수 f의 역함수를 f^{-1}라 할 때

$f(a)=b$이면 $f^{-1}(b)=a$

Plus 문제

0999-1

함수 $f(x)=-x^3+ax^2-(a^2-4)x$에 대하여 모든 실수 x에서 $f(g(x))=x$를 만족시키는 함수 $g(x)$가 존재한다.

$g(-3)=1$일 때, $f'(2)$의 값을 구하시오.

(단, a는 상수이다.)

$f(x)=-x^3+ax^2-(a^2-4)x$에서

$f'(x)=-3x^2+2ax-a^2+4$

모든 실수 x에서 $f(g(x))=x$를 만족시키므로 함수 $f(x)$는 역함수 $g(x)$가 존재한다.

이때 $f(x)$의 최고차항의 계수가 음수이므로 함수 $f(x)$는 실수 전체의 집합에서 감소해야 한다.
즉, 모든 실수 x에 대하여 $f'(x) \le 0$이어야 하므로 이차방정식 $-3x^2+2ax-a^2+4=0$의 판별식을 D라 하면

$\frac{D}{4} \le 0$에서 $a^2-3a^2+12 \le 0$

$-2a^2+12 \le 0$, $a^2-6 \ge 0$

$(a+\sqrt{6})(a-\sqrt{6}) \ge 0$

$\therefore a \le -\sqrt{6}$ 또는 $a \ge \sqrt{6}$ ······ ㉠

$g(-3)=1$이므로 $f(1)=-3$에서

$-1+a-a^2+4=-3$, $a^2-a-6=0$

$(a+2)(a-3)=0$

$\therefore a=-2$ 또는 $a=3$ ······ ㉡

㉠, ㉡을 동시에 만족시키는 a의 값은 $a=3$

따라서 $f'(x)=-3x^2+6x-5$이므로

$f'(2)=-12+12-5=-5$ 답 -5

1000 답 14

| 유형5

함수 $f(x)=x^3-12x$가 $x=a$에서 극댓값 b를 가질 때, $a+b$의 값을 구하시오.

단서1

단서1 $f'(a)=0$이고, $x=a$의 좌우에서 $f'(x)$의 부호가 양에서 음으로 바뀔 때 $x=a$에서 극대

STEP1 함수 $f(x)$의 증가, 감소를 표로 나타내기

$f(x)=x^3-12x$에서 $f'(x)=3x^2-12=3(x+2)(x-2)$

$f'(x)=0$인 x의 값은 $x=-2$ 또는 $x=2$

함수 $f(x)$의 증가, 감소를 표로 나타내면 다음과 같다.

x	$\cdots$	-2	$\cdots$	2	$\cdots$
$f'(x)$	$+$	0	$-$	0	$+$
$f(x)$	↗	16 극대	↘	-16 극소	↗

STEP2 a, b의 값 구하기

함수 $f(x)$는 $x=-2$에서 극댓값 16을 가지므로

$a=-2$, $b=16$

STEP3 $a+b$의 값 구하기

$a+b=14$

1001 답 ②

$f(x)=x^4-6x^2+2$에서

$f'(x)=4x^3-12x=4x(x^2-3)=4x(x+\sqrt{3})(x-\sqrt{3})$

$f'(x)=0$인 x의 값은 $x=-\sqrt{3}$ 또는 $x=0$ 또는 $x=\sqrt{3}$

함수 $f(x)$의 증가, 감소를 표로 나타내면 다음과 같다.

x	$\cdots$	$-\sqrt{3}$	$\cdots$	0	$\cdots$	$\sqrt{3}$	$\cdots$
$f'(x)$	$-$	0	$+$	0	$-$	0	$+$
$f(x)$	↘	-7 극소	↗	2 극대	↘	-7 극소	↗

함수 $f(x)$는 $x=0$에서 극댓값 2를 가지므로

$a=0$, $b=2$

$\therefore a+b=2$

1002 답 42

$f(x)=2x^3-9x^2+12x+2$에서

$f'(x)=6x^2-18x+12=6(x-1)(x-2)$

$f'(x)=0$인 x의 값은 $x=1$ 또는 $x=2$

함수 $f(x)$의 증가, 감소를 표로 나타내면 다음과 같다.

x	$\cdots$	1	$\cdots$	2	$\cdots$
$f'(x)$	$+$	0	$-$	0	$+$
$f(x)$	↗	7 극대	↘	6 극소	↗

함수 $f(x)$의 극댓값은 $f(1)=7$, 극솟값은 $f(2)=6$이므로

$M=7$, $m=6$

$\therefore Mm=42$

1003 답 ③

$f(x)=-x^4+4x^3-4x^2+11$에서

$f'(x)=-4x^3+12x^2-8x$

$=-4x(x^2-3x+2)=-4x(x-1)(x-2)$

$f'(x)=0$인 x의 값은 $x=0$ 또는 $x=1$ 또는 $x=2$

함수 $f(x)$의 증가, 감소를 표로 나타내면 다음과 같다.

x	$\cdots$	0	$\cdots$	1	$\cdots$	2	$\cdots$
$f'(x)$	$+$	0	$-$	0	$+$	0	$-$
$f(x)$	↗	11 극대	↘	10 극소	↗	11 극대	↘

함수 $f(x)$의 극댓값은 11, 극솟값은 10이므로

$M=11$, $m=10$

$\therefore M+m=21$

1004 답 ①

$f(x)=x^3+6x^2+9x+a$에서

$f'(x)=3x^2+12x+9=3(x+3)(x+1)$

$f'(x)=0$인 x의 값은 $x=-3$ 또는 $x=-1$

함수 $f(x)$의 증가, 감소를 표로 나타내면 다음과 같다.

x	$\cdots$	-3	$\cdots$	-1	$\cdots$
$f'(x)$	$+$	0	$-$	0	$+$
$f(x)$	↗	a 극대	↘	$a-4$ 극소	↗

함수 $f(x)$는 $x=-1$에서 극소이고 극솟값이 -6이므로

$f(-1)=-6$에서 $a-4=-6$

$\therefore a=-2$

1005 답 14

$f(x)=(x-1)^2(x-4)+a$에서

$f'(x)=2(x-1)(x-4)+(x-1)^2=3(x-1)(x-3)$

$f'(x)=0$인 x의 값은 $x=1$ 또는 $x=3$

함수 $f(x)$의 증가, 감소를 표로 나타내면 다음과 같다.

05

x	$\cdots$	1	$\cdots$	3	$\cdots$
$f'(x)$	$+$	0	$-$	0	$+$
$f(x)$	↗	a 극대	↘	$a-4$ 극소	↗

함수 $f(x)$는 $x=3$에서 극소이고 극솟값이 10이므로 $f(3)=10$에서

$a-4=10$ $\quad\therefore a=14$

1006 답 ④

$f(x)=-x^3+6x^2-9x+k$에서

$f'(x)=-3x^2+12x-9=-3(x-1)(x-3)$

$f'(x)=0$인 x의 값은 $x=1$ 또는 $x=3$

함수 $f(x)$의 증가, 감소를 표로 나타내면 다음과 같다.

x	$\cdots$	1	$\cdots$	3	$\cdots$
$f'(x)$	$-$	0	$+$	0	$-$
$f(x)$	↘	$k-4$ 극소	↗	k 극대	↘

함수 $f(x)$의 극댓값은 $f(3)=k$, 극솟값은 $f(1)=k-4$이고 극댓값과 극솟값의 부호가 서로 다르므로

$k(k-4)<0$ $\quad\therefore 0<k<4$

1007 답 ①

$f(x)=x^3-3x^2+a$에서

$f'(x)=3x^2-6x=3x(x-2)$

$f'(x)=0$인 x의 값은 $x=0$ 또는 $x=2$

함수 $f(x)$의 증가, 감소를 표로 나타내면 다음과 같다.

x	$\cdots$	0	$\cdots$	2	$\cdots$
$f'(x)$	$+$	0	$-$	0	$+$
$f(x)$	↗	a 극대	↘	$a-4$ 극소	↗

함수 $f(x)$의 극댓값은 $f(0)=a$, 극솟값은 $f(2)=a-4$이고 모든 극값의 곱이 -4이므로

$a(a-4)=-4$, $a^2-4a+4=0$

$(a-2)^2=0$ $\quad\therefore a=2$

1008 답 2

$f(x)=-x^3+3x+1$에서

$f'(x)=-3x^2+3=-3(x+1)(x-1)$

$f'(x)=0$인 x의 값은 $x=-1$ 또는 $x=1$

함수 $f(x)$의 증가, 감소를 표로 나타내면 다음과 같다.

x	$\cdots$	-1	$\cdots$	1	$\cdots$
$f'(x)$	$-$	0	$+$	0	$-$
$f(x)$	↘	-1 극소	↗	3 극대	↘

함수 $f(x)$는 $x=-1$에서 극솟값 -1, $x=1$에서 극댓값 3을 가지므로 두 점 $(-1, -1)$, $(1, 3)$을 지나는 직선의 기울기는

$\dfrac{3-(-1)}{1-(-1)}=2$

1009 답 ④

$f(x)=x^4-8x^2+4$에서

$f'(x)=4x^3-16x=4x(x+2)(x-2)$

$f'(x)=0$인 x의 값은 $x=-2$ 또는 $x=0$ 또는 $x=2$

함수 $f(x)$의 증가, 감소를 표로 나타내면 다음과 같다.

x	$\cdots$	-2	$\cdots$	0	$\cdots$	2	$\cdots$
$f'(x)$	$-$	0	$+$	0	$-$	0	$+$
$f(x)$	↘	-12 극소	↗	4 극대	↘	-12 극소	↗

ㄱ. 구간 $(0, 2)$에서 $f'(x)<0$이므로 함수 $f(x)$는 구간 $[0, 2]$에서 감소하고, 구간 $(2, \infty)$에서 $f'(x)>0$이므로 함수 $f(x)$는 구간 $[2, \infty)$에서 증가한다. (거짓)

ㄴ. 구간 $(-\infty, -2)$에서 $f'(x)<0$이므로 함수 $f(x)$는 구간 $(-\infty, -2]$에서 감소한다. (참)

ㄷ. 구간 $(-2, 4)$에서 함수 $f(x)$는 $x=0$에서 극댓값, $x=2$에서 극솟값을 갖는다. (참)

따라서 옳은 것은 ㄴ, ㄷ이다.

다른 풀이

ㄱ. $f(0)=4$, $f(1)=-3$이므로 평균값 정리에 의하여

$f'(c)=\dfrac{f(1)-f(0)}{1-0}=-7$인 c가 구간 $(0, 1)$에 적어도 하나 존재한다. 따라서 구간 $(0, \infty)$에서 항상 증가하지는 않는다.

1010 답 27

$f(x)=-x^4+4x^3$에서

$f'(x)=-4x^3+12x^2=-4x^2(x-3)$

$f'(x)=0$인 x의 값은 $x=0$ 또는 $x=3$

함수 $f(x)$의 증가, 감소를 표로 나타내면 다음과 같다.

x	$\cdots$	0	$\cdots$	3	$\cdots$
$f'(x)$	$+$	0	$+$	0	$-$
$f(x)$	↗	0	↗	27 극대	↘

$x=0$에서 $f'(0)=0$이지만 극값을 갖지 않으므로 $b=0$

$x=3$에서는 극댓값을 가지므로 $a=3$

$\therefore f(a)-f(b)=f(3)-f(0)=27-0=27$

1011 답 ②

$f(x)=x^3-6x^2+9x+1$에서

$f'(x)=3x^2-12x+9=3(x-1)(x-3)$

$f'(x)=0$인 x의 값은 $x=1$ 또는 $x=3$

함수 $f(x)$의 증가, 감소를 표로 나타내면 다음과 같다.

x	$\cdots$	1	$\cdots$	3	$\cdots$
$f'(x)$	$+$	0	$-$	0	$+$
$f(x)$	↗	5 극대	↘	1 극소	↗

함수 $f(x)$는 $x=1$에서 극댓값 5를 가지므로 $a=1$, $M=5$

$\therefore a+M=6$

1012 답 ②

| 유형6

함수 $f(x)=x^3+3ax+b$가 $x=1$에서 극솟값 0을 가질 때, $f(x)$의 극댓값은? (단, a, b는 상수이다.)

단서1 단서2

① 2 ② 4 ③ 6
④ 8 ⑤ 10

단서1 $f'(1)=0$이고 $f(1)=0$
단서2 $x=c$에서 $f'(x)$의 부호가 양에서 음으로 바뀔 때, $f(c)$의 값이 극댓값

STEP1 주어진 조건을 이용하여 a, b의 값 구하기

$f(x)=x^3+3ax+b$에서 $f'(x)=3x^2+3a$
함수 $f(x)$가 $x=1$에서 극솟값 0을 가지므로
$f'(1)=0$, $f(1)=0$
$f'(1)=0$에서 $3+3a=0$ ······ ㉠
$f(1)=0$에서 $1+3a+b=0$ ······ ㉡
㉠, ㉡을 연립하여 풀면 $a=-1$, $b=2$

STEP2 함수의 극댓값 구하기

즉, $f(x)=x^3-3x+2$이므로
$f'(x)=3x^2-3=3(x+1)(x-1)$
$f'(x)=0$인 x의 값은 $x=-1$ 또는 $x=1$
함수 $f(x)$의 증가, 감소를 표로 나타내면 다음과 같다.

x	$\cdots$	-1	$\cdots$	1	$\cdots$
$f'(x)$	$+$	0	$-$	0	$+$
$f(x)$	↗	4 극대	↘	0 극소	↗

따라서 함수 $f(x)$의 극댓값은 $f(-1)=4$

1013 답 ⑤

$f(x)=x^3+ax^2+9x+b$에서 $f'(x)=3x^2+2ax+9$
함수 $f(x)$가 $x=1$에서 극댓값 0을 가지므로
$f'(1)=0$, $f(1)=0$
$f'(1)=0$에서 $3+2a+9=0$ $\therefore a=-6$ ······ ㉠
$f(1)=0$에서 $1+a+9+b=0$ $\therefore a+b=-10$ ······ ㉡
㉠, ㉡에서 $a=-6$, $b=-4$
$\therefore ab=24$

1014 답 ⑤

$f(x)=2x^3-12x^2+ax-4$에서 $f'(x)=6x^2-24x+a$
함수 $f(x)$가 $x=1$에서 극댓값을 가지므로 $f'(1)=0$에서
$6-24+a=0$ $\therefore a=18$
즉, $f(x)=2x^3-12x^2+18x-4$이므로 극댓값은 $f(1)=4$
따라서 $M=4$이므로
$a+M=18+4=22$

1015 답 ③

$f(x)=ax^3+bx$에서 $f'(x)=3ax^2+b$
함수 $f(x)$가 $x=-1$, $x=1$에서 극값을 가지므로
$f'(-1)=f'(1)=0$에서
$f'(x)=3a(x+1)(x-1)=3ax^2-3a$
$\therefore b=-3a$
$a>0$이므로 함수 $f(x)=ax^3-3ax$의 증가, 감소를 표로 나타내면 다음과 같다.

x	$\cdots$	-1	$\cdots$	1	$\cdots$
$f'(x)$	$+$	0	$-$	0	$+$
$f(x)$	↗	$2a$ 극대	↘	$-2a$ 극소	↗

함수 $f(x)$는 $x=1$에서 극솟값 -2를 가지므로
$f(1)=-2$에서
$-2a=-2$ $\therefore a=1$
따라서 $f(x)=x^3-3x$이므로 함수 $f(x)$의 극댓값은
$f(-1)=2$

1016 답 ③

$f(x)=kx^3-9kx^2+24kx$에서
$f'(x)=3kx^2-18kx+24k=3k(x-2)(x-4)$
$f'(x)=0$인 x의 값은 $x=2$ 또는 $x=4$
이때 $k>0$이므로 함수 $f(x)$의 증가, 감소를 표로 나타내면 다음과 같다.

x	$\cdots$	2	$\cdots$	4	$\cdots$
$f'(x)$	$+$	0	$-$	0	$+$
$f(x)$	↗	$20k$ 극대	↘	$16k$ 극소	↗

함수 $f(x)$의 극댓값은 $f(2)=20k$, 극솟값은 $f(4)=16k$이고, 그 차가 24이므로
$20k-16k=24$, $4k=24$ $\therefore k=6$

실수 Check

$k>0$이므로 $20k>16k$
즉, 극댓값과 극솟값의 차는 $20k-16k=4k$이다.

1017 답 ④

$f(x)=x^3-kx-1$에서 $f'(x)=3x^2-k$
함수 $f(x)$가 $x=\alpha$, $x=\beta$에서 극값을 갖는다고 하면 이차방정식 $3x^2-k=0$의 두 근이 α, β이므로 근과 계수의 관계에 의하여
$\alpha+\beta=0$, $\alpha\beta=-\frac{k}{3}$
$\beta=-\alpha$이므로 $-\alpha^2=-\frac{k}{3}$에서 $k=3\alpha^2$
두 극값의 차가 108이므로
$|f(\beta)-f(\alpha)|=|(\beta^3-k\beta-1)-(\alpha^3-k\alpha-1)|$
$=|(-\alpha^3+k\alpha-1)-(\alpha^3-k\alpha-1)|$ ← $\beta=-\alpha$를 대입한다.
$=|-2\alpha^3+2k\alpha|$
$=|-2\alpha^3+6\alpha^3|$
$=|4\alpha^3|=108$
따라서 $|\alpha|=3$이므로 $k=3\alpha^2=27$

1018 답 -25

$f(x)=2x^3+ax^2+bx+c$ (a, b, c는 상수)라 하면

$f'(x)=6x^2+2ax+b$

함수 $f(x)$가 $x=0$에서 극솟값을 가지므로

$f'(0)=0$에서 $b=0$

$x=-3$에서 극댓값 2를 가지므로

$f'(-3)=0$, $f(-3)=2$

$f'(-3)=0$에서 $54-6a+b=0$ $\quad\therefore a=9$

$f(-3)=2$에서 $-54+9a-3b+c=2$ $\quad\therefore c=-25$

따라서 $f(x)=2x^3+9x^2-25$이므로 극솟값은

$f(0)=-25$

1019 답 16

$g(x)=(x^3+2)f(x)$에서 $g'(x)=3x^2f(x)+(x^3+2)f'(x)$

함수 $g(x)$가 $x=1$에서 극솟값 24를 가지므로

$g(1)=24$, $g'(1)=0$ $\quad$ → $g'(x)=(x^3+2)'f(x)+(x^3+2)f'(x)$

$g(1)=24$에서 $3f(1)=24$이므로 $f(1)=8$

$g'(1)=0$에서 $3f(1)+3f'(1)=0$이므로

$3\times8+3f'(1)=0$ $\quad\therefore f'(1)=-8$

$\therefore f(1)-f'(1)=8-(-8)=16$

1020 답 ⑤

(가)에서 $\lim_{x\to\infty}\frac{f(x)}{x^3}=1$이므로 $f(x)$는 삼차항의 계수가 1인 삼차함수이다.
→ 극한값이 존재하므로 분모, 분자의 차수가 같다.

즉, $f'(x)$는 이차항의 계수가 3인 이차함수이고 함수 $f(x)$가 $x=-1$과 $x=2$에서 극값을 가지므로

$f'(-1)=0$, $f'(2)=0$에서

$f'(x)=3(x+1)(x-2)$

$$\therefore \lim_{h\to0}\frac{f(3+h)-f(3-h)}{h}$$
$$=\lim_{h\to0}\frac{\{f(3+h)-f(3)\}-\{f(3-h)-f(3)\}}{h}$$
$$=\lim_{h\to0}\frac{f(3+h)-f(3)}{h}+\lim_{h\to0}\frac{f(3-h)-f(3)}{-h}$$
$$=2f'(3)=2\times12=24$$

1021 답 ①

$f(x)=-\frac{1}{3}x^3+2x^2+mx+1$에서

$f'(x)=-x^2+4x+m$

함수 $f(x)$가 $x=3$에서 극대이므로

$f'(3)=0$에서 $-9+12+m=0$

$\therefore m=-3$

1022 답 ①

$f(x)=-x^4+8a^2x^2-1$에서

$f'(x)=-4x^3+16a^2x=-4x(x+2a)(x-2a)$

$f'(x)=0$인 x의 값은 $x=-2a$ 또는 $x=0$ 또는 $x=2a$

$a>0$이므로 함수 $f(x)$의 증가, 감소를 표로 나타내면 다음과 같다.

x	$\cdots$	$-2a$	$\cdots$	0	$\cdots$	$2a$	$\cdots$
$f'(x)$	$+$	0	$-$	0	$+$	0	$-$
$f(x)$	↗	극대	↘	극소	↗	극대	↘

이때 함수 $f(x)$가 $x=b$, $x=2-2b$에서 극대이고, $b>1$이므로

$-2a=2-2b$, $2a=b$

두 식을 연립하여 풀면 $a=1$, $b=2$

$\therefore a+b=3$

1023 답 ②

$f(x)=x^3-3ax^2+3(a^2-1)x$에서

$f'(x)=3x^2-6ax+3(a^2-1)$

$\quad=3\{x-(a+1)\}\{x-(a-1)\}$

$f'(x)=0$인 x의 값은 $x=a+1$ 또는 $x=a-1$

함수 $f(x)$의 증가, 감소를 표로 나타내면 다음과 같다.

x	$\cdots$	$a-1$	$\cdots$	$a+1$	$\cdots$
$f'(x)$	$+$	0	$-$	0	$+$
$f(x)$	↗	극대	↘	극소	↗

즉, 함수 $f(x)$의 극댓값은 $f(a-1)=4$

$f(a-1)=(a-1)^3-3a(a-1)^2+3(a^2-1)(a-1)$

$\quad=(a-1)^2(a+2)$

$\quad=a^3-3a+2$

즉, $a^3-3a+2=4$이므로

$a^3-3a-2=0$, $(a+1)^2(a-2)=0$

$\therefore a=-1$ 또는 $a=2$ ⋯⋯ ㉠

이때 $f(-2)>0$이므로 $-8-12a-6a^2+6>0$

$3a^2+6a+1<0$ → $a=-1$, $a=2$를 각각 대입하여 부호만 확인할 수도 있다.

$\therefore \frac{-3-\sqrt{6}}{3}<a<\frac{-3+\sqrt{6}}{3}$ ⋯⋯ ㉡

㉠, ㉡을 동시에 만족시키는 a의 값은 $a=-1$

따라서 $f(x)=x^3+3x^2$이므로 $f(-1)=2$

실수 Check

$f'(x)=0$인 x의 값은 $x=a+1$ 또는 $x=a-1$

이때 $a-1<a+1$임을 이용하여 표에 나타낸다.

1024 답 3 $\quad$ | 유형7

함수 $f(x)$의 도함수 $y=f'(x)$의 그래프가 그림과 같을 때, 함수 $f(x)$는 $x=a$에서 극대이다. a의 값을 구하시오.

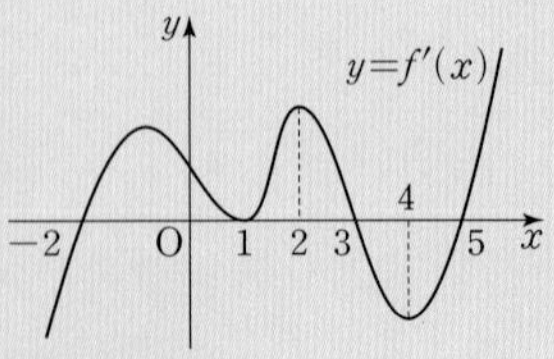

단서1 그래프에서 $f'(x)$의 부호를 확인

단서2 $f'(x)$의 부호가 양에서 음으로 바뀔 때 $x=a$에서 극대

STEP 1 그래프에서 함수 $f(x)$가 극대일 때의 x의 값을 찾아 a의 값 구하기

주어진 그래프에서 $f'(x)$의 부호를 조사하여 함수 $f(x)$의 증가, 감소를 표로 나타내면 다음과 같다.

x	$\cdots$	-2	$\cdots$	1	$\cdots$	3	$\cdots$	5	$\cdots$
$f'(x)$	$-$	0	$+$	0	$+$	0	$-$	0	$+$
$f(x)$	↘	극소	↗		↗	극대	↘	극소	↗

따라서 함수 $f(x)$는 $x=3$에서 극대이므로

$a=3$

→ $x=3$의 좌우에서 $f'(x)$의 부호가 양에서 음으로 바뀐다.

1025 답 10

주어진 그래프에서 $f'(x)$의 부호를 조사하여 함수 $f(x)$의 증가, 감소를 표로 나타내면 다음과 같다.

x	$\cdots$	1	$\cdots$	2	$\cdots$	4	$\cdots$	5	$\cdots$
$f'(x)$	$-$	0	$+$	0	$+$	0	$-$	0	$+$
$f(x)$	↘	극소	↗		↗	극대	↘	극소	↗

함수 $f(x)$는 $x=1$, $x=4$, $x=5$에서 극값을 가지므로 모든 실수 a의 값의 합은

→ $x=1$, $x=4$, $x=5$의 좌우에서 $f'(x)$의 부호가 바뀐다.

$1+4+5=10$

실수 Check

$f'(a)=0$이어도 $x=a$의 좌우에서 $f'(x)$의 부호가 바뀌지 않으면 함수 $f(x)$는 $x=a$에서 극값을 갖지 않음에 주의한다.

1026 답 3

주어진 그래프에서 $f'(x)$의 부호를 조사하여 함수 $f(x)$의 증가, 감소를 표로 나타내면 다음과 같다.

x	0	$\cdots$	1	$\cdots$	2	$\cdots$	3	$\cdots$	4	$\cdots$	5	$\cdots$	6
$f'(x)$		$+$	0	$-$	0	$+$	0	$-$	0	$-$	0	$+$	0
$f(x)$		↗	극대	↘	극소	↗	극대	↘		↘	극소	↗	

따라서 함수 $f(x)$는 $x=1$, $x=3$에서 극대이므로 $M=1+3=4$

$x=2$, $x=5$에서 극소이므로 $m=2+5=7$

$\therefore m-M=7-4=3$

1027 답 ④

주어진 그래프에서 $f'(x)$의 부호를 조사하여 함수 $f(x)$의 증가, 감소를 표로 나타내면 다음과 같다.

x	$\cdots$	0	$\cdots$	6	$\cdots$
$f'(x)$	$-$	0	$+$	0	$-$
$f(x)$	↘	극소	↗	극대	↘

ㄱ. $f(0)=1$이므로 함수 $f(x)$의 극솟값은 1이다. (거짓)

ㄴ. 함수 $f(x)$는 $x=6$에서 극대이다. (참)

ㄷ. 구간 $(0, 6)$에서 $f'(x)>0$이므로 함수 $f(x)$는 이 구간에서 증가한다.

$\therefore f(0)<f(3)<f(6)$ (참)

따라서 옳은 것은 ㄴ, ㄷ이다.

1028 답 ⑤

주어진 그래프에서 $f'(x)$의 부호를 조사하여 함수 $f(x)$의 증가, 감소를 표로 나타내면 다음과 같다.

x	$\cdots$	-1	$\cdots$	1	$\cdots$	3	$\cdots$
$f'(x)$	$-$	0	$+$	0	$-$	0	$+$
$f(x)$	↘	극소	↗	극대	↘	극소	↗

ㄱ. 함수 $f(x)$는 $-1<x<1$에서 $f'(x)>0$이므로 증가한다. (참)

ㄴ. 함수 $f(x)$는 $x=1$에서 극대이다. (참)

ㄷ. 함수 $f(x)$는 $x=3$에서 극소이다. (참)

따라서 옳은 것은 ㄱ, ㄴ, ㄷ이다.

1029 답 ③

주어진 그래프에서 $f'(x)$의 부호를 조사하여 함수 $f(x)$의 증가, 감소를 표로 나타내면 다음과 같다.

x	$\cdots$	1	$\cdots$	7	$\cdots$
$f'(x)$	$+$	0	$-$	0	$+$
$f(x)$	↗	극대	↘	극소	↗

ㄱ. $f(1)=0$이므로

$\frac{1}{3}+a+b-\frac{10}{3}=0$ $\quad\therefore a+b=3$ (참)

ㄴ. 함수 $f(x)$는 $x=7$에서 극소이다. (거짓)

ㄷ. 함수 $f(x)$의 극댓값은 $f(1)=0$이다. (참)

따라서 옳은 것은 ㄱ, ㄷ이다.

다른 풀이

$f(x)=\frac{1}{3}x^3+ax^2+bx-\frac{10}{3}$에서 $f'(x)=x^2+2ax+b$ ⋯⋯ ㉠

ㄱ. $y=f'(x)$의 그래프와 x축의 교점의 x좌표가 1, 7이므로

$f'(x)=(x-1)(x-7)=x^2-8x+7$ ⋯⋯ ㉡

㉠, ㉡의 동류항의 계수를 비교하면

$2a=-8$, $b=7$ $\quad\therefore a=-4$, $b=7$

$\therefore a+b=3$

1030 답 -7

$f(x)=2x^3+ax^2+bx+c$에서 $f'(x)=6x^2+2ax+b$ ⋯⋯ ㉠

$y=f'(x)$의 그래프와 x축의 교점의 x좌표가 0, 1이므로

$f'(x)=6x(x-1)=6x^2-6x$ ⋯⋯ ㉡

㉠, ㉡의 동류항의 계수를 비교하면

$2a=-6$, $b=0$ $\quad\therefore a=-3$, $b=0$

$\therefore f(x)=2x^3-3x^2+c$

주어진 그래프에서 $f'(x)$의 부호를 조사하여 함수 $f(x)$의 증가, 감소를 표로 나타내면 다음과 같다.

x	$\cdots$	0	$\cdots$	1	$\cdots$
$f'(x)$	$+$	0	$-$	0	$+$
$f(x)$	↗	c 극대	↘	$c-1$ 극소	↗

이때 함수 $f(x)$의 극솟값이 -12이므로

$c-1=-12$ $\quad\therefore c=-11$

따라서 $f(x)=2x^3-3x^2-11$이므로

$f(2)=-7$

1031 답 8

삼차함수 $f(x)$의 도함수 $f'(x)$는 이차함수이고,

$f'(-1)=f'(1)=0$이므로

$f'(x)=a(x+1)(x-1)$이라 하면

$f'(0)=-1$이므로 $a=1$

$\therefore f'(x)=(x+1)(x-1)=x^2-1$

$g(x)=f(x)-kx$에서 $g'(x)=f'(x)-k$

함수 $g(x)$가 $x=-3$에서 극값을 가지므로

$g'(-3)=0$에서

$f'(-3)-k=0$, $8-k=0$

$\therefore k=8$

실수 Check

$f'(x)=x^2-1$이므로

$g'(x)=f'(x)-8=x^2-9=(x+3)(x-3)$

$g'(x)=0$인 x의 값은 $x=-3$ 또는 $x=3$

$g'(x)$의 부호를 조사하여 함수 $g(x)$의 증가, 감소를 표로 나타내면 다음과 같다.

x	$\cdots$	-3	$\cdots$	3	$\cdots$
$g'(x)$	$+$	0	$-$	0	$+$
$g(x)$	↗	극대	↘	극소	↗

따라서 함수 $g(x)$는 $x=-3$에서 극대인 것을 확인할 수 있다.

Plus 문제

1031-1

삼차함수 $f(x)$의 도함수 $y=f'(x)$의 그래프가 그림과 같다. 함수 $g(x)=f(x)+kx^2$이 $x=-2$에서 극값을 가질 때, 상수 k의 값을 구하시오.

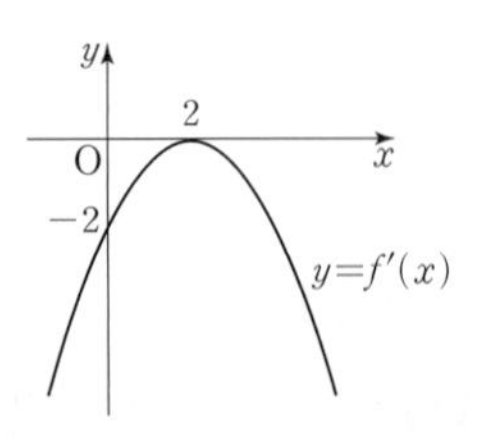

삼차함수 $f(x)$의 도함수 $f'(x)$는 이차함수이고,

$f'(2)=0$이므로 $f'(x)=a(x-2)^2$이라 하면

$f'(0)=-2$이므로 $4a=-2$ $\quad\therefore a=-\frac{1}{2}$

$\therefore f'(x)=-\frac{1}{2}(x-2)^2$

$g(x)=f(x)+kx^2$에서 $g'(x)=f'(x)+2kx$

함수 $g(x)$가 $x=-2$에서 극값을 가지므로

$g'(-2)=0$에서

$f'(-2)-4k=0$, $-8-4k=0$

$\therefore k=-2$

답 -2

1032 답 ③ | 유형8

함수 $f(x)=ax^3+bx^2+cx$의 그래프가 그림과 같이 원점을 지나고 $x=\alpha$, $x=\beta$에서 극값을 가질 때, 〈보기〉에서 옳은 것만을 있는 대로 고른 것은? (단, a, b, c는 상수이다.) [단서2] [단서1]

〈보기〉

ㄱ. $a<0$ ㄴ. $ab>0$ ㄷ. $ac>0$

① ㄱ ② ㄴ ③ ㄱ, ㄷ ④ ㄴ, ㄷ ⑤ ㄱ, ㄴ, ㄷ

단서1 $x\to\infty$일 때, $f(x)\to-\infty$

단서2 $f'(\alpha)=0$, $f'(\beta)=0$

STEP1 a의 부호 구하기

함수 $f(x)=ax^3+bx^2+cx$의 그래프에서 $x\to\infty$일 때, $f(x)\to-\infty$이므로 $a<0$

STEP2 이차방정식 $f'(x)=0$의 두 실근이 α, β임을 이용하여 b, c의 부호 구하기

$f(x)=ax^3+bx^2+cx$에서 $f'(x)=3ax^2+2bx+c$

α, β는 서로 다른 두 양수이고, $f'(\alpha)=0$, $f'(\beta)=0$이므로 이차방정식 $f'(x)=0$은 서로 다른 두 개의 양의 실근 α, β를 갖는다.

이차방정식의 근과 계수의 관계에 의하여

$\alpha+\beta=-\frac{2b}{3a}>0$, $\alpha\beta=\frac{c}{3a}>0$

$a<0$이므로 $b>0$, $c<0$

STEP3 a, b, c의 부호를 보고 옳은 것 찾기

$ab<0$, $ac>0$이므로 옳은 것은 ㄱ, ㄷ이다.

1033 답 ㄱ, ㄴ

$f(x)=x^3+ax^2+bx+c$에서

$f'(x)=3x^2+2ax+b$

ㄱ. 그래프가 y축의 양의 부분과 만나므로 $f(0)>0$에서 $c>0$ (참)

ㄴ. 함수 $f(x)$는 $x=0$에서 극대이므로 $f'(0)=0$에서 $b=0$ (참)

ㄷ. $f'(x)=3x^2+2ax=x(3x+2a)$에서

$f'(x)=0$인 x의 값은 $x=0$ 또는 $x=-\frac{2a}{3}$

즉, $a=-\frac{2a}{3}>0$이므로 $a<0$ (거짓)

따라서 옳은 것은 ㄱ, ㄴ이다.

1034 답 ⑤

함수 $f(x)=ax^3+bx^2+cx-1$의 그래프에서 $x \to \infty$일 때 $f(x) \to -\infty$이므로 $a<0$

$f(x)=ax^3+bx^2+cx-1$에서 $f'(x)=3ax^2+2bx+c$

α, β는 서로 다른 두 음수이고, $f'(\alpha)=0$, $f'(\beta)=0$이므로 이차방정식 $f'(x)=0$은 서로 다른 두 개의 음의 실근 α, β를 갖는다.

이차방정식의 근과 계수의 관계에 의하여

$\alpha+\beta=-\frac{2b}{3a}<0$, $\alpha\beta=\frac{c}{3a}>0$

$a<0$이므로 $b<0$, $c<0$

1035 답 ③

$f(x)=x^3+ax^2+bx+c$에서

$f'(x)=3x^2+2ax+b$

그래프가 y축의 양의 부분과 만나므로 $f(0)>0$에서

$c>0$

$\alpha<0$, $\beta>0$이고 $f'(\alpha)=0$, $f'(\beta)=0$이므로 이차방정식 $f'(x)=0$은 음의 실근 α, 양의 실근 β를 갖는다.

이때 $\beta>|\alpha|$이므로 이차방정식의 근과 계수의 관계에 의하여

$\alpha+\beta=-\frac{2a}{3}>0$, $\alpha\beta=\frac{b}{3}<0$

따라서 $a<0$, $b<0$, $c>0$이므로

$$\frac{|a|}{a}+\frac{2|b|}{b}+\frac{3|c|}{c}=\frac{-a}{a}+\frac{-2b}{b}+\frac{3c}{c}$$
$$=-1-2+3=0$$

1036 답 3

$f'(x)<0$, $f(x)>0$인 점은 A, G

$f'(x)>0$, $f(x)<0$인 점은 D

따라서 $f'(x)f(x)<0$을 만족시키는 점은 A, G, D의 3개이다.

1037 답 ④

$y=f(x)$의 그래프에서

$f(1)=f(3)=0$, $f'(0)=f'(2)=0$, $f(2)=-2$

$g(x)=xf(x)$에서 $g'(x)=f(x)+xf'(x)$

ㄱ. $f(1)+g'(1)=\underbrace{f(1)}_{=0}+\underbrace{f(1)}_{=0}+f'(1)$
$=f'(1)$

이때 그래프에서 $f'(1)<0$이므로

$f(1)+g'(1)<0$ (거짓)

ㄴ. $g(2)=2f(2)=2\times(-2)=-4$

$g'(2)=f(2)+2\underbrace{f'(2)}_{=0}$
$=f(2)=-2$

$\therefore g(2)g'(2)=(-4)\times(-2)=8>0$ (참)

ㄷ. $f(3)+g'(3)=\underbrace{f(3)}_{=0}+\underbrace{f(3)}_{=0}+3f'(3)$
$=3f'(3)$

이때 그래프에서 $f'(3)>0$이므로

$f(3)+g'(3)>0$ (참)

따라서 옳은 것은 ㄴ, ㄷ이다.

1038 답 ② | 유형 9

함수 $f(x)$의 도함수 $y=f'(x)$의 그래프가 그림과 같다. 다음 중 함수 $y=f(x)$의 그래프의 개형이 될 수 있는 것은?

$y=f'(x)$, O, 3, x, y

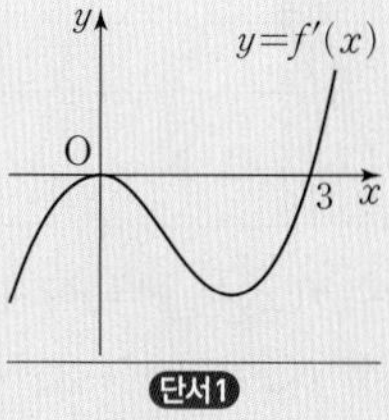

단서1

① ② 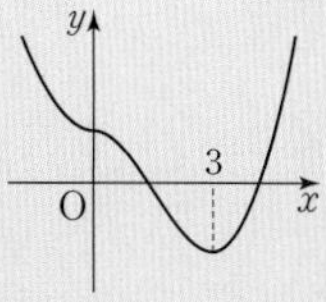 ③ 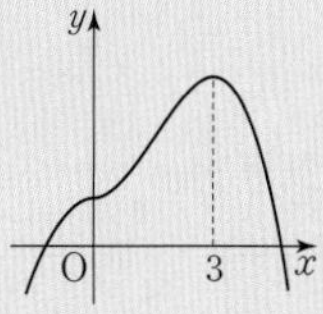 ④ 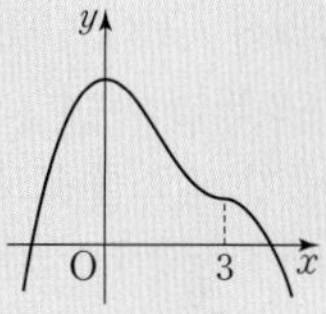 ⑤

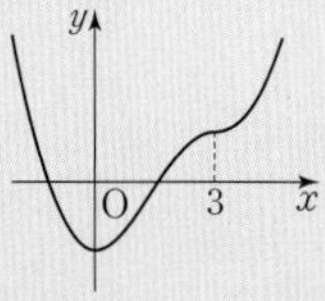

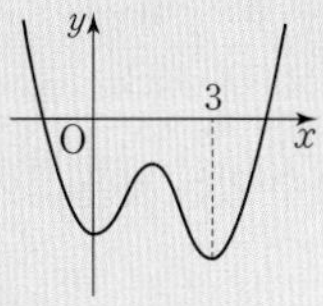

단서1 $f'(x)$는 삼차함수이고, $f'(0)=0$, $f'(3)=0$

STEP 1 그래프에서 $f'(x)=0$인 x의 값 찾기

주어진 그래프에서 $f'(x)=0$인 x의 값은 $x=0$ 또는 $x=3$

STEP 2 $f(x)$의 증가, 감소를 표로 나타내기

함수 $f(x)$의 증가, 감소를 표로 나타내면 다음과 같다.

x	$\cdots$	0	$\cdots$	3	$\cdots$
$f'(x)$	$-$	0	$-$	0	$+$
$f(x)$	↘		↘	극소	↗

STEP 3 알맞은 그래프의 개형 찾기

함수 $y=f(x)$의 그래프의 개형이 될 수 있는 것은 ②이다.

1039 답 ①

주어진 그래프에서 $f'(x)=0$인 x의 값은

$x=-1$ 또는 $x=1$ 또는 $x=3$

함수 $f(x)$의 증가, 감소를 표로 나타내면 다음과 같다.

x	$\cdots$	-1	$\cdots$	1	$\cdots$	3	$\cdots$
$f'(x)$	$-$	0	$+$	0	$-$	0	$+$
$f(x)$	↘	극소	↗	극대	↘	극소	↗

따라서 함수 $y=f(x)$의 그래프의 개형이 될 수 있는 것은 ①이다.

1040 답 ①

$f(x)=3x^4-8x^3+6x^2+1$에서

$f'(x)=12x^3-24x^2+12x=12x(x-1)^2$

$f'(x)=0$인 x의 값은 $x=0$ 또는 $x=1$

함수 $f(x)$의 증가, 감소를 표로 나타내면 다음과 같다.

x	$\cdots$	0	$\cdots$	1	$\cdots$
$f'(x)$	$-$	0	$+$	0	$+$
$f(x)$	↘	1 극소	↗	2	↗

함수 $f(x)$는 $x=0$에서 극솟값 1을 가지므로

함수 $f(x)=3x^4-8x^3+6x^2+1$의 그래프의 개형이 될 수 있는 것은 ①이다.

1041 답 ③

주어진 그래프에서 $f'(x)=0$인 x의 값은

$x=0$ 또는 $x=2$ 또는 $x=4$

함수 $f(x)$의 증가, 감소를 표로 나타내면 다음과 같다.

x	$\cdots$	0	$\cdots$	2	$\cdots$	4	$\cdots$
$f'(x)$	$+$	0	$+$	0	$-$	0	$+$
$f(x)$	↗		↗	극대	↘	극소	↗

따라서 함수 $y=f(x)$의 그래프의 개형이 될 수 있는 것은 ③이다.

1042 답 ①

주어진 그래프에서 $f'(x)=0$인 x의 값은

$x=-3$ 또는 $x=0$ 또는 $x=3$

함수 $f(x)$의 증가, 감소를 표로 나타내면 다음과 같다.

x	$\cdots$	-3	$\cdots$	0	$\cdots$	3	$\cdots$
$f'(x)$	$-$	0	$+$	0	$-$	0	$+$
$f(x)$	↘	극소	↗	극대	↘	극소	↗

ㄱ. 함수 $f(x)$는 구간 $(0, 3)$에서 감소하므로 $f(2)>f(3)$

$f(3)>0$이므로 $f(2)>f(3)>0$ (참)

ㄴ. $f(x)$는 $x=-3$에서 극소이다. (거짓)

ㄷ. $f(-3)=f(3)>0$이므로 $y=f(x)$의 그래프는 그림과 같고, x축과 만나지 않는다. (거짓)

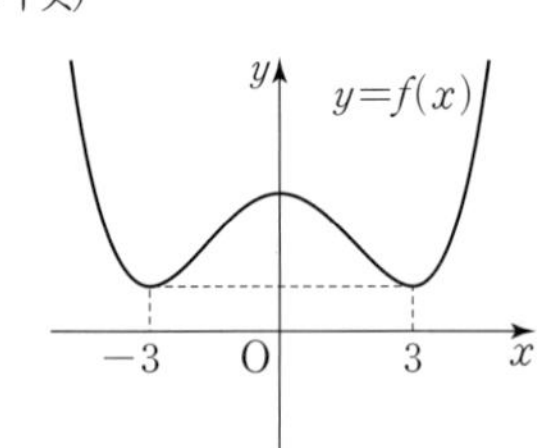

따라서 옳은 것은 ㄱ이다.

1043 답 ②

| 유형 10

삼차함수 $f(x)=(a+2)x^3+ax^2+(a-2)x+2$가 극댓값과 극솟값을 모두 가질 때, 자연수 a의 개수는?

단서1

① 1 ② 2 ③ 3 ④ 4 ⑤ 5

단서1 $f'(x)=0$인 x의 값은 2개

STEP 1 그래프에서 함수 $f(x)$가 극댓값과 극솟값을 모두 가질 때, 자연수 a의 개수 구하기

$f(x)=(a+2)x^3+ax^2+(a-2)x+2$에서

$f'(x)=3(a+2)x^2+2ax+a-2$

삼차함수 $f(x)$가 극댓값과 극솟값을 모두 가지려면 이차방정식 $f'(x)=0$이 서로 다른 두 실근을 가져야 한다.

이차방정식 $3(a+2)x^2+2ax+a-2=0$의 판별식을 D라 하면

$\frac{D}{4}>0$에서 $a^2-3a^2+12>0$

$-2a^2+12>0$, $2(a+\sqrt{6})(a-\sqrt{6})<0$

$\therefore -\sqrt{6}<a<\sqrt{6}$

따라서 자연수 a는 1, 2의 2개이다.

참고 함수 $f(x)$가 극댓값과 극솟값을 모두 가지므로 $f'(x)=0$인 x의 값은 2개 이상이다. 이때 $f'(x)$는 이차함수이므로 이차방정식 $f'(x)=0$은 서로 다른 두 실근을 갖는다.

1044 답 $a<0$ 또는 $a>6$

$f(x)=x^3+ax^2+2ax-3$에서 $f'(x)=3x^2+2ax+2a$

삼차함수 $f(x)$가 극값을 가지려면 이차방정식 $f'(x)=0$이 서로 다른 두 실근을 가져야 한다.

이차방정식 $3x^2+2ax+2a=0$의 판별식을 D라 하면

$\frac{D}{4}>0$에서 $a^2-6a>0$

$a(a-6)>0$ $\quad\therefore a<0$ 또는 $a>6$

참고 삼차함수 $f(x)$가 극값을 갖는다.

$\Longleftrightarrow$ 삼차함수 $f(x)$가 극댓값과 극솟값을 모두 갖는다.

1045 답 ①

$f(x)=x^3+ax^2+(a^2-4a)x+3$에서

$f'(x)=3x^2+2ax+a^2-4a$

삼차함수 $f(x)$가 극값을 가지려면 이차방정식 $f'(x)=0$이 서로 다른 두 실근을 가져야 한다.

이차방정식 $3x^2+2ax+a^2-4a=0$의 판별식을 D라 하면

$\frac{D}{4}>0$에서 $a^2-3a^2+12a>0$

$2a^2-12a<0$, $2a(a-6)<0$

$\therefore 0<a<6$

따라서 정수 a는 1, 2, 3, 4, 5의 5개이다.

1046 답 2

$f(x)=(a+1)x^3+ax^2+(a-1)x$에서

$f'(x)=3(a+1)x^2+2ax+a-1$

삼차함수 $f(x)$가 극값을 가지려면 이차방정식 $f'(x)=0$이 서로 다른 두 실근을 가져야 한다.

이차방정식 $3(a+1)x^2+2ax+a-1=0$의 판별식을 D라 하면

$\frac{D}{4}>0$에서 $a^2-3(a+1)(a-1)>0$, $a^2-3a^2+3>0$

$a^2<\frac{3}{2}$ $\quad\therefore -\frac{\sqrt{6}}{2}<a<\frac{\sqrt{6}}{2}$

이때 $f(x)$가 삼차함수이므로 정수 a는 0, 1의 2개이다.

→ 삼차항의 계수 $a+1$이 0이 되지 않는 a의 값이어야 한다.

1047 답 ③

$f(x)=x^3+(a-1)x^2+(a-1)x+1$에서

$f'(x)=3x^2+2(a-1)x+a-1$

삼차함수 $f(x)$가 극값을 갖지 않으려면 이차방정식 $f'(x)=0$이 중근 또는 허근을 가져야 한다.

이차방정식 $3x^2+2(a-1)x+a-1=0$의 판별식을 D라 하면

$\frac{D}{4}\le 0$에서 $(a-1)^2-3(a-1)\le 0$

$(a-1)(a-4)\le 0$ $\therefore 1\le a\le 4$

1048 답 4

$f(x)=x^3+3ax^2+3(2a+3)x$에서

$f'(x)=3x^2+6ax+6a+9$

삼차함수 $f(x)$가 극값을 갖지 않으려면 이차방정식 $f'(x)=0$이 중근 또는 허근을 가져야 한다.

이차방정식 $3x^2+6ax+6a+9=0$의 판별식을 D라 하면

$\frac{D}{4}\le 0$에서 $(3a)^2-3(6a+9)\le 0$

$9a^2-18a-27\le 0$, $9(a+1)(a-3)\le 0$ $\therefore -1\le a\le 3$

따라서 $M=3$, $m=-1$이므로 $M-m=4$

1049 답 ③

$f(x)=x^3-12a^2x+6$에서

$f'(x)=3x^2-12a^2=3(x+2a)(x-2a)$

$f'(x)=0$인 x의 값은 $x=-2a$ 또는 $x=2a$

삼차함수 $f(x)$가 극댓값과 극솟값을 각각 1개씩 가지므로 $f(x)$는 $x=-2a$와 $x=2a$에서 극값을 갖는다.

$f(-2a)=16a^3+6$, $f(2a)=-16a^3+6$

이때 극댓값과 극솟값의 차가 32이므로

$|f(-2a)-f(2a)|=|(16a^3+6)-(-16a^3+6)|$

$=|32a^3|=32$

$|a^3|=1$ $\therefore a=1$ ($\because a>0$)

1050 답 $a<-9$ | 유형11

함수 $f(x)=x^3+ax^2+27x-2$가 $x>-1$에서 극댓값과 극솟값을 모두 갖도록 하는 상수 a의 값의 범위를 구하시오.

단서1 $x>-1$에서 $f'(x)=0$인 x의 값은 2개

STEP1 $f'(x)$ 구하기

$f(x)=x^3+ax^2+27x-2$에서 $f'(x)=3x^2+2ax+27$

STEP2 이차방정식 $f'(x)=0$이 $x>-1$에서 서로 다른 두 실근을 갖도록 하는 상수 a의 값 구하기

함수 $f(x)$가 $x>-1$에서 극댓값과 극솟값을 모두 가지려면 이차방정식 $f'(x)=0$이 $x>-1$에서 서로 다른 두 실근을 가져야 한다.

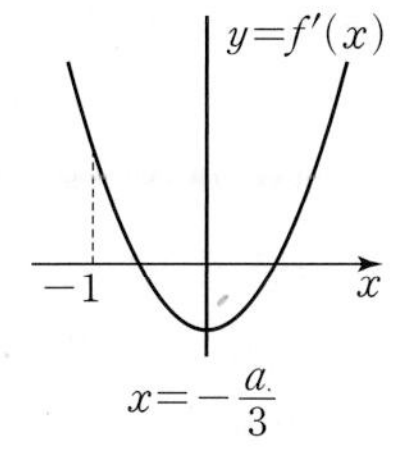

(i) 이차방정식 $3x^2+2ax+27=0$의 판별식을 D라 하면 $\frac{D}{4}>0$에서

$a^2-81>0$, $(a+9)(a-9)>0$

$\therefore a<-9$ 또는 $a>9$ ······ ㉠

(ii) $f'(-1)>0$에서 $3-2a+27>0$

$\therefore a<15$ ······ ㉡

(iii) $y=f'(x)$의 그래프의 축의 방정식은 $x=-\frac{a}{3}$이므로

$-\frac{a}{3}>-1$ $\therefore a<3$ ······ ㉢

㉠, ㉡, ㉢을 동시에 만족시키는 a의 값의 범위는

$a<-9$

개념 Check

이차방정식의 실근의 위치

이차방정식 $ax^2+bx+c=0$ $(a>0)$의 판별식을 D라 하면

① 두 근이 모두 p보다 크다.

→ $D\ge 0$, $f(p)>0$, $-\frac{b}{2a}>p$

② 두 근이 모두 p보다 작다.

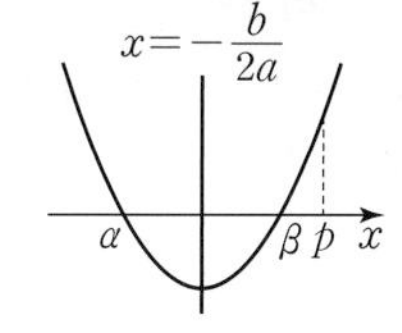

→ $D\ge 0$, $f(p)>0$, $-\frac{b}{2a}<p$

③ 두 근 사이에 p가 있다.

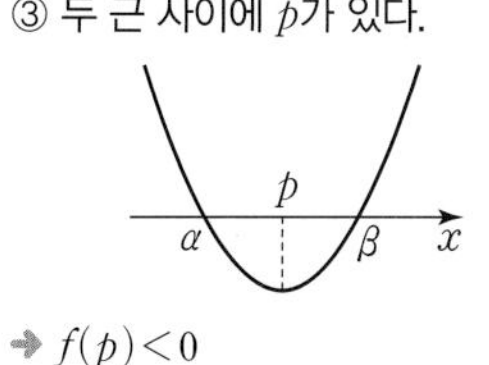

→ $f(p)<0$

④ 두 근이 모두 p, q 사이에 있다.

→ $D\ge 0$, $f(p)>0$, $f(q)>0$, $p<-\frac{b}{2a}<q$

1051 답 11

$f(x)=-x^3+3x^2-ax$에서

$f'(x)=-3x^2+6x-a$

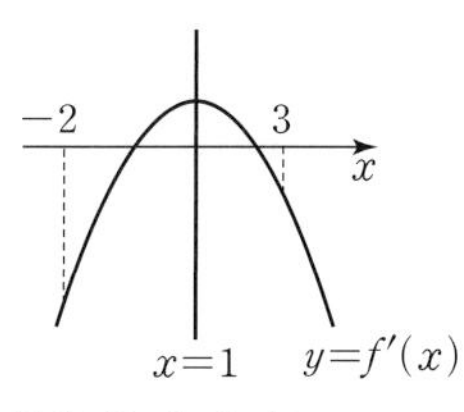

삼차함수 $f(x)$가 열린구간 $(-2,\ 3)$에서 극값을 가지려면 이차방정식 $f'(x)=0$이 $-2<x<3$에서 서로 다른 두 실근을 가져야 한다.

(i) 이차방정식 $-3x^2+6x-a=0$의 판별식을 D라 하면

$\frac{D}{4}>0$에서

$9-3a>0$ $\therefore a<3$ ······ ㉠

(ii) $f'(-2)<0$에서

$-12-12-a<0$ $\therefore a>-24$ ······ ㉡

(iii) $f'(3)<0$에서

$-27+18-a<0$ $\therefore a>-9$ ······ ㉢

(iv) $y=f'(x)$의 그래프의 축의 방정식은 $x=1$이고 $-2<1<3$
㉠, ㉡, ㉢을 동시에 만족시키는 a의 값의 범위는
$-9<a<3$
따라서 정수 a는 $-8, -7, -6, \cdots, 2$의 11개이다.

1052 답 $\sqrt{2}<a<\frac{9}{4}$

$f(x)=2x^3-3ax^2+3x+2$에서
$f'(x)=6x^2-6ax+3$
삼차함수 $f(x)$가 $-1<x<2$에서 극댓값과 극솟값을 모두 가지려면 이차방정식 $f'(x)=0$이 $-1<x<2$에서 서로 다른 두 실근을 가져야 한다.

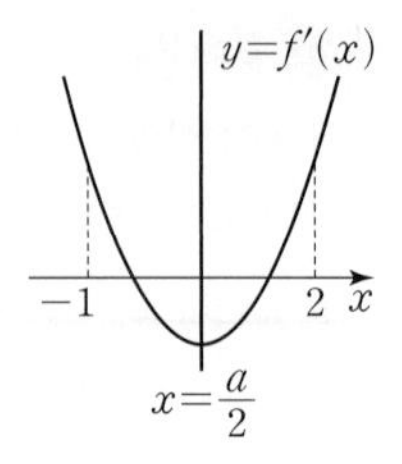

(i) 이차방정식 $6x^2-6ax+3=0$의 판별식을 D라 하면
$\frac{D}{4}>0$에서 $9a^2-18>0$, $9(a+\sqrt{2})(a-\sqrt{2})>0$
$\therefore a<-\sqrt{2}$ 또는 $a>\sqrt{2}$ ········· ㉠
(ii) $f'(-1)>0$에서
$6+6a+3>0$, $6a>-9$ $\therefore a>-\frac{3}{2}$ ········· ㉡
(iii) $f'(2)>0$에서
$24-12a+3>0$, $12a<27$ $\therefore a<\frac{9}{4}$ ········· ㉢
(iv) $y=f'(x)$의 그래프의 축의 방정식은 $x=\frac{a}{2}$이므로
$-1<\frac{a}{2}<2$ $\therefore -2<a<4$ ········· ㉣
이때 a는 양수이므로 ㉠~㉣을 동시에 만족시키는 양수 a의 값의 범위는
$\sqrt{2}<a<\frac{9}{4}$

1053 답 1

$f(x)=x^3-6ax^2+2ax+3$에서
$f'(x)=3x^2-12ax+2a$
삼차함수 $f(x)$가 $0<x<2$에서 극댓값을 갖고, $x>2$에서 극솟값을 가지려면 이차방정식 $f'(x)=0$의 서로 다른 두 실근 중 한 근은 0과 2 사이에 있고, 다른 한 근은 2보다 커야 한다.

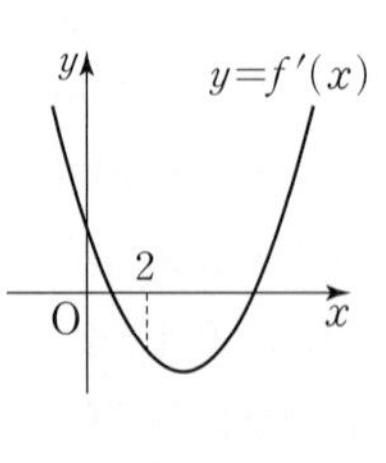

(i) $f'(0)>0$에서
$2a>0$ $\therefore a>0$ ········· ㉠
(ii) $f'(2)<0$에서
$12-24a+2a<0$ $\therefore a>\frac{6}{11}$ ········· ㉡
㉠, ㉡을 동시에 만족시키는 a의 값의 범위는 $a>\frac{6}{11}$이므로 정수 a의 최솟값은 1이다.

1054 답 ①

$f(x)=\frac{1}{3}x^3-ax^2+(2a+3)x+2$에서
$f'(x)=x^2-2ax+2a+3$
삼차함수 $f(x)$가 $x<-1$에서 극댓값을 갖고, $x>0$에서 극솟값을 가지려면 이차방정식 $f'(x)=0$의 서로 다른 두 실근 중 한 근은 -1보다 작고, 다른 한 근은 0보다 커야 한다.

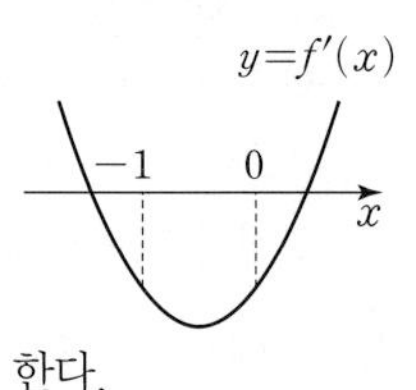

(i) $f'(-1)<0$에서
$1+2a+2a+3<0$, $4a<-4$
$\therefore a<-1$ ········· ㉠
(ii) $f'(0)<0$에서
$2a+3<0$ $\therefore a<-\frac{3}{2}$ ········· ㉡
㉠, ㉡을 동시에 만족시키는 상수 a의 값의 범위는 $a<-\frac{3}{2}$

1055 답 71

$f(x)=-2x^3-3x^2+kx$에서 $f'(x)=-6x^2-6x+k$
함수 $f(x)$가 $x<0$에서 극솟값을 갖고, $0<x<3$에서 극댓값을 가지려면 이차방정식 $f'(x)=0$의 서로 다른 두 실근 중 한 근은 0보다 작고, 다른 한 근은 0과 3 사이에 있어야 한다.

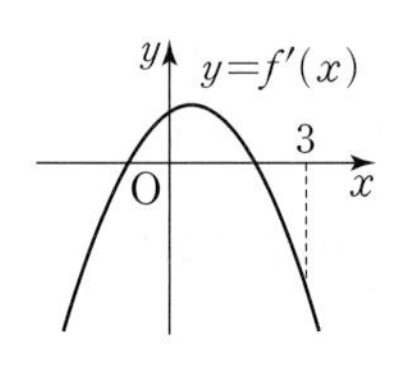

(i) $f'(0)>0$에서
$k>0$ ········· ㉠
(ii) $f'(3)<0$에서
$-54-18+k<0$ $\therefore k<72$ ········· ㉡
㉠, ㉡을 동시에 만족시키는 a의 값의 범위는 $0<k<72$이므로 정수 k는 1, 2, 3, $\cdots$, 71의 71개이다.

1056 답 ③

| 유형12

함수 $f(x)=\frac{1}{4}x^4-\frac{2}{3}x^3+\frac{k}{2}x^2$이 극댓값을 갖도록 하는 상수 k의 값의 범위가 $k<\alpha$ 또는 $\beta<k<\gamma$일 때, $\alpha+\beta+\gamma$의 값은?
① -1 ② 0 ③ 1
④ 2 ⑤ 3

단서1 $f'(x)=0$은 삼차방정식
단서2 삼차방정식 $f'(x)=0$이 서로 다른 세 실근을 갖도록 하는 상수 k의 값의 범위

STEP1 $f'(x)$ 구하기
$f(x)=\frac{1}{4}x^4-\frac{2}{3}x^3+\frac{k}{2}x^2$에서
$f'(x)=x^3-2x^2+kx=x(x^2-2x+k)$

STEP2 $f'(x)=0$이 서로 다른 세 실근을 갖도록 하는 k의 값의 범위 구하기
사차함수 $f(x)$가 극댓값을 가지려면 삼차방정식 $f'(x)=0$이 서로 다른 세 실근을 가져야 하므로 이차방정식 $x^2-2x+k=0$은 0이 아닌 서로 다른 두 실근을 가져야 한다.
(i) $x=0$이 이차방정식 $x^2-2x+k=0$의 근이 아니므로
$k\neq 0$ ········· ㉠

(ii) 이차방정식 $x^2-2x+k=0$의 판별식을 D라 하면

$\frac{D}{4}>0$에서

$1-k>0$　　$\therefore k<1$ ······ ㉡

㉠, ㉡을 동시에 만족시키는 상수 k의 값의 범위는

$k<0$ 또는 $0<k<1$

STEP3 $\alpha+\beta+\gamma$의 값 구하기

$\alpha=0,\ \beta=0,\ \gamma=1$이므로

$\alpha+\beta+\gamma=1$

참고 사차함수 $f(x)$의 최고차항의 계수가 양수일 때, $f(x)$는 적어도 하나의 극솟값을 갖는다.

(1) 사차함수 $f(x)$가 극댓값을 가지면 극댓값 1개, 극솟값 2개를 가지므로 삼차방정식 $f'(x)=0$은 서로 다른 세 실근을 갖는다.

(2) 사차함수 $f(x)$가 극댓값을 갖지 않으면 극솟값 1개만 가지므로 삼차방정식 $f'(x)=0$은 중근 또는 허근을 갖는다.

1057 답 ②

$f(x)=\frac{1}{2}x^4+2x^3+3ax^2+6$에서

$f'(x)=2x^3+6x^2+6ax=2x(x^2+3x+3a)$

사차함수 $f(x)$가 극댓값을 가지려면 삼차방정식 $f'(x)=0$이 서로 다른 세 실근을 가져야 하므로 이차방정식 $x^2+3x+3a=0$은 0이 아닌 서로 다른 두 실근을 가져야 한다.

(i) $x=0$이 이차방정식 $x^2+3x+3a=0$의 근이 아니므로

$3a\neq0$　　$\therefore a\neq0$ ······ ㉠

(ii) 이차방정식 $x^2+3x+3a=0$의 판별식을 D라 하면 $D>0$에서

$9-12a>0$　　$\therefore a<\frac{3}{4}$ ······ ㉡

㉠, ㉡을 동시에 만족시키는 a의 값의 범위는

$a<0$ 또는 $0<a<\frac{3}{4}$이므로 $p=0,\ q=\frac{3}{4}$

$\therefore p+q=\frac{3}{4}$

1058 답 ⑤

$f(x)=-\frac{1}{2}x^4+2(a-3)x^3-a^2x^2+3$에서

$f'(x)=-2x^3+6(a-3)x^2-2a^2x$

$=-2x\{x^2-3(a-3)x+a^2\}$

사차함수 $f(x)$가 극솟값을 갖지 않으려면 삼차방정식 $f'(x)=0$이 중근 또는 허근을 가져야 하므로 이차방정식 $x^2-3(a-3)x+a^2=0$의 한 근이 0이거나 중근 또는 허근을 가져야 한다.

(i) 이차방정식 $x^2-3(a-3)x+a^2=0$의 한 근이 0인 경우

$a^2=0$　　$\therefore a=0$ ······ ㉠

(ii) 이차방정식 $x^2-3(a-3)x+a^2=0$이 중근 또는 허근을 갖는 경우

이차방정식 $x^2-3(a-3)x+a^2=0$의 판별식을 D라 하면 $D\le0$에서

$9(a-3)^2-4a^2\le0,\ (3a-9+2a)(3a-9-2a)\le0$

$(5a-9)(a-9)\le0$

$\therefore \frac{9}{5}\le a\le9$ ······ ㉡

㉠, ㉡에서 $a=0$ 또는 $\frac{9}{5}\le a\le9$이므로 정수 a는 0, 2, 3, 4, 5, 6, 7, 8, 9의 9개이다.

1059 답 4

$f(x)=\frac{1}{2}x^4+2ax^3+9ax^2$에서

$f'(x)=2x^3+6ax^2+18ax=2x(x^2+3ax+9a)$

사차함수 $f(x)$가 극댓값을 갖지 않으려면 삼차방정식 $f'(x)=0$이 중근 또는 허근을 가져야 하므로 이차방정식 $x^2+3ax+9a=0$의 한 근이 0이거나 중근 또는 허근을 가져야 한다.

(i) 이차방정식 $x^2+3ax+9a=0$의 한 근이 0인 경우

$9a=0$　　$\therefore a=0$ ······ ㉠

(ii) 이차방정식 $x^2+3ax+9a=0$이 중근 또는 허근을 갖는 경우

이차방정식 $x^2+3ax+9a=0$의 판별식을 D라 하면

$D\le0$에서

$9a^2-36a\le0,\ 9a(a-4)\le0$

$\therefore 0\le a\le4$ ······ ㉡

㉠, ㉡을 동시에 만족시키는 a의 값의 범위는 $0\le a\le4$이므로 상수 a의 최댓값은 4이다.

1060 답 ③

$f(x)=-x^4+4x^3-6(k-1)x^2+6$에서

$f'(x)=-4x^3+12x^2-12(k-1)x$

$=-4x(x^2-3x+3k-3)$

함수 $f(x)$가 극솟값을 가지려면 삼차방정식 $f'(x)=0$이 서로 다른 세 실근을 가져야 하므로 이차방정식 $x^2-3x+3k-3=0$은 0이 아닌 서로 다른 두 실근을 가져야 한다.

(i) $x=0$이 이차방정식 $x^2-3x+3k-3=0$의 근이 아니므로

$3k-3\neq0$　　$\therefore k\neq1$ ······ ㉠

(ii) 이차방정식 $x^2-3x+3k-3=0$의 판별식을 D라 하면

$D>0$에서 $9-12k+12>0$

$12k<21$　　$\therefore k<\frac{7}{4}$ ······ ㉡

㉠, ㉡을 동시에 만족시키는 k의 값의 범위는

$k<1$ 또는 $1<k<\frac{7}{4}$

따라서 $\alpha=1,\ \beta=1,\ \gamma=\frac{7}{4}$이므로 $\alpha\beta\gamma=\frac{7}{4}$

1061 답 ①

$f(x)=\frac{1}{4}x^4+\frac{1}{3}(k+1)x^3-kx$에서

$f'(x)=x^3+(k+1)x^2-k$

이때 $f'(-1)=0$이므로

$f'(x)=(x+1)(x^2+kx-k)$

삼차방정식 $f'(x)=0$의 서로 다른 세 실근이 $\alpha,\ \beta,\ \gamma$이고,

$0<\beta<\gamma<3$이므로 $\alpha=-1$

$g(x)=x^2+kx-k$라 하면 이차방정식 $g(x)=0$의 서로 다른 두 근 β, γ가 0과 3 사이에 있어야 한다.

(i) 이차방정식 $x^2+kx-k=0$의 판별식을 D라 하면

$D>0$에서

$k^2+4k>0$, $k(k+4)>0$

$\therefore k<-4$ 또는 $k>0$ ······ ㉠

(ii) $g(0)>0$에서 $-k>0$

$\therefore k<0$ ······ ㉡

(iii) $g(3)>0$에서 $9+3k-k>0$

$\therefore k>-\frac{9}{2}$ ······ ㉢

(iv) $y=g(x)$의 그래프의 축의 방정식은 $x=-\frac{k}{2}$이므로

$0<-\frac{k}{2}<3$ $\quad\therefore -6<k<0$ ······ ㉣

㉠~㉣을 동시에 만족시키는 실수 k의 값의 범위는

$-\frac{9}{2}<k<-4$

1062 답 $-12-10\sqrt{2}$

$f(x)=\frac{1}{2}x^4+\frac{2}{3}ax^3+bx^2-4x+2$에서

$f'(x)=2x^3+2ax^2+2bx-4$ ······ ㉠

함수 $f(x)$가 $x=1$에서 극값을 가지므로 $f'(1)=0$

$c>1$인 상수 c에 대하여 $f'(c)=0$이고 $x=c$에서 극값을 갖지 않으므로 $x=c$의 좌우에서 $f'(x)$의 부호가 바뀌지 않아야 한다.

즉, $f'(x)$는 $(x-c)^2$을 인수로 가져야 하므로

$f'(x)=2(x-1)(x-c)^2$

$=2x^3+2(-2c-1)x^2+2(c^2+2c)x-2c^2$ ······ ㉡

㉠=㉡이므로

$a=-2c-1$, $b=c^2+2c$, $2=c^2$

이때 $c>1$이므로 $c=\sqrt{2}$

따라서 $a=-2\sqrt{2}-1$, $b=2\sqrt{2}+2$, $c=\sqrt{2}$이므로

$abc=-12-10\sqrt{2}$

실수 Check

사차함수 $f(x)$가 $x=c$에서 극값을 갖지 않으므로 삼차방정식 $f'(x)=0$이 중근 또는 허근을 갖는다.
이때 $f'(c)=0$이므로 허근이 아닌 중근을 갖는다는 것에 주의한다.

1063 답 0

| 유형13

삼차함수 $f(x)$와 이차함수 $g(x)$의 도함수 $y=f'(x)$, $y=g'(x)$의 그래프가 그림과 같다. 함수 $h(x)$를 $h(x)=f(x)-g(x)$라 할 때, 함수 $h(x)$가 극대가 되도록 하는 x의 값을 구하시오.

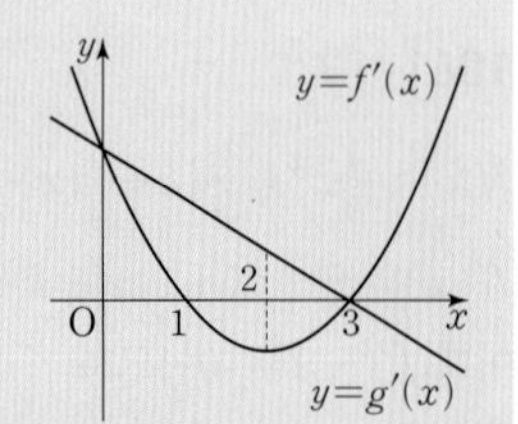

단서1 $h(x)=f(x)-g(x)$에서 $h'(x)=f'(x)-g'(x)$
단서2 $h'(x)$의 부호가 양에서 음으로 바뀔 때 x의 값

STEP 1 함수 $h'(x)=0$인 x의 값 구하기

$h(x)=f(x)-g(x)$에서 $h'(x)=f'(x)-g'(x)$

$h'(x)=0$인 x의 값은 두 함수 $y=f'(x)$, $y=g'(x)$의 그래프의 교점의 x좌표와 같으므로

$x=0$ 또는 $x=3$

STEP 2 $h'(x)$의 부호를 조사하여 $h(x)$가 극대일 때 x의 값 구하기

주어진 그래프에서 $h'(x)$의 부호를 조사하여 함수 $h(x)$의 증가, 감소를 표로 나타내면 다음과 같다.

x	$\cdots$	0	$\cdots$	3	$\cdots$
$h'(x)$	+	0	−	0	+
$h(x)$	↗	극대	↘	극소	↗

따라서 함수 $h(x)$는 $x=0$에서 극대이므로 구하는 x의 값은 0이다.

참고 $h'(x)=f'(x)-g'(x)$의 부호는 다음과 같다.

(i) $x<0$일 때,
$f'(x)$의 그래프가 $g'(x)$의 그래프보다 위쪽에 있으므로
$f'(x)>g'(x)$, $f'(x)-g'(x)>0$
$\therefore h'(x)>0$

(ii) $0<x<3$일 때,
$f'(x)$의 그래프가 $g'(x)$의 그래프보다 아래쪽에 있으므로
$f'(x)<g'(x)$, $f'(x)-g'(x)<0$
$\therefore h'(x)<0$

(iii) $x>3$일 때,
$f'(x)$의 그래프가 $g'(x)$의 그래프보다 위쪽에 있으므로
$f'(x)>g'(x)$, $f'(x)-g'(x)>0$
$\therefore h'(x)>0$

1064 답 ④

$h(x)=f(x)-g(x)$에서 $h'(x)=f'(x)-g'(x)$

$h'(x)=0$인 x의 값은 두 함수 $y=f'(x)$, $y=g'(x)$의 그래프의 교점의 x좌표와 같으므로

$x=b$ 또는 $x=d$ 또는 $x=e$

주어진 그래프에서 $h'(x)$의 부호를 조사하여 함수 $h(x)$의 증가, 감소를 표로 나타내면 다음과 같다.

x	$\cdots$	b	$\cdots$	d	$\cdots$	e	$\cdots$
$h'(x)$	+	0	−	0	+	0	−
$h(x)$	↗	극대	↘	극소	↗	극대	↘

따라서 함수 $h(x)$는 $x=d$에서 극소이므로 구하는 x의 값은 d이다.

1065 답 0

$h(x)=f(x)-g(x)$에서 $h'(x)=f'(x)-g'(x)$

$h'(x)=0$인 x의 값은 두 함수 $y=f'(x)$, $y=g'(x)$의 그래프의 교점의 x좌표와 같으므로

$x=\alpha$ 또는 $x=\beta$

주어진 그래프에서 $h'(x)$의 부호를 조사하여 함수 $h(x)$의 증가, 감소를 표로 나타내면 다음과 같다.

x	$\cdots$	α	$\cdots$	β	$\cdots$
$h'(x)$	−	0	−	0	+
$h(x)$	↘		↘	극소	↗

따라서 함수 $h(x)$의 극솟값은 $h(\beta)=0$이다.

참고 $y=f'(x)$, $y=g'(x)$의 그래프가 $x=\alpha$에서 접하면
$h'(x)=f'(x)-g'(x)$는 $(x-\alpha)^2$을 인수로 갖는다.
이때 삼차함수 $f'(x)$의 최고차항이 양수이므로
$h'(x)=a(x-\alpha)^2(x-\beta)$ $(a>0)$라 하고 증감표를 작성해도 된다.

1066 답 ㄱ, ㄴ, ㄷ

$h(x)=f(x)-g(x)$에서 $h'(x)=f'(x)-g'(x)$
$h'(x)=0$인 x의 값은 두 함수 $y=f'(x)$, $y=g'(x)$의 그래프의 교점의 x좌표와 같으므로
$x=a$ 또는 $x=b$
주어진 그래프에서 $h'(x)$의 부호를 조사하여 함수 $h(x)$의 증가, 감소를 표로 나타내면 다음과 같다.

x	$\cdots$	a	$\cdots$	b	$\cdots$
$h'(x)$	$+$	0	$-$	0	$+$
$h(x)$	↗	극대	↘	극소	↗

ㄱ. 함수 $h(x)$는 극댓값과 극솟값을 모두 갖는다. (참)
ㄴ. 함수 $h(x)$는 $x=a$에서 극댓값을 갖는다. (참)
ㄷ. $h(b)=0$일 때, 함수 $y=h(x)$의 그래프의 개형은 그림과 같으므로 x축과 서로 다른 두 점에서 만난다. (참)

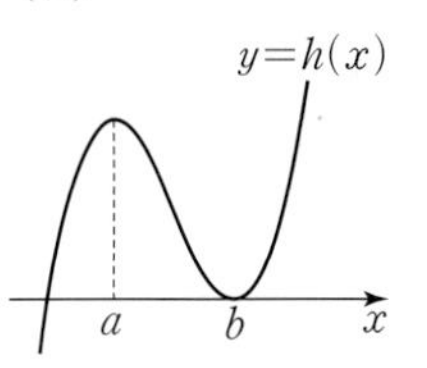

따라서 옳은 것은 ㄱ, ㄴ, ㄷ이다.

1067 답 ②

$f(x)=(a+4)x^3+ax^2+3x$에서
$f'(x)=3(a+4)x^2+2ax+3$
$y=f(x)$의 그래프를 x축에 대하여 대칭이동한 그래프의 식은
$y=-f(x)$
이 그래프를 y축의 방향으로 3만큼 평행이동한 그래프의 식은
$y=-f(x)+3$
$h(x)=f(x)-g(x)$라 하면 $g(x)=-f(x)+3$이므로
$h(x)=2f(x)-3$ → 함수 $f(x)$가 삼차함수이므로 함수 $h(x)$는 삼차함수이다.
$h'(x)=2f'(x)=6(a+4)x^2+4ax+6$
삼차함수 $h(x)$가 극값을 가지려면 이차방정식 $h'(x)=0$이 서로 다른 두 실근을 가져야 한다.
이차방정식 $6(a+4)x^2+4ax+6=0$의 판별식을 D라 하면
$\frac{D}{4}>0$에서
$4a^2-36(a+4)>0$, $4(a+3)(a-12)>0$
$\therefore a<-3$ 또는 $a>12$
따라서 자연수 a의 최솟값은 13이다.

실수 Check

a는 자연수이므로 $f(x)=(a+4)x^3+ax^2+3x$는 삼차함수이고,
$h(x)=2f(x)-3$도 삼차함수이다.
삼차함수 $h(x)$가 극값을 가질 조건을 생각해 보자.

Plus 문제

1067-1

함수 $f(x)=x^3+ax^2+(a^2-4a)x+2$의 그래프를 y축의 방향으로 -2만큼 평행이동하고 다시 x축에 대하여 대칭이동하였더니 함수 $y=g(x)$의 그래프가 되었다. 함수 $f(x)-g(x)$가 극값을 갖도록 하는 자연수 a의 최댓값을 구하시오.

$f(x)=x^3+ax^2+(a^2-4a)x+2$에서
$f'(x)=3x^2+2ax+a^2-4a$
$y=f(x)$의 그래프를 y축의 방향으로 -2만큼 평행이동한 그래프의 식은
$y=f(x)-2$
이 그래프를 x축에 대하여 대칭이동한 그래프의 식은
$y=-f(x)+2$
$h(x)=f(x)-g(x)$라 하면 $g(x)=-f(x)+2$이므로
$h(x)=2f(x)-2$
$h'(x)=2f'(x)=6x^2+4ax+2a^2-8a$
삼차함수 $h(x)$가 극값을 가지려면 이차방정식 $h'(x)=0$이 서로 다른 두 실근을 가져야 한다.
이차방정식 $6x^2+4ax+2a^2-8a=0$의 판별식을 D라 하면
$\frac{D}{4}>0$에서
$4a^2-6(2a^2-8a)>0$, $-8a^2+48a>0$
$8a(a-6)<0$ $\therefore 0<a<6$
따라서 자연수 a의 최댓값은 5이다.

답 5

1068 답 -4 | 유형14

삼차함수 $f(x)$의 최고차항의 계수가 -1인 그래프가 그림과 같이 x축에 접하고(단서1) 원점을 지난다(단서2). 함수 $f(x)$의 극솟값이 -4일 때, $f(4)$의 값을 구하시오.

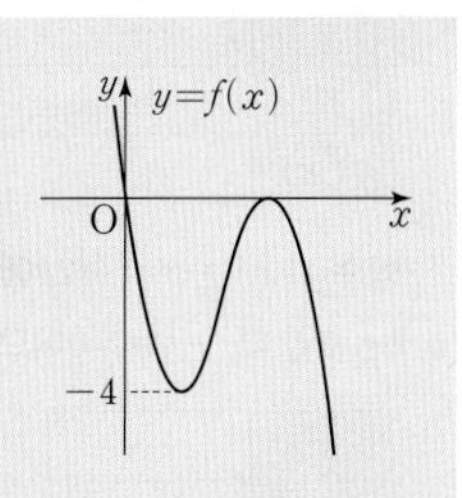

단서1 $x=k$에서 x축에 접한다고 하면 $f'(k)=0$이고 $f(k)=0$
단서2 원점을 지나므로 $f(0)=0$

STEP1 $f'(x)=0$인 x의 값 구하기

$y=f(x)$의 그래프가 $x=k$ $(k>0)$인 점에서 x축에 접한다고 하자.
$f(k)=0$, $f(0)=0$이므로 $f(x)=-x(x-k)^2$이라 하면
$f'(x)=-(x-k)^2-2x(x-k)=-(x-k)(3x-k)$
$f'(x)=0$인 x의 값은 $x=\frac{k}{3}$ 또는 $x=k$

STEP2 함수 $f(x)$를 구하여 $f(4)$의 값 구하기

함수 $f(x)$의 증가, 감소를 표로 나타내면 다음과 같다.

x	$\cdots$	$\frac{k}{3}$	$\cdots$	k	$\cdots$
$f'(x)$	$-$	0	$+$	0	$-$
$f(x)$	↘	극소	↗	극대	↘

함수 $f(x)$는 $x=\frac{k}{3}$에서 극솟값 -4를 가지므로 $f\left(\frac{k}{3}\right)=-4$에서

$-\frac{k}{3}\left(\frac{k}{3}-k\right)^2=-4$, $\frac{4}{27}k^3=4$

$k^3=27$ $\therefore k=3$

따라서 $f(x)=-x(x-3)^2$이므로

$f(4)=-4$

Tip $x=\frac{k}{3}$를 대입하여 계산하기 번거로울 경우 $y=f(x)$의 그래프가 $x=3k$일 때 x축과 접한다고 생각하여 $f(x)=-x(x-3k)^2$으로 놓으면 $f'(x)=0$인 x의 값은 $x=k$ 또는 $x=3k$가 되어 계산을 좀 더 편하게 할 수 있다.

1069 답 ③

$f(x)=x^3+3ax^2-16a$에서

$f'(x)=3x^2+6ax=3x(x+2a)$

$f'(x)=0$인 x의 값은 $x=0$ 또는 $x=-2a$

즉, 함수 $f(x)$는 $x=0$, $x=-2a$에서 극값을 가지므로 함수 $y=f(x)$의 그래프가 x축에 접하려면

$f(0)=0$ 또는 $f(-2a)=0$

이때 $f(0)=-16a\neq0$ ($\because a\neq0$)이므로

$f(-2a)=0$에서

$-8a^3+12a^3-16a=0$, $4a(a+2)(a-2)=0$

$\therefore a=-2$ 또는 $a=2$

따라서 모든 상수 a의 값의 곱은 -4이다.

참고 $f'(x)=3x^2+6ax=3x(x+2a)$

$f'(x)=0$인 x의 값은 $x=0$ 또는 $x=-2a$

a의 부호에 따라 함수 $f(x)$의 증가, 감소를 표로 나타내면 다음과 같다.

(i) $a>0$일 때, $-2a<0$이므로

x	$\cdots$	$-2a$	$\cdots$	0	$\cdots$
$f'(x)$	$+$	0	$-$	0	$+$
$f(x)$	↗	극대	↘	극소	↗

함수 $f(x)$는 $x=-2a$에서 극댓값, $x=0$에서 극솟값을 갖는다.

(ii) $a<0$일 때, $-2a>0$이므로

x	$\cdots$	0	$\cdots$	$-2a$	$\cdots$
$f'(x)$	$+$	0	$-$	0	$+$
$f(x)$	↗	극대	↘	극소	↗

함수 $f(x)$는 $x=0$에서 극댓값, $x=-2a$에서 극솟값을 갖는다.

(i), (ii)에서 함수 $f(x)$는 $x=0$, $x=-2a$에서 극값을 갖는다.

1070 답 ①

$f(x)=2x^3-12ax^2+4a$에서

$f'(x)=6x^2-24ax=6x(x-4a)$

$f'(x)=0$인 x의 값은 $x=0$ 또는 $x=4a$

즉, 함수 $f(x)$는 $x=0$, $x=4a$에서 극값을 가지므로 함수 $y=f(x)$의 그래프가 x축에 접하려면

$f(0)=0$ 또는 $f(4a)=0$

이때 $f(0)=4a\neq0$ ($\because a\neq0$)이므로

$f(4a)=0$에서

$128a^3-192a^3+4a=0$, $-4a(4a+1)(4a-1)=0$

$\therefore a=-\frac{1}{4}$ 또는 $a=\frac{1}{4}$

따라서 모든 상수 a의 값의 곱은 $-\frac{1}{16}$이다.

1071 답 ④

유형 15

함수 $f(x)=x^3-3x-1$에 대하여 함수 $g(x)=|f(x)|$는 $x=a$ $(a>0)$에서 극댓값 m을 갖는다. $a+m$의 값은? **단서1**

① 1 ② 2 ③ 3 ④ 4 ⑤ 5

단서1 $y=|f(x)|$의 그래프는 $y=f(x)$의 그래프에서 $f(x)<0$인 부분을 x축에 대하여 대칭이동한 것

STEP1 $y=f(x)$의 그래프의 개형 그리기

$f(x)=x^3-3x-1$에서

$f'(x)=3x^2-3=3(x+1)(x-1)$

$f'(x)=0$인 x의 값은 $x=-1$ 또는 $x=1$

함수 $f(x)$의 증가, 감소를 표로 나타내면 다음과 같다.

x	$\cdots$	-1	$\cdots$	1	$\cdots$
$f'(x)$	$+$	0	$-$	0	$+$
$f(x)$	↗	1 극대	↘	-3 극소	↗

함수 $y=f(x)$의 그래프의 개형은 그림과 같다.

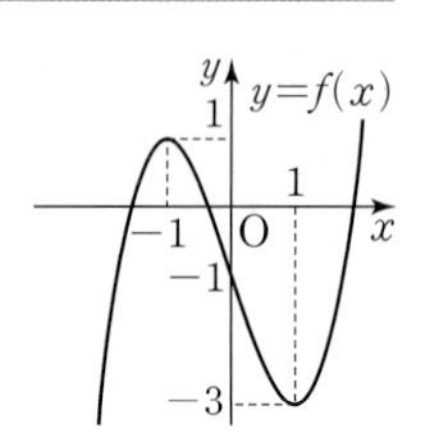

STEP2 $y=g(x)$의 그래프의 개형 그리기

$y=g(x)$, 즉 $y=|f(x)|$의 그래프는 $y=f(x)$의 그래프에서 $f(x)<0$인 부분을 x축에 대하여 대칭이동한 것이므로 그림과 같다.

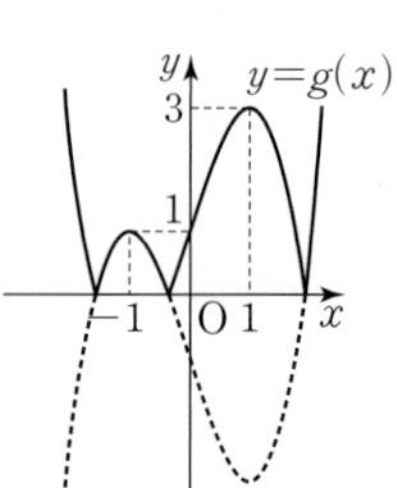

STEP3 함수 $g(x)$의 극댓값 찾기

함수 $g(x)$는 $x=-1$, $x=1$에서 극대이다.

이때 $x>0$에서 함수 $g(x)$는 $x=1$에서 극댓값 3을 가지므로

$a=1$, $m=3$

STEP4 $a+m$의 값 구하기

$a+m=4$

참고 함수 $y=g(x)$의 그래프에서 극대인 점과 극소인 점은 그림과 같다.

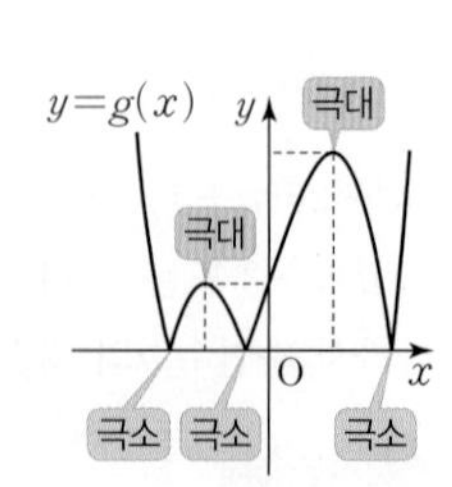

1072 답 ②

$f(x)=\frac{1}{4}x^4-2x^2+1$이라 하면

$f'(x)=x^3-4x=x(x+2)(x-2)$

$f'(x)=0$인 x의 값은 $x=-2$ 또는 $x=0$ 또는 $x=2$

함수 $f(x)$의 증가, 감소를 표로 나타내면 다음과 같다.

x	$\cdots$	-2	$\cdots$	0	$\cdots$	2	$\cdots$
$f'(x)$	$-$	0	$+$	0	$-$	0	$+$
$f(x)$	↘	-3 극소	↗	1 극대	↘	-3 극소	↗

함수 $y=f(x)$의 그래프의 개형을 이용하여 함수 $y=g(x)$의 개형을 그리면 다음과 같다.

$y=f(x)$의 그래프에서 $f(x)<0$인 부분을 x축에 대하여 대칭이동한 것이다.

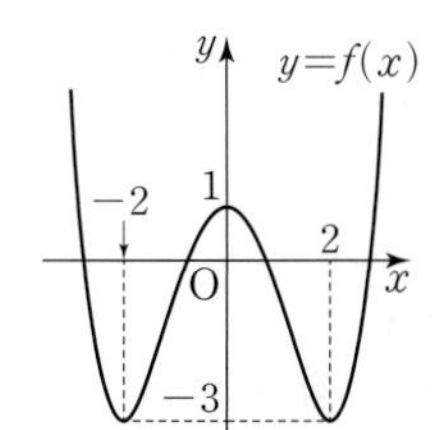

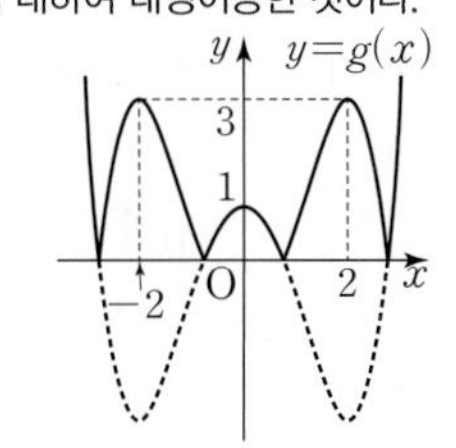

따라서 함수 $g(x)$의 극댓값은 $|f(-2)|=|f(2)|=3$, $|f(0)|=1$이므로 이 중 가장 작은 값은 1이다.

1073 답 ⑤

$f(x)=3x^4-4x^3+k$에서

$f'(x)=12x^3-12x^2=12x^2(x-1)$

$f'(x)=0$인 x의 값은 $x=0$ 또는 $x=1$

함수 $f(x)$의 증가, 감소를 표로 나타내면 다음과 같다.

x	$\cdots$	0	$\cdots$	1	$\cdots$
$f'(x)$	$-$	0	$-$	0	$+$
$f(x)$	↘	k	↘	$k-1$ 극소	↗

ㄱ. $k=1$이면 함수 $f(x)$의 극솟값은 0이다. (참)

ㄴ. $k<1$이면 $k-1<0$이므로 그림과 같이 함수 $|f(x)|$는 $x=1$에서 극댓값을 갖는다. (참)

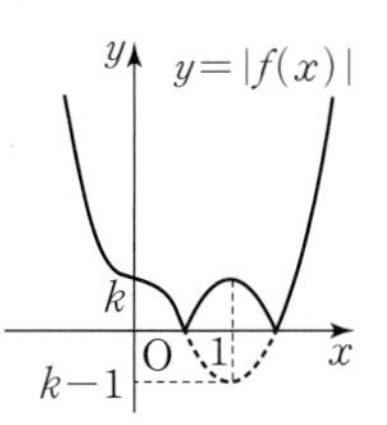

ㄷ. $k>1$이면 $k-1>0$이므로 $|f(x)|=f(x)$이다. 즉, 함수 $|f(x)|$는 극댓값을 갖지 않는다. (참)

따라서 옳은 것은 ㄱ, ㄴ, ㄷ이다.

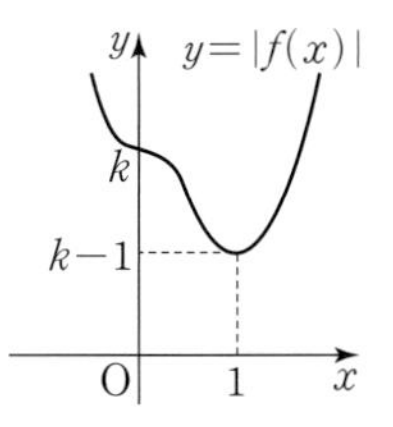

1074 답 0

$f(x)=x^3-3x^2-1$에서 $f'(x)=3x^2-6x=3x(x-2)$

$f'(x)=0$인 x의 값은 $x=0$ 또는 $x=2$

함수 $f(x)$의 증가, 감소를 표로 나타내면 다음과 같다.

x	$\cdots$	0	$\cdots$	2	$\cdots$
$f'(x)$	$+$	0	$-$	0	$+$
$f(x)$	↗	-1 극대	↘	-5 극소	↗

함수 $y=f(x)$의 그래프의 개형은 그림과 같다.

이때 $y=g(x)$, 즉 $y=f(|x|)$의 그래프는 $y=f(x)$의 그래프에서 $x\ge0$인 부분을 y축에 대하여 대칭이동한 것이므로 아래 그림과 같다.

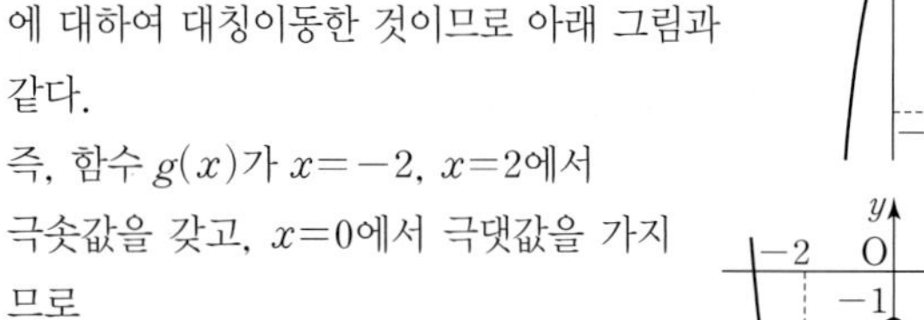

즉, 함수 $g(x)$가 $x=-2$, $x=2$에서 극솟값을 갖고, $x=0$에서 극댓값을 가지므로

$\alpha=2$, $\beta=0$, $\gamma=-2$ ($\because \alpha>\gamma$)

$\therefore \alpha+\beta+\gamma=0$

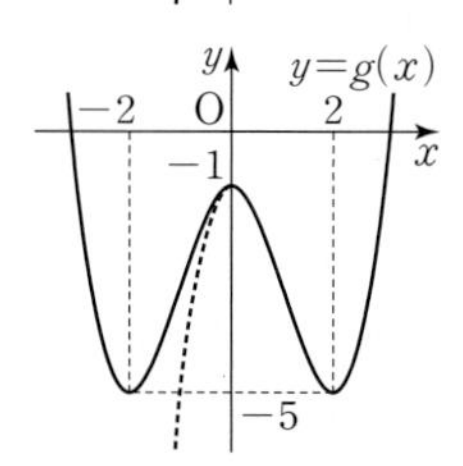

1075 답 −6

$f(x)=\frac{1}{3}x^3-x^2-3|x|+a$에서

$$f(x)=\begin{cases}\frac{1}{3}x^3-x^2-3x+a & (x\ge0)\\ \frac{1}{3}x^3-x^2+3x+a & (x<0)\end{cases}$$

(i) $x>0$일 때,

$f'(x)=x^2-2x-3=(x+1)(x-3)$

$f'(x)=0$인 x의 값은 $x=3$

(ii) $x<0$일 때,

$f'(x)=x^2-2x+3=(x-1)^2+2>0$이므로 함수 $f(x)$는 항상 증가한다.

함수 $f(x)$의 증가, 감소를 표로 나타내면 다음과 같다.

x	$\cdots$	0	$\cdots$	3	$\cdots$
$f'(x)$	$+$		$-$	0	$+$
$f(x)$	↗	a 극대	↘	$a-9$ 극소	↗

이때 함수 $f(x)$의 극댓값이 3이므로

$a=3$

따라서 함수 $f(x)$의 극솟값은

$a-9=3-9=-6$

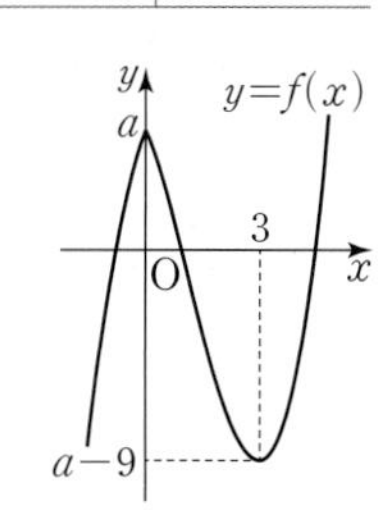

실수 Check

함수 $y=f(x)$의 그래프에서 $x=0$일 때 미분가능하지 않지만 극댓값을 가짐에 주의한다.

1076 답 $4\sqrt{2}$

| 유형16

모든 계수가 정수인 삼차함수 $f(x)$가 다음 조건을 만족시킨다.

> (가) 모든 실수 x에 대하여 $f(-x)=-f(x)$이다. 단서1
> (나) $f(1)=5$
> (다) $1<f'(1)<7$

함수 $f(x)$의 극댓값을 구하시오.

단서1 삼차함수 $f(x)$는 홀수 차수의 항으로만 이루어져 있으므로 $f(x)=ax^3+bx$

05

STEP 1 $f(x)=ax^3+bx$**로 놓기**

(가)에서 삼차함수 $y=f(x)$의 그래프는 원점에 대하여 대칭이므로

$f(x)=ax^3+bx$ (a, b는 정수, $a\neq0$)라 하면

$f'(x)=3ax^2+b$

STEP 2 주어진 조건을 이용하여 $f(x)$ **구하기**

(나)에서 $f(1)=5$이므로

$a+b=5$ ······ ㉠

(다)에서 $1<f'(1)<7$이므로

$1<3a+b<7$ ······ ㉡

㉠에서 $b=5-a$를 ㉡에 대입하면

$1<2a+5<7$, $-4<2a<2$ $\quad\therefore -2<a<1$

이때 a는 0이 아닌 정수이므로 $a=-1$, $b=6$

$\therefore f(x)=-x^3+6x$

STEP 3 함수 $f(x)$**의 극댓값 구하기**

$f'(x)=-3x^2+6=-3(x+\sqrt{2})(x-\sqrt{2})$

$f'(x)=0$인 x의 값은 $x=-\sqrt{2}$ 또는 $x=\sqrt{2}$

함수 $f(x)$의 증가, 감소를 표로 나타내면 다음과 같다.

x	$\cdots$	$-\sqrt{2}$	$\cdots$	$\sqrt{2}$	$\cdots$
$f'(x)$	$-$	0	$+$	0	$-$
$f(x)$	↘	$-4\sqrt{2}$ 극소	↗	$4\sqrt{2}$ 극대	↘

따라서 함수 $f(x)$의 극댓값은 $f(\sqrt{2})=4\sqrt{2}$이다.

참고

(1) 삼차함수 $f(x)=ax^3+bx^2+cx+d$가

$f(-x)=-f(x)$를 만족시키면

$-ax^3+bx^2-cx+d=-ax^3-bx^2-cx-d$

$2bx^2+2d=0$

위 식이 모든 x에 대하여 성립하므로 $b=0$, $d=0$

$\therefore f(x)=ax^3+cx$

즉, $f(x)$는 홀수 차수의 항만 있음을 알 수 있다.

(2) 사차함수 $f(x)=ax^4+bx^3+cx^2+dx+e$가

$f(-x)=f(x)$를 만족시키면

$ax^4-bx^3+cx^2-dx+e=ax^4+bx^3+cx^2+dx+e$

$\therefore 2bx^3+2dx=0$

위 식이 모든 x에 대하여 성립하므로 $b=0$, $d=0$

$\therefore f(x)=ax^4+cx^2+e$

즉, $f(x)$는 짝수 차수의 항과 상수항만 있음을 알 수 있다.

개념 Check

$f(-x)=-f(x)$인 함수를 기함수,

$f(-x)=f(x)$인 함수를 우함수라 한다.

1077 답 ④

$f(x)=2x^3-3(a-2)x^2-6x$에서

$f'(x)=6x^2-6(a-2)x-6$

함수 $f(x)$가 $x=\alpha$에서 극대이고 $x=\beta$에서 극소라 하면 α, β는 이차방정식 $6x^2-6(a-2)x-6=0$의 두 근이다.

이때 극대가 되는 점과 극소가 되는 점이 원점에 대하여 대칭이므로

$\alpha=-\beta$ $\quad\therefore \alpha+\beta=0$

따라서 이차방정식의 근과 계수의 관계에 의하여

$\alpha+\beta=\dfrac{6(a-2)}{6}=0$ $\quad\therefore a=2$

1078 답 ②

삼차함수 $y=f(x)$의 그래프가 원점에 대하여 대칭이므로

→ $f(x)$는 홀수 차수의 항으로만 이루어진다.

$f(x)=ax^3+bx$ (a, b는 상수, $a\neq0$) ······ ㉠

라 하면 $f'(x)=3ax^2+b$

함수 $f(x)$가 $x=1$에서 극값을 가지므로 $f'(1)=0$에서

$3a+b=0$

$b=-3a$를 ㉠에 대입하면

$f(x)=ax^3-3ax=ax(x+\sqrt{3})(x-\sqrt{3})$

따라서 $y=f(x)$의 그래프가 x축과 만나는 점의 x좌표는

$x=-\sqrt{3}$ 또는 $x=0$ 또는 $x=\sqrt{3}$이므로 이 중 양수인 것은 $\sqrt{3}$이다.

1079 답 -8

최고차항의 계수가 1이고 $f(0)=0$인 사차함수 $f(x)$를

$f(x)=x^4+ax^3+bx^2+cx$ (a, b, c는 상수)라 하면

$f'(x)=4x^3+3ax^2+2bx+c$

(가)에서 $f(2+x)=f(2-x)$이므로 $y=f(x)$의 그래프는 직선 $x=2$에 대하여 대칭이다.

이때 (나)에서 함수 $f(x)$는 $x=1$에서 극소이므로 $x=3$에서도 극소이고, $x=2$에서 극대이다.

$\therefore f'(x)=4x^3+3ax^2+2bx+c$

$=4(x-1)(x-2)(x-3)$

$=4x^3-24x^2+44x-24$

$\therefore a=-8$, $b=22$, $c=-24$

따라서 $f(x)=x^4-8x^3+22x^2-24x$이므로

함수 $f(x)$의 극댓값은 $f(2)=-8$

참고 최고차항의 계수가 양수인 사차함수의 그래프 중 직선 $x=a$에 대하여 대칭인 그래프는 다음 (1), (2)와 같은 꼴이고, $x=a$에서 극값을 갖는다.

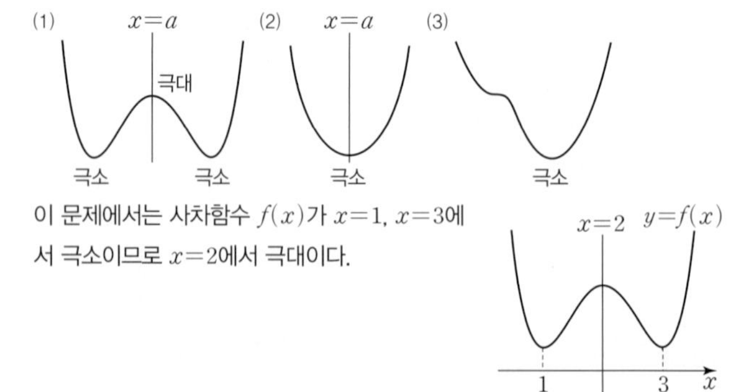

이 문제에서는 사차함수 $f(x)$가 $x=1$, $x=3$에서 극소이므로 $x=2$에서 극대이다.

다른 풀이

(가)에서 $y=f(x)$의 그래프는 직선 $x=2$에 대하여 대칭이므로 y축에 대하여 대칭인 그래프를 x축의 방향으로 2만큼 평행이동했다고 생각할 수 있다.

$f(x)=(x-2)^4+a(x-2)^2+b$ (a, b는 상수)라 하면

$f'(x)=4(x-2)^3+2a(x-2)$

$f(0)=0$에서 $16+4a+b=0$ ·························· ㉠

$f'(1)=0$에서 $-4-2a=0$ ·························· ㉡

㉠, ㉡을 연립하여 풀면 $a=-2$, $b=-8$

따라서 $f(x)=(x-2)^4-2(x-2)^2-8$이므로 함수 $f(x)$의 극댓값은 $f(2)=-8$

1080 답 ②

(가)의 $\lim_{h\to 0}\frac{f(h)}{h}=-8$에서 $h\to 0$일 때 극한값이 존재하고

(분모) → 0이므로 (분자) → 0이어야 한다.

즉, $\lim_{h\to 0}f(h)=f(0)=0$

$\therefore \lim_{h\to 0}\frac{f(h)}{h}=\lim_{h\to 0}\frac{f(h)-f(0)}{h}$

$=f'(0)=-8$

(나)에서 $f(1-x)=f(1+x)$이므로 함수 $y=f(x)$의 그래프는 직선 $x=1$에 대하여 대칭이다.

이때 $f(0)=f(2)=0$이고, 사차함수 $f(x)$의 최고차항의 계수가 -1이므로

$f(x)=-x(x-2)(x^2+ax+b)$ (a, b는 상수)라 하면

$f(x)=-x^4+(2-a)x^3+(2a-b)x^2+2bx$

$f'(x)=-4x^3+3(2-a)x^2+2(2a-b)x+2b$

함수 $f(x)$는 $x=1$에서 극솟값을 가지므로

→ 최고차항의 계수가 음수인 사차함수 $f(x)$가 극솟값을 가지므로 그래프의 개형은

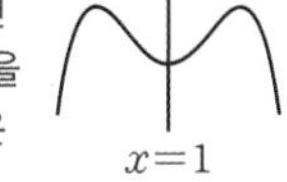

$f'(1)=0$에서

$2+a=0$ $\quad\therefore a=-2$

$f'(0)=-8$에서

$2b=-8$ $\quad\therefore b=-4$

$\therefore f(x)=-x^4+4x^3-8x$

따라서 함수 $f(x)$의 극솟값은 $f(1)=-5$

다른 풀이

(나)에서 $y=f(x)$의 그래프는 직선 $x=1$에 대하여 대칭이므로

$f(x)=-(x-1)^4+a(x-1)^2+b$ (a, b는 상수)라 하면

$f'(x)=-4(x-1)^3+2a(x-1)$

$f(0)=0$에서 $-1+a+b=0$ ·························· ㉠

$f'(0)=-8$에서 $4-2a=-8$ ·························· ㉡

㉠, ㉡을 연립하여 풀면 $a=6$, $b=-5$

따라서 $f(x)=-(x-1)^4+6(x-1)^2-5$이므로 함수 $f(x)$의 극솟값은 $f(1)=-5$

1081 답 ①

주어진 그래프에서 $f'(x)=0$인 x의 값은

$x=\alpha$ 또는 $x=\beta$ 또는 $x=\gamma$

함수 $f(x)$의 증가, 감소를 표로 나타내면 다음과 같다.

x	$\cdots$	α	$\cdots$	β	$\cdots$	γ	$\cdots$
$f'(x)$	$-$	0	$+$	0	$-$	0	$+$
$f(x)$	↘	극소	↗	극대	↘	극소	↗

ㄱ. $f(x)$는 $x=\beta$에서 극대이다. (참)

ㄴ. $f(\beta-x)=f(\beta+x)$이려면 $y=f(x)$의 그래프가 직선 $x=\beta$에 대하여 대칭이어야 한다.

이때 $f(\alpha)<f(\gamma)<0<f(\beta)$이므로 $y=f(x)$의 그래프는 그림과 같다.

$y=f(x)$ α β γ x

즉, $y=f(x)$의 그래프는 직선 $x=\beta$에 대하여 대칭이 아니므로

$f(\beta-x)\neq f(\beta+x)$ (거짓)

ㄷ. $y=f(x)$의 그래프는 x축과 서로 다른 네 점에서 만난다. (거짓)

따라서 옳은 것은 ㄱ이다.

1082 답 4

$f(x)=x^3+ax^2+bx+c$ (a, b, c는 상수)라 하면

$f'(x)=3x^2+2ax+b$

(가)에서 $y=f'(x)$의 그래프는 y축에 대하여 대칭이므로

$a=0$ → $f'(x)$는 짝수 차수의 항과 상수항으로만 이루어진다.

$\therefore f'(x)=3x^2+b$, $f(x)=x^3+bx+c$

(나)에서 함수 $f(x)$는 $x=1$에서 극솟값 0을 가지므로

$f'(1)=0$에서 $3+b=0$

$\therefore b=-3$

$f(1)=0$에서 $1+b+c=0$

$\therefore c=2$

즉, $f(x)=x^3-3x+2$이고

$f'(x)=3x^2-3=3(x+1)(x-1)$

$f'(x)=0$인 x의 값은 $x=-1$ 또는 $x=1$

함수 $f(x)$의 증가, 감소를 표로 나타내면 다음과 같다.

x	$\cdots$	-1	$\cdots$	1	$\cdots$
$f'(x)$	$+$	0	$-$	0	$+$
$f(x)$	↗	4 극대	↘	0 극소	↗

따라서 함수 $f(x)$의 극댓값은 $f(-1)=4$이다.

1083 답 -1

(가)에서 $y=f(x)$의 그래프는 y축에 대하여 대칭이므로

$f(x)=x^4+ax^3+bx^2+cx+6$에서

$a=0$, $c=0$

즉, $f(x)=x^4+bx^2+6$에서

$f'(x)=4x^3+2bx=2x(2x^2+b)$

$f'(x)=0$인 x의 값은 → $x^2=-\frac{b}{2}$

$x=-\sqrt{-\frac{b}{2}}$ 또는 $x=0$ 또는 $x=\sqrt{-\frac{b}{2}}$ $(b<0)$

$y=f(x)$의 그래프가 y축에 대하여 대칭이므로 함수 $f(x)$는

$x=-\sqrt{-\frac{b}{2}}$, $x=\sqrt{-\frac{b}{2}}$에서 극소이다.

이때 (나)에서 극솟값이 -10이므로

$f\left(\pm\sqrt{-\frac{b}{2}}\right)=-10$에서

$\frac{b^2}{4}+b\left(-\frac{b}{2}\right)+6=-10$, $-\frac{b^2}{4}=-16$

$b^2=64$ $\quad \therefore b=-8$ ($\because b<0$)

따라서 $f(x)=x^4-8x^2+6$이므로

$f(1)=-1$

실수 Check

$x=-\sqrt{-\frac{b}{2}}$, $x=\sqrt{-\frac{b}{2}}$에서 근호 안의 값은 항상 0 이상이므로

$-\frac{b}{2}\geq 0$에서 $b\leq 0$이다.

이때 $b=0$이면 $f(x)=x^4+6$이므로 극솟값이 6이 되어 조건 (나)에 모순이다. 즉, $b<0$임에 주의한다.

Plus 문제

1083-1

사차함수 $f(x)=-x^4+ax^3+2bx^2+cx+1$이 다음 조건을 만족시킬 때, $f(-1)$의 값을 구하시오.

(단, a, b, c는 상수이다.)

(가) 모든 실수 x에 대하여 $f(-x)=f(x)$이다.
(나) 함수 $f(x)$는 극댓값 5를 갖는다.

(가)에서 $y=f(x)$의 그래프는 y축에 대하여 대칭이므로

$f(x)=-x^4+ax^3+2bx^2+cx+1$에서

$a=0$, $c=0$

즉, $f(x)=-x^4+2bx^2+1$에서

$f'(x)=-4x^3+4bx=-4x(x^2-b)$

$f'(x)=0$인 x의 값은

$x=-\sqrt{b}$ 또는 $x=0$ 또는 $x=\sqrt{b}$ ($b>0$)

$y=f(x)$의 그래프가 y축에 대하여 대칭이므로 함수 $f(x)$는 $x=-\sqrt{b}$, $x=\sqrt{b}$에서 극대이다.

이때 (나)에서 극댓값이 5이므로

$f(\pm\sqrt{b})=5$에서

$-b^2+2b^2+1=5$, $b^2=4$

$\therefore b=2$ ($\because b>0$)

따라서 $f(x)=-x^4+4x^2+1$이므로

$f(-1)=4$ 답 4

1084 답 ⑤

$y=-f(-x)$의 그래프는 $y=f(x)$의 그래프를 원점에 대하여 대칭이동한 것과 같으므로 $y=g'(x)$의 그래프는 그림과 같다.

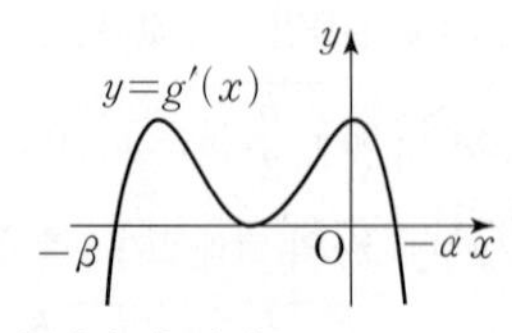

함수 $g(x)$의 증가, 감소를 표로 나타내면 다음과 같다.

x	$\cdots$	$-\beta$	$\cdots$		$\cdots$	$-\alpha$	$\cdots$
$g'(x)$	$-$	0	$+$	0	$+$	0	$-$
$g(x)$	↘	극소	↗		↗	극대	↘

ㄱ. 함수 $g(x)$는 $x=-\alpha$에서 극대이다. (참)

ㄴ. 함수 $g(x)$는 $x=-\beta$에서 극소이다. (참)

ㄷ. $-\beta<x<-\alpha$에서 $g'(x)\geq 0$이므로 함수 $g(x)$는 $-\beta<x<-\alpha$에서 증가한다.

$\therefore g(-\alpha)>g(-\beta)$ (참)

따라서 옳은 것은 ㄱ, ㄴ, ㄷ이다.

실수 Check

$y=g'(x)$의 그래프는 $y=f(x)$의 그래프를 원점에 대하여 대칭이동한 것과 같으므로 $g'(x)=0$인 x의 값은

$x=-\beta$, $x=\gamma$, $x=-\alpha$ ($-\beta<\gamma<-\alpha$)임을 이용한다.

1085 답 ①

$y=f(x)$의 그래프가 원점에 대하여 대칭이므로

$f(x)=ax^3+bx$ ($a>0$) ······ ㉠

라 하면 $f'(x)=3ax^2+b$

점 D의 x좌표가 $\frac{1}{2}$이므로 점 C의 x좌표는 $-\frac{1}{2}$이다.

즉, $f'\left(\frac{1}{2}\right)=0$, $f'\left(-\frac{1}{2}\right)=0$이므로

$3ax^2+b=3a\left(x+\frac{1}{2}\right)\left(x-\frac{1}{2}\right)$

$\therefore b=-\frac{3a}{4}$ ······ ㉡

㉡을 ㉠에 대입하면

$f(x)=ax^3-\frac{3a}{4}x=ax\left(x+\frac{\sqrt{3}}{2}\right)\left(x-\frac{\sqrt{3}}{2}\right)$

이므로 $A\left(-\frac{\sqrt{3}}{2}, 0\right)$, $B\left(\frac{\sqrt{3}}{2}, 0\right)$

함수 $f(x)$의 극댓값을 k라 하면

$\square ADBC=2\times\triangle ABC$ → $\triangle ABC$와 $\triangle BAD$는 원점에 대하여 대칭이므로 $\triangle ABC=\triangle BAD$

$=2\times\frac{1}{2}\times\sqrt{3}\times k$

$=k\sqrt{3}$

이때 사각형 ADBC의 넓이가 $\sqrt{3}$이므로

$k\sqrt{3}=\sqrt{3}$ $\quad\therefore k=1$

따라서 구하는 함수 $f(x)$의 극댓값은 1이다.

실수 Check

$\overline{AD}/\!/\overline{CB}$, $\overline{AC}/\!/\overline{DB}$인 평행사변형 ADBC의 넓이를 (밑변의 길이)×(높이)로 구할 수도 있으나 계산이 복잡하다.

좌표평면에서 도형의 넓이를 구할 때에는 좌표축을 한 변으로 하는 도형의 넓이로 계산하는 것이 간단하다.

1086 답 2 | 유형 17

함수 $f(x)=2x^4-4x^2$의 그래프에서 극대인 한 점을 A, 극소인 두 점을 각각 B, C라 할 때, 삼각형 ABC의 넓이를 구하시오. 단서1

단서1 $f'(x)=0$인 x의 값에서 극대, 극소

STEP 1 함수 $y=f(x)$의 그래프의 개형을 그리고 삼각형 ABC의 넓이 구하기

$f(x)=2x^4-4x^2$에서

$f'(x)=8x^3-8x=8x(x+1)(x-1)$

$f'(x)=0$인 x의 값은 $x=-1$ 또는 $x=0$ 또는 $x=1$

함수 $f(x)$의 증가, 감소를 표로 나타내면 다음과 같다.

x	$\cdots$	-1	$\cdots$	0	$\cdots$	1	$\cdots$
$f'(x)$	$-$	0	$+$	0	$-$	0	$+$
$f(x)$	↘	-2 극소	↗	0 극대	↘	-2 극소	↗

따라서 A$(0, 0)$, B$(-1, -2)$, C$(1, -2)$ 또는 A$(0, 0)$, B$(1, -2)$, C$(-1, -2)$이므로

삼각형 ABC의 넓이는 $\frac{1}{2}\times2\times2=2$

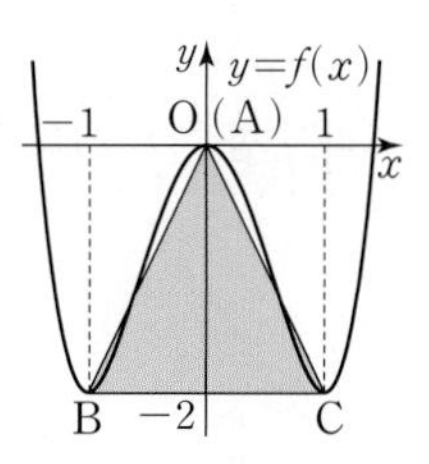

1087 답 2

$f(x)=-x^3+3x+1$에서

$f'(x)=-3x^2+3=-3(x+1)(x-1)$

$f'(x)=0$인 x의 값은 $x=-1$ 또는 $x=1$

함수 $f(x)$의 증가, 감소를 표로 나타내면 다음과 같다.

x	$\cdots$	-1	$\cdots$	1	$\cdots$
$f'(x)$	$-$	0	$+$	0	$-$
$f(x)$	↘	-1 극소	↗	3 극대	↘

함수 $f(x)$는 $x=-1$에서 극솟값 -1, $x=1$에서 극댓값 3을 가지므로 두 점 $(-1, -1)$, $(1, 3)$을 지나는 직선의 기울기는

$\frac{3-(-1)}{1-(-1)}=2$

1088 답 ⑤

함수 $f(x)$는 $x=-2$에서 극댓값 2를 가지므로

$f(-2)=2$, $f'(-2)=0$

$g(x)=x^2f(x)$에서 $g'(x)=2xf(x)+x^2f'(x)$

이때 $g(-2)=4f(-2)=4\times2=8$이고,

$g'(-2)=-4f(-2)+4f'(-2)$

$=-4\times2+4\times0=-8$

이므로 곡선 $y=g(x)$ 위의 점 $(-2, 8)$에서의 접선의 방정식은

$y-8=-8(x+2)$ $\quad\therefore y=-8x-8$

따라서 이 직선과 x축, y축으로 둘러싸인 도형의 넓이는

$\frac{1}{2}\times1\times8=4$

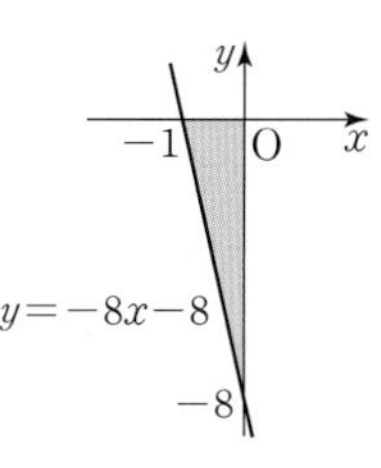

1089 답 $\frac{1}{2}$

$f(x)=-x^3+3x^2+4x+2$에서

닫힌구간 $[a, a+1]$에서의 평균변화율 $F(a)$는

$F(a)=\frac{f(a+1)-f(a)}{a+1-a}$

$=-(a+1)^3+3(a+1)^2+4(a+1)+2$
$\quad-(-a^3+3a^2+4a+2)$

$=-3a^2+3a+6$

이므로 $F'(a)=-6a+3$

$F'(a)=0$인 a의 값은 $a=\frac{1}{2}$

$a=\frac{1}{2}$의 좌우에서 $F'(a)$의 부호가 양에서 음으로 바뀌므로

$F(a)$는 $a=\frac{1}{2}$에서 극대이다.

1090 답 ②

$f(x)=x^3-3ax^2+a^3$에서

$f'(x)=3x^2-6ax=3x(x-2a)$

$f'(x)=0$인 x의 값은 $x=0$ 또는 $x=2a$

$a>0$이므로 함수 $f(x)$의 증가, 감소를 표로 나타내면 다음과 같다.

x	$\cdots$	0	$\cdots$	$2a$	$\cdots$
$f'(x)$	$+$	0	$-$	0	$+$
$f(x)$	↗	a^3 극대	↘	$-3a^3$ 극소	↗

함수 $f(x)$가 극대인 점과 극소인 점의 좌표는 각각 $(0, a^3)$, $(2a, -3a^3)$이므로 두 점을 잇는 선분의 중점은 M$(a, -a^3)$

따라서 점 M이 나타내는 도형의 방정식은

$y=-x^3$ $(x>0)$

1091 답 $\left(\frac{1}{2}, 2\right)$

$f(x)=2x^3-6x^2+4$에서

$f'(x)=6x^2-12x=6x(x-2)$

$f'(x)=0$인 x의 값은 $x=0$ 또는 $x=2$

함수 $f(x)$의 증가, 감소를 표로 나타내면 다음과 같다.

x	$\cdots$	0	$\cdots$	2	$\cdots$
$f'(x)$	$+$	0	$-$	0	$+$
$f(x)$	↗	4 극대	↘	-4 극소	↗

함수 $f(x)$가 극대인 점과 극소인 점의 좌표는 각각 $(0, 4)$, $(2, -4)$이므로

A$(0, 4)$, B$(2, -4)$

따라서 선분 AB를 $1:3$으로 내분하는 점의 좌표는

$\left(\frac{1\times2+3\times0}{1+3}, \frac{1\times(-4)+3\times4}{1+3}\right)$, 즉 $\left(\frac{1}{2}, 2\right)$이다.

개념 Check

좌표평면 위의 두 점 A(x_1, y_1), B(x_2, y_2)를 이은 선분 AB를 $m:n(m>0, n>0)$으로 내분하는 점을 P, 외분하는 점을 Q라 하면

P$\left(\frac{mx_2+nx_1}{m+n}, \frac{my_2+ny_1}{m+n}\right)$, Q$\left(\frac{mx_2-nx_1}{m-n}, \frac{my_2-ny_1}{m-n}\right)$

(단, $m\neq n$)

1092 답 ④

함수 $f(x)$는 $x=2$에서 연속이므로

$\lim_{x\to 2-} f(x)=\lim_{x\to 2+} f(x)$에서

$4a+2b=-2 \qquad \therefore 2a+b=-1$ ⋯⋯ ㉠

또 함수 $f(x)$는 $x=-2$에서 연속이므로

$\lim_{x\to -2-} f(x)=\lim_{x\to -2+} f(x)$에서

$4a-2b=-6 \qquad \therefore 2a-b=-3$ ⋯⋯ ㉡

㉠, ㉡을 연립하여 풀면 $a=-1$, $b=1$

$\therefore f(x)=\begin{cases} x-4 & (|x|\ge 2) \\ -x^2+x & (|x|<2) \end{cases}$

함수 $y=f(x)$의 그래프는 그림과 같으므로

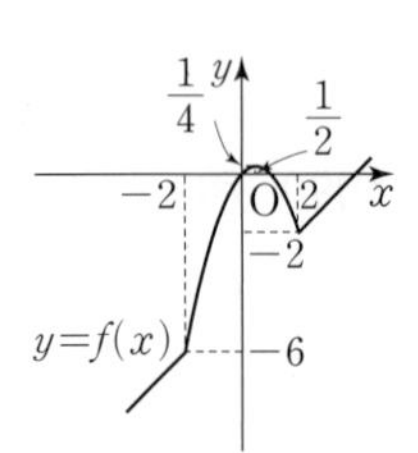

$f(x)$의 극댓값은 $f\left(\frac{1}{2}\right)=\frac{1}{4}$,

극솟값은 $f(2)=-2$이다.

따라서 $M=\frac{1}{4}$, $m=-2$이므로

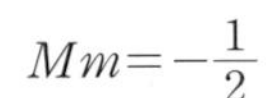

$Mm=-\frac{1}{2}$

1093 답 1, -4

$f(x)=x^4-16x^2$에서

$f'(x)=4x^3-32x=4x(x+2\sqrt{2})(x-2\sqrt{2})$

$f'(x)=0$인 x의 값은 $x=-2\sqrt{2}$ 또는 $x=0$ 또는 $x=2\sqrt{2}$

함수 $f(x)$의 증가, 감소를 표로 나타내면 다음과 같다.

x	⋯	$-2\sqrt{2}$	⋯	0	⋯	$2\sqrt{2}$	⋯
$f'(x)$	$-$	0	$+$	0	$-$	0	$+$
$f(x)$	↘	-64 극소	↗	0 극대	↘	-64 극소	↗

함수 $y=f(x)$의 그래프의 개형은 그림과 같다.

㈎에서 함수 $f(x)$는 구간 $(k, k+1)$에서 감소한다.

그래프에서 감소하는 구간은

$(-\infty, -2\sqrt{2})$ 또는 $(0, 2\sqrt{2})$

(i) 구간 $(-\infty, -2\sqrt{2})$인 경우에는

$k+1\le -2\sqrt{2}$

(ii) 구간 $(0, 2\sqrt{2})$인 경우에는

$k+1\le 2\sqrt{2}$이고 $k\ge 0$

(i), (ii)에서 k는 정수이므로

$k=0, 1, -4, -5, -6, \cdots$ ⋯⋯ ㉠

㈏에서 $f'(k)f'(k+2)<0$

이때 $f'(k)<0$이므로 $f'(k+2)>0$

㉠의 값 중에서 $f'(k+2)>0$을 만족시키는 k의 값은

1, -4이다.

실수 Check

조건을 만족시키는 정수 k의 값을 모두 구하려면 $y=f(x)$의 그래프에서 감소하는 구간인 $(-\infty, -2\sqrt{2})$와 $(0, 2\sqrt{2})$에서 모든 경우를 알아봐야 한다.

1094 답 ③

삼차함수 $f(x)$에 대하여 이차방정식 $f'(x)=0$의 두 실근은 α, β, 즉 $f'(\alpha)=f'(\beta)=0$이므로 $f(\alpha)$, $f(\beta)$는 함수 $f(x)$의 극값이다.

㈏에서 $\sqrt{(\beta-\alpha)^2+\{f(\beta)-f(\alpha)\}^2}=26$이므로

$(\beta-\alpha)^2+\{f(\beta)-f(\alpha)\}^2=26^2$

위 식에 $|\alpha-\beta|=10$을 대입하면

$10^2+\{f(\beta)-f(\alpha)\}^2=26^2$

$\{f(\beta)-f(\alpha)\}^2=576$

$\therefore |f(\beta)-f(\alpha)|=24$

따라서 함수 $f(x)$의 극댓값과 극솟값의 차는 24이다.

서술형 유형 익히기

236쪽~239쪽

1095 답 (1) -2 (2) 5 (3) $\frac{5}{2}$ (4) 2 (5) $\frac{3}{2}$ (6) $\frac{5}{2}$

STEP 1 $f'(x)$ 구하기 [2점]

$f(x)=-\frac{2}{3}x^3+ax^2-(2a-5)x-\frac{1}{2}$에서

$f'(x)=\boxed{-2}x^2+2ax-2a+\boxed{5}$

STEP 2 삼차함수 $f(x)$가 주어진 구간에서 극값을 가질 조건 찾기 [3점]

삼차함수 $f(x)$가 $0<x<2$에서 극솟값을 갖고, $x>2$에서 극댓값을 가지려면 이차방정식 $f'(x)=0$의 서로 다른 두 실근 중 한 근은 0과 2 사이에 있고, 다른 한 근은 2보다 커야 한다.

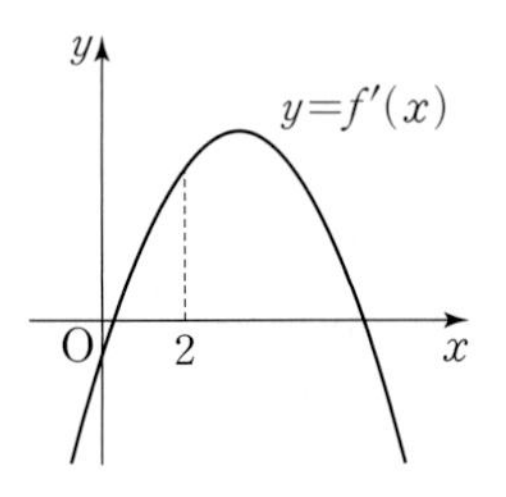

즉, $f'(0)<0$이고 $f'(2)>0$이어야 한다.

STEP 3 실수 a의 값의 범위 구하기 [3점]

(i) $f'(0)<0$에서 $a>\boxed{\frac{5}{2}}$ ⋯⋯ ㉠

(ii) $f'(\boxed{2})>0$에서 $a>\boxed{\frac{3}{2}}$ ⋯⋯ ㉡

㉠, ㉡을 동시에 만족시키는 실수 a의 값의 범위는

$a>\boxed{\frac{5}{2}}$

실제 답안 예시(1)

$f(x)=-\frac{2}{3}x^3+ax^2-(2a-5)x-\frac{1}{2}$에서

$f'(x)=-2x^2+2ax-2a+5$

$f'(x)=0$인 x의 값을 x_1, x_2 $(x_1<x_2)$라 하면

$x_1=\frac{a-\sqrt{a^2-4a+10}}{2}$, $x_2=\frac{a+\sqrt{a^2-4a+10}}{2}$

x	⋯	x_1	⋯	x_2	⋯
$f'(x)$	$-$	0	$+$	0	$-$
$f(x)$	↘	극소	↗	극대	↘

(i) 함수 $f(x)$가 $0<x<2$에서 극솟값을 가지므로

$0<x_1<2$에서 $0<\frac{a-\sqrt{a^2-4a+10}}{2}<2$

$0<a-\sqrt{a^2-4a+10}<4$

$0<a-\sqrt{a^2-4a+10}$에서

$\sqrt{a^2-4a+10}<a$, $a^2-4a+10<a^2$

$-4a<-10$ $\quad\therefore a>\frac{5}{2}$

$a-\sqrt{a^2-4a+10}<4$에서

$a-4<\sqrt{a^2-4a+10}$, $(a-4)^2<a^2-4a+10$

$-4a<-6$ $\quad\therefore a>\frac{3}{2}$

(ii) 함수 $f(x)$가 $x>2$에서 극댓값을 가지므로

$x_2>2$에서 $\frac{a+\sqrt{a^2-4a+10}}{2}>2$

$a+\sqrt{a^2-4a+10}>4$, $a^2-4a+10>(4-a)^2$

$4a>6$ $\quad\therefore a>\frac{3}{2}$

따라서 실수 a의 값의 범위는

$a>\frac{5}{2}$

실제 답안 예시(2)

$f(x)=-\frac{2}{3}x^3+ax^2-(2a-5)x-\frac{1}{2}$에서

$f'(x)=-2x^2+2ax-2a+5$

최고차항의 계수가 음수인 삼차함수 $f(x)$가 $0<x<2$에서 극솟값을 갖고, $x>2$에서 극댓값을 가지므로 $y=f(x)$의 그래프의 개형은 그림과 같다.

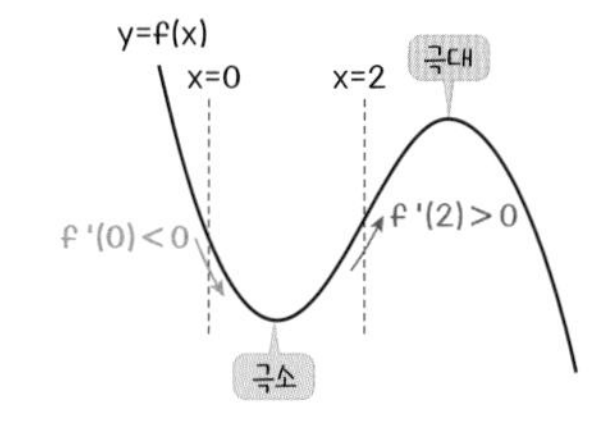

(i) $f'(0)<0$에서

$-2a+5<0$ $\quad\therefore a>\frac{5}{2}$

(ii) $f'(2)>0$에서

$-8+4a-2a+5>0$ $\quad\therefore a>\frac{3}{2}$

따라서 실수 a의 값의 범위는

$a>\frac{5}{2}$

1096 답 $\frac{7}{4}<a<2$

STEP 1 $f'(x)$ 구하기 [2점]

$f(x)=-\frac{1}{3}x^3+ax^2-3x$에서

$f'(x)=-x^2+2ax-3$

STEP 2 삼차함수 $f(x)$가 주어진 구간에서 극값을 가질 조건 찾기 [3점]

삼차함수 $f(x)$가 $1<x<2$에서 극솟값을 갖고, $x>2$에서 극댓값을 가지려면 이차방정식 $f'(x)=0$의 서로 다른 두 실근 중 한 근은 1과 2 사이에 있고, 다른 한 근은 2보다 커야 한다.

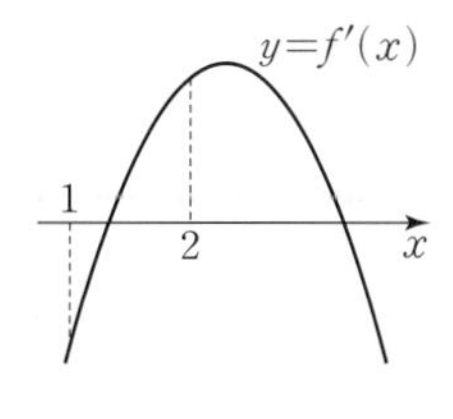

즉, $f'(1)<0$이고 $f'(2)>0$이어야 한다.

STEP 3 실수 a의 값의 범위 구하기 [3점]

(i) $f'(1)<0$에서

$-1+2a-3<0$, $2a<4$

$\therefore a<2$ ······ ㉠ ······ ⓐ

(ii) $f'(2)>0$에서

$-4+4a-3>0$, $4a>7$

$\therefore a>\frac{7}{4}$ ······ ㉡ ······ ⓐ

㉠, ㉡을 동시에 만족시키는 실수 a의 값의 범위는

$\frac{7}{4}<a<2$

부분점수표	
ⓐ $f'(1)<0$, $f'(2)>0$ 중 부등식의 해를 한 개만 구한 경우	1점

1097 답 $1\le a\le 4$

STEP 1 $f'(x)$ 구하기 [2점]

$f(x)=x^3+(a-1)x^2+(a-1)x+1$에서

$f'(x)=3x^2+2(a-1)x+a-1$

STEP 2 삼차함수 $f(x)$가 극값을 갖지 않을 조건 찾기 [3점]

삼차함수 $f(x)$가 극값을 갖지 않으려면 이차방정식 $f'(x)=0$이 중근 또는 허근을 가져야 한다.

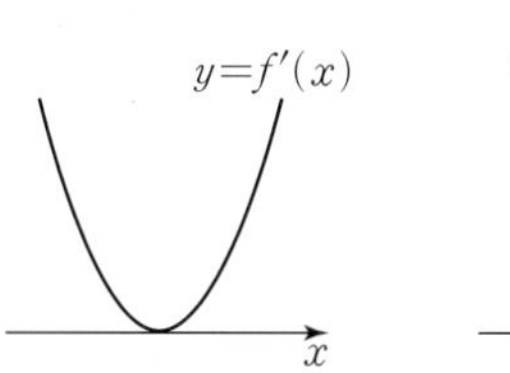

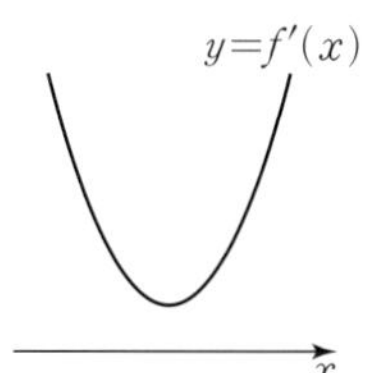

STEP 3 실수 a의 값의 범위 구하기 [3점]

이차방정식 $3x^2+2(a-1)x+a-1=0$의 판별식을 D라 하면

$\frac{D}{4}\le 0$에서

$(a-1)^2-3(a-1)\le 0$, $(a-1)(a-4)\le 0$

$\therefore 1\le a\le 4$

따라서 함수 $f(x)$가 극값을 갖지 않도록 하는 실수 a의 값의 범위는

$1\le a\le 4$

1098 답 $-\frac{9}{2}<a<-4$

STEP 1 $f'(x)$ 구하기 [2점]

$f(x)=\frac{1}{3}x^3+ax^2-4ax+1$에서

$f'(x)=x^2+2ax-4a$

STEP 2 삼차함수 $f(x)$가 $x>3$에서 극댓값, 극솟값을 모두 가질 조건 찾기 [3점]

삼차함수 $f(x)$가 $x>3$에서 극댓값과 극솟값을 모두 가지려면 이차방정식 $f'(x)=0$이 $x>3$에서 서로 다른 두 실근을 가져야 한다.

y=f'(x), 3, x, x=−a

STEP3 실수 a의 값의 범위 구하기 [3점]

(i) 이차방정식 $x^2+2ax-4a=0$의 판별식을 D라 하면

$\frac{D}{4}>0$에서 $a^2+4a>0$, $a(a+4)>0$

$\therefore a<-4$ 또는 $a>0$ ······ ㉠ ······ ⓐ

(ii) $f'(3)>0$에서

$9+2a>0$ $\quad\therefore a>-\frac{9}{2}$ ······ ㉡ ······ ⓐ

(iii) $y=f'(x)$의 그래프의 축의 방정식은 $x=-a$이므로

$-a>3$ $\quad\therefore a<-3$ ······ ㉢ ······ ⓐ

㉠, ㉡, ㉢을 동시에 만족시키는 실수 a의 값의 범위는

$-\frac{9}{2}<a<-4$

부분점수표	
ⓐ (i), (ii), (iii) 중에서 일부를 구한 경우	각 1점

다른 풀이

STEP1 $f'(x)=0$인 x의 값 구하기 [3점]

$f(x)=\frac{1}{3}x^3+ax^2-4ax+1$에서 $f'(x)=x^2+2ax-4a$

$f'(x)=0$인 x의 값을 x_1, x_2 $(x_1<x_2)$라 하면

$x_1=-a-\sqrt{a^2+4a}$, $x_2=-a+\sqrt{a^2+4a}$

이때 $x_1\neq x_2$이므로 $a^2+4a>0$

STEP2 실수 a의 값의 범위 구하기 [5점]

함수 $f(x)$의 증가, 감소를 표로 나타내면 다음과 같다.

x	$\cdots$	x_1	$\cdots$	x_2	$\cdots$
$f'(x)$	$+$	0	$-$	0	$+$
$f(x)$	↗	극대	↘	극소	↗

$x>3$에서 극댓값, 극솟값을 모두 가지므로 $x_1>3$에서

$-a-\sqrt{a^2+4a}>3$ ······ ㉠

(i) 근호 안의 값 $a^2+4a>0$이어야 하므로

$a(a+4)>0$ $\quad\therefore a<-4$ 또는 $a>0$

이때 $a>0$이면 ㉠이 성립하지 않으므로

$a<-4$ ······ ㉡

(ii) $-a-\sqrt{a^2+4a}>3$에서 $-a-3>\sqrt{a^2+4a}$

양변을 제곱하면 $(-a-3)^2>a^2+4a$, $2a+9>0$

$\therefore a>-\frac{9}{2}$ ······ ㉢

㉡, ㉢을 동시에 만족시키는 실수 a의 값의 범위는

$-\frac{9}{2}<a<-4$

1099 답 (1) $\frac{a}{3}$ (2) $\frac{a}{3}$ (3) 3 (4) 6 (5) 9 (6) 0

STEP1 $f'(x)=0$인 x의 값 구하기 [3점]

$f(x)=x^3-2ax^2+a^2x-4$에서

$f'(x)=3x^2-4ax+a^2=(x-a)(3x-a)$

$f'(x)=0$인 x의 값은 $x=a$ 또는 $x=\boxed{\frac{a}{3}}$

STEP2 $y=f(x)$의 그래프가 x축에 접할 때의 a의 값 구하기 [4점]

함수 $f(x)$는 $x=a$, $x=\boxed{\frac{a}{3}}$에서 극값을 가지므로

함수 $y=f(x)$의 그래프가 x축에 접하려면

$f(a)=0$ 또는 $f\left(\frac{a}{3}\right)=0$

이때 $f(a)\neq 0$이므로 $f\left(\frac{a}{3}\right)=0$에서 $a=\boxed{3}$

STEP3 $f(1)$의 값 구하기 [1점]

$f(x)=x^3-\boxed{6}x^2+\boxed{9}x-4$이므로

$f(1)=\boxed{0}$

실제 답안 예시

$f(x)=x^3-2ax^2+a^2x-4$에서

$f'(x)=3x^2-4ax+a^2=(3x-a)(x-a)$

$x=\frac{a}{3}$ 또는 $x=a$에서 $f(x)$가 극대 또는 극소

$a>0$일 때 $x=\frac{a}{3}$에서 극대, $x=a$에서 극소

$a<0$일 때 $x=a$에서 극대, $x=\frac{a}{3}$에서 극소

극댓값 또는 극솟값이 0이어야 x축에 그래프가 접하므로

$x=a$ → $a^3-2a^3+a^3-4=0$ → 불가능

$x=\frac{a}{3}$ → $\frac{a^3}{27}-\frac{2}{9}a^3+\frac{a^3}{3}-4=0$

$\frac{a^3-6a^3+9a^3}{27}=4$

$4a^3=108$

$a=3$

$\therefore f(x)=x^3-6x^2+9x-4$

$f(1)=1-6+9-4=0$

1100 답 3

STEP1 $f'(x)=0$인 x의 값 구하기 [3점]

$f(x)=x^3-ax^2-a^2x+8$에서

$f'(x)=3x^2-2ax-a^2=(x-a)(3x+a)$

$f'(x)=0$인 x의 값은 $x=-\frac{a}{3}$ 또는 $x=a$

STEP2 $y=f(x)$의 그래프가 x축에 접할 때의 a의 값 구하기 [4점]

함수 $f(x)$는 $x=-\frac{a}{3}$, $x=a$에서 극값을 가지므로 함수 $y=f(x)$의 그래프가 x축에 접하려면

$f\left(-\frac{a}{3}\right)=0$ 또는 $f(a)=0$

(i) $f\left(-\frac{a}{3}\right)=0$에서

$-\frac{a^3}{27}-\frac{a^3}{9}+\frac{a^3}{3}+8=0$, $\frac{5}{27}a^3+8=0$

이때 $a>0$이므로 $f\left(-\frac{a}{3}\right)=0$을 만족시키는 a의 값은 존재하지 않는다.

(ii) $f(a)=0$에서

$a^3-a^3-a^3+8=0$, $a^3=8$

$\therefore a=2$ ······ ⓐ

STEP3 $f(1)$의 값 구하기 [1점]

$f(x)=x^3-2x^2-4x+8$이므로 $f(1)=3$

부분점수표	
ⓐ $f(a)=0$이 되는 조건만을 이용하여 답을 구한 경우	3점

1101 답 $-2,\ -1,\ 1,\ 2$

STEP 1 $g(x)=f(x)-x$일 때, $g'(x)=0$인 x의 값 구하기 [2점]

$g(x)=f(x)-x=\frac{1}{3}x^3-ax^2+(a^2-1)x$라 하면

$g'(x)=x^2-2ax+a^2-1=(x-a-1)(x-a+1)$

$g'(x)=0$인 x의 값은 $x=a+1$ 또는 $x=a-1$

STEP 2 $y=g(x)$의 그래프가 x축에 접할 때의 조건 찾기 [2점]

함수 $g(x)$는 $x=a-1$ 또는 $x=a+1$에서 극값을 가지므로

$y=g(x)$의 그래프가 x축에 접하려면

$g(a-1)=0$ 또는 $g(a+1)=0$

STEP 3 $g(a-1)=0,\ g(a+1)=0$을 만족시키는 a의 값 찾기 [6점]

(i) $g(a-1)=0$에서 …… ⓐ

$\frac{1}{3}(a-1)^3-a(a-1)^2+(a^2-1)(a-1)=0$

$(a-1)^2\left\{\frac{1}{3}(a-1)-a+a+1\right\}=0$

$\frac{1}{3}(a-1)^2(a+2)=0$

$\therefore\ a=1$ 또는 $a=-2$

(ii) $g(a+1)=0$에서 …… ⓐ

$\frac{1}{3}(a+1)^3-a(a+1)^2+(a^2-1)(a+1)=0$

$(a+1)^2\left\{\frac{1}{3}(a+1)-a+a-1\right\}=0$

$\frac{1}{3}(a+1)^2(a-2)=0$

$\therefore\ a=-1$ 또는 $a=2$

따라서 구하는 상수 a의 값은 $-2,\ -1,\ 1,\ 2$이다.

부분점수표	
ⓐ $g(a-1)=0,\ g(a+1)=0$ 중 한 개의 조건만을 이용하여 a의 값을 구한 경우	3점

1102 답 $\frac{3}{2}$

STEP 1 조건을 만족시키는 $f(x),\ f'(x)$를 식으로 나타내기 [3점]

(가)에서 $f(x)$는 최고차항의 계수가 1인 사차함수이므로

$f(x)=x^4+ax^3+bx^2+cx+d$ ($a,\ b,\ c,\ d$는 상수)라 하면

$f'(x)=4x^3+3ax^2+2bx+c$

STEP 2 $a,\ b,\ c$ 사이의 관계식 구하기 [3점]

(다)에서 $f'(0)=0$이므로 $c=0$

(나)에서 곡선 $y=f(x)$가 점 $(1,\ f(1))$에서 직선 $y=2$에 접하므로

$f'(1)=0$에서 $4+3a+2b=0$ ………… ㉠

$f(1)=2$에서 $1+a+b+d=2$ ………… ㉡

STEP 3 $f(x)$를 한 문자에 대하여 정리하여 항상 지나는 점의 좌표 구하기 [4점]

㉠에서 $b=-\frac{3}{2}a-2$를 ㉡에 대입하여 정리하면

$d=\frac{1}{2}a+3$이므로

$f(x)=x^4+ax^3+\left(-\frac{3}{2}a-2\right)x^2+\left(\frac{1}{2}a+3\right)$

$=(x^4-2x^2+3)+a\left(x^3-\frac{3}{2}x^2+\frac{1}{2}\right)$

$=(x^4-2x^2+3)+\frac{1}{2}a(x-1)^2(2x+1)$

따라서 곡선 $y=f(x)$는 a의 값에 관계 없이 두 점 $(1,\ f(1))$, $\left(-\frac{1}{2},\ f\left(-\frac{1}{2}\right)\right)$을 지나므로 두 점의 x좌표의 차는

$\left|1-\left(-\frac{1}{2}\right)\right|=\frac{3}{2}$

1103 답 (1) $\frac{1}{3}$ (2) -9 (3) 3 (4) -18

STEP 1 (가)를 이용하여 $f(x)$를 식으로 나타내기 [3점]

(가)에서 $f(-x)=-f(x)$이므로 함수 $y=f(x)$의 그래프는 원점에 대하여 대칭이다.

$f(x)$는 최고차항의 계수가 $\frac{1}{3}$인 삼차함수이므로

$f(x)=\boxed{\frac{1}{3}}x^3+ax$ (a는 상수)라 하자.

STEP 2 (나)를 이용하여 $f(x)$ 구하기 [3점]

$f'(x)=x^2+a$이고 (나)에서 $f'(-2)=-5$이므로

$4+a=-5\qquad \therefore\ a=\boxed{-9}$

$\therefore\ f(x)=\frac{1}{3}x^3-9x$

STEP 3 함수 $f(x)$의 극솟값 구하기 [2점]

$f'(x)=x^2-9=(x+3)(x-3)$

$f'(x)=0$인 x의 값은 $x=-3$ 또는 $x=3$

함수 $f(x)$의 증가, 감소를 표로 나타내면 다음과 같다.

x	$\cdots$	-3	$\cdots$	3	$\cdots$
$f'(x)$	$+$	0	$-$	0	$+$
$f(x)$	↗	18 극대	↘	-18 극소	↗

따라서 함수 $f(x)$의 극솟값은

$f(\boxed{3})=\boxed{-18}$

실제 답안 예시

$f(x)=\frac{1}{3}x^3+ax^2+bx+c$라 하면

$f(-x)=-\frac{1}{3}x^3+ax^2-bx+c$

$f(-x)=-f(x)$에서 $f(x)+f(-x)=0$이므로

$f(x)+f(-x)=2ax^2+2c=0$에서 $a=c=0$이고,

$f(x)=\frac{1}{3}x^3+bx$이다.

$f'(x)=x^2+b,\ f'(-2)=4+b=-5 \rightarrow b=-9$

$f(x)=\frac{1}{3}x^3-9x,\ f'(x)=x^2-9=0$

$x=3 \rightarrow$ 극소, $x=-3 \rightarrow$ 극대

$\therefore\ f(3)=-18$

1104 답 16

STEP 1 (가)를 이용하여 $f(x)$를 식으로 나타내기 [3점]

(가)에서 $f(-x)=-f(x)$이므로 함수 $y=f(x)$의 그래프는 원점에 대하여 대칭이다.

$f(x)$는 최고차항의 계수가 1인 삼차함수이므로

$f(x)=x^3+ax$ (a는 상수)라 하자.

STEP 2 (나)를 이용하여 $f(x)$ 구하기 [3점]

$f'(x)=3x^2+a$이고 (나)에서 $f'(2)=0$이므로

$12+a=0 \qquad \therefore a=-12$

$\therefore f(x)=x^3-12x$

STEP 3 $f(4)$의 값 구하기 [1점]

$f(4)=64-48=16$

다른 풀이

STEP 1 (가)를 이용하여 $f(x)$를 식으로 나타내기 [3점]

(가)에서 $f(-x)=-f(x)$에 $x=0$을 대입하면

$f(0)=-f(0) \qquad \therefore f(0)=0$

즉, $f(x)$는 x를 인수로 갖는다.

임의의 실수 a에 대하여 $f(a)=0$이라 하면 $f(a)+f(-a)=0$에서 $f(-a)=0$이므로 $f(x)=x(x-a)(x+a)$라 할 수 있다.

$f'(x)=x(x-a)+x(x+a)+(x-a)(x+a)$

STEP 2 (나)를 이용하여 $f(x)$ 구하기 [3점]

(나)에서 $f'(2)=0$이므로

$a^2-12=0 \qquad \therefore a=-2\sqrt{3}$ 또는 $a=2\sqrt{3}$

$\therefore f(x)=x(x+2\sqrt{3})(x-2\sqrt{3})=x^3-12x$

STEP 3 $f(4)$의 값 구하기 [1점]

$f(4)=64-48=16$

1105 답 32

STEP 1 (가)를 이용하여 $f(x)$, $f'(x)$를 식으로 나타내기 [3점]

$f(x)=x^3+ax^2+bx+c$ (a, b, c는 상수)라 하면

$f'(x)=3x^2+2ax+b$

(가)에서 $f'(x)=f'(-x)$이므로 함수 $y=f'(x)$의 그래프는 y축에 대하여 대칭이다. 즉, $a=0$이므로

$f(x)=x^3+bx+c$, $f'(x)=3x^2+b$

STEP 2 (나)를 이용하여 $f(x)$, $f'(x)$ 구하기 [4점]

(나)에서 함수 $f(x)$가 $x=2$에서 극솟값 0을 가지므로

$f'(2)=0$에서 $12+b=0 \qquad \therefore b=-12$

$f(2)=0$에서 $8+2b+c=0 \qquad \therefore c=16$

$\therefore f(x)=x^3-12x+16$ …… ⓐ

$f'(x)=3x^2-12=3(x+2)(x-2)$

STEP 3 함수 $f(x)$의 극댓값 구하기 [2점]

$f'(x)=0$인 x의 값은 $x=-2$ 또는 $x=2$

함수 $f(x)$의 증가, 감소를 표로 나타내면 다음과 같다.

x	$\cdots$	-2	$\cdots$	2	$\cdots$
$f'(x)$	$+$	0	$-$	0	$+$
$f(x)$	↗	32 극대	↘	0 극소	↗

따라서 함수 $f(x)$의 극댓값은 $f(-2)=32$이다.

부분점수표	
ⓐ $f(x)$를 구한 경우	3점

1106 답 -2

STEP 1 $f'(-x)=-f'(x)$를 이용하여 $f(x)$, $f'(x)$를 식으로 나타내기 [3점]

$f(x)=x^4+ax^3+bx^2+cx+d$ (a, b, c, d는 상수)라 하면

$f'(x)=4x^3+3ax^2+2bx+c$

$f'(-x)=-f'(x)$이므로 함수 $y=f'(x)$의 그래프는 원점에 대하여 대칭이다.

즉, $a=0$, $c=0$이므로

$f(x)=x^4+bx^2+d$, $f'(x)=4x^3+2bx$

STEP 2 $f(x)$, $f'(x)$ 구하기 [4점]

함수 $f(x)$가 $x=1$에서 극솟값 -3을 가지므로

$f'(1)=0$에서 $4+2b=0 \qquad \therefore b=-2$

$f(1)=-3$에서 $1+b+d=-3 \qquad \therefore d=-2$

$\therefore f(x)=x^4-2x^2-2$ …… ⓐ

$f'(x)=4x^3-4x=4x(x+1)(x-1)$

STEP 3 함수 $f(x)$의 극댓값 구하기 [3점]

$f'(x)=0$인 x의 값은 $x=-1$ 또는 $x=0$ 또는 $x=1$

함수 $f(x)$의 증가, 감소를 표로 나타내면 다음과 같다.

x	$\cdots$	-1	$\cdots$	0	$\cdots$	1	$\cdots$
$f'(x)$	$-$	0	$+$	0	$-$	0	$+$
$f(x)$	↘	-3 극소	↗	-2 극대	↘	-3 극소	↗

따라서 함수 $f(x)$의 극댓값은

$f(0)=-2$

부분점수표	
ⓐ $f(x)$를 구한 경우	3점

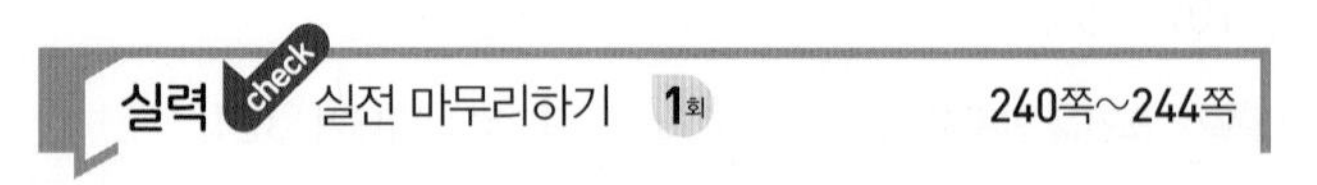

1 1107 답 ① 유형 1

출제의도 | 함수가 주어진 구간에서 증가할 조건을 알고 있는지 확인한다.

함수 $f(x)$가 $x>1$에서 증가하면 $x>1$에서 $f'(x)\geq 0$이어야 해.

$f(x)=\frac{1}{3}x^3+x^2+ax+3$에서

$f'(x)=x^2+2x+a$

함수 $f(x)$가 $x>1$에서 증가하려면 $x>1$에서 $f'(x)\geq 0$이어야 하므로 $f'(1)\geq 0$에서

$3+a\geq 0 \qquad \therefore a\geq -3$

따라서 상수 a의 최솟값은 -3이다.

2 1108 답 ③ 유형2

출제의도 | 도함수의 그래프를 보고 함수의 증가, 감소를 판단할 수 있는지 확인한다.

> $f'(x)>0$이면 함수는 증가하고, $f'(x)<0$이면 함수는 감소해.

① $x=3$의 좌우에서 $f'(x)$의 부호가 바뀌지 않으므로 함수 $f(x)$는 $x=3$에서 극값을 갖지 않는다. (거짓)

② $x=2$의 좌우에서 $f'(x)$의 부호가 양에서 음으로 바뀌므로 함수 $f(x)$는 $x=2$에서 극대이다. (거짓)

③ 구간 $(4, 5)$에서 $f'(x)>0$이므로 함수 $f(x)$는 구간 $(4, 5)$에서 증가한다. (참)

④ 구간 $(0, 2)$에서 $f'(x)>0$이므로 함수 $f(x)$는 구간 $(0, 2)$에서 증가한다. (거짓)

⑤ 구간 $(-2, -1)$에서 $f'(x)<0$이므로 함수 $f(x)$는 구간 $(-2, -1)$에서 감소한다. (거짓)

따라서 옳은 것은 ③이다.

3 1109 답 ④ 

출제의도 | 도함수의 그래프를 보고 함수의 증가, 감소를 판단할 수 있는지 확인한다.

> 함수 $f(x)$가 구간 (a, b)에서
> $f'(x)\geq 0$이면 증가하고, $f'(x)\leq 0$이면 감소해.

ㄱ. 함수 $f(x)$는 $x=2$에서 연속이고, $x=2$에서 좌미분계수와 우미분계수가 -1로 같으므로 미분가능하다. (참)

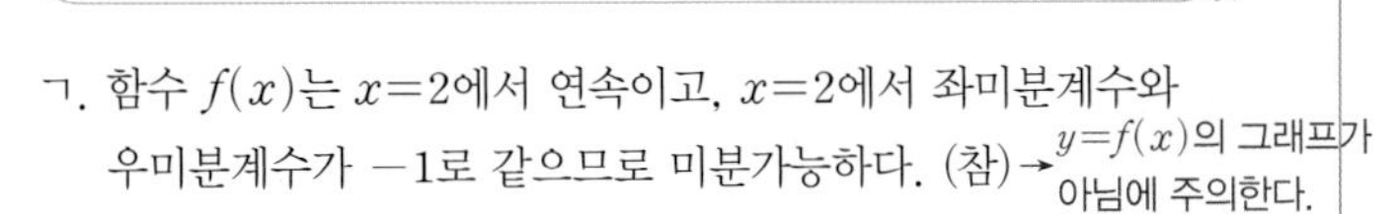
→ $y=f(x)$의 그래프가 아님에 주의한다.

ㄴ. 구간 $(0, 1)$에서 $f'(x)\geq 0$이므로 함수 $f(x)$는 구간 $(0, 2)$에서 감소하지 않는다. (거짓)

ㄷ. 구간 $(3, 4)$에서 $f'(x)\geq 0$이므로 함수 $f(x)$는 구간 $(3, 4)$에서 증가한다. (참)

따라서 옳은 것은 ㄱ, ㄷ이다.

4 1110 답 ③ 

출제의도 | 함수가 감소할 조건을 이해하는지 확인한다.

> 함수 $f(x)$가 감소하면 $f'(x)\leq 0$이야.

$f(x)=-x^3+ax^2+(a^2-3)x-2$에서

$f'(x)=-3x^2+2ax+a^2-3$

함수 $f(x)$가 실수 전체의 집합에서 감소하려면 모든 실수 x에서 $f'(x)\leq 0$이어야 한다.

이차방정식 $-3x^2+2ax+a^2-3=0$의 판별식을 D라 하면

$\frac{D}{4}\leq 0$에서

$a^2+3(a^2-3)\leq 0$, $4a^2-9\leq 0$

$(2a+3)(2a-3)\leq 0$ $\quad\therefore -\frac{3}{2}\leq a\leq\frac{3}{2}$

따라서 상수 a의 최댓값은 $\frac{3}{2}$이다.

5 1111 답 ④ 유형6

출제의도 | 함수의 극값을 이용하여 미정계수를 구할 수 있는지 확인한다.

> 함수 $f(x)$가 $x=-3$에서 극솟값 -32를 가지면
> $f'(-3)=0$, $f(-3)=-32$야.

$f(x)=-x^3+ax^2+bx-5$에서

$f'(x)=-3x^2+2ax+b$

함수 $f(x)$가 $x=-3$에서 극솟값 -32를 가지므로

$f'(-3)=0$에서 $-27-6a+b=0$

$\therefore 6a-b=-27$ ······ ㉠

$f(-3)=-32$에서 $27+9a-3b-5=-32$

$\therefore 3a-b=-18$ ······ ㉡

㉠, ㉡을 연립하여 풀면

$a=-3$, $b=9$

즉, $f(x)=-x^3-3x^2+9x-5$이므로

$f(2)=-8-12+18-5=-7$

6 1112 답 ④ 

출제의도 | 함수가 증가할 조건을 이해하는지 확인한다.

> $x_1<x_2$인 임의의 두 실수 x_1, x_2에 대하여 $f(x_1)<f(x_2)$이면
> 함수 $f(x)$는 항상 증가해.

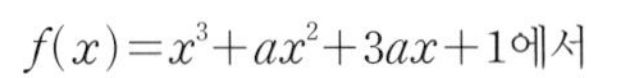

$f(x)=x^3+ax^2+3ax+1$에서

$f'(x)=3x^2+2ax+3a$

$x_1<x_2$인 임의의 두 실수 x_1, x_2에 대하여 $f(x_1)<f(x_2)$가 성립하려면 함수 $f(x)$가 실수 전체의 집합에서 증가해야 한다.

즉, 모든 실수 x에 대하여 $f'(x)\geq 0$이어야 한다.

이차방정식 $3x^2+2ax+3a=0$의 판별식을 D라 하면

$\frac{D}{4}\leq 0$에서

$a^2-9a\leq 0$, $a(a-9)\leq 0$

$\therefore 0\leq a\leq 9$

따라서 정수 a의 최댓값은 9, 최솟값은 0이므로

$M=9$, $m=0$

$\therefore M-m=9$

7 1113 답 ① 

출제의도 | 함수의 극값을 이용하여 미정계수를 구할 수 있는지 확인한다.

> 함수 $f(x)$가 $x=-1$에서 극댓값 12를 가지면
> $f'(-1)=0$, $f(-1)=12$야.

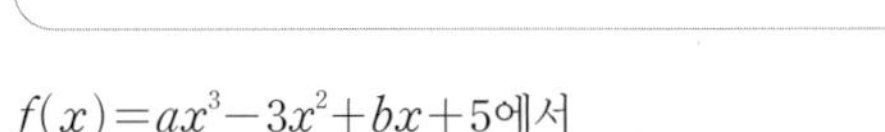

$f(x)=ax^3-3x^2+bx+5$에서

$f'(x)=3ax^2-6x+b$

함수 $f(x)$가 $x=-1$에서 극댓값 12를 가지므로

$f'(-1)=0$에서 $3a+6+b=0$

$\therefore 3a+b=-6$ ······ ㉠

$f(-1)=12$에서 $-a-b+2=12$

$\therefore a+b=-10$ ······ ㉡

㉠, ㉡을 연립하여 풀면

$a=2$, $b=-12$

즉, $f(x)=2x^3-3x^2-12x+5$이므로

$f'(x)=6x^2-6x-12=6(x+1)(x-2)$

$f'(x)=0$인 x의 값은 $x=-1$ 또는 $x=2$

함수 $f(x)$의 증가, 감소를 표로 나타내면 다음과 같다.

x	$\cdots$	-1	$\cdots$	2	$\cdots$
$f'(x)$	$+$	0	$-$	0	$+$
$f(x)$	↗	12 극대	↘	-15 극소	↗

따라서 함수 $f(x)$의 극솟값은 $f(2)=-15$

8 1114 답 ⑤ 유형 6

출제의도 | 함수의 두 극값의 차를 이용하여 미정계수를 구할 수 있는지 확인한다.

삼차함수가 극값을 가지면 이차방정식 $f'(x)=0$이 서로 다른 두 실근을 가져.

$f(x)=x^3+ax^2+bx$에서

$f'(x)=3x^2+2ax+b$

삼차함수 $f(x)$가 $x=\alpha$, $x=\beta$에서 극값을 가지므로 이차방정식 $f'(x)=0$이 서로 다른 두 실근 α, β를 갖는다.

즉, 이차방정식 $3x^2+2ax+b=0$의 두 근이 α, β이므로 이차방정식의 근과 계수의 관계에 의하여

$\alpha+\beta=-\frac{2}{3}a$, $\alpha\beta=\frac{b}{3}$

$\therefore \beta-\alpha=\sqrt{(\alpha+\beta)^2-4\alpha\beta}$

$=\sqrt{\left(-\frac{2}{3}a\right)^2-\frac{4b}{3}}$

$=\frac{2}{3}\sqrt{a^2-3b}$

$\beta-\alpha=4$이므로 $\frac{2}{3}\sqrt{a^2-3b}=4$에서

$\sqrt{a^2-3b}=6$

$\therefore a^2-3b=36$

9 1115 답 ② 유형 6

출제의도 | 극값의 성질과 나머지정리를 활용하여 나머지를 구할 수 있는지 확인한다.

다항함수 $f(x)$가 $x=3$에서 극댓값 -1을 가지면 $f'(3)=0$, $f(3)=-1$이야.

$f(x)$를 $(x-3)^2$으로 나누었을 때의 몫을 $Q(x)$, 나머지를 $R(x)$라 하면

$f(x)=(x-3)^2Q(x)+R(x)$

$f'(x)=2(x-3)Q(x)+(x-3)^2Q'(x)+R'(x)$

$R(x)=ax+b$ (a, b는 상수)라 하면 $R'(x)=a$이므로

$f(x)=(x-3)^2Q(x)+ax+b$

$f'(x)=2(x-3)Q(x)+(x-3)^2Q'(x)+a$

함수 $f(x)$가 $x=3$에서 극댓값 -1을 가지므로

$f'(3)=0$에서 $a=0$

$f(3)=-1$에서 $3a+b=-1$ $\quad \therefore b=-1$

따라서 $R(x)=-1$이므로

$R(1)=-1$

10 1116 답 ④ 유형 6

출제의도 | 극댓값의 정의를 알고 미정계수를 구할 수 있는지 확인한다.

$x=a$의 좌우에서 $f'(x)$의 부호가 양에서 음으로 바뀌면 함수 $f(x)$는 $x=a$에서 극댓값을 가져.

$f(x)=\begin{cases} x^3+ax & (x\ge 0) \\ a(x^3-3x) & (x<0)\end{cases}$에서

$f'(x)=\begin{cases} 3x^2+a & (x>0) \\ 3a(x^2-1) & (x<0)\end{cases}$

(i) $x>0$일 때,

$a>0$이므로 $3x^2+a\ne 0$

$f'(x)=0$인 x의 값은 존재하지 않는다.

(ii) $x<0$일 때,

$f'(x)=0$인 x의 값은 $x=-1$

함수 $f(x)$의 증가, 감소를 표로 나타내면 다음과 같다.

x	$\cdots$	-1	$\cdots$	0	$\cdots$
$f'(x)$	$+$	0	$-$		$+$
$f(x)$	↗	$2a$ 극대	↘	0	↗

함수 $f(x)$의 극댓값이 4이므로

$2a=4$ $\quad \therefore a=2$

11 1117 답 ② 유형 8

출제의도 | 삼차함수의 그래프를 보고 계수의 부호를 판별할 수 있는지 확인한다.

두 극점의 x좌표의 합과 곱의 부호를 살펴 봐.

$f(x)=ax^3+bx^2+cx+d$에서

$f'(x)=3ax^2+2bx+c$

ㄱ. 함수 $f(x)$의 그래프에서 $x\to\infty$일 때 $f(x)\to\infty$이므로

$a>0$ (참)

ㄴ. 그래프가 y축의 양의 부분과 만나므로

$f(0)=d>0$ (참)

ㄷ. $f'(\alpha)=0$, $f'(\beta)=0$이고, $\alpha<0$, $\beta>0$이므로 이차방정식 $f'(x)=0$은 음의 실근 α와 양의 실근 β를 갖는다.

이때 $\beta>|\alpha|$이므로 이차방정식의 근과 계수의 관계에 의하여

$\alpha+\beta=-\frac{2b}{3a}>0$ $\quad \therefore b<0$ ($\because a>0$) (거짓)

ㄹ. ㄷ에서 이차방정식의 근과 계수의 관계에 의하여

$\alpha\beta=\frac{c}{3a}<0$ $\quad \therefore c<0$ ($\because a>0$) (거짓)

따라서 옳은 것은 ㄱ, ㄴ이다.

12 1118 답 ⑤ 유형8

출제의도 | 삼차함수가 극값을 가질 조건을 알고 있는지 확인한다.

> 삼차함수가 극값을 가지려면 이차방정식 $f'(x)=0$이 서로 다른 두 실근을 가져야 해.

$f(x)=x^3+ax^2+(a^2-6a)x+5$에서

$f'(x)=3x^2+2ax+a^2-6a$

삼차함수 $f(x)$가 극값을 가지려면 이차방정식 $f'(x)=0$이 서로 다른 두 실근을 가져야 한다.

이차방정식 $3x^2+2ax+a^2-6a=0$의 판별식을 D라 하면

$\frac{D}{4}>0$에서 $a^2-3a^2+18a>0$

$-2a^2+18a>0$, $2a(a-9)<0$

$\therefore 0<a<9$

따라서 정수 a는 1, 2, 3, $\cdots$, 8의 8개이다.

13 1119 답 ③ 유형 12

출제의도 | 사차함수가 극값을 가질 조건을 이해하는지 확인한다.

> 사차함수 $f(x)$의 극값이 하나이면 방정식 $f'(x)=0$은 중근 또는 허근을 가져야 해.

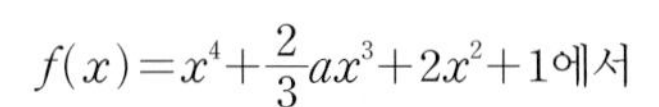

$f(x)=x^4+\frac{2}{3}ax^3+2x^2+1$에서

$f'(x)=4x^3+2ax^2+4x=2x(2x^2+ax+2)$

사차함수 $f(x)$가 극값을 하나만 가지려면 삼차방정식 $f'(x)=0$이 중근 또는 허근을 가져야 하고

→ 한 실근과 두 허근, 한 실근과 중근, 삼중근을 갖는 경우이다.

이차방정식 $2x^2+ax+2=0$에서 $x=0$은 근이 아니므로 이 이차방정식이 중근 또는 허근을 가져야 한다.

이차방정식 $2x^2+ax+2=0$의 판별식을 D라 하면 $D\le 0$에서

$a^2-16\le 0$, $(a+4)(a-4)\le 0$

$\therefore -4\le a\le 4$

14 1120 답 ③ 유형 17

출제의도 | 주어진 조건을 이용하여 미정계수를 정할 수 있는지 확인한다.

> 곡선 $y=f(x)$ 위의 $x=1$인 점에서의 접선의 기울기는 $f'(1)$이야.

$f(x)=x^3+ax^2+bx$에서

$f'(x)=3x^2+2ax+b$

함수 $f(x)$가 $x=-1$에서 극값을 가지므로

$f'(-1)=0$에서 $3-2a+b=0$

$\therefore 2a-b=3$ ······ ㉠

$x=1$인 점에서의 접선의 기울기가 8이므로

$f'(1)=8$에서 $3+2a+b=8$

$\therefore 2a+b=5$ ······ ㉡

㉠, ㉡을 연립하여 풀면 $a=2$, $b=1$

따라서 $f(x)=x^3+2x^2+x$이므로

$f(-2)=-8+8-2=-2$

15 1121 답 ② 유형 15

출제의도 | 함수의 그래프를 이용하여 절댓값 기호를 포함한 함수의 극값을 구할 수 있는지 확인한다.

> $y=|f(x)|$의 그래프는 $y=f(x)$의 그래프에서 $f(x)\le 0$인 부분을 x축에 대하여 대칭이동해서 그릴 수 있어.

$f(x)=x^3-6x^2+9x-2$에서

$f'(x)=3x^2-12x+9=3(x-1)(x-3)$

$f'(x)=0$인 x의 값은 $x=1$ 또는 $x=3$

함수 $f(x)$의 증가, 감소를 표로 나타내면 다음과 같다.

x	$\cdots$	1	$\cdots$	3	$\cdots$
$f'(x)$	+	0	−	0	+
$f(x)$	↗	2 극대	↘	−2 극소	↗

$y=f(x)$의 그래프를 이용하여 $y=|f(x)|$의 그래프를 그리면 그림과 같다.

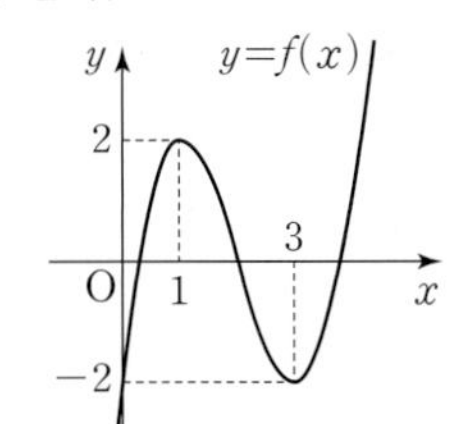

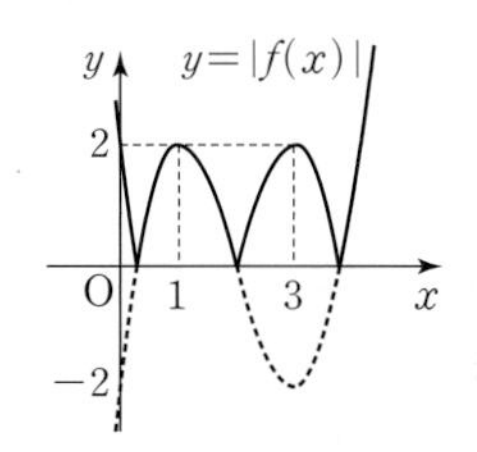

따라서 함수 $|f(x)|$가 극대인 점은 2개, 극소인 점은 3개이므로

$m=2$, $n=3$　　$\therefore m-n=-1$

16 1122 답 ① 유형3 + 유형4 + 유형5

출제의도 | 함수의 증가 · 감소, 극대 · 극소를 이해하는지 확인한다.

> 역함수가 존재하려면 $f(x)$가 일대일대응이어야 해.

ㄱ. 모든 실수 x에 대하여 $f'(x)>0$이면 함수 $f(x)$는 실수 전체의 집합에서 증가한다. (참)

ㄴ. $f'(a)=0$이어도 $x=a$의 좌우에서 부호가 바뀌지 않으면 극값을 갖지 않는다. (거짓)

ㄷ. 삼차함수 $f(x)$의 역함수가 존재할 때, 최고차항의 계수가 양수인 경우 모든 실수 x에 대하여 $f'(x)\ge 0$이고, 최고차항의 계수가 음수인 경우 모든 실수 x에 대하여 $f'(x)\le 0$이다. (거짓)

따라서 옳은 것은 ㄱ이다.

17 1123 답 ④ 유형7

출제의도 | 주어진 조건에 맞는 삼차함수를 식으로 나타낼 수 있는지 확인한다.

> $x\to 1$일 때, 극한값이 존재하고 (분모) → 0이므로 (분자) → 0이야. 따라서 $f(1)=f(-1)$이야.

$\lim_{x\to 1}\frac{f(x)-f(-1)}{x-1}=0$에서 $x\to 1$일 때, 극한값이 존재하고

(분모) → 0이므로 (분자) → 0이다.

즉, $\lim_{x\to 1}\{f(x)-f(-1)\}=0$이므로

$f(1)-f(-1)=0$　　$\therefore f(1)=f(-1)$ ······ ㉠

$$\lim_{x\to 1}\frac{f(x)-f(-1)}{x-1}=\lim_{x\to 1}\frac{f(x)-f(1)}{x-1}$$
$$=f'(1)$$

$\therefore f'(1)=0$ ······ ㉡

$f(x)=x^3+ax^2+bx+c$ (a, b, c는 상수)라 하면

$f'(x)=3x^2+2ax+b$

㉠에서

$1+a+b+c=-1+a-b+c$ $\quad\therefore b=-1$

㉡에서

$3+2a+b=0$ $\quad\therefore a=-1$ ($\because b=-1$)

$\therefore f(x)=x^3-x^2-x+c$

$\therefore f'(x)=3x^2-2x-1$

ㄱ. ㉠에서 $f(1)=f(-1)$ (참)

ㄴ. $f'(2)=12-4-1=7$ (거짓)

ㄷ. $f'(x)=3x^2-2x-1=(x-1)(3x+1)$

$f'(x)=0$인 x의 값은 $x=-\frac{1}{3}$ 또는 $x=1$

함수 $f(x)$의 증가, 감소를 표로 나타내면 다음과 같다.

x	$\cdots$	$-\frac{1}{3}$	$\cdots$	1	$\cdots$
$f'(x)$	$+$	0	$-$	0	$+$
$f(x)$	↗	극대	↘	극소	↗

즉, 함수 $f(x)$는 $x=1$에서 극솟값을 갖는다. (참)

따라서 옳은 것은 ㄱ, ㄷ이다.

18 1124 답 ⑤ 유형 12

출제의도 | 도함수를 이용하여 함수의 그래프의 개형을 추론할 수 있는지 확인한다.

$y=xf'(x)$의 그래프에서 x의 부호를 참고하여 함수 $f'(x)$의 증가, 감소를 표로 나타내어 보자.

주어진 그래프에서 $f'(x)$의 부호를 조사하여 함수 $f(x)$의 증가, 감소를 표로 나타내면 다음과 같다.

x	$\cdots$	-1	$\cdots$	0	$\cdots$	1	$\cdots$
$f'(x)$	$-$	0	$+$	0	$-$	0	$+$
$f(x)$	↘	극소	↗	극대	↘	극소	↗

ㄱ. 함수 $f(x)$는 $x=-1$에서 극솟값을 갖는다. (참)

ㄴ. 함수 $f(x)$는 $x=0$에서 극댓값을 갖는다. (참)

ㄷ. 열린구간 $(0, 1)$에서 함수 $f(x)$는 감소한다. (참)

따라서 옳은 것은 ㄱ, ㄴ, ㄷ이다.

19 1125 답 ① 유형 13

출제의도 | 두 함수 $f(x)$, $g(x)$의 그래프를 이용하여 $h(x)=g(x)-f(x)$의 극댓값을 구할 수 있는지 확인한다.

두 그래프는 x좌표가 -2, 1인 두 점에서 접하므로 $h(-2)=h(1)=0$이야.

$y=f(x)$의 그래프와 $y=g(x)$의 그래프가 $x=1$, $x=-2$에서 접하므로 함수 $h(x)=g(x)-f(x)$는 $(x-1)^2$, $(x+2)^2$을 인수로 갖는다.

$h(x)=g(x)-f(x)=(x+2)^2(x-1)^2$에서

$h'(x)=2(x+2)(x-1)^2+2(x+2)^2(x-1)$

$\quad=2(x+2)(2x+1)(x-1)$

$h'(x)=0$인 x의 값은 $x=-2$ 또는 $x=-\frac{1}{2}$ 또는 $x=1$

함수 $h(x)$의 증가, 감소를 표로 나타내면 다음과 같다.

x	$\cdots$	-2	$\cdots$	$-\frac{1}{2}$	$\cdots$	1	$\cdots$
$h'(x)$	$-$	0	$+$	0	$-$	0	$+$
$h(x)$	↘	극소	↗	극대	↘	극소	↗

따라서 함수 $h(x)$의 극댓값은

$h\left(-\frac{1}{2}\right)=\left(\frac{3}{2}\right)^2\times\left(-\frac{3}{2}\right)^2=\frac{81}{16}$

20 1126 답 ② 유형 14

출제의도 | 주어진 조건을 이용하여 삼차함수의 극댓값을 구할 수 있는지 확인한다.

$x=3$에서 x축에 접하므로 $f'(3)=0$, $f(3)=0$이야.

$f(x)=x^3+ax^2+bx+c$ (a, b, c는 상수)라 하면

$f'(x)=3x^2+2ax+b$

곡선 $y=f(x)$가 $x=3$에서 x축과 접하므로 함수 $f(x)$는 $x=3$에서 극값 0을 갖는다.

$f'(3)=0$에서 $27+6a+b=0$ ······ ㉠

$f(3)=0$에서 $27+9a+3b+c=0$ ······ ㉡

또 $f'(4)=f'(0)$이므로

$48+8a+b=b$ $\quad\therefore a=-6$

$a=-6$을 ㉠, ㉡에 대입하여 풀면

$b=9$, $c=0$

$\therefore f(x)=x^3-6x^2+9x$

$\therefore f'(x)=3x^2-12x+9=3(x-1)(x-3)$

$f'(x)=0$인 x의 값은 $x=1$ 또는 $x=3$

함수 $f(x)$의 증가, 감소를 표로 나타내면 다음과 같다.

x	$\cdots$	1	$\cdots$	3	$\cdots$
$f'(x)$	$+$	0	$-$	0	$+$
$f(x)$	↗	4 극대	↘	0 극소	↗

따라서 함수 $f(x)$의 극댓값은 $f(1)=4$이다.

21 1127 답 ③ 유형 15

출제의도 | 절댓값 기호를 포함한 사차함수의 그래프의 개형을 그릴 수 있는지 확인한다.

$y=|f(x)|$의 그래프는 $y=f(x)$의 그래프에서 $f(x)<0$인 부분을 x축에 대하여 대칭이동한 것과 같아.

$f(x)=x^4-8x^2+6$에서

$f'(x)=4x^3-16x=4x(x+2)(x-2)$

$f'(x)=0$인 x의 값은 $x=-2$ 또는 $x=0$ 또는 $x=2$

함수 $f(x)$의 증가, 감소를 표로 나타내면 다음과 같다.

x	$\cdots$	-2	$\cdots$	0	$\cdots$	2	$\cdots$
$f'(x)$	$-$	0	$+$	0	$-$	0	$+$
$f(x)$	↘	-10 극소	↗	6 극대	↘	-10 극소	↗

함수 $y=f(x)$의 그래프의 개형을 이용하여 함수 $y=g(x)$의 그래프의 개형을 그리면 다음과 같다.

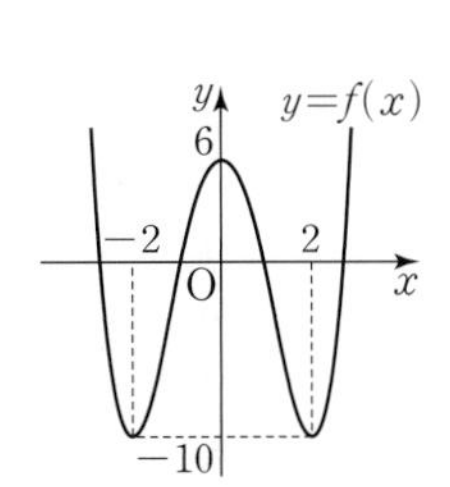

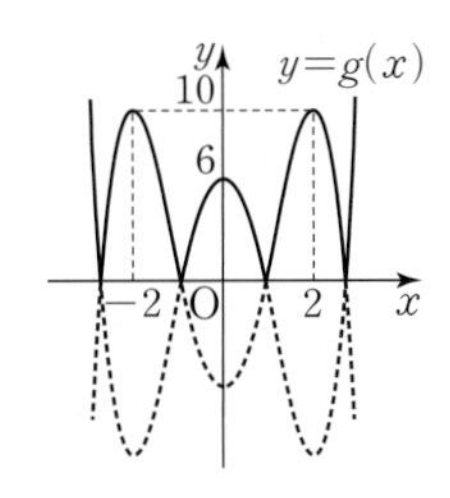

따라서 함수 $g(x)$는 $x=-2$ 또는 $x=2$에서 극댓값 10을, $x=0$에서 극댓값 6을 가지므로 극댓값 중 가장 작은 값은 6이다.

22 1128 답 20 유형 6

출제의도 | 함수의 극댓값과 극솟값을 이용하여 미정계수를 구할 수 있는지 확인한다.

STEP 1 $f'(x)$ 구하기 [1점]

$f(x)=x^3-3ax+b$에서

$f'(x)=3x^2-3a=3(x+\sqrt{a})(x-\sqrt{a})\ (a>0)$

STEP 2 주어진 조건을 이용하여 a, b의 값 구하기 [3점]

$f'(x)=0$인 x의 값은 $x=-\sqrt{a}$ 또는 $x=\sqrt{a}$

x	$\cdots$	$-\sqrt{a}$	$\cdots$	$\sqrt{a}$	$\cdots$
$f'(x)$	$+$	0	$-$	0	$+$
$f(x)$	↗	극대	↘	극소	↗

함수 $f(x)$의 극댓값이 4, 극솟값이 0이므로

$f(-\sqrt{a})=4$에서 $-a\sqrt{a}+3a\sqrt{a}+b=4$ ······ ㉠

$f(\sqrt{a})=0$에서 $a\sqrt{a}-3a\sqrt{a}+b=0$ ······ ㉡

㉠, ㉡을 연립하여 풀면

$a=1,\ b=2$

STEP 3 $f(a+b)$의 값 구하기 [1점]

즉, $f(x)=x^3-3x+2$이므로

$f(a+b)=f(3)=20$

23 1129 답 -17 유형 7

출제의도 | $y=f'(x)$의 그래프를 이용하여 $f(x)$의 미정계수를 구할 수 있는지 확인한다.

STEP 1 $f'(x)$ 구하기 [1점]

$f(x)=2x^3+ax^2+bx+c$에서

$f'(x)=6x^2+2ax+b$

STEP 2 상수 a, b, c의 값을 구하여 $f(x)$ 구하기 [4점]

$y=f'(x)$의 그래프가 x축과 만나는 점의 x좌표가 -1, 2이므로 주어진 그래프에서 $f'(x)$의 부호를 조사하여 함수 $f(x)$의 증가, 감소를 표로 나타내면 다음과 같다.

x	$\cdots$	-1	$\cdots$	2	$\cdots$
$f'(x)$	$+$	0	$-$	0	$+$
$f(x)$	↗	극대	↘	극소	↗

즉, 함수 $f(x)$는 $x=-1$에서 극댓값 10을 가지므로

$f'(-1)=0$에서 $6-2a+b=0$ ······ ㉠

$f(-1)=10$에서 $-2+a-b+c=10$ ······ ㉡

또, 함수 $f(x)$는 $x=2$에서 극소이므로

$f'(2)=0$에서 $24+4a+b=0$ ······ ㉢

㉠, ㉡, ㉢을 연립하여 풀면

$a=-3,\ b=-12,\ c=3$

$\therefore\ f(x)=2x^3-3x^2-12x+3$

STEP 3 함수 $f(x)$의 극솟값 구하기 [1점]

함수 $f(x)$의 극솟값은

$f(2)=16-12-24+3=-17$

24 1130 답 5 유형 3

출제의도 | 함수가 증가할 조건을 이해하는지 확인한다.

STEP 1 $f'(x)$ 구하기 [1점]

$f(x)=\frac{1}{3}x^3+\frac{1}{2}(a-1)x^2+x$에서

$f'(x)=x^2+(a-1)x+1$

STEP 2 함수 $f(x)$가 구간 $(-\infty,\ \infty)$에서 증가하기 위한 조건 찾기 [2점]

함수 $f(x)$가 구간 $(-\infty,\ \infty)$에서 증가하려면 모든 실수 x에 대하여 $f'(x)\ge0$이어야 한다.

STEP 3 a의 값의 범위 구하기 [3점]

이차방정식 $x^2+(a-1)x+1=0$의 판별식을 D라 하면

$D\le0$에서

$(a-1)^2-4\le0,\ (a+1)(a-3)\le0$

$\therefore\ -1\le a\le3$

STEP 4 정수 a의 개수 구하기 [1점]

함수 $f(x)$가 구간 $(-\infty,\ \infty)$에서 증가하도록 하는 정수 a는 $-1,\ 0,\ 1,\ 2,\ 3$의 5개이다.

25 1131 답 9 유형 16

출제의도 | 함수의 그래프의 대칭성을 이용하여 $f(x)$를 식으로 나타낼 수 있는지 확인한다.

STEP 1 (가)를 이용하여 $f(x)$, $f'(x)$를 식으로 나타내기 [3점]

(가)에서 삼차함수 $y=f(x)$의 그래프는 원점에 대하여 대칭이므로

$f(x)=ax^3+bx$ (a, b는 상수, $a\ne0$)라 하면

$f'(x)=3ax^2+b$

STEP 2 (나)를 이용하여 $f(x)$ 구하기 [4점]

(나)에서 함수 $f(x)$는 $x=2$에서 극댓값 16을 가지므로

$f'(2)=0$에서 $12a+b=0$ ······ ㉠

$f(2)=16$에서 $8a+2b=16$ ······ ㉡

㉠, ㉡을 연립하여 풀면 $a=-1,\ b=12$

$\therefore\ f(x)=-x^3+12x$

STEP 3 $f(3)$의 값 구하기 [1점]

$f(3)=-27+36=9$

1 1132 답 ④ 유형 1

출제의도 | 함수가 감소하는 구간을 구할 수 있는지 확인한다.

> 구간 (a, b)에서 $f'(x)<0$이면 함수 $f(x)$는 구간 $[a, b]$에서 감소해.

$f(x)=\frac{1}{3}x^3-4x+5$에서

$f'(x)=x^2-4=(x+2)(x-2)$

$f'(x)=0$인 x의 값은 $x=-2$ 또는 $x=2$

함수 $f(x)$의 증가, 감소를 표로 나타내면 다음과 같다.

x	$\cdots$	-2	$\cdots$	2	$\cdots$
$f'(x)$	$+$	0	$-$	0	$+$
$f(x)$	↗		↘		↗

따라서 함수 $f(x)$는 닫힌구간 $[-2, 2]$에서 감소하므로 상수 a의 최댓값은 2이다.

2 1133 답 ④ 유형 2

출제의도 | 도함수의 그래프를 보고 증가, 감소를 판별할 수 있는지 확인한다.

> 함수 $f(x)$가 구간 (a, b)에서
> $f'(x)>0$이면 증가하고, $f'(x)<0$이면 감소해.

ㄱ. 구간 $(-\infty, 1)$에서 $f'(x)<0$이므로 함수 $f(x)$는 구간 $(-\infty, 1)$에서 감소한다. (거짓)

ㄴ. 구간 $(1, 5)$에서 $f'(x)>0$이므로 함수 $f(x)$는 구간 $(1, 5)$에서 증가한다. (참)

ㄷ. 구간 $(5, \infty)$에서 $f'(x)>0$이므로 함수 $f(x)$는 구간 $(5, \infty)$에서 증가한다. (참)

따라서 옳은 것은 ㄴ, ㄷ이다.

3 1134 답 ① 유형 5

출제의도 | 함수의 극값을 구할 수 있는지 확인한다.

> $f'(a)=0$인 $x=a$의 좌우에서 함수 $f(x)$의 증가, 감소를 조사해 봐.

$f(x)=-2x^3+6x+1$에서

$f'(x)=-6x^2+6=-6(x+1)(x-1)$

$f'(x)=0$인 x의 값은 $x=-1$ 또는 $x=1$

함수 $f(x)$의 증가, 감소를 표로 나타내면 다음과 같다.

x	$\cdots$	-1	$\cdots$	1	$\cdots$
$f'(x)$	$-$	0	$+$	0	$-$
$f(x)$	↘	-3 극소	↗	5 극대	↘

따라서 함수 $f(x)$는 $x=-1$에서 극솟값 -3을 가지므로

$a=-1$, $b=-3$

$\therefore a+b=-4$

4 1135 답 ④ 유형 5

출제의도 | 함수의 극솟값을 구할 수 있는지 확인한다.

> 함수 $f(x)$에서 $f'(x)=0$인 x의 값을 찾아 증가, 감소를 표로 나타내 봐.

$f(x)=2x^3-6x+3a$에서

$f'(x)=6x^2-6=6(x+1)(x-1)$

$f'(x)=0$인 x의 값은 $x=-1$ 또는 $x=1$

함수 $f(x)$의 증가, 감소를 표로 나타내면 다음과 같다.

x	$\cdots$	-1	$\cdots$	1	$\cdots$
$f'(x)$	$+$	0	$-$	0	$+$
$f(x)$	↗	$3a+4$ 극대	↘	$3a-4$ 극소	↗

함수 $f(x)$는 $x=1$에서 극솟값 5를 가지므로

$3a-4=5$ $\quad\therefore a=3$

5 1136 답 ②  유형 7

출제의도 | 도함수의 그래프를 보고 극대, 극소를 판별할 수 있는지 확인한다.

> $f'(x)$의 부호가 바뀌는 곳을 찾아 봐.

ㄱ. $x=\alpha$의 좌우에서 $f'(x)$의 부호가 음에서 양으로 바뀌므로 함수 $f(x)$는 $x=\alpha$에서 극솟값을 갖는다. (참)

ㄴ. $x=\beta$의 좌우에서 $f'(x)$의 부호가 양에서 음으로 바뀌므로 함수 $f(x)$는 $x=\beta$에서 극댓값을 갖는다. (참)

ㄷ. $x=\gamma$의 좌우에서 $f'(x)$의 부호가 바뀌지 않으므로 함수 $f(x)$는 $x=\gamma$에서 극값을 갖지 않는다. (거짓)

따라서 옳은 것은 ㄱ, ㄴ이다.

6 1137 답 ③  유형 1

출제의도 | 함수가 증가, 감소하는 조건을 이해하는지 확인한다.

> 삼차함수 $f(x)$가 $x=-1$, $x=2$의 좌우에서 증가, 감소가 바뀌니까
> $f'(-1)=f'(2)=0$이야.

함수 $f(x)$는 구간 $(-\infty, -1]$에서 감소, 구간 $[-1, 2]$에서 증가, 구간 $[2, \infty)$에서 감소한다.

즉, $x=-1$의 좌우에서 $f'(x)$의 부호가 음에서 양으로 바뀌고, $x=2$의 좌우에서 $f'(x)$의 부호가 양에서 음으로 바뀌므로

$f'(-1)=0$, $f'(2)=0$

이때 함수 $f(x)$는 최고차항의 계수가 -1인 삼차함수이므로

$f'(x)=-3(x+1)(x-2)$ → $f'(x)$의 최고차항의 계수는 -3이다.

$\therefore f'(3)=-3\times4\times1=-12$

7 1138 답 ②  유형 3

출제의도 | 함수가 감소할 조건을 이해하는지 확인한다.

> $x_1<x_2$인 임의의 두 실수 x_1, x_2에 대하여 $f(x_1)>f(x_2)$이면
> 함수 $f(x)$는 실수 전체의 집합에서 감소해.

$x_1<x_2$인 임의의 두 실수 x_1, x_2에 대하여 $f(x_1)>f(x_2)$가 성립하려면 함수 $f(x)$는 실수 전체의 집합에서 감소해야 한다.

즉, 모든 실수 x에 대하여 $f'(x)\le 0$이어야 한다.

$f(x)=-\frac{1}{3}x^3+ax^2-(3a+4)x+1$에서

$f'(x)=-x^2+2ax-3a-4$

이차방정식 $-x^2+2ax-3a-4=0$의 판별식을 D라 하면

$\frac{D}{4}\le 0$에서

$a^2-3a-4\le 0$, $(a+1)(a-4)\le 0$

$\therefore -1\le a\le 4$

따라서 정수 a는 -1, 0, 1, 2, 3, 4의 6개이다.

8 1139 답 ⑤ 유형4

출제의도 | 삼차함수가 역함수를 가질 조건을 이해하는지 확인한다.

> 최고차항의 계수가 양수인 삼차함수 $f(x)$가 역함수를 가지려면 실수 전체의 집합에서 증가하므로 $f'(x)\ge 0$이야.

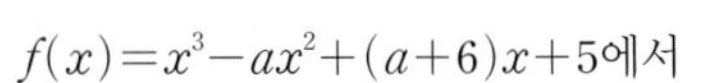

$f(x)=x^3-ax^2+(a+6)x+5$에서

$f'(x)=3x^2-2ax+a+6$

함수 $f(x)$의 역함수가 존재하려면 $f(x)$가 일대일대응이어야 하고, $f(x)$의 최고차항의 계수가 양수이므로 함수 $f(x)$는 실수 전체의 집합에서 증가해야 한다.

즉, 모든 실수 x에 대하여 $f'(x)\ge 0$이어야 한다.

이차방정식 $3x^2-2ax+a+6=0$의 판별식을 D라 하면

$\frac{D}{4}\le 0$에서 $a^2-3(a+6)\le 0$

$(a+3)(a-6)\le 0$

$\therefore -3\le a\le 6$

따라서 $M=6$, $m=-3$이므로

$M-m=9$

9 1140 답 ① 유형5

출제의도 | 극값을 이해하는지 확인한다.

> 삼차함수, 사차함수에서는 극댓값이 극솟값보다 크지만, 모든 경우에 그런 것은 아니야.

ㄱ. $f(x)$가 사차함수이면 $f'(x)$는 삼차함수이므로 $f'(x)$의 부호가 바뀌는 x가 반드시 존재한다.

즉, 사차함수 $f(x)$는 극값이 존재한다. (참)

ㄴ. [반례] 삼차함수, 사차함수에서는 극댓값이 극솟값보다 크지만, 오차함수 이상부터는 그림과 같이 극댓값이 극솟값보다 작은 경우가 존재한다. (거짓)

ㄷ. [반례] $f(x)=x^3$일 때, $f'(x)=3x^2$

$f'(0)=0$이지만 $x=0$의 좌우에서 $f'(x)$의 부호가 바뀌지 않으므로 $x=0$에서 극값을 갖지 않는다. (거짓)

따라서 옳은 것은 ㄱ이다.

10 1141 답 ② 유형5

출제의도 | 주어진 조건을 통해 극값을 갖는 조건을 판별할 수 있는지 확인한다.

> 모든 실수 x에 대하여 $f'(x)\ge 0$이면 함수 $f(x)$는 극값을 가질 수 없어.

$f(x)=\frac{1}{3}x^3-ax^2+bx+2$에서

$f'(x)=x^2-2ax+b$ ······ ㉠

ㄱ. $f'(2)=0$이므로 $4-4a+b=0$

$\therefore b=4a-4$ (참)

ㄴ. $b=4a-4$를 ㉠에 대입하면

$f'(x)=x^2-2ax+4a-4=(x-2)(x-2a+2)$

$f'(x)=0$인 x의 값은 $x=2$ 또는 $x=2a-2$

함수 $f(x)$의 증가, 감소를 표로 나타내면 다음과 같다.

(i) $2<2a-2$일 때,

x	$\cdots$	2	$\cdots$	$2a-2$	$\cdots$
$f'(x)$	$+$	0	$-$	0	$+$
$f(x)$	↗	극대	↘	극소	↗

(ii) $2>2a-2$일 때,

x	$\cdots$	$2a-2$	$\cdots$	2	$\cdots$
$f'(x)$	$+$	0	$-$	0	$+$
$f(x)$	↗	극대	↘	극소	↗

즉, 함수 $f(x)$가 $x=2$에서 극소이면

$2>2a-2$에서 $a<2$ (참)

ㄷ. $a=2$이면 $f'(x)=x^2-4x+4=(x-2)^2$

이때 $f'(x)\ge 0$이므로 함수 $f(x)$는 항상 증가하기 때문에 극값이 존재하지 않는다. (거짓)

따라서 옳은 것은 ㄱ, ㄴ이다.

11 1142 답 ② 유형6

출제의도 | 극값을 이용하여 미정계수를 구할 수 있는지 확인한다.

> 함수 $f(x)$가 $x=1$에서 극댓값 7을 가지면 $f'(1)=0$, $f(1)=7$이야.

$f(x)=-x^4+ax^2+b$에서

$f'(x)=-4x^3+2ax$

함수 $f(x)$가 $x=1$에서 극댓값 7을 가지므로

$f'(1)=0$에서 $-4+2a=0$ $\therefore a=2$

$f(1)=7$에서 $-1+a+b=7$ ······ ㉠

$a=2$를 ㉠에 대입하여 풀면 $b=6$

즉, $f(x)=-x^4+2x^2+6$이므로

$f'(x)=-4x^3+4x=-4x(x+1)(x-1)$

$f'(x)=0$인 x의 값은 $x=-1$ 또는 $x=0$ 또는 $x=1$

함수 $f(x)$의 증가, 감소를 표로 나타내면 다음과 같다.

x	$\cdots$	-1	$\cdots$	0	$\cdots$	1	$\cdots$
$f'(x)$	$+$	0	$-$	0	$+$	0	$-$
$f(x)$	↗	7 극대	↘	6 극소	↗	7 극대	↘

따라서 함수 $f(x)$의 극솟값은 $f(0)=6$

12 1143 답 ⑤ 유형8

출제의도 | 삼차함수의 그래프의 개형을 보고 계수의 부호를 정할 수 있는지 확인한다.

> $f'(\alpha)=0$, $f'(\beta)=0$이므로 이차방정식 $f'(x)=0$은 서로 다른 두 실근 α, β를 가져. 두 실근의 부호를 생각해 봐.

함수 $f(x)=ax^3+bx^2+cx+d$의 그래프에서 $x\to\infty$일 때, $f(x)\to\infty$이므로 $a>0$

그래프가 y축의 양의 부분과 만나므로

$f(0)=d>0$

$f(x)=ax^3+bx^2+cx+d$에서

$f'(x)=3ax^2+2bx+c$

α, β는 서로 다른 두 양수이고, $f'(\alpha)=0$, $f'(\beta)=0$이므로 이차방정식 $f'(x)=0$은 서로 다른 두 개의 양의 실근 α, β를 갖는다.

이차방정식의 근과 계수의 관계에 의하여

$\alpha+\beta=-\dfrac{2b}{3a}>0$, $\alpha\beta=\dfrac{c}{3a}>0$

$a>0$이므로 $b<0$, $c>0$

따라서 $ab<0$, $ac>0$, $bc<0$, $bd<0$, $cd>0$이므로 옳지 않은 것은 ⑤이다.

13 1144 답 ④ 유형12

출제의도 | 사차함수가 극댓값과 극솟값을 모두 가질 조건을 이해하는지 확인한다.

> 사차함수 $f(x)$가 극댓값과 극솟값을 모두 가지려면 삼차방정식 $f'(x)=0$이 서로 다른 세 실근을 가져야 해.

$f(x)=x^4-4x^3+ax^2$에서

$f'(x)=4x^3-12x^2+2ax=2x(2x^2-6x+a)$

사차함수 $f(x)$가 극댓값과 극솟값을 가지려면 삼차방정식 $f'(x)=0$이 서로 다른 세 실근을 가져야 하므로 이차방정식 $2x^2-6x+a=0$은 0이 아닌 서로 다른 두 실근을 가져야 한다.

(i) $x=0$이 이차방정식 $2x^2-6x+a=0$의 근이 아니므로

$a\neq0$ ……… ㉠

(ii) 이차방정식 $2x^2-6x+a=0$의 판별식을 D라 하면

$\dfrac{D}{4}>0$에서

$9-2a>0$ $\quad\therefore a<\dfrac{9}{2}$ ……… ㉡

㉠, ㉡을 동시에 만족시키는 a의 값의 범위는

$a<0$ 또는 $0<a<\dfrac{9}{2}$

따라서 정수 a의 최댓값은 4이다.

14 1145 답 ① 유형14

출제의도 | 주어진 조건을 이용하여 미정계수를 구할 수 있는지 확인한다.

> 함수 $f(x)$의 그래프가 $x=k$에서 x축에 접하면 $f'(k)=0$이야.

$f(x)=x^3-3ax^2+4a$에서

$f'(x)=3x^2-6ax=3x(x-2a)$

$f'(x)=0$인 x의 값은 $x=0$ 또는 $x=2a$

$a>0$이므로 함수 $f(x)$의 증가, 감소를 표로 나타내면 다음과 같다.

x	$\cdots$	0	$\cdots$	$2a$	$\cdots$
$f'(x)$	+	0	−	0	+
$f(x)$	↗	$4a$ 극대	↘	$-4a^3+4a$ 극소	↗

$y=f(x)$의 그래프가 x축에 접하면

$f(0)=0$ 또는 $f(2a)=0$

(i) $f(0)=0$일 때,

$4a=0$ $\quad\therefore a=0$

(ii) $f(2a)=0$일 때,

$-4a^3+4a=0$, $-4a(a+1)(a-1)=0$

$\therefore a=-1$ 또는 $a=0$ 또는 $a=1$

$a>0$이므로 (i), (ii)에서 $a=1$

15 1146 답 ③ 유형16

출제의도 | 함수의 그래프의 대칭성을 이용하여 $f(x)$를 식으로 나타낼 수 있는지 확인한다.

> $f'(-x)=f'(x)$이면 $y=f'(x)$의 그래프가 y축에 대하여 대칭이야.

$f(x)=x^3+ax^2+bx+c$ (a, b, c는 상수)라 하면

$f'(x)=3x^2+2ax+b$

(가)에서 $y=f'(x)$의 그래프는 y축에 대하여 대칭이므로 $a=0$

$\therefore f'(x)=3x^2+b$, $f(x)=x^3+bx+c$

(나)에서 $x\to k$일 때, 극한값이 존재하고 (분모) $\to0$이므로 (분자) $\to0$이어야 한다.

즉, $\lim\limits_{x\to k}f(x)=0$이므로 $f(k)=0$

$\therefore \lim\limits_{x\to k}\dfrac{f(x)}{x-k}=\lim\limits_{x\to k}\dfrac{f(x)-f(k)}{x-k}=f'(k)=0$

$f(x)$는 $(x-k)^2$을 인수로 갖고, (가)에서 $f'(k)=f'(-k)=0$이다.

$f(x)=(x-k)^2(x-\alpha)$ (α는 상수)라 하면

$f'(x)=2(x-k)(x-\alpha)+(x-k)^2=(x-k)(3x-k-2\alpha)$

$f'(-k)=(-2k)(-4k-2\alpha)=0$이므로 $\alpha=-2k$ ($\because k>0$)

$\therefore f(x)=(x-k)^2(x+2k)$

(다)에서 $f(1)f(3)=0$이므로 $f(1)=0$ 또는 $f(3)=0$

(i) $f(1)=0$일 때, $f(x)=(x-1)^2(x+2)$이므로

$f(2)=4$

(ii) $f(3)=0$일 때, $f(x)=(x-3)^2(x+6)$이므로

$f(2)=8$

따라서 $f(2)$의 최댓값은 8이다.

16 1147 답 ③ 유형1

출제의도 | 함수가 증가, 감소하는 구간을 이용하여 미정계수를 정할 수 있는지 확인한다.

> 구간 $(-\infty, 0]$에서 $f'(x)\le0$이고 $f'(-1)=0$인 삼차함수 $y=f'(x)$의 그래프를 생각해 보자.

함수 $f(x)$가 구간 $(-\infty,\ 0]$에서 감소하고 구간 $[2,\ \infty)$에서 증가하므로 구간 $(-\infty,\ 0]$에서 $f'(x)\le 0$이고 구간 $[2,\ \infty)$에서 $f'(x)\ge 0$이다.

$f'(x)=(x+1)(x^2+ax+b)$에서 $f'(-1)=0$이므로

삼차함수 $y=f'(x)$의 그래프는 그림과 같이 $x=-1$에서 x축에 접해야 한다.

$f'(x)=(x+1)^2(x-k)$

$\quad\quad =(x+1)\{x^2+(1-k)x-k\}$

(k는 상수)라 하면

$a=1-k,\ b=-k$이므로

$a^2+b^2=(1-k)^2+(-k)^2$

$\quad\quad =2k^2-2k+1$

$\quad\quad =2\left(k-\frac{1}{2}\right)^2+\frac{1}{2}\ (0\le k\le 2)$

a^2+b^2의 최솟값은 $k=\frac{1}{2}$일 때 $\frac{1}{2}$이고, 최댓값은 $k=2$일 때 5이므로 $m=\frac{1}{2},\ M=5$

$\therefore M+m=\frac{11}{2}$

17 1148 답 ④ 유형 1

출제의도 | 함수가 주어진 구간에서 증가할 조건을 이해하는지 확인한다.

> 최고차항의 계수가 -2인 삼차함수 $g(t)$가 $0<t<5$에서 증가하려면 $g'(0)\ge 0,\ g'(5)\ge 0$이야.

$f(x)=x^3-(a+2)x^2+ax$에서

$f'(x)=3x^2-2(a+2)x+a$

곡선 $y=f(x)$ 위의 점 $(t,\ t^3-(a+2)t^2+at)$에서의 접선의 기울기는 $f'(t)=3t^2-2(a+2)t+a$이므로 접선의 방정식은

$y-\{t^3-(a+2)t^2+at\}=\{3t^2-2(a+2)t+a\}(x-t)$

$x=0$일 때 y의 값이 $g(t)$이므로

$g(t)-\{t^3-(a+2)t^2+at\}=\{3t^2-2(a+2)t+a\}(-t)$

$\therefore g(t)=-2t^3+(a+2)t^2$

$\therefore g'(t)=-6t^2+2(a+2)t$

함수 $g(t)$가 구간 $(0,\ 5)$에서 증가하려면 $0<t<5$에서 $g'(t)\ge 0$이어야 한다.

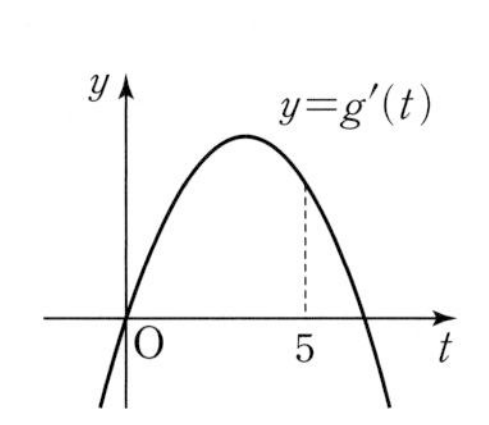

$\therefore g'(0)\ge 0,\ g'(5)\ge 0$

$g'(0)=0$이고, $g'(5)\ge 0$에서

$-150+10(a+2)\ge 0$

$10a\ge 130$

$\therefore a\ge 13$

따라서 상수 a의 최솟값은 13이다.

18 1149 답 ④ 유형 4

출제의도 | 역함수의 존재 조건을 함수의 증가, 감소에 적용시킬 수 있는지 확인한다.

> $g(x)=(x-a)f(x)$라 하면 $g'(x)=f(x)+(x-a)f'(x)$야. $g'(x)=0$인 x의 값을 찾아보자.

$f(x)=ax^3+(a^2-b)x^2-b^2$에서

$f'(x)=3ax^2+2(a^2-b)x$

(가)에서 함수 $f(x)$의 역함수가 존재하므로 $f(x)$는 일대일대응이어야 하고, 함수 $f(x)$는 실수 전체의 집합에서 증가하거나 감소해야 한다.

이차방정식 $3ax^2+2(a^2-b)x=0$의 판별식을 D라 하면

$\frac{D}{4}\le 0$에서

$(a^2-b)^2\le 0$

즉, $a^2-b=0$이므로

$b=a^2$

$\therefore f(x)=ax^3-a^4,\ f'(x)=3ax^2$

$g(x)=(x-a)f(x)$라 하면

$g'(x)=f(x)+(x-a)f'(x)$

$\quad\quad =4ax^3-3a^2x^2-a^4$

$\quad\quad =a(x-a)(4x^2+ax+a^2)$

이때 함수 $g(x)$는 $x=3$에서 극소이므로

$a=3$

따라서 $f(x)=3x^3-81$이므로

$f(4)=111$

19 1150 답 ⑤ 유형 13

출제의도 | 사잇값의 정리를 이용하여 극값이 존재하는 구간을 찾을 수 있는지 확인한다.

> $h'(x)=f'(x)g(x)+f(x)g'(x)$에서 x좌표가 $a,\ b,\ c,\ d,\ e$일 때의 부호를 확인해야 해.

$h(x)=f(x)g(x)$에서

$h'(x)=f'(x)g(x)+f(x)g'(x)$

주어진 그래프에서

$h'(a)<0,\ h'(b)>0,\ h'(c)=0,\ h'(d)<0,\ h'(e)>0$

사잇값의 정리에 의하여 다음을 확인할 수 있다.

ㄱ. $h'(a)h'(b)<0$이므로 열린구간 $(a,\ b)$에 $h'(x)=0$을 만족시키는 x가 적어도 하나 존재한다.
이때 $h'(a)<0,\ h'(b)>0$이므로 극솟값이 존재한다. (참)

ㄴ. $h'(b)h'(d)<0$이므로 열린구간 $(b,\ d)$에 $h'(x)=0$을 만족시키는 x가 적어도 하나 존재한다.
이때 $h'(b)>0,\ h'(d)<0$이므로 극댓값이 존재한다. (참)

ㄷ. $h'(d)h'(e)<0$이므로 열린구간 $(d,\ e)$에 $h'(x)=0$을 만족시키는 x가 적어도 하나 존재한다.
이때 $h'(d)<0,\ h'(e)>0$이므로 극솟값이 존재한다. (참)

따라서 옳은 것은 ㄱ, ㄴ, ㄷ이다.

20 1151 답 ⑤ 유형 13

출제의도 | $f'(x),\ g'(x)$의 그래프를 이용하여 $f(x)-g(x)$의 그래프를 추측할 수 있는지 확인한다.

> $h(x)=f(x)-g(x)$로 놓고 함수 $h(x)$의 증가, 감소를 생각해 봐.

$h(x)=f(x)-g(x)$라 하면 $h'(x)=f'(x)-g'(x)$

주어진 그래프에서 원점이 아닌 $f'(x)=g'(x)$인 점의 x좌표를 각각 α, β라 하자.

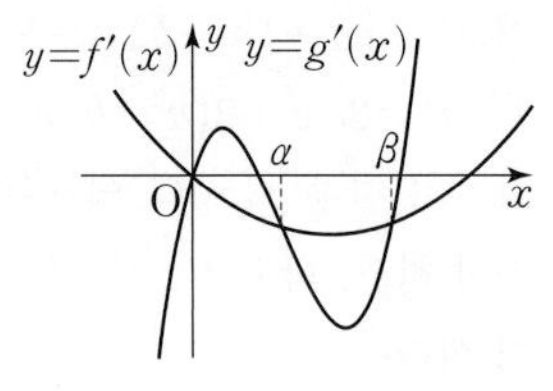

$h'(x)=0$인 x의 값은

$x=0$ 또는 $x=\alpha$ 또는 $x=\beta$

$h'(x)=f'(x)-g'(x)$의 부호를 조사하여 함수 $h(x)$의 증가, 감소를 표로 나타내면 다음과 같다.

x	$\cdots$	0	$\cdots$	α	$\cdots$	β	$\cdots$
$h'(x)$	+	0	−	0	+	0	−
$h(x)$	↗	극대	↘	극소	↗	극대	↘

ㄱ. $f(0)$, $g(0)$의 값은 판단할 수 없다. (거짓)

ㄴ. 함수 $h(x)=f(x)-g(x)$는 $x<0$에서 증가한다. (참)

ㄷ. 함수 $h(x)=f(x)-g(x)$는 $x=\alpha$에서 극솟값을 갖는다. (참)

따라서 옳은 것은 ㄴ, ㄷ이다.

21 1152 답 ③ 유형17

출제의도 | 극대 · 극소를 활용한 문제를 해결할 수 있는지 확인한다.

곡선 $y=f(x)$ 위의 점 $(2, f(2))$에서의 접선의 방정식은 $y-f(2)=f'(2)(x-2)$야.

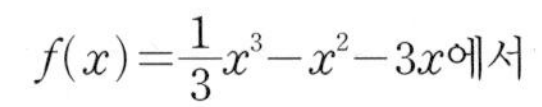

$f(x)=\frac{1}{3}x^3-x^2-3x$에서

$f'(x)=x^2-2x-3=(x+1)(x-3)$

$f'(x)=0$인 x의 값은 $x=-1$ 또는 $x=3$

함수 $f(x)$의 증가, 감소를 표로 나타내면 다음과 같다.

x	$\cdots$	-1	$\cdots$	3	$\cdots$
$f'(x)$	+	0	−	0	+
$f(x)$	↗	$\frac{5}{3}$ 극대	↘	-9 극소	↗

함수 $f(x)$는 $x=3$에서 극솟값 -9를 가지므로

$a=3$, $b=-9$

곡선 $y=f(x)$ 위의 점 $(2, f(2))$, 즉 $\left(2, -\frac{22}{3}\right)$에서의 접선의 기울기는 $f'(2)=-3$이므로 접선의 방정식은

$y+\frac{22}{3}=-3(x-2)$

$\therefore y=-3x-\frac{4}{3}$

따라서 점 $(3, -9)$와 직선 $y=-3x-\frac{4}{3}$, 즉 직선 $9x+3y+4=0$ 사이의 거리 d는

$d=\frac{|27-27+4|}{\sqrt{9^2+3^2}}=\frac{4}{\sqrt{90}}$이므로

$90d^2=90\times\frac{16}{90}=16$

22 1153 답 -3 유형6

출제의도 | 극댓값을 이용하여 미정계수를 구할 수 있는지 확인한다.

STEP1 $f'(x)$ 구하기 [1점]

$f(x)=x^3+\frac{a}{2}x^2-9x+b$에서

$f'(x)=3x^2+ax-9$

STEP2 주어진 조건을 이용하여 실수 a, b의 값 구하기 [2점]

함수 $f(x)$가 $x=-3$에서 극댓값 29를 가지므로

$f'(-3)=0$에서 $27-3a-9=0$

$\therefore a=6$

$f(-3)=29$에서 $-27+\frac{9}{2}a+27+b=29$

$\therefore b=2$

STEP3 함수 $f(x)$의 극솟값 구하기 [2점]

$f(x)=x^3+3x^2-9x+2$이므로

$f'(x)=3x^2+6x-9=3(x+3)(x-1)$

$f'(x)=0$인 x의 값은 $x=-3$ 또는 $x=1$

함수 $f(x)$의 증가, 감소를 표로 나타내면 다음과 같다.

x	$\cdots$	-3	$\cdots$	1	$\cdots$
$f'(x)$	+	0	−	0	+
$f(x)$	↗	29 극대	↘	-3 극소	↗

따라서 함수 $f(x)$의 극솟값은 $f(1)=-3$

23 1154 답 29 유형7

출제의도 | $f'(x)$의 그래프를 보고 $f(x)$의 극값을 구할 수 있는지 확인한다.

STEP1 $f'(x)$ 구하기 [1점]

$f(x)=x^3+3ax^2+bx+c$에서

$f'(x)=3x^2+6ax+b$

STEP2 상수 a, b, c의 값을 구하여 $f(x)$ 구하기 [4점]

$y=f'(x)$의 그래프가 x축과 만나는 점의 좌표가 -3, 1이므로 주어진 그래프에서 $f'(x)$의 부호를 조사하여 함수 $f(x)$의 증가, 감소를 표로 나타내면 다음과 같다.

x	$\cdots$	-3	$\cdots$	1	$\cdots$
$f'(x)$	+	0	−	0	+
$f(x)$	↗	극대	↘	극소	↗

$f'(-3)=0$에서 $27-18a+b=0$ ······ ㉠

$f'(1)=0$에서 $3+6a+b=0$ ······ ㉡

㉠, ㉡을 연립하여 풀면 $a=1$, $b=-9$

함수 $f(x)$의 극솟값이 -3이므로

$f(1)=-3$에서 $1+3a+b+c=-3$

$c-5=-3$ $\quad\therefore c=2$

$\therefore f(x)=x^3+3x^2-9x+2$

STEP3 함수 $f(x)$의 극댓값 구하기 [1점]

함수 $f(x)$의 극댓값은

$f(-3)=-27+27+27+2=29$

24 1155 답 $8<a<9$ 유형10

출제의도 | 주어진 구간에서 극값을 가질 조건을 이해하는지 확인한다.

STEP1 $f'(x)$ 구하기 [1점]

$f(x)=\frac{1}{3}x^3-3x^2+ax-1$에서

$f'(x)=x^2-6x+a$

STEP2 삼차함수 $f(x)$가 주어진 구간에서 극값을 가질 조건 찾기 [3점]

삼차함수 $f(x)$가 $1<x<4$에서 극댓값과 극솟값을 모두 가지려면 이차방정식 $f'(x)=0$이 $1<x<4$에서 서로 다른 두 실근을 가져야 한다.

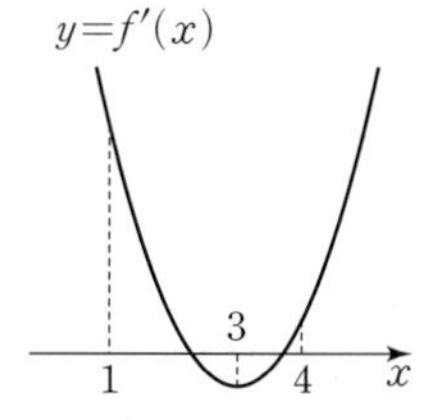

STEP3 실수 a의 값의 범위 구하기 [3점]

(i) 이차방정식 $x^2-6x+a=0$의 판별식을 D라 하면

$\frac{D}{4}>0$에서

$9-a>0 \quad \therefore a<9$ ······ ㉠

(ii) $f'(1)>0$에서

$a-5>0 \quad \therefore a>5$ ······ ㉡

(iii) $f'(4)>0$에서

$a-8>0 \quad \therefore a>8$ ······ ㉢

(iv) $y=f'(x)$의 그래프의 축의 방정식은

$x=-\frac{-6}{2}=3$

→ 축의 방정식 $x=3$이 1과 4 사이에 있다.

㉠, ㉡, ㉢을 동시에 만족시키는 실수 a의 값의 범위는

$8<a<9$

25 1156 답 -1

유형8 + 유형15

출제의도 | 삼차함수가 극값을 갖지 않을 조건을 이해하는지 확인한다.

STEP1 $x\geq 3a$일 때, $f(x)$가 극값을 갖지 않을 조건 찾기 [4점]

함수 $f(x)=x^3+3x^2+9|x-3a|+3$의 최고차항의 계수가 양수이므로 $f(x)$가 실수 전체의 집합에서 극값을 갖지 않으려면 모든 실수 x에 대하여 $f'(x)\geq 0$이어야 한다.

(i) $x\geq 3a$일 때,

$f(x)=x^3+3x^2+9x-27a+3$에서

$f'(x)=3x^2+6x+9=3(x+1)^2+6$

이때 $f'(x)>0$이므로 함수 $f(x)$는 극값을 갖지 않는다.

STEP2 $x<3a$일 때, $f(x)$가 극값을 갖지 않을 조건 찾기 [4점]

(ii) $x<3a$일 때,

$f(x)=x^3+3x^2-9x+27a+3$에서

$f'(x)=3x^2+6x-9=3(x+3)(x-1)$이므로

$f'(x)=0$인 x의 값은 $x=-3$ 또는 $x=1$

함수 $f(x)$의 증가, 감소를 표로 나타내면 다음과 같다.

x	$\cdots$	-3	$\cdots$	1	$\cdots$
$f'(x)$	$+$	0	$-$	0	$+$
$f(x)$	↗	극대	↘	극소	↗

함수 $f(x)$는 $x=-3$에서 극대, $x=1$에서 극소이므로 그래프의 개형은 그림과 같다.

이때 함수 $f(x)$가 $x<3a$에서 증가해야 하므로

$3a\leq -3 \quad \therefore a\leq -1$

(i), (ii)에서 실수 a의 최댓값은 -1이다.

06 도함수의 활용 (3)

핵심 개념 254쪽~255쪽

1157 답 2

$f(x)=x^3-x^2-x+1$이라 하면

$f'(x)=3x^2-2x-1=(3x+1)(x-1)$

$f'(x)=0$인 x의 값은 $x=-\frac{1}{3}$ 또는 $x=1$

함수 $f(x)$의 증가, 감소를 표로 나타내면 다음과 같다.

x	$\cdots$	$-\frac{1}{3}$	$\cdots$	1	$\cdots$
$f'(x)$	$+$	0	$-$	0	$+$
$f(x)$	↗	$\frac{32}{27}$ 극대	↘	0 극소	↗

따라서 함수 $f(x)$의 그래프가 그림과 같이 x축과 서로 다른 두 점에서 만나므로 주어진 방정식의 서로 다른 실근의 개수는 2이다.

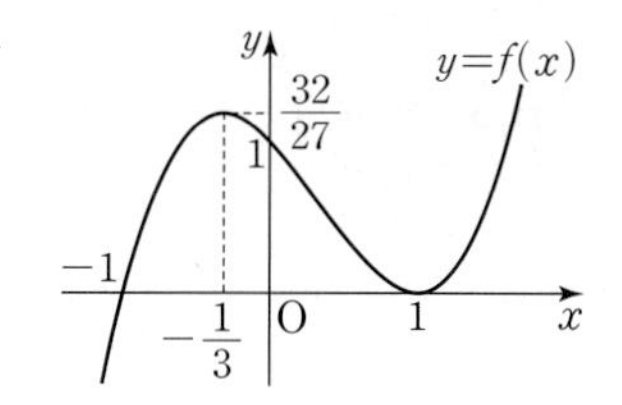

다른 풀이

함수 $f(x)=x^3-x^2-x+1$의 극값의 부호를 이용하여 판별할 수도 있다.

$f(x)=x^3-x^2-x+1$이라 하면

$f'(x)=3x^2-2x-1=(3x+1)(x-1)$

$f'(x)=0$인 x의 값은 $x=-\frac{1}{3}$ 또는 $x=1$

따라서 함수 $f(x)$는 $x=-\frac{1}{3}$에서 극댓값 $f\left(-\frac{1}{3}\right)=\frac{32}{27}$,

$x=1$에서 극솟값 $f(1)=0$을 갖는다.

이때 $f\left(-\frac{1}{3}\right)f(1)=0$이므로 삼차방정식 $f(x)=0$은 중근과 다른 한 실근, 즉 서로 다른 두 실근을 갖는다.

1158 답 $-27<a<5$

$x^3-3x^2-9x-a=0$에서 $x^3-3x^2-9x=a$

$f(x)=x^3-3x^2-9x$라 하면 → $x^3-3x^2-9x-a=0$의 실근은 함수 $y=f(x)$의 그래프와 직선 $y=a$가 만나는 점의 x좌표이다.

$f'(x)=3x^2-6x-9=3(x+1)(x-3)$

$f'(x)=0$인 x의 값은 $x=-1$ 또는 $x=3$

함수 $f(x)$의 증가, 감소를 표로 나타내면 다음과 같다.

x	$\cdots$	-1	$\cdots$	3	$\cdots$
$f'(x)$	$+$	0	$-$	0	$+$
$f(x)$	↗	5 극대	↘	-27 극소	↗

함수 $y=f(x)$의 그래프는 그림과 같다.

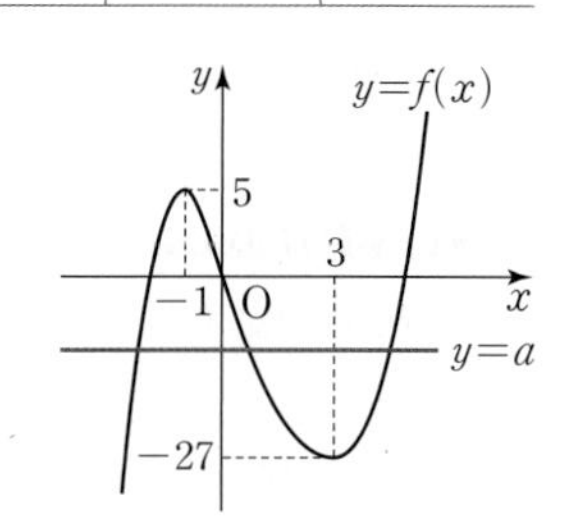

방정식 $f(x)=a$가 서로 다른 세 근을 가지려면 함수 $y=f(x)$의 그래프와 직선 $y=a$의 서로 다른 교점이 3개이어야 하므로
$-27<a<5$

다른 풀이

함수 $f(x)=x^3-3x^2-9x-a$의 극값의 부호를 이용하여 판별할 수도 있다.
$f(x)=x^3-3x^2-9x-a$라 하면
$f'(x)=3x^2-6x-9=3(x+1)(x-3)$
$f'(x)=0$인 x의 값은 $x=-1$ 또는 $x=3$
따라서 함수 $f(x)$는 $x=-1$에서 극대, $x=3$에서 극소이므로 서로 다른 세 실근을 가지려면 $f(-1)f(3)<0$이어야 한다.
즉, $(-1-3+9-a)(3^3-3\times3^2-9\times3-a)<0$이므로
$(5-a)(-27-a)<0$, $(a-5)(a+27)<0$
$\therefore -27<a<5$

1159 답 풀이 참조

$x^3+2\geq3x$에서 $x^3-3x+2\geq0$
$f(x)=x^3-3x+2$라 하면
$f'(x)=3x^2-3=3(x+1)(x-1)$
$f'(x)=0$인 x의 값은 $x=1$ ($\because x\geq0$)
$x\geq0$에서 함수 $f(x)$의 증가, 감소를 표로 나타내면 다음과 같다.

x	0	$\cdots$	1	$\cdots$
$f'(x)$		$-$	0	$+$
$f(x)$	2	↘	0 극소	↗

함수 $f(x)$의 최솟값은 $f(1)=0$이므로
$x\geq0$인 모든 x에 대하여
$f(x)\geq0$이 성립한다.
즉, $x\geq0$일 때, 부등식 $x^3+2\geq3x$가 성립한다.

1160 답 $1<a<3$

$f(x)=x^4+4x-a^2+4a$라 하면
$f'(x)=4x^3+4=4(x+1)(x^2-x+1)$
$f'(x)=0$인 x의 값은 $x=-1$
함수 $f(x)$의 증가, 감소를 표로 나타내면 다음과 같다.

x	$\cdots$	-1	$\cdots$
$f'(x)$	$-$	0	$+$
$f(x)$	↘	$-a^2+4a-3$ 극소	↗

함수 $f(x)$의 최솟값은 $f(-1)=-a^2+4a-3$이므로
모든 실수 x에 대하여 $f(x)>0$이려면 $f(-1)>0$에서
$-a^2+4a-3>0$, $a^2-4a+3<0$
$(a-1)(a-3)<0$ $\quad\therefore 1<a<3$

1161 답 (1) 속도 : -24, 가속도 : -6 (2) 6

(1) 시각 t에서의 점 P의 속도를 v, 가속도를 a라 하면
$v=3t^2-18t$, $a=6t-18$
따라서 $t=2$일 때, 점 P의 속도와 가속도는 각각
$v=3\times2^2-18\times2=-24$, $a=6\times2-18=-6$

(2) 운동 방향을 바꾸는 순간의 속도는 0이므로 $v=0$에서
$3t^2-18t=0$, $3t(t-6)=0$ $\quad\therefore t=6$ ($\because t>0$)
따라서 $t>0$이고 $t=6$의 좌우에서 v의 부호가 바뀌므로
점 P가 운동 방향을 바꾸는 순간의 시각은 6이다.

1162 답 속도 : 0, 가속도 : 6

점 P가 다시 원점에 돌아온 순간은 위치 $x=0$ $(t>0)$일 때이다.
$x=t^3-6t^2+9t=t(t-3)^2$이므로
$x=0$인 t의 값은 $t=3$ ($\because t>0$)
점 P의 시각 t에서의 속도를 v, 가속도를 a라 하면
$v=3t^2-12t+9$, $a=6t-12$
따라서 $t=3$일 때, 점 P의 속도와 가속도는 각각
$v=3\times3^2-12\times3+9=0$, $a=6\times3-12=6$

기출 유형  실전 준비하기 256쪽~291쪽

1163 답 $k<\frac{5}{4}$

$x^2-2kx+k^2=-4k+5$에서 $x^2-2kx+k^2+4k-5=0$
이 이차방정식의 판별식을 D라 하면
서로 다른 두 실근을 가지므로 $\frac{D}{4}>0$에서
$k^2-(k^2+4k-5)>0$, $4k<5$
$\therefore k<\frac{5}{4}$

1164 답 ③

$x^2+4x+k^2=2kx+8$에서 $x^2+2(2-k)x+k^2-8=0$
이 이차방정식의 판별식을 D라 하면
중근을 가지므로 $\frac{D}{4}=0$에서
$(2-k)^2-(k^2-8)=0$, $4k=12$
$\therefore k=3$

1165 답 $k>-5$

이차방정식 $-x^2+6x+2k+1=0$의 판별식을 D라 하면
이차함수의 그래프가 x축과 서로 다른 두 점에서 만나므로
$\frac{D}{4}>0$에서
$3^2+(2k+1)>0$, $2k+10>0$
$\therefore k>-5$

1166 답 ④

이차방정식 $x^2+kx+2k+5=0$의 판별식을 D라 하면
이차함수의 그래프가 x축에 접하므로 $D=0$에서
$k^2-4(2k+5)=0$, $k^2-8k-20=0$
이차방정식의 근과 계수의 관계에 의하여 모든 실수 k의 값의 합은 8이다.

1167 답 ④

이차방정식 $x^2-2kx+k^2-3k+1=0$의 판별식을 D라 하면
이차함수의 그래프가 x축과 서로 다른 두 점에서 만나므로
$\frac{D}{4}>0$에서
$k^2-(k^2-3k+1)>0$, $3k-1>0$
$\therefore k>\frac{1}{3}$
따라서 정수 k의 최솟값은 1이다.

1168 답 최솟값 : 0, 최댓값 : 9

$f(x)=x^2+2x+1=(x+1)^2$이므로
$-4\leq x\leq 1$에서 함수 $f(x)$의
최솟값은 $f(-1)=0$,
최댓값은 $f(-4)=9$
따라서 이차함수 $f(x)=x^2+2x+1$의
최솟값은 0, 최댓값은 9이다.

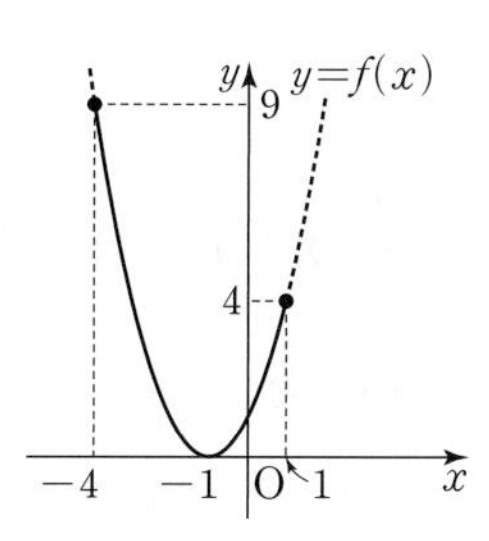

1169 답 ②

$y=-x^2-4x+k=-(x+2)^2+k+4$이므로
$x=-2$에서 최댓값 $k+4$를 갖는다.
즉, $a=-2$이고 $k+4=5$에서 $k=1$
$\therefore a+k=-2+1=-1$

1170 답 ⑤

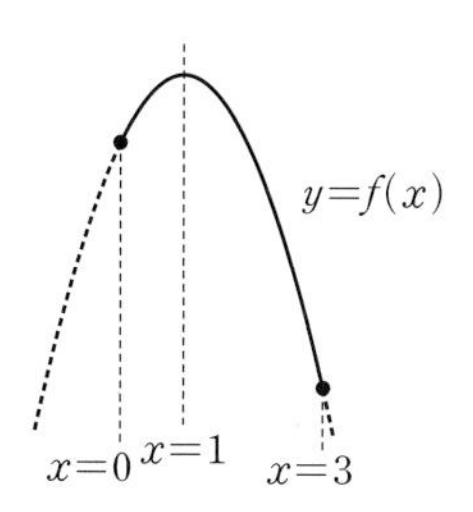

$f(x)=-x^2+2x+k=-(x-1)^2+k+1$에서
꼭짓점의 x좌표가 1이므로 $x=1$에서 최대, $x=3$에서 최소이다.
이때 최솟값이 2이므로 $f(3)=2$에서
$-3^2+2\times 3+k=2$ $\quad\therefore k=5$

이차함수 $y=f(x)$의 그래프의 축은 $x=1$이므로 축에서 가장 멀리 떨어진 $x=3$에서 최소이다.

1171 답 ③

$y=ax^2+2ax+a^2-7$
$=a(x^2+2x+1-1)+a^2-7$
$=a(x+1)^2-a+a^2-7$

→ $x=-1$에서 최솟값 $-a+a^2-7$을 갖는다.

이 이차함수의 최솟값이 -1이므로
$-a+a^2-7=-1$, $a^2-a-6=0$
$(a+2)(a-3)=0$ $\quad\therefore a=-2$ 또는 $a=3$
이 이차함수가 최솟값을 가지기 위해서는 포물선이 아래로 볼록이어야 하므로 $a>0$이다.
$\therefore a=3$

1172 답 ②

$f(x)=x^2-2mx+2m-3=(x-m)^2-m^2+2m-3$
이므로 함수 $f(x)$는 $x=m$에서 최솟값 $g(m)=-m^2+2m-3$을 갖는다.
$g(m)=-(m-1)^2-2$이므로 $0\leq m\leq 3$에서
$g(m)$의 최댓값은 $m=1$일 때 -2, 최솟값은 $m=3$일 때 -6
이므로 최댓값과 최솟값의 합은 -8이다.

1173 답 13 | 유형 1

닫힌구간 $[-2, 0]$에서 함수 $f(x)=x^3-3x^2-9x+8$의 최댓값을 구하시오. 단서1

단서1 $f'(x)=0$인 x의 값과 $x=-2$, $x=0$일 때의 함숫값 중 가장 큰 값

STEP 1 주어진 구간에서 함수 $f(x)$의 증가, 감소 조사하기

$f(x)=x^3-3x^2-9x+8$에서
$f'(x)=3x^2-6x-9=3(x+1)(x-3)$
$f'(x)=0$인 x의 값은 $x=-1$ 또는 $x=3$
닫힌구간 $[-2, 0]$에서 함수 $f(x)$의 증가, 감소를 표로 나타내면 다음과 같다.

x	-2	$\cdots$	-1	$\cdots$	0
$f'(x)$		$+$	0	$-$	
$f(x)$	6	↗	13 극대	↘	8

STEP 2 함수 $f(x)$의 최댓값 구하기

함수 $f(x)$의 최댓값은 $f(-1)=13$

→ 닫힌구간에서 $f(x)$의 극값이 오직 하나 존재하므로 (극댓값)=(최댓값)이다.

1174 답 ③

$f(x)=3x^4-4x^3+1$에서
$f'(x)=12x^3-12x^2=12x^2(x-1)$
$f'(x)=0$인 x의 값은 $x=0$ 또는 $x=1$
함수 $f(x)$의 증가, 감소를 표로 나타내면 다음과 같다.

x	$\cdots$	0	$\cdots$	1	$\cdots$
$f'(x)$	$-$	0	$-$	0	$+$
$f(x)$	↘	1	↘	0 극소	↗

따라서 함수 $f(x)$의 최솟값은 $f(1)=0$

1175 답 1

$f(x)=-x^4+2x^2$에서
$f'(x)=-4x^3+4x=-4x(x+1)(x-1)$
$f'(x)=0$인 x의 값은 $x=-1$ 또는 $x=0$ 또는 $x=1$
함수 $f(x)$의 증가, 감소를 표로 나타내면 다음과 같다.

x	$\cdots$	-1	$\cdots$	0	$\cdots$	1	$\cdots$
$f'(x)$	$+$	0	$-$	0	$+$	0	$-$
$f(x)$	↗	1 극대	↘	0 극소	↗	1 극대	↘

따라서 함수 $f(x)$의 최댓값은 $f(-1)=f(1)=1$

1176 답 24

$f(x)=x^3+3x^2+10$에서

$f'(x)=3x^2+6x=3x(x+2)$

$f'(x)=0$인 x의 값은 $x=-2$ 또는 $x=0$

닫힌구간 $[-1, 1]$에서 함수 $f(x)$의 증가, 감소를 표로 나타내면 다음과 같다.

x	-1	$\cdots$	0	$\cdots$	1
$f'(x)$		$-$	0	$+$	
$f(x)$	12	↘	10 극소	↗	14

따라서 함수 $f(x)$의 최댓값은 $f(1)=14$, 최솟값은 $f(0)=10$이므로 구하는 $f(x)$의 최댓값과 최솟값의 합은

$14+10=24$

1177 답 ⑤

$f(x)=-x^3+6x^2+3$에서

$f'(x)=-3x^2+12x=-3x(x-4)$

$f'(x)=0$인 x의 값은 $x=0$ 또는 $x=4$

닫힌구간 $[-1, 3]$에서 함수 $f(x)$의 증가, 감소를 표로 나타내면 다음과 같다.

x	-1	$\cdots$	0	$\cdots$	3
$f'(x)$		$-$	0	$+$	
$f(x)$	10	↘	3 극소	↗	30

따라서 함수 $f(x)$의 최댓값은 $f(3)=30$, 최솟값은 $f(0)=3$이므로 구하는 최댓값과 최솟값의 합은

$30+3=33$

1178 답 -28

$f(x)=\frac{x^4}{4}-x^3+x^2-2$에서

$f'(x)=x^3-3x^2+2x=x(x-1)(x-2)$

$f'(x)=0$인 x의 값은 $x=0$ 또는 $x=1$ 또는 $x=2$

닫힌구간 $[-2, 2]$에서 함수 $f(x)$의 증가, 감소를 표로 나타내면 다음과 같다.

x	-2	$\cdots$	0	$\cdots$	1	$\cdots$	2
$f'(x)$		$-$	0	$+$	0	$-$	0
$f(x)$	14	↘	-2 극소	↗	$-\frac{7}{4}$ 극대	↘	-2

따라서 함수 $f(x)$의 최댓값은 $f(-2)=14$, 최솟값은 $f(0)=f(2)=-2$이므로 구하는 최댓값과 최솟값의 곱은

$14\times(-2)=-28$

→ 극값 두 개와 구간의 양 끝에서의 함숫값을 비교한다.

1179 답 3

주어진 그래프에서 $f'(x)=0$인 x의 값은 $x=-1$ 또는 $x=3$

닫힌구간 $[-1, 5]$에서 함수 $f(x)$의 증가, 감소를 표로 나타내면 다음과 같다.

x	-1	$\cdots$	3	$\cdots$	5
$f'(x)$	0	$+$	0	$-$	
$f(x)$		↗	극대	↘	

따라서 함수 $f(x)$는 $x=3$에서 최대이다.

→ 닫힌구간에서 $f(x)$의 극값이 오직 하나 존재하므로 $x=3$에서 극대이면서 최대이다.

1180 답 ③

주어진 그래프에서 $f'(x)=0$인 x의 값은

$x=-2$ 또는 $x=0$ 또는 $x=2$

닫힌구간 $[-4, 0]$에서 함수 $f(x)$의 증가, 감소를 표로 나타내면 다음과 같다.

x	-4	$\cdots$	-2	$\cdots$	0
$f'(x)$		$+$	0	$-$	0
$f(x)$		↗	극대	↘	

따라서 함수 $f(x)$의 최댓값은 $f(-2)$이다.

1181 답 ③

$x^2-4x-y=0$에서 $y=x^2-4x$이므로

$x^2y=x^2(x^2-4x)=x^4-4x^3$

$f(x)=x^4-4x^3$이라 하면

$f'(x)=4x^3-12x^2=4x^2(x-3)$

$f'(x)=0$인 x의 값은 $x=0$ 또는 $x=3$

함수 $f(x)$의 증가, 감소를 표로 나타내면 다음과 같다.

x	$\cdots$	0	$\cdots$	3	$\cdots$
$f'(x)$	$-$	0	$-$	0	$+$
$f(x)$	↘	0	↘	-27 극소	↗

따라서 함수 $f(x)$의 최솟값은 $f(3)=-27$이므로 x^2y의 최솟값은 -27이다.

1182 답 6

$f(x)=x^3-3|x|+3$에서

→ $x=0$을 기준으로 범위를 나누어 생각한다.

(i) $x>0$일 때,

$f(x)=x^3-3x+3$이므로

$f'(x)=3x^2-3=3(x+1)(x-1)$

$f'(x)=0$인 x의 값은 $x=1$ ($\because x>0$)

(ii) $x<0$일 때,

$f(x)=x^3+3x+3$이므로

$f'(x)=3x^2+3>0$

(iii) $x=0$일 때, → 함수 $f(x)$는 $x=0$에서 미분가능하지 않다.

$f(0)=3$

닫힌구간 $[-1, 2]$에서 함수 $f(x)$의 증가, 감소를 표로 나타내면 다음과 같다.

x	-1	$\cdots$	0	$\cdots$	1	$\cdots$	2
$f'(x)$		$+$		$-$	0	$+$	
$f(x)$	-1	↗	3 극대	↘	1 극소	↗	5

따라서 함수 $f(x)$의 최댓값은 $f(2)=5$, 최솟값은 $f(-1)=-1$이므로 구하는 최댓값과 최솟값의 차는

$|5-(-1)|=6$

참고 닫힌구간 $[-1, 2]$에서 함수 $f(x)=x^3-3|x|+3$의 그래프는 그림과 같다.

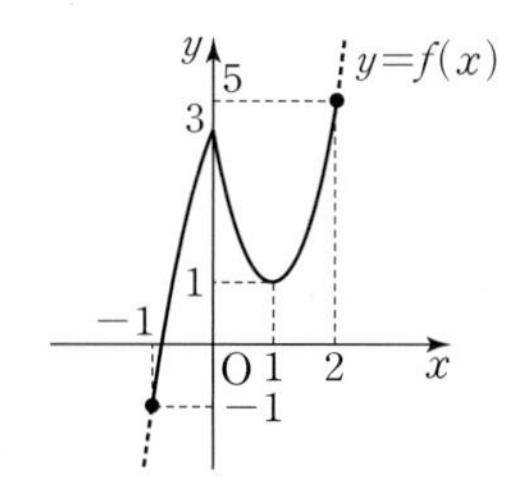

실수 Check

함수 $f(x)$는 미분가능하지 않은 점에서도 극값을 가질 수 있다. 이 문제에서 함수 $f(x)$는 $x=0$에서 극댓값 3을 가짐에 주의한다.

Plus 문제

1182-1

닫힌구간 $[-1, 3]$에서 함수 $f(x)=x^3-3x^2+3(x-|x|)+4$의 최댓값과 최솟값을 각각 구하시오.

$f(x)=x^3-3x^2+3(x-|x|)+4$에서

(i) $x>0$일 때,
$f(x)=x^3-3x^2+4$이므로
$f'(x)=3x^2-6x=3x(x-2)$
$f'(x)=0$인 x의 값은 $x=2$ ($\because$ $x>0$)

(ii) $x<0$일 때,
$f(x)=x^3-3x^2+6x+4$이므로
$f'(x)=3x^2-6x+6=3(x-1)^2+3\geq0$

(iii) $x=0$일 때,
$f(0)=4$

닫힌구간 $[-1, 3]$에서 함수 $f(x)$의 증가, 감소를 표로 나타내면 다음과 같다.

x	-1	$\cdots$	0	$\cdots$	2	$\cdots$	3
$f'(x)$		$+$		$-$	0	$+$	
$f(x)$	-6	↗	4 극대	↘	0 극소	↗	4

따라서 함수 $f(x)$의 최댓값은 $f(0)=f(3)=4$,
최솟값은 $f(-1)=-6$이다.

답 최댓값 : 4, 최솟값 : -6

1183 답 ③

$f(x)=x^3-3x+5$에서
$f'(x)=3x^2-3=3(x+1)(x-1)$
$f'(x)=0$인 x의 값은 $x=-1$ 또는 $x=1$
닫힌구간 $[-1, 3]$에서 함수 $f(x)$의 증가, 감소를 표로 나타내면 다음과 같다.

x	-1	$\cdots$	1	$\cdots$	3
$f'(x)$	0	$-$	0	$+$	
$f(x)$	7	↘	3 극소	↗	23

따라서 함수 $f(x)$의 최솟값은
$f(1)=3$

1184 답 -2 | 유형2

닫힌구간 $[-2, 0]$에서 함수
$f(x)=(x^2+2x+3)^3-3(x^2+2x+3)^2+1$의 최댓값과 최솟값의 합을 구하시오. 단서1 단서2

단서1 반복되는 식 x^2+2x+3을 t로 치환
단서2 t의 값의 범위에서의 최댓값과 최솟값

STEP 1 $x^2+2x+3=t$로 치환하고, $-2\leq x\leq0$에서 t의 값의 범위 구하기

$x^2+2x+3=t$라 하면
$t=x^2+2x+3=(x+1)^2+2$
$-2\leq x\leq0$에서 $2\leq t\leq3$

STEP 2 $2\leq t\leq3$에서 $g(t)=t^3-3t^2+1$의 최댓값, 최솟값 구하기

$g(t)=t^3-3t^2+1$이라 하면
$g'(t)=3t^2-6t=3t(t-2)$
$g'(t)=0$인 t의 값은 $t=2$ ($\because$ $2\leq t\leq3$)
닫힌구간 $[2, 3]$에서 함수 $g(t)$의 증가, 감소를 표로 나타내면 다음과 같다.

t	2	$\cdots$	3
$g'(t)$	0	$+$	
$g(t)$	-3	↗	1

따라서 함수 $g(t)$의 최댓값은 $g(3)=1$, 최솟값은 $g(2)=-3$이므로 구하는 함수 $f(x)$의 최댓값과 최솟값의 합은
$1+(-3)=-2$

실수 Check

$f(x)=(x^2+2x+3)^3-3(x^2+2x+3)^2+1$의 $-2\leq x\leq0$에서의 최댓값, 최솟값은 $x^2+2x+3=t$로 치환한 $g(t)=t^3-3t^2+1$의 $2\leq t\leq3$에서의 최댓값, 최솟값과 같다.
즉, $f(x)$를 t로 치환한 함수 $g(t)$는 t에 대한 함수이므로 t의 값의 범위를 새로 구해야 함에 주의한다.

1185 답 ①

$x^2-6x+7=t$라 하면
$t=x^2-6x+7=(x-3)^2-2$ → $x=3$에서 최솟값 -2를 갖는다.
$\therefore$ $t\geq-2$
$g(t)=t^3-12t+4$라 하면
$g'(t)=3t^2-12=3(t+2)(t-2)$
$g'(t)=0$인 t의 값은 $t=-2$ 또는 $t=2$
$t\geq-2$에서 함수 $g(t)$의 증가, 감소를 표로 나타내면 다음과 같다.

t	-2	$\cdots$	2	$\cdots$
$g'(t)$	0	$-$	0	$+$
$g(t)$	20	↘	-12 극소	↗

따라서 함수 $g(t)$의 최솟값은 $g(2)=-12$이므로 함수 $f(x)$의 최솟값은 -12이다.

1186 답 ②

$y=(x^2+4x+3)^3-3x^2-12x-13$
$=(x^2+4x+3)^3-3(x^2+4x+3)-4$
$x^2+4x+3=t$라 하면
$t=(x+2)^2-1$
$-3\le x\le 0$에서 $-1\le t\le 3$ → $x=-2$일 때 $t=-1$ (최소), $x=0$일 때 $t=3$ (최대)
$f(t)=t^3-3t-4$라 하면
$f'(t)=3t^2-3=3(t+1)(t-1)$
$f'(t)=0$인 t의 값은 $t=-1$ 또는 $t=1$
$-1\le t\le 3$에서 함수 $f(t)$의 증가, 감소를 표로 나타내면 다음과 같다.

t	-1	$\cdots$	1	$\cdots$	3
$f'(t)$	0	$-$	0	$+$	
$f(t)$	-2	↘	-6 극소	↗	14

따라서 함수 $f(t)$의 최댓값은 $f(3)=14$, 최솟값은 $f(1)=-6$이므로 구하는 $f(t)$의 최댓값과 최솟값의 합은
$14+(-6)=8$

1187 답 ②

$(f\circ g)(x)=f(g(x))$에서
$g(x)=t$라 하면
$t=x^2-4x+3=(x-2)^2-1$
$\therefore t\ge -1$
$f(t)=4t^3-12t+4$이므로
$f'(t)=12t^2-12=12(t+1)(t-1)$
$f'(t)=0$인 t의 값은 $t=-1$ 또는 $t=1$
$t\ge -1$에서 함수 $f(t)$의 증가, 감소를 표로 나타내면 다음과 같다.

t	-1	$\cdots$	1	$\cdots$
$f'(t)$	0	$-$	0	$+$
$f(t)$	12	↘	-4 극소	↗

따라서 함수 $f(t)$의 최솟값은 $f(1)=-4$이므로 함수 $(f\circ g)(x)$ ($=f(t)$)의 최솟값은 -4이다.

1188 답 -54

$(f\circ g)(x)=f(g(x))$에서
$g(x)=t$라 하면
$t=x^2-2x-2=(x-1)^2-3$
$\therefore t\ge -3$
$f(t)=t^3-27t$이므로
$f'(t)=3t^2-27=3(t+3)(t-3)$
$f'(t)=0$인 t의 값은 $t=-3$ 또는 $t=3$
$t\ge -3$에서 함수 $f(t)$의 증가, 감소를 표로 나타내면 다음과 같다.

t	-3	$\cdots$	3	$\cdots$
$f'(t)$	0	$-$	0	$+$
$f(t)$	54	↘	-54 극소	↗

따라서 함수 $f(t)$의 최솟값은 $f(3)=-54$이므로
함수 $(f\circ g)(x)$의 최솟값은 -54이다.

1189 답 ①

$(f\circ g)(x)=f(g(x))$에서
$g(x)=t$라 하면
$t=-x^2+4x-1=-(x-2)^2+3$
$\therefore t\le 3$ → $x=2$에서 최댓값 3을 갖는다.
$f(t)=2t^3-3t^2+5$이므로
$f'(t)=6t^2-6t=6t(t-1)$
$f'(t)=0$인 t의 값은 $t=0$ 또는 $t=1$
$t\le 3$에서 함수 $f(t)$의 증가, 감소를 표로 나타내면 다음과 같다.

t	$\cdots$	0	$\cdots$	1	$\cdots$	3
$f'(t)$	$+$	0	$-$	0	$+$	
$f(t)$	↗	5 극대	↘	4 극소	↗	32

따라서 함수 $f(t)$는 $t=3$, 즉 $x=2$일 때 최댓값 32를 가지므로
$a=2$, $b=32$
$\therefore a+b=34$

1190 답 ②

| 유형3

닫힌구간 $[-1, 2]$에서 함수 $f(x)=ax^3-\frac{3}{2}ax^2+b$의 최댓값이 6이고 최솟값이 -3일 때, 상수 a, b에 대하여 $a+b$의 값은? (단, $a<0$)
단서1 단서2

① -2 ② -1 ③ 0
④ 1 ⑤ 2

단서1 $f'(x)=0$인 x의 값과 $x=-1$, $x=2$일 때의 함숫값 중 가장 큰 값이 6, 가장 작은 값이 -3
단서2 최고차항의 계수가 음수

STEP1 주어진 구간에서 함수 $f(x)$의 증가, 감소 조사하기

$f(x)=ax^3-\frac{3}{2}ax^2+b$에서
$f'(x)=3ax^2-3ax=3ax(x-1)$
$f'(x)=0$인 x의 값은 $x=0$ 또는 $x=1$
$a<0$이므로 닫힌구간 $[-1, 2]$에서 함수 $f(x)$의 증가, 감소를 표로 나타내면 다음과 같다.

x	-1	$\cdots$	0	$\cdots$	1	$\cdots$	2
$f'(x)$		$-$	0	$+$	0	$-$	
$f(x)$	$-\frac{5}{2}a+b$	↘	b 극소	↗	$-\frac{1}{2}a+b$ 극대	↘	$2a+b$

→ $a<0$이므로 $\lim_{x\to\infty} f(x)=-\infty$ 즉, $x=0$에서 극소, $x=1$에서 극대이다.

STEP2 함수 $f(x)$의 최댓값, 최솟값 구하기

$a<0$이므로 $2a<0<-\frac{1}{2}a<-\frac{5}{2}a$
$\therefore 2a+b<b<-\frac{1}{2}a+b<-\frac{5}{2}a+b$
즉, 함수 $f(x)$의 최댓값은 $f(-1)=-\frac{5}{2}a+b$,
최솟값은 $f(2)=2a+b$이다.

STEP3 상수 a, b의 값을 구하고, $a+b$의 값 구하기

함수 $f(x)$의 최댓값이 6, 최솟값이 -3이므로

$-\frac{5}{2}a+b=6$, $2a+b=-3$

두 식을 연립하여 풀면 $a=-2$, $b=1$

$\therefore a+b=-1$

Tip 삼차함수, 사차함수에서는 극댓값이 극솟값보다 항상 크다. 따라서 극댓값인 $-\frac{1}{2}a+b$와 $-\frac{5}{2}a+b$의 값 중 더 큰 값이 최댓값이고 극솟값인 b와 $2a+b$ 중 더 작은 값이 최솟값이다.

1191 답 ①

$f(x)=-x^3+3x^2+a$에서

$f'(x)=-3x^2+6x=-3x(x-2)$

$f'(x)=0$인 x의 값은 $x=0$ 또는 $x=2$

닫힌구간 $[-2, 2]$에서 함수 $f(x)$의 증가, 감소를 표로 나타내면 다음과 같다.

x	-2	$\cdots$	0	$\cdots$	2
$f'(x)$		$-$	0	$+$	0
$f(x)$	$a+20$	↘	a 극소	↗	$a+4$

함수 $f(x)$의 최댓값은 $f(-2)=a+20$, 최솟값은 $f(0)=a$이다.

이때 함수 $f(x)$의 최솟값이 -4이므로 $a=-4$

따라서 함수 $f(x)$의 최댓값은 16이다.

1192 답 ②

$f(x)=x^3-6x^2+9x+2a$에서

$f'(x)=3x^2-12x+9=3(x-1)(x-3)$

$f'(x)=0$인 x의 값은 $x=1$ 또는 $x=3$

닫힌구간 $[-1, 3]$에서 함수 $f(x)$의 증가, 감소를 표로 나타내면 다음과 같다.

x	-1	$\cdots$	1	$\cdots$	3
$f'(x)$		$+$	0	$-$	0
$f(x)$	$2a-16$	↗	$2a+4$ 극대	↘	$2a$

함수 $f(x)$의 최댓값은 $f(1)=2a+4$,

최솟값은 $f(-1)=2a-16$이다.

이때 최댓값과 최솟값의 합이 -4이므로

$(2a+4)+(2a-16)=-4$

$4a-12=-4 \qquad \therefore a=2$

1193 답 ②

$f(x)=-ax^3+3x^2+2$에서

$f'(x)=-3ax^2+6x=-3x(ax-2)$

$f'(x)=0$인 x의 값은 $x=0$ 또는 $x=\frac{2}{a}$

$a>1$이므로 $0<\frac{2}{a}<2$

닫힌구간 $[0, 2]$에서 함수 $f(x)$의 증가, 감소를 표로 나타내면 다음과 같다.

x	0	$\cdots$	$\frac{2}{a}$	$\cdots$	2
$f'(x)$	0	$+$	0	$-$	
$f(x)$	2	↗	$\frac{4}{a^2}+2$ 극대	↘	$-8a+14$

함수 $f(x)$의 최댓값은 $f\left(\frac{2}{a}\right)=\frac{4}{a^2}+2$이고, $f(x)$의 최댓값이 3이므로

$\frac{4}{a^2}+2=3$, $\frac{4}{a^2}=1$

$a^2=4 \qquad \therefore a=2\ (\because a>1)$

따라서 함수 $f(x)$의 최솟값은

$f(2)=-8a+14=-2$

1194 답 -2

$f(x)=3x^4-12x^3+12x^2+a$에서

$f'(x)=12x^3-36x^2+24x=12x(x-1)(x-2)$

$f'(x)=0$인 x의 값은 $x=0$ 또는 $x=1$ 또는 $x=2$

함수 $f(x)$의 증가, 감소를 표로 나타내면 다음과 같다.

x	$\cdots$	0	$\cdots$	1	$\cdots$	2	$\cdots$
$f'(x)$	$-$	0	$+$	0	$-$	0	$+$
$f(x)$	↘	a 극소	↗	$a+3$ 극대	↘	a 극소	↗

함수 $f(x)$의 최솟값은 $f(0)=f(2)=a$

이때 함수 $f(x)$의 최솟값이 -2이므로 $a=-2$

1195 답 ①

$f(x)=-3x^4+ax^3+b$에서

$f'(x)=-12x^3+3ax^2$

$f'(1)=-24$에서 $-12+3a=-24$

$\therefore a=-4$

즉, $f(x)=-3x^4-4x^3+b$이므로

$f'(x)=-12x^3-12x^2=-12x^2(x+1)$

$f'(x)=0$인 x의 값은 $x=-1$ 또는 $x=0$

함수 $f(x)$의 증가, 감소를 표로 나타내면 다음과 같다.

x	$\cdots$	-1	$\cdots$	0	$\cdots$
$f'(x)$	$+$	0	$-$	0	$-$
$f(x)$	↗	$b+1$ 극대	↘	b	↘

따라서 함수 $f(x)$의 최댓값은 $f(-1)=b+1$이므로

$b+1=6 \qquad \therefore b=5$

$\therefore a+b=(-4)+5=1$

1196 답 ①

$f(x)=x^3+ax^2+bx+1$에서

$f'(x)=3x^2+2ax+b$

함수 $f(x)$가 $x=1$에서 극값 5를 가지므로

$f'(1)=0$에서 $3+2a+b=0$ ······ ㉠

$f(1)=5$에서 $1+a+b+1=5$ ······ ㉡

㉠, ㉡을 연립하여 풀면 $a=-6$, $b=9$

즉, $f(x)=x^3-6x^2+9x+1$이므로

$f'(x)=3x^2-12x+9=3(x-1)(x-3)$

$f'(x)=0$인 x의 값은 $x=1$ 또는 $x=3$

닫힌구간 $[1, 5]$에서 함수 $f(x)$의 증가, 감소를 표로 나타내면 다음과 같다.

x	1	$\cdots$	3	$\cdots$	5
$f'(x)$	0	$-$	0	$+$	
$f(x)$	5	↘	1 극소	↗	21

따라서 함수 $f(x)$의 최댓값은

$f(5)=21$

1197 답 29

$f(x)=x^3+ax^2+bx+2$에서

$f'(x)=3x^2+2ax+b$

함수 $f(x)$가 $x=1$에서 극솟값 -3을 가지므로

$f'(1)=0$에서 $3+2a+b=0$ ············ ㉠

$f(1)=-3$에서 $1+a+b+2=-3$ ············ ㉡

㉠, ㉡을 연립하여 풀면 $a=3$, $b=-9$

즉, $f(x)=x^3+3x^2-9x+2$이므로

$f'(x)=3x^2+6x-9=3(x+3)(x-1)$

$f'(x)=0$인 x의 값은 $x=-3$ 또는 $x=1$

닫힌구간 $[-3, 2]$에서 함수 $f(x)$의 증가, 감소를 표로 나타내면 다음과 같다.

x	-3	$\cdots$	1	$\cdots$	2
$f'(x)$	0	$-$	0	$+$	
$f(x)$	29	↘	-3 극소	↗	4

따라서 함수 $f(x)$의 최댓값은

$f(-3)=29$

1198 답 ①

$f(x)=ax^3-3ax^2+2b$에서

$f'(x)=3ax^2-6ax=3ax(x-2)$

$f'(x)=0$인 x의 값은 $x=0$ 또는 $x=2$

$a>0$이므로 닫힌구간 $[0, 3]$에서 함수 $f(x)$의 증가, 감소를 표로 나타내면 다음과 같다.

x	0	$\cdots$	2	$\cdots$	3
$f'(x)$	0	$-$	0	$+$	
$f(x)$	$2b$	↘	$-4a+2b$ 극소	↗	$2b$

따라서 함수 $f(x)$의 최댓값은 $f(0)=f(3)=2b$,

최솟값은 $f(2)=-4a+2b$이므로

$2b=10$, $-4a+2b=6$

두 식을 연립하여 풀면 $a=1$, $b=5$

$\therefore a+b=6$

1199 답 ②

$f(x)=x^3-2x^2+4$에서

$f'(x)=3x^2-4x=x(3x-4)$

$f'(x)=0$인 x의 값은 $x=0$ 또는 $x=\frac{4}{3}$

함수 $f(x)$의 증가, 감소를 표로 나타내면 다음과 같다.

x	$-a$	$\cdots$	0	$\cdots$	$\frac{4}{3}$	$\cdots$	a
$f'(x)$		$+$	0	$-$	0	$+$	
$f(x)$	$-a^3-2a^2+4$	↗	4 극대	↘	$\frac{76}{27}$ 극소	↗	a^3-2a^2+4

함수 $y=f(x)$의 그래프는 그림과 같다.

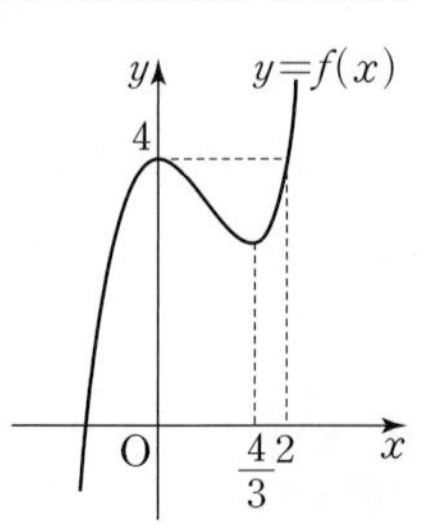

$a\geq 2$이고, $f(2)=4$이므로

닫힌구간 $[-a, a]$에서 함수 $f(x)$의

최댓값은 $f(a)=a^3-2a^2+4$

최솟값은 $f(-a)=-a^3-2a^2+4$

→ $a\geq 2$이므로 위의 그래프에서 구간의 양 끝에서의 함숫값에서 최대, 최소를 찾는다.

이때 함수 $f(x)$의 최댓값과 최솟값의 합이 -28이므로

$(a^3-2a^2+4)+(-a^3-2a^2+4)=-28$

$-4a^2+8=-28$

$a^2=9$

$\therefore a=3$ ($\because a\geq 2$)

1200 답 15

$f(x)=x^3+ax^2+bx+c$에서

$f'(x)=3x^2+2ax+b$

(가)에서 함수 $f(x)$가 $x=0$, $x=2$에서 극값을 가지므로

$f'(0)=0$에서 $b=0$

$f'(2)=0$에서 $12+4a+b=0$

$12+4a+0=0$ $\quad\therefore a=-3$

즉, $f(x)=x^3-3x^2+c$이므로

$f'(x)=3x^2-6x=3x(x-2)$

$f'(x)=0$인 x의 값은 $x=0$ 또는 $x=2$

닫힌구간 $[-2, 4]$에서 함수 $f(x)$의 증가, 감소를 표로 나타내면 다음과 같다.

x	-2	$\cdots$	0	$\cdots$	2	$\cdots$	4
$f'(x)$		$+$	0	$-$	0	$+$	
$f(x)$	$c-20$	↗	c 극대	↘	$c-4$ 극소	↗	$c+16$

따라서 함수 $f(x)$의 최댓값은 $f(4)=c+16$, 최솟값은 $f(-2)=c-20$이다.

이때 (나)에서 함수 $f(x)$의 최솟값이 -21이므로

$c-20=-21$

$\therefore c=-1$

따라서 함수 $f(x)$의 최댓값은

$c+16=-1+16=15$

1201 답 ④

$f(x)=x^3-6x^2+9x+a$에서

$f'(x)=3x^2-12x+9=3(x-1)(x-3)$

$f'(x)=0$인 x의 값은 $x=1$ 또는 $x=3$

닫힌구간 $[0, 3]$에서 함수 $f(x)$의 증가, 감소를 표로 나타내면 다음과 같다.

x	0	$\cdots$	1	$\cdots$	3
$f'(x)$		+	0	−	0
$f(x)$	a	↗	$a+4$ 극대	↘	a

따라서 함수 $f(x)$의 최댓값은 $f(1)=a+4$이므로

$a+4=12 \qquad \therefore a=8$

1202 답 12

$f(x)=x^3+ax^2-a^2x+2$에서

$f'(x)=3x^2+2ax-a^2=(x+a)(3x-a)$

$f'(x)=0$인 x의 값은 $x=-a$ 또는 $x=\frac{a}{3}$

$a>0$이므로 닫힌구간 $[-a, a]$에서 함수 $f(x)$의 증가, 감소를 표로 나타내면 다음과 같다.

x	$-a$	$\cdots$	$\frac{a}{3}$	$\cdots$	a
$f'(x)$	0	−	0	+	
$f(x)$	a^3+2	↘	$-\frac{5}{27}a^3+2$ 극소	↗	a^3+2

함수 $f(x)$의 최솟값은 $f\left(\frac{a}{3}\right)=-\frac{5}{27}a^3+2$이고, 조건에서 $\frac{14}{27}$이므로

$-\frac{5}{27}a^3+2=\frac{14}{27}$, $a^3=8$

$\therefore a=2$ ($\because a$는 실수)

따라서 함수 $f(x)$의 최댓값은

$f(-2)=f(2)=a^3+2=10$이므로 $M=10$

$\therefore a+M=2+10=12$

1203 답 ② | 유형4

좌표평면 위의 두 점 A(0, 1), B(4, 0)과 곡선 $y=-x^2+1$ 위의 점 P에 대하여 $\overline{AP}^2+\overline{BP}^2$의 최솟값은?

단서1 단서2

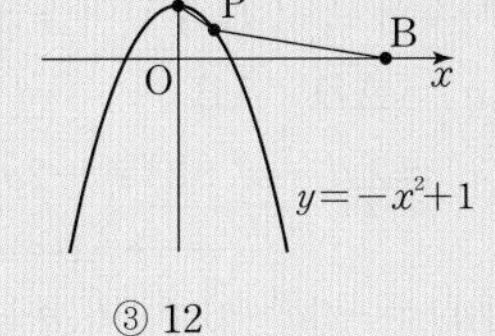

① 10 ② 11 ③ 12
④ 13 ⑤ 14

단서1 곡선 $y=-x^2+1$ 위의 점 P의 x좌표를 a라 하면 $P(a, -a^2+1)$

단서2 두 점 사이의 거리를 이용하여 $\overline{AP}^2$, $\overline{BP}^2$을 식으로 나타내기

STEP1 변수를 정하여 $\overline{AP}^2$, $\overline{BP}^2$ 나타내기

점 P의 x좌표를 a라 하면 $P(a, -a^2+1)$이므로

$\overline{AP}^2=(a-0)^2+(-a^2+1-1)^2=a^4+a^2$

$\overline{BP}^2=(a-4)^2+(-a^2+1-0)^2=a^4-a^2-8a+17$

STEP2 $\overline{AP}^2+\overline{BP}^2$을 나타내는 함수식 세우기

$\overline{AP}^2+\overline{BP}^2=f(a)$라 하면

$f(a)=2a^4-8a+17$에서

$f'(a)=8a^3-8=8(a-1)(a^2+a+1)$

STEP3 $\overline{AP}^2+\overline{BP}^2$의 최솟값 구하기

$f'(a)=0$인 a의 값은 $a=1$ ($\because a^2+a+1>0$)

함수 $f(a)$의 증가, 감소를 표로 나타내면 다음과 같다.

a	$\cdots$	1	$\cdots$
$f'(a)$	−	0	+
$f(a)$	↘	11 극소	↗

따라서 함수 $f(a)$의 최솟값은 $f(1)=11$이므로

$\overline{AP}^2+\overline{BP}^2$의 최솟값은 11이다.

1204 답 ⑤

점 P의 좌표를 $(t, 2t^2)$이라 하면

점 P와 점 $(-9, 0)$ 사이의 거리는

$\sqrt{(t+9)^2+(2t^2)^2}=\sqrt{4t^4+t^2+18t+81}$

$f(t)=4t^4+t^2+18t+81$이라 하면

$f'(t)=16t^3+2t+18=2(t+1)(8t^2-8t+9)$

$f'(t)=0$인 t의 값은 $t=-1$ ($\because 8t^2-8t+9>0$)

함수 $f(t)$의 증가, 감소를 표로 나타내면 다음과 같다.

t	$\cdots$	−1	$\cdots$
$f'(t)$	−	0	+
$f(t)$	↘	68 극소	↗

따라서 함수 $f(t)$의 최솟값은 $f(-1)=68$이므로

점 P와 점 $(-9, 0)$ 사이의 거리의 최솟값은

$\sqrt{f(-1)}=\sqrt{68}=2\sqrt{17}$

1205 답 $2\sqrt{17}-2$

점 P의 좌표를 $(t, -t^2+2)$, 원의 중심을 C(10, 0)이라 하면

원의 반지름의 길이가 2이므로

($\overline{PQ}$의 최솟값)=($\overline{PC}$의 최솟값)−2

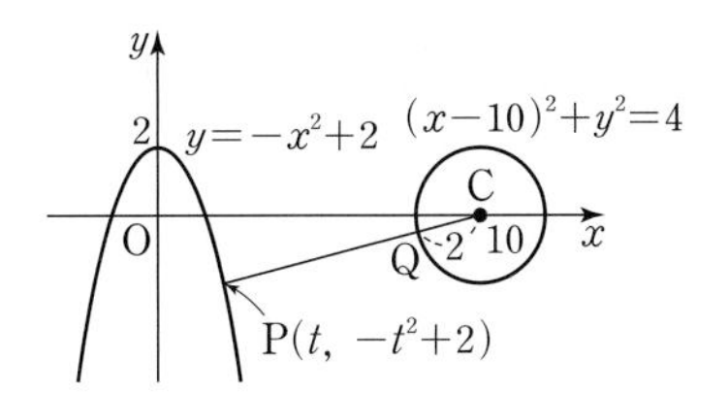

$\overline{PC}=\sqrt{(t-10)^2+(-t^2+2)^2}=\sqrt{t^4-3t^2-20t+104}$

$f(t)=t^4-3t^2-20t+104$라 하면

$f'(t)=4t^3-6t-20=2(t-2)(2t^2+4t+5)$

$f'(t)=0$인 t의 값은 $t=2$ ($\because 2t^2+4t+5>0$)

함수 $f(t)$의 증가, 감소를 표로 나타내면 다음과 같다.

t	$\cdots$	2	$\cdots$
$f'(t)$	−	0	+
$f(t)$	↘	68 극소	↗

함수 $f(t)$의 최솟값은 $f(2)=68$이므로
$\overline{PC}$의 최솟값은 $\sqrt{f(2)}=\sqrt{68}=2\sqrt{17}$
따라서 $\overline{PQ}$의 최솟값은 $2\sqrt{17}-2$

1206 답 ④

점 P의 좌표를 $(4, t)$ $(0\le t\le 4)$라 하면
$\overline{OP}^2=\overline{AP}^2+\overline{OA}^2=t^2+16$
$\overline{CP}^2=\overline{BP}^2+\overline{BC}^2$
$=(4-t)^2+4^2=t^2-8t+32$
$\therefore \overline{OP}\times\overline{CP}=\sqrt{(t^2+16)(t^2-8t+32)}$
$f(t)=(t^2+16)(t^2-8t+32)$라 하면
$f'(t)=2t(t^2-8t+32)+(t^2+16)(2t-8)$
$=4t^3-24t^2+96t-128$
$=4(t-2)(t^2-4t+16)$
$f'(t)=0$인 t의 값은 $t=2$ $(\because t^2-4t+16>0)$
$0\le t\le 4$에서 함수 $f(t)$의 증가, 감소를 표로 나타내면 다음과 같다.

t	0	$\cdots$	2	$\cdots$	4
$f'(t)$		$-$	0	$+$	
$f(t)$	512	↘	400 극소	↗	512

함수 $f(t)$의 최솟값은 $f(2)=400$이므로 $\overline{OP}\times\overline{CP}$의 최솟값은
$\sqrt{f(2)}=\sqrt{400}=20$

1207 답 ②

원 $x^2+y^2=r^2$ 위의 점 $P(a, b)$에 대하여
점 P는 제1사분면 위의 점이므로 $0<a<r$
$a^2+b^2=r^2$에서 $b^2=r^2-a^2$ ······ ㉠
$\therefore ab^2=a(r^2-a^2)=-a^3+r^2a$
$f(a)=-a^3+r^2a$라 하면
$f'(a)=-3a^2+r^2=-3\left(a+\frac{r}{\sqrt{3}}\right)\left(a-\frac{r}{\sqrt{3}}\right)$
$f'(a)=0$인 a의 값은 $a=\frac{r}{\sqrt{3}}$, 즉 $a=\frac{\sqrt{3}}{3}r$ $(\because 0<a<r)$
$0<a<r$에서 함수 $f(a)$의 증가, 감소를 표로 나타내면 다음과 같다.

a	0	$\cdots$	$\frac{\sqrt{3}}{3}r$	$\cdots$	r
$f'(a)$		$+$	0	$-$	
$f(a)$		↗	$\frac{2\sqrt{3}}{9}r^3$ 극대	↘	

함수 $f(a)$는 $a=\frac{\sqrt{3}}{3}r$일 때 최대이고,
㉠에서 $b=\sqrt{r^2-a^2}$이므로 구하는 값은
$$\frac{b}{a}=\frac{\sqrt{r^2-\left(\frac{\sqrt{3}}{3}r\right)^2}}{\frac{\sqrt{3}}{3}r}=\frac{\frac{\sqrt{6}}{3}r}{\frac{\sqrt{3}}{3}r}=\sqrt{2}$$

1208 답 ② | 유형5

그림과 같이 곡선 $y=9-x^2$ $(-3<x<3)$과 x축으로 둘러싸인 도형에 내접하고 한 변이 x축 위에 있는 직사각형 ABCD의 넓이의 최댓값은?

① $9\sqrt{3}$ ② $12\sqrt{3}$ ③ $15\sqrt{3}$ ④ $18\sqrt{3}$ ⑤ $21\sqrt{3}$

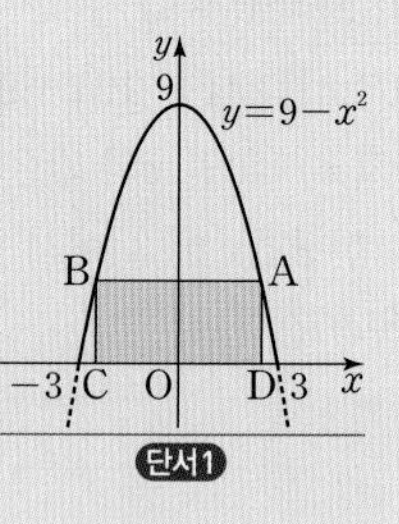

단서1 점 A, 점 D의 x좌표를 a라 하면 점 B, 점 C의 x좌표는 $-a$

STEP1 변수를 정하여 직사각형의 꼭짓점의 좌표 나타내기
점 D의 좌표를 $(a, 0)$ $(0<a<3)$
이라 하면
$A(a, 9-a^2)$, $B(-a, 9-a^2)$
$C(-a, 0)$
→ $y=9-x^2$의 그래프는 y축에 대하여 대칭이다.

STEP2 직사각형의 넓이를 나타내는 함수식 세우기
직사각형 ABCD의 넓이를 $S(a)$라 하면
$S(a)=\overline{CD}\times\overline{AD}$
$=2a(9-a^2)=-2a^3+18a$

STEP3 직사각형의 넓이의 최댓값 구하기
$S'(a)=-6a^2+18=-6(a+\sqrt{3})(a-\sqrt{3})$
$S'(a)=0$인 a의 값은 $a=\sqrt{3}$ $(\because 0<a<3)$
$0<a<3$에서 함수 $S(a)$의 증가, 감소를 표로 나타내면 다음과 같다.

a	0	$\cdots$	$\sqrt{3}$	$\cdots$	3
$S'(a)$		$+$	0	$-$	
$S(a)$		↗	$12\sqrt{3}$ 극대	↘	

따라서 직사각형 ABCD의 넓이 $S(a)$의 최댓값은
$S(\sqrt{3})=12\sqrt{3}$

1209 답 ③

점 A의 좌표를
(a, a^2-3) $(0<a<\sqrt{3})$이라 하면
$B(a, 0)$, $C(-a, 0)$, $D(-a, a^2-3)$
직사각형 ABCD의 넓이를 $S(a)$라 하면
$S(a)=\overline{AD}\times\overline{AB}$
$=2a(-a^2+3)=-2a^3+6a$
→ $\overline{AD}=a-(-a)$, $\overline{AB}=0-(a^2-3)$
$S'(a)=-6a^2+6=-6(a+1)(a-1)$
$S'(a)=0$인 a의 값은 $a=1$ $(\because 0<a<\sqrt{3})$
$0<a<\sqrt{3}$에서 함수 $S(a)$의 증가, 감소를 표로 나타내면 다음과 같다.

a	0	$\cdots$	1	$\cdots$	$\sqrt{3}$
$S'(a)$		$+$	0	$-$	
$S(a)$		↗	4 극대	↘	

따라서 직사각형 ABCD의 넓이 $S(a)$의 최댓값은

$S(1)=4$

따라서 삼각형 OHP의 넓이 $S(a)$는 $a=3$일 때 최대이므로

이때 변 PH의 길이는

$-a^3+4a^2=-3^3+4\times3^2=9$

1210 답 ②

곡선 $y=-x(x+6)$과 x축의 교점의 x좌표는

$-x(x+6)=0$에서 $x=-6$ 또는 $x=0$이므로

C$(-6,\ 0)$, O$(0,\ 0)$

점 A의 좌표를 $(a,\ -a^2-6a)$

$(-3<a<0)$라 하면

B$(-6-a,\ -a^2-6a)$

사다리꼴 OABC의 넓이를 $S(a)$라 하면

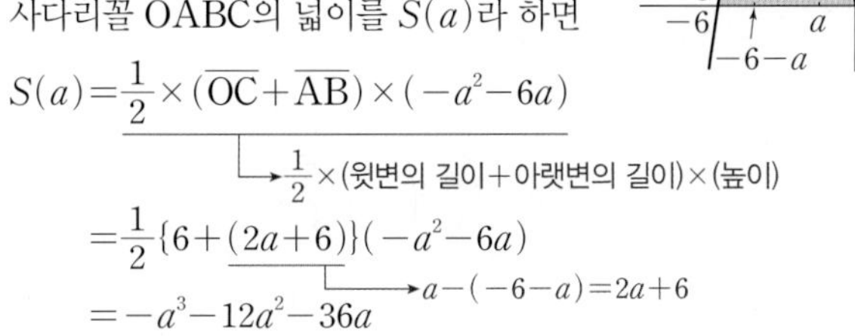

$S(a)=\frac{1}{2}\times(\overline{\mathrm{OC}}+\overline{\mathrm{AB}})\times(-a^2-6a)$

→ $\frac{1}{2}\times$(윗변의 길이+아랫변의 길이)×(높이)

$=\frac{1}{2}\{6+(2a+6)\}(-a^2-6a)$

→ $a-(-6-a)=2a+6$

$=-a^3-12a^2-36a$

$S'(a)=-3a^2-24a-36=-3(a+6)(a+2)$

$S'(a)=0$인 a의 값은 $a=-2$ ($\because -3<a<0$)

$-3<a<0$에서 함수 $S(a)$의 증가, 감소를 표로 나타내면 다음과 같다.

a	-3	$\cdots$	-2	$\cdots$	0
$S'(a)$		$+$	0	$-$	
$S(a)$		↗	32 극대	↘	

따라서 사다리꼴 OABC의 넓이 $S(a)$는 $a=-2$일 때 최대이므로

이때 변 AB의 길이는

$2a+6=2\times(-2)+6=2$

1211 답 9

점 P의 좌표를

$(a,\ -a^3+4a^2)$ $(0<a<4)$이라

하면 H$(a,\ 0)$

삼각형 OHP의 넓이를 $S(a)$라

하면

$S(a)=\frac{1}{2}\times\overline{\mathrm{OH}}\times\overline{\mathrm{PH}}$

$=\frac{1}{2}a(-a^3+4a^2)$

$=-\frac{1}{2}a^4+2a^3$

$S'(a)=-2a^3+6a^2=-2a^2(a-3)$

$S'(a)=0$인 a의 값은 $a=3$ ($\because 0<a<4$)

$0<a<4$에서 함수 $S(a)$의 증가, 감소를 표로 나타내면 다음과 같다.

a	0	$\cdots$	3	$\cdots$	4
$S'(a)$		$+$	0	$-$	
$S(a)$		↗	$\frac{27}{2}$ 극대	↘	

1212 답 11

직선 OP의 기울기는 $\frac{2}{t}$이고

선분 OP의 중점의 좌표는

$\left(\frac{t}{2},\ 1\right)$이므로

선분 OP의 수직이등분선의 방정식은

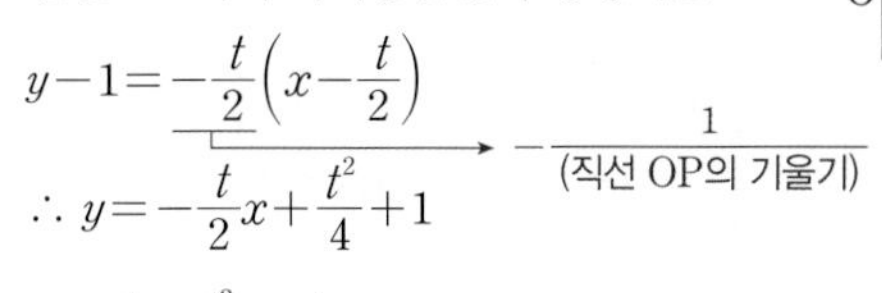

$y-1=-\frac{t}{2}\left(x-\frac{t}{2}\right)$

→ $-\frac{1}{(\text{직선 OP의 기울기})}$

$\therefore y=-\frac{t}{2}x+\frac{t^2}{4}+1$

$\therefore$ B$\left(0,\ \frac{t^2}{4}+1\right)$

삼각형 ABP의 넓이를 $S(t)$라 하면

$S(t)=\frac{1}{2}\times\overline{\mathrm{AP}}\times\overline{\mathrm{AB}}$

$=\frac{1}{2}t\left\{2-\left(\frac{t^2}{4}+1\right)\right\}$

$=-\frac{1}{8}t^3+\frac{1}{2}t$

$S'(t)=-\frac{3}{8}t^2+\frac{1}{2}=-\frac{3}{8}\left(t^2-\frac{4}{3}\right)$

$=-\frac{3}{8}\left(t+\frac{2\sqrt{3}}{3}\right)\left(t-\frac{2\sqrt{3}}{3}\right)$

$S'(t)=0$인 t의 값은 $t=\frac{2\sqrt{3}}{3}$ ($\because 0<t<2$)

$0<t<2$에서 함수 $S(t)$의 증가, 감소를 표로 나타내면 다음과 같다.

t	0	$\cdots$	$\frac{2\sqrt{3}}{3}$	$\cdots$	2
$S'(t)$		$+$	0	$-$	
$S(t)$		↗	$\frac{2\sqrt{3}}{9}$ 극대	↘	

따라서 삼각형 ABP의 넓이 $S(t)$의 최댓값은 $S\left(\frac{2\sqrt{3}}{3}\right)=\frac{2\sqrt{3}}{9}$이므로 $a=9$, $b=2$

$\therefore a+b=11$

1213 답 15

곡선 $y=x^2(3-x)$와 직선 $y=mx$가 원점과 제1사분면 위의 서로 다른 두 점에서 만나므로 방정식 $x^2(3-x)=mx$는 0과 서로 다른 두 양의 근을 갖는다.

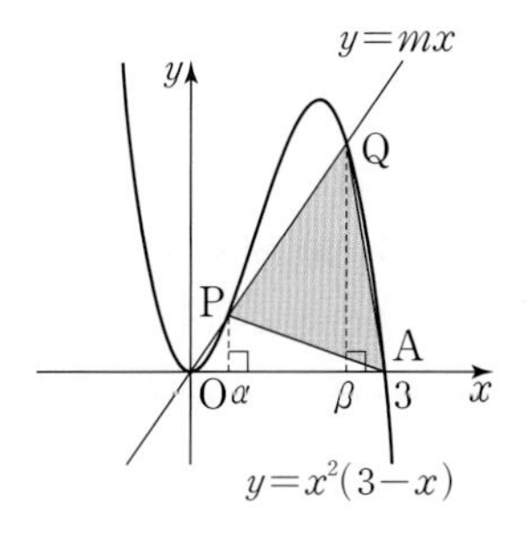

$x^2(3-x)=mx$에서

$x(x^2-3x+m)=0$의 한 근이 0이므로 이차방정식 $x^2-3x+m=0$은 서로 다른 두 양의 근을 갖는다.

이차방정식 $x^2-3x+m=0$의 판별식을 D라 하면 $D>0$에서

$9-4m>0 \qquad \therefore 0<m<\frac{9}{4}$

이차방정식 $x^2-3x+m=0$의 서로 다른 두 양의 근을 α, β $(\alpha<\beta)$라 하면 $P(\alpha, m\alpha)$, $Q(\beta, m\beta)$이고,
→ 두 점 P, Q는 직선 $y=mx$ 위의 점이다.

이차방정식의 근과 계수의 관계에 의하여

$\alpha+\beta=3$, $\alpha\beta=m$

삼각형 APQ의 넓이를 $S(m)$이라 하면

$$\begin{aligned}S(m)&=\triangle OAQ-\triangle OAP\\&=\frac{1}{2}\times3\times m\beta-\frac{1}{2}\times3\times m\alpha\\&=\frac{3}{2}m(\beta-\alpha)\\&=\frac{3}{2}m\sqrt{(\alpha+\beta)^2-4\alpha\beta}\\&=\frac{3}{2}m\sqrt{9-4m}\\&=\frac{3}{2}\sqrt{-4m^3+9m^2}\end{aligned}$$

→ $(\beta-\alpha)^2=\alpha^2-2\alpha\beta+\beta^2=(\alpha+\beta)^2-4\alpha\beta$

$f(m)=-4m^3+9m^2$이라 하면

$f'(m)=-12m^2+18m=-6m(2m-3)$

$f'(m)=0$인 m의 값은 $m=\frac{3}{2}\left(\because 0<m<\frac{9}{4}\right)$

$0<m<\frac{9}{4}$에서 함수 $f(m)$의 증가, 감소를 표로 나타내면 다음과 같다.

m	0	$\cdots$	$\frac{3}{2}$	$\cdots$	$\frac{9}{4}$
$f'(m)$		+	0	−	
$f(m)$		↗	극대	↘	

함수 $f(m)$은 $m=\frac{3}{2}$일 때 최대이므로 삼각형 APQ의 넓이 $S(m)$이 최대가 되게 하는 m의 값은 $\frac{3}{2}$이다.

따라서 구하는 값은 $10\times\frac{3}{2}=15$

실수 Check

넓이를 나타낸 식에 근호가 있더라도, 근호 안의 값의 최대, 최소를 조사하면 된다. 이때 근호 안의 값은 양수임에 주의한다.

Plus 문제

1213-1

그림과 같이 두 곡선 $y=x^3$, $y=-x^3+2x$의 교점 중 제1사분면에 있는 점을 A라 하고, 두 곡선과 직선 $x=k$ $(0<k<1)$가 만나는 점을 각각 B, C라 하자. 사각형 OBAC의 넓이가 최대가 되게 하는 실수 k의 값을 구하시오.

(단, O는 원점이다.)

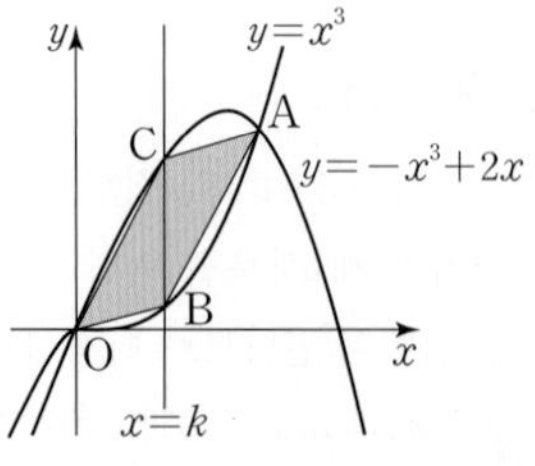

두 곡선 $y=x^3$, $y=-x^3+2x$의 교점의 x좌표는

$x^3=-x^3+2x$에서

$2x^3-2x=0$, $2x(x+1)(x-1)=0$

$\therefore x=-1$ 또는 $x=0$ 또는 $x=1$

이때 점 A는 제1사분면의 점이므로 A(1, 1)이고,

두 곡선과 직선 $x=k$가 만나는 두 점 B, C의 좌표는

$B(k, k^3)$, $C(k, -k^3+2k)$이므로

$\overline{BC}=(-k^3+2k)-k^3=-2k^3+2k$

점 O와 직선 BC 사이의 거리는 k,

점 A와 직선 BC 사이의 거리는 $1-k$이므로

사각형 OBAC의 넓이는

$$\begin{aligned}\square OBAC&=\triangle OBC+\triangle BAC\\&=\frac{1}{2}\overline{BC}\times k+\frac{1}{2}\overline{BC}\times(1-k)\\&=\frac{1}{2}\overline{BC}=-k^3+k\end{aligned}$$

$f(k)=-k^3+k$라 하면

$f'(k)=-3k^2+1=-3\left(k+\frac{\sqrt{3}}{3}\right)\left(k-\frac{\sqrt{3}}{3}\right)$

$f'(k)=0$인 k의 값은 $k=\frac{\sqrt{3}}{3}$ $(\because 0<k<1)$

$0<k<1$에서 함수 $f(k)$의 증가, 감소를 표로 나타내면 다음과 같다.

k	0	$\cdots$	$\frac{\sqrt{3}}{3}$	$\cdots$	1
$f'(k)$		+	0	−	
$f(k)$		↗	극대	↘	

따라서 함수 $f(k)$는 $k=\frac{\sqrt{3}}{3}$일 때 최대이므로 사각형 OBAC의 넓이가 최대가 되게 하는 실수 k의 값은 $\frac{\sqrt{3}}{3}$이다.

답 $\frac{\sqrt{3}}{3}$

1214 답 ①

이차함수 $y=f(x)$의 그래프의 꼭짓점이 원점이므로

$f(x)=kx^2$ $(k\neq0)$이라 하자.

곡선 $y=f(x)$가 점 D(1, 2)를 지나므로 $k=2$

$\therefore f(x)=2x^2$

점 P의 좌표를 $(a, 2a^2)$ $(0<a<1)$이라 하면

점 P에서의 접선의 기울기는 $f'(a)=4a$이므로 접선 l의 방정식은

$y-2a^2=4a(x-a) \qquad \therefore y=4ax-2a^2$

이때 직선 l은 두 점 $\left(\frac{a}{2}, 0\right)$, $(1, 4a-2a^2)$을 지나므로

색칠한 부분의 넓이를 $S(a)$라 하면

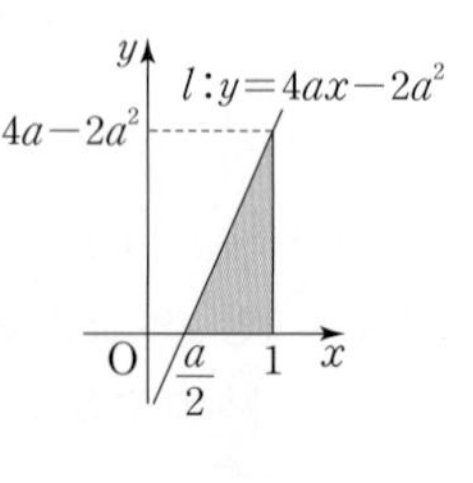

$$\begin{aligned}S(a)&=\frac{1}{2}\times\left(1-\frac{a}{2}\right)\times(4a-2a^2)\\&=\frac{a^3}{2}-2a^2+2a\end{aligned}$$

$S'(a)=\frac{3}{2}a^2-4a+2=\frac{1}{2}(3a-2)(a-2)$

$S'(a)=0$인 a의 값은 $a=\frac{2}{3}$ $(\because 0<a<1)$

$0<a<1$에서 함수 $S(a)$의 증가, 감소를 표로 나타내면 다음과 같다.

a	0	$\cdots$	$\frac{2}{3}$	$\cdots$	1
$S'(a)$		$+$	0	$-$	
$S(a)$		↗	$\frac{16}{27}$ 극대	↘	

따라서 색칠한 부분의 넓이의 최댓값은

$S\left(\frac{2}{3}\right)=\frac{16}{27}$

참고 곡선 $y=f(x)$와 정사각형 ABCD는 각각 y축에 대하여 대칭이므로 점 P가 제1사분면 위의 점일 때만 생각해도 된다.
점 P가 제2사분면 위의 점일 때는 다음과 같이 구할 수 있다.
점 P의 좌표를 $(a, 2a^2)$ $(-1<a<0)$이라 하면 색칠한 부분의 넓이 $S(a)$는

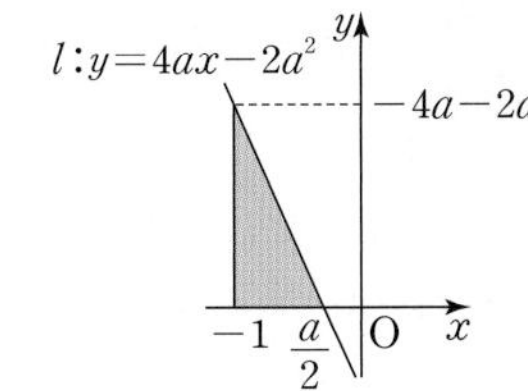

$S(a)=\frac{1}{2}\times\left\{\frac{a}{2}-(-1)\right\}(-4a-2a^2)$

$=-\frac{a^3}{2}-2a^2-2a$

$S'(a)=-\frac{3}{2}a^2-4a-2=-\frac{1}{2}(3a+2)(a+2)$

$S'(a)=0$인 a의 값은 $a=-\frac{2}{3}$ ($\because -1<a<0$)

$-1<a<0$에서 함수 $S(a)$의 증가, 감소를 조사하여 표로 나타내면 다음과 같다.

a	-1	$\cdots$	$-\frac{2}{3}$	$\cdots$	0
$S'(a)$		$+$	0	$-$	
$S(a)$		↗	$\frac{16}{27}$ 극대	↘	

따라서 색칠한 부분의 넓이의 최댓값은

$S\left(-\frac{2}{3}\right)=\frac{16}{27}$

Tip 이차함수 $f(x)=ax^2+bx+c$는 $y=f(x)$의 그래프가 지나는 세 점이 있으면 $f(x)$를 구할 수 있다.
이 문제에서 $y=f(x)$의 그래프는 꼭짓점이 원점이므로 그래프가 지나는 다른 한 점의 좌표만 알면 $f(x)$를 구할 수 있다.

1215 답 4

| 유형6

그림과 같이 한 변의 길이가 24인 정사각형 모양의 종이의 네 모퉁이에서 같은 크기의 정사각형을 잘라 내고 남은 부분을 접어서 뚜껑이 없는 직육면체 모양의 상자를 만들려고 한다. 이 상자의 부피가 최대일 때의 높이를 구하시오.

단서1

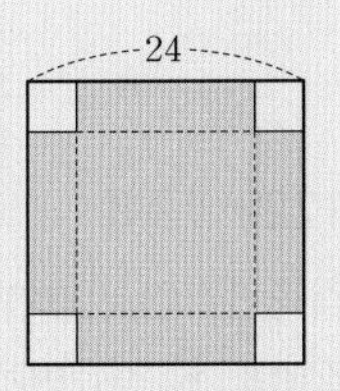

단서1 높이를 x라 하면 상자의 밑면의 가로, 세로는 $24-2x$

STEP1 변수를 정하여 상자의 가로, 세로, 높이를 식으로 나타내기

뚜껑이 없는 직육면체 모양의 상자의 높이를 x라 하면
잘라 낼 정사각형의 한 변의 길이도 x이므로
상자의 밑면의 가로, 세로의 길이는 모두 $24-2x$이다.
이때 $x>0$, $24-2x>0$이어야 하므로
$0<x<12$

STEP2 상자의 부피를 나타내는 함수식 세우기

상자의 부피를 $V(x)$라 하면
$V(x)=x(24-2x)^2=4x^3-96x^2+576x$

STEP3 상자의 부피가 최대일 때의 높이 구하기

$V'(x)=12x^2-192x+576=12(x-4)(x-12)$
$V'(x)=0$인 x의 값은 $x=4$ ($\because 0<x<12$)
$0<x<12$에서 함수 $V(x)$의 증가, 감소를 표로 나타내면 다음과 같다.

x	0	$\cdots$	4	$\cdots$	12
$V'(x)$		$+$	0	$-$	
$V(x)$		↗	극대	↘	

따라서 상자의 부피 $V(x)$는 $x=4$일 때 최대이므로
부피가 최대일 때의 높이는 4이다.

1216 답 ③

그림과 같이 잘라 낼 사각형에서 긴 변의 길이를 x라 하면 상자의 밑면인 정삼각형의 한 변의 길이는 $8-2x$이므로 밑면의 넓이는

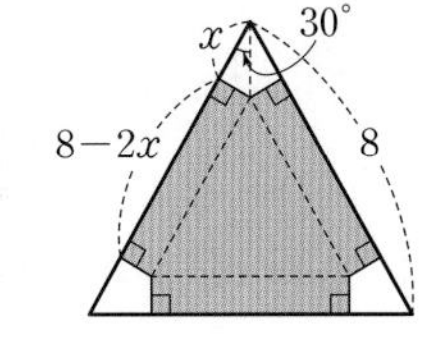

$\frac{\sqrt{3}}{4}(8-2x)^2$

이때 $x>0$, $8-2x>0$이어야 하므로
$0<x<4$
삼각기둥의 높이를 h라 하면
$h=x\tan 30°=\frac{\sqrt{3}}{3}x$ ……… ㉠
상자의 부피를 $V(x)$라 하면

$V(x)=\frac{\sqrt{3}}{4}(8-2x)^2\times\frac{\sqrt{3}}{3}x$

$=x(x-4)^2=x^3-8x^2+16x$

$V'(x)=3x^2-16x+16=(3x-4)(x-4)$

$V'(x)=0$인 x의 값은 $x=\frac{4}{3}$ ($\because 0<x<4$)

$0<x<4$에서 함수 $V(x)$의 증가, 감소를 표로 나타내면 다음과 같다.

x	0	$\cdots$	$\frac{4}{3}$	$\cdots$	4
$V'(x)$		$+$	0	$-$	
$V(x)$		↗	극대	↘	

따라서 상자의 부피 $V(x)$는 $x=\frac{4}{3}$일 때 최대이므로 부피가 최대일 때의 높이는 ㉠에서

$\frac{\sqrt{3}}{3}\times\frac{4}{3}=\frac{4\sqrt{3}}{9}$

1217 답 $96\sqrt{3}\pi$

그림과 같이 원기둥의 밑면의 반지름의 길이를 r, 높이를 $2h$라 하면

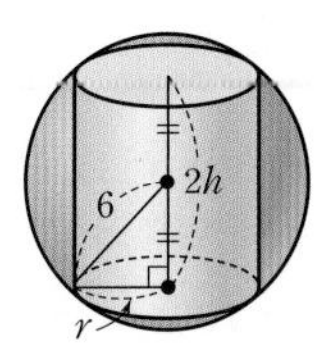

$r^2=36-h^2$ $(0<h<6)$

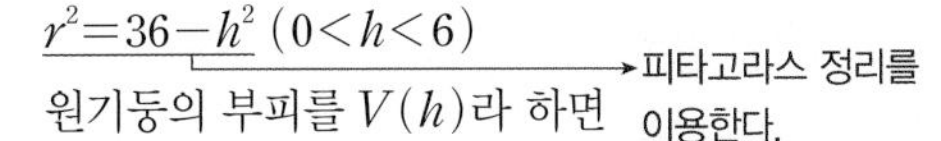

원기둥의 부피를 $V(h)$라 하면

$V(h)=2\pi r^2h=2\pi\times(36-h^2)\times h=(-2h^3+72h)\pi$

$V'(h)=(-6h^2+72)\pi=-6\pi(h+2\sqrt{3})(h-2\sqrt{3})$

$V'(h)=0$인 h의 값은 $h=2\sqrt{3}$ ($\because$ $0<h<6$)

$0<h<6$에서 함수 $V(h)$의 증가, 감소를 표로 나타내면 다음과 같다.

h	0	$\cdots$	$2\sqrt{3}$	$\cdots$	6
$V'(h)$		$+$	0	$-$	
$V(h)$		$\nearrow$	$96\sqrt{3}\pi$ 극대	$\searrow$	

따라서 원기둥의 부피 $V(h)$의 최댓값은

$V(2\sqrt{3})=96\sqrt{3}\pi$

1218 답 ③

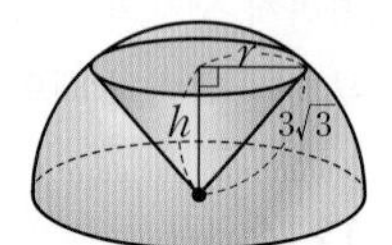

그림과 같이 원뿔의 밑면인 원의 반지름의 길이를 r, 높이를 h라 하면

$r^2=27-h^2$ $(0<h<3\sqrt{3})$

원뿔의 부피를 $V(h)$라 하면

$V(h)=\frac{1}{3}\pi r^2h=\frac{1}{3}\pi(27-h^2)h=\pi\left(-\frac{h^3}{3}+9h\right)$

$V'(h)=-\pi(h^2-9)=-\pi(h+3)(h-3)$

$V'(h)=0$인 h의 값은 $h=3$ ($\because$ $0<h<3\sqrt{3}$)

$0<h<3\sqrt{3}$에서 함수 $V(h)$의 증가, 감소를 표로 나타내면 다음과 같다.

h	0	$\cdots$	3	$\cdots$	$3\sqrt{3}$
$V'(h)$		$+$	0	$-$	
$V(h)$		$\nearrow$	극대	$\searrow$	

따라서 원뿔의 부피 $V(h)$는 $h=3$일 때 최대이므로 부피가 최대일 때의 높이는 3이다.

1219 답 ④

그림과 같이 원뿔의 밑면의 반지름의 길이를 r, 높이를 h라 하면

$r^2=36-h^2$ $(0<h<6)$ ·························· ㉠

두 원뿔의 부피의 합을 $V(h)$라 하면

$V(h)=2\times\frac{1}{3}\pi r^2h=\frac{2}{3}\pi h(36-h^2)$

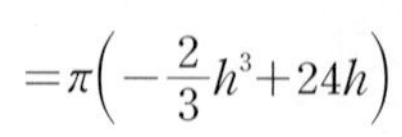

$=\pi\left(-\frac{2}{3}h^3+24h\right)$

$V'(h)=\pi(-2h^2+24)=-2\pi(h+2\sqrt{3})(h-2\sqrt{3})$

$V'(h)=0$인 h의 값은 $h=2\sqrt{3}$ ($\because$ $0<h<6$)

$0<h<6$에서 함수 $V(h)$의 증가, 감소를 표로 나타내면 다음과 같다.

h	0	$\cdots$	$2\sqrt{3}$	$\cdots$	6
$V'(h)$		$+$	0	$-$	
$V(h)$		$\nearrow$	극대	$\searrow$	

따라서 두 원뿔의 부피의 합 $V(h)$는 $h=2\sqrt{3}$일 때 최대이고, 이때 원뿔의 밑면의 반지름의 길이는 ㉠에서

$r=\sqrt{36-h^2}=\sqrt{36-(2\sqrt{3})^2}=2\sqrt{6}$

1220 답 16π

그림과 같이 원기둥의 밑면의 반지름의 길이를 x, 높이를 h라 하면

$3:12=x:(12-h)$에서 $12x=36-3h$

$\therefore$ $h=12-4x$ $(0<x<3)$

원기둥의 부피를 $V(x)$라 하면

$V(x)=\pi x^2h=\pi x^2(12-4x)$

$=4\pi(-x^3+3x^2)$

$V'(x)=4\pi(-3x^2+6x)=-12\pi x(x-2)$

$V'(x)=0$인 x의 값은 $x=2$ ($\because$ $0<x<3$)

단면의 큰 직각삼각형과 작은 직각삼각형이 닮음이다.

x	0	$\cdots$	2	$\cdots$	3
$V'(x)$		$+$	0	$-$	
$V(x)$		$\nearrow$	16π 극대	$\searrow$	

따라서 원기둥의 부피 $V(x)$의 최댓값은

$V(2)=16\pi$

1221 답 ②

그림과 같이 작은 원뿔의 밑면의 반지름의 길이를 x, 높이를 h라 하면

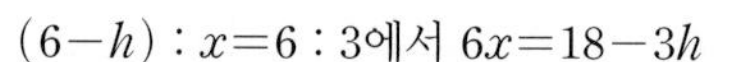

$(6-h):x=6:3$에서 $6x=18-3h$

$\therefore$ $h=6-2x$ $(0<x<3)$ ·························· ㉠

작은 원뿔의 부피를 $V(x)$라 하면

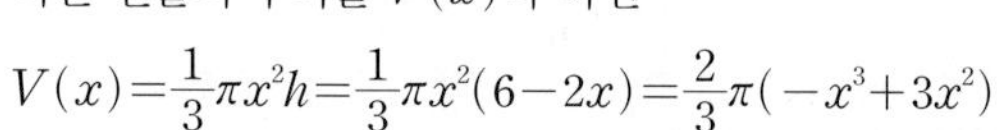

$V(x)=\frac{1}{3}\pi x^2h=\frac{1}{3}\pi x^2(6-2x)=\frac{2}{3}\pi(-x^3+3x^2)$

$V'(x)=\frac{2}{3}\pi(-3x^2+6x)=-2\pi x(x-2)$

$V'(x)=0$인 x의 값은 $x=2$ ($\because$ $0<x<3$)

$0<x<3$에서 함수 $V(x)$의 증가, 감소를 표로 나타내면 다음과 같다.

x	0	$\cdots$	2	$\cdots$	3
$V'(x)$		$+$	0	$-$	
$V(x)$		$\nearrow$	극대	$\searrow$	

따라서 작은 원뿔의 부피 $V(x)$는 $x=2$일 때 최대이고, 이때 작은 원뿔의 높이는 ㉠에서

$6-2x=6-4=2$

1222 답 ①

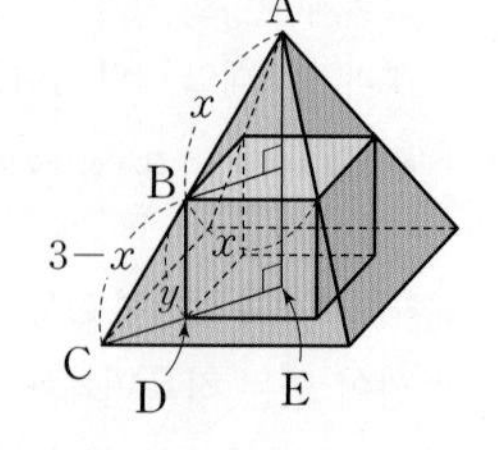

직육면체의 밑면인 정사각형의 한 변의 길이를 x, 직육면체의 높이를 y라 하면

$\overline{AC}=3$, $\overline{CE}=\frac{3\sqrt{2}}{2}$이므로 정사각뿔의 높이 $\overline{AE}$는

$\overline{AE}=\sqrt{3^2-\left(\frac{3\sqrt{2}}{2}\right)^2}=\frac{3\sqrt{2}}{2}$

→ △ACE에서 피타고라스 정리를 이용한다.

$\triangle BCD \backsim \triangle ACE$이므로

$\overline{CB} : \overline{CA} = \overline{BD} : \overline{AE}$에서

$(3-x) : 3 = y : \frac{3\sqrt{2}}{2}$, $3y = \frac{3\sqrt{2}}{2}(3-x)$

$\therefore y = \frac{\sqrt{2}}{2}(3-x)$ $(0<x<3)$

직육면체의 부피를 $V(x)$라 하면

$V(x) = x^2y = \frac{\sqrt{2}}{2}(-x^3+3x^2)$

$V'(x) = \frac{\sqrt{2}}{2}(-3x^2+6x) = -\frac{3\sqrt{2}}{2}x(x-2)$

$V'(x)=0$인 x의 값은 $x=2$ $(\because 0<x<3)$

$0<x<3$에서 함수 $V(x)$의 증가, 감소를 표로 나타내면 다음과 같다.

x	0	$\cdots$	2	$\cdots$	3
$V'(x)$		+	0	−	
$V(x)$		↗	$2\sqrt{2}$ 극대	↘	

따라서 직육면체의 부피 $V(x)$의 최댓값은

$V(2) = 2\sqrt{2}$

1223 답 ③

직육면체의 밑면의 한 변의 길이를 x cm, 높이를 y cm라 하면 직육면체를 만드는 데 드는 비용은

$(x^2+4xy)\times 20 + x^2\times 70 = 90x^2+80xy$

→ 윗면만 비용이 1 cm^2당 70원이다.

270원으로 상자를 만들므로 $90x^2+80xy=270$에서

$y = \frac{27-9x^2}{8x}$ $(0<x<\sqrt{3})$

상자의 부피를 $V(x)$ cm^3라 하면

$V(x) = x^2y = x^2 \times \frac{27-9x^2}{8x} = -\frac{9}{8}x^3 + \frac{27}{8}x$

$V'(x) = -\frac{27}{8}x^2 + \frac{27}{8} = -\frac{27}{8}(x+1)(x-1)$

$V'(x)=0$인 x의 값은 $x=1$ $(\because 0<x<\sqrt{3})$

$0<x<\sqrt{3}$에서 함수 $V(x)$의 증가, 감소를 표로 나타내면 다음과 같다.

x	0	$\cdots$	1	$\cdots$	$\sqrt{3}$
$V'(x)$		+	0	−	
$V(x)$		↗	$\frac{9}{4}$ 극대	↘	

따라서 상자의 부피 $V(x)$의 최댓값은

$V(1) = \frac{9}{4}$ (cm^3)

1224 답 ② 　　　　| 유형7

삼차방정식 $x^3-6x^2-n=0$이 서로 다른 세 실근을 갖도록 하는 정수 n의 개수는? 단서1

① 30　② 31　③ 32　④ 33　⑤ 34

단서1 방정식 $x^3-6x^2=n$의 실근의 개수 ⇔ 곡선 $y=x^3-6x^2$과 직선 $y=n$의 교점의 개수

STEP 1 $f(x)=n$ 꼴의 방정식을 세우고, $f'(x)$ 구하기

$x^3-6x^2-n=0$에서 $x^3-6x^2=n$

$f(x)=x^3-6x^2$이라 하면 $f'(x)=3x^2-12x=3x(x-4)$

STEP 2 함수 $y=f(x)$의 그래프 개형 그리기

$f'(x)=0$인 x의 값은 $x=0$ 또는 $x=4$

함수 $f(x)$의 증가, 감소를 표로 나타내면 다음과 같다.

x	$\cdots$	0	$\cdots$	4	$\cdots$
$f'(x)$	+	0	−	0	+
$f(x)$	↗	0 극대	↘	−32 극소	↗

함수 $y=f(x)$의 그래프는 그림과 같다.

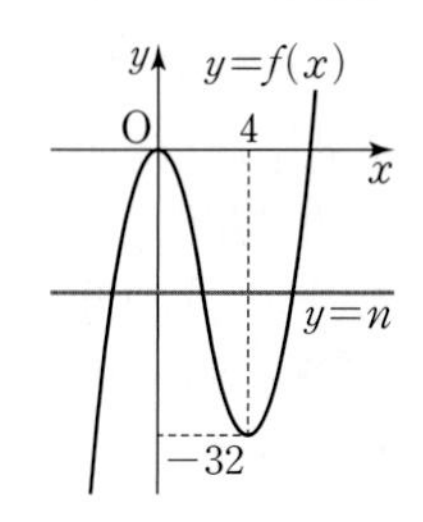

STEP 3 함수 $y=f(x)$의 그래프와 직선 $y=n$이 세 점에서 만나는 정수 n의 개수 구하기

방정식 $f(x)=n$이 서로 다른 세 실근을 가지려면

함수 $y=f(x)$의 그래프와 직선 $y=n$이 세 점에서 만나야 하므로

$-32<n<0$

따라서 정수 n은 $-31, -30, -29, \cdots, -1$의 31개이다.

다른 풀이

$f(x)=x^3-6x^2-n$이라 하면

$f'(x)=3x^2-12x=3x(x-4)$

$f'(x)=0$인 x의 값은 $x=0$ 또는 $x=4$

삼차방정식 $f(x)=0$이 서로 다른 세 실근을 가지려면

$f(0)f(4)<0$이어야 하므로

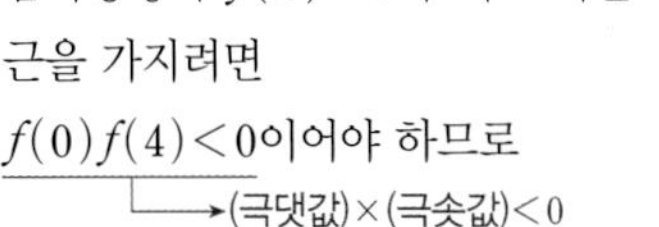

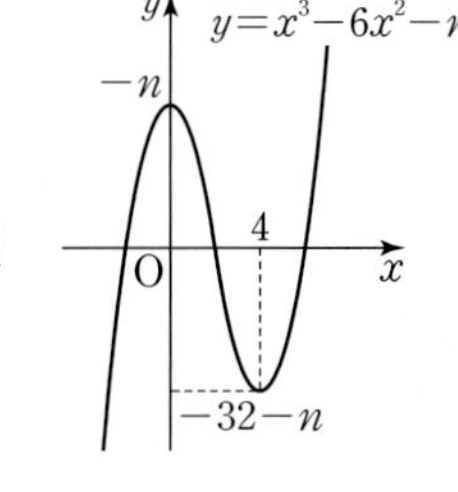

$-n(-32-n)<0$　　$\therefore -32<n<0$

따라서 정수 n은 $-31, -30, -29, \cdots, -1$의 31개이다.

1225 답 3

$f(x)=x^3-3x^2+3$이라 하면 $f'(x)=3x^2-6x=3x(x-2)$

$f'(x)=0$인 x의 값은 $x=0$ 또는 $x=2$

함수 $f(x)$의 증가, 감소를 표로 나타내면 다음과 같다.

x	$\cdots$	0	$\cdots$	2	$\cdots$
$f'(x)$	+	0	−	0	+
$f(x)$	↗	3 극대	↘	−1 극소	↗

함수 $y=f(x)$의 그래프는 그림과 같이 x축과 서로 다른 세 점에서 만나므로 주어진 방정식의 서로 다른 실근의 개수는 3이다.

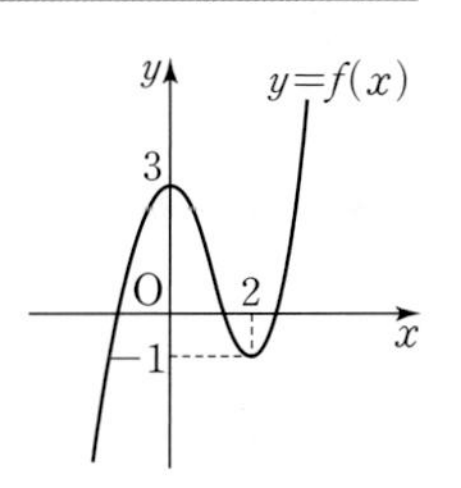

1226 답 32

$x^3+3x^2-9x+4-k=0$에서 $x^3+3x^2-9x+4=k$

$f(x)=x^3+3x^2-9x+4$라 하면

$f'(x)=3x^2+6x-9=3(x+3)(x-1)$

$f'(x)=0$인 x의 값은 $x=-3$ 또는 $x=1$

함수 $f(x)$의 증가, 감소를 표로 나타내면 다음과 같다.

x	$\cdots$	-3	$\cdots$	1	$\cdots$
$f'(x)$	$+$	0	$-$	0	$+$
$f(x)$	↗	31 극대	↘	-1 극소	↗

함수 $y=f(x)$의 그래프는 그림과 같다.

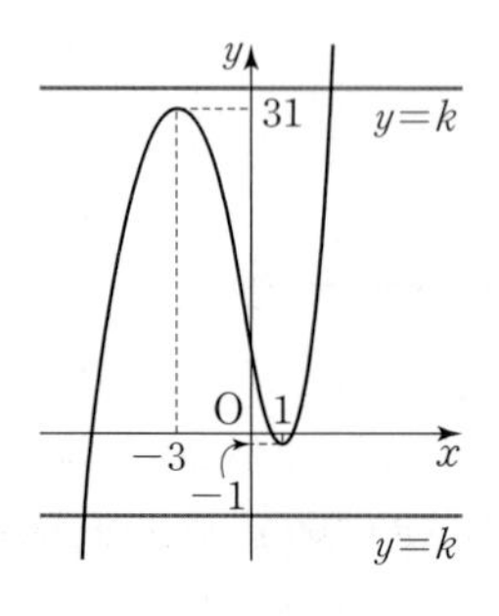

방정식 $f(x)=k$가 한 실근과 두 허근을 가지려면

함수 $y=f(x)$의 그래프와 직선 $y=k$가 한 점에서 만나야 하므로

$k<-1$ 또는 $k>31$

따라서 자연수 k의 최솟값은 32이다.

1227 답 ④

$x^3-3x^2+a=0$에서 $x^3-3x^2=-a$

$f(x)=x^3-3x^2$이라 하면

$f'(x)=3x^2-6x=3x(x-2)$

$f'(x)=0$인 x의 값은 $x=0$ 또는 $x=2$

함수 $f(x)$의 증가, 감소를 표로 나타내면 다음과 같다.

x	$\cdots$	0	$\cdots$	2	$\cdots$
$f'(x)$	$+$	0	$-$	0	$+$
$f(x)$	↗	0 극대	↘	-4 극소	↗

함수 $y=f(x)$의 그래프는 그림과 같다.

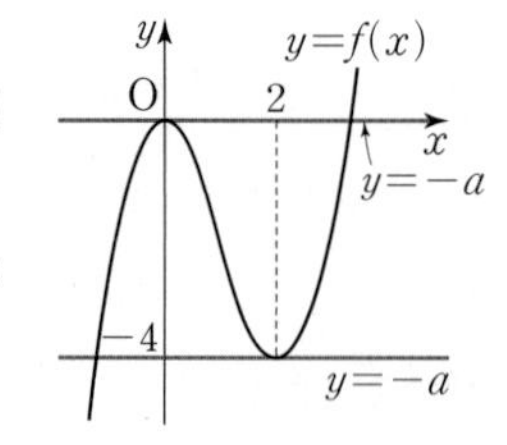

방정식 $f(x)=-a$가 서로 다른 두 실근을 가지려면

함수 $y=f(x)$의 그래프와 직선 $y=-a$가 서로 다른 두 점에서 만나야 하므로

$-a=0$ 또는 $-a=-4$

$\therefore a=0$ 또는 $a=4$

따라서 구하는 모든 실수 a의 값의 합은

$0+4=4$

1228 답 7

$2x^3-3x^2-12x-k=0$에서 $2x^3-3x^2-12x=k$

$f(x)=2x^3-3x^2-12x$라 하면

$f'(x)=6x^2-6x-12=6(x+1)(x-2)$

$f'(x)=0$인 x의 값은 $x=-1$ 또는 $x=2$

함수 $f(x)$의 증가, 감소를 표로 나타내면 다음과 같다.

x	$\cdots$	-1	$\cdots$	2	$\cdots$
$f'(x)$	$+$	0	$-$	0	$+$
$f(x)$	↗	7 극대	↘	-20 극소	↗

함수 $y=f(x)$의 그래프는 그림과 같다.

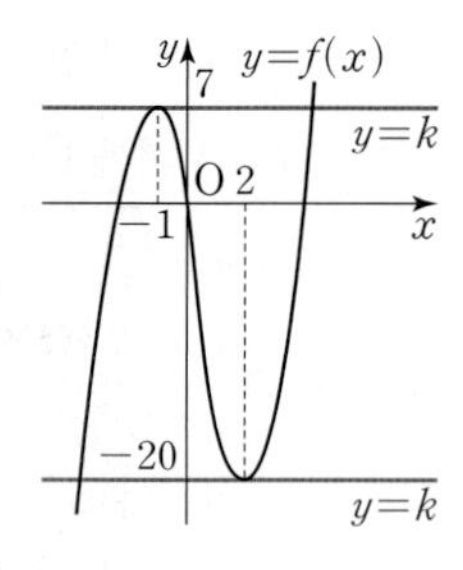

방정식 $f(x)=k$가 서로 다른 두 실근을 가지려면

함수 $y=f(x)$의 그래프와 직선 $y=k$가 서로 다른 두 점에서 만나야 하므로

$k=-20$ 또는 $k=7$

따라서 양수 k의 값은 7이다.

1229 답 ③

$x^3-3x+11-3k=0$에서 $x^3-3x+11=3k$

$g(x)=x^3-3x+11$이라 하면

$g'(x)=3x^2-3=3(x+1)(x-1)$

$g'(x)=0$인 x의 값은 $x=-1$ 또는 $x=1$

함수 $g(x)$의 증가, 감소를 표로 나타내면 다음과 같다.

x	$\cdots$	-1	$\cdots$	1	$\cdots$
$g'(x)$	$+$	0	$-$	0	$+$
$g(x)$	↗	13 극대	↘	9 극소	↗

함수 $y=g(x)$의 그래프는 그림과 같다.

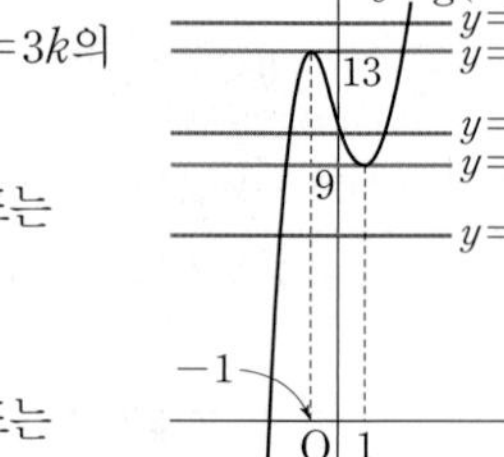

함수 $y=g(x)$의 그래프와 직선 $y=3k$의 교점은

(i) $3k<9$ 또는 $3k>13$, 즉 $k<3$ 또는 $k>\frac{13}{3}$일 때, 1개

(ii) $3k=9$ 또는 $3k=13$, 즉 $k=3$ 또는 $k=\frac{13}{3}$일 때, 2개

(iii) $9<3k<13$, 즉 $3<k<\frac{13}{3}$일 때, 3개

이므로

$\underbrace{f(1)+f(2)}_{\text{(i)}}+\underbrace{f(3)}_{\text{(ii)}}+\underbrace{f(4)}_{\text{(iii)}}+\underbrace{f(5)}_{\text{(i)}}=1+1+2+3+1=8$

1230 답 ③

$2x^3-3x^2-12x+k=0$에서 $2x^3-3x^2-12x=-k$

$f(x)=2x^3-3x^2-12x$라 하면

$f'(x)=6x^2-6x-12=6(x+1)(x-2)$

$f'(x)=0$인 x의 값은 $x=-1$ 또는 $x=2$

함수 $f(x)$의 증가, 감소를 표로 나타내면 다음과 같다.

x	$\cdots$	-1	$\cdots$	2	$\cdots$
$f'(x)$	$+$	0	$-$	0	$+$
$f(x)$	↗	7 극대	↘	-20 극소	↗

함수 $y=f(x)$의 그래프는 그림과 같다.

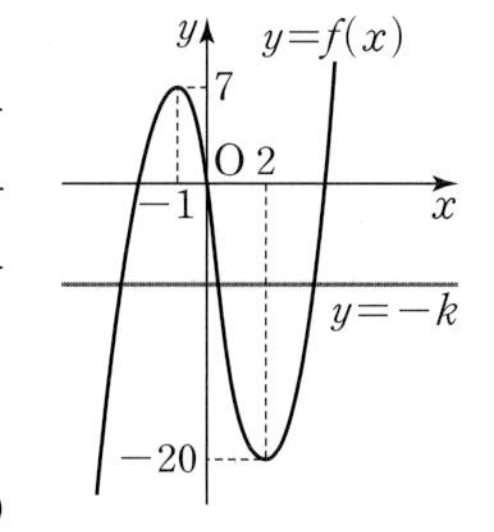

방정식 $f(x)=-k$가 서로 다른 세 실근을 가지려면 함수 $y=f(x)$의 그래프와 직선 $y=-k$가 서로 다른 세 점에서 만나야 하므로

$-20<-k<7$　　$\therefore -7<k<20$

따라서 정수 k는 $-6, -5, -4, \cdots, 19$의 26개이다.

1231 답 ③

$2x^3+6x^2+a=0$에서 $2x^3+6x^2=-a$

$f(x)=2x^3+6x^2$이라 하면 $f'(x)=6x^2+12x=6x(x+2)$

$f'(x)=0$인 x의 값은 $x=-2$ 또는 $x=0$

$-2\le x\le 2$에서 함수 $f(x)$의 증가, 감소를 표로 나타내면 다음과 같다.

x	-2	$\cdots$	0	$\cdots$	2
$f'(x)$	0	$-$	0	$+$	
$f(x)$	8	↘	0 극소	↗	40

$-2\le x\le 2$에서 함수 $y=f(x)$의 그래프는 그림과 같다.

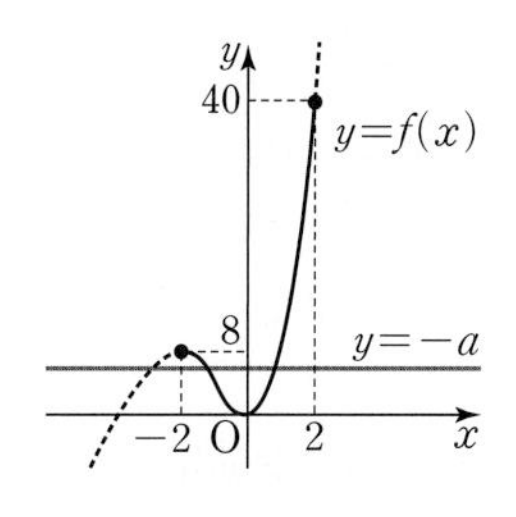

방정식 $f(x)=-a$가 서로 다른 두 실근을 가지려면 함수 $y=f(x)$의 그래프와 직선 $y=-a$가 서로 다른 두 점에서 만나야 하므로

$0<-a\le 8$　　$\therefore -8\le a<0$

따라서 정수 a는 $-8, -7, -6, \cdots, -1$의 8개이다.

1232 답 -22

$x^3-3x^2-9x-k=0$에서 $x^3-3x^2-9x=k$

$g(x)=x^3-3x^2-9x$라 하면

$g'(x)=3x^2-6x-9=3(x+1)(x-3)$

$g'(x)=0$인 x의 값은 $x=-1$ 또는 $x=3$

함수 $g(x)$의 증가, 감소를 표로 나타내면 다음과 같다.

x	$\cdots$	-1	$\cdots$	3	$\cdots$
$g'(x)$	$+$	0	$-$	0	$+$
$g(x)$	↗	5 극대	↘	-27 극소	↗

함수 $y=g(x)$의 그래프는 그림과 같다.

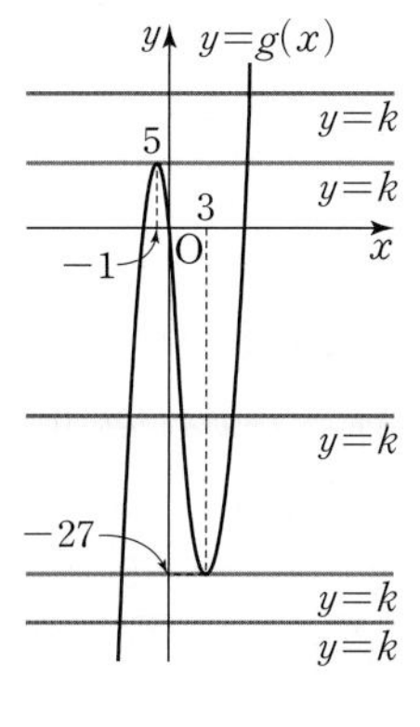

함수 $y=g(x)$의 그래프와 직선 $y=k$의 교점은

(i) $k<-27$ 또는 $k>5$일 때, 1개

(ii) $k=-27$ 또는 $k=5$일 때, 2개

(iii) $-27<k<5$일 때, 3개

이므로 함수 $y=f(k)$의 그래프는 그림과 같다.

즉, 함수 $f(k)$는 $k=-27$, $k=5$에서 불연속이므로

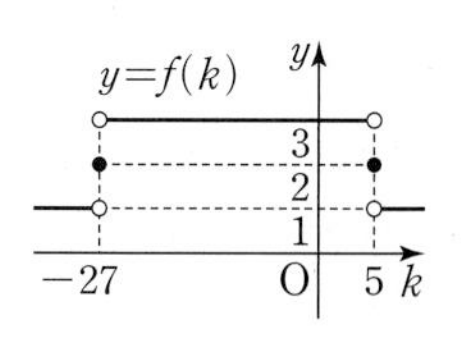

$a=-27$ 또는 $a=5$

따라서 모든 실수 a의 값의 합은

$-27+5=-22$

1233 답 ①　　유형8

삼차방정식 $2x^3+\frac{3}{2}x^2-9x-k=0$이 서로 다른 두 개의 음의 근과 한 개의 양의 근을 갖도록 하는 실수 k의 값의 범위가 $a<k<b$일 때, $a+b$의 값은?

① $\frac{81}{8}$　② $\frac{41}{4}$　③ $\frac{83}{8}$

④ $\frac{21}{2}$　⑤ $\frac{85}{8}$

단서1 방정식 $f(x)=k$의 실근 ⇔ $y=f(x)$의 그래프와 직선 $y=k$의 교점의 x좌표

단서2 교점 세 개의 x좌표 중 2개는 음수, 1개는 양수

STEP1 $f(x)=k$ **꼴의 방정식을 세우고,** $f'(x)$ **구하기**

$2x^3+\frac{3}{2}x^2-9x-k=0$에서 $2x^3+\frac{3}{2}x^2-9x=k$

$f(x)=2x^3+\frac{3}{2}x^2-9x$라 하면

$f'(x)=6x^2+3x-9=3(2x+3)(x-1)$

STEP2 **함수** $y=f(x)$**의 그래프 개형 그리기**

$f'(x)=0$인 x의 값은 $x=-\frac{3}{2}$ 또는 $x=1$

함수 $f(x)$의 증가, 감소를 표로 나타내면 다음과 같다.

x	$\cdots$	$-\frac{3}{2}$	$\cdots$	1	$\cdots$
$f'(x)$	$+$	0	$-$	0	$+$
$f(x)$	↗	$\frac{81}{8}$ 극대	↘	$-\frac{11}{2}$ 극소	↗

함수 $y=f(x)$의 그래프는 그림과 같다.

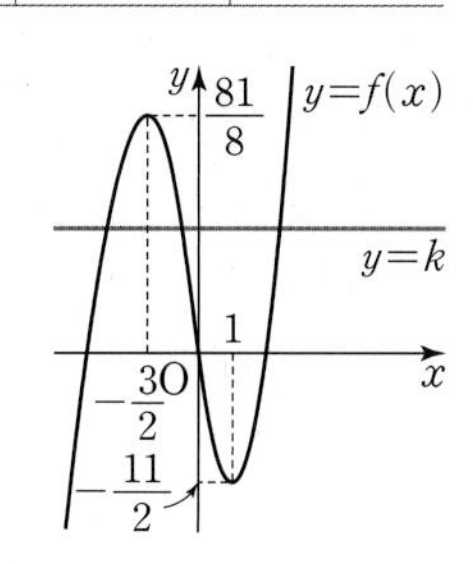

STEP3 **함수** $y=f(x)$**의 그래프와 직선** $y=k$**가** $x<0$**일 때 두 점에서 만나고,** $x>0$**일 때 한 점에서 만나는 실수** k**의 값의 범위 구하기**

함수 $y=f(x)$의 그래프와 직선 $y=k$의 교점의 x좌표가 두 개는 음수이고, 한 개는 양수이어야 하므로
(→음의 근 두 개, →양의 근 한 개)

$0<k<\frac{81}{8}$

STEP4 $a+b$**의 값 구하기**

$a=0$, $b=\frac{81}{8}$이므로 $a+b=\frac{81}{8}$

1234 답 ⑤

$x^3-3x^2-9x-k=0$에서 $x^3-3x^2-9x=k$

$f(x)=x^3-3x^2-9x$라 하면

$f'(x)=3x^2-6x-9=3(x+1)(x-3)$

$f'(x)=0$인 x의 값은 $x=-1$ 또는 $x=3$

함수 $f(x)$의 증가, 감소를 표로 나타내면 다음과 같다.

x	$\cdots$	-1	$\cdots$	3	$\cdots$
$f'(x)$	$+$	0	$-$	0	$+$
$f(x)$	↗	5 극대	↘	-27 극소	↗

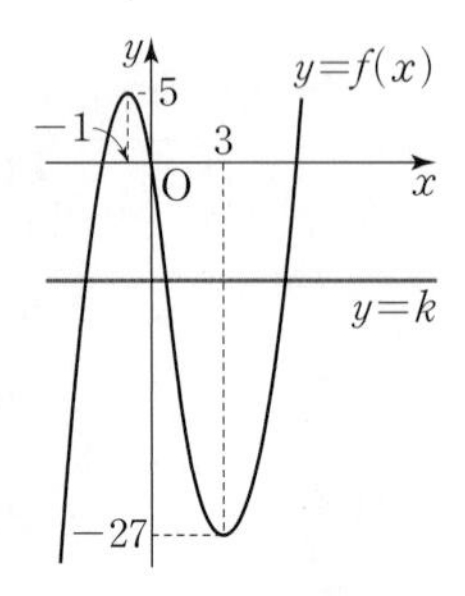

함수 $y=f(x)$의 그래프는 그림과 같다.

함수 $y=f(x)$의 그래프와 직선 $y=k$의 교점의 x좌표가 한 개는 음수이고, 두 개는 양수이어야 하므로

$-27<k<0$

따라서 정수 k는 -26, -25, -24, $\cdots$, -1의 26개이다.

1235 답 ②

$2x^3-3x^2-12x+3-k=0$에서 $2x^3-3x^2-12x+3=k$

$f(x)=2x^3-3x^2-12x+3$이라 하면

$f'(x)=6x^2-6x-12=6(x+1)(x-2)$

$f'(x)=0$인 x의 값은 $x=-1$ 또는 $x=2$

함수 $f(x)$의 증가, 감소를 표로 나타내면 다음과 같다.

x	$\cdots$	-1	$\cdots$	2	$\cdots$
$f'(x)$	$+$	0	$-$	0	$+$
$f(x)$	↗	10 극대	↘	-17 극소	↗

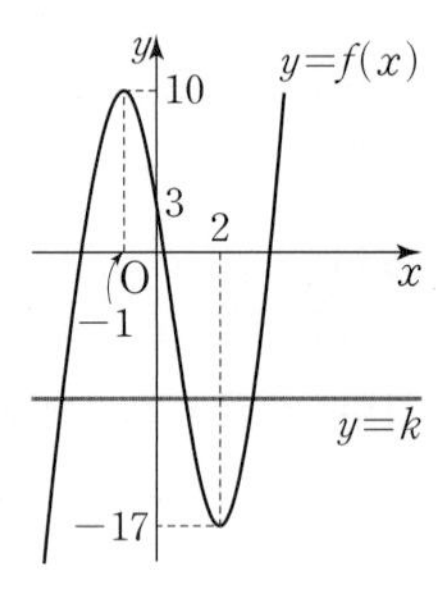

따라서 함수 $y=f(x)$의 그래프는 그림과 같다.

함수 $y=f(x)$의 그래프와 직선 $y=k$의 교점의 x좌표가 한 개는 음수이고, 두 개는 양수이어야 하므로

$-17<k<3$

따라서 정수 k는 -16, -15, -14, $\cdots$, 2의 19개이다.

1236 답 ②

$2x^2+9x=x^3-x^2+a-4$에서 $-x^3+3x^2+9x+4=a$

$f(x)=-x^3+3x^2+9x+4$라 하면

$f'(x)=-3x^2+6x+9=-3(x+1)(x-3)$

$f'(x)=0$인 x의 값은 $x=-1$ 또는 $x=3$

함수 $f(x)$의 증가, 감소를 표로 나타내면 다음과 같다.

x	$\cdots$	-1	$\cdots$	3	$\cdots$
$f'(x)$	$-$	0	$+$	0	$-$
$f(x)$	↘	-1 극소	↗	31 극대	↘

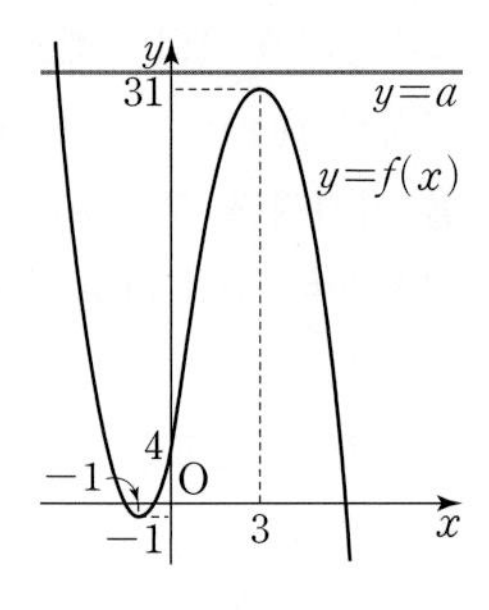

함수 $y=f(x)$의 그래프는 그림과 같다.

함수 $y=f(x)$의 그래프와 직선 $y=a$의 교점이 한 개이고 교점의 x좌표가 음수이어야 하므로

$a>31$

따라서 정수 a의 최솟값은 32이다.

1237 답 ②

$x^3+5x^2+5x=\frac{1}{2}x^2-x+k$에서 $x^3+\frac{9}{2}x^2+6x=k$

$f(x)=x^3+\frac{9}{2}x^2+6x$라 하면

$f'(x)=3x^2+9x+6=3(x+2)(x+1)$

$f'(x)=0$인 x의 값은 $x=-2$ 또는 $x=-1$

함수 $f(x)$의 증가, 감소를 표로 나타내면 다음과 같다.

x	$\cdots$	-2	$\cdots$	-1	$\cdots$
$f'(x)$	$+$	0	$-$	0	$+$
$f(x)$	↗	-2 극대	↘	$-\frac{5}{2}$ 극소	↗

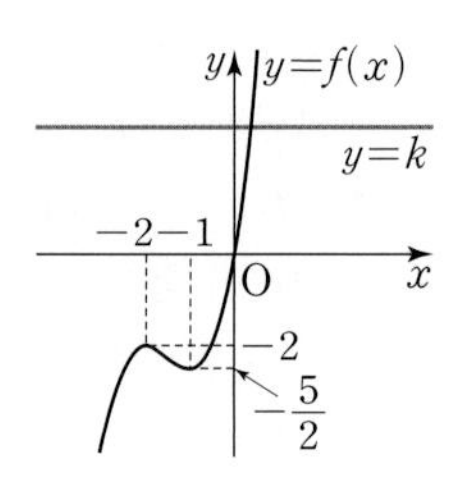

함수 $y=f(x)$의 그래프는 그림과 같다.

함수 $y=f(x)$의 그래프와 직선 $y=k$의 교점이 한 개이고 교점의 x좌표가 양수이어야 하므로

$k>0$

따라서 정수 k의 최솟값은 1이다.

1238 답 ②

$x^3+x^2+2x=7x^2-7x+a$에서 $x^3-6x^2+9x=a$

$f(x)=x^3-6x^2+9x$라 하면

$f'(x)=3x^2-12x+9=3(x-1)(x-3)$

$f'(x)=0$인 x의 값은 $x=1$ 또는 $x=3$

x	$\cdots$	1	$\cdots$	3	$\cdots$
$f'(x)$	$+$	0	$-$	0	$+$
$f(x)$	↗	4 극대	↘	0 극소	↗

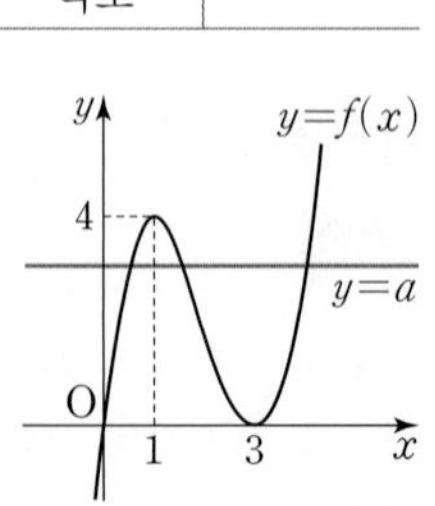

함수 $y=f(x)$의 그래프는 그림과 같다.

함수 $y=f(x)$의 그래프와 직선 $y=a$의 교점의 x좌표가 세 개 모두 양수이어야 하므로

$0<a<4$

따라서 정수 a는 1, 2, 3의 3개이다.

1239 답 ⑤

$3x^3-9x+2-k=0$에서 $3x^3-9x+2=k$

$g(x)=3x^3-9x+2$라 하면

$g'(x)=9x^2-9=9(x+1)(x-1)$

$g'(x)=0$인 x의 값은 $x=-1$ 또는 $x=1$

x	$\cdots$	-1	$\cdots$	1	$\cdots$
$g'(x)$	$+$	0	$-$	0	$+$
$g(x)$	↗	8 극대	↘	-4 극소	↗

함수 $y=g(x)$의 그래프는 그림과 같다.

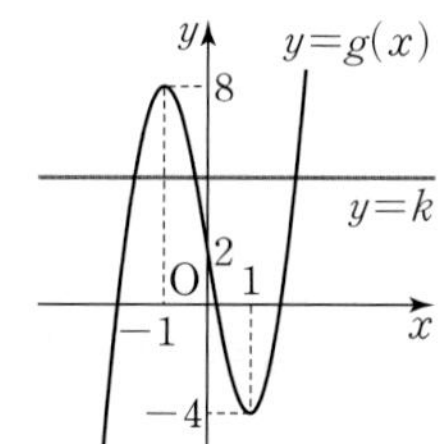

함수 $y=g(x)$의 그래프와 직선 $y=k$의 교점 중 x좌표가 양수인 점은 (k는 정수)

(i) $k<-4$일 때, 0개

(ii) $k=-4$일 때, 1개

(iii) $-4<k<2$일 때, 2개

(iv) $k\geq 2$일 때, 1개

이므로

$f(-5)+f(-4)+\cdots+f(4)+f(5)$

$=0+1+2\times 5+1\times 4$

$=15$

(2×5 → $f(-3)+f(-2)+f(-1)+f(0)+f(1)$, 1×4 → $f(2)+f(3)+f(4)+f(5)$)

1240 답 ⑤

최고차항의 계수가 음수인 삼차함수 $f(x)$에 대하여

$f'(x)=0$이 서로 다른 두 실근 α, β $(0<\alpha<\beta)$를 가지므로

함수 $f(x)$는 $x=\alpha$에서 극소, $x=\beta$에서 극대이다.

이때 $f(\alpha)f(\beta)<0$이므로 $y=f(x)$의 그래프는 그림과 같이 두 가지 경우만 존재한다.

(i) $f(0)>0$인 경우

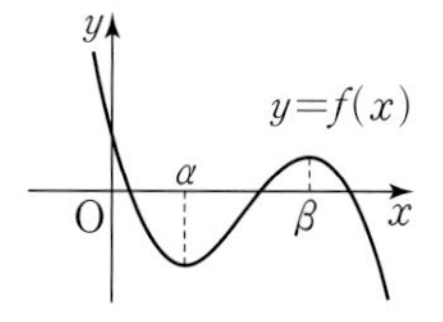

(ii) $f(0)<0$인 경우

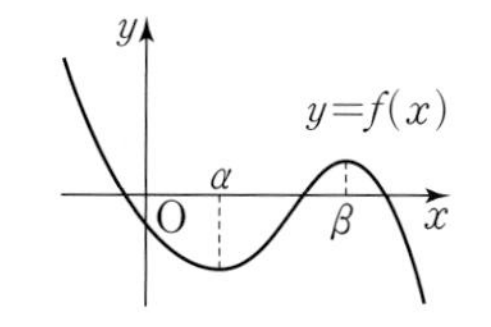

ㄱ. 함수 $f(x)$는 $x=\beta$에서 극댓값을 갖는다. (참)

ㄴ. $y=f(x)$의 그래프와 x축의 교점이 세 개이므로 방정식 $f(x)=0$은 서로 다른 세 실근을 갖는다. (참)

ㄷ. (i)에서 $f(0)>0$일 때 $y=f(x)$의 그래프와 x축의 교점의 x좌표가 세 개 모두 양수이므로 방정식 $f(x)=0$은 서로 다른 세 개의 양의 근을 갖는다. (참)

따라서 옳은 것은 ㄱ, ㄴ, ㄷ이다.

1241 답 ① | 유형 9

함수 $f(x)=2x^3-6ax-3a$가 극값을 갖고, 방정식 $f(x)=0$이 중근을 갖도록 하는 양수 a의 값은?

① $\frac{9}{16}$ ② $\frac{5}{8}$ ③ $\frac{11}{16}$

④ $\frac{3}{4}$ ⑤ $\frac{13}{16}$

단서1 이차방정식 $f'(x)=0$이 서로 다른 두 실근을 갖는다.

단서2 함수 $f(x)$의 극값 중 하나는 0이다. 즉, (극댓값)×(극솟값)=0

STEP 1 삼차함수 $f(x)$가 극값을 가질 때의 x의 값 구하기

$f(x)=2x^3-6ax-3a$에서

$f'(x)=6x^2-6a=6(x+\sqrt{a})(x-\sqrt{a})$

$f'(x)=0$인 x의 값은 $x=-\sqrt{a}$ 또는 $x=\sqrt{a}$

STEP 2 방정식 $f(x)=0$이 중근을 갖도록 하는 양수 a의 값 구하기

삼차방정식 $f(x)=0$이 중근을 가지려면

$f(-\sqrt{a})f(\sqrt{a})=0$이어야 하므로

$a(4\sqrt{a}-3)\times\{-a(4\sqrt{a}+3)\}=0$

$a^2(16a-9)=0$

$\therefore a=\frac{9}{16}$ $(\because a>0)$

1242 답 ②

$f(x)=x^3-2x^2-4x+5-k$라 하면

$f'(x)=3x^2-4x-4=(3x+2)(x-2)$

$f'(x)=0$인 x의 값은 $x=-\frac{2}{3}$ 또는 $x=2$

삼차방정식 $f(x)=0$이 서로 다른 세 실근을 가지려면

$f\left(-\frac{2}{3}\right)f(2)<0$이어야 하므로

$\left(\frac{175}{27}-k\right)(-3-k)<0$, $\left(k-\frac{175}{27}\right)(k+3)<0$

$\therefore -3<k<\frac{175}{27}$

따라서 정수 k의 최댓값은 6이다.

1243 답 ⑤

$f(x)=2x^3-6x+3-a$라 하면

$f'(x)=6x^2-6=6(x+1)(x-1)$

$f'(x)=0$인 x의 값은 $x=-1$ 또는 $x=1$

삼차방정식 $f(x)=0$이 서로 다른 두 실근을 가지려면

$f(-1)f(1)=0$이어야 하므로

$(7-a)(-1-a)=0$

$\therefore a=7$ $(\because a>0)$

1244 답 33

$g(x)=f(x)+a=2x^3-3x^2-12x-10+a$

$g'(x)=6x^2-6x-12=6(x+1)(x-2)$

$g'(x)=0$인 x의 값은 $x=-1$ 또는 $x=2$

삼차방정식 $g(x)=0$이 서로 다른 두 실근을 가지려면

$g(-1)g(2)=0$이어야 하므로

$(a-3)(a-30)=0$ $\therefore a=3$ 또는 $a=30$

따라서 모든 a의 값의 합은

$3+30=33$

1245 답 2

$g(x)=f(x)-k=0$이라 하면 $g'(x)=f'(x)$

주어진 그래프에서 $f'(x)=0$인 x의 값은 $x=0$ 또는 $x=3$

삼차방정식 $g(x)=0$이 서로 다른 세 실근을 가지려면

$g(0)g(3)<0$이어야 하므로

$\{f(0)-k\}\{f(3)-k\}<0$

$(3-k)(0-k)<0$, $k(k-3)<0$

$\therefore 0<k<3$

따라서 정수 k는 1, 2의 2개이다.

1246 답 ②

함수 $f(x)$는 최고차항의 계수가 양수인 삼차함수이므로 $f'(x)$는 최고차항의 계수가 양수인 이차함수이다.

ㄱ. [반례] $f(x)=x^3+1$이라 하면
$f'(x)=3x^2$이므로 이차방정식
$f'(x)=0$은 중근을 갖지만 함수
$y=f(x)$의 그래프는 그림과 같으므로 방정식 $f(x)=0$은 중근을 갖지 않는다. (거짓)

ㄴ. 이차방정식 $f'(x)=0$이 허근을 가지면 모든 실수 x에 대하여 $f'(x)>0$이다.
즉, 함수 $f(x)$는 모든 실수 x에서 증가하므로 방정식 $f(x)=0$은 한 실근과 서로 다른 두 허근을 갖는다. (참)

ㄷ. 이차방정식 $f'(x)=0$이 서로 다른 두 실근을 가지면 삼차함수 $f(x)$는 극댓값과 극솟값을 모두 갖는다.
이때 함수 $y=f(x)$의 그래프가 그림과 같으면 한 실근과 두 허근을 가지므로 반드시 방정식 $f(x)=0$이 서로 다른 두 실근을 갖는다고 할 수 없다. (거짓)

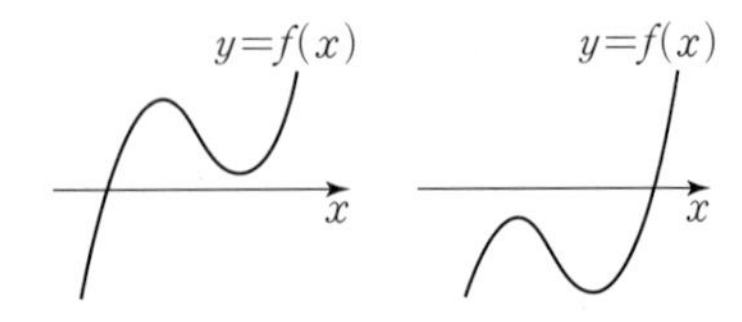

따라서 옳은 것은 ㄴ이다.

1247 답 $-9<k<0$

유형 10

사차방정식 $x^4+4x^3-2x^2-12x-k=0$이 서로 다른 두 개의 양의 근과 서로 다른 두 개의 음의 근을 갖도록 하는 실수 k의 값의 범위를 구하시오.

단서1 방정식 $f(x)=k$의 실근 ⇔ $y=f(x)$의 그래프와 직선 $y=k$의 교점의 x좌표
단서2 교점 네 개의 x좌표 중 2개는 음수, 2개는 양수

STEP 1 $f(x)=k$ **꼴의 방정식을 세우고,** $f'(x)$ **구하기**

$x^4+4x^3-2x^2-12x-k=0$에서
$x^4+4x^3-2x^2-12x=k$
$f(x)=x^4+4x^3-2x^2-12x$라 하면
$f'(x)=4x^3+12x^2-4x-12$
$=4(x+3)(x+1)(x-1)$

STEP 2 함수 $y=f(x)$**의 그래프 개형 그리기**

$f'(x)=0$인 x의 값은
$x=-3$ 또는 $x=-1$ 또는 $x=1$
함수 $f(x)$의 증가, 감소를 표로 나타내면 다음과 같다.

x	$\cdots$	-3	$\cdots$	-1	$\cdots$	1	$\cdots$
$f'(x)$	$-$	0	$+$	0	$-$	0	$+$
$f(x)$	↘	-9 극소	↗	7 극대	↘	-9 극소	↗

함수 $y=f(x)$의 그래프는 그림과 같다.

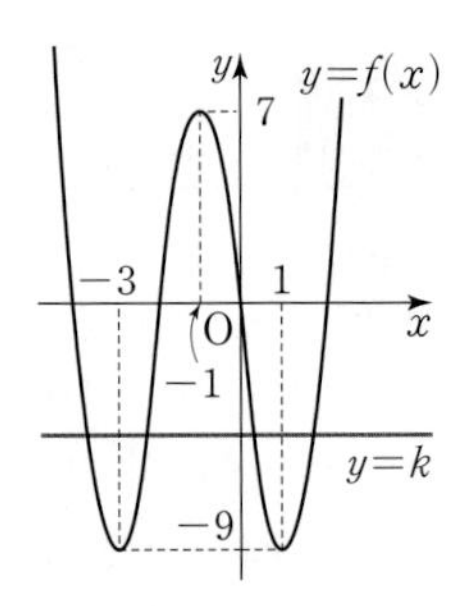

STEP 3 함수 $y=f(x)$**의 그래프와 직선** $y=k$**가** $x<0$**일 때 두 점에서 만나고,** $x>0$**일 때 두 점에서 만나는 실수** k**의 값의 범위 구하기**

함수 $y=f(x)$의 그래프와 직선 $y=k$의 교점의 x좌표가 두 개는 양수이고, 다른 두 개는 음수이어야 하므로
$-9<k<0$

1248 답 ⑤

$3x^4-8x^3-6x^2+24x-k=0$에서 $3x^4-8x^3-6x^2+24x=k$
$f(x)=3x^4-8x^3-6x^2+24x$라 하면
$f'(x)=12x^3-24x^2-12x+24=12(x+1)(x-1)(x-2)$
$f'(x)=0$인 x의 값은 $x=-1$ 또는 $x=1$ 또는 $x=2$
함수 $f(x)$의 증가, 감소를 표로 나타내면 다음과 같다.

x	$\cdots$	-1	$\cdots$	1	$\cdots$	2	$\cdots$
$f'(x)$	$-$	0	$+$	0	$-$	0	$+$
$f(x)$	↘	-19 극소	↗	13 극대	↘	8 극소	↗

함수 $y=f(x)$의 그래프는 그림과 같다.

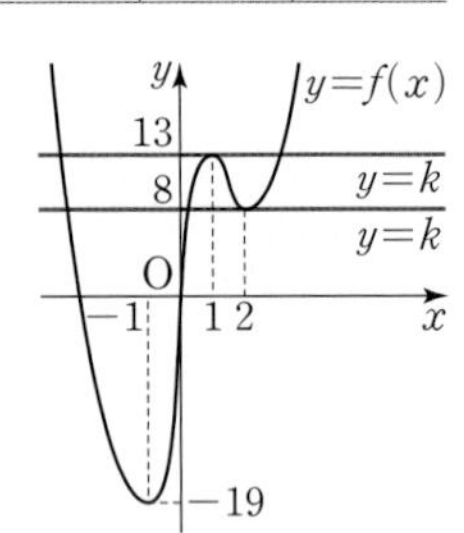

함수 $y=f(x)$의 그래프와 직선 $y=k$가 서로 다른 세 점에서 만나야 하므로
$k=8$ 또는 $k=13$
따라서 정수 k의 값의 합은
$8+13=21$

1249 답 ⑤

$3x^4+4x^3-12x^2+a=0$에서 $3x^4+4x^3-12x^2=-a$
$f(x)=3x^4+4x^3-12x^2$이라 하면
$f'(x)=12x^3+12x^2-24x=12x(x+2)(x-1)$
$f'(x)=0$인 x의 값은 $x=-2$ 또는 $x=0$ 또는 $x=1$
함수 $f(x)$의 증가, 감소를 표로 나타내면 다음과 같다.

x	$\cdots$	-2	$\cdots$	0	$\cdots$	1	$\cdots$
$f'(x)$	$-$	0	$+$	0	$-$	0	$+$
$f(x)$	↘	-32 극소	↗	0 극대	↘	-5 극소	↗

함수 $y=f(x)$의 그래프는 그림과 같다.

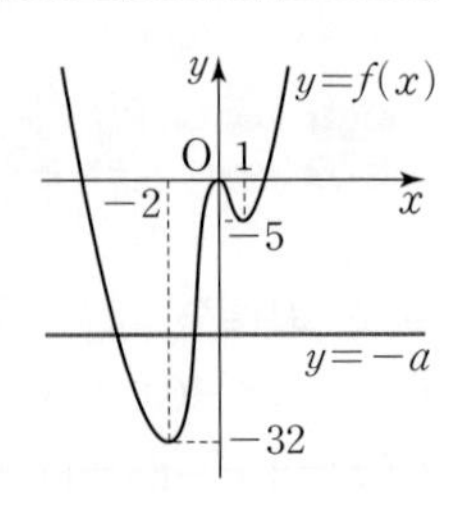

함수 $y=f(x)$의 그래프와 직선 $y=-a$의 교점이 2개이고 교점의 x좌표가 모두 음수이어야 하므로
$-32<-a<-5$ $\quad\therefore 5<a<32$
따라서 정수 a는 6, 7, 8, $\cdots$, 31의 26개이다.

1250 답 ②

$x^4+3x^2+10x-k=0$에서

$x^4+3x^2+10x=k$

$f(x)=x^4+3x^2+10x$라 하면

$f'(x)=4x^3+6x+10=2(x+1)(2x^2-2x+5)$

$f'(x)=0$인 x의 값은 $x=-1$ ($\because 2x^2-2x+5>0$)

함수 $f(x)$의 증가, 감소를 표로 나타내면 다음과 같다.

x	$\cdots$	-1	$\cdots$
$f'(x)$	$-$	0	$+$
$f(x)$	↘	-6 극소	↗

함수 $y=f(x)$의 그래프는 그림과 같다.

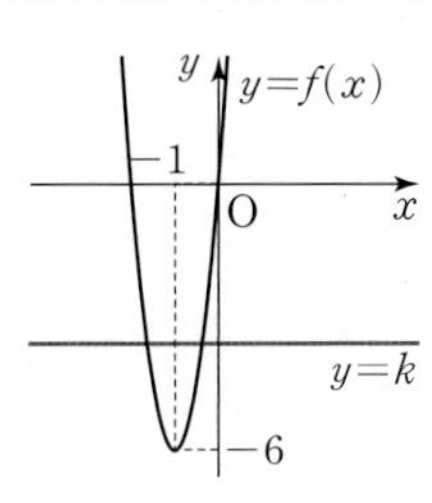

함수 $y=f(x)$의 그래프와 직선 $y=k$의 교점의 x좌표가 모두 음수이어야 하므로

$-6\le k<0$

따라서 정수 k는 -6, -5, -4, -3, -2, -1의 6개이다.

1251 답 ①

$x^4-4x^3-2x^2+12x+a=0$에서

$x^4-4x^3-2x^2+12x=-a$

$f(x)=x^4-4x^3-2x^2+12x$라 하면

$f'(x)=4x^3-12x^2-4x+12=4(x+1)(x-1)(x-3)$

$f'(x)=0$인 x의 값은 $x=-1$ 또는 $x=1$ 또는 $x=3$

함수 $f(x)$의 증가, 감소를 표로 나타내면 다음과 같다.

x	$\cdots$	-1	$\cdots$	1	$\cdots$	3	$\cdots$
$f'(x)$	$-$	0	$+$	0	$-$	0	$+$
$f(x)$	↘	-9 극소	↗	7 극대	↘	-9 극소	↗

함수 $y=f(x)$의 그래프는 그림과 같다.

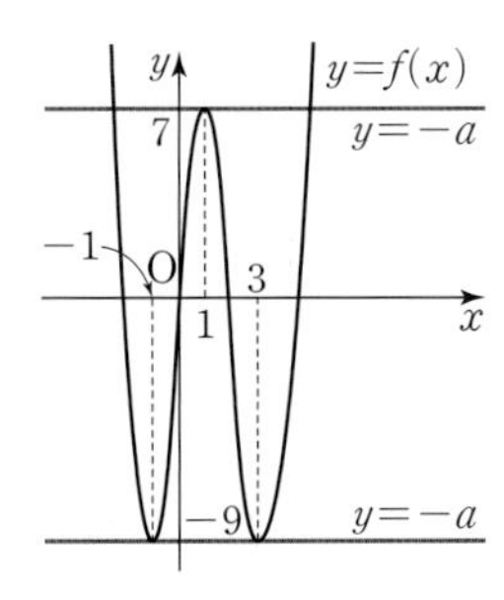

주어진 방정식이 중근을 가지려면 함수 $y=f(x)$의 그래프와 직선 $y=-a$가 접해야 하므로

$-a=-9$ 또는 $-a=7$

$\therefore a=9$ 또는 $a=-7$

따라서 모든 실수 a의 값의 합은

$9+(-7)=2$

1252 답 ①

$\frac{1}{4}x^4-\frac{3}{2}x^2+2x-k+2=0$에서

$\frac{1}{4}x^4-\frac{3}{2}x^2+2x+2=k$

$f(x)=\frac{1}{4}x^4-\frac{3}{2}x^2+2x+2$라 하면

$f'(x)=x^3-3x+2=(x+2)(x-1)^2$

$f'(x)=0$인 x의 값은 $x=-2$ 또는 $x=1$

함수 $f(x)$의 증가, 감소를 표로 나타내면 다음과 같다.

x	$\cdots$	-2	$\cdots$	1	$\cdots$
$f'(x)$	$-$	0	$+$	0	$+$
$f(x)$	↘	-4 극소	↗	$\frac{11}{4}$	↗

함수 $y=f(x)$의 그래프는 다음과 같다.

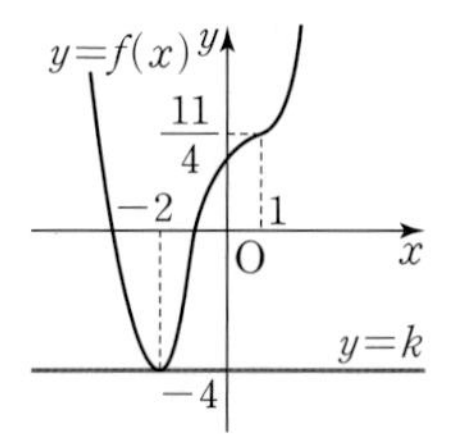

주어진 방정식이 한 중근과 두 허근을 가지려면 함수 $y=f(x)$의 그래프와 직선 $y=k$가 한 점에서만 접해야 하므로

$k=-4$

1253 답 $0<k<5$

$3x^4-4x^3-12x^2+5-k=0$에서

$3x^4-4x^3-12x^2+5=k$

$f(x)=3x^4-4x^3-12x^2+5$라 하면

$f'(x)=12x^3-12x^2-24x=12x(x+1)(x-2)$

$f'(x)=0$인 x의 값은 $x=-1$ 또는 $x=0$ 또는 $x=2$

함수 $f(x)$의 증가, 감소를 표로 나타내면 다음과 같다.

x	$\cdots$	-1	$\cdots$	0	$\cdots$	2	$\cdots$
$f'(x)$	$-$	0	$+$	0	$-$	0	$+$
$f(x)$	↘	0 극소	↗	5 극대	↘	-27 극소	↗

함수 $y=f(x)$의 그래프는 그림과 같다.

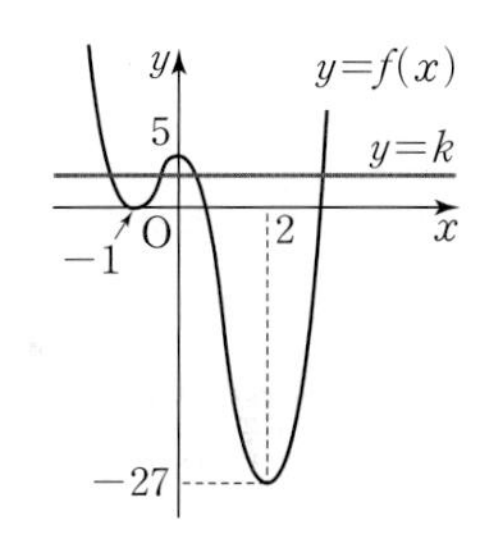

주어진 방정식이 서로 다른 네 실근을 가지려면

함수 $y=f(x)$의 그래프와 직선 $y=k$가 서로 다른 네 점에서 만나야 하므로

$0<k<5$

1254 답 ③

주어진 그래프에서 $f'(x)$의 부호를 조사하여 함수 $f(x)$의 증가, 감소를 표로 나타내면 다음과 같다.

x	$\cdots$	-2	$\cdots$	0	$\cdots$
$f'(x)$	$+$	0	$+$	0	$-$
$f(x)$	↗		↗	극대	↘

이때 $f(-3)>0$이므로 함수 $y=f(x)$의 그래프의 개형은 그림과 같다.

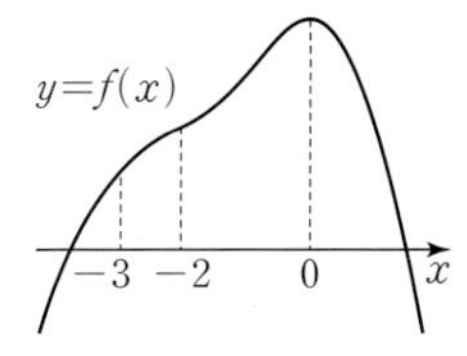

따라서 함수 $y=f(x)$의 그래프는 x축과 서로 다른 두 점에서 만나므로 방정식 $f(x)=0$의 서로 다른 실근의 개수는 2이다.

1255 답 ②

주어진 그래프에서 $f'(x)$의 부호를 조사하여 함수 $f(x)$의 증가, 감소를 표로 나타내면 다음과 같다.

x	$\cdots$	α	$\cdots$	β	$\cdots$	γ	$\cdots$
$f'(x)$	$-$	0	$+$	0	$-$	0	$+$
$f(x)$	↘	극소	↗	극대	↘	극소	↗

이때 방정식 $f(x)=0$이 서로 다른 네 실근을 가지려면 함수 $y=f(x)$의 그래프의 개형이 그림과 같아야 하므로

└→$y=f(x)$의 그래프와 x축의 교점이 4개이다.

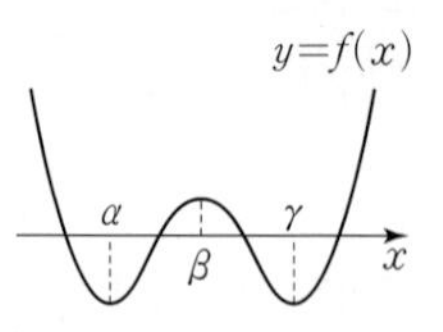

$f(\alpha)<0$, $f(\beta)>0$, $f(\gamma)<0$

따라서 옳은 것은 ㄴ이다.

1256 답 ④

유형11

두 곡선 $y=x^3-4x^2-2a$, $y=2x^2-9x+a$가 서로 다른 두 점에서 만나도록 하는 모든 상수 a의 값의 합은?

① $\frac{1}{3}$ ② $\frac{2}{3}$ ③ 1

④ $\frac{4}{3}$ ⑤ $\frac{5}{3}$

단서1 두 곡선의 교점의 개수는 방정식 $x^3-4x^2-2a=2x^2-9x+a$ 즉, $x^3-6x^2+9x-3a=0$의 실근의 개수

단서2 $f(x)=x^3-6x^2+9x-3a$에서 (극댓값)×(극솟값)$=0$

STEP1 두 곡선이 서로 다른 두 점에서 만날 조건 찾기

두 곡선 $y=x^3-4x^2-2a$, $y=2x^2-9x+a$가 서로 다른 두 점에서 만나려면 방정식 $x^3-4x^2-2a=2x^2-9x+a$, 즉 방정식 $x^3-6x^2+9x-3a=0$이 서로 다른 두 실근을 가져야 한다.

STEP2 $f(x)$를 정하고, 삼차함수 $f(x)$가 극값을 가질 때의 x의 값 구하기

$f(x)=x^3-6x^2+9x-3a$라 하면

$f'(x)=3x^2-12x+9=3(x-1)(x-3)$

$f'(x)=0$인 x의 값은 $x=1$ 또는 $x=3$

STEP3 방정식 $f(x)=0$이 서로 다른 두 실근을 갖도록 하는 a의 값 구하기

삼차방정식 $f(x)=0$이 서로 다른 두 실근을 가지려면

$f(1)f(3)=0$이어야 하므로

$(4-3a)\times(-3a)=0$ $\quad\therefore a=0$ 또는 $a=\frac{4}{3}$

STEP4 모든 상수 a의 값의 합 구하기

따라서 모든 상수 a의 값의 합은

$0+\frac{4}{3}=\frac{4}{3}$

다른 풀이

$x^3-4x^2-2a=2x^2-9x+a$에서

$x^3-6x^2+9x=3a$

$f(x)=x^3-6x^2+9x$라 하면

$f'(x)=3x^2-12x+9=3(x-1)(x-3)$

$f'(x)=0$인 x의 값은 $x=1$ 또는 $x=3$

함수 $f(x)$의 증가, 감소를 표로 나타내면 다음과 같다.

x	$\cdots$	1	$\cdots$	3	$\cdots$
$f'(x)$	$+$	0	$-$	0	$+$
$f(x)$	↗	4 극대	↘	0 극소	↗

함수 $y=f(x)$의 그래프는 그림과 같다.

곡선 $y=f(x)$와 직선 $y=3a$가 두 점에서 만나려면

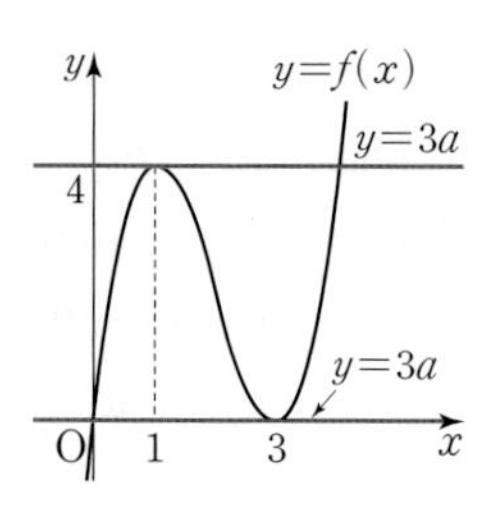

$3a=0$ 또는 $3a=4$

$\therefore a=0$ 또는 $a=\frac{4}{3}$

따라서 모든 상수 a의 값의 합은

$0+\frac{4}{3}=\frac{4}{3}$

1257 답 ③

두 곡선 $y=-4x^3+2x+15$, $y=12x^2+2x+k$가 오직 한 점에서 만나려면 방정식 $-4x^3+2x+15=12x^2+2x+k$, 즉 $4x^3+12x^2+k-15=0$이 오직 하나의 실근을 가져야 한다.

$f(x)=4x^3+12x^2+k-15$라 하면

$f'(x)=12x^2+24x=12x(x+2)$

$f'(x)=0$인 x의 값은 $x=-2$ 또는 $x=0$

삼차방정식 $f(x)=0$이 오직 하나의 실근을 가지려면

$f(-2)f(0)>0$이어야 하므로

$(k+1)(k-15)>0$

$\therefore k<-1$ 또는 $k>15$

따라서 자연수 k의 최솟값은 16이다.

1258 답 $-51<k<13$

두 곡선 $y=2x^3-2x^2+3$, $y=4x^2+18x+k$가 서로 다른 세 점에서 만나려면 방정식 $2x^3-2x^2+3=4x^2+18x+k$, 즉 $2x^3-6x^2-18x+3-k=0$이 서로 다른 세 실근을 가져야 한다.

$f(x)=2x^3-6x^2-18x+3-k$라 하면

$f'(x)=6x^2-12x-18=6(x+1)(x-3)$

$f'(x)=0$인 x의 값은 $x=-1$ 또는 $x=3$

삼차방정식 $f(x)=0$이 서로 다른 세 실근을 가지려면

$f(-1)f(3)<0$이어야 하므로

$(13-k)(-51-k)<0$

$(k+51)(k-13)<0$

$\therefore -51<k<13$

1259 답 ②

두 함수 $y=x^4-2x+a$, $y=-x^2+4x-a$의 그래프가 오직 한 점에서 만나려면 방정식 $x^4-2x+a=-x^2+4x-a$, 즉 방정식 $x^4+x^2-6x=-2a$가 오직 하나의 실근을 가져야 한다.

$f(x)=x^4+x^2-6x$라 하면

$f'(x)=4x^3+2x-6=2(x-1)(2x^2+2x+3)$

$f'(x)=0$인 x의 값은 $x=1$ ($\because 2x^2+2x+3>0$)

└→극값이 한 개이므로 그래프를 이용한다.

함수 $f(x)$의 증가, 감소를 표로 나타내면 다음과 같다.

x	$\cdots$	1	$\cdots$
$f'(x)$	$-$	0	$+$
$f(x)$	↘	-4 극소	↗

함수 $y=f(x)$의 그래프는 그림과 같다.
방정식 $f(x)=-2a$가 오직 하나의 실근을 가지려면
함수 $y=f(x)$의 그래프와 직선 $y=-2a$가 한 점에서 만나야 하므로
$-2a=-4$ $\quad\therefore a=2$

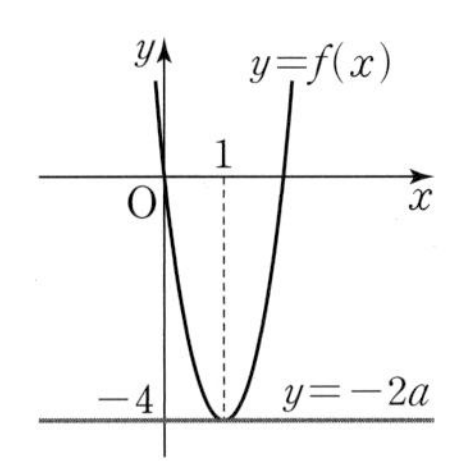

1260 답 ①

두 곡선 $y=3x^3-x^2-3x$, $y=x^3-4x^2+9x+a$가 서로 다른 세 점에서 만나므로 방정식 $3x^3-x^2-3x=x^3-4x^2+9x+a$, 즉 $2x^3+3x^2-12x=a$가 서로 다른 세 실근을 가져야 한다.
$f(x)=2x^3+3x^2-12x$라 하면
$f'(x)=6x^2+6x-12=6(x+2)(x-1)$
$f'(x)=0$인 x의 값은 $x=-2$ 또는 $x=1$
함수 $f(x)$의 증가, 감소를 표로 나타내면 다음과 같다.

x	$\cdots$	-2	$\cdots$	1	$\cdots$
$f'(x)$	$+$	0	$-$	0	$+$
$f(x)$	↗	20 극대	↘	-7 극소	↗

함수 $y=f(x)$의 그래프는 그림과 같다.
함수 $y=f(x)$의 그래프와 직선 $y=a$의 교점의 x좌표가 두 개는 양수이고, 한 개는 음수이어야 하므로
$-7<a<0$
따라서 정수 a는 -6, -5, -4, -3, -2, -1의 6개이다.

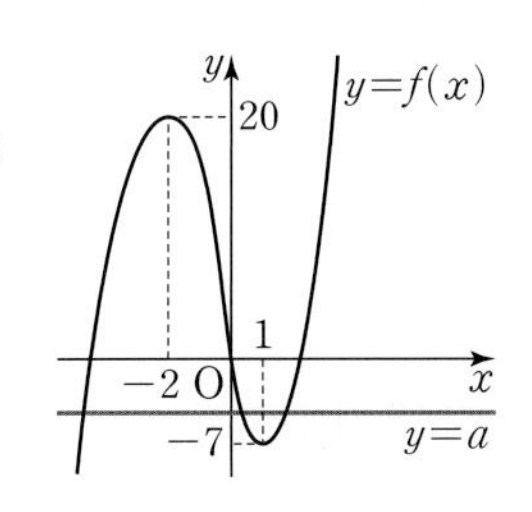

1261 답 ③

두 점 A$(-3, -3)$, B$(1, 1)$을 지나는 직선 AB의 방정식은
$y-1=\dfrac{-3-1}{-3-1}(x-1)$ $\quad\therefore y=x$
곡선 $y=x^3+6x^2+10x+a-2$와 선분 AB가 오직 한 점에서 만나려면 삼차방정식 $x^3+6x^2+10x+a-2=x$, 즉 방정식 $-x^3-6x^2-9x+2=a$가 $-3\le x\le 1$에서 하나의 실근을 가져야 한다.
$f(x)=-x^3-6x^2-9x+2$라 하면
$f'(x)=-3x^2-12x-9=-3(x+3)(x+1)$
$f'(x)=0$인 x의 값은 $x=-3$ 또는 $x=-1$
$-3\le x\le 1$에서 함수 $f(x)$의 증가, 감소를 표로 나타내면 다음과 같다.

x	-3	$\cdots$	-1	$\cdots$	1
$f'(x)$	0	$+$	0	$-$	
$f(x)$	2	↗	6 극대	↘	-14

함수 $y=f(x)$의 그래프는 그림과 같다.
방정식 $f(x)=a$가 $-3\le x\le 1$에서 하나의 실근을 가지려면
함수 $y=f(x)$의 그래프가 직선 $y=a$와 $-3\le x\le 1$에서 한 점에서 만나야 하므로
$-14\le a<2$
따라서 정수 a는 -14, -13, -12, $\cdots$, 1의 16개이다.

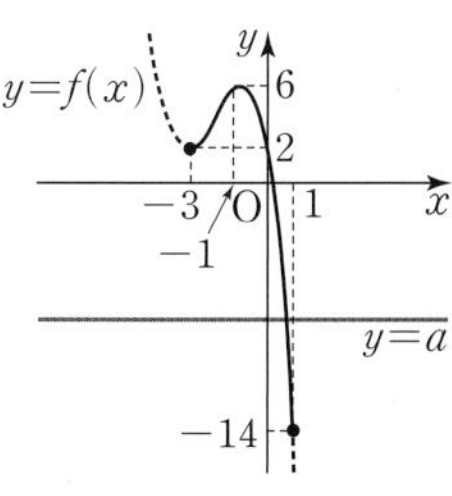

1262 답 21

곡선 $y=x^3-3x^2+2x-3$과 직선 $y=2x+k$가 서로 다른 두 점에서만 만나려면 방정식 $x^3-3x^2+2x-3=2x+k$, 즉 방정식 $x^3-3x^2-3-k=0$이 서로 다른 두 실근을 가져야 한다.
$f(x)=x^3-3x^2-3-k$라 하면
$f'(x)=3x^2-6x=3x(x-2)$
$f'(x)=0$인 x의 값은 $x=0$ 또는 $x=2$
삼차방정식 $f(x)=0$이 서로 다른 두 실근을 가지려면
$f(0)f(2)=0$이어야 하므로
$(-3-k)\times(-7-k)=0$
$\therefore k=-3$ 또는 $k=-7$
따라서 모든 실수 k의 값의 곱은
$(-3)\times(-7)=21$

다른 풀이

곡선 $y=x^3-3x^2+2x-3$과 직선 $y=2x+k$가 서로 다른 두 점에서만 만나므로 직선 $y=2x+k$는 곡선 $y=x^3-3x^2+2x-3$에 접한다.
$f(x)=x^3-3x^2+2x-3$이라 하면 $f'(x)=3x^2-6x+2$
접점의 좌표를 (t, t^3-3t^2+2t-3)이라 하면 이 점에서의 접선의 기울기는 $f'(t)=3t^2-6t+2$이므로
$3t^2-6t+2=2$에서
$3t(t-2)=0$ $\quad\therefore t=0$ 또는 $t=2$
즉, 접점의 좌표는 $(0, -3)$, $(2, -3)$이므로
접선의 방정식은 $y=2x-3$ 또는 $y=2x-7$
$\therefore k=-3$ 또는 $k=-7$
따라서 모든 실수 k의 값의 곱은 $(-3)\times(-7)=21$

1263 답 ④ | 유형 12

x에 대한 방정식 $|x(x-3)^2|=a$가 서로 다른 세 실근을 갖도록 하는 실수 a의 값은? 단서1 단서2

① 1 ② 2 ③ 3
④ 4 ⑤ 5

단서1 $f(x)=x(x-3)^2$이라 하면
방정식 $|f(x)|=a$의 실근의 개수 ⇔ $y=|f(x)|$의 그래프와 직선 $y=a$의 교점의 개수
단서2 $y=|f(x)|$의 그래프는 $y=f(x)$의 그래프에서 $f(x)<0$인 부분을 x축에 대하여 대칭이동한 그래프

STEP1 $f(x)=x(x-3)^2$으로 놓고, $f'(x)$ 구하기

$f(x)=x(x-3)^2$이라 하면
$f(x)=x(x^2-6x+9)=x^3-6x^2+9x$에서
$f'(x)=3x^2-12x+9=3(x-1)(x-3)$

STEP 2 함수 $y=f(x)$의 그래프를 이용하여 함수 $y=|f(x)|$의 그래프 개형 그리기

$f'(x)=0$인 x의 값은 $x=1$ 또는 $x=3$

함수 $f(x)$의 증가, 감소를 표로 나타내면 다음과 같다.

x	$\cdots$	1	$\cdots$	3	$\cdots$
$f'(x)$	+	0	−	0	+
$f(x)$	↗	4 극대	↘	0 극소	↗

함수 $y=|f(x)|$의 그래프는 그림과 같다.

→ $y=f(x)$의 그래프에서 $y<0$인 부분을 x축에 대하여 대칭이동하여 그린다.

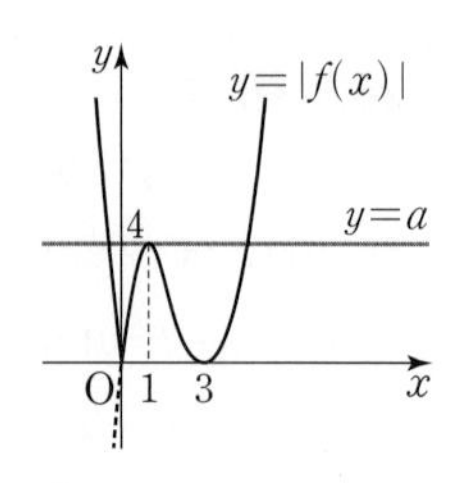

STEP 3 $y=|f(x)|$의 그래프와 직선 $y=a$가 서로 다른 세 점에서 만나는 실수 a의 값 구하기

방정식 $|f(x)|=a$가 서로 다른 세 실근을 가지려면 곡선 $y=|f(x)|$와 직선 $y=a$가 세 점에서 만나야 하므로

$a=4$

1264 답 8

두 함수 $y=|f(x)|$, $y=f(|x|)$의 그래프는 각각 그림과 같다.

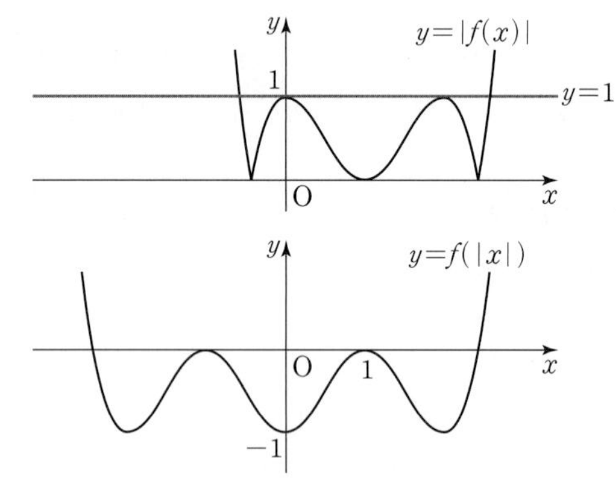

$y=|f(x)|$의 그래프는 직선 $y=1$과 서로 다른 네 점에서 만나므로 방정식 $|f(x)|=1$의 실근의 개수는 4이다. $\therefore a=4$

또, $y=f(|x|)$의 그래프는 x축과 서로 다른 네 점에서 만나므로 방정식 $f(|x|)=0$의 실근의 개수는 4이다. $\therefore b=4$

$\therefore a+b=8$

1265 답 ④

방정식 $|f(x)|=2$의 실근의 개수는 함수 $y=|f(x)|$의 그래프와 직선 $y=2$의 교점의 개수와 같다.

$f(x)=x^3-9x^2+24x-19$에서

$f'(x)=3x^2-18x+24=3(x-2)(x-4)$

$f'(x)=0$인 x의 값은 $x=2$ 또는 $x=4$

함수 $f(x)$의 증가, 감소를 표로 나타내면 다음과 같다.

x	$\cdots$	2	$\cdots$	4	$\cdots$
$f'(x)$	+	0	−	0	+
$f(x)$	↗	1 극대	↘	−3 극소	↗

함수 $y=|f(x)|$의 그래프는 그림과 같다.

따라서 함수 $y=|f(x)|$의 그래프와 직선 $y=2$는 서로 다른 네 점에서 만나므로 방정식 $|f(x)|=2$의 실근의 개수는 4이다.

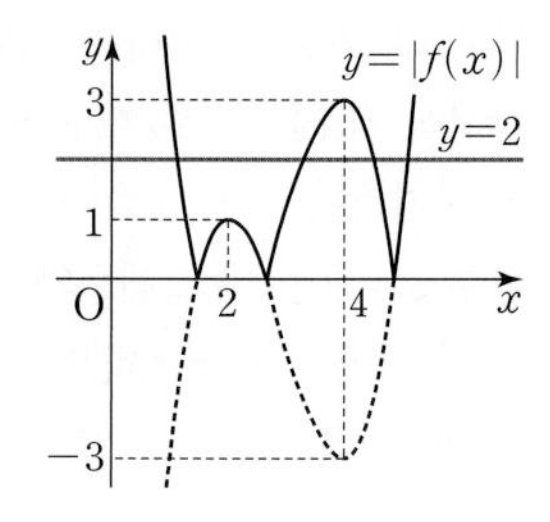

1266 답 ③

방정식 $f(|x|)+16=0$, 즉 $f(|x|)=-16$의 실근의 개수는 함수 $y=f(|x|)$의 그래프와 직선 $y=-16$의 교점의 개수와 같다.

$f(x)=-x^3+6x^2-16$에서

$f'(x)=-3x^2+12x=-3x(x-4)$

$f'(x)=0$인 x의 값은 $x=0$ 또는 $x=4$

$x\geq0$에서 함수 $f(x)$의 증가, 감소를 표로 나타내면 다음과 같다.

x	0	$\cdots$	4	$\cdots$
$f'(x)$	0	+	0	−
$f(x)$	−16	↗	16 극대	↘

함수 $y=f(|x|)$의 그래프는 그림과 같다.

→ $y=f(x)$의 그래프에서 $x\geq0$인 부분을 y축에 대하여 대칭이동하여 그린다.

따라서 함수 $y=f(|x|)$의 그래프와 직선 $y=-16$은 서로 다른 세 점에서 만나므로 방정식 $f(|x|)+16=0$의 실근의 개수는 3이다.

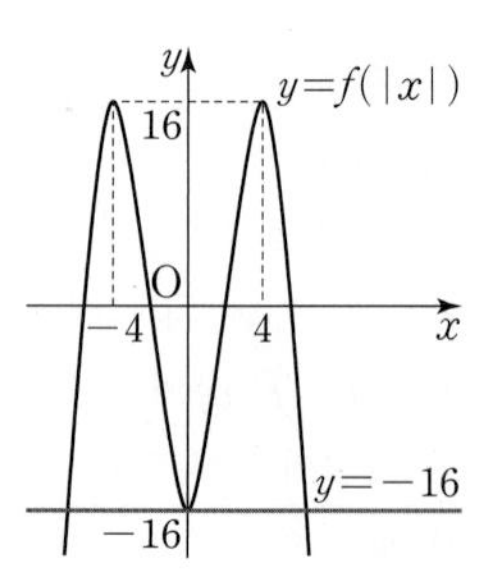

1267 답 ③

방정식 $|f(x)|=n$의 실근의 개수는 함수 $y=|f(x)|$의 그래프와 직선 $y=n$의 교점의 개수와 같다.

$f(x)=5x^3+15x^2-6$에서

$f'(x)=15x^2+30x=15x(x+2)$

$f'(x)=0$인 x의 값은 $x=-2$ 또는 $x=0$

함수 $f(x)$의 증가, 감소를 표로 나타내면 다음과 같다.

x	$\cdots$	−2	$\cdots$	0	$\cdots$
$f'(x)$	+	0	−	0	+
$f(x)$	↗	14 극대	↘	−6 극소	↗

함수 $y=|f(x)|$의 그래프는 그림과 같으므로

$g(3)+g(6)+g(9)$
$+g(12)+g(15)$
$=6+5+4+4+2=21$

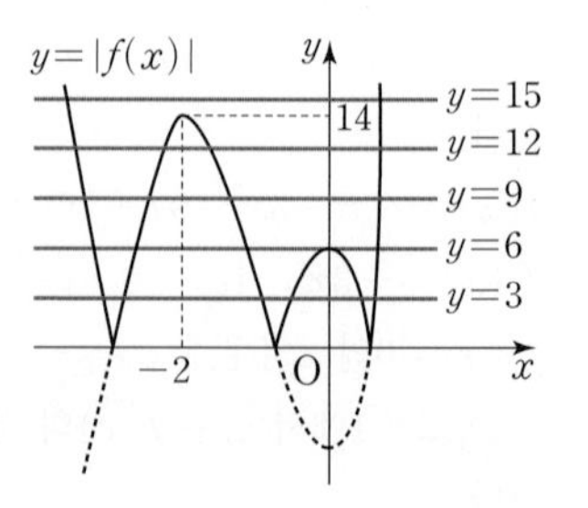

1268 답 ①

$f(x)=x^3+ax^2+bx+c$에서 $f'(x)=3x^2+2ax+b$

(가)에서 $f'(1)=0$, $f'(3)=0$이므로

→ $x=1$, $x=3$은 방정식 $f'(x)=0$의 두 근이다.

$3+2a+b=0$, $27+6a+b=0$

두 식을 연립하여 풀면 $a=-6$, $b=9$

$\therefore f(x)=x^3-6x^2+9x+c$

$f'(x)=3x^2-12x+9=3(x-1)(x-3)$

$f'(x)=0$인 x의 값은 $x=1$ 또는 $x=3$

함수 $f(x)$의 증가, 감소를 표로 나타내면 다음과 같다.

x	$\cdots$	1	$\cdots$	3	$\cdots$
$f'(x)$	$+$	0	$-$	0	$+$
$f(x)$	↗	$c+4$ 극대	↘	c 극소	↗

함수 $f(x)$의 극댓값은 $f(1)=c+4$, 극솟값은 $f(3)=c$이므로 방정식 $|f(x)|=3$이 서로 다른 세 실근을 가질 수 있는 경우는 다음과 같다.

$f(x)=x^3-6x^2+9x+c$에서

(i) $f(x)$의 극댓값이 -3인 경우

$c+4=-3$

$\therefore c=-7$

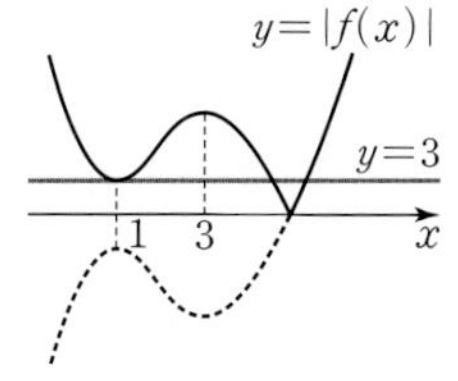

(ii) $f(x)$의 극솟값이 3인 경우

$c=3$

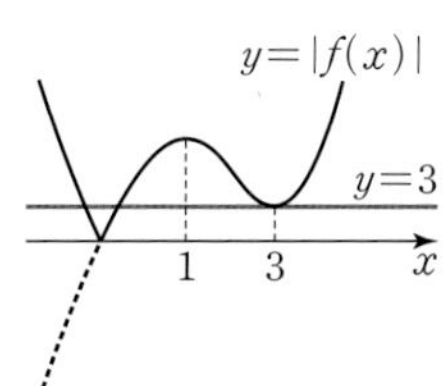

(iii) $f(x)$의 극댓값이 3인 경우

$c+4=3$

$\therefore c=-1$

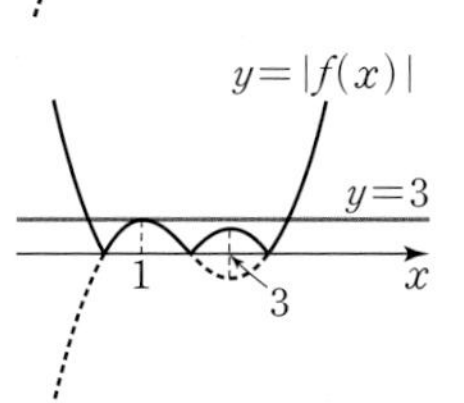

(i), (ii), (iii)에서 $|f(0)|=|c|$의 최솟값은 1이다.

1269 답 ③

| 유형13

곡선 $y=2x^3+3$ 밖의 점 $(3, a)$에서 주어진 곡선에 서로 다른 두 개의 접선을 그을 수 있도록 하는 실수 a의 값은?

단서1

① 1 ② 2 ③ 3
④ 4 ⑤ 5

단서1 점 $(3, a)$를 지나는 접선의 방정식이 서로 다른 두 실근을 갖는다.
즉, (극댓값)×(극솟값)=0

STEP1 곡선 위의 점에서의 접선의 방정식 구하기

$f(x)=2x^3+3$이라 하면 $f'(x)=6x^2$

점 $(3, a)$에서 곡선 $y=f(x)$에 그은 접선의 접점의 좌표를 $(t, 2t^3+3)$이라 하면 접선의 기울기는 $f'(t)=6t^2$이므로 접선의 방정식은

$y-(2t^3+3)=6t^2(x-t)$

STEP2 점 $(3, a)$에서 곡선에 그은 접선의 방정식 구하기

이 직선이 점 $(3, a)$를 지나므로

$a-(2t^3+3)=6t^2(3-t)$

$\therefore 4t^3-18t^2+a-3=0$ ······ ㉠

STEP3 서로 다른 두 개의 접선을 그을 수 있도록 하는 상수 a의 값 구하기

점 $(3, a)$에서 주어진 곡선에 서로 다른 두 개의 접선을 그을 수 있으려면 t에 대한 방정식 ㉠이 서로 다른 두 실근을 가져야 한다.

$g(t)=4t^3-18t^2+a-3$이라 하면

$g'(t)=12t^2-36t=12t(t-3)$

$g'(t)=0$인 t의 값은 $t=0$ 또는 $t=3$

삼차방정식 $g(t)=0$이 서로 다른 두 실근을 가지려면

$g(0)g(3)=0$이어야 하므로

$(a-3)(a-57)=0$ $\quad\therefore a=3$ 또는 $a=57$

$a=57$일 때, 점 $(3, 57)$은 곡선 위의 점이므로 구하는 상수 a의 값은 3이다.

→ 점 $(3, a)$는 곡선 밖의 점이다.

1270 답 ④

$f(x)=-x^3+2x+2$라 하면 $f'(x)=-3x^2+2$

점 $(-2, k)$에서 곡선 $y=f(x)$에 그은 접선의 접점의 좌표를 $(t, -t^3+2t+2)$라 하면 접선의 기울기는 $f'(t)=-3t^2+2$이므로 접선의 방정식은

$y-(-t^3+2t+2)=(-3t^2+2)(x-t)$

이 직선이 점 $(-2, k)$를 지나므로

$k-(-t^3+2t+2)=(-3t^2+2)(-2-t)$

$\therefore 2t^3+6t^2-k-2=0$ ······ ㉠

점 $(-2, k)$에서 주어진 곡선에 서로 다른 세 개의 접선을 그을 수 있으려면 t에 대한 방정식 ㉠이 서로 다른 세 실근을 가져야 한다.

$g(t)=2t^3+6t^2-k-2$라 하면

$g'(t)=6t^2+12t=6t(t+2)$

$g'(t)=0$인 t의 값은 $t=-2$ 또는 $t=0$

삼차방정식 $g(t)=0$이 서로 다른 세 실근을 가지려면

$g(-2)g(0)<0$이어야 하므로

$(-k+6)(-k-2)<0$ $\quad\therefore -2<k<6$

따라서 정수 k는 -1, 0, 1, $\cdots$, 5의 7개이다.

1271 답 $1\le a<2$

$f(x)=x^3-x+2$라 하면 $f'(x)=3x^2-1$

점 $(1, a)$에서 곡선 $y=f(x)$에 그은 접선의 접점의 좌표를 (t, t^3-t+2)라 하면 접선의 기울기는 $f'(t)=3t^2-1$이므로 접선의 방정식은

$y-(t^3-t+2)=(3t^2-1)(x-t)$

이 직선이 점 $(1, a)$를 지나므로

$a-(t^3-t+2)=(3t^2-1)(1-t)$

$\therefore 2t^3-3t^2+a-1=0$ ······ ㉠

점 $(1, a)$에서 주어진 곡선에 두 개 이상의 접선을 그을 수 있으려면 t에 대한 방정식 ㉠이 두 개 이상의 실근을 가져야 한다.

$g(t)=2t^3-3t^2+a-1$라 하면

$g'(t)=6t^2-6t=6t(t-1)$

$g'(t)=0$인 t의 값은 $t=0$ 또는 $t=1$

삼차방정식 $g(t)=0$이 두 개 이상의 실근을 가지려면

$g(0)g(1)\le 0$이어야 하므로

→ $g(t)=0$은 삼차방정식이므로 실근이 2개이거나 3개이다.

$(a-1)(a-2)\le 0$ $\quad\therefore 1\le a\le 2$

→ 등호는 서로 다른 실근이 2개인 경우로 중근과 다른 한 실근을 가질 때이다.

$a=2$일 때 점 $(1, 2)$는 곡선 위의 점이므로 구하는 실수 a의 값의 범위는
$1 \le a < 2$

1272 답 ⑤

$f(x)=x^3-kx-2$라 하면 $f'(x)=3x^2-k$
접점의 좌표를 (t, t^3-kt-2)라 하면 접선의 기울기는
$f'(t)=3t^2-k$이므로 접선의 방정식은
$y-(t^3-kt-2)=(3t^2-k)(x-t)$
이 직선이 점 $(1, 1)$을 지나므로
$1-(t^3-kt-2)=(3t^2-k)(1-t)$
$\therefore 2t^3-3t^2+3+k=0$ ⋯⋯ ㉠
점 $(1, 1)$에서 주어진 곡선에 서로 다른 두 개의 접선을 그을 수 있으려면 t에 대한 삼차방정식 ㉠이 서로 다른 두 실근을 가져야 한다.
$g(t)=2t^3-3t^2+3+k$라 하면
$g'(t)=6t^2-6t=6t(t-1)$
$g'(t)=0$인 t의 값은 $t=0$ 또는 $t=1$
삼차방정식 $g(t)=0$이 서로 다른 두 실근을 가지려면
$g(0)g(1)=0$이어야 하므로
$(k+3)(k+2)=0 \quad \therefore k=-3$ 또는 $k=-2$
따라서 모든 실수 k의 값의 합은
$-3+(-2)=-5$

1273 답 ④

$f(x)=x^3+kx+2$라 하면 $f'(x)=3x^2+k$
점 $(-5, 0)$에서 곡선 $y=f(x)$에 그은 접선의 접점의 좌표를 (t, t^3+kt+2)라 하면 접선의 기울기는 $f'(t)=3t^2+k$이므로 접선의 방정식은
$y-(t^3+kt+2)=(3t^2+k)(x-t)$
이 직선이 점 $(-5, 0)$을 지나므로
$0-(t^3+kt+2)=(3t^2+k)(-5-t)$
$\therefore 2t^3+15t^2+5k-2=0$ ⋯⋯ ㉠
점 $(-5, 0)$에서 주어진 곡선에 서로 다른 세 접선을 그을 수 있으려면 t에 대한 삼차방정식 ㉠이 서로 다른 세 실근을 가져야 한다.
$g(t)=2t^3+15t^2+5k-2$라 하면
$g'(t)=6t^2+30t=6t(t+5)$
$g'(t)=0$인 t의 값은 $t=-5$ 또는 $t=0$
삼차방정식 $g(t)=0$이 서로 다른 세 실근을 가지려면
$g(-5)g(0)<0$이어야 하므로
$(5k+123)(5k-2)<0 \quad \therefore -\frac{123}{5}<k<\frac{2}{5}$
따라서 정수 k의 최솟값은 -24이다.

1274 답 ②

$g(x)=x^3+k$라 하면 $g'(x)=3x^2$
점 $(1, 0)$에서 곡선 $y=g(x)$에 그은 접선의 접점의 좌표를 (t, t^3+k)라 하면 접선의 기울기는 $g'(t)=3t^2$이므로 접선의 방정식은
$y-(t^3+k)=3t^2(x-t)$
이 직선이 점 $(1, 0)$을 지나므로
$0-(t^3+k)=3t^2(1-t)$
$\therefore 2t^3-3t^2-k=0$ ⋯⋯ ㉠
즉, 함수 $f(k)$는 t에 대한 삼차방정식 ㉠의 서로 다른 실근의 개수와 같다.
$h(t)=2t^3-3t^2-k$라 하면
$h'(t)=6t^2-6t=6t(t-1)$
$h'(t)=0$인 t의 값은 $t=0$ 또는 $t=1$
(i) $h(0)h(1)>0$일 때, 즉 $-k(-1-k)>0$에서
$k<-1$ 또는 $k>0$이면 삼차방정식 $h(t)=0$은 한 개의 실근을 갖는다.
(ii) $h(0)h(1)=0$일 때, 즉 $-k(-1-k)=0$에서
$k=0$ 또는 $k=-1$이면 삼차방정식 $h(t)=0$은 두 개의 실근을 갖는다.
(iii) $h(0)h(1)<0$일 때, 즉 $-k(-1-k)<0$에서
$-1<k<0$이면 삼차방정식 $h(t)=0$은 세 개의 실근을 갖는다.

(i), (ii), (iii)에서 $f(k)=\begin{cases} 1 & (k>0) \\ 2 & (k=0) \\ 3 & (-1<k<0) \\ 2 & (k=-1) \\ 1 & (k<-1) \end{cases}$이므로

함수 $f(k)$가 불연속인 점은 $k=-1$, $k=0$일 때의 2개이다.

실수 Check
$f(k)$의 값은 정수이므로 $f(k)$의 값이 바뀌는 k의 값에서 불연속이다.

1275 답 ④ | 유형14

두 함수 $f(x)=x^4-4x^2$, $g(x)=x^2-k$에 대하여 x에 대한 방정식 $(g \circ f)(x)=0$의 서로 다른 실근이 4개가 되도록 하는 양수 k의 값은?
(단서1: $(g \circ f)(x)=0$의 / 단서2: 서로 다른 실근이 4개가)

① 1 ② 4 ③ 9
④ 16 ⑤ 25

단서1 $f(x)=t$라 하면 $(g \circ f)(x)=g(t)=0$
단서2 함수 $y=(g \circ f)(x)$의 그래프와 x축의 교점이 4개

STEP1 합성함수의 성질을 이용하여 $f(x)=t$로 놓고, 방정식 $(g \circ f)(x)=0$을 만족시키는 해 구하기
방정식 $(g \circ f)(x)=0$에서 $f(x)=t$라 하면
$g(t)=0$인 t의 값은
$t^2-k=0$에서 $t=\sqrt{k}$ 또는 $t=-\sqrt{k}$
방정식 $g(t)=0$의 서로 다른 실근이 4개가 되려면
방정식 $x^4-4x^2=\sqrt{k}$ 또는 $x^4-4x^2=-\sqrt{k}$를 만족시키는 x의 개수가 4이어야 한다. (← 두 방정식의 서로 다른 실근이 4개이다.)

STEP2 함수 $y=f(x)$의 그래프의 개형 그리기
$f(x)=x^4-4x^2$에서
$f'(x)=4x^3-8x=4x(x+\sqrt{2})(x-\sqrt{2})$
$f'(x)=0$인 x의 값은 $x=-\sqrt{2}$ 또는 $x=0$ 또는 $x=\sqrt{2}$
함수 $f(x)$의 증가, 감소를 표로 나타내면 다음과 같다.

x	$\cdots$	$-\sqrt{2}$	$\cdots$	0	$\cdots$	$\sqrt{2}$	$\cdots$
$f'(x)$	$-$	0	$+$	0	$-$	0	$+$
$f(x)$	↘	-4 극소	↗	0 극대	↘	-4 극소	↗

함수 $y=f(x)$의 그래프는 그림과 같다.

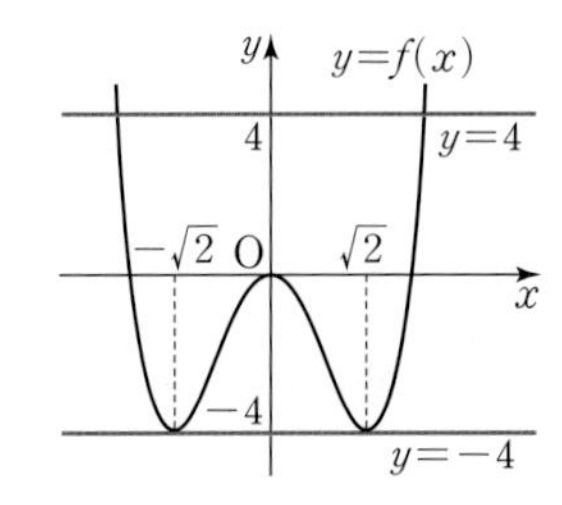

STEP3 **함수 $y=f(x)$의 그래프와 직선 $y=\sqrt{k}$, $y=-\sqrt{k}$의 교점이 4개가 되는 양수 k의 값 구하기**

$-\sqrt{k}=-4$이고 $\sqrt{k}=4$일 때,

함수 $y=f(x)$의 그래프와 직선 $y=\sqrt{k}$의 교점이 2개,

함수 $y=f(x)$의 그래프와 직선 $y=-\sqrt{k}$의 교점이 2개이므로

방정식 $x^4-4x^2=\sqrt{k}$ 또는 $x^4-4x^2=-\sqrt{k}$를 만족시키는 x의 개수는 4이다.

$\therefore k=16$

1276 답 ④

방정식 $(g\circ f)(x)=0$에서 $f(x)=t$라 하면 $g(t)=0$인 t의 값은

$2t^2-k=0$에서 $t=\sqrt{\frac{k}{2}}$ 또는 $t=-\sqrt{\frac{k}{2}}$

방정식 $g(t)=0$의 서로 다른 실근이 3개가 되려면 방정식

$x^3-\frac{3}{2}x^2=\sqrt{\frac{k}{2}}$ 또는 $x^3-\frac{3}{2}x^2=-\sqrt{\frac{k}{2}}$를 만족시키는 x의 개수가 3이어야 한다.

$f(x)=x^3-\frac{3}{2}x^2$에서

$f'(x)=3x^2-3x=3x(x-1)$

$f'(x)=0$인 x의 값은 $x=0$ 또는 $x=1$

함수 $f(x)$의 증가, 감소를 표로 나타내면 다음과 같다.

x	$\cdots$	0	$\cdots$	1	$\cdots$
$f'(x)$	$+$	0	$-$	0	$+$
$f(x)$	↗	0 극대	↘	$-\frac{1}{2}$ 극소	↗

함수 $y=f(x)$의 그래프는 그림과 같다.

$k>0$일 때, $\sqrt{k}>0$이므로 함수 $y=f(x)$의 그래프와 직선 $y=\sqrt{\frac{k}{2}}$의 교점은 1개이다.

따라서 함수 $y=f(x)$의 그래프와 직선 $y=-\sqrt{\frac{k}{2}}$의 교점이 2개이어야 하므로

$-\sqrt{\frac{k}{2}}=-\frac{1}{2}$ $\quad\therefore k=\frac{1}{2}$

참고 $g(t)=0$의 실근은 $-\frac{1}{2}<-\sqrt{\frac{k}{2}}<0$일 때 4개, $-\sqrt{\frac{k}{2}}<-\frac{1}{2}$일 때 2개이다.

1277 답 ①

$x>0$에서 $g(x)=x+\frac{1}{x}-2\ge 2\sqrt{x\times\frac{1}{x}}-2=0$이므로

→ $x>0$, $\frac{1}{x}>0$이므로 산술평균과 기하평균의 관계를 이용한다.

방정식 $(f\circ g)(x)=k$에서 $g(x)=t$라 하면

$t\ge 0$에서 방정식 $f(t)=k$, 즉 $t^3-2t^2+t+1=k$의 실근이 존재해야 한다.

$f(t)=t^3-2t^2+t+1$에서

$f'(t)=3t^2-4t+1=(3t-1)(t-1)$

$f'(t)=0$인 t의 값은 $t=\frac{1}{3}$ 또는 $t=1$

$t\ge 0$에서 함수 $f(t)$의 증가, 감소를 표로 나타내면 다음과 같다.

t	0	$\cdots$	$\frac{1}{3}$	$\cdots$	1	$\cdots$
$f'(t)$		$+$	0	$-$	0	$+$
$f(t)$	1	↗	$\frac{31}{27}$ 극대	↘	1 극소	↗

함수 $y=f(t)$의 그래프는 그림과 같다.

$t\ge 0$에서 함수 $y=f(t)$의 그래프와 직선 $y=k$의 교점이 존재해야 하므로

$k\ge 1$

따라서 실수 k의 최솟값은 1이다.

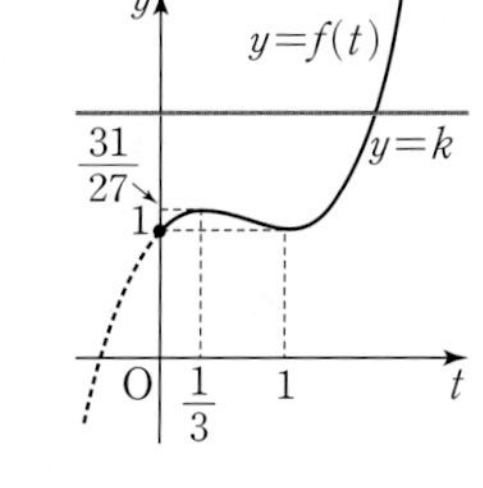

개념 Check

산술평균과 기하평균의 관계

$a>0$, $b>0$일 때, $a+b\ge 2\sqrt{ab}$ (단, 등호는 $a=b$일 때 성립한다.)

Plus 문제

1277-1

두 함수 $f(x)=x^4-6x^2+2$, $g(x)=x^2+\frac{1}{x^2}-2$에 대하여 x에 대한 방정식 $(f\circ g)(x)=k$의 실근이 존재하도록 하는 실수 k의 값의 범위를 구하시오.

$x^2>0$, $\frac{1}{x^2}>0$이므로

$g(x)=x^2+\frac{1}{x^2}-2\ge 2\sqrt{x^2\times\frac{1}{x^2}}-2=0$

방정식 $(f\circ g)(x)=k$에서 $g(x)=t$라 하면

$t\ge 0$에서 방정식 $f(t)=k$, 즉 $t^4-6t^2+2=k$의 실근이 존재해야 한다.

$f(t)=t^4-6t^2+2$에서

$f'(t)=4t^3-12t=4t(t+\sqrt{3})(t-\sqrt{3})$

$f'(t)=0$인 t의 값은 $t=0$ 또는 $t=\sqrt{3}$ ($\because t\ge 0$)

$t\ge 0$에서 함수 $f(t)$의 증가, 감소를 표로 나타내면 다음과 같다.

t	0	$\cdots$	$\sqrt{3}$	$\cdots$
$f'(t)$		$-$	0	$+$
$f(t)$	2	↘	-7 극소	↗

함수 $y=f(t)$의 그래프는 그림과 같다.
$t\geq 0$에서 함수 $y=f(t)$의 그래프와 직선 $y=k$의 교점이 존재해야 하므로
$k\geq -7$

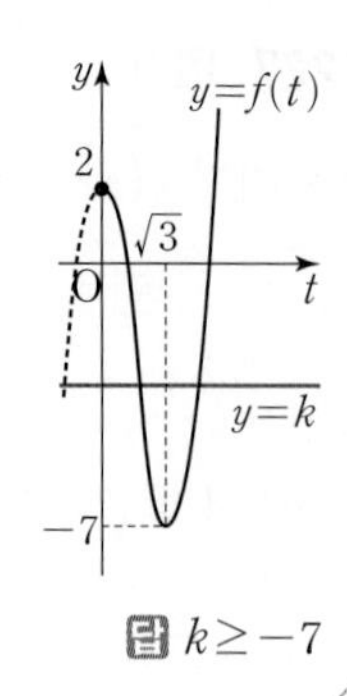

답 $k\geq -7$

1278 답 ② | 유형15

$x>0$일 때, 부등식 $x^3+x+k>0$이 성립하도록 하는 실수 k의 최솟값은? 단서1

① -1 ② 0 ③ 1
④ 2 ⑤ 3

단서1 $f(x)=x^3+x+k$라 하면 $f'(x)=3x^2+1>0$

STEP 1 $f(x)=x^3+x+k$로 놓고, 함수 $f(x)$의 증가, 감소 조사하기

$f(x)=x^3+x+k$라 하면 $f'(x)=3x^2+1$
모든 실수 x에 대하여 $f'(x)>0$이므로 함수 $f(x)$는 실수 전체의 집합에서 증가한다.

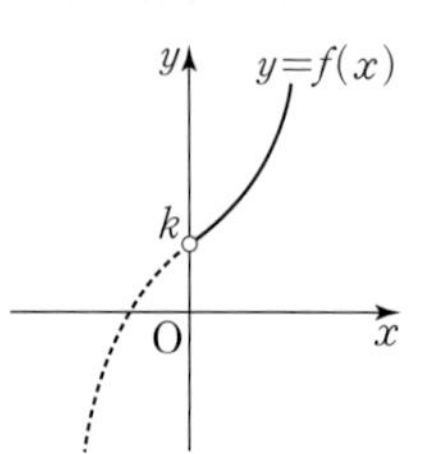

STEP 2 상수 k의 최솟값 구하기

즉, $x>0$일 때 $f(x)>0$이 성립하려면 $f(0)\geq 0$이어야 하므로
$k\geq 0$
따라서 실수 k의 최솟값은 0이다.

1279 답 ⑤

$f(x)=x^3+5x+k$라 하면
$f'(x)=3x^2+5$
모든 실수 x에 대하여 $f'(x)>0$이므로 함수 $f(x)$는 실수 전체의 집합에서 증가한다.

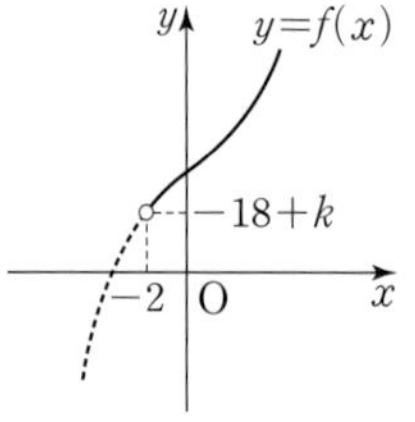
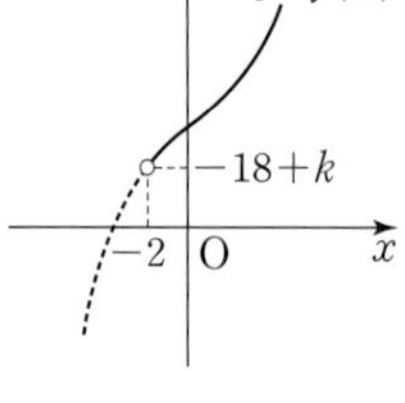

즉, $x>-2$일 때, $f(x)>0$이 성립하려면 $f(-2)\geq 0$이어야 하므로
$-18+k\geq 0$ $\quad\therefore k\geq 18$

1280 답 ①

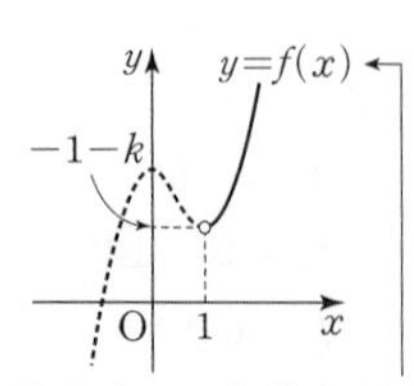

$f(x)=2x^3-3x^2-k$라 하면
$f'(x)=6x^2-6x=6x(x-1)$
$x>1$에서 $f'(x)>0$이므로 함수 $f(x)$는 구간 $(1, \infty)$에서 증가한다.
즉, $x>1$일 때, $f(x)>0$이 성립하려면 $f(1)\geq 0$이어야 하므로
$-1-k\geq 0$ $\quad\therefore k\leq -1$
따라서 실수 k의 최댓값은 -1이다.

1281 답 -20

$f(x)=-2x^3+3x^2+12x+k$라 하면
$f'(x)=-6x^2+6x+12=-6(x+1)(x-2)$
$f'(x)=0$인 x의 값은 $x=-1$ 또는 $x=2$
$x>2$일 때 $f'(x)<0$이므로 함수 $f(x)$는 구간 $(2, \infty)$에서 감소한다.
즉, $x>2$일 때 $f(x)<0$이 성립하려면 $f(2)\leq 0$이어야 하므로
$20+k\leq 0$ $\quad\therefore k\leq -20$
따라서 실수 k의 최댓값은 -20이다.

1282 답 ④

$f(x)=x^3-3x^2+kx-27$이라 하면
$f'(x)=3x^2-6x+k=3(x-1)^2+k-3$
$k>3$에서 $f'(x)>0$이므로 함수 $f(x)$는 구간 $(3, \infty)$에서 증가한다.
즉, $x>3$일 때 $f(x)>0$이 성립하려면 $f(3)\geq 0$이어야 하므로
$3k-27\geq 0$ $\quad\therefore k\geq 9$
따라서 실수 k의 최솟값은 9이다.

1283 답 4

$f(x)=x^n-nx+n(n-4)+3$이라 하면
$f'(x)=nx^{n-1}-n=n(x^{n-1}-1)$
$n\geq 2$이므로 $x>1$일 때, $f'(x)>0$
함수 $f(x)$는 구간 $(1, \infty)$에서 증가하므로 $x>1$일 때 $f(x)>0$이 성립하려면 $f(1)\geq 0$이어야 한다.
즉, $1-n+n(n-4)+3\geq 0$에서
$n^2-5n+4\geq 0$, $(n-1)(n-4)\geq 0$
$\therefore n\geq 4$ ($\because n\geq 2$)
따라서 자연수 n의 최솟값은 4이다.

참고 $f'(x)=n(x^{n-1}-1)$에서 $x=1$일 때를 생각하면 $n(1^{n-1}-1)$
이때 $x>1$, $n\geq 2$이므로 $x^{n-1}>1$, 즉 $f'(x)>0$임을 알 수 있다.

Plus 문제

1283-1

$0<x<1$일 때, 2 이상의 자연수 n에 대하여 부등식 $x^n-nx+n(n-3)-1>0$이 성립하도록 하는 자연수 n의 최솟값을 구하시오.

$f(x)=x^n-nx+n(n-3)-1$이라 하면
$f'(x)=nx^{n-1}-n=n(x^{n-1}-1)$
$n\geq 2$이므로 $0<x<1$일 때, $f'(x)<0$
함수 $f(x)$는 구간 $(0, 1)$에서 감소하므로 $0<x<1$일 때 $f(x)>0$이 성립하려면 $f(1)\geq 0$이어야 한다.
즉, $1-n+n(n-3)-1\geq 0$에서
$n(n-4)\geq 0$ $\quad\therefore n\geq 4$ ($\because n\geq 2$)
따라서 자연수 n의 최솟값은 4이다.

답 4

1284 답 ① | 유형 16

$x \ge 0$일 때, 부등식 $x^3-6x^2+9x+k-3 \ge 0$이 성립하도록 하는 실수 k의 최솟값은? 단서1

① 3 ② 4 ③ 5
④ 6 ⑤ 7

단서1 $f(x)=x^3-6x^2+9x+k-3$이라 하면 $f'(x)=3x^2-12x+9$

STEP1 $f(x)=x^3-6x^2+9x+k-3$으로 놓고, 함수 $f(x)$의 증가, 감소 조사하기

$f(x)=x^3-6x^2+9x+k-3$이라 하면
$f'(x)=3x^2-12x+9=3(x-1)(x-3)$
$f'(x)=0$인 x의 값은 $x=1$ 또는 $x=3$
$x \ge 0$에서 함수 $f(x)$의 증가, 감소를 표로 나타내면 다음과 같다.

x	0	⋯	1	⋯	3	⋯
$f'(x)$		+	0	−	0	+
$f(x)$	$k-3$	↗	$k+1$ 극대	↘	$k-3$ 극소	↗

STEP2 실수 k의 최솟값 구하기

$x \ge 0$에서 함수 $f(x)$의 최솟값은 $f(0)=f(3)=k-3$이므로
$f(x) \ge 0$이 성립하려면
$k-3 \ge 0$ ∴ $k \ge 3$ → (최솟값) ≥ 0
따라서 실수 k의 최솟값은 3이다.

1285 답 ④

$f(x)=2x^3-3x^2-12x+a$라 하면
$f'(x)=6x^2-6x-12=6(x+1)(x-2)$
$f'(x)=0$인 x의 값은 $x=-1$ 또는 $x=2$
$-2 \le x \le 3$에서 함수 $f(x)$의 증가, 감소를 표로 나타내면 다음과 같다.

x	-2	⋯	-1	⋯	2	⋯	3
$f'(x)$		+	0	−	0	+	
$f(x)$	$a-4$	↗	$a+7$ 극대	↘	$a-20$ 극소	↗	$a-9$

$-2 \le x \le 3$에서 함수 $f(x)$의 최솟값은 $f(2)=a-20$이므로 → $a-4>a-9>a-20$
$f(x)>0$이 성립하려면
$a-20>0$ ∴ $a>20$
따라서 정수 a의 최솟값은 21이다.

1286 답 $a<10$

$f(x)=x^3+3x^2+a-14$라 하면
$f'(x)=3x^2+6x=3x(x+2)$
$f'(x)=0$인 x의 값은 $x=-2$ 또는 $x=0$
$x \le -2$에서 함수 $f(x)$의 증가, 감소를 표로 나타내면 다음과 같다.

x	⋯	-2
$f'(x)$	+	0
$f(x)$	↗	$a-10$

$x \le -2$에서 함수 $f(x)$의 최댓값은 $f(-2)=a-10$이므로
$f(x)<0$이 성립하려면
$a-10<0$ ∴ $a<10$

1287 답 ①

$f(x)=-x^3+3ax-2$라 하면
$f'(x)=-3x^2+3a=-3(x+\sqrt{a})(x-\sqrt{a})$
$f'(x)=0$인 x의 값은 $x=-\sqrt{a}$ 또는 $x=\sqrt{a}$
$a>0$이므로 $x>0$에서 함수 $f(x)$의 증가, 감소를 표로 나타내면 다음과 같다.

x	0	⋯	$\sqrt{a}$	⋯
$f'(x)$		+	0	−
$f(x)$		↗	$2a\sqrt{a}-2$ 극대	↘

$x>0$에서 함수 $f(x)$의 최댓값은 $f(\sqrt{a})=2a\sqrt{a}-2$이므로 곡선 $y=f(x)$가 x축보다 아래에 위치하려면 $f(x)$의 최댓값이 0보다 작아야 한다.
따라서 $f(\sqrt{a})<0$이므로
$2a\sqrt{a}-2<0$, $a\sqrt{a}<1$
$a^{\frac{3}{2}}<1$ ∴ $0<a<1$

1288 답 ③

$f(x)=2x^3-9x^2+12x+k+4$라 하면
$f'(x)=6x^2-18x+12=6(x-1)(x-2)$
$f'(x)=0$인 x의 값은 $x=1$ 또는 $x=2$
$0 \le x \le 2$에서 함수 $f(x)$의 증가, 감소를 표로 나타내면 다음과 같다.

x	0	⋯	1	⋯	2
$f'(x)$		+	0	−	0
$f(x)$	$k+4$	↗	$k+9$ 극대	↘	$k+8$

$0 \le x \le 2$에서 함수 $f(x)$의 최솟값은 $f(0)=k+4$, 최댓값은 $f(1)=k+9$이므로 $0 \le f(x) \le 17$이 성립하려면
$k+4 \ge 0$이고 $k+9 \le 17$
∴ $-4 \le k \le 8$
따라서 정수 k는 -4, -3, -2, ⋯, 8의 13개이다.

1289 답 $4 \le k < 23$

$f(x)=3x^4-4x^3-12x^2+k$라 하면
$f'(x)=12x^3-12x^2-24x=12x(x+1)(x-2)$
$f'(x)=0$인 x의 값은 $x=-1$ 또는 $x=0$ (∵ $-2 \le x \le 0$)
$-2 \le x \le 0$에서 함수 $f(x)$의 증가, 감소를 표로 나타내면 다음과 같다.

x	-2	⋯	-1	⋯	0
$f'(x)$		−	0	+	0
$f(x)$	$k+32$	↘	$k-5$ 극소	↗	k

$-2 \le x \le 0$에서 함수 $f(x)$의 최솟값은 $f(-1)=k-5$, 최댓값은 $f(-2)=k+32$이므로 $-1 \le f(x) < 55$가 성립하려면
$k-5 \ge -1$이고 $k+32<55$
∴ $4 \le k < 23$

1290 답 ②

모든 실수 x에 대하여 부등식 $3x^4-4x^3+k>0$이 성립하도록 하는 정수 k의 최솟값은? 단서1

① 1 ② 2 ③ 3
④ 4 ⑤ 5

단서1 $f(x)=3x^4-4x^3+k$라 하면 $f'(x)=12x^3-12x^2=12x^2(x-1)$

STEP 1 $f(x)=3x^4-4x^3+k$로 놓고, 함수 $f(x)$의 증가, 감소 조사하기

$f(x)=3x^4-4x^3+k$라 하면

$f'(x)=12x^3-12x^2=12x^2(x-1)$

함수 $f(x)$의 증가, 감소를 표로 나타내면 다음과 같다.

x	$\cdots$	0	$\cdots$	1	$\cdots$
$f'(x)$	$-$	0	$-$	0	$+$
$f(x)$	↘	k	↘	$k-1$ 극소	↗

STEP 2 정수 k의 최솟값 구하기

함수 $f(x)$의 최솟값은 $f(1)=k-1$이므로 모든 실수 x에 대하여 $f(x)>0$이 성립하려면

$k-1>0$ $\therefore k>1$

따라서 정수 k의 최솟값은 2이다.

1291 답 ④

$f(x)=\frac{1}{4}x^4-x^3+x^2-a+7$이라 하면

$f'(x)=x^3-3x^2+2x=x(x-1)(x-2)$

$f'(x)=0$인 x의 값은 $x=0$ 또는 $x=1$ 또는 $x=2$

함수 $f(x)$의 증가, 감소를 표로 나타내면 다음과 같다.

x	$\cdots$	0	$\cdots$	1	$\cdots$	2	$\cdots$
$f'(x)$	$-$	0	$+$	0	$-$	0	$+$
$f(x)$	↘	$-a+7$ 극소	↗	$\frac{29}{4}-a$ 극대	↘	$-a+7$ 극소	↗

함수 $f(x)$의 최솟값은 $f(0)=f(2)=-a+7$이므로 모든 실수 x에 대하여 $f(x)\geq 0$이 성립하려면

$-a+7\geq 0$ $\therefore a\leq 7$

따라서 실수 a의 최댓값은 7이다.

1292 답 ③

$f(x)=x^4+4a^3x+3$이라 하면

$f'(x)=4x^3+4a^3=4(x+a)(x^2-ax+a^2)$

$f'(x)=0$인 x의 값은 $x=-a$ ($\because x^2-ax+a^2>0$)

$x^2-ax+a^2=\left(x-\frac{a}{2}\right)^2+\frac{3}{4}a^2$

함수 $f(x)$의 증가, 감소를 표로 나타내면 다음과 같다.

x	$\cdots$	$-a$	$\cdots$
$f'(x)$	$-$	0	$+$
$f(x)$	↘	$-3a^4+3$ 극소	↗

함수 $f(x)$의 최솟값은 $f(-a)=-3a^4+3$이므로 모든 실수 x에 대하여 $f(x)\geq 0$이 성립하려면

$-3a^4+3\geq 0$, $a^4\leq 1$

$a^4-1\leq 0$, $(a^2+1)(a+1)(a-1)\leq 0$

$(a+1)(a-1)\leq 0$ ($\because a^2+1>0$)

$\therefore -1\leq a\leq 1$

따라서 정수 a는 -1, 0, 1의 3개이다.

1293 답 ⑤

$f(x)=2x^4+4ax^2-8(a+1)x+a^2+1$이라 하면

$f'(x)=8x^3+8ax-8(a+1)=8(x-1)(x^2+x+1+a)$

$f'(x)=0$인 x의 값은 $x=1$ ($\because x^2+x+1+a>0$)

함수 $f(x)$의 증가, 감소를 표로 나타내면 다음과 같다.

x	$\cdots$	1	$\cdots$
$f'(x)$	$-$	0	$+$
$f(x)$	↘	a^2-4a-5 극소	↗

함수 $f(x)$의 최솟값은 $f(1)=a^2-4a-5$이므로 모든 실수 x에 대하여 $f(x)\geq 0$이 성립하려면

$a^2-4a-5\geq 0$, $(a+1)(a-5)\geq 0$

$\therefore a\geq 5$ ($\because a>0$)

따라서 양수 a의 최솟값은 5이다.

1294 답 $2<k<3$

$f(x)=x^4-4x-k^2+5k-3$이라 하면

$f'(x)=4x^3-4=4(x-1)(x^2+x+1)$

$f'(x)=0$인 x의 값은 $x=1$ ($\because x^2+x+1>0$)

함수 $f(x)$의 증가, 감소를 표로 나타내면 다음과 같다.

x	$\cdots$	1	$\cdots$
$f'(x)$	$-$	0	$+$
$f(x)$	↘	$-k^2+5k-6$ 극소	↗

함수 $f(x)$의 최솟값은 $f(1)=-k^2+5k-6$이므로 모든 실수 x에 대하여 $f(x)>0$이 성립하려면

$-k^2+5k-6>0$, $k^2-5k+6<0$

$(k-2)(k-3)<0$ $\therefore 2<k<3$

1295 답 ①

$f(x)=x^4-4x-a^2+a+9$라 하면

$f'(x)=4x^3-4=4(x-1)(x^2+x+1)$

$f'(x)=0$인 x의 값은 $x=1$ ($\because x^2+x+1>0$)

함수 $f(x)$의 증가, 감소를 표로 나타내면 다음과 같다.

x	$\cdots$	1	$\cdots$
$f'(x)$	$-$	0	$+$
$f(x)$	↘	$-a^2+a+6$ 극소	↗

함수 $f(x)$의 최솟값은 $f(1)=-a^2+a+6$이므로 모든 실수 x에 대하여 $f(x)\geq 0$이 성립하려면

$-a^2+a+6\geq 0$, $a^2-a-6\leq 0$

$(a+2)(a-3)\leq 0$ $\therefore -2\leq a\leq 3$

따라서 정수 a는 -2, -1, 0, 1, 2, 3의 6개이다.

1296 답 ③

| 유형 18

모든 실수 x에 대하여 부등식

$x^4-5x^2-2x+a\ge x^2+6x$

단서1

가 성립하도록 하는 상수 a의 최솟값은?

① 22 ② 23 ③ 24
④ 25 ⑤ 26

단서1 $f(x)\ge 0$ 꼴로 만들기

STEP 1 $f(x)\ge 0$ **꼴로 만들어 함수** $f(x)$**의 증가, 감소 조사하기**

$x^4-5x^2-2x+a\ge x^2+6x$에서

$x^4-6x^2-8x+a\ge 0$

$f(x)=x^4-6x^2-8x+a$라 하면

$f'(x)=4x^3-12x-8=4(x+1)^2(x-2)$

$f'(x)=0$인 x의 값은 $x=-1$ 또는 $x=2$

함수 $f(x)$의 증가, 감소를 표로 나타내면 다음과 같다.

x	$\cdots$	-1	$\cdots$	2	$\cdots$
$f'(x)$	$-$	0	$-$	0	$+$
$f(x)$	↘	$a+3$	↘	$a-24$ 극소	↗

STEP 2 상수 a**의 최솟값 구하기**

함수 $f(x)$의 최솟값은 $f(2)=a-24$이므로 모든 실수 x에 대하여 $f(x)\ge 0$이 성립하려면

$a-24\ge 0$ $\therefore a\ge 24$

따라서 상수 a의 최솟값은 24이다.

1297 답 ②

$x^4+4x^3-x^2-10x\ge -x^2+6x-a$에서

$x^4+4x^3-16x+a\ge 0$

$f(x)=x^4+4x^3-16x+a$라 하면

$f'(x)=4x^3+12x^2-16=4(x+2)^2(x-1)$

$f'(x)=0$인 x의 값은 $x=-2$ 또는 $x=1$

함수 $f(x)$의 증가, 감소를 표로 나타내면 다음과 같다.

x	$\cdots$	-2	$\cdots$	1	$\cdots$
$f'(x)$	$-$	0	$-$	0	$+$
$f(x)$	↘	$a+16$	↘	$a-11$ 극소	↗

함수 $f(x)$의 최솟값은 $f(1)=a-11$이므로 모든 실수 x에 대하여 $f(x)\ge 0$이 성립하려면

$a-11\ge 0$ $\therefore a\ge 11$

따라서 상수 a의 최솟값은 11이다.

1298 답 ③

$x^2+4k^3x-12\le x^4+x^2$에서

$-x^4+4k^3x-12\le 0$

$f(x)=-x^4+4k^3x-12$라 하면

$f'(x)=-4x^3+4k^3=-4(x-k)(x^2+kx+k^2)$

$f'(x)=0$인 x의 값은 $x=k$ ($\because$ x는 실수)

함수 $f(x)$의 증가, 감소를 표로 나타내면 다음과 같다.

x	$\cdots$	k	$\cdots$
$f'(x)$	$+$	0	$-$
$f(x)$	↗	$3k^4-12$ 극대	↘

함수 $f(x)$의 최댓값은 $f(k)=3k^4-12$이므로 모든 실수 x에 대하여 $f(x)\le 0$이 성립하려면

$3k^4-12\le 0$, $3(k^2+2)(k+\sqrt{2})(k-\sqrt{2})\le 0$

$(k+\sqrt{2})(k-\sqrt{2})\le 0$ ($\because k^2+2>0$)

$\therefore -\sqrt{2}\le k\le\sqrt{2}$

따라서 정수 k는 -1, 0, 1의 3개이다.

1299 답 22

$f(x)\ge g(x)$에서 $f(x)-g(x)\ge 0$

$h(x)=f(x)-g(x)$

$=5x^3-10x^2+k-(5x^2+2)$

$=5x^3-15x^2+k-2$

라 하면

$h'(x)=15x^2-30x=15x(x-2)$

$h'(x)=0$인 x의 값은 $x=2$ ($\because 0<x<3$)

$0<x<3$에서 함수 $h(x)$의 증가, 감소를 표로 나타내면 다음과 같다.

x	0	$\cdots$	2	$\cdots$	3
$h'(x)$		$-$	0	$+$	
$h(x)$		↘	$k-22$ 극소	↗	

$0<x<3$에서 함수 $h(x)$의 최솟값은 $h(2)=k-22$이므로

$h(x)\ge 0$이 성립하려면

$k-22\ge 0$ $\therefore k\ge 22$

따라서 상수 k의 최솟값은 22이다.

1300 답 ④

$f(x)\ge g(x)$에서 $f(x)-g(x)\ge 0$

$h(x)=f(x)-g(x)$

$=2x^3-6x^2+4x-3-(x^3-4x^2+8x-k)$

$=x^3-2x^2-4x-3+k$

라 하면

$h'(x)=3x^2-4x-4=(3x+2)(x-2)$

$h'(x)=0$인 x의 값은 $x=-\frac{2}{3}$ 또는 $x=2$

$-2\le x\le 2$에서 함수 $h(x)$의 증가, 감소를 표로 나타내면 다음과 같다.

x	-2	$\cdots$	$-\frac{2}{3}$	$\cdots$	2
$h'(x)$		$+$	0	$-$	0
$h(x)$	$k-11$	↗	$k-\frac{41}{27}$ 극대	↘	$k-11$

$-2\le x\le 2$에서 함수 $h(x)$의 최솟값은 $h(-2)=h(2)=k-11$이므로 $h(x)\ge 0$이 성립하려면

$k-11\ge 0$ $\therefore k\ge 11$

따라서 정수 k의 최솟값은 11이다.

06

1301 답 -9

$2x^3-4x^2+3x<2x^2-3x-2k$에서

$2x^3-6x^2+6x+2k<0$

$f(x)=2x^3-6x^2+6x+2k$라 하면

$f'(x)=6x^2-12x+6=6(x-1)^2$

모든 실수 x에 대하여 $f'(x)\geq 0$이므로 함수 $f(x)$는 실수 전체의 집합에서 증가한다.

즉, $-1<x<3$일 때, $f(x)<0$이 성립하려면 $f(3)\leq 0$이어야 하므로

$18+2k\leq 0 \qquad \therefore k\leq -9$

따라서 정수 k의 최댓값은 -9이다.

1302 답 3

$f(x)\geq 3g(x)$에서 $f(x)-3g(x)\geq 0$

$h(x)=f(x)-3g(x)$

$=x^3+3x^2-k-3(2x^2+3x-10)$

$=x^3-3x^2-9x+30-k$

라 하면

$h'(x)=3x^2-6x-9=3(x+1)(x-3)$

$h'(x)=0$인 x의 값은 -1 또는 $x=3$

닫힌구간 $[-1, 4]$에서 함수 $h(x)$의 증가, 감소를 표로 나타내면 다음과 같다.

x	-1	$\cdots$	3	$\cdots$	4
$h'(x)$	0	$-$	0	$+$	
$h(x)$	$35-k$	↘	$3-k$ 극소	↗	$10-k$

함수 $h(x)$의 최솟값은 $h(3)=3-k$이므로 $h(x)\geq 0$이 성립하려면

$3-k\geq 0 \qquad \therefore k\leq 3$

따라서 k의 최댓값은 3이다.

1303 답 ① | 유형19

두 함수 $f(x)=2x^3-3x^2+6ax-a$, $g(x)=3ax^2-3$에 대하여 $x\geq 0$에서 함수 $y=f(x)$의 그래프가 함수 $y=g(x)$의 그래프보다 항상 위쪽에 있도록 하는 정수 a의 값은? (단, $a>1$)

단서1

① 2 ② 3 ③ 4
④ 5 ⑤ 6

단서1 $x\geq 0$에서 $f(x)>g(x)$

STEP1 $h(x)=f(x)-g(x)$로 놓고, 함수 $h(x)$의 증가, 감소 조사하기

$x\geq 0$에서 함수 $y=f(x)$의 그래프가 함수 $y=g(x)$의 그래프보다 항상 위쪽에 있으려면 $f(x)>g(x)$, 즉 $f(x)-g(x)>0$이어야 한다.

→ 최댓값과 최솟값으로 비교하면 안 된다.

$h(x)=f(x)-g(x)$

$=2x^3-3(a+1)x^2+6ax-a+3$

이라 하면

$h'(x)=6x^2-6(a+1)x+6a=6(x-1)(x-a)$

$h'(x)=0$인 x의 값은 $x=1$ 또는 $x=a$

이때 $a>1$이므로 $x\geq 0$에서 함수 $h(x)$의 증가, 감소를 표로 나타내면 다음과 같다.

x	0	$\cdots$	1	$\cdots$	a	$\cdots$
$h'(x)$		$+$	0	$-$	0	$+$
$h(x)$	$-a+3$	↗	$2a+2$ 극대	↘	$-a^3+3a^2-a+3$ 극소	↗

STEP2 정수 a의 값 구하기

$x\geq 0$에서 함수 $h(x)$의 최솟값은 $h(0)$ 또는 $h(a)$이므로

$h(x)>0$이 성립하려면 $h(0)>0$, $h(a)>0$이어야 한다.

$h(0)>0$에서 $-a+3>0$

$\therefore a<3$ ······ ㉠

$h(a)>0$에서 $-a^3+3a^2-a+3>0$

$a^3-3a^2+a-3<0$, $(a^2+1)(a-3)<0$

$\therefore a<3$ ($\because a^2+1>0$) ······ ㉡

㉠, ㉡에서 $a<3$이고, 주어진 조건에서 $a>1$이므로

$1<a<3$

따라서 정수 a의 값은 2이다.

1304 답 ⑤

함수 $y=f(x)$의 그래프가 함수 $y=g(x)$의 그래프보다 항상 위쪽에 있으려면 모든 실수 x에 대하여 $f(x)>g(x)$, 즉 $f(x)-g(x)>0$이어야 한다.

$h(x)=f(x)-g(x)=x^4+3x^2+10x-a$

라 하면

$h'(x)=4x^3+6x+10=2(x+1)(2x^2-2x+5)$

$h'(x)=0$인 x의 값은 $x=-1$ ($\because 2x^2-2x+5>0$)

함수 $h(x)$의 증가, 감소를 표로 나타내면 다음과 같다.

x	$\cdots$	-1	$\cdots$
$h'(x)$	$-$	0	$+$
$h(x)$	↘	$-a-6$ 극소	↗

함수 $h(x)$의 최솟값은 $h(-1)=-a-6$이므로 $h(x)>0$이 성립하려면

$-a-6>0 \qquad \therefore a<-6$

따라서 정수 a의 최댓값은 -7이다.

1305 답 ①

임의의 두 실수 x_1, x_2에 대하여 $f(x_1)\leq g(x_2)$가 성립하려면 함수 $f(x)$의 최댓값이 함수 $g(x)$의 최솟값보다 작거나 같아야 한다.

$f(x)=-x^2+6x-a=-(x-3)^2+9-a$

→ 이차함수의 최대, 최소는 완전제곱 꼴을 이용한다.

이므로 함수 $f(x)$의 최댓값은 $f(3)=9-a$

$g(x)=x^4+x^2-6x+7$에서

$g'(x)=4x^3+2x-6=2(x-1)(2x^2+2x+3)$

$g'(x)=0$인 x의 값은 $x=1$ ($\because 2x^2+2x+3>0$)

함수 $g(x)$의 증가, 감소를 표로 나타내면 다음과 같다.

x	$\cdots$	1	$\cdots$
$g'(x)$	$-$	0	$+$
$g(x)$	↘	3 극소	↗

함수 $g(x)$의 최솟값은 $g(1)=3$
즉, $f(3)\le g(1)$에서
$9-a\le 3 \qquad \therefore a\ge 6$
따라서 상수 a의 최솟값은 6이다.

1306 답 -18

임의의 두 실수 x_1, x_2에 대하여 $f(x_1)\ge g(x_2)$가 성립하려면 함수 $f(x)$의 최솟값이 함수 $g(x)$의 최댓값보다 크거나 같아야 한다.
$f(x)=x^4+x^2-6x+2$에서
$f'(x)=4x^3+2x-6=2(x-1)(2x^2+2x+3)$
$f'(x)=0$인 x의 값은 $x=1$ ($\because 2x^2+2x+3>0$)
함수 $f(x)$의 증가, 감소를 표로 나타내면 다음과 같다.

x	$\cdots$	1	$\cdots$
$f'(x)$	$-$	0	$+$
$f(x)$	↘	-2 극소	↗

함수 $f(x)$의 최솟값은 $f(1)=-2$
$g(x)=-x^2-8x+a$
$\quad=-(x+4)^2+a+16$
에서 함수 $g(x)$의 최댓값은 $g(-4)=a+16$
즉, $-2\ge a+16$에서 $a\le -18$
따라서 실수 a의 최댓값은 -18이다.

1307 답 12

-1보다 크거나 같은 임의의 두 실수 x_1, x_2에 대하여 $f(x_1)\ge g(x_2)$가 성립하려면 $x\ge -1$에서 함수 $f(x)$의 최솟값이 함수 $g(x)$의 최댓값보다 크거나 같아야 한다.
$f(x)=x^3-3x^2+10$에서
$f'(x)=3x^2-6x=3x(x-2)$
$f'(x)=0$인 x의 값은 $x=0$ 또는 $x=2$
$x\ge -1$에서 함수 $f(x)$의 증가, 감소를 표로 나타내면 다음과 같다.

x	-1	$\cdots$	0	$\cdots$	2	$\cdots$
$f'(x)$		$+$	0	$-$	0	$+$
$f(x)$	6	↗	10 극대	↘	6 극소	↗

함수 $f(x)$의 최솟값은 $f(-1)=f(2)=6$
$g(x)=-2x^2+12x-a$
$\quad=-2(x-3)^2+18-a$
에서 함수 $g(x)$의 최댓값은 $g(3)=18-a$
즉, $6\ge 18-a$에서 $a\ge 12$
따라서 실수 a의 최솟값은 12이다.

1308 답 24

$g(x)-k\le f(x)\le g(x)+k$에서
$-k\le f(x)-g(x)\le k$ (각 변에서 $g(x)$를 뺀다.)
$h(x)=f(x)-g(x)=x^3+3x^2-9x-3$이라 하면
$h'(x)=3x^2+6x-9=3(x+3)(x-1)$
$h'(x)=0$인 x의 값은 $x=-3$ 또는 $x=1$
$-3\le x\le 2$에서 함수 $h(x)$의 증가, 감소를 표로 나타내면 다음과 같다.

x	-3	$\cdots$	1	$\cdots$	2
$h'(x)$	0	$-$	0	$+$	
$h(x)$	24	↘	-8 극소	↗	-1

함수 $h(x)$의 최솟값은 $h(1)=-8$, 최댓값은 $h(-3)=24$이므로
$-k\le h(1)$에서 $k\ge 8$ ······ ㉠
$h(-3)\le k$에서 $k\ge 24$ ······ ㉡
㉠, ㉡을 동시에 만족시키는 k의 값의 범위는 $k\ge 24$
따라서 양수 k의 최솟값은 24이다.

실수 Check
$g(x)-k\le f(x)\le g(x)+k$에서
$-k\le f(x)-g(x)\le k$이므로 $f(x)-g(x)$의 최솟값이 $-k$ 이상이고, 최댓값이 k 이하가 되는 k의 값을 찾는 문제와 같다.

Plus 문제

1308-1
두 함수 $f(x)=-x^4+2x^2+x-a$, $g(x)=3x^2+x+2$가 있다. 모든 실수 x에 대하여 부등식 $f(x)\le x+k\le g(x)$가 성립하도록 하는 정수 k의 개수가 3일 때, 정수 a의 값을 구하시오.

(i) $f(x)\le x+k$, 즉 $f(x)-x-k\le 0$에서
$-x^4+2x^2-a-k\le 0$
$x^4-2x^2+a+k\ge 0$
$h(x)=x^4-2x^2+a+k$라 하면
$h(x)=(x^2-1)^2+a+k-1$
이므로 함수 $h(x)$의 최솟값은
$h(-1)=h(1)=a+k-1$
모든 실수 x에 대하여 부등식 $h(x)\ge 0$이 성립하려면
$a+k-1\ge 0$
$\therefore k\ge -a+1$ ······ ㉠
(ii) $x+k\le g(x)$, 즉 $g(x)-x-k\ge 0$에서
$3x^2-k+2\ge 0$
$l(x)=3x^2-k+2$라 하면
함수 $l(x)$의 최솟값은 $-k+2$
모든 실수 x에 대하여 부등식 $l(x)\ge 0$이 성립하려면
$-k+2\ge 0$
$\therefore k\le 2$ ······ ㉡
㉠, ㉡을 동시에 만족시키는 k의 값의 범위는
$-a+1\le k\le 2$
이때 정수 k의 개수가 3이므로
$-1<-a+1\le 0$, $0\le a-1<1$
$\therefore 1\le a<2$
따라서 정수 a의 값은 1이다.

답 1

1309 답 ①

| 유형20

원점을 출발하여 수직선 위를 움직이는 점 P의 시각 t에서의 위치가 $x=-2t^3+6t^2-6t$이다. 속도가 -24인 순간 점 P의 가속도는?
단서1 단서2 단서3

① -24 ② -12 ③ 4
④ 18 ⑤ 24

단서1 시각 t에서의 속도 v는 $v=\frac{dx}{dt}=(-2t^3+6t^2-6t)'$
단서2 $v=-24$인 시각 t
단서3 시각 t에서의 가속도 a는 $a=\frac{dv}{dt}$

STEP1 **점 P의 속도를 식으로 나타내기**

점 P의 시각 t에서의 속도를 v라 하면

$v=\frac{dx}{dt}=-6t^2+12t-6$

STEP2 **점 P의 속도가 -24인 시각 구하기**

점 P의 속도가 -24가 되는 시각 t는

$-6t^2+12t-6=-24$에서

$6t^2-12t-18=0$, $6(t+1)(t-3)=0$

$\therefore t=3$ ($\because t\geq 0$)

STEP3 **속도가 -24인 시각에서 점 P의 가속도 구하기**

점 P의 시각 t에서의 가속도를 a라 하면

$a=\frac{dv}{dt}=-12t+12$

따라서 $t=3$에서 점 P의 가속도는

$-36+12=-24$

1310 답 56

점 P의 시각 t에서의 위치 x가

$x=t^3-9t^2+8t=t(t-1)(t-8)$

점 P가 원점을 지날 때의 위치는 $x=0$이므로

$t(t-1)(t-8)=0$ $\therefore t=1$ 또는 $t=8$ ($\because t>0$)

이때 점 P가 두 번째로 원점을 지나는 시각은 $t=8$이다.

→ 점 P가 첫번째로 원점을 지나는 시각은 $t=1$이다.

점 P의 시각 t에서의 속도를 v라 하면

$v=\frac{dx}{dt}=3t^2-18t+8$

따라서 $t=8$에서의 점 P의 속도는

$3\times 8^2-18\times 8+8=56$

1311 답 ⑤

점 P의 시각 t에서의 속도를 v라 하면

$v=\frac{dx}{dt}=t^2-8t-6=(t-4)^2-22$

$0\leq t\leq 5$에서 $-22\leq v\leq -6$이므로

→ $t=4$일 때, $v=-22$ (최소)
$t=0$일 때, $v=-6$ (최대)

$6\leq |v|\leq 22$

따라서 점 P의 속력의 최댓값은 22이다.

실수 Check

속도 v의 절댓값 $|v|$를 속력이라 하므로 속력 $|v|\geq 0$이다.

1312 답 ①

| 유형21

수직선 위를 움직이는 점 P의 시각 t에서의 위치 x가 $x=\frac{1}{3}t^3-2t^2+3t$일 때, 점 P가 출발한 후 처음으로 운동 방향을 바꿀 때의 가속도는?
단서1 단서2 단서3

① -2 ② -1 ③ 0
④ 1 ⑤ 2

단서1 속도 v는 $v=\frac{dx}{dt}$
단서2 운동 방향을 바꾸는 순간의 속도는 0
단서3 가속도 a는 $a=\frac{dv}{dt}$

STEP1 **점 P의 속도를 식으로 나타내기**

점 P의 시각 t에서의 속도를 v라 하면

$v=\frac{dx}{dt}=t^2-4t+3$

STEP2 **점 P가 운동 방향을 바꾸는 시각 구하기**

점 P가 운동 방향을 바꾸는 순간의 속도는 0이므로

$t^2-4t+3=0$, $(t-1)(t-3)=0$

→ v는 t에 대한 이차함수이므로 $t=1$, $t=3$의 좌우에서 v의 부호가 바뀐다.

$\therefore t=1$ 또는 $t=3$

즉, 점 P가 처음으로 운동 방향을 바꾸는 시각은 $t=1$이다.

STEP3 **운동 방향을 바꿀 때의 점 P의 가속도 구하기**

시각 t에서의 점 P의 가속도를 a라 하면

$a=\frac{dv}{dt}=2t-4$

따라서 $t=1$에서 점 P의 가속도는

$2-4=-2$

1313 답 ③

점 P의 시각 t에서의 속도를 v라 하면

$v=\frac{dx}{dt}=3t^2-8t-3$

점 P가 운동 방향을 바꾸는 순간의 속도는 0이므로

$3t^2-8t-3=0$, $(3t+1)(t-3)=0$

$\therefore t=3$ ($\because t>0$)

1314 답 ②

점 P의 시각 t에서의 속도를 v라 하면

$v=\frac{dx}{dt}=3t^2-30t+48$

점 P가 운동 방향을 바꾸는 순간의 속도는 0이므로

$3t^2-30t+48=0$, $3(t-2)(t-8)=0$

$\therefore t=2$ 또는 $t=8$

따라서 점 P는 $t=2$, $t=8$에서 운동 방향을 2번 바꾼다.

실수 Check

$t=a$에서 $v=0$이라 하더라도 $t=a$의 좌우에서 v의 부호가 바뀌지 않으면 점 P는 $t=a$에서 운동 방향을 바꾸지 않는다.
이 문제에서 속도 $v=3(t-2)(t-8)$은 t에 대한 이차함수이므로 $v=0$이 되는 $t=2$, $t=8$에서 v의 부호가 바뀐다. 즉, 운동 방향을 바꾼다.

1315 답 ②

점 P의 시각 t에서의 속도를 v라 하면

$v=\frac{dx}{dt}=3t^2+2kt+k$

$t=1$에서 점 P가 운동 방향을 바꾸고, 이때의 속도는 0이므로

$3+2k+k=0 \quad \therefore k=-1$

시각 t에서의 가속도를 a라 하면

$a=\frac{dv}{dt}=6t+2k=6t-2$

따라서 점 P의 가속도가 10이 되는 시각은

$6t-2=10 \quad \therefore t=2$

1316 답 $\frac{1}{2}$

점 P의 시각 t에서의 속도를 v라 하면

$v=\frac{dx}{dt}=3t^2-9t+6$

점 P가 운동 방향을 바꾸는 순간의 속도는 0이므로

$3t^2-9t+6=0,\ 3(t-1)(t-2)=0$

$\therefore t=1$ 또는 $t=2$

$x=t^3-\frac{9}{2}t^2+6t$이므로

점 P의 위치는

$t=1$일 때, $1-\frac{9}{2}+6=\frac{5}{2}$,

$t=2$일 때, $8-18+12=2$

이므로 두 점 A, B 사이의 거리는

$\left|\frac{5}{2}-2\right|=\frac{1}{2}$

1317 답 -12

$t=1$에서 점 P의 위치가 -4이므로 $f(1)=-4$에서

$-1+a-b+3=-4 \quad \therefore a-b=-6$ ······ ㉠

점 P의 시각 t에서의 속도를 $v(t)$라 하면

$v(t)=f'(t)=-3t^2+2at-b$

$t=1$에서 점 P가 운동 방향을 바꾸므로 $v(1)=0$에서

$-3+2a-b=0 \quad \therefore 2a-b=3$ ······ ㉡

㉠, ㉡을 연립하여 풀면 $a=9,\ b=15$

$\therefore v(t)=-3t^2+18t-15$

점 P가 운동 방향을 바꾸는 순간의 속도는 0이므로

$-3t^2+18t-15=0,\ -3(t-1)(t-5)=0$

$\therefore t=1$ 또는 $t=5$

즉, 점 P가 $t=1$ 이외에 운동 방향을 바꾸는 시각은 $t=5$이다.

점 P의 시각 t에서의 가속도를 $a(t)$라 하면

$a(t)=v'(t)=-6t+18$

따라서 $t=5$에서 점 P의 가속도는

$a(5)=-6\times5+18=-12$

1318 답 13

점 P의 시각 t에서의 속도를 v라 하면

$v=\frac{dx}{dt}=3t^2-18t+15$

점 P가 운동 방향을 바꾸는 순간의 속도는 0이므로

$3t^2-18t+15=0,\ 3(t-1)(t-5)=0$

$\therefore t=1$ 또는 $t=5$ → 두 번째로 운동 방향을 바꾸는 시각이다.

즉, 점 P가 처음으로 운동 방향을 바꾸는 시각은 $t=1$이므로 이때의 위치는

$1-9+15=7 \quad \therefore p=7$

점 P의 위치가 $x=7$일 때의 시각은

$t^3-9t^2+15t=7$에서

$t^3-9t^2+15t-7=0,\ (t-1)^2(t-7)=0$

$\therefore t=1$ 또는 $t=7$

즉, 점 P가 $x=7$의 위치로 돌아오기까지 걸린 시간은

$7-1=6 \quad \therefore q=6$

$\therefore p+q=7+6=13$

→ 두 번째로 $x=7$의 위치인 시각은 7이므로 첫번째로 $x=7$인 시각 1을 빼야 한다.

1319 답 ④

점 P의 시각 t에서의 속도를 v라 하면

$v=\frac{dx}{dt}=3t^2-12$

점 P가 운동 방향을 바꾸는 순간의 속도는 0이므로

$3t^2-12=0,\ 3(t+2)(t-2)=0$

$\therefore t=2\ (\because t>0)$

따라서 $t=2$일 때 점 P의 위치가 0이므로

$0=2^3-12\times2+k \quad \therefore k=16$

1320 답 ①

점 P의 시각 t에서의 속도를 v라 하면

$v=\frac{dx}{dt}=3t^2-10t+a$

이때 움직이는 방향이 바뀌지 않으려면 $t\geq0$에서 $3t^2-10t+a\geq0$이어야 한다.

즉, 이차방정식 $3t^2-10t+a=0$의 판별식을 D라 할 때, $\frac{D}{4}\leq0$이어야 하므로

$5^2-3a\leq0 \quad \therefore a\geq\frac{25}{3}$

따라서 자연수 a의 최솟값은 9이다.

1321 답 ⑤ | 유형22

원점을 동시에 출발하여 수직선 위를 움직이는 두 점 P, Q의 시각 t에서의 위치를 각각 x_1, x_2라 하면 $x_1=2t^3-6t^2$, $x_2=t^2+3t$이다. 점 P가 운동 방향을 바꾸는 순간의 점 Q의 속도는?

① 3 ② 4 ③ 5
④ 6 ⑤ 7

단서1 속도 v는 $v=\frac{dx}{dt}$

단서2 운동 방향을 바꾸는 순간의 속도는 0

STEP1 **두 점 P, Q의 속도를 식으로 나타내기**

두 점 P, Q의 시각 t에서의 속도를 각각 v_1, v_2라 하면

$v_1=\frac{dx_1}{dt}=6t^2-12t,\ v_2=\frac{dx_2}{dt}=2t+3$

STEP 2 점 P가 운동 방향을 바꾸는 시각 구하기

점 P가 운동 방향을 바꾸는 순간의 속도는 0이므로 $v_1=0$에서

$6t^2-12t=0$, $6t(t-2)=0$

$\therefore t=2$ ($\because t>0$) → $t=2$의 좌우에서 v_1의 부호가 바뀐다.

STEP 3 운동 방향을 바꿀 때의 점 Q의 속도 구하기

따라서 $t=2$에서 점 Q의 속도는

$2\times2+3=7$

1322 답 2

두 점 P, Q의 속도는 각각

$f'(t)=4t-4$, $g'(t)=2t-6$

두 점 P, Q가 서로 반대 방향으로 움직이면 속도의 부호가 반대이므로 $f'(t)g'(t)<0$에서

$(4t-4)(2t-6)<0$, $8(t-1)(t-3)<0$

$\therefore 1<t<3$

따라서 정수 t의 값은 2이다.

1323 답 $\frac{1}{2}<t<4$

두 점 P, Q의 시각 t에서의 속도는 각각

$f'(t)=4t-2$, $g'(t)=2t-8$

두 점 P, Q가 서로 반대 방향으로 움직이면 속도의 부호가 반대이므로 $f'(t)g'(t)<0$에서

$(4t-2)(2t-8)<0$, $4(2t-1)(t-4)<0$

$\therefore \frac{1}{2}<t<4$

1324 답 ①

점 M의 시각 t에서의 위치를 $m(t)$라 하면

$m(t)=\frac{1}{2}\{f(t)+g(t)\}=t^2-4t+3$

점 M의 시각 t에서의 속도를 $v(t)$라 하면

$v(t)=m'(t)=2t-4$

운동 방향을 바꾸는 순간의 속도는 0이므로

$2t-4=0$ $\therefore t=2$

따라서 점 M은 $t=2$에서 운동 방향을 한 번 바꾼다.

1325 답 ②

$f(t)=t^2(t^2-6t+12)=t^4-6t^3+12t^2$, $g(t)=mt$에서

두 점 P, Q의 시각 t에서의 속도는 각각

$f'(t)=4t^3-18t^2+24t$, $g'(t)=m$

$t>0$에서 두 점 P, Q의 속도가 같은 순간이 세 번 존재하려면 삼차방정식 $4t^3-18t^2+24t=m$이 서로 다른 세 양의 실근을 가져야 한다.

$4t^3-18t^2+24t=m$에서

$4t^3-18t^2+24t-m=0$

$h(t)=4t^3-18t^2+24t-m$이라 하면

$h'(t)=12t^2-36t+24=12(t-1)(t-2)$

$h'(t)=0$인 t의 값은 $t=1$ 또는 $t=2$

$t>0$에서 함수 $h(t)$의 증가, 감소를 표로 나타내면 다음과 같다.

t	0	$\cdots$	1	$\cdots$	2	$\cdots$
$h'(t)$		+	0	−	0	+
$h(t)$		↗	$10-m$ 극대	↘	$8-m$ 극소	↗

삼차방정식 $h(t)=0$이 $t>0$에서 서로 다른 세 실근을 가지려면

$h(0)<0$이고 $h(1)h(2)<0$이어야 하므로

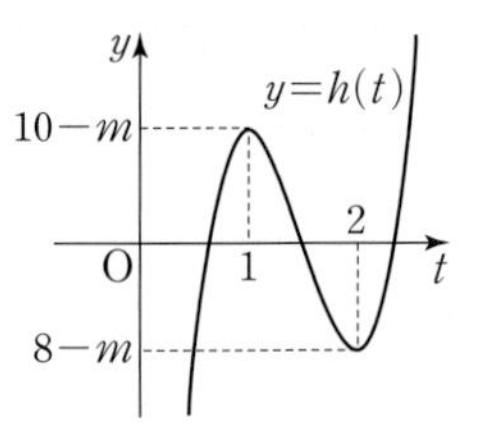

$-m<0$이고 $(10-m)(8-m)<0$

$\therefore m>0$이고 $8<m<10$

따라서 $8<m<10$이므로 정수 m의 값은 9이다.

1326 답 27

두 점 P, Q의 시각 t에서의 속도를 각각 v_1, v_2라 하면

$v_1=\frac{dx_1}{dt}=3t^2-4t+3$, $v_2=\frac{dx_2}{dt}=2t+12$

두 점 P, Q의 속도가 같아지는 시각은 $v_1=v_2$에서

$3t^2-4t+3=2t+12$, $3t^2-6t-9=0$

$3(t+1)(t-3)=0$ $\therefore t=3$ ($\because t\geq0$)

$t=3$에서 점 P의 위치는

$27-18+9=18$

$t=3$에서 점 Q의 위치는

$9+36=45$

따라서 $t=3$인 순간 두 점 P, Q 사이의 거리는

$45-18=27$

1327 답 ② | 유형23

지면으로부터 35 m의 높이에서 20 m/s의 속도로 지면과 수직으로 쏘아 올린 물체의 t초 후의 높이를 h m라 하면 $h=35+20t-5t^2$이다. 이 물체의 최고 높이는? (단서1)

① 50 m ② 55 m ③ 60 m
④ 65 m ⑤ 70 m

단서1 최고 높이에 도달했을 때의 속도는 0

STEP 1 물체가 최고 높이에 도달했을 때의 시각 구하기

물체의 t초 후의 속도를 v m/s라 하면

$v=\frac{dh}{dt}=20-10t$

물체가 최고 높이에 도달했을 때의 속도는 0이므로

$20-10t=0$ $\therefore t=2$

STEP 2 물체의 지면으로부터의 높이 구하기

따라서 $t=2$에서 물체의 높이는

$35+20\times2-5\times2^2=55$ (m)

다른 풀이

이차함수의 최대, 최소를 이용하여 높이 h의 최댓값을 구할 수도 있다.

$h=35+20t-5t^2=-5(t-2)^2+55$

이므로 이 물체의 최고 높이는 $t=2$일 때, 55 m이다.

1328 답 ②

자동차가 브레이크를 밟은 지 t초 후의 속도를 v m/s라 하면

$v=\frac{dx}{dt}=20-8t$

자동차가 정지할 때의 속도는 0이므로 $v=0$에서

$20-8t=0 \quad \therefore t=\frac{5}{2}$

따라서 브레이크를 밟은 후 자동차가 정지할 때까지 걸린 시간은 $\frac{5}{2}$초이다.

→ 0초부터 $\frac{5}{2}$초까지이다.

1329 답 ④

로켓의 t초 후의 속도를 v m/s라 하면

$v=\frac{dh}{dt}=30-10t$

최고 높이에 도달했을 때의 속도는 0이므로 $v=0$에서

$30-10t=0 \quad \therefore t=3$

따라서 $t=3$에서 로켓의 지면으로부터의 높이는

$30\times3-5\times3^2=45$ (m)

1330 답 375 m

열차의 t초 후의 속도를 v m/s라 하면

$v=\frac{dx}{dt}=30-1.2t$

열차가 정지할 때의 속도는 0이므로 $v=0$에서

$30-1.2t=0 \quad \therefore t=25$

따라서 25초 동안 열차가 움직인 거리는

$30\times25-0.6\times25^2=375$ (m)

1331 답 ①

돌의 t초 후의 속도를 v m/s라 하면

$v=\frac{dx}{dt}=40-4t$

돌이 화성의 지면에 닿을 때의 위치는 0이므로 $x=0$에서

$40t-2t^2=0,\ 2t(20-t)=0$

$\therefore t=20\ (\because t>0)$

따라서 $t=20$에서 돌의 속도는

$40-4\times20=-40$ (m/s)

1332 답 180 m

전기를 끊은 지 t초 후의 물체의 속도를 v m/s라 하면

$v=\frac{ds}{dt}=18-0.9t$

물체가 정지할 때의 속도는 0이므로 $v=0$에서

$18-0.9t=0 \quad \therefore t=20$

20초 동안 물체가 움직인 거리는

$18\times20-0.45\times20^2=180$ (m)

따라서 목적지로부터 180 m 앞에서 전기를 끊으면 된다.

1333 답 ③

놀이 기구의 시각 t에서의 속도를 $v(t)$ m/s라 하면

$v(t)=f'(t)=t^3-3t^2-9t+1$

$v'(t)=3t^2-6t-9=3(t+1)(t-3)$

$v'(t)=0$인 t의 값은 $t=3\ (\because 0\le t\le5)$

$0\le t\le5$에서 함수 $v(t)$의 증가, 감소를 표로 나타내면 다음과 같다.

t	0	$\cdots$	3	$\cdots$	5
$v'(t)$		$-$	0	$+$	
$v(t)$	1	↘	-26 극소	↗	6

함수 $v(t)$의 최솟값은 $v(3)=-26$, 최댓값은 $v(5)=6$이다.

$\therefore -26\le v(t)\le6$

이때 놀이 기구의 속력은 $|v(t)|$ m/s이므로

$0\le|v(t)|\le26$ → 속력$=|$(속도)$|$

따라서 놀이 기구의 최대 속력은 26 m/s이다.

1334 답 ④

출발한 지 t초 후 두 자동차 A, B의 속도는 각각 $f'(t)$, $g'(t)$이다.

ㄱ. (가)에서 $f(20)=g(20)$이므로 출발 후 20초에 A와 B는 같은 위치에 있다. (참)

ㄴ. $10\le t\le30$에서 $f'(t)<g'(t)$이므로 B의 속도가 A의 속도보다 더 크다.
이때 $t=20$에서 A, B는 같은 위치에 있으므로
$10\le t<20$에서 B가 A의 뒤에 있고,
$20<t\le30$에서 B가 A의 앞에 있다.
즉, B는 A를 한 번 추월한다. (참)

ㄷ. ㄴ에서 A는 B를 추월하지 못한다. (거짓)

따라서 옳은 것은 ㄱ, ㄴ이다.

1335 답 ③ | 유형24

수직선 위를 움직이는 점 P의 시각 t에서의 위치 $x(t)$의 그래프가 그림과 같을 때, $0\le t\le6$에서 점 P의 운동 방향이 바뀌는 횟수는?

단서1

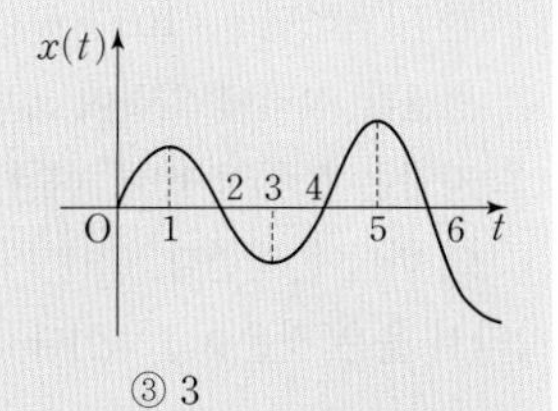

① 1 ② 2 ③ 3
④ 4 ⑤ 5

단서1 위치 $x(t)$가 증가하다가 감소하거나, 감소하다가 증가하면 운동 방향이 바뀐다. 즉, $x'(t)$의 부호가 바뀌면 운동 방향이 바뀐다.

STEP1 $x'(t)=0$이고, $x'(t)$의 부호가 바뀌는 t의 값을 찾아 점 P의 운동 방향이 바뀌는 횟수 구하기

점 P의 시각 t에서의 속도는 $x'(t)$이므로

$x'(t)=0$이고, 그 좌우에서 $x'(t)$의 부호가 바뀔 때 점 P의 운동 방향이 바뀐다.

→ 위치 $x(t)$의 그래프에서 접선의 기울기가 0, 즉 t축과 평행하다.

따라서 운동 방향이 바뀌는 시각은 $t=1$, $t=3$, $t=5$이므로 운동 방향이 바뀌는 횟수는 3이다.

1336 답 ③

$x(t)=0$일 때 점 P가 원점을 지난다.

따라서 점 P가 원점을 지나는 시각은 $t=b$, $t=d$, $t=f$이므로 원점을 지나는 횟수는 3이다.

1337 답 ①, ⑤

점 P의 시각 t에서의 속도는 $x'(t)$이고 $t=0$에서 점 P가 출발한 운동 방향은 양의 방향이므로
$x'(t)>0$인 시각을 찾으면 $t=1$, $t=5$이다.

실수 Check

$t=2$, $t=4$에서 $x'(t)=0$, 즉 속도가 0이므로 정지한 상태이다.

1338 답 ④

점 P가 출발 후 두 번째로 원점을 지나는 시각은 $t=4$이므로 이때 점 P의 속도는 $x'(4)$이다.
→위치 $x(t)$의 그래프가 t축과 만나는 점이다.

1339 답 ⑤

ㄱ. $f(t)$, $g(t)$의 그래프가 두 점에서 만나므로 두 점 P, Q는 출발 후 두 번 만난다. (참)
ㄴ. 두 점 P, Q는 모두 $t=5$에서 속도의 부호가 변했으므로 $t=5$에서 운동 방향을 바꿨다. (참)
ㄷ. 두 점 P, Q 사이의 거리는 $|f(t)-g(t)|$이므로 최댓값은 10이다. (참)
따라서 옳은 것은 ㄱ, ㄴ, ㄷ이다.

1340 답 ④

ㄱ. $0<t<10$에서는 점 Q가 점 P보다 원점에서 멀리 떨어져 있다. (거짓)
ㄴ. $v_{\mathrm{P}}(t)=f'(t)$, $v_{\mathrm{Q}}(t)=g'(t)$이므로 $t=10$에서 접선의 기울기를 비교하면 $v_{\mathrm{P}}(10)>v_{\mathrm{Q}}(10)$이다. (참)
ㄷ. 평균값 정리에 의하여 $v_{\mathrm{P}}(t)=v_{\mathrm{Q}}(t)$인 지점은 $0<t<10$에 하나, $10<t<20$에 하나 존재한다. (참)
→접선의 기울기가 같다.
따라서 옳은 것은 ㄴ, ㄷ이다.

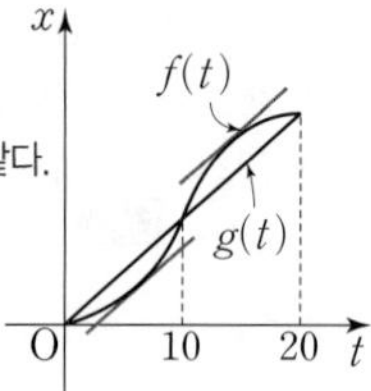

1341 답 ⑤

ㄱ. 점 P의 시각 t에서의 속도는 $x'(t)$이므로
$x'(t)=0$이고, 그 좌우에서 $x'(t)$의 부호가 바뀔 때 점 P의 운동 방향이 바뀐다.
즉, 점 P는 운동 방향을 두 번 바꿨다. (참)
ㄴ. $t=3$, $t=6$에서 $x(t)=0$이므로 점 P는 출발 후 원점을 두 번 지났다. (참)
ㄷ. 점 P가 정지했을 때 $x'(t)=0$이므로
점 P는 $1\le t\le 2$, $4\le t\le 5$에서 정지했다.
즉, 정지했던 시간은 총 2초이다. (참)
따라서 옳은 것은 ㄱ, ㄴ, ㄷ이다.

실수 Check

ㄷ. 점 P가 정지하면 위치 $x(t)$가 변하지 않으므로 속도 $x'(t)$를 생각하지 않아도 $1\le t\le 2$, $4\le t\le 5$에서 정지했음을 알 수 있다.

1342 답 ② | 유형25

수직선 위를 움직이는 점 P의 시각 t에서의 속도 $v(t)$의 그래프가 그림과 같을 때, $0\le t\le g$에서 점 P의 움직이는 방향이 바뀌는 횟수는?
단서1

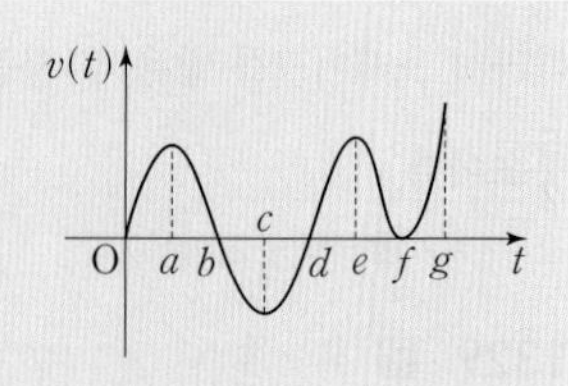

① 1 ② 2 ③ 3
④ 4 ⑤ 5

단서1 $v(t)=0$인 t의 좌우에서 $v(t)$의 부호가 바뀌면 점 P의 운동 방향이 바뀜

STEP1 점 P의 움직이는 방향이 바뀌는 조건 알기

$v(t)=0$이고, 그 좌우에서 $v(t)$의 부호가 바뀔 때 점 P의 운동 방향이 바뀐다.

STEP2 $v(t)=0$이고, $v(t)$의 부호가 바뀌는 t의 값을 찾아 점 P의 운동 방향이 바뀌는 횟수 구하기

따라서 운동 방향이 바뀌는 시각은 $t=b$, $t=d$이므로 운동 방향이 바뀌는 횟수는 2이다.

실수 Check

$v(f)=0$이지만 $t=f$의 좌우에서는 $v(t)$의 부호가 바뀌지 않으므로 점 P의 운동 방향이 바뀌지 않는다.

1343 답 2

$v(t)=0$이고, 그 좌우에서 $v(t)$의 부호가 바뀔 때 점 P의 운동 방향이 바뀐다.
따라서 운동 방향이 바뀌는 시각 t는 2이다.

1344 답 4

점 P의 시각 t에서의 속력은 $|v(t)|$이므로 속력의 최댓값은
$|v(3)|=4$

1345 답 ③

ㄱ. $v(t)=0$이고, 그 좌우에서 $v(t)$의 부호가 바뀔 때 점 P의 운동 방향이 바뀌므로 점 P는 $t=4$에서 운동 방향을 한 번 바꾼다. (참)
ㄴ. $1<t<3$에서 $v(t)\ne 0$이므로 점 P는 정지해 있지 않다. (거짓)
ㄷ. 점 P의 시각 t에서의 가속도는 $v'(t)$이므로 그 점에서의 접선의 기울기와 같다.
$v'(4)<0$이므로 점 P의 가속도는 음수이다. (참)
따라서 옳은 것은 ㄱ, ㄷ이다.

실수 Check

ㄴ. $1<t<3$에서 $v(t)$의 변화가 없으므로 점 P의 속도가 일정하다. 즉, 가속도 $v'(t)=0$이다. 정지해 있을 때는 $v(t)=0$이어야 한다.

1346 답 ③

ㄱ. 점 P의 시각 t에서의 가속도는 $v'(t)$이므로 그 점에서의 접선의 기울기와 같다.
$v'(3)=0$이므로 $t=3$에서 점 P의 가속도는 0이다. (참)

ㄴ. $v(t)=0$이고, 그 좌우에서 $v(t)$의 부호가 바뀔 때 점 P의 운동 방향이 바뀌므로 점 P는 $t=1$, $t=5$에서 운동 방향을 바꾼다. 즉, 점 P는 운동 방향을 두 번 바꾼다. (참)

ㄷ. $v(2)<0$이고, $v(4)<0$이므로 $t=2$일 때와 $t=4$일 때 점 P의 운동 방향은 음의 방향으로 서로 같다. (거짓)

따라서 옳은 것은 ㄱ, ㄴ이다.

1347 답 ②

점 P의 시각 t에서의 가속도는 $v'(t)$이므로 그 점에서의 접선의 기울기와 같다.

ㄱ. $v'(1)=0$이므로 $t=1$에서 점 P의 가속도는 0이다. (참)

ㄴ. $1<t<3$에서 점 P의 속도 $v(t)$는 증가한다. (참)

ㄷ. $3<t<4$에서 접선의 기울기가 감소하므로 점 P의 가속도 $v'(t)$는 감소한다. (거짓)

따라서 옳은 것은 ㄱ, ㄴ이다.

1348 답 ①

점 P의 시각 t에서의 가속도는 $v'(t)$이므로 그 점에서의 접선의 기울기와 같다.

ㄱ. $4<t<6$에서 점 P의 속도는 증가한다. (참)

ㄴ. $0<t<3$에서 $v'(t)=-1$로 일정하다. (거짓)
→ 두 점 (0, 3), (3, 0)을 지나는 직선의 기울기가 -1이다.

ㄷ. $0<t<3$에서 $v(t)>0$이므로 점 P는 원점을 출발하여 $0<t<3$에서 양의 방향으로 이동했다. 즉, $t=3$에서 점 P는 원점에 위치해 있지 않다. (거짓)

따라서 옳은 것은 ㄱ이다.

1349 답 ①

| 유형 26

그림과 같이 키가 1.6 m인 사람이 높이가 6 m인 가로등의 바로 밑에서 출발하여 0.55 m/s의 속도로 일직선으로 걸을 때, 이 사람의 그림자의 길이의 변화율은?
단서1

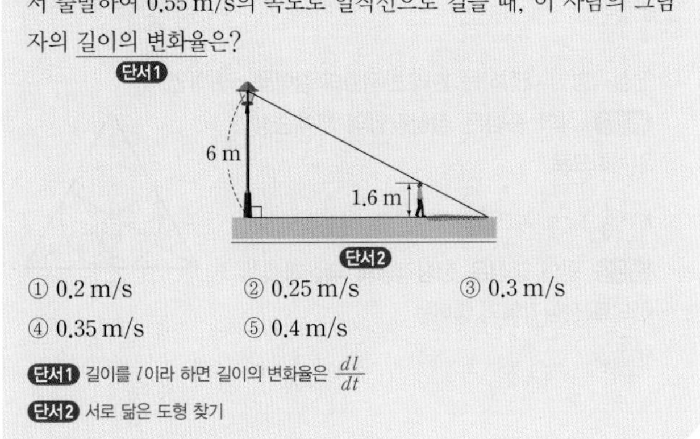

① 0.2 m/s ② 0.25 m/s ③ 0.3 m/s
④ 0.35 m/s ⑤ 0.4 m/s

단서1 길이를 l이라 하면 길이의 변화율은 $\frac{dl}{dt}$

단서2 서로 닮은 도형 찾기

STEP1 닮은 도형을 찾아 비례식 세우기

사람이 0.55 m/s의 속도로 움직이므로 t초 동안 움직이는 거리는 $0.55t$ m이다.
그림자 끝이 t초 동안 움직이는 거리를 x m라 하면 그림에서

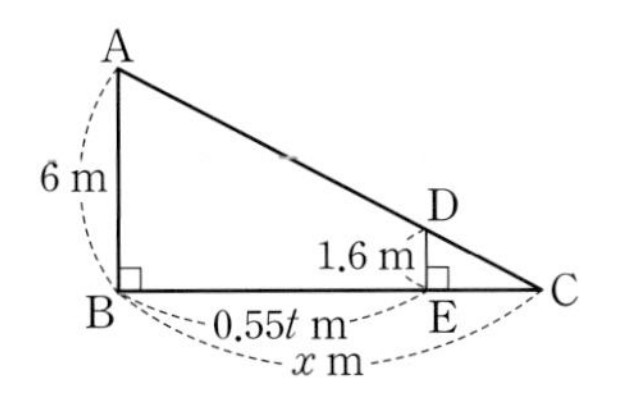

△ABC∽△DEC이므로
$6:x=1.6:(x-0.55t)$, $1.6x=6x-3.3t$
$\therefore x=0.75t$

STEP2 그림자의 길이의 변화율 구하기

그림자의 길이를 l m라 하면 $l=\overline{EC}$이므로
$l=0.75t-0.55t=0.2t \quad \therefore \frac{dl}{dt}=0.2$
따라서 그림자의 길이의 변화율은 0.2 m/s이다.

1350 답 ③

사람이 1.2 m/s의 속도로 움직이므로 t초 동안 움직이는 거리는 $1.2t$ m이다.
그림자 끝이 t초 동안 움직이는 거리를 x m라 하면 그림에서

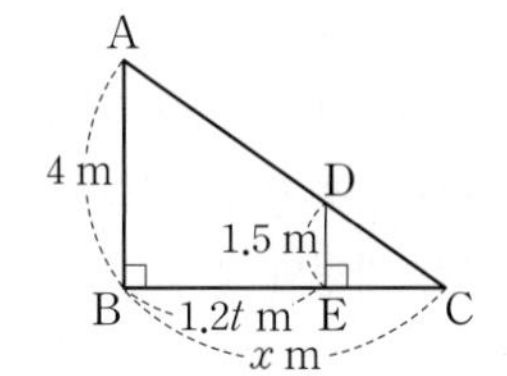

△ABC∽△DEC이므로
$4:x=1.5:(x-1.2t)$, $1.5x=4x-4.8t$
$\therefore x=1.92t$
그림자의 길이를 l m라 하면 $l=\overline{EC}$이므로
$l=1.92t-1.2t=0.72t \quad \therefore \frac{dl}{dt}=0.72$
따라서 그림자의 길이가 늘어나는 속도는 0.72 m/s이다.
→ 길이의 변화율

1351 답 ②

시각 t에서 점 P의 좌표가 $(t, \sqrt{3}t)$이므로
시각 t에서 선분 OP의 길이를 l이라 하면
$l=\sqrt{t^2+(\sqrt{3}t)^2}=2t \ (\because t>0) \quad \therefore \frac{dl}{dt}=2$
따라서 선분 OP의 길이의 변화율은 2이다.

1352 답 ⑤

$l=2t^2+t+10$이므로 $\frac{dl}{dt}=4t+1$
따라서 $t=2$에서 고무줄의 길이의 변화율은
$4\times2+1=9$ (cm/s)

1353 답 ④

t초 후의 두 점 A, B의 좌표는 각각 $(8t, 0)$, $(0, 8t)$이므로
선분 AB의 중점 C의 좌표는 $(4t, 4t)$
선분 OC의 길이를 l이라 하면
$l=\sqrt{(4t)^2+(4t)^2}=4\sqrt{2}t \ (\because t>0) \quad \therefore \frac{dl}{dt}=4\sqrt{2}$
따라서 선분 OC의 길이의 변화율은 $4\sqrt{2}$이다.

1354 답 ⑤

$x_A=t^3+3t$, $x_B=3t^2+3t-3$에서 선분 AB의 길이를 l이라 하면
$l=|x_A-x_B|=|t^3-3t^2+3|$
$f(t)=t^3-3t^2+3$이라 하면
$f'(t)=3t^2-6t=3t(t-2)$
$f(3)=3>0$이므로 $t=3$에서 선분 AB의 길이의 변화율은
$f'(3)=3\times3=9$

1355 답 ④

| 유형27

한 변의 길이가 14 cm인 정사각형의 각 변의 길이가 매초 4 cm씩 늘어난다고 할 때, 정사각형의 넓이가 2500 cm²가 되는 순간의 넓이의 변화율은?

단서1 단서2

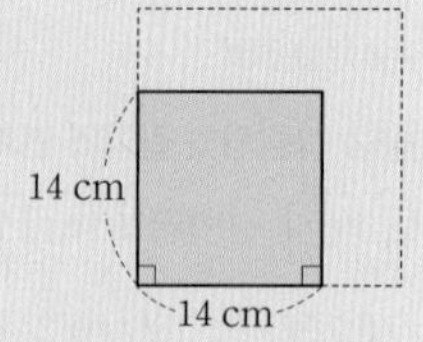

① 100 cm²/s ② 200 cm²/s ③ 300 cm²/s
④ 400 cm²/s ⑤ 500 cm²/s

단서1 (t초 후의 정사각형의 한 변의 길이)$=(14+4t)$ cm

단서2 넓이를 S라 하면 넓이의 변화율은 $\frac{dS}{dt}$

STEP1 t초 후의 정사각형의 넓이를 식으로 나타내고, 넓이의 변화율 구하기

t초 후의 정사각형의 한 변의 길이는 $(14+4t)$ cm이므로
→ t초 후 $4t$ cm 늘어난다.

정사각형의 넓이를 S라 하면

$S=(14+4t)^2=16t^2+112t+196$

$\therefore \frac{dS}{dt}=32t+112$

STEP2 정사각형의 넓이가 2500 cm²가 될 때의 시각 구하기

정사각형의 넓이가 2500 cm²가 될 때의 시각 t는

$(14+4t)^2=2500$, $t^2+7t-144=0$

$(t-9)(t+16)=0 \qquad \therefore t=9\ (\because t>0)$

STEP3 정사각형의 넓이가 2500 cm²가 될 때의 넓이의 변화율 구하기

따라서 $t=9$에서 정사각형의 넓이의 변화율은

$32\times 9+112=400\ (\text{cm}^2/\text{s})$

1356 답 ③

t초 후의 원의 반지름의 길이는 $(5+0.2t)$ cm이므로 원의 넓이를 S cm²라 하면

$S=\pi(5+0.2t)^2=\pi(0.04t^2+2t+25)$

$\therefore \frac{dS}{dt}=\pi(0.08t+2)$

따라서 $t=25$에서 원의 넓이의 변화율은

$\pi(0.08\times 25+2)=4\pi\ (\text{cm}^2/\text{s})$

1357 답 ①

t초 후의 직사각형의 가로의 길이는 $(9+0.2t)$ cm, 세로의 길이는 $(4+0.3t)$ cm이므로 직사각형의 넓이를 S라 하면

$S=(9+0.2t)(4+0.3t)=0.06t^2+3.5t+36$

$\therefore \frac{dS}{dt}=0.12t+3.5$

직사각형이 정사각형이 될 때의 시각 t는

$9+0.2t=4+0.3t$, $0.1t=5$
→ (가로의 길이)=(세로의 길이)

$\therefore t=50$

따라서 $t=50$에서 직사각형의 넓이의 변화율은

$0.12\times 50+3.5=9.5\ (\text{cm}^2/\text{s})$

1358 답 32 cm²/s

점 P가 출발한 지 t초 후 선분 AP의 길이는 $4t$ cm, 선분 BP의 길이는 $(20-4t)$ cm $(0\le t\le 5)$

두 선분 AP, PB를 각각 한 변으로 하는 정사각형의 넓이는 $16t^2$ cm², $(20-4t)^2$ cm²이므로

두 정사각형의 넓이의 합 S는

$S=16t^2+(20-4t)^2=32t^2-160t+400\ (\text{cm}^2)$

$\therefore \frac{dS}{dt}=64t-160$

따라서 $t=3$에서 S의 변화율은

$64\times 3-160=32\ (\text{cm}^2/\text{s})$

참고 변화율의 단위

(1) 길이가 l cm일 때 t초에서의 길이의 변화율 → $\frac{dl}{dt}$ cm/s

(2) 넓이가 S cm²일 때 t초에서의 넓이의 변화율 → $\frac{dS}{dt}$ cm²/s

1359 답 ⑤

t초 후의 정삼각형의 한 변의 길이는 $(12\sqrt{3}+3\sqrt{3}t)$ cm이므로

정삼각형에 내접하는 원의 반지름의 길이는

$\frac{\sqrt{3}}{6}\times(12\sqrt{3}+3\sqrt{3}t)=\frac{3}{2}t+6\ (\text{cm})$

원의 넓이를 S cm²라 하면

$S=\pi\left(\frac{3}{2}t+6\right)^2=\pi\left(\frac{9}{4}t^2+18t+36\right)$

$\therefore \frac{dS}{dt}=\pi\left(\frac{9}{2}t+18\right)$

정삼각형의 한 변의 길이가 $24\sqrt{3}$ cm가 될 때의 시각 t는

$12\sqrt{3}+3\sqrt{3}t=24\sqrt{3} \qquad \therefore t=4$

따라서 $t=4$에서 원의 넓이의 변화율은

$\pi\left(\frac{9}{2}\times 4+18\right)=36\pi\ (\text{cm}^2/\text{s})$

개념 Check

한 변의 길이가 x인 정삼각형에서

정삼각형의 세 각의 크기는 모두 60°이므로

(1) 정삼각형의 높이는 $\frac{\sqrt{3}}{2}x$

(2) 정삼각형의 넓이는

$\frac{1}{2}\times x\times\frac{\sqrt{3}}{2}x=\frac{\sqrt{3}}{4}x^2$

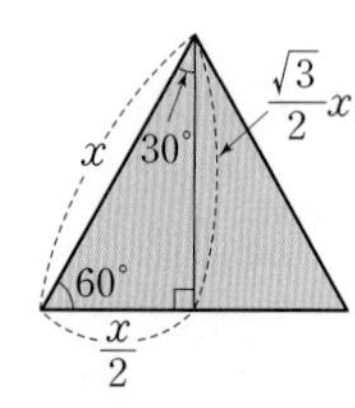

(3) 정삼각형에 내접하는 원의 반지름의 길이를 r라 하면

방법1 원의 중심은 정삼각형의 무게중심과 일치하므로

$r=\frac{1}{3}\times\frac{\sqrt{3}}{2}x=\frac{\sqrt{3}}{6}x$

방법2 원의 중심은 정삼각형의 내심과 일치하므로 정삼각형의 넓이는

$\frac{\sqrt{3}}{4}x^2=3\times\left(\frac{1}{2}\times x\times r\right) \qquad \therefore r=\frac{\sqrt{3}}{6}x$

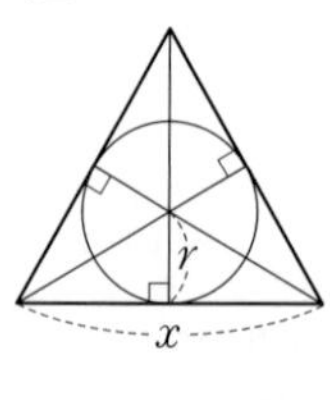

1360 답 23

그림과 같이 정육각형의 넓이는 서로 합동인 정삼각형 6개의 넓이의 합과 같다.

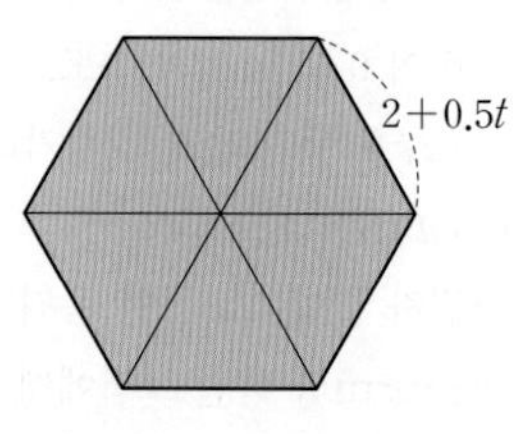

t초 후의 정삼각형의 한 변의 길이는 $2+0.5t$이므로 정육각형의 넓이를 S

라 하면

$S=6\times\frac{\sqrt{3}}{4}(2+0.5t)^2=\frac{3\sqrt{3}}{8}t^2+3\sqrt{3}t+6\sqrt{3}$ (→ $\frac{\sqrt{3}}{4}(2+0.5t)^2$: 정삼각형 한 개의 넓이)

$\therefore \frac{dS}{dt}=\frac{3\sqrt{3}}{4}t+3\sqrt{3}$

정육각형의 한변의 길이가 7이 될 때의 시각 t는

$2+0.5t=7 \qquad \therefore t=10$

$t=10$에서 정육각형의 넓이의 변화율은

$\frac{3\sqrt{3}}{4}\times10+3\sqrt{3}=\frac{21\sqrt{3}}{2}$

따라서 $a=2$, $b=21$이므로 $a+b=23$

1361 답 ②

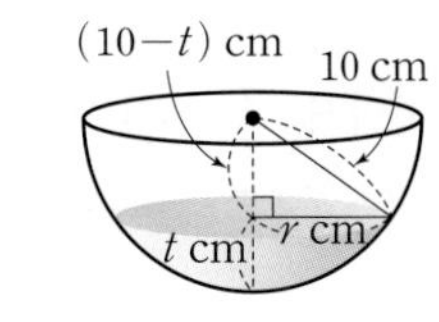

t초 후의 수면의 높이는 t cm이므로

수면의 반지름의 길이를 r cm라 하면

$r=\sqrt{10^2-(10-t)^2}=\sqrt{-t^2+20t}$

수면의 넓이를 S cm²라 하면

$S=\pi(-t^2+20t)$

$\therefore \frac{dS}{dt}=\pi(-2t+20)$ (cm²/s)

따라서 $t=5$에서 수면의 넓이의 변화율은

$\pi(-2\times5+20)=10\pi$ (cm²/s)

1362 답 18

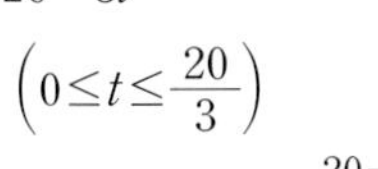
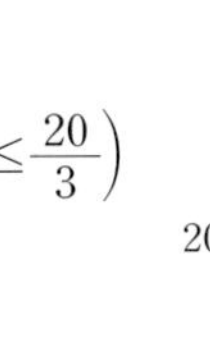

t초 후 $\overline{AP}=2t$, $\overline{BQ}=3t$이므로

$\overline{PB}=20-2t$, $\overline{QC}=20-3t$

$\left(0\le t\le\frac{20}{3}\right)$

$\therefore$ □DPBQ

$=$□ABCD$-$△APD

$-$△DQC

$=20\times20-\frac{1}{2}\times20\times2t-\frac{1}{2}\times(20-3t)\times20$

$=400-20t-(200-30t)$

$=10t+200$

사각형 DPBQ의 넓이가 정사각형 ABCD의 넓이의 $\frac{11}{20}$이 될 때의 시각 t는

$10t+200=400\times\frac{11}{20}$, $10t=20$

$\therefore t=2$

삼각형 PBQ의 넓이를 S라 하면

$S=\frac{1}{2}\times3t\times(20-2t)=-3t^2+30t$

$\therefore \frac{dS}{dt}=-6t+30$

따라서 $t=2$에서 삼각형 PBQ의 넓이의 변화율은

$-6\times2+30=18$

1363 답 ③

t초 후의 직육면체 모양의 가로, 세로의 길이는 각각 $(2+t)$ cm이고, 높이는 $(10-t)$ cm $(0\le t<10)$이므로

직육면체 모양의 겉넓이를 $S(t)$ cm²라 하면

$S(t)=2(2+t)^2+4(2+t)(10-t)$ (→ $2(2+t)^2$: 2×(밑면의 넓이), → $4(2+t)(10-t)$: (옆면의 넓이))

$=-2t^2+40t+88$

$\therefore S'(t)=-4t+40$

t초 후의 직육면체 모양의 부피를 $V(t)$ cm³라 하면

$V(t)=(2+t)^2(10-t)=-t^3+6t^2+36t+40$

$V'(t)=-3t^2+12t+36=-3(t+2)(t-6)$

$V'(t)=0$인 t의 값은 $t=6$ ($\because 0\le t<10$)

$0\le t<10$에서 함수 $V(t)$의 증가, 감소를 표로 나타내면 다음과 같다.

t	0	$\cdots$	6	$\cdots$	10
$V'(t)$		+	0	−	
$V(t)$	40	↗	256 극대	↘	

따라서 $V(t)$는 $t=6$에서 최대이므로

이때의 직육면체 모양의 물체의 겉넓이의 변화율은

$-4\times6+40=16$ (cm²/s)

개념 Check

(직육면체의 겉넓이)$=2\times$(한 밑면의 넓이)$+$(옆면의 넓이)

(직육면체의 부피)$=$(가로의 길이)$\times$(세로의 길이)$\times$(높이)

Plus 문제

1363-1

밑면의 반지름의 길이가 10, 높이가 20인 원뿔이 있다. 원뿔의 밑면의 반지름의 길이는 매초 1씩 늘어나고 높이는 매초 1씩 줄어든다고 할 때, 원뿔의 부피가 증가에서 감소로 바뀌는 순간의 밑면의 넓이의 변화율을 구하시오.

t초 후의 원뿔의 밑면의 반지름의 길이는 $10+t$, 높이는 $20-t$ $(0\le t<20)$이므로 원뿔의 밑면의 넓이를 $S(t)$라 하면

$S(t)=\pi(10+t)^2=\pi(t^2+20t+100)$

$\therefore S'(t)=\pi(2t+20)$

t초 후의 원뿔의 부피를 $V(t)$라 하면

$V(t)=\frac{\pi}{3}\times(10+t)^2\times(20-t)$

$=\frac{\pi}{3}(-t^3+300t+2000)$

$V'(t)=\frac{\pi}{3}(-3t^2+300)=-\pi(t+10)(t-10)$

$V'(t)=0$인 t의 값은 $t=10$ ($\because 0\le t<20$)

$0\le t<20$에서 함수 $V(t)$의 증가, 감소를 표로 나타내면 다음과 같다.

t	0	$\cdots$	10	$\cdots$	20
$V'(t)$		+	0	−	
$V(t)$	$\frac{2000\pi}{3}$	↗	$\frac{4000\pi}{3}$ 극대	↘	

원뿔의 부피 $V(t)$가 증가에서 감소로 바뀌는 시각은 $t=10$이다.

따라서 $t=10$에서 밑면의 넓이의 변화율은
$\pi(2\times10+20)=40\pi$

답 40π

1364 답 ① | 유형28

한 모서리의 길이가 2 cm인 정육면체의 각 모서리의 길이가 매초 1 cm씩 늘어날 때, 정육면체의 부피가 216 cm^3가 되는 순간의 부피의 변화율은?

① 108 cm^3/s ② 120 cm^3/s ③ 132 cm^3/s
④ 144 cm^3/s ⑤ 156 cm^3/s

단서1 (t초 후의 정육면체의 한 모서리의 길이)$=(2+t)$ cm
단서2 부피를 V라 하면 부피의 변화율은 $\frac{dV}{dt}$

STEP1 **t초 후의 정육면체의 부피를 식으로 나타내고, 부피의 변화율 구하기**
t초 후의 정육면체의 각 모서리의 길이는 $(2+t)$ cm이므로
정육면체의 부피를 V cm^3라 하면
$V=(t+2)^3=t^3+6t^2+12t+8$
$\therefore \frac{dV}{dt}=3t^2+12t+12$

STEP2 **정육면체의 부피가 216 cm^3가 될 때의 시각 구하기**
정육면체의 부피가 216 cm^3가 될 때의 시각 t는
$t^3+6t^2+12t+8=216$, $(t-4)(t^2+10t+52)=0$
$\therefore t=4$ ($\because t^2+10t+52>0$)

STEP3 **정육면체의 부피가 216 cm^3가 될 때의 부피의 변화율 구하기**
따라서 $t=4$에서 정육면체의 부피의 변화율은
$3\times4^2+12\times4+12=108$ (cm^3/s)

1365 답 ③

t초 후의 정육면체의 한 모서리의 길이는 $\frac{t}{100}$ mm이므로 정육면체의 부피를 V mm^3라 하면
$V=\left(\frac{t}{100}\right)^3$
$\therefore \frac{dV}{dt}=\left(\frac{1}{100}\right)^3\times3t^2$
모서리의 길이가 3 cm가 될 때의 시각 t는 (3 cm $=$ 30 mm)
$\frac{t}{100}=30$ $\therefore t=3000$
따라서 $t=3000$에서 정육면체의 부피의 변화율은
$\left(\frac{1}{100}\right)^3\times3\times3000^2=27$ (mm^3/s)

1366 답 ④

t초 후의 풍선의 반지름의 길이는 $(5+3t)$ cm이므로 풍선의 부피를 V cm^3라 하면
$V=\frac{4}{3}\pi(5+3t)^3$
$\therefore \frac{dV}{dt}=4\pi(5+3t)^2\times3=12\pi(5+3t)^2$
따라서 $t=5$에서 풍선의 부피의 변화율은
$12\pi(5+3\times5)^2=4800\pi$ (cm^3/s)

개념 Check

함수의 곱의 미분법
$y=\{f(x)\}^n$ (n은 양의 정수)일 때,
$y'=n\{f(x)\}^{n-1}f'(x)$

1367 답 ④

t초 후의 원뿔 모양 모래 더미의 밑면의 반지름의 길이는 $4t$ cm, 높이는 $3t$ cm이므로 모래 더미의 부피를 V cm^3라 하면
$V=\frac{\pi}{3}\times(4t)^2\times3t=16t^3\pi$
$\therefore \frac{dV}{dt}=48t^2\pi$
따라서 $t=3$에서 모래 더미의 부피의 변화율은
$48\times3^2\times\pi=432\pi$ (cm^3/s)

1368 답 48π cm^3/s

t초 후의 원기둥의 밑면의 반지름의 길이는 $(1+t)$ cm, 높이는 $(1+2t)$ cm이므로 원기둥의 부피를 V cm^3라 하면
$V=\pi(1+t)^2(1+2t)=\pi(2t^3+5t^2+4t+1)$
$\therefore \frac{dV}{dt}=\pi(6t^2+10t+4)=2\pi(3t^2+5t+2)$
따라서 $t=2$에서 원기둥의 부피의 변화율은
$2\pi(3\times2^2+5\times2+2)=48\pi$ (cm^3/s)

1369 답 ④

t초 후의 원기둥의 밑면의 반지름의 길이는 $(3+t)$ cm, 높이는 $(5-t)$ cm이므로 원기둥의 부피를 V cm^3라 하면
$V=\pi(3+t)^2(5-t)=\pi(-t^3-t^2+21t+45)$
$\therefore \frac{dV}{dt}=\pi(-3t^2-2t+21)$
원기둥의 반지름의 길이와 높이가 같아질 때의 시각 t는
$3+t=5-t$ $\therefore t=1$
따라서 $t=1$에서 원기둥의 부피의 변화율은
$\pi(-3-2+21)=16\pi$ (cm^3/s)

1370 답 ⑤

t초 후의 밑면의 한 변의 길이는 $(2+t)$ cm, 높이는 $(4+t)$ cm이므로 정사각뿔의 부피를 V cm^3라 하면
$V=\frac{1}{3}(2+t)^2(4+t)=\frac{1}{3}(t^3+8t^2+20t+16)$
$\therefore \frac{dV}{dt}=\frac{1}{3}(3t^2+16t+20)$
따라서 $t=3$에서 정사각뿔의 부피의 변화율은
$\frac{1}{3}\times(27+48+20)=\frac{95}{3}$ (cm^3/s)

1371 답 ④

t초 후의 그릇에 담긴 물의 높이는 t cm이므로 수면의 반지름의 길이를 r cm라 하면

$r:t=10:20 \qquad \therefore r=\frac{1}{2}t$

그릇에 담긴 물의 부피를 V cm^{3}라 하면

$V=\frac{\pi}{3}r^2t=\frac{\pi}{3}\left(\frac{1}{2}t\right)^2\times t=\frac{\pi}{12}t^3$

$\therefore \frac{dV}{dt}=\frac{\pi}{4}t^2$

따라서 $t=4$에서 물의 부피의 변화율은

$\frac{\pi}{4}\times 4^2=4\pi$ (cm^3/s)

1372 답 ⑤

t초 후의 직육면체 모양의 가로, 세로의 길이는 각각 $(3+t)$ cm, 높이는 $(9-t)$ cm $(0\le t<9)$이므로

직육면체의 부피를 $V(t)$ cm^{3}라 하면

$V(t)=(3+t)^2(9-t)=-t^3+3t^2+45t+81$

$V'(t)=-3t^2+6t+45=-3(t+3)(t-5)$

$V'(t)=0$인 t의 값은 $t=5$ ($\because 0\le t<9$)

$0\le t<9$에서 함수 $V(t)$의 증가, 감소를 표로 나타내면 다음과 같다.

t	0	$\cdots$	5	$\cdots$	9
$V'(t)$		+	0	−	
$V(t)$	81	↗	256 극대	↘	

직육면체의 부피가 줄어들기 시작한 순간은 $t=5$이므로 구하는 $t=6$에서 부피의 변화율은

$-3\times(6+3)\times(6-5)=-27$ (cm^3/s)

실수 Check

부피가 줄어들기 시작한 순간에서 1초 후의 부피의 변화율을 구하는 문제이므로 $t=5$에서의 변화율을 구하지 않도록 주의하자.

서술형 유형 익히기 292쪽~295쪽

1373 답 (1) 1 (2) 5 (3) 4 (4) 200 (5) 200 (6) 1 (7) 4 (8) 204

STEP1 $-1\le x\le 1$에서 $f(x)$의 값의 범위 구하기 [2점]

$f(x)=x^2-2x+2=(x-1)^2+1$

이므로 $-1\le x\le 1$에서

$\boxed{1}\le f(x)\le\boxed{5}$

STEP2 $f(x)=t$로 치환하고, $(g\circ f)(x)=g(t)$의 증가, 감소 조사하기 [4점]

$f(x)=t$라 하면 $1\le t\le 5$

$(g\circ f)(x)=g(f(x))=g(t)=t^3+3t^2$이므로

$g'(t)=3t^2+6t=3t(t+2)$

$1\le t\le 5$에서 함수 $g(t)$의 증가, 감소를 표로 나타내면 다음과 같다.

t	1	$\cdots$	5
$g'(t)$		+	
$g(t)$	$\boxed{4}$	↗	$\boxed{200}$

STEP3 $(g\circ f)(x)=g(t)$의 최댓값과 최솟값의 합 구하기 [2점]

함수 $g(t)$의 최댓값은 $g(5)=\boxed{200}$,

최솟값은 $g(\boxed{1})=\boxed{4}$이므로

함수 $(g\circ f)(x)$의 최댓값과 최솟값의 합은 $200+4=\boxed{204}$이다.

실제 답안 예시

y=(g∘f)(x)=g(f(x))
f(x)=x²-2x+2
f'(x)=2x-2
x=1에서 극소　　f(1)=1-2+2=1
x=-1에서 최대　　f(-1)=1+2+2=5
∴ 1≤f(x)≤5
g(x)=x³+3x²
g'(x)=3x²+6x
=3x(x+2)=0
∴ x=0 or x=-2
x=-2에서 극대, x=0에서 극소
g(x)의 그래프
따라서 f(x)=1일 때 y=(g∘f)가 최소
∴ g(1)=4 : 최소
f(x)=5일 때 y=(g∘f)가 최대
∴ g(5)=200 : 최대
∴ 204

1374 답 1

STEP1 $-1\le x\le 1$에서 $g(x)$의 값의 범위 구하기 [5점]

$g(x)=x^3+3x^2$에서

$g'(x)=3x^2+6x=3x(x+2)$

$g'(x)=0$인 x의 값은 $x=0$ ($\because -1\le x\le 1$) …… ⓐ

$-1\le x\le 1$에서 함수 $g(x)$의 증가, 감소를 표로 나타내면 다음과 같다.

x	−1	$\cdots$	0	$\cdots$	1
$g'(x)$		−	0	+	
$g(x)$	2	↘	0 극소	↗	4

…… ⓑ

함수 $g(x)$의 최솟값은 $g(0)=0$, 최댓값은 $g(1)=4$이므로

$0\le g(x)\le 4$

STEP2 $g(x)=t$로 치환하고, $(f\circ g)(x)=f(t)$의 최솟값 구하기 [3점]

$g(x)=t$라 하면 $0\le t\le 4$

$(f\circ g)(x)=f(g(x))=f(t)$

$=t^2-2t+2$

$=(t-1)^2+1$

따라서 $0\le t\le 4$에서 함수 $f(t)$의 최솟값은

$f(1)=1$

부분점수표	
ⓐ $g'(x)=0$인 x의 값을 구한 경우	2점
ⓑ 함수 $g(x)$의 증가, 감소를 바르게 나타낸 경우	2점

1375 답 최댓값 : 2, 최솟값 : -2

STEP 1 **$f(x)$의 값의 범위 구하기 [1점]**

$-1 \le \sin x \le 1$이므로 $-1 \le f(x) \le 1$

STEP 2 **$f(x)=t$로 치환하고, $(g \circ f)(x)=g(t)$의 증가, 감소 조사하기 [4점]**

$f(x)=t$라 하면 $-1 \le t \le 1$

$(g \circ f)(x)=g(f(x))=g(t)$

$=t^3-3t^2+2$

$g'(t)=3t^2-6t=3t(t-2)$

$g'(t)=0$인 t의 값은 $t=0$ ($\because -1 \le t \le 1$) …… ⓐ

$-1 \le t \le 1$에서 함수 $g(t)$의 증가, 감소를 표로 나타내면 다음과 같다.

t	-1	$\cdots$	0	$\cdots$	1
$g'(t)$		$+$	0	$-$	
$g(t)$	-2	↗	2 극대	↘	0

STEP 3 **$(g \circ f)(x)=g(t)$의 최댓값, 최솟값 구하기 [2점]**

따라서 함수 $(g \circ f)(x)=g(t)$의 최댓값은 $g(0)=2$,

최솟값은 $g(-1)=-2$이다. …… ⓑ

부분점수표	
ⓐ $g'(t)=0$인 t의 값을 구한 경우	2점
ⓑ 함수 $(g \circ f)(x)$의 최댓값, 최솟값 중에서 하나만 구한 경우	1점

1376 답 (1) 2 (2) $a-\frac{1}{3}$ (3) $a-\frac{1}{3}$ (4) $\frac{1}{3}$ (5) $\frac{1}{3}$

STEP 1 **$f(x)=\frac{1}{3}x^3-x^2+a+1$로 놓고, 함수 $f(x)$의 증가, 감소 조사하기 [4점]**

$f(x)=\frac{1}{3}x^3-x^2+a+1$이라 하면

$f'(x)=x^2-2x=x(x-2)$

$f'(x)=0$인 x의 값은 $x=2$ ($\because x>0$)

$x>0$에서 함수 $f(x)$의 증가, 감소를 표로 나타내면 다음과 같다.

x	0	$\cdots$	2	$\cdots$
$f'(x)$		$-$	0	$+$
$f(x)$		↘	$a-\frac{1}{3}$ 극소	↗

STEP 2 **함수 $f(x)$의 최솟값 구하기 [1점]**

$x>0$에서 함수 $f(x)$의 최솟값은

$f(\boxed{2})=\boxed{a-\frac{1}{3}}$

STEP 3 **$f(x) \ge 0$이 성립하도록 하는 실수 a의 최솟값 구하기 [2점]**

$x>0$인 모든 실수 x에 대하여 $f(x) \ge 0$이 성립하려면

$\boxed{a-\frac{1}{3}} \ge 0 \qquad \therefore a \ge \boxed{\frac{1}{3}}$

따라서 실수 a의 최솟값은 $\boxed{\frac{1}{3}}$이다.

실제 답안 예시

$y=\frac{1}{3}x^3-x^2+a+1$

$y'=x^2-2x=x(x-2)$

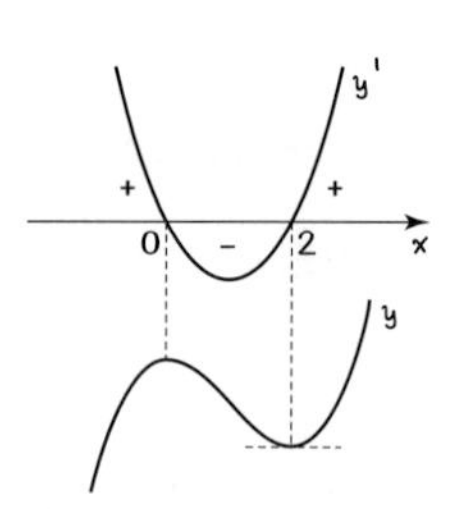

$y(2)=\frac{8}{3}-4+a+1=-\frac{1}{3}+a$

$-\frac{1}{3}+a \ge 0$

$\therefore a \ge \frac{1}{3}$

참고 $x>0$에서

함수 $f(x)=\frac{1}{3}x^3-x^2+a+1$의 그래프의 개형은 그림과 같으므로 $x=2$에서 최솟값을 갖는다.

서술형에서 증가, 감소를 조사하여 표 또는 그래프로 나타내어 설명해야 한다.

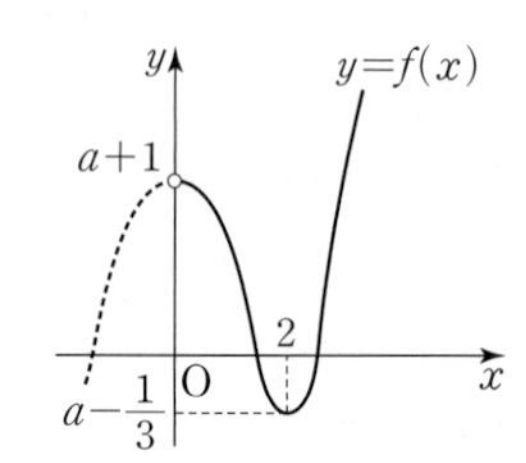

1377 답 $-\frac{8}{3}$

STEP 1 **$f(x)=-\frac{1}{3}x^3-2x^2+5x+a$로 놓고, 함수 $f(x)$의 증가, 감소 조사하기 [4점]**

$f(x)=-\frac{1}{3}x^3-2x^2+5x+a$라 하면

$f'(x)=-x^2-4x+5=-(x+5)(x-1)$

$f'(x)=0$인 x의 값은 $x=1$ ($\because x>0$) …… ⓐ

$x>0$에서 함수 $f(x)$의 증가, 감소를 표로 나타내면 다음과 같다.

x	0	$\cdots$	1	$\cdots$
$f'(x)$		$+$	0	$-$
$f(x)$		↗	$a+\frac{8}{3}$ 극대	↘

STEP 2 **함수 $f(x)$의 최댓값 구하기 [1점]**

$x>0$에서 함수 $f(x)$의 최댓값은

$f(1)=a+\frac{8}{3}$

STEP 3 **$f(x) \le 0$이 성립하도록 하는 실수 a의 최댓값 구하기 [2점]**

$x>0$인 모든 실수 x에 대하여 $f(x) \le 0$이 성립하려면

$a+\frac{8}{3} \le 0 \qquad \therefore a \le -\frac{8}{3}$

따라서 실수 a의 최댓값은 $-\frac{8}{3}$이다.

부분점수표	
ⓐ $f'(x)=0$인 x의 값을 구한 경우	2점

참고 부등식 $\frac{1}{3}x^3+2x^2-5x-a \ge 0$으로 바꾼 경우

$f(x)=\frac{1}{3}x^3+2x^2-5x-a$라 하고, $f(x) \ge 0$이 성립하려면

$f(x)$의 최솟값이 0보다 크거나 같음을 이용하여 실수 a의 최댓값을 구하면 된다.

1378 답 $\frac{1}{4}$

STEP 1 $f(x)=\frac{1}{4}x^4+\frac{1}{2}x^2-2x+1+a$로 놓고, 함수 $f(x)$의 증가, 감소 조사하기 [4점]

$f(x)=\frac{1}{4}x^4+\frac{1}{2}x^2-2x+1+a$라 하면

$f'(x)=x^3+x-2=(x-1)(x^2+x+2)$

$f'(x)=0$인 x의 값은 $x=1$ ($\because x^2+x+2>0$) …… ⓐ

함수 $f(x)$의 증가, 감소를 표로 나타내면 다음과 같다.

x	$\cdots$	1	$\cdots$
$f'(x)$	$-$	0	$+$
$f(x)$	↘	$a-\frac{1}{4}$ 극소	↗

STEP 2 함수 $f(x)$의 최솟값 구하기 [1점]

함수 $f(x)$의 최솟값은

$f(1)=a-\frac{1}{4}$

STEP 3 $f(x)\geq 0$이 성립하도록 하는 실수 a의 최솟값 구하기 [2점]

모든 실수 x에 대하여 $f(x)\geq 0$이 성립하려면

$a-\frac{1}{4}\geq 0 \quad \therefore a\geq\frac{1}{4}$

따라서 실수 a의 최솟값은 $\frac{1}{4}$이다.

부분점수표	
ⓐ $f'(x)=0$인 x의 값을 구한 경우	2점

1379 답 (1) $4t-8$ (2) $4t-8$ (3) 2 (4) 3

STEP 1 두 점 P, Q의 속도를 식으로 나타내기 [2점]

두 점 P, Q의 시각 t에서의 속도는 각각

$f'(t)=2t-6$, $g'(t)=\boxed{4t-8}$

STEP 2 두 점이 서로 반대 방향으로 움직이는 시각 t의 값의 범위 구하기 [4점]

두 점 P, Q가 서로 반대 방향으로 움직이려면

$f'(t)g'(t)<0$이어야 하므로

$(2t-6)(\boxed{4t-8})<0$, $8(t-3)(t-2)<0$

따라서 시각 t의 값의 범위는

$\boxed{2}<t<\boxed{3}$

실제 답안 예시

$v_P=f'(t)=2t-6$

$v_Q=g'(t)=4t-8$

$v_P\cdot v_Q<0$ → $8(t-3)(t-2)<0$

→ $2<t<3$

1380 답 $0<t<3$

STEP 1 두 점 P, Q의 속도를 식으로 나타내기 [2점]

두 점 P, Q의 시각 t에서의 속도는 각각

$f'(t)=2t+2$, $g'(t)=t-3$

STEP 2 두 점이 서로 반대 방향으로 움직이는 시각 t의 값의 범위 구하기 [4점]

두 점 P, Q가 서로 반대 방향으로 움직이려면

$f'(t)g'(t)<0$이어야 하므로

$(2t+2)(t-3)<0$, $2(t+1)(t-3)<0$ …… ⓐ

이때 $t>0$이므로 시각 t의 값의 범위는

$0<t<3$

부분점수표	
ⓐ t의 값의 범위를 구하는 부등식을 세운 경우	2점

오답 분석

두 점 P, Q의 시각 t에서의 속도는 각각

$f'(t)=2t+2$, $g'(t)=t-3$ 2점

두 점 P, Q가 서로 반대 방향으로 움직이려면

$f'(t)g'(t)<0$이어야 하므로

$(2t+2)(t-3)<0$ 2점

$\therefore -1<t<3$ → t의 값의 범위를 잘못 구함

▶ 6점 중 4점 얻음.

시각 t는 음수가 될 수 없으므로 $t>0$인 범위만 구해야 한다.

1381 답 12

STEP 1 점 P의 속도 v를 식으로 나타내기 [2점]

점 P의 시각 t에서의 속도를 v라 하면

$v=\frac{dx}{dt}=3t^2-12t+k$

STEP 2 운동 방향이 바뀌지 않을 조건 구하기 [2점]

점 P가 출발한 후 운동 방향이 바뀌지 않아야 하므로

$t>0$에서 v의 부호가 바뀌지 않아야 한다.

즉, $v\geq 0$이어야 하므로 (v의 최솟값)≥ 0

STEP 3 상수 k의 최솟값 구하기 [3점]

$v=3t^2-12t+k=3(t-2)^2+k-12$에서

속도는 $t=2$일 때 최소이므로

$k-12\geq 0 \quad \therefore k\geq 12$

따라서 상수 k의 최솟값은 12이다.

참고 $v=3t^2-12t+k\geq 0$이어야 하므로

이차방정식 $v=0$의 판별식을 D라 할 때, $D\leq 0$임을 이용하여 k의 값의 범위를 구할 수도 있다.

1382 답 2초

STEP 1 두 점 P, Q의 속도를 식으로 나타내기 [2점]

두 점 P, Q의 시각 t에서의 속도는 각각

$f'(t)=2t-2$, $g'(t)=t-3$ …… ⓐ

STEP 2 두 점이 만나는 시각 구하기 [3점]

두 점 P, Q가 만나는 시각은

$t^2-2t-11=\frac{1}{2}t^2-3t+1$ → 위치가 같다.

$\frac{1}{2}t^2+t-12=0$, $t^2+2t-24=0$

$(t+6)(t-4)=0 \quad \therefore t=4$ ($\because t>0$)

STEP3 두 점이 서로 같은 방향으로 움직인 시각 t의 값의 범위 구하기 [3점]

두 점 P, Q가 서로 같은 방향으로 움직이려면

$f'(t)g'(t)>0$이어야 하므로 …… ⓑ

$(2t-2)(t-3)>0$

$\therefore 0<t<1$ 또는 $3<t<4$ ($\because 0<t<4$)

STEP4 두 점이 서로 같은 방향으로 움직인 시간 구하기 [1점]

따라서 두 점이 서로 같은 방향으로 움직인 시간은 2초이다.

부분점수표	
ⓐ 두 점 P, Q의 속도 중에서 하나만 구한 경우	1점
ⓑ 두 점이 서로 같은 방향으로 움직일 조건을 아는 경우	1점

1383 답 (1) $2+2t$ (2) $1+t$ (3) 5 (4) 10 (5) $10t+10$ (6) 30

STEP1 t초 후의 넓이의 합 S를 식으로 나타내기 [3점]

t초 후 정사각형 A_1의 한 변의 길이는 $\boxed{2+2t}$,

정사각형 A_2의 한 변의 길이는 $\boxed{1+t}$이므로

t초 후 두 정사각형의 넓이의 합은

$S=(2+2t)^2+(1+t)^2$

$=\boxed{5}t^2+\boxed{10}t+5$

STEP2 넓이의 합 S의 변화율 구하기 [2점]

넓이의 합 S의 시각 t에 대한 변화율은

$\dfrac{dS}{dt}=\boxed{10t+10}$

STEP3 $t=2$에서 넓이의 합 S의 변화율 구하기 [2점]

따라서 $t=2$에서 S의 변화율은

$10\times2+10=\boxed{30}$

실제 답안 예시

시간을 t로 놓으면

A_1 한 변의 길이: 2+2t

A_2 한 변의 길이: 1+t

$S(t)=(2+2t)^2+(1+t)^2$

$=5t^2+10t+5$

S의 변화율

$S'(t)=10t+10$

$\therefore S'(2)=30$

1384 답 50

STEP1 t초 후의 넓이의 합 S를 식으로 나타내기 [3점]

t초 후 정사각형 A_1의 한 변의 길이는 $4+t$,

정사각형 A_2의 한 변의 길이는 $3+2t$이므로 …… ⓐ

t초 후 두 정사각형의 넓이의 합은

$S=(4+t)^2+(3+2t)^2$

$=(t^2+8t+16)+(4t^2+12t+9)$

$=5t^2+20t+25$

STEP2 넓이의 변화율 구하기 [2점]

넓이의 합 S의 시각 t에 대한 변화율은

$\dfrac{dS}{dt}=10t+20$

STEP3 넓이의 합이 130이 될 때의 시각 구하기 [2점]

넓이의 합이 130이 될 때의 시각 t는

$5t^2+20t+25=130$, $t^2+4t-21=0$

$(t+7)(t-3)=0 \quad \therefore t=3$ ($\because t>0$)

STEP4 넓이의 합이 130이 될 때의 넓이의 변화율 구하기 [1점]

따라서 $t=3$에서 넓이의 합 S의 변화율은

$10\times3+20=50$

부분점수표	
ⓐ 두 정사각형 A_1, A_2의 한 변의 길이를 구한 경우	각 0.5점

1385 답 16

STEP1 $\overline{OP}^2$을 식으로 나타내기 [4점]

$t=0$에서 점 P의 좌표는 $(1, 1)$

점 P는 매초 1의 속도로 움직이므로 점 P의 좌표는

(i) $0\le t<2$에서 $P(1, 1-t)$이므로

$\overline{OP}^2=t^2-2t+2$

(ii) $2\le t<4$에서 $P(3-t, -1)$이므로

$\overline{OP}^2=t^2-6t+10$

(iii) $4\le t<6$에서 $P(-1, -5+t)$이므로

$\overline{OP}^2=t^2-10t+26$

(iv) $6\le t\le8$에서 $P(-7+t, 1)$이므로

$\overline{OP}^2=t^2-14t+50$ …… ⓐ

STEP2 $\overline{OP}^2$의 변화율 구하기 [4점]

$0\le t<2$에서 $\overline{OP}^2$의 시각 t에 대한 변화율은

$(t^2-2t+2)'=2t-2$

나머지 경우에서도 시각 t에 대한 변화율은 각각

$2t-6$, $2t-10$, $2t-14$ …… ⓑ

STEP3 $\overline{OP}^2$의 변화율이 0인 시각 t의 값의 합 구하기 [2점]

따라서 $\overline{OP}^2$의 변화율이 0인 시각은

$t=1$, $t=3$, $t=5$, $t=7$ …… ⓒ

이므로 모든 시각 t의 값의 합은 16이다.

부분점수표	
ⓐ 각 범위에서의 $\overline{OP}^2$ 중에서 일부를 구한 경우	각 1점
ⓑ 각 범위에서의 $\overline{OP}^2$의 변화율 중에서 일부를 구한 경우	각 0.5점
ⓒ $\overline{OP}^2$의 변화율이 0인 시각 중에서 일부를 구한 경우	각 0.5점

참고 점 P는 정사각형 위를 일정한 속도로 움직이므로

각 변에서 $\overline{OP}^2$의 변화율은 같다.

즉, $0\le t<2$에서 $\overline{OP}^2$의 변화율이 0인 시각은 $t=1$이므로

$2\le t<4$에서는 $t=3$일 때, $4\le t<6$에서는 $t=5$일 때, $6\le t\le8$에서는 $t=7$

일 때 $\overline{OP}^2$의 변화율이 0이 된다.

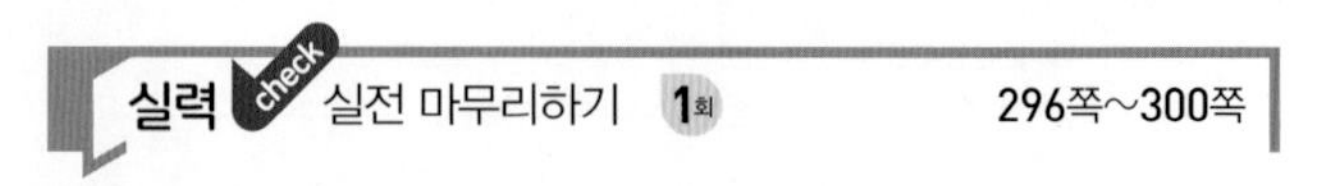

1 1386 답 ③ 유형1

출제의도 | 닫힌구간에서 함수의 최댓값을 구할 수 있는지 확인한다.

닫힌구간에서의 최댓값은 극댓값과 구간의 양 끝 점 중에 있어.

$f(x)=-2x^3+3x^2+1$에서

$f'(x)=-6x^2+6x=-6x(x-1)$

$f'(x)=0$인 x의 값은 $x=0$ 또는 $x=1$

닫힌구간 $[0, 2]$에서 함수 $f(x)$의 증가, 감소를 표로 나타내면 다음과 같다.

x	0	$\cdots$	1	$\cdots$	2
$f'(x)$	0	+	0	−	
$f(x)$	1	↗	2 극대	↘	−3

따라서 함수 $f(x)$의 최댓값은

$f(1)=2$

2 1387 답 ⑤ 유형 7 + 유형 9

출제의도 | 극값을 이용하여 삼차방정식의 실근의 개수를 구할 수 있는지 확인한다.

삼차방정식 $f(x)=0$에서 $f'(x)=0$인 x의 값이 α, β일 때, $f(\alpha)f(\beta)<0$이면 서로 다른 세 실근을 가져.

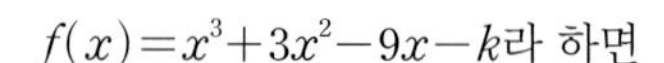

$f(x)=x^3+3x^2-9x-k$라 하면

$f'(x)=3x^2+6x-9=3(x+3)(x-1)$

$f'(x)=0$인 x의 값은 $x=-3$ 또는 $x=1$

삼차방정식 $f(x)=0$이 서로 다른 세 실근을 가지려면

$f(-3)f(1)<0$이어야 하므로

$(27-k)(-5-k)<0$, $(k+5)(k-27)<0$

$\therefore -5<k<27$

따라서 정수 k는 -4, -3, -2, $\cdots$, 26의 31개이다.

다른 풀이

$x^3+3x^2-9x-k=0$에서

$x^3+3x^2-9x=k$

$f(x)=x^3+3x^2-9x$라 하면

$f'(x)=3x^2+6x-9=3(x+3)(x-1)$

$f'(x)=0$인 x의 값은 $x=-3$ 또는 $x=1$

함수 $f(x)$의 증가와 감소를 표로 나타내면 다음과 같다.

x	$\cdots$	−3	$\cdots$	1	$\cdots$
$f'(x)$	+	0	−	0	+
$f(x)$	↗	27 극대	↘	−5 극소	↗

함수 $y=f(x)$의 그래프는 그림과 같다.

방정식 $f(x)=k$가 서로 다른 세 실근을 가지려면 함수 $y=f(x)$의 그래프와 직선 $y=k$가 세 점에서 만나야 하므로

$-5<k<27$

따라서 정수 k는 -4, -3, -2, $\cdots$, 26의 31개이다.

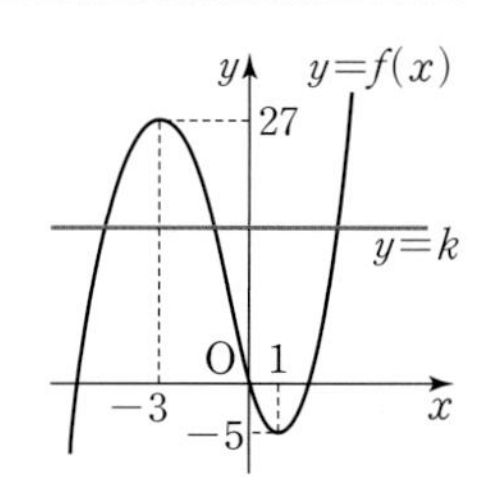

3 1388 답 ⑤ 유형 20

출제의도 | 위치와 속도의 관계를 알고 있는지 확인한다.

시각 t에서의 위치가 $x=t^3+t^2$일 때, 속도는 $v=3t^2+2t$야.

점 P의 시각 t에서의 속도를 v라 하면

$v=\frac{dx}{dt}=3t^2+2t$

따라서 $t=1$에서의 점 P의 속도는

$3+2=5$

4 1389 답 ④ 유형 20

출제의도 | 위치가 주어졌을 때, 속도가 최소일 때의 시각을 구할 수 있는지 확인한다.

위치 x를 시각 t에 대하여 미분하면 속도를 구할 수 있어.

점 P의 시각 t에서의 속도를 v라 하면

$v=\frac{dx}{dt}=6t^2-16t+11$

$=6\left(t-\frac{4}{3}\right)^2+\frac{1}{3}$

따라서 속도가 최소가 될 때의 시각은 $t=\frac{4}{3}$이다.

다른 풀이

점 P의 시각 t에서의 속도를 v라 하면

$v=\frac{dx}{dt}=6t^2-16t+11$

$v'=12t-16=12\left(t-\frac{4}{3}\right)$

$v'=0$인 t의 값은 $t=\frac{4}{3}$

함수 $v(t)$의 증가와 감소를 표로 나타내면 다음과 같다.

t	$\cdots$	$\frac{4}{3}$	$\cdots$
$v'(t)$	−	0	+
$v(t)$	↘	극소	↗

따라서 함수 $v(t)$는 $t=\frac{4}{3}$에서 최솟값을 갖는다.

5 1390 답 ① 유형 21

출제의도 | 운동 방향이 바뀌는 조건을 알고 있는지 확인한다.

운동 방향을 바꾸는 순간의 속도는 0이야.

점 P의 시각 t에서의 속도를 v라 하면

$v=\frac{dx}{dt}=6t-6$

점 P가 운동 방향을 바꾸는 순간의 속도는 0이므로

$6t-6=0 \qquad \therefore t=1$

6 1391 답 ⑤ 유형 23

출제의도 | 지면에서 수직으로 쏘아 올린 물체의 속도와 높이 사이의 관계를 이해하는지 확인한다.

쏘아 올린 물체의 속도는 점점 줄어 들고, 속도가 0이 될 때가 가장 높이 올라간 거야.

물 로켓의 t초 후의 속도를 v m/s라 하면

$v=\frac{dh}{dt}=-10t+40$

물 로켓이 최고 지점에 도달했을 때의 속도는 0이므로

$-10t+40=0 \qquad \therefore t=4$

따라서 $t=4$에서 물 로켓의 지면으로부터 높이는

$-5\times4^2+40\times4+45=125\,(\mathrm{m})$

7 1392 답 ⑤ 유형 25

출제의도 | 시각에 대한 속도를 나타낸 그래프를 해석할 수 있는지 확인한다.

$v(t)>0$이면 양의 방향, $v(t)<0$이면 음의 방향으로 운동하고 $v(t)=0$일 때 정지해.

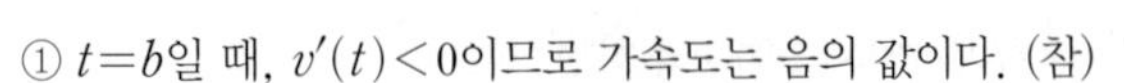

① $t=b$일 때, $v'(t)<0$이므로 가속도는 음의 값이다. (참)

② $a<t<b$에서 속도 $v(t)$는 감소한다. (참)

③ $0<t<d$에서 $t=b$일 때 운동 방향을 바꾼다. (참)

④ $d<t<e$에서 $v(t)$는 직선이고, $v'(t)$의 값이 일정하므로 가속도는 일정하다. (참)

⑤ $c<t<d$에서 점 P는 일정한 속도로 운동한다. (거짓)

따라서 옳지 않은 것은 ⑤이다.

8 1393 답 ③ 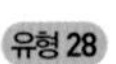 유형 28

출제의도 | 시각에 대한 부피의 변화율을 구할 수 있는지 확인한다.

t초 후 정육면체의 각 모서리의 길이는 $(a+t)$ cm야.

t초 후의 정육면체의 각 모서리의 길이는 $(a+t)$ cm이므로 t초 후의 정육면체의 부피를 $V\,\mathrm{cm}^3$라 하면

$V=(a+t)^3 \qquad \therefore \dfrac{dV}{dt}=3(a+t)^2$

$t=3$에서 정육면체의 부피의 변화율이 $108\,\mathrm{cm}^3/\mathrm{s}$이므로

$3(a+3)^2=108,\ (a+3)^2=36$

$a+3=6\ (\because a>0)$

$\therefore a=3$

9 1394 답 ③  유형 3

출제의도 | 함수의 최대, 최소를 이용하여 미정계수를 구할 수 있는지 확인한다.

$f(x)$의 극값과 구간의 양 끝 점의 함숫값을 구하고, a의 부호가 정해지지 않았으므로 최솟값을 이용하여 a의 값을 구해야 해.

$f(x)=ax^3-9ax^2$에서

$f'(x)=3ax^2-18ax=3ax(x-6)$

$f'(x)=0$인 x의 값은 $x=0$ 또는 $x=6$

닫힌구간 $[-3,\ 3]$에서 $f(x)$의 최솟값이 -54이므로

$f(-3),\ f(0),\ f(3)$ 중 하나의 값이 -54이다.

$f(0)=0,\ f(3)=-54a,\ f(-3)=-108a$이고

$a\le0$인 경우 최솟값이 0이므로 조건에 맞지 않는다.

즉, $a>0$이고 이때 $-54a>-108a$이므로

최솟값은 $f(-3)=-108a$

따라서 $-108a=-54$이므로

$a=\dfrac{1}{2}$

10 1395 답 ④ 유형 5

출제의도 | 함수의 최대, 최소를 활용하여 넓이의 최댓값을 구할 수 있는지 확인한다.

$y=1-x^2$의 그래프를 그리면 내접하는 직사각형의 한 꼭짓점은 점 $(a,\ 1-a^2)$이야.

그림과 같이 직사각형 ABCD의 꼭짓점 A의 좌표를 $(a,\ 1-a^2)(0<a<1)$이라 하면

$\mathrm{B}(-a,\ 1-a^2),\ \mathrm{C}(-a,\ 0),\ \mathrm{D}(a,\ 0)$

직사각형 ABCD의 넓이를 $S(a)$라 하면

$S(a)=\overline{\mathrm{CD}}\times\overline{\mathrm{AD}}$

$\quad=2a\times(1-a^2)$

$\quad=-2a^3+2a$

$S'(a)=-6a^2+2=-6\left(a+\dfrac{\sqrt{3}}{3}\right)\left(a-\dfrac{\sqrt{3}}{3}\right)$

$S'(a)=0$인 a의 값은 $a=\dfrac{\sqrt{3}}{3}\ (\because 0<a<1)$

$0<a<1$에서 함수 $S(a)$의 증가, 감소를 표로 나타내면 다음과 같다.

a	0	$\cdots$	$\dfrac{\sqrt{3}}{3}$	$\cdots$	1
$S'(a)$		$+$	0	$-$	
$S(a)$		↗	$\dfrac{4\sqrt{3}}{9}$ 극대	↘	

따라서 직사각형 ABCD의 넓이 $S(a)$의 최댓값은

$S\left(\dfrac{\sqrt{3}}{3}\right)=\dfrac{4\sqrt{3}}{9}$

11 1396 답 ③ 유형 10

출제의도 | 사차방정식의 실근의 개수를 구할 수 있는지 확인한다.

방정식 $f(x)=k$의 실근의 개수는 곡선 $y=f(x)$와 직선 $y=k$의 교점의 개수와 같아.

(나)에서 $f(2)=f'(2)=0$이므로 함수 $f(x)$의 그래프는 $x=2$에서 x축에 접한다. → $f(x)=A(x-2)^2$ 꼴이다.

또, (가)에서 $f(x)=f(-x)$이므로 함수 $f(x)$의 그래프는 y축에 대하여 대칭이다.

즉, 함수 $f(x)$의 그래프는 $x=-2$에서도 x축에 접하므로

$f(-2)=f'(-2)=0$ → $f(x)=B(x+2)^2$ 꼴이다.

$\therefore f(x)=(x-2)^2(x+2)^2$

함수 $y=f(x)$의 그래프는 그림과 같다.

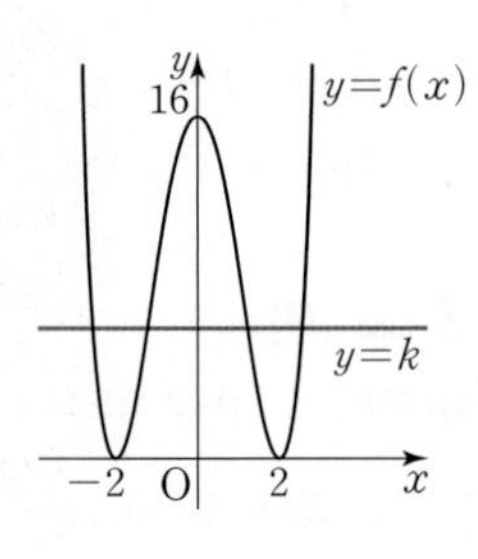

방정식 $f(x)=k$의 실근이 4개이려면 함수 $y=f(x)$의 그래프와 직선 $y=k$가 서로 다른 네 점에서 만나야 하므로

$0<k<16$

따라서 정수 k는 $1,\ 2,\ 3,\ \cdots,\ 15$의 15개이다.

12 1397 답 ② 유형 16

출제의도 | 주어진 구간에서 부등식이 성립하도록 미정계수를 정할 수 있는지 확인한다.

> 주어진 구간에서 부등식 $f(x)\ge 0$이 성립하려면 ($f(x)$의 최솟값)≥ 0이어야 해.

$f(x)=x^3-3x^2+k$라 하면

$f'(x)=3x^2-6x=3x(x-2)$

$f'(x)=0$인 x의 값은 $x=0$ 또는 $x=2$

$x\ge -1$에서 함수 $f(x)$의 증가, 감소를 표로 나타내면 다음과 같다.

x	-1	$\cdots$	0	$\cdots$	2	$\cdots$
$f'(x)$		$+$	0	$-$	0	$+$
$f(x)$	$k-4$	↗	k 극대	↘	$k-4$ 극소	↗

$x\ge -1$에서 함수 $f(x)$의 최솟값은 $f(-1)=f(2)=k-4$이므로 $f(x)\ge 0$이 성립하려면

$k-4\ge 0 \qquad \therefore k\ge 4$

따라서 실수 k의 최솟값은 4이다.

13 1398 답 ② 유형 17

출제의도 | 모든 실수 x에 대하여 부등식이 성립하도록 미정계수를 정할 수 있는지 확인한다.

> 부등식 $f(x)\ge 0$이 항상 성립하려면 ($f(x)$의 최솟값)≥ 0이어야 해.

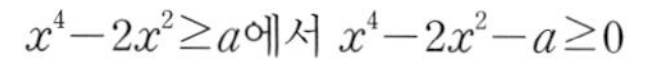

$x^4-2x^2\ge a$에서 $x^4-2x^2-a\ge 0$

$f(x)=x^4-2x^2-a$라 하면

$f'(x)=4x^3-4x=4x(x-1)(x+1)$

$f'(x)=0$인 x의 값은 $x=-1$ 또는 $x=0$ 또는 $x=1$

함수 $f(x)$의 증가, 감소를 표로 나타내면 다음과 같다.

x	$\cdots$	-1	$\cdots$	0	$\cdots$	1	$\cdots$
$f'(x)$	$-$	0	$+$	0	$-$	0	$+$
$f(x)$	↘	$-1-a$ 극소	↗	$-a$ 극대	↘	$-1-a$ 극소	↗

함수 $f(x)$의 최솟값은 $f(-1)=f(1)=-1-a$이므로 모든 실수 x에 대하여 $f(x)\ge 0$이 성립하려면

$-1-a\ge 0 \qquad \therefore a\le -1$

따라서 실수 a의 최댓값은 -1이다.

14 1399 답 ① 유형 22

출제의도 | 수직선 위를 움직이는 두 점의 속도와 이동 방향의 관계를 알고 있는지 확인한다.

> $f'(t)g'(t)<0$일 때, 두 물체가 서로 반대 방향으로 움직여.

$f(2)=-4$, $g(2)=6+2a$이고

$t=2$에서 $f(2)=g(2)$이므로

$-4=6+2a \qquad \therefore a=-5$

즉, $f(t)=t^2-4t$, $g(t)=t^2-5t+2$이므로

$f'(t)=2t-4$, $g'(t)=2t-5$

두 점 P, Q가 서로 반대 방향으로 움직이면 속도의 부호가 반대이므로 $f'(t)g'(t)<0$에서

$(2t-4)(2t-5)<0$, $2(t-2)(2t-5)<0$

$\therefore 2<t<\frac{5}{2}$

따라서 $\alpha=2$, $\beta=\frac{5}{2}$이므로 $\alpha+\beta=\frac{9}{2}$

15 1400 답 ① 유형 2

출제의도 | 합성함수의 최댓값을 구할 수 있는지 확인한다.

> $g(x)=t$라 놓고, t의 값의 범위를 구한 다음 $f(t)$의 최댓값을 구해야 해.

$(f\circ g)(x)=f(g(x))$이므로

$g(x)=t$라 하면

$-x^2+3\le 3$이므로 $t\le 3$

$f(t)=t^3-12t$에서

$f'(t)=3t^2-12=3(t+2)(t-2)$

$f'(t)=0$인 t의 값은 $t=-2$ 또는 $t=2$

$t\le 3$에서 함수 $f(t)$의 증가, 감소를 표로 나타내면 다음과 같다.

t	$\cdots$	-2	$\cdots$	2	$\cdots$	3
$f'(t)$	$+$	0	$-$	0	$+$	
$f(t)$	↗	16 극대	↘	-16 극소	↗	-9

따라서 함수 $f(t)$의 최댓값은 $f(-2)=16$이므로

함수 $(f\circ g)(x)$의 최댓값은 16이다.

16 1401 답 ⑤ 유형 6

출제의도 | 최대, 최소를 활용하여 문제를 해결할 수 있는지 확인한다.

> 부피를 높이에 대한 식으로 정리해 봐.

그림과 같이 사각기둥의 밑면인 정사각형의 한 변의 길이를 x, 사각기둥의 높이를 h라 하면

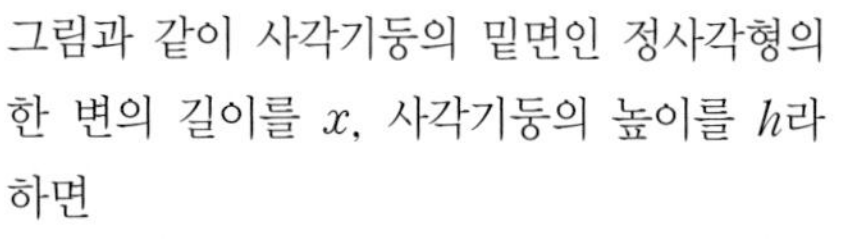

$\left(\frac{\sqrt{2}}{2}x\right)^2+\left(\frac{h}{2}\right)^2=4^2$에서

$x^2=32-\frac{h^2}{2}$ $(0<h<8)$

→ 정사각형의 대각선의 길이의 $\frac{1}{2}$이다.

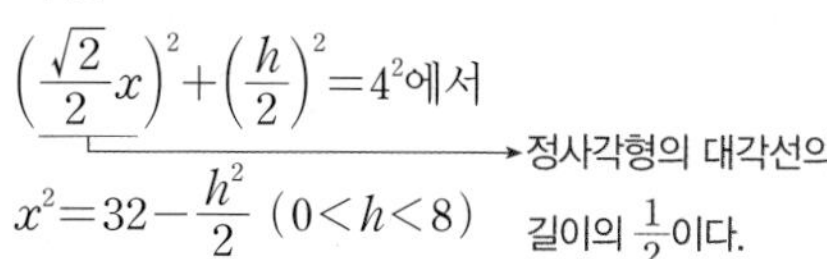

사각기둥의 부피를 $V(h)$라 하면

$V(h)=x^2h=\left(32-\frac{h^2}{2}\right)h$

$=32h-\frac{h^3}{2}$

$V'(h)=32-\frac{3}{2}h^2=-\frac{3}{2}\left(h^2-\frac{64}{3}\right)$

$=-\frac{3}{2}\left(h+\frac{8\sqrt{3}}{3}\right)\left(h-\frac{8\sqrt{3}}{3}\right)$

$V'(h)=0$인 h의 값은 $h=\frac{8\sqrt{3}}{3}$ $(\because h>0)$

$0<h<8$에서 함수 $V(h)$의 증가, 감소를 표로 나타내면 다음과 같다.

h	0	$\cdots$	$\frac{8\sqrt{3}}{3}$	$\cdots$	8
$V'(h)$		$+$	0	$-$	
$V(h)$		$\nearrow$	극대	$\searrow$	

함수 $V(h)$는 $h=\frac{8\sqrt{3}}{3}$에서 최댓값을 가지므로

사각기둥의 부피가 최대일 때의 높이는 $\frac{8\sqrt{3}}{3}$이다.

17 1402 답 ④ 유형 8

출제의도 | 삼차함수의 그래프를 이용하여 삼차방정식의 실근의 부호를 알 수 있는지 확인한다.

$y=x^3-12x+8$의 그래프와 $y=k$의 그래프의 교점을 생각해 봐.

$x^3-12x+8-k=0$에서 $x^3-12x+8=k$

$f(x)=x^3-12x+8$이라 하면

$f'(x)=3x^2-12=3(x+2)(x-2)$

$f'(x)=0$인 x의 값은 $x=-2$ 또는 $x=2$

함수 $f(x)$의 증가, 감소를 표로 나타내면 다음과 같다.

x	$\cdots$	-2	$\cdots$	2	$\cdots$
$f'(x)$	$+$	0	$-$	0	$+$
$f(x)$	$\nearrow$	24 극대	$\searrow$	-8 극소	$\nearrow$

함수 $y=f(x)$의 그래프는 그림과 같다.

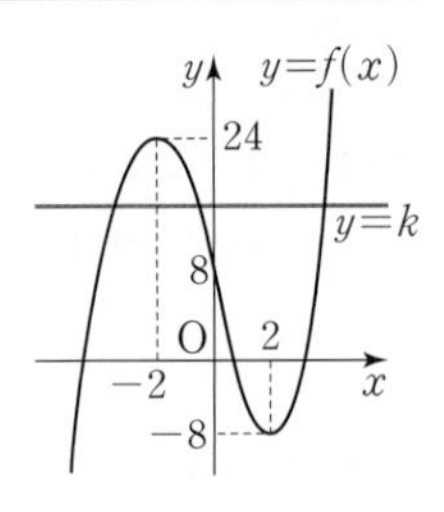

삼차방정식 $f(x)=k$가 서로 다른 두 개의 음의 근과 한 개의 양의 근을 가지려면 함수 $y=f(x)$의 그래프와 직선 $y=k$의 교점의 x좌표가 두 개는 음수이고, 한 개는 양수이어야 하므로

$8<k<24$

따라서 $\alpha=8$, $\beta=24$이므로

$\beta-\alpha=24-8=16$

18 1403 답 ② 유형 14

출제의도 | 합성함수의 그래프를 이용하여 방정식의 실근의 개수를 구할 수 있는지 확인한다.

$f(x)=t$라 할 때, $g(t)=0$의 실근의 개수를 구하면 돼.

$f(x)=x^2-2x+2=(x-1)^2+1\geq1$이므로

$f(x)\geq1$

$f(x)=t$라 하면 $t\geq1$

$(g\circ f)(x)=g(f(x))=g(t)=t^3-3t^2+1$이므로

$g'(t)=3t^2-6t=3t(t-2)$

$g'(t)=0$인 t의 값은 $t=2$ ($\because t\geq1$)

$t\geq1$에서 함수 $g(t)$의 증가, 감소를 표로 나타내면 다음과 같다.

t	1	$\cdots$	2	$\cdots$
$g'(t)$		$-$	0	$+$
$g(t)$	-1	$\searrow$	-3 극소	$\nearrow$

함수 $y=g(t)$의 그래프는 그림과 같다.

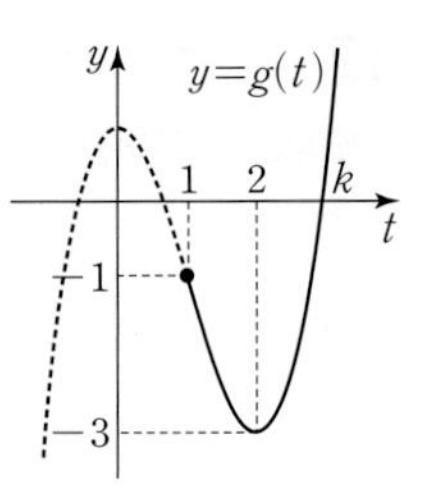

방정식 $g(t)=0$의 실근을 $t=k(k>2)$라 하면 방정식 $f(x)=k$의 실근은 2개이다.

즉, 방정식 $(g\circ f)(x)=0$의 실근은 2개이다.

19 1404 답 ③ 유형 7

출제의도 | 시각에 대한 넓이의 변화율을 구할 수 있는지 확인한다.

시각 $t=a$에서 넓이 $S(t)$의 변화율은 $S'(a)$야.

(i) $0<t<2$인 경우

점 P는 변 OA 위에 있으므로 $P\left(\frac{t}{2}, \frac{\sqrt{3}}{2}t\right)$

$\triangle APQ=\triangle AOQ-\triangle POQ$이므로

$S(t)=\frac{1}{2}\times4\times\sqrt{3}-\frac{1}{2}\times4\times\frac{\sqrt{3}}{2}t$

$=-\sqrt{3}t+2\sqrt{3}$

(ii) $2\leq t<4$인 경우

점 P는 변 AB 위에 있으므로

$P\left(\frac{t}{2}, 2\sqrt{3}-\frac{\sqrt{3}}{2}t\right)$

$\triangle APQ=\triangle ABQ-\triangle PBQ$이므로

$S(t)=\frac{1}{2}\times2\times\sqrt{3}-\frac{1}{2}\times2\times\left(2\sqrt{3}-\frac{\sqrt{3}}{2}t\right)$

$=\frac{\sqrt{3}}{2}t-\sqrt{3}$

ㄱ. $0<t<2$에서 $S(t)$의 변화율은

$S'(t)=-\sqrt{3}$ (참)

ㄴ. $2<t<4$에서 $S(t)$의 변화율은

$S'(t)=\frac{\sqrt{3}}{2}$ (거짓)

ㄷ. $0<t<4$에서 함수 $S(t)$의 증가, 감소를 표로 나타내면 다음과 같다.

t	0	$\cdots$	2	$\cdots$	4
$S'(t)$		$-$		$+$	
$S(t)$		$\searrow$	0 극소	$\nearrow$	

즉, 함수 $S(t)$는 $t=2$에서 극소이다. (참)

따라서 옳은 것은 ㄱ, ㄷ이다.

참고 함수 $S(t)$는 $t=2$에서 미분가능하지 않지만 $t=2$의 좌우에서 $S'(t)$의 부호가 바뀌므로 $t=2$에서 극소이다.

20 1405 답 ① 유형 12

출제의도 | 주어진 조건에 따라 방정식의 실근의 개수를 할 수 있는지 확인한다.

$f(x)=x(x^2+ax+b)$이면 $f'(0)=0$이니까 $f'(x)=0$인 x의 값을 찾을 수 있어.

(가)에서 $f(0)=g(0)=0$이므로

$g(x)=f(x)+|f'(x)|$에 $x=0$을 대입하면

$f'(0)=0$

$f(x)$는 최고차항의 계수가 1인 삼차함수이고 $f(0)=0$이므로

$f(x)=x(x^2+ax+b)$ (a, b는 상수)라 하면

$f'(x)=(x^2+ax+b)+x(2x+a)$

$f'(0)=0$이므로 $f'(0)=b=0$

$\therefore f(x)=x^2(x+a)$, $f'(x)=x(3x+2a)$

$f'(x)=0$인 x의 값은 $x=0$ 또는 $x=-\frac{2}{3}a$

이때 방정식 $f(x)=0$의 해는 $x=0$ 또는 $x=-a$이고

(나)에서 방정식 $f(x)=0$이 양의 실근을 가지므로 $-a>0$

즉, $-\frac{2}{3}a>0$이므로 함수 $f(x)$의 증가, 감소를 표로 나타내면 다음과 같다.

x	$\cdots$	0	$\cdots$	$-\frac{2}{3}a$	$\cdots$
$f'(x)$	$+$	0	$-$	0	$+$
$f(x)$	↗	0 극대	↘	$\frac{4}{27}a^3$ 극소	↗

함수 $y=|f(x)|$의 그래프는 그림과 같다.

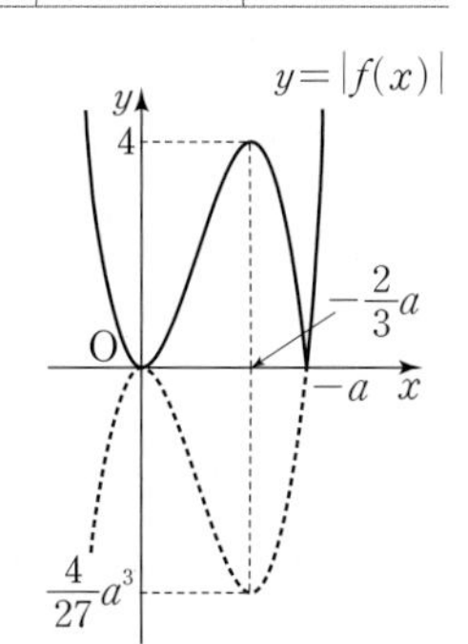

(다)에서 방정식 $|f(x)|=4$의 서로 다른 실근의 개수가 3이므로

$\left|f\left(-\frac{2}{3}a\right)\right|=4$에서

$\frac{4}{27}a^3=-4$, $a^3=-27$

$\therefore a=-3$

즉, $f(x)=x^2(x-3)$, $f'(x)=x(3x-6)$이므로

$g(x)=x^2(x-3)+|x(3x-6)|$

$\therefore g(3)=|3\times(3\times3-6)|=9$

21 1406 답 ③ 유형 18 + 유형 19

출제의도 | 그래프의 개형을 이용하여 부등식을 해결할 수 있는지 확인한다.

> $g(x)\le 2x+k\le f(x)$는 두 부등식 $g(x)\le 2x+k$, $2x+k\le f(x)$를 연립한 것과 같아.

(i) 부등식 $g(x)\le 2x+k$가 성립하도록 하는 k의 값의 범위

$g(x)\le 2x+k$에서 $g(x)-2x-k\le 0$

$h(x)=g(x)-2x-k$라 하면

$h(x)=-3x^2-2x+1-k$

$h'(x)=-6x-2=-6\left(x+\frac{1}{3}\right)$이므로

함수 $h(x)$는 $x=-\frac{1}{3}$에서 최댓값 $h\left(-\frac{1}{3}\right)=\frac{4}{3}-k$를 갖는다.

그러므로 모든 실수 x에 대하여 부등식 $h(x)\le 0$을 만족시키는 k의 값의 범위는 $h\left(-\frac{1}{3}\right)\le 0$에서

$\frac{4}{3}-k\le 0 \qquad \therefore k\ge\frac{4}{3}$

(ii) 부등식 $2x+k\le f(x)$가 성립하도록 하는 k의 값의 범위

$2x+k\le f(x)$에서 $f(x)-2x-k\ge 0$

$l(x)=f(x)-2x-k$라 하면

$l(x)=x^4-2x^2+a-k$

$l'(x)=4x^3-4x=4x(x+1)(x-1)$이므로

함수 $l(x)$는 $x=-1$, $x=1$에서 최솟값

$l(-1)=l(1)=a-k-1$을 갖는다.

즉, 모든 실수 x에 대하여 부등식 $l(x)\ge 0$을 만족시키는 k의 값의 범위는 $l(-1)\ge 0$에서

$a-k-1\ge 0 \qquad \therefore k\le a-1$

(i), (ii)를 동시에 만족시키는 k의 값의 범위는

$\frac{4}{3}\le k\le a-1$

이때 자연수 k의 개수가 3이므로

$4\le a-1<5 \qquad \therefore 5\le a<6$

따라서 정수 a의 값은 5이다.

22 1407 답 $-3<k<3$ 유형 7

출제의도 | 삼차방정식의 실근의 개수를 구할 수 있는지 확인한다.

STEP 1 함수 $f(x)$의 증가, 감소 조사하기 [4점]

주어진 그래프에서 $f'(x)=0$인 x의 값은

$x=-1$ 또는 $x=3$

주어진 그래프에서 $f'(x)$의 부호를 조사하여 함수 $f(x)$의 증가, 감소를 표로 나타내면 다음과 같다.

x	$\cdots$	-1	$\cdots$	3	$\cdots$
$f'(x)$	$+$	0	$-$	0	$+$
$f(x)$	↗	극대	↘	극소	↗

이때 $f(-1)=3$, $f(3)=-3$이므로 함수 $f(x)$의 그래프의 개형은 그림과 같다.

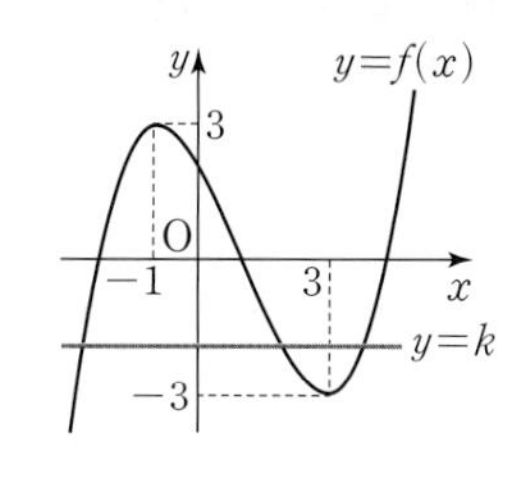

STEP 2 실수 k의 값의 범위 구하기 [2점]

방정식 $f(x)=k$가 서로 다른 세 실근을 갖도록 하는 실수 k의 값의 범위는 $-3<k<3$

23 1408 답 700 유형 7

출제의도 | 방정식의 실근의 개수를 이용하여 함수를 추측할 수 있는지 확인한다.

STEP 1 조건을 만족시키는 삼차함수 $f(x)$를 식으로 나타내기 [1점]

주어진 조건에 의하여 함수 $f(x)$의 극댓값은 0, 극솟값은 -4이다.

$g(t)$를 이용하여 그래프의 개형을 그리면

함수 $y=f(x)$의 그래프가 x축과 만나는 점의 x좌표를 a, b라 하면

$f(x)=(x-a)^2(x-b)$

STEP 2 함수 $f(x)$ 구하기 [4점]

$f'(x)=2(x-a)(x-b)+(x-a)^2$

$=(x-a)(3x-a-2b)$

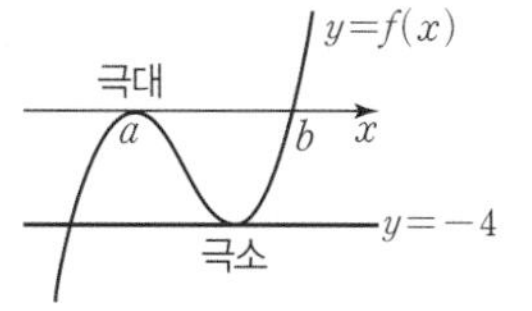

$f'(x)=0$인 x의 값은 $x=a$ 또는 $x=\frac{a+2b}{3}$

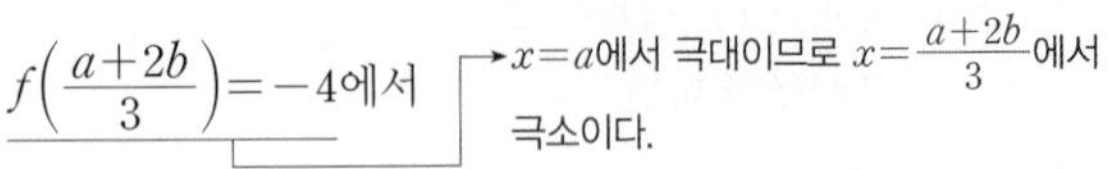
$f\left(\frac{a+2b}{3}\right)=-4$에서 → $x=a$에서 극대이므로 $x=\frac{a+2b}{3}$에서 극소이다.

$\frac{4}{27}(a-b)^3=-4$, $(a-b)^3=-27$

$a-b=-3$ $\quad \therefore b=a+3$ ········ ㉠

$f(0)=-2$에서

$-a^2b=-2$

이 식에 ㉠을 대입하여 풀면

$a=-1$, $b=2$

$\therefore f(x)=(x+1)^2(x-2)$

STEP 3 $f(9)$의 값 구하기 [1점]

$f(9)=(9+1)^2\times(9-2)=700$

24 1409 답 $-3<k<-2$ 유형 13

출제의도 | 곡선 밖의 점에서 곡선에 그은 접선의 개수를 구할 수 있는지 확인한다.

STEP 1 곡선 위의 한 점에서의 접선의 방정식 구하기 [2점]

$f(x)=x^3-3x$라 하면 $f'(x)=3x^2-3$

점 $(1, k)$에서 곡선 $y=f(x)$에 그은 접선의 접점의 좌표를 (t, t^3-3t)라 하면 접선의 기울기는 $f'(t)=3t^2-3$이므로 접선의 방정식은

$y-(t^3-3t)=(3t^2-3)(x-t)$

STEP 2 점 $(1, k)$에서 곡선에 그은 접선의 방정식 구하기 [1점]

이 직선이 점 $(1, k)$를 지나므로

$k-t^3+3t=(3t^2-3)(1-t)$

$\therefore 2t^3-3t^2+k+3=0$ ········ ㉠

STEP 3 서로 다른 세 개의 접선을 그을 수 있도록 하는 실수 k의 값의 범위 구하기 [4점]

점 $(1, k)$에서 주어진 곡선에 서로 다른 세 개의 접선을 그을 수 있으려면 t에 대한 방정식 ㉠이 서로 다른 세 실근을 가져야 한다.

$g(t)=2t^3-3t^2+k+3$이라 하면

$g'(t)=6t^2-6t=6t(t-1)$

$g'(t)=0$인 t의 값은 $t=0$ 또는 $t=1$

삼차방정식 $g(t)=0$이 서로 다른 세 실근을 가지려면

$g(0)g(1)<0$이어야 하므로

$(k+3)(k+2)<0$

$\therefore -3<k<-2$

25 1410 답 $a\le\frac{1}{4}$ 유형 15 + 유형 16

출제의도 | 주어진 구간에서 부등식이 성립하도록 미정계수의 값의 범위를 정할 수 있는지 확인한다.

STEP 1 $a<0$일 때, 부등식이 성립하도록 하는 실수 a의 값의 범위 구하기 [2점]

$2x^3-6ax\ge-\frac{1}{2}$에서 $2x^3-6ax+\frac{1}{2}\ge0$

$f(x)=2x^3-6ax+\frac{1}{2}$이라 하면

$f'(x)=6x^2-6a$

(i) $a<0$일 때,

$f'(x)>0$이므로 함수 $f(x)$는 $x\ge0$에서 증가한다. → $f'(x)=6x^2-6a$에서 $-6a>0$이므로 $6x^2-6a>0$

이때 $f(0)=\frac{1}{2}>0$이므로

$a<0$이면 부등식 $f(x)\ge0$이 성립한다.

STEP 2 $a>0$일 때, 부등식이 성립하도록 하는 실수 a의 값의 범위 구하기 [4점]

(ii) $a\ge0$일 때,

$f'(x)=6x^2-6a=6(x+\sqrt{a})(x-\sqrt{a})$

$f'(x)=0$인 x의 값은 $x=\sqrt{a}$ ($\because x\ge0$)

$x\ge0$에서 함수 $f(x)$의 증가, 감소를 표로 나타내면 다음과 같다.

x	0	$\cdots$	$\sqrt{a}$	$\cdots$
$f'(x)$		$-$	0	$+$
$f(x)$	$\frac{1}{2}$	↘	$-4a\sqrt{a}+\frac{1}{2}$ 극소	↗

$x\ge0$에서 함수 $f(x)$의 최솟값은 $f(\sqrt{a})=-4a\sqrt{a}+\frac{1}{2}$이므로

$f(x)\ge0$이 성립하려면

$-4a\sqrt{a}+\frac{1}{2}\ge0$, $8a\sqrt{a}\le1$

$64a^3\le1$, $a^3\le\frac{1}{64}$

$\therefore 0\le a\le\frac{1}{4}$ ($\because a\ge0$)

STEP 3 a의 값의 범위 구하기 [1점]

(i), (ii)에서 실수 a의 값의 범위는

$a\le\frac{1}{4}$

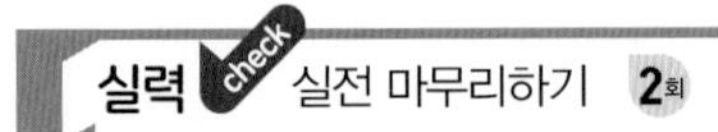
실력 check 실전 마무리하기 2회 301쪽~305쪽

1 1411 답 ① 유형 1

출제의도 | 닫힌구간에서 함수의 최댓값과 최솟값을 구할 수 있는지 확인한다.

극값을 가질 때와 구간의 양 끝 점에서의 함숫값을 확인해서 최대, 최소를 구해 봐.

$f(x)=x^3-3x^2+8$에서

$f'(x)=3x^2-6x=3x(x-2)$

$f'(x)=0$인 x의 값은 $x=2$ ($\because 1\le x\le4$)

닫힌구간 $[1, 4]$에서 함수 $f(x)$의 증가, 감소를 표로 나타내면 다음과 같다.

x	1	$\cdots$	2	$\cdots$	4
$f'(x)$		$-$	0	$+$	
$f(x)$	6	↘	4 극소	↗	24

따라서 함수 $f(x)$의 최댓값은 $f(4)=24$, 최솟값은 $f(2)=4$이므로 $M=24$, $m=4$

$\therefore M+m=28$

2 1412 답 ③ 유형3

출제의도 | 주어진 구간에서 함수의 최댓값을 이용하여 미정계수를 정할 수 있는지 확인한다.

> 극값을 가질 때와 구간의 양 끝 점에서의 함숫값을 확인해서 최댓값을 구해 봐.

$f(x)=x^3-6x^2+9x+a$에서

$f'(x)=3x^2-12x+9=3(x-1)(x-3)$

$f'(x)=0$인 x의 값은 $x=1$ 또는 $x=3$

닫힌구간 $[-1, 3]$에서 함수 $f(x)$의 증가, 감소를 표로 나타내면 다음과 같다.

x	-1	$\cdots$	1	$\cdots$	3
$f'(x)$		$+$	0	$-$	
$f(x)$	$a-16$	↗	$a+4$ 극대	↘	a

닫힌구간 $[-1, 3]$에서 함수 $f(x)$의 최댓값이 $f(1)=10$이므로

$a+4=10 \quad \therefore a=6$

3 1413 답 ① 유형7

출제의도 | 삼차방정식의 실근의 개수를 구할 수 있는지 확인한다.

> 삼차방정식 $f(x)=k$의 실근의 개수가 2이면 함수 $f(x)$의 극값 중 하나가 k야.

$\frac{1}{3}x^3-x^2-k=0$에서 $\frac{1}{3}x^3-x^2=k$

$f(x)=\frac{1}{3}x^3-x^2$이라 하면

$f'(x)=x^2-2x=x(x-2)$

$f'(x)=0$인 x의 값은 $x=0$ 또는 $x=2$

함수 $f(x)$의 증가, 감소를 표로 나타내면 다음과 같다.

x	$\cdots$	0	$\cdots$	2	$\cdots$
$f'(x)$	$+$	0	$-$	0	$+$
$f(x)$	↗	0 극대	↘	$-\frac{4}{3}$ 극소	↗

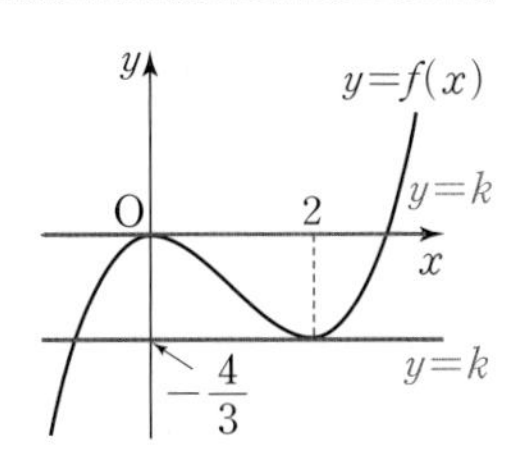

함수 $y=f(x)$의 그래프는 그림과 같다.

방정식 $f(x)=k$가 서로 다른 두 실근을 가지려면 함수 $y=f(x)$의 그래프와 직선 $y=k$가 서로 다른 두 점에서 만나야 하므로

$k=0$ 또는 $k=-\frac{4}{3}$

따라서 모든 실수 k의 값의 합은 $-\frac{4}{3}$

4 1414 답 ③ 유형15

출제의도 | 함수의 증가, 감소를 이용하여 주어진 구간에서 부등식이 성립하도록 하는 미정계수의 최솟값을 구할 수 있는지 확인한다.

> $f'(x)>0$이면 함수 $f(x)$는 항상 증가해.

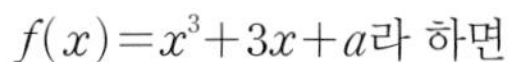
$f(x)=x^3+3x+a$라 하면

$f'(x)=3x^2+3$

모든 실수 x에 대하여 $f'(x)>0$이므로 함수 $f(x)$는 실수 전체의 집합에서 증가한다.

즉, $x>2$일 때, $f(x)>0$이 성립하려면 $f(2)\geq 0$이어야 하므로

$14+a\geq 0 \quad \therefore a\geq -14$

따라서 실수 a의 최솟값은 -14이다.

5 1415 답 ③ 유형20

출제의도 | 위치와 속도 사이의 관계를 알고 있는지 확인한다.

> 시각 t에서의 속도는 $\frac{dx}{dt}$야.

점 P의 시각 t에서의 속도를 v라 하면

$v=\frac{dx}{dt}=4t-1$

따라서 $t=1$에서 점 P의 속도는

$4-1=3$

6 1416 답 ② 유형20

출제의도 | 속도가 항상 양수이기 위한 조건을 찾을 수 있는지 확인한다.

> 속도가 항상 양수이기 위해서는 속도의 최솟값이 양수이어야 해.

점 P의 시각 t에서의 속도를 v라 하면

$v=\frac{dx}{dt}=6t^2-12t+k=6(t-1)^2+k-6$

항상 $v>0$이 되려면

$k-6>0 \quad \therefore k>6$

따라서 정수 k의 최솟값은 7이다.

7 1417 답 ⑤ 유형23

출제의도 | 지면에서 수직으로 던진 물체의 운동을 이해하는지 확인한다.

> 수직으로 던진 물체가 지면으로 닿을 때의 높이는 0이야.

시각 t에서 물체의 속도는

$h'(t)=-10t-5$

물체가 지면에 닿을 때의 높이는 0이므로 $h(t)=0$에서

$-5t^2-5t+10=0,\ (t+2)(t-1)=0$

$\therefore t=1\ (\because t>0)$

따라서 $t=1$에서 물체의 속도는

$h'(1)=-15\ (\mathrm{m/s})$

8 1418 답 ⑤ 유형24

출제의도 | 시간에 대한 위치를 나타낸 그래프를 해석할 수 있는지 확인한다.

> 위치 $x(t)$의 그래프에서 기울기의 부호가 바뀌는 시각이 운동 방향을 바꾸는 시각이야.

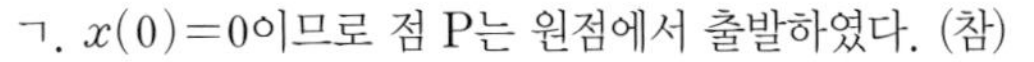
ㄱ. $x(0)=0$이므로 점 P는 원점에서 출발하였다. (참)

ㄴ. $x(2)=x(4)=0$이므로 점 P는 출발 후 원점을 두 번 지난다. (참)

ㄷ. $t=1$, $t=3$에서 $x'(t)=0$이고, 그 좌우에서 $x'(t)$의 부호가 바뀌므로 점 P는 출발 후 운동 방향을 두 번 바꾸었다. (참)

따라서 옳은 것은 ㄱ, ㄴ, ㄷ이다.

9 1419 답 ③ 유형4

출제의도 | 최대, 최소를 활용하여 길이의 최솟값을 구할 수 있는지 확인한다.

점 P와 점 $(-3, 0)$ 사이의 거리를 한 문자에 대한 식으로 나타내어야 해.

점 P의 좌표를 (t, t^2)이라 하면 → 점 P는 $y=x^2$ 위의 점이다.

점 P와 점 $(-3, 0)$ 사이의 거리는

$\sqrt{(t+3)^2+(t^2-0)^2}=\sqrt{t^4+t^2+6t+9}$

$f(t)=t^4+t^2+6t+9$라 하면

$f'(t)=4t^3+2t+6=2(t+1)(2t^2-2t+3)$

$f'(t)=0$인 t의 값은 $t=-1$ ($\because 2t^2-2t+3>0$)

함수 $f(t)$의 증가, 감소를 표로 나타내면 다음과 같다.

t	$\cdots$	-1	$\cdots$
$f'(t)$	$-$	0	$+$
$f(t)$	↘	5 극소	↗

함수 $f(t)$의 최솟값은 $f(-1)=5$이므로

점 P와 점 $(-3, 0)$ 사이의 거리의 최솟값은 $\sqrt{5}$이다.

10 1420 답 ① 유형9

출제의도 | 함수의 극값과 방정식의 중근의 관계를 이해하는지 확인한다.

삼차방정식 $f(x)=0$이 $x=3$에서 중근을 가지면
$f(3)=f'(3)=0$이야.

$f(x)=x^3+(a-3)x^2+b$라 하면

$f'(x)=3x^2+2(a-3)x$

삼차방정식 $f(x)=0$이 $x=3$에서 중근을 가지면

함수 $f(x)$가 $x=3$에서 극값 0을 가져야 하므로

$f'(3)=0$에서 $27+6(a-3)=0$ ⋯⋯ ㉠

$f(3)=0$에서 $27+9(a-3)+b=0$ ⋯⋯ ㉡

㉠, ㉡을 연립하여 풀면

$a=-\frac{3}{2}$, $b=\frac{27}{2}$

$\therefore a+b=12$

다른 풀이

방정식 $x^3+(a-3)x^2+b=0$의 한 근이 $x=3$이므로

$x=3$을 대입하면 $27+9(a-3)+b=0$

$\therefore b=-9a$

다항식 $x^3+(a-3)x^2-9a$가 $(x-3)^2$을 인수로 가지므로

$x^3+(a-3)x^2-9a=(x-3)^2(x-a)$

$x^3+(a-3)x^2-9a=x^3-(a+6)x^2+(9+6a)x-9a$

양변의 계수를 비교하면 $a=-\frac{3}{2}$

$\therefore b=-9\times\left(-\frac{3}{2}\right)=\frac{27}{2}$

$\therefore a+b=12$

11 1421 답 ③ 유형8

출제의도 | 삼차함수의 그래프를 이용하여 삼차방정식의 실근의 부호를 찾을 수 있는지 확인한다.

삼차함수의 그래프의 개형을 그려서 근의 위치를 찾아보자.

$2x^3-3x^2-12x-k=0$에서

$2x^3-3x^2-12x=k$

$f(x)=2x^3-3x^2-12x$라 하면

$f'(x)=6x^2-6x-12=6(x+1)(x-2)$

$f'(x)=0$인 x의 값은 $x=-1$ 또는 $x=2$

함수 $f(x)$의 증가, 감소를 표로 나타내면 다음과 같다.

x	$\cdots$	-1	$\cdots$	2	$\cdots$
$f'(x)$	$+$	0	$-$	0	$+$
$f(x)$	↗	7 극대	↘	-20 극소	↗

함수 $y=f(x)$의 그래프는 그림과 같다.

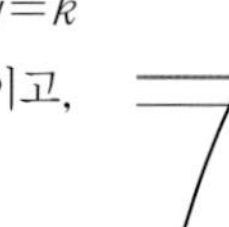

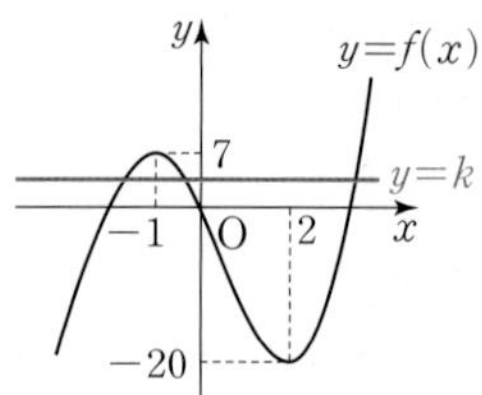

함수 $y=f(x)$의 그래프와 직선 $y=k$의 교점의 x좌표가 한 개는 양수이고, 두 개는 음수이어야 하므로

$0<k<7$

따라서 정수 k는 1, 2, 3, 4, 5, 6의 6개이다.

12 1422 답 ① 유형8

출제의도 | 그래프의 개형을 이용하여 방정식의 실근의 개수를 구할 수 있는지 확인한다.

$f(x)=x^3-3x^2-9x$의 그래프와 직선 $y=k$의 교점의 x좌표가
$\alpha<1<\beta<\gamma$를 만족시켜야 해.

$f(x)=x^3-3x^2-9x$라 하면

$f'(x)=3x^2-6x-9=3(x+1)(x-3)$

$f'(x)=0$인 x의 값은 $x=-1$ 또는 $x=3$

함수 $f(x)$의 증가, 감소를 표로 나타내면 다음과 같다.

x	$\cdots$	-1	$\cdots$	3	$\cdots$
$f'(x)$	$+$	0	$-$	0	$+$
$f(x)$	↗	5 극대	↘	-27 극소	↗

함수 $y=f(x)$의 그래프는 그림과 같다.

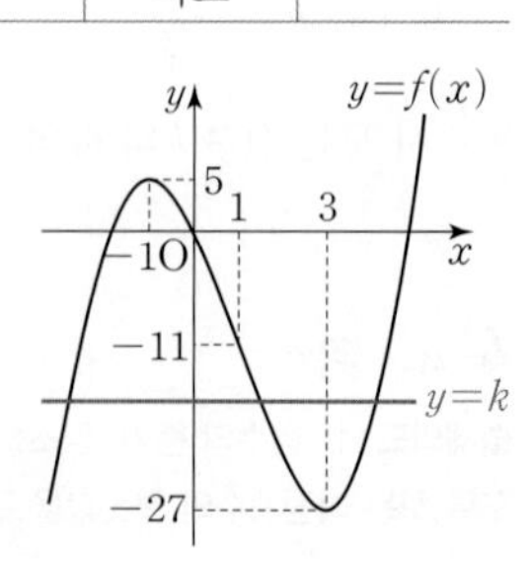

함수 $y=f(x)$의 그래프와 직선 $y=k$의 교점의 x좌표 α, β, γ가

$\alpha<1<\beta<\gamma$

를 만족시켜야 하므로

$-27<k<-11$

따라서 정수 k는 -26, -25, -24, $\cdots$, -12의 15개이다.

13 1423 답 ①
유형 17

출제의도 | 모든 실수 x에 대하여 부등식이 성립하도록 미정계수를 정할 수 있는지 확인한다.

부등식 $f(x)\geq 0$이 항상 성립하려면 ($f(x)$의 최솟값)≥ 0이어야 해.

$f(x)=x^4-4x-a^2+a+9$라 하면

$f'(x)=4x^3-4=4(x-1)(x^2+x+1)$

$f'(x)=0$인 x의 값은 $x=1$ ($\because x^2+x+1>0$)

함수 $f(x)$의 증가, 감소를 표로 나타내면 다음과 같다.

x	$\cdots$	1	$\cdots$
$f'(x)$	$-$	0	$+$
$f(x)$	$\searrow$	$-a^2+a+6$ 극소	$\nearrow$

함수 $f(x)$의 최솟값은 $f(1)=-a^2+a+6$이므로

모든 실수 x에 대하여 $f(x)\geq 0$이 성립하려면

$-a^2+a+6\geq 0$, $(a+2)(a-3)\leq 0$

$\therefore -2\leq a\leq 3$

따라서 정수 a는 -2, -1, 0, 1, 2, 3의 6개이다.

14 1424 답 ③
유형 6

출제의도 | 부피의 최댓값을 구할 수 있는지 확인한다.

직육면체의 부피를 x에 대한 식으로 나타내어 보자.

직육면체의 모든 모서리의 길의이 합이 36이므로

$4(2x+x+y)=36$, $3x+y=9$

$\therefore y=9-3x$ $(0<x<3)$

직육면체의 부피를 $V(x)$라 하면

$V(x)=2x\times x\times y$

$=2x\times x\times(9-3x)$

$=-6x^3+18x^2$

$V'(x)=-18x^2+36x=-18x(x-2)$

$V'(x)=0$인 x의 값은 $x=2$ ($\because x>0$)

$0<x<3$에서 함수 $V(x)$의 증가, 감소를 표로 나타내면 다음과 같다.

x	0	$\cdots$	2	$\cdots$	3
$V'(x)$		$+$	0	$-$	
$V(x)$		$\nearrow$	24 극대	$\searrow$	

따라서 직육면체의 부피 $V(x)$의 최댓값은

$V(2)=24$

15 1425 답 ④
유형 25

출제의도 | 시각에 대한 속도를 나타낸 그래프를 해석할 수 있는지 확인한다.

$v(t)$의 그래프에서 가속도 $v'(t)$는 접선의 기울기와 같아.

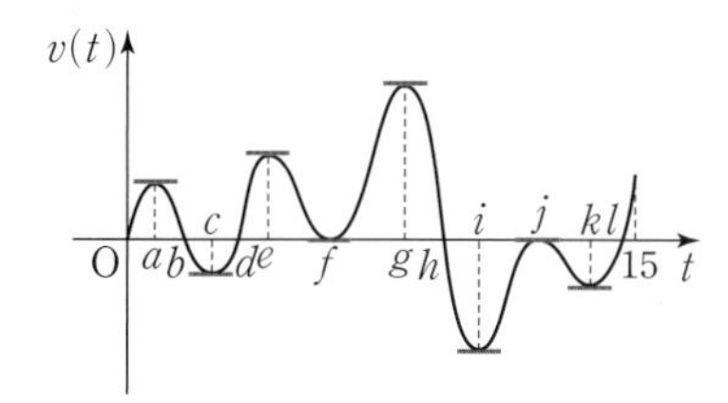

(i) $v(t)=0$이고 그 좌우에서 $v(t)$의 부호가 바뀔 때 점 P의 운동 방향이 바뀌므로 운동 방향이 바뀌는 시각은

$t=b$, $t=d$, $t=h$, $t=l$

$\therefore m=4$

(ii) 가속도 $v'(t)$는 그래프에서 t에서의 접선의 기울기와 같으므로 가속도가 0인 시각은 $v'(t)=0$에서

$t=a$, $t=c$, $t=e$, $t=f$, $t=g$, $t=i$, $t=j$, $t=k$

$\therefore n=8$

(i), (ii)에서 $m+n=12$

16 1426 답 ⑤
유형 12

출제의도 | 방정식 $|f(x)|=k$의 실근의 개수를 구할 수 있는지 확인한다.

$f(-x)=-f(x)$이므로 함수 $f(x)$의 그래프는 원점에 대하여 대칭이야.

$f(-x)=-f(x)$이므로 삼차함수 $f(x)$의 그래프는 원점에 대하여 대칭이다. ($\rightarrow f(0)=0$)

최고차항의 계수가 1이고 방정식 $|f(x)|=54$의 실근의 개수가 4이므로 $|f(x)|$의 그래프의 개형은 그림과 같다.

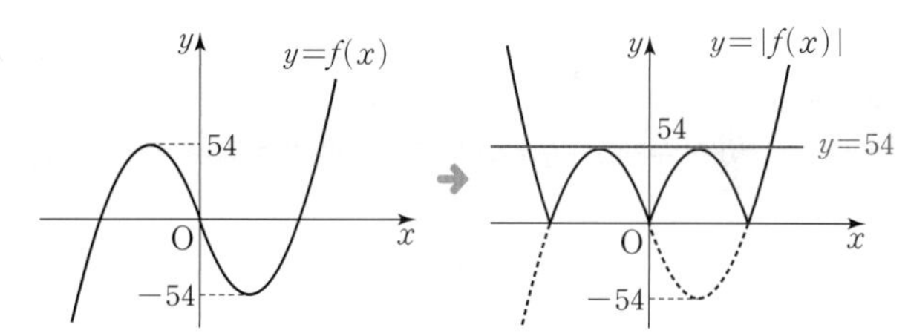

$f(x)=x^3-3a^2x$ $(a>0)$라 하면

$f'(x)=3x^2-3a^2=3(x+a)(x-a)$

그래프에서 함수 $f(x)$는 $f(-a)=54$, $f(a)=-54$를 만족시켜야 하므로

$-a^3+3a^3=54$, $2a^3=54$

$a^3=27$ $\quad\therefore a=3$ ($\because a$는 실수)

따라서 $f(x)=x^3-27x$이므로

$f(1)=1-27=-26$

참고 미분을 편하게 하기 위해

$f(x)=x^3-ax$ 대신 $f(x)=x^3-3a^2x$를 선택하였다.

$f(x)=x^3-ax$ $(a>0)$라 하면

$f'(x)=3x^2-a=3\left(x+\frac{\sqrt{3a}}{3}\right)\left(x-\frac{\sqrt{3a}}{3}\right)$

$f\left(-\frac{\sqrt{3a}}{3}\right)=54$, $f\left(\frac{\sqrt{3a}}{3}\right)=-54$이므로

$\left(-\frac{\sqrt{3a}}{3}\right)^3-a\left(-\frac{\sqrt{3a}}{3}\right)=54$, $\frac{2a\sqrt{3a}}{9}=54$

$a^3=3^9$ $\quad\therefore a=27$

따라서 $f(x)=x^3-27x$이므로 같은 결과를 얻을 수 있다.

17 1427 답 ③

유형 13

출제의도 | 곡선 밖의 점에서 곡선에 그은 접선의 개수를 구할 수 있는지 확인한다.

> 접점 $(t, f(t))$에서의 접선이 점 $(-2, 0)$을 지나는 것을 이용해.

$f(x)=x^3+ax-6$이라 하면 $f'(x)=3x^2+a$
점 $(-2, 0)$에서 곡선 $y=f(x)$에 그은 접선의 접점의 좌표를
(t, t^3+at-6)이라 하면 접선의 기울기는
$f'(t)=3t^2+a$이므로 접선의 방정식은
$y-(t^3+at-6)=(3t^2+a)(x-t)$
이 직선이 점 $(-2, 0)$을 지나므로
$0-(t^3+at-6)=(3t^2+a)(-2-t)$
$\therefore\ 2t^3+6t^2+2a+6=0$ ······ ㉠
점 $(-2, 0)$에서 주어진 곡선에 서로 다른 세 개의 접선을 그을 수 있으려면 t에 대한 삼차방정식 ㉠이 서로 다른 세 실근을 가져야 한다.
$g(t)=2t^3+6t^2+2a+6$이라 하면
$g'(t)=6t^2+12t=6t(t+2)$
$g'(t)=0$인 t의 값은 $t=-2$ 또는 $t=0$
삼차방정식 $g(t)=0$이 서로 다른 세 실근을 가지려면
$g(-2)g(0)<0$이어야 하므로
$(2a+14)(2a+6)<0$, $4(a+7)(a+3)<0$
$\therefore\ -7<a<-3$
따라서 정수 a는 -6, -5, -4의 3개이다.

18 1428 답 ②

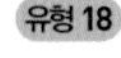

출제의도 | 주어진 구간에서 부등식이 성립하도록 미정계수를 정할 수 있는지 확인한다.

> $f(x)-g(x)\geq 0$의 꼴로 만들어서 부등식을 풀어 봐.

$f(x)\geq g(x)$에서 $f(x)-g(x)\geq 0$
$h(x)=f(x)-g(x)$
$\quad=x^3-x^2-x+1-(-x^2+2x+k)$
$\quad=x^3-3x+1-k$
라 하면
$h'(x)=3x^2-3=3(x+1)(x-1)$
$h'(x)=0$인 x의 값은 $x=1$ ($\because\ 0\leq x\leq 3$)
닫힌구간 $[0, 3]$에서 함수 $h(x)$의 증가, 감소를 표로 나타내면 다음과 같다.

x	0	$\cdots$	1	$\cdots$	3
$h'(x)$		$-$	0	$+$	
$h(x)$	$1-k$	↘	$-1-k$ 극소	↗	$19-k$

닫힌구간 $[0, 3]$에서 함수 $h(x)$의 최솟값은 $f(1)=-1-k$이므로
$h(x)\geq 0$이 성립하려면
$-1-k\geq 0 \qquad \therefore\ k\leq -1$
따라서 k의 최댓값은 -1이다.

19 1429 답 ③

유형 22

출제의도 | 수직선에서 두 점의 속도, 위치, 거리 사이의 관계를 이해하는지 확인한다.

> 속도가 같아지는 순간 두 점의 위치를 생각해 봐.

두 점 P, Q의 시각 t에서의 속도를 각각 $v_{\mathrm{P}}(t)$, $v_{\mathrm{Q}}(t)$라 하면
$v_{\mathrm{P}}(t)=x_{\mathrm{P}}'(t)=t^2-5$, $v_{\mathrm{Q}}(t)=x_{\mathrm{Q}}'(t)=-4t$
두 점 P, Q의 속도가 같아지는 시각은 $v_{\mathrm{P}}(t)=v_{\mathrm{Q}}(t)$에서
$t^2-5=-4t$, $t^2+4t-5=0$
$(t+5)(t-1)=0 \qquad \therefore\ t=1$ ($\because\ t>0$)
$t=1$에서 두 점 P, Q의 위치는 각각
$x_{\mathrm{P}}(1)=\frac{1}{3}-5=-\frac{14}{3}$, $x_{\mathrm{Q}}(1)=-2+\frac{25}{3}=\frac{19}{3}$
이므로 두 점 P, Q의 속도가 같아지는 순간 두 점 사이의 거리는
$|x_{\mathrm{P}}(1)-x_{\mathrm{Q}}(1)|=\left|-\frac{14}{3}-\frac{19}{3}\right|=11$

20 1430 답 ③

출제의도 | 시각에 대한 넓이의 변화율을 구할 수 있는지 확인한다.

> 두 변의 길이가 a, b이고 끼인각의 크기가 θ인 삼각형의 넓이는 $\frac{1}{2}ab\sin\theta$야.

t초 후 $\overline{\mathrm{OQ}}=t$, $\overline{\mathrm{OP}}=2t$이므로
t초 후 삼각형 OPQ의 넓이를 S라 하면
$S=\frac{1}{2}\times t\times 2t\times \sin 30^\circ$
$\quad=\frac{1}{2}\times t\times 2t\times\frac{1}{2}=\frac{t^2}{2}$
$\therefore\ \frac{dS}{dt}=t$
따라서 $t=3$에서 삼각형 OPQ의 넓이의 변화율은 3이다.

21 1431 답 ④

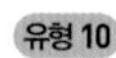

출제의도 | 사차방정식의 실근의 개수를 구할 수 있는지 확인한다.

> $h'(x)=f'(x)+2$이니까 $f'(x)$의 그래프를 이용해서 $h(x)$의 그래프의 개형을 그려 보자.

$h(x)=f(x)+2x$에서 $h'(x)=f'(x)+2$
ㄱ. $h'(x)=f'(x)+2$이므로 $h'(\alpha)=f'(\alpha)+2$
이때 $f'(\alpha)>-2$이므로 $h'(\alpha)>0$ (참)
ㄴ. 열린구간 $(0, \alpha)$에서 $-2<f'(x)<f'(0)$
$0<f'(x)+2<f'(0)+2$
$\therefore\ 0<h'(x)<f'(0)+2$
즉, $h'(x)>0$이므로 함수 $h(x)$는 열린구간 $(0, \alpha)$에서 증가한다. (거짓)
ㄷ. $h(0)=f(0)=0$
$h'(x)=f'(x)+2=0$을 만족시키는 x의 값을 β라 할 때, 함수 $h(x)$의 증가, 감소를 표로 나타내면 다음과 같다.

x	$\cdots$	β	$\cdots$	0	$\cdots$
$h'(x)$	$-$	0	$+$	$+$	$+$
$h(x)$	↘	극소	↗	0	↗

함수 $y=h(x)$의 그래프는 그림과 같다.

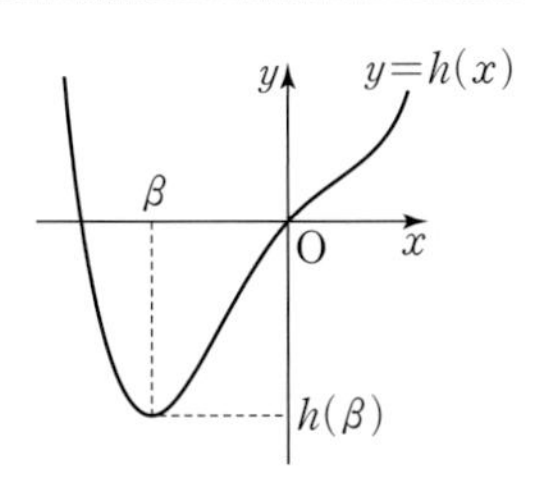

이때 $y=h(x)$의 그래프는 x축과 서로 다른 두 점에서 만나므로 방정식 $h(x)=0$은 서로 다른 두 실근을 갖는다. (참)

따라서 옳은 것은 ㄱ, ㄷ이다.

22 1432 답 13 유형 11

출제의도 | 두 그래프의 교점의 개수를 구할 수 있는지 확인한다.

STEP 1 교점이 1개일 조건 이해하기 [3점]

$f(x)=\frac{1}{3}x^3+\frac{1}{2}ax^2+9x$라 할 때, 삼차함수 $y=f(x)$의 그래프와 직선 $y=k$의 교점이 1개이려면

함수 $f(x)$는 극값을 갖지 않고 항상 증가해야 한다.

즉, 모든 실수 x에 대하여 $f'(x)\geq 0$이어야 한다.

STEP 2 정수 a의 개수 구하기 [3점]

$f'(x)=x^2+ax+9$

이차방정식 $f'(x)=0$의 판별식을 D라 할 때

$D\leq 0$이어야 하므로

$a^2-36\leq 0$

$(a+6)(a-6)\leq 0$

$\therefore -6\leq a\leq 6$

따라서 정수 a는 -6, -5, -4, $\cdots$, 6의 13개이다.

23 1433 답 400 m 유형 23

출제의도 | 위치, 속도, 거리 사이의 관계를 알고 있는지 확인한다.

STEP 1 시각 t에서의 속도 구하기 [2점]

열차가 제동을 건 후 t초 후의 속도를 v m/s라 하면

$v=\frac{dx}{dt}=40-2t$

STEP 2 열차가 정지한 시각 구하기 [2점]

열차가 정지할 때의 속도는 0이므로 $v=0$에서

$40-2t=0$

$\therefore t=20$

STEP 3 최소한 몇 m 앞에서 제동을 걸어야 하는지 구하기 [2점]

제동을 건 후 20초 동안 열차가 움직인 거리는

$40\times 20-20^2=400$ (m)

따라서 최소한 400 m 앞에서 제동을 걸어야 한다.

24 1434 답 $\frac{256}{3}\pi$ cm³ 유형 28

출제의도 | 시각에 대한 부피의 변화율을 이해하는지 확인한다.

STEP 1 t초 후의 원뿔의 부피를 식으로 나타내기 [3점]

t초 후의 원뿔의 밑면의 반지름의 길이는 $(2+t)$ cm,

높이는 $(10-t)$ cm $(0<t<10)$이므로

원뿔의 부피를 V cm³라 하면

$V=\frac{\pi}{3}(2+t)^2(10-t)$

$=\frac{\pi}{3}(-t^3+6t^2+36t+40)$

STEP 2 원뿔의 부피의 변화율이 0이 되는 시각 구하기 [2점]

$\frac{dV}{dt}=\frac{\pi}{3}(-3t^2+12t+36)$

$=-\pi(t^2-4t-12)$

$=-\pi(t+2)(t-6)$

원뿔의 부피의 변화율이 0이 되는 시각은

$t=6$ $(\because 0<t<10)$

STEP 3 원뿔의 부피의 변화율이 0이 되는 순간의 부피 구하기 [2점]

$t=6$에서 원뿔의 부피는

$\frac{\pi}{3}\times(2+6)^2\times(10-6)=\frac{256}{3}\pi$ (cm³)

25 1435 답 -14 유형 19

출제의도 | 함수의 최댓값과 최솟값을 부등식에 적용할 수 있는지 확인한다.

STEP 1 부등식이 성립할 조건 이해하기 [2점]

임의의 두 실수 x_1, x_2에 대하여 부등식 $f(x_1)\geq g(x_2)$가 성립하려면 함수 $f(x)$의 최솟값이 함수 $g(x)$의 최댓값보다 크거나 같아야 한다.

STEP 2 함수 $f(x)$의 최솟값 구하기 [3점]

$f(x)=x^4-8x^2+3$에서

$f'(x)=4x^3-16x=4x(x+2)(x-2)$

$f'(x)=0$인 x의 값은 $x=-2$ 또는 $x=0$ 또는 $x=2$

함수 $f(x)$의 증가, 감소를 표로 나타내면 다음과 같다.

x	$\cdots$	-2	$\cdots$	0	$\cdots$	2	$\cdots$
$f'(x)$	$-$	0	$+$	0	$-$	0	$+$
$f(x)$	↘	-13 극소	↗	3 극대	↘	-13 극소	↗

함수 $f(x)$의 최솟값은 $f(-2)=f(2)=-13$

STEP 3 함수 $g(x)$의 최댓값 구하기 [2점]

$g(x)=-x^2+2x+k=-(x-1)^2+k+1$

에서 함수 $g(x)$의 최댓값은 $g(1)=k+1$

STEP 4 실수 k의 최댓값 구하기 [1점]

$-13\geq k+1$에서 $k\leq -14$

따라서 실수 k의 최댓값은 -14이다.

Ⅲ. 적분

07 부정적분

핵심 개념 309쪽

1436 답 (1) x^3 (2) x^3+C

(1) $\frac{d}{dx}\int f(x)dx=f(x)$이므로

$\frac{d}{dx}\left(\int x^3dx\right)=x^3$

(2) $\int\left\{\frac{d}{dx}f(x)\right\}dx=f(x)+C$이므로

$\int\left(\frac{d}{dx}x^3\right)dx=x^3+C$

→ 적분상수만큼 차이가 있다.

1437 답 (1) x^2-2x (2) x^2-2x+C

(1) $\frac{d}{dx}\int f(x)dx=f(x)$이므로

$\frac{d}{dx}\left\{\int(x^2-2x)dx\right\}=x^2-2x$

(2) $\int\left\{\frac{d}{dx}f(x)\right\}dx=f(x)+C$이므로

$\int\left\{\frac{d}{dx}(x^2-2x)\right\}dx=x^2-2x+C$

→ 적분상수만큼 차이가 있다.

1438 답 $\frac{1}{3}x^3+x^2+x+C$

$\int(x+1)^2dx=\int(x^2+2x+1)dx$

$=\frac{1}{3}x^3+x^2+x+C$

1439 답 $\frac{1}{3}x^3-\frac{1}{2}x^2+x+C$

$\int\frac{x^3}{x+1}dx+\int\frac{1}{x+1}dx=\int\frac{x^3+1}{x+1}dx$

$=\int\frac{(x+1)(x^2-x+1)}{x+1}dx$

$=\int(x^2-x+1)dx$

$=\frac{1}{3}x^3-\frac{1}{2}x^2+x+C$

310쪽~326쪽

1440 답 ④

$f(x)=x^2+2x+a$에 $x=0$을 대입하면 $f(0)=a$

$f(0)=3$이므로 $a=3$

따라서 $f(x)=x^2+2x+3$이므로 $f(1)=6$

1441 답 -3

방정식 $x^3+ax-18=0$의 한 근이 3이므로

$x=3$을 대입하면

$27+3a-18=0$, $3a=-9$ $\quad\therefore a=-3$

1442 답 ①

이차함수의 그래프와 x축의 교점의 x좌표가 -2, 3이므로

이차방정식 $x^2-ax+b=0$의 두 근은 -2, 3이다.

이차방정식의 근과 계수의 관계에 의하여

$-2+3=a$, $(-2)\times3=b$ $\quad\therefore a=1, b=-6$

$\therefore a+b=-5$

1443 답 ④ | 유형 1

등식 $\int(12x^2+ax-9)dx=bx^3+2x^2-cx+2$를 만족시키는 상수 (단서1)

a, b, c에 대하여 $a+b+c$의 값은?

① 11 ② 13 ③ 15
④ 17 ⑤ 19

단서1 $12x^2+ax-9=(bx^3+2x^2-cx+2)'$

STEP1 부정적분의 정의 이용하기

$\int(12x^2+ax-9)dx=bx^3+2x^2-cx+2$에서

$12x^2+ax-9=(bx^3+2x^2-cx+2)'$

$=3bx^2+4x-c$

STEP2 항등식의 성질을 이용하여 상수 a, b, c의 값을 구하고, $a+b+c$의 값 구하기

$3b=12$에서 $b=4$이고, $a=4$, $c=9$이므로

$a+b+c=17$

1444 답 8

$\int f(x)dx=\frac{1}{3}x^3-x^2+C$에서

$f(x)=\left(\frac{1}{3}x^3-x^2+C\right)'=x^2-2x$

$\therefore f(4)=16-8=8$

1445 답 7

$\int f(x)dx=F(x)$에서 $F'(x)=f(x)$

$F'(x)=x^2+a$이므로 $f(x)=x^2+a$

$f(1)=4$이므로 $1+a=4$ $\quad\therefore a=3$

따라서 $f(x)=x^2+3$이므로 $f(2)=4+3=7$

1446 답 ⑤

$\int xf(x)dx=2x^3-2x^2+C$에서

$xf(x)=(2x^3-2x^2+C)'$

$=6x^2-4x=x(6x-4)$

따라서 $f(x)=6x-4$이므로 $f(3)=18-4=14$

1447 답 ③

$\int(x-1)f(x)dx=2x^3-3x^2+1$에서

$(x-1)f(x)=(2x^3-3x^2+1)'$

$=6x^2-6x=6x(x-1)$

따라서 $f(x)=6x$이므로 $f(1)=6$

1448 답 ②

$\int(2x+3)f(x)dx=\frac{1}{3}x^3-\frac{1}{4}x^2-3x+C$에서

$(2x+3)f(x)=\left(\frac{1}{3}x^3-\frac{1}{4}x^2-3x+C\right)'$

$=x^2-\frac{1}{2}x-3$

$=\frac{1}{2}(2x^2-x-6)$

$=\frac{1}{2}(x-2)(2x+3)$

$=\left(\frac{1}{2}x-1\right)(2x+3)$

따라서 $f(x)=\frac{1}{2}x-1$이므로

$f(6)=\frac{1}{2}\times6-1=2$

1449 답 1

$f(x)=F'(x)=(x^3+ax^2+bx)'$

$=3x^2+2ax+b$

$f(0)=-1$이므로 $b=-1$

따라서 $f(x)=3x^2+2ax-1$이므로

$f'(x)=6x+2a$

$f'(0)=4$이므로 $2a=4$ $\therefore a=2$

$\therefore a+b=1$

1450 답 ④

$\int F(x)dx=f(x)g(x)$에서

$F(x)=\{f(x)g(x)\}'$

$=f'(x)g(x)+f(x)g'(x)$ ← 함수의 곱의 미분법

$=2x(4x+7)+(x^2+1)\times4$

$=12x^2+14x+4$

따라서 함수 $F(x)$의 상수항은 4이다.

개념 Check

함수의 곱의 미분법

두 함수 $f(x)$, $g(x)$가 미분가능할 때

$y=f(x)g(x) \rightarrow y'=f'(x)g(x)+f(x)g'(x)$

1451 답 −2

$\int g(x)dx=x^3f(x)+a$에서

$g(x)=\left\{x^3f(x)+a\right\}'$

$=3x^2f(x)+x^3f'(x)$ ← 함수의 곱의 미분법

양변에 $x=-1$을 대입하면

$g(-1)=3f(-1)-f'(-1)$

이때 $f(-1)=1$, $f'(-1)=5$이므로

$g(-1)=3\times1-5=-2$

1452 답 ④

ㄱ. $F'(x)=f(x)$이므로

$\{F(x)+x\}'=f(x)+1$

$\therefore \int\{f(x)+1\}dx=F(x)+x+C$ (참)

ㄴ. $\{xF(x)\}'=F(x)+xf(x)$이므로 → $\{xF(x)\}'=x'F(x)+xF'(x)$

$\int\{F(x)+xf(x)\}dx=xF(x)+C$ (거짓)

ㄷ. $\{F(x)\}^2=F(x)F(x)$이므로

$[\{F(x)\}^2]'=F'(x)F(x)+F(x)F'(x)$

$=2F'(x)F(x)=2f(x)F(x)$

즉, $\left[\frac{1}{2}\{F(x)\}^2\right]'=F(x)f(x)$

$\therefore \int F(x)f(x)dx=\frac{1}{2}\{F(x)\}^2+C$ (참)

따라서 옳은 것은 ㄱ, ㄷ이다.

1453 답 ① | 유형2

함수 $F(x)=\int\left\{\frac{d}{dx}(x^2-x)\right\}dx$에 대하여 $F(1)=3$일 때, $F(-1)$의 값은? 단서1

① 5 ② 7 ③ 9 ④ 11 ⑤ 13

단서1 (x^2-x)를 미분한 후 적분

STEP1 $\int\left\{\frac{d}{dx}f(x)\right\}dx=f(x)+C$를 이용하기

$F(x)=\int\left\{\frac{d}{dx}(x^2-x)\right\}dx$

$=x^2-x+C$ → 적분상수가 생긴다.

STEP2 $F(1)=3$을 이용하여 $F(x)$ 구하기

$F(1)=3$이므로

$1-1+C=3$ $\therefore C=3$

$\therefore F(x)=x^2-x+3$

STEP3 $F(-1)$의 값 구하기

$F(-1)=1+1+3=5$

1454 답 ④

$\frac{d}{dx}\left\{\int(2x^2+6x+a)dx\right\}=2x^2+6x+a$이므로

$2x^2+6x+a=bx^2+cx+3$

위의 등식이 모든 실수 x에 대하여 성립하므로

$a=3$, $b=2$, $c=6$

$\therefore a+b+c=11$

1455 답 ③

$F(x)=\frac{d}{dx}\left\{\int xf(x)dx\right\}=xf(x)$

$=x(4x^3+x^2+x)$

$=4x^4+x^3+x^2$

따라서 $F(x)$의 모든 항의 계수의 합은

$4+1+1=6$ → $F(1)$의 값과 같다.

1456 답 ⑤

$\frac{d}{dx}\left\{\int (x-1)f(x)dx\right\}=(x-1)f(x)$이므로

$(x-1)f(x)=2x^3-3x^2+k$

위의 등식의 양변에 $x=1$을 대입하면

$0=2-3+k \quad \therefore k=1$

$(x-1)f(x)=2x^3-3x^2+1=(x-1)(2x^2-x-1)$이므로

$f(x)=2x^2-x-1$

$\therefore f(2)=8-2-1=5$

1457 답 3

$f(x)=\frac{d}{dx}\left\{\int (x^2+4x+k)dx\right\}$

$=x^2+4x+k$

$=(x+2)^2+k-4$ → $x=-2$일 때, 최솟값이 $k-4$이다.

이때 함수 $f(x)$의 최솟값이 -1이므로

$k-4=-1 \quad \therefore k=3$

1458 답 12

$f(x)=\int\left\{\frac{d}{dx}(x^2-6x)\right\}dx$

$=x^2-6x+C$

$=(x-3)^2-9+C$

이때 함수 $f(x)$의 최솟값이 8이므로

$-9+C=8 \quad \therefore C=17$

따라서 $f(x)=x^2-6x+17$이므로

$f(1)=1-6+17=12$

1459 답 ②

$f(x)=3x^2+x$이므로

$f_1(x)=\int\left\{\frac{d}{dx}f(x)\right\}dx=f(x)+C$

$=3x^2+x+C$

이때 $f_1(1)=2$이므로

$3+1+C=2 \quad \therefore C=-2$

$\therefore f_1(x)=3x^2+x-2$

또한, $f_2(x)=\frac{d}{dx}\left\{\int f(x)dx\right\}=3x^2+x$

$\therefore f_1(2)+f_2(-1)=(12+2-2)+(3-1)$

$=12+2=14$

1460 답 ④

$\frac{d}{dx}\left(\int x^4dx\right)=x^4$이므로

$\log_x\left\{\frac{d}{dx}\left(\int x^4\,dx\right)\right\}=\log_x x^4=4$

즉, $4=x^2-6x-3$이므로

$x^2-6x-7=0$, $(x+1)(x-7)=0$

$\therefore x=-1$ 또는 $x=7$

이때 로그의 밑, 진수의 조건에 의해 $x>0$, $x\neq1$이어야 하므로

$x=7$

개념 Check

로그의 성질

$a>0$, $a\neq1$, $M>0$, $N>0$일 때

(1) $\log_a 1=0$, $\log_a a=1$

(2) $\log_a MN=\log_a M+\log_a N$

(3) $\log_a \frac{M}{N}=\log_a M-\log_a N$

(4) $\log_a M^k=k\log_a M$ (단, k는 실수)

1461 답 ③

$F(x)=\int\left[\frac{d}{dx}\int\left\{\frac{d}{dx}f(x)\right\}dx\right]dx$

$=\int\left[\frac{d}{dx}\{f(x)+C_1\}\right]dx$

$=f(x)+C_2$

$=10x^{10}+9x^9+8x^8+\cdots+2x^2+x+C_2$

$F(0)=10$이므로 $F(0)=C_2=10$

따라서 $F(x)=10x^{10}+9x^9+8x^8+\cdots+2x^2+x+10$이므로

$F(1)=10+9+8+\cdots+2+1+10$

$=\frac{10\times11}{2}+10=65$

실수 Check

적분상수는 적분할 때마다 다를 수 있으므로 위의 풀이와 같이 C_1, C_2로 구분하여 사용하도록 한다.

1462 답 ④

$\frac{d}{dx}\int\{f(x)-x^2+4\}dx=f(x)-x^2+4$

$\int\frac{d}{dx}\{2f(x)-3x+1\}dx=2f(x)-3x+C$

$f(x)-x^2+4=2f(x)-3x+C$에서

$f(x)=-x^2+3x+4-C$

$f(1)=3$이므로

$-1+3+4-C=3 \quad \therefore C=3$

따라서 $f(x)=-x^2+3x+1$이므로

$f(0)=1$

참고 $\int\frac{d}{dx}\{2f(x)-3x+1\}dx=2f(x)-3x+1+C_1$로 놓고 풀어도 결과는 같지만 $1+C_1=C$로 놓고 푸는 것이 계산이 더 간단하다.

1463 답 ③

| 유형3

함수 $f(x)=\int \frac{x^3}{x-1}dx-\int \frac{1}{x-1}dx$에 대하여 $f(0)=2$일 때, $f(-1)$의 값은? 단서1

① $\frac{5}{6}$ ② 1 ③ $\frac{7}{6}$
④ $\frac{4}{3}$ ⑤ $\frac{3}{2}$

단서1 $\int f(x)dx-\int g(x)dx=\int \{f(x)-g(x)\}dx$

STEP1 부정적분의 성질 이용하기

$$f(x)=\int \frac{x^3}{x-1}dx-\int \frac{1}{x-1}dx$$
$$=\int \frac{x^3-1}{x-1}dx$$
$$=\int \frac{(x-1)(x^2+x+1)}{x-1}dx$$
$$=\int (x^2+x+1)dx$$
$$=\frac{1}{3}x^3+\frac{1}{2}x^2+x+C$$

분모, 분자의 공통 인수 $x-1$로 약분한다.

STEP2 $f(0)=2$를 이용하여 $f(x)$ 구하기

이때 $f(0)=2$이므로 $C=2$

$\therefore f(x)=\frac{1}{3}x^3+\frac{1}{2}x^2+x+2$

STEP3 $f(-1)$의 값 구하기

$f(-1)=-\frac{1}{3}+\frac{1}{2}-1+2=\frac{7}{6}$

1464 답 ①

$$f(x)=\int (4x^3+6x^2+2x+3)dx$$
$$=x^4+2x^3+x^2+3x+C$$

$f(0)=-1$이므로 $C=-1$

따라서 $f(x)=x^4+2x^3+x^2+3x-1$이므로

$f(2)=16+16+4+6-1=41$

1465 답 2

$$\int (x+1)^2dx-\int (x-1)^2dx=\int \{(x+1)^2-(x-1)^2\}dx$$
$$=\int 4x\,dx=2x^2+C$$

$2x^2+C=ax^2+bx+C$이므로

$a=2,\ b=0 \quad \therefore a+b=2$

1466 답 ④

$$f(x)=\int \left(\frac{1}{2}x^3+2x+1\right)dx-\int \left(\frac{1}{2}x^3+x\right)dx$$
$$=\int (x+1)dx=\frac{1}{2}x^2+x+C$$

$f(0)=1$이므로 $C=1$

따라서 $f(x)=\frac{1}{2}x^2+x+1$이므로

$f(2)=2+2+1=5$

1467 답 ②

$$f(x)=\int \frac{x^3}{x-2}dx+\int \frac{8}{2-x}dx$$

$\int \frac{8}{2-x}dx = -\int \frac{8}{x-2}dx$

$$=\int \frac{x^3-8}{x-2}dx$$
$$=\int \frac{(x-2)(x^2+2x+4)}{x-2}dx$$
$$=\int (x^2+2x+4)dx$$
$$=\frac{1}{3}x^3+x^2+4x+C$$

$f(1)=\frac{4}{3}$이므로

$\frac{1}{3}+1+4+C=\frac{4}{3} \quad \therefore C=-4$

따라서 $f(x)=\frac{1}{3}x^3+x^2+4x-4$이므로

$f(-1)=-\frac{1}{3}+1-4-4=-\frac{22}{3}$

1468 답 -1

$$f(x)=\int (x^2+x+1)(x^2-x+1)dx$$
$$=\int (x^4+x^2+1)dx$$
$$=\frac{1}{5}x^5+\frac{1}{3}x^3+x+C$$

$f(1)=\frac{8}{15}$이므로

$\frac{1}{5}+\frac{1}{3}+1+C=\frac{8}{15} \quad \therefore C=-1$

$\therefore f(0)=-1$

1469 답 $\frac{11}{6}$

$$f(x)=\int \frac{x^4+x^2+1}{x^2-x+1}dx$$
$$=\int \frac{(x^2+x+1)(x^2-x+1)}{x^2-x+1}dx$$
$$=\int (x^2+x+1)dx$$
$$=\frac{1}{3}x^3+\frac{1}{2}x^2+x+C$$

$f(0)=0$이므로 $C=0$

따라서 $f(x)=\frac{1}{3}x^3+\frac{1}{2}x^2+x$이므로

$f(1)=\frac{1}{3}+\frac{1}{2}+1=\frac{11}{6}$

1470 답 ②

$$f(x)=\int (\sqrt{x}-1)^2dx+\int (\sqrt{x}+1)^2dx$$
$$=\int \{(\sqrt{x}-1)^2+(\sqrt{x}+1)^2\}dx$$
$$=\int (x-2\sqrt{x}+1+x+2\sqrt{x}+1)dx$$
$$=\int (2x+2)dx$$
$$=x^2+2x+C$$

$f(0)=2$이므로 $C=2$

따라서 $f(x)=x^2+2x+2$이므로

$f(3)=9+6+2=17$

1471 답 ①

$$f(x)=\int \frac{2x^2}{x-2}dx-\int \frac{x}{x-2}dx-\int \frac{6}{x-2}dx$$
$$=\int \frac{2x^2-x-6}{x-2}dx$$
$$=\int \frac{(x-2)(2x+3)}{x-2}dx$$
$$=\int (2x+3)dx$$
$$=x^2+3x+C$$

$f(0)=-4$이므로 $C=-4$

즉, $f(x)=x^2+3x-4$이다.

따라서 방정식 $f(x)=0$의 모든 근의 곱은 이차방정식의 근과 계수의 관계에 의하여 -4이다.

1472 답 2

$$g(x)=\int (x+2)f'(x)dx+\int f(x)dx$$
$$=\int \{(x+2)f'(x)+f(x)\}dx$$
$$=\int \left\{\frac{d}{dx}(x+2)f(x)\right\}dx$$
$$=(x+2)f(x)+C$$
$$=(x+2)\times\frac{x+5}{x+2}+C$$
$$=x+5+C$$

$g(1)=0$이므로 $6+C=0$

$\therefore C=-6$

따라서 $g(x)=x-1$이므로

$g(3)=3-1=2$

실수 Check

곱의 미분법에 의하여

$$\{(x+2)f(x)\}'=(x+2)'f(x)+(x+2)f'(x)$$
$$=f(x)+(x+2)f'(x)$$

임을 이용한다.

Plus 문제

1472-1

함수 $F_n(x)=\sum_{k=1}^{n}\left\{(k+2)\int x^{k+1}dx\right\}$에 대하여 $F_n(0)=0$일 때, $F_n(1)$의 값은? (단, $n=1, 2, 3, \cdots$)

① $\frac{n-1}{2}$ ② $\frac{n}{2}$ ③ $\frac{n+1}{2}$

④ n ⑤ $n+1$

$$F_n(x)=\sum_{k=1}^{n}\left\{(k+2)\int x^{k+1}dx\right\}$$
$$=\sum_{k=1}^{n}\{x^{k+2}+(k+2)C\}$$
$$=\sum_{k=1}^{n}x^{k+2}+\sum_{k=1}^{n}(k+2)C$$
$$=x^3+x^4+x^5+\cdots+x^{n+2}+\frac{n(n+5)}{2}C$$

$F_n(0)=0$에서 $C=0$ ($\because n>0$)

따라서 $F_n(x)=x^3+x^4+x^5+\cdots+x^{n+2}$이므로

$F_n(1)=\underline{1+1+1+\cdots+1}=n$

→ 1이 n개이다.

답 ④

1473 답 ④

| 유형4

함수 $f(x)=\int (x^2+3x)dx$일 때,

$\underline{\lim_{h\to 0}\frac{f(2+h)-f(2-h)}{h}}$의 값은?

단서1

① 14 ② 16 ③ 18

④ 20 ⑤ 22

단서1 미분계수의 정의를 이용하여 식을 정리

STEP1 미분계수의 정의를 이용하여 식 정리하기

$$\lim_{h\to 0}\frac{f(2+h)-f(2-h)}{h}$$
$$=\lim_{h\to 0}\frac{f(2+h)-f(2)-\{f(2-h)-f(2)\}}{h}$$
$$=\lim_{h\to 0}\frac{f(2+h)-f(2)}{h}+\lim_{h\to 0}\frac{f(2-h)-f(2)}{-h}$$
$$=f'(2)+f'(2)=2f'(2)$$

STEP2 주어진 식의 양변을 x에 대하여 미분하기

$f(x)=\int (x^2+3x)dx$의 양변을 x에 대하여 미분하면

$f'(x)=x^2+3x$

STEP3 $2f'(2)$의 값 구하기

$2f'(2)=2\times(4+6)=20$

1474 답 3

$$\lim_{x\to 2}\frac{f(x)-f(2)}{x^2-4}=\lim_{x\to 2}\left\{\frac{f(x)-f(2)}{x-2}\times\frac{1}{x+2}\right\}$$
$$=\frac{1}{4}f'(2)$$

$f(x)=\int (3x^2+2x-4)dx$의 양변을 x에 대하여 미분하면

$f'(x)=3x^2+2x-4$이므로

$\frac{1}{4}f'(2)=\frac{1}{4}\times(12+4-4)=3$

1475 답 ④

$$\lim_{x\to 3}\frac{F(x)-F(3)}{2x-6}=\frac{1}{2}\lim_{x\to 3}\frac{F(x)-F(3)}{x-3}$$

($2x-6$ → $2(x-3)$)

$$=\frac{1}{2}F'(3)=\frac{1}{2}f(3)$$ → $F'(x)=f(x)$

$$=\frac{1}{2}\times(9+3)=6$$

1476 답 ②

$f(x)=\int(x^2-k)dx$의 양변을 x에 대하여 미분하면

$f'(x)=x^2-k$

이때 $f'(0)=-3$이므로 $k=3$

$\therefore f'(x)=x^2-3$

$$\therefore \lim_{x\to1}\frac{f(x^2)-f(1)}{x-1}=\lim_{x\to1}\left\{\frac{f(x^2)-f(1)}{x^2-1}\times(x+1)\right\}$$

$$=\lim_{x\to1}\frac{f(x^2)-f(1)}{x^2-1}\times\lim_{x\to1}(x+1)$$

($\to f'(1)$, $\to 2$)

$$=2f'(1)$$

$$=2\times(1-3)=-4$$

1477 답 ③

$f(x)=\int(x^2-2x+k)dx$의 양변을 x에 대하여 미분하면

$f'(x)=x^2-2x+k$

$$\therefore \lim_{h\to0}\frac{f(1+h)-f(1-h)}{h}$$

$$=\lim_{h\to0}\frac{f(1+h)-f(1)-\{f(1-h)-f(1)\}}{h}$$

$$=\lim_{h\to0}\frac{f(1+h)-f(1)}{h}+\lim_{h\to0}\frac{f(1-h)-f(1)}{-h}$$

$$=f'(1)+f'(1)=2f'(1)$$

즉, $2f'(1)=8$에서 $f'(1)=4$이므로

$1-2+k=4 \qquad \therefore k=5$

따라서 $f'(x)=x^2-2x+5$이므로

$f'(2)=4-4+5=5$

1478 답 ①

$f(x)=\int(3x^2+2ax+a-2)dx$에서

$f(x)=x^3+ax^2+(a-2)x+C$

$f'(x)=3x^2+2ax+a-2$

$\lim_{x\to0}\frac{f(x)+f'(x)}{x}=-5$에서 $x\to0$일 때, 극한값이 존재하고

(분모)$\to0$이므로 (분자)$\to0$이다.

즉, $f(0)+f'(0)=0$이므로 $a-2+C=0$

$$\lim_{x\to0}\frac{f(x)+f'(x)}{x}=\lim_{x\to0}\frac{x^3+(a+3)x^2+(3a-2)x}{x}$$

$$=\lim_{x\to0}\{x^2+(a+3)x+(3a-2)\}$$

$$=3a-2$$

즉, $3a-2=-5$이므로 $a=-1$, $C=3$

따라서 $f(x)=x^3-x^2-3x+3$이므로

$f(2)=8-4-6+3=1$

실수 Check

$a-2+C=0$이므로

$f(x)+f'(x)=x^3+(a+3)x^2+(3a-2)x+(a-2+C)$

$=x^3+(a+3)x^2+(3a-2)x$

임에 주의한다.

Plus 문제

1478-1

함수 $f(x)=\int(2x+a)dx$에 대하여

$\lim_{x\to0}\frac{f(x)+f'(x)}{x}=1$일 때, $f(2)$의 값을 구하시오.

$f(x)=\int(2x+a)dx$에서

$f(x)=x^2+ax+C$

$f'(x)=2x+a$

$\lim_{x\to0}\frac{f(x)+f'(x)}{x}=1$에서 $x\to0$일 때, 극한값이 존재하고

(분모)$\to0$이므로 (분자)$\to0$이다.

즉, $f(0)+f'(0)=0$이므로 $a+C=0$

$$\lim_{x\to0}\frac{f(x)+f'(x)}{x}=\lim_{x\to0}\frac{x^2+(a+2)x}{x}$$

$$=\lim_{x\to0}\{x+(a+2)\}$$

$$=a+2$$

즉, $a+2=1$이므로 $a=-1$, $C=1$

따라서 $f(x)=x^2-x+1$이므로

$f(2)=4-2+1=3$

답 3

1479 답 ②

| 유형5

두 다항함수 $f(x)$, $g(x)$가

$$\frac{d}{dx}\{f(x)+g(x)\}=4,\quad \frac{d}{dx}\{f(x)-g(x)\}=4x-2$$

단서1

를 만족시키고 $f(0)=-1$, $g(0)=3$일 때,

$f(1)-g(-1)$의 값은?

① 1 ② 2 ③ 3

④ 4 ⑤ 5

단서1 $\frac{d}{dx}f(x)=g(x)$ 꼴은 양변을 x에 대하여 적분

STEP1 양변을 x에 대하여 적분하기

$\frac{d}{dx}\{f(x)+g(x)\}=4$에서

$$\int\left[\frac{d}{dx}\{f(x)+g(x)\}\right]dx=\int4\,dx$$

$\therefore f(x)+g(x)=4x+C_1$ ······ ㉠

$\frac{d}{dx}\{f(x)-g(x)\}=4x-2$에서

$$\int\left[\frac{d}{dx}\{f(x)-g(x)\}\right]dx=\int(4x-2)dx$$

$\therefore f(x)-g(x)=2x^2-2x+C_2$ ······ ㉡

STEP2 $f(0)=-1$, $g(0)=3$을 이용하여 $f(x)$, $g(x)$ 구하기

이때 $f(0)=-1$, $g(0)=3$이므로

$f(0)+g(0)=C_1$에서 $C_1=2$

$f(0)-g(0)=C_2$에서 $C_2=-4$

$C_1=2$, $C_2=-4$를 ㉠, ㉡에 각각 대입하면

$\begin{cases} f(x)+g(x)=4x+2 & \cdots\cdots ㉢ \\ f(x)-g(x)=2x^2-2x-4 & \cdots\cdots ㉣ \end{cases}$

㉢+㉣을 하면

$2f(x)=2x^2+2x-2$

$\therefore f(x)=x^2+x-1$

㉢−㉣을 하면

$2g(x)=-2x^2+6x+6$

$\therefore g(x)=-x^2+3x+3$

STEP 3 $f(1)-g(-1)$의 값 구하기

$f(1)-g(-1)=(1+1-1)-(-1-3+3)=2$

1480 답 4

$\frac{d}{dx}\{f(x)g(x)\}=2x-5$에서

$\int\left[\frac{d}{dx}\{f(x)g(x)\}\right]dx=\int(2x-5)dx$

$\therefore f(x)g(x)=x^2-5x+C$

양변에 $x=0$을 대입하면 $f(0)g(0)=C$

$f(0)=-1,\ g(0)=-4$이므로 ⋯⋯ ㉠

$C=4$

$\therefore f(x)g(x)=x^2-5x+4=(x-1)(x-4)$

이때 $f(x)$, $g(x)$는 계수가 정수인 일차함수이고 ㉠을 만족시켜야 하므로

$f(x)=x-1,\ g(x)=x-4$

$f(0)=-1$이므로 $f(x)$의 상수항은 -1이다.

$\therefore f(5)=5-1=4$

1481 답 ②

$f(x)+g(x)=x^2-x-1$ ⋯⋯ ㉠

$f(1)=0$이므로 ㉠의 양변에 $x=1$을 대입하면

$f(1)+g(1)=1-1-1=-1$

$\therefore g(1)=-1$

$\frac{d}{dx}\{f(x)-g(x)\}=2x-5$에서

$\int\left[\frac{d}{dx}\{f(x)-g(x)\}\right]dx=\int(2x-5)dx$

$\therefore f(x)-g(x)=x^2-5x+C$

양변에 $x=1$을 대입하면

$f(1)-g(1)=-4+C$

$f(1)=0,\ g(1)=-1$이므로 $C=5$

$\therefore f(x)-g(x)=x^2-5x+5$ ⋯⋯ ㉡

㉠+㉡을 하면 $2f(x)=2x^2-6x+4$

$\therefore f(x)=x^2-3x+2$

㉠−㉡을 하면 $2g(x)=4x-6$

$\therefore g(x)=2x-3$

$\therefore f(3)+g(-1)$

$=(9-9+2)+(-2-3)$

$=2+(-5)=-3$

1482 답 ⑤

$\frac{d}{dx}\{f(x)+g(x)\}=2x+1$에서

$\int\left[\frac{d}{dx}\{f(x)+g(x)\}\right]dx=\int(2x+1)dx$

$\therefore f(x)+g(x)=x^2+x+C_1$

양변에 $x=0$을 대입하면

$f(0)+g(0)=C_1$

이때 $f(0)=2,\ g(0)=-1$이므로

$C_1=2-1=1$

$\therefore f(x)+g(x)=x^2+x+1$ ⋯⋯ ㉠

$\frac{d}{dx}\{f(x)g(x)\}=3x^2-2x+2$에서

$\int\left[\frac{d}{dx}\{f(x)g(x)\}\right]dx=\int(3x^2-2x+2)dx$

$\therefore f(x)g(x)=x^3-x^2+2x+C_2$

양변에 $x=0$을 대입하면

$f(0)g(0)=C_2$

이때 $f(0)=2,\ g(0)=-1$이므로

$C_2=2\times(-1)=-2$

$\therefore f(x)g(x)=x^3-x^2+2x-2$

$=(x-1)(x^2+2)$ ⋯⋯ ㉡

㉠, ㉡을 만족시키는 $f(x)$, $g(x)$는

$\begin{cases} f(x)=x-1 \\ g(x)=x^2+2 \end{cases}$ 또는 $\begin{cases} f(x)=x^2+2 \\ g(x)=x-1 \end{cases}$

이때 $f(0)=2,\ g(0)=-1$이므로

$f(x)=x^2+2,\ g(x)=x-1$

$\therefore f(-1)+g(3)=(1+2)+(3-1)=3+2=5$

1483 답 ④

$f(x)=ax^2+bx+c$ (a, b, c는 상수, $a\neq0$)라 하면

$g(x)=\int\{x^2+f(x)\}dx$

$=\int(x^2+ax^2+bx+c)dx$

$=\int\{(a+1)x^2+bx+c\}dx$

$=\frac{a+1}{3}x^3+\frac{b}{2}x^2+cx+C$

이때 $f(x)+g(x)=3x+2$이므로

$\frac{a+1}{3}x^3+\left(a+\frac{b}{2}\right)x^2+(b+c)x+c+C=3x+2$

양변의 동류항의 계수를 비교하면

$\frac{a+1}{3}=0,\ a+\frac{b}{2}=0,\ b+c=3,\ c+C=2$

$\therefore a=-1,\ b=2,\ c=1,\ C=1$

따라서 $g(x)=x^2+x+1$이므로

$g(2)=4+2+1=7$

다른 풀이

$g(x)=\int\{x^2+f(x)\}dx$의 양변을 x에 대하여 미분하면

$g'(x)=x^2+f(x)$이므로 $f(x)=g'(x)-x^2$ ⋯⋯ ㉠

㉠을 $f(x)+g(x)=3x+2$에 대입하면

$g'(x)+g(x)=x^2+3x+2$ ······ ㉡

→ $g'(x)+g(x)$가 이차식이므로 $g(x)$는 이차식이다.

$g(x)=ax^2+bx+c$ (a, b, c는 상수, $a\neq0$)라 하면

$g'(x)=2ax+b$이므로

$g'(x)+g(x)=ax^2+(2a+b)x+(b+c)$ ······ ㉢

㉡, ㉢의 계수를 비교하면

$a=1$, $2a+b=3$, $b+c=2$ $\quad\therefore a=1, b=1, c=1$

따라서 $g(x)=x^2+x+1$이므로

$g(2)=4+2+1=7$

1484 답 ②

$f(x)=ax^2+bx+c$ (a, b, c는 상수, $a\neq0$)라 하면

$$g(x)=\int\{x^2+f(x)\}dx$$
$$=\int(x^2+ax^2+bx+c)dx$$
$$=\int\{(a+1)x^2+bx+c\}dx$$
$$=\frac{a+1}{3}x^3+\frac{b}{2}x^2+cx+C \quad \cdots\cdots ㉠$$

이때 $f(x)g(x)=(ax^2+bx+c)g(x)=-2x^4+8x^3$ ······ ㉡

이므로 $g(x)$는 이차함수이다.

$\therefore a=-1$

→ 삼차항의 계수가 0, 즉 $\frac{a+1}{3}=0$이다.

㉠, ㉡에서

$$(-x^2+bx+c)\left(\frac{b}{2}x^2+cx+C\right)=-2x^4+8x^3$$

$$-\frac{b}{2}x^4+\left(\frac{b^2}{2}-c\right)x^3+\left(-C+bc+\frac{bc}{2}\right)x^2+(bC+c^2)x+cC$$
$$=-2x^4+8x^3$$

양변의 동류항의 계수를 비교하면

$-\frac{b}{2}=-2$, $\frac{b^2}{2}-c=8$,

$-C+bc+\frac{bc}{2}=0$, $bC+c^2=0$, $cC=0$

$\therefore b=4, c=0, C=0$

따라서 $g(x)=2x^2$이므로 $g(2)=8$

다른 풀이

$g(x)=\int\{x^2+f(x)\}dx$의 양변을 x에 대하여 미분하면

$g'(x)=x^2+f(x)$이므로 $f(x)=g'(x)-x^2$ ······ ㉠

㉠을 $f(x)g(x)=-2x^4+8x^3$에 대입하면

$(g'(x)-x^2)\times g(x)=-2x^4+8x^3$ ······ ㉡

이때 $f(x)$가 이차함수이고 $f(x)g(x)=-2x^4+8x^3$이므로 $g(x)$도 이차함수이다.

즉, $g(x)=ax^2+bx+c$ (a, b, c는 상수, $a\neq0$)라 하면

$g'(x)=2ax+b$

이 식을 ㉡에 대입하면

$(2ax+b-x^2)(ax^2+bx+c)=-2x^4+8x^3$

x^4의 계수를 비교하면 $-a=-2$ $\quad\therefore a=2$

x^3의 계수를 비교하면 $2a^2-b=8$ $\quad\therefore b=0$

즉, $(-x^2+4x)(2x^2+c)=-2x^4+8x^3$이므로 $c=0$

따라서 $g(x)=2x^2$이므로 $g(2)=8$

1485 답 ③

| 유형6

함수 $f(x)$에 대하여 $f'(x)=3x^2-2x+a$이고, $f(0)=3$, $f(1)=4$ 일 때, $f(-1)$의 값은? (단, a는 상수이다.)

단서1

① -2 ② -1 ③ 0
④ 1 ⑤ 2

단서1 $f(x)=\int f'(x)dx$

STEP 1 $f(x)=\int f'(x)dx$를 이용하여 $f(x)$를 적분상수를 포함한 식으로 나타내기

$$f(x)=\int f'(x)dx=\int(3x^2-2x+a)dx=x^3-x^2+ax+C$$

STEP 2 $f(0)=3$, $f(1)=4$를 이용하여 $f(x)$ 구하기

이때 $f(0)=3$이므로 $C=3$

따라서 $f(x)=x^3-x^2+ax+3$이므로 $f(1)=4$에서

$1-1+a+3=4$ $\quad\therefore a=1$

$\therefore f(x)=x^3-x^2+x+3$

STEP 3 $f(-1)$의 값 구하기

$f(-1)=-1-1-1+3=0$

1486 답 12

$$f(x)=\int f'(x)dx=\int(4x^3-4x+1)dx=x^4-2x^2+x+C$$

$f(0)=2$이므로 $C=2$

따라서 $f(x)=x^4-2x^2+x+2$이므로

$f(2)=16-8+2+2=12$

1487 답 ②

$$f(x)=\int f'(x)dx=\int(3x^2+4)dx=x^3+4x+C$$

한편, 함수 $y=f(x)$의 그래프가 점 $(0, 6)$을 지나므로

$f(0)=6$에서 $C=6$

따라서 $f(x)=x^3+4x+6$이므로

$f(1)=1+4+6=11$

1488 답 ③

$$f'(x)=\frac{x^6-1}{x^2+x+1}=\frac{(x^3-1)(x^3+1)}{x^2+x+1}$$
$$=\frac{(x-1)(x^2+x+1)(x^3+1)}{x^2+x+1}$$
$$=(x-1)(x^3+1)=x^4-x^3+x-1$$

$$f(x)=\int f'(x)dx=\int(x^4-x^3+x-1)dx$$
$$=\frac{1}{5}x^5-\frac{1}{4}x^4+\frac{1}{2}x^2-x+C$$

$f(0)=0$이므로 $C=0$

따라서 $f(x)=\frac{1}{5}x^5-\frac{1}{4}x^4+\frac{1}{2}x^2-x$이므로

$$20f(1)=20\times\left(\frac{1}{5}-\frac{1}{4}+\frac{1}{2}-1\right)=4-5+10-20=-11$$

1489 답 ①

$\int(3x-2)f'(x)dx=x^3-\frac{5}{2}x^2+2x+3$의 양변을 x에 대하여 미분하면

$(3x-2)f'(x)=3x^2-5x+2=(3x-2)(x-1)$

$\therefore f'(x)=x-1$

$\therefore f(x)=\int f'(x)dx$

$=\int(x-1)dx$

$=\frac{1}{2}x^2-x+C$

이때 $f(1)=\frac{1}{2}$이므로

$\frac{1}{2}-1+C=\frac{1}{2}$ $\quad\therefore C=1$

따라서 $f(x)=\frac{1}{2}x^2-x+1$이므로

$f(2)=\frac{1}{2}\times4-2+1=1$

1490 답 ①

$\lim_{x\to2}\frac{f(x)}{x-2}=1$에서 $x\to2$일 때, (분모)$\to0$이고 극한값이 존재하므로 (분자)$\to0$이다.

즉, $\lim_{x\to2}f(x)=0$이고 $f(x)$는 연속함수이므로 → $\lim_{x\to2}f(x)=f(2)$

$f(2)=0$ ······ ㉠

$\lim_{x\to2}\frac{f(x)}{x-2}=\lim_{x\to2}\frac{f(x)-f(2)}{x-2}=f'(2)$

$f'(2)=8+k=1$이므로 $k=-7$

따라서 $f'(x)=4x-7$이므로

$f(x)=\int f'(x)dx$

$=\int(4x-7)dx$

$=2x^2-7x+C$

㉠에서 $f(2)=0$이므로

$8-14+C=0$ $\quad\therefore C=6$

따라서 $f(x)=2x^2-7x+6$이므로

$f(1)=2-7+6=1$

참고 함수 $f(x)$의 도함수가 존재하므로 함수 $f(x)$는 미분가능하다.
즉, 함수 $f(x)$는 연속함수이다.

1491 답 5

$\lim_{h\to0}\frac{f(x+h)-f(x)}{h}=3x^2-2x$에서

$f'(x)=3x^2-2x$이므로

$f(x)=\int f'(x)dx$

$=\int(3x^2-2x)dx$

$=x^3-x^2+C$

$f(0)=1$이므로 $C=1$

따라서 $f(x)=x^3-x^2+1$이므로

$f(2)=8-4+1=5$

1492 답 2

$f'(x)=-12x^2+6x-2$이므로

$f(x)=\int f'(x)dx=\int(-12x^2+6x-2)dx$

$=-4x^3+3x^2-2x+C$

$f(1)=0$이므로

$-4+3-2+C=0$ $\quad\therefore C=3$

따라서 $f(x)=-4x^3+3x^2-2x+3$이므로

$F(x)=\int(-4x^3+3x^2-2x+3)dx$

$=-x^4+x^3-x^2+3x+C$

$\therefore F(1)-F(0)=(-1+1-1+3+C)-C=2$

1493 답 ②

$f(x)=\int f'(x)dx=\int(6x^2-2x+a)dx$

$=2x^3-x^2+ax+C$

$f(x)$가 x^2-3x+2, 즉 $(x-1)(x-2)$로 나누어떨어지므로

$f(1)=0$에서 $2-1+a+C=0$ ······ ㉠

$f(2)=0$에서 $16-4+2a+C=0$ ······ ㉡

㉡$-$㉠을 하면 $11+a=0$

$\therefore a=-11$

개념 Check

인수정리

다항식 $f(x)$가 일차식 $x-a$로 나누어떨어진다.

➜ $f(x)$는 $x-a$를 인수로 갖는다.

➜ $f(a)=0$

1494 답 ③

두 점 $(0,\ 0)$, $(-4,\ 2)$를 지나는 직선의 기울기는 $-\frac{1}{2}$이다.

이때 수직인 두 직선의 기울기의 곱은 -1이므로

$y=f'(x)$의 그래프의 기울기는 2이다.

즉, $f'(x)=2x+a$ (a는 상수)라 하면 → $y=f'(x)$는 직선이다.

$f(x)=\int f'(x)dx=\int(2x+a)dx$

$=x^2+ax+C$

$f(0)=1$이므로 $C=1$

즉, $f(x)=x^2+ax+1$에서 $f(1)=1$이므로

$1+a+1=1$ $\quad\therefore a=-1$

따라서 $f(x)=x^2-x+1$이므로

$f(2)=4-2+1=3$

1495 답 ③

$f(x)=\int f'(x)dx=\int(1+2x+3x^2+\cdots+nx^{n-1})dx$

$=x+x^2+x^3+\cdots+x^n+C$

이때 $f(0)=0$이므로 $C=0$

$f(2)=2+2^2+2^3+\cdots+2^n$
→ 첫째항이 2, 공비가 2인 등비수열의 첫째항부터 제n항까지의 합이다.

$=\frac{2(2^n-1)}{2-1}=2^{n+1}-2$

이고, $500<f(2)<1000$에서

$500<2^{n+1}-2<1000$, $251<2^n<501$ ······ ㉠

이때 $2^7=128$, $2^8=256$, $2^9=512$이므로 ㉠을 만족시키는 자연수 n은 8이다.

따라서 $f(x)=x+x^2+x^3+\cdots+x^8$이므로

$f(1)=8$

개념 Check

등비수열의 합

첫째항이 a, 공비가 r $(r\neq 0)$인 등비수열의 첫째항부터 제n항까지의 합 S_n은

(1) $r\neq 1$일 때, $S_n=\frac{a(r^n-1)}{r-1}=\frac{a(1-r^n)}{1-r}$

(2) $r=1$일 때, $S_n=na$

실수 Check

$C=0$에서 $f(x)=x+x^2+x^3+\cdots+x^n$이므로

$f(1)=1+1+1+\cdots+1=n$

과 같이 구하지 않도록 주의한다.

$500<f(2)<1000$이라는 조건을 만족시키는 n의 값을 먼저 구해야 한다.

1496 답 9

$\{xf(x)\}'=f(x)+xf'(x)$이므로 (가)에서

$\{f(x)+xf'(x)\}g(x)+xf(x)g'(x)$

$=\{xf(x)\}'g(x)+\{xf(x)\}g'(x)$

$=[\{xf(x)\}g(x)]'$

$=\{xf(x)g(x)\}'$

즉, $\{xf(x)g(x)\}'=4x^3+3x^2-4x$이므로

$xf(x)g(x)=\int(4x^3+3x^2-4x)dx=x^4+x^3-2x^2+C_1$

양변에 $x=0$을 대입하면

$C_1=0$, 즉 $xf(x)g(x)=x^4+x^3-2x^2$이므로

$f(x)g(x)=x^3+x^2-2x=x(x+2)(x-1)$ ······ ㉠

또, (나)에서 $f'(x)+g'(x)=2x+3$이므로

$f(x)+g(x)=\int(2x+3)dx=x^2+3x+C_2$ ······ ㉡

㉠, ㉡을 만족시키는 $f(x)$, $g(x)$는

$\begin{cases} f(x)=x(x+2) \\ g(x)=x-1 \end{cases}$ 또는 $\begin{cases} f(x)=x-1 \\ g(x)=x(x+2) \end{cases}$

$\therefore f(2)+g(2)=8+1=9$

실수 Check

$f(x)g(x)=x(x+2)(x-1)$에서

$f(x)=x(x+2)(x-1)$, $g(x)=1$로 구하지 않도록 주의한다.

이 값은 $f(x)+g(x)=x^2+3x+C_2$를 만족시키지 않는다.

Plus 문제

1496-1

다항함수 $f(x)$가 다음 조건을 만족시킬 때, $\{f(2)\}^2$의 값을 구하시오.

(가) $f(0)=0$
(나) $2f'(x)f(x)=4x^3-6x^2+2x$

$\{f(x)\}^2=f(x)\times f(x)$이므로

$\frac{d}{dx}\{f(x)\}^2=f'(x)f(x)+f(x)f'(x)=2f'(x)f(x)$

즉, (나)에서 $\frac{d}{dx}\{f(x)\}^2=4x^3-6x^2+2x$이므로

$\int\left[\frac{d}{dx}\{f(x)\}^2\right]dx=\int(4x^3-6x^2+2x)dx$

$\therefore \{f(x)\}^2=x^4-2x^3+x^2+C$

(가)에서 $f(0)=0$이므로 $C=0$

따라서 $\{f(x)\}^2=x^4-2x^3+x^2$이므로

$\{f(2)\}^2=16-16+4=4$

답 4

1497 답 ③

$f(x)=\int f'(x)dx=\int(2x+4)dx$

$=x^2+4x+C$

$f(-1)+f(1)=0$에서

$(-3+C)+(5+C)=0$, $2C=-2$ $\quad\therefore C=-1$

따라서 $f(x)=x^2+4x-1$이므로

$f(2)=4+8-1=11$

1498 답 ⑤

| 유형 7

모든 실수 x에서 연속인 함수 $f(x)$에 대하여
단서2

$f'(x)=\begin{cases} 2x+3 & (x>1) \\ 3x^2 & (x<1) \end{cases}$
단서1

이고 $f(0)=-2$일 때, $f(2)$의 값은?

① 1 ② 2 ③ 3
④ 4 ⑤ 5

단서1 도함수가 $x=1$을 기준으로 식이 다름
단서2 $x=1$에서도 연속

STEP 1 구간별로 $f'(x)$의 부정적분 구하기

$f(x)=\int f'(x)dx$이므로

(i) $x>1$일 때

$f(x)=\int(2x+3)dx=x^2+3x+C_1$

(ii) $x<1$일 때

$f(x)=\int 3x^2dx=x^3+C_2$

(i), (ii)에서 $f(x)=\begin{cases} x^2+3x+C_1 & (x>1) \\ x^3+C_2 & (x<1) \end{cases}$

$f(0)=-2$이므로 $C_2=-2$ ······ ㉠

STEP 2 $x=1$에서 연속임을 이용하여 적분상수 구하기

이때 함수 $f(x)$는 모든 실수 x에 대하여 연속이므로 $x=1$에서 연속이다.

$f(1)=\lim_{x\to1+}f(x)=\lim_{x\to1-}f(x)$에서

$4+C_1=1+C_2$ ······ ㉡

㉠을 ㉡에 대입하면

$4+C_1=1-2 \quad \therefore C_1=-5$

STEP 3 $f(x)$를 구하여 $f(2)$의 값 구하기

$f(x)=\begin{cases} x^2+3x-5 & (x\ge1) \\ x^3-2 & (x<1) \end{cases}$이므로

$f(2)=4+6-5=5$

개념 Check

함수의 연속

함수 $f(x)$가 실수 a에 대하여 다음 조건을 모두 만족시킬 때, $f(x)$를 $x=a$에서 연속이라 한다.

(i) $x=a$에서 정의되어 있다.

(ii) 극한값 $\lim_{x\to a}f(x)$가 존재한다.

(iii) $\lim_{x\to a}f(x)=f(a)$

1499 답 -6

$f(x)=\int f'(x)dx$이므로

(i) $x\ge-1$일 때

$f(x)=\int(4x^3-8x)dx=x^4-4x^2+C_1$

(ii) $x<-1$일 때

$f(x)=\int -4x\,dx=-2x^2+C_2$

(i), (ii)에서 $f(x)=\begin{cases} x^4-4x^2+C_1 & (x\ge-1) \\ -2x^2+C_2 & (x<-1) \end{cases}$

이때 $f(0)=3$이므로 $C_1=3$

함수 $f(x)$는 $x=-1$에서 미분가능하므로 $x=-1$에서 연속이다.

$f(-1)=\lim_{x\to-1+}f(x)=\lim_{x\to-1-}f(x)$이므로

→ $\lim_{x\to-1+}(x^4-4x^2+3)=\lim_{x\to-1-}(-2x^2+C_2)$

$1-4+3=-2+C_2 \quad \therefore C_2=2$

따라서 $f(x)=-2x^2+2\ (x<-1)$이므로

$f(-2)=-8+2=-6$

1500 답 2

$f(x)=\int f'(x)dx$이므로

(i) $x>-2$일 때

$f(x)=\int(4x+3)dx=2x^2+3x+C_1$

(ii) $x<-2$일 때

$f(x)=\int(-2x+k)dx=-x^2+kx+C_2$

(i), (ii)에서 $f(x)=\begin{cases} 2x^2+3x+C_1 & (x>-2) \\ -x^2+kx+C_2 & (x<-2) \end{cases}$

$f(0)=2$이므로 $C_1=2$ ······ ㉠

$f(-3)=-3$이므로 $-9-3k+C_2=-3$

$\therefore C_2=3k+6$ ······ ㉡

이때 함수 $f(x)$가 $x=-2$에서 연속이려면

$f(-2)=\lim_{x\to-2+}f(x)=\lim_{x\to-2-}f(x)$이어야 하므로

$8-6+C_1=-4-2k+C_2$

위의 식에 ㉠, ㉡을 대입하면

$2+2=-4-2k+(3k+6) \quad \therefore k=2$

1501 답 ③

$f(x)=\int f'(x)dx$이므로

$f'(x)=2|x|=\begin{cases} 2x & (x\ge0) \\ -2x & (x<0) \end{cases}$에서

(i) $x\ge0$일 때

$f(x)=\int 2x\,dx=x^2+C_1$

(ii) $x<0$일 때

$f(x)=\int(-2x)dx=-x^2+C_2$

(i), (ii)에서 $f(x)=\begin{cases} x^2+C_1 & (x\ge0) \\ -x^2+C_2 & (x<0) \end{cases}$

$f(1)=2$이므로 $1+C_1=2 \quad \therefore C_1=1$

이때 함수 $f(x)$는 $x=0$에서 연속이므로

$f(0)=\lim_{x\to0+}f(x)=\lim_{x\to0-}f(x)$

$\therefore f(0)=1=C_2 \quad \therefore C_2=1$

따라서 $f(x)=\begin{cases} x^2+1 & (x\ge0) \\ -x^2+1 & (x<0) \end{cases}$이므로

$f(-1)=-(-1)^2+1=0$

1502 답 ①

→ $x\ge-2$일 때, $f'(x)=(x+2)-x=2$

$f'(x)=|x+2|-x=\begin{cases} 2 & (x\ge-2) \\ -2x-2 & (x<-2) \end{cases}$에서

→ $x<-2$일 때, $f(x)=-(x+2)-x$ $=-2x-2$

$f(x)=\int f'(x)dx$이므로

(i) $x\ge-2$일 때

$f(x)=\int 2\,dx=2x+C_1$

(ii) $x<-2$일 때

$f(x)=\int(-2x-2)dx=-x^2-2x+C_2$

(i), (ii)에서 $f(x)=\begin{cases} 2x+C_1 & (x\ge-2) \\ -x^2-2x+C_2 & (x<-2) \end{cases}$

$f(0)=1$이므로 $C_1=1$

이때 함수 $f(x)$는 $x=-2$에서 연속이므로

$\lim_{x\to-2+}f(x)=\lim_{x\to-2-}f(x)$

$-4+1=-4+4+C_2 \quad \therefore C_2=-3$

따라서 $f(x)=\begin{cases} 2x+1 & (x\ge -2) \\ -x^2-2x-3 & (x<-2) \end{cases}$이므로

$f(-3)+f(1)=(-9+6-3)+(2+1)=-3$

Plus 문제

1502-1

모든 실수 x에 대하여 연속인 함수 $f(x)$의 도함수가 $f'(x)=x+|x-1|$이고 $f(-1)=0$일 때, $f(3)$의 값을 구하시오.

$f'(x)=x+|x-1|=\begin{cases} 1 & (x\le 1) \\ 2x-1 & (x>1) \end{cases}$에서

$f(x)=\int f'(x)dx$이므로

(i) $x\le 1$일 때

$f(x)=\int 1\,dx=x+C_1$

(ii) $x>1$일 때,

$f(x)=\int(2x-1)dx=x^2-x+C_2$

(i), (ii)에서 $f(x)=\begin{cases} x+C_1 & (x\le 1) \\ x^2-x+C_2 & (x>1) \end{cases}$

$f(-1)=0$이므로 $-1+C_1=0$ $\quad\therefore C_1=1$

이때 함수 $f(x)$는 $x=1$에서 연속이므로

$f(1)=\lim_{x\to 1+}f(x)=\lim_{x\to 1-}f(x)$에서

$C_2=1+1=2$

따라서 $f(x)=\begin{cases} x+1 & (x\le 1) \\ x^2-x+2 & (x>1) \end{cases}$이므로

$f(3)=9-3+2=8$

답 8

1503 답 9

$F(x)=\int f(x)dx$이므로

(i) $x<0$일 때

$F(x)=\int(-2x)dx=-x^2+C_1$

(ii) $x\ge 0$일 때

$F(x)=\int k(2x-x^2)dx=k\left(x^2-\frac{1}{3}x^3\right)+C_2$

(i), (ii)에서 $F(x)=\begin{cases} -x^2+C_1 & (x<0) \\ k\left(x^2-\frac{1}{3}x^3\right)+C_2 & (x\ge 0) \end{cases}$

함수 $F(x)$는 $x=0$에서 미분가능하므로 $x=0$에서 연속이다.

$f(0)=\lim_{x\to 0-}f(x)=\lim_{x\to 0+}f(x)$이므로 $C_1=C_2$

$F(2)-F(-3)=21$이므로

$\left(\frac{4}{3}k+C_2\right)-(-9+C_1)=\frac{4}{3}k+9=21$ ($\because C_1=C_2$)

$\therefore k=9$

1504 답 ① | 유형8

점 (1, 0)을 지나는 곡선 $y=f(x)$ 위의 임의의 점 $(x, f(x))$에서의 접선의 기울기가 $6x^2-4x+1$일 때, $f(2)$의 값은?

① 9 ② 10 ③ 11
④ 12 ⑤ 13

단서1 $f'(x)=6x^2-4x+1$
단서2 $f(1)=0$

STEP1 접선의 기울기 $f'(x)$를 적분하여 $f(x)$를 식으로 나타내기

곡선 $y=f(x)$ 위의 임의의 점 $(x, f(x))$에서의 접선의 기울기가 $6x^2-4x+1$이므로 $f'(x)=6x^2-4x+1$

이때 $f(x)=\int f'(x)dx$이므로

$f(x)=\int(6x^2-4x+1)dx=2x^3-2x^2+x+C$

STEP2 $f(1)=0$임을 이용하여 $f(x)$ 구하기

곡선 $y=f(x)$가 점 (1, 0)을 지나므로 $f(1)=0$에서

$2-2+1+C=0$ $\quad\therefore C=-1$

$\therefore f(x)=2x^3-2x^2+x-1$

STEP3 $f(2)$의 값 구하기

$f(2)=16-8+2-1=9$

1505 답 ⑤

$f'(x)=3x^2-1$이므로

$f(x)=\int f'(x)dx=\int(3x^2-1)dx=x^3-x+C$

이때 $f(1)=2$이므로 $1-1+C=2$ $\quad\therefore C=2$

따라서 $f(x)=x^3-x+2$이므로

$f(-1)=-1+1+2=2$ $\quad\therefore a=2$

1506 답 11

곡선 $y=f(x)$ 위의 임의의 점 $(x, f(x))$에서의 접선의 기울기가 $kx+1$이므로 $f'(x)=kx+1$

이때 $f(x)=\int f'(x)dx$이므로

$f(x)=\int(kx+1)dx=\frac{k}{2}x^2+x+C$

곡선 $y=f(x)$는 두 점 (0, −1), (2, 5)를 지나므로

$f(0)=-1$에서 $C=-1$

$f(2)=5$에서 $2k+2-1=5$ $\quad\therefore k=2$

따라서 $f(x)=x^2+x-1$이므로

$f(3)=9+3-1=11$

1507 답 6

$f(x)=\int(ax-4)dx$의 양변을 x에 대하여 미분하면

$f'(x)=ax-4$

곡선 $y=f(x)$ 위의 점 (1, −2)에서의 접선의 기울기가 2이므로 → $f(1)=-2$, $f'(1)=2$

$f'(1)=2$에서

$a-4=2$ $\quad\therefore a=6$

즉, $f'(x)=6x-4$이므로

$f(x)=\int(6x-4)dx=3x^2-4x+C$

곡선 $y=f(x)$가 점 $(1, -2)$를 지나므로 $f(1)=-2$에서

$3-4+C=-2 \qquad \therefore C=-1$

따라서 $f(x)=3x^2-4x-1$이므로

$f(-1)=3+4-1=6$

1508 답 ②

곡선 $y=f(x)$ 위의 점 $(x, f(x))$에서의 접선의 기울기가 $2x+k$이므로

$f'(x)=2x+k$

이때 $f(x)=\int f'(x)dx$이므로

$f(x)=\int(2x+k)dx=x^2+kx+C$

곡선 $y=f(x)$가 점 $(0, 4)$를 지나므로 $f(0)=4$에서

$C=4$

$\therefore f(x)=x^2+kx+4$

방정식 $f(x)=0$, 즉 $x^2+kx+4=0$의 실근이 존재하므로 이 이차방정식의 판별식을 D라 하면 $D\geq 0$에서

$k^2-4\times 4\geq 0$, $(k+4)(k-4)\geq 0$

$\therefore k\leq -4$ 또는 $k\geq 4$

따라서 양수 k의 최솟값은 4이다.

1509 답 21

곡선 $y=f(x)$가 직선 $y=-7x+1$에 접하므로 직선 $y=-7x+1$은 곡선 $y=f(x)$의 접선이다.

직선 $y=-7x+1$과 곡선 $y=f(x)$의 접점의 좌표를 (a, b)라 하면 $f'(a)=-7$이므로

$f'(a)=3a^2+12a+5=-7$

$3(a+2)^2=0 \qquad \therefore a=-2$

점 (a, b)는 직선 $y=-7x+1$ 위의 점이므로

$b=-7a+1 \qquad \therefore b=15$

$f(x)=\int f'(x)dx$이므로

$f(x)=\int(3x^2+12x+5)dx=x^3+6x^2+5x+C$

이때 곡선 $y=f(x)$가 점 $(-2, 15)$를 지나므로 $f(-2)=15$에서

$-8+24-10+C=15 \qquad \therefore C=9$

따라서 $f(x)=x^3+6x^2+5x+9$이므로

$f(1)=1+6+5+9=21$

1510 답 ③

$f(x)=2x-6$이므로

$F(x)=\int f(x)dx=\int(2x-6)dx$

$\quad =x^2-6x+C$

이때 $y=F(x)$의 그래프가 x축과 접하므로 방정식 $F(x)=0$, 즉 $x^2-6x+C=0$이 중근을 갖는다.

이 이차방정식의 판별식을 D라 하면 $\frac{D}{4}=0$에서

$9-C=0 \qquad \therefore C=9$

따라서 $F(x)=x^2-6x+9$이므로

$F(1)=1-6+9=4$

실수 Check

이차함수 $y=ax^2+bx+c$의 그래프가 x축(직선 $y=0$)에 접하면

➔ 방정식 $ax^2+bx+c=0$이 중근을 갖는다.

➔ 판별식 $D=0$이다. $(D=b^2-4ac)$

1511 답 ①

곡선 $y=f(x)$ 위의 점 $(t, f(t))$에서의 접선의 방정식은

$y-f(t)=f'(t)(x-t)$ → 기울기가 $f'(t)$이고 점 $(t, f(t))$를 지난다.

$\therefore y=f'(t)x\underline{-tf'(t)+f(t)}$ → $g(t)$

이때 $f'(t)=6t^2-2t+1$이므로

$f(t)=\int(6t^2-2t+1)dt$

$\quad =2t^3-t^2+t+C$

또, $g(t)=-tf'(t)+f(t)$이므로

$g(t)=-t(6t^2-2t+1)+2t^3-t^2+t+C$

$\quad =-4t^3+t^2+C$

$\therefore \lim_{t\to\infty}\frac{f(t)+g(t)}{t^3}=\lim_{t\to\infty}\frac{-2t^3+t+2C}{t^3}=-2$

→ 최고차항의 계수의 비와 같다.

실수 Check

곡선 $y=f(x)$ 위의 점 $(t, f(t))$에서의 접선의 방정식이

$y=(6t^2-2t+1)x+g(t)$이므로

x의 계수 $6t^2-2t+1$이 기울기 $f'(t)$이다.

Plus 문제

1511-1

곡선 $y=f(x)$ 위의 점 $(t, f(t))$에서의 접선의 방정식이 $y=(3t^2-8t+1)x+g(t)$일 때, $\lim_{t\to\infty}\frac{g(t)}{t^3}$의 값을 구하시오.

곡선 $y=f(x)$ 위의 점 $(t, f(t))$에서의 접선의 방정식은

$y-f(t)=f'(t)(x-t)$

$\therefore y=f'(t)x-tf'(t)+f(t)$

이때 $f'(t)=3t^2-8t+1$이므로

$f(t)=\int(3t^2-8t+1)dt$

$\quad =t^3-4t^2+t+C$

또, $g(t)=-tf'(t)+f(t)$이므로

$g(t)=-t(3t^2-8t+1)+t^3-4t^2+t+C$

$\quad =-2t^3+4t^2+C$

$\therefore \lim_{t\to\infty}\frac{g(t)}{t^3}=\lim_{t\to\infty}\frac{-2t^3+4t^2+C}{t^3}=-2$

답 -2

1512 답 ①

$f(x)$가 최고차항의 계수가 1인 사차함수이므로 $f'(x)$는 최고차항의 계수가 4인 삼차함수이다.

(가)에서 $f'(0)=f'(1)=f'(3)=k$이므로

$f'(x)=4x(x-1)(x-3)+k=4x^3-16x^2+12x+k$

또한 (나)에서 $x=2$에서 x축에 접하므로 $f(2)=0$, $f'(2)=0$

$f'(2)=0$에서 $32-64+24+k=0 \quad \therefore k=8$

따라서 $f'(x)=4x^3-16x^2+12x+8$이므로

$$f(x)=\int f'(x)dx$$
$$=\int(4x^3-16x^2+12x+8)dx$$
$$=x^4-\frac{16}{3}x^3+6x^2+8x+C$$

$f(2)=0$에서 $16-\frac{128}{3}+24+16+C=0$

$\therefore C=-\frac{40}{3}$

따라서 $f(x)=x^4-\frac{16}{3}x^3+6x^2+8x-\frac{40}{3}$이므로

$f(1)=1-\frac{16}{3}+6+8-\frac{40}{3}=-\frac{11}{3}$

실수 Check

$f(x)=x^4+ax^3+bx^2+cx+d$ (a, b, c, d는 상수)로 놓으면
$f'(x)=4x^3+3ax^2+2bx+c$이고, $f'(0)=f'(1)=f'(3)=k$이므로
$x=0$, $x=1$, $x=3$을 각각 대입하여 $f'(x)$를 구할 수도 있지만
$f'(x)=4x(x-1)(x-3)+k$로 생각하는 계산이 더 효율적이다.

1513 답 7

$f'(x)=4x-1$이므로

$f(x)=\int f'(x)dx=\int(4x-1)dx=2x^2-x+C$

$f(0)=1$이므로 $C=1$

따라서 $f(x)=2x^2-x+1$이므로

$f(2)=8-2+1=7$

1514 답 ② | 유형9

함수 $f(x)$에 대하여 $f'(x)=3x^2-3x-6$이고 $f(x)$의 극솟값이 0일 때, $f(x)$의 극댓값은? (단서1)

① $\frac{25}{2}$ ② $\frac{27}{2}$ ③ $\frac{29}{2}$
④ $\frac{31}{2}$ ⑤ $\frac{33}{2}$

단서1 $x=k$에서 극소라 하면 $f(k)=0$, $f'(k)=0$

STEP1 $f(x)=\int f'(x)dx$임을 이용하여 $f(x)$ 식 세우기

$$f(x)=\int f'(x)dx=\int(3x^2-3x-6)dx$$
$$=x^3-\frac{3}{2}x^2-6x+C$$

STEP2 함수 $f(x)$가 극대, 극소가 되는 x의 값 구하기

$f'(x)=3x^2-3x-6=3(x+1)(x-2)$이므로

$f'(x)=0$인 x의 값은 $x=-1$ 또는 $x=2$

함수 $f(x)$의 증가, 감소를 표로 나타내면 다음과 같다.

x	$\cdots$	-1	$\cdots$	2	$\cdots$
$f'(x)$	$+$	0	$-$	0	$+$
$f(x)$	↗	극대	↘	극소	↗

STEP3 극솟값을 이용하여 $f(x)$ 구하기

함수 $f(x)$는 $x=2$에서 극솟값 0을 가지므로 $f(2)=0$에서

$8-6-12+C=0 \quad \therefore C=10$

$\therefore f(x)=x^3-\frac{3}{2}x^2-6x+10$

STEP4 $f(x)$의 극댓값 구하기

함수 $f(x)$는 $x=-1$에서 극대이므로 극댓값은

$f(-1)=-1-\frac{3}{2}+6+10=\frac{27}{2}$

1515 답 ④

$$f(x)=\int f'(x)dx=\int 3x(x-4)dx$$
$$=\int(3x^2-12x)dx$$
$$=x^3-6x^2+C$$

$f'(x)=3x(x-4)$이므로

$f'(x)=0$인 x의 값은 $x=0$ 또는 $x=4$

함수 $f(x)$의 증가, 감소를 표로 나타내면 다음과 같다.

x	$\cdots$	0	$\cdots$	4	$\cdots$
$f'(x)$	$+$	0	$-$	0	$+$
$f(x)$	↗	극대	↘	극소	↗

함수 $f(x)$는 $x=0$에서 극대이므로 극댓값은

$f(0)=C$

$x=4$에서 극소이므로 극솟값은

$f(4)=64-96+C=C-32$

따라서 극댓값과 극솟값의 차는

$|f(0)-f(4)|=|C-(C-32)|=32$

1516 답 35

$f'(x)=3x^2-12$이므로

$$f(x)=\int f'(x)dx=\int(3x^2-12)dx$$
$$=x^3-12x+C$$

$f'(x)=3x^2-12=3(x+2)(x-2)$이므로

$f'(x)=0$인 x의 값은 $x=-2$ 또는 $x=2$

함수 $f(x)$의 증가, 감소를 표로 나타내면 다음과 같다.

x	$\cdots$	-2	$\cdots$	2	$\cdots$
$f'(x)$	$+$	0	$-$	0	$+$
$f(x)$	↗	극대	↘	극소	↗

함수 $f(x)$는 $x=2$에서 극솟값 3을 가지므로 $f(2)=3$에서

$8-24+C=3 \quad \therefore C=19$

$\therefore f(x)=x^3-12x+19$

함수 $f(x)$는 $x=-2$에서 극대이므로 극댓값은

$f(-2)=-8+24+19=35$

1517 답 1

$f(x)$의 최고차항이 x^3이므로 $f'(x)$의 최고차항은 $3x^2$이다.

이때 $f'(-1)=f'(1)=0$이므로

→ $f'(x)$는 $x+1$, $x-1$을 인수로 갖는다.

$f'(x)=3(x+1)(x-1)$

$\therefore f(x)=\int f'(x)dx=\int(3x^2-3)dx=x^3-3x+C$

함수 $f(x)$의 증가, 감소를 표로 나타내면 다음과 같다.

x	$\cdots$	-1	$\cdots$	1	$\cdots$
$f'(x)$	$+$	0	$-$	0	$+$
$f(x)$	↗	극대	↘	극소	↗

함수 $f(x)$는 $x=-1$에서 극댓값 5를 가지므로 $f(-1)=5$에서

$-1+3+C=5 \quad \therefore C=3$

$\therefore f(x)=x^3-3x+3$

함수 $f(x)$는 $x=1$에서 극소이므로 극솟값은

$f(1)=1-3+3=1$

1518 답 ①

$f(x)=\int(6x^2+2ax-12)dx$의 양변을 x에 대하여 미분하면

$f'(x)=6x^2+2ax-12$

함수 $f(x)$가 $x=2$에서 극소이므로 $f'(2)=0$에서

$24+4a-12=0 \quad \therefore a=-3$

$\therefore f'(x)=6x^2-6x-12=6(x+1)(x-2)$

$f'(x)=0$인 x의 값은 $x=-1$ 또는 $x=2$

$$\therefore f(x)=\int(6x^2-6x-12)dx$$
$$=2x^3-3x^2-12x+C$$

함수 $f(x)$의 증가, 감소를 표로 나타내면 다음과 같다.

x	$\cdots$	-1	$\cdots$	2	$\cdots$
$f'(x)$	$+$	0	$-$	0	$+$
$f(x)$	↗	극대	↘	극소	↗

함수 $f(x)$는 $x=2$에서 극솟값 -20을 가지므로 $f(2)=-20$에서

$16-12-24+C=-20 \quad \therefore C=0$

$\therefore f(x)=2x^3-3x^2-12x$

함수 $f(x)$는 $x=-1$에서 극대이므로 극댓값은

$f(-1)=-2-3+12=7$

1519 답 ④

$$f(x)=\int f'(x)dx=\int k(x^2-1)dx$$
$$=k\left(\frac{1}{3}x^3-x\right)+C$$

$f'(x)=k(x^2-1)=k(x+1)(x-1)$이므로

$f'(x)=0$인 x의 값은 $x=-1$ 또는 $x=1$

$k<0$이므로 함수 $f(x)$의 증가, 감소를 표로 나타내면 다음과 같다.

x	$\cdots$	-1	$\cdots$	1	$\cdots$
$f'(x)$	$-$	0	$+$	0	$-$
$f(x)$	↘	극소	↗	극대	↘

함수 $f(x)$는 $x=-1$에서 극솟값 -8을 가지므로

$f(-1)=-8$에서 $\frac{2}{3}k+C=-8$ ········ ㉠

함수 $f(x)$는 $x=1$에서 극댓값 4를 가지므로

$f(1)=4$에서 $-\frac{2}{3}k+C=4$ ········ ㉡

㉠, ㉡을 연립하여 풀면 $C=-2$, $k=-9$

따라서 $f(x)=-3x^3+9x-2$이므로

$f(2)=-24+18-2=-8$

1520 답 ⑤

$f'(x)=ax^2-6x-9$이고

함수 $f(x)$가 $x=-1$에서 극대이므로 $f'(-1)=0$에서

$a+6-9=0 \quad \therefore a=3$

$\therefore f'(x)=3x^2-6x-9=3(x+1)(x-3)$

$$\therefore f(x)=\int f'(x)dx=\int(3x^2-6x-9)dx$$
$$=x^3-3x^2-9x+C$$

$f'(x)=0$인 x의 값은 $x=-1$ 또는 $x=3$

함수 $f(x)$의 증가, 감소를 표로 나타내면 다음과 같다.

x	$\cdots$	-1	$\cdots$	3	$\cdots$
$f'(x)$	$+$	0	$-$	0	$+$
$f(x)$	↗	극대	↘	극소	↗

함수 $f(x)$는 $x=-1$에서 극댓값 11을 가지므로 $f(-1)=11$에서

$-1-3+9+C=11 \quad \therefore C=6$

$\therefore f(x)=x^3-3x^2-9x+6$

함수 $f(x)$는 $x=3$에서 극소이므로 극솟값은

$f(3)=27-27-27+6=-21$

1521 답 ②

$f(x)$의 최고차항이 x^3이므로 $f'(x)$의 최고차항은 $3x^2$이다.

(가)에서 $f'(x)\geq 0$

(나)에서 $f'(2)=0$이므로

$f'(x)=3(x-2)^2=3x^2-12x+12$

$$\therefore f(x)=\int f'(x)dx=\int(3x^2-12x+12)dx$$
$$=x^3-6x^2+12x+C$$

(나)에서 $f(2)=0$이므로

$8-24+24+C=0 \quad \therefore C=-8$

따라서 $f(x)=x^3-6x^2+12x-8$이므로

$f(1)=1-6+12-8=-1$

실수 Check

삼차함수 $f(x)$가 극값을 갖지 않는다.
➔ 이차방정식 $f'(x)=0$이 중근 또는 허근을 갖는다.
➔ 모든 실수 x에 대하여 $f'(x)\geq 0$ 또는 $f'(x)\leq 0$
➔ 삼차함수 $f(x)$가 항상 증가하거나 항상 감소한다.

1522 답 ②

$f(x)$의 최고차항이 x^3이므로 $f'(x)$의 최고차항은 $3x^2$이다.
(나)에서 $f'(1)=0$이므로
(가)에서 $f'(1)=f'(-1)=0$ → $f'(x)=f'(-x)$에 $x=1$을 대입한다.
즉, $f'(x)=3(x+1)(x-1)=3x^2-3$이므로
$f(x)=\int f'(x)dx=\int(3x^2-3)dx$
$=x^3-3x+C$
(나)에서 $f(1)=-1$이므로 → 함수 $f(x)$는 $x=1$에서 극솟값 -1을 갖는다.
$1-3+C=-1 \quad \therefore C=1$
따라서 $f(x)=x^3-3x+1$이므로
$f(-2)=-8+6+1=-1$

Plus 문제

1522-1
최고차항의 계수가 1인 삼차함수 $f(x)$가 다음 조건을 만족시킬 때, $f(1)$의 값을 구하시오.

(가) 모든 실수 x에 대하여 $f'(x)=f'(-x)$이다.
(나) 함수 $f(x)$는 $x=-2$에서 극댓값이 20이다.

$f(x)$의 최고차항이 x^3이므로 $f'(x)$의 최고차항은 $3x^2$이다.
(나)에서 $f'(-2)=0$이므로 (가)에서 $f'(-2)=f'(2)=0$
즉, $f'(x)=3(x+2)(x-2)=3x^2-12$이므로
$f(x)=\int f'(x)dx=\int(3x^2-12)dx=x^3-12x+C$
(나)에서 $f(-2)=20$이므로
$-8+24+C=20 \quad \therefore C=4$
따라서 $f(x)=x^3-12x+4$이므로
$f(1)=1-12+4=-7$

답 -7

1523 답 ②

| 유형 10

삼차함수 $f(x)$의 도함수 $y=f'(x)$의 그래프가 그림과 같다. 함수 $y=f(x)$의 그래프가 원점을 지날 때, 함수 $f(x)$의 극댓값은?
단서2

[그래프: $y=f'(x)$, y절편 4, x절편 -2, 2] 단서1

① $\frac{14}{3}$ ② $\frac{16}{3}$ ③ 6 ④ $\frac{20}{3}$ ⑤ $\frac{22}{3}$

단서1 그래프는 위로 볼록하고, x축과의 교점의 x좌표가 -2, 2
단서2 $f(0)=0$

STEP 1 그래프를 보고 $f'(x)$를 식으로 나타내기

$f'(x)=a(x+2)(x-2)\ (a<0)$라 하면
→ 그래프는 위로 볼록하고, x축과의 교점의 x좌표가 -2, 2이다.
함수 $y=f'(x)$의 그래프가 점 $(0, 4)$를 지나므로 $f'(0)=4$에서
$-4a=4 \quad \therefore a=-1$
$\therefore f'(x)=-(x+2)(x-2)=-x^2+4$

STEP 2 $f(x)=\int f'(x)dx$임을 이용하여 $f(x)$ 구하기

$f(x)=\int f'(x)dx=\int(-x^2+4)dx$
$=-\frac{1}{3}x^3+4x+C$
함수 $y=f(x)$의 그래프가 원점을 지나므로 $f(0)=0$에서
$C=0$
$\therefore f(x)=-\frac{1}{3}x^3+4x$

STEP 3 $f(x)$의 극댓값 구하기

주어진 그래프에서 $f'(x)$의 부호를 조사하여 함수 $f(x)$의 증가, 감소를 표로 나타내면 다음과 같다.

x	$\cdots$	-2	$\cdots$	2	$\cdots$
$f'(x)$	$-$	0	$+$	0	$-$
$f(x)$	↘	극소	↗	극대	↘

따라서 함수 $f(x)$는 $x=2$에서 극대이므로 극댓값은
$f(2)=-\frac{8}{3}+8=\frac{16}{3}$

1524 답 $-\frac{31}{12}$

$f'(x)=a(x+3)(x-2)\ (a>0)$라 하면
→ 그래프가 아래로 볼록하고, x축과의 교점의 x좌표가 -3, 2이다.
$y=f'(x)$의 그래프가 점 $(0, -3)$을 지나므로 $f'(0)=-3$에서
$-6a=-3 \quad \therefore a=\frac{1}{2}$
$\therefore f'(x)=\frac{1}{2}x^2+\frac{1}{2}x-3$
$f(x)=\int f'(x)dx=\int\left(\frac{1}{2}x^2+\frac{1}{2}x-3\right)dx$
$=\frac{1}{6}x^3+\frac{1}{4}x^2-3x+C$
함수 $y=f(x)$의 그래프가 원점을 지나므로 $f(0)=0$에서
$C=0$
따라서 $f(x)=\frac{1}{6}x^3+\frac{1}{4}x^2-3x$이므로
$f(1)=\frac{1}{6}+\frac{1}{4}-3=-\frac{31}{12}$

1525 답 2

$f'(x)=\begin{cases} 1 & (x<0) \\ -x+1 & (x\geq 0) \end{cases}$이므로

$f(x)=\begin{cases} x+C_1 & (x<0) \\ -\frac{x^2}{2}+x+C_2 & (x\geq 0) \end{cases}$ → $f'(x)$를 구간별로 각각 적분한다.

함수 $y=f(x)$의 그래프가 원점을 지나므로 $f(0)=0$에서
$C_2=0$

함수 $y=f(x)$는 $x=0$에서 연속이므로

$\lim_{x\to 0-}(x+C_1)=f(0)$ $\quad\therefore C_1=0$

$$\therefore f(x)=\begin{cases} x & (x<0) \\ -\frac{x^2}{2}+x & (x\geq 0)\end{cases}$$

이때 양수 a에 대하여 $f(a)+f(-a)=-2$이므로

$-\frac{a^2}{2}+a-a=-2,\ a^2=4$

$\therefore a=2\ (\because a>0)$

1526 답 ④

$f'(x)=px(x-2)\ (p>0)$라 하면

함수 $y=f'(x)$의 그래프가 점 $(1,\ -6)$을 지나므로 $f'(1)=-6$에서

$-p=-6$ $\quad\therefore p=6$

$\therefore f'(x)=6x(x-2)=6x^2-12x$

$\therefore f(x)=\int f'(x)dx=\int(6x^2-12x)dx$

$=2x^3-6x^2+C$

주어진 그래프에서 $f'(x)$의 부호를 조사하여 함수 $f(x)$의 증가, 감소를 표로 나타내면 다음과 같다.

x	$\cdots$	0	$\cdots$	2	$\cdots$
$f'(x)$	+	0	−	0	+
$f(x)$	↗	극대	↘	극소	↗

함수 $f(x)$는 $x=0$에서 극대이므로 극댓값은

$f(0)=C$

함수 $f(x)$는 $x=2$에서 극소이므로 극솟값은

$f(2)=16-24+C=-8+C$

따라서 $a=C,\ b=-8+C$이므로

$a-b=C-(-8+C)=8$

1527 답 0

$f'(x)=ax(x+2)=ax^2+2ax\ (a<0)$라 하면

$f(x)=\int f'(x)dx=\int(ax^2+2ax)dx$

$=\frac{a}{3}x^3+ax^2+C$

주어진 그래프에서 $f'(x)$의 부호를 조사하여 함수 $f(x)$의 증가, 감소를 표로 나타내면 다음과 같다.

x	$\cdots$	−2	$\cdots$	0	$\cdots$
$f'(x)$	−	0	+	0	−
$f(x)$	↘	극소	↗	극대	↘

함수 $f(x)$는 $x=-2$에서 극솟값 -4를 가지므로

$f(-2)=-4$에서

$-\frac{8}{3}a+4a+C=-4$ ……… ㉠

함수 $f(x)$는 $x=0$에서 극댓값 0을 가지므로 $f(0)=0$에서

$C=0$

$C=0$을 ㉠에 대입하여 풀면 $a=-3$

따라서 $f(x)=-x^3-3x^2$이므로

$f(-3)=27-27=0$

개념 Check

도함수의 그래프와 함수의 극값

함수 $y=f'(x)$의 그래프가 그림과 같을 때, 함수 $f(x)$는 $x=a$에서 극솟값을 갖고, $x=b$에서 극댓값을 갖는다.

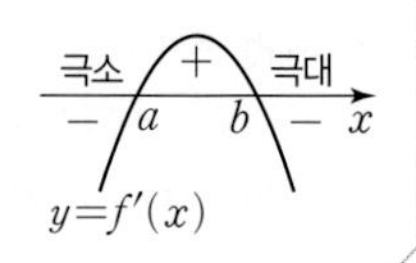

1528 답 ①

$$f'(x)=\begin{cases} -x-2 & (x<-1) \\ -1 & (-1\leq x<1) \\ x-2 & (x\geq 1)\end{cases}$$ 이므로

$$f(x)=\begin{cases} -\frac{1}{2}x^2-2x+C_1 & (x<-1) \\ -x+C_2 & (-1\leq x<1) \\ \frac{1}{2}x^2-2x+C_3 & (x\geq 1)\end{cases}$$

함수 $y=f(x)$의 그래프가 원점을 지나므로 $f(0)=0$에서

$C_2=0$

함수 $f(x)$가 실수 전체의 집합에서 연속이므로

$f(1)=\lim_{x\to 1+}f(x)=\lim_{x\to 1-}f(x)$에서

→ 함수 $f(x)$가 $x=1$에서 연속이다.

$\frac{1}{2}-2+C_3=-1$ $\quad\therefore C_3=\frac{1}{2}$

$f(-1)=\lim_{x\to -1+}f(x)=\lim_{x\to -1-}f(x)$에서

→ 함수 $f(x)$가 $x=-1$에서 연속이다.

$1=-\frac{1}{2}+2+C_1$ $\quad\therefore C_1=-\frac{1}{2}$

$$\therefore f(x)=\begin{cases} -\frac{1}{2}x^2-2x-\frac{1}{2} & (x<-1) \\ -x & (-1\leq x<1) \\ \frac{1}{2}x^2-2x+\frac{1}{2} & (x\geq 1)\end{cases}$$

$\therefore f(-2)+f(1)=\left(-2+4-\frac{1}{2}\right)+\left(\frac{1}{2}-2+\frac{1}{2}\right)$

$=\frac{1}{2}$

1529 답 ⑤

$$f'(x)=\begin{cases} x+2 & (x<0) \\ -x+2 & (x\geq 0)\end{cases}$$ 이므로

$$f(x)=\begin{cases} \frac{1}{2}x^2+2x+C_1 & (x<0) \\ -\frac{1}{2}x^2+2x+C_2 & (x\geq 0)\end{cases}$$

함수 $f(x)$가 실수 전체의 집합에서 연속이므로

$f(0)=\lim_{x\to 0+}f(x)=\lim_{x\to 0-}f(x)$

$\therefore C_1=C_2$

$$\therefore f(x)=\begin{cases} \frac{1}{2}x^2+2x+C_1 & (x<0) \\ -\frac{1}{2}x^2+2x+C_1 & (x\geq 0)\end{cases}$$

→ $x<0$일 때 $f(x)=\frac{1}{2}(x+2)^2+C$

→ $x\geq 0$일 때 $f(x)=-\frac{1}{2}(x-2)^2+C$

따라서 함수 $y=f(x)$의 그래프의 개형으로 가장 적절한 것은 ⑤이다.

1530 답 ①

$$f'(x)=\begin{cases} -1 & (x<-1) \\ -x & (-1<x<1) \\ 1 & (x>1) \end{cases}$$ 이므로

$$f(x)=\begin{cases} -x+C_1 & (x<-1) \\ -\frac{1}{2}x^2+C_2 & (-1<x<1) \\ x+C_3 & (x>1) \end{cases}$$

이때 함수 $f(x)$가 실수 전체의 집합에서 연속이므로 (→ $x=-1$, $x=1$에서도 연속이다.)

$f(1)=\lim_{x\to1+}f(x)=\lim_{x\to1-}f(x)$에서

$1+C_3=-\frac{1}{2}+C_2$, 즉 $C_2=\frac{3}{2}+C_3$이므로 $C_2>C_3$

$f(-1)=\lim_{x\to-1+}f(x)=\lim_{x\to-1-}f(x)$에서

$-\frac{1}{2}+C_2=1+C_1$, 즉 $C_2=\frac{3}{2}+C_1$이므로 $C_2>C_1=C_3$

따라서 함수 $y=f(x)$의 그래프의 개형으로 가장 적절한 것은 ①이다.

참고 $x=-1$, $x=1$에서의 $f'(x)$의 값이 존재하지 않으므로 $y=f(x)$의 그래프는 $x=-1$, $x=1$에서 뾰족점인 경우이다.

1531 답 ③ | 유형11

삼차함수 $f(x)$의 한 부정적분 $F(x)$에 대하여

$$F(x)=xf(x)+3x^4-8x^2+1$$ (단서1)

이 성립하고 $f(0)=0$일 때, $f(2)$의 값은?

① -2 ② -1 ③ 0
④ 1 ⑤ 2

단서1 $F(x)$와 $f(x)$ 사이의 관계식의 양변을 x에 대하여 미분

STEP1 **양변을 미분하여 $f'(x)$ 구하기**

$F(x)=xf(x)+3x^4-8x^2+1$의 양변을 x에 대하여 미분하면

$f(x)=f(x)+xf'(x)+12x^3-16x$

$xf'(x)=-12x^3+16x=x(-12x^2+16)$

$\therefore f'(x)=-12x^2+16$

STEP2 **$f(x)=\int f'(x)dx$임을 이용하여 $f(x)$ 구하기**

$f(x)=\int f'(x)dx=\int(-12x^2+16)dx=-4x^3+16x+C$

$f(0)=0$이므로 $C=0$ $\therefore f(x)=-4x^3+16x$

STEP3 **$f(2)$의 값 구하기**

$f(2)=-32+32=0$

1532 답 ①

$F(x)=(x-2)f(x)+3x^2-12x$의 양변을 x에 대하여 미분하면

$f(x)=f(x)+(x-2)f'(x)+6x-12$

$(x-2)f'(x)=-6x+12=-6(x-2)$

$\therefore f'(x)=-6$

$f(x)=\int f'(x)dx=\int(-6)dx=-6x+C$

$f(0)=1$이므로 $C=1$

따라서 $f(x)=-6x+1$이므로 $f(1)=-6+1=-5$

1533 답 -6

$\int f(x)dx=xf(x)-x^3+2x^2+C$의 양변을 x에 대하여 미분하면

$f(x)=f(x)+xf'(x)-3x^2+4x$

$xf'(x)=3x^2-4x=x(3x-4)$

$\therefore f'(x)=3x-4$

$f(x)=\int f'(x)dx=\int(3x-4)dx=\frac{3}{2}x^2-4x+C_1$

$f(0)=-4$이므로 $C_1=-4$

따라서 $f(x)=\frac{3}{2}x^2-4x-4$이므로

$f(2)=6-8-4=-6$

1534 답 28

$\int f(x)dx=(x+1)f(x)-2x^3-3x^2$의 양변을 x에 대하여 미분하면

$f(x)=f(x)+(x+1)f'(x)-6x^2-6x$

$(x+1)f'(x)=6x^2+6x=6x(x+1)$

$\therefore f'(x)=6x$

$f(x)=\int f'(x)dx=\int 6xdx=3x^2+C$

$f(1)=4$이므로 $3+C=4$ $\therefore C=1$

따라서 $f(x)=3x^2+1$이므로

$f(3)=27+1=28$

1535 답 ③

$F(x)-\int(x+1)f(x)dx=4x^4+6x^3-2x^2$의 양변을 x에 대하여 미분하면

$f(x)-(x+1)f(x)=16x^3+18x^2-4x$

$-xf(x)=16x^3+18x^2-4x=x(16x^2+18x-4)$

$\therefore f(x)=-16x^2-18x+4$

따라서 방정식 $f(x)=0$의 모든 근의 곱은 이차방정식의 근과 계수의 관계에 의하여

$\frac{4}{-16}=-\frac{1}{4}$

1536 답 $-\frac{1}{2}$

$F(x)=xf(x)-3x^2(x-1)=xf(x)-3x^3+3x^2$ ······ ㉠

$F(1)=0$이므로 $F(1)=f(1)=0$

㉠의 양변을 x에 대하여 미분하면

$f(x)=f(x)+xf'(x)-9x^2+6x$

$xf'(x)=9x^2-6x=x(9x-6)$

$\therefore f'(x)=9x-6$

$f(x)=\int f'(x)dx=\int(9x-6)dx$

$=\frac{9}{2}x^2-6x+C$

이때 $f(1)=0$이므로

$\frac{9}{2}-6+C=0 \qquad \therefore C=\frac{3}{2}$

따라서 $f(x)=\frac{9}{2}x^2-6x+\frac{3}{2}$이고, $f'\left(\frac{2}{3}\right)=0$이므로 함수 $f(x)$는 $x=\frac{2}{3}$에서 최솟값을 갖는다.

→ 함수 $f(x)$는 $x=\frac{2}{3}$에서 극소이면서 최솟값을 갖는다.

$\therefore f\left(\frac{2}{3}\right)=\frac{9}{2}\times\frac{4}{9}-6\times\frac{2}{3}+\frac{3}{2}$

$=2-4+\frac{3}{2}=-\frac{1}{2}$

1537 답 30

$f(x)=\int f'(x)dx=\int g(x)dx$

$=\int(4x^3-18x^2+24x+a)dx$

$=x^4-6x^3+12x^2+ax+C$

$h(x)=g'(x)=12x^2-36x+24=12(x-1)(x-2)$

이고 $f(x)$가 $h(x)$로 나누어떨어지므로

$f(1)=0$에서

$1-6+12+a+C=0 \qquad \therefore a+C=-7$ ……… ㉠

$f(2)=0$에서

$16-48+48+2a+C=0 \qquad \therefore 2a+C=-16$ ……… ㉡

㉠, ㉡을 연립하여 풀면 $a=-9$, $C=2$

따라서 $f(x)=x^4-6x^3+12x^2-9x+2$이므로

$f(-1)=1+6+12+9+2=30$

참고 $f(x)$가 $h(x)$로 나누어떨어지므로
$f(x)=h(x)Q(x)=12(x-1)(x-2)Q(x)$라 하면
$Q(x)$는 이차식이고,
$f(x)=x^4-6x^3+12x^2+ax+C$와 동류항의 계수를 비교하여 $Q(x)$를 구하면 $Q(x)=\frac{1}{12}(x^2-3x+1)$이다.

Plus 문제

1537-1

함수 $g(x)=x^3-\frac{3}{2}x^2-6x+a$에 대하여 세 함수 $f(x)$, $g(x)$, $h(x)$ 사이에 $f'(x)=g(x)$, $g'(x)=h(x)$인 관계가 성립한다. $f(x)$가 $h(x)$로 나누어떨어질 때, $f(-2)$의 값을 구하시오.

$f(x)=\int f'(x)dx=\int g(x)dx$

$=\int\left(x^3-\frac{3}{2}x^2-6x+a\right)dx$

$=\frac{1}{4}x^4-\frac{1}{2}x^3-3x^2+ax+C$

$h(x)=g'(x)=3x^2-3x-6=3(x+1)(x-2)$이고

$f(x)$가 $h(x)$로 나누어떨어지므로

$f(-1)=0$에서

$\frac{1}{4}+\frac{1}{2}-3-a+C=0 \qquad \therefore -a+C=\frac{9}{4}$ ……… ㉠

$f(2)=0$에서

$4-4-12+2a+C=0 \qquad \therefore 2a+C=12$ ……… ㉡

㉠, ㉡을 연립하여 풀면

$a=\frac{13}{4}$, $C=\frac{11}{2}$

따라서 $f(x)=\frac{1}{4}x^4-\frac{1}{2}x^3-3x^2+\frac{13}{4}x+\frac{11}{2}$이므로

$f(-2)=4+4-12-\frac{13}{2}+\frac{11}{2}=-5$

답 -5

1538 답 25 | 유형12

미분가능한 함수 $f(x)$가 임의의 실수 x, y에 대하여

$f(x+y)=f(x)+f(y)+2xy$ (단서1)

를 만족시키고 $f'(1)=2$(단서2)일 때, $f(5)$의 값을 구하시오.

단서1 $f(0+0)=f(0)+f(0)+0$

단서2 $f'(a)=\lim_{h\to0}\frac{f(a+h)-f(a)}{h}$

STEP1 $x=0$, $y=0$을 대입하여 $f(0)$의 값 구하기

$f(x+y)=f(x)+f(y)+2xy$의 양변에 $x=0$, $y=0$을 대입하면

$f(0)=f(0)+f(0)+0$

$\therefore f(0)=0$

STEP2 도함수의 정의를 이용하여 $f'(x)$ 구하기

도함수의 정의를 이용하여 $f'(x)$를 구하면

$f'(x)=\lim_{h\to0}\frac{f(x+h)-f(x)}{h}$

$=\lim_{h\to0}\frac{f(x)+f(h)+2xh-f(x)}{h}$

$=\lim_{h\to0}\frac{f(h)+2xh}{h}$

$=\lim_{h\to0}\frac{f(0+h)-f(0)}{h}+2x \; (\because f(0)=0)$

$=f'(0)+2x$

$f'(1)=2$이므로 $f'(x)=f'(0)+2x$에 $x=1$을 대입하면

$2=f'(0)+2 \qquad \therefore f'(0)=0$

$\therefore f'(x)=2x$

STEP3 $f(x)=\int f'(x)dx$를 이용하여 $f(x)$를 구하고, $f(5)$의 값 구하기

$f(x)=\int f'(x)dx=\int 2x\,dx=x^2+C$

$f(0)=0$이므로 $C=0$

따라서 $f(x)=x^2$이므로

$f(5)=25$

1539 답 ④

$f(x+y)=f(x)+f(y)+3xy(x+y)$의 양변에 $x=0$, $y=0$을 대입하면

$f(0)=f(0)+f(0)+0 \qquad \therefore f(0)=0$

도함수의 정의를 이용하여 $f'(x)$를 구하면

$$f'(x)=\lim_{h\to0}\frac{f(x+h)-f(x)}{h}$$
$$=\lim_{h\to0}\frac{f(x)+f(h)+3xh(x+h)-f(x)}{h}$$
$$=\lim_{h\to0}\frac{f(h)+3xh(x+h)}{h}$$
$$=\lim_{h\to0}\left\{\frac{f(h)}{h}+3x(x+h)\right\}$$
$$=\lim_{h\to0}\frac{f(h)}{h}+3x^2$$
$$=\lim_{h\to0}\frac{f(0+h)-f(0)}{h}+3x^2\ (\because f(0)=0)$$
$$=f'(0)+3x^2=3x^2+6$$

$\therefore f(x)=\int f'(x)dx=\int(3x^2+6)dx=x^3+6x+C$

$f(0)=0$이므로 $C=0$

따라서 $f(x)=x^3+6x$이므로

$f(1)=1+6=7$

1540 답 ②

도함수의 정의를 이용하여 $f'(x)$를 구하면

$$f'(x)=\lim_{h\to0}\frac{f(x+h)-f(x)}{h}$$
$$=\lim_{h\to0}\frac{f(x)+f(h)+xh-2-f(x)}{h}$$
$$=\lim_{h\to0}\frac{f(h)-2+xh}{h}$$
$$=x+\lim_{h\to0}\frac{f(h)-2}{h}=x+3\ (\because (가))$$

$\therefore f(x)=\int f'(x)dx=\int(x+3)dx=\frac{1}{2}x^2+3x+C$

(나)에서 $f(x+y)=f(x)+f(y)+xy-2$의 양변에 $x=0$, $y=0$을 대입하면

$f(0)=f(0)+f(0)+0-2\qquad\therefore f(0)=2$

$f(0)=2$이므로 $C=2$

따라서 $f(x)=\frac{1}{2}x^2+3x+2$이므로

$f(2)=2+6+2=10$

1541 답 ①

$f(a+b)=f(a)+f(b)+kab$의 양변에 $a=0$, $b=0$을 대입하면

$f(0)=f(0)+f(0)+0\qquad\therefore f(0)=0$

도함수의 정의를 이용하여 $f'(x)$를 구하면

$$f'(x)=\lim_{h\to0}\frac{f(x+h)-f(x)}{h}$$
$$=\lim_{h\to0}\frac{f(x)+f(h)+kxh-f(x)}{h}$$
$$=\lim_{h\to0}\frac{f(h)}{h}+kx$$
$$=\lim_{h\to0}\frac{f(0+h)-f(0)}{h}+kx\ (\because f(0)=0)$$
$$=f'(0)+kx$$

$f'(1)=1$이므로 $f'(x)=f'(0)+kx$에 $x=1$을 대입하면

$1=f'(0)+k\qquad\therefore f'(0)=-k+1$

즉, $f'(x)=kx-k+1$이므로

$f(x)=\int(kx-k+1)dx=\frac{k}{2}x^2+(-k+1)x+C$

$f(0)=0$이므로 $C=0$

또 $f(1)=2$이므로 $\frac{k}{2}-k+1=2$

$-\frac{k}{2}=1\qquad\therefore k=-2$

1542 답 ③

$$f'(x)=\lim_{h\to0}\frac{f(x+h)-f(x)}{h}$$
$$=\lim_{h\to0}\frac{mx^2h+h(h+1)}{h}$$
$$=mx^2+\lim_{h\to0}(h+1)=mx^2+1$$

$\therefore f(x)=\int f'(x)dx=\int(mx^2+1)dx=\frac{m}{3}x^3+x+C$

$f(1)=3$에서

$\frac{m}{3}+1+C=3\qquad\therefore \frac{m}{3}+C=2$ ······ ㉠

$f(3)=31$에서

$9m+3+C=31\qquad\therefore 9m+C=28$ ······ ㉡

㉠, ㉡을 연립하여 풀면 $m=3$, $C=1$

따라서 $f(x)=x^3+x+1$이므로

$f(2)=8+2+1=11$

> **실수 Check**
> $f(x+h)-f(x)$를 구해야 하므로
> $f(t+h)-f(t)=mt^2h+h(h+1)$에 t 대신 x를 대입한다.

1543 답 -3

(나)에서 식의 양변에 $x=0$, $y=0$을 대입하면

$f(0)=f(0)+f(0)-0\qquad\therefore f(0)=0$

(가)에서

$$\lim_{h\to0}\frac{f(3h)}{h}=3\lim_{h\to0}\frac{f(3h)}{3h}$$
$$=3\lim_{h\to0}\frac{f(3h)-f(0)}{3h-0}\ (\because f(0)=0)$$
$$=3f'(0)$$

즉, $3f'(0)=3$이므로 $f'(0)=1$

도함수의 정의를 이용하여 $f'(x)$를 구하면

$$f'(x)=\lim_{h\to0}\frac{f(x+h)-f(x)}{h}$$
$$=\lim_{h\to0}\frac{f(x)+f(h)-4xh-f(x)}{h}$$
$$=\lim_{h\to0}\frac{f(h)}{h}-4x$$
$$=\lim_{h\to0}\frac{f(h)-f(0)}{h-0}-4x\ (\because f(0)=0)$$
$$=f'(0)-4x=1-4x$$

$\therefore f(x)=\int f'(x)dx=\int(1-4x)dx=x-2x^2+C$

$f(0)=0$이므로 $C=0$

따라서 $f(x)=x-2x^2$이므로

$f(-1)=-1-2=-3$

실수 Check

x, y에 숫자를 대입하여 $f(-1)$의 값을 찾는 문제가 아니다. 미분계수에 대한 조건을 이용하여 $f'(x)$를 먼저 식으로 나타낸다.

서술형 유형 익히기 326쪽~329쪽

1544 답 (1) $x^5+x^3+x^2$ (2) x^3+x+1 (3) $3x^2+1$ (4) 13

STEP 1 $\{x^2F(x)\}'=x^2f(x)+2xF(x)$임을 알기 [3점]

$x^2f(x)+2xF(x)=\{x^2F(x)\}'$이므로

$\{x^2F(x)\}'=5x^4+3x^2+2x$에서

$\int\left[\frac{d}{dx}\{x^2F(x)\}\right]dx=\int(5x^4+3x^2+2x)dx$

$\therefore x^2F(x)=\boxed{x^5+x^3+x^2}+C$

STEP 2 다항함수 조건을 이용하여 적분상수 구하기 [4점]

양변을 x^2으로 나누면

$F(x)=x^3+x+1+\frac{C}{x^2}$

이때 $F(x)$가 다항함수이므로 $C=0$이어야 한다.

$\therefore F(x)=\boxed{x^3+x+1}$

STEP 3 $f(x)$를 구하고, $f(2)$의 값 구하기 [1점]

양변을 x에 대하여 미분하면

$f(x)=\boxed{3x^2+1}$

$\therefore f(2)=12+1=\boxed{13}$

실제 답안 예시

$f(x)=ax^n+\cdots$ 이라 하면

$F(x)=\frac{a}{n+1}x^{n+1}+\cdots$

$ax^{n+2}+\cdots+\frac{2a}{n+1}x^{n+2}+\cdots=5x^4+3x^2+2x$

$n+2=4$에서 $n=2$

$\left(a+\frac{2a}{n+1}\right)x^{n+2}=5x^4$에서

$a+\frac{2a}{3}=5$, $\frac{5a}{3}=5$ $\therefore a=3$

$f(x)=3x^2+bx+c$

$F(x)=x^3+\frac{b}{2}x^2+cx+d$

$x^2(3x^2+bx+c)+2x\left(x^3+\frac{b}{2}x^2+cx+d\right)=5x^4+3x^2+2x$

$2b=0$, $3c=3$, $2d=2$이므로 $b=0$, $c=1$, $d=1$

따라서 $f(x)=3x^2+1$이므로

$f(2)=12+1=13$

1545 답 -3

STEP 1 $\{xF(x)\}'=xf(x)+F(x)$임을 알기 [3점]

$xf(x)+F(x)=\{xF(x)\}'$이므로

$\{xF(x)\}'=3x^2-2x-4$에서

$\int\left[\frac{d}{dx}\{xF(x)\}\right]dx=\int(3x^2-2x-4)dx$

$\therefore xF(x)=x^3-x^2-4x+C$

STEP 2 다항함수 조건을 이용하여 적분상수 구하기 [4점]

양변을 x로 나누면 $F(x)=x^2-x-4+\frac{C}{x}$

이때 $F(x)$가 다항함수이므로 $C=0$이어야 한다.

$\therefore F(x)=x^2-x-4$

STEP 3 $f(x)$를 구하고, $f(-1)$의 값 구하기 [1점]

양변을 x에 대하여 미분하면 $f(x)=2x-1$이므로

$f(-1)=-2-1=-3$

1546 답 11

STEP 1 $\{x^2F(x)\}'=x^2f(x)+2xF(x)$임을 알기 [4점]

양변에 x를 곱하면 $x^2f(x)+2xF(x)=4x^3-3x^2-4x$이고

$x^2f(x)+2xF(x)=\{x^2F(x)\}'$이므로

$\{x^2F(x)\}'=4x^3-3x^2-4x$에서

$\int\left[\frac{d}{dx}\{x^2F(x)\}\right]dx=\int(4x^3-3x^2-4x)dx$

$\therefore x^2F(x)=x^4-x^3-2x^2+C$

STEP 2 다항함수 조건을 이용하여 적분상수 구하기 [4점]

양변을 x^2으로 나누면 $F(x)=x^2-x-2+\frac{C}{x^2}$

이때 $F(x)$가 다항함수이므로 $C=0$이어야 한다.

$\therefore F(x)=x^2-x-2$

STEP 3 $f(x)$를 구하고, $f(6)$의 값 구하기 [1점]

양변을 x에 대하여 미분하면 $f(x)=2x-1$이므로

$f(6)=12-1=11$

1547 답 4

STEP 1 $\{(x-1)f(x)\}'=(x-1)f'(x)+f(x)$임을 알기 [3점]

$(x-1)f'(x)+f(x)=\{(x-1)f(x)\}'$이므로

$\{(x-1)f(x)\}'=3x^2-6x+3$에서

$\int\left[\frac{d}{dx}\{(x-1)f(x)\}\right]dx=\int(3x^2-6x+3)dx$

$\therefore (x-1)f(x)=x^3-3x^2+3x+C$

STEP 2 다항함수 조건을 이용하여 적분상수 구하기 [5점]

양변을 $x-1$로 나누면 $f(x)=\frac{x^3-3x^2+3x+C}{x-1}$는 다항함수이므로 x^3-3x^2+3x+C는 $x-1$을 인수로 갖는다.

인수정리에 의하여 x^3-3x^2+3x+C에 $x=1$을 대입하면

$1-3+3+C=0$이므로 $C=-1$

STEP 3 $f(x)$를 구하고, $f(3)$의 값 구하기 [1점]

$f(x)=\frac{(x-1)(x^2-2x+1)}{x-1}=x^2-2x+1$이므로

$f(3)=9-6+1=4$

1548 답 (1) 0 (2) 0 (3) -1 (4) $-\frac{1}{3}x^3+4x$

STEP1 조건을 이용하여 $f'(x)$ 식 세우기 [3점]

(가), (나)에서 $f'(2)=f'(-2)=\boxed{0}$이므로

$f'(x)=p(x+2)(x-2)=p(x^2-4)$ (p는 상수)

로 놓을 수 있다.

STEP2 부정적분을 이용하여 $f(x)$ 식 세우기 [3점]

$$f(x)=\int f'(x)dx=p\int(x^2-4)dx=p\left(\frac{1}{3}x^3-4x\right)+C$$

(다)에서 $f(0)=0$이므로 $C=\boxed{0}$

$\therefore f(x)=\frac{p}{3}x^3-4px$

STEP3 $f(-2)=-\frac{16}{3}$을 이용하여 $f(x)$ 구하기 [2점]

(나)에서 $f(-2)=-\frac{16}{3}$이므로

$-\frac{8}{3}p+8p=-\frac{16}{3}$, $\frac{16}{3}p=-\frac{16}{3}$

$p=\boxed{-1}$

$\therefore f(x)=\boxed{-\frac{1}{3}x^3+4x}$

실제 답안 예시

삼차함수 $f(x)=ax^3+bx^2+cx+d$로 놓으면

$f'(x)=3ax^2+2bx+c$

(가)에서 삼차함수 $f(x)$의 도함수가 우함수이므로 이차함수인 도함수의 축은

$x=0$ $\therefore b=0$

(나)에서 함수 $f(x)$가 $x=-2$에서 극솟값 $-\frac{16}{3}$을 가지므로

$f'(-2)=0$, $f(-2)=-\frac{16}{3}$

$12a+c=0$ …… ①

$-8a-2c+d=-\frac{16}{3}$ …… ②

(다)에 의해 $d=0$이므로

①, ② 식을 풀면

$a=-\frac{1}{3}$, $c=4$

$\therefore f(x)=-\frac{1}{3}x^3+4x$

다른 풀이

STEP1 조건을 이용하여 $f'(x)$ 식 세우기 [4점]

(가)에서 $f'(x)$의 그래프는 y축에 대하여 대칭이고 $f(0)=0$이므로 $f(x)$의 그래프는 원점에 대하여 대칭이다.

따라서 $f(x)=ax^3+bx$ (a, b는 상수)라 하면

$f'(x)=3ax^2+b$

STEP2 $f(x)$ 구하기 [4점]

(나)에서 $f'(-2)=0$이므로 $12a+b=0$ ……… ㉠

$f(-2)=-\frac{16}{3}$이므로 $-8a-2b=-\frac{16}{3}$ ……… ㉡

㉠, ㉡을 연립하여 풀면 $a=-\frac{1}{3}$, $b=4$

$\therefore f(x)=-\frac{1}{3}x^3+4x$

1549 답 12

STEP1 조건을 이용하여 $f'(x)$ 구하기 [3점]

$f(x)$의 최고차항이 x^3이므로 $f'(x)$의 최고차항은 $3x^2$이다.

(가), (나)에서 $f'(1)=f'(-1)=0$ …… ⓐ

$\therefore f'(x)=3(x+1)(x-1)=3x^2-3$

STEP2 부정적분을 이용하여 $f(x)$ 구하기 [3점]

$$f(x)=\int f'(x)dx=\int(3x^2-3)dx=x^3-3x+C$$

$f(1)=8$에서 $1-3+C=8$이므로 $C=10$

$\therefore f(x)=x^3-3x+10$

STEP3 $f(2)$의 값 구하기 [1점]

$f(2)=8-6+10=12$

부분점수표	
ⓐ $f'(1)=f'(-1)=0$임을 아는 경우	1점

1550 답 $f(x)=x^3-12x$

STEP1 조건을 이용하여 $f'(x)$ 식 세우기 [3점]

$f(x)$의 최고차항이 x^3이므로 $f'(x)$의 최고차항은 $3x^2$이다.

$f'(a)=0$이라 하면 (가)에서

$f'(a)=f'(-a)=0$

$f'(x)=3(x-a)(x+a)=3x^2-3a^2$

STEP2 부정적분을 이용하여 $f(x)$ 식 세우기 [3점]

$$f(x)=\int(3x^2-3a^2)dx=x^3-3a^2x+C$$

(다)에서 $f(0)=0+C=0$이므로 $C=0$

$\therefore f(x)=x^3-3a^2x$

STEP3 $f(a)=16$을 이용하여 $f(x)$ 구하기 [3점]

삼차함수의 그래프와 직선 $y=16$의 교점이 2개인 경우는 교점 중 한 개가 극대점 또는 극소점일 때이다.

(i) $x=a$에서 극솟값을 갖는다고 하면 $f(0)=0$인 조건에 모순이다.

(ii) $f(x)$는 $x=a$에서 극댓값을 갖고, $f(a)=16$이다.

$f(a)=a^3-3a^3=-2a^3=16$이므로 $a=-2$

$\therefore f(x)=x^3-12x$

1551 답 (1) 0 (2) 1 (3) 0 (4) $\frac{3}{2}$

STEP1 $f(0)$의 값 구하기 [2점]

$f(x+y)=f(x)+f(y)+xy$의 양변에 $x=0$, $y=0$을 대입하면

$f(0)=f(0)+f(0)+0$ $\therefore f(0)=\boxed{0}$

STEP2 도함수의 정의를 이용하여 $f'(x)$ 구하기 [2점]

$$\begin{aligned}f'(x)&=\lim_{h\to0}\frac{f(x+h)-f(x)}{h}\\&=\lim_{h\to0}\frac{f(x)+f(h)+xh-f(x)}{h}\\&=\lim_{h\to0}\frac{f(h)}{h}+x\\&=\lim_{h\to0}\frac{f(0+h)-f(0)}{h}+x\\&=f'(0)+x=x+\boxed{1}\end{aligned}$$

STEP 3 부정적분을 이용하여 $f(x)$를 구하고, $f(1)$의 값 구하기 [3점]

$f(x)=\int f'(x)dx=\int (x+1)dx=\frac{1}{2}x^2+x+C$

이때 $f(0)=0$이므로 $C=\boxed{0}$

따라서 $f(x)=\frac{1}{2}x^2+x$이므로

$f(1)=\boxed{\frac{3}{2}}$

실제 답안 예시

$x=0,\ y=0$일 때 $f(0)=0$

$f'(x)=\lim_{h\to0}\frac{f(x+h)-f(x)}{h}$

$=\lim_{h\to0}\frac{f(x)+f(h)+xh-f(x)}{h}$

$=\lim_{h\to0}\frac{f(h)}{h}+x=\lim_{h\to0}\frac{f(h)-f(0)}{h}+x$

$=f'(0)+x$

$=x+1\ (\because f'(0)=1)$

적분하면 $f(x)=\frac{1}{2}x^2+x\ (\because f(0)=0)$

$f(1)=\frac{1}{2}+1=\frac{3}{2}$

1552 답 $\frac{1}{3}$

STEP 1 $f(0)$의 값 구하기 [2점]

$f(x-y)=f(x)-f(y)-xy(x-y)$의 양변에 $x=0,\ y=0$을 대입하면

$f(0)=f(0)-f(0)-0 \qquad \therefore f(0)=0$

STEP 2 도함수의 정의를 이용하여 $f'(x)$ 구하기 [2점]

$f'(x)=\lim_{h\to0}\frac{f(x-h)-f(x)}{-h}$

$=\lim_{h\to0}\frac{f(x)-f(h)-xh(x-h)-f(x)}{-h}$

$=\lim_{h\to0}\left\{\frac{f(h)}{h}+x(x-h)\right\}$

$=\lim_{h\to0}\frac{f(h)}{h}+x^2$

$=\lim_{h\to0}\frac{f(0+h)-f(0)}{h}+x^2\ (\because f(0)=0)$

$=f'(0)+x^2$

$=x^2\ (\because f'(0)=0)$

STEP 3 부정적분을 이용하여 $f(x)$를 구하고, $f(1)$의 값 구하기 [3점]

$f'(x)=x^2$에서

$f(x)=\int f'(x)dx=\int x^2dx=\frac{1}{3}x^3+C$

이때 $f(0)=0$이므로 $C=0$

따라서 $f(x)=\frac{1}{3}x^3$이므로 $f(1)=\frac{1}{3}$

참고 x 대신 $x+y$를 대입하면

$f(x+y-y)=f(x+y)-f(y)-(x+y)y(x+y-y)$이므로

$f(x+y)=f(x)+f(y)+xy(x+y)$를 이용하여 풀 수도 있다.

1553 답 3

STEP 1 $f(0)$의 값 구하기 [2점]

$f(x+y)=f(x)+f(y)+kxy(x+y)$의 양변에 $x=0,\ y=0$을 대입하면

$f(0)=f(0)+f(0)+0 \qquad \therefore f(0)=0$

STEP 2 도함수의 정의를 이용하여 $f'(x)$ 구하기 [3점]

$f'(x)=\lim_{h\to0}\frac{f(x+h)-f(x)}{h}$

$=\lim_{h\to0}\frac{f(x)+f(h)+kxh(x+h)-f(x)}{h}$

$=\lim_{h\to0}\left\{\frac{f(h)}{h}+kx(x+h)\right\}$

$=\lim_{h\to0}\frac{f(h)}{h}+kx^2$

$=\lim_{h\to0}\frac{f(0+h)-f(0)}{h}+kx^2\ (\because f(0)=0)$

$=f'(0)+kx^2$

$f'(1)=3$이므로 $f'(x)=f'(0)+kx^2$에 $x=1$을 대입하면

$3=f'(0)+k \qquad \therefore f'(0)=-k+3$

$\therefore f'(x)=kx^2-k+3$

STEP 3 부정적분을 이용하여 $f(x)$를 구하고 상수 k의 값 구하기 [3점]

$f(x)=\int f'(x)dx=\int (kx^2-k+3)dx$

$=\frac{1}{3}kx^3+(-k+3)x+C$

이때 $f(0)=0$이므로 $C=0$

$\therefore f(x)=\frac{1}{3}kx^3+(3-k)x$

$f(1)=1$이므로

$\frac{1}{3}k-k+3=1,\ \frac{2}{3}k=2$

$\therefore k=3$

실력 check 실전 마무리하기 1회 330쪽~333쪽

1 1554 답 ① 유형 1

출제의도 | 부정적분의 정의를 알고 있는지 확인한다.

$\int f(x)dx=F(x)+C$에서 $f(x)=F'(x)$임을 이용해.

$\int f(x)dx=2x^3-3x^2+7$에서

$f(x)=(2x^3-3x^2+7)'=6x^2-6x$

$\therefore f(2)=24-12=12$

2 1555 답 ① 유형 1

출제의도 | 부정적분의 정의를 알고 있는지 확인한다.

$\int f(x)dx=F(x)+C$에서 $f(x)=F'(x)$임을 이용해.

$\int(x+3)f(x)dx=x^3+3x^2-9x+C$에서

$(x+3)f(x)=(x^3+3x^2-9x+C)'$

$=3x^2+6x-9=3(x+3)(x-1)$

따라서 $f(x)=3x-3$이므로 $f(5)=15-3=12$

3 1556 답 ② 유형 2

출제의도 | 부정적분과 미분의 관계를 알고 있는지 확인한다.

> $\frac{d}{dx}\int f(x)dx=f(x)$임을 이용해.

$\frac{d}{dx}\int f(x)dx=-5x^3+3x^2+4x$에서

$f(x)=-5x^3+3x^2+4x$

$\therefore f(-1)=5+3-4=4$

4 1557 답 ② 유형 3

출제의도 | x^n의 부정적분을 구할 수 있는지 확인한다.

> $\int x^n dx=\frac{1}{n+1}x^{n+1}+C$임을 이용해.

$f(x)=\int(3x^2+2x+1)dx$

$=x^3+x^2+x+C$

$f(1)=4$이므로 $3+C=4$ $\quad\therefore C=1$

따라서 $f(x)=x^3+x^2+x+1$이므로

$f(2)=8+4+2+1=15$

5 1558 답 ④ 유형 6

출제의도 | 도함수가 주어졌을 때 부정적분을 할 수 있는지 확인한다.

> $f(x)=\int f'(x)dx$임을 이용해.

$f(x)=\int f'(x)dx=\int(3x^2-2x+3)dx=x^3-x^2+3x+C$

$f(0)=1$이므로 $C=1$

따라서 $f(x)=x^3-x^2+3x+1$이므로

$f(1)=1-1+3+1=4$

6 1559 답 ⑤ 유형 3

출제의도 | 다항함수의 부정적분을 할 수 있는지 확인한다.

> 적분 과정에서 분모를 미리 계산하지 말고 부분분수로 변형해 보자.

$f(x)=\int\left(\frac{1}{3}x+\frac{1}{4}x^2+\frac{1}{5}x^3+\cdots+\frac{1}{12}x^{10}\right)dx$

$=\frac{1}{2\times3}x^2+\frac{1}{3\times4}x^3+\cdots+\frac{1}{11\times12}x^{11}+C$

이때 $f(1)=1$이므로

$\frac{1}{2\times3}+\frac{1}{3\times4}+\cdots+\frac{1}{11\times12}+C=1$

$C=1-\frac{1}{2\times3}-\frac{1}{3\times4}-\cdots-\frac{1}{11\times12}$

$=1-\left(\frac{1}{2}-\frac{1}{3}\right)-\left(\frac{1}{3}-\frac{1}{4}\right)-\cdots-\left(\frac{1}{11}-\frac{1}{12}\right)$

$=1-\frac{1}{2}+\frac{1}{12}=\frac{7}{12}$

$f(0)=C$이므로 $f(0)=\frac{7}{12}$

7 1560 답 ⑤ 유형 2 + 유형 4

출제의도 | 부정적분과 미분계수를 이용하여 극한값을 구할 수 있는지 확인한다.

> $f'(a)=\lim_{x\to a}\frac{f(x)-f(a)}{x-a}$임을 이용해.

(가)에서 $f'(x)=4x+a$ ······ ㉠

$\lim_{x\to1}\frac{f(x)}{x-1}=2a+5$에서 $x\to1$일 때, (분모)$\to0$이고 극한값이 존재하므로 (분자)$\to0$이다.

즉, $\lim_{x\to1}f(x)=0$이고 $f(x)$는 연속함수이므로

$f(1)=0$

$\lim_{x\to1}\frac{f(x)}{x-1}=\lim_{x\to1}\frac{f(x)-f(1)}{x-1}=f'(1)$

$\therefore f'(1)=2a+5$

㉠에 $x=1$을 대입하면 $f'(1)=4+a$이므로

$4+a=2a+5$ $\quad\therefore a=-1$

따라서 $f'(x)=4x-1$이므로

$f(x)=\int f'(x)dx=\int(4x-1)dx$

$=2x^2-x+C$

$f(1)=0$이므로 $f(1)=1+C=0$ $\quad\therefore C=-1$

따라서 $f(x)=2x^2-x-1$이므로

$f(3)=18-3-1=14$

8 1561 답 ④ 유형 7

출제의도 | 도함수의 구간이 나누어진 경우의 부정적분을 할 수 있는지 확인한다.

> $f'(x)$를 구간별로 각각 적분해 보자.

$f'(x)=\begin{cases}2x-1 & (x\ge0)\\6x^2+4x-1 & (x<0)\end{cases}$이므로

$f(x)=\begin{cases}x^2-x+C_1 & (x\ge0)\\2x^3+2x^2-x+C_2 & (x<0)\end{cases}$

이때 함수 $f(x)$가 실수 전체의 집합에서 연속이므로

$f(0)=\lim_{x\to0+}f(x)=\lim_{x\to0-}f(x)$ $\quad\therefore C_1=C_2$

→ 함수 $f(x)$가 $x=0$에서 연속이다.

$f(-1)=1+C_2=3$ $\quad\therefore C_1=C_2=2$

따라서 $f(x)=\begin{cases}x^2-x+2 & (x\ge0)\\2x^3+2x^2-x+2 & (x<0)\end{cases}$이므로

$f(2)=4-2+2=4$

9 1562 답 ③ 유형7

출제의도 | 도함수의 구간이 나누어진 경우의 부정적분을 할 수 있는지 확인한다.

> $f'(x)$에 절댓값이 포함되어 있으니 절댓값 기호 안의 식의 값이 0이 되는 수를 기준으로 구간을 나누어 봐.

$f'(x)=x+|x-1|=\begin{cases} 2x-1 & (x\ge1) \\ 1 & (x<1) \end{cases}$에서

(i) $x\ge1$일 때, $f(x)=\int(2x-1)dx=x^2-x+C_1$

(ii) $x<1$일 때, $f(x)=\int1\,dx=x+C_2$

(i), (ii)에서 $f(x)=\begin{cases} x^2-x+C_1 & (x\ge1) \\ x+C_2 & (x<1) \end{cases}$

$f(-1)=2$이므로 $-1+C_2=2$ $\quad\therefore C_2=3$

함수 $f(x)$는 $x=1$에서 연속이므로

$f(1)=\lim_{x\to1+}f(x)=\lim_{x\to1-}f(x)$

$1-1+C_1=1+3$ $\quad\therefore C_1=4$

따라서 $f(x)=\begin{cases} x^2-x+4 & (x\ge1) \\ x+3 & (x<1) \end{cases}$이므로

$f(2)=4-2+4=6$

10 1563 답 ③ 유형8

출제의도 | 접선의 기울기가 주어졌을 때 부정적분을 할 수 있는지 확인한다.

> 접선의 기울기는 $f'(x)$이므로 $f(x)=\int f'(x)dx$임을 이용해.

$f'(x)=4x-12$이므로

$f(x)=\int f'(x)dx=\int(4x-12)dx=2x^2-12x+C$

$f(0)=-6$에서 $C=-6$

따라서 $f(x)=2x^2-12x-6$이므로

$f(-1)=2+12-6=8$

11 1564 답 ② 유형4 + 유형6

출제의도 | 도함수를 부정적분하여 원시함수를 구할 수 있는지 확인한다.

> $f'(-1)=f'(0)=f'(1)=a$라 하면
> $f'(x)=p(x+1)x(x-1)+a$로 놓을 수 있어.

(나)에서 $x\to1$일 때 극한값이 존재하고 (분모) $\to0$이므로 (분자) $\to0$이다.

즉, $\lim_{x\to1}\{f(x)-2\}=0$이므로 $f(1)=2$ ⋯⋯ ㉠

$\lim_{x\to1}\frac{f(x)-2}{x-1}=\lim_{x\to1}\frac{f(x)-f(1)}{x-1}=f'(1)$

$\therefore f'(1)=1$

$f(x)$는 최고차항의 계수가 1인 사차함수이므로 $f'(x)$는 최고차항의 계수가 4인 삼차함수이다.

(가)에서 $f'(-1)=f'(0)=f(1)=\alpha$ (α는 상수)라 하면

→ $f'(x)-\alpha$는 $x+1$, x, $x-1$을 인수로 갖는다.

$f'(x)=4x(x+1)(x-1)+\alpha$

그런데 $f'(1)=1$이므로 $\alpha=1$

$f'(x)=4x(x-1)(x+1)+1=4x^3-4x+1$

$\therefore f(x)=\int f'(x)dx=\int(4x^3-4x+1)dx$

$=x^4-2x^2+x+C$

㉠에서 $f(1)=2$이므로

$1-2+1+C=2$ $\quad\therefore C=2$

따라서 $f(x)=x^4-2x^2+x+2$이므로

$f(2)=16-8+2+2=12$

12 1565 답 ① 유형7

출제의도 | 도함수의 구간이 나누어진 경우의 부정적분을 할 수 있는지 확인한다.

> $f'(x)$를 구간별로 각각 적분해 보자.

$f'(x)=\begin{cases} 4x-1 & (x>-1) \\ k & (x<-1) \end{cases}$이므로

$f(x)=\begin{cases} 2x^2-x+C_1 & (x>-1) \\ kx+C_2 & (x<-1) \end{cases}$

$f(0)=2$에서 $C_1=2$

$f(-2)=1$에서 $-2k+C_2=1$ $\quad\therefore C_2=1+2k$

즉, $f(x)=\begin{cases} 2x^2-x+2 & (x>-1) \\ kx+2k+1 & (x<-1) \end{cases}$이다.

이때 함수 $f(x)$가 $x=-1$에서 연속이므로

$\lim_{x\to-1+}f(x)=\lim_{x\to-1-}f(x)$

$5=k+1$ $\quad\therefore k=4$

따라서 $f(x)=\begin{cases} 2x^2-x+2 & (x\ge-1) \\ 4x+9 & (x<-1) \end{cases}$이므로

$f(-4)=-16+9=-7$

13 1566 답 ① 유형9

출제의도 | 극값이 주어졌을 때 부정적분을 할 수 있는지 확인한다.

> $x=a$에서 극댓값이 5이면 $f'(a)=0$, $f(a)=5$야.

$f(x)=\int f'(x)dx=\int x(x-3)dx$

$=\int(x^2-3x)dx=\frac{1}{3}x^3-\frac{3}{2}x^2+C$

$f'(x)=x(x-3)=0$에서 $x=0$ 또는 $x=3$

함수 $f(x)$의 증가, 감소를 표로 나타내면 다음과 같다.

x	⋯	0	⋯	3	⋯
$f'(x)$	+	0	−	0	+
$f(x)$	↗	극대	↘	극소	↗

함수 $f(x)$는 $x=0$에서 극댓값을 가지므로

$f(0)=5$ $\quad\therefore C=5$

$\therefore f(x)=\frac{1}{3}x^3-\frac{3}{2}x^2+5$

함수 $f(x)$는 $x=3$에서 극솟값을 가지므로 극솟값은

$f(3)=9-\frac{27}{2}+5=\frac{1}{2}$

즉, $p=1$, $q=2$이므로

$p+q=3$

14 1567 답 ④ 유형7 + 유형10

출제의도 | 도함수의 그래프를 보고 원시함수를 구할 수 있는지 확인한다.

구간이 나누어져 정의된 도함수를 부정적분할 때는 적분상수에 유의해.

$f'(x)=\begin{cases} 2x+2 & (x<1) \\ -2x+6 & (x\geq1) \end{cases}$이므로

$f(x)=\begin{cases} x^2+2x+C_1 & (x<1) \\ -x^2+6x+C_2 & (x\geq1) \end{cases}$

함수 $y=f(x)$의 그래프가 원점을 지나므로 $f(0)=0$에서

$C_1=0$

함수 $f(x)$가 모든 실수 x에서 연속이므로

$\lim_{x\to1-}(x^2+2x)=\lim_{x\to1+}(-x^2+6x+C_2)$

$3=-1+6+C_2 \quad \therefore C_2=-2$

따라서 $f(x)=\begin{cases} x^2+2x & (x<1) \\ -x^2+6x-2 & (x\geq1) \end{cases}$이므로

$f(-1)+f(3)=(1-2)+(-9+18-2)=6$

15 1568 답 ② 유형11

출제의도 | 주어진 관계식을 이용하여 $f'(x)$를 구한 후 $f(x)$를 구할 수 있는지 확인한다.

주어진 등식의 양변을 x에 대하여 미분해 보자.

$F'(x)=f(x)+x^2$ ······ ㉠

이고, $F(x)=xf(x)-x^3+3x^2$의 양변을 x에 대하여 미분하면

$F'(x)=f(x)+xf'(x)-3x^2+6x$

㉠에서 $f(x)+x^2=f(x)+xf'(x)-3x^2+6x$

$xf'(x)=4x^2-6x$

$\therefore f'(x)=4x-6$

$f(x)=\int f'(x)dx=\int(4x-6)dx$

$=2x^2-6x+C$

$f(0)=0$이므로 $C=0$

따라서 $f(x)=2x^2-6x$이므로

$f(2)=8-12=-4$

16 1569 답 ① 유형5

출제의도 | 부정적분을 이용하여 함수를 결정할 수 있는지 확인한다.

다항함수를 미분하면 최고차항의 차수가 1만큼 감소하고, 적분하면 최고차항의 차수가 1만큼 증가함을 이용해 보자.

두 삼차함수 $f(x)$, $g(x)$에 대하여 $f(x)-g(x)$의 부정적분 중 하나가 $f(x)+g(x)$의 도함수와 같으므로 ($f(x)-g(x)$는 일차식이다.)

$g(x)=4x^3+3x^2+ax+b$ (a, b는 상수, $a\neq2$)라 할 수 있다.

$f(x)-g(x)=(2-a)x+1-b$ ······ ㉠

$f(x)+g(x)=8x^3+6x^2+(2+a)x+1+b$ ······ ㉡

㉠의 부정적분 중 하나가 ㉡의 도함수와 같으므로

$\int\{f(x)-g(x)\}dx=\{f(x)+g(x)\}'$

$\frac{2-a}{2}x^2+(1-b)x+C=24x^2+12x+2+a$ (x에 대한 항등식)

양변의 동류항의 계수를 비교하면

$\frac{2-a}{2}=24$, $1-b=12$, $C=2+a$

$\therefore a=-46$, $b=-11$

따라서 $g(x)=4x^3+3x^2-46x-11$이므로

$g(2)=32+12-92-11=-59$

17 1570 답 ④ 유형9 + 유형11

출제의도 | 주어진 관계식을 이용하여 $f'(x)$를 구한 후 $f(x)$를 구할 수 있는지 확인한다.

주어진 등식의 양변을 x에 대하여 미분해 보자.

$2F(x)-x^2=2xf(x)-2x^3+x^2+4$의 양변을 x에 대하여 미분하면

$2f(x)-2x=2f(x)+2xf'(x)-6x^2+2x$

$2xf'(x)=6x^2-4x \quad \therefore f'(x)=3x-2$

$F'(x)=f(x)=\int f'(x)dx=\int(3x-2)dx=\frac{3}{2}x^2-2x+C$

$f(1)=0$이므로 $\frac{3}{2}-2+C=0 \quad \therefore C=\frac{1}{2}$

$\therefore F'(x)=\frac{3}{2}x^2-2x+\frac{1}{2}$

$F'(x)=\frac{1}{2}(3x-1)(x-1)=0$에서 $x=\frac{1}{3}$ 또는 $x=1$

함수 $F(x)$의 증가, 감소를 표로 나타내면 다음과 같다.

x	$\cdots$	$\frac{1}{3}$	$\cdots$	1	$\cdots$
$F'(x)$	$+$	0	$-$	0	$+$
$F(x)$	↗	극대	↘	극소	↗

따라서 함수 $F(x)$는 $x=\frac{1}{3}$에서 극댓값을 갖고, $x=1$에서 극솟값을 갖는다.

따라서 $a=\frac{1}{3}$, $b=1$이므로

$3a+2b=3\times\frac{1}{3}+2\times1=3$

18 1571 답 ⑤ 유형12

출제의도 | 도함수의 정의를 이용하여 부정적분을 할 수 있는지 확인한다.

$f'(x)=\lim_{h\to0}\frac{f(x+h)-f(x)}{h}$임을 이용하여 $f'(x)$를 구해 보자.

(나)에서 $f(x+y)=f(x)+f(y)-3xy(x+y)+1$의 양변에 $x=0$, $y=0$을 대입하면

$f(0)=f(0)+f(0)-0+1$에서 $f(0)=-1$

도함수의 정의를 이용하여 $f'(x)$를 구하면

$$f'(x)=\lim_{h\to 0}\frac{f(x+h)-f(x)}{h}$$
$$=\lim_{h\to 0}\frac{f(x)+f(h)-3xh(x+h)+1-f(x)}{h}$$
$$=\lim_{h\to 0}\left\{\frac{f(h)+1}{h}-3x(x+h)\right\}$$
$$=\lim_{h\to 0}\frac{f(h)-f(0)}{h-0}-3x^2\ (\because f(0)=-1)$$
$$=f'(0)-3x^2 \quad \cdots\cdots ㉠$$

$f'(-1)=1$이므로 ㉠에 $x=-1$을 대입하면

$f'(-1)=f'(0)-3,\ f'(0)-3=1$

$\therefore f'(0)=4$

따라서 $f'(x)=-3x^2+4$이므로

$f(x)=\int f'(x)dx=\int(-3x^2+4)dx=-x^3+4x+C$

이때 $f(0)=-1$이므로 $C=-1$

따라서 $f(x)=-x^3+4x-1$이므로

$f(1)=-1+4-1=2$

19 1572 답 $F(x)=\frac{1}{3}x^3-4x$ 유형5

출제의도 | 부정적분을 이용하여 함수를 결정할 수 있는지 확인한다.

STEP1 최고차항의 계수가 1임을 이용하기 [4점]

$f(x)=x^n+ax^{n-1}+\cdots$ (a는 상수)라 하면

$F(x)=\frac{1}{n+1}x^{n+1}+\frac{a}{n}x^n+\cdots$

이때 $3F(x)=x\{f(x)-8\}$이므로 x^{n+1}항의 계수를 비교하면

$\frac{3}{n+1}=1 \qquad \therefore n=2$

STEP2 $F(x)$ 구하기 [4점]

$f(x)=x^2+ax+b$ (b는 상수)라 하면

$F(x)=\frac{1}{3}x^3+\frac{a}{2}x^2+bx+C$이므로

$3\left(\frac{1}{3}x^3+\frac{a}{2}x^2+bx+C\right)=x(x^2+ax+b-8)$

양변의 동류항의 계수를 비교하면

$\frac{3}{2}a=a,\ 3b=b-8,\ C=0 \qquad \therefore a=0,\ b=-4,\ C=0$

$\therefore F(x)=\frac{1}{3}x^3-4x$

20 1573 답 -17 유형6

출제의도 | 도함수가 주어졌을 때 부정적분을 할 수 있는지 확인한다.

STEP1 $f(x)$ 식 세우기 [2점]

$f'(x)=6x^2+2x+a$에서

$f(x)=\int f'(x)dx=\int(6x^2+2x+a)dx=2x^3+x^2+ax+C$

STEP2 주어진 조건을 이용하여 $f(1)=f(2)=0$임을 알기 [3점]

$f(x)$가 x^2-3x+2로 나누어떨어지고

$x^2-3x+2=(x-1)(x-2)$이므로

$f(1)=f(2)=0$

STEP3 상수 a의 값 구하기 [3점]

$f(1)=3+a+C=0 \quad \cdots\cdots ㉠$

$f(2)=20+2a+C=0 \quad \cdots\cdots ㉡$

㉡−㉠을 하면

$17+a=0 \qquad \therefore a=-17$

21 1574 답 19 유형11

출제의도 | 주어진 관계식을 이용하여 $f'(x)$를 구한 후 $f(x)$를 구할 수 있는지 확인한다.

STEP1 주어진 식의 양변을 x에 대하여 미분하여 $f'(x)$ 구하기 [3점]

$F(x)=xf(x)-x^4+3x^2$에서 양변을 x에 대하여 미분하면

$F'(x)=f(x)$이므로

$f(x)=f(x)+xf'(x)-4x^3+6x$

$xf'(x)=4x^3-6x$

$\therefore f'(x)=4x^2-6$

STEP2 $f(x)=\int f'(x)dx$임을 이용하여 $f(x)$ 구하기 [4점]

$$f(x)=\int f'(x)dx=\int(4x^2-6)dx$$
$$=\frac{4}{3}x^3-6x+C$$

이때 $f(0)=1$이므로 $C=1$

$\therefore f(x)=\frac{4}{3}x^3-6x+1$

STEP3 $f(3)$의 값 구하기 [1점]

$f(3)=36-18+1=19$

22 1575 답 8 유형8 + 유형9

출제의도 | 도함수와 극값을 이용하여 부정적분을 구할 수 있는지 확인한다.

STEP1 접선의 기울기 $f'(x)$의 부정적분 구하기 [4점]

(가)에서 $f'(x)=-3x^2+6x=-3x(x-2)$

$$\therefore f(x)=\int f'(x)dx=\int(-3x^2+6x)dx$$
$$=-x^3+3x^2+C$$

STEP2 극값의 조건을 이용하여 $f(x)$ 완성하기 [4점]

$f'(x)=0$인 x의 값은 $x=0$ 또는 $x=2$

함수 $f(x)$의 증가, 감소를 표로 나타내면 다음과 같다.

x	$\cdots$	0	$\cdots$	2	$\cdots$
$f'(x)$	$-$	0	$+$	0	$-$
$f(x)$	↘	극소	↗	극대	↘

(나)에서 $f(x)$의 극솟값이 4이므로

$f(0)=4$에서 $C=4$

$\therefore f(x)=-x^3+3x^2+4$

STEP3 함수 $f(x)$의 극댓값 구하기 [2점]

함수 $f(x)$는 $x=2$에서 극대이므로 극댓값은

$f(2)=-8+12+4=8$

실력 check 실전 마무리하기 2회 334쪽~337쪽

1 1576 답 ⑤ 유형 1

출제의도 | 부정적분의 정의를 알고 있는지 확인한다.

> $\int f(x)dx=F(x)+C$에서 $f(x)=F'(x)$임을 이용해.

함수 $f(x)$의 부정적분 중 하나를 $F(x)$라 하면

$F(x)=2x^2+6x+1$

양변을 x에 대하여 미분하면 → $F'(x)=f(x)$

$f(x)=4x+6$

$\therefore f(1)=4+6=10$

2 1577 답 ① 유형 2

출제의도 | 부정적분과 미분의 관계를 알고 있는지 확인한다.

> $\frac{d}{dx}\int f(x)dx=f(x)$이고, $\int\left\{\frac{d}{dx}f(x)\right\}dx=f(x)+C$임을 이용해.

$\frac{d}{dx}\int f(x)dx=f(x)$이고,

$\int\left\{\frac{d}{dx}g(x)\right\}dx=g(x)+C$이므로

(가)에서 $f(x)=g(x)+C$ $\quad\therefore f(x)-g(x)=C$

(나)에서 $f(1)-g(1)=3-2=1=C$이므로

$f(x)-g(x)=1$

따라서 $x=2$를 대입하면 $f(2)-g(2)=1$

3 1578 답 ③ 유형 3

출제의도 | x^n의 부정적분을 구할 수 있는지 확인한다.

> $\int x^n dx=\frac{1}{n+1}x^{n+1}+C$임을 이용해.

$\int(3x^2+2x+1)dx=x^3+x^2+x+C$

4 1579 답 ④ 유형 4

출제의도 | 부정적분과 미분계수를 이용하여 극한값을 구할 수 있는지 확인한다.

> $f'(a)=\lim_{h\to0}\frac{f(a+h)-f(a)}{h}$임을 이용해.

$\lim_{h\to0}\frac{f(1+h)-f(1-h)}{h}$

$=\lim_{h\to0}\frac{f(1+h)-f(1)-\{f(1-h)-f(1)\}}{h}$

$=\lim_{h\to0}\frac{f(1+h)-f(1)}{h}+\lim_{h\to0}\frac{f(1-h)-f(1)}{-h}$

$=f'(1)+f'(1)=2f'(1)$

이때 $f'(x)=(x+1)(x^2+2x+2)$이므로

$2f'(1)=2\times2\times(1+2+2)=20$

5 1580 답 ⑤ 유형 6

출제의도 | 도함수가 주어졌을 때 부정적분을 할 수 있는지 확인한다.

> $f(x)=\int f'(x)dx$임을 이용해.

$f(x)=\int f'(x)dx=\int(3x^2-2x+3)dx=x^3-x^2+3x+C$

$f(2)=12$이므로

$8-4+6+C=12 \quad \therefore C=2$

따라서 $f(x)=x^3-x^2+3x+2$이므로

$f(1)=1-1+3+2=5$

6 1581 답 ② 유형 1 + 유형 2

출제의도 | 부정적분의 정의와 부정적분과 미분의 관계를 알고 있는지 확인한다.

> $\frac{d}{dx}\int f(x)dx=f(x)$이고, $\int\left\{\frac{d}{dx}f(x)\right\}dx=f(x)+C$임을 이용해.

ㄱ. $\frac{d}{dx}\left\{\int f(x)dx\right\}=f(x)$, $\int\left\{\frac{d}{dx}f(x)\right\}dx=f(x)+C$이므로 $C\neq0$이면 성립하지 않는다. (거짓)

ㄴ. 항등식의 양변을 미분하면 항등식이다. (참)

ㄷ. [반례] $f(x)=2$, $g(x)=2x+1$이면 $\int f(x)dx=g(x)$에서 $2x+C=2x+1$이므로 $C\neq1$이면 성립하지 않는다. (거짓)

따라서 옳은 것은 ㄴ이다.

7 1582 답 ④ 유형 4

출제의도 | 부정적분과 미분계수를 이용하여 극한값을 구할 수 있는지 확인한다.

> $f'(a)=\lim_{x\to a}\frac{f(x)-f(a)}{x-a}$임을 확인해.

$\lim_{x\to2}\frac{f(x^2)-f(4)}{x-2}=\lim_{x\to2}\left\{\frac{f(x^2)-f(4)}{x-2}\times\frac{x+2}{x+2}\right\}$

$=\lim_{x\to2}\frac{f(x^2)-f(4)}{x^2-4}\times\lim_{x\to2}(x+2)$

$=4f'(4)$

$f(x)=\int(x^2-3x-2)dx$에서 양변을 x에 대하여 미분하면

$f'(x)=x^2-3x-2$

$\therefore 4f'(4)=4\times(16-12-2)=4\times2=8$

8 1583 답 ② 유형 5

출제의도 | 부정적분을 이용하여 함수를 결정할 수 있는지 확인한다.

> 주어진 등식의 양변을 x에 대하여 미분해 보자.

$\int\{2-f(x)\}dx=x(2-x)+C$의 양변을 x에 대하여 미분하면

$2-f(x)=2-2x$

따라서 $f(x)=2x$이므로 $f(1)=2$

9 1584 답 ③ 유형 1 + 유형 6

출제의도 | 부정적분과 미분의 관계를 알고 있는지 확인한다.

주어진 등식의 양변을 x에 대하여 미분해서 $f'(x)$를 구해 봐.

$\int(x^2+x+1)f'(x)dx=x^4-4x$의 양변을 x에 대하여 미분하면

$(x^2+x+1)f'(x)=4x^3-4$

$x^2+x+1>0$이므로 양변을 x^2+x+1로 나누면

$f'(x)=\frac{4(x^3-1)}{x^2+x+1}=\frac{4(x-1)(x^2+x+1)}{x^2+x+1}=4x-4$

$\therefore f(x)=\int f'(x)dx=\int(4x-4)dx$

$=2x^2-4x+C$

$f(0)=2$이므로 $C=2$

따라서 $f(x)=2x^2-4x+2$이므로

$f(1)=2-4+2=0$

10 1585 답 ③ 유형 7

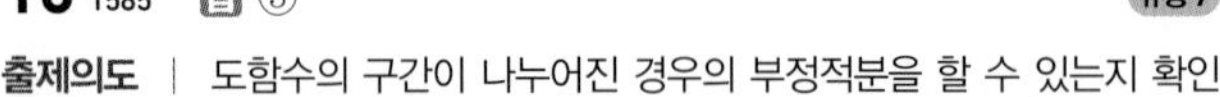

출제의도 | 도함수의 구간이 나누어진 경우의 부정적분을 할 수 있는지 확인한다.

$f'(x)$를 구간별로 각각 적분해.

$f'(x)=\begin{cases} 2x+k & (x\geq 2) \\ -3x+2 & (x<2) \end{cases}$가 모든 실수 x에서 미분가능하므로

→ $x=2$에서 미분가능하므로 $f'(2)$가 존재한다.

$4+k=-6+2 \quad \therefore k=-8$

$\therefore f(x)=\begin{cases} x^2-8x+C_1 & (x\geq 2) \\ -\frac{3}{2}x^2+2x+C_2 & (x<2) \end{cases}$

$f(2)=1$이므로 $4-16+C_1=1 \quad \therefore C_1=13$

함수 $f(x)$는 $x=2$에서 미분가능하므로 $x=2$에서 연속이다.

즉, $\lim_{x\to 2-}\left(-\frac{3}{2}x^2+2x+C_2\right)=\lim_{x\to 2+}(x^2-8x+13)$

$-6+4+C_2=1 \quad \therefore C_2=3$

따라서 $f(x)=\begin{cases} x^2-8x+13 & (x\geq 2) \\ -\frac{3}{2}x^2+2x+3 & (x<2) \end{cases}$이므로

$f(5)=25-40+13=-2$

11 1586 답 ④ 유형 3

출제의도 | 다항함수의 부정적분을 할 수 있는지 확인한다.

자연수 n에 대하여 $\frac{1}{n(n+1)}=\frac{1}{n}-\frac{1}{n+1}$임을 이용해.

$f(x)=\sum_{k=1}^{n}\frac{x^k}{k}$이므로

$F(x)=\int f(x)dx=\int\left(\sum_{k=1}^{n}\frac{x^k}{k}\right)dx$

$=\sum_{k=1}^{n}\frac{x^{k+1}}{k(k+1)}+C$

이때 $F(0)=0$이므로 $C=0$

$\therefore F(x)=\sum_{k=1}^{n}\frac{x^{k+1}}{k(k+1)}$

$F(1)=\sum_{k=1}^{n}\frac{1}{k(k+1)}=\sum_{k=1}^{n}\left(\frac{1}{k}-\frac{1}{k+1}\right)$

$=\left(1-\frac{1}{2}\right)+\left(\frac{1}{2}-\frac{1}{3}\right)+\cdots+\left(\frac{1}{n}-\frac{1}{n+1}\right)$

$=1-\frac{1}{n+1}>0.9$ → $\frac{1}{n+1}<0.1=\frac{1}{10}$

$10<n+1 \quad \therefore n>9$

따라서 자연수 n의 최솟값은 10이다.

12 1587 답 ③ 유형 5

출제의도 | 부정적분을 이용하여 함수를 결정할 수 있는지 확인한다.

두 등식의 양변을 적분해 보자.

$\frac{d}{dx}\{f(x)+g(x)\}=2$, $\frac{d}{dx}\{f(x)-g(x)\}=2x+2$의 양변을 적분하면

$f(x)+g(x)=2x+C_1$ ……… ㉠

$f(x)-g(x)=x^2+2x+C_2$ ……… ㉡

㉠+㉡을 하면 $2f(x)=x^2+4x+C_1+C_2$

$x=1$을 대입하면

$2f(1)=1+4+C_1+C_2$, $0=5+C_1+C_2 \quad \therefore C_1+C_2=-5$

따라서 $f(x)=\frac{1}{2}x^2+2x-\frac{5}{2}$이므로

$f(2)=2+4-\frac{5}{2}=\frac{7}{2}$

㉠−㉡을 하면 $2g(x)=-x^2+C_1-C_2$

$x=1$을 대입하면

$2g(1)=-1+C_1-C_2$, $4=-1+C_1-C_2 \quad \therefore C_1-C_2=5$

따라서 $g(x)=-\frac{1}{2}x^2+\frac{5}{2}$이므로

$g(3)=-\frac{9}{2}+\frac{5}{2}=-2$

$\therefore f(2)+g(3)=\frac{7}{2}-2=\frac{3}{2}$

13 1588 답 ④ 유형 4 + 유형 6

출제의도 | 도함수를 부정적분하여 원시함수를 찾을 수 있는지 확인한다.

$\lim_{h\to 0}\frac{f(x+h)-f(x-h)}{h}=2f'(x)$임을 이용해.

$\lim_{h\to 0}\frac{f(x+h)-f(x-h)}{h}$

$=\lim_{h\to 0}\frac{f(x+h)-f(x)-\{f(x-h)-f(x)\}}{h}$

$=\lim_{h\to 0}\frac{f(x+h)-f(x)}{h}+\lim_{h\to 0}\frac{f(x-h)-f(x)}{-h}$

$=f'(x)+f'(x)=2f'(x)$

즉, $2f'(x)=2x^2+4x+6$이므로 $f'(x)=x^2+2x+3$

$\therefore f(x)=\int f'(x)dx=\int(x^2+2x+3)dx=\frac{1}{3}x^3+x^2+3x+C$

$f(1)=\frac{10}{3}$이므로 $\frac{1}{3}+1+3+C=\frac{10}{3} \quad \therefore C=-1$

따라서 $f(x)=\frac{1}{3}x^3+x^2+3x-1$이므로

$f(-1)=-\frac{1}{3}+1-3-1=-\frac{10}{3}$

14 1589 답 ②

유형8 + 유형9

출제의도 | 극값이 주어졌을 때 부정적분을 할 수 있는지 확인한다.

곡선 $y=f(x)$ 위의 임의의 점 $(x, f(x))$에서의 접선의 기울기는 $f'(x)$임을 이용해.

$f'(x)=3x^2-6x=3x(x-2)$에서 $x=0$ 또는 $x=2$

함수 $f(x)$의 증가, 감소를 표로 나타내면 다음과 같다.

x	$\cdots$	0	$\cdots$	2	$\cdots$
$f'(x)$	+	0	−	0	+
$f(x)$	↗	극대	↘	극소	↗

즉, 함수 $f(x)$는 $x=0$에서 극댓값을 가지므로 $f(0)=3$

$f(x)=\int f'(x)dx=\int(3x^2-6x)dx=x^3-3x^2+C$

$f(0)=3$이므로 $C=3$

$\therefore f(x)=x^3-3x^2+3$

따라서 함수 $f(x)$의 극솟값은

$f(2)=8-12+3=-1$

15 1590 답 ②

유형12

출제의도 | 도함수의 정의를 이용하여 부정적분을 할 수 있는지 확인한다.

$f'(x)=\lim_{h\to0}\frac{f(x+h)-f(x)}{h}$임을 이용하여 $f'(x)$를 구해 보자.

$f(x+y)=f(x)+f(y)+3$의 양변에 $x=0$, $y=0$을 대입하면

$f(0)=f(0)+f(0)+3$에서 $f(0)=-3$

$$\begin{aligned}f'(x)&=\lim_{h\to0}\frac{f(x+h)-f(x)}{h}\\&=\lim_{h\to0}\frac{f(x)+f(h)+3-f(x)}{h}\\&=\lim_{h\to0}\frac{f(h)+3}{h}\\&=\lim_{h\to0}\frac{f(h)-f(0)}{h-0}\ (\because f(0)=-3)\\&=f'(0)=5\end{aligned}$$

즉, $f'(x)=5$이므로

$f(x)=\int f'(x)dx=\int 5\,dx=5x+C$

이때 $f(0)=-3$이므로 $C=-3$

따라서 $f(x)=5x-3$이므로

$f(1)=5-3=2$

16 1591 답 ④

유형7

출제의도 | 도함수의 구간이 주어졌을 때 부정적분을 할 수 있는지 확인한다.

$f'(x)$를 구간별로 각각 적분해 보자.

$f'(x)=|2x-1|=\begin{cases}2x-1 & \left(x\ge\frac{1}{2}\right)\\1-2x & \left(x<\frac{1}{2}\right)\end{cases}$이므로

$f(x)=\begin{cases}x^2-x+C_1 & \left(x\ge\frac{1}{2}\right)\\x-x^2+C_2 & \left(x<\frac{1}{2}\right)\end{cases}$

$f\left(\frac{1}{2}\right)=0$이므로 $\frac{1}{4}-\frac{1}{2}+C_1=0\quad \therefore C_1=\frac{1}{4}$

함수 $f(x)$는 $x=\frac{1}{2}$에서 연속이므로

$\lim_{x\to\frac{1}{2}-}f(x)=\lim_{x\to\frac{1}{2}+}f(x)$

$\frac{1}{2}-\frac{1}{4}+C_2=0\quad \therefore C_2=-\frac{1}{4}$

따라서 $f(x)=\begin{cases}x^2-x+\frac{1}{4} & \left(x\ge\frac{1}{2}\right)\\x-x^2-\frac{1}{4} & \left(x<\frac{1}{2}\right)\end{cases}$이므로

$f(2)=4-2+\frac{1}{4}=\frac{9}{4}$

17 1592 답 ④

유형10

출제의도 | 도함수의 그래프를 이용하여 함수를 구할 수 있는지 확인한다.

$x=0$, $x=4$에서 $f'(x)=0$임을 이용해 보자.

$\lim_{x\to\infty}\frac{f(x)}{x^3}=4$이므로 $f(x)$는 최고차항의 계수가 4인 삼차함수이다.

→ $f(x)$는 x^3과 차수가 같고 최고차항의 계수가 4이다.

따라서 $f'(x)$는 최고차항의 계수가 12인 이차함수이다.

이때 도함수 $y=f'(x)$의 그래프는 x축과의 교점의 x좌표가 0, 4이므로

$f'(x)=12x(x-4)=12x^2-48x$

$f(x)=\int f'(x)dx=\int(12x^2-48x)dx=4x^3-24x^2+C$

$f(1)=4-24+C=-20+C$

$f(-1)=-4-24+C=-28+C$

$\therefore f(1)-f(-1)=-20+C-(-28+C)=8$

18 1593 답 ③

유형9 + 유형12

출제의도 | 도함수의 정의를 이용하여 부정적분을 할 수 있는지 확인한다.

$f'(x)=\lim_{h\to0}\frac{f(x+h)-f(x)}{h}$임을 이용하여 $f'(x)$를 구해 보자.

$f(x+y)=f(x)+f(y)+3xy(x+y)+1$의 양변에 $x=0$, $y=0$을 대입하면 $f(0)=f(0)+f(0)+1\quad \therefore f(0)=-1$

도함수의 정의를 이용하여 $f'(x)$를 구하면

$$\begin{aligned}f'(x)&=\lim_{h\to0}\frac{f(x+h)-f(x)}{h}\\&=\lim_{h\to0}\frac{f(x)+f(h)+3xh(x+h)+1-f(x)}{h}\\&=\lim_{h\to0}\left\{\frac{f(h)+1}{h}+3x(x+h)\right\}\\&=\lim_{h\to0}\frac{f(h)+1}{h}+\lim_{h\to0}3x(x+h)\\&=\lim_{h\to0}\frac{f(h)-f(0)}{h-0}+3x^2\ (\because f(0)=-1)\\&=f'(0)+3x^2\end{aligned}$$

$\therefore f'(x)=3x^2+f'(0)$

ㄱ. $f'(x)=3x^2+f'(0)$에서 $\int f'(x)dx=\int \{3x^2+f'(0)\}dx$

$f(x)=x^3+f'(0)x+C$

$f(0)=-1$이므로 $x=0$을 대입하면

$f(0)=C=-1$

즉, $f(x)=x^3+f'(0)x-1$이고, $x=1$을 대입하면

$f(1)=f'(0)$ (참)

ㄴ. $f(x)=x^3+f'(0)x-1$에서 $f'(0)=0$이면 함수 $f(x)=x^3-1$이고, 극값을 갖지 않는다. (거짓)

ㄷ. $f(x)$가 극값을 가지면 $f'(x)=3x^2+f'(0)=0$의 해는 2개이고, $f'(0)<0$이므로 $f'(0)=-3a^2$이라 하자.

이때 극대인 점과 극소인 점의 x좌표는 각각 $-a$, a이다.

즉, 함수 $f(x)=x^3-3a^2x-1$의 극댓값과 극솟값의 합은

$f(-a)+f(a)=(-a^3+3a^3-1)+(a^3-3a^3-1)=-2$ (참)

따라서 옳은 것은 ㄱ, ㄷ이다.

19 1594 답 -21 유형 8

출제의도 | 접선의 기울기가 주어질 때 함수를 구할 수 있는지 확인한다.

STEP 1 접선의 기울기를 이용하여 $f(x)$ 식 세우기 [2점]

$f'(x)=-3x^2+2$이므로

$f(x)=\int f'(x)dx=\int(-3x^2+2)dx=-x^3+2x+C$

STEP 2 곡선이 지나는 점의 좌표를 이용하여 $f(x)$ 구하기 [3점]

$f(1)=1$이므로 $-1+2+C=1$ $\therefore C=0$

$\therefore f(x)=-x^3+2x$

STEP 3 $f(3)$의 값 구하기 [1점]

$f(3)=-27+6=-21$

20 1595 답 0 유형 10

출제의도 | 도함수의 그래프를 이용하여 함수를 구할 수 있는지 확인한다.

STEP 1 $f(x)$ 식 세우기 [4점]

$f'(x)=ax(x-2)=ax^2-2ax\ (a>0)$라 하면

→ 함수 $f'(x)$의 그래프가 아래로 볼록하고, x축과의 교점의 x좌표가 0, 2이다.

$f(x)=\int f'(x)dx=\int(ax^2-2ax)dx$

$=\frac{a}{3}x^3-ax^2+C$

STEP 2 $f(x)$ 구하기 [4점]

$f'(x)=0$에서 $x=0$ 또는 $x=2$이므로 함수 $f(x)$의 증가와 감소를 표로 나타내면 다음과 같다.

x	$\cdots$	0	$\cdots$	2	$\cdots$
$f'(x)$	+	0	−	0	+
$f(x)$	↗	극대	↘	극소	↗

함수 $f(x)$는 $x=0$에서 극댓값을 갖고, $x=2$에서 극솟값을 갖는다.

$\therefore f(0)=2,\ f(2)=-2$

$f(0)=2$에서 $C=2$

$f(2)=-2$에서 $\frac{8}{3}a-4a+2=-2$ $\therefore a=3$

$\therefore f(x)=x^3-3x^2+2$

STEP 3 $f(1)$의 값 구하기 [1점]

$f(1)=1-3+2=0$

21 1596 답 x^3-4x^2+5x 유형 11

출제의도 | 함수와 그 부정적분 사이의 관계식을 활용하여 함수를 구할 수 있는지 확인한다.

STEP 1 주어진 식을 이용하여 $f'(x)$ 구하기 [3점]

$F(x)=xf(x)-2x^3+3+x^2$ ······ ㉠

㉠의 양변을 x에 대하여 미분하면

$f(x)=f(x)+xf'(x)-6x^2+2x$

$xf'(x)=6x^2-2x$ $\therefore f'(x)=6x-2$

STEP 2 $f(x)=\int f'(x)dx$임을 이용하여 $f(x)$ 구하기 [3점]

$f(x)=\int f'(x)dx=\int(6x-2)dx=3x^2-2x+C$

$f(-1)=8$이므로 $3+2+C=8$ $\therefore C=3$

$\therefore f(x)=3x^2-2x+3$

STEP 3 주어진 식에 $f(x)$를 대입하여 $F(x)-f(x)$ 구하기 [3점]

㉠에 $f(x)$를 대입하면 $F(x)=x^3-x^2+3x+3$

$\therefore F(x)-f(x)=(x^3-x^2+3x+3)-(3x^2-2x+3)$

$=x^3-4x^2+5x$

22 1597 답 -2 유형 1 + 유형 9

출제의도 | 주어진 조건을 이용하여 함수 식을 구하고 극댓값을 가질 때의 x의 값을 구할 수 있는지 확인한다.

STEP 1 이차함수 $f(x)$ 식 세우기 [1점]

$f(x)$가 이차함수이므로

$f(x)=ax^2+bx+c$ (a, b, c는 상수, $a\neq0$)라 하자.

STEP 2 주어진 조건을 이용하여 $f(x)$ 구하기 [5점]

(나)에서 $f(-x)=f(x)$이므로 $f(x)$는 y축에 대하여 대칭이다.

즉, $f(x)=ax^2+c$이다.

(가)에서 $f(0)=-2$이므로 $c=-2$

$\therefore f(x)=ax^2-2$

$f'(x)=2ax$이므로 (다)에서

$f(f'(x))=f(2ax)=a(2ax)^2-2=4a^3x^2-2$

$f'(f(x))=f'(ax^2-2)=2a(ax^2-2)=2a^2x^2-4a$

$\therefore 4a^3x^2-2=2a^2x^2-4a$

양변의 동류항의 계수를 비교하면

$4a^3=2a^2$, $-2=-4a$

이때 $a\neq0$이므로 $a=\frac{1}{2}$

→ 함수 $f(x)$가 이차함수이므로 $a\neq0$

$\therefore f(x)=\frac{1}{2}x^2-2$

STEP 3 상수 k의 값 구하기 [4점]

$F'(x)=f(x)$이므로 $F'(x)=\frac{1}{2}x^2-2=\frac{1}{2}(x+2)(x-2)$

$F'(x)=0$에서 $x=-2$ 또는 $x=2$

함수 $F(x)$의 증가, 감소를 표로 나타내면 다음과 같다.

x	$\cdots$	-2	$\cdots$	2	$\cdots$
$F'(x)$	+	0	−	0	+
$F(x)$	↗	극대	↘	극소	↗

따라서 함수 $F(x)$는 $x=-2$에서 극댓값을 가지므로 $k=-2$

08 정적분

핵심 개념 342쪽~343쪽

1598 답 (1) 17 (2) 48

(1) $\int_{1}^{2}(8x^3-6x^2+1)dx$

$=\int_{1}^{2}8x^3dx-\int_{1}^{2}6x^2dx+\int_{1}^{2}1\,dx$

$=\left[2x^4\right]_1^2-\left[2x^3\right]_1^2+\left[x\right]_1^2$

$=2\times(16-1)-2\times(8-1)+(2-1)$

$=17$

(2) $\int_{-1}^{3}(x+3)^2\,dx-\int_{-1}^{3}(y-3)^2\,dy$

$=\int_{-1}^{3}(x+3)^2\,dx-\int_{-1}^{3}(x-3)^2\,dx$

$=\int_{-1}^{3}\{(x+3)^2-(x-3)^2\}dx$

$=\int_{-1}^{3}12x\,dx$

$=\left[6x^2\right]_{-1}^{3}$

$=54-6=48$

1599 답 -6

$\int_{0}^{2}(x-1)^2\,dx-\int_{-1}^{2}(x+1)^2\,dx+\int_{-1}^{0}(x-1)^2\,dx$

$=\int_{-1}^{0}(x-1)^2\,dx+\int_{0}^{2}(x-1)^2\,dx-\int_{-1}^{2}(x+1)^2\,dx$

$=\int_{-1}^{2}(x-1)^2\,dx-\int_{-1}^{2}(x+1)^2\,dx$

$=\int_{-1}^{2}\{(x-1)^2-(x+1)^2\}dx$

$=\int_{-1}^{2}(-4x)dx$

$=\left[-2x^2\right]_{-1}^{2}$

$=(-8)-(-2)=-6$

1600 답 (1) $-\frac{14}{15}$ (2) 0

(1) $f(x)=x^4+x^2-1$이라 하면 $f(-x)=f(x)$이므로 $f(x)$는 우함수이다.

$\int_{-1}^{1}(x^4+x^2-1)dx=2\int_{0}^{1}(x^4+x^2-1)dx$

$=2\left[\frac{1}{5}x^5+\frac{1}{3}x^3-x\right]_0^1$

$=2\times\left(-\frac{7}{15}\right)$

$=-\frac{14}{15}$

(2) $f(x)=x^5+2x^3-6x$라 하면 $f(-x)=-f(x)$이므로 $f(x)$는 기함수이다.

$\int_{-2}^{2}(x^5+2x^3-6x)dx=0$

1601 답 (1) 16 (2) 6

(1) $\int_{-2}^{2}(x^3+3x^2-7x)dx=\int_{-2}^{2}(x^3-7x)dx+\int_{-2}^{2}3x^2\,dx$

$=0+2\int_{0}^{2}3x^2\,dx$

$=2\left[x^3\right]_0^2=2\times8=16$

(2) $\int_{-1}^{1}(6x^5+5x^4+4x^3+3x^2+2x+1)dx$

$=\int_{-1}^{1}(5x^4+3x^2+1)dx$

$=2\int_{0}^{1}(5x^4+3x^2+1)dx$

$=2\left[x^5+x^3+x\right]_0^1$

$=2\times3=6$

1602 답 $f(x)=3x^2-4x-2$

$\int_{-1}^{1}f(t)dt=k$ (k는 상수)라 하면

$f(x)=3x^2-4x+k$이므로

$\int_{-1}^{1}(3t^2-4t+k)dt=k$

$\left[t^3-2t^2+kt\right]_{-1}^{1}=k$

$2+2k=k$ $\quad\therefore k=-2$

$\therefore f(x)=3x^2-4x-2$

1603 답 -2

$\int_{0}^{2}f(t)dt=k$ (k는 상수)라 하면

$f(x)=2x+k$이므로

$\int_{0}^{2}(2t+k)dt=k$

$\left[t^2+kt\right]_0^2=k$

$4+2k=k$ $\quad\therefore k=-4$

따라서 $f(x)=2x-4$이므로

$f(1)=-2$

1604 답 $f(x)=4x+5$

$\int_{-1}^{x}f(t)dt=2x^2+ax+3$의 양변에 $x=-1$을 대입하면

$0=2-a+3$ $\quad\therefore a=5$

$\int_{-1}^{x}f(t)dt=2x^2+5x+3$의 양변을 x에 대하여 미분하면

$f(x)=4x+5$

1605 답 3

$\int_{1}^{x}f(t)dt=x^3+x^2+2ax$의 양변에 $x=1$을 대입하면

$0=1+1+2a$ $\quad\therefore a=-1$

$\int_{1}^{x}f(t)dt=x^3+x^2-2x$의 양변을 x에 대하여 미분하면

$f(x)=3x^2+2x-2$

$\therefore f(1)=3$

1606 답 ②, ④

① [반례] $f(-1)=0$, $-f(1)=-2$이므로 $f(-1)\neq -f(1)$

② $f(-x)=-4x$, $-f(x)=-4x$이므로 $f(-x)=-f(x)$

③ [반례] $f(-1)=1$, $-f(1)=-1$이므로 $f(-1)\neq -f(1)$

④ $f(-x)=-x^3-x$, $-f(x)=-x^3-x$이므로
$f(-x)=-f(x)$

⑤ [반례] $f(-1)=2$, $-f(1)=-2$이므로 $f(-1)\neq -f(1)$

따라서 $f(-x)=-f(x)$를 만족시키는 함수는 ②, ④이다.

참고 ③ $f(x)=2x^2-1$에서 $f(-x)=2x^2-1$이므로 $f(-x)=f(x)$를 만족시킨다.
⑤ $f(x)=x^4+x^2$에서 $f(-x)=x^4+x^2$이므로 $f(-x)=f(x)$를 만족시킨다.

1607 답 0

$f(x)=ax^2+bx+c$에 대하여 $f(-x)=f(x)$이므로

$ax^2-bx+c=ax^2+bx+c$

$2bx=0$

모든 실수 x에 대하여 위 식이 성립하므로 $2b=0$

$\therefore b=0$

1608 답 3

이차함수 $f(x)=x^2+ax+b$의 그래프가 y축에 대하여 대칭이므로 $f(-x)=f(x)$에서

$x^2-ax+b=x^2+ax+b \qquad \therefore a=0$

$f(x)=x^2+b$의 그래프가 점 $(0, 3)$을 지나므로 $b=3$

$\therefore a+b=0+3=3$

개념 Check

이차함수 $f(x)=x^2+ax+b$의 그래프가 y축에 대하여 대칭
→ 포물선의 축은 $x=0$이고, $a=0$이다.

1609 답 18 | 유형1

$\int_0^2 (5x^4-6x^2+1)dx$의 값을 구하시오.
단서1

단서1 $\int_a^b f(x)dx=F(b)-F(a)$

STEP1 정적분의 정의를 이용하여 계산하기

$$\int_0^2 (5x^4-6x^2+1)dx=\Big[x^5-2x^3+x\Big]_0^2=(32-16+2)-0=18$$

1610 답 ③

$$\int_1^{-2} 4(x+3)(x-1)dx+\int_1^1 (3y-1)(2y+5)dy$$

$$=\int_1^{-2}(4x^2+8x-12)dx+0$$

→ $\int_a^a f(x)dx=0$

$$=\Big[\frac{4}{3}x^3+4x^2-12x\Big]_1^{-2}$$

$$=\Big(-\frac{32}{3}+16+24\Big)-\Big(\frac{4}{3}+4-12\Big)=36$$

1611 답 ③

$$\int_0^1 (kx^2+1)dx=\Big[\frac{1}{3}kx^3+x\Big]_0^1=\frac{1}{3}k+1$$

즉, $\frac{1}{3}k+1=2$이므로 $\frac{1}{3}k=1 \qquad \therefore k=3$

1612 답 5

$$\int_0^k (2x-3)dx=\Big[x^2-3x\Big]_0^k=k^2-3k$$

즉, $k^2-3k=10$이므로

$k^2-3k-10=0$, $(k+2)(k-5)=0$

$\therefore k=5$ ($\because k>0$)

1613 답 54

$$\int_{-2}^4 (x-1)f(x)dx=\int_{-2}^4 (x-1)(x^2+x+1)dx=\int_{-2}^4 (x^3-1)dx=\Big[\frac{1}{4}x^4-x\Big]_{-2}^4=(64-4)-(4+2)=54$$

1614 답 ②

$$\int_0^1 \Big(\frac{x^4}{x^2+1}-\frac{1}{x^2+1}\Big)dx=\int_0^1 \frac{x^4-1}{x^2+1}dx=\int_0^1 \frac{(x^2+1)(x^2-1)}{x^2+1}dx=\int_0^1 (x^2-1)dx=\Big[\frac{1}{3}x^3-x\Big]_0^1=\Big(\frac{1}{3}-1\Big)-0=-\frac{2}{3}$$

1615 답 −4

$$\int_0^1 f(x)dx=\int_0^1 (6x^2+2ax)dx=\Big[2x^3+ax^2\Big]_0^1=2+a$$

이고 $f(1)=6+2a$이므로 $2+a=6+2a$

→ $f(x)=6x^2+2ax$이다.

$\therefore a=-4$

1616 답 ②

$$\int_0^{-2} f(x)dx=\int_0^{-2} (-4x^3+6kx)dx=\Big[-x^4+3kx^2\Big]_0^{-2}=-16+12k$$

즉, $-16+12k=4k$이므로 $8k=16$

$\therefore k=2$

1617 답 $\frac{13}{24}$

$$\int_0^2 \{f(x)\}^2 dx = \int_0^2 (x+1)^2 dx = \int_0^2 (x^2+2x+1)dx$$
$$= \left[\frac{1}{3}x^3+x^2+x\right]_0^2$$
$$= \left(\frac{8}{3}+4+2\right)-0 = \frac{26}{3}$$

$$k\left\{\int_0^2 f(x)dx\right\}^2 = k\left\{\int_0^2 (x+1)dx\right\}^2$$
$$= k\left(\left[\frac{1}{2}x^2+x\right]_0^2\right)^2$$
$$= 16k$$

이므로 $\frac{26}{3}=16k$　　$\therefore k=\frac{13}{24}$

1618 답 ③

$$\int_0^1 (3x^2+2)dx = \left[x^3+2x\right]_0^1$$
$$= (1+2)-0 = 3$$

1619 답 ②

| 유형 2

$\int_1^k (4x+2)dx$의 값이 최소가 되도록 하는 상수 k의 값을 m, 그때 의 정적분의 값을 n이라 할 때, $m+n$의 값은?

단서1

① -7　② -5　③ -3
④ 0　⑤ 3

단서1 정적분을 계산하여 k에 대한 식 만들기

STEP1 정적분 계산하기

$$\int_1^k (4x+2)dx = \left[2x^2+2x\right]_1^k = (2k^2+2k)-(2+2)$$
$$= 2k^2+2k-4$$
$$= 2\left(k+\frac{1}{2}\right)^2 - \frac{9}{2}$$

STEP2 m, n의 값을 구하고, $m+n$의 값 구하기

주어진 정적분은 $k=-\frac{1}{2}$일 때, 최솟값 $-\frac{9}{2}$를 갖는다.

따라서 $m=-\frac{1}{2}$, $n=-\frac{9}{2}$이므로

$m+n=-5$

개념 Check

이차함수의 최대 · 최소
이차함수 $y=a(x-p)^2+q\ (a\neq 0)$에서
(1) $a>0$이면 최솟값은 $x=p$일 때 q이고, 최댓값은 없다.
(2) $a<0$이면 최댓값은 $x=p$일 때 q이고, 최솟값은 없다.

1620 답 ④

$$\int_{-1}^k (2x+5)dx = \left[x^2+5x\right]_{-1}^k = k^2+5k+4$$
$$= \left(k+\frac{5}{2}\right)^2 - \frac{9}{4}$$

이므로 주어진 정적분은 $k=-\frac{5}{2}$일 때, 최솟값을 갖는다.

1621 답 ①

$$\int_1^2 (3x^2-4kx+4)dx = \left[x^3-2kx^2+4x\right]_1^2$$
$$= (8-8k+8)-(1-2k+4)$$
$$= -6k+11$$

따라서 $-6k+11>3$에서 $k<\frac{4}{3}$이므로 정수 k의 최댓값은 1이다.

1622 답 -1

$\lim_{x\to 2}\frac{f(x)}{x-2}=1$에서 $x\to 2$일 때, 극한값이 존재하고 (분모)$\to 0$이므로 (분자)$\to 0$이다. 즉, $\lim_{x\to 2}f(x)=0$이므로 $f(2)=0$에서

$4+2a+b=0$ ······ ㉠

또, $f(2)=0$이므로

$$\lim_{x\to 2}\frac{f(x)}{x-2} = \lim_{x\to 2}\frac{f(x)-f(2)}{x-2} = f'(2)$$

이때 $f'(x)=2x+a$이고, $f'(2)=1$이므로

$4+a=1$　　$\therefore a=-3$

$a=-3$을 ㉠에 대입하면 $4-6+b=0$　　$\therefore b=2$

즉, $f(x)=x^2-3x+2$이므로

$$\int_1^2 (x^2-3x+2)dx = \left[\frac{1}{3}x^3-\frac{3}{2}x^2+2x\right]_1^2$$
$$= \left(\frac{8}{3}-6+4\right)-\left(\frac{1}{3}-\frac{3}{2}+2\right)$$
$$= \frac{2}{3}-\frac{5}{6} = -\frac{1}{6}$$

$$\therefore 6\int_1^2 f(x)dx = 6\times\left(-\frac{1}{6}\right) = -1$$

1623 답 25

(가)에서 $\int f(x)dx=\{f(x)\}^2$의 양변을 x에 대하여 미분하면

$f(x)=2f(x)f'(x)$

이때 $f(x)\neq 0$이므로 $f'(x)=\frac{1}{2}$ ← $\int_{-1}^1 f(x)dx=50$이므로 $f(x)\neq 0$이다.

$\therefore f(x)=\frac{1}{2}x+C$

이를 (나)의 식에 대입하여 풀면

$$\int_{-1}^1 \left(\frac{1}{2}x+C\right)dx = \left[\frac{1}{4}x^2+Cx\right]_{-1}^1 = 2C$$

즉, $2C=50$이므로 $C=25$

따라서 $f(x)=\frac{1}{2}x+25$이므로 $f(0)=25$

개념 Check

함수의 곱의 미분법
두 함수 $f(x)$, $g(x)$가 미분가능할 때,
$\{f(x)g(x)\}'=f'(x)g(x)+f(x)g'(x)$

1624 답 ⑤

$$f(n) = \int_0^1 \frac{1}{n+1}x^{n+1}dx = \frac{1}{n+1}\int_0^1 x^{n+1}dx$$
$$= \frac{1}{n+1}\left[\frac{1}{n+2}x^{n+2}\right]_0^1$$
$$= \frac{1}{(n+1)(n+2)} = \frac{1}{n+1}-\frac{1}{n+2}$$

$\therefore \sum_{n=1}^{100} f(n)=\sum_{n=1}^{100}\left(\frac{1}{n+1}-\frac{1}{n+2}\right)$

$=\left(\frac{1}{2}-\frac{1}{3}\right)+\left(\frac{1}{3}-\frac{1}{4}\right)+\cdots+\left(\frac{1}{101}-\frac{1}{102}\right)$ ← 차례로 소거한다.

$=\frac{1}{2}-\frac{1}{102}=\frac{25}{51}$

1625 답 -12

㈎에서

$\lim_{x\to1}\frac{f(x)-f(1)}{x^2-1}=\lim_{x\to1}\frac{f(x)-f(1)}{x-1}\times\frac{1}{x+1}$

$=\frac{1}{2}f'(1)$

즉, $\frac{1}{2}f'(1)=-3$이므로 $f'(1)=-6$

이때 $f'(x)=2ax+b$이고, $f'(1)=-6$이므로

$2a+b=-6$ ······ ㉠

㈏에서

$\int_0^1 f(x)dx=\int_0^1(ax^2+bx)dx$

$=\left[\frac{a}{3}x^3+\frac{b}{2}x^2\right]_0^1=\frac{a}{3}+\frac{b}{2}$

즉, $\frac{a}{3}+\frac{b}{2}=-\frac{11}{3}$이므로 $2a+3b=-22$ ······ ㉡

㉠, ㉡을 연립하여 풀면 $a=1$, $b=-8$

따라서 $f(x)=x^2-8x$이므로

$f(2)=4-16=-12$

실수 Check

$\lim_{x\to1}\frac{f(x)-f(1)}{x-1}=f'(1)$임을 이용하는 문제이다.

$\lim_{x\to1}\frac{f(x)-f(1)}{x^2-1}$의 극한값을 직접 구하려 하지 말고 이 식을 변형하여 $f'(1)$을 포함한 식으로 나타낼 수 있어야 한다.

Plus 문제

1625-1

최고차항의 계수가 1인 삼차함수 $f(x)$가 다음 조건을 만족시킬 때, $f(1)$의 값을 구하시오.

㈎ $\lim_{x\to0}\frac{f(x)}{x}=6$　　㈏ $\int_0^1 f(x)dx=\frac{17}{4}$

$\lim_{x\to0}\frac{f(x)}{x}=6$에서 $x\to0$일 때, 극한값이 존재하고

(분모)$\to0$이므로 (분자)$\to0$이다.

즉, $\lim_{x\to0}f(x)=0$이므로 $f(0)=0$

$f(x)=x(x^2+ax+b)$ (a, b는 상수)라 하면

$\lim_{x\to0}\frac{f(x)}{x}=\lim_{x\to0}\frac{x(x^2+ax+b)}{x}$

$=\lim_{x\to0}(x^2+ax+b)=b$

$\therefore b=6$

$\int_0^1 f(x)dx=\int_0^1(x^3+ax^2+6x)dx$

$=\left[\frac{1}{4}x^4+\frac{a}{3}x^3+3x^2\right]_0^1$

$=\frac{a}{3}+\frac{13}{4}$

즉, $\frac{a}{3}+\frac{13}{4}=\frac{17}{4}$이므로 $a=3$

따라서 $f(x)=x(x^2+3x+6)$이므로

$f(1)=1\times(1+3+6)=10$

답 10

1626 답 ①　　| 유형3

$\int_0^2(2x+k)^2dx-\int_0^2(2x-k)^2dx=16$을 만족시키는 상수 k의 값은? 단서1

① 1　② 2　③ 3　④ 4　⑤ 5

단서1 위끝, 아래끝이 같은 정적분의 차

STEP 1 정적분의 성질을 이용하여 식 간단히 하기

$\int_0^2(2x+k)^2dx-\int_0^2(2x-k)^2dx$

$=\int_0^2\{(2x+k)^2-(2x-k)^2\}dx$　← $\int_a^b f(x)dx\pm\int_a^b g(x)dx=\int_a^b\{f(x)\pm g(x)\}dx$

$=\int_0^2 8kxdx=\left[4kx^2\right]_0^2=16k$

STEP 2 상수 k의 값 구하기

$16k=16$이므로 $k=1$

1627 답 ①

$\int_0^1(x+1)dx+\int_0^1(x-1)dx=\int_0^1\{(x+1)+(x-1)\}dx$

$=\int_0^1 2xdx=\left[x^2\right]_0^1=1$

1628 답 ②

$\int_{-3}^0\frac{x^3}{x-2}dx-\int_{-3}^0\frac{8}{x-2}dx=\int_{-3}^0\frac{x^3-8}{x-2}dx$

$=\int_{-3}^0\frac{(x-2)(x^2+2x+4)}{x-2}dx$

$=\int_{-3}^0(x^2+2x+4)dx$

$=\left[\frac{1}{3}x^3+x^2+4x\right]_{-3}^0=12$

1629 답 200

$\int_0^{10}(x+1)^2dx-\int_0^{10}(x-1)^2dx$

$=\int_0^{10}\{(x+1)^2-(x-1)^2\}dx$

$=\int_0^{10}4xdx$

$=\left[2x^2\right]_0^{10}=200$

1630 답 ①

$$\int_0^2 \frac{x^2(x^2+x+1)}{x+1}dx+\int_2^0 \frac{y^2+y+1}{y+1}dy$$
$$=\int_0^2 \frac{x^2(x^2+x+1)}{x+1}dx-\int_0^2 \frac{y^2+y+1}{y+1}dy$$
$\int_a^b f(x)dx=-\int_b^a f(x)dx$

$\int_a^b f(y)dy=\int_a^b f(x)dx$
$$=\int_0^2 \frac{x^2(x^2+x+1)}{x+1}dx-\int_0^2 \frac{x^2+x+1}{x+1}dx$$
$$=\int_0^2 \frac{(x^2-1)(x^2+x+1)}{x+1}dx$$
$$=\int_0^2 \frac{(x+1)(x-1)(x^2+x+1)}{x+1}dx$$
$$=\int_0^2 (x-1)(x^2+x+1)dx=\int_0^2 (x^3-1)dx$$
$$=\left[\frac{1}{4}x^4-x\right]_0^2=2$$

1631 답 ②

$$\int_0^1 (2x-k)^2dx+\int_1^0 (2x^2+2)dx$$
$$=\int_0^1 (2x-k)^2dx-\int_0^1 (2x^2+2)dx$$
$$=\int_0^1 \{(2x-k)^2-(2x^2+2)\}dx$$
$$=\int_0^1 (4x^2-4kx+k^2-2x^2-2)dx$$
$$=\int_0^1 (2x^2-4kx+k^2-2)dx$$
$$=\left[\frac{2}{3}x^3-2kx^2+(k^2-2)x\right]_0^1$$
$$=k^2-2k-\frac{4}{3}$$
즉, $f(k)=k^2-2k-\frac{4}{3}=(k-1)^2-\frac{7}{3}$

이므로 함수 $f(k)$의 최솟값은 $f(1)=-\frac{7}{3}$

1632 답 5

$\int_0^1 (x-k)^2f(x)dx$ → $\int_0^1 f(x)dx$와 $\int_0^1 xf(x)dx$의 값을 대입할 수 있도록 변형한다.
$$=\int_0^1 (x^2-2kx+k^2)f(x)dx$$
$$=\int_0^1 x^2f(x)dx-2k\int_0^1 xf(x)dx+k^2\int_0^1 f(x)dx$$
이때 $\int_0^1 f(x)dx=1$, $\int_0^1 xf(x)dx=5$이므로
$$\int_0^1 x^2f(x)dx-2k\int_0^1 xf(x)dx+k^2\int_0^1 f(x)dx$$
$$=\int_0^1 x^2f(x)dx-10k+k^2$$
$$=(k-5)^2-25+\int_0^1 x^2f(x)dx$$
이때 정적분 $\int_0^1 x^2f(x)dx$의 값은 상수이므로 주어진 식은 $k=5$일 때 최소가 된다.

실수 Check

$\int_0^1 (x-k)^2f(x)dx$를

$\int_0^1 (x-k)^2dx\times\int_0^1 f(x)dx$로 계산하지 않도록 주의한다.

Plus 문제

1632-1

함수 $f(x)$에 대하여 $\int_{-1}^1 f(x)dx=2$, $\int_{-1}^1 xf(x)dx=8$, $\int_{-1}^1 x^2f(x)dx=10$일 때, $\int_{-1}^1 (x-k)^2f(x)dx=28$을 만족시키는 양수 k의 값을 구하시오.

$$\int_{-1}^1 (x-k)^2f(x)dx$$
$$=\int_{-1}^1 (x^2-2kx+k^2)f(x)dx$$
$$=\int_{-1}^1 x^2f(x)dx-2k\int_{-1}^1 xf(x)dx+k^2\int_{-1}^1 f(x)dx$$
$$=10-2k\times8+k^2\times2$$
$$=2k^2-16k+10$$
즉, $2k^2-16k+10=28$이므로

$2k^2-16k-18=0$, $2(k+1)(k-9)=0$

$\therefore k=9$ ($\because k>0$)

답 9

1633 답 ① | 유형4

$\int_0^1 (4x-3)dx+\int_1^k (4x-3)dx=0$일 때, 양수 k의 값은?
단서1

① $\frac{3}{2}$ ② 2 ③ $\frac{5}{2}$
④ 3 ⑤ $\frac{7}{2}$

단서1 피적분함수가 같음

STEP 1 정적분의 성질을 이용하여 식 간단히 하기

$$\int_0^1 (4x-3)dx+\int_1^k (4x-3)dx=\int_0^k (4x-3)dx$$
$$=\left[2x^2-3x\right]_0^k=2k^2-3k$$

STEP 2 양수 k의 값 구하기

$2k^2-3k=0$, $k(2k-3)=0$

$\therefore k=\frac{3}{2}$ ($\because k>0$)

1634 답 ④

$$\int_1^a f(x)dx-\int_1^2 f(x)dx=\int_1^a f(x)dx+\int_2^1 f(x)dx$$
$$=\int_2^1 f(x)dx+\int_1^a f(x)dx$$
$$=\int_2^a f(x)dx$$
에서 $\int_2^a f(x)dx=-4$

이때 $f(x)=-3x+7$이므로
$$\int_2^a (-3x+7)dx=\left[-\frac{3}{2}x^2+7x\right]_2^a=-\frac{3}{2}a^2+7a-8$$
즉, $-\frac{3}{2}a^2+7a-8=-4$에서

$3a^2-14a+8=0$, $(3a-2)(a-4)=0$

따라서 $a=\frac{2}{3}$ 또는 $a=4$이므로 모든 실수 a의 값의 곱은 $\frac{8}{3}$이다.

1635 답 18

$\int_0^3 (x+1)^2dx-\int_{-1}^3 (x-1)^2dx+\int_{-1}^0 (x-1)^2dx$

$=\int_0^3 (x+1)^2dx-\int_{-1}^3 (x-1)^2dx-\int_0^{-1} (x-1)^2dx$ → 피적분함수가 같다.

$=\int_0^3 (x+1)^2dx-\int_0^3 (x-1)^2dx$

$=\int_0^3 \{(x+1)^2-(x-1)^2\}dx$

$=\int_0^3 4xdx$

$=\Big[2x^2\Big]_0^3=18$

1636 답 ④

$\int_0^1 f(x)dx+\int_1^2 f(x)dx+\int_2^3 f(x)dx+\cdots+\int_9^{10} f(x)dx$

$=\int_0^{10} f(x)dx$

이때 $f(x)=4x^3+2x$이므로

$\int_0^{10} f(x)dx=\int_0^{10} (4x^3+2x)dx$

$=\Big[x^4+x^2\Big]_0^{10}=10000+100=10100$

1637 답 8

$\int_{-3}^{-1} f(x)dx=3,\ \int_{-1}^5 f(x)dx=11$에서

$\int_{-3}^5 f(x)dx=\int_{-3}^{-1} f(x)dx+\int_{-1}^5 f(x)dx=3+11=14$

$\int_{-3}^3 f(x)dx=6$에서 $\int_3^{-3} f(x)dx=-6$이므로

$\int_3^5 f(x)dx=\int_3^{-3} f(x)dx+\int_{-3}^5 f(x)dx=-6+14=8$

1638 답 7

$\int_{-1}^1 f(x)dx=3,\ \int_3^0 f(x)dx=-2,\ \int_1^3 f(x)dx=5$에서

$\int_1^0 f(x)dx=\int_1^3 f(x)dx+\int_3^0 f(x)dx$

$=5-2=3$

$\int_{-1}^0 f(x)dx=\int_{-1}^1 f(x)dx+\int_1^0 f(x)dx$

$=3+3=6$

$\therefore \int_{-1}^0 \{f(x)-2x\}dx=\int_{-1}^0 f(x)dx-\int_{-1}^0 2xdx$

$=6-\Big[x^2\Big]_{-1}^0=6-(-1)=7$

1639 답 2

$\int_{-1}^1 f(x)dx=\int_{-1}^0 f(x)dx+\int_0^1 f(x)dx$

이때 $\int_{-1}^1 f(x)dx=\int_0^1 f(x)dx=\int_{-1}^0 f(x)dx$이므로

$\int_0^1 f(x)dx=\int_0^1 f(x)dx+\int_0^1 f(x)dx$에서 $\int_0^1 f(x)dx=0$

$\therefore \int_{-1}^1 f(x)dx=0,\ \int_0^1 f(x)dx=0,\ \int_{-1}^0 f(x)dx=0$

$f(x)=ax^2+bx+c$ (a, b, c는 상수, $a\neq0$)라 하면

$\int_0^1 f(x)dx=\int_0^1 (ax^2+bx+c)dx$

$=\Big[\frac{a}{3}x^3+\frac{b}{2}x^2+cx\Big]_0^1=\frac{a}{3}+\frac{b}{2}+c$

$\therefore \frac{a}{3}+\frac{b}{2}+c=0$ ……… ㉠

$\int_{-1}^0 f(x)dx=\int_{-1}^0 (ax^2+bx+c)dx$

$=\Big[\frac{a}{3}x^3+\frac{b}{2}x^2+cx\Big]_{-1}^0=\frac{a}{3}-\frac{b}{2}+c$

$\therefore \frac{a}{3}-\frac{b}{2}+c=0$ ……… ㉡

㉠, ㉡을 연립하여 풀면

$b=0,\ a+3c=0 \quad \therefore a=-3c$

즉, $f(x)=-3cx^2+c$이고 $f(x)$는 $x=0$에서 최솟값 c를 가지므로 $c=-1$

→ $f(x)=ax^2+bx+c$에 $b=0$, $a=-3c$를 대입한다.

따라서 $f(x)=3x^2-1$이므로 $f(1)=2$

실수 Check

이차함수 $f(x)=-3cx^2+c$는 $x=0$에서 최대 또는 최소이다. 이때 $f(x)$의 최솟값이 -1이므로 $c<0$이고, $c=-1$이다.

1640 답 ⑤ | 유형5

함수 $f(x)=\begin{cases}(x-1)^2 & (x\geq0)\\ x+1 & (x<0)\end{cases}$에 대하여 $\int_{-1}^1 f(x)dx$의 값은?

단서1

① $\frac{1}{6}$ ② $\frac{1}{3}$ ③ $\frac{1}{2}$

④ $\frac{2}{3}$ ⑤ $\frac{5}{6}$

단서1 구간에 따라 함수가 다름

STEP1 적분 구간을 나누어 식을 세우고, 정적분 계산하기

$\int_{-1}^1 f(x)dx=\int_{-1}^0 f(x)dx+\int_0^1 f(x)dx$ → $x\geq0$일 때와 $x<0$일 때로 나눈다.

$=\int_{-1}^0 (x+1)dx+\int_0^1 (x-1)^2dx$

$=\int_{-1}^0 (x+1)dx+\int_0^1 (x^2-2x+1)dx$

$=\Big[\frac{1}{2}x^2+x\Big]_{-1}^0+\Big[\frac{1}{3}x^3-x^2+x\Big]_0^1$

$=-\left(\frac{1}{2}-1\right)+\left(\frac{1}{3}-1+1\right)=\frac{5}{6}$

1641 답 $\frac{45}{2}$

$f(x)=\begin{cases}-x+3 & (x<0)\\ 3 & (x\geq0)\end{cases}$이므로 → 주어진 그래프를 보고 구간에 따라 $f(x)$를 식으로 나타낸다.

$\int_{-3}^3 f(x)dx=\int_{-3}^0 f(x)dx+\int_0^3 f(x)dx$

$=\int_{-3}^0 (-x+3)dx+\int_0^3 3\,dx$

$=\Big[-\frac{1}{2}x^2+3x\Big]_{-3}^0+\Big[3x\Big]_0^3$

$=-\left(-\frac{9}{2}-9\right)+9=\frac{45}{2}$

1642 답 ①

$f(x)=\begin{cases} x+1 & (x<0) \\ 1 & (x\geq 0)\end{cases}$이므로

$xf(x)=\begin{cases} x^2+x & (x<0) \\ x & (x\geq 0)\end{cases}$

$$\begin{aligned}\therefore \int_{-1}^{1} xf(x)dx &= \int_{-1}^{0} xf(x)dx+\int_{0}^{1} xf(x)dx \\ &= \int_{-1}^{0}(x^2+x)dx+\int_{0}^{1} xdx \\ &= \left[\frac{1}{3}x^3+\frac{1}{2}x^2\right]_{-1}^{0}+\left[\frac{1}{2}x^2\right]_{0}^{1} \\ &= -\left(-\frac{1}{3}+\frac{1}{2}\right)+\frac{1}{2} \\ &= \frac{1}{3}\end{aligned}$$

1643 답 ①

$$\begin{aligned}\int_{0}^{2} xf(x)dx &= \int_{0}^{1}(x\times 4x^2)dx+\int_{1}^{2} x(-2x+6)dx \\ &= \int_{0}^{1} 4x^3dx+\int_{1}^{2}(-2x^2+6x)dx \\ &= \left[x^4\right]_{0}^{1}+\left[-\frac{2}{3}x^3+3x^2\right]_{1}^{2} \\ &= 1+\left(\frac{20}{3}-\frac{7}{3}\right)=\frac{16}{3}\end{aligned}$$

1644 답 ①

$f(x)=\begin{cases} x-2 & (x<2) \\ x^2-4x+4 & (x\geq 2)\end{cases}$에서

$f(x)=\begin{cases} x-2 & (x<2) \\ (x-2)^2 & (x\geq 2)\end{cases}$이므로

$f(x+2)=\begin{cases} x+2-2 & (x+2<2) \\ (x+2-2)^2 & (x+2\geq 2)\end{cases}$ ← x 대신 $x+2$를 대입

즉, $f(x+2)=\begin{cases} x & (x<0) \\ x^2 & (x\geq 0)\end{cases}$

$$\begin{aligned}\therefore \int_{-2}^{2} f(x+2)dx &= \int_{-2}^{0} xdx+\int_{0}^{2} x^2dx \\ &= \left[\frac{1}{2}x^2\right]_{-2}^{0}+\left[\frac{1}{3}x^3\right]_{0}^{2} \\ &= -2+\frac{8}{3}=\frac{2}{3}\end{aligned}$$

1645 답 ⑤

$f(x)=\begin{cases} x+3 & (x\leq -1) \\ 2 & (-1<x\leq 1) \\ -x+3 & (x>1)\end{cases}$이므로

$$\begin{aligned}\int_{-3}^{3} f(x)dx &= \int_{-3}^{-1} f(x)dx+\int_{-1}^{1} f(x)dx+\int_{1}^{3} f(x)dx \\ &= \int_{-3}^{-1}(x+3)dx+\int_{-1}^{1} 2\,dx+\int_{1}^{3}(-x+3)dx \\ &= \left[\frac{1}{2}x^2+3x\right]_{-3}^{-1}+\left[2x\right]_{-1}^{1}+\left[-\frac{1}{2}x^2+3x\right]_{1}^{3} \\ &= 2+4+2=8\end{aligned}$$

다른 풀이

정적분의 활용 단원에서 배우는 내용을 이용하여 해결할 수도 있다.

$\int_{-3}^{3}|f(x)|dx$의 값은 함수 $y=f(x)$의 그래프와 x축 및 두 직선 $x=-3$, $x=3$으로 둘러싸인 도형의 넓이와 같으므로

$\int_{-3}^{3} f(x)dx$의 값은 사다리꼴의 넓이와 같다.

$\therefore \int_{-3}^{3} f(x)dx=\frac{1}{2}\times(2+6)\times 2=8$

1646 답 ③

$a>0$이므로

$$\begin{aligned}\int_{-a}^{a} f(x)dx &= \int_{-a}^{0} f(x)dx+\int_{0}^{a} f(x)dx \\ &= \int_{-a}^{0}(-x^2+x+2)dx+\int_{0}^{a}(x+2)dx \\ &= \left[-\frac{1}{3}x^3+\frac{1}{2}x^2+2x\right]_{-a}^{0}+\left[\frac{1}{2}x^2+2x\right]_{0}^{a} \\ &= \left(-\frac{a^3}{3}-\frac{a^2}{2}+2a\right)+\left(\frac{a^2}{2}+2a\right) \\ &= -\frac{a^3}{3}+4a\end{aligned}$$

즉, $-\frac{a^3}{3}+4a=-\frac{4a}{3}$이므로

$a^3-16a=0$, $a(a+4)(a-4)=0$

$\therefore a=4$ ($\because a>0$)

실수 Check

$f(x)$가 $x=0$을 기준으로 다르게 정의된 함수이므로

$\int_{-a}^{a} f(x)dx=\int_{-a}^{0} f(x)dx+\int_{0}^{a} f(x)dx$로 나누어 계산해야 한다.

Plus 문제

1646-1

함수 $f(x)=\begin{cases} -2x+1 & (x<0) \\ 3x^2+2x+1 & (x\geq 0)\end{cases}$에 대하여

$\int_{-a}^{a} f(x)dx=20$을 만족시키는 양수 a의 값을 구하시오.

$a>0$이므로

$$\begin{aligned}\int_{-a}^{a} f(x)dx &= \int_{-a}^{0} f(x)dx+\int_{0}^{a} f(x)dx \\ &= \int_{-a}^{0}(-2x+1)dx+\int_{0}^{a}(3x^2+2x+1)dx \\ &= \left[-x^2+x\right]_{-a}^{0}+\left[x^3+x^2+x\right]_{0}^{a} \\ &= (a^2+a)+(a^3+a^2+a) \\ &= a^3+2a^2+2a\end{aligned}$$

즉, $a^3+2a^2+2a=20$이므로

$a^3+2a^2+2a-20=0$, $(a-2)(a^2+4a+10)=0$ ← $a^2+4a+10=(a+2)^2+6>0$

$\therefore a=2$ ($\because a$는 실수)

답 2

1647 답 ②

$g(a)=\int_{-a}^{a} f(x)dx$라 하면

$$g(a)=\int_{-a}^{0}(2x+2)dx+\int_{0}^{a}(-x^2+2x+2)dx$$
$$=\Big[x^2+2x\Big]_{-a}^{0}+\Big[-\frac{1}{3}x^3+x^2+2x\Big]_{0}^{a}$$
$$=(-a^2+2a)+\Big(-\frac{1}{3}a^3+a^2+2a\Big)$$
$$=-\frac{1}{3}a^3+4a$$

$g'(a)=-a^2+4=-(a+2)(a-2)$

$g'(a)=0$인 a의 값은 $a=2$ ($\because a>0$)

$a>0$에서 함수 $g(a)$의 증가, 감소를 표로 나타내면 다음과 같다.

a	0	$\cdots$	2	$\cdots$
$g'(a)$		+	0	−
$g(a)$		↗	$\frac{16}{3}$ 극대	↘

따라서 함수 $g(a)$는 $a=2$에서 최댓값 $\frac{16}{3}$을 갖는다.

1648 답 110

(나)에서 $f(x+1)-xf(x)=ax+b$의 양변에 $x=0$을 대입하면

$f(1)=b$

닫힌구간 $[0, 1]$에서 $f(x)=x$이므로 $b=1$

즉, $f(x+1)-xf(x)=ax+1$이므로 $0\le x\le 1$에서

$f(x+1)=xf(x)+ax+1=x^2+ax+1$

이때 $x+1=t$로 놓으면

$f(t)=(t-1)^2+a(t-1)+1=t^2+(a-2)t+2-a$

$f'(t)=2t+(a-2)$이고, 함수 $f(x)$가 실수 전체의 집합에서 미분가능한 함수이므로 $f'(1)=1$

즉, $f'(1)=2+a-2=a$이므로 $a=1$

따라서 $0\le x\le 1$에서 $1\le t\le 2$이고, $f(t)=t^2-t+1$

즉, $1\le x\le 2$에서 $f(x)=x^2-x+1$이다. 이때

$$\int_{1}^{2} f(x)dx=\int_{1}^{2}(x^2-x+1)dx=\Big[\frac{1}{3}x^3-\frac{1}{2}x^2+x\Big]_{1}^{2}$$
$$=\frac{8}{3}-\frac{5}{6}=\frac{11}{6}$$

$\therefore 60\times\int_{1}^{2} f(x)dx=60\times\frac{11}{6}=110$

실수 Check

함수 $f(x)$가 실수 전체의 집합에서 미분가능한 함수이므로 $x=1$에서도 미분가능하다. 즉, $f'(1)$의 값이 존재한다.

1649 답 ① | 유형6

$\int_{-2}^{4}|x^2-2x|dx$의 값은?
단서1

① $\frac{44}{3}$ ② 15 ③ $\frac{46}{3}$
④ $\frac{47}{3}$ ⑤ 16

단서1 피적분함수에 절댓값 기호가 있음

STEP1 절댓값 기호 안의 식의 값이 0이 되게 하는 x의 값을 기준으로 함수식 나누기

$$\underbrace{|x^2-2x|}_{x(x-2)}=\begin{cases} x^2-2x & (x\le 0 \text{ 또는 } x\ge 2) \\ -x^2+2x & (0<x<2)\end{cases}$$

STEP2 적분 구간을 나누어 정적분 계산하기

$$\int_{-2}^{4}|x^2-2x|dx$$
$$=\int_{-2}^{0}(x^2-2x)dx+\int_{0}^{2}(-x^2+2x)dx+\int_{2}^{4}(x^2-2x)dx$$
$$=\Big[\frac{1}{3}x^3-x^2\Big]_{-2}^{0}+\Big[-\frac{1}{3}x^3+x^2\Big]_{0}^{2}+\Big[\frac{1}{3}x^3-x^2\Big]_{2}^{4}$$
$$=\frac{20}{3}+\frac{4}{3}+\frac{20}{3}=\frac{44}{3}$$

1650 답 ①

$$\underbrace{|x^2-4|}_{(x+2)(x-2)}=\begin{cases} x^2-4 & (x\le -2 \text{ 또는 } x\ge 2) \\ -x^2+4 & (-2<x<2)\end{cases}$$ 이므로

$$\int_{1}^{3}\frac{|x^2-4|}{x+2}dx$$
$$=\int_{1}^{2}\frac{-x^2+4}{x+2}dx+\int_{2}^{3}\frac{x^2-4}{x+2}dx$$
$$=-\int_{1}^{2}\frac{(x+2)(x-2)}{x+2}dx+\int_{2}^{3}\frac{(x+2)(x-2)}{x+2}dx$$
$$=-\int_{1}^{2}(x-2)dx+\int_{2}^{3}(x-2)dx$$
$$=-\Big[\frac{1}{2}x^2-2x\Big]_{1}^{2}+\Big[\frac{1}{2}x^2-2x\Big]_{2}^{3}$$
$$=-\Big(-\frac{1}{2}\Big)+\frac{1}{2}=1$$

1651 답 ②

$$|x-3|=\begin{cases} x-3 & (x\ge 3) \\ -x+3 & (x<3)\end{cases}$$ 이므로

$$\int_{0}^{a}|x-3|dx=\int_{0}^{3}(-x+3)dx+\int_{3}^{a}(x-3)dx$$
$$=\Big[-\frac{1}{2}x^2+3x\Big]_{0}^{3}+\Big[\frac{1}{2}x^2-3x\Big]_{3}^{a}$$
$$=\Big(-\frac{9}{2}+9\Big)+\Big\{\Big(\frac{1}{2}a^2-3a\Big)-\Big(\frac{9}{2}-9\Big)\Big\}$$
$$=\frac{1}{2}a^2-3a+9$$

즉, $\frac{1}{2}a^2-3a+9=17$이므로

$a^2-6a-16=0$, $(a+2)(a-8)=0$

$\therefore a=8$ ($\because a>3$)

1652 답 ③

$$\underbrace{|x^2-1|}_{(x+1)(x-1)}=\begin{cases} x^2-1 & (x<-1 \text{ 또는 } x>1) \\ -x^2+1 & (-1\le x\le 1)\end{cases}$$ 이므로

$$\int_{0}^{a}|x^2-1|dx=\int_{0}^{1}(-x^2+1)dx+\int_{1}^{a}(x^2-1)dx$$
$$=\Big[-\frac{1}{3}x^3+x\Big]_{0}^{1}+\Big[\frac{1}{3}x^3-x\Big]_{1}^{a}$$
$$=\Big(-\frac{1}{3}+1\Big)+\Big\{\Big(\frac{1}{3}a^3-a\Big)-\Big(\frac{1}{3}-1\Big)\Big\}$$
$$=\frac{1}{3}a^3-a+\frac{4}{3}$$

즉, $\frac{1}{3}a^3-a+\frac{4}{3}=2$이므로

$a^3-3a-2=0$, $(a-2)(a+1)^2=0$

$\therefore a=2\ (\because a>1)$

1653 답 ⑤

$$|x-1|+|x+1|=\begin{cases}-2x & (x<-1)\\ 2 & (-1\le x\le 1)\\ 2x & (x>1)\end{cases}$$ 이므로

$\int_{-2}^{2}(|x-1|+|x+1|)dx$

$=\int_{-2}^{-1}(-2x)dx+\int_{-1}^{1}2\,dx+\int_{1}^{2}2x\,dx$

$=\Big[-x^2\Big]_{-2}^{-1}+\Big[2x\Big]_{-1}^{1}+\Big[x^2\Big]_{1}^{2}$

$=3+4+3=10$

1654 답 ②

$$f(x)=\begin{cases}2x-1 & (x>1)\\ 1 & (0\le x\le 1)\\ -2x+1 & (x<0)\end{cases}$$ 이므로

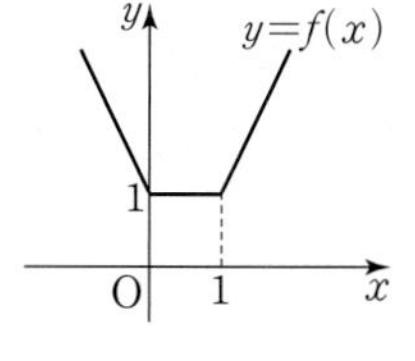

함수 $f(x)$의 그래프는 그림과 같고 $0\le x\le 1$에서 최솟값 1을 갖는다.

따라서 $a=1$이므로

$\int_{-1}^{1}f(x)dx=\int_{-1}^{0}(-2x+1)dx+\int_{0}^{1}1\,dx$

$=\Big[-x^2+x\Big]_{-1}^{0}+\Big[x\Big]_{0}^{1}=2+1=3$

1655 답 ①

$|x^2|\ge 0$이므로 $|x^2|=x^2$이다.

$|x^2(x-1)|=|x^2||x-1|=x^2|x-1|$이므로

$x^2|x-1|=\begin{cases}-x^2(x-1) & (x<1)\\ x^2(x-1) & (x\ge 1)\end{cases}$

$\int_{0}^{2}|x^2(x-1)|dx=\int_{0}^{1}\{-x^2(x-1)\}dx+\int_{1}^{2}x^2(x-1)dx$

$=\int_{0}^{1}(-x^3+x^2)dx+\int_{1}^{2}(x^3-x^2)dx$

$=\Big[-\frac{1}{4}x^4+\frac{1}{3}x^3\Big]_{0}^{1}+\Big[\frac{1}{4}x^4-\frac{1}{3}x^3\Big]_{1}^{2}$

$=\left(-\frac{1}{4}+\frac{1}{3}\right)+\left\{\left(4-\frac{8}{3}\right)-\left(\frac{1}{4}-\frac{1}{3}\right)\right\}$

$=\frac{3}{2}$

1656 답 ③

$f(x)=|x-2|$, $g(x)=x^2+1$이므로

$(f\circ g)(x)=f(g(x))=f(x^2+1)=|x^2-1|$

$$|x^2-1|=\begin{cases}x^2-1 & (x\le -1 \text{ 또는 } x\ge 1)\\ -x^2+1 & (-1<x<1)\end{cases}$$ 이므로

$\int_{0}^{2}(f\circ g)(x)dx=\int_{0}^{1}(-x^2+1)dx+\int_{1}^{2}(x^2-1)dx$

$=\Big[-\frac{1}{3}x^3+x\Big]_{0}^{1}+\Big[\frac{1}{3}x^3-x\Big]_{1}^{2}$

$=\left(-\frac{1}{3}+1\right)+\left\{\left(\frac{8}{3}-2\right)-\left(\frac{1}{3}-1\right)\right\}=2$

실수 Check

$(f\circ g)(x)\ne(g\circ f)(x)$임에 주의한다.

$(f\circ g)(x)=f(g(x))=|x^2-1|$

$(g\circ f)(x)=g(f(x))=|x-2|^2+1$

Plus 문제

1656-1

두 함수 $f(x)=|x-2|$, $g(x)=x^2-x$에 대하여 $\int_{-2}^{2}(f\circ g)(x)dx$의 값을 구하시오.

$(f\circ g)(x)=f(g(x))=f(x^2-x)=|x^2-x-2|$

$$|x^2-x-2|=\begin{cases}x^2-x-2 & (x\le -1 \text{ 또는 } x\ge 2)\\ -x^2+x+2 & (-1<x<2)\end{cases}$$

이므로

$\int_{-2}^{2}(f\circ g)(x)dx$

$=\int_{-2}^{-1}(x^2-x-2)dx+\int_{-1}^{2}(-x^2+x+2)dx$

$=\Big[\frac{1}{3}x^3-\frac{1}{2}x^2-2x\Big]_{-2}^{-1}+\Big[-\frac{1}{3}x^3+\frac{1}{2}x^2+2x\Big]_{-1}^{2}$

$=\left\{\left(-\frac{1}{3}-\frac{1}{2}+2\right)-\left(-\frac{8}{3}-2+4\right)\right\}$

$\quad+\left\{\left(-\frac{8}{3}+2+4\right)-\left(\frac{1}{3}+\frac{1}{2}-2\right)\right\}$

$=\frac{19}{3}$ 답 $\frac{19}{3}$

1657 답 17

$f(x)=x^3-3x-1$에서 $f'(x)=3x^2-3$

$f'(x)=0$에서 $x=-1$ 또는 $x=1$

$f(-1)=1$, $f(1)=-3$이므로

$y=|f(x)|$의 그래프는 그림과 같다.

이때 $-1\le x\le t$에서 $|f(x)|$의 최댓값 $g(t)$는 $-1\le t\le 1$에서

$$g(t)=\begin{cases}1 & (-1\le t\le 0)\\ -t^3+3t+1 & (0\le t\le 1)\end{cases}$$ 이므로

$\int_{-1}^{1}g(t)dt=\int_{-1}^{0}1\,dt+\int_{0}^{1}(-t^3+3t+1)dt$

$=\Big[t\Big]_{-1}^{0}+\Big[-\frac{1}{4}t^4+\frac{3}{2}t^2+t\Big]_{0}^{1}$

$=-(-1)+\left(-\frac{1}{4}+\frac{3}{2}+1\right)$

$=\frac{13}{4}$

따라서 $p=4$, $q=13$이므로 $p+q=17$

실수 Check

$y=f(x)$의 그래프에서 $y\le 0$인 부분을 x축에 대하여 대칭이동하면 $y=|f(x)|$의 그래프를 그릴 수 있다.

$\int_{-1}^{1}g(t)dt$의 값을 구해야 하므로 그래프의 개형을 그릴 때, 두 점 $(-1, f(-1))$, $(1, f(1))$은 반드시 표시하도록 하자.

1658 답 10

$$\int_1^4 (x+|x-3|)dx$$
$$=\int_1^3 (x+|x-3|)dx+\int_3^4 (x+|x-3|)dx$$
$$=\int_1^3 \{x-(x-3)\}dx+\int_3^4 \{x+(x-3)\}dx$$
$$=\int_1^3 3\,dx+\int_3^4 (2x-3)dx=\Big[3x\Big]_1^3+\Big[x^2-3x\Big]_3^4$$
$$=(9-3)+\{(16-12)-(9-9)\}=10$$

1659 답 ⑤ | 유형7

다항함수 $f(x)$에 대하여 $\int_1^5 \{f'(x)-2x\}dx=3$, $f(1)=-4$일 때, $f(5)$의 값은?
단서1

① 15 ② 17 ③ 19
④ 21 ⑤ 23

단서1 $\int_a^b f'(x)dx=f(b)-f(a)$

STEP1 정적분의 정의를 이용하여 계산하기

$$\int_1^5 \{f'(x)-2x\}dx=\Big[f(x)-x^2\Big]_1^5$$
$$=\{f(5)-25\}-\{f(1)-1\}$$
$$=f(5)-20\ (\because f(1)=-4)$$

STEP2 $f(5)$의 값 구하기

$\int_1^5 \{f'(x)-2x\}dx=3$이므로 $f(5)=23$

1660 답 ①

$$\int_0^2 f'(x)dx=\Big[f(x)\Big]_0^2=f(2)-f(0)=0-2=-2$$

다른 풀이

$f(x)=a(x+1)(x-1)(x-2)$ (a는 0이 아닌 상수)라 하면
$f(0)=2$이므로 $2a=2$ $\therefore a=1$
따라서 $f(x)=(x+1)(x-1)(x-2)=x^3-2x^2-x+2$이므로
$f'(x)=3x^2-4x-1$
$$\therefore \int_0^2 f'(x)dx=\int_0^2 (3x^2-4x-1)dx$$
$$=\Big[x^3-2x^2-x\Big]_0^2=-2$$

1661 답 ④

$$\int_{-2}^0 f'(x)dx=f(0)-f(-2)=4-0=4$$

1662 답 ③

$f'(1)=k$ (k는 상수)라 하면 직선 $y=k(x-1)+4$가 점 $(-1, -12)$를 지나므로
→ 기울기가 $f'(1)=k$이고 점 $(1, 4)$를 지나는 직선이다.
$-12=-2k+4$, $2k=16$ $\therefore k=8$
$$\therefore \int_{-1}^1 f'(1)dx=\int_{-1}^1 8\,dx=\Big[8x\Big]_{-1}^1=8-(-8)=16$$

1663 답 ①

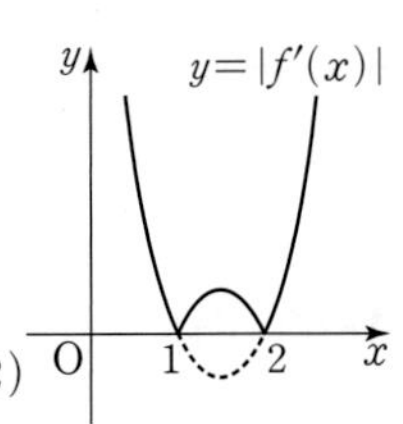

함수 $f(x)$가 $x=1$에서 극대, $x=2$에서 극소이므로 $f'(1)=f'(2)=0$
따라서 $y=|f'(x)|$의 그래프는 그림과 같다.

$$|f'(x)|=\begin{cases} f'(x) & (0\le x\le 1 \text{ 또는 } x\ge 2) \\ -f'(x) & (1<x<2) \end{cases}$$

$$\therefore \int_0^2 |f'(x)|dx=\int_0^1 f'(x)dx+\int_1^2 \{-f'(x)\}dx$$
$$=\Big[f(x)\Big]_0^1+\Big[-f(x)\Big]_1^2$$
$$=f(1)-f(0)-f(2)+f(1)$$
$$=1-(-2)-(-2)+1$$
$$=6$$

1664 답 ②

$\frac{d}{dx}\{x^2f(x)\}=2xf(x)+x^2f'(x)$이므로

$$\int_{-1}^1 2xf(x)dx+\int_{-1}^1 x^2f'(x)dx$$
$$=\int_{-1}^1 \{2xf(x)+x^2f'(x)\}dx$$
$$=\int_{-1}^1 \frac{d}{dx}\{x^2f(x)\}dx$$
→ $\frac{d}{dx}\{x^2f(x)\}=2xf(x)+x^2f'(x)$이다.
$$=\Big[x^2f(x)\Big]_{-1}^1$$
$$=f(1)-(-1)^2f(-1)$$
$$=f(1)-f(-1)$$

즉, $f(1)-f(-1)=20$이고 $f(-1)=2$이므로
$f(1)=20+2=22$

실수 Check

곱의 미분법 $\{f(x)g(x)\}'=f'(x)g(x)+f(x)g'(x)$를 이용하는 문제이다.
$2xf(x)+x^2f'(x)$는 $f(x)$를 미분한 $f'(x)$, x^2을 미분한 $2x$가 서로 곱해진 형태임을 발견해야 한다.

1665 답 25 | 유형8

실수 a에 대하여 $\int_{-a}^a (3x^2+2x)dx=\frac{1}{4}$일 때, $50a$의 값을 구하시오.
단서1

단서1 위끝, 아래끝의 절댓값이 같고 부호가 반대

STEP1 홀수 차수의 항과 짝수 차수의 항을 나누어 정적분 계산하기

$$\int_{-a}^a (3x^2+2x)dx=\int_{-a}^a 3x^2\,dx+\int_{-a}^a 2x\,dx$$
($3x^2$: 차수가 2, $2x$: 차수가 1)
$$=2\int_0^a 3x^2\,dx$$
$$=2\Big[x^3\Big]_0^a=2a^3$$

STEP2 $50a$의 값 구하기

$2a^3=\frac{1}{4}$에서 $a=\frac{1}{2}$

$\therefore 50a=50\times\frac{1}{2}=25$

1666 답 ④

$\int_{-3}^{3}(x^3+4x^2)dx+\int_{3}^{-3}(x^3+x^2)dx$

$=\int_{-3}^{3}(x^3+4x^2)dx-\int_{-3}^{3}(x^3+x^2)dx$ ($\int_a^b f(x)dx=-\int_b^a f(x)dx$)

$=\int_{-3}^{3}(x^3+4x^2-x^3-x^2)dx$

$=\int_{-3}^{3}3x^2\,dx$ → 짝수 차수의 항

$=2\int_{0}^{3}3x^2\,dx$

$=2\Big[x^3\Big]_0^3=54$

1667 답 ②

$\int_{-1}^{0}(4x^3+3x^2+2x)dx-\int_{1}^{0}(4x^3+3x^2+2x)dx$

$=\int_{-1}^{0}(4x^3+3x^2+2x)dx+\int_{0}^{1}(4x^3+3x^2+2x)dx$

$=\int_{-1}^{1}(4x^3+3x^2+2x)dx$

$=\int_{-1}^{1}(4x^3+2x)dx+\int_{-1}^{1}3x^2\,dx$ (홀수 차수의 항, 짝수 차수의 항)

$=2\int_{0}^{1}3x^2\,dx$

$=2\Big[x^3\Big]_0^1=2$

1668 답 $\frac{2}{3}$

$\int_{-1}^{1}\left(4x^3+x^2-\frac{1}{2}x+a\right)dx$

$=\int_{-1}^{1}\left(4x^3-\frac{1}{2}x\right)dx+\int_{-1}^{1}(x^2+a)dx$

$=2\int_{0}^{1}(x^2+a)dx$

$=2\Big[\frac{1}{3}x^3+ax\Big]_0^1$

$=\frac{2}{3}+2a$

$\frac{2}{3}+2a=2$에서 $a=\frac{2}{3}$

1669 답 ②

$\int_{-a}^{a}(5x^3+3x^2+4x+a)dx$

$=\int_{-a}^{a}(5x^3+4x)dx+\int_{-a}^{a}(3x^2+a)dx$

$=2\int_{0}^{a}(3x^2+a)dx$

$=2\Big[x^3+ax\Big]_0^a$

$=2a^3+2a^2$

$2a^3+2a^2=(a+1)^2$에서

$2a^3+a^2-2a-1=0$, $(2a+1)(a+1)(a-1)=0$

$\therefore a=-\frac{1}{2}$ 또는 $a=-1$ 또는 $a=1$

따라서 모든 실수 a의 값의 합은 $-\frac{1}{2}$이다.

1670 답 6

(가)에 의하여 함수 $f(x)$는 차수가 짝수인 항으로만 이루어져 있으므로

$f(x)=x^4+bx^2+10$

$f'(x)=4x^3+2bx$이므로 $f'(1)=4+2b$

(나)에서 $-6<f'(1)<-2$이므로

$-6<4+2b<-2$, $-10<2b<-6$

$\therefore -5<b<-3$

이때 b는 정수이므로 $b=-4$

즉, $f(x)=x^4-4x^2+10$이고 $f'(x)=4x^3-8x$

$f'(x)=0$에서 $4x(x+\sqrt{2})(x-\sqrt{2})=0$

$\therefore x=-\sqrt{2}$ 또는 $x=0$ 또는 $x=\sqrt{2}$

함수 $f(x)$의 증가, 감소를 표로 나타내면 다음과 같다.

x	$\cdots$	$-\sqrt{2}$	$\cdots$	0	$\cdots$	$\sqrt{2}$	$\cdots$
$f'(x)$	$-$	0	$+$	0	$-$	0	$+$
$f(x)$	↘	6 극소	↗	10 극대	↘	6 극소	↗

따라서 함수 $f(x)$의 극솟값은

$f(-\sqrt{2})=f(\sqrt{2})=6$

실수 Check

$\int_{-a}^{a}(x^4+ax^3+bx^2+cx+10)dx$

$=\Big[\frac{1}{5}x^5+\frac{a}{4}x^4+\frac{b}{3}x^3+\frac{c}{2}x^2+10x\Big]_{-a}^{a}$

$=\frac{2}{5}a^5+\frac{2b}{3}a^3+20a$ ······ ㉠

$2\int_{0}^{a}f(x)dx$

$=2\int_{0}^{a}(x^4+ax^3+bx^2+cx+10)dx$

$=2\Big[\frac{1}{5}x^5+\frac{a}{4}x^4+\frac{b}{3}x^3+\frac{c}{2}x^2+10x\Big]_0^a$

$=\frac{2}{5}a^5+\frac{a}{2}a^4+\frac{2b}{3}a^3+ca^2+20a$ ······ ㉡

㉠=㉡에서 $\frac{a}{2}a^4+ca^2=0$

위 식이 a에 대한 항등식이므로 $\frac{a}{2}=0$, $c=0$

$\therefore f(x)=x^4+bx^2+10$

위와 같이 문제의 조건을 그대로 대입해도 같은 결과가 나오지만, 차수가 짝수인 항으로 이루어져 있다는 사실을 바로 이용하는 것이 효율적이다.

Plus 문제

1670-1

다항함수 $f(x)$가 다음 조건을 만족시킨다.

(가) $\lim_{x\to\infty}\frac{f(x)+f(-x)}{x^2}=3$

(나) $f(0)=-1$

$\int_{-3}^{3}f(x)dx$의 값을 구하시오.

㈎에서 $f(x)+f(-x)$는 최고차항의 계수가 3인 이차함수이므로

$f(x)+f(-x)=3x^2+ax+b$ (a, b는 상수) ······ ㉠

라 하자.

$f(x)=a_0+a_1x+a_2x^2+a_3x^3+\cdots$ (a_0, a_1, a_2, $\cdots$는 상수)

라 하면

$f(-x)=a_0+a_1(-x)+a_2(-x)^2+a_3(-x)^3+\cdots$

$\qquad=a_0-a_1x+a_2x^2-a_3x^3+\cdots$

두 식을 더하면 $f(x)+f(-x)=2(a_0+a_2x^2+\cdots)$이므로

$f(x)+f(-x)$는 차수가 홀수인 항을 갖지 않는다.

즉, ㉠에서 $a=0$

㈏에서 $f(0)+f(0)=-2=b$이므로

$f(x)+f(-x)=3x^2-2$

한편, k가 홀수인 경우 $\int_{-3}^{3}x^k dx=0$이므로

$\int_{-3}^{3}f(-x)dx=\int_{-3}^{3}f(x)dx$

$\int_{-3}^{3}\{f(x)+f(-x)\}dx=\int_{-3}^{3}f(x)dx+\int_{-3}^{3}f(-x)dx$

$\qquad=2\int_{-3}^{3}f(x)dx$

$\therefore \int_{-3}^{3}f(x)dx=\frac{1}{2}\int_{-3}^{3}\{f(x)+f(-x)\}dx$

$\qquad=\frac{1}{2}\int_{-3}^{3}(3x^2-2)dx$

$\qquad=2\times\frac{1}{2}\int_{0}^{3}(3x^2-2)dx$

$\qquad=\left[x^3-2x\right]_0^3=21$

답 21

1671 답 ①

유형9

다항함수 $f(x)$가 모든 실수 x에 대하여 $f(-x)=f(x)$, (단서1)

$\int_0^2 f(x)dx=1$일 때, $\int_{-2}^{2}(x^3-x+1)f(x)dx$의 값은?

① 2 ② 4 ③ 6 ④ 8 ⑤ 10

단서1 $f(x)$는 우함수

STEP1 $f(x)$, $xf(x)$, $x^3f(x)$가 우함수인지, 기함수인지 판별하기

$f(-x)=f(x)$에서 $f(x)$는 우함수이므로 $x^3f(x)$, $xf(x)$는 기함수이다.

→ ($f(x)$는 우함수) 차수가 짝수인 항과 상수항만 있다.

→ ($x^3f(x)$, $xf(x)$) 차수가 홀수인 항만 있다.

STEP2 우함수, 기함수의 성질을 이용하여 정적분 계산하기

$\int_{-2}^{2}(x^3-x+1)f(x)dx$

$=\int_{-2}^{2}x^3f(x)dx-\int_{-2}^{2}xf(x)dx+\int_{-2}^{2}f(x)dx$

$=0+0+\int_{-2}^{2}f(x)dx$

$=2\int_0^2 f(x)dx=2\times1=2$

→ 조건에서 $\int_0^2 f(x)dx=1$이다.

개념 Check

우함수, 기함수의 곱

(1) (우함수)×(우함수) → (우함수)

(2) (우함수)×(기함수) → (기함수)

(3) (기함수)×(기함수) → (우함수)

1672 답 ③

$f(-x)=f(x)$에서 $f(x)$는 우함수이므로 우함수를 미분한 함수 $f'(x)$는 기함수이다. 기함수는 원점에 대하여 대칭인 함수이므로

$\int_{-2}^{2}f'(x)dx=0$

→ 차수가 짝수인 항으로만 이루어진 함수이므로 미분하면 차수가 홀수인 항으로만 이루어진 함수가 된다.

다른 풀이

$\int_{-2}^{2}f'(x)dx=f(2)-f(-2)$

$f(x)=f(-x)$에서 $x=2$를 대입하면

$f(2)=f(-2)=2$

따라서 $f(2)-f(-2)=0$이므로

$\int_{-2}^{2}f'(x)dx=0$

개념 Check

(1) 다항함수 $f(x)$가 우함수일 때

$f(x)=a_{2n}x^{2n}+a_{2n-2}x^{2n-2}+\cdots+a_0$ (n은 자연수)

→ $f'(x)=2na_{2n}x^{2n-1}+(2n-2)a_{2n-2}x^{2n-3}+\cdots$

즉, $f'(x)$는 기함수이다.

(2) 다항함수 $f(x)$가 기함수일 때

$f(x)=a_{2n+1}x^{2n+1}+a_{2n-1}x^{2n-1}+\cdots+a_1x$

→ $f'(x)=(2n+1)a_{2n+1}x^{2n}+(2n-1)a_{2n-1}x^{2n-2}+\cdots+a_1$

즉, $f'(x)$는 우함수이다.

1673 답 ④

$f(-x)=f(x)$에서 $f(x)$는 우함수이므로 $f'(x)$는 기함수, $xf'(x)$는 우함수이다.

$\therefore \int_{-1}^{1}(x+1)f'(x)dx=\int_{-1}^{1}xf'(x)dx+\int_{-1}^{1}f'(x)dx$

$\qquad=2\int_0^1 xf'(x)dx+0$

$\qquad=2\times1=2$

1674 답 ④

$f(-x)=-f(x)$에서 $f(x)$는 기함수이므로 $\int_{-1}^{1}f(x)dx=0$이다.

또 ㈏에서 $\int_{-1}^{0}f(x)dx=-1$이므로

$\int_{-1}^{1}f(x)dx=\int_{-1}^{0}f(x)dx+\int_0^1 f(x)dx$에서

$0=-1+\int_0^1 f(x)dx \qquad \therefore \int_0^1 f(x)dx=1$

$\therefore \int_0^4 f(x)dx$

$\quad=\int_0^1 f(x)dx+\int_1^4 f(x)dx$

$\quad=1+2=3$

1675 답 12

$f(-x)=f(x)$에서 $f(x)$는 우함수이므로

$\int_0^2 f(x)dx=\int_{-2}^0 f(x)dx=2$

$\therefore \int_{-3}^3 f(x)dx=2\int_0^3 f(x)dx$

$=2\left\{\int_0^2 f(x)dx+\int_2^3 f(x)dx\right\}$

$=2\times(2+4)=12$

1676 답 ③

$f(-x)=f(x)$에서 $f(x)$는 우함수이므로 $x^3f(x)$, $xf(x)$는 기함수이다. (기함수)×(우함수)=(기함수)

$\therefore \int_{-1}^1 (2x^3-3x+3)f(x)dx$

$=2\int_{-1}^1 x^3f(x)dx-3\int_{-1}^1 xf(x)dx+3\int_{-1}^1 f(x)dx$

$=0-0+3\int_{-1}^1 f(x)dx$

$=6\int_0^1 f(x)dx$

$=6\times5=30$

1677 답 ②

$f(-x)=-f(x)$에서 $f(x)$는 기함수이므로 $f'(x)$는 우함수이고, $xf'(x)$, $x^3f'(x)$는 기함수이다. (기함수)×(우함수)=(기함수)

$\int_{-1}^1 f'(x)(x^3-2x+2)dx$

$=\int_{-1}^1 x^3f'(x)dx-2\int_{-1}^1 xf'(x)dx+2\int_{-1}^1 f'(x)dx$

$=0-0+2\int_{-1}^1 f'(x)dx$

$=4\int_0^1 f'(x)dx=4f(1)-4f(0)$

$f(-x)=-f(x)$에 $x=0$을 대입하면 $f(0)=0$이므로

$4f(1)-4f(0)=4f(1)=4\times2=8$

1678 답 ①

$f(-x)=-f(x)$에서 $f(x)$는 기함수이므로 $xf(x)$는 우함수, $x^2f(x)$는 기함수이다. (기함수)×(기함수)=(우함수) (우함수)×(기함수)=(기함수)

$\int_{-1}^1 (x^2+x-2)f(x)dx$

$=\int_{-1}^1 x^2f(x)dx+\int_{-1}^1 xf(x)dx-2\int_{-1}^1 f(x)dx$

$=0+\int_{-1}^1 xf(x)dx-0$

$=2\int_0^1 xf(x)dx=2\times5=10$

1679 답 ①

$h(-x)=f(-x)g(-x)=-f(x)g(x)=-h(x)$이므로 $h(x)$는 기함수이고, $h(0)=0$이다.

또 $h'(x)$는 우함수이므로 $xh'(x)$는 기함수이다.

$\int_{-3}^3 (x+5)h'(x)dx=\int_{-3}^3 xh'(x)dx+5\int_{-3}^3 h'(x)dx$

$=0+5\times2\int_0^3 h'(x)dx$

$=10\times\{h(3)-h(0)\}$

$=10h(3)$

즉, $10h(3)=10$이므로 $h(3)=1$

참고 우함수와 기함수를 이용하여 만든 함수 $h(x)$에 x 대신 $-x$를 대입했을 때, $h(-x)=h(x)$이면 $h(x)$는 우함수, $h(-x)=-h(x)$이면 $h(x)$는 기함수이다.

실수 Check

함수 $f(x)$와 도함수 $f'(x)$에 대하여

(1) 명제 '$f(x)$가 기함수이면 $f'(x)$는 우함수이다.'의 역은 일반적으로 성립하지 않는다.
위 명제의 역 '$f'(x)$가 우함수이면 $f(x)$는 기함수이다.'의 반례로
$f'(x)=3x^2$이면 $f'(x)$는 우함수이지만
$f(x)=x^3+C$이므로 $C\neq0$이면 $f(x)$는 기함수가 아니다.

(2) 명제 '$f(x)$가 우함수이면 $f'(x)$는 기함수이다.'의 역은 성립한다.

1680 답 ④ | 유형10

연속함수 $f(x)$가 모든 실수 x에 대하여 $f(x+3)=f(x)$, (단서1)
$\int_1^4 f(x)dx=4$를 만족시킬 때, $\int_4^{10} f(x)dx$의 값은?

① 2 ② 4 ③ 6
④ 8 ⑤ 10

단서1 주기가 3인 주기함수

STEP1 주기함수의 성질 이용하기

$f(x+3)=f(x)$이므로

$\int_1^4 f(x)dx=\int_4^7 f(x)dx=\int_7^{10} f(x)dx=4$

STEP2 정적분의 값 구하기

$\int_4^{10} f(x)dx=\int_4^7 f(x)dx+\int_7^{10} f(x)dx$

$=4+4=8$

1681 답 ③

$f(x)=f(x+2)$이므로 → 주기가 2인 주기함수

$\int_{-3}^{-1} f(x)dx=\int_{-1}^1 f(x)dx=\int_1^3 f(x)dx=\int_3^5 f(x)dx$

$\therefore \int_{-3}^5 f(x)dx$

$=\int_{-3}^{-1} f(x)dx+\int_{-1}^1 f(x)dx+\int_1^3 f(x)dx+\int_3^5 f(x)dx$

$=4\int_{-1}^1 f(x)dx$

$=4\int_{-1}^1 x^2dx$ → 우함수

$=8\int_0^1 x^2dx$

$=8\left[\frac{1}{3}x^3\right]_0^1=\frac{8}{3}$

1682 답 24

(가)에서 $f(-x)=f(x)$이므로 $f(x)$는 우함수이고,
(나)에서 $f(x)=f(x+2)$이므로 → 주기가 2인 주기함수

$\int_0^1 f(x)dx=\int_{-1}^0 f(x)dx=\int_1^2 f(x)dx=4$

$\therefore \int_{-2}^4 f(x)dx=\int_{-2}^0 f(x)dx+\int_0^2 f(x)dx+\int_2^4 f(x)dx$

$=3\int_0^2 f(x)dx$

$=3\left\{\int_0^1 f(x)dx+\int_1^2 f(x)dx\right\}$

$=3\times(4+4)=24$

1683 답 ②

$f(x)=f(x+4)$이므로 $f(0)=f(4)$에서 → 주기가 4인 주기함수
$2=16-8+a$ $\quad \therefore a=-6$

$\int_9^{11} f(x)dx=\int_1^3 f(x)dx$

$=\int_1^2 (-4x+2)dx+\int_2^3 (x^2-2x-6)dx$

$=\left[-2x^2+2x\right]_1^2+\left[\frac{1}{3}x^3-x^2-6x\right]_2^3$

$=(-4-0)+\left(-18+\frac{40}{3}\right)$

$=-\frac{26}{3}$

1684 답 $\frac{1}{2}$

(나)에서 $f(x+2)=f(x)$이므로 → 주기가 2인 주기함수

$\int_2^3 f(x)dx=\int_0^1 f(x)dx$

$\therefore \int_0^1 f(x)dx+\int_2^3 f(x)dx=2\int_0^1 f(x)dx$

$=2\int_0^1 x^3dx$

$=2\left[\frac{1}{4}x^4\right]_0^1=\frac{1}{2}$

1685 답 ④

(나)에서 $f(x)=f(x+4)$이므로 → 주기가 4인 주기함수

$\int_{2022}^{2024} f(x)dx=\int_{2018}^{2020} f(x)dx=\int_{2014}^{2016} f(x)dx$

$=\int_{2010}^{2012} f(x)dx=\cdots=\int_2^4 f(x)dx=\int_{-2}^0 f(x)dx$

(가)에서 $-2\le x\le 2$일 때, $f(x)=x^3-4x+2$이므로

$\int_{2022}^{2024} f(x)dx=\int_{-2}^0 f(x)dx=\int_{-2}^0 (x^3-4x+2)dx$

$=\left[\frac{1}{4}x^4-2x^2+2x\right]_{-2}^0=8$

1686 답 10

$\int_0^3 f(x)dx=\int_0^1 x\,dx+\int_1^2 1\,dx+\int_2^3 (-x+3)dx$

$=\left[\frac{1}{2}x^2\right]_0^1+\left[x\right]_1^2+\left[-\frac{1}{2}x^2+3x\right]_2^3$

$=\frac{1}{2}+1+\frac{1}{2}=2$ ······ ㉠

또 $y=f(x)$의 그래프는 y축에 대하여 대칭이므로 → 우함수

$\int_{-a}^a f(x)dx=2\int_0^a f(x)dx=13$

$\therefore \int_0^a f(x)dx=\frac{13}{2}=6+\frac{1}{2}=3\times 2+\frac{1}{2}$

$=3\int_0^3 f(x)dx+\frac{1}{2}$ ($\because$ ㉠) → $f(x)$는 주기가 3인 주기함수

$=\int_0^9 f(x)dx+\int_9^{10} f(x)dx$

$=\int_0^{10} f(x)dx$

$\therefore a=10$

참고 정적분의 활용 단원에서 배우는 내용을 이용하면
$y=f(x)$의 그래프에서 $\int_0^3 f(x)dx$의 값은 밑변의 길이가 3, 윗변의 길이가 1, 높이가 1인 사다리꼴의 넓이와 같으므로

$\int_0^3 f(x)dx=\frac{1}{2}\times(1+3)\times 1=2$

1687 답 40

(가)에서 $f(-x)=f(x)$이므로 $f(x)$는 우함수이고, $xf(x)$는 기함수이다.

$\int_{-1}^1 xf(x)dx=0$이므로 (다)에서

$\int_{-1}^1 (2x+3)f(x)dx=2\int_{-1}^1 xf(x)dx+3\int_{-1}^1 f(x)dx$

$=0+3\int_{-1}^1 f(x)dx=15$

즉, $\int_{-1}^1 f(x)dx=5$이므로 $\int_0^1 f(x)dx=\int_{-1}^0 f(x)dx=\frac{5}{2}$

이때 (나)에서 $f(x+2)=f(x)$이므로 → 주기가 2인 주기함수

$\int_0^2 f(x)dx=\int_0^1 f(x)dx+\int_1^2 f(x)dx$

$=\int_0^1 f(x)dx+\int_{-1}^0 f(x)dx$

$=\frac{5}{2}+\frac{5}{2}=5$

$\therefore \int_{-6}^{10} f(x)dx$

$=\int_{-6}^{-4} f(x)dx+\int_{-4}^{-2} f(x)dx+\int_{-2}^0 f(x)dx+\int_0^2 f(x)dx$
$+\int_2^4 f(x)dx+\int_4^6 f(x)dx+\int_6^8 f(x)dx+\int_8^{10} f(x)dx$

$=8\int_0^2 f(x)dx$

$=8\times 5=40$

실수 Check

$\int_{-1}^1 f(x)dx=5$일 때,
$f(-x)=f(x)$라는 조건에서 $f(x)$의 그래프가 y축에 대하여 대칭이므로
$\int_{-1}^0 f(x)dx=\int_0^1 f(x)dx=\frac{1}{2}\int_{-1}^1 f(x)dx=\frac{5}{2}$이다.
일반적인 주기함수에서는
$\int_0^1 f(x)dx\neq\frac{1}{2}\int_{-1}^1 f(x)dx$이므로 $\int_{-1}^1 f(x)dx$의 값을 이용하여 문제를 해결해야 한다.

1688 답 12

모든 실수 x에 대하여 $\{f(x)+x^2-1\}^2\ge 0$, $f(x)\ge 0$이므로

$\int_{-1}^{2}\{f(x)+x^2-1\}^2dx$의 값이 최소가 되기 위해서는

(i) $-1\le x\le 1$에서 $x^2-1\le 0$이므로

$f(x)=-(x^2-1)=-x^2+1$

(ii) $1<x\le 2$에서 $x^2-1>0$이므로 $f(x)=0$

또 $f(x+3)=f(x)$이므로 (i), (ii)에서 함수 $f(x)$의 그래프의 개형은 그림과 같다. → 주기가 3인 주기함수

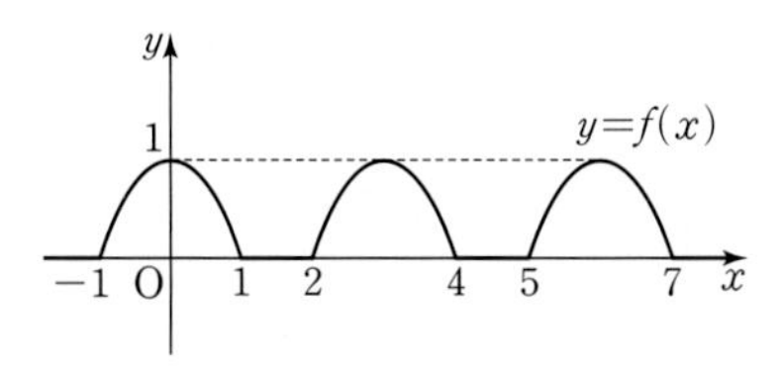

$$\int_{-1}^{2}f(x)dx=\int_{2}^{5}f(x)dx=\int_{5}^{8}f(x)dx=\cdots=\int_{23}^{26}f(x)dx$$

$$\therefore \int_{-1}^{26}f(x)dx=9\int_{-1}^{2}f(x)dx=9\int_{-1}^{1}(-x^2+1)dx$$ → 우함수

$$=9\times 2\int_{0}^{1}(-x^2+1)dx$$

$$=9\times 2\left[-\frac{1}{3}x^3+x\right]_0^1$$

$$=9\times 2\times\frac{2}{3}=12$$

실수 Check

$\int_a^b\{g(x)\}^2dx$의 값은 $g(x)=0$일 때 최소이다.

1689 답 ④

| 유형11

최고차항의 계수가 1인 이차함수 $f(x)$에 대하여 (단서1)

$f(1)=f(2)=2$일 때, $\int_0^2 f(x)dx$의 값은? (단서2)

① $\frac{8}{3}$ ② $\frac{10}{3}$ ③ 4

④ $\frac{14}{3}$ ⑤ $\frac{16}{3}$

단서1 $f(x)=(x-a)(x-b)$ 꼴

단서2 $f(x)-2$는 $x-1$과 $x-2$를 인수로 가짐

STEP 1 주어진 조건을 이용하여 $f(x)$ 구하기

$f(1)=f(2)=2$이므로 $f(x)-2$는 $x-1$과 $x-2$를 인수로 갖는다.

최고차항의 계수가 1이면서 $f(1)=f(2)=2$를 만족시키는 이차함수는

$f(x)-2=(x-1)(x-2)$에서 $f(x)=x^2-3x+4$

STEP 2 정적분 계산하기

$$\int_0^2 f(x)dx=\int_0^2(x^2-3x+4)dx$$

$$=\left[\frac{1}{3}x^3-\frac{3}{2}x^2+4x\right]_0^2=\frac{8}{3}-6+8=\frac{14}{3}$$

1690 답 1

$y=g(x)$는 두 점 $(0, 0)$, $(1, a)$를 지나는 직선이므로 $g(x)=ax$ → (기울기)$=\frac{a-0}{1-0}=a$

$h(x)=f(x)-g(x)$라 하면

두 함수 $y=f(x)$, $y=g(x)$의 그래프가 $x=0$, $x=1$에서 만나므로

$h(0)=h(1)=0$

즉, $h(x)=x(x-1)$이므로

$f(x)-ax=x(x-1)$에서

$f(x)=x(x-1)+ax=x^2+(a-1)x$

$$\therefore \int_0^1 f(x)dx=\int_0^1\{x^2+(a-1)x\}dx$$

$$=\left[\frac{1}{3}x^3+\frac{1}{2}(a-1)x^2\right]_0^1$$

$$=\frac{1}{3}+\frac{1}{2}(a-1)$$

이때 $\frac{1}{3}+\frac{1}{2}(a-1)=\frac{1}{3}$이므로 $a-1=0$ $\quad\therefore a=1$

1691 답 ①

$h(x)=f(x)-g(x)$라 하면 두 함수 $y=f(x)$, $y=g(x)$의 그래프가 원점에서 접하고, $x=2$에서 만나므로 $h(x)$는 x^2과 $x-2$를 인수로 갖는다.

또 $f(x)$가 최고차항의 계수가 1인 삼차함수이므로

$h(x)=f(x)-g(x)=x^2(x-2)$

즉, $f(x)=x^2(x-2)+g(x)$이므로

$$\int_0^2 f(x)dx=\int_0^2 x^2(x-2)dx+\int_0^2 g(x)dx$$

이때

$$\int_0^2 x^2(x-2)dx=\int_0^2(x^3-2x^2)dx$$

$$=\left[\frac{1}{4}x^4-\frac{2}{3}x^3\right]_0^2$$

$$=4-\frac{16}{3}=-\frac{4}{3}$$

이고, $\int_0^2 g(x)dx=\frac{2}{3}$이므로

$$\int_0^2 f(x)dx=\int_0^2 x^2(x-2)dx+\int_0^2 g(x)dx$$

$$=-\frac{4}{3}+\frac{2}{3}=-\frac{2}{3}$$

1692 답 36

최고차항의 계수가 1인 두 사차함수 $y=f(x)$, $y=g(x)$의 그래프가 만나는 세 점의 x좌표가 -1, 0, 2이므로

$f(x)-g(x)=a(x+1)x(x-2)$ $(a\ne 0)$

(나)에서 $\int_0^2\{f(x)-g(x)\}dx=4-12=-8$이므로

$$\int_0^2\{f(x)-g(x)\}dx=\int_0^2\{a(x+1)x(x-2)\}dx$$

$$=a\int_0^2(x^3-x^2-2x)dx$$

$$=a\left[\frac{1}{4}x^4-\frac{1}{3}x^3-x^2\right]_0^2$$

$$=a\left(4-\frac{8}{3}-4\right)=-\frac{8}{3}a$$

즉, $-\frac{8}{3}a=-8$이므로 $a=3$

따라서 $f(x)-g(x)=3(x+1)x(x-2)$이므로

$f(3)-g(3)=3\times 4\times 3\times 1=36$

1693 답 $\frac{512}{15}$

(나)에서 $f'(0)=f(0)=0$이므로 $f(x)$는 x^2을 인수로 갖는다.
또한 $f(2-x)=f(2+x)$에서 $f(x)$의 그래프는 직선 $x=2$에 대하여 대칭이므로 $f'(4)=f(4)=0$이다.
즉, $f(x)$는 $(x-4)^2$을 인수로 갖는다.
따라서 $f(x)=x^2(x-4)^2$이므로

$$\int_0^4 f(x)dx=\int_0^4 x^2(x-4)^2dx$$
$$=\int_0^4 (x^4-8x^3+16x^2)dx$$
$$=\left[\frac{1}{5}x^5-2x^4+\frac{16}{3}x^3\right]_0^4$$
$$=\frac{1024}{5}-512+\frac{1024}{3}$$
$$=\frac{512}{15}$$

실수 Check

함수 $f(x)$의 그래프가 $x=2$에 대하여 대칭일 때, 도함수 $f'(x)$의 그래프는 $x=2$에 대하여 대칭이라고 할 수 없다.
즉, $f(2-x)=f(2+x)$인 함수에 대하여 일반적으로
$f'(2-x)=f'(2+x)$는 성립하지 않는다.

Plus 문제

1693-1

최고차항의 계수가 1이고 다음 조건을 만족시키는 모든 삼차함수 $f(x)$에 대하여 $\int_0^3 f(x)dx$의 최솟값을 m이라 할 때, $4m$의 값을 구하시오.

(가) $f(0)=0$
(나) 모든 실수 x에 대하여 $f'(2-x)=f'(2+x)$이다.
(다) 모든 실수 x에 대하여 $f'(x)\geq-3$이다.

$f(x)=x^3+ax^2+bx+c$ (a, b, c는 상수)라 하면
(가)에서 $f(0)=0$이므로 $c=0$
한편 $f'(x)=3x^2+2ax+b$이고
(나)에서 $f'(2-x)=f'(2+x)$이므로
이차함수 $y=f'(x)$의 그래프는 직선 $x=2$에 대하여 대칭이다.
즉, $a=-6$이므로 ← $f'(x)=3\left(x+\frac{1}{3}a\right)^2-\frac{1}{3}a^2+b$이므로 축은 직선 $x=-\frac{1}{3}a$이다.
$f'(x)=3x^2-12x+b=3(x-2)^2+b-12$
(다)에서 모든 실수 x에 대하여 $f'(x)\geq-3$이므로
$b-12\geq-3$ $\quad\therefore b\geq9$

$$\int_0^3 f(x)dx=\int_0^3 (x^3-6x^2+bx)dx=\left[\frac{1}{4}x^4-2x^3+\frac{b}{2}x^2\right]_0^3$$
$$=-\frac{135}{4}+\frac{9b}{2}\geq\frac{27}{4}\ (\because b\geq9)$$

따라서 $b=9$일 때, 최솟값 $m=\frac{27}{4}$
$\therefore 4m=27$

답 27

1694 답 ②

(가)와 (나)를 만족시키는 함수 $y=f(x)$의 그래프는 그림과 같다.

$y=f(x)$의 그래프와 직선 $y=p$가 $x=2$에서 접하고, $x=5$에서 만나므로
$f(x)-p=(x-2)^2(x-5)$ ………… ㉠
또 $f(0)=0$이므로 ㉠에 $x=0$을 대입하면
$p=20$
따라서 $f(x)=(x-2)^2(x-5)+20=x^3-9x^2+24x$이므로

$$\int_0^2 f(x)dx=\int_0^2 (x^3-9x^2+24x)dx$$
$$=\left[\frac{1}{4}x^4-3x^3+12x^2\right]_0^2=28$$

1695 답 ②

| 유형 12

다항함수 $f(x)$가
$$f(x)=3x^2-4x+\int_0^3 f(t)dt$$
단서1
를 만족시킬 때, $f(0)$의 값은?

① $-\frac{7}{2}$ ② $-\frac{9}{2}$ ③ $-\frac{11}{2}$
④ $-\frac{13}{2}$ ⑤ $-\frac{15}{2}$

단서1 $\int_0^3 f(t)dt$의 값은 상수

STEP 1 $\int_0^3 f(t)dt=k$ (k는 상수)라 하고 $f(x)$의 식 세우기

$f(x)=3x^2-4x+\int_0^3 f(t)dt$에서
$\int_0^3 f(t)dt=k$ (k는 상수) ………… ㉠
라 하면 $f(x)=3x^2-4x+k$ ………… ㉡

STEP 2 $f(x)$를 $\int_0^3 f(t)dt=k$에 대입하여 상수 k의 값 구하기

㉡을 ㉠에 대입하면
$$\int_0^3 (3t^2-4t+k)dt=\left[t^3-2t^2+kt\right]_0^3=9+3k$$
즉, $k=9+3k$이므로 $k=-\frac{9}{2}$ → $f(x)=3x^2-4x+k$이므로 $f(t)=3t^2-4t+k$이다.

STEP 3 $f(0)$의 값 구하기

$f(x)=3x^2-4x-\frac{9}{2}$이므로 $f(0)=-\frac{9}{2}$

1696 답 18

$f(x)=12x+\int_0^3 xf'(x)dx$에서
$\int_0^3 xf'(x)dx=k$ (k는 상수) ………… ㉠
라 하면
$f(x)=12x+k$이므로 $f'(x)=12$ ………… ㉡
㉡을 ㉠에 대입하면
$\int_0^3 12x\,dx=\left[6x^2\right]_0^3=54$ $\quad\therefore k=54$
따라서 $f(x)=12x+54$이므로 $f(-3)=-36+54=18$

1697 답 ②

$f(x)=x^3+x+\int_0^2 f'(t)dt$에서

$\int_0^2 f'(t)dt=k$ (k는 상수) ·························· ㉠

라 하면

$f(x)=x^3+x+k$이므로 $f'(x)=3x^2+1$ ·························· ㉡

㉡을 ㉠에 대입하면

$\int_0^2 (3t^2+1)dt=\left[t^3+t\right]_0^2=8+2=10 \qquad \therefore k=10$

따라서 $f(x)=x^3+x+10$이므로

$f(3)=27+3+10=40$

1698 답 ①

$f(x)=x^2-2x+\int_0^1 tf(t)dt$에서

$\int_0^1 tf(t)dt=k$ (k는 상수) ·························· ㉠

라 하면

$f(x)=x^2-2x+k$ ·························· ㉡

㉡을 ㉠에 대입하면

$\int_0^1 t(t^2-2t+k)dt=\int_0^1 (t^3-2t^2+kt)dt$

$=\left[\frac{1}{4}t^4-\frac{2}{3}t^3+\frac{1}{2}kt^2\right]_0^1$

$=-\frac{5}{12}+\frac{k}{2}$

즉, $k=-\frac{5}{12}+\frac{k}{2}$이므로 $k=-\frac{5}{6}$

따라서 $f(x)=x^2-2x-\frac{5}{6}$이므로

$f(3)=9-6-\frac{5}{6}=\frac{13}{6}$

1699 답 ③

$g(x)=2x\int_0^1 f(t)dt$이므로

$\int_0^1 g'(t)dt=g(1)-g(0)$

$=2\int_0^1 f(t)dt-0$ ← $g(x)=2x\int_0^1 f(t)dt$에 $x=1$, $x=0$을 대입

$=2\int_0^1 f(t)dt$ ·························· ㉠

즉, $f(x)=3x^2+\int_0^1 g'(t)dt$에 ㉠을 대입하면

$f(x)=3x^2+2\int_0^1 f(t)dt$에서

$\int_0^1 f(t)dt=a$ (a는 상수) ·························· ㉡

라 하면

$f(x)=3x^2+2a$ ·························· ㉢

㉢을 ㉡에 대입하면

$\int_0^1 (3t^2+2a)dt=\left[t^3+2at\right]_0^1=1+2a$

즉, $a=1+2a$이므로 $a=-1$

따라서 $f(x)=3x^2-2$이므로 $f(1)=3-2=1$

1700 답 20

$\int_1^2 f(t)dt=a$ (a는 상수) ·························· ㉠

라 하면

$f(x)=\frac{12}{7}x^2-2ax+a^2$ ·························· ㉡

㉡을 ㉠에 대입하면

$\int_1^2 \left(\frac{12}{7}t^2-2at+a^2\right)dt=\left[\frac{4}{7}t^3-at^2+a^2t\right]_1^2=4-3a+a^2$

즉, $a=4-3a+a^2$이므로 $a^2-4a+4=0$에서

$(a-2)^2=0 \qquad \therefore a=2$

$\therefore 10\int_1^2 f(x)dx=10a=10\times2=20$

1701 답 ③

$\int_0^1 (x+t)f(t)dt=x\int_0^1 f(t)dt+\int_0^1 tf(t)dt$이므로

$\int_0^1 f(t)dt=a$, $\int_0^1 tf(t)dt=b$ (a, b는 상수)라 하면

$f(x)=20x^3+ax+b$

이 식을 $\int_0^1 f(t)dt=a$, $\int_0^1 tf(t)dt=b$에 각각 대입하면

$\int_0^1 (20t^3+at+b)dt=\left[5t^4+\frac{a}{2}t^2+bt\right]_0^1=5+\frac{a}{2}+b$

즉, $a=5+\frac{a}{2}+b$이므로 $10-a+2b=0$ ·························· ㉠

$\int_0^1 (20t^4+at^2+bt)dt=\left[4t^5+\frac{a}{3}t^3+\frac{b}{2}t^2\right]_0^1=4+\frac{a}{3}+\frac{b}{2}$

즉, $b=4+\frac{a}{3}+\frac{b}{2}$이므로 $24+2a-3b=0$ ·························· ㉡

㉠, ㉡을 연립하여 풀면

$a=-78$, $b=-44$

따라서 $f(x)=20x^3-78x-44$이므로

$f(-1)=-20+78-44=14$

실수 Check

$\int_0^1 (x+t)f(t)dt$에 적분변수 t가 아닌 x가 포함되어 있으므로 $\int_0^1 (x+t)f(t)dt=x\int_0^1 f(t)dt+\int_0^1 tf(t)dt$로 분리한 후 대입해야 한다.

1702 답 ①

$f(x)=4x^3+x\int_0^1 f(t)dt$에서

$\int_0^1 f(t)dt=k$ (k는 상수) ·························· ㉠

라 하면

$f(x)=4x^3+kx$ ·························· ㉡

㉡을 ㉠에 대입하면

$\int_0^1 (4t^3+kt)dt=\left[t^4+\frac{k}{2}t^2\right]_0^1=1+\frac{k}{2}$

즉, $k=1+\frac{k}{2}$이므로 $k=2$

따라서 $f(x)=4x^3+2x$이므로 $f(1)=4+2=6$

1703 답 ③

(가)에서 $\int_0^1 g(t)dt=a$ (a는 상수)라 하면 $f(x)=2x+2a$

$g(x)$는 $f(x)$의 한 부정적분이므로

$g(x)=\int f(x)dx=\int(2x+2a)dx=x^2+2ax+C$

(나)에서 $C-\int_0^1(t^2+2at+C)dt=\frac{2}{3}$이므로

$C-\left[\frac{1}{3}t^3+at^2+Ct\right]_0^1=\frac{2}{3}$, $C-\left(\frac{1}{3}+a+C\right)=\frac{2}{3}$

$\therefore a=-1$

이때 $\int_0^1 g(t)dt=a$에서

$\left[\frac{1}{3}t^3-t^2+Ct\right]_0^1=-1$, $\frac{1}{3}-1+C=-1$　　$\therefore C=-\frac{1}{3}$

따라서 $g(x)=x^2-2x-\frac{1}{3}$이므로 $g(1)=1-2-\frac{1}{3}=-\frac{4}{3}$

1704 답 ⑤

| 유형13

다항함수 $f(x)$가 모든 실수 x에 대하여

$$\int_1^x f(t)dt=x^3+ax^2-3x+1$$

단서1

을 만족시킬 때, $f(a)$의 값은? (단, a는 상수이다.)

① -2　② -1　③ 0
④ 1　⑤ 2

단서1 정적분의 위끝이 x

STEP1 $\int_a^a f(t)dt=0$임을 이용하여 상수 a의 값 구하기

$\int_1^x f(t)dt=x^3+ax^2-3x+1$의 양변에 $x=1$을 대입하면

$0=1+a-3+1$　　$\therefore a=1$

STEP2 주어진 등식의 양변을 x에 대하여 미분하여 $f(x)$ 구하기

$\int_1^x f(t)dt=x^3+x^2-3x+1$의 양변을 x에 대하여 미분하면

$f(x)=3x^2+2x-3$

STEP3 $f(a)$의 값 구하기

$f(a)=f(1)=3+2-3=2$

1705 답 ④

$\int_a^x f(t)dt=x^2-3x-4$의 양변에 $x=a$를 대입하면

$0=a^2-3a-4$, $(a+1)(a-4)=0$

$\therefore a=-1$ 또는 $a=4$

이때 a는 양수이므로 $a=4$

1706 답 ④

$\int_{a+2}^x f(t)dt=x^3-x$의 양변에 $x=a+2$를 대입하면

$0=(a+2)^3-(a+2)$, $(a+2)(a^2+4a+3)=0$

$(a+1)(a+2)(a+3)=0$

$\therefore a=-1$ 또는 $a=-2$ 또는 $a=-3$

따라서 모든 실수 a의 값의 합은 -6이다.

1707 답 ③

$F(x)=\int_0^x(t^3-1)dt$의 양변을 x에 대하여 미분하면

$F'(x)=x^3-1$

$\therefore F'(2)=2^3-1=7$

1708 답 4

$f(x)=\int_0^x(2at+1)dt$의 양변을 x에 대하여 미분하면

$f'(x)=2ax+1$

$f'(2)=17$이므로 $4a+1=17$

$4a=16$　　$\therefore a=4$

1709 답 9

$\int_a^x f(t)dt=\frac{1}{3}x^3-9$의 양변에 $x=a$를 대입하면

$0=\frac{1}{3}a^3-9$, $a^3=27$

$(a-3)(a^2+3a+9)=0$　　$\therefore a=3$ ($\because a^2+3a+9>0$)

$\int_3^x f(t)dt=\frac{1}{3}x^3-9$의 양변을 x에 대하여 미분하면

$f(x)=x^2$

$\therefore f(a)=f(3)=9$

1710 답 ①

$\int_1^x f(t)dt=\{f(x)\}^2$ ······ ㉠

㉠의 양변을 x에 대하여 미분하면

$f(x)=f'(x)f(x)+f(x)f'(x)$이므로

$f(x)\{1-2f'(x)\}=0$ → $f(x)=0$ 또는 $1-2f'(x)=0$

이때 함수 $f(x)$는 상수함수가 아닌 다항함수이므로 $f'(x)=\frac{1}{2}$

$\therefore f(x)=\int f'(x)dx=\int\frac{1}{2}dx=\frac{1}{2}x+C$

㉠의 양변에 $x=1$을 대입하면 $f(1)=0$이므로

$\frac{1}{2}+C=0$　　$\therefore C=-\frac{1}{2}$

따라서 $f(x)=\frac{1}{2}x-\frac{1}{2}$이므로 $f(3)=\frac{3}{2}-\frac{1}{2}=1$

1711 답 40

$\int_0^x f(t)dt=x^3-2x^2-2x\int_0^1 f(t)dt$의 양변에 $x=1$을 대입하면

$\int_0^1 f(t)dt=1-2-2\int_0^1 f(t)dt$, $3\int_0^1 f(t)dt=-1$

즉, $\int_0^1 f(t)dt=-\frac{1}{3}$이므로

$\int_0^x f(t)dt=x^3-2x^2+\frac{2}{3}x$

이 식의 양변을 x에 대하여 미분하면

$f(x)=3x^2-4x+\frac{2}{3}$

$f(0)=\frac{2}{3}$이므로 $a=\frac{2}{3}$

$\therefore 60a=60\times\frac{2}{3}=40$

1712 답 ①

$\int_1^x f(t)dt = xf(x) - 3x^4 + 2x^2$ ······ ㉠

㉠의 양변을 x에 대하여 미분하면

$f(x) = f(x) + xf'(x) - 12x^3 + 4x$

$xf'(x) = 12x^3 - 4x$

$f'(x) = 12x^2 - 4$

$\therefore f(x) = \int (12x^2 - 4)dx = 4x^3 - 4x + C$ ······ ㉡

㉠의 양변에 $x=1$을 대입하면

$0 = f(1) - 3 + 2 \quad \therefore f(1) = 1$

㉡에서 $f(1) = C \quad \therefore C = 1$

따라서 $f(x) = 4x^3 - 4x + 1$이므로 $f(0) = 1$

1713 답 17

$f(x) = \int_0^x (3t^2 + 5)dt$의 양변을 x에 대하여 미분하면

$f'(x) = 3x^2 + 5$

$\therefore \lim_{x \to 2} \frac{f(x) - f(2)}{x - 2} = f'(2)$

$= 3 \times 2^2 + 5 = 17$

1714 답 ②

$xf(x) = \int_{-1}^x \{f(t) + 2t^2 + t\}dt$ ······ ㉠

㉠의 양변에 $x=-1$을 대입하면

$-f(-1) = 0 \quad \therefore f(-1) = 0$

㉠의 양변을 x에 대하여 미분하면

$f(x) + xf'(x) = f(x) + 2x^2 + x$, $xf'(x) = 2x^2 + x$

$\therefore f'(x) = 2x + 1$

따라서 $f(x) = \int (2x+1)dx = x^2 + x + C$이고,

$f(-1) = 0$이므로 $1 - 1 + C = 0 \quad \therefore C = 0$

따라서 $f(x) = x^2 + x$이므로 $f(3) = 9 + 3 = 12$

1715 답 ③

$f(x) = \int_2^x (t^2 - 3t + 2)dt$의 양변을 x에 대하여 미분하면

$f'(x) = x^2 - 3x + 2 = (x-1)(x-2)$이므로

$\frac{|f'(x)|}{x-1} = \frac{|(x-1)(x-2)|}{x-1}$

$1 < x < 2$일 때

$(x-1)(x-2) < 0$이므로

$\frac{|f'(x)|}{x-1} = \frac{|(x-1)(x-2)|}{x-1} = \frac{-(x-1)(x-2)}{x-1}$

$= -(x-2) = -x + 2$

$\therefore \lim_{x \to 1+} \frac{|f'(x)|}{x-1} = \lim_{x \to 1+} (-x + 2) = 1$

실수 Check

절댓값 기호 안의 식의 값의 부호에 주의한다.

$$|f(x)| = \begin{cases} f(x) & (f(x) \geq 0) \\ -f(x) & (f(x) < 0) \end{cases}$$

1716 답 ①

| 유형14

다항함수 $f(x)$에 대하여 $f(x) + x^2 + \int_1^x f(t)dt$가 $(x-1)^2$으로 나누어떨어질 때, $f'(x)$를 $x-1$로 나누었을 때의 나머지는?

단서1 단서2

① -1 ② -2 ③ -3

④ -4 ⑤ -5

단서1 $(x-1)^2$을 인수로 가짐

단서2 $f'(1)$의 값

STEP 1 나머지정리를 이용하여 등식 세우기

$f(x) + x^2 + \int_1^x f(t)dt$를 $(x-1)^2$으로 나누었을 때의 몫을 $Q(x)$라 하면 나머지정리에 의하여

$f(x) + x^2 + \int_1^x f(t)dt = (x-1)^2 Q(x)$ ······ ㉠

STEP 2 $f(1)$의 값과 $f'(x)$ 구하기

㉠의 양변에 $x=1$을 대입하면

$f(1) + 1 + \int_1^1 f(t)dt = 0$

$\therefore f(1) = -1$ → $\int_a^a f(x)dx = 0$

㉠의 양변을 x에 대하여 미분하면

$f'(x) + 2x + f(x) = 2(x-1)Q(x) + (x-1)^2 Q'(x)$

STEP 3 $f'(1)$의 값 구하기

이 식의 양변에 $x=1$을 대입하면

$f'(1) + 2 + f(1) = 0$

$f(1) = -1$이므로 $f'(1) + 2 - 1 = 0 \quad \therefore f'(1) = -1$

따라서 나머지정리에 의하여 $f'(x)$를 $x-1$로 나누었을 때의 나머지는 $f'(1) = -1$

개념 Check

나머지정리

다항식 $f(x)$를 일차식 $x-a$로 나누었을 때의 나머지를 R라 하면

$R = f(a)$

1717 답 -1

$f(x) + 2x + 1 + \int_0^x f(t)dt$를 x^2으로 나누었을 때의 몫을 $Q(x)$라 하면 나머지정리에 의하여

$f(x) + 2x + 1 + \int_0^x f(t)dt = x^2 Q(x)$ ······ ㉠

㉠의 양변에 $x=0$을 대입하면

$f(0) + 1 + \int_0^0 f(t)dt = 0 \quad \therefore f(0) = -1$

㉠의 양변을 x에 대하여 미분하면

$f'(x)+2+f(x)=2xQ(x)+x^2Q'(x)$

이 식의 양변에 $x=0$을 대입하면

$f'(0)+2+f(0)=0$

$f(0)=-1$이므로 $f'(0)=-1$

따라서 나머지정리에 의하여 $f'(x)$를 x로 나누었을 때의 나머지는

$f'(0)=-1$

1718 답 ②

$\lim_{x\to-1}\frac{g(x)}{x+1}=4$에서 $x\to-1$일 때, (분모) $\to 0$이고 극한값이 존재하므로 (분자) $\to 0$이다.

즉, $g(-1)=0$이므로 ($\lim_{x\to-1}g(x)=0$)

$\lim_{x\to-1}\frac{g(x)-g(-1)}{x-(-1)}=g'(-1)=4$

(가)에서 $g(x)=\int_1^x\{f'(t)f(t)\}dt$의 양변을 x에 대하여 미분하면

$g'(x)=f'(x)f(x)$

(나)에서 $\int_{-k}^k g(x)dx=2\int_0^k g(x)dx$이므로 $g(x)$는 우함수이고

우함수를 미분한 함수 $g'(x)$는 기함수이다.

$f(x)$는 최고차항의 계수가 1인 이차함수이므로

$f(x)=x^2+ax+b$ (a, b는 상수)라 하면 $f'(x)=2x+a$

$g'(x)=(2x+a)(x^2+ax+b)=2x^3+3ax^2+(a^2+2b)x+ab$

이때 함수 $g'(x)$는 기함수이므로 짝수 차수의 항의 계수는 모두 0이다. (기함수 → 차수가 홀수인 항만 있다.)

즉, $a=0$이므로 $g'(x)=2x^3+2bx$

$g'(-1)=4$에서 $-2-2b=4$ $\quad\therefore b=-3$

따라서 $f(x)=x^2-3$이므로 $f(1)=1-3=-2$

1719 답 ③

ㄱ. $g(x)=\int_1^x f(t)dt$의 양변을 x에 대하여 미분하면

$g'(x)=f(x)$이므로 $g(x)=x^2-3x+2$이면 $f(x)=2x-3$이다. (참)

ㄴ. $\lim_{x\to1}\frac{g(x^2)}{x-1}=\lim_{x\to1}\frac{g(x^2)-g(1)}{x-1}$ ($\because g(1)=0$) ($g(1)=\int_1^1 f(t)dt=0$)

$=\lim_{x\to1}\left\{\frac{g(x^2)-g(1)}{x^2-1}\times(x+1)\right\}$

$=2g'(1)=2f(1)=2\times(4-3+1)=4$ (거짓)

ㄷ. $f(x)=3x^2+2\int_1^2 f(t)dt$이므로

$\int_1^2 f(t)dt=k$ (k는 상수) ······ ㉠

라 하면 $f(x)=3x^2+2k$ ······ ㉡

㉡을 ㉠에 대입하면

$\int_1^2(3t^2+2k)dt=\left[t^3+2kt\right]_1^2=7+2k$

즉, $7+2k=k$이므로 $k=-7$

$f(x)=3x^2-14$이므로 $f(4)=48-14=34$ (참)

따라서 옳은 것은 ㄱ, ㄷ이다.

1720 답 27

(가)에서 $f(x)g(x)=(x-1)(x+1)(x+3)$

(나)에서 $f'(x)=1$이므로 $f(x)=x+a$ (a는 상수) 꼴이다.

(다)에서 $g(x)=2\int_1^x f(t)dt$ ······ ㉠

㉠의 양변을 x에 대하여 미분하면

$g'(x)=2f(x)$

㉠의 양변에 $x=1$을 대입하면 $g(1)=0$

$\therefore f(x)=x+1$, $g(x)=(x-1)(x+3)$

$\therefore \int_0^3 3g(x)dx=3\int_0^3(x^2+2x-3)dx$

$=3\left[\frac{1}{3}x^3+x^2-3x\right]_0^3=27$

Plus 문제

1720-1

x에 대한 방정식 $\int_0^x|t-1|dt=x$의 양수인 실근이 $m+n\sqrt{2}$일 때, m^3+n^3의 값을 구하시오.

(단, m, n은 유리수이다.)

(i) $x<1$일 때, $\int_0^x(-t+1)dt=x$이므로

$\left[-\frac{1}{2}t^2+t\right]_0^x=x$, $-\frac{1}{2}x^2+x=x$

$x^2=0$ $\quad\therefore x=0$

(ii) $x\ge1$일 때, $\int_0^1(-t+1)dt+\int_1^x(t-1)dt=x$이므로

$\left[-\frac{1}{2}t^2+t\right]_0^1+\left[\frac{1}{2}t^2-t\right]_1^x=x$

$\frac{1}{2}+\left(\frac{1}{2}x^2-x+\frac{1}{2}\right)=x$, $x^2-4x+2=0$

$\therefore x=2+\sqrt{2}$ ($\because x\ge1$)

(i), (ii)에서 양수인 실근은 $x=2+\sqrt{2}$이므로

$m=2$, $n=1$

$\therefore m^3+n^3=9$

답 9

1721 답 ⑤

$\int_1^x\left\{\frac{d}{dt}f(t)\right\}dt=x^3+ax^2-2$의 양변에 $x=1$을 대입하면

$0=1+a-2$ $\quad\therefore a=1$

한편, $\frac{d}{dt}f(t)=f'(t)$이므로

$\int_1^x\left\{\frac{d}{dt}f(t)\right\}dt=\int_1^x f'(t)dt=\left[f(t)\right]_1^x=f(x)-f(1)$

이때 $\int_1^x\left\{\frac{d}{dt}f(t)\right\}dt=x^3+x^2-2$에서

$f(x)-f(1)=x^3+x^2-2$

$f(x)=x^3+x^2-2+f(1)$ ($f(1)$ → 상수)

따라서 $f'(x)=3x^2+2x$이므로

$f'(a)=f'(1)=3+2=5$

1722 답 ④

유형15

> 함수 $f(x)=\int_{x-1}^{x}(t^3-t)dt$일 때, $\int_0^2 f'(x)dx$의 값은?
> 단서1
>
> ① -4　　② -2　　③ 0
> ④ 2　　⑤ 4
>
> **단서1** 위끝, 아래끝이 모두 변수

STEP1 주어진 식의 양변을 x에 대하여 미분하기

$f(x)=\int_{x-1}^{x}(t^3-t)dt$의 양변을 x에 대하여 미분하면

$$f'(x)=(x^3-x)-\{(x-1)^3-(x-1)\}$$
$$=3x^2-3x$$

STEP2 $\int_0^2 f'(x)dx$의 값 구하기

$$\int_0^2 f'(x)dx=\int_0^2(3x^2-3x)dx=\left[x^3-\frac{3}{2}x^2\right]_0^2$$
$$=8-6=2$$

1723 답 ③

$f(x)=\int_{x}^{x+1}t^2dt$의 양변을 x에 대하여 미분하면

$$f'(x)=(x+1)^2-x^2$$
$$=2x+1$$
$$\therefore f'(1)=2+1=3$$

1724 답 ⑤

$f(x)=\int_{x-1}^{x+1}(t^2-t)dt$의 양변을 x에 대하여 미분하면

$$f'(x)=\{(x+1)^2-(x+1)\}-\{(x-1)^2-(x-1)\}$$
$$=x^2+x-(x^2-3x+2)$$
$$=4x-2$$

따라서 곡선 $y=f(x)$ 위의 점 $(2,\ f(2))$에서의 접선의 기울기는 $f'(2)$이므로

$$f'(2)=8-2=6$$

1725 답 ②

$F(x)=\int_{x-2}^{x}t^3dt$의 양변을 x에 대하여 미분하면

$$f(x)=x^3-(x-2)^3$$
$$=x^3-(x^3-6x^2+12x-8)$$
$$=6x^2-12x+8=6(x-1)^2+2$$

따라서 함수 $f(x)$는 $x=1$일 때 최솟값 2를 갖는다.

1726 답 ②

$f(x)=\int_{x-1}^{x}(t^3-kt)dt$의 양변을 x에 대하여 미분하면

$$f'(x)=(x^3-kx)-\{(x-1)^3-k(x-1)\}$$
$$=x^3-kx-(x^3-3x^2+3x-1-kx+k)$$
$$=3x^2-3x+1-k$$

곡선 $y=f(x)$ 위의 점 $(t,\ f(t))$에서의 접선의 기울기는 $f'(t)$이므로 $f'(t)$의 최솟값이 $-\frac{3}{4}$이다.

따라서 $f'(t)=3t^2-3t+1-k=3\left(t-\frac{1}{2}\right)^2+\frac{1}{4}-k$에서 $f'(t)$는 $t=\frac{1}{2}$일 때 최솟값 $-\frac{3}{4}$을 갖는다.

즉, $f'\left(\frac{1}{2}\right)=\frac{1}{4}-k=-\frac{3}{4}$이므로 $k=1$

1727 답 ③

$f(x)=\int_{x-1}^{x+1}t^4dt$의 양변을 x에 대하여 미분하면

$$f'(x)=(x+1)^4-(x-1)^4$$
$$=(x^4+4x^3+6x^2+4x+1)-(x^4-4x^3+6x^2-4x+1)$$
$$=8x^3+8x$$

곡선 $y=f(x)$ 위의 점 $(1,\ f(1))$에서의 접선의 기울기는 $f'(1)$이므로 $f'(1)=8+8=16$

또한 $f(1)=\int_0^2 t^4dt=\left[\frac{1}{5}t^5\right]_0^2=\frac{32}{5}$이므로 점 $(1,\ f(1))$에서의 접선의 방정식은

$$y-\frac{32}{5}=16(x-1)$$

따라서 이 직선과 x축의 교점을 구하기 위하여 $y=0$을 대입하면

$$-\frac{32}{5}=16x-16,\ 16x=\frac{48}{5}\qquad \therefore x=\frac{3}{5}$$

> **개념 Check**
>
> **접선의 방정식**
> 곡선 $y=f(x)$ 위의 점 $(a,\ f(a))$에서의 접선의 방정식은
> $y-f(a)=f'(a)(x-a)$

1728 답 ②

유형16

> 다항함수 $f(x)$가 임의의 실수 x에 대하여
> $$\int_1^x(x-t)f(t)dt=2x^3-10x^2+14x-6$$
> 단서1
> 를 만족시킬 때, $f(0)$의 값은?
>
> ① -10　　② -20　　③ -30
> ④ -40　　⑤ -50
>
> **단서1** 피적분함수에 변수 x 포함

STEP1 식을 변형하여 미분하기

$\int_1^x(x-t)f(t)dt=2x^3-10x^2+14x-6$에서

$$x\int_1^x f(t)dt-\int_1^x tf(t)dt=2x^3-10x^2+14x-6$$

양변을 x에 대하여 미분하면

$$\int_1^x f(t)dt+xf(x)-xf(x)=6x^2-20x+14$$

곱의 미분법을 이용한다.

$$\therefore \int_1^x f(t)dt=6x^2-20x+14$$

STEP2 양변을 x에 대하여 다시 미분하여 $f(x)$를 구하고, $f(0)$의 값 구하기

양변을 다시 x에 대하여 미분하면

$$f(x)=12x-20$$
$$\therefore f(0)=-20$$

1729 답 30

$\int_1^x (x-t)f(t)dt=2x^4+ax^2-12x+8$의 양변에 $x=1$을 대입하면

$0=2+a-12+8 \quad \therefore a=2$

$\int_1^x (x-t)f(t)dt=2x^4+2x^2-12x+8$에서

$x\int_1^x f(t)dt-\int_1^x tf(t)dt=2x^4+2x^2-12x+8$

양변을 x에 대하여 미분하면

$\int_1^x f(t)dt+xf(x)-xf(x)=8x^3+4x-12$

$\therefore \int_1^x f(t)dt=8x^3+4x-12$

양변을 다시 x에 대하여 미분하면

$f(x)=24x^2+4$

$\therefore f(1)=24+4=28$

$\therefore a+f(1)=2+28=30$

1730 답 ③

$\int_0^x (x-t)f'(t)dt=x^3+x^2$에서

$x\int_0^x f'(t)dt-\int_0^x tf'(t)dt=x^3+x^2$

양변을 x에 대하여 미분하면

$\int_0^x f'(t)dt+xf'(x)-xf'(x)=3x^2+2x$

$\int_0^x f'(t)dt=3x^2+2x$

$\Big[f(t)\Big]_0^x=3x^2+2x$

$f(x)-f(0)=3x^2+2x$

이때 $f(0)=2$이므로 $f(x)=3x^2+2x+2$

$\therefore f(1)=3+2+2=7$

1731 답 ①

$3xf(x)=7\int_1^x (x-t)f(t)dt-6x^2$에서

$3xf(x)=7x\int_1^x f(t)dt-7\int_1^x tf(t)dt-6x^2$ ······ ㉠

㉠의 양변에 $x=1$을 대입하면 → $\int_1^1 f(t)dt=0,\ \int_1^1 tf(t)dt=0$

$3f(1)=-6 \quad \therefore f(1)=-2$

㉠의 양변을 x에 대하여 미분하면

$3f(x)+3xf'(x)=7\int_1^x f(t)dt+7xf(x)-7xf(x)-12x$

$3f(x)+3xf'(x)=7\int_1^x f(t)dt-12x$

양변에 $x=1$을 대입하면

$3f(1)+3f'(1)=-12$

$f(1)=-2$이므로 $-6+3f'(1)=-12$

$\therefore f'(1)=-2$

1732 답 ①

$\int_1^x (x-t)f(t)dt=x^3-2ax^2+bx$의 양변에 $x=1$을 대입하면

$0=1-2a+b \quad \therefore 2a-b=1$ ······ ㉠

$\int_1^x (x-t)f(t)dt=x^3-2ax^2+bx$에서

$x\int_1^x f(t)dt-\int_1^x tf(t)dt=x^3-2ax^2+bx$

양변을 x에 대하여 미분하면

$\int_1^x f(t)dt+xf(x)-xf(x)=3x^2-4ax+b$

$\therefore \int_1^x f(t)dt=3x^2-4ax+b$

양변에 $x=1$을 대입하면

$0=3-4a+b \quad \therefore 4a-b=3$ ······ ㉡

㉠, ㉡을 연립하여 풀면

$a=1,\ b=1$

$\therefore \int_1^x f(t)dt=3x^2-4x+1$

양변을 다시 x에 대하여 미분하면

$f(x)=6x-4$

$\therefore f(1)=6-4=2$

Plus 문제

1732-1

다항함수 $f(x)$가 임의의 실수 x에 대하여

$$\int_{-1}^x (x-t)f(t)dt=ax^3+3x^2+bx-3$$

을 만족시킬 때, $f(-1)$의 값을 구하시오.

(단, a, b는 상수이다.)

$\int_{-1}^x (x-t)f(t)dt=ax^3+3x^2+bx-3$ ······ ㉠

에서 $x\int_{-1}^x f(t)dt-\int_{-1}^x tf(t)dt=ax^3+3x^2+bx-3$

양변을 x에 대하여 미분하면

$\int_{-1}^x f(t)dt+xf(x)-xf(x)=3ax^2+6x+b$

$\int_{-1}^x f(t)dt=3ax^2+6x+b$ ······ ㉡

양변을 다시 x에 대하여 미분하면 $f(x)=6ax+6$

㉠의 양변에 $x=-1$을 대입하면

$0=-a+3-b-3$

$\therefore a+b=0$ ······ ㉢

㉡의 양변에 $x=-1$을 대입하면

$0=3a-6+b$

$\therefore 3a+b=6$ ······ ㉣

㉢, ㉣을 연립하여 풀면

$a=3,\ b=-3$

따라서 $f(x)=18x+6$이므로

$f(-1)=-18+6=-12$

답 -12

1733 답 88

(나)에서 $g(x)=\int_0^x (x-t)f(t)dt$ ······ ㉠

이므로 $g(x)=x\int_0^x f(t)dt-\int_0^x tf(t)dt$

양변을 x에 대하여 미분하면

$g'(x)=\int_0^x f(t)dt+xf(x)-xf(x)$

$\therefore g'(x)=\int_0^x f(t)dt$ ······ ㉡

또한 ㉠, ㉡의 양변에 각각 $x=0$을 대입하면

$g(0)=0$, $g'(0)=0$

즉, $g(x)$는 x^2을 인수로 가지고, (다)에서 $g(x)$는 삼차함수이므로

$g(x)=x^2(ax+b)=ax^3+bx^2$ (a, b는 상수, $a\neq0$)이라 하면

$g'(x)=3ax^2+2bx$

이 식을 ㉡에 대입하면

$\int_0^x f(t)dt=3ax^2+2bx$

양변을 x에 대하여 미분하면

$f(x)=6ax+2b$

$\therefore f'(x)=6a$

(가)에서 $f'(1)=g'(1)=6$이므로

$f'(1)=6a=6 \quad \therefore a=1$

$g'(1)=3+2b=6 \quad \therefore b=\frac{3}{2}$

따라서 $g(x)=x^3+\frac{3}{2}x^2$이므로

$g(4)=64+24=88$

실수 Check

$g(0)=0$, $g'(0)=0$에서 $g(x)$는 x^2을 인수로 가지므로
$g(x)=ax^2$ (a는 상수)이라 하지 않도록 주의한다.
(다)에서 $g(x)$는 삼차함수로 주어졌음을 기억하자.

1734 답 ④ | 유형 17

함수 $f(x)=\int_x^{x+1}(t^3-t)dt$의 극댓값은?
단서1 단서2

① $-\frac{3}{4}$ ② $-\frac{1}{4}$ ③ 0

④ $\frac{1}{4}$ ⑤ $\frac{3}{4}$

단서1 정적분으로 정의된 함수
단서2 $f'(a)=0$이고, $x=a$의 좌우에서 $f'(x)$의 부호가 양에서 음으로 바뀌면
→ $f(x)$는 $x=a$에서 극댓값 $f(a)$를 갖는다.

STEP1 주어진 식의 양변을 x에 대하여 미분하여 $f'(x)$ 구하기

$f(x)=\int_x^{x+1}(t^3-t)dt$의 양변을 x에 대하여 미분하면

$f'(x)=\{(x+1)^3-(x+1)\}-(x^3-x)$
$\quad=3x^2+3x=3x(x+1)$

$f'(x)=0$인 x의 값은 $x=-1$ 또는 $x=0$

STEP2 $f(x)$의 증가, 감소 조사하기

함수 $f(x)$의 증가, 감소를 표로 나타내면 다음과 같다.

x	$\cdots$	-1	$\cdots$	0	$\cdots$
$f'(x)$	$+$	0	$-$	0	$+$
$f(x)$	↗	극대	↘	극소	↗

따라서 함수 $f(x)$는 $x=-1$에서 극댓값, $x=0$에서 극솟값을 갖는다.

STEP3 함수 $f(x)$의 극댓값 구하기

$f(-1)=\int_{-1}^0(t^3-t)dt=\left[\frac{1}{4}t^4-\frac{1}{2}t^2\right]_{-1}^0=\frac{1}{4}$

1735 답 ③

$f(x)=\int_0^x(t^2-t+a)dt$의 양변을 x에 대하여 미분하면

$f'(x)=x^2-x+a$

이때 함수 $f(x)$가 $x=3$에서 극솟값을 가지므로 $f'(3)=0$에서

$3^2-3+a=0 \quad \therefore a=-6$

1736 답 ②

$f(x)=\int_x^{x+a}(t^2-2t)dt$의 양변을 x에 대하여 미분하면

$f'(x)=\{(x+a)^2-2(x+a)\}-(x^2-2x)=2ax+a^2-2a$

이때 함수 $f(x)$는 $x=0$에서 극솟값을 가지므로 $f'(0)=0$에서

$a^2-2a=0$, $a(a-2)=0 \quad \therefore a=0$ 또는 $a=2$

이때 a는 양수이므로 $a=2$

1737 답 ④

$f(x)=\int_0^x(3t^2+2at+b)dt$의 양변을 x에 대하여 미분하면

$f'(x)=3x^2+2ax+b$

이때 함수 $f(x)$가 $x=2$에서 극댓값 0을 가지므로

$f'(2)=0$, $f(2)=0$

$f'(2)=0$에서 $f'(2)=12+4a+b=0$

$\therefore 4a+b=-12$ ······ ㉠

$f(2)=0$에서

$f(2)=\int_0^2(3t^2+2at+b)dt$
$\quad=\left[t^3+at^2+bt\right]_0^2=8+4a+2b=0$

$\therefore 2a+b=-4$ ······ ㉡

㉠, ㉡을 연립하여 풀면 $a=-4$, $b=4$

$\therefore a-b=-8$

1738 답 ⑤

$g(x)=\int_2^x(t-2)f'(t)dt$의 양변을 x에 대하여 미분하면

$g'(x)=(x-2)f'(x)$

함수 $g(x)$가 $x=0$에서만 극값을 가지므로 $x=2$에서 극값을 갖지 않는다. 즉, $g'(x)$는 $(x-2)^2$을 인수로 가져야 하므로

08

$g'(x)=(x-2)\times ax(x-2)$ (a는 상수)라 하면

$f'(x)=ax(x-2)$

이때 함수 $f(x)$의 최고차항이 x^3이므로 $a=3$

따라서 $f'(x)=3x(x-2)$이므로

$$g(0)=\int_2^0 3t(t-2)^2dt=\int_2^0(3t^3-12t^2+12t)dt$$
$$=\left[\frac{3}{4}t^4-4t^3+6t^2\right]_2^0$$
$$=-(12-32+24)=-4$$

1739 답 ②

$f(x)=\int_0^x(t-a)(t-b)dt$의 양변을 x에 대하여 미분하면

$f'(x)=(x-a)(x-b)$

$f'(x)=0$인 x의 값은 $x=a$ 또는 $x=b$

(가)에서 $f(x)$가 $x=\frac{1}{2}$에서 극값을 가지므로 $a=\frac{1}{2}$ 또는 $b=\frac{1}{2}$

(나)에서 $f(a)-f(b)=\frac{1}{6}$이므로

$$f(a)-f(b)=\int_0^a(t-a)(t-b)dt-\int_0^b(t-a)(t-b)dt$$
$$=\int_0^a(t-a)(t-b)dt+\int_b^0(t-a)(t-b)dt$$
$$=\int_b^a(t-a)(t-b)dt$$
$$=\int_b^a\{t^2-(a+b)t+ab\}dt$$
$$=\left[\frac{1}{3}t^3-\frac{a+b}{2}t^2+abt\right]_b^a$$
$$=-\frac{(a-b)^3}{6}$$

즉, $-\frac{(a-b)^3}{6}=\frac{1}{6}$이므로 $(a-b)^3=-1$ $\quad\therefore a-b=-1$

한편 $b=\frac{1}{2}$이면 $a=-\frac{1}{2}$이므로 a가 양수라는 조건에 맞지 않는다.

따라서 $a=\frac{1}{2}$, $b=\frac{3}{2}$이므로 $a+b=2$

실수 Check

a, b가 양수라는 조건에 주의하자.

1740 답 ②

$F(x)=\int_0^x f(t)dt$이므로 $F'(x)=f(x)$

사차함수 $F(x)$가 오직 하나의 극값을 가지려면 $F'(x)$, 즉 삼차함수 $f(x)$의 부호가 오직 한 번만 바뀌어야 하므로 $f(x)=0$은 중근과 실근 1개를 갖거나 오직 하나의 실근을 가져야 한다.

즉, 함수 $f(x)$에서 (극댓값)×(극솟값)≥ 0이어야 한다.

$f(x)=x^3-3x+a$에서

$f'(x)=3x^2-3=3(x+1)(x-1)$

$f'(x)=0$인 x의 값은 $x=-1$ 또는 $x=1$

함수 $f(x)$의 증가, 감소를 표로 나타내면 다음과 같다.

x	$\cdots$	-1	$\cdots$	1	$\cdots$
$f'(x)$	$+$	0	$-$	0	$+$
$f(x)$	↗	극대	↘	극소	↗

함수 $f(x)$는 $x=-1$에서 극댓값, $x=1$에서 극솟값을 가지므로

$f(1)\times f(-1)\geq 0$

$(-2+a)(2+a)\geq 0$에서 $a\leq -2$ 또는 $a\geq 2$

따라서 양수 a의 최솟값은 2이다.

실수 Check

$$F(x)=\int_0^x f(t)dt=\int_0^x(t^3-3t+a)dt$$
$$=\left[\frac{1}{4}t^4-\frac{3}{2}t^2+at\right]_0^x=\frac{1}{4}x^4-\frac{3}{2}x^2+ax$$

이므로 $F(x)$는 사차함수임을 이용한다.

다른 풀이

$f(x)=x^3-3x+a$에 대하여 $F(x)=\int_0^x f(t)dt$이므로

$F'(x)=f(x)$, $F(0)=0$

이때 $f'(x)=3x^2-3=3(x+1)(x-1)$이므로

$f'(x)=0$인 x의 값은 $x=-1$ 또는 $x=1$

즉, 함수 $f(x)$는 $x=-1$, $x=1$일 때 극값을 갖는다.

한편, 함수 $F(x)$가 오직 하나의 극값을 가지려면 $y=F(x)$의 그래프의 개형이 다음 두 그래프 중 하나와 같아야 한다.

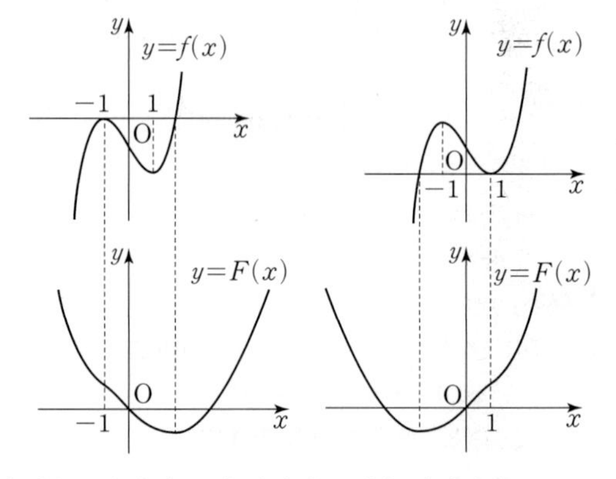

따라서 함수 $F(x)$가 오직 하나의 극값을 가지려면

$f(-1)\leq 0$ 또는 $f(1)\geq 0$이어야 한다.

$f(-1)\leq 0$에서 $2+a\leq 0$ $\quad\therefore a\leq -2$

$f(1)\geq 0$에서 $-2+a\geq 0$ $\quad\therefore a\geq 2$

따라서 양수 a의 최솟값은 2이다.

Plus 문제

1740-1

사차함수 $f(x)=x^4+ax^2+b$에 대하여 $x\geq 0$에서 정의된 함수 $g(x)=\int_{-x}^{2x}\{f(t)-|f(t)|\}dt$가 다음 조건을 만족시킨다.

> (가) $0<x<1$에서 $g(x)=c_1$ (c_1은 상수)
> (나) $1<x<5$에서 $g(x)$는 감소한다.
> (다) $x>5$에서 $g(x)=c_2$ (c_2는 상수)

$f(\sqrt{2})$의 값을 구하시오. (단, a, b는 상수이다.)

사차함수 $f(x)=x^4+ax^2+b$의 그래프는 y축에 대하여 대칭이다. → 차수가 짝수인 항과 상수항만 있다.

$f(t)-|f(t)|=\begin{cases} 0 & (f(t)\geq 0) \\ 2f(t) & (f(t)<0) \end{cases}$에서

$f(t)-|f(t)|\leq 0$이므로

함수 $g(x)=\int_{-x}^{2x}\{f(t)-|f(t)|\}dt$는 증가하지 않는 함수이다. 즉, $g(x)$의 그래프는 상수함수인 구간과 감소하는 구간으로 이루어진다.

(가)에서 $g(x)$는 상수함수이므로 $0<x<2$에서 $f(x)\geq 0$

(나)에서 $g(x)$는 감소하므로 $2<x<5$에서 $f(x)<0$

(다)에서 $g(x)$는 상수함수이므로 $x>5$에서 $f(x)>0$

함수 $f(x)=x^4+ax^2+b$는 연속함수이므로 $f(x)=0$은 반드시 $x=-2,\ 2,\ -5,\ 5$를 해로 가져야 한다.

따라서 $f(x)=(x^2-4)(x^2-25)$이므로

$f(\sqrt{2})=(-2)\times(-23)=46$

답 46

1741 답 5

$g(x)=\int_0^x f(t)dt$의 양변을 x에 대하여 미분하면

$g'(x)=f(x)=-x^2-4x+a$

함수 $g(x)$가 구간 $[0,\ 1]$에서 증가하려면 $g'(x)\geq 0$, 즉 $f(x)\geq 0$이어야 한다.

$y=-x^2-4x+a$의 그래프는 위로 볼록하면서 축이 $x=-2$이므로 $[0,\ 1]$에서 $f(x)\geq 0$이려면 $f(1)\geq 0$이어야 하므로

$a-5\geq 0 \qquad \therefore a\geq 5$

따라서 a의 최솟값은 5이다.

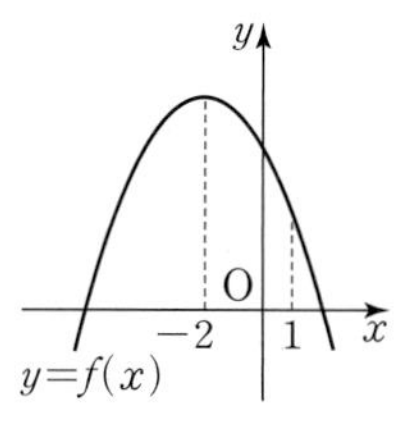

1742 답 ②

$g(x)=\int_0^x f(t)dt-xf(x)$의 양변을 x에 대하여 미분하면

$g'(x)=f(x)-\{f(x)+xf'(x)\}=-xf'(x)$

이때 삼차함수 $f(x)$의 최고차항의 계수가 4이므로 $f'(x)$는 이차항의 계수가 12인 이차함수이다.

→ $f(x)=4x^3+ax^2+bx+c$이므로 $f'(x)=12x^2+\cdots$

또 $g'(x)=-xf'(x)$에서 $g'(x)$는 최고차항의 계수가 -12인 삼차함수이다.

또한 모든 실수 x에 대하여 $g(x)\leq g(3)$이므로 함수 $g(x)$는 $x=3$에서 최댓값을 가지고, $x=3$에서 극값을 갖는다.

즉, $g'(3)=0$이므로 $g'(x)=-xf'(x)$에서 $f'(3)=0$

따라서 $g'(x)=-12x(x-3)(x-a)$ (a는 상수)라 하면 사차함수 $g(x)$가 오직 1개의 극값만 가지므로 함수 $g(x)$는 $x=0$에서 극값을 가질 수 없다.

즉, $g'(x)$는 x^2을 인수로 가져야 하므로 $a=0$

$g'(x)=-12x^2(x-3)=-12x^3+36x^2$

$\therefore \int_0^1 g'(x)dx=\int_0^1(-12x^3+36x^2)dx$

$=\Big[-3x^4+12x^3\Big]_0^1$

$=9$

실수 Check

모든 실수 x에 대하여 $g(x)\leq g(3)$이므로
$g(3)$은 함수 $g(x)$의 최댓값이자 극댓값이다.
$g(3)$이 유일한 극값임을 이용하여 a의 값을 정하자.

1743 답 ④

| 유형 18

$0\leq x\leq 3$에서 함수 $f(x)=\int_0^x(t-2)(t-4)dt$의 최댓값은?

단서1 단서2

① $\frac{14}{3}$ ② $\frac{16}{3}$ ③ 6
④ $\frac{20}{3}$ ⑤ $\frac{22}{3}$

단서1 x의 값의 범위가 주어짐
단서2 정적분으로 정의된 함수

STEP 1 주어진 식의 양변을 x에 대하여 미분하여 $f'(x)$ 구하기

$f(x)=\int_0^x(t-2)(t-4)dt$의 양변을 x에 대하여 미분하면

$f'(x)=(x-2)(x-4)$

STEP 2 주어진 구간에서 함수 $f(x)$의 증가, 감소 조사하기

$f'(x)=0$에서 $x=2$ ($\because 0\leq x\leq 3$)

$0\leq x\leq 3$에서 함수 $f(x)$의 증가, 감소를 표로 나타내면 다음과 같다.

x	0	$\cdots$	2	$\cdots$	3
$f'(x)$		+	0	−	
$f(x)$		↗	극대	↘	

STEP 3 함수 $f(x)$의 최댓값 구하기

$0\leq x\leq 3$일 때, 함수 $f(x)$는 $x=2$에서 극대이면서 최대이므로 구하는 최댓값은

$f(2)=\int_0^2(t-2)(t-4)dt=\int_0^2(t^2-6t+8)dt$

$=\Big[\frac{1}{3}t^3-3t^2+8t\Big]_0^2$

$=\frac{8}{3}-12+16=\frac{20}{3}$

1744 답 ⑤

$f(x)=\int_1^x 3t(t-2)dt$의 양변을 x에 대하여 미분하면

$f'(x)=3x(x-2)$

$f'(x)=0$에서 $x=0$ 또는 $x=2$

$0\leq x\leq 4$에서 함수 $f(x)$의 증가, 감소를 표로 나타내면 다음과 같다.

x	0	$\cdots$	2	$\cdots$	4
$f'(x)$	0	−	0	+	
$f(x)$	$f(0)$	↘	극소	↗	$f(4)$

$f(0)=\int_1^0(3t^2-6t)dt=\Big[t^3-3t^2\Big]_1^0=-(1-3)=2$

$f(2)=\int_1^2(3t^2-6t)dt=\Big[t^3-3t^2\Big]_1^2=(8-12)-(1-3)=-2$

$f(4)=\int_1^4(3t^2-6t)dt=\Big[t^3-3t^2\Big]_1^4=(64-48)-(1-3)=18$

따라서 함수 $f(x)$의 최댓값은 18, 최솟값은 -2이므로 구하는 합은 16이다.

1745 답 ②

$f(x)=\int_{x}^{x+1}(t^2+t)dt$의 양변을 x에 대하여 미분하면

$f'(x)=\{(x+1)^2+(x+1)\}-(x^2+x)=2x+2$

$f'(x)=0$에서 $x=-1$

$-2\le x\le 1$에서 함수 $f(x)$의 증가, 감소를 표로 나타내면 다음과 같다.

x	-2	$\cdots$	-1	$\cdots$	1
$f'(x)$		$-$	0	$+$	
$f(x)$	$f(-2)$	↘	극소	↗	$f(1)$

즉, 함수 $f(x)$는 $x=-1$에서 극소이면서 최소이므로 구하는 최솟값은

$f(-1)=\int_{-1}^{0}(t^2+t)dt=\left[\frac{1}{3}t^3+\frac{1}{2}t^2\right]_{-1}^{0}$

$=-\left(-\frac{1}{3}+\frac{1}{2}\right)=-\frac{1}{6}$

또한

$f(-2)=\int_{-2}^{-1}(t^2+t)dt=\left[\frac{1}{3}t^3+\frac{1}{2}t^2\right]_{-2}^{-1}$

$=\left(-\frac{1}{3}+\frac{1}{2}\right)-\left(-\frac{8}{3}+2\right)=\frac{5}{6}$

$f(1)=\int_{1}^{2}(t^2+t)dt=\left[\frac{1}{3}t^3+\frac{1}{2}t^2\right]_{1}^{2}$

$=\left(\frac{8}{3}+2\right)-\left(\frac{1}{3}+\frac{1}{2}\right)=\frac{23}{6}$

이므로 $-2\le x\le 1$에서 함수 $f(x)$의 최댓값은 $\frac{23}{6}$이다.

따라서 $M=\frac{23}{6}$, $m=-\frac{1}{6}$이므로 $M-m=4$

1746 답 ②

$f(x)=6x^2-2\int_{0}^{1}xf(t)dt=6x^2-2x\int_{0}^{1}f(t)dt$에서

$\int_{0}^{1}f(t)dt=k$ (k는 상수) ⋯⋯ ㉠

라 하면

$f(x)=6x^2-2kx$ ⋯⋯ ㉡

㉡을 ㉠에 대입하면

$\int_{0}^{1}(6t^2-2kt)dt=\left[2t^3-kt^2\right]_{0}^{1}=2-k$

즉, $k=2-k$이므로 $2k=2$ $\therefore k=1$

따라서 $f(x)=6x^2-2x=6\left(x-\frac{1}{6}\right)^2-\frac{1}{6}$이므로 함수 $f(x)$는 $x=\frac{1}{6}$일 때, 최솟값 $-\frac{1}{6}$을 갖는다.

1747 답 ⑤

$\int_{0}^{x}(t-x)f(t)dt=x^4-x^3+3x^2$에서

$\int_{0}^{x}tf(t)dt-x\int_{0}^{x}f(t)dt=x^4-x^3+3x^2$

양변을 x에 대하여 미분하면

$xf(x)-\int_{0}^{x}f(t)dt-xf(x)=4x^3-3x^2+6x$

$\int_{0}^{x}f(t)dt=-4x^3+3x^2-6x$

양변을 다시 x에 대하여 미분하면

$f(x)=-12x^2+6x-6$

따라서 $f(x)=-12\left(x-\frac{1}{4}\right)^2-\frac{21}{4}$이므로 함수 $f(x)$는 $x=\frac{1}{4}$일 때 최댓값 $-\frac{21}{4}$을 갖는다.

1748 답 2 | 유형19

다항함수 $f(x)$에 대하여 $F(x)=\int_{1}^{x}f(t)dt$이고 이차함수 $y=F(x)$의 그래프가 그림과 같다. 함수 $y=f(x)$의 그래프가 점 $(2, -2)$를 지날 때, $f(0)$의 값을 구하시오.

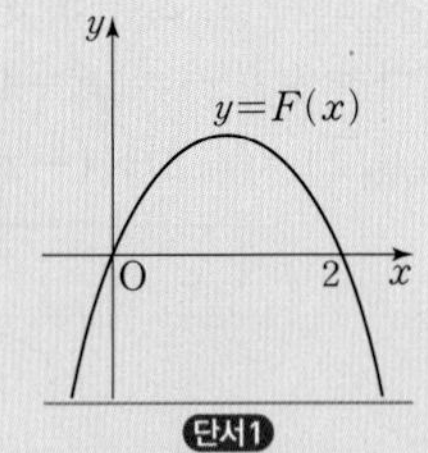

단서1 $y=F(x)$의 그래프와 x축과의 교점의 좌표 ➜ $(0, 0)$, $(2, 0)$
단서2 $F'(x)=f(x)$
단서3 $f(2)=-2$

STEP1 **그래프에서 함수 $F(x)$의 식 세우기**

$y=F(x)$의 그래프가 두 점 $(0, 0)$, $(2, 0)$을 지나므로

$F(x)=kx(x-2)=k(x^2-2x)$ $(k<0)$라 하자.

STEP2 **$f(x)$를 구하고, $f(0)$의 값 구하기**

$F(x)=\int_{1}^{x}f(t)dt$에서

$\int_{1}^{x}f(t)dt=k(x^2-2x)$

양변을 x에 대하여 미분하면

$f(x)=k(2x-2)$

이때 $y=f(x)$의 그래프가 점 $(2, -2)$를 지나므로

$-2=k(4-2)$ $\therefore k=-1$

따라서 $f(x)=-2x+2$이므로 $f(0)=2$

1749 답 -1

$y=F(x)$의 그래프가 점 $(0, 0)$에서 극댓값을 가지고 점 $(3, 0)$을 지나므로 → $F(x)$는 x^2을 인수로 갖는다.

$F(x)=kx^2(x-3)=k(x^3-3x^2)$ $(k>0)$이라 하자.

$F(x)=\int_{0}^{x}f(t)dt$에서

$\int_{0}^{x}f(t)dt=k(x^3-3x^2)$

양변을 x에 대하여 미분하면

$f(x)=k(3x^2-6x)$

이때 $y=f(x)$의 그래프가 점 $(1, -1)$을 지나므로

$-1=k(3-6)$ $\therefore k=\frac{1}{3}$

따라서 $f(x)=x^2-2x=(x-1)^2-1$이므로

함수 $f(x)$는 $x=1$일 때, 최솟값 -1을 갖는다.

1750 답 ③

$g(x)=\int_1^x f(t)dt$의 양변을 x에 대하여 미분하면

$g'(x)=f(x)$

주어진 그래프에서 $f(x)=0$인 x의 값은 $x=1$ 또는 $x=3$
($\rightarrow g'(x)=0$)

함수 $g(x)$의 증가, 감소를 표로 나타내면 다음과 같다.

x	$\cdots$	1	$\cdots$	3	$\cdots$
$g'(x)$	+	0	−	0	+
$g(x)$	↗	극대	↘	극소	↗

따라서 함수 $g(x)$는 $x=3$에서 극솟값 $g(3)$을 갖는다.

다른 풀이

정적분의 활용 단원에서 배우는 내용을 이용하면

$1\le x\le 3$일 때 $f(x)\le 0$이므로 $\int_1^x f(t)dt\le 0$

$x\ge 3$일 때 $f(x)\ge 0$이므로 $\int_3^x f(t)dt>0$

그림에서 색칠한 두 부분의 넓이를 각각 S_1, S_2라 하면

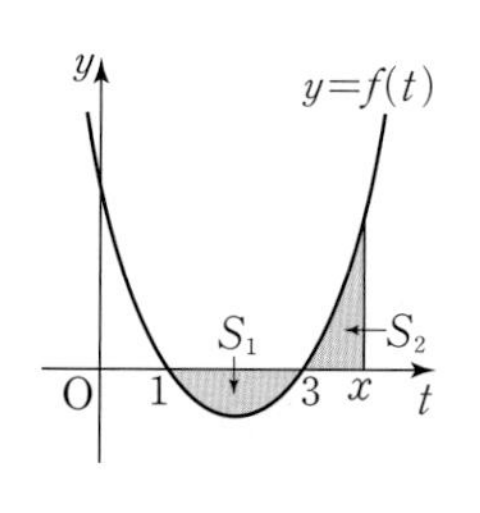

$g(x)=\int_1^x f(t)dt$

$=\int_1^3 f(t)dt+\int_3^x f(t)dt$

$=-S_1+S_2$

함수 $g(x)=\int_1^x f(t)dt$는 $1\le x\le 3$까지 감소하고 $x\ge 3$에서 증가하므로 극솟값은 $g(3)$이다.

1751 답 ⑤

$y=f(x)$의 그래프가 세 점 $(-4,\ 0)$, $(-2,\ 0)$, $(0,\ 0)$을 지나므로

$f(x)=(x+4)(x+2)x$

$g(x)=\int_2^x f(t)dt$의 양변을 x에 대하여 미분하면

$g'(x)=f(x)$

$g'(x)=f(x)=0$, 즉 $x(x+2)(x+4)=0$에서

$x=-4$ 또는 $x=-2$ 또는 $x=0$

함수 $g(x)$의 증가, 감소를 표로 나타내면 다음과 같다.

x	$\cdots$	-4	$\cdots$	-2	$\cdots$	0	$\cdots$
$g'(x)$	−	0	+	0	−	0	+
$g(x)$	↘	극소	↗	극대	↘	극소	↗

함수 $g(x)$는 $x=-2$에서 극댓값을 가지므로

$g(-2)=\int_2^{-2} f(t)dt=\int_2^{-2}(t^3+6t^2+8t)dt$

($\rightarrow \int_2^{-2}(t^3+8t)dt+\int_2^{-2}6t^2\,dt=0+2\int_0^2 6t^2\,dt$)

$=-2\int_0^2 6t^2\,dt$

$=-2\Big[2t^3\Big]_0^2=-32$

1752 답 ②

$y=f(x)$의 그래프가 두 점 $(1,\ 0)$, $(4,\ 0)$을 지나므로

$f(x)=a(x-1)(x-4)=a(x^2-5x+4)$ $(a>0)$이라 하자.

$g(x)=\int_x^{x+1} f(t)dt$의 양변을 x에 대하여 미분하면

$g'(x)=f(x+1)-f(x)$

$=a\{(x+1)^2-5(x+1)+4\}-a(x^2-5x+4)$

$=2a(x-2)$

$g'(x)=0$에서 $x=2$

함수 $g(x)$의 증가, 감소를 표로 나타내면 다음과 같다.

x	$\cdots$	2	$\cdots$
$g'(x)$	−	0	+
$g(x)$	↘	극소	↗

따라서 함수 $g(x)$는 $x=2$에서 극소이면서 최소이다.

$\therefore a=2$

참고 정적분의 활용 단원에서 배우는 내용을 이용하면 이차함수 $y=f(x)$의 그래프에서 축이 $x=\frac{5}{2}$이므로 그림과 같이 $x=2$일 때 $g(x)=\int_2^3 f(t)dt$의 값이 최소가 됨을 알 수 있다.

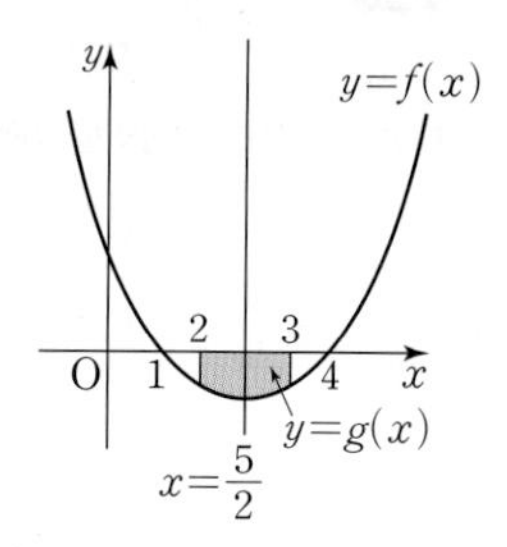

1753 답 ①

주어진 그래프에서 함수 $f(x)$는 $x=-1$과 $x=1$에서 각각 극솟값과 극댓값을 가지므로

$f'(x)=a(x+1)(x-1)=ax^2-a$ $(a<0)$라 하면

$f(x)=\int f'(x)dx$

$=\int (ax^2-a)dx$

$=\frac{1}{3}ax^3-ax+C$

이때 함수 $f(x)$의 최고차항의 계수가 -1이므로

$\frac{1}{3}a=-1$에서 $a=-3$

또 함수 $y=f(x)$의 그래프가 원점을 지나므로

$f(0)=0$에서 $C=0$

$\therefore f(x)=-x^3+3x$

$F(x)=\int_0^x f(t)dt=\int_0^x(-t^3+3t)dt$

양변을 x에 대하여 미분하면

$F'(x)=-x^3+3x=-x(x+\sqrt{3})(x-\sqrt{3})$

$F'(x)=0$에서 $x=-\sqrt{3}$ 또는 $x=0$ 또는 $x=\sqrt{3}$

구간 $[-2,\ 2]$에서 함수 $F(x)$의 증가, 감소를 표로 나타내면 다음과 같다.

x	-2	$\cdots$	$-\sqrt{3}$	$\cdots$	0	$\cdots$	$\sqrt{3}$	$\cdots$	2
$F'(x)$	+	+	0	−	0	+	0	−	−
$F(x)$	↗	↗	극대	↘	극소	↗	극대	↘	↘

따라서 함수 $F(x)$는 $x=0$에서 극소이므로 극솟값 $F(0)$은

$F(0)=\int_0^0(-t^3+3t)dt=0$

또한 $F(-2)$, $F(2)$의 값은

$$F(-2)=F(2)=\int_0^2(-t^3+3t)dt$$
$$=\left[-\frac{1}{4}t^4+\frac{3}{2}t^2\right]_0^2=-4+6=2$$
따라서 $F(x)$의 최솟값은 0이다.

1754 답 ⑤ | 유형20

함수 $f(x)=x^3+3x^2-2x-1$에 대하여
$\lim_{x\to 2}\frac{1}{x-2}\int_2^x f(t)dt$의 값은?
단서1

① 7 ② 9 ③ 11
④ 13 ⑤ 15

단서1 정적분으로 정의된 함수의 극한

STEP 1 미분계수의 정의를 이용하여 극한값 구하기

함수 $f(t)$의 한 부정적분을 $F(t)$라 하면
$$\lim_{x\to 2}\frac{1}{x-2}\int_2^x f(t)dt=\lim_{x\to 2}\frac{1}{x-2}\Big[F(t)\Big]_2^x$$
$$=\lim_{x\to 2}\frac{F(x)-F(2)}{x-2}$$
$$=F'(2)=f(2)$$

STEP 2 $f(2)$의 값 구하기

$f(x)=x^3+3x^2-2x-1$이므로
$f(2)=8+12-4-1=15$

1755 답 ③

함수 $f(t)$의 한 부정적분을 $F(t)$라 하면
$$\lim_{x\to 2}\frac{1}{x^2-4}\int_2^x f(t)dt=\lim_{x\to 2}\frac{1}{x^2-4}\Big[F(t)\Big]_2^x$$
$$=\lim_{x\to 2}\frac{F(x)-F(2)}{(x+2)(x-2)}$$
$$=\lim_{x\to 2}\left\{\frac{F(x)-F(2)}{x-2}\times\frac{1}{x+2}\right\}$$
$$=\lim_{x\to 2}\frac{F(x)-F(2)}{x-2}\times\lim_{x\to 2}\frac{1}{x+2}$$
$$=\frac{1}{4}F'(2)=\frac{1}{4}f(2)$$
$f(x)=3x^2-4x+1$이므로
$\frac{1}{4}f(2)=\frac{1}{4}\times(12-8+1)=\frac{5}{4}$

1756 답 ②

함수 $f(t)$의 한 부정적분을 $F(t)$라 하면
$$\lim_{x\to 1}\frac{1}{x-1}\int_1^{x^2} f(t)dt=\lim_{x\to 1}\frac{1}{x-1}\Big[F(t)\Big]_1^{x^2}$$
$$=\lim_{x\to 1}\frac{F(x^2)-F(1)}{x-1}$$
$$=\lim_{x\to 1}\frac{F(x^2)-F(1)}{(x-1)(x+1)}\times(x+1)$$
$$=\lim_{x\to 1}\frac{F(x^2)-F(1)}{x^2-1}\times\lim_{x\to 1}(x+1)$$
$$=2F'(1)=2f(1)$$
$f(x)=3x^4-3x^2+x$이므로
$2f(1)=2\times(3-3+1)=2$

1757 답 ②

함수 $f(x)$의 한 부정적분을 $F(x)$라 하면
$$\lim_{h\to 0}\frac{1}{h}\int_{1-h}^{1+3h}f(x)dx$$
$$=\lim_{h\to 0}\frac{1}{h}\Big[F(x)\Big]_{1-h}^{1+3h}=\lim_{h\to 0}\frac{F(1+3h)-F(1-h)}{h}$$
$$=\lim_{h\to 0}\frac{F(1+3h)-F(1)+F(1)-F(1-h)}{h}$$
$$=\lim_{h\to 0}\frac{F(1+3h)-F(1)}{h}-\lim_{h\to 0}\frac{F(1-h)-F(1)}{h}$$
$$=3\lim_{h\to 0}\frac{F(1+3h)-F(1)}{3h}+\lim_{h\to 0}\frac{F(1-h)-F(1)}{-h}$$
$$=3F'(1)+F'(1)=4F'(1)=4f(1)$$
$f(x)=4x^2-x+a$이므로
$4f(1)=4\times(4-1+a)=12+4a$
이때 $12+4a=8$이므로 $4a=-4$ $\quad\therefore a=-1$

1758 답 12

$f(t)=|1-t^2|$이라 하자. $f(t)$의 한 부정적분을 $F(t)$라 하면
$$\lim_{x\to 0}\frac{1}{x}\int_{2-2x}^{2+2x}|1-t^2|dt$$
$$=\lim_{x\to 0}\frac{1}{x}\Big[F(t)\Big]_{2-2x}^{2+2x}$$
$$=\lim_{x\to 0}\frac{F(2+2x)-F(2-2x)}{x}$$
$$=\lim_{x\to 0}\frac{F(2+2x)-F(2)+F(2)-F(2-2x)}{x}$$
$$=2\lim_{x\to 0}\frac{F(2+2x)-F(2)}{2x}+2\lim_{x\to 0}\frac{F(2-2x)-F(2)}{-2x}$$
$$=2F'(2)+2F'(2)=4F'(2)$$
$$=4f(2)=4\times|-3|=12$$

1759 답 -4

$\lim_{x\to 1}\frac{\int_1^x f(t)dt-f(x)}{x^2-1}=2$에서 $x\to 1$일 때, (분모)$\to 0$이고
극한값이 존재하므로 (분자)$\to 0$이다.
즉, $\int_1^1 f(t)dt-f(1)=0$이므로 $f(1)=0$
$f(t)$의 한 부정적분을 $F(t)$라 하면
$$\lim_{x\to 1}\frac{\int_1^x f(t)dt-f(x)}{x^2-1}$$
$$=\lim_{x\to 1}\frac{\int_1^x f(t)dt}{x^2-1}-\lim_{x\to 1}\frac{f(x)}{x^2-1}$$
$$=\lim_{x\to 1}\frac{F(x)-F(1)}{x^2-1}-\lim_{x\to 1}\frac{f(x)-f(1)}{x^2-1}\quad\longrightarrow f(1)=0$$
$$=\lim_{x\to 1}\left\{\frac{F(x)-F(1)}{x-1}\times\frac{1}{x+1}\right\}-\lim_{x\to 1}\left\{\frac{f(x)-f(1)}{x-1}\times\frac{1}{x+1}\right\}$$
$$=\frac{F'(1)}{2}-\frac{f'(1)}{2}=-\frac{f'(1)}{2}\quad\longrightarrow\frac{F'(1)}{2}=\frac{f(1)}{2}=0$$
즉, $-\frac{f'(1)}{2}=2$이므로 $f'(1)=-4$

Plus 문제

1759-1

다항함수 $f(x)$가 $\lim_{x\to1}\frac{f(x)-\int_1^x f(t)dt}{x^3-1}=1$을 만족시킬 때, $f'(1)$의 값을 구하시오.

$\lim_{x\to1}\frac{f(x)-\int_1^x f(t)dt}{x^3-1}=1$에서 $x\to1$일 때, (분모)$\to0$이고 극한값이 존재하므로 (분자)$\to0$이다.

즉, $f(1)-\int_1^1 f(t)dt=0$이므로 $f(1)=0$

$f(t)$의 한 부정적분을 $F(t)$라 하면

$$\lim_{x\to1}\frac{f(x)-\int_1^x f(t)dt}{x^3-1}$$
$$=\lim_{x\to1}\left\{\frac{f(x)}{x^3-1}-\frac{\int_1^x f(t)dt}{x^3-1}\right\}$$
$$=\lim_{x\to1}\left\{\frac{f(x)-f(1)}{x^3-1}-\frac{F(x)-F(1)}{x^3-1}\right\}$$
$$=\lim_{x\to1}\left\{\frac{f(x)-f(1)}{(x-1)(x^2+x+1)}-\frac{F(x)-F(1)}{(x-1)(x^2+x+1)}\right\}$$
$$=\lim_{x\to1}\left\{\frac{f(x)-f(1)}{x-1}\times\frac{1}{x^2+x+1}\right\}-\lim_{x\to1}\left\{\frac{F(x)-F(1)}{x-1}\times\frac{1}{x^2+x+1}\right\}$$
$$=\frac{1}{3}f'(1)-\frac{1}{3}F'(1)$$
$$=\frac{1}{3}f'(1)-\frac{1}{3}f(1)$$
$$=\frac{1}{3}f'(1)$$

즉, $\frac{1}{3}f'(1)=1$이므로 $f'(1)=3$

답 3

1760 답 ②

$\int_0^x f(t)dt=x^3+nx$의 양변을 x에 대하여 미분하면

$f(x)=3x^2+n$

이때 $f(1)=4$에서 $3+n=4$ $\quad\therefore n=1$

$\therefore f(x)=3x^2+1$

$F'(t)=t^2f(t)$로 놓으면

$$\lim_{x\to1}\frac{1}{x^2-1}\int_1^x t^2f(t)dt=\lim_{x\to1}\frac{1}{x^2-1}\Big[F(t)\Big]_1^x$$
$$=\lim_{x\to1}\frac{F(x)-F(1)}{x^2-1}$$
$$=\lim_{x\to1}\frac{F(x)-F(1)}{x-1}\times\frac{1}{x+1}$$
$$=\frac{1}{2}F'(1)$$

이때 $F'(t)=t^2f(t)$이므로

$\frac{1}{2}F'(1)=\frac{1}{2}f(1)=\frac{1}{2}\times4=2$

서술형 유형 익히기

369쪽~371쪽

1761 답 (1) 6 (2) 6 (3) 3 (4) 32

STEP 1 주기함수의 성질을 이용하여 적분 구간이 $-2\le x\le2$가 되도록 바꾸기 [6점]

$f(x)=f(x+4)$이므로

$\int_{-2}^2 f(x)dx=\int_2^{\boxed{6}} f(x)dx=\int_{\boxed{6}}^{10} f(x)dx$

$$\int_{-2}^{10} f(x)dx=\int_{-2}^2 f(x)dx+\int_2^6 f(x)dx+\int_6^{10} f(x)dx$$
$$=\boxed{3}\times\int_{-2}^2 f(x)dx$$
$$=6\int_0^2 f(x)dx$$

STEP 2 정적분의 값 구하기 [2점]

$$6\int_0^2(-x^2+4)dx=6\Big[-\frac{1}{3}x^3+4x\Big]_0^2$$
$$=-16+48=\boxed{32}$$

실제 답안 예시

$-2\le x\le2$일 때 $f(x)=-x^2+4=-(x+2)(x-2)$

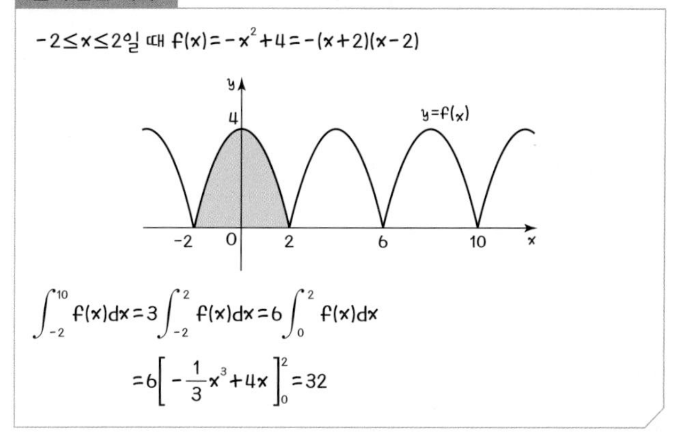

$\int_{-2}^{10} f(x)dx=3\int_{-2}^2 f(x)dx=6\int_0^2 f(x)dx$

$=6\Big[-\frac{1}{3}x^3+4x\Big]_0^2=32$

1762 답 5

STEP 1 주기가 2임을 이용하여 적분 구간 나누기 [4점]

$$\int_0^{10} f(x)dx=\int_0^1 f(x)dx+\int_1^3 f(x)dx+\int_3^5 f(x)dx+\int_5^7 f(x)dx+\int_7^9 f(x)dx+\int_9^{10} f(x)dx$$

STEP 2 주기함수의 성질을 이용하여 식 간단히 하기 [2점]

$f(x)=f(x+2)$이므로

$$\int_{-1}^1 f(x)dx=\int_1^3 f(x)dx=\int_3^5 f(x)dx=\int_5^7 f(x)dx=\int_7^9 f(x)dx$$

이고, $\int_9^{10} f(x)dx=\int_{-1}^0 f(x)dx$이므로

$\int_0^{10} f(x)dx=5\int_{-1}^1 f(x)dx$

STEP 3 대칭성을 이용하여 정적분의 값 구하기 [2점]

$f(x)=|x|$에서 $f(-x)=f(x)$이므로 → $\int_{-a}^a f(x)dx=2\int_0^a f(x)dx$

$$5\int_{-1}^1 f(x)dx=10\int_0^1 f(x)dx=10\int_0^1 x\,dx$$
$$=10\Big[\frac{1}{2}x^2\Big]_0^1=5$$

1763 답 15

STEP 1 주기가 2임을 이용하여 적분 구간 나누기 [4점]

$$\int_{-5}^{10} f(x)dx=\int_{-5}^{-3} f(x)dx+\int_{-3}^{-1} f(x)dx+\int_{-1}^{1} f(x)dx$$
$$+\int_{1}^{3} f(x)dx+\int_{3}^{5} f(x)dx+\int_{5}^{7} f(x)dx$$
$$+\int_{7}^{9} f(x)dx+\int_{9}^{10} f(x)dx$$

STEP 2 주기함수의 성질을 이용하여 식을 간단히 하기 [2점]

$f(x)=f(x+2)$이므로

$$\int_{-5}^{-3} f(x)dx=\int_{-3}^{-1} f(x)dx=\int_{-1}^{1} f(x)dx=\int_{1}^{3} f(x)dx$$
$$=\int_{3}^{5} f(x)dx=\int_{5}^{7} f(x)dx=\int_{7}^{9} f(x)dx$$
$$\int_{9}^{10} f(x)dx=\int_{7}^{8} f(x)dx=\int_{5}^{6} f(x)dx=\int_{3}^{4} f(x)dx$$
$$=\int_{1}^{2} f(x)dx=\int_{-1}^{0} f(x)dx$$
$$\int_{-5}^{10} f(x)dx=7\int_{-1}^{1} f(x)dx+\int_{-1}^{0} f(x)dx$$

STEP 3 대칭성을 이용하여 정적분의 값 구하기 [2점]

$f(x)=f(-x)$이므로 $f(x)$는 y축에 대칭인 함수이다.

따라서 $\int_{-1}^{1} f(x)dx=2\int_{0}^{1} f(x)dx$이고,

$\int_{-1}^{0} f(x)dx=\int_{0}^{1} f(x)dx$이므로

$$\int_{-5}^{10} f(x)dx=15\int_{0}^{1} f(x)dx=15\times1=15$$

1764 답 (1) k (2) $3x^2+2$ (3) $3t^2+2$ (4) 12 (5) 12 (6) 15

STEP 1 $\int_{0}^{2} f'(t)dt=k$ (k는 상수)라 하고 $f(x)$의 식 세우기 [2점]

정적분 값은 상수이므로 $\int_{0}^{2} f'(t)dt=k$ (k는 상수)라 하면

$f(x)=x^3+2x+\boxed{k}$

STEP 2 $f'(x)$를 $\int_{0}^{2} f'(t)dt=k$에 대입하여 k의 값 구하기 [3점]

$f(x)$를 미분하면 $f'(x)=\boxed{3x^2+2}$이므로

$k=\int_{0}^{2} f'(t)dt=\int_{0}^{2} (\boxed{3t^2+2})dt=\left[t^3+2t\right]_{0}^{2}=\boxed{12}$

STEP 3 $f(x)$를 구하고 $f(1)$의 값 구하기 [2점]

$f(x)=x^3+2x+\boxed{12}$이므로

$f(1)=1+2+12=\boxed{15}$

실제 답안 예시

정적분 값은 상수이므로 $\int_{0}^{2} f'(t)dt=k$라고 하면

$\int_{0}^{2} f'(t)dt=f(2)-f(0)=k$

또 $f(x)=x^3+2x+k$에서 $f(2)=12+k$, $f(0)=k$이므로

$f(2)-f(0)=(12+k)-k=12$

즉, $k=12$이므로 $f(x)=x^3+2x+12$

$f(1)=1+2+12=15$

▶ 정적분의 정의를 이용하여 k의 값을 구해도 정답으로 인정한다.

1765 답 -7

STEP 1 $\int_{0}^{2} f(t)dt=k$ (k는 상수)라 하고 $f(x)$의 식 세우기 [2점]

$f(x)=3x^2+2x+\int_{0}^{2} f(t)dt$에서

$\int_{0}^{2} f(t)dt=k$ (k는 상수) ······ ㉠

라 하면

$f(x)=3x^2+2x+k$ ······ ㉡

STEP 2 $f(x)$를 $\int_{0}^{2} f(t)dt=k$에 대입하여 k의 값 구하기 [3점]

㉡을 ㉠에 대입하면

$\int_{0}^{2} (3t^2+2t+k)dt=\left[t^3+t^2+kt\right]_{0}^{2}=12+2k$

즉, $k=12+2k$이므로 $k=-12$

STEP 3 $f(x)$를 구하고 $f(1)$의 값 구하기 [2점]

$f(x)=3x^2+2x-12$이므로

$f(1)=3+2-12=-7$

1766 답 2

STEP 1 $\int_{0}^{1} f(t)dt=k$ (k는 상수)라 하고 $f(x)$의 식 세우기 [2점]

$f(x)=3x^2-2x\int_{0}^{1} f(t)dt+\left\{\int_{0}^{1} f(t)dt\right\}^2$에서

$\int_{0}^{1} f(t)dt=k$ (k는 상수) ······ ㉠

라 하면

$f(x)=3x^2-2kx+k^2$ ······ ㉡

STEP 2 $f(x)$를 $\int_{0}^{1} f(t)dt=k$에 대입하여 상수 k의 값 구하기 [4점]

㉡을 ㉠에 대입하면

$$\int_{0}^{1} (3t^2-2kt+k^2)dt=\left[t^3-kt^2+k^2t\right]_{0}^{1}$$
$$=1-k+k^2$$

즉, $k=1-k+k^2$이므로 $k^2-2k+1=0$

$(k-1)^2=0$ $\therefore k=1$

STEP 3 $f(1)$의 값 구하기 [2점]

$f(x)=3x^2-2x+1$이므로

$f(1)=3-2+1=2$

1767 답 (1) x^3-3x^2-4x (2) -1 (3) 0 (4) 4 (5) 0 (6) 0 (7) 0

STEP 1 $f'(x)$ 구하기 [2점]

$f(x)=\int_{0}^{x} (t^3-3t^2-4t)dt$의 양변을 x에 대하여 미분하면

$f'(x)=\boxed{x^3-3x^2-4x}=x(x+1)(x-4)$

STEP 2 $f(x)$가 극댓값을 갖는 x의 값 구하기 [4점]

$f'(x)=0$인 x의 값은

$x=-1$ 또는 $x=0$ 또는 $x=4$

$f'(x)$의 부호를 조사하여 함수 $f(x)$의 증가, 감소를 표로 나타내면 다음과 같다.

x	$\cdots$	$\boxed{-1}$	$\cdots$	$\boxed{0}$	$\cdots$	$\boxed{4}$	$\cdots$
$f'(x)$	$-$	0	$+$	0	$-$	0	$+$
$f(x)$	↘	극소	↗	극대	↘	극소	↗

즉, 함수 $f(x)$는 $x=0$에서 극댓값을 갖는다.

STEP 3 **$f(x)$의 극댓값 구하기 [1점]**

함수 $f(x)$의 극댓값은

$$f(\boxed{0})=\int_0^{\boxed{0}}(t^3-3t^2-4t)dt=\boxed{0}$$

실제 답안 예시

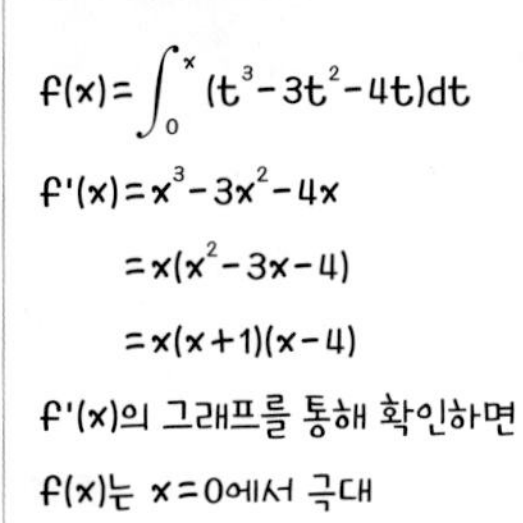

y
$y=f'(x)$
-1
0
4
x

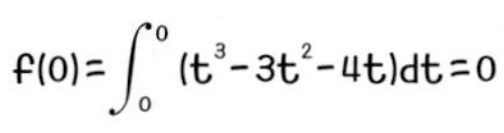

따라서 극댓값은 0이다.

▶ 증감표를 그리지 않고 그래프의 개형을 그려도 정답으로 인정한다.

1768 답 -2

STEP 1 **$f'(x)$ 구하기 [2점]**

$f(x)=\int_a^x(3t^2-2t-1)dt$의 양변을 x에 대하여 미분하면

$f'(x)=3x^2-2x-1=(3x+1)(x-1)$

STEP 2 **$f(x)$가 극솟값을 갖는 x의 값 구하기 [3점]**

$f'(x)=0$인 x의 값은 $x=-\frac{1}{3}$ 또는 $x=1$

함수 $f(x)$의 증가, 감소를 표로 나타내면 다음과 같다.

x	$\cdots$	$-\frac{1}{3}$	$\cdots$	1	$\cdots$
$f'(x)$	$+$	0	$-$	0	$+$
$f(x)$	↗	극대	↘	극소	↗

즉, 함수 $f(x)$는 $x=1$에서 극솟값을 갖는다.

STEP 3 **상수 a의 값 구하기 [3점]**

$$f(1)=\int_a^1(3t^2-2t-1)dt$$
$$=\Big[t^3-t^2-t\Big]_a^1$$
$$=-1-a^3+a^2+a \quad \cdots\cdots ⓐ$$

이때 극솟값이 9이므로 $-1-a^3+a^2+a=9$

$a^3-a^2-a+10=0$, $(a+2)(a^2-3a+5)=0$

$\therefore a=-2$

부분점수표	
ⓐ $f(1)$의 값을 a에 대한 식으로 바르게 나타낸 경우	1점

1769 답 $\frac{4}{3}$

STEP 1 **$f'(x)$ 구하기 [2점]**

$f(x)=\int_x^{x+4}(t^2-2t)dt$의 양변을 x에 대하여 미분하면

$$f'(x)=\{(x+4)^2-2(x+4)\}-(x^2-2x)$$
$$=8x+8=8(x+1)$$

STEP 2 **$f(x)$가 최솟값을 갖는 x의 값 구하기 [3점]**

$f'(x)=0$인 x의 값은 $x=-1$

함수 $f(x)$의 증가, 감소를 표로 나타내면 다음과 같다.

x	$\cdots$	-1	$\cdots$
$f'(x)$	$-$	0	$+$
$f(x)$	↘	극소	↗

즉, 함수 $f(x)$는 $x=-1$에서 극소이면서 최소이므로 최솟값을 갖는다.

STEP 3 **$f(x)$의 최솟값 구하기 [3점]**

$$f(-1)=\int_{-1}^3(t^2-2t)dt$$
$$=\Big[\frac{1}{3}t^3-t^2\Big]_{-1}^3$$
$$=(9-9)-\Big(-\frac{1}{3}-1\Big)=\frac{4}{3}$$

실전 마무리하기 1회 372쪽~376쪽

1 1770 답 ① 유형1

출제의도 | 정적분을 구할 수 있는지 확인한다.

> $f(x)$의 한 부정적분을 $F(x)$라 하면
> $\int_a^b f(x)dx=\Big[F(x)\Big]_a^b=F(b)-F(a)$를 이용해.

$$\int_1^2(4x^3+2x-1)dx=\Big[x^4+x^2-x\Big]_1^2$$
$$=18-1=17$$

2 1771 답 ① 유형2

출제의도 | 정적분의 계산 결과를 부등식에 적용할 수 있는지 확인한다.

> $f(x)$의 한 부정적분을 $F(x)$라 하면
> $\int_a^b f(x)dx=F(b)-F(a)$야.

$$\int_0^1(4x^3+kx+1)dx=\Big[x^4+\frac{k}{2}x^2+x\Big]_0^1=2+\frac{k}{2}$$

즉, $2+\frac{k}{2}\ge0$에서 $k\ge-4$

따라서 실수 k의 최솟값은 -4이다.

3 1772 답 ②

유형 3

출제의도 | 정적분의 성질을 알고 있는지 확인한다.

> $\int_a^b f(x)dx \pm \int_a^b g(x)dx = \int_a^b \{f(x) \pm g(x)\}dx$임을 이용해.

$$\int_0^1 \frac{x^3}{x-2}dx + \int_1^0 \frac{8}{y-2}dy = \int_0^1 \frac{x^3}{x-2}dx - \int_0^1 \frac{8}{x-2}dx$$
$$= \int_0^1 \frac{x^3-8}{x-2}dx$$
$$= \int_0^1 \frac{(x-2)(x^2+2x+4)}{x-2}dx$$
$$= \int_0^1 (x^2+2x+4)dx$$
$$= \left[\frac{1}{3}x^3+x^2+4x\right]_0^1$$
$$= \frac{16}{3}$$

4 1773 답 ②

유형 4

출제의도 | $\int_a^c f(x)dx + \int_c^b f(x)dx = \int_a^b f(x)dx$를 적용할 수 있는지 확인한다.

> $\int_0^k (3x^2+1)dx + \int_{-2}^0 (3x^2+1)dx = \int_{-2}^k (3x^2+1)dx$야.

$$\int_0^k (3x^2+1)dx + \int_{-2}^0 (3x^2+1)dx = \int_{-2}^k (3x^2+1)dx$$
$$= \left[x^3+x\right]_{-2}^k$$
$$= k^3+k+10$$

즉, $k^3+k+10=20$이므로

$k^3+k-10=0$, $(k-2)(k^2+2k+5)=0$

$\therefore k=2$ ($\because k^2+2k+5>0$)

→ $k^2+2k+5=(k+1)^2+4>0$

5 1774 답 ③

유형 4 + 유형 8

출제의도 | 정적분의 성질을 알고 있는지 확인한다.

> $\int_a^c f(x)dx + \int_c^b f(x)dx = \int_a^b f(x)dx$임을 이용해.

$$\int_{-1}^3 (5x^3+x^2-7x)dx - \int_2^3 (5x^3+x^2-7x)dx + \int_2^1 (5x^3+x^2-7x)dx$$
$$= \int_{-1}^3 (5x^3+x^2-7x)dx + \int_3^2 (5x^3+x^2-7x)dx + \int_2^1 (5x^3+x^2-7x)dx$$
$$= \int_{-1}^1 (5x^3+x^2-7x)dx$$
$$= 2\left[\frac{1}{3}x^3\right]_0^1 = \frac{2}{3}$$

6 1775 답 ③

유형 6 + 유형 8

출제의도 | 절댓값 기호를 포함한 함수의 정적분을 계산할 수 있는지 확인한다.

> (i) $x<1$일 때, $|x-1|=-x+1$
> (ii) $x\ge1$일 때, $|x-1|=x-1$
> 이야.

$$\int_{-1}^2 3x|x-1|dx$$
$$= \int_{-1}^1 3x|x-1|dx + \int_1^2 3x|x-1|dx$$
$$= \int_{-1}^1 (-3x^2+3x)dx + \int_1^2 (3x^2-3x)dx$$
$$= 2\left[-x^3\right]_0^1 + \left[x^3-\frac{3}{2}x^2\right]_1^2$$
$$= -2+\left\{2-\left(-\frac{1}{2}\right)\right\}$$
$$= \frac{1}{2}$$

→ $\int_{-1}^1 (-3x^2)dx + \int_{-1}^1 3x\,dx$
$= 2\int_0^1 (-3x^2)dx + 0$

7 1776 답 ④

유형 20

출제의도 | 정적분으로 정의된 함수의 극한값을 구할 수 있는지 확인한다.

> $\lim_{x\to a} \frac{1}{x-a}\int_a^x f(x)dx = f(a)$임을 이용해.

함수 $f(x)$의 한 부정적분을 $F(x)$라 하면

$$\lim_{x\to2} \frac{1}{x-2}\int_2^x f(t)dt + \lim_{h\to0}\frac{1}{h}\int_3^{3+h} f(x)dx$$
$$= \lim_{x\to2}\frac{F(x)-F(2)}{x-2} + \lim_{h\to0}\frac{F(3+h)-F(3)}{h}$$
$$= F'(2)+F'(3)$$
$$= f(2)+f(3)$$

$f(x)=x^3+2x-4$이므로

$f(2)+f(3)=8+29=37$

8 1777 답 ⑤

유형 5 + 유형 10

출제의도 | 주기함수의 정적분을 계산할 수 있는지 확인한다.

> $f(x+4)=f(x)$이면 $f(x)$는 주기가 4인 주기함수야.

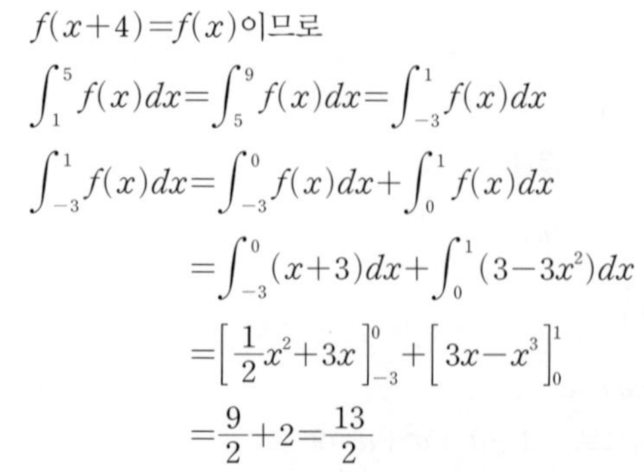

$f(x+4)=f(x)$이므로

$$\int_1^5 f(x)dx = \int_5^9 f(x)dx = \int_{-3}^1 f(x)dx$$
$$\int_{-3}^1 f(x)dx = \int_{-3}^0 f(x)dx + \int_0^1 f(x)dx$$
$$= \int_{-3}^0 (x+3)dx + \int_0^1 (3-3x^2)dx$$
$$= \left[\frac{1}{2}x^2+3x\right]_{-3}^0 + \left[3x-x^3\right]_0^1$$
$$= \frac{9}{2}+2 = \frac{13}{2}$$
$$\therefore \int_0^9 f(x)dx = \int_0^1 f(x)dx + \int_1^5 f(x)dx + \int_5^9 f(x)dx$$
$$= 2+\frac{13}{2}+\frac{13}{2}$$
$$= 15$$

9 1778 답 ⑤ 유형 11

출제의도 | 조건을 만족시키는 함수를 식으로 나타내어 정적분의 계산을 할 수 있는지 확인한다.

> 최고차항의 계수가 4이고 $f(1)=f(2)=f(3)=k$이면 $f(x)=4(x-1)(x-2)(x-3)+k$야.

최고차항의 계수가 4인 삼차함수 $f(x)$가
$f(1)=f(2)=f(3)=k$를 만족시키므로

$$f(x)=4(x-1)(x-2)(x-3)+k$$
$$=4x^3-24x^2+44x-24+k$$

$$\therefore \int_0^1 f(x)dx=\int_0^1 (4x^3-24x^2+44x-24+k)dx$$
$$=\Big[x^4-8x^3+22x^2-24x+kx\Big]_0^1$$
$$=k-9$$

즉, $k-9=4$이므로 $k=13$

10 1779 답 ③ 유형 12

출제의도 | 정적분을 포함한 등식이 있을 때 문제를 해결할 수 있는지 확인한다.

> $\int_a^b f(x)dx=k$ (k는 상수)로 놓고 $f(x)$의 식을 세워 보자.

$\int_0^2 f(t)dt=k$ (k는 상수) ······ ㉠

라 하면

$f(x)=x^2-2x+k$ ······ ㉡

㉡을 ㉠에 대입하면

$$\int_0^2 (t^2-2t+k)dt=\Big[\frac{1}{3}t^3-t^2+kt\Big]_0^2=2k-\frac{4}{3}$$

즉, $k=2k-\frac{4}{3}$이므로 $k=\frac{4}{3}$

따라서 $f(x)=x^2-2x+\frac{4}{3}$이므로

$$f(3)=9-6+\frac{4}{3}=\frac{13}{3}$$

11 1780 답 ② 유형 13

출제의도 | 정적분을 포함한 등식이 있을 때 문제를 해결할 수 있는지 확인한다.

> $\int_2^x f(t)dt=g(x)$이면 $f(x)=g'(x)$임을 이용해.

$\int_2^x f(t)dt=x^4-x^3+ax$의 양변에 $x=2$를 대입하면

$0=16-8+2a$, $2a=-8$ $\quad\therefore a=-4$

$\int_2^x f(t)dt=x^4-x^3-4x$의 양변을 x에 대하여 미분하면

$f(x)=4x^3-3x^2-4$

$$\therefore \int_{-1}^1 f(x)dx=\int_{-1}^1 (4x^3-3x^2-4)dx$$
$$=2\int_0^1 (-3x^2-4)dx$$
$$=2\Big[-x^3-4x\Big]_0^1=-10$$

($\int_{-1}^1 4x^3\,dx=0$)

12 1781 답 ③ 유형 16

출제의도 | 정적분을 포함한 등식이 있을 때 문제를 해결할 수 있는지 확인한다.

> $\int_0^x (x-t)f(t)dt=x\int_0^x f(t)dt-\int_0^x tf(t)dt$로 식을 변형해.

$\int_0^x (x-t)f(t)dt=x\int_0^x f(t)dt-\int_0^x tf(t)dt$이므로

$x\int_0^x f(t)dt-\int_0^x tf(t)dt=2x^3-4x^2$에서

양변을 x에 대하여 미분하면

$$\int_0^x f(t)dt+xf(x)-xf(x)=6x^2-8x$$
$$\int_0^x f(t)dt=6x^2-8x$$

양변을 다시 x에 대하여 미분하면

$f(x)=12x-8$

$\therefore f(1)=4$

13 1782 답 ① 유형 17

출제의도 | 주어진 조건으로 구한 $f'(x)$의 정적분을 계산할 수 있는지 확인한다.

> $f(x)$가 $x=1$, $x=3$에서 극값을 가지면 $f'(x)$는 $x-1$, $x-3$을 인수로 가져.

삼차함수 $f(x)$의 최고차항의 계수가 1이므로 $f'(x)$는 이차함수이고 최고차항의 계수는 3이다.

또한 $f(x)$는 $x=1$, $x=3$에서 극값을 가지므로 ($f'(1)=0$, $f'(3)=0$)

$f'(x)=3(x-1)(x-3)$

$$\therefore \int_3^1 f'(x)dx=\int_3^1 3(x-1)(x-3)dx$$
$$=-3\int_1^3 (x^2-4x+3)dx$$
$$=-3\Big[\frac{1}{3}x^3-2x^2+3x\Big]_1^3$$
$$=-3\left(0-\frac{4}{3}\right)$$
$$=4$$

14 1783 답 ③ 유형 18

출제의도 | 정적분으로 정의된 함수의 최솟값을 구할 수 있는지 확인한다.

> 양변을 x에 대하여 미분하면 $f'(x)=4x^2(x-3)$이야.

$f(x)=\int_{-1}^x 4t^2(t-3)dt$의 양변을 x에 대하여 미분하면

$f'(x)=4x^2(x-3)$

$f'(x)=0$인 x의 값은 $x=0$ 또는 $x=3$

함수 $f(x)$의 증가, 감소를 표로 나타내면 다음과 같다.

x	$\cdots$	0	$\cdots$	3	$\cdots$
$f'(x)$	$-$	0	$-$	0	$+$
$f(x)$	↘		↘	극소	↗

따라서 함수 $f(x)$는 $x=3$에서 극소이면서 최소이므로 최솟값은

$$f(3)=\int_{-1}^{3}4t^2(t-3)dt$$
$$=\int_{-1}^{3}(4t^3-12t^2)dt$$
$$=\Big[t^4-4t^3\Big]_{-1}^{3}$$
$$=-27-5=-32$$

15 1784 답 ⑤ 유형 19

출제의도 | 정적분으로 정의된 함수의 극대, 극소를 구할 수 있는지 확인한다.

> $g(x)=\int_{-1}^{x}f(t)dt$이면 $g'(x)=f(x)$야.

$g(x)=\int_{-1}^{x}f(t)dt$의 양변을 x에 대하여 미분하면

$g'(x)=f(x)$

$f(x)$의 그래프가 x축과 만나는 점의 x좌표가

$x=-1$, $x=3$이므로

$f(x)=a(x+1)(x-3)$ $(a<0)$이라 하면

$g'(x)=a(x+1)(x-3)$

$g'(x)=0$인 x의 값은

$x=-1$ 또는 $x=3$

함수 $g(x)$의 증가, 감소를 표로 나타내면 다음과 같다.

x	$\cdots$	-1	$\cdots$	3	$\cdots$
$g'(x)$	$-$	0	$+$	0	$-$
$g(x)$	↘	극소	↗	극대	↘

함수 $g(x)$는 $x=3$에서 극대, $x=-1$에서 극소이므로

$a=3$, $b=-1$

$\therefore a-b=3-(-1)=4$

16 1785 답 ③ 유형 9

출제의도 | 우함수, 기함수의 정적분을 계산할 수 있는지 확인한다.

> $f(-x)=f(x)$이면 $f(x)$는 우함수야.

$f(-x)=f(x)$이면 $f(x)$는 우함수이므로

$$\int_{-1}^{1}f(x)dx=2\int_{0}^{1}f(x)dx=6$$

$$\therefore \int_{0}^{1}f(x)dx=3$$

$$\int_{-2}^{0}f(x)dx=\int_{0}^{2}f(x)dx$$
$$=\int_{0}^{1}f(x)dx+\int_{1}^{2}f(x)dx$$
$$=3+4=7$$

$f(x)$가 우함수이므로 $xf(x)$는 기함수이다.

$\int_{0}^{2}xf(x)dx=5$이므로 $\int_{-2}^{0}xf(x)dx=-5$

$$\therefore \int_{-2}^{0}(x+3)f(x)dx=\int_{-2}^{0}xf(x)dx+3\int_{-2}^{0}f(x)dx$$
$$=-5+3\times7$$
$$=16$$

17 1786 답 ① 유형 12

출제의도 | 정적분을 포함한 등식이 있을 때 문제를 해결할 수 있는지 확인한다.

> 적분 구간의 위끝, 아래끝이 상수이면 정적분 값은 상수야.

$$f(x)=\int_{-1}^{1}(x+t)f(t)dt+x^3$$
$$=x\int_{-1}^{1}f(t)dt+\int_{-1}^{1}tf(t)dt+x^3$$

$\int_{-1}^{1}f(t)dt=a$, $\int_{-1}^{1}tf(t)dt=b$ (a, b는 상수)라 하면

$f(x)=x^3+ax+b$

이를 $f(x)=\int_{-1}^{1}(x+t)f(t)dt+x^3$에 대입하면

$$x^3+ax+b=\int_{-1}^{1}(x+t)(t^3+at+b)dt+x^3$$
$$=2\int_{0}^{1}(bx+t^4+at^2)dt+x^3$$
$$=2\Big[bxt+\frac{1}{5}t^5+\frac{a}{3}t^3\Big]_{0}^{1}+x^3$$
$$=2\Big(bx+\frac{1}{5}+\frac{1}{3}a\Big)+x^3$$

이므로 양변의 계수를 비교하면

$a=2b$, $\frac{2}{5}+\frac{2}{3}a=b$ $\quad\therefore a=-\frac{12}{5}$, $b=-\frac{6}{5}$

따라서 $f(x)=x^3-\frac{12}{5}x-\frac{6}{5}$이므로 $f(-1)=\frac{1}{5}$

18 1787 답 ⑤ 유형 14

출제의도 | 정적분을 포함한 등식이 있을 때 문제를 해결할 수 있는지 확인한다.

> $\int_{a}^{x}f(t)dt=g(x)$에서 $g(a)=0$, $f(x)=g'(x)$야.

$\int_{1}^{x}f(t)dt=x^3+f(x)-8x$ ······ ㉠

㉠의 양변에 $x=1$을 대입하면

$0=1+f(1)-8$ $\quad\therefore f(1)=7$

㉠의 양변을 x에 대하여 미분하면

$f(x)=3x^2+f'(x)-8$

위 식에 $x=1$을 대입하면

$7=3+f'(1)-8$ $\quad\therefore f'(1)=12$

$f(x)+f'(x)$를 $x-1$로 나눈 나머지는 $f(1)+f'(1)$이므로

$f(1)+f'(1)=19$

19 1788 답 ② 유형 17

출제의도 | $f(x)=\int_{x-a}^{x+b}g(t)dt$ 꼴에서 도함수 $f'(x)$를 구할 수 있는지 확인한다.

> $f(x)=\int_{x-a}^{x+b}g(t)dt$이면 $f'(x)=g(x+b)-g(x-a)$야.

ㄱ. $f(0)=\int_{-1}^{0} t^2\,dt=\left[\frac{1}{3}t^3\right]_{-1}^{0}=\frac{1}{3}$

$f(1)=\int_{0}^{1} t^2\,dt=\left[\frac{1}{3}t^3\right]_{0}^{1}=\frac{1}{3}$

$\therefore f(0)=f(1)$ (참)

ㄴ. $f(1-x)=\int_{-x}^{1-x} t^2\,dt=\int_{x-1}^{x} t^2\,dt=f(x)$

이므로 $f(1-x)=f(x)$

즉, 함수 $f(x)$의 그래프는 직선 $x=\frac{1}{2}$에 대하여 대칭이다. (참)

ㄷ. $f(x)=\int_{x-1}^{x} t^2\,dt$의 양변을 x에 대하여 미분하면

$f'(x)=x^2-(x-1)^2=2x-1$

$f'(x)=0$인 x의 값은 $x=\frac{1}{2}$

즉, 함수 $f(x)$의 극솟값은

$f\left(\frac{1}{2}\right)=\int_{-\frac{1}{2}}^{\frac{1}{2}} t^2\,dt=2\int_{0}^{\frac{1}{2}} t^2\,dt$

$=2\left[\frac{1}{3}t^3\right]_{0}^{\frac{1}{2}}=\frac{1}{12}$ (거짓)

따라서 옳은 것은 ㄱ, ㄴ이다.

20 1789 답 ④ 유형 16

출제의도 | 정적분을 포함한 등식이 있을 때 문제를 해결할 수 있는지 확인한다.

> 주어진 식을 변형한 후 $\int_{1}^{x} f(t)dt=g(x)$의 양변을 x에 대하여 미분하면 $f(x)=g'(x)$야.

$\int_{1}^{x}(t-x)(t+x)f(t)dt=\int_{1}^{x}(t^2-x^2)f(t)dt$

$=\int_{1}^{x}t^2f(t)dt-x^2\int_{1}^{x}f(t)dt$

즉, $\int_{1}^{x}t^2f(t)dt-x^2\int_{1}^{x}f(t)dt=-x^4+ax^3+bx^2+c$

위 식의 양변을 x에 대하여 미분하면

$x^2f(x)-2x\int_{1}^{x}f(t)dt-x^2f(x)=-4x^3+3ax^2+2bx$

$\int_{1}^{x}f(t)dt=2x^2-\frac{3}{2}ax-b$

위 식의 양변을 x에 대하여 미분하면

$f(x)=4x-\frac{3}{2}a$

$f(0)=3$이므로 $-\frac{3}{2}a=3$ $\quad\therefore a=-2$

$\therefore f(x)=4x+3$

$\int_{1}^{x}f(t)dt=2x^2+3x-b$의 양변에 $x=1$을 대입하면

$0=5-b$ $\quad\therefore b=5$

또한 $\int_{1}^{x}t^2f(t)dt-x^2\int_{1}^{x}f(t)dt=-x^4-2x^3+5x^2+c$의 양변에 $x=1$을 대입하면

$0=-1-2+5+c$ $\quad\therefore c=-2$

$\therefore f(b-ac)=f(1)=4+3=7$

21 1790 답 ① 유형 17

출제의도 | 정적분으로 정의된 함수의 극값 조건을 활용할 수 있는지 확인한다.

> $f(x)$가 극값을 갖지 않으려면 $f'(x)\geq0$이거나 $f'(x)\leq0$이어야 해.

$f(x)=\int_{0}^{x}(3at^2+2bt+a)dt$의 양변을 x에 대하여 미분하면

$f'(x)=3ax^2+2bx+a$

함수 $f(x)$가 극값을 갖지 않으므로

모든 실수 x에 대하여 $f'(x)\geq0$이거나 $f'(x)\leq0$이다.

따라서 $f'(x)=0$, 즉 $3ax^2+2bx+a=0$의 판별식을 D라 할 때

$\frac{D}{4}=b^2-3a^2\leq0$ ········· ㉠

또 $f(1)=1$이므로

$f(1)=\int_{0}^{1}(3at^2+2bt+a)dt$

$=\left[at^3+bt^2+at\right]_{0}^{1}$

$=2a+b=1$

$\therefore b=1-2a$ ········· ㉡

㉡을 ㉠에 대입하면

$(1-2a)^2-3a^2\leq0$

$a^2-4a+1\leq0$

$\therefore 2-\sqrt{3}\leq a\leq2+\sqrt{3}$

따라서 정수 a의 최댓값은 3이다.

22 1791 답 2 유형 8

출제의도 | $\int_{-a}^{a}x^n dx$ (n은 자연수)를 계산할 수 있는지 확인한다.

STEP 1 주어진 정적분의 식 간단히 하기 [4점]

$\int_{-1}^{1}(x^3+ax^2-1)dx=\left[\frac{1}{4}x^4+\frac{a}{3}x^3-x\right]_{-1}^{1}$

$=\frac{2}{3}a-2$

STEP 2 상수 a의 값 구하기 [2점]

$\frac{2}{3}a-2=-\frac{2}{3}$에서 $a=2$

23 1792 답 8 유형 13

출제의도 | 정적분을 포함한 등식이 있을 때 문제를 해결할 수 있는지 확인한다.

STEP 1 $\int_{a}^{a}f(x)dx=0$임을 이용하여 $f(1)$의 값 구하기 [1점]

$xf(x)=x^3-x^2+\int_{1}^{x}f(t)dt$ ········· ㉠

㉠의 양변에 $x=1$을 대입하면

$f(1)=1-1+0=0$

STEP 2 주어진 식의 양변을 x에 대하여 미분하여 $f'(x)$ 구하기 [2점]

㉠의 양변을 x에 대하여 미분하면

$f(x)+xf'(x)=3x^2-2x+f(x)$

$xf'(x)=3x^2-2x$

$\therefore f'(x)=3x-2$

STEP 3 $f(x)$를 구하고, $f(3)$의 값 구하기 [3점]

$f(x)=\int f'(x)dx=\int(3x-2)dx=\frac{3}{2}x^2-2x+C$

이때 $f(1)=0$이므로

$\frac{3}{2}-2+C=0 \quad \therefore C=\frac{1}{2}$

따라서 $f(x)=\frac{3}{2}x^2-2x+\frac{1}{2}$이므로

$f(3)=\frac{27}{2}-6+\frac{1}{2}=8$

24 1793 답 -4 유형7

출제의도 | 정적분의 정의를 이용하여 문제를 해결할 수 있는지 확인한다.

STEP 1 그래프를 보고 함수 $f(x)$ 구하기 [3점]

그래프에서 $f(-2)=f(2)=f(6)=0$이므로

$f(x)=k(x+2)(x-2)(x-6)\ (k>0)$

이라 하면 $f(0)=8$이므로

$k\times2\times(-2)\times(-6)=8,\ 24k=8$

$\therefore k=\frac{1}{3}$

$\therefore f(x)=\frac{1}{3}(x+2)(x-2)(x-6)$

STEP 2 $\int_a^{a+4}f'(x)dx=0$을 만족시키는 a의 값 구하기 [3점]

$\int_a^{a+4}f'(x)dx=f(a+4)-f(a)$이므로

$f(a+4)-f(a)=0$에서

$\frac{1}{3}(a+6)(a+2)(a-2)-\frac{1}{3}(a+2)(a-2)(a-6)=0$

→ $\frac{1}{3}(a+2)(a-2)\{(a+6)-(a-6)\}=0$

$4(a+2)(a-2)=0$

$4(a+2)(a-2)=0$

$\therefore a=-2$ 또는 $a=2$

STEP 3 모든 실수 a의 값의 곱 구하기 [1점]

모든 실수 a의 값의 곱은

$(-2)\times2=-4$

25 1794 답 12 유형9 + 유형17

출제의도 | 우함수, 기함수의 정적분을 계산할 수 있는지 확인한다.

STEP 1 $f(x)$가 기함수임을 이용하여 $f(x)$와 $f'(x)$의 식 세우기 [2점]

(가)에서 $f(-x)=-f(x)$이므로 $f(x)$는 홀수 차수의 항으로 이루어져 있다.

$f(x)=ax^3+bx$ (a, b는 상수, $a\neq0$)라 하면 $f'(x)=3ax^2+b$

STEP 2 $f'(1)=0$, $f(1)=-3$을 이용하여 $f'(x)$ 구하기 [2점]

(나)에서 함수 $f(x)$는 $x=1$에서 극솟값 -3을 가지므로

$f'(1)=0,\ f(1)=-3$

즉, $3a+b=0,\ a+b=-3$

두 식을 연립하여 풀면

$a=\frac{3}{2},\ b=-\frac{9}{2}$

$\therefore f'(x)=\frac{9}{2}x^2-\frac{9}{2}=\frac{9}{2}(x^2-1)$

STEP 3 $\int_{-1}^{1}(x+2)|f'(x)|dx$의 값 구하기 [3점]

$\int_{-1}^{1}(x+2)|f'(x)|dx=\int_{-1}^{1}\left\{-\frac{9}{2}(x^2-1)(x+2)\right\}dx$

→ $-1\le x\le1$일 때 $|f'(x)|=\left|\frac{9}{2}(x^2-1)\right|=-\frac{9}{2}(x^2-1)$

$=-\frac{9}{2}\times2\int_0^1(2x^2-2)dx$

$=-9\left[\frac{2}{3}x^3-2x\right]_0^1=12$

실력 check 실전 마무리하기 2회 377쪽~381쪽

1 1795 답 ⑤ 유형3

출제의도 | 정적분의 성질을 알고 있는지 확인한다.

$\int_a^b f(x)dx\pm\int_a^b g(x)dx=\int_a^b\{f(x)\pm g(x)\}dx$임을 이용해.

$\int_1^2(x^2+x)dx+\int_1^2(2x^2-x)dx=\int_1^2 3x^2dx$

$=\left[x^3\right]_1^2$

$=8-1=7$

2 1796 답 ① 유형3

출제의도 | 정적분의 성질을 알고 있는지 확인한다.

$\int_a^b f(x)dx=-\int_b^a f(x)dx$야.

$\int_1^3(2x+1)^2dx+\int_3^1(2x-1)^2dx$

$=\int_1^3(2x+1)^2dx-\int_1^3(2x-1)^2dx$

$=\int_1^3(4x^2+4x+1-4x^2+4x-1)dx$

$=\int_1^3 8x\,dx=\left[4x^2\right]_1^3=36-4=32$

3 1797 답 ② 유형4

출제의도 | 정적분의 성질을 알고 있는지 확인한다.

$\int_a^c f(x)dx+\int_c^b f(x)dx=\int_a^b f(x)dx$임을 이용해.

$\int_0^2 (t^2+1)dt+\int_2^3 (3x^2-1)dx+2\int_0^2 (s^2-1)ds$

$=\int_0^2 (x^2+1)dx+\int_2^3 (x^2+1+2x^2-2)dx+2\int_0^2 (x^2-1)dx$

$=\int_0^2 (x^2+1)dx+\int_2^3 (x^2+1)dx$

$\qquad +2\int_2^3 (x^2-1)dx+2\int_0^2 (x^2-1)dx$

$=\int_0^3 (x^2+1)dx+2\int_0^3 (x^2-1)dx$

$=\int_0^3 (x^2+1)dx+\int_0^3 (2x^2-2)dx$

$=\int_0^3 (3x^2-1)dx$

$=\Big[x^3-x\Big]_0^3=24$

4 1798 답 ④ 유형4

출제의도 | 정적분의 성질을 알고 있는지 확인한다.

> $\int_a^c f(x)dx+\int_c^b f(x)dx=\int_a^b f(x)dx$임을 이용해.

$\int_1^2 f(x)dx=\int_1^4 f(x)dx+\int_4^5 f(x)dx+\int_5^2 f(x)dx$

$\qquad =a+c-b$

$\quad \hookrightarrow \int_5^2 f(x)dx=-\int_2^5 f(x)dx=-b$

5 1799 답 ⑤ 유형6

출제의도 | 절댓값 기호를 포함한 함수의 정적분을 계산할 수 있는지 확인한다.

> 절댓값 기호 안의 식의 값이 0이 되게 하는 x의 값을 경계로 적분 구간을 나눠 보자.

$\int_0^3 |x^2-4|dx=\int_0^2 (-x^2+4)dx+\int_2^3 (x^2-4)dx$

$\qquad =\Big[-\frac{1}{3}x^3+4x\Big]_0^2+\Big[\frac{1}{3}x^3-4x\Big]_2^3$

$\qquad =\frac{16}{3}+\frac{7}{3}=\frac{23}{3}$

6 1800 답 ② 유형8

출제의도 | $\int_{-a}^a x^n dx$를 계산할 수 있는지 확인한다.

> n이 홀수일 때, $\int_{-a}^a x^n dx=0$
> n이 짝수일 때, $\int_{-a}^a x^n dx=2\int_0^a x^n dx$야.

$\int_{-1}^1 (2x+1)dx=\int_{-1}^1 2x\,dx+\int_{-1}^1 1\,dx$

$\qquad =0+2\int_0^1 1\,dx=2\Big[x\Big]_0^1$

$\qquad =2\times 1=2$

7 1801 답 ③ 유형8

출제의도 | $\int_{-a}^a x^n dx$ (n은 자연수)를 계산할 수 있는지 확인한다.

> $y=|x|$의 그래프는 y축에 대하여 대칭이야.

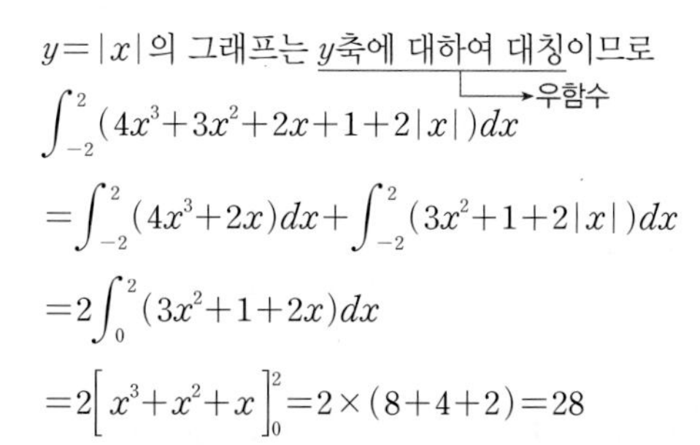

$y=|x|$의 그래프는 y축에 대하여 대칭이므로 (→ 우함수)

$\int_{-2}^2 (4x^3+3x^2+2x+1+2|x|)dx$

$=\int_{-2}^2 (4x^3+2x)dx+\int_{-2}^2 (3x^2+1+2|x|)dx$

$=2\int_0^2 (3x^2+1+2x)dx$

$=2\Big[x^3+x^2+x\Big]_0^2=2\times(8+4+2)=28$

8 1802 답 ② 유형9

출제의도 | 기함수의 성질을 이용한 정적분을 할 수 있는지 확인한다.

> $f(-x)=-f(x)$이므로 $f(0)=0$이야.

$\int_{-3}^0 f'(x)dx=f(0)-f(-3)$

$f(-x)=-f(x)$에 $x=0$을 대입하면

$f(0)=-f(0) \qquad \therefore f(0)=0$

$f(-x)=-f(x)$에 $x=3$을 대입하면

$f(-3)=-f(3)=-1$ ($\because f(3)=1$)

$\therefore \int_{-3}^0 f'(x)dx=f(0)-f(-3)$

$\qquad =0-(-1)=1$

9 1803 답 ⑤ 유형2

출제의도 | 주어진 조건을 활용하여 정적분을 계산할 수 있는지 확인한다.

> $f(x)$가 일차함수이면 $f(x)=ax+b$ (a, b는 상수)라 할 수 있어.

$f(x)$가 일차함수이므로

$f(x)=ax+b$ (a, b는 상수)라 하면

$\int_{-1}^1 \Big[\frac{d}{dx}\{xf(x)\}\Big]dx=\int_{-1}^1 \Big\{\frac{d}{dx}(ax^2+bx)\Big\}dx$

$\qquad =\Big[ax^2+bx\Big]_{-1}^1=2b=4$

$\therefore b=2$

$\int_{-1}^1 xf(x)dx=\int_{-1}^1 (ax^2+2x)dx=\Big[\frac{a}{3}x^3+x^2\Big]_{-1}^1=\frac{2}{3}a=6$

$\therefore a=9$

따라서 $f(x)=9x+2$이므로 $f(2)=20$

10 1804 답 ②

유형 10

출제의도 | 주기함수의 정적분을 할 수 있는지 확인한다.

> $f(x+2)=f(x)$이면 $f(x)$는 주기가 2인 주기함수야.

$$\int_0^{10} f(x)dx=\int_0^1 f(x)dx+\int_1^3 f(x)dx+\int_3^5 f(x)dx$$
$$+\int_5^7 f(x)dx+\int_7^9 f(x)dx+\int_9^{10} f(x)dx$$

(가)에서 $f(x)=f(x+2)$이므로

$$\int_1^3 f(x)dx=\int_3^5 f(x)dx=\int_5^7 f(x)dx=\int_7^9 f(x)dx=2$$

이고

$\int_0^1 f(x)dx=\int_2^3 f(x)dx$, $\int_9^{10} f(x)dx=\int_1^2 f(x)dx$이므로

$$\int_0^1 f(x)dx+\int_9^{10} f(x)dx=\int_1^3 f(x)dx$$

$$\therefore \int_0^{10} f(x)dx=5\int_1^3 f(x)dx=5\times2=10$$

11 1805 답 ②

유형 12

출제의도 | 적분 구간이 상수인 정적분을 포함한 등식에서 $f(x)$를 구할 수 있는지 확인한다.

> $\int_0^2 f(t)dt=k$ (k는 상수)라 하면 $f(x)=3x^2+x+k$야.

$f(x)=3x^2+x+\int_0^2 f(t)dt$에서

$\int_0^2 f(t)dt=k$ (k는 상수)라 하면 $f(x)=3x^2+x+k$이므로

$$\int_0^2 f(t)dt=\int_0^2 (3t^2+t+k)dt$$
$$=\left[t^3+\frac{1}{2}t^2+kt\right]_0^2=10+2k$$

즉, $10+2k=k$이므로 $k=-10$

따라서 $f(x)=3x^2+x-10$이므로

$f(2)=12+2-10=4$

12 1806 답 ①

유형 13

출제의도 | 정적분을 포함한 등식이 있을 때 문제를 해결할 수 있는지 확인한다.

> $\int_1^x f(t)dt=g(x)$의 양변을 x에 대하여 미분하면 $f(x)=g'(x)$야.

$\int_1^x f(t)dt=x^2+x+a$의 양변에 $x=1$을 대입하면

$0=1+1+a \qquad \therefore a=-2$

$\int_1^x f(t)dt=x^2+x-2$의 양변을 x에 대하여 미분하면

$f(x)=2x+1$

$\therefore af(1)=(-2)\times(2+1)=-6$

13 1807 답 ③

유형 13

출제의도 | 적분 구간에 변수가 있는 정적분을 포함한 등식에서 $f(x)$를 구할 수 있는지 확인한다.

> 양변에 $x=12$를 대입하면 $\int_0^1 f(t)dt$의 값을 구할 수 있어.

$\int_{12}^x f(t)dt=-x^3+x^2+\int_0^1 xf(t)dt$의 양변에 $x=12$를 대입하면

$$0=-12^3+12^2+\int_0^1 12f(t)dt$$

$$12\int_0^1 f(t)dt=12^2(12-1)$$

$$\therefore \int_0^1 f(t)dt=132$$

$$\therefore \int_0^1 f(x)dx=132$$

다른 풀이

$$\int_{12}^x f(t)dt=-x^3+x^2+\int_0^1 xf(t)dt$$
$$=-x^3+x^2+x\int_0^1 f(t)dt$$

에서 $\int_0^1 f(t)dt=k$ (k는 상수)라 하면

$$\int_{12}^x f(t)dt=-x^3+x^2+kx$$

양변을 x에 대하여 미분하면

$f(x)=-3x^2+2x+k$이므로

$$\int_{12}^x f(t)dt=\int_{12}^x (-3t^2+2t+k)dt$$
$$=\left[-t^3+t^2+kt\right]_{12}^x$$
$$=-x^3+x^2+kx-(-12^3+12^2+12k)$$

즉, $\underline{-x^3+x^2+kx-12(-132+k)=-x^3+x^2+kx}$이므로 ($x$에 대한 항등식)

$-12(-132+k)=0$

$\therefore k=132$

$$\therefore \int_0^1 f(x)dx=\int_0^1 f(t)dt=132$$

14 1808 답 ①

유형 20

출제의도 | 정적분으로 정의된 함수의 극한값을 구할 수 있는지 확인한다.

> $\lim_{h\to0}\frac{1}{h}\int_2^{2+h} f(t)dt=f(2)$임을 이용해.

$f(x)=x(1-x)$라 하고, $f(x)$의 한 부정적분을 $F(x)$라 하면

$$\lim_{h\to0}\frac{1}{h}\int_2^{2+h} f(x)dx=\lim_{h\to0}\frac{F(2+h)-F(2)}{h}$$
$$=F'(2)=f(2)$$
$$=-2$$

15 1809 답 ③ 유형 6

출제의도 | 절댓값 기호를 포함한 함수의 정적분을 계산할 수 있는지 확인한다.

> 절댓값 기호 안의 식의 값이 0이 되게 하는 x의 값을 경계로 적분 구간을 나누어야 해.

(i) $x<1$일 때, $\int_0^x \{-(t-1)\}dt=x$

$\left[-\frac{1}{2}t^2+t\right]_0^x=x$

$-\frac{1}{2}x^2+x=x$

$x^2=0 \quad \therefore x=0$

(ii) $x\geq 1$일 때

$\int_0^1 \{-(t-1)\}dt+\int_1^x (t-1)dt=x$

$\left[-\frac{1}{2}t^2+t\right]_0^1+\left[\frac{1}{2}t^2-t\right]_1^x=x$

$\frac{1}{2}+\frac{1}{2}x^2-x+\frac{1}{2}=x$

$\frac{1}{2}x^2-2x+1=0,\ x^2-4x+2=0$

$\therefore x=2+\sqrt{2}\ (\because x\geq 1)$

$\therefore \alpha^2+\beta^2=0^2+(2+\sqrt{2})^2$

$=6+4\sqrt{2}$

16 1810 답 ④ 유형 10

출제의도 | 주기함수의 정적분을 구할 수 있는지 확인한다.

> 모든 정수 m에 대하여 $\int_m^{m+2} f(x)dx=4$이므로
> $\int_0^2 f(x)dx=\int_2^4 f(x)dx=\cdots=4$임을 이용해.

(가)에서 모든 정수 m에 대하여 $\int_m^{m+2} f(x)dx=4$이므로

→ 주기가 2인 주기함수

$\int_1^{10} f(x)dx$

$=\int_0^{10} f(x)dx-\int_0^1 f(x)dx$

$=\int_0^2 f(x)dx+\int_2^4 f(x)dx+\int_4^6 f(x)dx+\int_6^8 f(x)dx+\int_8^{10} f(x)dx-\int_0^1 f(x)dx$

$=5\times 4-\int_0^1 f(x)dx$ ······ ㉠

이때 (나)에서 $0\leq x\leq 2$일 때, $f(x)=x^3-6x^2+8x$이므로

$\int_0^1 f(x)dx=\int_0^1 (x^3-6x^2+8x)dx$

$=\left[\frac{1}{4}x^4-2x^3+4x^2\right]_0^1$

$=\frac{9}{4}$

이 값을 ㉠에 대입하면

$\int_1^{10} f(x)dx=20-\frac{9}{4}=\frac{71}{4}$

17 1811 답 ④ 유형 16

출제의도 | 정적분을 포함한 등식이 있을 때 문제를 해결할 수 있는지 확인한다.

> $\int_1^x (x-t)f(t)dt=x\int_1^x f(t)dt-\int_1^x tf(t)dt$로 식을 변형해야 해.

$\int_1^x (x-t)f(t)dt=x^3+ax^2-x+b$ ······ ㉠

㉠의 양변에 $x=1$을 대입하면

$0=1+a-1+b \quad \therefore b=-a$

$\int_1^x (x-t)f(t)dt=x\int_1^x f(t)dt-\int_1^x tf(t)dt$이므로 ㉠에서

$x\int_1^x f(t)dt-\int_1^x tf(t)dt=x^3+ax^2-x+b$

양변을 x에 대하여 미분하면

$\int_1^x f(t)dt+xf(x)-xf(x)=3x^2+2ax-1$

$\int_1^x f(t)dt=3x^2+2ax-1$

양변에 $x=1$을 대입하면

$0=3+2a-1 \quad \therefore a=-1$

$a=-1$을 $b=-a$에 대입하면 $b=1$

$\int_1^x f(t)dt=3x^2-2x-1$의 양변을 x에 대하여 미분하면

$f(x)=6x-2$

따라서 $f(1)=4$이므로

$b+f(1)=1+4=5$

18 1812 답 ② 유형 17

출제의도 | 정적분으로 정의된 함수의 극값 조건을 활용할 수 있는지 확인한다.

> 함수 $F(x)$가 오직 하나의 극값을 가지려면 $F'(x)$의 부호가 단 한 번만 바뀌어야 해.

$F(x)=\int_0^x f(t)dt$의 양변을 x에 대하여 미분하면

$F'(x)=f(x)$

이때 함수 $F(x)$가 오직 하나의 극값을 가지면 $F'(x)$, 즉 $f(x)$의 부호가 오직 한 번만 바뀐다.

$f(x)=\frac{1}{3}x^3-4x+a$에서

$f'(x)=x^2-4=(x+2)(x-2)$

$f'(x)=0$에서 $x=-2$ 또는 $x=2$

즉, 함수 $f(x)$는 $x=-2$에서 극댓값, $x=2$에서 극솟값을 갖는다.

이때 a는 자연수이므로 극솟값은 $a-\frac{16}{3}$이고 이 극솟값이 0 이상이 되어야만 $F'(x)=f(x)$의 부호가 오직 한 번만 바뀔 수 있다.

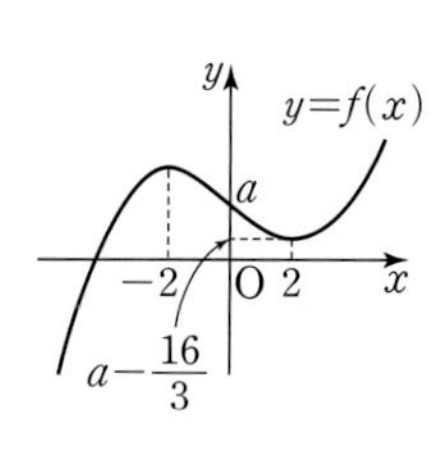

따라서 $a\geq\frac{16}{3}=5.33\cdots$이므로 자연수 a의 최솟값은 6이다.

19 1813 답 ①

유형 20

출제의도 | 정적분으로 정의된 함수의 극한값을 구할 수 있는지 확인한다.

$\lim_{x \to a} \frac{1}{x-a}\int_a^x f(t)dt=f(a)$임을 이용해.

$f(x)$의 한 부정적분을 $F(x)$라 하면

(가)에서 $\lim_{x \to 1} \frac{\int_1^{x^2} f(t)dt}{x-1}=4$이므로

$$\lim_{x \to 1} \frac{\int_1^{x^2} f(t)dt}{x-1}=\lim_{x \to 1} \frac{F(x^2)-F(1)}{x^2-1}\times(x+1)$$
$$=2F'(1)$$
$$=2f(1)$$
$$=4$$

즉, $f(1)=2$이므로

$f(1)=3+a+b=2 \quad \therefore a+b=-1$ ······ ㉠

(나)에서 $\int_0^1 f'(x)dx=5$이므로

$\int_0^1 f'(x)dx=f(1)-f(0)=2-b$

즉, $2-b=5$에서 $b=-3$

$b=-3$을 ㉠에 대입하면

$a=2$

$\therefore ab=2\times(-3)=-6$

20 1814 답 ④

유형 14

출제의도 | 정적분을 포함한 등식에서 $f(x)$를 구할 수 있는지 확인한다.

함수 $f(x)$의 최고차항을 ax^n이라 하고 n의 값을 찾아야 해.

$\int_1^x f(t)dt=\frac{x-1}{2}\{f(x)+f(1)\}$의 양변을 x에 대하여 미분하면

$f(x)=\frac{1}{2}f(x)+\frac{1}{2}f(1)+\frac{x-1}{2}f'(x)$

$\frac{1}{2}f(x)=\frac{1}{2}f(1)+\frac{x-1}{2}f'(x)$

$\therefore f(x)=f(1)+(x-1)f'(x)$

$f(x)$의 최고차항을 ax^n이라 하면 (a는 0이 아닌 상수, n은 자연수)

$(x-1)f'(x)$의 최고차항은 $x\times anx^{n-1}=anx^n$이므로

$ax^n=anx^n \quad \therefore n=1$ ($\because a\neq0$)

따라서 $f(x)$는 일차함수이고, $f(0)=1$이므로

$f(x)=ax+1$

(나)에서

$$\int_0^2 f(x)dx=\int_0^2 (ax+1)dx$$
$$=\left[\frac{a}{2}x^2+x\right]_0^2=2a+2$$

$$\int_{-1}^1 xf(x)dx=\int_{-1}^1 (ax^2+x)dx$$

$\int_{-1}^1 xdx=0$

$$=2\int_0^1 ax^2\,dx=2\left[\frac{a}{3}x^3\right]_0^1=\frac{2a}{3}$$

이고, $\int_0^2 f(x)dx=5\int_{-1}^1 xf(x)dx$이므로

$2a+2=5\times\frac{2a}{3}$, $\frac{4}{3}a=2$

$\therefore a=\frac{3}{2}$

따라서 $f(x)=\frac{3}{2}x+1$이므로

$f(4)=\frac{3}{2}\times4+1=7$

21 1815 답 ②

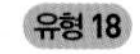

유형 18

출제의도 | 정적분을 포함한 등식에서 $g'(x)$를 구할 수 있는지 확인한다.

$g(x)\le g(3)$이므로 함수 $g(x)$는 $x=3$에서 극대야.

$g(x)=\int_0^x f(t)dt-xf(x)$의 양변을 x에 대하여 미분하면

$g'(x)=f(x)-\{f(x)+xf'(x)\}$

$\quad =-xf'(x)$

삼차함수 $f(x)$의 최고차항의 계수가 4이므로

$f'(x)$는 이차항의 계수가 12인 이차함수이고,

$g'(x)$는 최고차항의 계수가 -12인 삼차함수이다.

모든 실수 x에 대하여 $g(x)\le g(3)$이므로

함수 $g(x)$는 $x=3$에서 최대이고 극대이다.

즉, $g'(3)=0$

이때 사차함수 $g(x)$가 $x=3$에서 오직 한 개의 극값만 가지므로

$g'(x)=-12x^2(x-3)$

$$\therefore \int_0^1 g'(x)dx=\int_0^1 \{-12x^2(x-3)\}dx$$
$$=\int_0^1 (-12x^3+36x^2)dx$$
$$=\left[-3x^4+12x^3\right]_0^1$$
$$=9$$

22 1816 답 8

유형 1

출제의도 | 정적분을 계산할 수 있는지 확인한다.

STEP 1 **상수 a, b의 값 구하기 [4점]**

$f(-2)=0$이므로 $4-2a+b=0$

$\therefore 2a-b=4$ ······ ㉠

$\int_0^1 f(x)dx=\frac{4}{3}$이므로

$$\int_0^1 (x^2+ax+b)dx=\left[\frac{1}{3}x^3+\frac{a}{2}x^2+bx\right]_0^1$$
$$=\frac{1}{3}+\frac{a}{2}+b=\frac{4}{3}$$

$\therefore a+2b=2$ ······ ㉡

㉠, ㉡을 연립하여 풀면

$a=2$, $b=0$

STEP 2 **$f(x)$를 구하고, $f(2)$의 값 구하기 [2점]**

$f(x)=x^2+2x$이므로

$f(2)=2^2+2\times2=8$

23 1817 답 1

유형 13

출제의도 | 정적분을 포함한 등식 문제를 해결할 수 있는지 확인한다.

STEP 1 $f(-1)$의 값 구하기 [2점]

$x^2f(x)=-2x^6+3x^4+2\int_{-1}^{x}tf(t)dt$ ······ ㉠

㉠의 양변에 $x=-1$을 대입하면

$f(-1)=1$

STEP 2 $f(x)$ 구하기 [3점]

㉠의 양변을 x에 대하여 미분하면

$2xf(x)+x^2f'(x)=-12x^5+12x^3+2xf(x)$

$x^2f'(x)=-12x^5+12x^3$

$f'(x)=-12x^3+12x$

$f(x)=\int f'(x)dx=\int(-12x^3+12x)dx$

$=-3x^4+6x^2+C$

$f(-1)=3+C=1$에서 $C=-2$

$\therefore f(x)=-3x^4+6x^2-2$

STEP 3 $f(1)+f'(-1)$의 값 구하기 [1점]

$f(1)=1$, $f'(-1)=0$이므로

$f(1)+f'(-1)=1$

24 1818 답 13

유형 11

출제의도 | 주어진 조건을 활용하여 문제를 해결할 수 있는지 확인한다.

STEP 1 $\int_{n}^{n+1}4x\,dx$ 계산하기 [2점]

$\int_{n}^{n+2}f(x)dx=\int_{n}^{n+1}4x\,dx=\left[2x^2\right]_{n}^{n+1}$

$=2\{(n+1)^2-n^2\}$

$=4n+2$ (단, $n=0, 1, 2, \cdots$) ······ ㉠

STEP 2 $\int_{0}^{7}f(x)dx$, $\int_{0}^{6}f(x)dx$의 값 구하기 [3점]

(가)에서 $\int_{0}^{1}f(x)dx=1$이고

㉠에 $n=1, 3, 5$를 대입하면

$\int_{1}^{3}f(x)dx=6$, $\int_{3}^{5}f(x)dx=14$, $\int_{5}^{7}f(x)dx=22$이므로

$\int_{0}^{7}f(x)dx=1+6+14+22=43$

└→ $\int_{0}^{7}f(x)dx=\int_{0}^{1}f(x)dx+\int_{1}^{3}f(x)dx+\int_{3}^{5}f(x)dx+\int_{5}^{7}f(x)dx$

㉠에 $n=0, 2, 4$를 대입하면

$\int_{0}^{2}f(x)dx=2$, $\int_{2}^{4}f(x)dx=10$, $\int_{4}^{6}f(x)dx=18$이므로

$\int_{0}^{6}f(x)dx=2+10+18=30$

STEP 3 $\int_{6}^{7}f(x)dx$의 값 구하기 [2점]

$\int_{0}^{7}f(x)dx=\int_{0}^{6}f(x)dx+\int_{6}^{7}f(x)dx$이므로

$43=30+\int_{6}^{7}f(x)dx$

$\therefore \int_{6}^{7}f(x)dx=13$

25 1819 답 7

유형 14

출제의도 | 정적분을 포함한 등식이 있을 때 문제를 해결할 수 있는지 확인한다.

STEP 1 다항함수 $f(x)$의 차수 구하기 [2점]

$f(x)$를 n차 다항식이라 하면 $xf(x)$는 $(n+1)$차 다항식이다.

또한 $g(x)=\int_{0}^{x}tf(t)dt$는 $(n+2)$차 다항식이다.

그러므로 $f(x)g(x)$는 $(2n+2)$차 다항식이다.

(i) $n\geq 2$일 때,

$f(x)g(x)=g(x)+\frac{4}{3}x^4+x^3$의 좌변의 최고차항의 차수는 $2n+2$, 우변의 최고차항의 차수는 $n+2$이므로

$2n+2=n+2$에서 $n=0$

그런데 $n\geq 2$의 조건에 맞지 않는다.

(ii) $n=1$일 때,

$f(x)g(x)=g(x)+\frac{4}{3}x^4+x^3$의 좌변의 최고차항의 차수는 $2n+2=4$, 우변의 최고차항의 차수는 4이므로 좌변과 우변의 차수가 같다.

(iii) $n=0$, 즉 $f(x)$가 상수함수일 때,

$f(x)g(x)=g(x)+\frac{4}{3}x^4+x^3$의 좌변의 최고차항의 차수는 2, 우변의 최고차항의 차수는 4이므로 조건에 맞지 않는다.

(i), (ii), (iii)에서 $f(x)$는 일차함수이다.

STEP 2 $f(x)$, $g(x)$의 식 세우기 [2점]

$f(x)=ax+b$ (a, b는 상수)라 하자.

$g(x)=\int_{0}^{x}tf(t)dt$의 양변을 x에 대하여 미분하면

$g'(x)=xf(x)=ax^2+bx$

$\therefore g(x)=\int_{0}^{x}(at^2+bt)dt=\left[\frac{a}{3}t^3+\frac{b}{2}t^2\right]_{0}^{x}$

$=\frac{a}{3}x^3+\frac{b}{2}x^2$

STEP 3 $f(3)$의 값 구하기 [3점]

$f(x)$, $g(x)$를 $f(x)g(x)=g(x)+\frac{4}{3}x^4+x^3$에 대입하면

$(ax+b)\left(\frac{a}{3}x^3+\frac{b}{2}x^2\right)=\left(\frac{a}{3}x^3+\frac{b}{2}x^2\right)+\frac{4}{3}x^4+x^3$

$\frac{a^2}{3}x^4+\left(\frac{ab}{3}+\frac{ab}{2}\right)x^3+\frac{b^2}{2}x^2=\frac{4}{3}x^4+\left(\frac{a}{3}+1\right)x^3+\frac{b}{2}x^2$

양변의 계수를 비교하면

$\frac{a^2}{3}=\frac{4}{3}$에서 $a^2=4$

$\frac{ab}{3}+\frac{ab}{2}=\frac{a}{3}+1$에서 $5ab=2a+6$

$\frac{b^2}{2}=\frac{b}{2}$에서 $b^2=b$

위 식을 연립하여 풀면 $a=2$, $b=1$

따라서 $f(x)=2x+1$이므로 $f(3)=7$

09 정적분의 활용

핵심 개념 386쪽~387쪽

1820 답 $\frac{8}{3}$

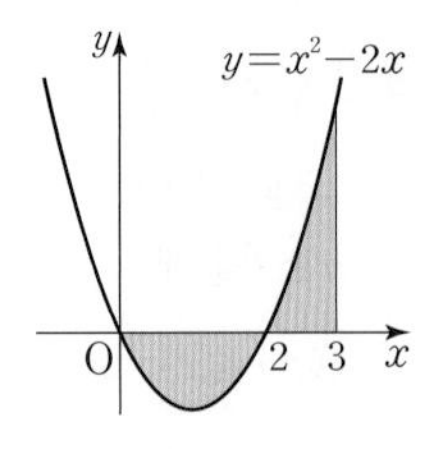

곡선 $y=x^2-2x$와 x축의 교점의 x좌표는

$x^2-2x=0$에서

$x(x-2)=0 \qquad \therefore x=0$ 또는 $x=2$

구간 $[0, 2]$에서 $x^2-2x \le 0$

구간 $[2, 3]$에서 $x^2-2x \ge 0$

따라서 구하는 도형의 넓이는

$$\int_0^3 |x^2-2x|dx=\int_0^2 (-x^2+2x)dx+\int_2^3 (x^2-2x)dx$$

$$=\left[-\frac{1}{3}x^3+x^2\right]_0^2+\left[\frac{1}{3}x^3-x^2\right]_2^3$$

$$=\frac{4}{3}+\frac{4}{3}=\frac{8}{3}$$

1821 답 36

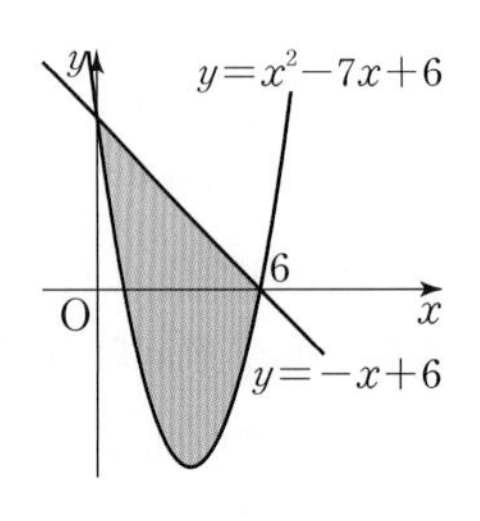

곡선 $y=x^2-7x+6$과 직선 $y=-x+6$의 교점의 x좌표는

$x^2-7x+6=-x+6$에서

$x^2-6x=0$, $x(x-6)=0$

$\therefore x=0$ 또는 $x=6$

구간 $[0, 6]$에서 $-x+6 \ge x^2-7x+6$

따라서 구하는 도형의 넓이는

$$\int_0^6 \{(-x+6)-(x^2-7x+6)\}dx=\int_0^6 (-x^2+6x)dx$$

$$=\left[-\frac{1}{3}x^3+3x^2\right]_0^6$$

$$=36$$

1822 답 3

두 도형 A, B의 넓이가 서로 같으므로

$$\int_0^k (-x^2+2x)dx=0$$

$\left[-\frac{1}{3}x^3+x^2\right]_0^k=0$, $-\frac{1}{3}k^3+k^2=0$, $k^2\left(-\frac{1}{3}k+1\right)=0$

$\therefore k=3$ ($\because k>0$)

1823 답 $-\frac{8}{3}$

$y=-x^2+4x+k=-(x-2)^2+k+4$

이므로 곡선 $y=-x^2+4x+k$는 직선 $x=2$에 대하여 대칭이다.

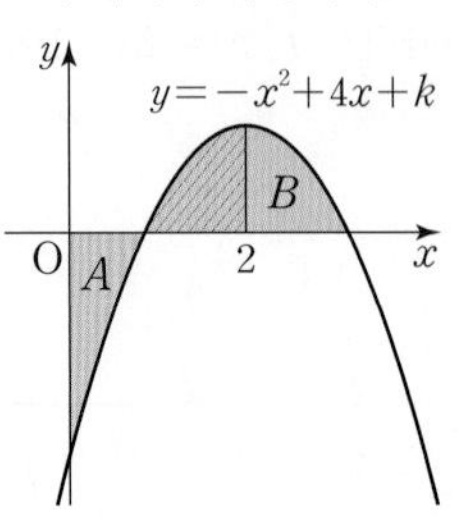

이때 $A : B=1 : 2$이므로 그림에서 빗금 친 도형의 넓이는 A와 같다.

따라서 구간 $[0, 2]$에서 곡선 $y=-x^2+4x+k$와 x축, y축 및 직선 $x=2$로 둘러싸인 두 도형의 넓이가 서로 같으므로

$$\int_0^2 (-x^2+4x+k)dx=0$$

$$\left[-\frac{1}{3}x^3+2x^2+kx\right]_0^2=0$$

$$\frac{16}{3}+2k=0$$

$2k=-\frac{16}{3} \qquad \therefore k=-\frac{8}{3}$

1824 답 $\frac{2}{3}$

함수 $f(x)$의 역함수가 $g(x)$이므로 두 곡선 $y=f(x)$, $y=g(x)$는 직선 $y=x$에 대하여 대칭이다.

즉, 그림에서

(A의 넓이)=(B의 넓이)이므로

$\int_0^1 g(x)dx$

$=$(A의 넓이)$+$(C의 넓이)

$=1\times1-$(B의 넓이)

$=1-$(A의 넓이)

$=1-\int_0^1 f(x)dx$

$=1-\frac{1}{3}=\frac{2}{3}$

1825 답 7

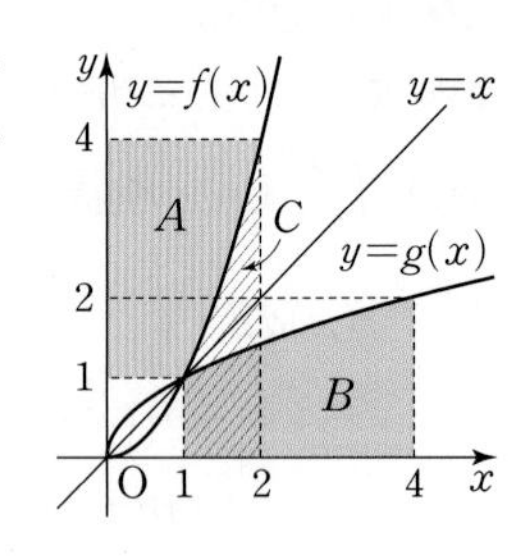

함수 $f(x)$의 역함수가 $g(x)$이므로 두 곡선 $y=f(x)$, $y=g(x)$는 직선 $y=x$에 대하여 대칭이다.

즉, 그림에서

(A의 넓이)=(B의 넓이)

이므로

$\int_1^2 f(x)dx+\int_1^4 g(x)dx$

$=$(C의 넓이)$+$(B의 넓이)

$=$(C의 넓이)$+$(A의 넓이)

$=2\times4-1\times1=7$

1826 답 (1) 0 (원점) (2) $\frac{8}{3}$

(1) $t=3$에서 점 P의 위치는

$$0+\int_0^3 v(t)dt=\int_0^3 (-t^2+2t)dt$$

$$=\left[-\frac{1}{3}t^3+t^2\right]_0^3$$

$=0$ (원점)

(2) $t=0$에서 $t=3$까지 점 P가 움직인 거리는

$$\int_0^3 |v(t)|dt=\int_0^3 |-t^2+2t|dt$$

$$=\int_0^2 (-t^2+2t)dt+\int_2^3 (t^2-2t)dt$$

$$=\left[-\frac{1}{3}t^3+t^2\right]_0^2+\left[\frac{1}{3}t^3-t^2\right]_2^3$$

$$=\frac{4}{3}+\frac{4}{3}=\frac{8}{3}$$

1827 답 3

$t=0$에서 $t=3$까지 점 P가 움직인 거리는

$$\int_0^3 |v(t)|dt = \int_0^2 |v(t)|dt + \int_2^3 |v(t)|dt$$
$$= \frac{1}{2}\times 2\times 2 + \frac{1}{2}\times 1\times 2$$
$$= 2+1=3$$

기출 유형 check 실전 준비하기 388쪽~416쪽

1828 답 25

직선 $y=-2x-10$과 x축 및 y축으로 둘러싸인 도형은 그림과 같은 직각삼각형이므로 구하는 넓이는

$\frac{1}{2}\times 5\times 10=25$

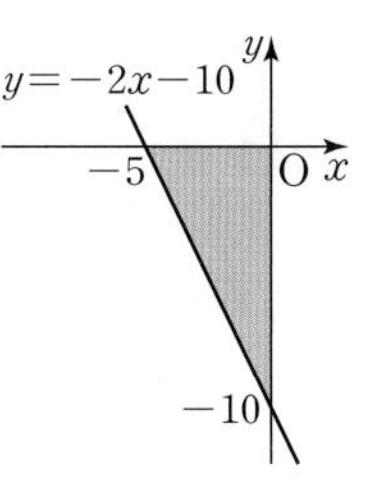

1829 답 8

$y=f(x)$의 그래프와 x축으로 둘러싸인 도형은 윗변의 길이가 2, 아랫변의 길이가 6, 높이가 2인 사다리꼴이므로 구하는 넓이는

$\frac{1}{2}\times(2+6)\times 2=8$

1830 답 4

$y=x-1$, $y=-x+5$를 연립하여 풀면 $x=3$, $y=2$

즉, 두 직선의 교점의 좌표는 $(3, 2)$이므로 두 직선과 x축으로 둘러싸인 도형은 밑변의 길이가 4, 높이가 2인 삼각형이다.

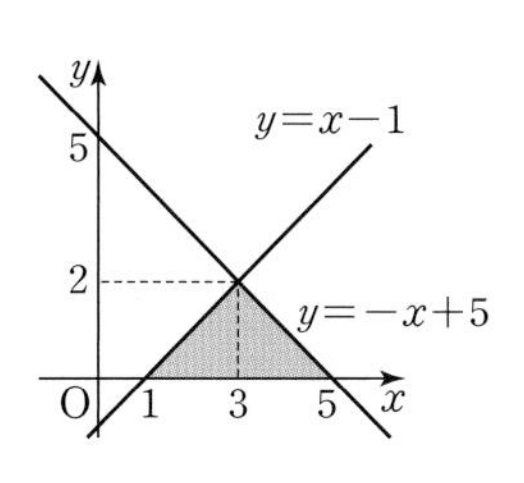

따라서 구하는 넓이는 $\frac{1}{2}\times 4\times 2=4$

1831 답 $\frac{35}{4}$

직선 $y=\frac{1}{2}x+2$와 x축 및 두 직선 $x=-3$, $x=2$로 둘러싸인 도형은 그림과 같으므로 구하는 넓이는

$\frac{1}{2}\times 6\times 3-\frac{1}{2}\times 1\times\frac{1}{2}=\frac{35}{4}$

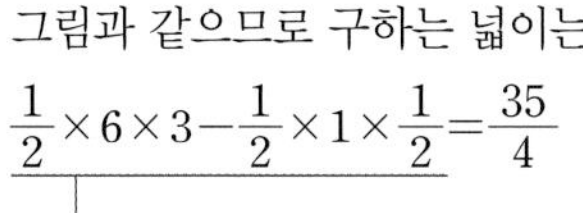

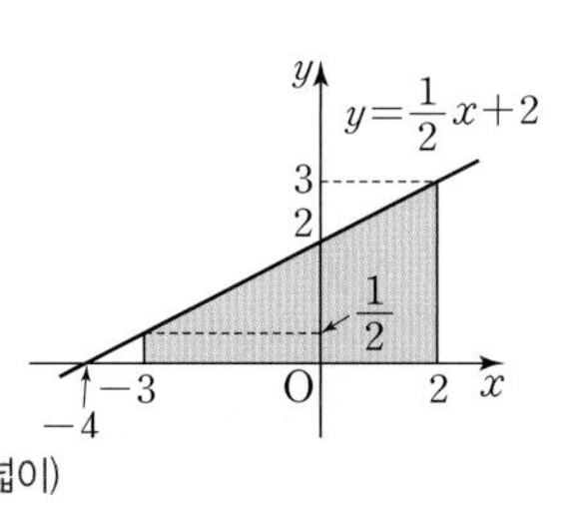

1832 답 ㄱ, ㄴ

ㄱ. 자동차가 가장 빨리 달릴 때는 2분에서 5분 사이로 그때의 속력은 60 km/h이다. (참)

ㄴ. 자동차의 속력이 감소한 때는 5분부터 6분까지와 10분부터 11분까지이므로 처음으로 감소하기 시작한 것은 출발한 지 5분 후이다. (참)

ㄷ. 자동차는 6분부터 8분까지 정지했다. (거짓)

따라서 옳은 것은 ㄱ, ㄴ이다.

1833 답 ㄴ, ㄷ

ㄱ. 두 지점 A, B 사이의 거리는 3 m이다. (거짓)

ㄴ. 10초마다 출발한 A 지점으로 돌아오므로 30초 동안 A, B 사이를 3번 왕복했다. (참)

ㄷ. 출발한 지 10초 후일 때와 20초 후일 때 로봇은 A 지점에 있으므로 로봇의 위치는 같다. (참)

ㄹ. 로봇은 5초 후에 B 지점에서 다시 A 지점으로 운동하므로 출발하여 운동 방향을 처음 바꾸는 것은 5초 후이다. (거짓)

따라서 옳은 것은 ㄴ, ㄷ이다.

1834 답 ② | 유형 1

곡선 $y=3(x+1)(x-5)$와 x축 및 두 직선 $x=1$, $x=3$으로 둘러싸인 도형의 넓이는?

단서1 단서2

① 49 ② 52 ③ 55
④ 58 ⑤ 61

단서1 곡선과 x축의 교점
단서2 $[1, 3]$에서 정적분 이용

STEP 1 곡선과 x축의 교점의 x좌표를 구하여 그래프 그리기

곡선 $y=3(x+1)(x-5)$와 x축의 교점의 x좌표는

$3(x+1)(x-5)=0$에서

$x=-1$ 또는 $x=5$

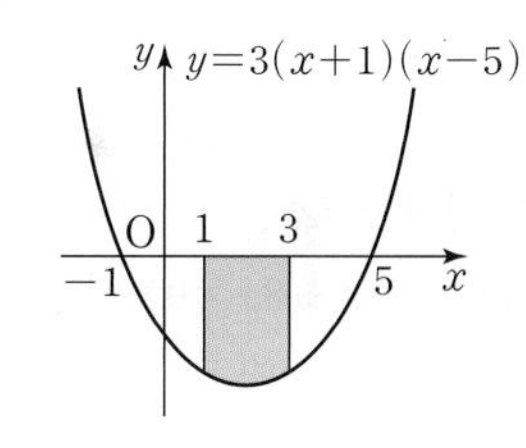

STEP 2 정적분을 이용하여 도형의 넓이 구하기

닫힌구간 $[1, 3]$에서 $3(x+1)(x-5)\le 0$이므로 구하는 넓이는

$$-\int_1^3 (3x^2-12x-15)dx = -\Big[x^3-6x^2-15x\Big]_1^3$$
$$=72-20=52$$

1835 답 ④

$$S=\int_{-1}^2 |x^2-2x|dx$$

→ $|x(x-2)|$이므로
$x\le 0$에서 $x^2-2x\ge 0$
$0\le x\le 2$에서 $x^2-2x\le 0$

$$=\int_{-1}^0 (x^2-2x)dx+\int_0^2 (-x^2+2x)dx$$
$$=\Big[\frac{1}{3}x^3-x^2\Big]_{-1}^0+\Big[-\frac{1}{3}x^3+x^2\Big]_0^2$$
$$=\frac{4}{3}+\frac{4}{3}=\frac{8}{3}$$

따라서 (가) : 0, (나) : 0, (다) : $\frac{8}{3}$이므로

세 수의 합은 $0+0+\frac{8}{3}=\frac{8}{3}$

1836 답 $\frac{4}{3}$

곡선 $y=x^2-1$과 x축의 교점의 x좌표는

$x^2-1=0$에서 $(x+1)(x-1)=0$

$\therefore x=-1$ 또는 $x=1$

따라서 구하는 도형의 넓이는

$$\int_0^{\sqrt{3}}|x^2-1|dx=\int_0^1(-x^2+1)dx+\int_1^{\sqrt{3}}(x^2-1)dx$$
$$=\left[-\frac{1}{3}x^3+x\right]_0^1+\left[\frac{1}{3}x^3-x\right]_1^{\sqrt{3}}$$
$$=\frac{2}{3}+\frac{2}{3}=\frac{4}{3}$$

1837 답 ⑤

곡선 $y=x^3-9x$와 x축의 교점의 x좌표는

$x^3-9x=0$에서

$x(x+3)(x-3)=0$

$\therefore x=-3$ 또는 $x=0$ 또는 $x=3$

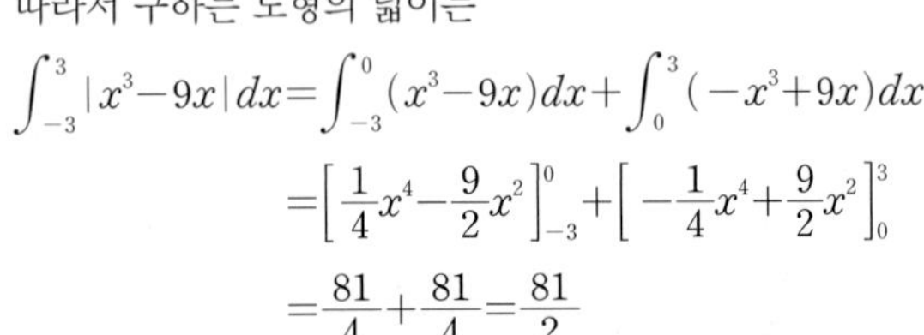

따라서 구하는 도형의 넓이는

$$\int_{-3}^3|x^3-9x|dx=\int_{-3}^0(x^3-9x)dx+\int_0^3(-x^3+9x)dx$$
$$=\left[\frac{1}{4}x^4-\frac{9}{2}x^2\right]_{-3}^0+\left[-\frac{1}{4}x^4+\frac{9}{2}x^2\right]_0^3$$
$$=\frac{81}{4}+\frac{81}{4}=\frac{81}{2}$$

1838 답 2

곡선 $y=4x^3-12x^2+8x$와 x축의 교점의 x좌표는

$4x^3-12x^2+8x=0$에서

$4x(x-1)(x-2)=0$

$\therefore x=0$ 또는 $x=1$ 또는 $x=2$

따라서 구하는 도형의 넓이는

$$\int_0^2|4x^3-12x^2+8x|dx$$
$$=\int_0^1(4x^3-12x^2+8x)dx+\int_1^2(-4x^3+12x^2-8x)dx$$
$$=\left[x^4-4x^3+4x^2\right]_0^1+\left[-x^4+4x^3-4x^2\right]_1^2$$
$$=1+1=2$$

1839 답 ④

곡선 $y=ax^3$과 x축 및 두 직선 $x=-1$, $x=2$로 둘러싸인 도형의 넓이는

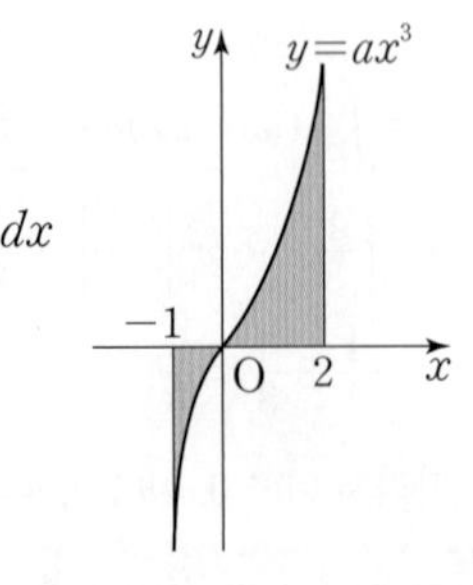

$$\int_{-1}^2|ax^3|dx=\int_{-1}^0(-ax^3)dx+\int_0^2 ax^3\,dx$$
$$=\left[-\frac{a}{4}x^4\right]_{-1}^0+\left[\frac{a}{4}x^4\right]_0^2$$
$$=\frac{a}{4}+4a=\frac{17}{4}a$$

따라서 $\frac{17}{4}a=34$이므로 $a=8$

1840 답 8

곡선 $y=-3x^2+ax$와 x축의 교점의 x좌표는

$-3x^2+ax=0$에서 $-x(3x-a)=0$

$\therefore x=0$ 또는 $x=\frac{a}{3}$

이때 $a>6$이므로 $\frac{a}{3}>2$

즉, 곡선 $y=-3x^2+ax$와 x축 및 두 직선 $x=1$, $x=2$로 둘러싸인 도형의 넓이는

$$\int_1^2(-3x^2+ax)dx=\left[-x^3+\frac{1}{2}ax^2\right]_1^2$$
$$=-7+\frac{3}{2}a$$

따라서 $-7+\frac{3}{2}a=5$이므로

$\frac{3}{2}a=12 \qquad \therefore a=8$

1841 답 ⑤

함수 $f(x)=\begin{cases}-x^2+2x+3 & (x\le1)\\ -x+5 & (x\ge1)\end{cases}$의 그래프와 x축의 교점의 x좌표는

(i) $x\le1$일 때 $-x^2+2x+3=0$에서

$(x+1)(x-3)=0 \qquad \therefore x=-1$

(ii) $x\ge1$일 때 $-x+5=0 \qquad \therefore x=5$

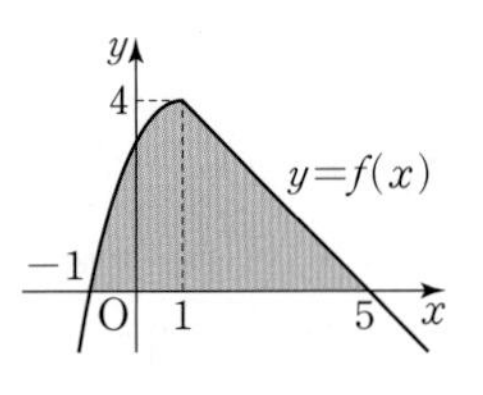

함수 $f(x)$의 그래프와 x축으로 둘러싸인 도형의 넓이는

$$\int_{-1}^5 f(x)dx=\int_{-1}^1(-x^2+2x+3)dx+\int_1^5(-x+5)dx$$
$$=\left[-\frac{1}{3}x^3+x^2+3x\right]_{-1}^1+\left[-\frac{1}{2}x^2+5x\right]_1^5$$
$$=\frac{16}{3}+8$$
$$=\frac{40}{3}$$

따라서 $p=3$, $q=40$이므로

$p+q=43$

1842 답 3

$S_1=\int_0^1 2x^3\,dx=\left[\frac{1}{2}x^4\right]_0^1=\frac{1}{2}$

직사각형의 넓이는 2이므로

$S_2=2-S_1=2-\frac{1}{2}=\frac{3}{2}$

$\therefore \frac{S_2}{S_1}=\frac{\frac{3}{2}}{\frac{1}{2}}=3$

1843 답 20

$F(1)=\int_0^1 f(t)dt=-10$

$F(-2)=\int_0^{-2}f(t)dt=-\int_{-2}^0 f(t)dt=-30$

$\therefore F(1)-F(-2)=-10-(-30)=20$

1844 답 $\frac{3}{2}$

$f(x)=\int f'(x)dx=\int(x^2-1)dx=\frac{1}{3}x^3-x+C$

$f(0)=0$이므로 $C=0$

$\therefore f(x)=\frac{1}{3}x^3-x$

곡선 $y=f(x)$와 x축의 교점의 x좌표는

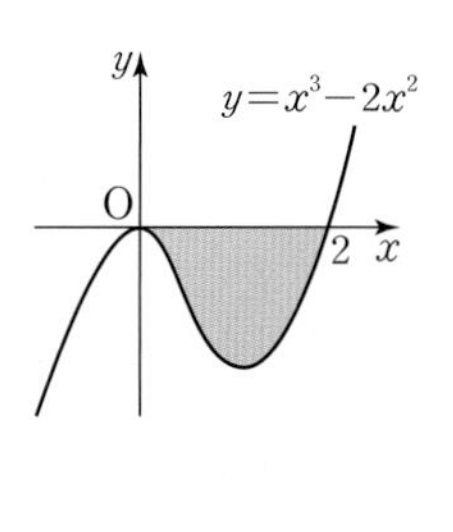

$\frac{1}{3}x^3-x=0$에서

$\frac{1}{3}x(x^2-3)=0$

$\frac{1}{3}x(x+\sqrt{3})(x-\sqrt{3})=0$

$\therefore x=-\sqrt{3}$ 또는 $x=0$ 또는 $x=\sqrt{3}$

따라서 구하는 도형의 넓이는

$\int_{-\sqrt{3}}^{\sqrt{3}}\left|\frac{1}{3}x^3-x\right|dx$

$=\int_{-\sqrt{3}}^{0}\left(\frac{1}{3}x^3-x\right)dx+\int_{0}^{\sqrt{3}}\left(-\frac{1}{3}x^3+x\right)dx$

$=\left[\frac{1}{12}x^4-\frac{1}{2}x^2\right]_{-\sqrt{3}}^{0}+\left[-\frac{1}{12}x^4+\frac{1}{2}x^2\right]_{0}^{\sqrt{3}}$

$=\frac{3}{4}+\frac{3}{4}=\frac{3}{2}$

1845 답 ②

곡선 $y=x^3-2x^2$과 x축의 교점의 x좌표는

$x^3-2x^2=0$에서 $x^2(x-2)=0$ → x^2을 인수로 가지므로 $x=0$에서 접한다.

$\therefore x=0$ 또는 $x=2$

따라서 구하는 도형의 넓이는

$\int_{0}^{2}|x^3-2x^2|dx=\int_{0}^{2}(-x^3+2x^2)dx$

$=\left[-\frac{1}{4}x^4+\frac{2}{3}x^3\right]_{0}^{2}$

$=\frac{4}{3}$

1846 답 $\frac{49}{6}$ | 유형2

곡선 $y=|x(x-3)|$과 x축 및 두 직선 $x=-1$, $x=4$로 둘러싸인 도형의 넓이를 구하시오.

단서1 곡선 $y=x(x-3)$에서 $y<0$인 부분을 x축에 대하여 대칭이동한 곡선

단서2 정적분을 이용하여 넓이를 구하자.

STEP1 $y=|x(x-3)|$의 그래프 그리기

곡선 $y=x(x-3)$과 x축의 교점의 x좌표는

$x(x-3)=0$에서 $x=0$ 또는 $x=3$

곡선 $y=x(x-3)$에서 $y<0$인 부분을 x축에 대하여 대칭이동시켜 → $x(x-3)<0$에서 $0<x<3$인 부분이다.

$y=|x(x-3)|$의 그래프를 그리면 그림과 같다.

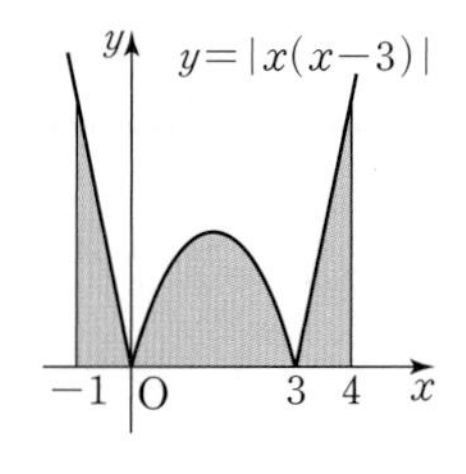

STEP2 절댓값 기호 안의 식의 값이 0이 되는 x의 값을 기준으로 구간을 나누어 넓이 구하기

구하는 도형의 넓이는

$\int_{-1}^{4}|x(x-3)|dx$

$=\int_{-1}^{0}(x^2-3x)dx+\int_{0}^{3}(-x^2+3x)dx+\int_{3}^{4}(x^2-3x)dx$

$=\left[\frac{1}{3}x^3-\frac{3}{2}x^2\right]_{-1}^{0}+\left[-\frac{1}{3}x^3+\frac{3}{2}x^2\right]_{0}^{3}+\left[\frac{1}{3}x^3-\frac{3}{2}x^2\right]_{3}^{4}$

$=\frac{11}{6}+\frac{9}{2}+\frac{11}{6}=\frac{49}{6}$

참고 곡선 $y=x(x-3)$과 x축 및 두 직선 $x=-1$, $x=4$로 둘러싸인 도형의 넓이는 $\int_{-1}^{4}|x(x-3)|dx$이므로 곡선 $y=|x(x-3)|$과 x축 및 두 직선 $x=-1$, $x=4$로 둘러싸인 도형의 넓이와 같다.

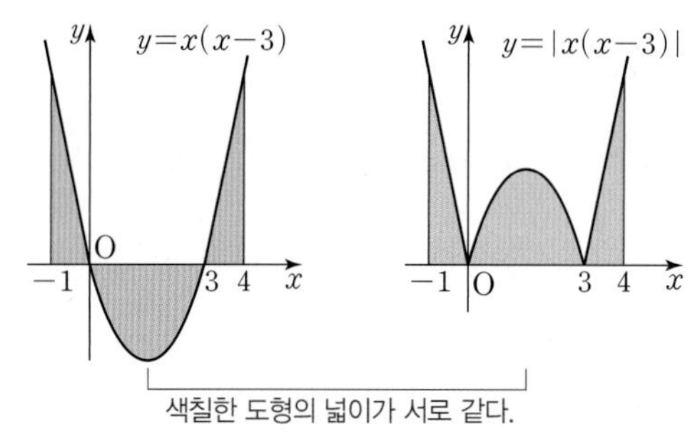

1847 답 ④

구하는 도형의 넓이는

$\int_{0}^{4}|x(x-2)|dx=\int_{0}^{2}(-x^2+2x)dx+\int_{2}^{4}(x^2-2x)dx$

$=\left[-\frac{1}{3}x^3+x^2\right]_{0}^{2}+\left[\frac{1}{3}x^3-x^2\right]_{2}^{4}$

$=\frac{4}{3}+\frac{20}{3}=8$

1848 답 ③

$f(x)=x^2-|x|-6$이라 하면

$f(x)=\begin{cases}x^2+x-6 & (x<0)\\ x^2-x-6 & (x\geq 0)\end{cases}$

곡선 $y=f(x)$와 x축의 교점의 x좌표는

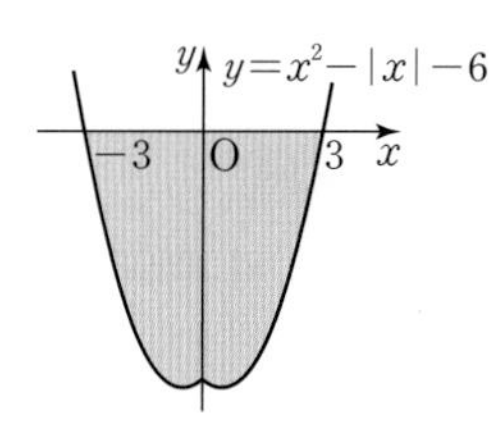

(i) $x<0$일 때 $x^2+x-6=0$에서

$(x+3)(x-2)=0$ $\therefore x=-3$

(ii) $x\geq 0$일 때 $x^2-x-6=0$에서

$(x+2)(x-3)=0$ $\therefore x=3$

따라서 구하는 도형의 넓이는

$\int_{-3}^{3}|f(x)|dx=2\int_{0}^{3}|f(x)|dx$

$=2\int_{0}^{3}(-x^2+x+6)dx$

$=2\left[-\frac{1}{3}x^3+\frac{1}{2}x^2+6x\right]_{0}^{3}$

$=2\times\frac{27}{2}=27$

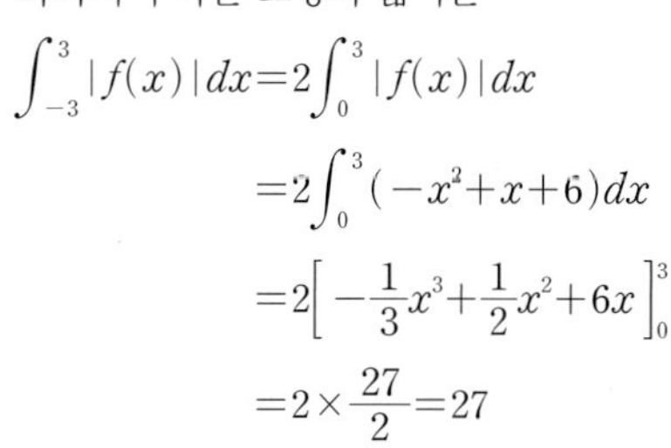

1849 답 ①

$f(x)=x^3-2x|x|+x$라 하면 $f(x)=\begin{cases} x^3+2x^2+x & (x<0) \\ x^3-2x^2+x & (x\geq 0) \end{cases}$

곡선 $y=f(x)$와 x축의 교점의 x좌표는

(i) $x<0$일 때 $x^3+2x^2+x=0$에서

$x(x+1)^2=0 \qquad \therefore x=-1$

(ii) $x\geq 0$일 때 $x^3-2x^2+x=0$에서

$x(x-1)^2=0 \qquad \therefore x=0$ 또는 $x=1$

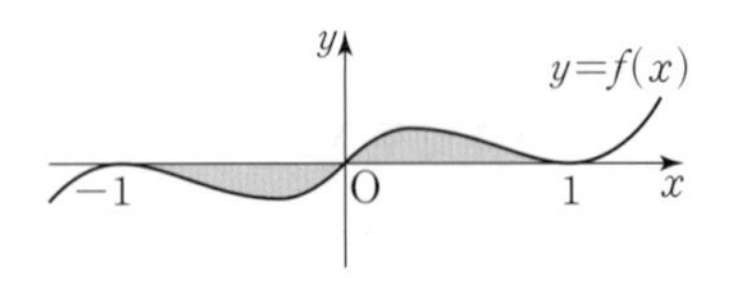

따라서 구하는 도형의 넓이는

$\int_{-1}^{1}|f(x)|dx$

$=\int_{-1}^{0}(-x^3-2x^2-x)dx+\int_{0}^{1}(x^3-2x^2+x)dx$

$=\left[-\frac{1}{4}x^4-\frac{2}{3}x^3-\frac{1}{2}x^2\right]_{-1}^{0}+\left[\frac{1}{4}x^4-\frac{2}{3}x^3+\frac{1}{2}x^2\right]_{0}^{1}$

$=\frac{1}{12}+\frac{1}{12}=\frac{1}{6}$

1850 답 ④

$f(x)=2x^3-8x^2+8x$의 그래프와 x축의 교점의 x좌표는

$2x^3-8x^2+8x=0$에서 $2x(x^2-4x+4)=0$

$2x(x-2)^2=0$

$\therefore x=0$ 또는 $x=2$

$y=f(x)$의 그래프를 이용하여 $y=f(|x|)$의 그래프를 그리면 그림과 같다.

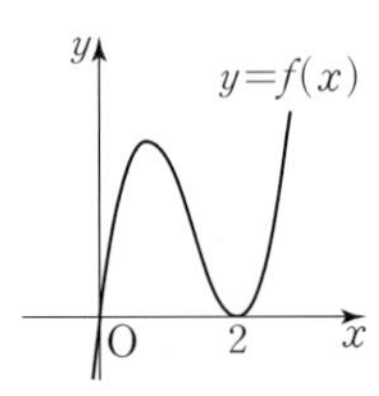

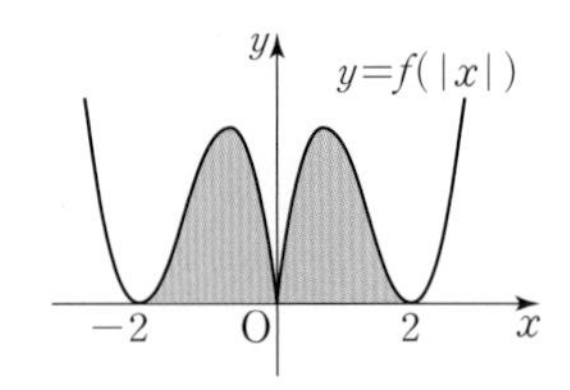

따라서 구하는 도형의 넓이는

$2\int_{0}^{2}(2x^3-8x^2+8x)dx=2\left[\frac{1}{2}x^4-\frac{8}{3}x^3+4x^2\right]_{0}^{2}$

$=2\times\frac{8}{3}=\frac{16}{3}$

개념 Check

$y=f(|x|)$의 그래프 그리기

(i) $x\geq 0$인 경우

$f(|x|)=f(x)$이므로 함수 $y=f(|x|)$의 그래프는 함수 $y=f(x)$의 그래프와 같다.

(ii) $x<0$인 경우

$f(|x|)=f(-x)$이므로 함수 $y=f(|x|)$의 그래프는 함수 $y=f(x)$의 그래프의 $x\geq 0$인 부분을 y축에 대하여 대칭이동한 그래프와 같다.

따라서 함수 $y=f(|x|)$의 그래프는 $y=f(x)$의 그래프에서 $x\geq 0$인 부분만 남기고 $x\geq 0$인 부분을 y축에 대하여 대칭이동하여 그릴 수 있다.

1851 답 45

$f(0)=0$이므로 $f(x)=ax^2+bx\ (a\neq 0)$라 하면

(가)에서 $\int_{0}^{2}|f(x)|dx=4$, $\int_{0}^{2}f(x)dx=-4$이므로

구간 $[0, 2]$에서 $f(x)\leq 0$이다.

또 (나)에서 $\int_{2}^{3}|f(x)|dx=\int_{2}^{3}f(x)dx$이므로

구간 $[2, 3]$에서 $f(x)\geq 0$이다.

즉, $f(2)=0$이므로

$4a+2b=0 \qquad \therefore b=-2a$

$\therefore f(x)=ax^2-2ax$ ·········· ㉠

$\int_{0}^{2}f(x)dx=-4$에 ㉠을 대입하여 풀면

$\int_{0}^{2}(ax^2-2ax)dx=\left[\frac{a}{3}x^3-ax^2\right]_{0}^{2}$

$=-\frac{4}{3}a$

즉, $-\frac{4}{3}a=-4$이므로 $a=3$

따라서 $f(x)=3x^2-6x$이므로

$f(5)=75-30=45$

실수 Check

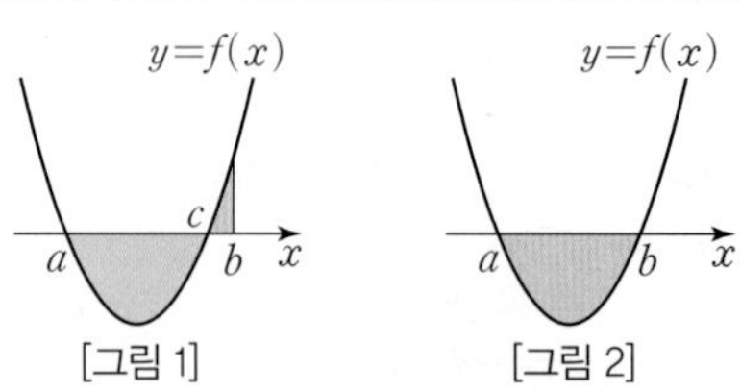

[그림 1] [그림 2]

[그림 1]과 같이 $\int_{a}^{c}|f(x)|dx>\int_{c}^{b}|f(x)|dx$이면

$\int_{a}^{b}f(x)dx<0$이어도 구간 $[a, b]$의 모든 x에서 $f(x)<0$인 것은 아니다.

하지만 $\int_{a}^{b}|f(x)|dx=-\int_{a}^{b}f(x)dx$이면 [그림 2]와 같이 구간 $[a, b]$에서 $f(x)<0$이다.

Plus 문제

1851-1

$f(0)=0$이고 다음 조건을 만족시키는 이차함수 $f(x)$를 구하시오.

> (가) $\int_{-3}^{0}|f(x)|dx=-\int_{0}^{-3}f(x)dx=9$
>
> (나) $\int_{-4}^{-3}|f(x)|dx=-\int_{-4}^{-3}f(x)dx$

$f(0)=0$이므로 $f(x)=ax^2+bx\ (a\neq 0)$라 하면

(가)에서 $\int_{-3}^{0}|f(x)|dx=9$,

$-\int_{0}^{-3}f(x)dx=\int_{-3}^{0}f(x)dx=9$이므로

구간 $[-3, 0]$에서 $f(x)\geq 0$이다.

또, (나)에서 $\int_{-4}^{-3}|f(x)|dx=-\int_{-4}^{-3}f(x)dx$이므로

구간 $[-4, -3]$에서 $f(x)\leq 0$이다.

즉, $f(-3)=0$이므로

$9a-3b=0 \quad \therefore b=3a$

$\therefore f(x)=ax^2+3ax$ ······ ㉠

$\int_{-3}^{0} f(x)dx=9$에 ㉠을 대입하여 풀면

$$\int_{-3}^{0}(ax^2+3ax)dx=\left[\frac{a}{3}x^3+\frac{3}{2}ax^2\right]_{-3}^{0}$$
$$=-\frac{9}{2}a$$

즉, $-\frac{9}{2}a=9$이므로 $a=-2$

$\therefore f(x)=-2x^2-6x$

답 $f(x)=-2x^2-6x$

이고, S_1, S_2, S_3이 이 순서대로 등차수열을 이루므로 공차는

$S_2-S_1=\frac{8}{3}$

$\therefore S_3=S_2+\frac{8}{3}=\frac{43}{6}$

따라서 구하는 값은

$$\int_0^k f(x)dx=S_1-S_2+S_3=\frac{11}{6}-\frac{9}{2}+\frac{43}{6}=\frac{9}{2}$$

개념 Check

등차중항

세 수 a, b, c가 이 순서대로 등차수열을 이룰 때, b를 a와 c의 등차중항이라 한다. 이때 $b-a=c-b$이므로

$$2b=a+c \Longleftrightarrow b=\frac{a+c}{2}$$

09

1852 답 $\frac{9}{2}$

| 유형3

함수 $f(x)=x^2-5x+4$에 대하여 그림과 같이 곡선 $y=f(x)$와 x축 및 y축으로 둘러싸인 도형의 넓이를 S_1, 곡선 $y=f(x)$와 x축으로 둘러싸인 도형의 넓이를 S_2, 곡선 $y=f(x)$와 x축 및 직선 $x=k\ (k>4)$로 둘러싸인 도형의 넓이를 S_3이라 하자. S_1, S_2, S_3이 이 순서대로 등차수열을 이룰 때, $\int_0^k f(x)dx$의 값을 구하시오.

단서1 단서2 단서3

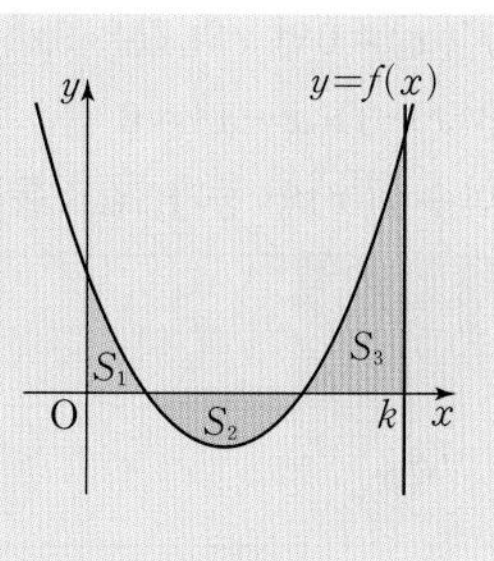

단서1 $f(x)=0$인 x의 값을 찾으면 정적분을 이용하여 S_1, S_2의 값을 구할 수 있다.

단서2 $2S_2=S_1+S_3$

단서3 $\int_0^k f(x)dx=S_1-S_2+S_3$

STEP 1 S_1, S_2를 식으로 나타내기

곡선 $y=f(x)$와 x축의 교점의 x좌표는

$x^2-5x+4=0$에서 $(x-1)(x-4)=0$

$\therefore x=1$ 또는 $x=4$

STEP 2 $\int_0^k f(x)dx$를 간단히 나타내기

S_1, S_2, S_3이 이 순서대로 등차수열을 이루므로

$2S_2=S_1+S_3$

$\therefore \int_0^k f(x)dx=S_1-S_2+S_3=2S_2-S_2=S_2$

STEP 3 $\int_0^k f(x)dx$의 값 구하기

구하는 값은

$$S_2=\int_1^4|f(x)|dx=\int_1^4(-x^2+5x-4)dx$$
$$=\left[-\frac{1}{3}x^3+\frac{5}{2}x^2-4x\right]_1^4=\frac{9}{2}$$

다른 풀이

$$S_1=\int_0^1(x^2-5x+4)dx=\frac{11}{6}$$
$$S_2=\int_1^4(-x^2+5x-4)dx=\frac{9}{2}$$

1853 답 ④

S_1, S_2, S_3이 이 순서대로 등차수열을 이루므로

$2S_2=S_1+S_3$

$3S_2=S_1+S_2+S_3$

$$\therefore S_2=\frac{S_1+S_2+S_3}{3}$$
$$=\frac{1}{3}\int_{-1}^{2}|f(x)|dx$$
$$=\frac{1}{3}\int_{-1}^{2}(-x^2+x+2)dx$$

→ $-1\le x\le 2$에서 $f(x)\ge 0$

$$=\frac{1}{3}\left[-\frac{1}{3}x^3+\frac{1}{2}x^2+2x\right]_{-1}^{2}$$
$$=\frac{1}{3}\times\frac{9}{2}=\frac{3}{2}$$

1854 답 ④

$P_1(1, 1)$, $P_2(2, 3)$, $P_3(3, 5)$, $P_4(4, 7)$이므로 $\int_1^4 f(x)dx$의 값은 그림에서 색칠한 사다리꼴의 넓이와 같다.

$$\therefore \int_1^4 f(x)dx=\frac{1}{2}\times(1+7)\times 3=12$$

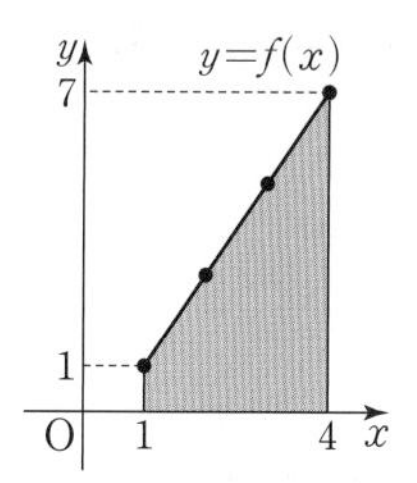

1855 답 $\frac{4}{3}$

$f(x)$는 최고차항의 계수가 1이고 $f(3)=0$인 이차함수이므로

$f(x)=(x-3)(x-a)=x^2-(a+3)x+3a$ (a는 상수)라 하자.

$\int_0^{200} f(x)dx=\int_0^3 f(x)dx+\int_3^{200} f(x)dx=\int_3^{200} f(x)dx$에서

$\int_0^3 f(x)dx=0$이므로

$$\int_0^3\{x^2-(a+3)x+3a\}dx=\left[\frac{1}{3}x^3-\frac{a+3}{2}x^2+3ax\right]_0^3$$
$$=\frac{9}{2}a-\frac{9}{2}$$

즉, $\frac{9}{2}a-\frac{9}{2}=0$이므로 $a=1$

$\therefore f(x)=x^2-4x+3$

곡선 $y=f(x)$와 x축의 교점의 x좌표는

$x^2-4x+3=0$에서 $(x-1)(x-3)=0$

$\therefore x=1$ 또는 $x=3$

따라서 구하는 도형의 넓이는

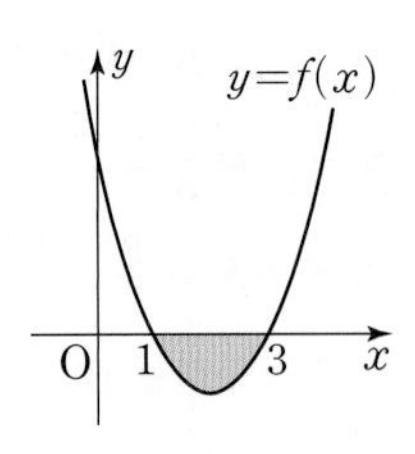

$$\int_1^3 |x^2-4x+3|dx$$

$$=\int_1^3 (-x^2+4x-3)dx$$

$$=\left[-\frac{1}{3}x^3+2x^2-3x\right]_1^3=\frac{4}{3}$$

1856 답 ⑤

(가)에서 $f'(x)=3x^2-4x-4$이므로

$$f(x)=\int(3x^2-4x-4)dx=x^3-2x^2-4x+C$$

(나)에서 $f(2)=0$이므로

$-8+C=0 \quad \therefore C=8$

$\therefore f(x)=x^3-2x^2-4x+8$

곡선 $y=f(x)$와 x축의 교점의 x좌표는

$x^3-2x^2-4x+8=0$에서

$(x+2)(x-2)^2=0$

$\therefore x=-2$ 또는 $x=2$

따라서 구하는 도형의 넓이는

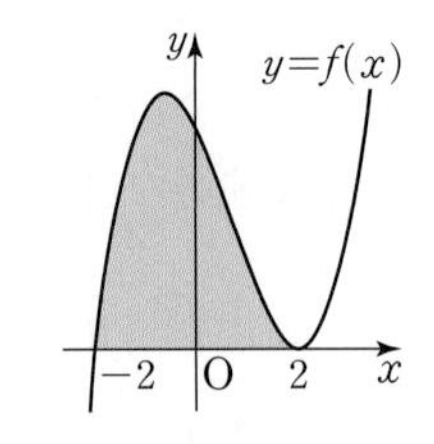

$$\int_{-2}^2 (x^3-2x^2-4x+8)dx=\left[\frac{1}{4}x^4-\frac{2}{3}x^3-2x^2+8x\right]_{-2}^2$$

$$=\frac{64}{3}$$

참고 $\int_{-2}^2 (x^3-2x^2-4x+8)dx$의 계산은 아래와 같이 할 수도 있다.

$$\int_{-2}^2 (x^3-2x^2-4x+8)dx=\int_{-2}^2 (x^3-4x)dx+\int_{-2}^2 (-2x^2+8)dx$$

$$=0+2\int_0^2 (-2x^2+8)dx$$

$$=2\left[-\frac{2}{3}x^3+8x\right]_0^2$$

$$=2\times\frac{32}{3}=\frac{64}{3}$$

1857 답 ⑤

(가)에서 $f(x)$는 최고차항의 계수가 -3인 이차함수이므로

$f(x)=-3x^2+ax+b$ (a, b는 상수)라 하자.

(나)에서 $x\to 2$일 때, 극한값이 존재하고 (분모)$\to 0$이므로 (분자)$\to 0$이다.

즉, $\lim_{x\to 2} f(x)=0$에서 $f(2)=0$이므로

$-12+2a+b=0 \quad \therefore b=-2a+12$

$$\therefore \lim_{x\to 2}\frac{f(x)}{x-2}=\lim_{x\to 2}\frac{-3x^2+ax+b}{x-2}$$

$$=\lim_{x\to 2}\frac{-3x^2+ax-2a+12}{x-2}$$

($b=-2a+12$를 대입한다.)

$$=\lim_{x\to 2}\frac{-3(x-2)(x+2)+a(x-2)}{x-2}$$

$$=\lim_{x\to 2}(-3x-6+a)$$

$$=a-12$$

$a-12=-10$에서 $a=2$

$\therefore b=-2\times 2+12=8$

$\therefore f(x)=-3x^2+2x+8$

곡선 $y=f(x)$와 x축의 교점의 x좌표는

$-3x^2+2x+8=0$에서

$-(3x+4)(x-2)=0$

$\therefore x=-\frac{4}{3}$ 또는 $x=2$

따라서 구하는 도형의 넓이는

$$\int_{-\frac{4}{3}}^2 |f(x)|dx=\int_{-\frac{4}{3}}^2 (-3x^2+2x+8)dx$$

$$=\left[-x^3+x^2+8x\right]_{-\frac{4}{3}}^2=\frac{500}{27}$$

1858 답 108

$f'(x)=3x^2+6x-9$이므로

$$f(x)=\int(3x^2+6x-9)dx=x^3+3x^2-9x+C$$

$f'(x)=0$인 x의 값은 $3x^2+6x-9=0$에서

$3(x+3)(x-1)=0 \quad \therefore x=-3$ 또는 $x=1$

함수 $f(x)$의 증가, 감소를 표로 나타내면 다음과 같다.

x	$\cdots$	-3	$\cdots$	1	$\cdots$
$f'(x)$	$+$	0	$-$	0	$+$
$f(x)$	↗	$C+27$ 극대	↘	$C-5$ 극소	↗

함수 $f(x)$의 극댓값은 $f(-3)=C+27$, 극솟값은 $f(1)=C-5$이고 극댓값과 극솟값의 합이 32이므로

$(C+27)+(C-5)=32$, $2C=10 \quad \therefore C=5$

$\therefore f(x)=x^3+3x^2-9x+5$

곡선 $y=f(x)$와 x축의 교점의 x좌표는

$x^3+3x^2-9x+5=0$에서

$(x+5)(x-1)^2=0$

$\therefore x=-5$ 또는 $x=1$

따라서 구하는 도형의 넓이는

$$\int_{-5}^1 |f(x)|dx=\int_{-5}^1 (x^3+3x^2-9x+5)dx$$

$$=\left[\frac{1}{4}x^4+x^3-\frac{9}{2}x^2+5x\right]_{-5}^1=108$$

1859 답 ④

$$f(x)=\int_0^x (-6t^2+6t)dt=\left[-2t^3+3t^2\right]_0^x$$

$$=-2x^3+3x^2$$

곡선 $y=f(x)$와 x축의 교점의 x좌표는

$-2x^3+3x^2=0$에서 $-x^2(2x-3)=0$

$\therefore x=0$ 또는 $x=\frac{3}{2}$

따라서 구하는 도형의 넓이는

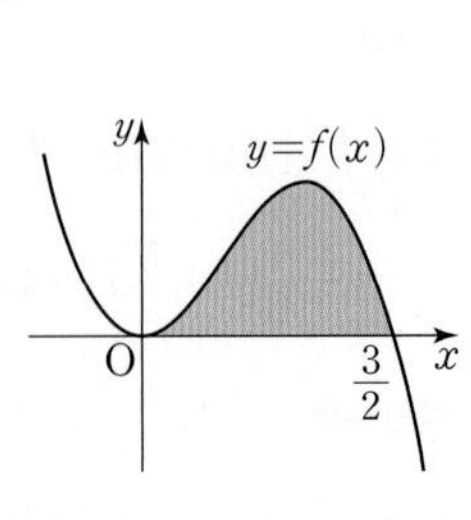

$$\int_0^{\frac{3}{2}} |f(x)|dx=\int_0^{\frac{3}{2}} (-2x^3+3x^2)dx$$

$$=\left[-\frac{1}{2}x^4+x^3\right]_0^{\frac{3}{2}}=\frac{27}{32}$$

1860 답 ①

| 유형 4

곡선 $y=x^2-4x$와 직선 $y=ax$로 둘러싸인 도형의 넓이가 36일 때, 양수 a의 값은?

단서1 단서2

① 2　② 3　③ 4
④ 5　⑤ 6

단서1 곡선과 직선의 교점의 x좌표는 방정식 $x^2-4x=ax$의 해
단서2 곡선과 직선의 교점을 α, β라 하면 $\int_{\alpha}^{\beta}|(x^2-4x)-ax|dx=36$

STEP1 곡선과 직선의 교점의 x좌표 구하기

곡선 $y=x^2-4x$와 직선 $y=ax$의 교점의 x좌표는
$x^2-4x=ax$에서 $x^2-(a+4)x=0$
$x\{x-(a+4)\}=0$
$\therefore x=0$ 또는 $x=a+4$ → a는 양수이므로 $a+4>0$이다.

STEP2 넓이를 이용하여 a의 값 구하기

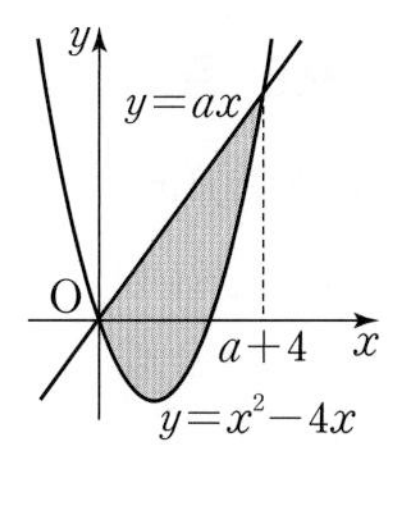

곡선과 직선으로 둘러싸인 도형의 넓이는

$\int_0^{a+4}|(x^2-4x)-ax|dx$ → $0\le x\le a+4$에서 $ax\ge x^2-4x$이다.

$=\int_0^{a+4}\{ax-(x^2-4x)\}dx$

$=\int_0^{a+4}\{-x^2+(a+4)x\}dx$

$=\left[-\frac{1}{3}x^3+\frac{1}{2}(a+4)x^2\right]_0^{a+4}$

$=\frac{1}{6}(a+4)^3$

즉, $\frac{1}{6}(a+4)^3=36$이므로
$(a+4)^3=216$, $a+4=6$
$\therefore a=2$

1861 답 ④

곡선 $y=x^3-3x+3$과 $y=x+3$의 교점의 x좌표는
$x^3-3x+3=x+3$에서
$x^3-4x=0$
$x(x+2)(x-2)=0$
$\therefore x=-2$ 또는 $x=0$ 또는 $x=2$
따라서 구하는 도형의 넓이는

$\int_{-2}^{2}|(x^3-3x+3)-(x+3)|dx$

$=\int_{-2}^{0}\{(x^3-3x+3)-(x+3)\}dx+\int_0^2\{(x+3)-(x^3-3x+3)\}dx$

$=\int_{-2}^{0}(x^3-4x)dx+\int_0^2(-x^3+4x)dx$

$=\left[\frac{1}{4}x^4-2x^2\right]_{-2}^{0}+\left[-\frac{1}{4}x^4+2x^2\right]_0^2$

$=4+4=8$

1862 답 $\frac{4}{3}$

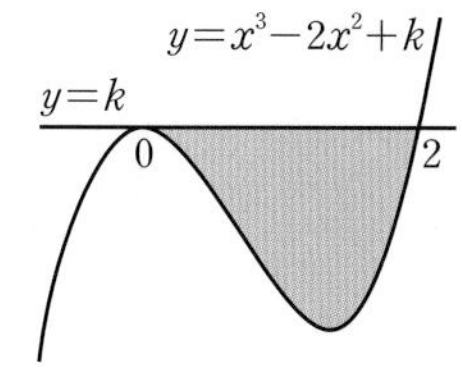

곡선 $y=x^3-2x^2+k$와 직선 $y=k$의 교점의 x좌표는
$x^3-2x^2+k=k$에서 $x^3-2x^2=0$
$x^2(x-2)=0$　$\therefore x=0$ 또는 $x=2$
따라서 구하는 도형의 넓이는

$\int_0^2|(x^3-2x^2+k)-k|dx=\int_0^2\{k-(x^3-2x^2+k)\}dx$

$=\int_0^2(-x^3+2x^2)dx$

$=\left[-\frac{1}{4}x^4+\frac{2}{3}x^3\right]_0^2=\frac{4}{3}$

1863 답 ④

곡선 $y=2(x+1)(x^2-4x+2)$와 직선 $y=-2x-2$의 교점의 x좌표는
$2(x+1)(x^2-4x+2)=-2x-2$에서
$2(x+1)(x^2-4x+2)+2x+2=0$
$2(x+1)(x^2-4x+3)=0$
$2(x+1)(x-1)(x-3)=0$
$\therefore x=-1$ 또는 $x=1$ 또는 $x=3$
따라서 구하는 도형의 넓이는

$\int_{-1}^{3}|2(x+1)(x^2-4x+2)-(-2x-2)|dx$

$=\int_{-1}^{1}2(x^3-3x^2-x+3)dx-\int_1^3 2(x^3-3x^2-x+3)dx$

$=2\left[\frac{1}{4}x^4-x^3-\frac{1}{2}x^2+3x\right]_{-1}^{1}-2\left[\frac{1}{4}x^4-x^3-\frac{1}{2}x^2+3x\right]_1^3$

$=16$

1864 답 ③

$|x^2-1|=|(x+1)(x-1)|$이므로

$|x^2-1|=\begin{cases}x^2-1 & (x\le -1 \text{ 또는 } x\ge 1)\\ -x^2+1 & (-1\le x\le 1)\end{cases}$

(i) $x\le -1$ 또는 $x\ge 1$일 때
　곡선 $y=x^2-1$과 직선 $y=x+5$의 교점의 x좌표는
　$x^2-1=x+5$에서 $x^2-x-6=0$
　$(x+2)(x-3)=0$　$\therefore x=-2$ 또는 $x=3$

(ii) $-1\le x\le 1$일 때
　곡선 $y=-x^2+1$과 x축의 교점의 x좌표는
　$-x^2+1=0$에서 $x^2-1=0$
　$(x+1)(x-1)=0$
　$\therefore x=-1$ 또는 $x=1$

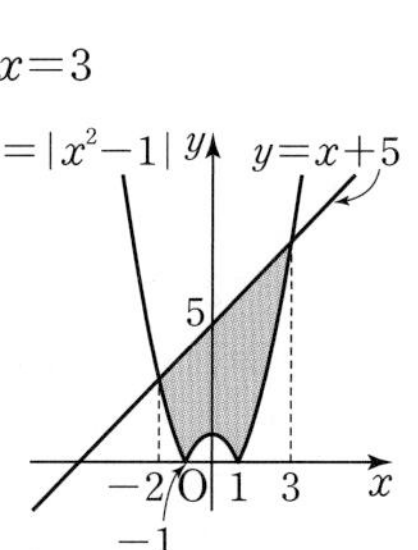

따라서 구하는 도형의 넓이는

$\int_{-2}^{3}\{(x+5)-(x^2-1)\}dx-2\int_{-1}^{1}(-x^2+1)dx$

$=\left[-\frac{1}{3}x^3+\frac{1}{2}x^2+6x\right]_{-2}^{3}-2\left[-\frac{1}{3}x^3+x\right]_{-1}^{1}$

$=\frac{125}{6}-2\times\frac{4}{3}=\frac{109}{6}$

참고 구하는 넓이는 곡선 $y=x^2-1$과 직선 $y=x+5$로 둘러싸인 도형의 넓이에서 곡선 $y=-x^2+1$과 x축으로 둘러싸인 도형의 넓이의 2배를 뺀 것과 같다.

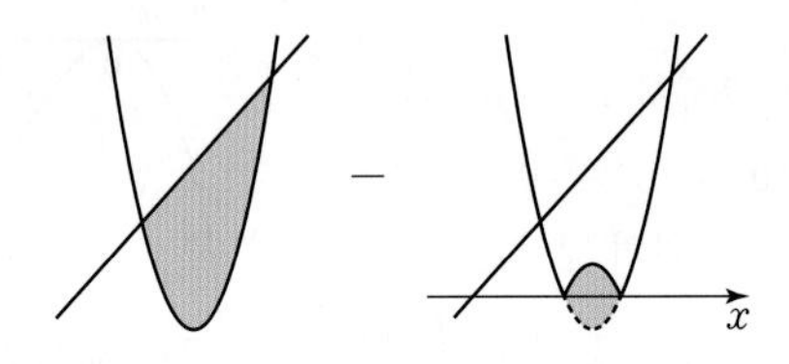

1865 답 ③

$f(x)=x^3-6x^2+16$에서

$f'(x)=3x^2-12x=3x(x-4)$

$f'(x)=0$인 x의 값은 $x=0$ 또는 $x=4$

함수 $f(x)$의 극댓값은 $f(0)=16$이므로 $M=16$

곡선 $y=x^3-6x^2+16$과 직선 $y=16$의 교점의 x좌표는

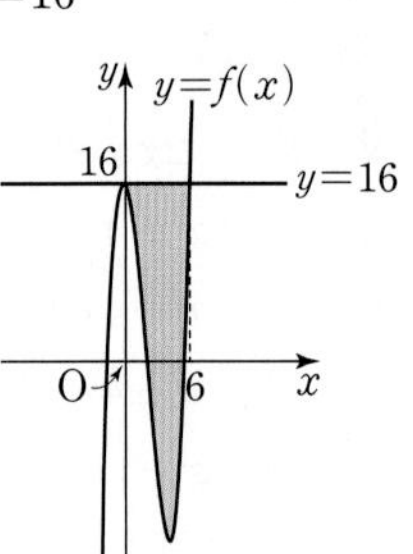

$x^3-6x^2+16=16$에서

$x^3-6x^2=0$, $x^2(x-6)=0$

$\therefore x=0$ 또는 $x=6$

따라서 구하는 도형의 넓이는

$\int_0^6 \{16-(x^3-6x^2+16)\}dx$

$=\int_0^6 (-x^3+6x^2)dx$

$=\left[-\frac{1}{4}x^4+2x^3\right]_0^6=108$

1866 답 $\frac{10}{9}$

점 $P_1\left(1, \frac{1}{3}\right)$은 곡선 $y=ax^2$ 위의 점이므로 $a=\frac{1}{3}$

직선 P_1P_2의 방정식은

$y=-\frac{1}{3}\times 1\times x+2\times\frac{1}{3}\times 1^2$

$\therefore y=-\frac{1}{3}x+\frac{2}{3}$

점 P_2는 직선 P_1P_2와 곡선 $y=\frac{1}{3}x^2$이 만나는 점 중 점 P_1이 아닌 점이므로 점 P_2의 x좌표는

$-\frac{1}{3}x+\frac{2}{3}=\frac{1}{3}x^2$에서

$x^2+x-2=0$, $(x+2)(x-1)=0$

$\therefore x=-2$ ($\because x\neq 1$)

따라서 구하는 도형의 넓이는

$\int_{-2}^0 \left(-\frac{1}{3}x+\frac{2}{3}-\frac{1}{3}x^2\right)dx=\left[-\frac{1}{6}x^2+\frac{2}{3}x-\frac{1}{9}x^3\right]_{-2}^0$

$=\frac{10}{9}$

실수 Check

(나)에 $n=1$을 대입하면 점 P_2는 점 $P_1(x_1, ax_1^2)$을 지나는 직선 $y=-ax_1x+2ax_1^2$과 곡선 $y=ax^2$이 만나는 점 중에서 점 P_1이 아닌 점이다. x_1과 a의 값을 구하여 문제를 해결하자.

1867 답 ④

곡선 $y=x^3-3x^2+x$와 직선 $y=x-4$의 교점의 x좌표는

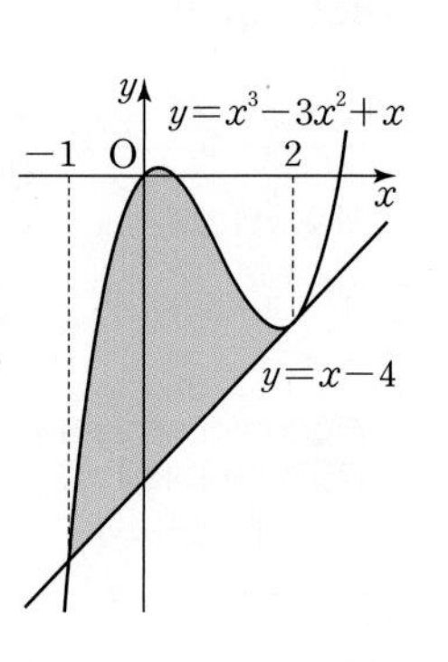

$x^3-3x^2+x=x-4$에서

$x^3-3x^2+4=0$

$(x+1)(x-2)^2=0$

$\therefore x=-1$ 또는 $x=2$

따라서 구하는 부분의 넓이는

$\int_{-1}^2 |(x^3-3x^2+x)-(x-4)|dx$

$=\int_{-1}^2 (x^3-3x^2+4)dx$

$=\left[\frac{1}{4}x^4-x^3+4x\right]_{-1}^2$

$=\frac{27}{4}$

1868 답 14

두 함수 $f(x)=\frac{1}{3}x(4-x)$, $g(x)=|x-1|-1$의 그래프의 교점의 x좌표는

(i) $x<1$일 때,

$g(x)=-(x-1)-1=-x$이므로

$\frac{1}{3}x(4-x)=-x$에서

$x(4-x)=-3x$, $x^2-7x=0$

$x(x-7)=0$

$\therefore x=0$ ($\because x<1$)

(ii) $x\geq 1$일 때, $g(x)=x-1-1=x-2$이므로

$\frac{1}{3}x(4-x)=x-2$에서

$x(4-x)=3x-6$, $x^2-x-6=0$

$(x+2)(x-3)=0$

$\therefore x=3$ ($\because x\geq 1$)

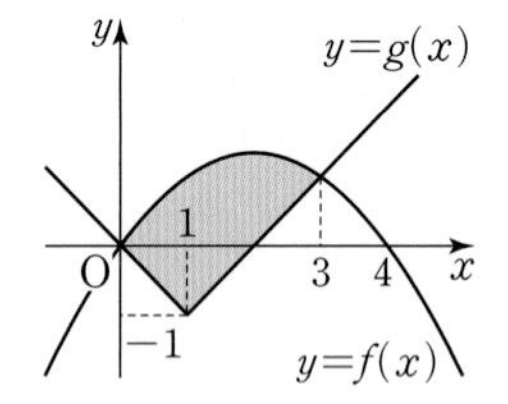

따라서 두 그래프로 둘러싸인 부분의 넓이 S는

$S=\int_0^3 |f(x)-g(x)|dx$

$=\int_0^1 \left\{\left(-\frac{1}{3}x^2+\frac{4}{3}x\right)-(-x)\right\}dx$

$+\int_1^3 \left\{\left(-\frac{1}{3}x^2+\frac{4}{3}x\right)-(x-2)\right\}dx$

$=\int_0^1 \left(-\frac{1}{3}x^2+\frac{7}{3}x\right)dx+\int_1^3 \left(-\frac{1}{3}x^2+\frac{1}{3}x+2\right)dx$

$=\left[-\frac{1}{9}x^3+\frac{7}{6}x^2\right]_0^1+\left[-\frac{1}{9}x^3+\frac{1}{6}x^2+2x\right]_1^3$

$=\frac{19}{18}+\frac{22}{9}=\frac{7}{2}$

$\therefore 4S=4\times\frac{7}{2}=14$

1869 답 9

| 유형5

두 곡선 $y=x^2-4x+4$, $y=-x^2+6x-4$로 둘러싸인 도형의 넓이를 구하시오.

단서1 두 곡선의 교점의 x좌표는 방정식 $x^2-4x+4=-x^2+6x-4$의 해
단서2 어떤 그래프가 위에 있는지 살펴보자.

STEP1 두 곡선의 교점의 x좌표 구하기

두 곡선 $y=x^2-4x+4$, $y=-x^2+6x-4$의 교점의 x좌표는

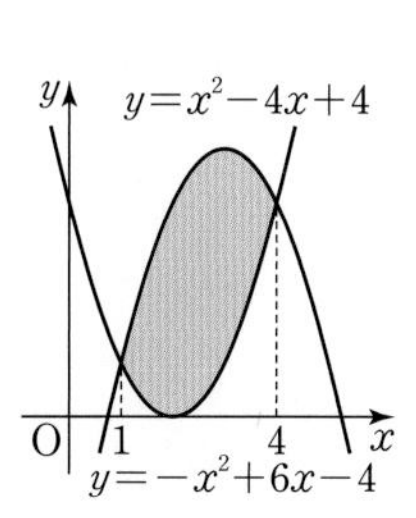

$x^2-4x+4=-x^2+6x-4$에서

$2x^2-10x+8=0$, $2(x-1)(x-4)=0$

$\therefore x=1$ 또는 $x=4$

STEP2 둘러싸인 도형의 넓이 구하기

구하는 도형의 넓이는

$$\int_1^4 \{(-x^2+6x-4)-(x^2-4x+4)\}dx$$

$$=\int_1^4 (-2x^2+10x-8)dx$$

$$=\left[-\frac{2}{3}x^3+5x^2-8x\right]_1^4=9$$

1870 답 ⑤

두 곡선 $y=x^4+1$, $y=2x^2$의 교점의 x좌표는

$x^4+1=2x^2$에서

$x^4-2x^2+1=0$, $(x^2-1)^2=0$

$(x+1)^2(x-1)^2=0$

$\therefore x=-1$ 또는 $x=1$

따라서 구하는 도형의 넓이는

$$\int_{-1}^1 \{(x^4+1)-2x^2\}dx=\int_{-1}^1 (x^4-2x^2+1)dx$$

$$=\left[\frac{1}{5}x^5-\frac{2}{3}x^3+x\right]_{-1}^1=\frac{16}{15}$$

참고 $\int_{-1}^1 (x^4-2x^2+1)dx=2\int_0^1 (x^4-2x^2+1)dx$를 이용하면 정적분의 값을 더 쉽게 구할 수 있다.

1871 답 $\frac{11}{12}$

두 곡선 $y=x^3-x$, $y=x^2-1$의 교점의 x좌표는 $x^3-x=x^2-1$에서

$x^3-x^2-x+1=0$

$x^2(x-1)-(x-1)=0$

$(x+1)(x-1)^2=0$

$\therefore x=-1$ 또는 $x=1$

따라서 구하는 도형의 넓이는

$$\int_{-1}^0 \{(x^3-x)-(x^2-1)\}dx=\int_{-1}^0 (x^3-x^2-x+1)dx$$

$$=\left[\frac{1}{4}x^4-\frac{1}{3}x^3-\frac{1}{2}x^2+x\right]_{-1}^0=\frac{11}{12}$$

1872 답 ②

두 곡선 $y=f(x)$, $y=g(x)$의 교점의 x좌표가 $x=2$, $x=-2$이므로

$f(x)-g(x)=a(x+2)(x-2)$ (a는 상수)라 하면

두 곡선으로 둘러싸인 도형의 넓이는

$$\int_{-2}^2 \{f(x)-g(x)\}dx=\int_{-2}^2 a(x+2)(x-2)dx$$

$$=a\int_{-2}^2 (x^2-4)dx$$

$$=2a\int_0^2 (x^2-4)dx$$

($\int_{-2}^2 (x^2-4)dx=2\int_0^2 (x^2-4)dx$)

$$=2a\left[\frac{1}{3}x^3-4x\right]_0^2$$

$$=-\frac{32}{3}a$$

즉, $-\frac{32}{3}a=32$이므로 $a=-3$

따라서 $f(x)-g(x)=-3(x+2)(x-2)$이므로

$f(3)-g(3)=-3(3+2)(3-2)=-15$

1873 답 -96

두 곡선 $y=f(x)$, $y=g(x)$의 교점의 x좌표가 $x=0$ 또는 $x=1$ 또는 $x=2$이므로

$f(x)-g(x)=ax(x-1)(x-2)$ (a는 상수)라 하면

$1\le x\le 2$에서 두 곡선으로 둘러싸인 도형의 넓이는

$$\int_1^2 \{f(x)-g(x)\}dx=\int_1^2 ax(x-1)(x-2)dx$$

$$=\int_1^2 a(x^3-3x^2+2x)dx$$

$$=a\left[\frac{1}{4}x^4-x^3+x^2\right]_1^2$$

$$=-\frac{1}{4}a$$

즉, $-\frac{1}{4}a=1$에서 $a=-4$

따라서 $f(x)-g(x)=-4x(x-1)(x-2)$이므로

$f(4)-g(4)=-4\times4\times(4-1)\times(4-2)=-96$

1874 답 ③

$g(x)$의 최고차항의 계수가 -1이고, $g(x)$의 그래프와 x축의 교점의 x좌표가 $x=0$, $x=4$이므로

$g(x)=-x(x-4)$

$f(x)=x(x-p)$ (p는 상수)라 하면

두 곡선이 $x=a$인 점에서 만나므로 $g(a)=f(a)$에서

$-a(a-4)=a(a-p)$, $-a+4=a-p$ ($\because a\neq0$)

$\therefore p=2a-4$ ······ ㉠

두 곡선으로 둘러싸인 도형의 넓이는

$$\int_0^a \{g(x)-f(x)\}dx=\int_0^a \{(-x^2+4x)-(x^2-px)\}dx$$

$$=\int_0^a \{-2x^2+(p+4)x\}dx$$

$$=\int_0^a (-2x^2+2ax)dx \ (\because ㉠)$$

$$=\left[-\frac{2}{3}x^3+ax^2\right]_0^a$$

$$=\frac{1}{3}a^3$$

즉, $\frac{1}{3}a^3=9$이므로

$a^3=27 \qquad \therefore a=3$

$a=3$을 ㉠에 대입하면 $p=2$이므로

$f(x)=x(x-2)$

$\therefore f(5)=5\times3=15$

1875 답 $\frac{\pi}{4}-\frac{1}{3}$

원 $(x-1)^2+y^2=1$과 곡선 $y=x^2$의 교점의 x좌표는

$(x-1)^2+(x^2)^2=1$에서 $x^4+x^2-2x=0$

$x(x^3+x-2)=0,\ x(x-1)(x^2+x+2)=0$

$\therefore x=0$ 또는 $x=1$ ($\because x^2+x+2>0$)

색칠한 부분의 넓이는 반지름의 길이가 1인 사분원에서 곡선 $y=x^2$과 x축 및 직선 $x=1$로 둘러싸인 도형의 넓이를 뺀 것과 같다.

따라서 구하는 도형의 넓이는

$$\frac{1}{4}\times\pi\times1^2-\int_0^1 x^2dx=\frac{\pi}{4}-\left[\frac{1}{3}x^3\right]_0^1=\frac{\pi}{4}-\frac{1}{3}$$

1876 답 $\frac{2}{3}$

두 곡선 $y=x^2$, $y=x^2-4nx+4n^2$의 교점의 x좌표는

$x^2=x^2-4nx+4n^2$에서

$4nx=4n^2 \qquad \therefore x=n$

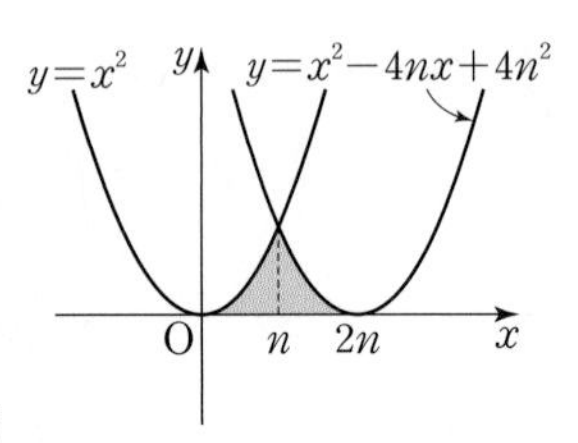

두 곡선 $y=x^2$, $y=x^2-4nx+4n^2$과 x축으로 둘러싸인 도형은 직선 $x=n$에 대하여 대칭이므로

→ $y=(x-2n)^2$이므로 곡선 $y=x^2$을 x축의 양의 방향으로 $2n$만큼 평행이동한 것이다.

$$S_n=2\int_0^n x^2\,dx$$

$$=2\left[\frac{1}{3}x^3\right]_0^n=\frac{2}{3}n^3$$

$$\therefore \frac{S_n}{n^3}=\frac{\frac{2}{3}n^3}{n^3}=\frac{2}{3}$$

참고 두 곡선 $y=x^2$, $y=x^2-4nx+4n^2=(x-2n)^2$과 x축으로 둘러싸인 도형은 직선 $x=n$에 대하여 대칭이므로

$$\int_0^n x^2dx=\int_n^{2n}(x^2-4nx+4n^2)dx$$

$$\therefore S_n=\int_0^n x^2dx+\int_n^{2n}(x^2-4nx+4n^2)dx=2\int_0^n x^2dx$$

1877 답 32

㈎의 양변을 x에 대하여 미분하면

$f(x)+g(x)=5x^2+3$ ······ ㉠

㈏의 양변을 x에 대하여 미분하면

$f(x)-g(x)=3x^2-6x-9$ ······ ㉡

㉠+㉡에서 $2f(x)=8x^2-6x-6$이므로

$f(x)=4x^2-3x-3$

㉠−㉡에서 $2g(x)=2x^2+6x+12$이므로

$g(x)=x^2+3x+6$

두 곡선 $y=f(x)$, $y=g(x)$의 교점의 x좌표는

$4x^2-3x-3=x^2+3x+6$에서

$3x^2-6x-9=0$

$3(x+1)(x-3)=0$

$\therefore x=-1$ 또는 $x=3$

따라서 구하는 도형의 넓이는

$$\int_{-1}^3\{g(x)-f(x)\}dx=\int_{-1}^3\{(x^2+3x+6)-(4x^2-3x-3)\}dx$$

$$=\int_{-1}^3(-3x^2+6x+9)dx$$

$$=\left[-x^3+3x^2+9x\right]_{-1}^3$$

$$=32$$

다른 풀이

㈎+㈏에서 $\int_0^x 2f(t)dt=\frac{8}{3}x^3-3x^2-6x$

양변을 x에 대하여 미분하면

$2f(x)=8x^2-6x-6 \qquad \therefore f(x)=4x^2-3x-3$

마찬가지로 ㈎−㈏의 양변을 x에 대하여 미분해서 $g(x)$를 구할 수도 있다.

실수 Check

두 곡선으로 둘러싸인 도형의 넓이를 구할 때, $y=f(x)$, $y=g(x)$의 그래프를 정확히 그리지 않아도 된다.
교점의 x좌표를 먼저 구한 후 그래프의 개형을 간단히 그려 어느 그래프가 위에 있는지만 확인하도록 하자.

Plus 문제

1877-1

두 다항함수 $f(x)$, $g(x)$가 모든 실수 x에 대하여 다음 조건을 만족시킨다.

> ㈎ $\int_0^x\{f(t)+g(t)\}dt=\frac{1}{3}x^3-x$
>
> ㈏ $\int_0^x\{f(t)+2g(t)\}dt=3x^2-6x$

두 곡선 $y=f(x)$, $y=g(x)$로 둘러싸인 도형의 넓이를 구하시오.

㈎의 양변을 x에 대하여 미분하면

$f(x)+g(x)=x^2-1$ ······ ㉠

㈏의 양변을 x에 대하여 미분하면

$f(x)+2g(x)=6x-6$ ······ ㉡

㉡−㉠에서 $g(x)=-x^2+6x-5$

$\therefore f(x)=2x^2-6x+4$

두 곡선 $y=f(x)$, $y=g(x)$의 교점의 x좌표는

$2x^2-6x+4=-x^2+6x-5$에서

$3x^2-12x+9=0$

$3(x-1)(x-3)=0$

$\therefore x=1$ 또는 $x=3$

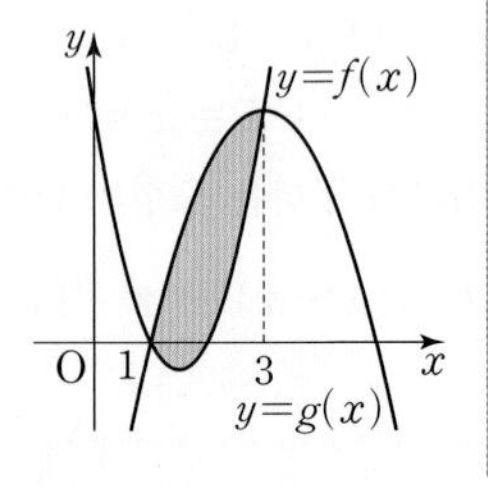

따라서 구하는 도형의 넓이는

$$\int_1^3 \{g(x)-f(x)\}dx$$
$$=\int_1^3 \{(-x^2+6x-5)-(2x^2-6x+4)\}dx$$
$$=\int_1^3 (-3x^2+12x-9)dx$$
$$=\Big[-x^3+6x^2-9x\Big]_1^3=4$$

답 4

1878 답 ②

| 유형6

두 곡선 $y=-x^3+2x^2$, $y=-x^2+2x$로 둘러싸인 도형의 넓이는?
단서1 단서2

① $\frac{1}{4}$ ② $\frac{1}{2}$ ③ $\frac{3}{4}$
④ 1 ⑤ $\frac{5}{4}$

단서1 두 곡선의 교점의 x좌표는 방정식 $-x^3+2x^2=-x^2+2x$의 해
단서2 어떤 그래프가 위에 있는지 살펴보자.

STEP1 두 곡선의 교점의 x좌표 구하기

두 곡선 $y=-x^3+2x^2$, $y=-x^2+2x$의 교점의 x좌표는
$-x^3+2x^2=-x^2+2x$에서
$x^3-3x^2+2x=0$
$x(x-1)(x-2)=0$
$\therefore x=0$ 또는 $x=1$ 또는 $x=2$

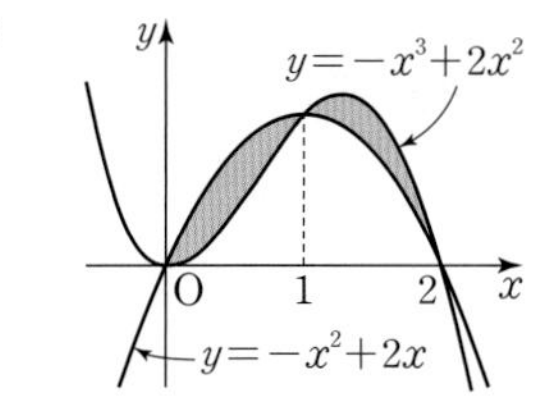

STEP2 둘러싸인 도형의 넓이 구하기

구하는 도형의 넓이는

$$\int_0^2 |(-x^3+2x^2)-(-x^2+2x)|dx$$
$$=\int_0^1 \{(-x^2+2x)-(-x^3+2x^2)\}dx + \int_1^2 \{(-x^3+2x^2)-(-x^2+2x)\}dx$$
$$=\int_0^1 (x^3-3x^2+2x)dx+\int_1^2 (-x^3+3x^2-2x)dx$$
$$=\Big[\frac{1}{4}x^4-x^3+x^2\Big]_0^1+\Big[-\frac{1}{4}x^4+x^3-x^2\Big]_1^2$$
$$=\frac{1}{4}+\frac{1}{4}=\frac{1}{2}$$

1879 답 ⑤

두 곡선 $y=2x^3-6x^2+4$, $y=-x^2+2x-1$의 교점의 x좌표는
$2x^3-6x^2+4=-x^2+2x-1$에서
$2x^3-5x^2-2x+5=0$
$x^2(2x-5)-(2x-5)=0$
$(x+1)(x-1)(2x-5)=0$
$\therefore x=-1$ 또는 $x=1$ 또는 $x=\frac{5}{2}$

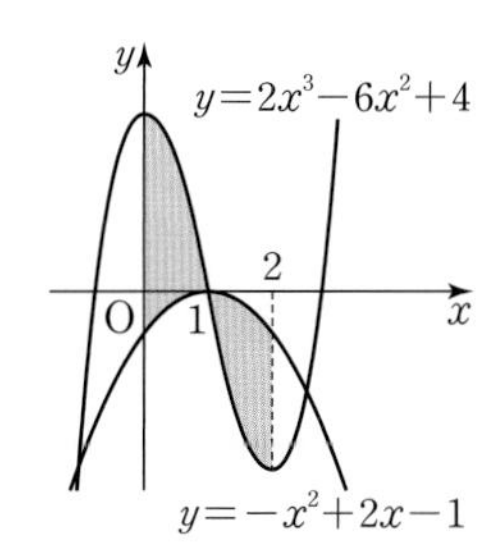

따라서 구하는 도형의 넓이는

$$\int_0^2 |(2x^3-6x^2+4)-(-x^2+2x-1)|dx$$
$$=\int_0^1 \{(2x^3-6x^2+4)-(-x^2+2x-1)\}dx + \int_1^2 \{(-x^2+2x-1)-(2x^3-6x^2+4)\}dx$$
$$=\int_0^1 (2x^3-5x^2-2x+5)dx+\int_1^2 (-2x^3+5x^2+2x-5)dx$$
$$=\Big[\frac{1}{2}x^4-\frac{5}{3}x^3-x^2+5x\Big]_0^1+\Big[-\frac{1}{2}x^4+\frac{5}{3}x^3+x^2-5x\Big]_1^2$$
$$=\frac{17}{6}+\frac{13}{6}=5$$

1880 답 $\frac{128}{15}$

두 곡선
$y=x^4-4x^3+3x^2+2x-1$,
$y=x^2-2x+2$의 교점의 x좌표는
$x^4-4x^3+3x^2+2x-1=x^2-2x+2$
에서
$x^4-4x^3+2x^2+4x-3=0$
$(x+1)(x-1)^2(x-3)=0$ $\therefore x=-1$ 또는 $x=1$ 또는 $x=3$

따라서 구하는 도형의 넓이는

$$\int_{-1}^3 |(x^4-4x^3+3x^2+2x-1)-(x^2-2x+2)|dx$$
$$=\int_{-1}^3 \{(x^2-2x+2)-(x^4-4x^3+3x^2+2x-1)\}dx$$
$$=\int_{-1}^3 (-x^4+4x^3-2x^2-4x+3)dx$$
$$=\Big[-\frac{1}{5}x^5+x^4-\frac{2}{3}x^3-2x^2+3x\Big]_{-1}^3$$
$$=\frac{128}{15}$$

참고 $x^4-4x^3+3x^2+2x-1=x^2-2x+2$에서
$(x+1)(x-1)^2(x-3)=0$이므로
두 곡선은 $x=1$에서 접하고, $x=-1$, $x=3$에서 만난다.

1881 답 ⑤

$f(x)=\frac{1}{3}x^3+x^2+3$에서 $f'(x)=x^2+2x$
두 함수 $f(x)$, $f'(x)$의 그래프의 교점의 x좌표는 $\frac{1}{3}x^3+x^2+3=x^2+2x$에서
$\frac{1}{3}x^3-2x+3=0$, $x^3-6x+9=0$
$(x+3)(x^2-3x+3)=0$
$\therefore x=-3$ ($\because x^2-3x+3>0$)

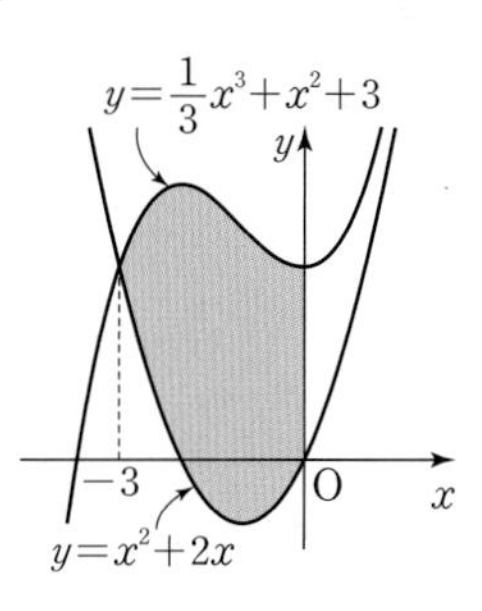

따라서 구하는 도형의 넓이는

$$\int_{-3}^0 \left|\left(\frac{1}{3}x^3+x^2+3\right)-(x^2+2x)\right|dx$$
$$=\int_{-3}^0 \left\{\left(\frac{1}{3}x^3+x^2+3\right)-(x^2+2x)\right\}dx$$
$$=\int_{-3}^0 \left(\frac{1}{3}x^3-2x+3\right)dx$$
$$=\Big[\frac{1}{12}x^4-x^2+3x\Big]_{-3}^0$$
$$=\frac{45}{4}$$

1882 답 ③

A, B의 넓이가 각각 10, 5이므로

$\int_{-2}^{1}\{g(x)-f(x)\}dx=10$, $\int_{1}^{3}\{f(x)-g(x)\}dx=5$

$\therefore \int_{-2}^{3}\{f(x)-g(x)\}dx$

$=\int_{-2}^{1}\{f(x)-g(x)\}dx+\int_{1}^{3}\{f(x)-g(x)\}dx$

$=-\int_{-2}^{1}\{g(x)-f(x)\}dx+\int_{1}^{3}\{f(x)-g(x)\}dx$

$=-10+5=-5$

1883 답 3

두 곡선 $y=f(x)$, $y=g(x)$의 교점의 x좌표 중 $x=2$, $x=4$가 아닌 것을 $x=a$, $x=b$ $(a<b)$라 하면

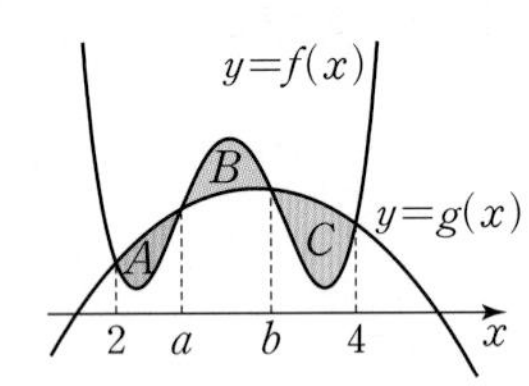

$\int_{2}^{4}\{f(x)-g(x)\}dx$

$=\int_{2}^{a}\{f(x)-g(x)\}dx+\int_{a}^{b}\{f(x)-g(x)\}dx+\int_{b}^{4}\{f(x)-g(x)\}dx$

$=-\int_{2}^{a}\{g(x)-f(x)\}dx+\int_{a}^{b}\{f(x)-g(x)\}dx-\int_{b}^{4}\{g(x)-f(x)\}dx$

$=-A+B-C$

이때 $A<B<C$이고 A, B, C는 등차수열을 이루므로

$A+C=2B$ ······ ㉠

즉, $-A+B-C=-3$에 ㉠을 대입하여 풀면

$-B=-3$ $\therefore B=3$

다른 풀이

공차를 d라 하면 $A=B-d$, $C=B+d$이므로

$-A+B-C=-B$

즉, $-B=-3$이므로 $B=3$

1884 답 ④

| 유형7

곡선 $y=2x^2+1$과 이 곡선 위의 점 (1, 3)에서의 접선 및 y축으로 둘러싸인 도형의 넓이를 S라 할 때, $3S$의 값은?
단서1 단서2 단서3

① 1 ② $\frac{4}{3}$ ③ $\frac{5}{3}$
④ 2 ⑤ 3

단서1 $f(x)=2x^2+1$이라 하면 $f'(x)=4x$
단서2 접선의 기울기는 $f'(1)$, 접선의 방정식은 $y-3=f'(1)(x-1)$
단서3 곡선과 접선의 교점의 x좌표를 구하고 그래프를 그려 보자.

STEP1 곡선 위의 점에서의 접선의 방정식 구하기

$f(x)=2x^2+1$이라 하면 $f'(x)=4x$

점 (1, 3)에서의 접선의 기울기는 $f'(1)=4$이므로 접선의 방정식은

$y-3=4(x-1)$ $\therefore y=4x-1$

STEP2 둘러싸인 도형의 넓이 구하기

곡선 $y=2x^2+1$과 직선 $y=4x-1$의 교점의 x좌표는 $2x^2+1=4x-1$에서

$2x^2-4x+2=0$, $2(x-1)^2=0$

$\therefore x=1$

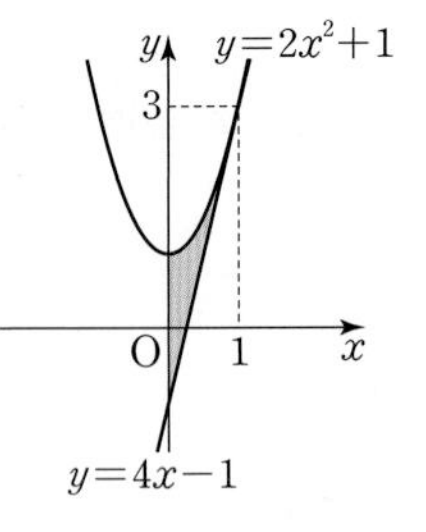

곡선과 접선 및 y축으로 둘러싸인 도형의 넓이 S는

$S=\int_{0}^{1}\{(2x^2+1)-(4x-1)\}dx$

$=\int_{0}^{1}(2x^2-4x+2)dx$

$=\left[\frac{2}{3}x^3-2x^2+2x\right]_{0}^{1}$

$=\frac{2}{3}$

$\therefore 3S=3\times\frac{2}{3}=2$

1885 답 $\frac{3}{4}$

$f(x)=ax^2+2$라 하면 $f'(x)=2ax$

곡선 위의 점 $(1, a+2)$에서의 접선의 기울기는 $f'(1)=2a$이므로 접선의 방정식은

$y-(a+2)=2a(x-1)$ $\therefore y=2ax-a+2$

곡선 $y=ax^2+2$와 직선 $y=2ax-a+2$ 및 직선 $x=3$으로 둘러싸인 도형의 넓이는

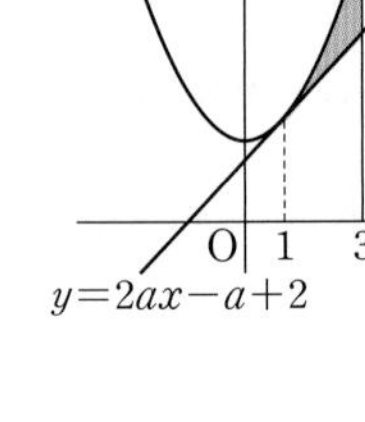

$\int_{1}^{3}\{(ax^2+2)-(2ax-a+2)\}dx$

$=\int_{1}^{3}(ax^2-2ax+a)dx$

$=\left[\frac{a}{3}x^3-ax^2+ax\right]_{1}^{3}$

$=\frac{8}{3}a$

즉, $\frac{8}{3}a=2$이므로 $a=\frac{3}{4}$

1886 답 ②

$f(x)=-x^2-1$이라 하면 $f'(x)=-2x$

접점의 좌표를 $(t, -t^2-1)$이라 하면 이 점에서의 접선의 기울기는 $f'(t)=-2t$이므로 접선의 방정식은

$y+t^2+1=-2t(x-t)$

$\therefore y=-2tx+t^2-1$

이 직선이 점 (0, 2)를 지나므로

$2=t^2-1$, $t^2=3$

$\therefore t=-\sqrt{3}$ 또는 $t=\sqrt{3}$

즉, 접선의 방정식은

$y=-2\sqrt{3}x+2$ 또는 $y=2\sqrt{3}x+2$

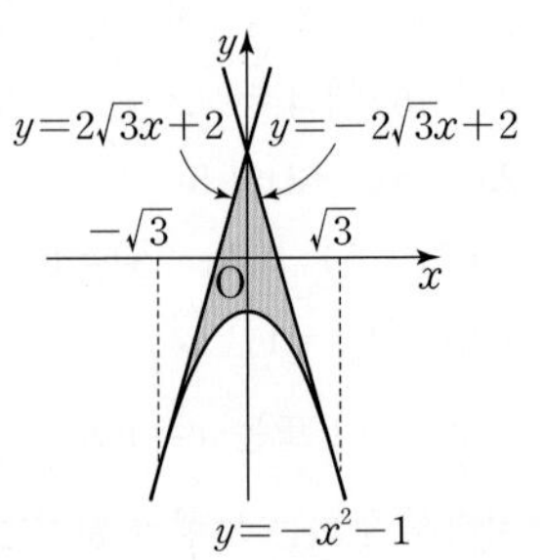

따라서 구하는 도형의 넓이는

$$\int_{-\sqrt{3}}^{0}\{(2\sqrt{3}x+2)-(-x^2-1)\}dx+\int_{0}^{\sqrt{3}}\{(-2\sqrt{3}x+2)-(-x^2-1)\}dx$$

$$=2\int_{0}^{\sqrt{3}}\{(-2\sqrt{3}x+2)-(-x^2-1)\}dx$$

$$=2\int_{0}^{\sqrt{3}}(x^2-2\sqrt{3}x+3)dx$$

$$=2\left[\frac{1}{3}x^3-\sqrt{3}x^2+3x\right]_0^{\sqrt{3}}=2\sqrt{3}$$

1887 답 ③

$f(x)=2x^3-6x^2+5x+1$이라 하면

$f'(x)=6x^2-12x+5$

곡선 위의 점 P(1, 2)에서의 접선의 기울기는 $f'(1)=-1$이므로 이 접선에 수직인 직선의 기울기는 1이다.

즉, 점 P에서의 접선에 수직이고 점 P를 지나는 직선의 방정식은

$y-2=x-1 \qquad \therefore y=x+1$

이 직선과 곡선의 교점의 x좌표는

$2x^3-6x^2+5x+1=x+1$에서

$2x^3-6x^2+4x=0$

$2x(x-1)(x-2)=0$

$\therefore x=0$ 또는 $x=1$ 또는 $x=2$

따라서 구하는 도형의 넓이는

$$\int_0^1\{(2x^3-6x^2+5x+1)-(x+1)\}dx+\int_1^2\{(x+1)-(2x^3-6x^2+5x+1)\}dx$$

$$=\int_0^1(2x^3-6x^2+4x)dx+\int_1^2(-2x^3+6x^2-4x)dx$$

$$=\left[\frac{1}{2}x^4-2x^3+2x^2\right]_0^1+\left[-\frac{1}{2}x^4+2x^3-2x^2\right]_1^2$$

$$=\frac{1}{2}+\frac{1}{2}=1$$

1888 답 ②

$f(x)=x^2+1$, $g(x)=a|x|$의 그래프가 두 점에서 접하므로 방정식 $x^2+1=a|x|$가 서로 다른 두 실근을 갖는다.

이때 두 그래프 모두 y축에 대하여 대칭이므로

$x>0$에서 방정식 $x^2+1=a|x|$가 중근을 갖는다.

이차방정식 $x^2+1=ax$, 즉 $x^2-ax+1=0$의 판별식을 D라 하면

$D=0$에서

$a^2-4=0$, $(a+2)(a-2)=0$

$\therefore a=2\ (\because a>0)$

즉, $x>0$에서 $g(x)=2x$

→ $g(x)$의 그래프가 y축에 대하여 대칭이므로 $x<0$에서 $g(x)=-2x$이다.

$x>0$에서 두 그래프의 교점의 x좌표는

$x^2+1=2x$에서

$x^2-2x+1=0$, $(x-1)^2=0$

$\therefore x=1$

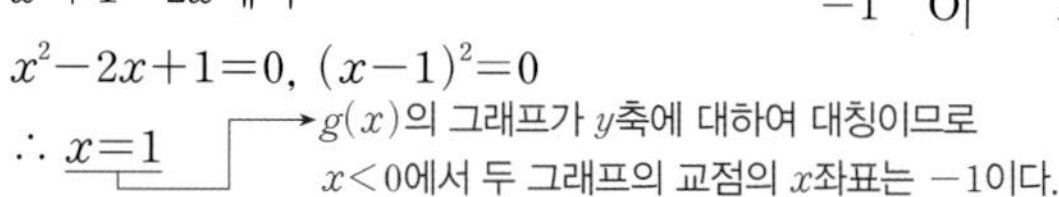

따라서 구하는 도형의 넓이는

$$\int_{-1}^{0}\{(x^2+1)-(-2x)\}dx+\int_0^1\{(x^2+1)-2x\}dx$$

$$=2\int_0^1(x^2-2x+1)dx$$

$$=2\left[\frac{1}{3}x^3-x^2+x\right]_0^1$$

$$=2\times\frac{1}{3}$$

$$=\frac{2}{3}$$

1889 답 ④

$f(x)=2x^4-4px^2+10p^2$이라 하면

$f'(x)=8x^3-8px$

곡선 위의 점 $(1,\ 2-4p+10p^2)$에서의 접선의 기울기는

$f'(1)=8-8p$이므로 접선의 방정식은

$y-(2-4p+10p^2)=(8-8p)(x-1)$

$\therefore y=(8-8p)x+10p^2+4p-6$ ······ ㉠

또, 곡선 위의 점 $(-1,\ 2-4p+10p^2)$에서의 접선의 기울기는

$f'(-1)=-8+8p$이므로 접선의 방정식은

$y-(2-4p+10p^2)=(-8+8p)(x+1)$

$\therefore y=(-8+8p)x+10p^2+4p-6$ ······ ㉡

두 직선 ㉠, ㉡이 모두 원점을 지나므로 $x=0$, $y=0$을 대입하면

$10p^2+4p-6=0$

$2(p+1)(5p-3)=0$

$\therefore p=\frac{3}{5}\ (\because p>0)$

따라서 곡선 $y=2x^4-\frac{12}{5}x^2+\frac{18}{5}$과 두 접선 $y=-\frac{16}{5}x$, $y=\frac{16}{5}x$로 둘러싸인 도형의 넓이는

$$\int_{-1}^{0}\left\{\left(2x^4-\frac{12}{5}x^2+\frac{18}{5}\right)-\left(-\frac{16}{5}x\right)\right\}dx+\int_0^1\left\{\left(2x^4-\frac{12}{5}x^2+\frac{18}{5}\right)-\frac{16}{5}x\right\}dx$$

$$=2\int_0^1\left\{\left(2x^4-\frac{12}{5}x^2+\frac{18}{5}\right)-\frac{16}{5}x\right\}dx$$

$$=2\int_0^1\left(2x^4-\frac{12}{5}x^2-\frac{16}{5}x+\frac{18}{5}\right)dx$$

$$=2\left[\frac{2}{5}x^5-\frac{4}{5}x^3-\frac{8}{5}x^2+\frac{18}{5}x\right]_0^1$$

$$=2\times\frac{8}{5}$$

$$=\frac{16}{5}$$

실수 Check

곡선과 두 접선으로 둘러싸인 도형의 넓이이므로 접선에 따라 구간을 둘로 나눠야 함을 잊지 말자.

이때 곡선의 x항의 차수가 모두 짝수이므로 곡선은 y축에 대하여 대칭이다. 즉, 구간 $[-1, 0]$, $[0, 1]$로 나누어진다.

1890 답 1

$f(x)=x^2-4$라 하면 $f'(x)=2x$

곡선 $y=x^2-4$ 위의 점 $(t,\ t^2-4)$에서의 접선의 기울기는

$f'(t)=2t$이므로 접선의 방정식은

$y-(t^2-4)=2t(x-t)\qquad \therefore\ y=2tx-t^2-4$

곡선 $y=x^2-4$ 위의 한 점 $(t,\ t^2-4)$에서의 접선과 이 곡선 및 y축, 직선 $x=2$로 둘러싸인 두 부분의 넓이를 각각 S_1, S_2라 하면

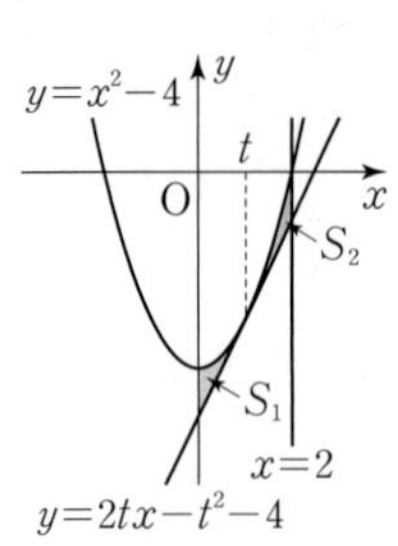

$S_1=\int_0^t\{(x^2-4)-(2tx-t^2-4)\}dx$

$=\int_0^t(x^2-2tx+t^2)dx$

$=\left[\frac{1}{3}x^3-tx^2+t^2x\right]_0^t=\frac{1}{3}t^3$

$S_2=\int_t^2\{(x^2-4)-(2tx-t^2-4)\}dx$

$=\int_t^2(x^2-2tx+t^2)dx$

$=\left[\frac{1}{3}x^3-tx^2+t^2x\right]_t^2$

$=-\frac{1}{3}t^3+2t^2-4t+\frac{8}{3}$

$S_1=S_2$이므로

$\frac{1}{3}t^3=-\frac{1}{3}t^3+2t^2-4t+\frac{8}{3}$

$\frac{2}{3}t^3-2t^2+4t-\frac{8}{3}=0,\ t^3-3t^2+6t-4=0$

$(t-1)(t^2-2t+4)=0\qquad \therefore\ t=1\ (\because\ t^2-2t+4>0)$

실수 Check

곡선과 y축, 직선 $x=2$를 먼저 그린 후 둘러싸인 두 부분의 넓이를 각각 식으로 나타내어 보자.

Plus 문제

1890-1

곡선 $y=x^2-4$ 위의 한 점 $(1,\ -3)$에서의 접선과 이 곡선 및 y축, 직선 $x=2$로 둘러싸인 도형의 넓이를 구하시오.

$f(x)=x^2-4$라 하면 $f'(x)=2x$

곡선 $y=x^2-4$ 위의 점 $(1,\ -3)$에서의 접선의 기울기는

$f'(1)=2$이므로 접선의 방정식은

$y-(-3)=2(x-1)\qquad \therefore\ y=2x-5$

따라서 구하는 도형의 넓이는

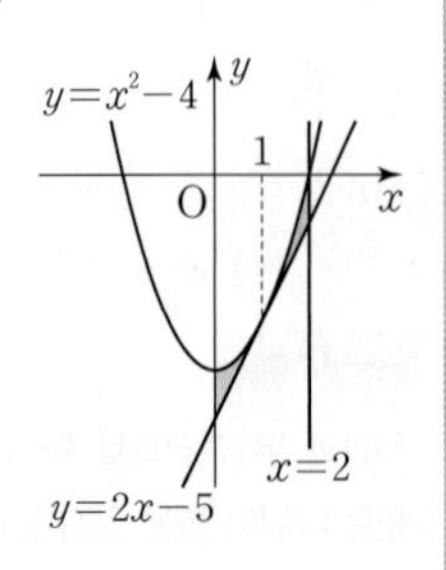

$\int_0^2\{(x^2-4)-(2x-5)\}dx$

$=\int_0^2(x^2-2x+1)dx$

$=\left[\frac{1}{3}x^3-x^2+x\right]_0^2=\frac{2}{3}$

답 $\frac{2}{3}$

1891 답 $\frac{5}{3}-\frac{\pi}{2}$

원 C와 곡선 $y=\frac{1}{2}x^2$은 y축에 대하여 대칭이므로 원과 곡선의 교점의 좌표를 각각

$\mathrm{P}\left(a,\ \frac{1}{2}a^2\right)$, $\mathrm{Q}\left(-a,\ \frac{1}{2}a^2\right)\ (a>0)$이라 하자.

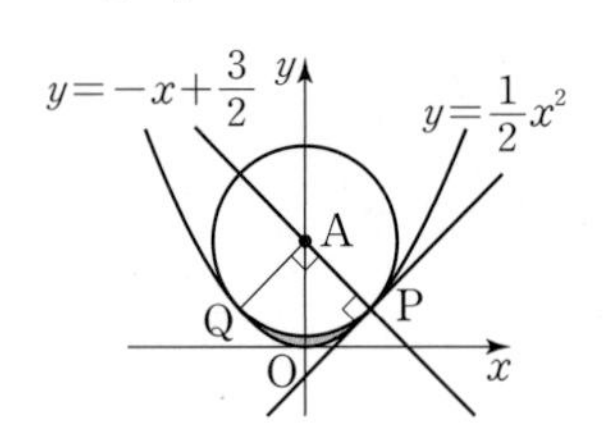

$f(x)=\frac{1}{2}x^2$이라 하면 $f'(x)=x$

곡선 $y=\frac{1}{2}x^2$ 위의 점 P에서의 접선의 기울기는 $f'(a)=a$이고,

점 P에서의 접선은 원의 중심 $\mathrm{A}\left(0,\ \frac{3}{2}\right)$을 지나는 직선 AP와 수직이므로

$\frac{\frac{1}{2}a^2-\frac{3}{2}}{a-0}=-\frac{1}{a},\ \frac{1}{2}a^2-\frac{3}{2}=-1$

$a^2=1\qquad \therefore\ a=1\ (\because\ a>0)$

즉, $\mathrm{P}\left(1,\ \frac{1}{2}\right)$이므로 직선 AP의 방정식은

$y=-x+\frac{3}{2}$

원의 반지름의 길이는

$\overline{\mathrm{AP}}=\sqrt{(1-0)^2+\left(\frac{1}{2}-\frac{3}{2}\right)^2}=\sqrt{2}$

이때 $\angle\mathrm{PAQ}=90°$이므로 구하는 도형의 넓이는

$2\int_0^1\left\{\left(-x+\frac{3}{2}\right)-\frac{1}{2}x^2\right\}dx-\frac{1}{4}\times\pi\times(\sqrt{2})^2$

$=2\int_0^1\left(-\frac{1}{2}x^2-x+\frac{3}{2}\right)dx-\frac{\pi}{2}$

$=2\left[-\frac{1}{6}x^3-\frac{1}{2}x^2+\frac{3}{2}x\right]_0^1-\frac{\pi}{2}$

$=2\times\frac{5}{6}-\frac{\pi}{2}$

$=\frac{5}{3}-\frac{\pi}{2}$

실수 Check

원의 방정식 $x^2+\left(y-\frac{3}{2}\right)^2=2$를 알더라도 원의 방정식을 가지고는 정적분으로 넓이를 구할 수 없으므로 원의 넓이는 $\pi\times r^2$임을 이용하자.

1892 답 ④

$x>0$에서 곡선 $y=ax^2+2$와 직선 $y=2x$가 접하므로

방정식 $ax^2+2=2x$가 중근을 갖는다.

이차방정식 $ax^2+2=2x$, 즉 $ax^2-2x+2=0$의 판별식을 D라 하면 $\frac{D}{4}=0$에서

→ 주어진 그래프에서 $a\neq0$임을 알 수 있다.

$1-2a=0\qquad \therefore\ a=\frac{1}{2}$

곡선 $y=\frac{1}{2}x^2+2$와 직선 $y=2x$의 교점의 x좌표는

$\frac{1}{2}x^2+2=2x$에서 $x^2-4x+4=0$

$(x-2)^2=0 \qquad \therefore x=2$

따라서 구하는 도형의 넓이는

$$2\int_0^2 \left\{\left(\frac{1}{2}x^2+2\right)-2x\right\}dx$$
$$=2\int_0^2 \left(\frac{1}{2}x^2-2x+2\right)dx$$
$$=2\left[\frac{1}{6}x^3-x^2+2x\right]_0^2$$
$$=2\times\frac{4}{3}=\frac{8}{3}$$

1893 답 $\frac{1}{6}$

| 유형 8

곡선 $y=x-x^2$과 x축으로 둘러싸인 도형의 넓이를 구하시오.

단서1 단서2

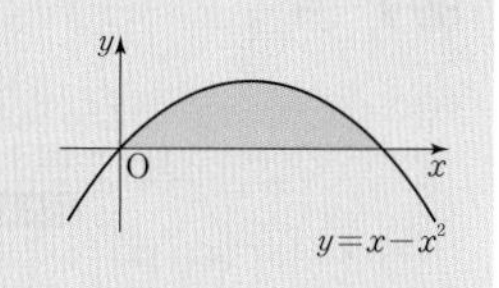

단서1 곡선과 x축의 교점의 x좌표는 방정식 $x-x^2=0$의 해

단서2 이차함수의 그래프와 x축 사이의 넓이 공식 $\frac{|a|}{6}(\beta-\alpha)^3$을 이용

STEP 1 곡선과 x축의 교점의 x좌표 구하기

곡선 $y=x-x^2$과 x축의 교점의 x좌표는

$x-x^2=0$에서 $x(1-x)=0$

$\therefore x=0$ 또는 $x=1$

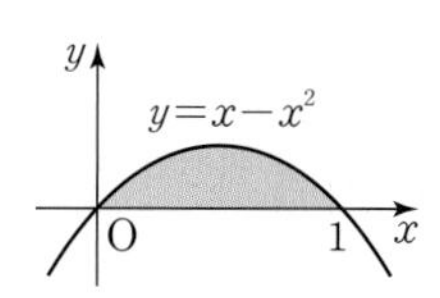

STEP 2 공식을 이용하여 넓이 구하기

구하는 도형의 넓이는

$$\int_0^1 (x-x^2)dx=\frac{|-1|}{6}(1-0)^3$$
$$=\frac{1}{6}$$

다른 풀이

곡선 $y=x-x^2$과 x축으로 둘러싸인 도형의 넓이는

$$\int_0^1 (x-x^2)dx=\left[\frac{1}{2}x^2-\frac{1}{3}x^3\right]_0^1=\frac{1}{6}$$

참고 포물선과 x축 사이의 넓이 공식의 증명

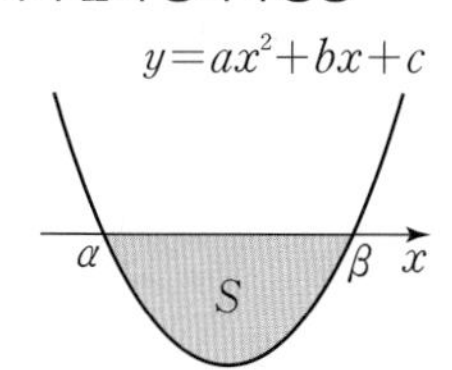

이차방정식 $ax^2+bx+c=0$의 두 실근이 α, β이므로

$ax^2+bx+c=a(x-\alpha)(x-\beta)$

따라서 포물선과 x축(직선 $y=0$)으로 둘러싸인 도형의 넓이 S는

$$S=\int_\alpha^\beta |ax^2+bx+c|dx$$
$$=\int_\alpha^\beta |a(x-\alpha)(x-\beta)|dx$$
$$=|a|\int_\alpha^\beta |(x-\alpha)(x-\beta)|dx$$
$$=|a|\int_\alpha^\beta \{-(x-\alpha)(x-\beta)\}dx$$
$$=-|a|\int_\alpha^\beta \{x^2-(\alpha+\beta)x+\alpha\beta\}dx$$
$$=-|a|\left[\frac{1}{3}x^3-\frac{1}{2}(\alpha+\beta)x^2+\alpha\beta x\right]_\alpha^\beta$$
$$=-|a|\left\{\frac{1}{3}(\beta^3-\alpha^3)-\frac{1}{2}(\alpha+\beta)(\beta^2-\alpha^2)+\alpha\beta(\beta-\alpha)\right\}$$
$$=-\frac{|a|}{6}(\beta-\alpha)\{2(\beta^2+\alpha\beta+\alpha^2)-3(\alpha+\beta)^2+6\alpha\beta\}$$
$$=\frac{|a|}{6}(\beta-\alpha)(\beta^2-2\alpha\beta+\alpha^2)$$
$$=\frac{|a|}{6}(\beta-\alpha)^3$$

1894 답 $\frac{3}{2}$

곡선 $y=2ax-x^2$과 x축의 교점의 x좌표는

$2ax-x^2=0$에서 $x(2a-x)=0$

$\therefore x=0$ 또는 $x=2a$ ($\because a>0$)

곡선 $y=2ax-x^2$과 x축으로 둘러싸인 도형의 넓이는

$$\int_0^{2a} (2ax-x^2)dx=\frac{|-1|}{6}(2a-0)^3$$
$$=\frac{4}{3}a^3$$

즉, $\frac{4}{3}a^3=\frac{9}{2}$이므로 $a^3=\frac{27}{8}$

$\therefore a=\frac{3}{2}$

1895 답 $a=-1$, $b=-4$

이차함수 $f(x)=ax^2-bx$가 $x=2$에서 최댓값을 가지므로

$a<0$이고 $ax^2-bx=a(x-2)^2-4a$

양변의 계수를 비교하면 $b=4a$

즉, $f(x)=ax^2-4ax=ax(x-4)$이므로

곡선 $y=f(x)$와 x축의 교점의 x좌표는

$x=0$ 또는 $x=4$

곡선 $y=f(x)$와 x축으로 둘러싸인 도형의 넓이는

$$\int_0^4 (ax^2-4ax)dx=\frac{|a|}{6}(4-0)^3$$
$$=\frac{32}{3}|a|$$

즉, $\frac{32}{3}|a|=\frac{32}{3}$이므로 $|a|=1$

$\therefore a=-1$ ($\because a<0$)

$\therefore b=4a=-4$

1896 답 3

| 유형 9

곡선 $y=x^2$과 직선 $y=ax$로 둘러싸인 도형의 넓이가 $\frac{9}{2}$일 때, 양수 a의 값을 구하시오.

단서1 단서2

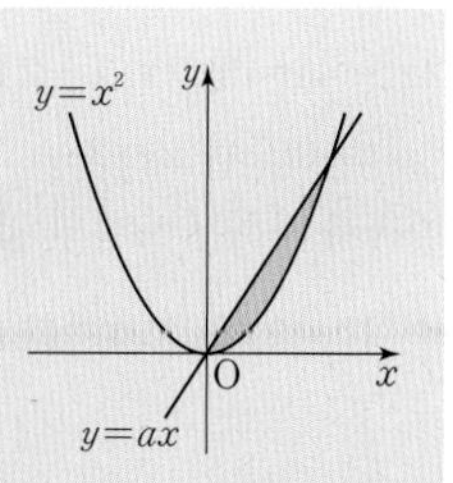

단서1 곡선과 직선의 교점의 x좌표는 방정식 $x^2=ax$의 해

단서2 a의 값이 양수인 것을 꼭 기억

STEP1 곡선과 직선의 교점의 x좌표 구하기

곡선 $y=x^2$과 직선 $y=ax$의 교점의 x좌표는

$x^2=ax$에서

$x^2-ax=0$, $x(x-a)=0$

$\therefore x=0$ 또는 $x=a$

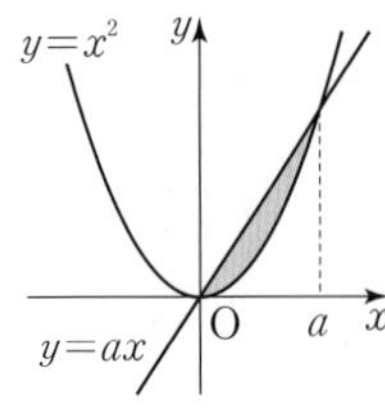

STEP2 공식을 이용하여 넓이를 식으로 나타내기

곡선 $y=x^2$과 직선 $y=ax$로 둘러싸인 도형의 넓이는

$$\int_0^a (ax-x^2)dx=\frac{|-1|}{6}(a-0)^3$$

$$=\frac{1}{6}a^3$$

STEP3 양수 a의 값 구하기

둘러싸인 도형의 넓이가 $\frac{9}{2}$이므로

$\frac{1}{6}a^3=\frac{9}{2}$, $a^3=27$

$\therefore a=3\ (\because a>0)$

다른 풀이

곡선 $y=x^2$과 직선 $y=ax$로 둘러싸인 도형의 넓이는

$$\int_0^a (ax-x^2)dx=\left[\frac{a}{2}x^2-\frac{1}{3}x^3\right]_0^a=\frac{1}{6}a^3$$

참고 포물선과 직선 사이의 넓이 공식의 증명

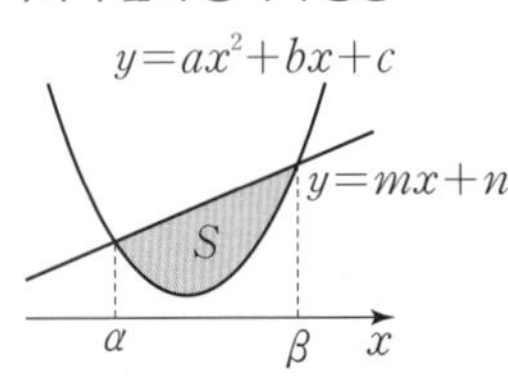

이차방정식 $ax^2+bx+c=mx+n$의 두 실근이 α, β이므로

$ax^2+(b-m)x+c-n=a(x-\alpha)(x-\beta)$

따라서 포물선과 직선 $y=mx+n$으로 둘러싸인 도형의 넓이 S는

$$S=\int_\alpha^\beta |ax^2+(b-m)x+c-n|dx$$

$$=\int_\alpha^\beta |a(x-\alpha)(x-\beta)|dx$$

$$\vdots$$

$$=\frac{|a|}{6}(\beta-\alpha)^3$$

385쪽 포물선과 x축 사이의 넓이 공식의 증명과 동일하다.

1897 답 $\frac{8}{3}$

곡선 $y=-2x^2+3x$와 직선 $y=-x$의 교점의 x좌표는

$-2x^2+3x=-x$에서

$2x^2-4x=0$, $2x(x-2)=0$

$\therefore x=0$ 또는 $x=2$

따라서 구하는 도형의 넓이는

$$\int_0^2 \{(-2x^2+3x)-(-x)\}dx=\int_0^2(-2x^2+4x)dx$$

$$=\frac{|-2|}{6}(2-0)^3$$

$$=\frac{8}{3}$$

1898 답 36

곡선 $y=x^2-7x+10$과 직선 $y=-x+10$의 교점의 x좌표는

$x^2-7x+10=-x+10$에서

$x^2-6x=0$, $x(x-6)=0$

$\therefore x=0$ 또는 $x=6$

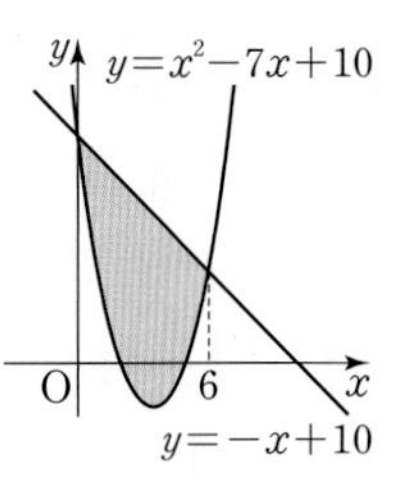

따라서 구하는 도형의 넓이는

$$\int_0^6 \{(-x+10)-(x^2-7x+10)\}dx$$

$$=\int_0^6(-x^2+6x)dx$$

$$=\frac{|-1|}{6}(6-0)^3=36$$

1899 답 $\frac{8}{3}$

| 유형 10

두 곡선 $y=x^2$, $y=-x^2+2$로 둘러싸인 도형의 넓이를 구하시오.

단서1 두 곡선의 교점의 x좌표는 방정식 $x^2=-x^2+2$의 해

STEP1 두 곡선의 교점의 x좌표 구하기

두 곡선 $y=x^2$, $y=-x^2+2$의 교점의 x좌표는

$x^2=-x^2+2$에서

$2x^2-2=0$, $2(x+1)(x-1)=0$

$\therefore x=-1$ 또는 $x=1$

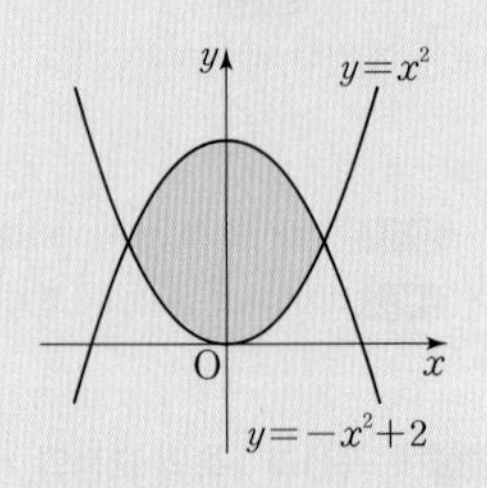

STEP2 공식을 이용하여 넓이를 식으로 나타내기

구하는 도형의 넓이는

$$\int_{-1}^1\{(-x^2+2)-x^2\}dx=\frac{|-1-1|}{6}\{1-(-1)\}^3$$

$$=\frac{8}{3}$$

다른 풀이

두 곡선 $y=x^2$, $y=-x^2+2$로 둘러싸인 도형의 넓이는

$$\int_{-1}^1\{(-x^2+2)-x^2\}dx$$

$$=\int_{-1}^1(-2x^2+2)dx=2\int_0^1(-2x^2+2)dx$$

$$=2\left[-\frac{2}{3}x^3+2x\right]_0^1=2\times\frac{4}{3}=\frac{8}{3}$$

참고 두 포물선 사이의 넓이 공식의 증명

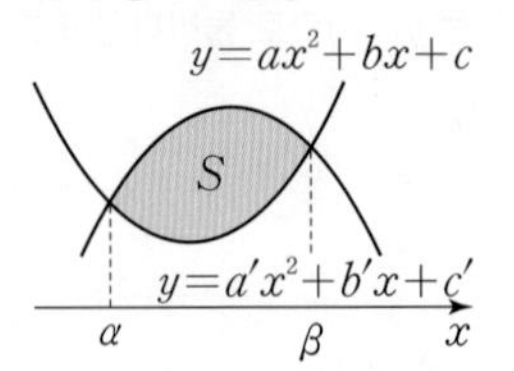

이차방정식 $ax^2+bx+c=a'x^2+b'x+c'$의 두 실근이 α, β이므로

$(a-a')x^2+(b-b')x+c-c'=(a-a')(x-\alpha)(x-\beta)$

따라서 두 포물선으로 둘러싸인 도형의 넓이 S는

$S=\int_{\alpha}^{\beta}|(ax^2+bx+c)-(a'x^2+b'x+c')|dx$

$=\int_{\alpha}^{\beta}|(a-a')(x-\alpha)(x-\beta)|dx$

⋮

$=\frac{|a-a'|}{6}(\beta-\alpha)^3$

385쪽 포물선과 x축 사이의 넓이 공식의 증명과 동일하다.

1900 답 2

두 곡선 $y=x^2$, $y=\frac{1}{2}(x-a)^2$의 교점의 x좌표는

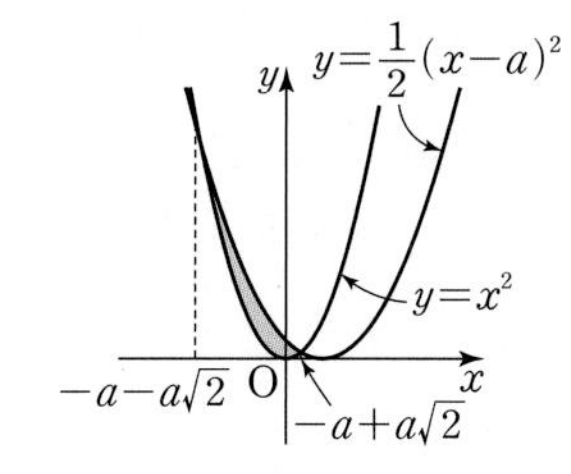

$x^2=\frac{1}{2}(x-a)^2$에서

$2x^2=x^2-2ax+a^2$

$x^2+2ax-a^2=0$

$\therefore x=-a-a\sqrt{2}$ 또는 $x=-a+a\sqrt{2}$

두 곡선 $y=x^2$, $y=\frac{1}{2}(x-a)^2$으로 둘러싸인 도형의 넓이는

$\int_{-a-a\sqrt{2}}^{-a+a\sqrt{2}}\left\{\frac{1}{2}(x-a)^2-x^2\right\}dx$

$=\frac{\left|\frac{1}{2}-1\right|}{6}\{(-a+a\sqrt{2})-(-a-a\sqrt{2})\}^3$

$=\frac{4\sqrt{2}}{3}a^3$

즉, $\frac{4\sqrt{2}}{3}a^3=\frac{32\sqrt{2}}{3}$이므로

$a^3=8 \qquad \therefore a=2$

실수 Check

a가 양수라는 조건이 있으므로

$-a-a\sqrt{2}<-a+a\sqrt{2}$

따라서 두 곡선 $y=x^2$, $y=\frac{1}{2}(x-a)^2$으로 둘러싸인 도형의 넓이는

$\int_{-a-a\sqrt{2}}^{-a+a\sqrt{2}}\left\{\frac{1}{2}(x-a)^2-x^2\right\}dx$이다.

1901 답 35

두 곡선 $y=2x^2-4x$, $y=x^2-2x+3$의 교점의 x좌표는

$2x^2-4x=x^2-2x+3$에서

$x^2-2x-3=0$, $(x+1)(x-3)=0$

$\therefore x=-1$ 또는 $x=3$

두 곡선으로 둘러싸인 도형의 넓이는

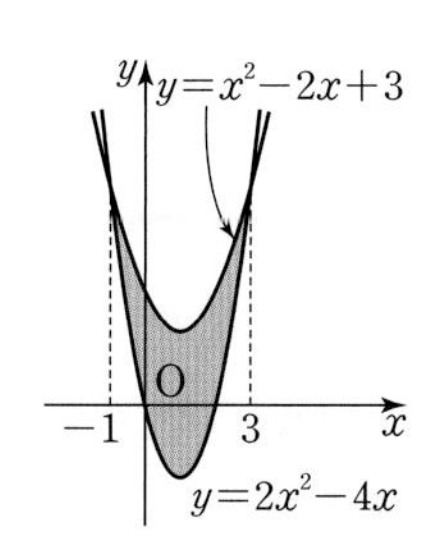

$\int_{-1}^{3}\{(x^2-2x+3)-(2x^2-4x)\}dx$

$=\frac{|1-2|}{6}\{3-(-1)\}^3=\frac{32}{3}$

따라서 $p=3$, $q=32$이므로

$p+q=35$

1902 답 $\frac{4}{3}$

| 유형 11

곡선 $y=\frac{1}{2}x^2-2x+2$ 위의 점 $(0, 2)$에서의 접선과 이 곡선 및 직선 $x=2$로 둘러싸인 도형의 넓이를 구하시오.

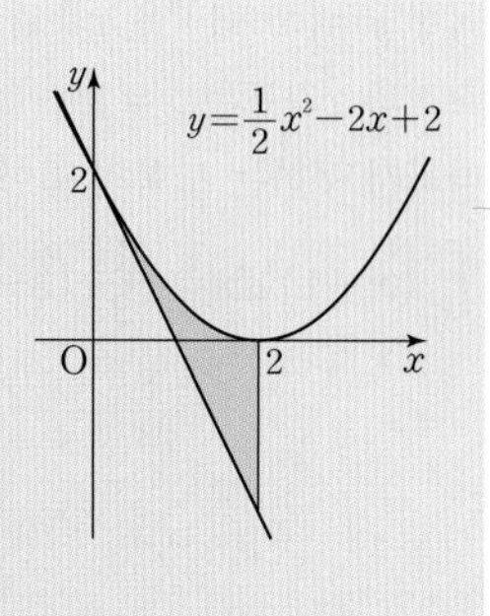

단서1 $x=0$에서 접한다.

단서2 적분 구간은 $[0, 2]$

STEP 1 공식을 이용하여 넓이 구하기

곡선 $y=\frac{1}{2}x^2-2x+2$와 점 $(0, 2)$에서의 접선 및 직선 $x=2$로 둘러싸인 도형의 넓이는

$\frac{\left|\frac{1}{2}\right|}{3}(2-0)^3=\frac{4}{3}$

다른 풀이

$f(x)=\frac{1}{2}x^2-2x+2$라 하면 $f'(x)=x-2$

곡선 $y=f(x)$ 위의 점 $(0, 2)$에서의 접선의 기울기는 $f'(0)=-2$이므로 접선의 방정식은

$y=-2x+2$

따라서 구하는 도형의 넓이는

$\int_0^2\left|\left(\frac{1}{2}x^2-2x+2\right)-(-2x+2)\right|dx=\int_0^2\frac{1}{2}x^2\,dx$

$=\left[\frac{1}{6}x^3\right]_0^2=\frac{4}{3}$

참고 포물선과 접선 사이의 넓이 공식의 증명

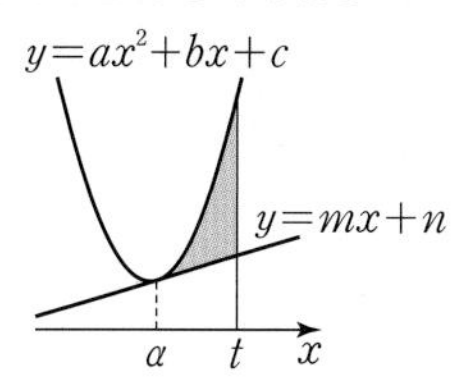

이차방정식 $ax^2+bx+c=mx+n$, 즉

$(ax^2+bx+c)-(mx+n)=0$이 중근 $x=\alpha$를 가지므로

$(ax^2+bx+c)-(mx+n)=a(x-\alpha)^2$

따라서 곡선과 접선 및 직선 $x=t$로 둘러싸인 도형의 넓이 S는

$S=\int_{\alpha}^{t}|(ax^2+bx+c)-(mx+n)|dx$

$=\int_{\alpha}^{t}|a(x-\alpha)^2|dx$

$=|a|\int_{\alpha}^{t}(x-\alpha)^2dx$

$=|a|\left[\frac{1}{3}(x-\alpha)^3\right]_{\alpha}^{t}$

$=\frac{|a|}{3}(t-\alpha)^3$

이 공식은 포물선이 x축에 접할 때, 즉 접선이 $y=0$일 때에도 사용할 수 있다.

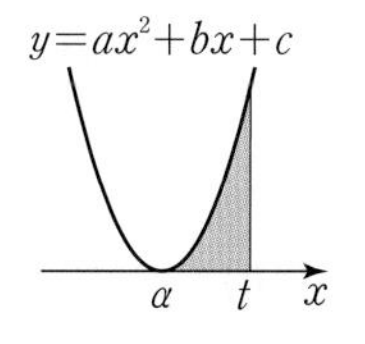

1903 답 $\frac{8}{3}$

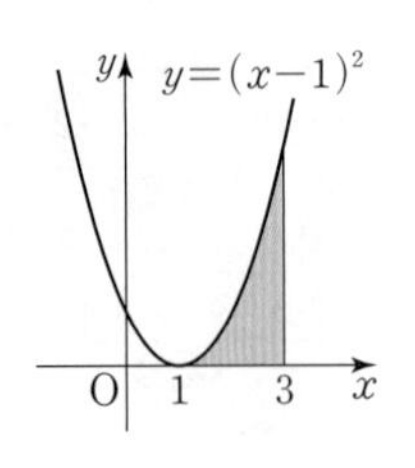

곡선 $y=(x-1)^2$은 x축과 접하고 x축과의 교점의 x좌표는 $x=1$

따라서 구하는 도형의 넓이는

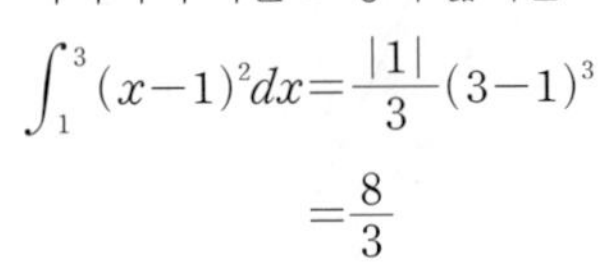

$$\int_1^3 (x-1)^2 dx=\frac{|1|}{3}(3-1)^3$$
$$=\frac{8}{3}$$

1904 답 $\frac{64}{3}$

곡선 $y=-x^2+9x-18$과 곡선 위의 점 (4, 2)에서의 접선 및 y축으로 둘러싸인 도형의 넓이는

$$\frac{|-1|}{3}(4-0)^3=\frac{64}{3}$$

다른 풀이

$f(x)=-x^2+9x-18$이라 하면

$f'(x)=-2x+9$

곡선 $y=f(x)$ 위의 점 (4, 2)에서의 접선의 기울기는 $f'(4)=1$이므로 접선의 방정식은

$y-2=x-4$ $\quad\therefore y=x-2$

따라서 구하는 도형의 넓이는

$$\int_0^4 |(x-2)-(-x^2+9x-18)|dx=\int_0^4 (x^2-8x+16)dx$$
$$=\left[\frac{1}{3}x^3-4x^2+16x\right]_0^4$$
$$=\frac{64}{3}$$

1905 답 $\frac{27}{4}$

| 유형12

곡선 $y=x^3-3x^2+2x+2$와 곡선 위의 점 (0, 2)에서의 접선으로 둘러싸인 도형의 넓이를 구하시오.

단서1 단서2 단서3

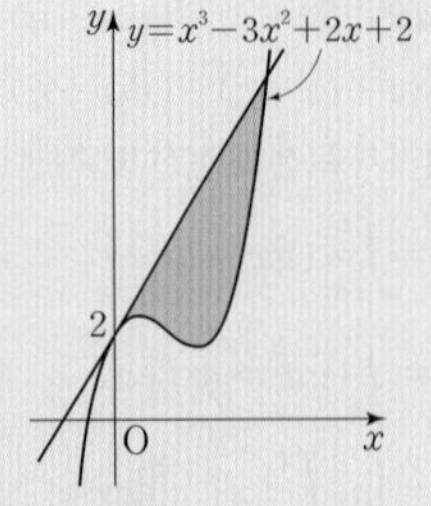

단서1 $f(x)=x^3-3x^2+2x+2$라 하면 $f'(x)=3x^2-6x+2$

단서2 접선의 방정식은 $y-2=f'(0)(x-0)$

단서3 적분 구간을 알려면 접선이 곡선과 만나는 점을 구해 보자.

STEP1 접선의 방정식 구하기

$f(x)=x^3-3x^2+2x+2$라 하면

$f'(x)=3x^2-6x+2$

곡선 $y=f(x)$ 위의 점 (0, 2)에서의 접선의 기울기는 $f'(0)=2$이므로 접선의 방정식은

$y-2=2x$ $\quad\therefore y=2x+2$

STEP2 접선과 곡선이 만나는 점 구하기

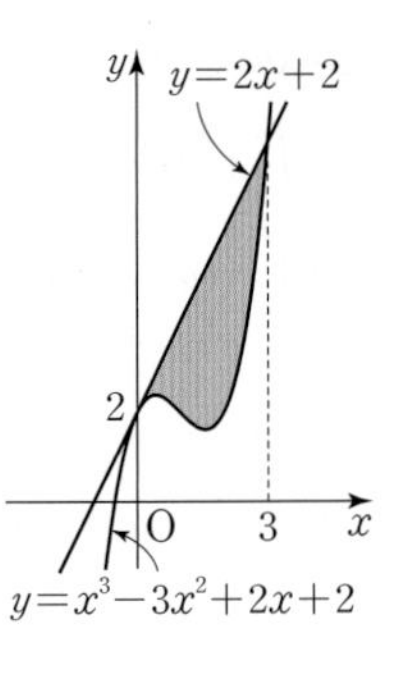

이 직선과 곡선의 교점의 x좌표는

$x^3-3x^2+2x+2=2x+2$에서

$x^3-3x^2=0$, $x^2(x-3)=0$

$\therefore x=0$ 또는 $x=3$

STEP3 도형의 넓이 구하기

구하는 도형의 넓이는

$$\int_0^3 |(2x+2)-(x^3-3x^2+2x+2)|dx$$
$$=\int_0^3 (-x^3+3x^2)dx$$
$$=\frac{|-1|}{12}(3-0)^4=\frac{27}{4}$$

다른 풀이

위에서 구하는 도형의 넓이는

$$\int_0^3 |(2x+2)-(x^3-3x^2+2x+2)|dx$$
$$=\int_0^3 (-x^3+3x^2)dx$$
$$=\left[-\frac{1}{4}x^4+x^3\right]_0^3=\frac{27}{4}$$

참고 삼차함수의 그래프와 접선 사이의 넓이 공식의 증명

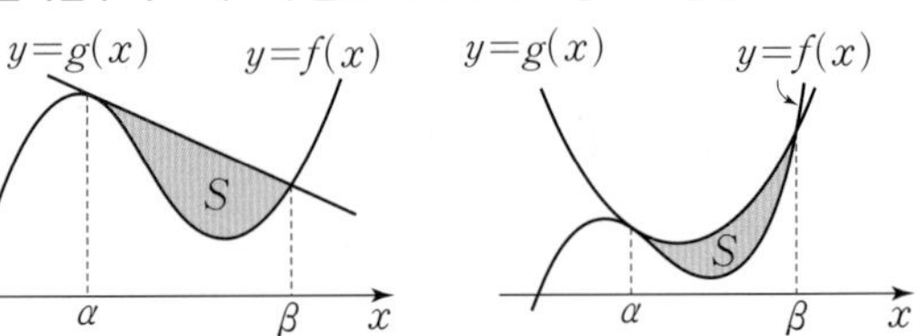

삼차함수 $f(x)$와 이차 이하의 함수 $g(x)$에 대하여 $y=f(x)$, $y=g(x)$의 그래프가 $x=\alpha$인 점에서 접하고, $x=\beta$인 점에서 만나면 방정식 $f(x)=g(x)$, 즉 방정식 $f(x)-g(x)=0$은 중근 $x=\alpha$와 또 다른 근 $x=\beta$를 가지므로

$f(x)-g(x)=a(x-\alpha)^2(x-\beta)$

따라서 두 그래프로 둘러싸인 도형의 넓이 S는

$$S=\int_\alpha^\beta |f(x)-g(x)|dx$$
$$=\int_\alpha^\beta |a(x-\alpha)^2(x-\beta)|dx$$
$$=-|a|\int_\alpha^\beta (x-\alpha)^2(x-\beta)dx$$
$$=-|a|\int_\alpha^\beta (x-\alpha)^2\{(x-\alpha)+(\alpha-\beta)\}dx$$
$$=-|a|\left\{\int_\alpha^\beta (x-\alpha)^3dx+(\alpha-\beta)\int_\alpha^\beta (x-\alpha)^2dx\right\}$$
$$=-|a|\left\{\left[\frac{(x-\alpha)^4}{4}\right]_\alpha^\beta+(\alpha-\beta)\left[\frac{(x-\alpha)^3}{3}\right]_\alpha^\beta\right\}$$
$$=-|a|\left\{\frac{(\beta-\alpha)^4}{4}+(\alpha-\beta)\frac{(\beta-\alpha)^3}{3}\right\}$$
$$=\frac{|a|}{12}(\beta-\alpha)^4$$

1906 답 27

$y=4x^3-12x^2=4x^2(x-3)$이므로 곡선 $y=4x^3-12x^2$은 x축에 접한다.

곡선 $y=4x^3-12x^2$과 x축의 교점의 x좌표는

$4x^2(x-3)=0$에서

$x=0$ 또는 $x=3$

따라서 구하는 도형의 넓이는

$\frac{|4|}{12}(3-0)^4=27$

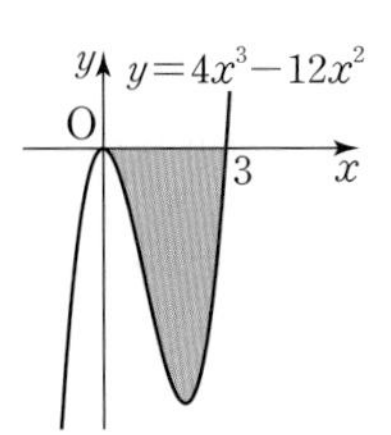

1907 답 ③

구하는 도형의 넓이는

$\int_0^2 |g(x)-f(x)|dx$

이때 $f(x)$의 최고차항의 계수가 -3이므로 넓이는

$\frac{|-3|}{12}(2-0)^4=4$

다른 풀이

최고차항의 계수가 -3인 삼차함수 $y=f(x)$의 그래프가 $x=2$에서 직선 $y=g(x)$와 접하고, $x=0$에서 직선 $y=g(x)$와 만나므로

$g(x)-f(x)=3x(x-2)^2$

따라서 구하는 도형의 넓이는

$$\int_0^2 \{g(x)-f(x)\}dx=\int_0^2 \{3x(x-2)^2\}dx$$
$$=\int_0^2 (3x^3-12x^2+12x)dx$$
$$=\left[\frac{3}{4}x^4-4x^3+6x^2\right]_0^2=4$$

실수 Check

공식 $\frac{|a|}{12}(\beta-\alpha)^4$에서 최고차항의 계수 a는 절댓값 기호 안에 있으므로 a의 부호는 신경쓰지 않아도 된다.
마찬가지로 $(\beta-\alpha)^4=(\alpha-\beta)^4$이므로 α, β의 순서도 신경쓰지 않아도 된다.

Plus 문제

1907-1

최고차항의 계수가 1인 삼차함수 $f(x)$의 그래프와 최고차항의 계수가 양수인 이차함수 $g(x)$의 그래프가 그림과 같이 $x=0$에서 접하고 $x=2$에서 만날 때, 두 곡선 $y=f(x)$, $y=g(x)$로 둘러싸인 도형의 넓이를 구하시오.

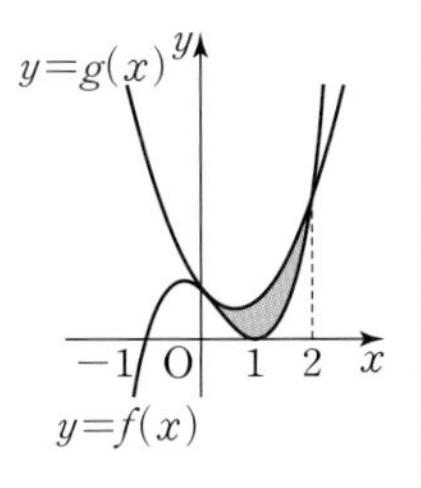

구하는 도형의 넓이는

$\int_0^2 |g(x)-f(x)|dx$

이때 $f(x)$의 최고차항의 계수가 1이므로 넓이는

$\frac{|1|}{12}(2-0)^4=\frac{4}{3}$

답 $\frac{4}{3}$

다른 풀이

최고차항의 계수가 1인 삼차함수 $y=f(x)$의 그래프가 $x=0$에서 곡선 $y=g(x)$와 접하고, $x=2$에서 곡선 $y=g(x)$와 만나므로

$g(x)-f(x)=-x^2(x-2)$

따라서 구하는 도형의 넓이는

$$\int_0^2 \{g(x)-f(x)\}dx=\int_0^2 \{-x^2(x-2)\}dx$$
$$=\int_0^2 (-x^3+2x^2)dx$$
$$=\left[-\frac{1}{4}x^4+\frac{2}{3}x^3\right]_0^2=\frac{4}{3}$$

참고 $f(-1)=0$, $f(1)=0$이고 최고차항의 계수가 1인 삼차함수 $f(x)$의 그래프가 $x=1$에서 x축에 접하므로
$f(x)=(x+1)(x-1)^2=x^3-x^2-x+1$
$g(x)=ax^2+bx+c$라 할 때,
$g(0)=f(0)=1$, $g(2)=f(2)=3$, $g'(0)=f'(0)=-1$
이므로 이를 이용하여 $g(x)$를 구할 수도 있다.

1908 답 $\frac{16}{3}$ | 유형 13

곡선 $y=5x^4-10x^2$과 직선 $y=-5$로 둘러싸인 도형의 넓이를 구하시오.

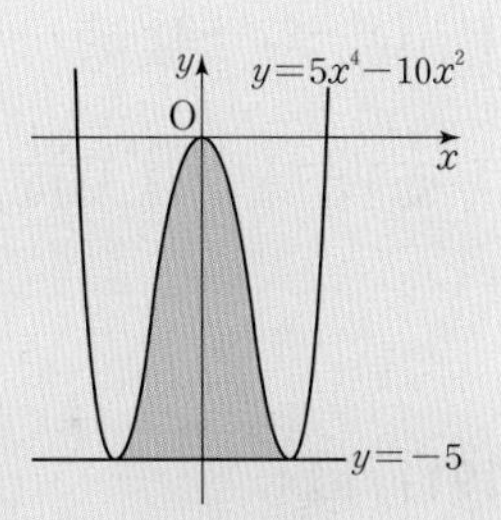

단서1 곡선과 직선의 교점의 x좌표는 방정식 $5x^4-10x^2=-5$의 해

STEP 1 곡선과 직선의 교점의 x좌표 구하기

곡선 $y=5x^4-10x^2$과 직선 $y=-5$의 교점의 x좌표는

$5x^4-10x^2=-5$에서

$5(x^4-2x^2+1)=0$, $5(x^2-1)^2=0$

$5(x+1)^2(x-1)^2=0$ $\quad\therefore x=-1$ 또는 $x=1$

STEP 2 둘러싸인 도형의 넓이 구하기

구하는 도형의 넓이는

$$\int_{-1}^1 |(5x^4-10x^2)-(-5)|dx=\frac{|5|}{30}\{1-(-1)\}^5$$
$$=\frac{16}{3}$$

다른 풀이

구하는 도형의 넓이는

$$\int_{-1}^1 \{(5x^4-10x^2)-(-5)\}dx=\int_{-1}^1 (5x^4-10x^2+5)dx$$
$$=2\int_0^1 (5x^4-10x^2+5)dx$$
$$=2\left[x^5-\frac{10}{3}x^3+5x\right]_0^1$$
$$=2\times\frac{8}{3}=\frac{16}{3}$$

1909 답 $\frac{512}{15}$

곡선 $y=x^4+4x^3-2x^2-10x+8$과 직선 $y=2x-1$의 교점의 x좌표는

$x^4+4x^3-2x^2-10x+8=2x-1$에서

$x^4+4x^3-2x^2-12x+9=0$, $(x+3)^2(x-1)^2=0$

$\therefore x=-3$ 또는 $x=1$

이때 곡선과 직선은 $x=-3$, $x=1$에서 접하므로 구하는 도형의 넓이는

$\int_{-3}^{1}|(x^4+4x^3-2x^2-10x+8)-(2x-1)|dx$

$=\frac{|1|}{30}\{1-(-3)\}^5=\frac{512}{15}$

1910 답 $\frac{81}{10}$

두 곡선 $y=x^4-2x^3+4x+5$, $y=3x^2+1$의 교점의 x좌표는

$x^4-2x^3+4x+5=3x^2+1$에서

$x^4-2x^3-3x^2+4x+4=0$

$(x+1)^2(x-2)^2=0$

$\therefore x=-1$ 또는 $x=2$

이때 두 곡선은 $x=-1$, $x=2$에서 접하므로 구하는 도형의 넓이는

$\int_{-1}^{2}|(x^4-2x^3+4x+5)-(3x^2+1)|dx$

$=\frac{|1|}{30}\{2-(-1)\}^5=\frac{81}{10}$

1911 답 4

| 유형14

곡선 $y=x(x-2)(x-a)$와 x축으로 둘러싸인 두 도형의 넓이가 서로 같도록 하는 상수 a의 값을 구하시오. (단, $a>2$)

단서1 x축과의 교점의 x좌표는 $x=0$, $x=2$, $x=a$

단서2 $\int_0^a x(x-2)(x-a)dx=0$

STEP1 곡선과 x축의 교점의 x좌표 구하기

곡선 $y=x(x-2)(x-a)$와 x축의 교점의 x좌표는

$x=0$ 또는 $x=2$ 또는 $x=a$

STEP2 두 도형의 넓이가 서로 같도록 하는 a의 값 구하기

곡선 $y=x(x-2)(x-a)$와 x축으로 둘러싸인 두 도형의 넓이가 서로 같으므로

$\int_0^a x(x-2)(x-a)dx=0$

$\int_0^a \{x^3-(a+2)x^2+2ax\}dx=0$

$\left[\frac{1}{4}x^4-\frac{a+2}{3}x^3+ax^2\right]_0^a=0$

$\frac{1}{4}a^4-\frac{1}{3}a^4-\frac{2}{3}a^3+a^3=0$

$-\frac{1}{12}a^4+\frac{1}{3}a^3=0$, $a^3(a-4)=0$

$\therefore a=4\ (\because a>2)$

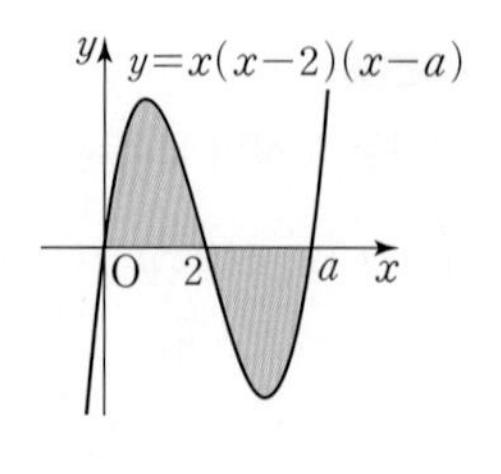

1912 답 ②

두 도형의 넓이가 서로 같으므로

$\int_0^a x^2(x-3)dx=0$

$\int_0^a (x^3-3x^2)dx=0$

$\left[\frac{1}{4}x^4-x^3\right]_0^a=0$

$\frac{1}{4}a^4-a^3=0$, $a^3(a-4)=0$

$\therefore a=4\ (\because a>3)$

1913 답 8

두 도형의 넓이가 서로 같으므로

$\int_0^2 \{(12-3x^2)-k\}dx=0$

$\int_0^2 (-3x^2+12-k)dx=0$

$\left[-x^3+(12-k)x\right]_0^2=0$

$-8+24-2k=0$

$\therefore k=8$

1914 답 -1

두 도형의 넓이가 서로 같으므로

$\int_0^2 \{-x^2(x-2)-ax(x-2)\}dx=0$

$\int_0^2 \{-x^3+(2-a)x^2+2ax\}dx=0$

$\left[-\frac{1}{4}x^4+\frac{2-a}{3}x^3+ax^2\right]_0^2=0$

$-4+\frac{16-8a}{3}+4a=0$

$\therefore a=-1$

1915 답 ③

곡선 $y=-x^3-(a+3)x^2-3ax$와 x축의 교점의 x좌표는

$-x^3-(a+3)x^2-3ax=0$에서

$-x\{x^2+(a+3)x+3a\}=0$, $-x(x+a)(x+3)=0$

$\therefore x=0$ 또는 $x=-a$ 또는 $x=-3$

$0<a<3$이고 두 도형의 넓이가 서로 같으므로

$\int_{-3}^{0}\{-x^3-(a+3)x^2-3ax\}dx=0$

$\left[-\frac{1}{4}x^4-\frac{a+3}{3}x^3-\frac{3a}{2}x^2\right]_{-3}^{0}=0$

$\frac{9}{4}(2a-3)=0$

$\therefore a=\frac{3}{2}$

1916 답 2

곡선 $y=x^2(a+1-x)$와 직선 $y=ax$의 교점의 x좌표는

$x^2(a+1-x)=ax$에서

$-x^3+(a+1)x^2-ax=0$, $-x\{x^2-(a+1)x+a\}=0$

$-x(x-1)(x-a)=0$

$\therefore x=0$ 또는 $x=1$ 또는 $x=a$

$a>1$이고 두 도형의 넓이가 같으므로

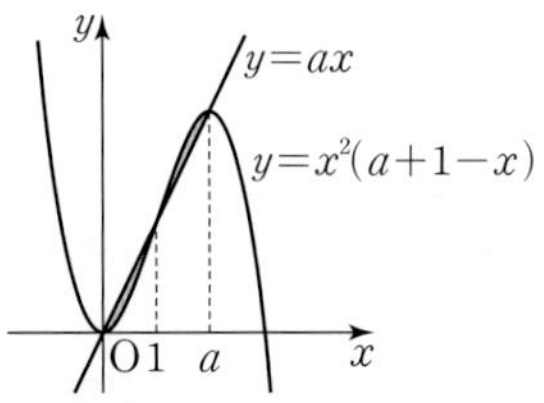

$\int_0^a \{x^2(a+1-x)-ax\}\,dx=0$

$\int_0^a \{-x^3+(a+1)x^2-ax\}\,dx=0$

$\left[-\frac{1}{4}x^4+\frac{a+1}{3}x^3-\frac{a}{2}x^2\right]_0^a=0$

$-\frac{1}{4}a^4+\frac{1}{3}a^4+\frac{1}{3}a^3-\frac{1}{2}a^3=0$

$3a^4-4a^4-4a^3+6a^3=0$

$-a^4+2a^3=0$, $-a^3(a-2)=0$

$\therefore a=2\ (\because a>1)$

1917 답 ⑤

$0<a<b$이므로

곡선 $y=x^2(x-a)(x-b)$의 개형은 그림과 같다.

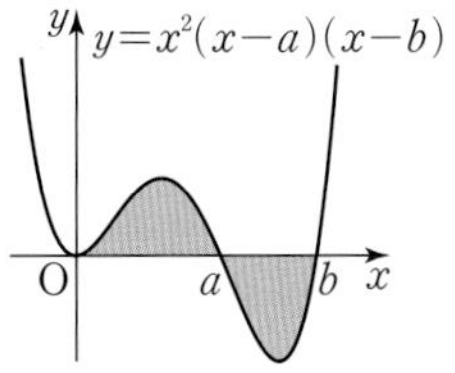

곡선과 x축으로 둘러싸인 두 도형의 넓이가 서로 같으므로

$\int_0^b x^2(x-a)(x-b)dx=0$

$\int_0^b \{x^4-(a+b)x^3+abx^2\}dx=0$

$\left[\frac{1}{5}x^5-\frac{a+b}{4}x^4+\frac{ab}{3}x^3\right]_0^b=0$

$\frac{1}{5}b^5-\frac{a}{4}b^4-\frac{1}{4}b^5+\frac{a}{3}b^4=0$

양변에 $\frac{60}{b^4}$을 곱하여 정리하면

$12b-15a-15b+20a=0$, $5a-3b=0$

따라서 $a=\frac{3}{5}b$이므로 $\frac{a}{b}=\frac{3}{5}$

1918 답 ⑤

방정식 $-x^3+3x^2+k=0$의 근 중에서 가장 큰 값을 α라 하면

→ 주어진 그래프에서 $\alpha>0$이다.

$-\alpha^3+3\alpha^2+k=0$

$\therefore k=\alpha^3-3\alpha^2$ ······ ㉠

이때 두 도형의 넓이가 서로 같으므로

$\int_0^\alpha (-x^3+3x^2+k)dx=0$

$\left[-\frac{1}{4}x^4+x^3+kx\right]_0^\alpha=0$

$-\frac{1}{4}\alpha^4+\alpha^3+k\alpha=0$, $\alpha^4-4\alpha^3-4k\alpha=0$

$\alpha>0$이므로 양변을 α로 나누면

$\alpha^3-4\alpha^2-4k=0$ ······ ㉡

㉠을 ㉡에 대입하면

$\alpha^3-4\alpha^2-4(\alpha^3-3\alpha^2)=0$

$-3\alpha^3+8\alpha^2=0$, $-\alpha^2(3\alpha-8)=0$

$\therefore \alpha=\frac{8}{3}\ (\because \alpha>0)$

$\alpha=\frac{8}{3}$을 ㉠에 대입하여 풀면 $k=-\frac{64}{27}$

1919 답 ②

$y=-x^2+2x+a$

$\ =-(x-1)^2+a+1$

이므로 곡선 $y=-x^2+2x+a$는 직선 $x=1$에 대하여 대칭이다.

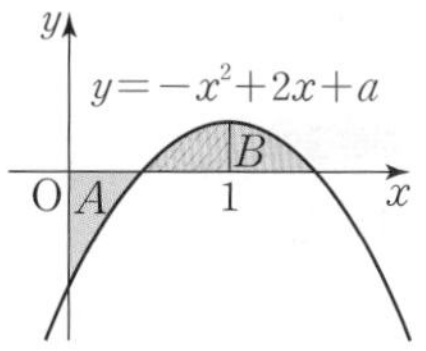

이때 $A:B=1:2$이므로 그림에서 빗금 친 도형의 넓이는 A와 같다.

따라서 구간 $[0, 1]$에서 곡선 $y=-x^2+2x+a$와 x축, y축 및 직선 $x=1$로 둘러싸인 두 도형의 넓이가 서로 같으므로

$\int_0^1 (-x^2+2x+a)\,dx=0$

$\left[-\frac{1}{3}x^3+x^2+ax\right]_0^1=0$

$-\frac{1}{3}+1+a=0$

$\therefore a=-\frac{2}{3}$

1920 답 ④

$y=x(x-2a)=(x-a)^2-a^2$이므로 곡선 $y=x(x-2a)$는 직선 $x=a$에 대하여 대칭이다.

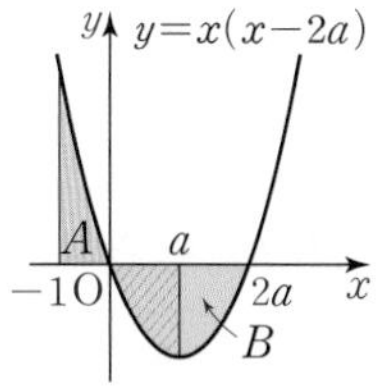

이때 $A:B=1:2$이므로 그림에서 빗금 친 도형의 넓이는 A와 같다.

따라서 구간 $[-1, a]$에서 곡선 $y=x(x-2a)$와 x축 및 두 직선 $x=-1$, $x=a$로 둘러싸인 두 도형의 넓이가 서로 같으므로

$\int_{-1}^a x(x-2a)dx=0$

$\int_{-1}^a (x^2-2ax)dx=0$

$\left[\frac{1}{3}x^3-ax^2\right]_{-1}^a=0$

$\frac{1}{3}a^3-a^3+\frac{1}{3}+a=0$, $-\frac{2}{3}a^3+a+\frac{1}{3}=0$

$2a^3-3a-1=0$, $(a+1)(2a^2-2a-1)=0$

$\therefore a=\frac{1+\sqrt{3}}{2}\ (\because a>0)$

1921 답 $\frac{2}{3}$

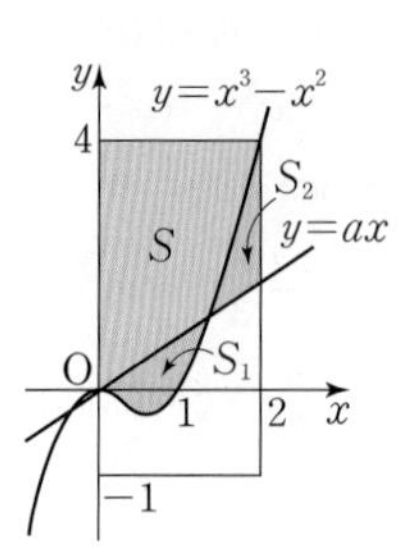

그림과 같이 두 그림을 겹쳤을 때,
A의 넓이를 $S+S_1$,
C의 넓이를 $S+S_2$라 하면
A와 C의 넓이가 같으므로
$S+S_1=S+S_2$
$\therefore S_1=S_2$
즉, $\int_0^2 \{(x^3-x^2)-ax\}dx=0$이므로
$\left[\frac{1}{4}x^4-\frac{1}{3}x^3-\frac{a}{2}x^2\right]_0^2=0$
$4-\frac{8}{3}-2a=0$, $2a=\frac{4}{3}$
$\therefore a=\frac{2}{3}$

다른 풀이

A의 넓이는
$\int_0^2 (4-x^3+x^2)dx=\left[4x-\frac{1}{4}x^4+\frac{1}{3}x^3\right]_0^2=\frac{20}{3}$
C의 넓이는
$\int_0^2 (4-ax)dx=\left[4x-\frac{a}{2}x^2\right]_0^2=8-2a$
A와 C의 넓이가 같으므로
$\frac{20}{3}=8-2a \quad \therefore a=\frac{2}{3}$

1922 답 $(3,\ -18)$

$f(x)=x^3-6x^2=x^2(x-6)$이므로
곡선 $y=f(x)$는 원점에서 접하고 점 C(6, 0)을 지난다.
그림과 같이 곡선 $y=f(x)$와 x축으로 둘러싸인 도형의 넓이를 $S+S_1$, 사다리꼴 OABC의 넓이를 $S+S_2$라 하면
두 도형의 넓이가 같으므로
$S+S_1=S+S_2$
$\therefore S_1=S_2$
직선 l의 방정식을 $y=mx+n$이라 하면
$\int_0^6 \{(x^3-6x^2)-(mx+n)\}dx=0$이므로
$\left[\frac{1}{4}x^4-2x^3-\frac{m}{2}x^2-nx\right]_0^6=0$
$-108-18m-6n=0 \quad \therefore n=-3m-18$
직선 l의 방정식은
$y=mx-3m-18 \quad \therefore y+18=m(x-3)$ → $x=3$이면 m의 값에 관계 없이 $y=-18$이다.
따라서 직선 l은 항상 점 $(3,\ -18)$을 지난다.

실수 Check

문제에 '항상 일정한 점을 지난다.', '~의 값에 관계 없이'라는 표현이 있을 때에는 항등식을 이용하는 문제일 수 있다.
계산 과정에서 정확한 값이 나오지 않고 식이 나오더라도 끝까지 계산해 보자.

1923 답 32

곡선 $y=-x^2+4x$와 x축으로 둘러싸인 도형의 넓이가 직선 $y=ax$에 의하여 이등분될 때, 양수 a에 대하여 $(4-a)^3$의 값을 구하시오.

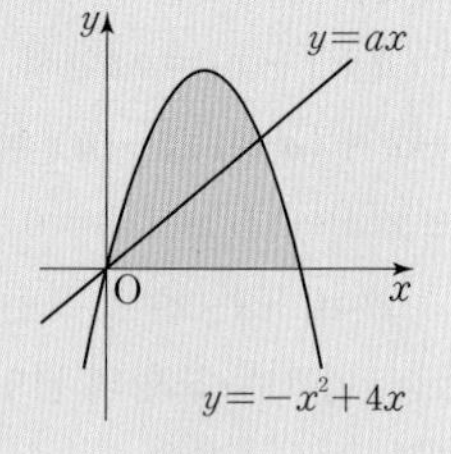

단서1 $\int_0^4(-x^2+4x)dx$
단서2 $y=ax$로 나뉜 두 부분의 넓이가 같음
단서3 풀이 과정에서 $4-a$가 나올 것이다.

STEP 1 곡선과 직선의 교점의 x좌표 구하기

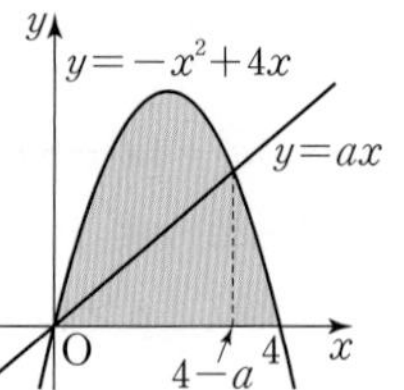

곡선 $y=-x^2+4x$와 직선 $y=ax$의 교점의 x좌표는
$-x^2+4x=ax$에서 $x^2+(a-4)x=0$
$x(x+a-4)=0$
$\therefore x=0$ 또는 $x=4-a$

STEP 2 곡선과 x축으로 둘러싸인 도형의 넓이 구하기

곡선 $y=-x^2+4x$와 x축의 교점의 x좌표는
$-x^2+4x=0$에서 $-x(x-4)=0$
$\therefore x=0$ 또는 $x=4$
곡선 $y=-x^2+4x$와 x축으로 둘러싸인 도형의 넓이를 S라 하면
$S=\int_0^4(-x^2+4x)dx$
$=\left[-\frac{1}{3}x^3+2x^2\right]_0^4=\frac{32}{3}$

STEP 3 곡선과 직선으로 둘러싸인 도형의 넓이 구하기

또, 곡선 $y=-x^2+4x$와 직선 $y=ax$로 둘러싸인 도형의 넓이를 S_1이라 하면
$S_1=\int_0^{4-a}\{(-x^2+4x)-ax\}dx$ → 포물선과 직선 사이의 넓이 공식을 이용하여 $\frac{|-1|}{6}(4-a-0)^3$으로 구할 수도 있다.
$=\int_0^{4-a}\{-x^2+(4-a)x\}dx$
$=\left[-\frac{1}{3}x^3+\frac{4-a}{2}x^2\right]_0^{4-a}$
$=\frac{1}{6}(4-a)^3$
이때 $S_1=\frac{1}{2}S$이므로
$\frac{1}{6}(4-a)^3=\frac{1}{2}\times\frac{32}{3}$
$\therefore (4-a)^3=32$

1924 답 ①

두 곡선 $y=-x^2+2x$, $y=ax^2$의 교점의 x좌표는
$-x^2+2x=ax^2$에서 $(a+1)x^2-2x=0$
$x\{(a+1)x-2\}=0$
$\therefore x=0$ 또는 $x=\frac{2}{a+1}$

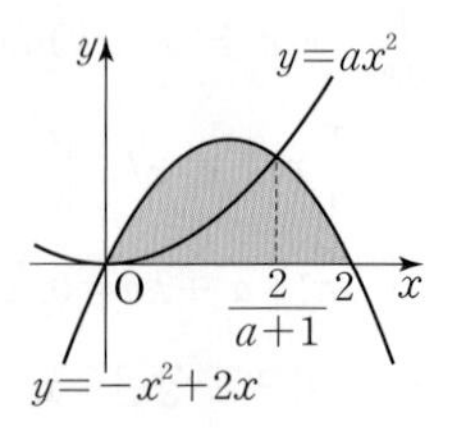

곡선 $y=-x^2+2x$와 x축의 교점의 x좌표는

$-x^2+2x=0$에서 $-x(x-2)=0$

$\therefore x=0$ 또는 $x=2$

곡선 $y=-x^2+2x$와 x축으로 둘러싸인 도형의 넓이를 S라 하면

$$S=\int_0^2(-x^2+2x)dx$$
$$=\left[-\frac{1}{3}x^3+x^2\right]_0^2=\frac{4}{3}$$

또, 두 곡선 $y=-x^2+2x$, $y=ax^2$으로 둘러싸인 도형의 넓이를 S_1이라 하면

$$S_1=\int_0^{\frac{2}{a+1}}\{(-x^2+2x)-ax^2\}dx$$

→ 두 포물선 사이의 넓이 공식을 이용하여 $\frac{|-1-a|}{6}\left(\frac{2}{a+1}\right)^3$ 으로 구할 수도 있다.

$$=\int_0^{\frac{2}{a+1}}\{-(a+1)x^2+2x\}dx$$
$$=\left[-\frac{a+1}{3}x^3+x^2\right]_0^{\frac{2}{a+1}}$$
$$=\frac{4}{3(a+1)^2}$$

이때 $S_1=\frac{1}{2}S$이므로

$\frac{4}{3(a+1)^2}=\frac{1}{2}\times\frac{4}{3}$ $\therefore (a+1)^2=2$

1925 답 ③

곡선 $y=x^2-3x$와 직선 $y=ax$의 교점의 x좌표는

$x^2-3x=ax$에서 $x^2-(a+3)x=0$

$x(x-a-3)=0$

$\therefore x=0$ 또는 $x=a+3$

곡선 $y=x^2-3x$와 x축의 교점의 x좌표는

$x^2-3x=0$에서 $x(x-3)=0$

$\therefore x=0$ 또는 $x=3$

곡선 $y=x^2-3x$와 직선 $y=ax$로 둘러싸인 도형의 넓이를 S라 하면

$$S=\int_0^{a+3}\{ax-(x^2-3x)\}dx$$
$$=\int_0^{a+3}\{-x^2+(a+3)x\}dx$$
$$=\left[-\frac{1}{3}x^3+\frac{a+3}{2}x^2\right]_0^{a+3}$$
$$=\frac{1}{6}(a+3)^3$$

또, 곡선 $y=x^2-3x$와 x축으로 둘러싸인 도형의 넓이를 S_1이라 하면

$$S_1=-\int_0^3(x^2-3x)dx$$

→ $0\le x\le 3$에서 $x^2-3x\le 0$이다.

$$=\left[-\frac{1}{3}x^3+\frac{3}{2}x^2\right]_0^3=\frac{9}{2}$$

이때 $S_1=\frac{1}{2}S$이므로

$\frac{9}{2}=\frac{1}{2}\times\frac{1}{6}(a+3)^3$

$(a+3)^3=54$ $\therefore a=-3+3\sqrt[3]{2}$

1926 답 ④

두 곡선 $y=-x^4+x$, $y=x^4-x^3$으로 둘러싸인 도형의 넓이를 S라 하면

$$S=\int_0^1\{(-x^4+x)-(x^4-x^3)\}dx$$
$$=\int_0^1(-2x^4+x^3+x)dx$$
$$=\left[-\frac{2}{5}x^5+\frac{1}{4}x^4+\frac{1}{2}x^2\right]_0^1$$
$$=\frac{7}{20}$$

두 곡선 $y=-x^4+x$, $y=ax(1-x)$로 둘러싸인 도형의 넓이를 S_1이라 하면

$$S_1=\int_0^1\{(-x^4+x)-(ax-ax^2)\}dx$$
$$=\int_0^1\{-x^4+ax^2+(1-a)x\}dx$$
$$=\left[-\frac{1}{5}x^5+\frac{a}{3}x^3+\frac{1-a}{2}x^2\right]_0^1$$
$$=-\frac{a}{6}+\frac{3}{10}$$

이때 $S_1=\frac{1}{2}S$이므로

$-\frac{a}{6}+\frac{3}{10}=\frac{1}{2}\times\frac{7}{20}$

$\therefore a=\frac{3}{4}$

참고 두 부분의 넓이가 서로 같으므로

$$\int_0^1\{(-x^4+x)-ax(1-x)\}dx$$
$$=\int_0^1\{ax(1-x)-(x^4-x^3)\}dx$$

를 이용하여 a의 값을 구할 수도 있다.

1927 답 3

$$S_1=\int_0^2\frac{1}{2}x^2dx=\left[\frac{1}{6}x^3\right]_0^2=\frac{4}{3}$$

곡선 $y=\frac{1}{2}x^2$과 직선 $y=ax$의 교점의 x좌표는

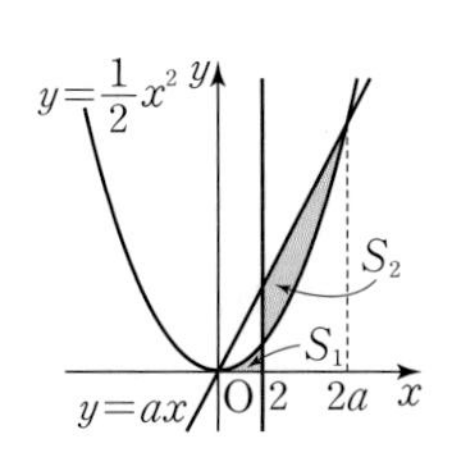

$\frac{1}{2}x^2=ax$에서

$x^2-2ax=0$, $x(x-2a)=0$

$\therefore x=0$ 또는 $x=2a$

$$\therefore S_2=\int_2^{2a}\left(ax-\frac{1}{2}x^2\right)dx$$
$$=\left[\frac{a}{2}x^2-\frac{1}{6}x^3\right]_2^{2a}$$
$$=\frac{2}{3}a^3-2a+\frac{4}{3}$$

이때 $S_2=10S_1$이므로

$\frac{2}{3}a^3-2a+\frac{4}{3}=10\times\frac{4}{3}$

$a^3-3a-18=0$, $(a-3)(a^2+3a+6)=0$

$\therefore a=3\ (\because a>1)$

09

1928 답 $\frac{4}{3}$

그림과 같이 함수 $y=f(x)$의 그래프와 직선 $y=\frac{1}{2}k^2$으로 둘러싸인 도형에서 $x<0$인 부분을 A, $x\ge0$인 부분을 B라 하자.

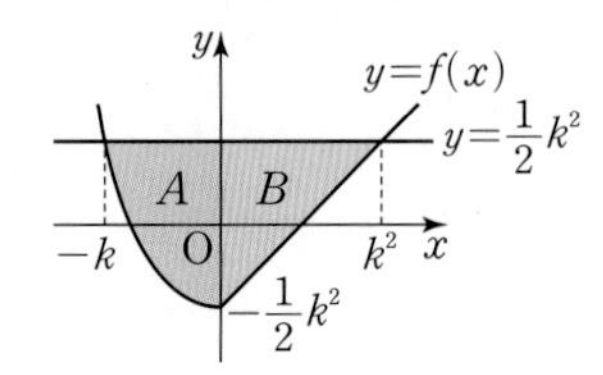

(i) $x<0$일 때,

곡선 $y=x^2-\frac{1}{2}k^2$과 직선 $y=\frac{1}{2}k^2$의 교점의 x좌표는 ($x<0$일 때, $f(x)=x^2-\frac{1}{2}k^2$)

$x^2-\frac{1}{2}k^2=\frac{1}{2}k^2$에서

$x^2=k^2 \qquad \therefore x=-k \; (\because k>0,\; x<0)$

즉, A의 넓이는

$$\int_{-k}^{0}\left\{\frac{1}{2}k^2-\left(x^2-\frac{1}{2}k^2\right)\right\}dx=\int_{-k}^{0}(-x^2+k^2)dx$$
$$=\left[-\frac{1}{3}x^3+k^2x\right]_{-k}^{0}$$
$$=\frac{2}{3}k^3$$

(ii) $x\ge0$일 때,

두 직선 $y=x-\frac{1}{2}k^2$, $y=\frac{1}{2}k^2$의 교점의 x좌표는 ($x\ge0$일 때, $f(x)=x-\frac{1}{2}k^2$)

$x-\frac{1}{2}k^2=\frac{1}{2}k^2$에서 $x=k^2$

즉, B의 넓이는

$\frac{1}{2}\times k^2\times k^2=\frac{1}{2}k^4$

이때 A와 B의 넓이가 같으므로

$\frac{2}{3}k^3=\frac{1}{2}k^4 \qquad \therefore k=\frac{4}{3} \; (\because k>0)$

실수 Check

B의 넓이를 구할 때,

$\int_{0}^{k^2}\left\{\frac{1}{2}k^2-\left(x-\frac{1}{2}k^2\right)\right\}dx$의 값을 구해도 되지만, 삼각형의 넓이는

$\frac{1}{2}\times$(밑변의 길이)$\times$(높이)로 구해야 계산 실수를 줄일 수 있다.

1929 답 $\frac{1}{3}$

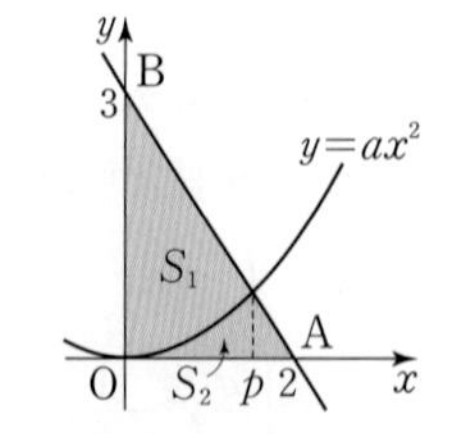

삼각형 OAB의 넓이는

$\frac{1}{2}\times2\times3=3$이므로

$S_1+S_2=3$

이때 $S_1 : S_2=13 : 3$이므로

$S_1=3\times\frac{13}{13+3}=\frac{39}{16}$

두 점 A$(2, 0)$, B$(0, 3)$을 지나는 직선의 방정식은

$y=-\frac{3}{2}x+3$

이 직선과 함수 $y=ax^2$의 그래프의 교점의 x좌표를 p $(0<p<2)$라 하면

$-\frac{3}{2}p+3=ap^2$ ········· ㉠

$$S_1=\int_{0}^{p}\left\{\left(-\frac{3}{2}x+3\right)-ax^2\right\}dx$$
$$=\left[-\frac{3}{4}x^2+3x-\frac{1}{3}ax^3\right]_{0}^{p}$$
$$=-\frac{3}{4}p^2+3p-\frac{1}{3}ap^3$$
$$=-\frac{3}{4}p^2+3p-\frac{1}{3}p\left(-\frac{3}{2}p+3\right) \; (\because ㉠)$$
$$=-\frac{1}{4}p^2+2p$$

즉, $-\frac{1}{4}p^2+2p=\frac{39}{16}$이므로

$4p^2-32p+39=0,\; (2p-3)(2p-13)=0$

$\therefore p=\frac{3}{2} \; (\because 0<p<2)$

$p=\frac{3}{2}$을 ㉠에 대입하면

$-\frac{9}{4}+3=\frac{9}{4}a \qquad \therefore a=\frac{1}{3}$

실수 Check

(1) $S_1 : S_2=a : b$이면 $S_1=\frac{a}{a+b}$, $S_2=\frac{b}{a+b}$

(2) $S_1=k\times S_2$이면 $S_1 : S_2=k : 1$

1930 답 ①

곡선 $y=x^2-5x$와 직선 $y=x$의 교점의 x좌표는

$x^2-5x=x$에서 $x(x-6)=0$

$\therefore x=0$ 또는 $x=6$

곡선 $y=x^2-5x$와 직선 $y=x$로 둘러싸인 부분의 넓이를 S라 하면

$$S=\int_{0}^{6}\{x-(x^2-5x)\}dx$$
$$=\int_{0}^{6}(6x-x^2)dx$$
$$=\left[3x^2-\frac{1}{3}x^3\right]_{0}^{6}$$
$$=36$$

구간 $[0, k]$에서 곡선 $y=x^2-5x$와 직선 $y=x$로 둘러싸인 부분의 넓이를 S_1이라 하면

$$S_1=\int_{0}^{k}\{x-(x^2-5x)\}dx$$
$$=\int_{0}^{k}(6x-x^2)dx$$
$$=\left[3x^2-\frac{1}{3}x^3\right]_{0}^{k}$$
$$=3k^2-\frac{1}{3}k^3$$

이때 $S_1=\frac{1}{2}S$이므로

$3k^2-\frac{1}{3}k^3=\frac{1}{2}\times36,\; k^3-9k^2+54=0$

$(k-3)(k^2-6k-18)=0$

$\therefore k=3$ 또는 $k=3-3\sqrt{3}$ 또는 $k=3+3\sqrt{3}$

이때 $0<k<6$이므로 $k=3$

1931 답 $2\sqrt{2}$

| 유형16

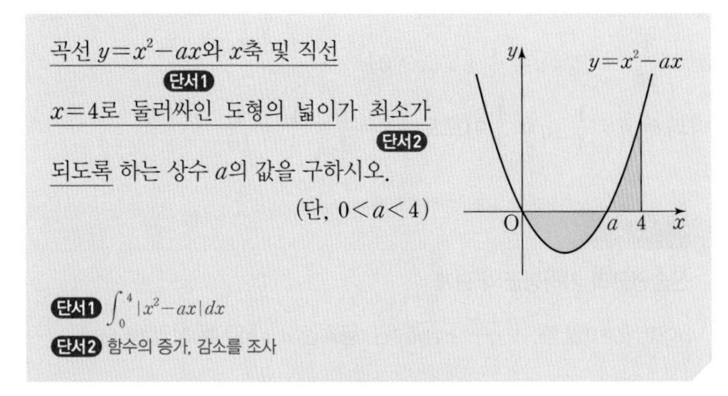

STEP1 둘러싸인 도형의 넓이를 식으로 나타내기

곡선 $y=x^2-ax$와 x축 및 직선 $x=4$로 둘러싸인 도형의 넓이는

$$\int_0^4 |x^2-ax|dx=\int_0^a(-x^2+ax)dx+\int_a^4(x^2-ax)dx$$
$$=\left[-\frac{1}{3}x^3+\frac{a}{2}x^2\right]_0^a+\left[\frac{1}{3}x^3-\frac{a}{2}x^2\right]_a^4$$
$$=\frac{1}{6}a^3+\left(\frac{1}{6}a^3-8a+\frac{64}{3}\right)$$
$$=\frac{1}{3}a^3-8a+\frac{64}{3}$$

STEP2 넓이가 최소가 되도록 하는 a의 값 구하기

$S(a)=\frac{1}{3}a^3-8a+\frac{64}{3}$라 하면

$S'(a)=a^2-8=(a+2\sqrt{2})(a-2\sqrt{2})$

$S'(a)=0$인 a의 값은 $a=2\sqrt{2}$ ($\because 0<a<4$)

$0<a<4$에서 함수 $S(a)$의 증가, 감소를 표로 나타내면 다음과 같다.

a	0	$\cdots$	$2\sqrt{2}$	$\cdots$	4
$S'(a)$		$-$	0	$+$	
$S(a)$		↘	극소	↗	

함수 $S(a)$는 $a=2\sqrt{2}$일 때 최소이므로 둘러싸인 도형의 넓이는 $a=2\sqrt{2}$일 때 최소이다.

1932 답 ③

점 (0, 2)를 지나는 직선의 기울기를 m이라 하면 직선의 방정식은 $y=mx+2$

곡선 $y=x^2$과 직선 $y=mx+2$의 교점의 x좌표를 α, β ($\alpha<\beta$)라 하면 α, β는 방정식 $x^2=mx+2$, 즉 $x^2-mx-2=0$의 두 근이므로 근과 계수의 관계에 의하여

$\alpha+\beta=m$, $\alpha\beta=-2$ ········ ㉠

곡선 $y=x^2$과 직선 $y=mx+2$로 둘러싸인 도형의 넓이를 $S(m)$이라 하면

$$S(m)=\int_\alpha^\beta\{(mx+2)-x^2\}dx=\int_\alpha^\beta(-x^2+mx+2)dx$$
$$=\left[-\frac{1}{3}x^3+\frac{m}{2}x^2+2x\right]_\alpha^\beta$$
$$=-\frac{1}{3}(\beta^3-\alpha^3)+\frac{m}{2}(\beta^2-\alpha^2)+2(\beta-\alpha)$$
$$=(\beta-\alpha)\left\{-\frac{1}{3}(\beta^2+\alpha\beta+\alpha^2)+\frac{m}{2}(\beta+\alpha)+2\right\}$$

㉠에서 $(\beta-\alpha)^2=(\beta+\alpha)^2-4\alpha\beta=m^2+8$이므로

$\beta-\alpha=\sqrt{m^2+8}$ ($\because \alpha<\beta$)

$$\therefore S(m)=\sqrt{m^2+8}\left\{-\frac{1}{3}(m^2+2)+\frac{1}{2}m^2+2\right\}$$
$$=\sqrt{m^2+8}\left(\frac{1}{6}m^2+\frac{4}{3}\right)=\frac{1}{6}\sqrt{m^2+8}(m^2+8)$$
$$=\frac{1}{6}\sqrt{(m^2+8)^3}$$

이때 $m^2+8\geq 8$이므로 둘러싸인 도형의 넓이 $S(m)$의 최솟값은

$S(0)=\frac{1}{6}\sqrt{8^3}=\frac{8\sqrt{2}}{3}$ → $\sqrt{8^3}=\sqrt{(2^3)^3}=\sqrt{2^9}=2^4\sqrt{2}=16\sqrt{2}$

참고 곡선 $y=x^2$과 직선 $y=mx+2$의 교점의 x좌표를 α, β라 할 때, 곡선과 직선으로 둘러싸인 도형의 넓이는 공식에서 $\frac{1}{6}(\beta-\alpha)^3$이므로 $S(m)=\frac{1}{6}(\beta-\alpha)^3=\frac{1}{6}\sqrt{(m^2+8)^3}$임을 이용할 수도 있다.

1933 답 4

곡선 $y=-3x^2+7nx$와 직선 $y=nx$의 교점의 x좌표는

$-3x^2+7nx=nx$에서 $3x^2-6nx=0$, $3x(x-2n)=0$

$\therefore x=0$ 또는 $x=2n$

곡선과 직선으로 둘러싸인 도형의 넓이를 $S(n)$이라 하면

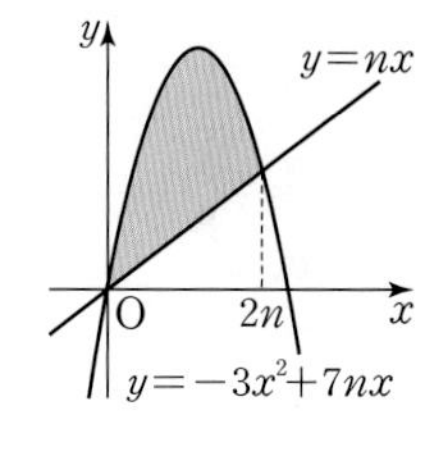

$$S(n)=\int_0^{2n}\{(-3x^2+7nx)-nx\}dx$$
$$=\int_0^{2n}(-3x^2+6nx)dx$$
$$=\left[-x^3+3nx^2\right]_0^{2n}$$
$$=4n^3$$

즉, $S(n)\geq 240$에서

$4n^3\geq 240$, $n^3\geq 60$

이때 $3^3=27$, $4^3=64$이므로 자연수 n의 최솟값은 4이다.

1934 답 1

$f(x)=x^2+1$이라 하면

$f'(x)=2x$

곡선 $y=f(x)$ 위의 점 (a, a^2+1)에서의 접선의 기울기는 $f'(a)=2a$이므로 접선의 방정식은

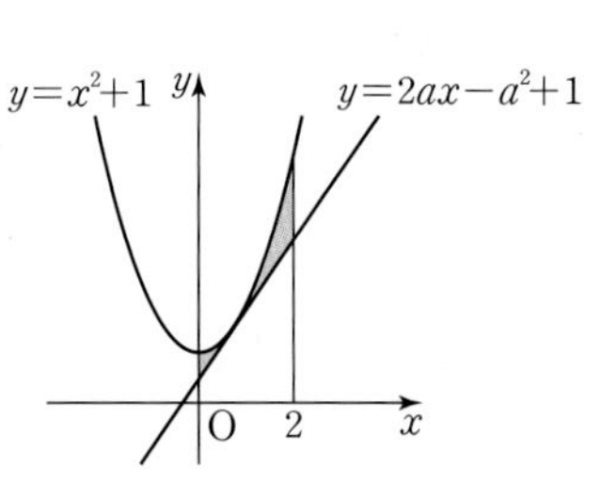

$y-(a^2+1)=2a(x-a)$

$\therefore y=2ax-a^2+1$

둘러싸인 도형의 넓이를 $S(a)$라 하면

$$S(a)=\int_0^2\{(x^2+1)-(2ax-a^2+1)\}dx$$
$$=\int_0^2(x^2-2ax+a^2)dx$$
$$=\left[\frac{1}{3}x^3-ax^2+a^2x\right]_0^2$$
$$=\frac{8}{3}-4a+2a^2$$
$$=2(a-1)^2+\frac{2}{3}$$

따라서 둘러싸인 도형의 넓이 $S(a)$의 최솟값은 $S(1)=\frac{2}{3}$이므로 최소가 되도록 하는 a의 값은 1이다.

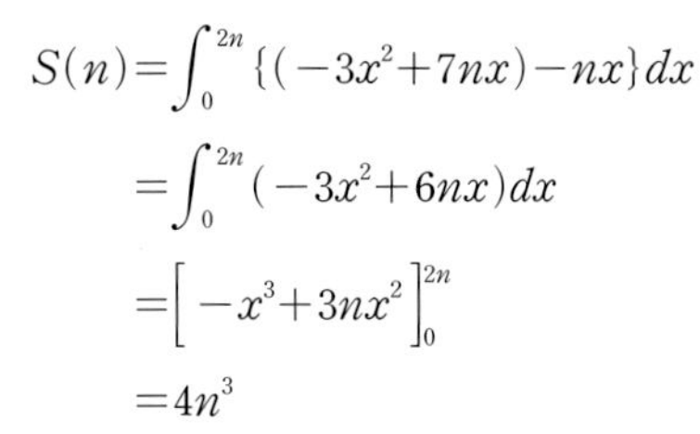

1935 답 ④

곡선 $y=(x+2)(x-a)(x-2)$와 x축으로 둘러싸인 도형의 넓이를 $S(a)$라 하면

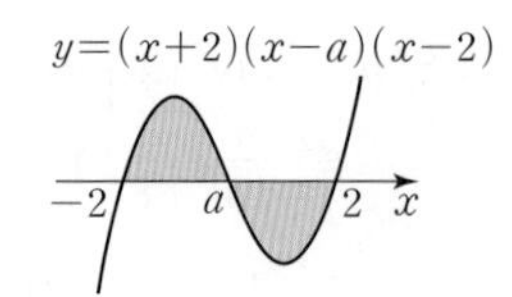

$$S(a)=\int_{-2}^{a}(x+2)(x-a)(x-2)dx+\int_{a}^{2}\{-(x+2)(x-a)(x-2)\}dx$$

$$=\int_{-2}^{a}(x^3-ax^2-4x+4a)dx-\int_{a}^{2}(x^3-ax^2-4x+4a)dx$$

$$=\left[\frac{1}{4}x^4-\frac{a}{3}x^3-2x^2+4ax\right]_{-2}^{a}-\left[\frac{1}{4}x^4-\frac{a}{3}x^3-2x^2+4ax\right]_{a}^{2}$$

$$=\left(-\frac{1}{12}a^4+2a^2+\frac{16}{3}a+4\right)-\left(\frac{1}{12}a^4-2a^2+\frac{16}{3}a-4\right)$$

$$=-\frac{1}{6}a^4+4a^2+8$$

$$\therefore S'(a)=-\frac{2}{3}a^3+8a=-\frac{2}{3}a(a^2-12)$$

$S'(a)=0$인 a의 값은 $a=0$ ($\because -2<a<2$)

$-2<a<2$에서 함수 $S(a)$의 증가, 감소를 표로 나타내면 다음과 같다.

a	-2	$\cdots$	0	$\cdots$	2
$S'(a)$		$-$		$+$	
$S(a)$		↘	8 극소	↗	

따라서 둘러싸인 도형의 넓이 $S(a)$의 최솟값은

$S(0)=8$

1936 답 ②

두 곡선 $y=2ax^3$, $y=-\frac{1}{8a}x^3$의 교점의 x좌표는

$2ax^3=-\frac{1}{8a}x^3$에서 $x=0$ → $\left(2a+\frac{1}{8a}\right)x^3=0$에서 $a>0$이므로 $x^3=0$

$a>0$이므로 두 곡선과 직선 $x=1$로 둘러싸인 도형의 넓이를 $S(a)$라 하면

$$S(a)=\int_{0}^{1}\left\{2ax^3-\left(-\frac{1}{8a}x^3\right)\right\}dx$$

$$=\int_{0}^{1}\left(2ax^3+\frac{1}{8a}x^3\right)dx$$

$$=\left(2a+\frac{1}{8a}\right)\int_{0}^{1}x^3dx$$

$$=\left(2a+\frac{1}{8a}\right)\left[\frac{1}{4}x^4\right]_{0}^{1}$$

$$=\left(2a+\frac{1}{8a}\right)\times\frac{1}{4}$$

$$=\frac{1}{2}a+\frac{1}{32a}$$

이때 $\frac{1}{2}a>0$, $\frac{1}{32a}>0$이므로 산술평균과 기하평균의 관계에 의하여

$$S(a)=\frac{1}{2}a+\frac{1}{32a}\geq2\sqrt{\frac{1}{2}a\times\frac{1}{32a}}=2\times\frac{1}{8}=\frac{1}{4}$$

$\left(\text{단, 등호는 }\frac{1}{2}a=\frac{1}{32a}\text{일 때 성립한다.}\right)$

즉, $S(a)$의 최솟값은 $\frac{1}{4}$이고, 그때의 a의 값은

$\frac{1}{2}a=\frac{1}{32a}$, $32a^2=2$

$a^2=\frac{1}{16}$ $\quad\therefore a=\frac{1}{4}$ ($\because a>0$)

따라서 $p=\frac{1}{4}$, $q=\frac{1}{4}$이므로 $pq=\frac{1}{4}\times\frac{1}{4}=\frac{1}{16}$

개념 Check

산술평균과 기하평균의 관계

$a>0$, $b>0$일 때, $\frac{a+b}{2}\geq\sqrt{ab}$ (단, 등호는 $a=b$일 때 성립한다.)

실수 Check

$S(a)=\int_{0}^{1}\left(2ax^3+\frac{1}{8a}x^3\right)dx=\left[\frac{a}{2}x^4+\frac{1}{32a}x^4\right]_{0}^{1}$으로 계산하는 것보다 $\int_{0}^{1}\left(2ax^3+\frac{1}{8a}x^3\right)dx=\left(2a+\frac{1}{8a}\right)\int_{0}^{1}x^3dx$와 같이 적분변수 x와 관계 없는 a를 바깥으로 빼서 계산하면 실수를 줄일 수 있다.

Plus 문제

1936-1

두 곡선 $y=\frac{1}{2a}x^3$, $y=-8ax^3$과 직선 $x=2$로 둘러싸인 도형의 넓이를 $S(a)$라 할 때, $S(a)$의 최솟값과 그때의 a의 값을 차례로 구하시오. (단, $a>0$)

두 곡선 $y=\frac{1}{2a}x^3$, $y=-8ax^3$의 교점의 x좌표는

$\frac{1}{2a}x^3=-8ax^3$에서 $x=0$

$a>0$이므로

$$S(a)=\int_{0}^{2}\left\{\frac{1}{2a}x^3-(-8ax^3)\right\}dx$$

$$=\int_{0}^{2}\left(\frac{1}{2a}x^3+8ax^3\right)dx$$

$$=\left(\frac{1}{2a}+8a\right)\int_{0}^{2}x^3dx$$

$$=\left(\frac{1}{2a}+8a\right)\left[\frac{1}{4}x^4\right]_{0}^{2}$$

$$=\left(\frac{1}{2a}+8a\right)\times4=\frac{2}{a}+32a$$

이때 $\frac{2}{a}>0$, $32a>0$이므로 산술평균과 기하평균의 관계에 의하여

$$S(a)=\frac{2}{a}+32a\geq2\sqrt{\frac{2}{a}\times32a}=2\times8=16$$

$\left(\text{단, 등호는 }\frac{2}{a}=32a\text{일 때 성립한다.}\right)$

즉, $S(a)$의 최솟값은 16이고, 그때의 a의 값은

$\frac{2}{a}=32a$, $32a^2=2$

$a^2=\frac{1}{16}$ $\quad\therefore a=\frac{1}{4}$ ($\because a>0$)

답 16, $\frac{1}{4}$

1937 답 ③

| 유형17

이차함수 $f(x)$의 그래프가 그림과 같을 때, 함수 $g(x)=\int_{x}^{x+2} f(t)dt$의 최댓값은?

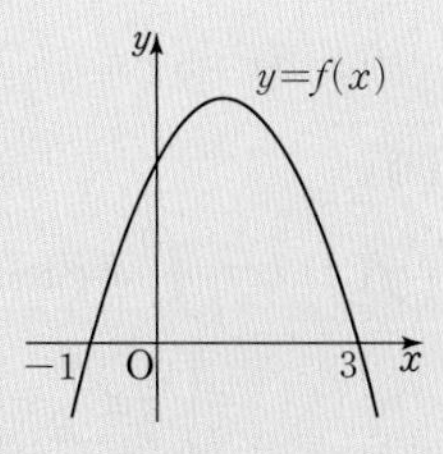

① $g(-2)$ ② $g(-1)$
③ $g(0)$ ④ $g(1)$
⑤ $g(2)$

단서1 x축과의 교점의 x좌표는 $x=-1$, $x=3$이므로 축은 $x=\frac{-1+3}{2}=1$

단서2 $f(t)\geq 0$이면 $g(x)$의 값은 넓이

단서3 $f(t)>0$인 경우, 즉 넓이가 최대일 때만 생각하자.

STEP 1 $g(x)$가 최대일 때의 x의 값 구하기

$f(t)\geq 0$일 때 $\int_{x}^{x+2} f(t)dt$의 값은

$y=f(t)$의 그래프와 두 직선 $t=x$, $t=x+2$ 및 t축으로 둘러싸인 도형의 넓이와 같으므로

함수 $g(x)=\int_{x}^{x+2} f(t)dt$가 최대일 때는 둘러싸인 도형의 넓이가 최대일 때이다.

이때 이차함수 $f(t)$의 그래프는 직선 $t=1$에 대하여 대칭이므로 두 직선 $t=x$, $t=x+2$가 직선 $t=1$에 대하여 대칭일 때 둘러싸인 도형의 넓이가 최대이다.

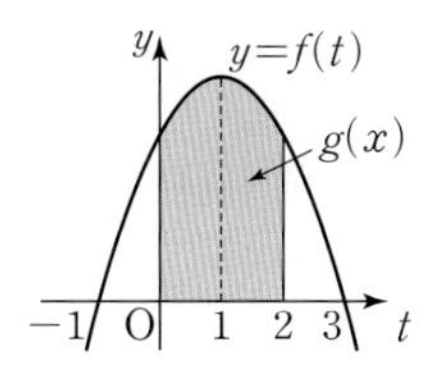

즉, $\frac{x+x+2}{2}=1$에서 $x=0$

따라서 함수 $g(x)$의 최댓값은 $g(0)$이다.

1938 답 $\frac{47}{12}$

$\int_{x}^{x+1} |t^2-4|dt$의 값은 $y=|t^2-4|$의 그래프와 두 직선 $t=x$, $t=x+1$ 및 t축으로 둘러싸인 도형의 넓이와 같다.

$y=|t^2-4|$의 그래프는 직선 $t=0$에 대하여 대칭이므로 두 직선 $t=x$, $t=x+1$이 직선 $t=0$에 대하여 대칭일 때 둘러싸인 도형의 넓이가 최대이다.

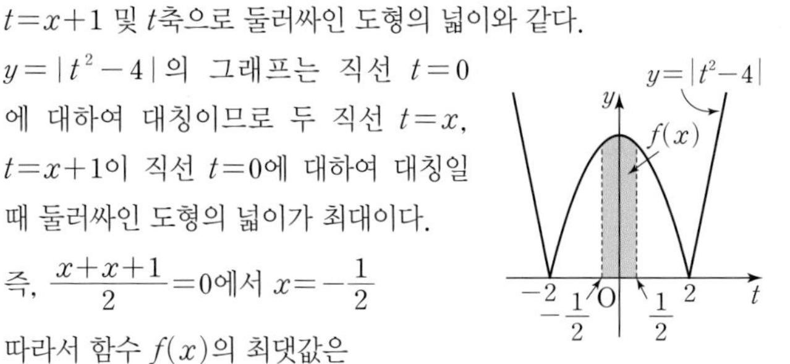

즉, $\frac{x+x+1}{2}=0$에서 $x=-\frac{1}{2}$

따라서 함수 $f(x)$의 최댓값은

$$f\left(-\frac{1}{2}\right)=\int_{-\frac{1}{2}}^{\frac{1}{2}} |t^2-4|dt$$
$$=2\int_{0}^{\frac{1}{2}} (-t^2+4)dt$$
$$=2\left[-\frac{1}{3}t^3+4t\right]_0^{\frac{1}{2}}$$
$$=2\times\frac{47}{24}=\frac{47}{12}$$

1939 답 $\frac{4}{3}$

$f(x)=a(x+1)(x-1)(x-2)$ $(a<0)$라 하면

→ $f(-1)=f(1)=f(2)=0$이므로 $f(x)$는 $x+1$, $x-1$, $x-2$를 인수로 갖는다.

$f(x)=a(x^3-2x^2-x+2)$이므로

$f'(x)=a(3x^2-4x-1)$

$\int_{m}^{n} f'(x)dx$의 값이 최대가 되려면 적분 구간 $[m, n]$이 $f'(x)\geq 0$인 구간과 일치해야 한다.

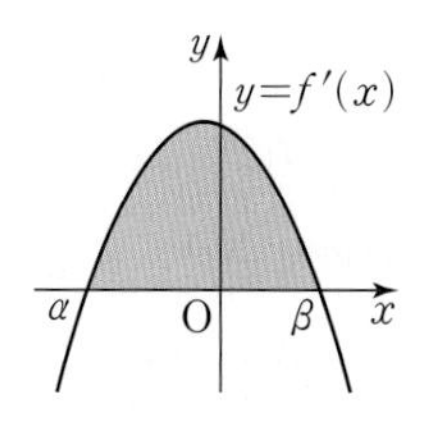

즉, 방정식 $f'(x)=0$의 두 근을 α, β $(\alpha<\beta)$라 할 때,

$m=\alpha$, $n=\beta$이어야 한다.

이차방정식 $a(3x^2-4x-1)=0$에서 근과 계수의 관계에 의하여

$\alpha+\beta=\frac{4}{3}$이므로

$m+n=\frac{4}{3}$

1940 답 ③

| 유형18

연속함수 $f(x)$가 모든 실수 x에 대하여 $f(x+3)=f(x)$를 만족시킨다. $\int_{1}^{4} |f(x)|dx=6$일 때, $y=f(x)$의 그래프와 x축 및 두 직선 $x=1$, $x=10$으로 둘러싸인 도형의 넓이는?

① 6 ② 12 ③ 18
④ 24 ⑤ 30

단서1 $x=3$마다 그래프가 반복

단서2 주기함수에서 이 값이 몇 번 반복되는지를 구하자.

단서3 $\int_{1}^{10} |f(x)|dx$

STEP 1 구하는 도형의 넓이를 정적분으로 나타내기

$y=f(x)$의 그래프와 x축 및 두 직선 $x=1$, $x=10$으로 둘러싸인 도형의 넓이는 $\int_{1}^{10} |f(x)|dx$이다.

STEP 2 주기함수의 성질을 이용하여 넓이를 $\int_{1}^{4} |f(x)|dx=6$으로 나타내기

$f(x+3)=f(x)$이므로

$\int_{1}^{4} |f(x)|dx=\int_{4}^{7} |f(x)|dx=\int_{7}^{10} |f(x)|dx=6$

따라서 구하는 도형의 넓이는

$$\int_{1}^{10} |f(x)|dx$$
$$=\int_{1}^{4} |f(x)|dx+\int_{4}^{7} |f(x)|dx+\int_{7}^{10} |f(x)|dx$$
$$=3\int_{1}^{4} |f(x)|dx$$
$$=3\times 6=18$$

1941 답 ④

$y=f(x)$의 그래프와 x축, y축 및 $x=6$으로 둘러싸인 도형의 넓이는 $\int_{0}^{6} |f(x)|dx$

(가)에서 $-1\le x\le 1$일 때 $f(x)=x^2$이므로

$$\int_{-1}^{1}|f(x)|dx=\int_{-1}^{1}x^2\,dx=2\int_{0}^{1}x^2\,dx$$
$$=2\left[\frac{1}{3}x^3\right]_0^1=\frac{2}{3}$$

또, $\int_{-1}^{0}f(x)dx=\int_{0}^{1}f(x)dx=\int_{0}^{1}x^2\,dx=\frac{1}{3}$

└→ $f(x)=x^2$의 그래프는 y축에 대하여 대칭이다.

(나)에서 $f(x)=f(x+2)$이므로

$$\int_{-1}^{1}|f(x)|dx=\int_{1}^{3}|f(x)|dx=\int_{3}^{5}|f(x)|dx$$

따라서 구하는 도형의 넓이는

$$\int_{0}^{6}|f(x)|dx$$
$$=\int_{0}^{1}f(x)dx+\int_{1}^{3}f(x)dx+\int_{3}^{5}f(x)dx+\int_{5}^{6}f(x)dx$$
$$=\frac{1}{3}+\frac{2}{3}+\frac{2}{3}+\frac{1}{3}=2$$

1942 답 2

(가)에서 $f(x+2)=f(x)$이므로

$$g(a+4)-g(a)=\int_{-2}^{a+4}f(t)dt-\int_{-2}^{a}f(t)dt$$
$$=\int_{-2}^{a+4}f(t)dt+\int_{a}^{-2}f(t)dt$$
$$=\int_{a}^{a+4}f(t)dt$$
$$=\int_{a}^{a+2}f(t)dt+\int_{a+2}^{a+4}f(t)dt$$
$$=\int_{0}^{2}f(t)dt+\int_{0}^{2}f(t)dt$$
$$=2\int_{0}^{2}f(t)dt$$

이때 $f(x)$의 그래프에서

$\int_{0}^{2}f(t)dt=\frac{1}{2}\times2\times1=1$

이므로 └→ 밑변의 길이가 2, 높이가 1인 삼각형의 넓이와 같다.

$g(a+4)-g(a)=2\times1=2$

1943 답 12

$f(-x)=f(x)$이므로 $f(x)$의 그래프는 y축에 대하여 대칭이고, $f(2-x)=f(2+x)$이므로 $f(x)$의 그래프는 직선 $x=2$에 대하여 대칭이다.

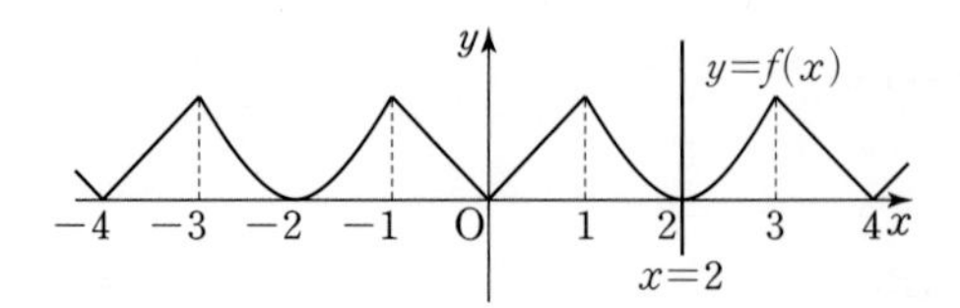

함수 $f(x)$의 그래프는 그림과 같으므로 실수 p에 대하여

$\int_{0}^{4}f(x)dx=\int_{p}^{p+4}f(x)dx$를 만족시킨다.

$$\int_{-a}^{a}f(x)dx=2\int_{0}^{a}f(x)dx=10\text{에서}$$

$$\int_{0}^{a}f(x)dx=5$$

이때

$$\int_{0}^{2}f(x)dx=\int_{0}^{1}x\,dx+\int_{1}^{2}(x^2-4x+4)dx$$
$$=\left[\frac{1}{2}x^2\right]_0^1+\left[\frac{1}{3}x^3-2x^2+4x\right]_1^2$$
$$=\frac{1}{2}+\frac{1}{3}=\frac{5}{6}$$

$$\therefore\int_{0}^{4}f(x)dx=2\times\frac{5}{6}=\frac{5}{3}$$

즉, $\int_{0}^{12}f(x)dx=3\int_{0}^{4}f(x)dx=3\times\frac{5}{3}=5$

따라서 $\int_{0}^{a}f(x)dx=\int_{0}^{12}f(x)dx$이므로 $a=12$

참고 위 그림과 같이 $f(2-x)=f(2+x)$, $f(-x)=f(x)$를 모두 만족시키는 함수 $f(x)$는 주기가 4인 주기함수이다.

1944 답 ①

(가)에서 $f(1+x)=f(1-x)$이므로 $y=f(x)$의 그래프는 직선 $x=1$에 대하여 대칭이다.

(나)에서

$\int_{-1}^{0}f(x)dx=3$,

$\int_{0}^{3}f(x)dx=13$이므로

$$\int_{0}^{1}f(x)dx=\int_{0}^{3}f(x)dx-\int_{1}^{3}f(x)dx$$
$$=\int_{0}^{3}f(x)dx-\left(\int_{1}^{2}f(x)dx+\int_{2}^{3}f(x)dx\right)$$
$$=\int_{0}^{3}f(x)dx-\left(\int_{0}^{1}f(x)dx+\int_{-1}^{0}f(x)dx\right)$$
$$=13-\int_{0}^{1}f(x)dx-3$$
$$=10-\int_{0}^{1}f(x)dx$$

즉, $\int_{0}^{1}f(x)dx=10-\int_{0}^{1}f(x)dx$이므로

$$2\int_{0}^{1}f(x)dx=10$$

$$\therefore\int_{0}^{1}f(x)dx=5$$

1945 답 $\frac{64}{3}$

| 유형 19

곡선 $y=x^2$을 x축에 대하여 대칭이동한 후 x축의 방향으로 -2만큼, y축의 방향으로 10만큼 평행이동한 곡선을 $y=f(x)$라 하자. 두 곡선 $y=x^2$, $y=f(x)$로 둘러싸인 도형의 넓이를 구하시오.

단서1 y 대신 $-y$ 대입

단서2 x 대신 $x-(-2)$, y 대신 $y-10$ 대입

단서3 두 곡선의 교점의 x좌표를 α, β $(\alpha<\beta)$라 하면 $\int_{\alpha}^{\beta}|x^2-f(x)|dx$

STEP1 대칭이동, 평행이동한 곡선의 방정식 구하기

곡선 $y=x^2$을 x축에 대하여 대칭이동하면

$-y=x^2 \quad \therefore y=-x^2$

곡선 $y=-x^2$을 x축의 방향으로 -2만큼, y축의 방향으로 10만큼 평행이동하면

$y-10=-\{x-(-2)\}^2 \quad \therefore y=-(x+2)^2+10$

$\therefore f(x)=-(x+2)^2+10=-x^2-4x+6$

STEP2 두 곡선의 교점의 x좌표 구하기

두 곡선 $y=x^2$, $y=-x^2-4x+6$의 교점의 x좌표는

$x^2=-x^2-4x+6$에서

$2x^2+4x-6=0$

$2(x+3)(x-1)=0$

$\therefore x=-3$ 또는 $x=1$

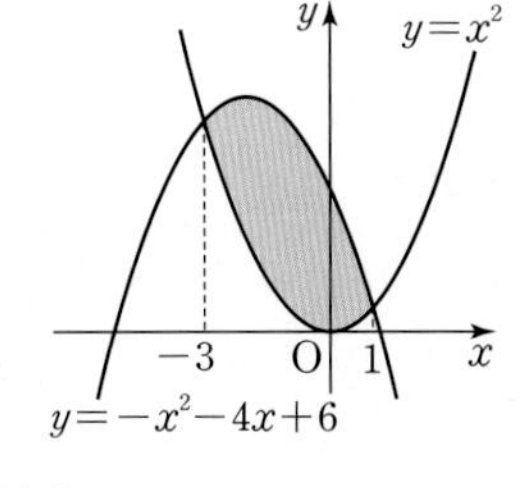

STEP3 두 곡선으로 둘러싸인 도형의 넓이 구하기

구하는 도형의 넓이는

$$\int_{-3}^{1}\{(-x^2-4x+6)-x^2\}dx=\int_{-3}^{1}(-2x^2-4x+6)dx$$
$$=\left[-\frac{2}{3}x^3-2x^2+6x\right]_{-3}^{1}$$
$$=\frac{64}{3}$$

1946 답 ⑤

곡선 $y=4x^3-12x^2$을 y축의 방향으로 k만큼 평행이동하면

$y=4x^3-12x^2+k$

$f(x)=4x^3-12x^2+k$이므로

$$\int_0^3 f(x)dx=\int_0^3(4x^3-12x^2+k)dx$$
$$=\left[x^4-4x^3+kx\right]_0^3$$
$$=-27+3k$$

즉, $-27+3k=0$에서 $k=9$

1947 답 $\frac{2}{3}$

$f(x)=x^2+2x+2$이므로

$f(x-2)=(x-2)^2+2(x-2)+2$

$=x^2-2x+2$

두 곡선 $y=f(x)$, $y=f(x-2)$의 교점의 x좌표는

$x^2+2x+2=x^2-2x+2$에서

$4x=0 \quad \therefore x=0$

또, 두 곡선 $y=f(x)$, $y=f(x-2)$와 직선 $y=1$의 교점의 x좌표는 각각 $x=-1$, $x=1$

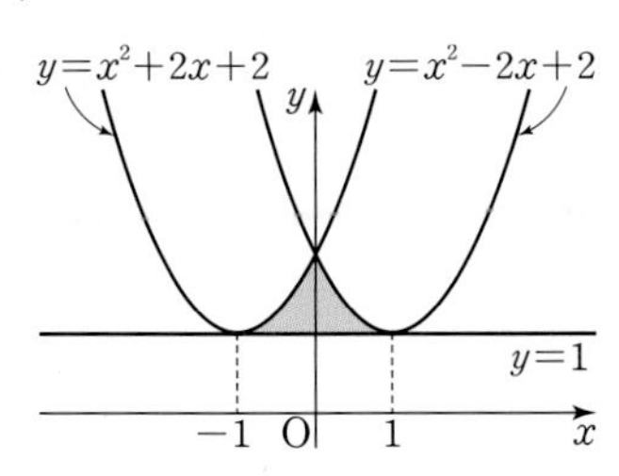

따라서 구하는 도형의 넓이는

$$2\int_0^1\{(x^2-2x+2)-1\}dx=2\int_0^1(x^2-2x+1)dx$$
$$=2\left[\frac{1}{3}x^3-x^2+x\right]_0^1$$
$$=2\times\frac{1}{3}$$
$$=\frac{2}{3}$$

참고 곡선 $y=f(x-2)$는 곡선 $y=f(x)$의 그래프를 x축의 방향으로 2만큼 평행이동한 것이고, 두 곡선의 대칭축은 각각 $x=-1$, $x=1$이므로 두 곡선 $y=f(x-2)$, $y=f(x)$는 y축에 대하여 대칭이다.

따라서 구하는 도형의 넓이는

$$\int_{-1}^{0}\{(x^2+2x+2)-1\}dx+\int_0^1\{(x^2-2x+2)-1\}dx$$
$$=2\int_0^1\{(x^2-2x+2)-1\}dx$$

1948 답 ②

모든 실수 x에 대하여 $f(-x)=-f(x)$이므로 함수 $f(x)$의 그래프는 원점에 대하여 대칭이다.

그림과 같이 함수 $y=f(x)$의 그래프와 x축 및 직선 $x=-1$로 둘러싸인 도형의 넓이를 S_1, 함수 $y=f(x)$의 그래프와 x축 및 직선 $x=1$로 둘러싸인 도형의 넓이를 S_2라 하면

$S_1=S_2$

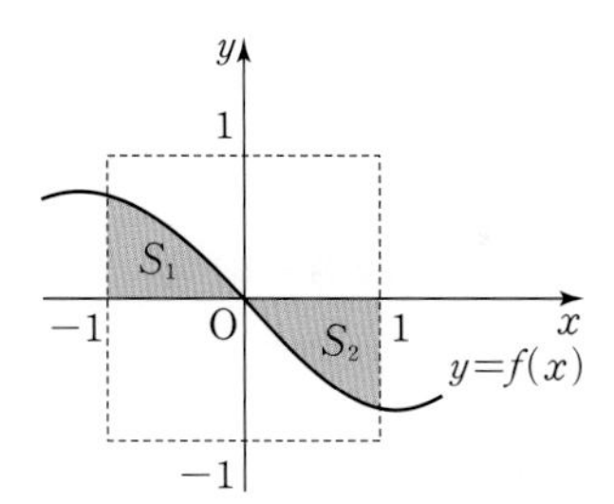

함수 $y=g(x)$의 그래프는 함수 $y=f(x)$의 그래프를 x축의 방향으로 1만큼, y축의 방향으로 1만큼 평행이동한 것이므로 함수 $y=g(x)$의 그래프와 y축 및 직선 $y=1$로 둘러싸인 도형의 넓이는 S_1과 같고, 함수 $y=g(x)$의 그래프와 두 직선 $y=1$, $x=2$로 둘러싸인 도형의 넓이는 S_2와 같다.

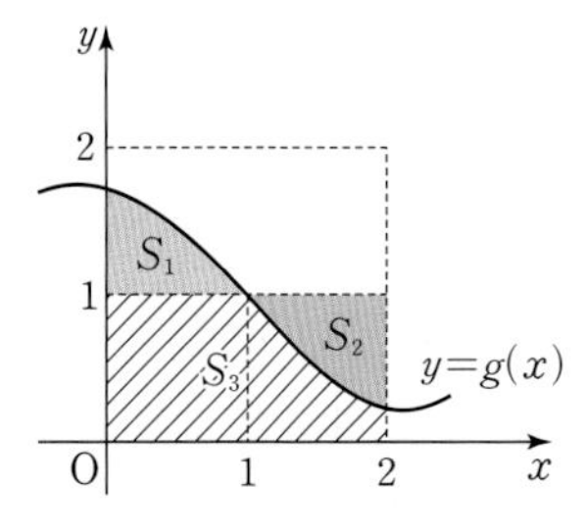

위 그림에서 빗금 친 도형의 넓이를 S_3이라 하면

$$\int_0^2 g(x)dx=S_1+S_3$$

이고 $S_1=S_2$이므로

$$\int_0^2 g(x)dx=S_2+S_3$$
$$=2\times1=2$$

1949 답 ④

(가)에서 함수 $y=f(x)$의 그래프는 $y=f(x)$의 그래프를 x축의 방향으로 3만큼, y축의 방향으로 4만큼 평행이동한 그래프와 일치한다.

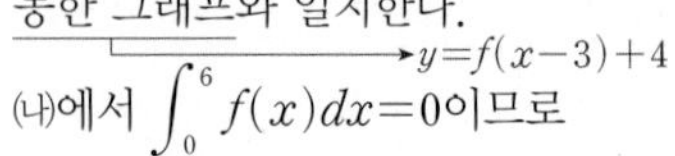

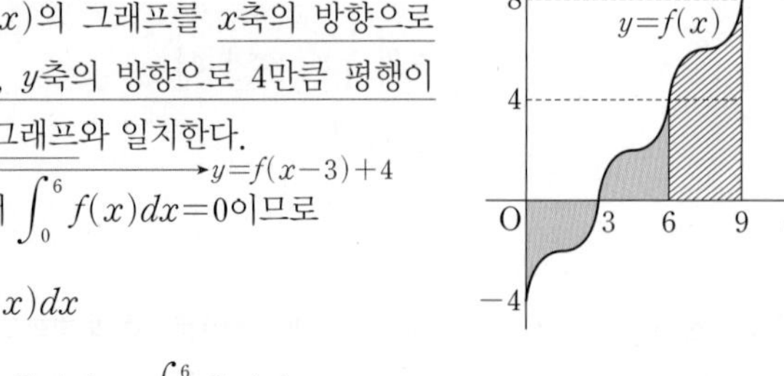

(나)에서 $\int_0^6 f(x)dx=0$이므로

$$\int_0^6 f(x)dx$$
$$=\int_0^3 f(x)dx+\int_3^6 f(x)dx$$
$$=\int_0^3 f(x)dx+\int_3^6 \{f(x-3)+4\}dx \ (\because \text{(가)})$$
$$=\int_0^3 f(x)dx+\int_0^3 \{f(x)+4\}dx$$
$$=2\int_0^3 f(x)dx+12$$

$\int_0^3 4dx=\Big[4x\Big]_0^3=4\times3=12$

즉, $2\int_0^3 f(x)dx+12=0$에서 $\int_0^3 f(x)dx=-6$

$\therefore \int_3^6 f(x)dx=6$

구하는 부분의 넓이는 빗금친 부분의 넓이와 같으므로

$$\int_6^9 f(x)dx=\int_3^6 f(x)dx+12$$
$$=6+12=18$$

실수 Check

$f(x)=f(x-3)+4$이므로 $0\le x\le 3$에서의 $y=f(x)$의 그래프를 x축의 방향으로 3만큼, y축의 방향으로 4만큼 반복하여 평행이동했다고 생각할 수 있다.

이때 $\int_0^6 f(x)dx=0$이므로 $\int_0^3 f(x)dx\ne\int_3^6 f(x)dx$이고, $\int_0^3 |f(x)|dx=\int_3^6 |f(x)|dx$임에 주의한다.

1950 답 ① | 유형20

함수 $f(x)=\sqrt{x-2}$의 역함수를 $g(x)$라 할 때, $\int_2^6 f(x)dx+\int_0^2 g(x)dx$의 값은?

단서1 단서2 단서3

① 12 ② 14 ③ 16
④ 18 ⑤ 20

단서1 $x\ge2$에서 정의된 함수
단서2 두 곡선 $y=f(x)$, $y=g(x)$는 직선 $y=x$에 대하여 대칭
단서3 넓이가 같은 도형을 이용

STEP1 함수 $f(x)$와 역함수 $g(x)$의 그래프 그리기

함수 $f(x)=\sqrt{x-2}\ (x\ge2)$의 역함수가 $g(x)$이므로 두 곡선 $y=f(x)$, $y=g(x)$는 직선 $y=x$에 대하여 대칭이다.

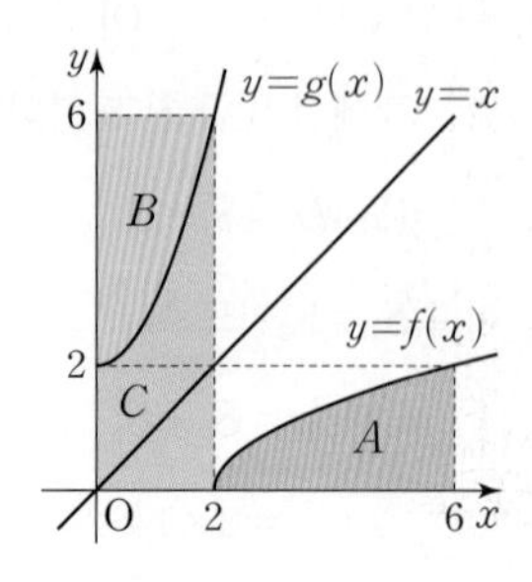

STEP2 넓이가 같은 도형을 이용하여 정적분의 값 구하기

즉, 그림에서
$(A$의 넓이$)=(B$의 넓이$)$
이므로

$$\int_2^6 f(x)dx+\int_0^2 g(x)dx=(A\text{의 넓이})+(C\text{의 넓이})$$
$$=(B\text{의 넓이})+(C\text{의 넓이})$$
$$=2\times6=12$$

→ 직사각형의 넓이

1951 답 ②

함수 $f(x)=x^3+1$의 역함수가 $g(x)$이므로 두 곡선 $y=f(x)$, $y=g(x)$는 직선 $y=x$에 대하여 대칭이다.

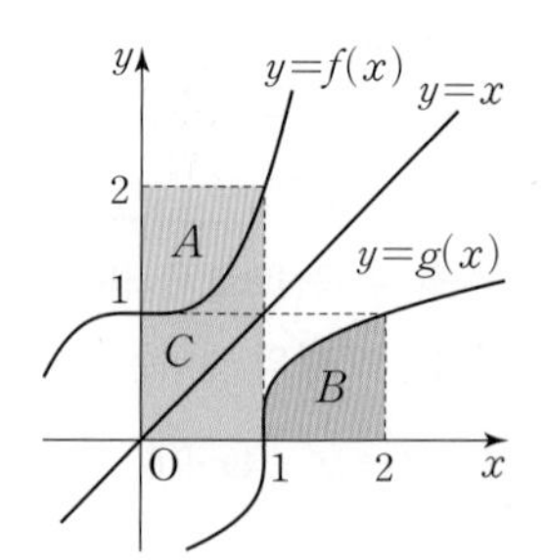

즉, 그림에서
$(A$의 넓이$)=(B$의 넓이$)$
이므로

$$\int_0^1 f(x)dx+\int_{f(0)}^{f(1)} g(x)dx$$
$$=(C\text{의 넓이})+(B\text{의 넓이})$$
$$=(C\text{의 넓이})+(A\text{의 넓이})$$
$$=1\times2=2$$

참고 $f(x)=x^3+1$에서 $f'(x)=3x^2\ge0$이므로 함수 $f(x)$는 항상 증가한다. 또, 방정식 $x^3+1=x$는 $x\ge0$에서 해를 갖지 않으므로 직선 $y=x$와 만나지 않는 것을 이용하여 $y=f(x)$의 그래프를 그린다.

1952 답 10

함수 $f(x)=x^3-2x^2+3x$의 역함수가 $g(x)$이므로 두 곡선 $y=f(x)$, $y=g(x)$는 직선 $y=x$에 대하여 대칭이다.

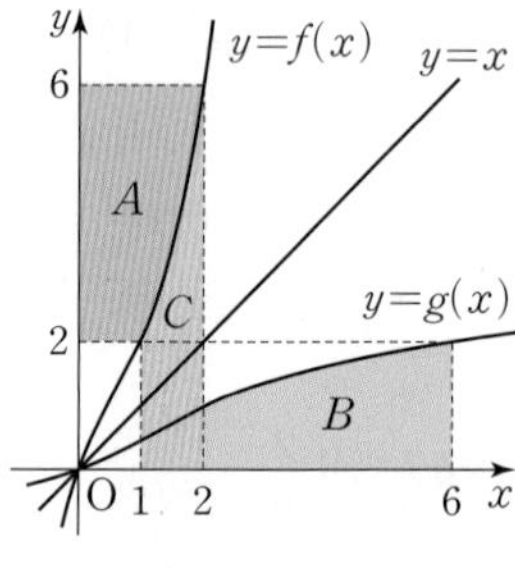

즉, 그림에서
$(A$의 넓이$)=(B$의 넓이$)$
이므로

$$\int_1^2 f(x)dx+\int_2^6 g(x)dx=(C\text{의 넓이})+(B\text{의 넓이})$$
$$=(C\text{의 넓이})+(A\text{의 넓이})$$
$$=2\times6-1\times2=10$$

1953 답 ③

함수 $f(x)$의 역함수가 $g(x)$이므로 두 곡선 $y=f(x)$, $y=g(x)$는 직선 $y=x$에 대하여 대칭이다.

$f(1)=1$, $f(4)=4$이므로 곡선 $y=f(x)$를 그림과 같이 그리면
$(A$의 넓이$)=(B$의 넓이$)$
이므로

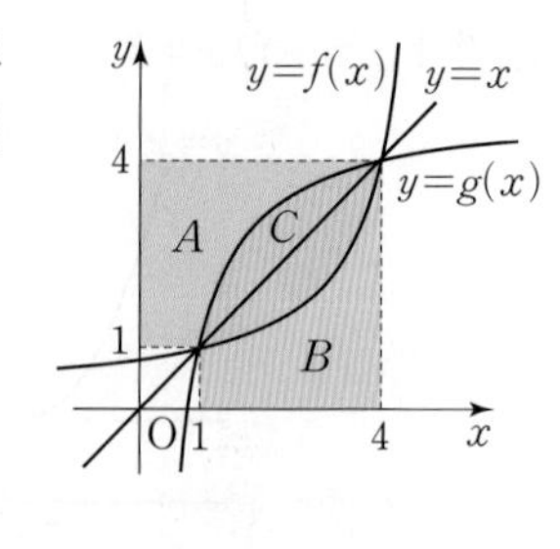

$$\therefore \int_1^4 g(x)dx=(B\text{의 넓이})+(C\text{의 넓이})$$
$$=4\times4-1\times1-(A\text{의 넓이})$$
$$=15-(A\text{의 넓이})$$
$$=15-(B\text{의 넓이})$$
$$=15-\int_1^4 f(x)dx$$
$$=15-5=10$$

참고 $\int_1^4 g(x)dx$의 값은 가로와 세로의 길이가 모두 4인 정사각형의 넓이에서 가로의 길이와 세로의 길이가 모두 1인 정사각형의 넓이와 $\int_1^4 f(x)dx$의 값을 뺀 것과 같다.

1954 답 ④

함수 $f(x)=2x^2+1\ (x\geq0)$의 역함수가 $g(x)$이므로 두 곡선 $y=f(x)$, $y=g(x)$는 직선 $y=x$에 대하여 대칭이다.

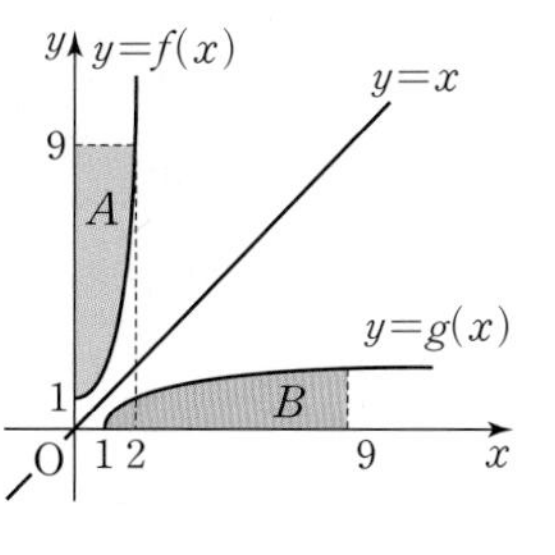

이때 곡선 $y=2x^2+1$과 직선 $y=9$의 교점의 x좌표는

$2x^2+1=9$에서

$x^2=4 \qquad \therefore x=2\ (\because x\geq0)$

따라서 구하는 도형의 넓이는 그림에서 B의 넓이이므로

$$(B\text{의 넓이})=(A\text{의 넓이})$$
$$=2\times9-\int_0^2 f(x)dx$$
$$=18-\int_0^2 (2x^2+1)dx$$
$$=18-\left[\frac{2}{3}x^3+x\right]_0^2$$
$$=18-\frac{22}{3}=\frac{32}{3}$$

1955 답 ③

함수 $f(x)$의 역함수가 $g(x)$이므로 두 곡선 $y=f(x)$, $y=g(x)$는 직선 $y=x$에 대하여 대칭이다.

그림에서

$(A$의 넓이$)=(B$의 넓이$)$

이므로

$$\int_1^9 g(x)dx=(B\text{의 넓이})$$
$$=(A\text{의 넓이})$$
$$=2\times9-1\times1-(C\text{의 넓이})$$
$$=17-\int_1^2 f(x)dx$$
$$=17-\int_1^2 (x^3+x-1)dx$$
$$=17-\left[\frac{1}{4}x^4+\frac{1}{2}x^2-x\right]_1^2$$
$$=17-\frac{17}{4}=\frac{51}{4}$$

1956 답 2

| 유형21

함수 $f(x)=\frac{1}{4}x^3(x\geq0)$의 역함수를 $g(x)$라 할 때, 두 곡선 $y=f(x)$, $y=g(x)$로 둘러싸인 도형의 넓이를 구하시오.

단서1 $x\geq0$에서만 그래프 그리기
단서2 두 곡선 $y=f(x)$, $y=g(x)$는 직선 $y=x$에 대하여 대칭
단서3 두 곡선의 교점의 x좌표는 곡선 $y=f(x)$와 직선 $y=x$의 교점의 x좌표와 같음

STEP1 두 곡선의 교점의 x좌표 구하기

함수 $f(x)=\frac{1}{4}x^3\ (x\geq0)$의 역함수가 $g(x)$이므로 두 곡선 $y=f(x)$, $y=g(x)$는 직선 $y=x$에 대하여 대칭이다.

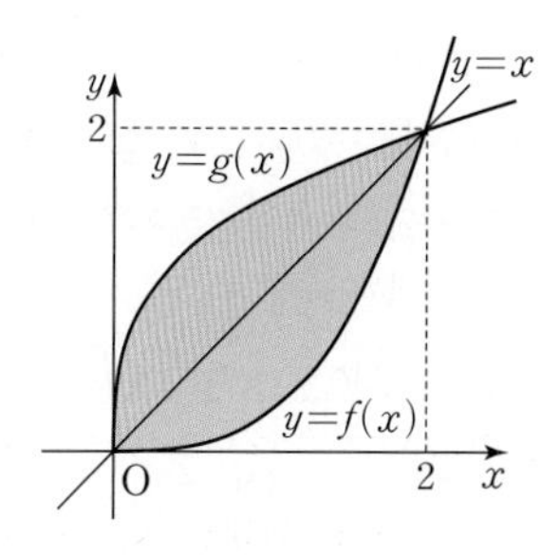

두 곡선 $y=f(x)$, $y=g(x)$의 교점의 x좌표는 곡선 $y=f(x)$와 직선 $y=x$의 교점의 x좌표와 같으므로

$\frac{1}{4}x^3=x$에서

$x^3-4x=0,\ x(x+2)(x-2)=0$

$\therefore x=0$ 또는 $x=2\ (\because x\geq0)$

STEP2 곡선 $y=f(x)$와 직선 $y=x$로 둘러싸인 도형의 넓이를 구하고 2배하기

두 곡선 $y=f(x)$, $y=g(x)$로 둘러싸인 도형의 넓이는 곡선 $y=f(x)$와 직선 $y=x$로 둘러싸인 도형의 넓이의 2배와 같으므로 구하는 넓이는

$$2\int_0^2\{x-f(x)\}dx=2\int_0^2\left(x-\frac{1}{4}x^3\right)dx$$

→ $0\leq x\leq2$에서 $x\geq f(x)$이다.

$$=2\left[\frac{1}{2}x^2-\frac{1}{16}x^4\right]_0^2$$
$$=2\times1=2$$

실수 Check

$f(x)=\frac{1}{4}x^3$의 역함수 $g(x)$는 직접 구하기 힘들기 때문에 곡선 $y=f(x)$와 직선 $y=x$로 둘러싸인 도형의 넓이를 구하도록 한다.

1957 답 ③

두 곡선 $y=f(x)$, $y=g(x)$로 둘러싸인 도형의 넓이는 곡선 $y=f(x)$와 직선 $y=x$로 둘러싸인 도형의 넓이의 2배와 같으므로 구하는 도형의 넓이는

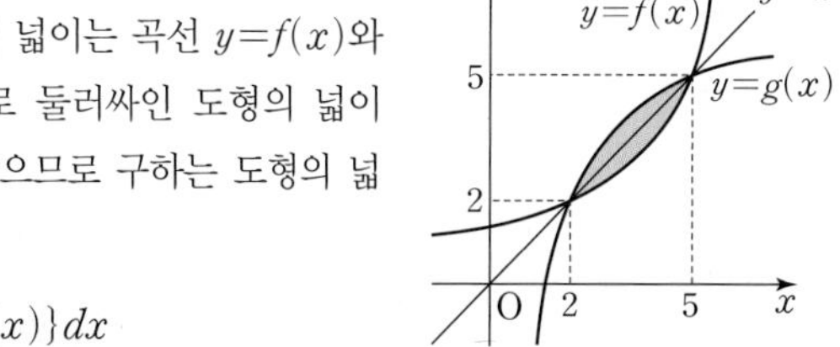

$$2\int_2^5\{x-f(x)\}dx$$
$$=2\int_2^5 xdx-2\int_2^5 f(x)dx$$

→ $\int_2^5 f(x)dx=9$를 이용할 수 있도록 식을 변형해야 한다.

$$=2\left[\frac{1}{2}x^2\right]_2^5-2\times9$$
$$=21-18=3$$

1958 답 ④

함수 $f(x)$의 역함수를 $g(x)$라 하면 두 곡선 $y=f(x)$, $y=g(x)$는 직선 $y=x$에 대하여 대칭이다.

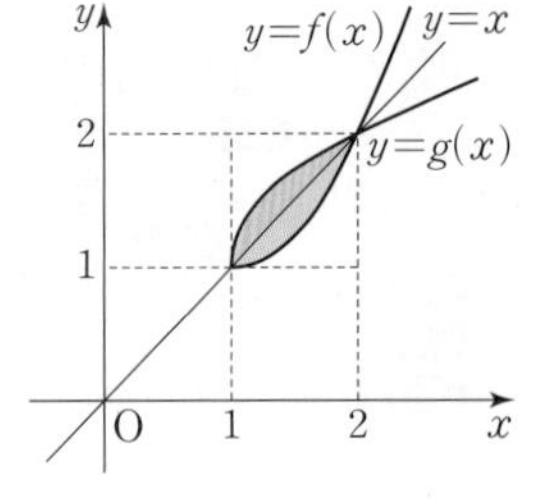

두 곡선 $y=f(x)$, $y=g(x)$의 교점의 x좌표는 곡선 $y=f(x)$와 직선 $y=x$의 교점의 x좌표와 같으므로

$(x-1)^2+1=x$에서

$x^2-3x+2=0$, $(x-1)(x-2)=0$

$\therefore x=1$ 또는 $x=2$

두 곡선 $y=f(x)$, $y=g(x)$로 둘러싸인 도형의 넓이는 곡선 $y=f(x)$와 직선 $y=x$로 둘러싸인 도형의 넓이의 2배와 같으므로 구하는 넓이는

$2\int_1^2 \{x-f(x)\}dx=2\int_1^2 (-x^2+3x-2)dx$

└ $1\le x\le 2$에서 $f(x)\le x$이다.

$=2\left[-\frac{1}{3}x^3+\frac{3}{2}x^2-2x\right]_1^2$

$=2\times\frac{1}{6}=\frac{1}{3}$

1959 답 45

함수 $f(x)$의 역함수가 $g(x)$이므로 두 곡선 $y=f(x)$, $y=g(x)$는 직선 $y=x$에 대하여 대칭이다.

즉, 그림에서

(A의 넓이)=(B의 넓이)

이다.

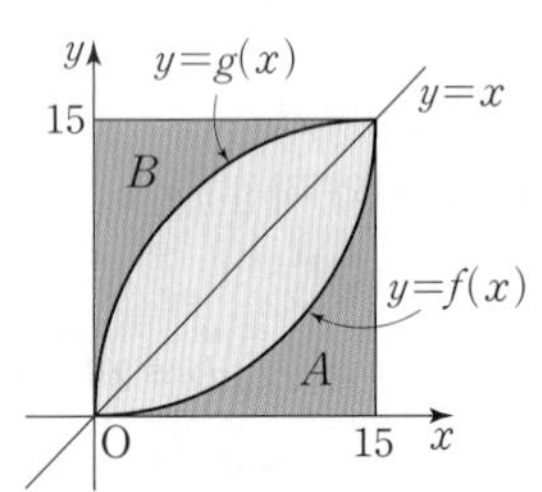

정사각형 모양의 타일 전체의 넓이는 가로, 세로의 길이가 15인 정사각형의 넓이이므로 $15\times15=225$

파랑색과 노랑색 부분의 넓이의 비가 $2:3$이므로

파랑색 부분의 넓이는

$225\times\frac{2}{5}=90$

이때 A의 넓이는 파랑색 부분의 넓이의 $\frac{1}{2}$이므로

$\int_0^{15} f(x)dx=(A$의 넓이$)$

$=90\times\frac{1}{2}=45$

1960 답 ②

함수 $f(x)$의 역함수를 $g(x)$라 하면 두 곡선 $y=f(x)$, $y=g(x)$는 직선 $y=x$에 대하여 대칭이다.

(i) 두 곡선 $y=f(x)$, $y=g(x)$의 교점의 x좌표는 곡선 $y=f(x)$와 직선 $y=x$의 교점의 x좌표와 같으므로

$x^3+x^2+x=x$에서

$x^3+x^2=0$, $x^2(x+1)=0$

$\therefore x=0\ (\because x\ge0)$

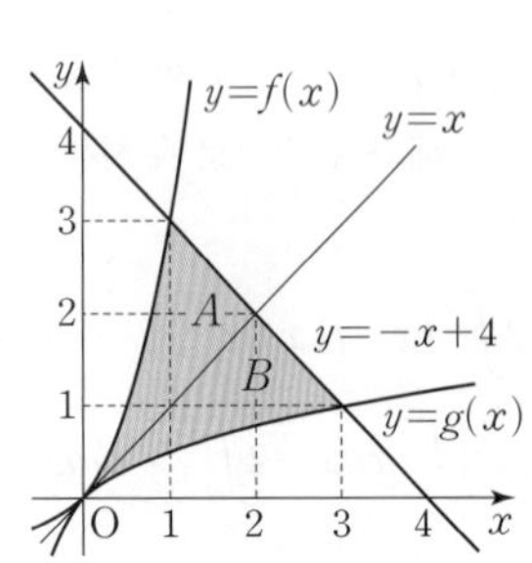

(ii) 곡선 $y=f(x)$와 직선 $y=-x+4$의 교점의 x좌표는

$x^3+x^2+x=-x+4$에서

$x^3+x^2+2x-4=0$, $(x-1)(x^2+2x+4)=0$

$\therefore x=1$

(iii) 두 직선 $y=-x+4$, $y=x$의 교점의 x좌표는

$-x+4=x$에서 $2x=4$ $\quad\therefore x=2$

두 곡선 $y=f(x)$, $y=g(x)$와 직선 $y=-x+4$로 둘러싸인 도형의 넓이는 곡선 $y=f(x)$와 두 직선 $y=x$, $y=-x+4$로 둘러싸인 도형의 넓이의 2배와 같으므로 구하는 넓이는

$2\int_0^1 \{f(x)-x\}dx+2\int_1^2 \{(-x+4)-x\}dx$

$=2\int_0^1 (x^3+x^2)dx+2\int_1^2 (-2x+4)dx$

$=2\left[\frac{1}{4}x^4+\frac{1}{3}x^3\right]_0^1+2\left[-x^2+4x\right]_1^2$

$=2\times\frac{7}{12}+2\times1=\frac{19}{6}$

다른 풀이

그림과 같이

$2\int_0^1 \{f(x)-x\}dx$

$+$(삼각형 C의 넓이)

로 계산할 수도 있다.

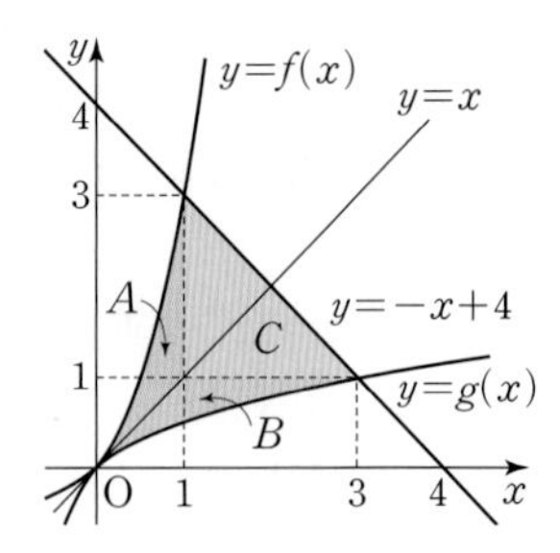

실수 Check

$f(x)=x^3+x^2+x$의 그래프는 $x\ge0$일 때, 직선 $y=x$와 만나지 않지만, $x<0$에서는 그림과 같이 교점이 존재한다.

$x\ge0$인 부분에서 넓이를 구하라는 조건이 있으므로 $x<0$인 부분은 생각하지 않는다.

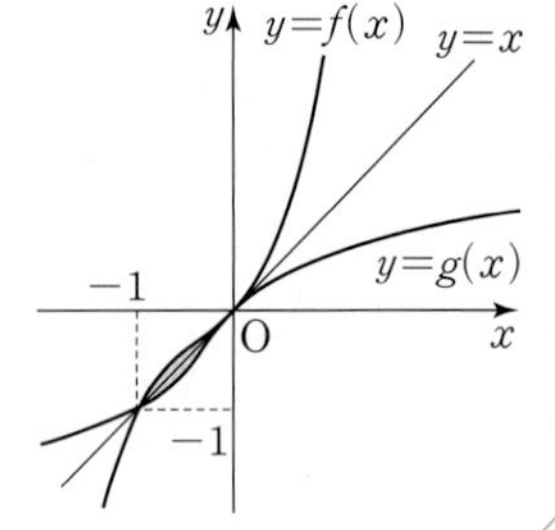

Plus 문제

1960-1

함수 $f(x)=x^3-6$의 역함수를 $g(x)$라 할 때, 두 곡선 $y=f(x)$, $y=g(x)$와 직선 $y=-x-6$으로 둘러싸인 도형의 넓이를 구하시오.

함수 $f(x)$의 역함수를 $g(x)$라 하면 두 곡선 $y=f(x)$, $y=g(x)$는 직선 $y=x$에 대하여 대칭이다.

(i) 두 곡선 $y=f(x)$, $y=g(x)$의 교점의 x좌표는 곡선 $y=f(x)$와 직선 $y=x$의 교점의 x좌표와 같으므로

$x^3-6=x$에서

$x^3-x-6=0$, $(x-2)(x^2+2x+3)=0$

$\therefore x=2$

(ii) 곡선 $y=f(x)$와 직선 $y=-x-6$의 교점의 x좌표는

$x^3-6=-x-6$에서

$x^3+x=0$, $x(x^2+1)=0$

$\therefore x=0$

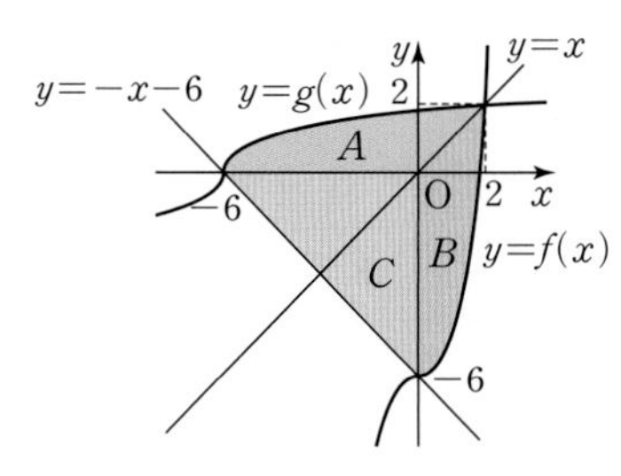

그림에서 (A의 넓이)=(B의 넓이)이므로
두 곡선 $y=f(x)$, $y=g(x)$와 직선 $y=-x-6$으로 둘러싸인 도형의 넓이는 $2\times$(B의 넓이)+(삼각형 C의 넓이)와 같다.
따라서 구하는 넓이는

$$2\int_0^2\{x-f(x)\}dx+\frac{1}{2}\times6\times6$$
$$=2\int_0^2(-x^3+x+6)dx+18$$
$$=2\left[-\frac{1}{4}x^4+\frac{1}{2}x^2+6x\right]_0^2+18$$
$$=2\times10+18=38$$

답 38

1961 답 ③ | 유형22

원점을 출발하여 수직선 위를 움직이는 점 P의 t초 후의 속도가 $v(t)=6-3t$일 때, 점 P가 운동 방향을 바꾸는 시각에서의 점 P의 위치는?
단서1 단서2 단서3

① 2 ② 4 ③ 6
④ 8 ⑤ 10

단서1 $t=0$일 때의 위치는 0
단서2 속도를 적분하면 위치
단서3 $v(t)$의 부호가 바뀔 때의 위치

STEP1 운동 방향을 바꾸는 시각 구하기

점 P가 운동 방향을 바꾸는 순간의 속도는 0이므로
$v(t)=0$에서
$6-3t=0$ $\therefore t=2$ → $t=2$의 좌우에서 $v(t)$의 부호가 바뀐다.

STEP2 운동 방향을 바꾸는 시각에서의 점 P의 위치 구하기

$t=0$에서 점 P의 좌표가 0이므로
$t=2$에서 점 P의 위치는
$$0+\int_0^2(6-3t)dt=\left[6t-\frac{3}{2}t^2\right]_0^2=6$$

개념 Check

수직선 위를 움직이는 점 P의 시각 t에서의 속도를 $v(t)$라 할 때,
(1) $v(a)=0$이고, $t=a$의 좌우에서 $v(t)$의 부호가 바뀌면
→ 점 P는 $t=a$에서 운동 방향을 바꾼다.
(2) $v(t)>0$이면 → 점 P는 양의 방향으로 움직인다.
(3) $v(t)<0$이면 → 점 P는 음의 방향으로 움직인다.

1962 답 75 m

물체가 최고 높이에 도달할 때의 속도는 0이므로
$v(t)=0$에서
$30-10t=0$ $\therefore t=3$
지면으로부터 30 m의 높이에서 쏘아 올렸으므로 $t=3$에서 물체의 지면으로부터의 높이는
$$30+\int_0^3(30-10t)dt=30+\left[30t-5t^2\right]_0^3$$
$$=30+45=75(\text{m})$$
→ $t=0$일 때의 높이가 30 m이다.

1963 답 2

공이 운동 방향을 바꾸는 순간의 속도는 0이므로
$v(t)=0$에서
$20a-10t=0$ $\therefore t=2a$
$t=2a$일 때 공의 지면으로부터의 높이가 80 m이므로
$\int_0^{2a}(20a-10t)dt=80$에서
$\left[20at-5t^2\right]_0^{2a}=80$, $40a^2-20a^2=80$
$20a^2=80$, $a^2=4$
$\therefore a=2$ ($\because a>0$)

1964 답 ②

$t=0$에서 점 P의 좌표가 0이므로
$t=a$에서 점 P의 위치는 $0+\int_0^a(-3t^2-4t+8)dt$
점 P가 $t=a$ $(a>0)$일 때 원점으로 다시 돌아오므로
$\int_0^a(-3t^2-4t+8)dt=0$에서
$\left[-t^3-2t^2+8t\right]_0^a=0$, $-a^3-2a^2+8a=0$
$a(a+4)(a-2)=0$ $\therefore a=2$ ($\because a>0$)

1965 답 ①

$t=0$에서 점 P의 좌표가 0이므로
$t=4$에서 점 P의 위치는
$$0+\int_0^4v(t)dt$$
$$=\int_0^2(-t^2+2t+1)dt+\int_2^4(t^2-6t+9)dt$$
$$=\left[-\frac{1}{3}t^3+t^2+t\right]_0^2+\left[\frac{1}{3}t^3-3t^2+9t\right]_2^4$$
$$=\frac{10}{3}+\frac{2}{3}=4$$

1966 답 35

시각 t에서의 속도 $v(t)$의 그래프는 그림과 같다.

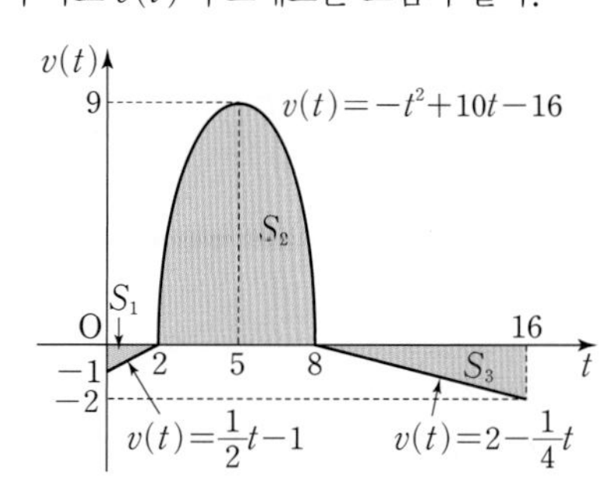

이때 $\int_a^b v(t)dt$의 값은 $t=a$에서 $t=b$까지 점 P의 위치의 변화량과 같다.

$\int_0^2 v(t)dt=S_1$, $\int_2^8 v(t)dt=S_2$, $\int_8^{16} v(t)dt=S_3$이라 하면

$S_1=\int_0^2\left(\frac{1}{2}t-1\right)dt=\left[\frac{1}{4}t^2-t\right]_0^2=-1$

$S_2=\int_2^8(-t^2+10t-16)dt=\left[-\frac{1}{3}t^3+5t^2-16t\right]_2^8=36$

$S_3=\int_8^{16}\left(2-\frac{1}{4}t\right)dt=\left[2t-\frac{1}{8}t^2\right]_8^{16}=-8$

그래프에서 $t=8$일 때, 선분 OP의 길이가 최대이므로 선분 OP 길이의 최댓값은 (선분 OP의 길이 → $\int_0^t v(t)dt$)

$-1+36=35$

실수 Check

점 P의 시각 $t=a$에서의 위치를 직접 구해서 풀 수도 있다.

$0\le a<2$에서 위치는

$\int_0^a\left(\frac{1}{2}t-1\right)dt$

$2\le a<8$에서 위치는

$\int_0^2\left(\frac{1}{2}t-1\right)dt+\int_2^a(-t^2+10t-16)dt$

$8\le a\le 16$에서 위치는

$\int_0^2\left(\frac{1}{2}t-1\right)dt+\int_2^8(-t^2+10t-16)dt+\int_8^a\left(2-\frac{1}{4}t\right)dt$

이때 $2\le a<8$에서의 위치는

$\int_0^a(-t^2+10t-16)dt$가 아님을 주의하자.

1967 답 18

| 유형23

수직선 위를 움직이는 점 P의 시각 $t\ (t\ge 0)$에서의 속도 $v(t)$가 $v(t)=6-at$이다. $t=3$에서 점 P의 운동 방향이 바뀌었을 때, $t=0$에서 $t=6$까지 점 P가 움직인 거리를 구하시오. (단, a는 상수이다.)

단서1 $a>0$이면 속도는 6에서 시작해서 점점 줄어든다.
단서2 $t=3$의 좌우에서 $v(t)$의 부호가 바뀐다.
단서3 $\int_0^6|v(t)|dt$

STEP1 운동 방향이 바뀌는 시각을 이용하여 $v(t)$ 구하기

$t=3$에서 점 P의 운동 방향이 바뀌므로

$v(3)=0$에서 $6-3a=0$ $\quad\therefore a=2$

STEP2 점 P가 움직인 거리 구하기

즉, $v(t)=6-2t$이므로 $t=0$에서 $t=6$까지 점 P가 움직인 거리는

$\int_0^6|v(t)|dt=\int_0^6|6-2t|dt$ → $y=|6-2x|$의 그래프를 그려 넓이를 구해도 된다.

$=\int_0^3(6-2t)dt+\int_3^6(-6+2t)dt$

$=\left[6t-t^2\right]_0^3+\left[-6t+t^2\right]_3^6$

$=9+9=18$

1968 답 ④

$v(t)=t^2-2t=t(t-2)$이므로

$t=0$에서 $t=4$까지 점 P가 움직인 거리는

$\int_0^4|t^2-2t|dt=\int_0^2(-t^2+2t)dt+\int_2^4(t^2-2t)dt$

$=\left[-\frac{1}{3}t^3+t^2\right]_0^2+\left[\frac{1}{3}t^3-t^2\right]_2^4$

$=\frac{4}{3}+\frac{20}{3}=8$

1969 답 27

운동 방향이 바뀌는 시각에서의 속도는 0이므로

$v(t)=0$에서 $-3t^2+6t+9=0$

$-3(t+1)(t-3)=0$ $\quad\therefore t=3\ (\because t\ge 0)$

따라서 $t=0$에서 $t=3$까지 점 P가 움직인 거리는

$\int_0^3|v(t)|dt=\int_0^3(-3t^2+6t+9)dt$ → $0\le t\le 3$에서 $-3t^2+6t+9\ge 0$

$=\left[-t^3+3t^2+9t\right]_0^3$

$=27$

1970 답 5

$v(t)=3t^2-6t=3t(t-2)$이므로

$t=0$에서 $t=a$까지 점 P가 움직인 거리는

$\int_0^a|3t^2-6t|dt$

$=\int_0^2(-3t^2+6t)dt+\int_2^a(3t^2-6t)dt$

$=\left[-t^3+3t^2\right]_0^2+\left[t^3-3t^2\right]_2^a$

$=4+(a^3-3a^2+4)=a^3-3a^2+8$

즉, $a^3-3a^2+8=58$에서

$a^3-3a^2-50=0$, $(a-5)(a^2+2a+10)=0$

$\therefore a=5\ (\because a^2+2a+10>0)$

실수 Check

문제에 $a>2$인 조건이 없다면 $t=0$부터 $t=a$까지 점 P가 움직인 거리는 아래와 같이 a의 값의 범위를 나누어 계산해야 한다.

(i) $0<a<2$일 때

$\int_0^a|3t^2-6t|dt=\int_0^a(-3t^2+6t)dt$

$=\left[-t^3+3t^2\right]_0^a$

$=-a^3+3a^2$

이때 $0<a<2$에서 $-a^3+3a^2=58$을 만족시키는 a가 존재하지 않는다.

(ii) $a>2$일 때

$\int_0^a|3t^2-6t|dt=\int_0^2(-3t^2+6t)dt+\int_2^a(3t^2-6t)dt$

$=\left[-t^3+3t^2\right]_0^2+\left[t^3-3t^2\right]_2^a$

$=a^3-3a^2+8$

1971 답 4

운동 방향이 바뀌는 시각에서의 속도는 0이므로

$v(t)=0$에서 $t^2-at=0$

$t(t-a)=0$ $\quad\therefore t=a\ (\because t>0)$

$t=0$에서 $t=a$까지 점 P가 움직인 거리는

$$\int_0^a |t^2-at|dt=\int_0^a(-t^2+at)dt$$
$$=\left[-\frac{1}{3}t^3+\frac{1}{2}at^2\right]_0^a$$
$$=\frac{1}{6}a^3$$

즉, $\frac{1}{6}a^3=\frac{32}{3}$에서 $a^3=64$

$\therefore a=4$

1972 답 ②

물이 멈추는 시각은 $v(t)=0$에서

$12t-t^2=0$, $t(12-t)=0$

$\therefore t=12$ ($\because t>0$)

이때 12초 동안 물이 흘러 나간 거리는

$$\int_0^{12}|12t-t^2|dt=\int_0^{12}(12t-t^2)dt$$
$$=\left[6t^2-\frac{1}{3}t^3\right]_0^{12}$$
$$=288(\text{cm})$$

물이 흐르기 시작하여 멈출 때까지 흘러 나온 물의 양은 반지름의 길이가 $\frac{1}{2}$ cm이고 높이가 288 cm인 원기둥의 부피와 같으므로

$$\pi\times\left(\frac{1}{2}\right)^2\times288=72\pi(\text{cm}^3)$$

1973 답 ④

속도가 일정한 비율로 감소하였으므로 브레이크를 밟은 지 t초 후의 속도를 $v(t)$라 하면

$v(t)=40-kt$ (m/s) (단, k는 상수)

정지할 때의 속도는 0이므로 정지할 때까지 걸린 시간은

$v(t)=0$에서 $40-kt=0$　　$\therefore t=\frac{40}{k}$

브레이크를 밟은 후 정지할 때까지 자동차가 움직인 거리는

$$\int_0^{\frac{40}{k}}|40-kt|dt=\int_0^{\frac{40}{k}}(40-kt)dt$$
$$=\left[40t-\frac{1}{2}kt^2\right]_0^{\frac{40}{k}}$$
$$=\frac{800}{k}$$

정지할 때까지 움직인 거리가 160 m이므로

$\frac{800}{k}=160$에서 $k=5$

따라서 브레이크를 밟은 후 정지할 때까지 걸린 시간은

$t=\frac{40}{k}=\frac{40}{5}=8$(초)

1974 답 ③

점 P가 $t=3$에서 $t=k$ ($k>3$)까지 움직인 거리는

$$\int_3^k(2t-6)dt=\left[t^2-6t\right]_3^k$$
$$=k^2-6k+9$$

즉, $k^2-6k+9=25$에서

$k^2-6k-16=0$, $(k+2)(k-8)=0$

$\therefore k=8$ ($\because k>3$)

1975 답 8

점 P가 운동 방향을 바꿀 때의 속도는 0이므로

$v(t)=0$에서

$3t^2-12t+9=0$, $3(t-1)(t-3)=0$

$\therefore t=1$ 또는 $t=3$

$t=1$과 $t=3$의 좌우에서 $v(t)$의 부호가 바뀌므로

점 P는 $t=1$일 때 처음으로 운동 방향을 바꾸고 $t=3$일 때 다시 운동 방향을 바꾼다.

이때 점 P가 A에서 방향을 바꾼 순간부터 다시 A로 돌아올 때까지 움직인 거리는 점 P가 $t=1$에서 $t=3$까지 이동한 거리의 2배이다.

따라서 구하는 거리는

$$2\int_1^3|v(t)|dt=2\int_1^3(-3t^2+12t-9)dt$$
$$=2\left[-t^3+6t^2-9t\right]_1^3$$
$$=2\times4=8$$

다른 풀이

점 P가 다시 A로 돌아올 때의 시각을 $t=a$ ($a>1$)라 하면 $t=1$에서 $t=a$까지 점 P의 위치의 변화량이 0이므로

$\int_1^a v(t)dt=0$에서

$\int_1^a(3t^2-12t+9)dt=0$

$\left[t^3-6t^2+9t\right]_1^a=0$, $a^3-6a^2+9a-4=0$

$(a-1)^2(a-4)=0$

$\therefore a=4$ ($\because a>1$)

즉, $t=4$일 때 점 P가 다시 A로 돌아오므로 구하는 거리는

$$\int_1^4|v(t)|dt$$
$$=-\int_1^3 v(t)dt+\int_3^4 v(t)dt$$
$$=-\int_1^3(3t^2-12t+9)dt+\int_3^4(3t^2-12t+9)dt$$
$$=-\left[t^3-6t^2+9t\right]_1^3+\left[t^3-6t^2+9t\right]_3^4$$
$$=4+4=8$$

1976 답 ③

ㄱ. $x(t)=t(t-1)(at+b)$ ($a\neq0$)에서
$x(0)=x(1)=0$이므로 점 P는 $t=0$, $t=1$에서 원점에 위치해 있다. 즉, $t=0$에서 $t=1$까지 점 P의 위치의 변화량이 0이므로 $\int_0^1 v(t)dt=0$ (참)

ㄴ. $\int_0^1|v(t)|dt=2$이므로 $t=0$에서 $t=1$까지 점 P가 이동한 거리는 2이다. 만약 열린구간 $(0, 1)$에 $|x(t_1)|>1$인 t_1이 존재하면 $t=0$과 $t=1$ 사이에 점 P와 원점 사이의 거리가 1보다 큰 시각 t_1이 존재한다. 이때 점 P가 $t=1$에 다시 원점으로 돌

아왔을 때 이동한 거리는 2보다 커지므로 $\int_0^1 |v(t)|dt>2$가 된다. (거짓)

ㄷ. 삼차함수 $x(t)=t(t-1)(at+b)$ $(a\neq0)$의 그래프와 t축의 교점의 t좌표는

$t=0$ 또는 $t=1$ 또는 $t=-\frac{b}{a}$

$y=x(t)$의 그래프는 $-\frac{b}{a}$의 위치에 따라 다음과 같다.

(i) $-\frac{b}{a}>1$인 경우

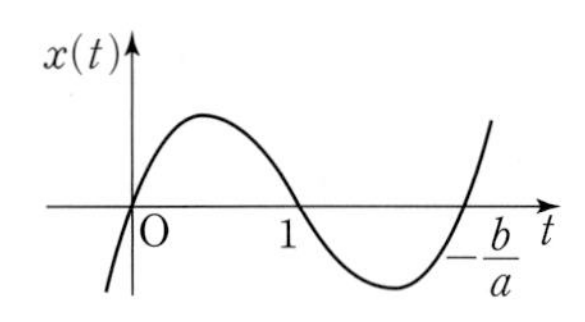

(ii) $-\frac{b}{a}<0$인 경우

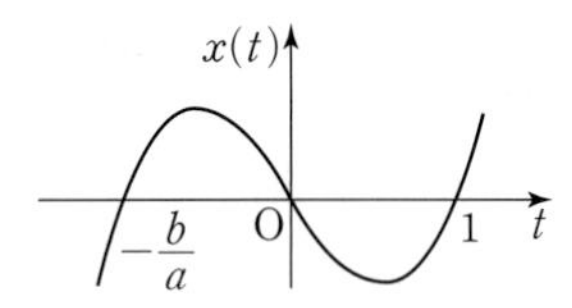

(iii) $0<-\frac{b}{a}<1$인 경우

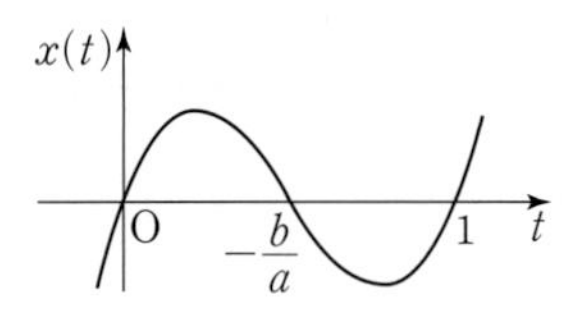

이때 $0\le t\le1$인 모든 t에 대하여 $|x(t)|<1$이므로 (i), (ii)의 경우에는 $t=0$부터 $t=1$까지 움직인 거리가 2보다 작게 된다.
즉, (iii)의 경우이므로 점 P는 $0<t<1$에서 적어도 한 번 원점을 지난다. (참)

따라서 옳은 것은 ㄱ, ㄷ이다.

실수 Check

ㄷ. $t=0$에서 $t=1$까지 점 P가 이동한 거리가 2이므로 $0\le t\le1$에서 $|x(t)|=1$인 t가 존재하면 (i), (ii)의 경우이다.

1977 답 4

| 유형24

원점을 출발하여 수직선 위를 움직이는 점 P의 시각 t에서의 속도 $v(t)$의 그래프가 그림과 같다. 점 P가 출발 후 처음으로 방향을 바꿀 때까지의 이동 거리를 구하시오.

단서1 $t=0$에서 $t=a$까지의 이동 거리는 $\int_0^a |v(t)|dt$

단서2 $v(t)$의 부호가 처음 바뀌는 시각까지의 이동 거리

STEP1 점 P가 방향을 바꾼 시각 구하기

$v(t)=0$이고 그 좌우에서 $v(t)$의 부호가 바뀔 때 운동 방향이 바뀌므로 점 P가 처음으로 운동 방향을 바꾸는 시각은

$t=4$

STEP2 점 P가 방향을 바꿀 때까지 이동 거리 구하기

$t=0$에서 $t=4$까지 점 P가 이동한 거리는

$\int_0^4 |v(t)|dt=\frac{1}{2}\times4\times2=4$

1978 답 ⑤

$t=7$에서 점 P의 위치는

$0+\int_0^7 v(t)dt$

$=\int_0^3 v(t)dt+\int_3^5 v(t)dt+\int_5^7 v(t)dt$

$=\frac{1}{2}\times3\times2-\frac{1}{2}\times2\times2+\frac{1}{2}\times2\times4$

$=3-2+4=5$

1979 답 ⑤

점 P가 $t=0$에서 $t=6$까지 움직인 거리는

$\int_0^6 |v(t)|dt$

$=\int_0^1 v(t)dt+\int_1^3 v(t)dt+\int_3^4 v(t)dt-\int_4^6 v(t)dt$

$=\frac{1}{2}\times1\times1+\frac{1}{2}\times(1+2)\times2+\frac{1}{2}\times1\times2+\frac{1}{2}\times2\times1$

$=\frac{1}{2}+3+1+1=\frac{11}{2}$

1980 답 ②

위치 $f(t)$에 대하여 $f'(t)$는 시각 t에서 점 P의 속도를 나타낸다.
$0<t<1$ 또는 $t>3$에서 $f'(t)>0$이므로 점 P는 양의 방향으로 움직이고, $1<t<3$에서 $f'(t)<0$이므로 음의 방향으로 움직인다.
$f'(1)=f'(3)=0$이므로 이차함수 $f'(t)$를
$f'(t)=a(t-1)(t-3)$이라 하면 $f'(0)=3$이므로
($a\times(-1)\times(-3)=3$ $\therefore a=1$)
$f'(t)=(t-1)(t-3)=t^2-4t+3$
따라서 점 P가 출발할 때의 운동 방향과 반대 방향으로 움직인 거리는

$\int_1^3 |f'(t)|dt=\int_1^3 (-t^2+4t-3)dt$

$=\left[-\frac{1}{3}t^3+2t^2-3t\right]_1^3$

$=\frac{4}{3}$

1981 답 ③

$v(t)$의 그래프에서

$\int_0^2 v(t)dt=\frac{1}{2}\times2\times1=1$, $\int_2^3 v(t)dt=0$,

$\int_3^5 v(t)dt=-\left(\frac{1}{2}\times2\times1\right)=-1$, $\int_5^6 v(t)dt=0$

ㄱ. $\int_0^5 v(t)dt=1+0+(-1)=0$이므로 점 P는 출발하고 나서 5초 후 원점에 위치한다. (참)
(→ 점 P는 원점에서 출발했다.)

ㄴ. $t=2$에서 $t=3$까지, $t=5$에서 $t=6$까지 점 P의 속도가 0이므로 2초 동안 정지해 있었다. (참)

ㄷ. $0<t<2$에서 $v(t)>0$이고, $3<t<5$에서 $v(t)<0$이므로, 점 P는 운동 방향을 한 번 바꿨다. (거짓)

따라서 옳은 것은 ㄱ, ㄴ이다.

1982 답 ①

$v(t)$의 그래프에서

$\int_0^2 v(t)dt=-\left(\frac{1}{2}\times2\times2\right)=-2$,

$\int_2^6 v(t)dt=\frac{1}{2}\times(2+4)\times k=3k$,

$\int_6^8 v(t)dt=-\left(\frac{1}{2}\times2\times2\right)=-2$

ㄱ. 물체는 $t=2$, $t=6$일 때 운동 방향을 바꾸므로 출발 후 운동 방향을 두 번 바꾼다. (참)

ㄴ. $t=6$에서의 위치는

$$\int_0^6 v(t)dt=\int_0^2 v(t)dt+\int_2^6 v(t)dt$$
$$=-2+3k$$

$k=1$이면 $t=6$에서의 위치는 $-2+3=1$이다. (거짓)

ㄷ. $\int_0^2 v(t)dt=-2$이므로

$\int_0^2 |v(t)|dt\le\int_2^6 |v(t)|dt$이면 물체는 $2<t\le6$에서 원점을 지나므로

$2\le3k \quad \therefore k\ge\frac{2}{3}$ ……… ㉠

또, $\int_2^6 |v(t)|dt\le\int_0^2 |v(t)|dt+\int_6^8 |v(t)|dt$이면

물체는 $6<t\le8$에서 원점을 지나므로

$3k\le2+2 \quad \therefore k\le\frac{4}{3}$ ……… ㉡

㉠, ㉡에서 원점을 두 번 지나기 위한 k의 값의 범위는

$\frac{2}{3}\le k\le\frac{4}{3}$ (거짓)

따라서 옳은 것은 ㄱ이다.

1983 답 ⑤

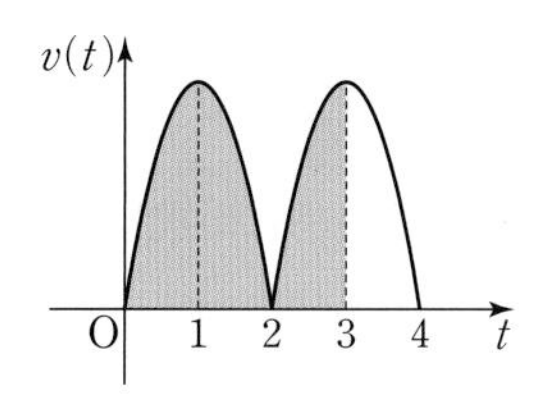

(나)에서 $v(t)=v(2-t)$이므로 $v(t)$의 그래프는 직선 $t=1$에 대하여 대칭이다.

이때 $t=3$에서 점 P의 위치가 6이므로

$\int_0^3 v(t)dt=6$에서

$3\int_0^1 v(t)dt=6 \quad \therefore \int_0^1 v(t)dt=2$

(가)에서 $v(t)=v(t+2)$이므로 $t=10$에서의 점 P의 위치는

$$\int_0^{10} v(t)dt=5\int_0^2 v(t)dt$$
$$=10\int_0^1 v(t)dt=20$$

1984 답 ③

그림과 같이

$\int_0^a |v(t)|dt=S_1$,

$\int_a^b |v(t)|dt=S_2$,

$\int_b^c |v(t)|dt=S_3$이라 하자.

점 P는 출발한 후 $t=a$에서 처음으로 운동 방향을 바꾸므로

$\int_0^a v(t)dt=-8$에서 $S_1=8$

점 P의 $t=c$에서의 위치가 -6이므로

$\int_0^c v(t)dt=-6$에서

$(-8)+S_2-S_3=-6 \quad \therefore S_2-S_3=2$ ……… ㉠

$\int_0^b v(t)dt=\int_b^c v(t)dt$이므로

$(-8)+S_2=-S_3 \quad \therefore S_2+S_3=8$ ……… ㉡

㉠, ㉡을 연립하여 풀면 $S_2=5$, $S_3=3$이므로

점 P가 $t=a$부터 $t=b$까지 움직인 거리는

$S_2=5$

1985 답 ④

| 유형25

원점을 동시에 출발하여 수직선 위를 움직이는 두 점 P, Q의 시각 $t\ (t\ge0)$에서의 속도가 각각 $v_1(t)=2t^2-t$, $v_2(t)=t^2+t$이다. 출발 후 두 점 P, Q의 속도가 같아질 때의 두 점 P, Q 사이의 거리는?

① $\frac{1}{3}$　② $\frac{2}{3}$　③ 1　④ $\frac{4}{3}$　⑤ $\frac{5}{3}$

단서1 시각 $t=a$에서 두 점 P, Q의 위치는 각각 $\int_0^a v_1(t)dt$, $\int_0^a v_2(t)dt$

단서2 $v_1(t)=v_2(t)$인 시각 t

단서3 |(P의 위치)−(Q의 위치)|

STEP1 두 점의 속도가 같아지는 시각 구하기

출발 후 두 점 P, Q의 속도가 같아지는 시각은 $2t^2-t=t^2+t$에서

$t^2-2t=0$, $t(t-2)=0$

$\therefore t=2\ (\because t>0)$

STEP2 속도가 같아질 때의 두 점의 위치 각각 구하기

$t=2$에서 두 점 P, Q의 위치는 각각

$$\int_0^2 v_1(t)dt=\int_0^2 (2t^2-t)dt=\left[\frac{2}{3}t^3-\frac{1}{2}t^2\right]_0^2=\frac{10}{3}$$

$$\int_0^2 v_2(t)dt=\int_0^2 (t^2+t)dt=\left[\frac{1}{3}t^3+\frac{1}{2}t^2\right]_0^2=\frac{14}{3}$$

STEP3 속도가 같아질 때의 두 점 사이의 거리 구하기

속도가 같아질 때의 두 점 P, Q 사이의 거리는

$$\left|\frac{10}{3}-\frac{14}{3}\right|=\frac{4}{3}$$

1986 답 1

시각 t에서 두 점 P, Q의 위치를 각각 $x_P(t)$, $x_Q(t)$라 하면

$x_P(t)=2+\int_0^t (-2t+1)dt$

$=2+\left[-t^2+t\right]_0^t$

$=-t^2+t+2$

$x_Q(t)=6+\int_0^t(4t-5)dt$

$=6+\left[2t^2-5t\right]_0^t$

$=2t^2-5t+6$

두 점 P, Q 사이의 거리는

$|x_P(t)-x_Q(t)|=|(-t^2+t+2)-(2t^2-5t+6)|$

$=|-3t^2+6t-4|$

$=|-3(t-1)^2-1|$

따라서 두 점 P, Q가 가장 가까울 때의 시각은 1이다.

실수 Check

시각 t에서 점의 위치를 식으로 나타낼 때, 점이 출발한 위치를 반드시 확인해야 한다.
두 점 P, Q는 원점에서 출발하지 않았으므로

$x_P(t)\neq\int_0^t(-2t+1)dt,\ x_Q(t)\neq\int_0^t(4t-5)dt$

이다.

1987 답 ②

시각 t에서 두 점 P, Q의 위치를 각각 $x_P(t)$, $x_Q(t)$라 하면

$x_P(t)=5+\int_0^t(3t^2-2)dt=5+\left[t^3-2t\right]_0^t=t^3-2t+5$

$x_Q(t)=k+\int_0^t 1\,dt=k+\left[t\right]_0^t=t+k$

두 점 P, Q가 만날 때의 위치는 같으므로

$x_P(t)=x_Q(t)$에서

$t^3-2t+5=t+k,\ t^3-3t+5=k$

$f(t)=t^3-3t+5$라 하면

$f'(t)=3t^2-3=3(t+1)(t-1)$

$f'(t)=0$인 t의 값은 $t=1$ ($\because t>0$)

$t\geq0$에서 함수 $f(t)$의 증가, 감소를 표로 나타내면 다음과 같다.

t	0	$\cdots$	1	$\cdots$
$f'(t)$		$-$	0	$+$
$f(t)$	5	↘	3 극소	↗

함수 $f(t)$의 그래프는 그림과 같다.

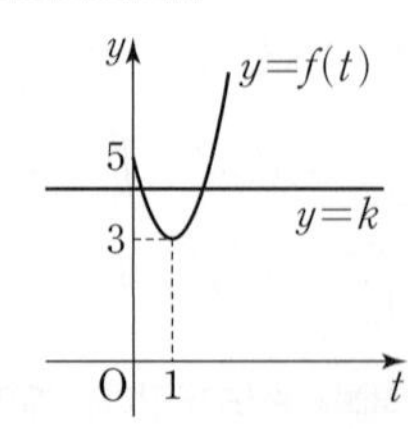

직선 $y=k$와 곡선 $y=f(t)$가 서로 다른 두 점에서 만나도록 하는 k의 값의 범위는 $3<k<5$이므로 정수 k의 값은 4이다.

1988 답 ㄱ, ㄴ, ㄷ

출발 지점의 높이를 0이라 하면 시각 t에서 두 물체 A, B의 높이는 각각 $\int_0^t f(t)dt$, $\int_0^t g(t)dt$이다.

ㄱ. $t=a$에서 A의 높이는 $\int_0^a f(t)dt$이고,

B의 높이는 $\int_0^a g(t)dt$이다.

이때 그림에서 $\int_0^a f(t)dt>\int_0^a g(t)dt$이므로 A가 B보다 높은 위치에 있다. (참)

ㄴ. $0\leq t\leq b$일 때 $f(t)-g(t)\geq0$이므로 A, B의 높이의 차는 $t=b$까지 점점 커지고, $b<t\leq c$일 때, $f(t)-g(t)<0$이므로 A, B의 높이의 차는 점점 줄어들어 $t=c$일 때, 높이가 같게 된다. 즉, $t=b$일 때, A, B의 높이의 차가 최대이다. (참)

→ $\int_0^c f(t)dt=\int_0^c g(t)dt$

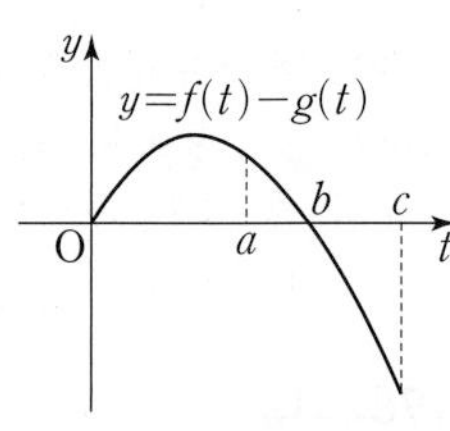

ㄷ. $\int_0^c f(t)dt=\int_0^c g(t)dt$이므로 $t=c$에서 A, B는 같은 높이에 있다. (참)

따라서 옳은 것은 ㄱ, ㄴ, ㄷ이다.

1989 답 64

시각 t에서 두 점 P, Q의 위치를 각각 $x_P(t)$, $x_Q(t)$라 하면

$x_P(t)=\int_0^t v_P(t)dt=\int_0^t(2t^2-8t)dt$

$=\left[\frac{2}{3}t^3-4t^2\right]_0^t=\frac{2}{3}t^3-4t^2$

$x_Q(t)=\int_0^t v_Q(t)dt=\int_0^t(t^3-10t^2+24t)dt$

$=\left[\frac{1}{4}t^4-\frac{10}{3}t^3+12t^2\right]_0^t$

$=\frac{1}{4}t^4-\frac{10}{3}t^3+12t^2$

이므로 두 점 P, Q 사이의 거리는

$|x_P(t)-x_Q(t)|$

$=\left|\left(\frac{2}{3}t^3-4t^2\right)-\left(\frac{1}{4}t^4-\frac{10}{3}t^3+12t^2\right)\right|$

$=\left|-\frac{1}{4}t^4+4t^3-16t^2\right|$

$f(t)=-\frac{1}{4}t^4+4t^3-16t^2$이라 하면

$f'(t)=-t^3+12t^2-32t=-t(t-4)(t-8)$

$f'(t)=0$인 t의 값은 $t=0$ 또는 $t=4$ 또는 $t=8$

$0\leq t\leq8$에서 함수 $f(t)$의 증가, 감소를 표로 나타내면 다음과 같다.

t	0	$\cdots$	4	$\cdots$	8
$f'(t)$	0	$-$	0	$+$	0
$f(t)$	0	↘	-64 극소	↗	0

즉, $|f(t)|$의 최댓값은 $t=4$일 때 64이므로 두 점 P, Q 사이의 거리의 최댓값은 64이다.

실수 Check

두 점 사이의 거리 $|x_P(t)-x_Q(t)|$는 항상 양수임에 주의한다.

$f(t)=-\frac{1}{4}t^4+4t^3-16t^2$에서 $f(4)=-64$이고, 이때 두 점 사이의 거리는 64이다.

또, $x_Q(t)-x_P(t)$를 이용하여 $f(t)=\frac{1}{4}t^4-4t^3+16t^2$으로 계산한 경우 $f(t)$의 극댓값이자 최댓값은 $f(4)=64$이지만 이때에도 두 점 사이의 거리는 64로 같다.

Plus 문제

1989-1

원점을 동시에 출발하여 수직선 위를 움직이는 두 점 P, Q의 시각 t에서의 속도가 각각 $v_P(t)=4t-8$, $v_Q(t)=-2t+10$이다. 두 점 P, Q가 다시 만날 때까지 움직일 때, 두 점 P, Q 사이의 거리의 최댓값을 구하시오.

시각 t에서 두 점 P, Q의 위치를 각각 $x_P(t)$, $x_Q(t)$라 하면

$$x_P(t)=\int_0^t v_P(t)dt=\int_0^t (4t-8)dt$$
$$=\Big[2t^2-8t\Big]_0^t=2t^2-8t$$
$$x_Q(t)=\int_0^t v_Q(t)dt=\int_0^t (-2t+10)dt$$
$$=\Big[-t^2+10t\Big]_0^t=-t^2+10t$$

두 점 P, Q가 만날 때의 위치는 같으므로

$x_P(t)=x_Q(t)$에서

$2t^2-8t=-t^2+10t$, $3t^2-18t=0$

$3t(t-6)=0 \quad \therefore t=6\ (\because t>0)$

두 점 P, Q 사이의 거리는

$$|x_P(t)-x_Q(t)|=|(2t^2-8t)-(-t^2+10t)|$$
$$=|3t^2-18t|$$
$$=|3(t-3)^2-27|$$

따라서 $0\le t\le 6$에서 두 점 사이의 거리의 최댓값은 $t=3$일 때 27이다.

답 27

1990 답 ③

두 점 P, Q가 출발 후 $t=a\ (a>0)$에서 다시 만나므로 $t=a$에서의 위치가 같다.

점 P의 $t=a$에서의 위치는

$$\int_0^a (3t^2+6t-6)dt=\Big[t^3+3t^2-6t\Big]_0^a$$
$$=a^3+3a^2-6a$$

점 Q의 $t=a$에서의 위치는

$$\int_0^a (10t-6)dt=\Big[5t^2-6t\Big]_0^a$$
$$=5a^2-6a$$

즉, $a^3+3a^2-6a=5a^2-6a$에서

$a^3-2a^2=0$, $a^2(a-2)=0$

$\therefore a=2\ (\because a>0)$

서술형 유형 익히기 417쪽~419쪽

1991 답 (1) $-x^3$ (2) $\frac{1}{4}a^4$ (3) x^3 (4) $\frac{1}{4}b^4$ (5) 256

STEP 1 S_1 구하기 [2점]

닫힌구간 $[a, 0]$에서 $x^3\le 0$이므로

$$S_1=\int_a^0 (\boxed{-x^3})dx=\Big[-\frac{1}{4}x^4\Big]_a^0=\boxed{\frac{1}{4}a^4}$$

STEP 2 S_2 구하기 [2점]

닫힌구간 $[0, b]$에서 $x^3\ge 0$이므로

$$S_2=\int_0^b \boxed{x^3}\,dx=\Big[\frac{1}{4}x^4\Big]_0^b=\boxed{\frac{1}{4}b^4}$$

STEP 3 $\frac{S_1}{S_2}$의 값 구하기 [2점]

$a+4b=0$에서 $a=-4b$이므로

$$\frac{S_1}{S_2}=\frac{\frac{1}{4}a^4}{\frac{1}{4}b^4}=\frac{a^4}{b^4}=\frac{(-4b)^4}{b^4}=4^4=\boxed{256}$$

실제 답안 예시

$S_1=-\int_a^0 x^3\,dx=-\Big[\frac{1}{4}x^4\Big]_a^0=\frac{1}{4}a^4$

$S_2=\int_0^b x^3\,dx=\Big[\frac{1}{4}x^4\Big]_0^b=\frac{1}{4}b^4$

이고 $a+4b=0$에서 $a=-4b$이므로

$S_1=\frac{1}{4}(-4b)^4=64b^4$

$\therefore \frac{S_1}{S_2}=\frac{64b^4}{\frac{1}{4}b^4}=256$

1992 답 4

STEP 1 S_1 구하기 [2점]

닫힌구간 $[-2, 0]$에서 $2x^3\le 0$이므로

$$S_1=\int_{-2}^0 (-2x^3)dx=\Big[-\frac{1}{2}x^4\Big]_{-2}^0=8$$

STEP 2 S_2 구하기 [2점]

닫힌구간 $[0, a]$에서 $2x^3\ge 0$이므로

$$S_2=\int_0^a 2x^3\,dx=\Big[\frac{1}{2}x^4\Big]_0^a=\frac{1}{2}a^4$$

STEP 3 양수 a의 값 구하기 [2점]

$\frac{S_2}{S_1}=16$에서 $S_2=16S_1$이므로

$\frac{1}{2}a^4=16\times 8$, $a^4=256$

$a>0$이므로 $a=4$

1993 답 3

STEP 1 곡선과 직선의 교점의 x좌표 정하기 [1점]

곡선 $y=ax^2$과 직선 $y=-x+4$의 교점의 x좌표를 p라 하면

$ap^2=-p+4$ ······ ㉠

STEP 2 S_1의 값 구하기 [4점]

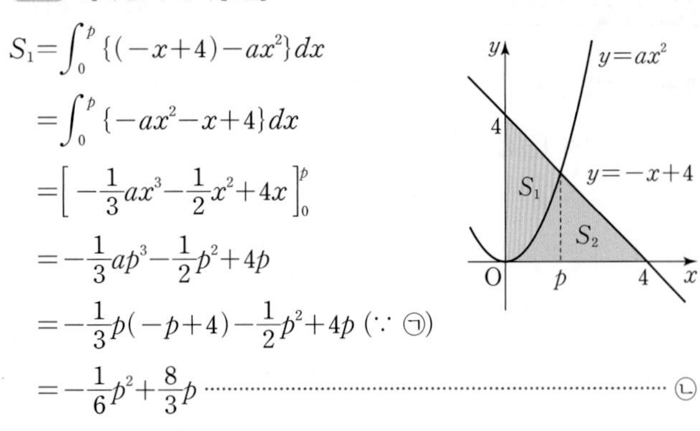

$$S_1=\int_0^p \{(-x+4)-ax^2\}dx$$
$$=\int_0^p \{-ax^2-x+4\}dx$$
$$=\left[-\frac{1}{3}ax^3-\frac{1}{2}x^2+4x\right]_0^p$$
$$=-\frac{1}{3}ap^3-\frac{1}{2}p^2+4p$$
$$=-\frac{1}{3}p(-p+4)-\frac{1}{2}p^2+4p\ (\because ㉠)$$
$$=-\frac{1}{6}p^2+\frac{8}{3}p \quad \cdots\cdots ㉡$$

이때 $S_1+S_2=\frac{1}{2}\times4\times4=8$이고 $S_1:S_2=5:11$이므로

$$S_1=8\times\frac{5}{16}=\frac{5}{2} \quad \cdots\cdots ㉢$$

STEP 3 p의 값을 구하여 a의 값 구하기 [3점]

㉡=㉢에서

$-\frac{1}{6}p^2+\frac{8}{3}p=\frac{5}{2}$, $p^2-16p+15=0$

$(p-1)(p-15)=0$

$\therefore p=1\ (\because 0<p<4)$

$p=1$을 ㉠에 대입하면

$a=-1+4=3$

1994 답 (1) x (2) 1 (3) 2 (4) 1 (5) $\frac{1}{3}$

STEP 1 두 곡선의 교점의 x좌표 구하기 [3점]

함수 $f(x)$의 역함수가 $g(x)$이므로 두 곡선 $y=f(x)$, $y=g(x)$는 직선 $y=x$에 대하여 대칭이다.

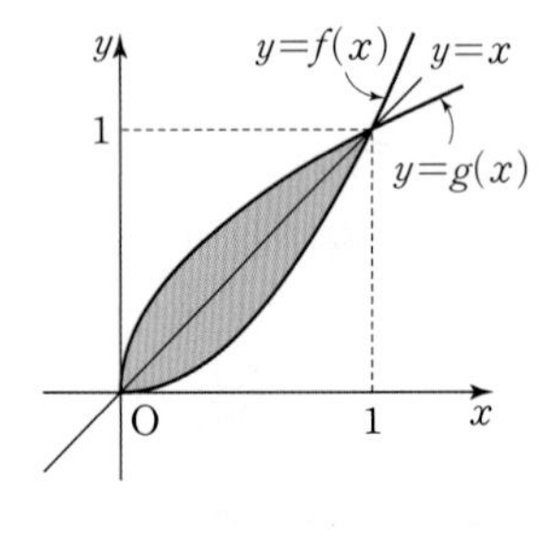

두 곡선 $y=f(x)$, $y=g(x)$의 교점의 x좌표는 곡선 $y=f(x)$와 직선 $y=$ $\boxed{x}$의 교점의 x좌표와 같으므로

$x^2=x$에서

$x^2-x=0$, $x(x-1)=0$

$\therefore x=0$ 또는 $x=\boxed{1}$

STEP 2 곡선 $y=f(x)$와 직선 $y=x$로 둘러싸인 도형의 넓이를 구하고 2배하기 [4점]

두 곡선 $y=f(x)$, $y=g(x)$로 둘러싸인 도형의 넓이는 곡선 $y=f(x)$와 직선 $y=x$로 둘러싸인 도형의 넓이의 $\boxed{2}$배와 같으므로 구하는 넓이는

$$\int_0^1|f(x)-g(x)|dx=2\int_0^{\boxed{1}}\{x-f(x)\}dx \quad \cdots\cdots ⓐ$$
$$=2\int_0^1(x-x^2)dx$$
$$=2\left[\frac{1}{2}x^2-\frac{1}{3}x^3\right]_0^1$$
$$=2\times\frac{1}{6}=\boxed{\frac{1}{3}}$$

부분점수표	
ⓐ 넓이를 $\int_0^1(\sqrt{x}-x^2)dx$로 나타낸 경우	2점

1995 답 1

STEP 1 두 곡선의 교점의 x좌표 구하기 [3점]

함수 $f(x)$의 역함수가 $g(x)$이므로 두 곡선 $y=f(x)$, $y=g(x)$는 직선 $y=x$에 대하여 대칭이다.

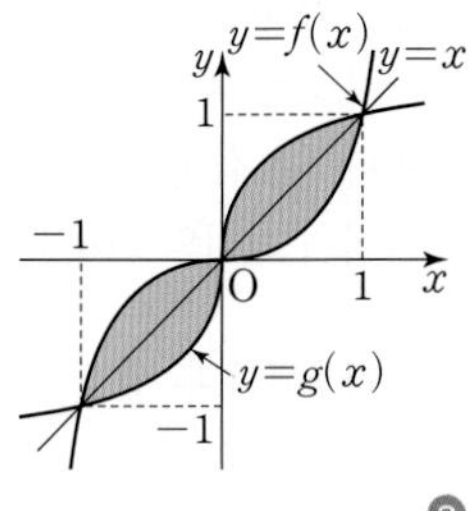

두 곡선 $y=f(x)$, $y=g(x)$의 교점의 x좌표는 곡선 $y=f(x)$와 직선 $y=x$의 교점의 x좌표와 같으므로

$x^3=x$에서

$x^3-x=0$, $x(x+1)(x-1)=0$

$\therefore x=-1$ 또는 $x=0$ 또는 $x=1$ $\cdots\cdots$ ⓐ

STEP 2 곡선 $y=f(x)$와 직선 $y=x$로 둘러싸인 도형의 넓이를 구하고 2배하기 [4점]

두 곡선 $y=f(x)$, $y=g(x)$로 둘러싸인 도형의 넓이는 곡선 $y=f(x)$와 직선 $y=x$로 둘러싸인 도형의 넓이의 2배와 같으므로 구하는 넓이는

$$2\int_{-1}^1|f(x)-x|dx \quad \cdots\cdots ⓑ$$
$$=2\int_{-1}^0(x^3-x)dx+2\int_0^1(x-x^3)dx$$
$$=2\left[\frac{1}{4}x^4-\frac{1}{2}x^2\right]_{-1}^0+2\left[\frac{1}{2}x^2-\frac{1}{4}x^4\right]_0^1$$
$$=2\times\frac{1}{4}+2\times\frac{1}{4}=1$$

실수 Check

함수 $y=x^2$은 $x\ge0$에서 정의되어야 역함수가 존재하지만 함수 $y=x^3$은 실수 전체의 집합에서 정의되어도 역함수가 존재한다.
문제에 정의역 제한이 없으므로 넓이를 구할 때 $x\ge0$인 부분만 생각하지 않도록 한다.

부분점수표	
ⓐ 교점의 x좌표로 $x=0$, $x=1$만 구한 경우	2점
ⓑ $\int_{-1}^1\|f(x)-x\|dx$를 구하고 2배하지 않은 경우	2점

1996 답 1

STEP 1 두 함수 $f(x)=x^2\ (x\ge0)$, $g(x)=\sqrt{x}$가 서로 역함수 관계임을 보이기 [2점]

$y=x^2\ (x\ge0)$의 역함수는

$x=y^2\ (y\ge0)$에서 $y=\sqrt{x}$이므로

$f(x)=x^2$, $g(x)=\sqrt{x}$라 하면 두 함수 $f(x)$, $g(x)$는 서로 역함수 관계이다.

STEP 2 넓이가 같은 도형을 이용하여 정적분의 값 구하기 [4점]

두 곡선 $y=f(x)$, $y=g(x)$는 직선 $y=x$에 대하여 대칭이다.

즉, 그림에서

(A의 넓이)$=$(B의 넓이)

이므로

$$\int_0^1\sqrt{x}\,dx+\int_0^1x^2\,dx$$
$$=\{(A\text{의 넓이})+(C\text{의 넓이})\}+(A\text{의 넓이})$$
$$=\{(A\text{의 넓이})+(C\text{의 넓이})\}+(B\text{의 넓이})$$

따라서 구하는 정적분의 값은 한 변의 길이가 1인 정사각형의 넓이와 같다.

$\therefore \int_0^1 \sqrt{x}\,dx+\int_0^1 x^2\,dx=1\times1=1$

오답 분석

$y=x^2$에서 x, y를 서로 바꾸면

$x=y^2$이므로 $y=\sqrt{x}$

따라서 함수 $y=x^2$과 $y=\sqrt{x}$는 역함수 관계이므로

두 곡선 $y=x^2$, $y=\sqrt{x}$는 $y=x$에 대하여 대칭이다. 2점

$\int_0^1 \sqrt{x}\,dx+\int_0^1 x^2\,dx=2\int_0^1 x^2\,dx$ → 대칭이라고 2배가 아님

$=2\left[\frac{1}{3}x^3\right]_0^1=\frac{2}{3}$

▶ 6점 중 2점 얻음.

$\int_0^1\sqrt{x}\,dx$와 $\int_0^1 x^2\,dx$의 값이 같지 않다. $y=x^2$, $y=\sqrt{x}$의 그래프를 그리고, 역함수의 그래프의 성질을 이용하여 넓이를 살펴봐야 한다.

1997 답 (1) 1 (2) $\frac{3}{2}$ (3) $\frac{5}{6}$ (4) $\frac{2}{3}$

STEP 1 두 점 P, Q의 속도가 같아지는 시각 구하기 [2점]

두 점 P, Q의 속도가 같아지는 시각은

$v_P(t)=v_Q(t)$에서

$3t=t^2+3t-1$, $t^2-1=0$

$(t+1)(t-1)=0$

$\therefore t=\boxed{1}\ (\because t\ge0)$

STEP 2 속도가 같아지는 순간 두 점 P, Q의 위치 각각 구하기 [3점]

시각 $t=1$에서 두 점 P, Q의 위치는 각각

$\int_0^1 v_P(t)dt=\int_0^1 3t\,dt=\left[\frac{3}{2}t^2\right]_0^1=\boxed{\frac{3}{2}}$

$\int_0^1 v_Q(t)dt=\int_0^1 (t^2+3t-1)dt$

$=\left[\frac{1}{3}t^3+\frac{3}{2}t^2-t\right]_0^1=\boxed{\frac{5}{6}}$

STEP 3 속도가 같아지는 순간 두 점 P, Q 사이의 거리 구하기 [1점]

시각 $t=1$에서 두 점 P, Q 사이의 거리는

$\left|\int_0^1 v_P(t)dt-\int_0^1 v_Q(t)dt\right|=\left|\frac{3}{2}-\frac{5}{6}\right|=\boxed{\frac{2}{3}}$

실제 답안 예시

두 점 P, Q의 속도가 같아지는 순간은

$3t=t^2+3t-1$, $t^2-1=0$

$(t+1)(t-1)=0$ $\therefore t=1$

따라서 $t=1$에서 두 점 P, Q의 속도가 같아지므로

두 점 사이의 거리는

$\left|\int_0^1 v_P(t)dt-\int_0^1 v_Q(t)dt\right|$

$=\left|\int_0^1 \{v_P(t)-v_Q(t)\}dt\right|$

$=\left|\int_0^1 (t^2-1)dt\right|=\left|\left[\frac{1}{3}t^3-t\right]_0^1\right|=\frac{2}{3}$

1998 답 1

STEP 1 두 점 P, Q의 속도가 같아지는 시각 구하기 [2점]

두 점 P, Q의 속도가 같아지는 시각은

$v_P(t)=v_Q(t)$에서

$t^2+5t=2t^2+3t-3$, $t^2-2t-3=0$

$(t+1)(t-3)=0$ $\therefore t=3\ (\because t\ge0)$

STEP 2 속도가 같아지는 순간 두 점 P, Q의 위치 각각 구하기 [4점]

시각 $t=3$에서 두 점 P, Q의 위치는 각각

$-5+\int_0^3 v_P(t)dt=-5+\int_0^3 (t^2+5t)dt$

$=-5+\left[\frac{1}{3}t^3+\frac{5}{2}t^2\right]_0^3$

$=-5+\frac{63}{2}=\frac{53}{2}$

$3+\int_0^3 v_Q(t)dt=3+\int_0^3 (2t^2+3t-3)dt$

$=3+\left[\frac{2}{3}t^3+\frac{3}{2}t^2-3t\right]_0^3$

$=3+\frac{45}{2}=\frac{51}{2}$ …… ⓐ

STEP 3 속도가 같아지는 순간 두 점 P, Q 사이의 거리 구하기 [1점]

시각 $t=3$에서 두 점 P, Q 사이의 거리는

$\left|\left\{-5+\int_0^3 v_P(t)dt\right\}-\left\{3+\int_0^3 v_Q(t)dt\right\}\right|$

$=\left|\frac{53}{2}-\frac{51}{2}\right|=1$

부분점수표	
ⓐ 두 점 P, Q의 위치 중 한 개만 구한 경우	2점

1999 답 $\frac{64}{3}$

STEP 1 시각 t에서 두 점 P, Q의 위치 구하기 [3점]

시각 t에서 두 점 P, Q의 위치를 각각 $x_P(t)$, $x_Q(t)$라 하면

$x_P(t)=\int_0^t (-t^2+6t)dt$

$=\left[-\frac{1}{3}t^3+3t^2\right]_0^t=-\frac{1}{3}t^3+3t^2$

$x_Q(t)=\int_0^t (t^2-2t)dt$

$=\left[\frac{1}{3}t^3-t^2\right]_0^t=\frac{1}{3}t^3-t^2$ …… ⓐ

STEP 2 두 점 P, Q가 다시 만나는 시각 구하기 [3점]

두 점 P, Q가 만날 때의 위치는 서로 같으므로

$x_P(t)=x_Q(t)$에서

$-\frac{1}{3}t^3+3t^2=\frac{1}{3}t^3-t^2$, $-\frac{2}{3}t^3+4t^2=0$

$-\frac{2}{3}t^2(t-6)=0$ $\therefore t=6\ (\because t>0)$

STEP 3 시각 t에서 두 점 P, Q 사이의 거리 구하기 [1점]

시각 t에서 두 점 P, Q 사이의 거리는

$|x_P(t)-x_Q(t)|=\left|\left(-\frac{1}{3}t^3+3t^2\right)-\left(\frac{1}{3}t^3-t^2\right)\right|$

$=\left|-\frac{2}{3}t^3+4t^2\right|$

STEP4 시각 t에서 두 점 P, Q 사이의 거리의 최댓값 구하기 [3점]

$f(t)=-\frac{2}{3}t^3+4t^2$이라 하면

$f'(t)=-2t^2+8t=-2t(t-4)$

$f'(t)=0$인 t의 값은 $t=4$ ($\because t>0$)

$0<t\leq6$에서 함수 $f(t)$의 증가, 감소를 표로 나타내면 다음과 같다.

t	0	$\cdots$	4	$\cdots$	6
$f'(t)$		$+$	0	$-$	
$f(t)$		↗	$\frac{64}{3}$ 극대	↘	0

따라서 두 점 P, Q 사이의 거리 $|f(t)|$의 최댓값은

$|f(4)|=\frac{64}{3}$ → $t=4$에서 극대이자 최대이다.

부분점수표	
ⓐ 두 점 P, Q의 위치 중 한 개만 구한 경우	1점

실력 check 실전 마무리하기 1회 420쪽~424쪽

1 2000 답 ①

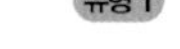

출제의도 | 곡선과 x축으로 둘러싸인 도형의 넓이를 구할 수 있는지 확인한다.

방정식 $-x^2+x=0$의 실근이 $x=0$, $x=1$이니까 곡선 $y=-x^2+x$와 x축 사이의 넓이는 $\int_0^1|-x^2+x|dx$야.

곡선 $y=-x^2+x$와 x축의 교점의 x좌표는

$-x^2+x=0$에서

$-x(x-1)=0$

$\therefore x=0$ 또는 $x=1$

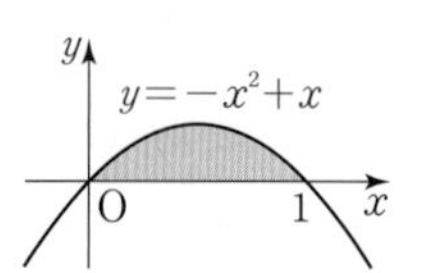

따라서 구하는 도형의 넓이는

$$\int_0^1|-x^2+x|dx=\int_0^1(-x^2+x)dx=\left[-\frac{1}{3}x^3+\frac{1}{2}x^2\right]_0^1=\frac{1}{6}$$

2 2001 답 ③

유형4

출제의도 | 곡선과 직선으로 둘러싸인 도형의 넓이를 구할 수 있는지 확인한다.

구간 $[0, 2]$에서 직선과 곡선 중 어느 것이 위에 있는지 확인해 봐.

곡선 $y=x^2$과 직선 $y=-x+2$의 교점의 x좌표는

$x^2=-x+2$에서

$x^2+x-2=0$

$(x+2)(x-1)=0$

$\therefore x=1$ ($\because x\geq0$)

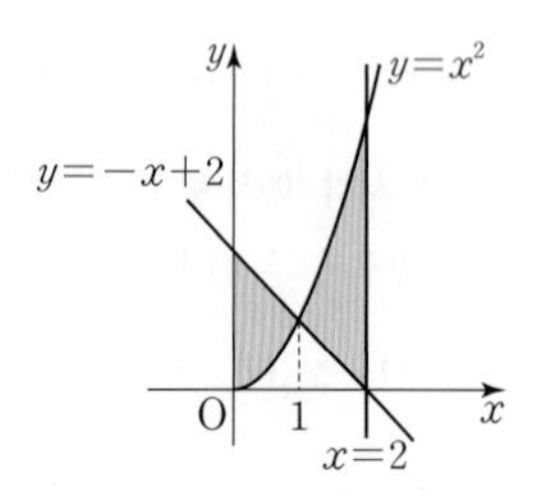

따라서 구하는 도형의 넓이는

$$\int_0^2|x^2-(-x+2)|dx$$
$$=\int_0^1(-x^2-x+2)dx+\int_1^2(x^2+x-2)dx$$
$$=\left[-\frac{1}{3}x^3-\frac{1}{2}x^2+2x\right]_0^1+\left[\frac{1}{3}x^3+\frac{1}{2}x^2-2x\right]_1^2$$
$$=\frac{7}{6}+\frac{11}{6}=3$$

3 2002 답 ③

유형5

출제의도 | 두 곡선으로 둘러싸인 도형의 넓이를 구할 수 있는지 확인한다.

두 곡선의 교점의 x좌표가 $x=-1$, $x=3$이니까 두 곡선으로 둘러싸인 도형의 넓이는 $\int_{-1}^3|(x^2-1)-(-x^2+4x+5)|dx$야.

두 곡선 $y=x^2-1$,

$y=-x^2+4x+5$의 교점의 x좌표는

$x^2-1=-x^2+4x+5$에서

$2x^2-4x-6=0$

$2(x+1)(x-3)=0$

$\therefore x=-1$ 또는 $x=3$

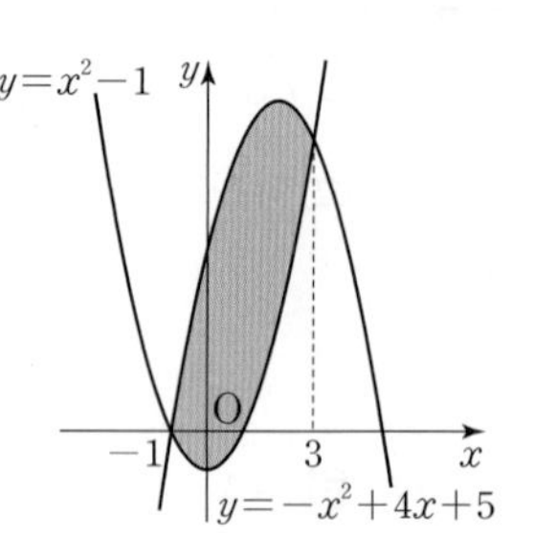

따라서 구하는 도형의 넓이는

$$\int_{-1}^3|(x^2-1)-(-x^2+4x+5)|dx=\int_{-1}^3(-2x^2+4x+6)dx$$
$$=\left[-\frac{2}{3}x^3+2x^2+6x\right]_{-1}^3$$
$$=\frac{64}{3}$$

4 2003 답 ④

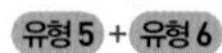

출제의도 | 두 곡선으로 둘러싸인 도형의 넓이를 구할 수 있는지 확인한다.

$|A-B|$의 값은 넓이를 직접 구하지 않아도 구할 수 있어.

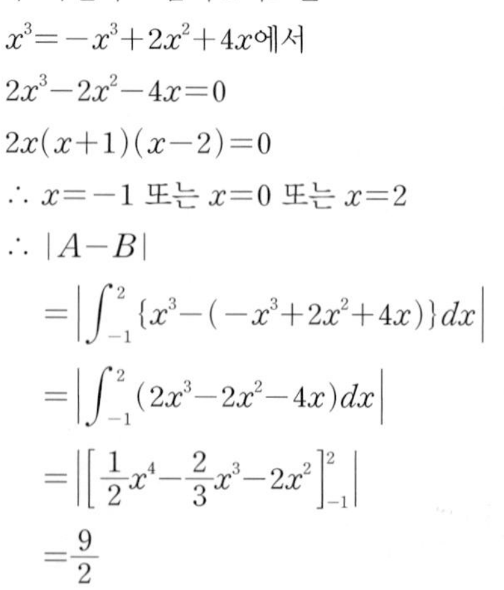

두 곡선의 교점의 x좌표는

$x^3=-x^3+2x^2+4x$에서

$2x^3-2x^2-4x=0$

$2x(x+1)(x-2)=0$

$\therefore x=-1$ 또는 $x=0$ 또는 $x=2$

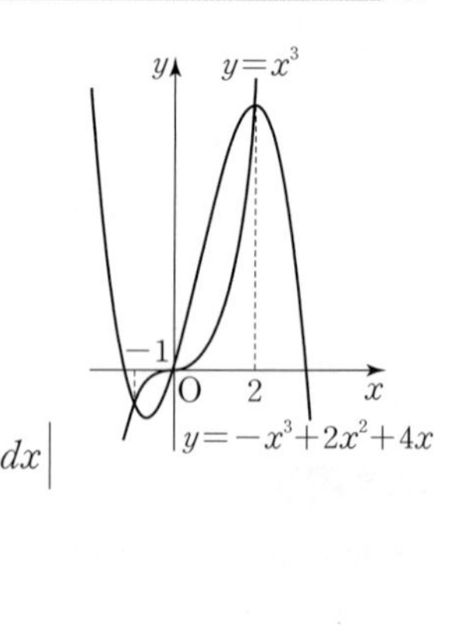

$\therefore |A-B|$

$$=\left|\int_{-1}^2\{x^3-(-x^3+2x^2+4x)\}dx\right|$$
$$=\left|\int_{-1}^2(2x^3-2x^2-4x)dx\right|$$
$$=\left|\left[\frac{1}{2}x^4-\frac{2}{3}x^3-2x^2\right]_{-1}^2\right|$$
$$=\frac{9}{2}$$

참고 두 곡선으로 둘러싸인 도형의 넓이는 각각

$\int_{-1}^0|2x^3-2x^2-4x|dx=\frac{5}{6}$

$\int_0^2|2x^3-2x^2-4x|dx=\frac{16}{3}$

이므로 $|A-B|=\left|\frac{5}{6}-\frac{16}{3}\right|=\frac{9}{2}$

5 2004 답 ① 유형 15

출제의도 | 둘러싸인 두 도형의 넓이가 같을 조건을 아는지 확인한다.

> 곡선 $y=x^2-2x+a=(x-1)^2+a-1$은 직선 $x=1$에 대하여 대칭임을 이용해.

$y=x^2-2x+a=(x-1)^2+a-1$

이므로 곡선 $y=x^2-2x+a$는 직선 $x=1$에 대하여 대칭이다.

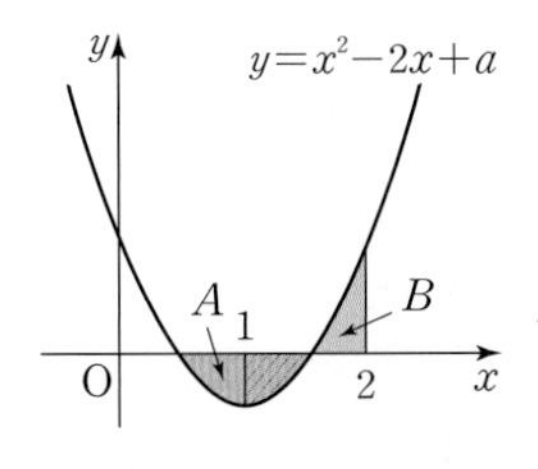

이때 $A:B=2:1$이므로 그림에서 빗금 친 도형의 넓이는 B와 같다.

따라서 구간 $[1, 2]$에서 곡선 $y=x^2-2x+a$와 x축 및 두 직선 $x=1$, $x=2$로 둘러싸인 두 도형의 넓이가 서로 같으므로

$\int_1^2 (x^2-2x+a)dx=0$

$\left[\frac{1}{3}x^3-x^2+ax\right]_1^2=0$

$\left(2a-\frac{4}{3}\right)-\left(a-\frac{2}{3}\right)=0$

$a-\frac{2}{3}=0 \qquad \therefore a=\frac{2}{3}$

6 2005 답 ② 유형 17

출제의도 | 정적분과 넓이 사이의 관계를 이해하는지 확인한다.

> $S(1)=\int_0^1 f(t)dt$,
> $S(4)=\int_0^4 f(t)dt=\int_0^1 f(t)dt+\int_1^4 f(t)dt$야.

닫힌구간 $[0, 4]$에서 $S(x)=\int_0^x f(t)dt$의

최댓값은 $S(1)=\int_0^1 f(t)dt=1$

최솟값은

$S(4)=\int_0^4 f(t)dt=\int_0^1 f(t)dt+\int_1^4 f(t)dt$

$=1+(-3)=-2$

따라서 $M=1$, $m=-2$이므로

$M+m=1+(-2)=-1$

7 2006 답 ⑤ 유형 22

출제의도 | 정적분을 활용하여 속도와 높이에 대한 문제를 해결할 수 있는지 확인한다.

> 최고 높이에 도달하면 물체의 속도는 0이야.

물체가 최고 높이에 도달할 때의 속도는 0이므로

$v(t)=0$에서 $-10t+20=0 \qquad \therefore t=2$

지면으로부터 25 m의 높이에서 쏘아 올렸으므로 $t=2$에서 물체의 지면으로부터의 높이는

$25+\int_0^2 (-10t+20)dt=25+\left[-5t^2+20t\right]_0^2$

$=25+20=45(\text{m})$

따라서 물체의 최고 높이는 45 m이다.

8 2007 답 ③ 유형 22

출제의도 | 정적분을 활용하여 속도와 거리에 대한 문제를 해결할 수 있는지 확인한다.

> 시각 t에서의 점 P의 위치는 $\int_0^t v_P(t)dt$야.

점 P의 시각 t에서의 위치는

$\int_0^t v_P(t)dt=\int_0^t (3t^2-8t+3)dt$

$=\left[t^3-4t^2+3t\right]_0^t=t^3-4t^2+3t$

점 P가 원점을 지나는 시각은

$t^3-4t^2+3t=0$에서

$t(t-1)(t-3)=0$

$\therefore t=1$ 또는 $t=3$ ($\because t>0$)

따라서 점 P가 마지막으로 원점을 지나는 시각은 $t=3$이다.

9 2008 답 ② 유형 23

출제의도 | 정적분을 활용하여 속도와 거리에 대한 문제를 해결할 수 있는지 확인한다.

> 속도가 $v(t)$일 때, 점 P가 $t=0$에서 $t=4$까지 움직인 거리는 $\int_0^4 |v(t)|dt$야.

$v(t)=\frac{3}{2}t^2+t$이므로

$t=0$에서 $t=4$까지 점 P가 움직인 거리는

$\int_0^4 \left|\frac{3}{2}t^2+t\right|dt=\int_0^4 \left(\frac{3}{2}t^2+t\right)dt$

$=\left[\frac{1}{2}t^3+\frac{1}{2}t^2\right]_0^4$

$=40$

10 2009 답 ② 유형 2

출제의도 | 절댓값 기호를 포함한 함수의 그래프와 x축 사이의 넓이를 구할 수 있는지 확인한다.

> $y=f(x)$의 그래프를 먼저 그려 봐.

$f(x)=x(x+1)(x-1)$의 그래프와 x축의 교점의 x좌표는

$x(x+1)(x-1)=0$에서

$x=-1$ 또는 $x=0$ 또는 $x=1$

$y=f(|x|)$의 그래프는 $y=f(x)$의 그래프에서 $x\geq 0$인 부분을 y축에 대하여 대칭이동한 것이므로 그림과 같다.

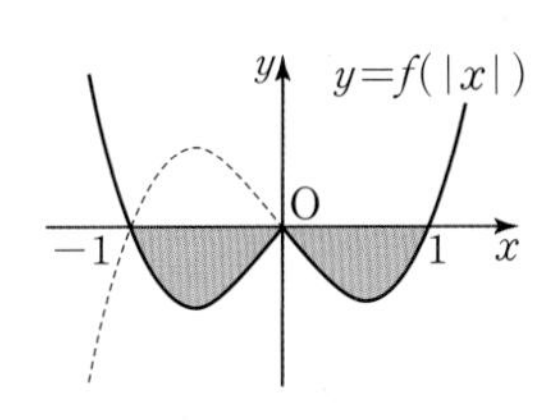

따라서 구하는 도형의 넓이는

$2\int_0^1 |x(x+1)(x-1)|dx$

$=2\int_0^1 (-x^3+x)dx$

$=2\left[-\frac{1}{4}x^4+\frac{1}{2}x^2\right]_0^1$

$=2\times\frac{1}{4}=\frac{1}{2}$

11 2010 답 ③ 유형 14

출제의도 | 둘러싸인 두 도형의 넓이가 같을 조건을 아는지 확인한다.

> 곡선 $f(x)=x(x-\alpha)(x-\beta)$ $(\alpha<0<\beta)$와 x축으로 둘러싸인 두 도형의 넓이가 서로 같으면 $\int_{\alpha}^{\beta} f(x)dx=0$이야.

곡선 $y=x^3-(a+2)x^2+2ax$와 x축의 교점의 x좌표는

$x^3-(a+2)x^2+2ax=0$에서

$x(x-a)(x-2)=0$

$\therefore$ $x=0$ 또는 $x=a$ 또는 $x=2$

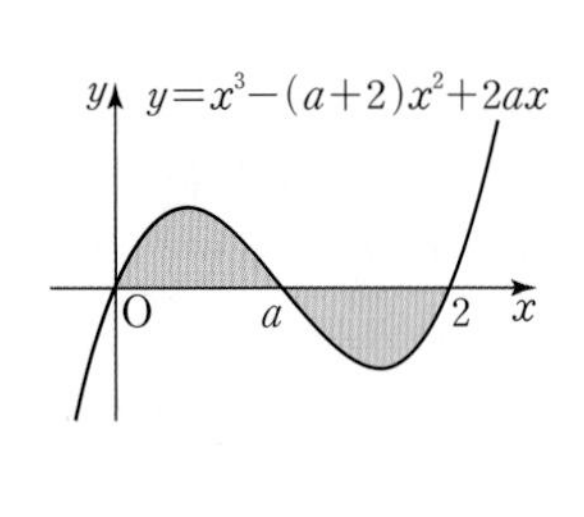

$0<a<2$이고 두 도형의 넓이가 서로 같으므로

$\int_0^2 \{x^3-(a+2)x^2+2ax\}dx=0$

$\left[\frac{1}{4}x^4-\frac{a+2}{3}x^3+ax^2\right]_0^2=0$

$\frac{4}{3}a-\frac{4}{3}=0$ $\qquad\therefore a=1$

12 2011 답 ③ 유형 15

출제의도 | 도형의 넓이를 이등분할 조건을 아는지 확인한다.

> 곡선과 y축 및 직선 $y=1$로 둘러싸인 도형의 넓이를 각각 구해 봐.

곡선 $y=x^2$ $(x\ge0)$과 직선 $y=1$의 교점의 x좌표는

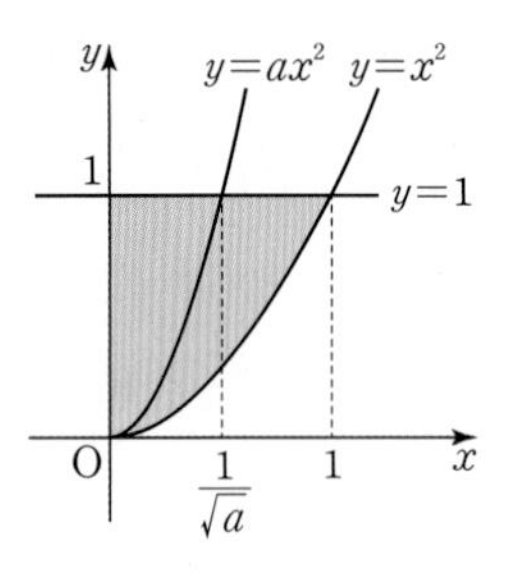

$x^2=1$에서

$x^2-1=0$, $(x+1)(x-1)=0$

$\therefore x=1$ $(\because x\ge0)$

곡선 $y=ax^2$ $(x\ge0)$과 직선 $y=1$의 교점의 x좌표는

$ax^2=1$에서

$ax^2-1=0$, $a\left(x^2-\frac{1}{a}\right)=0$

$\therefore x=\frac{1}{\sqrt{a}}$ $(\because x\ge0)$

곡선 $y=x^2$ $(x\ge0)$과 y축 및 직선 $y=1$로 둘러싸인 도형의 넓이를 S_1이라 하면

$S_1=\int_0^1 (1-x^2)dx$

$=\left[x-\frac{1}{3}x^3\right]_0^1=\frac{2}{3}$

곡선 $y=ax^2$ $(x\ge0)$과 y축 및 직선 $y=1$로 둘러싸인 도형의 넓이를 S_2라 하면

$S_2=\int_0^{\frac{1}{\sqrt{a}}} (1-ax^2)dx$

$=\left[x-\frac{a}{3}x^3\right]_0^{\frac{1}{\sqrt{a}}}=\frac{2}{3\sqrt{a}}$

이때 $S_1=2S_2$이므로

$\frac{2}{3}=2\times\frac{2}{3\sqrt{a}}$, $\sqrt{a}=2$

$\therefore a=4$

13 2012 답 ② 유형 20

출제의도 | 역함수의 그래프를 활용하여 도형의 넓이를 구할 수 있는지 확인한다.

> 두 곡선 $y=f(x)$, $y=g(x)$는 직선 $y=x$에 대하여 대칭이야.

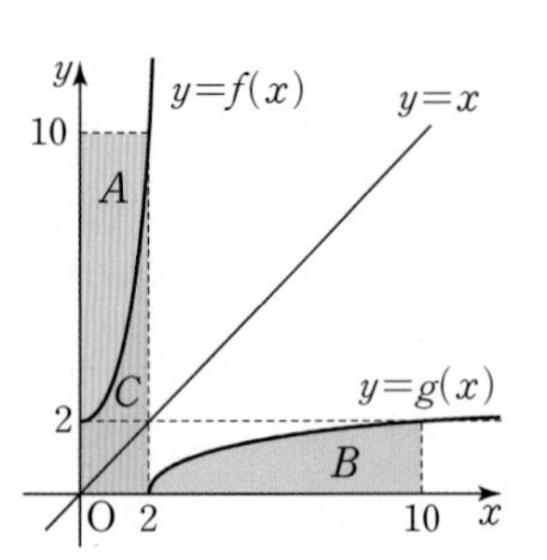

함수 $f(x)=x^3+2$의 역함수가 $g(x)$이므로 두 곡선 $y=f(x)$, $y=g(x)$는 직선 $y=x$에 대하여 대칭이다.

즉, 그림에서

$(A$의 넓이$)=(B$의 넓이$)$이므로

$\int_0^2 f(x)dx+\int_2^{10} g(x)dx$

$=(C$의 넓이$)+(B$의 넓이$)$

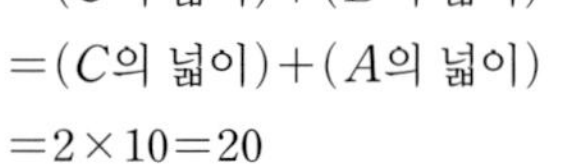

$=(C$의 넓이$)+(A$의 넓이$)$

$=2\times10=20$

14 2013 답 ④ 유형 24

출제의도 | 속도를 나타낸 그래프에서 위치를 알 수 있는지 확인한다.

> 속도 $v(t)$의 그래프에서 $\int_0^t v(t)dt$는 물체의 위치, $\int_0^t |v(t)|dt$는 물체가 이동한 거리를 나타내.

ㄱ. $v(t)$의 부호는 $t=4$에서 한 번 바뀌므로 점 P는 운동 방향을 출발 후 한 번 바꾼다. (거짓)

ㄴ. $t=0$에서 $t=4$까지 $v(t)\ge0$이므로 점 P는 양의 방향으로 $\int_0^4 v(t)dt=\frac{1}{2}\times4\times2=4$만큼 이동하고, $t=4$에서 $t=6$까지 $v(t)\le0$이므로 점 P는 음의 방향으로 $\int_4^6 v(t)dt=\frac{1}{2}\times2\times4=4$만큼 이동하여 $t=6$일 때 다시 원점으로 돌아온다.

즉, 점 P는 $t=4$일 때, 원점으로부터 가장 멀리 떨어져 있다. (참)

ㄷ. $\int_0^6 v(t)dt=\int_0^4 v(t)dt+\int_4^6 v(t)dt$

$=\frac{1}{2}\times4\times2-\frac{1}{2}\times2\times4=0$

이므로 $t=6$일 때 점 P는 원점에 있다. (참)

따라서 옳은 것은 ㄴ, ㄷ이다.

15 2014 답 ④ 유형 25

출제의도 | 정적분을 활용하여 속도와 거리에 대한 문제를 해결할 수 있는지 확인한다.

> 두 물체의 속도가 같다면 $v_A(t)=v_B(t)$인 t를 구해야 해.

두 점 A, B의 속도가 같아지는 시각은

$t^2+2t-3=2t+1$에서

$t^2-4=0$, $(t+2)(t-2)=0$

$\therefore t=2$ $(\because t>0)$

$t=2$에서 두 점 A, B의 위치는

$$\int_0^2 v_A(t)dt=\int_0^2 (t^2+2t-3)dt$$
$$=\left[\frac{1}{3}t^3+t^2-3t\right]_0^2=\frac{2}{3}$$
$$\int_0^2 v_B(t)dt=\int_0^2 (2t+1)dt=\left[t^2+t\right]_0^2=6$$
따라서 속도가 같아지는 순간 두 점 A, B 사이의 거리는
$$\left|\frac{2}{3}-6\right|=\frac{16}{3}$$

16 2015 답 ①

유형 2 + 유형 3

출제의도 | 주어진 조건을 만족시키는 함수를 결정하고 도형의 넓이를 활용하여 정적분 값을 구할 수 있는지 확인한다.

a의 위치를 알 수 없으니 a의 값의 범위를 나누어야 해.

$$f(x)=\begin{cases}(x-1)(x-a) & (x\ge a)\\ -(x-1)(x-a) & (x<a)\end{cases}$$ 이므로

함수 $y=f(x)$의 그래프는 a의 값에 따라 다음과 같다.

(i) $a<1$일 때

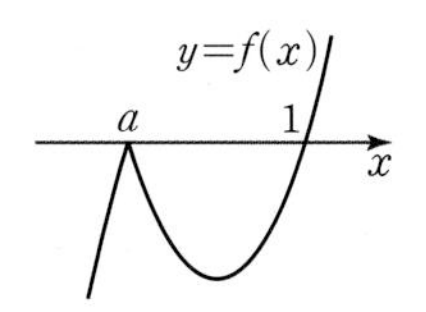

(ii) $a=1$일 때

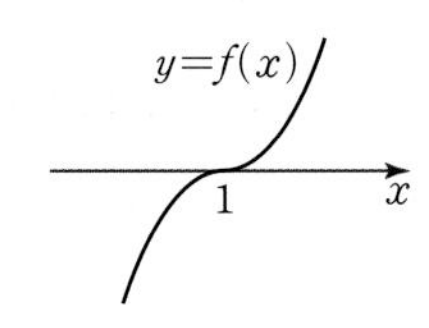

(iii) $a>1$일 때

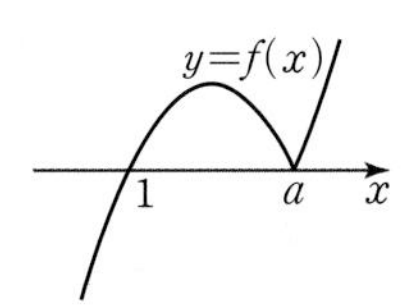

함수 $f(x)$의 극댓값이 1이므로 그래프의 개형은 (iii)과 같아야 하고, 극댓값을 갖는 x의 값은 $\frac{a+1}{2}$이므로

$f\left(\frac{a+1}{2}\right)=1$에서

$-\left(\frac{a+1}{2}-1\right)\left(\frac{a+1}{2}-a\right)=1$, $\frac{(a-1)^2}{4}=1$

$(a-1)^2=4 \qquad \therefore a=3\ (\because a>1)$

이때

$f(x)=(x-1)|x-3|$의 그래프에서

S_1의 넓이와 S_2의 넓이가 같으므로

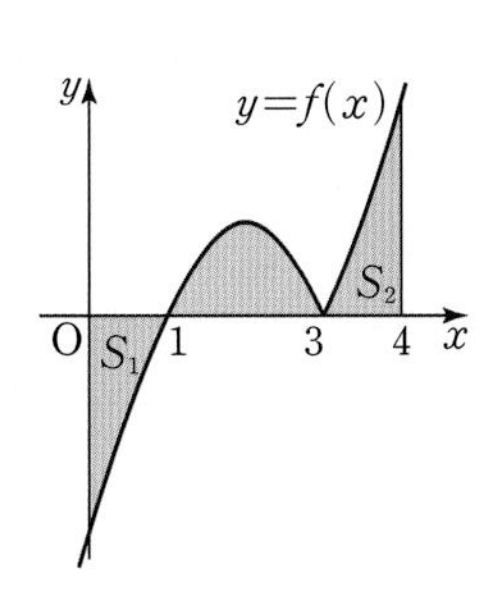

$$\int_0^4 f(x)dx$$
$$=\int_1^3 f(x)dx$$
$$=\int_1^3 \{-(x-1)(x-3)\}dx$$
$$=\left[-\frac{1}{3}x^3+2x^2-3x\right]_1^3=\frac{4}{3}$$

17 2016 답 ③

유형 17

출제의도 | 정적분과 넓이 사이의 관계를 이해하는지 확인한다.

$x=2-h$에서 $x=2+h$까지 곡선과 x축으로 둘러싸인 도형의 넓이는 $\int_{2-h}^{2+h}|f(x)|dx$야.

$f(x)=x^2+1$이라 하면 모든 실수 x에 대하여 $f(x)\ge 0$이므로

$$S(h)=\int_{2-h}^{2+h} f(x)dx$$

함수 $f(x)$의 한 부정적분을 $F(x)$라 하면

$$\lim_{h\to 0+}\frac{S(h)}{h}$$
$$=\lim_{h\to 0+}\frac{\int_{2-h}^{2+h}f(x)dx}{h}$$
$$=\lim_{h\to 0+}\frac{F(2+h)-F(2-h)}{h}$$
$$=\lim_{h\to 0+}\frac{F(2+h)-F(2)-F(2-h)+F(2)}{h}$$
$$=\lim_{h\to 0+}\frac{F(2+h)-F(2)}{h}+\lim_{h\to 0+}\frac{F(2-h)-F(2)}{-h}$$
$$=F'(2)+F'(2)$$
$$=2F'(2)=2f(2)$$
$$=2\times 5=10$$

18 2017 답 ③

유형 18

출제의도 | 주기함수의 성질을 이용하여 도형의 넓이를 구할 수 있는지 확인한다.

$f(x)=f(-x)$이면 $f(x)$의 그래프는 y축에 대하여 대칭이고,
$f(x)=f(x+2)$이면 $f(x)$의 그래프는 $x=2$마다 반복돼.

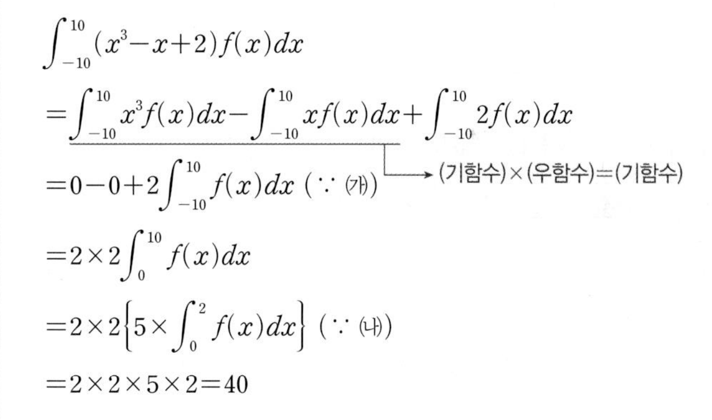

$$\int_{-10}^{10}(x^3-x+2)f(x)dx$$
$$=\int_{-10}^{10}x^3f(x)dx-\int_{-10}^{10}xf(x)dx+\int_{-10}^{10}2f(x)dx$$
$$=0-0+2\int_{-10}^{10}f(x)dx\ (\because (가))$$ → (기함수)×(우함수)=(기함수)
$$=2\times 2\int_0^{10}f(x)dx$$
$$=2\times 2\left\{5\times\int_0^2 f(x)dx\right\}\ (\because (나))$$
$$=2\times 2\times 5\times 2=40$$

19 2018 답 ①

유형 21

출제의도 | 역함수의 그래프를 활용하여 도형의 넓이를 구할 수 있는지 확인한다.

두 곡선 $y=f(x)$, $y=g(x)$는 직선 $y=x$에 대칭이야.

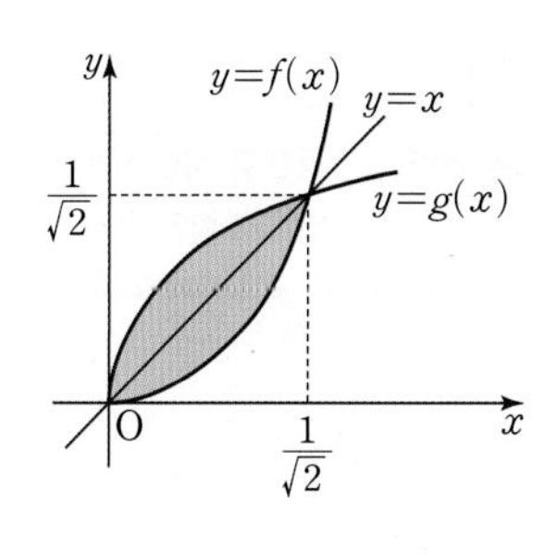

함수 $f(x)$의 역함수가 $g(x)$이므로 두 곡선 $y=f(x)$, $y=g(x)$는 직선 $y=x$에 대하여 대칭이다.

두 곡선 $y=f(x)$, $y=g(x)$의 교점의 x좌표는 곡선 $y=f(x)$와 직선 $y=x$의 교점의 x좌표와 같으므로

$x^3+\frac{1}{2}x=x$에서

$x^3-\frac{1}{2}x=0,\ x\left(x+\frac{1}{\sqrt{2}}\right)\left(x-\frac{1}{\sqrt{2}}\right)=0$

$\therefore\ x=0$ 또는 $x=\frac{1}{\sqrt{2}}$ ($\because\ x\geq 0$)

두 곡선 $y=f(x)$, $y=g(x)$로 둘러싸인 도형의 넓이는 곡선 $y=f(x)$와 직선 $y=x$로 둘러싸인 도형의 넓이의 2배와 같으므로 구하는 넓이는

$$2\int_0^{\frac{1}{\sqrt{2}}}\left\{x-\left(x^3+\frac{1}{2}x\right)\right\}dx=2\int_0^{\frac{1}{\sqrt{2}}}\left(-x^3+\frac{1}{2}x\right)dx$$
$$=2\left[-\frac{1}{4}x^4+\frac{1}{4}x^2\right]_0^{\frac{1}{\sqrt{2}}}$$
$$=2\times\frac{1}{16}=\frac{1}{8}$$

20 2019 답 ③ 유형3

출제의도 | 정적분의 성질을 활용하여 곡선과 x축으로 둘러싸인 도형의 넓이를 구할 수 있는지 확인한다.

> $\int_0^7 f(x)dx=\int_0^1 f(x)dx+\int_1^7 f(x)dx$야.

$f(x)$는 최고차항의 계수가 1이고 $f(1)=0$인 이차함수이므로

$f(x)=(x-a)(x-1)=x^2-(a+1)x+a$ (a는 상수)라 하자.

$$\int_0^7 f(x)dx=\int_0^1 f(x)dx+\int_1^7 f(x)dx$$
$$=\int_1^7 f(x)dx$$

에서 $\int_0^1 f(x)dx=0$

즉, $\int_0^1\{x^2-(a+1)x+a\}dx=0$

$\left[\frac{1}{3}x^3-\frac{a+1}{2}x^2+ax\right]_0^1=0,\ \frac{1}{3}-\frac{a+1}{2}+a=0$

$\frac{a}{2}=\frac{1}{6}\qquad\therefore\ a=\frac{1}{3}$

따라서 $f(x)=\left(x-\frac{1}{3}\right)(x-1)=x^2-\frac{4}{3}x+\frac{1}{3}$이므로

곡선 $y=f(x)$와 x축으로 둘러싸인 도형의 넓이는

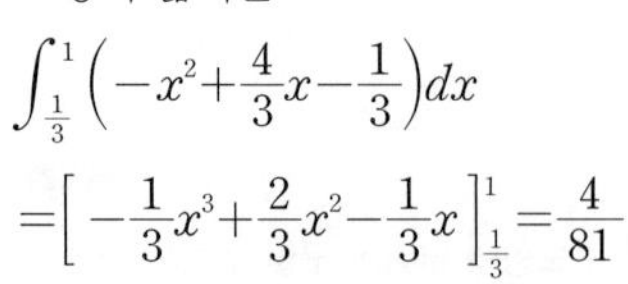

$\int_{\frac{1}{3}}^1\left(-x^2+\frac{4}{3}x-\frac{1}{3}\right)dx$

$=\left[-\frac{1}{3}x^3+\frac{2}{3}x^2-\frac{1}{3}x\right]_{\frac{1}{3}}^1=\frac{4}{81}$

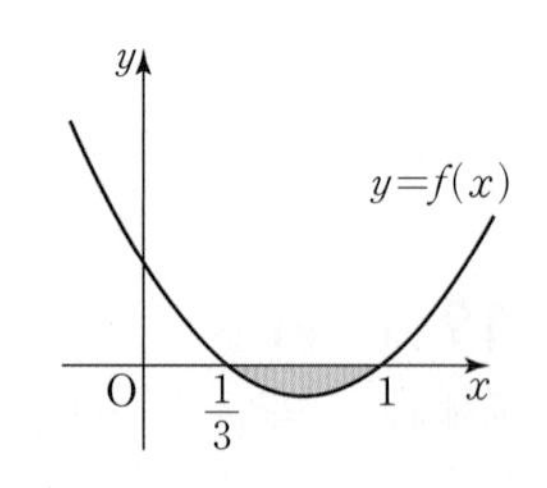

21 2020 답 ③ 유형14

출제의도 | 곡선과 직선으로 둘러싸인 도형의 넓이 조건을 이용하여 미정계수를 구할 수 있는지 확인한다.

> k의 위치를 알 수 없으니 k의 값의 범위를 나누어서 생각해야 해.

곡선 $y=x(x-k)(x-2)$와 x축의 교점의 x좌표는

$x=0$ 또는 $x=k$ 또는 $x=2$

(i) $k<0$인 경우

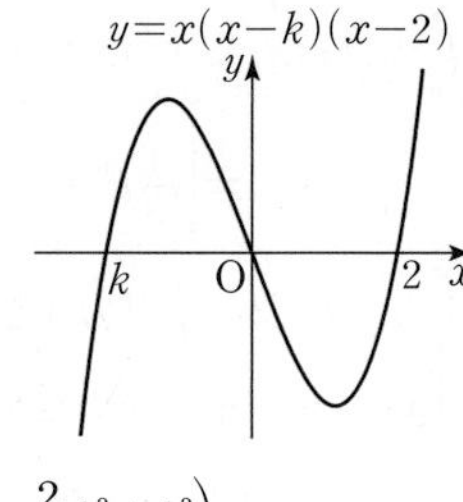

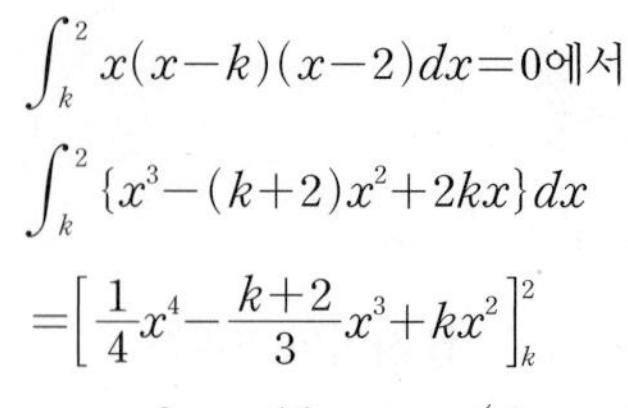

$\int_k^2 x(x-k)(x-2)dx=0$에서

$\int_k^2\{x^3-(k+2)x^2+2kx\}dx$

$=\left[\frac{1}{4}x^4-\frac{k+2}{3}x^3+kx^2\right]_k^2$

$=4-\frac{8}{3}k-\frac{16}{3}+4k-\left(\frac{1}{4}k^4-\frac{1}{3}k^4-\frac{2}{3}k^3+k^3\right)$

$=\frac{1}{12}k^4-\frac{1}{3}k^3+\frac{4}{3}k-\frac{4}{3}$

$=\frac{1}{12}(k-2)^3(k+2)$

즉, $\frac{1}{12}(k-2)^3(k+2)=0$이므로

$k=-2$ ($\because\ k<0$)

(ii) $0<k<2$인 경우

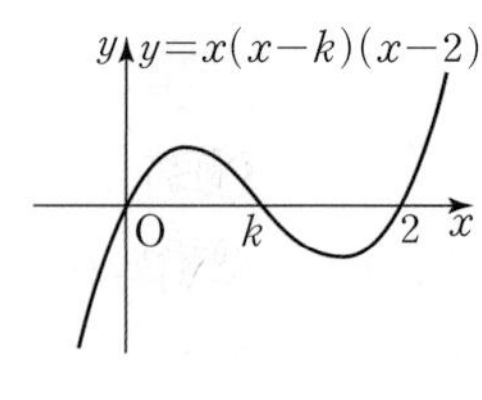

$\int_0^2 x(x-k)(x-2)dx=0$에서

$\int_0^2\{x^3-(k+2)x^2+2kx\}dx$

$=\left[\frac{1}{4}x^4-\frac{k+2}{3}x^3+kx^2\right]_0^2$

$=4-\frac{8}{3}k-\frac{16}{3}+4k$

$=\frac{4}{3}k-\frac{4}{3}$

즉, $\frac{4}{3}k-\frac{4}{3}=0$이므로 $k=1$

(iii) $k>2$인 경우

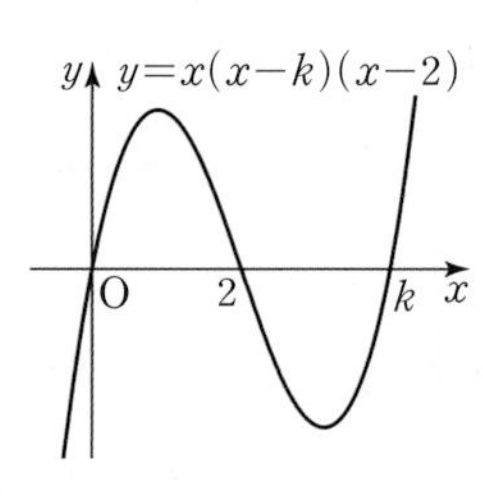

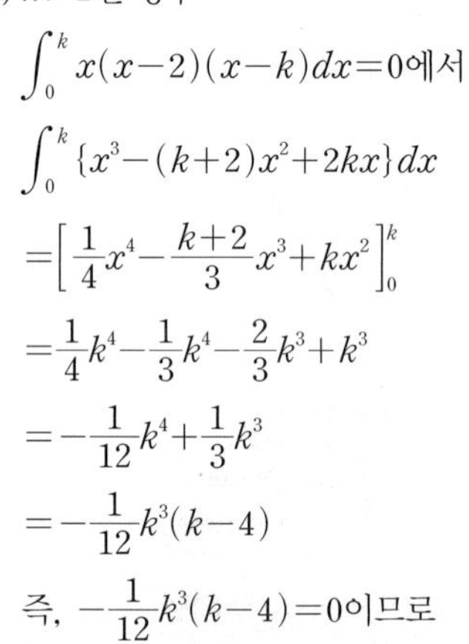

$\int_0^k x(x-2)(x-k)dx=0$에서

$\int_0^k\{x^3-(k+2)x^2+2kx\}dx$

$=\left[\frac{1}{4}x^4-\frac{k+2}{3}x^3+kx^2\right]_0^k$

$=\frac{1}{4}k^4-\frac{1}{3}k^4-\frac{2}{3}k^3+k^3$

$=-\frac{1}{12}k^4+\frac{1}{3}k^3$

$=-\frac{1}{12}k^3(k-4)$

즉, $-\frac{1}{12}k^3(k-4)=0$이므로

$k=4$ ($\because\ k>2$)

따라서 모든 상수 k의 값의 합은

$-2+1+4=3$

22 2021 답 $\frac{8}{3}$ 유형7

출제의도 | 곡선과 접선으로 둘러싸인 도형의 넓이를 구할 수 있는지 확인한다.

STEP1 접선의 방정식 구하기 [2점]

$f(x)=\frac{1}{2}x^2$이라 하면 $f'(x)=x$

곡선 $y=f(x)$ 위의 점 $(4, 8)$에서의 접선의 기울기는 $f'(4)=4$이므로 접선의 방정식은

$y-8=4(x-4)$ $\quad\therefore y=4x-8$

STEP 2 곡선과 접선 및 x축으로 둘러싸인 도형 그리기 [2점]

직선 $y=4x-8$과 x축의 교점의 x좌표는 $x=2$

구하는 도형의 넓이는 그림에서 색칠한 부분과 같다.

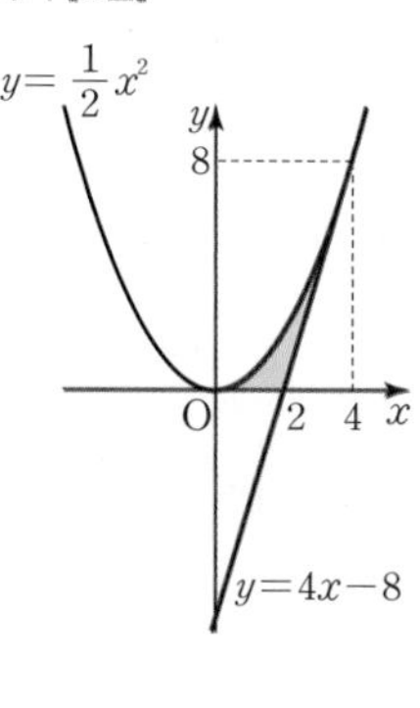

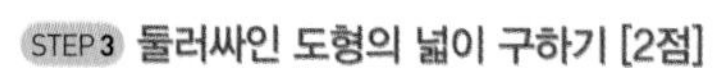

STEP 3 둘러싸인 도형의 넓이 구하기 [2점]

구하는 도형의 넓이는

$$\int_0^4 \frac{1}{2}x^2dx-\frac{1}{2}\times2\times8=\left[\frac{1}{6}x^3\right]_0^4-8$$

$$=\frac{32}{3}-8=\frac{8}{3}$$

23 2022 답 3 유형 17

출제의도 | 정적분과 넓이 사이의 관계를 이해하는지 확인한다.

STEP 1 $S(t)$와 $f(t)$ 사이의 관계식 구하기 [3점]

곡선 $y=f(x)$와 x축 및 두 직선 $x=2$, $x=t$로 둘러싸인 도형의 넓이가 $S(t)$이므로

$S(t)=\int_2^t f(x)dx$

$\therefore S'(t)=f(t)$

STEP 2 $\lim\limits_{h\to0}\dfrac{S(2+h)-S(2)}{h}$의 값 구하기 [3점]

그림에서 $f(2)=3$이므로

$$\lim_{h\to0}\frac{S(2+h)-S(2)}{h}=S'(2)=f(2)=3$$

24 2023 답 36 유형 25

출제의도 | 정적분을 활용하여 수직선 위의 점이 움직인 거리를 구할 수 있는지 확인한다.

STEP 1 두 점 P, Q가 같은 방향으로 움직이는 시간 구하기 [3점]

두 점 P, Q가 서로 같은 방향으로 움직이면 속도의 부호가 같아야 하므로 $v_{\mathrm{P}}(t)v_{\mathrm{Q}}(t)>0$에서

$(3t^2-12t)(-3t^2+6t)>0$, $9t^2(t-4)(-t+2)>0$

$(t-4)(t-2)<0$

$\therefore 2<t<4$

STEP 2 두 점 P, Q가 서로 같은 방향으로 움직인 거리의 합 구하기 [4점]

두 점 P, Q가 서로 같은 방향으로 움직이는 동안 움직인 거리의 합은

$$\int_2^4|v_{\mathrm{P}}(t)|dt+\int_2^4|v_{\mathrm{Q}}(t)|dt$$

$$=\int_2^4(-3t^2+12t)dt+\int_2^4(3t^2-6t)dt$$

$$=\int_2^4 6t\,dt$$

$$=\left[3t^2\right]_2^4=36$$

25 2024 답 -16 유형 2

출제의도 | 절댓값을 포함하는 함수의 정적분과 넓이의 관계를 이해하는지 확인한다.

STEP 1 이차함수 $f(x)$를 식으로 나타내기 [3점]

$f(0)=0$이므로 $f(x)=ax^2+bx$ (a, b는 상수, $a\neq0$)라 하면

(가)에서 $\int_0^3|f(x)|dx=\int_0^3 f(x)dx=4$이므로

구간 $[0, 3]$에서 $f(x)\geq0$이다.

또 (나)에서 $\int_3^4|f(x)|dx=-\int_3^4 f(x)dx$이므로

구간 $[3, 4]$에서 $f(x)\leq0$이다.

즉, $f(3)=0$이므로 $9a+3b=0$

$\therefore b=-3a$

$\therefore f(x)=ax^2-3ax$ ·························· ㉠

STEP 2 $f(x)$ 구하기 [4점]

$\int_0^3 f(x)dx=4$에 ㉠을 대입하여 풀면

$$\int_0^3(ax^2-3ax)dx=\left[\frac{a}{3}x^3-\frac{3}{2}ax^2\right]_0^3=-\frac{9}{2}a$$

즉, $-\frac{9}{2}a=4$이므로 $a=-\frac{8}{9}$

$\therefore f(x)=-\frac{8}{9}x^2+\frac{8}{3}x$

STEP 3 $f(6)$의 값 구하기 [1점]

$f(6)=-\frac{8}{9}\times36+\frac{8}{3}\times6=-16$

실력 check 실전 마무리하기 2회

425쪽~429쪽

1 2025 답 ① 유형 1

출제의도 | 곡선과 직선으로 둘러싸인 도형의 넓이 조건을 이용하여 미정계수를 구할 수 있는지 확인한다.

곡선과 x축으로 둘러싸인 도형의 넓이를 식으로 나타내 봐.

곡선 $y=x^2-ax$와 x축의 교점의 x좌표는

$x^2-ax=0$에서

$x(x-a)=0$

$\therefore x=0$ 또는 $x=a$

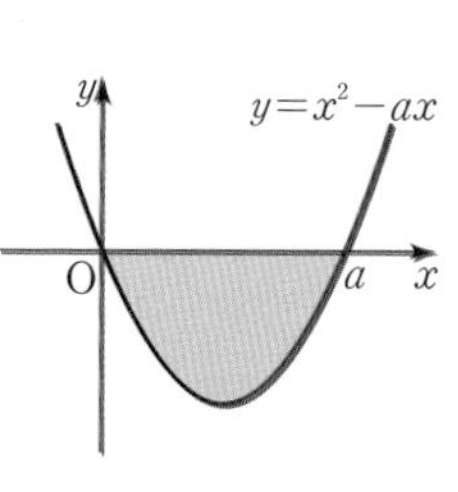

곡선 $y=x^2-ax$와 x축으로 둘러싸인 도형의 넓이는

$$\int_0^a(-x^2+ax)dx=\left[-\frac{1}{3}x^3+\frac{1}{2}ax^2\right]_0^a$$

$$=-\frac{1}{3}a^3+\frac{1}{2}a^3$$

$$=\frac{1}{6}a^3$$

즉, $\frac{1}{6}a^3=\frac{1}{6}$이므로 $a=1$

2 2026 답 ⑤ 유형2

출제의도 | 절댓값 기호를 포함한 함수의 그래프와 x축 사이의 넓이를 구할 수 있는지 확인한다.

> $y=|f(x)|$의 그래프는 $y=f(x)$의 그래프에서 $y\le 0$인 부분을 x축에 대하여 대칭이동하여 그릴 수 있어.

$f(x)=(x+2)(x-3)$의 그래프와 x축의 교점의 x좌표는

$(x+2)(x-3)=0$에서

$x=-2$ 또는 $x=3$

$y=f(x)$의 그래프를 이용하여 $y=|f(x)|$의 그래프를 그리면 그림과 같다.

따라서 구하는 도형의 넓이는

$$\int_{-2}^{3}|(x+2)(x-3)|dx$$
$$=\int_{-2}^{3}(-x^2+x+6)dx$$
$$=\left[-\frac{1}{3}x^3+\frac{1}{2}x^2+6x\right]_{-2}^{3}=\frac{125}{6}$$

3 2027 답 ① 유형4

출제의도 | 곡선과 직선으로 둘러싸인 도형의 넓이를 구할 수 있는지 확인한다.

> 곡선과 직선의 교점의 x좌표가 $x=0$, $x=1$이면 곡선과 직선으로 둘러싸인 도형의 넓이는 $\int_0^1|-2x^2+3x-x|dx$야.

곡선 $y=-2x^2+3x$와 직선 $y=x$의 교점의 x좌표는

$-2x^2+3x=x$에서

$2x^2-2x=0$

$2x(x-1)=0$

$\therefore x=0$ 또는 $x=1$

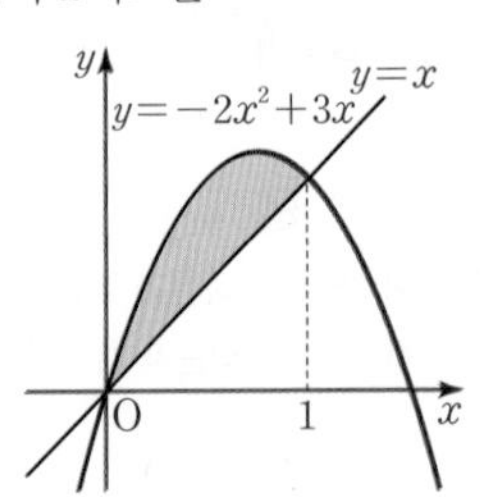

따라서 구하는 도형의 넓이는

$$\int_0^1(-2x^2+3x-x)dx$$
$$=\int_0^1(-2x^2+2x)dx$$
$$=\left[-\frac{2}{3}x^3+x^2\right]_0^1=\frac{1}{3}$$

4 2028 답 ④ 유형5

출제의도 | 두 곡선으로 둘러싸인 도형의 넓이를 구할 수 있는지 확인한다.

> 두 곡선의 교점의 x좌표가 $x=-1$, $x=2$이면 두 곡선으로 둘러싸인 도형의 넓이는 $\int_{-1}^{2}|(-x^2+2x+3)-(x^2-1)|dx$야.

두 곡선 $y=x^2-1$, $y=-x^2+2x+3$의 교점의 x좌표는

$x^2-1=-x^2+2x+3$에서

$2x^2-2x-4=0$

$2(x+1)(x-2)=0$

$\therefore x=-1$ 또는 $x=2$

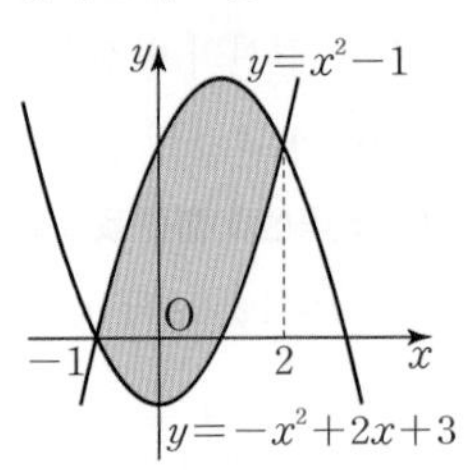

따라서 구하는 도형의 넓이는

$$\int_{-1}^{2}\{(-x^2+2x+3)-(x^2-1)\}dx$$
$$=\int_{-1}^{2}(-2x^2+2x+4)dx$$
$$=\left[-\frac{2}{3}x^3+x^2+4x\right]_{-1}^{2}=9$$

5 2029 답 ④ 유형7

출제의도 | 곡선과 접선으로 둘러싸인 도형의 넓이를 구할 수 있는지 확인한다.

> 곡선 $y=f(x)$ 위의 점 $(a, f(a))$에서의 접선의 방정식은 $y-f(a)=f'(a)(x-a)$야.

$f(x)=x^3$이라 하면 $f'(x)=3x^2$

곡선 $y=f(x)$ 위의 점 $(1, 1)$에서의 접선의 기울기는 $f'(1)=3$이므로 접선의 방정식은

$y-1=3(x-1)$

$\therefore y=3x-2$

곡선 $y=x^3$과 직선 $y=3x-2$의 교점의 x좌표는

$x^3=3x-2$에서

$x^3-3x+2=0$, $(x+2)(x-1)^2=0$

$\therefore x=-2$ 또는 $x=1$

따라서 구하는 도형의 넓이는

$$\int_{-2}^{1}\{x^3-(3x-2)\}dx=\int_{-2}^{1}(x^3-3x+2)dx$$
$$=\left[\frac{1}{4}x^4-\frac{3}{2}x^2+2x\right]_{-2}^{1}$$
$$=\frac{27}{4}$$

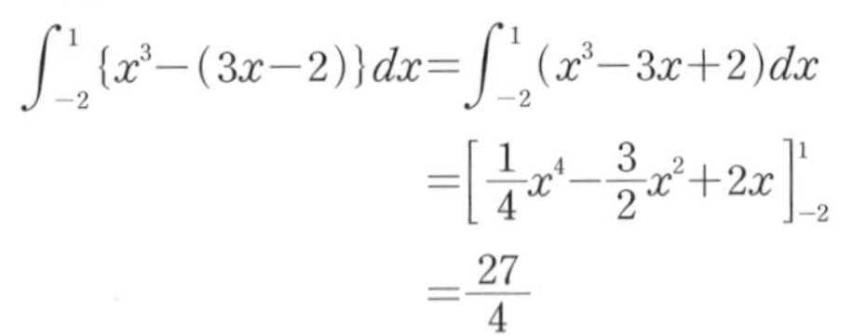

6 2030 답 ② 유형7

출제의도 | 곡선 밖의 점에서 그은 두 접선과 곡선으로 둘러싸인 도형의 넓이를 구할 수 있는지 확인한다.

> 곡선 위의 접점을 (t, t^2+1)이라 하고 접선의 방정식을 구해 봐.

$f(x)=x^2+1$이라 하면 $f'(x)=2x$

접점의 좌표를 (t, t^2+1)이라 하면 이 점에서의 접선의 기울기는 $f'(t)=2t$이므로 접선의 방정식은

$y-(t^2+1)=2t(x-t)$

$\therefore y=2tx-t^2+1$

이 직선이 점 $(1,\ -2)$를 지나므로

$-2=2t-t^2+1,\ t^2-2t-3=0$

$(t+1)(t-3)=0$

$\therefore t=-1$ 또는 $t=3$

즉, 접선의 방정식은

$y=-2x,\ y=6x-8$

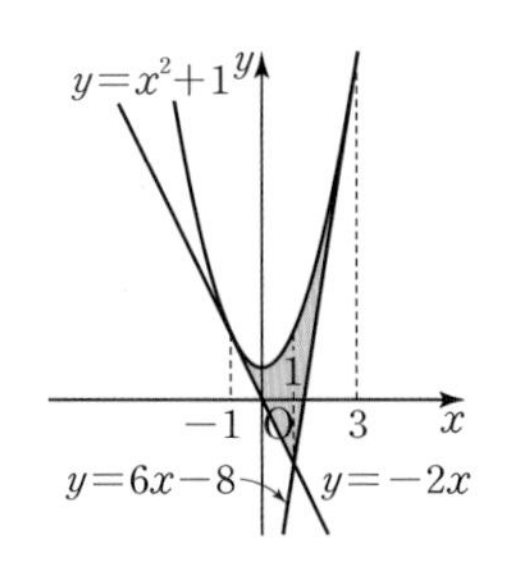

따라서 구하는 도형의 넓이는

$$\int_{-1}^{1}\{(x^2+1)-(-2x)\}dx+\int_{1}^{3}\{(x^2+1)-(6x-8)\}dx$$

$$\int_{-1}^{1}(x^2+2x+1)dx+\int_{1}^{3}(x^2-6x+9)dx$$

$$=\left[\frac{1}{3}x^3+x^2+x\right]_{-1}^{1}+\left[\frac{1}{3}x^3-3x^2+9x\right]_{1}^{3}$$

$$=\frac{8}{3}+\frac{8}{3}=\frac{16}{3}$$

7 2031 답 ② 유형 22

출제의도 | 정적분을 활용하여 속도와 높이에 대한 문제를 해결할 수 있는지 확인한다.

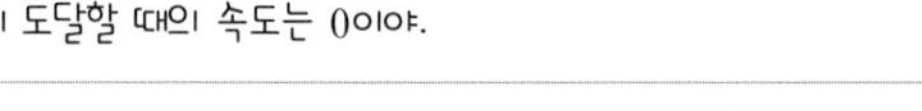

물체가 최고 높이에 도달할 때의 속도는 0이므로

$v(t)=0$에서

$a-10t=0\qquad \therefore t=\frac{a}{10}$

$t=\frac{a}{10}$에서 물체의 지면으로부터의 높이는

$$\int_{0}^{\frac{a}{10}}(a-10t)dt=\left[at-5t^2\right]_{0}^{\frac{a}{10}}$$

$$=a\times\frac{a}{10}-5\times\left(\frac{a}{10}\right)^2$$

$$=\frac{a^2}{20}\ (\mathrm{m})$$

$\frac{a}{10}$초 후 물체의 지면으로부터의 높이가 20 m이므로

$\frac{a^2}{20}=20,\ a^2=400$

$\therefore a=20\ (\because a>0)$

8 2032 답 ⑤ 유형 23

출제의도 | 지면과 수직으로 쏘아 올린 물체가 움직인 거리를 구할 수 있는지 확인한다.

> 올라갈 때 이동한 거리와 내려올 때 이동한 거리를 더해야 해.

물체가 최고 높이에 도달할 때의 속도는 0이므로

$v(t)=0$에서

$20-10t=0\qquad \therefore t=2$

최고 높이에 도달할 때까지 물체가 움직인 거리는

$$\int_{0}^{2}|v(t)|dt=\int_{0}^{2}(20-10t)dt$$

$$=\left[20t-5t^2\right]_{0}^{2}$$

$$=20\ (\mathrm{m})$$

지상 35 m 높이에서 쏘아 올렸으므로 물체가 최고 높이에서 지면에 떨어질 때까지 움직인 거리는

$35+20=55(\mathrm{m})$

따라서 물체가 움직인 거리는

$20+55=75\ (\mathrm{m})$

9 2033 답 ③ 유형 5

출제의도 | 두 곡선 사이의 넓이를 구할 수 있는지 확인한다.

> 원의 넓이는 정적분이 아닌, πr^2을 이용해.

원 $x^2+y^2=1$과 곡선 $y=(x+1)^2$의 교점의 x좌표는

$x^2+(x+1)^4=1$에서

$x^4+4x^3+7x^2+4x=0$

$x(x+1)(x^2+3x+4)=0$

$\therefore x=-1$ 또는 $x=0$

색칠한 부분의 넓이는 반지름의 길이가 1인 사분원에서 곡선 $y=(x+1)^2$과 x축, y축으로 둘러싸인 도형의 넓이를 뺀 것과 같다.

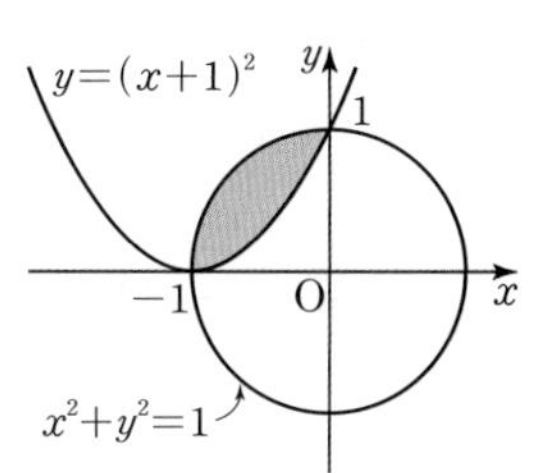

따라서 구하는 도형의 넓이는

$$\frac{1}{4}\times\pi\times1^2-\int_{-1}^{0}(x+1)^2dx$$

$$=\frac{\pi}{4}-\int_{-1}^{0}(x^2+2x+1)dx$$

$$=\frac{\pi}{4}-\left[\frac{1}{3}x^3+x^2+x\right]_{-1}^{0}=\frac{\pi}{4}-\frac{1}{3}$$

10 2034 답 ① 유형 14

출제의도 | 곡선과 직선으로 둘러싸인 도형의 넓이 조건을 이용하여 미정계수를 구할 수 있는지 확인한다.

> 곡선 $y=x(x+1)(x-a)\ (a>0)$와 x축으로 둘러싸인 두 도형의 넓이가 같으면 $\int_{-1}^{a}x(x+1)(x-a)dx=0$이야.

곡선

$y=x(x+1)(x-a)\ (a>0)$와

x축의 교점의 x좌표는

$x=-1$ 또는 $x=0$ 또는 $x=a$

곡선 $y=x(x+1)(x-a)$와

x축으로 둘러싸인 두 도형의 넓이가 서로 같으므로

$\int_{-1}^{a}x(x+1)(x-a)dx=0$에서

$$\int_{-1}^{a}\{x^3+(1-a)x^2-ax\}dx=0$$

$$\left[\frac{1}{4}x^4+\frac{1-a}{3}x^3-\frac{a}{2}x^2\right]_{-1}^{a}=0$$

$$-\frac{1}{12}a^4-\frac{1}{6}a^3+\frac{1}{6}a+\frac{1}{12}=0$$

$$-\frac{1}{12}(a+1)^3(a-1)=0$$

$\therefore a=1\ (\because a>0)$

11 2035 답 ②　　유형 14

출제의도 | 두 곡선으로 둘러싸인 도형의 넓이가 같은 조건을 이해하는지 확인한다.

> 두 도형의 넓이가 같으니까 $\int_0^2 \{f(x)-g(x)\}dx=0$이야.

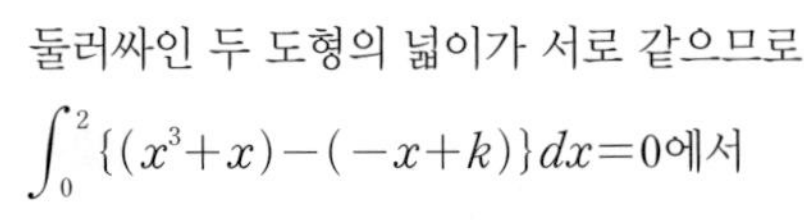

둘러싸인 두 도형의 넓이가 서로 같으므로

$\int_0^2 \{(x^3+x)-(-x+k)\}dx=0$에서

$\int_0^2 (x^3+2x-k)dx=0$

$\left[\frac{1}{4}x^4+x^2-kx\right]_0^2=0$

$8-2k=0$

$\therefore k=4$

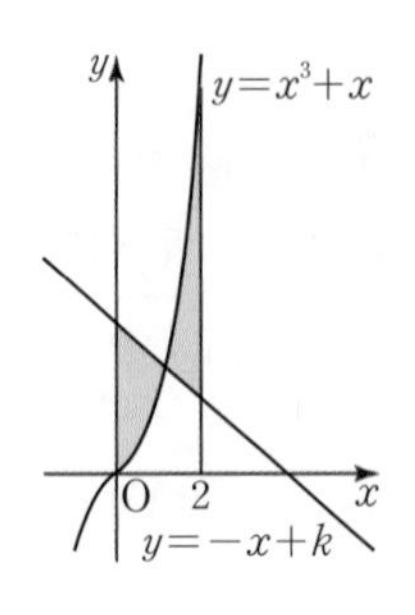

12 2036 답 ③　　유형 15

출제의도 | 곡선과 직선으로 둘러싸인 도형의 넓이를 구할 수 있는지 확인한다.

> S_2의 넓이를 구하기 어려우니까 S_1, S_1+S_2를 차례로 구해서 S_2를 구해야 해.

곡선 $y=-x^2+2x$와 x축의 교점의 x좌표는

$-x^2+2x=0$에서

$-x(x-2)=0$

$\therefore x=0$ 또는 $x=2$

곡선 $y=-x^2+2x$와 직선 $y=x$의 교점의 x좌표는

$-x^2+2x=x$에서 $x^2-x=0$

$x(x-1)=0$　　$\therefore x=0$ 또는 $x=1$

$S_1+S_2=\int_0^2 (-x^2+2x)dx=\left[-\frac{1}{3}x^3+x^2\right]_0^2=\frac{4}{3}$

$S_1=\int_0^1 (-x^2+2x-x)dx=\left[-\frac{1}{3}x^3+\frac{1}{2}x^2\right]_0^1=\frac{1}{6}$

$\therefore S_2=\frac{4}{3}-\frac{1}{6}=\frac{7}{6}$

따라서 $S_1 : S_2=\frac{1}{6} : \frac{7}{6}=1 : 7$이므로

$k=7$

13 2037 답 ④　　유형 18

출제의도 | 주기함수의 성질을 이용하여 도형의 넓이를 구할 수 있는지 확인한다.

> $-1\le x\le 1$에서 $f(x)=3x^2+1$이고, $f(x)=f(x+2)$이므로 $f(x)$는 주기가 2인 주기함수야.

곡선 $y=f(x)$와 x축 및 두 직선 $x=-10$, $x=10$으로 둘러싸인 도형의 넓이는 $\int_{-10}^{10}|f(x)|dx$

(나)에서 $-1\le x\le 1$일 때, $f(x)=3x^2+1\ge 0$이므로

$\int_{-1}^{1}|f(x)|dx=\int_{-1}^{1}(3x^2+1)dx$

$=2\int_0^1 (3x^2+1)dx$

$=2\left[x^3+x\right]_0^1=2\times 2=4$

(가)에서 $f(x+2)=f(x)$이므로 함수 $f(x)$는 주기가 2인 주기함수이다.

따라서 구하는 도형의 넓이는

$\int_{-10}^{10}|f(x)|dx=\int_{-10}^{10}f(x)dx$

$=10\int_{-1}^{1}f(x)dx$

$=10\times 4=40$

14 2038 답 ③　　유형 19

출제의도 | 평행이동한 곡선으로 둘러싸인 도형의 넓이를 구할 수 있는지 확인한다.

> 곡선 $y=f(x-4)$는 곡선 $y=f(x)$를 x축의 방향으로 4만큼 평행이동한 곡선이야.

$f(x)=\frac{1}{2}x^2-2x+2$이므로

$f(x-4)=\frac{1}{2}(x-4)^2-2(x-4)+2$

$=\frac{1}{2}x^2-6x+18$

두 곡선 $y=f(x)$, $y=f(x-4)$의 교점의 x좌표는

$\frac{1}{2}x^2-2x+2=\frac{1}{2}x^2-6x+18$에서

$4x=16$　　$\therefore x=4$

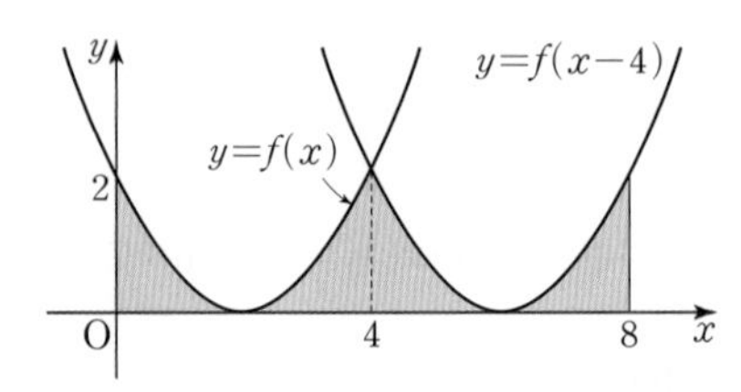

두 곡선 $y=f(x)$, $y=f(x-4)$와 x축, y축 및 직선 $x=8$로 둘러싸인 도형의 넓이는 $y=f(x)$와 x축, y축 및 직선 $x=4$로 둘러싸인 도형의 넓이의 2배와 같다.

따라서 구하는 도형의 넓이는

$2\int_0^4 f(x)dx=2\int_0^4 \left(\frac{1}{2}x^2-2x+2\right)dx$

$=2\left[\frac{1}{6}x^3-x^2+2x\right]_0^4$

$=2\times\frac{8}{3}=\frac{16}{3}$

15 2039 답 ④　　유형 23

출제의도 | 정적분을 활용하여 속도와 거리에 대한 문제를 해결할 수 있는지 확인한다.

> 수직선 위를 움직이는 물체의 속도가 0이 될 때까지 움직인 거리를 구해 보자.

점 P가 정지할 때의 속도는 0이므로 $v(t)=0$에서

$-t^2+2t=0,\ -t(t-2)=0$

$\therefore t=2\ (\because t>0)$

따라서 $t=0$에서 $t=2$까지 점 P가 움직인 거리는

$$\int_0^2 |-t^2+2t|\,dt=\int_0^2 (-t^2+2t)\,dt$$
$$=\left[-\frac{1}{3}t^3+t^2\right]_0^2=\frac{4}{3}$$

16 2040 답 ④ 유형 16

출제의도 | 두 곡선 사이의 넓이의 최솟값을 구할 수 있는지 확인한다.

> 둘러싸인 도형의 넓이를 먼저 식으로 나타내 봐.

두 곡선 $y=ax^3$, $y=-\frac{1}{a}x^3$의 교점의 x좌표는

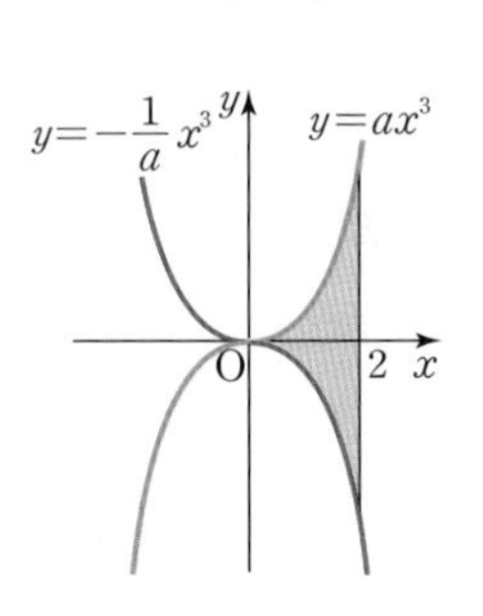

$ax^3=-\frac{1}{a}x^3$에서 $x=0$

$a>0$이므로 두 곡선 $y=ax^3$, $y=-\frac{1}{a}x^3$과 직선 $x=2$로 둘러싸인 도형의 넓이를 $S(a)$라 하면

$$S(a)=\int_0^2 \left\{ax^3-\left(-\frac{1}{a}x^3\right)\right\}dx$$
$$=\left(a+\frac{1}{a}\right)\int_0^2 x^3\,dx$$
$$=\left(a+\frac{1}{a}\right)\left[\frac{1}{4}x^4\right]_0^2$$
$$=4\left(a+\frac{1}{a}\right)$$

$a>0$, $\frac{1}{a}>0$이므로 산술평균과 기하평균의 관계에서

$$S(a)=4\left(a+\frac{1}{a}\right)\ge 4\times 2\sqrt{a\times\frac{1}{a}}=4\times 2=8$$

$\left(\text{단, 등호는 } a=\frac{1}{a}\text{일 때 성립한다.}\right)$

따라서 $S(a)$의 최솟값은 $a=\frac{1}{a}$, 즉 $a=1$일 때 최소이고, 최솟값은 8이다.

17 2041 답 ② 유형 18

출제의도 | 대칭인 함수의 성질을 이용하여 도형의 넓이를 구할 수 있는지 확인한다.

> $y=f(x)$의 그래프가 직선 $x=3$에 대칭이면
> $\int_{3-p}^{3} f(x)dx=\int_3^{3+p} f(x)dx$야.

(가)에서 $y=f(x)$의 그래프는 직선 $x=3$에 대하여 대칭이므로

$$\int_1^3 f(x)dx=\int_3^5 f(x)dx,\ \int_{-1}^1 f(x)dx=\int_5^7 f(x)dx$$
$$\therefore \int_1^7 f(x)dx=\int_1^3 f(x)dx+\int_3^5 f(x)dx+\int_5^7 f(x)dx$$
$$=2\int_3^5 f(x)dx+\int_{-1}^1 f(x)dx$$

(나)에서 $\int_{-1}^1 f(x)dx=4$, $\int_1^7 f(x)dx=10$이므로

$$10=2\int_3^5 f(x)dx+4$$
$$\therefore \int_3^5 f(x)dx=3$$

18 2042 답 ⑤ 유형 20

출제의도 | 역함수의 그래프를 활용하여 도형의 넓이를 구할 수 있는지 확인한다.

> 두 곡선 $y=f(x)$, $y=g(x)$는 직선 $y=x$에 대하여 대칭이야.
> $f(x)=x$의 근이 있는지도 확인해.

함수 $f(x)=x^2+1\ (x\ge 0)$의 역함수가 $g(x)$이므로 두 곡선 $y=f(x)$, $y=g(x)$는 직선 $y=x$에 대하여 대칭이다.

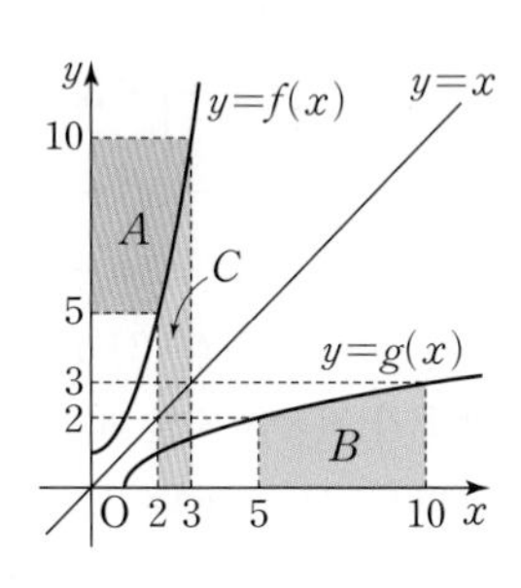

즉, 그림에서

(A의 넓이)$=$(B의 넓이)

이므로

$$\int_2^3 f(x)dx+\int_5^{10} g(x)dx$$
$=$(C의 넓이)$+$(B의 넓이)

$=$(C의 넓이)$+$(A의 넓이)

$=3\times 10-2\times 5$

$=20$

19 2043 답 ③ 유형 20

출제의도 | 역함수의 그래프를 활용하여 도형의 넓이를 구할 수 있는지 확인한다.

> 두 곡선 $y=f(x)$, $y=g(x)$는 직선 $y=x$에 대하여 대칭이므로 교점은 $y=f(x)$와 직선 $y=x$의 교점으로 찾아봐.

함수 $f(x)=x^3+x^2$의 역함수가 $g(x)$이므로 두 곡선 $y=f(x)$, $y=g(x)$는 직선 $y=x$에 대하여 대칭이다.

즉, 그림에서

(A의 넓이)$=$(B의 넓이)이므로

$$\int_2^{12} g(x)dx$$
$=$(B의 넓이)

$=$(A의 넓이)

$=2\times 12-2\times 1-$(C의 넓이)

$$=24-2-\int_1^2 (x^3+x^2)dx$$
$$=22-\left[\frac{1}{4}x^4+\frac{1}{3}x^3\right]_1^2$$
$$=22-\frac{73}{12}$$
$$=\frac{191}{12}$$

따라서 $a=12$, $b=191$이므로

$a+b=12+191=203$

20 2044 답 ③

유형 22

출제의도 | 정적분을 활용하여 속도와 위치에 대한 문제를 해결할 수 있는지 확인한다.

> 시각 t에서의 위치는 $\int_0^t v(t)dt$야.

점 P의 시각 t에서의 위치를 $x(t)$라 하면

(i) $0 \le t \le 3$일 때,

$$x(t)=\int_0^t 2t\,dt=\Big[t^2\Big]_0^t=t^2$$

(ii) $t>3$일 때,

$$x(t)=\int_0^3 2t\,dt+\int_3^t(-6t+24)dt$$
$$=\Big[t^2\Big]_0^3+\Big[-3t^2+24t\Big]_3^t$$
$$=9+(-3t^2+24t-45)$$
$$=-3t^2+24t-36$$
$$=-3(t-2)(t-6)$$

점 P가 원점을 지날 때의 위치는 0이므로 $x(t)=0$에서

$-3(t-2)(t-6)=0$

$\therefore t=6\ (\because t>3)$

따라서 다시 원점으로 돌아오는 시각은 $t=6$이다.

21 2045 답 ③

유형 15

출제의도 | 넓이를 삼등분하는 직선을 구하여 문제를 해결할 수 있는지 확인한다.

> 전체 도형의 넓이가 $\frac{4}{3}$이니까 삼등분 된 부분 중 하나의 넓이는 $\frac{4}{9}$야.

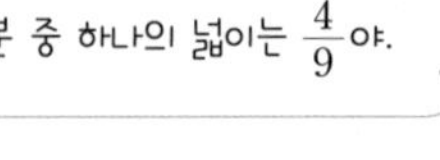

곡선 $y=-x^2+2x$와 x축의 교점의 x좌표는

$-x^2+2x=0$에서

$-x(x-2)=0$

$\therefore x=0$ 또는 $x=2$

또, 곡선 $y=-x^2+2x$와 직선 $y=2(1-\alpha)x$의 교점의 x좌표는

$-x^2+2x=2(1-\alpha)x$에서

$x^2-2\alpha x=0,\ x(x-2\alpha)=0$

$\therefore x=0$ 또는 $x=2\alpha$

곡선 $y=-x^2+2x$와 직선 $y=2(1-\beta)x$의 교점의 x좌표는

$-x^2+2x=2(1-\beta)x$에서

$x^2-2\beta x=0,\ x(x-2\beta)=0$

$\therefore x=0$ 또는 $x=2\beta$

이때 곡선 $y=-x^2+2x$와 x축으로 둘러싸인 도형의 넓이는

$$\int_0^2(-x^2+2x)dx=\Big[-\frac{1}{3}x^3+x^2\Big]_0^2=\frac{4}{3}$$

이므로 삼등분 된 부분 중 한 부분의 넓이는 $\frac{4}{3}\times\frac{1}{3}=\frac{4}{9}$이다.

(i) 곡선 $y=-x^2+2x$와 직선 $y=2(1-\alpha)x$로 둘러싸인 도형의 넓이는

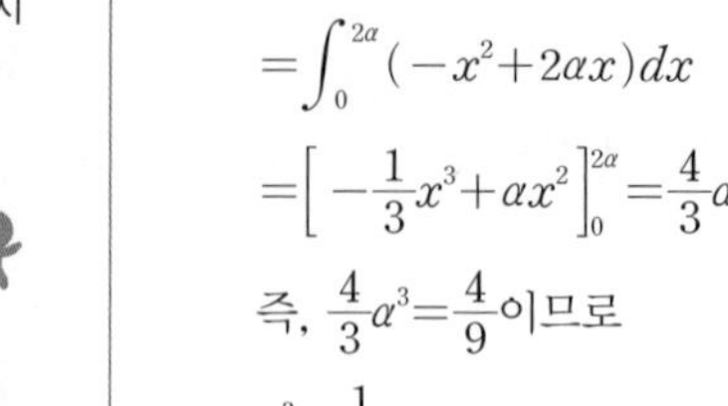

$$\int_0^{2\alpha}\{(-x^2+2x)-2(1-\alpha)x\}dx$$
$$=\int_0^{2\alpha}(-x^2+2\alpha x)dx$$
$$=\Big[-\frac{1}{3}x^3+\alpha x^2\Big]_0^{2\alpha}=\frac{4}{3}\alpha^3$$

즉, $\frac{4}{3}\alpha^3=\frac{4}{9}$이므로

$\alpha^3=\frac{1}{3}$

(ii) 곡선 $y=-x^2+2x$와 직선 $y=2(1-\beta)x$ 및 x축으로 둘러싸인 도형의 넓이는

$$2\beta\times2(1-\beta)\times2\beta\times\frac{1}{2}+\int_{2\beta}^2(-x^2+2x)dx$$
$$=4\beta^2(1-\beta)+\Big[-\frac{1}{3}x^3+x^2\Big]_{2\beta}^2$$
$$=-\frac{4}{3}\beta^3+\frac{4}{3}$$

즉, $-\frac{4}{3}\beta^3+\frac{4}{3}=\frac{4}{9}$이므로

$\beta^3=\frac{2}{3}$

(i), (ii)에서

$$\alpha^3+\beta^3=\frac{1}{3}+\frac{2}{3}=1$$

22 2046 답 $\frac{1}{3}$

유형 21

출제의도 | 함수의 그래프와 그 역함수의 그래프로 둘러싸인 도형의 넓이를 구할 수 있는지 확인한다.

STEP 1 $f(x)$의 역함수 $g(x)$ 구하기 [1점]

$y=\sqrt{x}$의 역함수는 $x=\sqrt{y}$에서

$y=x^2\ (x\ge0)$

즉, $f(x)=\sqrt{x}$의 역함수는 $g(x)=x^2\ (x\ge0)$이다.

STEP 2 두 곡선 $y=f(x)$, $y=g(x)$의 교점의 x좌표 구하기 [2점]

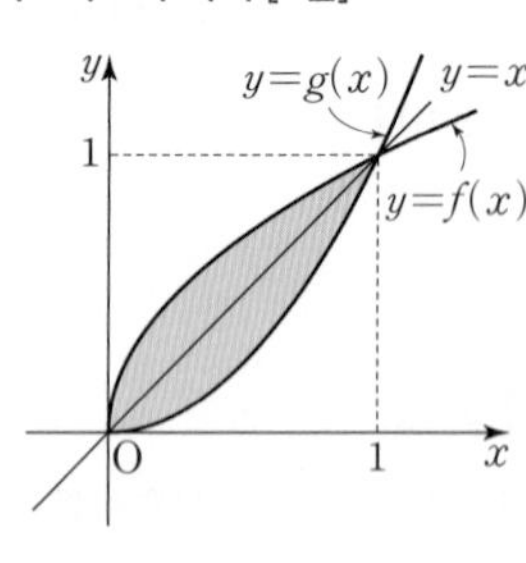

두 곡선 $y=f(x)$, $y=g(x)$는 직선 $y=x$에 대하여 대칭이다.

즉, 두 곡선 $y=f(x)$, $y=g(x)$의 교점의 x좌표는 곡선 $y=g(x)$와 직선 $y=x$의 교점의 x좌표와 같으므로

$x^2=x$에서

$x^2-x=0,\ x(x-1)=0$

$\therefore x=0$ 또는 $x=1$

STEP 3 두 곡선으로 둘러싸인 도형의 넓이 구하기 [3점]

두 곡선 $y=f(x)$, $y=g(x)$로 둘러싸인 도형의 넓이는 곡선 $y=g(x)$와 직선 $y=x$로 둘러싸인 도형의 넓이의 2배와 같으므로 구하는 넓이는

$$\int_0^1\{f(x)-g(x)\}dx=2\int_0^1(x-x^2)dx$$
$$=2\Big[\frac{1}{2}x^2-\frac{1}{3}x^3\Big]_0^1$$
$$=2\times\frac{1}{6}=\frac{1}{3}$$

23 2047 답 55

유형24

출제의도 | 속도를 나타낸 그래프에서 움직인 거리를 구할 수 있는지 확인한다.

STEP1 a의 값 구하기 [3점]

$t=3$에서 점 P의 위치가 5이므로

$$\int_0^3 v(t)dt=\int_0^1 v(t)dt+\int_1^3 v(t)dt$$
$$=\frac{1}{2}\times1\times3a-\frac{1}{2}\times2\times a$$
$$=\frac{a}{2}$$

에서 $\frac{a}{2}=5$ $\therefore a=10$

STEP2 $t=0$에서 $t=5$까지 점 P가 움직인 거리 구하기 [3점]

$t=0$에서 $t=5$까지 점 P가 움직인 거리는

$$\int_0^5 |v(t)|dt$$
$$=\int_0^1 v(t)dt-\int_1^3 v(t)dt+\int_3^5 v(t)dt$$
$$=\frac{1}{2}\times1\times30+\frac{1}{2}\times2\times10+\frac{1}{2}\times2\times30$$
$$=15+10+30=55$$

24 2048 답 $\frac{31}{3}$

유형3

출제의도 | 곡선과 직선으로 둘러싸인 도형의 넓이를 구할 수 있는지 확인한다.

STEP1 k의 값 구하기 [1점]

함수 $f(x)$는 모든 실수 x에 대하여 미분가능하므로 $x=1$에서도 미분가능하다.

즉, $2+k=4$이므로 $k=2$

STEP2 $f(x)$ 구하기 [2점]

$$f(x)=\begin{cases} x^2+2x+C_1 & (x\ge1) \\ 4x+C_2 & (x<1) \end{cases}$$ (단, C_1, C_2는 적분상수)

이고, $f(1)=5$이므로

$1+2+C_1=5$, $4+C_2=5$ → $f(x)$는 $x=1$에서 연속이다.

$\therefore C_1=2,\ C_2=1$

STEP3 둘러싸인 도형의 넓이 구하기 [4점]

곡선 $y=f(x)$와 x축 및 두 직선 $x=0$, $x=2$로 둘러싸인 도형의 넓이는

$$\int_0^2 |f(x)|dx=\int_0^1 (4x+1)dx+\int_1^2 (x^2+2x+2)dx$$
$$=\Big[2x^2+x\Big]_0^1+\Big[\frac{1}{3}x^3+x^2+2x\Big]_1^2$$
$$=3+\frac{22}{3}=\frac{31}{3}$$

25 2049 답 3초

유형25

출제의도 | 정적분을 활용하여 속도와 위치에 대한 문제를 해결할 수 있는지 확인한다.

STEP1 시각 t에서 두 점 P, Q의 위치 구하기 [4점]

시각 t $(t>3)$에서 두 점 P, Q의 위치를 각각 $x_P(t)$, $x_Q(t)$라 하면

$$x_P(t)=\int_0^t v_P(t)dt=\int_0^t\left(\frac{1}{2}t^2-t\right)dt$$
$$=\Big[\frac{1}{6}t^3-\frac{1}{2}t^2\Big]_0^t=\frac{1}{6}t^3-\frac{1}{2}t^2$$

점 Q는 점 P가 출발한 지 3초 후에 출발하므로

$$x_Q(t)=\int_0^{t-3} v_Q(t)dt=\int_0^{t-3} 6\,dt$$
$$=\Big[6t\Big]_0^{t-3}=6(t-3)$$

STEP2 두 점 P, Q가 만나는 시각 구하기 [3점]

두 점 P, Q가 만나는 시각은 $x_P(t)=x_Q(t)$에서

$\frac{1}{6}t^3-\frac{1}{2}t^2=6(t-3)$, $t^3-3t^2-36t+108=0$

$(t+6)(t-3)(t-6)=0$

$\therefore t=6\ (\because t>3)$

STEP3 두 점 P, Q가 만나는 것은 점 Q가 출발한 지 몇 초 후인지 구하기 [1점]

두 점 P, Q가 만나는 것은 점 Q가 출발한 지 $6-3=3$(초) 후이다.

MEMO